Découvrez l'histoire par les archives de presse

RETRONEWS

Le site de presse de la BnF

www.retronews.fr

REVUE

DES

COURS SCIENTIFIQUES

DE LA FRANCE ET DE L'ÉTRANGER

COLLÉGE DE FRANCE

MUSÉUM D'HISTOIRE NATURELLE — SORBONNE — ÉCOLE DE PHARMACIE

FACULTÉ DE MÉDECINE — SOCIÉTÉS SAVANTES

FACULTÉS DES DÉPARTEMENTS — UNIVERSITÉS ÉTRANGÈRES

SOIRÉES SCIENTIFIQUES DE LA SORBONNE ET DES VILLES DE PROVINCE

CONFÉRENCES LIBRES

Avec 176 figures intercalées dans le texte

DIRECTION : MM. EUG. YUNG ET EM. ALGLAVE

SEPTIÈME ANNÉE

PARIS

GERMER BAILLIÈRE, LIBRAIRE-ÉDITEUR

17, RUE DE L'ÉCOLE-DE-MÉDECINE, 17

Madrid

C. BAILLY-BAILLIÈRE, PLAZA DE TOPETE, 16.

1870

REVUE

DES

COURS SCIENTIFIQUES

REVUE

DES

COURS SCIENTIFIQUES

DE LA FRANCE ET DE L'ÉTRANGER

COLLÉGE DE FRANCE
MUSÉUM D'HISTOIRE NATURELLE — SORBONNE — ÉCOLE DE PHARMACIE
FACULTÉ DE MÉDECINE — SOCIÉTÉS SAVANTES
FACULTÉS DES DÉPARTEMENTS — UNIVERSITÉS ÉTRANGÈRES
SOIRÉES SCIENTIFIQUES DE LA SORBONNE ET DES VILLES DE PROVINCE
CONFÉRENCES LIBRES

Avec 176 figures intercalées dans le texte

Direction : MM. Eug. YUNG et Em. ALGLAVE

SEPTIÈME ANNÉE

PARIS

GERMER BAILLIÈRE, LIBRAIRE-ÉDITEUR

17, RUE DE L'ÉCOLE-DE-MÉDECINE, 17

Madrid

C. BAILLY-BAILLIÈRE, PLAZA DE TOPETE, 16.

1870

REVUE

DES

COURS SCIENTIFIQUES

Paris. — Imprimerie de E. MARTINET, rue Mignon, 2.

REVUE

DES

COURS SCIENTIFIQUES

DE LA FRANCE ET DE L'ÉTRANGER

SEPTIÈME ANNÉE NUMÉRO 1 4 DÉCEMBRE 1869

Paris, 3 décembre 1869.

L'Académie des sciences de Paris vient de pourvoir au remplacement de M. d'Archiac dans la section de minéralogie. La section présentait : en première ligne, M. Des Cloiseaux professeur à l'École normale ; en deuxième ligne, *ex æquo*, M. Delesse, professeur à l'École normale, et M. Hébert, professeur à la Faculté des sciences de Paris ; en troisième ligne, M. Fouqué ; en quatrième ligne, M. Hautefeuille. . M. Des Cloizeaux a été élu au premier tour de scrutin par 40 voix contre 4 données à M. Delesse, et 3 à M. Hébert.

— L'Académie des sciences a également nommé un correspondant dans la section de botanique pour remplacer M. Martius. La section présentait : En première ligne, M. Pringsheim, de Berlin ; en deuxième ligne, *ex æquo*, M. de Bary, de Halle ; M. Bentham, de Londres ; M. Göppert, de Breslau ; M. Asa Gray, de Cambridge-Boston, M. Nœgeli, de Munich ; M. Parlatore, de Florence. — M. Pringsheim a été élu par 32 voix contre 5 données à M. Parlatore, 3 à M. Göppert et 1 à M. Asa Gray.

— A la Faculté des sciences de Paris, la chaire de physiologie va sans doute être très-prochainement pourvue d'un titulaire. La Faculté et le Conseil académique ont, tous deux, présenté en première ligne M. Paul Bert, et en seconde ligne M. Dareste, professeur à la Faculté des sciences de Lille. La nomination de M. Paul Bert, qui est déjà chargé du cours depuis deux ans, soit au Muséum, soit à la Faculté des sciences, paraît donc maintenant tout à fait assurée.

— La Faculté de médecine de Paris avait été instituée légataire d'une rente annuelle de 7500 francs destinée à la fondation dans son sein d'une chaire d'histoire de la médecine, avec prière (mais non condition) d'y appeler M. Cuzco, qui était l'ami du testateur. Ce legs souleva une foule de difficultés. Un certain nombre de professeurs voulaient le refuser. D'abord, la somme léguée ne correspondait qu'au traitement fixe : le ministère promit les 2 500 francs nécessaires pour mettre le futur professeur dans la même situation que ses collègues. Ensuite, M. Cuzco, indiqué par le testateur, ne s'était guère occupé jusqu'ici de l'histoire de la médecine et une chaire d'ophthalmologie lui eût beaucoup mieux convenu. Mais changer l'objet de la chaire c'était sortir des termes du testament, chose impossible sans le consentement des héritiers qui ne paraissaient guère disposés à le donner. En définitive, la désignation de M. Cuzco n'était qu'un simple vœu de la part du testateur, et, après de longues discussions qui occupèrent un assez grand nombre de séances, la Faculté

VII.

décida, à quatre voix de majorité, qu'elle accepterait le legs dans les termes où il était fait.

Voilà donc la Faculté de médecine de Paris en possession d'une chaire d'histoire de la médecine, qu'elle ne désirait pas il y a quelques années, avant que l'établissement d'un cours au Collége de France n'ait provoqué l'institution des conférences historique, faites par les agrégés, et qui ont malheureusement trop peu duré.

La Faculté n'est pas maîtresse de modifier le titre de la chaire nouvelle ; mais elle peut, dans une certaine mesure, indiquer son programme, et le choix du professeur, qu'elle sera sans doute appelée à présenter, bien qu'il s'agisse d'une chaire nouvelle, aura sous ce rapport une grande importance. Un enseignement portant sur les textes des vieux auteurs ou les opinions médicales des Grecs, des Romains et des Arabes serait autant littéraire que médical et ne retiendrait peut-être pas beaucoup d'élèves. Mais ce qui présenterait un grand intérêt et réussirait bien plus sûrement, ce serait surtout l'histoire des maladies, phthisie, syphilis, petite vérole, etc., et des grandes épidémies, avec la recherche des causes de leur apparition et de leur persistance. Assurément le sujet est difficile ; mais n'est-ce pas une raison de plus pour l'aborder ?

E. A.

COLLÉGE DES MÉDECINS DE LONDRES

LECTURES CROONIENNES

M. BENCE JONES (1)

de la Société royale de Londres

Matière et force

I

DES TROIS PHASES DE NOS IDÉES AU SUJET DE L'UNION DE LA MATIÈRE PONDÉRABLE ET DE LA FORCE, DANS L'ÉTUDE DES CORPS INORGANIQUES.

> « Mais bien que la nature, qui est l'œuvre de Dieu, ne puisse jamais être en contradiction avec les faits de la vie future, faits d'un ordre supérieur ; bien, qu'elle doive, comme tout ce qui lui appartient, contribuer à la gloire du Créateur, je ne crois cependant pas qu'il soit le moins du monde nécessaire de rattacher l'étude des sciences naturelles à la religion. » (FARADAY, *Œuvres inédites.*)

Je ne puis commencer ces conférences sans avouer combien je sens toute la témérité qu'il y a de ma part à oser aborder, devant cet auditoire, un sujet qui semblera peut-être plutôt

---

(1) Voyez d'autres lectures de M. H. Bence Jones dans notre tome III, page 373, 6 octobre 1866 ; et dans notre tome VI, pages 314 et 367, 17 avril et 8 mai 1869.

du domaine de la métaphysique que de celui de la physique, sujet d'ailleurs trop ardu pour être d'une utilité pratique. Mais, si j'accepte ainsi les chances d'un échec, c'est que je suis bien convaincu que la clarté et l'étendue, ou l'obscurité et l'étroitesse de nos idées sur la matière et la force, doivent rendre bon ou mauvais le fondement de toutes nos connaissances, non-seulement en médecine, mais aussi dans toutes les autres sciences.

Quand on lit l'histoire du développement des sciences, soit dans l'humanité tout entière, soit chez les différentes nations, soit enfin chez les individus, on voit les idées sur la matière et la force gagner peu à peu en clarté et en largeur; et, avec des idées plus claires et mieux liées, on se trouve immédiatement conduit à des richesses nouvelles. Ce motif seul, s'il n'en existait pas d'autre, serait suffisant pour nous porter à nous demander de temps en temps à quel degré de clarté et de largeur nous sommes parvenus dans nos idées sur la matière et la force.

Quelles sont nos idées actuelles? Qu'ont-elles été? Que seront-elles?

Les idées qui ont trop vieilli ne mènent plus à des recherches nouvelles, et engendrent toujours les erreurs les plus grossières sur les faits nouveaux; au contraire, les idées nouvelles, quand même elles seraient loin de représenter d'une manière complète la vérité à laquelle on finira par arriver, peuvent cependant être ramenées peu à peu vers cette connaissance parfaite qui repose sur la raison et la démonstration, et non sur l'autorité extérieure ou intérieure.

Dans cette lecture, je me propose de vous exposer l'histoire de nos idées sur l'union de la matière pondérable et de la force, dans les sciences qui n'admettent pas l'idée de la vie.

Trois phases d'idées bien distinctes, trois époques de la pensée se reconnaissent tout d'abord.

La première peut être considérée comme la phase autoritaire, ou celle de la séparation complète entre les idées de matière pondérable et de force. Cette phase se résume en deux mots, matérialisme et spiritualisme. On peut l'appeler phase primitive, car elle implique une ignorance presque complète des premiers principes des connaissances naturelles.

La seconde phase admet à la fois l'autorité et les connaissances naturelles. Elle est marquée par la séparation incomplète des idées de matière pondérable et de force. La force y est regardée comme une matière impondérable, ou comme inséparablement unie à la matière impondérable. C'est ce qu'on peut appeler la phase du matérialisme impondérable; ce sera, si l'on veut, la phase de transition ou newtonienne.

La troisième phase s'appuie uniquement sur les progrès des connaissances naturelles; elle est caractérisée par l'union complète ou l'inséparabilité parfaite des idées de matière pondérable et de force. On peut l'appeler matérialisme, si l'on comprend la définition de la force dans celle de la matière; on peut encore l'appeler spiritualisme, si, dans la définition de l'esprit, on comprend celle de la matière. Cette phase, dans laquelle nos idées sur la matière pondérable et la force sont inséparablement unies, peut s'appeler la phase moderne.

La première phase, ou phase primitive, est celle de la séparation complète des idées de matière et de force.

Avant de vous présenter quelques-uns des souvenirs qui nous restent encore de cette phase, il ne sera pas inutile de vous faire voir quelles pouvaient être les premières idées sur la matière et la force, à une époque tout à fait dépourvue de connaissances scientifiques.

Plus nous remontons, plus nous devons nous attendre à trouver les idées de force et de matière formées d'après des ressemblances et des différences superficielles. Il ne faut point chercher de distinctions ou de rapports scientifiques. Les différents états de la même matière, selon qu'elle est solide, liquide ou gazeuse, frappent bien plus les sens, et semblent alors constituer une différence bien plus grande, que celle que nous reconnaissons maintenant entre les différents corps simples. De même aussi, les changements de forme et de volume attirent bien plus l'attention, que l'action des différentes forces que nous reconnaissons maintenant dans la matière. Enfin, nous ne devons pas nous attendre à rencontrer de distinction claire entre les phénomènes de l'ordre le plus élevé, et ceux d'un ordre inférieur chez les animaux et les végétaux. Ame immortelle, sentiments, raison, instinct, vie animale ou végétale, tout ne peut guère être qu'une confusion inextricable; et il serait aussi inutile de chercher ici des idées distinctes des différentes sortes de matière et de force, que d'en chercher de l'âme, de la raison, de la vie animale et végétale, que nous sommes nous-mêmes si bien habitués à distinguer.

Très-probablement, les idées les plus anciennes qui nous aient été conservées sur la matière et la force considérées dans les corps inorganiques, sont celles des Hébreux, consignées dans quelques expressions du livre de la *Genèse*. Il est dit dans ce livre: «La terre fut créée, et elle était informe et vide». Plus loin, Dieu dit: «Que la lumière soit, et la lumière fut». Le firmament, les eaux, la terre furent faits comme la lumière avait été faite; c'est-à-dire que, dans la création, la lumière ou la force était regardée comme parfaitement séparable de la matière.

Chez les autres nations anciennes, ou chez les tribus sauvages, nous pouvons voir à quel point les idées de matière et de force étaient regardées comme distinctes, si nous remarquons que les différents phénomènes de la nature étaient adorés comme des divinités personnelles distinctes, suivant qu'ils exerçaient sur les sens une action plus ou moins distincte.

Partout où nous arrivons à voir poindre les idées, nous trouvons que l'homme élève les formes ou les forces matérielles qu'il aperçoit autour de lui, jusqu'à ce qu'il en fasse des héros ou des divinités, auxquels il attribue un corps et des qualités semblables aux siens. Ainsi le temps, la nuit, le jour, le ciel, la terre, la mer, la lumière, l'obscurité, le feu, la vie, deviennent des dieux incarnés, capables de faire le bien ou le mal.

Renversons ce procédé, et nous revenons des dieux aux idées qui leur ont donné naissance; et partout nous trouvons que, selon les idées primitives, la force existe par elle-même, entièrement séparée de l'idée de matière.

Les Vedas sont peut-être du XVIᵉ siècle ou du XIVᵉ siècle avant Jésus-Christ. La religion indoue comptait au nombre de ses divinités Indra, dieu du ciel et de la lumière; Vrita, démon de l'obscurité ou de la nuit; Agni, dieu du feu; Savitri, dieu du soleil; Ap, dieu des eaux; Prithi, dieu de la terre. La création, la conservation et la destruction étaient adorées sous les noms de Brahma, de Vishna et de Siva,

Brahma était l'auteur du feu, de l'eau et de la terre (1).

Dans les livres sacrés des Chinois, les sept dieux auxquels on offre un hommage particulier sont le soleil, la lune, et cinq planètes. Le ciel matériel animé, et la terre, voilà les parents de toutes choses. C'est à eux que l'empereur peut sacrifier, tandis que les mandarins ne peuvent adorer que les divinités inférieures, — le vent, la pluie, l'éclair. Confucius, qui vivait peut-être au xvi° siècle avant Jésus-Christ, prescrit d'adorer le firmament bleu, surtout à l'équinoxe, comme le point central d'où part l'action de la cause de toutes choses.

La vie des anciens Égyptiens se passait à adorer l'univers, au dessus, au-dessous et autour d'eux. Le soleil semble avoir été pour eux le dieu principal et le père de tous les autres dieux; ceux-ci se divisaient en couples, mâle et femelle, et représentaient les principes cosmiques.

Dans la Perse, le culte de la nature était semblable à celui de l'Inde. Le soleil, la lune, le feu, l'eau, la terre, les vents, etc., se partageaient en bons et en mauvais esprits. Zoroastre, le réformateur, et l'auteur présumé du Zendavesta, enseigna le culte du soleil et du feu sacré, comme la représentation la plus fidèle du bon esprit éternel, Ormazd ou Ahuramazda. Un esprit mauvais correspondant, Ahriman, lui fournit le second élément de sa croyance dualistique.

Les premières idées des Grecs sur la matière et la force nous sont présentées par Phérécydes Syrius, dans la naissance et les mariages des dieux. Selon lui, Zeus est le premier de tous. Le second principe est une substance plastique, la terre. La lumière est le troisième. Parmi les divinités, nous voyons Uranus, Neptune, Vulcain et Vénus, c'est-à-dire le ciel, l'eau, le feu et l'attraction. Empédocle fut le premier qui enseigna la doctrine des quatre éléments. A ses yeux, la force de la chaleur était complétement distincte des trois formes de la matière, la terre, l'eau et l'air.

Si des souvenirs des peuples anciens nous passons à la mythologie des naturels de l'Afrique, de l'Amérique, ou de la Polynésie, nous trouvons partout les idées de matière et de force ou clairement séparées ou tout à fait confondues, selon que les différents phénomènes de la nature ont eu plus ou moins d'action sur les sens. Dans la Nouvelle-Zélande, la croyance des Maoris est que le premier dieu a été la nuit; car, selon eux, c'est la nuit qui a produit le jour. Ensuite vient le ciel, puis la terre, puis les enfants de ces derniers, la lumière, la mer, etc. Ils considèrent chaque chose comme l'organe d'un dieu spécial, père ou démon, qui l'a créé, et qui le conserve. C'est ainsi qu'ils ont divinisé les météores, l'arc-en-ciel, le requin, la fourmi, le rat, ou les idoles auxquelles ils donnent la forme et les propriétés de ces êtres.

Chez les tribus sauvages de l'Amérique, le Grand-Esprit est le chef d'un groupe, la personnification de la plus puissante de toutes les forces naturelles, le soleil, Dieu. Le soleil, animé lui-même, n'est pas un symbole, mais un dieu véritable. La lune est le mauvais esprit, être capricieux et changeant. Un animal ou un objet que ces sauvages adorent, n'est pas le symbole de telle ou telle puissance divine de la nature; il devient un véritable dieu, un fétiche, un charme magique.

Même si nous cherchons l'origine de nos propres idées, nous trouverons que la croyance à l'existence de quatre éléments, la terre, l'air, le feu et l'eau, qui s'est maintenue jusqu'à l'enfance, et peut-être au delà de l'âge mûr de quelques-uns de nos contemporains; que cette croyance, dis-je, suffit pour prouver qu'à une certaine époque, l'idée que nous nous faisions de la force ou du feu était entièrement distincte de celle des trois différents états sous lesquels se présente la matière pondérable. Nous avons tous traversé la phase primitives d'idées, dans laquelle la matière pondérable est entièrement distincte de la force (1).

La seconde phase des idées, la phase de transition, est caractérisée par une séparation incomplète de l'idée de matière et de celle de force.

Dans cette phase, la force est considérée comme entièrement séparable de la matière pondérable, mais, en même temps, comme composée ou parfaitement inséparable d'une substance éthérée, gazeuse ou fluide, susceptible de s'attacher pour un temps à la matière pondérable.

La première trace de l'idée que la force est une matière impondérable, est due à Képler; il s'en est servi pour expliquer les mouvements des planètes. Il pensait qu'un courant de matière fluide circulait autour du soleil, emportant les planètes dans son mouvement, comme un courant entraîne une nacelle. Il dit que le véhicule de la force qui entraîne les planètes, circule dans l'espace comme une rivière ou un tourbillon, d'un mouvement plus rapide que celui des planètes. Il affirme que ces tourbillons sont composés d'une substance immatérielle, capable néanmoins de triompher de l'inertie des corps.

Ensuite vinrent les tourbillons de Descartes, par lesquels il montrait comment le monde avait dû être fait; et, ensuite encore, l'éther agité de Leibnitz.

Puis arrive Newton, qui peut, à bon droit, donner son nom à cette phase de nos idées sur la matière et la force; car ses idées sur ce sujet se sont soutenues jusqu'à nos jours, grâce à l'autorité de son nom. Même pour la pesanteur, New-

---

(1) « Partout où, dans l'univers, l'Indou remarquait autour de lui quelque manifestation extraordinaire d'éclat ou de beauté, de stérilité ou d'abondance, quelque chose de sombre ou de terrible, partout où l'action des éléments pouvait produire des effets extraordinaires sur lui, ses enfants ou ses biens, il exprimait le sentiment de sa dépendance par un acte particulier d'adoration. Dans toutes ces puissances il reconnaissait la présence de la divinité. Il appelait *deva* (*deus*) l'influence qui agissait sur lui ou les siens. Elle avait, momentanément, un effet divin ou diabolique, et devenait, par conséquent, un objet de désir ou de crainte, d'adoration ou de déprécation, suivant les aspects sous lesquels elle se présentait à l'homme. Aussi toutes les parties de l'univers furent-elles bientôt peuplées de forces spirituelles, toutes ayant un caractère qui variait avec les espérances et les craintes des hommes, avec leurs intérêts et leurs passions. Tel était le penchant qui portait l'Indou de ce côté, qu'il déifia le sacrifice même (le *soma* ou suc laiteux de la lunaire), dont il espérait profiter. Il adorait sa propre offrande. Il adorait les rites solennels dont cette offrande était accompagnée. » (Hardwick, vol. I, p. 178.)

(1) On retrouve clairement, à l'origine de quelques-unes des dernières religions qui aient paru, l'idée de l'existence séparée de la matière et de la force. « En 1792, Johann Schönherr sentit qu'il avait saisi les résultats de la nature. La lumière est le principe mâle, qui vivifie; l'eau, le principe femelle, qui nourrit. Ces deux principes primordiaux, mâle suprême et femelle suprême, unis en un mariage éternel et nécessaire, expliquent tout; car, dans cette grande union de principes réside la seule chance que le germe des choses ait de prendre vie. Schönherr sentit que ce don soudain de pénétration n'était pas un accident de temps et de lieu. Ce devait être quelque chose de plus : une révélation d'en haut, l'œuvre de l'amour céleste dans son âme, l'effusion de la volonté divine dans son esprit. Il vint un jour trouver Emmanuel Kant, à qui il voulait faire part de ce grand secret, que tout ce qui vit se compose de lumière et d'eau. « Très-bien, lui dit l'apôtre de la raison pure; et, dites-moi, avez-vous essayé de vivre de ces substances? » (Dixon.)

ton avait refusé d'entrer dans la troisième phase d'idées. En 1693, dans sa seconde lettre à Bentley, il s'exprime ainsi : « Vous me parlez quelquefois de la pesanteur comme essentielle et inhérente à la matière. Je vous en prie, ne m'attribuez pas cette idée. Je ne prétends pas connaître la cause de la pesanteur, et il me faudrait plus de temps pour y réfléchir. »

Newton semble avoir été disposé à attribuer le mouvement qui pousse les corps vers un centre, à l'élasticité d'une substance éthérée. Mais c'est dans ses idées sur la lumière qu'il a soutenu que la force n'est que de la matière impondérable. Descartes dit que la lumière se compose de petites particules émises par le corps lumineux. Il compare ces particules à des balles, et s'efforce d'expliquer, au moyen de cette comparaison, les lois de la réflexion et de la réfraction. Hoke proposa la théorie des ondulations, et affirma que la lumière n'est qu'un mouvement vibratoire court et rapide, se propageant dans un milieu homogène.

Huyghens dit que Whewell avait voulu établir la théorie des ondulations, mais que Newton, quoique d'abord il ne répugnât pas à admettre l'éther comme véhicule des ondes lumineuses, et que même il considérât jusqu'à la fin l'hypothèse de l'éther comme très-probable, et ses vibrations comme une partie importante des phénomènes lumineux, Newton avait cependant fait reposer toute sa théorie de l'optique sur le système de l'émission. « Ses disciples trouvaient plus facile de concevoir les mouvements d'une particule que la propagation d'une onde, et l'ascendant général des doctrines newtoniennes établit la croyance de la matérialité de la lumière. »

Les idées de Newton sur l'émission réelle d'une certaine substance pour produire la lumière, se sont maintenues jusqu'à Young et à Fresnel.

La matérialité de la lumière fait nécessairement admettre celle de la chaleur.

En 1755, Lambert publia sur la force de la chaleur un mémoire, dans lequel il compare la diffusion de la chaleur à l'écoulement d'un fluide. Pour expliquer les phénomènes de la chaleur, on admettait l'existence d'un élément combustible, d'une matière ignée, capable de se combiner avec les autres corps et de s'en séparer : c'était le phlogistique. On le considéra, jusqu'à l'époque de Black et de Lavoisier, comme un élément chimique, tout aussi bien que n'importe quel autre élément pondérable. On lui attribuait même un certain principe de légèreté.

Cependant, la matérialité impondérable de la chaleur survécut dans l'idée du calorique ; la chaleur matérielle n'était qu'un écoulement, une émission réelle de particules matérielles. En 1804, Leslie pose cette question : « Quel est ce fluide frigorifique et calorifique ? » c'est simplement l'air ambiant. Et plus tard, il dit : « C'est la même matière subtile qui, selon ses divers modes d'existence, constitue la chaleur ou la lumière ». En 1832 encore, dans la *Bibliothèque universelle de Genève*, vol. 49, et aussi en 1834, dans les *Annales de chimie*, vol. 58, Ampère publiait ses vues sur la chaleur et la lumière, considérées comme résultant des vibrations de l'éther impondérable.

La matérialité impondérable de la force électrique et magnétique avait commencé en même temps que celle de la chaleur.

En 1733, Dufay émit l'idée de deux fluides électriques, cha-

cun se repoussant lui-même, et attirant l'autre. Franklin n'admettait qu'un seul fluide, agissant par répulsion sur lui-même, et par attraction sur toutes les autres substances. En 1803, le docteur Thomas Young, dans le *Journal of the Royal Institution*, vol. 1, p. 103, expose ses idées sur la substance matérielle impondérable, dont la présence dans les corps produit l'électricité. « Peut-être, dit-il, quelque adversaire du phlogistique va-t-il bientôt nous donner l'analyse chimique du fluide électrique. Si j'osais émettre une opinion à ce sujet, je dirais qu'il se compose d'oxygène et d'hydrogène, combinés seulement avec du calorique ». Et, dans les *Annals of philosophy*, nouvelle série, vol. II, p. 196, sept. 1821, Faraday nous dit : « Il y a bien des arguments en faveur de la nature matérielle de l'électricité, et fort peu contre ; mais cependant ce n'est qu'une hypothèse, et nous ferons bien de nous rappeler, en poursuivant l'étude de l'électro-magnétisme, que rien ne prouve que l'électricité soit matérielle, ou qu'il existe un courant dans le fil conducteur ».

Passons à la matérialité impondérable de la force magnétique.

Descartes considérait les courbes magnétiques comme les traces de courants de matière éthérée qui se manifestent ainsi à la vue. Selon Épinus, les phénomènes des pôles contraires sont dus à l'excès ou au défaut d'un fluide magnétique. Coulomb, au lieu d'un seul fluide, admettait un fluide austral et un fluide boréal ; Whewell dit que l'hypothèse des fluides magnétiques, en tant que réalités physiques, n'a jamais été aussi généralement admise ou soutenue que celle de deux fluides électriques. On ne voyait ni étincelle, ni choc, ni décharge, ni effets mécaniques. Il ajoute : « Si l'existence des fluides électriques est douteuse, il faut dire que les fluides magnétiques ont des droits encore plus contestables à l'existence matérielle. Ces phénomènes doivent être regardés comme des effets différents de la même cause. Il n'est pas de physicien qui songeât à admettre que les fluides électriques et les fluides magnétiques sont des agents matériels distincts ».

Ainsi, dans la seconde phase des idées de matière et de force, la force est tout à fait inséparable de la matière impondérable, bien que cette dernière soit considérée comme parfaitement séparable de la matière pondérable.

En d'autres termes, la séparation entre les idées de matière et de force est incomplète.

Nous arrivons maintenant à la troisième phase, la phase moderne, dans laquelle l'union est complète, sans possibilité de séparation, entre les idées de matière et de force.

L'union absolue, l'inséparabilité complète de nos idées de matière et de force, se montre surtout dans nos idées de matière et de force chimique. Les molécules sont douées de forces qui leur donnent diverses qualités chimiques, et qui ne changent jamais ni de nature, ni d'intensité. Faraday s'exprime ainsi : « Un atome d'oxygène est toujours un atome d'oxygène ; rien ne peut l'user en aucune façon. Il peut entrer dans une combinaison, et disparaître en tant qu'oxygène ; il peut passer par mille combinaisons, animales, végétales et minérales ; il peut rester caché pendant mille ans ; mais, dès qu'il se dégage, c'est de l'oxygène avec toutes les qualités qu'il avait auparavant, ni plus, ni moins. Il a toute sa force primitive, et seulement cette force ; la quantité de force qui se dégage quand l'oxygène disparaît, doit agir encore, mais en sens contraire, lorsqu'il redevient libre ». (Faraday, *Recherches sur la chimie*, p. 154.)

Si nous pouvions nous représenter le dernier atome d'un corps simple quelconque, nous ne pouvons nous empêcher de penser que la force chimique qui en constitue et en détermine la nature, est absolument inséparable de la matière dont ce corps est formé.

Par exemple, l'atome absolu de carbone aurait la même espèce de force que n'importe quelle masse de carbone ; il différerait en espèce, et toujours, de l'atome absolu de tout autre corps simple, à cause de sa force particulière. Si la force chimique pouvait se séparer de l'atome de carbone, sa matière pourrait cesser d'être du carbone ; elle pourrait devenir quelque autre corps simple, et la transmutation des métaux serait dès lors possible.

L'union qui existe entre la matière et la pesanteur, est tout aussi indestructible que l'union de la matière et de la force chimique. La matière sans pesanteur n'est plus de la matière ; la pesanteur appartient à la matière et ne peut lui être ôtée. Il n'est pas plus possible de détruire la pesanteur, que de détruire la matière elle-même. A quelque degré de division que l'on amène la matière, chacune de ses parties conservera une part de cette force ; la force ne peut pas plus se perdre, que la matière elle-même. Il nous est impossible de penser que la matière puisse exister sans que la force de pesanteur soit toujours agissante, ou prête à agir, dans chacun de ses atomes. Il nous est également impossible de penser qu'aucune portion de la force de pesanteur puisse se séparer de la matière. Si nous essayons de partager, par la pensée, une quantité donnée de force en plusieurs parties, alors chacune de ces parties, quelque petite qu'elle soit, aura nécessairement une partie correspondante de matière à laquelle elle sera attachée, et sans laquelle nous ne saurions concevoir l'existence de la force.

La grande découverte de Newton a consisté à déterminer l'existence de la force dans chaque particule de la matière de la terre et des planètes ; et Adams et Leverrier, reconnaissant l'action d'une force non expliquée dans la matière qui était connue, ont pu prédire l'existence d'une portion de matière inconnue, dans une planète qui n'avait pas encore été découverte ; ils la cherchèrent alors, et la trouvèrent.

Mais le grand progrès vers la phase moderne de l'inséparabilité de la matière et de la force, est dû à Young et à Fresnel, qui ont détrôné les idées de la seconde phase, par leurs découvertes sur la lumière. Écoutons le témoignage du docteur Whewell : « Par leurs idées sur l'interférence des ondes, sur la double réfraction, c'est-à-dire sur le passage des ondes à travers des milieux dans lesquels la résistance à ces ondes n'est pas la même dans tous les sens ; par leurs idées de vibration transversale ou de polarisation et de dipolarisation, ces physiciens ont rompu avec presque toutes les idées de Newton sur la nature de la lumière ; et le seul vestige qui en reste maintenant est l'éther, cette substance matérielle impondérable, dont on admet encore l'existence pour transmettre les mouvements qui constituent la lumière. »

Comme la question de la nature de cet éther destiné à porter la lumière, est du plus haut intérêt pour nos idées de matière et de force, je veux vous soumettre, aussi rapidement que possible, les vues différentes de nos physiciens sur ce sujet.

Le révérend T. R. Birks, dans son ouvrage sur la matière et l'éther, publié en 1862, défend avec énergie l'existence d'un éther particulier, et en définit les propriétés. Il admet que les molécules de l'éther se repoussent entre elles avec force, attirent de même tous les corps simples, et entrent en combinaison avec eux. Chaque monade de matière ordinaire est, selon lui, combinée avec une monade d'éther, formant un atome composé double. Les composés de plusieurs monades peuvent se combiner de diverses manières, et former des éléments chimiques différents. Un élément chimique n'est pas une sphère solide à l'état de mouvement ou de repos ; mais il se compose d'un nombre défini d'unités, de duades, de centres de force, ou de monades de matière et d'éther inséparablement unis, disposées dans un certain ordre, tournant généralement autour d'un axe, et séparées des éléments les plus voisins par une certaine quantité d'éther interposé. Chacun de ces éléments doit avoir, dans sa structure même, quatre ou cinq sources de différence, ce qui peut produire une sorte de polarisation : différences de matière, d'éther et de rotation, que l'on exprimera toutes par le terme général de polarisation. Par exemple, l'électricité positive ou vitrée peut être un excès d'éther interposé ; l'électricité négative ou résineuse en sera le défaut.

Le professeur Clark Maxwell, dans les *Philosophical Transactions*, 1868, 1re partie, p. 460, s'exprime ainsi : « Nous avons donc quelque raison de croire, d'après les phénomènes de la lumière et de la chaleur, qu'il existe un milieu éthéré remplissant l'espace et pénétrant tous les corps, capable d'entrer en mouvement, et de transmettre ce mouvement d'un point à un autre, ainsi que de communiquer ce mouvement à la matière plus grossière, de façon à l'échauffer et à l'affecter de différentes manières. »

D'un autre côté, M. Grove nous dit (p. 163) : « Dans une conférence que j'ai faite au mois de janvier 1842, j'ai déclaré qu'il me paraissait mieux d'accord avec les faits connus de regarder la lumière comme résultant d'une vibration ou d'un mouvement des molécules de la matière elle-même, plutôt que d'un éther spécifique dont elle serait pénétrée, tout comme le son se propage par les vibrations d'un morceau de bois, ou les vagues par le mouvement de l'eau. Je ne parle pas ici du caractère des vibrations de la lumière, du son ou de l'eau, caractère qui est sans doute loin d'être le même ; je veux seulement les comparer au point de vue de la propagation d'une force par le mouvement de la matière elle-même.

» La grande objection du docteur Young est que tous les corps auraient les propriétés du phosphore solaire, si la lumière résultait des vibrations de la matière ordinaire ; mais nous lui répondrons qu'un si grand nombre de corps possèdent cette propriété, et avec une persistance si variée, qu'il n'est pas prouvé que tous ne l'aient pas, quoique ce puisse être pendant un temps si court, que l'œil n'en saurait mesurer la durée.

» Si l'on nous dit que la matière ordinaire n'a pas assez d'élasticité pour transmettre les ondes avec la vitesse que nous connaissons à la lumière, nous en conviendrons peut-être si l'on suppose les vibrations lumineuses tout à fait analogues à celles du son ; mais la transmission du mouvement moléculaire avec une vitesse égale, et même supérieure, à celle de la lumière, nous est prouvée par la rapidité avec laquelle l'électricité parcourt un fil métallique, dont elle affecte sans doute chaque molécule. »

M. Brooke, dans les *Proceedings of the Royal Society*, de

1867 (p. 412), s'exprime ainsi : « La vitesse énorme, et qui n'est probablement pas inférieure à 250 000 milles par seconde, avec laquelle nous savons que l'électricité se meut sur un fil conducteur, prouve suffisamment que la matière ordinaire est capable de transmission, avec une vitesse bien supérieure à celle des ondes lumineuses et calorifiques. Pourquoi n'admettrait-on pas qu'une matière convenablement choisie est capable de transmettre ces dernières? et, s'il en est ainsi, il n'est plus nécessaire de supposer la présence de l'éther entre les molécules des corps. »

Voici comment M. Grove résume les arguments pour et contre un éther particulier (p. 196, éd. 1867) : « Les adversaires de l'éther admettent que partout où se trouvent la lumière, la chaleur, etc., il y a de la matière ordinaire, quoiqu'elle puisse être tellement raréfiée qu'elle échappe aux moyens de constatation que fournissent d'autres forces, telles que la pesanteur ; ils admettent qu'il est impossible d'assigner une limite à la raréfaction de la matière. Les partisans de l'éther supposent la présence d'une matière particulière et impondérable, dont l'existence n'est prouvée que par les phénomènes qu'elle sert à expliquer. Ainsi, pour expliquer ces phénomènes, on admet l'existence de l'éther ; et, pour prouver l'existence de l'éther on invoque les phénomènes. Ces motifs et les autres que j'ai déjà donnés, me font penser que l'hypothèse de l'universalité de la matière ordinaire est la moins gratuite des deux».

Écoutons ce que dit M. W. K. Clifford, dans une conférence faite à l'Institution royale en 1867 : « On a longtemps supposé que la lumière se composait d'ondes transmises à travers une gelée éthérée extrêmement claire, qui remplit l'espace ; or, on connaît le tremblement rapide qui se propage. à travers une gelée dont on a mis un point en mouvement. De cette hypothèse, nous pouvons déduire les lois de la propagation de la lumière, celles de l'interférence des différents rayons lumineux, et l'expérience vient pleinement confirmer ces lois. Mais ici encore, la science renverse l'échelle dont elle s'est servie pour s'élever. Pour expliquer les phénomènes de la lumière, il n'est pas nécessaire d'admettre autre chose qu'une oscillation périodique entre deux états, en un point donné de l'espace. Quels sont ces deux états ? personne ne le sait ; et la seule chose que nous puissions affirmer avec quelque probabilité, c'est que ce ne sont pas des états de déplacement purement mécanique, comme le tremblement d'une gelée, car les phénomènes de la fluorescence semblent contredire cette supposition ».

L'analyse spectrale ne nous a donné aucun indice de l'existence d'un éther particulier, et cependant, cette analyse si délicate nous a montré que quelques-unes des substances de notre terre se retrouvent dans les étoiles, les nébuleuses et les comètes. Nous n'avons eu jusqu'ici que peu d'occasions d'analyser la matière des comètes. Il est probable qu'elles contiennent de l'azote, et les métaux des aérolithes. Quand on nous dit que la queue de la comète de 1811 couvrait un espace de 112 millions de milles, et qu'il est possible de déterminer la nature des substances dont elle se compose, il est évident que nous finirons par en savoir bien plus que nous n'en savons actuellement sur le milieu interstellaire.

Mais, quelque étendue que nos connaissances puissent acquérir, quand même il serait prouvé qu'il existe un éther particulier pour transmettre la lumière à travers l'espace qui nous sépare des étoiles, on reconnaîtra que cet éther, quoique susceptible de mouvements plus rapides que les autres sub-

stances connues, possède cependant ses propres forces, qui en sont inséparables.

Les idées sur l'union de la matière et de la force ont suivi à l'égard de la chaleur la même marche qu'à l'égard de la lumière.

« La découverte de la polarisation de la chaleur par le professeur Forbes, et sa confirmation et son extension à la dipolarisation par Mellion, ont presque d'un seul coup renversé la théorie de l'émission (Whewell). » La doctrine de l'émission est devenue aussi insoutenable pour la chaleur, qu'elle l'était déjà devenue pour la lumière.

Dès l'année 1798, le comte de Rumford avait lu à la Société Royale un mémoire sur la chaleur produite par le frottement. « Il me semble, dit-il, sinon impossible, du moins extrêmement difficile, de se former une idée distincte de quelque chose qui ait pu être excité et communiqué dans ces expériences, si ce n'est le mouvement. »

En 1799, Davy publia un mémoire sur la chaleur et la lumière, dans lequel il disait: « Je conclus que la chaleur ou la puissance de répulsion n'est pas de la matière. » Il ajoute : « La chaleur donc, ou la force qui s'oppose au contact des molécules des corps, et qui produit sur nous les sensations particulières de chaud et de froid, peut être définie comme un mouvement particulier, probablement une vibration des molécules des corps tendant à les séparer. On peut, avec raison, l'appeler mouvement de répulsion. »

« Je suis obligé, dit M. Grove, pour me faire comprendre, de parler de la chaleur comme d'une substance, ainsi que de sa conductibilité, de son rayonnement, etc.; cependant ces expressions sont, en réalité, en contradiction avec la théorie dynamique, qui regarde la chaleur comme un mouvement et rien de plus. Ainsi, la conductibilité serait simplement une dilatation ou un mouvement progressif des particules du corps conducteur. »

« Les phénomènes dépendent de la structure moléculaire de la substance affectée ; et, quoique ces faits ne soient pas absolument incompatibles avec la théorie qui les regarde comme des fluides ou des substances particulières, on les trouvera, je crois, bien mieux d'accord avec celle qui les considère comme un mouvement.

» La chaleur, que nous étudions en ce moment, ne saurait être isolée. Nous ne pouvons séparer la chaleur d'une substance, et la conserver comme chaleur. Nous pouvons seulement la transmettre à un autre corps, soit comme chaleur, soit comme un autre mode de force. Nous ne connaissons que certains changements de la matière, auxquels nous appliquons le terme générique de chaleur. La chaleur en tant que corps est inconnue. »

En 1863, le professeur Tyndall nous dit : « La théorie dynamique, ou, comme on l'appelle quelquefois, la théorie mécanique de la chaleur, rejette l'idée de matière comme appliquée à la chaleur. Les partisans de cette théorie ne croient pas que la chaleur soit de la matière, mais plutôt un accident ou une condition de la matière, par exemple, un mouvement de ses molécules. De la considération directe de quelques-uns des phénomènes de la chaleur, un esprit réfléchi est amené presque instinctivement à conclure que la chaleur est une sorte de mouvement. »

Ainsi, la théorie défendue par Rumford avec tant de puissance, et soutenue avec tant d'habileté par Davy, est que la chaleur est un genre de mouvement ; et que le frottement la percussion et la compression peuvent produire ce mouvement, tout aussi bien que la combustion.

M. Clifford s'exprime ainsi dans une conférence faite à l'Institution royale : « Fourier, en recherchant les lois de la transmission de la chaleur d'un corps à un autre, est parti de l'hypothèse que la chaleur est un fluide qui coule de l'extrémité chaude vers l'extrémité froide, comme l'eau coule dans un tube. C'est de cette hypothèse qu'il a déduit les lois de la conductibilité ; mais l'expérience a montré que les mêmes lois pouvaient se déduire d'autres hypothèses. Au fond, tout ce qui peut s'expliquer par l'idée d'un fluide, s'explique également, soit par l'attraction des molécules, soit par l'effort exercé sur un solide. Les mêmes calculs mathématiques résultent de trois hypothèses distinctes. » A propos de la troisième phase des idées sur l'union de la matière avec la force électrique et magnétique, le docteur Whewell nous dit que la découverte de la polarisation de la chaleur a ébranlé l'idée de la réalité physique des fluides électriques. Le calorique matériel et l'électricité matérielle ont succombé à la fois.

Écoutons M. Grove : « L'électricité est l'état de la matière ou le mode de force qui met le plus distinctement et le mieux en rapport les autres modes de force, et qui montre d'une manière très-étendue, au point de vue de la qualité, son rapport avec eux, et leurs rapports avec elle et entre eux. La manière dont la force particulière que nous appelons électricité semble se transmettre le long de certains corps, tels que les fils métalliques, a fait employer généralement le nom de courant pour en désigner la marche apparente.

» Il est très-difficile de présenter à l'esprit une théorie qui donne une idée bien définie de son mode d'action. Les premières théories considéraient les phénomènes électriques comme dus soit à un seul fluide qui se repoussait lui-même, mais attirait toutes les autres substances, soit à deux fluides, dont chacun se repoussait lui-même, mais attirait l'autre. Ce sont là les deux seules théories définies qui aient été proposées. Malgré cela, j'espère être soutenu par un grand nombre de ceux qui ont étudié attentivement les phénomènes électriques, si je les considère, non comme résultant de l'action d'un ou de plusieurs fluides, mais plutôt comme une polarisation moléculaire de la matière ordinaire, ou comme de la matière exerçant une attraction et une répulsion dans une direction définie. »

Dès que nous arrivons à la troisième phase d'idées sur l'électricité et le magnétisme, nous les trouvons regardés comme des mouvements vibratoires particuliers de la matière pondérable, en rapport quantitatif avec toutes les autres formes de mouvement. Mais il ne nous est pas possible encore de nous faire une idée claire de la nature du mouvement transversal complexe de double polarisation d'une molécule gazeuse, solide ou liquide.

Voilà donc, rapidement esquissée, l'histoire des trois phases des idées sur la possibilité de séparer la matière et la force.

N'oublions pas cependant que le passage d'une phase à l'autre est insensible, et que, lorsqu'on fait l'histoire de ces idées chez les individus, quelques-unes peuvent être arrivées à la troisième phase, tandis que d'autres n'en sont encore qu'à la seconde, ou même ne dépassent jamais la première.

Ainsi, tout le monde admet peut-être comme inséparables de la matière des causes de la pesanteur et de l'action chimique, tandis que quelques-uns sont, même aujourd'hui, à peine disposés à reconnaître que la chaleur l'est également.

Il sera peut-être encore plus difficile de faire admettre que la cause de la lumière est inhérente à la matière pondérable ; et il en est peu encore qui croient que l'électricité et le magnétisme ne sont que des mouvements particuliers, qui se produisent dans les molécules de la matière pondérable.

En d'autres termes, la troisième phase d'idées sur l'union de la force et de la matière peut être admise par tout le monde dans une certaine limite ; mais ce n'est que peu à peu qu'on la reconnaît, sans restriction, comme vérité incontestable.

Dès que l'on admet que la force est absolument inséparable de la matière, à l'état gazeux, liquide ou solide, il devient aussi impossible de penser que la matière puisse n'être composée que de centres de force, qu'il l'est de penser qu'elle puisse être inerte, ou dépourvue de toute force.

Si la matière est inséparable de la force, elle doit être toujours dans un état de mouvement, ou de tendance au mouvement, ou de résistance au mouvement ; elle ne peut jamais être dans un état de repos absolu.

En rapport immédiat aussi avec l'idée de l'inséparabilité de la matière et de la force, se trouve une autre idée moderne sur la force, idée dont nous allons exposer ici la marche en Angleterre.

Cette idée a d'abord été représentée par l'expression de conversion de la force, puis par celle de corrélation des forces, puis par celle de conservation de la force, et maintenant enfin par celle de conservation de l'énergie.

Dans un mémoire écrit par M. Faraday en 1839, sur le peu de probabilité qu'il y avait que le contact pût produire l'électricité voltaïque (*Exp. researches*, vol. II, page 103), nous trouvons ceci : « Nous avons bien des moyens de changer la forme de la force, de manière à produire une *conversion* apparente d'une force en une autre. » — « Dans aucun cas, il n'y a de véritable création, de force produite, sans l'épuisement correspondant de quelque chose qui la produise. »

M. Grove dit, dans une lecture faite en 1842 sur les progrès des sciences physiques : « La tendance actuelle de la théorie semble être d'établir que toutes ces manières d'être de la matière peuvent se ramener à une seule, qui est le mouvement ; » et, plus loin : « La lumière, la chaleur, l'électricité, le magnétisme, le mouvement et l'affinité chimique sont des manières d'être de la matière, qui peuvent toutes se convertir l'une en l'autre. Considérez l'une comme la cause, et l'autre sera l'effet. Ainsi, nous pouvons dire que la chaleur produit l'électricité ; l'électricité, la chaleur ; que le magnétisme produit l'électricité ; l'électricité, le magnétisme ; et ainsi de suite. Il nous faut humblement attribuer leur cause à une seule influence répandue partout, et nous contenter d'en étudier les effets, et de développer par l'expérience leurs rapports mutuels. »

En 1843, dans une série de lectures sur la corrélation des forces, le même physicien disait : « L'idée que je vous soumets dans ces lectures est que la force ne saurait être anéantie, mais qu'elle est simplement subdivisée, et change de direction et de caractère. — J'oserai, après avoir bien réfléchi, émettre l'opinion que la science marche rapidement vers l'établissement de rapports immédiats ou directs entre toutes ces forces. »

En 1843, M. Joule dit, en parlant de l'équivalent mécanique de la chaleur (*Phil. Mag.*, vol. XXIII, page 442), qu'il veut répéter et étendre ses expériences, dans la conviction que les grandes forces de la nature sont, par la volonté du Créateur, indestructibles, et que, partout où il y a dépense de force mécanique, il y a toujours production d'un équivalent exact de chaleur; puis, il cite les conclusions que l'on peut tirer, pour la pratique, de la convertibilité de la chaleur et des forces mécaniques l'une en l'autre.

M. Faraday dit, dans une lecture faite en 1857 sur la *Conservation de la force* (*Researches*, page 454), que notre idée de l'indestructibilité de la matière est un cas, des plus important, de conservation de force ; il ajoute, dans un mémoire inédit : « La force ne peut être ni anéantie ni créée à volonté. Elle ne peut agir, et cesser d'agir ; puis reprendre et s'arrêter encore, sans être employée de quelque autre façon. »

Il dit encore dans un autre mémoire : « J'entends par le mot force la source ou les sources de toutes les actions possibles des atomes ou des substances de l'univers ; on les appelle souvent forces de la nature, par rapport aux différentes manières dont ces effets se manifestent.

Pour éviter l'obscurité et la confusion qui seraient inévitables, si l'on se servait du mot force pour représenter tantôt une cause et tantôt un effet ; et pour nous borner à l'effet qui peut seul être l'objet de recherches expérimentales, l'expression de conservation d'énergie est maintenant adoptée au lieu de celle de conservation de force.

Ainsi, la force, que nous considérons comme indestructible et inséparable de la matière, est la cause de l'énergie, et l'énergie est l'effet de la force.

Le tableau suivant pourra rendre plus clair le sens que nous attachons à ces termes :

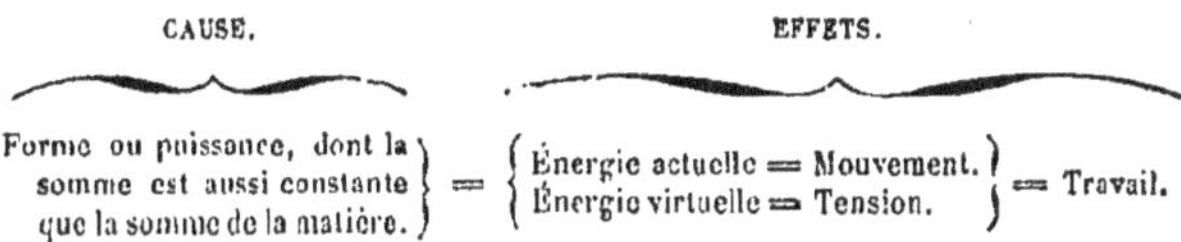

L'idée de la conservation de l'énergie signifie que la somme de l'énergie actuelle et de l'énergie virtuelle existant dans le monde est constante.

L'énergie actuelle que l'on peut imprimer à un boulet, est exactement égale à l'énergie latente ou virtuelle de la poudre, et celle-ci dépend de la force chimique de l'oxygène, de l'hydrogène et du carbone. Ce que le boulet gagne, la poudre le perd. A mesure que l'énergie virtuelle ou la tension décroît, l'énergie actuelle ou le mouvement s'accroît, et il ne peut y avoir ni perte ni gain dans la somme du mouvement et de la tension.

Quelle que soit la forme du mouvement, il ne peut venir que d'une autre forme de mouvement, ou d'une forme de tension.

C'est au docteur Joule que nous devons les expériences remarquables qui montrent le rapport numérique existant entre la chaleur et la pesanteur. Il a établi qu'une certaine quantité de mouvement d'une espèce, produit une quantité équivalente d'une autre espèce. Il a prouvé qu'un poids de 772 livres (350kil.,17) tombant d'une hauteur d'un pied (0m,304) produit assez de chaleur pour élever d'un degré Fahr. (0°,55 centigrade) la température d'une livre d'eau (453gr,59). Il a donné le nom de livre-pied (*foot-pound*) à l'unité de mouvement mécanique, c'est-à-dire au poids d'une livre tombant d'un pied de haut, et celui d'unité de chaleur a la quantité de chaleur nécessaire pour élever d'un degré

Fahr. une livre d'eau ; et alors, l'équivalent mécanique de la chaleur est 772 livres-pieds.

Les équivalents des autres formes d'énergie ne sont pas encore déterminés expérimentalement.

En attendant, selon les idées modernes, les différentes formes sont entre elles dans un tel rapport, qu'aucune ne peut se perdre, et qu'aucune ne peut se produire sans rentrer dans quelque autre forme d'énergie, ou en sortir.

« Mais, dit M. Faraday (*Researches in Chemistry and Physics*, page 459), après tout, quelques-uns nieront peut-être le principe de la conservation de la force. Eh bien, alors, si ce principe n'est pas fondé, même dans son application à la plus petite partie de la science de la force, la preuve en doit être à notre portée, car il en est ainsi de toute science physique. En ce cas, nous pouvons nous attendre à des découvertes aussi grandes, ou même plus grandes que toutes celles qui ont encore été faites. Je ne m'oppose pas à ce qu'on les cherche ; car on ne peut faire aucun mal, mais au contraire du bien, en travaillant sérieusement et avec l'amour de la vérité dans cette direction. Mais n'admettons pas sans preuves claires et solides la possibilité de détruire ou de créer une force.

« De même que le chimiste doit toute la perfection de sa science à sa foi à la certitude de la pesanteur, dans l'emploi qu'il fait de la balance, de même aussi le physicien peut s'attendre à trouver la plus grande assurance et l'appui le plus ferme dans le principe de la conservation de la force. Tout ce que nous avons de bon et de sûr, la machine à vapeur, le télégraphe électrique, etc., rend témoignage à ce principe. Il faudrait un mouvement perpétuel, un feu sans chaleur, une chaleur sans source, une action sans réaction, une cause sans effet, un effet sans cause, pour lui retirer son titre de loi de la nature. »

« Enfin, dit encore Faraday, en n'admettant aucune hypothèse, en ne croyant aucun fait qui soit opposé au principe de la conservation de la force, le physicien est prêt à chercher des effets et des conditions encore inconnus ; la voie lui est ouverte pour arriver à tous les développements des conséquences et des relations des forces. En niant ce principe, il oppose au progrès une barrière dogmatique ; tandis qu'en l'admettant, il trouve un nouveau stimulant à ses recherches, et un guide pour le conduire à la science humaine (p. 450). »

Dans les lectures suivantes, je vous montrerai jusqu'à quel point les trois phases des idées sur la séparabilité de la matière et de la force, se retrouvent dans l'histoire des sciences qui admettent l'idée de la vie ; puis, j'essayerai de dire quelques mots sur l'application de la doctrine de la conservation de l'énergie à la physiologie, à la pathologie et à la thérapeutique.

H. Bence Jones.

— Traduit de l'anglais par Battier. —

FACULTÉ DE MÉDECINE DE PARIS

ANATOMIE PATHOLOGIQUE

COURS DE M. VULPIAN (1)

Leçon d'ouverture

Deux années se sont écoulées depuis que j'ai été mis en possession de cette chaire, et je reviens déjà à mon point de départ, c'est-à-dire aux matières dont j'ai traité en 1867. Ce n'est pas que j'aie passé en revue toute l'anatomie pathologique. Loin de là ! Il m'eût fallu cinq ou six années au moins pour mener à bonne fin une pareille tâche. Mais je tenais moins à être complet qu'à vous être le plus utile possible ; et, pour atteindre ce but, il fallait me borner à ce qui concerne l'anatomie pathologique générale. Et encore, que de lacunes n'ai-je pas laissées dans mon cours ! Je n'ai parlé, par exemple, ni des hernies, ni des fractures, ni des luxations, ni des corps étrangers. Mais ces sujets, qui ressortissent à l'anatomie pathologique générale par des côtés très-importants, sont étudiés ici même devant vous, avec tous les développements nécessaires, par mes collègues chargés des cours de pathologie externe, et ce que je vous en aurais dit n'aurait pu avoir qu'un médiocre intérêt.

Ai-je besoin de vous expliquer pourquoi je veux encore, comme les années précédentes, ne vous parler surtout que de ce qui concerne l'anatomie pathologique générale ? Ce qui doit principalement vous être enseigné ici, pendant le temps que vous pouvez consacrer à ces études, c'est l'état actuel de la science relativement aux questions générales, telles que celles de l'inflammation, de la gangrène, des atrophies et des hypertrophies, des néoplasies morbides, etc. Munis de ces connaissances, vous pouvez facilement en faire l'application aux divers sujets de l'anatomie pathologique spéciale. D'ailleurs je n'ai pas négligé de vous guider dans la voie de ces applications. A propos de chaque question générale d'anatomie ou de physiologie pathologiques, j'ai toujours pris quelques types dont je vous ai présenté l'histoire dans tous ses détails. C'est ainsi qu'après avoir étudié l'inflammation en général, je vous ai montré les modifications de ce processus morbide, suivant les tissus et suivant les organes : c'est ainsi que j'ai pu décrire l'anatomie pathologique de l'encéphalite, de la myélite, de la névrite, de la pneumonie, de la pleurésie, de la cirrhose, des diverses sortes de néphrite, de l'artérite, de la phlébite, etc. ; c'est ainsi qu'à propos de la grangrène, j'ai fait l'histoire de la nécrose ; de même pour l'histoire du cal, des régénérations osseuses, tendineuses, musculaires, nerveuses, à propos des néoplasies ; de même encore pour les productions sarcomateuses, cancéreuses, etc., considérées dans les principaux organes.

De cette façon, à part les lacunes que je viens de signaler, et dont je vous ai donné la raison d'être, nous avons réussi à faire en deux années l'étude de la plupart des questions dont s'occupe l'anatomie pathologique générale. C'est pour cela que je me trouve ramené tout naturellement à traiter de nouveau cette année des sujets qui nous avaient occupés il y a deux ans. Comme vous devez vous y attendre, pour peu que vous sachiez avec quelle ardeur est cultivée l'anatomie patholo-

gique, mon cours ne pourra pas être une simple répétition de celui de 1867 : bien des modifications ont été depuis lors introduites dans l'histoire d'un grand nombre de processus morbides, et je me propose naturellement d'en tenir compte.

Quant à la méthode que j'ai suivie dans mes leçons, je crois devoir la suivre encore, car elle me paraît être celle qui peut vous fournir le plus de données utiles.

L'étude des altérations des parties solides et liquides du corps ne saurait assurément se faire aujourd'hui comme elle se faisait il y a trente ans, ou du moins, elle ne peut plus se borner à ce qu'on enseignait alors. Les modifications de situation, de dimensions, de poids, de forme, de couleur, de consistance, d'aspect intérieur et extérieur, constituaient alors le fonds de l'anatomie pathologique. Ces modifications sont évidemment d'une importance extrême, mais à condition qu'elles puissent nous révéler les altérations profondes, microscopiques et chimiques, des parties solides et liquides, c'est-à-dire les modifications de texture, de structure et de composition de ces parties. Ce sont ces modifications qui priment toutes les autres ; c'est jusqu'à elles qu'il faut pénétrer en dernière analyse, et les changements appréciables par l'examen à l'œil nu ne sont que les indices, parfois infidèles, de ces modifications.

Ne croyez pas que nos prédécesseurs n'aient pas senti aussi vivement que nous l'immense importance de notions exactes sur les altérations de structure et de composition chimique ! Ils ont fait ce qu'ils ont pu pour arriver jusqu'à ces notions. Mais comment auraient-ils pu réussir, privés qu'ils étaient de toute connaissance précise sur la structure des organes et sur la composition chimique des humeurs et de la matière organisée en général. Leurs recherches, faute de moyens d'investigation suffisamment pénétrants, n'avaient pas dépassé ce qui concerne les tissus, dernier terme d'analyse auquel Bichat avait conduit la science qu'il avait créée, l'anatomie générale.

Or, ainsi que vous le savez tous maintenant, ce ne sont pas les tissus qui constituent les parties simples de l'économie, ce sont les éléments anatomiques ; et, jusqu'au moment où l'histologie normale a été constituée, les altérations de structure devaient rester à peu près complétement inconnues dans ce qu'elles ont d'essentiel. C'est dans les éléments anatomiques et dans les humeurs de l'organisme, ou c'est par leur médiation qu'ont lieu tous les phénomènes de la vie ; c'est donc là qu'il faut chercher à découvrir la cause prochaine de tous les troubles fonctionnels observés ; c'est là aussi qu'il faut étudier, autant que faire se peut, le mécanisme de la réparation des parties altérées.

Ces quelques mots suffiraient déjà pour vous faire bien comprendre l'importance de l'histologie pathologique ; mais il convient, je crois, d'insister un peu sur les services qu'a rendus et que peut rendre encore cette partie de l'anatomie pathologique, afin que vous ne soyez pas surpris si je lui fais une large place dans mon enseignement.

Lorsque les études microscopiques étaient encore à leur début, les médecins qui n'en prévoyaient point l'avenir, et qui n'étaient frappés que du nombre immense de détails nouveaux introduits dans l'anatomie pathologique, déclaraient que c'était là un ordre de recherches à peu près, sinon entièrement inutiles. Je ne serais même pas très-surpris si l'on venait me dire qu'un certain nombre de médecins ne pensent pas différemment aujourd'hui. Et pourtant, n'est-ce pas fermer volontairement les yeux à la lumière ? N'est-ce pas se dé-

---

(1) Voyez dans nos tomes II et III, 1865 et 1866, deux cours de M. Vulpian.

clarer ou délibérément injuste ou notoirement ignare ? L'histologie pathologique a eu et a encore, comme l'histologie normale, ses obscurités, ses fluctuations, ses revirements ; c'est là le sort de toute science difficile pendant sa période d'évolution. Mais qui peut nier qu'un grand nombre de questions d'anatomie pathologique aient été éclaircies d'une façon définitive par l'intervention du microscope ? Qui peut nier que cette intervention ait dissipé les incertitudes sur beaucoup de points, et ait même, contrairement à ce qu'on lui reprochait autrefois, rendu plus simple et plus facile l'étude de nombreuses lésions ? Et ne croyez pas que je fasse allusion, dans ce moment, à des maladies rares, peu connues. Non, je parle bien au contraire des affections les plus communes. Qui pourra dire que l'on connût les altérations intimes de l'intestin dans la fièvre typhoïde avant les recherches microscopiques. Ce n'est certes pas qu'on eût négligé d'étudier minutieusement ces lésions intestinales ; les descriptions si exactes, si minutieuses, de M. Louis, entre autres, protesteraient contre une pareille allégation ; mais allons au fond des choses et cherchons au-delà de ces descriptions en quoi consiste essentiellement la lésion des plaques de Peyer ou des follicules isolés, lorsqu'il y a, soit des *plaques molles*, soit des *plaques gaufrées*, demandons-nous quel est le mode de production des ulcérations intestinales ; et, en consultant les auteurs de la période qui a précédé la nôtre, nous ne trouverons que des renseignements ou inexacts ou tout à fait incomplets : de telle sorte que l'on était alors forcé de se charger la mémoire de descriptions extrêmement difficiles à retenir et 'purement figuratives, ne donnant aucune idée du processus morbide dont l'intestin est le siége dans ce cas. On ignorait donc ce qu'il y a de réellement important à savoir sur ces lésions. Aujourd'hui, au contraire, la description anatomique pure se rattache dans notre esprit à la notion 'de l'altération intime. Nous savons que cette altération consiste essentiellement en une multiplication ou luxuriation des éléments lymphatiques appartenant aux follicules isolés, aux follicules agminés ou au tissu lymphoïde de la membrane muqueuse, luxuriation suivie plus ou moins rapidement d'embarras de la nutrition intime, d'où marcescence, atrophie, mort des éléments ainsi multipliés, puis ulcérations, etc. Il ne reste plus, une fois ces données connues, qu'à indiquer le rapport entre ces diverses phases de l'évolution de la lésion lymphomateuse de la fièvre typhoïde et les caractères anatomiques, visibles à l'œil nu, qu'offre l'intestin, pour établir une description à la fois plus complète, plus précise, plus significative et enfin plus facile à retenir que celles qu'elle a en partie remplacées.

Prenons une autre lésion, dans le groupe des maladies chroniques : la lésion de la cirrhose du foie. Consultez les ouvrages des auteurs de la période précédente ; ou même contentez-vous de remonter aux premières éditions de quelques-uns des livres classiques que vous avez entre les mains, et vous verrez à quel degré d'obscurité et d'indécision en étaient arrivées les descriptions de la cirrhose. L'opinion de Laennec qui considérait les granulations de la cirrhose comme des productions accidentelles n'avait pas été admise, et l'on avait eu raison ; mais on n'avait pas pu s'entendre sur une autre manière d'interpréter cette lésion. Les uns voulaient que ce fût le résultat d'une atrophie de la substance rouge du foie, combinée avec une hypertrophie de la substance jaune ; les autres, à plus juste titre, admettaient une disposition mor-

bide inverse, et, en dehors de ces deux manières de voir, d'autres hypothèses plus ou moins inexactes avaient aussi été avancées. Ceux mêmes qui croyaient que, dans la cirrhose, il y a atrophie de la substance jaune avec hypertrophie de la substance rouge, ne rendaient que bien imparfaitement compte de ce qu'ils entendaient par là, et l'on peut dire qu'avant que l'on eût étudié cette lésion à l'aide du microscope, on n'en connaissait que de la façon la plus vague, pour ne pas dire plus, les caractères fondamentaux. Depuis nombre d'années déjà, grâce à l'histologie, cette lésion est, au contraire, devenue une des mieux connues. On sait maintenant, de science certaine, qu'au fond la cirrhose consiste en une hyperplasie du tissu connectif interlobulaire, avec atrophie d'un certain nombre de lobules et réunion en granulations d'autres lobules plus ou moins modifiés. Non-seulement, la lésion en elle-même se trouve désormais connue, mais de plus tous les phénomènes secondaires de l'affection trouvent dans ces données une explication physiologique des plus satisfaisantes. La notion anatomo-pathologique fixe dans la mémoire, on peut le dire, et d'une façon indélébile, tout l'ensemble du tableau de la maladie.

On pourrait multiplier ces exemples ; on pourrait, je crois, prendre les unes après les autres la plupart des affections qui s'accompagnent d'une lésion et montrer de la même manière les heureux résultats des investigations histologiques. Je ne veux ajouter qu'un exemple à ceux dont je viens de vous dire un mot : je veux parler de la pneumonie aiguë franche. Certes, les diverses phases par lesquelles passe le tissu pulmonaire dans cette maladie avaient été bien étudiées et étaient bien connues avant l'intervention du microscope ; Laennec même avait en partie indiqué la véritable lésion de l'hépatisation rouge : mais après lui, que d'indécisions ! Les uns adoptaient, soit entièrement, soit avec des modifications, sa manière de voir ; d'autres voulaient que l'oblitération des alvéoles pulmonaires fût le résultat d'une compression exercée de dehors en dedans par le tissu interalvéolaire gonflé, infiltré de produits inflammatoires. Aujourd'hui, plus d'incertitude : on sait que les alvéoles sont réellement comblés par un exsudat fibrineux renfermant des leucocytes et souvent même quelques globules rouges du sang, et cette donnée bien établie a nécessairement modifié les idées qu'on se faisait sur l'évolution des lésions de la pneumonie.

Il est inutile, ainsi que je l'ai fait comprendre, d'énumérer d'autres exemples ; ils se présenteront d'eux-mêmes à votre esprit. Pour cette même raison, je ne crois pas nécessaire d'insister sur un autre ordre de preuves des services rendus par l'application du microscope à l'étude de l'anatomie pathologique : je veux parler des affections parasitaires, de différentes sortes d'atrophie, de l'altération amyloïde, etc., en un mot, d'un certain nombre de lésions dont la nature nous était absolument inconnue avant que cette application eût été faite.

Ce que je viens de vous dire me paraît justifier la part importante que je donne dans mes cours à l'histologie pathologique. Je répète que, sans elle, il est impossible d'acquérir des notions exactes sur la signification des modifications que l'on voit à l'œil nu ; ces notions sont sans contredit ce qu'il nous importe le plus de posséder, car c'est en grande partie sur elles que l'on peut établir les bases de la pathogénie. C'est en persévérant dans cette voie, et en profitant des progrès de l'histologie normale, que l'on peut espérer de diminuer le nombre des lacunes que présente encore l'anatomie pathologique. Et ces lacunes sont encore nombreuses et considérables. C'est surtout dans l'histoire des maladies du système nerveux qu'elles nous apparaissent dans toute leur étendue. Les vésanies diverses, les grandes névroses telles que l'hystérie, l'épilepsie, etc., sont encore presque complétement dépourvues d'anatomie pathologique incontestable, bien qu'on ait trouvé des lésions dans un certain nombre de cas ; il en est de même du tétanos, de la chorée, de l'hydrophobie, etc. Que dirons-nous de nos connaissances relatives aux altérations primitives du diabète, des fièvres, etc., si ce n'est qu'elles sont à peu près nulles ?

Nous ne nous faisons d'ailleurs point illusion à cet égard. Il est possible que les investigations histologiques et histo-chimiques faites avec le plus d'opiniâtreté ne réussissent pas à nous éclairer de longtemps sur les modifications bien certaines qui ont lieu dès le début de ces affections dans les parties atteintes. Il ne faut pas nous dissimuler que jusqu'ici nos moyens de recherches ne peuvent nous faire voir que des altérations assez grossières en réalité, bien que très-délicates en apparence ; et nous pouvons nous représenter intellectuellement des modifications moléculaires constituant des changements incompatibles avec le fonctionnement normal des éléments anatomiques, et cependant inaccessibles à nos instruments actuels d'analyse microscopique ou chimique. L'étude expérimentale des poisons démontre bien qu'il en est réellement ainsi dans certains cas. Il peut y avoir, d'autre part, des altérations du fluide sanguin qui s'opposent à la régularité des actes de nutrition intime, altérations dont il sera peut-être impossible pendant longtemps encore de déterminer la nature. Enfin, des affections qui ne laissent après elles, lors de l'autopsie, aucune trace reconnaissable, peuvent avoir eu pour point de départ des troubles des fonctions vasculaires.

L'importance de ces derniers troubles est incontestable, et la physiologie a permis déjà de leur rapporter, comme à une cause suffisamment efficace, un certain nombre de phénomènes morbides plus ou moins graves qu'on ne saurait expliquer autrement. Mais ici, il ne faut rien outrer, et il faut craindre de se laisser entraîner au delà de ce qui est vraisemblable et admissible. On fait aujourd'hui un bien étrange abus de la physiologie des vaisseaux et des nerfs vaso-moteurs. A en croire certains auteurs, une grande partie de la pathologie s'expliquerait ainsi ; les fièvres intermittentes, la fièvre en général, l'inflammation, le choléra, reconnaîtraient pour causes des troubles des nerfs vaso-moteurs. Il en serait de même des névralgies, de l'épilepsie, de l'hystérie, de la migraine, etc. Et les preuves de ces assertions ? Soumettez à une critique tant soit peu serrée les raisonnements sur lesquels on édifie cette pathologie scientifique de fantaisie, et vous verrez ce qui en restera debout. C'est encore par des phénomènes vaso-moteurs que l'on explique l'action des poisons et des substances médicamenteuses, celle de l'opium, de la belladone, du sulfate de quinine, de la digitaline, par exemple. Et tout cela vous est présenté comme des vérités incontestables, et qui ont à peine besoin d'être prouvées. Que ne vous dit-on, au contraire, que ce sont uniquement des hypothèses, des essais d'explication dépourvus encore de toute sanction expérimentale ? Vous sauriez au moins quelle valeur vous devez attacher à ces pures conceptions mentales, et nous ne serions pas exposés à vous voir, chaque fois qu'un problème

obscur de pathogénie ou de thérapeutique vous est posé, faire entrer en jeu les nerfs vaso-moteurs, les faire agir de la façon la plus capricieuse et souvent la plus contradictoire, et cela comme s'il s'agissait de la chose la plus simple et la plus facile à vérifier. Ce n'est pas ici le lieu de vous prouver combien la plupart de ces assertions sont inexactes, et je ne voudrais pas que vous pussiez croire que je n'attache aucune importance au rôle des nerfs vaso-moteurs dans la physiologie pathologique. Bien, au contraire, je suis persuadé qu'un grand nombre de phénomènes morbides peuvent et doivent leur origine à des troubles des fonctions de ces nerfs. Mais ce que je ne puis admettre, c'est que dans les affections qu'on a voulu expliquer ainsi, ces troubles vaso-moteurs soient les modifications initiales de l'état de santé de l'organisme. Pour moi, ces troubles sont presque toujours, sinon toujours secondaires. Je crois qu'il n'y a pas une seule maladie qui ait pour cause initiale, exclusive et plus ou moins durable, un trouble des fonctions des nerfs vaso-moteurs ; et, d'autre part, tout trouble morbide et persistant de ces fonctions suppose une modification première siégeant dans d'autres parties, et produisant d'une façon secondaire une excitation ou une dépression des fonctions de ces nerfs.

Et quant aux substances médicamenteuses ou toxiques, aucune d'elles, suivant moi, n'agit non plus directement et primitivement sur les nerfs vaso-moteurs. Celles dont l'action n'est pas due principalement à une viciation du sang, agissent tout d'abord sur des éléments anatomiques qui varient plus ou moins suivant la substance, mais au nombre desquels j'hésite beaucoup à ranger ces nerfs. Prenez une substance quelconque, étudiez les différents symptômes par lesquels se révèle son action, et vous verrez facilement que pour les expliquer vous serez presque toujours obligés d'admettre ici une contraction, là une dilatation des vaisseaux, là encore une influence nulle, et cela sans y être autorisés par des observations physiologiques ayant quelque valeur. A-t-on jamais prouvé que les nerfs vaso-moteurs de tel organe diffèrent de ceux de tel autre, et que par conséquent, les uns peuvent être excités, tandis que les autres seront plus ou moins paralysés ou laissés intacts ? Si l'on ne se défend pas sur ce terrain, et si l'on veut chercher dans les ganglions nerveux du grand sympathique la cause de ces différences d'action, on sera simplement en présence d'une nouvelle hypothèse tout aussi discutable que la précédente ; car, bien qu'on en ait dit, rien ne prouve d'une façon catégorique que des substances toxiques ou médicamenteuses puissent agir sur les cellules nerveuses de quelques-uns de ces ganglions dans un sens, et agir sur les cellules de ganglions plus ou moins éloignés de ceux-ci dans un autre sens. Les difficultés sont, au contraire, beaucoup moins grandes, si l'on admet que c'est surtout par l'intermédiaire des éléments anatomiques étrangers à l'appareil vaso-moteur qu'agissent les médicaments et les poisons dont je parle en ce moment. Ces substances pénètrent probablement dans tous ou presque tous les éléments anatomiques, en quantités sans doute très-variées, suivant la structure et la composition chimique des éléments atteints. Les actes vitaux qui s'accomplissent dans ces éléments sont plus ou moins troublés et dans différents sens, suivant la quantité de matière étrangère qui y a pénétré, et aussi suivant l'altération physique et chimique plus ou moins profonde qui en est le résultat. Comme les glandes, les épithéliums des membranes muqueuses, les différents viscères, les diverses parties du centre nerveux cérébro-spinal, etc., sont constitués par des éléments anatomiques très-dissemblables ; on ne peut pas s'étonner, en réfléchissant à ce que nous venons de dire, que le fonctionnement de certains de ces éléments et de l'organe qu'ils concourent à former éprouve une perturbation plus ou moins prononcée, tandis que d'autres organes conserveront leur action physiologique à peu près ou tout à fait intacte. C'est secondairement, et le plus souvent par mécanisme d'action réflexe, mis en jeu par les éléments anatomiques primitivement lésés, que surviennent les troubles vaso-moteurs.

Ainsi donc, ici encore, c'est au sang et aux éléments anatomiques (je n'excepte pas ceux des parois vasculaires) que nous ramène l'analyse des phénomènes morbides envisagés dans l'ordre de leur évolution. Et ce que j'ai dit des poisons et médicaments que nous soumettons journellement à nos expériences, s'applique nécessairement aussi aux divers poisons morbides. Si obscures que soient ces questions d'anatomie pathologique, ce sont encore des questions d'histologie et d'histo-chimie ; et, par conséquent, en ce qui les concerne, c'est par l'examen microscopique aidé judicieusement de l'emploi des réactifs chimiques, [que nous pouvons espérer de réaliser quelques progrès.

Mais les connaissances acquises en anatomie pathologique par l'histologie et l'histo-chimie doivent être reliées les unes aux autres, de telle sorte qu'elles puissent nous fournir des renseignements sur la physiologie pathologique, c'est-à-dire sur le mode de développement des lésions, sur leur évolution, sur leurs terminaisons, et enfin même sur leurs relations, soit avec les manifestations symptomatiques, soit avec la maladie elle-même. C'est ainsi que l'anatomie pathologique cesse d'être exclusivement théorique pour devenir pratique, et je ne néglige jamais de donner, autant que faire se peut, cette direction à nos études. Je ne veux pas vous parler en ce moment de toutes les questions que je viens d'énumérer à ce propos ; j'aurai à vous entretenir bien des fois dans mon cours : il importe toutefois d'indiquer quelques données générales relatives à l'une de ces questions, celle qui a trait aux rapports entre la lésion et la maladie. Je n'envisagerai d'ailleurs pas cette question sous toutes ses faces.

La plupart des maladies ont été considérées par de nombreux auteurs comme des troubles généraux de l'économie, produisant des déterminations locales dans un ou plusieurs organes. J'ai discuté cette manière de voir dans mon cours de l'année dernière, et je ne veux pas y revenir aujourd'hui. Ce que je désire vous démontrer, c'est que la lésion est précédée d'une affection locale qui l'engendre et doit en être soigneusement distinguée dans beaucoup de cas, au point de vue de la théorie aussi bien qu'à celui de la pratique. Quelques exemples me suffiront, je l'espère, pour vous convaincre.

Je choisis encore une des maladies les plus fréquentes, et qui m'a déjà fourni des arguments pour mettre en évidence les progrès dus à l'histologie pathologique : cette maladie, c'est la pneumonie aiguë, franche.

Lorsque cette maladie se termine par la mort, l'autopsie révèle les lésions bien connues de l'hépatisation rouge ou de l'hépatisation grise. Dirons-nous que ces lésions constituaient la maladie pendant la vie, et que la pneumonie est l'épanchement d'un exsudat fibrineux plus ou moins mêlé de leucocytes dans les alvéoles pulmonaires ? Eh bien, en réduisant la question aux termes que j'ai indiqués tout à l'heure, je

répondrai que l'exsudat épanché dans les alvéoles et les autres altérations de tissu ou de circulation qui l'accompagnent ne sont que des lésions secondaires, et ne constituent pas par conséquent l'affection locale, primitive et fondamentale de la pneumonie. L'affection locale primitive, c'est l'inflammation ou l'irritation spéciale des éléments anatomiques d'une certaine région des poumons, irritation produisant un trouble particulier de la nutrition intime que l'on peut, d'une façon abstraite, considérer comme détaché des altérations secondaires qui en sont la suite presque constante. C'est donc l'irritation dite inflammatoire des éléments d'un tissu ou d'un organe qui est, pour nous, la modification fondamentale, caractéristique de toute phlegmasie : c'est la phlegmasie même ; c'est là l'affection qui détermine les lésions trouvées lors de l'autopsie ; c'est elle qu'il faut combattre, car c'est elle qui tend à envahir les régions encore intactes, et à y provoquer un travail morbide semblable à celui qui s'est fait dans les parties tout d'abord attaquées ; et enfin, dès que cette irritation cesse, d'ordinaire les symptômes s'amendent presque aussitôt, bien que les lésions soient encore à peu près aussi étendues et aussi accusées qu'elles l'étaient quelques heures auparavant.

Vous comprenez bien que je suis loin de refuser toute importance à ces lésions secondaires, et, en particulier à l'obstruction des alvéoles pulmonaires par l'exsudat fibrineux ou fibrino-purulent. Si je pouvais m'étendre en ce moment sur ce sujet, je vous montrerais leur rôle habituel et les conséquences graves qui peuvent être sous leur dépendance. Mais quelque attention qu'il faille leur accorder, on ne peut nier que ces lésions ne soient subordonnées à l'irritation inflammatoire des éléments anatomiques des poumons, et que la thérapeutique ne soit dirigée principalement contre cette irritation et n'ait guère de prise que sur elle.

Ce que je viens de dire de la pneumonie, je pourrais le dire de toute autre inflammation aiguë, et, d'une façon générale de l'immense majorité des lésions qui sont du ressort de la pathologie interne. Je veux vous montrer que l'on peut raisonner de même à propos des maladies chroniques, et je prendrai pour types des maladies que l'on a considérées comme des inflammations chroniques : la cirrhose du foie et les scléroses de la moelle épinière. Quelle est l'altération primitive dans ces cas ? Est-ce la production exagérée de tissu connectif dans les espaces interlobulaires du foie, ou dans l'intervalle des fibres nerveuses de la moelle ? Je n'hésite pas à dire que non, et que la sclérose du tissu dans ces deux cas est une altération secondaire. Ces exemples sont même très-intéressants, en ce qu'ils nous permettent de reconnaître que dans certaines maladies on peut établir une distinction d'une grande importance entre les symptômes liés aux altérations primitives, dominatrices, et ceux qui sont liés aux altérations secondaires, subordonnées.

La modification primitive et dominatrice dans la cirrhose hépatique est une irritation morbide toute particulière des éléments anatomiques, frappant tout d'abord, soit sur les cellules hépatiques elles-mêmes, soit sur les éléments du tissu connectif interlobulaire : j'ajoute que j'incline fortement à admettre que ce sont les cellules qui souffrent en premier lieu pendant un temps plus ou moins long. Les symptômes de cette première période traduisent et la perturbation des fonctions hépatiques par suite de cette irritation, et le retentissement sur l'économie tout entière. C'est alors qu'on observe les douleurs hépatiques, la dyspepsie, les troubles intestinaux, quelquefois l'ictère précoce, la tendance aux hémorrhagies, etc. Cette première période dure encore alors que se produisent les lésions secondaires. Sous l'influence de l'irritation des éléments anatomiques du foie, une production exagérée de tissu connectif se fait dans les espaces interacineux ; ce tissu, au fur et à mesure qu'il se forme, subit d'ordinaire une rétraction analogue à celle du tissu cicatriciel, et dans cette seconde phase, l'insuffisance fonctionnelle du foie et les embarras toujours croissants de la circulation hépatique déterminent le dépérissement progressif, les troubles de plus en plus marqués des fonctions gastro-intestinales, les flux hémorrhoïdaux, l'ascite, etc.

Examinons maintenant l'affection dénommée, par M. Duchenne (de Boulogne), l'ataxie locomotrice progressive. Ici encore, il y a lieu de distinguer deux phases en ce qui concerne la moelle épinière. Dans la première, il y a irritation des éléments nerveux de la moelle épinière, sorte de myélite parenchymateuse qui se traduit par différents symptômes, mais surtout par les douleurs fulgurantes. Pendant cette période de l'affection, il est probable qu'il n'y a pas encore d'hyperplasie du tissu connectif de l'organe, bien que, d'après l'observation de MM. Charcot et Bouchard, cette altération se produise plus tôt qu'on ne l'avait cru. En quoi consiste histologiquement la modification des éléments nerveux pendant cette période ? C'est ce que nous ignorons absolument jusqu'à présent. Lorsque la myélite parenchymateuse a existé seule pendant un temps assez long mais très-variable, le tissu connectif, la névroglie se prend à son tour, et alors se produit l'hyperplasie de ce tissu, avec destruction des éléments anatomiques nerveux. L'irritation ne cesse point pour cela ; des éléments restés sains jusque-là sont successivement envahis, de telle sorte que d'ordinaire les deux états morbides coexistent : la myélite parenchymateuse qui est l'altération primitive et la myélite interstitielle qui est l'altération secondaire. C'est à ce dernier processus morbide qu'il faut surtout rattacher la diminution de la sensibilité et les troubles de la coordination.

Dans ces deux affections, que j'ai prises comme exemples d'affections chroniques, il me paraît certain que, s'il y a à distinguer une affection locale et une lésion, l'affection est l'irritation morbide particulière et primitive des éléments caractéristiques, soit du foie, soit de la moelle épinière ; la lésion est l'hyperplasie du tissu connectif interstitiel de ces deux organes : on peut dire que, dans ces cas, l'affection se manifeste par des symptômes qui lui sont propres, et que la lésion a aussi des manifestations symptomatiques spéciales. L'affection peut s'amender favorablement, disparaître même, et cependant la lésion persistera alors, en continuant à produire les troubles fonctionnels par lesquels elle se révèle ; elle pourra même empirer, en déterminant une aggravation parallèle de ces troubles. C'est ainsi que l'on a vu quelquefois le processus morbide de l'ataxie locomotrice s'arrêter complétement, soit spontanément, soit sous l'influence d'une médication, les douleurs fulgurantes disparaître complétement, tandis que la sclérose médullaire ne subissait que des modifications très-faibles et que l'affaiblissement de la sensibilité et les troubles de la coordination persistaient à peu près au même degré qu'avant la disparition des douleurs. La maladie se transformait alors en infirmité. Heureux encore le patient lorsque la rétraction du tissu connectif ne continuait

pas peu à peu, amenant une augmentation progressive de l'ataxie des mouvements et de l'anesthésie ! Et ce que je vous dis là de l'ataxie locomotrice progressive peut s'appliquer exactement, en changeant les termes, à l'histoire de la cirrhose du foie, de la néphrite interstitielle, etc. Et, en embrassant d'un coup d'œil d'ensemble le cadre tout entier de la pathologie, nous pourrions voir pareillement que ce qui est grave et menaçant dans un bon nombre de cas, ce n'est pas l'affection locale primitive, mais bien la lésion engendrée par cette affection.

Ainsi, pour revenir à notre proposition première, les lésions que nous trouvons dans les autopsies sont, pour la plupart, des produits, des résultats. Le rôle de la physiologie pathologique est, pour le moins, de nous faire remonter de ces produits jusqu'à l'affection locale primitive, c'est-à-dire jusqu'au trouble initial et spécial, suivant les cas, de la nutrition intime, de nous montrer, par conséquent, leur évolution, leurs fins diverses, et enfin leurs relations avec les manifestations symptomatiques.

Or, il n'est presque aucun anatomo-pathologiste qui ait laissé complétement ces questions de côté et qui se soit résigné à s'occuper exclusivement des produits morbides envisagés d'une façon abstraite pour ainsi dire ; et, en tout cas, aurions-nous des exemples d'une pareille abnégation que nous ne les suivrions pas. Pour moi, l'anatomie pathologique et la physiologie pathologique ne doivent pas être séparées l'une de l'autre ; elles s'éclairent réciproquement et se communiquent un mutuel intérêt.

Et, pour terminer ce que je voulais vous dire de la méthode que j'ai adoptée pour mes cours, j'ajoute que nous ne nous bornerons pas à mettre en œuvre les données fournies par l'anatomie pathologique, et que nous demanderons souvent des renseignements à la physiologie expérimentale, qui seule peut nous permettre d'aborder et de poursuivre l'étude de certaines questions. Je ne cite comme exemples, pour bien vous faire saisir la nécessité de puiser à cette source, que les deux sujets par lesquels je commencerai mon cours : les altérations du sang et les lésions de l'appareil circulatoire.

SOCIÉTÉ GÉOGRAPHIQUE DE LONDRES

SIR RODERICK I. MURCHISON (1)

de la Société royale de Londres et de l'Institut de France

La géographie et la géologie

COMPARAISON DES TRANSFORMATIONS SUBIES PAR LA SURFACE TERRESTRE DANS LES TEMPS GÉOLOGIQUES ET À L'ÉPOQUE ACTUELLE.

En arrivant à mes conclusions, l'année dernière, j'appelais en quelques mots votre attention sur la solidarité qui lie la géographie à la géologie, que je désignais sous le nom de *géographie ancienne comparée.* Je faisais voir comment, dès l'origine, les configurations géographiques se sont trouvées sous la dépendance immédiate des mouvements souterrains, qui, depuis les âges primitifs, ont eu pour principal effet de dessiner les grands linéaments de notre monde. Je m'efforçais de ramener votre pensée à ces époques bien antérieures à l'apparition de l'homme ; et je faisais remarquer

---

(1) Voyez notre dernier numéro, page 817 du précédent volume.

les modifications variées qu'a subies la surface du globe, depuis le moment où commencèrent à s'ébaucher grossièrement les premiers contours de nos mers et de nos terres, jusqu'à ce que les dénudations produites par l'eau et par l'air, et les transformations provenant de l'usure des siècles, leur aient donné les formes que nous leur voyons aujourd'hui. Je montrais ensuite que, pendant la durée incalculable de ces périodes, qui ont permis l'accumulation des diverses couches sédimentaires qui constituent la plus grande partie de notre croûte terrestre, il s'est produit par intervalles de brusques changements de forme, soit par la contraction et l'affaissement de la croûte superficielle, soit par l'expansion de la chaleur centrale et des gaz intérieurs ; changements qui ont donné lieu à des ruptures et à des plicatures considérables dans les diverses couches superposées. Ces phénomènes, vous disais-je, nous sont suffisamment attestés par les dislocations gigantesques que nous pouvons observer sur bien des points de notre globe, et j'expliquais alors comment il existe des régions où les parties les plus élevées datent des époques les plus anciennes, et subsistent encore aujourd'hui, bien qu'elles aient été sans aucun doute considérablement modifiées par l'action quotidienne de notre atmosphère. Aujourd'hui je voudrais faire voir comment on doit, suivant moi, ranger parmi les plus considérables de ces grands bouleversements géologiques, quelques-uns de ceux qui se sont produits à une époque relativement récente, et qui ont divisé en fragments nombreux d'énormes masses de terrains, et donné en particulier à notre pays la configuration insulaire qu'il présente de nos jours.

Aucun fait n'a été mieux établi par les études géologiques que le suivant. Après la fin de toutes les grandes accumulations sous-marines des époques primaire, secondaire et tertiaire, accumulations séparées par intervalles les unes des autres par des masses d'origine fluviatile et terrestre, les diverses formations qui s'étaient soulevées à certains moments sous forme de terres, et affaissées dans d'autres au-dessous des eaux, s'exhaussèrent à la longue pour constituer de grandes masses continentales, qui purent être habitées par de races nombreuses de quadrupèdes terrestres et d'autres animaux, analogues, mais non identiques avec ceux qui existent actuellement. Avant que l'Angleterre s'isolât du continent, il fut une période où erraient dans les parties septentrionales de l'Europe une quantité d'animaux divers, l'éléphant, le mammouth, le lion, le bison, l'ours, l'hyène, et des troupeaux de bœufs éteints ; l'existence de cette faune disparue nous est attestée par de nombreux débris fossiles de ces animaux, qui doivent évidemment avoir émigré d'un centre commun, alors que nos îles étaient encore réunies à la France et aux pays adjacents, et faisaient partie de la terre ferme continentale. Ce fait une fois constaté, que la séparation de l'Angleterre et de la France, aussi bien que celle de l'Irlande d'avec la Grande-Bretagne, s'effectua après la migration de ces anciens quadrupèdes, je trouve dans certaines découvertes récentes des sciences géologiques une preuve éclatante de l'opinion que j'émettais tout à l'heure, savoir que quelques-unes des plus puissantes manifestations de la force volcanique dont nous puissions apercevoir des témoignages se sont produites aux dernières époques de la période tertiaire. Par exemple, les recherches du duc d'Argyll, de M. Geikie, et de bien d'autres, ont démontré que l'épanchement des énormes basaltes et des autres roches volcanique

des Hébrides et du nord de l'Irlande se fit après l'époque miocène tertiaire, et ensevelit sous leurs coulées les plantes de cette période ; ces mêmes recherches ont établi de la façon la plus nette la nature instantanée des forces qui ont amené ces bouleversements. Ces éruptions ont probablement été accompagnées ou suivies de ruptures, qui, en séparant l'Angleterre de la France, ont formé le détroit de Douvres, et laissé pénétrer la mer d'Irlande à la place des terres qui réunissaient autrefois l'Irlande à l'Angleterre. Ce dernier affaissement, qui date des temps anté-historiques, nous est attesté de la manière la plus évidente par ce fait, que l'île de Man, située entre les deux pays, renferme les débris de ce même élan gigantesque, (*Cervus megaceros*), qui est si commun au fond de beaucoup des marais de l'Irlande, et dont on retrouve aussi des restes dans le comté de Chester. La seule conclusion raisonnable que l'on puisse en tirer, c'est que le canal d'Irlande s'est formé par la désagrégation et l'enlèvement des terres qui réunissaient autrefois ces divers pays, alors que le grand élan habitait les uns et les autres. On ne pourrait raisonnablement penser qu'il y ait eu une création primitive spéciale du cerf géant dans la petite île de Man ; encore moins serait-il possible de supposer qu'un troupeau de ces lourds animaux ait pu traverser à la nage un large bras de mer, pour arriver jusqu'à l'île de Man, en admettant que ce fût alors une île.

Ce n'est pas tout. L'hypothèse de la séparation de l'Angleterre et de la France par une grande dislocation géologique et une brèche produite entre ces deux pays, alors qu'ils formaient encore un continent unique, est en concordance parfaite avec le caractère abrupt des falaises qui bornent de chaque côté le détroit, aussi bien qu'avec leur constitution et les fossiles qu'elles contiennent. C'est ainsi que, dans le canal d'Irlande, il est facile de voir que les promontoires de Bray, près de Dublin, et ceux de la Galles du Nord, ont évidemment formé jadis un tout continu.

Certains auteurs distingués s'efforcent à grand'peine d'expliquer toutes les inégalités de la charpente terrestre par des effets de forces dont l'intensité n'aurait pas été supérieure à celle des forces qui agissent aujourd'hui sous nos yeux. Selon leur manière de voir, les mers et les rivières actuellement existantes auraient suffi, en combinant leurs actions avec les influences atmosphériques, à produire, par des érosions continuelles, les brèches et les cavités de ce genre ; il serait inutile d'aller chercher ailleurs le mécanisme de leur formation, à la seule condition d'accorder une durée de temps suffisante. Ces savants pensent que l'action prolongée des eaux, rivières ou mers, telle qu'elle s'exerce encore de nos jours, rendrait compte du balayage de tous les débris des roches qui sont maintenant nues et unies. Ils attribuent de même la formation de vastes cavernes souterraines à l'érosion longtemps continuée du calcaire ou de roches quelconques par les petits ruisseaux qui y coulèrent jadis.

Bien des raisons me font rejeter cette manière de voir. Je rappellerai d'abord ces falaises tourmentées et abruptes, qui se font face les unes aux autres sur les côtés opposés des grands canaux maritimes, ou bien celles qui, au sein de grandes montagnes calcaires, forment la gorge de l'Avon à Clifton, près de Bristol, et d'autres gorges innombrables ; comment expliquer ces précipices par une usure graduelle ? Si c'étaient là réellement des effets d'une action lente et prolongée, au lieu de falaises présentant des traces évidentes de dislocations et de fractures, ne devrions-nous pas trouver partout des dunes en talus ?

En second lieu, les pentes occidentales des montagnes du pays de Galles nous racontent l'histoire d'exhaussements prodigieux, qui ont soulevé des coquillages marins des espèces arctiques actuelles à des hauteurs de 1600 pieds au-dessus du niveau des mers. Nous trouvons bien établis, dans cette région (mont Tryfane), deux grands faits géologiques corrélatifs, exhaussement du fond de la mer sous forme de hautes terres, et formation d'une mer profonde adjacente, produits l'un et l'autre par une dislocation et une grande oscillation dans la croûte, et suivis nécessairement par une dénudation intense due à une formidable inondation.

Ceux de mes auditeurs qui auraient quelque tendance à admettre qu'avec une durée de temps suffisante bien des résultats pourraient s'expliquer par l'érosion graduelle des âges, voudront bien se rappeler que les gigantesques dépressions et dénudations auxquelles je fais allusion en ce moment ont pris naissance, comme je l'ai montré, après l'époque où les grands quadrupèdes, maintenant éteints, voyageaient sur toutes ces terres encore soudées et réunies entre elles ; par conséquent ces grandes solutions de continuité se sont produites pendant ce que l'on peut considérer comme l'une des dernières unités dans les temps géologiques. Si, en regard de ce fait, on place les nombreuses traces de ruptures que présente la surface de notre globe et qui repoussent l'idée d'une lente érosion, on est, il me semble, irrésistiblement amené à conclure que, peu de temps avant, peut-être même après l'apparition de l'espèce humaine, se produisirent quelques-unes des plus terribles dislocations de la croûte terrestre, dislocations qui se trahissent encore à nos yeux par d'innombrables signes physiques.

Je dois ici saisir l'occasion, qui se présente à moi peut-être pour la dernière fois, de dire aux géographes quelques mots au sujet de la dénudation, sujet digne à coup sûr de toute leur attention.

Dans ces dernières années, quelques géologues ont recouru de la manière la plus libérale à l'érosion quotidienne ordinaire, pour expliquer la plupart des grands traits caractéristiques de la surface des terres, par exemple l'excavation des vallées et le balayage de tous les détritus des plaines et des collines. Mais si l'on interroge simplement la nature actuelle, et si l'on remarque l'énorme différence qui sépare une catastrophe accidentelle moderne de l'action normale de l'océan ou de l'atmosphère, on admettra, je pense, qu'il est scientifiquement plus logique d'attribuer certains effets remarquables de dénudation aux formidables inondations qui ont nécessairement dû suivre chaque grand mouvement terrestre dans les temps géologiques. En acceptant, comme je le fais, le fond de la théorie de Hutton, si admirablement démontrée par Lyell, — savoir que la dénudation consiste essentiellement dans le déplacement de matériaux solides par l'eau en mouvement, et qu'elle a accompli des œuvres énormes, — je pense qu'il est essentiel, si l'on veut se faire une juste idée de cette force, de ne pas restreindre les érosions qui se sont produites, aux époques géologiques passées, à l'action ordinaire des vagues et des courants des mers et des rivières. J'accorde en effet que les résultats de l'action fluviale et atmosphérique, mesurés par les débris que charrient les grandes rivières dans la mer, doivent, dans certaines régions où les roches sont molles et peu cohérentes, emporter quelquefois

des terres entières, comme dans la contrée arrosée par le Mississipi ; mais jamais aucune force du même ordre, quelque prolongée que l'on suppose son action, ne rendra compte de la dénudation complète et des énormes transports qui se sont produits sur d'innombrables plateaux, dans des vallées profondes et dans certaines gorges formées de roches dures. Encore moins croira-t-on que les courants marins ordinaires aient pu transporter des blocs de rochers d'une région à une autre ; cependant c'est un phénomène qui s'est fréquemment présenté, comme le prouvent les recherches géologiques, dans des périodes et au sein de localités pour lesquelles il n'est pas possible d'invoquer l'action des glaciers. Enfin, c'est un fait parfaitement constaté, que les courants marins profonds n'exercent aucun effet de transport, et que les plus petits fragments de sable, de vase et de coquillages, restent au fond des eaux dans un état d'immobilité parfaite. C'est l'action du choc des lames seule qui use les falaises des côtes ; et si les terres n'opposaient pas des falaises aux vagues, l'usure des côtes serait à peine sensible. Par conséquent, pour que l'océan ait pu user les continents ou les îles, ces masses terrestres ont dû d'abord se briser sous l'influence de forces intérieures, de manière à offrir à son action des précipices et des escarpements semblables à ceux sur lesquels les les vagues peuvent encore agir de nos jours.

Ainsi, en admettant que des dislocations aient donné naissance à des falaises de ce genre dans les périodes géologiques les plus anciennes, nous avons, il me semble, de bonnes raisons pour supposer que ces mouvements furent accompagnés de dénudations par les eaux d'une puissance considérable. Jetons maintenant les yeux sur les modifications brusques qu'a subies la surface de notre terre pendant la période des temps historiques (et tout récemment encore avec une effrayante intensité), et plaçons-les en regard de celles qu'ont dû produire les immenses masses d'eau qui ont été mises en mouvement, chaque fois qu'ont eu lieu, dans les temps géologiques, de grands soulèvements du fond des mers et des continents. Considérons les effets dus aux courants normaux ou aux vagues de nos océans et comparons-les aux résultats qu'entraîne *une simple ondulation* du sol lorsqu'a lieu un tremblement de terre. Nous savons, par exemple, qu'il s'est produit récemment dans la croûte terrestre, sur la côte du Pérou, quelques petits mouvements, qui ont élevé le sol de quelques pieds seulement et qui ont repoussé la mer pendant un petit nombre de minutes ; représentons-nous les terribles conséquences du seul retour de cette vague, résultant d'une oscillation si légère, et repoussée par la pression de tout un océan. Ne peut-elle détruire instantanément une grande cité, balayer tout sur son passage, transporter un bâtiment ou lancer des blocs de pierre au loin dans les terres ?

Pour nous, habitants de ce monde, de pareils événements sont d'épouvantables catastrophes ; mais j'invite mes confrères les géographes à se reporter avec moi, au travers des temps géologiques, à des époques qui ne sont pas encore très-éloignées de nous, et à se représenter les brusques soulèvements des côtes et du fond des mers, qui, en donnant naissance à d'immenses élévations verticales, ont porté à de prodigieuses hauteurs des masses de sables, de cailloux et de coquillages marins, et formé ces terrasses nettement coupées, étagées les unes au-dessus des autres, et séparées souvent par des centaines de pieds, que l'on peut voir encore en bien des points autour de nos îles, sur les côtes de l'Europe et de l'Amérique, et particulièrement sur les bords des grands lacs de l'Amérique et de l'Asie. Si ces terrasses sont pour nous des preuves convaincantes de mouvements instantanés d'une énorme amplitude, les masses d'eau qui ont été déplacées en chacune de ces occasions doivent avoir produit des dénudations et des dislocations des milliers de fois plus grandes que celles auxquelles la secousse de l'Amérique méridionale ou tout tremblement de terre donne lieu de nos jours.

Enfin, on conçoit parfaitement que le renouvellement de quelqu'un des grands bouleversements des périodes primitives, non-seulement emporterait une grande partie de la population de nos continents, mais encore approfondirait nos vallées, en mettant à nu les roches actuellement couvertes de divers dépôts peu consistants; et tout cela sans rendre nécessaire l'intervention de ces périodes de longueurs indéfinies, qui, d'après certains auteurs modernes, sont l'unique cause à invoquer pour expliquer tous les changements anciens de la surface du globe.

Aucun géologue, passé ou présent, n'est plus disposé que moi à admettre que l'origine et l'accroissement des grands dépôts des couches sédimentaires a dû exiger des périodes incalculablement longues, pendant lesquelles les races successives d'animaux et de plantes ont pris naissance, et ont disparu pour être remplacées par des races nouvelles. Mais, en accordant tout le temps nécessaire pour rendre compte de cette histoire prodigieusement longue, je suis également convaincu, d'après la nature des torsions, des fractures et des dislocations de la croûte terrestre, qu'elles doivent avoir été accompagnées par des inondations diluviennes d'une puissance de transport et par conséquent de dénudation incomparablement supérieure à toutes les forces dont l'homme a jamais pu voir la manifestation.

J'insiste à dessein sur ces phénomènes, sur ces changements physiques anciens, en les comparant à ceux qu'observent les géographes modernes; en effet, cette comparaison nous permet de comprendre commment, si un tremblement de terre et une simple oscillation du sol peuvent aujourd'hui produire des effets aussi terribles que ceux que l'on a constatés l'année dernière sur la côte du Pérou, les ondes de translation infiniment plus grandes qui doivent souvent avoir été mises en jeu, lors des anciennes oscillations gigantesques de la croûte, ont dû déblayer les collines et les vallées de tous les matériaux pulvérisés qui y avaient été laissés par les soulèvements antérieurs (1); l'action atmosphérique ordinaire, pas plus que les courants marins, tels que nous les voyons aujourd'hui en action, ne peuvent avoir produit d'aussi remarquables résultats.

Conclusion. — Ce discours a beaucoup dépassé les bornes que je comptais d'abord m'imposer, et a, j'en ai peur, fatigué plusieurs de ceux qui m'ont fait l'honneur de venir siéger dans cette assemblée. Je trouve mon excuse dans les efforts que j'ai faits pour vous montrer que j'ai fidèlement rempli mes devoirs de président, en vous exposant aussi clairement que je l'ai pu les progrès accomplis dans les sciences géographiques, pour les divers pays du globe. J'ai de plus la confiance d'avoir, dans toutes nos sessions, maintenu entre vous tous les sentiments de cordialité et de bonne confraternité qui doivent exister entre collègues.

Le scrutin ayant eu lieu avant la fin de ce discours, il se trouve que je suis une fois de plus placé à votre tête, pour la période officielle ordinaire de deux ans. Je dois vous remercier de grand cœur pour cette preuve de confiance en votre vieux président. Malheureusement la conservation de ma santé et de ma vie jusqu'à ce terme n'est pas une chose sur laquelle on puisse compter ; aussi, si à la fin de la première de ces deux années je me trouve incapable de vous servir avec le même zèle que par le passé, vous voudrez bien, j'en suis sûr, me permettre de me retirer, en m'accordant vos remerciments pour mon dévouement à votre cause. A la vérité, j'avais résolu d'abandonner mes fonctions cette année ; mais puisque la Société me presse unanimement de rester à mon poste, et déclare que je dois me trouver dans cette chaire au moment où nous pouvons espérer que mon cher ami Livingstone rentrera dans sa patrie, je considère comme un devoir sacré d'acquiescer à vos vœux; ainsi, messieurs, j'espère vivre assez pour voir les ardentes espérances du public anglais réalisées, et pour pouvoir, pour ma part, présider une seconde fois un grand banquet national en l'honneur de Livingstone.

Enfin, messieurs, j'éprouve la plus vive satisfaction à vous annoncer que notre protecteur, le prince de Galles, m'a informé, tandis que ces feuillets étaient sous presse, qu'il compte assister à notre dîner annuel d'aujourd'hui. Les termes de la lettre qu'il m'adresse dénotent un esprit si véritablement géographique, que je les transcris comme la conclusion la plus encourageante et la plus satisfaisante de ce discours :

« Je puis vous assurer (écrit son Altesse Royale) que rien ne peut m'intéresser plus vivement, ni m'être plus agréable que d'assister au dîner que vous allez présider. Mon unique regret sera que notre ami commun, sir Samuel Baker, ne puisse être présent ; j'ai pris un vif intérêt au grand projet d'exploration de l'Afrique équatoriale qui doit se réaliser sous sa direction, et c'est de tout cœur que je lui souhaite un plein succès. »

Ce langage de l'héritier présomptif est digne de figurer dans nos Annales, d'autant mieux que notre illustre lauréat, sir Samuel Baker, m'a dit lui-même que c'était surtout grâce aux démarches actives personnelles du prince de Galles que le vice-roi d'Égypte a été amené à donner, de la manière la plus généreuse, une vive impulsion à cette grande et glorieuse entreprise.

Roderick Impey Murchison.

— Traduit de l'anglais par le Dr René Benoît. —

<hr>

BULLETIN DES COURS

Conférences du boulevard des Capucines, 39

M. Chavée a recommencé le mardi 9 novembre dernier son cours d'anthropologie, qu'il continue tous les mardis de quinzaine en quinzaine. Il traite de la physiologie et de la psychologie des passions.

<hr>

Le propriétaire-gérant : Germer Baillière.

<hr>

PARIS. — IMPRIMERIE DE E. MARTINET, RUE MIGNON, 2.

<hr>

(1) Pour une étude plus approfondie de ce sujet, voyez le dernier chapitre de la 4e édition de *Siluria*, page 489 et seq. Voyez aussi Hopkins, *Soulèvement et dénudation du Weald de Sussex*; et Whewell, *Puissance des ondes de translation*, dans la 1re édition du *Système silurien*, page 538.

REVUE

DES

COURS SCIENTIFIQUES

DE LA FRANCE ET DE L'ÉTRANGER

SEPTIÈME ANNÉE   NUMÉRO 2   11 DÉCEMBRE 1869

Paris, 10 décembre 1869.

La Société royale de Londres vient de décerner la médaille de Copley à M. H. V. Regnault, professeur au Collége de France. Cette médaille constitue la plus haute distinction scientifique de l'Angleterre ; nous ne pouvons lui comparer en France que le prix biennal de 10 000 francs institué par l'Empereur pour les cinq académies de l'Institut, de sorte que l'Académie des sciences n'en dispose que tous les dix ans. Ce prix biennal a été décerné quatre fois déjà : à M. Thiers par l'Académie française ; à M. Oppert par l'Académie des inscriptions et belles-lettres ; à M. Wurtz par l'Académie des sciences ; enfin, à M. Henri Martin, par l'Académie des sciences morales et politiques. On voit qu'il appartient toujours à des Français, et l'Académie des sciences, au moins, ne croit pas pouvoir le donner à un de ses membres.

La médaille de Çopley, au contraire, se décerne indifféremment à un Anglais ou à un étranger, quoique tout naturellement les travaux des savants anglais attirent davantage l'attention de la Société royale de Londres, ce qui fait que la part de la science anglaise à cette récompense exceptionnelle se trouve relativement et absolument bien plus large que celle des autres pays. D'un autre côté, la médaille de Copley étant considérée comme le couronnement d'une longue carrière, ne se donne jamais qu'à un savant déjà honoré de beaucoup d'autres récompenses ; aussi la Société royale le prend-elle presque toujours soit parmi ses membres étrangers, soit parmi ses membres anglais, du reste beaucoup plus nombreux que ceux de notre Académie des sciences et comprenant à peu près tous les savants distingués du pays.

La médaille de Copley est annuelle. Elle a déjà été décernée, en France, à MM. Becquerel père, Chasles, Chevreul, J. B. Dumas, Milne Edwards père, et Le Verrier. Nous ne citons, bien entendu, que les vivants. Foucault l'avait reçue avant de faire partie de l'Académie des sciences de Paris. Parmi les savants d'Allemagne ou d'Amérique qui l'ont également obtenue, on peut citer L. Agassiz, von Baer, Bunsen, Dove, Hansen, Liebig et Weber.

— On se souvient que, depuis plusieurs années, M. Burq préconisait le cuivre comme moyen préservatif et curatif du choléra. Nous avons déjà eu l'occasion d'en parler autrefois et de citer les essais faits par d'autres médecins. A l'appui de ses idées, M. Burq invoquait l'immunité des ouvriers qui manient le cuivre. Pour établir l'existence réelle de cette immunité, M. Burq a obtenu du préfet de police une enquête détaillée sur la mortalité cholérique à Paris, et M. Vernois a

été chargé d'en rendre compte dans le conseil de salubrité.

« Voici, dit M. Vernois, un tableau qui montrera l'influence de la manipulation du cuivre sur les ouvriers atteints par le choléra. Il est extrait des archives du bureau de statistique de l'Assistance publique et dressé, après enquête, par catégories plus ou moins disposées à la préservation par les quantités de plus en plus grandes de métal employé et susceptible d'être absorbé :

1° Préservation du dernier degré (bijoutiers sur or, graveurs sur or, orfèvres sur argent, graveurs sur argent, horlogers). — Population, 11 500 ; 16 cas, 1 sur 719.

2° Préservation du troisième degré (fabricants d'œillets métalliques, graveurs sur cuivre, bijoutiers en doublé, polisseurs au gras, lamineurs, monnayeurs). — Population, 6000 ; 6 cas, 1 sur 1000.

3° Préservation du deuxième degré (fondeurs, robinetiers, lampistes, ciseleurs, monteurs et tourneurs en bronze, fabrication d'appareils à gaz, orfévrerie en faux, cuivrerie). — Population, 14 000 ; 7 cas, 1 sur 2000.

4° Préservation du premier degré (opticiens en cuivre, fabricants d'instruments de mathématiques, polisseurs à sec, estampeurs, tourneurs, repousseurs, fabricants d'instruments de musique, chaudronniers). — Population, 5650 ; 0.

Ensemble : population, 37 000 ; 29 cas, 1 sur 1270.

Partout ailleurs, le chiffre pour 100 de mortalité est dix, vingt, trente, quarante fois plus considérable.

Un des documents les plus importants de cette enquête concerne la Société dite du Bon-Accord, fondée en 1819, exclusivement composée d'ouvriers tourneurs, monteurs et ciseleurs en bronze, dont les registres médicaux sont parfaitement tenus :

Choléra de 1832 : 125 membres, 0 décès.

Choléra de 1849 : 304 membres, 1 décès, mais arrivé chez un sociétaire qui avait quitté la profession de ciseleur depuis deux ans et demi.

Choléra de 1853-1854 : 294 membres, 0 décès.

Choléra de 1865 : 356 membres, 0 décès.

Choléra de 1866 : 357 membres, 0 décès.

M. Burq a complété ses recherches par l'énumération des travaux publiés par un certain nombre de ses confrères, et qui, sans s'être concertés, arrivent à mettre en lumière un grand nombre de faits analogues de préservation. M. Vernois cite Pietra-Santa (ouvriers en cuivre des Madelonnettes), Hus de Stockholm (mineurs en cuivre), Péchollier (ouvrières en verdet de Montpellier), Cassiano du Prado (mineurs en cuivre, à Tinta, Espagne), les docteurs Gallarini et de Rogatis (ouvriers en cuivre à Florence, Naples), etc.

CONFÉRENCES DE HEIDELBERG

M. H. HELMHOLTZ
de la Société royale de Londres

Gœthe naturaliste

On connaît les qualités dominantes de l'immense talent de Gœthe : la clarté jointe à la réflexion, une grande force d'intuition pour saisir et rendre fidèlement, dans ses peintures si animées, les plus petits détails de la vie de l'homme et de la vie de la nature : cette tendance particulière à son esprit explique comment il dut être nécessairement entraîné vers l'étude des sciences naturelles. Ici il ne se contenta pas plus qu'ailleurs des connaissances que d'autres avaient su lui donner ; son esprit éminemment créateur aspirait à explorer en maître les parties encore inconnues de ce domaine, et c'est ce qu'il fit de la manière la plus originale. Son activité s'exerça à la fois sur les sciences d'un caractère purement descriptif, comme l'histoire naturelle, et sur les sciences expérimentales, comme la physique ; c'est ce que prouvent d'un côté ses *Traités de botanique et d'ostéologie*, et de l'autre, sa *Théorie des couleurs*. Les premiers germes de la pensée qui a donné naissance à ces travaux datent surtout des dix dernières années du siècle précédent, bien qu'ils n'aient été exécutés ou achevés, en partie du moins, que plus tard. Depuis ce temps, la science a fait de très-grands progrès ; elle a acquis un aspect tout à fait nouveau, ouvert à l'observation des horizons inconnus, et modifié sur bien des points ses appréciations théoriques. Je vais essayer, dans ce qui suit, de montrer les rapports des travaux scientifiques de Gœthe avec la science actuelle, et de dégager l'idée fondamentale et commune qui relie ces travaux entre eux.

Ce qui caractérise les sciences naturelles purement descriptives, telles que la botanique, la zoologie, l'anatomie, etc., c'est qu'elles ont un immense matériel de faits à recueillir, à critiquer, et enfin à classer d'une manière logique et systématique. En ce sens, elles se rapprochent par leur méthode de l'aride besogne du lexicographe, et par leur système de classification, elles ressemblent à un rayon de bibliothèque bien rangée, où chacun peut trouver à tout instant l'ouvrage qu'i cherche. Elles ne deviennent un travail plus intellectuel et plus scientifique que du moment où elles s'efforcent de rechercher çà et là, au milieu de cette masse incohérente de matériaux, les traces des lois, et d'en donner un tableau général où chaque détail trouve sa place naturelle marquée par les rapports qui l'unissent à l'ensemble, ce qui ajoute encore à l'intérêt. Gœthe trouva ici un champ d'activité tout à fait approprié à son esprit clair et profond, et de plus, le moment lui était favorable. La botanique et l'anatomie comparée étaient en possession d'un assez grand nombre de matériaux logiquement ordonnés, pour permettre une vue d'ensemble et faire pressentir l'existence d'une loi générale ; et pourtant, sous ce rapport, les contemporains de notre poëte erraient pour la plupart à l'aventure, sans guide, et s'épuisant en efforts infructueux, ou bien ils étaient encore trop préoccupés du soin d'enregistrer les faits pour même oser s'élever à des considérations supérieures. Il était réservé à Gœthe d'introduire dans la science deux idées extrêmement importantes et fécondes.

La première, c'est l'idée que les différences que l'on observe dans la conformation anatomique des divers animaux, ne doivent être considérées que comme des modifications d'un plan commun, d'un type primitif, modifications correspondantes aux diverses influences de mœurs, de climats et d'aliments. L'occasion, en apparence assez insignifiante, qui fit naître cette pensée si riche en conséquences heureuses, se trouve dans un petit traité publié dès l'année 1786, sur l'os intermaxillaire. On savait que chez tous les animaux vertébrés (c'est-à-dire les mammifères, les oiseaux, les amphibies et les poissons), la mâchoire supérieure se compose, de chaque côté, de deux os distincts, celui de la mâchoire supérieure proprement dite, et l'os intermaxillaire. Le premier contient toujours chez les mammifères les dents molaires et les canines, le second les incisives. L'homme, qui se distingue de tous les mammifères par la forme de sa bouche, qui n'est pas faite en saillie comme un museau, n'avait, au contraire, croyait-on, de chaque côté, qu'une seule partie osseuse formant toute la mâchoire supérieure et contenant toutes les dents. C'est alors que Gœthe découvrit sur des crânes humains de faibles traces de ces sutures qui, chez les animaux, relient la mâchoire supérieure proprement dite à la partie intermédiaire. Il en conclut que l'homme aussi possédait originairement un os intermaxillaire, lequel a plus tard disparu en se soudant avec l'os de la mâchoire supérieure. Ce fait, peu important en lui-même, lui fait aussitôt découvrir une source d'idées du plus vif intérêt sur le terrain de l'ostéologie, jusqu'alors décriée pour sa sécheresse. Que l'homme et l'animal possèdent des organes analogues, quand ces organes correspondent d'une manière constante à des propriétés analogues aussi, et servent aux mêmes usages, cela n'a rien de surprenant. C'est dans ce sens que Camper avait déjà essayé de suivre les ressemblances de conformation des vertébrés jusqu'aux poissons. Mais qu'une de ces analogies persiste comme disposition naturelle, même dans le cas où évidemment elle ne correspond plus aux exigences de la structure achevée du corps humain, et qu'elle doive, par conséquent, se plier après coup à ces exigences, par la fusion ultérieure de parties primitivement séparées, il y avait là un indice suffisant pour découvrir à l'œil clairvoyant de Gœthe un horizon d'une immense étendue. Les études auxquelles il se livra ensuite lui permirent bientôt de vérifier l'universalité du nouveau principe qu'il avait soupçonné, et en 1795 et 1796, il lui fut donné de préciser ses idées sur ce point, et de les exposer dans l'écrit intitulé : *Esquisse d'une introduction générale à l'anatomie comparée.* Il y montre avec la précision et la clarté les plus grandes, que toutes les différences de structure des animaux, suivant les espèces, ne doivent être regardées que comme des modifications d'un seul et même type fondamental, produites par l'oblitération des organes, leur déformation, leur accroissement ou leur diminution, ou enfin par la disparition complète de certaines parties. Cette doctrine est, en effet, devenue l'idée-mère, le fondement de l'anatomie comparée telle qu'elle existe aujourd'hui. Jamais, depuis Gœthe, elle n'a été mieux ni plus clairement exposée que par lui. Depuis, elle n'a subi que peu de changements essentiels, dont le plus important est qu'on n'admet plus aujourd'hui un type commun pour tout le règne animal, mais un pour chacune des principales divisions établies par Cuvier. Le zèle des successeurs de Gœthe a enrichi la science de matériaux infiniment plus nombreux et mieux connus, et ce que Gœthe ne pouvait qu'indiquer d'une manière générale, ils ont pu le vérifier dans les plus petits détails, et le passer définitivement au creuset de l'examen.

La seconde idée fondamentale que la science doit à Gœthe, c'est qu'il existe autant d'analogie entre les diverses parties d'un seul et même être organique, que nous venons d'en montrer entre les parties correspondantes dans les diverses espèces. Dans la plupart des organismes se manifeste une répétition multiple, variée, de certaines parties. Les plantes en sont l'exemple le plus frappant; chacune d'elles a toujours un grand nombre de feuilles caulinaires identiques, de pétales, d'étamines identiques, etc. Gœthe raconte comment son attention fut attirée sur ce point à Padoue, en observant un *palmier éventail*. Il fut frappé de la variété de modifications que peuvent affecter dans leur développement successif les feuilles caulinaires d'une plante, pour passer aux formes les plus diverses. Il vit comment, à la place des premières petites feuilles radicales plus simples, se développent des feuilles de plus en plus séparées, jusqu'aux feuilles pennées les plus compliquées. Après cette première découverte, il réussit à déterminer de même les transformations des feuilles de la tige en feuilles du calice et de la fleur, et de celles-ci en étamines, nectaire et graines, et parvint ainsi à la théorie de la métamorphose des plantes qu'il publia en 1790. De même que, chez les animaux vertébrés, l'extrémité antérieure devient tantôt un bras comme chez l'homme et le singe, tantôt une patte garnie d'ongles, tantôt un pied antérieur terminé par un sabot, tantôt une nageoire, tantôt une aile, tout en conservant une disposition semblable dans son union avec le corps; de même la feuille se présente comme feuille terminale, feuille de la tige ou caulinaire, feuille du calice, feuille de la fleur ou pétale, étamine, nectaire, pistil, péricarpe, etc. Et toutes ces parties ont une certaine analogie de production et de composition; dans certains cas même, peu ordinaires il est vrai, elles se montrent dans un état intermédiaire, en voie de développement, c'est-à-dire sur le point de passer d'une forme à une autre. On n'a qu'à examiner attentivement une rose double, et l'on y apercevra des étamines dont les unes sont à demi, et les autres complètement transformées en pétales. Cette opinion de Gœthe a aussi définitivement obtenu droit de cité dans la science, et jouit de l'adhésion générale des botanistes, malgré quelques dissentiments sur certaines questions de détails, comme celle de savoir si la graine est une feuille ou une branche.

Chez les animaux, cette loi de la répétition des éléments organiques est très-sensible dans la grande division des animaux articulés, par exemple chez les insectes et les annélides. La larve d'un insecte, la chenille d'un papillon, se composent d'un assez grand nombre de parties tout à fait semblables, que l'on nomme anneaux; le premier et le dernier de ces segments présentent seuls de légères différences. Leur métamorphose en insectes parfaits confirme, de la façon la plus claire et la plus évidente, la théorie que Gœthe avait exposée dans sa Métamorphose des plantes, c'est-à-dire le développement d'un germe primitivement identique passant à des formes très-différentes en apparence. Les anneaux postérieurs conservent la forme simple qu'ils avaient primitivement; ceux du thorax se contractent fortement, donnent naissance aux pieds et aux ailes; ceux de la tête deviennent les mâchoires et les antennes, de sorte que, dans les insectes parvenus à leur parfait développement, les anneaux primitifs n'exis-

tent plus qu'à la partie postérieure. Chez les vertébrés aussi, la colonne vertébrale indique une répétition de parties identiques, mais elle n'est plus sensible extérieurement. L'examen d'un crâne de mouton à demi fendu, que Gœthe trouva par hasard en 1790, dans le sable du Lido, près de Venise, lui permit d'inférer aussi que le crâne n'est autre chose qu'une suite de vertèbres considérablement modifiées. Au premier coup d'œil rien n'est plus différent que la boîte du crâne des mammifères, cavité large et uniforme, bornée par des os plats, et l'étroit tube cylindrique de la colonne vertébrale, composé d'os courts, massifs et dentelés en plusieurs endroits. Il faut une vue d'une grande perspicacité, la vue de l'esprit, pour reconnaître dans le crâne des mammifères les anneaux des vertèbres élargis, transformés, tandis que chez les amphibies et les poissons, la ressemblance est plus sensible. Du reste, Gœthe laissa reposer longtemps cette pensée avant de la publier, n'étant pas bien sûr, paraît-il, de la voir favorablement accueillie. Sur ces entrefaites, Oken, qui était arrivé aux mêmes conclusions, en fit profiter la science, et il s'engagea une dispute de priorité entre lui et Gœthe qui, en 1817 seulement, lorsque cette idée commençait à se répandre, déclara qu'il l'avait nourrie depuis trente ans. On a beaucoup discuté, et l'on discute encore beaucoup aujourd'hui sur le nombre et la composition des vertèbres du crâne en particulier, mais l'idée fondamentale est restée.

Au reste, ses idées sur le plan général de l'organisation des animaux ne semblent pas avoir directement et particulièrement influé sur le développement des sciences. La théorie de la métamorphose des plantes est sa propriété incontestée, et elle a été accueillie comme telle dans la botanique. Ses vues sur l'ostéologie, au contraire, trouvèrent dans le principe des contradicteurs parmi les hommes spéciaux, et ce n'est que plus tard, sans doute lorsque la science fut arrivée par une autre voie aux mêmes résultats, qu'elles attirèrent l'attention. Il se plaint lui-même de ce que ses premières idées sur le type commun n'avaient rencontré que doute et contradiction à l'époque où il ne faisait encore que les élaborer dans ses pensées, et de ce que même des esprits larges et originaux, comme les frères de Humboldt, les avaient écoutées avec une certaine impatience. D'ailleurs, il est dans la nature des choses que des idées théoriques sur les sciences naturelles n'attirent l'attention des savants qu'autant qu'elles sont accompagnées de preuves matérielles et solides. Quoi qu'il en soit, c'est à Gœthe que revient la gloire d'avoir le premier entrevu des idées auxquelles les sciences naturelles devaient nécessairement arriver, et qui sont devenues pour elles une nouvelle source de progrès.

Mais si, d'un côté, les travaux de Gœthe, dans les sciences naturelles proprement dites, jouissent d'une considération et d'une autorité incontestées, il n'en est pas de même de ses recherches dans le domaine des sciences physiques et expérimentales. Elles ont trouvé des contradicteurs parmi tous les savants spécialement voués à cette branche d'études. Sa théorie des couleurs a été particulièrement attaquée. Ce n'est pas ici le lieu de nous engager dans la polémique que cette question a soulevée. Je tâcherai seulement d'exposer le sujet de la dispute, et de montrer quel sens et quelle importance il faut y attacher en réalité. Pour cela, il nous faut remonter jusqu'aux circonstances qui ont donné naissance à ses recherches sur la théorie des couleurs, afin de la ramener à sa première et plus simple expression. De cette manière, laissant de côté les discussions sur certains faits particuliers, nous pourrons déterminer d'une manière claire et précise les propositions contradictoires des deux systèmes.

Gœthe raconte lui-même à la fin de son Histoire de la théorie des couleurs, comment il fut amené à entreprendre cette étude. Il avait longtemps réfléchi sur les principes esthétiques du coloris en peinture, et n'étant pas parvenu à s'en faire une idée bien claire, il résolut de reprendre l'étude de la théorie physique des couleurs, telle qu'elle lui avait été enseignée à l'université, et de refaire lui-même les expériences qui s'y rattachent. Dans ce dessein, il emprunte un prisme chez le savant Büttner à Iéna; mais diverses occupations empêchent le poëte de s'en servir, et le prisme reste un certain temps chez lui. Le propriétaire du prisme, homme de beaucoup d'ordre, le lui fait redemander plusieurs fois en vain, et finit par envoyer un commissionnaire qui doit le rapporter sur-le-champ. Gœthe ôte donc l'instrument du tiroir où il l'avait renfermé, et avant de le rendre, il veut du moins y jeter un regard. Il se tourne au hasard du côté d'une grande muraille blanche et brillante, pensant que la lumière répandue sur la muraille se décomposera d'autant mieux que cette lumière est en plus grande quantité; supposition qui prouve d'ailleurs combien la théorie de Newton était peu présente à la mémoire de Gœthe. Son attente se trouve naturellement déçue. Sur la muraille blanche il ne voit point apparaître de couleurs; elles ne se produisent qu'aux points qui se trouvent voisins d'objets obscurs. Il fait cette remarque très-juste, et parfaitement conforme d'ailleurs à la théorie de Newton, que les couleurs ne se manifestent à travers le prisme qu'autant qu'un objet éclairé, brillant, touche à un autre objet plus obscur. Frappé de cette observation nouvelle pour lui, et persuadé qu'elle n'est point conciliable avec la théorie de Newton, il tâche de faire prendre patience au propriétaire du prisme, et il se remet à l'ouvrage avec plus de zèle et d'intérêt que jamais. Il prépare des tableaux avec des carrés blancs et noirs, et se met à étudier les phénomènes de la lumière en variant les expériences jusqu'à ce qu'il croie ses règles suffisamment vérifiées. Il veut alors montrer à un physicien de sa connaissance sa prétendue découverte, et il est désagréablement surpris d'entendre ce physicien affirmer que ses expériences sont connues de tout le monde, et s'expliquent parfaitement par la théorie de Newton. Il reçoit invariablement la même réponse de tous les savants auxquels il s'adresse, de Lichtenberg lui-même, esprit de grande pénétration, que pendant longtemps il chercha en vain à convertir. Gœthe se mit à étudier les ouvrages de Newton, mais crut y avoir découvert des conclusions erronées. N'ayant pu convaincre aucun de ses amis, il résolut enfin de recourir au jugement du public, et publia en 1791 et en 1792 la première et la seconde partie de ses documents sur l'optique.

Il y décrit les phénomènes que présente un champ blanc sur un fond noir, ou réciproquement; ou bien ceux qu'offrent des champs colorés sur fond noir ou blanc, quand on les regarde à travers un prisme. Les physiciens ont toujours été tout à fait d'accord avec lui sur le résultat de ses expériences. Ses observations, parfaitement justes, sont fidèlement et minutieusement décrites, dans un style vif et intéressant, dans un ordre qui permet d'en embrasser aisément l'ensemble d'un coup d'œil; et, ici comme partout, dans le domaine des faits, Gœthe se montre encore le grand maître pour le talent de l'exposition. Les phénomènes qu'il a décrits lui semblent être de nature à réfuter la théorie de Newton. Il y a dans cette théorie deux points surtout qu'il trouve dénués de fondement, c'est que le milieu d'une large surface blanche vue à travers le prisme reste blanc, et aussi qu'une raie noire tracée sur un fond blanc puisse entièrement se décomposer en rayons colorés.

La théorie des couleurs de Newton repose sur cette opinion, qu'il y a de la lumière de différentes sortes, qui se distingue, entre autres caractères, par l'impression que les couleurs font sur l'œil. Il y a, par exemple, de la lumière rouge, orange, jaune, verte, bleue, violette et de toutes les couleurs intermédiaires. Un mélange de lumière de nature et de couleur différente produit un mélange de couleurs ressemblant en partie à d'autres couleurs primitives, et formant en partie de nouveaux tons. Le mélange de toutes les couleurs que nous avons nommées donne, dans des conditions déterminées, la couleur blanche. Mais on peut toujours analyser des couleurs mélangées, et, dans la lumière blanche, séparer les couleurs simples, lesquelles sont au contraire indécomposables et immuables. Ce qui produit les couleurs des corps terrestres transparents et opaques, c'est que ces corps frappés par de la lumière blanche absorbent certaines parties de cette lumière, et renvoient à l'œil d'autres parties qui ne se trouvent plus combinées dans la proportion nécessaire à la production de la couleur blanche. C'est ainsi qu'un verre rouge est rouge par cela seul qu'il ne laisse passer que des rayons rouges. Toute couleur ne vient donc que d'un changement dans la proportion du mélange de la lumière, appartient par conséquent primitivement à la lumière et non pas aux corps, et ces derniers ne font que lui donner l'occasion de se produire.

Un prisme réfracte la lumière qui le traverse, c'est-à-dire la détourne de sa direction suivant un certain angle; les rayons simples de couleurs différentes possèdent, d'après Newton, une réfrangibilité différente, et c'est pourquoi, en se réfractant, la lumière prend dans le prisme diverses directions, et ses éléments se séparent les uns des autres. Un point brillant d'une grandeur presque imperceptible, vu à travers le prisme, semble déplacé et allongé de manière à produire une ligne diversement colorée ; c'est là ce qu'on appelle le *spectre*, qui montre dans l'ordre indiqué les couleurs simples que nous avons nommées plus haut. Si l'on observe une surface brillante d'une certaine étendue, les spectres des points intermédiaires de cette surface se superposent de telle sorte que partout toutes les couleurs se combinent dans la proportion nécessaire pour produire le blanc : c'est ce que que l'on démontre au moyen d'un calcul géométrique très-simple. Seulement, aux bords de la surface, les couleurs restent en partie séparées. C'est pourquoi la surface blanche paraît déplacée et bordée d'un côté de bleu et de violet, de l'autre de jaune et de rouge. Une raie noire entre deux surfaces blanches peut être tout entière recouverte par les bords colorés de ces surfaces, et au milieu où ils se rejoignent, le rouge et le violet mélangés donnent une couleur pourpre ; les couleurs dans lesquelles la raie noire semble être décomposée ne naissent donc pas du noir, mais bien du blanc environnant.

Au premier moment, Gœthe s'est évidemment trop peu souvenu de la théorie de Newton, pour trouver l'explication physique des faits que nous venons d'indiquer. Plus tard elle lui a été, à diverses reprises, rappelée et expliquée très-clairement; car il en parle plusieurs fois, de telle sorte qu'on voit qu'il l'a parfaitement comprise (1). Mais elle le satisfait si peu qu'il n'en continue pas moins à soutenir qu'il suffit d'un coup d'œil jeté sur les faits en question pour reconnaître toute l'inexactitude de la théorie de Newton, sans pourtant indiquer une seule fois ni ici, ni dans ses autres écrits polémiques, en quoi consiste cette inexactitude. Il se contente de répéter sans cesse qu'elle est complétement absurde. Et cependant, je ne comprends pas, quelque opinion d'ailleurs que l'on ait sur les couleurs, comment il est possible de nier que la théorie de Newton soit du moins parfaitement conséquente avec elle-même, que ses hypothèses, quand on les a une fois admises, expliquent complétement, et même simplement, les faits qui se rattachent à cette question. Newton lui-même, en beaucoup d'endroits de ses écrits sur l'optique, fait mention de ces spectres défectueux dont le milieu demeure blanc ; mais il ne prend point la peine d'en donner une explication spéciale, évidemment parce qu'il est convaincu que l'explication ressort d'elle-même des propositions de son système. Et il ne semble pas qu'il se soit trompé sur ce point : car lorsque Gœthe commença à attirer l'attention sur ces phénomènes, tous ceux qui avaient quelques notions de physique, — c'est lui-même qui le raconte, — lui répondirent aussitôt et invariablement par cette même démonstration tirée des principes de Newton, et que chacun, comme on le voit, était en état de trouver sur-le-champ.

Le lecteur qui suit attentivement et pas à pas toutes les propositions contenues dans cette partie de la théorie des couleurs, pour chercher à les approfondir, à s'en faire une idée claire, se sent pris d'un sentiment extrêmement pénible ; il entend sans cesse un homme doué des facultés les plus rares assurer avec passion, que dans quelques conclusions en apparence très-claires et très-simples, il se cache une absurdité évidente. Il cherche, cherche encore, et comme avec la meilleure volonté du monde il ne peut trouver la moindre apparence d'absurdité, il finit par s'en prendre à lui-même et à la fatigue de son propre esprit. Mais c'est précisément cette contradiction si franche, si nette, qui prête, au point de vue où se place Gœthe dans sa *Théorie des couleurs* de 1792, tant d'intérêt et d'importance. Il n'a pas encore dans cette partie développé sa propre théorie ; il ne s'agit ici encore que de quelques faits peu nombreux, faciles à saisir, et sur la justesse desquels tous les partis sont d'accord ; et néanmoins voici deux savants dont les vues sur les mêmes faits sont diamétralement opposées ; aucun ne peut même concevoir ce que veut réellement son adversaire. D'un côté, nous voyons un grand nombre de physiciens qui, par une longue suite des recherches les plus minutieuses, des calculs les plus profonds et les plus clairs, et enfin, par leurs inventions, ont porté l'optique à un tel degré de perfection, que seule entre toutes les sciences physiques, elle commence presque à rivaliser avec l'astronomie. Tous ont pu, soit par des expériences directes, soit par la sûreté avec laquelle ils savent calculer d'avance les résultats obtenus avec les instruments les plus différents, ils ont pu, dis-je, vérifier les conséquences des principes de Newton, et tous, sans exception, sont d'accord sur ce terrain. De l'autre côté se tient un homme dont l'intelligence supérieure, dont le talent particulier pour saisir les faits sont universellement reconnus non-

seulement dans l'art, la poésie, mais encore dans les sciences naturelles ; et cet homme affirme avec la plus grande énergie que les autres sont dans l'erreur ; et il en est tellement convaincu qu'il ne peut s'expliquer la contradiction que par l'étroitesse d'esprit ou par la mauvaise volonté de ses adversaires ; enfin, il se déclare obligé de faire plus de cas de ses découvertes sur la théorie des couleurs, que de ce qu'il a jamais produit comme poëte (1).

Une contradiction si flagrante nous fait supposer qu'il y a au fond de cette dispute une opposition profonde des principes premiers, due à une tendance d'esprit différente, et qui empêche les deux parties de s'entendre. Je vais m'efforcer d'indiquer en quoi consiste, selon moi, cette opposition d'esprit.

Bien que Gœthe se soit engagé dans plus d'une des voies ouvertes à l'activité intellectuelle, il est avant tout et par sa nature poëte. L'essence du génie poétique, comme celle de toute activité appliquée à l'art, c'est de faire de l'objet matériel de l'art l'expression immédiate de l'idée. L'idée, pour le poëte, n'est point le résultat d'un travail abstrait de la pensée, mais bien celui de l'intuition immédiate, celui du sentiment qui anime le poëte et dont lui-même a à peine conscience : voilà ce qu'il faut que soit l'idée qui domine dans une œuvre d'art. C'est précisément par cette forme empruntée à la réalité immédiate, que le fond idéal de l'œuvre d'art devient vivant, et exerce toute la force d'une impression sensible ; mais naturellement il perd en même temps la généralité et la force logique qu'il aurait acquise sous la forme abstraite. Le poëte qui sent que la puissance admirable et unique de ses œuvres vient de cette disposition particulière de son esprit, veut encore l'appliquer à d'autres études. Il ne cherche point à comprendre la nature dans un cercle d'idées abstraites, mais il la conçoit comme une œuvre d'art parfaitement circonscrite en elle-même qui doit, à un moment donné, révéler d'elle-même à celui qui la contemple l'esprit dont elle est animée. Ainsi, à l'aspect de ce crâne de mouton qu'il trouve sur les sables du Lido, à Venise, et qui lui inspire tout d'un coup la théorie de la transformation des vertèbres pour former le crâne, quelle remarque fait-il ? Il s'est senti, dit-il, plus fortifié que jamais dans sa vieille croyance, si souvent confirmée par l'expérience, que la nature n'a point de secret qu'elle ne révèle en quelque endroit aux yeux attentifs de l'observateur. Il exprime encore la même opinion dans son premier dialogue avec Schiller sur la métamorphose des plantes. Pour Schiller, disciple de Kant, l'idée, tel est le but auquel on doit aspirer éternellement, qui éternellement ne peut être atteint et, par conséquent, ne peut jamais être représenté dans la réalité ; Gœthe, au contraire, purement et simplement poëte, croit trouver, dans la réalité extérieure, l'expression immédiate de l'idée. Il déclare lui-même que c'est le point capital qui le distingue absolument de Schiller. On voit encore ici l'affinité qui existe entre ses opinions et la philosophie de la nature de Schelling et de Hegel, qui part également de ce principe : la nature représente immédiatement les divers degrés de développement de l'idée. De là aussi l'ardeur avec laquelle Hegel et ses disciples ont défendu les vues scientifiques de Gœthe. Cette vue de la nature explique encore, chez Gœthe, la polémique qu'il entreprit contre les expérimentations compliquées et multiples. De même

---

(1) Dans l'explication de la neuvième figure de la *Théorie des couleurs*, explication dirigée contre Green.

(1) Voyez *Entretiens de Gœthe avec Eckermann.*

que l'œuvre d'art originale ne peut subir la retouche d'une main étrangère, sans que sa pureté en soit altérée, de même la nature n'est que troublée dans son harmonie, tourmentée, altérée par les empiétements de l'expérimentateur, et, en revanche, elle trompe l'agresseur profane en ne lui livrant qu'une caricature d'elle-même.

Gœthe dit dans *Faust :* « Mystérieuse au milieu même de la clarté du jour, la Nature ne se laisse point dérober son voile, et, ce qu'elle ne veut point révéler à ton esprit, tu ne le lui arracheras point avec des leviers ni avec des étaux. »

C'est pourquoi il se moque plus d'une fois, principalement dans sa polémique contre Newton, de ces spectres colorés obtenus à grands renforts de verres et d'écrans à fente étroite, tandis qu'il loue les expériences que l'on peut faire en plein jour, en plein air, au sein de la nature même, non-seulement comme étant particulièrement faciles et intéressantes, mais comme particulièrement concluantes.

La tendance poétique de son esprit se dessine déjà très-fortement dans ses travaux morphologiques. Si l'on recherche ce que la science a produit à l'aide des idées qu'elle doit à Gœthe, on arrive à un résultat singulier. Il n'est personne qui ne se rende à l'évidence, lorsqu'on lui présente la série de transformations par lesquelles passe une feuille pour devir étamine, un bras pour devenir aile ou nageoire, une vertèbre pour devenir os occipital. L'idée que toutes les parties de la fleur ne sont que des feuilles transformées, fait naître une association d'idées qui, quoique fondée et juste, a quelque chose de très-surprenant. Que l'on cherche maintenant à définir cet organe qui tient de la feuille et engendre toutes les parties de la plante, qu'on essaye d'en préciser la nature, de trouver la notion générale qui comprenne en soi tous ces organes différents : on se sent embarrassé, parce que tous les caractères particuliers disparaissent, et qu'il ne reste rien en dernier lieu, sinon qu'une feuille, dans le sens le plus général, est un appendice latéral de l'axe de la plante. Si donc on tâche d'expliquer sous une forme scientifique cette proposition : « les parties de la fleur sont des feuilles transformées », elle se change en cette autre proposition : « les parties de la fleur sont des appendices latéraux de l'axe de la plante »; mais, pour voir cela, il n'était pas besoin de Gœthe. On a de même reproché, et non sans raison, à la théorie des vertèbres transformées en crâne, d'étendre tellement la notion de vertèbres, qu'il n'en restait plus rien, sinon ce fait, qu'une vertèbre est un os. L'embarras n'est pas moindre quand il s'agit de définir en termes clairs et scientifiques cette proposition : « telle partie d'un animal correspond à telle partie d'un autre animal ». Au point de vue physiologique, les deux parties ne servent pas au même usage, car la même partie osseuse qui, chez un mammifère, devient un très-petit osselet de l'ouïe, caché au fond du *rocher*, sert, chez l'oiseau, d'articulation à la mâchoire inférieure; ce n'est ni sa forme, ni sa situation, ni sa réunion avec d'autres parties, qui pourraient fournir un caractère constant d'identité. Néanmoins, dans la plupart des cas, il a été possible, en suivant les degrés de transition, de déterminer avec assez de précision et de certitude quelles sont les parties qui se correspondent. Gœthe lui-même a très-bien remarqué cette difficulté, quand il dit, à l'occasion de la théorie des vertèbres du crâne : « Cet aperçu, cette observation, cette conception, cette idée ou notion, comme on voudra l'appeler, conservera toujours, quoi qu'on fasse, un caractère *ésotérique* dans l'ensemble ; en thèse générale, cela

peut s'exprimer, mais non se démontrer; dans les détails, cela peut bien s'indiquer, mais jamais on n'arrive à quelque chose de précis, de définitif. » C'est là, à peu de chose près, qu'en est encore la question aujourd'hui. On voit la différence encore plus clairement, quand on songe comment la physiologie, la science des causes premières, des problèmes de la vie, devrait traiter cette idée d'un plan commun dans la structure des animaux. Elle pourrait demander : « Est-il juste de penser que, pendant le développement géologique de la terre, une espèce animale s'est formée d'une autre espèce, et qu'en même temps la nageoire pectorale d'un poisson s'est peu à peu transformée en un bras ou en une aile ? Ou bien les diverses espèces d'animaux ont-elles été créées dès l'origine d'une manière définitive, et leur ressemblance vient-elle de ce que la nature ne peut produire les premiers développements au sortir de l'œuf que d'une seule manière tout à fait uniforme pour tous les animaux vertébrés ; et les analogies que l'on observe plus tard dans leur structure sont-elles dues à ces premiers caractères fondamentaux qui leur sont communs dès l'origine? On pourrait admettre que la plupart des savants penchent pour cette dernière opinion (1); il y a, en effet, dans les premiers temps du développement animal, une conformité très-remarquable des organes. Ainsi, chez les jeunes mammifères eux-mêmes, les deux côtés du cou sont parfois disposés comme les branchies chez les poissons, et les parties correspondantes chez les animaux adultes paraissent, en effet, se développer d'une manière analogue, de sorte qu'on a commencé récemment à se servir de l'histoire de l'évolution animale pour contrôler les vues théoriques de l'anatomie comparée. On voit que le sens précis qu'il faut attacher à l'idée d'un type primitif commun, pourrait s'expliquer par les considérations physiologiques que nous venons d'indiquer. Gœthe a rendu à la science un grand et important service, en pressentant l'existence d'une loi, et en en recherchant les traces avec une grande sagacité; mais quelle était cette loi? c'est ce que Gœthe ne sut pas reconnaître, et ce qu'il ne chercha même pas. Une telle recherche était incompatible avec la tendance naturelle de son esprit, et d'ailleurs l'état actuel de la science ne permet même point encore de résoudre cette question d'une manière décisive; c'est à peine si l'on est fixé sur la manière dont il faut poser les divers termes de la question. Nous reconnaissons donc volontiers que Gœthe a fait sur ce terrain tout ce qu'il était possible de faire en général dans son temps. Je disais tout à l'heure qu'il se plaçait en face de la nature comme en face d'une œuvre d'art. Dans ses études morphologiques, il ressemble à cet auditeur d'une tragédie, qui, ayant du goût, sent finement le lien qui unit tous les détails de la pièce pour en faire un tout; il comprend que chacun de ces détails se rattache à un plan commun à tous ; enfin il est vivement intéressé par l'unité de ce plan, sans pourtant pouvoir rendre compte de l'idée mère qui a inspiré toute la pièce. Ce dernier résultat est réservé à l'étude scientifique de l'œuvre d'art, et ce spectateur dont nous parlions est peut-être comme Gœthe en présence de la nature ; il n'aime point ce démembrement de l'œuvre qui lui cause tant de plaisir, parce qu'il craint,— mais à tort, — que sa joie n'en soit troublée.

On peut en dire autant du point de vue auquel se place

---

(1) Ceci avait été écrit avant l'apparition du livre de Darwin sur *l'Origine des espèces.*

Gœthe dans la théorie des couleurs. Nous avons vu que son opposition à la théorie physique de Newton commence à partir du point où celle-ci donne des explications tout à fait complètes et conséquentes des faits, en s'appuyant sur les principes qu'elle a une fois admis. Il ne peut pas évidemment avoir voulu reprocher à la théorie de ne pas suffire dans tel ou tel cas particulier, mais bien plutôt d'avoir admis des propositions dont elle se sert pour expliquer les faits, et qui lui semblent si absurdes, qu'il regarde l'explication comme absolument nulle. L'idée que la lumière blanche puisse être composée de lumière colorée, lui paraît notamment inconcevable ; il s'emporte, dès le temps de ses premières recherches (1), contre ce « blanc dégoûtant emprunté à Newton par les physiciens », expression qui semble indiquer que c'est tout particulièrement cette assertion elle-même qui le choquait dans la théorie.

Dans la polémique qu'il entreprit plus tard contre Newton et qui ne fut publiée qu'après l'achèvement de sa propre théorie des couleurs, ses efforts tendent également à montrer surtout que les faits cités par Newton pourraient s'expliquer aussi par sa théorie, et que, par suite, les assertions de Newton ne sont pas suffisamment démontrées. Il est plus préoccupé de cette pensée que de chercher à relever dans le système de Newton des contradictions avec les faits, ou des contradictions entre les propositions qui y sont avancées. Il semble bien plutôt regarder sa propre théorie comme tellement évidente qu'il n'est besoin que de l'exposer pour anéantir celle de Newton. Il n'y a que peu de passages où il conteste les expériences décrites par Newton. La reproduction de quelques-unes d'entre elles (2) semble ne lui avoir pas réussi, parce que le résultat ne se constate pas avec la même facilité dans toutes les positions des lentilles dont on se sert, et parce qu'il ignorait les conditions géométriques qui déterminent la position des lentilles la plus favorable à l'expérience. Quant à d'autres expériences sur la séparation de la lumière simple colorée uniquement à l'aide du prisme, les objections de Gœthe ne manquent pas de justesse, en ce sens qu'il est difficile par ce seul moyen d'obtenir les couleurs isolées avec une telle pureté que la réfraction par un autre prisme ne puisse donner encore de nouvelles traces d'une autre couleur sur les bords. On n'obtient un aussi parfait isolement des éléments simples de la lumière colorée, qu'à l'aide d'appareils composés à la fois de prismes et de lentilles disposés avec le plus grand soin. Ces dernières expériences devaient faire le sujet d'une partie supplémentaire annoncée par Gœthe, mais qu'il n'a point écrite. Quand il se plaint de la complication plus embarrassante qu'utile de ces appareils, qu'on songe aux pénibles détours que le chimiste est souvent obligé de prendre pour obtenir dans toute leur pureté certains corps simples, et l'on ne devra plus s'étonner que le même problème, quand il s'agit de la lumière, ne puisse se résoudre à ciel découvert, dans un jardin et avec un simple prisme (3). Gœthe doit, d'après sa théorie, nier absolument la possibilité d'isoler une lumière colorée simple. Il reste douteux qu'il ait jamais expérimenté au moyen d'appareils qui fussent de na-

ture à donner la solution de ce problème, puisque la partie supplémentaire qu'il avait promise nous manque précisément.

Pour donner une idée du ton passionné que Gœthe, d'ailleurs si calme et si courtois, prend dans sa polémique contre Newton, je relève çà et là, dans quelques pages de la *Théorie des couleurs* (partie polémique), les expressions suivantes dont il se sert pour qualifier les propositions de ce grand penseur sur le terrain de la physique et de l'astronomie : — « impertinence poussée jusqu'à l'incroyable, — non-sens pur et simple, — explication grotesque, — au plus haut point admirable pour des gamins en école, — mais, je le vois bien, il faut des mensonges, il en faut outre mesure. »

Gœthe demeure fidèle, dans sa *Théorie des couleurs*, à la croyance que nous avons signalée plus haut chez lui, que la nature doit d'elle-même révéler ses mystères, et qu'elle est, dans la réalité, la copie transparente de ses lois. Il demande, par conséquent, pour l'étude des questions physiques, que l'on range les faits observés de manière que l'un soit toujours expliqué par l'autre, et que l'on arrive ainsi à une vue d'ensemble, sans pour cela quitter le domaine de l'observation des sens. Cette règle a pour elle une apparence de justesse très-séduisante ; mais elle est, au fond, essentiellement fausse. Car un phénomène naturel n'est expliqué physiquement qu'autant qu'on l'a ramené aux dernières forces naturelles qui l'ont produit et qui agissent en lui. Or, comme nous ne pouvons jamais observer les forces en elles-mêmes, mais seulement leurs effets, il nous faut donc, toutes les fois qu'il s'agit d'expliquer les phénomènes naturels, quitter le domaine des sens et recourir à un ordre de choses qui échappent à l'observation et ne peuvent être fixées qu'au moyen des idées. Quand nous trouvons qu'un fourneau est chaud et que nous remarquons ensuite qu'il s'y trouve du feu, nous disons, il est vrai, en employant une forme de langage inexacte, que la première observation est expliquée par la seconde. Mais, au fond, cette phrase ne signifie rien autre chose que ceci : nous sommes toujours habitués à trouver de la chaleur là où il y a du feu ; il en est de même dans le cas présent. Nous subordonnons ainsi un fait à un autre fait plus général, plus connu, et nous sommes complétement satisfaits par cette opération que nous nommons à tort une explication. La généralisation de cette observation est évidemment loin d'être la perception des causes ; celle-ci ne s'obtient que si nous pouvons, par exemple, étudier les forces agissantes dans le feu et la manière dont les effets en dépendent.

Mais ce pas qu'il faut nécessairement faire dans le monde des idées, si nous voulons remonter aux causes des phénomènes naturels, épouvante le poëte. Dans ses œuvres poétiques, il a donné à l'élément intellectuel la forme de l'observation sensible, immédiate, sans aucun lien intermédiaire qui soit purement abstrait. Ici, sa gloire a été en raison directe de la vérité et de la vigueur avec lesquelles il a su observer et rendre les effets du monde sensible. Il voudrait qu'on suivît la même voie pour l'étude de la nature. Le physicien, au contraire, veut le conduire dans un monde d'atomes invisibles, de mouvements, de forces attractives et répulsives

---

(1) Dans la *Confession*, à la fin de l'*Histoire de la théorie des couleurs*.

(2) Partie polémique, §§ 47 et 169.

(3) Qu'on me permette de remarquer ici encore, que je connais l'impossibilité d'analyser et de changer les éléments simples de la lumière colorée (qui constitue les deux principes fondamentaux de la théorie de Newton), non-seulement pour en avoir entendu parler, mais encore par mes propres expériences, ayant été obligé, dans une de mes recherches personnelles (Sur la nouvelle analyse de la lumière du soleil de sir David Brewster, dans les *Annales de Poggendorff*, vol. LXXXVI, p. 501), de pousser l'analyse de la lumière colorée jusqu'à ses dernières limites.

s'exerçant d'après des lois invariables, il est vrai, mais dans un pêle-mêle presque inextricable. Pour le savant, l'impression sensible, immédiate, n'est pas une autorité incontestable ; il veut la contrôler, il se demande si les choses que les sens ont déclarées semblables le sont en effet, si les différences qu'ils ont constatées sont réelles, et il arrive fréquemment à une réponse négative. Le résultat de cet examen est que les organes des sens nous instruisent, à la vérité, de l'existence d'une action extérieure, mais qu'ils la transmettent à la conscience sous une forme altérée, de sorte que la nature de l'observation sensible dépend moins des caractères de l'objet observé que de ceux de l'organe qui nous avertit du fait. Tout ce que le nerf optique nous transmet, il nous le transmet sous l'image d'une impression lumineuse, que ce soit le rayonnement du soleil, ou un coup reçu sur l'œil, ou un courant électrique atteignant cet organe. De son côté, le nerf auditif transforme tout en phénomènes du son, un nerf du toucher en sensations de température ou en tact. Le même courant électrique que le nerf optique présente comme un rayon de lumière, le nerf du goût nous l'indique comme étant un acide, et il produit sur la peau l'impression d'une brûlure. Le même rayon de soleil, que nous nommons lumière quand il tombe sur nos yeux, nous le nommons chaleur quand il frappe la peau. Et cependant, considérés en eux-mêmes, objectivement, la lumière du jour qui pénètre à travers nos fenêtres et le rayonnement de la chaleur d'un poêle de fonte ne sont pas plus ni autrement différents l'un de l'autre que ne le sont les parties rouges et bleues de la lumière entre elles. En d'autres termes, de même que les rayons rouges de la lumière ne se distinguent des rayons bleus, d'après la théorie de l'ondulation, que par la durée plus grande des vibrations et par une réfrangibilité moindre, de même les rayons obscurs de la chaleur venant du poêle ont une longueur d'onde encore plus grande et une réfrangibilité encore moindre que les rayons de lumière rouge ; mais ils sont pourtant complétement semblables sous tous les autres rapports. Tous ces rayons, ceux qui sont lumineux et ceux qui ne le sont pas, donnent de la chaleur, mais seulement une certaine partie de ces rayons, — que nous nommons pour cette raison *lumière*, — peut pénétrer à travers les parties transparentes de notre œil jusqu'au nerf optique et produire une impression lumineuse.

Pour donner une idée nette de cette relation, on pourrait s'exprimer ainsi : Les sensations ne sont pour nous que les symboles des objets du monde extérieur, et sont à ceux-ci à peu près ce que l'écriture et la parole sont à la chose qu'elles représentent. Les sensations nous donnent, il est vrai, une idée des détails du monde extérieur, mais cette idée ne vaut guère mieux que celle que nous pourrions donner des couleurs à un aveugle au moyen d'une simple description.

Nous voyons que la science en est arrivée à accorder au témoignage des sens une valeur entièrement opposée à celle qu'y attachait le poëte ; et c'est l'assertion de Newton, affirmant que le blanc est composé de toutes les couleurs du spectre, qui a été le premier germe de cette tendance qui ne s'est développée que plus tard. A cette époque, en effet, on n'avait pas encore tenté, à l'aide de la pile, les expériences qui devaient ouvrir la voie à la connaissance du rôle que jouent les caractères spécifiques des nerfs des sens dans les sensations que nous éprouvons. Le blanc, qui apparaît à l'œil comme la plus simple, la plus pure de toutes les impressions qui viennent des couleurs, est composé d'éléments divers et complexes. Ici,

l'esprit du poëte semble avoir été traversé par le pressentiment soudain que les conséquences d'une telle proposition mettaient en question le principe de toute sa théorie, et c'est pourquoi cette assertion lui paraît si inconcevable, si démesurément absurde. Il faut considérer sa théorie des couleurs comme un essai tenté pour défendre contre les attaques de la science la vérité immédiate de l'impression reçue par les sens. De là, le zèle qu'il met à l'achever et à la défendre, le ton irrité et passionné avec lequel il attaque ses adversaires, la supériorité et l'importance qu'il lui attribue sur toutes ses autres œuvres, et l'impossibilité de convaincre et de concilier les deux partis.

Si nous voulons maintenant apprécier ses propres idées théoriques, il ressort déjà de ce qui précède que Gœthe ne peut, sans être infidèle à son principe, donner des phénomènes une explication qui soit conforme à la méthode employée dans les sciences physiques : c'est en effet ce qui a lieu. Il part de ce principe que les couleurs sont toujours plus foncées que le blanc, qu'elles ont quelque chose qui tient de l'ombre, (c'est ce que la théorie physique explique en disant que le blanc, qui est la somme de toute la lumière colorée, doit être plus clair que chacune de ses parties intégrantes prise isolément). Le mélange direct de lumière et d'ombre, de blanc et de noir donne le gris ; leurs couleurs doivent donc leur origine à l'action diversement combinée de la lumière et de l'ombre. Cette action, Gœthe croit la reconnaître dans les effets produits par certains milieux translucides. Ils paraissent généralement bleus quand on les place sur un fond obscur, et que l'on considère la lumière qu'ils réfléchissent ; ils sont jaunes au contraire par transmission. Ainsi dans le jour, l'air semble bleu devant le fond obscur du ciel, et le soleil à son coucher vu à travers une longue et épaisse couche d'air paraît jaune ou rougeâtre. L'explication par la physique de ce phénomène qui ne se manifeste d'ailleurs pas sur tous les corps translucides, ainsi pas sur les plaques de verre dépoli, nous écarterait trop de notre but. La lumière, selon Gœthe, reçoit dans le milieu translucide qu'elle traverse quelque chose qui produit l'ombre, quelque chose de corporel, condition nécessaire à la production de la couleur. Cette seule proposition embarrasse déjà, si l'on veut la considérer comme une explication physique. Est-ce à dire peut-être que des parties corporelles se mêlent à la lumière, et s'envolent avec elle ? C'est à ce premier, à ce principal phénomène que Gœthe cherche à ramener tous les autres effets des couleurs, principalement les effets prismatiques. Il considère tous les corps transparents comme très-légèrement opaques, et admet que le prisme communique à l'image qu'il montre à l'observateur quelque chose de son opacité. Mais il est difficile ici encore de se représenter quelque chose de précis, de déterminé. Gœthe semble avoir pensé que le prisme ne donne jamais des images tout à fait claires, mais toujours indécises, confuses ; car, dans sa théorie des couleurs, il les range parmi les images indirectes que montrent des plaques de verre parallèles et des cristaux de spath calcaire. Il est vrai que les images du prisme sont confuses dans le cas où la lumière reste composée, mais elles sont au contraire très-nettes dans la lumière simple. Que l'on considère, dit Gœthe, à travers le prisme une surface éclairée sur un fond obscur, alors l'image que donne le prisme est déplacée et confuse. Son bord antérieur est reporté sur le fond obscur, et paraît bleu comme tout corps translucide, éclairé, placé devant quelque chose de sombre; mais le bord opposé de la surface brillante est recouvert par l'image confuse, reportée en avant du fond noir placé derrière, et paraît rouge jaune comme le serait un corps brillant derrière un milieu translucide obscur. Pourquoi le bord antérieur apparaît devant le fond, pourquoi le bord opposé apparaît derrière le fond, pourquoi le contraire n'arrive pas, c'est ce qu'il ne dit pas. Mais poursuivons l'analyse, et tâchons de nous expliquer clairement cette notion de l'image optique. Quand je vois un objet brillant reproduit par un miroir, cela vient de ce que la lumière qui part de cet objet est renvoyée par le miroir, absolument comme si elle provenait d'un objet semblable placé derrière le miroir, objet dont l'œil de l'observateur reçoit l'image, et qu'il croit par conséquent voir réellement. Chacun sait que derrière le miroir il n'y a rien de réel qui réponde à l'image, que pas la moindre partie de la lumière ne pénètre derrière le miroir, mais que l'image reflétée n'est que le lieu géométrique où se couperaient les rayons réfléchis, si on les prolongeait en arrière. Aussi, personne n'attend-il de cette image placée derrière le miroir qu'elle exerce une action réelle sur un autre objet. De même, le prisme nous montre les images des objets vus, dans une autre situation que ces objets eux-mêmes. En d'autres termes, la lumière que l'objet envoie vers le prisme est brisée par celui-ci, de manière à paraître venir d'un objet placé à côté. Mais ce n'est là qu'une image, et cette image, loin d'être quelque chose de réel, n'est à son tour que le lieu géométrique où se coupent les rayons lumineux prolongés de l'autre côté du prisme. Eh bien ! pour Gœthe, cette image produirait par son déplacement des effets réels. La partie éclairée, déplacée comme corps trouble, doit faire paraître bleue la partie obscure située en arrière, et la partie obscure déplacée fait paraître d'un jaune rougeâtre la partie brillante placée derrière.

Gœthe, on le voit, traite en réalité l'image apparente comme un objet. Et ce qui le prouve particulièrement, c'est qu'il lui faut admettre dans son explication, que le bord bleu du champ éclairé se trouve réellement devant, et le bord rouge derrière l'image obscure qui est déplacée en même temps. Gœthe demeure ici fidèle aux illusions des sens, et traite un lieu géométrique comme un objet corporel. Il se gêne tout aussi peu pour admettre parfois que le rouge et le bleu se détruisent mutuellement, par exemple dans le bord bleu que donne le prisme avec un champ rouge ; dans d'autres cas, au contraire, pour en composer une belle couleur de pourpre, par exemple quand un bord bleu et un bord rouge se rencontrent sur un champ noir. Ce qui est encore plus étrange, ce sont les moyens qu'il emploie pour se tirer des difficultés que certaines expériences plus compliquées de Newton lui préparent. Tant que l'on considère ses explications comme une manière métaphorique, figurée, de rendre sensibles à l'esprit les phénomènes, on peut les admettre ; elles ont même quelque chose de très-expressif et de très-caractéristique ; mais au point de vue de la physique elles n'ont absolument aucune valeur.

On voit clairement que la partie théorique de sa théorie des couleurs n'est pas de la physique, et il est permis également de conclure que le poëte voulait introduire dans la science un tout autre genre d'observation que celui qui est admis en physique. Nous avons montré comment il y était amené. En poésie, ce qui le préoccupe uniquement, ce sont les beaux effets qui conduisent à la contemplation de l'idéal ;

peu importe la manière dont ces beaux effets sont produits. La nature elle-même est pour le poëte l'expression sensible de la vie intellectuelle. La physique, au contraire, s'efforce de découvrir, en quelque sorte derrière les coulisses, les leviers, les cordages et les poulies qui sont mis en œuvre pour diriger la nature, et il est vrai que la vue du mécanisme détruit une partie des beaux effets extérieurs. C'est pourquoi le poëte voudrait bien bannir les cordages, les poulies, comme étant des inventions nées dans le cerveau de quelques pédants ; il voudrait présenter la chose de telle façon qu'on crût que les couleurs se changent d'elles-mêmes ou sont une conséquence de l'idée qui anime cette œuvre d'art. Il faut encore remarquer qu'entre tous les poëtes, Gœthe, avec la tendance particulière à son esprit, devait nécessairement prendre vis-à-vis de la physique une attitude polémique. D'autres poëtes, selon la nature de leur talent, ne font aucune attention au côté matériel qui viendrait détruire la puissance de leur inspiration, ou bien ils aiment aussi à voir comment l'esprit se fraye une route à travers la nature matérielle. Gœthe, que l'inspiration intérieure, subjective n'éblouit jamais sur la réalité qui l'entoure, ne se sent heureux que là où il a pu revêtir la réalité d'une forme entièrement poétique. C'est là ce qui fait la beauté distinctive de ses poésies, et c'est en même temps la cause pour laquelle il est obligé de lutter contre le mécanisme qui menace à chaque instant de le troubler dans sa contemplation poétique, et pour laquelle il cherche à attaquer l'ennemi dans son propre camp.

Mais le seul moyen de l'emporter sur le mécanisme de la matière, c'est non pas de le supprimer, mais bien de le soumettre aux fins morales de l'intelligence. Il faut en étudier tous les rouages, même au prix de la contemplation poétique, pour apprendre à les diriger à notre gré, et là est la grande importance des travaux de la physique pour le perfectionnement de la race humaine ; c'est là ce qui la justifie pleinement.

De ce qui précède, il ressort clairement que Gœthe dans ses divers travaux scientifiques sur la nature a toujours obéi à une même tendance, mais que les problèmes à résoudre étaient d'une nature tout opposée. En songeant que ces mêmes qualités qui lui ont acquis d'un côté une gloire immortelle, sont celles qui devaient nécessairement d'un autre côté le faire échouer, ou se sentira peut-être plus disposé à relever les physiciens des accusations que portent encore contre eux quelques-uns des admirateurs du grand poëte. On ne dira plus que c'est un orgueilleux esprit de caste qui les a aveuglés sur les inspirations du génie.

H. Helmholtz,

Professeur à l'université de Heidelberg.

— Traduit de l'allemand par L. Koch. —

ASSOCIATION SCIENTIFIQUE DE FRANCE

SÉANCE TENUE A L'OBSERVATOIRE DE PARIS

M. A. CAZIN

Le percement du Mont-Cenis (1)

Ayant eu récemment l'occasion de visiter les travaux du mont Cenis, j'ai pensé que vous écouteriez avec intérêt un

(1) Voyez sur ce sujet notre tome IV, page 97, 12 janvier 1867, et une grande figure des machines perforatrices (page 104).

exposé sommaire de cette grande entreprise qui, commencée il y a une dizaine d'années, est à la veille de son achèvement. Plusieurs rapports détaillés ont déjà fait connaître les moyens d'exécution du tunnel des Alpes ; je rappellerai celui de M. Conte publié en 1863 dans les *Annales des ponts et chaussées*, et celui de M. Baude publié la même année dans le *Bulletin de la Société d'encouragement*. Je n'ai pas l'intention de vous présenter ici un rapport complet ; j'essaierai seulement de vous raconter ce que j'ai vu, en adoptant à peu près l'ordre que j'ai suivi dans ma visite, et joignant à chaque description les principales données numériques que je dois à l'obligeance des ingénieurs qui dirigent les travaux. Qu'il me soit permis de remercier ces messieurs, et en particulier M. Léandre Sommeiller, pour le gracieux accueil qu'ils m'ont fait.

Le chemin de fer français remonte la vallée de l'Arc, affluent de l'Isère, depuis Chamousset jusqu'à Saint-Michel. Jusque-là la vallée présente une faible pente, et les seules difficultés à vaincre sont les fréquents débordements de l'Arc et des torrents qui s'y rendent, surtout depuis Saint-Jean de Maurienne. L'ancienne route impériale a été récemment détruite, et l'on rencontre à chaque pas des couches de gravier qui ont englouti des vignes et des pâturages. A partir de Saint-Michel, la vallée se resserre entre de hautes montagnes aux sommets neigeux, et sa pente devient plus forte ; on a construit le long de la route impériale une voie ferrée que suit une locomotive du système Fell, remorquant seulement deux wagons. Cette voie ferrée porte un rail central partout où la rapidité de la pente est trop grande, et la locomotive est munie de deux roues horizontales que la vapeur met en mouvement et qui serrent entre elles le rail central. C'est grâce à cet artifice que la locomotive peut adhérer suffisamment à la voie et gravir la pente. Ce n'est pas sans quelque effroi que les voyageurs se voient entraînés sur le bord du torrent, dont les rails suivent les sinuosités et dont les eaux bouillonnent souvent à une grande profondeur. On passe bientôt au village des Fourneaux, où sont les chantiers du tunnel, et l'on atteint Modane, où se trouve une station. Je m'arrêtai là, et le train repartit pour le mont Cenis, qu'il doit traverser. Je vous parlerai plus tard de ce passage.

Près de Modane, la compagnie des chemins de fer de la Méditerranée exécute les terrassements qui doivent relier par une voie ordinaire Saint-Michel et la tête française du tunnel. Cette voie décrit une demi-circonférence au delà du village, afin d'atteindre avec une pente convenable l'entrée du tunnel qui est située à une hauteur de 150 mètres au-dessus de Modane. Cette pente ne devra pas dépasser 32 millimètres par mètre.

Comment a-t-on tracé la direction du tunnel ? MM. Borelli et Copello ont effectué en 1857 les mesures géodésiques nécessaires pour résoudre ce problème, dont la difficulté est très-grande dans un pays de hautes montagnes, et la commission a adopté pour le tracé deux lignes droites : l'une partant des Fourneaux, à l'altitude de 1202 mètres, avec une pente de $0^m,0222$ par mètre ; l'autre partant de Bardonnèche, à l'altitude de 1335 mètres avec une pente de $0^m,0005$ par mètre. La direction des Fourneaux à Bardonnèche avait été indiquée depuis longtemps par M. Médail, comme étant la plus favorable. Voyons comment on a assuré la rencontre de ces deux lignes.

Il suffit qu'elles soient dans un même plan. Sur le versant opposé à chaque tête du tunnel est installée une lunette dont l'axe donne l'alignement du souterrain. Au point culminant de la montagne (2949 mètres) se trouvait un théodolite, à l'aide duquel on a jalonné le plan vertical qui devait contenir les lignes de pente des deux versants du tunnel. Il était ensuite facile, à l'aide des repères de la montagne, de mettre dans ce plan les axes des lunettes servant à l'alignement. Ces repères sont employés encore pour vérifier fréquemment la direction des lunettes.

La longueur du tunnel, calculée d'après toutes les données de la triangulation, est de 12220 mètres.

Cette question étant résolue, il s'agit de creuser une galerie à deux voies ferrées, ayant plus de trois lieues de longueur et soutenant au-dessus de sa voûte une masse de roches s'élevant jusqu'à 1611 mètres de hauteur.

La première question qui se présente à l'esprit est la composition géologique de la montagne. Elle a été résolue par MM. Élie de Beaumont et Sismonda. Voici quelles ont été les prévisions de la science. En allant des Fourneaux à Bardonnèche, on s'attendait à rencontrer :

1° Une couche de schistes à anthracite sur une épaisseur de 1500 à 2000 mètres.

2° Une couche de quartzite très-dur de 400 à 600 mètres.

3° Une couche de calcaire massif avec gypse, anhydrite et dolomie de 2000 à 3000 mètres.

4° Une couche de schiste calcaire de 7000 à 8000 mètres.

On ne devait rencontrer aucune masse éruptive ; tous ces terrains sont des stratifications de roches métamorphiques. Les quartzites seuls présentent quelques difficultés pour la perforation.

Or, les terrains qui ont été traversés étaient, le 1er octobre 1869 :

1° Des schistes et grès houiller avec veine d'anthracite, sur une épaisseur de 1967 mètres.

2° Des quartzites, $381^m,75$.

3° Des gypses, anhydrites et dolomies, 355 mètres.

4° Des schistes calcaires talqueux, $1448^m,75$ du côté de Modane, 5986 mètres du côté de Bardonnèche. Ce qui reste à percer doit être dans le même terrain.

Il faut ajouter à cela une couche d'éboulement de 128 mètres à l'entrée du tunnel, à Modane.

Vous voyez que les prévisions de la théorie se sont trouvées vérifiées autant qu'on pouvait le désirer. J'ai visité la collection minéralogique des Fourneaux, on y voit l'anthracite et la pyrite dans les échantillons de la première couche ; le spath, le quartz, la pyrite, le talc dans ceux de la seconde ; le gypse, l'anhydrite en houppes fibreuses dans la troisième ; le sel gemme dans la quatrième.

Passons dans les ateliers. Il s'agit de mettre en mouvement au fond d'un souterrain qui atteindra une profondeur de 6000 mètres, de puissantes machines perforatrices, afin d'accélérer le travail, de donner l'air et la lumière à de nombreux ouvriers chargés de diriger les machines, de déblayer, de maçonner les parois, sans qu'il soit possible de creuser des puits comme cela se fait dans les tunnels ordinaires. C'est l'air comprimé hors du souterrain qui accomplit ces merveilles. Emmagasiné dans d'immenses réservoirs à sept atmosphères, il est conduit par un tuyau depuis les ateliers jusqu'au fond de la galerie ; une partie agit sur les outils et est ensuite déversée autour des ouvriers ; l'autre s'écoule sans cesse pour l'aérage, tandis qu'une puissante machine aspire l'air vicié par la respiration, par la combustion des lampes et de la poudre qui fait éclater la roche. On suit de l'œil ce tuyau depuis les bords de l'Arc jusqu'au sommet du remblai, où sont déversés par des wagons les déblais du souterrain, à une hauteur de 105 mètres. Le diamètre de ce tuyau est de 20 centimètres ; sa paroi a 1 centimètre d'épaisseur ; d'ingénieux artifices lui permettent de s'allonger ou de se contracter suivant la température, sans se rompre ; les joints sont si parfaits que les fuites sont imperceptibles.

Dans l'atelier de compression sont rangés parallèlement dix réservoirs de tôle, dont chacun jauge 17 mètres cubes. Ceux-là renferment l'air à sept atmosphères qui doit produire sur chaque foret, au fond de la galerie, un effort de 90 kilos. Dans une salle voisine se trouvent quatre autres réservoirs qui sont employés à l'aérage et qui servent de trop plein aux premiers. Ils ont 50 mètres de long sur 2 mètres de diamètre, et la pression, inférieure à sept atmosphères, y varie suivant les besoins du travail. Ce sont ces réservoirs qui laissent échapper des torrents d'air pur au moment des explosions, alors que les gaz de la poudre menacent de troubler la respiration des ouvriers. Quelles sont les puissantes machines qui entretiennent ces réservoirs, dont la marche assure la sécurité des travailleurs ? Six roues hydrauliques en dessus de la force de cinquante-quatre chevaux-vapeur chaque, reçoivent l'eau de l'Arc et agissent sur douze pompes de compression, dues à M. Sommeiller, ingénieur savoisien, qui est à la tête de l'entreprise avec MM. Grandis et Grattoni.

Dans ce genre de pompe, un piston se meut dans un cylindre horizontal, aux extrémités duquel sont ajustés deux cylindres verticaux, munis à leur sommet d'une soupape d'aspiration et d'une soupape d'expulsion. De l'eau remplit le bas de ces cylindres jusqu'au piston. Le mouvement du piston abaisse le niveau de l'eau dans l'un des cylindres, l'élève dans l'autre ; dès lors, l'air entre dans le premier ; l'air contenu dans le second se comprime et ainsi de suite alternativement. Grâce à l'emploi de l'eau, l'air comprimé sort des pompes parfaitement pur et sans odeur. L'eau qu'il entraîne se dépose dans les réservoirs, où il séjourne quelque temps avant de se rendre au lieu du travail. On purge cette eau de temps en temps.

Ce système de pompes est actuellement le seul en usage aux Fourneaux et à Bardonnèche. On a renoncé aux compresseurs à choc, qui ont été d'abord employés et que l'on voit encore sur le bord du torrent, formant une colonnade élevée, que surmonte un grand bassin d'eau.

Le volume d'air qui entre dans chaque cylindre vertical des pompes est de 466 litres à la pression ordinaire pour chaque aspiration ; et il y a neuf oscillations du piston par minute. Comme chaque pompe est à double effet, il y a $466 \times 18 = 8388$ litres aspirés en une minute, soit pour les douze pompes à la fois 6039 mètres cubes environ par heure et 144 936 mètres cubes par jour.

Pour tenir compte des fuites, l'air n'arrivant dans le tunnel qu'après avoir été comprimé à sept atmosphères, il faut prendre 80 pour 100 de ces nombres, de sorte que les volumes d'air à la pression ordinaire qui sont déversés dans le souterrain sont de 4831 mètres cubes par heure et 115 949 mètres cubes par jour.

On admet généralement qu'un ouvrier travaillant dans un souterrain où brûlent des lampes a besoin de 5 mètres cubes d'air respirable par heure ; la quantité d'air que nous venons de calculer pourrait donc entretenir 966 ouvriers environ, si l'on ne tenait pas compte ni de l'explosion des mines, ni des chevaux, au nombre de 40, qui sont employés au transport des déblais.

Or, le travail emploie seulement 240 ouvriers à la fois. Les machines peuvent donc envoyer régulièrement une quantité d'air quadruple de celle que nous avons calculée. N'est-il pas évident que les conditions hygiéniques sont pleinement satisfaites ?

En quittant les ateliers de compression, nous passâmes dans l'atelier de réparation des machines perforatrices. Là, en pleine lumière, je pouvais voir le détail d'une de ces machines, et me préparer d'une manière instructive à assister plus tard à l'attaque de la roche au fond du souterrain.

Cette remarquable machine, inventée par M. Sommeiller, est aujourd'hui bien connue. Je me contenterai de vous rappeler les traits principaux qui la caractérisent.

Le foret est adapté à un piston renfermé dans un cylindre, où l'on fait arriver à volonté l'air comprimé. Le jeu d'un tiroir règle l'entrée et la sortie de l'air, de sorte que le piston soit lancé en avant, et rebondisse après le choc du foret contre la roche, sans heurter les parois du cylindre. En même temps, une petite machine à air voisine du cylindre agit sur une roue à rochet qui entraîne avec elle le piston et le foret, et les fait tourner sur eux-mêmes. Le foret creuse donc un trou dans la roche en tournant comme fait une vrille. Enfin quand le foret a marché en avant d'une certaine quantité, il agit sur un levier qui fait embrayer la roue à rochet avec un écrou qui est contre le cylindre où se meut le piston. Dès lors, cet écrou tourne dans un pas de vis fixe qui le guide, et pousse devant lui le cylindre. Ainsi la machine creuse la roche et avance en même temps. Un autre mécanisme permet à l'ouvrier de faire reculer tout l'appareil, lorsque cela est nécessaire.

Transportons-nous maintenant à l'entrée de la galerie. Un escalier de 458 marches nous y mène, le long des conduites d'air. Nous voyons, sur la même rampe, les chariots d'un plan incliné, qui sert à transporter les machines et les outils. Pour cela, une chaîne s'enroule sur une grande poulie installée au sommet de la rampe, ses extrémités retiennent les chariots. On met les fardeaux sur l'un d'eux ; on remplit d'eau un bassin porté par l'autre, et celui-ci descend par la pesanteur, entraînant l'autre qui remonte.

Nous voici devant l'entrée, essayant de sonder du regard ces profondeurs où se poursuit l'œuvre gigantesque. Pas un bruit, pas une lueur, et pourtant 240 travailleurs, 40 chevaux s'agitent là-bas à la clarté de 300 lampes ; mais ils sont à 4280 mètres ; ni le son, ni la lumière n'arrivent jusqu'à nous. Seule, l'agitation du carillon télégraphique nous avertit de la présence d'êtres animés au fond du gouffre ténébreux, annonce notre arrivée au chef de chantier qui surveille le percement, et bientôt un wagonnet sortira du souterrain pour nous porter ensuite au sein de ce monde mystérieux. Nous profitons de quelques instants d'attente pour visiter tout ce qui se trouve à l'entrée.

La section du tunnel est à peu près un segment circulaire, dont le rayon est de 4 mètres et dont la corde a 7$^\mathrm{m}$,6 ; ce dernier nombre représente sa largeur au niveau des rails. Il y a deux voies ferrées, et de chaque côté des trottoirs de 70 centimètres. Entre les deux voies est un aqueduc de 1 mètre de hauteur sur 1$^\mathrm{m}$,2 de largeur ; il renferme les conduites d'eau et d'air ; en outre, il sert à aspirer l'air vicié, et enfin c'est un chemin de sauvetage en cas d'éboulement. La paroi du tunnel est revêtu, dans toute son étendue, d'une couche de maçonnerie de 80 centimètres d'épaisseur.

A gauche de l'entrée sont des écuries, des magasins, des ateliers, des logements d'employés ; à droite s'élève un grand bâtiment où se trouve la machine aspirante qui extrait l'air vicié. Voici le principe essentiel de cette machine :

L'étage inférieur du bâtiment est un espace clos dans lequel débouche l'aqueduc de la galerie. Sur le plafond de cet étage sont alignées quatre plaques métalliques, garnies de clapets qui s'ouvrent de dedans en dehors. Il est clair que si on raréfie l'air à l'étage supérieur, les clapets s'ouvriront, un certain volume d'air sortira de l'étage inférieur, en passant par les ouvertures des clapets, et un volume égal d'air pris dans la galerie sera aspiré. Ces clapets fonctionnant régulièrement comme la soupape d'aspiration d'une pompe ordinaire, on entretiendra une raréfaction permanente dans l'espace clos, et par suite une soustraction continue de l'air vicié du souterrain. J'ai pu pénétrer dans cet étage inférieur et éprouver pendant quelques instants les singuliers effets de l'air raréfié ; le tympan est fortement tendu dans l'oreille, et le bruit de l'air qui arrive de l'aqueduc ressemble à celui d'un ouragan, tandis que le fracas des clapets et de toute la machine vous assourdit.

A l'étage situé au-dessus sont quatre grandes cloches ayant un diamètre de 4 mètres et une hauteur de 2 mètres ; elles sont respectivement au-dessus des clapets d'aspiration, et leur fonction consiste à ouvrir et fermer ces clapets. Voici comment cette fonction s'accomplit : Concevez l'espace situé au-dessus d'un des quatre systèmes de clapets, entouré de deux cylindres concentriques, dont l'intervalle est rempli d'eau ; vous aurez une sorte de cuve annulaire. Dans cette cuve plonge une cloche renversée, dont le fond est traversé par une tige verticale, convenablement guidée, pour qu'elle puisse s'élever ou s'abaisser en entraînant la cloche. En outre, le fond de cette cloche est garni de clapets s'ouvrant de dedans en dehors. Lorsque cette cloche s'élève du fond de la cuve, l'air qu'elle renferme se dilate, se raréfie, et l'air situé dans l'étage inférieur ouvre, par son excès de pression, les clapets de communication. Lorsque la cloche a parcouru sa course de 2 mètres, il y a 25 mètres cubes d'air extrait de l'étage inférieur. Lorsque la cloche descend, l'air qu'elle renferme est comprimé ; il ferme les clapets inférieurs, ouvre les clapets qui sont au sommet de la cloche, et une partie s'écoule au dehors ; à la fin de la course descendante, 25 mètres cubes d'air ont été expulsés.

Il nous reste à voir comment la cloche est mise en mouvement. Nous montons encore un étage ; nous apercevons les tiges oscillantes qui entraînent les cloches et quatre machines à colonne d'eau qui les font mouvoir respectivement. Le piston de chacune de ces machines a un diamètre de 60 centimètres ; la colonne d'eau qui agit sur ce piston a une hauteur de 60 mètres ; c'est l'eau d'un torrent qui descend de la montagne. Comme vous le voyez, toute la force motrice dont on a besoin dans cet immense travail est empruntée à l'eau. Là, en effet, est la richesse des pays montagneux, et en parcourant ces vallées de la Savoie, je ne pouvais m'empêcher de regretter leur solitude, tandis que leurs innombrables cours d'eau pourraient animer tant d'usines et contribuer à la fortune de la France. Espérons que les ateliers des Fourneaux

serviront d'exemple aux industriels, et que les nouveaux départements français mettront un jour à profit les trésors trop peu connus que la nature y a prodigués.

Quelle est la quantité d'air aspirée par les machines que je viens de décrire ? Chaque cloche fait huit oscillations par minute ; nous avons donc $25 \times 8 = 200$ mètres cubes d'air soustraits par cloche et par minute ; par suite, pour les quatre cloches et par heure, 48 000 mètres cubes. Nous disions plus haut que les compresseurs envoient 4831 mètres cubes. Il y aurait ainsi, dans la galerie, une aspiration puissante, depuis l'entrée jusqu'à l'ouverture de l'aqueduc, et l'air extérieur pénétrerait par l'entrée remplaçant l'air vicié et la fumée qui se précipitent dans l'aqueduc. La vitesse du courant d'air ainsi produit est facile à calculer, d'après les données qui précèdent ; on trouve environ 20 centimètres par seconde, ce qui est celle d'un vent excessivement faible.

Après de tels renseignements, messieurs, vous serez pleinement satisfaits, je l'espère, sur le sort des ouvriers, et vous me suivrez sans crainte jusqu'au milieu d'eux.

Revêtu d'un costume de mineur et muni comme mon guide d'une lampe à huile, je m'installe sur un wagonnet et un cheval nous emporte au trot dans la galerie. L'air nous paraît froid ; mais bientôt il devient chaud, et nous nous trouvons plongés dans un bain tiède de vapeur. Le wagon s'arrête environ à 2 kilomètres, et nous continuons la route à pied.

Les deux voies ne sont pas posées plus loin ; celle du retour seule s'étend jusqu'aux travaux ; elle sert au transport des déblais. A mesure que nous avançons, l'air est de plus en plus troublé par la fumée ; mais nous n'éprouvons aucune gêne, et bientôt nous atteignons la région où se fait l'achèvement. Là, on travaille à la maçonnerie ; chaque ouvrier s'éclaire avec une lampe à huile, la fumée provient surtout des lampes. Tout à coup nous entendons un bruit sourd, sans retentissement ; c'est une explosion de mines qui vient d'avoir lieu au front d'attaque, à 600 mètres de nous. La fumée de la poudre nous envahit ; mais elle se dissipe rapidement. L'efficacité des moyens d'aérage est parfaitement démontrée. Après l'achèvement, nous atteignons l'élargissement. Des piliers de bois soutiennent un plancher qui divise la galerie en deux étages. Les mineurs percent des trous de mine dans tous les sens, en se servant de petites machines faciles à manœuvrer et à maintenir dans diverses positions. On met de la poudre dans ces trous, et son explosion détache le rocher ; les déblais sont versés par des trappes dans les wagons placés sur la voie ferrée à l'étage inférieur. On entend siffler l'air comprimé qui sort des conduites ; l'atmosphère se purifie, et, lorsque nous arrivons à l'avancement, il n'y a plus de fumée. C'est là, en effet, que s'opère le percement, et de grandes quantités d'air se dépensent pour mettre les machines en activité. Nous voilà à 4284 mètres de l'entrée du souterrain (2 octobre 1869). La chaleur est modérée, l'air est transparent, mais le fracas est insupportable, car, devant nous, agissent dix forets, frappant la roche 200 fois par minute, avec une force de 90 kilogrammes. La petite galerie d'avancement n'a que $2^m,70$ de largeur sur $2^m,60$ de hauteur. L'affût qui porte les dix machines perforatrices peut rouler sur deux rails ; il est muni de diverses pièces à l'aide desquelles on oriente les machines, qui doivent percer une centaine de trous de 30 à 90 centimètres de profondeur en six heures, sur une section de 7 mètres carrés. Une machine à air spéciale, montée sur le même affût, permet de le faire avancer ou reculer, et un frein sert à le fixer sur les rails pendant la perforation.

Enfin, un second chariot, ou *tender*, est à la suite de l'affût et porte des réservoirs qui contiennent de l'eau et de l'air comprimé. Cette eau est injectée à l'aide d'un tuyau flexible autour de chaque foret dans le trou de mine; elle empêche l'échauffement de l'outil et entraîne les matières broyées. Une pompe mise en mouvement par l'air comprimé puise l'eau dans les puits pratiqués de distance en distance et l'introduit dans les réservoirs du tender.

Lorsque les trous sont creusés, on les sèche avec un jet d'air, et l'on introduit un certain nombre de cartouches dans les trous centraux, en laissant certains trous vides, afin de déterminer une ligne de moindre résistance. Alors on retire l'affût et le tender à 30 mètres environ du front d'attaque, et les ouvriers s'éloignent à 300 mètres. Quand la première explosion a eu lieu, il y a une brèche au centre de la roche; on introduit des cartouches dans d'autres trous et l'on y met le feu; on continue ainsi par séries de huit. Au moment des explosions, toutes les conduites d'air sont ouvertes, afin de chasser la fumée le plus rapidement possible.

Quand toutes les mines ont sauté, on charge les éclats sur de petits wagons qui glissent de chaque côté de l'affût, et on les transporte sur les wagons de déblai que les chevaux traînent sur la voie ferrée.

Ainsi avance peu à peu cette légion de travailleurs, réalisant avec un succès inespéré une œuvre gigantesque, une des merveilles de notre civilisation. Chaque jour éclatent 120 trous de mine à l'avancement et 600 à l'élargissement; ce qui représente de 216 à 250 kilogrammes de poudre, produisant 100 mètres cubes d'air irrespirable, réduit aux circonstances normales.

La série complète des opérations forme une *reprise* qui dure de dix à onze heures; mais les *postes* d'ouvriers sont renouvelés trois fois par jour; un ouvrier ne travaille que huit heures sur vingt-quatre.

En repassant au milieu des travaux d'achèvement, nous retrouvons la fumée; c'est qu'en effet, elle reste là où l'aqueduc commence, entre deux courants d'air opposés; l'un venant du fond du souterrain, lancé par les compresseurs, l'autre venant de l'entrée, sous l'influence des aspirateurs. Puis l'air redevient limpide, et nous remontons dans notre wagonnet, qui, cette fois, descend de lui-même la pente de la voie ferrée.

L'entrée du tunnel nous apparaissait au loin, comme la pâle lueur d'une lampe; peu à peu cette lueur s'agrandissait; le bruit des mineurs s'éteignait, et nous étions rendus à la lumière du jour, un peu mouillés et noircis par la fumée, mais bien dédommagés par l'intéressant spectacle auquel nous venions d'assister.

Et maintenant, messieurs, que notre visite est terminée, pourrai-je répondre à toutes les questions qu'elle vous suggérera? Je ne puis l'espérer; j'essayerai pourtant d'en traiter quelques-unes.

Certainement, la première que vous ferez sera celle-ci : Quand le tunnel sera-t-il terminé? Pour y répondre, consultons le passé. La première mine du tunnel a éclaté au mois d'août 1857; mais on a commencé l'attaque par les procédés ordinaires. Le 12 janvier 1861, il y avait 920 mètres de tunnel à Bardonnèche; ce qui fait un avancement mensuel de 23 mètres.

Alors les machines perforatrices de M. Sommeiller ont commencé à fonctionner à Bardonnèche, et, depuis cette époque jusqu'au 1er octobre 1869, le souterrain s'est avancé de ce côté de 5066 mètres. La nature de la roche perforée est justement celle de la partie qui reste à percer. D'après ces données, l'avancement moyen serait de 55 mètres par mois, soit 1m,80 par jour sur le versant italien. Or, il restait à percer, le 1er octobre dernier, 1946 mètres. Cela exigerait dix-huit mois environ si l'avancement était le même sur les deux versants. Quant au côté français, les machines à air comprimé n'ont été installées qu'en janvier 1863, et le percement des quartzites a été très-lent, de sorte qu'on ne doit pas baser le calcul sur les données relatives à ce côté. Je dois maintenant ajouter que le travail se fait plus activement aujourd'hui, les ouvriers ayant acquis plus d'habitude et les procédés d'aérage étant plus efficaces qu'au commencement. L'avancement serait actuellement de 120 mètres par mois, et, à ce compte, il ne faudrait plus que seize mois de travail. J'insiste sur ce fait, qu'il y a eu amélioration graduelle dans les conditions du percement, et ceux qui ont lu les rapports publiés antérieurement sur l'état des travaux reconnaîtront la vérité de cette assertion. On a d'abord mis partout des compresseurs à pompe au lieu des compresseurs à choc; on a essayé pendant un an l'éclairage au gaz, que l'on a abandonné depuis dix-huit mois; les aspirateurs ne sont employés que depuis quelques années, après divers essais moins heureux. Tout porte à penser que le percement sera complètement terminé dans deux ans.

Il y a encore à faire les raccordements du tunnel avec la voie extérieure; ce qui exige le percement d'un tronçon de souterrain en ligne courbe à chaque extrémité. Mais ces travaux sont indépendants de l'avancement de la galerie principale, et il sera aisé de les pousser aussi activement qu'on le voudra, quand le moment sera venu.

Je ne m'arrêterai pas à la question des effets qui pourront se produire, lorsque s'établira une communication directe entre les deux versants du souterrain. La tête italienne est à 133 mètres au-dessus de la tête française, la pression moyenne de l'atmosphère est donc plus grande à Modane; d'une autre part, la température est moindre sur le versant français; ces deux causes réunies doivent produire un courant d'air allant de Modane à Bardonnèche; mais quelle sera sa vitesse? Je crois qu'il est difficile de le prévoir, mais qu'on n'a pas à craindre un vent insurmontable.

Quel est le prix du tunnel? C'est une question qui n'intéresse pas la science; mais elle est trop importante pour que je ne vous donne pas une courte réponse. Le prix du mètre varie entre 4000 francs et 7000 francs, le travail étant complétement achevé. Les gouvernements français et italien partagent également la dépense : On évalue chaque part à 27 millions, si le tunnel est achevé avant le 1er janvier 1872.

Je ne veux pas m'appesantir sur les avantages qu'offre le tunnel des Alpes; qu'il me suffise de dire, d'après M. Conte, que du mois d'octobre 1861 au mois d'octobre 1862, 40 000 voyageurs et 22 000 tonnes de marchandises ont traversé le mont Cenis; ce transit représente une somme de 1 800 000 francs. A cette époque, le chemin de fer américain n'existait pas, et le transit a sans doute augmenté depuis.

La comparaison de ce système de chemin de fer avec le tunnel nous fournira quelques utiles enseignements. En quittant Modane, j'ai suivi ce chemin jusqu'au col du mont

Cenis et je me suis convaincu de son insuffisance. Côtoyant toujours la route impériale, la voie ferrée s'élève sans trop de sinuosités jusqu'à Lanslebourg. Rien n'est plus pittoresque que les bords de l'Arc auprès du fort de Lesseillon ; mais malgré l'effroi des voyageurs qui se voient sur la crête de profonds abîmes, là n'est pas le danger. A partir de Lanslebourg, la voie décrit de nombreux lacets sur les flancs du mont Cenis, et en hiver ces flancs se recouvrent de plusieurs mètres de neige. Il en est de même au sommet du col, resserré entre des glaciers. Pour vaincre cette difficulté, on a couvert la voie d'un dôme de tôle, sorte de tunnel artificiel, enseveli sous la neige pendant l'hiver, et dont la voie elle-même est parfois encombrée de neige. La locomotive s'élève péniblement sur ces pentes rapides, et souvent même, elle s'arrête, surmenée par la vapeur ; une pièce du mécanisme est brisée, et il faut laisser le train redescendre par la pesanteur à Lanslebourg pour réparer les avaries, ou attendre une nouvelle machine. Je vous ai d'ailleurs déjà dit que deux wagons seulement pouvaient être remorqués ; jugez de l'insuffisance d'une pareille locomotion. Aussi le chemin de fer américain est-il regardé comme une œuvre remarquable sans doute par sa hardiesse, mais non durable.

Lorsqu'il fut question pour la première fois d'employer l'air comprimé au percement du tunnel, on douta du succès, on railla même le projet, et il rencontra beaucoup d'opposition à Turin. Grâce à la persévérance de M. Sommeiller, et à l'appui de M. de Cavour, l'exécution du projet fut autorisée par le parlement sarde le 15 août 1857. Le nom de M. Sommeillier doit être particulièrement attaché à ce grand travail ; car c'est lui qui a inventé la machine perforatrice et le compresseur à pompe ; c'est aussi lui qui a été chargé spécialement d'étudier et de mettre en œuvre l'ensemble des machines qui fonctionnent au tunnel des Alpes (Rapport de M. Conte). Mais il me paraît juste de rappeler la part active que prit dans cette affaire l'éminent homme d'État qui honora tant l'Italie. « Si cette invention réussit, disait-il le 29 juin 1854, elle peut produire des résultats considérables........ Avec une chute d'eau, vous avez ce qu'on a avec le charbon, et nous avons en chutes d'eau plus de force motrice que l'Angleterre dans toutes ses mines de charbon. »

Eh bien, messieurs, le succès est aujourd'hui éclatant. Ce que M. de Cavour a désiré pour son pays, faisons-le pour le nôtre. A Modane se trouve en action une force de plus de 300 chevaux que l'air emmagasine, qu'il transporte à 6 kilomètres de distance, qu'il fractionne enfin, comme le gaz d'éclairage fractionne la lumière. N'est-ce pas la solution du problème de la distribution économique du travail, et pourquoi ces puissantes machines, transportées près d'une grande ville, sur le bord d'un cours d'eau, ne serviraient-elles pas à porter à domicile la force motrice économique, avec elle l'aisance au milieu des artisans !

C'est à l'eau, et non à la vapeur, que nous devons demander la force motrice à bon marché ; on a beaucoup usé et peut-être abusé de la machine à vapeur ; il est fâcheux qu'on ait négligé l'hydraulique, car la force des cours d'eau est inépuisable. Que nos vallées de la Savoie ne soient pas seulement fréquentées par les touristes ; qu'il s'y élève d'importantes manufactures, mettant à profit la facilité des communications avec l'Italie ! Et à ce propos, permettez-moi de vous dire ce qu'on pense à Modane. Les soies italiennes traversent le mont Cenis pour être filées et tissées en France ; puis elles retour-

nent travaillées. Les immenses bâtiments des Fourneaux ne seraient-ils pas éminemment propres à cette industrie, lorsque le tunnel sera achevé ; et alors quelle source de prospérité pour la vallée !

J'abandonne volontiers l'appréciation de ces idées aux personnes compétentes ; mais quel que soit l'avenir qui leur est réservé, l'exécution du tunnel des Alpes découvre certainement de nouveaux horizons, et elle contribuera sous des formes diverses au bien-être de l'humanité.

A. CAZIN.

VARIÉTÉS

Thomas Graham

On a vu des hommes faire d'importantes découvertes en appliquant par occasion à l'étude expérimentale de certaines questions, les forces de leur esprit, plus habituellement dirigées sur des préoccupations personnelles d'ambition et d'avancement. Au contraire, dès sa jeunesse, Graham fit de la recherche de vérités nouvelles l'objet principal de sa vie, et il apprécia si pleinement toute la grandeur d'une pareille vocation, qu'il résolut de s'imposer tous les sacrifices personnels que pourrait exiger la poursuite du but qu'il s'était proposé. Il exécuta noblement sa résolution; en effet, au début de sa carrière, il se soumit, pour pouvoir se livrer à ses travaux chimiques, à des privations et à des souffrances si rigoureuses qu'elles ont, croit-on, porté à sa constitution une atteinte dont il devait ressentir les effets toute sa vie; et, plus tard, après qu'il se fut acquis une immense réputation, alors que son corps affaibli réclamait impérieusement un repos qu'il pouvait certes s'accorder, il continua à travailler plus fructueusement que jamais et à enrichir la science de découvertes nouvelles.

Graham était né à Glasgow, le 21 décembre 1805. Il fut l'aîné de sept enfants, dont un seul survit aujourd'hui.

Il entra, en 1811, à l'École primaire de Glasgow, où il fut confié aux soins du docteur Angus. En 1814, il passa à l'École supérieure, où, pendant quatre ans, il étudia particulièrement la langue latine sous la direction du docteur Dymock, et l'année suivante, la langue grecque sous la direction du recteur, le docteur Chrystal. On raconte que, durant ces cinq années, Graham ne s'absenta pas une seule fois de sa classe.

En 1819, il commença à suivre les cours de l'Université, à Glasgow. Thomas Thomson occupait alors la chaire de chimie, et le jeune Graham mit à profit son enseignement, aussi bien que celui du docteur Meikleham, professeur de physique.

A cette époque, Graham manifestait déjà un goût trèsprononcé pour les sciences expérimentales, et son ambition était de se consacrer à la chimie. Son père, habile et prospère manufacturier, avait formé d'autres projets pour la carrière future de son fils ; il désirait le voir devenir ministre de l'Église écossaise. M. Graham père n'apercevait pas, dans la poursuite d'études scientifiques, un avenir bien brillant, une carrière honorable en même temps qu'avantageuse: on ne peut guère s'en étonner; mais le jeune Thomas avait déjà compris les ressources qu'offre la science expérimentale pour aller chercher les vérités à leur source, dans la nature ellemême, et il fit en conséquence le plan de sa vie.

Après avoir pris le titre de *maître ès arts* à Glasgow, il passa deux ans à Édimbourg, où il étudia sous le docteur Hope, et où il s'acquit l'amitié du docteur Leslie. Revenu à Glasgow, il se livra d'abord à l'enseignement des mathématiques, par le conseil et sous le patronage du docteur Meikleham; mais il ne tarda pas à ouvrir, dans Portland-Street, à Glasgow, un laboratoire où il se mit à enseigner la chimie. C'est probablement à cette époque qu'il eut à lutter contre les plus dures difficultés de son existence.

Tout le temps que dura son absence de Glasgow, Graham conserva l'habitude d'écrire régulièrement de longues lettres à sa mère, et le style de ces lettres montre assez ce que cette mère dut être pour lui. Un écrivain qui s'est occupé de la position sociale de la femme a dit, en parlant des sentiments des fils vis-à-vis de leur mère, que ces sentiments atteignaient à peine au *respect!* La mère du jeune Graham paraît avoir été son ange gardien ; elle prenait sa part de ses espérances et de ses chagrins; à coup sûr, ce terme glacé peindrait bien imparfaitement les sentiments de son fils pour elle. Pendant qu'il étudiait à Édimbourg, Graham, pour la première fois de sa vie, vint à gagner quelque argent par un travail littéraire ; il consacra la somme entière (150 fr.) à l'achat de présents pour sa mère et ses sœurs.

En 1829, il fut nommé professeur de chimie à la *Mechanic's Institution* de Glasgow, en remplacement du docteur Clark; mais c'est seulement l'année suivante qu'il fit le pas décisif de sa carrière. C'est, en effet, en 1830 qu'il fut désigné pour professer la chimie à l'*Andersonian University*, à Glasgow; on raconte que sa mère, qui était sur son lit de mort, put encore entendre l'heureuse nouvelle de cette nomination. Graham se trouva, dès ce moment, placé dans des circonstances plus favorables pour aborder des études expérimentales, et, pendant les sept années qu'il passa dans l'Andersonian University, il se livra à ses recherches favorites avec une remarquable activité.

En 1837, Graham fut nommé professeur de chimie à l'Université de Londres, aujourd'hui appelée *University College*. Il occupa cette chaire avec éclat jusqu'à l'année 1855, où il succéda à sir John Herschell comme directeur de la Monnaie. Cette dernière nomination pouvait être considérée comme une récompense accordée par le gouvernement à ses services scientifiques en même temps qu'un témoignage de haute estime pour la grandeur de son caractère.

Les nombreuses découvertes de Graham sont très-connues. Quelques-unes méritent ici une mention spéciale, particulièrement au point de vue théorique.

Ses travaux sur les phosphates furent remarquables à plusieurs titres. On avait remarqué que les dissolutions aqueuses d'acide phosphorique peuvent présenter, suivant les cas, des propriétés très-différentes; mais les chimistes, satisfaits d'avoir donné un nom à ces modifications, se mettaient peu en peine de se rendre compte de leur nature. Ces dissolutions contenant toutes de l'acide phosphorique et de l'eau, on supposait qu'elles possèdent une composition constante ; aussi les appelait-on isomériques. Graham constata qu'elles diffèrent les unes des autres par la proportion de l'eau combinée avec l'acide, et qu'elles constituent en réalité des composés différents.

Il reconnut que l'eau se combine avec les acides, en jouant le rôle d'une base ; et il montra que les divers composés d'acide phosphorique et d'eau constituent des sels distincts, dans chacun desquels l'hydrogène peut être remplacé par d'autres métaux, sans altérer ce que nous désignons aujourd'hui sous le nom de type. Ainsi, pour employer notre notation actuelle, les trois hydrates

$$PhO^4H^3, \quad Ph^2O^7H^4, \quad PhO^3H,$$

correspondent aux proportions suivantes d'eau et d'acide :

$$Ph^2O^5 + 3H^2O = 2PhO^4H^3,$$
$$Ph^2O^5 + 2H^2O = Ph^2O^7H^4,$$
$$Ph^2O^5 + H^2O = 2PhO^3H.$$

Graham remarqua que l'hydrate PhO^4H^3 a si bien la constitution d'un sel, que l'hydrogène peut y être remplacé, atome à atome, par d'autres métaux, tels que le sodium, le potassium, etc., et qu'il peut alors donner naissance à des composés tels que PhO^4NaH^2, PhO^4Na^2H, etc.

Pour apprécier à sa juste valeur toute la puissance de conception de l'auteur de ces admirables travaux, il faut mettre sa méthode de raisonnement en présence, d'une part de celles qui étaient généralement en faveur auprès des chimistes de son temps, et, d'autre part, de nos méthodes d'aujourd'hui. On croirait que Graham connaissait les doctrines modernes sur les types et les acides polybasiques, tant ses explications des transformations chimiques sont lucides, tant son langage est positif, tant ses classifications des composés par leurs analogies sont rigoureusement déduites. A cette époque, nous voyons Graham considérer déjà l'hydrogène, dans différents sels, comme un véritable métal; idée que certains chimistes de nos jours ne veulent pas encore accepter bien franchement aujourd'hui, quoiqu'elle ait maintenant tous les caractères d'une irréfutable vérité.

Parmi les recherches chimiques d'une moindre importance que fit Graham, on peut mentionner une série d'expériences sur la combustion lente du phosphore exposé à l'air atmosphérique. Il découvrit, que cette oxydation et en même temps la lueur légère qui l'accompagne, est arrêtée par la présence dans l'air d'une trace de gaz oléfiant : $\frac{1}{140}$ en volume suffit. Des proportions plus faibles encore de certaines autres vapeurs peuvent produire le même effet; l'essence de térébenthine est surtout remarquable; il faut moins de $\frac{1}{1000}$ de sa vapeur dans l'air pour empêcher toute oxydation du phosphore.

Dans une autre occasion, Graham, étudiant l'hydrogène phosphoré, fit plusieurs observations remarquables sur les conditions de la formation de ce gaz spontanément inflammable. Il vit en particulier que ce gaz, comme le gaz oléfiant, empêche la combustion lente du phosphore. Il reconnut aussi que l'hydrogène phosphoré est rendu spontanément inflammable par le mélange d'une très-petite quantité d'un oxyde d'azote, probablement d'acide azoteux.

Parmi les combinaisons les plus obscures, il faut citer toute la classe de celles que l'eau forme avec différents sels. Ces corps possèdent les principaux caractères qui appartiennent aux composés chimiques définis; cependant les chimistes ne saisissent pas bien encore leur véritable nature.

L'eau combinée de cette manière s'appelle eau de cristallisation, et l'on dit qu'elle est dans un état de combinaison non chimique, mais physique ; manière très-simple d'éluder une difficulté en la faisant passer au voisin.

Graham rechercha la proportion de l'eau de cristallisation dans un nombre considérable de sels, et il examina en outre les propriétés que l'eau possède dans ces combinaisons. Il reconnut que, dans une classe importante de sulfates, une partie de l'eau est beaucoup mieux retenue que le reste, et avec une force égale à celle avec laquelle l'eau est retenue dans divers composés chimiques. Il montra que cette eau ainsi combinée solidement peut être remplacée par des sels dans une proportion chimique définie. En résumé, il aborda franchement la question par les méthodes chimiques, et posa les bases de l'explication à trouver.

Graham découvrit et étudia certaines combinaisons de l'alcool avec des sels, et il en tira une preuve remarquable de l'analogie qui existe entre l'alcool et l'eau.

Plus récemment, il fit une série d'expériences importantes sur la transformation de l'alcool en éther et en eau, sous l'influence de l'acide sulfurique. Liebig, essayant de rendre compte de la formation de l'éther dans cette opération, l'avait supposé produit par la décomposition, à une haute température, d'un composé éthéré primitivement formé à une température inférieure, et il avait admis que cette décomposition était due à la tension croissante de la vapeur d'éther, à mesure que s'élevait la température.

Graham fit observer avec raison que, si la décomposition était due en effet à la tension de la vapeur d'éther, elle ne se produirait pas, et l'éther ne se formerait plus, si l'on ne permettait pas à cette tension de s'exercer. Il chauffa les matières dans un tube scellé, et montra que l'éther prenait parfaitement naissance, bien que la tension de sa vapeur fût contrariée par la pression ainsi produite.

La ligne de recherches qui occupa le plus l'attention de Graham, et dans laquelle il obtint peut-être les résultats les plus remarquables, fut l'étude qu'il fit de la diffusion ; on ne saurait apprécier trop haut l'importance, au point de vue de la chimie moléculaire, des mesures qu'il exécuta sur les vitesses relatives des mouvements spontanés des particules matérielles, soit dans les gaz, soit dans les liquides.

On sait qu'une partie, en poids, d'hydrogène occupe le même volume que seize parties d'oxygène, mesurées à la même température et sous la même pression. Les études chimiques prouvent que ces volumes égaux des deux gaz contiennent le même nombre d'atomes. On sait aussi que, dans ces gaz, les atomes exécutent des mouvements rapides, et résistent à la pression à laquelle le gaz est soumis à un moment quelconque, en frappant la surface qui les comprime les uns contre les autres avec une force égale à celle qui agit sur eux.

Ainsi, un volume donné d'hydrogène ne résiste à une pression extérieure que par une force de mouvement atomique, qui est égale à celle du même volume d'oxygène. Chaque atome d'hydrogène déploie, par conséquent, une énergie mécanique égale à celle de chaque atome d'oxygène ; mais nous venons de voir que l'atome d'hydrogène est beaucoup plus léger que l'atome d'oxygène ; par conséquent, le premier doit se mouvoir avec une vitesse beaucoup plus grande.

Graham faisait passer de l'hydrogène par un très-petit trou percé dans une lame de platine ; il opérait de la même manière avec de l'oxygène. Il peut ainsi constater qu'un atome d'hydrogène s'échappe quatre fois plus vite qu'un atome d'oxygène. Ses expériences étaient disposées de manière à lui permettre de mesurer les vitesses relatives de certains mouvements d'atomes, — mouvements qui ne sont communiqués à ces atomes par aucune condition extérieure spéciale, mais qui leur appartiennent nécessairement dans leur état normal. Graham trouva, de plus, que la chaleur fait croître la vitesse de ces mouvements atomiques, en même temps qu'augmente l'énergie avec laquelle un poids donné de gaz résiste à la pression atmosphérique.

L'étude de la condensation des gaz par les corps solides et de la combinaison de composés solubles avec des membranes conduit Graham à certaines découvertes, qui peuvent trouver en physiologie d'importantes applications, en aidant à comprendre les phénomènes de l'absorption et de la sécrétion.

Il trouva, par exemple, que le caoutchouc absorbe l'oxygène beaucoup mieux que l'azote, et que, lorsqu'on fait, au moyen d'une bonne machine pneumatique, le vide dans une poche fermée par une mince membrane de cette substance, l'oxygène et l'azote pénètrent cette membrane, probablement à l'état condensé et liquide, et se vaporisent dans l'intérieur de la poche en proportions différentes de celles qu'ils possèdent dans l'air ; la proportion d'oxygène s'élève à plus de 40 pour 100 dans l'air qui a traversé. De même, un mélange d'hydrogène et d'oxygène s'analyse presque complétement par l'action du palladium, qui condense l'hydrogène en très-grande quantité et l'oxygène très-peu.

Les plus remarquables peut-être des substances que découvrit Graham dans le cours de ses expériences sur la diffusion furent les modifications solubles des acides tungstique et molybdique, l'oxyde de fer, etc.; et le procédé par lequel il obtint ces corps fut la partie la plus instructive du résultat : ce procédé montrait, en effet, que, dans ces sels, ces corps ont des propriétés différentes de celles qu'ils possèdent normalement à l'état libre; et, de plus, qu'ils conservent ces propriétés lorsque le second composant est enlevé assez doucement.

Un autre fait remarquable et qui a des conséquences théoriques très-importantes, est la séparation qu'effectua Graham de la potasse caustique et de l'acide sulfurique, par la diffusion du sulfate de potasse en solution aqueuse; un pareil résultat oblige à admettre que la solution du sel dans l'eau contient les deux substances en simple mélange l'une avec l'autre; exactement comme l'expérience de la diffusion de l'air à travers une paroi poreuse en argile, qui laisse passer les éléments constituants en proportions différentes de celles de l'air primitif, prouve que l'air est un mélange et non une combinaison des deux gaz.

Dans ses dernières recherches, Graham fut aidé par M. W. C. Roberts, et il sut dignement reconnaître le zèle et le talent déployés par ce jeune et habile chimiste. L'influence scientifique qu'exerça Graham ne se borna pas à ses recherches; car, d'une part, les leçons qu'il fit pendant dix-huit ans à l'*University College* furent remarquables par la précision logique et la clarté de l'exposition, et elles furent hautement appréciées par tous ceux qui eurent le privilége de les entendre ; d'autre part, son ouvrage intitulé *Éléments de chimie* est une exposition faite de main de maître des principes les mieux arrêtés de la science et de la physique chimique ; il a eu les honneurs d'une traduction allemande. On y trouve l'explication la plus physique qui ait été donnée du travail et de la théorie de la pile électrique.

Pour beaucoup de ses idées, Graham était en avance sur ses contemporains, et il serait difficile de trouver un chimiste qui ait traité plus habilement les questions générales et les opérations expérimentales délicates; il serait difficile aussi de citer un savant qui ait laissé après lui, sur quelque terrain qu'il ait mis le pied, des traces aussi profondes et aussi sûrement à l'épreuve des vérifications de l'avenir.

A. W. WILLIAMSON,
Professeur à University College (Londres).

— Traduit de l'anglais par le Dr RENÉ BENOIT. —

Le propriétaire-gérant : GERMER BAILLIÈRE.

PARIS. — IMPRIMERIE DE E. MARTINET, RUE MIGNON, 2,

REVUE

DES

COURS SCIENTIFIQUES

DE LA FRANCE ET DE L'ÉTRANGER

SEPTIÈME ANNÉE — NUMÉRO 3 — 18 DÉCEMBRE 1869

Paris, 17 décembre 1869.

Le centenaire de la naissance de Humboldt a été célébré dans presque tous les pays civilisés. A Berlin, l'Académie des sciences lui a consacré une séance spéciale. L'auteur de la théorie des cyclones, M. Dove, y a prononcé un discours très-finement écrit où il étudie surtout Humboldt comme voyageur et comme homme du monde. Nos lecteurs pourront le trouver dans la *Revue des cours littéraires* d'il y a quinze jours. Les autres sociétés savantes d'Allemagne n'ont pas montré moins d'enthousiasme, et le nombre des discours a été grand. Nous citerons d'une façon toute spéciale celui de M. Bastian, président de la Société géographique de Berlin.

En Angleterre, des cérémonies analogues ont eu lieu, et, à Paris, la colonie allemande a organisé, sans le concours de nos sociétés savantes, une réunion pour fêter la mémoire de l'auteur du *Cosmos.*

L'Amérique ne pouvait laisser passer inaperçu le centenaire d'un homme qui l'a tant étudiée. Plusieurs villes des États-Unis, notamment Philadelphie et Boston, profitèrent de cette circonstance pour lui rendre des honneurs publics. A Philadelphie, l'initiative était prise par les Allemands, fort nombreux dans cette ville, qui organisèrent une véritable fête internationale. A Boston, la *Société d'histoire naturelle* s'était assurée, comme *speaker*, le concours de M. Agassiz, à qui sa longue intimité avec Humboldt donnait une autorité toute particulière pour en parler. On trouvera, du reste, plus loin, dans le discours de M. Agassiz, de fort intéressants détails sur cette liaison qui ne fut pas inutile à la science.

L'année 1769, qui avait produit en Allemagne A. de Humboldt, avait donné à la France Napoléon, Cuvier et Chateaubriand. Les fêtes n'ont point manqué au centenaire de Napoléon; mais il semble que l'éclat de celui-là n'ait point permis de songer aux autres. Cuvier n'a rien eu, en France du moins. Le seul souvenir public donné à sa mémoire vient du congrès des naturalistes russes, qui marqua au moins cet anniversaire par une dépêche de félicitations à l'Académie des sciences de Paris.

— M. Huxley vient de présenter à la Société géologique de Londres, dont il est président, un mémoire *Sur les Dinosauriens du trias, avec des observations sur la classification des Dinosauriens.* M. Huxley propose de diviser les Dinosauriens en trois familles : 1° les MEGALOSAURIDÆ, comprenant les genres *Teratosaurus, Palæosaurus, Megalosaurus, Poikilopleuron, Lælaps* et probablement *Euskelosaurus*; — 2° les SCELIDOSAURIDÆ, comprenant les genres *Thecodontosaurus, Hylæosaurus, Pholacanthus* et *Acanthopholis*; — 3° les IGUANODONTIDÆ,

VII.

comprenant les genres *Cetiosaurus, Iguanodon, Hypsilophodon, Hadrosaurus* et, avec un doute, *Stenopelys.*

Le *Compsognathus* présente des points de ressemblance avec les Dinosauriens, dont il diffère cependant par quelques caractères importants. M. Huxley le considère comme le représentant d'un groupe COMPSOGNATHA équivalent à celui des DINOSAURIA, et il réunit ensuite ces deux groupes pour en former un ordre qu'il appelle ORNITHOSCELIDA.

Il compare ensuite d'une manière détaillée les *Ornithoscelida* aux autres Reptiles et aux Oiseaux. La constitution des vertèbres thoraciques permet de réunir quatre grands groupes de Reptiles, les Crocodiliens, les Anomodontiens, les Ptérosauriens et enfin les Ornithoscélidiens, qui se rapprochent surtout des Ptérosauriens.

Les rapports des Ornithoscélidiens avec les Oiseaux inspirent à M. Huxley des vues fort intéressantes, et l'étude des Dinosauriens du trias contient beaucoup de faits nouveaux, que le manque d'espace ne nous permet pas d'indiquer.

SOCIÉTÉ D'HISTOIRE NATURELLLE DE BOSTON

M. L. AGASSIZ
Correspondant de l'Institut de France

Le centenaire de A. de Humboldt (1)

Je viens, pour obéir au vœu de la Société d'histoire naturelle, remplir une tâche pour moi toute nouvelle. Jusqu'ici, je n'ai jamais pris la parole en public que comme professeur ou naturaliste ; aujourd'hui, pour la première fois de ma vie, il me faut abandonner mon terrain familier et aborder le rôle difficile de biographe. Je désespérerais d'y réussir, n'était que j'ai si profondément aimé et vénéré l'homme dont nous célébrons ensemble la mémoire.

Alexandre de Humboldt naquit à Berlin en 1769 — il y a juste un siècle aujourd'hui — en cette année féconde qui produisit à la fois Napoléon, Wellington, Canning, Cuvier, Walter Scott, Chateaubriand, sans parler de tant d'autres hommes remarquables. L'Amérique était alors tout entière la propriété des monarques européens. La révolution américaine n'avait point encore fait sentir son premier tressaillement ; rien n'avait troublé les relations de la métropole et des colonies. L'Espagne tenait la Floride, le Mexique et plus de la moitié de l'Amérique du Sud ; la France avait la Louisiane ;

---

(1) Voyez, dans la *Revue des cours littéraires* du 4 décembre, un discours de M. Dove sur A. de Humboldt.

tout le Brésil était la chose du Portugal. Depuis, quelle transformation étonnante dans le monde politique ! Alors, la possession de droit divin était la loi incontestée sur laquelle les gouvernements se disaient fondés ; depuis, une république puissante est née qui a proclamé ce principe fondamental : le gouvernement du peuple par le peuple. De pair avec les conquêtes de la liberté civile a marché le progrès dans le monde intellectuel, dans le monde de la pensée ; et la foi humble dans l'autorité a disparu pour faire place à l'esprit de libre recherche. Humboldt a été l'un des principaux parmi ceux qui nous ont ouvert cette voie de l'avenir ; il a vaillamment combattu le bon combat pour l'indépendance de la pensée contre le despotisme de l'autorité. Aucun homme n'a eu sur son époque une influence aussi puissante ; peut-être même aucun n'y a produit une impression aussi forte. C'est pour cela que Humboldt est si cher à l'Allemagne ; c'est pour cela que tant de nations s'unissent en ce jour à la nation allemande pour rendre honneur à ce grand esprit. Car son titre principal à la reconnaissance des hommes, ce n'est point ce qu'il a fait pour la science, ce n'est point ce qu'il a ajouté à telle ou telle portion de nos connaissances ; c'est bien plutôt cette prodigieuse compréhension de son savoir qui a élevé les masses elles-mêmes à un degré supérieur de culture, et a fait sentir son action aux illettrés aussi bien qu'aux savants et aux gens de lettres !

Il faut avoir étudié de près ce que furent l'enseignement et l'éducation, au siècle dernier, pour apprécier ce que nous devons à Humboldt, nous Américains en particulier. Tous les faits fondamentaux des sciences physiques que fait connaître l'enseignement populaire, dès qu'il ne s'en tient pas aux premiers et plus simples éléments, nous viennent de lui. Chaque jour, dans chacune de nos écoles, d'un bout à l'autre de ce vaste pays où l'instruction est le patrimoine même de l'enfant le plus pauvre, se fait la récolte des moissons dont lui seul ensemença le champ de l'intelligence. Jetez un regard sur cette carte des États-Unis. Ce sont les investigations de Humboldt qui ont permis d'en tracer toutes les lignes importantes. C'est lui qui, le premier, a reconnu les relations générales des traits physiques du globe, les lois des climats, base de tout le système des courbes isothermes, la hauteur relative des chaînes de montagnes et des plateaux, la distribution des plantes sur toute la surface terrestre. Il n'est point, entre les mains même de nos enfants, de petit traité de géographie, d'atlas élémentaire, qui ne porte, encore bien qu'affaiblie et confuse, l'empreinte de sa puissante intelligence. Sans lui, nos géographies seraient de pures énumérations de lieux, de simples statistiques. Le premier, il imagina ces méthodes graphiques universellement employées aujourd'hui pour la représentation des phénomènes naturels. Les premières sections géologiques, les premières coupes traversant un continent tout entier, la première figuration des moyennes climatologiques par des lignes, furent l'œuvre de son génie. De nos jours, le plus simple écolier est familiarisé avec ces méthodes, sans se douter que, en cela, il a pour instituteur Humboldt lui-même. Ces grands esprits ont une faculté merveilleuse : ils fécondent tout ce qu'ils touchent. Mais, à mesure que nous nous éloignons de la source, elle disparaît à nos yeux, cachée par l'abondance même et la productivité de ce qui en découle. Combien peu d'entre nous se souviennent que les courbes de l'oscillation des marées, que le mode actuel d'enregistrement des phénomènes magnétiques ou des courants océaniques, sont de simples applications des recherches de Humboldt et du procédé graphique à l'aide duquel il les exprima !

Ce grand homme avait été un enfant débile, et l'étude eut tout d'abord pour lui des difficultés exceptionnelles ; aussi son éducation fût-elle, dès le principe, confiée à des maîtres particuliers. Ses parents étaient riches et d'une classe à laquelle le rang et la fortune assurent des avantages refusés à tant de gens. Il est digne de remarque que, petit garçon de sept ans, Humboldt eut pour précepteur Campe, l'auteur du Robinson allemand. On imagine combien cette histoire éternellement jeune de Crusoé dans son île déserte dut amuser l'enfant ! on comprend qu'elle ait pu lui inspirer, même dans un âge aussi tendre, cette passion des voyages et ce goût des aventures qui devaient plus tard porter de tels fruits. C'est aussi avec le souvenir de cette première période de sa vie qu'il faut rappeler la tendre amitié d'Alexandre de Humboldt pour son frère aîné Guillaume. Ces deux frères qui ont atteint à un si grand renom, — l'aîné comme homme d'État et philologue, le second comme scrutateur de la nature, — furent, dès leurs plus jeunes années, unis par une sympathie profonde qui grandit et se fortifia, à mesure qu'eux-mêmes grandirent et se fortifièrent. Alexandre avait dix-sept ans et Guillaume dix-neuf, quand tous deux furent envoyés à l'Université de Francfort. Ils y passèrent deux années, après quoi ils se rendirent à l'Université de Göttingue, où ils firent un séjour d'une durée égale. C'est alors, c'est durant le cours de ces quatre années si fécondes de sa vie d'étudiant, qu'Alexandre esquissa les plans qui, pendant près de trois quarts de siècle, absorbèrent l'activité de son esprit.

Les universités de l'Allemagne sont si peu semblables aux nôtres qu'il n'est point sans utilité de dire un mot du genre de discipline qu'y trouva Humboldt étudiant. Il n'y fut point gêné dans ses allures par des prescriptions draconiennes ou par la routine ; il put choisir à son gré entre les divers départements de la science. Au lieu d'avoir à suivre l'étroite filière des cours obligatoires, il lui fut permis de satisfaire en toute liberté les prédilections de sa nature. L'effet s'en fit sentir sur tout le reste de sa carrière. Il en résulta, dans sa culture intellectuelle, une universalité, une ampleur, auxquelles il n'aurait pu atteindre sous le joug d'un système moins libéral.

En quittant l'Université, — il avait alors vingt et un ans, — il commença à se préparer sérieusement pour ces grands voyages à l'accomplissement desquels tendaient toutes ses espérances. Rien ne m'a frappé davantage, en repassant la vie de Humboldt, que l'heureuse conformité entre les aspirations de sa jeunesse et les événements de son âge mûr. Une lettre que, dans le courant de sa vingt-quatrième année, il écrivait à Pfaff, contient la première idée du *Cosmos* ; il avait quatre-vingt-dix ans lorsque, deux mois avant sa mort, il livra à l'éditeur les dernières feuilles de cet ouvrage, ayant été ainsi, pendant près de soixante-dix ans, investigateur original.

Son premier voyage effectué, tôt après sa sortie de l'Université, n'a d'intérêt pour nous qu'à cause des circonstances dans lesquelles il eut lieu. Ce fut une simple excursion sur les bords du Rhin, mais faite dans la société de George Forster, un des compagnons de Cook, lors de la seconde exploration de ce célèbre navigateur autour du monde. Il eût difficilement rencontré quelqu'un de plus propre à exalter en lui la passion des voyages que cet homme qui avait visité les mers du Sud, vu de près les sauvages des îles du

Pacifique, et fait aux connaissances géographiques du temps de précieuses additions. D'ailleurs, une autre passion leur était commune. George Forster était un chaud républicain ; il avait épousé les idées de la révolution française, et, après la réunion de Mayence à la France, il fut un des députés que cette ville envoya à la Convention nationale. Humboldt était trop ardent, il avait trop d'indépendance pour demeurer en arrière du grand mouvement politique de cette époque. Lui aussi, comme Forster, crut à la république française, et, comme Forster, il salua, plein de confiance, l'avénement de la liberté civile en Europe. Grâce à cette communauté de prédilections dans la politique et dans la science, la sympathie la plus entière unit donc les deux voyageurs, malgré la différence des âges.

Le voyage au bord du Rhin ne fut pas simple affaire de plaisir. Humboldt en savait assez pour se sentir le droit d'aborder les problèmes les plus difficiles de la science de son temps. C'était le moment où se débattait la fameuse querelle entre les Neptuniens et les Plutoniens, c'est-à-dire entre les deux grandes écoles de la géologie dont l'une attribuait la formation des roches à l'action exclusive du feu, tandis que l'autre n'y voulait voir que des dépôts abandonnés par les eaux. Notre jeune étudiant aborda ces questions avec ce souci de la vérité et cette patience, dont toutes ses recherches ultérieures portent la marque ; il ne se laissa entraîner ni par les théories ni par les chefs d'école, et laissa en suspens un problème dont la solution lui semblait douteuse. Toutefois le sujet l'intéressa assez pour qu'il se rendît à Freiberg où il étudia la géologie sous Werner, et où prit naissance entre lui et Léopold de Buch, le même qui devait être le plus grand géologue du siècle, une de ces liaisons solides qui ne finissent qu'avec la vie. C'est alors aussi qu'il s'appliqua à l'étude de l'anatomie et de la physiologie et fit, sur l'irritabilité des fibres musculaires, des expériences qu'il étendit plus tard, durant son voyage en Amérique, aux poissons électriques.

Cependant il ne cessait point de méditer et de mûrir ses plans de voyage. Il n'épargnait rien de ce qui pouvait le préparer à bien comprendre la nature sous tous ses aspects. L'Inde était alors le but de ses rêves. Il eût voulu visiter l'Orient et gagner, par l'Égypte, la Syrie et la Perse, la Péninsule fameuse ; au retour, traversant l'océan Pacifique, il eût parcouru le continent américain avant de regagner l'Europe. Mais ce projet devait ne se réaliser jamais, et, jusqu'à son dernier jour, Humboldt éprouva le même désir passionné d'aller contempler l'antique berceau de la civilisation. Quant à l'Europe, elle était alors en feu ; entre les armées s'entre-choquant de toutes parts, il n'y avait point place pour le voyage tranquille et la recherche scientifique. Le jeune homme flottait donc entre les plans les plus divers. Il alla à Paris, avec l'espoir de se faire agréger à l'expédition que Baudin projetait en Australie ; il n'y trouva qu'une déception. Les hostilités éclatèrent entre la France et l'Autriche, et le projet fut indéfiniment ajourné. Humboldt se tourna alors du côté de l'Espagne. Peut-être pourrait-il obtenir d'en visiter les possessions lointaines et d'aller étudier la nature des tropiques et de l'équateur ? Cette fois il réussit. Celui auquel on doit, suivant une expression chère aux Allemands, la « découverte scientifique » de l'Amérique était destiné à partir des mêmes rivages d'où s'était élancé Colomb. Il obtint la permission de visiter les colonies ; on prit même des mesures pour lui rendre plus faciles les travaux auxquels

il allait se livrer. C'était de la part du gouvernement espagnol une libéralité sans exemple, car l'Espagne gardait alors ses colonies avec tout l'exclusivisme de la jalousie ; mais l'enthousiasme du jeune voyageur avait désarmé les soupçons, et le roi lui-même manifestait l'intérêt le plus vif pour son entreprise.

Depuis tantôt dix années, Humboldt avait eu le temps de mûrir ses plans, de se préparer pour leur exécution et de se procurer des ressources. Il avait en effet atteint la trentaine lorsqu'il s'évada, plutôt qu'il ne partit, du port de la Corogne, profitant de l'obscurité d'une nuit de tempête pour échapper aux croiseurs anglais chargés du blocus de l'Espagne. Aucun épisode de sa vie n'est peut-être aussi bien connu du public, aux États-Unis surtout, que son voyage en Amérique. Tout le monde a lu l'attrayant récit qu'il en a laissé ; je n'ai donc besoin ni d'en décrire la marche, ni d'insister sur les incidents qui s'y produisirent. Mais nulle période de la vie de Humboldt ne fut plus féconde, pour la science et l'éducation générale, que celle comprise dans ces cinq années de voyage ; je ne dois donc pas craindre de m'étendre sur les résultats scientifiques qu'il accumula alors. Il était, à cette époque, dans toute la fleur de la jeunesse, et son intelligence avait cependant toute la maturité qui n'appartient d'ordinaire qu'à la plénitude des ans. L'activité physique, la vigueur corporelle allaient chez lui de pair avec la fécondité et la puissance de l'esprit. Jamais le vœu du proverbe : « Si jeunesse savait, si vieillesse pouvait ! » ne fut si près d'être une réalité ; jamais la vigueur, compagne de la jeunesse, et le savoir, fruit de l'âge, ne se trouvèrent si étroitement combinés. Au début même de son voyage, une relâche aux Canaries lui ayant fourni l'occasion de faire l'ascension du pic de Ténériffe, il traça de l'île, des phénomènes volcaniques dont elle est le siége, de ses caractères géologiques, de la manière dont la végétation y est distribuée, une description où déjà se font pressentir toutes les généralisations auxquelles il devait s'arrêter plus tard. Mais c'est seulement à Cumana, terme de sa traversée, qu'eut lieu sa première longue station. Tous les travaux qu'il y accomplit : explorations des montagnes, des vallées et des côtes ; observations astronomiques ; relevés de la situation exacte de diverses localités ; observations météorologiques ; collections de toutes sortes, sont de la plus haute valeur scientifique. Il avait déjà commencé ses études sur les moyennes climatologiques, dont le résultat, connu sous le nom « de *lignes isothermes* », fut une de ses contributions à la science les plus originales. Avec l'intuition du génie, il vit que la distribution de la température obéit à certaines lois ; il ajouta à ses observations particulières tout ce qu'il put recueillir, d'autre source, touchant la température moyenne de divers lieux ; il combina les faits ; et, le premier, il enseigna aux géographes à tracer sur leurs cartes ces courbes dont les ondulations expriment les lois de la climatologie à la surface de tout un hémisphère. Ses expériences physiques sur les animaux et les plantes, ses collections ne furent pas moins précieuses. Il avait fait à Paris la connaissance d'un jeune botaniste entraîné comme lui vers les aventures lointaines. Bonpland l'avait accompagné dans l'Amérique du Sud, et, quand Humboldt était trop absorbé par ses travaux de physique pour s'occuper de botanique, cette science n'était pas pour cela négligée, car son collaborateur ne se lassait ni d'étudier les plantes, ni d'enrichir les herbiers.

Après plusieurs mois ainsi passés au voisinage de la mer,

l'infatigable explorateur traversa les *Llanos*, ces plaines immenses qui s'étendent entre l'Océan et le bassin de l'Orénoque. Là encore, chaque étape de son itinéraire est marquée par une recherche originale. La toute-puissance de son esprit a transformé pour nous ces prairies désertes en un pays enchanteur ; il nous en a laissé des descriptions aussi saisissantes par leur beauté que précieuses par leur nouveauté et leur exactitude. Dans ce long et pénible voyage à travers la vallée de l'Orénoque, il reconnut le singulier réseau de rivières qui, par la Cassiquiare et le Rio-Negro, met ce fleuve en communication avec l'Amazone ; — route fluviale qui, à n'en pas douter, sera un jour une des grandes artères du globe. Sans l'opposition illibérale qu'il rencontra dans le gouvernement portugais, Humboldt eût probablement descendu le Rio-Negro jusqu'à l'Amazone, et peut-être tout le cours de ses explorations ultérieures eût-il été modifié. Mais il lui fallut tourner le dos à l'immense fleuve, et obéir à une prohibition menaçante, sous peine de se voir jeter en prison et d'être contraint de renoncer à des projets si longtemps caressés. En relisant son récit de cette aventure, lors de ma récente exploration du bassin de l'Amazone, je ne pouvais m'empêcher de mettre en contraste la large et cordiale hospitalité qui aplanissait sous mes pas tous les obstacles, avec les dangers, les souffrances, les difficultés de toute nature qui l'assaillirent alors. Je me trouvais d'ailleurs si rapproché du théâtre de ses travaux que je pouvais constamment comparer mes observations aux siennes et reconnaître l'étendue de son savoir, la large compréhension de ses vues, alors même que les progrès de la science m'obligeaient à interpréter les faits autrement que lui.

Je passe sous silence la visite à Cuba et le voyage au Mexique, malgré l'intérêt qu'ils présentent. Je me borne à faire remarquer qu'on doit à Humboldt les premières cartes un peu exactes de ces contrées. Celles qu'on possédait auparavant étaient si imparfaites que, jusqu'à la fin du siècle dernier, les indications de géographes divers variaient de trois cents milles quant à la position de Mexico. Humboldt est le premier, dont la carte générale du Mexique et de Cuba ait été établie d'après les observations astronomiques.

C'est maintenant le long de la chaîne des Andes qu'il nous faut suivre le grand voyageur. Cette partie de son entreprise est la plus pittoresque ; elle a un charme irrésistible. Voyager dans ces montagnes était alors infiniment plus difficile qu'aujourd'hui. Représentons-nous Humboldt précédé du long convoi de mulets qui transporte les instruments les plus délicats, les appareils scientifiques les plus précieux, à travers les défilés de l'immense Cordillère. Chemin faisant, il mesure la hauteur des montagnes et la profondeur des vallées, relève les ondulations des zones de végétation qui se superposent, le long des pentes, jusqu'à des hauteurs de 6000 mètres, examine d'anciens volcans, en observe d'autres en activité, fait des collections d'animaux et de plantes, dessine, accumule en un mot cette prodigieuse quantité d'informations qui, depuis, ont pris place dans nos recueils scientifiques, ont changé du tout au tout l'enseignement populaire, et sont devenues la propriété commune du monde civilisé. Quelques-unes des ascensions qu'il accomplit présentaient des dangers et une difficulté infinis. En gravissant le Chimborazo jusqu'à une élévation de 5500 mètres, il faillit périr dans un abîme infranchissable qui l'empêcha d'atteindre le sommet de cette montagne. Jamais homme ne s'était encore

élevé à une aussi prodigieuse hauteur au-dessus du niveau de l'Océan. Quand, peu d'années après, Gay-Lussac, pour étudier les phénomènes de l'atmosphère, fit en ballon une ascension demeurée célèbre, il ne dépassa que de 400 mètres environ le niveau auquel Humboldt avait atteint.

En s'éloignant des Andes, Humboldt remonta l'océan Pacifique, de Truxillo à Acapulco, et alla faire à Mexico un second séjour. Là, il exécuta l'ascension de toutes les hautes montagnes environnantes, continuant et complétant ainsi les recherches qu'il avait poursuivies avec tant de persévérance durant tout le cours de ce pénible voyage. Les volcans, les mines, la production des métaux précieux et son influence sur la civilisation et le commerce, les latitudes et les longitudes, la moyenne des climats, la hauteur relative des montagnes, la distribution des plantes, les phénomènes astronomiques et météorologiques, tout lui était matière à étude.

Du Mexique il se rendit à la Havane, et de la Havane il fit voile pour Philadelphie. Mais son séjour aux États-Unis fut de courte durée. Ni l'accueil cordial que lui fit Jefferson, lorsqu'il alla visiter la capitale de l'Union, ni les chaleureuses sympathies des savants de Philadelphie ne purent le retenir. Il ne se livra dans notre pays à aucune étude importante, et partit pour l'Europe peu de temps après son arrivée.

Il rentrait à Paris, en 1804, cinq ans après avoir quitté l'Europe. C'était alors, au sein de la grande capitale, une période d'éclat pour les lettres, les sciences et la politique. La République existait encore ; les convulsions de la Révolution avaient cessé, et la réaction vers les idées monarchiques ne faisait que commencer. La Place, Gay-Lussac, Cuvier, Desfontaines, Delambre, Oltmanns, Fourcroy, Berthollet, Biot, Dolomieu, Lamarck, Lacépède étaient à la tête du monde savant. Le jeune voyageur rapportait des trésors inestimables, même pour des hommes qui avaient blanchi dans la recherche scientifique ; il fut bienvenu de tous. Il se fixa à ce grand foyer de vie intellectuelle et sociale, et y passa, pour la plus grande partie, les années suivantes jusqu'en 1827, assistant ainsi aux jours les plus brillants du consulat, à la naissance et à la chute de l'empire, et à la restauration des Bourbons. Il s'assura le concours et la collaboration des hommes les plus distingués de cette époque, et se consacra tout entier à la publication des résultats de son voyage. Cuvier, Latreille, Valenciennes travaillèrent sur ses collections zoologiques ; Bonpland et Kunth mirent en œuvre ses richesses botaniques ; Oltmanns se chargea de la rédaction de ses observations astronomiques et barométriques ; et lui-même, conjointement avec Gay-Lussac et Provençal, fit sur la respiration des poissons, sur la constitution chimique de l'atmosphère, sur la composition de l'eau, des recherches qui marquent encore dans les annales de la chimie. Sans cesser de suivre et de diriger, d'une manière plus ou moins directe, la publication de tous les travaux qui précèdent, il s'occupait personnellement de la partie de ses matériaux ayant trait soit à la géographie physique et à la météorologie, soit à la zoologie. La seule énumération des volumes où se trouvent consignés les résultats de son expédition est vraiment impressive. L'ensemble se compose de *trois* volumes in-folio de planches : cartes géographiques ou physiques, tableaux botaniques, paysages, dessins d'antiquités ou de types aborigènes, etc., et de *douze* volumes in-4° de texte consacrés : trois au récit du voyage ; deux à la Nouvelle-Espagne ; deux à Cuba ; deux à l'anatomie comparée et à la zoologie ; deux à l'astronomie, et un à la description physique de la zone tropicale. De plus, la partie botanique du *Voyage* n'embrasse pas moins de *treize* volumes in-folio, illustrés de magnifiques planches coloriées... A tout cela, il faut encore ajouter *un* volume spécial sur le gisement des roches dans les deux hémisphères, *un* sur les lignes isothermes, d'innombrables mémoires, et *cinq* volumes relatifs à l'histoire de la géographie ainsi qu'aux progrès de l'astronomie nautique, durant le xvᵉ siècle et le xviᵉ, ouvrages qui, tous, se rattachent plus ou moins directement au voyage en Amérique.

Les recherches de Humboldt sur l'histoire de la découverte de l'Amérique ont pour nous un intérêt spécial. Elles nous ont appris que le nom de notre continent fut, pour la première fois, introduit dans le monde des lettres par un professeur allemand établi à Saint-Dié, en Lorraine, Waltzeemüller, ou Hylacomylus, comme il se faisait appeler, à cette époque où les savants avaient coutume de traduire leur nom en langue morte, et croyaient de leur dignité de ne se montrer que sous un masque grec ou romain. Hylacomylus, donc, était cosmographe, et, publiant à la fois la première carte du nouveau monde et un récit des voyages d'Americo Vespucci, il donna aux terres nouvellement découvertes le nom de son héros. Humboldt a aussi prouvé que la découverte de Colomb ne fut point un accident, mais le fruit naturel des spéculations du temps, elles-mêmes souvenirs confus d'un rêve lointain dont il suit la trace jusque dans les ténèbres de l'antiquité grecque. Ici encore on reconnaît la tournure d'esprit propre à Humboldt ; et cette constante préoccupation d'aller saisir le point de départ d'une découverte, puis d'en tracer la marche, est vraiment caractéristique.

Sans cesser d'avoir son quartier général à Paris, Humboldt fut amené, par les exigences mêmes de la publication de travaux si nombreux et si étendus, à visiter diverses contrées de l'Europe. A plusieurs reprises, il alla observer le Vésuve et en comparer le mode d'action, la constitution géologique, les phénomènes éruptifs, avec ce qu'il avait vu des volcans de l'Amérique du Sud. Une fois même, il fit l'ascension de cette montagne célèbre en compagnie de Gay-Lussac et de Léopold de Buch, et cette seule excursion, entreprise par de tels hommes, fut féconde en résultats pour la science. D'autres fois, il allait consulter certains ouvrages rares, trésor des bibliothèques de l'Angleterre ou de l'Allemagne ; ou bien encore discuter, soit à Berlin avec son frère, soit en telle autre partie de l'Europe, avec un ami autorisé, l'œuvre à laquelle il s'était voué. Il comparait leurs notes aux siennes, assistait à des expériences nouvelles, suggérait l'idée de recherches originales; l'esprit toujours actif, toujours inventif, toujours riche en aperçus ingénieux, toujours fécond en ressources ; — insensible d'ailleurs au spectacle des grands bouleversements politiques dont il était témoin, insensible aussi aux offres les plus brillantes d'emplois publics ou de hautes dignités. C'est pendant une des premières visites qu'il fit à Berlin pour s'occuper, avec son frère Guillaume alors ministre d'État, de l'organisation de l'Université, qu'il publia les *Vues de la nature*, livre charmant où la peinture des tropiques est aussi vive, aussi impressive qu'elle pourrait l'être sur la toile d'un grand peintre.

Il est naturel de se demander : Qui fournissait aux frais d'entreprises littéraires aussi considérables ? — Nul autre que Humboldt. Personne ne sait exactement ce que lui a coûté la publication de ses ouvrages. On peut cependant s'en faire une idée approximative en calculant le prix de l'impression et de la gravure, ce qui ne peut guère s'évaluer à moins de douze cent mille francs. Sans doute, la vente indemnisait l'auteur dans une certaine mesure ; mais tout le monde sait que de pareilles publications ne sont point lucratives. Le prix d'un seul exemplaire complet de l'ouvrage sur l'Amérique est de dix mille francs, le double de celui du grand ouvrage sur l'Égypte pour l'impression duquel le gouvernement français n'a pas dépensé moins de quatre millions. Tout naturellement il ne se vend, d'œuvres de cette importance, qu'un bien petit nombre d'exemplaires. Mais, dès sa jeunesse, jusqu'à la fin de sa carrière, Humboldt fit de ses ressources personnelles l'emploi le plus libéral, soit en les appliquant à la poursuite de ses études ou à la publication de ses œuvres, soit en venant en aide aux jeunes travailleurs pauvres. Aussi, dans sa vieillesse, vivait-il exclusivement d'une petite pension que lui faisait le roi de Prusse.

Il y avait du reste en lui les hommes les plus divers, et il prenait la vie par tous les côtés. Il était l'ami des artistes autant que des savants ou des gens de lettres ; jaloux d'orner ses livres de gravures dignes des grands objets qu'elles devaient représenter, il fut amené à se mettre en relations constantes et intimes avec les dessinateurs et les peintres contemporains ; et David lui-même ne jugea pas au-dessous de lui de dessiner pour le grand ouvrage un frontispice allégorique. Il recherchait la société intelligente et raffinée des femmes supérieures comme madame de Staël, madame Récamier, Rahel, Bettina et tant d'autres de moins bruyante renommée, et vivait dans l'intimité des hommes d'État, des hommes politiques et des gens du monde. Sa profonde connaissance des contrées qu'il avait parcourues, de leurs richesses minérales, de leur productivité en métaux précieux, donnait à son opinion non-seulement une grande valeur dans les questions commerciales, mais encore une grande autorité dans les conseils des gouvernements européens. Lors donc que les colonies de l'Amérique du Sud eurent conquis leur indépendance, les puissances alliées l'invitèrent à leur présenter un mémoire sur la condition politique des républiques nouvelles. C'est à cette occasion que, en 1822, il assista au congrès de Vérone, et visita l'Italie méridionale en compagnie du roi de Prusse. Ainsi sa vie se trouva mêlée à la croissance politique et à l'indépendance du nouveau monde, en même temps qu'aux intérêts littéraires, scientifiques et artistiques de l'ancien. Toutefois, il ne prit jamais part active à la politique de sa patrie, quoique l'Allemagne le considérât comme intimement associé aux aspirations du parti libéral dont son frère Guillaume était le représentant le plus éminent.

Avant d'en finir avec cette période de la vie de Humboldt, je voudrais m'étendre un peu sur les travaux qu'il publia après son retour de l'Amérique du Sud. Un des premiers bénéfices de la riche moisson qu'il avait recueillie dans ce voyage fut l'heureuse tentative à laquelle j'ai déjà fait allusion : la représentation graphique des principaux traits physiques du continent américain. Jusqu'alors on avait cru atteindre ce but en figurant sur une carte ordinaire les plantes et les animaux caractéristiques de la contrée. Humboldt imagina une méthode nouvelle, capable à la fois de frapper l'œil et d'embrasser un grand nombre de faits. Remarquant que la végétation change de caractère à mesure qu'elle s'élève sur le flanc des hautes montagnes et s'échelonne ainsi le long des pentes en gradins successifs, il conçut l'idée, — que lui avait suggérée déjà l'examen du pic de Ténériffe, — de dessiner, sur les contours d'une montagne conique, les différents aspects de la surface, depuis le niveau de la mer jusqu'aux pics les plus élevés. Il devait ainsi suffire d'un coup d'œil pour saisir la succession des zones de végétation, si bien représentée dans le diagramme qu'il dessina, à Guayaquil, en 1803, et qu'il reproduisit plus tard dans son ouvrage sur l'aspect physique des régions tropicales et la distribution géographique des plantes. Il étendit ensuite ces comparaisons à la zone tempérée et à la zone arctique, montrant ainsi que, à mesure qu'on s'avance vers le nord, la succession des plantes au niveau de l'océan correspond à leur échelonnement sur le flanc des hautes montagnes, si bien que, près du pôle arctique, la végétation présente une ressemblance remarquable avec celle qu'on rencontre, sous les tropiques, à la limite des neiges perpétuelles. Et ce n'est pas tout: du nord à l'équateur, comme de l'équateur au sud, la végétation est, suivant le degré d'élévation des terres, caractérisée par des formes intermédiaires.

Il parvint de la même manière à reproduire l'aspect général des inégalités de la surface terrestre, par le tracé de coupes idéales à travers les régions décrites. Il exécuta ainsi une première section à travers l'Espagne, puis d'autres de la Guayra à Caracas, de Carthagène à Santa-Fé de Bogota, et enfin d'un côté à l'autre du continent américain, d'Acapulco à la Véra-Cruz. Or, il ne s'agit point ici de simples approximations. Le tracé de ces profils était basé sur les observations astronomiques et barométriques de l'auteur, multipliées à un tel point que ses ouvrages sont encore aujourd'hui la principale source d'informations pour la géographie physique des contrées qu'il a explorées.

Allant plus loin, il entreprit de représenter de cette façon la structure intérieure du globe, au moyen de cartes analogues sur lesquelles est figurée fidèlement la situation relative des roches, tandis que des signes convenus en indiquent le caractère minéralogique. C'est à Mexico, en 1804, qu'il dressa la première carte de ce genre; il en fit présent à l'École des Mines de cette ville, et la publia plus tard dans l'atlas du *Voyage en Amérique*. On doit donc à Humboldt, en son entier, la méthode graphique qui a permis de rendre sensible à l'œil ce qu'il y a de positivement caractéristique dans les phénomènes physiques. Par la suite, en effet, ce procédé a été appliqué à la représentation des courants océaniques, à celle de la direction des vents dominants, des oscillations des marées, des variations de niveau des rivières et des lacs, de la quantité de pluie annuelle en un lieu donné, des phénomènes magnétiques, des lignes d'égale température moyenne, des hauteurs relatives des plaines, des plateaux et des montagnes, de la structure intérieure de ces dernières, et même de la distribution des plantes et des animaux. Il n'est pas jusqu'aux traits caractéristiques de l'histoire de l'Humanité qu'on ne mette aujourd'hui en tableaux, par cette méthode, dans les cartes ethnographiques, où l'on parvient ainsi à figurer la distribution des races, les grandes voies du commerce et de la navigation, les différences de langage, de religion, de culture et même les résultats du cens, les évaluations de la richesse publique, les statistiques agricoles, et les moyennes du vice ou de la vertu. En somme, toutes les branches de l'activité humaine

ont été vivifiées par cette méthode et se sont entièrement transformées sous son influence.

Le travail de Humboldt sur les courbes isothermes fut publié dans les *Mémoires de la Société d'Arcueil*, association scientifique à laquelle appartenaient, au commencement de ce siècle, tous les hommes éminents. Le premier tracé des lignes qui unissent les points divers de la surface terrestre où, sous des latitudes différentes, la température moyenne annuelle est identique, n'était qu'une simple esquisse. Il n'en fait pas moins ressortir ce qu'il y a de caractéristique dans l'irrégularité de la distribution de la chaleur à la superficie du globe, avec une netteté que des myriades d'observations n'ont fait depuis que confirmer. Nulle autre série de recherches ne montre aussi évidemment à quel degré de précision peut atteindre un observateur, lorsqu'il sait soumettre à une critique judicieuse la signification des faits qu'il possède, si peu nombreux que soient ces faits. Les observations barométriques et astronomiques, d'après lesquelles Humboldt a établi ses nombreuses cartes, ont été calculées et réduites à leur formule définitive par son ami Oltmanns. Elles remplissent deux gros volumes in-4° et donnent, au total, la détermination exacte de près de mille localités. Elles n'ont point été prises au hasard, mais s'appliquent à des lieux de la plus haute importance au point de vue de la distribution géographique des animaux et des végétaux, ainsi que de la limite à laquelle commencent ou cessent de croître les plantes cultivées. Humboldt ajouta lui-même à ce travail une introduction dans laquelle il rend compte des instruments qu'il a employés et des méthodes qu'il a suivies, et où il discute la réfraction astronomique sous la zone torride.

Ainsi, c'est sur les recherches de Humboldt que repose, de nos jours, la géographie philosophique. C'est lui qui a fondé la géographie comparée, cette science de la terre qui comprend tout, si magistralement développée par Karl Ritter et représentée aujourd'hui avec tant de distinction par notre Guyot. Jamais depuis, sa correspondance avec Berghaus en fait foi, il ne cessa de prendre à ses progrès l'intérêt le plus profond. Pour lui, ce monde où nous nous agitons n'est pas simplement la demeure de l'homme; c'est une phase de l'histoire de l'univers dont l'évolution, soumise à des lois rigoureuses, procède lentement, par une longue série de changements successifs. De là résultent la configuration actuelle du globe terrestre et la mutuelle dépendance de ses traits généraux. Le livre sur le gisement des roches dans les deux hémisphères est le récit de cette évolution, tel qu'il pouvait être écrit en 1823; il est nécessairement plein de gros anachronismes, mais, en même temps, il met en évidence les merveilleux pouvoirs de généralisation et de combinaison dont fut doué son auteur. Je n'en citerai pour preuve que ces lignes admirables, fertiles en conséquences que les naturalistes de nos jours n'ont point encore su apprécier suffisamment :
« Quand on examine la masse solide de notre planète, on
» s'aperçoit que les minéraux simples s'y trouvent en des
» associations toujours et partout les mêmes, et que les roches
» ne varient pas, comme les êtres organisés, suivant la diffé-
» rence des latitudes et des lignes isothermes sur lesquelles
» on les rencontre. » Il lui suffit de cette seule phrase pour faire ressortir le contraste qui existe entre les caractères essentiels du monde organique et celui du monde inorganique.

C'est Humboldt encore qui fit reconnaître aux géologues la

formation jurassique; c'est lui qui introduisit dans le langage de la géologie pratique les expressions heureuses d'« horizons géologiques », d'« indépendance des formations géologiques ». En discutant la direction des roches stratifiées et en établissant un parallèle entre l'âge des formations plutoniennes et celui des terrains sédimentaires, il prépara la voie par laquelle Élie de Beaumont parvint à déterminer l'âge relatif des chaînes de montagnes. Il ne lui échappa pas non plus que des flores et des faunes distantes peuvent être entièrement différentes, bien qu'appartenant à la même époque.

Sa collection de *Mémoires sur la zoologie et l'anatomie*, en deux volumes in-4° enrichis de nombreuses planches coloriées, est pleine des documents les plus précieux pour l'histoire naturelle, aussi bien dans la partie sortie de sa plume que dans celle due à ses collaborateurs. Le plus remarquable de ces mémoires, consacré à la description du condor, dut faire les délices des zoologistes français qui ne pouvaient manquer de le comparer aux pages les plus brillantes de leur Buffon. Sa *Synopsis des singes de l'Amérique du Sud* rivalise avec les productions d'Audebert et de Geoffroy Saint-Hilaire. Ses pages sur l'anguille électrique et certains siluroïdes rejetés par les volcans des Andes en activité sont dignes de la grande *Histoire naturelle des poissons* de Lacépède. Ses études sur la respiration des crocodiles et sur le larynx des oiseaux et des crocodiles défiaient sur son propre terrain le plus grand anatomiste du siècle, l'immortel Cuvier. Et vraiment on s'imagine quelle sensation profonde ce dut être dans le monde savant, lorsqu'on vit un naturaliste, dont toutes les publications antérieures avaient la physique pour objet, aborder tout à coup les questions de zoologie et d'anatomie et les traiter en maître devant les maîtres.

Les ouvrages de botanique auxquels se rattache le nom de Humboldt ont paru sous divers titres. Ce sont d'abord : les *Plantes équinoxiales*, 2 volumes in-folio, avec 140 planches, par Bonpland; la *Monographie des Mélastomées et celle des Rhexiées*, 2 volumes in-folio et 120 planches, par Bonpland ; — puis les *Mimosées*, 1 volume in-folio et 60 planches, par Kunth;—la *Révision des graminées*, in-folio avec 220 planches, par Kunth ; — et enfin les *Nova genera et species plantarum*, par Kunth, en 7 volumes in-folio et 700 planches. Au total, *treize* volumes in-folio et *douze cent quarante* planches, pour la plupart admirablement coloriées; on n'a fait, depuis, rien de plus fidèle ou de plus complet. Bien que la partie descriptive de ces splendides ouvrages soit due à Bonpland, le compagnon du grand voyageur, ou à Kunth, son ami, on aurait tort de supposer que Humboldt n'eut aucune part à ce travail considérable. Non-seulement il avait laborieusement contribué, durant le voyage, à enrichir l'herbier commun, mais encore c'est lui qui, sur le terrain, dessinait les plantes d'après nature, ou faisait l'analyse des arbres les plus remarquables et les plus caractéristiques dont il eût été impossible de conserver un spécimen. De plus, certains chapitres sont tout entiers son œuvre; ce sont ceux relatifs à la distribution géographique des familles végétales les plus importantes, à leurs propriétés et à leurs usages. C'est lui encore qui, pour la première fois, divisa le territoire des régions qu'il avait explorées en provinces botaniques déterminées par des caractères physiques naturels, et distingua les unes des autres la flore de la Nouvelle-Andalousie, celle de la Venezuela et celle du bassin de l'Orénoque, celle de la Nouvelle-Grenade, celle de Quito, celle des Andes péruviennes, celles enfin de Mexico et

de Cuba. Il fut le premier aussi à faire la remarque que, en somme, le monde végétal contient un petit nombre de types distincts, qui suffisent à donner au tapis de verdure recouvrant la croûte terrestre les aspects les plus divers, suivant les contrées du globe, leur latitude et leur élévation. Il terminait l'exposé de ces faits par quelques mots que je ne puis me dispenser de citer : « L'observation de ces phénomènes, » dit-il, est une source de jouissances intellectuelles et de vi- » gueur morale, qui nous fait forts contre l'infortune et que » nul pouvoir humain ne peut anéantir. »

En 1827, cédant aux instantes sollicitations de son frère, Humboldt transporta sa résidence de Paris à Berlin. Ce changement fut le point de départ d'une nouvelle phase de sa vie. Jusqu'alors, il avait vécu dans la plus complète indépendance, sans fonctions publiques et sans position officielle. Poursuivant ses études en simple particulier, s'il paraissait en public ce n'était que pour lire ses mémoires devant quelque Académie. Une fois à Berlin, il commença à professer à l'Université. Dans le premier cours qu'il y fit, et qui se composa de soixante et une leçons, il traça à grands traits l'histoire physique du globe. Ce fut, à proprement parler, le programme du *Cosmos;* aussi, comme je me propose de faire, tout à l'heure, l'analyse de cet ouvrage, ne dirai-je rien de ces leçons, si ce n'est, que l'enseignement de Humboldt unissait à un immense savoir une grande simplicité de langage, tout ce qui était purement technique en étant banni à moins d'absolue nécessité.

C'est au milieu de ces occupations nouvelles qu'il reçut, du gouvernement russe, l'invitation d'aller explorer les provinces asiatiques de l'empire. Rien de plus propre à séduire un savant, que les termes dans lesquels cette proposition lui était faite. Le désir de l'empereur — lui disait-on expressément — est que les avantages matériels qui pourraient provenir de l'expédition ne soient que de considération secondaire. Les études scientifiques, le progrès de la science, tel devait être le but principal. L'explorateur demeurait libre de donner à ses recherches la direction qu'il lui plairait. Jamais gouvernement n'avait organisé une expédition scientifique avec un si médiocre souci du côté utilitaire.

Au deuxième grand voyage de Humboldt se rattache pour moi un souvenir ; celui d'une grande espérance et d'un vif désappointement. J'étais alors étudiant à Munich, ville dont l'Université s'était ouverte sous les plus brillants auspices. Peut-être n'y avait-il pas, sur la liste de ses professeurs, un seul nom qui ne fut éminent dans les sciences ou dans les lettres. L'enseignement ne se faisait point à coups de manuels, ou de compilations extraites des ouvrages originaux pour être débitées aux élèves. Nos maîtres étaient des observateurs et des chercheurs, dont chaque jour le travail ajoutait quelque chose à la somme du savoir humain ; ils s'appelaient Martius, Oken, Döllinger, Schellings, Fr. von Baader, Wagler, Zuccarini, Fuchs, Vogel, von Kobell.... Et ils n'étaient point seulement nos maîtres, ils étaient nos amis. La meilleure intelligence régnait entre les professeurs et les élèves. Nous étions les compagnons de leurs promenades, les témoins de leurs discussions, et si, nous-mêmes, nous nous réunissions pour des conférences mutuelles, ce qui nous arrivait tous les jours, ils venaient nous écouter, nous encourager, exciter notre zèle pour la recherche libre et indépendante. C'était chez moi qu'on s'assemblait ; chambre à coucher, cabinet de travail, bibliothèque, musée, salle de conférences et salle d'escrime, mon unique chambre était tout cela. Étudiants et professeurs l'appelaient la petite Académie. C'est là que Schimper et Braun discutèrent pour la première fois les lois de la phyllotaxie, cet arrangement des feuilles dont, par une concordance singulière qu'a signalée notre grand mathématicien de Cambridge, le rhythme merveilleux reproduit celui des périodes de rotation des planètes de notre système. Ils avaient pour auditeurs Martius et Zuccarini. Robert Brown lui-même, de passage à Munich lors d'un voyage en Allemagne, voulut faire la connaissance de ces jeunes botanistes. C'est là aussi que, pour la première fois, Michahelles exposa les résultats de son exploration de l'Adriatique et des régions circonvoisines : là que Born nous montra ses admirables préparations de l'anatomie de la lamproie ; là que Rudolphi nous raconta son exploration des Alpes bavaroises et des rives de la Baltique. Ah ! c'était une belle phalange et riche d'avenir, celle de ces compagnons de ma jeunesse à Munich ! Nous touchions à peine à l'âge d'homme ; combien depuis sont morts sans avoir eu le temps d'écrire, en caractères durables, leurs noms dans les annales de la science ! C'est encore dans la *petite Académie* que Döllinger, ce grand maître en physiologie et en embryologie, vint montrer à ses élèves, avant de les faire connaître au monde savant, les merveilleuses préparations anatomiques où il fit voir les vaisseaux des villosités de l'intestin. C'est là qu'il nous enseigna l'usage du microscope dans les études embryologiques ; c'est là aussi que le grand anatomiste Meckel vint examiner ma collection de squelettes de poissons, dont Döllinger lui avait parlé.

Naturellement, des relations aussi étroites nous mettaient à même de connaître tout événement de quelque importance, se produisant au sein du monde scientifique. Les préparatifs que faisait Humboldt pour son voyage en Asie excitèrent au plus haut point notre intérêt à tous ; et, pour mon compte, je fus pris du désir passionné de suivre l'expédition en qualité d'aide. Le général Laharpe, ancien précepteur de l'empereur Alexandre et de l'empereur Nicolas, résidait alors à Lausanne ; il était l'ami de ma famille ; il voulut bien écrire à Humboldt, en ma faveur, et le prier de m'accepter, comme aide naturaliste, au nombre de ses compagnons. Mais mon vœu ne devait point être exaucé ! Les préparatifs étaient terminés ; déjà Humboldt avait désigné pour l'accompagner Ehrenberg et Gustave Rose, tous deux, alors, professeurs à l'Université de Berlin. Je n'eusse point mentionné ici cette circonstance si, toute insignifiante qu'elle est, elle ne marquait le commencement de mes relations personnelles avec Humboldt.

Les incidents du voyage en Asie sont moins connus du public que ceux des longues pérégrinations en Amérique. Le voyage en Asie fut court ; neuf mois y suffirent. L'entreprise n'en fut pas moins féconde ; Humboldt mettait à son service une telle quantité de connaissances portant sur des faits analogues, que le résultat fut de la plus haute importance. Ce fut alors que la puissance de cet esprit d'une pénétration si grande et d'une portée si large atteignit au degré le plus éminent. Son succès avait été d'ailleurs assuré par les mesures libérales que le gouvernement russe avait prises à l'avance ; des ordres étaient partout donnés pour que rien, sur la route, ne pût faire obstacle aux projets du grand voyageur. Il descendit le Volga jusqu'à Kasan ; puis il franchit les monts Oural, et, marquant ses étapes successives à Jekatherinemburg, à Tobolsk, sur l'Irtych, et à Barnaul, sur l'Obi, il atteignit enfin les monts Altaï, aux frontières de la Chine. Il se trouvait ainsi

au plein cœur de l'Asie. Ses recherches sur la constitution physique de ce qu'on regardait alors comme le haut plateau de ce continent révélèrent le caractère véritable de ce vaste système de montagnes. Au contact de son génie et de sa science, les faits les plus insignifiants prirent une haute valeur et lui découvrirent le secret du caractère réel de la contrée. La présence d'arbres à fruits et de plantes, appartenant à des familles qu'on ne connaissait point pour habiter les régions élevées, l'amenèrent à douter qu'il existât un haut plateau froid occupant, sans discontinuité, toute l'Asie centrale. En comparant avec soin tous les documents qu'on possédait sur la question, en les rapprochant de ses propres observations, il parvint à montrer que quatre grandes chaînes parallèles, séparées par des terrasses de plus en plus élevées, s'étendent dans la direction de l'est à l'ouest. C'est d'abord l'Altaï qui ferme les plaines de la Sibérie, et du versant septentrional duquel descendent tous les grands fleuves tributaires de l'Océan Arctique : l'Irtych et l'Obi, l'Ienisséi et la Léna ; puis viennent le Thian-Chan, au sud du plateau de Songaria, et, en arrière encore, le Kuenlun, au sud du plateau de Tartarie ; enfin, la chaîne de l'Himalaya élève sa haute muraille entre le plateau du Thibet et les plaines du Gange. Humboldt fit voir que l'Himalaya se rattache par l'intermédiaire de l'Hindou-Koh et du Demavend à la chaîne lointaine des monts Caucase. Ces cordillères, qui, courant de l'est à l'ouest, donnent au continent asiatique sa forme et son caractère, contrastent avec celles qui se dirigent du nord au sud : les Ghattes, le Soliman, le Bélour, et avec les monts Oural qui séparent l'Europe de l'Asie. Ainsi parvenu jusqu'aux grandes routes que suivent les caravanes de l'Orient, pour se rendre de Dehli ou du Lahore aux marchés septentrionaux de Samarcande, de Boukahra et d'Orenbourg, il ouvre devant nous des perspectives saisissantes, et nous montre les voies primitives que suivit la civilisation aryenne, pour se mettre en communications avec les contrées de l'Occident plongées encore dans les ténèbres de la vie sauvage. Il rechercha aussi quel avait été autrefois le cours de l'Oxus, et les anciens canaux qui joignaient le lac Aral à la mer Caspienne. Le niveau de ce grand lac salé intérieur est de deux à trois cents pieds au-dessous de celui de la mer ; Humboldt en conclut que ses eaux communiquèrent autrefois avec celles de l'océan Arctique, à une époque où les steppes des Kirghiz étaient un vaste golfe et où, sur leurs plaines immenses, roulaient les eaux des mers septentrionales.

Après avoir examiné les colonies d'Allemands établies sur les bords de la mer Caspienne, le voyageur revint à Pétersbourg, par Orenbourg et Moscou. Les résultats scientifiques de cette expédition sont consignés dans deux ouvrages différents. Le premier a pour titre *Fragments de géologie et de météorologie asiatiques* ; il est principalement consacré à l'histoire des volcans de l'intérieur du continent, que Humboldt avait eu occasion d'étudier durant son voyage. Il avait désormais examiné les phénomènes volcaniques dans trois parties du monde ; il pouvait porter, dans l'appréciation de leurs rapports avec les changements subis par notre globe, une vue plus pénétrante et plus perçante que celle d'aucun géologue. Les volcans cessent pour lui d'être les manifestations purement locales d'un foyer d'éruption limité ; il perçoit leurs relations avec les tremblements de terre et tous les phénomènes qui accompagnent la formation des inégalités de la surface terrestre.

Le contraste qu'il avait remarqué entre le froid de la Sibérie et la grande fertilité des environs d'Astrakan, où il avait trouvé les plus beaux vignobles qu'il eût jamais vus, l'amena à considérer à nouveau les causes des inégalités de température dans des latitudes correspondantes. Il accrut ainsi sa connaissance des lignes isothermes dont il avait esquissé le tracé dans sa jeunesse, et dont il put désormais poser clairement la loi. Par une large généralisation, il fit connaître comment la rotation de la terre, la radiation à sa surface, les courants océaniques et, en particulier, celui du golfe, sont des phénomènes connexes, dont l'influence combinée sur les conditions de la température produit, sous la même latitude, des climats aussi singulièrement divers que ceux de Boston, Madrid, Naples, Constantinople, Tiflis dans le Caucase, Hakodadi, et de cette partie du littoral californien dont une ville porte son nom vénéré.

Le second ouvrage relatif au voyage en Asie parut sous le titre d'*Asie centrale.* C'est le compte rendu de ses recherches sur l'orographie et le climat de ce continent. Les plus larges généralisations touchant la physique du globe, témoignant d'une connaissance merveilleuse de la configuration extérieure de la terre, y sont présentées à l'occasion d'un petit mémoire sur l'élévation moyenne des continents comparée à la profondeur moyenne des mers. Le grand géomètre Laplace avait déjà traité ce sujet. Mais Humboldt, en introduisant dans la discussion quantité de faits, prouva de la façon la plus concluante qu'une considération purement mathématique du problème, comme celle où s'était renfermé Laplace, n'avait pu être qu'une opération prématurée. Tenant compte séparément de l'espace occupé à la superficie du globe par les chaînes de montagnes, par les hauts plateaux, et par les plaines basses incomparablement plus étendues, il démontra que l'élévation moyenne des continents, évaluée par Laplace à plus de 1000 mètres, ne pouvait être, en réalité, que du tiers de ce nombre, et se trouvait ainsi bien inférieure à la moyenne profondeur de l'océan.

Revenu à Berlin, Humboldt fut, en 1830, choisi par son gouvernement comme l'homme le plus propre à porter le message qu'une grande nation envoyait à une autre. La Restauration, qui avait remplacé Napoléon déchu, venait d'être renversée par la révolution de Juillet. Après avoir vu les gloires de la République et les splendeurs de l'Empire, il était réservé à Humboldt d'aller, sur la désignation du roi de Prusse, porter à Louis-Philippe et à la dynastie nouvelle les félicitations officielles. Il entretenait, en effet, avec la famille d'Orléans les relations les plus amicales ; et des considérations d'une nature toute privée s'accordaient avec les inspirations de la politique pour faire de lui, en cette occasion, l'ambassadeur le plus convenable.

Quels changements dans Paris, depuis le jour où il y rentrait, au terme de son premier grand voyage ! La plupart des hommes qui faisaient la gloire de l'Académie des sciences, au commencement du siècle, étaient morts. Une génération nouvelle avait grandi : Élie de Beaumont, Dufrénoy, Brongniart jeune, Adrien de Jussieu, Isidore Geoffroy, Milne Edwards, Audouin, Flourens, Guillemain, Pouillet, Duperrey, Babinet, Decaisne, etc., avaient dès lors conquis dans la science un rang distingué ; tandis qu'en tête de tous marchaient désormais le vieil Ampère, Arago, Blainville, Brongniart père, Ét. Geoffroy Saint-Hilaire, Valenciennes. Cuvier, qui avait juste l'âge de Humboldt, était encore dans toute l'activité et dans

toute l'ardeur du travail. Son salon, fréquenté par toutes les notabilités des lettres, de la politique et des arts, était en même temps le rendez-vous de tout ce que Paris renfermait d'esprits originaux. Rien ne troublait le plaisir qu'on goûtait dans ces réunions charmantes, car nul ne pouvait songer qu'elles dussent si tôt et pour jamais finir ; personne ne soupçonnait que cette lumineuse et vivace intelligence dût si prochainement s'éteindre. Une discussion des plus animées venait de s'ouvrir devant l'Académie et dans les cours publics. Gœthe avait proclamé l'unité de structure de la charpente osseuse de tous les vertébrés, et jeté les fondements de la morphologie des plantes. Ces vues nouvelles avaient excité l'intérêt et la passion du monde scientifique tout entier, à un degré jusqu'alors inconnu dans ces régions paisibles. Chose étrange ! Cuvier s'était déclaré l'adversaire des idées de Gœthe, et Geoffroy Saint-Hilaire, s'en faisant l'ardent défenseur, exprimait ses convictions en termes parfois durs pour Cuvier. A son tour, celui-ci déployait dans ses répliques une puissance et une étendue de connaissances spéciales qui semblaient devoir réduire à néant les généralisations de Geoffroy. C'était au Collége de France et dans un cours sur l'*Histoire de la science*, qu'il développait avec une animation passionnée ses objections contre la doctrine nouvelle. Humboldt suivait ce cours avec assiduité ; et, comme j'avais souvent la bonne fortune de m'y asseoir à son côté, c'était à moi qu'il communiquait, au passage, ses objections aux arguments du maître. Il était ébranlé, mais néanmoins il ne pouvait cacher sa sympathie pour la conception du grand poëte son compatriote. Il saisissait plus nettement que Cuvier lui-même les conséquences logiques des recherches de l'illustre anatomiste, et, me soufflant à l'oreille ses commentaires pendant la leçon même, il me répétait sans cesse que, malgré tout ce qui lui manquait encore, la doctrine de l'unité devait être foncièrement vraie et qu'il eût appartenu à Cuvier d'en être le propagateur, non l'adversaire. La mort ne laissa point au naturaliste français le temps de terminer ce cours, mais l'opinion exprimée par son ami était prophétique. Les propres travaux de Cuvier, surtout ceux relatifs aux caractères des quatre plans divers de structure dont le règne animal est l'expression, ont contribué à prouver, en dépit de ses efforts et quoique sous une autre forme, la vérité de la doctrine à laquelle il fit une si amère opposition.

La vie que menait Humboldt à cette époque n'était plus, comme lors de son premier séjour à Paris, exclusivement celle du savant. Ambassadeur d'une puissance étrangère, sa position officielle, son rang dans le monde, sa grande célébrité, le faisaient rechercher en tous lieux. Or, il possédait vraiment le don d'ubiquité. Il était aussi bien informé des commérages du monde de la fashion et des théâtres qu'au courant des choses de la vie intellectuelle la plus élevée et des recherches scientifiques les plus abstruses. Il avait deux résidences : son appartement à l'hôtel des Princes, où il recevait la haute société, et son cabinet de travail, rue de la Harpe, où venaient le voir plus familièrement ses amis du monde scientifique. C'est dans ce cabinet que ma pensée le retrouve, car j'avais le privilége d'y être fréquemment admis. C'est là qu'il me permettait d'aller lui parler de mes travaux et de lui demander ses conseils. Je voudrais ne point parler de moi en un jour comme celui-ci, mais je n'ai point d'autre moyen de rendre hommage à une des plus belles qualités de Humboldt. Sa sympathie pour les jeunes gens adonnés à l'étude de la nature est, en effet, une des plus nobles particularités qui distinguent sa longue carrière ; on peut dire en toute vérité que, à la fin de sa vie, il n'y avait peut-être pas un savant célèbre ou en voie de le devenir qui ne lui eût quelque obligation. Sa bienveillance ne s'adressait point seulement à l'œuvre de ceux auxquels il s'intéressait ; elle se préoccupait aussi de leurs embarras matériels et de leurs besoins. Il avait alors soixante-deux ans, et j'en avais, moi, vingt-quatre ; je venais de prendre mes grades en médecine, et je luttais pour acquérir non pas seulement un rang dans la science, mais bien aussi des moyens d'existence. J'ai déjà dit que sa porte m'était toujours ouverte, et qu'il me laissait libéralement jouir des avantages inestimables que la fréquentation d'un tel homme devait assurer à un débutant. Il fit pour moi plus encore. Tout occupé et entouré qu'il fût, il trouvait le temps de venir jusqu'à ma demeure, une modeste chambre que j'occupais, au fond du quartier latin, à l'hôtel du Jardin-des-Plantes. La première visite qu'il m'y fit peint l'homme tout entier. Après un salut amical, il marcha droit vers ma bibliothèque, — une méchante étagère où se trouvaient rangés quelques classiques, éditions à bon marché bouquinées le long des quais, quelques livres de philosophie ou d'histoire, quelques traités de physique ou de chimie, ses *Vues de la nature*, la *Zoologie* d'Aristote, plusieurs éditions de Linné, le *Règne animal* de Cuvier, et un asez grand nombre de manuscrits in-4°, copies par moi faites, avec l'assistance de mon frère, de livres que j'eusse été trop pauvre pour acheter, bien que le prix en fût modique. Parmi tous ces volumes se faisaient distinguer une douzaine de tomes de la nouvelle *Encyclopédie allemande*, dont l'éditeur m'avait fait présent. Je n'oublierai jamais le ton légèrement sarcastique avec lequel, après avoir jeté sur ma petite collection un coup d'œil mêlé d'intérêt et de surprise, il me demanda en mettant tout d'abord le doigt sur la grande Encyclopédie : « *Was machen Sie denn mit dieser Eselsbrücke ?* » » Eh ! que faites-vous de ce *pont aux ânes ?* — C'est le nom assez peu respectueux qu'on donne, en Allemagne, à ces compilations. — « Je n'ai point le temps, lui répondis-je, de recourir aux sources originales, et j'ai besoin d'une réponse prompte et facile à mille questions que je n'ai pas d'autre moyen de résoudre. »

Il s'était aperçu, sans doute, que les bonnes choses de ce monde ne m'étaient point des plus familières, car, à quelque temps de là, il me donna rendez-vous, pour six heures du soir, dans la galerie vitrée du Palais-Royal ; et, lorsqu'il m'y eut rejoint, il m'emmena dans un de ces restaurants à l'étalage affriolant devant lesquels je ne passais que par hasard. Une fois à table, moitié souriant, moitié cérémonieux, il me pria d'ordonner le menu. Je déclinai l'invitation, l'assurant que nous dînerions beaucoup mieux s'il en voulait prendre la peine. Et alors, trois heures durant qui passèrent comme un songe, je l'eus tout à moi seul. Comme il m'étudiait, et combien de choses j'appris dans ces courts instants ! Comment il fallait travailler ; ce qu'il fallait faire et ce qu'il fallait éviter ; comment vivre ; comment distribuer mon temps ; quelle méthode à suivre dans mes études ; — telles furent les choses dont il m'entretint dans cette soirée délicieuse. C'est là un incident vulgaire et, sans doute, le récit en peut sembler déplacé. Je n'en aurais rien dit, si cela ne montrait dans toute sa bonhomie et toute sa bienveillance le caractère de Humboldt. Ce n'était point assez pour lui d'applaudir et d'encourager l'étudiant ; il prenait la peine de pro-

curer un plaisir exceptionnel au jeune homme trop pauvre pour pouvoir se passer beaucoup de fantaisies.

La dernière période de la vie de Humboldt s'écoula tout entière à Berlin. Là, jusqu'à la fin de sa longue et laborieuse carrière, il travailla à la publication du *Cosmos* et à celle du grand ouvrage sur la langue Kavi, laissé par son frère Guillaume, qui était mort en 1835. En dehors de ces deux entreprises considérables, il avait encore pour préoccupation constante de provoquer de nouvelles observations des phénomènes magnétiques et d'encourager l'établissement d'observatoires destinés à cette étude spéciale. Il prit aussi un intérêt fort vif au projet d'un canal unissant l'Atlantique et le Pacifique ; il en avait en effet très-soigneusement étudié le tracé dans sa jeunesse. Quant au reste, entouré d'amis dont l'affection et l'admiration se confondaient, comblé d'honneurs et de distinctions, il n'eut qu'à jouir en paix de ces années heureuses.

Un des traits les plus remarquables du génie de Humboldt, comme philosophe et comme observateur, c'est la pénétration avec laquelle il perçoit les relations les plus lointaines des phénomènes qu'il envisage, et le bonheur avec lequel il combine les faits pour en former le tableau le plus large et le plus complet. C'est surtout dans le *Cosmos*, dernier effort de la maturité de son intelligence, que cette faculté apparaît. Avec une puissance qui embrasse bien au-delà des généralisations les plus hautes des philosophes de tous les temps, il trace d'abord, à grands traits, l'esquisse de l'Univers dans son ensemble. Puis, d'un œil dont la délicatesse est aiguisée par les plus merveilleux instruments des observatoires et exaltée par l'expérience de ses prédécesseurs, il pénètre dans les profondeurs les plus reculées de l'espace, et saisit jusqu'au plus mince rayon de lumière qui lui puisse révéler l'étendue des cieux et l'âge de leurs globes errants. La vitesse de propagation de la lumière devient la mesure des distances qui séparent les unes des autres les parties visibles de ce grand tout, et, en même temps, le moyen d'évaluer la durée approximative de leur existence. Il considère ensuite les diverses apparences des corps célestes, les différentes sortes de nébuleuses, leurs formes, leurs rapports mutuels, leurs relations avec les étoiles appelées doubles ; et, dans un langage vrai et émouvant, il décrit la beauté sereine de ce paysage infini : la combinaison des amas stellaires qui forment la voie Lactée, et les constellations diverses. Il discute la nature des étoiles doubles, et, peu à peu, se rapprochant de notre propre système par la comparaison de notre soleil à d'autres soleils, un effort d'imagination sublime l'élève jusqu'à la conception de la forme qu'affectent dans l'espace tous les systèmes réunis. On aurait pu s'attendre, pour la description de notre monde solaire, à une exposition calquée sur les méthodes en usage parmi les astronomes ; mais l'objet du grand physicien n'est point d'écrire un traité d'astronomie. Il plonge, sans hésitation, dans l'histoire des origines de la terre, afin de mieux faire comprendre les rapports mutuels du soleil, des planètes et de leurs satellites, des comètes, et de ces légions de météores de toute nature qui, comme les étincelles d'une pluie lumineuse, traversent notre atmosphère. Notre globe est examiné à son tour. C'est d'abord sa structure ; les oscillations du pendule, devenues la sonde qui scrute et mesure l'inaccessible profondeur, servent à estimer la densité de la masse, tandis que les volcans révèlent l'incessant conflit entre le bouillonnement des matières en fusion, à l'intérieur, et la consolidation de la croûte ridée, à la surface. Viennent ensuite la distribution de la chaleur et de la lumière ; les climats, qui dépendent des inégalités de la forme et du relief; les courants océaniques, qui modifient la température ; les phénomènes magnétiques ; les aurores boréales. Après cela, nous repassons les changements que notre planète a subis dans le cours des âges ; nous voyons comment les terres se sont peu à peu élevées au-dessus du niveau des océans ; comment elles ont d'abord formé des archipels indépendants ; comment les montagnes furent graduellement et successivement soulevées, et dans quel ordre ; quelles furent, d'âge en âge, la forme et l'étendue toujours croissante des îles continentales ; quels animaux, quelles plantes s'y sont succédé. Rien n'échappe à l'attention du grand peintre ; chaque objet est représenté à sa véritable place, et dans un rapport exact avec l'ensemble. J'ai déjà signalé l'attrait tout spécial qu'offre l'esquisse de la distribution des animaux et des végétaux à la surface actuelle de la terre.

Cette manière de traiter son sujet, qui lui est essentiellement propre, a fait dire à beaucoup de spécialistes qu'on avait surfait l'étendue des connaissances de Humboldt dans certaines branches de la science. Comme si le savoir ne pouvait se manifester que sous une forme pédantesque et avec une phraséologie de convention !

Mais Humboldt n'est pas seulement un observateur, un physicien, un géographe, un géologue d'une puissance et d'une érudition sans égales. Il sait que la nature exerce une attraction sur l'âme humaine ; que l'homme le moins cultivé est impressionné par les grands phénomènes au sein desquels sa vie s'écoule ; que le bien-être de l'humanité, les progrès de la civilisation sont dans la dépendance du monde ambiant. Il est ainsi amené à analyser et à apprécier les jouissances qui naissent de la contemplation de la nature ; et il s'élève à des considérations de l'ordre le plus haut, sur l'influence que les grandes voies naturelles par lesquelles s'est écoulé le flot des races humaines a eu sur ces races et sur leur distribution à la surface du globe.

En parlant des dernières années de Humboldt, je ne puis éviter de faire allusion à un fait pénible, dont le souvenir est lié à celui de son séjour à Berlin. La publication d'une correspondance intime entre Varnhagen von Ense et lui a donné lieu à des critiques peu bienveillantes pour son caractère. On l'a blâmé d'avoir gardé une charge à la cour, lorsque la cour et tout ce qui y tenait étaient de sa part l'objet de remarques acerbes et même de satires. Il n'est pas facile de se placer à un point de vue irréprochable pour porter un jugement sur ces lettres confidentielles. On ne doit pas oublier que, au fond du cœur, Humboldt était républicain. Ses amis les plus intimes, depuis Forster, dans sa première jeunesse, jusqu'à Arago, dans son âge mûr, furent des républicains ardents. Lui-même partageait leur enthousiaste prédilection pour le gouvernement du peuple par le peuple. Lieber nous a transmis une anecdote qui montre combien peu Humboldt faisait mystère de ses sympathies, même devant le roi qui lui témoignait une si haute considération. Voici comment Lieber la raconte, et lui-même avait assisté à la scène : « Le roi de Prusse, Humboldt et Niebuhr s'entretenaient familièrement des affaires du jour, et le dernier parlait en termes peu flatteurs des idées et des antécédents politiques d'Arago, qui, on

le sait, était un républicain fort avancé de l'école française, un démocrate intraitable. Frédéric-Guillaume III avait le républicanisme en abomination, tout simplement ; cependant, à peine Niebuhr eut-il fini, que Humboldt dit, à son tour, avec une douceur dont j'ai encore le souvenir présent : « Eh bien ! ce monstre est pourtant le plus cher ami que j'aie en France. » Faut-il donc être surpris que, dans des lettres confidentiellement adressées à un ami qui sentait comme lui, il ne se gênât point pour exprimer son dégoût des intrigues mesquines et de la bassesse des courtisans ? Moi-même je reçus de lui un jour une lettre analogue. La réaction était, en Prusse, à son apogée. D'un ton de tristesse profonde et de découragement, il m'exprimait la douleur que lui causait la tournure des événements politiques en Europe, et son désappointement de voir faillir ces aspirations vers la liberté que lui-même, dans sa jeunesse, avait si chaleureusement partagées. Sans doute, on peut souhaiter que ce grand homme se fût montré plus consistant ; qu'aucune ombre ne fût restée sur la loyauté de son caractère ; qu'il n'eût point accepté la bienveillance et l'affection d'un roi dont il condamnait les faiblesses et dont la cour ne lui inspirait que mépris. Mais l'on ne doit pas oublier que sa situation officielle lui donna seule les moyens d'exercer, sur la culture intellectuelle et l'éducation publique, dans sa patrie, une influence qui, dans toute autre condition, lui eût fait défaut. Souvenons-nous que, sous ce rapport, il usa le plus noblement de sa position. Sa sympathie pour les opprimés était profonde ; témoin ses sentiments pour les indigènes de l'Amérique du Sud, et son horreur pour l'esclavage. C'eût été, j'en suis sûr, une des plus pures et des plus grandes joies de sa vie que d'assister à la chute de l'esclavage aux États-Unis ; la mort ne l'en laissa point jouir. Son dégoût de la servilité et de la flatterie, qu'elles s'adressassent à lui ou aux autres, se manifestait ouvertement et était d'une indubitable sincérité.

On a souvent discuté quelles étaient les idées philosophiques de Humboldt, et quelle opinion il avait touchant les problèmes considérables de la destinée de l'homme et de l'origine des choses. Des hommes, qui semblent également compétents pour apprécier la signification de ses écrits, ont émis à cet égard les jugements les plus opposés. L'école de l'athéisme moderne le revendique comme son chef, et c'est comme tel que Burmeister le représente dans ses *Lettres scientifiques*. D'autres font ressortir sa sympathie pour la civilisation chrétienne et en infèrent son adhésion au christianisme, pris dans le sens le plus large. Il est difficile de trouver dans les ouvrages de Humboldt une preuve de la nature exacte de ses convictions. Il avait un trop grand respect de la vérité, il connaissait trop bien l'origine aryenne des traditions recueillies par les Juifs, pour se faire le soutien de n'importe quelle croyance basée sur ces traditions. Et, en effet, ce fut un des buts de sa vie que d'affranchir la civilisation moderne de l'oppression du judaïsme. Mais il n'est point possible d'étudier l'œuvre de Humboldt sans comprendre que, s'il ne fut point un croyant, il ne fut point non plus un sceptique. Il n'est aucun de ses écrits qui ne respire le respect de tout ce qui est grand, de tout ce qui est bon. En vrai philosophe, il savait que le temps n'est point encore venu de faire porter l'investigation scientifique sur l'origine des choses ; il savait que, avant de discuter sur la part directe prise par le Créateur aux événements qui ont amené la condition actuelle de l'univers, il fallait être d'abord parvenu à une

intelligence complète des lois physiques qui gouvernent le monde matériel ; et qu'on ne peut, sans erreur, attribuer à l'action d'une puissance suprême des événements et des phénomènes qu'on peut tout aussi bien déduire du jeu incessant des causes naturelles. Tant qu'on n'a point rencontré la limite où ces causes cessent d'agir, il n'y a pas lieu de faire intervenir, dans la discussion scientifique, la considération d'un Créateur. Mais le temps n'est pas loin où l'on se demandera et, déjà quelques penseurs audacieux se demandent : « Où est la démarcation entre l'action nécessaire de la loi et l'intervention d'une puissance suprême ? Où est la limite ? » Et ici se heurtent les propositions les plus opposées. Certains affirment que, la force et la matière suffisant à expliquer un si grand nombre de phénomènes physiques, ils sont en droit de supposer que l'univers tout entier et la vie organique elle-même n'ont pas d'autre origine. J'ose dire que rien ne les autorise à revendiquer Humboldt comme un des leurs. C'était un esprit trop logique pour admettre qu'un tout harmoniquement combiné peut être le résultat de circonstances fortuites. Le petit nombre de passages où, dans ses œuvres, il a fait usage du mot *Dieu*, témoignent évidemment qu'il croit en un Créateur, législateur et source de toutes choses. Deux de ces passages sont particulièrement concluants à cet égard. Dans le deuxième volume du *Cosmos*, en parlant de l'impression que l'homme reçoit de la contemplation du monde physique, il appelle la nature : « le majestueux royaume de Dieu, *Gottes erhabenes Reich.* » Ailleurs, une allusion à l'effroyable catastrophe de Caracas, ville détruite, en 1812, par un tremblement de terre, autorise le critique à inférer que Humboldt croyait à une providence spéciale. Il dit en termes émus : « Nos amis ne sont plus ; la maison où
» nous avons vécu est un monceau de ruines ; la ville que
» j'ai décrite a cessé d'exister. La journée avait été très-
» chaude ; l'air était calme ; le ciel n'avait pas un nuage.
» C'était le jeudi saint, et la population presque tout entière
» était assemblée dans les églises. Rien ne semblait présager
» le désastre imminent. Soudain, à quatre heures dans
» l'après-midi, les cloches, qui doivent ce jour-là rester
» muettes, commencèrent à sonner. C'était la main de Dieu,
» et non la main des hommes, qui frappait le glas funèbre. »

Un mot encore et je termine. C'est au nom de la Société d'histoire naturelle de Boston que j'ai pris devant vous la parole. C'est grâce à l'initiative de cette Société qu'a eu lieu la célébration de ce mémorable anniversaire. Je la remercie de l'invitation qu'elle m'a adressée, de l'honneur qu'elle m'a fait ; je la remercie plus encore du généreux sentiment qui lui a fait consacrer le souvenir de cette journée par la création, au muséum de zoologie comparée, d'une bourse qui portera le nom de Humboldt. Ce témoignage de bienveillance est, à mes yeux, une preuve nouvelle du zèle qui l'anime pour le progrès des sciences, zèle honorable qui sera, j'en ai la plus vive espérance, la seule cause possible de rivalité entre ces deux institutions si proches parentes, et leur nouvelle sœur de Salem (1). Nous avons tous une grande tâche à accomplir. Nous devons lutter de toutes nos forces pour élever le degré de culture du peuple américain, comme Humboldt a élevé celui du monde. Puisse la communauté tout entière comprendre avec une égale vivacité l'importance de tout ce qui contribue à accroître, en n'importe quelle direction, les ressources de l'enseignement supérieur. Les souffrances physiques des misérables, les besoins des pauvres, les supplications des nus et des affamés éveillent la sympathie de quiconque a un cœur humain. Mais il est des privations et une détresse que seul connaît l'étudiant sans ressources ; il y a une faim et une soif que, seule, la charité la plus haute peut comprendre et soulager ; et, qu'on me permette de le dire en cette occasion solennelle, chaque dollar donné pour élever l'homme à une culture supérieure, dans n'importe quelle branche des connaissances humaines, a vraisemblablement plus d'influence, à lui seul, sur l'avenir de notre nation que les milliers, les centaines de milliers, les millions même de dollars prodigués journellement pour rapprocher le peuple du confort et du bien-être matériel.

Dans l'espérance que cet âge d'or viendra un jour, félicitons-nous de voir le nom de Humboldt associé d'une manière durable avec l'enseignement et l'instruction publique de ce pays, pour les institutions et les destinées duquel il nourrissait une sympathie si profonde et si affectueuse.

L. AGASSIZ,
Professeur à l'université de Cambridge-Boston.

— Traduit de l'anglais par FÉLIX VOGELI. —

FACULTÉ DES SCIENCES DE PARIS

PALÉONTOLOGIE

COURS DE M. A. GAUDRY

La théorie de l'évolution et la détermination des terrains. — Les migrations animales aux époques géologiques.

L'année dernière, en ouvrant le nouveau cours de paléontologie de la Sorbonne (1), je cherchais à me rendre compte de l'état de la science paléontologique, et, à la vue des rapides progrès de cette science, je vous disais : Il me semble que le moment est venu où il est permis de préparer quelques travaux de synthèse. J'ai essayé de montrer que l'on commence à entrevoir, parmi les êtres des âges passés, des indices de filiation. Je ne pense pas avoir eu tort d'aborder ce champ d'études, car j'ai été soutenu par vos sympathies au delà de ce qu'il m'était permis d'espérer.

Cependant les paléontologues n'ont pas seulement pour but de discuter les grandes questions relatives au développement des êtres ; ils ont aussi des devoirs à remplir vis-à-vis des géologues ; il faut qu'ils les aident à reconnaître les divers terrains de sédiment au moyen des fossiles que ces terrains renferment. C'est pourquoi, dans le cours de cette année, je m'attacherai particulièrement à décrire les types de fossiles qui servent le mieux à distinguer les assises de l'écorce terrestre. Mais, avant d'entreprendre cet examen, je crois utile de consacrer la leçon d'aujourd'hui à rechercher jusqu'à quel point les fossiles doivent réellement aider à déterminer les couches du globe. D'abord je rappellerai les services que la paléontologie rend aux géologues ; je dirai ensuite combien il faut prendre garde d'exagérer la valeur de ces services.

---

(1) Voyez cette leçon dans notre tome VI, page 18, 12 décembre 1868.

I. — Autrefois, on pensait pouvoir marquer l'âge des terrains en se fondant sur les caractères des roches ; cette croyance se manifestait dans la nomenclature ; on parlait de l'étage des schistes cuivreux, du calcaire magnésien, du grès bigarré, etc. Bientôt on s'est aperçu que la nature des roches varie extrêmement pour des formations de même âge ; actuellement, la classification des couches sédimentaires repose surtout sur les données paléontologiques. Vous pouvez en juger par le tableau suivant, qui comprend les divisions les plus généralement adoptées par les géologues :

TERRAINS QUATERNAIRES. — Règne de l'homme.

TERRAINS TERTIAIRES. — Règne des végétaux angiospermes, des Poissons téléostéens, des Oiseaux, des Mammifères. — Disparition d'un grand nombre de types des âges secondaires. — Affaiblissement des Reptiles, des Céphalopodes, des Brachiopodes.

Néogène. Règne des végétaux pétalés. Développement de tous les ordres de Mammifères.
Éocène. Règne des Angiospermes apétalés, des Mammifères didelphes et pachydermes.

TERRAINS SECONDAIRES. — Règne des Gymnospermes (Cycadées et Conifères), des Coralliaires bien cloisonnés, des Échinodermes libres (Oursins), des Lamellibranches, des Céphalopodes Ammonitidés et Bélemnitidés, des Crustacés décapodes. — Poissons ganoïdes tendant vers le type Téléostéen. — Développement des Reptiles, notamment des Dinosauriens, des Ptérodactyliens, des Énaliosauriens. — Apparition des Oiseaux et des Mammifères.

Crétacé. Mélange des types secondaires et tertiaires.
Jurassique. Domination des êtres essentiellement secondaires.
Triasique. Mélange des types primaires et secondaires.

TERRAINS PRIMAIRES.

PALÉOZOÏQUES. — Règne des Cryptogames, des Médusaires, des Crinoïdes, des Brachiopodes, des Nautilidés, des Trilobites, des Mérostomes. — Vertébrés complétement développés (Reptiles et Poissons).

Houiller (et Permien). Développement des Reptiles.
Dévonien. Développement des Poissons.
Silurien. Règne des Articulés.

PROTOZOÏQUES. — Règne des Sarcodaires ?

AZOÏQUES.

Si la plupart des naturalistes sont d'accord sur l'utilité de l'étude des fossiles, ils ne le sont pas encore sur la méthode paléontologique qu'ils doivent employer. Jusqu'à présent, la méthode que l'on a suivie pour découvrir l'âge des terrains a été surtout empirique. On a cru observer que les couches de même âge renfermaient les mêmes espèces ; alors on a dressé des catalogues des espèces les plus communes de chaque étage. Lorsqu'on veut savoir l'âge d'un terrain, on fait la liste de ses fossiles et on la compare avec les diverses listes d'espèces caractéristiques. Soit une couche x à déterminer ; je vois que ses fossiles sont semblables à ceux qu'on a déjà cités dans l'étage corallien, j'en conclus que cette couche est de l'étage corallien. Assurément, cette méthode est souvent excellente, et, autant que possible, il faut s'en servir. Mais elle est d'un emploi très-difficile, car les espèces se comptent par milliers ; l'obligation de les connaître est un obstacle qui éloigne de notre science beaucoup de bons esprits. Ajoutons que souvent on ne rencontre que des espèces nouvelles, de sorte que, malgré la connaissance de longues listes de fossiles, on se trouve dans un grand embarras. Alors il faut chercher s'il n'y a pas quelque méthode rationnelle pour fixer l'âge des fossiles, et ceci conduit forcément les paléontologues à examiner la doctrine de l'évolution. Plusieurs personnes pensent que la discussion de cette doctrine a seulement un intérêt philosophique : je ne le crois pas ; il me semble que nulle question n'importe davantage à la géologie pratique.

En effet, si l'on désespère de découvrir un plan dans l'ensemble de la création, si l'on ne suppose pas que l'histoire du monde organique est l'histoire d'une évolution où tout se lie, où l'être d'aujourd'hui descend de l'être d'hier et sera le propagateur de l'être de demain, on n'a pas de raisons pour s'attendre à trouver telle ou telle forme dans un terrain plutôt que dans un autre. Mais il n'en est pas de même si les espèces des différentes époques se sont enchaînées et ont été solidaires les unes des autres. Je vais en citer un exemple :

Les stratigraphes qui ont étudié les terrains tertiaires lacustres du centre de la France n'ont pu encore observer très-nettement les relations du calcaire de Ronzon, auprès du Puy-en-Velay, et d'un terrain situé dans l'Allier, près de Saint-Gérand-le-Puy, où l'on rencontre des ruminants appelés *Dremotherium* et *Amphitragulus*. Si l'on me demandait l'âge de la formation de Ronzon, je serais, au premier abord, embarrassé pour répondre, quoiqu'un savant géologue du Puy, M. Aymard, ait découvert de nombreux fossiles dans cette localité ; car ces fossiles sont presque tous d'espèces particulières. Mais, comme je crois à l'évolution des êtres, je procède de la manière qui suit : Je regarde à quel degré d'évolution paraissent avoir été les animaux de Ronzon ; M. Aymard m'a fait voir que les ruminants de ce gisement ont aux pattes de derrière quatre métatarsiens : deux latéraux, qui sont rudimentaires, et deux médians, qui sont grands et portent des doigts ; ces os médians, libres dans la jeunesse, se soudaient lorsque les individus avançaient en âge ; toutefois cette soudure était assez incomplète pour qu'on puisse toujours bien constater la présence des deux os. Or, on connaît l'âge des animaux fossilisés dans la pierre à plâtre de Paris (éocène supérieur) ; on sait aussi que ceux de ces animaux que l'on a trouvés jusqu'à présent ont leurs métatarsiens séparés. D'autre part, dans l'époque actuelle, et déjà à l'époque du miocène moyen, représentée par la faune de Sansan, plusieurs des ruminants (1) ont leurs deux métatarsiens médians intimement soudés. Puisque les ruminants de Ronzon présentent, pour la soudure de leurs os, un degré d'évolution intermédiaire entre les animaux de l'éocène supérieur et les animaux du miocène moyen, je suppose qu'ils sont aussi d'un âge intermédiaire : ils seraient donc du Miocène inférieur.

Si, maintenant, je regarde les ruminants des environs de Saint-Gérand, je vois que leurs deux grands métatarsiens sont complétement réunis ; ils révèlent donc un degré d'évolution de plus que les ruminants de Ronzon, et je suis porté à croire qu'ils sont d'une époque un peu plus rapprochée de la nôtre. Mais je constate que leurs deux petits métatarsiens latéraux sont imparfaitement soudés ; comme ces os sont intimement soudés (dans leur partie supérieure) chez la plupart des ruminants actuels et même chez plusieurs du miocène moyen, je suis disposé à conclure que les fossiles du gisement de Saint-Gérand sont d'une date géologique plus ancienne. Ainsi il paraîtrait probable que ce gisement, tout en étant un peu supérieur à celui de Ronzon, appartient encore à l'étage miocène inférieur. Après avoir regardé les pattes des ruminants, il me faudrait examiner les autres parties de leur

(1) Certains ruminants, tels que l'Hyæmoschus, ont conservé jusqu'à l'époque actuelle des caractères du type Pachyderme ; dans toutes les époques géologiques, on rencontre de semblables exemples de genres dont la longévité a été très-grande. Pour juger l'âge d'une faune, il faut considérer son ensemble et ne pas s'attacher seulement à quelques formes isolées.

squelette ; je devrais faire de semblables recherches sur les différents animaux, et, si elles fournissaient plusieurs remarques analogues aux précédentes, je parviendrais à fixer avec une certaine exactitude l'âge du gisement.

Comme on le voit, l'étude de l'évolution pourrait offrir des secours pour la détermination des couches de la terre. Ces secours sont encore faibles : car, non-seulement l'histoire de l'évolution des êtres fossiles est à peine ébauchée, mais il y a d'éminents naturalistes qui nient que cette histoire soit possible, attendu qu'ils ne croient pas à l'évolution. En outre, la base de toute considération de ce genre, c'est l'embryogénie des êtres actuels, et cette science admirable est peu répandue.

II. — Quand même la paléontologie serait assez avancée pour que l'on pût souvent essayer de marquer l'âge des terrains d'après le degré d'évolution des êtres que ces terrains renferment, il faudrait apporter dans ce genre de détermination une réserve extrême. Deux raisons le commandent : 1° l'inégalité avec laquelle les changements des différents types se sont produits ; 2° les migrations des êtres aux diverses époques géologiques. Je laisse de côté le premier point, je m'en suis occupé ailleurs, il est incontestable. Je voudrais seulement dire quelques mots de la question des migrations.

De nos jours, diverses régions de la terre ont une faune et une flore spéciales : l'Europe, l'Amérique, l'Afrique australe, Madagascar, la Nouvelle-Hollande, etc., renferment des êtres particuliers. Les paléontologues avaient d'abord supposé que, dans les âges géologiques, la température avait été plus égale à la surface de la terre, et que par conséquent la répartition des êtres avait été plus uniforme. Mais des remarques faites dans ces dernières années semblent montrer qu'à la même époque géologique toutes les régions de la terre n'ont pas eu les mêmes habitants.

Je citerai d'abord les études de M. Barrande sur le terrain silurien de la Bohême. M. Barrande sépare les faunes de ce terrain en trois groupes bien distincts : la faune primordiale, la faune seconde, la faune troisième. Il croyait autrefois qu'en Bohême aucun animal de la deuxième faune n'avait passé à la troisième en dehors des colonies ; il admet aujourd'hui le passage de six espèces : chiffre insignifiant, si l'on réfléchit que la faune troisième compte 2000 espèces. Cependant, à divers niveaux des terrains de la faune seconde, M. Barrande signale des bandes qui renferment brusquement les êtres de la faune troisième. Sans doute on peut croire que, pendant l'époque de la faune seconde, des êtres identiques avec ceux de la faune troisième ont été formés de toute pièce, qu'ensuite ils ont été détruits, rétablis parfaitement semblables, puis détruits et encore rétablis exactement avec les mêmes caractères, etc. Toutefois, il paraît plus simple de dire avec M. Barrande : à l'époque où la faune seconde existait dans le bassin de la Bohême, la faune troisième existait déjà hors de ce bassin, et de temps en temps, elle lui envoyait des colonies.

Vous comprenez la conséquence d'une telle croyance ; autrefois, si l'on eût interrogé un paléontologue sur des fossiles siluriens de quelque pays inconnu, il aurait répondu d'un ton affirmatif : ces fossiles sont de la faune seconde ou de la faune troisième ; aujourd'hui chacun est hésitant, car des faunes qui, en Bohême, ont été successives, ont pu être contemporaines ailleurs. Lorsqu'on a trouvé dans le silurien d'Amérique des couches caractérisées par les mêmes êtres qu'en Europe, on a dit : voilà des couches d'Europe et d'Amérique qui renferment les mêmes êtres, donc elles ont été formées à la même époque, elles appartiennent à la même phase d'apparition, et maintenant on devrait dire : voilà des couches qui contiennent les mêmes êtres, il est donc probable qu'elles ne sont pas strictement de la même époque, car ces êtres n'ont point passé en un instant d'Amérique en Europe.

La doctrine des colonies a été contestée ; elle suppose que des animaux mollusques et annelés ont persisté pendant un temps immense sans se modifier en rien, ce qui est en opposition avec les opinions jusqu'à présent reçues. Quoique j'aie été dernièrement en Bohême et que M. Barrande ait bien voulu me conduire sur le terrain des colonies, je m'abstiendrai d'émettre un jugement personnel ; lorsqu'un débat stratigraphique est engagé depuis plusieurs années entre des savants très-habiles, il serait téméraire à un voyageur qui passe de vouloir trancher ce débat. Mais que l'on admette ou que l'on nie certaines des colonies de M. Barrande, toujours est-il que l'ensemble des observations réunies par cet éminent naturaliste ne permet plus de douter que des animaux peuvent reparaître dans un pays assez longtemps après l'avoir quitté.

Je prendrai maintenant un exemple de migrations dans les formations secondaires. En 1864, M. Ramsay a fait à la Société géologique de Londres une adresse où il a résumé l'histoire de la succession des êtres de la Grande-Bretagne pendant l'époque secondaire. Dans ce discours, il a formulé le *principe de migration et retour*, pour expliquer plusieurs faits de réapparition d'espèces constatés par les paléontologues. Ainsi : dans l'étage calcaire de l'oolite inférieure, on voit beaucoup de mollusques ; dans l'étage argileux du Fuller's earth, ils disparaissent ; et dans l'étage calcaire de la grande oolite, on les rencontre de nouveau. Faut-il supposer que les mollusques de l'oolite inférieure ont tous péri, quand est venue l'époque pendant laquelle l'argile à foulon fut déposée, et qu'au moment où le calcaire de la grande oolite se déposa, des mollusques furent de nouveau formés de telle sorte que plusieurs se trouvèrent exactement semblables à ceux de l'oolite inférieure. Cela est possible ; cependant il est plus vraisemblable de dire avec M. Ramsay : « *La majorité des formes qui ont passé du calcaire de l'oolite inférieure par-dessus la terre à foulon paraissent avoir fui le fond vaseux de la mer du Fuller's earth et être retournés dans la même place quand la période de la grande oolite commença.* »

Enfin je citerai un exemple emprunté à l'époque crétacée. D'Orbigny avait partagé le terrain de cette époque en sept étages. En ce moment, MM. Pictet et Campiche publient un vaste ouvrage sur le terrain crétacé de Sainte-Croix dans le Jura suisse ; ne pensez pas qu'ils vont nier à Sainte-Croix les divisions d'étages admises par d'Orbigny ; tout au contraire, ils en reconnaissent un plus grand nombre. « *Il faut*, disent-ils, *constater que dans le bassin de Sainte-Croix, les faunes crétacées sont remarquablement distinctes et sont le fruit d'un renouvellement presque intégral des espèces. Ce fait important est plus fréquent qu'on ne le croit, et en général, quand on étudie les faunes successives d'une région peu étendue, on trouve très-peu d'espèces qui passent de l'une à l'autre.* » M. Pictet ne se contente pas d'étudier les espèces de Sainte-Croix à Sainte-Croix, il les suit dans les autres pays, et là il voit aussi des étages bien distincts. Mais voilà une curieuse révélation du grand paléontologue de Genève : c'est que ces étages ne commencent point partout au même point ; les séparations n'ont pas eu lieu exactement au même niveau dans les diverses régions : « *Les mélanges d'espèces d'étages différents sont d'autant plus fréquents que la distance géographique des couches comparées est plus grande.* » Qu'est-ce à dire ? Cela signifie qu'une profonde atteinte est portée aux lois que les paléontologues admettaient autrefois. Nous croyions les étages géologiques si nets qu'on pouvait placer entre eux une lame de couteau ; nous pensions qu'à certains moments, les êtres ont disparu et que d'autres ont apparu. Maintenant on nous dit : cela est vrai, mais vrai seulement pour une petite étendue de pays ; les apparitions et disparitions n'ont été que locales.

Nous voyons partout des étages superposés, parce que rien n'est stable sur notre terre. Les régions mêmes qui ont semblé le plus à l'abri des grandes secousses, ont ressenti de fréquentes oscillations ; les fonds de mer ainsi que les continents se sont tour à tour élevés et abaissés ; les courants ont varié ; ils ont apporté à un moment de la boue calcaire, à un autre moment du sable, à un autre moment de l'argile, etc. En même temps que le monde physique changeait, le monde organique changeait aussi ; parmi les animaux quelques-uns périssaient, quelques-uns émigraient et d'autres venaient en leur place. Plus tard ceux qui étaient partis revenaient quelquefois ; mais, comme ils avaient voyagé à travers le temps ou à travers l'espace, ils rentraient dans la mère patrie presque toujours un peu modifiés : c'est pourquoi chaque étage a des formes assez différentes pour permettre aux naturalistes de leur imposer de nouveaux noms. Ainsi ce qu'en paléontologie on nomme un étage, ce n'est le plus souvent qu'une étape de voyage. Quand on compte, à Sainte-Croix, neuf étages de l'époque crétacée, cela signifie que, pendant une partie de cette époque, les êtres marins se sont déplacés neuf fois.

Assurément les remarques que je viens de rappeler ne prouvent pas qu'il faille renoncer à la détermination des couches du globe par le moyen des fossiles ; elles montrent seulement que cette détermination exige de grandes précautions.

Je ne pense pas, messieurs, qu'on soit fondé à me reprocher de vous révéler les difficultés de notre science : le monde, considéré au point de vue paléontologique, est si vaste et si beau, que je ne conçois pas comment quelques nuages jetés sur ses paysages magnifiques pourraient nous détourner de sa contemplation. A. GAUDRY.

HOPITAL SAINT-ANTOINE DE PARIS

COURS DE M. LORAIN

La mortalité des femmes en couches

Cette question n'est pas seulement du domaine de la science pure. On peut considérer avec calme et étudier à loisir les maladies qui sont fatalement inhérentes à la nature humaine, telles, par exemple, que celles qui résultent de notre destructivité nécessaire. La sénilité totale ou partielle de l'homme, l'altération organique de ses viscères provenant d'une déviation de la nutrivité, d'une aberration dans la forme et le classement des éléments anatomiques, sont choses où la science contemplative trouve un aliment inépuisable, et où l'étude n'est point troublée par des considérations pressantes d'ordre social. Il n'en est plus de même quand nous assistons impatients et responsables à ces malheurs publics qui s'appellent épidémies. Nous devons, en pareil cas, abandonner l'analyse patiente des symptômes ou des lésions, et nous porter au devant de la cause des épidémies, afin d'en tarir la source,

si cela est possible. La société n'est responsable de ces calamités qu'autant qu'elle est mise en demeure d'agir par ceux de ses membres qu'elle a spécialement préposés à cette mission. C'est à nous, médecins, de signaler le danger et d'en étudier les caractères. Nous devons même stimuler le zèle assoupi d'une société qui s'abandonne elle-même, et la défendre contre sa propre indifférence. En ce qui concerne les maladies des femmes en couches, avons-nous fait notre devoir ? Sans doute, mais nous l'avons fait d'une façon intermittente. On se fatigue de lutter en vain ; on use ses forces et son ardeur dans une prédication à laquelle ne manquent ni les bonnes raisons, ni l'imminence et la permanence des dangers signalés, ni l'assentiment des auditeurs, mais à laquelle manquent les moyens d'exécution pratique.

Pour ne citer que les douze dernières années, nous avons vu cette grave question occuper pendant des mois entiers les trois compagnies savantes les plus compétentes : l'Académie de médecine en 1858 ; la Société de chirurgie en 1866 ; la Société des médecins des hôpitaux en 1866 et en 1869.

La lumière est faite ; le doute n'existe plus sur l'urgence d'une réforme fondamentale du système actuel d'assistance publique par rapport aux femmes en couches.

Je ne traiterai point ici la question sociale, et je désintéresserai du débat l'administration qui, n'ayant point droit à l'initiative des réformes puisqu'en cette matière elle n'est pas compétente, doit aussi être tenue en dehors de toute critique. C'est à nous de parler.

Le moment actuel nous offre un spectacle capable de convaincre les plus incrédules et d'entraîner les plus indifférents. Dans notre salle qui contient 18 lits et qui peut fournir 500 accouchements par an, les épidémies sont fréquentes et cruelles. Nous venons de voir, en un mois, sur 56 femmes accouchées 45 cas de maladie grave, et plusieurs cas de mort. Nous avons évacué à la hâte cette salle mortifère ; les pauvres malades sont retournées chez elles : dans quel état, avec quelles chances de guérison ou de mort ? nous ne pouvons le dire exactement. Plusieurs sont revenues mourir à l'hôpital. C'est un vrai désastre, et j'ajouterai, c'est pour nous une grave responsabilité morale. Il serait mal de vouloir atténuer ou masquer de pareils faits.

Les hôpitaux sont ouverts à qui se présente. Leur large hospitalité tente la misère confiante. La société se complaît dans son œuvre de bienfaisance, qu'elle croit à l'abri de tout reproche, et se repose sur d'habiles administrateurs et sur des médecins d'une science éprouvée. Et cependant un grave danger se cache derrière cette hospitalité : les Maternités sont des foyers de mort. Écoutons les maîtres. M. Depaul s'exprimait ainsi devant l'Académie de médecine (1858) :

« Pour donner une idée de la violence et des effets désastreux de certaines épidémies, j'ajouterai que, du 13 avril au 10 mai 1856, on compta 59 morts à la Maternité. Le nombre des accouchements qui eurent lieu depuis le 1er avril jusqu'à la fin de mai fut de 332. En prenant la moitié pour la période fatale que je viens d'indiquer, on est conduit à ce triste résultat, qu'il y eut au moins 1 décès sur 3 accouchements. » La conclusion du discours était prévue, M. Depaul la donnait en ces termes : « Il ressort bien évidemment de tout ce qu'on sait sur la marche de la fièvre puerpérale, qu'elle se développe presque exclusivement dans les maisons où sont réunies en certain nombre les femmes en couches, et que les cas qui s'observent

» dans la pratique civile ne sont en général qu'une émana-
» tion des épidémies d'abord concentrées dans certains hôpi-
» taux. Qu'une fois développé, quelle que soit son origine, le
» poison se transmet d'autant plus sûrement et plus fatale-
» ment, que le nombre des femmes réunies ensemble est
» plus considérable. D'un autre côté, puisqu'il n'est pas dou-
» teux que la mort par fièvre puerpérale ne s'observe dans
» la pratique de la ville que dans des cas rares, comparative-
» ment à ce qu'elle est dans les maisons spéciales, n'est-on
» pas conduit forcément à demander qu'on ne réunisse plus
» les femmes en couches dans des maisons particulières ?
» Qu'on les dissémine autant que possible dans les diverses
» maisons hospitalières, et mieux encore, qu'on trouve les
» moyens de les secourir à domicile. J'ai la conviction pro-
» fonde que c'est la seule manière de faire disparaître ou di-
» minuer notablement ces épidémies meurtrières qui vien-
» nent périodiquement porter le deuil dans les familles et
» attrister les médecins qui, n'ayant à leur opposer que des
» médications incertaines, n'interviennent presque constam-
» ment que pour confesser leur impuissance. »

Nous pourrions borner là nos citations. Rien n'est plus clair,
mieux démontré que le fait en question. Il n'y a point de
bonne raison, pas même de prétexte à donner pour persister
dans un système condamnable. Le progrès vient lentement ;
on comprend qu'on hésite à réformer quand les voies du progrès sont obscures, quand la démonstration manque ; attendre, c'est faire preuve de prudence. Mais ici, rien de pareil.

Trousseau, dans cette même discussion, disait : « Quand
» j'entrai dans les hôpitaux, je pris un service de femmes
» récemment accouchées, et j'en ai toujours eu un depuis. Au
» début, j'étais bien heureux et je perdais peu de malades.
» Puis en 1856, quand la Maternité dut être fermée, et que je
» reçus pendant deux mois un grand nombre d'accouchées à
» l'Hôtel-Dieu, je fus aussi malheureux ou plus encore qu'on
» l'avait été à la Clinique ou à la Maternité. Je dus confesser
» qu'il y avait là des conditions particulières contre les-
» quelles je ne pouvais rien. »

M. Cruveilhier n'était pas moins affirmatif, et sa déposition
dans cette enquête s'appuyait sur une longue expérience
dont les premiers résultats manifestés remontaient à l'année
1831. C'est, disait-il, sous le coup des douloureuses impressions que lui avait causées le spectacle de l'épidémie puerpérale, et du sentiment profond de l'impuissance de l'art
dans cette terrible maladie, que, dans un discours prononcé à
la Maternité en 1831, il comparait la fièvre puerpérale au
typhus. Ce discours ne nous a pas été conservé parce que
l'illustre professeur céda aux sollicitations de l'administration
d'alors et consentit à ne pas le faire imprimer. Son opinion
fut exprimée en 1858, en ces termes : « Si quelques dissi-
» dences restent encore parmi nous sur l'interprétation dog-
» matique de quelques-uns des éléments morbides dont se
» compose la fièvre puerpérale, il ne peut pas en exister sur
» le fait fondamental du caractère éminemment contagieux
» et miasmatique de la fièvre puerpérale dans les maisons
» d'accouchement. Qu'on n'espère pas de diminution dans le
» chiffre de la mortalité de ces maisons si les choses se main-
» tiennent dans l'état où elles sont en ce moment.... il n'y a
» qu'un seul parti à prendre pour prévenir le retour périodi-
» que de ces épidémies meurtrières, c'est la suppression des
» grands hospices d'accouchement, c'est leur remplacement
» par des secours à domicile, auxquels on pourrait ajouter
» un certain nombre de petits hospices situés hors de Paris,

» pouvant admettre douze, quinze, vingt femmes en couches,
» dans lesquels chaque accouchée pourrait avoir une chambre
» particulière. »

M. Paul Dubois, dont la grande autorité, l'expérience consommée, le sens droit, étaient rehaussés encore par une ex-
trème modération, résumait en se les appropriant les conclusions formulées par les autres orateurs :

1° Supprimer les maternités ; 2° Créer de petites maisons
d'accouchement hors la ville ; 3° Modifier immédiatement les
services d'accouchement des hôpitaux.

Et il rappelait les vœux formulés par la commission départementale de la Seine en 1856, en ces termes :

« La commission départementale, considérant que des épi-
» démies de fièvre puerpérale sévissent fréquemment, de la
» manière la plus désastreuse, sur les femmes admises dans
» les maisons d'accouchement appartenant à l'administration
» de l'assistance publique, émet le vœu que des mesures soient
» prises pour faire cesser les causes auxquelles peuvent être at-
» tribuées les affections épidémiques qui ont leur foyer dans
» les maisons hospitalières d'accouchement de la ville de Paris.»

M. Danyau, chirurgien en chef de la Maternité, sollicitait
également des réformes fondamentales.

La Société de chirurgie, en 1866, a agité cette même question. M. Le Fort, par son beau travail sur les maternités en
France et dans les autres pays de l'Europe, a permis d'établir
le chiffre moyen de la mortalité dans les diverses maisons hospitalières pour les accouchements.

M. Trélat, chirurgien de la Maternité, a également donné
des chiffres convaincants et insisté sur la nécessité d'une
réforme. M. Tarnier, aujourd'hui chirurgien de la Maternité,
montrait que la mortalité des femmes était, en ville, de 1 sur
322, tandis qu'à la Maternité elle était de 1 sur 19 (1856).

En une seule année, M. Tarnier étant interne à la Maternité, avait vu mourir 132 femmes sur 2239 accouchées. Nous
avions nous-même signalé ces désastres et sollicité des réformes dans notre thèse (1855). Les statistiques administratives,
dont M. Husson est le promoteur, établissent la même proportion dans la mortalité des femmes accouchées dans les hôpitaux. Aujourd'hui l'enquête se fait par les médecins sur
différents points du monde civilisé. A Paris, plusieurs sociétés
médicales ont pris en main cette cause, qui est la cause des
pauvres et des faibles. M. Charrier a suscité une discussion
sur ce sujet dans le sein de la Société de médecine de Paris.
Dans notre Société de médecine des hôpitaux, M. Hervieux,
médecin de la Maternité, s'est prononcé formellement contre
le système actuellement en vigueur. Il n'y a point parmi nous
d'opposants. M. Moissenet, élu par nous pour nous représenter
dans le conseil de l'assistance publique, a pris généreusement
en main cette cause qui ne peut avoir d'adversaires avoués.
L'administration s'émeut. Déjà on essaye des secours à domicile, des accouchements opérés chez les sages-femmes en
ville et dont l'assistance publique fait les frais. Une commission nommée parmi les médecins des hôpitaux se charge de
faire un rapport et d'en aviser les bureaux de l'assistance publique. Sortira-t-il de là une réforme ? Nous l'espérons, et nous
n'épargnerons rien pour y contribuer.

P. LORAIN,

Professeur agrégé de la Faculté de médecine de Paris.

Le propriétaire-gérant : GERMER BAILLIÈRE.

PARIS. — IMPRIMERIE DE E. MARTINET, RUE MIGNON, **2**.

REVUE
DES
COURS SCIENTIFIQUES
DE LA FRANCE ET DE L'ÉTRANGER

SEPTIÈME ANNÉE   NUMÉRO 4   25 DÉCEMBRE 1869

Paris, 24 décembre 1869.

Les soirées scientifiques de la Sorbonne, ouvertes hier jeudi, à huit heures du soir, continueront jusqu'au milieu de mars. En voici la liste :

23 décembre. — M. Fernet : Les illusions d'optique.
6 janvier. — M. Garnier, ingénieur des mines : L'île d'Otaïti.
13 janvier. — M. A. Cazin : Les forces motrices.
20 janvier. — M. P. Bert, professeur à la Faculté des sciences de Paris : Des actions nerveuses sympathiques.
27 janvier. — M. Liès-Bodard, professeur à la Faculté des sciences de Strasbourg : L'ozone.
3 février. — M. Jamin (de l'Institut) : Le son et la lumière.
10 février. — M. Wolf, astronome à l'Observatoire impérial : De la forme de la terre.
17 février. — M. Janssen : L'éclipse du 18 août observée aux Grandes-Indes.
24 février. — M. Bouley (de l'Institut) : De la rage.
10 mars. — M. Faye (de l'Institut) : Sur la figure des comètes.
17 mars. — M. G. Ville, professeur au Muséum d'histoire naturelle de Paris : L'agriculture par l'enseignement.

— M. Matthiessen poursuit, depuis plusieurs années déjà, des recherches fort intéressantes sur les alcaloïdes de l'opium, qui l'ont conduit notamment à distinguer, à côté de la morphine et de la codéine, une paramorphine et une paracodéine. Il vient de présenter, à la Société royale de Londres, une nouvelle partie de ses recherches, où il étudie particulièrement l'action de l'acide chlorhydrique sur la codéine. M. Matthiessen est renommé pour la grande délicatesse qu'il apporte dans les expériences chimiques. Ses longs travaux sur les alliages ont fourni des résultats importants qui lui ont valu une des deux médailles royales décernées cette année par la Société royale de Londres.

— On a beaucoup parlé, depuis quelque temps, de l'hydrate de chloral comme anesthésique. Ce mouvement a pour point de départ un travail intéressant publié en allemand, il y a quelques mois, par un *privat-docent* de l'Université de Berlin, M. Oscar Liebreich, celui qui avait déjà découvert le protagon. Le mémoire de M. Oscar Liebreich vient d'être traduit en français, après avoir provoqué à Paris un assez grand nombre de notes et d'expériences. L'hydrate de chloral agit probablement en dégageant du chloroforme dans l'organisme d'une manière lente et continue. Mais on n'aperçoit pas bien les avantages qu'il pourrait présenter sur le chloroforme lui-même. A certains égards, il est même beaucoup plus dangereux. En effet, lorsqu'on s'aperçoit que l'action du chloroforme est trop intense ou trop longue, on peut l'arrêter en interrompant l'inhalation. Au contraire, la dose d'hydrate de chloral qu'on veut employer s'administre en potion, et, une

fois introduite dans l'estomac, on ne peut plus, si elle est trop forte, en retirer une partie. Or, la dose convenable peut varier très-notablement d'un individu à un autre, et surtout d'après des états physiologiques qu'il n'est pas toujours facile de déterminer d'avance.

— La question de la syphilis vaccinale et de la vaccination animale a provoqué, devant l'Académie de médecine de Paris, une longue discussion qui vient de se terminer la semaine dernière. Nous publions aujourd'hui un travail considérable où cette discussion se trouve analysée et appréciée dans ses différentes phases, avec les questions diverses qu'elle a soulevées.

La discussion sur la syphilis vaccinale avait été coupée par une autre discussion non moins intéressante sur la mortalité des jeunes enfants, qui dure depuis plusieurs années à l'Académie de médecine. C'est un incident de cette discussion qui souleva la question du mouvement de la population en France et dans les autres pays; nos lecteurs ont eu sous les yeux toutes les pièces du procès. La mortalité des nourrissons a reparu à l'ordre du jour depuis quelques semaines, et, après un discours de M. Fauvel, qui proclamait l'impuissance absolue de tous les règlements contre les nourrices mercenaires, elle nous a valu, la semaine dernière, un discours de M. Bouchardat, qui a eu le plus grand succès, en adjurant toutes les mères de nourrir elles-mêmes leurs enfants et en indiquant quelques-unes des mesures qu'on pourrait prendre pour atteindre ce but.

Lorsque cette discussion sera, sinon terminée, du moins parvenue à un point convenable, nous comptons l'exposer également à nos lecteurs dans un travail qui condensera ses résultats et traitera la question sous toutes ses faces.

— Conformément aux présentations de la Faculté et du conseil académique, M. P. Bert vient d'être nommé professeur de physiologie à la Faculté des sciences de Paris.

— M. Bouis a été nommé professeur de toxicologie à l'École supérieure de pharmacie de Paris.

— A la Faculté des sciences de Lyon, M. Lortet, professeur à l'École de médecine de la même ville, vient d'être chargé du cours d'histoire naturelle, en remplacement de M. Jourdan, admis à la retraite.

— La huitième livraison du *Dictionnaire de chimie* de M. Wurtz vient de paraître. Nous y remarquons particulièrement les articles *Eaux* et *Composés diazoïques*, par M. Gautier; *Dissociation*, par M. H. Debray; *Engrais*, par M. Dehérain; etc. Cette grande encyclopédie chimique marche avec une exactitude que n'ont pas souvent les publications de ce genre.

LA VACCINE

Les origines du vaccin, sa nature, son identité ou sa non-identité avec le virus varioleux, l'existence de la syphilis vaccinale, l'utilité de la vaccine animale, la constitution du vaccin lui-même, ont été depuis six ans l'occasion de discussions si nombreuses à l'Académie de médecine de Paris, qu'il semble difficile au premier abord de distinguer la vérité au milieu d'opinions si divergentes. Heureusement, cette confusion n'est qu'apparente, et il suffit d'analyser ces curieuses discussions pour voir qu'il existe un certain nombre de faits définitivement acquis à la science ; d'autres ont surgi incidemment, mais ils étaient trop imprévus pour recevoir une solution immédiate ; ils sont destinés à provoquer de nouvelles recherches.

Notre but est simplement de résumer l'état actuel de nos connaissances sur la vaccine et le vaccin. Le lecteur verra, en parcourant ce travail, que depuis dix ans les expériences et les discussions qu'elles ont provoquées sont loin d'être restées stériles. Nous prouverons, avec M. Bouvier, « que soixante » ans de réticences ont plus nui à cette belle découverte par » les malheurs qu'elles ont entraînés que n'eussent fait l'aveu » sincère de ses dangers possibles et la recherche active des » moyens de les éviter. » C'est à tort, suivant nous, que quelques académiciens ont regretté ces discussions. « Elles peuvent, selon eux, inspirer aux pusillanimes des craintes imaginaires (1) ». « Elles sont de nature à rabaisser dans l'opinion la valeur de la vaccine (2) ». Cela peut être vrai pour les ignorants, mais les vérités ne sont jamais bonnes à cacher ; le jour où elles éclatent, on mesure avec effroi les ravages causés par cette crainte de l'effarement du public extra-médical. Ces timidités pusillanimes rappellent certain spectre que l'on évoque trop volontiers à une autre tribune.

Pour comprendre comment la question de la vaccine est restée stationnaire jusqu'à nos jours, il faut connaître les idées qui ont régné, pendant soixante ans, dans le comité de vaccine. L'Académie serait, sans doute, peu flattée si on lui décernait l'éloge que M. Bousquet donne à cet ancien comité. « Pour mieux conserver la tradition, la compagnie poussa l'attention jusqu'à composer ses premières commissions des membres mêmes de l'ancien comité de vaccine qu'elle possédait dans son sein : c'étaient MM. Husson, Salmade, Jadelot, Sédillot, etc.

» *Sans déguiser sciemment la vérité, nous n'acceptions qu'avec défiance et regret*, tout ce qui, de près ou de loin, pouvait porter quelque atteinte à l'inviolabilité de la vaccine. La variole des vaccinés n'était jamais assez claire, elle péchait toujours par quelque endroit, ou par les symptômes, ou par la marche, ou par la durée, ou par l'*odeur*, car à défaut d'autres témoins à décharge, celui-là était quelquefois invoqué et prévalait. »

Il est impossible de décrire d'une manière plus naïve une méthode ennemie de tout progrès ; ces prétendues habiletés pour couvrir la vaccine n'ont abouti qu'à éterniser des erreurs sur les varioles après vaccination antérieure, sur l'origine de la vaccine, et enfin sur ses dangers. Aussi la question de la vaccine n'a pas fait un seul pas, tant qu'a régné cette méthode scientifique.

Toutes les conquêtes ont été faites par le procédé inverse ; c'est par des expériences très-rigoureuses que Jenner démontra les propriétés du vaccin, c'est en faisant des expériences et en publiant les faits et les statistiques, qu'aujourd'hui on est arrivé à résoudre définitivement quelques-unes des questions que nous énumérions plus haut.

Pour montrer quels sont les points qui restent définitivement acquis, il nous faut remonter dans l'histoire jusqu'à la première vaccination jennérienne, car tout a été nié et affirmé à l'Académie.

M. J. Guérin considère cette première vaccination comme la source d'une espèce particulière de vaccin ayant « tous les caractères de la variole humaine, modifiée par son association avec la variole des animaux ». Nous ne savons où M. J. Guérin a vu que « Jenner est parvenu à obtenir cet inappréciable résultat en créant la vaccine, c'est-à-dire en combinant la variole humaine avec la variole des animaux ». Il suffira de lire le résumé des expériences de Jenner pour être persuadé qu'il n'y a jamais eu une si mystérieuse combinaison.

I. — Expériences de Jenner.

On a souvent fait au hasard l'honneur de la découverte de la vaccine, son intervention se réduit à ceci : Étant encore écolier à Sodbury, Jenner vit une jeune fille qui se déclarait inaccessible à la variole, parce que, disait-elle, elle avait eu le cowpox. Cette assertion resta dans la mémoire de Jenner, et elle servit de point de départ à ses recherches. Le mérite de Jenner est précisément celui-là. D'autres que lui avaient entendu cette jeune fille, d'autres médecins avaient eu sous les yeux des faits analogues. Déjà sous Charles II d'Angleterre, la duchesse de Cleveland, qui tenait auprès du roi un emploi dont la beauté était le principal élément, répondait aux courtisans qui la menaçaient en riant de la variole : « Je ne crains rien, car j'ai eu le cowpox (1). » Quelques années avant le mémoire de Jenner, *De la guérison de la variole par le cowpox*, une femme nommée Catherine Wilkins, qui avait eu le cowpox, était à Londres et se mettait à la disposition du sieur Archer, qui tentait en vain de lui inoculer la variole. L'histoire du fermier Jesty est encore plus instructive : cet homme qui avait vu pratiquer la vaccination et qui en avait compris toute la valeur, s'était soumis avec toute sa famille à cette opération. Sûr du résultat, il vint à Londres à l'hôpital de l'inoculation, et défia qu'on communiquât la variole à lui ou à ses enfants. Les médecins de l'hôpital des varioleux, bien placés par conséquent pour mettre la main sur une grande découverte, ne virent là rien d'extraordinaire.

Ce qui distingue précisément Jenner de ses confrères, c'est qu'il comprit. Et il comprit parce que son esprit était habitué à l'expérimentation. Il était élève du grand John Hunter, du premier, du plus hardi des expérimentateurs, de celui qui entretenait une ménagerie pour alimenter son laboratoire d'expériences, et qui trouvait que « sa clientèle était un damné moyen de nourrir sa ménagerie et son

---

(1) Bouchardat, Académie de médecine, séance du 17 août 1869.
(2) Bousquet, séance du 17 août 1869.

(1) Nous empruntons quelques-uns de ces détails à Lorain, *Conférences historiques de la Faculté de médecine*, 1865. — L'auteur a exposé les origines de la vaccine avec une grande précision.

musée ». Jenner lui-même avait fait un grand nombre d'expériences; il avait avec son maître une correspondance où
l'on découvre avec étonnement qu'ils discutaient les sujets
qui excitent aujourd'hui les plus vives controverses : de l'appareil électrique de la torpille, du phénomène de l'hibernation,
de la température des animaux et des végétaux, du mouvement musculaire, etc.

Jenner, après avoir quitté Londres, était venu se fixer dans
son pays natal et y pratiquait avec zèle l'inoculation. Guidé
par son souvenir d'écolier, il remarqua bientôt que certains
individus restaient réfractaires au virus varioleux qu'il leur
inoculait. Il se convainquit que cette immunité était dévolue
aux personnes occupées dans les étables à soigner et à traire
les vaches. Les premières observations sérieuses de Jenner
semblent remonter à 1775. Il vit que l'éruption se faisait sur
les mains des vachers, surtout lorsqu'elles étaient gercées, et
que cette éruption était caractérisée par des pustules semblables à celles du trayon des vaches. Dès 1787, il semble avoir
pensé que l'origine du cowpox était le grease des chevaux,
inoculable aux vaches.

Dans sa leçon sur Jenner, Lorain résume parfaitement la
suite de ces observations. « On sait, dit-il, la date de la première vaccination, comme on sait celle d'une grande bataille:
ce fut le 14 mai 1796. Ce jour-là, Jenner prit du vaccin sur
la main d'une jeune vachère nommée Sarah Nelwes, infectée
par la vache de son maître, et il l'inséra, par deux incisions
superficielles, au bras de James Phipps, gros garçon de huit
ans. Cela réussit parfaitement, et le vaccin de cet enfant
servit à vacciner plusieurs autres enfants. James Phipps, soumis deux mois plus tard à l'inoculation de la variole, fut réfractaire. La preuve était faite. »

Mais Jenner, soucieux d'avancer un fait contestable, renouvela encore souvent cette expérience, en fit d'autres et enfin
ne livra sa découverte à la publicité que lorsqu'il fut sûr
qu'il n'y avait pas de mécompte à redouter.

On voit par ces expériences que rien ne peut rappeler cette
combinaison de la variole humaine et de la variole des animaux, dont M. J. Guérin fait honneur à Jenner.

Au point de vue doctrinal, il est vrai, Jenner pense que
tous les animaux ont une maladie qui est une variole propre
à chaque espèce : c'est ainsi qu'il considère le grease comme
une variole du cheval, mais il ne fait pas pour cela de toutes
ces varioles une seule unité ne différant que par le terrain où
elle se développe. « Nos animaux domestiques, dit-il, sont
sujets à une variété de maladie éruptive, tels sont le cheval,
la vache, le mouton, le porc, le chien et quelques autres
animaux ; peut-être faut-il citer la volaille aussi. Il y a certainement une raison pour que le mot de *chichen* (poulet) soit
donné à une espèce d'éruption qui affecte la peau de
l'homme. Dans la province de Bengale, la volaille est sujette
à une éruption qui ressemble à la variole, règne parfois
épidémiquement, et tue ces animaux par centaines. Les
Européens, pour en arrêter les progrès, ont essayé les effets
de l'inoculation sur les poulets. Les Indiens n'ont qu'un seul
mot pour désigner cette maladie et la variole: *Gootry*. »

C'était là une idée théorique, pour Jenner, le cowpox n'est
pas exclusivement une maladie de l'espèce bovine. Pour lui,
la maladie « naît chez le cheval, puis progresse du cheval à
la mamelle de la vache, et de la vache à l'homme. »

Ces expériences et ces vues doctrinales ont servi de points
de départ à tous les travaux ultérieurs.

II. — REVACCINATION.

Je ne parlerai pas ici de l'enthousiasme qui accueillit la
découverte de Jenner, et des luttes que lui et ses élèves
eurent ensuite à soutenir. L'utilité de la vaccination est aujourd'hui incontestable, et à peu près incontestée.

Pendant une vingtaine d'années, on accepta sans réserve
l'opinion de Jenner. Tout individu vacciné était, d'après lui,
pour toujours à l'abri de la variole. Mais dès 1820-1825, de
nouvelles épidémies de variole parurent, un certain nombre
des individus autrefois vaccinés furent atteints. On opposa à
ces faits des fins de non recevoir, M. Bousquet en a fait volontiers l'aveu; mais bientôt ils furent si nombreux qu'ils ne
purent être niés, et force fut de compter avec eux.

Pour les expliquer on se trouva en présence de deux hypothèses : ou la vertu préservatrice du vaccin ne dure qu'un
temps, ou le vaccin dégénère par sa transmission successive à
travers les organismes.

Les médecins qui adoptèrent la première hypothèse con-
clurent à la nécessité des revaccinations, les partisans de la
seconde cherchèrent à retremper le vaccin à sa source primitive : le *cowpox*.

MM. Husson, Bousquet, eurent l'honneur d'être des premiers à recommander les revaccinations. Bien que la plupart
des varioles survenues chez les individus vaccinés fussent des
varioles atténuées n'arrivant pas à la suppuration et méritant
de porter le nom de varioloïde, cependant quelques-unes
d'entre elles entraînèrent la mort, et M. Bousquet n'hésita
pas à préconiser la revaccination.

C'est en Prusse que les revaccinations furent d'abord pratiquées, dans des conditions particulièrement démonstratives.
On revaccina tous les soldats; de 1834 à 1848, sur 425 000
revaccinations on obtint des résultats positifs, sur 198 000
soldats, soit 46,58 pour 100. Durant cette période, on ne
compta dans l'armée que 77 cas de variole et de varioloïde, il
n'y eut pas un seul décès. En 1843, la variole régna épidémiquement en Prusse, et dans toute l'armée il n'y eut que
douze cas de variole. Les résultats de cette expérience prussienne faite dans des proportions si gigantesques attira l'attention en France, et celle-ci entra dans la même voie quelques années plus tard, à l'instigation surtout de l'Académie
des sciences.

Les caractères de l'éruption dans la revaccination ne sont
pas exactement les mêmes que ceux de la première vaccination. M. Lalagade, qui a très-bien étudié cette question (1)
insiste sur ces différences qui semblent être un développement un peu plus rapide des boutons, douze ou quatorze
heures plus tôt, une réaction locale autour du bouton un peu
plus vive, une fièvre vaccinale plus intense. De plus, il faut
avoir soin de ne pas ranger dans les résultats positifs les
fausses vaccines très-fréquentes, caractérisées par des boutons
acuminés vésiculeux que M. Lalagade désigne sous le nom
d'efflorescences vaccinales. Il les regarde comme la preuve
d'une réceptivité incomplète au moment de la revaccination,
mais il pense qu'elles indiquent que l'effet de la première
semence vaccinale est à peu près épuisé.

A quel âge faut-il revacciner? Combien de temps dure l'immunité variolique après la vaccine? Ces deux questions diver-

---

(1) *Étude sur la revaccination*. Paris, 1856, ch. II.

sement résolues par les auteurs ont été soumises par M. Lalagade à une étude statistique très-curieuse, qu'il a résumée dans le tableau suivant:

Revaccinations avec indication de l'âge : 2201 revaccinés.

AGE des revaccinés.	TOTAL des revaccinés	SUCCÈS complet.	EFFLO- RESCENCES vaccinales.	RÉSULTATS négatifs.	PROPORTION des succès complets p. 100
De 5 à 10 ans	217	19	23	175	8,75
10 à 15	324	150	42	132	46,29
15 à 20	335	160	17	158	47,76
20 à 25	473	238	32	203	50,31
25 à 30	208	104	15	89	50,00
30 à 35	164	81	14	69	49,39
35 à 40	98	26	9	63	26,55
40 à 45	95	12	5	78	12,63
45 à 50	101	13	3	85	12,77
50 à 55	49	5	3	41	10,20
55 à 60	66	6	2	58	9,09
60 à 65	32	2	1	29	6,25
65 à 70	39	4	0	35	10,25
	2201	820	166	1215	37,25

Ce tableau montre que dès l'âge de cinq à dix ans les revaccinations prennent, mais dans une assez faible proportion ; que de dix jusqu'à trente-cinq ans, le nombre des résultats positifs augmente de façon à être vis-à-vis des revaccinations presque dans la proportion de 1 à 2, et enfin qu'après cet âge la réceptivité va en s'affaiblissant très-rapidement. C'est donc surtout dans la première moitié de la vie que les revaccinations doivent être pratiquées.

Mais cette statistique n'indique que d'une manière assez peu précise la durée de l'immunité fournie par la vaccine, car il est probable que tous les individus inscrits dans ce tableau n'ont pas tous été vaccinés au même âge, et que quelques-uns d'entre eux avaient été déjà revaccinés.

III. — Dégénérescence du vaccin.

Il est difficile aujourd'hui de juger si le vaccin jennérien a perdu quelques-unes de ses propriétés, s'il a dégénéré. Lorsque Jenner eut fait sa découverte, on crut à la perpétuité de l'immunité pour les vaccinés. Nous savons aujourd'hui qu'il n'en est rien ; la vaccine ne préserve pas plus qu'une variole antérieure, et la variole peut se montrer chez le même sujet à plusieurs années d'intervalle. Mais en a-t-il été ainsi dès le début de la vaccination ?

Les partisans de la dégénérescence vaccinale invoquent volontiers en faveur de leur opinion une statistique de Grégory. Celui-ci trouvait en 1809 un cas de variole sur 32 vaccinés, et en 1822 un cas de variole sur 3 1/2 vaccinés. Cet argument, comme l'a très-bien dit M. Hérard, n'est pas probant. Car, en 1822 il y avait bien plus de vieux vaccinés qu'en 1809, c'est-à-dire bien plus d'individus chez qui avait disparu l'immunité vaccinale temporaire. Il en est de même aujourd'hui.

La comparaison des descriptions de l'éruption vaccinale donnée par Jenner et de celle que nous voyons aujourd'hui ne fournit pas non plus un argument décisif. Y a-t-il moins de réaction locale, moins de phénomènes fébriles ? Nous ne pouvons le savoir, cette réaction est très-variable dans son inten-

sité. Il suffit de comparer deux enfants vaccinés à la même source, pour constater que ce même vaccin ne donne pas naissance chez ces deux enfants à une réaction également intense. C'est un fait dont chaque médecin a nécessairement été témoin.

La seule preuve que l'on puisse invoquer en faveur de la dégénérescence du vaccin est donc celle-ci : nécessité actuelle des revaccinations, alors qu'autrefois *on les croyait* inutiles. Il est presque certain que cette opinion reposait sur une illusion. Rien n'est donc moins démontré que cette dégénérescence.

Pourtant un grand nombre de médecins acceptent cette hypothèse, et pour remédier à cette prétendue dégénérescence ils proposent deux moyens.

M. J. Guérin propose la culture du vaccin chez l'homme, et en sa qualité de bon agriculteur, il recommande de suivre les règles qui ont donné de si bons résultats aux éleveurs d'animaux : le procédé connu sous le nom de *sélection*.

« Le vaccin (1), comme tous les produits de la nature organique, peut être l'objet d'une culture qui assure la persistance de ses formes et la permanence, si ce n'est l'accroissement de sa propriété préservatrice de la variole ». « Les éléments qui formulent cette culture sont pour M. Guérin au nombre de six : 1° La mise en commun de l'élément varioleux animal, cowpox, et de l'élément varioleux humain (lisez vaccin jennérien). 2° Le choix des vaccinifères, la graine. 3° Le choix du vacciné, le terrain. 4° Le choix de la race du vaccin. 5° Le croisement. 6° Le renouvellement par le cowpox. »

On voit que même pour M. J. Guérin le procédé ultime est le retour à l'inoculation du cowpox que pourtant il a combattu à l'Académie avec une énergie qui ne présageait pas une pareille conclusion. Quant aux conseils donnés sur le choix du vaccinifère, tous les vaccinateurs dignes de ce nom, et ils sont nombreux en France, les ont toujours acceptés et suivis.

Les médecins qui croyaient à la dégénérescence du vaccin, et que le procédé de sélection ne séduisait pas complétement, cherchèrent il y a déjà un grand nombre d'années à redonner à la vaccine sa puissance primitive, en inoculant du cowpox né spontanément chez la vache. Les occasions ne furent pas favorables. On se contenta alors de révivifier le vaccin en le retrempant à sa source primitive. Pour cela, on prit du vaccin chez l'enfant, on inocula des vaches et l'on revaccina avec ce cowpox inoculé. Ces tentatives eurent quelque retentissement, mais succombèrent bientôt devant l'indifférence générale. Il est même probable qu'aujourd'hui encore on se bornerait à revacciner de bras à bras après des périodes de temps plus ou moins longues, si les médecins ne s'étaient pas trouvés en présence d'un accident terrible de la syphilis vaccinale.

IV. — Syphilis vaccinale.

Dès les premières années de la vaccine, la croyance populaire accusa la vaccination d'inoculer en même temps que la vaccine d'autres maladies, et particulièrement la syphilis.

Rowley en Angleterre et non Moseley, comme M. Viennois l'a dit par erreur (1810), Monteggia à Milan (1814), Marcolini à Milan (1823), publièrent des faits d'après lesquels la pustule

---

(1) Troisième discours de M. J. Guérin à l'Académie de médecine, in *Gaz. Med.*, 1869, p. 385. Deuxième proposition.

vaccinale était formellement accusée de contenir deux virus, la vaccine et la syphilis. Galbiati à Naples (1810), persuadé que, après la vaccination, certains vaccinés se trouvaient affetés de maladies dont ils n'avaient pas souffert aup aravant, institua un service de vaccination animale. Ces faits et bien d'autres que nous rapportons plus bas, vinrent se briser en France devant une double conviction théorique.

Pour Husson, Bousquet, Taupin, Heins, Steinbrenner, le *virus vaccin reste toujours pur*, il ne peut être mélangé avec aucun autre virus. Ils purent invoquer à l'appui de cette opinion des expériences, en apparence, très-démonstratives. Ils avaient vacciné en prenant à dessein le virus sur des enfants syphilitiques, et les vaccinés n'avaient jamais eu de syphilis. D'autre part, pour l'École du midi dont les doctrines régnèrent presque sans conteste jusqu'à ces dernières années, l'accident primitif seul pouvait donner la syphilis ; les accidents secondaires, étaient incapables de l'inoculer. « Le chancre (1) naît du chancre et seul peut le reproduire. » Forts de ces deux lois qui avaient subi l'épreuve de bien des discussions, les médecins ne voyaient dans les cas de syphilis vaccinale publiés, que les efforts impuissants des détracteurs de la vaccine.

Mais lorsque les observations eurent ruiné la loi de Hunter et de Ricord, lorsque surtout furent publiées des relations de véritables épidémies de syphilis vaccinale, l'opinion s'émut, et en 1860, M. Viennois se fit son avocat en publiant un mémoire : sur la transmission de la syphilis par la vaccination. (*Archives gén. de méd.*, juin 1860 et suiv.)

Quelques années plus tard (1865), M. Depaul porta la syphilis vaccinale à la tribune de l'Académie de médecine. La discussion fut longue, passionnée, mais n'aboutit pas pratiquement, nous en verrons plus loin la raison, et en 1869 la lutte reprit plus vive encore ; aujourd'hui, elle n'est pas encore terminée, la victoire académique de M. Depaul n'est pas encore assurée, mais nous pouvons affirmer qu'il a gain de cause devant l'opinion publique.

Pour juger la valeur des faits publiés, nous ne suivrons pas les orateurs dans leurs argumentations, nous rapporterons sommairement les cas de syphilis vaccinale les plus probants et ceux qui ont été discutés à l'Académie. Nous les ferons suivre des objections qu'on leur a opposées, dans trois discussions académiques et dans plus de vingt discours ; nous espérons ainsi pouvoir dégager la vérité. Nous chercherons ensuite quel est l'agent de la contagion, sang ou vaccin ; nous montrerons enfin que la réalité de la syphilis vaccinale a des conséquences forcées au point de vue de la prophylaxie.

Écartons tout d'abord du débat un certain ordre de faits. La fièvre vaccinale semble avoir provoqué des éruptions syphilitiques chez des enfants atteints de syphilis héréditaire. M. Viennois (2) a soumis ces observations à une critique très-sérieuse et il a conclu que dans certains cas de Friedenger, de Bamberger, de Ceccaldi, de Whitehead, la syphilis latente paraissait s'être révélée par une éruption générale à l'occasion de la vaccination.

Dans les observations résumées ici, il s'agit au contraire de malades syphilisés par la vaccination. Nous ajouterons aux faits de l'Académie une observation que M. Lorain nous a communiquée. Elle prouve qu'un individu vacciné avant vous peut vous communiquer la syphilis, alors même que le vaccinifère est sain. Il est regrettable que l'attention de l'Académie n'ait pas été appelée sur ce point.

Voici le résumé de ces observations et des critiques qu'on leur a adressées dans les discussions académiques de 1865, 1867, 1869.

1° *Première observation de Gaspard Cerioli*, 1821. — Une petite fille de trois mois (1) (enfant trouvée) fut vaccinée avec du vaccin pris sur un enfant bien portant et qui ne cessa pas de l'être. Des pustules régulières se développèrent et servirent à inoculer 46 enfants. Six de ces derniers eurent des pustules normales avec lesquelles on inocula 100 autres enfants qui ne présentèrent ultérieurement aucun symptôme de syphilis. Chez presque tous les autres, on observa sur les points où les piqûres avaient été faites des ulcères recouverts de croûtes permanentes ou des ulcères indurés. Ces accidents survenaient au moment de la chute des croûtes vaccinales. Plus tard on vit apparaître des ulcères de la bouche et des parties sexuelles, des éruptions croûteuses sur le cuir chevelu, des taches cuivrées, des ophthalmies. Les systèmes osseux et glandulaires ne furent pas épargnés. Ces accidents se communiquèrent aux nourrices et aux mères des enfants.

La commission sanitaire fut informée. La commission instituée dont le docteur Cerioli fut le secrétaire, constata la nature syphilitique des accidents présentés par les nourrices et les enfants. Admis à l'hôpital, ils furent traités par le bichlorure de mercure à l'intérieur et les frictions mercurielles. 19 enfants moururent ; les autres se rétablirent plus ou moins vite. Toutes les femmes infectées furent guéries.

On a reproché à cette relation de n'avoir pas pu démontrer que le vaccinifère fût syphilitique ; mais en présence des lésions telles que celles du bras (accidents primitifs), et des éruptions de la peau et des muqueuses, il semble impossible d'admettre que la maladie n'ait pas été de nature syphilitique. Peut-on accepter qu'elle se soit propagée par un autre mode de contagion ? Nous avouons que nous ne trouvons aucune hypothèse capable d'expliquer la naissance d'accidents primitifs de syphilis aux bras d'enfants, et il nous semble également impossible de croire que dans ce village il put exister autant de cas de syphilis héréditaire.

D'ailleurs M. J. Guérin accorde trop d'importance à la recherche de la syphilis chez le vaccinifère. L'observation de Lorain montre que même si le vaccinifère est sain, il peut y avoir encore transport de la syphilis entre deux enfants successivement vaccinés avec la même lancette.

2° *Deuxième observation de Gaspard Cerioli*. — En 1841, un enfant des environs de Crémone (2), né de parents syphilitiques, mais n'ayant pas de symptômes apparents au moment de sa vaccination, servit à inoculer 64 individus qui furent contaminés. Le premier phénomène fut une ulcération sur quelques-uns des points inoculés, suivies plus tard de taches de couleur cuivrée sur le corps, avec des ulcérations aux aines, aux parties génitales, à l'anus, à la bouche. La maladie ne fut pas reconnue au début ; ce ne fut que longtemps après que les mercuriaux furent administrés : 54 personnes guérirent, 8 enfants et 2 femmes succombèrent.

---

(1) Ricord, *Leçons sur le chancre*, 1860.
(2) *De la syphilis vaccinale à l'Académie de médecine.* J. B. Baillière, 1865, p. 237.

(1) De la syphilis vaccinale, *Discussion de l'Académie de médecine*, 1865, p. 268. J.-B. Baillière.
(2) De la syphilis vaccinale. *Loc. cit.*, Viennois 269.

Dans ce cas, le vaccinifère est manifestement syphilitique, et peut-on admettre que ce ne soit pas une seule et même cause qui ait produit tant de malheurs, se développant identiquement et dans un même laps de temps.

3° *Ville de K...* Journal de Berlin (*Medicinische Zeitung*, avril 1850), Viennois, page 239. — En 1849, la variole éclata dans la ville de K..... Dix familles subirent la revaccination du 14 au 15 février, presque tous les membres devinrent malades. Après trois ou quatre semaines apparurent simultanément, sur la plaie des piqûres, des ulcères qui avaient tout à fait les caractères syphilitiques, et, quelque temps après, survinrent des manifestations secondaires. Les personnes atteintes étaient au nombre de dix-neuf et avaient de onze à quarante ans. Il était impossible de suspecter la moralité de la plupart d'entre elles. Le vaccin avait été pris sur un enfant fort et qui paraissait sain. Cependant une éruption érythémateuse ne tarda pas à se montrer chez lui, à la partie inverse du pli inguinal, à la marge de l'anus et au visage. Lorsqu'il fut soumis à l'examen des médecins, le 21 février, il offrait toutes les apparences d'une roséole syphilitique. Il mourut six jours après.

Cette observation est assez complète, on trouve le vaccinifère syphilitique, l'accident primitif paraît chez dix-neuf personnes, à la place des piqûres, après une incubation de trois ou quatre semaines. Elle laissa peu de prise à la critique, et n'a pas été sérieusement attaquée à l'Académie.

4° *Fait du docteur Hubner* (Hollfeld, Bavière), 1852.

Ce fait a donné lieu à un procès, à la suite duquel le docteur Hübner a été condamné à la prison. Aussi a-t-il été le point de départ de nombreuses discussions qui, il faut l'avouer, n'ont pas réussi à faire disparaître toutes les obscurités.

Le 16 juin 1852 (1), le docteur Hübner vaccina huit enfants, tous bien portants ainsi que leurs parents. Il prit le vaccin sur l'enfant de la fille Marguerite Keller, âgée de vingt-neuf ans. Au dire des parents, les premiers effets de la vaccination ne se seraient manifestés qu'au bout de quinze jours au plus tôt. A la place des piqûres se seraient produites de petites vésicules qui n'auraient pas tardé à se rompre, laissant à leur place de petites ulcérations suppuratives. Celles-ci se seraient étendues, les unes en superficie, les autres en profondeur. Quelques enfants cependant auraient eu, huit jours après la vaccination, des boutons analogues à ceux de la vaccine ; mais ces boutons, au lieu de suivre la marche ordinaire, se seraient transformés en petits ulcères, qui auraient fini par devenir confluents et dont la guérison n'aurait eu lieu qu'au bout de quelques semaines ou même de plusieurs mois. Trois mois après, la plupart de ces enfants n'offraient plus d'ulcères, mais ils avaient des élevures aplaties ou verruqueuses aux parties génitales. Plus tard, des manifestations semblables eurent lieu au pourtour de l'anus, dans le pli interfessier, à la partie inverse des cuisses, au bas-ventre. A la même époque, apparurent des éruptions suspectes chez les mères et chez les bonnes des enfants vaccinés, ulcérations aux avant-bras où portait le siége des enfants, rhagades, condylomes à l'anus et aux parties génitales.

Le vaccinifère, l'enfant de la fille Keller, mourut le 6 avril 1852, après avoir eu des éruptions suspectes à l'ombilic, au fondement, mais sans qu'il fût possible de découvrir rien d'absolument net comme manifestation syphilitique.

La mère, la fille Keller, reconnaît qu'elle a eu, en 1850, des ulcérations suspectes siégeant dans la bouche et aux parties génitales ; mais, au moment de l'expertise, on ne découvre aucune trace de syphilis.

Dans cette observation, il semble prouvé que les vaccinés furent syphilisés, il semble probable que le vaccinifère avait une syphilis héréditaire.

Dans la discussion académique, M. Ricord la critiqua vivement et conclut en disant : « Si ces faits sont suffisamment clairs, il n'y a pas à reculer devant cette conséquence : la syphilis a le triste privilége d'être transmissible avant, pendant et après toute manifestation. » Cet argument est plus effrayant que probant. Nous verrons plus loin que l'inoculation de sang syphilitique peut donner naissance à la syphilis ; mais il nous est impossible de dire à quel moment le sang d'un syphilitique acquiert et perd cette puissance. D'ailleurs, dans le cas particulier, nous trouvons la simultanéité du développement de l'accident primitif chez ces enfants, quinze jours au plus tôt, la durée de ces ulcérations (plusieurs semaines), l'apparition deux mois après d'ulcères aux parties génitales, etc. N'est-ce pas là le tableau de la syphilis, n'y a-t-il pas eu une seule cause qui a agi en même temps chez tous ces enfants, et cette cause, n'est-ce pas la vaccination, puisque les ulcères primitifs ont siégé aux points de l'inoculation ?

5° *Observations du docteur Lecocq*, 1858. — Vaccinations de plusieurs militaires (1). Le vaccinifère est un syphilitique (point ignoré au moment de la vaccination, il a eu un chancre induré trois mois avant). Parmi ces militaires, deux deviennent syphilitiques : accident primitif, chancre du bras qui commence à paraître huit jours après chez les deux militaires. Chez l'un, roséole après cinq mois ; chez l'autre, après un mois.

M. Ricord trouve ces faits suspects à cause de la brièveté de l'incubation du chancre : huit jours. Il est d'abord à remarquer que M. Lecocq remarque, vers le huitième jour, une rougeur anormale, et ce n'est que plus tard que les caractères chancreux deviennent incontestables. Toutefois, cette incubation est courte, elle s'éloigne beaucoup de l'incubation moyenne de trois semaines. Mais rien n'est moins fixe que cette durée de l'incubation. La durée minimum incontestable connue est celle de Lindmann dans une inoculation d'ulcères amygdaliens pratiquée par Rollet. L'accident primitif parut dix jours après l'inoculation. Dans un mémoire intitulé : *Recherches sur l'incubation de la syphilis* (p. 36), M. Fournier dit, après avoir cité des cas certains d'incubation à longue échéance : « Pour compléter ce travail, il resterait à rechercher quel est le terme le plus court après lequel la syphilis peut faire sa première manifestation. Or, c'est là, sans aucun doute, un problème bien plus difficile et délicat que le précédent. Ici, en effet, il ne suffit plus, comme dans le premier cas, d'apprécier seulement l'espace de temps écoulé entre le dernier rapport et l'accident initial : il faut, de plus, établir que la contagion n'est pas le résultat d'un autre rapport antérieur, lequel, en raison de la longue durée dont est susceptible l'incubation syphilitique, peut être plus ou moins éloigné. On le conçoit sans peine, les observations propres à élucider une semblable question sont d'une prodigieuse rareté. Aussi dois-je renoncer actuellement à formuler une opinion à ce sujet. Ce n'est pas que je n'aie observé un certain nombre de cas où l'incubation *paraît* s'être notablement

---

(1) *De la syphilis vaccinale, etc.*, p. 6 et 291.

(1) *Syphilis vaccinale, etc.*, p. 7, 35 et 329.

abrégée pour descendre aux chiffres de dix, neuf, sept, six, cinq jours. Mais ces faits ne sont pas encore en assez grand nombre, et ils ne présentent pas tous un degré suffisant d'authenticité pour m'autoriser à établir sur un point aussi délicat des conclusions formelles. »

Ces réserves sont parfaitement justes; mais, rapprochées du cas de Lindmann, elles permettent de penser que cette courte incubation de huit jours (au moins) dans les observations de Lecocq ne saurait les faire considérer comme des erreurs de diagnostic.

6° *Faits de Rivalta*, mai 1861. — Vers la fin de mai 1861, le chirurgien Coggiola vaccina un enfant, Chiabrera, qui avait été infecté avant la vaccination par le sein d'une nourrice qui l'avait allaité accidentellement. Cette circonstance ne fut connue qu'après des enquêtes répétées du docteur Pacchioti. Cet enfant servit de vaccinifère, le 2 juin, pour quarante-six enfants, tous parfaitement sains d'après l'observation. Le 12 du même mois, dix-sept autres enfants furent vaccinés avec du liquide pris à un des quarante-six enfants, L. Manzone. Le chiffre des vaccinés s'est donc élevé à soixante-trois, et, sur ce nombre, quarante-six furent infectés de syphilis (trente-neuf sur les quarante-six de la première série, sept sur les dix-sept de la seconde).

L'infection s'est manifestée, en moyenne, le vingtième jour après l'inoculation du vaccin; les limites extrêmes ont été dix jours et deux mois. Les ulcérations du bras se sont produites soit pendant la cicatrisation des pustules vaccinales, soit alors qu'elle était déjà faite. Puis survint une éruption générale.

Une enquête fut faite, et, le 7 octobre, sept enfants étaient morts sans traitement, la maladie n'avait pas été reconnue. Depuis, on avait institué un traitement spécifique, et il n'y avait pas eu de nouveaux cas de mort. Quatorze enfants étaient en voie de guérison, trois en danger. Cette enquête montra que vingt-trois de ces enfants, que l'on put retrouver, avaient tous les symptômes d'une syphilis constitutionnelle. Les enfants l'avaient communiquée à leurs nourrices, les mères et les nourrices à leurs maris, en sorte que la propagation de la syphilis avait fait des progrès effrayants.

Cette épidémie de syphilis d'origine vaccinale est une des mieux observées. M. Ricord, après l'avoir souvent discutée, l'a rendue encore plus saisissante en constatant, à la tribune de l'Académie, que le vaccinifère Chabrera avait une syphilis héréditaire. Il s'étonna seulement que L. Manzone, enfant saine avant la vaccination, vaccinée le 2 juin et servant de vaccinifère le 12 juin, ait pu transmettre la syphilis à sept enfants. En dix jours, avait-elle pu déjà être infectée de façon que son sang fût syphilitique? Ou bien existait-il une manifestation spécifique sous la pustule vaccinale? Ce sont là deux hypothèses que la relation de Rivalta n'a pas suffisamment éclairées. Mais elles peuvent servir de point de départ à de nouvelles recherches, et elles forceront les syphiliographes à déterminer à quel jour le sang d'un syphilitique peut être inoculable avec succès. C'est un desideratum, mais que l'on ne saurait regarder comme capable de laisser planer un doute sur la nature des accidents de Rivalta.

7° *Observation de Trousseau*. — Une jeune femme de dix-huit ans entre dans le service de Trousseau, le 6 septembre 1861, pour une affection utérine. Examinée à plusieurs reprises, on s'assure qu'elle ne présente aucune trace de sy-

philis. Elle a quelques granulations sur le col et un peu de catarrhe de cet organe.

Pendant son séjour à l'Hôtel-Dieu, une épidémie de variole éclata; on la soumit à la revaccination. Quatre enfants furent inoculés en même temps et, chez eux, tout se passa régulièrement. Ils ne furent observés que pendant vingt jours. Le résultat vaccinal fut négatif chez cette malade déjà vaccinée. Un mois après sa sortie de l'Hôtel-Dieu, elle revient, souffrant beaucoup du bras gauche, qui offrait, à l'endroit des piqûres, deux grosses pustules ecthymateuses. On crut à des pustules vaccinales enflammées. Mais bientôt la scène changea; les ganglions axillaires s'engorgèrent, il parut une roséole syphilitique. La seule porte d'entrée, après examen, parut être la piqûre vaccinale.

M. Ricord fut prié par Trousseau de faire, à l'occasion de cette malade, des leçons sur la syphilis vaccinale. Mais l'ancien chef d'école du Midi se souvint trop des lois qu'il avait posées, et plaça devant ce fait et devant tous les cas de syphilis vaccinale un immense point d'interrogation.

Les circonstances qui permettaient de douter, d'après Ricord, étaient la longue durée de l'incubation, la possibilité d'une contagion après la sortie de l'hôpital, la non-syphilisation des enfants vaccinés en même temps que la malade.

Nous verrons plus loin que, dans les inoculations de sang syphilitique ou de produits syphilitiques, ainsi que dans les inoculations de toutes les maladies virulentes, la contagion n'est pas constante. Nous en chercherons la cause.

Les autres objections n'ont pas non plus une grande valeur. En effet, la durée de l'incubation, trop courte pour Ricord dans le cas de Lecocq, est ici trop longue; mais, en consultant les recherches de Fournier sur l'inoculation de la syphilis, on trouve des cas où l'incubation a duré soixante-dix jours. Deux des observations invoquées dans ce mémoire nous sont personnelles : dans l'une, l'incubation a été de trente jours; dans l'autre, de trente-sept. Dans le cas de Trousseau, au bout d'un mois ou six semaines, on a vu des pustules déjà formées, datant, par conséquent, de quelques jours. Il n'y a donc là rien de très-exceptionnel.

Enfin y a-t-il eu inoculation, soit par transport de pus venant d'un chancre utérin sur les piqûres du bras, ou par contagion directe? La première hypothèse, que Trousseau a eu tort de combattre sérieusement, ne peut être invoquée par Ricord, car, pour lui, un chancre induré ne s'inocule pas sur le porteur. Quant à la seconde hypothèse, on se demande par quel luxe de débauche le bras de la malade aurait pu être infecté, les autres organes étant restés sains. L'insertion deltoïdienne n'a pas le privilége d'être un lieu d'élection pour les chancres non inoculés.

8° *Observations de MM. Hérard et Chassaignac. — M. Hérard.* Un enfant de vingt-cinq mois, d'une santé parfaite, *est vacciné, le 27 juin 1863, à la mairie de Montmartre.*

Trois semaines après, la vaccine ayant marché régulièrement et des cicatrisations normales étant déjà formées, on voit apparaître, sur une cicatrice de chaque bras, un bouton dur, se recouvrant de croûtes. En même temps, l'état général devient mauvais et un peu plus tard apparaissent des phénomènes généraux qui ne laissent aucun doute sur la nature syphilitique de l'affection.

M. Chassaignac. Un enfant de deux ans, dont la santé ne laissait rien à désirer, est également vacciné *à la mairie de Montmartre, le 27 juin* 1863. Pustules vaccinales régulières, cicatrices complètes le quinzième jour. Quelques jours après, trois ulcérations à la place des cicatrices (deux à droite, une à gauche). Le 26 août, ces ulcérations sont larges comme une pièce de 50 centimes; leur base s'indure, les ganglions s'engorgent, puis paraissent les accidents consécutifs caractéristiques.

La même source, la même marche, tels sont les caractères de ces deux observations si nettes qu'elles ont passé incontestées.

9° *Observation de M. Devergie* (*Gaz. hebdom.*, 1863, p. 338). — Vaccination d'un enfant de quinze ans dans le service de M. Barthez par notre regretté ami Fritz. Puis, au bout de six semaines, syphilis constitutionnelle.

Nous rapportons ce fait, bien qu'il prête plus que tout autre à la critique, car l'enfant avait quinze ans, et les lésions du bras n'ont pas été vues, parce qu'il a arraché à M. Ricord, dans la séance même où il a été communiqué à l'Académie, un aveu important. « Les observations se sont multipliées, dit-il, les preuves se sont accumulées, et il n'est plus permis d'hésiter à accepter comme certain ce mode de transmission. » Aveu bien précieux, que malheureusement M. Ricord a eu le tort de ne pas confirmer dans les discussions suivantes de l'Académie, sans toutefois qu'il l'ait rétracté explicitement.

Comme l'a dit spirituellement Trousseau, un grand nombre des académiciens partageaient tacitement l'avis de M. Ricord. « On le croit, mais il ne faudrait le dire que tout bas, comme les Romains de Tibère murmuraient dans les carrefours de la grande ville les nouvelles de Caprée. »

Grâce à ces faits, grâce à Viennois (de Lyon) et à M. Depaul, qui eurent le courage de porter, l'un devant l'opinion publique, l'autre à la tribune académique, le triste bilan de la syphilis vaccinale, celle-ci est admise par presque tous les médecins. M. Bousquet résiste encore, et il reste si convaincu qu'il a pu dire : « M. Husson, notre glorieux prédécesseur, n'en a jamais vu; je n'en ai jamais vu; M. Depaul lui-même n'en a jamais vu, et je me plais à lui prédire qu'il n'en verra jamais. » Hélas ! nous verrons plus loin que le vaccin de l'Académie lui-même n'a pas conservé cette pureté immaculée que M. Bousquet se plaisait à lui prédire.

10° *Faits du docteur Quarenghi* (1), 1862. — Le 15 mai 1842, M. Quarenghi vaccina, près de Bergame, six enfants avec des pustules vaccinales d'une petite fille qui, au dire des mères, avait une éruption à la peau le jour de la vaccination. Cinq enfants sur six, dont l'âge variait entre quatre et onze mois, eurent aux points vaccinés des ulcères indurés. Des symptômes généraux (roséole, plaques muqueuses) se montrèrent ultérieurement. Chacun de ces enfants contagionna sa propre famille. Le premier, âgé de cinq mois, Catherine L..., infecta sa mère et successivement deux autres nourrices qui lui donnèrent accidentellement le sein. Chez les trois femmes, ce fut le même accident, chancre induré du mamelon avec adénite axillaire. Une de ces deux nourrices infecta deux enfants en leur donnant à teter, le sien d'abord et un second enfant qu'elle allaita par hasard (chancre céphalique). Enfin Catherine L..., à l'âge de onze mois, infecta sa sœur âgée de vingt ans. Cette dernière donnait à manger à sa petite sœur avec la cuiller, et cet instrument a servi de voie de propagation.

Le deuxième vacciné infecté est Dominique T..., âgé de

cinq mois. Il infecta sa mère (chancre du mamelon). Plus tard arrivent les accidents secondaires. Après cette époque, infection du mari; ulcère au pénis, bubon inguinal.

Le troisième, Mathieu M..., âgé de huit mois. A l'ulcération du bras succèdent, trois mois après, des plaques muqueuses. Il infecta sa mère (chancre du mamelon); plus tard, plaques muqueuses du vagin et des grandes lèvres. Après cette époque, chancre du pénis chez le mari, adénite indolente.

Le quatrième vacciné est une fille de deux ans; elle infecte sa mère (chancre du mamelon); cette dernière infecte le mari (chancre de la verge); un frère de l'enfant, âgé de quatre ans, faisait manger sa sœur avec sa cuiller, il est infecté (chancre de la lèvre).

Le cinquième est Joseph V..., âgé de neuf mois. Il infecte la nourrice (le mari n'eut rien) et le fils de la nourrice par un instrument de ménage. La mère venant d'accoucher, réclame son enfant pour lui donner le sein. Le mari eut la syphilis à son tour.

Le sixième enfant est resté indemne.

En tout, vingt-trois victimes dont quatre morts.

Le 23 mai 1862, le cinquième, J. V..., sert à vacciner neuf enfants, qui restent indemnes. Le 31 mai, un de ces neuf enfants, Ch. P..., sert à en vacciner trois autres qui demeurent indemnes.

M. Adelasio fait suivre ce fait d'un autre analogue. Vaccinifère syphilitique. Deux vaccinés, ulcères primitifs après trente-cinq jours, syphilis constitutionnelle ultérieure. Une des mères devient syphilitique.

11° *Cas de Béziers* (1). — Vaccinifère atteint de syphilis héréditaire. Deux vaccinés. La pustule du vaccinifère saigne au moment de faire la sixième piqûre au deuxième vacciné. Celui-ci a au niveau de cette sixième piqûre un chancre au vingt-deuxième jour, puis une syphilis. L'autre vacciné n'eut rien d'anormal.

On comprend, qu'après l'exposé de ces faits, M. Depaul ait dit à la tribune de l'Académie : « L'expérience est complète, et au lieu de ce doute qu'on aimerait à proclamer, il faut savoir accepter la vérité quelque triste qu'elle soit; il est temps de placer, à côté des faits déjà trop nombreux que possède la science, un signal qui éveille l'attention de tous et nous fasse éviter de nouveaux malheurs. »

D'ailleurs, d'autres faits que nous ne faisons que citer vinrent grossir cette liste déjà si longue.

12° *Observation de M. Viani* (2). — Un enfant syphilitique sert à vacciner un oncle et une tante de cet enfant. Après la chute des croûtes vaccinales, accident primitif des bras et syphilis constitutionnelle chez l'oncle et la tante.

13° *Une observation de M. Rodet*, de Lyon, en tout semblable aux précédentes.

14° *Deux faits de M. Marone* (de Lupara) (3). — L'une de ces observations est remarquable, parce que le vaccin qui donna la syphilis avait été recueilli dans un tube sur un enfant syphilitique. Ce tube vaccinifère servit à vacciner un grand nombre d'enfants parmi lesquels vingt-trois furent syphilisés. Un d'eux servit de vaccinifère, onze enfants furent contaminés. Plusieurs enfants succombèrent. Onze nourrices

---

(1) Voy. *De la syphilis vaccinale, etc.*, p. 12 et 303. Exposé complet.

(1) *Syphilis vaccinale*, p. 14.
(2) *Syphilis vaccinale, etc.*, p. 106 et 237.
(3) *Syphilis vaccinale, etc.*, p. 108.

infectées par ces enfants, infectèrent accidentellement d'autres nourrissons, etc.

15° *M. Bouvier* (1) signale à l'Académie des faits analogues cités par M. Auzias, et un cas nouveau dont l'observation a été prise dans son service par son interne, M. Morax.

Malgré ces faits si concluants, si précis, l'Académie n'osa suivre son rapporteur, M. Depaul, dans la voie où il s'était courageusement engagé. On vota des remercîments au rapporteur, mais on ne voulut pas aller jusqu'aux conséquences logiques à déduire de ces faits. Il faut dire aussi que les moyens prophylactiques que M. Depaul proposait d'opposer à la syphilis vaccinale étaient alors bien insuffisants.

16° Mais si l'Académie se réservait, les accidents continuèrent à se multiplier, et malgré la prédiction de M. Bousquet, à l'Académie même, sous les yeux de M. Depaul. Voici en quels termes M. Depaul (2) a rapporté ce triste accident :

Le 19 août 1865, un confrère de Paris envoyait à l'Académie, pour y être vacciné, son neveu, jeune homme de vingt-sept à vingt-huit ans. Je ne pus venir à l'Académie ce jour-là et les vaccinations se firent en mon absence. Je pensais que tout s'était passé normalement, lorsque je fus averti que ce jeune homme était atteint de syphilis vaccinale. MM. Millard, Hardy, Ricord, soignèrent ce malade qui guérit difficilement.

Plein d'inquiétude pour les autres vaccinés, je courus aux informations; j'appris que ce jour-là on avait employé le virus de deux vaccinifères avec lesquels on avait inoculé quelques enfants et quelques soldats. Grâce aux renseignements qui avaient été recueillis par M. Lanoix, je vis les enfants qui étaient atteints de syphilis, deux moururent. Quant aux soldats, un jour, je reçus du Val-de-Grâce une lettre qui me priait de venir examiner des soldats atteints de syphilis vaccinale. Trois présentaient des ulcérations caractéristiques des ganglions, etc.; j'eus la certitude en les interrogeant que c'étaient bien trois des soldats vaccinés à l'Académie le même jour que le jeune homme et les enfants en question.

Le premier des deux vaccinifères, qui avaient fourni le virus inoculé ce jour-là, était parfaitement bien portant, c'était lui qui avait servi à la vaccination de la plupart des soldats.

Quant à l'autre enfant, je ne pus le voir, il était mort le lendemain du jour de la vaccination. Quand j'entrai chez sa mère, elle me dit ces mots que je cite textuellement : « Est-ce qu'il aurait donné du mal aux autres ? » Cette femme avait mis son enfant en nourrice, elle avait dû le reprendre, parce que cette nourrice avait une affection vénérienne. L'enfant avait des taches, des boutons, des ulcérations aux aines et aux parties génitales.

Pour M. Depaul, il était syphilitique.

M. Guérin (3) cherche à invalider ce fait, parce que des vaccinifères, l'un était bien portant et l'autre n'a pas été vu par un médecin. Mais on se demande comment M. Guérin explique la simultanéité de ces syphilis à accident primitif brachial, chez des sujets n'ayant eu tous qu'un seul moment commun dans leur vie, celui de la vaccination. Enfin ces malades ont été vus par MM. Millard, Hardy, Ricord ; le diagnostic a été le même. M. Ricord, dont ce fait contrariait les

doctrines et les déclarations antérieures, n'a-t-il pas eu la loyauté d'en reconnaître la signification ?

Pour nous, nous ne pouvons pas lui donner une interprétation autre que celle que lui a attribuée M. Depaul.

17° *Faits du Morbihan.* — En 1866, l'Académie de médecine fut informée par les docteurs Denis et Closmadeuc que plus de cent enfants auraient été atteints de syphilis vaccinale dans le département du Morbihan.

Une sage femme (1) du bourg de Grandcamps (arrondissement de Vannes) reçoit le 20 mai 1866, de la préfecture, du vaccin *sur plaque.*

Le 21 du même mois, deux enfants du nom de M... et de N..., paraissant jouir tous les deux d'une excellente santé, sont inoculés avec ce vaccin. Huit jours après, la même sage-femme prend du vaccin sur le bras de N... et l'inocule à une troisième enfant, Françoise R..., âgée de trois mois, forte et en apparence très-bien portante. Comme il devait servir à de nombreuses vaccinations, on fit six piqûres à chaque bras, qui donnèrent lieu à autant de pustules vaccinales. Le 3, le 4 et le 5 juin, la sage-femme, suivie de cette enfant, se transporta dans plusieurs communes et fit de nombreuses vaccinations (plus de 80). Le 12 juin, deux enfants de cette première série, B... et A..., servirent à de nouvelles inoculations qui donnèrent les mêmes résultats malheureux. Le 9 juillet, MM. Closmadeuc et Denis purent réunir trente enfants appartenant à ces deux séries, et tous leur présentèrent des accidents primitifs et secondaires bien caractérisés.

MM. Depaul et Roger furent délégués par l'Académie pour aller examiner cette nouvelle épidémie de syphilis vaccinale. Leur visite eut lieu le 19 août, c'est-à-dire plus de deux mois et demi après les vaccinations. Voici les conclusions de leur rapport (2) :

1° Plusieurs des enfants soumis à notre examen étaient bien réellement atteints de syphilis secondaire.

2° Il nous paraît impossible d'expliquer leur contamination autrement que par la vaccination, et ce sont bien là des cas de syphilis vaccinale que nous avons eus sous les yeux.

3° Quant à l'origine du virus syphilitique, il nous paraît très-probable que c'est dans le liquide vaccinal, envoyé par la préfecture de Vannes, qu'il faut le placer.

Sur une observation de M. Ricord, les auteurs du rapport ajoutent, à leurs conclusions, qu'ils ont constaté non-seulement l'existence d'accidents secondaires, mais encore celle d'accidents primitifs sur la plupart des enfants.

On a fait à ce rapport deux ordres d'objection. M. Guérin rapproche de ces faits d'autres arrivés dans d'autres localités du même département, observés par M. Fouquet. D'après ce médecin (3) : « 1° Il y a eu chez d'autres vaccinés du Morbihan des accidents analogues à ceux signalés par M. Depaul : pustules très-enflammées, volumineuses, excavations profondes, éruptions volumineuses, etc. ; 2° ces accidents n'avaient pas d'origine impure et n'offraient rien de suspect, bien que les caractères signalés par ce médecin eussent la

<hr>

(1) *Syphilis vaccinale, etc.*, p. 172.
(2) *Gaz. des hôpitaux*, 1867, p. 418.
(3) *Gaz. méd.*, 1869, p. 381.

(1) *Gaz. hebd.*, 1866, p. 728.
(2) On trouvera dans la thèse de M. Bourdais, Paris 1869, un tableau comprenant l'examen de soixante-trois enfants et les observations de MM. Denis et Closmadeuc, Depaul et Roger, et enfin de M. Bourdais, juin et juillet 1869.
(3) Guérin, *Gaz. hebd.*, 1869, p. 360.

plus grande analogie avec ceux réputés syphilitiques par M. Depaul. »

M. Blot avait déjà signalé les caractères de pseudo-chancre que le vaccin pouvait prendre dans certains cas de phagédénisme vaccinal (1). M. Lalagade avait publié des cas de pemphigus non syphilitique pouvant induire en erreur. Mais les faits du Morbihan ne sont pas des pseudo-syphilis.

On concevrait cette supposition si MM. Depaul et Roger n'avaient vu que des accidents primitifs et des ganglions axillaires indurés. Mais comment admettre une erreur quand il y a eu éruptions générales, plaques muqueuses, etc.

Enfin, M. Bourdais fit en 1869, c'est-à-dire trois ans après les accidents, une contre-enquête. Celle-ci, à sa grande surprise, ne lui montra pas les accidents tertiaires qu'il comptait rencontrer. M. Bouchardat prit en main la défense de cette objection. Mais en lisant la thèse de M. Bourdais, on voit qu'il est loin d'être affirmatif, il signale les accidents qui ont revêtu tous les caractères de la syphilis primitive et secondaire (p. 25), il ne les nie pas, il les confirme, et il s'étonne seulement qu'après un traitement nul ou incomplet, il ne se soit montré, à part un cas douteux, aucun des accidents désignés sous le nom d'accidents tertiaires.

C'est en effet un point important, et il semble difficile même à M. Bourdais de nier l'interprétation donnée par MM. Depaul et Roger; je pense que ces faits sont de nature à faire ouvrir sur les caractères de la syphilis infantile une enquête pour compléter les notions que nous possédons actuellement. Nous ne pouvons entrer dans la discussion de cette question; disons seulement que généralement bénigne d'après M. Roger, la syphilis infantile acquise non héréditaire est grave au contraire d'après M. Ricord.

Nous pouvons donc conclure de ces faits : par l'opération de la vaccination, on peut inoculer la syphilis. Cette inoculation est loin d'être aussi·rare que l'Académie avait paru le penser en 1865, aussi prodigieusement rare que le disait Trousseau. Car aux faits que nous avons cités, nous aurions pu en joindre quelques autres, que l'on trouvera cités dans les discussions de 1865, 1867, 1869 à l'Académie de médecine.

Toutefois, il est parfaitement exact que dans un grand nombre de cas, je dirai presque dans l'immense majorité des cas, un vaccinifère syphilitique ne donne pas la syphilis à ceux qu'il a servi à vacciner. Les expériences anciennes de Husson, Bousquet et tant d'autres le prouvent. Les observations que nous avons citées confirment ces faits, puisque sur un certain nombre d'individus vaccinés, on en trouve toujours quelques-uns qui ont échappé à la contagion syphilitique.

Pourquoi cette immunité pour les uns, cette contagion pour les autres ? Lorsque l'on pratique une vaccination, la lancette qui prend le virus-vaccin se charge de vaccin et le plus souvent d'une petite quantité de sang. Lorsqu'il y a plusieurs vaccinations sur un seul bouton, celui-ci saigne presque toujours, de plus l'examen microscopique du liquide vaccinal prouve qu'il contient toujours quelques globules sanguins. Nous nous en sommes personnellement assuré, les examens de MM. Robin, Chauveau, ne laissent aucun doute à cet égard. Puisqu'il est impossible de ne pas avoir du sang en même temps que du vaccin sur la lancette, il importe de déterminer si la contagion se fait par le sang ou par le vaccin.

L'inoculation du sang d'un syphilitique suffit en dehors de tout liquide vaccinal pour donner naissance à la syphilis. L'expérience l'a prouvé maintes fois.

Nous citons pour mémoire les expériences de l'anonyme du Palatinat, celles de Wallers, de Gibert, elles sont passibles de quelques objections, et comme il suffit d'une seule expérience probante, et nous ne rapporterons que la suivante que nous considérons comme inattaquable.

En 1860, M. Pellizari de Florence (1) eut occasion d'exposer dans une leçon la question de la syphilis vaccinale, et insista sur l'opinion de l'École médicale de Lyon qui a tant fait pour la connaissance de la transmission de la syphilis vaccinale. Cette école professe que le liquide vaccinal est incapable de donner la syphilis, que c'est le sang seul qui est le véhicule du virus. Après la leçon, MM. les docteurs Billi et Sébastien Testi prièrent M. Pellizari d'expérimenter sur eux l'inoculation du sang d'un syphilitique. Leur intention étant restée inébranlable malgré les remarques du professeur, l'expérience eut lieu (nous verrons plus loin les détails) les résultats furent négatifs, il ne se développa aucun accident de syphilis.

L'année suivante, après une leçon sur le même sujet, trois médecins MM. Gust, Bargioni, H. Rosi, Henri Passigli se firent de nouveau inoculer. Les deux derniers n'eurent rien M. Bargioni fut syphilisé. Voici les détails de l'expérience :

La femme dont M. Pellizari prit le sang était âgée de vingt-cinq ans, enceinte de six mois. L'accident primitif remontait à cinquante jours avant l'entrée à l'hôpital. Dans le service on constata qu'elle avait des papules muqueuses très-confluentes et sécrétant beaucoup aux parties génitales. L'une d'elle correspondant au siége de l'accident primitif avait une base franchement indurée. Il existait aussi des papules muqueuses au pourtour de l'anus, et des glandes dures, grosses et indolentes aux aines. De plus, la peau du tronc était le siége d'un érythème assez confluent, il y avait des adénopathies du cou, des pustules cunéiformes du cuir chevelu.

Aucun traitement n'avait été fait.

On pratiqua une saignée de la veine céphalique au pli du bras droit, aucune manifestation n'existait dans cette région, qui fut préalablement lavée. Tous les instruments dont on se servit étaient absolument neufs. Le sang à peine extrait, on en imbiba un plumasseau de charpie, que l'on appliqua au docteur Bargioni à la région supérieure et externe du bras gauche, au niveau de l'insertion du deltoïde, où l'on avait enlevé l'épiderme et fait trois incisions transversales.

La même chose fut pratiquée aux docteurs H. Rosi et H. Passigli. Seulement le sang était déjà coagulé.

Vingt-quatre heures après, ablation de la charpie.

L'inoculation avait été faite le 6 février 1862; le 3 mars au matin, le docteur Bargioni nota une petite élevure un peu prurigineuse. Il y avait une petite papule arrondie, rouge foncé; aucune induration de la papule, rien dans les ganglions. Application de linge cératé sur la papule. Huit jours après, la papule avait la dimension d'une pièce de 20 centimes. Puis elle se recouvre d'une squame; le 14, dans l'aisselle deux glandes grosses comme une noisette, mobiles et indolentes. Le 21, la squame devient une vraie croûte recouvrant une surface ulcérée, légère induration à la base. Les jours suivants l'ulcère s'étend, sa base s'indure, les glandes

---

(1) *Syphilis vaccinale*, 1865, p. 47.

(1) *Gaz. méd. de Lyon.* Traduction de M. Corporandi.

deviennent dures, grosses, indolentes. Le 12 avril, érythème cuivré typique, adénopathie cervicale, etc. Depuis lors, la syphilis a suivi sa marche normale.

Les docteurs Rosi et Passgili n'eurent aucune manifestation syphilitique.

Cette expérience faite en présence de nombreux docteurs ne laisse aucun doute. Le sang d'un syphilitique peut être inoculé avec succès chez un individu sain.

Mais nous tenons à montrer que dans certains cas la transmission par le sang n'a pas besoin, pour réussir, d'être entourée de soins si minutieux. En dehors de toute tentative expérimentale, le hasard en a donné la preuve à M. Lorain. Une femme de son service, vaccinée sur une génisse, fut atteinte de syphilis vaccinale. Comment s'était fait la transmission ? Probablement par l'intermédiaire d'une des autres femmes qui furent vaccinées dans la même séance.

Syphilis vaccinale après vaccination sur une génisse (1). — H. F., femme A., couturière, âgée de vingt-deux ans, est entrée le 10 janvier 1866, à l'hôpital Saint-Antoine, service de M. Lorain ; elle est atteinte d'une fièvre typhoïde.

Le 12 janvier, la variole sévissant dans les salles, on fit une vaccination en masse. Une quinzaine de femmes furent revaccinées ce jour-là dans la salle Sainte-Adélaïde. Le médecin vaccinateur procéda en la forme ordinaire : la génisse fut apportée dans la salle même ; le vaccin fut recueilli sur la lame d'une lancette, et le médecin se transportant auprès du lit des malades, les vaccina successivement en trempant à chaque fois son aiguille dans le vaccin déposé sur la lancette. Nous ignorons si pendant cette séance, il renouvela une ou plusieurs fois sa provision de vaccin. Ainsi dépôt commun de virus-vaccin, dans lequel on plonge l'aiguille après chaque nouvelle piqûre vaccinale.

Parmi les femmes vaccinées le 12 janvier, dans la salle Sainte-Adélaïde, existait-il un sujet syphilitique ? Cela est probable : on pourrait à la rigueur admettre que la lancette du vaccinateur avait été contaminée avant son entrée dans la salle, car la vaccination avait lieu ce jour-là dans tout l'hôpital. On a cherché deux mois après si à la date du 12 janvier, des cas de syphilis existaient dans cette salle, on n'a pu faire la preuve du fait. Mais on sait que chez les femmes surtout, l'existence de la syphilis échappe facilement au médecin. Le docteur Lorain avait l'habitude de ne pas désigner pour la vaccination générale les sujets syphilitiques, lesquels étaient vaccinés à part et après les autres par l'interne du service. Quoi qu'il en soit, il a pu se trouver dans la salle une femme infectée de syphilis parmi les sujets qui furent vaccinés le 12 janvier.

La femme A., placée au n° 22 dans une salle de 24 lits, fut vaccinée la dernière. On lui fit trois piqûres à chaque bras. Une pustule seulement se développa sur chaque bras. A gauche, cette pustule accomplit son évolution normale et a donné lieu à une cicatrice présentant les caractères ordinaires. Cette femme avait été vaccinée avec succès dans son enfance. La pustule développée sur le bras droit suivit une marche différente. Cependant la fièvre typhoïde avait plongé cette malade dans une stupeur profonde ; elle eut une péritonite, on oublia la vaccination pour ne songer qu'à la fièvre typhoïde.

____

(1) Voyez l'observation *in extenso* dans la thèse de M. Fourchault, Paris, 1866, p. 43.

Plus tard vers le 15 mars, la fille de salle savait qu'au bras droit il y avait une plaie, suite de la vaccination. Mais ce ne fut qu'à la fin de mars que l'attention de M. Lorain fut appelée de ce côté. Il trouva une plaie présentant la forme d'un *ulcus elevatum*, presque ronde, ayant le diamètre d'une pièce de 50 centimes et située précisément au point où avait été faite la vaccination.

Le 21 avril, la malade étant en pleine convalescence, on s'aperçut qu'elle présentait sur toute la peau une éruption indolore, sans prurit, sans fièvre, légèrement cuivrée (suit·la description). C'était une roséole syphilitique sans aucun doute possible. L'ulcère du bras tendait vers la cicatrisation, un gros ganglion indolore, du volume d'une aveline, existait dans l'aisselle. Aucune trace d'ulcération ou de cicatrice sur la bouche, la gorge, l'anus, les organes génitaux externes et internes de cette malade, ni de son mari.

La syphilis suivit d'ailleurs son cours normal.

Cette malade fut examinée pas tous les médecins de l'hôpital Saint-Antoine, par M. Depaul, par M. A. Fournier, par M. Siredey, par nous-même. Personne ne conçut le moindre doute sur le diagnostic de syphilis vaccinale.

Nous regrettons que M. Depaul n'ait pas porté ce fait à la tribune académique parce qu'il est très-démonstratif. Il montre : 1° que du sang pris sur un sujet syphilitique peut transmettre la syphilis par inoculation à un autre sujet. (On ne pouvait accuser le vaccinifère, puisque c'était une génisse.) 2° Qu'en supprimant le vaccinifère humain et en le remplaçant par un vaccinifère animal, on ne supprime qu'une des sources possibles du danger. Il reste les individus intermédiaires, vaccinés les premiers, qui peuvent infecter les derniers vaccinés.

Nous verrons que ce second danger peut être supprimé comme le premier, en étudiant la prophylaxie de la syphilis vaccinale.

Ainsi, il nous semble incontestable que la syphilis peut être transmise par le sang. Cette opinion, qui a été brillamment défendue par M. Viennois, n'a pas été tout de suite acceptée, on lui a opposé les cas dans lesquels des inoculations de sang syphilitique n'avaient pas donné de résultat positif. Mais des expériences négatives ne peuvent en infirmer d'autres aussi positives que les précédentes.

Puisque le liquide vaccinal renferme toujours quelques globules sanguins, même lorsqu'il semble le plus pur, puisqu'il est impossible de l'en débarrasser entièrement, comment expliquer, si le sang est virulent, que des vaccinations faites par Husson, Bousquet, Delzenne, etc., en prenant pour vaccinifère un sujet syphilitique n'aient, jamais donné la syphilis ? Comment expliquer que dans les cas que nous avons analysés plus haut, tous les vaccinés n'aient pas été syphilisés ? Faut-il admettre avec Trousseau que cela dépend de la réceptivité de l'individu vacciné ? Ou plutôt ne devons-nous pas admettre qu'il y a là surtout une question de quantité. Cette opinion, qui n'a pas reçu un accueil favorable à l'Académie me semble pourtant *presque* démontrée par les expériences de Chauveau sur le virus-vaccin. Pour que ce virus s'inocule, il faut que l'on en porte sur la lancette une certaine quantité. Nous rapportons plus loin ces expériences. On peut accepter comme probable que ce qui est vrai pour le virus-vaccin, l'est aussi pour le virus syphilitique ayant le sang pour véhicule.

Ajoutons que quelques questions restent encore à l'étude. Le sang de malades atteints de syphilis est-il contagieux pen dant toute la durée de la syphilis ou pendant quelques périodes ? Et dans ce dernier cas, pendant quelles périodes ? Nous l'ignorons absolument.

BROUARDEL.

Médecin des hôpitaux,
Professeur agrégé à la Faculté de médecine de Paris.

— La fin prochainement. —

COLLÉGE DES MÉDECINS DE LONDRES

LECTURES CROONIENNES

M. BENCE JONES

de la Société royale de Londres

Matière et force (1)

II

DES DEUX PREMIÈRES PHASES DE NOS IDÉES SUR L'UNION DE LA MATIÈRE PONDÉRABLE ET DE LA FORCE, DANS LES SCIENCES BIOLOGIQUES.

> « Et la matière, quelle qu'elle soit, doit être tenue pour ornée, munie et formée de telle façon que toute vertu, toute essence, toute action et tout mouvement naturel en soient la conséquence et l'émanation. » (BACON.)

Je devrais m'excuser comme je l'ai fait une fois déjà, car je vais commencer cette lecture par quelques paroles de sagesse qui pourront surprendre dans cette salle ; et pourtant ce sont des paroles auxquelles je veux vous demander d'attacher la plus grande importance, au point de vue du sujet qui nous occupe. Si l'on en juge par le nombre et la valeur de ses travaux, Faraday a été le plus grand physicien que l'Angleterre ou même le monde ait produit ; c'était peut-être en même temps un des hommes les plus religieux qui aient jamais vécu. Dans ses manuscrits, qui m'ont été communiqués après sa mort, j'ai trouvé ce passage : « Mais, quoique la nature, qui est l'œuvre de Dieu, ne puisse jamais, en aucune façon se trouver en contradiction avec les choses plus élevées de la vie future, quoiqu'elle doive, avec tout ce qui dépend de lui, servir toujours à sa gloire, cependant je ne crois pas du tout qu'il soit nécessaire de lier l'étude des sciences naturelles à celle de la religion ».

Ce que j'ai dit dans ma dernière lecture semble prouver que nos idées sur l'union de la matière et de la force dans les sciences d'où l'idée de vie est exclue, n'ont fait que marcher en avant avec les progrès de nos connaissances.

Soit que nous considérions l'histoire de la science en général, ou que nous la prenions dans tel ou tel esprit en particulier, la même succession d'idées caractérise les pas qu'elle fait en avant. D'abord, on considère les idées de matière et de force comme complétement séparables; puis on les regarde comme incomplétement séparables ; puis enfin on les déclare complétement inséparables l'une de l'autre.

Quand l'idée de la vie est exclue, l'état actuel de nos idées sur l'union de la matière et de la force peut se résumer dans les formules suivantes : — Partout où il y a de la matière, il y a nécessairement de la force, à l'état de mouvement, de tension ou de résistance; — sans matière, il n'y a ni mouvement, ni tension, ni résistance.

Si nous considérons maintenant la matière et la force dans

(1) Voyez notre numéro du 4 décembre dernier, ci-dessus, page 1.

les sciences qui admettent l'idée de vie, nous nous demanderons quelle est l'histoire des progrès de nos idées sur l'union de la matière vivante et de la force vitale.

Dans l'étude des sciences biologiques en général, ou des connaissances biologiques de chaque individu, pouvons-nous reconnaître les trois phases déjà signalées ? Y a-t-il eu dans nos idées séparation d'abord complète, puis partielle seulement, entre la matière vivante et la force vivante ? S'est-il produit aussi une troisième phase dans laquelle il y a inséparabilité complète de l'idée de matière et de celle de force ? Nos connaissances biologiques ont-elles passé, ou sont-elles en train de passer par ces trois phases ? Les sciences biologiques marcheront-elles sur les traces de toutes les autres sciences? Partageront-elles avec les autres l'étendue et la rapidité des progrès que doivent amener des idées plus claires et mieux liées sur la matière et la force ?

Avant de poursuivre, permettez-moi de déclarer de la manière la plus nette que ce que je vais dire de la vie s'applique non-seulement à l'homme, mais encore, avec la même vérité, à tous les êtres animés, jusqu'aux infusoires mêmes et aux protozoaires ; je vais même plus loin, et je l'applique à toute l'étendue du règne végétal, dans lequel aucun effort d'imagination ne saurait faire supposer l'existence de la raison, de l'esprit, de l'âme.

Dans cette enceinte du moins, entre médecins, nous n'avons pas à craindre d'être mal compris, par suite de quelque confusion entre l'idée de la vie et celle de l'âme immortelle. Et, quoique ces idées soient en général très-souvent confuses et indistinctes, la question de l'existence de l'âme immortelle ne peut jamais, du moins pour les médecins, avoir rien de commun avec celle de savoir si un esprit vital particulier peut s'unir temporairement à la matière du corps ; ou si un fluide vital impondérable peut se répandre temporairement dans la matière du corps ; ou enfin, si une forme particulière de mouvement de la matière du corps est tout ce que nous pouvons reconnaître comme constituant la vie.

I. — Occupons-nous donc de la phase primitive des idées sur l'union de la matière et de la force vitale.

Dans les plus anciens livres des Hébreux, nous trouvons, entre la matière végétale ou animale et la vie, la même séparation qu'entre la matière terreuse ou aqueuse et la lumière. C'est dans le plus élevé de tous les êtres organisés que la séparation entre la matière et la force est le plus clairement indiquée.

Nous lisons que l'homme fut fait de poussière, et qu'*ensuite* Dieu répandit sur son visage un souffle de vie. C'est là probablement l'idée la plus ancienne qui existe sur la nature de la force vitale. C'était quelque chose d'ajouté à la matière de l'homme complétement formé. Le corps était sans force jusqu'à ce que la vie lui fût donnée. L'idée de force est clairement séparable de l'idée de corps, tout comme l'idée de lumière était distinctement séparable de l'idée de soleil. Voilà donc la plus ancienne expression de la première phase d'idées sur l'union de la matière et de la force. On voit qu'elle admet la possibilité d'une séparation complète de la matière et de la force vivante.

Si le livre de la Genèse est une révélation de la science physique, faite à l'homme par le Tout-Puissant, alors l'existence d'une force vitale, séparée du corps complétement formé, est une vérité à laquelle nous devons croire ; mais si ce livre, au point de vue scientifique, ne représente que l'état des connaissances à l'époque où il fut écrit, comme nous le prouvent les faits qu'il rapporte en contradiction avec la révélation que le Tout-Puissant nous présente dans ses œuvres (1); alors, quelque intérêt que nous inspire le plus ancien monument des connaissances scientifiques, nous ne pouvons lui accorder aucune valeur au point de vue de la science, quand il s'agit de déterminer les rapports véritables de la matière et de la force vitale.

Les premiers Indous considéraient l'âme humaine, ou la vie, comme une partie de l'Être suprême, une étincelle du feu, une partie du tout. Ils croyaient qu'après la transmigration l'âme est de nouveau absorbée par l'essence divine ; que les puissances vitales et les éléments dont le corps se compose sont absorbés d'une façon complète et absolue. Le nom et la forme cessent à la fois d'exister, et l'immortalité, sans membres ni parties, commence dès lors (2).

Le brahme de l'ancienne religion, et le bouddhiste de la religion nouvelle rejetaient entièrement l'idée de l'immortalité personnelle de la substance du corps ; mais ils différaient complétement sur l'idée de l'état définitif de l'esprit séparé du corps. Dans la religion nouvelle, Nirvana, ou l'anéantissement complet, était la fin dernière de l'esprit humain.

Les idées des Égyptiens sur la matière étaient différentes. « La conservation du corps était indispensable à la force et au bonheur de l'âme ; aussi embaumaient-ils les corps, afin que l'esprit eût quelque chose pour le soutenir. En vertu de la force que donnait à l'esprit cette union avec la cause première de sa vitalité, l'âme continuait une existence analogue à son existence première ; elle n'avait plus de corps, mais elle était toujours associée à son ancienne demeure, et vivait mystérieusement de sa vie ». (*Hardwick*, vol. II, p. 297.)

Les tombeaux et les pyramides servaient à protéger le corps tandis que l'esprit allait à Amenti, pour être jugé par Osiris : s'il était acquitté, il allait jouir d'une félicité permanente dans le soleil ; s'il était condamné, il retournait sur la terre, sous la forme de quelque animal.

Une partie importante de la religion égyptienne était le culte des morts. Les Égyptiens priaient les auteurs de leurs jours. Ils ensevelissaient avec eux de la nourriture, des vête-

ments, et tout ce qui pouvait servir à la guerre, au travail et aux plaisirs. Ils faisaient même de l'esprit une substance matérielle particulière, et ne le considéraient pas comme une essence purement spirituelle.

Confucius prescrit aux Chinois d'honorer leurs parents pendant leur vie, et de leur offrir des sacrifices après leur mort. Les Chinois rendaient un culte à leurs ancêtres, comme à des êtres qui peuvent aider et conseiller les bons, et punir les méchants. Ils leur offraient des aliments, des vêtements, et même de la monnaie de papier doré.

Selon Confucius, le corps se compose de deux principes, l'un léger, invisible et tendant à monter ; l'autre grossier, palpable, et tendant à descendre : lorsqu'ils se séparent, la partie légère ou spirituelle s'élève dans les airs, tandis que la partie pesante ou corporelle s'enfonce dans la terre.

Les Grecs personnifiaient l'idée de la vie, et la confondaient avec le mouvement, la matière et l'esprit. Thalès croyait que l'ambre et l'aimant contenaient une âme vivante, un principe vital, parce que ces corps ont une force capable de produire le mouvement. Anaximène pensait que l'air avait une âme qu'il pouvait communiquer, et que c'était là la vie du corps. Héraclite d'Éphèse n'admettait pas de distinction entre le feu, la vie et l'âme. L'âme de l'homme, sa vie, était une partie émanée du feu universel ou de la raison universelle qui entoure le ciel, et gouverne tout. Démocrite soutenait que le principe vital et l'esprit sont absolument identiques.

Si nous considérons les croyances des sauvages, nous trouvons que les Maoris adorent leurs parents morts, parce que leurs esprits peuvent se venger et les faire souffrir, à la manière des sorciers. Le chef faisait ensevelir avec lui son arc et ses flèches, afin de pouvoir chasser et combattre pendant la nuit. Il devenait dieu, et combattait pour ses parents. Il était près d'eux dans les moments de tristesse, de danger et de privations. Les siens lui parlaient familièrement comme à un ami, lui offraient du bétel et du tabac ; il se montrait en personne, dans la maison sacrée, au chef vivant de la tribu.

Ce qui montre à quel point ils séparaient et personnifiaient leurs idées de force, c'est qu'ils attribuaient chaque maladie à un dieu différent, qui résidait dans la partie affectée.

Livingstone dit (page 642) que quelques-unes des tribus du sud de l'Afrique, non-seulement croient à la transmigration des âmes, mais encore pensent que les âmes de personnes encore vivantes peuvent passer dans le corps d'un lion, ou celui d'un alligator, puis revenir dans leurs propres corps.

Ainsi, dans l'Indoustan, en Égypte, en Chine, et parmi les tribus sauvages de la Nouvelle-Zélande et de l'Afrique, l'idée de la séparation du corps et de l'esprit était positivement admise. L'esprit d'un mort errait pendant quelque temps près de son tombeau ; il était satisfait ou mécontent des offrandes qui lui étaient faites. Au bout d'un certain temps, il commençait sa migration à travers les différentes formes de la matière auxquelles il devait être temporairement attaché.

A l'époque de la renaissance, la séparation complète des idées de vie et de corps était universellement admise.

Ainsi, Van Helmont considérait le corps comme contenant un esprit directeur ou *archœus*. Paracelse plaçait cet *archœus* dans l'estomac. Stahl enseignait que le corps, en tant que corps, n'a pas la faculté de se mouvoir ; il doit toujours être mis en mouvement par une substance immatérielle. La cause de toute activité, dit-il, est un être immatériel qu'il appelle l'âme.

Harvey (éd. 1766, page 294) a un chapitre intitulé : « *Ovum*

_____

(1) Voici les contradictions que présente le premier livre de la Genèse, avec la révélation donnée par Dieu dans ses œuvres ; ce livre déclare : 1° que la nuit, le jour et la lumière existaient avant le soleil ; 2° que l'obscurité est une substance comparable à la lumière ; 3° que la lune a sa lumière propre comme le soleil ; 4° que le firmament séparait l'eau de l'eau, ce qui veut dire qu'il y avait au-dessus des cieux des eaux semblables à la mer. Une cinquième contradiction se trouve dans les détails sur l'ordre et le temps de la création des êtres inorganisés et des êtres organisés. On retrouve des idées semblables ou même identiques chez d'autres nations et d'autres tribus, avant l'origine des connaissances naturelles. Il est absolument impossible d'admettre que celui qui sait tout ait fait à dessein une révélation inexacte, pour se mettre à la portée de l'ignorance des Hébreux.

(2) La doctrine de l'émanation donne naissance à celle de la transmigration. L'esprit humain peut s'unir aux formes les plus basses de la vie organique ; il peut monter par des naissances successives dans le corps d'une araignée, d'un serpent et d'un caméléon, jusqu'à ce qu'il soit jugé digne d'habiter une enveloppe humaine. Alors lui est offerte l'occasion de conquérir sa liberté ; et, selon la nature de ses actions, il montera sur-le-champ au rang des demi-dieux et des dieux, ou sera replongé dans les régions inférieures de la vie, pour repasser par une nouvelle série de naissances.

« Le but principal de la religion brahminique ou bouddhique, est de trouver le moyen d'empêcher de nouvelles transmigrations, de faire cesser l'existence corporelle, de délivrer l'âme du corps. » (*Hardwick*, vol. II, page 295.)

non esse opus uteri, sed animæ. » Considérant ce qui se passe dans l'œuf, il dit que nous devons être de l'avis du poëte :

> Spiritus intus alit, totamque infusa per artus
> Mens agitat molem.

Il nous mène, dans l'idée de la vie, bien au delà des cellules, des noyaux, de la matière germinale et du protoplasma, même jusqu'aux flatuosités quand il dit : « *Alibique, etiam flatibus vitam quamdam atque ortum et interitum inesse, arbitrantur.* » Il termine ainsi ce chapitre de l'œuf: « *Quibus rite pensitatis, propriam illi inesse animam concludimus.* »

A notre époque, c'est une croyance populaire qu'il n'y a pas de distinction entre la vie, l'esprit et l'âme de l'homme ; les trois sont confondus, les trois constituent un esprit immatériel unique, qui vient à la naissance et s'en va à la mort; c'est un être parfaitement séparable de la matière dont nous sommes faits.

Ainsi, dans les idées primitives de toutes les nations, et probablement de tous les individus, nous ne voyons aucun doute sur la séparabilité complète des idées de matière pondérable et de force vitale ; et la première phase d'idées dans les sciences biologiques est identiquement la même, que dans celles qui n'admettent point l'idée de la vie.

II. — De même que la seconde phase d'idées dans les sciences où l'on n'étudie pas la vie consiste à admettre l'existence d'une matière impondérable, que l'on considère comme séparable de la matière pondérable et diffusible dans cette matière, pour produire les phénomènes de la force dans toutes ses parties ; de même la seconde phase, ou séparation partielle des idées de force vivante et de matière, est marquée par l'hypothèse d'un gaz ou fluide vivant et impondérable, répandu dans la matière pondérable. Cette phase pourrait s'appeler la phase huntérienne, à cause de la réputation de l'homme qui l'a le plus soutenue en Angleterre.

Déjà Asclépiade et Galien parlaient de l'existence dans le corps d'une humeur subtile ou d'un esprit, qu'ils comparaient à l'air. Les tendances chimiques du xviiᵉ siècle firent supposer que c'était de l'acide sulfureux ou de l'acide nitreux ; puis, bientôt après, on le compara à un éther. Newton lui-même dit dans sa vingt-troisième question : « La vision ne résulte-t-elle pas des vibrations de ce milieu éthéré au fond de l'œil, propagées par le réseau solide des nerfs jusqu'au lieu de la sensation ? » et encore, dans la vingt-quatrième question : « Les mouvements des animaux ne s'accomplissent-ils pas par les vibrations de ce milieu appelé éther ? »

L'idée d'un fluide vital, d'une substance matérielle extrêmement subtile, volatile et énergique, — en d'autres termes, d'un fluide subtil et éthéré répandu dans tout l'organisme, et lui permettant de produire tous les phénomènes de la vie, — a été enseignée par Hofmann. Ce fluide impondérable a même été personnifié ou incarné, au point que l'on attribuait à chaque particule du fluide vital une idée déterminée du mécanisme et de l'organisme tout entier ; et, d'après cette idée, il formait le corps, et le conservait par son mouvement.

A mesure que l'idée d'un ou de plusieurs fluides électriques prit de la force, on rendit l'idée du fluide vital plus scientifique, en imaginant qu'il était semblable ou même identique au fluide électrique.

John Hunter nous dit : « Le principe vivant du sang est la *materia vitæ diffusa*, dont chaque partie d'un animal a sa part.

Cette matière est en quelque sorte répandue dans tous les solides et les fluides, en forme une partie constitutive nécessaire, et fait avec eux un tout parfait; elle leur donne la faculté de conservation ; leur permet de recevoir des impressions et d'agir les uns sur les autres, d'après leur construction particulière. »(*Œuvres de Hunter*, vol. III, page 115.) Il dit encore : « Le sang possède la *materia vitæ* tout aussi bien que les solides, ce qui entretient l'harmonie entre eux (page 115). »

Au lieu d'un seul fluide vital, d'un fluide impondérable *pour tout faire*, on a admis l'existence de plusieurs fluides vitaux, chacun chargé de son travail particulier. Le plus remarquable de ces fluides est le fluide nerveux. Glisson décrit le fluide vital des nerfs comme ressemblant à la partie spiritueuse du blanc d'œuf. Était-ce un carbonate d'ammoniaque ou de l'hydrogène sulfuré? c'est ce qu'il ne décide pas.

Cuvier même, dans l'introduction du *Règne animal*, dit : « Il est très-probable que c'est par l'intermédiaire d'un fluide impondérable que le nerf agit sur la fibre ; sans doute ce fluide nerveux vient du sang, et est sécrété par la moelle. »

Johannes Müller représentait l'agent nerveux comme entièrement différent de l'électricité ou de la lumière ; c'était, selon lui, ou une matière impondérable, ou bien les ondes d'un fluide qui pouvait, comme le fait l'électricité sur le cuivre, se mouvoir avec une vitesse de près de trois cent mille milles (482 000 kilom.) par seconde, ou, comme le fait la lumière dans l'éther, avec une vitesse de deux cent mille milles (321 000 kilom.) par seconde.

Les recherches de Helmholtz font voir que la vitesse de ce mouvement dans les particules matérielles d'un nerf sensitif ou d'un nerf moteur, n'est que de vingt-huit à trente-trois pieds par seconde (1).

En 1866 encore, le professeur Bain, dans une lecture faite à l'institution royale sur la corrélation de la force et de l'esprit, nous parle « d'un certain courant d'influence circulant dans les nerfs (2) ».

Un autre fluide vital très-remarquable était considéré comme un agent chimique, un principe élémentaire, une substance extrêmement raréfiée, qui, entre autres propriétés singulières et remarquables, avait celle de communiquer aux corps composant l'organisme de nouvelles affinités chimiques pour les éléments voisins; ainsi, il garantissait la fibre vivante de la destruction, en lui donnant d'autres propriétés qu'elle n'aurait pas eues sans cette vitalisation.

Citons, entre autres exemples, deux découvertes chimiques fort intéressantes, qui ne sont pas encore achevées, mais qui montrent d'une manière frappante combien d'actions dites vitales peuvent, avec le progrès de la science, être ramenées aux actions chimiques ou physiques ordinaires.

La première de ces découvertes se rapporte à la coagulation du sang. Hunter nous dit (vol. III, p. 113) : « Comme la coagulation du sang semble comparable à l'action de la vie sur les solides, nous allons étudier plus à fond ce qui se passe, et voir s'il est possible de détruire cette propriété de coagulation. Dans le cas de l'affirmative, nous chercherons ensuite si la vie des solides est détruite par les mêmes

---

(1) Voyez, sur ce sujet, une conférence de M. E. du Bois-Reymond dans notre tome IV, page 33, 15 décembre 1866, et deux leçons de M. Marey dans notre tome III, page 346, 21 avril 1866, et dans notre tome VI, page 61, 26 décembre 1868.

(2) Voyez cette leçon dans la *Revue des cours littéraires*, tome VI, page 722, 6 octobre 1869.

moyens, et si les phénomènes sont presque les mêmes dans les deux cas. »

« La coagulation, dit-il encore, est, à mes yeux, une opération de la vie, qui répond à la convulsion musculaire qui a lieu au moment de la mort. » — « Le sang perd le principe de coagulation, et, je le suppose, la vie (page 115). »

Alexandre Schmidt a découvert que la fibrine résulte du contact de deux substances albumineuses. Il donne à l'une le nom de fibrinoplastique, et à l'autre celui de fibrinogénique. La première est surtout abondante dans les globules rouges, le sérum du sang, le tissu cellulaire, et la cornée. La seconde se trouve dans les liquides exsudés, surtout dans le péricarde et le fluide de l'hydrocèle, dans la lymphe et le chyle. Quand ces deux substances se rencontrent dans un fluide, elles se combinent rapidement ou lentement, selon que chaque substance est plus ou moins abondante, et forment de la fibrine. L'action est plus rapide si la température est élevée, plus lente, si elle est basse.

Vous voyez ici ces deux substances. La *paraglobuline*, ou substance plastique, provient du sérum ou des globules du sang ; la substance fibrinogénique, du fluide du péricarde. Séparées, ces substances ne forment jamais de fibrine. Mélangées, elles la constituent rapidement, quoiqu'il y ait plusieurs heures qu'elles sont dans ces flacons.

Il faut donc renoncer à toute idée d'action vitale dans la coagulation du sang, quoiqu'il nous reste beaucoup à apprendre sur la chimie de ces substances, et surtout de la paraglobuline. C'est, selon le professeur Brücke (*Journal de l'Académie des sciences de Vienne*, 23 mai 1867), un mélange de deux corps, dont l'un agit comme substance fibrinogénique.

Ceux qui pensent encore que l'action vitale est pour quelque chose dans la coagulation du sang, soutiendront probablement que c'est le principe vital qui empêche l'action de ces deux substances l'une sur l'autre dans le sang qui circule, à l'état de santé.

La chimie dira bientôt pourquoi ces deux substances n'agissent pas toujours l'une sur l'autre, puisque toutes deux se trouvent dans le sang. Le plus probable, c'est qu'il existe une légère différence de composition entre ces substances dans le sang en circulation, et ces mêmes substances obtenues du sang qui a été extrait du corps. L'ozone agit rapidement sur la substance fibrinoplastique. La substance fibrinogénique aussi s'altère rapidement après s'être formée, de sorte qu'il est possible que la quantité nécessaire de ces substances n'ait pas le temps d'agir pour déterminer la production de caillots.

La seconde découverte, encore à l'état d'ébauche, que je veux vous soumettre, se rapporte à la digestion.

Dans le *Bridgewater Treatise*, le docteur Prout nous dit (p. 493) : « L'estomac doit avoir la propriété d'organiser et de vitaliser les différentes substances alimentaires. Il est impossible d'admettre que cette action de l'estomac soit une action chimique. C'est une action vitale, dont nous ignorons complétement la nature ».

Dans son ouvrage sur *les affections de l'estomac et des reins*, le même auteur ajoute : « La troisième fonction, celle de vitalisation, peut être quelquefois suspendue ou altérée. Ainsi, lorsque des individus en bonne santé prennent plus de nourriture que n'en exige l'économie, il y a lieu de croire que, quelque parfaite que soit la dissolution et la transformation de la partie superflue des aliments, afin qu'elle puisse traverser le système sans produire de désordres graves, il y a,

dis-je, lieu de croire que la vitalisation ne s'effectue pas. Sans doute, ces matières superflues finissent par être éliminées, soit avec la bile, soit sous forme de lithate d'ammoniaque dans l'urine. » En un mot, les urates qui se trouvent en excès dans l'urine après un repas copieux peuvent provenir d'un manque d'action vitale.

Quelques recherches récentes de Kühne sur l'action du pancréas (*Archives de Virchow*, vol. XXXIX, p. 130), me semblent répondre à la question soulevée au sujet des aliments albumineux, dont une partie est éliminée par l'urine sous forme d'urates, tandis que la plus grande partie reste dans le sang sous forme d'albumine.

Kühne fait voir que les substances albumineuses et fibrineuses, soumises à l'action continue du suc pancréatique, donnent naissance à de la tyrosine, à de la leucine, et à une substance analogue à l'aniline, en bien plus grande quantité que lorsqu'on fait fondre de l'albumine avec de la potasse, ou qu'on la fait bouillir avec de l'acide sulfurique, ou enfin qu'on la laisse se décomposer.

Il semble très-probable que, toutes les fois que l'on prend des aliments albumineux en excès, alors, par suite du ralentissement de l'absorption, une partie de ces aliments reste longtemps soumise à l'action du suc pancréatique ; cette action prolongée du suc pancréatique sur l'albumine produit des substances susceptibles de donner de l'acide urique d'une manière plus ou moins immédiate. Le tableau suivant montre le rapport de quelques-unes de ces substances :

$$\text{Tyrosine} = C^9\,H^{11}\,N\,O^3$$
$$\text{Créatine} = C^4\,H^9\,N^3\,O^2$$
$$\text{Leucine} = C^6\,H^{13}\,N\,O^2$$
$$\text{Ac. uriq.} = C^5\,H^4\,N^4\,O^3$$
$$\text{Urée} = C\,H^4\,N^2\,O$$

Si l'on considère la proportion relative de carbone que contiennent ces substances, la tyrosine est un produit de l'albumine d'un degré supérieur à celui de la leucine, de l'acide urique ou de l'urée.

Est-ce la tyrosine, ou quelque autre produit de l'albumine contenue dans le sang ou dans le rein, qui donne naissance à l'acide urique ? c'est là une question encore indécise.

Ce qui est certain, c'est que nos connaissances en chimie ont fait justice de l'idée que les urates en excès dans l'urine viennent d'un manque d'action vitale ; sans doute, un pas de plus en avant nous permettra, dans nos laboratoires, de tirer directement l'acide urique des substances albumineuses.

Les progrès de la chimie organique prouvent chaque jour plus clairement que la matière du corps n'a pas de propriétés chimiques spéciales et particulières à la vie ; mais que cette matière, dans le corps organisé, a la même énergie chimique qu'au dehors.

La vie n'a le pouvoir ni de créer ni de détruire aucune force chimique dans la matière vivante ; mais la moindre différence dans les circonstances où se produit une action chimique, amène une différence dans les résultats obtenus. Plus tard, quand toutes les circonstances sous l'influence desquelles se produisent les actions chimiques vitales auront été pleinement reconnues, on verra qu'il n'y a aucune différence entre ces actions et celles que l'on peut provoquer à l'abri de toute influence vitale.

On a admis l'existence d'un autre fluide ou principe vital encore, pour expliquer les phénomènes qui se produisent chez les animaux et les plantes au commencement de la vie.

Le docteur Pritchard écrit : « Ce principe vital prend le caractère d'une force plastique ou formatrice. Il préside aux différentes phases de la croissance et de l'organisation, et les détermine ; il forme, il modifie les parties dont se compose le corps de l'animal ou du végétal, et exerce ensuite une influence conservatrice qui en assure l'existence pendant un temps déterminé. Cette doctrine attribue à ce qui n'est considéré que comme de la matière extrêmement raréfiée, des propriétés et une action qui appartiennent à la puissance et à l'intelligence les plus élevées ».

Il semble donc que, dans les sciences biologiques, comme dans celles qui n'impliquent pas la notion de vie, les idées sur l'union de la matière et de la force ont passé, ou passent encore par deux phases identiques.

De même que, dans les sciences qui s'occupent de la nature inorganique, les premières idées de matière étaient entièrement distinctes de celles de force, de même aussi la force vitale, dans la première phase de nos idées, a commencé par être un pur esprit, dégagée de toute idée matérielle, et complétement séparable de la matière.

Dans la seconde phase, la phase de transition des sciences physiques, la force a été imparfaitement séparable de la matière. La force elle-même a été alors une substance volatile très-raréfiée, un principe élémentaire impondérable ; ou bien la force s'est trouvée complétement unie à un fluide, un gaz, un éther impondérable, qui a donné ses propriétés à la matière pondérable, tant que leur union a duré.

Dans la seconde phase, la phase de transition, la phase huntérienne, des sciences biologiques, la force vitale est elle-même une substance impondérable, solide, liquide, gazeuse, un esprit même, ou bien encore se trouve inséparablement unie à une substance impondérable, qui peut momentanément se répandre dans la matière pondérable.

Dans notre prochain entretien, je vous montrerai que les sciences physiques proprement dites sont bien en avance sur les sciences biologiques, au point de vue des progrès faits par la troisième phase des idées qui admettent l'union complète de la matière pondérable et de la force.

J'essayerai aussi de vous faire voir, par quelques exemples empruntés à la physiologie, à la pathologie et à la thérapeutique, que dans cette troisième phase de l'inséparabilité complète de la matière et de la force, et dans le principe de la conservation de l'énergie, « nous avons, selon l'expression de Faraday, un nouveau motif de recherches, et un guide qui étendra nos découvertes bien au delà du champ qu'embrassent actuellement nos connaissances biologiques. »

H. Bence Jones.

— Traduit de l'anglais par Battier. —

BIBLIOGRAPHIE SCIENTIFIQUE

Histoire des plantes, par H. Baillon, professeur d'histoire naturelle médicale à la Faculté de médecine de Paris. — Tome Ier, un vol. grand in-8° avec 503 figures.

Payer avait conçu l'idée d'un vaste ouvrage de botanique descriptive et taxonomique qu'il annonce ainsi dans l'Introduction de son *Traité d'organogénie comparée de la fleur* : « Ce » n'est que dans une sorte de *genera plantarum* illustré, entre-

» pris il y a plus de dix ans, et qui, je l'espère, pourra être pu-
» blié avant peu d'années, que je montrerai par des applications
» nombreuses toute l'importance des études organogéniques
» pour démontrer les véritables affinités des plantes entre elles. »
Une mort prématurée ne permit pas à Payer d'écrire cet ouvrage pour lequel il avait fait préparer un grand nombre de dessins. Légataire de ces dessins, M. H. Baillon, l'élève le plus fidèle de Payer, s'est occupé aussitôt de ce grand ouvrage qu'il a intitulé *Histoire des plantes*, et il vient d'en terminer le premier volume.

L'originalité scientifique de Payer tenait surtout à ses recherches organogéniques et à l'importance toute nouvelle qu'il donne, à ce point de vue, dans l'étude des plantes. La zoologie s'est également inspirée des mêmes principes, et les études embryogéniques y ont pris, depuis quelques années, un développement considérable qui caractérise une véritable période de son histoire. Il est probable que l'organogénie végétale aurait été la préoccupation dominante dans l'ouvrage de Payer. Sans l'élever tout à fait à ce rang, M. H. Baillon lui accorde encore une place considérable. Du reste, bien qu'il ait vécu dans l'intimité de Payer, M. Baillon ignorait le plan qu'il comptait suivre, et il n'a eu pour guide que les *Leçons sur les familles naturelles des plantes* que son maître avait commencé à publier.

Au lieu de débuter par l'étude des classifications, pour justifier l'ordre de l'ouvrage, M. Baillon la renvoie à la fin. C'est, en effet, plus logique. On ne peut pas classer des êtres avant de les connaître, ni discuter l'importance des caractères qu'on a pas encore étudiés.

La division fondamentale de l'ouvrage est celle des familles. Chaque famille est presque toujours partagée en un certain nombre de séries correspondant en général à ce qu'on appelle plus souvent des tribus. Chaque série débute par l'étude complète d'un type principal, suivie de la description des genres et de l'histoire de la famille avec ses affinités, sa distribution géographique, la discussion de sa classification particulière et l'étude spéciale des plantes utiles qu'elle renferme. A la fin de chaque famille se trouve un index latin comprenant les caractères distinctifs des genres. Enfin de très-nombreuses figures, dessinées avec beaucoup de netteté, le plus grand nombre d'après les préparations mêmes de l'auteur, montrent l'ensemble de chaque type, ses organes importants et tous les détails anatomiques qui servent à la caractérisation.

Le tome Ier de l'*Histoire des plantes*, illustré de 503 figures dans le texte, comprend six familles dicotylédonées (renonculacées, dilléniacées, magnoliacées, monimiacées et rosacées) dont deux surtout sont fort importantes. L'ouvrage complet doit former six à sept volumes avec 6000 figures. Mais il est probable que M. Baillon sera conduit à dépasser ces limites s'il veut donner aux différentes parties de son œuvre une importance proportionnée à celle des travaux récents et de l'intérêt qu'ils excitent.

Histoire de la création, exposé scientifique des bases de développement du globe terrestre et de ses habitants, par H. Burmeister, directeur du musée de Buenos-Ayres ; traduction française d'après la huitième édition allemande. Un fort volume in-8 avec figures.

La première édition de ce livre remonte à 1843, c'est-à-dire qu'elle est antérieure au *Cosmos* de Humboldt. L'édition actuelle a été complétée par le professeur Giebel. La formation des couches géologiques du globe, l'apparition successive des divers êtres organisés, y sont exposées avec clarté et intérêt, et l'ouvrage se termine par un chapitre sur la découverte relativement récente de l'antiquité de l'homme.

Le propriétaire-gérant : Germer Baillière.

PARIS. — IMPRIMERIE DE E. MARTINET, RUE MIGNON, **2**.

REVUE

DES

COURS SCIENTIFIQUES

DE LA FRANCE ET DE L'ÉTRANGER

SEPTIÈME ANNÉE   NUMÉRO 5   1ᵉʳ JANVIER 1870

Paris, 31 décembre 1869.

On se souvient que L. Foucault avait laissé le plan d'un sidérostat permettant d'observer commodément les astres en évitant les inconvénients que présente l'emploi des lunettes astronomiques. Ce sidérostat vient d'être construit par M. Eichens, sous la direction de M. Wolf, astronome à l'observatoire de Paris; le miroir plan, qui est une de ses parties essentielles, a été porté à la perfection nécessaire par M. Ad. Martin, à l'aide des méthodes imaginées par L. Foucault. M. Henri Sainte-Claire Deville a mis cet instrument sous les yeux de l'Académie des sciences de Paris, en lui présentant une note de M. Wolf, qui expose son fonctionnement et les services que la science peut en espérer.

— L'étude des étoiles filantes et des bolides exige surtout beaucoup d'observateurs et la réunion d'un très-grand nombre de documents recueillis sur des points fort éloignés. C'est ce qui a inspiré à un savant de Dresde, M. Keselmeyer, l'idée de fonder un journal spécial pour publier et discuter ces documents. Il paraîtra une livraison toutes les fois que la quantité des matériaux le permettra, et le prix variera de 2 fr. 50 à 1 fr., suivant le nombre des souscripteurs. Cette entreprise mérite d'être encouragée, car elle peut rendre de grands services à une branche encore toute nouvelle de l'astronomie, et qui devient de plus en plus intéressante.

— M. Andral a présenté à l'Académie des sciences de Paris un mémoire fort important sur les rapports de la température du corps humain, prise à l'aisselle, avec les proportions de fibrine, d'albumine et de globules contenues dans le sang. Voici ses principaux résultats:

Lorsque le sang contient plus de quatre millièmes de fibrine, la température s'élève, et elle s'élève d'autant plus que la proportion de fibrine devient elle-même plus considérable. C'est ce que M. Andral a vérifié dans les maladies suivantes : pneumonie, pleurésie aiguë, bronchite capillaire aiguë, rhumatisme articulaire aigu, phthisie pulmonaire aiguë. L'érysipèle fait exception. — Du reste, quoique l'augmentation de la chaleur soit parallèle à celle de la fibrine, l'un de ces faits ne peut pas être la cause de l'autre; car la fibrine ne dépasse pas ses limites physiologiques, ou tend même à décroître dans des maladies qui s'accompagnent d'une exaltation calorifique plus considérable encore. Ce fait a été constaté notamment pour la fièvre typhoïde, la fièvre d'invasion de la variole et de la scarlatine, la rougeole, la fièvre intermittente, etc.

La diminution, même considérable, des globules du sang

ne fait pas descendre la température au-dessous de la limite physiologique inférieure.

Quant à l'albumine du sang, lorsqu'elle est détournée de ses fonctions nutritives pour passer en trop grande quantité dans l'urine, il semble en résulter une diminution de la température; mais cette diminution ne se produit qu'au bout d'un temps assez long. Enfin, la quantité d'urée excrétée paraît croître avec la température du corps.

— L'Université d'Édimbourg vient d'instituer des cours distincts pour les femmes qui veulent apprendre la médecine; cinq se sont aussitôt présentées.

— Les lectures du vendredi soir à l'Institution royale de la Grande-Bretagne, à Londres, recommenceront le 21 janvier. En voici la liste :

21 janvier. — M. J. TYNDALL, de la Société royale de Londres : Brouillards et poussières.

28 janvier. — M. W. ODLING, de la Société royale de Londres : Travaux scientifiques de Graham.

4 février. — M. J. RUSKIN : Causerie sur Verone et ses rivières.

11 février. — M. W. B. CARPENTER, de la Société royale de Londres : La température et la vie animale dans les profondeurs de la mer.

18 février. — M. W. KINGDON CLIFFORD : Théories des forces physiques.

25 février. — Le colonel SIR HENRY JAMES, de la Société royale de Londres : Résultats des fouilles de Jérusalem et récente exploration du Sinaï.

4 mars. — M. E. J. REED, ingénieur des constructions navales : Les navires cuirassés.

11 mars. — M. SYLVESTER, de la Société royale de Londres : Le hasard.

18 mars. — M. P. W. BARLOW, de la Société royale de Londres : Le nouveau tunnel de la Tamise.

25 mars. — M. ROLLESTON, de la Société royale de Londres : L'histoire des IVᵉ, Vᵉ et VIᵉ siècles en Angleterre, d'après les recherches sur les modes de sépultures usités.

1ᵉʳ avril. — M. ROSCOE, de la Société royale de Londres. Le sujet n'est pas encore fixé.

8 avril. M. TH. H. HUXLEY, de la Société royale de Londres. Le sujet n'est pas encore fixé.

Interrompues pour les fêtes de Pâques, les lectures du vendredi soir recommenceront le 29 avril pour se continuer jusqu'au 10 juin, et dans cette seconde série on entendra notamment MM. Blackie, Williamson et W. Odling.

Les lectures de Noël, pour les jeunes gens, sont faites cette année par M. J. Tyndall, qui a choisi pour sujet : *La lumière*.

— M. Claude Bernard commencera mercredi prochain, 5 janvier, à une heure, son cours de médecine expérimentale au Collége de France. Cette année, il fera l'étude du sang.

— M. Berthelot ouvrira son cours de chimie organique au Collége de France, vendredi prochain, à une heure. Il doit traiter, cette année, de la thermochimie.

SOCIÉTÉ D'HISTOIRE NATURELLE DE COLMAR

M. CH. GRAD

Les flores de l'ancien monde, d'après les travaux de M. Schimper

Vous connaissez tous les travaux de M. Schimper sur les plantes fossiles du grès bigarré et du terrain de transition des Vosges. Ces remarquables études ont eu pour nous un intérêt particulier à cause de leur caractère local, et elles constituent une série de monographies très-importantes. Aujourd'hui, mon intention serait de vous entretenir d'un ouvrage analogue, mais d'une portée plus générale : je veux parler du *Traité de paléontologie végétale* (1) que l'éminent directeur du musée d'histoire naturelle de Strasbourg vient de publier et qui remplit une lacune dans la littérature scientifique de tous les pays. Dans ce travail, M. Schimper n'envisage pas seulement les végétaux d'une famille définie ou ceux d'une formation géologique restreinte, il décrit et embrasse tout l'ensemble des restes fossiles connus dans leurs rapports avec les divers terrains et la flore du monde actuel. Le savant botaniste fait précéder dans son livre la description détaillée des espèces de considérations générales qui résument tout son enseignement et les résultats de ses études. Je me suis proposé, dans cet entretien, de vous donner de cette œuvre un exposé sommaire en envisageant successivement l'état de conservation des plantes fossiles, la succession des flores pendant les périodes géologiques, leurs rapports avec la distribution présente de la végétation à la surface de la terre.

I

C'est par leurs débris seulement que nous connaissons les plantes de l'ancien monde. Évidemment ces débris sont un bien faible reste des immenses végétations qui ont tour à tour passé sur notre globe sans laisser une seule pièce intacte. Ils consistent en empreintes de feuilles, en fragments de tiges ou de bois accompagnés rarement de quelques fleurs ou de fruits. Nous ne pouvons retrouver des plantes anciennes que des organes isolés ou des fragments d'organes dispersés et confondus sans ordre dans les couches du sol. Qu'on imagine, pour se faire une idée de cette confusion, les détritus d'une vaste forêt, riche en arbres et en végétaux de toutes espèces, où rameaux, branches et feuilles, bourgeons et écailles, fleurs, fruits et graines des genres les plus variés, sont mêlés, entassés, confondus ainsi que les écorces et le bois au sein de dépôts limoneux. Cet inextricable chaos de productions végétales montre avec quelle peine le paléontologue botaniste retrouve les espèces fossiles et parvient à rendre à chaque espèce les attributs qu'elle possédait de son vivant. Un pareil état de choses n'a rien qui étonne. Ne sait-on pas que d'immenses forêts ont disparu durant le cours des temps histori-

---

(1) Traité de paléontologie végétale, *ou la flore du monde primitif dans ses rapports avec les formations géologiques et la flore du monde actuel*, par W. Ph. Schimper, professeur à la Faculté des sciences de Strasbourg, correspondant de l'Institut de France et des académies de Lisbonne, de Munich, de Philadelphie, etc. Deux volumes in-8 avec un magnifique atlas de 100 planches. Paris, 1869, librairie J.-B. Baillière et fils. — Le premier volume seul est paru.

ques et dont il ne resterait nulle connaissance si la tradition ne nous avait pas conservé un souvenir incontestable de leur existence, puisque nulle autre trace n'en reste aujourd'hui ? Les variations de l'atmosphère ont décomposé à tel point ces arbres morts sur pied ou déracinés par les ouragans qu'ils n'ont laissé que des cendres. Là même où les débris végétaux s'accumulent tranquillement pendant de longs siècles comme dans les tourbières et les forêts vierges, on trouve rarement, au-dessous des couches les plus récentes, des restes assez bien conservés pour être rapportés avec certitude aux espèces dont ils proviennent. Les troncs d'arbres enfouis dans le sol à quelque profondeur ne sont plus que des squelettes privés de leurs organes extérieurs ; ils ne présentent plus ni feuilles ni fleurs et l'écorce elle-même, avec sa végétation de parasites, a été dissoute sous l'influence de l'humidité. Souvent ces détritus se condensent en une masse si homogène, si compacte, que le microscope aide seul à y découvrir une origine organique. Toute structure végétale a ainsi disparu dans la houille et dans les lignites terreux par suite de la complète décomposition des plantes dont proviennent ces dépôts de combustible. Si les forêts et les tourbières de l'ancien monde n'avaient pas été recouvertes de temps à autre par des inondations périodiques de couches de sable fin ou de limon, dans lesquelles les plantes se déposaient au moment du cataclysme, nous ne saurions rien de la nature des végétaux qui ont produit le charbon minéral si utile maintenant à l'industrie humaine.

Les phénomènes qui se passent sous nos yeux expliquent ainsi la dispersion des restes de végétaux fossiles. Nous voyons en automne les feuilles détachées naturellement et celles que le vent enlève venir joncher la surface des nappes d'eau : ces feuilles flottent d'abord, puis elles s'appesantissent et s'étalent au fond des bassins. De même, la plupart des empreintes végétales se trouvent au milieu des terrains d'origine lacustre, dans des dépôts de vase solidifiée au fond d'anciens lacs d'eau douce où les feuilles, les fleurs, les branches légères renfermées au sein des couches consolidées sont dispersées dans le même ordre que dans nos mares. Sous l'abri protecteur d'un sédiment imperméable, ces organes dispersés changent lentement de consistance et laissent derrière eux une empreinte qui conserve la trace des moindres linéaments. Les empreintes se conservent d'autant mieux que le dépôt encaissant est composé de grains plus fins et plus serrés. Certaines roches argileuses présentent des feuilles qui possèdent encore leur élasticité naturelle, leur réseau fibreux, et surtout l'épiderme cellulaire est encore si complet, qu'on peut en suivre tous les détails avec le microscope.

Cependant un état de conservation si parfaite est rare. C'est à peine si on le voit dans certains schistes argileux et dans les curieux dépôts de succin du nord de l'Europe. Le succin ou ambre jaune est une résine fossile provenant de plusieurs espèces de conifères qui croissaient dans le bassin de la mer Baltique lors de l'époque miocène, et dont on trouve le produit sur une zone étendue, depuis la Hollande jusqu'en Sibérie et au Kamtschatka. Non-seulement cette précieuse substance renferme un grand nombre d'insectes, mais le professeur Göppert, de Breslau, y a découvert et décrit cent soixante espèces de plantes représentées par leurs organes les plus délicats, par les corolles, les pistils, les étamines, le pollen et même des moisissures avec leurs sporules. Quoi qu'il en soit, la matière organique a en général disparu des empreintes de végétaux fossiles. La place en peut rester vide comme dans les tufs éocènes de Sézanne et les travertins calcaires d'Italie, ou bien elle est occupée par une substance minérale quelconque venue des roches encaissantes, comme le silicate de magnésie dans les fossiles houillers du mont Blanc, ou le fer dans ceux du grès bigarré des Vosges. Le mode de conservation des tiges et des troncs ligneux surtout varie beaucoup selon la matière qui s'est substituée au tissu organique de la plante et la manière dont s'opère cette substitution.

Sans parler de la houille, où tout vestige de structure primitive s'est effacé, où le bois s'est fondu avec les parties herbacées, certains troncs ont à peine subi une altération superficielle, tandis que d'autres fournissent un moule formé d'une masse minérale amorphe avec la seule empreinte de l'écorce, et que d'autres encore, privés d'écorce, ont conservé leur organisation intérieure malgré la pétrification du tissu ligneux. Ainsi, les schistes intercalés dans les couches de houille renferment des troncs dont l'écorce reste avec les cicatrices foliaires, mais changée en une croûte de charbon dont une substance pierreuse de même nature que la roche ambiante sépare les deux lames l'une de l'autre. Ces troncs sont ordinairement comprimés, soit à cause de la structure creuse de la tige comme dans les calamites, soit par suite de la destruction du cylindre intérieur avant leur complet envahissement comme dans les fougères et les sigillaires. Parfois la compression a été telle que le tronc a éclaté, et alors le cylindre cortical présente alternativement, dans le sens de la longueur, des lames inégales couvertes de belles cicatrices foliaires et des reliefs en forme de côtes provenant de la matière d'abord renfermée dans l'intérieur, mais confondue maintenant avec la roche ambiante. Il y a dans ce cas une telle difficulté à reconnaître la forme réelle du végétal, que les pièces d'un même arbre peuvent être rapportées à cinq ou six genres différents. Par contre, les arbres imprégnés de silice se présentent dans un état de conservation admirable. A l'inverse de ce qui arrive dans la pétrification par substitution en masse des tissus, l'imprégnation du bois par les liquides minéralisants maintient la structure primitive avec ses moindres détails microscopiques, tandis que le système cortical a généralement disparu. La minéralisation paraît s'y être accomplie du dedans au dehors d'une façon progressive au moyen d'une eau très-chaude saturée de silice, de chaux ou de fer. Si l'on détruit l'élément minéral par un réactif chimique, le squelette organique du bois demeure seul. D'ailleurs, les fossiles de ce genre ne sont pas rares. Il y a des endroits où les bois silicifiés se trouvent en si grand nombre qu'on dirait des forêts pétrifiées sur place, par exemple au Wadi Azarak, près du Caire, en Égypte. La pétrification par la chaux, moins fréquente que celle par la silice, a fourni à M. Schimper, dans le lias d'Alsace, des troncs de Cycadées dont le cylindre ligneux était calcifié, tandis que du bitume compacte (*jayet*), entrecoupé de veines de spath calcaire, occupait la place de leur large cylindre médullaire. Quant aux bois minéralisés par l'oxyde de fer sans silice, ils ont toujours subi une assez grande altération. Enfin les fragments de branches imprégnées de fer oxydé hydraté, assez abondants dans le grès bigarré des Vosges, possèdent encore l'ensemble de leur organisation intérieure, mais les détails microscopiques ont presque toujours entièrement disparu.

II

A quel moment précis les premiers végétaux ont-ils paru sur la terre ? Nous ne pouvons encore répondre à cette question avec certitude. D'une part, certains terrains présentent des restes de végétaux à peine sensibles. D'un autre côté, la dispersion des plantes fossiles explique l'existence de nombreuses lacunes, non-seulement dans la flore particulière d'une époque, mais aussi dans l'enchaînement général des flores qui ont successivement prédominé dans le monde. La formation silurienne est la première qui présente des restes organiques bien nets. Néanmoins, les puissantes assises de ces terrains éminemment propres à la conservation des fossiles fournissent peu de données sur la végétation marine nécessaire pour la nourriture des légions innombrables de Mollusques et de Crustacés qui remplirent les mers de l'époque et dont les débris sont parfaitement conservés jusqu'aux moindres détails. Aucune trace de végétation terrestre n'a été découverte avant la série des dépôts dévoniens. Pendant l'époque houillère, la vie végétale prit au contraire un puissant essor ; les empreintes de troncs, de fruits et d'organes foliaires qu'elle a laissées en si grand nombre permettent de déterminer sa flore d'une manière à peu près complète. Parmi les terrains qui se sont ensuite déposés, le grès rouge renferme encore des restes dont la physionomie botanique se rattache à celle de la houille, mais ils deviennent rares. Quelques bois silicifiés sont les seuls jalons, marquent seuls le chemin à travers les puissants dépôts arénacés du dyas ou terrain permien. Le grès vosgien ne contient aucun fossile, sans doute doute parce que la grosseur de son grain et sa perméabilité le rendent impropre à leur conservation. Le grès bigarré renferme des restes assez nombreux d'une végétation qui paraît être la continuation directe de celle du grès rouge. Toutefois, les débris trouvés dans les Vosges appartiennent à deux ou trois genres de conifères, à deux espèces de cycadées, à plusieurs familles de fougères, ne doivent pas représenter toute la flore de cette époque à laquelle les lois de développement progressif assignent une plus grande richesse qu'à l'époque houillère. Tel est du moins le jugement de M. Schimper exprimé dans son excellente *Monographie des plantes du grès bigarré*. Une grande lacune existe entre cette formation et celle des marnes irisées qui sont les deux étages extrêmes du trias, peut-être à cause des mauvaises conditions offertes par l'étage intermédiaire du muschelkalk pour la conservation des fossiles. Les formes découvertes dans les marnes irisées diffèrent beaucoup de celles du grès bigarré. Il en est de même pour les dépôts argileux, marneux et arénacés qui constituent le passage entre le trias et le lias, premier groupe du grand système jurassique où paraît une des plus grandes lacunes de la paléontologie végétale. Presque toutes les formations jurassiques sont d'origine marine, et le petit nombre de fossiles terrestres qui s'y trouvent mêlés sont trop mal conservés pour en tirer un enseignement suffisant sur l'ensemble de la végétation de cette époque. Par contre, l'époque crétacée et surtout l'époque tertiaire ont laissé de riches trésors. Grâce aux beaux travaux d'Unger, de Heer, du comte de Saporta, tout un monde nouveau s'est ouvert à nos yeux. Aucune autre période ne nous a légué une telle abondance d'empreintes de feuilles, des fruits aussi nombreux, des bois aussi bien conservés que ceux trouvés dans les lignites et dans certains calcaires marneux ou grès d'eau douce de la période miocène, au milieu de la série des dépôts tertiaires. La flore éocène, quoique moins riche, rattache bien la flore miocène à celle des terrains crétacés. La période pliocène laisse aussi des documents moins nombreux, peut-être à cause des changements de niveau fréquents survenus alors, au moment où les Alpes et le Jura ont pris leur relief actuel. Elle offre certaines formes propres à la flore miocène, tandis que d'autres ont disparu pour faire place à des formes nouvelles mieux en harmonie avec les changements survenus dans l'atmosphère. Puis est venue la flore diluvienne ou des terrains quaternaires dont les restes sont à peu près identiques avec la végétation actuelle dans les mêmes contrées.

Malgré toutes les lacunes, les différences qui existent entre les anciennes flores des premiers âges peuvent être comparées à celles qui existent maintenant dans la physionomie végétale des zones diverses de la terre. Il y a de l'une à l'autre des communications et des points de passage évidents. Les dislocations, les cataclysmes qui ont à plusieurs reprises bouleversé la surface de notre globe, n'ont détruit les êtres vivants que sur les points où ils se sont manifestés sans jamais produire d'anéantissement complet. A partir de la flore dévonienne, la première dont nous puissions nous former une idée générale, nous voyons la végétation changer peu à peu à travers les formations géologiques sans reconnaître exactement le point où une flore finit et où l'autre commence. M. Schimper, d'accord avec M. Adolphe Brongniart et avec M. de Saporta, pense que la durée de chacune d'elles peut être fixée, en considérant la ressemblance ou la dissemblance qui se manifeste dans l'ensemble de la végétation pendant un temps donné. Le vrai critérium pour circonscrire jusqu'à un certain point la période pendant laquelle a vécu chaque flore, dit M. Schimper, « c'est surtout la marche ascendante et descendante de certains grands types, qui surgissent à certaines époques, s'élèvent et s'étendent au point de déterminer la physionomie organique de cette période, dont ils forment le trait principal, puis descendent du premier rang au second, ensuite au troisième, et finissent quelquefois par disparaître entièrement. Ce mouvement est régulier et fatal comme celui de la vague qui monte du niveau de la mer, grossit, s'élève, arrive à un point culminant, d'où elle tombe et s'efface devant celle qui la suit. Au milieu de ce changement perpétuel, les physionomies végétales ont cependant quelque chose de fixe, de personnel, qui les distingue les unes des autres ; elles diffèrent aussi d'autant plus de celles qui les précèdent ou les suivent que la distance chronologique qu'elles ont parcourue est plus considérable. »

Partant de ces principes et sans méconnaître d'ailleurs que chaque terrain a sa physionomie végétale particulière, correspondant à la période géologique pendant laquelle ces couches se sont déposées, M. Schimper a admis quatre grandes époques de végétation suivant la prédominance des types principaux qui en ont marqué le caractère depuis les temps les plus reculés jusqu'à nos jours. La première époque est celle des *Thalassophytes* ou Algues marines, la seconde comprend le règne des *Cryptogames vasculaires*, la troisième celui des *Gymnospermes* et l'apparition des Monocotylédonées, la quatrième qui commence avec le règne des *Angiospermes* s'étend jusqu'à l'époque présente.

La première époque, avons-nous dit, s'étend depuis l'origine du règne végétal dans la mer primitive jusqu'aux dépôts

inférieurs de la formation dévonienne. C'est le règne peut-être exclusif des algues marines ou Thalassophytes, car elle n'a encore fourni aucune plante terrestre. Selon Forschhamer, le charbon, la potasse et le soufre contenus dans les schistes siluriens alunifères de la Scandinavie proviendraient d'énormes dépôts de végétaux marins entassés dans la mer silurienne. On peut attribuer la même origine au graphite qui se montre dans le gneiss plus ancien encore. Toutes les algues de cette époque semblent du reste avoir appartenu à des familles éteintes aujourd'hui. Leurs formes étaient peu variées et malgré leur structure si simple, quelques espèces atteignaient des dimensions considérables avec une consistance presque ligneuse. Ajoutons que l'action dissolvante de la mer primitive et le métamorphisme des couches sédimentaires les plus anciennes ont contribué beaucoup à la destruction des premiers fossiles.

Pendant la seconde époque, les Cryptogames vasculaires règnent à partir des formations dévoniennes moyenne et supérieure jusqu'après les premiers dépôts du dyas et tout le système houiller. Différentes familles de ce groupe se trouvent encore représentées maintenant, mais la plupart ont disparu. Les familles disparues sont les Stigmariées, les Sigillariées, les Annulariées et les Sphénophyllées. Les Fougères, les Lycopodiacées et les Équisétacées ont persisté jusqu'à l'époque actuelle, mais non sans des modifications profondes : les Prêles, les Lycopodes, qui formaient des arbres pendant l'époque houillère ne sont plus représentés maintenant que par de simples végétaux herbacés, et les Fougères arborescentes, si elles conservent encore de grandes dimensions, offrent néanmoins de telles différences qu'on n'a pas encore pu réunir dans les mêmes groupes les fossiles et les espèces vivantes. Un certain nombre de Phanérogames gymnospermes, des Cycadées et des Conifères sont mêlées à la végétation de la seconde époque où l'on n'a cependant pas trouvé de traces de Phanérogames angiospermes. Les Cycadées de ce temps ont seulement une ressemblance lointaine avec les types actuels de la même famille. Les Conifères étaient représentées par quelques genres dans lesquels on a cru reconnaître le caractère de nos Araucariées. En somme, la flore de cette époque ancienne frappe par l'extrême monotonie de son aspect sur toute la surface de la terre.

Commencée lors du passage des formations houillères à celle du grès rouge inférieur, la troisième époque végétale, règne des Gymnospermes, s'étend aux dépôts du grès rouge supérieur, du trias et de la série jurassique entière. Dans le système permien ou du dyas, les Conifères sont représentées par les *Walchia* et les *Ullmannia*, et dans le trias par les *Voltzia* et les *Albertia*, quatre divisions de la famille des Abiétinées. La nombreuse série des Cycadées s'ouvre avec les *Pterophyllum*, genre qui apparaît au moment où la flore houillère perd ses types caractéristiques. Elle présente dans le grès bigarré deux formes dont l'une rappelle le genre *Zamia*. C'est surtout au temps correspondant au dépôt du keuper et du lias, que les Cycadées prirent une extension extraordinaire. Les Fougères arborescentes et les Conifères dominaient encore dans le grès rouge et le grès bigarré, mais dans les marnes irisées et le lias, les Cycadées leur disputent le premier rang, donnant à la flore de ces terrains un aspect tout particulier que rehausse encore un ensemble de Cryptogames vasculaires différentes de celles de la première période du trias. Équisétacées et Fougères ont changé : les premières ont pris avec la forme gigantesque des calamites les caractères de nos Prêles actuelles, tandis que les Fougères arborescentes du grès bigarré sont descendues, en grande majorité, au rang de plantes herbacées. Pendant la formation oolithique, les Conifères dominent de nouveau la physionomie de la grande végétation avec les Cycadées. Les Prêles ont seulement les dimensions des espèces tropicales actuelles ; les dernières Fougères arborescentes s'éteignent en Europe et les *Podocarpa* attestent la présence des Monocotylédonées. Malheureusement les documents, manquent encore pour fixer avec quelque certitude le moment précis de l'apparition des premières espèces de cet embranchement.

Une partie des représentants de la quatrième époque végétale où règne des Angiospermes, est enfouie dans les dépôts crétacés et tertiaires, l'autre partie compose la végétation actuelle. Les Angiospermes forment les deux grands embranchements des Monocotylédonées et des Dicotylédonées. Les Monocotylédonées qui occupent dans l'ordre de la perfection organique un rang inférieur aux Dicotylédonées auraient dû atteindre avant celles-ci le maximum de leur développement. Il n'en est cependant rien. Dans aucune des grandes formations géologiques, les fossiles monocotyledonés sont assez nombreux pour permettre de juger leur influence sur les anciennes périodes végétales. A peine nous donnent-ils quelques Palmiers, des Graminées et de rares échantillons d'un petit nombre d'autres familles. La rareté de ces plantes tient peut-être à leur structure, à leur mode de végétation. Quant aux Dicotylédonées, leurs débris appartiennent généralement à des espèces arborescentes comme ceux des Monocotylédonées. M. Schimper partage d'ailleurs le règne des Angiospermes en trois périodes correspondantes aux trois divisions des Apétalées, des Dialypétalées et des Gamopétalées, qui composent l'embranchement des Dicotylédonées. La prédominance des Apétalées se rapporte à la formation crétacée et aux premiers dépôts tertiaires : la physionomie végétale de ce temps rappelle la flore actuelle de l'Australie sous l'influence des Protéacées et des Cupressinées. Lorsque les Dialypétalées ou plantes à pétales libres, acquièrent le maximum de leur évolution, la végétation prit un aspect plus varié. Sur cinq cents espèces de Pétalées, les Dialypétalées seules sont au nombre de quatre cents mêlées avec deux cents espèces sans pétales, dont quatre-vingt-dix environ appartiennent aux Amentacées et soixante aux Protéacées. C'est un mélange des formes actuelles de l'Australie, de l'Inde et de l'Amérique. Toutefois la supériorité numérique des Dialypétalées ne se prolongea pas. Les plantes à pétales soudées ou Gamopétalées, en se multipliant à travers les couches miocènes, sont venues régner à leur tour par le nombre, si réellement la quantité des espèces fossiles conservées dans un terrain est toujours en rapport direct avec le chiffre des espèces vivantes lors de son dépôt. On ne saurait affirmer si la distribution des Gamopétalées continua à suivre une marche ascendante à cause de la pénurie des matériaux fournis jusqu'à présent par les derniers dépôts de la formation tertiaire. Aujourd'hui la végétation totale du globe, autant que nous la connaissons, compte trente mille espèces de Gamopétalées contre quarante mille de Dialypétalées et cinq mille espèces d'Apétalées. S'il est vrai que les plantes à corolle non divisée ne cessent de s'accroître et que leurs envahissements amèneront la suprématie toujours croissante de la végétation herbacée sur la végétation forestière, il faut également reconnaître que l'homme et les progrès de la culture apportent dans cette voie un puissant concours à l'action de la libre nature.

III

Considérant maintenant les caractères particuliers des anciennes flores, nous voyons que leurs restes fossiles présentent entre eux des différence semblables à celles qui existent entre les flores actuelles des diverses zones, en remontant de l'équateur vers les pôles. En d'autres termes, la comparaison des flores primitives indique, à travers les périodes du temps, des variations de température analogues à celles que produisent aujourd'hui les intervalles de l'espace. Quel est, en effet, le signe caractéristique de la végétation ancienne, sinon la prédominance de nos formes tropicales ? Dans la flore houillère, qui peut être considérée comme l'expression la plus parfaite de la végétation primitive du globe, nous apercevons tout d'abord les Acrophytes vasculaires, « surtout les grandes Fougères, les Lycopodiacées, les Calamariées gigantesques et quelques grands types éteints qui font partie du même sous-embranchement. Les Fougères à elles seules offrent presque autant d'espèces et peut-être plus d'individus que toutes les autres classes ensemble : nous savons que, dans les flores actuelles, leur nombre augmente à mesure qu'on se rapproche des latitudes équatoriales. En Europe, les Fougères forment à peine la soixantième partie des plantes vasculaires, tandis que, dans l'Asie méridionale, elles en constituent la trentième, et, dans l'Amérique tropicale, la vingt-cinquième partie. Dans certaines îles basses des régions chaudes, comme aux Antilles, cette proportion s'élève même jusqu'à un dixième, et dans les îles isolées de Sainte-Hélène, de l'Ascension et de Tristan d'Acunha, jusqu'au tiers. Les mêmes proportions se manifestent chez les Lycopodiacées, famille à laquelle appartiennent les Lépidodendrons, les Ulodendrons, les Knorria et peut-être aussi les Sigillaires. Les tropiques en nourrissent deux cent quarante espèces, la zone subtropicale environ quatre-vingt-dix, et les autres régions ensemble près de cinquante-trois. De la zone tempérée au climat du Nord, ce chiffre descend de quatorze à cinq, et enfin à deux autour du cercle arctique. Les Équisétacées, qui sont aujourd'hui les seuls représentants de la famille des Calamariées, n'ont de grandes dimensions que sous la zone torride. La tige de l'*Equisetum xylochœton* du Pérou a, sur une hauteur de 3 à 4 mètres, plus de 2 centimètres de diamètre ; celle de l'*Equisetum scirpoides* de la Laponie, une espèce rampante, a à peine maintenant 2 millimètres d'épaisseur et environ 5 centimètres de longueur. »

Comme la flore houillère, partout où elle a été retrouvée, aux îles Spitzbergen, en France, en Australie, offre toujours le même caractère, et que, près de l'équateur, à Java, dans les îles de la Sonde, les fossiles découverts appartiennent aux familles encore vivantes dans cette région des tropiques, nous devons admettre qu'à cette époque la même température régnait sur toute la terre, avec une élévation moyenne de 22 à 25 degrés centigrades, comme maintenant dans la zone tropicale. Les géologues attribuent ce fait à la chaleur propre de la terre ; aussi l'atmosphère doit avoir été chargée d'une telle quantité de vapeurs que les rayons du soleil ne pouvaient les pénétrer directement. Cette circonstance explique l'absence des plantes du groupe phanérogame, qui ont besoin de lumière pour épanouir leurs fleurs et mûrir tous leurs fruits, tandis que les Cryptogames, qui peuvent se passer d'une lumière vive, mais qui exigent de la chaleur et de l'humidité, ont régné à peu près exclusivement. La flore du terrain permien et du trias a également exigé une température élevée sur toute la surface de notre globe. Pendant l'époque jurassique, l'ensemble de la végétation paraît indiquer, en Europe, un abaissement progressif de la température; la succession des flores y annonce un caractère de plus en plus continental, par suite de l'immense accroissement du nombre des plantes qui exigent un air et un sol secs, le climat des hauteurs au lieu de l'atmosphère humide et chaude des îles basses. En même temps que la température diminuait vers les pôles, les différences de saisons parurent s'accentuer plus. A l'époque tertiaire, lors du dépôt des terrains miocènes, cet abaissement de la chaleur devint encore plus sensible dans la végétation. M. Heer, dans son ouvrage classique sur la flore tertiaire de la Suisse, fixe à 18 degrés la température moyenne de l'Europe centrale vers la fin de l'époque miocène, et à 5 degrés celle des îles Spitzbergen au même moment. Les contrées polaires avaient alors la température actuelle du nord de la Norwége, l'Europe moyenne était couverte de vertes forêts de figuiers et de lauriers, la haute Italie nourrissait en grande abondance les palmiers avec un climat comme celui de l'Égypte. Bref, les végétaux fossiles des pays de l'équateur offrent tous les caractères de leur flore actuelle pendant que les pays en dehors des tropiques se sont constamment refroidis. A quoi attribuer ces changements étonnants de température? Comment expliquer surtout le froid subit de l'époque glaciaire dont les effets destructeurs se sont étendus sur les deux hémisphères de notre globe? Devant ces questions, la science demeure muette; mais les faits sont là, ils sont évidents, irréfragables, seulement nous ne pouvons encore les mettre au nombre des phénomènes dont nous connaissons les causes.

Dans son traité, M. Schimper entre dans des considérations détaillées sur les principes à suivre pour la détermination des végétaux fossiles. D'accord avec M. Brongniart, il recommande d'assimiler les fossiles, pour la nomenclature, aux espèces et aux genres vivants dont la place n'est pas douteuse. Si les anciennes méthodes ont été défectueuses, cela tient surtout à la pénurie des matériaux; mais ces matériaux augmentent de jour en jour, et, selon la remarque de M. Schimper, il ne faut pas oublier que le but principal de la paléontologie « est de réunir dans un ensemble harmonique les végétaux de l'ancien monde et ceux du temps présent. Quelle que soit l'époque à laquelle ils appartiennent, familles, genres, espèces, doivent se grouper dans ce grand poëme selon leurs affinités mutuelles. Ce n'est que de cette façon qu'il sera possible d'écrire un jour l'histoire naturelle du règne végétal et d'embrasser l'enchaînement des types qui, dans la végétation actuelle, sont séparés par des lacunes infranchissables. »

En résumé, la paléontologie végétale nous montre que les flores se sont succédées dans le même ordre sur toute la surface de la terre; que les terrains contemporains ou formés à la même époque présentent des flores, sinon identiques, du moins homologues; que la flore d'une époque diffère de la flore d'une autre époque d'autant plus qu'elles sont séparées par un plus grand intervalle. On ignore si cette succession est le résultat de la transformation successive des espèces primitives, ou bien si des espèces nouvelles, indépendantes les unes des autres, ont surgi à différentes époques. M. Schimper adhère bien à la première explication; mais son collègue de Breslau, M. Göppert affirme, au contraire, que l'étude des végétaux fossiles n'apporte aucun appui à la doctrine de la transmutation. De même pour le règne animal; tandis que M. Albert Gaudry à la Sorbonne, M. Huxley à Londres, enseignent la transformation des espèces aux différents âges de la terre, M. Agassiz, en Amérique, défend avec énergie la fixité de ces mêmes espèces. En face de ce désaccord manifeste des maîtres de la science, nous admettons la seule autorité des faits susceptibles d'être vérifiés par l'expérience, et, tant que la physiologie expérimentale ne se sera pas prononcée avec des preuves au-dessus de toute contestation, nous ne verrons, dans la théorie de la transmutation qu'une simple hypothèse que la paléontologie seule sera toujours impuissante à démontrer.

Charles Grad.

LA VACCINE (1)

V. — Moyens prophylactiques de la syphilis vaccinale. — Vaccination animale. — Aiguilles de Fourchault.

Un vacciné peut donc recevoir la syphilis du vaccinifère, ou d'un individu vacciné avant lui. Est-il une barrière capable d'arrêter ce double danger? Telle est la question la plus intéressante à résoudre, et nous répondons hardiment que nous avons à notre disposition des moyens prophylactiques suffisants.

En 1865, M. Depaul terminait son rapport en recherchant ces moyens, et il disait avec juste raison. « Je ne suppose pas (2) qu'il puisse venir à l'esprit de personne, qu'il faille renoncer aux immenses bienfaits de la vaccine. C'est sur des millions d'individus que le vaccin a été inoculé jusqu'à ce jour avec avantage, et quoi qu'elle se soit déjà trop souvent répétée, la syphilis vaccinale ne constitue en somme qu'une bien rare exception. »

Les moyens prophylactiques qu'il proposait alors étaient : la recherche de la pureté de la source vaccinale, et quelques précautions dans le mode opératoire.

Peut-on être sûr que l'enfant que l'on choisit pour vaccinifère n'est pas syphilitique? A une question ainsi posée, il faut répondre négativement. M. Depaul cependant, en invoquant une statistique de M. Diday, montrait que les manifestations de la syphilis héréditaire étaient généralement assez précoces; par conséquent, en prenant du vaccin chez un enfant âgé de plus de deux ou trois mois, il pensait que l'on se mettait à l'abri du danger. En parcourant le tableau de M. Diday on voit, il est vrai, qu'en agissant ainsi on évite le plus grand nombre de chances de contagion, mais on ne les évite pas toutes, il reste une porte ouverte, une chance possible, et c'est encore trop. Voici le tableau dans lequel M. Diday a établi, dans 158 cas de syphilis héréditaire, l'époque d'apparition des manifestations syphilitiques.

Avant 1 mois révolu depuis la naissance.	86 fois.
— 2 mois — —	45
— 3 mois — —	15

----

(1) Voyez le numéro précédent, p. 50.
(2) *Syphilis vaccinale,* page 22.

A 4 mois	—	—	7
A 5 mois	—	—	1
A 6 mois	—	—	1
A 8 mois	—	—	1
A 1 an	—	—	1
A 2 ans	—	—	1

On peut conclure de ce tableau que si l'on est forcé de prendre du vaccin de bras à bras, il faut choisir un vaccinifère de plus de quatre mois, ce qui n'est pas toujours facile, avoir soin de l'examiner des pieds à la tête, et éloigner tous les enfants ou maigres et cachectiques, ou présentant toute éruption suspecte. En agissant ainsi, si l'on n'a pas la certitude absolue d'avoir écarté tout danger, on pourra du moins se rendre le témoignage qu'on a rempli son devoir aussi bien que possible. Tel était l'avis de M. Depaul en 1865.

Lorsque le vaccinifère aura été choisi, il faudra opérer de façon à faire couler le moins de sang possible sur le bras du vacccinifère et celui du vacciné, on diminuera encore ainsi les probabilités de contagion. Mais on n'arrivera pas encore à la certitude, car nous savons qu'il est absolument impossible, en pratique, de se procurer du vaccin qui ne contienne pas trace de sang.

M. Viennois avait proposé de ne plus vacciner de bras à bras et de ne se servir que de virus conservé dans des tubes. Le but de ce procédé était d'éviter le mélange d'une certaine quantité de sang avec le vaccin inoculé. Mais c'est encore un moyen bien peu précis et l'expérience a montré (obs. de Marone, XIV), que des cas de syphilis vaccinale avaient succédé à la vaccination par le tube.

M. Depaul, en 1865, annonçait en outre que des tentatives allaient être faites par un médecin de Paris, pour fonder un établissement de vaccination animale.

Manifestement, ces mesures prophylactiques n'étaient pas radicales, et l'Académie de médecine ne trouva pas que les moyens fussent en rapport avec la gravité du danger, aussi cette première discussion n'a-t-elle pas eu de conclusion pratique. ·

Depuis cette époque, le service de vaccination animale s'est développé, a pris rang dans la pratique parisienne, et l'on peut dire aujourd'hui qu'il tend de plus en plus à remplacer le vaccinifère humain, grâce aux efforts du docteur Lanoix et aux expériences que M. Depaul a faites à l'Académie.

Je n'ai pas à parler ici des tentatives antérieures de Duquenelle, Valentin, Husson, pour inoculer directement de l'homme à la vache et de la vache à l'homme. Ces tentatives étaient restées sans grande influence, parce que les auteurs ne pouvaient justifier, par une raison péremptoire, la nécessité d'abandonner la vaccination de bras à bras. En effet, ils ne croyaient ni à la dégénérescence du vaccin, ni à la syphilis vaccinale.

Mais à Naples, il en fut autrement. Troja avait créé un service de vaccination animale pour augmenter la puissance du vaccin qui, d'après lui, allait en s'affaiblissant. Son successeur, Galbiati, justifia (1810) la nécessité de la vaccination animale, en affirmant la transmission de maladies virulentes par la vaccination d'homme à homme. Depuis lors, ce service prospéra, au milieu de luttes inutiles à raconter, et MM. Negri et Palasciano, purent mettre à la disposition du docteur Lanoix de Paris une génisse inoculée, que celui-ci ramena en France et qui fut la source de toutes les inoculations ultérieures.

Depuis cette époque (1865), M. Lanoix a entretenu constamment du vaccin animal. Il en a mis à la disposition de l'Académie et de tous les médecins. C'est lui qui a fourni le cowpox à la Belgique, à la Russie, et ces États se sont empressés de créer des Instituts officiels de vaccination animale. En France, nous avons été moins vite, et ce service n'a encore pu être établi, grâce à l'opposition passionnée de M. J. Guérin et à ses habiletés de temporisateur qui ont fait durer pendant plusieurs années une discussion académique.

Examinons les objections que M. J. Guérin trouve suffisantes pour faire repousser la vaccination animale. Nous les prenons dans l'ordre où il les a données.

« 1° Il n'est pas démontré (1) que la vaccine humaine ait dégénéré, au moins d'une manière absolue ; il est démontré, au contraire, qu'il est possible de lui assurer la conservation des propriétés qu'elle avait à l'origine. »

Nous avons étudié plus haut la question de la dégénérescence de la vaccine, et nous avons reconnu en effet que c'était une question à peu près insoluble. S'il n'y avait pas d'autre raison pour recourir au cowpox, il est certain que cette nouvelle méthode ne s'imposerait pas aux médecins.

« 2° Il n'est pas démontré, dit ensuite M. J. Guérin, que la vaccination humaine produise la syphilis vaccinale. Il est démontré au contraire qu'il est toujours possible de prévenir cette fâcheuse adultération. »

Nous croyons avoir montré que cette proposition est absolument fausse, et il suffit de parcourir les nombreux exemples que nous avons cités plus haut, pour pouvoir affirmer que la syphilis vaccinale existe et qu'il est impossible, par la vaccination de bras à bras, d'être sûr que l'on est à l'abri de toute adultération du vaccin. Pour nous, cette proposition de M. J. Guérin est une erreur, et c'est la proposition inverse qui est vraie ; il faut donc arriver aussi à la conclusion inverse et affirmer la nécessité de la vaccination animale.

« 3° Il n'est pas démontré, ajoute M. J. Guérin, que la vaccine animale possède des éléments d'action, et produise des effets physiologiques identiques avec ceux de la vaccine humaine ; il est démontré, au contraire, que les deux vaccines possèdent des éléments d'action, et produisent des résultats physiologiques tout à fait différents. »

Quelles sont donc ces différences entre les deux vaccines? Elles se trouvent pour M. Guérin dans la faculté de conservation du vaccin, dans la durée de l'incubation de l'éruption vaccinale, dans les caractères de cette éruption, dans l'inconstance des résultats.

La faculté de conservation du vaccin animal en plaques ou en tubes semble en effet un peu moins grande que celle du vaccin humain. Les médecins qui ont reçu ces tubes se sont souvent plaints de nombreux insuccès. C'est une difficulté de pratique dont il faut tenir compte, mais il est bon de rappeler aussi combien est souvent infidèle le vaccin humain, le vaccin de l'Académie. Il y a donc sur ce point peut-être désavantage pour le vaccin de génisse, mais ce n'est point un fait capital. M. Depaul a d'ailleurs montré qu'il se conservait assez bien pour avoir donné de bons résultats à Saint-Pétersbourg, Mexico, Guatemala, etc.

Il n'en serait pas de même du caractère suivant. S'il était démontré que l'incubation du cowpox est beaucoup plus longue, que ses caractères éruptifs sont beaucoup plus atténués que ceux du vaccin humain, on pourrait en déduire avec

---

(1) *Discours acad.* (*Gaz. méd.*, 1869, page 358).

M. Guérin, que ce vaccin est moins virulent que le vaccin jennérien, et qu'il est probablement moins préservateur. Heureusement il n'en est rien; voici les différences telles qu'elles ont été constatées par M. Depaul, par MM. Hérard, Hervieux, etc.

Chez la génisse, l'éruption se montre après deux ou trois jours d'incubation, elle reste en général assez petite. Après inoculation sur l'homme, l'éruption se montre après une incubation de trois ou quatre jours, quelquefois de cinq, six, sept et même huit jours. Mais ces derniers cas sont rares ainsi que pour le vaccin humain. L'éruption atteint son maximum vers le huitième ou le neuvième jour. Chaque pustule conserve son activité jusqu'au neuvième jour. On peut encore obtenir des inoculations en prenant du liquide au dixième ou onzième jour, mais les résultats sont alors très-inconstants.

Les pustules sont deux ou trois fois plus grosses après inoculation de cowpox qu'après inoculation de vaccin jennérien. Cette dernière proposition n'est peut-être pas aussi constante que l'a pensé M. Depaul. Du moins quelques-uns de ses collègues à l'Académie ont cru devoir faire des réserves, et nous-même, avec M. le docteur Bucquoy, avons eu l'occasion de revacciner la moitié des élèves du collége Sainte-Barbe avec du vaccin humain, l'autre avec du vaccin de vache, et nous avons obtenu des résultats parfaitement identiques au point de vue de l'éruption, de la fièvre vaccinale et du nombre des vaccinations positives.

Il n'y a donc pas lieu de chercher dans les caractères de l'éruption un critérium capable de décider la différence de puissance des deux vaccins.

M. J. Guérin avance de plus que les résultats obtenus sont beaucoup plus inconstants avec le vaccin de vache qu'avec le vaccin humanisé. M. J. Guérin invoque à l'appui de son opinion des communications que lui ont adressées quelques médecins de province. M. Depaul répond en citant des communications précisément inverses. Cette dissidence est facile à expliquer. Suivant que les inoculations vaccinales avaient été heureuses ou malheureuses, les médecins se sont adressés pour se louer ou se plaindre, à celui des adversaires académiques qui avait avancé des opinions analogues à celles que ces médecins s'étaient faites par l'observation de quelques cas. On ne peut juger par ces faits isolés. Il faut prendre les points de comparaison dans des services organisés. Nous citerons les statistiques qu'ont fournies MM. Depaul, Danet, Husson, Hérard.

Sur 278 vaccinations faites à l'Académie avec du vaccin de génisse, M. Depaul n'a eu que 5 insuccès. Il y a eu 1228 pustules, ce qui donne sur 6 piqûres 4 pustules 1/2 pour 100 par individu vacciné. Les revaccinations pratiquées à l'Académie ont donné en moyenne 33 succès pour 100.

M. Durosiez n'a eu que 5 insuccès sur 146 vaccinations, le nombre de boutons a été de 800 environ (service de vaccine du 1er arrondissement. Vaccination animale).

On emploie exclusivement le cowpox pour la vaccination dans les hôpitaux de Paris. M. Husson a communiqué les résultats à M. Depaul. Sur les enfants de quelques jours, le nombre des succès a été de 74 pour 100. Or, le vaccin prend beaucoup plus mal chez les enfants nouveau-nés.

M. Danet, médecin du ministère de l'intérieur, a adressé à l'Académie un bilan de 4530 revaccinations pratiquées à l'aide du cowpox et qui ont donné une moyenne de 40 succès pour 100, tandis que 3809 revaccinations pratiquées avec du vaccin d'enfant n'ont donné que 26 succès pour 100.

Les résultats obtenus par M. Hérard sont encore plus probants. En prenant le service de l'Hôtel-Dieu le 1er janvier 1869, M. Hérard a trouvé la vaccination organisée de la façon suivante. Tous les enfants nouveau-nés d'une rangée de la salle sont vaccinés, un jour de la semaine, avec du cowpox par M. Lanoix. Les enfants de l'autre rangée sont vaccinés de bras à bras, avec le vaccin ordinaire. Or, du 1er janvier au 15 août, 209 enfants, âgés de 1 à 7 jours, ont été vaccinés avec le cowpox. Sur ce nombre, 29 ayant quitté le service le lendemain ou le surlendemain, on n'a pu constater sur eux le résultat. Restent 180, qui ont donné 140 succès (82 pour 100 et 514 pustules (6 piqûres à chaque bras auraient donné, si toutes avaient réussi, pour 180 enfants, 1080 pustules). Pendant le même temps, 191 nouveau-nés étaient vaccinés de bras à bras; le résultat ne put être constaté chez 14; restaient 177 qui donnèrent 170 succès (96 pour 100) et 641 pustules (plus de moitié du nombre des piqûres).

La vaccine humaine a donc réussi un peu plus souvent, mais l'une et l'autre ont donné de très-bons résultats, vu l'âge des enfants. M. Empis n'a obtenu sur les nouveau-nés que 60 succès pour 100, et M. Hervieux 77 pour 100.

M. Hérard a voulu comparer les effets des deux vaccins sur un même enfant, et dans ce but il a fait quatre séries d'expériences dans lesquelles le cowpox était inoculé par trois piqûres au bras gauche, et le vaccin humain, également par trois piqûres, au bras droit.

La première série d'expériences a porté sur 6 enfants, sur 2 desquels le résultat a été nul; 2 autres avaient chacun 2 pustules à chaque bras, et les 2 derniers 3 pustules au bras droit (vaccin humain), 2 seulement au bras gauche (vaccin animal).

Dans la deuxième série, 11 enfants ont été vaccinés de même. On a eu 1 succès complet; chez les 10 autres, la vaccine animale l'a emporté sur la vaccine humaine dans une assez forte proportion; elle a présenté 23 pustules, tandis que l'autre n'en donnait que 11. Sur 7 enfants, toutes les piqûres ont réussi au bras droit (cowpox); sur 1 seulement, toutes ont réussi au bras gauche (vaccin humain).

Dans la troisième série, il a été vacciné 15 enfants. Cette fois, le vaccin humain l'emporte sur le vaccin animal dans la proportion de 29 pustules contre 5. Enfin le 28 juillet, il a été inoculé 7 autres enfants par les deux vaccins. Le cowpox a donné un succès complet (21 pustules), et le vaccin humain un résultat satisfaisant (17 pustules).

Ces résultats sont en somme aussi favorables au cowpox qu'au vaccin humain.

M. Constantin Paul, chargé du service de vaccination animale au bureau central depuis le 1er juin 1869, a eu en deux mois, sur 93 vaccinations, 92 succès, et sur 552 piqûres 467 pustules, c'est-à-dire plus des 5/6.

M. Hérard conclut qu'il n'y a pas lieu de croire le vaccin animal inférieur au vaccin humain. Il ajoute qu'il a observé, dans le développement, la marche, la durée, la virulence, les réactions du cowpox, l'analogie la plus parfaite avec le vaccin humain.

L'objection de M. J. Guérin n'a donc pas de valeur, les résultats donnés par le cowpox sont sensiblement aussi constants que ceux qu'on obtient par le vaccin jennérien. Mais, ajoute M. Guérin, la preuve n'est pas faite : savez-vous si le cowpox préserve de la variole ?

La preuve est faite comme elle l'était pour la vaccine

jennérienne, cinq ans après sa découverte. M. Depaul a inoculé du pus varioleux à des enfants vaccinés avec le cowpox, la variole ne s'est pas développée. Cette vertu préservatrice sera-t-elle d'aussi longue durée que pour le vaccin de Jenner? nous le pensons; la preuve absolue ne sera possible que dans quelques années. Enfin, le cowpox a prouvé qu'il pouvait, comme le vaccin humain, arrêter une épidémie de variole.

La variole s'était déclarée dans une maison pénitentiaire et dans une prison située dans le département du Nord. Il y avait déjà eu 40 cas et 3 décès. On envoya de Paris une génisse inoculée, et M. Danet revaccina tous les détenus ; l'épidémie s'est arrêtée complètement à partir de ce jour, sauf un seul cas qui s'est déclaré le lendemain. Le vaccin humain fait-il mieux?

Autre fait semblable. Un paquebot transatlantique, *le Nouveau-Monde*, allait partir pour les Antilles où régnait la variole. Le paquebot qui en revenait, *la Floride*, avait eu pendant la traversée 48 cas de variole dont trois mortels. On voulut revacciner tout l'équipage et les passagers, et l'on demanda à M. Lanoix 200 tubes de vaccin. Mais le navire devait partir le surlendemain, il était impossible de se procurer 200 tubes en deux jours. M. Lanoix vaccina une génisse qui fut embarquée. Le lendemain du départ, un cas de variole se déclarait à bord sur une femme qui avait lavé du linge des premiers varioleux ; mais les pustules de la génisse s'étant développées, le médecin du bord revaccina tout l'équipage et les passagers au nombre de six ou sept cents. Dès lors, pas un cas de variole ne se déclara parmi les revaccinés, bien qu'aux Antilles on ait reçu deux voyageurs qui furent pris de variole.

La vaccine jennérienne, ajoute M. Depaul, a pu produire de pareils résultats, mais encore une fois a-t-elle fait mieux?

M. J. Guérin avait ainsi formulé sa quatrième objection :

« 4° Enfin, il n'y a jusqu'ici que des présomptions en faveur de l'action préservatrice de la vaccine animale, il est prouvé au contraire de la manière la plus évidente que la vaccine humaine reste toujours un préservatif à peu près absolu de la variole. » Cette objection n'a pas plus de valeur que les précédentes. La preuve est faite pour le cowpox comme pour la vaccine jennérienne.

M. Guérin a soulevé enfin une dernière objection : « La vaccine (1), dit-il, ne donne et ne peut donner que du vaccin. Si le contraire avait lieu, la vaccine animale rencontrerait dans le typhus, le charbon, la tuberculose, des éléments de contagion et de transmissibilité morbide équivalent à celle de la syphilis chez l'homme. »

M. J. Guérin ne s'est pas arrêté, on le voit, devant cette contradiction, négation de la possibilité de la syphilis vaccinale, et d'autre part, possibilité de l'association au cowpox de virus plus ou moins analogues.

Ceci n'intéresse d'ailleurs que la logique et M. J. Guérin; nous ne discuterons pas. Mais il est certain que si un pareil danger existait, il y aurait lieu de s'arrêter dans les expériences d'inoculation de cowpox. Les vétérinaires ne semblent point partager les craintes de M. J. Guérin. L'un d'eux, M. Colin, avait dit, sans preuve à l'appui, que, avec le cowpox, on risque d'inoculer le charbon, et avec le horsepox la morve et le farcin. M. Bouley a repoussé énergiquement cette assertion. D'abord, dit M. Bouley, la fièvre charbonneuse est une affec-

tion tellement grave qu'il serait impossible à l'expérimentateur le moins clairvoyant de la méconnaître. Ensuite, raison plus péremptoire, la fièvre charbonneuse est incompatible avec le développement d'une éruption quelconque, vaccinale ou autre. Il est donc impossible de transmettre le charbon avec le cowpox.

Quant au horsepox capable, d'après M. Colin, de transmettre la morve et le farcin, M. Bouley pense que lorsqu'on saura le reconnaître, il ne sera pas possible de le confondre avec les lésions morveuses ou farcineuses.

D'ailleurs, on ne prend pas actuellement le horsepox directement pour vacciner, on prend le cowpox, et, d'après M. Leblanc et ses collègues de la section vétérinaire, on ne voit pas le charbon sur des génisses de deux ou trois mois. Il en serait de même de la tuberculose.

Ces questions nées inopinément à la fin de la discussion vont être l'objet d'expériences directes : on ne doit donc pas encore conclure. Mais jusqu'à présent aucun fait n'est de nature à prouver directement la possibilité de ces transmissions redoutées par MM. J. Guérin et Colin. Il y a lieu d'attendre.

Pour résumer cette discussion, nous pouvons dire que le cowpox préserve de la variole comme le vaccin humain, que cette méthode supprime la possibilité de prendre la syphilis vaccinale sur le vaccinifère, qu'il y a lieu de substituer la vaccination animale à la vaccination humaine chaque fois que cette substitution sera possible. Il faudra « organiser et entretenir, dans les grands centres surtout, un service de vaccination animale (proposition 14 de M. Depaul) ». Et dans les circonstances exceptionnelles où le vaccin humain fait défaut, en temps d'épidémie de variole, il faudra « envoyer dans les localités infectées une ou plusieurs génisses, qui fourniraient tout le cowpox nécessaire à des vaccinations et revaccinations sur une grande échelle (proposition 37) ».

Nous avons dit en commençant : le vaccinateur peut prendre la syphilis à deux sources, soit sur le vaccinifère, soit sur un des vaccinés, et la reporter ensuite sur le vacciné suivant. Nous pouvons supprimer la première de ces sources, en ne prenant plus de vaccinifère humain. Pouvons-nous également supprimer la seconde ?

M. Lorain, dont l'esprit était encore récemment frappé par le cas de syphilis vaccinale que nous avons rapporté plus haut, vaccinait avec le cowpox il y a quelques mois une famille appartenant au monde scientifique : il y avait des dames et des jeunes gens. En vaccinant un de ces derniers, il lui expliqua le danger de ces transmissions par un vacciné intermédiaire ; immédiatement ce jeune homme signala dans l'assemblée un de ses frères, atteint de syphilis, à l'attention de M. Lorain. Il y a là, en effet, un grand danger, la syphilis a dans certaines périodes des manifestations peu apparentes, et le vaccinateur ne peut pas toujours exiger et n'exige pas en fait un examen le plus souvent impossible. Il faut donc supprimer également cette dernière chance de contagion.

Le moyen a été proposé par un élève de M. Lorain, il est des plus simples. Au lieu de se servir d'une lancette pour vacciner, M. Fourchault (1) conseille de se servir simplement d'une épingle que l'on jetera pour en prendre une autre après chaque piqûre ; ou mieux, M. Fourchault propose de

_____
(1) *Gaz. méd.*, 1869, page 388.

_____
(1) Fourchault, thèse, 1866, page 52. — Le docteur Simonnet, de l'hôpital du Midi, dans une récente leçon clinique, conseille un moyen analogue à celui de M. Fourchault.

se servir d'une aiguille présentant à son extrémité antérieure une cannelure assez marquée, susceptible de recevoir une certaine provision de vaccin, suffisante pour trois piqûres ; cette aiguille, si on ne veut l'employer seule, peut être fixée très-solidement avec la pince à torsion ordinaire. Chaque fois

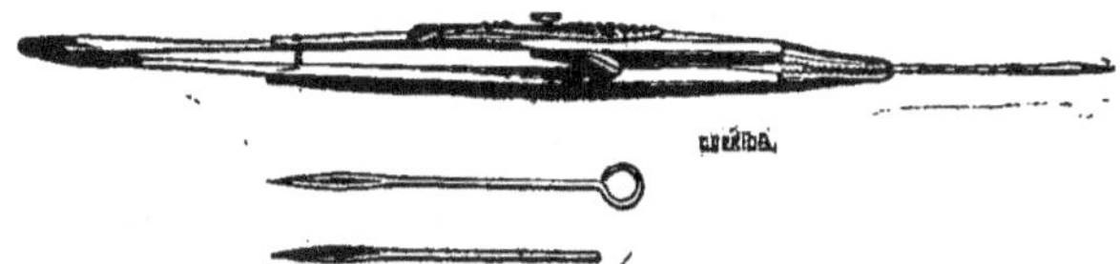

Fig. 1. — Aiguille de Fourchault.

que l'on vaccine, on prend du vaccin sur l'aiguille pour trois piqûres, puis on jette l'aiguille dans l'eau chaude. Ce qu'il faut, c'est ne jamais passer d'un individu à un autre avec la même aiguille, ni charger la même aiguille deux fois.

En acceptant cette modification bien simple à l'opération de la vaccination, on supprime tous les modes de transmission de syphilis vaccinale.

VI. — Origine de la vaccine. — Cowpox the grease. — Soreheels. — Horsepox. — Clavelée. — Horsepox spontané et inoculé.

La conclusion pratique des discussions précédentes est pour nous celle-ci : il faut retourner au cowpox. Il nous faut chercher maintenant ce qu'est ce cowpox, s'il naît spontanément sur la vache, s'il existe sur d'autres animaux, et s'il est, comme le pense M. Depaul la variole elle-même, mais modifiée par son développement sur des races d'animaux différentes.

Nous avons dit que Jenner était convaincu que le cowpox naissait chez le cheval, puis était transporté du cheval à la vache par les filles de ferme et les garçons d'écurie. Il désignait la maladie du cheval, qui d'après lui était la source du vaccin, par les noms de *the grease*, puis de *soreheels* (mal, ulcère des talons). Les traducteurs de Jenner eurent le tort de traduire ce mot si vague par l'expression très-précise de *javart*. Cette erreur eut une grande influence sur la direction des expériences ultérieures.

Les raisons que Jenner invoquait à l'appui de son opinion étaient les suivantes : Lorsque ce soreheels a envahi les chevaux, les vaches qui se trouvent dans le voisinage ont le cowpox. De plus, les forgerons, maréchaux-ferrants, garçons d'écurie qui sont en rapports fréquents avec ces animaux, sont le plus souvent réfractaires à l'inoculation du cow-pox et à la petite vérole. Malheureusement Jenner tenta d'inoculer le *soreheels* aux génisses, et ses essais furent infructueux. Il n'en resta pas moins convaincu, et il rapporte, dans une anecdote très-simple, le mode suivant lequel se fait la contagion. Lord Asaph eut un cheval atteint de *grease*; cet animal était enfermé dans une écurie isolée et fort éloignée des étables ; cependant on vit bientôt toutes les vaches de la ferme atteintes du cowpox. Un fait aussi intéressant éveilla l'attention, une enquête eut lieu, on fit comparaître les domestiques ou valets de ferme, et voici ce qu'on reconnut : le palefrenier qui soignait le cheval malade allait aider sa fiancée à traire les vaches, et c'était lui qui avait été le véhicule du virus.

Depuis Jenner, cent mains différentes ont inoculé *the grease*, et cette inoculation a donné le cowpox aux uns tandis qu'elle l'a refusé aux autres. Elle l'a donné à Loy, à de Carro, à Birago, à Godine, etc.; elle l'a refusé à Woodville, à Simons, à Viborg

de Copenhague, à Sacco, à M. Bousquet, à M. Depaul et à bien d'autres. Il y a plus ; interrogée par la même main et dans des circonstances en apparence semblables, elle a répondu tantôt oui, tantôt non : c'est ainsi que le vétérinaire Coleman, éloigné par ses premières expériences de l'opinion de Jenner s'y trouva ramené par ses secondes.

Tel était l'état de cette question; le fait de MM. Manoury et Pichot n'avait pas réussi à la fixer, quand parut ce que l'on a nommé l'événement de Toulouse, dont nous empruntons le résumé à M. Bousquet, rapporteur à l'Académie :

Au printemps de 1860 éclata tout à coup à Rieumes, non loin de Toulouse, une épizootie parmi les chevaux ; en moins de trois semaines, on comptait plus de cent malades. Il est à noter que la petite vérole régnait dans les environs.

M. Sarrans, vétérinaire de Rieumes, a décrit cette épizootie. Elle débutait par une fièvre légère ; puis survenaient des symptômes locaux dont le principal était un engorgement des jarrets, avec boiterie. Cet engorgement semblait se composer d'une foule de petites pustules. C'était la première période qui durait trois à cinq jours. A cette période succédait un écoulement purulent du pli du paturon. Celui-ci durait huit à dix jours. Enfin les pustules se séchaient et laissaient à leur place des cicatrices marquées. Il y avait aussi des pustules disséminées sur tout le corps, à la vulve, aux lèvres, aux narines. Il n'y avait pas de cowpox dans les fermes voisines.

D'après M. Sarrans, de ces cent bêtes, trois juments seulement et deux chevaux auraient reçu la maladie des influences extérieures, tout le reste l'aurait gagnée par contagion. La contagion se serait faite à la station de monte de M. Sarrans, où, pour contenir les bêtes, on leur passait autour des paturons *des entraves faites de corde*.

Tel est le récit de l'épidémie. Voici *la partie expérimentale et vraiment démonstrative :*

Une jument, celle de M. Corail, fut amenée à l'École vétérinaire de Toulouse. Elle présenta tous les caractères de l'éruption décrits plus haut. Le 25 avril, M. Lafosse, professeur de clinique à l'École vétérinaire, prit avec la lancette la matière d'une pustule et l'inocula par une piqûre à chaque trayon d'une jeune vache. Le 3 mai, les trayons se couvrirent de pustules, et les professeurs de Toulouse les reconnurent pour des pustules de cowpox. On inocula d'autres vaches, on inocula des enfants avec ce cowpox. On inocula du vaccin à un bras, du cowpox à l'autre. Les résultats prouvèrent qu'il n'y avait aucune différence entre ce nouveau virus et le vaccin.

Or, qu'était-ce que cette épidémie ? De l'avis des vétérinaires de Toulouse, de celui de M. Leblanc, ce n'étaient ni le javart, ni les eaux aux jambes. Était-ce une nouvelle maladie vaccinogène ? Il n'y eut pas de conclusion.

M. Bouley, préoccupé de cette question, après avoir revu les opinions de Jenner, de Loy, etc., résolut d'inoculer à la vache toutes les maladies éruptives du cheval. Le hasard fit que la première maladie du cheval qu'il eut à étudier donna, par inoculation à la vache, le cowpox. Or, cette maladie était pour M. Bouley une stomatite aphtheuse. Suivant M. Bouley (*Acad. de méd.*, 30 juin 1863) : « Ces expériences, jointes à celles de Toulouse, prouvent bien que le cheval est vaccinogène et qu'il faut ajouter une maladie nouvelle à celles réputées déjà génératrices du cowpox, telles que le *grease* et le *soreheels* de Jenner ; le *javart* de Sacco ; l'*affection furonculeuse* de Hertwig et la *maladie pustuleuse* de M. Lafosse. »

M. Bouley convia ses collègues de l'Académie à venir à Alfort étudier cette maladie, et bientôt la question entra dans une phase nouvelle.

MM. Depaul et Bouley semblent avoir simultanément reconnu les vrais caractères de cette nouvelle maladie. Ce n'est pas une stomatite aphtheuse, ainsi que l'avait cru d'abord M. Bouley, c'est une maladie générale pustuleuse avec éruption sur presque tout le corps, mais plus localisée aux paturons et à la bouche; en un mot, c'est une maladie éruptive que l'on doit placer à côté de la variole de l'homme, que l'on doit même confondre avec elle d'après M. Depaul ; M. Bouley lui a donné un nom, c'est le *horsepox*, et il n'est plus question de toutes ces diverses maladies toutes capables d'engendrer le cowpox. Tout a été confusion autrefois, il n'y a qu'une maladie équine vaccinogène, mais cette maladie a des localisations nombreuses et chacune d'elles a eu successivement l'honneur d'être regardée comme constituant toute la maladie. Cette maladie est directement inoculable à l'homme, l'expérience l'a montré une fois accidentellement chez un élève d'Alfort, une fois sur un enfant vacciné par M. Bouley.

Voici donc une question résolue; le cheval a une maladie vaccinogène, c'est le horsepox. Cette maladie transportée à la vache donne le cowpov, et transportée à l'homme donne le vaccin.

Existe-t-il d'autres maladies vaccinogènes? On a indiqué encore la clavelée et la maladie aphtheuse. Hurtrel d'Arboval a constaté que sur 1523 bêtes à laine vaccinées, 1340 l'ont été avec succès. Sur ces 1340 moutons, 429 seulement ont subi des épreuves et la clavelée s'est montrée 308 fois. Donc, la vaccine ne préserve pas les moutons de la clavelée. Sacco prétend avoir déterminé la clavelée chez l'homme et en avoir fait le point de départ de vaccinations légitimes. Depuis, on a répété bien souvent cette expérience, mais toujours avec un même insuccès. C'est donc à tort que la clavelée a été comprise parmi les sources du vaccin.

Nous verrons ailleurs que les membres du comité de Lyon ont prouvé incidemment que la fièvre aphtheuse ne saurait être assimilée au cowpox. En effet, le cowpox a été inoculé à une série d'animaux atteints de fièvre aphtheuse très-peu de temps auparavant. Ces animaux, au nombre de cinq, ont tous pris une belle éruption vaccinale. Ce qui prouve suffisamment que ce sont des maladies sans parenté.

Nous ne connaissons donc chez les animaux qu'une maladie capable de faire naître le cowpox, c'est le horsepox.

Ce horsepox spontané diffère du horsepox inoculé, comme toutes les maladies virulentes spontanées diffèrent des mêmes maladies inoculées. Quelle est la cause de cette dissemblance et quelle est la valeur de ce mot *spontané*. Comme cette question de pathologie générale a été étudiée à propos du horsepox, nous croyons devoir l'exposer ici.

Pouvons-nous savoir si le horsepox naît spontanément, ou devons-nous admettre qu'il y a toujours contagion, transport d'une graine allant semer la maladie là où elle se pose?

Les partisans de la genèse spontanée des virus invoquèrent, à l'appui de leur thèse, un argument d'un assez vif effet. Lorsque le horsepox est inoculé sur un cheval ou sur un animal quelconque, l'éruption se produit au point même où a été faite l'inoculation, l'éruption ne se généralise pas (sauf dans quelques cas très-rares dont nous donnerons plus loin l'explication). Dans le horsepox naturel, spontané, venu sans inoculation, il ne se produit pas une éruption locale, mais bien une éruption générale, ou mieux généralisée, c'est-à-dire occupant la bouche, le nez, les plis du paturon, les talons, etc. Il y a là une différence qui prouve que ce sont deux maladies à évolutions distinctes. Faut-il admettre que l'une est née spontanément, sous l'influence de conditions individuelles inconnues, que l'autre est le résultat simple de l'inoculation.

M. Chauveau a enlevé cet argument aux partisans de la naissance spontanée du virus. Sur des chevaux, il met à nu un vaisseau lymphatique, il injecte dans ce vaisseau du virus-vaccin: que se produit-il? Précisément une éruption semblable à celle du horsepox spontané ; cette éruption, dont je ne peux décrire ici les caractères, occupe exactement les mêmes sièges, elle se généralise et il ne se produit pas d'accident local de nature vaccinale, au point d'inoculation. Ce résultat a été absolument le même quand M. Chauveau a injecté du vaccin dans la veine jugulaire, dans le tissu cellulaire sous-cutané des chevaux, ou même lorsqu'il leur a fait avaler par le tube digestif des matières imprégnées de virus-vaccin.

M. Chauveau en conclut que la pénétration dans l'économie du virus-vaccin par une voie autre que la peau donne naissance à une éruption identique avec celle du horsepox spontané. Donc, on ne peut invoquer la forme spéciale de l'éruption en faveur de la spontanéité du virus. M. Chauveau se garde d'ailleurs d'aller au delà, il ne nie pas la possibilité de la spontanéité, mais il enlève à cette théorie un puissant argument.

Comment se fait-il que par la piqûre de la peau, on n'obtienne qu'une éruption locale dans l'immense majorité des cas? On peut concevoir que la peau étant en définitive le siège d'élection des manifestations de la maladie, il se fasse dès le début au point lésé un travail capable d'épuiser la somme des manifestations possibles, mais ce n'est là qu'une hypothèse. En revanche, on s'explique très-bien les cas rares, dans lesquels on a vu une éruption générale succéder à l'inoculation du vaccin. Il est probable qu'il y a eu dans ce cas insertion du virus dans quelque lymphatique.

On sait donc aujourd'hui que le horsepox est une source de vaccin, que la contagion du horsepox chez les chevaux donnera naissance à la forme du horsepox décrite sous le nom de horsepox spontané. On n'est pas autorisé à nier absolument cette dernière variété du horsepox.

VII. — VARIOLE ET VACCINE. — LEUR NON-IDENTITÉ.

Pendant cette discussion, une autre question avait surgi. Déjà depuis longtemps des auteurs avaient pensé que le cowpox, les eaux aux jambes, le virus varioleux, n'avaient qu'une seule origine, et étaient le même virus. Thiélé et Ceely n'ayant pu se procurer du cowpox, inoculèrent à une vache du virus pris sur un individu atteint de variole, et transmirent à des générations successives le produit de cette inoculation. Était-ce du vaccin, ou revenus à l'ancienne pratique, ne faisaient-ils pas ainsi la simple inoculation de la variole ?

M. Depaul, qui avait pu étudier à Alfort l'affection vaccinogène, découverte par M. Bouley, la considéra comme la variole du cheval et il n'hésita pas à affirmer à l'Académie de médecine (séance du 1er déc. 1863) : 1° Il n'existe pas de virus vaccin. 2° Le prétendu virus-vaccin qu'on considère comme l'antagonisme du virus varioleux, n'est autre que le virus varioleux lui-même. 3° Les espèces bovine et chevaline sont sujettes à une maladie éruptive qui est identique, quant *à la nature*, avec la variole de l'espèce humaine, etc. (1).

Pour M. Depaul, le horsepox, le cowpox, le vaccin, la variole, sont donc des affections identiques, ayant la variole pour source commune. Pour lui, c'est une même maladie qui change de forme, se développe complète ou incomplète, selon qu'elle atteint tel ou tel animal. Les virus pourraient donc se transformer en changeant de terrain. Cette proposition étonna quelques académiciens, comme aurait surpris des horticulteurs une proposition tendant à démontrer qu'en semant des mêmes graines de fraisier, dans des terrains de natures diverses, il pousserait des fraisiers d'espèces différentes. M. Bouley invoqua inutilement le coup de lancette qui devait tout démontrer, M. Depaul ne le donna pas et la discussion fut close. Les académiciens s'étaient rangés en camps à peu près d'égale force ; entre les deux partis se trouvait M. J. Guérin expliquant sa théorie du métissage des virus, le cowpox s'humanisant sur l'homme et s'équinant chez le cheval.

Cette question est aujourd'hui résolue, et, comme toutes celles que nous avons déjà étudiées, elle est résolue expérimentalement. M. Chauveau, de Lyon, avec quelques-uns de ses collègues de la Société de médecine, MM. Viennois, Meynet, Delore, Lortet, etc., instituèrent des expériences qui, pour nous, ne peuvent laisser de doute sur la non-identité de la variole et du vaccin.

Le comité de Lyon commença ses recherches avec l'idée préconçue, nous tenons cet aveu de M. Chauveau, que les opinions de M. Depaul étaient exactes.

La commission lyonnaise s'est trouvée dans des conditions excellentes pour faire l'étude comparée de la vaccine et de la variole chez les animaux de l'espèce bovine. Deux magnifiques vacheries avaient été mises à sa disposition, l'une par M. Lœuillet, directeur de l'école de la Saulsaie, où l'on compte 160 têtes de bétail, l'autre par M. Caubet, au parc de la Tête-d'Or, qui renferme environ 100 animaux. Dans les deux établissements, la plupart des sujets sont nés sur les lieux mêmes. On connaît parfaitement leur état de santé depuis le moment de leur naissance, et l'on a été sûr de n'agir que sur des animaux qui n'avaient pas eu antérieurement le cowpox, ce qui eût compliqué les résultats. Cette maladie n'a jamais régné à la Saulsaie. Quant à la vacherie de la Tête-d'Or, elle a été envahie par la cocotte quelque temps avant ces expériences. Cette circonstance a permis aux expérimentateurs de résoudre incidemment la question de la nature non vaccinale de la fièvre aphtheuse, ainsi que nous l'avons dit plus haut.

Du vaccin animal, du cowpox fut fourni par MM. Palasciano, de Naples, et Lanoix, de Paris. Une première série de trente bêtes, prises sans distinction d'âge ni de sexe, fut inoculée, et sur tous ces animaux sans exception, on fit naître de magnifiques éruptions vaccinales. Ces éruptions sont restées absolument locales.

Une deuxième série, d'une vingtaine de bêtes, fut inoculée avec du vaccin humain, vaccin récemment importé sur l'homme ou ancien vaccin jennérien. La réussite fut presque aussi complète. En effet, l'inoculation ne manqua que sur une tête, inoculée avec du vaccin recueilli un peu trop tard. La commission lyonnaise a donc réussi aussi bien que M. Bous-

quet, dans sa tentative d'inoculation de vaccin aux animaux de l'espèce bovine ; elle a même été plus heureuse, car elle a réussi aussi bien sur les bêtes déjà âgées que sur les jeunes veaux, et aussi bien avec l'ancien vaccin jennérien qu'avec le vaccin récemment implanté sur l'espèce humaine. De plus, le cowpox, ainsi obtenu, a paru presque aussi beau que le cowpox vrai (les planches annexées au mémoire de la commission en font foi). Ce cowpox ainsi venu de la vaccine humaine, a pu être transmis chez l'homme et chez le bœuf, pendant plusieurs générations, sans qu'il s'altérât.

Aussi faute de cowpox vrai, MM. Chauveau, Viennois, Meynet, etc., se sont servis souvent du cowpox artificiel pour inoculer des enfants, et ces pustules ont été aussi belles que celles produites par le cowpox vrai. Ces deux séries d'inoculations vaccinales ont donné des résultats d'une netteté parfaite, et l'on peut admettre l'identité du cowpox et du vaccin cultivé chez l'homme.

Voyons maintenant si les *inoculations varioliques* ont donné les mêmes résultats.

Dix-sept vaches, génisses ou taurillons, compagnons des précédents, ont été inoculés de la variole humaine : les uns en 1863, les autres en 1865. Les inoculations ont été faites avec le plus grand soin. Aucun des sujets n'a pris le cowpox. Les inoculations ne sont pas restées sans effet, toutes ont déterminé la formation de très-petites papules rougeâtres. Ces papules ont disparu rapidement sans laisser de croûte, par une sorte de résorption.

On peut en conclure que le virus-vaccin et la variole ne donnent pas des résultats identiques. Mais qu'est-ce que cette éruption papuleuse déterminée par l'inoculation de la variole ? A-t-elle quelque chose de spécifique ? Ou ne serait-ce pas simplement le résultat du travail inflammatoire déterminé par la piqûre elle-même ? Cette dernière supposition est une erreur. En effet, 15 de ces 17 animaux ont subi une contre-inoculation vaccinale, pratiquée pour dix d'entre eux avec le cowpox vrai, pour les cinq autres avec la vaccine humaine. Or, sur ces 15 animaux, un seul a pris un beau cowpox, trois ont eu des pustules vaccinales éphémères et rudimentaires ; tous les autres, au nombre de onze ont été exempts d'éruptions. C'est là un fait entièrement neuf, d'une importance capitale. Il prouve que les papules provoquées dans l'espèce bovine, par l'inoculation de la variole, constituent une éruption spécifique, et que cette éruption possède, avec le cowpox, les mêmes relations que la vaccine et la variole dans l'espèce humaine. En effet, la variole préserve le bœuf du cowpox, comme le cowpox protége l'homme contre la variole.

Voyons maintenant ce qu'est cette éruption variolique, chez le bœuf. N'est-ce qu'un cowpox rudimentaire qui n'aurait besoin pour se développer que d'être cultivé pendant un certain temps sur les animaux de l'espèce bovine ?

La commission lyonnaise a excisé les pustules varioliques du bœuf, elle a pu en extraire par le raclage une certaine quantité de sérosité. Cette sérosité a été inoculée à plusieurs animaux. Mais à cette seconde génération, la variole n'a produit que des effets encore plus faibles, ou même tout à fait nuls. Que faut-il en conclure ? C'est que les effets engendrés par l'inoculation variolique sont quelque chose de tout différent du cowpox. — *Est-ce purement et simplement la variole ?*

Pour le savoir, la commission lyonnaise a inoculé cette même sérosité des papules varioliques bovines à un enfant non vacciné. L'enfant a eu une variole confluente géné-

---

(1) Voyez *Comptes de l'Académie*, 1863, et *Annuaire* de Dehérain, 1868.

ralisée. Un second enfant a été inoculé avec la pustule primitive du premier. Ce deuxième sujet a eu une variole discrète, parfaitement caractérisée.

Dans ces deux cas, il ne s'agissait pas d'une éruption vaccinale généralisée, car l'inoculation au bœuf n'a pas produit le cowpox, mais l'éruption papuleuse de la variole bovine.

On peut donc conclure que la variole s'inocule au bœuf; mais elle ne se transforme pas en vaccine en passant par l'organisme de cet animal. Elle reste variole et revient à l'état de variole quand on la rapporte sur l'espèce humaine.

Les expériences d'inoculation de la vaccine et de la variole *au cheval*, faites également dans les mêmes conditions, donnèrent des résultats parfaitement analogues. Il est inutile d'exposer à nouveau ces dernières séries d'expériences instituées de même et ayant donné les mêmes résultats.

Je passe immédiatement aux conclusions. On peut admettre avec la commission, que la variole humaine s'inocule au bœuf et au cheval avec la même certitude que la vaccine.

Les effets produits par l'inoculation des deux virus diffèrent absolument. Chez le bœuf, la variole ne produit qu'une éruption de papules si petites, qu'elles passent inaperçues quand on n'est pas prévenu de leur existence. La vaccine, au contraire, engendre l'éruption vaccinale type avec ses pustules larges et fort bien caractérisées.

Chez le cheval, c'est aussi une éruption papuleuse, sans sécrétion, ni croûte, qu'engendre la variole; mais quoique cette éruption soit beaucoup plus grosse que celle du bœuf, on ne saurait la confondre avec le horsepox, si remarquable par l'abondance de sa sécrétion et l'épaisseur de ses croûtes.

La vaccine ou la variole inoculée séparément, s'oppose généralement au développement ultérieur de la variole ou de la vaccine.

Cultivée méthodiquement sur ces animaux, c'est-à-dire transmise du bœuf au bœuf et du cheval au cheval, la variole ne se rapproche pas de l'éruption vaccinale. Cette variole reste ce qu'elle est ou s'éteint tout à fait, et transmise à l'homme, elle lui donne la variole. Reprise à l'homme et transportée de nouveau sur le bœuf ou le cheval, elle ne donne pas davantage à cette seconde invasion le cowpox ou le horsepox.

Donc, malgré les liens évidents qui, chez les animaux comme chez l'homme, rapprochent la variole de la vaccine, ces deux affections n'en sont pas moins parfaitement indépendantes et ne peuvent pas se transformer l'une dans l'autre.

Donc, en vaccinant d'après la méthode de Thiélé et de Ceely, on pratique l'ancienne inoculation rendue peut-être constamment bénigne par la précaution que l'on prend de n'inoculer que l'accident primitif, mais ayant à coup sûr conservé tous ses dangers au point de vue de la contagion.

Ce qui pour moi constitue la partie neuve, essentielle de ce mémoire, ce qui constitue sa supériorité sur les tentatives antérieures, c'est qu'on ne s'est pas contenté d'inoculer de l'homme au bœuf, ou du bœuf à l'homme, mais que l'on a complété le cercle en étudiant les effets de la culture de ce virus portés de l'homme au bœuf, puis reportés du bœuf à l'homme. La chaîne a été ainsi complétement rétablie, et l'on voit que *chaque virus conserve sa spécificité propre, son individualité, quel que soit le terrain sur lequel on le cultive.*

VIII. — DES ÉLÉMENTS ACTIFS DU VIRUS-VACCIN.

L'humeur virulente fournie par la pustule vaccinale est un produit complexe, analogue, par sa composition, à toutes les sérosités pathologiques non spécifiques. Les analyses chimiques et microscopiques n'y font découvrir aucun élément spécial auquel on puisse attribuer l'activité propre du vaccin. Cette activité réside nécessairement dans les éléments communs qui concourent à la formation de la sérosité vaccinale ; or, siége-t-il dans tous ces éléments ? Ou bien est-elle propre à quelques-uns d'entre eux ? Telle est la question qui, jusqu'à présent, avait été délaissée par les expérimentateurs.

M. Chauveau a essayé d'en donner la solution. Pour cela, il fallait interroger isolément l'activité des diverses parties constituantes du vaccin : d'une part, le sérum, contenant avec l'albumine qui en forme la base, toutes les autres substances solubles ; d'autre part, les éléments solides, c'est-à-dire les leucocytes, les granulations élémentaires, qui sont tenus en suspension dans la sérosité.

Pour étudier l'activité propre du sérum vaccinal, il fallait l'obtenir entièrement dépouillé des particules solides dont il est chargé. C'était une difficulté. En effet, par la filtration et la décantation, on peut enlever ses leucocytes au plasma, mais ce fluide retient toujours les éléments solides les plus nombreux, les granulations. Celles-ci, en effet, à l'instar des particules de tannate de fer, qui colorent l'encre, ne se déposent jamais complétement dans les couches profondes et passent à travers tous les filtres.

Toutefois, si par la décantation on prive le liquide de ses leucocytes, il reste tout aussi virulent. Voici l'expérience, dont nous ne saurions abréger les détails, car toute la valeur des résultats obtenus est intimement liée aux minuties du procédé lui-même.

De la sérosité vaccinale est mélangée avec dix fois son poids d'eau, afin de diminuer sa densité et sa viscosité sans altérer sensiblement son activité virulente. Grâce à cette précaution, le vaccin, placé dans une petite éprouvette et abandonné vingt-quatre heures à lui-même dans un repos complet, laisse déposer au fond du vase la plupart des leucocytes, sinon tous. On s'en assure en aspirant avec un tube capillaire la couche superficielle qu'on fait passer ensuite sur le porte-objet du microscope pour la soumettre à l'examen. Si la gouttelette ainsi examinée se montre complétement dépourvue de leucocytes, on peut s'en servir pour pratiquer des inoculations cutanées. Dans tous les cas, M. Chauveau a obtenu des pustules vaccinales.

Ainsi les leucocytes ne constituent pas les agents essentiels de la virulence. Ils peuvent partager cette propriété avec les autres éléments du liquide vaccinal, mais ils ne la possèdent pas exclusivement.

En est-il de même des granulations, peut-on s'en débarrasser et obtenir des résultats positifs d'inoculation?

M. Chauveau a réussi à priver la sérosité vaccinale de tous ses corpuscules solides en utilisant le phénomène bien connu de la diffusion. De la sérosité vaccinale est introduite au fond d'une très-petite éprouvette; on a soin d'éviter que le liquide ne touche les parois du vase au-dessus du niveau que ce liquide doit atteindre, puis on verse dessus une couche d'eau distillée, avec toutes les précautions voulues pour qu'il ne se produise aucun courant capable de déterminer mécaniquement le mélange des deux fluides. De cette manière on a, dans l'éprouvette, une colonne liquide formée de deux couches de densité et de composition différentes : une supérieure, composée d'eau pure ; une inférieure, constituée par le vaccin et renfermant, avec les éléments solides de celui-ci, toutes les substances dissoutes qui entrent dans la composition de la sérosité vaccinale. On abandonne l'éprouvette à elle-même dans un milieu de température constante où le liquide, mis à l'abri de l'évaporation, soit maintenu dans un repos complet ; les corpuscules en suspension dans la couche inférieure y restent confinés tant qu'aucune action mécanique ne les sollicite pas à monter dans la couche supérieure. Mais il n'en est pas de même des substances albumineuses et salines dissoutes dans la sérosité. En vertu des lois de la diffusion, ces substances passent dans la couche aqueuse, les unes plus vite, les autres moins, suivant le pouvoir diffusible. Le transport s'effectue sans que les particules solides y prennent part, le mouvement atomique qui constitue la diffusion étant incapable d'entraîner avec lui d'autres éléments que ceux sur lesquels l'eau exerce son affinité moléculaire.

Quand il s'est écoulé le temps nécessaire pour que la diffusion ait amené à la surface de l'eau une notable proportion des principes qui constituent la sérosité vaccinale, on retire le liquide couche par couche, en l'aspirant à l'aide de fins tubes capillaires. On obtient ainsi, dans les premiers tubes, tous les éléments solubles qui forment la sérosité vaccinale ; dans les derniers, ces éléments, plus les corpuscules en suspension, c'est-à-dire le vaccin complet plus ou moins dilué. Les deux sortes de liquides peuvent être alors inoculés comparativement, soit sur le même sujet, soit sur des sujets différents.

M. Chauveau a fait cette étude comparée sur l'enfant, le cheval et la génisse. Les inoculations pratiquées avec le liquide inférieur, c'est-à-dire avec le vaccin complet, réussirent aussi bien que si elles avaient été pratiquées avec le vaccin pur. Les autres, faites avec le plasma dilué, échouèrent toujours de la manière la plus complète. M. Chauveau avait d'ailleurs essayé chimiquement ce dernier liquide et s'était assuré qu'il contenait une grande quantité d'albumine. On ne peut donc invoquer ni l'absence de cet élément fondamental, ni sa grande dilution pour expliquer l'inactivité de la sérosité vaccinale.

On peut donc conclure de ces expériences que la sérosité vacinale n'est pas virulente et que l'activité du vaccin réside dans ses granulations solides.

M. Chauveau a voulu mettre ces résultats à l'abri de toutes les objections. Il en a prévu quelques-unes. Ainsi on pouvait penser que le principe virulent siégeait dans le plasma même, mais que ce principe ne diffusait pas aussi facilement que l'albumine et les sels. Dans cette hypothèse, M. Chauveau fait remarquer que, en faisant du vaccin une dilution très-étendue, et en produisant un liquide homogène, on doit obtenir un liquide qui possède toujours la même propriété, c'est-à-dire donnant toujours naissance à des inoculations positives ou donnant toujours des résultats négatifs. Tandis que si le principe virulent réside dans les granulations, en étendant le liquide vaccinal d'une grande quantité d'eau, on doit avoir tantôt des résultats positifs, tantôt des résultats négatifs, selon que le hasard aura déposé sur la lancette plus ou moins de granulations.

Or, les vaccinations faites avec le vaccin étendu de 2 à 15 fois son poids d'eau, comptent presque autant de succès que de piqûres. A partir de la solution au cinquantième, au contraire, les inoculations échouent le plus souvent. M. Chauveau a pourtant obtenu dans un cas une pustule sur dix piqûres faites avec du vaccin étendu dans 150 fois son poids d'eau. Quant aux inoculations pratiquées avec les dilutions comprises entre la quinzième et la cinquantième, les unes avortèrent, les autres réussirent, mais le nombre des piqûres avortées fut toujours plus grand avec les dilutions étendues.

Ajoutons que dans tous les cas où l'inoculation a réussi, M. Chauveau a toujours obtenu des pustules identiques avec celles de l'inoculation du vaccin pur.

M. Chauveau considère ces expériences, comme de tous les points contraires à l'hypothèse de la présence du principe virulent dans le plasma de la sérosité vaccinale, et en conformité parfaite avec l'hypothèse de l'activité virulente des éléments solides flottant dans cette sérosité.

Enfin M. Chauveau ajoute à l'appui de cette démonstration une dernière expérience. On vient de voir que l'humeur vaccinale très-diluée ne peut s'inoculer à la lancette que très-exceptionnellement. Si c'est réellement parce que les corpuscules virulents très-éloignés les uns des autres dans la dilution, ne sont amenés que rarement sur la pointe de la lancette, l'inoculation en masse du liquide dilué devra, au contraire, réussir à tous coups. Or, c'est ce qui ne manque pas d'arriver. En injectant dans l'appareil circulatoire du vaccin dilué à n'importe quelle solution, on infecte toujours le sujet d'expérience.

M. Chauveau conclut de ces expériences que le principe actif du virus-vaccin siége dans la granulation et non dans le plasma, et nous sommes pour notre part convaincus par ces belles et patientes recherches.

BROUARDEL,
Médecin des hôpitaux,
Professeur agrégé à la Faculté de médecine de Paris.

ACADÉMIE DE MÉDECINE DE PARIS

M. BOUCHARDAT

La mortalité des nourrissons

J'ai désiré prendre part à la discussion sur la mortalité des nourrissons parce que, élevé et passant mes vacances dans un pays de nourrices, j'ai vu les choses de près. C'est d'ailleurs un des sujets qui, dans mon cours d'hygiène, a le plus vivement fixé mon attention.

Il n'est pas de question plus importante et plus opportune à discuter que celle de l'excessive mortalité des nourrissons : plus importante parce que le mal est considérable, plus opportune parce que les administrateurs, les médecins eux-mêmes, et les plus éclairés parmi ces derniers, tout en signalant le mal, cherchent le remède où il n'est pas.

Je n'hésite point cependant à donner mon approbation au rapport de la commission pour deux raisons principales : la première, c'est qu'en attaquant avec autant de vivacité ces consciencieux travaux, on rendra le devoir de rapporteur si pénible que beaucoup d'entre nous se dispenseront de plus en plus de l'accomplir ; la seconde, c'est que le système de réglementation proposé, soit par la commission, soit, avec beaucoup de talent, par notre collègue M. Devilliers, offrent de réels avantages, mais qu'il faut bien se garder d'exagérer. Ce luxe de précautions contre les nourrices qui méconnaissent leurs devoirs a déjà été mis en pratique. L'administration de l'assistance publique de Paris a, dans chaque grand centre, des préposés qui n'ont pas d'autre charge que de veiller continuellement sur tout ce qui a trait aux nourrissons ; ils sont secondés par les maires des communes, par des médecins chargés de visites régulières ; enfin des inspecteurs envoyés de Paris viennent contrôler tout ce service. Cependant demandez à notre collègue, M. Husson, quel est le chiffre de la mortalité des pupilles de l'assistance publique de Paris ? Il est encore énorme.

En se plaçant au point de vue de l'hygiène la plus élémentaire, la solution du problème est des plus nettes, car on s'appuie sur des prémisses incontestables.

Quelles sont les causes de l'énorme mortalité des nourrissons ? Personne ne me contredira lorsque je dirai : c'est le froid, la faim, la misère physiologique ayant dans le cas présent pour facteur principal l'alimentation mal choisie.

Quel est pour l'enfant l'aliment le plus précieux que rien ne peut remplacer ? C'est le lait de la femme. Ne pas nourrir son enfant quand on le peut, c'est donc supprimer de gaieté de cœur la richesse la plus vraie, celle qui fait des hommes vigoureux. Conserver la plus grande masse possible de lait humain, voilà le principe incontestable, voilà le but vers lequel il faut tendre. Ces principes je vais les développer rapidement ; et je chercherai ensuite ce qu'il convient de faire pour augmenter le plus possible la production du lait de la femme.

Le nouveau-né est défendu du froid par la chaleur artificielle, par les vêtements chauds, et surtout par le lait de la mère, qui est admirablement approprié à cette destination. En effet, sur 110 grammes (1) de matériaux fixes pour 1000 grammes, le lait de la femme contient 14^{gr},34 seulement de principes immédiats plastiques, contre 95^{gr},72 de matériaux de calorification ; et parmi ces matériaux de calorification, la lactine, qui, dans l'organisme, se transforme presque aussitôt en matière destructible donnant de la chaleur, y figure pour 75^{gr},02.

Dans les pays scandinaves, où la température extérieure est très-basse, et par conséquent les chances de mort très-élevées, la mortalité des nourrissons est beaucoup moindre que dans les contrées relativement privilégiées de l'Europe centrale (2), parce que toutes les femmes nourrissent leurs enfants, qu'elles le réchauffent par leur chaleur en le portant presque constamment avec elles, et en le protégeant par de bonnes fourrures.

La cause de mort la plus fréquente du jeune nourrisson c'est, sans contredit, l'état que j'ai décrit et désigné sous les noms d'appauvrissement général de l'économie, ou de misère physiologique. Cet état, la plus certaine des prédispositions à toutes les maladies qui font succomber les très-jeunes enfants, est amené par le sevrage prématuré, par une alimentation mal choisie, mal réglée, par le défaut de soins des nourrices. Quand, pour sevrer un enfant, on a devancé la période de dentition, et que, pendant cette période de maladie, il refuse toute nourriture, le lait de la mère est le meilleur des remèdes, et le plus admirable des aliments pour prévenir la ruine de l'économie.

Il est bien certain que les femmes dans l'aisance qui peuvent prendre une nourrice sur lieu, n'ont pas tous ces maux à redouter. Mais il faut penser aussi à l'enfant de la nourrice, qui, sevré à quatre ou cinq mois, abandonné aux soins d'un père que ses travaux appellent aux champs une grande partie du jour, dépérit à vue d'œil, succombe bien souvent ou conserve toute sa vie les restes de cet affaiblissement des premiers mois de son existence. Chaque année, pendant mes vacances en Bourgogne, on m'apporte des victimes de ce sevrage prématuré : ils sont d'une maigreur squelettique, refusant tous les aliments, ou les rejetant sans les digérer ; dans ce dernier cas, c'est une véritable lientérie des enfants sevrés trop tôt.

Je sais que l'on connaît depuis quelques années un aliment admirable qui m'a souvent réussi pour ramener à la vie ces enfants arrivés au dernier terme du marasme, c'est la *viande crue hachée*. Mais cet héroïque modificateur ne réussit pas toujours ; et trop souvent, il n'est pas employé avec intelligence et persévérance.

Je viens d'esquisser les maux que l'on doit attribuer à l'insuffisance du lait de femme, il me reste à accomplir la partie la plus difficile de ma tâche, celle qui consiste à rechercher les moyens les plus efficaces pour augmenter sa production. Je m'occuperai d'abord des femmes qui sont dans l'aisance, puis je parlerai de celles qui doivent travailler pour gagner leur pain de chaque jour.

Pour les premières, il convient avant tout de faire notre examen de conscience.

Je suis persuadé que, dans bien des cas, les médecins exonèrent trop légèrement les femmes de leur devoir maternel. Vous m'objectez que quelques femmes n'ont pas ou trop peu de lait ; je le reconnais comme vous. A force d'interdire l'allaitement aux femmes du monde, vous avez créé des races chez lesquelles la glande mammaire est considérablement diminuée et ne peut plus suffire à sa destination. Chez les nourrices du Morvand, vous ne trouverez pas souvent de pareilles anomalies.

Sous prétexte de faiblesse, d'imminences morbides imaginaires, on persuade bien vite à une femme trop facile à convaincre, qu'elle doit confier son nouveau-né à une nourrice.

Eh bien, je suis convaincu que ces femmes chétives de nos grandes villes, quand on les surveille, quand on sait bien diriger leur alimentation, se fortifient par l'allaitement. Chez ces mères qui présentent des types d'appauvrissement général de l'économie, la sécrétion régulière et continue du lait réveille l'appétit ; elles peuvent digérer mieux, supporter du fer, de l'huile de foie de morue. Vous souriez ? mais imitez-moi, et vous verrez vos clientes prendre de la vigueur pour le reste de leur vie et élever de beaux enfants.

Si vous ne réussissez pas plus souvent, c'est que vous ne dirigez pas bien l'hygiène alimentaire des mères nourrices. Sur la fin de l'allaitement, pour soulager la mère, j'ai bien

(1) Bouchardat et Quevenne, *Du lait*, 2e fasc., p. 154. Paris, 1857.
(2) Vacher, *De la mortalité des enfants dans les principaux États de l'Europe, de la naissance à un an* (Gaz. médic., 30 octobre 1869).

En Norvége, de.......................	10,64
En Écosse (Dr Starke), de.............	12,85
En Danemark, de.....................	13,42
En Suède (Dr Berg), de..............	13,53
En Angleterre (Dr Farr), de..........	15,13
En Belgique, de.....................	16,53
En France, de.......................	17,43
Dans les Pays-Bas, de................	18,43
En Prusse (Dr Engel), de............	18,78
En Autriche, de.....................	24,7

des fois eu recours, à plusieurs reprises, dans la journée, au lait de chèvre nouvellement trait.

Permettez-moi, avant de terminer cette partie de mon sujet, de vous exposer sommairement trois exemples.

Dans le premier, il s'agissait d'une femme parvenue au dernier degré de la chlorose. Pendant les derniers mois de sa grossesse, on était forcé de la descendre de son appartement pour lui faire prendre un peu d'exercice. Je lui conseillai d'allaiter : grâce au fer et à l'huile de foie de morue qui intervinrent heureusement dans son régime, elle éleva parfaitement son enfant et depuis elle s'est très-bien portée.

Dans le deuxième cas, il s'agit d'une femme des plus faibles, rachitique ainsi que plusieurs membres de sa famille ; elle fut attentivement soumise à la direction hygiénique que j'ai indiquée, et elle éleva plusieurs beaux enfants sans en perdre aucun.

Voici un dernier exemple qui me touche de près et qui était bien fait pour me rendre partisan de l'allaitement maternel.

Un médecin, membre de notre famille, voyant ma mère frêle et de petite taille, la détourna vivement de nourrir. Mon frère aîné fut donc mis en nourrice. Mais, peu de mois après, la nourrice le laisse choir sur un seuil de pierre, et il fut tué sur le coup. Ma mère se promit bien alors de ne plus suivre les avis de son médecin : elle nourrit ses deux enfants qui jusqu'ici n'ont pas eu un jour de maladie.

Pour les femmes dans l'aisance, ce n'est donc que très-exceptionnellement qu'on peut alléguer de bons motifs afin de les dispenser de l'allaitement ; mais pour les mal-aisées, et surtout pour les ouvrières des villes, cette question présente les plus sérieuses difficultés.

Parmi les positions pénibles, je n'en connais pas de plus intéressante que celle d'un ouvrier des villes qui a plusieurs jeunes enfants. Pour subvenir aux besoins de tous, le travail de la femme est souvent aussi nécessaire que celui du mari. Quand il s'agit d'une femme abandonnée, d'une fille mère, les besoins sont encore plus poignants.

L'administration de l'assistance publique a consacré chaque année une somme importante à prévenir l'abandon des nouveau-nés. Il n'est pas de secours qui s'adresse à une misère plus réelle ; je ne saurais donc qu'y applaudir et en solliciter l'augmentation. Mais, pour beaucoup d'honnêtes ouvriers habitués à demander à un travail énergique la satisfaction de leurs besoins, il en coûte de s'adresser à l'assistance publique. C'est une susceptibilité qu'on ne saurait trop honorer et encourager.

C'est pour ces braves ouvriers que je voudrais voir se développer, se spécialiser, ces sociétés de secours mutuels qui ont déjà rendu tant de services et qui sont appelées à en rendre de plus grands encore.

Là ce n'est pas l'aumône, qu'on vient demander, mais sa part d'épargne qu'on réclame, quand surviennent les circonstances qui la rendent nécessaire. M. Fauvel a parlé de subventions du gouvernement. Je suis loin de les repousser ; mais je voudrais qu'elles soient dépensées par des sociétés de secours mutuels, ayant pour but de soutenir les mères nourrices. Ce serait ainsi leur dotation. Mais il ne faut pas nous habituer à réclamer toujours et partout l'intervention gouvernementale.

Parmi les moyens efficaces pour permettre aux femmes mal aisées d'allaiter leurs enfants, je dois mentionner les crèches. J'avoue que dans les premiers temps de leur fondation, j'avais contre elles des préventions qui ne se sont pas toutes vérifiées. Comme notre collègue, M. Delpech, nous l'a montré dans son rapport si complet, si consciencieux, que j'ai écouté avec le plus grand intérêt, elles présentent de réels avantages, à côté de quelques inconvénients qu'il faut connaître et prévenir.

On ne saurait être trop circonspect lorsqu'il s'agit des soins nosocomiaux destinés à l'enfance. Ce n'est pas la philanthropie sentimentale qu'il faut écouter, mais celle qui prend pour guide la rigoureuse observation. Quoi de plus admirablement humain, en apparence, que de recueillir dans un hospice de pauvres petits êtres abandonnés?... Mais l'expérience nous apprend que, dans certaines années, sur dix de reçus, il en est mort bien près de neuf dans les dix premiers jours ! Un hospice d'enfants, pourvu de toutes les ressources médicales et hygiéniques, ne paraît-il pas au premier abord une irréprochable institution?... Eh bien, sur six enfants reçus pour des affections légères, il en succombe un par l'influence nosocomiale (rougeole, scarlatine, coqueluche, croup).

Je redoutais ces dangers pour les crèches. Mais on n'y reçoit que des enfants bien portants, ils n'y séjournent pas la nuit, on les éloigne à la moindre apparence de maladie. Cependant l'intervention constante d'un médecin attentif est indispensable, comme l'a si bien dit le rapporteur de la commission des crèches.

Avec notre collègue M. Husson, je suis d'avis que la crèche, pour être vraiment utile à l'enfant, doit être près de l'atelier ; car, surtout dans les premiers temps de la vie, l'allaitement de l'enfant ne peut être toujours réglé : il est des cas où la mère doit lui donner le sein à des intervalles très-courts. Cette condition, quelquefois indispensable, ne peut être remplie quand le travail est loin de la crèche.

Avant de terminer, je veux revenir un instant sur la question des mères dans l'aisance qui ne remplissent pas le devoir de l'allaitement. Je voudrais les voir venir en aide à ces pauvres ouvrières qui nourrissent leurs enfants.

Vous allez trouver peut-être que je suis partisan de doctrines bien avancées. Mais le médecin qui vit au milieu de la misère, le professeur d'hygiène qui étudie les maux engendrés par des privations réelles, s'ingénie de toute façon pour les combattre ; les riches n'ont pas besoin de nous pour se défendre.

Je voudrais donc que les femmes dans l'aisance, exonérées du devoir maternel, soient obligées de verser une cotisation à la caisse des secours mutuels ayant pour but de permettre à la femme de l'ouvrier, à la fille mère, de garder son enfant. Je voudrais que cet impôt soit communal, pour écarter toute intervention du gouvernement. De la caisse de la commune, la recette passerait dans celle de l'association de secours mutuels. Je voudrais aussi que cet impôt soit progressif. En un mot, on devrait, selon moi, imposer les mères qui ne nourrissent pas au profit de celles qui nourrissent, et cet impôt serait d'autant plus élevé que les femmes qui ne nourrissent pas seraient plus riches.

A. BOUCHARDAT,

Professeur d'hygiène à la Faculté de médecine de Paris.

Le propriétaire-gérant : GERMER BAILLIÈRE.

PARIS. — IMPRIMERIE DE E. MARTINET, RUE MIGNON, 2.

REVUE

DES

COURS SCIENTIFIQUES

DE LA FRANCE ET DE L'ÉTRANGER

SEPTIÈME ANNÉE   NUMÉRO 6   8 JANVIER 1870

Paris, 7 janvier 1870.

On connaît le fameux postulatum d'Euclide, à l'aide duquel on établit que les trois angles d'un triangle sont égaux à deux angles droits, et qui est la base de la géométrie. Quoique ce postulatum n'ait jamais pu être démontré, son évidence est assez frappante pour qu'on n'ait jamais pu le contester sérieusement.

Cependant un géomètre de Kasan, Lobatchewski, avait eu l'idée en 1829 de se demander ce que deviendrait la géométrie si le postulatum d'Euclide était faux, et, partant de cette hypothèse, il avait constitué d'une manière fort logique une géométrie nouvelle qu'il appela *géométrie imaginaire*. Gauss déclara qu'elle était *construite de main de maître*, et que, depuis longtemps déjà (1792), lui-même en avait déterminé les traits principaux. Il lui donna le nom de géométrie non euclidienne, et elle trouva bientôt un certain nombre d'adeptes qui en développèrent les conséquences parallèlement à celles de la géométrie ordinaire, comme si la géométrie devait se diviser en deux sciences rivales. Il y en a un certain nombre aujourd'hui, et il n'y a pas longtemps que l'Académie des sciences de Bruxelles a reçu, de M. de Tilly, tout un traité de géométrie et de mécanique non euclidiennes qui paraîtra prochainement dans ses *Mémoires*. Le plus curieux de l'affaire, c'est que ces deux géométries, qui sembleraient devoir être toujours la négation l'une de l'autre, s'accordent sur un grand nombre de points, et que les différences sont d'un ordre tout à fait négligeable en pratique.

Une telle controverse semble un véritable scandale dans la plus infaillible des sciences, et les mathématiciens auraient assurément quelque plaisir à l'étouffer en démontrant une bonne fois le postulatum d'Euclide. Mais ceux qui l'ont essayé jusqu'ici n'y sont point parvenus.

L'Académie des sciences de Paris vient de recevoir un travail de M. Carton, qui a fait une nouvelle tentative dans ce sens, et qui prétend tenir enfin une véritable démonstration. C'est aussi l'avis de M. J. Bertrand, et il a fait une note contenant cette démonstration. Mais un certain nombre d'académiciens, qui la croient nécessairement impossible, voulaient lui appliquer la mesure qui écarte par la question préalable toutes les prétendues solutions de la quadrature du cercle. Cependant, M. J. Bertrand a fini par obtenir, malgré M. Liouville, que la démonstration de M. Carton serait publiée, et les géomètres pourront décider. En attendant, les profanes continueront à marcher sur la foi du postulatum d'Euclide.

VII.

— M. Coste a été élu lundi dernier vice-président de l'Académie des sciences de Paris, par 27 voix contre 20 données à M. Balard et 1 à M. de Quatrefages. M. Liouville, vice-président de 1869, devient de droit président pour 1870. — En quittant le fauteuil de la présidence, M. Claude Bernard s'est félicité de n'avoir eu à annoncer la mort d'aucun de ses collègues.

Dans la même séance, M. Helmholtz a été élu correspondant, dans la section de physique, par 36 voix sur 48 votants.

— La Société royale astronomique de Londres a décerné cette année sa médaille d'or annuelle à M. Delaunay.

HOPITAL SAINT-ANTOINE A PARIS

COURS DE M. LORAIN (1)

La méthode graphique appliquée à l'étude clinique des maladies

Les maladies sont constituées par un ensemble très-complexe de faits parmi lesquels il faut choisir ceux qui se prêtent à une analyse exacte et que l'on peut chiffrer. On ne peut en effet tout embrasser à moins de renoncer à la précision dans les descriptions. L'impression d'ensemble que ressent un observateur bien doué et expérimenté, ne peut pas se traduire nettement. Il faut se méfier, dans une analyse scientifique, des conceptions subjectives, et se borner à la détermination des phénomènes qui tombent sous les sens et peuvent être isolés de l'ensemble. Les méthodes d'analyse actuellement usitées dans la plupart des branches des sciences naturelles sont applicables à l'étude de l'homme malade. Par ces moyens, on peut échapper aux descriptions longues et obscures et à l'impropriété des termes qui sont justement reprochés à la nosographie traditionnelle.

Substituer autant que possible l'objectif au subjectif et réprimer la prolixité du langage, tel est le but que doivent poursuivre aujourd'hui les hommes adonnés à l'étude des sciences d'observation. L'exposé d'un fait doit être court et démonstratif.

Plus on parle longuement, plus on risque de se tromper, et l'erreur se multiplie, pour ainsi dire, par le nombre des mots. Il faut, autant que possible, se borner à la description d'un phénomène isolé, le suivre dans son évolution complète, en marquer les phases diverses par des points de repère, et

---

(1) Voyez notre numéro du 18 décembre dernier, page 47.

recourir aux chiffres et aux figures. Le texte écrit n'est plus que le commentaire de la représentation graphique.

Or, parmi les manifestations multiples et confuses des états morbides, il est possible d'isoler des phénomènes qui soient moins trompeurs que les autres et qui puissent être soumis au mode d'investigation usité dans l'étude des sciences physiques. Ces éléments qui nous fournissent la base d'une plus grande certitude et que nous pouvons traduire en courbes ou en figures sont : la chaleur, le poids, les mouvements organiques.

Nous avons, pour les contrôler, le thermomètre, les appareils enregistreurs et la balance. En suivant cette méthode, nous arrivons à dessiner la marche de la maladie, et à en reproduire l'évolution, dans une figure tellement caractéristique, que chaque maladie apparaît avec sa forme propre.

Fɪɢ. 2. — *Explication des signes graphiques conventionnels.*

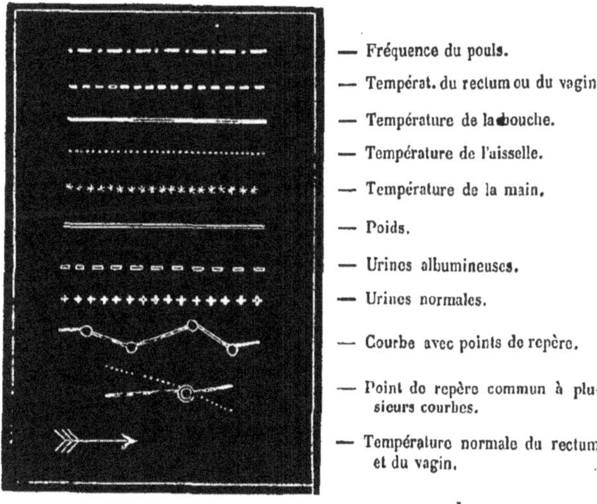

En haut des colonnes où figurent les chiffres, les lettres P, D, K, L, indiquent : P, pouls. — D, degré. — K, kilogramme. — L, litre.

Non-seulement les maladies deviennent distinctes dans leur ensemble et se classent comme les formes cristallines, mais leur divers mouvements, leurs périodes, les influences perturbatrices qui s'y introduisent, soit accidentellement, soit par l'action de la thérapeutique, s'y dessinent avec netteté.

Ce n'est rien exagérer que de dire que l'on arrivera à *mesurer* la gravité d'une maladie et à *graduer* la thérapeutique. Ces expressions pourront être plus tard employées non plus au figuré, mais au pied de la lettre. Tel est l'espoir que nous concevons, et tel est le but auquel tendent les efforts de quelques observateurs contemporains.

Je ne décrirai point ici les appareils enregistreurs qui sont bien connus et qui fonctionnent depuis plusieurs années sous vos yeux. Celui dont nous faisons le plus habituellement usage et qui nous a donné les résultats les plus pratiques, est le sphygmographe de Marey, à l'aide duquel nous enregistrons les mouvements du pouls. Grâce à ce moyen, nous reprenons quelque confiance dans cet art de tâter le pouls que l'école de Bordeu avait élevé si haut. Il est vrai que le scepticisme moderne l'a depuis précipité si bas, qu'il est tombé presque dans un discrédit absolu. Le plus grand médecin moderne, Laennec, qui nous a donné l'auscultation et a contri-

bué plus que personne à fonder l'anatomie pathologique, avait exprimé son mépris pour l'art de tâter le pouls. Il avait trop fait pour la médecine exacte, pour ne pas s'indigner de cette suffisance médicale qui, sans études sérieuses, sans fournir ses preuves, prétendait à un tact spécial, à des perceptions intimes dont on n'avait pas à rendre compte. Aussi pouvait-il sans craindre d'être accusé d'exagération, et en vertu de la mission réformatrice qu'il s'était donnée, dire :

« On aurait peut-être le droit de s'étonner que l'exploration du pouls ait été si généralement employée par les médecins de tous les âges et de tous les peuples, malgré son incertitude avouée par les plus instruits d'entre eux. La raison d'une pareille faveur est cependant facile à sentir ; elle est dans la nature humaine : ce moyen est employé parce qu'il est d'un usage facile ; il donne aussi peu de peine et d'embarras au médecin qu'au malade ; le plus habile, après l'avoir employé avec toute l'attention dont il est capable, ose à peine en tirer quelques inductions, et hasarder des conjectures qui ne se vérifient pas toujours ; et, par conséquent, le plus ignorant s'expose fort peu en en tirant toutes les inductions possibles. »

Ce que le tact ne pouvait donner, ce que l'infatuation médicale supposait ou imaginait, les appareils enregistreurs le donnent avec preuves à l'appui. On ne récuse pas un dessin fourni par les organes s'inscrivant eux-mêmes. Reste l'analyse des tracés. Les interprétations peuvent varier, mais on opère sur un terrain solide, on fournit une preuve sur laquelle la critique peut s'exercer. Ce n'est plus un art que l'on invoque, art personnel, intransmissible ; c'est une science qui se fonde. D'ailleurs la reproduction artificielle ou schématique des différentes figures du pouls, faite dans les laboratoires, permet de contrôler et d'expliquer les variations des figures graphiques fournies par l'appareil enregistreur. Nous n'avons plus à défendre cette méthode acceptée de tout le monde savant.

Quant aux courbes des maladies, elles sont aussi un emprunt fait par la médecine aux autres sciences d'observation. Depuis longtemps, les météorologistes, les physiciens, les mécaniciens, les statisticiens représentent par des courbes la marche des phénomènes qu'ils ont intérêt à étudier. Nous n'avions que le choix des éléments spéciaux que nous voulions reproduire sous forme de courbes. Voici comment nous procédons :

La température du malade est appréciée par le thermomètre. On ne peut pas remonter bien haut pour retrouver l'usage du thermomètre en médecine, car cet instrument lui-même est de date récente. Sans doute, les anciens appréciaient la chaleur du corps, en tâtant avec la main ; fièvre veut dire brûler (*fervere*) ; mais les siècles nombreux qui se sont succédé avant l'invention du thermomètre, n'ont point connu sous ce rapport l'exactitude. Or l'exactitude est le caractère moderne des sciences...

Wunderlich, dans son excellent *Traité de la chaleur du corps humain dans les maladies* (1), nous a donné un historique complet de cette question. Voici un abrégé de cette histoire. Pour Hippocrate et pour toute l'antiquité, pour le moyen âge même, jusqu'au commencement des temps actuels, l'élévation de la température du corps était considérée, dans les maladies aigües, comme un signe de la plus haute valeur. Il en a été ainsi pendant vingt siècles, sans qu'un faible progrès fût réalisé.

Sanctorius, en 1638, fut le premier qui tenta de mesurer la chaleur du corps humain. Il se servit, pour cela, d'un instrument thermométrique qu'il avait construit lui-même. En

(1) *Das Verhalten der Eigenwärme in Krankheiten*, von Dʳ C. A. Wunderlich. Leipzig, 1868.

même temps, Sanctorius se servait de la balance pour apprécier les pertes de poids subies par les malades. Ce ne fut que cent ans plus tard que l'idée du thermomètre appliqué à la médecine fut reprise. Le thermomètre était alors perfectionné. Ce fut à Boerhaave et à son élève van Swieten que la médecine fut redevable de ce service. De Haën, autre élève de Boerhaave, poussa très-loin ces recherches et arriva à des lois formulées. Il connaissait les variations de la chaleur aux différents âges, il avait établi nettement le fait des rémissions du matin et des exacerbations du soir, l'élévation de la température dans la période de frisson, le défaut de concordance du pouls et de la température dans certaines maladies. Il contrôlait la thérapeutique par la thermométrie, et considérait le retour à la température normale comme un signe certain de guérison.

En Angleterre, les premières observations thermométriques médicales datent seulement de 1740 (Ch. Martin, *De animalium calore*). En Allemagne, Haller, Marcard, Röderer (1741-1758), Pickel (1778), entreprirent des recherches nouvelles sur cette question. A la même époque, John Hunter, le grand physiologiste anglais, étudiait les modifications de la température par la physiologie expérimentale. En 1780, Lavoisier, en France, cherchait les causes de la chaleur animale et imaginait la théorie de la calorification et de la respiration. L'Anglais Crawford (1779-1786-1788) publiait des mémoires sur la chaleur animale.

En 1797, James Currie, reprenant les observations de de Haën sur le thermomètre appliqué à la médecine, étudiait les modifications imprimées à la chaleur de l'homme par l'action de l'eau chaude, de l'eau froide, de la digitale, de l'opium, de l'alcool, de la diète, etc. Il ne put convaincre ses contemporains de l'utilité de cette méthode. Les recherches de Brodie (1811) sur les sources de la chaleur animale, de John Davy (1814) sur la chaleur du sang veineux et sur celle du sang artériel, celles de Chossat (1820) sur l'influence du système nerveux sur la chaleur animale, firent perdre de vue le côté purement médical et clinique de la question.

Edwards, en 1824, étudiait la chaleur animale et l'influence des milieux; le sujet était étendu à toute l'échelle animale. C'est au même genre d'études qu'appartiennent les mémoires de Breschet et Becquerel (1835) et de Berger (1836).

Bouillaud entreprenait à la même époque des études sur la chaleur dans les maladies. Piorry vantait cette méthode, sans pousser loin ses recherches. Dernièrement, à l'Académie des sciences, Andral rappelait les travaux qu'il avait esquissés à cette même époque sur ce sujet.

Brodie (1837), Wistinghausen (1837), Fricke (1838), Nasse (1839), étudiaient les conditions qui font varier la température du corps. Gavarret (1839) publiait de remarquables études sur l'élévation de la température pendant la période de frisson des fièvres intermittentes. En 1842 parut un important mémoire sur les applications du thermomètre à la médecine, par Gierse. En 1844, Hallmann utilisait le même moyen, principalement pour l'étude du typhus. Chossat, en 1843, publiait son mémoire sur l'inanition et sur l'abaissement de température qui en résulte. Les nombreuses et intéressantes recherches de notre savant maître Henri Roger sur la température chez les enfants datent de la même époque (1843). Son travail est le plus considérable qui eût paru en France à cette époque. Bouley enseignait dans ses leçons cliniques la nécessité de recourir à l'étude de la chaleur dans les maladies. En 1855, le docteur Maurice publiait sa thèse sur ce sujet.

Magendie et surtout Claude Bernard ont, à l'aide de la physiologie expérimentale, résolu d'importants problèmes de thermométrie animale. C'est à Claude Bernard que nous devons l'expérience capitale de ce temps-ci, celle de l'augmentation de chaleur dans une partie du corps sous l'influence de la section de certains nerfs, expérience qui nous a ouvert de nouvelles perspectives sur le mécanisme de l'inflammation. Depuis lors, et en quelques années, le nombre des observateurs qui se sont précipités dans cette voie nouvelle est devenu si grand qu'on ne peut les citer tous. C'est en Allemagne que cette étude a acquis le plus grand développement et donné les résultats les plus notables. Avant tout, il faut citer l'œuvre considérable que Wunderlich a entreprise sur l'ensemble de la médecine à l'aide des observations thermométriques.

Billroth, Förster, Traube, ont utilisé cette méthode pour des recherches spéciales. En France, plusieurs médecins ou physiologistes ont publié récemment des mémoires originaux sur la thermométrie. Marey a donné une théorie des sensations de chaud et de froid ressenties par les malades; Charcot a étudié la température dans les maladies des vieillards; nous avons nous-même étudié la température au point de vue surtout de sa répartition dans les différentes parties du corps, et publié une monographie du choléra avec courbes.

Il ne suffit pas de s'enquérir de la température du malade à un moment donné, mais il faut interroger ce phénomène à divers moments du jour et pendant toute la durée de la maladie. En réunissant toutes les observations, on obtient des points de repère nombreux et qui, transportés sur un tableau divisé verticalement et horizontalement par des lignes droites qui marquent les unes le temps, les autres les degrés d'élévation ou d'abaissement du phénomène, deviennent les éléments d'une courbe. Il suffit pour cela de joindre tous ces points de repère par des lignes droites. Plus les points de repère sont multipliés, plus on se rapproche de la courbe vraie; mais l'expérience a montré que les phénomènes thermiques se maintenaient à un niveau presque constant pendant la période stable ou d'état des maladies, et qu'aux autres périodes il suffisait d'examiner le malade le matin pour avoir le minimum, et le soir pour avoir le maximum. En somme, deux observations quotidiennes ainsi espacées suffisent habituellement pour établir une courbe qui ne s'éloigne pas trop de la vérité. Il en est autrement lorsqu'on doit étudier une période tourmentée et variable d'une maladie, ou une maladie à accès; en pareil cas, il faut multiplier le plus possible les observations, de peur, en les reculant, d'arriver trop tard, c'est-à-dire après avoir laissé inobservés les plus importants de ces phénomènes à évolution rapide. A ces courbes de température, j'ai toujours joint la courbe de la fréquence du pouls. Ces deux éléments donnent le plus souvent, mais non toujours, une courbe analogue. Quelquefois les deux courbes sont parfaitement parallèles et semblent comme calquées l'une sur l'autre; ailleurs on voit des divergences. Il faut expliquer ces variations.

La température prise en un seul point du corps a suffi à presque tous les observateurs pour établir leurs tableaux. L'aisselle a été le point choisi pour mesurer la température J'ai montré ailleurs (choléra) comment la répartition de la température peut être inégale en différents points du corps, et comment il y a une sorte d'équilibre avec compensation, etc. Ce que j'ai indiqué avec précision dans le choléra est vrai aussi pour la fièvre intermittente, et dans d'autres cas encore. Il y a donc utilité quelquefois à prendre la température en même temps en différents points du corps. Le lieu où la température varie le moins n'est ni l'aisselle ni la bouche, c'est l'extrémité inférieure du tube digestif ou l'appareil génital de la femme. C'est en ces points que l'on trouve ou d'autres éléments susceptibles d'être appréciés numériquement. On arrive ainsi à s'approcher de plus en plus de l'exactitude dans chaque détail et à embrasser en même temps presque tout l'ensemble des signes objectifs de la ma-

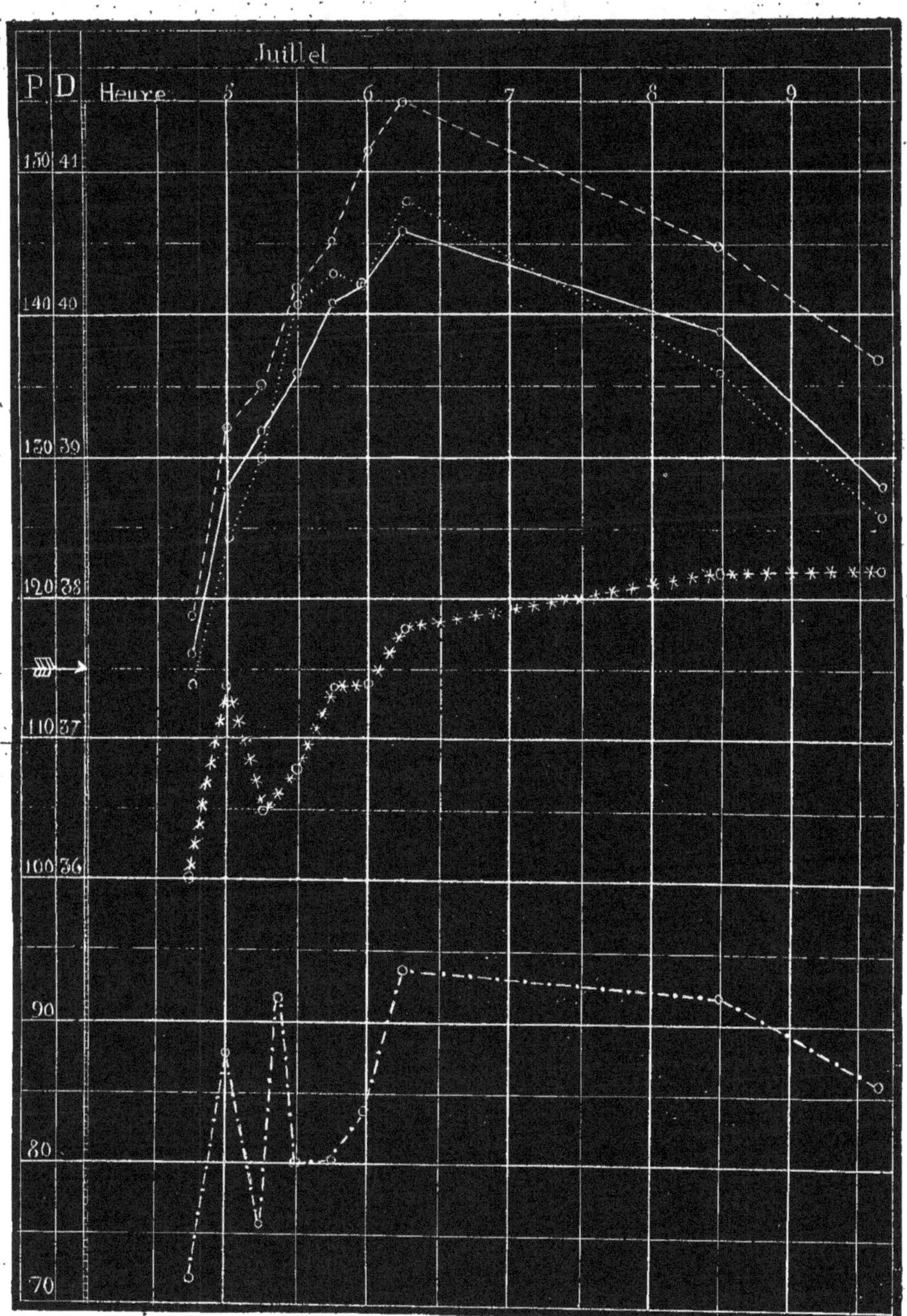

Fig. 3. — Analyse d'un accès de fièvre intermittente (9 observations en cinq heures). — Courbes de la température prise dans le rectum, l'aisselle, la bouche et la main, et courbe de la fréquence du pouls. — Pour l'explication des figures, voyez la figure 2, page 82.

toujours et le maximum et la plus grande stabilité de son chiffre. Le pouls recueilli par le sphygmographe, la température, la fréquence du pouls notées, ne sont pas les seuls éléments d'une bonne courbe. Il y faut introduire autant que possible le poids du malade, quelquefois le volume des *excreta*, ladie. Les courbes suivantes, prises au hasard parmi les nombreux tableaux qu'une étude de plusieurs années m'a permis de tracer, serviront à donner des exemples à l'appui des principes que nous venons d'esquisser. Ces exemples sont de différentes sortes; ils reproduisent des spécimens de maladies et de symptômes variés et ne serviront qu'à vous montrer de quelles nombreuses applications la méthode est susceptible.

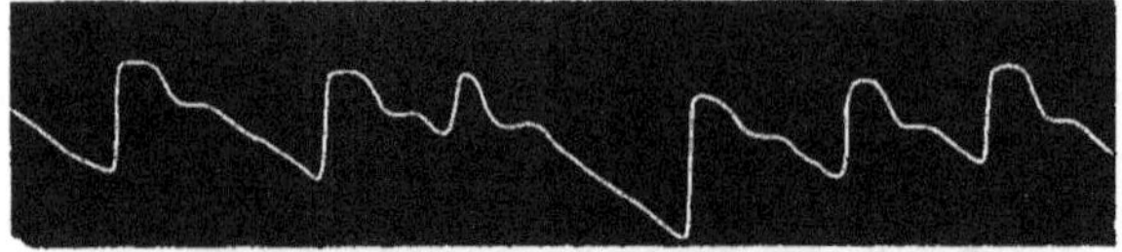

FIG. 4. — Pouls irrégulier. Palpitations.

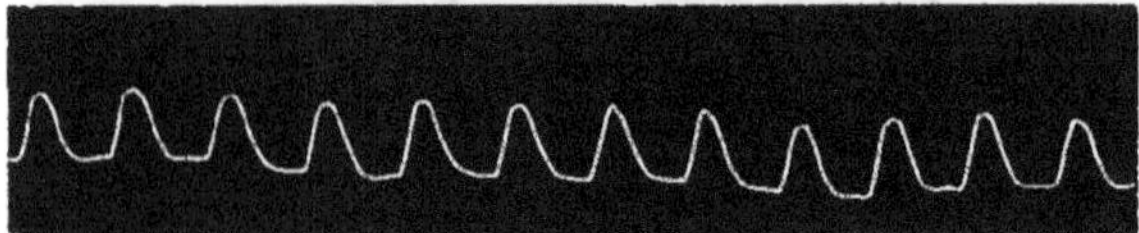

FIG. 5. — Pouls fébrile, fréquent et petit.

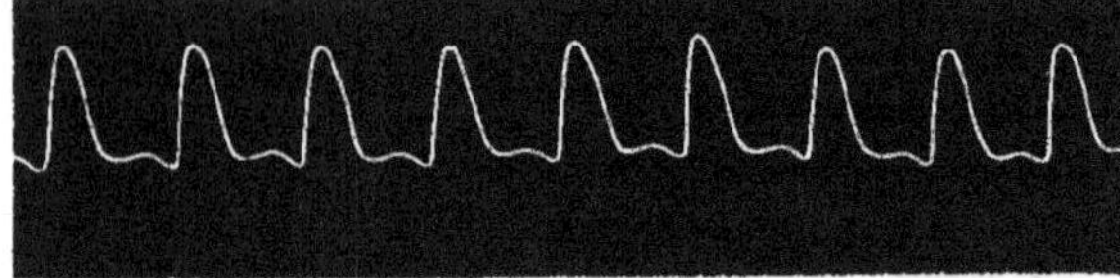

FIG. 6. — Pouls ample et dicrote.

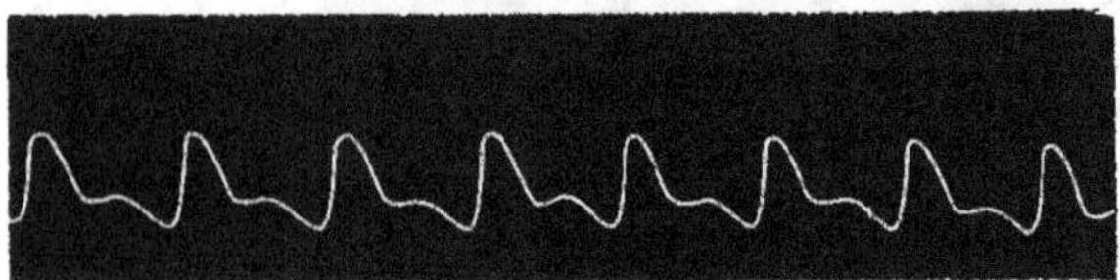

FIG. 7. — Retour progressif à l'état normal.

Exemples servant a montrer l'utilité des représentations graphiques et leur supériorité par rapport a tous les autres modes de description.

Nous donnons, ici, une série de pouls recueillis pendant plusieurs jours sur une femme en couches, et qui montre l'état physiologique et l'état morbide pris sur le fait. Cette série fournit un exemple des avantages de la méthode graphique. Les péripéties de la maladie s'y peignent d'une façon saisissante. Aucune tentative de langage parlé ou écrit n'équivaut à ces signes qui agissent si fortement sur l'esprit. C'est là le langage nouveau des sciences d'observation. Ces empreintes, où la nature se peint elle-même, exercent une attraction puissante sur les initiés et les détournent désormais des longues descriptions et des énonciations vagues, pour les rendre esclaves de l'exactitude.

Comment rendre par la parole écrite les modifications successives, physiologiques et morbides dont nous donnons, ici, la représentation graphique ?

Chez une femme de vingt-six ans, trois heures après l'accouchement, le pouls présente réunis les caractères qui peuvent résulter des suites de couches : grandeur, montée verticale, plateau, palpitations avec intermittences (fig. 4).

Il ne faut pas s'étonner de cette forme du pouls ; elle est commune chez les femmes nouvellement accouchées, en dehors de tout phénomène morbide. On pourrait raisonner longuement sur la sensation tactile fournie par un pareil pouls, sans parvenir à en traduire clairement les particularités.

Le lendemain, la malade est prise de frissons avec les signes d'une péritonite partielle ; son pouls bat cent cinquante fois ; sa température vaginale est de 40 degrés centi-

grades ; on voit, par le tracé qui suit, que le pouls est devenu deux fois plus fréquent que la veille, qu'il est plus petit, que

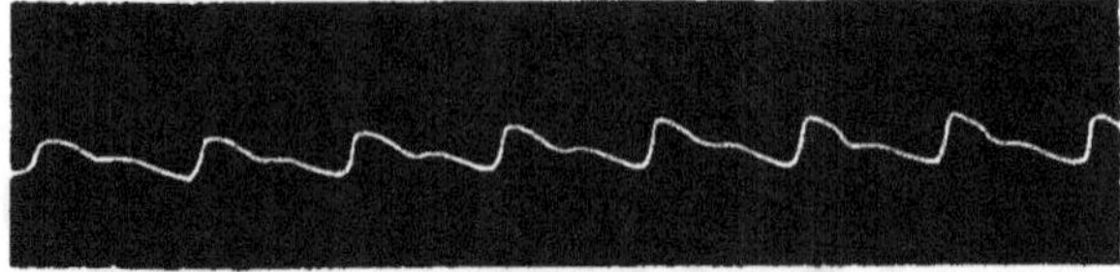

FIG. 8. — Pouls normal.

la fièvre a fait disparaître (ce qui est la règle) les caractères si bien accusés dans le pouls qui suivait immédiatement l'accouchement, qu'un léger dicrotisme médian se montre, etc., c'est le pouls de la fièvre (fig. 5).

Cependant à la suite d'une application de sangsues, la maladie décroît rapidement ; le lendemain, le thermomètre ne marquait plus que 38 degrés dans le vagin, et le pouls était tombé à 112. Le pouls était donc moins fréquent, plus élevé, (moins serré) ; il y avait de la moiteur à la peau et les capillaires étaient relâchés. C'est alors que se montre le pouls ample, à dicrotisme médian plus accusé. Les anciens auraient dit que le pouls s'était *détendu* ou *relevé* (fig. 6).

Le surlendemain, la tendance au rétablissement s'accusait plus nettement ; pouls plus lent, avec un sommet (fig. 7) moins aigu, et le dicrotisme supérieur (oblique de haut en bas) moins franchement fébrile. Enfin, la maladie cesse et le pouls normal reparaît (fig. 8).

En regardant les figures graphiques, on peut presque se passer du texte écrit. Nous possédons un grand nombre de séries analogues recueillies dans diverses maladies et tout aussi caractéristiques.

Tableau I. — *Un accès de fièvre tierce isolé. Étude analytique* (fig. 3, page 84).

Antoine, homme de trente ans, vigoureux, est entré à l'hôpital fin de juin 1867 pour une fièvre intermittente tierce dont les accès avaient lieu à des heures irrégulières et avançaient chaque jour. Comptant surprendre un de ces accès à son début, nous passâmes la nuit auprès du lit de ce malade. Pendant toute la durée de la nuit, il n'y eut aucune manifestation morbide. A 4 heures 45 du matin, le malade commença à s'agiter, la fièvre ne tarda pas à débuter par le frisson. Les observations furent recueillies de quart en quart d'heure, de sorte qu'il y en eut sept de 4 heures 45 à 6 heures 15 ; à ce moment, l'accès avait atteint son maximum. Le malade fatigué supportait difficilement l'examen ; on ne fit plus que deux observations, l'une à 8 heures 30 et l'autre à 9 heures 40 pendant la période décroissante. Cette multiplicité d'observations permet d'établir une courbe se rapprochant sensiblement de la vérité, et d'analyser ainsi par le détail la marche d'un accès. L'observation porte sur les éléments suivants (signes conventionnels) :

Fréquence du pouls (courbe inférieure).

Température du rectum (courbe supérieure).

Température de la bouche (ligne droite uniforme).

Température de l'aisselle (ligne formée de points).

Température de la main (ligne formée d'étoiles).

Le pouls donnant dans son ensemble une courbe analogue à celle de la température est cependant moins caractéristique dans ce cas que dans beaucoup d'autres à cause de sa médiocre élévation ; c'est, du reste, un fait assez commun que le pouls soit moins influencé par un accès de fièvre intermittente que la température ; l'inverse peut avoir lieu ; en sorte qu'il est légitime de dire que le pouls n'est pas tout à fait en rapport avec la température dans cette sorte d'accès.

On voit par les chiffres isolés, et encore mieux en regardant l'ensemble du tableau, que l'accès peut se diviser en deux périodes : période ascendante et période descendante : l'une, la première, montant très-rapidement et presque à pic, de l'état normal au maximum de l'état fébrile ; l'autre, la seconde, descendant lentement et obliquement de ce maximum pour revenir à l'état normal, c'est-à-dire au point

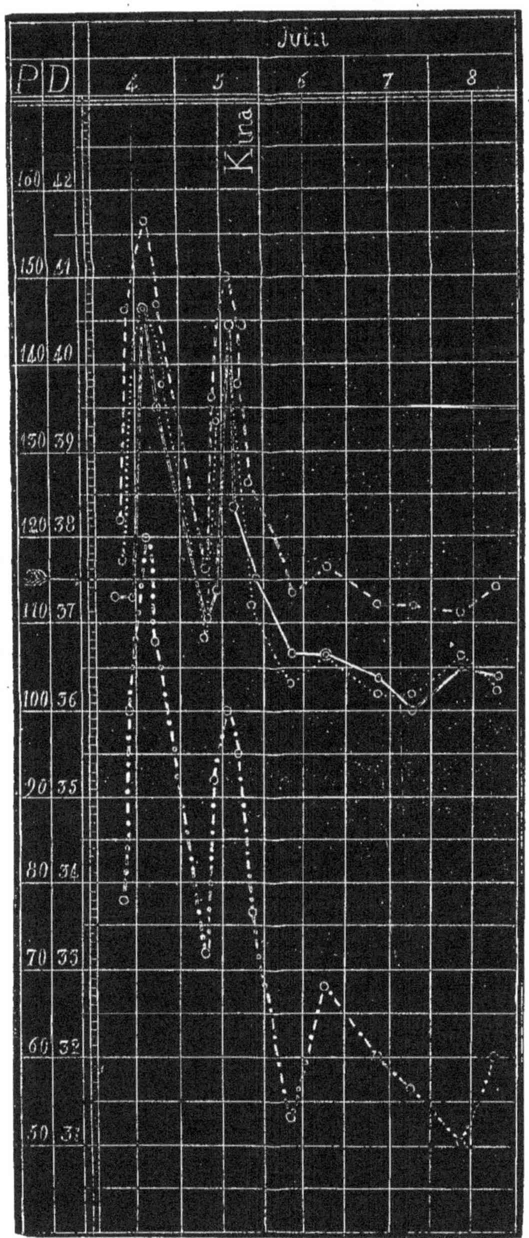

Fig. 9. — Fièvre intermittente quotidienne, guérie par la quinine. — Courbe du pouls (fréquenc). Courbe de la température (rectum, aisselle, bouche).

de départ. Il résulte de là une figure irrégulière. C'est le cas ordinaire des accès de fièvre intermittente. On pourrait ad-

mettre une sorte de période d'état ou persistance du maximum fébrile ; mais cette période serait de très-courte durée, à moins qu'on admette une sorte de période d'état oblique descendante et non complétement horizontale.

Si l'on analyse les différentes températures, on reconnaît ce qui suit : le rectum est toujours plus chaud que les autres points observés ; cette supériorité s'accusant davantage à partir de la seconde période, c'est-à-dire du moment où surviennent les sueurs qui font baisser surtout la température de la peau et celle de la bouche. La main présente une température faible au début, et cette température s'élève à la seconde période et à la troisième. On ne saurait avoir une idée juste d'un accès de fièvre intermittente par la température de la main.

Si l'on voulait établir une proportion entre l'ascension et la descente de l'accès dans son ensemble, on verrait que les températures atteignent leur maximum en une heure et demie, et qu'elles ne redescendent au niveau initial qu'en quatre heures au plus ; soit environ 1 pour la montée et 3 pour la descente.

Discordance entre le pouls et la température.

Cette observation pourrait fournir des arguments en faveur de l'opinion qui considérerait la chaleur du corps et la circulation du sang comme jouissant d'une indépendance réciproque. On voit, en effet, ici la chaleur s'élever à 41,5 alors que le pouls ne bat que 94 ; une pareille discordance a lieu d'étonner, on ne la rencontre jamais poussée à ce point, dans

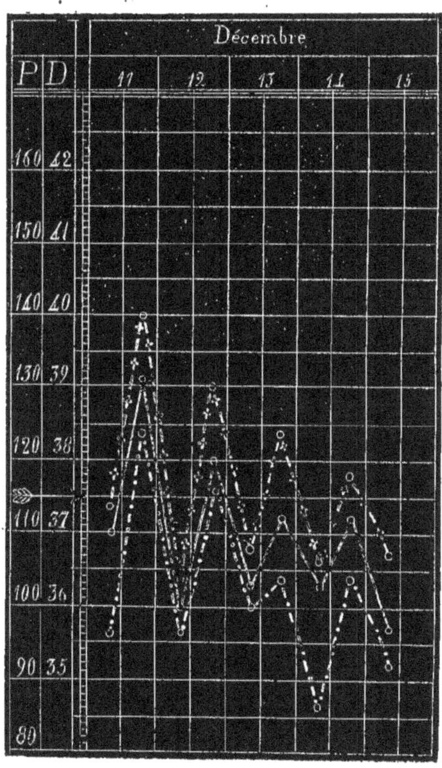

Fig. 10. — Fièvre typhoïde sur le déclin. — Courbe supérieure : température vaginale. Courbe moyenne : température buccale. Courbe inférieure : fréquence du pouls.

les maladies aiguës fébriles à évolution lente, sauf dans la méningite. Dans la fièvre typhoïde et dans le rhumatisme articulaire aigu, il y a aussi quelquefois un pouls lent avec une chaleur supérieure à la normale, mais l'écart n'atteint pas les limites extraordinaires que l'on observe dans l'observation présente.

Tableau II. — *Fièvre intermittente quotidienne. Étude des accès. Action de la quinine* (fig. 9).

Obré Marcel, âgé de vingt-six ans, est entré le 3 juin 1868 à l'hôpital Saint-Antoine pour une fièvre intermittente quotidienne datant de deux jours. Il paraît avoir contracté cette fièvre par suite d'un refroidissement. Ses accès sont francs et durent six heures; ils débutent par des frissons intenses, et se terminent par des sueurs profuses; le malade, dans le troisième stade, mouille quatre chemises. La rate n'est pas sensiblement accrue.

L'accès revient chaque matin entre dix heures et midi, et se termine entre quatre et cinq heures du soir. La nuit est calme et tout à fait exempte de fièvre. Les observations portent sur les éléments suivants :

Le pouls, la chaleur du rectum, la chaleur de l'aisselle, la chaleur de la bouche; elles ont été faites au nombre de quatre ou cinq pendant les accès, de telle sorte que nous avons le droit de considérer nos courbes comme suffisamment exactes. L'accès du 5 juin peut servir de type.

Réflexions. — Si l'on analyse minutieusement un accès, et que l'on cherche comment vient la fièvre, et comment elle s'en va, voici ce que l'on trouve : L'accès du 5 juin n'était pas commencé à neuf heures du matin, le thermomètre marquait 37,6 dans le rectum, et le pouls était à 72. C'est à peu près l'état normal. A onze heures et demie, le malade était en plein frisson, la chaleur avait monté de 2 degrés (39,6), et le pouls était à 92. Une heure après, à midi et demi, la fièvre atteignait son summum 41 degrés, pouls = 100. On voit que la montée avait été rapide. La descente est plus lente : à deux heures un quart 39,8, à six heures et demie du soir 38,6. Il a fallu trois heures à la fièvre pour atteindre son maximum; elle ne s'y est pas tenue longtemps et elle a commencé vite à décroître, car l'accès n'a pas de période d'état, mais cette descente est lente; si la montée totale a été de trois heures, la descente a duré plus de six heures, peut-être huit. Il y a des accès qu'on peut représenter par la formule suivante (au point de vue de la durée du temps) :

Montée : descente :: 1 : 3

On peut maintenant considérer le rapport des diverses températures prises dans le même moment :

Dans la période de chaleur (deuxième stade), toutes les températures tendent à se fondre : rectum, 41; bouche, 44,2; aisselle, 40. Dans la période de frisson, la bouche reste basse malgré l'élévation du rectum et de l'aisselle; voir le 4 juin : rectum, 40,6, aisselle, 40, bouche, 37,4. C'est à un faible degré, l'opposition que nous trouvons si formelle dans quelques fièvres vraiment algides où existe un complet désaccord entre la chaleur de la bouche et celle du rectum et de l'aisselle.

L'action de la quinine ici a été rapide et radicale. Le sulfate de quinine, administré le 5 au soir à dose de 0,50, a suffi pour amener la cessation définitive des accès. Le pouls et les températures sont tombés même au-dessous du niveau physiologique (pouls, 50; bouche, 36).

Tableau III. — *Les oscillations diurnes dans les états fébriles* (*fièvre typhoïde*) (fig. 10).

La femme A., enceinte de sept mois et demi et atteinte d'une fièvre typhoïde ordinaire (forme abdominale bénigne), présentait une oscillation diurne considérable. La maladie était parvenue au quinzième jour, et les taches rosées étaient apparentes depuis trois jours. L'oscillation présente à considérer divers points sur lesquels il est utile d'insister. On a observé ici la température du vagin, celle de la bouche, et le pouls; il y a concordance parfaite entre ces trois éléments.

(Dans la figure, la température du vagin est représentée par une ligne composée de petites croix et de lignes droites alternées.)

Si l'on examine la figure graphique, on sera frappé de trois choses :

1º L'excessive amplitude du début;

2º La décroissance de cette amplitude de jour en jour;

3º On verra que la défervescence est progressive, ce qui fait que la figure, dans son ensemble, est oblique descendante, signe de guérison.

Voilà pour l'aspect général et sans commentaire; si l'on analyse, on voit ce qui suit :

La descente oblique se fait moins au profit des minima qu'aux dépens des maxima. Autrement dit, les minima ne changent pas, les maxima seuls décroissent, et cela pour la raison que les minima ont atteint la limite inférieure physiologique qui ne peut pas être outre-passée, tandis que les maxima peuvent toujours décroître. Ainsi, l'amplitude des oscillations diurnes suppose nécessairement des maxima élevés, mais ne préjuge rien quant aux minima.

Ici, en particulier, on peut remarquer que les minima sont un peu au-dessous de la ligne normale qui est de 37,4; ils donnent les chiffres suivants pour le vagin : 36,4, 36,8, 36,6; autrement dit, il y a une tendance manifeste à la guérison, à tel point que la réaction en dessous dépasse même la ligne physiologique, mais, à la vérité, d'une petite quantité.

Les maxima sont bien plus éloignés de la ligne normale, 40,39, au début; puis ils s'en rapprochent peu à peu, 38,4, 37,8.

La grande oscillation du début (11 décembre) donne deux degrés et demi dans sa montée, et trois degrés et demi dans sa descente.

Il arrive quelquefois que l'éruption papuleuse de la fièvre typhoïde est suivie d'une défervescence analogue à celle qui survient dans les fièvres éruptives à la suite de l'éruption confirmée.

Tableau IV. — *Puerpéralité* (fig. 11, au verso).

Sara, trente ans, multipare. Entrée le 16 octobre 1868.

Depuis deux jours cette femme, arrivée au terme de sa grossesse, perd du sang abondamment par le vagin. Elle est anémiée, affaiblie. A une heure après midi, on constate ce qui suit :

Insertion du placenta sur l'orifice; orifice dilatable. La poche des eaux est intacte; la tête du fœtus n'est pas engagée. Les contractions utérines ont cessé depuis deux heures, et l'hémorrhagie continue. On se décide à faire la version; cette opération est exécutée vivement; le dégagement de la tête offre quelques difficultés.

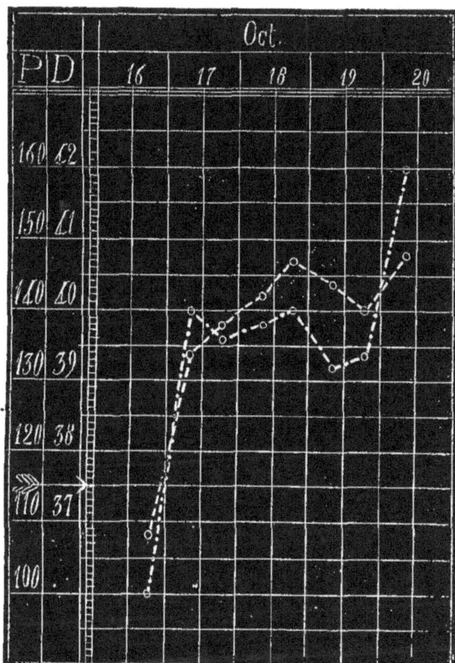

Fig. 11. — Courbes de la température vaginale et de la fréquence du pouls.

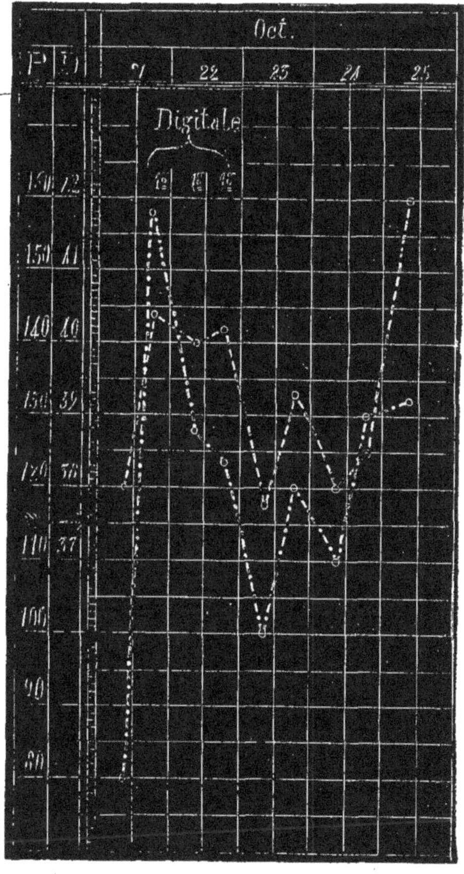

Fig. 12. — Courbes de la température vaginale et de la fréquence du pouls.

A six heures du soir (fig. 11), le pouls bat 100 fois et la température vaginale est de 36,8 (au-dessous de la moyenne). On remarquera ici ce désaccord entre le pouls et la chaleur; l'hémorrhagie augmente la fréquence du pouls et diminue momentanément la chaleur. C'est un fait habituellement observé.

La prostration était extrême : cependant l'hémorrhagie avait cessé complétement ; mais elle avait assez duré pour amener une excessive déplétion des vaisseaux. La peau avait une teinte cireuse ; on pouvait redouter une mort prochaine.

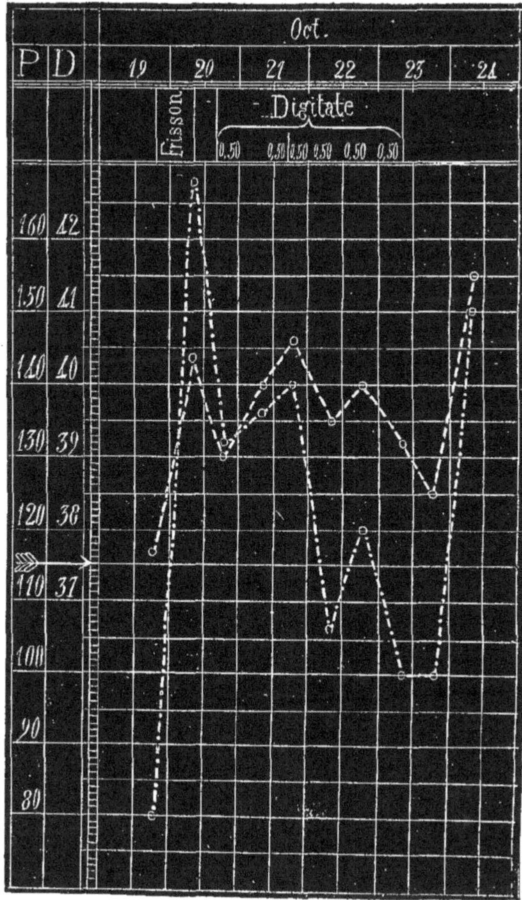

Fig. 13. — Fièvre puerpérale. Digitale. — Courbes de la température vaginale et de la fréquence du pouls.

Pendant la nuit qui suivit, la malade éprouva des tranchées utérines. Dans la journée du 17, elle ne cessa de gémir, le ventre était tendu. Il y avait des nausées. Les signes non douteux de la péritonite se montrèrent. Le 20, l'avant-bras droit était tuméfié (phlegmon). La mort survint le même jour.

Ainsi, la malade a succombé à la fin du quatrième jour qui suivait l'accouchement, et la maladie avait débuté le deuxième jour.

Cette observation prête à des réflexions :

1° Le traumatisme prédispose à l'infection puerpérale ;

2° Les pertes de sang excessives n'empêchent pas la *péritonite*, ni les autres prétendues phlegmasies qu'engendre l'accouchement ;

3° L'anémie portée à ses dernières limites, n'empêche pas les hautes températures dans les maladies.

On remarquera qu'ici le thermomètre (vagin) n'a pas monté à 41 degrés. L'élévation est plus forte dans certaines maladies. Ce n'est pas là un cas isolé. La péritonite puerpérale ne donne pas toujours lieu à des températures excessives. C'est ce qu'il faut savoir pour porter un pronostic juste.

TABLEAU V. — *Fièvre puerpérale. Essai de thérapeutique (digitale à haute dose)* (fig. 12).

B..., vingt-six ans, accouchée le 20 octobre. Le 21, au soir, elle éprouve subitement des douleurs excessives dans le ventre. La fièvre s'allume : langue sèche, envies de vomir. On donne : poudre de digitale, 1 gramme. Le lendemain, on applique vingt sangsues sur le ventre. 23 (soir), quelques irrégularités du pouls, amblyopie (on a continué l'usage de la digitale). Les membres supérieurs sont engourdis. Il semble à la malade qu'elle a les pieds et les mains enflés; elle ne reconnaît pas les personnes qui l'entourent. Somnolence; elle dit voir jaune. On supprime la digitale.

Des fourmillements dans les membres, trouble de la vue : la température a été très-abaissée. Cris continuels; douleurs de ventre. Intermittences du pouls; vomissements. 25 (matin), il y a eu du délire toute la nuit, peau froide et visqueuse, cyanosée (main, 24 ; bouche, 35 ; vagin, 42).

La malade, dans son délire, se lève et se promène.

La distribution inégale de la chaleur, son augmentation à l'intérieur aux dépens de la périphérie, rapproche ce fait du choléra.

Les mains sont rouges, violacées et non pâles.

Elles ne manquent donc pas de sang, mais bien de circulation du sang.

La main droite, plongée dans de l'eau à + 40 degrés pendant trois minutes, perd sa cyanose et s'échauffe; cela dure deux minutes; puis l'état bleu et le froid reparaissent. La mort survient le matin.

Autopsie. — Nulle lésion pulmonaire ou bronchique.

Le cœur a le volume normal. Le péricarde contient 120 grammes de sérosité. Des caillots fibrineux emplissent l'oreillette et le ventricule droit; même état à gauche.

Léger pointillé ecchymotique de l'endocarde.

Rate un peu grosse. Foie normal. Reins normaux. Congestion énorme des intestins et de l'épiploon. Deux verres de pus jaunâtre dans le péritoine; fausses membranes. Péritonite généralisée.

Utérus sain; pus dans les trompes.

Réflexions : — La digitale fait fléchir la maladie, mais ne l'arrête pas.

TABLEAU. VI. — *Fièvre puerpérale. — Action momentanée de la digitale* (fig. 13).

Cette observation ressemble à la précédente (voyez les courbes).

Femme L..., dix-neuf ans et demi. Cette jeune femme était restée trois mois à l'hôpital en attendant ses couches.

Le 19 octobre, à une heure de l'après-midi, elle accoucha à terme et naturellement. Les douleurs avaient duré douze heures. Dès le lendemain matin, à huit heures, elle éprouvait un frisson dont la durée était de une heure; son ventre était très-sensible à la pression; la face offrait l'aspect de la souffrance. On administra, à midi, poudre de digitale, 0,50.

La fièvre n'empêcha pas la malade de manger, le soir, avec appétit. Le ventre se tuméfia le 21 octobre. La lactation ne se produisait pas. Le 23, la malade était assoupie; elle prenait 1 gramme de poudre de digitale depuis deux jours. Elle vomissait un peu. La douleur était médiocre, quoique la tension du ventre fût excessive. Il y avait une sorte d'apaisement artificiel; la stupeur était remarquable; le pouls et la chaleur étaient abaissés notablement; on cesse l'administration de la digitale. Les vomissements deviennent abondants et fréquents (dix fois en quelques heures); les pupilles sont contractées; face hippocratique; le pouls est irrégulier et intermittent par moments; il y a de légers soubresauts des tendons, vertiges; la malade croit être dans une escarpolette; elle a des bourdonnements d'oreilles.

24 (matin) : intermittences du pouls; le pouls est très-faible. Ballonnement du ventre, plaintes continuelles, décubitus dorsal, vomissements. La mort survint dans la matinée (à onze heures).

Remarques. — L'action de la digitale est manifeste et rapide. On arrive jusqu'à l'intoxication; mais sans utilité. Abaissée artificiellement, la fièvre reparaît violente au dernier moment, et la maladie n'est ni combattue efficacement, ni même retardée dans son évolution.

La digitale agit sur l'organisme en le déprimant, mais elle n'agit ni sur le virus, ni sur les produits morbides. C'est un écran qui masque la maladie, ce n'est pas un remède qui la combatte.

On remarquera la rapidité du début et l'énorme accroissement du pouls et de la chaleur en très-peu de temps.

TABLEAU VII. — *Action de la digitale dans un cas de maladie du cœur avec hydropisie* (fig. 14, au verso).

Le poids descend comme le pouls et en raison inverse des urines qui montent.

Ce tableau est imparfait parce que le poids n'a été recueilli que trente-six heures après le début du traitement, alors que la perte par l'accroissement des urines était déjà considérable, et que le pouls baissait. Cependant tel qu'il est, il peut encore servir d'exemple, pour montrer que l'action de la digitale peut être mesurée de deux façons :

1° Par la décroissance de la fréquence du pouls du malade.

2° Par l'accroissement des urines, deux faits corollaires, le deuxième entraînant le premier (voy. nos études sur le choléra).

La femme Céleste Langé, âgée de quarante-neuf ans, est atteinte, depuis plusieurs années, d'une affection du cœur avec palpitations et anasarque. Elle a été traitée à diverses reprises à l'hôpital Saint-Antoine. Nous avons recueilli plusieurs fois son pouls à l'aide du sphygmographe.

État lors de l'entrée (25 janvier 1869) : insuffisance mitrale et hypertrophie ; anasarque, ascite, œdème pulmonaire, oppression : pouls très-fréquent, irrégulier et intermittent; face bleuâtre. Battements du cœur tumultueux ; souffle, (premier temps, pointe).

Déjà cette femme a été traitée par la digitale lors de ses séjours précédents à l'hôpital, et elle paraît en avoir éprouvé du soulagement. Avant de la soumettre à ce traitement, nous constatons chez elle l'état du pouls et la quantité des urines : soit pouls, 144 ; urine, 400 grammes en vingt-quatre heures. Il y a donc faible sécrétion d'urine, trois fois moins qu'à l'état normal, et très-grande fréquence du pouls, deux fois plus qu'à l'état normal.

Tel était le point de départ à la date du 28 janvier, alors que nous administrâmes la digitale. Ce médicament fut donné sous forme de poudre de feuilles, à dose de 0,30 par jour. On commença dans l'après-midi.

Le lendemain, les urines n'avaient guère augmenté (600 grammes) ; le pouls baissait un peu (128).

autre malade, nous avions noté, par suite de l'action diurétique de la digitale, la décroissance du foie. Or ici, bien que nous ayons perdu quarante-huit heures avant de recueillir les chiffres du poids du corps, nous avons eu lieu de nous féliciter de cette mesure même tardive ; en effet, les urines ont continué à être abondantes bien que la polyurie n'ait pas persisté dans les mêmes limites, et le poids a continué à tomber jusqu'au 3 janvier, jour où l'on a supprimé la digitale.

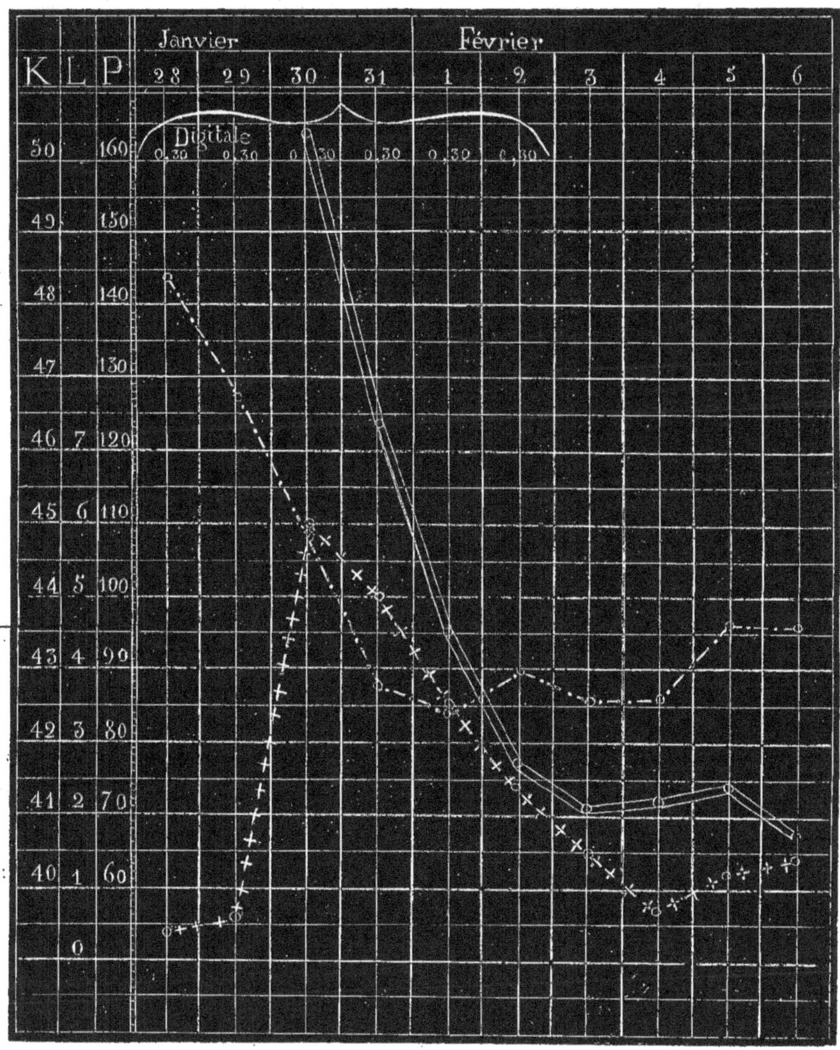

Fig. 14. — ACTION DE LA DIGITALE DANS UN CAS D'HYDROPISIE. — Courbes du poids du malade ; du volume des urines ; de la fréquence du pouls.

Le surlendemain, un effet violent et extraordinaire s'était produit : la malade avait uriné 6 litres, et cette énorme excrétion se marquait déjà par la diminution de l'œdème des membres inférieurs ; le pouls était descendu à 108. La digitale avait agi après vingt-quatre heures. A ce moment, nous voulûmes savoir quel rapport existait entre l'action diurétique et la perte de poids du corps, et la malade fut pesée en vue des résultats ultérieurs du médicament. Il est probable que déjà, par suite de ces 6 litres d'urine excrétés, la malade avait perdu plusieurs kilogrammes de son poids.

On aurait pu mesurer ici le diamètre des jambes, celui du ventre pour noter la décroissance de l'anasarque. Chez une

L'énorme perte de poids qui s'est produite (vingt livres en cinq jours) n'a rien d'anomal. Chez les hydropiques, les pertes de poids résultant de la résorption du sérum épanché peuvent être excessives. Il ne faut pas considérer ici la perte de poids comme une preuve de dénutrition.

Dans mes recherches sur le choléra, j'ai indiqué une cause d'erreur très-grossière qui consistait en ceci : on attribue les garde-robes liquides excessives à la dénutrition cholérique, tandis qu'elles résultent souvent de la grande quantité de liquides absorbée par les malades, alors que leurs reins ne fonctionnent pas. Ici, je signalerai une erreur semblable ; on pourrait croire que les six litres d'urine que la digitale a fait rendre en vingt-quatre heures sont empruntés aux tissus, tandis qu'ils appartiennent à la résorption du liquide épanché dans les mailles du tissu cellulaire et dans le péritoine (anasarque et ascite), d'où il suit que la diurèse est plus facile chez les hydropiques qui ont un liquide en réserve. Ainsi, la digitale serait d'un effet réellement efficace et rapide dans les maladies du cœur avec anasarque et ascite. Elle agirait de façon à supprimer la complication qui souvent cause la mort, et elle ramènerait le cœur à l'état de santé relative que comporte sa lésion incurable. Il est probable que le cœur, en pareil cas, diminue de volume, du moins dans les oreillettes ; quant à l'épaisseur des parois que Beau appelait providen-

normal ; la maladie monte, puis elle redescend au point de départ, mais la montée a été plus lente que la descente. La période d'état ou de maximum stationnaire est presque nulle : ce n'est pas un plateau, c'est un pic. Il en est différemment dans certaines autres maladies aiguës. Exemples : *Pneumonie* : montée brusque verticale, plateau prolongé, descente brusque. *Fièvre typhoïde* : montée assez brusque, plateau très-prolongé, descente lente. *Variole* : montée brusque, descente transitoire, nouvelle ascension oblique, descente définitive oblique.

Ce qu'il faut retenir, c'est que l'éruption coïncide avec le maximum de la maladie et agit un peu comme une crise, c'est-à-dire qu'elle marque le moment où la fièvre va tomber.

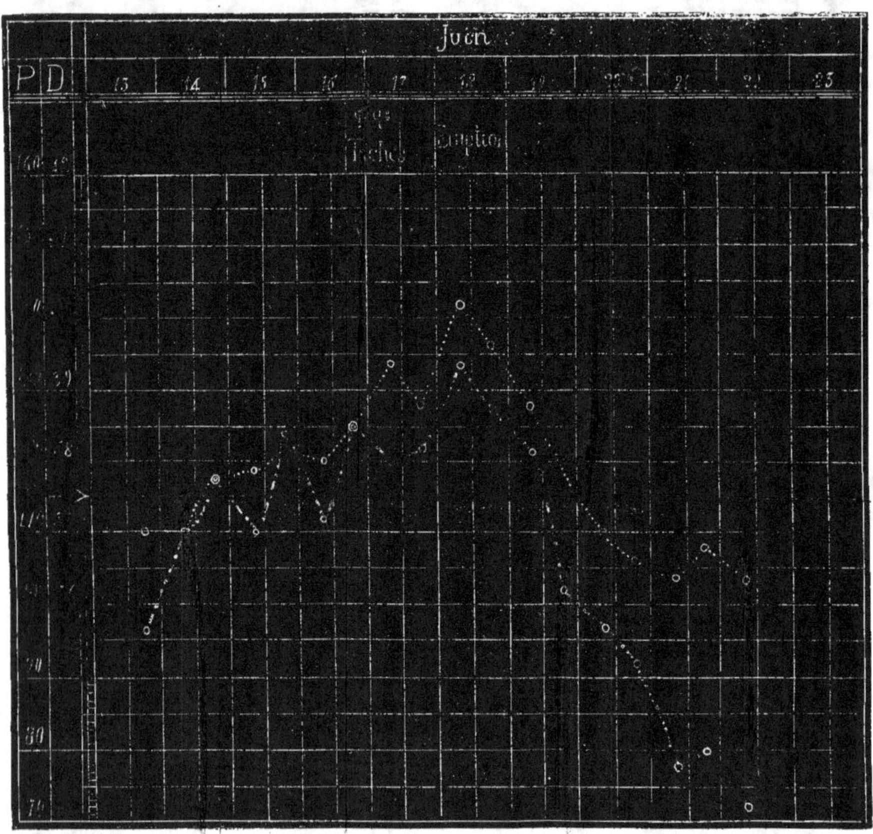

FIG. 15. ROUGEOLE. — Courbe supérieure : température de l'aisselle. Courbe inférieure : fréquence du pouls.

tielle, elle ne pourrait diminuer que par suite d'une adaptation lente, le cœur ayant une moins lourde charge à porter.

La durée de la diurèse par la digitale n'est pas très-longue. Souvent, elle ne dépasse pas cinq ou six jours. L'intolérance arrive vite, surtout si l'on emploie les doses fortes, c'est-à-dire efficaces. Sur le tableau graphique qui accompagne cette observation, on verra que la diurèse a diminué rapidement. Cependant, la sécrétion urinaire a continué à se faire mieux, même après la cessation de la digitale.

TABLEAU VIII. — *Rougeole observée sur une jeune fille âgée de sept ans* (fig. 15).

Si l'on regarde la figure que nous donnons ici, on verra qu'elle représente, dans son ensemble, une courbe à concavité inférieure, indice de guérison. On commence par l'état

A partir du 18, jour de l'éruption parfaite, les oscillations diurnes sont supprimées ; pouls et température descendent obliquement suivant une ligne presque droite (on n'a pris ici que la température axillaire et la fréquence du pouls).

Cette rougeole a été prévue et surveillée à l'avance, à cause d'une contagion qui paraissait inévitable. Elle s'est produite lentement, sans netteté dans la marche des prodrômes : malaise, abattement, toux, éternuement ; l'enfant restait étendu, accroupi, et transpirait (la température extérieure était très-élevée + 28 degrés centigrades). Entre l'éruption caractérisée et le premier malaise, il y a eu quatre ou cinq jours de *prodrômes vagues* dont on ne pourrait pas prendre une idée si l'on ne regardait pas la courbe.

Ce n'est pas là un état morbide franc, une fièvre succédant d'emblée à l'état de santé ; c'est une ascension lente et progressive. La première manifestation éruptive a eu lieu du 16 au 17 juin. C'étaient quelques petites plaques sur le visage ; les choses sont demeurées en cet état pendant vingt-quatre ou trente-six heures, la température suivant une marche ascendante ; puis la grande poussée éruptive vient le 18 juin dans la matinée, et la chaleur de l'aisselle monte à 40,2. L'éruption ne s'est donc pas faite tout d'un trait ; elle s'est produite en plusieurs temps.

Le 18 juin, dans la soirée, l'éruption a commencé à pâlir sur les bras, et le 19 juin, elle décroissait partout sensiblement. A ce moment, les personnes qui assistaient l'enfant prirent peur ; on voyait l'éruption pâlir et l'on voulait agir, rappeler cette éruption. Ce zèle dangereux a dû céder devant la courbe qui nous montrait la température descendue à 38,8 et le pouls à 116. Il n'y a pas de raisonnement vitaliste qui tienne devant ces chiffres décrétoires.

P. LORAIN,
Professeur agrégé de la Faculté de médecine de Paris.

— La fin très-prochainement. —

CONGRÈS DES NATURALISTES ET MÉDECINS ALLEMANDS

TENU A INNSBRUCK

M. H. HELMHOLTZ (1)
de la Société royale de Londres et de l'Institut de France

Revue générale du développement des sciences dans les temps modernes

Les difficultés et les obstacles que le savant rencontre sur son chemin pour arriver à des résultats de quelque valeur sont assez graves. En se mettant à l'œuvre, il lui faut s'absorber dans une question spéciale qui réclame toutes ses forces, tout son temps, toute son attention. Et dans la plupart des cas, il est obligé de consacrer la partie la plus considérable et la plus précieuse de son temps à toutes sortes d'objets secondaires ; l'expérimentateur, par exemple, a une lutte à soutenir contre le matériel même de la science, contre l'imperfection des instruments, etc. Cette tension de son esprit, concentrée sur un champ très-restreint, ne cesse pas avec l'achèvement d'un travail déterminé, mais se répète plus ou moins tout le temps de sa vie. De plus, tout savant éprouve aussi le besoin de porter ses regards sur l'ensemble de la science, condition essentielle pour conserver dans la recherche qui l'occupe l'énergie, le courage, la constance nécessaires. Eh bien ! c'est précisément ce congrès des naturalistes qui représente dans son ensemble le domaine tout entier des sciences naturelles (2) ; c'est lui qui, dans ses séances publiques suivies par une foule nombreuse, donne une expression aux résultats acquis de toutes ces sciences réunies. Ce serait, je crois, un sujet digne de cette assemblée, et approprié à la circonstance, que d'examiner les progrès qu'a faits dans ces dernières années la science naturelle considérée dans son ensemble ; le résultat d'un tel examen serait la constatation de ce fait encourageant, que la science de la nature a, en somme et dans ses grands principes généraux, accompli un progrès essentiel. Le seul moyen de démêler et

de dominer cette multitude de détails qui s'amoncellent dans cette étude plus que dans toute autre, c'est de trouver les lois des faits particuliers. Les lois, les idées générales sous lesquelles se rangent les phénomènes, portent le nom de causes, quand on reconnaît qu'elles sont l'expression d'une puissance réelle objective ; elles portent le nom de forces, quand on a réussi à ramener le résultat total aux actions particulières que les différentes parties des masses, concourant ensemble, produisent dans tel ou tel travail de la nature. Cause, force, ce n'est donc au fond qu'une autre expression de la loi considérée en elle-même, objectivement. Ce qui doit principalement encourager les savants à prendre possession de la masse de faits qui s'observent dans la nature, c'est la confiance que tous les phénomènes naturels obéissent à des lois.

Bien que la physiologie soit l'objet spécial de mes études, on me permettra de discuter un tel problème. Les physiologistes, en effet, sont constamment obligés de recourir, pour l'étude des phénomènes des corps vivants, aux conquêtes et aux méthodes de toutes les autres sciences naturelles. Ce sont aussi les physiologistes qui ont eu à soutenir la lutte la plus longue et la plus pénible contre les doutes sur l'enchaînement parfait des causes qui régissent les phénomènes de la vie corporelle. En général, la physiologie a presque toujours été une image de l'état des sciences naturelles à chaque époque, et toutes les grandes découvertes dues à ces sciences ont exercé sur elle une très-grande influence.

Il faut donc avant tout que le savant naturaliste n'oublie pas qu'il existe dans le monde un système de lois. En se livrant à l'observation des détails, il lui faut supposer qu'une loi les régit, et c'est là une supposition que l'expérience a toujours justifiée jusqu'à présent. Le but, c'est la recherche des lois, et il est naturel que les premières lois que l'on trouve d'abord, soient celles qui n'embrassent que les plus petits groupes de faits : on ne parvient que peu à peu à découvrir celles qui embrassent les groupes plus importants. Le terme final vers lequel on doit tendre, bien qu'il soit encore très-éloigné de nous, c'est la découverte de l'enchaînement des lois qui président à tous les phénomènes naturels. La connaissance de ces lois permettra seule à l'homme de se rendre maître de la nature.

Un coup d'œil rétrospectif sur le développement des sciences naturelles nous montre comment, par la mécanique théorique dont Galilée a clairement posé les principes fondamentaux, on a, pour la première fois, réussi à ramener à une loi générale une multitude très-variée de faits. Devenue la mécanique analytique, grâce à Leibnitz et à Newton, par la définition des quantités continues et continuellement variables, jointe à l'analyse infinitésimale, cette science a donné son premier grand résultat : la mécanique céleste. Ici, il a été possible enfin de réunir de grands phénomènes extrêmement différents entre eux, sous une loi tellement rigoureuse qu'elle permet de les calculer avec la plus grande certitude plusieurs siècles, soit en avant, soit en arrière. L'astronomie est en effet le type de la puissance d'action et de l'exactitude des sciences naturelles. Elle a montré qu'une force simple, la gravitation, qui se manifeste comme pesanteur dans les phénomènes terrestres, est commune à toute la matière, et qu'elle agit aussi bien dans les régions les plus lointaines des étoiles fixes, où elle se manifeste par les mouvements des étoiles doubles !

A cela viennent s'ajouter les grands progrès accomplis par

---

(1) Voyez ci-dessus, page 18, 11 décembre 1868, et de nombreux articles dans les années précédentes.

(2) En Allemagne, l'expression *sciences naturelles* englobe toutes les sciences qui s'occupent de la nature, brute ou animée, et le mot *naturaliste* désigne aussi bien le physicien et le chimiste que le zoologiste et le physiologiste.

la chimie dans la seconde moitié du siècle dernier et dans la première moitié du nôtre. Depuis longtemps déjà elle a résolu un problème qui a bien préoccupé les savants, je veux dire la découverte des éléments. Elle a démontré que l'innombrable variété des corps qui nous entourent, repose sur la combinaison d'un nombre très-limité d'éléments, et que ces éléments sont absolument indécomposables, soit quantitativement, soit qualitativement, dans toutes leurs combinaisons possibles. Ce qui le prouve, c'est la facilité de les dégager toujours des corps les plus composés, dans leur premier état et avec leurs qualités primitives. On est arrivé ainsi au principe de l'immutabilité de la matière, et à cette conséquence, que tout, dans la nature extérieure, se réduit à un changement de forme dans l'agrégat des éléments chimiques éternellement invariables, à des différences de composition, de distribution, de structure des corps que ces éléments constituent. De quelque manière qu'ils se présentent, ils restent essentiellement les mêmes. En d'autres termes, il n'y a de changement possible dans la nature, que la distribution et l'arrangement divers des éléments dans l'espace, ce qui revient à un *mouvement*. Et il s'ensuit que, si tous les changements sont des mouvements, les forces, qui produisent ces changements, ne peuvent être que des *forces mécaniques*. Mais ce résultat de la chimie ne s'est accompli que lentement ; on est loin d'avoir ramené réellement toutes les actions naturelles à une action primitive de mouvement ; ce but n'est atteint que sur certains domaines des sciences mieux explorés que les autres, comme la physique, l'astronomie, la chimie. La variété et la complication multiple de ces actions, l'impossibilité de les observer directement, sont autant d'obstacles qui empêchent d'arriver à la forme première du mouvement. C'est une œuvre dont la réalisation est réservée à un avenir encore lointain et que la génération présente ne verra peut-être pas !

Il est une loi pourtant qui nous a considérablement rapprochés de ce but vers lequel tous nos efforts doivent tendre ; une loi universellement reconnue et dont la découverte date du milieu de ce siècle : je veux dire la loi de la conservation de la force, déjà formulée autrefois par Newton pour un cercle restreint de phénomènes naturels, mais élucidée et généralisée par Daniel Bernouilli. Entrevue au siècle précédent par beaucoup de naturalistes qui en ont reconnu l'application dans une mesure plus ou moins étendue, elle a été exposée de la manière la plus complète et la plus générale par Robert Mayer, qui me succédera à cette tribune (1) ! Un travailleur indépendant, M. Joule, ingénieur anglais, qui s'est attaché à la même question, a le mérite d'avoir vérifié les conséquences les plus importantes de cette loi par de nombreuses expériences souvent difficiles et pénibles. Par la manière neuve dont elle permet de rattacher les phénomènes les uns aux autres, elle donne, de l'ensemble du monde une image grandiose, à peine soupçonnée jusqu'alors. Les considérations suivantes pourront servir à la caractériser.

Quand on passe en revue la série des forces naturelles, on s'aperçoit tout d'abord qu'il n'existe pas une seule force dont la puissance d'action s'étende à l'infini, mais que cette puissance est épuisée par son action même. Exemples : le poids de l'horloge, la circulation de l'eau. Mais la puissance d'action peut être régénérée par une autre force dont l'action s'épuise à son tour par suite de ce qu'elle accomplit.

Les phénomènes présentent ainsi une image variée de transformations successives se répétant dans les circonstances les plus diverses, grandes ou petites ; partout on observe que chaque force naturelle en particulier s'épuise par son action même et est remplacée par d'autres forces. Le terme technique qui sert à désigner cette puissance d'action, c'est le travail que la force naturelle est en état de produire. Ainsi, on peut mettre en mouvement des machines de toute sorte au moyen de la chute, c'est-à-dire de la pesanteur de l'eau, etc. On peut de la même manière se servir des actions chimiques et de la chaleur. On peut faire servir les forces naturelles les plus diverses à la production de travaux mécaniques, et réciproquement reproduire de la chaleur par un travail mécanique, par le choc de deux corps solides l'un contre l'autre. En résumé, il est possible, au moyen de chaque force naturelle, de mettre en action toute autre force ; et par l'une de rétablir la puissance d'action de l'autre. On peut dire en particulier que toute force naturelle peut être employée pour soulever un poids, et que par le poids qu'elle soulève, par la hauteur à laquelle il est soulevé, on peut la mesurer elle-même. On est ainsi conduit à exprimer la puissance d'action de toute force naturelle par un poids soulevé, par conséquent, de la ramener à une mesure *mécanique*. C'est en quoi consiste le progrès le plus important qu'ait accompli la théorie.

Considérés sous ce point de vue, tous les phénomènes de la nature apparaissent comme un immense tableau de l'action réciproque des forces naturelles se révélant dans les petits comme dans les grands effets.

Remarquons encore qu'une des découvertes les plus étonnantes qu'on ait jamais faites, celle de l'analyse spectrale, a son origine directe dans la théorie de la conservation de la force ; car la loi de l'égalité de l'absorption et de l'émission de chaque espèce de chaleur rayonnante a été trouvée par M. Kirchhoff comme conséquence de la théorie mécanique de la chaleur.

La loi de la conservation de la force s'applique tout particulièrement à la physiologie. Avant la découverte de cette loi, l'opinion presque universellement admise sur les faits de la vie corporelle, était qu'ils sont régis par un principe, une force vitale nommée âme animale. Cette sorte d'âme devait à la vérité employer, pour produire ses effets, les forces chimiques et physiques de la matière absorbée, mais elle avait en même temps la faculté de lier et de délier pour ainsi dire l'action de ces forces ; elle en disposait à son gré, les laissant agir librement, ou les arrêtant quand cela lui plaisait. Cette assertion contredit absolument la loi de la conservation des forces. Si nous pouvions supprimer momentanément la pesanteur des corps, nous tirerions du néant un travail : on aurait alors trouvé le mouvement perpétuel. D'après les investigations de la science actuelle, les corps vivants puisent leur force d'impulsion absolument à la même source qu'une machine à vapeur, c'est-à-dire dans la nature extérieure. Ils ont recours aux forces chimiques, aux forces d'affinité du charbon et de l'oxygène atmosphérique ; ils sont, comme toute la nature organique externe, soumis à la loi de la conservation des forces.

Sans doute, il reste beaucoup à faire dans les détails ; la recherche est entourée de grandes difficultés, et la loi ne peut jusqu'à présent être considérée comme démontrée par rapport aux corps vivants qu'avec une exactitude approximative. Mais ce qui ressort de là, c'est que les forces naturelles agissant à l'intérieur des corps vivants, de quelque genre

---

(1) Nous publierons prochainement son discours.

qu'elles soient d'ailleurs — en admettant même l'action d'un autre principe, d'un agent impondérable si l'on veut — sont aussi rigoureusement régies par des lois que toutes les autres.

Ce point de vue dans l'étude du développement organique des corps vivants, constitue un progrès considérable, dont on ne saurait méconnaître la portée ; ce qui amenait certains savants à trouver une lacune dans la loi de causalité, c'était précisément cet accord entre la structure des organes et les opérations auxquelles ils sont destinés ; accord dont on ne pouvait se faire une idée juste, sans admettre une certaine liberté de choix pour l'âme animale ; ces savants hésitaient donc à reconnaître l'existence de la loi.

D'un autre côté, il s'est produit un autre grand progrès qui est justement de nature à écarter les doutes que pouvaient soulever l'impossibilité apparente d'expliquer l'appropriation des organismes à l'accomplissement d'actions déterminées. Il s'agit de la théorie de Darwin accueillie par les uns avec enthousiasme, injustement attaquée par les autres. Ce qu'on ne peut nier, c'est qu'elle contienne une idée grande et hardie qui permet d'expliquer et de rattacher les uns aux autres des phénomènes de la vie organique regardés jusqu'alors comme absolument inexplicables. Darwin recherche les influences de l'hérédité, telles qu'on peut les observer de près chez les animaux et les plantes. Il demande quel sera l'effet des lois de l'hérédité qu'il a trouvées pour l'état naturel, l'état sauvage des animaux. Il conclut que cette loi a dû agir d'une manière nécessaire, sans intervention de la volonté, et perfectionner progressivement, dans la suite des générations, les animaux, et les plantes vivant d'abord à l'état sauvage. C'est ainsi qu'ils se sont de plus en plus pliés, adaptés aux conditions extérieures de leur existence propre et de leur existence relative, c'est-à-dire de leurs rapports avec les animaux au milieu desquels ou sous lesquels ils avaient à vivre.

Telle est l'explication au moins possible de l'harmonie admirable qui se remarque dans la structure de tout organisme considéré isolément, et de cette harmonie encore plus admirable qui existe entre les êtres vivant dans un même temps et sur un même terrain. Sur ce point encore on signale de grandes divergences dans les opinions des savants ; cette théorie n'ouvre peut-être qu'une voie et en néglige d'autres inconnues. L'un ne veut reconnaître tout au plus que la consanguinité de quelques espèces ou genres très-rapprochés ; un autre l'admet au moins pour les grandes classes, les types du règne végétal et du règne animal, et veut ramener chacune d'elles à un germe unique ; un troisième veut que toute la variété de la création dérive d'animaux gélatineux d'une forme primitivement simple, les Infusoires et les Algues.

Cette discussion demeure encore aujourd'hui pendante. En tout cas, la théorie de Darwin a eu le mérite de concentrer l'intérêt des savants sur les choses de l'histoire naturelle. En ce qui concerne la ressemblance des races entre elles, Gœthe a fourni les premières données dans sa dissertation « sur l'os intermaxillaire », dans ses travaux sur l'anatomie comparée, la métamorphose des plantes, etc.

Un autre côté non moins admirable du développement des organismes conformément à leur but, c'est celui qui se produit dans le cours de la vie individuelle, et dont la perfection et la délicatesse sont l'objet de la théorie des organes des sens. Qui n'a pas admiré l'œil, la concordance si fine de ses images avec les proportions correspondantes de la réalité, concordance que nous constatons à chaque pas, à chaque mouvement de notre corps ? Toute illusion sur ce point serait aussitôt démontrée par l'expérience.

La conformité des organismes avec leur destination, semble, si nous considérons cet accord comme une conséquence prévue de la force de création organique, avoir atteint ici sa plus haute perfection. La science a donné sur cette question les résultats les plus inattendus. L'étude de la qualité des sensations, et leur comparaison avec l'état réel des objets, ont conduit à cette conclusion qu'entre cette qualité des sensations — (sensation des couleurs dans l'œil, sensation du son dans l'oreille) — et les relations physiques extérieures de l'œil ou de l'oreille avec les corps vus ou les sons perçus, il n'existe pas le plus léger rapport : c'est ce résultat même que *Gœthe* chercha à réfuter par sa théorie des couleurs.

Jean Muller enfin a démontré que le nerf sensitif, excité de quelque manière que ce soit, répond nécessairement selon sa nature : le nerf optique donne toujours des sensations de lumière, le nerf du tact toujours des sensations de chaud, de froid ou de toucher. Il a, en outre, montré que nos sensations ne sont, quant à leur qualité, que des signes et des effets d'un caractère tout à fait spécial, semble-t-il, par rapport aux objets perçus par les sens.

Il est possible, quoique la question ne soit pas encore tranchée, qu'il en soit de mêmes des notions d'espace acquises par les nerfs sensitifs. Là, on ne peut découvrir aucune trace de cet accord merveilleux prévu entre les sensations et les objets extérieurs. Si nous considérons les sensations comme des images du monde externe, il faut songer qu'une image, en tant qu'image, doit être de même nature que le modèle ; une statue est un corps ayant la forme corporelle d'un homme ; au contraire, un signe n'a absolument aucun rapport nécessaire de ressemblance ou de différence avec l'objet qu'il désigne. Dans ce dernier cas, c'est que notre sensation a qualitativement aussi peu de ressemblance avec l'objet que le mot ou le signe écrit *table* avec une table réelle. Il ne resterait alors aucune autre explication possible, sinon que l'accord entre la sensation et la réalité de l'objet n'est qu'une chose acquise. Il ne paraît plus douteux que ce soit le cas de la plupart des phénomènes de perception. Reste à savoir seulement si une partie au moins de ces phénomènes est produite par une harmonie innée de nos facultés avec le monde réel. Mais ce serait seulement dans les premières actions instinctives du nouveau-né qu'on pourrait chercher les traces d'un accord naturel. Il n'est pas douteux que la délicatesse toujours plus grande et le perfectionnement progressif de nos sensations, ainsi que, en grande partie, leur application au monde extérieur, ne reposent sur un accord dû à l'expérience ; par conséquent cet accord n'est pas le produit de la nature, mais le résultat d'actions psychiques ! C'est à quoi aboutiraient toutes nos observations.

Nous voyons que ce qu'il nous faut chercher en dernier ressort, c'est l'explication des lois du mouvement. Nos sensations ne peuvent être une copie directe de la nature intrinsèque du monde, mais bien simplement une copie des circonstances de temps, et des lois qui président à la succession des phénomènes dans le monde. Nos idées se produisent en effet elles-mêmes dans le temps, selon des lois déterminées et dans un ordre déterminé, comme les choses extérieures. Par suite, la succession dans le temps et les lois de cette succession peuvent être directement reproduites dans un accord réel par nos idées, et c'est la chose essentielle dont nous avons besoin pratiquement pour nous guider dans le monde. La question de l'essence de la matière importe peu au point de vue pratique. Le problème que nous avons à résoudre et que nous résolvons à l'aide de nos organes, c'est de savoir quelles sensations nous aurons quand nous faisons tel ou tel mouvement. Voilà ce qu'on peut dire dans un essai de synthèse scientifique.

D'après ce qui précède, on voit qu'il y a eu des progrès de faits, que la grande masse des phénomènes s'ordonne de plus en plus sous la main de la science, que les doutes concernant l'existence de lois immuables des phénomènes disparaissent chaque jour, et que l'on découvre des lois toujours plus grandes et plus générales! Les résultats pratiques montrent qu'on est dans la bonne voie! Par son union intime avec la physiologie qui, à force d'employer la méthode des sciences naturelles, a fait des progrès si importants, la médecine pratique a de son côté reçu une impulsion extraordinaire. Il m'est permis, en ma qualité d'ancien médecin praticien, de fournir ici un témoignage personnel. Lorsque je m'occupai de ce genre d'études, la science était dans une période de transition, de développement. Bien des esprits consciencieux désespéraient de la médecine, bien des penseurs sérieux s'en détournaient avec dépit! C'était le temps où l'on commençait à appliquer sérieusement en médecine la méthode des sciences naturelles. Les premières tentatives demeurèrent infructueuses ; mais à partir de l'année 1840, la médecine accomplit un immense progrès dû à l'accroissement rapide et fécond de l'anatomie pathologique, à l'introduction des notions de la mécanique, à l'explication par la mécanique des phénomènes de la circulation et de la respiration, à une meilleure compréhension du développement de la chaleur, à l'examen physique des formes que revêtent les tissus parasites. Nommons avant tout une branche de la médecine dont le développement rapide indique en quelque sorte aux autres branches la voie à suivre ; je veux dire l'ophthalmologie, arrivée dans ces dernières années à une perfection qui doit servir de modèle. Quiconque a étudié l'histoire de la science reconnaîtra que ces grands progrès de la physiologie et de la médecine sont uniquement dus à l'emploi rigoureux de la méthode des sciences naturelles. Stationnaires pendant des siècles, ces études ont tout à coup pris un essor brillant, et nous pouvons dire avec fierté que l'Allemagne a été le principal théâtre où ces progrès se sont accomplis. Elle doit cette supériorité à la hardiesse de ses savants qui ont moins reculé que les autres devant les conséquences de la vérité une fois démontrée. Il y a aussi des savants distingués en Angleterre et en France, et ils portent en eux toute l'énergie nécessaire à l'étude des sciences naturelles ; mais ils sont encore obligés de se courber devant des préjugés sociaux et cléricaux : lorsqu'ils se prononcent ouvertement sur leurs recherches scientifiques, c'est toujours au détriment de leur influence sociale.

L'Allemagne n'a pas craint de marcher en avant, elle a eu cette confiance, qui jamais ne s'est trouvée déçue, que la vérité pleine et entière porte en elle un remède aux inconvénients que peut produire ici ou là une demi-connaissance de la vérité. Elle doit encore sa supériorité sur ce point à l'austérité de ses mœurs et à l'enthousiasme désintéressé qui a toujours guidé et animé les hommes de la science sans leur

permettre de se préoccuper d'avantages extérieurs ou d'opinions sociales. Nous sommes ici tout près des frontières méridionales de la patrie allemande. Quand nous parlons du domaine de la science allemande, nous n'allons pas nous enquérir des frontières politiques ; sous ce rapport notre patrie s'étend aussi loin que la langue allemande elle-même ! Elle s'étend partout où l'activité et l'intrépidité allemandes pour la recherche de la vérité trouvent de l'écho. Or, l'accueil hospitalier qui nous a été fait, les paroles qui nous ont été adressées, nous montrent assez qu'elles ont de l'écho parmi vous. Nous avons appris la création d'une nouvelle faculté de médecine en cette ville. Nous lui souhaitons de développer en elle avec énergie ces vertus cardinales de la science allemande. Par là, non-seulement elle offrira des remèdes aux souffrances corporelles, mais elle sera en outre un foyer vivifiant d'indépendance intellectuelle, de conviction, d'amour pour la vérité ; elle fortifiera en elle le sentiment de solidarité qui l'unit à la grande patrie !

H. HELMHOLTZ,
Professeur à l'Université de Heidelberg.

— Traduit de l'allemand par L. KOCH. —

VARIÉTÉS

Les congrès scientifiques en Allemagne et en Angleterre. — Le congrès d'Innsbrück

Du 18 au 24 septembre dernier, la petite ville d'Innsbrück offrait un aspect inaccoutumé de mouvement et d'animation. Sa population, déjà augmentée de la masse ordinaire des touristes d'été, était encore grossie par l'arrivée d'environ huit cents visiteurs nouveaux, professeurs, docteurs, directeurs, hommes de toutes sciences, qui étaient venus, accompagnés en grand nombre de leurs femmes et de leurs filles, de toutes les parties de l'Allemagne, pour assister au quarante-troisième congrès des naturalistes et médecins allemands. Ces congrès ressemblent à ceux de notre propre Association britannique ; ils s'en distinguent cependant par certains traits extrêmement caractéristiques. L'un de ces contrastes, celui qui devait dès l'abord frapper un Anglais, c'est l'absence complète d'hospitalité privée. D'après ce que nous avons pu voir, chacun s'enferme dans des logements particuliers ou dans des hôtels, et il n'y a, par exemple, rien qui ressemble à nos banquets de corps. Bien que nos coutumes à cet égard soient à coup sûr très-agréables, il faut cependant convenir que la manière allemande donne plus de liberté aux visiteurs, et leur laisse beaucoup mieux le loisir de voir et d'entretenir les amis qu'il leur plaît rencontrer de préférence. Chez nous, c'est chose peu commune de voir les membres d'un congrès, chimistes, géologues ou physiologistes, se réunir entre eux, en dehors des travaux de leurs sections. Nous demeurons chez nos amis, nous sommes invités à dîner ou engagés d'une manière quelconque. Ces réunions sont au contraire l'un des caractères distinctifs des congrès allemands. Lorsque arrive l'heure qui amène avec elle la nécessité du repas, on voit de nombreuses parties s'improviser en un moment ; des amis, doués de goûts semblables, et qui ne se sont quelquefois pas rencontrés depuis l'année précédente, se réfugient dans un restaurant ou un café, et, tout en absorbant leur rôti, ils trouvent là une charmante occasion de comparer leurs recherches et de discuter les questions qui ont pris naissance dans l'intervalle.

Une seconde différence se trouve dans la longueur du temps

consacré aux séances des sections. A l'Association britannique, les sections ouvrent leurs séances à onze heures du matin, et la besogne marche vigoureusement tout le jour, sans interruption, jusqu'à quatre ou cinq heures du soir. En Allemagne, au contraire, les séances commencent quelquefois dès huit heures dans la matinée, et finissent souvent à dix ou onze heures, en abandonnant le reste de la journée à quelque courte excursion d'après dîner, ou bien à un pêle-mêle général de conversations entre tous les membres. En effet, les congrès allemands ont moins pour but de donner de la notoriété aux nouveaux travaux scientifiques, que de fournir aux hommes de sciences l'occasion de se connaître personnellement les uns les autres, et de discuter entre eux la valeur et la portée des découvertes récentes. Aussi les notes qui sont présentées aux sections comprennent principalement des exposés sommaires des travaux récents, et elles sont accompagnées par la présentation des livres, cartes, mémoires, échantillons, expériences, etc., qui ont depuis peu attiré l'attention.

Dans les réunions de notre Association britannique, il se fait probablement plus de travail sérieux que dans celles de nos confrères allemands ; et je crois pourtant pouvoir affirmer qu'on y trouve autant de ressources, sous le rapport de la sociabilité, qu'en demande notre tempérament national. Notre Association est en effet destinée, non pas simplement à provoquer des relations amicales entre les savants de toute classe, mais encore à réaliser une sorte de propagande scientifique, en jetant les progrès nouvellement accomplis dans le torrent de la circulation des idées communes. C'est ainsi que nous savons faire à chaque chose sa part, et accorder un travail scientifique, grave, sérieux, opiniâtre, avec des réjouissances sans restriction. Les congrès allemands pensent beaucoup moins à l'éducation scientifique des masses ; leur but est plutôt d'augmenter les forces du travailleur individuel.

D'après les mémoires qui ont été lus devant les différentes sections, d'après les discussions qu'ils ont soulevées, et plus encore d'après les discours publics sur des sujets d'intérêt général qui ont été prononcés devant le congrès réuni en assemblée générale, on peut rassembler quelques traits, qui indiquent bien quel est le courant actuel des idées dans une grande partie au moins de la société cultivée de l'Allemagne. Ce qui m'a tout particulièrement frappé, c'est l'influence universelle que les écrits de Darwin exercent aujourd'hui sur les esprits allemands. Cette influence s'apercevait partout, dans les conversations particulières aussi bien que dans les mémoires publiés par chacune des sections que comprend un congrès semblable à celui d'Innsbrück. Le nom de Darwin s'est trouvé souvent mentionné, et toujours avec le plus profond respect. Mais alors même que Darwin n'était pas personnellement en question, alors même qu'aucune allusion ne le rappelait directement, on pouvait voir, mieux que jamais peut-être, combien ses doctrines ont pénétré profondément les esprits scientifiques, même dans les classes de connaissances qui semblent au premier abord s'éloigner le plus de l'histoire naturelle. « En Angleterre, me disait un ami allemand, vous en êtes encore à discuter la vérité ou la fausseté de la théorie darwinienne ; nous sommes beaucoup plus avancés ; cette théorie est aujourd'hui notre point de départ commun. » J'ai pu vérifier la justesse de cette assertion, toutes les fois que j'ai eu l'occasion d'en faire l'expérience.

Mais ce n'est pas seulement dans les cercles scientifiques que l'influence de Darwin est aujourd'hui sentie et reconnue

en Allemagne. Voici un trait bien significatif, et qui est, je crois, assez peu connu en Angleterre. Il y a trois ans, lorsque, après une guerre désastreuse contre la Prusse, le parlement autrichien s'assembla pour délibérer sur la reconstitution de l'empire, un membre distingué de la Chambre haute, le professeur Rokitansky, commençait un grand discours par cette sentence : « La question que nous avons actuellement à résoudre est celle-ci : Charles Darwin a-t-il raison, a-t-il tort ? » Une pareille interrogation provoquerait, sans aucun doute, un sourire au sein de nos chambres législatives, éminemment anti-spéculatives. Cependant, à coup sûr, jamais éloge plus flatteur ne fut fait à un naturaliste. Voilà un grand empire qui touche à un moment de crise suprême, et c'est par la vérité ou la fausseté de la doctrine darwinienne que l'on propose de décider la forme et la méthode de sa reconstruction. « Les deux hommes, me disait encore un savant professeur de Vienne (lui-même, soit dit en passant, Allemand du Nord), qui ont le plus profondément agi sur l'esprit allemand dans ce pays, sont deux Anglais, G. Combe et C. Darwin. »

Il y a eu, dans le ton général des esprits à Innsbrück, un autre aspect qui ne pouvait qu'impressionner profondément un Anglais. Bien que nous fussions réunis dans la province la plus ultra-catholique de la catholique Autriche, on a vu régner la plus entière liberté de parole sur tous les sujets.

Dans le discours d'ouverture sur le développement des sciences, Helmholtz proclamait hautement que la supériorité des savants d'Allemagne était fondée sur leur entière indépendance à l'égard des idées religieuses et des préjugés de la société (voyez ce passage, ci-dessus, page 95).

Une pareille liberté d'expression pouvait par moments ressembler à un arrogant défi jeté aux croyances populaires. Cependant elle était toujours couverte d'applaudissements.

Dans un discours sur l'histoire primitive de l'homme (1), M. Karl Vogt a exposé des idées que le plus libre de nos libres-penseurs n'oserait jamais, chez nous, exprimer publiquement. La nouveauté, la hardiesse de son langage, ont provoqué d'abord un mouvement général d'étonnement, et, bientôt après, des clameurs approbatives et de chaleureux applaudissements. C'est en vain que je cherchais à entendre un cri de protestation. Lorsque le discours, qui était certes très-éloquent, arriva à sa fin, éclata un de ces tonnerres prolongés d'applaudissements que l'on n'entend d'habitude que dans nos théâtres, lorsque quelque artiste aimé du public vient d'enlever quelque page magistrale. C'était un cri sympathique issu de toutes les poitrines. Les bravos recommençaient de minute en minute, et ce ne fut qu'après un bon moment que le congrès put passer à la question suivante. Non loin de ma place était assis un moine franciscain ; sa tête tonsurée et son capuchon rabattu le faisaient remarquer au milieu des habits noirs des savants. Il était venu, sans doute, poussé par la curiosité d'entendre ce que les naturalistes avaient à dire sur une question qui l'intéressait. Le langage qu'il entendait ne pouvait que le choquer, et l'accueil que le public faisait à ce langage a dû lui fournir amplement à réfléchir et à raconter, une fois rentré dans son monastère.

ARCH. GEIKIE,
Directeur du *Geological Survey* d'Écosse.

(1) Voyez notre précédent volume, page 814, 20 novembre 1869.

Le propriétaire-gérant : GERMER BAILLIÈRE.

PARIS. — IMPRIMERIE DE E. MARTINET, RUE MIGNON, **2.**

REVUE

DES

COURS SCIENTIFIQUES

DE LA FRANCE ET DE L'ÉTRANGER

SEPTIÈME ANNÉE	NUMÉRO 7	15 JANVIER 1870

Paris, 14 janvier 1870.

L'année 1870 nous apporte comme étrennes un nouveau ministre de l'instruction publique : M. Segris a remplacé M. Bourbeau, dont le court passage au ministère n'a été marqué par aucune mesure importante pour l'enseignement scientifique.

La *Revue des cours littéraires* a donné la semaine dernière quelques détails sur les antécédents de M. Segris comme homme et comme député ; le ministre s'appréciera à l'œuvre. L'enseignement supérieur des sciences est loin d'avoir encore reçu des pouvoirs publics tout ce qu'il est en droit d'en attendre, et son organisation peut être l'objet de bien des réformes utiles, surtout dans le sens de la vraie liberté, qui le débarrasserait des ingérences étrangères et de quelques influences personnelles aussi funestes que despotiques.

M. Bourbeau avait résolu de rétablir au Muséum d'histoire naturelle de Paris l'enseignement agronomique, qu'on croyait mort définitivement cette année, les programmes ayant cessé de s'intituler : *Enseignement des sciences appliquées à l'agronomie.* M. Milne Edwards père, appuyé par deux ou trois de ses collègues, réclamait avec constance le maintien de cette création à laquelle il avait pris une part si décisive, mais que le monde scientifique avait jugée si sévèrement. Il faut espérer que M. Segris se montrera moins facile que M. Bourbeau. Il comprendra que cette transformation agronomique du Muséum d'histoire naturelle de Paris dénaturait complétement une institution qui n'a de raison d'être que dans le culte de la science pure, et dont le but n'est pas de distribuer à vingt-quatre instituteurs primaires quelques notions plus ou moins agricoles, mais de former des savants qui continuent la tradition de leurs maîtres en faisant à leur tour progresser la science.

A quelque chose malheur est bon, dit le proverbe. Si regrettable que fût cette tentative agronomique, elle eut pourtant un résultat utile, c'est d'ouvrir la porte de l'enseignement à quelques hommes jeunes, par suite de la répugnance de beaucoup de professeurs pour le nouveau programme. C'est là une innovation qu'il faudrait conserver sous une forme quelconque.

— C'est par 37 voix sur 44 votants, et non par 36 sur 48, que M. Helmholtz a été élu, la semaine dernière, correspondant de l'Académie des sciences de Paris, section de physique.

La liste de présentation de la section était fort longue. Après M. Helmholtz, placé en première ligne, on trouvait, en seconde ligne, tous confondus *ex æquo*, suivant l'usage, dans l'ordre alphabétique : MM. Angström, d'Upsal ; — Billet, de

Dijon ; — Dove, professeur à l'Université de Berlin ; — Grove, de Londres ; — Henry, de Philadelphie ; — Jacoby, de Saint-Pétersbourg ; — Joule, de Manchester ;—Kirkhoff, professeur à l'Université de Heidelberg ; — J. R. Mayer, d'Heillbroon ;— Riess, professeur à l'Université de Berlin ; —Stokes, de Cambridge ; — sir William Thomson, professeur à l'Université de Glasgow ; — J. Tyndall, professeur à l'Institution royale de la Grande-Bretagne ; — Volpicelli, de Rome.

Il faut signaler dans cette liste la présence des principaux fondateurs de la théorie mécanique de la chaleur : Mayer, Joule, Helmholtz, W. Thomson. M. Clausius était déjà correspondant. —A côté de M. Helmholtz, nommé par 37 suffrages, M. Kirkhoff a obtenu 3 voix, sir W. Thomson 2, M. Angström 1, et M. Mayer 1.

Lundi dernier, on a nommé un second correspondant pour la section de physique. M. Mayer, sur la présentation de la section, a été élu par 40 voix contre 5 données à M. Kirkhoff.

Si M. Helmholtz n'avait pas été pris par la section de physique, il devait être, lors de la prochaine élection, présenté en première ligne par la section de médecine, qui comprend aussi les physiologistes. La nomination de l'illustre professeur de Heidelberg aurait été tout aussi méritée dans une section que dans l'autre et même dans celle de géométrie.

La section de physique a encore un correspondant à remplacer, Forbes, d'Édimbourg, mort le 31 décembre 1868.

La section d'astronomie a vacants quatre fauteuils de correspondant : ceux d'Enke, de Berlin, et de l'amiral Smyth, de Londres, décédés en septembre 1865 ; Petit, de Toulouse, mort le 27 novembre 1865, et Valtz, de Marseille, le 22 février 1867. Cette section a beaucoup plus de places de correspondants que les autres ; mais elle juge probablement que leur nombre dépasse celui des astronomes étrangers dignes de ce titre, car le retard apporté aux présentations est trop constant pour n'être pas intentionnel.

Dans la section de géographie et navigation, M. A. d'Abbadie, élu membre titulaire le 22 avril 1867, n'a pas encore de successeur. — La section de chimie a à remplacer Bérard de Montpellier et Th. Graham, de Londres, l'un mort le 10 juin 1869, et l'autre le 16 septembre 1869.

Dans la section de minéralogie (où entrent également les géologues et les paléontologistes), deux places sont vacantes : celles de sir R. Murchison, de Londres, élu associé étranger le 23 mars 1868 ; et de Fournet, professeur à la Faculté des sciences de Lyon, mort le 8 janvier 1869. C'est M. Nauman qui est présenté le premier par la section pour la première place. M. W. H. Miller, de Cambridge, passera sans doute ensuite ; M. Dana, des États-Unis, a aussi des partisans. Tous trois sont minéralogistes. Parmi les Français, la géologie sera plus favorisée ; la lutte s'établira surtout entre M. Lory, professeur à la Faculté des sciences de Grenoble, et M. Leymerie, professeur à la Faculté des sciences de Toulouse.'

La section de zoologie et d'anatomie peut disposer de trois fauteuils, ceux de : Quoy, de Brest, mort le 4 juillet 1869 ; Carus, de Dresde, et Purkinje, professeur à l'Université de Prague (non de Breslau, comme persistent à le dire les publications officielles de l'Académie).

M. Huxley, qu'il avait été question de présenter dans la section de minéralogie, sera, selon toute vraisemblance, rangé en première ligne pour un des fauteuils de cette section où sa place est marquée depuis si longtemps.

Enfin, dans la section de médecine, il faut remplacer : Panizza, de Pavie, et Lawrence, de Londres, morts le 17 avril et le 5 juillet 1867. Il paraît déjà presque certain que M. Lebert, professeur à l'Université de Breslau, sera présenté en première ligne pour une de ces places, c'est-à-dire nommé.

COLLÉGE DES MÉDECINS DE LONDRES

LECTURES CROONIENNES

M. BENCE JONES

de la Société royale de Londres

Matière et force (1)

III

DE LA TROISIÈME PHASE DE NOS IDÉES SUR L'UNION DE LA MATIÈRE PONDÉRABLE ET DE LA FORCE DANS LES *sciences biologiques*.

J'arrive maintenant à l'objet véritable de ces trois lectures.

Je me propose de vous montrer que, même dans ce pays où l'autorité de John Hunter fait de la *materia vitæ diffusa* un être réel, je dirais presque une partie de la *religio medici*, cependant, même ici, la troisième phase d'idées sur l'union de la matière pondérable et de la force fait quelques progrès parmi nous ; elle nous promet des fruits bien supérieurs à ce que nous avons recueilli jusqu'ici en physiologie, en pathologie et en thérapeutique.

Les idées générales sur l'union de la matière pondérable et de la force dans les sciences biologiques n'ont pas encore dépassé la seconde phase, ou phase Huntérienne ; un grand nombre d'esprits admettent encore que la première phase, celle de la séparabilité complète de la matière et de la force vitale, représente encore la vérité.

La troisième phase, celle de l'union complète des idées de matière et de force vitale, — je veux dire, de l'inséparabilité absolue d'une parcelle de force vitale de la matière à laquelle elle est attachée, — cette phase est encore à l'état d'enfance, et ne peut être encore soumise à l'examen.

Nous ne faisons encore que commencer à chercher jusqu'à quel point nos idées de la conservation et de la corrélation de l'énergie peuvent s'étendre aux sciences biologiques.

Nous en sommes à commencer à nous demander jusqu'à quel point il est possible d'établir une balance entre la re-

cette et la dépense de l'énergie que possèdent les végétaux et les animaux dans l'état de santé, et dans celui de maladie.

La quantité et la qualité de l'énergie que reçoit l'être vivant, et la quantité et la qualité de l'énergie qu'il dépense sont des questions dont la solution importe plutôt aux progrès de la biologie, que la quantité ou la qualité de matière pondérable reçue ou donnée par un système quelconque.

Voici comment se manifeste le bien faible progrès qui a été fait jusqu'ici : c'est que bien des gens sont maintenant pénétrés de l'idée que l'inséparabilité et la conservation de la matière et de la force sont nos principes fondamentaux et nos meilleurs guides dans les sciences physiques proprement dites ; tandis que, dans les sciences biologiques, on suppose généralement que la séparabilité complète ou incomplète de la matière et de la force, et la création et l'anéantissement de l'énergie à chaque instant, doivent très-probablement être les bases véritables des sciences qui ont pour objet l'étude de la vie.

Mais, s'il en est ainsi, alors il faut démontrer par des preuves positives la création et l'anéantissement de la force ; il ne faut pas les appuyer seulement sur des hypothèses en opposition directe avec les connaissances plus certaines que nous possédons, au sujet de la matière pondérable et de la force dans les autres sciences.

Nous savons maintenant que, chez tous les êtres vivants, il n'existe pas de matière particulière.

Nous n'avons pas de bonnes raisons même de supposer qu'il y ait une seule combinaison de différents éléments formant la matière vitale. Il n'est pas prouvé qu'il y ait un protoplasme unique. Bien des combinaisons différentes de substances contenant du carbone, de l'hydrogène, de l'azote, de l'oxygène, des sels et de l'eau peuvent être susceptibles de prendre des formes qui permettent les mouvements auxquels nous donnons le nom de vie.

La matière qui prend part aux actions vitales, et les forces inhérentes à cette matière sont indestructibles et inséparables. La matière inorganique et la force inorganique coexistent toujours chez les êtres vivants. S'il y a aussi chez eux une force vivante séparable, alors il nous faut admettre que deux relations entièrement différentes de la matière pondérable et de la force doivent exister à la fois dans la même matière.

C'est au moins conserver l'unité de la nature que d'hésiter à admettre l'hypothèse d'une force vitale capable de créer et d'anéantir, jusqu'à ce qu'il se produise quelque preuve concluante de l'existence dans les êtres vivants d'une ou de plusieurs forces de ce genre, pouvant se séparer entièrement de la matière dont elles sont faites.

En attendant cette preuve, essayons de donner plus de clarté à la troisième phase de nos idées sur l'union de la matière organique et de la force organique.

Dans nos idées sur la force organique, de même que dans celles que nous avons sur la force inorganique, une grande cause de confusion est l'emploi du mot force dans des sens différents. Ainsi, le mot vie se dit à la fois de la cause des mouvements vitaux et de l'effet, c'est-à-dire des mouvements eux-mêmes. Ainsi :

CAUSE.	EFFET.		
Vie ou forces vitales. Cause des mouvements vitaux.	Mouvements vitaux réels. Mouvements vitaux virtuels. }	=	{ Nutrition, contractions, sensations et actions de l'esprit.

La vie, en tant que cause, doit être aussi nettement distin-

---

(1) Voyez ci-dessus pages 1 et 60, 4 et 25 décembre dernier. — Cette lecture a été imprimée en anglais ; mais M. H. Bence Jones y a fait pour la *Revue des cours scientifiques* des modifications et des ajoutés considérables.

guée de la vie considéré comme effet, que la force qui produit la gravitation doit être distinguée du mouvement d'un corps qui tombe.

De même que, pour un corps inorganique en repos, aucun mouvement ne peut se produire sans qu'un autre mouvement ait permis à la force de gravitation de ce corps d'agir à son tour ; de même, aucun mouvement vital ne peut se manifester dans un corps organique, sans qu'un autre mouvement permette aux forces vitales que possèdent les différentes substances organiques de manifester leurs mouvements propres. Ainsi, par exemple, le mouvement calorifique ou le mouvement chimique devra être communiqué aux substances organiques pour que les causes des mouvements vitaux puissent manifester leur action dans ces substances. La quantité du mouvement vital est directement proportionnelle à la quantité d'autre mouvement communiqué à la substance organique, et ce mouvement ne peut être perdu ni détruit, mais doit se transmettre sous quelque forme de mouvement corrélative. Les forces vitales, c'est-à-dire les causes des mouvements vitaux, ne se changent pas en d'autres formes de force ; mais ces mouvements qui ont permis l'action des forces vitales donnent naissance à diverses formes corrélatives de mouvement.

Il n'y a pour les causes des mouvements vitaux ni accumulation, ni mise en liberté, ni destruction, ni renouvellement, ni restauration. La quantité de vie, en tant que cause, est la même dans la matière organique, avant, pendant et après son mouvement ; mais la quantité de mouvement vital que la vie peut produire, dépend de la quantité de mouvement qui permet à la vie d'agir ; et cette quantité de mouvement reparaît sous quelque forme corrélative, lorsque cessent les mouvements vitaux.

Quels sont donc les mouvements réels et virtuels qui pénètrent dans le corps et permettent à la cause des mouvements vitaux d'agir ? Quels sont les mouvements corrélatifs qui viennent du corps ? Quels sont les mouvements vitaux que, par suite, la vie peut produire ?

Des substances à l'état de tension, et prêtes pour le mouvement chimique, pénètrent constamment dans le corps par la nutrition et par l'air. La quantité d'énergie active et latente qui entre, doit exactement balancer la quantité qui sort, déduction faite de celle qui reste à l'état latent dans les substances chimiques, ou de celle qui devient active dans la chaleur du corps lui-même.

Le moyen le plus facile pour mesurer l'énergie latente de la nourriture, c'est de déterminer la quantité de chaleur latente contenue dans les aliments. Pour cela, on brûle un poids donné de substance alimentaire, et l'on détermine la quantité de chaleur produite ; comme l'équivalent mécanique de la chaleur est connu, il est facile de calculer la quantité équivalente de travail que peut donner la substance étudiée.

La plus grande partie de l'énergie virtuelle ou de la force de tension reçue dans le corps, finit par se transmettre sous forme de chaleur. Les autres genres de mouvement, comme l'électricité et le travail mécanique, n'absorbent qu'une faible partie de la force reçue. La balance provisoire que l'on établit peut donner maintenant une idée de la forme définitive que présentera le compte ; mais elle ne peut en donner les détails avec quelque exactitude.

Les difficultés qui s'opposent à ce que nous déterminions dès à présent les différents éléments de ce compte, sont évidentes pour quiconque considère le point où en sont nos connaissances sur le mouvement musculaire.

Suivant les idées primitives, le mouvement des muscles était produit par l'âme.

Dans les idées de transition, on a considéré le mouvement comme créé par quelque chose de défini, une force, un fluide vital, susceptible d'augmentation ou de diminution, suivant qu'il recevait ou non l'impulsion de stimulants, nerveux ou autres ; enfin, capable de quitter la substance du muscle peu de temps après la mort. L'irritabilité Hallérienne est ce qui représente le mieux cette phase d'idées.

Suivant les idées modernes, l'origine du mouvement est due à la force vitale ; mais celle-ci exige pour agir un mouvement antérieur équivalent. Ce mouvement, on le cherche dans les changements chimiques qui s'opèrent dans la substance voisine, azotée ou non, du tissu contractile ou du sang.

« Il n'est personne sachant un peu de physique, nous dit M. Frankland, qui se hasardât maintenant à soutenir que la force vitale seule est la source de l'action musculaire. Un animal, quelque élevée que soit d'ailleurs son organisation, ne peut pas plus produire une force capable de faire mouvoir un grain de sable, qu'une pierre ne peut tomber en haut, ou qu'une locomotive sans combustible ne peut traîner un train. » (*Revue des cours scientifiques*, t. IV, p. 81, 5 janvier 1865, lecture sur les *Sources chimiques du pouvoir musculaire*.)

Les professeurs Liebig et Playfair, et d'autres encore, disent que les changements chimiques de la substance azotée des muscles permettent au mouvement de se produire.

Les professeurs Frankland, Fick et d'autres, disent que le travail mécanique est bien trop considérable pour s'expliquer par le changement qui s'opère dans cette substance, si on le mesure d'après la quantité d'urée produite. Ces physiologistes déterminent le travail mécanique qui se fait dans un temps donné, et le traduisent en son équivalent de chaleur, en ayant soin de peser aussi l'urée produite dans le même temps. En brûlant un poids connu de muscles séparés du corps, ils déterminent la quantité de chaleur qu'ils peuvent produire ; de là ils peuvent déduire la quantité de muscles qui doit se brûler dans le corps, pour donner une quantité de chaleur équivalente au travail mécanique accompli dans le temps donné. Ils calculent alors la quantité d'urée que donnerait ce poids de muscles.

En comparant le poids d'urée réellement constaté avec celui qu'a donné le calcul, on voit qu'un cinquième du travail seulement peut provenir des changements chimiques qui s'opèrent dans le tissu azoté des muscles. Quatre cinquièmes du travail doivent provenir de l'action chimique qui a lieu dans les substances non azotées des muscles ou du sang environnant.

Les expériences faites par le docteur Parkes confirment de la manière la plus complète l'idée que les mouvements musculaires, pendant l'exercice, ne sont nullement en rapport avec la décomposition chimique qui s'opère dans la substance albumineuse des muscles. Quant à lui, il est d'avis que l'action musculaire se lie, non à la décomposition, mais plutôt à la combinaison ; que le muscle en action s'accroît ; et qu'au repos il diminue ; c'est-à-dire qu'il y a décomposition plus rapide pendant le repos, que pendant l'exercice. Il faut encore bien des recherches expérimentales pour que ces vues soient complétement établies.

Quand la question de la valeur de cet élément particulier

de la dépense et de la recette de la matière et de la force sera résolue par l'expérience, il restera des problèmes encore plus difficiles ; par exemple, celui de savoir comment la force vitale produit la contraction des fibres musculaires; comment il se fait que les nerfs puissent, à volonté, accélérer ou ralentir la conversion de l'énergie latente en énergie active.

Ce champ de recherches si étendu et si important, que le principe de la conservation de l'énergie a ouvert à nos travaux, prouve bien que la troisième phase d'idées, sur l'union de la matière et de la force, commence à être admise en physiologie. Quant à la valeur de ces idées, elle se montre azses dans la simplification relative du problème de la source de la chaleur animale, quand on admet le principe de la conservation de l'énergie.

La chaleur animale provient-elle de la force nerveuse ou de l'action chimique ? C'est là une question qui n'a pas moins été débattue, que celle de savoir si l'électricité voltaïque résulte du contact des métaux ou de l'action chimique.

Sur ces deux points, la question se trouve décidée, dès que l'on admet le principe de la conservation de l'énergie.

Si la chaleur animale vient de la force nerveuse, ou l'électricité du contact de deux métaux, quel est alors l'équivalent d'énergie virtuelle qui leur donne leur énergie active ? A moins d'admettre la création d'une force, il faut bien que l'on trouve un équivalent d'énergie active ou virtuelle.

Pour la chaleur animale, on peut dire que la force nerveuse vient d'une énergie de nutrition équivalente ; mais ce n'est là que reculer la question, car il faut toujours dire d'où vient cette énergie de nutrition. Et nous nous trouvons, en définitive ramenés à la force chimique, qui donne son énergie virtuelle à la substance que le corps absorbe. C'est là le point de départ du mouvement que nous appelons chaleur animale.

Les différents genres d'appareils ou d'organes que possède chaque individu pour la transformation de l'énergie, déterminent la forme de mouvement sous laquelle il peut dépenser cette énergie.

Le cerveau, les nerfs, les muscles, les organes électriques, les tissus en général, sont autant de machines que fait agir avant tout l'énergie virtuelle ou la tension de la nourriture, des tissus et de l'air; avant tout, il leur faut de l'oxygène, de l'hydrogène et du carbone.

Les mouvements mécaniques, chimiques, nutritifs, musculaires et nerveux sont tellement liés entre eux, qu'il est impossible d'isoler même le plus simple des mouvements qui se produisent dans le corps humain.

Quand ces mouvements se trouvent surexcités ou ralentis de manière à constituer l'état de maladie, la difficulté de séparer l'un d'entre eux par la pensée ne s'en trouve nullement diminuée. Cependant, même dans l'état de maladie, le principe de la conservation de l'énergie peut nous permettre de faire des progrès aux moins égaux à ceux qui se sont produits dans nos idées et dans notre langage, lorsque nous avons renoncé à la doctrine du phlogistique, ce principe inflammable hypothétique, qui était considéré comme le corps léger par excellence.

La vie, la cause des mouvements vitaux, ne doit plus être regardée comme une substance impondérable dont la quantité et la qualité peuvent varier. Elle ne peut, en variant, déterminer différentes maladies. Nous ne devons plus croire qu'il soit possible de l'activer par des stimulants, ou de la

ranimer à coups de fouet ; nous ne devons plus nous imaginer que la cause de la vie puisse être rendue moins active, moins forte, moins énergique par l'abus qu'on en fait, ou par la suppression des stimulants.

Quand il se produit un excès de mouvement vital, il faut nous demander d'où vient l'équivalent de ce mouvement, et où il ira. Nos fouets, nos stimulants pondérables et impondérables, sont liés étroitement à la matière ; ils activent le mouvement vital selon l'énergie latente que possède la matière même. Quand il se produit un manque de mouvement vital, nous devons nous demander d'où vient ce défaut. Est-ce le manque d'une matière douée d'énergie latente ? Ou bien est-ce accroissement de résistance à la transformation de l'énergie latente en mouvement actif ?

On dira peut-être que nous n'avons fait que changer les mots ; mais, en réalité, nous changeons les fondements sur lesquels reposent toutes nos connaissances. Ce changement représente la direction dans laquelle marche la science ; et, non-seulement il marque cette direction, mais il rend plus certains et plus faciles les progrès ultérieurs.

Prenons ici la première et la plus grande des questions dont s'occupe la pathologie, afin de mieux faire voir l'importance de ce changement dans notre manière d'envisager l'union et la conservation de la matière pondérable et de la force.

L'inflammation, selon l'ancien système, est une augmentation de chaleur, une rougeur, une enflure et une douleur, causées par un excès, qui va jusqu'au désordre, dans les changements nutritifs de la partie enflammée.

La dilatation des artérioles et des plus petites veines ; le ralentissement du cours du sang ; la disparition de la couche séreuse qui tapisse les vaisseaux ; l'accumulation des globules incolores dans les veines ; l'obstruction des vaisseaux capillaires ; — tous ces symptômes proviennent d'une paralysie directe ou réflexe des tissus contractiles des artérioles et des petites veines. (Cohnheim, *Virchow's Archiv*, septembre 1867.)

En d'autres termes, l'excès de nutrition de la partie enflammée vient, nous dit-on, d'une perte d'énergie.

Cette explication est en opposition directe avec le principe de la conservation de l'énergie. C'est comme si l'on disait qu'un excès d'une sorte de mouvement peut venir du manque d'une autre sorte de mouvement. Appliquons ce principe à l'inflammation des parties qui ne contiennent ni nerfs, ni vaisseaux sanguins, comme les cartilages et la cornée, et où, du moins, il ne peut être question d'une paralysie directe ou réflexe des vaisseaux.

Dans les tissus non vasculaires, l'excès d'action se borne à un excès de chaleur et de nutrition. Ces deux forces sont en relation directe, de sorte qu'une certaine quantité de chaleur peut produire une certaine quantité de nutrition, et réciproquement; mais ni l'une ni l'autre ne peuvent provenir de rien. Pour chacune d'elles, il faut que quelque autre mouvement, mécanique, chimique, électrique ou thermal, ait été imprimé à la matière de la partie enflammée, afin d'ajouter aux mouvements qui s'y passent toujours dans l'état de santé.

Cet accroissement de mouvement peut venir du dehors, par suite de blessures et d'accidents, ou bien encore du dedans, par le passage de substances actives dans la cornée et les cartilages. L'inflammation sera proportionnée au degré de cet accroissement de mouvement. Dans les tissus vasculaires, l'accroissement des mouvements d'oxydation et de nutrition au dehors des vaisseaux, influe directement sur le contenu des vaisseaux les plus voisins, et c'est de l'accroissement de l'action mutuelle des vaisseaux et des tissus que résulte la dilatation des vaisseaux, la disparition de la couche séreuse, et l'accumulation des globules rouges et blancs.

Le principe de la conservation de l'énergie exige que l'augmentation d'oxydation et de nutrition dans la partie enflammée, ne puisse provenir que d'une quantité équivalente de quelque forme de mouvement, ou de quelque forme d'énergie virtuelle, agissant sur cette partie.

Le même principe exige aussi que l'inflammation persiste jusqu'à ce que l'augmentation de mouvement se dessine sous forme de chaleur, ou par la formation de pus, ou sous quelque autre forme de mouvement ou de nutrition. C'est ainsi que les mouvements excessifs se ramènent au degré que nous appelons santé.

La doctrine de la conservation de l'énergie et de l'inséparabilité de la matière et de la force, amènera un changement total, non-seulement dans la physiologie et la pathologie, mais encore dans la thérapeutique, cette partie essentiellement pratique de la médecine.

Nous n'avons, jusqu'à présent, qu'une connaissance bien vague et bien incertaine du mode et du lieu d'action de nos remèdes. Nous croyons presque que ces remèdes peuvent non-seulement créer, mais aussi annuler la force ; nous croyons presque qu'ils savent choisir la partie sur laquelle ils veulent agir, tandis que les autres parties du corps restent entièrement à l'abri de leur action.

Cette ignorance de la manière dont se produisent ces effets, et de leur lieu d'élection, donne naissance aux opinoins les plus divergentes sur l'action des différentes classes de remèdes, tels que stimulants, sédatifs, toniques, altératifs, spécifiques et évacuants. Nous sommes presque amenés à dire que les stimulants créent de la force, parce qu'ils augmentent la contractilité et la sensibilité ; que les sédatifs anéantissent la force, parce qu'ils diminuent la contractilité et la sensibilité ; que les toniques créent de la force, que les spécifiques la détruisent, et que les altératifs la changent.

Mais la loi de conservation d'énergie nous demande de croire qu'il n'y a ni aliment ni remède qui puisse créer ou anéantir la moindre parcelle d'énergie. Il peut y avoir plus ou moins d'énergie virtuelle transformée en énergie active. La transformation d'un genre de mouvement en un autre peut augmenter ou diminuer ; mais il ne peut y avoir ni anéantissement, ni création de force vitale, ni de force quelle qu'elle soit.

Nous ne devons plus désormais regarder la chaleur (ou le froid, qui n'en est que l'absence), le frottement (ou son opposé le repos), l'électricité, la lumière, etc., comme des corps qui peuvent être augmentés ou diminués comme remèdes ; mais il faut commencer à les considérer comme des modes de mouvement des molécules matérielles dans les différentes parties où ils se manifestent. Ces modes de mouvement, par leur corrélation avec les mouvements d'oxydation et de nutrition qui s'effectuent dans la partie affectée, décident de l'augmentation ou de la diminution du mouvement de la matière.

Les remèdes absorbés par l'organisme ne peuvent, pas plus que les aliments, créer ou anéantir de la force ; mais ils possèdent une énergie chimique par laquelle, partout où ils sont reçus, ils prennent part aux mouvements d'oxydation et de nutrition qui s'y accomplissent ; et, selon leurs propriétés

chimiques, ils ajoutent aux mouvements qui constituent l'état de maladie, ou bien les ralentissent.

Voici donc les questions à résoudre, avant d'avoir une idée claire de l'action des remèdes dans l'organisme : 1° Quels sont les différents mouvements qui s'accomplissent dans le corps ? Quel est le rapport de ces différents mouvements entre eux ? 2° Comment les différents agents ou remèdes augmentent-ils ou diminuent-ils les différents mouvements qui s'opèrent dans les organes et les tissus ? C'est là la thérapeutique de l'avenir.

Si nous admettons que toute énergie qui se manifeste dans un des mouvements du corps, doit provenir de quelque autre forme d'énergie, et que la cause de celle-ci se trouve, en dernière analyse, dans l'énergie chimique qu'apportent les aliments et l'air atmosphérique, alors l'action des remèdes pour augmenter, diminuer ou modifier l'action de l'oxygène dans les différents tissus, doit être au moins une des plus importantes questions de la thérapeutique.

Je vais considérer pendant quelques instants ceux de nos remèdes qui appartiennent à la chimie proprement dite, les alcalis et les acides, et j'essayerai de vous faire voir qu'ils peuvent intervenir dans l'oxydation. Cette expérience sur l'action des acides et des alcalis en dehors de l'organisme, vous fera peut-être penser avec moi que ces corps peuvent jouer un rôle opposé dans l'oxydation qui s'opère dans toutes les parties du corps.

Voici une substance organique, du sucre de raisin ; d'un autre côté, cet oxyde de cuivre, obtenu par la réaction d'un alcali sur le sulfate de cuivre, contient de l'oxygène que je puis mettre en présence des molécules de la substance organique. Chacun de ces verres contient la même quantité de sucre, d'oxygène et d'alcali. Je laisse un de ces verres tel qu'il est : il nous servira de terme de comparaison, afin de nous rendre compte du degré d'oxydation du sucre de raisin. Dans les autres verres, je verse des quantités différentes d'alcali et d'acide ; et, même au bout de quelques minutes, sans que ces liquides soient portés à la température des corps vivants, vous verrez que le plus alcalin s'oxyde le plus rapidement, que le liquide le moins alcalin, le liquide acide subit une oxydation fort lente, ou même absolument nulle.

Les alcalis et les acides se comportent-ils de même dans l'organisme ; peuvent-ils y accélérer ou y ralentir l'oxydation ? C'est ce qu'il faudrait constater par des expériences directes. En attendant, ces idées nous amèneront à tenir plus grand compte de l'alcalinité, du sang et du mal qui peut résulter de son acidité. Employons le sucre et les acides à plus forte dose dans les cas d'inflammation et de fièvre ; insistons davantage sur l'usage des alcalis, dans les cas d'engorgements graisseux et de dépôts goutteux.

Je regrette que le temps ne me permette pas de citer ici les expériences étonnantes qui ont été faites sur la production de l'affection graisseuse aiguë du foie, de la rate, du cœur, etc., par le phosphore. La formation de l'acide phosphorique dans les tissus est probablement la cause directe de l'accumulation de la graisse, par suite de l'arrêt de l'action chimique, faute d'oxygène.

L'action de l'oxygène sur l'organisme se trouve en relation intime avec les autres actions corrélatives, la chaleur, l'électricité, la nutrition, la contractilité et la sensibilité. Ces actions augmentent ou diminuent nécessairement avec celle de l'oxygène ; mais il faut encore bien des recherches pour que nous puissions déterminer de quelle manière et dans quelle mesure un de ces mouvements peut se transformer en un mouvement d'un autre genre.

Il se peut que les stimulants, les toniques et les évacuants non-seulement prennent une part directe aux mouvements d'une partie quelconque, mais aussi accélèrent ou ralentissent la transformation d'un mouvement en d'autres.

Les spécifiques et les modificatifs peuvent, directement et indirectement, changer les mouvements du système.

Les sédatifs et les narcotiques peuvent, de même, exercer une double action pour retarder ou arrêter les mouvements qui s'accomplissent.

Cette idée nous conduirait presque à considérer tous les remèdes comme des altératifs du mouvement; et, s'il en est ainsi, il faut peut-être mettre les stimulants et les sédatifs aux deux extrémités des actions modificatrices, les premiers produisant la plus grande accélération de mouvement, et les sédatifs le plus grand ralentissement, et presque le repos complet. Ainsi, repos et mouvement, voilà les deux grands buts des actions thérapeutiques.

Les deux substances les plus simples que je pourrais peut-être citer comme les meilleurs exemples de ces actions contraires, sont le gaz hilarant AzO^2, qui, pris à petites doses, augmente rapidement le mouvement volontaire ou involontaire; et l'acide prussique HCAz, qui arrête presque instantanément toute transformation d'énergie dans le cœur, le diaphragme et les autres muscles de l'appareil respiratoire, en paralysant les ganglions moteurs du cœur lui-même, ainsi que les nerfs de la huitième paire (1).

Voilà quelques-unes des questions qu'ouvre aux recherches thérapeutiques la doctrine de la conservation de l'énergie et de l'inséparabilité de la matière et de la force. Quand nous aurons résolu ces questions, nous verrons disparaître la plupart des différences d'opinions sur l'action des remèdes.

Peut-être pourrons-nous arriver à calculer l'augmentation ou la diminution d'un genre quelconque de mouvement qui, par sa réaction sur tous les autres mouvements d'une partie du corps ou de l'organisme tout entier, constitue l'état de maladie. Quand la maladie viendra d'un excès d'action, nous rétablirons dans les corps la quantité normale et le genre d'action dont dépend la santé, en diminuant le mouvement ou en accroissant sa résistance à la transformation; quand, au contraire, la maladie viendra d'un ralentissement d'action, nous arriverons au même résultat en augmentant le mouvement, ou en diminuant la résistance à la transformation d'un mouvement en un autre.

Pour la question du point sur lequel agissent les remèdes, l'idée de l'inséparabilité de la matière et de la force nous mènera probablement à des vues plus larges que celles que nous avons actuellement.

Faute de connaissances mieux définies, nous sommes presque tentés d'admettre que les remèdes ont une affinité élective qui détermine le point sur lequel ils agissent.

Cependant, si l'on arrive à démontrer que la plupart des remèdes passent dans tous les tissus de l'organisme, et portent avec leur substance les forces qu'ils possèdent, il s'ensuivra que les idées actuellement admises sur l'action locale des remèdes sont beaucoup trop restreintes.

Les expériences que j'ai publiées (1) sur la vitesse avec laquelle le lithium passe dans tous les tissus, vasculaires ou non, et en sort, montrent la vitesse avec laquelle le chlorure de lithium passe de l'estomac du cochon d'Inde dans ses tissus. Voici le tableau qui résume ces expériences :

1 1/2 grain,	au bout de	3	jours,	se trouve partout en abondance.	
3	—	—	15	minutes,	partout, excepté dans le cristall.
3	—	—	30	—	id. id.
3	—	—	30	—	traces dans le cristallin.
3	—	—	30	—	dans l'enveloppe du cristalllin.
3	—	—	60	—	id. id.
3	—	—	60	—	partout, excepté dans le cristallin.
3	—	—	2 1/4	heures,	partout, et dans le cristalllin.
3	—	—	4	—	id. id.
3	—	—	8	—	id. id.
3	—	—	24	—	id. id.
3	—	—	26	—	id.
1/4	—	—	5 1/4	—	partout, excepté dans le cristall.

Ainsi, quatre minutes après qu'un cochon d'Inde a absorbé trois grains de chlorure de lithium, la présence de ce corps est indiquée dans toutes les parties de l'animal par l'analyse spectrale; trente-trois jours après, on en retrouve encore des traces dans le cristallin; dans l'urine enfin, le lithium persiste encore trente jours : il est probable qu'il y avait réabsorption de la substance éliminée une première fois, mais restée sur la peau. Le tableau suivant montre la vitesse avec laquelle le carbonate de lithine est absorbé, puis éliminé, par la cataracte chez l'homme :

20 grains de carbonate de lithium sont administrés :

25 minutes avant l'opération,		pas de trace de lithium dans la cataracte.	
2 1/2 heures	—	lithium dans l'extr. aqueux de la catar.	
3 1/2	—	—	id. dans les moindres parcelles.
3 1/2	—	—	id.
4	—	—	id.
4 1/2	—	—	id.
4 1/2	—	—	id.
5	—	(chez un vieillard),	id.
5	—	—	id.
7	—	—	id.
4 jours.	{ Cataracte spontanée et molle, âge, de 25 à 30............ }	Traces de lithium dans l'extrait alcoolique des cendres.	
7	—	avant l'opération. Traces de lithium nulles dans l'extr. alcoolique.	
7	—	et 5 h. av. l'opér., id.	
7	—	avant l'opération. Traces minimes dans l'extrait alcoolique.	

Chez l'homme, après l'absorption de cinq grains de carbonate de lithine, on constate la présence du lithium au bout d'un temps qui peut varier de dix à vingt minutes; l'élimination dure environ huit jours. Après une dose de vingt grains de carbonate de lithine, le cristallin indique la présence de la lithine au bout de deux heures et demie. Sept jours après, le lithium a disparu.

L'analyse spectrale a fait voir aussi que le sulfate de thallium passe dans tous les tissus vasculaires et non vasculaires; le sulfate d'argent lui-même a pu être suivi dans presque tous les tissus. (*Revue des cours scientifiques*, t. VI, page 367, 8 mai 1869.)

---

(1) Des expériences récentes du docteur **Preyer**, de Bonn, montrent que, si l'on fait respirer quelque temps de l'**oxygène** à un animal, avant de lui faire prendre une faible dose toxique d'acide prussique, le poison ne produit aucun effet. (*Die Blausäure*, W. Preyer, M.D. Bonn, p. 67.)

« L'acide prussique, nous dit ce médecin, agit comme s'il enlevait tout à coup au sang son oxygène. S'il nous était possible de retirer, en quelques secondes, tout l'oxygène du sang d'un animal, nous aurions, sans aucun doute, une reproduction exacte de l'empoisonnement par l'acide prussique. » (Page 69.) — Voyez *Revue des cours scientifiques*, tome VI, page 82, 9 janvier 1869).

(1) *Revue des cours scientifiques*, tome VI, pages 314 et 317, 17 avril 1869; conférence sur *La circulation chimique dans les corps vivants*.

Le docteur Dupré et moi nous avons montré que quatre grains de sulfate de quinine mettent quinze minutes à arriver dans tous les tissus d'un cochon d'Inde, et qu'on peut en constater la présence chez cet animal pendant quarante-huit heures. (*Revue des cours scientifiques*, t. III, page 740, 6 octobre 1866.)

Si nous possédions des moyens assez délicats de constater la présence d'autres corps, il est plus que probable que nous pourrions prouver qu'ils suivent la même loi, et pénètrent rapidement dans tous les tissus.

Avec la matière, l'énergie qui appartient à cette matière doit pénétrer aussi ; et, partout où la matière se trouve en présence de mouvements auxquels elle peut prendre part, le remède agit nécessairement. Il peut se trouver en quantité aussi forte autre part, sans révéler sa présence par le moindre signe, parce qu'il ne lui sera pas possible d'augmenter ou de diminuer les mouvements sur ces points. Permettez-moi, pour mieux me faire comprendre, de supposer un instant qu'il tombe sur tous les points de cette salle une ondée ou une nappe d'une substance quelconque, d'alcool par exemple. Dans bien des endroits, on ne s'apercevrait pas de la présence de cet alcool, parce que aucune action ne se produirait. En présence d'un vernis, l'alcool agirait chimiquement sur la résine ; dans le feu, il brûlerait ; sur nos yeux, enfin, il aurait une action chimique, et augmenterait les actions qui s'y opèrent.

Ces aperçus rapides sur la physiologie, la pathologie et la thérapeutique de l'avenir, à chacun desquels nous aurions pu consacrer plus d'une leçon, font voir qu'un grand changement doit se faire dans les idées admises par les sciences biologiques, dès que nous suivrons les progrès des connaissances dans les sciences qui n'ont pas pour objet l'étude de la vie.

Comme ces dernières ont passé, ou passent en ce moment par les trois phases différentes de la séparation d'abord complète, puis incomplète, et enfin de l'union complète des idées de matière pondérable et de force, il est permis de croire que nous finirons aussi par passer par les trois mêmes phases d'idées sur l'union de la matière et de la force dans les sciences biologiques ; et, s'il en est ainsi, nous arriverons à nous faire de la vie une idée qui reposera sur l'union complète de la matière pondérable et de la force.

Si la biologie est disposée à profiter du progrès des autres sciences, nous devons nous attendre à ce que tout ce que nous saurons de la force vitale nous vienne en la considérant comme la cause du plus particulier de tous les mouvements dont la matière soit susceptible. Ces mouvements sont, dans leur origine, inséparables d'autres mouvements, et en produisent d'autres à leur tour. La cause vitale doit échapper à la destruction et à la création, tout aussi bien que les forces physiques elles-mêmes.

On dira peut-être : quelle est la nature de ce mouvement ? Comment faut-il le considérer ? A cela, notre réponse sera la même que si l'on nous interrogeait sur la nature du mouvement des molécules matérielles simples ou composées, nommé électricité ou magnétisme, ou même lumière ou chaleur.

Combien en est-il parmi nous qui aient en ce moment une idée claire du mouvement des molécules matérielles simples auquel nous donnons le nom de chaleur, ou même de celui que nous appelons gravitation et cristallisation ? Tant que nous ne pourrons saisir le double mouvement polaire de molécules composées, mouvement si merveilleusement complexe, qui constitue l'électricité, devons-nous nous attendre à réussir à nous faire une idée du plus complexe de tous les mouvements des molécules composées de la matière, mouvement que l'esprit cherche à s'expliquer par l'image de quelque esprit aérien ou éthéré, avec de grandes ailes et une puissance plus grande encore ; ou bien, par l'hypothèse commode d'une substance gazeuse ou liquide impondérable, répandue dans les liquides vivants, ou attachée momentanément à une matière granuleuse plus solide ?

Malgré cette ignorance, cherchons à nous instruire en suivant les traces des sciences physiques. Quelle que soit la forme de mouvement ou de tension qui vienne du corps, regardons-la, non pas comme créée ou détruite, mais comme la représentation et l'équivalent de l'énergie qui est entrée dans le corps. Considérons que l'équilibre entre l'énergie que reçoit l'organisme et le mouvement qu'il perd, peut tout à fait se comparer à celui qui existe entre la matière pondérable reçue et la matière perdue ; et rappelons-nous que ces deux équilibres sont inséparablement liés l'un à l'autre.

Les vues que je me suis efforcé de vous exposer ici, seront de prime abord accusées de matérialisme par ceux qui voient dans la matière autre chose que le séjour immuable de la force, et dans la force autre chose que ce qui donne son énergie à la matière.

Mais ceux qui sont si disposés à nous accuser de matérialisme, devraient se souvenir qu'ils ne peuvent donner de la matière aucune définition qui ne contienne en même temps la définition de la force, et que, pour eux, la matière est simplement ce qui peut exercer la force ou y résister. Ils ne doivent pas oublier non plus que rien ne prouve que la force soit quelque chose d'impondérable, que le Créateur aurait joint à la matière avec la faculté de s'en séparer.

Ceux aussi qui sont tentés d'opposer le spiritualisme au matérialisme, doivent se rappeler qu'avec la marche de la science, ce quelque chose impondérable, ce fluide, cet air, cet éther n'est plus considéré que comme une matière impondérable, à laquelle l'électricité est inséparablement unie, ce qui lui permet d'avoir ses mouvements particuliers.

A ce point de vue, la question entre le matérialisme et le spiritualisme n'est plus, en réalité, qu'une question entre le matérialisme pondérable et le matérialisme impondérable. Par conséquent, le spiritualiste scientifique de notre époque ne diffère plus du matérialiste, qu'autant que la matière impondérable diffère de la matière pondérable.

Le spiritualiste qui est resté fidèle à l'idée primitive de la séparation complète de la matière et de la force, trouvera sans doute assez à faire pour sa raison, s'il l'occupe à peser les preuves sur lesquelles repose sa croyance ou sa conviction intime ; mais il devra laisser la recherche des fondements des connaissances naturelles à ceux qui ne jugent pas à propos de croire aux sorciers, aux fantômes, aux transmutations et aux transmigrations.

Il en est qui se soucient peu de la vérité scientifique, mais qui s'inquiètent relativement beaucoup de reconnaître la volonté suprême comme cause première de toutes choses.

Ceux-là trouveront que la puissance et la volonté de Dieu se manifestent dans l'union inséparable de la matière pondérable et de la force, tout autant que s'il avait voulu les rendre complétement séparables.

Nous, qui cherchons la vérité avant tout, nous sommes

forcés par notre croyance à l'inséparabilité de la force et de la matière dans le domaine des sciences physiques, de travailler pour reconnaître jusqu'à quel point cette inséparabilité s'étend aux sciences biologiques aussi.

L'idée que nous avons de la grandeur, de l'unité et de la puissance de la cause première ne sera assurément pas diminuée, s'il est démontré que la même loi d'union de la force et de la matière et de conservation de l'énergie, se soutient dans la création organique tout aussi bien que dans la création inorganique.

H. BENCE JONES.

— Traduit de l'anglais par BATTIER. —

HOPITAL SAINT-ANTOINE A PARIS

COURS DE M. LORAIN (1)

La méthode graphique appliquée à l'étude clinique des maladies (suite)

TABLEAU IX. — *Enfant nouveau-né. Érysipèle de la face et du cuir chevelu. Mort. Température du rectum; poids du corps* (fig. 16).

Une femme F. a été accouchée le 5 janvier 1869 à l'aide

mère (sphacèle, érysipèle, abcès du sein, arthrite du genou, etc.), pourtant elle guérit. L'enfant portait sur le cuir chevelu de fortes contusions avec déchirure, par suite de la pression des cuillers du forceps. Il fut pris d'érysipèle et succomba au bout de huit jours. L'érysipèle fut noté le 8 janvier; il y en eut plusieurs poussées successives, ainsi que le montre la courbe. On a eu ici l'histoire complète de la maladie, puisque l'enfant a été mis en observation avant même que la maladie fût déclarée.

Observation. Enfant mâle, à terme pesant 3030 grammes. Le forceps a laissé une empreinte avec excoriation sur le cuir chevelu. La température de cet enfant était le 6 au matin, de 35,7 dans le rectum : elle s'éleva progressivement ; le 9, un érysipèle apparaissait nettement sur le cuir chevelu et au visage. L'enfant continuait de teter ; ses gardes-robes étaient normales. Cependant la chaleur montait à 42 degrés, et l'érysipèle s'étendait ; le 13 janvier, la maladie envahissait les fesses et une partie du tronc. La mort survenait dans la matinée du 14 janvier.

Le poids de l'enfant n'avait cessé de décroître ; en sept jours, il était tombé de 3030 grammes à 2610, soit une perte de 420 grammes en sept jours, ou 60 grammes par jour.

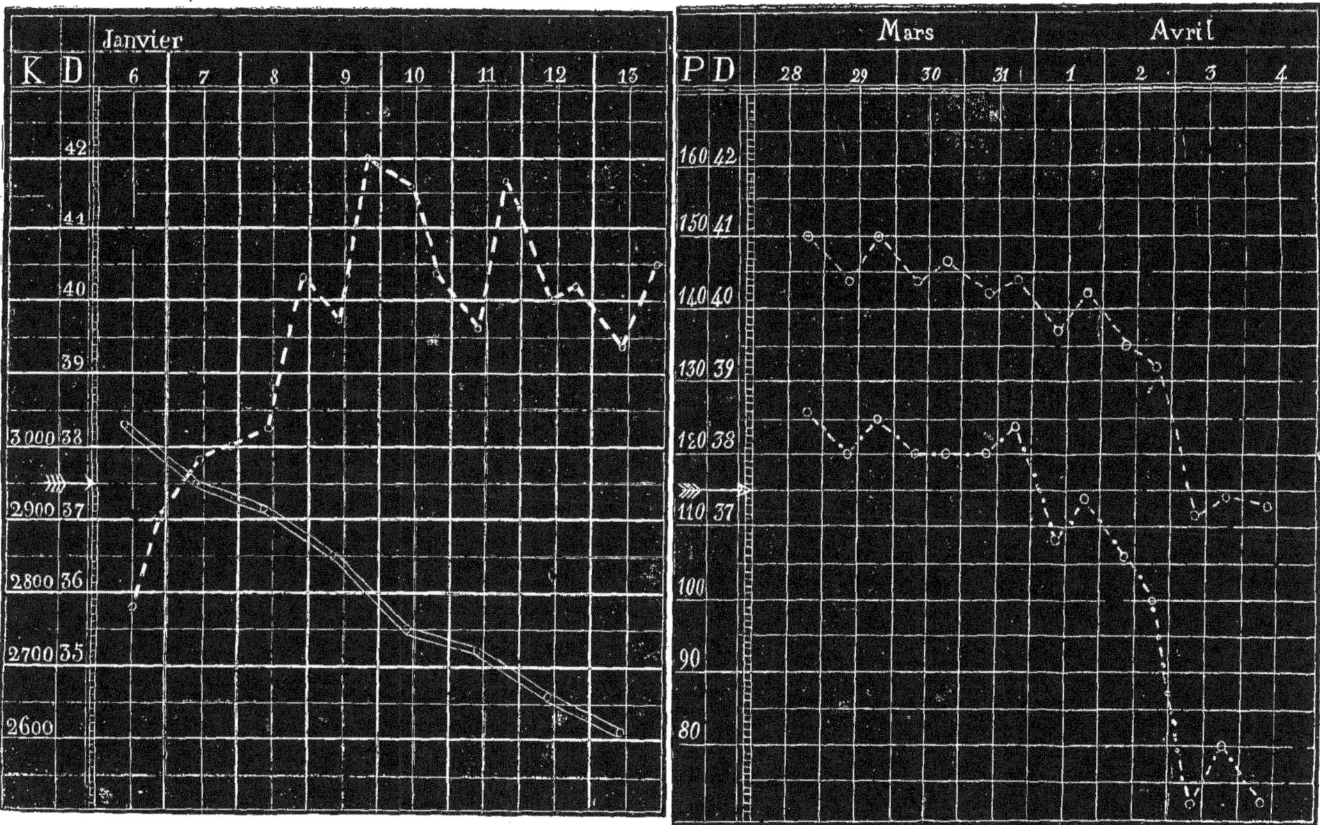

FIG. 16. — ÉRYSIPÈLE. Coupe de la température rectale et du poids du corps. — Pour l'explication des signes conventionnels, voyez la figure 2, page 82, dans le numéro précédent.

FIG. 17. — PNEUMONIE FRANCHE. Température du rectum (courbe supérieure); fréquence du pouls (courbe inférieure).

du forceps. L'application de l'instrument, motivée par la résistance des parties molles, a eu de fâcheux résultats pour la

Nécropsie, le 15 janvier. — L'érysipèle occupe une partie du corps ; eschares aux jambes, aux fesses, aux poignets et aux coudes. L'ombilic est très-bien cicatrisé ; l'artère ombilicale droite est obturée par un petit caillot ferme et normal.

(1) Voyez notre numéro précédent, page 81.

Dans l'artère gauche, en un point le caillot est ramolli et puriforme. Du reste, même ici, la partie du caillot qui avoisine l'ombilic est parfaitement saine.

Rien d'anomal dans le péritoine ni dans les viscères abdominaux. Les poumons sont un peu congestionnés. A la surface du poumon gauche, se voit une légère ecchymose. Cœur normal.

Tête. Parties molles. — Le traumatisme est fortement accusé. Sur le coronal droit, on trouve une plaie contuse, avec ecchymose et suppuration. En arrière, au niveau de la fontanelle postérieure, on trouve une lésion analogue. Les os et le péricrâne ne participent nullement à l'altération qui est dans les parties molles. A la région cervicale, on trouve, en arrière, un abcès phlegmoneux. Le cerveau est sain.

En regardant le tableau graphique, on remarquera que le poids descend et que la chaleur monte. Dans l'état normal, la chaleur ne monte pas, elle se tient au niveau physiologique (37,5 dans le rectum). Quant au poids, il descend d'abord chez le nouveau-né, puis remonte au bout de deux ou trois jours.

Il en est de même de la température, qui décroît aussitôt après la naissance pour remonter au bout de quelques heures. L'enfant naissant a une température supérieure à celle qu'il aura lorsqu'il sera mis au monde; il naît, et soudain sa température tombe au-dessous de la normale, puis le niveau s'établit.

Ici, la température avait baissé beaucoup ; elle remonte et dépasse rapidement l'état normal pour atteindre le chiffre extrême (42) ; elle varie et marque ainsi les poussées de l'érysipèle.

Le poids à l'état normal décroît d'abord de 100 grammes environ, puis remonte; ici il descend toujours, régulièrement, et cette perte marque :

1° Le défaut de réparation ;

2° La dépense due à l'excès de la chaleur produite dans l'organisme.

TABLEAU X. — *Pneumonie. Courbes de la température et du pouls* (fig. 17, page 104).

Un homme âgé de trente ans est entré à l'hôpital Saint-Antoine le 28 mars 1868, dans les circonstances suivantes : il était devenu malade le 25 mars (frisson). Le 26, il avait eu un vomissement bilieux ; il éprouvait un violent mal de côté. Le 27, il prit définitivement le lit; il toussait beaucoup et ses crachats étaient teintés de sang. Le 28, il est admis à l'hôpital et ausculté : il y a des râles vibrants et muqueux à grosses bulles disséminés dans les deux poumons; le poumon gauche, au sommet, fait entendre un léger souffle tubaire : c'est une bronchite avec un point pneumonique. La maladie suivit son cours habituel sans incident notable.

Explication de la figure 17. L'observation ne commence qu'au quatrième jour de la maladie. La période d'état persiste encore pendant quatre jours (le pouls demeure presque au même chiffre 120), et la température décline seulement de 41 à 40.

La défervescence décisive a lieu au neuvième jour (entre le 2 et le 3 avril) ; mais elle se préparait par une légère déclinaison dès le sixième jour (30 mars). Au commencement du dixième jour (3 avril), l'abaissement est parvenu à son extrême limite en très-peu de temps. La brusquerie de la défervescence est très-grande. Ne voit-on pas ici clairement la maladie se maintenir, décliner, tomber, guérir ?

TABLEAU XI. — *Pneumonie chez un homme jeune et vigoureux. Epistaxis très-abondante cause d'un abaissement de la fièvre, momentané et non durable. Commentaires physiologiques et thérapeutiques* (fig. 18, page 106).

En regardant la planche 18 ci-contre, on verra que la courbe est déformée à la date du 28 mars par un énorme enfoncement. La température est déprimée beaucoup plus que le pouls. Le lendemain 29 mars, la courbe reprend son niveau précédent pour retomber bientôt et définitivement parce que, cette fois, la maladie est parvenue à son terme. L'abaissement du 28 n'était qu'un accident produit par une abondante hémorrhagie nasale (1 litre).

Voici en quelques mots l'observation de ce malade :

C., charretier, âgé de vingt-cinq ans, est affecté d'un rhume depuis quinze jours. Le 22 mars, il éprouve un frisson qui dure deux heures. Il vomit, et il ressent un violent point de côté; il garde le lit. Le 25 mars, nous l'observons. On constate ce qui suit : état fébrile intense, matité au sommet du poumon droit, souffle tubaire limité à la fosse sus-épineuse, crachats visqueux de teinte rouillée, sensation d'oppression, face très-colorée, céphalalgie. Le 26 mars, on entend des bouffées de râle crépitant. Le 27, il y a délire. La fièvre est intense. Dans la soirée de ce jour se produit une épistaxis très-abondante : le sang recueilli dans des vases est évalué à 1 litre environ. Une sueur profuse se produit pendant la nuit. Cette hémorrhagie, cette sueur, semblent rentrer dans la catégorie des crises. Mais la pneumonie a débuté le 22 ; la crise surviendrait le 27 soit le sixième jour, et avant l'évolution complète de la maladie ; ce serait un fait difficile à comprendre. Cependant, la fièvre tombe effectivement le 28 mars (hémorrhagie). Le pouls n'est plus qu'à 96 le 28 au soir ; quant à la température, elle a fait une chute remarquable de 41,2 à 37,6, trois degrés et demi de différence en vingt-quatre heures. Cette chute n'a pas été instantanée, car le 28 au matin la chaleur était encore à 38,8.

Jusque-là il semble vraiment qu'il y ait crise. En tout cas, on doit admettre que l'hémorrhagie a diminué la fièvre dans des proportions tout à fait remarquables ; la température est retombée à l'état normal : 37,6. Cependant le délire n'a pas cessé, et l'on est obligé d'appliquer la camisole de force ; d'ailleurs les signes objectifs de la pneumonie persistent (râles crépitants et sous-crépitants). Cela seul suffirait pour exclure la pensée d'une crise définitive. D'ailleurs, il devient évident, dès la nuit du 28 au 29 mars, que la fièvre, un moment déprimée, va reprendre son niveau ; en effet, pouls et température montent de nouveau, le pouls à 136, la température à 41,2, et la défervescence vraie ne se produit qu'à l'époque prédite, c'est-à-dire entre le huitième et le neuvième jour, quand le procès morbide est achevé. Alors seulement le malade cesse de délirer et éprouve un grand bien-être. Ainsi l'hémorrhagie a déprimé momentanément la courbe, mais ne l'a pas abaissée définitivement, et rien ne prouve que cette perte de sang ait été salutaire.

Si l'on applique les réflexions précédentes à la thérapeutique et au pronostic, on sera porté à dire que : 1° la saignée ne nous donne quelquefois qu'une satisfaction passagère et illusoire, et que 2° le médecin doit savoir distinguer ce qui est propre à la maladie de ce qui dépend d'un accident soit spontané, soit artificiel.

TABLEAU XII. — *Choléra* (fig. 19, page 107).

Une épidémie de choléra s'est produite, sur une petite échelle, dans Paris, en 1869. Prenons un des cas observés par nous :

P., ciseleur, âgé de cinquante-trois ans, entre à l'hôpital Saint-Antoine le 13 juillet 1869. La veille, il a travaillé et il a été tourmenté par une soif violente. Le soir, il a une diar-

on en obtient 20 grammes ; l'albumine y est constatée : langue froide, vomissements. Le malade *tousse*.

16. — Face vultueuse ; on extrait 50 grammes d'urine ; l'albumine y est constatée. On entend à la base du poumon droit des râles humides.

17. — Voix éteinte ; selles liquides : le malade rend 120 grammes d'urine albumineuse.

18. — Urine, 250 grammes ; il y a une fausse réaction. La diarrhée persiste.

19. — 600 grammes d'urine. Il n'y a plus d'albumine ; les vomissements ne se reproduisent pas.

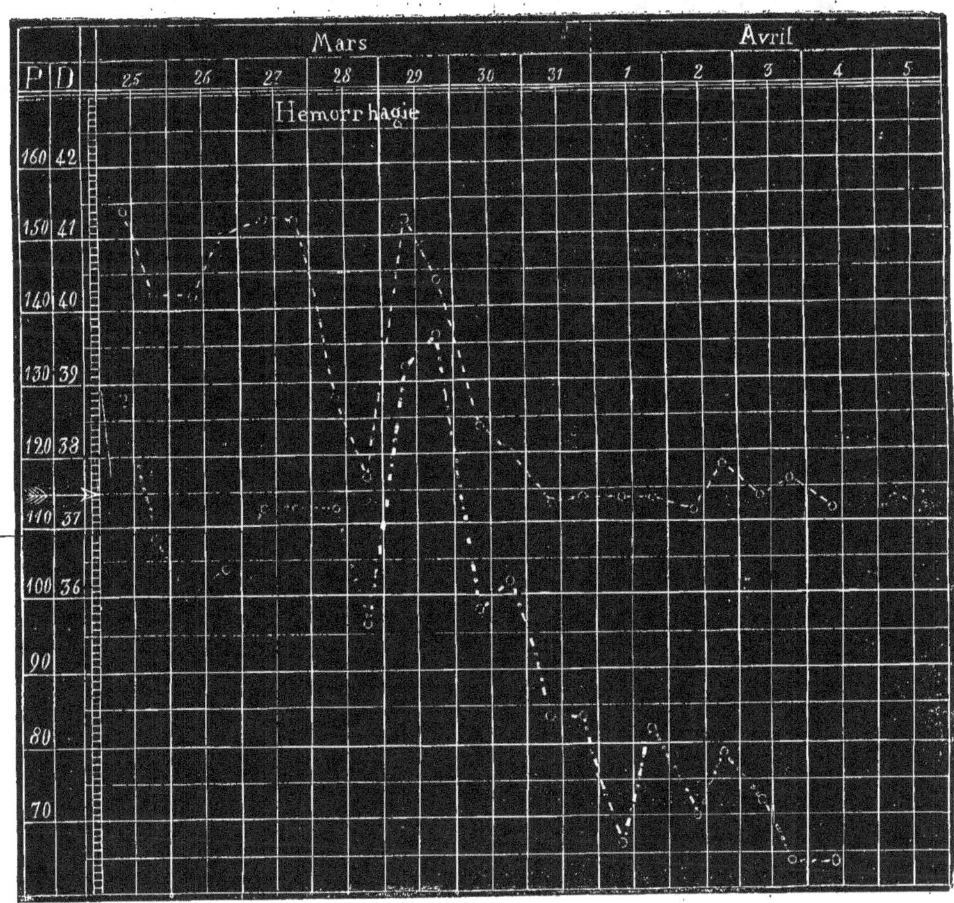

FIG. 18. — PNEUMONIE. Hémorrhagie. Température rectale (courbe supérieure) ; fréquence du pouls (courbe inférieure).

rhée subite ; les garderobes se répètent rapidement (50 en vingt-quatre heures). A minuit, crampes dans les membres inférieurs, refroidissement, vomissements, aphonie, soif vive, barre thoracique.

13 juillet. — Le choléra apparaît avec tous ses caractères : crampes, cyanose, facies abdominal, voix éteinte, peau froide et poisseuse sans élasticité, langue froide, vomissements et diarrhée blanche, anurie complète.

14. — Même état ; anurie, pouls petit, langue froide et collante, garderobes multipliées (mucus blanchâtre), vomissements. On parvient avec la sonde, à extraire de la vessie 15 grammes d'urine fortement albumineuse.

15. — Même défaut de sécrétion de l'urine ; avec la sonde

Le 20. — Le malade ne rend plus que 400 grammes d'urine. Les phénomènes thoraciques sont plus accusés ; il meurt.

L'autopsie montra que la mort était due à une pneumonie double (hépatisations rouge et grise ; il existait en outre un épanchement séreux de 150 grammes dans la plèvre gauche).

Si l'on jette les yeux sur le tableau graphique, on y verra représentés les éléments suivants :

Courbe supérieure : température du rectum.

Courbe formée de petits points : température de l'aisselle.

Courbe formée d'une ligne uniforme : température de la bouche.

Courbe du pouls formée de points et de lignes.

Courbe inférieure représentant le volume ou le poids de l'urine.

La première partie montre que l'urine est albumineuse ; la deuxième partie, composée de petites croix, montre que l'urine est à l'état normal. Chaque centimètre de hauteur représente un quart de litre, soit 250 grammes.

La figure, dans son ensemble, ne rappelle en aucune façon la marche de la *pneumonie ordinaire*. Il n'y a ni période d'état, ni élévation de la température, ni marche ascensionnelle de la courbe.

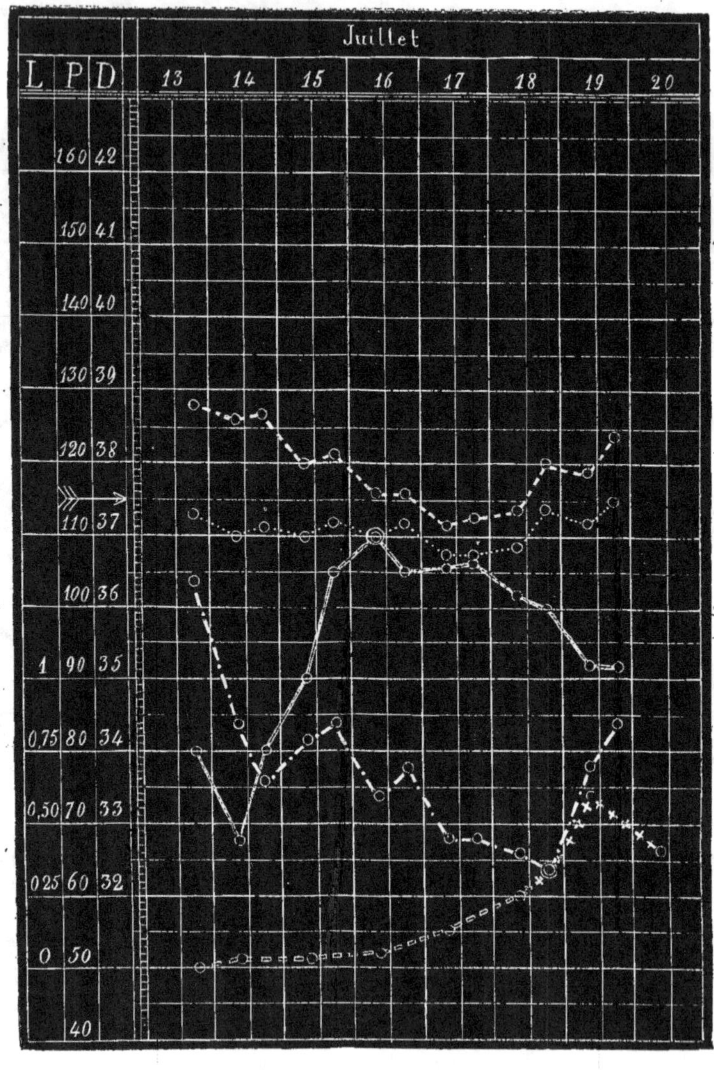

Cette figure ne montre que le choléra lui-même avec sa température rectale se tenant à peine élevée au-dessus de la normale, et ne descendant pas non plus au-dessous, et la température axillaire presque parallèle; tout l'intérêt est dans le jeu de la température buccale qui s'abaisse quand la température du rectum est élevée, et monte quand celle-ci baisse : sorte de bascule. C'est là ce que j'ai appelé « *compensation* ». Qu'on regarde à la date du 13 et à la date du 19, on verra se produire ce fait d'une façon remarquable ; le 16 et le 17, la bouche a monté, mais c'est au détriment de la température centrale.

Le pouls, ici, est insignifiant et ne pouvait donner aucun renseignement utile ; c'est, du reste, souvent, si l'on n'en consulte que la fréquence, un caractère sans valeur.

L'autre signe auquel il faut prendre garde, c'est la sécrétion urinaire. Le choléra agit de plusieurs façons sur les urines, ainsi que je l'ai montré ailleurs; il les supprime, les rend albumineuses et rares; il amène la polyurie, quelquefois la glycosurie. Telle est la marche du choléra-type qui guérit. Si l'urine reste rare, il n'y a point de guérison. Ici, l'on voit la courbe de l'urine se maintenir à 0 pendant plusieurs jours, puis monter un instant à 600 grammes, ce qui n'est que la moitié de la quantité normale, et retomber vite au-dessous même de ce chiffre (à 460 grammes). L'urine avait été albumineuse pendant presque toute la durée de la maladie. Cette courbe d'urine appartient en propre au choléra à marche fatalement mortelle.

RÉFLEXIONS GÉNÉRALES.

Ce qui précède montre à quel point la méthode graphique est utilisable en médecine. Nous aurions pu procéder avec ordre et faire un exposé régulier de la question. Nous avons pensé qu'il était préférable de fournir immédiatement des exemples empruntés à des catégories différentes, afin de donner une idée de l'étendue et de la variété des applications que comporte cette méthode. Ni la mémoire la plus fidèle, ni les notes les plus détaillées ne pourraient permettre de reproduire les traits et la marche d'une maladie ou d'un symptôme, avec la perfection que l'on trouve dans les tableaux graphiques. C'est, à proprement parler, une méthode d'analyse.

On peut surveiller les moindres déviations des fonctions les plus importantes, et voir si ces déviations arrivent à l'époque voulue et dans la mesure ordinaire, durent un temps suffisant ou dépassent la limite habituelle ; on peut surveiller, par ces déviations accrues ou corrigées, l'action des remèdes. On peut même doser cette action. Ainsi, il nous est arrivé souvent de faire descendre à volonté la température par l'action de la digitale, de reculer et de diminuer un accès de fièvre intermittente par une faible dose de quinine, de le supprimer enfin et de *couper* définitivement la fièvre par une dose plus forte.

Ce n'est pas seulement un moyen d'analyse que nous employons, c'est aussi un moyen de figurer toute la maladie et de réduire cette figure à une courbe connue, toujours identique avec elle-même pour tous les exemples réguliers de la même maladie. Il faut que tous les cas normaux d'une même maladie donnent une figure toujours superposable à la figure

Fig. 10. CHOLÉRA. — Courbe supérieure. Température rectale. — 2ᵉ courbe. Température de l'aisselle. — 3ᵉ courbe (ligne droite unie). Température de la bouche. — 4ᵉ courbe (points et lignes droites). Fréquence du pouls. — 5ᵉ courbe inférieure. Urines albumineuses, puis urines normales.

type. Et cela est en effet, sauf de légères variations. Encore pouvons-nous reconnaître plusieurs variétés de l'espèce. Ces variétés sont en nombre limité; l'expérience apprend à les connaître, et quand nous posséderons des collections où seront classés tous les types, nous pourrons, étant donné un cas particulier, lui trouver son homologue dans l'un de nos types. On arrivera ainsi à déterminer les *formes* des maladies, et à donner une base solide au fragile édifice du *pronostic* et de la thérapeutique.

P. LORAIN,
Professeur agrégé de la Faculté de médecine de Paris.

BIBLIOGRAPHIE SCIENTIFIQUE

Cours de chimie inorganique d'après la théorie typique de Gerhardt, par A. DAXHELET (1).

Sous ce titre, M. Daxhelet, ingénieur honoraire des mines et professeur de chimie et de métallurgie à l'École industrielle de Seraing, vient de faire paraître un traité de chimie minérale en deux volumes, que nous allons analyser en examinant surtout le point de vue sous lequel il a été conçu.

Lorsque Gerhardt exposa sa belle théorie typique, il fit une révolution complète dans la chimie en renversant la loi des combinaisons binaires, et par suite l'idée que l'on peut, par des formules, représenter la constitution moléculaire des corps. Les formules, en effet, ne doivent exprimer que des rapports, des analogies, et la meilleure des formules sera sans aucun doute celle qui rendra sensibles le plus de rapports, le plus d'analogies. Cette théorie avait encore l'immense avantage de renverser la barrière qui, jusqu'alors, avait paru séparer la chimie inorganique de la chimie organique.

Mais Gerhardt n'appliqua ses principes qu'à la chimie organique. Pour les appliquer à la chimie inorganique, il était indispensable de faire une nouvelle classification des corps simples et des corps composés et une détermination des poids atomiques en rapport avec cette théorie; c'est le but que M. Daxhelet s'est proposé dans le cours de chimie qu'il fut appelé à faire aux élèves de l'École industrielle de Serning, et c'est ce cours qu'il vient de publier.

La première chose qui nous frappe dans cet ouvrage, c'est de voir que l'auteur a complétement abandonné la nomenclature dualistique comme forme de ses réactions et comme base dans la construction de ses formules, et enfin qu'il a adopté exclusivement la double décomposition, bien que certaines réactions aient été jusqu'à ce jour considérées comme produites par des substitutions ou par des additions d'atomes.

Partant de ce principe que toutes les réactions chimiques sont dues à des doubles décompositions, il est évident que les corps simples ne peuvent plus figurer dans les réactions par leur symbole simple. Il faudra donc doubler leur symbole et l'on représentera le chlore par ClCl, le soufre par SS, l'oxygène par OO, etc. M. Daxhelet prouve ce fait par l'analogie qui existe sous le rapport des réactions entre certains corps simples et leurs composés. Ainsi, quand on traite certains chlorures par les alcalis, on obtient un chlorure alcalin et un sel oxygéné; le chlorure de brome ClBr donne un chlorure

(1) 2 vol. in-8 avec 10 planches (Paris, J. Baudry, éd.).

et un bromate; le chlorure d'iode ClI, un chlorure et un iodate; le chlore libre ClCl, un chlorure et un chlorate.

Le chlore libre se comporte donc comme un chlorure de chlore et devrait se représenter par ClCl. Ce qui existe pour le chlore s'applique à tous les corps simples, et de cette façon on voit facilement que toute réaction chimique peut s'expliquer par une double décomposition.

L'auteur examine ensuite certaines réactions qui, au premier abord, dit-il, paraissent ne pas être le résultat de doubles décompositions. Et, en première ligne, il choisit l'action du chlorure d'hydrogène ClH sur le zinc. On obtient comme résultat définitif du chlorure de zinc et de l'hydrogène; mais au lieu d'admettre que le zinc déplace l'hydrogène combiné au chlore, il suppose deux doubles décompositions successives et se suivant dans un intervalle extrêmement court. La première de ces décompositions donnerait naissance à du chlorure de zinc et à de l'hydrure de zinc comme l'indique l'équation ci-jointe :

$$ZnZn + ClCl = ClZn + HZn$$

Mais l'hydrure de zinc rencontrant une autre molécule de chlorure d'hydrogène ferait avec elle une double décomposition, et la seconde équation serait

$$HZn + ClH = ClZn + HH$$

Il est vrai que l'existence de l'hydrure de zinc, produit intermédiaire de cette réaction, n'a pas encore été constatée; mais comme il existe d'autres hydrures métalliques, rien ne prouve, dit l'auteur, que ce dernier n'existe pas.

Pour rendre cette interprétation plus vraisemblable, il rapporte le fait suivant cité par Gerhardt.

Le cuivre seul est insoluble dans le chlorure d'hydrogène, à l'abri de l'air : mais l'alliage de cuivre et de zinc est immédiatement attaqué avec formation de chlorures des deux métaux et dégagement d'hydrogène. Or l'existence de l'hydrure de cuivre est constatée, et de plus on sait que ce corps dégage de l'hydrogène au contact du chlorure d'hydrogène.

Il serait impossible d'expliquer cette dernière réaction autrement que par une double décomposition. On sait que si l'on introduit du chlorure de mercure dans un flacon où l'on prépare de l'hydrogène au moyen du zinc et du chlorure d'hydrogène, tout dégagement cesse aussitôt et l'on obtient un amalgame de zinc.

L'auteur explique ce fait en admettant que le chlorure de mercure fait la double décomposition avec l'hydrure de zinc, comme le montre l'équation suivante :

$$HZn + ClHg = ZnHg + ClH.$$

Ce phénomène ne pourrait guère s'expliquer si l'on admet le dégagement d'hydrogène par le déplacement de l'hydrogène par le zinc.

Nous pourrions multiplier ces exemples cités par M. Daxhelet à l'appui de la théorie qu'il soutient; mais nous nous contenterons, pour le moment, d'avoir signalé ce fait capital et nous y reviendrons plus loin après avoir examiné la nomenclature et la classification adoptées dans le cours de l'ouvrage.

Après avoir démontré que l'on peut rapporter toutes les réactions chimiques à des doubles décompositions et après avoir annoncé qu'il choisit cette forme de réaction, la plus fréquente en chimie, du reste, comme base unique dans la construction de ses formules, M. Daxhelet fait voir comment on peut arriver à donner aux corps une formule rationnelle susceptible de la double décomposition, et enfin comment on peut les classer par groupes d'après la ressemblance qu'ils offrent entre eux.

L'auteur s'est arrêté aux quatre *formules-types* imaginées par Gerhardt, pour obtenir sa classification méthodique : ces quatre formules sont l'eau, le chlorure d'hydrogène, l'azoture d'hydrogène et l'hydrogène.

En les rapportant à deux volumes de vapeur, ces formules peuvent se représenter comme il suit .

$$\text{Eau} \dots\dots\dots \text{O} \left\{ \begin{matrix} \text{H} \\ \text{H} \end{matrix} \right.$$

$$\text{Chlorure d'hydrogène.} \quad \text{ClH}$$

$$\text{Azoture d'hydrogène Az} \left\{ \begin{matrix} \text{H} \\ \text{H} \\ \text{H} \end{matrix} \right.$$

$$\text{Hydrogène} \dots\dots\dots \text{HH}$$

Cela posé, l'auteur passe immédiatement à la classification de tous les corps de la chimie minérale, en les considérant comme dérivés de ces différents types, et il les étudie dans l'ordre même de sa classification.

1ᵉʳ TYPE. — DÉRIVÉS DU TYPE HYDROGÈNE HH.

Les dérivés du type hydrogène ont reçu le nom générique de métaux. Ils dérivent de ce type par la substitution d'un autre radical au radical hydrogène ; ils comprennent tous les corps simples. Les chimistes ont divisé les corps simples en métalloïdes et en métaux : tout le monde sait combien cette classification est arbitraire et combien il est difficile d'assigner une véritable place à certains corps simples, tels que l'antimoine, l'étain, le molybdène, le tungstène, le titane, etc., rangés parmi les métaux par certains chimistes, et parmi les métalloïdes par d'autres.

M. Daxhelet préfère ranger tous les corps simples en séries d'après leurs propriétés électro-chimiques : de cette façon, en supposant que l'hydrogène, le potassium, occupent une des extrémités, l'antimoine, l'arsenic se trouveraient au centre ; et enfin le chlore, le soufre, l'oxygène à l'autre extrémité. Il divise alors la série des radicaux simples en deux grandes catégories :

1° Les *métaux négatifs* ;
2° Les *métaux positifs*.

Les métaux négatifs comprennent tous les corps compris entre l'oxygène et l'antimoine inclusivement. Ils constituent, à proprement parler, les anciens métalloïdes.

Les métaux positifs comprennent les métaux proprement dits, en y joignant l'hydrogène.

A. *Métaux négatifs*. — Ces métaux dérivent du type hydrogène, en remplaçant le radical hydrogène HH par un radical négatif. Selon que la substitution porte sur tout l'hydrogène ou sur une partie seulement, on obtient :

1° Les dérivés primaires ou hydrures négatifs ;
2° Les dérivés secondaires ou métaux négatifs proprement dits.

Enfin les métaux négatifs sont divisés en trois classes :

1° Les métaux négatifs monoatomiques.
C'est la série chlorique (chlore, brome, iode, fluor, cyanogène).

2° Les métaux négatifs diatomiques.
A. La série sulfurique (oxygène, soufre, sélénium, tellure).
. B. La série carbonique (carbone).

3° Les métaux négatifs triatomiques.
A. La série phosphorique (azote, phosphore, arsenic, antimoine).
B. La série borique (bore, silicium).

B. *Métaux positifs*. — Les dérivés, obtenus par la substitution d'un radical positif au radical H dans le type hydrogène, fournissent aussi deux grandes séries de corps suivant que la substitution s'est faite sur une partie de l'hydrogène ou sur tout l'hydrogène, et l'on obtient ainsi :

1° Les dérivés primaires ou hydrures positifs ;
2° Les dérivés secondaires ou métaux positifs proprement dits.

Ces derniers comprennent tous les corps désignés par les chimistes sous le nom de métaux.

L'auteur considère la molécule de tous les métaux positifs comme monoatomique, à l'exception de celle des métaux de la série aluminique qui est triatomique.

Il divise alors les métaux positifs en sept séries.

1. *Série hydrique*.
Hydrogène, potassium, sodium, etc.

2. *Série barytique*.
Baryum, strontium, calcium, magnésium.

3. *Série aluminique*.
Aluminium, glucinium, zirconium, etc.

4. *Série ferrique*.
Fer, manganèse, chrome, nickel, cobalt, uranium, molybdène, tungstène, etc.

5. *Série stannique*.
Étain, bismuth, plomb, thallium, zinc, cadmium, titane, etc.

6. *Série cuivrique*.
Cuivre, mercure, argent.

7. *Série platinique*.
Or, platine, osmium, palladium, etc.

Cette classification posée, l'auteur passe à l'étude de ces différents corps simples et ne les étudie qu'à ce point de vue.

Des radicaux composés. — Outre les radicaux simples, M. Daxhelet range aussi parmi les dérivés du type hydrogène, la série des radicaux composés, tels que le nitryle AzO^2AzO^2 acide hypoazotique, le sulfuryle SO^2, etc., radicaux qui, dans les doubles décompositions, se comportent comme des radicaux simples et pourraient à la rigueur être représentés par un symbole quelconque.

Les radicaux composés se divisent en trois classes :

1° Radicaux composés monoatomiques (nitryles et chloryles).

2° Radicaux composés diatomiques.
A. Série sulfurique (sulfuryles, sélényles, etc.).
B. Série carbonique (carbonyles).
C. Série ferrique (ferryle, manganyle, etc.).
D. Série stannique (stannyle, titanyle, etc.).

3° Radicaux composés triatomiques.
Série phosphorique (phosphoryle, arsényle, antimonyle, bismuthyle).

2ᵉ TYPE. — DÉRIVÉS DU TYPE EAU $\text{O} \left\{ \begin{matrix} \text{H} \\ \text{H} \end{matrix} \right.$

L'auteur fait dériver du type eau, quatre genres de composés qui sont : les *oxydes*, les *sulfures*, les *séléniures* et les *tellurures*.

A. *Oxydes.*

Les oxydes dérivent du type eau par la substitution d'un radical au radical hydrogène; suivant que ce radical est négatif ou positif, on peut diviser les oxydes en deux grandes classes :

I. — Les *oxydes positifs* ou *bases*.
II. — Les *oxydes négatifs* ou *acides*.

La combinaison de ces deux genres de composés donne lieu à une troisième classe d'oxydes :

III. — Les *oxydes intermédiaires*.

I. — *Oxydes négatifs.*

Dans la formation de ces oxydes, suivant que la substitution porte sur une partie seulement de l'hydrogène ou sur la totalité, on obtient :

Les *dérivés primaires* ou *acides hydratés*.
Les *dérivés secondaires* ou *anhydrites*.

Les oxydes négatifs sont divisés en trois grandes classes suivant qu'ils dérivent de un, deux ou trois molécules d'eau, et l'on obtient :

1° Les oxydes monobasiques ;
2° Les oxydes bibasiques ;
3° Les oxydes tribasiques.

1° Oxydes négatifs monobasiques.

. Ils comprennent deux séries :

A. La *série nitrique* (oxyde de nitryle $O \begin{cases} AzO^2 \\ H \end{cases}$ ou acide azotique des chimistes ; oxyde de binitryle $O \begin{cases} AzO \\ H \end{cases}$ ou acide azoteux des chimistes).
B. La *série chlorique* renfermant les groupes chlorique, bromique, iodique et cyanique.

Pour donner une idée de la subdivision de chacun de ces groupes, voyons le groupe chlorique : il comprend

L'oxyde de perchloryle $O \begin{cases} ClO^3 \\ H \end{cases}$ ou acide perchlorique.

L'oxyde chloryle..... $O \begin{cases} ClO^2 \\ H \end{cases}$ acide chlorique.

L'oxyde bichloryle.... $O \begin{cases} ClO \\ H \end{cases}$ acide chloreux.

L'oxyde de chlore.... $O \begin{cases} Cl \\ H \end{cases}$ acide hypochloreux.

2° Oxydes négatifs bibasiques.

Ces oxydes se subdivisent en quatre séries que nous ne ferons qu'énumérer ; chacune de ces séries comprend à son tour plusieurs groupes.

A. La *série sulfurique*.
B. La *série carbonique*.
C. La *série chromique*.
D. La *série stannique*.

3° Oxydes négatifs tribasiques.

Ces oxydes se divisent en trois séries :

A. La *série phosphorique*.
B. La *série borique*.
C. La *série platinique*.

II. — *Oxydes positifs.*

Les oxydes positifs sont ceux auxquels les chimistes donnent ordinairement le nom de bases. On les divise en trois grandes classes comme les oxydes négatifs.

Les oxydes *positifs* ou *bases* mono, bi et triatomiques.

Dans leur formation, suivant que la substitution porte sur une partie seulement de l'hydrogène de l'eau ou sur tout l'hydrogène, on obtient :

Les *dérivés primaires* ou *oxydes hydratés*.
Les *dérivés secondaires* ou *anhydrides*.

1° Oxydes positifs monoatomiques.

Ces oxydes constituent les bases les plus énergiques. L'auteur les divise en six séries comprenant elles-mêmes un certain nombre de groupes.

A. *Série potassique.*
Groupes hydrique, potassique, sodique, ammonique.

B. *Série barytique.*
Groupes barytique, strontique, calcique, magnésique.

C. *Série ferrique.*
Groupes ferrique, cobaltique, manganique, etc.

D. *Série stannique.*
Groupes stannique, titanique, plombique, etc.

E. *Série cuivrique.*
Groupes cuivrique, mercurique, argentique.

F. *Série platinique.*
Groupes aurique, platinique, etc.

2° Oxydes positifs diatomiques.

Ces oxydes sont peu nombreux et se divisent en deux séries :

A. *Série molybdique.*
B. *Série platinique.*

3° Oxydes positifs triatomiques.

Ces oxydes peuvent à la vérité faire la double décomposition avec les oxydes négatifs pour former des sels ; mais ils peuvent aussi jouer le rôle d'oxydes négatifs en présence des bases puissantes. C'est cette propriété qui leur a fait donner, par M. Dumas, le nom d'*oxydes indifférents*.

On les divise en trois séries : la série aluminique, la série ferrique, la série platinique.

III. — *Oxydes indifférents ou suboxydes.*

L'auteur donne ce nom à une classe d'oxydes qui ne jouent ni le rôle d'acide, ni celui de base, et qui n'appartient pas non plus à la classe des oxydes intermédiaires : c'est ce qui leur a valu le nom d'*oxydes singuliers* de la part de M. Dumas.

Leur formule générale est O^2R^2.

Gerhardt les fait dériver d'une molécule d'eau et les représente ainsi :

$$O \begin{Bmatrix} MO \\ M \end{Bmatrix} \quad \text{l'eau étant représentée par } O \begin{cases} H \\ H \end{cases}$$

L'auteur divise ces oxydes en six séries correspondant à celles des oxydes positifs monoatomiques : mais les suroxydes de ces diverses séries ne sont guère connus, et l'on ne connaît bien que ceux qui appartiennent aux deux premières séries, la série potassique et la série barytique.

IV. — *Oxydes intermédiaires ou sels oxygénés.*

M. Daxhelet donne ce nom à tous les composés qui dérivent du type eau, en substituant à l'hydrogène à la fois un radical d'oxyde négatif et un radical d'oxyde positif. Ainsi l'oxyde de sulfuryle et de potassium $O^2 \left\{ {SO^2 \atop K^2} \right.$ (sulfate de potasse) est un oxyde intermédiaire qui dérive du type eau en remplaçant l'hydrogène à la fois par le radical sulfuryle et le radical potassium. On donne ordinairement à ces composés le nom de *sels oxygénés*.

Les oxydes intermédiaires sont produits par la double décomposition, soit d'un oxyde positif avec un oxyde négatif, soit d'un oxyde positif avec un oxyde intermédiaire, soit d'un oxyde négatif avec un oxyde intermédiaire, soit d'un oxyde intermédiaire avec un oxyde intermédiaire.

Voici des exemples de ces divers modes de formation, cités par M. Daxhelet :

1° Action d'un oxyde positif sur un oxyde négatif :

$$O \left\{ {K \atop H} \right\} + O \left\{ {AzO^2 \atop H} \right\} = O \left\{ {H \atop H} \right\} + O \left\{ {AzO^2 \atop K} \right.$$

$$\underbrace{\qquad}_{\substack{\text{Oxyde} \\ \text{de potassium.}}} \quad \underbrace{\qquad}_{\substack{\text{Oxyde} \\ \text{de nitryle.}}} \quad \underbrace{\qquad}_{\text{Eau.}} \quad \underbrace{\qquad}_{\substack{\text{Ox. de nitryle} \\ \text{et de potassium.}}}$$

2° Action d'un oxyde positif sur un oxyde intermédiaire :

$$O \left\{ {K \atop H} \right\} + O \left\{ {AzO^2 \atop Cu} \right\} = O \left\{ {Cu \atop H} \right\} + O \left\{ {AzO^2 \atop K} \right.$$

$$\underbrace{\qquad}_{\substack{\text{Ox. de nitryle} \\ \text{et de cuivre.}}} \quad \underbrace{\qquad}_{\substack{\text{Oxyde} \\ \text{de cuivre.}}}$$

3° Action d'un oxyde négatif sur un oxyde intermédiaire :

$$O^2 \left\{ {SO^2 \atop H^2} \right\} + 2O \left\{ {AzO^2 \atop Ba} \right\} = O^2 \left\{ {SO^2 \atop Ba^2} \right\} + 2O \left\{ {AzO^2 \atop H^2} \right.$$

$$\underbrace{\qquad}_{\substack{\text{Oxyde} \\ \text{de sulfuryle.}}} \quad \underbrace{\qquad}_{\substack{\text{Ox. de nitryle} \\ \text{et de baryum.}}} \quad \underbrace{\qquad}_{\substack{\text{Ox. de sulfuryle} \\ \text{et de baryum.}}} \quad \underbrace{\qquad}_{\substack{\text{Oxyde} \\ \text{de nitryle.}}}$$

4° Action d'un oxyde intermédiaire sur un oxyde intermédiaire :

$$2O \left\{ {AzO^2 \atop Ba} \right\} + O^2 \left\{ {SO^2 \atop K^2} \right\} = 2O \left\{ {AzO^2 \atop K^2} \right\} + O^2 \left\{ {SO^2 \atop Ba^2} \right.$$

L'auteur divise les oxydes intermédiaires ou sels oxygénés en sels neutres, sels acides et sels basiques, mais en donnant à ces mots une interprétation en rapport avec la théorie qu'il a admise. Il passe ensuite en revue tous les corps qui rentrent dans cette grande famille et les étudie l'un après l'autre.

B. *Sulfures, Séléniures, Tellurures.*

La série des dérivés du type eau est close par les sulfures, les séléniures et les tellurures qui dérivent de ce type en remplaçant le radical oxygène par le radical soufre, sélénium ou tellure, et le radical hydrogène par un autre radical. Ces sels présentent du reste la plus grande analogie avec les oxydes sous le rapport de leur mode de formation.

Je me suis étendu assez longuement sur tous ces dérivés du type eau, pour bien faire saisir l'esprit général de cet ouvrage, la classification adoptée par l'auteur et l'ordre dans lequel il a étudié tous les corps de la chimie minérale. Il me suffira maintenant de citer d'une manière rapide les dérivés des deux types.

3° TYPE. — CHLORURE D'HYDROGÈNE ClH.

On fait dériver de ce type les chlorures, bromures, iodures, fluorures et cyanures.

Si nous examinons les chlorures, par exemple, on les divise en chlorures négatifs, positifs et multiples. Les deux premières classes se subdivisent elles-mêmes en trois grandes catégories, suivant que ces chlorures sont monoatomiques, dia-tomiques ou triatomiques ; enfin la troisième classe comprend aussi trois groupes :

1° Les chlorures multiples formés par la combinaison des chlorures monoatomiques entre eux.

2° Les chlorures multiples formés par les chlorures diatomiques et monoatomiques.

3° Les chlorures formés par les chlorures triatomiques et monoatomiques.

— Les bromures, iodures, etc., se divisent d'après les mêmes principes.

4° TYPE. — AMMONIAQUE $Az \left\{ {H \atop H \atop H} \right.$

De ce type dérivent les azotures, phosphures, arséniures et antimoniures. C'est par l'étude de ces composés que l'auteur termine l'histoire de tous les corps de la chimie minérale.

A la fin de son second volume, l'auteur consacre un chapitre à quelques questions générales. Il traite par exemple de la constitution moléculaire des corps, de la combinaison chimique, et il définit le sens qu'on doit accorder au mot affinité. Après avoir indiqué que l'affinité chimique ne s'exerce plus aux basses températures ainsi que l'a observé M. Schrœter, l'auteur montre qu'une certaine température est indispensable pour qu'elle puisse manifester son effet. Il fait voir aussi cependant que si l'on élève davantage la température, il arrive un moment où ces deux forces, l'affinité et la chaleur, agissent en sens contraire et se font équilibre. A ce propos, il dit quelques mots des expériences de M. H. Sainte-Claire Deville sur la dissociation. Vient ensuite un aperçu des principales théories émises par Volta, Davy, Ampère, Berzélius, sur la nature de la *force qui produit la combinaison.*

Enfin, après avoir dit quelques mots de la théorie du dualisme, des poids atomiques et des poids moléculaires, M. Daxhelet revient sur le sujet de la *double décomposition* considérée comme le type de toutes les réactions chimiques.

M. Daxhelet avoue n'employer cette forme de réaction que comme étant de beaucoup la plus fréquente en chimie et comme donnant toujours les résultats les plus nets dans la pratique ; mais, dit-il avec Gerhardt, les formules ne peuvent et ne doivent jamais figurer que des rapports, et ces rapports sont rendus évidents par certaines images. On ne sait pas ce qui se passe dans l'intérieur des molécules des corps lorsqu'elles se transforment ; nos sens ne perçoivent que le résultat final. La double décomposition n'est donc qu'une image, une interprétation de semblables rapports. Cependant si la double décomposition, dans bien des cas, rend mieux compte des réactions chimiques, elle oblige souvent aussi, pour être appréciable, de passer par l'intermédiaire de composés hypothétiques, ce qui constitue toujours une faute grave.

Cet ouvrage a dû coûter de longs et pénibles travaux à son auteur. Mais en voyant qu'il est destiné aux élèves, nous nous demandons si la chimie minérale, enseignée sous cette forme, ne sera pas plus aride et moins compréhensible. En effet, la classification adoptée dans cet ouvrage a l'avantage de réunir dans une même classe les corps répondant à un même type, mais elle présente aussi l'inconvénient de disséminer dans une infinité de groupes les différents composés formés par un même corps simple avec tous les autres corps. L'ensemble général de la chimie paraît y gagner en simplicité, mais l'étude générale d'un même corps simple y perd en clarté et en précision.

Cette nouvelle méthode d'enseignement est-elle préférable à celle que l'on a employée jusqu'à ce jour pour la chimie minérale ? Nous ne le croyons pas.

ARMAND DESCAMPS,
Docteur ès sciences.

VARIÉTÉS

La variole à Paris et à Londres

Depuis plusieurs années, Paris a subi plusieurs petites épidémies de variole. Cet état fâcheux subsiste encore. Si nous consultons les bulletins hebdomadaires des causes de décès qui nous sont adressés par la préfecture de la Seine, nous y trouvons que la variole fait beaucoup plus de victimes à Paris qu'à Londres (1). Voici les résultats accusés par les cinq *Bulletins* que j'ai sous les yeux : 7 décès par la variole à Paris ; 4 Londres dans l'un; 16 à Paris et 1 seulement à Londres dans l'autre ; 7 à Paris et 5 à Londres, et pour les derniers distribués, 6 à Paris, 2 à Londres (2). N'oublions pas que la population de la capitale anglaise est presque double de la nôtre.

Voici, dans ma pensée, les causes principales de la persistance du chiffre élevé de la mortalité par la variole à Paris :

1° L'accumulation d'un grand nombre de travailleurs qui nous viennent des départements sans avoir été vaccinés. On demande le certificat de vaccine pour fréquenter les écoles ; en attendant l'instruction primaire obligatoire, exigeons le certificat de vaccine pour être admis sur les chantiers des travaux de Paris.

2° La dispersion dans tous les hôpitaux des varioleux indigents. Londres a son hôpital de varioleux, il est à désirer que Paris ait le sien, et dans un local assez vaste pour que la maison spéciale de convalescence y soit annexée. Car avec nos connaissances acquises sur le mode de propagation de la variole, on ne peut envoyer les varioleux dans les hospices de convalescence communs à tous les malades.

On m'objectera sans doute que, par l'accumulation de maladies à miasme spécifique du même ordre, on s'exposera à créer de redoutables foyers épidémiques ; je ne méconnais pas la valeur de cette objection, mais je me hâte d'ajouter qu'à chaque instant, en hygiène, on commet les plus graves erreurs, en voulant généraliser des faits particuliers, lorsqu'on n'invoque que l'analogie et qu'on néglige l'observation.

Ce que j'ai appris de l'hôpital des varioleux à Londres me porte à penser que la mortalité n'y est pas plus élevée qu'en ville. C'est un point important à contrôler. D'un autre côté, la dissémination des varioleux dans les centres habités présente des dangers qu'on ne saurait méconnaître.

A. BOUCHARDAT,
Professeur à la Faculté de médecine de Paris.

(1) Je considère la distribution de ces bulletins à tous les médecins de Paris comme extrêmement avantageuse. On pourra les perfectionner; mais tels qu'ils sont, ils tiendront l'attention de tous éveillée sur les grandes questions d'étiologie. Ils pourront suggérer d'utiles mesures. Les personnes qui trouvent ces feuilles insuffisantes peuvent consulter le *Bulletin de statistique municipale*, que la mairie centrale met généreusement à la disposition des hommes qui travaillent.

Si notre infériorité par rapport à la variole subsistait, la nécessité d'agir deviendrait évidente pour tout le monde.

Si la scarlatine continuait à faire autant de victimes à Londres, ne serait-il pas opportun d'y reprendre les études et de vérifier les observations contradictoires qui ont trait à son inoculation. Voici les différences accusées par les derniers bulletins : Paris, 9 cas de mort par la scarlatine; puis 5, 8, 7, 7. Londres, 100 cas de mort par la scarlatine; puis 114, 143, 179, 179.

(2) Cet état s'est encore aggravé, car le *Bulletin* du 12 au 18 décembre porte 27 décès par suite de variole à Paris et 11 à Londres ; le *Bulletin* du 26 décembre au 1er janvier 1870, 30 décès à Paris, 5 à Londres; le *Bulletin* du 2 au 8 janvier 1870, 40 décès par la variole et 7 seulement à Londres.

La population de Cuba

La population de la Havane, en 1827, était de 112 023 habitants. Dans ce nombre, il faut comprendre 18 000 hommes de garnison. Les blancs s'élevaient à 46 621 ; les nègres libres à 15 347; les mulâtres libres à 8215; les nègres esclaves à 22 830; et les esclaves mulâtres à 1010. La ville contenait 3674 maisons toutes de pierre, et les faubourgs 7968 maisons construites avec des matériaux de toutes sortes. En 1868 (recensement de juillet), la population de la Havane était de 195 900, tandis qu'en 1840, elle ne s'élevait encore qu'à 240 000 personnes.

Puerto-Principe, la seconde capitale de l'île, comptant, en 1827, une population de 49 012 habitants, ne s'est augmentée depuis jusqu'au mois de janvier dernier que de 2000 personnes. Les autres villes principales sont Matauzas, Santiago, Trinidad, Nuevitas, Baracona, San Salvador, etc. Le climat de Santiago est très-malsain, et la fièvre jaune y fait de fréquents ravages. Voici un tableau curieux de la population de l'île de Cuba depuis trois siècles :

Années.	Blancs.	Hommes de couleur libres.	Esclaves.	Total.
1580.	»	»	»	16,000
1602.	»	»	»	20,000
1680.	»	»	»	46,000
1775.	94,419	30,615	44,386	170,370
1791.	»	»	»	272,140
1817.	»	»	199,145	680,980
1827.	311,051	106,494	286,942	701,487
1838.	400,000	110,000	360,000	870,000
1841.	418,291	152,838	486,495	1,007,684
1860.	605,560	205,570	436,100	1,247,230
1864.	890,502	208,700	590,040	1,679,242
1866.	970,201	227,950	625,921	1,824,072
1869.	990,711	240,505	780,740	2,182,256

Dans les cinquante-deux années qui se sont écoulées entre 1775 et 1827, l'accroissement de la population de Cuba a été de 473 pour 100, tandis que celui des États-Unis, quelque rapide que fût le progrès, n'a été que de 400 pour 100. Entre 1790 et 1856, la population s'est accrue de 590 pour 100, et celle des États-Unis de 892 pour 100. Après l'accroissement de population des États-Unis, celui de Cuba est le plus grand du monde entier.

En dehors des causes naturelles, plusieurs circonstances particulières ont concouru à produire ce résultat. Lorsque la Jamaïque fut enlevée aux Espagnols en 1665, les colons émigrèrent à Cuba au nombre, assure-t-on, de 30 000, et, dans les années 1657-58, ils furent suivis par plus de 3000 de leurs compatriotes. En 1763, les Anglais évacuèrent la Havane et se retirèrent dans la presqu'île de la Floride, ce qui occasionna une émigration de ce dernier pays à Cuba. En 1790 et 1791, la permission qui fut accordée aux étrangers d'introduire des esclaves donna une impulsion considérable à l'émigration vers l'île espagnole. En 1795, lors de la cession du port de Santo-Domingo aux Français, une grande partie des colons espagnols quittèrent cette ville et vinrent s'établir à Cuba. Ils furent suivis par des habitants de la Nouvelle-Orléans lorsque cette province fut annexée aux États-Unis en 1803. L'invasion de la Péninsule par l'empereur Napoléon en 1808 et les troubles qui en résultèrent, aussi bien que les révolutions qui ont si longtemps désolé les provinces espagnoles du continent, ont donné lieu à de fortes émigrations de différents endroits vers cette île, qui, comparativement alors, jouissait d'une profonde tranquillité.

Le propriétaire-gérant : GERMER BAILLIÈRE.

PARIS. — IMPRIMERIE DE E. MARTINET, RUE MIGNON, **2.**

REVUE

DES

COURS SCIENTIFIQUES

DE LA FRANCE ET DE L'ÉTRANGER

SEPTIÈME ANNÉE	NUMÉRO 8	22 JANVIER 1870

Paris, 21 janvier 1870.

L'Académie de médecine de Paris a tenu la semaine dernière sa séance publique annuelle, dont le principal attrait était l'éloge de Trousseau par M. J. Béclard. L'éloquent secrétaire de l'Académie s'y est montré à la hauteur de sa réputation, et, dans l'éloge de l'homme qui est une des plus hautes personnifications de la vieille médecine empirique, il a su habilement faire entrevoir l'avénement prochain peut-être, de la médecine scientifique. Voici quelques passages de son discours :

Mettant en relief les imperfections de notre science, dans laquelle il n'y a ni règles absolument fixes, ni formules inflexibles, Trousseau affirmera qu'un résultat n'étant scientifique qu'à la condition d'être toujours identique, la médecine est surtout un art, et il se proclamera artiste. M. Trousseau est artiste en effet; il l'est à un haut degré. Ce qu'on acquiert par le travail, chacun y peut prétendre. A ce que donne la nature, le temps ni la patience ne peuvent rien. Là où manquent les routes tracées, la pénétration du médecin se montre dans tout son jour. Que de nuances fugitives, insaisissables pour qui ne sait pas voir, indices révélateurs pour un œil exercé! Merveilleusement doué par la recherche, le chien, avec une sûreté qui tient du prodige, découvre la proie sous le buisson. En médecine, il n'est pas impossible de prévoir, et il est des degrés dans la clairvoyance. La valeur personnelle de l'observateur ne va pas au delà.

Ne vous y trompez pas, messieurs, la médecine agissante, la médecine pratique est un art en effet, mais un art d'application. Cet art suppose une science où il n'est rien. Lorsqu'il réalise son idéal sous une forme sensible, le véritable artiste, l'artiste créateur, n'est point guidé par le travail de la pensée ; l'expression de son idée est pour ainsi dire immédiate, il obéit à une sorte d'intuition dont il n'a pas toujours conscience. Les hasards d'une rencontre, un éclair de l'imagination, peuvent illuminer son génie. Alors qu'il semble s'ignorer lui-même, le médecin n'est jamais complétement libre. S'il se décide, ce n'est qu'après avoir choisi, et dans son choix il y a toujours quelque chose qui répond à l'idée qu'il s'est faite de ce qui est utile. Il mêle ce qu'il sait à ce qu'il voit; d'autant mieux inspiré qu'il sait davantage.....

C'est par l'expérience clinique que M. Trousseau était devenu l'un des plus grands médecins de notre âge : il la plaça toujours au premier rang. S'il n'est point de praticien sans la clinique, la science médicale n'en a pas moins sa vie propre et indépendante. A chacun sa tâche. Tel fait d'expérience aujourd'hui confiné dans le cabinet du savant, demain dominera la pratique. Un nerf est divisé au cou d'un lapin, les vaisseaux de l'oreille se dilatent, la température s'élève; et voilà, du même coup, les circulations locales, les congestions, les épanchements et jusqu'aux phénomènes, encore si obscurs de la fièvre, éclairés d'un nouveau jour! (M. Cl. Bernard.) En plus d'une occasion, M. Trousseau s'est montré sévère pour les recherches du laboratoire. Ce n'étaient là, passez-moi l'expression, que des boutades passagères, revanches, sans amertume, de ses espérances déçues. Aux séductions qui l'avaient égarées, il était prêt à succomber encore.....

N'oubliant pas que le professeur a mieux à faire qu'à donner sa mesure et qu'il doit instruire avant tout, M. Trousseau prenait de préférence ses points de comparaison dans l'expérience de tous les jours. Habile à

mouler sa phrase sur les contours de la réalité, il recherchait souvent l'expression familière et ne reculait pas au besoin devant la vulgarité de l'image. Passé maître dans l'art de placer des touches brillantes, il excellait à surprendre ou à réveiller l'attention. Son geste saccadé, la manière, trop accentuée pour les oreilles délicates, dont il soulignait parfois ses mots, étaient ici plutôt des mérites que des défauts et gravaient profondément les choses dans l'esprit.....

Son entrée en scène était souvent marquée par quelque chose d'imprévu, parfois même de paradoxal. Il était de ceux qui pensent qu'on n'obtient tout ce qu'on peut qu'en cherchant à obtenir plus encore, et il dépassera le but pour le mieux atteindre. Un jour, il affirmera que la congestion cérébrale passagère regardée comme le premier degré de l'apoplexie, n'est le plus souvent qu'une attaque d'épilepsie; une autre fois, il dira que la fièvre puerpérale n'est pas une maladie propre à la femme et qu'on la rencontre aussi chez l'homme.....

« Nous ne gagnons rien à vieillir, disait-il presque au début de son enseignement, dans un discours de rentrée; quand nous commençons à ne plus acquérir, nous perdons chaque année quelque chose. Heureux, ajoutait-il, ceux qui comprennent les avertissements de l'âge. » L'engagement qu'il avait pris avec lui-même, il le remplit simplement quand il crut le moment venu. Encore plein de force et de vigueur, à peine âgé de soixante-deux ans, il demanda, il exigea sa retraite, laissant à de plus jeunes le soin de continuer son œuvre. Rare exemple de sagesse et qui trouvera peu d'imitateurs.....

M. Trousseau restera comme l'une des grandes figures médicales de notre temps. S'il n'a pas eu le génie qui découvre, il a eu celui qui applique. Les heureux hasards de son éducation médicale s'ajoutèrent aux dispositions naturelles qu'il avait reçues en partage. Une rare vivacité d'impression, une grande finesse perfectionnée par l'étude, le don de tout voir et de tout prévoir, le rendirent habile à saisir et à fixer ce qui se laisse difficilement atteindre, et plus habile encore à en dégager les préceptes pratiques. Il demeura pénétré de cette pensée, qu'à une époque de transition comme la nôtre, le médecin n'a rien de mieux à faire qu'à s'abriter aussi bien que possible dans l'édifice médical inachevé. Tout entiers aux labeurs du jour, les hommes comme M. Trousseau sont, de leur vivant, plus utiles peut-être que les autres; mais la mort leur enlève davantage.

Après le naufrage des doctrines et des systèmes, retremper notre science aux sources de la médecine traditionnelle, tel était le premier besoin. Cette œuvre à laquelle M. Trousseau a consacré la meilleure part de sa vie est devenue moins pressante. Déjà des lueurs nouvelles se montrent à l'horizon. Le souffle de l'esprit moderne a dissipé de séculaires erreurs : les lois immuables du monde physique nous ont livré leurs secrets. En présence de l'admirable harmonie qui gouverne toutes choses, qui donc oserait dire que le monde organique est seul livré au hasard ? Cherchons donc, cherchons sans relâche les lois naturelles qui le régissent.

La physiologie et la pathologie ne sont que les deux points de vue d'une science plus générale qui les contient l'une et l'autre : la biologie. Avant les Stoll et les Sydenham, il y a les Harvey et les Bichat. Et à côté de ces favoris de la destinée, individualités brillantes vers lesquelles se tournent tous les regards, songeons aussi aux vaillants ouvriers de l'avenir, travailleurs obscurs, perdus dans la nuit à la recherche des voies nouvelles que d'autres parcourent en vainqueurs. La raison commune est le produit des efforts de tous, et c'est ainsi que grandit et s'élève le génie de l'humanité.

SOIRÉES SCIENTIFIQUES DE LYON

M. LORTET

Physiologie du mal des montagnes. — Deux ascensions au mont Blanc

I. — LE MAL DES MONTAGNES

L'ensemble des troubles physiologiques et les malaises qu'on ressent à de grandes hauteurs, en s'élevant sur le flanc des montagnes, sont connus depuis fort longtemps. Dès le xvᵉ siècle, ils furent observés et décrits par Da Costa sous le nom de *mal des montagnes*. Plus tard, tous les ascensionnistes, soit dans les Alpes, soit dans les Andes ou dans l'Himalaya, notèrent ces perturbations singulières de l'organisme et firent des théories plus ou moins rationnelles pour les expliquer. La principale cause invoquée depuis de Saussure était tout simplement la raréfaction de l'air. Mais par quelle sorte d'actions et de réactions cette raréfaction agissait-elle sur le corps humain, c'est ce que personne n'avait encore bien pu comprendre.

Pendant les ascensions aérostatiques, on a pu constater aussi des troubles physiologiques plus ou moins considérables. Dans ces conditions, cependant, le problème est infiniment plus simple, puisque ces ascensions se faisant très-rapidement et sans aucune fatigue pour l'observateur, on peut laisser de côté toute la question d'efforts musculaires, d'usure des forces, d'insomnie, de mauvaise nourriture, etc. Cependant, quoique les conditions soient bien différentes, certains troubles se rencontrent également dans les deux cas.

En 1804, Gay-Lussac et Biot parvinrent en ballon à une hauteur de 4000 mètres. Le pouls de Gay-Lussac s'était alors élevé de 62 pulsations par minute à 80 ; celui de Biot de 79 à 111. Dans la mémorable ascension du 17 juillet 1862, MM. Glaisher et Coxwell atteignirent l'énorme élévation de 10 000 mètres. Avant le départ, le pouls de M. Coxwell était à 74 pulsations par minute ; celui de M. Glaisher à 76. A 5200 mètres, M. Glaisher comptait 100 pulsations, M. Coxwell 84. A 5800 mètres, les mains et les lèvres de M. Glaisher étaient toutes bleues, mais non la figure. A 6400, il entendit les battements de son cœur, et sa respiration était très-gênée ; à 8850, il tomba sans connaissance, et ne revint à lui que lorsque le ballon fut redescendu au même niveau. A 10 000 mètres, M. Coxwell ne put plus se servir de ses mains, et dut tirer la corde de la soupape avec les dents ! Quelques minutes de plus, il perdait connaissance et probablement aussi la vie. La température de l'air était en ce moment de 32 au-dessous de zéro. On voit donc par ces exemples que, dans les aérostats, l'observateur restant immobile, dépense peu ou point de forces, et peut ainsi atteindre de grandes hauteurs avant d'éprouver les troubles qui arrêtent bien plus bas celui qui s'élève par la seule puissance de ses muscles sur les flancs d'une haute montagne.

De Saussure, dans son ascension au mont Blanc, le 2 août 1787, a bien rendu compte des malaises que ses compagnons ou lui-même éprouvaient déjà à une altitude assez peu élevée. Ainsi, à 3890 mètres, sur le Petit-Plateau où il passa la nuit, les guides robustes qui l'accompagnaient, et pour lesquels quelques heures de marche n'étaient absolument rien, n'avaient pas soulevé cinq ou six pelletées de neige pour établir la tente, qu'ils se trouvaient dans l'impossi-

bilité de continuer ; il fallait qu'ils se relayassent à chaque instant ; plusieurs mêmes se trouvèrent mal et furent obligés de s'étendre sur la neige pour ne pas perdre connaissance.

« Le lendemain, dit de Saussure, en montant la dernière pente qui mène au sommet, j'étais obligé de reprendre haleine tous les quinze ou seize pas ; je le faisais le plus souvent debout, appuyé sur mon bâton ; mais à peu près de trois fois l'une il fallait m'asseoir, ce besoin de repos étant absolument invincible. Si j'essayais de le surmonter, mes jambes me refusaient leur service ; je sentais un commencement de défaillance et j'étais saisi par des éblouissements tout à fait indépendants de l'action de la lumière, puisque le crêpe double qui me couvrait le visage me garantissait parfaitement les yeux. Comme c'était avec un vif regret que je voyais ainsi passer le temps que j'espérais consacrer sur la cime à mes expériences, je fis diverses épreuves pour abréger ces repos. J'essayai, par exemple, de ne point aller au terme de mes forces et de m'arrêter un instant à tous les quatre ou cinq pas ; mais je n'y gagnais rien, j'étais obligé au bout de quinze ou seize pas de prendre un repos aussi long que si je les avais fait de suite ; il y a même ceci de remarquable, c'est que le plus grand malaise ne se fait sentir que huit à dix secondes après qu'on a cessé de marcher. La seule chose qui me fit du bien et qui augmentât mes forces, c'était l'air frais du vent du nord ; lorsqu'en montant j'avais le visage tourné de ce côté et que j'*avalais* à grands traits l'air qui en venait, je pouvais sans m'arrêter faire jusqu'à vingt-cinq ou vingt-six pas. »

Bravais, Martins et Lepileur, dans leur célèbre expédition au mont Blanc en 1844, éprouvèrent et étudièrent les mêmes phénomènes. Sur le Grand-Plateau, en déblayant la tente en partie recouverte de neige, les guides s'arrêtaient à chaque instant pour respirer. Un secret malaise, dit M. le professeur Martins, se traduisait sur toutes les physionomies ; l'appétit était nul. Auguste Simond le plus fort, le plus grand, le plus vaillant des guides, s'affaissa sur la neige et faillit tomber en syncope pendant que le docteur Lepileur lui tâtait le pouls. Tout près du sommet, Bravais, de si regrettable mémoire, voulut savoir combien de temps il pourrait marcher en montant le plus vite possible : il s'arrêta au trente-deuxième pas sans pouvoir en faire un de plus.

Tous les malaises éprouvés par les savants dont nous venons de parler et par beaucoup d'autres voyageurs, ont été classés dans le tableau suivant par M. Le Roy de Méricourt :

Respiration. — La respiration est accélérée, gênée, laborieuse ; dyspnée extrême au moindre mouvement.

Circulation. — La plupart des voyageurs ont noté des palpitations, l'accélération du pouls, les battements des carotides, une sensation de plénitude des vaisseaux, parfois l'imminence de suffocation, des hémorrhagies diverses.

Innervations. — Céphalalgie très-douloureuse, somnolence parfois irrésistible, hébétude des sens, affaiblissement de la mémoire, prostration morale.

Digestion. — Soif, vif désir des boissons froides, sécheresse de la langue, inappétence pour les aliments solides, nausées, éructations.

Fonctions de la locomotion. — Douleurs plus ou moins forte dans les genoux, dans les jambes ; la marche est fatigante et amène un épuisement rapide des forces.

Ces troubles ne sont pas constants, ils n'arrivent pas tous en même temps et dépendent évidemment beaucoup des forces, de l'âge, de l'accoutumance, des efforts antérieurs, etc. Ces malaises semblent éprouver les voyageurs avec plus d'intensité dans les Alpes que dans les autres régions du globe. Ainsi, au grand Saint-Bernard dont le couvent ne se trouve qu'à 2478 mètres d'altitude, la plupart des religieux deviennent asthmatiques. Ils sont obligés de redescendre souvent dans la vallée du Rhône pour se remettre, et après dix ou douze ans de service, ils sont forcés de quitter le couvent pour toujours sous peine d'y devenir complétement infirmes. Cependant, dans les Andes et dans le Thibet, il y a de très-grandes villes où tout le monde peut jouir d'une santé aussi bonne que partout ailleurs.

Quand on a vu, dit Boussingault, le mouvement qui a lieu dans les villes comme Bogota, Micuipampa, Potosi, etc., qui atteignent 2600 à 4000 mètres de hauteur ; quand on a été témoin de la force et de la prodigieuse agilité des toréadors dans un combat de taureaux à Quito, à 3000 mètres ; quand on a vu enfin des femmes jeunes et délicates se livrer à la danse pendant des nuits entières dans des localités presqu'aussi élevées que le mont Blanc, là où de Saussure trouvait à peine assez de force pour consulter ses instruments, et où ses vigoureux montagnards tombaient en défaillance en creusant un trou dans la neige ; si j'ajoute encore qu'un combat célèbre, celui du Pichincha, s'est donné à une hauteur peu différente de celle du mont Rose (4600 mètres), on m'accordera, je pense, que l'homme peut s'accoutumer à respirer l'air raréfié des plus hautes montagnes.

M. Boussingault pense aussi que sur les vastes champs de neige, les malaises sont augmentés par un dégagement d'air vicié sous l'action des rayons solaires, et il s'appuie sur une expérience de de Saussure, qui a trouvé l'air dégagé des pores de la neige moins chargé d'oxygène que celui de l'atmosphère ambiante. Nous ne savons pas encore ce qu'il y a de positif dans cette assertion, mais ce qui est prouvé, c'est que dans certaines vallées creuses et renfermées des parties supérieures du mont Blanc, dans le *Corridor* par exemple, on est en général, en montant, si mal à l'aise, que pendant longtemps les guides ont cru que cette partie de la montagne était empoisonnée par quelque exhalaison méphitique. Aussi à présent, chaque fois que le temps le permet, passe t-on par l'arête des *Bosses*, où un air plus vif empêche les troubles physiologiques de se produire avec la même intensité.

Malgré une lente accoutumance, certains animaux ne peuvent vivre au delà de 4000 mètres ; ainsi les chats transportés à cette hauteur succombent invariablement après avoir été affectés de secousses tétaniques singulières. Ces secousses deviennent de plus en plus fortes, puis après avoir fait des sauts prodigieux, ces animaux succombent épuisés de fatigue et meurent dans un accès de convulsion.

L'endroit le plus élevé, habité toute l'année, non pas seulement au Thibet, mais bien sur la terre entière, c'est le cloître bouddhiste de Hanlé, où vingt prêtres vivent à l'énorme altitude de 5039 mètres. D'autres cloîtres sont bâtis à une hauteur presque égale dans la province de Gnari-Khorsoum, sur les rives des lacs Monsaraour et Bakous. Dans ces régions, on peut bien vivre pendant dix et même douze jours à 5460 mètres et beaucoup plus haut probablement ; mais on s'y trouve mal à l'aise sans que la santé y reçoive cependant un coup mortel. Les frères Schlagintweit, quand ils exploraient les glaciers de l'Ibi-Gamin au Thibet, ont campé et dormi avec les huit hommes de leur suite, du 13 au 23 août 1855, à ces hauteurs exceptionnelles rarement visitées par un être humain. Pendant dix jours leur campement le plus bas fut à 5547 mètres ; le plus haut à 6442 mètres, c'est-à-dire à l'altitude la plus considérable à laquelle aucun Européen ait jamais passé la nuit. Ces trois frères, auxquels la science doit tant de travaux remarquables, ont réussi, le 2 août 1866, à monter jusqu'à 6706 mètres sur un contre-fort du Sassar. Le 19 du même mois, ils ont atteint sur l'Ibi-Gamin la hauteur de 7419 mètres, la plus considérable à laquelle l'homme soit encore arrivé sur une montagne. Dans les premiers temps, ils souffraient beaucoup dès que les cols qu'ils franchissaient atteignaient 17 000 à 18 000 pieds ; mais lorsqu'ils avaient passé quelques jours à de grandes hauteurs, ils ne ressentaient plus, même à 19 000 pieds, qu'un malaise passager. Il est probable, cependant, qu'un séjour prolongé à une pareille altitude ne pourrait avoir pour la santé que des suites désastreuses dont on se ressentirait toute la vie.

Il y a trois ou quatre ans, l'illustre successeur de Faraday, M. le professeur Tyndall, pour faire des observations scientifiques, passa la nuit entière sur le sommet du mont Blanc, abrité seulement par une petite tente. Les guides qui l'accompagnaient furent tellement malades, que le lendemain matin, de bonne heure, ils durent tous redescendre en toute hâte.

Cependant, malgré tant de faits et de preuves rapportés par des hommes distingués et dignes de foi, j'étais resté un peu incrédule, et je ne pouvais m'empêcher de croire que l'imagination ne jouât un très-grand rôle dans la production de ces phénomènes. J'avais escaladé souvent sur le massif du mont Rose, sans aucune difficulté et sans le moindre malaise, des hauteurs dépassant 4300 mètres, et je ne pouvais croire que 500 mètres de plus étaient suffisants pour abattre un organisme doué d'excellents jarrets et de bons poumons, et qui avait bien supporté l'expérience jusqu'à cette altitude. Maintenant, je suis forcé de l'avouer, j'ai été convaincu *de visu*, et même un peu à mes dépens, de l'existence bien réelle des malaises qui, à partir de cette hauteur, atteignent celui qui respire et surtout celui qui se meut au milieu de cet air raréfié. Les instruments enregistreurs que j'ai eu la satisfaction de pouvoir faire fonctionner sur la plus haute cime de l'Europe nous donneront, en partie du moins, la clef du problème qui a occupé depuis si longtemps les physiologistes. Ils nous ont permis de généraliser aux corps vivants une des plus admirables découvertes de la physique moderne.

C'est donc dans le but de vérifier et d'étudier ces phénomènes encore très-obscurs dans leurs causes, que les 17 et 26 août 1869, nous nous sommes élevés deux fois jusqu'à ce sommet du mont Blanc, à 4810 mètres d'altitude au-dessus de la mer.

II. — Première ascension au mont Blanc.

Le 16 août, mon ami le docteur Marcet (de Londres), et moi, nous nous mettons en route à sept heures du matin pour aller coucher aux Grands-Mulets, rocher qui s'élève comme une île au milieu des neiges de la base du mont Blanc. Le chemin serpente d'abord à travers les prairies sur la rive gauche de l'Arve. Après avoir dépassé le hameau des Pèlerins et la cascade du Dard, il s'élève brusquement en lacets nombreux au centre de l'épaisse forêt qui recouvre les derniers contre-forts de l'Aiguille du Midi. A une très-faible hauteur déjà, nous pouvons constater la perturbation que la marche ascendante amène dans la température intérieure du corps humain, perturbation que nous étudierons en détail un peu plus loin. Après deux heures et demie de montée, on arrive au chalet de Pierre-Pointue, petite auberge située à la base des Aiguilles, à 2049 mètres d'altitude. Là tous les appareils furent de nouveau mis en mouvement et étudiés avec soin.

A Pierre-Pointue finit le chemin à mulets. Un peu plus haut cesse la végétation arborescente ; le sentier devient excessivement étroit et suit le bord d'un précipice profond qui domine le glacier des Bossons, au bord duquel on arrive après une heure de montée très-roide. Là, s'élève un gros bloc de granite haut de 12 à 15 mètres, connu sous le nom de Pierre-à-l'Échelle. Au pied de ce rocher, on fait généralement une courte halte avant de traverser à la course le couloir de l'avalanche de l'Aiguille du Midi large de 250 mètres, dans lequel dévalent à chaque instant avec une rapidité terrible, des blocs de glace et des pierres détachées des hautes sommités. Ici, pour la première fois, on met le pied sur la neige qu'on ne quittera plus jusqu'au retour, si ce n'est pendant quelques heures au rocher des Grands-Mulets. La traversée du glacier des Bossons offre peu de difficultés : il nous faut cependant escalader d'énormes quartiers de glace, contourner des crevasses sans nombre ou les passer sur des ponts de neige. Nous montons de gigantesques escaliers reliés les uns aux autres par des rampes neigeuses inclinées de 40 à 50 degrés, dans lesquels il nous faut tailler des pas, et enfin nous arrivons à trois heures aux Grands-Mulets sur lesquels on a établi une petite cabane de planches où nous nous installons pour passer la nuit.

Jusqu'ici (3050 mètres), nous nous trouvons très-bien ; personne ne ressent le moindre malaise ; nous avons tous un appétit excellent, mais déjà nos appareils annoncent un trouble sérieux de la circulation, de la respiration et surtout de la calorification.

La nuit aux Grands-Mulets est horrible : nous sommes cinq, nous deux, plus trois Anglais, couchés côte à côte sur deux cadres rapprochés l'un de l'autre et recouverts d'un mince matelas. La barre de jonction se trouve juste sous mon épine dorsale, aussi m'est-il complétement impossible de fermer l'œil, et je soupire après le moment où il me sera possible de fuir cet instrument de supplice. Enfin, à une heure du matin nous nous habillons ; mais le temps nous paraît si peu sûr que nous n'osons nous mettre en route qu'à deux heures et demie, après avoir pris une tasse de café au lait, qui constitua mon seul repas jusqu'à mon retour à Chamonix. Le temps paraît enfin s'améliorer, les étoiles brillent d'un éclat extraordinaire, mais nous n'avons point de lune, ce qui nous oblige à partir à la clarté des lanternes. Rien d'aussi tristement fantastique que cette lente marche, pendant de longues heures, sur ces rampes de neige, au milieu des crevasses et des éboulements gigantesques de glace, guidée seulement par ces pâles lueurs mouvantes. Personne ne parle ; tout le monde paraît engourdi par le sommeil et le froid. Nous sommes tous reliés par une même corde à 4 ou 5 mètres de distance, et chacun cherche à mettre exactement les pieds dans les traces de celui qui le précède. Le silence solennel et profond de ces régions désolées n'est interrompu que par le grincement que font entendre les bâtons qui piquent en cadence la neige dont la surface est glacée, et par le grondement sourd des avalanches qui, à chaque instant se précipitent des hauteurs.

Bientôt les premières teintes de l'aube nous permettent de nous passer de nos lanternes qui sont abandonnées sur la neige. Une longue rampe inclinée de 40 degrés est encore escaladée ; nous traversons une immense crevasse comblée par la neige, et nous arrivons au Grand-Plateau, vaste cirque de glace légèrement incliné, large d'une lieue dans tous les sens, et qui s'étend immédiatement sous la dernière sommité du mont Blanc, entre le dôme du Gauté et les monts Maudits.

Nous nous arrêtons là un instant pour respirer et pour répéter nos observations. Les guides prennent un peu de nourriture ; mais il m'est complétement impossible d'avaler une seule bouchée, quoique cependant je me sente encore parfaitement bien. Nous sommes à 3932 mètres d'altitude. Comme le temps est tout à fait calme, on décide qu'au lieu de prendre la direction ordinaire, nous monterons sur le Dôme, et que de là nous suivrons l'étroite et vertigineuse arête qui relie cette cime à la calotte du mont Blanc. Nous nous remettons en marche et, comme un long serpent, notre caravane se met à décrire des lacets sur la pente neigeuse qui s'élève à notre droite. Le soleil commence à colorer en rose les plus hautes cimes, mais l'air est très-froid (8 degrés). La température de la neige est très-basse : 10 degrés à la surface, et 15 à un décimètre de profondeur. Nous redoutons beaucoup d'avoir les pieds gelés ; le cuir de nos souliers est devenu dur comme du bois, et il nous faut tout en montant, battre fortement la semelle sur les pas taillés dans la glace, pour entretenir la circulation et la chaleur dans les orteils douloureusement engourdis. Ici, pour tout le monde commencent à se faire sentir les effets de la raréfaction de l'air et de l'usure des forces musculaires. Nous montons avec une lenteur extrême ; nous éprouvons tous un sentiment de sommeil très-pénible à combattre, et une céphalalgie occipitale intense, de la soif et de la sécheresse du gosier ; pas de palpitations, mais un pouls misérable qui varie entre 160 et 172 pulsations par minute.

Arrivés sur l'arête, nous étions tous fatigués ; il me semblait que je ne pourrais jamais monter plus haut. Personne d'entre nous n'eut de vomissements, mais nous avions presque tous le cœur sur les lèvres. Comme ceux qui sont atteints par le mal de mer, j'étais d'une indifférence complète pour moi et pour les autres, et je ne désirais qu'une chose, c'était de rester immobile. Les Anglais qui nous suivaient parurent encore plus éprouvés que nous, l'un d'eux fut obligé de s'arrêter et ne tarda pas à rebrousser chemin. Les deux autres n'atteignirent le sommet qu'avec beaucoup de peine.

L'arête qui relie le dôme du Gauté au sommet du mont Blanc paraît presque horizontale vue de Chamonix, mais en réalité elle est extrêmement roide. Son inclinaison sur toute son étendue oscille entre 45 degrés et 50 degrés. Elle est partout très-étroite et sa largeur ne dépasse presque nulle part 30 à 40 centimètres. A droite et à gauche, on domine d'effroyables pentes qui tombent à l'est sur le Grand-Plateau, et à l'ouest sur le glacier de Miage dans la vallée de Montjoie. C'est sur ce chemin qu'il faut marcher trois heures pour arriver à la calotte ; c'est là qu'il faut dépenser le plus de forces, et que le refroidissement intérieur est le plus considérable. Heureusement, un vent frais venu du couchant dissipe en partie notre malaise. Au milieu de la montée, les nausées disparaissent, et je me sens mieux quoique très-faible. Enfin, après avoir taillé des centaines de marches dans la neige durcie, et escaladé plusieurs pentes dont la déclivité est telle qu'on voit toujours les clous des souliers des guides qui sont devant nous, nous arrivons à une petite lame de glace longue de 3 mètres environ qui touche au sommet, mais qui est littéralement tranchante. Il faut en abattre la crête à coups de hache pour y poser le pied, et nous arrivons enfin sur l'arête en dos d'âne, longue de 10 à 15 mètres qui forme le sommet du mont Blanc. Là, nous nous asseyons avec bonheur sur une des rides de neige que le vent y avait formée.

Je ne ressentais plus aucune espèce de malaise, mais l'essoufflement était extrême dès que je voulais faire quelques pas un peu vite. Le moindre mouvement m'occasionnait des palpitations désagréables. Un de mes compagnons qui n'avait rien ressenti jusqu'alors fut pris subitement, dès qu'il arriva au sommet, de tournoiements de tête et de vomissements presque continuels qui ne cessèrent qu'en redescendant sur le Grand-Plateau. Son estomac était vide, aussi ne rendait-il que des matières glaireuses ou bilieuses avec des efforts très-pénibles. Rien ne put arrêter ces troubles de l'estomac ; une seule chose paraissait améliorer sa position, c'était de petits fragments de glace pure qu'il parvenait à avaler de temps en temps. Son pouls était très-agité, très-misérable, et le thermomètre placé sous sa langue dépassait à peine + 32.

Le soleil était chaud, l'atmosphère assez calme, aussi fut-ce avec surprise que je constatai que la température de l'air était de — 9 degrés. La vue était splendide, mais toutes les basses régions et le fond des vallées étaient cachées par une mer de nuages s'étendant à perte de vue. Nous restâmes près de deux heures au sommet pour faire les expériences dont je parlerai plus loin. Au repos, je me sentais parfaitement bien quoiqu'il me fût impossible de prendre la moindre nourriture.

Mais tout à coup un vent d'ouest s'élève avec violence, les nuages s'amoncellent de tous côtés, et il nous faut fuir au plus vite pour échapper au mauvais temps. Nous ne suivons pas nos traces du matin, la descente des arêtes étant trop dangereuse, mais nous nous dirigeons vers le côté de l'est, c'est-à-dire vers le Mur-de-la-Côte et le Corridor. Ce mur est une paroi de glace haute de 400 pieds et inclinée de 50 degrés. Un brouillard épais nous enveloppe de toutes parts, nous pouvons à peine y voir à quelques mètres de distance, et il nous faut pourtant atteindre le bas de cette pente rapide dans laquelle nous taillons sans interruption deux cents marches. Puis, nous cheminons péniblement au milieu d'un labyrinthe de crevasses et de séracs, et enfin, après quelques heures, grâce à la sagacité réellement incompréhensible de nos guides, nous nous retrouvons, au milieu du Grand-Plateau, sur nos traces du matin. Le brouillard est très-épais et la neige tombe à flocons serrés et fins, mais notre tâche est à présent facilitée par la piste que nous pouvons aisément suivre. La neige s'est beaucoup ramollie, et nous avançons en enfonçant jusqu'à mi-jambes. La descente se fait cependant rapidement, et sur les rampes qui nous ont donné tant de peines en montant, nous nous asseyons tous à la file les uns des autres, et nous glissons avec la rapidité d'un *express* au milieu d'une avalanche de neige que nous poussons avec nous. A quatre heures et demie, nous arrivons aux Grands-Mulets et, après un instant de repos, nous nous remettons en route pour Chamonix où nous entrons à huit heures et demie du soir.

III. — SECONDE ASCENSION AU MONT BLANC.

La seconde ascension se fit dans des conditions infiniment meilleures que la première. Nous étions acclimatés, plus forts, et nos muscles avaient acquis cette souplesse et cette vigueur que leur donne la montagne. Le temps était splendide et complétement sûr. Des Grands-Mulets, le coucher du soleil fut admirable ; aucune plume ne saurait en donner même une faible idée. A mesure que l'astre disparaissait à l'horizon, le ciel d'occident s'empourprait des teintes les plus chaudes, qui faisaient d'autant mieux ressortir la couleur froide et cadavéreuse des escarpements de glace et des immenses crevasses béantes à nos pieds.

Le 26 août, comme il faisait assez chaud, nous pûmes partir de très-bonne heure, c'est-à-dire à minuit et demi. La neige fortement gelée était bonne pour la marche, et un clair de lune éclatant nous permettait d'y voir aussi bien qu'en plein jour. L'ascension se fit en suivant la même direction que la première fois, mais bien plus rapidement. Nous n'éprouvâmes presque pas de malaises, si ce n'est un sommeil de plomb, en montant la pente qui conduit au Dôme. Jamais je n'ai rien éprouvé de pareil, et je suis sûr d'avoir dormi en marchant. Mais arrivé sur l'arête, l'air frais et des frictions de neige sur le front firent passer cette congestion. A six heures et un quart, nous étions tout près du sommet, le soleil venait de se lever sur les plaines de l'Italie, et nous eûmes tout à coup le spectacle unique de l'ombre du mont Blanc se projetant en un cône immense sur un ciel bleu clair et sur les montagnes du côté d'Annecy (fig. 20, au verso). Cette ombre, d'un violet foncé, présentait des bords frangés de rose et de bleu ; ses contours nets et parfaitement dessinés auraient très-bien pu être reproduits par la photographie. Le sommet du cône semblait divisé en deux pointes secondaires dues à la calotte du mont Blanc, et à l'autre cime appelée mont Blanc de Courmayeur ; la base devenait de plus en plus blême et se perdait dans l'obscurité des vallées de Mont-Joie et de Miage. Un petit nuage accroché probablement à la montagne, projetait aussi une ombre violette qui ressemblait à s'y méprendre à une fumée légère s'échappant d'un volcan. Le cône qui s'élevait, autant que j'ai pu en juger sans instruments, à 30 degrés environ au-dessus de l'horizon, formait comme d'immenses draperies diaphanes, permettant de voir à travers leur tissu aérien les montagnes de la Maurienne. Le ciel du couchant était d'un bleu verdâtre ; à l'orient il était teinté des plus glorieuses couleurs, et déjà le soleil empourprait de ses premiers feux l'arête neigeuse sur laquelle nous nous trouvions. Ce phénomène rare et d'une beauté magique n'avait été vu qu'une fois, le soir, en 1844, par MM. Bravais, Martins et Lepileur. Pour qu'il puisse être perçu nettement, il faut se trouver au sommet, ou de très-bonne heure, ou très-tard, et les vapeurs contenues dans l'atmosphère doivent être dans certaines conditions particulières encore peu connues.

Je me sentais beaucoup mieux qu'à la première ascension ; j'avais même de l'appétit, et je pus avaler quelques morceaux sans inconvénients. Cependant l'essoufflement au moindre mouvement était toujours intense. Mon compagnon, enfant de Marseille égaré sur ces neiges, éprouva de fortes nausées, une inappétence complète, mais n'eut pas de vomissements.

Nous restâmes deux heures au sommet, par une température de — 3 degrés, et nous y répétâmes toutes nos expériences. L'air était vif, mais l'atmosphère la plus pure permettait à l'œil d'embrasser très-distinctement un horizon immense depuis les Alpes maritimes jusqu'aux montagnes du Tyrol, et depuis les Apennins, qui fuyaient vers le sud, jusqu'aux plaines de Lyon et de la Bourgogne, qui paraissaient bleues comme la mer.

Nos travaux terminés et ce magnifique panorama gravé pour toujours dans la mémoire, nous redescendons rapidement par le Corridor et le Mur-de-la-Côte. La chaleur était terrible dans ces vallées de neige, le soleil ardent, et les avalanches de glace descendaient à chaque instant dans cer-

IV. — LES FONCTIONS PHYSIOLOGIQUES DANS LES MONTAGNES.

Dans l'intervalle de ces deux ascensions, j'ai passé deux fois le col du Géant, et, avant mon retour de Lyon, j'ai encore escaladé d'autres sommités secondaires pour vérifier les résultats que j'avais obtenus, au point de vue des troubles que le séjour ou la marche à de grandes hauteurs peuvent amener dans les différentes fonctions physiologiques. Les instruments qui nous ont servi dans ces recherches sont : l'anapnographe de Bergeon et Kastus pour la respiration, le

Fig. 20. — Ombre du mont Blanc projetée sur l'atmosphère et les montagnes du côté de la Maurienne. — Phénomène observé le 26 août 1869, à six heures et demie du matin.

tains couloirs qu'il nous fallait absolument traverser pour arriver aux Grands-Mulets. Nous les franchîmes cependant heureusement en courant le plus vite possible, et, à quatre heures du soir, nous étions à Chamonix, rapportant une bonne moisson d'observations, mais aussi, malgré le voile, des lèvres et un nez fortement endommagés par l'intense réverbération du soleil sur les pentes de neige. Cette réflexion des rayons solaires, surtout des rayons chimiques et calorifiques par les neiges et les glaces, et principalement par les neiges fraîches, fait éprouver aux parties non suffisamment garanties de véritables brûlures du premier degré, une rougeur érysipélateuse et souvent avec formation d'ampoules remplies de sérosité.

sphygmographe de Marey, et enfin, pour la température intérieure du corps, des thermomètres spéciaux maxima de Walferdin, à bulle d'air, à index, construits par Baudin, et permettant d'apprécier facilement les dixièmes et les centièmes de degrés.

A mesure qu'on s'élève d'une basse région à une altitude très-considérable, le trouble de certaines fonctions devient de plus en plus grand. A peine appréciable en allant de Lyon à Chamonix, c'est-à-dire en passant d'une hauteur de 200 mètres à une altitude de 1000 mètres, il est, au contraire très-sensible de Chamonix aux Grands-Mulets (de 1050 à 3050 mètres). Plus sensible encore des Grands-Mulets au Grand-Plateau (3932 mètres); enfin ce désordre devient très-remarquable du Grand-Plateau aux Bosses-du-Dromadaire (4656 mètres), et au sommet de la Calotte du Mont-Blanc (4810 mètres).

Nous allons donc passer en revue les variations que subissent la respiration, la circulation et la température intérieure du corps prise sous la langue aux différentes altitudes, soit pendant la marche, soit après un temps de repos convenable.

RESPIRATION.—Depuis Chamonix jusqu'au Grand-Plateau (de 1050 à 3932 mètres), les troubles de la respiration sont peu marqués chez ceux qui savent marcher dans les hautes montagnes, qui tiennent la tête baissée pour diminuer l'orifice laryngien, qui respirent la bouche fermée, en ayant soin de sucer un corps inerte, tels qu'une noisette ou un petit morceau de quartz, ce qui augmente notablement la salivation et empêche le desséchement des voies aériennes. De Chamonix au Grand-Plateau, le nombre des mouvements respiratoires est à peine modifié; nous trouvons, au repos, 24 par minute, comme à Lyon et à Chamonix; mais du Grand-Plateau aux Bosses-du-Dromadaire et au Sommet, nous trouvons 36 mouvements par minute. La respiration est très-courte et très-gênée, même quand on reste immobile; il semble que les muscles thoraciques soient enroidis et que les côtes soient serrées dans un étau. Au Sommet, le moindre mouvement amène de l'essoufflement; mais, après deux heures de repos, ces malaises disparaissent petit à petit. La respiration redescend à 25 par minute, mais reste pénible.

Les changements des tracés graphiques fournis par l'anapnographe sont des plus remarquables. On sait que les courbes données par cet instrument sont, en quelque sorte, les unes positives, les autres négatives, suivant qu'elles se forment au-dessous ou au-dessus d'une ligne des zéros — 0 — 0 — qui représente le temps d'arrêt entre l'inspiration et l'expiration, le moment où la plume est tout à fait verticale. En examinant le graphique respiratoire pris à Lyon (fig. 21), on voit que l'aire circonscrite par GFED représente l'inspiration, et l'aire DCBA l'expiration. On voit que l'inspiration commence par un mouvement assez rapide représenté par la ligne GF. Ce mouvement augmente encore un peu lentement, puis diminue peu à peu jusqu'en E et se traduit par la ligne courbe FE. — A partir de E, il cesse brusquement suivant ED. — L'expiration se fait ensuite très-vite, DC; puis diminuant tout à coup, mais de très-peu, mouvement qui est représenté par le petit crochet qu'on voit en C; il persiste ensuite un certain temps jusqu'en B, où il cesse plus ou moins subitement comme le montre BA. — En comparant entre eux les trois tracés ci-joints, pris absolument dans les mêmes conditions à Lyon (fig. 21), aux Grands-Mulets (fig. 22) et au sommet du mont Blanc (fig. 23), on peut constater facilement, grâce aux divisions du papier, que :

1° La quantité d'air inspiré et expiré au sommet du mont Blanc est moins grande qu'aux Grands-Mulets, et à cette dernière station qu'à Lyon.

2° Le temps de durée de l'inspiration, comparé à celui de l'expiration, est beaucoup plus petit au sommet du mont Blanc qu'aux Grands-Mulets et qu'à Lyon. Ainsi, dans le premier cas (fig. 4), ce rapport peut être représenté par GE : DA, c'est-à-dire par 3 1/2 : 5 1/2; tandis qu'aux basses altitudes (fig. 2 et 3) il est représenté par le rapport 4 : 5. C'est là une différence capitale, très-constante et qui frappe immédiatement le regard.

3° Au sommet du mont Blanc, l'inspiration est d'abord brusque GF, mais elle ne se maintient pas; elle baisse d'abord assez rapidement FE, puis très-brusquement ED; l'expiration est peu étendue DC, mais elle se maintient très-longtemps avec une égale énergie CB; puis enfin cesse tout à

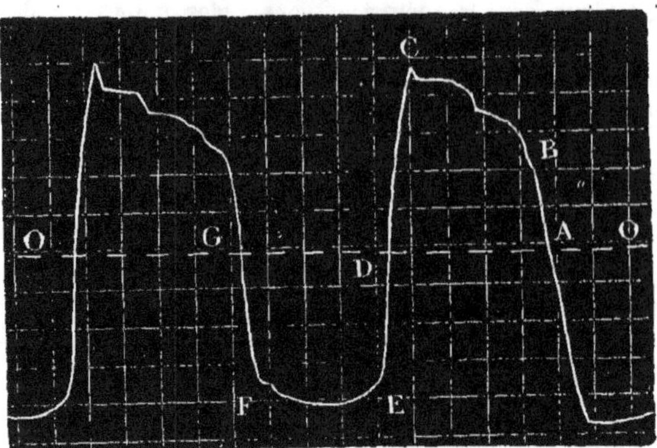

FIG. 21. — LORTET. — Tracé respiratoire pris à Lyon.

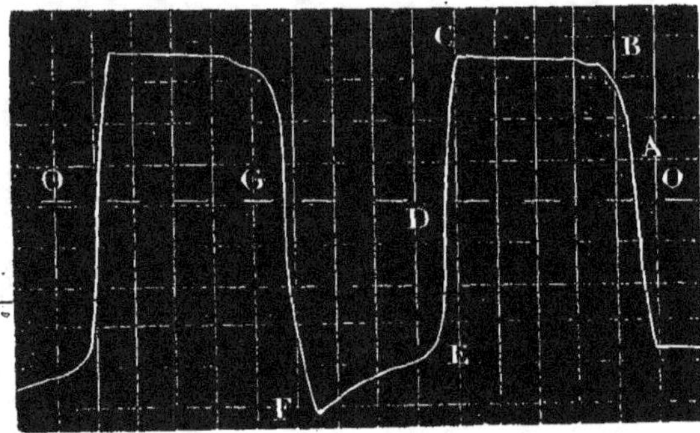

FIG. 22. — LORTET. — Tracé respiratoire pris aux Grands-Mulets, après une heure et demie de repos.

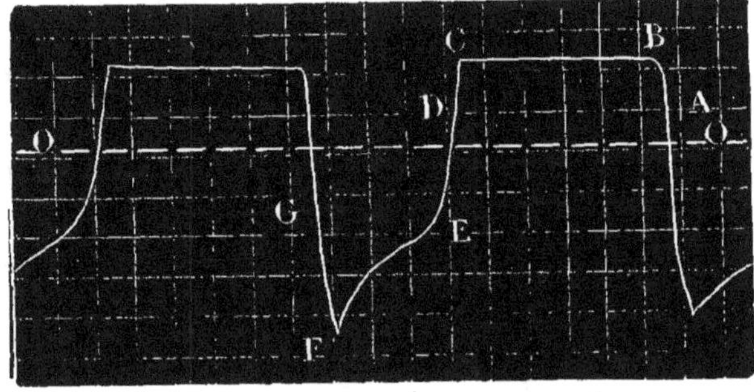

FIG. 23. — LORTET. — Tracé respiratoire pris au sommet du mont Blanc, après une heure et demie de repos.

coup BA. L'expiration, au sommet du mont Blanc, est très-prolongée. L'air inspiré est en très-petite quantité, et comme cet air est soumis à une très-basse pression, la quantité d'oxygène, mise dans un temps donné en contact avec le sang, est nécessairement très-petite.

CIRCULATION.—Pendant l'ascension, quoique la marche soit excessivement lente, la circulation est accélérée d'une façon extraordinaire. A Lyon, étant au repos et à jeun, le nombre moyen de mes pulsations est de 64 par minute. En montant de Chamonix au sommet du mont Blanc, il s'élève progressivement, suivant les altitudes à 80, 108, 116, 128, 136 ; et enfin, en grimpant la dernière arête qui conduit des Bosses au Sommet, à 160 et quelquefois davantage. Ces arêtes, il est vrai, sont des plus roides ; elles ont de 45 à 50 degrés d'inclinaison, mais aussi la lenteur de la marche y est très-grande. On fait, en général, trente-deux pas par minute, et souvent bien moins quand il faut tailler continuellement des marches. Le pouls est fébrile, précipité et misérable. On sent que l'artère est presque vide. La moindre pression arrête le courant dans le vaisseau. Le sang doit passer très-rapidement dans les poumons, rapidité qui augmente encore la mauvaise oxygénation qu'il a subie déjà, à cause de la raréfaction de l'air. Il n'a pas le temps de recevoir convenablement l'action de l'oxygène, et il n'a pas le temps non plus d'expulser entièrement son acide carbonique.—A partir de 4500 mètres, les veines des mains, des avant-bras et des tempes sont distendues. La face est pâle avec une légère teinte de cyanose, et tout le monde, même les guides acclimatés à ces hautes régions, ressent une lourdeur de tête et une somnolence souvent très-pénibles, dues probablement à une stase veineuse dans le cerveau ou à un défaut d'oxygénation du sang. — Même après deux heures d'un repos complet au sommet et à jeun, le pouls reste toujours entre 90 et 108 pulsations par minute. Le sphygmographe appliqué au poignet, après une heure de repos, montre une tension extrêmement faible et un dicrotisme des plus prononcés. D'après M. Marey, ce défaut de tension doit tenir à ce que, par suite du mouvement musculaire, l'écoulement du sang se fait plus rapidement à travers les petits vaisseaux.

Nous donnons ici comme exemple de ces troubles circulatoires une série de beaux tracés sphygmographiques, que nous devons à l'amitié de M. le professeur Chauveau ; ils ont été pris, soit sur lui-même, soit sur son guide Cupelain, pendant son ascension au mont Blanc en 1866.

On voit (fig. 24) un type des tracés de M. Chauveau pris sur la plaine ; la pulsation atteint brusquement son summum d'intensité, puis elle décroît doucement en formant généralement deux ondulations de dicrotisme très-marquées.

D'après le tracé (fig. 25), pris par le même observateur au sommet du mont Blanc, on voit que l'aspect des courbes a complétement changé. L'artère se remplit bien encore brusquement de sang, mais elle se vide aussi avec une grande rapidité ; la courbe descendante est presque verticale, et nous avons de plus une ondulation énorme de dicrotisme. Ce tracé est un type de ceux qui sont donnés par une tension artérielle très-faible. Il est tout à fait semblable à celui qu'on peut observer dans certaines fièvres continues, les fièvres typhoïdes par exemple.

La série de Cupelain est extrêmement intéressante et instructive à étudier. Ce guide est un jeune homme de vingt-sept à trente ans, très-fort, très-grand, très-agile. Il escalade les rampes les plus escarpées sans efforts pénibles, et, comme guide des hautes régions, il monte très-souvent sur le mont Blanc et sur d'autres cimes élevées. L'accoutumance pour lui semble donc complète ; nous verrons cependant que, quoique les malaises ne se traduisent point chez lui par des symptômes violents, le trouble de certaines fonctions physiologiques n'en est pas moins très-réel. A l'état normal (fig. 26), nous avons affaire à un pouls régulier assez lent. L'artère est bien pleine et se gonfle graduellement ; la pulsation dure un certain temps, car le sommet est arrondi. L'artère se vide

très-lentement et présente une courbe de dicrotisme très-marquée. Aux Grands-Mulets (fig. 27), après un repos convenable, le pouls est encore très-accéléré, la tension est très-faible dans l'artère, et ce qu'il y a surtout de remarquable, c'est une courbe de dicrotisme énorme. Toujours aux Grands-Mulets, à minuit et demi, avant de partir, quoiqu'il y ait eu plusieurs heures de repos et de sommeil, ces caractères sont encore exagérés (fig. 28). Le pouls a conservé sa fréquence et la courbe du dicrotisme est encore plus grande que dans le tracé précédent.

Au sommet du mont Blanc, peu de temps après l'arrivée, le pouls de Cupelain présente des caractères extrêmement remarquables. La pulsation est peu énergique (fig. 29), le dicrotisme est encore prononcé, mais l'est beaucoup moins qu'aux Grands-Mulets. Mais ce qui frappe le plus, c'est l'influence vraiment extraordinaire des mouvements respiratoires, même sur une artère aussi excentrique que la radiale, l'inspiration et l'expiration se traduisent par une série d'ondulations ascendantes et descendantes des plus prononcées.

Après un long repos, le pouls de Cupelain diminue non-seulement de fréquence, mais change aussi de caractères. La pulsation est toujours brusque, cependant elle l'est beaucoup moins qu'aux Grands-Mulets. Au lieu de se vider rapidement, le sang s'écoule avec beaucoup plus de lenteur, et le dicrotisme, quoique sensible, est cependant très-peu accusé (fig. 30). —Le lendemain matin de l'ascension, après une nuit de complet repos, le pouls de Cupelain n'est pas revenu (fig. 31) à son état normal. Il est encore beaucoup plus fréquent, la tension est toujours assez faible dans l'artère, qui se remplit brusquement. La courbe du dicrotisme est beaucoup plus visible qu'à l'état de calme complet, comme on peut s'en convaincre en comparant les deux tracés des figures 26 et 31.

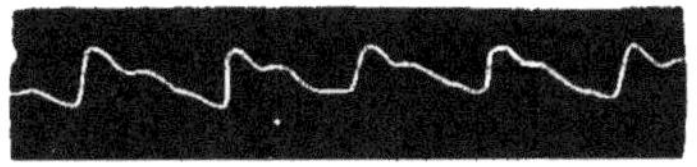

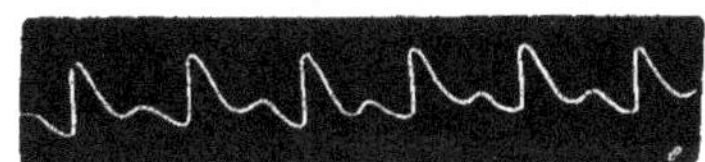

Mon pouls a été aussi profondément modifié pendant mes deux ascensions au mont Blanc. Il présente de plus quelques particularités qui le différencient des précédents.—A l'état normal (fig. 32), l'artère est bien pleine, la pulsation se fait rapidement, puis dure un certain temps, ce qui explique cette courbe en dôme qui couronne les monticules. Puis le vaisseau se vide graduellement en donnant une courbe de dicrotisme assez sensible.

Aux Grands-Mulets, peu d'instants après l'arrivée, mon pouls est extrêmement fréquent ; il est très-petit, serré et misérable (fig. 33). Les pulsations, si nettes tout à l'heure, sont réduites maintenant à de petits monticules coniques séparés par des lignes légèrement courbes. Nous avons là le type d'un pouls d'algidité à grande fréquence. — Après une heure d'un repos complet aux Grands-Mulets et à jeun, le tracé se rapproche beaucoup de celui donné par Cupelain. Il est toujours aussi fréquent, mais la forme du graphique (fig. 34) a beaucoup changé. Le sang est revenu dans l'artère en quantité plus considérable, quoique la tension soit toujours très-faible; l'artère se vide rapidement, et la courbe du dicrotisme se montre beaucoup mieux qu'à l'état normal. — En arrivant au sommet du mont Blanc, après quelques instants de repos, nous avons un pouls très-rapide, très-misérable (fig. 35), un pouls d'algidité qui correspond, en effet, à l'état de nausée et de malaise qu'on éprouve en atteignant

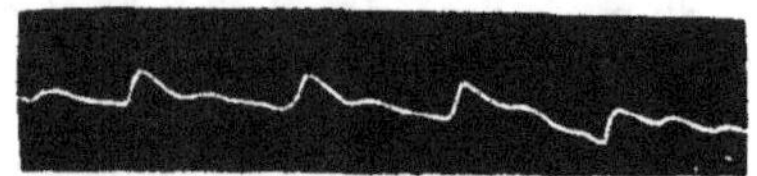

Fig. 26. — Tracé du pouls de CUPELAIN. — Chamonix.

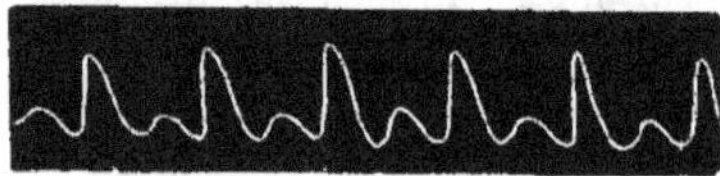

Fig. 27. — Tracé du pouls de CUPELAIN. — Grands-Mulets, après un repos.

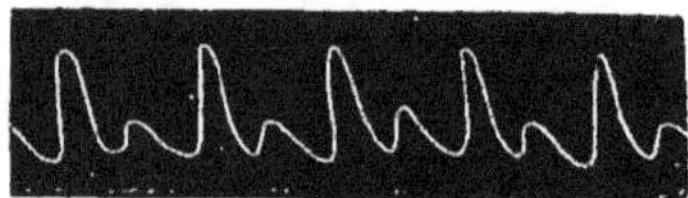

Fig. 28. — Tracé du pouls de CUPELAIN. — Grands-Mulets à minuit, une demi-heure avant le départ.

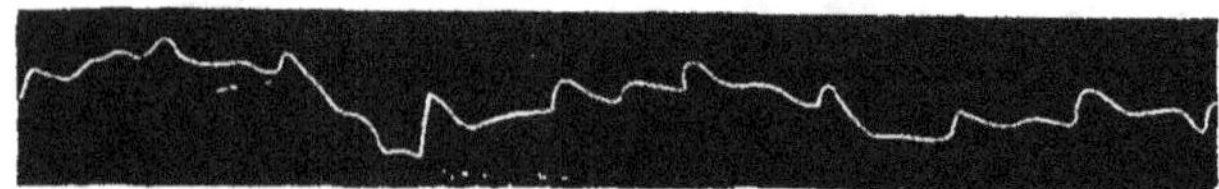

F.g. 29. — Tracé du pouls de CUPELAIN. — Sommet du mont Blanc (arrivée).

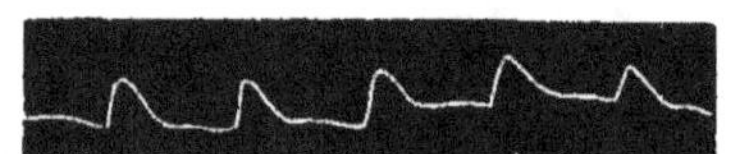

Fig 30. — Tracé du pouls de CUPELAIN. — Sommet du mont Blanc, après un long repos.

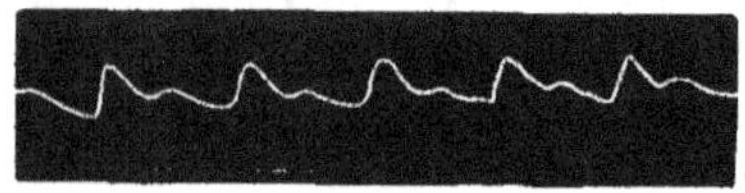

Fig. 31. — Tracé du pouls de CUPELAIN. — Chamonix, le lendemain de l'ascension.

la cime. Après deux heures de repos complet, ce pouls change de caractères et subit des transformations réellement remarquables (fig. 36). L'état de nausée a disparu, l'artère s'est remplie de nouveau, le nombre des battements du cœur s'est abaissé. La pulsation artérielle acquiert tout d'un trait son maximum d'intensité; puis le sang s'écoule lentement en donnant lieu à une espèce de plateau incliné très-singulier. L'artère se vide ensuite plus rapidement et donne lieu à un très-léger dicrotisme.

Ce trouble de la circulation persista longtemps chez moi. Le lendemain matin de l'ascension, après une excellente nuit d'un sommeil réparateur, mon pouls a beaucoup baissé

comme fréquence, mais il est irrégulier, comme on peut le voir (fig. 37). Les pulsations sont fortes et énergiques, et l'écoulement du sang dans l'artère a lieu très-lentement et avec un dicrotisme peu prononcé. Les courbes ne reprennent entièrement leurs formes normales chez moi (fig. 13) qu'après deux jours de repos complet.

Lorsque le sphygmographe est appliqué sur des sujets atteints du mal des montagnes, on a des courbes, comme nous l'avons déjà dit, qui ressemblent tout à fait à celles auxquelles M. Marey a donné le nom de *courbes d'algidité*. Le

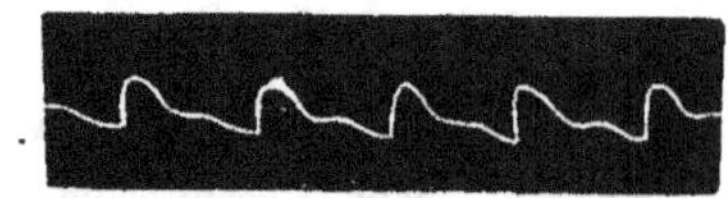

Fig. 32. — Tracé du pouls normal de LORTET, à Lyon.

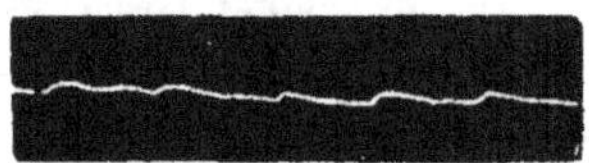

Fig. 33. — Tracé du pouls de LORTET. — Grands-Mulets, à l'arrivée.

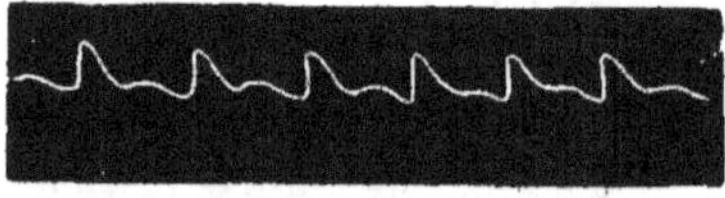

Fig. 34. — Tracé du pouls de LORTET. — Grands-Mulets, après une heure de repos.

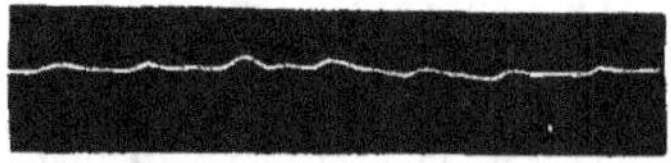

Fig. 35. — Tracé du pouls de LORTET. — Sommet du mont Blanc, en arrivant.

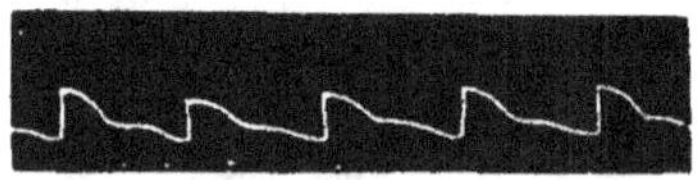

Fig. 36. — Tracé du pouls de LORTET. — Sommet du mont Blanc, après deux heures de repos.

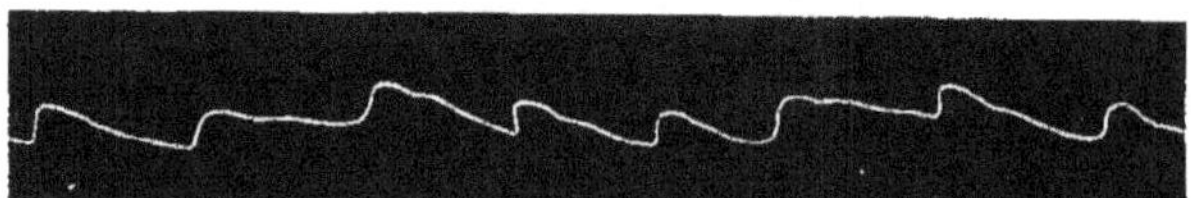

Fig. 37. — Tracé du pouls de LORTET. — Lendemain matin de l'ascension à Chamonix.

pouls est si misérable que le ressort de l'instrument est à peine soulevé. Cela seul indiquerait déjà un refroidissement général du corps, refroidissement que nous verrons constaté par les recherches les plus exactes et les plus minutieuses.

SÉCRÉTIONS.—Les sécrétions ne m'ont rien offert de particulier. Les urines ne contiennent ni sucre, ni albumine, et sont notablement diminuées, presque taries. Je n'ai pu malheureusement m'assurer si la quantité d'urée restait la même.

TEMPÉRATURE DU CORPS. — La température intérieure du corps a été prise avec le plus grand soin aux différentes altitudes. Le thermomètre était placé sous la langue, l'orifice buccal étant toujours hermétiquement fermé et la respiration ne s'effectuant que par le nez. Le thermomètre employé était un maxima à index de Walferdin, permettant d'apprécier entre + 30 et + 40 les centièmes de degré. La présence de l'index rendait la lecture facile et empêchait toute erreur. L'instrument a toujours été laissé en place pendant quinze minutes au moins, temps bien plus que suffisant pour lui permettre d'atteindre sa hauteur maxima.

A jeun et exactement dans les mêmes conditions, *pendant la marche*, la décroissance de la température intérieure du corps est très-remarquable, elle est *à peu près proportionnelle* à l'altitude à laquelle on se trouve. C'est ce qu'il est facile de constater par le tableau suivant résumant les observations faites sur moi-même pendant mes deux ascensions au mont Blanc, les 17 et 26 août 1869.

gestion. Alors, malgré les efforts que l'ascension nécessite, la température se maintient à 36 degrés et atteint même 37°,3, comme j'ai pu le constater au col du Géant. L'influence de la nourriture ne se fait pas sentir très-longtemps. Une heure à peine après avoir mangé, le corps se refroidit de nouveau par les efforts.

D'où provient cet abaissement de température? — A l'état de repos et à jeun, l'homme brûle les matériaux de son sang, et la chaleur développée est employée tout entière à maintenir la température constante au milieu des variations de l'atmosphère.

En plaine et par des efforts mécaniques modérés, l'intensité des combustions respiratoires, comme l'a montré M. Gavarret, augmente proportionnellement à la dépense des forces. Il y a *transformation de la chaleur en force mécanique*,

Lortet. — Température prise sous la langue.

LIEUX	ALTITUDE EN MÈTRES.	ASCENSION DU 17 AOUT		ASCENSION DU 26 AOUT		TEMPÉRATURE DE L'AIR		NOMBRE DE PULSATIONS par minute en marchant.
		IMMOBILITÉ	MARCHE	IMMOBILITÉ	MARCHE	17 AOUT	26 AOUT	
Chamonix	1000	36,5	36,3	37,0	35,3	+ 10,1	+ 12,4	64
Cascade du Dard............	1500	36,4	35,7	36,3	34,3	+ 11,2	+ 13,4	70
Chalet de la Para	1605	36,6	34,8	36,3	34,2	+ 11,8	+ 13,6	80
Pierre-Pointue..............	2049	36,5	33,3	36,4	33,4	+ 13,2	+ 14,1	108
Grands-Mulets.............	3050	36,5	33,1	36,3	33,3	— 0,3	— 1,5	116
Grand-Plateau.............	3932	36,3	32,8	36,7	32,5	— 8,2	— 6,4	128
Bosse-du-Dromadaire	4556	36,4	32,2	36,7	32,3	—10,3	— 4,2	136
Sommet du mont Blanc	4810	36,3	32,0	36,6	31,8	— 9,1	— 3,4	172

On peut donc constater que, pendant les efforts musculaires de l'ascension, la température du corps peut baisser, lorsqu'on s'élève de 1050 à 4810 mètres, de 4 degrés centigrades et même de près de 6 en négligeant les fractions, abaissement énorme pour les mammifères dont la température était réputée presque constante. Dès que l'on s'arrête pendant quelques minutes, la température remonte brusquement tout près de son chiffre normal. Au sommet du mont Blanc cependant, où tout le monde éprouve un peu de malaise, il a fallu près d'une demi-heure pour que la colonne mercurielle atteignît sa hauteur habituelle.

Ce refroidissement n'est évidemment pas dû à l'évaporation et au courant d'air froid qui passe rapidement, pendant la marche, dans les voies aériennes. En restant immobile et en respirant aussi vite que si l'on montait, le même courant d'air froid se produit dans les fosses nasales et la trachée, et pourtant aucun refroidissement n'est perceptible au thermomètre placé sous la langue.

Pour que ce phénomène remarquable de l'abaissement de la température intérieure du corps se produise, il n'est pas nécessaire de s'élever à une grande hauteur. Depuis mon retour à Lyon, j'ai constaté qu'en montant rapidement une des nombreuses rampes à escaliers qui conduisent à Fourvière ou à la Croix-Rousse, on a régulièrement, si l'on a soin de ne mettre en place le thermomètre qu'après avoir marché quelques minutes, un abaissement qui varie presque toujours de 3 à 7 dixièmes de degré centigrade.

Ces données ne sont plus vraies pendant le travail de la digestion.

mais, à cause de la densité de l'air et de la quantité d'oxygène inspiré, il y a assez de chaleur formée pour subvenir à cette dépense.

Dans la montagne, au contraire, surtout à de grandes altitudes et sur des pentes neigeuses très-roides, où le travail mécanique de l'ascension est considérable, il faut une quantité de chaleur énorme pour être transformée en force musculaire.

Cette dépense de force *use plus de chaleur que l'organisme ne peut en produire*, de là le refroidissement du corps et ces haltes fréquentes qu'il faut faire pour *se réchauffer*. Quoique le corps soit brûlant, quoiqu'il soit souvent tout en transpiration, il se refroidit en montant, parce qu'il use trop de chaleur et que la combustion respiratoire ne peut en fournir une quantité suffisante, à cause du peu de densité de l'air; cette raréfaction de l'air fait qu'à chaque inspiration il entre dans les poumons moins d'oxygène à une grande hauteur que dans la plaine.

La rapidité de la circulation est encore une cause de refroidissement, le sang n'ayant pas le temps de s'oxygéner convenablement dans les vésicules pulmonaires.

Les expériences de M. Béclard établissent nettement que, lorsque la contraction musculaire exécute un travail mécanique, il se produit dans le muscle une quantité de chaleur plus faible que lorsqu'une contraction de même nature n'est point accompagnée d'effets mécaniques extérieurs.

En 1843, MM. Andral et Gavarret ont démontré qu'à la température moyenne de Paris et dans l'espace d'une heure, un homme adulte de bonne constitution brûle 12 grammes de carbone et, par conséquent, produit 22 litres d'acide carbonique, qui, dans un temps égal, doivent être éliminés par les poumons. La chaleur produite par la transformation du carbone en acide carbonique ne représente que les *huit dixièmes* de la chaleur totale produite par les actions chimiques accomplies dans les capillaires généraux ; le reste est fourni par la combustion de l'hydrogène des matériaux du sang.

Lorsque les muscles exécutent un travail utile, il y a, comme toujours, transformation de la chaleur en force mécanique, transformation qui s'opère par voie d'équivalence, à raison d'une unité de chaleur ou d'une calorie pour 425 kilogrammètres, ou pour 425 unités de travail effectué. Toutes les fois qu'il élève un kilogramme à 425 mètres de hauteur ou 425 kilogrammes à 1 mètre de hauteur, l'homme brûle plus de matériaux organiques qu'il n'en faut pour maintenir sa température propre, et cet excès de combustion, dont l'effet thermique est nul, représente une quantité de chaleur transformée en force mécanique capable d'élever d'un degré la température d'un kilogramme d'eau. Lorsqu'un homme adulte, dit M. Gavarret, bien constitué, du poids de 75 kilogrammes, s'est élevé, à pied, à 2000 mètres, il a effectué un travail *utile* de 150 000 kilogrammes, représentant 353 unités de chaleur dont l'effet thermique est nul, *transformées tout entières* en force mécanique et fournies par les combustions respiratoires. Les huit dixièmes de cette chaleur transformée provenant de la combustion du carbone, la création de la force mécanique correspondant au travail *utile* accompli pendant l'ascension, nécessite la production de 65 litres d'acide carbonique, en sus des 22 litres de ce gaz que l'homme forme, par heure, dans ses capillaires pour maintenir sa température.

Les conséquences de la production d'une aussi grande quantité d'acide carbonique dans l'économie se présentent d'elles-mêmes. A une grande hauteur, les mouvements respiratoires et circulatoires s'accélèrent non-seulement pour rendre possible l'absorption d'une quantité convenable d'oxygène, mais aussi pour débarrasser le sang de l'acide carbonique qu'il contient en dissolution. Mais cette exhalation gazeuse, bien que très-activée, n'est plus suffisante pour maintenir la composition normale du sang, qui reste sursaturé d'acide carbonique : de là la céphalalgie occipitale, les nausées, une somnolence irrésistible et un refroidissement encore plus considérable dont souffrent ordinairement voyageurs et guides, à partir de 4000 ou 4500 mètres d'altitude.

La théorie de la transformation de la chaleur en force mécanique explique parfaitement le *refroidissement thermométrique* que le corps éprouve quand on s'élève à une certaine hauteur par les efforts musculaires.

Prenons pour exemple un corps humain pesant 75 kilogrammes et supposons que, pendant l'ascension, aucune combustion ne vienne rétablir la perte de chaleur subie ; supposons encore que tout le travail mécanique soit utilement employé, c'est-à-dire qu'il n'y en ait aucune partie perdue en glissades, en faux pas, etc.

Lorsque ce corps se sera élevé de 1000 mètres, la quantité de travail accompli sera représentée par 75×1000 ou 75000 kilogrammètres. Comme l'équivalent mécanique de la chaleur est de 425 kilogrammètres pour chaque unité de chaleur, pour avoir la quantité de chaleur absorbée pendant ce travail d'ascension de 1000 mètres, nous aurons $\frac{75000}{425} = 176$ unités de chaleur. Si nous admettons que la chaleur spécifique du corps humain soit égale à celle de l'eau, c'est-à-dire égale à 1, et si nous représentons cette chaleur spécifique par c ; si nous nommons x l'abaissement de température du corps, nous aurons : quantité de chaleur perdue par le corps $= 75 \times c \times x$, ou $176 = 75 \times x$, ou $x = \frac{176}{75}$, ou $x = 2{,}3$. Donc l'abaissement de température du corps, résultant de la chaleur absorbée par un travail de 75 000 kilogrammètres effectué dans une ascension de 1000 mètres, serait de 2°,3 centigrades, en supposant qu'aucune combustion ne vînt réparer, au moins en partie, cette perte de chaleur.

Mais il est évident qu'en réalité, cette combustion existe et qu'une partie de la chaleur dépensée est reconstituée au fur et à mesure de son absorption. Toutefois, nous avons vu, par l'étude des troubles respiratoires et circulatoires, combien cette combustion est gênée à une certaine altitude et combien elle est incomplète. D'un autre côté, il est évident aussi que toute la force dépensé est loin d'être utile, à cause des faux pas et de la mollesse des neiges. La quantité de chaleur usée doit donc être énorme, le refroidissement considérable et difficilement combattu par la combustion respiratoire.

On voit donc, ces divers éléments du problème étant bien pesés, que ce refroidissement de 4 degrés centigrades et quelque dixièmes pour l'ascension du mont Blanc n'est nullement extraordinaire, puisque ce chiffre donne 1 degré centigrade et quelques dixièmes par 1000 mètres d'élévation, quantité très-rapprochée de 2°,3 centigrades que nous donne la théorie physique, lorsqu'on ne tient pas compte des combustions respiratoires. Les malaises connus sous le nom de *mal des montagnes*, et qui ont atteint avec une grande intensité deux de mes compagnons, sont donc dus surtout au refroidissement considérable du corps et peut-être aussi à une viciation du sang par l'acide carbonique.

Quand on est en état de digestion, le refroidissement devient presque nul, probablement à cause de l'accélération de la circulation, soit générale, soit capillaire, et peut-être aussi à cause d'une absorption extrêmement rapide des matières alimentaires. C'est ce qui explique l'habitude qu'ont les guides de faire manger toutes les deux heures environ. Malheureusement, à partir de 4500 mètres, l'inappétence devient telle qu'il est presque impossible d'avaler quelques bouchées de nourriture.

La grande loi mise en évidence par les beaux travaux de Mayer, de Joule, de Helmholtz et de Tyndall, nous semble donc également vraie, et pour les corps vivants, et pour les machines construites par la main de l'homme : chaleur et mouvement ne sont que des modes différents d'une même force.

L. LORTET,

Professeur à l'École de médecine et à la Faculté des sciences de Lyon.

CONGRÈS DES NATURALISTES ET MÉDECINS ALLEMANDS

SESSION TENUE A INNSBRUCK

M. J. R. MAYER

correspondant de l'Institut

Les conséquences nécessaires et les inconséquences de la théorie mécanique de la chaleur (1)

Le sujet dont j'aurai l'honneur de vous entretenir brièvement touche, comme vous deviez vous y attendre, à la théorie mécanique de la chaleur. Mais, comme après le discours de M. Helmholtz (2) que vous venez d'entendre, vous avez dû acquérir des notions générales sur ce sujet, je ne puis traiter ici des bases ni du développement des principes de la théorie mécanique de la chaleur, mais je me permettrai de vous dire quelques mots sur les conséquences et les inconséquences nécessaires de cette même théorie.

Le spirituel professeur Autenrieth a comparé chaque système à une tangente menée au grand cercle de la vérité. Cette ligne touche le cercle en un seul point; mais des conséquences trop rigoureuses faussent bientôt la nature. Si c'est avec raison que les hommes de science n'ont pas placé au premier rang le principe de l'utilité, il faut reconnaître qu'on irait trop loin, qu'on entreprendrait l'impossible, si l'on voulait refuser complétement à la théorie le droit de fournir des applications pratiques. Nous sommes en automne : puisse-t-il m'être accordé d'offrir à cette haute assemblée un fruit mûr de ma théorie de la chaleur.

Il y aura bientôt vingt ans que, dans un court mémoire intitulé : *Remarques sur l'équivalent mécanique de la chaleur* (voy. *Mécanique de la chaleur*, Stuttgart, 1867), j'ai émis l'idée d'un dynamomètre fondé sur cette même théorie. Tout récemment, j'ai pu construire un appareil très-simple, plus réduit, conduisant à l'évaluation directe de l'équivalent mécanique de la chaleur, appareil à l'aide duquel on peut démontrer *ad oculos* la vérité du principe en question. J'ai lieu de croire qu'à l'aide d'un semblable appareil calorimétrique on pourra mesurer facilement et avantageusement l'effet utile des moteurs hydrauliques et des machines à vapeur. Toutefois, c'est au jugement futur des ingénieurs qu'il doit être réservé de décider si cette méthode est préférable aux méthodes antérieures, et dans quelle mesure elle mérite la préférence. L'appareil, que je possède encore et qui n'a pas été décrit avec détails, consiste en une pompe foulante munie d'une soupape conique, pompe qui fait passer de l'eau à travers une étroite ouverture à l'aide d'un bras de levier portant un poids de 25 kilos. Chaque descente du poids produit une élévation de température notable, mesurable au thermomètre, dans le litre d'eau qui a été refoulé. Depuis cette époque, j'ai souvent pensé qu'il y aurait un intérêt pratique à employer

de semblables appareils pour évaluer la chaleur produite par des molécules quelconques. J'ai pu réaliser cette pensée, grâce à l'accueil amical de M. le président de Steinbeis et à l'appui obligeant que j'ai trouvé à l'École centrale des métiers et du commerce de Stuttgart. M. Émile Zech, directeur de la fabrique de machines de Heilbronn, s'est chargé de l'exécution avec l'habileté qu'on lui connaît. L'idée première, c'est-à-dire la transformation du travail en chaleur au moyen d'une pompe foulante, reçut de M. Zech une modification heureuse, en ce sens qu'il emploie un frein dont l'action se produit dans une caisse remplie d'eau. Si donc, on veut évaluer la chaleur produite par le travail pendant un certain temps, ce à quoi l'on arrive facilement, on obtient aussitôt le nombre de kilogrammètres ou de chevaux-vapeur fournis par le moteur. Si, d'un autre côté, on évalue à l'aide d'un compteur le nombre des tours exécutés par l'arbre, et si l'on connaît l'effort exercé par un poids suspendu à un bras du levier, on peut calculer également la force employée, et ce dynamomètre met dès lors en possession de deux méthodes différentes et commodes pour mesurer la force, méthodes qui se contrôlent mutuellement. Cet appareil permet d'évaluer la force des machines de vingt chevaux et plus; il contient 240 kilogrammes d'eau, et a été construit au prix de 250 florins du Rhin, ou de 210 florins d'Autriche. On le trouve à l'exposition des métiers et de l'industrie, à Heilbronn, et il est devenu la propriété de l'École centrale des métiers et du commerce. Comme toutes les méthodes employées jusqu'ici pour mesurer la force à l'aide du frein seul n'ont pas répondu aux exigences de l'exécution, j'espère avoir rendu un service important à l'aide de cet appareil qui est capable de fournir, sur une grande échelle, une évaluation directe de l'équivalent mécanique de la chaleur.

Avant de quitter ce sujet, je répondrai à une question souvent posée encore, savoir si la chaleur obtenue par des moyens mécaniques, par exemple, la chaleur qui se développe dans notre dynamomètre, n'est pas capable d'être utilisée ensuite avec avantage. Il faut malheureusement répondre à cette question par la négative, et voici pourquoi. Pour l'industriel, la chaleur est, dans le sens le plus large, la forme de force la moins coûteuse et, par suite, relativement la moins importante. Après elle vient le travail mécanique qui coûte déjà beaucoup plus cher; mais ce qui coûte plus encore, c'est la lumière et surtout l'électricité. Il en résulte que le mouvement ne peut jamais être transformé avec avantage en chaleur, ou que la chaleur obtenue par ce moyen n'est pas susceptible d'une utilisation plus grande. Des exceptions apparentes ne peuvent renverser la règle, et je voudrais pénétrer de cette vérité tous ceux qui s'occupent de la métamorphose des forces dans un but technique.

Laissons l'étroit atelier pour élever nos regards vers les vastes espaces célestes. De la théorie suivant laquelle le soleil devrait sa chaleur à la chute de masses planéto-cosmiques, on a voulu conclure l'arrivée d'un état de repos final et complet de la machine macrocosmique tout entière. Je saisis volontiers l'occasion qui s'offre à moi de me prononcer contre cette opinion. Pour ne pas dépasser les bornes de l'astronomie physique, je ne rappellerai pas l'idée du créateur et conservateur du monde. La théorie du développement de la chaleur, par la chute de masses séparées dans l'espace vient d'ailleurs de prendre naissance ; elle est par suite peu développée encore et ne permet pas de tirer des

---

(1) Il n'avait été fait du discours de M. Mayer qu'une rédaction incomplète. L'auteur a bien voulu la compléter en allemand pour la *Revue des cours scientifiques*, et en corriger la traduction française. Ce texte original est beaucoup plus étendu que la rédaction publiée à Innsbruck. — C'est ce qui explique le retard subi par cet article, comme par le discours de M. Helmholtz qui a aussi été remanié et augmenté par l'auteur, la rédaction d'Innsbruck n'ayant pas été revue par lui.

(2) Voyez ce discours dans notre avant-dernier numéro, 8 janvier 1870, page 92.

conséquences aussi avancées. Toutefois, je résumerai brièvement, à mon point de vue, ce qu'il est possible d'avancer aujourd'hui au sujet de la conservation du monde. Remarquons d'abord que la règle citée antérieurement, sur la valeur relative des différentes formes de la force, ne trouve son application que dans les conditions économiques et terrestres où nous nous trouvons placés, mais nullement dans l'économie du macrocosme. Le repos final du monde ou cette *entropie* qu'on redoute arriverait si un jour toutes les substances pondérables de l'univers étaient réunies en une seule masse. On pourrait alors imaginer un moment où la somme totale de la force vive existante serait uniformément distribuée dans cette masse sous forme de chaleur, et il en résulterait un perpétuel état d'équilibre (1).

Mais comment admettre la possibilité d'une telle réunion des masses ? La seconde loi de la théorie mécanique de la chaleur, la loi de Carnot, qui dit que la chaleur ne peut être utilisée pour produire du mouvement que lorsqu'elle passe d'un corps plus chaud dans un corps plus froid, ne suppose en aucune façon une réunion générale des masses; d'ailleurs une telle réunion serait même, malgré la loi de Carnot, impossible dans l'éternité. Il y a vingt ans déjà, Brayley, de Londres, puis Reuschle, dans un cahier récent du journal trimestriel allemand (*Vierteljahresschrift*), ont appelé l'attention sur ce fait que, si des masses de la dimension de notre soleil, ou d'une dimension moitié moindre, se précipitaient l'une sur l'autre, il en résulterait un effet tel que toute cohésion cesserait d'exister, et que leurs molécules seraient lancées dans l'éternel espace céleste. Nous avons donc complétement raison d'admettre que, dans la suite indéfinie des temps et dans l'espace infini, il s'est produit et il se produit encore des destructions semblables, ou des disparitions partielles de certains mondes. Nous trouvons une preuve de cette hypothèse dans l'observation des météores qui suivent une trajectoire hyperbolique. Je signalerai, à ce sujet, le mémoire important du professeur Heis, de Munster, travail intitulé : *La grande étoile filante observée le soir du 4 mars 1863 en Hollande, en Allemagne, en Belgique et en Angleterre* (Halle, 1863), mémoire que je dois à l'obligeance de l'auteur. Le mouvement vrai, héliocentrique, de ce météore avait une vitesse de 9145 milles géographiques par seconde. A la fin de son excellent travail, Heis cite une autre étoile filante observée par Vaillant et Le Verrier, à Paris, et par l'abbé Paumard, à Précigné, le 29 octobre 1857, étoile dont la marche a été calculée par M. Petit, directeur de l'observatoire de Toulouse. Ce météore suivait aussi une trajectoire hyperbolique. Fixons notre attention sur le globe de feu dont la marche a été calculée par Heiss. Ce météore possédait, comme il a été déjà dit, une vitesse de 9145 milles. A la distance de l'orbite terrestre au soleil, un corps ne devant son mouvement qu'à l'attraction de cet astre ne peut se mouvoir avec une vitesse dépassant 5,8 milles géographiques par seconde, et la terre elle-même, à cause de la faible excentricité de son orbite, ne possède en général qu'une vitesse ne dépassant pas 4 milles. Notre météore devait par conséquent, en ayant une vitesse de 9 milles à la distance de la trajectoire de la terre, pénétrer dans la sphère d'attraction de notre soleil avec une vitesse

de projection égale à 7 milles géographiques. Où aurait-il puisé un pareil mouvement? On serait tenté, pour l'expliquer, d'admettre un mouvement continu de transport de notre système solaire tout entier dans l'espace, ou de se réfugier dans l'hypothèse d'un mouvement autour d'un soleil central. Mais on ne peut concevoir l'existence d'aucune masse matérielle suffisamment grande pour communiquer une vitesse notable à notre soleil en agissant à la distance des étoiles fixes. En outre, si notre terre possédait, outre son mouvement de transport autour du soleil, un autre mouvement commun avec cet astre dans l'espace, la lumière, qui arrive des étoiles fixes sur la terre, devrait présenter des phénomènes d'aberrations différents de ceux que nous observons en réalité. Nous avons donc complétement raison de considérer notre soleil comme littéralement analogue à une étoile fixe, et de rejeter l'idée d'un transport de cet astre dans l'espace. Ceci étant établi, les météores dont la trajectoire est hyperbolique, doivent être considérés comme les courriers fulminants qui annoncent l'existence d'un conflit de la matière, conflit qui a dû avoir lieu quelque part, et qui a été assez puissant pour lancer dans l'univers les particules composant cette même matière. Si maintenant, il faut admettre que l'effet rayonnant de notre soleil, de même que celui de toutes les étoiles fixes, est lié à la chute de masses matérielles, il n'en est pas moins vrai que, par ce fait, ces masses ne s'épuiseront jamais, attendu que, par le conflit de très-grandes masses, une quantité suffisante de ces matériaux est restituée à l'univers.

Descendons maintenant de cet univers sur notre terre. Tous les mouvements observés sur notre planète proviennent du soleil, à l'exception des actions volcaniques et du mouvement de flux et de reflux. L'une de ces activités, celle que nous allons examiner de plus près, est un courant électrique qui se produit à la surface de la terre. L'existence d'un tel courant est prouvée par la direction de l'aiguille aimantée ; elle a d'ailleurs été démontrée directement par Lamont. Mais, comme il ne peut y avoir d'effet sans cause correspondante, à cette dépense considérable d'action électrique doit correspondre une restitution continue et tout aussi considérable. Nous devons donc, à ce point de vue, considérer la terre comme une grande machine électrique sans cesse en activité. Je ne parle pas ici des phénomènes locaux observés dans les orages. L'électricité de frottement, produite de cette façon, est aussitôt neutralisée par l'éclair, de sorte que les orages ne peuvent, en somme, exercer une influence notable sur l'état électrique de la surface totale de la terre. Quant à la cause permanente de la rupture constante de l'équilibre électrique à la surface de la terre, nous pouvons la trouver dans les courants d'air permanents qui existent entre les tropiques et que nous appelons vents alizés. La région la plus inférieure des vents alizés se charge, par son frottement sur la surface de la mer, d'une électricité opposée à celle qui s'accumule dans l'eau; cet air, échauffé par le soleil, puis pressé par l'air plus froid qui arrive en dessous de lui, s'élève vers les régions supérieures de l'atmosphère, et s'écoule ensuite vers les pôles, où il produit le phénomène brillant de la lumière polaire, dû à la tension électrique qu'il a acquise. Il faut bien remarquer maintenant que, grâce à l'état physique de la surface terrestre, l'activité électro-motrice de l'hémisphère sud est, en général, plus considérable que celle de l'hémisphère nord, d'où résulte une rupture constante de l'équilibre électrique, non-seulement sur les

---

(1) Voyez dans notre tome V, page 153, 8 février 1868, un discours de M. CLAUSIUS sur *Le second principe fondamental de la théorie mécanique de la chaleur.*

deux hémisphères, entre les pôles et l'équateur, mais encore entre le pôle nord et le pôle sud. C'est ce trouble constant de l'équilibre qui détermine la direction de l'aiguille aimantée. Nous donnerons le nom d'équateur météorologique à la zone étroite située entre les vents alizés du nord-est et du sud-est, et qui a été désignée par Dove sous le nom de zone du calme. Cette bande ne coïncide pas, comme on le sait, avec l'équateur géographique, mais elle oscille au nord de cet équateur, en s'en écartant lentement d'environ un degré à un degré et demi. L'expérience de la croix, *experimentum crucis*, qu'on cite au sujet de la théorie, ou, dirons-nous seulement, de l'hypothèse des vents alizés, comme la cause principale du magnétisme terrestre, ne prouverait que ce fait, savoir : que les variations connues, subies successivement par les pôles magnétiques et la déclinaison, marchent parallèlement avec les variations de notre équateur météorologique. Mais comme un pareil travail ne peut être effectué par un homme isolé, je me contenterai d'avoir soulevé cette question.

Passons maintenant du domaine de la nature inerte à celui de la nature vivante. Tandis que, dans le premier, nous voyons la nécessité et l'application de la loi à son heure toujours fixe, nous voyons dans le second régner l'opportunité et la beauté, le progrès et la liberté. Ce sont les nombres qui marquent la ligne de séparation. Dans la physique, les nombres sont tout ; dans la physiologie, ils sont peu de chose; dans la métaphysique, ils ne sont rien. Saturne, ce dieu qui dévorait tout, a cessé de régner ; le temps est productif dans notre domaine actuel. Dieu a dit : Que cela soit et cela fut ! Nous ne perpétuons pas seulement le monde vivant, ce monde croît et s'embellit. Faisons un pas en dehors de la nature morte pour pénétrer dans la nature vivante avec une calme réflexion. Nous avons à nous prémunir contre deux erreurs. D'abord nous ne devons pas négliger les connaissances acquises dans le domaine de la physique, lorsque nous pénétrons dans un territoire nouveau ; nous devons plutôt nous rappeler ces connaissances dans la physiologie et dans la philosophie. Les paroles de Platon μηδεὶς ἀγεωμέτρητος εἰσίτω doivent s'appliquer à notre sujet. La physique, au sens le plus vaste de cette expression, c'est-à-dire la science de la nature inerte tout entière, doit être considérée, dans l'étude de la physiologie et de la métaphysique, comme une science auxiliaire. En second lieu, nous ne devons pas nous appuyer trop rigoureusement sur les données physiques ; car, tandis que dans la physique nous rencontrons des lois, nous n'avons, dans l'étude des dernières sciences, que des règles.

La loi de la conservation de la matière et de la force trouve également son application en physiologie. L'organisme vivant ne peut ni engendrer ni anéantir la matière ou la force ; il ne peut pas non plus transformer les uns dans les autres les éléments chimiques qui lui sont fournis ; par contre, des combinaisons ternaires et quaternaires sont produites par le règne végétal de la manière la plus merveilleuse, combinaisons qui, le plus souvent, ne peuvent être obtenues artificiellement. Enfin, dans la nature vivante se manifestent une génération et une production, activité dont on chercherait en vain l'analogue dans le domaine de la physique pure. C'est pourquoi la proposition *ex nihilo nihil*, rigoureusement exacte au point de vue physique, ne peut déjà plus conserver sa rigueur en physiologie et moins encore en philosophie. Je rappellerai, à ce sujet, un passage remarquable du *Demonax* de Lucien. Inter-

rogé sur l'immortalité de l'âme, le philosophe répondit : « Oui, elle est immortelle comme toute chose. » Le principe de conservation, ou le second principe *nil fit ad nihilum*, conserve encore une haute valeur dans la création vivante de Dieu, car il n'est pas limité comme dans la nature morte par la proposition stérile : *Ex nihilo nil fit.*

Le physicien français, Adolphe Hirn, qui, avec Joule, Colding, Holtzmann et Helmholtz, a découvert l'équivalent mécanique de la chaleur, admet la conclusion, suivant moi aussi belle que vraie, à savoir qu'il y a trois catégories d'existences : 1° la matière; 2° la force; 3° l'âme ou le principe spirituel. Une fois que l'on a admis en principe qu'il n'existe pas seulement des objets matériels, qu'il y a aussi des forces, lesquelles, dans le sens plus restreint de la science, sont tout aussi indestructibles que la matière des chimistes, il ne reste plus qu'un pas à faire pour reconnaître et admettre l'existence d'êtres spirituels. Dans la vie inanimée, nous parlons d'atomes; dans la vie animée, nous trouvons des individus. Le corps vivant n'est pas formé uniquement, comme nous le savons déjà, de parties matérielles ; il est constitué essentiellement par des forces. Mais ni la matière, ni la force ne peuvent penser, sentir et vouloir. L'homme pense.

Pendant longtemps on a admis généralement que la moelle épinière, et surtout le cerveau, contenaient du phosphore libre, et l'imagination a attribué à ce *phosphore libre* un grand rôle dans les opérations de l'esprit. Mais les recherches les plus récentes et les plus exactes, faites en chimie organique, nous ont appris qu'aucun organisme vivant, et par suite le cerveau lui-même, ne contenait de phosphore libre. Toutefois, bien que de telles illusions doivent s'évanouir devant les résultats d'une science exacte, il n'est pas moins établi qu'il se produit continuellement, dans le cerveau vivant, des modifications matérielles, que l'on caractérise par l'expression d'activités moléculaires, et que les opérations de l'esprit de chaque individu sont intimement unies à cette action cérébrale matérielle. Mais c'est une grossière erreur d'identifier ces deux activités qui se produisent parallèlement. Un exemple éclaircira complétement la question. On sait qu'aucune dépêche télégraphique ne peut avoir lieu sans la production concomitante d'une action chimique. Mais ce que dit le télégraphe, c'est-à-dire le contenu de la dépêche, ne peut être considéré en aucune manière comme fonction d'une action électro-chimique (1). C'est ce que l'on peut dire encore avec plus de vérité du cerveau et de la pensée. Le cerveau n'est que l'instrument, ce n'est pas l'esprit lui-même.

Mais l'esprit, qui n'appartient plus à la catégorie des perceptions sensorielles, n'est pas un objet de recherches pour le physicien ni pour l'anatomiste. Ce que la pensée juge subjectivement exact est aussi vrai objectivement. Sans cette harmonie éternelle, établie par Dieu, entre le monde subjectif et le monde objectif, toutes nos pensées seraient stériles. La logique est la statique de la pensée, comme la grammaire en est la mécanique, comme la langue en est la dynamique. Permettez-moi de m'arrêter ici. Je m'écrierai de grand cœur : Une vraie philosophie doit et ne peut être qu'une initiation à la religion chrétienne.

J. R. MAYER.

Traduit de l'allemand par le Dr RABUTEAU.

---

(1) Voyez dans notre tome VI, page 11, 5 décembre 1868, un discours de M. J. Tyndall, sur *Les forces physiques et la pensée.*

ACADÉMIE DES SCIENCES DE PARIS

M. H. SAINTE-CLAIRE DEVILLE

de l'Institut

L'état naissant des corps

Il est absolument indispensable de donner à chacune des expressions dont on se sert dans les sciences une définition précise et invariable. Le mot *état*, usité en chimie, a particulièrement besoin de recevoir une acception qui ne permette plus de l'employer dans un sens vague et indécis, d'où résultent presque nécessairement des idées toujours confuses et souvent fausses. On doit entendre d'une manière générale par *état d'un corps* l'ensemble de toutes les propriétés dont il est doué, y compris sa composition, ou la propriété qu'il possède d'être réduit par l'analyse à un ou plusieurs corps déterminés. Aujourd'hui, un très-grand nombre de substances peuvent se présenter sous des états différents qu'il est encore bon de définir dans chaque cas particulier. Un corps simple n'est caractérisé que par les composés qu'il est susceptible de fournir, et non plus, comme autrefois, par certaines propriétés spécifiques et invariables. Les grandes découvertes de la science moderne, depuis Mitscherlich, ont en effet prouvé qu'un corps simple peut présenter plusieurs états allotropiques, suivant l'expression de Berzélius : le nombre de ces états est illimité. Ainsi nous appelons *phosphore* un corps simple qui, en se combinant avec l'oxygène, donne de l'acide phosphorique. Mais quand on étudie le phosphore lui-même, on voit qu'il possède divers états. Un certain nombre de propriétés constitue le phosphore rouge de Schrötter ; un autre ensemble constitue le phosphore blanc. Si l'on prend le soufre, dont les états si nombreux ont été observés avec les états du phosphore, on rencontre, dans la multiplicité des propriétés si différentes des divers soufres, dont le plus intéressant a été découvert par mon frère, l'argument le plus puissant qu'on puisse fournir aux partisans de l'unité de composition de la matière.

Le mot *état*, quand il est appliqué aux diverses manifestations d'un corps composé, l'état isomérique, par exemple, se définit, comme l'état allotropique, par l'ensemble des propriétés du corps composé que l'on considère.

Maintenant, que peut signifier ce qu'on appelle l'*état naissant* d'un corps quelconque? Pouvons-nous donner à cette expression une définition précise, même en la détournant de ce sens vague qu'on lui prête aujourd'hui? Je ne le crois pas : l'état naissant représenterait un ensemble de propriétés n'appartenant à un corps simple ou composé qu'au moment précis où celui ci se sépare d'une combinaison quelconque. Ne voit-on pas de suite que, ces propriétés étant nécessairement inconnues, celles que nous supposerons exister introduisent dans nos explications un cercle vicieux ou l'intervention d'une cause occulte.

Un corps, au moment où il sort d'une combinaison, est né ou n'est pas né. Il ne peut en même temps être combiné et non combiné, simple et composé; il ne peut être naissant. On ne suppose un état naissant que pour prêter à la matière un système de propriétés arbitrairement choisies afin d'expliquer des faits qu'on n'en sont pas plus clairs. Je vais essayer de démontrer par des expériences et par quelques raisonnements que cette fiction est inutile et, par suite, nuisible à la science.

En général, on fait intervenir l'état naissant pour expliquer des phénomènes qui se passent dans le sein des liquides, où des échanges d'éléments s'effectuent entre des matières dissoutes. Qui peut dire quel est l'état d'agrégation de ces éléments dans de pareilles conditions? Qui sait, par exemple, dans un mélange d'acide chlorhydrique et d'acide nitrique répandu dans une certaine quantité d'eau, quels sont les liens qui unissent ensemble les éléments : chlore, azote, hydrogène, oxygène? Dans un précédent travail (1), j'ai montré que des différences d'état physique du même ordre ne permettaient pas plus de supposer l'existence de l'acide sulfurique et de la potasse, dans le sulfate de potasse dissous, qu'il n'est possible aujourd'hui d'identifier le phosphore rouge et le phosphore blanc, le soufre octaédrique ou prismatique et le soufre insoluble. Les mêmes raisons, fondées surtout sur le dégagement de chaleur produit au contact de l'eau avec l'acide chlorhydrique et l'acide nitrique et sur la chaleur de contraction de ces matières au moment de leur mélange, ne nous permettent guère de préjuger l'état de ces acides dans de pareilles dissolutions. Puisque cet état est inconnu, il n'est pas rationnel de supposer qu'il puisse changer au contact d'une quatrième substance, pour prendre pendant un temps indé-

(1) Leçon sur l'*Affinité*, dans notre tome IV, page 241, 16 mars 1867.

finiment court une forme également inconnue : l'état naissant. Je vais développer cette pensée et montrer que toutes ces hypothèses sont inutiles, en m'appuyant sur une série de phénomènes qu'on rapporte ordinairement à l'état naissant. J'étudierai donc l'action que le zinc exerce sur des dissolutions d'acide sulfurique, ou d'acide chlorhydrique et d'acide nitrique, le résultat final étant la production du sulfate, du nitrate ou du chlorure de zinc, et la formation de l'ammoniaque.

On lit, dans le *Traité de chimie* de M. Regnault (t. I, p. 173), les lignes suivantes, qui représentent bien, à mon sens, l'opinion actuelle sur les phénomènes que je viens de citer :

« Quand on dissout du zinc dans de l'acide azotique étendu d'eau, la liqueur se trouve renfermer une quantité notable d'azotate d'ammoniaque. Cette formation s'explique de la manière suivante : en dissolvant du zinc dans de l'acide azotique très-étendu d'eau, il se dégage du gaz hydrogène, et il se forme de l'azotate d'oxyde de zinc ; la réaction est la même que celle qui a lieu au contact du zinc et de l'acide sulfurique étendu d'eau. Si l'on traite, au contraire, le zinc par l'acide azotique concentré, le zinc s'oxyde aux dépens d'une portion de l'acide azotique. Il se forme encore de l'azotate de zinc, et il se dégage de l'azote et des oxydes de l'azote. Enfin, si l'on traite le zinc par l'acide azotique d'une concentration moyenne, les deux réactions ont lieu à la fois, le zinc s'oxyde aux dépens de l'oxygène de l'eau et aux dépens de l'oxygène d'une portion de l'acide azotique ; et il se sépare un mélange d'hydrogène et d'azote. Ces deux gaz, se rencontrant à l'état naissant dans la liqueur, se combinent alors et produisent de l'ammoniaque. Aussi trouve-t-on une grande quantité d'ammoniaque dans la liqueur. On obtient une quantité encore plus grande d'ammoniaque en dissolvant le zinc dans un mélange d'acide sulfurique et d'acide nitrique étendu d'eau. On verse d'abord la dissolution d'acide sulfurique sur le zinc, puis on verse, goutte à goutte, l'acide azotique jusqu'à ce que le dégagement de gaz hydrogène cesse entièrement; le zinc continue à se dissoudre sans dégagement d'hydrogène, qui reste en entier dans la liqueur à l'état d'ammoniaque.

» Nous constaterons par la suite un grand nombre de faits semblables. Des gaz qui ne se combinent pas, lorsqu'on les mélange à l'état gazeux, se combinent souvent au moment où ils deviennent libres dans une dissolution. On dit alors qu'ils se combinent à l'état naissant. »

1° Je commencerai par démontrer que jamais, dans aucune circonstance de température ambiante ou de concentration, l'acide nitrique ne peut donner de l'hydrogène au contact du zinc et que la quantité d'ammoniaque produite est absolument indépendante de l'état de concentration de l'acide.

Je prends de l'acide nitrique pur, contenant 48,3 pour 100 d'acide anhydre, je le dissous dans de l'eau distillée, bouillie et refroidie dans de l'acide carbonique, de manière à chasser aussi complétement que possible l'air dissous dans la liqueur ; j'y introduis du zinc, en ayant soin d'écarter entièrement l'action de l'air.

Le vase dans lequel je fais l'expérience étant absolument plein et fermé, la dissolution du zinc s'effectue sans qu'il y ait dégagement visible de gaz; mais si je fais bouillir la liqueur dont j'ai séparé le zinc, ce gaz devient apparent : c'est du protoxyde d'azote sans bioxyde. Ainsi une dissolution contenant, pour 600 grammes d'eau, 1^{gr},20 d'acide hydraté ou 0^{gr},58 d'acide anhydre $(\frac{1}{517})$, dissout le zinc avec production de 23 centimètres cubes de protoxyde d'azote et formation d'une quantité notable d'ammoniaque.

Le protoxyde ainsi obtenu pouvait bien contenir un peu d'azote, mais ne renfermait pas trace d'hydrogène. En mettant en contact avec du zinc une liqueur contenant 20 grammes d'acide hydraté, ou 9^{gr},66 d'acide anhydre, mélangé avec 800 parties d'eau $(\frac{1}{41})$, il se produit à l'ébullition, en outre de l'azotate de zinc et de l'azotate d'ammoniaque, un gaz ayant un volume de 420 centimètres cubes et contenant les éléments suivants :

Bioxyde d'azote	58,8
Protoxyde d'azote	7,6
Azote	30,2
Oxygène (accident)	3,4
	100,0

Dans ces expériences et dans d'autres plus nombreuses, que je réserve pour un mémoire détaillé, je n'ai pu trouver aucune trace d'hydrogène.

Aucune expérience ne nous permet, aujourd'hui, de déterminer la chaleur de combinaison de l'azote avec l'oxygène, correspondante à la formation de 1 équivalent d'acide azotique étendu. Les expériences que je viens de décrire nous autorisent à conclure que cette quantité de chaleur est moindre que 34 462 calories, chaleur de combinaison de

1 équivalent d'hydrogène avec 1 équivalent d'oxygène. Les travaux de M. Favre nous apprennent que la chaleur nécessaire pour transformer 1 équivalent d'acide nitrique étendu en bioxyde d'azote et d'oxygène est égale à 20 655 calories, nombre bien inférieur à 34 462 calories nécessaires pour décomposer 1 équivalent d'eau. Ceci explique comment l'oxydation du zinc s'effectue uniquement aux dépens des éléments de l'acide azotique, dans ce cas particulier où le produit de la réaction est du bioxyde d'azote.

2° Voyons maintenant quelles sont les circonstances qui accompagnent la formation de l'azotate d'ammoniaque dans la réaction du zinc sur l'acide nitrique.

Quand on traite du zinc par un excès d'acide nitrique, on obtient dans la liqueur de l'acide nitreux (AzO^3) (1), du bioxyde d'azote en petite quantité (à cause de son insolubilité) du protoxyde d'azote en quantité souvent considérable [à cause de son coefficient élevé de solubilité ($\frac{1}{1}$)], de l'azote en très-faible proportion et enfin de l'ammoniaque. Il est clair qu'il ne se dégage à l'état de gaz que les éléments insolubles dans la liqueur, ou dont elle est saturée.

L'explication de tous ces phénomènes peut être donnée sans aucune hypothèse et sans faire intervenir l'idée d'un état particulier ou naissant de l'hydrogène, lequel, on le sait maintenant, ne peut jamais être fourni par la réaction.

Le dégagement de l'azote dans la réaction du zinc sur l'acide nitrique s'explique ordinairement par la formule suivante :

$$5Zn + 6AzO^5 = 5(ZnO, AzO^5) + Az.$$

En simplifiant, un seul équivalent d'acide nitrique supposé anhydre se décompose en présence de 5 équivalents de zinc, de sorte que, dans la liqueur, où l'acide nitrique peut être considéré comme bihydraté (AzO^5, $2HO$), si l'on enlève à ce système 5 équivalents d'oxygène, il restera

$$AzH^2O^2 = \tfrac{1}{5}(AzO^3, AzH^4O),$$

c'est-à-dire de l'azotite d'ammoniaque. L'expérience prouve qu'une partie seulement de cet azote reste combinée avec les éléments de l'eau, l'autre se dégageant sous forme gazeuse, ce qui rend compte de la formation, dans la liqueur, de l'acide nitreux, de l'azote et d'une partie de l'ammoniaque.

Le dégagement de protoxyde d'azote s'interprète par la formule :

$$4Zn + 5AzO^5 = 4(ZnO, AzO^5) + AzO.$$

En simplifiant, 1 équivalent d'acide nitrique supposé anhydre se décompose en présence de 4 équivalents de zinc, de sorte que l'acide nitrique pouvant être considéré dans la liqueur comme trihydraté (AzO^5, $2HO$), si l'on enlève à ce système 4 équivalents d'oxygène, il restera :

$$AzH^2O^3 = \tfrac{1}{4}(AzO^5, AzH^4, O),$$

c'est-à-dire du nitrate d'ammoniaque. L'expérience prouve qu'une partie seulement du protoxyde d'azote (AzO, H^2O^2) reste combinée avec les éléments de l'eau, l'autre se dégageant sous forme gazeuse ou restant dissoute, ce qui rend compte de la formation du protoxyde d'azote et d'une portion d'ammoniaque.

Dans ce genre d'explications, qui n'exige l'hypothèse d'aucun état nouveau et inconnu de la matière, l'ammoniaque proviendrait des éléments de l'acide nitrique bihydraté ; le nitrite d'ammoniaque (AzO^2H^2) et le nitrate d'ammoniaque (AzO^3H^2) sont considérés comme deux termes de désoxydation de l'acide nitrique à 2 équivalents d'eau (AzO^7H^2).

L'azote et le protoxyde d'azote pourraient aussi provenir d'une décomposition incomplète ou dissociation du nitrite et du nitrate d'ammoniaque, si instables de leur nature (2). J'ai eu l'occasion de faire voir comment la diffusion des sels dans l'eau (3) pouvait en provoquer la dissociation. Les grands travaux de Graham sur la diffusion et la dialyse en sont une preuve manifeste. Les dernières expériences de M. Marignac l'amènent à la même conclusion.

Tous ces phénomènes rentrent donc dans la classe de ceux que nous connaissons, et que nous expliquons sans hypothèses spéciales.

Il me reste encore à montrer dans quelle proportion l'ammoniaque et le protoxyde d'azote, l'azote et l'acide azoteux se produisent dans une liqueur où la composition, la température et la tension des gaz dissous

sont connues. J'ai fait un grand nombre de déterminations de ce genre, dont les résultats ne peuvent trouver place dans cet extrait, au moyen d'appareils assez compliqués qui seront décrits dans un mémoire détaillé. J'ai traité le zinc successivement par 1000 grammes d'eau contenant 2, 4, 6...., 20 grammes d'acide nitrique anhydre. Voici les tableaux de la première et de la dernière expérience, où je ramène les quantités de zinc dissous à l'équivalent 33, et dans lesquels je détermine les quantités de zinc que chacun des éléments trouvés dans la liqueur a transformé en oxyde :

| | Acide anhydre. | | 2 | Acide anhydre. | | 20 |
| | Eau. | | 1000 | Eau. | | 1000 |
	Quantités produites.	Zinc oxydé.	Acide consommé.	Quantités produites.	Zinc oxydé.	Acide consommé.
Ammoniaque	0,825	12,81	2,62	0,826	12,83	2,63
Azote	1,004	11,83	3,87	0	0	0
Protox. d'azote	0	0	0	1,888	11,33	4,63
Acide azoteux.	4,813	8,36	6,84	5,095	8,84	7,23
		33,00	13,33		33,00	14,49

Mes expériences prouvent que la quantité d'ammoniaque, la quantité de zinc dont celle-ci, en se formant, a provoqué l'oxydation et la quantité d'acide nitrique anhydre qui lui a fourni l'azote ne varient pas beaucoup quand la richesse en acide de la dissolution varie. La quantité d'azote décroît et la quantité de protoxyde d'azote croît lorsque la concentration de la liqueur augmente.

Dans une prochaine communication, je ferai connaître les résultats d'un très-grand nombre d'expériences et de déterminations numériques relatives à l'action du zinc et des métaux sur les mélanges de l'acide sulfurique et les acides hydrogénés.

HENRI SAINTE-CLAIRE DEVILLE,
professeur à la Faculté des sciences de Paris.

CHRONIQUE SCIENTIFIQUE

— M. Marey reprendra son cours au Collège de France demain samedi, à deux heures. Il continuera ses études sur le *mécanisme du vol des oiseaux*, que nous avons publiées l'année dernière.

— L'Académie de médecine de Paris sera présidée en 1870 par M. Denonvilliers, professeur à la Faculté de médecine de Paris, vice-président de 1869, qui remplace de droit M. Blache. M. Wurtz, doyen de la Faculté de médecine, a été nommé vice-président par 55 suffrages sur 69 votants, contre 7 voix données à M. Gavarret, professeur à la Faculté de médecine, 4 à M. Danyau, 1 à M. Bussy, directeur de l'École de pharmacie, et 2 bulletins blancs. — M. Béclard a été réélu, comme d'ordinaire, secrétaire annuel.

L'Académie de médecine a nommé aussi un membre dans la section de médecine opératoire, en remplacement de M. Lagneau. Voici quel était le classement des candidats sur la liste présentée par la section : 1° M. Voillemier ; — 2° M. Giraldès ; — 3° M. Léon Le Fort ; — 4° M. Trélat ; — 5° M. Maurice Perrin ; — 6° M. Desormeaux.

Au premier tour de scrutin, sur 85 votants, M. Giraldès a obtenu 39 suffrages ; — M. Voillemier, 26 ; — M. Desormeaux, 12 ; — M. Maurice Perrin, 7 ; — M. Léon Le Fort, 1. — Au second tour de scrutin, M. Giraldès a été élu par 54 suffrages contre 27 donnés à M. Voillemier, 1 à M. Desormeaux, et 1 à M. Maurice Perrin.

Le propriétaire-gérant : GERMER BAILLIÈRE.

---

(1) Je rappellerai que M. Terreil a constaté déjà la présence de l'acide nitreux dans la liqueur acide et a fait à ce propos des observations bien intéressantes, dont je regrette de ne pouvoir parler ici.

(2) Surtout dans un courant de gaz (*Revue des cours scientifiques*, tome IV, pages 218 et 246, 2 et 16 mars 1867).

(3) Voyez *Leçons sur la dissociation*, *Revue des cours scientifiques*, tome II, page 18.

PARIS. — IMPRIMERIE DE E. MARTINET, RUE MIGNON, 2.

REVUE

DES

COURS SCIENTIFIQUES

DE LA FRANCE ET DE L'ÉTRANGER

SEPTIÈME ANNÉE   NUMÉRO 9   29 JANVIER 1870

Paris, 28 janvier 1870.

Mort de Sars. — Souscription publique

La science vient de perdre un des zoologistes les plus éminents de notre époque, M. Sars, qui laisse sa nombreuse famille dans une situation très-précaire. Voici comment M. Gwyn Jeffreys, membre de la Société royale de Londres, rappelle dans *Nature* les principaux titres scientifiques de Sars, en faisant appel aux sympathies de tous les amis des sciences.

Cet éminent zoologiste est mort le 22 octobre dernier. Sa perte sera vivement sentie par tous les naturalistes qui ont pu, comme moi, mettre à profit les longues, laborieuses et consciencieuses recherches qu'il a faites sur la faune invertébrée des mers norvégiennes.

Sars était né le 30 août 1805, à Bergen, où son père était armateur. Lorsqu'il eut achevé ses études académiques à Christiania, et, dès sa jeunesse, manifesté le goût très-vif qui le poussait vers les sciences naturelles, il entra dans les ordres ecclésiastiques, et devint, en 1830, pasteur à Kinn, dans le diocèse de Bergen. Dix ans après, il fut chargé de la paroisse de Manger, dans le même diocèse. Comme ces deux localités sont situées l'une et l'autre sur le bord de la mer, Sars eut constamment des occasions de poursuivre ses recherches zoologiques. En 1829, il publia son premier essai intitulé : *Bidrag til Söedyrenes Natur-historie*, et, en 1846, la première partie de son célèbre ouvrage *Fauna littoralis Norvegiæ*. En 1854, il fut nommé professeur extraordinaire de zoologie à l'Université de Christiania, et il occupa ce poste, jusqu'à sa mort, à l'honneur de sa patrie et à la satisfaction de tout le monde scientifique. Sa supériorité comme zoologiste, non moins que comme paléontologiste, était pleinement appréciée par tous les naturalistes et les géologues, et il fut élu membre de plusieurs sociétés scientifiques étrangères. Notre distingué compatriote, feu Edward Forbes, a chaleureusement exprimé l'estime toute particulière qu'il professait pour les travaux de Sars, dans quelques pages éloquentes (66 et 67) de son ouvrage posthume intitulé : *Histoire naturelle des mers européennes*. « Rarement, dit-il, l'histoire naturelle a pu bénéficier de recherches plus complètes, plus sérieuses que celles de Sars, et le succès avec lequel ce naturaliste a poursuivi des investigations qui exigeaient, non-seulement une profonde science systématique, mais aussi une haute portée physiologique, est une preuve remarquable de l'abondance des ressources intellectuelles que le génie peut trouver autour de lui, mettre en œuvre et développer, quelque isolé qu'il se trouve, dans quelque condition que sa destinée l'ait jeté. Le nom de ce pasteur norvégien, ajoute-t-il, qui arriva à la réputation alors qu'il cherchait seulement à acquérir des connaissances familières à tous les natura-

listes de l'Europe et de l'Amérique, de l'Asie et des antipodes, prouve bien qu'un travail consciencieux et intelligent finit toujours par recevoir sa récompense, les applaudissements et la vénération de tous, alors même qu'il ne la demande pas. »

Par ses observations sur le développement des méduses, Sars élargit considérablement le cercle de nos connaissances sur le remarquable phénomène connu sous le nom de *générations alternantes*, que Chamisso avait le premier indiqué dans les Salpæ. Sa dernière publication, *Mémoire pour servir à la connaissance des crinoïdes vivants*, excita un intérêt tout particulier, en montrant qu'une race d'animaux, supposée éteinte depuis une période assez longue pour ne pouvoir être mesurée que par la durée de plusieurs époques géologiques passées, se trouve, de nos jours, à l'état vivant dans les abîmes des mers norvégiennes. Cette découverte fut le point de départ de cette récente exploration de nos propres mers, à de grandes profondeurs, qui a produit de si merveilleux résultats. Il est prouvé aujourd'hui que le crinoïde vivant ou lis-de-pierre (*Rhizocrinus Lofotensis*) habite beaucoup de parties de l'Atlantique, depuis les îles Loffoden jusqu'au golfe du Mexique.

Les œuvres que Sars a publiées sont au nombre de soixante-quatre, et elles ne sont pas moins bonnes et précieuses que nombreuses. Un de ses fils, le docteur George Ossian Sars, a hérité des goûts zoologiques et du talent de son père. Nul, parmi les naturalistes modernes, n'est plus versé que lui dans la connaissance des crustacés à yeux sessiles.

Il est profondément regrettable que, malgré la plus sévère économie, le professeur Sars laisse sa nombreuse famille dans une position plus que précaire ; six de ses enfants sont absolument sans ressources. Puis-je espérer que les naturalistes et les amis de la science m'aideront à faire une souscription pour venir provisoirement en aide à cette malheureuse famille, et qu'ils voudront bien exprimer, par un pareil tribut à sa mémoire, leur admiration pour la carrière et les services de l'éminent naturaliste ? Je recevrai tous les dons avec reconnaissance.

Au moment où Sars succombait, la section d'anatomie et zoologie de l'Académie des sciences de Paris venait de décider qu'elle le présenterait en première ligne pour une place de correspondant. On peut donc dire qu'il était adopté déjà par la France.

Aussi avons-nous pensé que la position douloureuse de sa famille éveillerait certainement parmi nous les plus vives sympathies, et la *Revue des cours scientifiques* a pris l'initiative d'une souscription publique en France pour soulager cette grande infortune. L'accueil qu'elle a reçu aussitôt montre que nous ne nous étions pas trompé.

Il est des causes qui n'ont pas besoin d'être défendues ; c'est assez de les connaître pour les adopter.

Les travaux du savant, M. Gwyn Jeffreys les indique en quelques mots, et ce n'est pas à nous qu'il appartient de les développer. M. E. Blanchard a bien voulu nous promettre d'exposer à nos lecteurs tout ce qu'il y eut d'original et de profond dans les recherches de Sars.

La valeur de l'homme, tous ceux qu'il a connus l'ont appréciée.

Sars ne se fit point naturaliste par profession, mais par amour véritable de la science : il était pasteur lorsqu'il publiait la plupart de ses grands travaux, et, s'il eût tourné vers un autre but l'activité qu'il mit au service de la zoologie, il n'eût pas manqué de conquérir à ses enfants une position heureuse et fortunée. Mais la science n'enrichit pas ceux qui la cultivent. En revanche, elle enrichit l'humanité, et elle est le principal instrument de la civilisation. Nous tous qui jouissons de ses fruits, nous devons donc nous rappeler, que les savants travaillent pour la Société tout entière, et que nous acquittons une dette en venant au secours de certaines infortunes.

Qu'on nous permette de remercier ici publiquement les hommes appartenant à toutes les branches de la grande famille scientifique qui se sont empressés de répondre avec tant de bienveillance à notre appel en s'inscrivant tout de suite sur la première liste, et qui assurent ainsi par leur patronage le succès complet de cette souscription.

Nous ne doutons pas que tous ceux qui cultivent la science ou s'intéressent à ses travaux ne tiennent à honneur de suivre un si noble exemple.

Émile Alglave.

Souscription Sars

PREMIÈRE LISTE

La *Revue des cours scientifiques*	50 fr.
MM. Ém. Alglave	20
Milne Edwards, de l'Institut	100
De Quatrefages, de l'Institut	20
E. Blanchard, de l'Institut	20
Longet, de l'Institut	20
Ch. Robin, de l'Institut	20
Claude Bernard, de l'Institut, sénateur	30
Deshayes, professeur au Muséum	20
Alph. Milne Edwards, professeur à l'École de pharmacie de Paris	50
Dr Marey, professeur au Collége de France	30
Dr Broca, professeur à la Faculté de médecine de Paris	20
Dr P. Bert, professeur à la Faculté des sciences de Paris	20
H. Sainte-Claire Deville, de l'Institut	20
Ad. Wurtz, de l'Institut	20
Dr Andral, de l'Institut	20
Ed. Becquerel, de l'Institut	10
Fremy, de l'Institut	20
Maréchal Vaillant, de l'Institut, ministre	20
Aug. Duméril, de l'Institut	20
Dr Bouillaud, de l'Institut	20
J. A. Serret, de l'Institut	10
Yvon Villarceau, de l'Institut	10
Decaisne, de l'Institut	10
Desnoyers, de l'Institut	10
Baron Jules Cloquet, de l'Institut	30
MM. Phillips, de l'Institut	20
Hermitte, de l'Institut	20
De Verneuil, de l'Institut	20
Général Morin, de l'Institut	10
Combes, de l'Institut	10
Descloizeaux, de l'Institut	5
A. Cahours, de l'Institut	10
E. Péligot, de l'Institut	10
Berthelot, professeur au Collége de France	10
Ch. Friedel, de l'École des mines	20
Debray, examinateur à l'École polytechnique	20
Balbiani, chef de travaux au Muséum	20
Künckel, aide naturaliste au Muséum	20
Bertin, sous-directeur de l'École normale	20
Briot, professeur suppléant à la Faculté des sciences de Paris	10
Dr Lorain, professeur agrégé à la Faculté de médecine de Paris	20
Félix Terrier, aide d'anatomie à la Faculté de médecine de Paris	10
Dr Després, professeur agrégé à la Faculté de médecine de Paris	10
Dr Onimus	15
Dr Charrier	10
Dr Ranvier, préparateur au Collége de France	10
Dr Liebreich	20
Liouville, interne des hôpitaux de Paris	10
Dr Sales-Girons, rédacteur en chef de la *Revue médicale*	5
Dr E. Javal	20
Hébert, professeur à la Faculté des sciences de Paris	20
Lechatelier, ingénieur en chef des mines	20
Moutier, professeur au collége Sainte-Barbe	10
Troost, professeur à l'École normale	10
Isambert, professeur au lycée Saint-Louis	10
Mascart, suppléant au Collége de France	10
Philippon, secrétaire de la Faculté des sciences de Paris	10
Ad. Martin, professeur à Sainte-Barbe	10
A. Descamps, docteur ès sciences	10
Leblanc, préparateur à l'École polytechnique	10
Demondésir, ingénieur en chef des tabacs	20
Kretz, inspecteur général des tabacs	10
Ch. Lauth	20
Salet	10
A. Gautier	5
J. Thierçelin	5
J. Riban	5
A. Riche, professeur à l'École de pharmacie	10
W. de Schœnefeld	20
Un anonyme	20
L. Vaillant, répétiteur à l'École des hautes études	20
Dr Cornil, agrégé à la Faculté de médecine de Paris	10
Dr Charcot, agrégé à la Faculté de médecine de Paris	10
Dr Fischer	5
A. Moreau, chef de travaux au Muséum	10
V. Duruy, sénateur, ancien ministre	20

MM. Boudet, secrétaire de la Société des amis
des sciences...................... 15
Ed. Bureau, docteur ès sciences......... 10
Transon........................... 5
Ph. Laurent...................... 5
Delanoüe......................... 5
Deschanel........................ 5
Bergon........................... 5
C. Wolff, astronome à l'observatoire de
Paris........................ 10
Ernest Brémond.................. 10
A. Cazin, professeur au lycée Bonaparte... 10
Maurice Bixio.................... 5
Grandeau, directeur de la station agricole
de l'Est...................... 10
Lacaze-Duthiers................. 10
A. Gaudry, chargé de cours à la Faculté des
sciences de Paris............... 40
La *Société philomathique*............ 100

Souscriptions recueillies à la Société de géographie :

MM. De Chasseloup-Laubat, sénat., ancien ministre 50 fr.
Antoine d'Abbadie, de l'Institut.......... 50
C. Maunoir...................... 10
Barbié du Bocage................. 20
E. Cortambert................... 10
Richard Cortambert.............. 10
Casimir Delamarre............... 10
E. G. Rey....................... 10
J. Garnier, ingénieur............. 10
Guérin.......................... 10
Théodore Delamarre.............. 10
Henri Joly...................... 10
Trémaux........................ 10
Élisée Reclus................... 1
Mandrot........................ 20
De Morineaux.................... 10
Couturier....................... 10
Arthur Michel................... 10
Barlatier de Mas................ 10
Standish........................ 10
Édouard Bertrand................ 5
Reboul.......................... 10
De Champlouis................... 10
J. Girard....................... 10
Schliemann...................... 10

Souscriptions recueillies à la Société de géologie :

MM. Daubrée, de l'Institut............ 20
P. Gervais, correspondant de l'Institut.... 20
Caillaux........................ 5
J. Levallois.................... 20
Roux............................ 5
Pisani.......................... 5
Delesse, professeur à l'École normale..... 20
Panan........................... 20
Collomb......................... 5
De Serre........................ 10

Total de la première liste......... 2026 fr.

On souscrit au bureau de la *Revue des cours scientifiques*, 17, rue de l'École-de-Médecine, Paris.

Les souscripteurs de Paris peuvent faire toucher à domicile. Il leur suffit d'envoyer aux bureaux de la *Revue des cours scientifiques* leur nom et leur adresse avec le chiffre de leur souscription.

Les souscripteurs des départements ou de l'étranger pourront envoyer leurs offrandes en un bon sur la poste, en toute autre valeur sur Paris, ou en timbres-poste français.

SOIRÉES SCIENTIFIQUES DE LA SORBONNE

M. JULES GARNIER

Taïti

Messieurs,

L'année dernière, j'ai eu l'honneur de vous parler de la Nouvelle-Calédonie et de ses rudes habitants (1), aujourd'hui ce sont des mœurs moins étranges, des aventures moins périlleuses que j'aurai à vous retracer.

Taïti est la terre la plus isolée qui existe ; elle se trouve à peu près au centre du vaste océan Pacifique, dont les bords sont, à l'est, les rivages circulaires des deux Amériques, depuis le redoutable cap Horn jusqu'au détroit de Behring ; à l'ouest et symétriquement, les côtes de la Nouvelle-Hollande et celles du nord-ouest de l'Asie. Enfin, au nord et au sud, les terres glacées des deux pôles.

La plus courte distance qui sépare Taïti de ces continent dépasse mille lieues.

Si j'ajoute maintenant que la surface de l'île n'est que le double de celle du département de la Seine et que 9000 insulaires, au plus, habitent ses rivages, vous vous demanderez avec raison, messieurs, pourquoi tant d'écrivains éminents, de voyageurs illustres, n'ont pas dédaigné de consacrer de longues pages à ce point perdu au milieu du vaste océan Pacifique ; mais, si vous vous approchez vous-mêmes de cette île, sur la mer toujours paisible, bleue, transparente, qui l'environne ; si vous contemplez du large ses montagnes aux mille pics, aux flancs sillonnés de cascades étincelantes ; si vous parcourez ensuite ces vallées, ces ruisseaux, qu'enveloppe une atmosphère odorante et fraîche ; si vous vous abandonnez avec les indigènes à un voluptueux *far niente* ; si vous suivez du regard leurs danses si animées ; si vous écoutez ces chanteurs choisis parmi les plus jeunes, les plus beaux et les plus belles, ornés, on pourrait dire vêtus, des fleurs parfumées de leurs bois, vous comprendrez alors que de tels spectacles aient pu inspirer les voyageurs qui auront cru trouver, dans ce nouvel Éden, la réalisation des plus douces rêveries de l'homme à tous les temps.

---

(1) Voyez dans la *Revue des cours littéraires*, tome V, page 462, 20 juin 1868, une lecture de M. J. Garnier sur la Nouvelle-Calédonie.

Notre frégate était à peine mouillée devant le chef-lieu de l'île que la brise de terre nous arrivait pleine des parfums du rivage; armés de nos lunettes, nous cherchions vainement à distinguer les habitations ensevelies au milieu de verdoyants amas d'arbres, de plantes et de fleurs; après une traversée un peu longue, un tel spectacle est toujours enchanteur pour le marin, mais il devient bientôt le supplice de Tantale, s'il ne peut descendre au rivage; aussi, sans attendre les canots du bord, je me laissai glisser dans une pirogue indigène qui retournait à terre après s'être rapidement défait de sa cargaison d'oranges; c'est ainsi que j'abordai sur cette île renommée.

Nous devions faire une longue relâche, et mon dessein était d'en profiter pour explorer l'île; le gouverneur et son chef d'état-major se montrèrent très-favorables à mon projet qu'ils secondèrent de leur mieux, car ils mirent à ma disposition un bateau pour porter mes provisions et mes instruments le long de la côte; un interprète et un ordre écrit en langue française et indigène qui me permettait de requérir auprès des chefs de tribu et des autorités françaises, tous les hommes et moyens qui me seraient nécessaires pour l'accomplissement de mon entreprise; enfin, M. Méry, officier d'artillerie et géologue amateur passionné, fut autorisé à se joindre à moi dans ce voyage. Cette dernière circonstance me rendait d'autant plus heureux que je m'étais lié à M. Méry dans une autre contrée où nous avions fait ensemble de longues courses géologiques; habitant, en outre, Taïti depuis plus d'une année, il parlait déjà assez couramment la langue et connaissait les coutumes des indigènes. J'ai toujours présent à l'esprit l'accueil cordial que je reçus de mon ancien compagnon de voyage et quelle franche hospitalité je trouvai sous son toit!

Comme vous le voyez, messieurs, j'étais donc dans les meilleures conditions pour faire un voyage agréable et fructueux; aussi, dès le surlendemain de mon arrivée, c'est-à-dire aussitôt que nos préparatifs furent terminés, nous nous mîmes en route le long du rivage, le pied leste et le cœur léger, pendant que des rameurs indigènes entraînaient vigoureusement sur la mer calme le bateau chargé de nos provisions.

Taïti a la forme d'un 8 qui serait couché dans la direction du nord-ouest au sud-est; elle est entourée presque partout d'une plage horizontale, qui s'élève de quelques mètres au-dessus du niveau de la mer et repose ordinairement sur des bancs de coraux morts; c'est là que la végétation se montre dans tout son luxe; les forêts de cocotiers, d'orangers, de papayers, les arbres à pain, y forment un dôme élevé et d'épais rideaux de verdure qui s'entr'ouvrent çà et là un instant pour laisser apercevoir la mer et son horizon sans borne.

Tous les indigènes sont échelonnés le long de la plage verdoyante que je viens de signaler, car l'intérieur de l'île est un chaos de montagnes et de pics dont les pentes ont des inclinaisons tellement exagérées et supportent une végétation si touffue, que non-seulement on ne songe point à y habiter, mais que les explorations y sont très-souvent impossibles.

Nous passions ordinairement la nuit dans un village indigène; la renommée nous y précédait habituellement et un repas nous attendait, peu varié, mais copieux, le traditionnel cochon de lait, cuit tout entier dans la terre au moyen de cailloux rougis préalablement dans un brasier, des poules, des pommes de l'arbre à pain et toute espèce de fruits.

Pendant que nos domestiques étudiaient le menu indigène et lui donnaient la dernière main, sur ma demande, le chef assemblait son conseil pour lui lire les ordres du gouverneur; bientôt on voyait arriver dans la salle du conseil ceux qui, par leur âge, leur talent ou leur naissance, avaient mérité l'honneur de faire partie du conseil de la tribu; avec toute la gravité que leur semblait réclamer la circonstance, ils s'asseyaient autour de la natte, où, déjà installés nous-mêmes, auprès d'une corbeille de fruits, nous nous rafraîchissions tout en nous reposant des fatigues d'une longue marche.

Enfin, le chef, ouvrant respectueusement la lettre du commandant de la colonie, en donnait lui-même lecture en langue taïtienne; il s'arrêtait à chaque phrase pour laisser la liberté des commentaires qui ne faisaient pas défaut; les orateurs, prenant la parole les uns après les autres, parlaient plus ou moins longtemps, tout en nous désignant du geste, pendant que les regards de l'assemblée étaient fixés sur nous.

Cette discussion d'une épître de vingt lignes durait plus d'une heure, tant ces peuples oisifs s'empressent de saisir les plus petits événements pour occuper leurs loisirs. Enfin, le chef lui-même, prenant la parole, nous assurait, dans un long discours, de son dévouement à nos ordres; aussitôt après la traduction que nous en faisait l'interprète, on se donnait de mutuelles et chaudes poignées de main; je retenais à dîner les principaux du conseil, n'oubliant jamais de prier le chef d'envoyer chercher son épouse, puis mettant l'une à ma gauche, l'autre à ma droite, le repas commençait à la satisfaction générale.

Dans le district d'Atimaono, au sud de l'île, la plaine qui borde la mer atteint sa plus grande largeur, qui est de 3 kilomètres environ; là sont installés depuis 1864 les établissements agricoles d'une compagnie anglaise qui, après avoir acheté aux indigènes, à des prix minimes, 4000 hectares de cette excellente terre, y a introduit 1600 coolies chinois; bientôt, sous les efforts constants de cette nombreuse troupe de travailleurs, ce terrain horizontal et formé d'un humus profond a été découpé par des routes larges et commodes, bordées d'innombrables plants de bananiers et d'arbres à fruits; la hache a abattu ces forêts inextricables et inutiles, dont les bois ont été sur place consumés par le feu, pendant que d'immenses plantations de cannes à sucre, de coton, de café, les remplaçaient; les nombreuses habitations du personnel de cette colonie, s'étendant au bord de la mer, y forment un pittoresque ensemble, et toute cette animation, due au travail, contrastait vivement avec le calme et l'inaction des autres points de l'île.

Et comment ne pourrait-on pas obtenir de beaux résultats en travaillant cette terre, lorsque sans recevoir de culture elle fournit déjà spontanément aux indigènes la plus grande partie de leur nourriture; c'est d'abord un bananier sauvage, le *Musa Feii*, qui forme de vastes forêts dans les montagnes et dont on pourrait dire ce qu'Ésope disait de la langue: c'est ce qu'il y a de meilleur et de plus mauvais; de meilleur parce que ses fruits seuls peuvent suffire à la nutrition de l'homme; de plus mauvais, parce que cet aliment substantiel et gratuit leur permet de passer la vie dans une oisiveté complète.

C'est ensuite l'arbre à pain, l'*Artocarpus incisa* des naturalistes, et le *Maiore* des Taïtiens; le même pied donne jusqu'à quatre récoltes par année, et ses fruits, frais ou conservés, forment la base de la nourriture des indigènes, aussi leur imagination féconde a-t-elle attribué à cet arbre une origine merveilleuse : c'était pendant une disette, un vieillard que sa sagesse mettait en rapport avec les dieux, conduisit sur une montagne élevée sa tribu qui mourait de faim ; il fit un trou dans la terre, s'y enterra jusqu'à la ceinture, puis ordonna à ses concitoyens surpris de s'éloigner et de revenir le lendemain. Ceux-ci obéirent, mais, à leur retour, quel ne fut leur étonnement lorsqu'ils trouvèrent un arbre à la place du corps de leur vieux chef ; ses pieds et ses jambes, ramifiés dans le sol, y formaient des racines puissantes, son torse était devenu un tronc vigoureux, enfin ses bras et ses cheveux formaient les branches, la tête et le fruit sauveur.

Cette légende vous donnera une idée de l'imagination poétique de ces insulaires ; il y aurait un volume à écrire sur les fables gracieuses que leur ont inspirées chacune des beautés de l'admirable nature qui les environne.

J'ajouterai encore que le coton, l'oranger, le goyavier, le tabac, croissent aussi sans aucune culture.

La géologie de cette île, qui était cependant notre principal objectif, ne nous présenta pas une étude bien variée, car tout son relief est dû à une série d'éruptions volcaniques qui eurent lieu à des époques différentes, ce que l'on constate facilement, soit par la nature des roches éruptives, soit par la position des coulées plus jeunes sur les plus anciennes.

De longues années de calme séparent parfois deux éruptions, un continent assez vaste était peut-être alors émergé ; il était recouvert d'une végétation puissante dont on a retrouvé des débris carbonisés sous des coulées de lave et même de basaltes ; des empreintes de coléoptères, d'espèces encore vivantes aujourd'hui, dénoncent aussi une faune contemporaine de ces époques d'éruptions intermittentes.

Mais ces périodes tranquilles faisaient subitement place à des phénomènes dévastateurs, les *trachytes*, les *dolérites*, les *basaltes*, en un mot toutes les roches figées qui forment aujourd'hui la charpente de l'île, jaillissaient des profondeurs du sol dont elles inondaient la surface.

Quelle désolation régnait alors sur ces roches scorifiées encore frémissantes ! plus de végétation, plus d'animaux, plus d'eau. Cependant le refroidissement s'effectuait, le retrait faisait fendre de toute part les roches nouvelles, les eaux pénétraient dans ces crevasses et y coulaient suivant les pentes générales, c'est-à-dire vers la mer. A la longue, ces lits primitifs se modifièrent, s'élargirent et formèrent enfin les vallées que nous voyons aujourd'hui, mais que de siècles furent nécessaires pour effectuer cette transformation !

Les surfaces des roches volcaniques, en se décomposant, formèrent la terre qui recouvre le pied des vallées et des montagnes ; humus fertile, car il contient déjà les éléments les plus propres à la végétation.

C'est ainsi que la vie put revenir peu à peu avec les plantes, les animaux, les hommes eux-mêmes.

Au milieu de ce calme, les laborieux zoophytes qui donnent le corail s'établirent en abondance sur les rivages et formèrent la ceinture qui environne l'île, celle-ci, comme dans la plupart des îles océaniennes, laisse entre elle et la mer un canal aux eaux toujours tranquilles, sur lequel les navires peuvent circuler.

Tout en analysant les grands phénomènes ignés dont ces parages furent le théâtre, nous ne cessions point d'observer es mœurs des indigènes.

En entrant dans un village, on est surpris de voir le calme et la paix qui y règnent ; qu'elle est loin, cette fiévreuse animation des peuples civilisés ! Assis au grand air, formant des groupes pittoresques, à l'ombre de leurs arbres à pain, hommes et femmes causaient ou chantaient ; s'ils travaillent à préparer leurs étoffes au moyen d'écorces battues, c'est toujours par des chants qu'ils accompagnent le bruit de leurs marteaux. Les femmes, dès le matin, et semblables à nos dames, ont passé plusieurs heures à leur toilette ; au réveil, elles se plongent dans les eaux de la mer ou du ruisseau voisin ; là, pendant plusieurs heures, on les voit plonger, nager et lutter d'habileté les unes avec les autres ; au sortir du bain, elles confient à la brise le soin de sécher leur corps et leur longue chevelure flottante ; c'est de cette magnifique chevelure noire et lisse dont elles ont le plus de soin, elles la divisent en deux longues tresses, puis la recouvrent de *monoï*, cette huile parfumée qu'ils savent extraire du cocotier ; l'odeur âcre du *monoï* déplaît d'abord à l'Européen, mais bientôt il lui trouve un charme tout particulier. Pour terminer leur toilette, elles parcourent les bois environnants et y cherchent des fleurs sauvages dont elles font des couronnes et de longues guirlandes.

Cependant une chose nous choqua, c'était de voir les hommes se couronner de fleurs à la façon des femmes ; je venais de visiter les rudes habitants de la Polynésie occidentale ; à la Nouvelle-Calédonie, l'homme va nu, ses armes sont la seule parure qu'il veuille et qu'il estime ; quant à l'épouse, c'est à peine si cette humble compagne ose, pour lui plaire, placer dans sa chevelure quelque fleur sauvage et si elle rencontre un guerrier sur sa route, elle se jette à l'écart pendant que lui passe, superbe, sa longue sagaie à la main, sans même accorder un regard à celle qui vient ainsi de lui céder la place.

J'étais donc dans l'étonnement de voir combien les Taïtiens sont efféminés, et leur douceur me semblait être plutôt le signe d'un esprit dégradé que d'une âme vraiment bonne ; s'ils ne sont plus anthropophages, c'est que la crainte de nous déplaire les en empêche ; mais vous verrez qu'ils avaient des cruautés gratuites plus odieuses que le cannibalisme lui-même.

Je suis resté pendant trois années dans les montagnes de la Nouvelle-Calédonie, vivant de la vie des indigènes, j'ai eu des hommes tués et mangés par eux ; mais ils ne m'ont jamais volé le moindre objet ; cependant combien de fois ne m'est-il pas arrivé de laisser dans une case, au milieu d'une tribu encore insoumise, une partie de mes vivres et de mes instruments ; plus tard je revenais les chercher, et jamais rien ne manquait de ces objets si bien faits pour exciter l'envie de ces sauvages. Il est un seul cas où ils volent, c'est celui où, vous considérant comme un ennemi, ils en veulent à vos jours ; défiez-vous alors, fuyez même.

Il n'en fut pas ainsi pendant les quelques semaines que je mis à explorer Taïti ; j'avais avec moi, pour domestique, un homme qui avait partagé mes principales excursions à la Nouvelle-Calédonie ; habitué à la probité des Calédoniens, il ne se préoccupait point de notre bagage, qu'il laissait çà et là pendant les campements ; qu'arriva-t-il ? c'est qu'à notre retour, il ne nous restait plus que le vêtement que nous portions, tout le reste avait disparu, à la grande colère de mon honnête serviteur, dont on avait si indignement abusé de la confiance. — Parmi eux, le vol n'est point méprisable, et les chefs le laissent parfaitement impunis. Dans leurs rapines, les Taïtiens apportent même des moyens assez ingénieux; si, profitant, par exemple, d'une nuit obscure, ils veulent faire main basse sur le poulailler de quelque colon, ils se mettent complétement nus, répandent sur leur corps une abondante couche d'huile et se barbouillent le visage de noir; de cette façon, ils glissent comme une anguille entre les mains de ceux qui veulent les arrêter, et le noir devient un masque qui les empêche d'être reconnus.

Un des principaux épisodes de notre voyage fut une excursion au lac renommé de Vaihiria; il est situé à 400 mètres d'altitude et l'on n'y parvient que par un sentier pénible qui longe un torrent rapide, qu'il nous fallut traverser cent douze fois, malgré les dangers que présentait le passage du lit de cette rivière, qui n'est formé que de galets arrondis qui se dérobent et roulent avec les eaux lorsque le pied cherche à y prendre un appui; aussi les plus agiles d'entre nous se laissèrent-ils choir souvent dans ces eaux rapides et tumultueuses qui les emportaient plus ou moins loin, tout meurtris par le choc des galets qui fuyaient avec eux.

Un de nos guides avait précisément accompagné au lac madame Ida Pfeiffer, la célèbre voyageuse, et il nous raconta le courage de cette femme intrépide, qui n'avait pas reculé devant les difficultés et les danger d'un semblable trajet.

Le lac occupe la partie inférieure d'un vaste entonnoir de 500 à 600 mètres de hauteur, ouvert seulement du côté de la vallée par laquelle on arrive; le long des parois de ce cône renversé, mille cascades retentissantes descendent d'un bond jusqu'à ses pieds; les lignes blanches qu'elles tracent dans l'air contrastent vivement avec la couleur brune de ces berges élevées, et le paysage est encore assombri par de gros nuages qui constamment se meuvent avec lenteur sur leurs sommets et sur leurs flancs. Le mugissement de ces eaux en furie trouble seul cette sauvage solitude, et l'on s'imaginerait difficilement un spectacle qui offre plus de majesté et de splendeur.

Dans cette île, aussitôt que l'on atteint une altitude de 400 ou 500 mètres, on rencontre la pluie, ou bien on est environné de brouillards, desquels s'échappent constamment de fines gouttelettes; et il en doit être ainsi, car les brises de la mer, toujours saturées d'eau, remontent brusquement le long de ces sommets, où la température, plus basse, les force à déposer leur eau. Il en résulte que cette île est une des plus arrosées qui existe: à chaque pas, le long des rivages, ce sont des ruisseaux à franchir; ces courants d'eau ne sont pas recouverts de ponts. Mais ce qui est un désagrément pour l'Européen est un plaisir pour le Taïtien, qui n'a pas adopté notre costume; il se contente de relever son *paréo*, c'est ainsi qu'ils nomment l'étoffe dont ils enveloppent leur taille et qui descend sur leurs jambes à la façon d'une jupe; quant aux femmes, c'est une joie pour elles de rencontrer un ruisseau, et n'eût-il qu'un demi-pied de profondeur et fussent-elles en compagnie de l'équipage d'une frégate, elles relèvent leur longue robe flottante, s'assoient dans l'eau un instant, et les plus modestes d'entre elles mettent à faire cette ablution une coquetterie qui leur semble toute naturelle, bien qu'elle froisse si complétement nos sentiments de pudeur.

Lorsque nous arrivâmes au sommet du torrent, la nuit s'avançait rapidement; pendant que nos guides faisaient des feux et un abri, nous examinâmes le lac plus en détail. Ses bords sont impraticables, et pour se rendre sur la rive qui

nous faisait face, les naturels partent à la nage, à demi supportés par quelques tiges de *Feis* juxtaposés; c'est en évaluant le temps employé par un indigène pour se rendre ainsi sur l'autre bord que nous avons eu une première approximation sur la largeur du lac; cet homme, faisant 35 mètres environ par minute, en mit seize pour faire la traversée.

D'un autre côté, une balle de fusil, lancée horizontalement, allait bien près de l'autre rive, et M. Méry calculait que, dans les circonstances de l'opération, la portée de nos balles était de 500 à 600 mètres.

D'après ces deux expériences, la longueur du lac serait donc donc d'environ 600 mètres. Pour avoir sa profondeur, je me plaçai aver une sonde sur deux tiges de *Feis*, réunies par des chevilles de bois, j'avais ainsi tout le buste hors de l'eau et je ramais avec les mains; je trouvai que le lac avait une profondeur à peu près uniforme de 10 mètres.

Ce lac ne déverse pas directement ses eaux dans la vallée qu'il domine; il en est séparé par une barrière de 5 ou 6 mètres de hauteur. C'est donc par évaporation et par infiltration que se réduisent ses eaux; l'infiltration surtout est tellement considérable qu'à 200 ou 300 mètres au-dessous du lac, il s'est déjà créé deux torrents qui, bientôt après, se réunissent pour former la rivière que nous avions rencontrée.

Aujourd'hui, grâce à ce lac, dont le niveau s'élève dans les grandes pluies et s'abaisse pendant la sécheresse, les plages et terrains cultivables qui appartiennent à la vallée ne craignent ni les inondations, ni le manque d'eau; avantages qui disparaîtront le jour où ce réservoir naturel déversera directement ses eaux dans la vallée.

Poursuivant notre voyage autour de Taïti, nous arrivâmes enfin à la presqu'île du sud, qui est celle qui offre au touriste le plus d'intérêt, car ses habitants, éloignés des établissements européens, y ont conservé davantage leurs mœurs anciennes. Je me souviens toujours de l'accueil qui nous fut fait dans la tribu de Teahupoo par le vieux chef Vehiatua. — Ce vieillard avait abdiqué en faveur de son fils, qui était absent lorsque nous arrivâmes; je ne sais s'il voulut profiter de ce retour momentané au pouvoir pour montrer l'opulence de sa tribu, ou s'il désira faire revivre en cette occasion l'hospitalité sans bornes qui était autrefois l'apanage de ses compatriotes; toujours est-il qu'il nous fit un splendide accueil. Ce fut d'abord un repas homérique, pendant lequel notre hôte, vêtu à l'européenne, avec sa belle chevelure blanche, son visage maigre, bronzé, imposant, n'offrait rien, ni dans l'aspect, ni dans l'allure, d'un homme élevé dans la vie sauvage; en tous cas, il avait bien appris à honorer Bacchus, ce dieu que nous avons introduit dans leurs fêtes; mais, malgré ses nombreuses libations, Vehiatua conservait sa mine haute, sa parole lucide.

Mon compagnon, M. Méry, familier avec les goûts des indigènes, m'avait engagé à emporter surtout du vin. Nous en avions donc mis un tonneau dans notre embarcation, et j'eus plus d'une fois l'occasion de juger de l'importance de cette précaution; car, lorsque nos hôtes avaient bu quelques rasades, nous obtenions avec la plus grande facilité, pour le lendemain, des guides, des porteurs et mille renseignements sur les points curieux du district; il est vrai que, plus d'une fois, sur les assertions des indigènes, nous fîmes, dans l'intérieur des terres, de longues et stériles courses. Ainsi, à Tutaviri, dans le sud, nous pénétrâmes péniblement dans l'intérieur pour voir des *requins de pierre*, disaient les naturels. Ce n'étaient que des roches de forme bizarre qui, dans leur imagination seulement, présentaient de l'analogie avec le terrible squale.

En notre honneur, le vieux chef avait mandé les jeunes gens et les jeunes filles de la tribu; leurs éclats de rire joyeux nous prévinrent bientôt de leur arrivée; ils se poursuivaient l'un l'autre au milieu de ces bosquets odorants qui nous environnaient; ils s'étaient parés de guirlandes et de couronnes de fleurs. Enfin leurs danses animées, leurs chants pleins d'une harmonie imprévue, étonnante, bizarre, leurs longs discours terminèrent la soirée.

Comme tous les peuples primitfs, ils naissent orateurs et aucun d'entre eux n'éprouve le moindre embarras à prendre la parole devant la plus grande assemblée; cependant, ils savent très-bien discerner les habiles dans cet art, et l'on a remarqué que lorsqu'ils parlent des hommes célèbres du temps passé, contrairement à ce qui se passe chez nous, ils ne disent pas : « c'était un grand capitaine » mais : « c'était un homme qui parlait bien « *Taata parapara amaitai* ».

L'éloquence et la poésie se touchent de trop près pour que le Taïtien ne soit pas poète; son climat délicieux, ses fertiles et riantes vallées, qui lui permettent une vie de plaisirs et de volupté, lui inspirent aussi des poésies d'une douceur et d'une grâce surprenante; ne croyez pas que semblables à nos amants des muses, ils aient besoin de se torturer le cerveau pour produire ces phrases merveilleuses; non, et ces poésies légères ont même souvent des femmes, des jeunes filles, pour auteur; et ce sont ordinairement des chagrins d'amour qui les provoquent, mais écoutez plutôt l'histoire qui va suivre et vous en jugerez :

Au moment de mon passage dans la tribu de Teahupo, une jeune fille, *Taourou*, avait perdu son fiancé; il s'était embarquée sur une petite goëlette pour se rendre dans une île voisine, mais, soit qu'il eût été entraîné par un vent contraire, soit que la mer eût englouti son esquif, il ne revenait pas; c'est alors que sa maîtresse, pendant les longues heures de peine, de solitude et d'attente, composa le chant que je vais vous lire. L'événement était grave dans cette petite peuplade, tout le monde avait appris ces paroles plaintives, le soir on nous les chantait, notre interprète nous en fit la traduction que je recueillis sous sa dictée.

Je ne sais si ces paroles auront le don de vous émouvoir autant qu'elles le firent pour nous; peut-être l'étrangeté de la scène qui nous environnait y était-elle pour quelque chose; ces ombrages parfumés, ce bruit intermittent de la mer qui déroulait sa ceinture sur les cailloux de la grève, ces charmantes silhouettes de jeunes filles, mieux éclairées par les mille feux des étoiles que par la lumière douteuse de nos torches; tel était alors l'entourage qui exalta chez nous au dernier point la fibre poétique.

PLAINTES DE LA JEUNE TAOUROU.

Oh! mon bien-aimé, je t'aimais comme le petit enfant aime le sein de sa mère !

Je te désirais comme la fleur du soir désire la rosée de la nuit pour redevenir fraîche et parfumée.

Tu étais pour mon sein comme un mets succulent, comme un chant mélodieux à mon oreille.

Hélas! je suis seule, que je suis malheureuse ! Il me semble passer ma vie dans une vallée sauvage où l'on n'entend rien que le bruit des insectes, où la froide brume de la montagne descend et glace.

Pourquoi n'es-tu pas l'étoffe dont j'entoure mon corps? Je ne la quitte point, si ce n'est un instant pour rafraîchir dans l'eau de la rivière mon corps qui brûle.

C'est ici, c'est vers cette plage de sable, qu'il est parti; déjà mes yeux ne l'apercevaient plus sur la grande mer que mes oreilles l'entendaient encore me crier : « Au revoir ! »

Oh! mes compagnes, qui pleurez avec moi, pourquoi ne m'avez-vous pas aidé à ramasser des herbes marines et des lianes flexibles, nous en aurions formé des chaînes pour le retenir au rivage?

Hélas ! mon bien-aimé est parti, que suis-je maintenant?

Une lame repoussée par le vent qui se tourmente et gémit.

Et toi, mer cruelle, et vous, vents défavorables, écoutez ma plainte, prenez-moi en pitié et ramenez-moi celui que j'aime, afin que je puisse le prendre encore dans mes bras !

Que vais-je devenir? Comme l'enfant privé du sein de sa mère, je ne puis vivre.

Comme la fleur arrachée de sa tige, je ne puis vivre.

Le soleil du jour, les étoiles de la nuit, les fleurs des arbres, le chant de l'oiseau, que me sont-ils, puisque tu n'es pas là?

J'ai fini de te parler, chère fleur, que la brise qui me caresse t'emporte mes plaintes et les baisers de mon cœur !

Ainsi parlait Taourou dans sa douleur; je la vis cette jeune fille; l'animation, le sourire éternel qui caractérisent la Taïtienne étaient remplacés chez elle par un air de mélancolie qui ajoutait encore plus de charme à sa beauté.

Le lendemain, c'est à regret que nous prîmes congé de cette tribu hospitalière, mais on s'était empressé de saisir l'occasion de notre présence pour se mettre en fête et tout le village dansait sur notre passage; bien plus, des musiciens armés de flûtes et de tambours nous escortèrent jusqu'à une très-grande distance.

C'est ainsi qu'il me fut donné d'assister à une de ces fêtes qui remplirent d'étonnement les anciens voyageurs et inspirèrent à quelques-uns d'entre eux d'enthousiastes descriptions.

Après avoir doublé la pointe sud de l'île, nous remontâmes le long de la côte orientale, nous rapprochant à chaque pas du chef-lieu.

Je signalerai sur cette côte de splendides pieds de tamanou (*Kanophyllum inophyllum*), qui est un bois sacré pour les indigènes; ils le plantaient autrefois autour des *maraïs* ou monuments sur lesquels on offrait des victimes humaines aux divinités : celles-ci affectionnaient, disaient-ils, son ombrage et s'y plaçaient inaperçues pendant les sacrifices. — La fleur du tamanou est très-parfumée et son bois fort recherché des Européens pour l'ébénisterie.

Le tronc de cet arbre atteint 2 mètres de diamètre, et 10 à 15 mètres de hauteur; bien que l'ancienne religion se soit tout à fait effacée du souvenir des Tahitiens, ce n'est jamais sans un sentiment de crainte superstitieuse qu'ils voient tomber sous la hache européenne ces arbres sacrés; aussi, dans le principe ils se tenaient à l'écart pendant que le bûcheron frappait avec indifférence ces troncs séculaires qui avaient été les témoins des cérémonies d'une des religions les plus curieuses qui eût jamais existé.

Le temps ne me permettrait pas de vous donner les détails sur la religion ancienne et si compliquée de ce peuple, je ne saurais cependant passer complétement sous silence la secte des *Arioïs*, à laquelle un cinquième environ des habitants appartenait lorsque nous arrivâmes.

Cette religion ou plutôt cette société avait son initiation, ses mystères, sa hiérarchie et ses statuts; chacun des membres, en entrant, s'engageait à étouffer tous les enfants qui naîtraient de lui; les femmes étaient en commun.

Les autres pratiques des Arioïs étaient la débauche, la

danse, la volupté, et parfois même le vol et le brigandage ; ils parcouraient les tribus imposant partout une dîme de plaisirs et donnant le spectacle d'orgies indescriptibles.

Comme ils tuaient leurs enfants, la société ne pouvait se maintenir que par un recrutement ; la première condition pour être admis était de ne pas craindre la mort, d'être brave à la guerre et passé maître en fait de débauches ; le chef de la société, ainsi que les principaux devaient être alliés aux familles royales ; ils jouissaient des plus grandes privautés et marchaient partout en maîtres. Leurs inférieurs différaient seulement d'eux en ce qu'ils demandaient les choses avant de les prendre, tandis que les chefs les prenaient sans les demander. Mais les Arioïs n'ont-ils pas ce point de commun avec la plupart de nos sociétés ?

Telles sont les coutumes que nos missionnaires trouvèrent dans ces îles lorsqu'ils y arrivèrent ; il ne leur fut pas cependant difficile de chasser de semblables croyances, mais là où s'arrêtèrent leurs progrès, ce fut lorsqu'ils voulurent construire après avoir abattu, c'est-à-dire, substituer une religion de morale, d'abnégation, de stoïcisme, de privations, à une autre qui voulait précisément le contraire ; j'ai assisté aux services des églises catholiques dans les villages réputés les plus religieux ; aussi longtemps que l'on chante des cantiques, les choses se passent bien et les voix douces des jeunes filles, celles plus vibrantes des garçons, forment un contraste intéressant avec la sévérité des airs religieux ; comme nous étions des inconnus tout le monde se retournait, nous regardait, causait, riait, comme si l'on eût été dans la rue ; on allait, on venait, on s'agenouillait, on se levait, affectant parfois un sérieux comique, et faisant des mimes qui auraient pu faire croire qu'ils voulaient parodier nos dévots. — Les plus âgés dormaient pour la plupart, et cela me rappelle que le père de la reine actuelle qui fut un des plus zélés introducteurs du christianisme, faisait administrer après chaque office des coups de bâton à ceux qui avaient dormi ; malgré cette punition d'un esprit peu tolérant, grand nombre de fidèles ne pouvaient résister à l'assoupissement, et les exécuteurs du roi avaient fort à faire chaque dimanche, après la messe.

Mais si les Taïtiens ont si peu de respect pour notre religion, on comprendra qu'ils en aient moins encore pour ses prêtres, aussi les traitent-ils ordinairement avec une légèreté fort peu révérencieuse ; comme des ministres protestants et des missionnaires catholiques se disputent leurs âmes, on les voit passer à chaque instant d'une religion dans l'autre, même, suivant les deux à la fois, se rendre au prêche au sortir de la messe.

Nous étions sur le point de terminer notre voyage et dans le voisinage de la pointe Vénus où, pour la première fois les Européens débarquèrent, lorsque nous rencontrâmes une grotte curieuse et intéressante ; à ce moment elle était encore ignorée des Européens et à peine connue des indigènes, cependant elle s'ouvre au jour dans un mur vertical de laves, de scories et de cendres superposées, qui domine directement le chemin de ceinture de l'île. L'entrée et l'intérieur de cette galerie souterraine sont tellement réguliers, qu'on les dirait taillés par la main des hommes ; mais quelques pas dans l'intérieur nous montrèrent que cette grotte, par un fait singulier et rare en géologie, avait servi de canal à des flots de laves et de scories, qui s'écoulaient ainsi sous terre et pre-

naient leur origine sur les flancs de quelque cratère de l'intérieur.

Nous suivîmes jusqu'à 200 mètres cette voie souterraine ; il nous fut impossible d'aller plus loin, tant à cause de la chaleur que de l'abaissement de la voûte qui n'était plus qu'à 40 centimètres du sol ; cependant l'air était encore très-pur et si nous laissions un instant nos flambeaux immobiles, nous observions que la flamme avait une.légère tendance à s'incliner vers le fond encore inconnu de ce souterrain. — Malgré de nombreuses recherches, on n'a pas encore rencontré un seul des cratères qui fournirent autrefois l'immense quantité de roches dont l'île est toute formée ; cependant cette galerie souterraine doit aboutir à l'une de ces *bouches à feu*, et des recherches au milieu des épais fourrés de ces parages permettraient enfin de la rencontrer.

Dans plusieurs points, soit par suite du travail des hommes, ou par celui des éboulements, ce souterrain s'élargit subitement en de vastes chambres, dans lesquelles, à notre grande surprise, nous trouvâmes de petites pyramides formées de pierres superposées ; nous étions en face de *maraïs* ou monuments que les Taïtiens avaient la coutume d'élever à leurs dieux. — Le temps nous manquait pour fouiller ces témoignages, malheureusement muets, du passage des hommes et y chercher des instruments ou débris qui pussent jeter un peu de lumière sur leur histoire si obscure.

En sortant de la grotte, nous priâmes le chef de nous envoyer les plus vieux du pays, auxquels nous voulions demander ce qu'ils savaient sur cette galerie ; des vieillards à la tête blanche arrivèrent bientôt les uns après les autres et lorsqu'ils se furent réconfortés par une rasade, ils nous racontèrent sur cette galerie curieuse une de ces légendes bizarres qui leur sont habituelles, mais qui nous montra que depuis longtemps ils n'avaient pas pénétré dans la grotte et qu'ils ne savaient rien de précis sur son histoire.

Parmi ces vieillards que nous interrogeâmes ainsi, il s'en trouvait un d'un âge extrêmement avancé, il s'approcha de nous avec peine, soutenu par deux jeunes gens ; aussitôt arrivé il s'assit sur une natte et nous examina avec des yeux décolorés par l'âge ; je lui fis servir un verre de vin, qu'il refusa d'un geste. Les Taïtiens parviennent souvent à un âge très-avancé et, au moment de mon passage, il en existait encore un qui avait près de cent dix ans, il avait de la barbe lorsque le capitaine Cook arriva dans l'île en 1774 ; celui qui était devant nous était né, paraît-il, à cette époque, ce qui lui donnait l'âge respectable d'un siècle ; c'était une excellente occasion et nous nous empressâmes de l'interroger :

Quel est ton nom ? lui demanda l'interprète.

Fénou — répondit-il.

Quel est ton âge ?

A cette question, les yeux du vieillard parurent s'animer ; il releva la tête, écarta les longues mèches blanches qui cachaient une partie de son visage ; et ce fut d'une voix ferme qu'il répondit :

L'âge de Fénou se perd dans la nuit ; quand il était enfant, il voyait passer au loin sur la mer les navires des blancs, et il les prenait pour des esprits glissant sur les eaux.

— Que faisais-tu lorsque tu étais jeune homme ?

A cette époque, répondit le vieillard, la taille de Fénou était droite, haute et ferme comme le tronc d'un cocotier ; quand ses pieds touchaient le sol, il semblait qu'ils y eussent des racines comme le palétuvier qu'aucun vent ne saurait arracher ; Fénou était redouté de ses ennemis.

Cette longue phrase sembla épuiser les forces de l'ancien guerrier, et il laissa retomber la tête sur sa poitrine; et lorsque nous voulûmes lui faire de nouvelles questions, il ne répondit point et nous nous aperçûmes qu'il s'était endormi.

Lorsque nous arrivâmes à Papeete le chef-lieu, tout en mettant en ordre nos notes, nos échantillons, nous ne négligeâmes point d'étudier cette ville moderne, dont je vais vous dire quelques mots.

Tout d'abord Papeete me parut moins intéressant avec sa population d'environ 2000 âmes dont la bonne moitié est indigène ; ceux-ci ont perdu à la ville ce cachet d'originalité qui les distingue ailleurs; s'ils satisfont parfois la curiosité des voyageurs en leur donnant le spectacle de leurs danses et de leurs chants, c'est toujours moyennant salaire.

Depuis que nous leur avons fait connaître nos boissons fermentées, les Taïtiens sont devenus de déterminés buveurs ; c'est à la ville surtout, malgré les ordonnances, qu'ils se livrent à leur penchant pour l'ivrognerie ; chez les Européens, ce vice a parfois une certaine excuse, s'ils boivent, c'est en mangeant, causant et chantant, puis, sous l'influence des vapeurs alcooliques, leur gaieté se développe peu à peu, leurs idées sont riantes, vives; la saillie, le bon mot, arrivent en foule ; il est vrai que lorsqu'ils dépassent ce point, ils redescendent la pente brutale. Ici, le Taïtien ne connaît pas habituellement ces intermédiaires, ce qu'il veut c'est l'ivresse pour l'ivresse ; la liqueur la plus forte est pour lui la meilleure ; donnez-lui une bouteille d'absinthe, il la videra d'un trait ; puis, il tombera sur le sol comme une masse inerte, il dormira en plein soleil pendant cinq ou six heures, et à son réveil il sera prêt à recommencer. Le plus souvent, cependant, comme ils s'enivrent avec de la bière ou leur eau-de-vie d'orange qui est peu alcoolique, en attendant l'ivresse, ils s'abandonnent aux danses et aux débauches les plus indescriptibles ; vieillards, hommes, femmes, enfants, se donnent la main dans cette orgie sans même qu'il puisse venir à leur pensée ce que de semblables débauches ont de honteux.

Quant aux rues de la capitale, étant peu fréquentées, elles sont généralement recouvertes d'un tapis d'herbes soyeuses et aussi douces que la mousse de nos bois ; les habitations européennes qui les bordent sont si bien ensevelies dans la verdure que l'on a parfois grand'peine à les découvrir ; aussi, dans le principe, je ne trouvais que difficilement mon *pied-à-terre*, et j'y passais toujours plusieurs fois devant sans l'apercevoir. Mais les habitations indigènes ne sont pas aussi bien voilées aux regards ; ce philosophe qui souhaitait que sa maison fût de verre, afin que l'on pût voir toutes ses actions, aurait pu se contenter d'une semblable demeure, mais ces cases à jour, construites en bambous espacés comme le sont les barreaux d'une cage, ne suffisent-elles pas dans un pays où non-seulement les frimas sont ignorés, mais où l'on ne se cache rien les uns aux autres ? Je viens de parler du *bambou* comme de l'un des éléments de la construction des cases; j'ajouterai au sujet de ce précieux végétal, qu'ici comme en Chine, on l'emploie à plusieurs autres usages, on en fait des vases, des peignes et même des couteaux. Vous savez, en effet, que la tige du bambou est un des végétaux qui contient le plus de silice ; cette substance, qui dans la nature forme le quartz, c'est-à-dire un des corps les plus durs, a conservé dans la plante cette propriété, et un fragment de bambou

taillé coupe presque aussi bien qu'une lame d'acier ; cette substance était donc très-précieuse pour ces peuples à l'époque où ils ne connaissaient point le fer, mais elle était et est encore parfois l'occasion de graves accidents, car le bambou qui croît en bouquets extrêmement épais et élevés, dans le fond des vallées, se brise quelquefois à une faible distance du sol, laissant ainsi plantés sur la terre des fragments, des *esquilles* aussi minces, aussi effilées, aussi rigides que la lame d'une épée ; si, alors on s'avance sans précaution au milieu de la végétation touffue qui cache ce piége, on peut se faire de très-graves blessures.

On ne trouve plus à *Papeete* les indigènes dans le costume de leurs ancêtres, et cela nous suggéra une réflexion que je prendrai ici la liberté de soumettre aux casuistes : ces docteurs ont discuté longtemps pour savoir si la pomme d'Adam n'était pas une orange ; cette dernière hypothèse ne devrait-elle pas prévaloir, puisque c'est nous qui avons importé à la Nouvelle-Cythère la pomme d'or et que, depuis cette époque seulement, les Taïtiens ont adopté la feuille de vigne ?

Notre dernière excursion fut une visite à l'îlot *Motou-outa*, qui est à l'entrée du port de *Papeete;* ce n'est autre chose qu'un petit exhaussement circulaire de coraux morts, mais tellement couvert de cocotiers, de pandanus, d'hibiscus, qu'il ressemble à une corbeille de verdure. Le père de la reine actuelle, sur ses vieux jours, s'y rendait chaque matin, une bible sous le bras et une bouteille d'eau-de-vie à la main : dans cette charmante solitude il songeait et philosophait à son aise; bientôt, cependant, il confondait les anciens dieux avec le nouveau, tantôt il jurait comme un païen et tantôt s'accusait de ses péchés; enfin, un sommeil profond remettait un peu d'équilibre dans ses esprits.

Vous avez tous entendu parler de la souveraine de Taïti, la reine Pomaré, mais probablement bien peu de vous connaissent les traits principaux de son histoire, aussi je me permettrai de vous les rappeler en peu de mots :

C'est à Cook que nous devons les premières notions sur l'histoire des souverains de l'île. Le célèbre capitaine aimait Taïti ; il y vint quatre fois, de 1769 à 1777, pour reposer ses équipages fatigués de la rude existence qu'il leur imposait; après des luttes meurtrières contre les éléments ou de farouches cannibales, il revenait voir ces bons Taïtiens qui accouraient à la nage vers ses vaisseaux pour faire partager leurs plaisirs aux étrangers; à cette époque trois chefs régnaient à à Taïti ; l'un d'eux se nommait *Otuu*, mais étant allé en expédition dans la montagne, et pendant la nuit, il y saisit une bronchite très-violente; à cette époque, les Taïtiens, y compris les rois, changeaient de nom avec la plus grande facilité; aussi *Otuu*, en mémoire de cet événement, s'appela lui-même Pomaré, c'est-à-dire nuit de la toux ; c'était le grand père de la reine actuelle.

Par égard pour les usages européens on donna au fils et successeur de ce Pomaré, le nom de Pomaré II. Celui-ci qui avait embrassé le christianisme, eut à soutenir, à cause de cela, de nombreuses guerres contre ses sujets; il aurait été détrôné sans l'intervention des Anglais et des missionnaires, qui obtinrent ensuite qu'il brûlât les idoles et détruisit les temples : ce qui est une grande perte pour l'ethnographie.

Son fils, Pomaré III, qui lui succéda à sa mort en 1821, mourut en 1828, appelant sur le trône la princesse *Aïmata*, sa sœur, sous le nom de Pomaré-Vahine IV ou femme-Pomaré IV. Cette princesse, née en 1813, avait alors quatorze ans ; elle était d'une très-grande beauté et douée d'un tempérament de feu ; aussi, se livra-t-elle à tous les plaisirs qu'autorise dans ce pays la facilité des mœurs, faisant ainsi le désespoir de tous les missionnaires,

N'ayant pas d'enfants de son premier mari, elle le répudia pour se joindre au prince *Ariifaïte*, qui était de sept années plus jeune qu'elle et dont elle eut sept enfants : celui-ci est le véritable représentant du beau type taïtien, et l'on conçoit en le voyant qu'il ait pu séduire même *Aïmata* ; sa taille, bien proportionnée, atteint six pieds de hauteur ; ses traits sont réguliers, et son naturel est des plus affables ; cependant, nous observions que sa physionomie portait l'empreinte de la tristesse.

Accompagné de mon ami, M. Méry, qui était un de ses *tayos* ou amis, j'allai me présenter à la reine : on pénètre aisément auprès d'elle ; elle vit sans faste dans son palais, ne redoutant au monde que l'étiquette qu'elle considère comme le plus grand mal qui lui vienne d'Europe ; je trouvai Sa Majesté occupée à jouer aux cartes avec quelques princesses de sa suite ; elle excelle dans plusieurs de nos jeux d'Europe ; aussi, dans les soirées qu'elle donne les mauvais joueurs qui ont perdu quelques louis, prétendent-ils qu'elle fait sauter la coupe. Pomaré IV était alors âgée de cinquante-quatre ans, et rien dans sa personne n'annonçait même un commencement de décrépitude ; sa physionomie était sérieuse, bien qu'ayenante, et ses yeux pleins d'animation, sa longue chevelure noire qu'elle laissait flotter en une double tresse, rappelaient bien encore la jeune et coquette princesse *Aïmata*, qui aurait été digne d'être chantée par lord Byron lui-même.

Depuis 1846, l'île de Taïti est sous le protectorat de la France, qui dépense environ 12 000 000 francs par an pour conserver cette oasis au milieu du désert de l'océan Pacifique ; de plus, cette terre ne contenant que 20 à 25 000 hectares de terre cultivable, moins que n'en possède seul un riche colon australien, ne peut être considérée comme une colonie agricole du moindre avenir ; sa seule importance est celle qu'ont toutes les îles de ces parages, c'est-à-dire de servir de relâche à nos bâtiments dans ces mers éloignées ; il est donc hors de propos de maintenir dans cette contrée tout le luxe d'administration que l'on y rencontre. Mais ce n'est point ici le lieu de renouveler les récriminations habituelles contre nos colonies, je préfère de beaucoup que vous conserviez seulement de cette soirée le souvenir de quelques-unes des naïves et gracieuses scènes de mœurs de ce peuple primitif ; son plus grand souci, sa seule occupation était la recherche du plaisir ; depuis combien de siècles vivait-il ainsi dans son île délicieuse que la nature avait isolée, avec intention peut-être, des autres pays ? Mais nous sommes arrivés, et par une fatalité inexplicable, douloureuse, nous semblons y apporter la mort ; ces malheureux disparaissent ou s'altèrent à notre contact ainsi que le font les herbes au pied de certains arbres qui prennent tous les rayons du soleil et toute la séve de la terre ; une époque viendra, peut-être est-elle voisine, où il ne restera plus que le souvenir des anciens habitants de la Nouvelle-Cythère ; mais ce peuple, qui se sera fondu devant nous aussi vite qu'une neige de printemps, aura cependant laissé apercevoir à notre race avide et inquiète, quelques-unes des délicieuses jouissances de l'antique âge d'or.

Jules Garnier.

UNIVERSITÉ DE HEIDELBERG

HISTOIRE DE LA CHIMIE

COURS DE M. A. LADENBURG

La divisibilité et le poids des molécules. — Travaux de M. Williamson. — La théorie des types

SOMMAIRE. — Raisons qui militent en faveur de la divisibilité des molécules élémentaires. — Méthode de M. Williamson pour la détermination des poids moléculaires par des réactions chimiques. — Théorie de l'éthérification. — Fusion de la théorie des radicaux avec celle des types de M. Dumas. — Ammoniaques composées. — Radicaux polyatomiques. — Théorie des types et classification de Gerhardt.

Messieurs,

On entend souvent affirmer que la chimie doit se développer d'une manière absolument indépendante, et que l'influence des sciences voisines lui est nuisible lorsque cette influence s'exerce dans une direction différente de celle que semblent indiquer les faits chimiques. J'admets bien que l'on ne doive pas accepter en chimie, pour arriver à un meilleur accord avec quelques lois physiques, une théorie qui soit en contradiction avec certaines réactions. Mais je regarde comme parfaitement légitime et nécessaire, aussi longtemps que les faits de la science ne s'y opposent pas, de modifier nos vues théoriques de manière à les mettre en harmonie avec des lois naturelles reconnues et même avec des théories et des hypothèses, qui pourront à leur tour devenir de pareilles lois.

Il me paraît donc convenable, messieurs, maintenant que l'histoire du développement de la science nous a amenés au milieu de l'élaboration d'une réforme importante, de vous exposer quelques-unes des raisons étrangères à la chimie, qui parlent en faveur du système de Laurent et de Gerhardt. Je me bornerai aux faits qui paraissent confirmer l'hypothèse de la divisibilité des molécules élémentaires ; donnant la préférence à cette dernière, parce que, énoncée plusieurs fois déjà, elle n'avait pourtant trouvé aucun accueil jusque-là.

Citons d'abord un fait remarquable qui se trouve consigné à côté de beaucoup d'autres dans le travail, si riche en conséquences, de MM. Favre et Silbermann sur les chaleurs de combustion.

Le charbon dégage moins de chaleur brûlé dans l'oxygène que brûlé dans le protoxyde d'azote. Les auteurs ont pensé ne pouvoir expliquer ce résultat singulier que par l'hypothèse d'une décomposition qui, dans les deux cas, accompagnerait la production de l'acide carbonique ; il en résulterait que les molécules de l'oxygène libre renfermeraient plusieurs atomes dont la séparation exigerait plus de chaleur que celle nécessaire pour la décomposition du protoxyde d'azote.

M. Brodie, de son côté, est amené à admettre la divisibilité de la molécule d'hydrogène par une hypothèse relative à la combinaison et à la décomposition chimiques. L'opposition que l'on voyait d'après les idées régnantes entre la formation des composés et la mise en liberté des éléments ne lui paraît pas fondée. Pour lui, toute combinaison n'est que la conséquence d'une décomposition, de même que toute décomposition ne peut être provoquée que par une combinaison nouvelle. Il cherche à démontrer par plusieurs exemples la justesse de cette manière de voir et introduit à cette occasion l'emploi de symboles qui doivent exprimer l'opposition exsitant entre les atomes combinés. D'après lui, ces atomes sont doués d'une polarité qui les constitue à l'état positif et négatif l'un par rapport à l'autre. Cette relation, que Brodie nomme aussi différence chimique, dépend de la nature de toutes les particules qui sont liées à l'atome considéré.

Pour plus de clarté, je vais citer quelques-unes des preuves fournies par M. Brodie :

L'argent ne se combine pas directement avec l'oxygène, tandis que le chlorure d'argent est décomposé par la potasse avec formation d'oxyde d'argent. Ceci tient, dans les idées de M. Brodie, à ce que l'argent et l'oxygène n'ont acquis la polarité nécessaire à leur union que par leur combinaison préalable avec le chlore et avec le potassium :

$$\overset{+}{A}\overset{-}{gCl} + \overset{+}{K}\overset{-}{O} = AgO + KCl$$

D'après Millon (1), on pourrait distiller de l'anhydride sulfurique sur de l'oxyde de potassium sans qu'il y ait formation de sulfate de potasse. M. Brodie exprime ainsi la réaction de l'oxyde de potassium sur l'acide sulfurique :

$$\overset{+}{K}\overset{-}{O} + \overset{+}{H}\overset{-}{SO^4} = HO + KSO^4$$

Ici surtout, on voit clairement pourquoi Brodie croit que la combinaison est toujours accompagnée d'une décomposition, tandis que l'exemple précédent pouvait admettre une interprétation opposée.

Mais l'existence d'atomes élémentaires libres est incompatible avec cette manière de voir, et c'est pourquoi le chimiste anglais s'efforce de démontrer que ces derniers entrent en jeu par couples et se combinent entre eux, lorsqu'ils sont mis en liberté. Le fait le plus concluant signalé par lui, est le développement d'hydrogène qui a lieu lorsqu'on traite par l'acide chlorhydrique l'hydrure de cuivre de M. Wurtz :

$$\overset{+}{C}\overset{-}{u^2H} + \overset{+}{H}\overset{-}{Cl} = \overset{+}{C}\overset{-}{u^2Cl} + \overset{+}{H}\overset{-}{H}$$

Si l'acide chlorhydrique en contact avec le métal ne donne pas lieu à un pareil dégagement, c'est que, selon lui, l'hydrogène dans l'acide présente toujours la même polarité.

Le dégagement d'azote dans l'action de la chaleur sur l'azotate d'ammoniaque s'explique de même :

$$\overset{+}{A}\overset{-}{zO^4}\overset{+}{H^4}\overset{-}{Az} = 4HO + \overset{+}{A}\overset{-}{zAz}$$

Cette manière de voir se prête particulièrement bien à l'interprétation des réductions par le peroxyde d'hydrogène, réductions en partie déjà connues alors et principalement étudiées par M. Brodie lui-même. Le dégagement de l'oxygène est, pour lui, la conséquence de la polarité différente de cet élément dans les deux oxydes :

$$\overset{+}{H}\overset{-}{O}\overset{+}{O} + \overset{-}{A}g\tfrac{1}{2}\overset{+}{A}g\tfrac{1}{2}\overset{-}{O} = HO + \overset{+}{O}\overset{-}{O} + Ag.$$

La réduction du permanganate et celle du chromate de potasse sont expliquées de la même manière. Toujours deux atomes sont mis en même temps en liberté, et se combinent en raison de leur différence chimique.

La découverte de l'ozone par Schœnbein est devenue aussi un argument en faveur de la divisibilité des molécules élémentaires, depuis que la véritable nature de ce corps a été établie et que les travaux de MM. Andrews et Tait, et surtout de M. Soret, ont démontré qu'il n'est autre chose que de l'oxygène condensé. Si l'ozone possède, ainsi que l'a démontré M. Soret, une densité égale aux deux tiers de celle de

l'oxygène, il faut bien admettre que les particules dernières de ce gaz renferment au moins deux atomes, tandis que celle de l'ozone en renferment trois. Mais cette hypothèse, une fois admise pour l'oxygène, devient difficile à rejeter pour les autres corps simples. Les densités de vapeur différentes trouvées pour le soufre à des températures plus ou moins élevées conduisent à une conclusion analogue : la molécule de ce corps renferme, à de basses températures, trois fois plus d'atomes qu'à une température élevée.

Il n'est pas sans intérêt de rappeler que M. Clausius, en 1857, a été amené, par la théorie mécanique de la chaleur, à admettre la divisibilité de la molécule physique. D'après cette théorie, les forces vives de deux gaz à pression et à volumes égaux sont proportionnelles aux températures absolues. M. Clausius en concluait que la force vive des molécules de tous les gaz, à des températures égales, est la même, ce qui suppose l'exactitude de l'hypothèse d'Avogadro.

Il serait facile d'augmenter encore le nombre des faits qui parlent en faveur de cette dernière et qui appartiennent aux diverses branches des sciences naturelles ; je m'arrête et je passe maintenant aux raisons chimiques, qui en définitive ont eu pour conséquence l'entrée de l'hypothèse d'Avogadro dans la science. Parmi ces raisons, le premier rang appartient à celles résultant des expériences qui ont conduit à établir la notion de la molécule chimique. Je ne prétendrai pas que cette notion n'existât pas déjà ; mais elle prit alors une netteté toute nouvelle. Je justifierai cette assertion en rappelant les faits et les hypothèses connus avant M. Williamson, et qui ont exercé quelque influence sur la détermination chimique de la grandeur moléculaire.

La théorie atomique fournit le premier point de départ ; il fallait bien, en l'acceptant, exprimer la composition de chaque corps par des multiples entiers des poids atomiques des composants. Il est vrai que ces poids atomiques, n'étant pas encore déterminés avec sûreté, on pouvait rester dans le doute et être tenté de changer le poids atomique d'un élément pour le faire obéir à cette condition dans un composé donné. Mais ce dont on ne pouvait douter, c'est qu'il existait une certaine solidarité entre les diverses formules qu'on admettait si l'on voulait rester le moins du monde conséquent. Laurent et Gerhardt ont mis nettement en évidence cette relation de solidarité dans les formules des composés organiques. Il résulte de la théorie des noyaux que Laurent regardait le nombre des atomes de carbone du radical comme invariable, aussi longtemps qu'il n'y avait pas eu élimination de carbone sous une forme ou sous une autre ; Gerhardt a été le premier à exprimer clairement cette règle, qui n'est pas toujours vraie sans doute, mais qui déterminait la grandeur moléculaire de séries entières de corps, celle d'un petit nombre d'autres étant connue. Ce qu'on a appelé la loi des nombres pairs d'atomes fournit une autre condition à laquelle devait satisfaire la plus petite formule possible d'un composé, et bien souvent cette loi a amené Laurent et Gerhardt à modifier heureusement des poids moléculaires acceptés jusque-là.

La notion des acides polybasiques exerça à son tour, sur l'établissement des formules, une influence importante et salutaire. Liebig, qui fut le premier à saisir cette notion, se vit obligé par elle à doubler la formule de l'acide tartrique pour exprimer la nature chimique de ce corps. Pour toute la classe des acides, la fixation due à Liebig, à Laurent et à Gerhardt, des caractères auxquels on reconnaît la polybasicité, eut une

___

(1) Je n'ai pu trouver dans les travaux de Millon ce fait cité par M. Brodie.

importance égale à celle qu'eurent pour d'autres groupes de corps les expériences postérieures de M. Williamson. Les phénomènes de substitution fournirent un moyen commode pour comparer la grandeur moléculaire de divers corps : plus d'une fois, on fut obligé de doubler ou de tripler une formule pour ne pas introduire des fractions d'atomes de chlore, etc., dans les symboles représentant les dérivés de substitution. De tels faits acquièrent toute leur valeur par l'introduction dans la science des vues unitaires dues à M. Dumas, et par l'adoption de la règle de Gerhardt indiquée plus haut. Les adversaires de ces idées n'en tiraient toutefois pas les mêmes conclusions; c'est ce que je vais vous montrer par un exemple.

Peu avant la découverte faite par M. Kolbe des radicaux alcooliques, M. Frankland obtint le méthyle par l'action du zinc sur l'iodure de méthyle. Il souleva en même temps la question de savoir si la formule du produit devait s'écrire C^2H^3 ou C^4H^6, et ouvrit ainsi une discussion mémorable. M. Frankland, partisan de la première formule, chercha à en démontrer la légitimité par l'expérience. Il soumit pour cela à la fois le méthyle et l'hydrure d'éthyle à l'action du chlore. Dans les deux cas, il obtint des produits de substitution de la formule C^4H^5Cl, auxquels il attribua sensiblement les mêmes propriétés tout en les regardant comme isomériques avec le chlorure d'éthyle. Poussant l'action du chlore plus loin, il obtint un composé auquel il crut devoir assigner la formule C^2H^2Cl. L'existence du premier produit de substitution n'avait pas été pour lui une raison suffisante de doubler la formule du méthyle; en attribuant au composé C^4H^5Cl la formule de constitution $C^2H^3 + C^2H^2Cl$, il croyait tenir suffisamment compte des faits.

Laurent, Gerhardt et M. Hofmann, ne furent pas du même avis. L'idée de la molécule chimique, sans avoir acquis une entière netteté, commençait à se définir pour eux. Ils cherchèrent à faire comprendre leurs idées à leurs adversaires ; mais ils ne paraissent pas y avoir réussi. Des expériences décisives manquaient encore. Il fallut à Gerhardt accumuler des centaines d'exemples pour prouver que c'est H^4O^2 qui correspond à Az^2H^6 et à H^4Cl^2 et non pas H^2O. La démonstration de Laurent, relative au doublement des molécules de l'hydrogène, du chlore, etc., est aussi quelquefois embarrassée. Néanmoins, il est incontestable que ces chimistes étaient arrivés dès lors à des notions justes, et l'on ne peut douter qu'ils eussent, eux aussi, tiré des faits, que M. Williamson découvrit alors et sut si bien faire valoir, les mêmes conséquences importantes.

M. Williamson avait cherché à réaliser la synthèse d'alcools par l'action de l'éthylate de soude sur l'iodure d'éthyle ; l'éthyle devait, pensait-il, prendre la place du potassium, et donner ainsi de l'alcool éthylique éthylé. Peu avant, M. Wurtz avait découvert l'éthylamine, qu'il considéra comme une ammoniaque substituée, manière de voir qui fut confirmée par la méthode nouvelle de formation de ce corps et de ses analogues que découvrit M. Hofmann. M. Frankland essayait déjà d'introduire l'éthyle dans des corps organiques, à l'aide du zinc-éthyle qu'il venait de préparer. Il n'y avait donc, dans la tentative de M. Williamson, rien de contraire aux idées régnantes. Mais l'expérience lui donna des résultats inattendus ; au lieu d'un alcool, c'est l'éther qu'il obtint. Esprit aussi souple qu'élevé, il sut accommoder ses idées aux résultats obtenus et reconnut aussitôt l'importance de ceux-ci. Il s'en servit pour interpréter la formation de l'éther, non pas seulement dans l'expérience qu'il avait faite, mais dans tous les cas où ce produit prend naissance, et il démontra la justesse de sa manière de voir par une série brillante d'expériences.

Les chimistes de ce temps n'étaient pas d'accord sur les formules de l'alcool et de l'éther. La théorie de l'éthyle de Liebig avait eu pour suite l'adoption assez générale des expressions $C^4H^{12}O^2$ pour l'alcool, et $C^4H^{10}O$ pour l'éther $(C=12, O=16)$. Plus tard, dédoublant certains poids atomiques, on avait aussi divisé par deux bien des formules, et l'alcool et l'éther étaient devenus $C^4H^6O^2$ et C^4H^5O $(C=6, O=8)$, tandis que pour Gerhardt ils étaient représentés par les symboles C^2H^6O et $C^4H^{10}O$ $(C=12, O=16)$. Laurent avait d'ailleurs, dès 1846, fait remarquer que l'alcool et l'éther peuvent se dériver de l'eau comme l'hydrate de potasse et l'oxyde de potassium. Il écrivait :

$$\underbrace{HHO}_{\text{Eau.}} \qquad \underbrace{EtHO}_{\text{Alcool.}} \qquad \underbrace{EtEtO}_{\text{Éther.}} \qquad \underbrace{KHO}_{\text{Potasse.}} \qquad \underbrace{KKO}_{\substack{\text{Oxyde} \\ \text{de potassium.}}}$$

M. Williamson reconnut dès l'abord que cette dernière manière de voir s'accordait seule avec son expérience, qu'il formula comme suit :

$$C^2 \left\{ {H^5 \atop K} \right\} O + C^2H^5I = \left\{ {C^2H^5 \atop C^2H^5} \right\} O + KI$$

Pour combattre l'opinion contraire suivant laquelle il aurait fallu écrire :

$$C^4H^5OKO + C^4H^5I = 2(C^4H^5O) + KI$$

et d'après laquelle l'alcoolate de potasse aurait été une combinaison d'éther et de potasse, qui aurait fourni une première molécule d'éther, la deuxième prenant naissance aux dépens de l'iodure d'éthyle, il répéta son expérience en remplaçant l'iodure d'éthyle par l'iodure de méthyle. Il devait, d'après sa manière de voir, obtenir un éther méthyle-éthylique, tandis que les idées opposées devaient avoir pour conséquence la production d'un mélange d'éther méthylique et d'éther éthylique. L'expérience était donc décisive : elle trancha le débat en faveur de l'hypothèse de M. Williamson ; l'éther mixte méthyle-éthylique se forma aussi bien dans l'action de l'iodure de méthyle sur l'alcoolate de potasse, que dans celle de l'iodure d'éthyle sur le méthylate de potasse :

$$\left. {C^2H^5 \atop K} \right\} O + ICH^3 = \left\{ {C^2H^5 \atop C\ H^3} \right\} O + IK$$

$$\left. {CH^3 \atop K} \right\} O + IC^2H^5 = \left\{ {C\ H^3 \atop C^2H^5} \right\} O + IK$$

Ces expériences démontrèrent à M. Williamson que l'éther prend naissance par le remplacement d'un atome d'hydrogène par de l'éthyle ; et que, par conséquent, l'éther renferme un plus grand nombre d'atomes de carbone que l'alcool. La production des éthers mixtes fut pour lui une raison suffisante d'exclure toute autre manière de voir.

Il s'agissait maintenant de rendre compte de la formation de l'éther dans diverses circonstances connues, notamment dans l'action de l'alcool par l'acide sulfurique ; et ce point de théorie, controversé depuis bien des années, trouva aussi sa solution. Dans l'origine, on avait considéré l'éthérification comme due à la déshydratation de l'alcool. Cette opinion s'accordait bien avec la théorie de l'éthérine de M. Dumas. Hennel, quoique partisan de cette dernière, ne regardait pas l'explication précédente comme compatible avec la formation de l'acide éthylsulfurique, qu'il avait constatée ; elle était d'ailleurs en contradiction avec ce fait, que l'eau passe à la distillation, en même temps que l'éther formé. Liebig établit une nouvelle théorie de l'éthérification sur des expériences variées. Il montra que la formation de l'acide sulfovinique précède toujours la production de l'éther; d'après lui, l'acide sulfurique enlève à l'alcool non de l'eau, mais de l'éther qui se combine avec l'acide. On considérait alors en effet l'acide sulfovinique comme une combinaison de ces deux corps, comme un sel acide de l'oxyde d'éthyle :

$$C^4H^{10}O + 2SO^3 + H^2O \quad (C = 12,\ O = 16,\ S = 32)$$

D'après les expériences de Liebig, l'acide sulfovinique se dédouble entre 127 et 140 degrés en acide sulfurique et éther. Le fait singulier qu'un corps prend naissance et se détruit dans une seule et même opération fut interprété par Liebig de la manière suivante :

La formation n'avait lieu qu'aux endroits du mélange refroidis par l'arrivée de l'alcool. Ainsi, suivant Liebig, l'éthérification consistait en une combinaison de l'acide sulfurique avec l'éther de l'alcool, combinaison qui se dédoublait dans les parties chaudes du mélange; l'éther distillait en même temps que l'eau produite au moment de la formation de l'acide sulfovinique.

En opposition avec cette théorie, Berzelius en éleva une autre qui fut surtout défendue et développée par Mitscherlich. D'après cette dernière, l'acide sulfurique, qui agit par contact, ne prend aucune part à la réaction ; c'est par la force catalytique qu'il décompose l'alcool en éther et en eau. C'était là l'expression par des mots nouveaux des faits connus, mais non pas une explication. L'hypothèse de Liebig renfermait au moins une interprétation de la réaction ; elle fut assez généralement adoptée et mise en doute seulement après que Graham, en 1850, eut montré que l'alcool était nécessaire, en même temps que l'acide sulfovinique, pour la production de l'éther, et que l'acide sulfovinique, chauffé seul à 143 degrés, ne fournit pas d'éther, mais bien, en présence de l'eau, de l'alcool et de l'acide sulfurique.

M. Williamson sait parfaitement faire rentrer ce fait dans sa théorie ; il l'explique par l'équation

$$\left.\begin{matrix} C^2H^5 \\ H \end{matrix}\right\} SO^4 + \left\{\begin{matrix} C^2H^5 \\ H \end{matrix}\right\} O = \left\{\begin{matrix} H \\ H \end{matrix}\right\} SO^4 + \left\{\begin{matrix} C^2H^5 \\ C^2H^5 \end{matrix}\right\} O$$

Acide sulfovinique.   Alcool.   Ac. sulf.   Éther.

tandis que la formation de l'acide éthylsufurique est exprimée par l'équation :

$$\left.\begin{matrix} C^2H^5 \\ H \end{matrix}\right\} O + \left\{\begin{matrix} H \\ H \end{matrix}\right\} SO^4 = \left\{\begin{matrix} C^2H^5 \\ H \end{matrix}\right\} SO^4 + \left\{\begin{matrix} H \\ H \end{matrix}\right\} O$$

Cette dernière, lue de droite à gauche, donne l'explication de l'expérience de M. Graham, relative à l'action de l'eau sur l'acide sulfovinique. Il est d'ailleurs facile de comprendre pourquoi l'acide sulfovinique seul ne donne pas d'éther, lorsqu'on double la formule de ce dernier corps.

Mais M. Williamson, ne se contentant pas de montrer l'accord de sa théorie avec les faits connus, imagine de nouvelles expériences pour la mettre à l'épreuve. Il suit pour cela un chemin analogue à celui qui l'avait conduit déjà à des résultats si importants : il choisit, pour les faire agir, deux corps renfermant un nombre inégal d'atomes de carbone, et met en présence l'acide éthylsulfurique et l'alcool amylique. La réaction fournit, comme il s'y attendait, l'éther mixte éthyl-amylique.

$$\left.\begin{matrix} C^2H^5 \\ H \end{matrix}\right\} SO^4 + \left\{\begin{matrix} C^5H^{11} \\ H \end{matrix}\right\} O = \left\{\begin{matrix} C^2H^5 \\ C^5H^{11} \end{matrix}\right\} O + \left\{\begin{matrix} H \\ H \end{matrix}\right\} S$$

Il étudie, en outre, l'action de l'acide sulfurique sur des mélanges d'alcools amylique et éthylique, et montre que, dans ce cas, il se forme trois éthers : les oxydes d'éthyle, d'amyle et d'éthyle-amyle. Il trouve, dans cette réaction, « l'indication la plus claire de la manière dont l'acide sulfurique agit dans la formation de l'éther ordinaire. L'éther acétique se forme avec l'acide acétique comme l'éther ordinaire avec l'alcool, par le remplacement d'un atome d'hydrogène par de l'éthyle. Et si l'on définit un acide en disant que c'est un corps qui renferme de l'hydrogène remplaçable par des métaux ou par des radicaux, on peut considérer, au point de vue de ces réactions, l'alcool comme un corps se comportant à la façon d'un acide. »

Une conséquence ultérieure des expériences de M. Williamson fut la fixation du poids moléculaire de l'acide acétique. Ce dernier se dérive, d'après lui, de l'alcool, par le remplacement de deux atomes d'hydrogène de l'éthyle par un atome d'oxygène. L'*éthyle* C^2H^5 est transformé par oxydation en *othyle* C^2H^3O. L'acide acétique est considéré comme de l'eau dans laquelle un atome d'hydrogène est remplacé par de l'othyle.

La formule donnée par M. Kane pour l'acétone $C^6H^{12}O^2$ ne paraissait pas d'accord avec ces considérations; on l'avait déjà divisée par deux. M. Williamson chercha à expliquer la formation de ce corps dans la distillation des acétates par l'équation :

$$\left.\begin{matrix} C^2H^5O \\ K \end{matrix}\right\} O + \left\{\begin{matrix} C^2H^3O \\ K \end{matrix}\right\} O = \left\{\begin{matrix} C^1OKO \\ K \end{matrix}\right\} O + \left\{\begin{matrix} C^2H^3O \\ C\,H^3 \end{matrix}\right\}$$

D'après lui, conséquemment, le peroxyde de potassium d'une molécule d'acétate est remplacé par un groupe méthyle provenant de l'othyle. Cette fois encore, il contrôla ses vues par l'application de la même méthode. Il distilla des mélanges d'acétate et de valérianate, et il obtint les acétones mixtes :

$$\left.\begin{matrix} C^2H^3O \\ K \end{matrix}\right\} O + \left\{\begin{matrix} C^5H^9O \\ K \end{matrix}\right\} O = \left\{\begin{matrix} COKO \\ K \end{matrix}\right\} O + \left\{\begin{matrix} C^5H^9O \\ C\,H^3 \end{matrix}\right\}$$

M. Williamson conclut ce mémoire, si fertile en conséquences, par ces mots : « La méthode employée dans ce travail et qui consiste à fixer la constitution rationnelle des corps par leur comparaison avec l'eau, me paraît susceptible d'un grand développement, et je n'hésite pas à dire que son introduction se justifiera en simplifiant nos vues théoriques et en fixant un terme de comparaison général pour l'interprétation des réactions chimiques. »

Ce *terme de comparaison*, que Laurent avait cherché en vain, était donc trouvé; il fallait se figurer les corps comme dérivant de l'eau, et, en effet, M. Williamson, en 1851, dans son mémoire classique sur les sels, propose de considérer l'eau comme le type de toutes les combinaisons. La méthode qu'il a employée pour la fixation des grandeurs moléculaires est purement chimique; il se représente les corps comme dérivés de l'eau par remplacement d'un ou de deux atomes d'hydrogène. Il conquiert à ses idées, par l'interprétation des faits connus et par les expériences nouvelles qu'il en déduit, des droits pour ainsi dire indiscutables. Ses expériences, d'ailleurs, ne sont pas prises au hasard, mais elles sont toutes sorties de la même méthode logique de raisonnement. Il a fourni au chimiste théoricien un moyen de déterminer chimiquement les grandeurs moléculaires. Toute la généralité de cette méthode se révèle bientôt par la découverte des anhydrides mixtes de Gerhardt et par la fixation due à M. Wurtz, de la formule des radicaux alcooliques. La manière dont MM. Friedel et Crafts ont déterminé le poids moléculaire de l'éther silicique a son origine dans une suite d'idées qui n'est devenue claire, aux yeux des chimistes, qu'après les travaux de M. Williamson.

Nous ne pouvons laisser sans mention la circonstance que M. Chancel, peu de mois après la publication des Mémoires de M. Williamson, fit connaître un travail dans lequel des expériences analogues le conduisaient aux mêmes résultats. M. Chancel distille de l'éthylsulfate de potasse avec de l'éthylate ou du méthylate de potasse et obtient ainsi l'éther et l'éther méthyle-éthylique. Ce qui lui appartient en propre, c'est la manière de déterminer le poids moléculaire des acides bibasiques, quoique le principe employé soit le même que celui de la méthode de M. Williamson. M. Chancel prépare, par la distillation d'éthysulfate de potasse, avec du méthyle-carbonate et du méthyloxalate de potasse, les éthers éthyle-méthyliques des acides carbonique et oxalique :

$$CO^3 \left(\begin{matrix} H \\ CH^2 \end{matrix}\right)K + SO^4 \left(\begin{matrix} H \\ C^2H^4 \end{matrix}\right)K = CO^3 \left(\begin{matrix} H \\ CH^2 \end{matrix}\right) \left(\begin{matrix} H \\ C^2H^4 \end{matrix}\right) + SO^4K^2$$

$$C^2O^4 \left(\begin{matrix} H \\ CH^2 \end{matrix}\right)K + SO^4 \left(\begin{matrix} H \\ C^2H^4 \end{matrix}\right)K = C^2O^4 \left(\begin{matrix} H \\ CH^2 \end{matrix}\right) \left(\begin{matrix} H \\ C^2H^4 \end{matrix}\right) + SO^4K^2$$

Les expériences de MM. Williamson et Chancel ont été de la plus haute importance pour le développement de la science, car nos vues actuelles sont fondées sur la notion de la molécule chimique. Malheureusement, il n'est pas toujours possible de déterminer cette dernière avec la même rigueur. Mais il a été reconnu, en laissant de côté quelques exceptions peu nombreuses sur lesquelles nous reviendrons plus tard, que la molécule chimique est identique avec celle déterminée à l'aide de l'hypothèse d'Avogadro. Ceci conduit à admettre l'identité de la molécule physique et de la molécule chimique, et fournit ainsi un moyen nouveau et presque toujours suffisant pour la détermination si importante de la grandeur moléculaire.

Les expériences et les idées de M. Williamson ont encore exercé leur influence dans une autre direction, en modifiant les vues relatives à la constitution des corps. Elles ouvraient la voie à une fusion entre la nouvelle théorie des radicaux ou des restes et la théorie des types de M. Dumas, et de cette fusion est résultée la théorie des types de Gerhardt. Des travaux d'autres savants eurent, il est vrai, une part au moins aussi grande dans l'établissement de cette théorie, d'autant qu'ils avaient en partie été exécutés antérieurement. Nous allons les passer en revue.

M. Wurtz, en 1849, en traitant par la potasse l'éther cyanique, l'éther cyanurique et les urées composées qu'il avait obtenues au moyen de ces corps, découvrit des bases extrêmement semblables à l'ammoniaque, qu'il compara avec cette dernière, les considérant comme de l'ammoniaque, dans laquelle un atome d'hydrogène est remplacé par les radicaux méthyle, éthyle, amyle, etc. Il y avait, dans cette manière de voir, un progrès considérable; c'était le premier essai heureux d'introduire les radicaux dans les types. Et s'il est vrai que Liebig, en 1839, avait émis une manière de voir analogue relativement à des corps alors encore hypothétiques, on peut trouver là une preuve de son coup d'œil de génie, sans que le mérite de M. Wurtz soit en rien diminué par là.

Les vues de M. Wurtz reçurent un appui notable par la nouvelle méthode de production de cette base artificielle découverte par M. Hofmann. Cet éminent expérimentateur réussit, en traitant les iodures alcooliques par l'ammoniaque, à introduire les radicaux dans la molécule de cette dernière; et ce qui augmenta l'importance de cette découverte, c'est qu'elle donna le moyen de préparer des bases secondaires, tertiaires, ainsi que les dérivés du chlorhydrate d'ammoniaque et de l'hydrate d'ammonium.

On a :

$$AzH^3 + IC^2H^5 = Az \left\{\begin{matrix} C^2H^5 \\ H^2 \end{matrix}\right\} HI.$$

$$Az \left\{\begin{matrix} H^2 \\ C^2H^5 \end{matrix}\right\} + ICH^3 = Az \left\{\begin{matrix} C^2H^5 \\ CH^3 \\ H \end{matrix}\right\} HI.$$

$$Az \left\{\begin{matrix} H \\ C^2H^5 \\ CH^3 \end{matrix}\right\} + IC^5H^{11} = Az \left\{\begin{matrix} C^2H^5 \\ CH^3 \\ C^5H^{11} \end{matrix}\right\} HI.$$

$$Az \left\{\begin{matrix} C^2H^5 \\ CH^3 \\ C^5H^{11} \end{matrix}\right\} + IC^2H^5 = Az \left\{\begin{matrix} (C^2H^5)^2 \\ CH^3 \\ C^5H^{11} \end{matrix}\right\} I.$$

$$Az \left\{\begin{matrix} (C^2H^5)^2 \\ CH^3 \\ C^5H^{11} \end{matrix}\right\} + KHO = KI + Az \left\{\begin{matrix} H \\ (C^2H^5)^2 \\ CH^3 \\ C^5H^{11} \end{matrix}\right\} O.$$

Je ne veux pas laisser sans mention la découverte faite, dès 1845, par M. Paul Thénard, des bases organo-phosphorées, dont la constitution ne reçut d'ailleurs sa véritable interprétation qu'après le travail mémorable de M. Wurtz.

Je mentionnerai encore, parmi les travaux exécutés vers 1850 et ayant contribué à l'établissement de la nouvelle théorie des types, la découverte des chlorures d'acides par M. Cahours, celle des anhydrides des acides monobasiques par Gerhardt, les recherches de M. Williamson sur les acides bibasiques, et enfin la préparation des acides amidés par Gerhardt et Chiozza.

Gerhardt avait compris, dès l'abord, la portée des recherches de M. Williamson; il n'y a rien là qui puisse nous étonner, puisqu'il pouvait y reconnaître une confirmation des vues émises antérieurement par Laurent et par lui, quoique jamais avec la même netteté. Il prévit que la réaction de M. Williamson pouvait s'appliquer aux acides monobasiques et que l'on devait ainsi obtenir les oxydes ou anhydrides de ces acides. L'expérience réussit; il était donc réservé à Gerhardt, qui, comme Laurent, avait nié l'existence des anhydrides des acides monobasiques, de contredire cette assertion par des faits; il est vrai qu'il n'avait entendu nier que la possibilité d'enlever à une molécule d'acide une molécule d'eau, et ceci resta vrai. Lui-même montra qu'il faut toujours réunir deux molécules pour produire les anhydrides, et la preuve fut fournie par la méthode de M. Williamson. En traitant l'acétate de potasse par le chlorure d'acétyle, Gerhardt obtenait l'anhydride acétique :

$$\left.\begin{matrix} C^2H^3O \\ K \end{matrix}\right\} O + C^2H^3OCl = \left\{\begin{matrix} C^2H^3O \\ C^2H^3O \end{matrix}\right\} O + KCl.$$

En employant le chlorure de benzoyle, il obtenait l'anhydride mixte acéto-benzoïque :

$$\left.\begin{matrix} C^2H^3O \\ K \end{matrix}\right\} O + C^7H^5OCl = \left\{\begin{matrix} C^2H^3O \\ C^7H^5O \end{matrix}\right\} O + KCl.$$

Avant de passer aux travaux exécutés par Gerhardt, en

commun avec Chiozza, sur les anhydrides et les amides des acides bibasiques, je dois vous faire connaître la manière de voir qui fut introduite dans la science pour ces acides par M. Williamson, et qui fut l'occasion des travaux en question.

L'extension donnée par le chimiste anglais aux nouvelles idées en 1851, c'est-à-dire un an après son premier mémoire sur l'éthérification, eut une grande importance; si l'on peut affirmer, peut-être, que M. Williamson s'appuya, dans ses précédentes publications, sur les vues de Laurent et de Gerhardt, et ne fit que confirmer ces dernières par des expériences, très-probantes il est vrai, dans ce dernier mémoire il fait œuvre personnelle et originale.

M. Williamson montre que l'existence d'acides bibasiques dépend de l'existence de radicaux polybasiques. La formation des ammoniaques substituées dans la réaction découverte par M. Wurtz, et qu'il formule

$$\left.\begin{matrix}K^2\\H^2\end{matrix}\right\}O^2 + \left\{\begin{matrix}C^2H^5\\CAz\end{matrix}\right\}O = \left\{\begin{matrix}K^2\\CO\end{matrix}\right\}O^2 + \left\{\begin{matrix}C^2H^5\\Az\end{matrix}\right\}H^2.$$

lui fournit l'occasion de s'exprimer ainsi : « L'atome CO est équivalent à deux atomes d'hydrogène; en les remplaçant, il réunit les deux atomes d'hydrate de potasse qui renfermaient cet hydrogène et constitue ainsi nécessairement une combinaison bibasique, le carbonate de potasse. »

Admettant, en outre, que l'oxyde de carbone peut doubler son poids atomique sans altération de sa basicité (ou de son équivalence), il obtient C^2O^2, le radical de l'acide oxalique et exprime la formation de l'oxamide par l'équation :

$$\left.\begin{matrix}2(C^2H^5)\\(C\,O)^2\end{matrix}\right\}O^2 + Az^2H^2H^4 = 2\left(\begin{matrix}C^2H^5\\H\end{matrix}\right)O + \left\{\begin{matrix}(CO)^2\\Az^2H^4\end{matrix}\right.\cdot$$

Sa manière de concevoir l'acide sulfurique comme hydrate bibasique du radical SO^2 et les expériences qu'il fait pour établir cette hypothèse n'ont pas un moindre intérêt. Il réussit à placer à côté du chlorure SO^2Cl^2, que M. Regnault avait préparé au moyen du chlore et de l'acide sulfureux, l'acide chloro-sulfurique obtenu par la réaction du perchlorure de phosphore et l'acide sulfurique.

$$\left.\begin{matrix}H\,O\\SO^2\\H\,O\end{matrix}\right\} + PCl^5 = \left\{\begin{matrix}Cl\\SO^2\\O\\H\end{matrix}\right\} + POCl + HCl.$$

Par cette expérience, il réfuta l'opinion de Gerhardt, d'après lequel la formation des chlorures des acides bibasiques était toujours précédée de celle des anhydrides. Gerhardt avait en effet, six mois avant l'apparition du travail de Williamson, publié, en juin 1853, en commun avec M. Chiozza, des recherches sur les dérivés des acides bibasiques, principalement sur les anhydrides et sur les chlorures. Il avait cru pouvoir démontrer, entre autres, que la première action du perchlorure de phosphore consistait dans une déshydratation, et que c'était seulement dans une seconde phase de la réaction que le chlorure prenait naissance. D'ailleurs, les résultats découverts alors par Gerhardt et Chiozza n'en furent pas moins importants. Ces savants furent les premiers à considérer les anhydrides comme de l'eau, dont les deux atomes d'hydrogène sont remplacés par un seul radical; ils firent connaître ainsi la préparation du chlorure de succinyle et de corps analogues. Dans deux mémoires ultérieurs, ils s'occupèrent de l'étude des amides correspondant aux acides polybasiques. Ils montrèrent que ces amides dérivent ou bien de deux molécules d'ammoniaque, qui sont liées ensemble par le remplacement d'un atome d'hydrogène dans chacune d'elles

par un radical bibasique; ou encore d'une seule molécule d'ammoniaque.

Les acides amidés rentrent dans le type $AzH^3 + H^2O$, les deux molécules d'eau et d'ammoniaque étant, elles aussi, soudées par le radical d'acide, ce qui donne la raison de l'ancienne assertion de Gerhardt, que les acides bibasiques seuls donnent des acides amidés.

C'est par ces travaux et par d'autres analogues, et grâce au puissant secours des interprétations ingénieuses tirées par M. Williamson de ces expériences, que Gerhardt fut mis à même d'établir, sur un nouveau principe, une classification complète des composés organiques, classification qu'il a exposée principalement dans le dernier tome de son excellent traité.

Un point capital du système de Gerhardt consiste dans le passage graduel qui existe, d'après son auteur, entre les composés ayant les propriétés les plus contraires. Gerhardt ne pose point, avec les dualistes, l'acide sulfurique et la potasse comme deux termes entièrement opposés; il les réunit par des corps qui forment passage entre deux, et constitue ainsi les séries dans lesquelles il fait rentrer tous les composés. Pour établir ces séries, il s'appuie sur deux considérations, dont l'une ne lui appartient pas en propre. Dès 1842, M. Schiel avait remarqué que les radicaux alcooliques forment une série dont les termes diffèrent de nCH^2, et que les alcools correspondants présentent une différence de point d'ébullition de 18 degrés pour CH^2, différence que M. H. Kopp avait déjà signalée comme existant entre les combinaisons éthyliques et méthyliques. M. Dumas fit voir, en 1843, que les acides gras offrent des différences de composition analogues. Gerhardt se sert de cette régularité remarquable, qu'on retrouve, comme on sait, dans un grand nombre de composés organiques et appelle les corps qui diffèrent de nCH^2 homologues. On avait déjà reconnu que ces corps présentent entre eux de grandes analogies chimiques, et que leurs propriétés physiques se modifient graduellement d'un terme à l'autre de la série, ce qui a été établi principalement par les recherches détaillées et précises de M. Kopp.

Gerhardt ajoute à cette notion celle des combinaisons isologues; ce sont des composés présentant des analogies chimiques, mais qui diffèrent entre eux de nombres d'atomes de carbone et d'hydrogène autres que nCH^2. L'acide acétique et l'acide benzoïque sont des exemples connus de composés isologues. Les séries homologues et isologues forment l'une des entrées du tableau de classification de Gerhardt, l'autre étant fournie par les séries hétérologues. A ces dernières appartiennent tous les corps pouvant se dériver l'un de l'autre par des réactions simples (doubles décompositions) et qui sont rapprochés par leur mode de formation, mais différents par leurs fonctions chimiques. Gerhardt compare cet arrangement à celui d'un jeu de cartes disposé par colonnes suivant les couleurs et suivant la valeur des diverses cartes. Et, de même que chaque carte manquante est déterminée en couleur et en valeur par sa place, de même chaque terme manquant à la classification chimique a ses propriétés principales, ses modes de formation et de décomposition déterminés à l'avance.

Les termes d'une seule et même série hétérologue sont comparés à quatre corps inorganiques parfaitement étudiés, à quatre types primordiaux, l'eau, l'acide chlorhydrique, l'hydrogène et l'ammoniaque. Un corps appartenant à l'un de ces types peut être considéré comme dérivé du type même par substitution de radicaux à l'hydrogène. C'est ainsi que les alcools, les éthers, les acides, les anhydrides, les sels, les aldéhydes, les acétones, etc., sont rapportés au type eau ; de même les mercaptans, les sulfures, etc. Ces derniers appartiennent, en réalité, au type hydrogène sulfuré ; mais celui-ci n'est qu'une annexe du type eau. Les chlorures, les bromures, les iodures, les cyanures, sont rapportés à l'acide chlorhydrique. L'ammoniaque est le type des amines, des amides, des imides, des nitriles, ainsi que des combinaisons phosphorées. Restent, pour le type hydrogène, les hydrocarbures, les radicaux alcooliques et les radicaux organométalliques.

Le grand pas était fait : les radicaux étaient introduits dans les types mécaniques de M. Regnault et de M. Dumas. Si nous regardons en arrière et si nous nous demandons à qui nous devons principalement cette heureuse extension de l'ancienne théorie des types, nous trouvons comme devant être mis principalement en relief le nom de M. Wurtz ; ce dernier, par la manière dont il a compris la constitution des ammoniaques composées, a imprimé aux idées un mouvement fécond ; quoiqu'il ne faille pas oublier que Laurent avait comparé, trois ans auparavant, l'alcool et l'éther à l'eau. Il importe aussi de rappeler que le mot *radical* fut pris dès lors dans le sens dans lequel Gerhardt l'avait défini en 1839. C'étaient des restes de combinaisons, des groupes d'atomes qui pouvaient passer sans décomposition, par certaines réactions, d'un corps dans un autre, mais qui, pour cela, n'avaient pas nécessairement une existence individuelle, et qui ne devaient exprimer que « les rapports entre lesquels les éléments ou les groupes d'atomes peuvent se remplacer ».

Les symboles ainsi obtenus ne représentent pas la position des atomes ; ce ne sont que des formules de transformation qui rappellent une série d'analogies. On comprend donc que Gerhardt ait pu regarder comme possible l'existence de plusieurs radicaux dans un corps et admettre plusieurs formules rationnelles indiquant chacune une réaction différente. Il lui paraissait impossible d'établir la véritable constitution des corps, car on ne peut se faire une idée de cette constitution que par l'étude des modes de formation et de décomposition, et la multiplicité de ces réactions ne permet, d'après lui, de tirer aucune conclusion relativement à la situation des atomes. C'est ainsi que le sulfate de baryte, par exemple, se forme avec l'acide sulfurique et la baryte, avec l'acide sulfureux et le peroxyde de baryum, avec le sulfure de baryum et l'oxygène. La constitution du sel même pourrait donc être représentée par les trois formules :

$$Ba^2O + SO^3 ; \quad Ba^2O^2 + SO^2 ; \quad Ba^2S + O^4 \quad (O = 16, S = 32, Ba = 68,5)$$

Ce seul exemple paraissait à Gerhardt suffisant pour montrer que tous les efforts faits pour représenter la position relative des atomes par des symboles n'étaient bons qu'à égarer les chimistes.

Les réactions sont, pour Gerhardt, de doubles décompositions ; c'est là surtout que se montre la contradiction qui existe entre son système et celui du dualisme, dans lequel toutes les combinaisons se forment par addition. Gerhardt va si loin que là même où deux molécules se réunissent en une, il admet une double décomposition ou, comme il dit, une réaction typique. C'est ainsi que, d'après lui, le chlorure d'éthylène prend naissance en raison de l'action substituante du

chlore. Il se forme d'abord C²H³Cl, et ce corps reste uni avec l'acide chlorhydrique produit en même temps.

L'ordre général et l'ensemble du système de Gerhardt ne laissent rien à désirer. Si, depuis lors, les vues se sont singulièrement modifiées et éclaircies, si nous sommes obligés actuellement de considérer les types comme insuffisants, il n'en est pas moins vrai que les services rendus à la chimie par Gerhardt ne pourront jamais être contestés. Malheureusement, lui-même ne put jouir de l'accueil fait à son admirable traité. Il mourut peu de temps après l'avoir achevé.

A. LADENBURG.

— Traduit de l'allemand par C. F. —

CHRONIQUE SCIENTIFIQUE

Une crise, peut-être décisive, vient d'éclater à l'Observatoire de Paris. Les astronomes ont remis leur démission au ministre de l'instruction publique, qui se trouve ainsi dans l'obligation d'opter entre le directeur, M. Le Verrier, et tous les autres fonctionnaires de l'établissement.

Les séances du conseil de l'Observatoire étaient de plus en plus orageuses, et les rapports de chaque jour, entre le directeur et ses subordonnés, aggravaient sans cesse leur antagonisme. Il a pris aujourd'hui de telles proportions qu'il paraît impossible de prolonger plus longtemps l'état de choses actuel.

Le ministre de l'instruction doit recevoir incessamment les astronomes de l'Observatoire ; peut-être même les a-t-il reçus déjà au moment où nous écrivons.

Le gouvernement personnel va-t-il succomber dans l'astronomie comme autre part ?

— L'Académie des sciences de Paris a pourvu lundi dernier à la troisième place de correspondant vacante dans la section de physique.

La section présentait : *En première ligne*, M. Kirkhhoff, professeur à l'univessité de Heidelberg ; — *en seconde ligne, ex æquo*, et par ordre alphabétique : MM. Angström, de l'université d'Upsal ; — Billet, de Dijon ; — Dove, de l'université de Berlin ; — Grove, de Londres ; — Henry, de Philadelphie ;— Jacobi, de l'Académie de Saint-Pétersbourg ; — Joule, de Manchester ; — Lloyd, de Dublin ; — Riess, de l'université de Berlin ; — Stokes, de l'université de Cambridge ; W. Thomson, de l'université de Glascow ; — Tyndall, de l'Institution royale de la Grande-Bretagne à Londres ; — Volpicelli, de Rome.

Au premier tour de scrutin, M. Kirkhhoff a été élu par 40 voix contre 1 donnée à sir W. Thomson, et 1 à M. Llyod.

— La Société royale de Londres a élu cette année trois membres étrangers, tous trois Français, au moins par la langue. Ce sont M. Alphonse de Candolle (de Genève) ; M. Ch. Delaunay, professeur à la Sorbonne et à l'École polytechnique ; et M. L. Pasteur, professeur à la Sorbonne.

— M. Broca fait les lundis et vendredis, à trois heures, dans son laboratoire à l'École pratique de la Faculté de médecine de Paris, au-dessus du musée Dupuytren, des conférences d'anthropologie où il étudie surtout la crâniologie et les rapports anatomiques de l'homme et des singes.

Le propriétaire-gérant : GERMER BAILLIÈRE.

PARIS. — IMPRIMERIE DE E. MARTINET, RUE MIGNON, **2.**

REVUE

DES

COURS SCIENTIFIQUES

DE LA FRANCE ET DE L'ÉTRANGER

SEPTIÈME ANNÉE   NUMÉRO 10   5 JANVIER 1870

Souscription Sars

Le défaut absolu d'espace nous met dans l'impossibilité matérielle de publier aujourd'hui les nombreuses souscriptions reçues, parmi lesquelles figure celle de M. Segris, ministre de l'instruction publique. — La deuxième liste comprend déjà 79 noms et 832 fr. 34 centimes, ce qui élève le total général *jeudi* à 2858 fr. 34 c.   ÉMILE ALGLAVE.

ACADÉMIE DES SCIENCES DE BELGIQUE

M. P. J. VAN BENEDEN
Correspondant de l'Institut

Le commensalisme dans le règne animal

Invité par mes honorables confrères à prendre la parole dans cette séance, je m'étais d'abord proposé de signaler l'état précaire dans lequel se trouve l'étude des sciences en Belgique. Mais quoiqu'il incombe à chacun des membres de l'Académie de prendre sous son patronage tout ce qui intéresse l'avenir scientifique du pays, j'ai réfléchi que ce n'était ni le lieu, ni le moment de vous entretenir d'un pareil sujet; d'autres voix, plus autorisées que la mienne, s'acquitteront mieux et avec plus de fruit de cette tâche.

Qu'il me soit permis de vous entretenir d'une matière qui m'intéresse depuis plusieurs années, et qui concerne l'*association* de certains animaux.

Occupé depuis longtemps de l'étude des êtres vivants qui fréquentent nos côtes, nous avons porté, dans ces derniers temps, notre attention sur les poissons, et avec les poissons, nous avons étudié les nombreux vers et crustacés que chaque espèce d'entre eux nourrit.

On peut le dire, chaque poisson est un sol mobile et vivant sur lequel se développe toute une faune : la constatation de ces faunes rapprochée de l'examen de la pâture des individus qui les portent, présente, à notre avis, un puissant intérêt. Abandonné à nos propres ressources, nous n'avons pu donner à ces investigations toute l'étendue que nous désirions : toutefois, le travail que nous aurons bientôt l'honneur de vous présenter pourra servir de base à des travaux ultérieurs. Ce sont des observations, faites dans le cours de ces recherches sur les diverses associations des animaux, qui m'ont fourni le sujet que je vais avoir l'honneur de vous exposer.

On trouve dans le règne animal plusieurs sortes d'*associations*, et il y en a parmi elles que le naturaliste lui-même n'a pas toujours bien interprétées; il a souvent vu des *parasites* là où il n'y avait que des *commensaux*. Qu'un animal de pe-

tite taille demande, par exemple, à un individu plus grand de profiter de ses nageoires, ou qu'il l'accompagne à la pêche et mette à profit le menu fretin qu'il dédaigne ou qu'il abandonne, nous ne voyons pas de motifs de le regarder comme parasite.

Même lorsqu'ils vivent les uns sur les autres, ces animaux ne méritent pas toujours la qualification dont on les a souvent gratifiés. Il n'est pas rare de trouver de loyaux convives à côté de généreux amphitryons, et l'on en voit qui, en échange de l'hospitalité qu'ils reçoivent, rendent des services auxquels leur hôte n'est pas indifférent. *Le parasite est celui qui fait métier de vivre aux dépens d'un autre; le commensal est simplement un compagnon de table.*

Quand une baleine se couvre de *coronules* ou de *diadèmes*, qui se balancent en mesure sur le dos de leur compagnon, peut-on dire que ces cirripèdes sont parasites? Nous ne le pensons pas! Ces crustacés ne demandent à leur colossal voisin qu'une place pour se loger, et ils ne sont pas plus à sa charge que le voyageur dans un wagon de chemin de fer n'est à la charge de la locomotive. — Ces cirripèdes vivent du produit de leur propre pêche pendant la traversée, et celui qui les héberge ne saurait même pas les nourrir.

Les sangsues se conduisent tout autrement : attachées temporairement à la peau de leur hôte, elles sucent le sang qui doit les nourrir, et après le repas elles se laissent choir pour faire commodément leur digestion. — Ces vers ne sont pas considérés comme parasites, parce qu'ils abandonnent leur hôte dans l'intervalle des repas. — Il y a là évidemment une erreur d'appréciation. Les sangsues sont de vrais parasites à notre avis, et les cirripèdes, dont nous venons de parler, de vrais commensaux.

Il y a plusieurs animaux, vivant en commun, dont les rapports n'ont pas été mieux appréciés. — Il n'est pas sans intérêt, nous paraît-il, de jeter un coup d'œil sur quelques-uns d'entre eux, et de juger de la nature du lien qui les unit.

Nous ne voulons pas vous entretenir de ces associations, où sous le nom de bandes et de compagnies, de troupeaux ou de sociétés, les individus d'une même espèce se réunissent, soit pour la défense, soit pour l'attaque : que ce soient des sexes différents qui s'unissent, des neutres, des ouvriers ou des soldats qui s'associent, ils appartiennent à la même *famille* et nous ne nous en occupons pas.

Nous ne voulons parler que des associations *entre espèces diverses* qui mettent parfois spontanément en commun leur activité, leur intelligence, je dirais presque leur capital, et dans lesquelles ordinairement les commensaux vivent sur un pied de parfaite égalité; cependant il n'est pas rare de voir les forts exploiter les faibles et de voir des malins et des détrousseurs se glisser au milieu de paisibles associations. Ils ne sont pas peu communs au fond de la mer les *Bravi* ou les *Fiers-à-bras*.

Parmi les commensaux, nous en voyons qui conservent toujours leur indépendance, et ceux-ci, peu importe leur associé, rompent au premier signe de mécontentement, pour chercher fortune ailleurs; on les reconnaît à leur attirail de pêche et de voyage, dont ils ne se dépouillent jamais; ce sont les commensaux libres; ils constituent la classe la plus nombreuse. Les autres, en s'installant chez leur voisin, jettent par-dessus bord tout leur matériel de voyage, se mettent à l'aise en changeant de toilette et renoncent pour toujours à la vie indépendante. Leur sort est à jamais lié à celui qui les porte; ce sont les commensaux fixes.

C'est dans ces deux catégories que nous allons citer quelques exemples.

I. — Commensaux libres.

On trouve des commensaux libres dans diverses classes du règne animal; ils se mettent en croupe tantôt sur le dos d'un voisin, tantôt à l'entrée de la bouche au passage des vivres; ou bien, par un goût que l'on pourrait trouver peu délicat, à la sortie des déchets; tantôt, enfin, ils se mettent à l'abri sous le manteau de leur hôte, dont ils reçoivent aide et protection.

Un commensal intéressant de cette première catégorie est un poisson d'une forme gracieuse, nommé *Donzelle*, qui va chercher fortune dans le corps d'une *Holothurie*. Les naturalistes le connaissent depuis longtemps sous le nom de *Fierasfer* (1). Il est allongé comme une anguille, et ses formes comprimées l'ont fait comparer à une épée.

Dans différentes mers, on en trouve qui ont exactement les mêmes habitudes. Le poisson est logé dans le tube digestif de son compagnon et, sans égard pour l'hospitalité qu'il reçoit, il met la main sur tout ce qui entre dans l'office. Le *Fierasfer* a trouvé le moyen de se faire servir par un généreux voisin mieux outillé que lui pour la pêche.

Les Holothuries paraissent du reste fort bien organisées pour la pêche, puisque nous voyons parfois à côté des Fierasfers,

qui sont passablement gloutons, des *Palémons* et des *Pinnothères* qui viennent également réclamer leur part. — Mon ami, M. C. Semper, a vu, aux îles Philippines, des Holothuries qui ne ressemblaient pas mal, sous le rapport qui nous occupe, à un hôtel garni avec table d'hôte.

On trouve également dans la mer des Indes un poisson connu sous le nom d'*Oxibeles lombricoides*, qui se loge modestement dans une étoile de mer (l'*Asterias discoidea*), et partage avec elle le bénéfice de la pêche (1).

Un autre cas de commensalisme nous a été révélé par le professeur Reinhardt, de Copenhague (2).

Un Siluroïde du Brésil du genre *Platystome*, habile pêcheur, grâce à ses nombreux barbillons, loge, dans la cavité de la bouche, de tout petits poissons, que l'on a pris pendant longtemps pour de jeunes silures; on supposait que la mère couvait sa progéniture dans la cavité de la bouche, comme les Marsupiaux la leur dans la poche abdominale. Ces mirmidons de poissons ne sont nullement des jeunes; ils sont parfaitement développés et adultes; mais, au lieu de vivre du produit de leur propre travail, ils préfèrent s'installer dans la bouche d'un complaisant voisin et prélever la dîme sur les bons morceaux qu'il avale. — Ce petit poisson a reçu le nom de *Stegophilus insidiosus*. On voit que, dans le règne animal, ce ne sont pas toujours les grands qui exploitent les petits.

Un naturaliste instruit et observateur habile, qui a rendu de grands services à l'ichthyologie, le docteur Bleeker, nous a fait connaître une association, à certains égards, plus remarquable. C'est un crustacé qui exploite un poisson (3) : le *Stromatée noir*, de la mer des Indes, loge, dans la cavité de la bouche, un *Cymothoa* qui, s'il n'est pas bien installé pour pêcher au large, est parfaitement organisé pour happer au passage tout ce qui est à sa portée.

Dans la mer de la Chine, le docteur Collingwood a même vu une *anémone de mer* qui n'a pas moins de deux pieds de diamètre et dans l'intérieur de laquelle loge également un petit poisson très-frétillant, dont il n'a pu dire le nom (4).

---

(1) Les Fierasfers ont été reconnus en premier lieu par Quoy et Gaimard pendant leur voyage à bord de l'*Astrolabe*. Depuis, ils ont été observés par le docteur Bleeker et, en dernier, par MM. Gegenbauer et Semper. M. Semper a donné des renseignements du plus haut intérêt sur ceux qu'il a trouvés avec d'autres commensaux dans les Holothuries. Il a observé, à côté des Fierasfers dans les Holothuries, des Pinnothères, des Eulima, des Stylifers, un acéphale non encore décrit, dont le manteau recouvre la coquille, et l'*Anoplodium Schneideri*. Ces animaux sont considérés par M. C. Semper, comme par tous les naturalistes du reste qui en font mention, comme de vrais parasites, sur le même pied que les Eutoconcha de J. Müller. Ce sont tous des commensaux, à l'exception sans doute du dernier, l'*Anoplodium*.

Ces Fierasfers sont des poissons voisins des *Ophidium*, des motelles et surtout des ammodytes. Ce qui complète ce dernier rapprochement, c'est que les ammodytes s'enfoncent dans le sable à une certaine profondeur pendant la marée basse et restent cachés jusqu'à la marée montante. La pêche de ces poissons, dont la chair est fort délicate, se fait à la bêche pendant la marée basse et non au filet. Ce petit poisson est connu sous le nom de *Smeele* le long de nos côtes.

Quoy et Gaimard, *Voyage de l'Astrolabe*.

Bleeker, *Naturk. Tydschrift voor Nederl. Indie*, VII, p. 162.

Doleschall, *ibid.*, XV, p. 163; Anderson, *ibid.*, XX, p. 253.

Semper, *Zeit. f. W. Zool.*, XI, p. 104.

Gegenbauer, *Zeit. f. W. Zool.*, p. 329. 1843.

Semper, *Reisen im Archipel der Philippinen*, p. 259, in-4°. Leipzig, 1868.

---

(1) M. le docteur Bleeker rapporte que M. Vanduivenbode, en incisant le corps d'une *Étoile de mer* (*Calcita discoidea*), en a vu sortir un petit poisson très-frétillant. « De Heer Vanduivenbode vond in de holte een *springlevendig* vischje dat in het slymerig vochte rondartelde. » C'est à Banda, Walhaai et Ternate, dit le docteur Bleeker, qu'il faudra faire de nouvelles recherches.

Bleeker, *Iets over visschen levende in Zeesterren en over eene nieuwe soort van Oxybeles*. Natuurkund. Tydschrift voor Nederlandsch Indie, p. 162. Batavia, 1854.

(2) Le professeur Reinhardt (de Copenhague) a observé, pendant son séjour au Brésil, un Siluroïde du genre Platystome, de six pieds de long, connu dans le pays (province de Minas) sous le nom de *Sorocbim*, qui donne l'hospitalité, dans la cavité de la bouche, à de petits poissons étrangers, longs de 5 centimètres, qu'il a nommés *Stegophilus insidiosus*. Feu le professeur Van der Hoeven a donné une traduction de cette notice de Reinhardt, écrite en danois.

J. Reinhardt, *Stegophilus insidiosus, en ny mallefisk fra Brasilien, afrykt af naturh. For vidensk meddels*. 1858. Copenhague. Traduit par van der Hoeven sous le titre : *Een nieuwe soort van Siluroïde of welsachtigen visch van Brazilie en zyne levenswyse*.

(3) Sur soixante Cymothoadiens connus, le docteur Bleeker en possède quinze dans sa collection, qui ont été recueillies sur des poissons de la mer des Indes, et qui sont toutes nouvelles pour la science.

De tous les crustacés qui affectent ce genre de vie, ce sont les Cymothoadiens qui se modifient le moins.

Docteur Bleeker, *Recherches sur les crustacés de l'Inde archipelagique*. Batavia, 1856. Isop. cymothoad. de l'Arch. ind., p. 36.

(4) Le docteur Collingwood a trouvé une Anémone, dans laquelle vit un petit poisson indéterminé. Il en a trouvé jusqu'à six dans une seule Anémone. Le poisson vit aussi librement dans l'aquarium.

Ann. mag. nat. hist., 1868, p. 31.

Et, sans quitter notre littoral, ne voyons-nous pas une association du même genre entre de jeunes poissons que l'on désigne sur les côtes sous le nom de *Poor* (*Caranx trachurus*), et une charmante méduse (*Chrysaora isocela*)? Cet acalèphe renferme souvent plusieurs jeunes caranx que l'on est tout surpris de voir sortir pleins de vie du corps transparent de ces polypes (1).

Mais c'est surtout dans la classe des crustacés que nous voyons des exemples remarquables de commensalisme libre.

On sait que par crustacés, on entend les homards, les crabes, les crevettes et ces légions de petits animaux qui font la police du littoral et purgent les eaux de toutes les matières organiques qui, sans eux, corrompraient la mer.

Ils ne sont point, comme les insectes, diaprés et étincelants de couleur, mais leurs formes sont robustes et variées, et ils plaisent souvent par la singularité de leurs allures.

Parmi les crustacés commensaux libres, un des plus intéressants, quoique des plus petits, est ce crabe mignon, gros comme une jeune araignée, qui vit dans les moules, et que l'on a souvent accusé, à tort évidemment, de causer ces indispositions si connues de tous les amateurs de ces mollusques (2).

On en a vu en assez grand nombre cette année, et, comme on le pense bien, les accidents n'ont pas été plus nombreux que les années précédentes. Ce sont les moules elles-mêmes qui sont les coupables. Elles produisent un effet nuisible sur certaines personnes par *idiosyncrasie*. Nous connaissons au moins le mot maintenant, si nous ne connaissons pas la chose.

A quel titre ces petits crabes, que les naturalistes désignent sous le nom de Pinnothères, et que l'on ne trouve pas ailleurs, habitent-ils ces mollusques bivalves?

Les anciens naturalistes prétendaient que les moules sont des commères très-curieuses de leur nature et que, n'ayant pas d'yeux, elles intéressent à leur sort ce petit crabe, qui est parfaitement doué sous le rapport de la vue. En effet, comme les autres crustacés de son rang, il porte, de chaque côté de sa carapace, au bout d'un support mobile, un charmant petit globe, armé de plusieurs centaines d'yeux, qu'il peut diriger, comme l'astronome braquant son télescope sur un point du firmament. Ils considéraient leur crabe comme un journal vivant qui tenait son hôte au courant des nouvelles.

Ce qui n'est pas douteux, c'est que ces petits larrons vivent en fort bonne intelligence avec les moules, et si celles-ci leur fournissent un gîte commode et sûr, elles profitent largement, de leur côté, des reliefs de festin qui tombent de leurs pinces. Tout petits qu'ils sont, ces crabes sont bien outillés et avantageusement placés pour faire bonne pêche et en toute saison : blottis au fond de leur demeure vivante, qui est, en réalité, un vrai repaire mobile que la moule transporte à volonté, ils choisissent à merveille le moment et le lieu pour la sortie comme pour l'attaque et tombent toujours à l'improviste sur l'ennemi.

Il existe de ces Pinnothères dans toutes les mers et dans un grand nombre de mollusques bivalves.

La mer du Nord nourrit même une grande espèce de modiole, la *Modiola papuana*, que l'on trouve surtout dans les lieux profonds et peu accessibles et qui renferment toujours un couple de Pinnothères de la grosseur d'une noisette.

Nous en avons ouvert des centaines et nous n'en avons jamais trouvé qui fussent veuves de leurs crabes. Nous avons, depuis longtemps, déposé quelques exemplaires de ces Pinnothères dans les galeries du muséum d'histoire naturelle à Paris.

La grande moule (*Avicula margaritifera*), qui fournit les perles fines, loge également des Pinnothères d'une espèce particulière. Il n'est même pas impossible que ces crabes, avec d'autres commensaux ou parasites, contribuent à leur formation, puisque ces objets, si hautement prisés par la coquetterie féminine, ne sont que le résultat de sécrétions viciées, résultant le plus souvent de blessures.

On en trouve également dans le mollusque acéphale qui produit cette immense coquille (*Tridacna*) qui peut servir de bénitier dans les églises, et sans doute dans un grand nombre d'autres bivalves que l'on n'a pas eu l'occasion d'examiner.

On connaît sur la côte du Pérou un petit crabe qui vit dans des conditions un peu différentes (1) : il choisit, non un mollusque bivalve, mais un oursin et se loge près de l'anus dans l'intestin, de manière à saisir au passage tous ceux que le fumet des ordures attire dans ces régions. Sans doute la délicatesse de notre odorat ne peut que réprouver ce choix, mais cette étrange prédilection doit avoir une raison qui nous échappe. Il y a du reste un nombre assez considérable d'espèces qui vivent dans des conditions analogues.

Dans l'épaisseur des branches ténues d'un corail des îles Sandwich vit également un petit crabe (*Hopalocarcinus marsupialis*, Stimpson) qui finit par être enfermé complétement par des digitations du corail (2).

Une association d'un autre genre, et dont il est plus difficile d'apprécier la nature, est celle de ce petit crabe (Turtle-crabe de Brown), que l'on rencontre en pleine mer sur la carapace des tortues marines et quelquefois sur des *fucus*. Il paraît que

---

(1) Quand on voit pour la première fois ces poissons sortir du corps des Méduses et se mettre à la nage, comme ceux qui vivent librement dans la mer, on ne peut se défendre de l'idée que ces poissons ont pénétré accidentellement dans leur intérieur. Mais quand le fait se reproduit pour la même espèce de Méduse et la même espèce de poisson, on finit par être convaincu qu'il existe un trait d'union entre elles. La même observation que nous avons eu l'occasion de faire sur nos côtes a été faite également à Helgoland.

Leuckart, *Jahresbericht*, p. 156. 1858. C'était aussi de jeunes *Caranx trachurus* dans les *Chrysaora isocela*.

(2) Les anciens ont connu les Pinnothères de la *Pinna marina*; on en trouve dans des Acéphales de toutes les mers. La plus grande que nous connaissions est celle qui habite la *Modiola papuana*. Nous avons souvent obtenu des Modioles en vie par les pêcheurs venant du Nord.

Les immenses coquilles bivalves de la mer des Indes, connues sous le nom de bénitier, logent également, de leur vivant, de ces crabes auxquels on a donné le nom d'*Ostracotheres tridacnae*. Il en est de même de la *Meleagrina* qui fournit les perles. Peut-être ces crustacés contribuent-ils à leur formation. On sait qu'il suffit de léser l'animal pour lui faire produire des perles. Dans ces mêmes *Meleagrina*, mon courageux ami Semper a trouvé également des crustacés du genre *Gammarus*.

(1) Dans un oursin de mer de la côte du Pérou (*Euriochinus imbecillis*, Verril), vit un petit crabe (*Fabia chinensis*, Dana), qui se loge toujours dans l'intestin, et la coquille se déforme tout autour de l'anus où il habite ; le crabe est colloqué tout jeune dans ce viscère, et quand il a atteint sa croissance, 'a porte est trop étroite pour le laisser passer encore. — Ce sont les femelles qui choisissent cette singulière retraite, les mâles se trouvent cachés entre les épines.

(2) Le *Hopalocarcinus marsupialis*, Stimpson, des îles Sandwich, se loge au sein des branches ténues d'un corail (*Pacilopora cæspitosa*, Dana), et des digitations l'enferment. *Hapalocarcinus* Verril, *remarkable instanc. of crustac. Parasitism. Sillimann. am. journal;* July 1867; JOURNAL DE L'INSTITUT, p. 64. 1868.

c'est la vue de ce petit crabe qui a donné confiance à Christophe Colomb, dix-huit jours avant la découverte du nouveau monde.

Parmi toutes ces associations, il n'y en a pas de plus remarquable que celle des Pagures, que l'on trouve si abondamment sur nos côtes et que l'on appelle communément *Bernards-l'Hermite*. Les pêcheurs les connaissent sous le nom de *Kakerlots* (1). On sait que ces Pagures sont des crustacés décapodes, assez semblables à des homards en miniature, qui se logent dans des coquilles abandonnées et qui, à mesure qu'ils grandissent, changent de peau et de demeure. Les jeunes se contentent de toutes petites habitations.

Les coquillages qui les abritent sont des épaves, que les Pagures trouvent au fond de la mer, et dans lesquelles ils cachent avec opiniâtreté leur faiblesse et leur misère personnelles. Ces animaux ont l'abdomen trop mou pour affronter les dangers qu'ils courent sans cesse en guerroyant, et pour être moins exposés à la dent de leurs nombreux ennemis, ils s'abritent dans une coquille qui leur sert à la fois de loge et de bouclier. Armé ainsi de pied en cap, le Pagure marche fièrement sur l'ennemi et ne connaît point de dangers. Il a toujours sa retraite assurée.

Mais le Pagure ne loge pas seul sous cet abri. Ce n'est pas un anachorète comme il en a l'air ! En effet, à côté de lui s'installe communément un annélide à titre de commensal et qui forme, avec lui, une des associations les plus redoutables que l'on connaisse. C'est un ver allongé comme tous les Néréides, et dont le corps, souple et ondulé, est armé, le long des flancs, de faisceaux de lances, de piques et de poignards, dont les blessures sont toutes également dangereuses.

Le Pagure, affublé de cette cuirasse d'emprunt et flanqué de son terrible acolyte, attaque de front tout ce qu'il trouve sur son passage, et les revers comme la misère lui sont également inconnus. Aussi il règne autour de leur demeure une prospérité qui n'est guère connue ailleurs. En effet, sur la coquille, on voit s'épanouir ordinairement toute une colonie d'Hydractinies qui fait l'effet d'un parterre de fleurs et, dans l'intérieur, s'établissent très-souvent des Peltogaster, des Lyriopes et d'autres crustacés, qui en font un vrai pandémonium.

Sur la côte d'Angleterre vit une autre espèce de Pagure (2) qui a pour commensal principal une anémone de mer à laquelle on a donné le nom d'*Adamsia* Il est très-remarquable sous divers rapports, mais particulièrement pour la bonne entente qui règne entre lui et son acolyte. C'est un vrai modèle d'amphitryon. Le lieutenant-colonel Stuart Wortly n'a pas craint d'être le spectateur indiscret de la vie intime de ce Pagure. Il y avait cependant bien des susceptibilités à ménager. Voici ce qu'il raconte :

Le Pagure ne manque jamais d'offrir après la pêche les meilleurs morceaux à sa voisine, et s'assure très-souvent, dans la journée, si elle n'a pas faim. Mais c'est surtout quand il s'agit de changer de demeure, que le Pagure redouble de soins et d'attentions. Il manœuvre avec toute la délicatesse dont il est capable pour faire changer l'anémone de coquille; il vient à son aide pour la détacher et, si par hasard la nouvelle demeure n'est pas goûtée, il en cherche une autre, jusqu'à ce que l'*Adamsia* soit complétement satisfaite.

On connaît plus de cent espèces de Pagures, répandues dans toutes les mers et qui mènent le même genre de vie.

Un autre genre de commensalisme est celui des *Dromies*. Ce sont des crabes d'une taille ordinaire, qui, au lieu de se loger dans une épave, se drapent, dès leur première jeunesse, sous une colonie naissante de polypes, qui croît avec eux. Cette colonie a pour fond principal un alcyon vivant, qui couvre la carapace, se développe et s'adapte parfaitement à toutes les inégalités du céphalothorax : on dirait une partie intégrante du crabe. Des *Sertulaires*, des *Corynes*, se développent en abondance sur cet alcyon à côté des algues, et la Dromie, masquée par ce rocher vivant, qu'elle porte sur ses épaules comme l'Atlas de la fable, marche gravement à la conquête de sa proie. Cachée au milieu d'une forêt touffue comme une forêt vierge, elle ne doit pas craindre d'éveiller l'attention de l'ennemi. — Il y aurait bien des mystères à mettre au jour dans cette population inoffensive que la Dromie conduit partout où il y a du sang à verser. Ces crabes ne sont pas rares dans la Méditerranée, mais on en voit rarement dans la mer du Nord.

Un autre crabe, l'*Hypoconcha sabulosa*, a la carapace trop tendre pour sortir nu, et se couvre de la coquille d'un mollusque bivalve.

Quelques crustacés de l'ordre des Amphipodes se logent dans un vrai palais de cristal (1); ils choisissent pour demeure un corps transparent de *Salpa*, de *Bervoë* ou de *Pyrosome*, et de l'intérieur de cette loge hyaline, qui est souvent vivante, ils se livrent aux douceurs de la pêche. C'est ordinairement la *Phronime sédentaire* qui habite les Salpa.

On a signalé de ces crustacés dans différentes mers, mais un des exemples les plus remarquables a été observé par madame Toynbee (*lady Smyth*) à 3° 42' S. et 76° 19' E. D'après le beau dessin que madame Toynbee en a fait et qui se trouve reproduit dans le superbe atlas du commodore Maury (2), le crustacé est un vrai *Phronyme*. Qu'il me soit permis de témoigner ici à madame Toynbee mon admiration pour les belles recherches dont elle a enrichi la science et les superbes dessins qu'elle a rapportés de ses voyages.

Nous trouvons assez souvent sur nos côtes des *Hyperia latreillii*, logés dans le superbe Rhizostome qui apparaît régulièrement dans l'arrière-saison sur les côtes d'Ostende (3).

---

(1) On en connaît dans toutes les mers, et il y a plus de cent espèces décrites. — Outre les nombreux commensaux que nous y avons signalés, on en reconnaît à tout instant encore de nouveaux. Indépendamment des *Hydractinies*, on trouve également des *Alcyons* sur les coquilles habitées par les *Pagures*, et cette association est souvent si heureuse, que la Pagure ne quitte même pas sa coquille quand l'espace devient trop étroit; l'Alcyon forme à l'entrée un vrai vestibule qui suffit au Pagure pour mettre la partie antérieure du corps à l'abri.

Les *Peltogaster*, comme les *Sacculina*, sont des cirripèdes, les Lyriopes, des *Isopodes bopyriens*.

(2) ...*Adamsia palliata is almost a necessity of existence to Pagurus Prideauxii*, qui habite aussi quelquefois la *Natica monilifera*. Cette Anémone se trouve toujours, à ce qu'il paraît, avec la même espèce de Pagure. On trouve cette association sur les côtes d'Écosse.

Col. Stuart Worthley, *Ann. nat. hist.*, p. 889, décembre 1863.

(1) Parmi les crustacés amphipodes, nous trouvons une Phronime (*Phronima sedentaria*), dont la femelle vit dans une loge empruntée à un *Tunicier*, d'après Pagenstecher. M. Pagenstecher n'a trouvé que des individus femelles dans ces demeures cristallines.

Pagenstecher, *Trochel's Archiv*, p. 15, 1861.

(2) Maury, *Explanation and sailing directions*, pl. XXI et XII, in-4°. Washington, 1858.

(3) Le genre *Hyperia*, comme tous ceux de la famille des *Hyperina*, sont commensaux; ils vivent ordinairement dans des Méduses ou sur des poissons. Delle Chiaie figure trois différents *Doliolum* avec des *Hyperia*; *Doliolum mediterraneum*, *papillosum* et *sulcatum*. Tab. LXXVI, fig. 5-7.

Les crustacés isopodes renferment toute une division d'animaux régulièrement conformés, assez semblables à nos cloportes et qui vivent sur divers poissons : les *Cymathoadés*. Ils sont armés de forts crochets qui leur permettent de s'amarrer, mais quand l'envie leur en prend, ils lâchent leur hôte et nagent hardiment vers d'autres poissons. Ce sont de vrais commensaux qui aiment mieux se faire porter par les autres que de se servir de leurs propres nageoires. On en trouve dans toutes les mers et le docteur Bleeker en a fait connaître plusieurs de la mer des Indes. Sur les côtes de Bretagne, où les différentes espèces de labres sont fort communes, il est rare de trouver de ces poissons qui ne logent pas un couple de ces crustacés. Ils appartiennent à plusieurs genres, et mon ami Paul Gervais m'en a envoyé de la Méditerranée qui s'étaient logés dans les évents des *Grindewall*.

Indépendamment des cirripèdes qui vivent en commensaux fixes sur les baleines, ces cétacés logent également, à la surface de la peau, des crustacés qui conservent toujours leur liberté et quittent librement leur hôte pour s'établir sur un autre. Ce sont les Cyames ou poux de baleine qui vivent sur ces mammifères comme les Isopodes précédents vivent sur des poissons.

Les *Caprella*, en général, s'attachent, soit à des cétacés, soit à des Chélonées, à des poissons ou à des Sertulaires, et paraissent vivre dans les mêmes conditions.

Les Picnogonons (1), dont la nature, aussi bien que le genre de vie, ont été problématiques jusqu'aujourd'hui, méritent d'être comptés également parmi les commensaux, au moins pendant leur jeune âge ; ils vivent, en effet, après leur éclosion, sur les Corynes, les Hydractinies et d'autres Polypes et ce n'est que plus tard qu'ils hantent des mollusques ou des classes plus élevées.

Les mollusques, quoi qu'en dise leur nom, sont, de tous les rangs inférieurs, ceux qui montrent le plus d'indépendance ; non-seulement ils se contentent de la lenteur de leur marche, comme de la pauvreté de leur nourriture, mais ils ne demandent que bien rarement du secours à leurs voisins.

Le genre de vie des animaux qui nous occupent va nous faire connaître la nature des rapports qui lient quelques Gastéropodes à des Échinodermes. Ils sont connus sous le nom de Stylifer (2). On a vu depuis longtemps ces mollusques dans des *Astéries*, des *Ophiures*, des *Comatules* et des *Holothuries* même, et, comme on les trouve constamment logés dans la cavité digestive de ces Radiaires, on a cru qu'ils les fréquen-

talent comme *parasites*. C'est l'opinion exprimée d'abord par d'Orbigny et adoptée par la plupart des naturalistes. Ces mollusques n'ont toutefois des parasites que l'apparence et sont tout simplement des commensaux libres. Ces délicats Gastéropodes ont été successivement rangés parmi les *Phasianelles*, les *Turritelles*, les *Cérithes*, les *Piramidelles*, les *Scalaires* et les *Rissoaires*. M. Gwyn Jeffreys vient de proposer avec raison de les ériger en famille distincte.

Ces Stylifers se placent quelquefois à l'entrée de la bouche (*montacuta*); toutefois, ils préfèrent généralement, comme les Fierasfers, se loger plus profondément dans la cavité digestive, au milieu même des provisions.

Tout récemment M. Stimpson a signalé, dans le port de Charleston (1), un mollusque gastéropode semblable à un Planorbe (*Cochliolepsis parasitus*), qui vit en commensal sur le corps d'un annélide (*Ocoetes lupina*).

Quelques autres mollusques, comme la *Modiolaria marmorata*, se logent en commensaux dans l'épaisseur du manteau d'un ascidie (2), comme nous voyons les Magiles s'établir dans l'intérieur des *Madrépores*. On pourrait citer également les Vermets, les Crépidules et les Hipponyx, qui s'installent sur d'autres coquilles et ne réclament qu'un coin pour se loger.

La classe des vers ne renferme pas seulement des parasites ; elle possède aussi, comme nous allons voir, de vrais commensaux : nous en trouvons sur des crustacés, sur des mollusques, sur des animaux de leur propre classe, sur des Échinodermes et même sur des Polypes.

Un des vers les plus curieux est le Myzostome (3), qui vit sur les Comatules, et dont la nature véritable vient d'être révélée par les travaux de Mecnikow. Ces Myzostomes ressemblent à des vers Trématodes, mais ils portent des appendices symétriques et sont couverts de cils vibratiles. Ils vivent et courent sur ces échinodermes avec une vitesse remarquable. On ne les a pas encore trouvés ailleurs. Ces Myzostomes ne sont pas plus parasites que les précédents, mais prennent place à côté d'eux comme commensaux libres.

Il y a plusieurs vers qui vivent en commensaux dans une même gaine avec des congénères et même avec des mollusques enfermés (4). Nous pouvons citer le *Lepidonotus cirratus*

---

(1) Hodge, *Ann. des sc. nat.*, t. XIX, p. 108. 1863. Semper, *Zeit. f. Wiss. Zool.*

(2) Ces mollusques gastéropodes ont été étudiés par un grand nombre de naturalistes, et on les a toujours trouvés dans les mêmes conditions : les mêmes Stylifers sur les mêmes Échinodermes : le *Stylifer astericola* sur l'*Asteracanthion helianthus* des îles Gallapago, le *Stylifer orbignyanus*, Huppé, dans les épines du *Cidaris imperialis*, le *Montacuta substriata*, sur le *Spatangus purpureus*, à côté de la bouche. Il paraît que, sur une quinzaine d'espèces de Stylifers que l'on connaît, il n'y en a qu'un seul d'origine européenne.

Proceed. of the Zool. Soc. of London, p. 60, 1822.

Société philomathique, Institut, p. 417. Décembre 1859.

Gwyn Jeffreys, *Remarks on Stilifer, a genus of quasiparasitic Mollusks* ; ANN. NAT. HIST.. novembre 1864. — *Report on Shetland dredgings*; BRITISH ASSOCIATION FOR 1864, p. 334.

Docteur Fischer, *Observations sur les Gastéropodes parasites* ; Soc. PHILOMATHIQUE, 9 avril 1864. Institut, 27 avril 1864. — *Monography Stylifer et Entoconcha* ; JOURN. DE CONCHYLIOLOGIE, avril 1865.

Vaillant, *Ann. des sc. nat.*, p. 92. 1865.

Semper, *Zeit. f. Wiss. Zoologie*.

---

(1) Stimpson, *Upon a new form of parasitic gasteropodous mollusca*. COCHLIOLEPIS PARASITICUS.—*Proceed. Bost. Sc. nat. h.* vol. VI, avril 1858.

(2) On trouve régulièrement le *Mytilus discors* ou *Modiolaria marmorata*, Forbes, dans l'épaisseur de l'*Aplidium*, si commun dans la mer du Nord ; l'animal est toujours placé de manière à avoir accès à l'extérieur, quoiqu'il se loge profondément. M. Lovèn, *Trosch. Archiv*, p. 314. 1849.

(3) Ces Mysostomes, étudiées successivement par MM. Lovèn, Semper, Schulthe, Schmidt et, en dernier lieu, par M. Mecznikow, ont été, jusque dans ces derniers temps, bien diversement jugées. Nous avons eu l'occasion de les étudier à Cette, où l'on trouvait en abondance des Comatules dans le port même. Quelques années après, nous en avons cherché en vain dans le même endroit. Ce sont des vers *Chaetopodes ectoparasites*, dit Mecznikow, *Zeit. f. wiss. Zool.*, t. XVI. 1866.

(4) Les *Polynoina* sont, pour la plupart, commensaux d'animaux déterminés : on trouve des *Harmathoe Sarniensis* et *Malmgreni* dans la gaine de *Chœtopterus insignis*, l'*Antinoe nobilis* dans la gaine de *Terebella nebulosa*, Lankaster. Après la mort de l'hôte, ces commensaux abandonnent la gaine. Le *Lepidonota cirrata*, var. *parasitica*, Baird, se trouve également dans la gaine de *Chœtopterus insignis*.

W. Baird, *Description of a new variety of Lepidonotus cirratus parasitic in the tube of Chœtopterus insignis*. JOURN. OF THE PROCEED. OF THE LINN. SOCIETY, vol. VIII, p. 161. Lankaster 1865. *Trans-*

et le *Chætopterus insignis*, ainsi que la *Lycoris fucata*, qui s'installe dans les loges du Taret. M. Fr. Muller fait mention d'un amphinome qui s'établit dans un *Lepas anatifera* (1).

Il y a également une larve de Némertine (*Alardus caudatus*) qui vit dans le tube digestif d'un voisin et dont on avait mal interprété le genre de vie. En ouvrant le *Pylidium gyrans*, on trouve souvent, dans l'intérieur de sa cavité digestive, une larve que l'on avait même cru provenir de lui par filiation. L'*Alardus* est tout simplement un commensal libre, du moins dans le jeune âge, et qui peut probablement plus tard se suffire à lui-même.

On trouve communément un Némertien commensal, la *Polia convoluta*, entre les œufs, sous la queue des crabes ordinaires qui vivent le long de nos côtes (2).

Un élégant Gastéropode, le *Phylliroe bucéphale* (3), porte sur la tête un appendice singulier, qui a été remarqué depuis longtemps par les naturalistes, et dont la nature n'a été reconnue que dans ces derniers temps : c'est le *Mnestra parasites*. J. Muller l'avait pris d'abord pour une Méduse, puis il avait abandonné cette opinion, lorsque enfin M. Krohn l'a rangé définitivement parmi les Polypes, ne différant de ses congénères que par sa forme, ses quatre cirres tentaculaires et son genre de vie. Voilà un Polype vivant également en commensal.

Une superbe éponge (*Euplectella aspergillum*) des îles Philippines (4), dont on ne peut se lasser d'admirer l'élégance de forme et la finesse de structure, contrairement à l'alcyon de la Dromie, est implanté dans le sol, mais ne sert pas moins d'abri à trois sortes de crustacés, à des Pinnothères, à des Palémonides et à des Isopodes (*OEga spongiophila*). La *Phelomedusa Vogtii*, de Fr. Muller (5), qui vit sur l'*Halcampa Fultoni*, mérite sans doute également d'être mentionnée ici.

act. Linn. Soc., vol. XXV, p. 373, tab. LI. TROSCHEL'S ARCHIV, p. 223, 1866-67.

La *Cydippe densa forskal*, du golfe de Naples, héberge dans son système gastrovasculaire trois jeunes Annélides qui se rapportent, paraît-il, à deux genres différents, si ce n'est à trois : *Alciopide parasito*, *Rhynconerulla* (*Costa*) et *Alciopina*. Il reste à découvrir où ces vers, qui passent leur jeunesse dans ce Béroïde, passent leur existence à un âge plus avancé. Les premières observations sur ces commensaux ont été faites par MM. E. Claparède et Panceri, les dernières par Buchholz. E. Claparède et Paolo Panceri, *Nota sopra un Alciopide parasito della Cydippe densa*. MEM. DI SOC. ITAL. DI SC. NAT., vol. III, in-4°. Milano, 1867. — P. Panceri, *Altre larve di Alciopide* (*Rhynonerulla*) *Rendiconto della R. Academ. delle Scienze fis. e mathem. di Napoli*, marzo 1868. — R. Buchholz, *Zeit. f. wiss. Zool.*, p. 95. 1869.

(1) *Für Darwin*, p. 29. 1864.

(2) On a trouvé plusieurs fois déjà l'*Alardus caudatus* (larve de Némertine) dans le *Pylidium gyrans*. *Müller's Archiv*, 1858. — Une *Polia* vit sous l'abdomen des *Cancer mœnas*, Van Beneden, *Recherches sur la faune littorale de Belgique* (*Turbellaries*), p. 18. Bruxelles, 1860. — D'autres *Turbellariés* vivent dans des conditions analogues, W. Stimpson, *Prodromus descript. anim. evertebr.*, etc., pars. I, p. 8 et 8 (PROCEED. OF THE ACAD. OF NAT. SC. OF PHILADELPH., febr. 1857).

(3) Krohn, *Troschel's Archiv*, p. 278. 1855.

(4) L'*Euplectella aspergillum*, Owen, est le nid d'un crustacé isopode nageur, a dit Trimoulet. Il y a, en effet, un Iposode du genre Oega dans cette éponge, mais, en outre, son intérieur est habité par un couple de Palaemonides : *Ein Eheparr und Sein Hausfreund*, dit Semper. L'*Oega Spongiophila* était connu depuis longtemps de Semper. — Semper, *Einige Worte über Euplectella aspergillum*, Owen, *und seine Bewohner*, TROSCHEL'S ARCHIV, p. 84. 1867.

(5) PHIKOMEDUSA VOGTII, Fr. Muller, *Ann. mag. nat. hist.*, vol. VI, p. 432.—HALCAMPA FULTONI, *Peachio Fultoni. Ann. mag. nat. hist.*, vol. VIII, p. 132.

Il existe également des commensaux parmi les Rotifères : nous en avons trouvé dans le tube digestif des Phryganes, et l'on a signalé des

II. — COMMENSAUX FIXES.

Les commensaux dont nous venons de parler conservent leur pleine et entière indépendance à toutes les époques de la vie, et comme ils ne subissent que les changements de forme ordinaires, on a rarement méconnu leur véritable nature. A côté d'eux, nous en voyons qui ne sont libres que pendant leur jeune âge : dès que l'époque de la puberté approche, ils font choix d'un hôte, se dépouillent de tout leur attirail de voyage, y compris leurs appareils oculaires, changent de costume, et deviennent complétement dépendants de celui qui les porte.

Mais à côté d'eux, il y en a aussi quelques-uns qui ne renoncent que momentanément à leur indépendance, et conservent, même pendant leur séquestration, leur forme propre avec leurs organes de locomotion.

Les commensaux fixes les plus intéressants sont évidemment les cirripèdes, qui, sous les noms de *Tubicinella*, *Diadema* ou *Coronula* couvrent la peau des baleines (1). Ils sont, comme tous les autres, libres dans leur enfance; mais, pour des motifs, j'allais dire à eux connus, ils se casent sur la tête ou sur le dos d'un de ces grands cétacés qu'ils ne quittent plus une fois qu'ils y sont installés. Ce qui donne une haute importance à ces commensaux, c'est que chaque baleine loge des espèces particulières, de sorte que le crustacé commensal est un vrai pavillon, indiquant la nationalité de l'individu. L'équipage fait reconnaître le navire.

La grande baleine du Nord, le *Mysticetus*, que nos hardis et patients voisins ont découverte en cherchant un passage aux Indes par l'est, espèce qui ne quitte jamais les glaces, ne porte pas de cirripèdes. C'est ce qui était déjà connu des pêcheurs islandais du XIIe siècle. Ces intrépides baleiniers distinguaient une baleine du Nord sans plaques calcaires, et une du Sud avec des plaques. Cette dernière est cette célèbre baleine des régions tempérées, le Nord-Kaper, que les Basques chassaient, dès le Xe siècle, dans la Manche et que, plus tard, ils poursuivaient jusqu'à Terre-Neuve et jusqu'en Islande.

On trouve également de ces cirripèdes caractéristiques sur le genre *Megaptera*, sur quelques espèces de dauphins, sur des Squales et des Chélonées. Dans les rangs inférieurs, on en voit même dans les éponges et dans la substance propre de plusieurs vrais polypes.

Mais si la plupart de ces crustacés perdent leur physionomie propre, tout en conservant des appendices symétriquement disposés autour de la bouche, il y en a également qui se débarrassent de tout appareil extérieur, et ne sont plus

Albertia dans l'intestin des Lombrics, des Limaces, d'une larve d'Éphémère et d'une Naïs. — ALBERTIA VERMICULUS (voy. Dujardin, *Ann. sc. nat.*, t. X, p. 175, 1838, et *Hist. nat. des Infusoires*, p. 653. Paris, 1841.)

(1) La Baleine australe porte une couronne formée de Tubicinelles, autour de laquelle vivent des Cyames et des Acarus. M. Steenstrup a vu des Otions, des Cyames et des Balanes (*Xenobalanus globicipitis*) sur des Grindewall (*globiceps*) des îles Feroë. *Videnskab. meddlelser*, n° 1-2, p. 95, 1849-50, et 1852, p. 62.

La *Coronule diadème* se trouve sur la *Megaptera boops*.

Le *Spinax niger*, un Plagiostome de la côte de Norvége, porte régulièrement au milieu du dos une touffe de cirripèdes, sans parties calcaires dans la peau et auxquels on a donné le nom d'*Alepas*. On en voit régulièrement au marché de Bergen vers la fin de l'été.

Un genre particulier vit sur la carapace des Tortues marines : la *Chelonobia testudinaria*, Linn.

qu'un sac à organes sexuels : tels sont les *Sacculina* et les *Peltogaster*, qui mènent une vie misérable sous l'abdomen des crabes ou sur le dos des Pagures. Il n'y a guère de différence entre eux et les excroissances végétales connues sous le nom de *galles*. Nous en avons parlé plus haut à propos des *Pagures*.

Nous voyons également des cirripèdes s'établir sur d'autres cirripèdes, perdre leurs appendices et prendre la forme d'une larve de Diptère. Le genre Otion et Cineras, que l'on trouve sur la quille des navires comme sur le corps de poissons, sont commensaux d'autres cirripèdes, mais conservent leur physionomie propre.

Depuis les temps anciens, on connaît un poisson dont la position ne paraît pas bien réglée jusqu'à présent, et qui semble appartenir à cette même catégorie de commensaux : c'est l'*Echeneïs* ou *Remora* (1). Cet animal, que l'on trouve dans la Méditerranée et dans différentes mers, s'attache au corps de grands poissons, des requins surtout, à l'aide d'un appareil d'adhésion qu'il porte sur la tête. Il a été parfois confondu avec le pilote. C'est un commensal, mais qui, contrairement à ceux dont nous venons de parler, peut reprendre sa liberté quand cela lui plaît et choisir un nouvel hôte. Il vit du produit de sa pêche pendant le voyage. Ces *Remora* ont, de tout temps, attiré l'attention des observateurs. Aux yeux des anciens, un être singulier, peu importe sous quel rapport, devait avoir une action particulière sur l'économie animale et ne pouvait manquer dès lors d'entrer dans la composition de quelques pastilles ou préparations thérapeutiques. Pline prétend que le *Remora* sert à composer les poisons capables d'éteindre les feux de l'amour.

Les matelots, ceux d'aujourd'hui comme ceux d'autrefois, sont convaincus que si un de ces petits poissons s'attache au navire, il l'arrête tout court. Ce qui n'est pas douteux, c'est que les habitants de la côte du canal de Mozambique ont mis à profit cette faculté que possède le *Remora* de s'attacher à des corps vivants; après leur avoir mis un anneau dans la queue et attaché une corde d'une longueur plus ou moins grande, on les lâche dans la mer pour aller happer quelque proie. On le voit, la pêche au *Remora* fait le pendant de la chasse au faucon.

Parmi les Bryozoaires se trouve un genre curieux, vivant sur des annélides, et sur la nature duquel nous avons été induit en erreur. Mon collaborateur, M. Hesse, l'avait représenté comme un Trématode avec une ventouse pédiculée en arrière. Nous lui avions donné le nom de *Cyclatella* (2), qui doit, par conséquent, disparaître. Ce prétendu Trématode est un vrai Bryozoaire se rapportant au genre *Loxosoma* et qui vit en commensal fixe sur des annélides.

Il y a aussi des commensaux qui, dans leur première jeu-

nesse, se mettent sous la protection de quelque voisin complaisant ou d'un parent, et sont transportés sur le lieu de leur destination. Ceux-là ne perdent point les caractères du jeune âge. De ce nombre sont les jeunes Caliges (1); d'après les observations de M. Hesse (de Brest), ces crustacés, pour atteindre le poisson auquel ils sont destinés, sont amarrés à un parent ou à un ami, à l'aide d'un appendice du céphalothorax, et sont remorqués jusqu'au lieu de leur destination.

Il y a une quarantaine d'années, Jacobson (de Copenhague) a fait un mémoire pour démontrer que les jeunes bivalves, que l'on trouve dans les branchies externes des Anodontes, sont des parasites pour lesquels il propose le nom de *Glochidium*. Blainville et Duméril ont été chargés de faire un rapport sur ce mémoire, que l'auteur avait envoyé à l'Académie des sciences de Paris.

Cette opinion n'a guère trouvé de partisans, et l'on sait parfaitement aujourd'hui que les jeunes Anodontes diffèrent considérablement des adultes et que, pendant leur séjour dans les branchies, elles portent une longue amarre qui descend du milieu du pied. Mais à quoi sert cette amarre? A rattacher l'Anodonte au corps de l'un ou de l'autre poisson et à leur permettre de se disséminer au loin (2). Les Anodontes n'ont pas, comme les autres Acéphales, des roues vibratiles pour se répandre elles-mêmes.

Au fond des flaques d'eau et des rivières, vivent également plusieurs Rotifères et des Infusoires, qui s'établissent sur le dos de quelques crustacés ou insectes aquatiques et se font voiturer comme les cirripèdes sur les baleines.

Il existe ainsi des commensaux des deux catégories dans les derniers rangs des animaux aquatiques.

Nous finirons en faisant remarquer que, dans toutes ces combinaisons, entre individus diversement sexués comme entre espèces différentes, nous voyons toujours percer le but : la conservation de l'individu et la conservation de l'espèce.

Tous ces phénomènes dépendent évidemment des ordres secrets de la Providence, et la vie du plus misérable ver tient au même fil que celle du plus grand mammifère. Un souffle a suffi pour les faire naître, un souffle suffit pour les anéantir. — Dieu tient les rênes de toutes ces existences et les conduit à leur fin; à nous à observer les faits et à deviner, en les généralisant, les lois qui les régissent. Et si nous avons besoin d'une hypothèse pour nous guider dans des sentiers souvent pleins de ténèbres, ne lui accordons jamais l'importance d'une conquête scientifique; que cette hypothèse ne soit qu'un phare pour éclairer la route.

Nous bornons ici, pour le moment, ces observations que nous reprendrons peut-être un jour. En les terminant, qu'il nous soit permis de répéter les paroles que nous prononcions naguère dans une circonstance analogue, et dans cette même enceinte : la grandeur des nations ne se mesure aujourd'hui qu'à l'échelle de leur intelligence, — Sachons tirer parti du

---

(1) Le Squale bleu a porté des Écheneïs jusque sur la côte d'Islande. C'est à l'aide d'une véritable succion que le *Remora* opère sa fixation. Baudelot, *Ann., des sc. nat.*, p. 153. 1867.

(2) Ces *Cyclatella* sont des *Loxosoma*, qui vivent sur des Annélides : c'est une famille à part des Bryozoaires, qui a les sexes séparés.
Keferstein, *Unters. über niedere Seethiere*.
Claparède, *Unters.*, p. 105, tab. II, fig. 6-10.
Van Beneden et Hesse, *Recherches sur les Bdellodes*, p. 82.
Kowalewsky, *Mém. Acad.*, Saint-Pétersbourg, 1867.
Un autre genre, *Saccobdella*, vivant sur la Nebalie, n'est pas un Bdellode voisin des Histriobdelles, comme je l'avais cru d'après les notes de M. Hesse, mais un Rotifère, d'après des observations faites à Concarneau par mon fils.

(1) Eug. Hesse, *Des moyens curieux à l'aide desquels certains crustacés parasites assurent la conservation de leur espèce*; Mémoires présentés par divers savants à l'Institut impérial de France, t. XVIII. Paris, 1864.
(2) Je dois cette observation à M. W. S. Kent, qui m'a fait voir, à Londres, des jeunes Anodontes attachés ainsi à des Épinoches.
Les jeunes Anodontes, pendant leur séjour dans les branchies, ont chaque valve garnie d'un fort crochet, et elles portent pour amarre, au milieu du corps, un long filament en guise de byssus.

rang que les recherches savantes nous ont assigné parmi les peuples européens et favorisons de toutes nos forces l'étude des sciences et la culture des arts, ces deux grands leviers de la civilisation. C'est là que nous devons placer notre gloire. — Au lieu d'étouffer l'esprit d'investigation dans l'enseignement supérieur et d'entraîner les intelligences à dépenser leurs forces vives en luttes stériles, les gouvernements constitutionnels devraient, comme plus d'un monarque absolu leur en donne l'exemple, pousser sans relâche la nation dans la voie féconde et glorieuse des conquêtes scientifiques.

P. J. Van Beneden,
Professeur à l'université de Louvain.

FACULTÉ DE MÉDECINE DE PARIS

HISTOLOGIE

COURS DE M. CH. ROBIN (1)

de l'Institut

**L'anatomie générale et ses applications
à la médecine**

I

Le but de cette première leçon sera de vous montrer, messieurs, que l'anatomie générale ne constitue pas un simple complément du cours d'anatomie descriptive normale et pathologique. Elle apporte tout un ordre de notions nouvelles, à côté de celles qui découlent des autres branches de l'anatomie. Leurs applications à l'art médical équivalent au moins à celles qui ressortissent de l'anatomie descriptive. En effet, celle-ci est indispensable au chirurgien pour la pratique des opérations, et au médecin pour la délimitation des viscères dont il a souvent à apprécier les changements de forme, de volume et de rapports ; mais elle n'est qu'accessoire pour la solution de toutes les questions qui concernent l'origine, la nature intime et les changements évolutifs des lésions qu'il faut diagnostiquer et traiter par les moyens soit internes, soit chirurgicaux. Or, c'est l'histologie qui résout, par une série d'observations logiquement enchaînées, et non par des hypothèses, ces problèmes fondamentaux, à l'élucidation desquels le diagnostic et le traitement sont subordonnés. C'est elle qui guide le médecin dans la distinction des maladies locales ou générales, qui lui fait reconnaître si elles ont pour point de départ un trouble survenu dans les solides ou un changement de composition des humeurs, qui lui fait adopter un traitement de même ordre lorsque des lésions sont analogues.

Par sa méthode, l'enseignement de l'anatomie générale ne diffère pas essentiellement de celui de l'anatomie descriptive. Comme celui-ci, il comprend l'exposé oral ou dogmatique des caractères ou attributs de chacune des parties constituantes de l'organisme dont l'étude appartient à cette moitié de l'anatomie ; sans omettre plus que lui l'indication des résultats généraux et des applications à la physiologie et à la médecine qui surgissent de la connaissance de ces attributs.

Il y a là tout un ensemble de notions, les unes spéciales aux parties étudiées, les autres générales, c'est-à-dire applicables à l'ensemble de l'économie animale, et parfois même de l'ensemble des organismes, qui peuvent être saisies indépendamment de toute démonstration objective et expérimentale et qui concourent au plus haut degré à faire du médecin un homme éclairé, familier avec les choses de son art.

Mais, comme l'enseignement de l'anatomie descriptive, celui de l'anatomie générale comprend en outre l'observation, la constatation expérimentale de ces caractères dont les notions précédentes font comprendre la valeur et l'importance. Ce sont des dissections aussi qu'exige à cet égard l'étude de l'histologie, pour conduire à la comparaison des tissus morbides aux tissus sains dont ils dérivent ; comparaison qui constitue le seul moyen que nous ayons d'en déterminer la nature. Mais ce sont des dissections plus minutieuses, en rapport avec la nature délicate des parties à observer.

En outre, chaque élément anatomique présentant une composition moléculaire spéciale, l'expérience a conduit à découvrir un ou plusieurs agents en rapport avec celle-ci, qui colorent ou dissolvent l'élément, ou le laissent intact, ce qui permet de mettre en évidence les caractères essentiels ou les altérations de quelques-uns, d'en isoler d'autres de ceux qui les entourent, etc. Il y a donc là un enseignement qui consiste à indiquer, à propos de chaque élément, de chaque humeur, de chaque tissu, sains ou malades, quels sont les réactifs qui doivent être employés dans leur étude, en quelle proportion il faut en user, de quelle manière et combien de temps il faut les faire agir sur chacun d'eux, etc.

Les parties élémentaires, directement actives en nous, dont la réunion dans un ordre déterminé a pour résultat la formation de nos organes, étant trop petites pour être perceptibles à l'œil nu, le moyen principal d'étude en anatomie générale est le microscope. Lui seul peut nous déceler la présence de ces corps, et son emploi est inévitable dès qu'on veut étudier l'histologie. Cet instrument faisant voir des objets dont il était impossible de découvrir l'existence avant qu'il fût connu, nous a révélé comme parties constituantes élémentaires de nos tissus tout un ordre de corps dont jusqu'alors on n'avait pas d'idée ; et de cet ordre de particules, il ne montre pas seulement la superficie, mais, par la nature même de sa construction, il nous permet d'examiner à la fois leur surface et leur profondeur, leur structure intime. Ce fait, à lui seul, devient la source de notions des plus précieuses pour la science de la vie, et des plus utiles pour le médecin.

En même temps, ce mode d'examen nécessite tout un nouvel ordre d'interprétations, parce que les objets décélés par le microscope sont vus par transparence, c'est-à-dire à l'aide de la lumière transmise et réfractée au travers de leur épaisseur, non plus à l'aide de la lumière réfléchie, comme les corps qui frappent habituellement nos yeux. De là ressort la nécessité d'une éducation expérimentale offrant quelques différences, selon qu'il s'agit de l'observation des éléments, des tissus, des principes cristallins ou non, déposés par certaines humeurs excrétées, etc.

Par l'association de ces deux ordres d'étude en histologie, l'un concernant la méthode, l'autre relatif à l'observation des objets sur lesquels s'appuient les inductions de la première, toutes les découvertes primitivement isolées des anatomistes modernes viennent former un ensemble dans lequel tout se tient, tout se lie et tout concourt logiquement vers un but commun.

---

(1) Voyez sur les divisions, les moyens d'étude, etc., de l'histologie, les leçons antérieures de M. Ch. Robin, dans la *Revue des cours scientifiques*, 1866, 1867 et 1868.

C'est ainsi que l'anatomie générale introduit un caractère scientifique des mieux déterminés dans l'ensemble de l'anatomie, dont toutes les branches régulièrement reliées entre elles peuvent être poursuivies sans brusque transition du simple au composé, comme du composé au simple. Par la connaissance qu'elle nous donne des analogies et des différences de structure des éléments anatomiques, de constitution des tissus et des humeurs, elle nous découvre la nature intime des produits morbides en nous montrant quelle est leur provenance; car lorsqu'il s'agit de corps en voie incessante d'évolution comme ceux-là, nous saisissons la nature des choses bien plus encore d'après leur origine que d'après leur fin.

C'est là enfin que l'anatomie générale, descendant des données les plus élevées de la science, pénètre dans la pratique de la médecine et de la chirurgie pour nous offrir un exemple des plus frappants de l'importance des services que l'anatomie rend à la pathologie. Reprenons actuellement les principes des propositions qui précèdent pour développer chacune d'elles suivant cette importance.

II

Appeler *anatomie microscopique* l'anatomie générale, serait vouloir la désigner d'après le nom d'un des principaux moyens d'étude auxquels elle a recours, l'usage du microscope, et, en fait, nier qu'elle ait une méthode qui lui soit propre. C'est là un point sur lequel je n'insisterai pas; car non-seulement ce moyen est mis en œuvre aussi nécessairement par bien d'autres branches du savoir humain, mais encore, quelque inévitable que soit ici son emploi, il n'est rien à lui seul; cet emploi est subordonné à celui des agents chimiques, donnant des réactions caractéristiques distinctives, et constituant un moyen préliminaire de préparation à l'examen microscopique. En procédant ainsi, nous aurions bientôt la *pathologie microscopique*, dans les cas si nombreux où ceux qui ont étudié la constitution intime des solides et des liquides de l'économie, tirent parti de cet ordre de connaissances pour porter un diagnostic précis sur la nature et la provenance de quelque production morbide liquide, etc., ou d'une tumeur avant ou après son ablation.

En subordonnant le nom et les applications de cette partie de l'anatomie au moyen instrumental dont elle use principalement, on a méconnu que si elle est essentiellement analytique par la nature des procédés qui nous font découvrir les caractères des corps qui sont le sujet de ses recherches, elle est générale par la nature des résultats auxquels elle conduit. On peut citer, comme exemple de ce fait au milieu de tant d'autres, celui des leucocytes ou globules blancs du sang, de la lymphe, etc., que l'analyse anatomique nous montre avec les mêmes caractères fondamentaux, non-seulement dans le sang, etc. de tous les vertébrés à squelette osseux ou cartilagineux avant la formation du squelette, mais encore dans les invertébrés tels que les articulés et les mollusques. Nous voyons dès lors surgir parmi les conséquences de ce fait l'impossibilité de considérer, avec quelques médecins, ces cellules comme étant les mêmes que celles qui, appelées médullocelles, se trouvent dans la moelle des os, cellules qu'ils ont, en outre, dit être les éléments générateurs des os, bien qu'elles ne se produisent dans chacun de ces organes qu'après l'ossification, au fur et à mesure qu'en grandissant ils se creusent de

cavités. Indépendamment des *différences de structure et de réactions chimiques* que ces éléments présentent quand on les compare l'un à l'autre, leur abondance dans le sang de l'embryon, des poissons cartilagineux et des articulés, montre, d'autre part, qu'on ne saurait davantage considérer le tissu médullaire des os qui les renferme comme un organe formateur du sang en général, ni de ses globules blancs en particulier.

Il est facile de saisir l'ordre d'utilité de ces données de l'anatomie comparative générale, c'est-à-dire de l'extension de ces données au plus grand nombre des êtres organisés et de voir l'appui qu'elles offrent aux observations spéciales relatives, — aux réactions, à la structure et au développement embryonnaire des leucocytes, des médullocelles et des os, — qui infirment l'identification de ces cellules. Or il n'est pas d'élément anatomique, d'humeur, ni de tissu dont l'étude ne conduise à des inductions offrant ce caractère de généralité et d'utilité. Elles sont naturellement aussi distinctes les unes des autres que le sont les attributs anatomiques et physiologiques de ces parties constituantes de l'organisme. C'est là, on peut le dire, la propriété la plus caractéristique de l'anatomie générale que cette extension possible à tous les êtres, quels que soient l'âge et les conditions accidentelles dans lesquelles ils peuvent se trouver, des résultats fournis par l'étude de chacune de leurs parties.

Ce sont là des données relatives aux questions de méthode et les erreurs résultant de ce qu'on les néglige sont nombreuses et des plus graves scientifiquement. Si à l'indication de cette négligence on ajoute la fréquence de cette autre faute de méthode qui consiste à ne pas proportionner le grossissement employé à la petitesse des objets observés, on comprend que cette marche puisse permettre, non pas de voir, mais d'interpréter les choses vues sous le microscope, comme le veut celui qui procède ainsi. Il en résulte aussi naturellement que ceux qui, sans être familiers avec cette partie de la science, voient signaler les contradictions existant entre les esprits qui font de la sorte et les investigateurs qui agissent logiquement, ceux-là, dis-je, attribuent aux moyens d'étude nouveaux des erreurs qui sont purement individuelles.

Rien n'est donc mieux déterminé que le caractère scientifique de cet ordre d'études, en ce qui touche les questions de méthodes et les procédés employés pour déceler les faits jusque-là ignorés et dont la comparaison et la coordination conduisent à des notions complétement inattendues sur la constitution réelle de nos organes. Rien de plus directement indispensable à la physiologie que cet ensemble de données analytiques et générales; rien de plus utile à la pathologie qui n'a d'efficacité dans les applications pratiques qu'en raison de l'exactitude formelle de la détermination de la nature des parties affectées. Pour qui, en effet, se place en dehors d'un empirisme inavouable aujourd'hui par tout médecin digne de ce nom, pour qui connaît les liens qui unissent la physiologie pathologique à la physiologie normale et la première à la pratique médicale, rien n'est plus manifeste que l'influence de l'anatomie générale sur la clinique. Les exemples particuliers qui le prouvent ne sauraient être cités ici. Mais il n'est pas hors de propos de montrer ce qui a pu faire dire à quelques médecins que ces recherches étaient inutiles au clinicien, et, par suite, que mieux valait ne pas les poursuivre, afin d'employer à d'autres études le temps qu'elles peuvent exiger.

Au fond, cela pourrait se réduire à dire que les applications au diagnostic de la nature des tumeurs, etc., des recherches faites à l'aide du microscope ont été méconnues de ceux qui ont pensé pouvoir faire ces applications, ou en comprendre la portée, tout en omettant de se pénétrer des données scientifiques, de l'ordre souvent le plus élevé, dont elles découlent directement.

Rien n'est plus commun, en effet, que cette disposition de l'esprit qui nous conduit à vouloir nous emparer du côté utile des choses sans passer par les difficultés de l'étude qui nous en fait connaître la nature. Or, il est précisément arrivé pour l'anatomie générale, que depuis qu'elle a pris pour aide l'analyse chimique et le microscope, beaucoup de médecins, qui n'étaient pas familiers avec l'emploi de ces moyens empruntés aux sciences si fâcheusement considérées comme accessoires, ont pensé pouvoir négliger cet ordre d'observations. Se trouvant aujourd'hui en présence d'un ensemble considérable de résultats dont ils ne saisissent que confusément ou même nullement la portée (bien que ces résultats modifient en quelques points la plupart de nos connaissances médicales), ces auteurs nient l'utilité de ces changements progressifs ou du moins les applications pratiques qu'en font ceux qui les ont obtenus.

Il va de soi que lorsqu'on arrive à ces applications, il ne suffit plus d'avoir présente à l'esprit telle ou telle des vues générales émises par divers auteurs dans le but de réunir en un tout les nombreux détails observés. Il faut, comme pour toute autre partie de l'anatomie, de la physiologie et de la pathologie, être familier avec le maniement des instruments nécessaires à la constatation des faits, et pour le microscope ou les agents chimiques comme pour chacun de ceux-là, s'être donné l'éducation qu'exige ce maniement.

Comme pour tout progrès scientifique quelconque, il se trouvera toujours des hommes qui nieront l'existence ou la valeur des choses qu'ils ont négligées. Il faut donc que les jeunes gens qui abordent les études médicales sachent que ceux qui se trompent à l'égard des progrès que celles-ci doivent à l'impulsion de l'histologie, pourront les tromper de la manière la plus fâcheuse en voulant non les instruire, mais les préserver de ce qu'ils croient illusoire, parce qu'ils l'ignorent ; et cela quelle que soit l'autorité que l'âge et leur valeur réelle en quelque autre branche du savoir humain puissent leur donner.

A ceux-là s'applique, en tous points, le passage suivant de Leibnitz sur les empiriques, car ils raisonnent absolument comme ces derniers, en ce qui regarde les applications de l'anatomie générale à la médecine et à la chirurgie :

« Les bêtes sont purement empiriques et ne font que se régler sur les exemples ; car, autant qu'on en peut juger, elles n'arrivent jamais à former des propositions nécessaires ; au lieu que les hommes sont capables de sciences démonstratives, en quoi la faculté qu'ont les bêtes de faire des *consécutions* est quelque chose d'inférieur à la raison qui est dans les hommes. Les consécutions des bêtes sont purement comme celles des simples empiriques qui prétendent que ce qui est arrivé quelquefois arrivera encore dans un cas où ce qui les frappe est pareil, sans être pour cela capables de juger si les mêmes raisons subsistent. C'est par là qu'il est si aisé aux hommes d'attraper les bêtes et qu'il est si facile aux simples empiriques de faire des fautes. Les personnes devenues habiles par l'âge et par l'expérience n'en sont pas même exemptes, lorsqu'elles se fient trop à leur expérience passée, parce qu'on ne considère point assez que le monde change et que les hommes deviennent plus habiles en trouvant mille adresses nouvelles. »

. . . . . . « Il est bien vrai que la raison conseille qu'on s'attende pour l'ordinaire de voir arriver à l'avenir ce qui est conforme à une longue expérience du passé ; mais ce n'est pas pour cela une vérité nécessaire et infaillible, et le succès peut cesser quand on s'y attend le moins, lorsque les raisons qui l'ont maintenu changent. Pour cette raison, les plus sages ne s'y fient, pas tant qu'ils ne tâchent de pénétrer, s'il est possible, quelque chose de la raison de ce fait pour juger quand il faudra faire des exceptions. » (*Esprit de Leibnitz*. Lyon, 1772, in-12, t. II, p. 185-187. — *Nouveaux essais sur l'entendement humain*, p. 5.)

Comme exemple à l'appui de ce que dit Leibnitz, des changements dans nos connaissances qui doivent préoccuper même les plus habiles, on peut citer précisément les modifications profondes apportées par l'anatomie générale aux hypothèses admises auparavant sur la nature des tumeurs dites cancéreuses, et particulièrement sur leur origine, aux dépens de tel ou tel tissu, leurs modifications successives à compter du moment de leur apparition, de leur généralisation, etc.

En effet, il n'est certainement pas de plus grossier empirisme, dans l'état actuel de la science, que celui qui consiste à enlever une tumeur sans se préoccuper, autant dans l'intérêt des connaissances médicales que dans celui du malade, de savoir si elle est de nature fibreuse, épithéliale, glandulaire, etc., c'est-à-dire si elle indique l'existence d'un état morbide des systèmes anatomiques entiers, dont elle est une provenance accidentelle. Rien n'est même plus important, au point de vue du pronostic de la récidive, etc., que de déterminer à quel degré d'évolution, de modifications successives sont arrivés tous ses éléments ou telle espèce d'entre eux à l'exclusion des autres, degrés d'évolution qui pour avoir été méconnus, ont souvent fait donner à un même produit de cette nature autant de noms différents qu'ils offrent de phases évolutives principales. Que l'on ait agi ainsi, alors qu'il était impossible d'agir autrement, c'est dans l'ordre naturel des choses ; mais, quand les progrès de la science permettent d'aller au delà, chercher à esquiver par· quelque subterfuge l'emploi des moyens nouveaux qui précisent la détermination de la nature des lésions, des solides et des liquides, ce n'est pas plus acceptable en pathologie interne et externe qu'en médecine légale.

Cette dernière partie de l'art médical exige, en bien des cas, de l'anatomie générale, qu'elle réponde avec une rigueur et une précision dont la nécessité se comprend aisément sur la question de savoir si la matière d'une tache est formée par de la substance cérébrale, du tissu adipeux, du tissu cellulaire, de l'épiderme, du smegma fœtal, des globules sanguins, du sperme, du mucus, etc. Bien que, dans l'examen d'un produit morbide, le but à atteindre soit surtout relatif à l'intérêt du malade et non plus à celui de la justice, la nécessité de savoir de quel tissu dérivent les produits morbides solides et liquides, quelle est leur nature ou constitution intime, etc., n'est pas moins impérieuse. Il est certain que ce n'est pas à la mise en œuvre de procédés opératoires que servent ces déterminations, mais tout homme éclairé sait bien que, dans la pratique médicale, tout ne gît pas dans l'opération ou dans l'administration du remède, comme le croient le vulgaire et les empiriques, qu'il faut savoir remonter jusqu'à l'origine de ces choses en voie incessante de changements, et qu'il faut par conséquent se rendre familier avec la science qui conduit le mieux à ce but.

Aussi jamais on ne pourra considérer comme logique de tendre à maintenir un groupe de médecins laissant systématiquement de côté une partie des connaissances les plus nécessaires au perfectionnement de la pratique pendant qu'un autre groupe se chargerait seul d'acquérir celles-ci.

Notez que ce ne sont pas les méthodes dites des sciences naturelles qui ont amené la création de l'anatomie générale. L'examen des origines de cette science depuis Bichat et ses prédécesseurs, aussi bien que de son développement ultérieur à l'aide des données fournies par le microscope, montre au contraire que si, à mesure que cet instrument s'est perfectionné, il a été appliqué à toutes les sciences et à tous les arts qui s'occupent d'objets invisibles à l'œil nu, ce sont les besoins de la pathologie, les *desiderata* signalés par elle au point de vue de la nécessité de remonter à la connaissance de la nature réelle et du siège précis des lésions qui nous ont conduit à pousser l'analyse anatomique jusqu'à l'étude de la structure et de la composition intimes, normales ou altérées des éléments de nos tissus. Il s'est passé là ce qui a eu lieu pour toutes les autres branches de l'anatomie et de la physiologie, quand les besoins de la pratique chirurgicale ont conduit à la création de l'anatomie des régions et à une précision dans les recherches d'anatomie descriptive et de physiologie que n'avaient point exigées ces sciences tant qu'elles étaient étudiées par le seul désir de connaître l'état naturel des choses. C'est même là ce qui fait que l'histologie humaine normale et pathologique comme les autres branches de l'anatomie humaine sont plus avancées que les études comparatives correspondantes. Aussi, ceux-là seuls qui ont reculé devant la nécessité de ces observations peuvent se mettre en contradiction formelle avec la vérité, en disant qu'elles ne touchent qu'à de simples questions d'histoire naturelle.

Du reste, aux médecins qui soutiennent que le côté scientifique des études médicales ne peut pas être associé à la pratique de l'art de guérir, les exemples de Rayer, d'Andral et de bien d'autres qui ont toujours par leurs actes et dans leurs écrits soutenu le contraire, sont là pour répondre à ces assertions. Là au contraire est la source de leur notoriété, le point de départ de l'influence qu'ils ont exercée sur leurs contemporains et qui se continuera longtemps après eux.

III

On sait que nulle investigation scientifique, de quelque ordre qu'elle soit, ne se borne à l'observation pure, toute observation entraînant au moins les rudiments d'une comparaison entre les diverses faces d'un objet ou les phases successives d'un phénomène, et cela sans parler des cas si nombreux dans lesquels doit intervenir l'expérimentation. Mais on sait de plus que c'est dans les investigations biologiques que l'emploi de la comparaison acquiert son plus haut degré de développement. Ici l'examen des relations de similitude et de succession doit être poursuivi méthodiquement sous divers aspects, tant au point de vue anatomique et biotaxique, que sous le rapport physiologique. On les rapporte à cinq chefs principaux, susceptibles d'être classés dans l'ordre de leur enchaînement naturel et de leur valeur scientifique croissante.

Dans le premier, on compare une chose non avec une autre, mais à elle-même, en la prenant seulement aux différentes

époques de sa durée. Ainsi, en premier lieu, tout être, toute partie simple ou composée, tous les phénomènes d'ordre organique doivent être comparés avec eux-mêmes, de tel moment de leur existence à tel autre l'ayant précédé ou, au contraire, consécutif. Ce motif essentiel de comparaison est celui qui nous donne la notion d'évolution, composée elle-même de diverses phases, qui, dans l'ordre statique, marquent des termes ou âges plus ou moins caractérisés. Cette comparaison d'une partie avec elle-même est la plus élémentaire, la plus simple qu'on puisse concevoir. C'est pourtant celle qui donne le plus nettement une idée du procédé comparatif, celle en l'absence de laquelle aucune des autres n'offre de base solide, celle qui seule leur permet d'acquérir leur étendue et leur fécondité. C'est elle qui, détachée du reste de la biologie avec un certain nombre de données anatomiques et physiologiques, a servi de base à l'institution de l'embryogénie.

Sans rappeler ici quels sont les termes intermédiaires entre ce genre de comparaisons biologiques et le dernier, rappelez-vous qu'il est lié au fond avec le premier, et qu'il comprend la comparaison des états accidentels ou morbides et tératologiques des êtres, de leurs parties et de leurs actes, à leurs états normaux, en prenant pour point de départ l'un quelconque ou la totalité des aspects généraux sous lesquels doit être poursuivie la comparaison biologique.

Ainsi le cycle des modes de la comparaison est clos par celui de ces modes qui embrasse les relations établies entre les cas anormaux soit naturels ou tératologiques, soit accidentels ou pathologiques, avec les phénomènes normaux d'une part, et les uns avec les autres d'autre part. Il se lie au premier en ce qu'il nous montre l'excès ou les aberrations dont l'examen des parties et des actes suivant les âges nous a fait voir l'ébauche, la persistance ou l'affaiblissement. Comme il s'agit dans toute étude des corps organisés d'objets en voie incessante de changements, ce mode de comparaison tend à mieux nous faire apprécier la nature de l'état moyen ou normal, en nous montrant l'un des extrêmes auquel peut atteindre tout état d'organisation et tout acte correspondant alors que l'autre terme, c'est-à-dire celui de leur début, nous avait été décélé par l'investigation embryogénique suivie de celle des premiers âges.

Mais il est facile de comprendre que nulle étude des états accidentels n'a de valeur quelconque si elle ne s'appuie sur la comparaison préalable parfaitement établie des modifications régulières successivement présentées pendant la série naturelle des âges. Chaque partie, comme chaque être, parcourt en quelque sorte, pendant la durée de son existence évolutive, une courbe d'abord ascendante, qui, après avoir atteint son summum, devient descendante jusqu'à son autre extrémité que marque la mort. Cette courbe diffère de l'une à l'autre des parties comme de l'un à l'autre des organismes que celles-ci constituent, et la vie comme l'organisation communes ne sont que les résultantes de l'organisation et de la vie de chacune des premières. Or, les anomalies, comme les modifications morbides anatomiques et fonctionnelles, marquant l'excès, la diminution ou l'aberration, représentent en quelque sorte autant de points singuliers de cette courbe, déviations qui correspondent à autant de changements de la constitution et des actes organiques naturels et dont, manifestement, la nature ne saurait être comprise sans une connaissance exacte des états et des actes normaux dont la série ou la succession représente cette courbe.

C'est ainsi que la science passe rationnellement de la considération de l'état normal, indispensable d'abord à la pathologie humaine, par la pathologie comparative, dont l'étude, plus minutieuse encore que celle de l'état sain, devra conduire à en perfectionner les lois en étendant leur portée primitive. Du reste, la pathologie comparative achève et complète l'ensemble de nos moyens d'exploration biologique, au même titre que l'examen pathologique complète sur certaines questions les enseignements de l'expérimentation proprement dite. Souvent, à cet égard, l'extension de l'étude des caractères normaux de bien des tissus, jusqu'à l'observation de leurs états morbides, est indispensable. Il ne saurait en être autrement, dès l'instant où il s'agit de juger les dispositions et les mouvements d'une substance en voie incessante de changements, dont par suite, l'état intermédiaire ou normal ne saurait être bien déterminé qu'après l'examen des états extrêmes, tant originel que d'aberration morbide ou accidentelle.

Sans appartenir comme partie constituante à la biologie abstraite, la pathologie comparative est, au contraire, au point de vue scientifique et de la prévoyance des phénomènes, l'une des applications concrètes de la biologie, constituant la base rationnelle indispensable, de l'art médical envisagé dan s sa plus complète extension.

On voit comment l'anatomie et la physiologie pathologiques ne constituent en fait qu'une suite de ces mêmes sciences, envisagées non plus au point de vue des lois naturelles, mais sous celui de leurs applications à nos besoins ; car la pathologie repose essentiellement sur la comparaison des organes et des actes, non plus seulement avec leurs analogues dans une autre espèce animale, mais avec eux-mêmes dans une succession de conditions nouvelles, anormales ou accidentelles. Les dissemblances alors constatées exigent, pour être bien appréciées, la connaissance de ces parties et de ces actes, acquise tant par leur observation proprement dite que par leur comparaison avec eux-mêmes, à l'état normal, dans les conditions dites d'âge ou d'évolution, qui ne sont autres que les manières d'être qu'elles traversent successivement. Dans ces deux ordres de cas, en effet, l'un normal et l'autre accidentel, l'élément anatomique, les humeurs, etc., et les actes qu'ils accomplissent, ne se retrouvent jamais absolument semblables à eux-mêmes ; car, en raison des phénomènes de rénovation moléculaire incessante, ils changent un peu à chaque instant, soit de forme, soit de volume, soit dans leur structure, etc., et cela aussi bien pendant la durée de leur existence à l'état sain, que pendant celle de leurs modications morbides.

La pathologie ou histoire non naturelle considérée dans son ensemble, et par suite toutes ses subdivisions, ne sont donc en fait et au point de vue de la méthode, que l'une des formes de l'anatomie et de la physiologie comparatives, celle dans laquelle les parties sont spécialement comparées à leurs homonymes, non plus pendant la durée de leurs manières d'être naturelles, mais au contraire accidentelles.

Ainsi, loin d'être une science indépendante et autonome, la pathologie dépend de l'étude des êtres envisagés à l'état normal, non-seulement parce que le sujet reste le même, les états qu'il peut offrir étant seuls changés, mais aussi parce qu'elle repose essentiellement sur la comparaison du dérangement à l'arrangement, c'est-à-dire qu'elle s'appuie

sur celui des modes d'investigation scientifique que la biologie développe le plus.

La pathologie se constitue donc par des comparaisons de deux ordres, savoir par celle des parties lésées et de leurs actes aux parties saines et aux actes normaux homonymes, c'est-à-dire aux mêmes parties et aux mêmes actes antérieurement observés à l'état normal ; puis par celle de ces parties modifiées et de leurs actions avec elles-mêmes pendant la durée de ces changements accidentels.

En ce qui touche la médecine humaine en particulier, la comparaison de l'homme avec lui-même, à l'état sain et à l'état morbide, et la comparaison de l'homme avec les animaux, constituent deux ordres de recherches distincts par les êtres ou par les états de ceux-ci sur lesquelles portent nos investigations ; mais la méthode reste la même dans l'un et l'autre cas.

C'est ainsi que la pathologie est dite à juste titre cette portion de la biologie concrète qui traite de la comparaison des états morbides aux états sains ; et que l'*anatomie pathologique* en particulier n'est qu'un des modes de l'*anatomie comparative*, celui dans lequel on compare les états accidentels des parties tant avec leurs semblables à l'état normal qu'avec elles-mêmes aux diverses phases de leur évolution morbide. Dans cet ordre de choses, ce qui est difficile, ce n'est pas l'anatomie et la physiologie pathologiques, mais bien l'étude de l'état normal. Aussi arrive-t-il que vouloir donner une autonomie dogmatique à l'examen des dérangements organiques et fonctionnels en dehors d'une liaison incessamment établie entre ceux-ci et l'état normal conduit à une telle confusion entre les objets les plus disparates et à une nomenclature si pleine d'arbitraire dans la désignation de ces objets, qu'elles justifient tout à fait l'éloignement qu'inspirent des études aussi peu rigoureuses aux savants qui, après s'être familiarisés avec les méthodes que nous donnent la physique, la chimie, etc., cherchent à étendre leurs connaissances jusque-là. Cependant lorsqu'on voit avec quelle netteté on peut spécifier comment chaque tissu morbide dérive d'un tissu normal, quelles sont les diverses formes d'altérations que ceux-ci peuvent offrir, et qui constituent autant de maladies de chacun d'eux, on s'étonne de voir si souvent repoussées systématiquement les règles qui conduisent à déterminer la nature des produits pathologiques par leur comparaison aux tissus ou aux humeurs sains dont ils proviennent.

Or, nous savons qu'*on détermine la nature* d'un élément anatomique en tant qu'appartenant à telle ou telle espèce, par la détermination de son siége, de sa forme, de son volume, de sa consistance, de ses réactions chimiques, de sa composition immédiate et de sa structure, comparés entre eux dans le plus grand nombre possible des phases de leur évolution. Chaque élément anatomique, en effet, doit être envisagé non-seulement sous le rapport de sa structure propre, mais encore au point de vue du lieu, du mode et de l'époque de son apparition dans l'organisme ; puis des modifications normales et accidentelles qu'il offre à partir de cette apparition. Car chaque espèce passe par des phases d'évolution différentes de l'une à l'autre. Chacun d'eux présente *une époque, un lieu* et *un mode* particuliers d'apparition. Chacun ensuite se développe à sa manière.

Puisque toute propriété normale ou troublée suppose un siége correspondant, il devient nécessaire de connaître avant tout d'une manière complète chaque élément anatomiqu individuellement, il est indispensable d'en avoir fait la *biographie*, avant d'aborder l'examen anatomique et physiologique des parties de plus en plus complexes que ces éléments forment essentiellement, par leur réunion.

Alors seulement il est possible de *déterminer la nature des tissus sains ou malades*, parties complexes. Or, cette détermination s'obtient en faisant connaître, à l'aide du microscope et des autres moyens auxiliaires, quels sont les éléments ou individus relativement simples qui composent ces produits ; détermination jointe à celle de l'*arrangement réciproque* de ces derniers offrant tel ou tel des modes de *texture*, montrant qu'ils appartiennent soit aux *produits*, soit aux *tissus constituants*, et parmi ceux-ci, soit aux *tissus proprement dits*, soit aux *parenchymes*, tant *glandulaires* que *non-glandulaires;* puis enfin en voyant en même temps et par les comparaisons dont il vient d'être question à laquelle des phases de leur évolution normale ou morbide ces tissus sont arrivés.

Ces données sont d'autant plus importantes à mettre en relief, que faute de les avoir prises en considération, faute d'avoir rattaché l'étude des produits morbides à la connaissance de la texture des organes normaux dont ils dérivent, on voit par exemple décrire encore sous les noms de *cancer alvéolaire*, etc., des dispositions anatomiques qui résultent simplement de la section transversale des tubes glandulaires, et qu'on interprète comme si, au lieu de tubes en doigt de gant ou culs-de-sac, elles représentaient des vésicules ou loges closes de toutes parts, alors qu'une dissection convenable fait retrouver la disposition des gaînes ou des cylindres épithéliaux sous forme de grains glanduleux ou *acini* à culs-de-sacs multiples plus ou moins irréguliers.

Ces données sont de plus très-propres à montrer quel est l'esprit, le but de l'anatomie générale, non pas en ce qui touche son caractère scientifique proprement dit, comme dans les exemples cités plus haut, mais en ce qui regarde la nature des applications à la pathologie des dispositions anatomiques qu'elle nous a décélées. A ce point de vue, elles sont importantes parce qu'elles sont saisissables par ceux mêmes qui n'ont pas pu mettre en œuvre les instruments et les procédés qui permettent d'en constater la réalité.

Nous voyons aussi que c'est dans la nature même des objets observés, qu'il faut chercher quels doivent être les termes destinés à désigner leurs états normaux ou accidentels et non dans des choses d'une nature différente. Aussi, vouloir associer dans les descriptions les nomenclatures anciennes (fondées sur l'empirisme alors inévitable) à d'autres plus récentes, mais qui ne s'appuient pas davantage sur la comparaison de l'état morbide à l'état normal, constitue une inconséquence manifeste ; celle-ci ne laisse que des rapports rares et éloignés entre les descriptions et la réalité qu'elles sont destinées à traduire en signes, parce que les termes sont contredits par la nature même des faits qu'ils doivent exprimer.

Il est certainement fort singulier de voir des écrits des plus récents, subordonner les données nouvelles de l'observation et de l'expérience aux hypothèses qu'elles renversent, distinguer et définir les produits morbides d'après des caractères arbitrairement choisis, comme aux époques où la science non renseignée ne pouvait faire autrement, nommer et classer les tumeurs comme si leurs éléments et leur texture ne conservaient pas de rapport avec les éléments anatomiques normaux envisagés aux points de vue : 1° de leur structure propre et de leurs phases d'évolutions ; 2° de leur

arrangement réciproque ; 3° de leur modification de nombre, etc. Rien n'autorise plus aujourd'hui à attribuer à ces productions une provenance plus ou moins singulière, ou à ne pas s'occuper de cette provenance ; à se fonder ensuite sur de simples analogies d'aspect extérieur avec des végétaux (*tubercules, fongus, tumeurs fongueuses, napiformes*, etc.), ou avec des matières qu'on en retire (*gliomes*, etc.), avec des animaux (*polypes, cancer*), avec leurs produits ou leurs parties (*sarcômes, myxômes, pneumonie caséeuse, tumeurs larinoïdes*, etc.), des corps bruts (*tumeurs colloïdes, cirrhose, squirrhe, psammômes, tumeurs squirrheuses*, etc.), pour établir une classification et une nomenclature qui laissent bien loin derrière elles au point de vue de leur singularité celle des alchimistes, où les sels étaient classés d'après des comparaisons avec les astres (*lune, cornée d'argent, sel de Saturne*, etc.), ou avec les plantes (*arbres de Mars, de Diane, de Jupiter*, etc.).

Quels que soient donc les efforts qui sont faits dans ce sens pour rendre aux anciennes nomenclatures empiriques une valeur qu'elles ont perdue devant les progrès de l'anatomie et de l'embryogénie, quels que soient ces efforts faits par les auteurs qui croient rendre valables, en leur donnant un sens nouveau, des termes tels que ceux de *sarcôme*, de *carcinôme*, de *cancer*, en leur enjoignant d'autres analogues de nouvelle création (*gliôme, myxôme*, etc.), la logique scientifique la plus élémentaire met en évidence les vices de cette méthode ; elle ne rend pas moins manifeste l'impropriété de mots qui ne rappellent en rien les relations anatomiques et physiologiques des tissus morbides avec les tissus sains, bien que l'anatomie puisse décéler leurs liaisons au premier examen comparatif. Rien, encore une fois, de plus illusoire que de croire qu'il est possible de restituer à l'étude des tissus morbides une autonomie qu'elle a perdue devant les investigations modernes, et que ce résultat pourrait être obtenu par le seul fait de la reprise de termes qui n'étaient acceptables qu'alors que cette autonomie était admise. Car il faut l'avouer, plus d'un raisonne et écrit sur ces questions comme s'il avait là conviction qu'il n'est pas possible d'arriver en ce qui les touche à des convictions basées sur une démonstration scientifique et comme s'il pensait que par suite rien ne s'oppose à ce qu'on adopte l'hypothèse qui semble la plus séduisante aux *à priori*.

IV

Les anciens disaient que le savoir a des charmes qui ne sauraient être connus de ceux qui ne les ont point goûtés. Je n'entends pas un simple savoir des faits sans celui des raisons, ajoute Leibnitz. Ils disaient aussi que cela seul est utile qui est vrai, mais que tout ce que l'on sait de vrai, devient applicable à nos besoins matériels ou intellectuels à un moment donné. Cela est tellement évident qu'il serait superflu de chercher à montrer davantage que la nature et le degré d'utilité pratique des connaissances dues au microscope ne sauraient être jugés, avec impartialité et rectitude par ceux qui, de moins en moins nombreux, ont négligé de les approfondir ; par les médecins qui ne les ont jamais éprouvés ; par d'autres qui, faute d'avoir appris à se servir du microscope et des divers moyens nécessaires pour la constatation de ces faits, considèrent ces derniers comme nuls ou illusoires ; ou encore parce qu'il est possible, sans se préoccuper d'elles, d'arriver à une pratique étendue ou à une grande réputation, comme tant d'anciens médecins en sont des exemples.

Les commençants feront donc bien de se livrer à cet ordre d'études au même titre qu'ils le font pour les autres branches de l'anatomie normale et pathologique, sans tenir compte de ce que pourront leur dire quelques-uns de leurs prédécesseurs qui, restés en arrière de l'état actuel des sciences, cherchent à déconsidérer l'importance de celles-ci. C'est là ce que leur conseilleront tous ceux qui, plus préoccupés des progrès de l'art médical que des autres intérêts qui s'y rattachent, ont pu, à l'aide des données de l'anatomie générale, diagnostiquer nombre de fois des affections méconnues et déterminer la nature de produits morbides confondus avec d'autres par ceux mêmes qui considèrent ces moyens comme sans valeur pour la clinique.

Mais plus les sciences progressent, plus connaître empiriquement l'état des choses devient insuffisant dans la pratique médicale, plus il devient nécessaire de déterminer les raisons de cet état, plus aussi il devient indispensable au médecin véritablement digne de ce nom d'aller au delà des données pures et simples de l'observation, de s'élever jusqu'aux conséquences dernières des faits, et relatives tant à l'interprétation qu'ils doivent recevoir qu'aux inductions nouvelles qu'ils suscitent. Les événements les plus simples de chaque jour, étendus jusqu'aux questions adressées dans la pratique médicale, s'opposent à ce que la recommandation contraire, plus habile que logique, soit suivie, et qu'une partie de la vérité soit ainsi laissée dans l'ombre pour que l'explication des choses reste telle que la conçoivent ceux qui se tiennent en dehors de toute investigation directe de la réalité ; de ceux qui se tiennent en dehors surtout des notions concernant les états élémentaires et les états primordiaux essentiels de l'organisation et des actes d'ordre organique. Et ce n'est pas dans la forme, mais bien au delà dans la substance et dans l'action que l'on doit chercher ce qu'il y a de fondamental, de commun et de moins variable dans l'état d'organisation. Aussi, dans l'étude des éléments anatomiques en particulier, il vaut mieux dire qu'ils sont *figurés*, dans le sens de corps limités par des surfaces définies, que de les dire *formés*; car ces parties constituantes élémentaires des êtres organisés sont plus caractérisées encore par leur constitution immédiate et par leur structure que par leur forme. Il y a d'abord manifestement des éléments anatomiques, dits amorphes, qui n'ont d'autre disposition morphologique que celle des espaces circonscrits par les éléments réellement figurés entre lesquels ils se trouvent. Quant à la forme de ceux-ci, on peut la dire presque incessamment variable à dater de l'époque de leur naissance, surtout sur ceux qui sont nés par genèse. Quant à ceux qui, comme les cellules du blastoderme et les cellules épidermiques, résultent de l'individualisation par scission en corpuscules polyédriques de masses ou de couches de substances amorphes, leur forme est ordinairement d'une admirable régularité, lors de leur première délimitation du moins. Elle reste toujours ainsi dans beaucoup de régions, mais elle est susceptible de subir pathologiquement des déviations telles qu'il faut en avoir suivi les phases pour pouvoir admettre, en les voyant isolément sous cet état, qu'ils ont été de forme et de structure aussi parfaites.

Ainsi, bien que restant entre des dimensions qui ne dépassent pas certaines limites et bien que conservant une configuration définie, on peut dire des éléments anatomiques que leur forme et l'ensemble de leurs autres qualités sont en voie incessante de modifications.

Pour aborder les recherches histologiques et arriver à juger par eux-mêmes de l'importance qu'elles peuvent avoir, les commençants devront, comme pour toute autre science, consacrer quelques jours à l'étude des livres ou à l'audition des cours traitant de ces matières. Ils compareront ensuite certains des sujets, qui s'y trouvent traités, tels que l'étude du sang et d'autres humeurs et de leurs altérations, des muscles, des nerfs, des glandes, des épithéliums, etc., aux mêmes sujets exposés, soit dans les ouvrages de ceux mêmes qui les détournent directement ou non de ces études, soit dans les livres publiés avant le développement de cet ordre de connaissances. Ils chercheront ensuite à vérifier l'exactitude des données de l'observation proprement dite faite à l'aide du microscope, en allant du livre à l'instrument et de l'instrument au livre alternativement.

Ils apprendront bientôt ainsi à distinguer le fait observable des interprétations qui ont pu en être données ; car naturellement, ici comme dans toutes les autres sciences, celles-là ont varié, non-seulement avec l'étendue de nos connaissances, mais encore avec la nature des esprits qui les ont émises, ainsi qu'avec la nature de l'éducation scientifique antérieure qu'ils avaient reçue. Nul ne tardera longtemps à voir dans quelle erreur tombaient ceux qui les détournaient de l'acquisition d'un ordre de connaissances, non-seulement aussi saisissant, mais aussi important à posséder pour la pratique médicale de chaque jour.

Il ne faut pas laisser ignorer non plus aux commençants la nécessité pour cet ordre d'observations et d'applications pratiques d'une éducation graduelle de l'œil et de la main et de l'habitude du maniement des réactifs chimiques. Il y a déjà été fait allusion et tous les traités du microscope insistent sur ce fait. Rien de plus important pour le médecin que cette éducation qui est toute à faire pour lui au début de ses études ; car l'instruction universitaire nous conduit jusqu'à la fin sans s'occuper de l'éducation des sens et en laissant entre elle et celle de l'intelligence la plus grande disparate qui se puisse concevoir. En ces matières, l'une n'est guère moins importante que l'autre, et pourtant rien de moins répandu que la première ; aussi rien de plus commun que de voir les étudiants arrêtés dans la mise en œuvre ou la démonstration des meilleures conceptions scientifiques par l'impossibilité où ils se trouvent d'arriver à l'exécution matérielle des dissections ordinaires ou microscopiques, de la représentation des objets par le dessin, etc.

Rappelons qu'indépendamment de cette éducation de l'œil et de la main qui mène à constater le fait, il faut plus encore pour observer, toute observation comme toute expérience exigeant une succession de comparaisons qui donnent la raison des choses constatées par la simple contemplation. Cela est surtout vrai pour les observations microscopiques qui toutes impliquent cette comparaison d'une manière incessante.

A ces divers points de vue, les commençants ne devront pas oublier qu'en examinant la manière dont les esprits, les plus éclairés en dehors des connaissances scientifiques et les mieux disposés envers la science en général comprennent l'ordre d'utilité de celle-ci, on reste frappé de voir combien l'instruction commune nous laisse ignorer la nature réelle de cette utilité, combien cette éducation nous fait peu comprendre quelle est l'influence de la méthode de chaque science sur celle qui dirige dans l'étude des autres et la nécessité de ces notions pour que les applications des données scientifiques à nos besoins, à la pratique selon l'expression reçue, marche de pair avec leurs progrès. Or, parmi les médecins qui ont repoussé l'étude des sciences comme n'étant qu'un accessoire ou qu'une question de satisfaction personnelle, pour cultiver exclusivement le côté empirique de la clinique médicale, il en est beaucoup qui n'ont pu porter leurs appréciations à cet égard à un niveau plus élevé que ne le fait le plus grand nombre de ceux qui ont adopté une autre profession.

Aussi, quelque singulière qu'au premier abord cette recommandation puisse paraître de nos jours, les étudiants ne devront pas hésiter à aborder l'étude des questions de doctrine que l'anatomie générale vient souvent toucher, lorsque, familiers avec la description des éléments, des tissus, etc., et avec les applications de ces connaissances, ils seront conduits jusqu'à ces questions par la comparaison des résultats qu'elles donnent. Il n'est pas douteux en effet, à ce point de vue, que lorsqu'on verra comment des observateurs de nos jours rassemblent des documents sans les lier aux questions de doctrine, que pourtant ils infirment ou confirment; et lorsque, dans l'avenir, on comparera cette manière de faire à celle qu'adoptaient nos prédécesseurs en pareil cas, l'avantage restera à ceux-ci au point de vue des progrès généraux de l'esprit scientifique.

V

Il est important encore d'être prémuni contre une idée fausse que propagent l'esprit de routine et ceux qui parlent de l'histologie sans avoir fait les observations qu'elle exige. De ce qu'il est aujourd'hui reconnu que l'anatomie se divise en six sections fondamentales, dont une moitié restait hors de l'enseignement officiel, il ne faudrait pas en conclure avec quelques auteurs que ce fait rend plus longue et plus difficile l'étude de cette partie fondamentale des connaissances médicales. L'anatomie générale, en effet, simplifie beaucoup l'anatomie descriptive, sur laquelle s'accumulent encore des données disparates qui ne sont pas de son domaine. Elle n'abrége pas moins nos études physiologiques, car tout plan bien fait d'anatomie entraîne des divisions correspondantes dans la physiologie; quant à l'anatomie pathologique, elle l'a trop profondément modifiée pour qu'il soit nécessaire de parler ici des progrès qu'elle lui a fait faire. Aussi est-il difficile de trouver ailleurs un exemple justifiant mieux ce que Leibnitz pense de l'influence des sciences les unes sur les autres.

« Les sciences s'abrégent en s'augmentant, dit-il, ce qui est un paradoxe très-véritable; car plus on découvre de vérités, et plus on est en état d'y remarquer une suite réglée et de se faire des propositions toujours plus universelles, dont les autres ne sont que des exemples ou des corollaires; de sorte qu'il se pourra faire qu'un grand nombre de celles qui nous ont précédés, se réduira avec le temps à deux ou trois thèses générales. Aussi, plus une science est perfectionnée et moins elle a besoin de gros volumes; car, selon que les éléments sont suffisamment établis, on y peut tout trouver par le secours de la science générale. » (*Ibid.*, tome II, page 164. *Nouveaux essais sur l'entendement humain*, page 523.)

Les commençants ne devront pas non plus se laisser détourner de l'étude de l'anatomie générale par ce motif, si souvent mis en avant, que cette science est encore dans l'enfance. Il ne leur faudra pas de longues observations pour voir que s'il lui reste en effet bon nombre de questions à résoudre, il en est déjà qui sont assez parfaitement élucidées pour que ceux qui donnent comme critérium de la vérité des découvertes de l'homme le degré de leur utilité dans les applications à nos besoins, puissent reconnaître qu'elle mérite d'être étudiée, ne fût-ce qu'à ce point de vue. Ils verront surtout que beaucoup jugent cette science dans l'enfance, en raison de l'enfance de leurs connaissances à cet égard. Supposant que la science n'a pas accompli plus de progrès qu'ils n'en ont fait depuis qu'ils ont cessé d'étudier, ils jugent avec ce qu'ils savent les données de l'histologie qu'ils ignorent.

Bien qu'il soit reconnu de tout anatomiste que l'anatomie générale, pas plus que la chimie ou toute autre science, n'a pu, en un demi-siècle, atteindre son plein développement, quoique nul observateur ne dissimule que ses publications ne sont que des jalons qui seront en partie enlevés de la route tracée quand le but sera atteint, il faut se garder d'y voir de faux semblants de science exacte. Le dédain ne doit pas plus retomber sur ceux qui établissent ces points de repère que sur la science qui n'est pas achevée. Des erreurs bientôt redressées, ou des échecs dont elle se relève vite, ne la rendent point coupable, lorsqu'ils n'ont d'autre cause que les difficultés même inhérentes à toutes les études d'ordre organique. Ce qu'il faut dédaigner, ce sont les récriminations de ceux qui repoussent les observations microscopiques, en raison de leurs difficultés et en raison surtout de ce que les résultats qu'elles donnent sont autres que ceux qu'ils avaient rêvés, autres même, le plus souvent, que ceux qu'espérait d'avance obtenir chacun des investigateurs.

C'est ainsi qu'on a demandé et qu'on demande incessamment au microscope de résoudre la question de savoir si une tumeur est *bénigne* ou *maligne*; cela revient à demander si les modes d'évolution et de généralisation des produits morbides que, d'après une comparaison empruntée aux mœurs des animaux ou au caractère des hommes, on a si singulièrement appelés *bégninité* et *malignité*, se rattachent à quelque disposition anatomique spéciale, comme la contractilité à la fibre musculaire, la sensibilité aux tubes nerveux ganglionnaires, et ainsi des autres.

Or, il s'agit ici d'une question de physiologie pathologique, que ne résolvent pas les données de l'anatomie; la rapidité et la gravité de la marche évolutive des produits morbides tiennent, en effet, dans les affections des tissus ou solides, à des dispositions organiques générales du même ordre que celles qui font que, d'un sujet à l'autre, la variole, la rougeole, la scarlatine, la dothiénentérie et tant d'autres maladies, ont une marche simple ou compliquée, à symptômes graves et rapidement mortels, ou sans grande intensité.

Quant à la manière dont les tissus morbides proviennent originellement de tel ou tel tissu normal et dont se produisent peu à peu les si nombreuses modifications séniles ou accidentelles de ces derniers; quant à la manière dont évoluent, à partir de leur origine, toutes ces formations pour présenter tels et tels caractères susceptibles d'être bien déterminés à telles et telles phases de cette évolution, le microscope a fourni, à cet égard et à bien d'autres, un ensemble de documents dont l'authenticité est vérifiée tous les jours. Et cet ensemble est si considérable que ceux qui accusent la vanité des prétentions de l'anatomie générale ne semblent pas se douter de leur existence. De fait, la plupart de ces résultats sont assez inattendus, assez différents de ce que l'on supposait être, pour qu'il soit aujourd'hui impossible à qui a toujours dédaigné de mettre, au moins un peu, la main à l'œuvre, d'en saisir l'esprit et d'en comprendre la valeur. Il ne s'agit plus simplement de modifier un peu les anciennes hypothèses, mais bien de substituer un ensemble de notions neuves et démontrables, à des interprétations basées sur des suppositions arbitraires.

Aussi voit-on tel qui étudie sans se plaindre les 298 os du squelette humain et un nombre bien plus grand d'affections pathologiques diverses, regarder comme ridicule que l'anatomie générale conduise à décrire une trentaine de productions morbides distinctes, dérivant des tissus et formant *tumeur*.

VI

Il est, toutefois, des faits qui, sans justifier les récriminations dont il vient d'être parlé, doivent être nettement reconnus. Pas plus que les autres branches de la science, l'anatomie générale n'a échappé à certaines des phases d'incertitude par lesquelles passe notre savoir au début de son évolution. Je veux parler de celle de ces phases dans laquelle on a recours à une vue fictive comme moyen d'explication de tous les faits observés, et subordonnés de force à celle-ci, tant qu'en raison de leur complication, on n'a pu parvenir à donner la démonstration *à posteriori* de la nature réelle des objets et de leurs qualités ou propriétés. Telle est, par exemple, l'ancienne doctrine de l'*irritation*, qui, autrefois, a été appliquée successivement à la pathologie et à la physiologie pour expliquer les phénomènes normaux et morbides dont la nature réelle n'était pas encore déterminée et qui a été réintroduite en anatomie générale, après quelques remaniements peu justifiés. Entre les mains de ceux qui l'ont fait sortir de l'oubli où elle était si justement tombée, elle a servi de moyen commode pour donner une interprétation de tous les phénomènes observés sur les tissus, depuis ceux qui concernent leur nutrition et leur développement jusqu'à ceux qui touchent à la contractilité et à l'innervation, tous considérés comme des manifestations d'autant de formes de cet être de raison ; et ces attributs lui ont été redonnés à l'époque même où les progrès de l'histologie, et de la physiologie surtout, venaient montrer que le mot *irritation* n'a aucune valeur exacte en dehors de son sens primitif de *suractivité* nerveuse, ou, en d'autres termes, qu'il n'y a pas d'irritation sans encéphale.

Il faut avoir eu la réalité sous les yeux pour comprendre à quel point les hypothèses de ce genre conduisent les auteurs de bien des écrits modernes au mépris ou à la méconnaissance des données scientifiques les mieux établies, surtout ce qui touche aux divers phénomènes connus sous le nom d'inflammation par exemple, par ce seul fait qu'elles ne rentrent pas dans ce système aussi absolu qu'il est commode par la manière dont il permet de réunir artificiellement des choses d'une observation et d'une comparaison difficiles. Mais ce système est d'un usage aussi facile qu'il est illusoire par ses contradictions formelles avec les résultats les plus élémentaires de l'observation médico-chirurgicale, tant à l'égard de toutes les affections amenant la suppuration que des expériences concernant l'influence des nerfs sur la circulation, etc.

Ces hypothèses ne sont pas moins nuisibles par la manière dont elles éloignent des questions de méthode comme, par exemple, de celle qui consiste à distinguer dans les descriptions l'examen des parties simples de celui des parties complexes qu'elles forment en s'associant, en d'autres termes, celui des éléments anatomiques de celui des tissus.

Or ici une méthode servant de guide est d'autant plus importante que la multiplicité des dispositions morphologiques individuelles des éléments anatomiques en voie d'évolution normale ou morbide et celle de leurs arrangements réciproques, peuvent prêter aux interprétations les plus diverses si l'examen des choses, en procédant rigoureusement du simple au composé, ou *vice versa*, ne vient servir de guide ; si cet examen ne vient montrer ce qu'il y a de constant et, par suite, d'important au milieu de ces variétés secondaires à des degrés divers. Il n'est pas difficile non plus de voir que ces hypothèses conduisent en outre à fausser le caractère de l'anatomie générale en ne laissant voir dans celle-ci qu'un moyen d'explication des états accidentels observés au lieu de cette partie de l'anatomie normale et pathologique qui nous conduit à la démonstration graduelle de ce en quoi consiste réellement l'état d'organisation et de vie, envisagé au point de vue de ses divers degrés de complication et des modifications successives, normales ou accidentelles de ceux-ci pendant toute la durée de leur existence. Ce vice de méthode pèse encore lourdement sur bien des écrits modernes et a certainement contribué à faire croire à ceux qui n'ont jamais mis la main à l'œuvre anatomique, que l'histologie n'était qu'un faux semblant de science, destiné seulement à faire illusion à ceux qui ne la connaissent pas.

Ces circonstances sont dues aux difficultés naturelles d'une science complexe, mais, nous l'avons déjà dit, elles sont dues plus encore à certaines dispositions individuelles des esprits, au manque de méthode et à l'insuffisance des connaissances préalables de ceux qui en abordent l'étude. Il est facile de comprendre que, dans de pareilles conditions, il ne peut pas ne pas y avoir, d'un auteur à l'autre, des dissidences quant à l'interprétation des mêmes faits les mieux constatés. Toutefois, quelle que soit cette influence d'une incomplète préparation scientifique antérieure, ou de ce que les uns éliminent des interprétations tout ce qui est indémontrable et fictif, tandis que les autres en font la base de leurs raisonnements, au-dessus de ces oppositions théoriques existant entre divers écrits, s'élève l'ensemble des données acquises par l'observation, dont la généralisation nous conduit à saisir la raison des choses.

En outre, ceux-là mêmes que des vues hypothétiques mal fondées conduisent à des interprétations et à des descriptions erronées, à méconnaître injustement l'existence des liens qui unissent les connaissances actuelles à celles de nos prédécesseurs, etc., ceux-là mêmes demeurent supérieurs à ceux qui, se tenant systématiquement éloignés des progrès de la biologie, préfèrent les petitesses de l'esprit critique ou le dénigrement systématique à l'examen de la communauté des résultats obtenus par l'observation et l'expérience, qui place la science hors de l'atteinte des coups qu'ils cherchent à lui porter.

Ch. Robin.

Le propriétaire-gérant : GERMER BAILLIÈRE.

PARIS. — IMPRIMERIE DE E. MARTINET, RUE MIGNON, 2.

REVUE

DES

COURS SCIENTIFIQUES

DE LA FRANCE ET DE L'ÉTRANGER

SEPTIÈME ANNÉE   NUMÉRO 11   12 FÉVRIER 1870

Paris, 11 février 1870.

SOUSCRIPTION SARS

Nous publions ci-dessous une deuxième liste de souscripteurs.

Nous avons en outre une liste de membres de l'Académie royale de Belgique comprenant déjà 28 noms avec 335 francs; une liste de membres de la Société d'anthropologie de Paris, s'élevant dès maintenant à 304 francs répartis entre 28 souscriptions; une autre liste à la Société zoologique d'acclimatation, en tête de laquelle s'est inscrit le président M. Drouyn de Lhuys, membre du Conseil privé, ancien ministre des affaires étrangères. — Nous retardons un peu la publication de ces listes particulières, afin de réunir autant que possible les souscriptions des membres de la même société.

Le total général dépasse déjà 4000 francs. Nous espérons bien qu'il va grossir encore rapidement.

ÉMILE ALGLAVE.

Souscription Sars

2ᵉ LISTE

S. Exc. M. Segris, ministre de l'instruction publique	50 fr.
MM. Élie de Beaumont, sénateur, secrétaire perpétuel de l'Académie des sciences	100
Coste, de l'Institut	20
Chasles, de l'Institut	20
J. Bertrand, de l'Institut	20
Bouley, de l'Institut	20
Baron Larrey, de l'Institut	20
Delafosse, de l'Institut	10
Prince A. de Demidoff, correspndant de l'Institut	100
Lartet, professeur au Muséum	20
L. Rousseau, aide naturaliste au Muséum	20
Lucas, aide-naturaliste au Muséum	5
L. Koch, professeur au lycée Saint-Louis	3
Fargues de Taschereau, professeur au lycée Napoléon	5
Le vicomte H. de Bonvouloir	5
A. A. Delondre, de la Soc. d'acclimatation	5
Malte-Brun, de la Société de géographie	5
Ernest Dumas, député	20

MM. Dʳ Dechambre, rédacteur en chef de la *Gazette hebdomadaire de médecine*	20 fr.
Dʳ Bouchardat, professeur à la Faculté de médecine de Paris	10
Dʳ Brouardel, professeur agrégé à la Faculté de médecine de Paris	20
Dʳ de Ferry de la Bellone	5
Dʳ Doherty, à Paris	10
Toulmouche, peintre de genre	5
Dʳ Guiraud, de Montauban	5
Dʳ Lhomel	5
Dʳ V. Signoret	5
Dʳ Giraud	5
Reiche	5
A. Sallé	2
P. Missol	2
Buteux	5
De Saint-Joseph	10
Un membre sociétaire de la ligue internationale de la paix	3
Leprestre, des Grandes-Ventes (Seine-Inf.)	5
Faivre, doyen de la Faculté des sciences de Lyon	20
Allegret, Aubergier, Duclaux et Lecoq, professeurs à la Faculté des sciences de Clermont-Ferrand	35
Les membres de la Faculté des sciences de de Poitiers	26 fr. 34
Martins, professeur à la Faculté de médecine de Montpellier	10
Gabriel Pelletan	20
Bazaine, ingénieur	10
A. de Roche du Telloy, de Nancy	5
Émile Ferrière	5
F. C. Rafinesque	5
Un anonyme	6
Duclerc, à Bayonne	20
Vicomte de la Noue	10
Un anonyme	1
M. et Mᵐᵉ Paul de Musset	40
Stehler, professeur à l'École industrielle de La Chaux-de-Fonds (Suisse)	5
Leboeuf, pharmacien à Bayonne	5
Gérodias, à Brest	5
Yvose	10
G. David	10
E. Brücke, professeur à l'université de Vienne (Autriche)	30

MM. H. de Villemessant, rédacteur en chef du
Figaro...................................... 100 fr.
Alexandre Prevost.................... 100
D^r Ed. Meyer.......................... 20
Bénard............................. 25
Ernest Schlumberger, à Strasbourg....... 5
Louis Mayor, à Nîmes................ 20
Maurice Girard...................... 5
L. Leger........................... 3
Schützenberger, directeur adjoint du labora-
toire de chimie de la Sorbonne........ 10
Ferdinand Taillefer.................. 15
Émile Martinet..................... 20
Mme L. Martinet.................... 20
Alexandre Dumas fils................ 50

Total de la deuxième liste.......... 1241   34
Total de la première liste.......... 2026

Total des deux premières listes...... 3267   34 (1)

On souscrit au bureau de la *Revue des cours scienti-fiques*, 17, rue de l'École-de-Médecine, Paris.

Les souscripteurs de Paris peuvent faire toucher à domicile. Il leur suffit d'envoyer aux bureaux de la *Revue des cours scientifiques* leur nom et leur adresse avec le chiffre de leur souscription.

Les souscripteurs des départements ou de l'étranger pourront envoyer leurs offrandes en un bon sur la poste, en toute autre valeur sur Paris, ou en timbres-poste français.

CONGRÈS INTERNATIONAL D'ANTRHOPOLOGIE ET D'ARCHÉOLOGIE PRÉHISTORIQUES.

SESSION DE COPENHAGUE (2).

Compte rendu.

SOMMAIRE. — Les origines, l'organisation et les fêtes du congrès. — Le discours d'ouverture, par M. WORSAŒ. — Les oscillations de l'écorce terrestre, par MM. BRUZELIUS, NILSSON, C. VOGT, etc. — Les éléphants en Danemark. — Les collections du château de Rosenborg. — Les Kjœkkenmœddings de Sœlager (M. STEENSTRUP). — Le cannibalisme des hommes préhistoriques (M. SPRING). — Dolmens du Westergothland (M. HIDEBRAND). — Monuments mégalithiques d'Andalousie (M. TUBINO). — Cuisines préhistoriques de la Souabe (M. FRAAS). — Les âges préhistoriques dans l'est de la France et en Roumanie. — Les kjœkkenmœddings, par MM. STEENSTRUP et WORSAŒ. — Les cavernes de la Belgique et de la Westphalie.

Fondé, il y a seulement quatre ans, par quelques amis réunis sur les bords du golfe de Gênes, le Congrès international d'archéologie préhistorique a pris dans ce peu de temps un développement si rapide, que l'on peut dire qu'il est passé dans l'âge de la force sans avoir connu les tâtonnements de l'enfance. La quatrième session, qui a été tenue à

Copenhague au mois d'août dernier, a brillé d'un éclat encore plus vif que les précédentes, grâce au nombre de ses membres, à l'importance de ses travaux et à l'accueil qu'elle a reçu de la nation tout entière chez laquelle on s'était donné rendez-vous. Si la session de Paris avait, en effet, été favorisée par le concours de l'Exposition universelle, celle de Copenhague l'était par des circonstances encore plus favorables : la proximité des lieux où avaient été faites les premières découvertes importantes pour la science préhistorique, et un milieu sympathique et s'intéressant à ses travaux.

Grâce à une instruction libéralement répandue dans le nord dans toutes les classes de la société, personne ne méconnaît l'importance de ces études, et, si elles ne sont pas familières à tous, elles sont connues et aimées de tous. Nous en avons eu la preuve dans les réceptions cordiales qui nous ont été faites dans les plus petits hameaux comme dans les châteaux des grands seigneurs ; dans les rues, dans les chaumières pavoisées sur notre parcours de drapeaux et de fleurs, aussi bien que dans l'accueil généreux des membres du comité d'organisation et dans l'empressement des paysans à mettre eux et leurs choses à notre disposition.

Une circonstance non moins favorable pour le Congrès se rencontrait dans cet amour des sciences qui se transmet comme un héritage dans la famille royale du Danemark. Digne héritier de Frédéric VII, Christian IX s'honore comme lui du titre de Président de la Société royale des antiquaires du Nord, et il avait réclamé celui de Protecteur du Congrès. En le faisant, il en avait accepté, et au delà, tous les devoirs. Non-seulement, en effet, le roi a assisté avec toute la cour à la séance d'ouverture, mais encore tous les membres étrangers ont été invités par lui à un *spectacle-gala* donné en l'honneur du mariage récent du prince royal avec la princesse Louise de Suède. Ce spectacle se composait d'un ballet dont le sujet était emprunté à ces temps de nébuleuse antiquité dont les peuples du Nord aiment à se rappeler et à conserver le souvenir. Par une aimable attention de l'auteur, la première scène de ce ballet préhistorique se passait au pied d'un dolmen dans une des vieilles forêts de hêtres du Danemark (1).

Le jour de la clôture du Congrès, le roi réunissait encore les membres étrangers à un grand dîner de deux cent quarante couverts, dans la salle des chevaliers du château de Christiansborg, avec toute la famille royale, la cour et le corps diplomatique. C'est ainsi que l'accueil le plus aimable et le plus sympathique nous recevait en haut comme en bas. Cela est peu ordinaire et pourtant cela est bien et juste. La science n'est-elle pas, en effet, cette force intellectuelle, qui, ne tirant son principe que d'elle-même et non de l'héritage du passé, est et sera de plus en plus la seule aristocratie véritable et digne d'envie ?

Des fêtes nous ont encore été données dans les grands jardins publics de Copenhague, au Tivoli, à l'Alhambra ; mais il ne faudrait pas croire que ces plaisirs ont absorbé tous les instants du Congrès. En exposant les communications et les

---

(1) Nous avons en outre une liste de membres de l'Académie royale de Belgique qui s'élève déjà à 335 francs, une liste de la Société d'anthropologie comprenant déjà 304 francs, une liste de membres de la Société zoologique d'acclimatation, etc.

(2) Voyez le compte rendu de la dernière session, à Norwich (Angleterre), dans notre tome VI, page 66, 2 janvier 1869.

---

(1) On sera peut-être bien aise de retrouver ici la légende qui en a fourni le thème. Le chant de *Stärkodder* parle d'un vieux roi danois nommé *Harald Hildetand*, qui était particulièrement chéri d'Odin. Ce dieu, voulant lui ménager la mort des braves, se transforma en scalde sous le nom de Bruno et provoqua à la guerre les tribus belliqueuses de la Scandinavie. Une bataille formidable fut livrée dans la plaine de Bravalla (Suède méridionale). Harald y trouva le trépas recherché et alla goûter auprès d'Odin les joies du *Valhal*.

discussions qui ont rempli ses séances, en faisant connaître l'emploi du temps dans les autres heures de la journée, nous montrerons que le travail, et un travail sérieux et fructueux, a occupé ses plus nombreux et ses meilleurs moments.

Plus de cent vingt étrangers, venus de tous les pays de l'Europe, se sont trouvés réunis à Copenhague pour cette session, mais la France y comptait les plus nombreux représentants. On doit sans doute en voir la cause dans cette sympathie innée de notre nation pour les peuples scandinaves et dans l'adoption du français comme langue officielle et exclusive des séances. Nous ne pouvons nommer ici tous les membres présents, et comment faire un choix parmi tant de noms distingués? Nous devons pourtant citer le doyen de l'archéologie du Nord, MM. *Nilsson* et *Hildebrand*, pour la Suède, *de Quatrefages, Alex. Bertrand, Henri Martin, Penguilly l'Haridon, Hébert, Paul Gervais, Oppert* pour la France, *Dupont* et *Spring* pour la Belgique, *Capellini* pour l'Italie, *Vogt* et *Desor* pour la Suisse, *Lisch, Virchow, Schaaffausen, Fraas* pour l'Allemagne, *Ouvaroff* pour la Russie, *Vilanova* pour l'Espagne, etc. Nous sommes forcé d'en passer et des meilleurs.

Le programme fixait l'ouverture du Congrès au 27 août, et dès le 25 les étrangers commençaient à arriver à Copenhague. Reçus au chemin de fer par l'infatigable et aimable secrétaire du comité, ils étaient guidés et logés par lui sans se douter que dans cette saison, où l'on recherche la fraîcheur des pays du Nord, trouver un logement dans la capitale du Danemark est chose fort difficile. Un programme imprimé, qui nous était remis à l'arrivée, indiquait l'emploi du temps pour toute la semaine, les heures destinées aux séances, celles de la matinée pendant lesquelles les divers musées nous seraient ouverts, avec les conservateurs et les attachés prêts à nous ouvrir les vitrines, à nous remettre les objets que nous voudrions dessiner, à nous donner les explications verbales que nous pourrions réclamer, avec cette courtoisie et cette bienveillance scandinaves qu'il nous a été donné d'apprécier si pleinement. On nous distribuait encore des plans de la ville et des cartes des environs accompagnés de tous les renseignements pratiques qui pouvaient nous être utiles, des guides dans les musées, etc., le tout spécialement composé et imprimé pour le Congrès.

Des collectionneurs, comme M. l'inspecteur Petersen, avaient ouvert leurs cabinets à nos visites, tandis que d'autres, comme MM. le professeur Steenstrup, le Grand-Veneur Bech, le baron de Zytphen-Adeler, avaient exposé dans des vitrines, disposées dans les couloirs de l'Université, les principaux objets de leurs collections. Ces couloirs étaient encore tapissés de dessins dont les originaux n'avaient pu être apportés. C'étaient des planches exécutées par M. Ramsauer et appartenant au musée du grand-duc de Mecklembourg-Schwérin, représentant des coupes et les objets du cimetière de Hallstadt; des représentations des armes et bijoux de l'âge du fer du musée de Flensbourg, trouvés dans les marais de Thorsbjerg et de Nidam en Sleswig; des dessins d'antiquités irlandaises des âges de la pierre et du bronze, dont les originaux sont au musée de Dublin; des vues pittoresques et des plans des principaux dolmens du Danemark; des dessins et des photographies des objets les plus remarquables des musées de Christiania et de Stockholm, depuis l'âge de la pierre jusqu'au moyen âge.

Vendredi 27 août.

SÉANCE D'OUVERTURE.

Les séances du Congrès ont été inaugurées solennellement, le vendredi 27 août, à une heure de l'après-midi.

La grande salle de l'Université, où elles ont eu lieu, occupe tout le centre du corps principal de cet établissement. Elle est remarquable par ses grandes dimensions et son ornementation à la fois riche et sévère. Son plafond, élevé et orné de peintures, a toute la hauteur du bâtiment, ce qui ajoute au grandiose de l'effet, mais nuit un peu à la portée de la voix. Une galerie, qui règne circulairement à la hauteur de la corniche, permet aux curieux munis de cartes, d'assister aux grandes cérémonies de l'Université, auxquelles elle est réservée, comme, par exemple, celle de la rentrée des cours. Pour la circonstance actuelle, cette belle salle avait été pavoisée de faisceaux de drapeaux aux couleurs des diverses nations.

Le roi, la reine, le prince royal et la nouvelle princesse, la princesse Thyra, le prince Hans, les dames de la cour, les hauts fonctionnaires, le corps diplomatique en costume, assistaient à la séance d'inauguration.

Des chœurs placés dans la galerie supérieure entonnèrent, à l'entrée de Leurs Majestés, le *Kong Christian stod*, chant national qui est d'un grand effet; puis le président, M. Worsaœ, monta à la tribune.

Il fit ressortir l'influence historique du Danemark qui se manifesta en Europe dans les premiers temps du moyen âge par les expéditions de ses marins les terribles Wikings et les colonies qu'ont créées sur toutes les côtes ces rois de la mer. Mais ce qui constitue l'importance de la session, ce sont les matériaux que le Danemark a fournis à la science des temps préhistoriques. C'est au nord de l'Europe, en effet, que l'on doit le premier essai de chronologie de ces âges anciens fondée sur la présence de la pierre, du bronze ou du fer. On refusa longtemps de donner dans l'histoire droit de cité à l'étude de ces temps barbares, mais cette archéologie a triomphé grâce au concours que les naturalistes sont venus donner aux archéologues. Dans toute l'Europe, dans le monde entier, on reconnaît aujourd'hui les mêmes âges de la civilisation. On voit d'abord l'homme lutter avec l'éléphant, le rhinocéros, et les grands mammifères du Diluvium; bientôt il ploie les animaux à son service et on le voit s'entourer des espèces domestiques; puis, coulant et façonnant le bronze, on le suit, d'étape en étape, dans le progrès incessant de la civilisation.

Si l'on voulait contester encore l'importance de nos études, dit M. Worsaœ, le concours, qui se presse dans cette enceinte, de savants venus de tous les pays de l'Europe, serait une réponse victorieuse. Il leur souhaite, au nom des archéologues danois, la bienvenue dans ces contrées, qui, grâce à leur éloignement du théâtre ordinaire des armes romaines, ont conservé intacts les souvenirs de l'antiquité nationale et les restes de ce passé. Il rappelle alors les questions intéressantes que présentent les kjœkkenmœddings, les tourbières, les chambres sépulcrales, sous le rapport de l'archéologie et de la paléontologie, et les nombreux documents que l'on trouvera dans les musées de Copenhague pour étudier ces questions, les discuter et les résoudre. On y rencontrera même des souvenirs de Rome, qui est venu briser ses derniers vaisseaux sur ces côtes éloignées.

Pourquoi, dit-il enfin, faut-il qu'un regret vienne troubler cette fête ? Que le fondateur de cette archéologie nationale ne puisse être présent au milieu de nous ? Si la mort nous a ravi Thomsen, que, du moins, sa mémoire préside à nos travaux !

Lorsqu'en terminant M. Worsaœ eut déclaré, au nom de l'auguste protecteur du Congrès, la session ouverte, M. de Quatrefages prit la parole au nom de ses confrères étrangers.

Après avoir remercié les membres du comité d'organisation dont les délicates attentions nous avaient accueillis dès la sortie du wagon, il rendit hommage aux antiquaires danois qui ont été les paléontologistes de l'histoire : à Thomsen d'abord, puis à ses collaborateurs et à ses disciples dont les noms sont à jamais gravés sur les bases du monument qu'ils ont élevé à l'archéologie. Il est un autre nom, dit-il en finissant, qui doit rester vivant dans tous nos cœurs, c'est celui de Frédéric VII, le roi archéologue, qui fut le collaborateur de Thomsen. Heureusement, cet amour de la science est, sur le trône de Danemark, une tradition toujours vivante.

Après de nouveaux chants des chœurs, cette première séance fut levée aux cris répétés de : Vive le roi ! Le soir, une séance complémentaire eut lieu à huit heures pour la nomination du bureau, qui se trouva ainsi constitué :

Présidents d'honneur, comme ayant présidé dans les précédentes sessions : MM. *Capellini, Desor.*

Président : M. *Worsaœ.*

Vice-présidents : MM. *Steenstrup, Nilsson, Lisch, de Quatrefages, Fenger, Carl Vogt.*

Vice-présidents adjoints : MM. *Dupont, Alex. Bertrand, comte d'Ouvaroff.*

Membres du conseil : MM. *Hildebrand, Virchow, Spring, Penguilly-l'Haridon, Hébert, Vilanova, O. Fraas, Schaafhausen.*

Trésorier : M. *E. Bang.*

Trésoriers adjoints : MM. *Erslew, Hinderburg, C. Bang, L. Bang.*

Secrétaire général : M. *Valdemar-Schmidt.*

Secrétaires : MM. *Engelhardt, Dognée, Cazalis de Fondouce, A. Rhôné.*

Secrétaires adjoints : MM. *E. Chantre, A. Demarsy, Benson.*

Samedi 28 août.

PRÉSIDENCE DE M. DE QUATREFAGES.

M. BRUZELIUS fait une communication intéressante pour l'étude des oscillations du sol. M. Nilsson mentionne, d'après un vieux manuscrit de l'an 1070, l'existence d'une tourbière sous-marine sur la côte de la Scanie, et pense que l'inondation qui l'a ensevelie peut remonter à environ l'an 2000 avant Jésus-Christ. Des trouvailles faites récemment pendant les travaux de réparation du port d'Ystad ont apporté de précieux renseignements sur ce sujet. On a rencontré d'abord une couche de sables marins dans laquelle se sont trouvés, avec des coquilles marines (*Cardium edule*, etc.), des troncs d'arbres, des débris de navires et des objets provenant sans doute de ceux-ci, tels que casseroles de cuivre et de laiton, objets d'étain, deux arquebuses, des boulets de canon en fer, mais pas une seule pièce qui pût remonter au delà de cinq cents ans.

Sous cette assise de sable se trouve une tourbière dans laquelle sont enfoncées des racines d'arbres dont les troncs traversent la couche supérieure ; on y trouve aussi, en grand nombre, des coquilles des genres *Hélix, Planorbes, Lymnées, Bithynies,* etc. Cette tourbière recouvre une couche composée, suivant les endroits, de sable, de gravier, d'argile bleue avec lits de galets, masse qui appartient évidemment à une moraine. Dans le sable argileux, on a trouvé un couteau, une tête de lance, un croissant de silex et une hache de pierre, qui ont été perdus par les ouvriers, plus deux lamelles d'os appartenant à un manche de couteau, artistement travaillées, se terminant par une tête de dragon. Le travail de ce manche, que M. Bruzelius met sous les yeux du Congrès, le place d'une façon certaine entre le IX° et le XI° siècle, époque qui correspond au commencement de l'ère chrétienne dans le Nord. Le fond du port d'Ystad est donc formé par une ancienne moraine dans les dépressions de laquelle s'est déposée une couche de sable. Sur le tout s'est développée une forêt qui était fréquentée par les hommes à la fin de l'époque païenne et que traversait un ruisseau. Une cause quelconque ayant intercepté le cours de celui-ci, il s'est formé en ce point une tourbière qui s'est abaissée au-dessous du niveau de la mer entre le IX° et le XI° siècle.

Une discussion s'engage, à la suite de cette communication, entre MM. *Nilsson, Desor, Vogt, Hébert, Bertrand,* etc., sur cette question qui intéresse également l'archéologie et la géologie. Lorsque, pour la première fois, on a été amené à poser en fait les oscillations de la terre ferme, on citait les phénomènes d'élévation de la Scandinavie et l'on pensait qu'ils devaient trouver leur compensation dans l'affaissement des côtes de la Scanie. M. DESOR se demande jusqu'à quel point cette compensation existe réellement. Ces phénomènes se sont beaucoup généralisés, et il ne pense pas qu'ils soient corrélatifs l'un de l'autre. La période d'élévation lui paraît plus ancienne que celle d'affaissement.

Après d'intéressantes explications données par M. NILSSON, M. VOGT prend la parole. Pour lui, comme pour M. Desor, il n'y a pas de bascule, et il peut se trouver quelquefois, dans des parties très-rapprochées, élèvement et abaissement, tenant à des causes locales, sans qu'il y ait de relation entre ces mouvements. M. Bruzelius vient aujourd'hui apporter des preuves de l'affaissement de la Scanie, qui, d'après lui, en donnent la date ; toutefois, cette conclusion ne paraît pas fondée à M. Vogt, car les objets ont pu descendre à travers la tourbe grâce à leur pesanteur, de sorte qu'il est impossible d'en faire une mesure chronologique.

Pour M. BERTRAND, le point important, savoir l'âge où la tourbe a commencé à se former, n'est pas parfaitement établi. Les objets que l'on trouve en dessous sont, en effet, beaucoup plus anciens que l'âge fixé par M. Bruzelius. Le manche de couteau seul paraît bien être du IX° siècle ; mais n'a-t-il pas pu, grâce à son poids et à sa forme, traverser la tourbe et les sables qui se sont déposés au-dessus ? Pour pouvoir affirmer une date, il faudrait des objets d'une autre nature et en plus grand nombre.

M. HÉBERT ne pense pas que cela soit nécessaire. Les observations géologiques montrent que les galets ne traversent pas les couches de sable, de sorte que si la tourbe eût été recouverte par la plus légère assise de sable, le couteau n'aurait pas pu la traverser. La conclusion de M. Bruzelius est, dit-il, que les objets, dont les plus récents sont fixés au IX° siècle, déposés avant ou après la formation de la tourbe, peu importe, l'ont été avant le dépôt des sables marins, et c'est là l'important. Dans les dix pieds de ces sables qui surmontent la tourbe, sont des objets, tous plus récents, qui ne remontent pas au delà de cinq siècles. Nous avons donc un résultat géologique très-net, l'affaissement du sol de la Scanie de dix pieds en mille ans. Cela est irrécusable et d'accord avec tous les faits observés dans la plaine de l'Europe, depuis la Russie jusqu'au delà de la Baltique, grande plaine qui s'abaisse réellement, tandis que ses contreforts s'élèvent.

M. VALDEMAR-SCHMIDT présente, au nom de M. LOTZE, une dent d'éléphant trouvée dans une sablière de la Fionie. C'est une dent d'*E. primigenius*, mais on n'a pas de matériaux suffisants pour fixer la position de ce dépôt.

M. CAPELLINI pense que cette dent pourrait bien appartenir à l'*E. armeniacus*. Chez celui-ci, les lamelles sont plus épaisses que celles du *primigenius* et présentent une petite torsion à leur extrémité extérieure. Telles sont les dents données au musée de Bologne par le général Marsili. En Toscane, dans des terrains tourbeux plus récents que le Val d'Arno, on trouve avec le *Bison priscus*, un éléphant qui paraît être aussi l'*armeniacus*.

En somme, cet éléphant se rapporte au même niveau que le *primigenius*; mais, à la demande de M. HÉBERT, qui désirerait avoir des renseignements aussi précis que possible sur son gisement, M. SCHMIDT ne peut répondre autre chose que ce qu'il a dit en présentant cette pièce, savoir qu'elle a été trouvée à une certaine profondeur dans une sablière.

M. DESOR croit pouvoir en conclure qu'il s'agit d'alluvions, en rapprochant ce fait de ce qui se passe en Suisse, où l'on ne trouve l'éléphant que dans les terrains remaniés et jamais dans les limons glaciaires. C'est après le retrait des glaciers qu'a vécu ce proboscidien avec le renne du Salève. Cette dent confirme donc les faits déjà connus, et il est curieux que l'on retrouve au Nord les mêmes circonstances que dans les Alpes, le Jura et les Vosges.

M. HÉBERT ne saurait se contenter de ces analogies. Il ne s'agit pas, en effet, pour lui, de conclure des faits connus ailleurs, mais il veut savoir ce qui se passe en Danemark. Or, on n'a jamais entendu parler d'un terrain d'alluvion danois, et voici qui semblerait en indiquer un. Il est donc important de savoir directement, et non par analogie, où il est placé par rapport au limon glaciaire. Est-ce au-dessous, à côté ou au-dessus.

Bien qu'on n'ait pas encore trouvé en Danemark des traces de l'homme à l'époque où vivaient ces grands mammifères, et que toutes les découvertes paraissent prouver, au contraire, que ce pays n'a pas été habité par lui à cette époque, il n'en est pas moins intéressant, comme l'a fait remarquer M. VOGT, de retrouver dans les couches superficielles les débris de ces animaux qui ont été ses contemporains en Angleterre, en France, etc.

M. le Secrétaire général donne ensuite lecture d'une note de M. PHILIBERT LALANDE sur des silex taillés trouvés à Brives (Corrèze). Neuf localités ont fourni ces silex, savoir : les abris de *Chez Poré*, le plateau de *Tilhol à Basseler*, les grottes des *Morts*, du *Raysse*, de *Comba negra*, de *Champ*, les escarpements au-dessous de cette dernière, la grotte de *Puy-Jarige* et celle du *Puy-de-Lacan*. Ces objets se rapportent à différentes époques; quelques-uns paraissent se rapprocher de ceux du Périgord, où les hommes allaient sans doute s'approvisionner de silex; les beaux types de Laugerie haute ne s'y montrent pourtant pas, et ce sont ceux du Moustier qui paraissent dominer avec le renne, le cheval, le *Felis spelœa*, etc. Nous

n'insisterons pas davantage sur ces faits, qui ont été déjà publiés (1).

Dimanche 29 août.

La matinée du dimanche a été consacrée à la visite des collections artistiques.

Le château de Rosenborg, où sont conservées les reliques des souverains du Danemark depuis 1620, renferme des richesses incomparables. Le château de Christianborg, dont les immenses constructions s'élèvent au milieu de Copenhague, abrite le musée de peinture. Il y a, parmi les nombreux tableaux qui s'y trouvent, un certain nombre de toiles qui pourraient figurer dignement dans les premières galeries de l'Europe. Un troisième édifice est consacré tout entier au grand sculpteur danois, qui s'appelait lui-même le dernier représentant de l'art grec. On peut suivre là le développement de l'artiste, depuis ses commencements jusqu'à son dernier jour, ce qui n'est pas, pour l'art et son histoire, une chose sans importance et sans fruit. Il serait à désirer qu'une telle idée pût être réalisée pour les œuvres de tous les grands maîtres. Mais, tout en louant, comme nous le devons, la pensée qui a fait réunir l'œuvre entière de Thorwaldsen autour de son mausolée, nous ne saurions trouver heureuse l'inspiration de l'architecte Bindesböll, qui fut chargé de construire le monument destiné à la recevoir.

Dans l'après-midi, de gracieuses invitations nous réunirent par groupes dans des maisons hospitalières, où nous étions reçus, non comme des étrangers, mais comme de vieilles connaissances. Avant le repas, on nous fit parcourir la belle forêt de Dyrehave, dans les profondeurs de laquelle nous avons pu retrouver les souvenirs du vieux passé de la Scandinavie, en voyant fuir devant nous, entre les grands hêtres et les blocs erratiques, les troupeaux de daims qui la peuplent. Que nos aimables hôtes veuillent bien trouver ici les marques de notre reconnaissance.

Lundi 30 août.

COURSE A SŒLAGER.

La journée de lundi devait être consacrée à la visite d'un de ces amas de coquilles si célèbres dans les fastes de l'archéologie préhistorique. Dès huit heures du matin, un train spécial, préparé par les soins de nos collègues danois, nous emportait loin de Copenhague et nous déposait à Rœskilde, qui fut autrefois la capitale du Danemark et en est encore la métropole religieuse. Cette ville est située à la pointe d'une des branches de l'Isefjord, et nous avions, pour nous rendre au kjœkkenmœdding, à remonter ce fjord presque jusqu'à son embouchure dans le Cattegat. Un bateau à vapeur nous attendait dans le port pour faire cette traversée qui demande près de quatre heures : on l'avait orné de guirlandes de fleurs et pavoisé de drapeaux, parmi lesquels brillait, sur son fond de gueule, la croix d'argent du Danebrog. Les rues de Rœskilde étaient également pavoisées comme pour un jour de fête, et la population tout entière, après nous avoir reçus à la gare, nous accompagna jusqu'au port, où nous nous embarquâmes au milieu des acclamations de ce peuple sympathique. Le capitaine Wilde nous reçut à son bord avec une amabilité dont nous conservons tous le meilleur souvenir; mais l'espace me manque pour redire ici toutes les préve-

<hr>

(1) Voyez *Matériaux p. l'hist. de l'homme*, t. IV, p. 185, etc.

nances de nos hôtes, qui surent, dans toutes nos courses, en satisfaisant les désirs de notre esprit, satisfaire aussi largement, malgré toutes les difficultés de semblables expéditions, la pauvre bête que l'esprit traîne à la remorque. Pendant la traversée, nous pouvions remarquer sur les deux rives du fjord des lignes de monticules qui n'étaient autre chose que des tumuli, tant est riche en restes anciens cette terre de Danemark, qui a pourtant livré déjà de si nombreux et de si précieux trésors aux recherches des archéologues.

Arrivés à Lynas, petit hameau de pêcheurs situé à l'embouchure du fjord de Rœskilde, nous ne fûmes pas peu surpris de voir réunies sur cette plage misérable plus de soixante voitures. Nous avions reçu à Rœskilde les marques de sympathie des populations urbaines, les paysans venaient maintenant, à leur tour, nous souhaiter la bienvenue, en mettant spontanément à notre disposition leurs chars et leurs équipages de labour, pour nous éviter de faire pédestrement le trajet, cependant fort court, qui sépare Lynas du kjœkkenmœdding de Sœlager.

Dès la veille, par les soins de M. Steenstrup, une tranchée avait été ouverte dans cet amas de coquilles, et les objets qui avaient été retirés pendant ce travail étaient exposés sous une tente. Après avoir visité ce musée improvisé, nous avons pu remuer nous-mêmes, pendant les deux heures que nous avons passées dans cet endroit, ces restes d'antiques repas, et chacun a emporté une ample moisson de coquilles, de silex et d'ossements d'oiseaux, de poissons et de mammifères.

Le kjœkkenmœdding de Sœlager est un amas adossé contre un monticule naturel affectant la forme des dunes de nos côtes. Le long de cette colline, il y a d'autres amas semblables. Celui que nous avons visité est situé dans une partie qui forme légèrement l'arc de cercle et qui est opposée au Cattegat, c'est-à-dire tournée vers la terre et le midi. C'était donc un véritable abri contre les vents du nord et de la mer, dans lequel venaient s'arrêter et camper les pauvres pêcheurs de cette époque éloignée, et où ils ont laissé, accumulés, les restes de leurs repas. On ne peut en douter en voyant cette masse de coquilles comestibles, ces ossements d'animaux et, par-dessus tout, ces pierres de foyers, calcinées et brûlées par le feu, que l'on rencontre çà et là au milieu des débris. Nos lecteurs connaissent bien des descriptions des kjœkkenmœddings; nous ne viendrons pas leur en imposer une nouvelle, qui n'ajouterait rien de plus à ce qu'ils savent, car ce sont des choses qu'il faut voir pour les bien connaître.

De retour à Rœskilde, nous fûmes introduits, au chant des orgues et au feu de mille lumières, sous la vaste nef de sa cathédrale, qui date du XIIe siècle et renferme les sépultures de la famille royale du Danemark. Nous terminâmes ainsi la journée, commencée par la visite des misérables débris de cuisine d'un peuple sauvage, par celle de l'un des plus remarquables édifices que ses successeurs aient élevés, et nous pûmes mesurer, à la distance qui les sépare, le progrès du développement intellectuel de l'humanité.

Mardi 31 août. — Séance de l'après-midi.

PRÉSIDENCE DE M. CAPELLINI.

Cette séance devait être consacrée aux kjœkkenmœddings, mais, à cause de la fatigue de quelques membres et de l'im-

portance du sujet, cette question est remise à la séance du lendemain.

M. NILSSON, revenant sur la question des oscillations du sol qui avait été traitée dans la précédente réunion, expose les principaux faits qui s'y rapportent. Déjà au commencement du siècle passé, de vieux chasseurs racontaient que des rochers, sur lesquels ils avaient chassé le phoque dans leur jeunesse, s'étaient tellement élevés, que ces animaux ne pouvaient plus y monter. Celsius en conclut que quelques milliers d'années auparavant, toute la Scandinavie était submergée et il fit graver des points de repère au niveau de l'eau sur les rochers des côtes. En 1847, s'éleva sur ce sujet une discussion assez vive, dont la conclusion fut que l'eau de la Baltique ne pouvait diminuer, et néanmoins elle continuait de diminuer en apparence.

L'année suivante, Linnée, voulant établir une base qui permît plus tard de se rendre compte de ces changements de niveau, mesura, pendant un voyage qu'il fit dans le sud de la Scanie, la distance qui séparait la côte d'un point dont la vénération du peuple assurait la conservation, la pierre dressée en mémoire du débarquement de Charles XII. Vers 1820, l'Académie de Stockholm fit examiner les marques de Celsius et l'on put reconnaître que, plus on allait vers le nord, plus ces marques étaient élevées au-dessus du niveau de la mer : ce n'était donc pas la surface de la mer, mais le sol qui avait varié. Dès 1816, M. Nilsson a commencé à recueillir lui-même des données sur ces mouvements. Un grand nombre de pêcheurs lui racontèrent alors qu'ils ne pouvaient plus passer avec leurs barques là où ils passaient librement dans leur jeunesse. Près de Fyembacke (?), se trouve un écueil dont, d'après des documents dignes de foi, on n'avait aucune connaissance en 1630. Un vieillard racontait, il y a vingt ans, que, dans son enfance, il commençait à se montrer à la surface de la mer, grand comme le fond d'un chapeau. En 1844, M. Nilsson l'a mesuré, il s'élevait de deux pieds au-dessus du niveau des eaux et avait une surface d'environ deux mille pieds carrés.

Il a également mesuré, en 1837, la distance déjà reconnue par Linnée et l'a trouvée bien réduite. Le phénomène qui a été observé dans le port d'Ystad, l'a été aussi ailleurs; mais à Ystad, on a trouvé une pièce dont il n'a pas été tenu compte dans la discussion précédente : une massue en bronze. M. Nilsson croit qu'elle est d'origine étrusque, et il serait intéressant pour la question de savoir à quelle époque les Étrusques venaient répandre leurs produits dans le nord. Ce pourrait être environ six cents ans av. J. C. Le mouvement d'abaissement et d'exhaussement du sol est donc très-ancien et continue encore. Du reste, c'est une opinion généralement admise, et dont on trouve des preuves dans les travaux de tous les savants scandinaves.

M. DOGNÉE rend ensuite compte d'une notice de M. A. Roujou, sur l'âge de la pierre polie à Villeneuve-Saint-Georges, près de Paris. Le gisement qui se trouve dans une des berges de la Seine, à un kilomètre environ au-dessous du pont de Villeneuve, présente trois couches superposées. Dans la première, on a trouvé des objets de bronze. La seconde est constituée par un limon jaune, dans lequel on rencontre, entre 1 et 3 mètres de profondeur, divers lits de cendres avec silex taillés, notamment de larges grattoirs, des grès travaillés, des os brisés, des poteries grossières, etc. Les restes d'animaux qui se trouvent dans ces foyers se rapportent au chien, au sanglier, au porc des marais, au cerf, au chevreuil et au mouton. On y trouve aussi le castor, mais ses restes sont peu nombreux, et deux bœufs, l'un très-grand et rare, l'autre petit et abondant. Le troisième niveau est remarquable par l'extrême rareté de débris d'industrie, qui peuvent être placés entre l'âge du renne et celui de la pierre polie. Depuis le premier foyer, qui a été établi sur ce point, la Seine y a accumulé ses alluvions, puis, détruisant son œuvre, elle a coupé le gisement ; aujourd'hui elle lui est indifférente. L'auteur de cette notice pense qu'à l'âge de la pierre polie, la Seine était par conséquent plus large qu'elle ne l'est aujourd'hui, et qu'elle n'est venue à son régime actuel que vers l'âge du bronze. M. Roujou croit

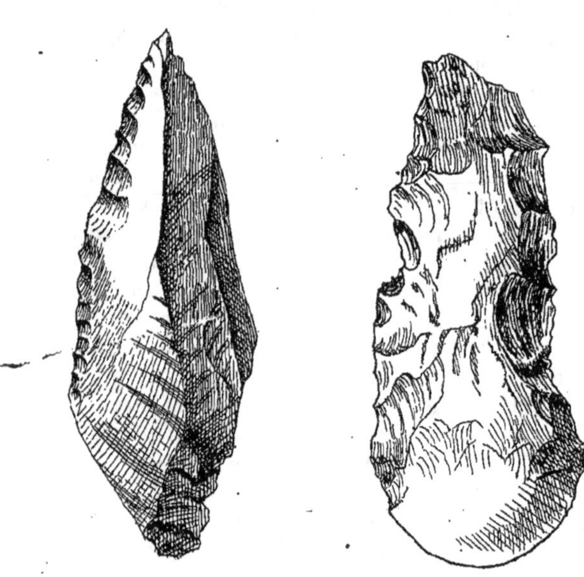

Fig. 38. — ⅓. Pointe de flèche.   Fig. 39. — ½. Hache en pierre polie.
Villeneuve-Saint-Georges.

encore avoir trouvé dans ces foyers des preuves d'anthropophagie, et ceci nous vaut une curieuse communication de l'inventeur de l'anthropophagie préhistorique (fig. 38 et 39).

M. Spring a été en effet un des premiers à accuser de cannibalisme nos prédécesseurs. Lorsqu'en 1843, la curieuse brèche de Chauveau fut signalée en Belgique, il se crut d'abord en présence d'un gisement de même nature que ceux qu'avait exploités Schmerling. Bientôt il vit que l'homme de Chauveau était bien postérieur à celui d'Engis, puisqu'il n'y avait pas trace de mammouth, de felis, d'ours, mais seulement de ruminants, de porcs, d'oiseaux, de poissons. Toutefois, ce qui dominait au milieu de tous ces ossements, c'étaient les restes humains ; mais parmi ceux-ci, on ne voyait pas un seul os d'homme adulte ; tous se rapportaient à des femmes et à de jeunes adolescents. Ceux qui contenaient de la moelle étaient brisés, les uns fendus longitudinalement, quelques-uns carbonisés à la surface. Neuf ans furent consacrés à la vérification minutieuse de ces faits, à un examen pièce par pièce, et finalement il conclut que ces os avaient été fendus par des hommes, que quelques-uns avaient été rôtis pour que la moelle pût mieux couler.

Celle-ci était sans doute aussi estimée alors qu'elle l'est aujourd'hui, car il paraît que chez les anthropophages actuels, la viande est à tout le monde, mais le chef seul a droit à la moelle. De ce qu'il n'y avait que des ossements de femmes et d'adolescents, dont les chairs étaient, dit-il, plus tendres et

plus savoureuses, M. Spring croit pouvoir conclure que lorsqu'on avait pris à une tribu voisine quelques jeunes et jolies femmes, de tendres adolescents, on les engraissait et on les mangeait aux grandes fêtes. Aujourd'hui, on commence à signaler des gisements qui ont quelque ressemblance avec celui-ci, et il est persuadé que l'on viendra à ses idées. D'ailleurs, dit-il en finissant, la coutume des sacrifices humains n'a-t-elle pas existé dans l'Europe occidentale ? N'étaient-ils pas encore usuels dans les Gaules au IVᵉ siècle ?

Nous ne partageons pas la certitude de M. Spring à l'égard de l'anthropophagie de nos pères, qui ne nous paraît ni prouvée, ni être une conséquence nécessaire de l'habitude des sacrifices humains. Mais ces sauvages repas eussent-ils été réellement en usage, il nous a semblé que le savant professeur de Liége laissait ici trop complaisamment son imagination faire le roman de l'anthropophagie.

Deux cavernes en Belgique ont aussi donné à M. Dupont des ossements humains associés à des silex taillés et à des débris de repas, mais il n'est pas encore évident pour lui que ce soient des preuves de cannibalisme.

M. de Quatrefages a examiné ces ossements avec M. Dupont, et il s'est convaincu qu'on ne peut pas rapprocher les crânes de ceux de Borreby, de sorte que, en admettant en Belgique l'habitude de l'anthropophagie, il faudrait considérer celle-ci comme s'étant manifestée chez deux peuples différents de race et d'âge.

M. Worsaœ n'oserait pas affirmer qu'il y ait des traces de cette coutume en Danemark. Il a bien trouvé dans un dolmen une quantité énorme d'ossements humains, qui le remplissaient intégralement, comme si la pierre de recouvrement n'avait été placée qu'après que la chambre eût été remplie, non de cadavres, mais d'ossements déjà décharnés. Quelques-uns de ces os, cassés et à demi rôtis, étaient dispersés dans toute la sépulture ; mais il croit que ce sont plutôt les restes d'un sacrifice que ceux d'un repas d'anthropophages (1). Au fond de cet amas étaient des traces de feu et de charbon, des ossements brûlés d'animaux, restes probables d'un repas fait à l'époque de ce sacrifice. Les crânes paraissent appartenir à une race métisse. Il y en a de ronds et de longs, ce qui en rend la spécification difficile ; aussi notre savant président croit-il devoir les rapporter à une époque où les aborigènes étaient déjà refoulés et mêlés à une race plus avancée.

M. Hildebrand fait connaître au congrès les dolmens du Westergothland (Suède). Ils sont bâtis en grandes dalles, formant quelquefois des allées longues de cinquante pieds, recouvertes en gros blocs. A l'est se trouve un passage d'entrée, construit également en dalles, ce qui les a fait appeler *tombeaux à passages*. Le tout est rempli de terre noire renfermant les ossements. Des terres, accumulées tout autour en forme de monticule, les recouvrent entièrement. Quelquefois les grandes pierres qui forment le toit de la chambre, paraissent au-dessus du tumulus. Six de ces tombeaux ont été ouverts par M. Hildebrand dans ces dernières années. Dans la plupart, on a trouvé des pierres, posées contre les parois, formant de petites chambres dans chacune desquelles il y avait deux ou trois squelettes, le crâne occupant la partie supérieure, et l'on a pu estimer que tous les ossements qui se trou-

---

(1) Ne pourrait-on pas y voir aussi un ossuaire dû à l'usage d'ensevelissements successifs, faits à plusieurs reprises, comme dans certaines cavernes (Orrouy, Saint-Jean d'Alcas, Durfort, etc.) ?

vaient à la même place appartenaient au même individu. Ailleurs, les os se trouvaient pris pêle-mêle dans une sorte de brèche, ce qui semblerait indiquer qu'on avait mis dans ces tombeaux, non les cadavres, mais les ossements décharnés. C'est ainsi notamment qu'on a trouvé un crâne recouvert par un autre comme d'une calotte.

Presque tous les crânes sont doléchocéphales. La faune comprend le mouton, le cochon domestique, le cheval, la chèvre, le chien, le loup, le renard, le glouton, le castor, le blaireau. Les objets que l'on rencontre dans ces sépultures, sont des armes et des instruments en silex, les uns formés d'éclats très-simples, les autres très-soigneusement travaillés, souvent plusieurs fois retaillés. Ce sont des grattoirs, des pointes de lance et de flèches, des couteaux, etc. On trouve également des pointes de flèche, des aiguilles avec chas, des hameçons, des épingles à tête, des pendeloques en os, des ornements en ambre, des dents de loup, de blaireau, de chien, de cochon perforées, etc. En somme, ces sépultures sont de l'âge de la

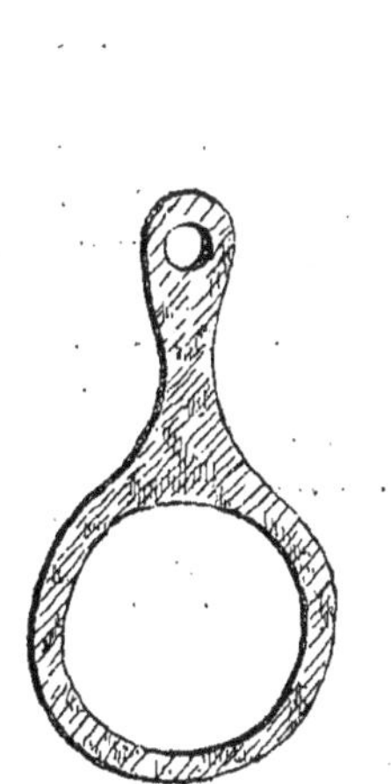

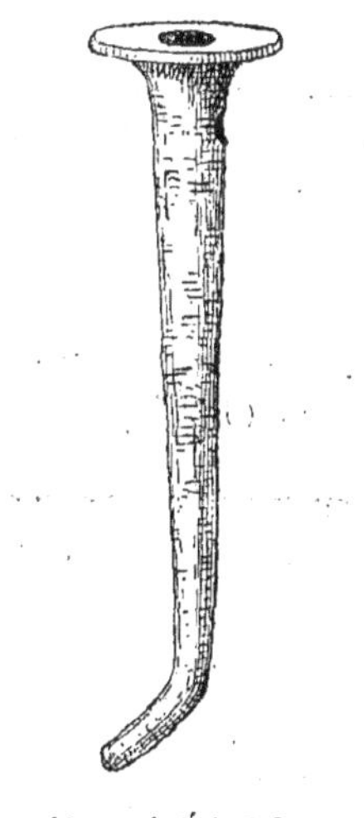

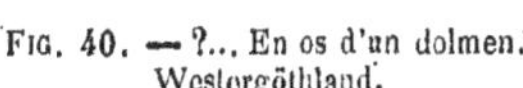

Fig. 40. — ?... En os d'un dolmen. Westergöthland.   Fig. 41. — ¼. Épingle? en os de Rauten. — Westrogothie.

pierre polie ; la faune qu'elles recèlent est la même que celle d'aujourd'hui et elle montre que plusieurs animaux étaient déjà domestiqués. M. Hildebrand considère ces dolmens comme étant les tombeaux de familles sédentaires, qui ont longtemps occupé cette contrée (fig. 40 et 41).

Après cette communication, M. TUBINO lit un mémoire sur les monuments mégalithiques de l'Andalousie. Après avoir énuméré les principales découvertes préhistoriques faites dans ce pays, il décrit la célèbre grotte de *Mengal*, près d'Antequera, et la *Cueva de la Pastora*, près de Séville. La première était vide, mais dans la seconde il a trouvé des flèches en silex. Il a exploré également des dolmens dont il donne l'énumération, notamment la *pierre des sacrifices* près de Ronda. On en trouve d'autres le long du littoral Andalous et vers l'Estramadure, le Portugal et la Galice. Abordant ensuite les questions ethnographiques, M. Tubino émet l'opinion que les premières populations de l'Espagne sont arrivées dans la Péninsule par la voie du détroit de Gibraltar.

M. FRAAS termine cette séance, déjà si bien remplie, par une communication sur la Souabe. Dans la Souabe supérieure, on rencontre des amas de rebuts de cuisine, renfermant comme les kjœkkenmœddings des couteaux de silex, mais au lieu

de coquilles, ce sont des os de mammifères que l'on y trouve, non pas de cerf, de chevreuil et de sanglier, mais de renne, de glouton, de renard polaire, d'ours arctos avec des hélix et des mousses arctiques. Les os à moelle sont cassés, et les bois de renne sont souvent travaillés. Il est évident que c'est bien plus ancien que les kjœkkenmœddings du Danemark. Dans la Souabe inférieure, on trouve dans le lehm, le mammouth en telle abondance, qu'au lieu de citer les localités où on le rencontre, il faudrait citer celles où il n'est pas, et encore serait-on peut-être bien embarrassé. Ses restes sont associés à ceux des *Cervus megaceros*, *Bos priscus*, *Ursus spelœus*, *Equus caballus*. Il y a au musée de Stuttgard un crâne humain, trouvé, d'après l'étiquette, en 1700, avec des ossements de mammouth. Il faut en conclure que l'homme est plus ancien en Souabe qu'en Danemark.

M. GUÉRIN expose les documents se rapportant aux âges préhistoriques de l'humanité, fournis par les départements de l'est de la France. Il passe successivement en revue les grottes à ossements d'ours de Sainte-Reine, près de Toul ; les haches en silex de forme triangulaire, trouvées sur les plateaux de la Meurthe ; les ossements humains avec pointes de flèches en silex, coquilles percées, poinçons en os, anneaux en bronze, etc., trouvés dans la caverne vis-à-vis le trou de Sainte-Reine. Il décrit ensuite les sépultures de la côte de Malzeville, qui consistent en des tas de grosses pierres, à la périphérie desquels les fouilles ont mis à jour des ossements, des armes en silex, des poteries et des objets en bronze. Dans une petite vallée de la Meurthe, on a rencontré quelques haches ; M. Guérin appelle ce gisement une station palustre. On a aussi trouvé dans les Vosges des sépultures de l'âge du bronze, avec haches à douille et à ailerons, etc., et il présente au congrès un très-beau bracelet de jambe qui provient de ces localités. Il signale ensuite les trouvailles de Vandrevange dans la Moselle, et la rencontre de pièces analogues à certaines de celles-ci dans la Meurthe. Après avoir parlé des tumuli de Contréxeville (Vosges), fouillés, il y a quelques années, par M. de Saulcy ; il finit par la découverte, faite dans une sablière des environs de Nancy, d'un grand nombre de squelettes, portant aux cuisses, aux bras et au cou des anneaux ouverts en bronze.

M. SCHAAFHAUSEN entretient le congrès de considérations générales sur l'âge de la pierre. Il faut d'abord, dit-il, étudier avec un grand soin les gisements de silex, car ils avaient autrefois la même importance qu'ont aujourd'hui les gîtes de houille. L'observation des cavernes est très-compliquée, et il ne faut négliger aucune indication. Pour la chronologie, nous en sommes encore à attendre un bon chronomètre ; mais M. Schaafhausen, qui admet l'existence de l'homme tertiaire et pense que le type en est conservé dans le crâne du Néanderthal, estime qu'il faut rajeunir un peu les espèces perdues, au lieu de porter à des centaines de mille ans l'ancienneté de l'homme.

M. Schaafhausen ayant parlé dans son discours d'un morceau de fer trouvé dans une lave des bords du Rhin, M. HÉBERT voudrait des détails précis sur ce sujet, car le fait est assez extraordinaire pour mériter une sérieuse attention, puisque ce n'est plus de l'homme quaternaire qu'il s'agit, mais de l'âge du fer quaternaire. Il ne suffit pas de savoir que la pièce est au musée de Bonn, il faut encore en établir l'authenticité, car une lave peut aussi bien venir du Vésuve que des bords du Rhin.

M. Odobesco a exploré la Roumanie avec M. Urechia. Ses recherches ont plus particulièrement porté sur la Valachie, et celles de son collaborateur sur la Moldavie. Il présente au congrès des moulages des principaux objets qu'il a rencontrés, parmi lesquels nous citerons deux boulets en silex percés d'un trou, des cailloux calcaires ronds et aplatis, absolument semblables à ceux que l'on trouve en si grande abondance dans certains *oppida* de France, provenant des retranchements appelés en Roumanie *citadelles de terre* (1); des disques plats et perforés analogues à des disques de roche dioritique rencontrés en Danemark, et dont on peut voir plusieurs au musée des antiquités du nord. A l'encontre de l'opinion de M. Worsace qui les considère comme pouvant être des poids de filet, M. Vogt a émis celle que nous croyons fort plausible, qu'ils avaient dû servir de volant pour les forets à tige verticale qui étaient sans doute employés pour forer les haches. M. Odobesco présente en effet encore des pierres tranchantes

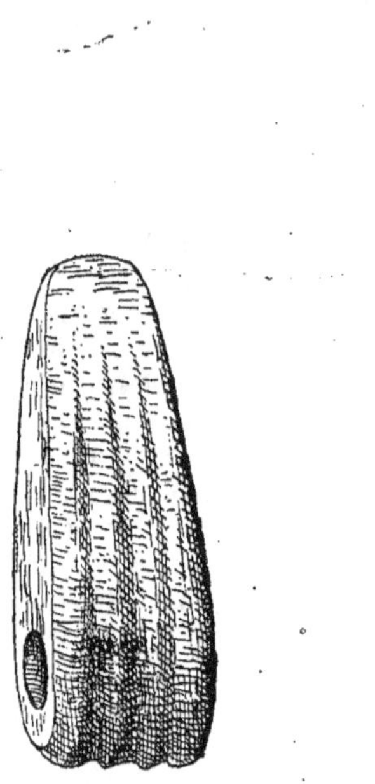
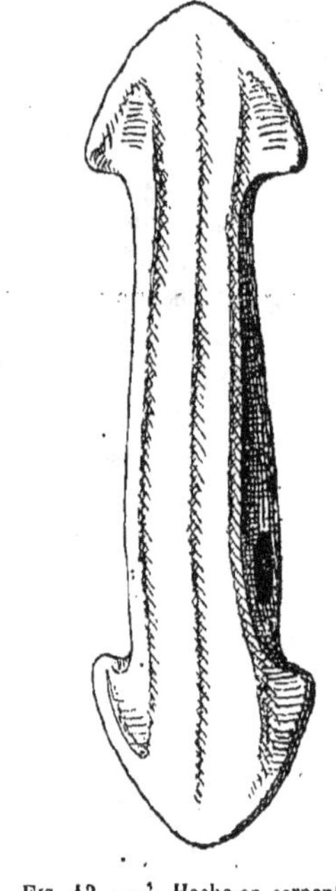

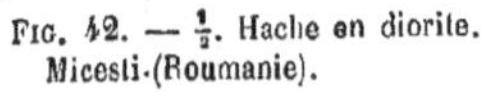

Fig. 42. — ¼. Hache en diorite. Micesti.(Roumanie).   Fig. 43. — ¼. Hache en serpentine. Petrochani (Roumanie).

et polies en forme de haches, parmi lesquelles deux très-belles en serpentine, avec trou foré et cannelures latérales (fig. 42 et 43).

Il existe en Valachie des lignes de *vallum* qui traversent le pays dans tous les sens, mais principalement dans deux directions. Ce sont de grands fossés dans lesquels on n'a encore rien trouvé. On reconnaît cependant qu'ils sont antérieurs à l'époque romaine, parce que dans les points où ils croisent les voies romaines, celles-ci les coupent en passant au-dessus d'eux. Il y a encore dans la Valachie un grand nombre de *tumuli,*

(1) A l'intérieur de ces retranchements, on trouve différents objets de pierre et même des ossements, mais tout cela paraît avoir été déjà remué.

mais ils n'ont guère été explorés. On peut en distinguer trois séries, qui paraissent bien séparées. Les plus petits sont généralement des tombes de l'époque romaine. Les seconds, plus grands que les précédents, sont assez remarquables pour avoir attiré l'attention des populations, qui les désignent chacun par un nom particulier ; ils forment de longues lignes de tumuli jumeaux, comme s'ils indiquaient le trajet d'une route. Les quelques fouilles qu'on y a faites n'ont guère donné que de petits bouts de lance en fer, mais on peut estimer qu'ils sont antérieurs aux vallum, parce que, sur les points où les deux lignes se rencontrent, le vallum passe entre les tumuli et les entame tous les deux. La troisième série est formée par d'énormes tumuli, qui n'ont guère été explorés, de sorte qu'on les connaît encore très-peu. Malgré le voisinage de la Hongrie, où l'on a fait de si belles découvertes de l'époque du bronze, on peut dire que cet âge est encore inconnu pour la Valachie. Quant aux cavernes, il en existe un certain nombre que la tradition permet de supposer avoir été habitées ; elles n'ont pas encore été explorées, mais M. Odobesco pense que l'on pourra y faire des découvertes intéressantes. Il espère aussi, d'après certaines indications de la colonne Trajane, arriver à découvrir en Roumanie des cités lacustres.

M. Desor, répondant à cette dernière partie de cette intéressante communication, dit que l'on pourrait en effet, à première vue, croire qu'il y a des indices de stations lacustres dans des cabanes sur pilotis, figurées sur la colonne Trajane. Mais si l'on fait attention que les pilotis des cités lacustres ne se voyaient pas, le plancher qu'ils supportaient étant au niveau de l'eau, on doit plutôt penser que ces figures représentent simplement des vedettes comme celles qui se trouvent sur les bords du Danube.

Mercredi 1er septembre. — Séance.

PRÉSIDENCE DE M. C. VOGT.

M. le professeur Steenstrup entretient le Congrès des kjœkkenmœddings, à l'étude desquels son nom est si intimement lié. On avait d'abord pensé que ces amas de coquilles étaient des grèves soulevées, mais il fit justement observer que s'il en était ainsi, ils contiendraient un grand nombre d'espèces, tandis qu'il n'y en a que quatre, représentées presque uniquement par des individus arrivés au terme de leur croissance et ayant des conditions d'existence et d'habitat qui ne permettraient pas de les rencontrer ainsi réunies. En outre, ils se trouvent à une altitude de quelques pieds seulement au-dessus du niveau de la mer, ce qui annoncerait qu'il n'y a eu ni affaissement, ni soulèvement considérables depuis leur formation.

A ces considérations vinrent s'ajouter celles tirées de la découverte, dans ces amas, de grossiers instruments de silex, d'ossements de vertébrés et de pierres de foyer calcinées. On dut admettre dès lors que c'étaient des lieux de campement de peuples primitifs, qui se nourrissaient des produits de la pêche et de la chasse, mais principalement de coquillages, dont on retrouve aujourd'hui les restes accumulés autour de l'emplacement des huttes. Quelques-uns de ces amas ont jusqu'à 3 mètres d'épaisseur sur une longueur de plus de 100 mètres. Les membres du congrès ont pu se rendre compte par eux-mêmes de ce que sont ces amoncellements dans la visite qu'ils ont faite deux jours auparavant à Sœlager. M. Steenstrup met sous les yeux de l'Assemblée une représentation en perspective et en coupe du kjœkkenmœdding d'Havelse.

Une commission composée de MM. Worsaœ, Forchhammer et Steenstrup, fut chargée d'étudier ces amas, et elle en a examiné plus de cinquante ; mais à la suite de cette étude, un dissentiment est survenu entre MM. Worsaœ et Steenstrup sur leur âge.

On trouve dans les amas de coquilles treize espèces, dont quatre dominent presque exclusivement, tandis que les autres sont fort rares. Ces quatre espèces dominantes sont l'huître (*Ostrea edulis*), la coque (*Cardium edule*), la moule (*Mytilus edulis*), la littorine (*Littorina littorea*). Parmi les autres espèces, il en est une qui nous a paru relativement assez commune à Sœlager, c'est la *Nassa reticulata*. Les spécimens de *Cardium edule* et de *Littorina littorea*, sont certainement plus développés et plus grands que ceux qui vivent actuellement dans ces parages. Quant à l'huître, elle a presque entièrement disparu du Cattegat. Cette disparition et la diminution de taille des autres espèces, sont dues probablement à la diminution de salure de la mer.

M. Steenstrup estime qu'il y a dans ces amas dix à douze os de vertébrés par chaque pied cube. Ces os appartiennent à des mammifères, des oiseaux et des poissons. Parmi ceux-ci, les espèces les plus communes sont le hareng (*Clupea harengus*), le cabeliau (*Gadus callarius*), la limande (*Pleuronectes limanda*), l'anguille (*Murœna anguilla*). Parmi les oiseaux, il cite le coq de bruyère (*Tetrao urogallus*), qui se nourrit de bourgeons de sapin, et qui a abandonné le Danemark depuis que le sapin, dont les débris se trouvent dans les tour-

le sanglier (*Sus scrofa*). Quinze autres espèces s'y trouvent plus rarement, savoir : l'urus, le chien, le renard, le loup, la martre, la loutre, le marsouin, le phoque, le rat d'eau, le castor, le lynx, le chat sauvage, le hérisson, l'ours arctos, la souris. Le chien, qui paraît avoir été un aliment à cette époque a été aussi domestique. M. Steenstrup s'en est assuré par des expériences fort intéressantes, que nos lecteurs connaissent déjà, sur la façon dont ces animaux traitent les os qu'ils rongent, et il a reconnu par des essais comparatifs, que les ossements des kjœkkenmœddings ont certainement été rongés par des chiens, après que la chair qui les recouvrait eut servi à la nourriture des hommes. Tous les os longs sont fendus pour en extraire la moelle, tandis qu'il n'en est pas ainsi dans les brèches osseuses de l'époque tertiaire qui ne sont pas dues à l'intervention de l'homme. Un assez grand nombre d'os, principalement les bois de cerfs, ont été travaillés pour en faire des instruments (fig. 44 et 45).

Les silex taillés que l'on rencontre dans les amas de coquilles sont des éclats très-longs et très-tranchants (fig. 46, 47 et 48), de la forme de ceux qu'on nomme généralement cou-

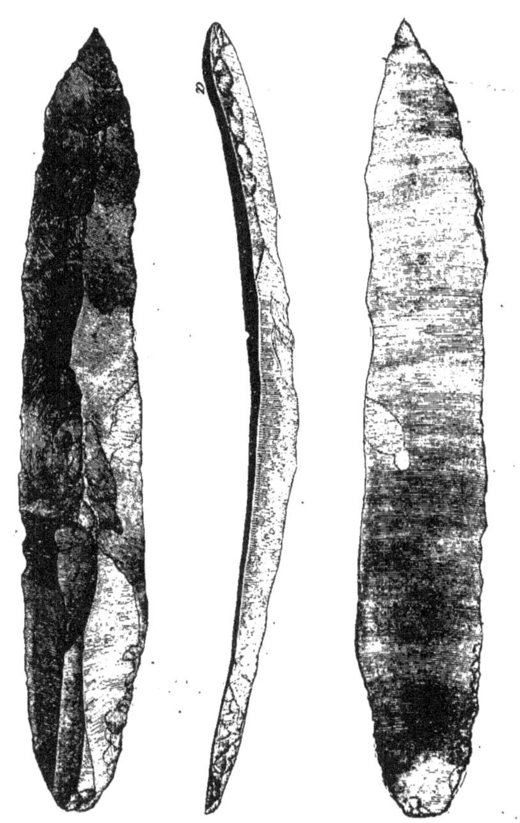

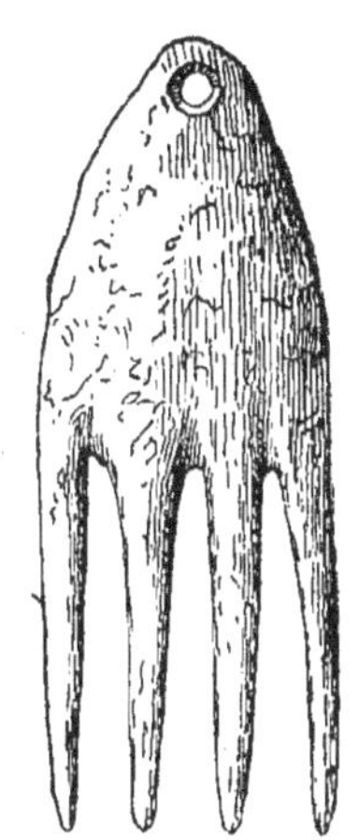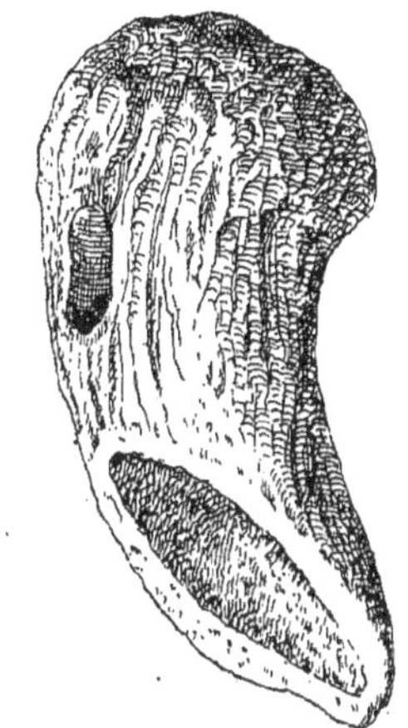

Fɪɢ. 44. — ⅓. Peigne en os. Meilgaard.   Fɪɢ. 45. — ⅓. Hache marteau ou gaîne de hache en bois de cerf. — Meilgaard.

Fɪɢ. 46, 47 et 48. — Éclats de silex (Danemark).

bières, a fait place dans ce pays aux forêts de hêtres. Le cygne sauvage (*Cygnus musicus*), qui ne vient plus en Danemark que pendant l'hiver, le grand pingoin (*Alca impennis*), aujourd'hui presque éteint dans ces régions, sont représentés par des restes assez nombreux, tandis que des espèces aujourd'hui abondantes comme les hirondelles, la cigogne, le moineau et la poule domestique, ne s'y trouvent pas. Les trois espèces de mammifères les plus communes dans les kjœkkenmœddings, sont le cerf (*Cervus elaphus*), le chevreuil (*C. capreolus*),

teaux. Ils n'ont pas servi à couper, mais à scier, ce dont on peut s'assurer par l'examen des stries qu'ils ont laissées sur les surfaces des objets qu'ils ont servi à façonner. Ils ne sauraient donner des traces unies et lisses. Celles-ci ont donc été produites, lorsqu'elles se rencontrent, par des instruments qui ne se trouvent pas dans les kjœkkenmœddings, et M. Steenstrup en conclut que ces surfaces polies et lisses sur les objets en os, indiquent l'emploi d'instruments, tels que des haches polies, au moyen desquels on enlevait des copeaux comme avec un rabot. Quelques objets plus finis (fig. 49 et 50), trouvés dans les amas de coquilles, le confirment dans l'idée que les peuples auxquels ils sont dus savaient tailler et

FIG. 49 et 50. — Têtes de lance.

façonner artistement le silex. A côté de ces couteaux sont des haches, des grattoirs, de simples éclats sans destination et des nucléi indiquant une fabrication sur place (fig. 51 et 52).

FIG. 51 et 52. — Haches danoises.

Tous les débris des kjœkkenmœddings sont donc de l'âge de la pierre, et dus à des populations de pêcheurs et de chasseurs. Mais ces populations étaient-elles nomades ou fixées sur leurs stations ? M. Steenstrup a fait sur ce sujet des obser-

vations et des recherches fort intéressantes, et il a acquis la preuve que ces hommes ont habité ces lieux pendant toute l'année. Le cygne, dont les débris sont très-communs, ne visite le Danemark qu'en hiver, du mois de novembre au mois de mars. L'examen des bois de cerf, dont la chute et la reproduction ont lieu périodiquement vers le temps du rut, a permis de déterminer d'autres époques de l'année. Enfin, M. Steenstrup étudie en ce moment le développement des jeunes sangliers, pour tirer des conséquences analogues des ossements de cette espèce. Nous avons vu au musée de zoologie les belles séries qu'il a formées pour cette étude. Il pense donc que les peuples des kjœkkenmœddings ont été tout à fait stationnaires, et il ne considère pas les temps où ils ont vécu comme différents de ceux des dolmens. Il croit que ce sont les mêmes temps, peut-être les mêmes peuples, et que les dolmens pourraient bien n'être qu'une forme de leurs habitations.

Il est vrai que, dans la faune des dolmens, ce sont les animaux domestiques qui prédominent; mais est-il bien sûr qu'ils y aient été déposés avec les cadavres humains? M. Steenstrup ne connaît pas un seul fait bien établi, car les restes qui se trouvent dans les dolmens ont été de tout temps remués et affouillés par les renards et autres fauves qui ont pu y porter ces os pour les ronger. En admettant même que ces chèvres, ces moutons, fussent bien contemporains des hommes des dolmens, on voit dans ceux-ci, pour les détruire, de grandes lances, d'énormes haches, tandis que dans les kjœkkenmœddings on ne trouve, pour faire la guerre à l'*Urus*, au *Bos primigenius*, que de petits éclats de silex. Ainsi, d'un côté, de grandes armes pour n'en rien faire, et, de l'autre, de farouches animaux chassés avec des armes qui n'en sont pas; de là la nécessité d'un rapprochement.

M. WORSAŒ, qui, dans la commission, ne partageait pas, comme nous l'avons dit, les opinions de son savant collègue, prend la parole après lui pour essayer, dit-il, de mettre les kjœkkenmœddings à leur place dans l'archéologie générale, car, jusqu'à aujourd'hui, on les a trop considérés dans leurs rapports spéciaux avec le Danemark. Sans doute, d'une façon générale, il y a une analogie entre certaines trouvailles de ceux-ci et celles des dolmens, mais il ne croit pas que le peuple qui a bâti les dolmens ait formé les kjœkkenmœddings. Pour lui, ceux-ci sont les restes les plus anciens de l'archéologie danoise, et ils sont dans le nord le début de l'âge de la pierre, dont les dolmens représentent la fin. Quant aux objets des kjœkkenmœddings qui peuvent paraître analogues à ceux des dolmens, ils appartiennent sans doute à la fin de cette première période qui a coïncidé avec le commencement de la suivante. Ainsi s'explique la présence de quelques pièces polies, mais il y a des amas considérables, comme celui de Meilgaard, qui n'en ont pas donné une seule. Comment des peuples, qui se seraient servis de ces objets, auraient-ils pu passer l'année entière sur ces stations sans y en laisser un seul ? Les dolmens ne sauraient être les habitations des peuples des kjœkkenmœddings, car ils se présentent partout comme des sépultures. Depuis huit ans que ces discussions ont commencé, des découvertes nombreuses ont été faites dans tous les pays. On a trouvé des débris d'industrie contemporains des animaux du diluvium et de l'âge du renne qui présentent la plus grande analogie avec ceux des kjœkkenmœddings; mais nulle part on n'a trouvé dans les dolmens des instruments aussi primitifs. Ce n'est pas tout, les ossements d'animaux qu'on y a trouvés établissent encore une différence d'époque entre les amas de coquilles et les dolmens du Danemark. Tandis que dans les premiers, en effet, le chien est le seul animal domestique, dans les derniers, comme dans les habitations lacustres de la Suisse, comme dans les dolmens de toute l'Europe, ce sont les animaux domestiques qui prédominent (mouton, cochon, cheval, etc.).

M. Worsaœ fait, enfin, intervenir une dernière considération, qui mérite de fixer l'attention pour elle-même en dehors de la question à laquelle il la rattache. Les instruments des kjœkkenmœddings manquent en Norvége, en Suède, en Finlande et en Russie, où se trouvent, pourtant, les restes de l'âge de la pierre polie.

On a dit presque partout que les Finnois et les Lapons, qui habitent l'extrême Nord, étaient les derniers représentants des aborigènes de l'Europe. Or, les trouvailles qui appartiennent aux époques les plus anciennes ont été faites dans l'Europe sud-occidentale, et elles se rapportent à des temps de plus en plus récents à mesure que l'on remonte vers le nord. Pour le Danemark, il ne paraît pas avoir été habité avant la fin de l'âge du renne, période à laquelle on peut assimiler les kjœkkenmœddings, qui cependant répondraient chronologiquement à l'âge de la pierre polie du reste de l'Europe, faisant suite à l'âge du renne. La Norvége, la Suède n'ont été peuplées que plus tard, à l'âge de la pierre polie du Danemark ou des dolmens, dont les dernières traces se perdent sur les côtes de la Finlande. Puis commence un monde nouveau, celui de la Laponie et de la Russie, dont les restes les plus anciens sont d'une époque beaucoup plus récente. Il n'y a donc pas de preuve que les Lapons soient une population bien ancienne. De ces considérations, on doit conclure que les peuples du Danemark, loin de venir par la Russie et le Nord, sont arrivés de l'Europe centrale ou occidentale, où ils étaient parvenus probablement par la Méditerranée.

M. Worsaœ ajoute que c'est une erreur de croire que l'on ne puisse pas enlever des copeaux avec des éclats de silex. Une personne qui a fait des essais comparatifs, lui a assuré que le tranchant de ces éclats résiste plus que celui des haches polies, qui s'écaille facilement. Il ne pense pas que l'on puisse attribuer sérieusement aux renards les restes de tous les animaux qui se trouvent dans les dolmens de l'Europe entière. Le Danemark serait-il une exception sous ce rapport ?

A une question de M. Hébert, qui demande quel rapport exact il y a entre les kjœkkenmœddings et les restes de l'âge du renne dans l'Europe occidentale, que M. Worsaœ considère comme se faisant suite, M. Dupont répond par quelques considérations tirées des cavernes de la Belgique. On y reconnaît trois phases de l'âge de la pierre : 1° L'âge du mammouth avec rhinocéros, *Ursus spelœus, Hyœna spelœa* et silex triangulaires du type du Moustier (fig. 53 et 54). Vers la fin de cet âge, on voit apparaître les bâtons de commandement en bois gravés comme ceux du Périgord et du Salève. 2° Au-dessus des dépôts de cette époque, se trouvent des argiles jaunes avec fragments anguleux de rochers dont la faune est privée des grandes espèces perdues ; c'est la faune actuelle, plus une série d'espèces émigrées, le renne, le glouton, le chamois, la marmotte. Les silex taillés très-nombreux, présentent d'une façon constante la forme de couteaux ; il n'y a pas de trace de sculpture et l'on ensevelit dans les grottes. 3° Au-dessus de tous ces dépôts se trouvent des éboulis et des alluvions,

dans lesquels on rencontre des silex polis. Les espèces émigrées ont disparu à leur tour et sont remplacées par la faune des tourbières scandinaves (bœuf, chevreuil, sanglier, etc.). Il y a donc une différence bien tranchée entre l'âge du renne et celui de la pierre polie : ce sont deux époques bien distinctes.

FIG. 53.   FIG. 54.

Ce n'est pas sans scrupules que M. Desor voit rapporter les dolmens à l'âge de la pierre polie, et maintenant il vient d'entendre dire qu'il faut les reculer jusqu'à l'époque des kjœkkenmœddings. En présence de ces incertitudes, il se demande si l'on peut voir en eux le criterium d'une époque bien définie. Avant d'aller plus loin, il faudrait résoudre cette question. D'autres considérations, qui s'y rapportent, se posent encore dans son esprit et il se borne à les indiquer. Peut-on supposer que des peuples qui paraissent n'avoir eu que le chien pour animal domestique, aient eu le loisir, le temps et les forces nécessaires pour construire de tels monuments ? A-t-on connaissance, ailleurs, d'un peuple à demi sauvage, non agriculteur, en élevant de semblables ? Peut-on s'imaginer que les chefs-d'œuvre qui se trouvent dans les grands dolmens, soient les restes de peuples au début de la civilisation ? Peut-on l'admettre lorsqu'on y trouve encore du bronze, et comme en Algérie, plus de bronze que de pierre, et même du fer ?

M. Bertrand partage l'opinion de M. Desor. Les instruments de l'âge du mammouth sont tout particuliers ; il en est de même de ceux de l'âge du renne ; mais au delà, il y a une bien plus grande difficulté à faire des divisions nettes et tranchées. Chaque progrès de la civilisation n'exige pas un changement dans la race, mais représente seulement un développement progressif, et l'on ne doit pas s'étonner de voir dans un même pays à côté de celles des dolmens, des populations très-grossières, comme celles des kjœkkenmœddings. C'est ainsi que dans la France, les dolmens représentent la civilisation des peuples, qui sont venus du nord s'implanter au milieu des populations autochthones. Dans le midi, ces peuples ont déjà fait un progrès ; il commencent à adopter le bronze. Il faudrait donc, au delà de l'époque du renne, faire moins de subdivisions et élargir jusqu'au bronze la grande période de développement qui a succédé à la pierre éclatée.

Après cette longue et intéressante discussion, que nous avons cru devoir rapporter avec quelque développement à cause de son importance, M. le baron de Ducker entretient le congrès des cavernes de la Westphalie, où les calcaires devoniens présentent un grand nombre de cavités naturelles. La grotte dite de *Hallstein* a fourni des couteaux en silex, des éclats d'os ressemblant à des pointes de flèches, des os de perdrix, etc... D'autres renfermaient des ossements d'*Ursus spelæus* et de *Felis spelæa*, mais nous n'avons pas su, pour notre part, découvrir sur les échantillons présentés par M. de Dücker, des traces évidentes de l'action de l'homme.

M. le professeur Petersen, revenant sur la question de l'anthropophagie, indique un grand nombre de passages des auteurs anciens s'y rapportant. Suétone, entre autres, parle d'un peuple breton qui se nourrissait de chair humaine, principalement de celle des femmes et des enfants.

M. le baron van Breugel clôt cette séance par des détails sur les amas de cuisine de la Frise. En cultivant la terre dans une campagne aux environs d'Utrecht, on a trouvé une vingtaine de foyers. Ils consistaient en un trou demi-circulaire creusé dans le sol, dont le milieu était occupé par une pierre plate en granit sur laquelle on faisait le feu. Le tout avait une profondeur et une largeur de 1^m,50. Une marche permettait de descendre en face du foyer. Sous une pierre placée dans un angle de l'un d'eux, on a trouvé des haches en silex, des flèches et des boulets en pierre.

Cazalis de Fondouce,
Secrétaire du congrès de Copenhague.

(Extrait des *Matériaux pour l'histoire de l'homme*.)

— La suite très-prochainement. —

FACULTÉ DE MÉDECINE DE PARIS

ÉCOLE PRATIQUE

COURS DE M. ONIMUS

Des forces en tension et des forces vives dans l'organisme animal

Je ne crains pas le reproche de me servir dans les sciences biologiques d'expressions employées seulement jusqu'ici dans les sciences physiques. Les mots usités dans celles-ci ont une rigueur et une netteté que ne possèdent pas toujours les dénominations employées en médecine ; de plus, certains phénomènes vitaux étant les mêmes, quant au genre, que ceux qui existent dans la nature inorganique, il est logique et utile de se servir des termes déjà introduits dans le langage scientifique. Je vais vous donner rapidement quelques explications sur les mots forces en tension et forces vives.

Supposez un corps soulevé à une certaine hauteur au-dessus du sol. Ce corps ne produit aucun travail, aussi longtemps qu'il reste suspendu immobile ; mais *il peut tomber*, et effectuer au moment de sa chute un certain travail. Donc, par cela seul qu'il est soulevé, ce corps renferme une possibilité d'action qu'il ne possédait pas lorsqu'il reposait sur le sol ; c'est cette possibilité d'action qui a reçu le nom d'*énergie potentielle*, et que M. Helmholtz appelle *force en tension*. Lorsque le poids soulevé tombe, l'énergie en réserve passe à l'état d'énergie active, ou, selon l'expression usitée, à l'état de *force vive*. Enfin, on appelle *force de dégagement* celle qui détermine les forces en tension à passer à l'état de forces vives.

Ces mêmes expressions sont employées pour les mouvements moléculaires. Lorsque les molécules sont séparées les unes des autres, elles renferment chacune en puissance une certaine quantité de force, qui est mise en liberté au moment où elles se combinent. L'oxygène, en s'unissant au carbone, développe de la chaleur, et cette force ainsi dégagée était nécessairement en puissance dans les molécules de carbone et d'oxygène. Toute molécule séparée de ses combinaisons est un réservoir de force ; car elle renferme une *énergie possible* qui dérive de ce qu'elle peut se combiner avec d'autres molécules. C'est cette force *en réserve* qui constitue également les *forces en tension*. Au moment où la molécule qui possède cette énergie vient à se combiner, au moment, par exemple, où l'oxygène s'unit au carbone, cette énergie potentielle est cédée : de force en tension, elle passe à l'état de *force vive*. En même temps, les molécules se rapprochent, et toute *concentration moléculaire* implique le passage à l'état de forces vives, des forces de tension que possèdent les molécules qui se combinent.

Dans les corps inorganiques, les mêmes groupements moléculaires servent tour à tour à la manifestation des forces vives et des forces en tension, tandis que, dans le monde organique, les végétaux seuls produisent les forces en tension, et les animaux ne sont que des foyers de mise en liberté de ces mêmes forces. Dans la plante, l'acide carbonique, l'ammoniaque, ainsi que d'autres combinaisons se trouvent décomposés, c'est-à-dire que les molécules de ces corps réduites à leur état le plus complet de concentration, sont de nouveau séparées les unes des autres et rendues libres avec une certaine somme de force potentielle. Ces molécules, en se recombinant, c'est-à-dire en passant à l'état de forces vives, sont la cause de la vie des animaux en y produisant la chaleur animale, les sécrétions, les travaux mécaniques de l'organisme et ceux du corps tout entier. On peut presque définir l'animal : une organisation de la matière lui permettant d'arriver, par elle-même, à concentrer les molécules séparées dans les végétaux.

L'animal, en effet, n'existe et ne se développe qu'à la condition de transformer constamment les forces en tension en forces vives, ce qu'il fait en ingérant des corps où les molécules existent avec des énergies potentielles. Ces molécules cèdent peu à peu dans toutes les parties de l'organisme, et surtout sous forme d'oxydation, les forces qu'elles ont en réserve, et sont enfin éliminées sous forme d'acide carbonique, d'urée, etc., c'est-à-dire sous des formes où elles se trouvent excessivement concentrées.

L'acte fondamental de la vie des animaux, la nutrition, est le résultat d'un échange continu de matière, et nous pouvons dire que la nutrition d'un organe ou d'un élément anatomique est une concentration lente et constante des molécules organiques. Mais ce qui caractérise la nutrition des animaux supérieurs, c'est qu'en même temps qu'elle emploie pour ses propres actes une partie des énergies potentielles des molécules qui traversent les tissus organiques, elle conserve quelques-unes de ces énergies potentielles et les met en réserve pour être utilisées au moment du fonctionnement des organes.

Prenons pour exemple la fibre musculaire. Aussi longtemps qu'elle reste en repos, elle assimile et désassimile les matières nutritives que lui apporte la circulation, car la condition indispensable pour que la matière organique reste vivante est de produire constamment des concentrations moléculaires. Mais en même temps que la fibre musculaire remplit ce rôle essentiel, elle conserve en elle une certaine quantité de molécules en tension qui ne passeront à l'état de forces vives qu'au moment où le muscle se contractera.

Si nous supposons que les forces en tension qui sont utilisées pendant un instant par le seul acte de la nutrition d'un muscle pourraient, en se transformant en chaleur, élever un gramme d'eau de un degré ; celles dégagées pendant le même espace de temps par le muscle en contraction pourront élever de 2 ou 3 degrés ce même gramme d'eau. C'est-à-dire que le muscle, en se contractant, détermine une concentration moléculaire bien plus grande et bien plus rapide que celle qu'il produit par sa nutrition. Tous les phénomènes qui accompagnent la contraction d'un muscle démontrent, d'une manière incontestable, que les concentrations moléculaires deviennent à ce moment très-nombreuses : le sang devient plus noir parce qu'il contient plus d'acide carbonique, la température s'élève, et, en même temps, le muscle peut exécuter un travail mécanique.

Si la contraction dure pendant un certain temps, elle finit par dépenser toutes les forces en tension mises en réserve par la nutrition, et alors la contraction cesse d'être possible. Vous savez, en effet, que le muscle qui reste contracté pendant longtemps s'épuise et cesse d'agir. Ce fait d'ailleurs est général pour tous les organes. Aucun élément, aucune fibre, aucune cellule ne peut être constamment en activité ; il faut toujours des instants de repos, pour que les forces en tension puissent de nouveau s'accumuler.

Donc, non-seulement la nutrition produit une concentration moléculaire continue, mais elle met en même temps en réserve des forces en tension qui doivent être utilisées au moment du fonctionnement. Inversement, l'activité d'un organe est la mise en liberté des forces en tension qui y sont accumulées par la nutrition ; mais en lui-même, le phénomène de la nutrition et du fonctionnement est identique, car l'un comme l'autre n'ont lieu que grâce à des combinaisons des molécules.

Ce n'est pas seulement pour le fonctionnement, mais encore pour le développement de la matière organisée, que la nutrition met en réserve des forces en tension. L'œuf et la graine renferment en très-grande quantité des molécules organiques à l'état de forces en tension, et prêtes à passer, au moindre ébranlement, à l'état de forces vives pour le développement de l'embryon.

Il nous reste à examiner comment, à un moment donné, les forces en tension de la matière organique peuvent ainsi passer à l'état de forces vives. Si nous nous reportons un instant aux phénomènes de même ordre qui ont lieu dans la matière inorganique, nous voyons que, pour passer de l'état de tension à l'état de force vive, les molécules ont besoin d'un ébranlement quelconque. C'est le frottement ou le choc dans certains cas, l'étincelle électrique pour la combinaison de l'hydrogène et de l'oxygène, la lumière pour celle du chlore et de l'hydrogène. Toujours il faut une sorte d'excitation qui rompe l'équilibre et qui, ébranlant les molécules, dégage leurs forces en tension.

Dans la matière organique, le phénomène est identique. Pour l'œuf, par exemple, il faut un premier ébranlement pu-

rement physique, produit par la chaleur. Aussitôt les forces en tension se dégagent, et le mouvement une fois établi, il se continue pendant toute la vie de l'animal, absolument comme dans un foyer où une première étincelle a allumé le bois et où le feu s'entretient constamment par un renouvellement constant de matières combustibles. Chez les animaux vivipares, le spermatozoïde, en même temps qu'il apporte à l'ovule des matières nécessaires à son développement, y détermine le premier ébranlement nécessaire à la transformation des forces en tension en forces vives.

Pour le muscle, une action mécanique, chimique ou électrique détermine la contraction, c'est-à-dire le dégagement des forces en tension, en produisant un ébranlement moléculaire. Cette contraction, produite artificiellement par des agents extérieurs, se fait constamment et naturellement par l'activité des nerfs ; nous pouvons en conclure légitimement que le nerf agit sur le muscle comme la chaleur sur l'œuf, comme la lumière sur certains mélanges gazeux, c'est-à-dire qu'il provoque les molécules à se combiner et qu'il sert ainsi à dégager dans le muscle les forces de tension.

Chez les animaux inférieurs où le système nerveux n'existe pas, les forces en tension se dégagent toujours uniformément et le mouvement continu de la nutrition détermine seul, mais lentement, la concentration des molécules. Ce n'est que chez les animaux où le système nerveux apparaît, qu'on voit les activités organiques devenir par moment plus énergiques ; c'est qu'en effet le rôle du système nerveux se résume en ces mots : il détermine le dégagement rapide des forces en tension qui se trouvent accumulées dans les organes.

Dans les phénomènes physiques, ce sont les corps qui se prêtent le plus facilement et le plus rapidement au dégagement des forces en tension qui donnent les actions les plus énergiques ; eh bien ! l'activité vitale dépend des mêmes causes, car elle est d'autant plus grande que le système nerveux est plus développé, c'est-à-dire qu'il y a plus d'éléments pouvant déterminer le dégagement rapide des forces en tension.

Le système nerveux, comme le dit M. Hermann, agit donc comme force de dégagement, en provoquant les combinaisons moléculaires ; vous pouvez, en effet, vous assurer par les recherches anatomiques, que les filets nerveux ne se rendent qu'aux organes qui par moments doivent entrer dans une plus grande activité.

De plus, l'action du système nerveux n'est jamais constante, car sans cela il épuiserait promptement les forces en tension accumulées par la nutrition, et c'est pour cette raison que, même dans les organes de la vie végétative, il y a toujours des intervalles de repos.

Je ne puis vous indiquer, même sommairement, tous les faits physiologiques ou pathologiques dans lesquels ces considérations doivent être appliquées et viennent rendre compte de phénomènes encore obscurs ; mais j'espère vous montrer toute l'importance de cette étude par un ou deux exemples que je choisis exprès parmi les plus difficiles des études physiologiques.

Les nerfs, comme le soutiennent quelques physiologistes, peuvent-il servir à la nutrition ? Y a-t-il des nerfs et des centres trophiques ? A cette question nous pouvons aussitôt répondre : du moment que toute excitation nerveuse a pour résultat le dégagement des forces en tension accumulées par la nutrition, il n'est pas possible de comprendre comment cette action agirait directement sur les phénomènes nutritifs.

D'ailleurs, chez les animaux inférieurs, la nutrition s'effectue sans la présence d'aucun élément nerveux.

Il est cependant incontestable que le grand sympathique dont les filets se rendent aux vaisseaux sanguins agit indirectement sur la nutrition par l'intermédiaire de la circulation. De plus, le système nerveux, épuisant les forces en tension, oblige naturellement la nutrition à devenir plus active; mais cette influence n'est encore qu'indirecte.

Dans certains cas, néanmoins, les altérations du système nerveux déterminent des changements de nutrition, et tout récemment MM. Laborde et Leven ont observé plusieurs faits de ce genre. Si nous nous reportons aux principes généraux que nous venons d'étudier, nous comprenons facilement que l'absence d'influx nerveux et surtout l'excitation continue des nerfs puissent produire des altérations de nutrition.

Lorsque le système nerveux est paralysé et ne peut plus par conséquent mettre en liberté les forces en tension accumulées dans un élément par la nutrition, vous comprenez que cet excès constant d'énergie potentielle doit modifier les échanges normaux du mouvement nutritif et finir par les empêcher. Mais cette absence d'influx nerveux ne peut avoir d'action que sur les éléments, dont le fonctionnement est sous l'influence directe des nerfs, telles que les fibres musculaires. C'est en effet ce que confirme l'observation des cas pathologiques.

Lorsqu'au contraire un nerf est constamment excité, il en résulte un dégagement continu des forces en tension ; la nutrition de l'élément innervé qui, pour ses propres actes, utilise quelques-unes de ces forces, est interrompue, car l'excitation nerveuse agissant constamment met en liberté les forces en tension au fur et à mesure qu'elles sont apportées par la circulation. Aussi est-ce surtout dans les cas de compression des nerfs, c'est-à-dire dans les cas d'excitation continue qu'on observe les lésions les plus graves de la nutrition, et vous savez avec quelle rapidité se forment les escharres lorsque la moelle est comprimée.

Cette influence du système nerveux sur le dégagement des forces en tension, nous explique également tous les phénomènes de la fièvre et même l'action thérapeutique de plusieurs médicaments.

Mais ce n'est pas seulement pour les autres tissus de l'organisme que le système nerveux agit comme force de dégagement; il possède la même action sur ses propres éléments. De même qu'un nerf moteur étant ébranlé, met en liberté les forces en tension de la fibre musculaire, de même le nerf sensitif, lorsqu'il transmet un changement moléculaire à une cellule sensitive de la moelle, y dégage les forces en tension qui y sont présentes. M. Schiff a démontré d'ailleurs que l'activité des nerfs comme celle des muscles était accompagnée d'une élévation de température, c'est-à-dire de la mise en liberté des forces en tension.

Ce qui différencie certaines cellules nerveuses d'autres cellules nerveuses et surtout de la fibre musculaire, c'est que dès qu'elles ont acquis une certaine somme de forces en tension, *elles les dégagent d'elles-mêmes.* La nutrition se faisant régulièrement, il en résulte pour ces cellules qu'au bout du même espace de temps, la même quantité de forces se trouve accumulée en elles, et comme leur dégagement se fait alors spontanément, elles déterminent des mouvements rhythmiques.

Les cellules nerveuses qui ne jouissent pas de cette propriété,

celles de la moelle par exemple, n'entrent en activité que lorsqu'elles y sont provoquées par l'excitation des filets nerveux qui y aboutissent. Elles peuvent rester des heures en repos, et pendant tout ce temps la nutrition y accumule des forces en tension utilisées au moment du fonctionnement. Aussi, lorsque ces éléments sont excités, ils peuvent agir pendant un certain temps, parce qu'ils possèdent une certaine provision de forces en tension.

Dans les cellules du bulbe, au contraire, comme les forces en tension se dégagent dès qu'elles ont une certaine puissance, il n'y a jamais de réserve possible, et ce n'est que pendant un temps fort court, une seconde par exemple, que les forces de tension s'accumulent. Aussitôt que ces forces ont acquis une certaine énergie, elles sont mises en liberté et déterminent l'activité de la cellule.

On comprend ainsi que ces éléments où les forces de tension se dégagent à chaque instant soient rapidement épuisés par des excitations qui agissent à des intervalles très-rapprochés.

En effet, pour transmettre au loin son activité, la cellule nerveuse a besoin d'une certaine énergie dynamique qui, pour les ganglions du cœur par exemple, ne peut être obtenue qu'après une seconde environ, de repos absolu. Si donc, tous les dixièmes de seconde nous forçons par une excitation artificielle les forces en tension à se dégager, nous empêcherons par cela seul le fonctionnement de ces cellules, car elles ne peuvent réunir la quantité d'énergie nécessaire pour transmettre leur influence.

Supposez que pour soulever un poids, il faille employer 1 gramme de poudre et que ce gramme de poudre s'accumule lentement pendant une minute, c'est-à-dire qu'à chaque seconde il n'arrive qu'un soixantième de gramme. Si nous attendons une minute avant d'allumer la poudre, nous aurons juste la quantité de force voulue, et le poids sera soulevé. Mais si toutes les secondes nous approchons une étincelle de la poudre, jamais, malgré toute la quantité de poudre que nous pourrions brûler, nous ne parviendrons à soulever le poids. De même pour certaines cellules nerveuses, si nous venons à épuiser les forces de tension au fur et à mesure qu'elles se produisent, nous ne parviendrons jamais à en déterminer l'activité fonctionnelle.

Vous savez toutes les hypothèses que l'on a faites sur l'influence du pneumogastrique. C'est surtout ce nerf qui a donné lieu aux théories de nerfs d'arrêt, de nerfs dépresseurs, de nerfs modérateurs. Certes, les phénomènes qui accompagnent les excitations ou mieux certaines excitations du pneumogastrique sont bien ceux désignés par ces noms ; mais est-ce à dire pour cela que la fonction du pneumogastrique soit de modérer ou d'arrêter les mouvements du cœur? Je ne comprends pas d'ailleurs comment un nerf peut agir directement comme nerf d'arrêt, à moins d'admettre des fibres musculaires antagonistes. Ces fibres n'existent pas pour le cœur, et d'un autre côté, on détermine de la même manière l'arrêt de la respiration quand on électrise le bout supérieur du pneumogastrique. M. Legros et moi nous avons de plus constaté un phénomène analogue pour l'innervation de l'intestin.

L'influence sur le pneumogastrique des courants induits qui amènent l'arrêt du cœur en diastole peut s'expliquer très-logiquement d'après les principes que nous avons exposés. En effet, les courants induits, de même que d'autres agents, tel que le sel marin, déterminent une succession tellement rapide d'excitations, qu'appliqués sur des nerfs moteurs, ils produisent le tétanos, et par conséquent en agissant sur le pneumogastrique, ils épuisent à chaque instant les cellules ganglionnaires du cœur avant que celles-ci n'aient acquis suffisamment d'énergie fonctionnelle. Alors les cellules nerveuses, ne pouvant plus transmettre leur activité, sont pour les fibres musculaires du cœur presque dans les mêmes conditions que si elles étaient paralysées. Ce n'est pas, il est vrai, une paralysie proprement dite, mais c'est une suppression momentanée de l'influx nerveux.

Les expériences suivantes montrent encore d'une manière très-nette que les excitations rapides portées sur le pneumogastrique déterminent le relâchement des muscles du cœur par épuisement des cellules ganglionnaires et non par l'activité d'un ·nerf d'arrêt. En appliquant sur le cœur les deux rhéophores d'un courant induit, on obtient l'arrêt du cœur en diastole, mais si entre les rhéophores, comme l'a fait M. Schiff, on produit une irritation mécanique ou chimique, on provoque une contraction locale des fibres musculaires directement excitées. Avec M. Legros, nous avons également observé que les courants d'induction appliqués directement s ur les intestins donnent une contraction au niveau des rhéophores, tandis qu'entre les deux pôles il y a relâchement des parois. Et de même que pour le cœur, comme nous l'avons vu récemment, si l'on irrite avec la pointe d'un scalpel les parties ainsi relâchées, on détermine une contraction locale des fibres musculaires de l'intestin. Ces faits prouvent que les courants induits, excepté à leur point d'application, où ils agissent localement, amènent l'épuisement des cellules ganglionnaires et par suite le relâchement des muscles. Si ce relâchement était le résultat de l'excitation de nerfs d'arrêt ou de nerfs dilatateurs, une excitation locale ne pourrait jamais agir sur les muscles, car l'influence de ces nerfs maintiendrait constamment la dilatation des fibres musculaires.

Vous voyez par ces exemples combien les lois générales des mouvements moléculaires ont d'importance dans les sciences biologiques et jusque dans les questions de détail. Que de faits du même ordre sur lesquels j'aurais encore à appeler votre attention! Mais pour rester dans les limites que je me suis proposé, je me contenterai de vous montrer dans les prochaines leçons combien ces études générales nous expliquent l'influence des différents modes d'électrisation sur les corps vivants. D'ailleurs ces questions, si spéciales qu'elles paraissent, serviront en même temps à mieux connaître la plupart des autres phénomènes vitaux; car, dans toutes les sciences, le progrès ne se fait que par l'étude approfondie de certains cas particuliers. Cela est d'autant plus vrai que partout la nature se sert des mêmes procédés. Dans le monde inorganique comme dans le monde organique, la cause de tous les phénomènes est d'un côté la tendance inhérente aux molécules à s'attirer les unes les autres, et de l'autre côté les répulsions moléculaires que produisent les forces telles que la chaleur, la lumière, l'électricité. Les molécules sont ainsi entraînées dans un mouvement continu; à peine ont-elles réussi à obéir à leurs attractions que les forces antagonistes les séparent et les rejettent dans la circulation de la matière en leur donnant une certaine quantité de forces en tension, qu'elles céderont bientôt pour donner naissance, sous une forme ou sous une autre, à toutes les activités de la nature. Sans cette lutte incessante, la surface de la terre ne serait bientôt plus qu'une masse sans vie et sans changements. Tous les phénomènes physiques ainsi que toutes les propriétés de la substance organisée ont en effet pour cause unique ce combat éternel entre les forces d'attraction et les forces répulsives. Certes, notre imagination n'eût jamais osé inventer un spectacle aussi grandiose que celui que nous offre la réalité, et notre esprit reste étonné devant cette unité de lois qui préside à tous les phénomènes depuis le mouvement des astres jusqu'aux actes les plus intimes de la vie des plantes et des animaux.

Onimus.

CHRONIQUE SCIENTIFIQUE

La crise de l'Observatoire vient d'aboutir brusquement à une solution radicale. Usant de son droit sénatorial, M. Le Verrier a porté devant le Sénat une interpellation au gouvernement sur « les incidents relatifs à l'administration de l'Observatoire ». Le ministre a répondu aussitôt par un décret qui le relève de ses fonctions de directeur et confie l'administration de l'Observatoire à une commission de trois membres : l'amiral Penhoat, M. Combes.

Nous n'avons jamais eu l'habitude de critiquer un homme au moment où il tombe, mais nous devons constater que la retraite de M. Le Verrier a provoqué partout une véritable explosion de contentement. — C'est surtout à la presse qu'est due cette solution de la crise de l'Observatoire, et un membre de l'ancienne administration laissait échapper cet aveu : «Comme cela protége pourtant ! »

— L'Académie de médecine doit nommer un membre libre. Les deux principaux candidats sont : M. Payen et M. A. Latour, rédacteur en chef de l'*Union médicale*. Il faut y ajouter M. Bertillon, qui s'est fait une véritable spécialité par ses études de statistique médicale. M. Payen, un des membres les plus âgés de l'Académie des sciences, occupe dans le monde savant une position assez élevée pour qu'il ne semble pas devoir gagner beaucoup au titre de membre libre de l'Académie de médecine. Ces places de membres libres paraissent tout naturellement destinées à ceux qui servent la science dans la publicité ou dans le monde, et à ce titre, M. A. Latour paraît mériter les suffrages de l'Académie.

— La Société chimique allemande de Berlin a élu M. Rammelsberg président pour 1870.

Le président sortant était M. Hofmann. La Société lui a offert un banquet, présidé par M. Magnus, et où figuraient un grand nombre de célébrités scientifiques de Berlin, M. R. Virchow, Dove, du Bois-Reymond, Rose, Kronecker, Curtius, l'ambassadeur des États-Unis, M. Bancroft, etc. Beaucoup de membres étrangers ont envoyé des messages de félicitation. Voici le télégramme de M. Dumas... « Votre fête est la fête de famille des chimistes du monde entier, qui l'admirent et l'aiment. » A la fin de la séance on a distribué une photolithographie représentant M. Hofmann, auteur de Recherches sur l'ammonium, sous l'emblème de Jupiter Ammon, avec une au · réole de couleurs d'aniline. Il va sans dire que les toasts ont été nombreux, et un hymne à l'aniline, composé pour la circonstance, a jeté sur la dernière partie de cette fête une couleur tout humoristique.

Le propriétaire-gérant : GERMER BAILLIÈRE.

PARIS. — IMPRIMERIE DE E. MARTINET, RUE MIGNON, 2.

REVUE

DES

COURS SCIENTIFIQUES

DE LA FRANCE ET DE L'ÉTRANGER

SEPTIÈME ANNÉE	NUMÉRO 12	19 FÉVRIER 1870

SOUSCRIPTION SARS

Outre les souscriptions particulières de ses membres, que nous publierons prochainement, la Société zoologique d'acclimatation vient de décerner aux travaux de Sars un prix posthume de 500 fr., dont elle pouvait disposer. En y joignant les souscriptions de la Société d'anthropologie de Paris, le total dépasse maintenant 5000 fr.

C'est là sans doute un résultat que les souscriptions scientifiques ont rarement atteint; mais nous avons tout lieu de croire qu'il grandira beaucoup encore. Il y a quelques jours, on a réuni des sommes bien plus considérables pour offrir un témoignage de sympathie à l'ardent défenseur des doctrines protectionnistes. Rien de mieux assurément. Mais peut-on faire moins pour les misères scientifiques que pour l'opulente industrie? ÉMILE ALGLAVE.

3ᵉ LISTE

MM. Ch. Sainte-Claire Deville, de l'Institut	20
Thuret, correspondant de l'Institut (Antibes).	20
Kuhlmann, correspondant de l'Institut (Lille).	10
Georges Ville, professeur au Muséum	20
Baillon, professeur à la Faculté de médecine de Paris	50
Lecanu, prof. à l'École de pharmacie de Paris	20
Dareste, professeur à la Faculté des sciences de Lille	40
Cocchi, de l'Institut supérieur de Florence	20
Parlatore, de l'Institut supér. de Florence	20
Targioni, de l'Institut supér. de Florence	20
Vegni, de l'Institut supér. de Florence	20
Ugo Schiff, de l'Institut supér. de Florence	20
M. Schiff, de l'Institut supér. de Florence	20
Dr Tillner, de l'Institut supér. de Florence	20
Abria, doyen de la Faculté des sciences de Bordeaux	15
Baudrimont, professeur à la Faculté des sciences de Bordeaux	10
Hoüel, professeur à la Faculté des sciences de Bordeaux	10
Lespiault, professeur à la Faculté des sciences de Bordeaux	10
Pérez, professeur à la Faculté des sciences de Bordeaux	10
Raulin, professeur à la Faculté des sciences de Bordeaux	10

Ch. Desmoulins, président de la Société linnéenne de Bordeaux	10
Ch. Lespès, professeur à la Faculté des sciences de Marseille	20
Les professeurs de la Faculté des sciences de Rennes	26
Dr L. Lortet, professeur à l'École de médecine de Lyon	5
Un prêtre de Paris	40
La Société des sciences naturelles de Cherbourg	30
La Société des amis des lettres, des sciences et des arts (Paris)	25
La conférence littéraire Stanislas, de Nancy	20
Cléry, artiste peintre, à Nevers	5
Bègue, substitut du procureur impérial de Montfort (Ille-et-Vilaine)	10
Mouton, professeur de droit spécial	5
Cousin	10
Bourdeau	5
Audra	5
Guillet, ancien élève de Grignon	2
Évariste Thévenin	2
Anquetin	5
E. Mirabaud, de la Société de géographie	10
Cazalis de Fondouce, de Montpellier	10
Crosse, directeur du *Journal de conchyliologie*	20
Dr Arm. Fumouze	20
Dr Douaud, à Bordeaux	5
Dr Fines, à Perpignan	5
Dr Durand de Gros	20
Dr Déclat	10
Albert Cirodde, à Cannes	5
Un anonyme	1
Un père de famille obéré	1 50
Asselin, éditeur	10
Un anonyme	6
Un anonyme	3
Un anonyme	3
Mᵐᵉ Antonetti	5
Cordier, de la Société botanique	3
Frémineau, docteur ès-sciences	5
H. Arnoux, ingénieur des mines à Neuilly	10
Ch. Desmoulins	10

Souscriptions recueillies à l'Académie royale de Belgique :

MM. Van Beneden, professeur à l'université de Louvain	20 fr.

<table>
<tr><td>Maus</td><td>20</td></tr>
<tr><td>Gilbert</td><td>10</td></tr>
<tr><td>Melsens</td><td>10</td></tr>
<tr><td>Steichen</td><td>10</td></tr>
<tr><td>D'Omalius d'Halloy</td><td>20</td></tr>
<tr><td>Bellynck, de Namur</td><td>10</td></tr>
<tr><td>Coemans</td><td>20</td></tr>
<tr><td>Montigny</td><td>10</td></tr>
<tr><td>Dupont</td><td>10</td></tr>
<tr><td>Nyst</td><td>10</td></tr>
<tr><td>Briart</td><td>10</td></tr>
<tr><td>Duprez</td><td>10</td></tr>
<tr><td>Quetelet fils</td><td>10</td></tr>
<tr><td>Maillet</td><td>5</td></tr>
<tr><td>De Selys Longchamps</td><td>20</td></tr>
<tr><td>Lacordaire, prof. à l'université de Liége.</td><td>10</td></tr>
<tr><td>Candèze</td><td>10</td></tr>
<tr><td>De Koninck, prof. à l'université de Liége.</td><td>10</td></tr>
<tr><td>Catalan, professeur à l'université de Liége.</td><td>10</td></tr>
<tr><td>Gloesener, professeur à l'université de Liége.</td><td>10</td></tr>
<tr><td>Schwann, professeur à l'université de Liége.</td><td>10</td></tr>
<tr><td>Spring, professeur à l'université de Liége.</td><td>10</td></tr>
<tr><td>Brialmont</td><td>20</td></tr>
<tr><td>Liagre</td><td>10</td></tr>
<tr><td>Stas</td><td>10</td></tr>
<tr><td>Dewalque</td><td>10</td></tr>
<tr><td>Quetelet, secrétaire perpétuel, directeur de l'observatoire de Bruxelles</td><td>10</td></tr>
</table>

Total de la 3ᵉ liste	1107 fr. 50
Total des deux premières listes	3267 fr. 34
Total des trois premières listes	4374 fr. 84

On souscrit au bureau de la *Revue des cours scientifiques*, 17, rue de l'École-de-Médecine, Paris.

Les souscripteurs de Paris peuvent faire toucher à domicile. Il leur suffit d'envoyer aux bureaux de la *Revue des cours scientifiques* leur nom et leur adresse avec le chiffre de leur souscription.

Les souscripteurs des départements ou de l'étranger pourront envoyer leurs offrandes en un bon sur la poste, en toute autre valeur sur Paris, ou en timbres-poste français.

SOIRÉES SCIENTIFIQUES DE LA SORBONNE

M. A. CAZIN

Les forces motrices

Tous les corps de la nature sont le siége d'actions mutuelles dont les causes intimes échappent à notre connaissance. Nous appelons *forces* ces causes, et nos sciences spéculatives cherchent à les classer, à reconnaître les lois des phénomènes qu'elles produisent. Ces forces sont la pesanteur, l'attraction moléculaire, la chaleur, l'électricité, lorsqu'il s'agit des corps inanimés, et la force musculaire, qui se manifeste dans les êtres vivants. C'est grâce à cette dernière que l'homme peut intervenir volontairement dans les phénomènes du monde matériel, déplacer les corps qui l'entourent, leur donner des arrangements qui permettent le développement des admirables facultés qui le placent à la tête de la création. C'est à la force

musculaire que l'homme a eu recours dans les premiers âges, et les innombrables débris de son antique splendeur nous attestent sa puissance. Mais la contemplation de l'univers lui a appris que cette puissance pouvait être bien autrement agrandie par un emploi intelligent des forces du monde inanimé ; il a reconnu que son véritable rôle était la direction de ces forces, sans cesse en activité, mais susceptible de s'échanger, de se transformer, de produire les effets les plus gigantesques avec une très-faible dépense de force musculaire. Alors ont été inventées les machines, assemblages de corps inanimés, dans lesquels une légère impulsion détermine le jeu d'énormes puissances.

Après avoir enchaîné le vent et les cours d'eau, l'homme a trouvé les moyens d'enchaîner à son tour la chaleur, et aujourd'hui les efforts de son intelligence se tournent vers l'emploi de l'électricité. Nous appelons *forces motrices* les puissances que nous pouvons faire agir à notre gré pour surmonter les résistances que nous opposent les corps inanimés ; les plus importants sont aujourd'hui celle des cours d'eau, celle de la chaleur et celle du vent.

Je me propose d'esquisser les règles que nous devons suivre dans l'emploi de ces puissances, les lois principales qui les régissent, et d'examiner quelques-unes des autres puissances naturelles que les progrès de la science permettent à l'homme de conquérir encore.

J'ai besoin d'abord de rappeler quelques définitions. Lorsqu'un effort est exercé sur un corps et que ce corps se meut en sens contraire de l'effort, on appelle *travail résistant* le produit du nombre qui mesure l'effort par celui qui mesure le déplacement du corps.

C'est un travail de ce genre que nous produisons avec nos machines, lorsque nous élevons un fardeau, lorsque nous séparons les fibres d'un végétal, que nous les transformons en fil, en tissu, lorsque nous taillons un bloc de fer jusqu'à ce qu'il ait acquis une forme donnée.

Lorsqu'au contraire l'effort s'exerce dans le sens du mouvement, le produit de l'effort par le déplacement s'appelle un *travail moteur*.

Un litre d'eau retenu dans un vase, presse l'obstacle qui l'empêche de tomber ; on appelle *kilog.* cette pression ; c'est un effort dont la cause est la *pesanteur*. Tout effort dû à une autre cause peut être comparé à celui-là ; aussi l'évalue-t-on en kilogrammes. On donne habituellement le nom de *force* à un effort, à une pression. Quant au déplacement du corps, on le mesure en mètres.

Dès lors, tout travail résistant équivaut à l'élévation, tout travail moteur à la descente d'un certain poids d'une certaine hauteur. Tout le travail d'une filature peut s'évaluer de cette manière.

Il est évident que l'unité de travail est celui d'un kil. élevé d'un mètre ; on l'appelle *kilogrammètre*.

Deux machines peuvent produire le même travail dans des temps très-différents : la plus puissante est celle qui met le moins de temps. Il importe d'évaluer cette inégalité de puissance.

C'est ce que l'on fait à l'aide du *cheval-vapeur* ; cette quantité est le travail de 75 kilogrammètres en une seconde de temps.

Abordons maintenant l'étude des cours d'eau. Leur puissance est due à la pesanteur ; c'est cette force qui fait tomber les torrents des hautes montagnes, qui creuse le sol sur leur

passage, qui les dirige vers la mer en leur faisant partout surmonter les obstacles par le chemin le plus court. Mais quelle
est la force qui renouvelle les sources?

Les eaux de l'Océan s'évaporent surtout à l'équateur, sous
l'influence de la chaleur solaire ; l'air chargé de vapeurs devient plus léger ; il s'élève pour faire place à l'air sec qui est
plus lourd ; de là des courants atmosphériques à la formation
desquels concourent la pesanteur et la chaleur solaire. Joignez à ces actions celle du mouvement de rotation de la terre,
et vous comprendrez comment ces couches d'air humides
pourront être transportées dans le voisinage des hautes montagnes. Là s'effectue la condensation des vapeurs, sous forme
de nuages, de pluie, de neige ; là s'alimentent les fleuves, les
glaciers. Sous l'épaisse couche de glace qui couvre les hautes
alpes, se rassemblent mille ruisseaux d'eau glacée, qui se précipitent à travers les crevasses, et ce suintement continuel
des glaciers est l'origine des trois plus grands fleuves de l'Europe.

Ici encore c'est la chaleur solaire et la chaleur terrestre
qui combinent leur action pour établir cette admirable circulation des eaux à la surface du globe et dans les airs.

Grâce à cette circulation, les cours d'eau nous offrent un
trésor inépuisable de force motrice.

Cherchons comment l'homme a puisé dans ce trésor. Considérons une de ces immenses vallées de glace dont la hauteur moyenne est de 3000 mètres au-dessus du niveau de la
mer. Cette glace pèse sur le fond de la vallée, sur les escarpements de ses rives ; elle descend lentement avec une vitesse qui ne dépasse guère 60 centimètres par jour, en usant
les roches qui font obstacle à sa chute. C'est là un travail moteur entièrement perdu pour l'homme.

Au bas du glacier seulement, à partir de la voûte de glace
qui donne issue aux eaux provenant de la fusion, la force motrice peut être recueillie et employée aux ouvrages de
l'homme. Par exemple, le Rhône sort du glacier à une hauteur de 1700 mètres au-dessus du niveau de la mer. Il y a
donc 1300 mètres de chute qui sont définitivement perdus.

Prenons pour le débit moyen du Rhône 1000 mètres cubes
par seconde, et imaginons une telle quantité d'eau se précipitant en une immense cataracte de la hauteur de 1700 mètres jusqu'à la mer ; nous aurons le travail de 22 666 000 chevaux-vapeur.

Nous ne pouvons utiliser toute cette force.

Sur les pentes rapides des montagnes s'élancent mille cascades, et chacune d'elles nous fait perdre une partie de la
force motrice ; elle se convertit en chaleur.

On sait aujourd'hui que chaque kil. d'un corps qui perd sa
vitesse après une chute de 425 mètres sans la communiquer
à d'autres corps crée une *calorie*, c'est-à-dire une quantité de
chaleur capable d'élever d'un degré centigrade la température d'un kil. d'eau. D'après cela, il est aisé de calculer la
chaleur créée par une chute, quand on connaît le poids de
l'eau tombée et la hauteur.

Le frottement de l'eau dans le lit des torrents est une
transformation du même genre. Le flot dépense une partie de
la force à chaque obstacle qui l'arrête, et crée une quantité
de chaleur proportionnelle. Ajoutez à cela l'usure des rochers, l'érosion des rives, et vous aurez une idée de la force
qui est perdue pour l'industrie depuis la source jusqu'à la
mer.

C'est ainsi que l'eau du Rhône à Genève, à une altitude de
370 mètres, ne possède plus qu'une vitesse de 2 ou 3 mètres
par seconde ; si cette eau tombait librement de la hauteur
du glacier du Rhône, elle posséderait une vitesse de 161 mètres environ. Telle est l'énorme perte de vitesse qui est due
aux chocs et aux frottements.

Essayons de nous faire une idée de la force motrice que le
fleuve possède encore après toute cette perte.

Admettons que sa vitesse soit de 2 mètres par seconde. Le
travail disponible dans une telle masse d'eau s'obtient en
prenant la moitié du produit de la masse par le carré de la
vitesse. On trouve ainsi plus de 204 000 kilogrammètres. Cela
signifie que la masse d'eau qui passe à Genève en une seconde
est capable de produire une telle quantité de travail en perdant sa vitesse.

D'après cela, la force motrice du Rhône serait à Genève de
2720 chevaux-vapeur. Les nombres, d'ailleurs, sont assujettis
à des variations considérables et ne peuvent être pris que
comme un exemple approximatif.

Ce n'est pas ordinairement la vitesse des cours d'eau qui
est utilisée dans nos machines hydrauliques. Pourtant les
roues à aubes plongées dans l'eau d'une rivière, et qui sont
simplement entraînées par le courant, effectuent leur travail de cette manière ; mais elles sont très-peu avantageuses.

L'eau d'un fleuve nous offre une force motrice beaucoup
plus considérable, si nous l'envisageons sous un autre point
de vue.

Il suffit d'avoir égard à sa hauteur au-dessus du niveau de
la mer. A Genève, à 370 mètres d'altitude, nos 1000 mètres cubes
d'eau par seconde pourraient produire un travail de 370 millions
de kilogrammètres, s'ils descendaient à la mer en utilisant toute
la force qu'ils doivent à la pesanteur. Chaque seconde renouvelle une égale quantité de travail, de sorte que la force disponible est réellement de $\frac{370\,000\,000}{75} = 4\,933\,000$ chevaux-vapeur ; c'est environ un cinquième du travail disponible à
l'altitude de 1700 mètres. Il est impossible de disposer d'une
hauteur de chute de 370 mètres. C'est donc une fraction de
ce travail que nous pouvons utiliser, et elle est proportionnelle à la hauteur de chute réalisable.

Nous sommes en mesure de poser maintenant le problème
de l'établissement d'une force hydraulique.

Disposons une chute de 4 mètres ; si les 1000 mètres cubes
donnent tout le travail qu'ils contiennent, nous aurons une
force de 53 000 chevaux-vapeur. C'est $\frac{1}{75}$ du travail total disponible.

Si nous ne pouvons intercepter tout le cours du fleuve, et
si la centième partie seulement peut être détournée pour notre machine, elle aura une force théorique de 530 chevaux.

Le rapport de la force employée à la force totale disponible
sera ainsi $\frac{1}{7500}$; on peut l'appeler *coefficient économique* de la
machine hydraulique que l'on considère.

Trois sortes de machines sont en usage pour utiliser une
fraction déterminée de la force d'un cours d'eau. Ce sont les
roues hydrauliques, les turbines et les machines à colonne
d'eau.

Dans les pays de montagnes, tels que la Savoie, les fortes
pentes des torrents permettent d'établir très-aisément, sur
leurs bords, des chutes de plusieurs mètres. Les roues en dessus sont exclusivement employées comme étant les moins en-
combrantes. L'eau doit arriver au point culminant de la
roue, tomber dans les augets, et les mettre en mouvement
par son seul poids. Chaque auget reçoit l'eau sans choc quand

il arrive en haut et abandonne l'eau en bas. La condition indispensable est qu'il n'y ait pas de choc de l'eau contre la roue ; pour cela, il faut que cette eau ait la vitesse de la roue à son entrée et à sa sortie ; les roues ne peuvent tourner avec une grande vitesse, à cause de la force centrifuge qui projèterait l'eau des augets avant qu'ils fussent arrivés au bas.

Lorsqu'on ne peut avoir des chutes de plusieurs mètres, les meilleures roues sont les roues de côté, dans un coursier circulaire : l'eau tombe sur la palette à peu près à la hauteur de l'axe de la roue, elle l'entraîne par son poids et l'abandonne au bas de la roue.

Les turbines sont fondées sur des principes différents. On y laisse tomber librement l'eau de la hauteur dont on dispose, et l'on utilise la vitesse acquise pour mettre en mouvement une roue motrice. Pour cela, on dispose deux couronnes concentriques munies d'aubes courbes ; l'une est fixe et l'eau sort tangentiellement sur tout son contour avec la vitesse de chute ; l'autre est mobile et reçoit l'eau aussi tangentiellement, les aubes courbes évitent les chocs, de sorte que la vitesse se transmet sans perte de la couronne fixe à la couronne mobile. Ces machines sont d'un entretien plus difficile, et s'usent assez rapidement à cause des grandes vitesses qu'on y développe. Elles conviennent à des chutes de hauteur quelconque et surtout aux grandes chutes pour lesquelles l'encombrement d'une roue hydraulique serait un obstacle insurmontable.

Quant aux machines à colonne d'eau, leur rôle est aussi dans les grandes chutes ; elles conviennent surtout quand on a un faible débit et une grande hauteur. Leur principe est celui des machines à vapeur dans lesquelles un piston va et vient dans un cylindre, pressé alternativement sur ses deux faces, et transmet la force à un arbre muni d'un volant. On voit une puissante machine de ce genre au tunnel du mont Cenis ; elle est employée à mouvoir les gigantesques aspirateurs qui renouvellent l'air de la galerie en construction.

Je mettrai sous vos yeux une petite machine de ce genre, construite par M. Coque, et destinée à utiliser l'eau des conduites qui s'étendent partout dans nos grandes villes. A côté du cylindre se trouve un *tiroir* qui diffère très-peu de celui des machines à vapeur. Il amène l'eau alternativement de chaque côté du piston, tandis qu'il laisse sortir l'eau située de l'autre côté. L'eau ainsi amenée presse le piston et l'entraîne ; la pression est le poids d'une colonne liquide ayant pour base le piston et pour hauteur la distance verticale du piston au niveau supérieur de la chute d'eau. Pour éviter le choc de l'eau, qui, n'étant pas élastique, ne peut subir aisément de brusques changements de vitesse, M. Coque a disposé un réservoir à air que l'eau traverse avant d'entrer dans le tiroir ; l'élasticité de cet air permet au liquide de changer de vitesse sans perte de travail ; cet air gagne du travail quand la vitesse de l'eau diminue, et il le restitue ensuite.

Les machines hydrauliques utilisent-elles tout le travail de la chute ? D'abord, il est évident que toute l'eau dirigée sur la machine n'agit pas ; une petite partie s'échappe librement. En outre, l'eau éprouve divers chocs qui créent de la chaleur aux dépens de la force motrice ; enfin, les organes que la machine met en mouvement donnent lieu à des déformations, à des frottements, lesquels consomment une partie notable de la force motrice ; les frottements, en particulier, transforment en chaleur une partie du travail moteur. Pour toutes ces raisons, le travail *réellement utile* est inférieur au travail moteur qui est disponible dans l'eau employée avec la hauteur de chute donnée. On appelle *rendement* le rapport du travail utile au travail moteur, et les efforts des ingénieurs ont pour but l'augmentation de ce rendement. La meilleure machine est celle qui a le rendement le plus fort. On ne dépasse guère 75 pour 100 avec les meilleures roues ou les meilleures turbines, et bien souvent le rendement s'abaisse à 25 pour 100, surtout pour les petites machines.

Si nous reprenons l'exemple cité plus haut d'une chute calculée pour 530 chevaux-vapeur, elle ne donnera donc *en réalité* que $\frac{11}{100}$ de cette valeur, soit 400 chevaux.

Vous voyez, messieurs, comment nous utilisons une partie de la force des cours d'eau, en établissant des machines sur leurs rives, quelle immense provision de travail nous offrent nos grands fleuves, et combien nous sommes loin de tirer tout le parti possible de cette richesse naturelle.

Il faut encore envisager sous un autre point de vue la production du travail. Il ne suffit pas à l'industrie humaine d'établir sur les bords des grands fleuves de puissantes machines, destinées à produire de grands travaux ; nous ne devons pas plus concentrer la force motrice que la lumière en un petit nombre de points.

La dissémination de l'homme sur la terre est une condition de son bien-être matériel et moral ; chaque lieu du globe offre des ressources particulières qu'il faut mettre en œuvre sur place, avant de chercher à les porter au loin. De là la nécessité de multiplier les centres d'habitations, de donner à chacun d'eux sa part des richesses naturelles dont l'homme peut disposer. Nous savons aujourd'hui diviser à l'infini la lumière emmagasinée dans le gaz de la houille ; chaque habitant d'une ville peut avoir sa part de lumière ; pourquoi n'aurait-il pas aussi sa part de la force motrice universelle ? Problème essentiellement philanthropique, et qui préoccupe un grand nombre d'esprits sérieux, amis du progrès !

La nature nous offre déjà une division du travail emmagasiné dans l'eau des montagnes. Le lit du Rhône, avant d'entrer en France, a rassemblé les eaux de 137 glaciers ; et ces eaux, avant de se réunir, étaient disséminées dans d'innombrables vallées, dont le touriste court admirer les splendeurs. Chacune de ces vallées renferme une provision considérable de force motrice ; le montagnard y puise le travail qui lui donne l'aisance ; mais combien il améliorerait son sort si la science pénétrait jusqu'à lui, si elle lui révélait les meilleurs moyens de mettre à profit la richesse de la nature ? Quelques endiguements, quelques canalisations, et surtout l'entretien opiniâtre du lit des torrents, le soin d'en extraire chaque année les blocs et les graviers qui s'y précipitent pendant l'hiver, écarteraient les dangers de l'inondation et assureraient la continuité du travail, au moins dans la plus grande partie de l'année.

Lorsque les rigueurs de l'hiver ont cessé, des machines hydrauliques de force moyenne pourraient effectuer ces travaux et prévenir les dangers de l'hiver suivant ; d'autres machines activeraient les scieries, les filatures et les mille outils de l'industrie humaine. A côté des voyageurs qui vont chercher dans les montagnes l'imprévu et la nouveauté, les grands spectacles et les dangers, nous aurions les travailleurs dont la production favorise le développement de l'humanité. Les spectacles n'en seraient pas moins grands, et ils ne seraient pas troublés par la vue de nombreuses souffrances.

Dans les plaines, les pentes sont trop faibles pour que la division du travail des cours d'eau soit aussi facile à réaliser. Il faut établir de longs aqueducs pour porter l'eau des régions élevées dans les villes. Ce moyen est souvent impraticable, à cause des frais énormes qu'il exige. Mais partout où il est possible, on ne doit pas le négliger. Nos moteurs hydrauliques, et surtout les turbines et les machines à colonne d'eau utiliseront alors la force motrice par fractions aussi petites que l'on voudra. A chaque étage d'une maison, l'ouvrier n'aura qu'à ouvrir le robinet d'une conduite, et son moteur produira instantanément le travail dont il a besoin.

Lorsqu'il s'agit de porter la force motrice loin des cours d'eau à des hauteurs quelconques, l'emploi de l'air nous donne deux solutions. L'une n'est plus aujourd'hui à l'état de projet, elle est exécutée au mont Cenis pour le percement d'un tunnel de trois lieues.

Au village des Fourneaux, près de Modane, sur le bord de l'Arc, sont installées six roues hydrauliques en dessus de la force de 54 chevaux-vapeur chacune, qui reçoivent la force motrice des eaux du torrent. Ces roues mettent en mouvement douze pompes à air.

Dans ce genre de pompe inventé par M. Sommeiller, l'un des entrepreneurs du percement, un piston se meut dans un cylindre horizontal, aux extrémités duquel sont ajustés deux cylindres verticaux munis à leur sommet d'une soupape d'aspiration et d'une soupape d'expulsion. De l'eau remplit le bas de ces cylindres jusqu'au piston. Le mouvement de ce piston abaisse le niveau de l'eau dans l'un des cylindres, l'élève dans l'autre ; dès lors l'air entre dans le premier ; l'air contenu dans le second se comprime et ainsi de suite alternativement.

Le volume d'air aspiré en une minute est de 8388 litres ; il est comprimé à 7 atmosphères, par conséquent réduit à un volume 7 fois moindre que le précédent, si la température ne s'élève pas. Cette opération s'effectue avec un dégagement de chaleur ; mais cette chaleur est gagnée par les corps environnants et n'élève pas sensiblement la température, pourvu que la compression soit lente. Si la compression était brusque, comme dans l'expérience bien connue du briquet à air, l'air s'échaufferait fortement au point d'enflammer l'amadou, les combustibles volatils. Il y a donc création de chaleur dans la compression de l'air et par conséquent le travail moteur des roues semble converti en chaleur. C'est bien en effet ce qui a lieu. En admettant que le frottement des pompes consomme les 0,70 du travail moteur, nous aurons pour les six roues le travail de 227 chevaux-vapeur transformé en chaleur par 1198 litres d'air comprimé, et cette chaleur est dissipée au dehors.

Mais vous allez voir que les choses se passeront comme si ce travail était emmagasiné dans cet air.

Un long tuyau conduit cet air au fond de la galerie ; les pertes s'élèvent à 80 pour 100, de sorte que nous avons en réalité au front d'attaque de la galerie 958 litres d'air à 7 atmosphères que nous pouvons dépenser par minute.

Cet air est dirigé dans un grand nombre de machines qui lancent les forets contre la roche pour y creuser des trous de mine. Les unes sont à la disposition des ouvriers au point où la galerie s'avance, sur une section de 7 mètres carrés, les autres sont distribuées dans la partie du tunnel que l'on élargit pour porter sa section à 48 mètres carrés. Dans chacune d'elles, un piston reçoit la pression de l'air comprimé et lance le foret, en même temps qu'il tourne sur lui-même, et que le cylindre où il se meut avance graduellement à mesure que le trou se creuse ; ce piston imite parfaitement la main de l'ouvrier qui perce un trou avec une vrille. En agissant ainsi, l'air comprimé se détend, et il sort finalement de la machine, revenu à la pression ordinaire, et sans s'être notablement refroidi. C'est alors qu'il sert à la respiration des ouvriers et à la combustion des lampes ; c'est grâce à lui que les profondeurs ténébreuses de l'immense souterrain sont accessibles à l'homme, et que ce gigantesque travail, à la veille de son achèvement, peut être accompli sans danger. Encore deux ans d'efforts, et la France et l'Italie applaudiront à cette œuvre admirable, à ce témoignage éloquent du triomphe de la science et de l'union des peuples civilisés.

Ainsi l'air comprimé a produit un travail utile à plus d'une lieue des compresseurs. Essayons de nous rendre compte de ce travail.

Au lieu de ces nombreuses machines perforatrices, créées par le génie de l'homme, en vue d'une application particulière, imaginons une machine analogue au cylindre de la machine à vapeur, dans laquelle l'air comprimé pousse un piston alternativement dans un sens et dans l'autre, et supposons-lui des dimensions telles qu'elle consomme 958 litres d'air comprimé à 7 atmosphères pendant une minute. Si cet air se détend assez lentement pour que sa température ne s'abaisse pas notablement, il prend au dehors de la chaleur, et cette chaleur est égale à celle que produit la compression à 7 atmosphères de la même quantité d'air, sans changement de température. De plus, cette chaleur équivaut au travail produit par la machine. On peut dire que la chaleur des corps environnants est convertie en cette quantité de travail. Voilà par quel procédé l'air en se détendant restitue un travail égal à celui qu'on a dépensé pour le comprimer. D'ailleurs, ce travail ne peut être entièrement utilisé par les outils, à cause des frottements et des résistances passives. Admettons que la moitié de ce travail soit ainsi perdue pour l'effet utile, il nous restera encore environ le travail de 90 chevaux, réellement utilisé.

En d'autres termes, on aura transporté au loin presque le tiers de la force motrice du cours d'eau. Il est probable qu'une bonne machine à air comprimé pourra faire beaucoup mieux. J'ai diminué son rendement afin de rendre le résultat plus frappant.

L'autre solution repose sur une curieuse propriété des liquides, lorsqu'ils s'écoulent au contact de l'air atmosphérique.

Voici un appareil, dû à M. Sprengel, qui sert à faire le vide par la chute du mercure. Un vase de verre plein de mercure surmonte un robinet de fer, auquel est adapté un tube de verre vertical. Entre le robinet et le tube se trouve un étranglement ayant 2/10 de millimètre, et au-dessous de l'étranglement aboutit un tube horizontal que l'on fait communiquer avec le réservoir où l'on veut faire le vide. Quand le mercure s'écoule, le mince filet liquide qui traverse l'étranglement entraîne par adhérence l'air qui le touche ; alors l'air du réservoir est aspiré, et l'entraînement continuant, le vide se fait peu à peu.

Au lieu de mercure, prenons de l'eau et donnons au jet liquide, au tuyau d'écoulement des dimensions convenables, et nous obtiendrons un résultat analogue. C'est ainsi que M. Bourdon a disposé ici une colonne d'eau de 3 ou 4 mètres de hauteur qui détermine une aspiration puissante d'air, que nous utiliserons dans un instant. Je vous montre par projection un dessin qui représente une coupe de l'appareil.

Un appareil analogue se trouve aujourd'hui dans un grand nombre de laboratoires et il dispense dans maintes opérations de l'emploi de la machine pneumatique ; on l'appelle *trompe*.

La raréfaction de l'air par entraînement peut être opérée loin de la chute d'eau et servir à mettre en mouvement une machine motrice. Il suffit de faire communiquer le tuyau d'échappement d'une machine à vapeur avec la trompe, et de laisser le tuyau d'admission ouvert à l'air. Le tiroir établit la raréfaction alternativement de chaque côté du piston ; par suite la pression atmosphérique qui agit sur la face libre détermine le mouvement.

M. Bourdon a inventé récemment une machine qui produit le travail soit par la raréfaction, soit par la compression de l'air. Elle peut utiliser l'eau des conduites des villes, quand il s'agit d'obtenir de très-petites forces. Voici en quoi elle consiste essentiellement (fig. 55).

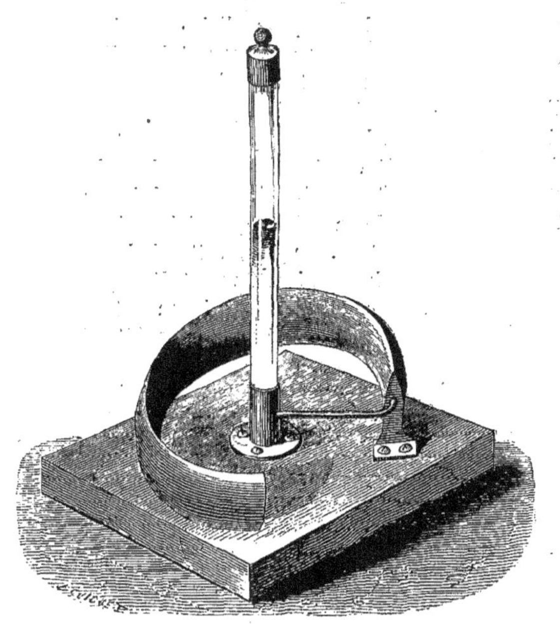

Fig. 55. — Appareil pour montrer le changement que subit la capacité d'un tube flexible, quand on change sa courbure.

Un tube creux est formé de deux lames courbes de laiton soudées par leurs bords, et il a la forme d'un croissant. Sa surface présente donc deux systèmes de lignes de courbure principales qui sont rectangulaires. Les unes sont longitudinales ; ce sont celles qui suivent le contour du croissant ; les autres sont transversales. En vertu de la rigidité de ces lames, l'une des courbures diminue quand l'autre augmente. Ainsi, quand je rapproche l'une de l'autre les extrémités du croissant, j'augmente la courbure longitudinale ; dès lors la courbure transversale diminue, le tube s'aplatit de lui-même ; sa capacité intérieure diminue. On a adapté à ce tube un tube de verre et l'on a rempli l'intérieur avec de l'eau. Vous voyez le niveau monter dans le tube de verre, quand je ferme le croissant ; au contraire, il descend lorsque j'ouvre le croissant. Les changements de volume sont ainsi nettement démontrés, et l'on peut mesurer leur relation avec les courbures.

Maintenant je mets un de ces tubes flexibles en communication avec un réservoir d'air raréfié. Dès que j'ouvre le robinet qui les sépare, le croissant se resserre, la courbure longitudinale augmente ; la courbure transversale diminue, la capacité intérieure diminue. Évidemment cela est dû à la pression atmosphérique, qui est supérieure à la pression de l'air renfermé actuellement dans le tube. L'atmosphère produit donc ici un certain travail mécanique, comme cela avait lieu dans le cylindre à piston de la machine précédente.

Je laisse rentrer l'air atmosphérique dans le tube flexible ; il reprend sa forme primitive, parce qu'il est formé d'une substance élastique. Je le fais enfin communiquer avec un réservoir d'air comprimé et immédiatement le croissant s'ouvre, ce qui indique que la capacité du tube augmente ; c'est l'effet de l'excès de la pression intérieure sur celle de l'atmosphère.

Maintenant vous comprendrez aisément qu'un tel tube flexible puisse osciller régulièrement et mettre en mouvement un arbre muni d'un volant. Il faut pour cela qu'un organe analogue au tiroir de la machine à vapeur établisse la communication du tube alternativement avec le réservoir raréfié et l'atmosphère, ou bien encore avec un réservoir d'air comprimé et avec l'atmosphère (fig. 56 et 57).

La machine à tube flexible fonctionne ici par l'air raréfié à l'aide de la trompe dont je vous ai déjà parlé.

Les espérances conçues par l'inventeur sont fondées sur une diminution des frottements, puisqu'il n'y a pas de piston. C'est à l'expérience de nous démontrer si ce système est réellement préférable à ceux qui sont déjà connus. Quoi qu'il en soit, ce nouveau moteur est fort intéressant, et l'industrie pourrait l'employer pour certains travaux, tels que ceux des machines à coudre. Ce rapide examen vous montre, messieurs, quel chemin nous avons à faire dans l'industrie pour mettre à profit la force motrice des cours d'eau. Examinons si nous sommes plus avancés avec celle du vent.

L'évaporation des eaux terrestres, l'échauffement de l'atmosphère par le soleil, le refroidissement des couches qui ne reçoivent pas les rayons solaires, la condensation des nuages dans les hautes montagnes, le mouvement de rotation de la terre sont les principales causes de l'agitation qui règne sans cesse dans la couche gazeuse qui environne notre globe. Nos connaissances sur les courants atmosphériques sont bien peu avancées ; nous ne pouvons remonter aussi facilement que pour les cours d'eau à l'origine du travail moteur renfermé dans ces courants. Les observations nous ont appris que la vitesse du vent varie de $\frac{1}{7}$ à 45 mètres par seconde. Celle d'un vent fort, tel qu'il convient pour mettre en mouvement les ailes d'un moulin, est de 10 mètres. Imaginons un pareil vent venant frapper une surface de 64 mètres carrés, c'est celle des quatre ailes d'un moulin ordinaire ; nous devons nous représenter une masse d'air formant un cylindre dont la base serait 64 mètres carrés et la hauteur 10 mètres, c'est-à-dire ayant un volume de 640 mètres cubes et pesant environ 800 kilogrammes ; si une telle masse rentre au repos pendant chaque seconde, en produisant tout le travail qu'elle contient, sa force équivaut à 54 chevaux-vapeur. Ce nombre peut vous donner une idée de la puissance du vent s'engouffrant dans les voiles d'un navire ; mais les moulins sont loin d'utiliser une pareille puissance ; ce système de moteur est condamné à ne recueillir qu'une faible partie du travail mis en jeu.

En effet, le vent agit sur les quatre ailes à la fois, et il faut faire en sorte que les pressions qu'il exerce ne se neutralisent pas. C'est ce qui arriverait si l'axe, de rotation étant dans la direction du vent, les ailes étaient dans un plan perpendiculaire à cet axe ; alors l'effet du vent serait de pousser tout le moulin devant lui, sans faire tourner l'axe. Il faut donc incliner les ailes, afin qu'il y ait une composante de la pression qui puisse faire tourner l'axe, et, de plus, il faut que les actions concordent sur les deux ailes opposées. En outre, les vitesses des divers points de l'aile croissent avec la distance

ils présentent de l'intérêt à un autre point de vue. On peut les employer à élever de l'eau dans des réservoirs, ou à comprimer de l'air, et se procurer ainsi des magasins de force dont on puisse tirer parti pour la distribution du travail moteur.

Sans doute, la forme actuelle des moulins à vent ne permet guère d'emmagasiner par ce moyen des quantités de travail considérables. Mais si l'on se borne à considérer la petite industrie dans des localités où les autres forces font défaut, les tentatives de ce genre méritent d'être encouragées.

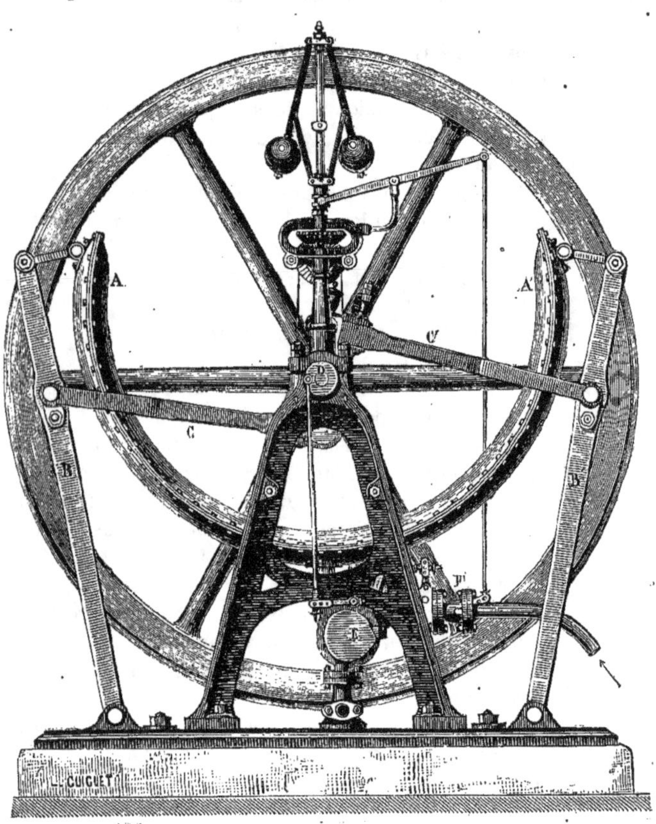

Fɪɢ. 56. — Machine à tube flexible de M. Bourdon, vue de face.

AA', tube flexible. — E, distributeur faisant communiquer alternativement l'intérieur du tube avec l'atmosphère et avec le réservoir d'air comprimé ou raréfié. — D, manivelle agissant sur le distributeur. — B, B', leviers oscillant avec les extrémités A, A' du tube flexible. — C, C', leviers transmettant le mouvement aux manivelles qui produisent la rotation de l'arbre. — On voit encore le régulateur à force centrifuge qui règle la soupape d'admission D'.

Fɪɢ. 57. — Machine à tube flexible, vue de côté.

de ces points à l'axe, par suite, pour répartir uniformément l'action du vent, il faut que la surface de l'aile se rapproche peu à peu du plan perpendiculaire à l'axe, depuis son extrémité centrale jusqu'à l'autre. Ces diverses conditions étant satisfaites, une certaine partie de la pression produit un effet utile; mais il est difficile d'évaluer dans quelle proportion.

L'étude de ce genre de force motrice a été beaucoup délaissée, et nos moulins à vent modernes ne diffèrent guère des premiers que l'homme a employés. Ils servent à moudre le grain, à élever l'eau à l'aide de pompes, et comme le mécanisme est très-facile à entretenir et que la force ne coûte rien, ils peuvent rendre de grands services à l'agriculture, pour les arrosements, les irrigations, les desséchements. Mais

On objecte toujours à l'emploi du vent et des cours d'eau leur inconstance. C'est même, je crois, ce motif qui les a fait souvent abandonner et leur a fait préférer la machine à vapeur. Les moulins à vent ont surtout ce défaut, et l'on ne peut guère y remédier qu'à l'aide de magasins de forces, qu'ils doivent approvisionner. Quant aux cours d'eau, la difficulté n'est pas insurmontable dans la plupart des cas. De nombreux progrès ont été réalisés dans l'art de construire les vannes qui règlent les chutes d'eau, et les machines hydrauliques, de sorte que l'objection ne saurait faire rejeter ces moteurs essentiellement économiques.

J'aborde maintenant l'emploi de la chaleur. La machine à vapeur est aujourd'hui la reine de l'industrie ; c'est elle qui anime ces immenses ateliers où se presse une fourmilière humaine. C'est à elle que nous devons la centralisation manufacturière, favorable peut-être à certains intérêts, mais à coup sûr peu propice au développement moral de la classe ouvrière. Aucune invention humaine n'a peut-être exercé plus d'influence sur la civilisation ; elle a fait succéder le fer à la pierre dans les constructions, les voies ferrées aux canaux ; elle a partout reculé les limites du possible. Nous chercherons sous quel aspect s'offre à nous la force motrice due à la chaleur et comment elle a été utilisée.

De grandes forêts ont été submergées il y a des milliers de siècles ; leurs arbres gigantesques ont été lentement décomposés sous les eaux et réduits à l'état d'amas charbonneux ; puis les sédiments ont recouvert ces amas, et aujourd'hui nous les retrouvons sous des profondeurs du sol de certaines contrées. Telles sont les mines de houille.

Ces amas de houille sont de véritables réservoirs de force motrice ; car chaque kilogramme de cette substance peut brûler dans l'air, en dégageant 8000 calories. Lorsque nous brûlons un kilogramme de charbon en une heure, nous dépensons une quantité de chaleur qui équivaut au travail de douze chevaux-vapeur environ. Si la même quantité était brûlée en une seconde, ce serait un travail de 42 500 chevaux-vapeur.

Cette manière d'être du charbon s'exprime très-nettement à l'aide du mot *énergie*. Le charbon renferme une certaine quantité d'énergie qu'on évalue, soit en calories, soit en kilogrammètres, et quand on le fait brûler, on dépense cette *énergie*. Le même mot s'applique aussi à un corps pesant. Quand on l'élève, il gagne de l'énergie ; quand il descend en surmontant une résistance, il perd de l'énergie. L'énergie se transmet d'un corps à un autre. C'est ainsi qu'un corps chaud échauffe un corps froid ; l'énergie que perd le premier égale celle que gagne le second. De même dans une machine où une puissance surmonte une résistance, le corps qui résiste gagne une quantité d'énergie égale à celle que perd le corps qui agit.

Pouvons-nous convertir en travail mécanique toute la chaleur créée dans la combustion du charbon ? Pour répondre à cette question, il faut examiner comment on obtient du travail à l'aide de cette chaleur. Un fluide, tel que de l'air, de la vapeur, doit gagner cette chaleur et se dilater en produisant du travail ; puis, après avoir ainsi travaillé dans la machine motrice, il doit revenir à son état primitif, pour que les organes de la machine reprennent leurs positions initiales et que la production du travail puisse continuer. Pendant ce retour du fluide, il cède de la chaleur aux corps environnants, de sorte qu'on ne peut transformer en travail que l'excès de la chaleur gagnée sur la chaleur perdue.

Ce fait a été mis en évidence dans les mémorables expériences de M. Hirn sur la machine à vapeur. Vous savez que, dans cette machine, une chaudière contient de l'eau qui prend de la chaleur au foyer et se réduit en vapeur. Cette vapeur pénètre dans un cylindre et pousse un piston qui transmet l'impulsion aux outils ; puis, après s'être dilatée dans cette opération, elle passe dans un espace vide et froid qu'on appelle *condenseur*, où elle redevient liquide et reprend la température ordinaire ; c'est dans le condenseur que la vapeur dégage de la chaleur qu'emporte un courant continu d'eau froide. Eh bien ! M. Hirn a mesuré la chaleur prise au foyer par la vapeur, puis la chaleur dégagée dans le condenseur, enfin, le travail produit ; il a observé que la première de ces quantités de chaleur excède la seconde d'une quantité proportionnelle au travail.

La production du travail à l'aide de la chaleur, quel que soit le système de machine employé, exige toujours qu'une

partie de la chaleur prise au foyer soit simplement transportée dans les corps environnants ; en d'autres termes, il est impossible, à cause de la périodicité du mouvement de la machine, d'éviter qu'elle fonctionne à la fois comme calorifère et comme générateur de travail. Tout ce que nous pouvons faire, c'est de chercher à diminuer le plus possible la portion de chaleur simplement transportée. La théorie mécanique de la chaleur donne les règles à suivre pour atteindre ce but.

Nous devons à M. Zeuner, savant professeur de Zurich, un parallèle entre les chutes d'eau et les machines caloriques, qui montre parfaitement comment les choses se passent. Il paraît probable qu'un corps quelconque qu'on refroidit graduellement finit par ne plus contenir de chaleur, et que la température à laquelle cela a lieu est la même pour tous les corps. Nos données expérimentales conduisent à admettre que cette température est environ 273 degrés au-dessous du zéro centigrade ; on l'appelle le *zéro absolu*. En ajoutant ce nombre aux températures centigrades, on obtient les *températures absolues*. Supposons maintenant que la combustion du charbon développe une température absolue de 1911 degrés et qu'un fluide soit employé à produire un travail à l'aide de cette combustion en passant de 1911 degrés au zéro absolu : la théorie indique que toute la chaleur de combustion peut être convertie en travail, pourvu que la succession des états du fluide soit convenable.

Supposons que le fluide, au lieu d'atteindre la température de 1911 degrés, ne s'élève qu'à 409 degrés (136 degrés centigrades, correspondant à 3 atmosphères de pression si c'est la vapeur d'eau), et que d'ailleurs sa plus basse température soit encore zéro absolu ; le maximum de chaleur convertible en travail est les $\frac{409}{1911} = \frac{3}{14}$ de la chaleur dégagée par la combustion ; le reste est simplement transporté dans les corps environnants.

Enfin, supposons que le fluide effectue son évolution dans la machine entre les températures extrêmes 409 degrés et 273 degrés (c'est le cas d'une machine à vapeur à moyenne pression) ; le maximum de chaleur convertible en travail n'est plus que $\frac{136}{409} = \frac{1}{3}$ de la chaleur utilisable dans le cas précédent, et, par conséquent, elle est $\frac{1}{3} \times \frac{3}{14} = \frac{1}{14}$ de la chaleur totale dégagée par le charbon en combustion.

Les nombres que nous venons de donner comme le résultat de la théorie sont exactement ceux qu'on trouve en calculant l'utilisation d'un cours d'eau dont la source est à une altitude de 1911 mètres. Si l'on utilisait le cours d'eau à l'aide d'une chute de 409 mètres au-dessus de la mer, on recueillerait les $\frac{3}{14}$ du travail disponible à la source.

Si l'on disposait seulement d'une chute de 136 mètres à l'altitude de 409 mètres, on recueillerait $\frac{1}{3}$ du travail disponible à cette altitude, et, par suite, $\frac{1}{14}$ du travail total contenu dans le cours d'eau.

La production du travail par la chaleur est donc calculable d'après les règles de l'hydraulique ; il suffit de remplacer les hauteurs de chute par les températures absolues extrêmes, entre lesquelles le fluide de la machine reste pendant son évolution.

Mais de même qu'une roue hydraulique ne peut utiliser exactement toute la chute pour laquelle elle est construite, de même une machine à vapeur réelle ne peut convertir en travail utile toute la chaleur théoriquement disponible. C'est à ce point de vue qu'il faut considérer le rendement calorifique de la machine à vapeur, et pour comparer les diverses machines à feu, il faut déterminer leur rendement ainsi défini. C'est alors qu'on reconnaît la supériorité actuelle de la machine à vapeur.

En sera-t-il toujours ainsi ? La théorie nous indique que pour augmenter la proportion de chaleur convertie en travail, il faut écarter le plus possible les températures extrêmes entre lesquelles s'opère l'évolution du fluide. Mais on est arrêté dans cet écart lorsqu'il s'agit de la vapeur d'eau par l'énormité de la pression. Au contraire, l'air peut agir dans les mêmes circonstances de température sous une pression très-modérée ; voilà pourquoi la théorie est favorable aux machines à air chaud ; mais jusqu'à présent les efforts des inventeurs n'ont pas répondu aux espérances que la théorie a fait concevoir. La vapeur d'eau surchauffée possédant à peu près les propriétés des gaz présente les mêmes avantages que l'air ; il est donc possible d'améliorer la machine à vapeur, en faisant passer la vapeur dans un tuyau fortement chauffé avant qu'elle entre dans le cylindre : c'est ce qu'a fait M. Hirn, dont les machines à vapeur surchauffée fonctionnent au Logelbach, près de Colmar, avec le plus grand succès.

Lorsqu'on veut un moteur d'une grande puissance, la machine à vapeur est incontestablement supérieure à toutes les autres machines à feu. Elle dépense au moins 2 kilogrammes par cheval et par heure ; ce qui représente une quantité de chaleur convertie en travail égal à 1/25 environ de la chaleur totale dépensée.

Partout où les grandes machines hydrauliques sont impossibles il sera logique de recourir à la machine à vapeur.

S'agit-il au contraire des petites forces, cette machine perd une partie de ses avantages. Les dangers d'explosion, l'excluant des maisons d'habitation, sont la cause d'une réglementation sévère. Aussi cherche-t-on à offrir à la petite industrie des moteurs plus avantageux. Aujourd'hui celui qui paraît réunir le plus de suffrages est le moteur à gaz de M. Hugon, dont je vous présente un modèle ayant une force de 1/15 de cheval vapeur (1). Nous projetons une coupe du cylindre et des tiroirs, munie de pièces mobiles qui faciliteront l'explication. (Voyez la *Revue des cours scientifiques*, 18 mai 1867.)

Essentiellement c'est un cylindre à piston, dans lequel on introduit de chaque côté alternativement un mélange d'air et de gaz de la houille. Un tiroir particulier fait mouvoir deux becs de gaz, de sorte qu'ils entrent et sortent alternativement. Quand un de ces becs sort, il arrive en face d'un bec de gaz allumé ; il s'allume, puis il rentre et met le feu au mélange. De là une augmentation subite de la pression de ce mélange, qui détermine le mouvement du piston. Quand l'explosion a lieu d'un côté du piston, l'autre côté communique librement avec l'atmosphère et sert à l'échappement. M. Hugon injecte en outre une petite quantité d'eau dans le mélange explosif, ce qui empêche la température de s'élever autant, et par suite il diminue considérablement la quantité de chaleur perdue par rayonnement et par conductibilité.

Cette intéressante machine est particulièrement recommandable pour les travaux intermittents jusqu'à 2 ou 3 chevaux-vapeur. Si le prix du gaz était moindre, elle coûterait moins que la machine à vapeur et s'appliquerait même aux

(1) Ce moteur faisait fonctionner devant l'auditoire deux machines à coudre de la maison Callebaud.

travaux continus. Mais pour n'envisager la question qu'au point de vue purement scientifique, je veux vous montrer quelle est la proportion de la chaleur du charbon qui est convertible en travail à l'aide de cette machine.

La machine Hugon exige 2100 litres de gaz par cheval et par heure, lorsqu'on ne tient pas compte des inflammations qui dépensent environ 300 litres par heure, quelle que soit la force de la machine. Avec 675 kilogrammes de houille on obtient 300 mètres cubes de gaz, en employant pour le chauffage des cornues les résidus de la distillation. Il résulte de là que pour 2100 litres de gaz il faut dépenser 4^k,7 de houille ; voilà la dépense de charbon qu'exige la production d'un cheval-vapeur par heure ; c'est à peu près celle des machines à vapeur de petite force. D'après cela, la chaleur convertible en travail par la machine à gaz serait 1/58 de la chaleur totale dégagée par le charbon que l'on consomme. C'est à peu près la moitié de l'utilisation obtenue avec les grandes machines à vapeur ; mais elle se rapproche de celle des petites et la canalisation du gaz résout immédiatement le problème de la division de la force motrice.

La machine à gaz nous offre la meilleure solution actuelle de la distribution du travail dans les grandes villes, puisque l'éclairage au gaz s'y trouve déjà bien établi. Ces conduites qui sillonnent nos villes renferment une provision de lumière, de chaleur et de force motrice. Nous lui avons demandé d'abord le premier de ces agents ; nous lui avons demandé ensuite le second ; il est temps de lui demander tout ce dont elle est capable. Pourquoi dans la chambre de l'artisan, le même appareil ne lui donnerait-il pas à la fois la chaleur, la lumière et le travail ? Que le gaz soit moins cher, et cette remarquable amélioration du sort de l'artisan sera réalisable.

Les nombres que j'ai cités prouvent que nous utilisons beaucoup mieux la force motrice du charbon que celle des cours d'eau. Mais les mines de charbon ne se renouvellent pas, tandis que les cours d'eau sont inépuisables. Chaque kilogramme de houille qui disparaît dans une machine à vapeur est perdu à jamais pour l'industrie ; aussi devons-nous économiser cette richesse temporaire. Quels que soient les avantages que la machine à vapeur offre à la grande industrie, sa place est seulement là où les forces permanentes de la nature font défaut.

Quant aux autres combustibles qui peuvent remplacer le charbon, nous avons le pétrole dont on a déjà découvert des sources importantes et qui peut alimenter le foyer des chaudières, comme nous l'a démontré M. Henri Sainte-Claire Deville. C'est encore une richesse temporaire qu'il faut ménager. Il reste enfin les forêts actuelles ; là le combustible se renouvelle. Mais si nous étions réduits à l'employer partout où se trouve la machine à vapeur, quel prix atteindrait le bois, cette matière première si précieuse, que les déboisements rendent de moins en moins abondante ? Et pour ne pas tarir cette source de force, ne faudrait-il pas arrêter ces déboisements, enlever même à l'agriculture les vastes terrains qu'elle a défrichés ? Avouons que ce n'est pas là une perspective d'amélioration pour l'humanité.

Que la houille donne à l'homme la force motrice là où se trouvent les dépôts de cette précieuse matière, cela est naturel. Mais que l'homme aille au loin chercher ce combustible pour l'employer là où la nature lui offre une force motrice gratuite et intarissable, voilà ce qui est tout à fait blâmable.

D'après M. Tyndall, l'Angleterre extrait annuellement de ses mines 84 millions de tonnes de charbon, et le célèbre professeur nous dit que ce charbon représente 112 millions de chevaux-vapeur. Ce nombre suppose que toute la chaleur soit convertible en travail ; comme nous savons que 1/25 seulement est réellement utilisable, il faut réduire ce nombre à 4 ou 5 millions. Or, avec un débit de 1000 mètres cubes par seconde le Rhône nous offre une force de 23 millions de chevaux-vapeur, c'est-à-dire une force au moins quadruple de celle que fournit l'Angleterre entière. Ne pouvons-nous pas dire, à l'exemple de l'illustre Cavour devant le parlement sarde, lorsqu'il défendait chaleureusement le projet du percement des Alpes : « Que nous avons plus de force dans nos » cours d'eau que l'Angleterre dans toutes ses mines de char- » bon. » Sachons, messieurs, tirer parti des richesses naturelles de notre sol et que l'hydraulique soit chez nous toujours en honneur !

Avons-nous d'ailleurs emprunté à la chaleur tout ce qu'elle peut nous donner de force motrice ? N'y a-t-il sur la terre que cette chaleur de combustion du charbon ? Et le soleil qui sans cesse anime notre planète, qui nous éclaire, qui nous échauffe, qui fait croître tout ce qui vit ici-bas, ne nous offre-t-il pas une force motrice intarissable ?

Ce grand problème d'obtenir du travail mécanique à l'aide de la chaleur solaire s'est présenté à l'esprit de beaucoup d'hommes illustres dans les temps les plus reculés. Récemment un professeur du lycée de Tours, M. Mouchot, a fait revivre cette question et à lui était réservé l'honneur de voir pour la première fois une petite machine à vapeur fonctionner au soleil, sans d'autre foyer que l'astre étincelant. Ses essais et un historique complet de la question ont été publiés par l'auteur dans un intéressant volume, *La chaleur solaire*, dans lequel j'ai puisé les renseignements que j'ai à vous donner.

On trouve dans les *Pneumatiques* d'Héron, d'Alexandrie, la description d'un appareil destiné à élever l'eau à l'aide de la chaleur solaire. A la fin du xvi° siècle, Porta, Salomon de Caus, Drebbel, Robert Fludd, puis au xvii° Martini, Kircher, Milliet Dechâles, Belidor, Ducarla, et au commencement de notre siècle l'Américain Oliver Evans, se sont occupés de cette question. Je vais vous décrire d'après un dessin de Belidor la *fontaine continuelle* de Salomon de Caus (fig. 58).

Un grand réservoir de cuivre est muni de deux tuyaux : l'un est plongé dans l'eau qu'on veut élever et renferme une soupape K s'ouvrant de bas en haut ; l'autre, partant comme le premier du fond du réservoir, se recourbe verticalement et s'élève à la hauteur à laquelle l'eau doit être portée ; il contient aussi une soupape F s'ouvrant de dedans en dehors. On verse de l'eau dans ce réservoir par une ouverture supérieure A, en laissant une certaine quantité d'air au-dessus du niveau B ; puis on ferme l'ouverture. Lorsque les rayons solaires tombent sur ce réservoir, ils l'échauffent ; la force élastique de l'air renfermé augmente ; l'eau pressée par cet air ouvre la soupape d'expulsion F et s'élève. Lorsque le soleil disparaît, le réservoir se refroidit, l'air intérieur perd sa force élastique ; il y a raréfaction et la pression atmosphérique fait monter l'eau du puits jusque dans le réservoir, en ouvrant la soupape d'admission K, tandis que l'autre reste fermée par la pression de l'eau qui est au-dessus. C'est ainsi que l'air intérieur étant revenu à son état initial, une quantité d'eau égale à celle qui a été élevée est passée du puits dans le réservoir. Salomon de Caus comptait sur la chaleur du jour pour faire sortir l'eau du réservoir, et sur la fraîcheur de la nuit pour l'y faire entrer.

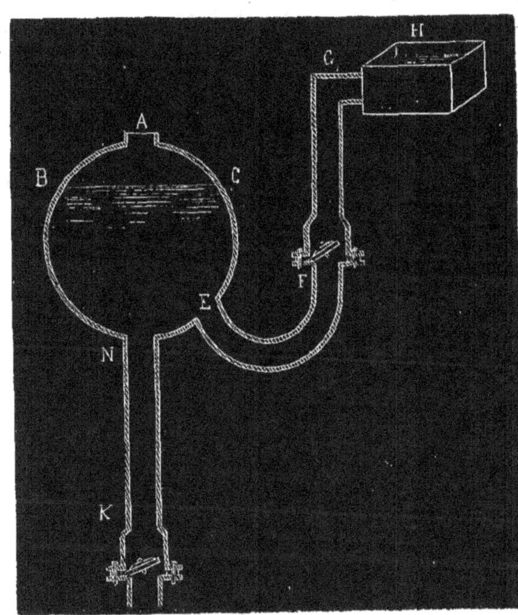

Fig. 58. — Pompe solaire de Bélidor (d'après *la Chaleur solaire*, Paris, Gauthier-Villars).

Ce projet repose seulement sur l'expansibilité de l'air par la chaleur ; les progrès de la physique sur le rayonnement solaire devaient amener des perfectionnements notables. Après les travaux de Saussure, Ducarla, Herschel sur les moyens de concentrer la chaleur solaire, les applications mécaniques devaient offrir moins de difficultés. Aussi trouvons-nous à peu près à la même époque (1860) deux projets de pompe solaire bien supérieurs à celui de Salomon de Caus. L'un est dû à M. Deliancourt, commandant de place en Algérie, l'autre est dû à M. Mouchot.

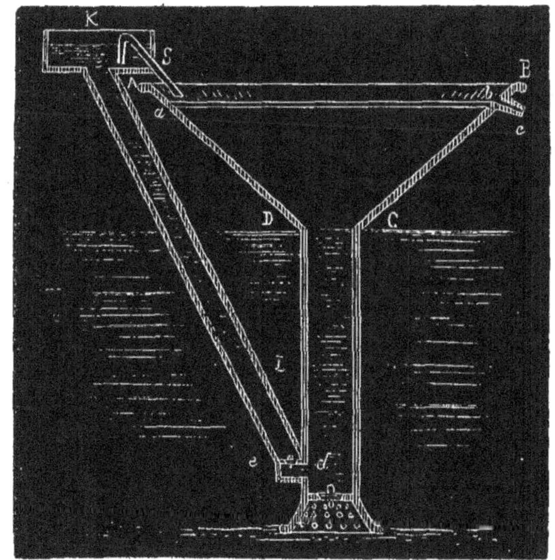

Fig. 59. — Pompe solaire de M. Mouchot (d'après *la Chaleur solaire*).

C'est ce dernier que je mettrai sous vos yeux, parce qu'il me paraît préférable (fig. 59).

Un entonnoir de tôle très-évasé, ABCD est renversé au sommet d'un tuyau vertical plongé dans l'eau qu'il s'agit d'élever. Cet entonnoir est fermé en haut par une plaque de cuivre noircie *ab*, qui est un peu au-dessous du bord de l'entonnoir, afin de former une sorte de cuvette large et peu profonde. Au bas du tuyau vertical est soudé un tuyau latéral oblique, qui s'élève au-dessus de la cuvette. Ce second tuyau contient une soupape *e* qui s'ouvre de bas en haut. Le premier est aussi muni d'une soupape *d* semblable à son extrémité inférieure. Lorsque les rayons solaires rencontrent la plaque de cuivre *ab* située au sommet de l'appareil, l'air confiné dans l'entonnoir se dilate en chassant l'eau du tuyau vertical dans le tuyau latéral, et cette eau va se déverser dans la cuvette, puis par un ajutage convenable *c* dans le bassin de réception. La section de cet ajutage est moindre que celle du conduit *s* qui amène l'eau dans la cuvette. Par suite, l'eau séjourne dans cette cuvette un certain temps, pendant lequel l'échauffement de l'air intérieur cesse, car les rayons solaires sont arrêtés par la couche d'eau. Alors cet air se refroidit, se contracte ; l'eau du bassin inférieur ouvre la soupape *d* située au bas du tuyau vertical, s'élève dans l'entonnoir et reprend le niveau ordinaire CD. Quand la cuvette est vide, l'échauffement recommence et avec lui l'élévation d'une nouvelle quantité d'eau. La pompe solaire fonctionne donc d'elle-même et d'une manière continue tant que dure l'insolation. Elle rendrait de véritables services à l'agriculture, pouvant élever l'eau à une hauteur de 1^m,50.

Mais là n'est pas le principal intérêt des recherches de M. Mouchot. Il voulait employer la chaleur solaire au fonctionnement d'une machine à vapeur, et la connaissance complète des propriétés de la chaleur rayonnante lui a permis d'atteindre son but.

Une expérience de physique vous montrera sur quels principes repose la réalisation d'une chaudière à vapeur solaire. Nous avons disposé deux miroirs concaves à surface argentée, de telle façon que leurs axes coïncident : au foyer de l'un est une source de chaleur, qui consiste en une flamme de gaz activée par un jet d'air comprimé et brûlant autour d'un cône de toile en fil de platine qui recouvre un cône de magnésie ; c'est la lampe à gaz de M. Bourbouze. Au foyer de l'autre miroir se trouve une petite chaudière construite d'après les principes de M. Mouchot. Elle se compose d'un vase de cuivre noirci, placé dans un vase de verre, et contenant de l'éther. Les rayons à la fois calorifiques et lumineux qui émanent du foyer incandescent, sont réfléchis par le premier miroir et rendus parallèles à l'axe ; ils rencontrent donc le second miroir, à quelque distance qu'il soit, sont de nouveau réfléchis par la surface argentée, et vont se rassembler sur la chaudière. Là ils traversent la paroi de verre, et sont absorbés par le cuivre noirci ; le liquide renfermé dans le vase reçoit cette chaleur par conductibilité. Voilà donc notre chaudière soumise à un échauffement ; mais elle est aussi exposée à un refroidissement, dès que sa température est supérieure à celle des corps environnants. C'est pour atténuer cette influence que se trouve le vase de verre ; le verre, qui laisse passer les rayons de chaleur lumineuse, est imperméable à la chaleur obscure, et la chaleur que peut émettre la chaudière est justement obscure ; elle est donc retenue par le verre, et grâce à cet artifice la température du liquide peut atteindre le point d'ébullition.

Voici un jet de vapeur qui sort de la chaudière ; nous pourrions le diriger dans un petit cylindre à piston pour obtenir du travail ; mais nous nous contentons de l'enflammer pour le rendre visible de toutes les parties de l'amphithéâtre.

En résumé, trois principes sont invoqués ici : 1° le pouvoir réflecteur de l'argent poli est supérieur à celui de toutes les autres surfaces ; 2° le pouvoir absorbant du noir de fumée est le plus grand ; 3° le verre ne laisse pas passer la chaleur obscure et laisse passer la chaleur lumineuse.

La disposition adoptée par M. Mouchot est à peu près celle de l'expérience que vous venez de voir ; je vous présente un petit modèle qui fonctionne très-bien après une demi-heure d'insolation. La chaudière offre une grande surface de chauffage relativement à sa capacité ; pour cela, elle est formée de deux cylindres concentriques de hauteurs inégales, reliés par leur base inférieure (fig. 60). La base supérieure du cylindre

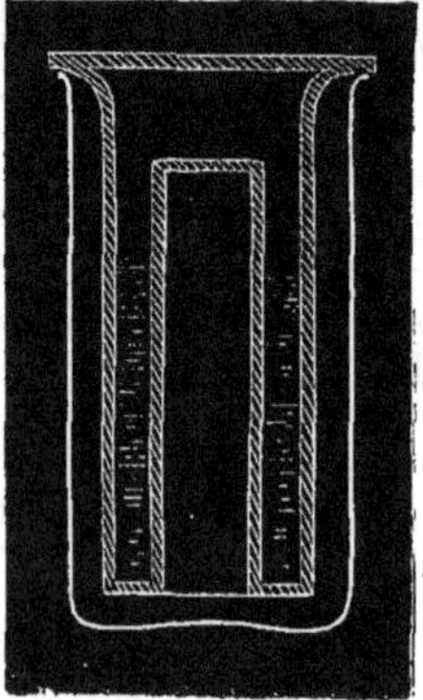

Fig. 60. — Machine solaire (d'après *la Chaleur solaire*).

extérieur porte un couvercle sur lequel est installée la machine à vapeur. Comme on voit, l'eau de la chaudière n'occupe que l'espace annulaire compris entre les deux cylindres. On concentre les rayons solaires à l'aide d'un réflecteur cylindrique en plaque d'argent, que l'on place du côté opposé au soleil.

M. Mouchot a réussi, en dégageant le sommet de la chau-

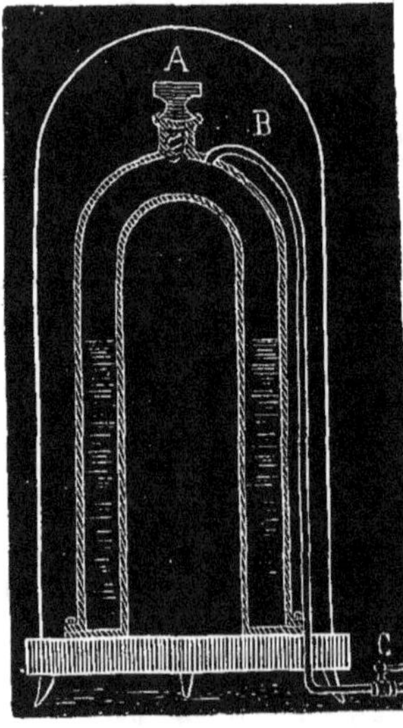

Fig. 61. — Chaudière solaire. Elle est formée par deux cloches concentriques en cuivre noirci, et recouverte par une cloche de verre. On introduit l'eau par l'ouverture A ; le tuyau BC conduit la vapeur à la machine (d'après *la Chaleur solaire*).

dière, à obtenir de la vapeur d'eau à 5 atmosphères avec une chaudière contenant 6 litres d'eau (fig. 61).

Ces remarquables résultats méritent toute l'attention des industriels. Dans les régions intertropicales, la machine à vapeur solaire peut rendre d'immenses services. Aujourd'hui que l'Europe accourt vers l'isthme de Suez, là où le soleil est ardent et le ciel pur pendant de longs jours, son industrie ne doit-elle pas prendre un nouvel essor, et révivifier ces contrées autrefois si florissantes ?

Essayons de nous représenter la force motrice que nous pouvons emprunter au soleil, en nous appuyant sur les expériences de Pouillet. A Paris, une surface d'un mètre carré reçoit du soleil, dans les circonstances les plus favorables, 13 calories par minute. Il est probable que dans les régions équatoriales où l'atmosphère est plus limpide, on obtiendrait aisément 15 calories ; par conséquent, un carré de 10 mètres de côté recevrait en une minute 1500 calories et en une seconde 25. Si toute cette chaleur pouvait être convertie en travail, elle représenterait une force de 142 chevaux-vapeur. Mais une bonne machine à vapeur, à moyenne pression, n'utilise que 16 pour 100 de la chaleur prise au foyer par l'eau de la chaudière. Si donc, toute la chaleur reçue sur notre carré était absorbée par la chaudière d'une machine, elle produirait le travail de 22 chevaux-vapeur seulement. Une surface vingt-deux fois moindre suffirait pour produire un cheval-vapeur ; tel serait un réflecteur cylindrique ayant une superficie de 4 mètres et demi carrés. Imaginez un appareil semblable à celui que je vous montre, ayant une hauteur de 1 mètre et à côté de lui un réflecteur ayant la même hauteur, un développement en longueur de 4^m,50, et sa ligne focale au milieu de la chaudière ; vous aurez la machine à vapeur de la force d'un cheval que le soleil peut mettre en mouvement. M. Mouchot propose en exagérant toutes les causes de perte, un réflecteur de 16 mètres carrés ; c'est le cinquième de la surface totale des ailes d'un moulin à vent. « On se rap-
» pelle, dit-il dans son ouvrage, avec quels transports d'en-
» thousiasme les Arabes saluaient, il y a peu d'années, l'inau-
» guration des puits artésiens dans le Sahara ; que diraient-ils
» donc en voyant l'industrie s'installer dans leurs déserts,
» avec tout l'arsenal de ses pacifiques moyens de conquête ? »

Depuis les premiers essais de M. Mouchot, le célèbre Américain Ericsson a construit une machine solaire ; ses résultats confirment ceux de notre compatriote. Malheureusement, nous manquons de détails sur l'essai d'Éricsson. Je fais des vœux pour que cette nouvelle invention française soit appliquée chez nous, avant de passer à l'étranger.

Messieurs, nous avons passé en revue les principales forces motrices industrielles, et l'étude de la chaleur nous a conduits à signaler un important progrès qui peut être réalisé. Il en est un autre d'un tout autre ordre qui me paraît non moins digne de notre attention ; c'est l'application des marées à la production du travail mécanique.

Chaque jour, sur les bords de l'Océan, sous l'influence de l'attraction de la lune et du soleil, le niveau de la mer s'élève pendant un certain temps à une hauteur à peu près constante dans le même lieu, puis descend à une profondeur également constante. L'intervalle moyen de deux hautes mers consécutives est de 12 heures 25 minutes ; mais la durée du flux n'égale pas celle du reflux dans tous les lieux. Quant à la distance du niveau le plus haut et du niveau le plus bas, ce qu'on appelle la hauteur de la marée totale, elle varie dans le même lieu, suivant que les actions du soleil et de la lune sont de même sens ou de sens contraire. Ainsi à Saint-Malo,

cette hauteur est en moyenne de 11 mètres, mais elle peut descendre à 9 mètres et s'élever à 13 mètres. Cette oscillation périodique du niveau de l'Océan, conséquence de la gravitation, est la source d'un travail mécanique considérable alternativement gagné et perdu par l'atmosphère.

Concevez une étendue de mer ayant la superficie d'un carré de 10 mètres de côté et se soulevant en six heures d'une hauteur de 10 mètres. La pression exercée par l'atmosphère sur cette étendue s'élève à 1 033 400 kilogrammes. Voilà un travail résistant produit par une minime partie de la mer pendant six heures ; il représente le travail d'une force motrice de 6,7 chevaux-vapeur. Cette force est perdue pour l'homme ; elle se dissipe dans l'océan aérien.

Ensuite, quand le reflux arrive, l'atmosphère effectue un travail égal, mais de sens contraire ; sa pression agit dans le sens du mouvement des eaux ; c'est un travail moteur que dépense l'atmosphère et qui se perd dans les eaux de la mer.

N'est-il pas possible à l'homme d'utiliser une partie de cette force motrice ? On a bien cherché à le faire en ouvrant à la marée montante de vastes bassins naturels, puis en les fermant à la marée descendante, afin d'employer les eaux emprisonnées à produire des chutes, mettant en mouvement des machines hydrauliques ; tels sont les moulins de marée. Mais les variations de la hauteur des marées présentent de sérieux obstacles, et les chutes d'eau obtenues par ce moyen ne peuvent être maintenues constantes. Là n'est pas d'ailleurs le véritable emploi de la force des eaux ; il faut imiter la nature dans les œuvres humaines. Or, la marée montante comprime en réalité l'atmosphère, la marée descendante la raréfie ; ces compressions et raréfactions produisent dans l'air d'immenses ondes transmettant la force au loin, ce qui fait qu'elle est perdue pour nous. Que faut-il donc pour en retenir une partie ?

Isoler une portion de l'atmosphère en contact avec une certaine étendue de mer ; laisser cette portion se comprimer pendant le flux, puis la séparer et s'en servir soit immédiatement, soit quand on en aura besoin. L'air comprimé est un magasin de force motrice ; la source de cette force est gratuite et inépuisable. De même, pendant le reflux, isolez encore une autre portion de l'atmosphère en contact avec une certaine étendue de mer ; laissez-la se raréfier ; puis séparez-la, et vous pourrez l'employer à faire travailler l'atmosphère en lui permettant à votre gré de remplir le vide.

Telle est l'idée éminemment philosophique qui a été pour M. Tommasi le point de départ d'une invention nouvelle que je suis heureux de vous présenter. Un charmant modèle, que M. Tommasi a eu l'obligeance de mettre à notre disposition, nous permettra de comprendre ce qu'elle a d'essentiel (fig. 62).

Sur le rivage de la mer, on a creusé une sorte de puits où sont renfermés deux réservoirs cylindriques superposés G, P, ayant la même hauteur, le même diamètre ; la hauteur totale est un peu supérieure à la plus grande hauteur AC que peut atteindre la marée totale. Le réservoir inférieur P communique avec la mer par un canal horizontal DD qui est au niveau de la plus basse mer. La cloison MM qui sépare les deux réservoirs porte deux tuyaux, dont l'un H descend près du fond du réservoir inférieur, et dont l'autre I s'élève à travers le réservoir supérieur pour déboucher dans l'atmosphère ou pour communiquer avec le tuyau d'admission d'un cylindre O semblable à celui d'une machine à vapeur. Enfin, du sommet du réservoir supérieur part un troisième tuyau K qui peut ou déboucher dans l'atmosphère, ou communiquer avec le tuyau d'échappement du même cylindre. Un manomètre peut indiquer la pression de l'air confiné dans l'un des deux réservoirs.

Pendant le flux, on laisse ouvert dans l'atmosphère le réservoir supérieur G; on maintient l'autre P fermé ; l'eau pénètre dans le réservoir inférieur P par le canal souterrain, s'élève en comprimant l'air qui s'y trouve confiné.

Le manomètre indique la pression croissante. Quand elle a atteint une valeur déterminée, on fait communiquer ce réservoir P avec le tuyau d'admission de la machine, et l'air comprimé met le piston O en mouvement, en produisant du travail; les dimensions du cylindre sont calculées de façon que la pression se maintient constante, à mesure que l'eau monte et que l'air s'échappe en passant par la machine.

En même temps que l'air du réservoir inférieur sort en produisant du travail, l'eau s'élève dans le réservoir supérieur G, en chasse l'air qui se répand librement dans l'atmo-

été successivement portée sur la force des cours d'eau, du vent, de la chaleur, des marées. Nous avons assisté aux efforts de l'homme pour maîtriser le monde matériel, dans le passé et dans le présent; nous avons même essayé de voir ce qu'il pourra faire dans l'avenir. Il ne me reste plus qu'une comparaison à faire : celle de la force musculaire aux autres forces.

Un homme ordinaire pesant 60 kilogrammes peut gravir en quatre heures une montagne de 2000 mètres de hauteur, en suivant un chemin bien tracé, de façon qu'il n'ait que son corps à élever, sans d'autre obstacle à vaincre que la pesanteur. Dans ce cas, il effectue le travail de 1 dixième environ de cheval-vapeur. Quelle est dans le corps de l'homme l'origine de ce travail? La réponse la plus claire se trouve dans les expériences de M. Hirn.

Pour la même quantité d'oxygène absorbée par la respiration, l'homme au repos dégage plus de chaleur que s'il pro-

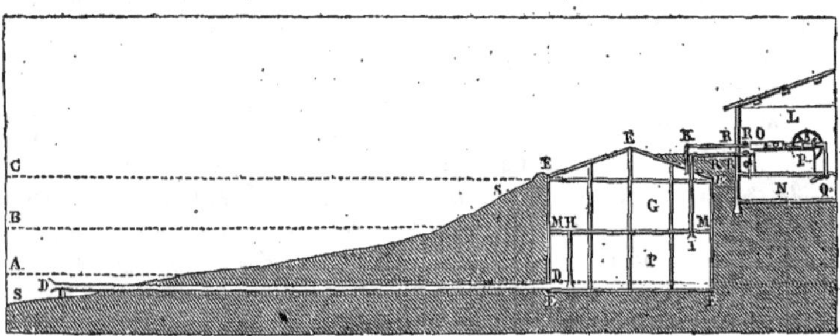

Fig. 62. — Le flux moteur de M. Tommasi.

sphère, et par un choix convenable de l'excès de pression du réservoir inférieur, les deux réservoirs se trouvent à peu près simultanément remplis d'eau. A ce moment, le reflux de la mer va commencer.

On sépare le réservoir inférieur P de la machine, on l'ouvre dans l'atmosphère ; au contraire, on ferme le réservoir supérieur G. L'eau descend, et l'air qui reste dans ce dernier est raréfié; lorsque la pression a diminué d'une quantité égale à l'excès de pression qu'on avait pendant le flux, on fait communiquer le réservoir supérieur avec le tuyau d'échappement de la machine, et aussitôt celle-ci entre en mouvement, son piston étant poussé par l'atmosphère. Ce mouvement est inverse du précédent, comme vous le voyez, sur le modèle qui fonctionne devant vous. Évidemment, la force motrice est la même dans ces conditions pendant le flux et le reflux. D'ailleurs, l'air extérieur rentre librement dans le réservoir inférieur dès que le niveau de la mer est au-dessous de la cloison qui sépare les deux réservoirs.

Tel est le *flux moteur* de M. Tommasi. Vous concevez d'ailleurs que la machine motrice puisse être placée loin des réservoirs, à l'aide d'une canalisation qui livre passage à l'air comprimé et à l'air raréfié, qu'il soit possible d'employer la machine à comprimer de l'air que l'on tiendra en réserve, comme un magasin de force.

Il n'entre pas dans le cadre de cet entretien de discuter la valeur de cette invention et de celles que je vous ai signalées auparavant, au point de vue de l'industrie ; il suffit qu'elles soient conformes aux principes de la philosophie naturelle, pour trouver leur place dans une étude théorique des forces motrices que le Créateur a mis à la disposition de l'homme.

J'arrive, messieurs, à la fin de ma tâche. Notre attention a

duit un travail mécanique. Ainsi, l'origine de la force musculaire est la chaleur que crée le phénomène physiologique de la respiration. De plus, un homme qui élève son corps seulement, en montant, consomme environ 132 grammes d'oxygène en une heure. D'après cela, une ascension de quatre heures correspondrait à la production de 1568 calories; représentant 666 400 kilogrammètres ; or, le travail d'une ascension de 2000 mètres n'est que de 120 000 kilogrammètres, l'homme utiliserait donc pour le travail mécanique un cinquième de la chaleur créée dans son corps ; c'est cinq fois plus qu'une machine à vapeur.

Mais si je vous montre la supériorité du moteur humain sur la reine de l'industrie, vous n'en tirerez certainement pas cette conclusion qu'il faille le préférer; tant d'autres considérations étrangères à mon sujet s'accumulent pour nous faire chercher dans l'homme autre chose que du travail mécanique.

4000 ans avant l'ère chrétienne, un des puissants de la terre se faisait construire un gigantesque monument funèbre. C'était une pyramide ayant 146 mètres de hauteur et 230 mètres de côté ; et pour entasser ces 11 000 mètres cubes de pierres qui devaient perpétuer sa mémoire, Chéops fit travailler pendant trente ans cent mille hommes qu'on relevait tous les trois mois.

Au mont Cenis, une galerie souterraine de trois lieues de long, ayant une section de 48 mètres carrés environ, va être bientôt percée, aux acclamations de deux grands peuples amis des arts et des gloires pacifiques. Ce sera un demi-million de mètres cubes arrachés à la barrière naturelle qui les sépare, et pour ce travail, il aura suffi de dix ans d'efforts, avec cinq cents ouvriers relevés trois fois par jour. Ces nombres, messieurs, n'ont-ils pas leur éloquence ?

A. CAZIN.

SOCIÉTÉ ROYALE D'ÉDIMBOURG

M. W. R. SMITH

La théorie de M. Mill sur le raisonnement géométrique

Les métaphysiciens ont volontiers la prétention de raisonner dogmatiquement sur la théorie de sciences dont ils n'entendent pas le premier mot. Voici un exemple, amusant autant qu'instructif, de leur manière de procéder; il nous est fourni par les explications que donne M. Mill sur la nature du raisonnement géométrique.

M. Mill a fait une étude consciencieuse de la géométrie; c'est du moins ce qu'il a assuré au docteur Whewell (*Logique*, 7ᵉ édition, I, 270), et ceux qui s'en souviennent auront sans doute quelque peine à croire que la cinquième (liv. I) démonstration d'Euclide (démonstration que M. Mill choisit pour nous faire toucher du doigt la justesse de sa théorie sur le raisonnement géométrique), que cette démonstration, dis-je, repose, d'après ce logicien, sur l'axiome suivant : *deux triangles qui ont deux côtés égaux chacun à chacun, sont égaux sous tous les rapports.* C'est pourtant la vérité ; et, lorsqu'on voit une pareille absurdité se transmettre intacte d'édition en édition dans la logique de M. Mill; lorsqu'on voit Mansel lui-même, le fougueux adversaire de M. Mill, écrire que — « le logicien n'a aucune objection à soulever contre la forme de syllogisme géométrique exposée par M. Mill (*Mansel's Aldrich*, 3ᵉ édit. p. 255) », — on ne peut s'empêcher de penser que la logique ferait sans doute plus de progrès, si les logiciens voulaient bien accorder une attention un peu plus sérieuse à l'étude des procédés dont ils se proclament les révélateurs.

Il sera peut-être de quelque intérêt de montrer comment M. Mill a été amené à commettre cette méprise extraordinaire. Nous allons voir que M. Mill préfère sacrifier la géométrie à sa philosophie, plutôt que de modifier sa philosophie pour la mettre d'accord avec les faits géométriques.

M. Mill pose en principe que toute idée générale dérive de l'expérience ; et, par le mot expérience, il entend la comparaison d'au moins deux faits expérimentaux distincts. En d'autres termes, toute idée est, en dernière analyse, le produit de l'induction s'exerçant sur une *série* de faits observés. Que nous puissions nous rendre compte d'une vérité générale par un acte intuitif instantané, par la simple considération d'un cas unique, particulier; voilà ce que M. Mill se refuse formellement à admettre. Je prends un exemple : deux lignes droites ne peuvent pas limiter un espace fermé; ce n'est pas là, d'après M. Mill, un fait qui s'impose immédiatement à notre intelligence, comme étant évident par lui-même, aussitôt que nous avons la notion de la ligne droite, aussitôt que nous pouvons mentalement construire des lignes droites; c'est un résultat que nous n'avons acquis que par des expériences sur des lignes « réelles » ou « imaginaires » (*Logique*, I, 259, 262). Or, il est parfaitement certain que, lorsque nous étudions les démonstrations d'Euclide, nous demeurons convaincus de la vérité de chaque proposition générale énoncée, aussitôt que nous avons lu la preuve pour le cas spécial de la figure qui accompagne cette proposition; nous ne sentons en aucune façon le besoin d'avoir recours à une induction tirée de la comparaison de plusieurs figures. Une seule figure a donc tout autant de valeur qu'en aurait une demi-

douzaine ; aussi M. Mill est-il forcé de conclure que la figure n'est pas une partie essentielle de la démonstration, et que — « si l'on renonçait à faire usage de figures, et si l'on substituait dans les démonstrations des phrases générales aux lettres de l'alphabet, on pourrait démontrer chaque théorème directement, en partant des axiomes et des définitions dans leur forme générale (p. 213) ».

Une simple observation en passant. La manière de voir précédente, combinée avec la doctrine que les définitions de la géométrie ne sont que de pures hypothèses, conduit M. Mill à cette curieuse opinion, que nous pouvons fabriquer de toutes pièces un nombre quelconque de sciences imaginaires, tout aussi complexes que la géométrie, en appliquant des axiomes réels à des définitions imaginaires. Cette parenthèse n'est destinée qu'à donner tout son relief à la pensée de M. Mill. Pour le moment, nous avons à examiner comment se comportent les théories géométriques de M. Mill, lorsqu'on les fait passer sur le terrain de l'application.

L'exemple que choisit M. Mill est, comme je l'ai dit, la cinquième (liv. I) proposition d'Euclide, proposition qu'il entreprend de déduire des principes généraux élémentaires. Avant tout, nous trouvons (p. 241) quelques remarques préliminaires, qui nous offrent un exemple remarquablement heureux du procédé qu'emploie habituellement M. Mill pour se mettre à l'abri de toute opposition, en soutenant l'une après l'autre chacune des deux thèses inverses sur un sujet quelconque. Tout d'abord, dit-il, en parlant des angles ABE, CBE; ACD, BCD, — « tout d'abord, on pourrait percevoir par intuition que les différences de ces angles sont les angles à la base ». — Mais, si cette intuition est réellement un acheminement vers la démonstration, du moment qu'elle se produit immédiatement, au premier coup d'œil jeté sur la figure, que devient donc la doctrine qui voudrait que la figure ne fût pas essentielle ? que devient cette autre doctrine bien plus fondamentale, d'après laquelle aucune vérité générale ne pourrait dériver d'une simple intuition (1)? Mais passons : en cela M. Mill ne contredit que ses propres théories et ne s'attaque qu'à lui-même ; voici qui est beaucoup plus grave : c'est que, lorsqu'il en arrive à sa démonstration régulière, c'est aux vérités géométriques qu'il s'attaque.

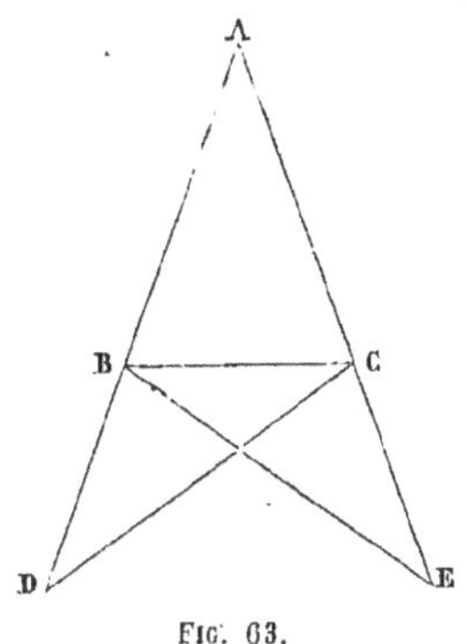

Fig. 63.

Après avoir montré que AD = AE, M. Mill procède de la manière suivante : — « Ces deux couples de lignes droites » — (AC, AB; AD, AE) — « ont la propriété d'être égales, ce qui indique qu'appliquées respectivement l'une sur l'autre ces lignes coïncideront ; elles coïncideront dans toute leur étendue, par leurs parties moyennes, et naturellement aussi par leurs extrémités D, E, et B, C ». — Or, — « des lignes qui ont leurs extrémités en coïncidence coïncident. BE et CD satisfont

---

(1) Ce n'est pas une méprise fortuite de M. Mill. Pour démontrer que les angles à la base sont les différences des angles en question, sans avoir recours à la figure, il faudrait s'appuyer sur un nouvel axiome (démontré, sans doute par induction !), que voici : Si l'on prolonge un côté d'un triangle jusqu'à un point quelconque, la ligne qui joint ce point à l'angle opposé est tout entière située en dehors du triangle.

précisément à cette condition, en vertu de l'induction précédente ; par conséquent elles coïncideront. » [!] — Si M. Mill généralise cette conclusion, il trouvera, je pense, que deux triangles ayant deux côtés égaux chacun à chacun sont égaux à tous égards; et, de ce théorème, il pourra conclure du même coup, au moyen de sa quatrième formule — (« les angles, dont les côtés coïncident, coïncident ») — que des angles formés par des droites égales sont égaux ! M. Mill n'a évidemment pas vu qu'il s'agissait de démontrer que, *les triangles ABE, ACD restant rigides*, AB pouvait être appliqué sur AC, et en même temps AE sur AD. Cette démonstration n'était possible qu'à la condition de se représenter d'abord AB tournant dans le plan de la figure pour venir coïncider avec AC, et ensuite le triangle ABE exécutant autour de AB une rotation de deux angles droits. Mais un pareil procédé ne pouvait convenir à M. Mill, que sa théorie obligeait à prouver l'égalité des deux triangles par un simple syllogisme déduit des deux formules suivantes : — « Deux lignes droites égales, appliquées l'une sur l'autre, coïncident ; — « deux lignes droites, qui ont leurs extrémités en coïncidence, coïncident. »

A cela, M. Mill pourra répondre qu'il lui suffisait d'ajouter cette troisième formule : — « Deux angles égaux, appliqués l'un sur l'autre, coïncident. » Eh bien soit!-je l'accorde. Nous voici donc en présence de trois syllogismes :

— Deux droites égales coïncident lorsqu'on les superpose ; or les droites AC, AB sont égales; — Deux droites égales coïncident lorsqu'on les superpose ; or les droites AD, AE égales; — Deux angles égaux coïncident lorsqu'on les superpose ; or les angles CAD, BAE sont égaux.

Logiquement, ces trois syllogismes ne peuvent conduire qu'à trois conclusions indépendantes : — Donc les droites AC, AB coïncideront si on les superpose ; — Donc les droites AD, AE coïncideront si on les superpose ; — Donc les angles CAD, BAE coïncideront si on les superpose.

Mais je défie qu'on en fasse jamais sortir cette conclusion UNIQUE, que les figures rigides ABE, ACD, appliquées l'une sur l'autre, devront coïncider. Si M. Mill persiste à soutenir qu'il n'y a pas là nécessité d'un acte intuitif, qu'il substitue aux mots — «lignes droites égales », — les mots — « arcs égaux de grands cercles »; — certes, les prémisses de ses syllogismes seront encore parfaitement vrais ; mais, comme ici il faut *voir* pour comprendre, il ne pourra jamais faire coïncider ses triangles sphériques.

M. Mill n'a devant lui que deux alternatives: ou bien reconnaître que la tentative d'adapter à la géométrie une théorie préconçue l'a forcément amené à donner une démonstration grossièrement erronée ; ou bien inventer encore une nouvelle formule, qui serait la suivante : Si, dans deux figures planes, on peut faire coïncider un nombre quelconque de parties consécutives, lignes et angles, prises une à une, on peut aussi, en considérant ces parties comme rigidement liées les unes aux autres, faire coïncider les deux figures totales. Mais, dans ce dernier cas, M. Mill doit soutenir que le lecteur, qui pour la première fois jette un regard sur la cinquième proposition d'Euclide, n'admet pas immédiatement la vérité générale de cette formule d'après la figure qu'il a sous les yeux; mais, ou bien qu'avant toute démonstration il considère la vérité de la formule comme étant le résultat d'une induction antérieure ; ou bien qu'il fait ses réserves sur la démonstration, et ne se déclare convaincu de la vérité de la formule qu'après s'en être assuré par la comparaison d'un certain nombre de figures.

L'espèce d'analyse que nous venons de mettre en usage montre aisément que, toutes les fois qu'on fait un pas réel en avant, en géométrie, il faut, soit avoir recours à une figure, soit faire intervenir un nouvel axiome général (ceci ne s'applique pas naturellement aux simples réciproques, comme Euclide I[19], I[25]). Toute construction géométrique est en dernier ressort une manière de rendre claires à l'œil des relations compliquées de figures.

Maintenant, si l'on peut conclure immédiatement et avec certitude du cas unique représenté dans la figure au cas général; si, en d'autres termes, les axiomes sont démontrés, non par induction, mais par intuition, et sont nécessairement vrais , le raisonnement géométrique n'offre aucune difficulté spéciale ; mais si chaque axiome nouveau dépend d'une induction nouvelle, nous voilà en présence d'une difficulté, que nous pouvons énoncer en nous servant, — chose curieuse, — des expressions mêmes de M. Mill (I, 301) : — « S'il était nécessaire, dit-il, à mesure qu'on avance dans une argumentation, de faire intervenir quelque nouvel axiome, l'argumentation serait sans aucun doute infirmée. » Heureusement, ajoute M. Mill, c'est le même axiome qui se répète à chaque pas. S'il en était autrement — « les déductions des mathématiques pures pourraient difficilement manquer de tomber au nombre des plus incertaines parmi les opérations du raisonnement, puisqu'elles sont les plus longues». Or, s'il est vrai, tout au contraire, que nous faisons appel à des axiomes nouveaux chaque fois que nous construisons une figure essentiellement nouvelle, M. Mill ne devra-t-il pas conclure, d'après sa propre démonstration, que chaque progrès en géométrie entraîne un affaiblissement dans la certitude, que la géométrie du cercle est moins certaine que celle de la ligne droite, la géométrie dans l'espace moins certaine que la géométrie plane, les sections coniques moins certains que les livres d'Euclide, etc.? Voilà, à coup sûr, une *reductio ad absurdum* de la théorie tout entière.

Les principes de géométrie qui sont ici en question sont d'une telle importance, qu'il est peut-être utile de les dégager des bévues commises par M. Mill dans un cas particulier :

I. Les démonstrations de la géométrie ne sont évidemment pas inductives. Elles n'exigent aucune espèce de comparaison mentale entre diverses figures. Les inductions qu'elles impliquent (à supposer qu'il y en ait), doivent avoir été formées antérieurement à la démonstration.

II. Les démonstrations doivent dès lors se ramener, soit à une perception immédiate (intuition), soit à une déduction d'axiomes. Mais puisque ces démonstrations sont générales, la première supposition implique la réalité d'une intuition générale, c'est-à-dire d'un jugement général d'après une perception unique.

III. La théorie de l'intuition est suffisante ; mais on lui fait opposition à deux points de vue :

— [a] Au point de vue du syllogisme, qui prétend tirer des conclusions indéfiniment étendues de prémisses limitées (encore beaucoup de mathématiciens considèrent-ils, avec M. Whewell, ces prémisses comme étant des axiomes intuitifs) ;

— [b] Au point de vue de l'empirisme, qui montre que tous les arguments vont, en dernière analyse, du particulier au particulier. M. Mill combine les deux objections.

Maintenant, comme nous venons de le voir, si l'objection [a] tombe (c'est-à-dire si les prémisses de la géométrie ne peuvent pas se ramener à un nombre limité d'axiomes, desquels tout suit analytiquement), la sûreté du raisonnement géométrique ne peut s'établir que si chaque prémisse possède une certitude apodictique. Pour renverser la théorie entière de M. Mill, c'en est donc assez de montrer que l'hypothèse d'un nombre limité d'axiomes n'est qu'une illusion. Or, nous observons :

1° Les axiomes sont plus nombreux que ne le pense M. Mill, puisque sa démonstration de la cinquième proposition d'Euclide n'a aucune valeur, précisément parce qu'il ne l'a pas appuyée sur un nombre suffisant d'axiomes ;

2° L'extension indéfinie de la géométrie dépend du pouvoir de construction indéfiniment étendue (mais où il y a construction, il y a intuition ; — bien plus, l'intuition est une construction mentale). Ici, nos adversaires peuvent supposer [a] que la conclusion générale découle en effet de la construction particulière, qui, pour employer le langage de la logique, tiendrait lieu de moyen terme; mais puisque cette construction est particulière, nous serons ainsi impliqués dans l'illusion d'une mineure non générale. On peut dire encore [b] que la construction n'est que la représentation sensible d'un axiome général; mais comme la construction est nouvelle et indispensable, cet axiome général doit l'être aussi. En conséquence, si la géométrie se démontre par des axiomes, ces axiomes doivent être en nombre illimité ;

3° Ce n'est évidemment pas par la logique qu'on peut déterminer d'une manière satisfaisante combien la géométrie renferme d'éléments synthétiques qui lui sont spéciaux. On voit cependant, par la géométrie analytique, combien la géométrie est susceptible de se développer sans qu'il soit nécessaire de faire intervenir de nouvelles considérations géométriques. Mais on ne peut aborder l'étude de la géométrie analytique, en partant directement de simples axiomes et définitions. Il faut, avant de commencer à faire usage de l'analyse, apprendre, par une géométrie synthétique, par une vue immédiate, quelles sont les propriétés des lignes et des angles. Toutes ces propositions synthétiques une fois connues, on peut en déduire d'autres algébriquement ; mais c'est seulement grâce à un double acte intuitif immédiat, *premièrement*, lorsqu'on traduit l'énoncé géométrique en formules algébriques ; *secondement*, lorsqu'on substitue au résultat algébrique (s'il n'est pas purement quantitatif), sa signification géométrique. La solution de toute proposition en géométrie analytique n'est pas autre chose qu'une règle destinée à nous guider, lorsque, par un nouvel usage de nos yeux ou de notre imagination, nous voulons construire les nouvelles lignes que doit nous fournir l'interprétation du résultat. L'analyse ne nous permet pas de nous dispenser de constructions synthétiques ; elle sert simplement à nous guider dans ces constructions, et elle nous dispense ainsi plus ou moins complétement de cette sorte de tact qu'exige la découverte des solutions géométriques. Cela est vrai dans tous les cas, mais évidemment plus que jamais dans la recherche de courbes nouvelles. Le tracé de courbes d'après leurs équations est un procédé que personne ne peut mettre en pratique par une simple règle, sans faire usage de ses yeux. Que l'on suppose les asymptotes, les branches, la concavité, tout ce qu'on voudra trouvé, la réunion de tous ces traits en *une courbe* restera toujours un procédé synthétique.

Une chose plus remarquable encore est l'emploi que l'on fait en analyse des quantités imaginaires. Pour le logicien, une quantité imaginaire est un non-sens ; mais géométriquement elle a une interprétation réelle. L'essor que donne à la géométrie une nouvelle méthode, comme le calcul des quaternions, est radicalement distinct de celui qui provient de la solution d'une nouvelle équation différentielle. Ce dernier progrès est un triomphe de l'algèbre, l'autre — la découverte de toute une classe de nouveaux guides de construction — est un triomphe de la géométrie synthétique.

W. R. SMITH.

M. TAIT.

Le professeur Tait fait remarquer qu'un exemple excellent et intéressant de l'incapacité des métaphysiciens à comprendre les démonstrations mathématiques même les plus élémentaires a été dernièrement remis en lumière par le docteur J. H. Stirling. Ce nom, réuni à ceux de Berkeley et d'Hegel, constitue une justification suffisante pour appeler l'attention sur ce point.

Newton, cherchant la dérivée d'un produit tel que ab, l'écrit sous la forme suivante :

$$\frac{1}{dt}\left[(a+\tfrac{1}{2}a'dt)(b+\tfrac{1}{2}b'dt)-(a-\tfrac{1}{2}a'dt)(b-\tfrac{1}{2}b'dt)\right]$$

qu'on peut ramener facilement à l'expression connue

$$ab'+ba'$$

Berkeley, Hegel, Stirling et d'autres ont, chacun à son tour, censuré ce procédé, et, le considérant comme une mauvaise plaisanterie ou à peu près, ils ont affirmé qu'il est essentiellement erroné. Nous savons cependant que, ici comme sur bien des points beaucoup plus importants, Newton montre une profonde connaissance de la question. Il adopte une méthode qui donne le résultat exact *aux infiniment petits du second ordre près*. Voilà ce que ne peuvent voir les métaphysiciens. Aussi le docteur Stirling parle avec une admiration enthousiaste de la clairvoyance, de la profondeur dont Hegel a fait preuve lorsqu'il a découvert cette bévue et « harponné » Newton !

Ce que cherche Newton, c'est la vitesse de l'accroissement d'une quantité à un instant donné. Au lieu de le mesurer par l'accroissement *après* cet instant (comme le voudraient les métaphysiciens), il le mesure en l'observant, pour ainsi dire, pour des intervalles de temps égaux *avant et après* l'instant en question.

Tout autre qu'un métaphysicien pourra constater immédiatement l'exactitude bien supérieure de la méthode employée par Newton, en faisant l'application des deux méthodes au cas d'une vitesse qui varie rapidement, par exemple celle d'une pierre qui tombe, ou d'un convoi de chemin de fer près d'une station.

M. SANG.

A propos de ce que vient de dire le professeur Tait, M. Sang fait remarquer que le procédé attribué à Newton avait déjà été, avant sa naissance, employé par John Neper. Ce mathématicien avait défini le logarithme de la manière suivante (*Descriptio*, lib. I, cap. I, def. 6) (*Constructio*, 23, 25) : Si, à partir d'un point fixe, deux points se meuvent simultanément sur une ligne, l'un avec une vitesse uniforme (*arithmetice*), l'autre avec une vitesse proportionnelle à sa distance du point fixe (*geometrice*), la distance parcourue par le premier point est le logarithme de la distance parcourue par le second. Pour comparer à un instant quelconque cette vitesse variable avec la vitesse constante, Neper prend un court intervalle de temps avant et un autre après l'instant donné ; il démontre que la véritable vitesse est comprise entre les deux vitesses ainsi obtenues ; il adopte (28, 31) leur moyenne arithmétique comme plus exacte que l'une ou l'autre, et la considère comme vraie.

On peut ajouter que Neper consacra plusieurs sections de sa *Constructio* à la discussion de la doctrine des limites (*de accuratione*); que ses logarithmes furent dénoncés par les métaphysiciens de son époque comme fondés sur le système faux de l'approximation, mais que, trèsheureusement pour les progrès de la science, leurs objections restèrent inaperçues.

SIR W. THOMSON.

Sir W. Thomson ajoute qu'un métaphysicien qui voudrait trouver la vitesse d'un vaisseau à midi, d'après une marche d'une heure, ne manquerait pas de choisir l'heure entre 12 h. à 1 h., tandis que Neper, Newton et tout le monde prendraient l'heure entre les limites de 11 h. 30 m. et 12 h. 30 m.

— Traduit de l'anglais par le Dr RENÉ BENOIT. —

Le propriétaire-gérant : GERMER BAILLIÈRE.

PARIS. — IMPRIMERIE DE E. MARTINET, RUE MIGNON, 2.

REVUE

DES

COURS SCIENTIFIQUES

DE LA FRANCE ET DE L'ÉTRANGER

SEPTIÈME ANNÉE   NUMÉRO 13   26 FÉVRIER 1870

SOUSCRIPTION SARS

4ᵉ LISTE.

MM. Duchartre, de l'Institut	20 fr.	
H. Huet, à Champlan (Seine-et-Oise)	100	
Morren, doyen de la Faculté des sciences de Marseille	10	
Jourdain, professeur à la Faculté des sciences de Montpellier	10	
Terreil, aide-naturaliste au Muséum	5	
Les élèves du laboratoire de chimie au Muséum	38	
Les élèves du laboratoire de zoologie de MM. Milne Edwards père et fils, au Muséum.	51	50
Baltier, professeur au lycée Saint-Louis	5	
Dr Pouzin, de Paris	5	
Dr D..., de Toulouse	5	
Mlles Masson et Lepoitevin, professeurs	10	
L'Écho de la Sorbonne, moniteur de l'enseignement secondaire des jeunes filles	5	
Un anonyme	10	
J. Lecoq, clerc de notaire à Lille	2	
Rambaud et Fournier, dessinateurs	5	50
Un anonyme	3	
Un anonyme	20	
J. Carron	5	
De Seynes	20	
J. Marcou, de la Société de géologie	20	

Souscriptions recueillies au laboratoire d'anthropologie de M. Broca, à l'École des hautes études :

Dr Broca, professeur à la Faculté de médecine (seconde souscription)	20
Dr Hamy, préparateur au laboratoire des hautes études	5
Lecomte	20
Dr Sauvage	5
Lecourtois	5
Dr Jullien	2
Masbrenier	1
Mougin	1

Souscriptions recueillies à la Société d'anthropologie de Paris :

La Société d'anthropologie	100 fr.

VII.

MM. Gaussin	20
Bataillard	5
Vicomte Lepic	5
Dr Coudereau	5
De Mortillet	5
Reboux	10
Louis Leguay	5
Dr Delasiauve, rédacteur en chef des *Archives de médecine mentale*	5
Duchinski (de Kiew)	5
Dr Alexis Moreau	5
Le chef de bataillon Duhousset	5
De Cunieu	10
G. d'Eichthal	10
D'Avezac, de l'Institut	5
Dr Letourneau	10
Thulié	5
Dr de Ranse, rédacteur en chef de la *Gazette médicale*	5
Dr Lagneau	20
Dr Bertillon	5
Dr Dally	1
Dr Broca père	5
Dr Camus	5
Guieysse	3
Vaïsse, directeur de l'école des sourds-muets	1
De l'Héraule	20
Rhôné	5
Marquis de Nadaillac	20
Dr Giraldès, membre de l'Académie de médecine	10

Total de la 4ᵉ liste	724 fr. 00
Total des trois premières listes	4374 fr. 84
Total des quatre premières listes	5098 fr. 84

On souscrit au bureau de la *Revue des cours scientifiques*, 17, rue de l'École-de-Médecine, Paris.

Les souscripteurs de Paris peuvent faire toucher à domicile. Il leur suffit d'envoyer aux bureaux de la *Revue des cours scientifiques* leur nom et leur adresse avec le chiffre de leur souscription.

Les souscripteurs des départements ou de l'étranger pourront envoyer leurs offrandes en un bon sur la poste, en toute autre valeur sur Paris, ou en timbres-poste français.

INSTITUTION ROYALE DE LA GRANDE-BRETAGNE

LECTURES DU VENDREDI SOIR

M. WILLIAM CARRUTHERS

du Musée britannique

Les forêts cryptogamiques de la période houillère

Le savant qui, en étudiant la botanique fossile, s'efforce de restaurer la végétation des époques primitives de l'histoire de notre terre, se trouve en face de difficultés bien supérieures à celles que rencontre le paléontologiste qui s'occupe au même point de vue des animaux éteints. Ces difficultés tiennent principalement à deux causes. La première est l'absence complète, dans le règne végétal, d'une substance capable de résister à la décomposition, comme l'est le squelette solide qui existe chez tous les vertébrés et chez un grand nombre d'invertébrés. De là résulte que les fragments de plantes qui ont pu échapper à une entière destruction, se sont cependant beaucoup moins parfaitement conservés que les débris des animaux. Des empreintes sur les houilles, des moulages amorphes, voilà ce que nous rencontrons le plus souvent comme vestiges de la végétation primitive de notre globe ; les échantillons dans lesquels nous pouvons encore reconnaître une structure sont relativement rares, et c'est pourtant de ceux-là seuls que nous pourrions apprendre avec certitude la nature et les affinités des organismes auxquels ils ont appartenu.

La seconde cause sérieuse de difficulté provient de ce fait, qu'il n'existe pas de proportions relatives nécessaires entre les différentes parties d'un individu végétal. Les dimensions de la feuille, de la fleur, du fruit ne peuvent fournir aucune espèce d'indication sur les dimensions de la plante qui les porte. C'est ainsi qu'on trouve souvent ces organes plus petits dans de grands arbres que chez les humbles plantes qui s'élèvent à peine au-dessus de la surface du sol.

Ce principe, qui est vrai en général, trouve encore son application si l'on compare des membres divers d'un même groupe naturel ; là où l'on voit exister de grandes différences dans les dimensions des individus, on ne trouve en aucune façon des différences correspondantes dans les dimensions des parties qui constituent ces individus. Par exemple, la feuille et le fruit de notre unique pin indigène (*Scotch fir*) sont plus grands que ceux du *Wellingtonia* géant de Californie ; et le fruit du petit saule (*Salix herbacea*, L.) qui couvre d'un épais tapis le sommet des plus hautes montagnes de l'Écosse, offre le même volume que celui des grands saules qui ornent les bords de nos rivières anglaises. Les diverses parties d'un animal possèdent au contraire de telles relations les unes avec les autres, en grandeur, en forme et en structure, que le zoologiste se trouve en présence d'une tâche comparativement facile, lorsqu'il essaye, même sur des matériaux incomplets, de restaurer l'aspect général d'une espèce animale éteinte.

Si je signale ici les difficultés que nous rencontrons dès le début de nos recherches, ce n'est point dans le but d'exagérer la valeur du travail que je viens vous soumettre ; c'est afin d'expliquer la faible somme de progrès que l'on a comparativement accompli dans l'interprétation des flores éteintes, et

la prodigieuse diversité d'opinions qui règne parmi les botanistes, au sujet de la position à donner aux plantes fossiles dans la classification : c'est aussi pour rendre compte du nombre considérable de genres et d'espèces que l'on a établis, d'après des matériaux imparfaits et mutilés, dont la position systématique était nécessairement indéterminable.

L'accumulation graduelle des observations, et la conservation plus soigneuse des échantillons instructifs dans des collections publiques ou particulières, permettent d'appliquer aujourd'hui à l'étude de la botanique fossile une nouvelle méthode. Les progrès récents les plus importants qu'ait accomplis cette science, ont été faits en réunissant des fragments séparés, — racines et tiges, feuilles et fruits, — décrits sous différents noms, et placés dans des genres différents quelquefois très-éloignés les uns des autres, de manière à construire des individus, dont la position systématique et les affinités sont faciles à comprendre.

Ces observations s'appliquent d'une manière toute spéciale à la végétation de la période houillère. On a tiré peu de renseignements de ces vastes dépôts de résidus carbonisés des plantes de cette période, qui sont toujours soumis à l'inspection de l'homme à l'état de houille ; car cette matière est assez complétement altérée pour n'avoir presque pas gardé trace de structure. Les plantes les mieux conservées se trouvent dans les lits de schistes qui accompagnent la houille, ou bien elles proviennent de nodules terreux contenus dans la houille elle-même, nodules qui déprécient sa valeur commerciale, et qui sont en conséquence rejetés par les mineurs.

Laissons tout d'abord de côté cette grande division du règne végétal, qui nous est la plus familière, et qui comprend toutes les plantes munies de fleurs et de graines véritables ; et limitons notre attention aux plantes cryptogamiques, moins connues, qui sont dépourvues de fleurs, et qui possèdent pour graines des corpuscules de la structure la plus simple appelés spores. Les végétaux cryptogames sont, tantôt d'une constitution entièrement cellulaire, comme les mousses et les herbes marines ; tantôt composés en partie de cellules et en partie de vaisseaux, comme les fougères et les lycopodes.

Si nous exceptons quelques *algues* supposées, on n'a trouvé jusqu'à présent aucune trace de véritables végétaux cellulaires dans les couches houillères. La macération prolongée à laquelle les plantes de la houille ont été soumises, alors que les lits composés de leurs débris formaient la surface de la terre, et les altérations ultérieures qu'elles ont subies, ont fait une masse commune amorphe de la végétation variée qui constituait la houille à l'origine. L'un des premiers résultats de ces transformations a dû être la disparition des plantes cellulaires, qui, dans les conditions très-favorables alors existantes, devaient abonder ; c'est de la même manière que les parties cellulaires, plus tendres, sont presque toujours détruites dans les échantillons qui ont été placés dans des circonstances assez favorables pour que leur tissu vasculaire se soit conservé.

Laissons donc de côté les cryptogames cellulaires, et rappelons, en quelques mots, la classification et la structure des cryptogames vasculaires. Ils se divisent en quatre groupes, qui sont tous représentés dans la flore indigène de la Grande-Bretagne :

I. FOUGÈRES (*Filices*). Polypodium, Osmunda, Asplenium, etc.

II. PRÈLES (*Equisetaceæ*). Equisetum.

III. LYCOPODES (*Lycopodiaceæ*). Lycopodium, Selaginella.

IV. MARSILÉACÉES (*Marsileaceæ*). Marsilea.

FOUGÈRES.

I. Les FOUGÈRES possèdent une souche, qui, tantôt rampe sur ou sous la surface du sol, tantôt se dresse en l'air comme le tronc d'un arbre. Ce tronc atteint une grande hauteur dans quelques espèces ; il est d'un diamètre sensiblement uniforme dans toute sa longueur, et il est couvert extérieurement par les empreintes symétriques et régulièrement distribuées de l'implantation des anciennes feuilles. Intérieurement, il est constitué par un parenchyme utriculaire central appelé moelle, entouré d'une couche cylindrique de tissu scalariforme, qui est elle-même revêtue d'une enveloppe cellulaire corticale ou écorce.

Le cylindre ligneux est composé de faisceaux vasculaires, qui naissent et arrivent à leur complet développement en même temps ; il n'y a, par conséquent, pas d'accroissement par genèse secondaire. Il est percé de larges mailles ouvertes, dont chacune laisse passer les faisceaux vasculaires qui vont alimenter une feuille, accompagnés d'une certaine quantité de tissu celluleux médullaire qui occupe le centre de la maille.

Les feuilles, qui présentent des dimensions et des formes très-variées, ne se bornent pas à accomplir les fonctions des feuilles ordinaires ; elles portent le fruit, et prennent en conséquence le nom de *frondes*. Le fruit se produit par groupes (*sores*), sur le dos ou sur les bords des frondes ; chaque sore comprend plusieurs sporanges, et chaque sporange renferme de nombreuses spores toutes semblables entre elles.

Bien qu'il y ait une grande diversité dans les dimensions des plantes de cet ordre, depuis la petite rue de muraille (*Asplenium ruta muraria*) jusqu'à l'*Alsophila* géant, il existe cependant une uniformité remarquable dans la grandeur des spores.

Lorsqu'une spore germe, elle fait éclater sa membrane externe, et émet un prolongement tubuleux, qui s'accroît, par multiplication cellulaire, jusqu'à produire une petite feuille verte. Sur la surface inférieure de cette feuille qu'on appelle *prothallium* ou *proembryon*, on voit se développer deux sortes de corps glanduleux : les uns, les *anthéridies*, contiennent de nombreuses cellules avec des anthérozoïdes ; les autres, les *pistillidies* ou *archégones*, donnent chacun naissance, après fécondation, à une nouvelle Fougère.

PRÈLES.

II. Les PRÈLES ont des tiges minces, fistuleuses et articulées. Chaque articulation se prolonge en une gaîne membraneuse dentelée, composée de feuilles réduites à leur état élémentaire. Dans quelques espèces, des verticilles de branches et de rameaux s'implantent sur la tige au niveau de ces articulations.

Les fructifications forment des épis terminaux composés de nombreuses écailles peltées, pédiculées. Chaque écaille porte sur sa face inférieure une rangée circulaire de sporanges remplis de nombreuses spores uniformes. Ces spores possèdent une enveloppe de forme spirale, qui, à la maturité, se rompt en quatre filaments distincts appelés élatères, lesquels sont remarquablement hygrométriques.

Les spores germent de la même manière que celles des Fougères.

LYCOPODES.

III. Les LYCOPODES possèdent une tige solide, composée d'un axe de vaisseaux spiraux, entouré par une couche corticale cellulaire assez épaisse. Les feuilles sont simples et disposées en spirale sur la tige. Les rameaux sont irréguliers et dichotomes.

Le fruit se produit en cônes terminaux composés d'écailles imbriquées. Chaque écaille porte sur son pédicelle un petit sporange rempli de spores. Dans la *Selaginella*, il existe deux espèces de spores. Les unes, appelées *microspores* produisent des anthérozoïdes ; les autres, nommées *macrospores*, germent et forment un prothallium, dans lequel apparaissent plusieurs archégones ; ceux-ci, après avoir été fécondés par les anthérozoïdes des microspores, deviennent des plantes parfaites. Dans le *Lycopodium*, on n'a trouvé que des microspores, et son mode de germination est encore inconnu.

Le petit Quillwort (*Isoetes*), qui croît au fond de beaucoup des lacs de nos montagnes, ressemble aux *Selaginella* par ce fait qu'il possède les deux espèces de spores ; mais il diffère des vraies lycopodiacées par son port et par la structure de sa tige. Comme le *Welwitschia*, il ne s'élève jamais en hauteur ; mais ce fait est encore plus remarquable dans l'*Isoetes* que dans le *Welwitschia*, vu que chez le premier, il y a, pendant tout la durée de la vie de la plante, un développement continu de nœuds avec leurs appendices foliacés. L'axe de la tige est composé de tissu cellulaire ; celui-ci est entouré d'un cylindre vasculaire, qui s'accroît, comme dans les végétaux exogènes, par l'addition de couches extérieures ; de sorte qu'il existe dans ces plantes un véritable cambium en dehors du bois, structure qui ne se retrouve dans aucun autre cryptogame.

MARSILÉACÉES.

IV. — Aucune plante de la famille des MARSILÉACÉES n'a été, jusqu'à ce jour, découverte dans les lits de houille ; nous n'avons par conséquent pas besoin de nous arrêter sur l'étude de la structure et du développement de ces plantes.

Je passe maintenant à l'examen des cryptogames palæozoïques des forêts houillères, et je vais procéder d'après le même ordre que j'ai déjà suivi pour les représentants vivants des mêmes familles.

FOUGÈRES.

I. — Les FOUGÈRES n'occuperont pas longtemps notre attention. Elles étaient très-abondantes ; mais, en thèse générale, ce n'étaient que d'humbles plantes herbacées. Les tiges arborescentes étaient extrêmement rares ; on n'a trouvé dans la Grande-Bretagne que deux espèces, non douteuses, qui offrissent ce caractère. Les nombreuses formes connues ont vécu, tantôt directement sur le sol, tantôt très-probablement en épiphytes. Le fruit se retrouve très-rarement ; dans les quelques cas où on l'a rencontré, on a reconnu qu'il était semblable à celui des Fougères actuelles. On a rencontré quelquefois de jeunes frondes qui présentaient une préfeuillaison en crosse ; on voit que ce mode d'enroulement des feuilles était aussi caractéristique des Fougères de cette période qu'il l'est de celles d'aujourd'hui.

La Fougère est un type de végétation remarquablement stable ; les formes les plus anciennes, comme le *Cyclopteris hibernica* de Forbes du vieux grès rouge, ressemblent en tous points aux formes modernes ; et, dans toutes les espèces qui appartiennent à la série de siècles intermédiaire, on n'a constaté aucune divergence sur les caractères de quelque importance.

PRÈLES.

II. — Aucun groupe de plantes fossiles ne peut mettre plus pleinement en lumière l'imperfection des matériaux sur lesquels travaille le botaniste paléontologiste, que le groupe de celles que j'ai réunies sous le nom de *Calamites* (1). Les diverses parties d'une même plante, racines, tiges, feuilles et fruits, ont été classées dans dés groupes nombreux, quelquefois très-éloignés les uns des autres dans le règne végétal.

Il existe une grande variété de structure dans les tiges que l'on rapporte au genre *Calamites*. Je voudrais appeler votre attention sur une de ces formes que j'ai décrite (2), et qui est fort bien représentée dans une série de dessins récemment publiés, exécutés sur les échantillons de la collection de M. Binney (3). Cette tige était constituée par une moelle centrale, entourée d'un cylindre ligneux entièrement composé de vaisseaux scalariformes, et d'une mince couche corticale. La moelle pénétrait le cylindre ligneux par une série de prolongements cunéiformes réguliers, qui se continuaient, sous la forme de lamelles délicates d'une ou deux cellules d'épaisseur, avec la couche corticale. Les cellules de ces lamelles n'étaient pas muriformes ; leur plus grand diamètre était dirigé suivant l'axe. Les prolongements cunéiformes étaient continus et parallèles entre chaque nœud. Les appendices axiaux offraient la disposition verticillée, et les tissus n'étaient interrompus dans leur continuité que par le passage à travers la tige, au niveau des nœuds, des faisceaux qui alimentaient ces appendices. Comme les feuilles de chaque verticille étaient (à une ou deux exceptions près) opposées à celles des verticilles supérieur et inférieur, il y avait à chaque nœud une disposition nouvelle des faisceaux de tissu vasculaire et cellulaire.

On a décrit la tige comme cannelée à sa surface extérieure. Cette erreur est due à l'examen d'échantillons qui n'étaient que des moulages, dans la substance amorphe de la roche, de la cavité médullaire, entourée d'une mince pellicule de houille représentant le cylindre ligneux. A la mort de la plante, la moelle cellulaire est tombée en décomposition, tandis que le cylindre ligneux pouvait conserver encore sa forme primitive. Le vide central s'est rempli d'un peu de la vase ou du sable dans lequel la plante était ensevelie. Avec le temps, ce moule intérieur a offert à la pression des couches supérieures une résistance supérieure à celle du cylindre de tissu scalariforme, autrefois dur, mais maintenant ramolli par l'humidité dans laquelle il s'est trouvé si longtemps : l'axe amorphe durci a nécessairement imprimé, par l'effet de la pression, ses crêtes et ses sillons caractéristiques sur la surface extérieure unie de la pellicule de houille. On

a transformé cette pellicule en une couche corticale ou écorce, et l'on a considéré les moules rocheux de la cavité médullaire comme des échantillons décortiqués. En réalité, outre leur couche corticale, ces échantillons ont aussi perdu tout ce qui restait de leur tissu ligneux.

La tige se terminait en bas assez brusquement par un cône tronqué, dont les mérithalles étaient peu développés ; des nœuds s'échappaient de grosses racines verticillées qui fournissaient elles-mêmes d'innombrables radicules rameuses (*Pinnularia*).

La tige ou axe principal était simple, et elle portait de nombreuses branches disposées en verticilles, qui portaient à leur tour des feuilles également verticillées. On a voulu faire de trois formes différentes de ces feuilles trois genres

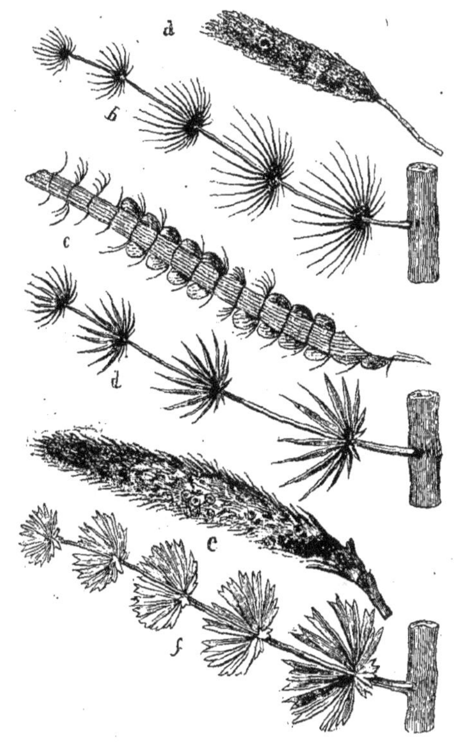

Fig. 64, 65, 66, 67, 68 et 69. — Feuilles et fruits de Calamites.
a, *b*, Asterophyllites. — *c*, *d*, Annularia. — *e*, *f*, Sphenophyllum.

distincts ; lorsque la structure des fruits qui les accompagnaient sera mieux connue, grâce à la découverte d'échantillons mieux conservés, peut-être cette division se trouvera-t-elle justifiée et faudra-t-il y revenir ; mais, jusqu'à présent, il n'y a dans les caractères présentés par les feuilles absolument rien qui puisse empêcher de les réunir dans un seul genre bien défini (fig. 64, 65, 66, 67, 68, 69).

La forme de feuille la plus simple (*Asterophyllites*) est mince, linéaire, avec une nervure unique. Il est difficile de la distinguer de celle à laquelle on a donné le nom d'*Annularia*, qui en diffère surtout par l'existence d'une plus grande quantité de tissu cellulaire répandu sur chaque côté de la nervure médiane. Cette seconde forme présente cependant, à l'état fossile, un aspect différent de la première, car ses feuilles, verticillées, longues et nombreuses, se trouvent étalées sur la surface de l'empreinte, tandis que les feuilles

---

(1) Structure du fruit des *Calamites* (*Seemans Journal of Botany*, vol. V (1867), p. 349, pl. LXX).

(2) Structure et affinités du *Lepidodendron* et des *Calamites* (*Comptes rendus de la Société botanique d'Édimbourg*, vol. VIII (1866), p. 495, pl. VIII et IX).

(3) *Flore des terrains carbonifères*, 1re part., par E. W. Binney (*Société paléontologique*, vol. XXI, 1868).

aciculaires des *Asterophyllites* ont pénétré la vase molle, et ont généralement conservé la situation qu'elles occupaient originellement sur la branche qui les portait. La troisième forme (*Sphenophyllum*) offre des verticilles de feuilles cunéiformes avec une ou plusieurs nervures bifurquées. Elles se présentent comme celles de l'*Annularia*, étalées sur la surface du schiste.

Le plan de disposition de ces trois formes est le même, et les fruits qu'on a trouvés réunis aux feuilles présentent aussi le même aspect général; mais ils sont si mal conservés que leur structure n'a pu être jusqu'à présent déterminée. Les différentes formes ont été réunies les unes aux autres comme genres voisins, et ont été rapportées par ceux qui en ont fait

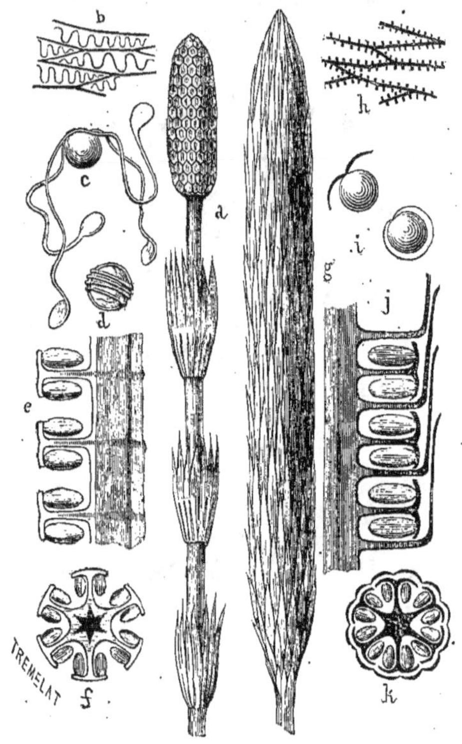

FIG. 70, 71, 72, 73, 74, 75, 76, 77, 78, 79 et 80. — Fruits d'Equisetum et de Calamites.

a, *Equisetum arvense*, L. — *b*, Portion de cloison de sporange. — *c*, Spore avec les élatères flottants. — *d*, Spore, avec les élatères enroulés. — *e*, Section longitudinale d'un côté du cône, avec trois écailles portant des sporanges. — *f*, section transversale d'un cône. — *g*. Calamites (*Volkmannia*) *Binneyi*, Carr. — *h*, Portion de cloison de sporange. — *i*, Deux spores, montrant, l'un l'origine des élatères flottants, dont le reste a été enlevé en détachant le fossile, l'autre les élatères enroulés. — *j*, Section longitudinale d'un côté du cône, avec trois écailles portant des fruits et quatre feuilles simples. — *k*, section transversale d'un cône, montrant six écailles, portant des fruits et douze feuilles protectrices.

une étude spéciale, à l'ordre des Phanérogames *Haloragaceæ*, près du Mille-feuille d'eau (*Myriophyllum*), à quelques espèces duquel elles ressemblent remarquablement par la disposition et l'aspect de leur feuillage et de leurs fruits (1) (fig. 70, 71, 72, 73, 74, 75, 76, 77, 78, 79, 80).

La détermination de la structure intime de l'un de ces fruits, — détermination que j'avais faite d'abord d'après des

---

(1) *Monographie des Sphenophyllum d'Europe*, par F. Coemans et J. J. Kickx (*Bulletin Acad. roy. de Belgique*, 2ᵉ série, vol. XVIII (1864), nᵒ 3).

échantillons de la collection de M. Binney, et dont j'ai trouvé la confirmation dans quelques spécimens qui sont restés plusieurs années dans le cabinet du docteur Millar, — m'a permis de rapporter avec certitude ces végétaux fossiles à l'ordre des cryptogames *Equisetaceæ*, comme très-voisins de nos prèles actuelles.

Ce fruit, auquel j'ai donné le nom de *Volkmannia Binneyi* (1), est un petit cône, mince, composé de verticilles d'écailles imbriquées (douze écailles pour chaque verticille), disposés, comme les verticilles successifs des feuilles sur les branches, de manière que les écailles d'un verticille correspondent aux intervalles des écailles des deux verticilles supérieur et inférieur. Les écailles cachent complétement les feuilles qui portent les fruits. Celles-ci sont pétiolées et peltées, et arrangées en verticilles qui alternent avec les écailles, mais qui ne possèdent que six feuilles, la moitié seulement du nombre des écailles. Les sporanges, au nombre de quatre, sont portés par la face inférieure des feuilles peltées; leurs parois sont formées de cellules allongées, qui ont à leur intérieur un dépôt secondaire de cellulose, s'avançant sous forme de prolongement court et tronqué, de chaque côté des parois des cellules qui sont en contact, et ayant l'apparence d'une spirale incomplète. Les sporanges sont remplis de spores sphériques simples. Lorsque le sporange est encore exactement fermé, ces spores paraissent posséder une double paroi. Dans les sporanges à moitié vidés, au contraire, la paroi extérieure ne peut plus se distinguer; mais, à sa place, on voit apparaître un certain nombre de prolongements filiformes, issus de la spore, comme les élatères dans les prèles actuelles.

Si l'on compare ce cône fossile au fruit de nos *Equisetum*, on constate une ressemblance remarquable sur tous les points de quelque importance. Cette ressemblance se révèle dans la forme des feuilles qui portent le fruit, dans l'arrangement et la structure des sporanges, dans la forme, la grandeur et la structure des spores, dans l'existence d'élatères hygrométriques. La seule différence est celle-ci : dans les plantes modernes, toutes les feuilles du cône portent des fruits; dans les plantes fossiles, au contraire, un verticille sur deux conserve une forme de feuilles qui se rapproche beaucoup de celle des feuilles normales de la plante. Comme ces feuilles enveloppent et protégent celles qui portent les fruits, on peut tirer parti de cette circonstance pour assigner aux plantes fossiles, dans la classification, une place un peu supérieure à celle qu'occupent nos genres vivants. Cette supériorité se marque encore plus, si l'on compare la structure complexe de la tige, et les feuilles libres des *Calamites* aux tiges fistuleuses et rengaînées des *Equisetum* (2).

LYCOPODES.

III. — Les tiges, les branches et les fruits du genre *Lepidodendron*, sont si abondants dans les schistes qui recouvrent la houille, que l'aspect extérieur de ce végétal est bien connu depuis très-longtemps. Les échantillons qui peuvent indiquer sa structure sont plus rares; on en a cependant trouvé aussi,

---

(1) Le professeur Schimper a plus récemment décrit et représenté les mêmes fruits sous le nom de *Calamostachys Binneyana*, dans son *Traité de Paléontologie végétale*, vol. I (1869), p. 330.

(2) M. Binney a parfaitement représenté la structure de la tige et du fruit des *Calamites*, dans une série de dessins faits sur les échantillons de sa riche collection, et publiés par la *Société paléontographique* à la fin de l'année 1868.

de sorte que nous connaissons aujourd'hui l'organisation intime de cet arbre fossile non moins bien que son apparence extérieure (1).

La tige est composée d'une moelle centrale, entourée d'un mince cylindre ligneux de tissu scalariforme et d'une épaisse couche corticale. Cette couche est divisée en deux portions: la portion intérieure est formée de grandes cellules sphériques à minces parois ; la portion extérieure est constituée par des cellules allongées, de petit diamètre, disposées avec régularité. Le cylindre vasculaire est coupé par des mailles rayonnantes, à travers lesquelles passent les faisceaux vasculaires qui vont alimenter les feuilles. La surface extérieure de la tige est couverte par les cicatrices des feuilles tombées, arrangées en spirale et très-nettement indiquées. La tige se

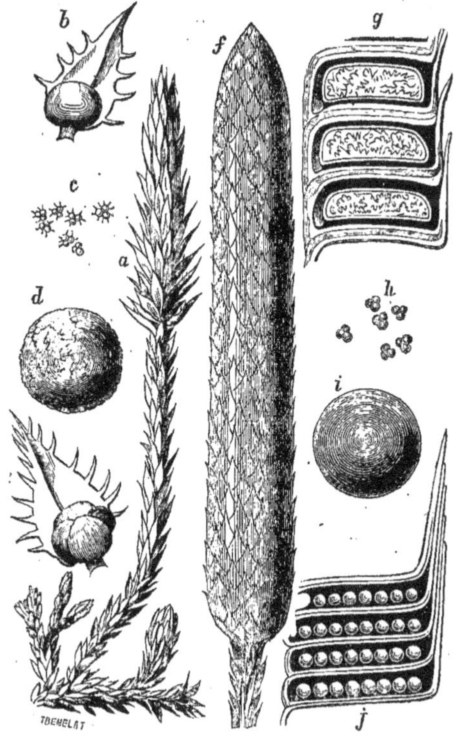

Fig. 81, 82, 83, 84, 85, 86, 87, 88, 89 et 90. — Fruits de Selaginella
et de Triplosporites.

a, *Selaginella spinulosa*, A. Braun. — b, Écaille et sporange de la portion supérieure du cône. — c, Microspores du même sporange. — d, Macrospore. — e, Écaille et sporange de la partie inférieure du cône contenant des macrospores. — f, *Triplosporites Brownii*, Brongn. — g, Trois écailles et sporanges. — h, Microspores des sporanges de la partie supérieure du cône. — i, Macrospores des sporanges de la partie inférieure (d'après la description et les mesures de Brongniart). — j, Écailles et sporanges d'un cône de *Flemingites*.

ramifie successivement, d'une manière dichotomique. Les branches les plus jeunes sont couvertes d'une couche épaisse de petites feuilles lancéolées, qui ne possèdent qu'une seule nervure médiane (fig. 81, 82, 83, 84, 85, 86, 87, 88, 89 et 90).

Le fruit est un cône composé d'écailles imbriquées, disposées en spirale sur l'axe, comme les véritables feuilles, et portant les sporanges sur leurs pédicules horizontaux. Trois

formes différentes de fruits appartiennent à ce genre, je devrais peut-être dire plutôt à ce groupe de plantes.

La première forme est le cône que Robert Brown a nommé *Triplosporites* (1), et qu'il a décrit d'après un échantillon merveilleusement conservé de la portion supérieure, échantillon dans lequel les différentes parties se distinguaient aussi nettement dans leur état de pétrification que si elles avaient appartenu à une plante vivante. Les sporanges, de grande dimension, ont une double enveloppe : l'une, extérieure, est composée d'une couche compacte de cellules oblongues placées, soit bout à bout, soit avec leur grand diamètre perpendiculaire à la surface ; l'autre, intérieure, est une membrane celluleuse délicate. Chaque sporange est rempli d'un grand nombre de très-petites spores, composées elles-mêmes de trois corpuscules arrondis ou sporules. Le professeur Brongniart a récemment décrit (2) un échantillon complet de ce fruit, dans lequel ces petites spores triples se trouvent limitées aux sporanges des parties supérieure et moyenne du cône ; la partie inférieure qui manquait dans l'échantillon de M. Brown porte, au contraire, des sporanges remplis de spores simples, sphériques, dix ou douze fois plus volumineuses que les précédentes.

M. Hooker a décrit (3) la structure d'une seconde forme de cône (*Lepidostrobus*). La disposition des diverses parties qu'il comprend est exactement semblable à celle que l'on rencontre dans les *Triplosporites* ; seulement les sporanges sont remplis de petites spores triples dans toute l'étendue du cône.

La troisième forme de cône, que j'ai décrite sous le nom de *Flemingites* (4), diffère des deux autres par la grande quantité de sporanges que porte la surface de chaque écaille, et elle ressemble au *Lepidostrobus*, en ce que les sporanges ne contiennent que de petites spores.

Si l'on compare ces fossiles aux lycopodes actuels, on est frappé des singulières analogies d'organisation que présentent des plantes aussi éloignées par les époques auxquelles elles appartiennent, et aussi différentes dans leurs dimensions que le sont, par exemple, nos lycopodes modernes, si modestes d'allure, et les *Lepidodendrons*, ces grands arbres de la période palæozoïque.

Le fruit des *Triplosporites*, comme celui des *Selaginella*, contient à la fois des spores grandes et petites : dans les deux genres, les microspores se rencontrent sur les écailles moyennes et supérieures du cône, et les macrospores sur celles de la partie inférieure.

Au contraire, les fruits des *Lepidostrobus* et des *Flemingites* ressemblent à ceux des *Lycopodium* en ce qu'ils ne possèdent que des microspores.

Les dimensions des deux espèces de spores sont aussi, dans les deux groupes, singulièrement analogues. Ceci est de quelque importance ; car, parmi les cryptogames vasculaires modernes, les membres des différents groupes offrent une uniformité remarquable pour le volume de leurs spores, même

---

(1) Sur quelques fossiles végétaux, avec structure visible, par E. W. Binney (*Quart. Journ. Geol. Soc.*, vol. XVIII (1862), p. 106, pl. IV-VI, *Philos. Trans.*, 1865).

(1) Quelques mots sur les Triplosporites, par R. Brown (*Trans. Linn. Soc.*, vol. XX (1851), p. 469, pp. XXXIII et XXXIV).
(2) Notice sur un fruit de Lycopodiacées fossiles, par M. Brongniart (*Comptes rendus de l'Acad. des sciences*, vol. LXVII, 17 août 1868. Traduit dans le *Seemans Journal of Botany*, vol. VII, pl. II (1869), p. 1.
(3) Structure et affinités de quelques Lépidostrobi, par J. D. Hooker (*Memoires of Geol. Survey*, vol. II, pl. II (1848), p. 440, pl. III-X).
(4) Sur un cône non décrit des couches carbonifères (*Geol. Mag.*, vol. II (1865), p. 533, pl. XII).

quand il existe de grandes diversités dans la grandeur des plantes. C'est ainsi que la spore de notre petite Rue-de-Muraille est aussi grande que celle de l'*Alsophila* géant des régions tropicales. De même, la dimension des spores d'*Equisetum* et de *Calamites* est la même, comme on peut le voir dans la planche II, *c, d,* et *i,* où les spores des deux genres sont représentées avec le même grossissement.

Une comparaison semblable faite entre les macrospores et microspores des *Triplosporites* et celles des *Selaginella* d'une part, et d'autre part entre les microspores des *Lepidostrobus* et celles des *Lycopodium,* conduit au même résultat. Voyez les dessins des deux espèces de spores des *Selaginella,* planche III, *c* et *d,* et celles des *Trisplosporites, h* et *i,* qui sont dessinées à la même échelle (1).

Les fossiles représentés par le groupe de tiges connu sous le nom de *Lepidodendron,* et par les trois fruits décrits précédemment, ressemblent par tous leurs caractères essentiels au Lycopode actuel, avec cette unique différence à signaler que les tiges fossiles possédaient une organisation plus élevée, en rapport avec leur port arborescent. Le tissu vasculaire continuait à s'accroître à mesure que vieillisait le végétal, à peu près comme dans un tronc exogène. Dans tous les Cryptogames vasculaires actuels, le tissu vasculaire se produit immédiatement dans son entier, excepté dans l'*Isoetes,* qui présente une couche de cambium autour du cylindre ligneux; couche dans laquelle, tandis que la plante croît, se développent de nouvelles masses de tissu vasculaire. La zone de cellules sphériques à minces parois qui entoure le cylindre ligneux dans le *Lepidodendron,* et qui est si rarement conservée, a été une véritable couche de cambium semblable à celui de l'*Isoetes.* N'était l'existence de cette petite plante aquatique, les grands arbres des forêts houillères nous présenteraient dans la croissance de leurs troncs une anomalie inexplicable.

La *Sigillaria,* fossile très-abondant du carbonifère, est un membre de la même famille que le *Lepidodendron.* Sa tige est rarement conservée de manière à en montrer la structure; le seul échantillon décrit jusqu'à présent est la *Sigillaria elegans,* Brongn. (2); mais on trouve fréquemment ses racines dans un état de parfaite conservation. Le nom de *Stigmaria* fut donné à ces racines, à une époque où elles étaient considérées comme des plantes indépendantes. Leur relation avec la *Sigillaria* fut déduite par le professeur Brongniart de leurs rapports de structure, et par sir W. Logan de la position qu'occupent ces deux fossiles dans les lits où on les rencontre; la question a été définitivement tranchée le jour où M. Binney a pu constater une continuité réelle entre ces racines et ces tiges.

Comme il y a uniformité dans la structure et la disposition des parties correspondantes dans les divers organes d'une même plante, tels que racine, tige, branches et axe du cône, on peut remplacer des connaissances directes sur la tige par celles que l'on possède à l'égard de la racine.

La racine est composée d'une moelle centrale, entourée par un cylindre de tissu scalariforme qui est recouvert à son tour d'une épaisse couche cellulaire. Le cylindre vasculaire est coupé par des mailles à travers lesquelles les faisceaux vasculaires se rendent aux radicules. Il n'y a pas la moindre trace de rayons médullaires dans le bois. Les rayons médullaires supposés qui ont été décrits dans la *Sigillaria* sont les résultats accidentels de la dessiccation dans quelques échantillons particuliers. La structure intérieure du tronc est exactement la même que dans le *Lepidodendron,* avec lequel elle offre d'intimes rapports. Son apparence extérieure est très-variée : tantôt c'est une simple colonne cylindrique; dans quelques espèces, il se divise dichotomiquement en un petit nombre de grosses branches. Les feuilles sont longues, minces et parallèles. Leurs cicatrices ornent les parties les plus anciennes du tronc, sur lequel elles sont disposées en séries verticales séparées par des rainures.

Le fruit a été décrit par Goldenberg. Il ressemble à celui que j'ai décrit pour les *Flemingites,* à l'exception des petits sporanges, qui sont irrégulièrement répandus sur la base dilatée d'une feuille ordinaire, ce qui confirme la position systématique que j'ai assignée à la *Sigillaria* (1).

Les Fougères et les autres genres que je viens de décrire peuvent être considérés comme les types des plantes auxquelles nous sommes redevables de nos dépôts de combustibles minéraux. Elles croissaient dans des plaines unies et étendues; leur racine charnue pénétrait la vase molle qui formait la surface du sol. L'atmosphère humide (probablement pas plus chargée de gaz acide carbonique qu'elle ne l'est de nos jours) favorisait le développement de parasites cellulaires et d'épiphytes; l'Aroïdée découverte par le docteur Paterson représente selon toute apparence, avec les diverses espèces d'Antholithes, des races d'épiphytes d'une organisation beaucoup plus élevée que les arbres cryptogamiques sur lesquels ils florissaient.

Des arbres conifères ont pu croître sur les limites des plaines; mais leur station spéciale paraît avoir été sur les terrains élevés; de là un tronc pouvait quelquefois être emporté par les eaux courantes jusque dans les régions basses. On ignore encore complétement quelles plantes étaient associées aux Conifères dans les régions supérieures. La flore de la période houillère à la détermination de laquelle on est pour le moment arrivé, est seulement celle des plaines. Cette flore, indépendamment de la valeur économique de ses produits, présente pour nous un grand intérêt; car elle révèle au biologiste un ensemble de plantes qui ressemblaient par tous leurs caractères essentiels à quelques-uns des végétaux les plus modestes de notre flore actuelle, mais qui offraient, à cette époque primitive de l'histoire du monde, un développement bien supérieur à celui de leurs alliés modernes, non-seulement pour leurs dimensions, mais encore au point de vue de leur organisation.

William Carruthers.

— Traduit de l'anglais par le Dr René Benoît. —

---

(1) Pour un examen approfondi des affinités et de la structure de ce genre, voyez un mémoire lu à la Société géologique, séance du 24 mars, dans *The Quarterly Journal,* pour août 1869.

---

(1) J'ai donné les dimensions exactes de ces spores dans une note sur quelques végétaux fossiles du Brésil, *Géol. Mag.,* vol. VI (1869), pp. 153-154.

(2) Observations sur la structure intérieure du *Sigillaria elegans,* par A. Brongniart (*Arch. du Mus.,* vol. I (1831), p. 405).

CONGRÈS INTERNATIONAL D'ANTHROPOLOGIE
ET D'ARCHÉOLOGIE PRÉHISTORIQUES

SESSION DE COPENHAGUE

Compte rendu (seconde partie) (1)

SOMMAIRE. — Buttes de Saint-Michel-en-Lherne. — Amas de coquilles près d'Hyères. — Grotte des morts de Durfort (Gard); sépulture de La Roquette (Hérault). — L'âge du bronze en Russie. — Sculpture sur les rochers. — L'âge du bronze en Suède. — Classification des cavernes (M. DE MORTILLET). — Dolmens de Grailhe (Gard). — Archéologie de la Pologne. — Temps préhistorique de l'Espagne (M. VILANOVA). — Les microcéphales (M. VOGT). — Crâniologie scandinave; caractères du crâne primitif dans le Nord. — Préhistorique de la Norvége (M. DUEBEN). — Représentations humaines à l'âge du bronze ; les Phéniciens dans le Nord. — Doutes sur la légitimité et l'existence réelle d'un âge du bronze (M. DESON). — L'âge du bronze en Suède. — L'âge du fer en Danemark. — L'âge du bronze dans le nord du Dauphiné et aux environs de Lyon. — Palafittes du lac du Bourget (Savoie). — Le camp de César près de Cambo (Basses-Pyrénées). — Stations lacustres dans le nord de l'Allemagne. — Le tatouage. — L'âge du fer en Moldavie. — Clôture du congrès; sa prochaine session. — La chambre de géant de Œm et la forêt de Hertha. — Dolmen de Trollesheinde, Frédéricsborg, Elseneur.

Jeudi 2 septembre. — Séance de l'après-midi.

PRÉSIDENCE DE M. LE COMTE OUVAROFF.

Revenant sur la question des kjœkkenmœddings, M. de QUA-TREFAGES dit quelques mots de certaines collines formées de coquilles d'huitres, qui se trouvent sur les côtes de France, mais qui diffèrent notablement des kjœkkenmœddings et sont bien plus modernes. Ce sont les buttes de Saint-Michel en Lherm (2).

Nous avons complété ces renseignements sur la France en rappelant un amas de coquilles avec silex taillés, tout à fait analogue à ceux du Danemark, trouvé par M. le duc de Luynes aux environs d'Hyères, et qui a été l'objet d'une note de M. Gory dans la *Revue archéologique* (3).

Nous avons ensuite présenté au congrès les objets trouvés dans la *grotte des morts*, située près de Durfort, dans le département du Gard, et nous avons fait connaître les circonstances intéressantes que nous ont présentées les fouilles de cette antique sépulture. Nous n'insisterons pas dans ce compte rendu sur ce sujet, notre travail ayant paru depuis dans un autre recueil (4). En finissant, nous avons fait connaître en quelques mots la sépulture de transition de *La Roquette* (Hérault), qui contenait des objets de l'âge des dolmens et qui présente un mélange de construction mégalithique et de construction cyclopéenne. M. DESON attire l'attention de l'Assemblée sur ce qu'aurait d'intéressant la présence du cuivre comme caractérisant une époque de transition, et M. BERTRAND fait ressortir ce que ce fait apporte à l'appui de ce qu'il a dit, dans la séance précédente, de la difficulté d'établir des divisions précises au delà de l'âge du renne.

M. LERCH donne des détails sur l'âge du bronze en Russie. Parmi les objets qu'il cite, il insiste principalement sur des poignards, fondus d'une seule pièce, dont la forme se retrouve aussi à l'âge du fer. Les tumuli de la Russie paraissent appartenir à une époque de transition entre les âges du bronze et du fer ; ils contiennent, à côté de pointes de flèche en bronze, des pointes de lance en fer. Des traces de couleur rouge ob-

servées dans certaines sépultures, font supposer que les peuples qui y ont enterré leurs morts avaient l'habitude de se teindre le corps. Dans les dolmens de la Crimée explorés jusqu'à ce jour, on n'a trouvé que des instruments en fer et en bronze.

M. HILDEBRAND introduit ensuite devant le congrès la question si intéressante des sculptures qui se trouvent sur des rochers, en parlant de celles qu'il a observées en Westrogothie. Il en avait exposé les dessins dans le vestibule de l'Université. On y voit un vaisseau isolé formant le fond du tableau, des guerriers combattant, etc. On n'est guère d'accord sur l'âge de ces sculptures. M. Brunius les rapporte à l'âge de la pierre, tandis que d'autres les regardent comme appartenant à l'âge du fer, ou vont même jusqu'à leur dénier toute antiquité. D'après la forme des armes et des instruments qui y sont figurés, M. Hildebrand croit devoir les fixer dans l'âge du bronze. Les épées ornées de cercles concentriques et de spirales doubles, la forme des vaisseaux, les dessins qui les décorent, sont particuliers à cette époque.

M. LORANGE a retrouvé un grand nombre de ces dessins sur des rochers de la Norvége, et il en fait passer des reproductions sous les yeux du congrès (fig. 91, 92 et 93.)

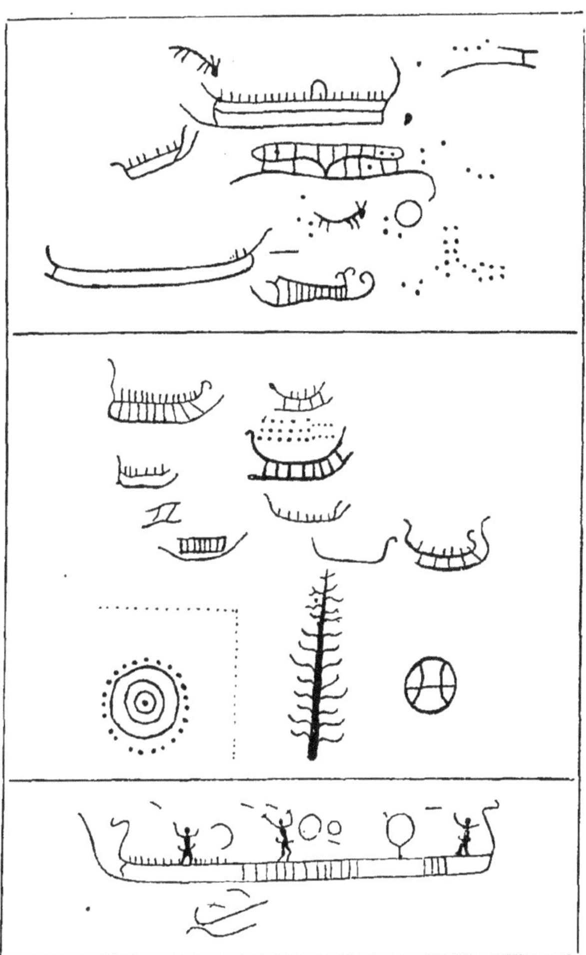

FIG. 91, 92 et 93. — Sculptures des rochers de Norvége.

M. WORSAÆ saisit cette occasion pour appeler l'attention de l'Assemblée sur l'ouvrage que M. Brunius a consacré à ces

---

(1) Voyez notre avant-dernier numéro, page 162.
(2) Voyez *Bull. de la Soc. géol. de Fr.*, 2ᵉ série, t. XIX, p. 933.
(3) Voyez *Matériaux pour l'histoire de l'homme*, t. I, p. 535.
(4) *Matériaux pour l'histoire de l'homme*, 5ᵉ année, p. 249.

sculptures, si nombreuses en Suède (1), dont il croit pouvoir reculer l'antiquité jusque dans l'âge de la pierre. Il y a certainement, dit-il, des rapports avec les sculptures faites sur certains dolmens, et il paraît bien que les instruments en silex sont les plus appropriés à ce genre de travail.

M. Desor trouve au contraire qu'il y a de grandes différences entre ces dessins et ceux des dolmens, mais un fait, qui pour lui doit primer tout, c'est la présence de figures humaines parmi ces sculptures ; or, d'après tout ce qu'il connaît, il n'ose pas rapporter une figure humaine quelconque à l'âge du bronze.

M. Bertrand trouve en ceci M. Desor trop affirmatif : car, si cela peut être vrai pour l'âge du bronze dans une région déterminée, ce ne saurait l'être pour cet âge pris en général. Les représentations humaines étaient en effet très-ordinaires du temps d'Homère, qui vivait en plein âge du bronze ; il n'y aurait donc rien d'étonnant à ce qu'on retrouvât de semblables figures dans les contrées où l'on n'en connaît pas encore à cette période. Une brochure anglaise signalait il y a quelques mois des dessins analogues sur un rocher situé au-dessus du lac des Merveilles, près de Monaco, on y voit des poignards triangulaires, pareils à ceux de l'âge du bronze.

M. le comte Ouvaroff signale aussi en Russie des rochers portant des sculptures analogues, qui ont été publiées il y a une vingtaine d'années dans les *Mémoires de l'Académie de Saint-Pétersbourg*.

Après quelques mots de M. Montelius sur l'âge du bronze en Suède, nous avons donné lecture de deux notes qui avaient été envoyées au congrès par leurs auteurs, que leurs occupations avaient empêchés de se rendre au milieu de nous.

La première était un projet de classement des cavernes, de M. de Mortillet (2). La faune a peu varié pendant la période quaternaire. Il n'en est pas de même des produits de l'industrie. M. de Mortillet a proposé des divisions auxquelles il a donné le nom de la localité la plus connue et la plus typique.

1° *Époque du Moustier.* Caractérisée par la hache taillée en amande et par des pointes en silex à face lisse d'un côté, finement retaillée de l'autre. Les instruments en os font presque défaut.

2° *Époque de Solutré.* Les haches en amande ont disparu, les pointes en silex sont finement retaillées sur les deux faces et aux deux extrémités. Les simples lames sont rares ainsi que les instruments en os.

3° *Époque d'Aurignac.* Les pointes de traits ou de lances, au lieu d'être en silex, sont en os ou en bois de renne. Leur caractère essentiel est d'être fendues à la base, de manière que c'est la hampe taillée en biseau qui entre dans la pointe.

4° *Époque de la Madeleine.* Les pointes de traits ou de lances en os et en bois de renne ont l'extrémité inférieure en pointe ou en biseau entrant dans la hampe ; nombreux produits artistiques ; gravures et sculptures d'animaux. Les lames fort simples de silex innombrables. Grand développement du renne.

Vient ensuite la période de la pierre polie.

La haute compétence de M. de Mortillet, les matériaux dont il dispose au musée de Saint-Germain, donnent à ses classifications une grande autorité.

(1) *Foersoek till Foersklaringar oefver Hällristningar*, med femton plancher, of C. G. Brunius. Lund. 1868.
(2) 5ᵉ année, p. 172 et sq.

La seconde note dont nous avons donné lecture nous venait de M. Cartailhac. Elle était relative aux dolmens du midi de la France, principalement à celui de Grailhe dans le département du Gard. Des photographies de plusieurs de ces monuments, qu'il recherche et étudie depuis plusieurs années avec tant de soin, accompagnaient cet intéressant travail, dans lequel il s'attachait surtout à montrer que leur mobilier funéraire est emprunté à deux civilisations en contact : l'une de la fin de l'âge de la pierre polie, caractérisée par des pointes

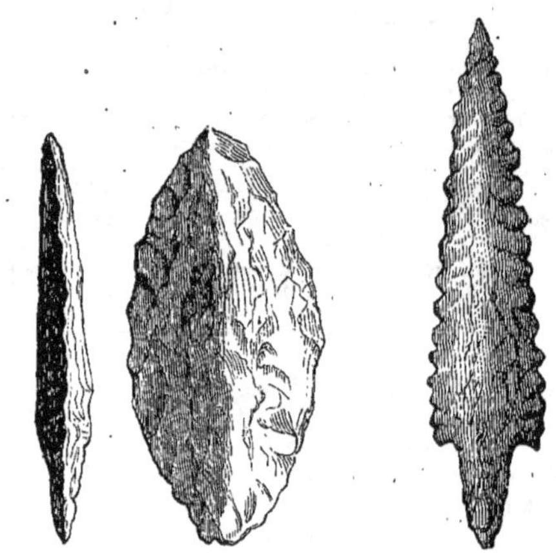

Fig. 94, 95 et 96. — Pointes de flèches en silex (dolmens de l'Aveyron).

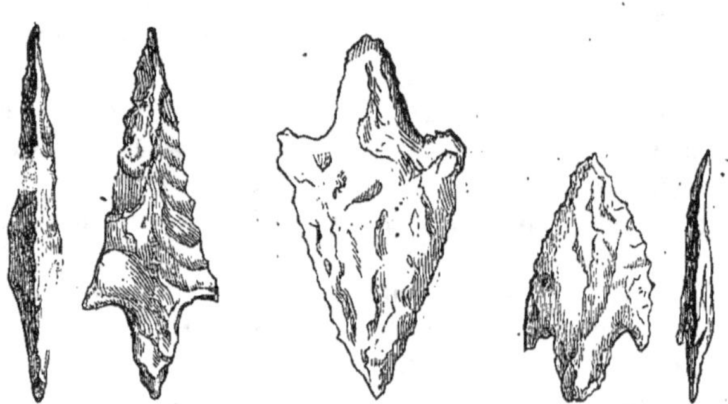

Fig. 97, 98, 99, 100 et 101. — Pointes de flèches en silex.

de flèche et de lance en silex (fig. 94, 95, 96, 97, 98, 92, 100, 101 et 102) d'un délicieux travail et des ornements en roches diverses en os, en ambre, etc.; l'autre de l'âge du métal (fig. 103)

Fig. 102. — Perle de bronze (dolmens de l'Aveyron).

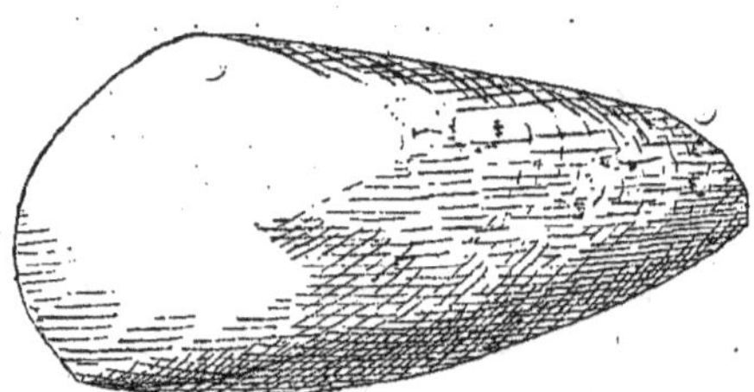

Fig. 103. — ¼. Hachette du dolmen de Grailhe (Gard).

et d'une période même assez avancée, représentée par des *spécimens* dont la forme est calquée sur celle des objets en pierre, mais dont la matière, alliage de cuivre et d'étain, établirait l'origine étrangère. Les .constructeurs de dolmens auraient été, *dans le Midi*, les témoins de l'arrivée du bronze et de la fin de la vie sauvage proprement dite (fig. 104 et 105).

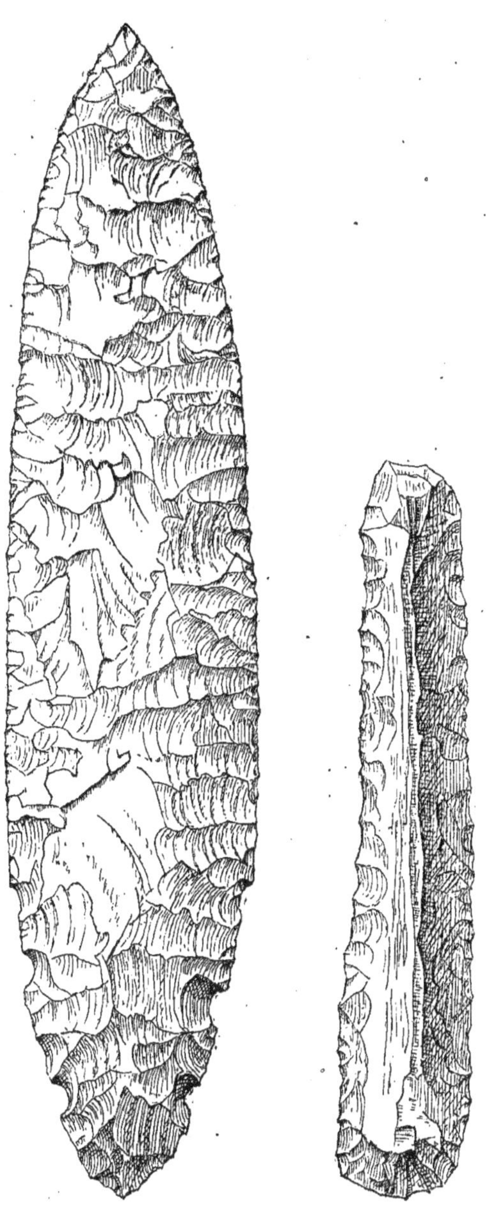

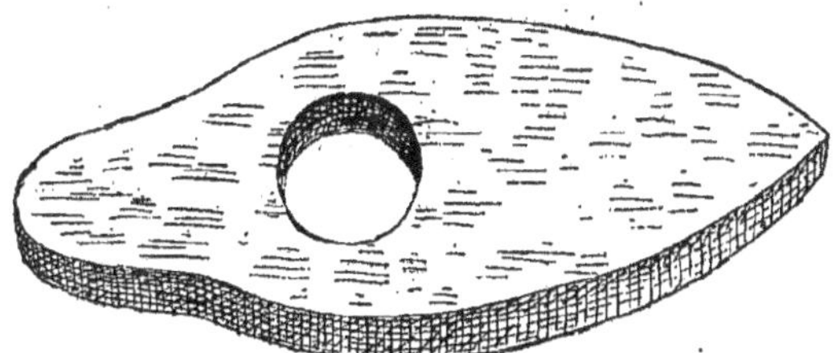

Fig. 104. — ¼. Pointe de lance en silex, Dolmen de Grailhe (Gard).

Fig. 105. — ¼. Couteau (?) du dolmen de Grailhe (Gard).

M. le comte Przezdziecki lit une notice archéologique sur les contrées situées entre l'Oder, la Wartha, la Vistule et la Duna et sur des fouilles faites sur une Île du lac Ledniça.

Les pays compris entre les Carpathes et la Baltique, entre le bassin de l'Oder et celui de la Duna, et que la Vistule traverse, ont conservé des restes provenant des âges les plus reculés. Les cavernes de Potock entre Cracovie et Varsovie, ont fourni des ossements de mammouth. Des tumuli isolés se trouvent dans la partie septentrionale du bassin de la Vistule, et jusqu'à la fin du iv° siècle la Lithuanie païenne en a élevé

sur les ossements calcinés de ses chefs les plus illustres. Dans la partie méridionale de ce bassin, ils paraissent plus anciens et sont alignés en chaînes. Les objets en bronze qu'ils renferment sont semblables à ceux du reste de l'Europe, aussi l'orateur se borne-t-il à citer un collier à la torsade duquel se rattachent, par de petits anneaux, des tiges en bronze auxquelles sont suspendus des ornements en forme de grils et de croissants. Des citadelles de terre, comme celles de la Roumanie, s'élèvent au bord des rivières ou au milieu des marais ou des forêts. L'âge de la pierre est représenté dans ces contrées par des marteaux et des haches en syénite, en diorite et en granit. Des blocs erratiques de granit scandinave ont souvent servi de pierres funéraires. M. Przezdziecki cite encore des urnes renfermant avec des ossements calcinés des grains d'ambre et de verroterie, et une station lacustre récemment découverte non loin de Nakel, sur le lac Czeszewo (Pologne prussienne), au milieu des pilotis en chêne de laquelle on a trouvé des haches et des marteaux en pierre (fig. 106), des os d'animaux, des débris de poterie, etc.

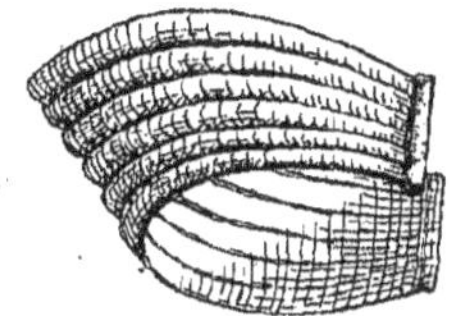

Fig. 106. — Hache-marteau en pierre du lac de Czeszewo.

Une longue description des ruines du lac Ledniça, qui termine ce mémoire, nous a paru n'avoir que des rapports bien lointains avec les temps préhistoriques, et n'être due par nous qu'à cette circonstance, que l'auteur avait préparé son travail pour le congrès archéologique de Bonn, qui en avait eu les prémices.

M. Capellini présente au nom de M. Fraas quelques objets,

Fig. 107. — Diadème de bronze.

parmi lesquels un superbe diadème de bronze à six rangs, trouvé dans une tourbière du Wurtemberg avec des ossements du *Bos brachyceros*, Ow. (fig. 107).

Séance du soir.

PRÉSIDENCE DE M. AL. BERTRAND.

M. le professeur *Vilanova* entretient le congrès des études préhistoriques en Espagne. Après s'être étendu dans la première partie de sa communication sur l'histoire de ces études et la marche progressive qu'elles ont suivie jusqu'à maintenant, il aborde la partie descriptive par l'examen des terrains quaternaires de *S. Isidro*, qui ont donné, pour la Péninsule, les traces les plus anciennes de l'homme, consistant en des haches du type d'Abbeville.

La couche supérieure de la coupe que M. Vilanova met sous les yeux de l'assemblée (fig. 108) correspond au diluvium rouge

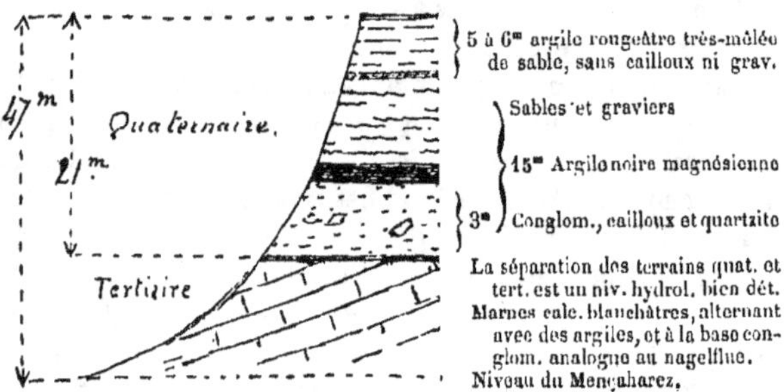

Fig. 108. — Coupe du terrain quaternaire de S. Isidro.

du nord de la France. C'est dans la couche inférieure, qui repose directement sur le terrain tertiaire, qu'ont été rencontrés les haches et percuteurs en quartzite, tandis que les ossements, rapportés à l'*Elephas meridionalis*, à l'hippopotame, au rhinocéros, sont généralement à un niveau supérieur.

Dans la tranchée ouverte par le chemin de fer à *Posadas*, dans la province de Cordoue, on voit une coupe, qui se rapporte exactement à la précédente. M. Machado a trouvé dans cette localité une tête d'*Elephas armeniacus* associée à des instruments en silex. M. Vilanova espère avec l'aide du gouvernement espagnol, qui a mis à sa disposition cinquante ouvriers, faire ouvrir prochainement une nouvelle tranchée à S. Isidro. Des objets de la même époque ont été rencontrés à la surface du sol ou au milieu des couches quaternaires dans d'autres localités, comme à *Dehesa de S. Bartholomée*, à *Suro* en Catalogne, etc...

M. Vilanova aborde ensuite l'examen des cavernes de l'Espagne. Elles sont très-nombreuses dans le calcaire crétacé, principalement dans le sud et le nord-est de l'Espagne. Les objets qui y ont été trouvés sont plus ordinaires que ceux de S. Isidro : ce sont généralement des éclats de silex, de petits couteaux, des grattoirs, etc. Il décrit successivement les cavernes de *Monduber, Cueva Negra, Matamon, Manasvillas* et *Tavernes*, dans la province de Valence. Les objets fournis par celle de Manasvillas paraissent être d'une époque plus récente : ce sont de petites flèches comme celles que l'on a trouvées dans les palafittes de la Suisse et, dans la couche supérieure, des poteries romaines. Ceci amène l'orateur à parler des dolmens et des tumuli. Dans les premiers, on a trouvé des haches en diorite de la deuxième époque et des ossements humains; dans les seconds, on trouve, en outre, des haches en bronze. Enfin, on a rencontré des marteaux en pierre dans d'anciennes exploitations de cobalt.

Après cette intéressante exposition, M. Vilanova présente les photographies d'un microcéphale, nommé *Vincent Orti*, qui vit à l'hospice des aliénés de Valence.

Caractère généralement paisible ;
Agé de cinquante ans ;
Taille de un peu plus de 1 mètre de hauteur ;
Crâne : Angle facial............ 59 degrés.
— Circonférence, environ.... 49 centimètres.
— Courbe supérieure....... 19 —
— Diamètre antéro-postérieur. 14 —
— Diamètre latéral........ 12 —

Cette communication donne l'occasion à M. Vogt d'exposer ses idées sur les microcéphales et les conclusions qu'il en tire

relativement à l'origine de l'homme. Chez les microcéphales, un organe seul est frappé d'arrêt de développement, c'est la partie antérieure du cerveau, de sorte qu'ils présentent, pour cette portion de la boîte crânienne, le développement du singe et non celui de l'homme. Aussi leur face est très-prognathe, plus que celle du nègre, comme celle de l'Australien, le reste du corps restant celui de l'Européen. Si l'on met en regard les caractères du nègre et du blanc pendant l'enfance et pendant l'état adulte, on voit que la différence ne s'accuse qu'avec l'âge ; il y a donc développement divergent et les deux lignes qui les représentent doivent se rejoindre, loin de nous, dans un état primitif. Il en est de même, pour M. Vogt, de l'homme et du singe. Le jeune Chimpanzé diffère moins de l'enfant, que l'animal vieux de l'homme adulte; il doit donc y avoir un état primitif où, pour eux aussi, les deux lignes se rencontrent, de sorte que les cas de microcéphalie ne sont que des cas d'atavisme. M. Vogt a été amené ainsi à faire une conversion dans ses idées transformistes. Il résulte, en effet, de cet exposé, que l'homme ne saurait descendre du singe, mais qu'ils descendraient l'un et l'autre d'un ancêtre commun, qui n'était ni un singe ni un homme, mais un animal très-inférieur.

M. DE QUATREFAGES, sans vouloir entrer dans la question si vaste que cette communication peut soulever, car il ne s'agit ici de rien moins que de la question de l'espèce et de son origine, fait une objection très-sérieuse à la théorie de M. Vogt en citant des arrêts de développement bien évidemment pathologiques. Dès lors comment distinguer des faits tératologiques dus à une telle cause de ceux que M. Vogt considère comme dus à des arrêts normaux ? Comment établir que la microcéphalie, par exemple, rentre dans cette dernière catégorie et représente un état primitif des êtres actuels ?

Ceci amène M. le baron DÜEBEN à entretenir le congrès des crânes de la Scandinavie. On a environ quatre-vingts crânes anciens en Danemark et en Suède, mais tous ne sont pas de provenances bien certaines, aussi ne peut-on pas en dire grand'chose. Parmi ces crânes, il y en a de dolichocéphales, de brachicéphales et de mésaticéphales. Le musée d'anatomie de Copenhague possède cinq crânes, dont les indices varient de 78 à 71,1 (moyenne 75,7). Des crânes d'un dolmen de la Westrogothie avaient en moyenne un indice de 73,1, mais il y en avait un très-brachicéphale qui atteignait 80. Il y a donc dans l'antiquité les mêmes différences que l'on constate aujourd'hui, mais pourtant avec une prédominance bien indiquée de la dolichocéphalie. M. Düeben ajoute encore comme caractères le grand développement de la partie ciliaire du frontal, dont la ligne n'est pas continue, le nez proéminent et pointu, les protubérances malaires assez avancées, l'occipital très-développé en forme de bouclier, les sutures à indentations très-prononcées et nombreuses, principalement la lambdoïde, et présentant de nombreux os wormiens, l'orthognathisme de la face, la légère saillie de l'os maxillaire sur les mandibules, l'usure des dents, même chez les jeunes individus. Sans pouvoir rien préciser sur la stature, quelques mesures indiquent une grandeur moyenne. On ne peut pas juger des proportions relatives des membres. Les fosses olécrâniennes sont quelquefois perforées, mais très-rarement ; les tibias sont parfois comprimés en forme de sabre. Tout cela fait penser à M. Düeben que ces populations devaient être semblables aux populations actuelles.

Cette communication soulève de la part de MM. Vogt, de Quatrefages, Bertrand et Worsaœ une discussion importante. On a admis, en effet, jusqu'à aujourd'hui, comme un article de foi, que dans le Nord les crânes primitifs, ceux de l'âge de la pierre, sont brachicéphales et se rapprochent du type des Lapons; que les dolicéphales ne sont arrivés en Scandinavie qu'avec l'âge du fer, et qu'à l'époque intermédiaire du bronze, le type crânien est inconnu par suite de l'habitude de l'incinération. Or, il est évident, d'après la communication de M. Düeben et ce que nous avons vu nous-mêmes dans les musées, que la question est beaucoup plus complexe que cela, et que les crânes de l'âge de la pierre sont même plus dolichocéphales que brachicéphales. L'opinion qui a cours tient uniquement à ce que les deux premiers crânes préhistoriques, trouvés dans le Nord, étaient brachicéphales, mais aujourd'hui l'on doit déclarer que la théorie ancienne est annulée et que les faits mènent à une théorie nouvelle. L'archéologie préhistorique, dit M. Worsaœ en résumant cette discussion, doit marcher sans se laisser influencer par les théories historiques.

M. Lorange termine cette séance par quelques considérations sur le préhistorique de la Norvége. On a trouvé dans cette partie de la Scandinavie quelques instruments en pierre, mais pas un seul tombeau de cet âge qui est encore entièrement à étudier. Les indices de l'âge du bronze sont très-rares. Quelques épées de ce métal ont été trouvées dans l'ouest, une notamment dans un petit lac situé sous le 72e degré de latitude; mais toutes ces trouvailles ne s'élèvent pas à plus d'une vingtaine. Les antiquités rencontrées en plus

Fig. 109. — ⁴⁄₇. Breloque en or.

grand nombre se rapportent à l'âge du fer. M. Lorange a exploré plusieurs tumuli de cette époque et il met sous les yeux du congrès quelques bijoux en or qu'il en a retirés (fig. 109).

Vendredi 3 septembre. — Séance de clôture.

PRÉSIDENCE DE M. DUPONT.

La question de l'âge du bronze, soulevée dans une précédente séance, est reprise au début de celle-ci. M. Nilsson parle d'abord des représentations de figures humaines. On en voit sur le monument de Kivik, mais à quel âge appartient celui-ci? Bien qu'on n'y ait trouvé aucun instrument, il n'hésite pas à le rapporter à celui du bronze, car des haches, qui

ne peuvent appartenir qu'à cet âge, y sont figurées à côté de la pyramide de Baal, auquel elles auraient été offertes par le vainqueur après le combat (fig. 110, 111, 112 et 113). Dans un

Fig. 110, 111, 112 et 113. — Pierres du monument de Kivik (Suède).

tumulus voisin qui porte les mêmes ornements, on a trouvé des objets en bronze appartenant au type le plus ancien. M. Hébert donne ensuite lecture, au nom du savant doyen de l'archéologie préhistorique, d'un mémoire sur les Phéniciens dans le Nord, où, reprenant les faits exposés dans les *Habitants primitifs de la Scandinavie*, il suit ces peuples depuis leur point de départ jusque dans le nord.

M. Deson développe ensuite les doutes qu'il avait déjà émis sur la légitimité de l'âge du bronze. Dans l'archéologie préhistorique, comme en géologie, les divisions, de locales qu'elles étaient d'abord, sont devenues générales et bientôt de moins en moins tranchées. Tandis que l'âge de la pierre s'est étendu et subdivisé en deux grands groupes, et que le néolithique lui-même tend encore à se subdiviser, l'âge du bronze, au lieu de s'étendre, paraît au contraire devoir se restreindre de plus en plus. On trouve du fer un peu partout et l'on se demande qui a raison: ceux qui voient l'âge du bronze là où le bronze domine, ou ceux qui voient l'âge du fer partout où l'on trouve un peu de fer? Sans doute, la divergence est plus apparente que réelle, mais elle tend à restreindre et à annuler la période du bronze. Si ces dénominations tirées des métaux sont mauvaises, celles tirées des noms de peuples sont encore pires. L'époque de Hallstadt peut bien répondre à l'âge gaulois des Français, mais comment les Autrichiens lui donneraient-ils ce nom? — Dans les lacs de la Suisse, on rencontre des moules de haches, mais ce qu'on n'y voit pas du tout, ce sont les moules qui auraient pu servir à faire les objets de parure, les épées et toutes ces belles choses qu'on trouve en foule dans les tombelles à Alèse, à Hallsladt, en Ligurie, etc. Il y a là la preuve évidente d'un grand commerce qui, à la suite d'un mouvement encore inconnu, s'est répandu tout à coup dans toute l'Europe. C'est cette époque commerciale, antérieure aux Romains, qui est le point essentiel à définir, comme séparant deux âges bien distincts. L'absence d'argent et de toute monnaie porte à croire qu'elle doit être bien antérieure au iv° siècle av. J.-C., époque à laquelle les Philippes de Macédoine étaient une monnaie courante en Europe. Où était le siége de cette industrie ? M. Desor pense que ce devait être dans la Haute-Italie. Le congrès qui doit se réunir l'an prochain à Bologne pourra peut-être élucider cette question.

M. Bertrand applaudit à cette communication. En France, il n'y a pas, au delà des dolmens, jusqu'au premier âge du fer, un seul monument caractérisé. Dans les tumuli de Beaune (Côte-d'Or), on a trouvé avec des couteaux en bronze, comme ceux des lacs de la Suisse, de grandes épées en fer, comme celles de Hallstadt. A Contrexéville, un bracelet en fer creux, et un petit ciseau qui paraît être en acier, étaient à côté de bracelets en bronze. Ailleurs, des épées en fer sont mêlées aux épées en bronze, mais on ne trouve le bronze isolé que dans des circonstances tout à fait exceptionnelles, par exemple dans les sépultures secondaires des dolmens (fig. 114 et 115). Le bronze ne s'est donc introduit en France, comme en Suisse, que peu à peu et quand on le trouve en grande quantité, il y a déjà du fer. Il n'y a par conséquent pas, à proprement parler, un âge du bronze, avec des rites et des monuments funéraires particuliers.

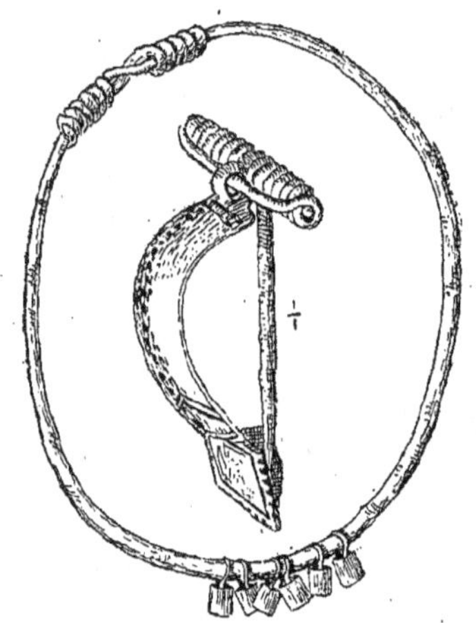

Fig. 114. — ⅟₄. Fibule en bronze. Vimose.
Fig. 115. — ⅟₄. Anneau avec pendants en bronze. Vimose.

Reprenant un mot dit par M. Desor sur les dénominations des divers âges, M. Henri Martin maintient que le premier âge du fer en Occident doit garder le nom classique d'âge gaulois, parce qu'à cette époque les Gaulois dominaient dans toute l'Europe occidentale, dans la Haute-Italie où ils coexistaient avec les Ligures, ainsi que dans la vallée du Danube où ils ont laissé le souvenir de leur passage. Pour l'illustre historien de la France, cette période sort du cadre préhistorique et est acquise à l'histoire proprement dite.

Après cette intéressante discussion, M. Montelius parle de l'âge du bronze en Suède. Il insiste principalement sur quelques objets appartenant au musée de Stockholm et à quelques particuliers de cette ville.

M. Engelhard entretient ensuite le congrès de l'âge du fer en Danemark. Après avoir exposé les traits caractéristiques du premier âge du fer, il signale les trouvailles faites dans les tourbières et les marais du Sleswig, remontant au iii° siècle de notre ère. Elles indiquent un peuple sédentaire, et l'orateur insiste principalement sur les preuves que ce peuple avait une industrie, une métallurgie locale. C'est ainsi qu'en Fionie, on a trouvé dans une marmite une grande quantité de rognons d'hématite brune. Ailleurs, c'est une épée à double tranchant inachevée, dont les tranchants encore mousses prouvent que cette arme n'a évidemment pas servi. Du iii° au v° siècle, il paraît y avoir eu dans l'industrie une marche rétrograde, ce qui s'explique par la mise en présence de deux civilisations ennemies, cette période répondant à l'époque des invasions. Un des traits caractéristiques de cette période dans le Sleswig, c'est que les objets en fer sont la reproduction

Fig. 116. — ⅟₁. Tête de bronze doré.
Vimose.   Fig. 117. — ⅟₂. Ciseau de fer avec
son manche en bois. Vimose.

identique des objets en bronze, de sorte qu'il faudrait les reporter plutôt à la dernière partie de l'âge du bronze qu'à celui du fer. En Danemark, au contraire, l'usage du fer semble avoir été introduit par une révolution subite (fig. 116, 117, 118 et 119).

M. Ernest Chantre présente les dix planches de ses *Études paléoethnologiques sur l'âge du bronze dans le nord du Dauphiné et les environs de Lyon*. Cet album, qui est sur le point d'être publié, était accompagné d'un mémoire, que le peu de temps, dont disposait encore le congrès, n'a pas permis à l'auteur de lire. Il s'est borné à exposer sommairement ses découvertes les plus importantes et les faits les plus saillants qu'il se propose de traiter. Les objets figurés sur ces planches proviennent de trouvailles faites à la surface du sol, de tom-

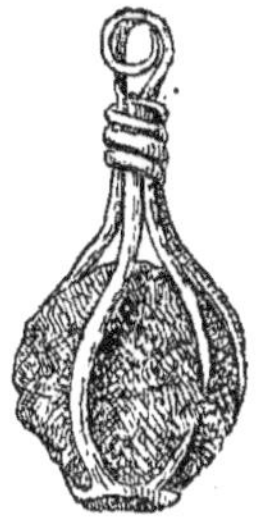

Fig. 118. — ⁴⁄₇ Amulette (pyrite avec bande de bronze). Vimose.

Fig. 119. — ¹⁄₃ Peigne en os. Vimose.

beaux, de tourbières et de fonderies de refonte. Les tumuli ont été généralement détruits. Dans celui de Saint-Baudille se trouvait une tombelle en pierres plates renfermant deux bracelets ouverts. Les tourbières, situées entre Crémieux, Bourgoin et Morestel, renferment des objets en bronze, des poteries grossières, des bois ouvrés et des ossements de diverses espèces d'animaux. Les fonderies de refonte constituent certainement la partie la plus intéressante de ce mémoire, car elles sont la preuve d'une industrie locale. Des amas considérables d'objets en bronze, de formes et d'usages divers, ont été découverts en plusieurs points du Dauphiné, notamment à Goncelin, dans la vallée de l'Isère, en 1827, et à la Poype, près de Vienne, tout récemment. Cette dernière trouvaille avait un poids de 18 kilogrammes. Elle était composée de haches, de glaives, de faucilles, de lances, épingles, bracelets, boutons et de nombreux fragments de lames minces de bronze provenant peut-être de casques ou de boucliers. Toutes ces pièces étaient brisées en de nombreux fragments. Une hache, deux lances, deux bracelets et une sorte d'épingle assez rare (fig. 120) avaient seuls échappé à cette destruction.

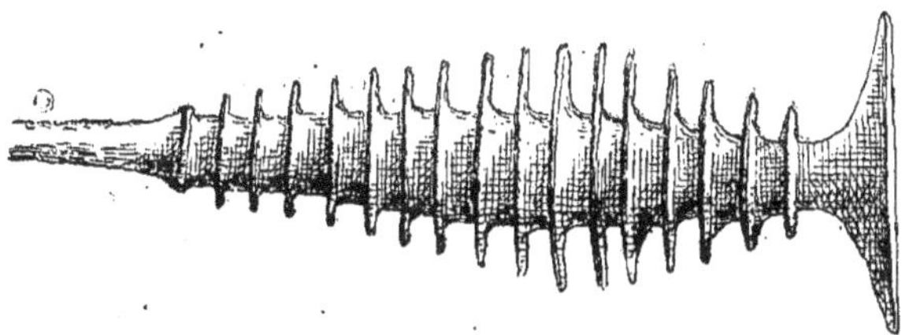

Fig. 120. — ⁴⁄₇. Épingle en bronze. Fonderie de la poype (Isère).

M. Chantre ne peut expliquer l'état de fragmentation, dans lequel tous ces objets ont été trouvés au milieu de cendres et de poteries brisées, qu'en admettant qu'ils étaient destinés à être fondus et qu'ils étaient rassemblés pour cela. On n'a pourtant rencontré encore aucun moule dans ces stations, mais on y a trouvé des lingots et des culots de bronze.

M. Chantre présente ensuite et résume rapidement un mémoire de M. A. Perrin, directeur du musée de Chambéry, sur les palafittes du lac du Bourget (Savoie). Ce mémoire était accompagné d'un album assez considérable, encore en épreu-

ves, représentant de nombreux types de poteries et ustensiles divers, appartenant au musée de Chambéry.

M. de Quatrefages met sous les yeux du congrès un plan du camp dit de César, près de Cambo, dans les Basses-Pyrénées. Ce prétendu camp de César est bien un ensemble de travaux de défense, mais doit se rattacher à une grande station ibérique et non à l'occupation romaine. On retrouvera les détails donnés par M. de Quatrefages dans le *Bulletin de la Société d'anthropologie de Paris*, 2° série, t. III.

M. le baron de Ducker signale des stations lacustres très-nombreuses dans les lacs du nord de l'Allemagne, où elles se manifestent par des amas de débris et des pilotis que l'on voit très-bien à l'époque des basses eaux.

Sur une question de M. Deson relative au tatouage dans les temps de la pierre et du bronze, MM. Dupont, Lerch et Schaaffhausen citent la rencontre de couleurs diverses dans les palafittes de la Suisse, les cavernes de la Belgique de l'âge du renne et de la Westphalie, d'où il semblerait résulter que cette coutume était en effet celle des peuples primitifs de nos pays.

M. Schaaffhausen termine la communication qu'il avait commencée dans une précédente séance, sur les temps préhistoriques. Il insiste principalement sur les formes des crânes trouvés dans les sépultures anciennes et renvoie à son récent ouvrage *Sur la forme primitive du crâne humain*.

M. Urechia présente une courte note sur l'âge du fer dans la Roumanie, principalement dans la Moldavie, et complète ainsi la communication de M. Odobesco.

Plusieurs autres orateurs étaient inscrits, mais le temps n'a pas permis de les entendre. Leurs mémoires ont été déposés sur le bureau pour être insérés au compte rendu officiel. Nous nous bornerons à les indiquer ici :

M. Finzi, Sur trois cas de microcéphalie ;

M. le baron de Ducker, Sur les sépultures à urne et l'âge du fer ;

M. Stephens, Sur les inscriptions runiques ;

M. Säve, Sur le même sujet ;

M. Wimmer, Notice sur les runes ;

M. H. Martin, Sur la comparaison de l'art gaulois et de l'art scandinave ;

M. de Mortillet, Notice sur l'origine de la langue.

Le congrès décide, sur la proposition du conseil, qu'il se réunira l'an prochain en Italie, dans la ville de Bologne, et nomme, pour président de cette session, M. le comte Gozzadini, sénateur du royaume, et, pour constituer le comité d'organisation, MM. le comte Conestabile et le professeur Capellini. Nous sommes certain que cette session ne sera pas moins intéressante que les précédentes et que bien des questions, posées cette année dans le nord, pourront trouver leur solution en Italie au milieu de cette antique civilisation de la Ligurie qui a encore tant de secrets à nous révéler.

M. Worsaæ prend ensuite la parole pour accomplir, dit-il, un triste devoir, celui de prononcer la clôture du congrès, mais il se hâte d'ajouter qu'une chose doit nous réjouir, c'est que nous pouvons constater dans notre marche de puissants progrès.

A travers les brumes et les brouillards qui cachent les temps anciens, nous commençons à reconnaître le chemin que nous avons à suivre. Les vieilles erreurs s'écroulent, les préjugés disparaissent, et la lumière se fait toujours plus vive devant la pioche et les fouilles de l'archéologue. Nous voyons, de plus en plus, l'Europe habitée durant l'époque glaciaire, et, plus tard, nos pères s'étendre du sud-est vers le nord au lieu de venir, comme on le croyait, du nord et de la Laponie. Nous devons maintenant rechercher les routes qu'ont suivies ces populations pour venir dans l'Europe méridionale et occidentale et se répandre dans ces régions. C'est là que nous irons les prendre l'année prochaine, et, à Bologne, nous pourrons sans doute ajouter de nouvelles notions à celles que nous avons déjà acquises.

Après que l'assemblée eut remercié par l'intermédiaire de M. Vogt le bureau, le roi et la nation danoise, le congrès s'est séparé aux cris de *Vive le Danemark !*

Bien que la clôture officielle du congrès eût été prononcée à la fin de la séance du vendredi, nous ne devions pas encore nous séparer et prendre sitôt congé de nos hôtes. Nous nous trouvâmes le soir réunis à la table royale, et les deux jours suivants nous étions conviés, par le comité d'organisation, à aller voir les dolmens, les tumuli et les grandes forêts du Séeland. Il nous reste donc maintenant à faire un résumé rapide de l'emploi de ces deux journées, qui furent à la fois un utile et agréable complément de nos séances.

Samedi 4 septembre.

Les monuments sépulcraux de l'âge de la pierre en Danemark peuvent se diviser en trois groupes : 1° le dolmen-tumulus allongé (*Lang-dysser*); 2° le dolmen-tumulus circulaire (*Rund-dysser*) ; 3° la chambre de géant (*Jættestuer*). Cette dernière est recouverte d'un tumulus circulaire, mais elle se distingue des tombeaux du second groupe par ses dimensions. C'est une de ces chambres de géant que nous étions invités à visiter dans la journée du 4 septembre.

Partis le matin, avec le chemin de fer, de Copenhague pour Rœskilde, nous trouvâmes dans cette ville un accueil aussi sympathique, et peut-être encore plus enthousiaste, que lorsque nous l'avions traversée pour aller à Sœlager. Des voitures, qui nous attendaient à la gare, nous emportèrent bientôt dans la direction de *Glim* et nous déposèrent au pied d'un monticule conique qui s'élevait au milieu d'un champ. C'était la chambre de géant de *OEm*.

Une allée d'environ 3 mètres de longueur, s'ouvrant vers le sud-est, donne accès dans l'intérieur, qui est assez élevée pour qu'on puisse s'y tenir debout, et assez grand pour que vingt personnes puissent y être à l'aise. Aussi quelques archéologues ont pensé que ces chambres, véritables grottes artificielles, avaient pu être construites primitivement pour servir d'habitations, et qu'elles n'étaient devenues que secondairement les sépultures de ceux qui les avaient d'abord habitées ou de leurs descendants. Les parois sont formées de grandes pierres dressées perpendiculairement, et les vides, que celles-ci laissent entre elles, sont bouchés avec soin à l'aide de petites pierres plates posées les unes sur les autres. La chambre est recouverte par de grandes pierres, assez longues pour reposer par leurs extrémités sur les parois parallèles, et posées de façon que le côté le plus plat soit toujours tourné vers l'intérieur. Ce sont généralement des blocs erratiques qui ont fourni les matériaux de ces constructions. Sur ceux de *OEm*, on peut reconnaître les surfaces polies et striées qui caractérisent les transports glaciaires.

Après avoir consacré un temps suffisant à l'examen de cette

sépulture, notre caravane s'est dirigée vers la forêt de *Hertha*, sous les vieux hêtres de laquelle un déjeûner champêtre nous attendait. Pour que tout se rattachât dans cette course aux souvenirs du passé, la table improvisée était dressée dans la vallée de *Herthadal*, au lieu même où la tradition, dont Tacite nous a conservé le témoignage, place l'autel sur lequel la déesse Hertha recevait de ses adorateurs le sanglant hommage de sacrifices humains. Le propriétaire de ces lieux légendaires, M. le comte de Holstein-Lethraborg, voulut, en quittant la forêt, nous arrêter dans son château, qui est le chef-lieu de l'une des plus grandes seigneuries du Danemark. L'accueil que nous y reçûmes, l'amabilité des dames qui nous en firent les honneurs, eurent bientôt chassé de notre esprit la sombre mémoire de la déesse Hertha, et nous rentrâmes à Rœskilde, en ne conservant de cette journée que de bons et agréables souvenirs.

Dimanche, 5 septembre.

Le dimanche matin, le chemin de fer qui va dans le nord du Séeland nous déposa à la station de Hilleröd, d'où nous nous rendîmes, en peu de temps, au pied d'un monticule allongé, qui n'était autre que le tumulus-dolmen de *Trolles-minde*. Ce tertre artificiel, recouvert de gazon, a environ 100 pieds de longueur et 30 pieds de largeur. Il est entouré de pierres dressées, formant un cromlech rectangulaire. Dans d'autres localités, la forme est ovalaire et la longueur atteint jusqu'à 400 pieds, tandis que la largeur, toujours plus petite, n'est jamais de plus de 50 ou 60 pieds. Le tumulus de Trollesminde est donc loin d'être des plus grands, et pourtant il offre déjà des dimensions assez considérables pour qu'on puisse s'étonner de l'importance du tertre, relativement aux dimensions exiguës de la chambre qu'il recouvre. Les dolmens sont loin, en effet, d'avoir les dimensions des chambres de géant. Ils sont juste assez spacieux pour qu'un corps ait pu y être couché dans toute sa longueur. Le mode de construction est d'ailleurs absolument le même que celui des grandes chambres, si ce n'est que les pierres formant les parois sont généralement inclinées vers l'intérieur, afin qu'un seul bloc suffise à tout couvrir.

Le dolmen de Trollesminde est situé à l'extrémité orientale du tumulus, dont le grand axe est dirigé de l'est à l'ouest. La pierre de couverture était originairement ensevelie dans les terres, mais affleurait et apparaissait à la surface ; on l'a dégagée dans les fouilles et il se trouve, aujourd'hui, qu'elle est posée en équilibre sur les pointes de deux des dalles latérales, de façon à offrir le phénomène des pierres branlantes. Les archéologues danois croient que c'est là une circonstance toute fortuite et que cette mobilité n'a rien d'intentionnel.

Le dolmen ne diffère pas seulement de la chambre de géant par ses dimensions, mais encore par son plan, car il n'a pas comme celle-ci d'allée qui en marque l'entrée. Les uns et les autres appartiennent à l'âge de la pierre, mais quelquefois on trouve, au-dessus des ossements et des silex polis, des urnes funéraires, renfermant des cendres, qui sont des traces de sépultures secondaires de l'âge du bronze (1).

---

(1) Cette visite au dolmen de Trollesminde m'a remis en mémoire un passage du *Journal de politique et de littérature* de Panckoucke, qui n'a été relevé nulle part et qui mérite de trouver ici sa place. On lit dans

Avant de nous rendre à la station du chemin de fer, nous accomplîmes un pèlerinage aux ruines du palais de *Frédéricsborg*, le Versailles du Danemark. C'est là que, pendant les longues soirées d'automne, le studieux Frédéric VII lavait, rangeait et classait lui-même les minéraux, les antiquités, les objets d'art scandinaves, qu'il se plaisait à rassembler dans les vastes galeries de cette délicieuse retraite qu'il aimait tant. Le feu a dévoré dans une nuit toutes ces richesses, et le palais de Frédéricsborg n'est plus aujourd'hui qu'un cadavre dont la masse imposante semble, par une amère ironie, sortir du sein des eaux.

Elseneur était tout près de nous, comment refuser d'aller y terminer cette dernière journée ? Le souvenir d'Hamlet nous y appelait, d'Hamlet qui, après tout, était, malgré Shakspeare, un pirate Jutlandais de l'époque païenne. Après avoir visité le château-fort de Kronborg et avoir admiré la vue splendide que l'on a sur les environs de la ville, le Cattégat et la côte de Norvége, du haut de cette terrasse où

> Le vent est âpre et coupe en sifflant le visage,   .

nous nous rendîmes dans le parc de Marienlyst.

Le château royal est aujourd'hui occupé par un hôtel et les jardins remplis par la foule animée des étrangers, qui viennent passer à Elseneur la saison des bains de mer. Des ponts volants relient les divers étages du château, avec une verte colline, contre laquelle il est adossé. Une terrasse gazonnée, qu'ombragent de grands arbres, couronne ce coteau. C'est là qu'un souvenir poétique place sous un petit tertre de pierre le tombeau d'Hamlet. La fiction a vaincu l'histoire ; le pirate du Jutland a disparu, et il ne reste dans le souvenir des peuples que le héros de la plus admirable des œuvres de Shakspeare.

C'est dans ces lieux enchanteurs que nous devions nous retrouver, pour la dernière fois, assis à la même table. Nos hôtes danois y ont clos par un splendide festin la série non

---

ce recueil, sous la rubrique *Copenhague, 26 mars 1778*, l'article suivant :

« Près de la ville d'Odensée, en Fionie, se trouvait une pierre isolée d'une grosseur prodigieuse. En travaillant, il y a quelque temps, à la mettre en pièces, on a découvert au-dessous une sépulture, qui est nécessairement d'une antiquité très-reculée. Elle était formée de quatre autres pierres, chacune de la hauteur d'un homme, unies en dedans, inégales et raboteuses du côté opposé. Le vuide intérieur est carré, un peu plus long que large : les parois sont recouvertes en dedans de petits cailloux, en forme de pierres à fusil, polis et joints si parfaitement, qu'ils ne paraissent composer qu'une seule lame. On y a trouvé quelques couteaux de pierre et d'autres morceaux de la même matière, façonnés en cônes. Le côté aigu en était si tranchant, qu'on s'en est servi pour dépecer le tronc d'un gros arbre. Ce monument ne renfermait rien de plus. Rien n'y indique ni le temps de sa construction, ni la qualité de la personne qu'il peut avoir renfermée. »

Le rédacteur du journal ajoute en note : « Cette découverte nous fait naître une idée qui mériterait peut-être qu'on l'approfondît. Il **y** a dans bien d'autres endroits de l'Europe de ces masses extérieures et grossières, qui chargent la terre inutilement en apparence, et dont personne n'a jusqu'ici pu deviner l'usage. N'est-il pas indiqué par le tombeau trouvé sous la pierre d'Odensée? Dans des temps où l'ignorance des arts, et peut-être la vie errante des hommes ne permettait pas qu'on se flattât de retrouver facilement les tombeaux que l'on confiait à la terre, ni qu'on les accompagnât d'une décoration extérieure, capable d'en conserver le souvenir, n'a-t-on pas employé ces masses énormes comme des signaux durables qui prévenoient les méprises et pouvoient épargner des recherches à la postérité? Si cela étoit, il faudroit creuser en Angleterre, en Écosse, en France, partout où l'on voit de ces monuments grossiers, et peut-être trouveroit-on sous la surface que leur poids écrase des curiosités dignes de nos travaux. »

---

interrompue de leurs soins hospitaliers. Des toasts, auxquels tous s'associaient, leur ont plusieurs fois exprimé notre reconnaissance. Qu'ils en retrouvent encore ici l'expression ! Le meilleur souvenir du Congrès de Copenhague sera celui de la cordialité, de la largesse et de l'aménité qui, grâce à leur exemple, ont régné dans toutes nos discussions pendant nos séances et pendant nos courses. En dehors des progrès de nos connaissances, de telles réunions ont encore un immense avantage, celui d'aider à fonder dans les esprits cette fraternité scientifique qui bannit l'aigreur de la discussion et combat les idées en respectant les convictions et en aimant les personnes.

CAZALIS DE FONDOUCE,

Secrétaire du Congrès de Copenhague.

(*Extrait des Matériaux pour l'histoire de l'homme.*)

CHRONIQUE SCIENTIFIQUE

M. Carl Friedrich Nauman, de Leipsick, vient d'être nommé correspondant de l'Académie des sciences de Paris pour la section de minéralogie.

La section présentait M. Naumann en première ligne. La seconde ligne ne comprenait pas moins de dix-huit géologues ou minéralogistes : MM. Abich, à Tiflis (Géorgie). — Gustave Bischoff, de Bonn (Prusse). — Ami Boué, de Vienne. — Dana, de New-Haven (Etats-Unis). — De Déchen, de Bonn (Prusse). — Domeyko, à Santiago (Chili). — James Hall, à Albany, près New-York (Etats-Unis). — De Hauer, directeur de l'Institut géologique d'Autriche, à Vienne. — De Helmersen, à Saint-Pétersbourg. — Charles T. Jackson, à Boston (Etats-Unis). — Kjerulf, à Christiania (Norvége). — De Kokschorow, à Saint-Pétersbourg. — William Logan, à Montréal (Canada). — W. H. Miller, à Cambridge (Angleterre). — Ferdinand Römer, à Breslau (Prusse). — Sacchi, à Naples. — Angelo Sismonda, à Turin. — Studer, à Berne. — Au premier tour de scrutin, M. Naumann a été élu par 27 voix contre 10 données à M. W. H. Miller, 5 à M. Studer, et 2 à M. Domeyko.

Il y a encore une place de correspondant vacante dans la section de minéralogie ; c'est celle de Fournet, professeur à la Faculté des sciences de Lyon. Quoiqu'il s'agisse de remplacer un national, la section est décidée à présenter en première ligne M. W. H. Miller, de Cambridge.

— La mort de M. Darondeau laissait une place vacante au bureau des longitudes. Sur la proposition des sections d'astronomie, de géométrie et de navigation, l'Académie des sciences a présenté pour la remplir : en première ligne, M. de la Roche-Poncié ; en seconde ligne, M. Gaussin. M. de la Roche-Poncié a été nommé presque aussitôt par le ministre de l'instruction publique.

— La Société géologique de Londres va décerner cette année sa médaille de Wollaston à M. P. Deshayes, professeur au muséum d'histoire naturelle de Paris, pour ses travaux de conchyliologie.

— La Faculté de Poitiers vient de perdre un de ses membres, M. Trouessart, dont les travaux sur l'histoire de Galilée avaient vivement attiré l'attention du monde savant il y a une couple d'années.

— Dimanche dernier, le docteur Lanoix a conduit au laboratoire de M. H. Sainte-Claire Deville, à l'Ecole normale, un jeune veau porteur de cowpox qui a servi à vacciner les habitués du laboratoire. M. Lanoix a improvisé ensuite une petite conférence sur la vaccination animale.

— On sait que l'Autriche n'avait pas encore de Société d'anthropologie. Cette lacune va bientôt être comblée. Depuis plusieurs mois déjà on s'occupe activement d'en organiser une. Le promoteur de ce mouvement est surtout M. Karl Vogt, celui de tous les anthropologistes actuels qui rompt le plus volontiers avec toutes les idées traditionnelles. On voit que le jeune libéralisme autrichien ne marche pas moins vite en science qu'en politique.

Le propriétaire-gérant : GERMER BAILLIÈRE.

PARIS. — IMPRIMERIE DE E. MARTINET, RUE MIGNON, 2.

REVUE

DES

COURS SCIENTIFIQUES

DE LA FRANCE ET DE L'ÉTRANGER

SEPTIÈME ANNÉE   NUMÉRO 14   ·   5 MARS 1870

Paris, 4 mars 1870.

M. Delaunay vient d'être nommé directeur de l'Observatoire de Paris, en remplacement de M. Le Verrier.

— M. W. H. Miller, de Cambridge (Angleterre), a été nommé lundi dernier correspondant de l'Académie des sciences de Paris, section de minéralogie. La seconde ligne de présentation de la section était la même que pour l'élection précédente.

— La *souscription Sars* approche en ce moment du chiffre de 6500 francs. On trouvera à la fin de ce numéro une liste aussi longue que le permettait la place restée disponible.

— L'affaire des prétendus autographes de Pascal, Newton, Galilée, etc., présentés à l'Académie des sciences de Paris par M. Chasles, s'est dénouée tristement la semaine dernière, en police correctionnelle, par une condamnation à deux ans de prison contre Lucas Vrain, l'homme qui avait vendu toutes ces pièces à M. Chasles pour 150000 francs. Il n'y en avait pas loin de 30000, et l'instruction judiciaire en a révélé quelques-unes dépassant beaucoup encore en étrangeté celles qu'avaient mises en lumière les derniers débats académiques, par exemple des lettres d'Archimède à Hiéron, de Cléopâtre à César, de Lazare et Marie-Madeleine à Jésus-Christ, etc. Comme il fallait s'y attendre, les chroniqueurs se sont beaucoup égayés de la chose, et les plaisanteries n'ont pas toujours épargné M. Chasles. En réalité, c'est l'Académie des sciences qu'il aurait fallu surtout blâmer. M. Chasles, sans doute, a poussé bien loin l'aveuglement ; ne sait-on pas que cet aveuglement est la caractéristique ordinaire de tous les collectionneurs d'autographes ? Mais l'Académie des sciences, qui n'avait pas la même excuse, aurait dû comprendre qu'elle envahissait le domaine de l'Académie des inscriptions ; elle aurait épargné à plusieurs académiciens le désagrément d'être tenus en échec par un faussaire de troisième ordre, même sur des questions scientifiques, comme les caractères chimiques des encres anciennes, et se serait épargné à elle-même l'ennui de voir ses actes officiels remplis de pièces qui n'auraient pas arrêté un instant le moindre des élèves de l'École des chartes.

— La France vient de perdre une précieuse collection qui rendait les plus grands services aux études botaniques ; nous voulons parler du musée botanique Delessert, fondé il y a plus d'un demi-siècle par le baron Benjamin Delessert, et entretenu, depuis sa mort, par son frère François Delessert, mort lui-même il y a quelque temps. Il se composait d'un herbier et d'une bibliothèque. L'herbier contenait des collections de plantes de toutes les régions du monde ; il y en a qui étaient introuvables dans toutes les autres collections. La bibliothèque était très-régulièrement tenue au courant par l'acquisition de tout ce qui paraissait de nouveau.

Ce musée, incomparable dans sa spécialité, entraînait, paraît-il, une dépense d'environ 25000 francs. Il est dispersé aujourd'hui. La bibliothèque, léguée à l'Académie des sciences, se fond dans la bibliothèque de l'Institut, réservée en principe aux seuls académiciens, et il est douteux qu'on puisse continuer à la tenir, comme par le passé, au courant des progrès de la science. Quant à l'herbier, légué à la ville de Genève, il quitte notre pays.

Depuis trente-sept ans, le musée Delessert avait pour conservateur M. Lasègue, père du professeur de la Faculté de médecine, qui rendait les plus grands services à tous les visiteurs par sa connaissance approfondie de l'herbier et de la bibliographie botanique. Aussi, lorsque la suppression du musée Delessert fut résolue, les membres de la Société botanique de France s'empressèrent d'organiser une souscription pour offrir à M. Lasègue un témoignage de leur reconnaissance et de leur affection. Les botanistes français ne furent pas seuls à s'inscrire ; beaucoup de savants anglais, allemands, belges, italiens, etc., se souvinrent de leurs études au musée Delessert. Le résultat fut une coupe d'argent ciselée, œuvre de M. Steinheil, dont le centre est occupé par une *Laseguea*, genre de plantes dédié il y a vingt-cinq ans déjà à M. Lasègue par M. Alphonse de Candolle. La remise de cette coupe à M. Lasègue a été l'occasion d'une petite solennité à laquelle participaient une cinquantaine de botanistes désireux de manifester personnellement leur affectueuse estime pour un vieux serviteur de la science.   E. A.

CONGRÈS DES NATURALISTES ET MÉDECINS ALLEMANDS

SESSION D'INNSBRUCK (1)

M. R. VIRCHOW

Correspondant de l'Institut
membre de la chambre des députés de Prusse

Qu'est-ce que la maladie ? — État actuel de la pathologie

Il a pu paraître étonnant à plus d'un membre de cette honorable assemblée de voir annoncer au programme un sujet qui devrait être depuis longtemps épuisé. Et, en effet, si je considère cette science qui m'est spéciale et que je songe qu'elle a derrière elle une histoire remontant, on peut le

---

(1) Voyez ci-dessus pages 92 et 124, 8 et 22 janvier 1870.

dire, sans solution de continuité, à deux milliers et demi d'années, il semble qu'on ne devrait plus avoir à se demander quelle position est faite de nos jours à la médecine.

Mais cette science, qui fut la mère des autres sciences naturelles, partage le sort de la plupart des mères, qui perdent souvent cette fraicheur, cette vigueur, cette sûreté de mouvements, qui furent l'apanage de leur jeunesse. Elle a pris le pli de l'habitude, et une certaine roideur de maintien qui lui rend fort pénible de se plier aux allures plus vives de la vie moderne ; sans parler de tous ces enfants qui se pressent autour d'elle au point de gêner sa marche, si bien qu'à vrai dire, il est toujours opportun de revenir sur cette question de l'état actuel de la médecine, des relations qu'elle peut entretenir avec les sciences de la même famille, et surtout de la place qu'elle doit prendre au milieu de la vie réelle, dans le grand courant que suivent les destinées de l'humanité.

Vous savez que la médecine va chercher ses origines en remontant une série continue de générations jusqu'aux temps de la Grèce antique. C'est un temple païen qui fut le berceau de notre science, et elle en garde l'empreinte ineffaçable dans toute une série de conceptions où se reflètent la simplicité, la naïveté du paganisme et la vue claire qu'il avait de la nature. Encore aujourd'hui, il n'est aucun de nous qui ne se sente flatté de pouvoir dire ou entendre dire de lui qu'il possède la méthode hippocratique.

Cette vieille méthode païenne de l'observation sut conquérir une si grande autorité que, pour un temps du moins, elle fut la méthode officielle même du moyen âge chrétien, et que celui des vieux auteurs qui a analysé et exposé de la manière la plus parfaite les doctrines hippocratiques, Galien, fut aussi celui que l'on trouvait dans les bibliothèques des cloîtres en possession de la confiance de l'Église : il partageait avec Aristote l'honneur insigne d'être le manuel des moines.

Du moment que la méthode hippocratique, que le système que Galien nous a légué, a fait preuve d'une telle solidité et a joui d'une si durable faveur, on se demande s'il est besoin de chercher plus longtemps la place que doit prendre la pathologie.

Ne devrait-ce pas être une chose entendue, ne devrait-on pas savoir une bonne fois à quoi s'en tenir ? Mais non, nous ne sommes pas au bout de nos peines, et la preuve, c'est qu'aujourd'hui encore les questions les plus graves reçoivent des solutions contradictoires, que les écoles gardent une attitude hostile les unes en face des autres, que le peuple enfin a sur les maladies et leur mode de guérison des théories tout à fait inconciliables avec le *Credo* de la science. C'est pour cela qu'il est toujours nécessaire de s'entendre, d'amener un rapprochement entre les idées reçues dans le public et les progrès de la nouvelle école, et c'est ce qui me fait prendre ici la parole, dans ce pays dont les médecins ont eu une si grande part aux progrès de la science moderne et viennent de nous montrer quelle ardeur ils apportent dans l'œuvre de la vulgarisation des doctrines rigoureusement, logiquement élaborées.

En réalité, c'est la médecine allemande, l'école allemande telle qu'on la voit, travailler avec énergie, et heureusement, au nord comme au sud, qui tient la tête de tout le mouvement médical moderne. Il est reconnu un peu partout, en France et en Angleterre comme en Russie, que l'Allemagne est le pays où l'on doit venir chercher la vérité pathologique. Le dire n'est pas faire sa propre apologie, c'est constater un fait universellement admis. Eh bien ! s'il en est ainsi, n'avons-nous pas le plus pressant besoin de nous rendre intelligibles à nos compatriotes, de dissiper les préjugés et les superstitions de la tradition qui viennent au milieu de nos travaux nous rappeler de la façon la plus brutale la lutte de l'esprit ancien et de l'esprit nouveau, qui même menacent de nous créer des embarras momentanément inextricables ; car les idées, les notions, les croyances populaires, reposent sur des bases si fragiles, qu'il faut sonder longtemps le terrain avant de pouvoir espérer d'y rien bâtir. Une science qui prétend mériter ce nom doit tout d'abord s'assurer d'un objet précis. Il est vrai qu'on n'embarrasse personne en demandant quel est l'objet de la pathologie. La pathologie est, dit-on, la science de la maladie. Jusque-là pas de difficulté. Mais n'allez pas demander encore ce que c'est que la maladie, ou renoncez au même instant à tout espoir d'entente.

Si, remontant dans le passé aussi loin que la science nous le permet, nous voulions faire l'histoire des solutions que ce problème a reçues, nous verrions les esprits partagés entre deux systèmes, tous deux d'accord sur ce point qu'ils représentent la maladie comme abstraite du corps, qu'ils la considèrent comme quelque chose de distinct, d'indépendant ; ce qui conduisait naturellement à la douer d'une existence propre ; car on ne peut guère imaginer qu'un être vivant renferme en lui quelque chose de distinct de lui et susceptible d'en être séparé, à moins d'admettre quelque chose qui soit lui-même une entité indépendante.

C'est dans le même piége que tombent souvent les spéculations psychologiques ; dès l'instant où notre imagination isole ces activités intellectuelles sous le nom d'âme ou d'intelligence, la logique nous contraint à admettre que ce sont des êtres distincts, doués d'existence indépendante, isolés du corps, susceptibles, en tout cas, d'en être séparés. C'est justement où l'on en arrive avec la maladie. Du moment qu'elle est abstraite de l'ensemble de l'organisme, on est fatalement conduit à lui attribuer une existence particulière. En réalité, toute l'histoire de la pathologie pendant ces siècles reculés se résume dans celle des différentes théories qui se chargeaient d'expliquer cette existence distincte de la maladie. Les historiens de la médecine, pour abréger leur besogne, ont l'habitude de faire de ces différentes théories deux groupes, sous les rubriques savantes de pathologie humorale et pathologie solidiste. La pathologie humorale, de quelque nouveauté que ce nom puisse être pour vos oreilles, c'est la pathologie que vous avez tous sucée avec le lait, la pathologie du berceau, la pathologie des nourrices, la pathologie de la tradition, j'ajoute la pathologie de l'Église. Il est de Moïse l'adage fameux : « La vie réside dans le sang ». On en voit d'ici les conséquences : c'est que la maladie et ses suites doivent avoir leur siége dans le sang ; et la question de l'impureté, ce que nous appelons aujourd'hui l'infection, on la retrouve dans tous les livres de la Bible, sans excepter les plus anciens, intimement unie à celle du sang. Partout apparaît cette idée que la maladie a son origine dans une infection du sang, dans une souillure, que le principe morbide est une impureté qui s'est mêlée au sang et l'altère.

Il faut seulement remarquer que cette conception n'est pas spéciale aux Juifs, qu'on la retrouve dans les anciens livres des Hindous, qu'elle apparaît de même chez les vieux auteurs grecs, et qu'en lui donnant place dans son système, Hippocrate en fit la base de cette pathologie humorale, qui fut elle-même la pierre d'attente de tous les systèmes bâtis depuis lors. Il ne faut donc pas s'étonner si cette théorie est devenue le fondement de celles que les âges précédents nous ont léguées. Deux des autorités les plus imposantes, d'un côté l'ancien Testament, de l'autre Hippocrate et l'école des Asclépiades, l'avaient prise pour point de départ, et l'avaient ainsi introduite, d'une part dans la littérature classique, de l'autre dans la littérature ecclésiastique ; de telle sorte que quand les deux écoles se confondirent, c'est-à-dire quand l'Église du moyen âge les absorba l'une et l'autre et qu'elle se chargea de continuer leur enseignement, la pathologie humorale ne pouvait manquer de devenir la pathologie du peuple.

Telle fut donc la base commune sur laquelle tous les peuples civilisés ont assis leurs croyances médicales : ce qui explique l'empire qu'elle exerce encore, en dépit de tout, sur l'esprit des médecins, et l'incroyable difficulté qu'ils éprouvent, même en face de l'évidence la plus palpable, à renoncer, en faveur d'idées plus rationnelles, à ces restes de l'ancienne tradition, à ces doctrines qui leur furent insinuées pour ainsi dire à la mamelle. Je ne veux pas dire par là que les impuretés du sang, que l'infection n'existe pas, qu'il n'y a pas d'altérations humorales jouant le rôle de germes morbides. N'allez pas, messieurs, vous méprendre sur le sens de mes paroles ; tout le premier, j'ai travaillé à réunir des faits qui plaident en faveur de cette conception. Mais la question est de savoir si, en thèse générale, c'est le propre de la maladie d'être indissolublement liée au sang, si elle a nécessairement son origine dans les humeurs, si nous pouvons admettre comme un axiome que le sang est le vrai siège de la maladie. Bien qu'on se fût jadis unanimement accordé à prendre pour point de départ la théorie humorale, l'entente n'en cessait pas moins dès qu'il s'agissait de savoir ce qui, dans le sang, dans ces humeurs, pouvait bien être l'élément capable de donner naissance à la maladie.

L'interprétation hippocratique est, à cet égard, aussi timide, aussi naïve que possible : c'est, dans son genre, le pendant exact de celle que la chimie pourrait aujourd'hui donner. La théorie hippocratique part de cette hypothèse que le corps humain, dans son ensemble et chacun de ses organes en particulier, se compose de quatre éléments fondamentaux et liquides de leur nature, *humores* ; il ne faut pas se figurer ces liquides comme ceux dont il est question aujourd'hui dans l'économie animale et dont les uns circulent, les autres sont sécrétés. Quelque partie du corps que l'on considère, grande ou petite, ces quatre humeurs s'y retrouvent invariablement dans la même proportion ; de telle sorte qu'une portion quelconque du corps entier se compose toujours de ces quatre substances, que chaque partie, dans sa constitution naturelle et, pour m'exprimer ici avec plus de précision, dans son état de santé, est le produit du mélange normal de ces quatre substances, que ce mélange, *temperies humorum*, doit être considéré comme la condition première de l'état de santé, de l'équilibre physiologique, et, réciproquement, que tout changement dans la proportion du mélange, toute dyscrasie, toute modification de la crase, est la source de la maladie. Cette vieille théorie crasique diffère essentiellement de la théorie moderne : celle-ci n'applique ses théorèmes qu'au sang, l'autre les étendait à toutes les par-

ties du corps, au nombre desquelles il faut bien dire qu'alors déjà on plaçait le sang en première ligne.

Ainsi donc, pour les anciens, les humeurs n'étaient pas les sucs qui circulent dans le corps ; elles formaient, par leur mélange, les éléments fondamentaux de chaque partie du corps. Pour trouver à cette vieille théorie crasique un équivalent dans nos idées modernes, il faudrait nous adresser aux doctrines chimiques qui ont cours aujourd'hui.

Supposons que le carbone, l'hydrogène, l'oxygène et l'azote soient les éléments réguliers de toutes les parties du corps, et que les modifications du mélange, l'excès de carbone sur tel ou tel point, ou le défaut d'azote par exemple, détruise tout l'équilibre, voilà la théorie de la crase telle que la concevaient les anciens.

Mais de bonne heure une idée nouvelle vint s'ajouter à cette première donnée : c'est que l'élément qui se trouve en surabondance sur un point quelconque du corps était la vraie cause de la maladie, et que si, par exemple, l'un des quatre, la bile, s'amassait dans une partie du corps, il en résultait une maladie bilieuse, et que la bile constituait proprement, dans ce cas, le principe de la maladie. C'est ainsi que prit naissance la théorie des matières morbides, dont on retrouverait la trace, de nos jours encore, dans le langage du peuple : elle repose sur l'idée de la matérialité du corps. Je m'empresse d'ajouter que plus tard, vers le commencement des temps modernes, on fit un pas de plus dans la même voie, qu'on imagina que ces matières avaient une action excitante, irritante, que, par leur présence dans l'organisme, elles provoquaient une irritation morbide dans toutes ses parties, qu'elles agissaient comme les corps âcres, d'où prit naissance la théorie des âcretés morbides, *acrimoniæ morbi*.

C'est le développement logique de l'idée première, et à mesure que, dans les nouvelles théories, les liquides circulants ont pris la place des quatre humeurs dont nous avons parlé, que le sang en devint le type en qualité d'agent intermédiaire par excellence, on s'attacha de plus en plus à cette idée que la matière morbide, la maladie, résidait dans l'âcreté du sang, et qu'ainsi le sang en était le foyer principal.

Néanmoins, on ne s'en est pas toujours tenu à cette conception, qui est en quelque sorte chimique (bien qu'elle ne trouve pas sa confirmation dans les données actuelles de la chimie), parce qu'au fond elle est inspirée par l'esprit de la chimie. De temps en temps, le sentiment de son insuffisance s'est fait jour : on lui a opposé d'autres théories qui ne se contentaient plus de ces quatre substances, de ces corps simplement chimiques. On se dit que la maladie devait être autre chose qu'une substance inerte, qu'elle présentait toute la série des phénomènes et des caractères que l'on rencontre chez les êtres vivants, qu'elle possède un certain développement, une certaine durée d'existence, des phases, qu'elle jouit d'un pouvoir de végétation, qu'elle se propage, en un mot, qu'elle se comporte comme un être vivant. C'est ainsi qu'on cherchait à transformer peu à peu la théorie purement chimique et qu'on cherchait à donner à la maladie une existence véritablement vivante. On le fit, mais de manières différentes, suivant les préoccupations des temps. Ces divergences se reproduiront nécessairement toujours, on peut le prévoir, car elles résultent de la nature même de l'esprit humain et des tendances différentes et en partie contraires qu'il recèle.

Ceux qui obéissaient à l'une de ces tendances, les partisans de la première école, en étaient arrivés à considérer la maladie comme un être réellement doué de vie, et qui tenait à peu près le milieu entre l'animal et la plante. A mesure que les autres sciences naturelles marchèrent, à mesure que l'on fit connaissance avec les organisations animales et végétales plus délicates et que la même méthode qui les avait fait découvrir dans la nature arriva à en trouver de semblables à l'intérieur et à l'extérieur du corps, on put espérer de réussir à expliquer tous les cas de maladie par l'existence de ces organismes élémentaires.

Un de nos professeurs les plus éminents et qui ont eu la plus grande part d'influence sur le développement de cette école, Schœnlein, mort depuis peu d'années, a tenté, à son tour, et avec beaucoup de logique, de développer cette idée, qui n'est pas neuve en elle-même. A des époques déjà lointaines, elle a été plusieurs fois développée et même, de nos jours, elle gagne une certaine autorité, toutes les fois qu'on réussit, comme cela est arrivé et arrive encore, à mettre une maladie de plus au compte d'une de ces espèces placées au bas de l'échelle des êtres organisés. Aucun de nous n'ignore qu'à l'heure qu'il est le gros public agite la question de savoir si c'est par un champignon que se transmet le choléra, si le typhus, si la fièvre scarlatine, si la rougeole sont causés par des organismes microscopiques qui pénétreraient dans le corps. Si le fait était certain, on serait bien tenté de voir dans ces organismes élémentaires le principe même de la maladie.

Il y a maintenant l'autre école qui tient un langage différent. D'après elle, c'est faire acte de matérialisme que d'attribuer à la maladie une existence animale ou végétale : la maladie est, au contraire, un fait de l'ordre spirituel. Cette conception n'est pas moins vieille que l'autre; on peut même dire que c'est à une époque reculée, chez les peuples de l'extrême Orient, les Chinois et les Arabes, qu'elle a reçu à la fois ses développements les plus complets et son application la plus large. Aujourd'hui encore, les doctrines médicales de ces peuples reposent sur l'idée que le principe même de la maladie est une substance immatérielle, une sorte d'esprit, un *spiritus*, un souffle, comme on pourrait dire aussi. On voit que cette conception se rapproche beaucoup des doctrines sur la nature de la vie, de même que, dans l'antiquité, les idées que l'on avait sur la nature de la vie étaient étroitement unies à celles que l'on avait sur la respiration : le souffle vivant, l'haleine vivante apparaissait comme une véritable substance spirituelle qui anime le corps et qui peut le laisser sans vie si elle le quitte. De même que le souffle a passé pour le principe de la maladie, on retrouve dans les lieux les plus différents, sous une forme plus ou moins parfaite, cette idée d'attribuer à la maladie la nature d'un *pneuma*, d'un souffle, d'un esprit. Une foule de croyances populaires, qui malheureusement ne servent que trop souvent à égarer le peuple sur les remèdes que réclament ses maux, reposent sur cette conception spiritualiste et orientale.

J'ajoute que cette idée n'est pas exclusivement orientale, car nous la retrouvons encore dans les vieilles traditions des peuples germaniques, quoique sous une forme moins nette. Les mauvais génies, les sylphes, sans parler du cauchemar qu'on leur attribue et d'autres légendes que nos pères nous ont léguées, sont les produits d'une même disposition d'es-

prit : ils ont de commun ce fait d'un être étranger qui est censé s'introduire dans le corps humain; qui est une sorte d'organisme aussi, mais un organisme incorporel, d'une substance purement immatérielle (1).

C'est ainsi que la mère redoute pour son enfant le souffle d'un génie malfaisant; c'est ainsi que les bonnes gens s'écartent avec soin des lieux hantés par les esprits, qu'ils croiraient s'exposer à loger malgré eux quelque diable en s'en approchant, qu'ils pensent voir à leurs trousses des légions de démons dont leurs péchés excitent la convoitise. Enfin c'est ainsi qu'on a voulu trouver une relation particulière entre la maladie et le diable. Cette opinion vient même d'être mise en plein jour dans la question de l'influence funeste de l'eau-de-vie; nous avons vu un de nos professeurs à l'université de Berlin soutenir énergiquement cette thèse que l'eau-de-vie est le siège du démon, qu'il pénètre avec elle dans le corps de l'homme, et que l'esprit mauvais par excellence choisit de préférence le moins mauvais esprit, sans doute pour abréger les ennuis du voyage.

N'a-t-on pas soutenu d'ailleurs avec une égale énergie que le tabac est une plante infernale inventée par le démon pour tenter l'homme et s'introduire au moyen de la fumée non-seulement dans le corps des fumeurs, mais dans celui des gens qui ont le malheur de vivre dans leur atmosphère. Vous le voyez, ces idées ne meurent pas, non plus que l'affinité qui les unit. Lorsque les Arabes commencèrent à distiller l'eau-de-vie, lorsqu'ils apprirent à fabriquer cet alcool, qui a gardé le nom qu'ils lui ont donné, on comprend bien qu'ils considérassent l'alcool comme une sorte d'esprit, comme un *spiritus* se dégageant, sous l'action du feu, de substances plus grossières que lui et pouvant être recueilli à part; plus tard, on imagina qu'il était possible de dégager par la distillation toutes sortes de substances subtiles et volatiles, toutes sortes d'esprits et de les conserver dans des vases. L'expérience n'a pas réussi pour tous. Néanmoins nos chimistes poursuivent activement cette œuvre, et nous avons le plaisir de constater que chaque année voit s'accroître le nombre des alcools et des éthers de différente sorte que nous produisons, ce qui augmente d'autant nos ressources thérapeutiques. Mais il n'y a plus personne qui croie à l'exactitude de cette idée primitive d'après laquelle cet alcool serait vraiment l'esprit de la substance dont il est tiré, de sorte que, dans du blé distillé, la partie spiritueuse serait dégagée et le flegma seul formerait le *caput mortuum*. Il en est de même du tabac. J'avoue toutefois que les nuages de fumée qu'il répand et dont il obscurcit le cerveau de beaucoup de fumeurs ne laissent pas de rappeler un tant soit peu le mauvais esprit qui, lui aussi, s'enveloppe de fumée et fait sentir sa présence par l'odeur qu'il répand; ce qui lui donne une apparence matérielle et justifie bien des théories aventurées.

Voyons maintenant les méthodes de traitement, — elles sont innombrables, — que nous devons à cette conception spiritualiste de la maladie.

Toutes ces recettes pour conjurer l'esprit malin, soit par la douceur, soit par des moyens plus grossièrement matériels, tous ces exorcismes propres à chasser le diable ou ses acolytes, tous ces ingrédients auxquels on prêtait une vertu secrète pour combattre les démons, sont tous tirés d'un même

---

(1) Voyez une conférence de M. R. Virchow sur la *Fièvre*, dans notre tome VI, page 354.

fond, je veux dire qu'ils proviennent d'une disposition naturelle de l'esprit humain, qui se traduit d'une manière ou
d'une autre selon les individus. Remarquons en passant que
la foule ignorante n'est pas seule à se livrer à ces pratiques,
n'est pas seule à conserver la tradition de ces préjugés funestes, mais que les classes les plus élevées et en apparence
les plus éclairées de la société les adoptent tout aussi bien,
une fois qu'elles les ont revêtus d'une forme moins naïve.
Sous ce rapport comme sous les autres, notre siècle ingénieux
n'est pas à court d'expédients. On sait assez qu'au commencement de ce siècle fut inventé le magnétisme animal, une des
nouvelles formes du spiritualisme, je veux dire, bien entendu,
d'un certain spiritualisme. Il n'échappera à personne qu'au
fond cette théorie s'est faite la médiatrice entre la forme
grossière du spiritualisme et cette philosophie obscure qui
jouissait d'une autorité plus grande au commencement de ce
siècle, mais n'a pas encore perdu tous ses partisans. Il
n'est pas besoin d'aller bien loin pour voir l'absurdité dans
laquelle tombe et le ridicule dont se couvre ce magnétisme animal. Tout cela touche à sa fin.

Qu'est-ce, en fin de compte, que la maladie? Est-ce une substance chimique? n'est-ce qu'un liquide, ou bien est-ce un
organisme? et, dans ce cas, matériel ou immatériel? Est-ce
un esprit? Est-ce le diable en propre personne que nous avons
à prendre à partie?

Ce sont là des questions que la science doit se poser, des
questions qui, de nos jours encore, servent parfois de matière
à des systèmes complets. Mais, en face de ces théories, une
pensée se fait jour, qui date environ de la moitié du siècle
dernier, mais dont la trace première est plus ancienne.
D'après cette doctrine, la maladie ne serait pas un organisme
particulier, distinct, séparable, ni une existence à part; la
maladie serait intimement unie au corps vivant, de telle sorte
qu'elle ne pourrait exister que sur ce corps dont elle ferait
partie. Cette conception, dont je veux dire tout de suite
qu'elle marque, à mon sens, le premier jalon de la vraie voie,
conduit presque nécessairement, je ne dis pas à rejeter
comme une absurdité ce que l'on appelle le principe morbide, l'âcreté, l'esprit de maladie, mais à leur donner un autre rôle, à admettre, par exemple, que la substance chimique, l'organisme matériel et le diable, ne constituent pas le
principe morbide, mais qu'ils peuvent être la cause de la
maladie, c'est-à-dire ce qui excite, provoque, ce qui rend possible la maladie, mais non pas la maladie elle-même. Ce qui
excite, provoque et rend possible une chose n'est pas identique avec la chose elle-même. Ainsi, que le choléra, par exemple, soit déterminé par un champignon microscopique se
propageant et se communiquant aux individus et exerçant
ses ravages dans le corps humain; eh bien! il est évident que
la maladie en elle-même, observée, constatée, ses phénomènes, ses symptômes, ne sont pas la même chose que le
champignon, mais que ce que nos yeux voient ce sont les
modifications du corps vivant, des faits dont il est le théâtre.
Si ce champignon, cause de la maladie, était en même temps
la maladie elle-même, alors le coup appliqué par une main
étrangère et qui déterminerait une lésion serait lui-même le
principe morbide. Rien n'empêcherait qu'on personnifiât ce
coup, qu'on en fît un *principe de coup* (1) et qu'on dît : le prin-

cipe de coup est la base des différents états traumatiques.

Cela est tellement illogique que l'on a vraiment peine à
comprendre quon n'ait pu réussir à faire la distinction. Il suffit pourtant de bien comprendre que tout ce dont on a voulu
faire des principes morbides, depuis des milliers d'années,
n'était que des causes de maladie, pour nous affranchir de
cette idée d'après laquelle toutes les maladies n'auraient
qu'une seule et même cause, soit une substance chimique,
soit un organisme, soit les malins esprits.

Il est à présumer, au contraire, que les différentes causes
existent séparément à côté les unes des autres, que si la maladie est distincte de sa cause, une cause engendre telle
maladie, tandis qu'une autre en engendre telle autre. Par là,
nous secouons le joug de la théorie; nous prenons l'habitude de rattacher peu à peu chaque maladie particulière à la
cause qui la provoque, et le fait que telle maladie est engendrée par un organisme ne nous arrête plus si nous sommes
conduits à établir que ce n'est pas le cas pour telle autre.

Ainsi nous abandonnons cette idée qu'il y a lieu de chercher le principe de la maladie. Ce principe n'existe pas :
chaque maladie a son caractère propre. Chacun non-seulement peut, mais doit, en règle générale, être le produit d'une
autre cause; ainsi, nous avons des causes variées, et cette
somme de causes comprend la variété des différentes substances nuisibles et des actions dangereuses.

C'est là une question capitale et qui demande à être profondément creusée par quiconque prétend aborder sans idée
préconçue l'étude des maladies. A notre époque, où les questions médicales se mêlent si facilement aux questions du jour
dans la presse quotidienne, qu'il serait doublement dangereux de se laisser dominer par ces vieux préjugés qui ne sont
plus bons aujourd'hui qu'à engendrer de nouvelles erreurs!
Il saute aux yeux que toute conception de cet ordre amène à sa
suite des conséquences pratiques dont on ne peut peser avec
trop d'attention l'importance.

Comme je le disais, la maladie appartient essentiellement
au corps vivant, en est inséparable; si nous pouvons l'en
isoler par la pensée par abstraction, il nous est impossible de
lui accorder une existence propre.

Eh bien! a-t-on dit, ce que nous apercevons dans la maladie, ce que nous y découvrons, c'est la lutte entre le corps et
cette substance étrangère, cet organisme étranger, cet in-
trus qui a pénétré dans le corps. J'avoue que c'est là une
image poétique; mais cette interprétation n'a, vous le voyez,
rien de scientifique. La question rigoureusement posée est
celle-ci : Qu'est-ce que nous voyons en lutte? Est-ce la cause
de la maladie, ou est-ce le corps malade qui combat? Règle
générale, c'est le corps malade, et j'en déduis que la maladie
est un phénomène vital, nullement une entité, mais un processus qui passe par une série d'états dont l'un est le résultat en quelque sorte nécessaire de l'autre.

Cette pensée que les maladies sont des processus nous paraît aujourd'hui de la plus grande simplicité : peu s'en faut
qu'elle ne paraisse usée; mais sait-on que cette pensée ne
date pas de beaucoup plus de trente ans, et que le fait auquel elle correspond n'a, à l'heure qu'il est, dans le langage
scientifique des autres peuples, aucun terme qui l'exprime
exactement. Encore aujourd'hui, ni le français, ni l'anglais
n'ont de traduction parfaite de l'allemand : *krankheitsvorgang*.
Ils ont besoin de faire en quelque sorte violence au génie
traditionnel de leurs langues; il leur faut commenter les ter-

(1) C'est ainsi que nous traduisons l'intraduisible *stosswesen* que
l'auteur allemand a fabriqué pour son usage, sans faire violence d'ailleurs à sa langue, qui permet semblables licences.   *N. du T.*

mes dont ils se servent, tant cette idée est nouvelle encore. A nous, elle est depuis longtemps familière, et il en est résulté que l'on s'est mis à rapprocher de plus en plus la pathologie de la science de la vie à l'état normal, de la physiologie.

A ce point de vue, on a dit : la maladie n'est autre chose que la vie dans des conditions anormales. Mais c'était là une expression un peu philosophique, et, de nos jours, on a toujours senti le besoin de ne pas faire de métaphysique à propos de maladie.

Cette expression : vie dans des conditions anormales est aussi, au point de vue pratique, une définition défectueuse. Le prisonnier contraint à rester assis des semaines entières n'est assurément, aux yeux de personne, dans des conditions normales, et néanmoins on fait une distinction entre les prisonniers sains et malades, comme parmi les gens libres. On n'est pas considéré comme malade dès qu'on est mis en prison; il y a toute une série de postulata auxquels il faut auparavant satisfaire. Je ne parle pas, bien entendu, de la maladie que l'on contracte dans les prisons : la médecine moderne met en effet au nombre des maladies que la civilisation a provoquées celles que l'on appelle les maladies de prison.

Un enfant envoyé à l'école et obligé d'y demeurer plusieurs heures de suite, dans des conditions de salubrité souvent très-fâcheuses, peut passer pour vivre dans des conditions anormales, que l'intervention du maître aggrave encore quelquefois. Néanmoins, personne ne soutiendra que l'expression *envoyer un enfant à l'école* soit synonyme de *le rendre malade*. Ce qui ne veut pas dire qu'il n'existe pas un groupe spécial de maladies contractées à l'école; nous avons commencé à les étudier, et nous pouvons présumer ou même prouver déjà que c'est la vie anormale de l'école qui les détermine. Un émigrant part pour le Brésil ou l'Afrique et s'y établit; il y trouve des conditions très-anormales qui lui sont tout à fait nouvelles, si nouvelles qu'il court le plus grand risque de succomber à une maladie climatérique. Il a besoin de s'acclimater pour supporter ces conditions anormales nouvelles pour lui; néanmoins, nous ne pouvons pas dire qu'il tombe malade au moment même où il rencontre ces conditions anormales. Bien au contraire, beaucoup d'émigrants s'acclimatent sans payer de tribut à la maladie. Vous voyez donc que la variation dans les conditions de la vie ne constitue pas la maladie.

On peut se demander si, grâce à son organisation physiologique, le corps est capable de triompher complétement de ces fâcheuses influences, s'il peut se faire assez bien à ces conditions nouvelles, s'il peut assez s'acclimater, suivant cette heureuse expression, pour échapper à la maladie qui le menace. Cette faculté d'acclimatation qui permet à l'homme de s'habituer à des conditions extérieures aussi anormales, la possibilité que donne l'organisation du corps humain de provoquer des actes régulateurs, c'est-à-dire de faire équilibre aux influences anormales que le corps subit, au moyen de modifications dans le jeu des activités vitales, par l'accroissement des activités des organes, ou par l'attribution aux organes d'activités nouvelles qu'ils n'eussent pas exercées sans cela, cette activité régulatrice, dis-je, est le secret de cet étonnant pouvoir que possède le corps d'affronter tantôt les glaces du pôle, tantôt les feux torrides des tropiques. Elle nous permet de supporter, dans un court espace de temps, les plus extrêmes différences de pression atmosphérique, soit que nous descendions à des profondeurs extraordinaires, soit que nous nous élevions à une prodigieuse altitude.

Cette faculté d'accommodation du corps, aussi admirable que connue, nous sert en même temps à déterminer les limites de la maladie.

La maladie commence au moment précis où l'organisation régulatrice ne suffit plus à résister aux causes perturbatrices. Ce n'est pas la vie dans des conditions anormales, ce n'est pas la perturbation en elle-même qui cause la maladie, c'est l'insuffisance des appareils régulateurs. Quand ces appareils sont impuissants à rétablir promptement l'équilibre des fonctions vitales, l'homme est malade. De là vient que, dans des conditions de vie semblables, tel individu doué d'un appareil régulateur énergique peut en être quitte pour un léger malaise, tandis qu'une autre personne se sentira longtemps indisposée avant de s'aguerrir, une troisième tombera promptement malade, une quatrième enfin traînera quelques jours, peut-être plusieurs semaines avant que la maladie n'éclate définivement.

Ces différences, en apparence si considérables, dont on a si souvent profité pour mettre en doute la réalité des causes de maladie que l'on connaît, s'expliquent toutes si nous considérons l'inégale énergie des appareils régulateurs, si nous songeons que chaque personne, en sa qualité d'individu, est douée d'une organisation particulière, d'une constitution qui lui est propre, de qualités individuelles, en un mot, qu'elle ne partage ni avec le genre humain, ni avec la race, ni avec le peuple auxquels elle appartient, ni même avec sa famille, et qui lui sont spéciales à elle seule.

Ces singularités dans l'organisation de l'individu influent naturellement sur la marche de la maladie : elles déterminent sa naissance ou son avortement, sa durée longue ou courte, son issue heureuse ou fatale. Le rôle du médecin se borne à seconder l'action des appareils régulateurs, quand la maladie est apparue, et à assurer leur fonctionnement. Voilà ce que l'on veut dire lorsqu'on appelle le médecin serviteur de la nature, non pas *magister*, mais *minister naturæ*.

Chose assez étrange, c'est dans la bouche des hommes faisant le plus volontiers profession de spiritualisme transcendant que l'on entend le plus souvent ce reproche : le médecin est impuissant si la nature ne vient à son aide. Mais le médecin n'a pas la prétention de faire rien autre chose. Toute son action et toute son attention sont dirigées sur un seul but : débarrasser le mécanisme naturel des obstacles qui gênent son jeu, et lui permettre de fonctionner d'une manière normale et régulière. Si ce but est atteint, tout est fait. Est-il manqué? tout l'art du médecin est superflu; il aurait beau conjurer le diable, la guérison lui échapperait, s'il n'obtenait que l'appareil régulatoire recouvre la liberté d'action avant tout nécessaire.

Se pénétrer du caractère indispensable de cette fonction, c'est se pénétrer aussi de la conviction que l'art du médecin a bien réellement un domaine où il peut s'exercer. Cet art consiste à mettre un terme à la situation dans laquelle la maladie s'est développée, à ramener le malade aux conditions normales d'existence, en un mot, à éloigner, à neutraliser les causes de la maladie; et réciproquement, grâce aux connaissances que la physiologie unie à l'étude sérieuse de la pathologie assurent au médecin, à intervenir dans la marche du mal, de manière à permettre aux organes de fonctionner régulièrement.

Eh bien! messieurs, ce qui a le plus contribué à élargir le

domaine où le médecin peut exercer une action vraiment scientifique, ce sont les progrès qu'on fait chaque année dans la connaissance de l'être morbide. Car je dois vous le dire, en terminant, à mes yeux comme à ceux d'un nombre de médecins toujours plus grand, je l'espère, cet être existe réellement. On doit la connaissance de sa nature à l'anatomie pathologique. On a commencé tout d'abord par diriger son attention sur les différents organes en particulier : on n'admit plus que la maladie envahît capricieusement le corps, mais qu'elle devait s'y localiser sur un point précis ; on lui indiqua d'abord sommairement pour siége telle partie, comme la tête, la poitrine ou le bas-ventre; mais ces données topographiques avançaient peu le travail de l'orientation positive : c'était quelque chose comme l'adresse d'un destinataire dont on sait tout juste qu'il habite l'Europe ou l'Amérique. Heureusement on se mit peu à peu à tailler des provinces à contours bien délimités dans ces vastes territoires, on étudia les différents organes, on s'habitua à désigner les maladies par le nom de ceux qu'elles affectaient. Ce ne fut plus de maladies de poitrine qu'il s'agit, mais plus spécialement de celles du cœur ou des poumons. Encore le cœur est-il un bien gros organe ; le poumon tout entier n'était peut-être pas attaqué ; on s'enquit de la partie du cœur, des poumons qui avait été affectée.

Il n'est personne qui se tienne pour satisfait de savoir que le cœur en bloc est malade ; on demande si ce sont les nerfs du cœur, les vaisseaux, les muscles, les enveloppes, qui sont atteints, et dans quelle portion spéciale, sur quel point. C'est ainsi qu'on en est graduellement arrivé à décomposer les organes par l'analyse, à choisir pour bases les tissus divers constituant les organes, et à considérer de plus en plus l'histologie comme le fondement nécessaire de l'analyse pathologique. Si nous considérons maintenant les tissus et que nous cherchions quelle est la partie qui subit réellement la modification morbide, qui en est le point de départ, le siége, qui joue le rôle actif dans l'évolution morbide, nous arrivons, en dernière analyse, aux éléments histologiques, aux dernières particules organiques, à ces éléments que nous appelons cellules dans la physique organique.

Tandis que la science, vers le milieu du siècle précédent, partait de cette idée de plus en plus vérifiée, que l'homme vivant renferme en lui en quelque sorte la maladie comme une modalité de sa vie, nous en sommes arrivés aujourd'hui à connaître les maladies des organes, ce qui fut l'étude des dernières années du siècle passé et du commencement de celui-ci, à pousser jusqu'aux dernières limites l'analyse, puisque nous disputons aujourd'hui sur les cellules, et que si vous avez suivi de près les débats de nos sections, vous avez dû voir qu'il s'est toujours agi du rôle des cellules dans chaque organe, de leur mode de formation, de leur origine, de leurs déplacements, de leur alimentation, de la manière enfin dont elles accomplissent toutes les fonctions des autres organismes et des êtres vivants en général. Nous en sommes arrivés, dans la connaissance des cellules, à ce point que nous avons maintenant devant nous les éléments vraiment actifs du corps humain, non plus des éléments spirituels, mais des éléments visibles, les organismes primordiaux, créateurs, agissants. Ce sont eux qui exercent le rôle régulateur, source de la guérison, et eux aussi qui subissent les perturbations, sources de la maladie.

Ainsi se dessinent à nos yeux, dans toute leur clarté, des conceptions scientifiques qui, à mesure qu'elles deviendront

le patrimoine commun de tout le monde, tiendront le peuple en garde contre ces superstitions où il a vécu si longtemps ; qui, en pénétrant dans le monde politique, amèneront les hommes d'État à faire de l'hygiène publique, de la surveillance à exercer sur la santé du peuple, un sujet de réflexions plus important que celui des guerres à entreprendre et des peuples à mener à la boucherie ! Nous autres médecins, nous avons été de tout temps les apôtres de la paix et de la conciliation ; sur le champ de bataille, le médecin accomplit envers tous ses sérieux devoirs, sans distinction de personnes. Mais nous nous sommes aussi montrés dans les combats de l'intelligence, et cette mission élevée, qui aujourd'hui nous incombe, de faire entendre notre voix dans les débats qui s'élèvent sur les affaires du pays, non pour venir en aide aux combinaisons frivoles de la diplomatie, mais pour apprendre aux hommes d'État comment on rend le peuple heureux et sain, cette tâche, messieurs, j'ose espérer que nous la remplirons avec un zèle infatigable, et que chaque fois que nous nous réunirons désormais, ce sera pour enregistrer de nouveaux triomphes.

R. Virchow,
Professeur à l'université de Berlin.

CONFÉRENCES DE MULHOUSE

M. J. DELBOS

L'Alsace pendant la période tertiaire

Au commencement de la période tertiaire, les grands traits de la géographie de l'Alsace étaient depuis longtemps irrévocablement fixés. C'était, comme de nos jours, une longue vallée comprise entre les deux chaînes jumelles des Vosges et de la forêt Noire, fermée au nord par la chaîne du Taunus, ouverte au midi vers la Suisse. Seulement, les montagnes étaient alors beaucoup plus élevées et beaucoup plus accidentées que maintenant. Nous en avons la preuve dans l'énorme quantité de matériaux qui leur ont été arrachés pour former à leur pied des nappes épaisses ou pour être entraînés au loin dans les plaines circonvoisines. Cette destruction ne s'est jamais arrêtée, mais elle a pris un caractère d'activité formidable pendant la période quaternaire dont il n'entre pas dans mon plan de vous entretenir aujourd'hui. Dans les temps tertiaires, antérieurs à ces grandes dégradations, le ballon de Guebwiller, le Hohnack, le Rothaback, quoique déjà bien vieux, étaient peut-être encore des pics escarpés. Le temps a fait son œuvre, il les a amoindris et abaissés, de manière à leur donner leurs formes actuelles de dômes arrondis. — Les montagnes qui bordent la plaine alsacienne portent ainsi, dans leurs contours émoussés, le signe de leur haute antiquité.

Cette plaine, durant la période secondaire, a été longtemps occupée par la mer qui l'a comblée en partie de sédiments de nature variée. Je ne me propose pas ici de vous faire remonter jusqu'à cette époque. Il me suffira de vous dire que peu à peu la mer s'est retirée vers le sud et a fini par laisser la plaine alsacienne complétement à découvert.

Cet état d'émersion a duré pendant un temps très-long et s'est même prolongé, alors que la période tertiaire régnait déjà depuis longtemps. — En effet, depuis le commencement de cette période, cinq faunes et autant de flores distinctes s'étaient succédé dans le bassin de Paris, ce qui suppose un laps de temps énorme. Que s'est-il passé alors dans notre pays? Quels sont les végétaux qui y ont vécu, les animaux qui l'ont habité? Nous l'ignorons; il ne nous en est resté aucun débris.

Les plus anciens documents des temps tertiaires en Alsace se trouvent tous réunis aux environs de Bouxwiller, dans le département du Bas-Rhin. Toute l'histoire de ces temps reculés se concentre dans celle d'un petit lac d'eau douce, qui était situé un peu au sud de l'emplacement qu'occupe aujourd'hui cette ville.

A cette époque, la mer couvrait le bassin de Paris et s'étendait jusqu'en Champagne; la ville d'Épernay est bâtie sur son ancien rivage. Les Alpes n'existaient pas; une autre mer s'étendait sur la région où devaient surgir plus tard leurs puissants massifs, alors réduits à quelques îles peu étendues. La vallée de l'Alsace s'ouvrait largement au midi, sur des pays peu accidentés, qui devaient s'élever plus tard pour former les monts Jura, et s'étendaient à cette époque jusqu'au rivage de la mer des Alpes.

Le lac de Bouxwiller, dont je vais essayer de reconstituer l'histoire, occupait une dépression du sol, à une lieue de distance du pied des Vosges. Il avait environ trois kilomètres de longueur sur un et demi de largeur. Les petits ruisseaux qui l'alimentaient y amenèrent d'abord des limons et des sables qui se déposèrent sur son fond et formèrent, avec le temps, une couche imperméable aux eaux. Sur ce fond vaseux se développa une végétation active, mais dont la nature nous est inconnue, car la couche formée par l'accumulation des plantes détruites et décomposées, n'a rien conservé de distinct, si ce n'est quelques traces de fibres ligneuses. En ce temps, le lac n'était encore qu'un marais fétide et malsain. Dans ses eaux dormantes et tièdes s'accomplissait un travail énergique de fermentation. Une atmosphère lourde et pestilentielle, chargée d'hydrogène sulfuré, planait sur la surface immobile des eaux. L'état d'altération des détritus végétaux, l'énorme quantité de sulfure de fer qui les imprègne, attestent la puissance des phénomènes chimiques de décomposition dont cette lagune fut le théâtre.

C'est ainsi que s'est formée cette précieuse couche de lignite, qui a fait de nos jours la prospérité industrielle de Bouxwiller. Le sulfure de fer, accumulé lentement, est devenu la matière première qui, élaborée dans une grande usine, à laquelle le lignite sert de combustible, se convertit en vitriol, en alun, en sulfate d'alumine, substances dont l'industrie moderne fait une si grande consommation.

Le lignite de Bouxwiller a à peu près la même densité que la houille, mais à poids égal il renferme cinq fois moins de carbone. Il forme une couche épaisse en moyenne d'un mètre et demi. Si l'on supposait que cette couche se convertît en houille, son épaisseur se réduirait au cinquième, c'est-à-dire à 30 centimètres. — Or, on a calculé qu'une forêt d'un siècle, abattue et transformée en houille, ne formerait sur le sol qu'elle occupait, qu'une couche de 16 millimètres. La couche de lignite de Bouxwiller, qui représente 30 centimètres de houille, a donc exigé pour sa formation une durée de dix-neuf siècles environ. — Ce calcul montre, d'une part, avec quelle lenteur se sont produits certains dépôts, d'autre part, il fournit un exemple de la méthode que l'on peut employer pour évaluer les durées géologiques en années. Mais, comme tous les calculs de ce genre, il n'est qu'approximatif.

Il peut donner un nombre d'années trop fort si la végétation a été plus active que celle des forêts de nos climats, trop faible au contraire, si l'on tient compte de la nature des plantes aquatiques, moins riches en matière ligneuse que les végétaux terrestres arborescents.

Peu à peu le lac s'assainit, sans doute par l'augmentation du volume des cours d'eau affluents. La masse de ses eaux, et par suite leur profondeur, s'accrurent, et la végétation marécageuse prit les caractères des végétations lacustres. Mais, en y amenant des eaux plus abondantes, les ruisseaux y transportèrent aussi une grande quantité de limons, qui se déposèrent, par petits lits, au-dessus du lignite et formèrent une masse argileuse d'un brun verdâtre, dont l'épaisseur dépasse 12 mètres. Durant cette période, la vie animale avait déjà pris possession des eaux; des coquilles de mollusques du genre Planorbe, dont je vous reparlerai bientôt, se rencontrent fréquemment dans les feuillets des argiles. Des reptiles, probablement de la famille des crocodiles, habitaient le lac, se réchauffaient sur ses plages, mais ils nous sont peu connus, car le seul vestige qui atteste leur existence, est une dent unique trouvée au sein des argiles vertes.

Avec le temps, les cours d'eau qui se déversaient dans le lac épuisèrent les limons qu'ils pouvaient entraîner sur leur parcours. Leurs eaux d'abord troubles, se clarifièrent, et finirent par devenir tout à fait limpides. En revanche, elles étaient fortement chargées de carbonate de chaux en dissolution, probablement par leur mélange avec des sources. Ce carbonate de chaux, en se précipitant peu à peu au fond du lac, finit par y former, au-dessus des argiles vertes, une succession de bancs, dont l'ensemble atteint environ 18 mètres d'épaisseur. La nappe d'eau était devenue tout à fait limpide, saine, aérée et fortement calcaire, toutes conditions éminemment favorables à la vie animale. Aussi les animaux, principalement les mollusques, s'y multiplièrent-ils avec une véritable profusion. Je vais essayer de vous donner une idée de cette faune.

Les espèces les plus abondantes étaient un planorbe à coquille enroulée en forme de disque, une grosse paludine à coquille conique et une limnée allongée. Toutes ces espèces sont éteintes, mais elles appartiennent à des genres encore existants, presque cosmopolites d'ailleurs, mais caractéristiques cependant de l'hémisphère nord. Sans quitter les environs de Mulhouse, vous trouveriez dans le canal, une grosse paludine voisine, par sa forme, de celle de Bouxwiller, des limnées et des planorbes dans presque tous les ruisseaux. D'autres espèces terrestres habitaient les bords du lac et y étaient entraînées par les averses ou par les ruisseaux : c'étaient d'abord deux petites hélices ou escargots, puis une agathine, dont les analogues actuels n'habitent plus que les Antilles et les régions subtropicales de l'Amérique. En tout, les calcaires de Bouxwiller ont fourni aux naturalistes une quinzaine d'espèces.

Pour vous donner une idée de l'abondance de ces mollusques, il me suffira de vous dire qu'on en a compté de 80 à 100 dans un décimètre cube de roche, ce qui fait huit à dix mille par mètre cube. Il est impossible que tous ces animaux aient vécu simultanément. Il leur a fallu du temps pour naître et pour croître, et à mesure qu'ils mouraient, leurs coquilles tombaient au fond de l'eau et étaient emprisonnées dans les sédiments qui s'y entassaient. Rappelez-vous maintenant que les couches coquillières, partout également riches en fossiles, ont 18 mètres d'épaisseur, et jugez du temps né-cessaire pour produire une pareille accumulation.

C'est dans ces calcaires pétris de coquilles d'eau douce et terrestres que furent trouvés, à la fin du siècle dernier, des ossements qui tombèrent en la possession de Jean Hermann, alors professeur de botanique à Strasbourg, puis passèrent entre les mains de son gendre et successeur Hammer, profes-seur à la Faculté des sciences de la même ville. Ce dernier se procura lui-même à Bouxwiller de nouveaux débris, et le tout fut envoyé à Cuvier, alors occupé de ses études sur les ossements fossiles. Le grand naturaliste reconnut que ces os-sements appartenaient à un genre actuellement éteint de mammifères pachydermes, auquel il donna le nom de *Lo-phiodon*.

Les seuls animaux de notre époque dont se rapprochaient ces lophiodons, ce sont les tapirs, mais à la vérité la ressem-blance était très-prononcée. Ces formes animales nous intro-duisent en pleine zone torride, en pleine nature tropicale. On connaît en effet trois espèces de tapirs actuellement vivants. Elles sont toutes les trois confinées dans les régions les plus chaudes du globe. Deux d'entre elles habitent l'Amérique méridionale et principalement les bassins de l'Orénoque et de l'Amazone, la troisième vit dans la presqu'île de Malacca, à Sumatra et à Bornéo.

Tout le monde connaît les tapirs pour en avoir vu au moins des figures. Ils ne sont pas rares dans les ménageries et nous en avons vu un à Mulhouse il y a dix ou douze ans. Ce sont des animaux assez lourds, bas sur jambes comme les sangliers, à peau épaisse couverte d'un poil court et peu serré, et dont le trait le plus caractéristique est une courte trompe très-mo-bile.

Les lophiodons qui fréquentaient les bords du lac de Boux-willer étaient des animaux si voisins des tapirs, que nous de-vons leur supposer des habitudes analogues. Comme ces der-niers, ils devaient avoir des habitudes sauvages, se tenir le jour dans les fourrés pour se mettre pendant la nuit en quête de leur nourriture. Ils vivaient de végétaux de diverses sortes, de tubercules et de fruits, et, sans être amphibies, ils nageaient avec facilité et recherchaient le voisinage des eaux dans les-quelles ils aimaient à se baigner et où ils trouvaient des ali-ments en abondance.

Cuvier a constaté qu'il existait à Bouxwiller deux espèces de lophiodons : l'une était de la taille du tapir de l'Inde, qui a lui-même environ deux mètres de longueur et un mètre de hauteur aux épaules. La deuxième était plus grande d'un quart, et avait par conséquent deux mètres et demi de lon-gueur. Sa taille était à peu près celle du cheval.

Les lophiodons n'étaient pas les seuls habitants des bords du lac de Bouxwiller. Il y avait encore un autre pachyderme à trompe, mais cependant plus éloigné des tapirs, et qui ap-partenait au genre Propalæothérium. Il devait ressembler aux vrais Palæothérium dont je vous parlerai bientôt.

Les lophiodons et les propalæothérium n'ont pas survécu à la période à laquelle appartient le petit lac de Bouxwiller. Ils se sont éteints avec elle et ont été remplacés par d'autres types.

Ici se termine l'histoire de ce lac. Alors, la chaîne des évé-nements se rompt et la géologie alsacienne présente une la-cune. Cet intervalle correspond au temps pendant lequel la mer a accumulé, dans le bassin de Paris, des dépôts de sables riches en coquilles et autres débris animaux, désignés par les géologues sous le nom de grès de Beauchamp. Nous igno-rons complétement ce qui se passa pendant cette époque en Alsace ; sans doute cette région était alors desséchée, et il ne s'est rien conservé de sa végétation ni de ses habitants.

Il arriva un moment où la mer se retira du bassin de Paris qu'elle occupait depuis si longtemps. Sur une portion de l'es-pace qu'elle abandonna, les eaux douces formèrent un lac dans lequel s'accumulèrent, couche par couche, de puissantes masses de gypse ou pierre à plâtre. C'est dans ces couches que furent enfouis les ossements de quelques-uns des nombreux animaux terrestres vivant dans le voisinage et qui trouvèrent par accident la mort dans les eaux du lac, ou dont les cada-vres y furent transportés par les cours d'eau. Ainsi se conser-vèrent ces débris qui, exhumés au siècle actuel, devaient ré-véler au génie de Cuvier l'existence de tant de formes animales disparues à tout jamais.

A la même époque, la mer couvrait toujours une grande partie de la région où devaient bien plus tard surgir les Alpes, et entassait lit par lit, feuillet par feuillet, des limons dans lesquels on trouve encore des empreintes de plantes marines, et dans quelques localités de nombreux squelettes de pois-sons.

Pendant que le gypse se déposait aux environs de Paris et que la mer couvrait une partie de la Suisse, il y avait, dans le midi de l'Alsace, un grand lac dont je vais essayer de re-constituer les limites et l'aspect.

Ce lac était beaucoup plus grand que celui de Bouxwiller, car il mesurait environ quatre lieues en longueur et autant en largeur. Il s'étendait au sud de l'emplacement de Mulhouse, qui en marque à peu près l'extrémité septentrionale, jusqu'à Altkirch, Walbach et Sierentz, et couvrait ainsi une partie du Sundgau.

Les ruisseaux qui lui apportaient leur tribut devaient venir du sud, probablement des collines encore peu élevées du Jura. On a remarqué, en effet, qu'aux environs d'Altkirch, les dé-pôts qui ont comblé peu à peu son bassin sont mélangés d'un sable fin abondant qui a dû y être charrié par les cours d'eau, tandis qu'au nord, vers Mulhouse, toutes les couches sont pu-rement calcaires, formées par conséquent par précipitation chimique et entremêlées seulement de petits lits limoneux. Ces dépôts, accumulés lentement et paisiblement, dépassent cent mètres d'épaisseur sur les collines de Mulhouse. Je vous laisse à juger, d'après ce chiffre, du temps qu'ils ont dû mettre à se produire.

On possède, sur la végétation qui entourait cette nappe d'eau, des documents précis et du plus haut intérêt. Ils ont été fournis par une carrière malheureusement trop peu ex-plorée, située à quelques lieues de Mulhouse, entre les vil-lages d'Illfurth et de Speebach. Le grès fin qu'on y exploite renferme de nombreuses empreintes de feuilles dont l'étude a révélé une végétation étrange, bien différente de celle de notre temps, et dont il faut chercher les équivalents dans les régions lointaines de notre globe.

Un très-petit nombre des plantes composant cette végéta-tion possèdent encore leurs analogues dans nos pays. C'étaient d'abord des saules à feuilles étroites comme ceux qui bordent nos cours d'eau, un bouleau au feuillage délicat, une aubé-pine et une fougère voisine de notre fougère à l'aigle com-mune. D'autres espèces indiquent déjà un climat plus chaud, tel que celui de l'Algérie, par exemple un plaqueminier ou ébénier à feuilles d'un vert sombre, pâles en-dessous. Un laurier nous rappelle une espèce des îles Canaries. Un jujubier à rameaux tortueux, munis de piquants, à feuilles ovales et luisantes, ressemblait à une espèce qui croît maintenant dans le nord de l'Inde. D'autres arbres ou arbustes, plus nombreux, nous reportent en idée dans les parties chaudes du sud des États-Unis et au Mexique ; de ce nombre sont un myrica à suc résineux, une espèce de houx à feuilles épineuses, un sumac à fleurs en pyramide, et surtout plusieurs espèces de chênes-verts, à feuilles coriaces et persistantes, dont on trouve surtout les représentants au Mexique. Un acacia et un arbrisseau assez semblable aux mimosas, un cœsalpinia épineux, ont une physionomie tout à fait tropicale et surtout américaine, tandis qu'un myrica et un célastrus à feuilles entières n'ont actuellement leurs représentants qu'au cap de Bonne-Espérance. A cette flore déjà si bizarrement composée, se mêlaient des arbres ou des arbrisseaux essentiellement australiens : c'étaient des Eucalyptus résineux, à odeur balsamique, grands arbres actuellement caractéristiques de la Nouvelle-Hollande, dont les feuilles coriaces et verticales ne donnent pas d'ombre, puis des arbrisseaux voisins des callis·temon, à feuilles raides et à fleurs en épis, et enfin plusieurs espèces de dryandra à feuilles longues et très-étroites, découpées en lobes profonds, appartenant à cette singulière famille des protéacées, maintenant confinée tout entière dans l'hémisphère austral et qui ne comprend que des arbres de petite taille à feuillage toujours vert et à branches tordues.

Nous pouvons maintenant reconstruire en imagination l'aspect des bords du lac alsacien. Une lisière de saules à longues feuilles occupait le rivage. Un peu plus loin, des protéacées aux formes bizarres, aux feuilles lustrées, croissaient en société des aubépines, des mimosa, des myrica, puis au delà s'étendait la forêt. Elle était principalement composée de chênes-verts, entremêlés d'eucalyptus, de jujubiers, de lauriers, d'acacias, d'ébéniers, de myrtes. Sous les grands arbres croissaient des fourrés de houx, de sumac, de césalpinia, tandis que les fougères recherchaient les parties les plus ombragées.

En somme, cette flore possédait une physionomie exotique des plus prononcées. L'abondance des arbres et surtout des arbrisseaux à feuilles coriaces, étroites et persistantes, l'absence des essences à feuilles larges, révèlent un climat plutôt sec qu'humide, chaud dans tous les cas. Les formes caractéristiques de la Nouvelle-Hollande et du cap de Bonne-Espérance, associées à d'autres des parties chaudes de l'Amérique du Nord, devaient lui imprimer ses caractères dominants.

On a cherché à déterminer, d'après les caractères généraux de la flore de l'époque dont je vous entretiens en ce moment, la température moyenne annuelle qui régnait alors en France et dans les pays voisins. Un savant d'une grande autorité, M. Heer, de Zurich, estime que cette température a dû être de 25 à 26 degrés. D'après ses calculs, l'Alsace aurait joui, au temps du lac du Sundgau, d'un climat comparable à celui de la Havane et de Calcutta.

La répartition des terres et des mers était fort différente, pendant la période tertiaire, de ce qu'elle est aujourd'hui. Elle rend compte, dans une certaine mesure, de la chaleur relative des climats de cette période, mais] elle ne suffit pas pour expliquer la haute température de l'époque de la flore de Speebach. Une cause beaucoup plus générale a dû intervenir. Or, on sait que l'intérieur de notre globe est chaud et que sa température propre va en s'abaissant par l'effet du rayonnement. L'opinion, assez généralement admise par les géologues, est que jusque assez avant dans la période tertiaire cette chaleur a pu contre-balancer l'influence de la latitude. Ainsi s'expliquerait la température élevée, dans les anciens temps géologiques, des régions actuellement tempérées ou même froides.

C'est dans la forêt que j'ai essayé de décrire que vivait le palœothérium dont on a trouvé, il y a quelques années, la mâchoire inférieure dans les carrières de Brunstatt.

Les palæotherium étaient des pachydermes à courte trompe voisins des tapirs, mais ayant cependant avec eux moins de points de ressemblance que les lophiodons de Bouxwiller. Ils participaient à la fois, par leur conformation, des tapirs et des rhinocéros. Ils avaient les formes générales des premiers, mais comme les rhinocéros ils n'avaient que trois doigts aux extrémités, tandis que les tapirs en ont quatre aux pieds de devant. L'espèce trouvée à Brunstatt était depuis longtemps connue dans les gypses du bassin de Paris ; elle avait à peu près la taille d'un sanglier moyen, les pieds étroits et longs et les jambes grêles. Elle était herbivore comme ses congénères, et, d'après les caractères que présentent ses dents, on peut conjecturer qu'elle devait se nourrir non-seulement des racines et des tiges succulentes des plantes aquatiques, mais aussi, comme les rhinocéros, des jeunes branches des arbres ou des arbustes à feuilles coriaces et à rameaux épineux, végétaux alors abondants dans les forêts de l'Alsace.

Le palæotherium dont je viens de parler est le seul mammifère dont les dépôts formés au fond du lac alsacien nous aient fourni les débris. Mais il ne devait pas être seul à peupler les forêts. En effet, aux environs de Paris, la même espèce vivait en compagnie d'une grande variété d'animaux, dont le temps dont je dispose ne me permet pas de vous parler. Nos collines doivent en recéler dans leurs flancs bien des vestiges, et peut-être dans l'exploitation des grandes carrières de Brunstatt, bien des restes précieux ont-ils été brisés ou rejetés avec mépris par des ouvriers qui n'en connaissaient ni l'intérêt ni la valeur.

Des découvertes assez récentes ont prouvé d'ailleurs que l'espèce de palæotherium de Brunstatt vivait aussi à une bien moindre distance de l'Alsace, dans la vallée de Delémont, en même temps que deux autres espèces du même genre, l'une à peu près de même taille mais à formes plus massives, l'autre de la taille d'un mouton et remarquable par ses jambes courtes, la largeur et la brièveté de ses pieds. Il y avait aussi, dans la même localité, sept ou huit autres espèces de mammifères, appartenant aux ordres des pachydermes, carnassiers et rongeurs, puis un crocodile, des couleuvres et des lézards. Mais je ne puis insister plus longuement sur cette faune curieuse dont la description m'entraînerait trop loin.

Les eaux du lac du Sundgau étaient peuplées, surtout dans la partie la plus rapprochée de Mulhouse, de mollusques nombreux, mais peu variés comme types. Les coquilles de ces animaux sont répandues à profusion dans les calcaires exploités à Brunstatt. L'espèce la plus abondante est une grande et belle *mélanei*, allongée en forme de vis, ornée extérieurement de stries et de tubercules, type actuellement étranger à l'Europe et qu'on ne rencontre plus qu'aux Grandes-Indes et dans les îles Philippines ; avec cette mélanie vivaient des *limnées* très-allongées et des *planorbes* beaucoup plus rares. De nombreux individus de quelques espèces terrestres vivaient sur les végétaux riverains.

Avant d'aborder l'examen d'une autre époque, je dois vous signaler une très-petite lagune contemporaine du lac du Sundgau. Elle était située à six lieues environ de celui-ci, à peu de distance du lieu où est bâti le village de Morvillars. Des mollusques, assez semblables à ceux du grand lac, y pullulaient, mais on y a trouvé aussi des œufs de tortues.

L'état de choses dont je viens de vous entretenir durait peut-être encore, lorsque se produisit un événement considérable, qui devait pour longtemps changer complétement l'aspect de l'Alsace. — La mer envahit l'espace compris entre les Vosges et la forêt Noire, depuis les environs de Mayence jusqu'à Bâle, Delémont et Porrentruy.

Il est difficile de décider aujourd'hui si cette invasion eut lieu par le nord ou par le sud. En effet, si un long séjour de la mer est attesté dans la vallée du Rhin par un ensemble de dépôts très-épais et continus, depuis les vallées du Jura de Delémont jusqu'à Mayence, on ne peut suivre ces dépôts au delà. — On a émis l'opinion que la mer alsacienne était en communication avec la mer du Nord par Francfort, Giessen et Cassel, mais à cette conjecture on peut opposer l'existence de cette antique barrière montagneuse qui fermait l'Alsace au delà de Mayence et de Francfort. Il semble plus simple de ne voir dans la mer de la vallée de l'Alsace qu'un golfe ouvert au midi vers la Suisse. A la vérité, si les traces de cette mer sont très-reconnaissables dans le Jura, elles se perdent au delà, sous de puissantes nappes de terrains plus récents. — Cependant, il existe dans le canton de Vaud des dépôts qui sont probablement du même âge. Il est à croire que le problème recevra bientôt sa solution qui n'est pas sans importance, puisqu'elle décidera si les animaux marins qui vivaient à cette époque dans nos régions y étaient venus des mers du nord ou des mers méridionales.

L'invasion de la mer en Alsace ne peut avoir été déterminée que par de grands changements survenus dans le relief de l'Europe occidentale. — Il est hors de doute que cet événement a coïncidé avec des affaissements considérables qui se sont produits en Belgique, dans le bassin de Paris et surtout dans le sud-ouest de la France, et dont les conséquences ont été de plonger ces régions sous les eaux de l'Océan. On admet assez généralement que ces affaissements ont été pour ainsi dire le contre-coup d'un exhaussement qui s'est produit surtout en Corse et en Sardaigne et qui a eu pour résultat d'élever ces îles, ou au moins une grande partie de leur étendue, à une hauteur considérable au-dessus du niveau des mers. Il se serait ainsi produit une sorte de mouvement de bascule, en vertu duquel l'émersion de certaines régions aurait entraîné l'immersion de quelques autres, et en particulier de la grande vallée alsacienne.

Le sol de l'Alsace ne s'est cependant pas abaissé partout uniformément. Une partie du Sundgau par exemple, celle précisément qui était occupée par le grand lac d'eau douce dont je vous ai entretenus, est probablement restée en saillie sous forme d'île, car on ne trouve point à sa surface de dépôts marins de l'époque dont nous nous occupons en ce moment.

La mer comprise entre la forêt Noire et les Vosges avait environ quatre-vingt-dix lieues de longueur sur dix à douze lieues de largeur. C'était un long détroit ou plus probablement un golfe resserré qui devait ressembler, sur une plus petite échelle, à la mer Adriatique de notre époque. Sa profondeur était considérable, et le vignoble de Mulhouse devait alors se terminer par une falaise escarpée. En effet, les forages exécutés à Niedermorschwiller et à Dornach n'ont pu atteindre le fond des dépôts marins à une profondeur de 140 mètres. Beaucoup plus au nord, le forage de Haguenau a pénétré à la profondeur de 290 mètres sans en trouver le fond.

Des falaises escarpées enserraient ce golfe à l'est et à l'ouest. Sous le choc incessant des vagues, elles subirent de profondes dégradations. De puissants phénomènes de destruction se produisirent alors ; des terrains entiers disparurent et leurs matériaux dispersés furent transportés au loin. — Au pied même des escarpements abrupts, les débris arrachés violemment par les lames, ballottés les uns contre les autres par la houle, usés par leur frottement réciproque, formèrent sur place d'énormes entassements de cailloux roulés et arrondis, entremêlés de lits de sable. Les blocs les plus volumineux et les plus pesants s'arrêtèrent près du rivage ; ceux d'un volume moindre furent entraînés plus loin par le mouvement des flots ; les plus petits purent être transportés plus loin encore, mais au delà il ne se forma plus que des couches de sable pur. Les parties les plus fines arrivèrent seules au milieu du golfe dont elles exhaussèrent peu à peu le fond. C'est ainsi que se sont produites ces alternances de marne et de grès que l'on a traversés dans le forage de Niedermorschwiller, et cette grande succession de lits argileux que l'on a seulement rencontrés dans le forage de Dornach. Dans ce dernier, les marnes contiennent même de petits lits de sel qui y ont été laissés par la mer.

En Alsace proprement dite, cette mer étroite et profonde, encaissée entre des falaises abruptes, ne paraît pas avoir été très-favorable au développement des animaux et surtout à la conservation de leurs restes. C'est à peine si l'on a pu y recueillir une trentaine d'espèces de coquilles, toutes confinées dans un petit nombre de localités privilégiées. Toutes ces espèces sont considérées par les naturalistes comme éteintes. — Une dizaine seulement ont, non pas leurs identiques, mais leurs analogues vivants, savoir : deux dans la Méditerranée, deux dans l'océan Atlantique et dont une était une moule assez semblable à celle qui vit sur nos côtes, une au Japon, une dans les mers équatoriales et trois enfin, et ce sont les plus abondantes, dans les mers d'Australie. Vous remarquerez encore ici la présence remarquable de ces formes australiennes, dont je vous ai signalé déjà des exemples en vous parlant de la flore d'une époque plus ancienne.

Des poissons du groupe des requins fréquentaient les parages dans lesquels vivaient ces mollusques. On a trouvé des débris qui signalent l'existence de deux espèces d'assez grande taille.

Le Jura formait à cette époque, au midi de la mer alsacienne, un archipel ou une terre ferme peu élevée encore et découpée par des golfes nombreux. Dans ces baies tranquilles vivaient des cétacés herbivores appartenant à un genre éteint auquel on a donné le nom d'*Halitherium*. Il y a une quarantaine d'années, vers 1830, en exploitant une carrière de grès tendre à Rodersdorff, à deux lieues de Ferrette, on exhuma une grande partie du squelette d'un de ces animaux. Ces ossements étaient contenus dans quatre blocs de pierre qui furent pendant quelque temps en la possession de la Société industrielle de Mulhouse, laquelle s'en dessaisit en faveur du musée de Strasbourg où ils se voient encore. Par les soins de Voltz, alors l'un des directeurs de ce musée, des moulages en plâtre de ces blocs furent exécutés. Deux de ces moules font partie maintenant des collections de la Société industrielle. Ils comprennent la majeure partie des côtes et de la colonne vertébrale. Malheureusement la pièce la plus importante, la tête, n'a pas été retrouvée.

Ce cétacé participait à la fois des caractères des *Lamantins* et des *Dugongs*. — On connaît actuellement deux espèces de lamantins. L'une d'elles atteint jusqu'à 5 ou 6 mètres de longueur et pèse alors 4000 kilogrammes ; elle habite les embouchures et le cours des grands fleuves de l'Amérique méridionale, l'Amazone, l'Orénoque, les rivières de la Guyane. — L'autre, de taille moindre, fréquente les côtes et les rivières de l'Afrique occidentale, particulièrement du Sénégal. Ce sont des animaux doux et inoffensifs, peu craintifs, vivant en familles, se nourrissant d'herbes qu'ils broutent sur les rivages, à la manière des ruminants. Quant aux dugongs, ce sont aussi des cétacés vivant par troupes dans la mer Rouge et dans les mers de l'Archipel malais et du nord de l'Australie ; ils atteignent une très-grande taille et recherchent les plages peu profondes et couvertes de varechs et autres plantes marines dont ils font leur nourriture.

L'individu de Rœdersdorff avait à peu près 2 mètres de longueur. L'analogie nous conduit à présumer que ses mœurs étaient à peu près les mêmes que celles de ses analogues encore vivants. C'est peut-être en venant paître dans une des baies du Jura qu'il aura trouvé la mort, et son cadavre échoué près du rivage a été enfoui dans les sables rejetés par les vagues et dans lesquels ses os se sont conservés.

Au nord, la mer, sans doute plus tranquille, était peuplée d'un plus grand nombre d'animaux que dans les parages agités de l'Alsace. Les environs de Mayence ont fourni aux naturalistes 200 espèces de coquilles.

Les terres fermes accidentées, telles que les Vosges et la forêt Noire, entre lesquelles s'étendait le bras de mer alsacien, les îles qui s'élevaient au-dessus de son niveau dans ses parties méridionales, devaient nourrir une végétation abondante. Les conditions particulières de la formation des dépôts n'ont pas permis aux plantes de se conserver sous forme d'empreintes ; elles n'ont laissé d'autres traces que des petits lits et des parcelles charbonneuses, abondantes à la vérité dans les couches sableuses et argileuses, mais dans lesquelles toute structure végétale s'est effacée. Cependant la flore de cette époque est bien connue dans d'autres parties de l'Europe. On sait qu'elle possède une physionomie subtropicale des plus prononcées ; les formes végétales de l'Inde et de l'Australie y jouent encore un rôle prépondérant, mais elles commencent à se mêler d'espèces américaines qui deviennent de plus en plus nombreuses dans les périodes suivantes. On estime, d'après les caractères généraux de cette flore, qu'à l'époque dont nous nous occupons, la température moyenne de l'Europe occidentale, dont l'Alsace française faisait partie, était de 20 à 21 degrés, c'est-à-dire comparable à celle de la Tunisie, des îles Canaries, du midi de la Chine et de la Louisiane. Mais il est certain que si les climats étaient à peu près semblables quant à la température, la végétation était néanmoins fort différente. On ne saurait de nos jours trouver son équivalent en aucune partie du globe.

La fin de cette période fut marquée par l'exhaussement graduel de la partie de l'Europe à laquelle appartient l'Alsace. Le golfe alsacien, par suite de ce mouvement lent d'élévation, diminua insensiblement de profondeur, et les eaux, quit-

tant peu à peu les régions qu'elles avaient si longtemps occupées, s'écoulèrent vers les grandes mers, laissant à découvert des surfaces de terre toujours croissantes. A la longue, elles quittèrent définitivement l'Alsace, dont elles laissèrent le sol à sec. Les dépôts qui se formèrent pendant ce long espace de temps perdirent progressivement les caractères des dépôts des mers profondes. — Le mélange des eaux salées avec des eaux douces de plus en plus abondantes, imprima d'abord aux sédiments le caractère des dépôts d'eaux saumâtres. Les eaux douces prédominèrent ensuite, particulièrement dans certaines régions, et accumulèrent des matériaux dans lesquels on ne trouve plus que des restes d'animaux terrestres, fluviatiles ou lacustres.

Pendant que ce mouvement général se produisait, des affaissements locaux plongeaient sous les eaux quelques parties du Sundgau que la mer n'avait pas encore recouvertes. Ainsi s'explique le recouvrement des calcaires d'eau douce, sur quelques points de cette région, par les dépôts dont je vais vous entretenir, et sans l'interposition de ceux qui se sont formés ailleurs pendant l'époque intermédiaire.

Le dépôt le plus ancien, formé sous ce nouveau régime, est une couche peu épaisse d'une marne noirâtre qui se divise en minces feuillets à la façon des ardoises. Cette couche n'apparaît que sur un très-petit nombre de points, très-distants les uns des autres, du midi de l'Alsace. Elle n'aurait aucun intérêt si elle ne renfermait dans trois localités, à Magstatt, à Bouxwiller près Ferrette et à Froide-Fontaine, de nombreuses empreintes de poissons et quelques empreintes de plantes.

A en juger par l'abondance de leurs empreintes, deux très-petites espèces de poissons devaient pulluler dans cette mer, ou y voyager par bandes à la manière de certains poissons de notre époque. L'une de ces espèces ressemblait à une petite sardine ; l'autre, très-singulière, a actuellement son analogue dans le détroit de Malacca. Celle-ci avait la tête prolongée par un museau tubuleux à l'extrémité duquel s'ouvrait une très-petite bouche ; son dos, cuirassé de larges écailles, était armé d'une longue et forte épine crénelée et couchée en arrière. Une troisième espèce, beaucoup plus grande, atteignait 2 ou 3 décimètres de longueur ; son corps, très-allongé, rappelait la forme des anguilles, mais sa tête se prolongeait en un bec très-long. Ces trois espèces devaient avoir des ennemis redoutables dans deux espèces de requins dont on a trouvé les dents dans les mêmes parages.

Des algues croissaient au fond de cette mer ; on en a trouvé des empreintes à Magstatt ; elles servaient probablement de nourriture aux animaux qui vivaient dans cette localité. Sur les rivages il y avait des bouquets d'un palmier de petite taille, à feuilles en éventail, analogue à une espèce qui croit actuellement dans la Caroline et en Virginie. Plus loin des plages abondaient des eucalyptus, ces grandes arbres à feuilles coriaces de la Nouvelle-Hollande, dont je vous ai déjà signalé l'existence en Alsace à une époque plus ancienne. Les marnes feuilletées à poissons de Froide-Fontaine en contiennent des feuilles ; elles ont dû par conséquent se déposer non loin du rivage.

Après l'achèvement de ce dépôt, et probablement sans qu'il y ait eu aucune interruption dans la sédimentation, la mer amoncela, sur beaucoup de points du Sundgau, des sables fins disposés par couches irrégulières, séparées par de petits lits argileux. Ces alternances correspondent à des variations dans les phénomènes de transport, les sables indiquant des eaux un peu agitées, les limons des eaux beaucoup plus calmes. La petite espèce de poisson que je vous ai déjà signalée, et qui ressemblait à une sardine, abondait encore dans nos parages, mais l'influence du voisinage des terres se manifeste de plus en plus par les nombreuses empreintes de feuilles de végétaux répandues dans les grès et les argiles de beaucoup de localités. Les espèces dominantes étaient un *Cannelier* et un *Camphrier* qui ont encore leurs analogues très-ressemblants au Japon. C'étaient des arbustes à feuilles vertes et luisantes, ovales ou allongées, qui devaient former sur les rivages une ceinture toujours verte. Il y avait aussi, très-probablement à la même époque, de grands et beaux palmiers à larges feuilles en éventail, dont on a trouvé des restes à Hagenthal, à peu de distance des massifs du Jura sur lesquels ils croissaient sans doute.

Du côté du Jura, aux environs de Delémont, les dépôts de cet âge ont été formés par les eaux douces, probablement à l'embouchure d'un cours d'eau. Les restes des végétaux s'y sont mieux conservés qu'en Alsace. Les *Canneliers* et les *Camphriers* étaient là aussi les espèces les plus communes, mais ils étaient associés à des *Saules*, des *Palmiers*, des *Pins*, des *Chênes-Verts*, des *Andromèdes* assez semblables à des bruyères, des *Ébéniers*, des *Terminaliers* à feuilles ramassées à l'extrémité des branches, des *Érables*, des *Savonniers* comparables à ceux des Antilles, des *Cæsalpinia* épineux, et des *Cassia* voisins de ceux des régions tropicales. Cette flore indique un climat chaud, moins chaud cependant que celui de la période marine précédente, et comparable à celui de Madère, du midi de l'Espagne (Malaga), et de Messine (18 à 19 degrés), ainsi que l'indique le nombre décroissant des arbres et arbrisseaux toujours verts.

Au-dessus des couches qui contiennent ces restes de végétaux, il ne se forma plus, aux environs de Delémont, que des dépôts d'eau douce d'abord marneux, puis calcaires, contenant des coquilles lacustres et terrestres. La mer devait s'être déjà retirée du midi de l'Alsace, car on ne peut signaler, dans tout le département du Haut-Rhin, qu'un seul point sur lequel se sont formés des dépôts contemporains de ces dernières couches du val de Delémont. C'est un petit lac d'eau douce, situé à l'extrême limite du département, à Châtenois, et dans lequel se sont produits des lits calcaires où l'on ne trouve qu'un petit nombre de coquilles, entre autres un petit *Helix* caractéristique de cet âge.

Vers le nord de l'Alsace, il y avait une falaise qui s'étendait au pied des montagnes, depuis Wissembourg, jusqu'à cinq ou six lieues au sud-ouest, c'est-à-dire jusqu'à Wœrth-sur-Sauer et même au delà. Le pied de cette côte escarpée était baigné par les eaux qui y accumulèrent d'abord, sur une épaisseur de près de 200 mètres, des marnes et des sables contenant quelques indices de végétaux et quelques lits de lignite. Il n'est pas certain que cette énorme épaisseur de sédiments se soit tout entière formée pendant la période dont nous nous occupons. Une partie s'est peut-être produite alors que l'Alsace était encore un golfe d'eau salée. Cependant, les coquilles qu'on y a trouvées sont ou terrestres ou d'eau douce, ce qui semble établir leur contemporanéité avec celles du val de Delémont. Au-dessus de ces marnes, il y a une certaine épaisseur de couches qui portent nettement l'empreinte lacustre. Ce sont des alternances réitérées de petits lits de calcaire et de lignite, qui paraissent s'être formées au fond d'un

lac entouré par une vigoureuse végétation. Il est à supposer que ce lac était contemporain de celui de Châtenois. On a cru reconnaître dans les couches de lignite la structure du bois de palmiers ; de belles feuilles en éventail de ces arbres y ont laissé d'ailleurs quelques empreintes. Dans certains lits, on a reconnu des indices de conifères ; on y trouve fréquemment des grains d'ambre jaune. Cette substance n'est d'ailleurs qu'une résine qui s'échappait de l'écorce de certains arbres de cette époque appartenant à la famille des conifères.

Ces couches supérieures de calcaire et de lignite ont fourni les restes de deux mammifères qui devaient vivre au voisinage. L'un d'eux était un rhinocéros dont on n'a recueilli qu'une dent. L'autre était un pachyderme du groupe des tapirs, ces enfants de prédilection de la nature qui s'est plu à varier leurs formes pendant une partie de l'époque tertiaire. L'animal dont il est ici question était un intermédiaire entre les palæotherium et les sangliers ; Cuvier lui attribue une taille voisine de celle des rhinocéros, et lui a donné le nom d'*Anthracotherium*. Ce genre, absolument éteint, n'a vécu que pendant la période géologique dont je m'occupe en ce moment.

Les couches de marne, de grès et de calcaire, depuis Wœrth jusqu'à Wissembourg, sont imprégnées irrégulièrement, par veines et par nids, d'une grande quantité de bitume et de pétrole, par exemple à Bechelbronn, à Lobsann et à Schwabwiller. Dans cette dernière localité, il y a maintenant une exploitation de pétrole qui prend une importance réelle. Les géologues ne sont pas encore bien fixés sur l'origine de ces huiles minérales. Quelques-uns les considèrent comme étant émanées directement des grands réservoirs de l'intérieur de la terre, au même titre que les dégagements qui se produisent surtout dans les pays volcaniques, mais le plus grand nombre n'y voient que des produits de l'altération, par des causes et sous des influences encore mal connues, des masses de végétaux enfouies dans certains terrains.

Dans le golfe paisible des environs de Mayence, il s'est formé contemporainement aux dépôts du Haut-Rhin, d'abord des couches d'eau saumâtre très-riches en coquilles et contenant aussi des restes d'Anthracotherium, puis des calcaires dans lesquels abondent surtout les coquilles terrestres et parmi elles une grande variété d'Hélices analogues en partie aux espèces des régions chaudes. Il paraît d'ailleurs que la mer n'avait pas encore abandonné ces régions, car on observe plusieurs retours des dépôts d'eau salée pendant l'époque où se déposaient ces calcaires d'eau douce, de sorte qu'il se formait simultanément, et à peu de distance les uns des autres, des sédiments marins et des sédiments d'eau douce.

Le régime régulier sous lequel s'effectuaient ces dépôts fut terminé par un affaissement du nord et du sud de l'Alsace, par suite duquel la mer fut ramenée dans le bassin de Mayence dont elle s'était en partie retirée, et surtout dans les environs de Delémont qu'elle avait quittés depuis longtemps. Ce nouvel envahissement des eaux n'a laissé en Alsace que des traces incertaines, mais à Delémont, et surtout dans la grande vallée suisse, les dépôts, formés pendant cette nouvelle période, ont une grande épaisseur. Ils recèlent une faune toute nouvelle, mais dont je ne puis vous parler puisqu'elle est étrangère à nos régions.

A cette période d'affaissement du sol succéda une nouvelle

période d'élévation. La mer quitta dès lors définitivement la vallée alsacienne pour n'y plus revenir. Des lacs d'eau douce occupèrent les environs de Mayence et de Delémont. Une flore toute nouvelle se développa sur leurs bords, et des animaux jusqu'alors inconnus peuplèrent le pays. C'étaient de vrais tapirs et beaucoup d'autres pachydermes, entre autres des rhinocéros, puis de vrais ruminants, tels que des cerfs d'un genre particulier, des carnassiers de grande taille, par exemple une sorte de chien dont la taille égalait celle du lion. Ces animaux vivaient probablement aussi en Alsace, mais jusqu'ici les couches dans lesquelles on pourrait trouver leurs débris ne paraissent pas y exister.

A dater de l'époque où nous sommes arrivés, l'histoire de la grande vallée du Rhin se couvre de ténèbres jusqu'à la fin de la période tertiaire. Là où les documents font défaut, ma tâche finit. Vous me permettrez cependant, pour ne pas laisser cette lecture tout à fait incomplète, de vous indiquer quelques-uns des principaux épisodes des derniers temps de l'ère tertiaire en Europe.

Un événement dont les conséquences relativement à la distribution des continents furent immenses, se produisit alors que la mer occupait encore la Suisse. La chaîne des Alpes occidentales surgit des profondeurs de l'Océan et refoula la mer jusqu'en Italie. Après un long intervalle, la grande chaîne des Alpes orientales prit à son tour le relief qu'elle présente encore de nos jours, et la mer fut rejetée hors du continent italien. Les chaînes du Jura ont pris leur élévation à l'époque où surgirent l'une où l'autre de ces grandes chaînes. L'Alsace participa partiellement à ces mouvements, et les dépôts accumulés pendant la période tertiaire furent alors relevés et dérangés de leur horizontalité. Après la formation de la grande chaîne des Alpes commence l'époque quaternaire, et avec elle un ordre de choses tout nouveau ; des animaux qui n'existaient pas auparavant peuplent le sol de l'Europe, un froid intense sévit et couvre de glaciers les hautes montagnes de la Suisse et aussi les Vosges et la forêt Noire. C'est enfin pendant cette période, à laquelle la période moderne a succédé, que remontent les premiers signes certains de l'existence de l'homme.

Le moment est venu de nous résumer. L'histoire de l'Alsace proprement dite, pendant l'ère tertiaire, est loin d'être continue ; c'est une histoire incomplète et dont nous ne possédons pour ainsi dire que des lambeaux. Elle se résume dans les cinq époques suivantes : la première comprend l'histoire du lac de Bouxwiller, la deuxième celle du lac du Sundgau, la troisième celle du séjour de la mer dans l'intervalle compris entre les Vosges et la forêt Noire, la quatrième celle de la période d'élévation pendant laquelle la mer, se retirant peu à peu, laissa dominer les formations d'eau douce ; la cinquième enfin, très-douteuse dans nos départements, correspond à un retour de la mer sur quelques points du Sundgau et du nord de l'Alsace.

Voilà ce que nous raconte le sol de notre pays. Voilà quelques-uns des résultats que poursuivent les géologues. J'aurai atteint mon but si j'ai su vous faire seulement entrevoir la grandeur et le haut intérêt des études géologiques, si cultivées dans d'autres pays, si négligées et comptant si peu d'adeptes dans la majeure partie de la France.

Je ne veux pas cependant, mesdames et messieurs, prendre congé de vous, sans remplir un devoir de justice. L'Alsace a eu peu de géologues, cela est vrai, mais la ville de Mulhouse peut à bon droit se glorifier d'en avoir compté un, et des plus distingués, parmi ses enfants. Il a fait faire des progrès sérieux et réels à la géologie des régions dont je vous ai entretenus dans cette conférence. Son nom est vivant dans vos souvenirs ; il vivra aussi dans la science qu'il cultivait avec tant d'ardeur. Vous avez nommé Joseph Kœchlin Schlumberger.

J. DELBOS.

BIBLIOGRAPHIE SCIENTIFIQUE

Recherches sur l'excrétion de l'urée et sur la respiration des poissons, thèse pour le doctorat ès sciences, par M. N. GRÉHANT.

A chaque instant, la physiologie doit s'appuyer sur des recherches physico-chimiques, malheureusement celles-ci sont toujours difficiles à faire, et nécessitent des connaissances spéciales qui ne se rencontrent qu'exceptionnellement chez les expérimentateurs. Le travail de M. Gréhant offre précisément un grand intérêt à ce point de vue, et démontre une fois de plus la nécessité de ces connaissances pratiques, trop fréquemment regardées comme accessoires, même par les physiologistes.

La thèse de M. Gréhant se compose de deux parties tout à fait distinctes ; dans la première partie, il expose ses recherches sur l'*excrétion de l'urée par les reins* ; dans la seconde partie, il examine quelques points obscurs de la *respiration chez les poissons*.

I. — Comme le fait remarquer l'auteur : « Il n'est guère de » question en physiologie qui ait été plus étudiée que celle de la » formation ou l'excrétion de l'urée par les reins. »

MM. Prévost et Dumas, puis Bernard et Barreswill, pensent, comme on le sait, que le sang apporte aux reins l'urée toute formée ; d'où il suit que le rôle de ces organes est borné à l'excrétion de l'urée, qui provient de la désassimilation des divers tissus. Les conclusions de ces habiles expérimentateurs furent contrôlées et acceptées par un grand nombre de physiologistes, et parmi les recherches confirmatives et récentes entreprises sur ce sujet, on peut citer celles de MM. Picard et Meissner.

Toutefois, ces assertions furent vivement contestées, comme cela arrive trop souvent, et MM. Perls et Zalesky crurent devoir affirmer que le rein joue le rôle d'une véritable glande, c'est-à-dire qu'il donne naissance au produit caractéristique de l'urine, à l'urée.

Reste enfin une troisième opinion, opinion mixte, soutenue surtout par M. Oppler. D'après cet auteur, l'urée se formerait non-seulement dans toute l'économie, et par conséquent préexisterait dans le sang, mais il s'en produirait aussi une certaine quantité dans le rein, qui serait à la fois un appareil excréteur et un organe sécréteur.

M. Gréhant a essayé de donner la solution définitive de cette question si longtemps débattue ; et nous pouvons dire dès à présent qu'il nous paraît avoir complètement réussi. L'auteur se trouvait en face d'une difficulté assez grande, c'était de déterminer sinon facilement, au moins exactement, la quantité d'urée contenue, soit dans le sang, soit dans l'urine. M. Kühne, dont l'autorité ne peut être mise en doute par personne, dit lui-même que la démonstration de la présence de l'urée et, *à fortiori*, son analyse quantitative dans le sang normal ou urémique, n'est ni simple, ni certaine ; et il le démontre en faisant ressortir les nombreuses causes d'erreurs qui peuvent vicier les résultats obtenus par l'expérimentation, à l'aide des procédés généralement adoptés.

Parmi eux, celui qui paraît le meilleur et le plus facile, est évidemment le procédé de Millon. Sous l'influence d'un réactif contenant de l'acide azoteux, l'urée est décomposée en volumes égaux d'acide carbonique et d'azote, et en eau. Mais cet auteur ne dose que l'acide carbonique produit et calcule sur cette quantité le poids de l'urée, ce qui peut entraîner quelque erreur.

M. Gréhant a rendu ce procédé de dosage plus exact, en recueillant l'acide carbonique et l'azote provenant de la réaction de l'acide azoteux sur la solution d'urée. « La condition que je » me suis imposée, dit-il, de doser l'urée à l'état gazeux par les » deux gaz qui proviennent de sa décomposition, revient exacte- » ment à faire chaque fois une analyse organique de l'urée, car » si l'on chauffe de l'urée avec de l'oxyde noir de cuivre, on ob- » tient, comme l'ont reconnu MM. Prévost et Dumas, des volumes » égaux d'azote et d'acide carbonique. »

De plus, le procédé de M. Gréhant offre sur l'analyse organique deux avantages; premièrement, il n'est pas nécessaire que l'urée soumise à l'expérimentation soit pure; et secondement, il est inutile d'employer la balance, puisque les gaz sont recueillis et mesurés dans des cloches graduées.

Pour recueillir ces gaz, et plus particulièrement l'azote, on doit agir dans le vide, aussi l'auteur a-t-il employé la *pompe à mercure*, utilisée déjà depuis plusieurs années en Allemagne, surtout pour l'extraction et la détermination des gaz contenus dans le sang. Nous ne pouvons donner ici une description de cet instrument et de son mode d'emploi, nous signalerons seulement un notable perfectionnement apporté par l'auteur, dans la disposition du robinet de l'appareil.

La décomposition de l'urée par l'acide azoteux se fait dans un tube spécial qui communique avec la pompe à mercure, de façon à pouvoir y faire le vide, et dont une partie plonge dans un bain d'eau à 100 degrés. M. Gréhant indique avec détails la manière d'opérer, soit sur une solution aqueuse d'urée, soit sur l'urine, soit enfin sur le sang. Les soins qu'on doit apporter dans ces manipulations, la manière de doser les gaz, le calcul de l'analyse, méritent en effet toute l'attention des expérimentateurs, si ceux-ci veulent obtenir des résultats parfaitement exacts.

Possédant ainsi un procédé excellent de dosage de l'urée, l'auteur pouvait entreprendre hardiment ses recherches sur le sang et sur le liquide excrété par le rein.

MM. Prévost et Dumas, Bernard et Barreswill, ayant démontré l'accumulation de l'urée dans le sang, quelques jours après l'extirpation des reins, il était plus intéressant de déterminer si cette accumulation de l'urée est primitive ou consécutive. Or, quelques heures après la néphrotomie, la quantité d'urée du sang augmente manifestement, et, fait important à noter, cette augmentation d'urée en un temps donné est précisément égale à celle que les reins auraient excrétée pendant le même espace de temps. Pour arriver à cette conclusion, M. Gréhant s'appuie sur ses propres recherches et sur celles de MM. Bischoff et Voit, qui ont calculé le poids d'urée éliminé chaque jour par des chiens soumis au jeûne, après une alimentation déterminée.

La question de la préformation de l'urée dans le sang et de son accumulation dans l'économie après l'ablation des reins était donc jugée. Mais l'auteur ne s'est pas borné à ces résultats déjà fort importants; il a voulu étudier de près les effets de la ligature des uretères, afin d'être en mesure de répondre aux physiologistes, qui prétendent que le rein forme au moins une partie de l'urée excrétée. Il résulte, en effet, de cette seconde série de recherches, que l'accumulation de l'urée dans le sang a lieu de la même manière après la néphrotomie qu'après la ligature des uretères. Du reste, cette dernière opération produit de telles modifications dans la circulation rénale, que celle-ci paraît presque entièrement abolie; de là un arrêt dans la fonction du rein, arrêt qui agit, en fin de compte, comme si cet organe avait été enlevé.

Enfin, pour compléter son excellent travail, M. Gréhant a cherché à déterminer avec exactitude : 1° la quantité d'urée existant dans le sang qui passe en un temps donné dans l'artère rénale; 2° celle qui est transportée dans le même temps par le sang de la veine rénale; enfin 3° le poids de l'urée contenue dans l'urine excrétée toujours pendant le même espace de temps. Malheureusement il est fort difficile d'établir exactement le *bilan de l'excrétion urinaire*, suivant l'heureuse expression de l'auteur; cependant les résultats obtenus par M. Gréhant sont très-probants, et il les a rendus encore plus acceptables en démontrant qu'après la

ligature de l'uretère, le sang de la veine et de l'artère rénales contient une même quantité d'urée, contrairement à ce qui existe à l'état normal.

Tel est en quelques mots le résumé des intéressantes recherches qui constituent la première partie de cette thèse, nous ne pouvons mieux faire, pour compléter ce court aperçu, que de donner ici les conclusions de l'auteur :

1° Le dosage de l'urée par le procédé de Millon est rendu plus complet et plus exact par l'usage de la pompe à mercure, qui permet de recueillir les volumes égaux d'azote et d'acide carbonique, qui résultent de la décomposition de l'urée par l'acide azoteux.

2° Un centimètre cube d'azote et d'acide carbonique à 0 degré et sous la pression de 760 millimètres représente exactement $2^{\text{mmgr}},683$ d'urée pure.

3° Pour doser l'urée dans le sang, il faut faire un extrait alcoolique de ce liquide et redissoudre dans l'eau le produit de l'évaporation de cet extrait.

4° 25 grammes de sang suffisent pour un dosage exact, et le tourteau, après l'expression, ne contient plus d'urée.

5° Aussitôt après la néphrotomie, chez le chien à jeun, l'urée commence à s'accumuler dans le sang, et cette accumulation est déjà manifeste trois heures après l'opération.

6° L'accroissement du poids de l'urée dans le sang et dans la lymphe, vingt-quatre heures après la néphrotomie, est égal au poids de cette substance que l'animal sain, à jeun, aurait excrétée en vingt-quatre heures.

7° L'accumulation de l'urée dans le sang, dans les heures qui suivent l'ablation des reins, suit la même marche qu'après la ligature des uretères; les lignes qui représentent les résultats des deux opérations s'élèvent au-dessus de l'horizontale et restent sensiblement parallèles.

8° Après la ligature d'un seul uretère; la circulation du sang diminue dans le rein du côté lié, et quarante-huit heures après l'opération, je n'ai pu obtenir de sang dans la veine rénale.

9° Dans les conditions normales, le sang de la veine rénale contient toujours moins d'urée que celui de l'artère.

10° Cette diminution du chiffre de l'urée dans le sang veineux rénal, rend compte de la quantité d'urée qui est excrétée par l'uretère.

11° Chez un animal qui a subi la ligature d'un seul uretère, le sang veineux rénal recueilli du côté lié, vingt-quatre heures après l'opération, renferme autant d'urée que le sang artériel, ainsi le rein n'excrète plus d'urée et son tissu n'en forme pas.

12° La ligature des uretères et la néphrotomie sont deux opérations identiques quant à leurs résultats, elles suppriment toutes deux les fonctions éliminatrices des reins et n'apportent aucun obstacle à la formation de l'urée qui a lieu en dehors des reins.

II. — Comme nous l'avons déjà dit, cette seconde partie traite de la respiration des poissons.

Les principales et presque les seules recherches faites sur ce sujet, sont dues, comme on le sait, à MM. de Humboldt et Provençal. D'après ces expérimentateurs, les poissons absorbent : 1° presque tout l'oxygène qui se trouve en dissolution dans l'eau, et 2° une notable quantité d'azote qui peut s'élever au 1/6ᵉ du volume de ce gaz primitivement contenu dans le liquide. Comme cela arrive dans toutes les combustions, l'oxygène absorbé doit donner naissance à une certaine quantité d'acide carbonique, mais, fait important à noter, le volume de ce dernier gaz retrouvé dans l'eau, ne représenterait que les 4/5ᵉˢ de celui de l'oxygène absorbé. Ajoutons que ces résultats seraient totalement modifiés si l'on vient à enlever la vessie natatoire des poissons; dans ces cas, il y aurait absorption considérable d'oxygène et d'azote, avec exhalation presque nulle d'acide carbonique.

Il n'est pas besoin d'insister sur la singularité des conclusions à tirer de ces expériences, aussi était-il indiqué de les reprendre et de les vérifier en employant des moyens d'analyse perfectionnés.

Pour extraire les gaz contenus dans l'eau, Humboldt et Provençal soumettaient celle-ci à l'ébullition, et recueillaient le produits gazeux dans une cloche renversée sur la cuve à mercure. Or, ce procédé était évidemment défectueux, aussi M. Gréhant emploie-t-il, dans le même but, un appareil très-analogue à celui dont il a fait usage à propos du dosage des gaz fournis par la décomposition de l'urée. Nous ne pouvons insister ici ni sur cet appareil, ni sur son mode d'emploi, ni même sur la manière de disposer les réservoirs remplis d'eau dans lesquels on met les poissons en expérience. Cependant, ces détails opératoires sont d'une importance capitale pour obtenir de bons résultats, aussi M. Gréhant les décrit-il longuement.

Dans une première série d'expériences, des Cyprins et des Tanches furent placés dans un volume d'eau déterminé, pendant un temps plus ou moins long ; or, ces poissons absorbèrent la plus grande partie de l'oxygène, comme l'avaient annoncé de Humboldt et Provençal ; mais de plus, ils exhalèrent un volume d'acide carbonique pouvant s'élever jusqu'au double du volume d'oygène brûlé. Ce fait tient-il aux conditions toutes spéciales dans lesquelles les animaux sont placés, conditions qui les forceraient à consommer une partie de l'oxygène contenu dans leur vessie natatoire ? Les résultats fournis par la seconde série d'expériences tendent à faire rejeter cette manière de voir ; en effet, une Tanche privée de sa vessie natatoire absorbe toujours de l'oxygène, et exhale encore de l'acide carbonique en excès, contrairement aux faits avancés par de Humboldt et Provençal.

Quant à l'azote, il serait tantôt absorbé, tantôt exhalé, mais toujours en très-petite quantité, lorsque les poissons sont dans les conditions normales ; vient-on à leur enlever leur vessie natatoire, il n'y a plus ni exhalation ni absorption de ce gaz. Il est donc probable que si les poissons peuvent, dans les conditions normales, absorber une petite quantité de l'azote en solution dans l'eau, cela résulte de ce qu'ils peuvent exhaler une certaine quantité de ce gaz dans leur vessie natatoire.

Tels sont les principaux faits qui résultent des recherches de M. Gréhant sur la respiration des poissons ; comme il le dit lui-même, elles auraient besoin d'être répétées et complétées, toutefois elles présentent assez d'intérêt pour que nous transcrivions ici ses conclusions :

1° L'ébullition de l'eau dans un ballon de verre, muni d'un tube abducteur, permet d'obtenir le dégagement complet de l'azote et de l'oxygène dissous, mais non point celui de l'acide carbonique libre.

2° L'emploi d'un appareil à extraction des gaz uni à la pompe à mercure permet d'obtenir tous les gaz dissous et même la totalité de l'acide carbonique libre.

3° Un poisson placé pendant plusieurs heures dans un volume d'eau limité exhale toujours plus d'acide carbonique qu'il n'absorbe d'oxygène ; souvent le volume d'acide carbonique exhalé est le double du volume d'oxygène absorbé.

4° Dans ces conditions, il y a quelquefois une légère absorption d'azote, d'autres fois une petite exhalation de ce gaz.

5° Un poisson privé de la vessie natatoire exhale de l'acide carbonique, absorbe de l'oxygène comme il le faisait avant l'ablation de cet organe ; placé dans un volume d'eau limité, il exhale aussi plus d'acide carbonique qu'il n'absorbe d'oxygène.

6° Le poisson privé de la vessie natatoire, placé dans de l'eau de Seine ou dans l'eau distillée aérée, n'absorbe pas et n'exhale pas d'azote.

F. TERRIER,
Aide d'anatomie à la Faculté de médecine de Paris.

SOUSCRIPTION SARS

5ᵉ LISTE.

MM. Pasteur, de l'Institut.................. 20 fr.

Gubler, professeur à la Faculté de médecine de Paris..................... 20

Lamy, professeur à l'École centrale des arts et manufactures................... 20

Les élèves du cours de zoologie de M. P. Bert (enseignement secondaire des jeunes filles à la Sorbonne)..................... 138 fr.

MM. Colin, professeur à l'École vétérinaire d'Alfort........................ 10

Gluge, recteur de l'université de Bruxelles. 10

Rousseau, professeur à l'université de Bruxelles...................... 10

La Société des sciences nat. de Strasbourg. 50

Bach, doyen de la Faculté des sciences de Strasbourg.................... 10

Liès-Bodart, professeur à la Faculté des sciences de Strasbourg............... 10

Schimper, professeur à la Faculté des sciences de Strasbourg................ 10

Baudelot, professeur à la Faculté des sciences de Strasbourg................ 10

Millardet, professeur à la Faculté des sciences de Strasbourg................ 10

Fée, professeur à la Faculté de médecine de Strasbourg..................... 10

Félix Fée, médecin en chef de l'hôpital militaire de Biskra (Algérie)............ 5

Les élèves de la classe d'histoire naturelle de M. Besson, au lycée de Strasbourg... 8 fr. 60

Malapert, professeur à l'École de médecine de Poitiers...................... 10

Delbos, directeur de l'École supérieure des sciences appliquées de Mulhouse....... 5

Perrey, professeur à la même école....... 5

Ch. Royer, de la Société botanique de France, à Saint-Remy (Côte-d'Or)............. 7 fr. 25

Matignon, de la Société botanique de France, à Hyères................... 10

Paris, commandant au 3ᵉ tirailleurs algériens, de la Société botanique de France. 5

Dʳ Garrigou, médecin consultant des eaux de Luchon...................... 10

Dʳ Groussin, de Bellevue.............. 3

Dʳ Byasson, de Paris................. 5

Dʳ Camille Blanchard, de Paris.......... 5

Dʳ Marchal de Calvi, rédacteur en chef de la *Tribune médicale*................... 20

G. N., vétérinaire à Paris.............. 2

Bigorgne......................... 5

Fouqué, docteur ès-sciences........... 3

Lucien Rousseau, cultivateur à Angerville.. 10

Mᵐᵉ Charpentier.................... 10

Alfred Coste, à Castellane............. 5

Lecerf.......................... 20

Durrieu de Maisonneuve, directeur du jardin botanique de Bordeaux............. 3

Luuyt, ingénieur des mines à Lyon....... 20

Léopold Cerf...................... 5

A. Laugel........................ 20

Total de la 5ᵉ liste............. 539 fr. 85

Total des quatre premières listes....... 5098 fr. 84

Total des cinq premières listes...... 5638 fr. 69

Le propriétaire-gérant : GERMER BAILLIÈRE.

PARIS. — IMPRIMERIE DE E. MARTINET, RUE MIGNON, 2.

REVUE

DES

COURS SCIENTIFIQUES

DE LA FRANCE ET DE L'ÉTRANGER

SEPTIÈME ANNÉE   NUMÉRO 15   12 MARS 1870

Paris, 11 mars 1870.

On sait qu'une commission extra-parlementaire a été organisée, sous la présidence de M. Guizot, pour étudier la question de la liberté de l'enseignement supérieur. La science y est représentée par MM. Dumas et Andral. Cette commission s'est réunie déjà une couple de fois, et elle commence à occuper l'attention du monde scientifique. La question de l'enseignement supérieur n'est pas exclusivement politique ; elle ne l'est même pas du tout, quand on la place sur son vrai terrain, et c'est ce qu'il faudrait faire, si l'on ne veut pas sacrifier les intérêts de la science à des intérêts de parti. Plusieurs fois déjà la *Revue des cours scientifiques* a exposé, au moins sommairement, l'organisation des universités dans divers pays. Nous reprendrons bientôt la question pour examiner les résultats des systèmes divers appliqués autour de nous, et chercher ce qui est à la fois possible et désirable en France.

— M. Lallemand, professeur à la Faculté des sciences de Montpellier, vient d'être transféré à la Faculté de Poitiers, dans la chaire laissée vacante par la mort de M. Trouessard.

— La Société zoologique d'acclimatation a tenu cette semaine sa séance publique annuelle dans la salle Saint-Jean, à l'Hôtel de ville de Paris, sous la présidence de M. Drouyn de Lhuys, ancien ministre des affaires étrangères, assisté des ambassadeurs d'Italie, des Pays-Bas, de Belgique et de Suisse, et des vice-présidents de la Société, MM. Passy et de Quatrefages (de l'Institut). Dans son allocution, M. Drouyn de Lhuys a plaisamment imité le genre ordinaire des discours du trône, qu'il a peut-être cultivé lui-même autrefois. M. A. de Grandmont a rendu compte des travaux de la Société, pendant l'année qui vient de finir, et M. A. Geoffroy Saint-Hilaire, directeur du Jardin d'acclimatation, a lu un rapport sur les récompenses de divers ordres décernées par la Société, au nombre de soixante environ.

— Les annuaires scientifiques répondent à un besoin véritable, qu'il est plus facile de constater que de satisfaire. Celui de M. Dehérain ne se propose pas de résumer tous les travaux de l'année : il préfère avec raison n'aborder que les principaux ; il ne prétend pas non plus tout faire sortir d'une même plume, qui aurait nécessairement une compétence fort inégale, à moins qu'elle ne soit également incompétente pour toutes les branches de la science. Le volume de 1870, qui vient de paraître, contient des articles de MM. Brouardel, Dally, Rayet, Gariel, etc.

— Un ingénieur civil, écrivain et savant distingué, M. Félix Foucou, vient de succomber à New-York pendant le cours d'un voyage aux États-Unis et au Canada. Officier de marine démissionnaire pour refus de serment en 1852, M. Foucou s'était, depuis lors, consacré à l'étude des applications industrielles de la science, et particulièrement à l'examen des questions qui se rattachent aux pétroles.

Des observations faites en Gallicie et dans la chaîne des Karpathes, des recherches pratiques effectuées dans l'ancien duché de Parme et enfin une première visite aux grands centres d'exploitation du pétrole en Amérique, l'avaient affermi dans cette idée que les gîtes bitumineux devaient suivre la loi géologique de distribution des autres dépôts miniers. Convaincu que les sources de pétrole étaient situées suivant un certain nombre de grands cercles de position déterminée sur la sphère terrestre, il avait entrepris l'exécution d'une grande carte d'Europe, — restée malheureusement inachevée, — et destinée à mettre en évidence la relation des gîtes pétrolifères et des lignes du réseau pentagonal.

La publication la plus prompte possible de telles cartes, dit à ce propos M. Elie de Beaumont dans son *Histoire des progrès de la stratigraphie*, serait un bienfait pour la science, et elle permettrait d'étendre immédiatement à toute l'Europe les considérations que j'ai présentées relativement aux contrées renfermées dans le cadre de la carte géologique de France.

Dans ces derniers temps, M. Foucou avait eu l'idée d'aller en Amérique dans le but de faire connaître et de répandre les procédés de chauffage des machines à vapeur découvertes et expérimentées en France par M. Henri Sainte-Claire Deville et par M. P. Audoin. C'est au retour d'un second voyage au Canada que la mort est venue le frapper dans une maison de santé de New-York, loin de sa famille et de ses amis.

Les écrits de M. Foucou laissent apercevoir, sous une forme originale et pleine de verve, le fonds de science sérieuse qu'il possédait. Son œuvre de philosophie scientifique la plus remarquable est le livre publié par lui à la librairie Hetzel sous le titre d'*Histoire du travail*. L'idée capitale qui anime tout cet ouvrage, c'est que les progrès moraux et politiques des peuples sont la conséquence de leurs progrès industriels. Chaque grande invention matérielle est suivie d'une révolution dans les idées; chaque découverte scientifique a pour effet inévitable la marche en avant de la civilisation. Aussi, pénétré de ces principes, M. Foucou exprime partout dans ses œuvres la foi la plus vive dans l'avenir de l'humanité et espère qu'un jour, éloigné sans doute mais certain, verra l'industrie et la science faire disparaître la guerre, le paupérisme et les autres maux qui affligent encore nos sociétés modernes.

SOIRÉES SCIENTIFIQUES DE LA SORBONNE

M. C. WOLF

La figure de la terre

Le sujet dont je me propose de vous entretenir n'est pas de ceux qui prêtent à ces brillantes expériences, à ces merveilleuses féeries par lesquelles d'autres plus habiles savent relever encore la saveur d'une parole élégante. Aujourd'hui, rien de tout cela : la face aride et nue de la terre, sa figure géométrique, non pas telle que nous la voyons à chaque pas, variant les formes et le relief du sol, le revêtant des merveilles de la végétation, l'animant de la vie des animaux et de l'homme, mais telle que nous pouvons nous la figurer aux jours de la création, alors qu'elle était inanimée et vide.

Et pourtant, messieurs, je ne crains pas de présenter à vos réflexions un pareil sujet : il n'est plus besoin maintenant de justifier les grandes entreprises, les énormes dépenses que les trois derniers siècles ont consacrées à la mesure de la terre, par les considérations nautiques et géographiques que Picard, les Cassini, Maupertuis, Bouguer mettaient en avant pour obtenir du roi l'ordre de faire marcher la science. Il n'est plus nécessaire, comme Borda, Laplace et Lavoisier, de mettre les opérations géodésiques sous la protection d'une grande idée révolutionnaire et nationale. Et cependant, il faut bien le dire, la France qui, aux XVII⁰ et XVIII⁰ siècles, fondait la science de la géodésie, qui, naguère encore, par sa grandiose triangulation, donnait l'élan à toute l'Europe et inaugurait l'une des plus vastes entreprises scientifiques jamais exécutées, la France, aujourd'hui, s'endort un peu trop sur ses lauriers. Il n'est pas inutile de lui dire de temps en temps qu'à côté de nous l'étranger travaille, que ce que nous avons fait, très-beau pour l'époque, demande aujourd'hui des rectifications urgentes. Je voudrais, messieurs, faire de chacun de vous l'apôtre de la géodésie française ; et c'est pourquoi je sollicite votre bienveillante attention pour l'exposition rapide de ce qui a été fait pour la mesure de la terre et de ce qui reste encore à faire.

Par les études théoriques dont elle a été l'objet, la figure de la terre se rattache à l'histoire de la gravitation universelle, dont elle a été, à l'origine, une des plus éclatantes confirmations, et à toutes les grandes théories astronomiques ; elle se rattache aussi à la géologie, car elle nous donnera des notions certaines sur l'intérieur de notre globe. Par les nombreuses expéditions auxquelles elle a donné lieu, la mesure de la terre a contribué, dans une large mesure, aux perfectionnements des méthodes et des instruments, soit de la physique, soit de l'astronomie. Je ne pourrai aujourd'hui entrer dans le détail de ces méthodes si sûres et si ingénieuses que les géomètres appliquent à la mesure des bases, à la détermination des longitudes et des latitudes ; cet exposé ferait à lui seul le sujet d'une conférence bien remplie. Nous devons nous borner à l'énoncé des faits acquis. J'espère vous montrer qu'ils sont assez nombreux pour justifier le choix de mon sujet.

Nous avons d'abord à nous entendre sur ce que nous appellerons la surface de la terre. Pour nous, si petits au milieu des accidents de la nature, la surface de la terre est creusée de profondes vallées, hérissée d'énormes montagnes, qui op-

posent à nos voyages et aussi au coup d'œil par lequel nous voudrions embrasser tout l'horizon d'insurmontables obstacles. Une fourmi qui chemine sur l'écorce d'une orange n'en reconnaît que les aspérités : pour nous, qui la tenons à distance de notre œil, l'orange est une sphère aplatie. De même la terre, si nous la regardons d'assez haut. L'étude de la forme de la terre, ainsi vue d'assez loin pour que les aspérités disparaissent, d'assez près pour que les irrégularités de la courbure générale soient encore sensibles, est l'objet de la géodésie. La distance de la terre à la lune est très-convenable pour une pareille étude : nous verrons tout à l'heure comment l'examen des effets que produit la terre à la distance de la lune a précisément conduit à la détermination de sa forme générale.

Mais la terre, ainsi dépouillée des aspérités de son écorce, a-t-elle une forme nécessaire ? La géodésie, quand elle se lance dans ses lointaines et aventureuses entreprises, peut-elle espérer arriver à trouver à la terre une forme géométriquement définissable ? Oui dans l'ensemble, non dans les détails, et vous allez le comprendre.

Si la terre était en repos, ou bien si, se mouvant, elle était et avait toujours été entièrement solide, sa forme pourrait être quelconque, la géodésie se réduirait à la géographie, à la topographie, et l'on ne voit pas comment, dans de pareilles conditions, on pourrait déterminer la forme de la terre. Mais, quoique cette masse ne forme pas un tout fluide, elle est cependant sujette, à certains égards, aux mêmes lois que si elle était toute pénétrée d'eau. L'océan l'environne ; et bien que les eaux de l'océan ne soient pour ainsi dire que superficielles, bien qu'elles n'aient que très-peu de profondeur, cela ne doit rien faire contre l'application des lois de l'hydrostatique, par la même raison que le fond irrégulier d'un vase n'empêche pas que l'eau qu'il contient n'ait sa surface de niveau. Les eaux de la mer sont en équilibre sous l'action des forces terrestres : elles ont donc une surface mathématiquement définie.

Maintenant l'expérience nous apprend que les plus hautes montagnes ne s'élèvent qu'à quelques milliers de mètres au-dessus du niveau des mers : la surface générale de la terre, même sur les continents, ne s'écarte donc pas sensiblement de la surface prolongée des mers. La terre, en définitive, possède une surface définie ; c'est celle que présenterait notre planète si elle était entièrement couverte d'eau. C'est cette surface que la géodésie veut déterminer.

Si nous examinons maintenant les forces qui, par leur action, produisent et maintiennent l'équilibre de l'eau, nous verrons que la forme générale est bien déterminée. Il faut, en effet, qu'en chaque point la surface du liquide soit perpendiculaire à la résultante des forces qui agissent sur elle ; il faut que les pressions exercées dans l'intérieur d'un canal quelconque, pris dans la masse du fluide et aboutissant par ses deux extrémités à la surface, soient équivalentes et se détruisent mutuellement. Or, les deux forces terrestres qui agissent sur le liquide sont la pesanteur d'une part, de l'autre la force centrifuge résultant du mouvement de rotation de la terre. Cette dernière ne dépend que de la distance à l'axe du point que vous considérez et de la vitesse de rotation ; mais la première est d'une essence plus complexe. Si, avec Descartes, vous la considérez comme une force centrale, toujours dirigée vers le centre de figure de la terre, rien de plus simple que cette figure : c'est un ellipsoïde légèrement aplati, dans lequel le plus petit axe, celui autour duquel se fait la rotation, diffère de l'axe équatorial de $\frac{1}{577}$ de sa propre longueur. Mais si, avec Newton, vous considérez la pesanteur comme le résultat de l'attraction exercée sur chaque particule pesante par chacune des particules matérielles du globe ; si, au lieu d'un centre unique d'attraction, vous imaginez un nombre infini de centres attirants, alors le problème est bien plus compliqué. Au repos, la forme de la terre fluide est celle d'une sphère parfaite ; mais aussitôt que la terre, en tournant, s'élève, se gonfle vers l'équateur et s'aplatit vers les pôles, son changement de figure doit mettre de la différence dans la direction et dans l'intensité de la pesanteur en chaque point, ou dans l'action par laquelle chaque molécule est sollicitée par toutes les autres à descendre. L'une des deux forces, à la résultante desquelles la surface doit être normale en chaque point, dépend donc de la forme même de cette surface et, de plus, du mode de distribution de la matière dans l'intérieur. Le problème de la détermination théorique de la figure de la terre n'est donc plus déterminé *a priori*, sans une hypothèse sur la constitution intérieure du globe. Mais, dans chaque hypothèse, l'analyse mathématique nous apprend quelle est la forme correspondante. Vous voyez alors quelle est la marche de la science. Le géomètre calcule d'abord, dans toutes les hypothèses possibles, la forme théorique de la terre ; puis, la toise à la main, il mesure la forme réelle, et de celle-ci il remonte à la connaissance de la distribution de la matière à l'intérieur. Voilà le premier pas, tout à fait analogue à celui par lequel Képler et Newton sont arrivés à la connaissance de la loi générale de l'univers.

En même temps vous apparaît une seconde conséquence. Dans un vase, je verse de l'eau ; la surface de ce liquide est une portion de la surface générale de la terre, c'est-à-dire qu'elle est le prolongement, à travers le continent, de la surface des mers, ou qu'elle est parallèle à cette surface prolongée. Mais, d'après ce que je viens de dire, la force de la pesanteur qui détermine par sa composition avec la force centrifuge, la normale à cette surface, dépend de la distribution de la matière autour du vase. Supposez le vase au pied d'une montagne, placez-le sur la côte d'un continent, l'attraction de cette montagne, de ce continent, change la direction de la pesanteur et, par suite, la surface de la terre en ce point. Nous sommes ici en présence d'un phénomène local, d'une *attraction locale*. Et, de même que dans le système général de l'univers, sur les lois primordiales newtoniennes du mouvement des astres, viennent se greffer les perturbations résultant de la présence simultanée de plusieurs astres et souvent de leur forme ; de même, la géodésie, après avoir reconnu, au siècle dernier, la figure générale de la terre et l'ensemble de la constitution intérieure du globe, a aujourd'hui pour mission de reconnaître les déviations locales de cette figure d'ensemble. C'est le second pas de la science.

Pour arriver à la forme théorique de la terre, Newton dut faire une hypothèse sur sa constitution intérieure. Il fit la plus simple et supposa la terre homogène, de même densité partout. Ce n'est pas évidemment le cas de la nature ; mais la forme qui en résulte est intéressante pour nous. Elle nous donne une des formes limites que la terre peut atteindre, l'aplatissement le plus grand possible : la terre homogène serait un sphéroïde dont l'aplatissement serait $\frac{1}{231}$, c'est-à-dire que le grand axe étant 231, le plus petit serait 230. Tout à l'heure nous avons trouvé l'aplatissement $\frac{1}{577}$ pour le cas d'une

pesanteur toujours dirigée vers le centre ; c'est celui où la densité au centre serait infiniment grande par rapport à la densité du reste du globe. La terre n'est pas homogène de la surface au centre, le second cas n'est pas non plus celui de la nature. Mais nous savons déjà que, dans l'hypothèse très-probable d'une densité croissante de la surface au centre, l'aplatissement sera compris entre $\frac{1}{230}$ et $\frac{1}{577}$.

Voilà tout ce qu'on savait au temps de Newton. Et cependant la question ainsi posée était déjà pleine d'un haut intérêt et riche en conséquences. Entre les Cartésiens et les Newtoniens, le débat était dans tout son vif. Vous voyez que la mesure effective de la terre permettait de trancher la question ; car elle revient à celle-ci : la pesanteur est-elle une force centripète, ou bien résulte-t-elle de l'attraction exercée par toutes les particules du globe ? Si Descartes a raison, l'aplatissement est $\frac{1}{577}$, ni plus ni moins ; si Newton dit vrai, l'aplatissement est plus grand que ce nombre. Ou, plus rigoureusement, si l'aplatissement est plus grand que $\frac{1}{577}$, la pesanteur ne tend pas vers un centre unique. « Que le nombre » des centres soit réellement infini comme nous croyons qu'on » peut le supposer, dit Bouguer, la chose n'est pas démontrée » en rigueur... ; mais il est au moins désormais hors de doute » que la pesanteur a plus d'un point de tendance, et pourquoi » n'en aurait-elle que 10 ou 12 plutôt que 10 000 ou 100 000 ?... »

La théorie peut aller un peu plus loin encore. Nous n'avons considéré jusqu'ici, dans la force figuratrice de la terre, que la direction ; son intensité ne mérite pas moins l'attention. Si la terre était sphérique et homogène, la force attractive serait partout la même à la surface et subirait seulement une variation apparente due à la coexistence de la force centrifuge. Mais cette uniformité cesse dès que la figure est différente de celle de la sphère. Est-elle aplatie aux pôles, la pesanteur est plus forte aux pôles qu'à l'équateur, et la loi de son accroissement dépend évidemment de la grandeur de l'aplatissement. Mais elle est liée aussi au mode de distribution intérieure de la masse attirante. Il semble donc que la variation de la force attractive ne peut pas plus se calculer *a priori* que l'aplatissement lui-même, et que nous ne pouvons arriver qu'à des limites entre lesquelles elle devra se trouver comprise. Mais il existe, entre l'aplatissement et la variation de la force attractive, une dépendance mutuelle, dans l'expression de laquelle la constitution intérieure du globe n'intervient pas. De telle sorte que de la connaissance d'un de ces éléments, nous pouvons déduire l'autre, quel que soit l'état de l'intérieur de la terre. La mesure de la variation d'intensité de la pesanteur, mesure directement possible, nous conduira donc à la connaissance de la forme de la terre.

Nous sommes redevables de cette remarque importante à un illustre géomètre français, Clairault (1), qui un des premiers sut rendre féconde la théorie de Newton, et prit aussi une part active aux expéditions géodésiques de son siècle. Elle consiste en ceci que la somme de l'aplatissement et de la fraction d'elle-même dont augmente la pesanteur de l'équateur au pôle est constante et égale à la fraction $\frac{1}{115}$, qui représente deux fois et demie la force centrifuge sous l'équateur.

Si nous résumons ce que la théorie nous apprend de la figure de la terre, nous trouvons que, sous le bénéfice d'une hypothèse quelconque de la constitution intérieure du globe,

---

(1) Voyez une conférence de M. J. Bertrand sur Clairault et la mesure de la terre, dans notre tome III, page 57, 23 décembre 1865.

soumise à la seule condition d'être régulière, la terre est un ellipsoïde de révolution, dont l'aplatissement est compris entre les limites $\frac{1}{230}$ et $\frac{1}{311}$; que, quel que soit le mode intérieur de distribution de la matière, la somme de l'aplatissement et de l'augmentation de la force attractive de l'équateur au pôle est constante. Mais remarquons bien que toutes les hypothèses soumises au calcul supposent une certaine régularité dans la distribution intérieure de la matière, et que si, à l'origine, la terre a été constituée avec des matériaux solides irrégulièrement disséminés, la forme extérieure, même celle de la surface des eaux, n'offre plus aucune régularité. Cependant même ici une condition intervient qui limite ce désordre intérieur : c'est celle de la stabilité de l'équilibre des mers. Laplace a démontré que l'équilibre de l'Océan est stable, c'est-à-dire que les eaux dérangées de leur position par les vents, les tremblements de terre, tendent à y revenir, si leur densité est moindre que la densité moyenne du globe. Il ne peut donc exister entre les masses dont se compose l'intérieur de la terre de grandes cavités qui en diminueraient la masse totale de manière à rendre la densité totale inférieure à celle de l'eau.

Mais la théorie ne va pas plus loin. C'est maintenant l'observation qu'il nous faut interroger. Et si nous trouvons comme résultat de nos mesures une figure régulière au moins dans ses traits principaux, nous devrons en conclure que la distribution intérieure des matériaux de notre globe est soumise elle-même à une certaine loi. Or, une telle régularité ne peut être que l'effet ou d'une disposition primordiale de la providence créatrice, ou le résultat d'un état primitif du globe qui aurait permis à ces matériaux de prendre d'eux-mêmes cette disposition régulière. Nous serons conduits alors à admettre, avec les géologues, l'hypothèse de la fluidité primitive du globe, résultant d'une très-haute température, hypothèse qui se relie aux théories cosmogoniques les mieux accréditées. Vous voyez comment la mesure de la terre se relie aux questions les plus intéressantes sur l'origine des planètes.

Les astronomes ont suivi trois voies différentes pour arriver à déterminer par l'observation la figure de la terre. Les deux premières sont entièrement du domaine de la mécanique ; de certains mouvements observés elles remontent aux forces qui produisent ces mouvements, et des forces à la cause elle-même, c'est-à-dire à l'aplatissement de la terre. La troisième conduit directement au but par la mensuration même du globe. Nous allons jalonner successivement ces trois voies.

Je vous montrais tout à l'heure comment l'attraction terrestre dépend, en direction et en grandeur, de la forme du globe. Sur les corps très-voisins de la surface, ces deux éléments sont déterminés particulièrement par la configuration des parties les plus voisines. Sur un corps plus éloigné, cette influence locale cesse pour laisser dans son entier apparaître celle de la forme générale de la terre. A une distance excessivement grande par rapport à ses dimensions, la forme générale de la terre cesse elle-même d'agir, et la force attractive est la même que si toute la masse était condensée au centre même du sphéroïde : telle est l'action exercée sur les planètes. Mais la lune, satellite de la terre, est à cette distance intermédiaire, d'où, comme je le disais en commençant, les irrégularités locales cessent d'être perceptibles, sans que l'influence générale de la forme soit détruite. Sur la lune, la terre agit non pas comme une sphère, mais comme un corps de forme déterminée. Or, nous sommes en état, grâce à Newton, de calculer le mouvement qu'aurait la lune autour de la terre, si la terre était une sphère parfaite. Comparons maintenant le mouvement ainsi calculé avec celui que les observations astronomiques lui assignent. Si nous trouvons une différence, elle démontrera l'existence d'une erreur dans l'hypothèse qui a servi de base au calcul, dans l'hypothèse de la sphéricité de la terre. Et la grandeur de cette différence fera connaître la grandeur de l'écart entre la forme réelle et la forme sphérique, c'est-à-dire l'aplatissement.

En suivant cette voie que je ne puis que vous indiquer sommairement, Laplace a trouvé dans le mouvement lunaire deux inégalités dues à l'aplatissement de la terre, l'une en longitude, et l'autre en latitude. Elles s'accordent toutes deux à donner une valeur de cet aplatissement à très-peu près égale à $\frac{1}{305}$, valeur qui, nous allons le voir, diffère fort peu de celle que donnent les mesures directes. « Ainsi la lune, par l'ob-» servation de ses mouvements, rend sensible à l'astronomie » perfectionnée l'ellipticité de la terre dont elle fit connaître » la rondeur aux premiers astronomes, par ses éclipses. » (Laplace, *Syst. du monde*, t. II, p. 92.)

Supprimons un instant par la pensée cette vue intime des relations de cause à effet, que nous devons aux grandes découvertes de Newton, et à la puissance de l'analyse mathématique. Pourrons-nous imaginer une conception plus étrange que la prétention d'un astronome de vouloir déterminer la forme de la terre sans quitter son observatoire, d'où il n'embrasse peut-être qu'un kilomètre carré de terrain, et de vouloir déduire cette mesure des observations d'un astre qui ne porte en lui-même aucune trace de l'aplatissement de la terre ? Mais le lien de l'attraction embrasse tout l'univers ; tous les phénomènes célestes sont reliés entre eux par cette chaîne ; et souvent tel fait qui apparaît comme isolé dans la profondeur des cieux, sera, grâce aux fils invisibles qui nous rattachent à lui, mieux connu qu'un phénomène qui se passe à nos pieds. Newton nous a donné le fil qui doit nous conduire à travers le dédale des innombrables relations des corps célestes entre eux. Ce fil, c'est la loi de la gravitation, et c'est l'astronomie qui le déroule.

La théorie des inégalités lunaires nous donne la forme générale de la terre, la valeur en gros de l'aplatissement. Si nous voulons suivre pas à pas le long de la surface la variation de sa courbure, il nous faut, par un procédé analogue, étudier l'action de la gravitation à petite distance, l'action de la pesanteur. Comment reconnaître que l'intensité de la pesanteur varie de l'équateur aux pôles, comment déterminer la loi de cette variation, d'où se déduira par le théorème de Clairault, la valeur de l'aplatissement ? Ce n'est évidemment pas en pesant un corps dans une balance ordinaire, d'abord à l'équateur, puis à différentes latitudes jusqu'au pôle : les deux corps qui se font équilibre dans les bassins à l'équateur, se feront toujours équilibre jusqu'au pôle, puisque l'action de la pesanteur et celle de la force centrifuge varient de la même manière pour tous les deux. Mais si nous laissons tomber un corps dans le vide, la vitesse de sa chute ne sera pas la même à l'équateur qu'à des latitudes plus élevées ; cette vitesse acquise au bout d'un temps constant, d'une seconde par exemple, variera comme la force attractive apparente et pourra lui servir de mesure. Seulement les procédés que la physique nous enseigne pour déterminer directement cette vitesse sont trop imparfaits ou trop incommodes pour que nous puissions à leur aide atteindre le but que nous nous proposons. Nous trouverions que la vitesse au bout d'une seconde de chute libre dans le vide est à l'équateur de $9^m,782$, au pôle de $9^m,833$; différence $0^m,051$, quantité très-sensible sans doute, mais difficilement mesurable avec une suffisante exactitude.

Mais le pendule nous offre le moyen de faire agir la pesanteur sur un corps, non plus pendant une seconde, mais pendant une heure entière et plus, de manière à accumuler l'effet de la petite différence que nous voulons signaler. Le pendule simple consiste en une masse pesante suspendue à un point fixe par un fil inextensible et sans pesanteur; c'est à peu près une balle de plomb soutenue par un fil métallique très-fin. Faire osciller ce pendule, c'est le faire tomber suivant des lois connues sous l'action de la pesanteur ; et la durée de son oscillation est en relation simple avec la grandeur de cette force, moindre si la force augmente, plus grande si la force diminue. Depuis l'observation de Galilée sur la lampe suspendue à la voûte du dôme de Pise, le pendule est devenu l'instrument le plus délicat de la physique et de l'astronomie : il a donné la mesure du temps, il est devenu la balance qui a servi à peser le globe et par suite tous les astres, le compas qui en a mesuré la courbure ; enfin, vous l'avez vu au Panthéon démontrer et rendre sensible pour la première fois le mouvement de rotation de la terre. Bornons-nous à l'une de ses applications.

Au mois de février 1672, l'Académie des sciences, encore dans toute l'ardeur de la jeunesse, et sous le feu des discussions naissantes entre les Cartésiens et les Newtoniens, envoyait « en l'isle de Cayenne » un de ses membres, Richer, pour s'y livrer à de nombreuses et importantes recherches d'astronomie et de physique. En 1673, Richer en rapportait une détermination de l'obliquité de l'écliptique et des moments des équinoxes, des parallaxes de la lune, de Vénus, de Mars et par suite du soleil, ou la distance de cet astre à la terre, les positions de beaucoup d'étoiles, et particulièrement d'Arcturus, d'où soixante-six ans plus tard Jacques Cassini tirait la première démonstration du mouvement propre des étoiles, puis beaucoup d'observations sur la durée du crépuscule, les réfractions, le flux et le reflux de la mer, les hauteurs barométriques. Il avait bien employé son temps. Mais de toutes ses observations, la plus considérable, comme il le dit lui-même, était celle de la longueur du pendule à secondes, laquelle s'était trouvée plus courte à Cayenne qu'à Paris : « car » la même mesure qui avait été marquée en ce lieu-là sur une » verge de fer, suivant la longueur qui s'était trouvée nécessaire pour faire un pendule à secondes de temps, ayant été » apportée en France, et comparée à celle de Paris, leur différence a été trouvée d'une ligne et un quart, dont celle de » Cayenne est moindre que celle de Paris, laquelle est de 3 pieds » 8 lignes 3/5 ».

Résultat considérable, car les expériences de l'abbé Picard par toute la France et à Uranibourg en Danemark, celles de Rœmer à Londres semblaient donner au pendule à secondes de temps une longueur uniforme en tous ces lieux.

La variation de la pesanteur était démontrée ; depuis cette époque, une riche moisson de faits semblables a été recueillie dans tous les points du globe, et nous ont mis en état de reconnaître que l'aplatissement de la terre s'élève à $\frac{1}{290}$ environ.

La plupart des observations sur le pendule se rattachent aux expéditions géodésiques entreprises pour la détermination de la courbure de la terre par le troisième procédé. Nous les retrouverons donc en faisant l'histoire de ces entreprises elles-mêmes.

Le troisième procédé suivi par les géomètres pour déterminer la forme de la terre donne seul les dimensions absolues du globe, en même temps qu'il détermine la courbure en chaque point. Si nous considérons sur la surface de la terre un arc d'assez petite étendue, il pourra être confondu avec un arc de cercle, et le rayon de cet arc de cercle donne la mesure de la courbure même de la terre ; la courbure est d'autant plus forte que le rayon est plus petit, d'autant plus faible que le rayon est plus grand. Or, on connaît le rayon d'un cercle, dès que l'on connaît la longueur d'un arc pris sur son contour et l'angle au centre qui correspond. Ce sont ces deux éléments qu'il s'agit de déterminer.

Considérons d'abord deux stations prises sur un même méridien, c'est-à-dire telles que les verticales de ces deux points soient dans un même plan avec l'axe de rotation de la terre, Paris et Amiens par exemple. Nous saurons qu'il en est ainsi, si, installant dans ces deux stations deux lunettes qui puissent se mouvoir dans un plan vertical passant par le pôle, nous voyons une même étoile arriver simultanément dans l'axe de ces deux lunettes, si, en un mot, la différence de longitude des deux stations est nulle. Comment déterminerons-nous l'angle compris entre les deux verticales de Paris et d'Amiens ? Munissons les deux lunettes dont je viens de parler d'un cercle vertical gradué, placé dans le plan du méridien; nous aurons ce qu'on appelle un cercle mural, et nous pourrons chercher quelle est la graduation du cercle qui vient se placer sous un index immobile quand la lunette est placée verticalement ou vise vers le zénith. Les anciens astronomes déterminaient cette position à l'aide du fil à plomb ; aujourd'hui nous nous servons du bain de mercure. Cela fait, deux observateurs, l'un à Paris, l'autre à Amiens, détermineront les positions qu'il faut donner à chacune des lunettes pour qu'au même instant une même étoile soit vue dans l'axe de ces instruments. A cet instant, les deux lunettes sont rigoureusement parallèles l'une à l'autre, à cause de l'éloignement presque infini de l'étoile relativement à la distance qui sépare les deux stations. Mais les deux lunettes ne sont pas également distantes de leurs positions verticales, les *distances zénithales* de l'étoile ne sont pas égales : la différence des deux angles est précisément l'angle des verticales des deux stations, leur différence de latitude, l'angle au centre que nous cherchons. Il ne reste donc plus qu'à mesurer à la façon des arpenteurs la longueur de l'arc compris, sur la *surface de la terre*, entre les pieds des deux verticales, pour obtenir la longueur en toises ou en mètres d'un arc correspondant à un nombre de degrés connu, d'où la longueur de l'arc d'un degré du méridien, d'où le rayon de courbure entre Paris et Amiens, suivant le méridien.

Si nous opérons sur deux stations prises sur une même parallèle, Paris et Strasbourg par exemple, ce qu'il faut d'abord mesurer cette fois, c'est l'angle compris entre les méridiens des deux lieux, leur différence de longitude. Elle s'évalue aisément aujourd'hui, grâce à l'uniformité du mouvement de rotation de la terre, et grâce à l'emploi de la télégraphie électrique. Les deux stations étant reliées par un fil télégraphique, et les deux observateurs placés à leurs lunettes installées comme je l'ai dit, celui de Strasbourg voit à un certain moment une étoile traverser le milieu du champ de son instrument : à ce moment, il donne un signal électrique. L'observateur de Paris, un peu après, voit la même étoile traverser sa lunette, il donne à son tour un signal électrique. L'intervalle de temps qui sépare ces deux signaux, mesuré à l'aide d'une horloge réglée sur les étoiles, donne en temps la différence de longitude, 21ᵐ39ˢ, entre Paris et Strasbourg. Et cette différence se convertit aisément en angle, puisque la terre fait un tour entier ou 360 degrés en 24 heures. Mesurant ensuite comme tout à l'heure, la distance effective en mètres ou toises des deux stations, nous aurons la longueur d'un arc de parallèle, ou la longueur d'un degré suivant le parallèle.

Ces deux méthodes peuvent conduire toutes deux à la détermination de l'aplatissement de la terre. Mais, jusqu'à ces derniers temps, la détermination des longitudes était moins précise que celle des différences des latitudes. Aussi les principales opérations géodésiques ont-elles eu pour but la mesure d'un arc plus ou moins étendu du méridien.

Aujourd'hui, nous pouvons déterminer ces différences de longitude ou de latitude avec une approximation vraiment surprenante. L'erreur en arc atteint à peu près 0″,5, ce qui, sur la surface de la terre, correspond à une erreur de 15 mètres environ. Astronomiquement, il est donc possible de fixer la position d'un point à 15 mètres près. Il faudrait ensuite que la mesure géodésique de la distance effective des deux stations pût être obtenue avec la même approximation. Vous voyez que l'entreprise que la géodésie a maintenant à mener à bonne fin est d'une extrême délicatesse : il s'agit de mesurer, à 15 mètres près, la longueur entière de la France !

Les prétentions de la géodésie ne vont pas si loin. Mais cependant pour obtenir une approximation, je ne dis plus égale, mais comparable à celle des procédés astronomiques, que de précautions ! que de travaux ! quels perfectionnements les artistes et les géomètres ont dû apporter dans leurs instruments et leurs manières d'opérer ! Ce serait une étude des plus intéressantes que celle de ces ingénieux appareils à l'aide desquels on mesure, à quelques millimètres près, des bases de plusieurs kilomètres de longueur ; ou à une petite fraction de seconde, l'angle compris entre deux stations éloignées. Je ne puis ici malheureusement vous les faire même entrevoir. Je dois vous indiquer seulement la marche générale des opérations.

Fernel, qui le premier, vers 1550, mesura un degré sur la route de Paris à Amiens, le fit en comptant le nombre de tours d'une des roues de sa voiture, dont il connaissait exactement la circonférence. C'est un procédé bien grossier sans doute, mais qui, repris aujourd'hui par un habile constructeur, Steinheil de Munich, paraît devoir conduire à la construction d'un appareil très-simple et très-exact pour la mesure des distances. Il suppose toutefois un terrain nivelé dans toute l'étendue à mesurer : c'est ce qu'on peut obtenir à l'aide de rails posés sur le sol par une opération préliminaire. Dans les grandes plaines de l'Amérique du Nord, en Pensylvanie, Mason et Dixon, de 1764 à 1768, purent aussi mesurer directement un arc de près de 3 degrés, à l'aide d'une chaîne d'arpenteur de 100 pieds anglais.

Mais dans nos contrées, entrecoupées de vallées et de montagnes, un tel procédé devient impraticable. Il faut recourir

aux méthodes de triangulations, employées d'abord par Snellius, en Hollande, vers 1615.

Vous savez tous comment les arpenteurs parviennent à déterminer la distance de deux points inaccessibles, en s'appuyant d'une part sur la mesure directe d'une longueur qu'ils appellent *base*, et de l'autre, sur celle des angles que comprennent les rayons visuels qui vont de chacune des extrémités de cette base à l'autre extrémité et aux deux points inaccessibles. Ce procédé est précisément aussi celui des géomètres. S'ils veulent mesurer la distance de Dunkerque à Barcelone, par exemple, ils choisissent entre ces deux points extrêmes une série de stations, assez élevées pour que, de chacune d'elles, on puisse apercevoir les quatre plus voisines. Ces divers points, reliés deux à deux par des droites, forment une chaîne de triangles, dont les côtés peuvent tous être calculés de proche en proche, lorsqu'on a mesuré l'un quelconque d'entre eux et déterminé les angles au moyen d'instruments appropriés, posés successivement en chaque sommet. Mesurer une base et mesurer des angles, voilà donc à quoi se réduit le problème.

C'est à la France, on peut le dire, que revient la gloire d'avoir fourni les méthodes les plus exactes pour la détermination de ces deux sortes d'éléments. Borda, tout à la fois physicien et géomètre, nous a donné dans la construction des quatre règles qui ont servi à mesurer la base de Melun et plusieurs autres bases françaises, les principes qui depuis ont servi à Brunner à construire la règle espagnole, la plus parfaite des règles actuellement employées. Il nous a donné aussi son cercle répétiteur pour la mesure des angles. Mais cela ne suffisait pas encore. Les triangles géodésiques sont tracés non pas sur un plan, mais sur la surface du sphéroïde terrestre. Legendre a fait voir comment le calcul de ces triangles peut se ramener à celui de triangles plans. Laplace a donné les moyens de calculer les erreurs probables d'une triangulation tout entière. Admirable ensemble, qui au commencement de ce siècle, a fait de la triangulation de la France le plus magnifique monument scientifique, que les autres nations nous enviaient et qu'elles se sont empressées d'imiter et de surpasser !

Un mot maintenant sur la précision des résultats obtenus, d'abord dans la mesure des bases. Au siècle dernier, les géomètres se trouvaient très-satisfaits lorsque la reprise de la mesure d'une base ne donnait, sur une longueur de 7000 toises, qu'une erreur de 4 ou 5 pouces. Aujourd'hui, la base de Madridejos, près Madrid, vient d'être mesurée par les officiers espagnols avec une approximation de quelques millimètres ; il ne reste donc presque rien à faire pour augmenter la précision du résultat ; mais on peut perfectionner beaucoup la méthode au point de vue de la rapidité d'exécution. La roue de Steinheil pourra peut-être remplir ce désideratum : la Commission géodésique internationale de Berlin vient d'en recommander l'essai.

Les mesures d'angles se font également avec une précision qu'il sera difficile de dépasser. Nous en avons dit autant des opérations astronomiques proprement dites. Cependant, on ne peut douter que les progrès incessants des arts mécaniques n'amènent encore dans les instruments des perfectionnements tels que leur précision, la facilité de leur emploi, la certitude des résultats, n'en soient réellement augmentées. Et alors se pose une question qui intéresse à un haut degré l'avenir de la géodésie. Les triangulations faites aujourd'hui dans presque toutes les régions du globe, à l'aide des instruments actuels, nous donnent une certaine figure du sphéroïde terrestre. Qu'arrivera-t-il si, plus tard, nos arrière-neveux reprennent les mêmes opérations avec des appareils plus parfaits? Les dimensions du globe terrestre, son aplatissement iront-ils sans cesse changeant, s'approchant toujours, sans jamais l'atteindre, d'une perfection absolue qui serait à la fois le but et le désespoir des géomètres?

Eh bien! non, Messieurs, dans les sciences physiques, comme dans l'ordre moral, le progrès indéfini n'est pas la loi naturelle de l'esprit humain. D'un côté comme de l'autre, les conditions dans lesquelles nous sommes placés imposent à nos aspirations vers le bien, vers le beau, des limites qu'il est impossible de dépasser. Pour le géomètre comme pour l'astronome, la présence seule de l'atmosphère au milieu de laquelle il opère, dont son œil doit percer les profondeurs pour atteindre les astres ou les signaux géodésiques, suffit à jeter sur les résultats si parfaits en eux-mêmes que donnent les instruments, des incertitudes qui dépassent aujourd'hui les erreurs des instruments eux-mêmes. Vous avez vu maintes fois dans les campagnes, au-dessus des champs échauffés par le soleil, les objets placés à l'horizon se déformer, se mouvoir sans règle et sans frein. Voilà l'une des principales causes d'erreur contre lesquelles doivent sans cesse lutter l'astronome et le géomètre : le déplacement apparent des astres ou des signaux par les réfractions anormales. Et il ne sera jamais en notre pouvoir de nous affranchir complétement de leur influence.

Ce que doit faire le géomètre, c'est d'étudier les circonstances dans lesquelles ces réfractions jouent le moindre rôle possible, ou sont assujetties à des lois régulières ; et alors de se poser les règles suivant lesquelles il doit faire ses opérations. L'astronome est dans une situation un peu différente : confiné dans son observatoire, placé dans des conditions déterminées, il peut, à l'aide d'instruments bien précis et surtout bien étudiés, donner à ses observations un caractère de très-haute exactitude, en ce sens que la concordance des résultats obtenus sera aussi satisfaisante que possible. En devra-t-il conclure que cette exactitude est absolue, qu'il connaît d'une façon absolue les positions des astres? Point du tout, car à deux lieues de là, dans une atmosphère autrement distribuée, il obtiendra des nombres aussi concordants entre eux, mais entièrement différents des premiers. Et vous voyez en passant, messieurs, combien est complexe le problème du choix de l'emplacement d'un observatoire, et combien aussi la vraie question a été mise de côté lorsque, dans une célèbre discussion, on a voulu s'appuyer sur les résultats déjà obtenus pour en conclure qu'il n'y avait rien de mieux à faire que de rester là où l'on se trouvait. La comparaison des résultats connus avec ceux qu'on obtiendrait à l'aide des mêmes instruments dans d'autres localités, peut seule nous apprendre si les premiers ne sont pas influencés par une cause d'erreur constante.

Nous avons maintenant à passer rapidement en revue les principales opérations entreprises depuis le milieu du xviiᵉ siècle pour la détermination de la figure de la terre.

En 1669, l'Académie des sciences chargea l'un de ses membres les plus actifs, l'abbé Picard, de la mesure d'un degré du méridien entre Malvoisine et Amiens. Le nombre très-exact qu'il obtint ne pouvait évidemment rien décider quant à la forme même de la terre ; mais il en donnait les dimensions absolues avec une exactitude remarquable, et son apparition doit être saluée comme un bienfait pour la science ,

car elle a préservé du néant la découverte de l'attraction par Newton. Mais rapprochée des mesures de Riccioli en Italie, elle donnait la terre allongée vers les pôles.

Quelques années plus tard, la question de la figure de la terre avait pris un nouvel intérêt par suite des recherches théoriques de Newton et Huyghens, par les discussions des Cartésiens et des Newtoniens, et enfin par l'observation du pendule à Cayenne et en différents lieux. D'autre part, les lunettes avaient fait reconnaître la forme aplatie de Jupiter. En 1683, Jacques Cassini entreprit par ordre du roi la mesure de la méridienne de Paris, depuis Paris jusqu'à Perpignan, en s'appuyant d'une part sur la base de Picard, et de l'autre sur une seconde base mesurée à Collioure. Vous comprendrez tout l'intérêt de cette opération, si vous lisez dans le mémoire de Cassini qu'à cette époque, on ne savait pas encore si la méridienne de Paris allait passer par l'embouchure orientale du Rhône ou par Valence en Espagne. En 1718, Cassini prolongea son opération vers le nord jusqu'à Dunkerque. Résultat inattendu, les degrés paraissent s'allonger à mesure qu'on marche vers le sud. Quelques-uns en concluent que la terre est aplatie aux pôles; les Cassini, plus logiques, en déduisent la conséquence d'une forme allongée dans le sens de l'axe. Controverse curieuse, dans laquelle aucun des deux partis n'avait ni entièrement raison ni entièrement tort. La mesure d'une chaîne de triangles de Strasbourg à Saint-Malo conduit encore à la même conséquence, et désormais les Cassini tiennent pour la terre allongée vers les pôles.

C'est alors que fut résolue une des plus mémorables expéditions géodésiques, dont le résultat est encore invoqué de nos jours pour la détermination de l'ellipsoïde terrestre. Bouguer, Lacondamine et Godin furent envoyés au Pérou, dans le but d'y mesurer un degré du méridien, afin que l'on pût comparer ensemble deux degrés les plus différents en latitude qu'il fût possible. Avant son départ, Godin avait été vérifier sur l'étalon du Châtelet une toise en fer qui servit à la mesure des bases, et qui depuis, sous le nom de toise du Pérou, est devenu l'étalon auquel ont été rapportées les mesures géodésiques faites en France et dans les autres pays de l'Europe. Cette toise, de laquelle nous allons voir tout à l'heure dériver le mètre, est conservée à l'Observatoire.

Il est peu de relation plus intéressante que celle que Bouguer nous a laissée de son voyage au Pérou. Rien n'échappe à son esprit observateur : tantôt c'est la description des forêts vierges qui couvraient alors l'espace compris entre la mer et le premier chaînon des cordillères, et sur l'emplacement desquelles se sont élevées depuis des villes déjà disparues dans une terrible catastrophe ; les mœurs de leurs sauvages habitants, les animaux, les plantes, les phénomènes naturels, tout attire l'attention du savant voyageur, que rien ne détourne cependant des préoccupations relatives au but de son voyage et au choix du terrain propre à la grande triangulation qu'il doit exécuter. Aussi quelle est sa joie quand, après mille fatigues, il atteint le plateau fertile et peuplé compris entre les deux chaînes des Andes! Le voilà alors tout entier à son travail. Puis, ce sont les ascensions pénibles du Pichincha, la détermination de la densité de la terre au moyen du pendule; des recherches sur les réfractions, sur les meilleurs procédés à suivre dans l'emploi des instruments, sur les erreurs des cercles, etc., et tout cela exécuté au milieu des obstacles que mettaient le ciel et la terre conjurés ensemble, le ciel par ses nuages et la terre par ses tremblements.

La postérité a rendu à l'œuvre de Bouguer et de Lacondamine la justice qui lui était due ; mais ils coururent grand risque de ne pas l'obtenir de leurs contemporains. A peine avaient-ils quitté le port de la Rochelle, que Maupertuis obtenait de M. de Maurepas les fonds nécessaires pour tenter une expédition semblable en Laponie. Et moins de dix-huit mois après, il était de retour, annonçant à l'Académie un degré beaucoup plus long que celui de Picard et des Cassini. Maupertuis avait donc décidé la question : il aplatissait la terre, et en même temps il ébranlait la longue omnipotence des Cassini. C'était là des titres assez beaux pour qu'il se fît représenter, au frontispice de son mémoire, coiffé d'un bonnet d'ourson et une main sur le globe terrestre qu'il aplatissait. Le triomphe du grand aplatisseur fut de courte durée. On reconnut bientôt une erreur notable dans son travail, et la comparaison de son œuvre hâtive avec les patientes et consciencieuses opérations de Bouguer, Lacondamine et Godin fit presque oublier le degré de Laponie.

Mais si la terre est réellement aplatie vers les pôles, pourquoi les degrés mesurés en France, soit suivant la méridienne, soit sur le parallèle de Paris, donnaient-ils une forme allongée ? Aujourd'hui nous ne devons pas trop nous étonner de ces divergences ; les travaux des ingénieurs géographes pour la triangulation de la France ont mis en évidence des déviations locales assez fortes pour que Puissant ait pu dire que la surface de notre pays appartient moitié à un ellipsoïde aplati, moitié à un ellipsoïde allongé. Mais il fallait cependant faire cesser le désaccord. Aussi, dès le retour de l'expédition de Laponie, Cassini de Thury obtint l'ordre de vérifier la méridienne de France. Le travail fut exécuté en grande partie par Lacaille, un de nos plus grands astronomes, auquel il n'a manqué que des instruments plus parfaits et plus commodes pour ravir à l'Angleterre l'honneur des travaux exécutés par Flamsteed, Halley et Bradley. J'ai eu occasion un jour de consulter dans les archives de l'Observatoire les journaux d'observations de Lacaille pendant son expédition géodésique. On y suit pas à pas les occupations de ce grand esprit pendant chaque journée de son voyage; rien n'y manque, ni les heures d'arrivée aux relais, ni les sommes dépensées pour la dînée et la couchée, et au milieu de tout cela une démonstration géométrique élaborée et écrite dans la chaise poste. La méridienne vérifiée montra que les degrés vont réellement en croissant du sud au nord, et elle servit de fondement à la belle carte de France de Cassini, qui, gravée par souscription nationale, resta pendant longtemps la description la plus complète et la plus exacte de notre patrie.

Les Cassini, pendant cent vingt ans, sont restés les glorieux maîtres de l'astronomie en France et les directeurs de l'Observatoire. Et pendant presque tout ce temps, nous les voyons occupés hors du monument de Perrault à des entreprises géodésiques. A Saint-Pétersbourg, s'élève aussi un immense bâtiment que ses constructeurs destinaient à l'astronomie. En Russie comme en France, l'Observatoire n'est que le musée où l'on conserve les instruments : tous les astronomes qui veulent s'en servir, les emportent au dehors. Il est donc vrai de dire qu'aucun souvenir vraiment scientifique ne se rattache au bâtiment même de l'Observatoire. C'est seulement depuis la création des annexes dans les jardins de l'Observatoire qu'on y a fait des observations sérieuses.

Les nations étrangères ne restaient pas indifférentes aux progrès de la géodésie ; mais je ne veux pas vous fatiguer l'énumération des opérations entreprises en Europe, en Amérique, en Afrique même. J'arrive à la plus mémorable d'entre elles, la troisième détermination de la méridienne de France, exécutée par ordre de la Convention nationale. Dirigée par Borda, Laplace, Monge et Lavoisier, cette magnifique entreprise a ouvert une nouvelle ère pour la géodésie, tant par la nouveauté des méthodes qui furent employées dans les opérations et les calculs, que par le but grandiose que l'on se proposait. Il ne s'agissait de rien moins que de mesurer un arc de 12° 1/2 sur le méridien du Panthéon, entre Dunkerque et Formentera, pour en déduire une unité de mesure à la fois nationale et universelle. Aussi l'opération fut-elle conduite comme si elle répondait à un besoin non point purement scientifique, mais général du monde entier. La révolution était passée à l'état de principe : on ne voulait plus mesurer avec les anciennes mesures, peser avec les anciens poids, payer avec les anciennes monnaies, compter le temps avec les anciennes unités, exprimer les arcs avec les ci-devant degrés, minutes et secondes. Il fallait du nouveau à tout prix. La Convention décréta l'adoption d'une unité de longueur, égale à la dix-millionième partie du quart du méridien terrestre, d'où devaient dériver ensuite les unités de surface, de volume, de poids et de monnaie. Toutes les nations alors en paix avec la France furent invitées à coopérer à cette grande entreprise. De là est né le mètre et tout notre système actuel de mesures.

Le temps et la réflexion ont fait justice de l'idée fondamentale de ce système : prendre dans la nature l'unité de longueur est une chimère inutile et irréalisable. Mais il nous reste de cette grande entreprise un admirable système de mesures que le monde civilisé nous envie et adopte peu à peu, et en même temps la gloire et le profit d'une des plus belles triangulations qui aient été faites. Nous pouvons donc bien pardonner à ses promoteurs d'avoir placé une belle œuvre scientifique sous la protection d'une utopie séduisante. Mais il faut avouer aussi que le legs qu'ils nous ont fait du mètre, n'est pas sans nous donner quelques embarras. Permettez-moi à ce sujet une courte disgression que justifie l'actualité de la question.

Presque toutes les nations de l'Europe et du nouveau monde ont adopté déjà ou vont adopter le système métrique. La Commission géodésique internationale de Berlin, fondée par le général de Bœyer pour la mesure d'un grand arc de parallèle qui traverse toute l'Europe, et pour la jonction des triangulations de tous les pays européens, a décidé l'adoption d'une commune mesure pour les bases, et cette mesure doit être le mètre. Mais qu'est-ce que le mètre ? Si nous écartons la définition prétendue naturelle de cette unité, nous restons en présence de deux définitions, toutes deux légales, de sa longueur : le mètre est la longueur à 0 degré de la barre de platine déposée aux archives; ou bien : le mètre est égal à $443^l,296$ de la toise du Pérou, prise à une température déterminée. Or, si les premières opérations pour l'établissement du mètre, conduites par Borda lui-même, sont toutes marquées d'un caractère de précision uniforme et parfaitement connu, il n'en est pas malheureusement de même de celles qui ont été faites pour conclure le mètre définitif soit de la règle n° 1 de Borda, soit de la toise du Pérou. Il n'est donc pas certain que les deux définitions donnent rigoureusement le même mètre, et, quoique la différence, je me hâte de le dire, soit tout à fait insignifiante pour les besoins de la physique et du commerce, le choix de]l'une ou l'autre des définitions n'est pas indifférent au point de vue géodésique.

Les savants français paraissent adopter la première : pour eux le mètre, c'est la longueur de la barre de platine des archives. Mais qu'est-ce que cette longueur elle-même ? Admettons que la constitution du métal n'ait pas changé depuis sa fabrication, que le coefficient de dilatation de ce platine n'ait pas varié ; il faut se placer, pour obtenir le mètre légal, dans les conditions où il a été fait et comparé par la Commission internationale. Or, c'est ce qu'on n'a plus fait depuis longtemps : aux butoirs cylindriques, touchant les extrémités de la barre sur toute la hauteur de la tranche, on a substitué des butoirs hémisphériques qui la touchent en un seul point. C'est de cette manière qu'ont été faites toutes les comparaisons avec les étalons envoyés à l'étranger. On est donc en droit de dire que le mètre légal a été altéré, d'une quantité très-petite, c'est vrai, mais qui, en s'accumulant, deviendrait sensible si l'on se servait de ce mètre pour mesurer des bases géodésiques.

La Commission internationale de Berlin, c'est-à-dire la réunion de savants de presque tous les pays, sauf la France, adopte, au contraire, la seconde définition légale, le mètre $= 443^{l},296$. Le mètre est alors une fraction déterminée de la toise du Pérou, ou, ce qui revient au même, de la règle n° 1 de Borda, ou bien encore de la base de Melun mesurée à l'aide des règles de Borda, ou d'une quelconque des bases mesurées en France et à l'étranger avec la toise du Pérou, la toise de Bessel, ou les règles de Borda, et dont l'expression en fonction de la toise est connue. Si donc la toise du Pérou était altérée, si les règles de Borda étaient perdues ou hors d'usage, la base de Melun et toutes les bases dont je viens de parler pourraient servir à retrouver le mètre. En adoptant cette définition, on aurait d'abord l'avantage de ne point changer les expressions numériques de toutes les bases déjà mesurées et, par conséquent, des côtés de tous les triangles des chaînes géodésiques, ce qui n'aurait pas lieu, je l'ai dit, avec la première définition. En second lieu, on suivrait, en agissant ainsi, une marche bien plus logique, puisqu'on passerait du grand au petit ; les expressions des bases et des côtés des triangles, du rayon de la terre par conséquent, resteraient constantes ; tandis qu'avec la première définition, la longueur du mètre, variant en réalité avec le mode de comparaison des étalons et la précision des procédés, ces anciennes expressions seraient sans cesse variables à mesure que la science et la mécanique progresseraient elles-mêmes.

Je reviens aux opérations géodésiques proprement dites. La méridienne de Paris, mesurée par Méchain et Delambre entre Dunkerque et Barcelone, prolongée jusqu'à Formentera par Biot et Arago, fournissait une base d'une haute précision pour une nouvelle description de la France. En 1817, une commission, présidée par Laplace, fut nommée pour préparer le plan de cette entreprise. Considérant l'accord des deux bases de Melun et de Perpignan résultant des mesures de Delambre et Méchain, comme une vérification suffisante de leur chaîne de triangles, elle appuya sur celle-ci une série d'autres chaînes qui divisent la France en vastes carrés de 200 kilomètres de côté ; les parallèles prenaient leurs côtés de départ et leur orientation sur la méridienne de Delambre et Méchain, qui acquérait ainsi dans le résultat un rôle prépondérant. Cinq nouvelles bases de vérification devaient être mesurées aux extrémités de plusieurs chaînes.

Ces travaux furent exécutés par le corps des Ingénieurs géographes et devinrent le canevas de la belle carte de France que vous connaissez sous le nom de *Carte de l'état-major*.

Mais déjà, pendant la mesure des chaînes fondamentales, apparurent des difficultés imputables à des erreurs commises dans la triangulation de Delambre. Les côtés communs à plusieurs chaînes peuvent se calculer séparément à l'aide des triangles de chacune de ces chaînes, et l'accord des valeurs ainsi obtenues est une condition de vérification qui ne fut pas négligée. Or, lorsqu'on voulut appliquer ce mode de vérification aux triangles de la méridienne de Bayeux, compris entre le parallèle moyen et celui de Bourges, on constata l'existence d'une discordance inadmissible. Une nouvelle mesure des triangles confirma ce désaccord : il fallut bien en attribuer la cause à la portion correspondante de la méridienne de Delambre. Cette cause d'erreur fut en partie corrigée par la mesure d'une nouvelle chaîne entre Fontainebleau et Bourges. Mais la nécessité d'achever rapidement le travail ne permit pas d'étendre les corrections à tout le réseau.

Les observations astronomiques fournissent un autre genre de vérification qui ne fut pas négligé. Lorsque de l'ensemble des observations faites en des régions assez éloignées, on a conclu la valeur la plus probable de l'aplatissement, c'est-à-dire déterminé la surface géométrique qui représente le mieux celle de la terre, on peut, à l'aide des données géodésiques et des coordonnées astronomiques d'un point central, calculer les coordonnées, longitude et latitude, pour tous les sommets de la triangulation ; on peut aussi calculer les angles que font les côtés des triangles avec la direction de la méridienne, ce qu'on appelle les azimuts. Ce sont les longitude, latitude et azimut géodésiques.—D'autre part, nous pouvons déterminer directement ces éléments pour les points principaux du canevas, les extrémités des chaînes et leurs points d'entrecroisement. Si ces déterminations astronomiques jouissent d'une précision suffisante, et je vous ai dit combien elles peuvent être exactes, la comparaison des deux ordres de résultats va nous fournir une vérification importante. S'il y a accord, c'est que les éléments sur lesquels s'appuie le calcul sont exacts, savoir la courbure adoptée pour la surface et les éléments des triangles. S'il y a désaccord, ou bien l'aplatissement adopté est inexact, ou la triangulation est erronée, ou bien enfin il intervient au point considéré une de ces perturbations dans la forme de la surface de la terre, causées par le relief du sol, par la distribution intérieure des couches autour de ce point, et que j'ai désignées par le nom d'attraction locale. Comment démêler ici la vraie cause de l'erreur? Si aucune valeur admissible de l'aplatissement, et vous savez ce qu'il faut entendre par là, l'astronomie pure nous ayant donné une valeur approchée de cet élément, ne permet de rétablir l'accord, nous restons en présence ou d'une erreur des opérations géodésiques, ou d'un phénomène d'attraction locale. Grâce à des relations très-simples établies par M. Y. Villarceau entre les longitude, latitude et azimut'd'un point géodésique, il est possible aujourd'hui de choisir entre ces deux causes d'erreur et d'assigner au désaccord entre la géodésie et l'astronomie sa véritable source.

Les officiers du dépôt de la guerre avaient exécuté en un assez grand nombre de points des déterminations de latitude et d'azimut. Des longitudes avaient été obtenues, à l'aide de la méthode des signaux de feu depuis Brest jusqu'à Munich, depuis Marennes jusqu'à Fiume en Illyrie. Presque partout,

des désaccords s'étaient manifestés avec les résultats géodésiques, sans que l'on pût en assigner les causes. Depuis 1861
jusqu'en 1865, l'Observatoire impérial a repris les déterminations astronomiques des longitudes par la méthode télégraphique ; M. Y. Villarceau, chargé de ces opérations, y a joint,
en un certain nombre de points, la détermination des latitudes et azimuts. Et il a pu alors signaler d'une manière précise plusieurs portions de chaînes de triangles défectueuses.

Mais ce travail n'est pas achevé. Or, voici qu'autour de
nous les nations voisines, l'Angleterre, la Belgique, l'Allemagne, la Suisse, l'Espagne, ont presque terminé partout leurs
triangulations qu'elles avaient entreprises après nous et en
profitant de l'expérience acquise par nos propres travaux.
Une vaste association s'est formée, sous l'impulsion du général de Bœyer, pour l'achèvement et la jonction de tous ces
réseaux. Aujourd'hui, on nous demande de relier aussi le nôtre ; car alors du cap Nord jusqu'à Gibraltar, de Valentia jusqu'à l'Oural, la surface entière de l'Europe sera mesurée.
Mais, pour apporter utilement notre pierre à ce magnifique
édifice et ne pas en troubler l'harmonie, il faut que nous lui
donnions l'exactitude de forme et le poli que les circonstances
n'ont pas permis de lui imprimer, lorsque, pionniers avancés
de la science, nous l'avons, avant toutes les autres, extraite
de la carrière. Quelle marche devons-nous suivre pour cela ?
Ce n'est pas ici le lieu de le discuter, retenons seulement de
cet exposé rapide cette conclusion qu'il faut nous hâter.

Si nous résumons maintenant l'ensemble des travaux accomplis dans toutes les parties de l'hémisphère nord, nous arriverons à cette conséquence, que toutes les mesures de degrés
assignent à la terre la forme d'un ellipsoïde de révolution
autour de son axe, dont l'aplatissement ne diffère pas beaucoup de $\frac{1}{300}$, valeur identique avec celles que nous ont données
les observations du mouvement de la lune et les observations
du pendule. Pour l'hémisphère austral, nous ne savons presque rien. Ceci suffit pour démontrer la fluidité originelle du
globe.

Quelques géomètres ont pensé que la représentation des
résultats géodésiques serait plus parfaite, si l'on adoptait non
plus un ellipsoïde de révolution, mais un solide plus compliqué, un ellipsoïde à trois axes inégaux, dont l'équateur par
conséquent ne serait plus un cercle, mais une ellipse. La
nécessité de cette complication ne paraît pas suffisamment
justifiée, et il me reste à vous montrer qu'en réalité elle est
tout à fait inutile.

La marche de la science de la terre a été, dans ses développements successifs, en parallélisme constant avec l'astronomie
proprement dite. A l'origine, pour l'homme, les astres tournent tous autour de la terre considérée comme centre. Alors
aussi la terre est plate, c'est la terre des anciens bordée de
toutes parts par l'Océan. Plus tard, Copernic rétablissant l'ordre vrai des choses, fait circuler les planètes autour du soleil
dans des orbites circulaires. La seconde époque de la géodésie est de même celle où la terre devient ronde et sphérique. Avec Newton, elle s'aplatit et devient ellipsoïdale,
comme avec Képler et Newton, les orbites des planètes s'allongent en ellipses. Enfin, nous voici arrivés au dernier pas
de la science. D'une part, les observations astronomiques
démontrent que le mouvement elliptique des planètes se
complique de perturbations dues à leurs actions réciproques.
De l'autre, la géodésie nous montre que, dans son ensemble,

la terre a la forme d'un ellipsoïde, mais qu'en différents lieux,
surviennent des perturbations légères de cette forme, des déviations locales qu'il nous faut étudier. Si nous voulons avoir
une idée exacte de la terre, il nous faut d'abord construire un
sphéroïde parfait et parfaitement poli, puis sur sa surface
creuser ou mettre en relief les petites inégalités. Comment
pouvons-nous y arriver? Nous prendrons pour guide dans
cette dernière et très-courte partie, mon éminent collègue
M. Y. Villarceau, à qui je dois communication des idées que
je vais essayer de vous esquisser.

Si nous voulions, sur la terre elle-même, obtenir la représentation de la surface que nous cherchons, il faudrait, d'après
ce que j'ai dit en commençant, creuser à travers les continents une série de petits canaux en libre communication avec
les mers : l'eau, en équilibre dans ces canaux, par conséquent
débarrassée des actions périodiques du soleil et de la lune qui
produisent les marées, nous donnerait la surface demandée.
Mais au lieu de creuser ces canaux, nous pouvons suivre une
voie plus simple. Armons-nous d'un niveau d'eau ou d'un
niveau à lunette, et partant du rivage, où de longues séries d'observations ont déterminé le niveau de la mer, avan-
çons-nous dans l'intérieur des terres. Nous pourrons, de cent
en cent mètres, déterminer la hauteur du point d'observation
au-dessus de la surface prolongée de la mer, la hauteur à laquelle nous nous trouvons au-dessus de la surface que nous
appelons figure de la terre. C'est là le nivellement géométrique, tel que l'a entrepris pour la France le corps des ponts
et chaussées sous la direction de M. Bourdaloue, vaste entreprise aujourd'hui presque entièrement terminée. A lui seul,
ce nivellement ne nous donne encore rien, la forme de la
surface des mers prolongées étant inconnue.

Mais la géodésie, de son côté, nous fournit un autre genre
de nivellements. Ayant calculé, d'après l'ensemble des
mesures de degrés, la forme approchée de la terre, le géodé-
sien détermine en chaque point la hauteur, l'altitude de la
station au-dessus de cette surface hypothétique, et de plus, la
direction de la verticale par l'angle qu'elle fait avec la normale à l'ellipsoïde et le plan dans lequel elle est contenue.
Nous connaissons donc à la fois, sur la verticale vraie, et l'altitude du point au-dessus de la surface vraie, et l'altitude au-
dessus de la surface hypothétique : la différence des deux
hauteurs donne l'altitude d'un point de la surface vraie au-
dessus de la surface hypothétique. Nous pouvons donc maintenant, sur la boule aplatie dont je parlais tout à l'heure,
ajouter ou retrancher en chaque point l'épaisseur nécessaire
pour la ramener à la forme véritable de la surface terrestre.
La combinaison des deux ordres de nivellements, qu'on a trop
souvent confondus, et qui sont en réalité distincts, permet
donc de faire faire à la science géodésique le dernier pas qui
doit nous amener au but définitif.

Nous voici arrivés, Messieurs, au terme de cette longue
étude, un peu aride, mais dans laquelle je n'ai pas craint de
vous engager, assuré à l'avance de votre bienveillante attention pour des travaux qui empruntent à la science ses théories les plus élevées, ses méthodes les plus parfaites et ses
instruments les plus précis, et qui touchent en même temps
aux intérêts les plus chers de notre honneur national.

C. WOLF,
Astronome à l'observatoire de Paris.

INSTITUTION ROYALE DE LA GRANDE-BRETAGNE

LECTURES DU VENDREDI SOIR

M. J. TYNDALL

Poussières et maladies

Lorsqu'un faisceau de lumière solaire traverse une chambre obscure, il annonce sa présence et indique sa trace en illuminant les poussières qui flottent dans l'air. « Le soleil, dit Daniel Culverwell, nous révèle des atomes que la lumière d'une lampe est impuissante à nous faire apercevoir; il nous les montre clairement tourbillonnant au sein de ses rayons (1). »

Quand j'entrepris mes recherches sur la décomposition des vapeurs par la lumière (2), je dus songer à me débarrasser de ces *atomes*, de cette poussière. Il était essentiel que tout élément visible, toute substance susceptible de réfléchir d'une manière sensible les radiations lumineuses, si faiblement que ce pût être, fût, au début de chacune de mes expériences, rigoureusement exclue du *tube expérimental*, dans lequel je faisais pénétrer les vapeurs, et qui était traversé par le faisceau lumineux.

Pendant longtemps, je fus gêné par l'apparition, dans l'intérieur de ce tube, d'une poussière flottante, qui restait invisible à la lumière diffuse, mais dont un faisceau lumineux fortement concentré révélait instantanément la présence. Je plaçai deux tubes, l'un à la suite de l'autre, sur le passage de cette poussière : le premier contenait des fragments de verre mouillés avec de l'acide sulfurique ; le second était rempli de marbre concassé imbibé d'une solution concentrée de potasse caustique. A mon grand étonnement, la poussière les traversa l'un et l'autre. L'air de l'Institution Royale, traversant ces tubes avec une lenteur suffisante pour s'y dessécher complétement et y abandonner tout son acide carbonique, entraînait avec lui dans le tube expérimental une quantité considérable de matière suspendue mécaniquement, qui s'illuminait aussitôt que je dirigeais le faisceau lumineux sur ce tube. J'arrivai exactement au même résultat, en faisant barboter l'air au travers d'une couche d'acide sulfurique liquide et d'une solution potassique. La partie centrale de chaque bulle n'est pas en contact avec l'acide, et les particules même qui touchent cet acide exigent un temps assez long pour s'en imbiber. Cependant, lorsque le contact est suffisamment prolongé, les particules finissent par se détruire.

Le 5 octobre 1868, par exemple, je fis pénétrer successivement plusieurs charges d'air atmosphérique, au travers de l'acide sulfurique et de la potasse, dans mon tube expérimental préalablement vidé. Avant l'entrée de l'air, le tube était *optiquement vide ;* il ne renfermait absolument rien qui pût réfléchir la lumière. Aussitôt l'air introduit, je pus immédiatement, à chaque fois, apercevoir la trace conique du faisceau de lumière électrique qui le traversait. C'est là, du reste, une observation que je faisais journellement à cette époque.

J'essayai d'intercepter cette matière flottante par divers

procédés. Une fois, par exemple, je fis passer avec soin à travers la flamme d'une lampe à alcool l'air qui allait pénétrer dans l'appareil dessiccateur. La matière flottante ne se montra plus ; elle avait été brûlée par la flamme. C'était, par conséquent, de la *matière d'origine organique*. Lorsque l'air traversait la flamme trop rapidement, un beau nuage bleu apparaissait dans le tube à expérience; c'était la *fumée* des particules organiques, fumée produite par leur combustion incomplète. Je ne m'attendais en aucune façon à un pareil résultat; car je croyais que la poussière de notre atmosphère est en grande partie inorganique et incombustible.

M. Valentin eut l'obligeance de mettre à ma disposition un petit fourneau à gaz, renfermant un tube de platine que l'on pouvait chauffer jusqu'au rouge vif. Ce tube contenait à son tour un rouleau de toile métallique en platine, qui, tout en laissant passer l'air au travers de ses mailles, assurait un contact parfait entre la poussière et le métal incandescent. Je faisais pénétrer l'air du laboratoire dans le tube expérimental, au travers du tube de platine, tantôt froid, tantôt chauffé. Je faisais varier en outre la vitesse de l'écoulement. Voici un tableau dont la première colonne indique la quantité d'air sur laquelle j'opérais, exprimée par la dépression en millimètres du niveau du mercure dans l'éprouvette de la machine pneumatique ; dans la seconde colonne, on peut lire les conditions dans lesquelles je plaçais le tube de platine ; dans la troisième enfin, l'état de l'air qui avait pénétré dans le tube à expérience :

Quantité d'air.	État du tube de platine.	État du tube à expérience.
381^{mm}.....	Froid...........	Rempli de particules.
381 »	Chauffé au rouge.	Optiquement vide.
381 »	Froid...........	Rempli de particules.
381 »	Chauffé au rouge.	Optiquement vide.
381 »	Froid...........	Rempli de particules.
381 »	Chauffé au rouge.	Optiquement vide.

Cette expression, *optiquement vide*, indique que la matière flottante disparaissait entièrement, toutes les fois que je réalisais les conditions d'une combustion parfaite. Cette matière était brûlée complétement, et ne laissait après elle aucune trace de résidu. L'analyse spectrale nous a cependant appris qu'il existe de la soude en suspension dans l'air; les particules de poussières organiques constituent, je suppose, les *véhicules* qui la portent ; et, lorsque ces particules disparaissent, la soude doit aussi disparaître et s'évanouir avec elles.

Lorsque l'introduction de l'air se faisait assez rapidement pour que la combustion de la matière flottante fût imparfaite, je voyais, au lieu du vide optique, apparaître dans le tube un beau nuage bleu. C'est ce que montre la série suivante d'expériences:

Quantité d'air.		Tube de platine.	Tube à expérience.
381^{mm}....	Lentement..	Froid..........	Rempli de particules.
381 »	Id.....	Chauffé au rouge.	Optiquement vide.
381 »	Rapidement.	Id.......	Nuage bleu.
381 »	Id.....	Rouge vif.......	Beau nuage bleu.

Les caractères optiques de ces nuages étaient complétement différents de ceux de la poussière qui leur avait donné naissance. La lumière qu'ils émettaient dans une direction perpendiculaire à celle du faisceau lumineux était entièrement polarisée, de sorte qu'on pouvait, avec un prisme transparent de Nicol, éteindre complétement cette lumière et ramener le tube à l'état de vacuité optique.

Convaincu par les précédentes expériences que les pous-

---

sières qui tourbillonnent dans l'atmosphère de Londres sont de nature organique (1), j'essayai de brûler ces poussières au foyer d'un réflecteur concave. J'employai à cet effet l'un des puissants miroirs convergents qui avaient servi à mes expériences sur la combustion par les rayons obscurs ; mais j'éprouvai un insuccès complet. Les particules flottantes sont sans doute en partie transparentes pour la chaleur rayonnante, ce qui les rend absolument incombustibles par cette chaleur. Leurs mouvements rapides les aident aussi à échapper à la combustion ; elles ne s'arrêtent pas assez longtemps dans le foyer pour pouvoir y être consumées. Une flamme devait évidemment les brûler ; mais je craignais que la présence même de cette flamme ne masquât son action sur les particules.

Au milieu d'un faisceau cylindrique qui illuminait fortement la poussière du laboratoire, je plaçai une lampe à alcool allumée. Dans le sein même de la flamme et tout autour de ses bords, j'aperçus une sorte de tourbillon obscur qui ressemblait à une fumée d'un noir intense. Si j'abaissais la flamme au-dessous du faisceau, ces mêmes masses foncées tourbillonnaient au-dessus d'elles. Par moment, elles paraissaient plus noires que la plus noire des fumées que j'aie jamais vue sortir de la cheminée d'un bateau à vapeur ; et elles ressemblaient d'une manière si parfaite à une véritable fumée, que l'observateur le plus exercé eût pu se laisser aller à croire que la flamme, en apparence si pure, de l'alcool n'a besoin que d'être éclairée par une lumière suffisamment intense, pour permettre d'apercevoir instantanément les torrents de carbone qu'elle met en liberté.

Mais était-ce bien en effet de la fumée ? Telle était la question qui se posait immédiatement. Je plaçai au-dessous du faisceau lumineux une tige de fer chauffée au rouge, et je vis encore des tourbillons noirâtres s'en échapper en montant. J'essayai ensuite d'une large flamme d'hydrogène ; et j'observai le même phénomène, mais beaucoup plus intense qu'avec la flamme de l'alcool ou le fer chauffé au rouge. La question était donc tranchée : ce n'était pas de la fumée. .

Qu'était-ce donc que ces masses sombres tourbillonnantes ? C'était tout simplement la noirceur des espaces stellaires ; c'était l'obscurité qui résultait de l'absence, dans la trace du faisceau, de toute substance susceptible de réfléchir sa lumière. Lorsque je plaçais une flamme au-dessous du faisceau, les poussières flottantes étaient détruites au contact de cette flamme ; l'air purifié, débarrassé de ces poussières, s'élevait au travers du faisceau, rejetait par côté les particules illuminées, et substituait à la lumière qu'elles émettaient sa propre obscurité due à sa parfaite transparence. Rien n'eût pu mettre mieux en évidence l'invisibilité de l'agent qui rend toutes choses visibles. Le faisceau traversait, sans se laisser aperce-

voir, la lacune sombre que formait l'air transparent ; et de chaque côté de cette espèce d'abîme, les particules pressées brillaient comme eût fait un corps solide rendu lumineux par une puissante illumination.

Mais ici se présentait une difficulté. Il n'était nullement besoin de brûler les particules pour produire un courant d'obscurité. Je pouvais, sans avoir recours à une combustion, donner naissance à des courants qui écartaient la matière flottante, et faisaient par conséquent apparaître des espaces sombres au milieu de l'éclat environnant. J'observai pour la première fois ce phénomène, après avoir placé une sphère de cuivre chauffée au rouge au-dessous du faisceau, en la laissant se refroidir sur place, jusqu'à ce que sa température se fût abaissée au-dessous du point d'ébullition de l'eau. Les courants obscurs se produisaient encore à ce moment, bien que très-affaiblis. J'ai pu constater les mêmes effets, en me servant d'un flacon rempli d'eau chaude.

Pour mieux étudier ces phénomènes, je tendis, au travers du faisceau lumineux, un fil de platine dont les extrémités étaient mises en communication avec les pôles d'une pile voltaïque. Un rhéostat interposé dans le circuit me permettait de régler à volonté l'intensité du courant. Commençant par un courant faible et le renforçant peu à peu, j'élevai graduellement la température du fil ; mais bien avant d'avoir atteint le point où une combustion aurait été possible, je vis se produire au-dessus de ce fil un courant d'air aplati, qui, vu par ses extrémités, apparaissait plus sombre et plus net que la plus noire des raies de Frauenhofer dans le spectre solaire. De chaque côté de cette bande obscure, verticale, la matière flottante s'élevait, en délimitant de la façon la plus précise le courant d'air non lumineux. Voici l'explication de ce phénomène : le fil échauffé dilate l'air qui est en contact avec lui ; mais il ne diminue pas de la même manière la densité des poussières flottantes. Il en résulte un courant ascendant d'air pur, qui remonte *au travers des particules*, les entraînant avec lui sur chacune de ses faces, mais formant entre elles une ligne de séparation sombre, infranchissable. Pour que ce courant d'air pût entraîner des particules avec lui, il faudrait qu'elles pussent passer *au travers* du fil de platine. Cette simple expérience nous permet de comprendre les courants obscurs auxquels donnent naissance les corps dont la température est inférieure à celle de la combustion.

L'oxygène, l'hydrogène, l'azote, l'acide carbonique, préparés de manière à en exclure toutes les particules flottantes, produisent de même de l'obscurité, lorsqu'on les projette dans le faisceau lumineux. Même résultat, avec le gaz de l'éclairage. Une cloche de verre ordinaire, placée dans l'air avec son orifice en bas sur le passage du faisceau, permet d'apercevoir la trace de ce faisceau qui la traverse. Lorsqu'on fait pénétrer dans cette cloche, par un tube qui monte jusqu'à sa partie supérieure, du gaz d'éclairage ou de l'hydrogène, ce gaz la remplit peu à peu, de haut en bas, et aussitôt qu'il atteint l'espace traversé par le faisceau, la trace lumineuse disparaît instantanément. Si on soulève alors la cloche, de telle sorte que la surface de séparation de l'air et du gaz remonte au-dessus du faisceau, la trace reparaît. Lorsque la cloche est remplie, si l'on vient à la renverser, le gaz s'échappe, monte, et passe comme une fumée d'un noir intense au travers des particules illuminées.

L'air de nos appartements, à Londres, est comme saturé

---

(1) D'après une analyse que je dois à l'obligeance du docteur Percy, la poussière prise *à la surface des murailles* du musée Britannique, renferme au moins 50 pour 100 de matière inorganique. J'accorde une entière confiance aux résultats obtenus par ce chimiste distingué ; ils montrent que la poussière *flottante* de nos appartements est, en quelque sorte, dédoublée et privée de sa partie la plus pesante. Qu'il me soit permis de citer à ce sujet une phrase de Pasteur : — « Mais ici, dit-il, se présente une remarque : la poussière que l'on trouve à la surface de tous les corps est soumise constamment à des courants d'air, qui doivent soulever ses particules les plus légères, au nombre desquelles se trouvent, sans doute, de préférence les corpuscules organisés, œufs ou spores, moins lourds généralement que les particules minérales. »

de poussières organiques, et l'air de la campagne n'en est pas non plus exempt. La lumière ordinaire du jour ne permet pas de les apercevoir ; mais un rayon lumineux d'une intensité suffisante donne à l'air dans lequel elles flottent l'apparence d'un corps demi-solide, bien plutôt que d'un gaz. Nul ne pourrait, sans éprouver d'abord une vive répugnance, placer sa bouche au foyer illuminé du faisceau électrique et inhaler les *saletés* dont il révèle l'existence. Cette impression de dégoût ne diminue en aucune façon, lorsqu'on songe que partout, à toute heure, à toute minute de notre vie, nous faisons sans cesse passer et repasser dans nos poumons des impuretés semblables, bien que nous ne puissions les voir. Il n'y a à ce contact impur ni répit, ni trêve ; et ce qui doit nous étonner ce n'est pas que nous puissions quelquefois souffrir de la présence de cette matière ; c'est bien plutôt qu'une si minime fraction de cette matière paraisse être funeste à l'homme.

Quelle est cette fraction, qui peut devenir mortelle pour nous ? Il y a quelque temps, on vit se répandre universellement cette opinion, que les maladies épidémiques se propagent en général par une sorte de malaria ou infection de l'atmosphère, due à la présence d'une matière organique en état de *putréfaction active*. Introduite dans l'organisme par les surfaces pulmonaire ou cutanée, cette matière avait la puissance d'y développer le mode de décomposition qui l'avait atteinte elle-même. Une propriété de cette nature paraissait visiblement mise en jeu dans l'acte de la fermentation. On voyait une petite quantité de levain faire lever la masse tout entière ; un atôme infiniment petit de matière, dans cet état supposé de décomposition, semblait capable de propager indéfiniment sa propre décomposition. Une portion d'air vicié ne pouvait-elle pas agir de la même manière dans le corps humain ? En 1836, cette question reçut une réponse tout à fait inattendue. C'est à cette époque, que Cagniard de la Tour découvrit le *végétal de la levûre*, organisme vivant, qui, placé dans un milieu convenable, se nourrit, s'accroît, se reproduit, et développe ainsi l'acte de la fermentation. Ainsi, il était démontré que la fermentation est un produit de la vie, et nullement l'effet d'une décomposition.

Schwann, de Liége, découvrit aussi de son côté le végétal de la levûre ; en février 1837, il annonçait de plus cet important résultat, qu'une décoction de viande, rigoureusement maintenue à l'abri de l'air ordinaire, et mise en contact seulement avec de l'air primitivement calciné, n'est jamais envahie par la putréfaction. Il affirmait, en conséquence, que la putréfaction est produite par quelque chose qui vient de l'air, et que ce quelque chose peut être détruit par une température suffisamment élevée. Les expériences de Schwann furent répétées et confirmées par Helmholtz, par Ure et par Pasteur. Mais, pour ce qui regarde la fermentation, les esprits des chimistes, subissant probablement l'influence de la puissante autorité de Gay-Lussac, qui attribuait la putréfaction à l'action de l'oxygène, revinrent à l'idée primitive d'une matière en état de décomposition. Ce n'était pas le végétal vivant, c'étaient les parties mortes ou mourantes de ce végétal, qui, attaquées par l'oxygène, produisaient la fermentation. C'est Pasteur qui a définitivement renversé cette théorie. Il a prouvé que ce que l'on appelait *ferments* ne sont pas le moins du monde des ferments, et que les ferments véritables sont des êtres organisés qui trouvent leur aliment nécessaire dans ces prétendus ferments.

Parallèlement à ces recherches et à ces découvertes, se développait, en s'appuyant sur les unes et les autres, la *théorie des germes* des maladies épidémiques (1). Kircher, le premier, exprima l'idée, adoptée plus tard par Linnée, que les maladies épidémiques reconnaissent pour cause des germes qui flottent dans l'atmosphère, pénètrent dans notre organisme, et y produisent des troubles plus ou moins graves en y développant une vie parasite. Tandis que cette théorie luttait encore contre d'imposantes autorités, elle trouva dans le président de cette Institution un interprète et un défenseur. A une époque où la plupart de ses confrères du corps médical la considéraient comme une rêverie insensée, sir Henry Holland soutint qu'elle renfermait probablement une part de vérité. Ce qui fait la force de cette théorie, c'est ce parallélisme exact que l'on constate entre les phénomènes de la contagion et ceux de la vie. De même qu'un gland, planté dans le sol, donne naissance à un chêne, qui doit porter une abondante récolte de glands, doués chacun du pouvoir de reproduire à leur tour un chêne semblable à celui qui les a produits, et qu'on voit ainsi une forêt tout entière sortir d'un individu unique ; de même, dit-on, les maladies épidémiques répandent littéralement leurs semences, qui se développent et reproduisent de nouveaux germes ; et ceux-ci, rencontrant dans l'organisme humain l'aliment qui leur convient et une température favorable, finissent par prendre possession de populations entières. C'est ainsi que le choléra asiatique, né dans le delta du Gange et d'abord limité à une région peu étendue, est arrivé dans l'espace de dix-sept ans à se répandre sur la presque totalité de la terre habitée. Le développement d'un grand nombre de pustules, toutes issues d'une particule infiniment petite de virus varioleux, et toutes chargées du même virus qui leur a donné naissance, est un autre exemple du même mode de propagation. La réapparition du fléau, comme dans le cas du *Dreadmought*, à Greenwich, dont le docteur Budd et M. Busk ont publié une si remarquable relation, trouve une explication satisfaisante dans la théorie, qui l'attribue à la présence persistante de germes dans la localité infestée.

Les chirurgiens connaissent depuis longtemps le danger de la pénétration de l'air dans un abcès ouvert. Pour empêcher cette pénétration, ils se servent d'un tube, appelé canule, auquel est unie une aiguille effilée en acier, nommée trocart. Ils ponctionnent avec l'aiguille d'acier ; puis ils forcent le pus, par une pression légère, à sortir par la canule. Il est très-important de nettoyer à l'avance l'instrument avec le plus grand soin ; mais il est difficile d'admettre que les procédés ordinairement employés puissent permettre d'atteindre ce résultat, au milieu d'un air chargé d'impuretés organiques, comme nous avons prouvé que l'est notre atmosphère. Pour bien faire, il faudrait porter cet instrument à une température aussi élevée que le permettrait sa trempe. C'est malheureusement ce qu'on ne fait jamais ; aussi le chirurgien voit-il souvent, malgré tous ses soins, une inflammation s'établir après la première opération, et en nécessiter une seconde, puis une troisième. On constate, en outre, qu'une putréfaction rapide accompagne cette nouvelle inflammation. Le pus, qui d'abord n'exhalait aucune odeur et ne présentait aucune trace de vie animale, devient fétide et fourmille de petits organismes agiles qu'on nomme vibrions. En rappelant, dans une

____

(1) Nul, sans doute, ne conclura de ce langage que l'auteur élève la moindre prétention à la paternité de la théorie des germes.

leçon récente, les faits qui précèdent, le professeur Lister soutenait, avec toute apparence de raison, que cette rapide putréfaction et ce prodigieux développement de vie animale sont dus à la pénétration de germes dans le foyer purulent au moment de la première opération, et du développement de ces germes et de leur multiplication sous l'influence des conditions favorables d'alimentation et de température qu'ils y ont trouvées. Le célèbre physiologiste et physicien Helmholtz est attaqué chaque année de la *fièvre des foins* (*hay-fever*). Depuis le 20 mai jusqu'à la fin de juin, il souffre d'un catarrhe des voies aériennes supérieures; et il constate que, pendant cette période, ses sécrétions nasales sont peuplées de vibrions, qui ne s'y retrouvent plus à tout autre moment de l'année. Ils paraissent choisir de préférence pour s'y fixer les anfractuosités profondes des fosses nasales; car il faut un éternûment énergique pour les déloger.

Toutes ces choses peuvent paraître assez peu agréables à apprendre. Il est bon cependant de les savoir; car ce n'est qu'après avoir découvert l'ennemi qu'on peut le combattre : lorsque l'aigle a bien reconnu sa proie, sa force est double et son vol est parfaitement assuré. S'il est prouvé que la théorie des germes est vraie, elle donnera à nos efforts, pour combattre le mal, une direction précise qu'ils ne pouvaient avoir auparavant. Et c'est seulement en travaillant exactement sur ses indications qu'on pourra en établir la vérité ou la fausseté. Il est difficile de lire sans une émotion sympathique des mémoires comme ceux du docteur Budd, de Bristol, sur le choléra, la scarlatine et la variole. C'est un homme d'une imagination puissante, qui peut quelquefois s'élancer au delà des faits; mais cette chaleur dynamique du cœur peut seule triompher de l'inertie stupide du Breton né-libre; et, tant que cette chaleur est mise au service de la vérité, tant que cet enthousiasme peut racheter ses méprises par des exemples incontestables de succès, je suis tout disposé à lui laisser le champ libre et à lui souhaiter la plus cordiale bienvenue.

Mais revenons à notre poussière. Il est à peine nécessaire de faire remarquer qu'on ne peut pas la chasser avec un soufflet ordinaire, ou, pour parler plus exactement, que les particules chassées par le soufflet sont immédiatement remplacées par d'autres particules qui en sortent, de manière que la trace du faisceau n'éprouve aucune modification. Mais si l'on remplit le tuyau d'un bon soufflet d'ouate de coton, sans la serrer trop fortement, l'air qui traverse cette ouate se filtre, se débarrasse de la matière qu'il tient en suspension; et, dès lors, il forme une bande obscure nette au milieu des poussières illuminées. C'était là le filtre qu'employait Schroeder dans ses expériences sur la génération spontanée; M. Pasteur s'en est servi plus tard pour ses remarquables recherches, et moi-même j'en ai fait un constant usage depuis 1868.

Mais c'est la respiration humaine qui nous fournit l'exemple de beaucoup le plus intéressant et le plus important de ce mode de filtration. Je remplis mes poumons d'air ordinaire; puis je souffle par un tube de verre au travers du faisceau de lumière électrique. Il se forme un nuage blanc lumineux, d'une texture délicate, qui nous révèle la condensation de la vapeur d'eau contenue dans l'haleine. Il faut faire disparaître ce nuage; on y parvient, soit en desséchant l'air expiré avant de lui faire traverser le faisceau, soit, plus simplement, en chauffant le tube de verre. Lorsqu'on opère de cette façon, la trace lumineuse du faisceau reste d'abord ininterrompue pendant un moment. L'haleine imprime à la matière flot-

tante un mouvement latéral; mais la poussière exhalée des poumons vient immédiatement prendre la place des particules repoussées. Mais, au bout d'un instant, on voit apparaître sur le faisceau une tache circulaire obscure, qui se fonce de plus en plus, jusqu'à ce que finalement, vers la fin de l'expiration, le faisceau se trouve, pour ainsi dire, percé d'un trou d'un noir intense, dans lequel il est impossible de distinguer aucune espèce de particules. C'est que l'air a si bien logé ses impuretés dans les canaux bronchiques que les dernières parties de l'haleine expirée sont absolument privées de matières en suspension. Cette expérience, répétée aussi souvent qu'on le voudra, donnera toujours le même résultat. Elle démontre le dépôt de matières étrangères dans les tubes pulmonaires d'une manière aussi manifeste que si les parois de la poitrine étaient transparentes.

J'expulse maintenant l'air de ma poitrine aussi complétement que possible; puis, appliquant une poigné d'ouate sur mes lèvres et mes narines, j'aspire l'air au travers. Il n'y a aucune difficulté à remplir ses poumons de cette matière. Si je chasse ensuite cet air par un tube de verre, je le trouve manifestement exempt de toute matière flottante. Dès le commencement de l'expiration, le faisceau lumineux paraît percé d'un trou noir. La première bouffée sortie des poumons fait disparaître la poussière illuminée, et la remplace par une tache obscure, qui persiste et apparaît sans interruption jusqu'à ce que l'expiration soit terminée. Si je place le tube au-dessous du faisceau, en l'agitant de droite et de gauche, je produis les mêmes apparences de fumées que nous avons observées en nous servant d'une flamme. En un mot, l'ouate intercepte d'une manière complète, pourvu qu'on l'emploie sous une épaisseur suffisante, la matière flottante qui tend à pénétrer dans les poumons.

L'application de ces expériences est évidente. Si un médecin veut préserver ses poumons ou ceux de son malade des germes par lesquels se propage, dit-on, une maladie contagieuse, il emploiera un *respirateur* de coton. Après les révélations de cette soirée, ces respirateurs deviendront, j'espère, d'un usage général, comme préservatifs de la contagion. Dans les demeures où sont entassés les pauvres de Londres, et où il est difficile sinon impossible d'isoler un malade, l'air nuisible qui l'entoure serait suffisamment purifié par ce simple procédé. Les voisins pourraient respirer sans danger l'air filtré de cette manière. Suivant toute probabilité, la protection des poumons suffirait pour protéger tout le système; car il est probable que les germes qui font naître dans l'économie une maladie épidémique sont précisément ceux qui se logent dans les voies aériennes, et qui peuvent à loisir pénétrer au travers de la muqueuse respiratoire. S'il en est ainsi, des filtres de coton garantiraient certainement de la maladie. Je serais enchanté d'essayer sur moi même leur efficacité. Le temps décidera également si, dans les affections pulmonaires, un respirateur de coton ne pourrait pas calmer l'irritation, sinon arrêter le dépérissement. M. Pasteur, pour les expériences duquel je professe la plus grande admiration, a montré que la quantité de germes diminue à mesure qu'on s'élève dans l'atmosphère. Au moyen du respirateur de coton, on pourra respirer dans la chambre d'un malade un air aussi pur, ou tout au moins aussi exempt de germes nuisibles, que celui des sommets les plus élevés des Alpes. Il serait facile de nommer cinquante professions différentes, dans lesquelles l'irritation des poumons et le délabrement de la santé ne reconnaissent d'autre cause que l'inhalation de la poussière atmosphérique. Un filtre d'ouate convenablement construit guérirait le mal en écartant sa source. Un pareil filtre serait aussi utile pour échauffer l'air. Il faudrait faire provision de coton pour le renouveler fréquemment ; ce qui serait du reste peu onéreux, puisque la valeur de cette substance est pratiquement nulle.

J. TYNDALL.

Une lettre, publiée récemment dans un journal anglais, la *Pall Mall Gazette*, signale l'un des traits caractéristiques de la méthode d'expérimentation exposée dans la leçon précédente. Il s'agit de la couleur bleue du ciel, qui est ou peut être « produite par des particules suspendues dans l'air, et invisibles, non-seulement à l'œil nu, mais même avec l'aide des plus puissants microscopes. Ainsi, notre méthode nous permet de constater de la manière la plus nette, la plus indubitable, l'existence de particules que nous ne pouvons en aucune façon apercevoir individuellement.

« C'est par cette particularité que la méthode décrite dans la leçon ci-dessus se distingue de toutes celles qui l'ont précédée, et c'est par là qu'elle est destinée bien certainement à les remplacer (1). Le microscope cherche les particules isolées, et elles échappent à sa puissance. Notre procédé, au contraire, les prend en masse, et il démontre clairement leur existence, en se servant de la propriété qu'elles possèdent de réfléchir la lumière. »

L'auteur appelle en même temps l'attention sur un remarquable rapport, publié par le docteur Angus Smith en 1869, et que le professeur Tyndall n'a reçu qu'après sa leçon. Pasteur avait déjà compté les germes de l'atmosphère parisienne ; mais le procédé extrêmement ingénieux employé par le docteur Smith lui a permis de concentrer les germes d'une très-grande masse d'air dans une petite quantité d'eau, et de multiplier ainsi prodigieusement leur nombre, proportionnellement au volume de l'espace qui les contenait primitivement.

« J'ai reçu du docteur Angus Smith, dit M. Tyndall, un exemplaire de son cinquième rapport annuel, dans lequel je recueille quelques résultats intéressants sur l'air de Manchester. Pour ramasser dans l'eau la matière flottante de l'atmosphère, le docteur Smith place une petite quantité de ce liquide dans un flacon, et l'agite avec des charges d'air successives. Dans un cas, par exemple, après avoir renouvelé cinq cents fois l'opération, il soumit son flacon à l'examen d'un habile micrographe, M. J. B. Dancer. Ce flacon avait été agité à l'air libre, et dans cet air le docteur Smith n'apercevait aucune poussière ; en tout cas, s'il en existait, ce ne pouvait être que celle que tout le monde est appelé à respirer continuellement. Voici quelques-unes des révélations de M. Dancer :

» *Matière fungoïde.* — De nombreuses spores de sporidiæ
» m'apparurent : pour déterminer, aussi approximativement que
» possible la quantité numérique de ces corpuscules contenue
» dans une seule goutte du liquide, j'agitai vivement le contenu
» du flacon, et j'enlevai aussitôt une goutte avec une pipette.
» Etalée entre deux lames de verre, cette goutte prit la forme
» d'un cercle d'un demi-pouce ($12^{mm},7$) de diamètre. J'em-
» ployai alors un pouvoir grossissant qui permettait d'em-
» brasser, dans le champ de vision, une surface d'un centième
» de pouce (254 millimètres) de diamètre ; et je consta-
» tai qu'il y avait plus de cent spores disséminées sur cette
» surface. Le nombre moyen des spores contenues dans une
» goutte d'eau serait donc d'environ $250\,000$. Ces spores pré-
» sentaient un diamètre variant de $\frac{1}{10000}$ ($0^{mm},0025$) à
» $\frac{1}{5000}$ ($0^{mm},0005$) de pouce.

» Pour évaluer approximativement le nombre de spores ou
» germes de matière organique que contenait la masse totale de
» liquide envoyée par le docteur Smith, j'en mesurai une cer-
» taine quantité avec la pipette, et je trouvai qu'elle compre-
» nait 450 gouttes de la même grosseur que celle dont
» j'avais fait usage précédemment. Chaque goutte renfermant
» 250 000 spores, pour 450 gouttes, la somme totale s'élevait au
» nombre fantastique de 37 millions et demi ; et tout cela, — sans
» parler des autres substances, — avait été extrait de 2 495 li-
» tres de l'air de cette ville, quantité d'air qu'inhalerait en dix
» heures environ un homme de taille ordinaire travaillant active-
» ment. Je puis ajouter que je constatai une absence remar-
» quable de particules de chaleur dans la matière réunie. »

« En dehors de tout autre effet, la seule irritation mécanique produite par le dépôt de ces particules dans des poumons délicats doit avoir certainement une funeste influence. On pourrait les arrêter d'une manière complète par l'emploi de respirateurs de coton. Dans diverses professions ou occupations *poussiéreuses*, de pareils respirateurs auraient bien leur agrément et constitueraient une utile protection. »

L'emploi de l'ouate de coton sur les brûlures ; son effet salutaire sur les plaies en général ; l'usage de fleur de farine dans les érysipèles ; l'application même de bandages agglutinatifs sur les blessures, ou leur protection par des couches de baudruche, tout cela peut s'expliquer et trouver sa justification rationnelle dans ce fait, que toutes ces substances arrêtent, non pas l'air, mais la matière organique que renferme cet air.

Le lecteur n'oubliera pas que, ce sujet n'étant pas un de ceux que mes études personnelles auraient pu me rendre pleinement familiers, je puis répéter ce qui a déjà été dit par d'autres. Une remarque semblable s'applique à l'histoire de la question, qui n'est, comme on pouvait s'y attendre, nullement pauvre. Nyander soutenait que la variole, la rougeole, la peste, la dysentérie et la coqueluche, sont toutes causées par des animaux microscopiques. Réaumur pensait que les petits nuages qui paraissent quelquefois raser la terre, dans certains jours d'été, peuvent bien être des essaims d'insectes. Cuvier, de son côté, parle de la *richesse effrayante* de la vie chez les insectes. Sir H. Holland croit que l'épidémie d'abcès charbonneux que l'on a vue sévir il y a quelques années en Angleterre, peut avoir eu son origine en dehors du système, par exemple dans un virus ou une forme quelconque de vie organique (1). Ehrenberg, dont les magnifiques observations ont eu un retentissement universel, parle de la « *voie lactée* des organisations inférieures ». Notre faisceau électrique donne à cette image une admirable justesse. Henle affirmait que l'élément matériel de toute maladie contagieuse n'est pas seulement de nature organique ; mais encore que c'est une matière douée de tous les caractères d'une vie parasite. Eiselt a constaté la présence de corpuscules de pus dans un hospice d'enfants trouvés, dont les pensionnaires souffraient épidémiquement de blennorrhée conjonctivale ; et il a démontré d'une manière décisive que l'épidémie se propageait par ces corpuscules, sans que le contact direct avec une personne infectée fût nécessaire. Pouchet, le savant et fougueux avocat de la doctrine de l'hétérogénie, a imaginé un instrument, nommé aéroscope, pour saisir ces particules microscopiques de l'atmosphère. C'est de cet instrument que s'est servi Eiselt, dans les recherches que je viens de rappeler. Tout indigène des régions alpines pourrait, au besoin, témoigner de l'exactitude de cette observation, due à de Saussure, qu'un ciel bleu foncé présage de la pluie, tandis que l'air est rendu trouble par une série de beaux jours successifs. De la Rive a attribué cette opacité à des germes organiques, qui enveloppent la terre comme un léger brouillard ; il a inventé un photomètre

---

(1) Elle peut, par exemple, mettre en évidence l'absence de germes dans l'air tranquille, et démontrer ainsi l'exactitude des expériences de Pasteur sur l'atmosphère des caves de l'Observatoire de Paris.

(1) C'est M. Davaine qui a démontré, dès 1863, que le charbon était produit par le développement de filaments organiques nommés bactéridies et se rattachait aux ferments. (*Note de la Dir.*)

pour déterminer la transparence de l'air, et ajouter ce nouvel élément à ceux qu'étudiait déjà la météorologie. Cet instrument pourrait aussi servir à élucider la question au point de vue des maladies épidémiques.

Les mémoires du docteur Budd sur les maladies contagieuses sont remplis de faits intéressants, et remarquables par une rare vigueur de logique. Le professeur Lister m'a fait part d'une observation personnelle, dont la sagacité est démontrée d'une façon si frappante par les expériences sur la respiration décrites plus haut, que je me propose d'en faire plus tard une étude spéciale. Dans une brochure publiée en 1850, M. Jeffreys nous a révélé quelques faits souverainement désagréables, au sujet de notre atmosphère de Londres. Il aérait une maison avec de l'air filtré, et il examinait la matière arrêtée sur l'épurateur ; si vous voulez apprendre ce qu'était cette matière, je vous renvoie à la page 16 de son travail. J'ai déjà parlé des recherches du docteur Angus Smith sur l'air de Manchester. Le docteur Smith a expérimenté aussi sur l'air de vacheries et d'étables, et il est arrivé à cette conclusion, que cet air est encore plus chargé de particules que celui qui circule dans nos rues. M. Crookes a cherché à saisir les germes dans des localités infectées. Le docteur Greenhow, ayant examiné les poumons de maçons, de charbonniers et de potiers, y a trouvé de la poussière calcaire, de la silice, de l'alumine et du fer. Enfin, je puis mentionner en terminant les importantes recherches du docteur Stenhouse sur l'action du charbon de bois, bien qu'elles ne rentrent pas rigoureusement dans notre sujet ; et aussi les expériences du docteur Marcet.

Comme on le voit par ce résumé rapide et incomplet, l'histoire de cette question compte déjà de nombreux chapitres ; j'y reviendrai probablement, et je la traiterai quelque jour avec plus de détail.

J. TYNDALL.

— Traduit de l'anglais par le Dr RENÉ BENOÎT. —

SOUSCRIPTION SARS

6e LISTE.

L'Union protestante libérale de Paris......	50 fr.	»
	Florins.	
MM. H. Kopp, recteur de l'Université de Heidelberg....................	10	
Helmholtz, correspondant de l'Institut, profess. à l'Université de Heidelberg.	5	
Bunsen, correspondant de l'Institut, professeur à l'Université de Heidelberg.	5	
A. Pagenstecher, professeur à l'Université de Heidelberg..............	10	
Kœnigsberger, professeur à l'Université de Heidelberg..............	3	
Hofmeister, correspondant de l'Institut, profess. à l'Université de Heidelberg.	5	
Soit 38 florins, produisant........	77	90
Brullé, doyen de la Faculté des sciences de Dijon.....................	10	
Billet, professeur à la Faculté des sciences de Dijon.....................	10	
Filhol, doyen de la Faculté des sciences et directeur de l'École de méd. de Toulouse.	10	

Souscriptions de l'École de médecine navale de Toulon, produisant : 57 05

J. Roux, directeur du service de santé.....	10
Fontaine, pharmacien en chef...........	5
Arland, médecin en chef...............	5
Delavaud, pharmacien en chef..........	5
Ollivier, médecin professeur............	5
Héraud, pharmacien professeur.........	5
Cunéo, médecin professeur.............	5
Vesco, médecin principal...............	5
Daniel, médecin principal.............	5

MM. Julien, médecin principal...............	5 fr.
Pellegrin, médecin principal...........	3
E. Gintrac, correspondant de l'Institut, directeur de l'École de médecine de Bordeaux.	15
Henri Gintrac, professeur à l'École de médecine de Bordeaux...................	10
Azam, prof. à l'École de méd. de Bordeaux.	10
P. Dupuy, prof. à l'Éc. de méd. de Bordeaux.	10
Mabit, prof. à l'École de méd. de Bordeaux.	5
Oré, prof. à l'École de méd. de Bordeaux..	5
Rousset, prof. à l'Éc. de méd. de Bordeaux.	5
Metadier, prof. à l'Éc. de méd. de Bordeaux.	5
Micé, prof. à l'École de méd. de Bordeaux..	5
Denucé, prof. à l'École de méd. de Bordeaux.	5
De Fleury, prof. à l'Éc. de méd. de Bordeaux.	5
Labat, prof. à l'École de méd. de Bordeaux.	5
Ritot, prof. à l'École de méd. de Bordeaux..	5
Sanderet, directeur de l'École de médecine de Besançon.....................	5
Coutenot, prof. à l'Éc. de méd. de Besançon..	10
Bruchon, prof. à l'Éc. de méd. de Besançon..	5
Tournier, prof. à l'Éc. de méd. de Besançon..	5
Druhen j^e, prof. à l'Éc. de méd. de Besançon..	5
Druhen aîné, pr. à l'Éc. de méd. de Besançon..	5
Faivre, prof. à l'Éc. de méd. de Besançon..	5
Chenevier, prof. à l'Éc. de méd. de Besançon..	5
Bornier, prof. à l'Éc. de méd. de Besançon..	2
Saillard, prof. à l'Éc. de méd. de Besançon..	2
Delacroix, prof. à l'Éc. de méd. de Besançon..	1
Haton de la Goupillière, examinateur à l'École polytechnique.......................	10
Hirn, correspondant de l'Institut, au Logelbach (près Colmar)...................	10
Théodore Duret.......................	10
Dr Giraud-Teulon, à Paris..............	10
Georges Peignart.....................	2
Mme Léon Soubeyran...............	10
A. Chevrotat, de la Soc. entom. de France.	2
H. Jekel, de la Soc. entom. de France..	2
Germain de Saint-Pierre, président de la Société botanique de France...........	10
Dr Cusson, secrét. de la Soc. bot. de France.	20
Kralik, de la Société botanique de France..	5
Cabasse, de la Société botanique de France, à Raon-l'Etape....................	5
Dr Bommariage, de Monceau-sur-Sambre (Belgique)........................	5
Ed. Morren, prof. à l'Université de Liége..	6
Ch. Andries, recteur de l'Université de Gand.	20
R. Boddaert, prof. à l'Université de Gand..	10
E. Boudin, prof. à l'Université de Gand..	10
F. Soupart, prof. à l'Université de Gand...	10
A. Pauli, prof. à l'Université de Gand....	10
A. Wagener, prof. à l'Université de Gand..	10
F. Hennebert, prof. à l'Université de Gand.	5
J. J. Kickx, prof. à l'Université de Gand..	5
H. Valerius, prof. à l'Université de Gand...	5
T. Swarts, prof. à l'Université de Gand.....	5
J. Plateau, prof. à l'Université de Gand...	5
M. Dugniolle, prof. à l'Université de Gand..	5
N. Du Moulin, prof. à l'Université de Gand.	5
F. Donny, prof. à l'Université de Gand....	5
V. De Neffe, prof. à l'Université de Gand..	5
Ch. van Bambeke, prépar. à l'Univ. de Gand.	5
J. van Tvers, receveur du cons. acad. de l'Université de Gand........	5

Total de la 6e liste..............	644 fr. 95
Total des cinq premières listes.........	5638 fr. 69
Total des six premières listes........	6283 fr. 64

Le propriétaire-gérant : GERMER BAILLIÈRE.

PARIS. — IMPRIMERIE DE E. MARTINET, RUE MIGNON, 2.

SEPTIÈME ANNÉE   NUMÉRO 16   19 MARS 1870

Paris, 18 mars 1870.

Le récent travail de M. Tyndall sur le rôle des poussières atmosphériques dans la propagation des maladies inspire à M. Wœstyn une note qui a été présentée à l'Académie des sciences par M. Dumas. M. Wœstyn remarque que les bons appareils de ventilation employés pour les salles d'hôpitaux et les lieux de grandes réunions aspirent, avec l'air de ces salles, les germes qui s'échappent des corps des malades ou d'une autre source, et les répandent dans l'atmosphère en pluie qui retombe sur des lieux habités, où ils peuvent provoquer des maladies. — Pour éviter cet inconvénient, M. Wœstyn voudrait qu'on fît passer l'air aspiré sur une sorte de grillage où il serait porté à une température suffisante pour détruire tous les germes qu'il peut contenir.

A cette occasion, M. H. Sainte-Claire Deville expose quelques recherches qu'il a été amené à faire, il y a quatre ans, comme membre de la commission instituée pour l'étude du choléra. Il a reconnu que les odeurs dégagées par les malades étaient tantôt alcalines et tantôt acides; on les a trouvées acides dans les salles de femmes et d'enfants. Les odeurs alcalines étaient produites par l'ammoniaque ordinaire ou des ammoniaques composées, notamment le triethyl ammoniaque. On a constaté, en outre, la présence de germes organiques dans l'air des salles, on a pu en spécifier un certain nombre, et il est même arrivé que les expérimentateurs ont été victimes de leurs atteintes. La calcination de l'air supprimerait ces causes d'infection.

Le général Morin demande quelle température il faudrait employer pour cela. — Le rouge le plus sombre suffirait, répond M. H. Sainte-Claire Deville. — Mais encore combien de degrés, reprend le général Morin, qui paraît oublier le sens parfaitement précis que présente pour un physicien la désignation des hautes températures par des nuances déterminées. — 500 degrés. — Le général exprime alors la crainte que la calcination de l'air ne le rende malsain, ce qui fait sourire d'étonnement plus d'un académicien. On lui fait remarquer qu'il s'agit de l'air rejeté de la salle dans l'atmosphère, qu'on ne l'échaufferait d'ailleurs que par petites portions successives pendant un temps très-court.

— M. Verneuil, professeur à la Faculté de médecine, a guéri un cas de tétanos par l'emploi du chloral; il expose ce fait dans une note présentée à l'Académie des sciences par M. Wurtz. M. Nélaton fait observer qu'il ne faut pas attacher trop d'importance à un fait de guérison du tétanos après l'emploi d'un agent nouveau, une foule de médications ayant réussi une ou deux fois contre le tétanos pour échouer tou-

jours ensuite, ce qui semble bien indiquer que les guérisons obtenues n'étaient pas l'effet du médicament. — Serait-ce la réponse de M. Nélaton à l'article que M. Verneuil a décoché contre son aphorisme du *Figaro*, et où il lui reprochait précisément son silence dans toutes les Académies?

— L'épidémie de variole qui règne depuis quelque temps à Paris et à Londres avait décidé l'édilité parisienne à établir des services publics de vaccination dans les mairies d'arrondissement et dans divers autres lieux. L'encombrement des visiteurs a été tel qu'il a été impossible d'y suffire. Il a fallu fermer ces services quelques jours pour les réorganiser; ils ont été rouverts lundi dernier. L'affluence continue toujours et l'administration demande maintenant à toutes les personnes qui auraient connaissance d'un cas de cowpox spontané d'en avertir immédiatement, par télégramme, le directeur de la vaccine, à l'Académie de médecine, ou le directeur de l'assistance publique de Paris.

— Les professeurs de l'université de Vienne se sont réunis samedi dernier pour décider si l'on devait confier aux femmes les diplômes de médecine. Aucune femme n'a même tenté de passer ces examens à l'université de Vienne; mais il a été décidé que celles qui ont obtenu leurs diplômes dans d'autres villes seront dorénavant admises à suivre les cours et à visiter librement les hôpitaux de Vienne. Deux dames profitent dès à présent de cette nouvelle décision : l'une d'elles est Anglaise, l'autre est originaire de Suisse.

— On sait qu'il s'est fondé à Paris une *Société protectrice de l'enfance* qui a pour but de propager l'allaitement maternel et de diminuer par tous les moyens possibles l'effrayante mortalité des nouveau-nés que produit l'industrie des nourrices mercenaires. Cette société vient de tenir sa séance publique annuelle. Nous extrayons du discours de son président, M. Boudet, membre de l'Académie de médecine, le passage suivant :

« ... Il naît à Paris, chaque année, 53 000 enfants; 25 000 sont envoyés en nourrice, et, au bout d'un an, il en reste à peine la moitié: 12 à 13 000 de ces pauvres petits Parisiens ont succombé et pavent les cimetières de nos campagnes, tandis que la mortalité générale des enfants, pendant la première année de leur existence, ne dépasse pas 10 p. 100 en Norvége, dans notre département de la Creuse, et sous nos yeux, en quelque sorte, dans cette heureuse commune de Montmorency, où les femmes n'ont pas cessé de donner à leurs enfants ce lait dont la Providence a gonflé pour eux leurs seins maternels.

« Cette effroyable mortalité ne frappe pas seulement sur les enfants de Paris, elle sévit également dans nos grandes villes et se reproduit à des degrés différents partout où les mères, oubliant leurs plus sacrés devoirs, abandonnent leurs enfants à des nourrices ou les alimentent au biberon, substituant au lait que Dieu leur a préparé celui des animaux, qui n'est pas fait pour eux. Ajoutez à cette horrible hécatombe des nourrissons la mortalité énorme des enfants des nourrices sevrés avant le temps, et les graves atteintes portées à la santé des mères qui, en refoulant dans leurs seins ce lait qui devait développer les forces et la santé de leurs fils, altèrent leur propre constitution, et y font naître des germes de maladie qui s'y développent tôt ou tard, comme une juste protestation de la nature contre la violation de ses lois.

« Tel est le tableau lugubre des ravages que produit l'abandon de l'allaitement maternel.

« Eh bien! c'est contre cet abandon que nous voulons réagir, c'est à ces désastreuses conséquences qui préparent la décadence physique et morale de la population française, et menacent notre grande nationalité, que nous voulons opposer la ligue puissante de ces associations libres et patriotiques que réalisent les sociétés protectrices de l'enfance.

« Tandis que, prenant le problème social au delà des premières années de l'existence, nos législateurs laissent livrée à elle-même l'éducation physique et morale de nos générations naissantes, et se placent ainsi sur un terrain incessamment miné par des causes d'ébranlement et de ruine, nous attaquons ce redoutable problème à sa base et nous prétendons relever le niveau de la vie et de la force physique et morale dans notre pays, en protégeant dès leur naissance les enfants qui représentent la France de l'avenir.

« Mettre en honneur et propager l'allaitement maternel, ce n'est pas seulement travailler à soustraire à la souffrance et à la mort tant de milliers de créatures humaines jetées dans le monde sans leur aveu et si dignes de pitié, n'est-ce pas aussi prendre en main la cause de la famille et réchauffer au cœur de notre pays ces impérissables sentiments qui sont la dignité, l'honneur et la joie du foyer domestique, sentiments profonds et vivaces qui peuvent sommeiller dans des temps d'orage et de perturbation ou d'entraînements passagers, mais qui sont toujours prêts à se réveiller dès que la voix de la nature peut se faire entendre et montrer à l'homme les sources vives et pures où il doit trouver le bonheur ?

« Une atmosphère d'égoïsme et de vanité, un engouement excessif de luxe et de jouissances frivoles, a pesé quelque temps sur notre société; mais l'horizon semble s'éclaircir, et, au souffle vivifiant de la liberté, les aspirations généreuses ne tarderont pas à reprendre leur empire. Loin de chercher désormais à affranchir le foyer conjugal des exigences de l'allaitement maternel, pour conserver une indépendance qui ne favorise que des plaisirs éphémères ou les déplorables calculs d'un égoïsme stérile, la jeunesse française de toutes les conditions voudra se rattacher aux satisfactions si profondes, si salutaires et si durables que donne l'accomplissement des devoirs de la maternité.

« La Société protectrice de l'enfance s'est vouée depuis cinq ans à provoquer cette réaction pleine de précieuses promesses, dont les signes sont incontestables, et elle s'efforce de la développer. Quels moyens plus puissants que ceux qu'elle met en œuvre, que les institutions dont elle poursuit la réalisation? »

— On sait que depuis quelques années surtout, la loi du 30 juin 1838 sur les aliénés soulève de fort vives critiques. La Société médico-psychologique de Paris vient de publier un

manifeste pour protester contre ces attaques, qu'elle déclare aussi peu fondées qu'injurieuses pour le corps médical français et les autorités judiciaires. « L'aliéné, dit ce manifeste, n'a que rarement conscience de son état, et quand sa folie est assez limitée pour ne point altérer sa raison dans nombre de manifestations, il ne manque pas de présenter son placement dans un asile comme un fait de séquestration arbitraire, et ses discours présentent souvent une certaine logique pouvant donner le change à des visiteurs qui ne connaissent pas la réalité des antécédents... Cette erreur des gens du monde s'est surtout enracinée par la publication de mémoires que des aliénés, sortis *à peu près* guéris, ont rédigés sous l'empire de l'idée qu'ils n'avaient point été atteints de folie, et où ils se sont efforcés par amour-propre ou parce qu'ils avaient complétement oublié leur maladie, d'établir qu'ils avaient été victimes d'une séquestration arbitraire.

— Mardi dernier, l'Académie de médecine de Paris a élu membre libre, M. Amédée Latour, rédacteur en chef de l'*Union médicale*.

La liste de présentation portait, en première ligne, M. Payen (de l'Institut), en deuxième ligne, M. Amédée Latour, et en troisième ligne, M. Michon. Au premier tour de scrutin, sur 94 votants, M. Latour a obtenu 47 voix, M. Payen, 40, M. Michon, 5, il y avait en outre 2 bulletins blancs.—Au second tour de scrutin, M. Latour a été nommé par 49 voix contre 40 données à M. Payen et 2 bulletins blancs.

—La Société zoologique d'acclimatation vient de décerner une médaille d'argent à M. P. L. Simmonds, pour son travail sur la production de la soie dans l'Inde, que la *Revue des Cours scientifiques* a publié l'année dernière.

— M. N. Joly, professeur à la Faculté des sciences de Toulouse, vient d'être nommé professeur de physiologie à l'École de médecine de la même ville.

COLLÉGE DE FRANCE

MÉDECINE EXPÉRIMENTALE

COURS DE M. CLAUDE BERNARD
de l'Institut de France et de la Société royale de Londres

L'évolution de la médecine scientifique et son état actuel

Messieurs,

Vous avez lu sans doute sur l'affiche du programme de notre cours que, cette année encore (1), nous traiterons de la *médecine expérimentale*.

Ce sujet n'a rien de nouveau pour nous ; il est depuis longtemps l'objet habituel de nos études, et je pourrais, sans préambule, aborder immédiatement le détail des expériences dont j'ai à vous entretenir. Cependant, avant d'entrer en matière, je crois utile de vous exposer, sinon de longues généralités, au moins quelques considérations pré-liminaires.

Il est toujours bon, au début d'un cours, de définir le point de vue auquel on se place pour envisager les problèmes scientifiques. C'est comme le prélude d'une œuvre musicale dans lequel on indique les principaux motifs qui seront ultérieure-

---

(1) Voyez le cours de l'année dernière dans notre tome VI. La dernière leçon renvoyant aux autres est dans le numéro du 2 octobre 1869, page 698.

ment développés. Il faut que le professeur se mette de même en communion d'idées avec son auditoire, et qu'il lui fasse apercevoir les régions encore inexplorées de la science vers lesquelles il veut essayer de le conduire. Tel est le but que je me propose dans cette première leçon.

Disons tout d'abord ce qu'on doit entendre par ces mots *médecine expérimentale*. Ce sont là des expressions qu'il faut commencer par définir afin qu'elles soient claires et précises pour tous.

Nous remarquerons que, d'une manière générale, l'adjectif *expérimental* s'applique à toutes les sciences qui se développent en prenant pour base les principes de la méthode expérimentale. Par conséquent, lorsque je dis que je traiterai de la *médecine expérimentale*, je veux simplement faire entendre que je vais m'efforcer d'introduire dans la médecine les préceptes d'investigation dus à la méthode expérimentale.

Ce n'est, en effet, qu'à l'aide de cette méthode que les sciences des corps bruts ont fait les conquêtes brillantes qui permettent aujourd'hui à l'homme d'étendre sa puissance sur les phénomènes naturels qui l'entourent, et je pense, quant à moi, que la médecine doit aspirer aussi à devenir une science expérimentale capable de modifier les phénomènes des êtres vivants, comme la physique et la chimie nous ont permis d'agir sur les phénomènes des corps bruts.

On a longtemps discuté sur la question de savoir s'il était possible ou non de ramener les sciences des corps vivants à la même méthode d'investigation que les sciences des corps bruts. Ceux qui niaient cette possibilité s'appuyaient sur des arguments tirés de la nature spéciale des phénomènes de la vie. « Il est illusoire, disait-on, de vouloir soumettre les phénomènes qui se passent dans les êtres vivants aux mêmes lois que ceux qui se rencontrent dans les corps bruts. Il existe en effet, dans les premiers, quelque chose de spécial, quelque chose de spontané que nous appelons la *vie* et qui s'oppose à ce que nous puissions maîtriser la nature vivante comme la nature inerte. Pour en arriver là, ajoutait-on, il faudrait connaître avant tout l'essence même de la vie; or, comme nous ne la connaissons pas, il est impossible d'appliquer la méthode expérimentale à l'étude des phénomènes physiologiques ou morbides. »

De semblables raisonnements ont pu paraître spécieux; mais en y réfléchissant on s'aperçoit qu'ils sont absolument erronés. Sans doute, il y a dans les êtres vivants quelque chose de vital qui leur est particulier, qui détermine la nature de leurs organismes, et règle leur évolution physiologique. Mais ce quelque chose nous n'avons pas à en chercher la nature ; c'est la cause première des manifestations vitales, et les causes premières doivent toujours rester en dehors de la science aussi bien dans les phénomènes des corps vivants que dans ceux des corps bruts. Quand nous étudions la matière inerte, nous ne nous occupons pas de savoir quelle est la cause première minérale qui l'a produite avec sa forme et les propriétés qu'elle nous présente : nous n'avons à étudier que ces propriétés, leurs conditions d'action et les phénomènes auxquels elles donnent naissance. De même, la cause première qui a créé la matière vivante sera considérée comme une inconnue qui doit être laissée de côté. Nous n'avons à étudier que les conditions de phénomènes de la vie et à déterminer seulement les propriétés des éléments organisés qui leur donnent naissance. Or, les propriétés des tissus vivants peuvent parfaitement être saisies et scrutées. Leurs manifestations vitales sont liées à des conditions physico-chimiques précises, aussi rigoureuses que celles qui règlent les phénomènes de la nature inorganique. Nous pouvons par conséquent les observer, les mesurer, les calculer et leur appliquer les procédés d'investigations de la méthode expérimentale.

Cette proposition n'est point, de ma part, une pure assertion ou la simple déduction logique d'une vue de l'esprit. J'en ai amplement, je crois, démontré l'exactitude, soit ici dans mon enseignement (1), soit dans un ouvrage que j'ai publié sur les principes de la médecine expérimentale (2).

Il n'y a donc aucun doute pour nous, sur cette question d'application de la méthode expérimentale aux investigations physiologiques et pathologiques. Nous reconnaissons que les phénomènes des corps vivants doivent être distingués par leur nature des phénomènes des corps bruts; mais nous admettons que la méthode expérimentale leur est commune. Ce sont, en effet, toujours les mêmes préceptes qui doivent diriger l'expérimentateur dans ses études analytiques, parce que nulle part il n'y a d'effets sans cause, et que tout phénomène, quelle que soit son espèce, présente un déterminisme nécessaire que la méthode expérimentale seule peut nous faire connaître.

En un mot, je le répète, les sciences des êtres vivants sont appelées à devenir expérimentales comme celles des corps bruts ; et je crois que, par son évolution naturelle, la médecine tend nécessairement à l'état expérimental.

Dans l'évolution de toutes les sciences, la période d'expérimentation apparaît la dernière; c'est la période scientifique la plus élevée, qui représente en quelque sorte la science devenue adulte. Alors le savoir a acquis toute sa puissance, et la théorie guide la pratique d'une manière certaine, ainsi que nous le voyons déjà dans les sciences expérimentales les plus avancées, comme la physique, la chimie. Or, il en sera de même pour la médecine expérimentale, et lorsqu'on connaîtra expérimentalement les lois et les conditions d'existence des phénomènes vitaux, on possédera des théories qui seront capables de diriger le médecin dans sa pratique d'une manière rigoureuse. C'est vers la réalisation de cet avenir de la médecine que tendent tous nos efforts.

Mais, dira-t-on, avant d'en arriver là il faut que la théorie médicale que vous cherchez soit constituée ; car, en science expérimentale, la théorie doit nécessairement précéder la pratique, puisqu'elle la dirige.

Pour la physique et pour la chimie, ajoutera-t-on, on a pu laisser les théories scientifiques s'édifier avant d'en venir aux applications, mais en médecine il en est tout autrement : le médecin doit agir toujours et immédiatement. Il ne peut pas dire à son malade qu'il attendra pour essayer de le guérir que la science expérimentale soit faite. Il n'y a donc pas lieu, continuera-t-on, de rapprocher, sous ce rapport, la médecine des sciences physico-chimiques.

C'est là une erreur que je voudrais avant tout chasser de vos esprits. Sans doute, il est évident pour tous que, dans la médecine, la pratique a dû précéder et précède encore les théorie scientifiques, mais en cela la médecine ne forme pas une exception aux autres sciences. Je veux vous montrer

<hr>

(1) Cet enseignement a paru tout entier dans la *Revue des cours scientifiques*, tomes II et VI, 1865 et 1869.
(2) *Introduction à l'étude de la médecine expérimentale.*

qu'elle ne fait au contraire qu'obéir à la même loi générale de développement, et que ce serait par une pure illusion scientifique qu'on arriverait à croire que dans certaines connaissances la théorie a pu précéder la pratique.

En effet, dans toutes les sciences sans exception, c'est la pratique elle-même qui engendre la théorie scientifique directrice : Dans la physique et la chimie, on a commencé par la pratique, comme partout. On a fait du verre et divers produits chimiques, bien avant de savoir la chimie théorique ; on a pratiqué la métallurgie, on a extrait les métaux, on en a fait usage bien avant d'avoir aucune idée théorique sur les métaux ; on a construit des instruments grossissants sans posséder aucune espèce de connaissance des lois physiques de la lumière, etc.

Toutes nos connaissances sont soumises à cette évolution nécessaire. Les langues elles-mêmes se sont développées ainsi. D'abord on a parlé en quelque sorte instinctivement ; mais, peu à peu, des théories sont nées de l'usage, et plus tard, on a parlé suivant les règles. Ce qui revient à dire que le langage a précédé la grammaire, de même que les orateurs ont précédé les rhéteurs.

Quand, à la suite de longs tâtonnements scientifiques, les théories vraies se sont fait jour, elles ne servent pas seulement à faire comprendre toutes les pratiques empiriques nées primitivement du hasard ou de la nécessité, mais elles éclairent en même temps les régions encore obscures de la science, et servent de flambeau pour la conduire dans une voie rapide où elle court à de nouvelles conquêtes.

Telle est partout la marche de l'esprit humain : d'abord une période obscure, empirique dans laquelle on voit sans comprendre, et dans laquelle on agit en quelque sorte instinctivement ou par intuition ; ensuite une seconde période dans laquelle on observe de plus près afin de saisir la loi des rapports naturels des phénomènes dont on veut prévoir la marche ; enfin, une troisième période dans laquelle on découvre par l'analyse expérimentale les causes des phénomènes, en déterminant exactement les conditions dans lesquelles ils s'accomplissent, et dans lesquelles il faut se placer pour agir sur eux. C'est alors seulement que la science est complète, car la théorie est devenue réellement le flambeau directeur d'une pratique efficace.

La médecine ne saurait échapper à la loi générale d'évolution de toutes les sciences, mais elle est en retard à raison de sa complexité. Aujourd'hui, elle entre à son tour dans la période expérimentale.

Nous distinguerons donc en médecine comme dans toutes les autres sciences : 1° un état antéscientifique ou empirique ; 2° un état de science d'observation ; et 3° un état de science expérimentale.

Depuis longtemps les sciences physico-chimiques sont parvenues dans leur période expérimentale. La médecine, je le répète, est loin d'être aussi avancée, et, bien que l'expérimentation ait déjà fait de nombreuses tentatives pour s'y introduire, on peut dire qu'elle n'a pas encore pris définitivement son droit de domicile. Cependant, il nous est impossible de ne pas reconnaître que ce moment approche et que c'est la tendance la plus évidente de la médecine scientifique actuelle.

Ce premier point étant établi, il faut nous demander ce que nous avons à faire pour favoriser l'avénement de cette médecine expérimentale. Mon opinion est qu'il faut, avant tout, apprendre l'art de faire des expériences physiologiques

et pathologiques. Les sciences expérimentales ne peuvent avancer sûrement que lorsqu'elles possèdent de bonnes méthodes d'expérimentation ; et ici, on le comprend, les méthodes d'investigations seront plus difficiles qu'ailleurs à cause de la mobilité des phénomènes de la vie.

Mais, à ce propos, une importante question se présente, celle de savoir si, dans cette expérimentation appliquée aux phénomènes de la vie, nous devons distinguer la physiologie de la pathologie. Je répondrai immédiatement que non, car j'admets en principe que la physiologie est le terrain même sur lequel la médecine expérimentale doit être édifiée.

La physiologie est donc absolument inséparable de la médecine scientifique, et il ne sera pas possible de fonder jamais la médecine expérimentale si la physiologie qui doit lui servir de base n'est pas elle-même préalablement constituée. C'est là une idée fondamentale que je n'ai jamais cessé de répéter, et sur laquelle je vous demande la permission d'insister de nouveau devant vous.

Il y a vingt-trois ans que j'ai l'honneur de professer au Collége de France, d'abord comme suppléant de Magendie, et ensuite comme professeur titulaire. En 1847, lorsque je montai pour la première fois dans cette chaire, je disais : « La médecine scientifique que j'aurais la mission de vous enseigner n'existe pas ; par conséquent, mon enseignement semble ne pas avoir de raison d'être. Cependant, ajoutais-je, si cette médecine scientifique n'est pas encore instituée, il y a une chose à faire pour la préparer ; il faut cultiver la physiologie expérimentale qui doit lui servir de base ». C'est pourquoi, dans la chaire de médecine du Collége de France, j'ai toujours insisté sur le perfectionnement de la physiologie expérimentale.

Dans sa période antéscientifique, la médecine a pu exister en dehors de la physiologie ; et il l'a bien fallu, puisque la physiologie n'était pas encore née. Mais aujourd'hui que la médecine a la prétention de devenir une science véritable, il faut absolument qu'elle ait recours à la physiologie, soit pour comprendre le mécanisme des maladies, soit pour expliquer l'action des médicaments.

C'est qu'au fond, dans la médecine, il n'y a qu'une seule science : la science de la vie ou la physiologie. Et maintenant oserait-on soutenir qu'il faut distinguer les lois de la vie à l'état pathologique des lois de la vie à l'état normal ? Ce serait vouloir distinguer les lois de la mécanique dans une maison qui tombe des lois de la mécanique dans une maison qui se tient debout. Non, il n'existe pas plus deux sciences de la vie, qu'il n'y a deux ordres de mécanique. Chez l'homme en santé, comme chez l'homme malade, on retrouve toujours les mêmes lois organiques ; elles ne se sont modifiées que dans leurs manifestations. De là il résulte que jamais il ne sera possible de comprendre l'état pathologique sans la connaissance préalable de l'état physiologique.

Appuyer la médecine sur la physiologie n'est pas, dira-t-on, une idée nouvelle. Depuis longtemps on a compris que la vie à l'état normal ne pouvait être séparée de la vie à l'état morbide, et depuis longtemps aussi des médecins ont eu l'idée d'établir la médecine sur une base physiologique. Parmi les hommes plus rapprochés de nous qui ont fait cette tentative, nous citerons Broussais, qui, pour ne laisser aucune équivoque dans les esprits, avait donné à son système médical le nom de *médecine physiologique*. Il a même fait précéder sa théorie médicale de sa théorie physiologique pour montrer qu'il unissait indissolublement l'une et l'autre.

Sous ce rapport, la médecine physiologique ne daterait pas seulement de Broussais ; car on peut dire qu'à toutes les époques de la science, les médecins ont adopté sciemment ou insciemment, les idées physiologiques régnantes, pour en déduire leur pratique médicale. Mais nous vous prouverons tout à l'heure que ces théories médicales physiologiques qui se présentent à nous, dans l'histoire, sous la forme de systèmes qui se sont succédé et ont duré un temps plus ou moins long, n'ont rien de commun avec ce que nous appelons la *médecine expérimentale*.

La physiologie expérimentale, en effet, n'est point une physiologie faite pour s'adapter à un système médical quelconque. Les systèmes, dans leur généralisation, ne laissent rien en dehors d'eux, parce qu'ils sont créés tout d'une pièce par une vue de l'esprit. Les sciences expérimentales, au contraire, ne s'appuyant que sur l'expérience, ont pour caractère d'offrir une évolution progressive et indéfinie. Elles se développent lentement et successivement, de manière à n'être jamais achevées et à représenter un édifice toujours en voie de construction.

De tout ce que je viens de vous exposer, nous devons tirer cette conséquence que la physiologie expérimentale est la première base de l'édifice médical scientifique. Comment pourrait-il en être autrement ; car ici la connaissance des phénomènes physiologiques relativement plus simples est absolument nécessaire pour expliquer les phénomènes pathologiques qui sont beaucoup plus complexes.

Il faudra donc qu'un médecin qui veut coopérer à la fondation de la médecine expérimentale soit physiologiste expérimentateur. Il devra être à même de concevoir, d'instituer et d'exécuter au besoin les expériences physiologiques qui seront de nature à résoudre un problème pathologique ou à expliquer un état morbide donné. C'est pourquoi je recommande aux jeunes médecins de se mettre au courant de la pratique expérimentale de la physiologie. Sans cet ordre de connaissances, il leur deviendrait impossible de suivre les progrès du mouvement médical scientifique actuel.

Mais parmi les médecins physiologistes, il en est qui se sont cru obligés d'admettre deux physiologies : la physiologie normale à laquelle appartient l'étude des fonctions de la vie en état de santé, et la physiologie pathologique qui explique les phénomènes à l'état pathologique ; l'une étudiant, par exemple, la digestion, la circulation, et l'autre expliquant la fièvre, la pneumonie, et les diverses maladies. Je ne verrais pas d'inconvénient, pour mon compte, à employer les mots *physiologie normale* et *pathologique*, si l'on voulait simplement dire par là qu'on analyse, tantôt des phénomènes pathologiques, tantôt des phénomènes physiologiques ordinaires. Mais je repousserais ces dénominations si l'on voulait leur faire exprimer cette idée qu'il y a deux ordres de lois vitales : les unes régissant l'état pathologique, les autres gouvernant l'état physiologique. Non, les deux ordres de phénomènes se confondent, et il y a des limites où l'on ne peut pas distinguer la pathologie de la physiologie. Il n'y a en un mot qu'une physiologie qui est l'analyse des phénomènes de la vie sous toutes les formes qu'ils peuvent se manifester.

Il y a dix ans déjà, nous avons fait ici un cours de pathologie expérimentale, dans lequel nous avons essayé de démontrer que tous les phénomènes pathologiques ont leurs racines dans les phénomènes physiologiques correspondants. Ce cours, qui a été publié alors dans un journal anglais par M. le docteur Ball, sera bientôt reproduit en français.

L'histoire des sciences nous apprend que toutes les idées nouvelles trouvent toujours des fanatiques ou des détracteurs, également nuisibles à leur développement. Il n'est donc pas étonnant que la tendance médicale physiologique expérimentale que nous considérons comme la seule direction capable de fonder une médecine scientifique, ait été acceptée aveuglément par ses partisans trop zélés, ou proscrite d'une manière systématique par ses adversaires exagérés.

Il est en effet des médecins qui, au nom de ce qu'ils appellent les saines doctrines, ont repoussé l'expérimentation physiologique comme inutile ou dangereuse. Ils ont soutenu que l'*observation* suffit en médecine, et que c'est méconnaître les grandes traditions médicales que d'y substituer l'*expérimentation*. En poursuivant l'explication physiologique des maladies, disent-ils, on perd de vue le malade, on abandonne la clinique et l'on substitue le *laboratoire à l'hôpital*. Ces reproches ne peuvent reposer que sur des malentendus qu'il est très-important de faire disparaître.

D'abord, jamais personne, parmi les médecins expérimentateurs, n'a pu avoir la pensée de soutenir qu'il fallait supprimer ou négliger la *clinique*. L'objet de la médecine est évidemment le malade, et c'est précisément l'observation clinique qui nous le fait connaître ; il faut donc avant tout observer au lit du malade. Mais, quant à moi, je soutiens que cette simple observation clinique du malade ne suffit pas, et qu'il faut abolument recourir à l'*expérimentation* si l'on veut arriver à l'explication scientifique des phénomènes morbides et parvenir à une thérapeutique efficace et rationnelle. En un mot, pas plus en pathologie qu'en physiologie, nous ne pouvons comprendre les phénomènes de la vie par la simple observation extérieure de ces phénomènes. La cause réelle de leurs manifestations nous échappe et ne peut être alors que l'objet d'hypothèses qu'enfante notre imagination. Avant d'avoir expérimenté sur la digestion pour en déterminer exactement les conditions organiques et physico-chimiques, on invoquait une force vitale digestive, une archée pylorique imaginaire. Il en est de même aujourd'hui en pathologie ; on suppose, pour expliquer les maladies, des génies morbides, des diathèses, etc. Ce ne sont là que des mots dont nous couvrons notre ignorance, en attendant que le flambeau de l'expérimentation ait porté la lumière sur la cause véritable de ces phénomènes.

Ainsi, en recommandant l'expérimentation en médecine, on ne veut donc pas substituer la physiologie des laboratoires à la clinique de l'hôpital. On ne propose pas non plus de détrôner l'observation et de ne recourir qu'à l'expérimentation, ce qui serait un non sens qu'on a été cependant jusqu'à vouloir m'attribuer. C'est là un procédé de critique très-connu qui consiste à prêter des absurdités à ses adversaires pour avoir le mérite facile de les réfuter.

Si, dans le cours de médecine d'un collège de France, je ne vous parle que d'expérimentation, je n'admets pas que toute la médecine ne consiste qu'en cela ; je suppose seulement que l'observation clinique vous est connue. Car ici nous n'avons en définitive pour but que d'expliquer les phénomènes que la clinique nous a fait connaître. J'ajouterai même qu'en suivant cette voie expérimentale, c'est toujours à l'observation clinique qu'il faut venir se retremper, si l'on ne veut pas se laisser égarer et faire fausse route.

En un mot, je ne vous dis pas : pour fonder la médecine scientifique, l'observation est inutile, l'expérimentation seule est efficace. Je vous dis seulement, et je le soutiendrai toujours, que pour fonder la médecine scientifique, l'observation est insuffisante; il faut y ajouter l'expérimentation. L'observation clinique ne peut nous donner que l'expression morbide, c'est-à-dire la forme extérieure des maladies et les lois de leur évolution. L'expérimentation nous fait remonter à la cause même de la maladie, nous en explique les mécanismes et nous apprend comment nous pouvons agir rationnellement sur eux.

D'ailleurs n'a-t-on pas compris que l'observation clinique était insuffisante, puisqu'on a eu recours aux autopsies des cadavres? Mais les autopsies elles-mêmes sont bien souvent stériles, comme je vous le prouverai plus tard, et ce n'est vraiment qu'à l'aide de l'expérimentation pathologique sur le vivant, qu'on peut arriver à la connaissance de la cause intérieure des maladies.

En résumé, nous pouvons conclure d'une manière générale, qu'en médecine, comme dans toutes les sciences, l'observation nous apprend la *forme* des phénomènes, et que l'expérimentation nous fait remonter à leurs *causes*. Toutefois je n'entends point établir par là des définitions scolastiques de l'observation et de l'expérimentation. Une distinction absolue entre ces deux procédés de recherches n'est jamais vraie, parce que, dans la nature, il y a toujours des transitions même entre les choses les plus opposées.

On comprend, en effet, que toutes les fois que la cause des phénomènes siége dans la profondeur du corps, nous soyions obligés de recourir à l'expérimentation pour décomposer l'organisme, pour découvrir la cause qui se dérobait à la simple observation. Mais si, au contraire, la cause des phénomènes morbides est tout extérieure et n'est pas profondément cachée à nos regards, on conçoit aussi que l'observation puisse suffire dans ces cas pour la découvrir.

Pour vous faire saisir ma pensée, je vais vous citer un exemple tiré de la médecine et s'appliquant à une maladie des plus connues.

La gale est une affection dont la cause réelle est aujourd'hui bien déterminée, et la découverte de sa cause est une conquête de la science moderne. Avant d'en être arrivé là, on avait pourtant observé et décrit la gale; on connaissait son évolution et l'on avait constaté sa transmissibilité d'un individu à l'autre. Mais, relativement à sa cause, alors inconnue, on faisait les hypothèses les plus diverses. On imaginait un vice herpétique donnant naissance à la maladie cutanée, à l'altération des humeurs. On supposait des métastases de ce virus ou de ces humeurs viciées sur divers organes. En un mot, on créait de toute pièce une entité morbide, à laquelle on rattachait tous les phénomènes observés. Quant au traitement de la gale, il était et devait être absolument empirique, puisqu'il s'adressait à une cause imaginaire et inconnue. On avait été conduit naturellement à employer diverses pommades comme moyen topique; on soutenait que les unes agissaient plus ou moins efficacement, mais sans pouvoir s'en rendre compte. Chacun, médecin ou non, préconisait sa pommade comme la meilleure. Je me souviens avoir connu, dans la campagne que j'habitais étant enfant, des paysans qui avaient le secret de composer des pommades soi-disant merveilleuses contre la gale.

On pouvait alors faire de la statistique sur la guérison de la gale, soutenir que tel traitement ou tel médicament topique guérissait un nombre de malades sur cent plus considérable que tel autre. Enfin on raisonnait dans ce temps-là sur la gale comme nous raisonnons encore maintenant sur les maladies dont nous ne connaissons pas expérimentalement la cause.

Mais quand la cause vraie de la gale a été découverte, on a reconnu qu'elle résidait dans un acarus qui élisait domicile sous l'épiderme humain, y creusait ses terriers, y vivait, y pullulait et causait par sa présence l'irritation de la couche sous-épidermique de la peau et tous les symptômes extérieurs de la gale. On a étudié les mœurs de cet acarus, ses habitudes, sa manière de vivre, et on a expérimenté les agents capables de lui donner la mort. Après ces études, tout s'est expliqué clairement, et on est devenu maître de la maladie en se rendant maître de sa cause. Depuis ce temps, il n'y a plus d'hypothèses à faire sur les causes occultes de la gale; il n'y a plus de statistique à dresser sur la valeur comparative de ses traitements empiriques. Quand l'acare est bien attaqué et bien détruit, la maladie disparaît à coup sûr. Aussi les galeux qui entrent aujourd'hui à l'hôpital Saint-Louis pour s'y faire traiter sortent tous guéris, et, au lieu qu'il soit nécessaire de les soigner pendant des semaines, ils sont débarrassés en quelques heures de leur maladie. Il n'y a plus d'exception, parce qu'il n'y a plus d'*inconnue* dans cette maladie. La cause en est trouvée; le traitement est rationnel et certain. On ne s'adresse plus à un être de raison, à un virus, un vice humoral imaginaire, on agit sur une chose que l'on touche, sur un acarus que l'on voit. Nous pouvons donc dire que la gale est une maladie expérimentalement connue.

Toutefois on est arrivé à la connaissance expérimentale de la gale sans avoir eu besoin de vivisections, ni d'expériences physiologiques proprement dites. Il a fallu seulement recourir à des procédés d'observations plus délicats et se servir du microscope. De sorte qu'on pourrait se fonder sur ce cas particulier, que j'ai choisi à dessein, pour soutenir que l'observation peut résoudre les problèmes de la médecine sans le secours de l'expérimentation.

Sans doute, si toutes les maladies avaient des causes parasitaires extérieures faciles à découvrir comme cela s'est fait pour la gale, l'observation suffirait; mais la plupart des causes morbides résident, au contraire, à l'intérieur du corps, dans nos éléments anatomiques, qui sont eux-mêmes des espèces d'animalcules placés en dehors de nos moyens d'observation simple. Par conséquent, il faut employer, pour arriver jusqu'à eux, des moyens expérimentaux. C'est pourquoi, bien que je vienne de vous démontrer par l'exemple que j'ai cité qu'il n'y a pas de définition exclusive à donner de l'observation et de l'expérimentation, je continuerai néanmoins à soutenir la proposition générale que j'avais émise, à savoir que l'observation est insuffisante en médecine et qu'il faut généralement recourir à l'expérimentation pour arriver à découvrir la *cause* vraie des maladies.

Mais nous avons dit qu'à côté des détracteurs de la physiologie en médecine, il y avait aussi ses séides, ses fanatiques. Nous nous sommes mal exprimé, car on ne peut jamais être trop partisan des bonnes choses. Seulement, si nous faisons tous nos efforts pour engager les jeunes gens dans la voie physiologique, nous devons aussi les prémunir contre trop de précipitation et les mettre en défiance contre les engouements des théories nouvelles. Nous devons leur montrer que la médecine expérimentale est précisément celle qui repose sur une méthode ayant pour objet de leur faire éviter les excès dans les explications physiologiques, excès qui ne sont pas moins nuisibles à la science médicale pure qu'à la médecine pratique elle-même.

Pour vous prouver ce que j'avance, j'ai besoin de vous rappeler encore la loi générale d'évolution de nos connaissances, qu'il ne faut jamais perdre de vue quand [on veut se rendre compte des écarts que les sciences subissent dans leur marche. Je vous ai dit, il y a un instant, qu'il fallait admettre, dans le développement de la médecine comme dans celui des autres sciences, trois périodes : la *période d'empirisme*; la période *d'observation* et la période *d'expérimentation*.

Je crois que cette division représente très-justement l'évolution des sciences expérimentales. Mais il ne faudrait pas croire que ces trois états successifs se suivent d'une manière régulière sur toutes les parties de la science à la fois, et se substituent les uns aux autres d'une manière absolue. Non, les trois périodes de l'évolution scientifique se rencontrent à la fois et marchent toujours parallèlement, parce qu'à mesure que la science s'agrandit et se constitue par l'expérimentation, elle découvre d'autres points obscurs qui doivent, à leur tour, subir leur évolution et passer nécessairement par les trois états que nous avons indiqués. De sorte que, dans les sciences expérimentales même les plus avancées, il existe simultanément des questions à toutes les périodes de leur développement scientifique.

Eh bien ! c'est ce qui arrive pour la physiologie et la médecine expérimentales. Aujourd'hui, la physiologie est faite sur certains points, en voie d'études sur un grand nombre d'autres et absolument obscure sur une foule de questions. Quant à la médecine expérimentale, elle commence à s'éclairer dans les parties où la physiologie est assez développée; mais dans les maladies où cette science ne peut lui servir de base, elle est forcée d'attendre, parce qu'elle ne pourrait aller que d'erreur en erreur si elle osait s'aventurer sur une physiologie encore incertaine, et incapable, par conséquent, de lui servir de flambeau.

La première vérité, avons-nous dit, qui nous ait été démontrée par l'expérimentation, c'est que la physiologie et la pathologie expérimentales sont inséparables dans leur avancement scientifique. Mais il n'y a pas seulement une union nécessaire, il existe encore une subordination forcée entre ces deux sciences. La physiologie doit toujours précéder la pathologie et lui servir de point d'appui. D'où il résulte que c'est déroger aux principes de la médecine expérimentale et faire fausse route que de vouloir trouver des explications physiologiques des maladies là où la physiologie n'est pas encore fixée elle-même. Or, la physiologie expérimentale est une science qui est loin d'être constituée dans toutes ses parties. Il est donc tout naturel qu'il y ait une foule de questions pathologiques encore complétement obscures sur lesquelles la physiologie expérimentale ne peut nous fournir aucune lumière. Les médecins, qui aujourd'hui, rechercheraient une explication physiologique pour toutes les maladies poursuivraient donc une chimère dangereuse.

Mais si je blâme les explications physiologiques prématurées, je n'en affirme que plus fortement le principe. Oui, c'est par la physiologie seule que nous obtiendrons la connaissance scientifique des maladies, et, bien que la médecine expérimentale ne soit qu'à son aurore, elle nous présente déjà des questions pathologiques et thérapeutiques pour lesquelles la démonstration est entière. J'aurai l'occasion de développer devant vous quelques-uns de ces exemples; mais, je le répète, à côté de ces points lumineux, il en reste qui sont encore complétement dans l'ombre et qui attendent la lumière de quelques découvertes physiologiques nouvelles.

J'avais donc raison de dire que les sciences expérimentales ne sont jamais finies; et d'ailleurs, pourrait-il en être autrement? Si l'homme n'avait plus rien à découvrir, s'il savait tout, son rôle dans ce monde serait fini. Il ne cultive les sciences et ne recherche la vérité avec tant d'ardeur que parce qu'il ignore, et que le désir de connaître est inné chez lui.

En tant que science expérimentale, la médecine est donc une science antisystématique; elle représente, comme je vous le disais, un édifice en voie de construction, qui ne sera peut-être jamais achevé. Aujourd'hui, les assises se posent, déjà quelques parties s'élèvent; mais la construction ne sera que l'œuvre du temps. Il ne faut pas que cela nous décourage, car il n'est pas nécessaire d'attendre l'achèvement de l'édifice pour s'en servir. On peut en habiter les étages déjà bâtis en même temps que les autres s'achèvent. C'est ce que nous voyons clairement pour les sciences expérimentales très-avancées, telles que la physique et la chimie. Est-ce que tout est fini dans ces sciences ? Pas le moins du monde; il y a des régions qui sont encore dans l'obscurité, d'autres dans l'empirisme. Cela n'empêche pas de faire des applications des lois scientifiques déjà connues. Les merveilles de l'industrie à notre époque, les machines à vapeur, les télégraphes électriques en sont des preuves éclatantes. Eh bien, il en sera de même pour la médecine; dès que les phénomènes de la vie seront bien expliqués sur certains points, l'humanité en profitera sans être obligée d'attendre plus longtemps. Ce sera là, nous le répétons, le caractère de la médecine expérimentale.

En résumé, ceux qui veulent aujourd'hui tout expliquer en médecine par la physiologie, prouvent qu'ils ne connaissent pas la physiologie, et qu'ils la croient plus avancée qu'elle n'est. Ceux qui repoussent systématiquement les explications physiologiques en médecine prouvent qu'ils ne comprennent pas le développement de la médecine scientifique et qu'ils se trompent sur son avenir. En effet, c'est en vertu de l'évolution naturelle de toutes nos connaissances, que la médecine est destinée à devenir expérimentale. Et sous ce rapport il n'y a pas lieu de trop se préoccuper des oppositions qu'on lui suscite; c'est une évolution fatale qui est dans la loi de notre esprit et dans la nature des choses.

Je concluerai comme j'ai commencé, en vous disant que ce que nous avons de mieux à faire pour concourir aux progrès de la médecine scientifique, c'est de perfectionner les méthodes d'investigations expérimentales applicables à la physiologie et à la pathologie; si les principes de la méthode expérimentale sont identiques ainsi que nous l'avons dit, dans les sciences de la vie et dans les sciences des corps bruts, les procédés différeront nécessairement à raison de la nature spéciale des phénomènes de la vie qui nous offrent une délicatesse très-grande et une mobilité extrême.

Nous dirons enfin qu'il est d'autant plus utile de fixer les préceptes de l'expérimentation dans la physiologie et dans la pathologie, que par une singulière illusion on se croit capable d'expérimenter dans ces sciences sans apprentissage préalable. C'est de là que viennent tant d'expériences mal faites ou contradictoires, qui nous encombrent et qui ne peuvent se réduire que par un perfectionnement des moyens d'expérimentation et par une étude plus attentive des conditions dans lesquelles s'accomplissent les phénomènes vitaux.

L'année dernière, nous vous avons parlé des moyens de contention des animaux soumis aux opérations physiologiques (voyez notre tome VI). Ce sont là des procédés d'expérimentation en quelque sorte extérieurs à l'organisme ; cette année, nous entrerons dans la machine vivante, et je vous entretiendrai d'une manière spéciale des moyens d'investigations physiologiques et pathologiques applicables aux phénomènes se passant dans le sang.

Claude Bernard.

ENSEIGNEMENT LIBRE DE LA SORBONNE

COURS DE M. HAMY

L'homme tertiaire en Amérique et la théorie des centres multiples de création

Si nous connaissons, d'une manière assez précise, l'industrie des hommes tertiaires, les indications anatomiques nous font complétement défaut à leur sujet. Quelques mauvais fragments trouvés à Savone, dont on conteste sérieusement la contemporanéité avec la couche qui les recélait, sont les seuls matériaux que nous possédions actuellement en Europe. L'Amérique, qui a déjà fait connaître aux archéologues et aux anatomistes les traces d'existence de l'homme dans les dépôts de San-Lorenzo, de Vermilion-Bay, de Gasconade-County, de Tuolumne, les fossiles humains des récifs de la Floride, ceux de la Nouvelle-Orléans et de Natchez, l'Amérique nous a récemment envoyé l'annonce d'une découverte qui va peut-être combler cette regrettable lacune.

Quelque incomplets que soient les renseignements recueillis jusqu'ici sur cette trouvaille, j'ai cru devoir vous en entretenir, parce que l'on s'est efforcé d'en tirer des arguments que je crois peu solides en faveur des doctrines polygénistes.

C'est en Californie qu'a été faite la découverte dont je vais vous entretenir. Déjà, au Congrès international de Paris, en 1867, M. W. P. Blake, professeur de minéralogie et de géologie au collége de Californie, avait attiré l'attention de ses collègues sur les richesses préhistoriques de cette contrée, les instruments de pierre y sont associés en grand nombre aux ossements du mammouth et du mastodonte dans des alluvions puissantes, recouvertes par une couche de cendre volcanique durcie et compacte ; ce qui atteste l'existence de l'homme avant l'époque de la grande activité volcanique dans ce pays.

On a rencontré, en creusant un puits, près du Camp-des-Anges, dans le comté de Calanines, un crâne humain à 153 pieds de profondeur. Cinq ou six couches superposées de cette cendre durcie, appelée *lave* en Californie, alternaient dans cette coupe avec des couches de graviers. Si, comme le professe M. Whitney, directeur du *Geological Survey* de la province, « l'irruption de la grande masse de matériaux volcaniques sur le versant occidental de la Sierra-Nevada a commencé à l'époque pliocène, s'est continuée pendant le post-

pliocène et peut-être jusqu'à des temps modernes », le crâne du Camp-des-Anges, plus ancien que ces divers phénomènes éruptifs, appartiendra à notre époque pliocène.

Dans une lettre récemment adressée à M. Desor (mars 1869), le professeur Whitney, revenant sur cette découverte, a confirmé l'existence de l'homme sur la côte du Pacifique avant les temps quaternaires, « dans un temps, dit ce naturaliste, où la vie animale et végétale était entièrement différente de ce qu'elle est présentement, et à une époque depuis laquelle il s'est produit une érosion verticale d'environ 2 ou 3000 pieds (600 à 1000 mètres) des roches dures et cristallisées ».

La couche qui renfermait le crâne est plus ancienne que toutes celles où l'on a jusqu'ici trouvé en Amérique les débris du mastodonte et des autres grands mammifères. Aussi les hommes de science attendent-ils avec une impatience bien légitime la description que M. Whitney se propose de publier dans un bref délai, description qui, je l'espère, mettra hors de doute sa découverte.

Quelques anthropologistes, devançant les faits, ont tiré tout aussitôt de la courte notice que je viens d'analyser des conclusions que je vais rapidement examiner avec vous. Supposant démontrée d'une manière définitive dans l'Amérique tertiaire la présence de l'homme dont MM. Bourgeois, Delaunay, de Mortillet, etc., avaient établi l'existence européenne en des temps bien antérieurs, ils ont rapproché cette observation de celles qu'on a depuis longtemps publiées en faveur de la doctrine des *centres de création indépendants*, et ils en ont conclu, un peu tôt à mon avis, que le genre humain, comme tant d'autres genres, a pris naissance à la fois sur plusieurs points du globe.

Cette doctrine des centres multiples d'apparition des êtres animés a conquis les suffrages de naturalistes célèbres, et parmi les faits qu'elle invoque, il en est un certain nombre dont on ne saurait contester la haute valeur.

Je n'ai pas à discuter les titres qu'elle possède à votre confiance, je n'ai même pas à me demander si elle peut, appliquée au groupe humain, rendre un compte satisfaisant des aits observés. Ce que je chercherai à vous démontrer, c'est que les *centres* supposés *indépendants*, qui, dans leur faune tertiaire, comptaient des individus plus ou moins nombreux appartenant au genre Homme, ont pu communiquer l'un avec l'autre, et que, par conséquent, l'homme, miocène dans l'ancien monde, a pu, à l'aide d'un pont formé par une terre aujourd'hui disparue, s'étendre dans les temps pliocènes jusqu'en Amérique, où je suppose son existence bien prouvée à cette époque.

Vous comprenez qu'une telle démonstration ne porte pas atteinte à la doctrine elle-même, mais qu'elle ait simplement pour objet de faire voir que, dans l'espèce, on s'est trop hâté de conclure.

L'existence de communications terrestres, à une époque très-reculée, entre l'ancien et le nouveau monde, a été bien des fois déjà mise en question depuis le xve siècle. Une terre fortunée, dont le *Timée* et le *Critias* nous ont transmis le souvenir, contrée plus vaste que l'Asie et l'Afrique, douée d'un ciel pur, d'un doux climat, d'un sol fertile, avait jadis, suivant Platon, occupé l'Atlantique. Les forfaits des indigènes attirèrent les vengeances célestes : un tremblement de terre bouleversa d'abord leurs demeures, un déluge effroyable fit ensuite disparaître cette *Atlantide* sous les eaux.

On n'en retrouvait aucune trace, mais les nombreux obstacles qu'offraient à la navigation certains parages de la grande mer, attestaient en ces lieux la submersion de la terre que les traditions égyptiennes avaient sauvée de l'oubli.

Les Canaries, les Açores, l'Amérique furent, tour à tour, considérées comme des restes de la contrée fameuse qui avait donné lieu à de si merveilleux récits. Les défenseurs de la Bible tirèrent même de l'existence de l'Atlantide un argument en faveur du monogénisme, les premiers hommes ayant pu gagner, disaient-ils, le continent américain au moyen de cette terre aujourd'hui submergée. Préhistorique d'abord, l'Atlantide s'est transformée, grâce aux idées anglaises sur les affaissements et les soulèvements partiels, en un continent quaternaire. C'est une Atlantide tertiaire que nous ont révélée les travaux plus récents des paléontologistes et des géologues américains et français. Son existence repose sur des données précises que ces deux sciences ont fournies dans ces derniers temps.

Quelque imparfaits qu'ils fussent, les documents paléontologiques avaient jeté déjà quelque jour sur cette obscure question. Ainsi, l'étude des coquilles tertiaires des États-Unis avait démontré à M. Conrad l'identité spécifique d'un certain nombre d'entre elles : vénus, isocardes, pétoncles, volutes, fasciolaires, etc., avec les coquilles des couches françaises correspondantes.

Ainsi encore l'examen comparatif des insectes avait prouvé qu'un grand nombre d'espèces vivent encore aujourd'hui sur les deux rives de l'Atlantique, et présentent à peine de légères variations de l'Angleterre à l'Alabama.

D'autre part, MM. Pomel, Aymard, etc., décrivaient des vertébrés tertiaires de la France centrale dont les similaires fossiles ou vivants ne se rencontrent que de l'autre côté de l'Atlantique. C'étaient des *Chelydres* dont les congénères appartiennent à l'Amérique du Nord, des *Didelphis* qui sont incontestablement des sarigues aujourd'hui exclusivement propres à l'Amérique du Sud, des *Géotrypes* qui lient nos taupes aux condylures des États-Unis, des *Archæomys* et des *Palanæma* qui rappellent les formes les plus caractéristiques de la faune sud-américaine : un tapir qui est presque l'*Americanus*, un ours qui ressemble beaucoup à celui des Cordillères, un méganthéréon qui diffère peu de celui du Brésil, etc. De telles analogies qui se poursuivent dans les genres et jusque dans les espèces, autorisaient les zoologistes à considérer comme faciles les communications entre les deux continents tertiaires.

L'étude des flores fossiles a permis de découvrir les mêmes analogies entre les végétaux de l'Europe et de l'Amérique. MM. Unger et Oswald Heer ont été conduits par la botanique à plaider en faveur de l'existence d'un continent atlantique tertiaire, fournissant la seule explication plausible qu'on pût imaginer de l'analogie entre la flore miocène de l'Europe centrale et la flore actuelle de l'Amérique.

Deux éminents naturalistes, MM. Collomb et de Verneuil, viennent de produire, à l'appui de cette théorie, une démonstration géologique d'une grande valeur. Si vous jetez les yeux sur la belle carte d'Espagne qu'ils ont publiée l'an dernier, et dont un exemplaire est devant vos yeux, vous verrez se dessiner dans la Péninsule trois immenses dépôts tertiaires lacustres. Le plus méridional s'étend sur une grande partie de la Nouvelle-Castille, de Toril, dans la Manche, à Pixilla,

en Guadalaxara, et de Calera, à l'ouest, jusque vers El Real, dans le royaume de Valence. Il mesure de 320 à 325 kilomètres dans sa plus grande longueur, et 256 kilomètres de largeur maxima, ce qui représente une surface de 80 000 kilomètres carrés au moins. Le deuxième lac tertiaire occupe, au nord, une surface considérable de la Catalogne, de l'Aragon et de la Vieille-Castille, depuis les environs de Manresa, en Catalogne, jusqu'à Salamanca et à Zamora, dans le royaume de Léon, sur une longueur de plus de 600 kilomètres et une largeur moyenne de près de 100. Un troisième lac, intermédiaire aux deux autres, et bien moins considérable, est situé dans les provinces de Terruel et de Catalogne ; il a 180 à 190 kilomètres de long et 30 de large environ. Si aux 80 000 kilomètres carrés du lac de la Nouvelle-Castille, on ajoute les 60 000 du lac Catalano-Castillan et les 5500 du lac de Terruel, on obtient le chiffre imposant de 145 500 kilomètres carrés, occupés dans la péninsule Ibérique par le tertiaire lacustre. Or, l'épaisseur de ce vaste dépôt atteint et dépasse même 300 pieds en certains endroits.

Une aussi grande masse de sédiments d'eau douce lentement déposés en couches horizontales formées de calcaires argileux, analogues à ceux de Saint-Ouen, d'argiles, de grès, de gypses, de poudingues à cailloux roulés, comparables à ceux de la molasse miocène de Suisse, etc., atteste l'existence de fleuves immenses, qui ont déversé, durant un laps de temps considérable, leurs eaux dans ces larges bassins.

De tels fleuves supposent eux-mêmes de grands continents qu'on ne peut d'ailleurs, dans cette reconstitution du passé de notre hémisphère, placer que vers le nord-ouest. Au nord, les roches anciennes des Pyrénées, à l'ouest, les granits et les gneiss des monts Carpentaniques, les massifs siluriens de la Sierra-Morena, des monts Lusitaniques, de Salamanque et de Villefranche, barraient déjà le chemin aux eaux douces. Au sud et à l'ouest, les dépôts tertiaires marins de l'Andalousie et de Murcie, de Valence et de Catalogne, formaient les bords d'une méditerranée où s'allaient jeter les eaux des lacs. Reste le nord-ouest où les géologues iront chercher la source de ces fleuves tertiaires, le nord-ouest où se trouvait sans doute entre l'Espagne, l'Irlande et les États-Unis le continent Atlantique, qui fit un pont aux migrations plus ou moins lentes des plantes, des animaux et de l'homme lui-même vers les terres américaines.

Qu'elles aient suivi cette voie, comme le pensent MM. de Verneuil et Collomb, qu'elles se soient produites au moyen d'une communication terrestre entre l'Asie et l'Amérique orientale, comme le veulent MM. Asa Gray et Oliver, qu'elles aient eu lieu en général, comme le croit M. Charles Darwin, par les parties septentrionales de l'ancien et du nouveau continent, « presque continuellement réunies par des terres qui pouvaient servir de ponts, mais que le froid a rendues depuis lors infranchissables » : peu importe à la solution de notre problème.

L'homme, luttant avec ses grossiers outils contre les forces de la nature, a pu, non sans de grands efforts, franchir lentement sur un sol continu les distances qui séparent nos dépôts miocènes d'Europe des gisements bien plus récents où l'on croit l'avoir découvert en Amérique. L'argument que l'on s'était empressé d'invoquer en faveur du polygénisme perd par là même toute sa valeur. La doctrine de la pluralité des espèces humaines possède heureusement des arguments plus solides et des défenseurs plus habiles que ceux dont il vient d'être question.

HAMY.

VARIÉTÉS

LECTURE A L'ACADÉMIE DE MÉDECINE DE PARIS

La mortalité dans les divers départements de la France (1)

Messieurs,

Dans les précédentes lectures que vous avez bien voulu m'autoriser à faire à cette tribune (2), j'ai démontré que la seule méthode d'apprécier utilement pour l'hygiène la durée de la vie humaine était la recherche des chances de vie ou de mort qui pèsent *à chaque âge*, tandis que, soit la *mortalité générale*, soit l'*âge moyen des décédés* (improprement appelé *Vie moyenne*) étaient le plus souvent des mesures fallacieuses dont les grandeurs respectives tenaient bien plus à la composition des vivants qu'à l'intensité de la mortalité.

Voulant joindre l'exemple au précepte, j'ai entrepris de calculer la mortalité à chaque âge, pour chaque sexe, en chaque département de France, et sur des périodes assez longues pour que mes conclusions soient affranchies des oscillations annuelles. C'est ainsi que la comparaison des périodes 1840-49 et 1857-64 m'a permis d'apprécier les modifications plus ou moins notables survenues dans l'intervalle de ces vingt années. Dans cette première communication, je me bornerai à considérer ce qui a trait à l'enfance et à l'adolescence jusqu'à la quinzième année.

Mortalité de 0 à 1 an. — Les localités les plus maltraitées à cet âge sont les 15 départements qui entourent le département de la Seine. Les teintes noires (Eure-et-Loire, Eure, Seine-Inférieure, etc.) ou très-foncées (Seine-et-Oise) qu'on leur voit sur mes cartes dénoncent leur forte mortalité. Dès 1858, dans une lecture faite à l'Académie, séance du 9 février, j'ai signalé cette énergique mortalité des départements qui entourent la capitale, et dès lors je l'avais attribuée à l'influence des nourrissons parisiens, tandis que M. le docteur Bouchut, rapportant ce travail, attribue cet arrangement au rayonnement des maladies épidémiques de l'enfance ayant leur foyer à Paris ; mais s'il en était ainsi, le département de Seine-et-Oise serait le plus maltraité ; c'est le contraire qui résulte de mes recherches, et, ainsi qu'on le voit dans ma première carte, ce département est, de tous ceux du bassin de la Seine, le plus épargné, ce qu'il faut attribuer, je pense, à ce que les nourrices de ce département, le

plus voisin de Paris, sont plus demandées, et, par suite, mieux payées et aussi plus facilement surveillées. Cependant un second centre de mortalité se rencontre à ce premier âge : c'est le bassin du Rhône et notamment le versant occidental des Alpes ; dans ce bassin se rencontrent encore deux grandes villes : Lyon et Marseille, qui peuvent expliquer cet accroissement du tribut mortuaire de la première enfance. Pourtant, je ne pense pas qu'on puisse attribuer cette aggravation à leur seule influence ; car, et contrairement à ce qui arrive pour le bassin de la Seine, la mortalité des âges suivants (de 1 à 5 ans) s'y accuse de plus en plus ; ici, la mortalité ne paraît donc plus être sous la seule influence de l'industrie nourricière, mais tenir aussi à des conditions plus générales de milieu.

Si, après avoir étudié la distribution de la mortalité de la première année de la vie en France et selon chaque département (c'est seulement les cartes sous les yeux que cette étude peut être suivie dans ses détails), nous cherchons, par la comparaison des deux périodes 1840-49 et 1857-64, quelles sont les différences dans la distribution et l'intensité de la mortalité enfantine d'une période à l'autre ; nous remarquerons au premier coup d'œil, par l'inspection des cartes III et IV, qu'en ce qui concerne la distribution, elle est identiquement la même ; que ce sont toujours les deux bassins de la Seine (plus exactement le département qui entoure Paris) et du Rhône qui ont les gros chiffres mortuaires. Mais en ce qui concerne l'intensité des teintes, un fait bien grave se dégage : c'est l'accroissement général de la mortalité enfantine d'une période à l'autre. Ainsi, on trouve que la mortalité de 0 à 1 an, pour la France en général, était de 182 décès annuels par 1000 enfants de cet âge, pour la période décennale 1840-49 ; mais que, par un accroissement continu, elle s'est élevée : à 196 décès en 1850-59, et à 205 dans la dernière période 1857-64, période affranchie de choléra et de disette.

L'inspection de mes cartes III, IV et VII, montre dans tous leurs détails, et par département, les progrès de cette douloureuse aggravation de la plus ancienne période 1840-49 à la plus récente 1857-64. Ainsi, en 1840-49, il y avait dix départements chez lesquels la *dîme mortuaire* (1) était comprise entre 87 et 119 décès de 0 à 1 an par 1000 naissances vivantes ; or, dans la période la plus récente (1857-64), il n'y a plus un seul département ayant une aussi faible dîme mortuaire. De même pour les départements les plus chargés de décès, teintés en noir dans les cartes III et IV, et dont la dîme mortuaire est au-dessus de 225 décès par 1000 naissances ; on ne trouve, dans la période 1840-49, que *cinq* départements aussi mal partagés ; mais il y en a *douze* en 1857-64.

D'autre part, il est à remarquer que cette aggravation de mortalité, bien qu'ayant porté sur les deux sexes, a été beaucoup plus marquée pour les garçons, puisque le même nombre de naissances qui, en 1840-49, fournissait 1000 décès d'enfants mâles, en ont donné 1125 en 1657-64, tandis que 1000 décès féminins à la première époque se sont changés en 1108 à la seconde.

J'ai dressé ma VII° carte pour permettre à l'œil d'apprécier d'un seul coup ceux des départements dont l'accroissement

---

(1) M. Bertillon a distribué à chaque membre de l'Académie neuf cartes de France autographiées dont l'intensité des teintes, croissant en chaque département avec la mortalité, permet à l'œil de suivre tous les détails de sa communication. Chaque carte donne, en outre, le chiffre précis de la mortalité à chaque âge et dans chaque département.

(2) 1° 14 mars 1865, et *Union médicale*, 17 août 1865 ; 2° 7 mai 1867, et *Union médicale*, 9 mai 1867 ; 3° 4 janvier 1870, et *Opinion médicale*, 15 janvier 1870. Voyez aussi *Compte rendu du congrès médical de Bordeaux*, 1866, p. 663, ou *Journ. de la Soc. de statistique de Paris*, mars 1866.

(1) L'auteur distingue avec soin la *dîme mortuaire*, ou rapport des décès aux naissances (elle s'applique plus particulièrement à la première année de la vie), de la *mortalité*, rapport des décès à la population du même âge qui les ont fournis dans l'année.

mortuaire a été le plus prononcé. *Neuf* départements laissés en blanc (Indre, Indre-et-Loire, Cher, Charente-Inférieure, Lot-et-Garonne, Tarn et-Garonne, etc.) sont les seuls qui n'aient pas vu, d'une période à l'autre, augmenter leur mortalité enfantine ; elle s'est accrue partout ailleurs ; peu dans certaines régions, en Bretagne par exemple, beaucoup dans les départements qui bordent la Seine, surtout vers l'ouest : Seine-et-Oise, Eure-et-Loire ; plus encore dans le Calvados, l'Orne, la Mayenne ; ailleurs, c'est la Corse, les Basses et Hautes-Pyrénées, l'Ardèche et enfin la Sarthe et la Creuse, qui offrent l'accroissement maximum, à tel point que le même nombre de naissances qui donnait 100 décès de 0 à 1 an dans la période 1840-49, en a fourni 42 en 1857-64.

J'aborde maintenant le résultat le plus considérable et le plus inattendu auquel m'ait conduit ce travail. Il s'agit des jeunes enfants de 1 à 5 ans, des survivants aux premières épreuves de l'existence, qui, ayant déjà essayé et accommodé leurs organes à la vie extérieure et indépendante, doivent présenter une résistance plus uniforme aux causes extérieures de maladie et de mort. Voyons s'il en est ainsi. La carte II montre, par ses teintes graduées, la distribution de la mortalité à cet âge, et rien d'aussi surprenant, d'aussi inattendu que la régulière distribution de tous ces départements noirs (c'est-à-dire à mortalité maximum) bordant tout le littoral méditerranéen ou ombrant le versant occidental des Alpes (Var, Alpes-Maritimes, Aude, Vaucluse, Basses et Hautes-Alpes, Hérault, Gard, Pyrénées-Orientales), et derrière ce premier rang, cette bordure noire, se trouve une seconde rangée (Ariége, Tarn, Aveyron, Lozère, Ardèche, Drôme) encore fort sombre et qui semble disposée à souhait pour la régularité du dessin. Ne semble-t-il pas que, de cette belle mer tyrrhénienne, s'échappent des vapeurs empoisonnées et mortelles pour les enfants de 1 à 5 ans ? ou peut-être sont-ce les vents de cette terrible et dévorante terre d'Afrique si inclémente pour l'enfant européen (voyez l'article *Acclimatation* du *Dictionnaire encyclopédique des sciences médicales* du même auteur) dont la Méditerranée n'a pu encore neutraliser les funestes ardeurs..., mais je veux m'abstenir de la recherche des causes qui exigeraient d'autres données que celles dont je dispose, et entre autres une investigation sur les lieux, mais surtout une enquête des causes de décès par mois et par canton. Je vous en avertis, Messieurs, vous chercherez vainement à douter de cette invraisemblable distribution... C'est un soin que je n'ai pas laissé à d'autres. Ainsi, une seule objection peut se présenter : peut-être cet arrangement si régulier est-il fortuit ? Mais, Messieurs, il repose une période de huit années (1857-64) sans épidémie ni aucun fléau exceptionnel pesant sur l'enfance ; et pourtant cette sécurité ne m'a pas suffi ; j'ai interrogé aussi la période 1840-49, la plus ancienne dont j'aie pu trouver les documents inédits, et, ainsi que le prouve ma carte V, j'ai retrouvé, pour cette période décennale, déjà éloignée de vingt ans, précisément le même arrangement !

Cependant, toute remarquable que soit une distribution si étrange et si constante, j'ai encore à signaler, pour le même âge, de 1 à 5 ans, un fait qui ne me paraît ni moins considérable ni moins inattendu, et qui achève de donner son caractère au phénomène que je viens de signaler.

Messieurs, les différences du taux mortuaire qui sévit sur la première enfance de 0 à 1 an, vous préoccupent à bon droit. Cependant, lorsqu'on n'établit pas d'autre catégorie que celle des départements (la seule analyse qui me soit permise dans ce travail), si l'on prend la moyenne des dix départements les moins chargés de décès de 0 à 1 an (carte I), on trouve 150 décès annuels par 1000 enfants de 0 à 1 an, tandis que les dix départements les plus maltraités en ont 309, c'est-à-dire un peu plus du double ; mais, messieurs, pour la mortalité de 1 à 5 ans, tandis que les dix départements les plus favorisés donnent une moyenne de 21 à 22 décès (21,66 décès annuels), les dix départements méditerranéens et subalpins les plus maltraités donnent 63 (62,84) décès, c'est-à-dire trois fois davantage ! Ce n'est plus une mortalité double comme pour la première année de la vie qui sépare les mieux partagés des plus malheureux ; c'est une mortalité triple. Et, comme si ce n'était pas assez de cette formidable différence pour exciter votre sollicitude, elle semble s'aggraver de la première époque à la seconde. En effet, aux deux époques, je trouve 21 à 22 décès annuels pour les dix départements les plus favorisés ; mais, tandis que pour la première période (1840-49) le taux des dix départements méditerranéens et subalpins (toujours les plus maltraités) s'élève déjà à 58 décès, il atteint 63 dans la seconde (1857-64) ! L'impôt mortuaire, stationnaire pour les départements heureux, est progressif pour les malheureux !

Ainsi, Messieurs, rien de plus constant que le fait que je dénonce, et il me semble rien de plus inattendu, rien de plus considérable !

Messieurs, puisque vous déployez tant de zèle et de savoir pour dévoiler les fatales influences qui pèsent sur les nouveaunés, et qui, dans les départements où elles s'exercent, doublent le tribut mortuaire, que ne voudrez-vous pas entreprendre quand un autre foyer mortuaire vous est signalé, démontré, qui *triple* le nombre des victimes, et à l'âge le plus charmant de l'enfance ! A cet âge où ce n'est pas seulement un espoir qui est ravi, mais le bonheur même des familles et leur plus fort lien !

Cependant, pour la France en général, on n'a pas à constater, comme pour le premier âge, un accroissement de mortalité ; la tendance est plutôt à la diminution pour l'un et l'autre sexe : la mortalité annuelle des garçons de 36 pour 1000 à la première époque, est de 25,2 à la seconde ; celle des filles, de 35,6 s'abaisse à 34,9 ; et pour les deux sexes, 35,8 décès dans la première période, se changent en 35 dans la seconde.

Cette constance de la mortalité d'une période à l'autre ne se rencontre pourtant pas en chaque département : les uns, et notamment ceux du nord et de l'est, comme ceux du bassin de la Gironde, ont vu leur mortalité de 1 à 5 ans, diminuer dans de larges proportions. C'est ainsi que la mortalité du Lot-et-Garonne, d'une période à l'autre, s'est atténuée de 33 pour 100, tandis que d'autres, et notamment les départements normands, ceux du bassin méditerranéen, la Corse, la Creuse, ont subi une aggravation non moins considérable. Par exemple, la Creuse, les Pyrénées-Orientales, ont vu leur mortalité s'élever de 33 pour 100.

La mortalité de 5 à 15 ans étudiée par département varie selon des lois trop complexes pour qu'il soit possible de les indiquer dans ce résumé, sans avoir sous les yeux la carte XI, qui en montre la distribution.

Je suis encore obligé de négliger dans ce résumé la mortalité comparée des deux sexes ; j'aurais cependant à signaler des faits très-remarquables et fort imprévus, par exemple des départements qui, à l'une et l'autre période étudiée, sont constamment des milieux plus favorables à la vitalité dès garçons ; tels la Vienne, l'Indre, les Landes, etc., tandis qu'il en est d'autres qui leur sont constamment défavorables, tels le Cantal, la Haute-Loire, l'Aube, la Moselle, etc., où il succombe, aux deux périodes et presque à chaque âge de l'enfance et de l'adolescence, plus de garçons que de filles.

Cette préférence constante de la mort, ici pour les filles, là pour les garçons, est sans doute avec cette remarquable mortalité des départements méditerranéens et susalpins, qui triplent le tribut mortuaire de 1 à 5 ans, un des phénomènes les plus extraordinaires et les moins expliqués de la démographie, et qui me semblent (avec beaucoup d'autres) militer en faveur de la création d'un bureau chargé de poursuivre des investigations qui intéressent à un si haut point l'hygiène publique de notre patrie.

L'Angleterre a réalisé ce vœu en instituant auprès du parlement son *bureau médical du conseil privé*, qui a justement pour objet de *publier* le résultat de ses enquêtes annuelles sur tout ce qui touche à la santé publique, et c'est à cette excellente institution que l'on doit ce beau et instructif Rapport que M. le docteur John Simon donne chaque année sur les conditions sanitaires de la population anglaise.

Dr BERTILLON.

BIBLIOGRAPHIE SCIENTIFIQUE

L'histoire naturelle de la création du docteur ERNST HÆCKEL, professeur à l'université d'Iéna.

Si l'on considère que l'Allemagne est maintenant le premier pays pour les recherches scientifiques, et particulièrement pour les études biologiques, M. Darwin doit être satisfait de voir ses vues rapidement adoptées par quelques-uns des naturalistes allemands les plus habiles et les plus laborieux.

A la tête de ces savants se place le professeur Hæckel (d'Iéna). Parmi les ouvrages publiés dans les sept dernières années, je n'en connais pas de plus solide et de plus important pour la biologie que l'ouvrage d'Hæckel sur les radiolariées et les recherches de son éminent collègue Gegenbaur sur l'anatomie des vertébrés. D'un autre côté, la *Morphologie générale* de Hæckel a toute la force, l'étendue, et ce que je pourrais appeler l'esprit organisateur d'Oken, sans son extravagance. La *Morphologie générale* est, au fond, une tentative pour mettre sous une forme logique la doctrine de l'évolution appliquée aux êtres vivants, et en suivre les applications pratiques jusqu'à leurs dernières conséquences.

L'ouvrage que nous avons sous les yeux peut être considéré comme une exposition de la *Morphologie générale* faite pour un public éclairé ; c'est le résumé d'une série de leçons publiques faites à Iéna.

L'*Histoire naturelle de la création,*— ou, comme le professeur Hæckel admet qu'il eût mieux valu nommer son ouvrage, l'*Histoire du développement ou de l'évolution de la nature,* — traite la question, dans les six premières leçons, au point de vue général et historique.

Ces six leçons contiennent un exposé fort intéressant et fort clair des vues de Linné, de Cuvier, d'Agassiz, de Gœthe, d'Oken, de Kant, de Lamarck, de Lyell et de Darwin, ainsi que de la filiation historique de ces savants.

Les six leçons suivantes sont remplies par l'exposition substantielle des vues de M. Darwin. La treizième leçon discute les points que n'a point abordés M. Darwin, c'est-à-dire l'origine de la forme actuelle du système solaire, et celle de la matière vivante. L'auteur y rend pleine justice à Kant, comme à l'auteur de la « théorie cosmique gazeuse », comme on l'appelle assez plaisamment en Allemagne, théorie ordinairement attribuée à Laplace. Pour la génération spontanée, tout en admettant qu'elle ne s'appuie sur aucune expérience décisive, Hæckel nie qu'il soit possible de prouver qu'elle n'existe pas ; il fait remarquer que la doctrine de l'évolution exige qu'on l'admette comme ayant eu lieu. La quatorzième leçon, intitulée *Schöpfungs-Perioden und Schöpfungs-Urkunden* (époques et vestiges primitifs de la création), répond assez bien à la fameuse dissertation sur « l'imperfection de l'histoire géologique » dans le livre de l'*Origine des espèces.*

Les cinq leçons qui suivent contiennent la partie la plus intéressante ; elles sont consacrées à « la phylogénie », ou à l'exposé des détails de l'évolution dans le règne animal et le règne végétal, afin de montrer d'où vient chaque groupe d'êtres vivants, et de lui assigner son arbre généalogique ou *phylum* particulier.

La dernière leçon est consacrée à l'examen des objections et au résumé des preuves de l'évolution biologique.

Je ne saurais mieux montrer le cas que je fais de l'ouvrage que je viens d'analyser si rapidement, qu'en donnant ici quelques-unes des critiques les plus importantes que sa lecture m'a suggérées.

1. M. Hæckel insiste en plusieurs endroits sur le service que l'*Origine des espèces* a rendu en soutenant ce qu'il appelle le système causal ou mécanique de la nature vivante comme opposé au système téléologique ou vitaliste. Et, sans aucun doute, la doctrine de l'évolution est l'ennemie la plus redoutable de toutes les formes les plus communes et les plus grossières de la téléologie. Peut-être le service le plus remarquable que M. Darwin ait rendu à la philosophie biologique, est-il d'avoir réconcilié la téléologie et la morphologie, et expliqué par ses vues les faits des deux systèmes.

La téléologie, qui admet que l'œil, tel que nous le voyons chez l'homme, ou un des vertébrés supérieurs, a été fait, avec la structure exacte que nous y reconnaissons, dans le but de donner à l'animal qui le possède la faculté de voir, a sans doute reçu le coup mortel. Mais il ne faut pas oublier qu'il existe une téléologie plus large, qui n'est pas attaquée par la doctrine de l'évolution, et qui s'appuie même sur le principe fondamental de l'évolution. Ce principe, c'est que tous les êtres, animés ou inanimés, sont le résultat de l'action mutuelle, d'après des lois définies, des forces appartenant aux molécules qui composaient la nébuleuse primitive de l'univers. Si cela est vrai, il n'est pas moins certain que le monde actuel existait virtuellement dans la vapeur cosmique ; et qu'une intelligence suffisante, connaissant les propriétés des molécules de cette vapeur, aurait pu prédire, par exemple, l'état de la faune de la Grande-Bretagne en 1869, avec autant de certitude que l'on peut dire ce que deviendra la vapeur de l'haleine par un jour d'hiver.

Considérons une de ces horloges que nous appelons des coucous ; elle a un tic-tac bruyant, marque les heures, les minutes et les secondes, sonne, crie *coucou*, et indique peut-être les phases de la lune. Quand elle est montée, tous ces phénomènes sont virtuellement contenus dans son mécanisme, et un horloger habile pourrait prédire tout ce qu'elle fera, après en avoir examiné la structure.

Si la théorie de l'évolution est vraie, la structure moléculaire du gaz cosmique se trouve, avec les phénomènes du monde, dans le même rapport que la structure de l'horloge avec les phénomènes de cette dernière.

Or, supposons qu'un perce-bois, logé dans la caisse de l'horloge, en étudie les rouages comme un être instruit et intelligent. Il pourrait dire : « Je ne vois ici que matière, et force, et mécanisme d'un bout à l'autre ; » et il aurait raison. Mais s'il en concluait que l'horloge n'a pas été faite dans un certain but, il se tromperait assurément. Imaginons, d'un autre côté, un autre perce-bois d'une tournure d'esprit tout autre. Celui-ci, en écoutant les battements monotones de l'horloge, si semblables aux siens, pourrait arriver à en conclure que l'horloge elle-même n'est qu'une sorte de perce-bois gigantesque, et que la fin pour laquelle elle a été créée est de produire des battements.

Combien serait-il facile de montrer le rapport évident qui existe entre tout le mécanisme et le pendule, de prouver que la seule chose que l'horloge fasse toujours et sans relâche est de battre, et que tous les autres phénomènes sont intermittents et subordonnés aux battements. Et, cependant, il est certain que les coucous ne sont pas destinés à produire des battements.

Ainsi le partisan du système téléologique se tromperait tout autant que celui du système mécanique parmi nos perce-bois ; et, probablement, le seul perce-bois qui ne se tromperait pas, serait celui qui soutiendrait que la seule chose dont les perce-bois puissent être sûrs, c'est la nature des rouages et leur action, et qu'enfin le but auquel l'horloge est destinée est bien au-dessus des facultés des scarabées.

Mettez la vapeur cosmique au lieu de l'horloge, et les molécules au lieu des rouages, et le raisonnement s'applique de lui-même. Le système téléologique et le système mécanique ne s'excluent pas nécessairement. Au contraire, plus le philosophe est attaché au système mécanique pur, plus il admet fermement un arrangement moléculaire primordial, dont tous les phénomènes de l'univers sont les conséquences, et plus il est ainsi complétement à la merci du téléologiste, qui peut toujours le mettre au défi de prouver que cet arrangement primordial des molécules ne fût pas destiné à produire par évolution tous les phénomènes de l'univers. D'un autre côté, si le téléologiste affirme que tel ou tel résultat de l'action d'une partie quelconque du mécanisme de l'univers est son but et sa cause finale, le mécaniste peut toujours lui demander comment il sait qu'il y a là plus qu'un incident accessoire, — le simple battement de l'horloge, — qu'il prend pour une fonction essentielle. Et il semble impossible de répondre à cette question, non plus qu'à cette autre, assez raisonnable en elle-même, quand on se demande à quoi bon s'inquiéter d'idées au-dessus de notre portée, quand l'action du mécanisme lui-même, si important au point de vue de la pratique, suffit à employer toutes nos facultés.

M. Hæckel a inventé un nom commode, celui de *dystéléologie*, pour l'étude des inutilités que l'on observe dans les organismes vivants, — telles que les exemples nombreux de structures rudimentaires et en apparence inutiles. J'avoue cependant qu'il m'a souvent semblé que les faits de la dystéléologie sont comme des lames à deux tranchants. Si nous devons admettre, comme le font en général les évolutionistes, que les organes inutiles s'atrophient, des faits tels que l'existence des rudiments d'orteils dans le pied du cheval nous jettent dans un grand embarras. En effet, ou bien ces rudiments sont tout à fait inutiles à l'animal, et alors, puisque le cheval existe sous sa forme actuelle depuis l'époque pliocène, ils auraient sûrement dû disparaître ; ou bien ils sont utiles à l'animal, et alors ils ne sauraient être invoqués pour combattre la téléologie. Le même raisonnement s'applique encore, mais avec plus de force, à l'existence des bouts de sein et même des glandes mammaires fonctionnelles chez les mammifères mâles. On cite des cas nombreux de *gynécomastie*, ou d'activité fonctionnelle des seins chez l'homme, quoiqu'il n'existe pas une seule espèce de mammifères dans laquelle l'allaitement normal des petits soit fait par le mâle. Ainsi, on ne saurait guère douter que la glande mammaire n'ait été, en apparence, aussi inutile chez le premier mammifère mâle parmi les ancêtres de notre race, que chez les hommes de nos jours ; et cependant cette glande n'a pas disparu. Sa conservation est-elle donc de quelque utilité à l'organisme mâle ? C'est possible ; mais alors sa valeur, au point de vue de la dystéléologie, est nulle.

II. M. Hæckel admet deux causes principales de la diversité actuelle de la nature vivante. « La nature vivante, nous dit-il, obéit à deux forces : une force centripète, qui tend à conserver et à transmettre la forme des espèces, et qui est la même chose que l'hérédité ; et une force centrifuge, qui vient de la tendance qu'ont les conditions extérieures à modifier l'organisme et à se l'adapter. La force intérieure est conservatrice, et tend à conserver la forme de l'espèce ou de l'individu ; la force extérieure est transformatrice, et tend à modifier la forme de l'espèce ou de l'individu.

Lorsqu'il développe ses idées sur ce point, M. Hæckel y apporte des restrictions qui désarment quelques-unes des critiques que j'aurais été disposé à faire ; mais je crois que sa manière de poser la question a l'inconvénient de tendre à perdre un peu de vue ce fait important, une des bases du système de Darwin, que la tendance à varier, dans un organisme donné, peut n'avoir aucun rapport avec les conditions extérieures dans lesquelles cet organisme particulier se trouve placé, mais peut dépendre entièrement de conditions intérieures. Personne, je le crois, ne songerait à chercher la cause du développement du sixième doigt de la main et du pied chez le fameux Maltais, dans les conditions extérieures de sa vie.

Je suis d'avis que l'hérédité et la faculté d'adaptation doivent toutes deux être ramenées à leurs conditions essentielles par une application rigoureuse de la doctrine de la lutte pour exister. C'est une hypothèse assez probable, que le rapport de chaque organisme aux molécules qui le composent, est le même que celui du monde aux organismes en général. Des multitudes de molécules, douées de tendances différentes, luttent entre elles pour arriver à exister et à se multiplier ; et l'organisme, considéré dans son ensemble, est aussi bien le produit des molécules qui triomphent, que la faune ou la flore d'une région est celui des êtres organisés qui y triomphent des autres.

Dans cette hypothèse, l'hérédité est le résultat de la victoire de molécules particulières contenues dans le germe fécondé. L'adaptation aux conditions extérieures est le résultat de la facilité de multiplication offerte aux molécules dont les tendances organiques sont le plus d'accord avec ces conditions. A ce point de vue, les conditions extérieures n'ont pas une action productrice, elles sont passives et ne font que permettre la production ; elles ne déterminent pas une variation dans tel ou tel sens, mais elles permettent et facilitent une tendance existant déjà dans ce sens.

Il est vrai que, si l'on remonte au point de départ, c'est dans le monde extérieur qu'il faut chercher l'origine des molécules organiques elles-mêmes et de leurs tendances ; mais, si nous allons jusque-là, la distinction entre les forces intérieures et extérieures s'efface. D'un autre côté, si nous nous bornons à considérer un seul organisme, je pense qu'il faut admettre que l'existence d'une tendance transformatrice intérieure doit être reconnue aussi clairement que celle d'une tendance conservatrice intérieure ; et que l'influence des milieux vient en grande partie, sinon uniquement, de l'énergie avec laquelle ils favorisent l'une ou l'autre de ces tendances.

III. Il n'y a qu'un point sur lequel je sois tout à fait en désaccord avec le professeur Hæckel ; mais il est vrai que c'est un point des plus importants. Je veux parler de sa manière de comprendre le temps géologique et d'interpréter la stratification des roches comme traces et indications de ce temps. Selon M. Hæckel, les roches stratifiées d'une époque indiquent une période de dépression, et les intervalles entre les différentes époques correspondent à des périodes de soulèvement dont il ne reste pas de traces ; et, de plus, il intercale, entre les différentes périodes ou époques, des intervalles qu'il nomme *Anté-périodes*. Ainsi, au lieu de considérer la période triasique, la période jurassique, la période crétacée et la période éocène comme s'étant succédé sans interruption, il ajoute une période devant chacune des précédentes, et donne à ces périodes les noms de *Anté-trias-zeit* (période anté-triasique), *Antejura-zeit*, *Antecreta-zeit*, *Anteocen-zeit*, etc. Enfin il admet que les changements brusques que l'on remarque dans les faunes des différentes formations, viennent de la durée de ces *anté-périodes*, qui n'ont pas laissé de traces organiques.

Le grand nombre de couches dans lesquelles se trouvent réunies des formes organiques qui tiennent le milieu entre celles des terrains adjacents, vient, selon moi, contredire cette manière de voir. Dans les couches bien connues de Saint-Cassian, par exemple, les formes des terrains primaires et secondaires se trouvent mêlées; entre le terrain crétacé et le terrain éocène, on rencontre des couches de transition semblables. D'un autre côté, au milieu de la série silurienne, les grandes différences qui séparent les couches, indiquent un espace de temps considérable entre le dépôt des couches successives, sans que l'on puisse signaler un changement correspondant dans la faune de ces couches.

M. Hœckel m'accusera, je le crains, d'exagération, si je dis qu'il semble être encore sous l'influence des superstitions géologiques, et qu'il faudra qu'il renonce à l'idée que notre histoire géologique est aussi complète qu'il semble le penser. Il admet, par exemple, qu'il n'y avait ni terre ferme, ni vie terrestre avant la fin de l'époque silurienne, simplement parce que, jusqu'ici, l'on n'a jamais trouvé, dans les roches plus anciennes, aucune trace d'organismes d'eau douce ou d'organismes terrestres.

Dans ses conjectures sur l'origine d'un groupe donné, M. Hœckel remonte rarement au delà de l'anté-période qui précède celle dans laquelle se trouvent les restes des animaux appartenant à ce groupe. Ainsi, comme les restes fossiles de presque tous les groupes de reptiles se trouvent d'abord dans le trias, il rapporte leur origine à la période antétriasique, c'est-à-dire au temps qui sépare l'époque permienne de l'époque triasique.

J'avoue que cela me paraît presque impossible à admettre. Le dépôt permien et le dépôt triasique se suivent parfaitement; il n'y a aucune solution de continuité qui réponde à une époque antétriasique n'ayant pas laissé de traces; et, de plus, nous avons des preuves de l'existence d'une immense étendue de terre ferme pendant la formation de ces dépôts. La terre ferme du trias était littéralement couverte de reptiles de tous les groupes, excepté les Ptérodactyles, les serpents et peut-être les tortues; il est très-probable qu'il y avait déjà de véritables oiseaux, et il est certain qu'il existait des mammifères. Pour l'époque permienne, au contraire, les seuls habitants de la terre ferme qui aient laissé des traces sont quelques lézards.

Se peut-il que ces derniers représentent réellement toute la population terrestre de cette époque, et que le développement des mammifères, des oiseaux et des reptiles supérieurs se soit concentré dans le temps pendant lequel s'est opéré le passage des conditions permiennes aux conditions triasiques? Une telle supposition ne devient-elle pas extrêmement peu probable en présence de ce fait, que les *Labyrinthodontes* de terre ou d'eau qui ont vécu sur les terrains de l'époque carbonifère, aussi bien que sur ceux du trias, nous prouvent qu'une des formes de la vie terrestre s'était maintenue pendant toutes ces périodes, sans subir de modifications importantes? Pour ma part, lorsque je considère le peu de changements qu'ont subi, si ce n'est par voie d'extinction, les crocodiles, les lacertitiens et les chéloniens, depuis les époques mésozoïques les plus reculées jusqu'à nos jours, je ne puis m'empêcher de rapporter l'existence de la souche commune d'où elles sont sorties à une période fort reculée de l'époque palæozoïque; et je pourrais appliquer un raisonnement semblable à tous les autres groupes d'animaux.

IV. M. Hœckel propose d'introduire dans la taxonomie plusieurs modifications qui méritent toutes d'être prises en considération. Ainsi, il établit pour les êtres vivants une troisième division primaire, qu'il distingue à la fois des animaux et des végétaux, et qu'il appelle les *Protistes;* cette division comprend les *Myxomycètes*, les *Diatomacées* et les *Labyrinthules*, qui sont ordinairement comptées parmi les plantes, les *Noctiluces*, les *Flagellates*, les *Rhizopodes*, les *Protoplastes* et les *Monères*, que l'on classe le plus généralement avec les animaux. D'autres savants avaient déjà fait des tentatives de ce genre pour échapper à

l'inconvénient de donner le nom de plantes ou d'animaux à ces organismes d'un caractère si douteux; mais, je l'avoue, il me semble que c'est là éviter un inconvénient pour s'exposer à deux autres. M. Hœckel lui-même se demande s'il ne devrait pas ranger les *Fungus* parmi les *Protistes*. S'il ne le fait pas, les *Myxomycètes* rendent impossible de tracer une ligne de démarcation quelconque entre les *Protistes* et les plantes. Mais, s'il le fait, comment séparer les *Fungus* des *Algues* ? Et cependant les herbes marines sont assurément des plantes sous tous les rapports. D'un autre côté, M. Hœckel range les éponges parmi les *Cœlentérates* (polypes ou coraux), ce qui a le double inconvénient, selon moi, de séparer les éponges des *Protoplastes*, qui les touchent de si près, et de détruire la définition des *Cœlentérates*. De même encore, les infusoires ont tous les caractères des animaux; mais on ne peut guère affirmer qu'ils se rapprochent autant des vers que des *Noctiluces*.

Tout bien pesé, il me semble plus commode de rester fidèle à l'ancien système, qui appelle *Protozoaires* ceux de ces êtres inférieurs qui se rapprochent le plus des animaux, et *Protophytes* ceux qui présentent plutôt les caractères des végétaux.

Une autre innovation considérable est la proposition que fait M. Hœckel de partager la classe des poissons en quatre groupes nommés *Leptocardiens*, *Cyclostomates*, *Poissons* et *Dipneustes*. Quant à l'établissement d'une classe séparée pour l'*Amphioxus*, je crois qu'on ne peut guère hésiter sur la nécessité de cette mesure; car l'*Amphioxus* diffère beaucoup plus de tous les autres poissons, qu'ils ne diffèrent entre eux.

Il y aurait aussi beaucoup à dire en faveur de la même importance accordée aux *Cyclostomates*, qui comprennent les lamproies et les *Gastrobranches*. Mais si nous considérons la parenté étroite qui existe entre le *Lepidoscien* et les *Ganoïdes*, et les différences énormes qui séparent les *Élasmobranchiens* et les *Téléostées*, je doute fort qu'il soit bon de former une classe nouvelle pour les *Dipneustes* et de les séparer des autres poissons.

M. Hœckel propose de partager le sous-règne des vertébrés d'abord en deux groupes, qu'il nomme *Leptocardiens* et *Pachycardiens;* il place l'*Amphioxus* dans le premier groupe, et tous les autres vertébrés dans le second. Il divise ensuite les *Pachycardiens* en *Monorhines*, classe qui contient les poissons cyclostomes, que distingue leur orifice nasal unique; et en *Amphirhines*, qui embrassent tous les autres vertébrés dont le nez a deux orifices. Ces animaux se subdivisent en *Anamniens* (Poissons, Dipneustes, Amphibies) et en *Amniotes* (Reptiles, Oiseaux, Mammifères). Cette classification exprime, je l'avoue, d'une manière claire et abrégée, un grand nombre des faits les plus importants de la structure des vertébrés; mais il reste à voir si c'est la meilleure que l'on puisse adopter.

C'est avec beaucoup de raison que les *Lémuriens* sont complétement séparés des *Primates*, sous le nom de *Prosimiens*. Mais je suis surpris de retrouver les *Sirènes* dans le même groupe que les *Cétacés*, et les *Plésiosaures* avec les *Ichthyosaures*, car il y a longtemps, à mon avis, que l'on a pleinement démontré que ces animaux n'appartiennent pas au même ordre.

V. Les idées de M. Hœckel sur la phylogénie, ou généalogie des formes animales, contiennent bien des considérations fort intéressantes; elles s'appuient toujours sur des connaissances solides, aidées d'aperçus fort ingénieux. Soit qu'on les adopte ou qu'on les combatte, on sent qu'il entraîne l'esprit dans des directions nouvelles, où il vaut mieux même s'égarer que rester immobile.

Exposons ces idées en quelques mots. Selon M. Hœckel, toutes les formes de la vie ont commencé par être des *Monères*, ou de simples particules de *Protoplasme;* de plus, ces *Monères* sont nées de matière inorganique. Quelques *Monères* ont manifesté une tendance vers la vie *protistique*, d'autres vers la vie végétale, d'autres enfin vers la vie animale. Ces dernières sont devenues des *Monères animales*. Quelques-unes des monères animales ont pris un noyau et sont devenues des êtres améibiens; quelques-uns de ces derniers se sont développés sous la forme

d'animaux ciliés, semblables aux infusoires. Ceux-ci se sont modifiés sous deux types principaux, celui des vers et celui des
éponges. Ces derniers ont, par des modifications graduelles, produit tous les *Cœlentérates*; tandis que des premiers sont venus
tous les autres animaux. Mais le premier type a bientôt donné
deux formes principales, dont la première est devenue la souche
des *Annélides*, des *Échinodermes* et des *Arthropodes*, pendant
que l'autre donnait naissance aux *Polyzoaires* et aux *Ascidioïdes*,
et produisait les deux branches des *Vertébrés* et des *Mollusques*.

Peut-être la proposition la plus frappante de toutes celles que
développe M. Hæckel, est-elle celle qu'il appuie sur les recherches de Kowalewsky au sujet du développement de l'*Amphioxus*
et des *Ascidioïdes*, lorsqu'il nous dit que c'est chez les *Ascidioïdes* qu'il faut aller chercher l'origine des vertébrés. Il y a longtemps que Goodsir avait insisté sur la ressemblance qui existe
entre l'*Amphioxus* et les *Ascidiens* : mais l'idée d'une origine
commune aux deux types, et surtout l'assimilation du notochorde
des vertébrés avec l'axe de l'appendice caudal de la larve de
l'ascidien, sont des nouveautés qui paraissent d'abord renver-
santes. J'avouerai cependant que, plus j'y réfléchis, plus je
trouve de raisons en faveur de cette opinion, bien que je ne sois
pas convaincu qu'il existe un parallélisme véritable entre le mode
de développement du ganglion de l'ascidien, et celui de l'axe cérébro-spinal du vertébré.

L'hypothèse également surprenante par laquelle M. Hæckel
admet que les *Échinodermes* sont des vers agglomérés, semble,
d'autre part, donner lieu à des objections sérieuses. Au point
de vue de l'anatomie, elle me semble en désaccord avec les
faits ; car il n'y a point de vers qui aient un squelette calcaire,
ou un nerf ventral en forme de bande, à la surface duquel se
trouve un vaisseau ambulacral. Et, au point de vue du développement, la formation de l'Échinoderme rayonné au dedans de sa
larve vermiforme me semble comparable à la formation d'une
méduse rayonnée sur une souche hydrozoïque. Mais, assurément,
la méduse n'est pas le résultat de l'agglomération d'autant d'organismes qu'elle présente de segments morphologiques.

M. Hæckel cite les *Crossopodiés* et les *Phyllodocites* fossiles
comme exemples de formes d'*Annélides*, par la réunion desquelles
il se peut que les Échinodermes se soient formés ; mais, même
en admettant comme parfaite la ressemblance entre ces vers et
des bras séparés d'étoiles de mer, il se peut que ce soient là les
termes extrêmes et non le commencement du développement des
échinodermes.

Un échinoderme pentacrinoïde, à tige complétement articulée, se développe dans la larve de l'*Antedon*; n'est-il pas possible que la larve d'un *Crossopodié* ait produit un échinoderme
vermiforme ?

Pour la phylogénie des *Arthropodes*, je suis disposé à l'envisager un peu autrement que M. Hæckel. Il admet comme souche
primitive du groupe tout entier, un crustacé revêtu de cette
forme du *Nauplius*, sous laquelle Fritz Müller a démontré que
tant de crustacés commencent leur existence.

Tous les *Entomostracés* proviennent de la modification de
quelqu'un de ces *Archicaridés* naupliformes. D'autres *Archicaridés* ont subi une métamorphose plus complète pour prendre la
forme des *Zoœa*. De quelques-uns de ces *Zoéopodes* sont venus
tous les autres crustacés malacostracés, tandis que d'autres ont
donné naissance à une forme analogue à celle des *Galéodes* vivantes, et d'où sont provenus, par des modifications graduelles,
tous les *Myriapodes*, les *Arachnides* et les insectes.

Je serais disposé à interpréter autrement les faits de l'histoire
embryologique et de l'anatomie des *Arthropodes*. Les *Copépodes*,
les *Ostracodes* et les *Branchiopodes* sont les crustacés qui se sont
le moins écartés de la forme embryonique du *Nauplius*; et,
parmi eux, je pense que ce sont les *Copépodes* qui représentent
le plus fidèlement les *Archæocarides* de notre hypothèse. L'*Apus*
et les *Sapphirines* indiquent les rapports de ces *Archæocarides*
avec les *Trilobites*, et les *Euryptérides* relient les *Trilobites* et les
Copépodes aux *Xiphosures*. Mais les *Xiphosures* présentent des rap-

ports morphologiques si intimes avec les *Arachnides*, et surtout
avec l'arachnidien le plus anciennement connu, le *Scorpion*, que
je ne saurais mettre en doute qu'il existe un lien d'origine entre
les deux groupes. D'un autre côté, les *Branchiopodes*, même encore maintenant, se confondent presque avec les véritables *Podophthalmiens*, par l'intermédiaire des *Nébaliens*. Par les *Trilobites* aussi, les *Archæocarides* se rattachent aux *Edriophthalmiens*,
tels que les *Serolis*. Les *Stomatopodes* sont des *Édriophthalmiens*
fort modifiés du type amphipodique. D'autre part, les *Isopodes*
nous conduisent aux *Myriapodes*, et ces derniers aux insectes.
Voici donc le phylum arthropodique tel que je le conçois : les
embranchements des *Podophthalmiens*, des insectes (y compris
les *Myriapodes*), et des *Arachnides*, ont pris naissance séparément et distinctement de la souche commune des *Archæocarides* ;
et les formes du *Zoœa* ne se rencontrent qu'à l'origine de l'embranchement podophthalmien.

Le phylum des vertébrés est le plus intéressant de tous, et le
professeur Hæckel le discute d'une manière admirable. Je ne
puis citer ici que quelques points qui me semblent offrir matière
à discussion. Les *Monorhines*, sortis des *Leptocardiens*, donnent
naissance, selon M. Hæckel, à une forme qui se rapproche de
celle du requin, qui a été la souche commune de tous les *Amphirhines*. De ce *Protamphirhine* sont provenus, en divergeant,
les vrais requins, les raies et les *Chimères*, les *Ganoïdes* et les
Dipneustes. Les *Téléostées* sont des *Ganoïdes* modifiés. Les *Dipneustes* ont donné naissance aux *Amphibies*, qui sont la souche
de tous les autres *Vertébrés*, puisque c'est d'eux que sont venus
les premiers vertébrés à amnion, ou *Protamniotes*. Les *Protamniotes* se subdivisent en deux branches, dont l'une est celle des
Mammifères, et l'autre celle des *Reptiles* et des *Oiseaux*.

La seule modification que je croie devoir proposer à cette vue
générale de la phylogénie des vertébrés, c'est que le *Protamphirhine* était peut-être plus ganoïde que squaliforme. Autant
que nous pouvons le savoir, les ganoïdes sont aussi anciens que
les requins ; et il est fort intéressant d'observer que les restes des
plus anciens ganoïdes, le *Céphalaspis* et le *Ptéraspis* n'ont encore présenté aucune trace de mâchoires. Il est possible, à la rigueur, qu'ils relient les *Monorhines* aux esturgeons parmi les
Amphirhines. D'autre part, les ganoïdes crossoptérygiens présentent les plus grands rapports avec le *Lépidosiren* et, par suite,
avec les *Amphibies*. Il ne faut pas oublier que le développement
des lamproies offre avec celui des amphibies des points de ressemblance curieux, qui ne se retrouvent ni chez les requins ni
chez les raies. Nous ne savons malheureusement rien sur le développement des ganoïdes ; mais leur cerveau et leurs organes
de reproduction tiennent plus des amphibies que ceux des requins.

Tout bien considéré, je suis porté à croire que la chaîne directe par laquelle on monte des *Monorhines* aux *Amphibies*, est
formée par les ganoïdes et les *Lepidosciens*; tandis que les
poissons osseux et les requins ne sont que des ramifications en
différents sens de la tige principale.

A quoi les *Protamniotes* ressemblaient-ils? C'est là, je crois,
une question à laquelle personne n'est en position de répondre ;
mais je ne saurais croire que le *Protosaure*, cet être foncièrement *Lacertien*, ait quelque ressemblance avec eux. Les reptiles
qui présentent le plus les caractères des amphibies et qui, par
conséquent, se rapprochent le plus des *Protamniotes*, sont les
Ichthyosauriens et les *Chéloniens*.

Que les *Didelphiens* soient venus de quelque forme *ornithodel-
phe*, comme le suppose M. Hæckel, c'est là un fait qui semble
incontestable; mais les opossums et les kangourous qui existent
actuellement sont certainement fort modifiés et fort loin de leurs
ancêtres les *Prodidelphiens*, dont nous ne savons absolument rien
jusqu'ici. Comment les *Monodelphiens* sont-ils venus de ceux-ci?
C'est là une question fort difficile et que M. Hæckel n'essaye
pour ainsi dire pas de résoudre. Il considère les *Prosimiens* ou
lémures comme la souche commune des *Déciduates*, et les *Cétacés*,
parmi lesquels il range les *Sirènes*, comme des *Ungulés* modifiés.

Sur ce dernier point, il me paraît fort probable que les *Sirènes* relient les *Ungulés* aux *Proboscidiens*, et absolument certain que les cétacés sont des *Carnivores* très-modifiés. Le passage des veaux marins aux cétacés par le *Zeuglodon* est complet. Je pense aussi qu'il y a de fortes raisons de croire que les *Insectivores* représentent la souche commune des *Primates* (qui s'y rattachent par les *Prosimiens*), des *Cheiroptères*, des *Rongeurs* et des *Carnivores*. Et je ne suis pas fort éloigné de chercher l'origine commune de tous les *Ungulés* aussi parmi quelques anciens mammifères non déciduates, qui ressemblaient plus aux insectivores qu'à autre chose. D'un autre côté, les *Édentés* semblent former une classe à part.

Cette seconde étude sur le *Natürliche Schoepfungs-Geschichte*, considérée en elle-même, met tellement en évidence les points de désaccord qui existent entre son savant auteur et moi, que je ne veux pas terminer sans rappeler au lecteur à quel point je partage les idées générales et l'esprit de cet ouvrage, et combien j'en apprécie toute la valeur.

T. H. HUXLEY.

Les pierres, esquisses minéralogiques, par L. SIMONIN. Un volume grand in-8°, avec 91 gravures sur bois, 6 planches en chromolithographie et 15 cartes en couleur.

Ce livre n'est pas un ouvrage de science pure, c'est une œuvre de vulgarisation scientifique qui s'adresse surtout aux gens du monde. Dans la première partie, l'auteur esquisse rapidement les grandes époques géologiques, et décrit les mines de houille, de fer, de cuivre, de plomb, de sel, les placers, les diamants célèbres, etc. Dans la seconde partie, il expose avec plus de détails l'histoire de quelques mines, notamment celles de l'île d'Elbe, les carrières de Carrare et les placers des montagnes Rocheuses, qu'il a visités plusieurs fois.

SOUSCRIPTION SARS

7ᵉ LISTE

MM. Fréd. Cuvier, sous-gouverneur de la Banque de France.	100
Brivet, directeur de l'usine de Salindres	13
Edgard Pascaud, à Bourges	5
P. des Mesnards, à Cognac	10
Lecoq de Boisbaudran, à Cognac	10

Souscriptions recueillies par M. Fr. von Hauer à l'Institut géologique d'Autriche :

	Florins.
Fr. von Hauer, directeur de l'Institut géologique d'Autriche	5
Dʳ A. E. Reuss, professeur à l'université	5
Baron Andrian	5
Dʳ G. Stache	3
Dʳ Neumayr	2
Dʳ Schlönbach	2
Dʳ Mojsisovics	2
K. M. Paul	2
V. Vivenot	1
Dʳ Fuchs	2
Karrer	3
Scheller	1
Dʳ Manzoni	3
Dʳ Tschermak, direct. du Musée de minéralogie.	3
Dʳ Bunzel, ... (thaler en argent)	1
W. Klein, banquier à Vienne. (florins)	4 1/2
Soit, 45 florins d'Autriche, produisant	90 fr. 75

MM. Pietro Doderlein, profes. à l'Université de Palerme.	10 fr.
Pietro Blaserna, profes. à l'Université de Palerme.	10
Giuseppe Juzenga, profes. à l'Université de Palerme.	5
Gaëtano Cauiatore, profes. à l'Université de Palerme.	5

Souscriptions recueillies à la Société de physique et d'histoire naturelle de Genève :

Un zoologiste genevois, ami de Sars	100 fr.
Pictet de la Rive, profess. à l'Académie de Genève.	50
Dʳ Lombard	10
Dʳ Forel	20
De La Harpe	10
Edmond Boissier, botaniste	30
Gustave Rochette	10
Perceval de Loriol, paléontologiste	40
Ph. Plantamour, chimiste	30
Dʳ Jean-Louis Prévost	10
N	20
A. Gautier, professeur à l'Académie de Genève	20
Aloïs Humbert, zoologiste	20
Édouard Sarasin, physicien	10
Alph. de Candolle, profess. à l'Académie de Genève.	10
Risler	20
H. de Saussure, zoologiste	20
Marc Micheli, botaniste	20
Ch. Marignac, professeur à l'Académie de Genève.	20
A. de la Rive, professeur	40
Les étudiants du cours d'anatomie comparée de M. le professeur Claparède, à Genève	85

Souscriptions recueillies à l'École de médecine de Tours.

MM. Herpin, directeur de l'École de médecine de Tours.	20 fr.
Haine, prof. honoraire à l'École de médec. de Tours.	5
Thomas, professeur à l'École de médecine de Tours.	10
Charcellay, prof. à l'École de médecine de Tours.	10
Brame, professeur à l'École de médecine de Tours.	10
Crozat, professeur à l'École de médecine de Tours.	10
Danner, professeur à l'École de médecine de Tours.	5
Giraudet, professeur à l'École de médecine de Tours.	5
Courbon, prof. suppl. à l'École de médec. de Tours.	5
Barnsby, directeur du jardin des plantes de Tours.	5
Nivert, prof. suppl. à l'École de médecine de Tours.	5
Total de la 7ᵉ liste	943 fr. 75
Total des six premières listes	6283 fr. 64
Total des sept premières listes	7227 fr. 39

On souscrit au bureau de la *Revue des cours scientifiques*, 17, rue de l'École-de-Médecine, Paris.

Les souscripteurs de Paris peuvent faire toucher à domicile. Il leur suffit d'envoyer aux bureaux de la *Revue des cours scientifiques* leur nom et leur adresse avec le chiffre de leur souscription.

Les souscripteurs des départements ou de l'étranger pourront envoyer leurs offrandes en un bon sur la poste, en toute autre valeur sur Paris, ou en timbres-poste français.

Le propriétaire-gérant : GERMER BAILLIÈRE.

PARIS. — IMPRIMERIE DE E. MARTINET, RUE MIGNON, 2.

REVUE

DES

COURS SCIENTIFIQUES

DE LA FRANCE ET DE L'ÉTRANGER

| SEPTIÈME ANNÉE | NUMÉRO 17 | 26 MARS 1870 |

Paris, 25 mars 1870.

La souscription Sars approche de 9000 fr. Nous avons reçu des souscriptions d'Allemagne, de Hongrie, d'Amérique, etc. En France, presque tous les professeurs de l'enseignement supérieur des sciences ont déjà souscrit.

— Depuis une vingtaine d'années, les travaux de M. L. Agassiz, poursuivis par beaucoup d'autres savants, ont démontré l'existence d'une période glaciaire dans l'Amérique du Nord et du Sud, dans presque tous les systèmes de montagnes de l'Europe, en Asie, dans l'Himalaya, en Océanie, dans la Nouvelle-Zélande ; tout récemment, M. E. Favre en a trouvé les traces dans le Caucase. M. Ed. Collomb vient d'établir qu'elle s'est également produite dans le plateau central de la France avec une énergie et des circonstances toutes particulières.

Ce plateau forme une grande île géologique, presque circulaire, ayant 300 kilomètres de diamètre ; l'altitude de ce plateau augmente progressivement du nord au sud, et il se termine du côté du sud et de l'ouest par un rempart dont les points culminants, le Mézenc, le Plomb du Cantal et le Mont-d'Or s'élèvent de 1750 à 1900 mètres au-dessus du niveau de la mer.

Déjà M. Delanoüe, M. Ch. Martins, M. Julien de Clermont et M. Laval avaient découvert des moraines et des blocs erratiques sur les frontons de ce plateau central. Les recherches de ces deux derniers géologues avaient établi l'existence d'une première époque glaciaire qui aurait dépassé en énergie tout ce qu'on avait observé jusqu'à présent. M. Collomb a confirmé les preuves de cette première époque glaciaire, et démontré qu'elle avait été suivie d'une seconde, moins intense et dont l'action s'était fait sentir dans un rayon moins étendu.

« Il y a donc eu, dit M. Colomb, dans le centre de la France, comme dans le nord de l'Europe et dans beaucoup d'autres contrées, une époque glaciaire d'une grande énergie qui paraît être arrivée à son maximum de développement à la fin du pliocène supérieur ou au commencement de l'époque quaternaire ; puis, par des causes encore inconnues, il y aurait eu retraite partielle de ces glaciers, et pendant cette retraite, les eaux courantes auraient agi à la surface du sol avec assez d'énergie pour en modifier sensiblement le relief, indépendamment des oscillations du sol lui-même ; puis une recrudescence de froid aurait fait avancer de nouveau ces glaciers, mais dans une moindre proportion ; ils ne se seraient pas étendus aussi loin, ils seraient restés enfermés dans les limites de l'intérieur des vallées. »

— La Faculté de médecine et l'École de pharmacie de

VII.

Strasbourg ont perdu, il y a quelques mois, un de leurs membres les plus sympathiques, M. Kirschleger, professeur de botanique. Ses anciens élèves organisent une souscription publique pour lui consacrer un buste en marbre blanc, sculpté par M. Grass et qui serait placé à l'École de pharmacie de Strasbourg. — A Paris, les souscriptions sont reçues à l'agence de la Société botanique de France, 84, rue de Grenelle.

— La Société zoologique de Londres donne cette année sa médaille d'or de Wollaston à M. Deshayes, professeur au Muséum d'histoire naturelle de Paris.

— Un arrêté du ministre de l'instruction publique déclare vacantes à la Faculté de droit de Paris, la chaire de pathologie générale et la chaire d'histoire de la médecine récemment instituée par disposition testamentaire.

— M. C. Woestyn a présenté lundi dernier une nouvelle note à l'Académie des sciences de Paris, sur la destruction des germes morbides de l'atmosphère au moyen du grillage. Il fait remarquer que la ouate d'amiante présente la même constitution physique que celle de coton, et peut, comme elle, arrêter les particules de toute nature contenues dans l'air qui la traverse. Pour brûler les poussières atmosphériques avec le moins de frais possible, M. C. Woestyn propose de faire passer l'air dans des cadres filtrants de ouate d'amiante, retenue par des grillages en fils d'amiante, qui arrêteraient tous les germes, et on les brûlerait commodément en lançant de temps à autre dans ces cadres une flamme de gaz d'éclairage. Par une disposition facile à réaliser, les mêmes appareils pourraient à volonté griller les germes, soit d'une façon intermittente, comme on vient de le voir, soit d'une façon permanente.

Le général Morin, qui avait adressé la semaine précédente, à la première note de M. C. Woestyn, des critiques assez singulières, éprouve le besoin de critiquer encore celle-ci. Il déclare ces procédés impraticables. Ce jugement, d'un tranchant tout militaire, provoque une assez verte réplique de M. Dumas, qui a organisé il y a quelques années des procédés de désinfection qu'il recommanderait encore aujourd'hui ; mais ce n'est pas une raison pour refuser d'examiner les procédés nouveaux qui sont proposés par d'autres. — Le général Morin, — qui est de la commission nommée pour apprécier le travail de M. Woestyn, — déclare qu'il n'a pas voulu s'opposer à ce qu'on l'examine, mais maintient qu'il est impraticable. Soit ; seulement on se demandera peut-être pourquoi l'Académie nomme des commissions pour examiner les travaux des savants, puisque le général Morin sait les juger ainsi avant tout examen.

17

SOIRÉES SCIENTIFIQUES DE LA SORBONNE

M. PAUL BERT
Professeur à la Faculté des sciences de Paris

Des actions nerveuses sympathiques

Mesdames, messieurs,

Le mot sympathie signifie, dans son acception étymologique, souffrances, sensations, affections simultanées. On l'emploie, dans le langage usuel, pour désigner tantôt la part que nous prenons aux douleurs ou même aux joies de nos semblables, tantôt le rapport secret d'humeur et d'inclination qui nous lie à d'autres personnes.

Les phénomènes de la sympathie ainsi entendue appartiennent tous à l'ordre moral ; leur origine est purement psychique, et leur étude n'incombe pas à la physiologie : nous ne nous en occuperons pas.

Il est d'autres phénomènes qui, comme les précédents, supposent au moins deux personnes en présence, et qui consistent aussi en une sorte de concordance entre les sensations et les actes de ces deux personnes ; ici ne se présente pas, nonobstant des apparences superficielles, l'intervention primordiale de l'activité psychique, et nous sommes sur le domaine de la physiologie. Ces phénomènes, peu nombreux, appartiennent à deux ordres.

Les premiers méritent au plus haut degré le nom de sympathie : en voici pour preuve un exemple. Lorsque de jeunes étudiants en médecine assistent pour la première fois à une clinique de maladies des yeux, il en est bien peu qui, voyant examiner un œil malade, ne sentent dans leurs yeux une sensation désagréable qui les fait se remplir de larmes. Ces larmes ne sont évidemment pas appelées par la compassion, elles sont le résultat d'une sécrétion sympathique.

Dans le second ordre, il s'agit d'actes, de mouvements associés qui suivent presque invinciblement, en dehors de la volonté, des actes, des mouvements semblables exécutés par une autre personne. Tel est le rire, tel le bâillement à la contagion redoutable, tel aussi l'applaudissement, tels tous ces actes appelés actes d'imitation, qui ont parfois donné naissance à de véritables épidémies, et dans lesquels il n'y a ni volonté d'imiter, ni parfois même perception consciente de l'acte répété et non véritablement imité. A ces phénomènes sympathiques est dû cet effet bien connu que tout homme qui fait partie d'une foule perd par cela même quelque chose de sa personnalité, et que la foule inversement acquiert une sorte de personnalité.

Ce ne sont point ces phénomènes complexes qui doivent faire l'objet de notre étude d'aujourd'hui. Leur explication, au reste, se déduira aisément de ce que nous dirons des actions nerveuses sympathiques sur lesquelles nous allons insister.

Le mot de sympathie nous servira à désigner non plus des rapports entre deux personnes, mais des rapports entre les actions et les affections de deux organes, de deux parties du corps d'une même personne.

Quelques exemples vont nous aider à donner une définition plus précise.

Un ouvrier dans la force de l'âge éprouva un matin une difficulté singulière à marcher ; ses jambes ne lui obéissaient plus fidèlement ; en outre, les objets semblaient tourner autour de lui. Cette faiblesse, ces vertiges, allèrent en augmentant ; bientôt s'y joignirent des troubles digestifs de plus en plus graves. Les traitements les plus variés restèrent impuissants, et, en deux ans, les choses en arrivèrent à ce point que le malheureux, presque incapable de se soutenir, était considéré comme perdu, comme mourant d'une maladie mystérieuse. Au bout de ce temps, un petit accident lui survint à l'oreille, et il alla consulter un médecin spécialiste renommé (1). Celui-ci examina le conduit auditif externe, y trouva un corps étranger et, à la grande surprise du malade, en retira un noyau de cerise. Quinze jours après, le prétendu mourant revint voir son chirurgien ; les vertiges avaient cessé, l'estomac reprenait ses fonctions ; il était guéri, et la guérison ne se démentit pas.

Second exemple : Un jeune garçon de quatorze ans ressentit, en sautant de son lit, *quelque chose d'étrange*, puis soudain il tomba, fut pris de convulsions violentes et perdit connaissance. Remis sur le lit, il revint bientôt à lui, et le médecin, en arrivant quelques heures après, le trouva très-calme, n'accusant aucune souffrance et demandant avec instance à se lever. On y consentit ; mais, à peine l'enfant avait mis les pieds à terre que sa physionomie s'altéra, et une convulsion survint qui le renversa. Relevé aussitôt et recouché, il se calma, reprit ses sens et demanda tout effrayé de quoi il s'agissait. Le docteur Standert fit alors du malade un examen minutieux ; il fixa surtout son attention sur ce pied dont le contact avec le sol avait développé devant lui cette effrayante série d'accidents, et, à force de recherches, il finit par découvrir, près de l'angle du gros orteil, une petite élévation ; en la pressant, les convulsions apparurent aussitôt, sans que l'enfant accusât de douleur. Alors le chirurgien, d'un coup de ciseau, enleva cette petite tumeur ; il put impunément en presser aussitôt la place dénudée, et les accidents formidables que j'ai décrits ne reparurent plus jamais (2).

Je vous citerai enfin, en quelques mots, un dernier exemple : Un homme atteint de manie aiguë et furieuse fut confié aux soins du célèbre Esquirol ; on s'aperçut que cet homme avait un ténia. Aussitôt après qu'une médication appropriée l'eut débarrassé de ce parasite, la manie disparut. Un an après, elle revint : semblable médication amena semblable résultat ; cette fois, l'insensé recouvra définitivement la raison.

Voici donc un certain nombre de cas où, très-nettement, des phénomènes très-variés, sans relation apparente avec une cause lointaine, ont été la cause d'excitations portées en des lieux très-divers. Ce sont là les actions nerveuses sympathiques, et, par les exemples mêmes que j'ai cités, on voit que ces actions peuvent consister

1° En mouvements ou cessation de mouvements ;

2° En sensations ou suppression de sensations ;

3° En phénomènes intellectuels.

Passons en revue chacune de ces catégories, en citant quelques exemples particulièrement intéressants.

MOUVEMENTS OU CESSATION DE MOUVEMENTS.

A. — *Mouvements.*— Nous rencontrons d'abord des mouvements associés très-complexes, mais dont le rôle est telle-

____

(1) M. le docteur Garrigou-Désarènes, à qui je dois communication de cette curieuse observation, non encore publiée.

(2) Brown-Séquard (*Lectures of physiology and pathology of the central nervous system,* p. 185).

ment manifeste et qui s'exécutent si fréquemment que nous les remarquons à peine. Tels sont les mouvements qui constituent la *toux* et qui suivent fatalement quelque excitation un peu vive du larynx; ceux de l'*éternuement*, consécutifs à l'excitation de la membrane muqueuse du nez; celui du *clignement*, qui peut arriver tantôt à la suite d'un contact d'un corps étranger avec la cornée ou la conjonctive, tantôt après la simple approche, la simple menace de contact du corps étranger.

Les conséquences et l'utilité de ces mouvements sont tout à fait faciles à saisir : la toux et l'éternuement rejettent loin des voies aériennes le corps étranger qui pourrait y entrer, le clignement protége l'œil contre les violences du dehors. Ce rôle protecteur est tellement évident qu'il a pu paraître autrefois constituer une explication même de ces mouvements.

Mais, en outre que la constatation d'une finalité dans les phénomènes ne les explique nullement, il est des cas où les mouvements dont je viens de parler s'exécutent sans utilité saisissable. Ainsi l'éternuement est souvent consécutif à l'apparition soudaine d'une vive lumière. Il n'y a là, évidemment, nul rapport de finalité.

L'éternuement et la toux ont encore souvent lieu dans une circonstance moins connue, lors de l'excitation du conduit auditif. Une malheureuse femme, dont Mosler a rapporté l'histoire, fut prise d'une maladie de ce conduit, qui dura plusieurs jours; or, les éternuements se répétèrent pendant ce temps avec une rapidité prodigieuse; en quatre-vingt-deux heures, il y en eut cinquante-deux mille, douze par minute environ. Ils cessèrent, la maladie locale étant guérie.

Ces mouvements, utiles pour la conservation de l'être ou pour l'accomplissement des fonctions, rentrent tous dans cette catégorie des mouvements sympathiques. Lorsque, par exemple, les aliments, broyés par les dents, réduits en pulpe, arrivent à l'arrière-gorge, ils sont saisis, happés, pour ainsi dire, et déglutis, par suite d'un mouvement qu'a excité leur présence; une série d'autres mouvements dans l'œsophage, l'estomac, l'intestin, marquent leur passage et la stimulation qu'ils exercent. Si un corps lumineux apparaît soudain devant un de nos yeux, la pupille se contracte et ne laisse arriver ainsi sur la rétine qu'une quantité modérée de lumière; par une sympathie remarquable, la pupille du côté opposé se contracte également, bien qu'assurément sans motif direct, mais non sans rapport de finalité; car cette contraction sympathique n'a lieu que dans l'espèce humaine et chez les animaux qui voient des deux yeux à la fois.

J'en dirai autant pour les associations d'excitations et de mouvements qui ne semblent avoir aucune relation pouvant produire un effet, et surtout un effet utile. Que, dans l'opération de la cataracte, le couteau du chirurgien blesse l'iris, et des vomissements arrivent; beaucoup de personnes éprouveront le même effet si quelque corps étranger arrive à toucher leur membrane du tympan. Qui de vous ne sait que le sentiment vague de la faim fait bâiller; que l'excitation légère, mais répétée des nerfs cutanés de certaines régions, le chatouillement, excite un rire incoercible et douloureux; que l'impression du froid extérieur, même très-localisé, donne comme une convulsion générale, fait frissonner et claquer des dents, etc., etc.?

En appelant tous les mouvements que je viens d'énumérer du nom de sympathiques, ce qui veut dire, au fond, excités, je n'ai sans doute étonné aucun d'entre vous. Ces mouvements, en effet, s'exécutent en dehors de l'empire de la volonté; celle-ci, le plus souvent, ne peut ni les produire, ni, s'ils sont sollicités, les arrêter ou les suspendre. Mais la difficulté commence pour d'autres mouvements que la volonté peut produire ou empêcher, et qui semblent n'être que la manifestation d'un acte intellectuel.

Le sursaut que nous fait éprouver un bruit soudain, le cri arraché par une vive impression venue du dehors, doivent-ils être classés quelquefois parmi les mouvements sympathiques, ou bien sont-ils toujours la conséquence d'une évolution intellectuelle, la suite nécessaire de la terreur, de la douleur, etc.? La même question se pose pour le clignement d'yeux qui suit la simple menace, pour tous les mouvements de défense contre une cause extérieure de mal, pour le bras qui pare un coup porté, la tête qui s'incline devant une menace, le corps qui se contourne pendant la course afin d'éviter un obstacle ou une chute. C'est la même chose, au fond, pour tous les mouvements de la marche, où tous les muscles de l'organisme entrent en un jeu simultané et merveilleusement réglé. La chose est encore plus frappante si l'on considère l'équilibre merveilleux des acrobates, des danseurs de corde, et, dans un tout autre ordre de mouvements, la prodigieuse rapidité d'évolution des doigts chez un musicien qui exécute un morceau connu, du larynx chez un chanteur qui vocalise, des lèvres chez un homme qui récite.

Si la volonté est à coup sûr maîtresse d'exécuter ou d'arrêter tous ces mouvements, est-ce à [dire que, dans les circonstances que je viens d'énumérer, ils obéissent seulement à ses ordres? Il est bien certain que non.

Prenons comme exemple les mouvements de la marche. Qu'est-ce que la marche? Une série de chutes en avant, arrêtées par la projection du pied, qui vient recevoir, pour ainsi dire, le centre de gravité. Rappelez-vous la scène des *Femmes savantes*; le petit valet Lépine tombe, et sa maîtresse Bélise de le sermonner aussitôt :

> De ta chute, ignorant, ne vois-tu pas la cause?
> Et qu'elle vient d'avoir, du point fixé, écarté
> Ce que nous appelons centre de gravité?

> **LÉPINE.**

> Je m'en suis aperçu, madame, étant par terre.

Ainsi ferions-nous tous incontestablement si nous étions obligés de réfléchir, surtout lorsqu'un accident soudain vient compromettre la stabilité de notre équilibre.

Mais nous avons de ceci une preuve plus certaine. S'il est, en effet, une vérité établie dans la physiologie du système nerveux, c'est que les lobes cérébraux sont, chez les vertébrés, le siége des facultés intellectuelles, le centre des déterminations volontaires. Or, prenons un oiseau et, comme le fit Flourens, enlevons-lui le cerveau. Non-seulement l'animal continue à vivre, mais, ce qui nous intéresse spécialement, il marche si on le pousse, et quand on le jette en l'air, il vole parfaitement bien, il vole indéfiniment, c'est-à-dire jusqu'à ce qu'un obstacle l'arrête.

Les mouvements de la marche sont donc, au même titre que ceux que nous avons indiqués plus haut, des mouvements extérieurs à la volonté, des mouvements sympathiques. Ce qui les détermine, l'excitation qui leur donne naissance, c'est la sensation (et nous verrons qu'il faut dire la [sensation inconsciente) du déplacement en avant du centre de gravité.

Il en est de même pour le cri, pour le sursaut, qui persistent, comme l'a vu M. Vulpian, chez des rats privés de cerveau et ne pouvant, par suite, éprouver ni terreur, ni douleur véritable.

Il est très-remarquable de voir combien certaines excitations venues par d'autres voies, et surtout les sensations auditives, aident, par effet sympathique, le mouvement de la marche. Considérez une troupe de soldats marchant à volonté, en désordre. Que soudain le tambour se fasse entendre ; aussitôt tout se règle comme par la baguette d'une fée. Cette sympathie a été de tout temps remarquée et utilisée.

Tels sont les principaux mouvements sympathiques, c'est-à-dire consécutifs à une excitation venue soit du dehors, soit du dedans, mais sans intervention de l'activité intellectuelle ; tels sont du moins les plus intéressants parmi ceux que nous présente l'état physiologique.

Mais dans l'état pathologique, des réactions motrices bien autrement énergiques, bien autrement étranges, répondent fréquemment à des excitations périphériques. J'en citerai une bien bizarre : un officier, malade au Val-de-Grâce, ne pouvait s'empêcher lorsqu'on excitait un point quelconque de son corps, d'y porter aussitôt les deux mains (Brown-Séquard). Mais parlons de faits plus connus. Qui de vous n'a vu un petit enfant, pendant l'évolution d'un germe dentaire, pris de convulsions effrayantes ? Les convulsions occasionnées par les vers intestinaux ne sont pas moins fréquentes ; parfois même elles arrivent à l'épilepsie ou au tétanos. On possède plusieurs cas de convulsions durant des jours ou des mois, qui guériront aussitôt après le rejet de ténias ou d'ascarides.

Les attaques du tétanos sont d'ordinaire consécutives à une excitation portée sur un nerf sensitif : très-souvent, il s'agit des nerfs des extrémités des doigts à la main ou au pied. Il existe un certain nombre de cas dans lesquels l'amputation de la région lésée ou simplement la section du nerf attaqué ont arrêté et guéri ces convulsions presque toujours mortelles.

L'épilepsie, j'entends l'épilepsie persistante, n'a que rarement pour cause une excitation des nerfs par un corps étranger. Il en existe cependant des cas. A Aberdeen, en Écosse, un jeune homme eut la main gauche déchirée par une machine ; quelques mois après, il fut pris d'attaques d'épilepsie, qui se reproduisaient jusqu'à cinq ou six fois par jour. On pouvait les exciter en pinçant le membre malade. On se décida à pratiquer l'amputation de l'avant-bras, et la guérison eut lieu.

Un morceau de verre introduit dans l'oreille a fourni jadis à Fabrice de Hilden une observation analogue.

Les vers intestinaux ont parfois occasionné de semblables accidents ; dans un cas cité par Bremser, il s'agit d'un petit garçon de neuf ans, depuis deux ans épileptique, et qui guérit complétement après l'expulsion d'un tœnia.

Dans l'épilepsie ordinaire, on observe très-souvent un phénomène qui annonce l'attaque et qu'on appelle l'*aura*. Le malade perçoit dans une partie de son corps une sensation particulière, à laquelle bientôt succède une convulsion. On a vu dans bien des cas cette convulsion avorter quand on comprimait la région où naissait l'aura ; on a même pratiqué des amputations ainsi motivées.

On doit sur ce sujet à M. Brown-Séquard une série d'expériences d'une importance capitale. Je puis, grâce à la bien-

veillance de ce célèbre physiologiste, vous montrer un des résultats les plus curieux auxquels il soit parvenu. Je mets sous vos yeux un cochon d'Inde auquel, il y a quelques mois, M. Brown-Séquard a pratiqué une opération qui entraîne toujours l'épilepsie chez ces animaux (hémisection de la moelle épinière). Mais cette épilepsie ne se manifeste pas spontanément, comme l'épilepsie ordinaire ; en revanche, on peut à volonté en faire apparaître l'accès. Il suffit, pour cela, de pincer la peau d'un point particulier du corps, voisin de l'oreille ; ce pincement, chose curieuse, n'est nullement douloureux, cette région, dont l'excitation engendrera l'attaque convulsive est, en effet, complétement insensible. Voyez, je pince assez légèrement la peau, et aussitôt l'animal tombe sur le côté, a de violentes convulsions qui durent quelques minutes, après quoi il se relève, aussi bien portant qu'auparavant. Voilà, certes, au plus haut degré, une épilepsie sympathique, des convulsions, des mouvements sympathiques.

B. — Cessation de mouvements. — Il n'y a pas seulement, vous ai-je dit, des mouvements, mais aussi des arrêts de mouvement, de véritables paralysies sympathiques. Le fait est aujourd'hui hors de doute.

Je pourrais encore aisément vous citer des paralysies guéries pas l'expulsion de vers intestinaux ; on en connaît un bon nombre. Mais la paralysie par excitation venant d'autres points du corps a été moins souvent observée. M. Brown-Séquard a cependant vu une foulure d'un coude entraîner la paralysie des deux bras, paralysie qui dura autant que dura la douleur. Je vous citerai encore, du même auteur, l'observation d'un enfant chez qui l'évolution de chaque molaire était accompagnée d'une paralysie des membres inférieurs ; il guérit définitivement lorsque la seconde dentition fut complète. Le célèbre Astley Cooper a vu la paralysie de toute une moitié du corps, dont était affligée une de ses clientes, disparaître après l'ablation d'une dent dont elle souffrait beaucoup.

Si les convulsions peuvent être prévenues quelquefois par la compression de certaines parties du corps, cette compression peut même les faire cesser pendant qu'elles sont déclarées. Chez un homme atteint de ces convulsions des membres inférieurs que M. Brown-Séquard a désignées sous le nom d'épilepsie spinale, les attaques les plus violentes étaient immédiatement enrayées lorsqu'on lui fléchissait fortement le gros orteil, sous la plante du pied. Il existe dans la science un certain nombre de faits analogues.

Parmi les arrêts sympathiques de mouvements en cours d'exécution, je ne dois pas oublier l'arrêt des mouvements de la respiration consécutive à l'excitation de certains nerfs qui se rendent aux poumons (pneumo-gastrique) ou aux orifices respiratoires du larynx (laryngé supérieur) ou du nez (nasal). L'expérience a été faite autrefois par M. C. Bernard, d'une manière très-saisissante. On coupe en travers la trachée d'un lapin, et l'on adapte dans le bout inférieur un tube de verre ; l'animal, parfaitement endormi du reste par le chloroforme, respire ainsi très-tranquillement. Vient-on alors, brusquement, à lui serrer soit les narines, soit le larynx, sa respiration s'arrête instantanément, et cependant la voie aérienne reste parfaitement perméable. Cet arrêt, comme je l'ai vu, peut être définitif et entraîner la mort. Là se trouve certainement l'explication de la plupart des cas de mort par strangulation et d'un bon nombre de morts subites dans lesquelles on ne retrouve aucune lésion.

Il est bien d'autres exemples ; le rire involontaire, l'éternuement, peuvent être arrêtés par une excitation un peu forte de la peau de la face; de là, la vieille expression : se mordre les lèvres pour ne pas rire.

En voilà assez, je crois, pour prouver que des cessations de mouvements en voie d'exécution, que même l'impossibilité du mouvement, peuvent être classées parmi les actions nerveuses sympathiques. Nous allons retrouver les mêmes effets de mouvements provoqués ou arrêtés par voie sympathique dans un ensemble d'organes les plus importants, puisqu'il s'agit du cœur et des vaisseaux sanguins.

C. — *Cœur et vaisseaux sanguins.* — L'histoire du cœur et de ses relations avec le système nerveux a déjà été faite à cette place par un maître dont le nom dispense de toute formule élogieuse. M. Claude Bernard a montré comment tout à la fois le cœur porte en lui la raison d'être de ses battements, puisque isolé du corps, il continue pendant un temps à palpiter, et comment, d'autre part, il reçoit l'influence de certains rameaux nerveux, en sorte que des excitations extérieures, peuvent tantôt, suivant qu'elles empruntent telle ou telle voie, accélérer ou ralentir ses battements.

La plus curieuse de ces excitations est certainement celle qui réside dans le cœur lui-même. Si vous accélérez volontairement votre respiration, il vous sera facile de remarquer que le pouls, c'est-à-dire le mouvement du cœur, s'accélère simultanément; or l'une des causes de ce phénomène curieux, est la réglementation que, par l'intermédiaire d'un nerf récemment découvert, le cœur fait lui-même, de son propre débit sanguin. Une quantité plus grande de sang lui étant envoyée, à cause de la respiration accélérée, il hâte ses battements pour suffire à son œuvre, en même temps que le nerf dont j'ai parlé commande, par un artifice sympathique des plus curieux, aux vaisseaux sanguins périphériques de se dilater, pour faciliter la course du sang que le cœur se fatiguerait, sans cette dilatation, à lancer. Mais cette action n'est pas la seule : une excitation portée sur la peau ou sur quelque nerf éloigné peut, suivant la voie qu'elle emprunte, accélérer sympathiquement ou ralentir les battements du cœur; ils peuvent même s'arrêter tout à fait, et l'individu se trouver alors dans l'état de syncope.

Des influences analogues, venues également par voie sympathique, agissent sur les vaisseaux sanguins. Les plus fines ramifications de ceux-ci sont, en effet, entourées d'une gaine musculaire contractile, qui, dans l'état normal, est à un état moyen de contraction. Or, il arrive, en conséquence d'excitations souvent fort éloignées, que cette gaine se resserre davantage et alors le sang ne passe plus que difficilement, ou bien, au contraire, qu'elle se relâche complétement, et alors le sang distend les vaisseaux élargis.

Ces effets peuvent se reconnaître à deux signes. A la couleur des tissus, d'abord; s'il s'agit de la peau, par exemple, elle pâlit dans le cas de resserrement vasculaire ; dans le cas contraire, elle rougit. A la température, ensuite; en effet, si les vaisseaux sont relâchés, le sang y arrive en plus grande abondance, et comme il provient des profondeurs chaudes du corps, la température s'élève ; l'augmentation peut être de 10 à 15 degrés, s'il s'agit d'extrémités toujours assez froides, comme l'oreille, la main, le pied.

Cette activité ou ce ralentissement dans la circulation ont une conséquence importante ; suivant leur intensité, la nutrition même des parties dans lesquelles se distribuent les vaisseaux sera plus ou moins active, et, s'il s'agit d'un enfant,

le développement sera nécessairement influencé. Il faut avoir présente à l'esprit cette relation nécessaire entre la rougeur, la chaleur et l'intensité nutritive : elle nous donne la clef de bien des faits curieux.

Mais, en réservant encore l'explication, énumérons certains faits.

Une excitation portée sur divers points de la peau peut avoir pour conséquence une modification du calibre des vaisseaux d'une autre région cutanée, comme aussi de régions, d'organes profondément situés. Il y a déjà longtemps que Dupuytren a établi qu'à la suite des brûlures un peu étendues de la peau surviennent des congestions, des inflammations, en d'autres termes, des dilatations permanentes des vaisseaux dans le foie, le poumon, et qui occasionnent souvent la mort. Nous verrons dans un moment comment une belle expérience de M. Brown-Séquard a montré qu'il s'agit bien là d'une action sympathique.

L'application du froid à la peau produit une action semblable, mais bien plus connue ; de cette origine sympathique proviennent les rhumes, les fluxions de poitrine, les inflammations d'entrailles, les rhumatismes consécutifs à l'exposition au froid, même d'une partie très-limitée du corps. Qui n'a, pour s'être simplement mouillé les pieds, pris un mal de tête ou un rhume de cerveau ?

Ces sympathies se manifestent souvent à l'état malade ; on sait depuis longtemps qu'une affection inflammatoire d'un œil, même de cause accidentelle, produit trop souvent l'inflammation de l'œil opposé, à ce point que, parfois, les chirurgiens, pour sauver l'un des yeux, sont obligés d'enlever celui qui était le premier malade, lorsque pour lui tout espoir est perdu. Or, c'est là le résultat d'une paralysie des vaisseaux de cet œil, paralysie sympathique avec l'irritation des nerfs de l'autre.

Qui n'a remarqué les changements dans le teint qui accompagnent l'état de la santé? Qui ne sait que les excitations morbides, douloureuses ou non, venant de l'estomac ou de l'intestin, font contracter les vaisseaux de la face, font pâlir par action sympathique? Le plus souvent, au contraire, les irritations venant des poumons font rougir la face ; les phthisiques, les pneumoniques, ont souvent les pommettes rosées.

Ici doit se placer le récit d'une remarquable expérience due à William Edwards. Prenez un thermomètre d'une main, et attendez qu'il marque une température fixe; plongez alors l'autre main dans l'eau glacée, et bientôt vous allez voir descendre la colonne mercurielle, et pâlir la peau de la main sur laquelle nulle action directe n'a été portée. Or, chose curieuse, la température seule de la main a été ainsi abaissée ; la sympathie, ici comme pour l'œil, s'exerce entre parties semblables. Au reste, des relations sympathiques du même ordre ont été reconnues entre des points dissimétriques du corps, comme la peau de la jambe et celle de l'oreille (Brown-Séquard et Lombard). Nous verrons tout à l'heure quelles applications pratiques les médecins ont, sans le savoir le plus souvent, tirées de ces actions sympathiques. Il nous faut maintenant passer à un autre ordre de mouvements : je veux parler des sécrétions.

D. *Sécrétions.* — La formation des larmes, de la salive, du suc qui se forme dans l'estomac, etc., constitue en effet un phénomène qu'il convient de placer à côté de ceux que nous venons d'étudier. Or, ces sécrétions manifestent avec la plus grande évidence, par leur apparition ou leur suppression, l'influence des actions sympathiques.

La présence d'un corps étranger au contact d'un œil fait non-seulement couler les larmes de ce côté, mais celles du côté opposé. Certains troubles digestifs déterminent une abondante sécrétion de sueur; il en est généralement de même après l'ingurgitation de boissons chaudes. Le contact d'une substance sapide et d'un point de la bouche fait sourdre de partout la salive; en même temps, par une sympathie lointaine, le suc gastrique est sécrété sur les parois stomacales; réciproquement, la présence d'aliments dans l'estomac fait sécréter la salive. Les autres sucs intestinaux apparaissent dans des conditions semblables, et ainsi, entre ces diverses sécrétions se remarquent les mêmes relations sympathiques qu'entre les divers mouvements du tube intestinal, d'où résulte l'harmonie fonctionnelle de tout l'appareil digestif.

Les sécrétions diverses peuvent aussi être arrêtées par action sympathique; un verre d'eau froide bu imprudemment pendant que le corps est en sueur supprime cette sécrétion. Ainsi mourut le dauphin fils de François Ier; et si l'on eût connu alors cette vérité, on n'eût pas écartelé comme empoisonneur son échanson Montecuculli. Réciproquement, un bain d'eau froide donnera une indigestion subite en arrêtant les sécrétions digestives et pourra tuer par congestion cérébrale. Il faut nous arrêter dans cette énumération de faits qui seraient non-seulement plus longue, mais beaucoup plus curieuse, s'il était, ici, permis de parler de tous les phénomènes physiologiques.

2° SENSATIONS OU CESSATION DE SENSATIONS.

A. *Sensations.* — Les sensations sympathiques sont assez rares dans l'état normal; chez une personne saine, la piqûre d'un point de la peau, par exemple, donne rarement naissance à une douleur dans quelque région éloignée; ou, du moins, ces rapports sont d'ordinaire très-fugitifs, très-faibles, et varient avec chaque personne. Par exemple, lorsque je me pince le bout du petit doigt de la main droite, il m'arrive souvent de ressentir une assez vive douleur au niveau de la clavicule du même côté. Un professeur de la Faculté de Bordeaux, M. Baudrimont, a publié le récit d'observations curieuses de cet ordre, observations faites sur lui-même; il a même indiqué, par des figures, les points de son corps ainsi unis par une véritable sympathie. Mais fort peu de personnes sont aussi richement douées sous ce rapport, et il ne faut pas, je crois, le regretter : il doit y avoir là une source d'erreurs incessantes.

Comme sensation sympathique normale, et à peu près générale, je puis vous citer la sensation de picotement dans la gorge qui suit l'excitation du conduit auditif, d'où résultent la toux, le vomissement, dont nous avons parlé tout à l'heure; et si l'on éternue en regardant le soleil, ce mouvement est d'ordinaire la suite d'une sensation de picotement dans le nez qui ne peut avoir qu'une origine sympathique.

C'est encore une sensation sympathique et des plus bizarres, celle de l'excitation particulière des nerfs dentaires sous l'influence de certains sons aigus, et qui, selon l'expression imagée, sont aigres et agacent les dents.

Mais dans l'état de maladie, les douleurs sympathiques sont extrêmement communes. Le point de côté, la névralgie brachiale dans la pleurésie; la douleur de l'épaule droite dans

les maladies du foie; les sensations particulières qu'éprouvent au bout du nez la plupart des enfants dont l'intestin est habité par des parasites, la photophobie dans les inflammations de la conjonctive oculaire, les névralgies si diverses qui accompagnent souvent les maux d'estomac; tous ces faits, et bien d'autres, sont connus de tout le monde, ou au moins de tous les médecins.

On a vu, plus rarement, un mal de dents causer de vives douleurs dans le bras, douleurs que fit disparaître l'ablation de la dent malade (Parson). On a encore signalé d'autres sympathies, et je citerai des cas de paralysie des membres inférieurs où l'on a vu une excitation portée d'un côté donner au malade deux sensations qu'il rapportait l'une au point excité, l'autre à la région symétrique du côté opposé. (Ermerins.)

M. Brown-Séquard cite une dame qui s'étant fortement piqué le doigt, ressentit, au bout de quelques semaines des douleurs d'estomac qui l'amenèrent bientôt dans un état fort grave. On fit l'amputation du doigt blessé; aussitôt les douleurs cessèrent et ne revinrent plus.

Des sensations sympathiquement éveillées ou perverties peuvent également nous venir par les sens spéciaux, et surtout par l'ouïe ou la vue. Les annales de la médecine abondent en récits de désordre de cette espèce. Ici, c'est un homme qui, étant à jeun, voyait tous les objets teints en jaune; l'expulsion de vers le guérit complétement. Un autre, qui était dans le même cas, percevait continuellement une odeur insupportable.

Ce qui donne à ces sensations une importance singulière, c'est qu'elles peuvent se présenter au patient avec une telle netteté qu'il arrive à croire à leur exactitude. De là, les idées les plus erronées sur le monde qui l'entoure; de là, des illusions ou même des hallucinations qui, lorsqu'elles durent longtemps, peuvent entraîner la folie. Dans quelques circonstances, on a vu des personnes, corrigeant à l'aide de leurs autres sens les idées erronées fournies par le sens sympathiquement troublé, présenter ce spectacle étrange d'un homme halluciné et qui, cependant, raisonne et agit sagement. Mais, dans la majorité des cas, il n'en est pas ainsi; assaillie par les sensations erronées, l'intelligence fléchit, ou, pour parler plus exactement, des raisonnements justes basés sur des sensations fausses, déterminent des conclusions ou des actes qu'on qualifie justement d'insensés.

B. *Suppression de sensations.* — Tout ce que je viens de dire des sensations anormales sympathiquement excitées peut se dire de la suppression des sensations normales.

Il n'est pas rare de voir l'insensibilité de la peau, dans une région plus ou moins étendue du corps, accompagner une névralgie d'une autre région.

Cette paralysie sympathique peut s'étendre aux sens spéciaux. On a vu souvent une névralgie faciale entraîner une amaurose, qui guérissait avec la névralgie. La présence d'une dent malade a eu fréquemment la même conséquence, et la vue revenait aussitôt après l'ablation de la dent. Dans d'autres circonstances, surviennent la surdité, ou même la surdimutité.

Ce sont encore, sous ce rapport, les parasites de l'intestin qui nous fourniraient le plus grand nombre de faits. Un enfant de sept ans, traité par le docteur Fallot, fut atteint pendant un mois de cécité presque complète, et guérit après l'expulsion d'ascarides. Un autre, devenu à neuf ans sourd-muet, guérit complétement dans des conditions semblables (Davaine).

Entre tous les faits de suppression de sensibilité consécutive à une excitation, il n'en est peut-être pas de plus étranges que ceux dont s'est beaucoup ému il y a quelques années le monde médical, et dont on a désigné l'ensemble sous le nom d'*hypnotisme*. Vous savez comment la chose se pratique. Une personne, bien portante du reste, se place bien à son aise, sur un lit ou dans un fauteuil; on lui place entre les yeux un objet brillant, qu'elle doit dès lors regarder fixement. Bientôt, sa respiration qui s'est accélérée d'abord, se ralentit, les yeux deviennent vagues, puis se ferment; le patient s'affaisse doucement, il dort. Vous le pincez alors, il ne s'éveille pas, et ne retire pas, comme le dormeur ordinaire, la main que vous blessez; il est insensible, et l'on a pu, dans ces conditions, pratiquer, sans douleur, jusqu'à de grandes opérations chirurgicales. Quand tout est fini, il suffit d'un souffle sur les yeux, et le patient se réveille sussitôt.

Si j'avais à vous faire ici l'histoire de l'hypnotisme, je vous parlerais encore des paralysies locales de mouvement, des catalepsies et surtout des phénomènes intellectuels, rêves, hallucinations, extases, que l'on peut produire presque à volonté chez les personnes placées dans cet état. Je vous montrerais les rapports de ces pratiques avec celles des somnambules, des extatiques de tous les temps, des religions orientales, etc... Mais je dois me borner à vous faire remarquer que tous ces phénomènes curieux ont une origine sympathique, et sont la conséquence d'une excitation prolongée portant sur le nerf optique et sur tout l'appareil oculaire.

3° Manifestations intellectuelles.

Ce que nous venons de dire de l'hypnotisme nous amène tout naturellement à parler des actes intellectuels ou affectifs que l'on doit considérer comme la conséquence d'une action sympathique. C'est là, messieurs, une partie de notre sujet dont l'étendue est immense, puisqu'elle ne comprend rien moins que l'étude des rapports du physique et du moral de l'homme.

Ce simple énoncé suffit à vous prouver que je ne saurais aujourd'hui entreprendre cette étude, et que, d'autre part, un pareil sujet ne doit pas être seulement effleuré. Je me bornerai donc, pour compléter le plan de notre conférence actuelle, à vous rappeler ou à vous indiquer quelques faits principaux.

Un cas très-saisissant est le suivant : Un garçon de quatorze ans avait été blessé au gros orteil, par un morceau de verre; quatre ans après, il fut pris de divagations et de délire. En l'examinant avec soin, on vit, près de l'ancienne blessure, une petite élévation; quand on pesait dessus, la surexcitation du malade augmentait. On fit une ouverture qui amena l'extraction d'un petit fragment de verre; aussitôt le délire cessa, pour ne plus reparaître (Brown-Séquard). On connaît un certain nombre de faits analogues, de folies sympathiques consécutives à une excitation d'un nerf sensible.

Mais les altérations de l'intelligence survenues sympathiquement à la suite de la lésion de parties d'organes internes sont bien autrement nombreuses. Je vous ai cité, dès le début de cette séance, l'observation d'Esquirol. On en connaît beaucoup du même genre. Je n'en finirais point à vous raconter des cas où la manie aiguë, la monomanie, la mélancolie,

surtout, ont accompagné le développement de maladies de l'estomac, de la rate, du foie, en général de tous les viscères contenus dans l'abdomen. Tout cela, au reste, est connu depuis longtemps; remarquez le mot hypochondrie qui désigne en même temps, et la région du foie et une forme de la mélancolie, et le mot mélancolie lui-même (*bile noire*), et le rôle que joue dans l'opinion publique la rate (en anglais *spleen*) dans le développement des idées gaies ou tristes.

Il reste donc bien démontré que la folie peut être de deux façons, par voie sympathique, la conséquence d'excitations venues du dehors; tantôt, en effet, ces excitations engendrent des troubles sensitifs d'où résultent des hallucinations à la réalité desquelles le malade finit par croire ; tantôt, c'est l'organe de l'intelligence, le cerveau qui se trouve directement affecté.

Je m'arrête enfin, messieurs, dans cette énumération de faits que j'aurais pu aisément rendre plus longue, et de laquelle j'ai supprimé des catégories entières. Nous pouvons la résumer en disant que l'intelligence, la sensibilité, le mouvement sous ses formes les plus variées, sont sous la dépendance des actes nerveux d'origine sympathique. Leur manifestation régulière, leurs altérations, leur suppression, leur exaltation sont dirigées par eux.

En envisageant ces phénomènes à un point de vue général, nous voyons que ces sympathies ont souvent pour conséquence l'exécution d'actes qui amènent l'accomplissement d'importantes fonctions, comme les fonctions digestives (mouvements et sécrétions), ou qui protégent les organes contre des troubles venus du dehors. On voit souvent encore les sympathies s'exercer entre parties similaires du corps (expérience de W. Edwards), ou entre parties situées du même côté du corps; mais parfois leur distribution paraît braver toute réglementation. Disons encore que tantôt elles se localisent d'une façon extraordinaire ; tantôt, au contraire, elles retentissent dans le corps tout entier.

Enfin, il est certaines sympathies qui sont constantes chez tous les individus, tel, par exemple, le mouvement de l'iris à l'approche de la lumière, tels, en général, tous les mouvements de défense. D'autres varient singulièrement, et nous révèlent entre les diverses personnes des diversités singulières: le chatouillement détermine chez l'un un rire désordonné, chez un autre des vomissements, chez un troisième des convulsions, chez un autre une rigidité tétanique. Que plusieurs personnes s'exposent à l'influence d'un froid humide, l'une sera atteinte d'indigestion, l'autre de fluxion de poitrine, une autre de rhumatisme ou de paralysie : autant de phénomènes sympathiques dont le mécanisme est connu, mais dont la variabilité ne peut être encore expliquée.

Il est des parties du corps et des excitations particulières qui semblent capables au plus haut degré de produire des actes sympathiques. Que de fois ne vous ai-je pas cité le tube intestinal, et surtout son irritation par des vers? On ferait avec lui seul l'histoire de toutes les sympathies, et toute la kyrielle de M. Purgon s'y appliquerait parfaitement. Le tube auditif externe est encore un de ces centres d'irradiation, et cela se conçoit moins. La blessure des extrémités des doigts engendre souvent les convulsions du tétanos ; la relation entre les sensations auditives et les mouvements rhythmés n'est pas moins remarquable. Mais il faut nous borner.

Comment comprendre maintenant ces relations parfois lointaines qui font apparaître des manifestations si variées ;

par quel mécanisme une épine dans le doigt peut-elle donner névralgies, paralysies, tétanos, délire ?

Examinons rapidement la structure des systèmes nerveux. Qu'y trouvons-nous, en dernière analyse ? Des fibres nerveuses, conductrices des impressions centripètes ou des ordres moteurs centrifuges ; des cellules nerveuses groupées en des centres (ganglions du sympathique, moelle épinière, encéphale) dans lesquels les unes reçoivent des impressions apportées par les nerfs, les autres commandent aux fibres centrifuges, d'autres font peut-être les deux choses ensemble, d'autres enfin servent de trait-d'union entre les cellules de différents ordres. Toutes ces cellules sont en relation les unes avec les autres, soit directement par des fibres, soit indirectement peut-être, par la gangue même où elles sont plongées. Ces communications existent sans nul doute tout à la fois entre des cellules voisines, et entre les cellules les plus éloignées.

Ceci connu, supposons qu'il s'agisse d'expliquer l'origine d'un mouvement sympathique ; du clignement, par exemple. Si l'on touche l'œil, c'est-à-dire l'extrémité d'un nerf de la conjonctive ou de la cornée, l'excitation remonte, comme l'indique la figure (voy. fig. 121), le long du

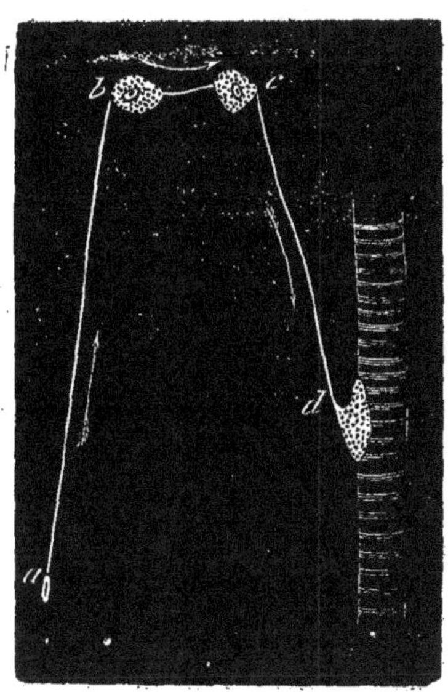

Fig. 121. — Expliquant l'association sympathique d'une sensation et d'un mouvement.

erf de sentiment, arrive aux cellules des centres, s'y transforme en irritation motrice, revient le long du nerf centrifuge, et commande enfin la contraction du muscle orbiculaire : les paupières se ferment alors. Si, au lieu de toucher l'œil, on l'avait seulement menacé, l'effet eût été le même, seulement le nerf sensitif eût été ici le nerf optique ; l'excitation aurait donc suivi dans le centre nerveux un chemin différent. Or, dans certaines formes de paralysies apoplectiques, on a vu le clignement persister quand on touchait l'œil, mais non quand on le menaçait : la vue, cependant, était parfaitement conservée (de Escarrà). C'est que la chaîne était rompue entre le nerf optique et le nerf moteur oculaire commun. Je n'ai représenté ici qu'une cellule et une fibre motrices ; il est évident que la communication pouvait s'établir entre la cellule de réception et plusieurs cellules

motrices, à des distances considérables, d'où résulteraient des mouvements dans les points les plus divers.

Ainsi se trouvent expliqués les mouvements sympathiques les plus variés, et, du même coup, les arrêts sympathiques de mouvements. Il est, en effet, connu que certaines régions des centres nerveux agissent, non pour commander, mais pour arrêter les mouvements. C'est ce qui a lieu, notamment, pour le cœur : l'excitation d'un nerf sensible remonte jusqu'à la moelle allongée, excite les origines du nerf pneumogastrique, et le cœur se ralentit ou même s'arrête : de là, syncope. C'est ce qui arrive encore pour les vaisseaux sanguins, qu'une excitation peut faire dilater ou resserrer suivant le chemin qu'elle a pris dans les centres nerveux. Or, les centres nerveux sont eux-mêmes tout pénétrés de vaisseaux sanguins, et suivant que ceux-ci sont plus ou moins pleins de sang, ces centres sont eux-mêmes plus ou moins excitables ou même directement excités, d'où peuvent résulter, par une nouvelle voie, des troubles sympathiques. Ainsi, une convulsion peut arriver soit par la voie directe que représente notre figure, soit par une voie indirecte, en ce sens que l'action sympathique a fait contracter les vaisseaux des centres, et que la moindre quantité de sang apportée à ces centres, les a mis en un état d'excitation exagérée.

Tout ceci, vous le comprenez bien, s'appuie sur des expériences; elles sont extrêmement nombreuses, et varient, bien entendu, avec chaque phénomène. Mais elles consistent toutes, en définitive, en ceci : interrompre en un point quelconque, la chaîne nerveuse qui unit l'extrémité du nerf sensitif à celle du nerf moteur, et voir disparaître le mouvement sympathique primitivement constaté. Laissez-moi vous en citer une, bien saisissante, que nous devons à M. Brown-Séquard. Quand on fait sur le train postérieur d'un animal, des brûlures étendues, l'animal meurt, comme je vous l'ai dit, à la suite de congestions du foie, etc. ; mais si l'on a, au préalable, sectionné au milieu du dos la moelle épinière, ces lésions n'apparaissent plus dans les régions supérieures, dont l'appareil nerveux a été ainsi séparé de celui des parties brûlées. Quelle preuve meilleure peut-on désirer que ces lésions proviennent d'une action sympathique communiquée par les centres nerveux ?

Les sécrétions, les arrêts de sécrétions s'expliqueront de la même façon que les mouvements : il y a des nerfs centrifuges sécrétoires, pour ainsi dire, qu'on peut complétement, au point de vue où nous nous plaçons, assimiler à des nerfs moteurs.

La chose est un peu plus délicate pour les sensations sympathiques. Prenons le cas le plus simple : voici comment on peut concevoir que les choses se passent (voy. fig. 122). Une cellule sensible A est impressionnée par suite de l'excitation d'un nerf en a ; dans l'état ordinaire, l'impression suit son chemin à travers les centres nerveux, jusqu'aux régions centrales où se fait la perception sensible ; mais il pourra arriver que l'excitation de cette cellule A se propage à une autre cellule sensible B, et alors l'excitation suivra deux routes à la fois, elle donnera naissance à deux perceptions, l'une se rapportant à un fait réel, l'excitation du nerf qui se rend à la cellule A, l'autre à un fait qui n'existe pas, l'irritation du nerf qui se rend à la cellule B, et l'individu rapportera l'excitation unique à deux origines distinctes : en a et en b ; il y aura ainsi une douleur sympathique.

Maintenant, ce qui s'est présenté pour le mouvement peut

se présenter pour la douleur ; ce ne sera pas seulement une cellule, mais une série de cellules qui peuvent être simultanément excitées dans le centre, et de là, de nombreuses douleurs sympathiques, ou altérations de la sensibilité.

Nous pouvons, nous devons aller plus loin ; envisageons le centre nerveux tel qu'il est, avec ses cellules sensibles et motrices unies les unes aux autres en un inextricable réseau ; que, dans certaines conditions, une excitation un peu énergique frappe une de ces cellules, tout l'ensemble peut se mettre en émoi, et ce seront alors des réactions motrices, des accidents inflammatoires, des paralysies diverses, des sensations anormales qui rayonneront dans l'organisme entier : véritable toile d'araignée, dont chaque maille est vibrante et active.

Si, des phénomènes sensitifs et moteurs nous passons aux actes intellectuels sympathiques, nous rencontrerons les mêmes explications. Le cerveau, organe immédiat de l'intelligence, est lui-même composé de cellules nerveuses, dont l'intégrité et l'excitation sont incontestablement liées aux manifestations intellectuelles : elles en constituent la condition nécessaire. Ces cellules sont en rapport à la fois avec les cellules sensibles et motrices des centres nerveux inférieurs.

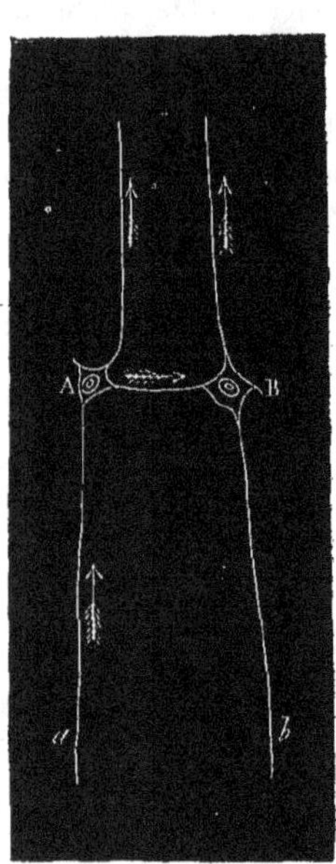

FIG. 122. — Schéma expliquant les sensations sympathiques.

Une impression exagérée apportée par une fibre sensible peut déterminer la mise en jeu normal ou anormal d'un ensemble des cellules cérébrales ; de là des phénomènes qui peuvent les uns appartenir aux facultés intellectuelles et nommément à la mémoire, ou aux facultés affectives, et se traduire enfin par des actes, des mouvements commandés. Je vous demande pardon de ces indications un peu vagues : vous sentez que le temps ne me permet pas d'analyser les détails d'un aussi difficile sujet.

Un autre mécanisme intervient sans doute dans la production des actes intellectuels sympathiques. Le cerveau est sillonné et creusé de vaisseaux sanguins, et la régularité de la circulation qui s'y opère maintient l'harmonie de ses fonctions. Que, par suite d'une action sympathique, les vaisseaux

d'une région se dilatent ou se resserrent, et voici que, les conditions de la circulation étant changées, sont changées par le fait même les conditions de production des phénomènes intellectuels : de là ralentissement, ou bien, au contraire, suractivité et fréquemment activité troublée de la pensée, exaltation, dépression, délire.

Il est un fait certain, c'est que le cerveau exerce un empire sur les actions sympathiques, et qu'il peut, avec ou sans l'intervention de la volonté, en restreindre l'énergie : nous pouvons, par exemple, empêcher volontairement le clignement suite de simple menace, mais non celui qui est la conséquence d'un attouchement de l'œil. Un acte volontaire énergique peut arrêter l'éternuement. D'un autre côté, les expériences ont montré que les mouvements sympathiques sont beaucoup plus énergiques chez les animaux après l'ablation du cerveau. Cette puissance peut encore s'expliquer par des rapports entre les cellules qui constituent cet organe et celles qui commandent aux mouvements sympathiques.

Inversement, il est nombre de mouvements qui, primitivement commandés par la volonté, finissent par s'exécuter en dehors d'elle, et dans de certaines limites, malgré elle. Je vous en ai cité un grand nombre : la marche, le jeu des musiciens, la parole, le cri, etc., sont dans ce cas. Il est intéressant de chercher comment cela se peut faire. Prenons un de

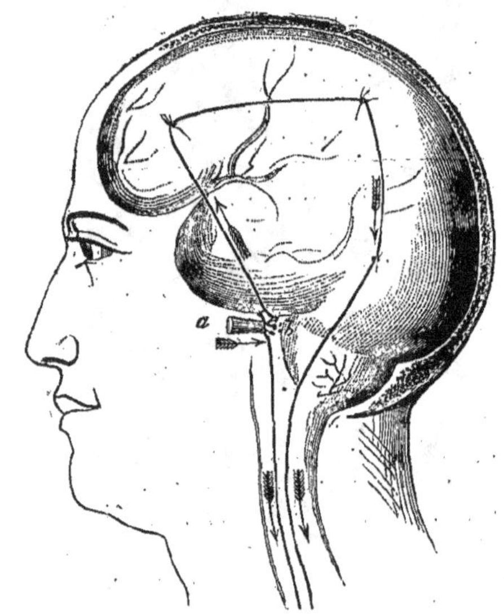

FIG. 123. — Schématique exprimant comment des mouvements d'ordre volontaire peuvent être exécutés involontairement.

ces faits. Quelqu'un appelle derrière nous, dans la rue, nous nous retournons aussitôt : il est évident que c'est là un mouvement qui a été dans l'origine volontaire, mais qui, dans l'espèce, s'est exécuté sans l'intervention de la volonté, avant même que la conscience ait perçu l'appel auquel elle aurait peut-être refusé de répondre.

Or, voici une figure schématique, qui peut nous donner une idée de ce qui s'est passé (voy. fig. 123). Dans l'état régulier des choses, les impressions reçues par le nerf auditif a arrivent à un groupe de cellules b, d'où elles rayonnent vers les cellules cérébrales, et donnent naissance à la perception consciente. S'il y a lieu, elles suivent alors un trajet récurrent, et vont par l'intermédiaire de fibres et de cellules nouvelles, faire exécuter un mouvement. Mais elles peuvent aussi suivre en partie un autre chemin, et de leur station primitive *b*, se diriger tout droit vers les cellules motrices de la moelle épinière. Dans ces conditions, le mouvement s'exécute presque instantanément, il y a d'économisé tout le temps nécessaire à la perception et à la volition, temps très-considérable (environ un dixième de seconde). Or, il est certain que ce plus court chemin finit toujours par être pris par les mouvements habituels, et que c'est toujours à faire prendre le plus court chemin aux impressions sympathiques que tendent les efforts des exécutants de tous ordres, depuis les musiciens jusqu'aux acrobates. C'est également par cette voie rapide que se propagent ces actes d'imitation inconsciente dont nous avons parlé en commençant : le rire, le bâillement contagieux, etc.

Tels sont, messieurs, les actes les plus importants parmi ceux qu'il convient de nommer sympathiques, qu'ils s'appellent mouvement, paralysie, sensation, idée : telle est l'explication que leur donne la science actuelle appuyée sur l'expérimentation.

Nous pouvons maintenant compléter notre définition de l'action nerveuse sympathique ; nous appellerons ainsi tout acte qui, grâce à l'intermédiaire d'un centre nerveux, a suivi une excitation.

Permettez-moi, avant de nous séparer, de rechercher en quelques mots si ces notions ne sont qu'intéressantes et curieuses, ou si elles nous présentent une véritable utilité en résolvant ou en soulevant quelque important problème.

Le médecin, dont je parlerai d'abord, tire de la connaissance des actions sympathiques une utilité de tous les instants ; qu'il soit appelé près d'un malade avant la fièvre et se plaignant d'un point de côté, il peut, presque avant tout examen, déclarer qu'il a affaire à une fluxion de poitrine ou à une pleurésie ; que des troubles soudains, étranges, inexplicables, atteignent un enfant, il examinera la dentition, ou se défiera de la présence de parasites intestinaux.

La notion des sympathies est une des bases du diagnostic : elle n'est pas moins importante pour le traitement. Quand la grand'mère arrête, en lui mettant une clef froide dans le dos, le saignement de nez de l'enfant, que fait-elle, sinon faire contracter par voie sympathique les petits vaisseaux qui donnent le sang ? Quand un médecin, pour guérir une douleur ou une inflammation profonde, applique sur la peau des vésicatoires, des pommades excitantes, des pointes de feu, que fait-il, sinon commander d'énergiques actes de sympathie dont l'expérience lui a montré le résultat heureux ? N'allez pas croire que l'eau du vésicatoire dont l'application a guéri la pleurésie soit la cause de cette guérison ; que la chaleur du sinapisme fait cesser le mal de tête en appelant le sang par en bas ! Dans les syncopes, dans les asphyxies, on flagelle le malade, on l'asperge d'eau froide, à la face surtout, on le brûle, pour rappeler sympathiquement les mouvements du cœur et ceux de la respiration. Ne voyons-nous pas enfin le médecin faire un appel incessant à cette source, la plus riche, nous l'avons vu, en réaction sympathique, de l'excitation des diverses parties de l'intestin ?

Pour le physiologiste, en dehors des questions que nous avons déjà soulevées et résolues, l'étude des réactions sympathiques met en lumière une propriété importante du système nerveux.

Je vous ai cité des cas où l'excitation d'un point limité du corps, d'une extrémité nerveuse, avait engendré le tétanos,

l'épilepsie, la folie. Quelle parité pourrait-on établir entre la force employée pour cette faible excitation et celle de ces réactions puissantes et terribles ? Faut-il considérer cette apparente disproportion comme une objection qui empêche d'appliquer la loi d'équivalence aux forces qui se manifestent dans les êtres vivants comme à celles du monde inorganique ? Ne semble-t-il pas qu'il y ait ici de la force créée et non point seulement de la force transformée ?

L'embarras disparaît, messieurs, si l'on considère l'excitation, non comme la force dont les transformations amènent les réactions indiquées, mais comme une force de détente, ne s'employant qu'à mettre en liberté d'autres forces captives. Quel rapport y a-t-il entre la force du doigt d'un enfant qui manie un fusil et celle de la balle que lance ce fusil ? il n'y a cependant là nulle force créée, et le doigt de l'enfant n'a fait que préparer une condition où a pu se manifester la force de tension contenue dans les grains de poudre. L'excitation du nerf sensitif joue le même rôle ; elle chemine et délivre la puissance emmagasinée dans les cellules nerveuses ; il en est de même pour le nerf moteur délivrant la force du muscle qui va se contracter. On pourrait comparer tous ces organes à une série de boîtes à poudre, de torpilles chargées, communiquant les unes avec les autres par un fil électrique : une seule étincelle de bouteille de Leyde leur fera faire explosion. La considération des forces de détente, toute nouvelle en physiologie et sur laquelle je ne puis que vous donner ces indications rapides, est féconde en utiles déductions.

Enfin, messieurs, le philosophe et le moraliste lui-même ne considèrent pas sans fruit les études faites sur les actions sympathiques. L'origine en quelque sorte fatale d'un grand nombre d'idées isolées ou même associées et, par conséquent, de jugements, à la suite d'impressions venues soit de la surface du corps, soit de la profondeur des organes, doit faire singulièrement réfléchir le philosophe sur l'étendue du pouvoir de ce qu'on a appelé le libre arbitre, et sur la notion même de ce libre arbitre, dont l'existence paraît si incontestable lorsque, à la façon des psychologistes, on ne consulte que sa propre conscience.

Le moraliste, lui, fixe d'abord son attention sur les actes qui peuvent être la conséquence d'idées ou de jugements suggérés par voie sympathique, et il soulèvera à leur propos la grave question de la responsabilité. Celle-ci se posera encore devant lui, et avec elle la question non moins grave de l'éducation, lorsqu'il examinera ces actes qui, d'ordinaire soumis à la volonté, finissent par s'en affranchir et s'exécuter en quelque sorte d'une manière fatale. Si c'est un favorable exercice que d'habituer par la gymnastique nos membres à exécuter, sans notre volonté et même malgré elle, les mouvements nécessités par des situations difficiles, que d'autres actes mauvais et redoutables prennent ce plus court chemin dont nous parlions tout à l'heure ! En sorte qu'il finit par y avoir, selon l'expression de Condillac, deux *moi*, le *moi d'habitude* et le *moi de réflexion*.

Rappelez-vous ces temps où, chez les gentilshommes toujours armés, un mot, un geste, déterminaient par un mouvement même involontaire, la sortie hors du fourreau d'une épée qui n'y pouvait plus rentrer qu'après s'être teinte de sang.

Il considérera enfin cette puissance que les centres nerveux volontaires exercent avec ou sans l'intervention de la conscience sur les mouvements sympathiques, sur ceux mêmes qui présentent au plus haut degré le caractère de la nécessité.

Il y a toute une gymnastique morale cachée sous ces observations et dont les règles restent à découvrir.

Les faits dont je vous ai entretenus présentent donc, à bien des points de vue, un intérêt profond. Ce n'est pas sans une vive satisfaction que la physiologie se voit aujourd'hui en mesure d'en donner l'explication. Or, cette explication ne repose pas, comme toutes celles qui l'ont précédée et dont je vous ai épargné la longue histoire, sur des vraisemblances ou sur l'autorité des hommes. Elle est exclusivement due aux progrès de l'expérimentation : si, pour chaque cas particulier, la preuve n'a pas été faite, les traits généraux du moins peuvent être, aux yeux de tous, expérimentalement démontrés. Assez, trop longtemps, les explications de la physiologie ont été le fruit exclusif de la méditation d'hommes illustres. Messieurs, la méditation a peu fait pour le progrès des sciences de la nature : c'est l'honneur et la force de la physiologie moderne d'avoir pris pour devise celle que s'étaient appliquée déjà la physique et la chimie, ses sœurs aînées, l'action, l'action, l'action !

PAUL BERT,
Professeur à la Faculté des sciences de Paris.

VARIÉTÉS

De l'existence de l'homme à l'époque tertiaire

Depuis quelques années, les découvertes des traces laissées par l'homme sur la terre à l'âge préhistorique se multiplient avec une rapidité qui ne peut s'expliquer que par l'abondance de la population habitant certaine région du globe à cette époque et par l'activité qu'un grand nombre d'observateurs met à ce genre de recherches. Les preuves les plus anciennes de l'existence de l'homme sont des pierres taillées et non polies (en général des silex), et l'on a désigné l'époque où ces instruments étaient employés sous le nom d'âge de la pierre taillée. Mais, se demande-t-on, quelle est la liaison de cet âge avec la chronologie géologique ? On n'est pas d'accord sur la réponse à faire à cette question, et si personne ne conteste la contemporanéité d'une partie de l'âge de la pierre taillée et d'une partie de l'époque quaternaire, on discute pour savoir si cet âge de pierre ne remonte pas jusqu'à la période tertiaire.

C'est de ce dernier point dont nous allons nous occuper. Il nous a paru qu'il pourrait y avoir de l'intérêt à résumer les diverses observations qui servent de base à l'idée que l'homme habitait la terre à une époque antérieure à la grande extension des glaciers et pendant l'époque tertiaire. Nous ne rappellerons aucun des faits, si nombreux, au moyen desquels on a reconnu la présence de l'homme sur la terre pendant la partie de la période quaternaire qui a suivi l'envahissement des régions montagneuses du globe et d'une partie des plaines par les glaciers.

« En reportant son apparition sur la terre, dit M. d'Archiac » en parlant de l'homme, à une époque beaucoup plus ancienne qu'on ne le pensait, on le fait rentrer dans la loi » générale de la succession des êtres dans le temps, puisqu'elle n'est plus isolée, et devient contemporaine de l'apparition de nombreuses générations, dont les descendants » vivent encore sous nos yeux (1). »

Jusqu'à présent les observations faites dans les localités, où des instruments taillés de mains d'hommes ont été trouvés en relation immédiate avec de vrais terrains glaciaires (Hoxne en Angleterre, Schussenried en Wurtemberg et Veirier près de Genève), ont montré que ces instruments avaient été utilisés après la retraite des glaciers. Peut-être ces derniers étaient-ils encore fort grands à l'époque où ces espèces d'outils étaient en usage ; mais le fait est que les glaciers étaient retirés des localités que nous venons de citer lorsqu'elles ont été habitées et que depuis lors ils n'y sont point revenus.

En raisonnant *a priori*, on ne saurait voir aucune difficulté, aucune objection positive à l'idée de l'existence de l'homme à l'époque tertiaire. La zone tempérée du globe avait alors une température un peu plus élevée que maintenant ; le climat devait y être sain et très-favorable au développement des mammifères terrestres ; la température moyenne du Groënland et du Spitzberg était telle que ces contrées pouvaient être agréables à habiter. Par conséquent, aucune des conditions climatologiques ou terrestres, à nous connues, de l'époque tertiaire ne nous fait croire à l'impossibilité de l'existence de l'homme durant ce temps. Mais il est difficile de se représenter la longueur de la période qui s'est écoulée entre la fin des dépôts tertiaires et celle de l'époque glaciaire ; elle a dû être très-considérable et le monde d'alors différait sous plus d'un rapport du monde actuel, comme nous allons le dire.

La partie de la période quaternaire caractérisée par l'énorme extension des glaciers a été fort longue. Les études sur ce sujet qui se font maintenant, particulièrement en Suisse, indiquent tous les jours mieux qu'il s'est écoulé bien des siècles avant que les glaciers des Alpes aient été assez grands pour porter des blocs erratiques jusqu'à 1352 mètres d'élévation sur le Jura, aux environs de Soleure (2), d'après M. Lang, et que le glacier du Rhône ait atteint le voisinage du Rhin, ou peut-être le Rhin lui-même en passant au travers des cantons du Valais, de Vaud, de Fribourg, de Berne, de Soleure et d'Argovie. La longueur de cette période est bien plus grande encore aux yeux des naturalistes qui admettent deux époques glaciaires au lieu d'une. Si l'homme a déjà vécu au temps des dépôts du terrain tertiaire supérieur, il aura vu une autre distribution des terres et des mers que nous connaissons ; cette distribution différait plus encore à l'époque de la formation du terrain tertiaire moyen, et si l'homme était sur la terre à ce moment, il aura assisté au soulèvement des Alpes ! A l'époque quaternaire, il a coexisté avec les animaux et les plantes qui vivent encore et avec quelques espèces éteintes dont il a été probablement le destructeur ; mais s'il a vécu à l'époque tertiaire, il aura été associé à une faune et à une flore très-différentes de celles de nos jours, et il devrait alors être rangé au nombre des êtres qui ont persisté pendant deux périodes géologiques successives. Par conséquent, si l'existence de l'homme à l'époque tertiaire venait à être démontrée, ce serait un fait bien plus extraordinaire que sa présence pendant les dépôts d'alluvions dans lesquels on a retrouvé ses traces.

---

(1) *Paléontologie de la France*, 1868, page 462.

(2) La ville de Soleure, située à la base du Jura, est à 430 mètres au-dessus du niveau de la mer ; le glacier avait là plus de 900 mètres d'épaisseur.

Il ne faut donc pas s'étonner de la prudence avec laquelle la majorité des savants examine des vues aussi nouvelles, la science leur impose ce devoir, et si les promoteurs de ces idées regrettent chez leurs collègues trop de lenteur, on peut leur faire remarquer que cette manière de procéder rend la science plus positive, et que s'ils arrivent à prouver la justesse de leurs opinions, la résistance qu'ils auront eue à vaincre tournera à leur gloire, comme on l'a vu pour M. Boucher de Perthes.

Passons maintenant aux faits. En 1863, M. Desnoyers, bibliothécaire au Muséum de Paris, a communiqué à l'Académie des sciences (8 juin) des observations faites à Saint-Prest, près Chartres. Il avait trouvé des ossements très-nombreux dans des sables stratifiés, d'un aspect fluviatile, diversement colorés, mêlés à des graviers de silex de la craie. Ce gisement avait déjà été signalé en 1848 par M. de Boisvillette et décrit par MM. Laugel et Lartet (1). Les principales espèces auxquelles ces os se rapportent sont les suivantes d'après M. Lartet (2): *Elephas meridionalis*, *Rhinoceros etrucius* (d'après Falconer), *Hippopotamus major*? *Equus Arnensis* (le même que dans le val d'Arno), *Cervus Carnutorum*, Laugel (élan d'espèce peu différente de l'élan actuel), deux autres espèces de *Cervus Bos*, espèce à formes élancées, *Trogontherium Cuvieri* (espèce de grand castor) ou *Conodontes* de Laugel. Ces fossiles et les sables qui les renferment ont été classés dans le terrain tertiaire supérieur ou terrain pliocène. M. Desnoyers observa à la surface de ces ossements, sur place et dans divers musées, des stries variant de forme, de profondeur et de longueur, qui, selon lui, ne peuvent être le résultat de cassures ou de frottements accidentels ; elles coupent l'os dans sa largeur et passent même par-dessus ses arêtes, quelques-unes sont très-fines, d'autres très-obtuses, comme si elles avaient été produites par des lames tranchantes ou dentelées de silex (3) ; en un mot, ces stries sont d'une nature telle que M. Desnoyers n'a pas hésité, après un minutieux examen, à admettre qu'elles avaient été faites par la main de l'homme (4).

« De ces faits, dit M. Desnoyers, il me semble possible de » conclure, avec une très-grande apparence de probabilité, » que l'homme a vécu sur le sol de la France avant la grande » et première période glaciaire en même temps que l'*Elephas* » *meridionalis* et les autres espèces *pliocènes*. »

L'âge des sables de Saint-Prest ne peut guère être contesté, parce que l'*Elephas meridionalis*, le *Rhinoceros etruscus* et l'*Hippopotamus major* se trouvent dans le terrain pliocène du val d'Arno, et parce que l'on connaît ces mêmes espèces, ainsi que le *Trogontherium Cuvieri* dans le *Forest bed* de la côte de Norfolk qui passe pour pliocène et qui est situé au-dessous du terrain glaciaire avec blocs erratiques. Mais on peut contester l'origine des entailles et des stries qui se voient sur les ossements : c'est ce qu'a fait sir Charles Lyell après avoir donné des os à ronger à des porcs-épics : les entailles pro-

duites par les dents de ces animaux étaient semblables à celles des os du dépôt pliocène, et le savant anglais en a conclu que ces dernières pourraient bien avoir été faites par le *Trogontherium* ou par quelque autre animal (1).

Sir Charles Lyell pensa avec raison qu'il fallait, pour établir le grand fait de la coexistence de l'homme et de l'*Elephas meridionalis*, des preuves d'un ordre plus élevé ; il aurait voulu qu'on eût trouvé des instruments de pierre dans les dépôts pliocènes.

Cette découverte ne se fit pas attendre longtemps: en effet, en 1867, M. l'abbé Bourgeois annonça à l'Académie (2) qu'il avait trouvé, dans les sablières de Saint-Prest, des silex taillés, tels que têtes de lance ou de flèche, poinçons, grattoirs, etc. Ces silex, d'après lui, sont très-grossièrement taillés et différents de ceux d'Amiens et d'Abbeville : l'un d'entre eux paraît avoir subi l'action du feu. Ces faits singuliers excitèrent vivement l'attention des savants. Le silex qui paraît avoir été chauffé, ainsi que ceux qui semblent avoir supporté cette même action, et qui ont été trouvés plus tard à Thenay, ne fournissent en réalité aucune preuve en faveur de la présence de l'homme, parce que de tout temps il y a pu y avoir des prairies ou des bois brûlés par suite de l'action de la foudre. Restent les silex taillés, qui sont les pièces importantes de la discussion. M. d'Archiac, en essayant de rajeunir les sables de Saint-Prest, les rangeait dans le terrain quaternaire ancien, surtout parce qu'on y avait découvert de ces produits de l'industrie humaine ; mais cette manière de raisonner n'a de valeur ni pour les naturalistes qui cherchent à démontrer que les silex taillés sont tertiaires, ni pour ceux qui doutent encore que ces silex aient été travaillés par l'homme. Nous allons voir que M. Bourgeois pense avoir trouvé des silex, également taillés, plus anciens encore que ceux de Saint-Prest.

Peu après les observations de M. l'abbé Bourgeois, M. l'abbé Delaunay découvrit sur un os d'*Halitherium*, des faluns (sables coquilliers) de Pouancé (Maine-et-Loire), des entailles que M. Bourgeois et lui attribuent à une action intentionnelle, et qui semblent donner une nouvelle importance à ce singulier signe de la présence de l'homme (3). Or, ces faluns sont plus anciens que les sables de Saint-Prest : ils appartiennent au terrain miocène et renferment des ossements de *Dinotherium*.

A la même époque, M. Bourgeois annonça la présence de silex taillés, selon lui, non-seulement dans les faluns miocènes, mais encore au-dessous du calcaire de Beauce qui lui-même est plus ancien que les faluns. Il a trouvé ces silex dans presque toutes les couches qui séparent de l'alluvion cette ancienne assise, comme on peut le voir d'après la coupe suivante prise à Thenay, près Pont-Levoy, département de Loir-et-Cher (4).

1° Alluvion quaternaire avec silex polis et silex taillés du type de Saint-Acheul.

2° Faluns miocènes de la Touraine avec coquilles marines (1ᵐ d'épaisseur) et silex taillés.

---

(1) *Bulletin de la Société géol. de France*, 1860, XVI, page 331 ; 1862, XIX, page 709.

(2) *Comptes rendus de l'Acad. des sc. de Paris*, 1867, tome LXIV, page 48.

(3) Quelques-unes de ces stries sont analogues, d'après M. Desnoyers, à celles que les anciens glaciers ont laissées sur les roches et sur les cailloux ; mais nous écartons complétement ce rapprochement, parce qu'il est plus que probable que ces ossements n'ont jamais été en relation avec aucun glacier.

(4) Voyez notre tome II, page 670.

(1) Antiquité de l'homme ; Appendice, pages 1 à 13; *Matériaux pour l'histoire positive et philosophique de l'homme*, septembre 1865, page 13.

(2) *Comptes rendus*, tome LXIV, page 47.

(3) Cet os est figuré dans le *Congrès international d'anthropologie et d'archéologie*, tenu à Paris en 1867, page 74, et dans les *Matériaux pour l'histoire de l'homme*, 1848, page 256.

(4) *Congrès international d'anthrop. et d'arch.*, page 67. *Matériaux pour l'histoire de l'homme*, etc., 1868, pages 179, 248.

3° Sables fluviatiles de l'Orléanais avec ossements de *Dinotherium Cuvieri*, *Mastodon angustidens*, *M. Tapiroïdes*, etc. (3ᵐ). Silex taillés.

4° Calcaire de Beauce, compacte à la partie supérieure, marneux à la partie inférieure, avec ossements d'*Acerotherium* (1ᵐ,75), sans silex taillés dans la partie supérieure et silex taillés très-rares plus bas.

5° Marne avec nodules de calcaire (0ᵐ,80), avec silex taillés.

6° Argile jaune ou verdâtre (0ᵐ,35). C'est le gisement principal des silex taillés.

7° Mélange de marne lacustre et d'argile (3ᵐ). Quelques silex taillés.

8° Argile à silex. Sans silex taillés.

M. Bourgeois reconnaît la trace de la main de l'homme dans tous ces silex ; il y voit des retouches, des entailles symétriques, des traces d'usure et la reproduction multipliée de certaines formes. Il a aussi trouvé à Thenay, à peu de profondeur au-dessous de la surface du sol, mais cependant associé à des ossements de dinothérium, « un galet composé, dit-il, d'une pâte artificielle mélangée de charbon ». Ce savant croit avoir découvert un second gisement du même genre à Billy, près de Selles-sur-Cher (Loir-et-Cher), où l'on exploite à la base du calcaire de Beauce une couche ossifère contenant des restes de tapirs, d'amphicions, des ruminants, etc. « Or, dit-» il, il existe au milieu et au-dessous de ces ossements des » silex noirs, fendillés, craquelés, comme ceux de Thenay, sur » lesquels je crois apercevoir des traces de l'action de » l'homme. » Pour être certain que ces silex ne provenaient pas d'éboulements superficiels, M. Bourgeois a fait creuser un puits, et à six mètres de profondeur environ, il a atteint la couche d'argile inférieure au calcaire de Beauce dans laquelle il a trouvé des silex qu'il considère comme taillés (1).

L'âge géologique de ces silex n'est pas douteux. Mais ont-ils réellement été travaillés par l'homme ? Beaucoup de savants se refusent à le croire. Les formes de ces silex, disent-ils, sont trop peu accentuées. D'autres, fort compétents, soutiennent au contraire que ces formes sont suffisammen, caractérisées, et cette opinion s'est assez fortement prononcée pour que M. Hamy ait dit, en faisant un résumé du sujet qui nous occupe, et en parlant des silex de Saint-Prest : « M. Bourgeois possède des pièces de cette provenance qui » sont de nature à convaincre les plus incrédules. Aussi l'âge » de *l'Elephas meridionalis* est-il entré de plain-pied dans là » science, grâce à ce patient observateur. »

Voici encore un témoignage qui n'est pas sans importance. « Quant aux silex recueillis jusqu'à ce jour, dit M. Cotteau (2), » ils sont taillés d'une manière très-fruste, et plusieurs savants » ne peuvent se résoudre à y voir l'œuvre de l'homme. Cepen-» dant M. l'abbé Bourgeois, M. le marquis de Vibraye, M. Du-» pont, de Belgique, M. de Mortillet, M. de Worsæ, l'illustre » directeur du Musée préhistorique de Copenhague, parais-» sent convaincus de leur authenticité (3), » et ajoute M. Cot-teau qui a examiné avec soin ces silex : « il ne m'a paru » guère possible d'attribuer à une autre cause qu'à des cas-

» sures intentionnelles, la forme des petits instruments que » j'avais sous les yeux. »

Pendant que l'on discute avec attention si ces silex sont ou ne sont pas taillés, quelques ardents partisans de la théorie du transformisme, liant la taille grossière des silex avec le peu de développement intellectuel présumé de l'homme de cette époque reculée, établissent avec une singulière hardiesse l'existence d'une ancienne race d'hommes inférieure à celle que nous connaissons, se basant uniquement sur le fait que les silex sont taillés et mal taillés. C'est aller un peu vite en besogne. « La faune miocène, disent-ils, » diffère profondément de celle de notre époque ; l'homme » devait être en rapport avec cette faune ; il a dû changer » avec elle, et les partisans de l'espèce auront peut-être un » jour la douleur de découvrir dans ces antiques formations » un homme différent spécifiquement de nos races actuelles. » M. Cotteau ajoute, avec un grand sens, « n'est-ce pas là rai-» sonner sur l'inconnu, ce qui est toujours un tort en matière » scientifique, alors surtout que rien ne vient justifier une » pareille hypothèse (1). »

Nous qui n'avons point vu les silex de Saint-Prest, ni ceux de Thenay, nous nous bornons à exposer les faits, et nous cherchons à le faire d'une manière impartiale. Nous signale-rons des observations de nature à imposer une grande réserve dans les jugements portés sur ce sujet délicat ; on a constaté que des silex exposés à de certaines influences atmosphéri-ques, éclatent en lames tranchantes, dont quelques-unes pourraient bien ressembler à ce qu'on prend pour des silex mal taillés. En effet, dans le voyage que MM. Desor et Escher de la Linth ont fait au Sahara, ils ont remarqué dans le désert de Mourad ou des Zibans, un grand nombre de silex anguleux et tranchants, et d'autres dont les fragments à peine disjoints étaient encore en présence les uns des autres. M. Escher a supposé que ces silex se divisaient sous l'influence du soleil, lequel produisait la cristallisation souvent répétée des sels dont le sol est imprégné, et qui peut-être s'infiltrent dans les fissures capillaires de la pierre (2). Ce fait important est confirmé par l'observation de M. Fraas, qui, voyageant en Égypte, a vu un matin, peu après que le soleil eut commencé à faire sentir son influence, un éclat de silex presque arrondi se détacher avec bruit d'une masse de même nature. « Déjà » auparavant, dit-il, j'ai vu cent fois à terre, dans le désert, et » plus tard au bord du Nil, des silex éclatés en formes lisses et » arrondies, et je me suis convaincu de mes yeux et de mes » oreilles que l'action du soleil en était la seule cause (3). » M. Fraas cite encore deux observations, l'une de Livingstone qui a entendu éclater des pierres à l'ouest de Nyassa, et l'au-tre du Dʳ Wetzstein, qui a vu et entendu, à l'est de Damas, des basaltes éclater sous l'influence de la fraîcheur du matin. Les témoignages d'hommes aussi distingués que les savants naturalistes que nous venons de nommer, donnent une grande valeur à ces observations. Il faudrait maintenant sa-voir jusqu'à quel point les éclats naturels de silex peuvent ressembler à des éclats regardés comme intentionnels?

Ce n'est pas seulement sur les entailles et sur les silex de Saint-Prest et de Thenay qu'on s'est basé pour établir l'an-

---

(1) *Matériaux*, etc., 1869, page 298.

(2) Rapport sur les progrès de la géologie en France pendant l'année 1868.

(3) Aux noms précédents, nous ajouterons celui de M. Waldemar Schmidt, *Matériaux*, etc., 1869, page 163.

(1) *Matériaux*, etc., tome IV, page 184.

(2) *Aus Sahara und Atlas*. Wiesbaden, 1865, page 8.

(3) *Geologisches aus dem Orient. Würtemb. Naturw Jahreshefte*, 1867, page 182.

cienne existence de l'homme tertiaire. On a découvert dans le calcaire lacustre de la Limagne, c'est-à-dire dans le terrain miocène inférieur de Billy, près de Saint-Germain des-Fossés, département de l'Allier, deux fragments de la mâchoire d'un *Rhinoceros pleuroceros*, Duv. que M. Laussedat a présenté au nom de M. Bertrand, à l'Académie des sciences et à la Société géologique de France (2). Ces os portent des entailles profondes. Or, « dit M. Laussedat, comme la minérali-» sation est la même à la surface des entailles et à la surface » de l'os, la première idée qui se présente à l'esprit, c'est » qu'elles ont été faites par un instrument tranchant sur l'os » à l'état frais, ce qui reculerait l'apparition de l'homme en-» core plus loin qu'on n'a tenté de le faire jusqu'à présent. » On a beaucoup discuté cette curieuse observation sur laquelle il restera probablement toujours du doute, parce que ces os ont été trouvés par un ouvrier seul, et n'ont été remis à des naturalistes que longtemps après. Il est possible qu'au moment de leur découverte, ou plus tard, on ait essayé leur dureté en y faisant des entailles, et qu'ensuite on ait voulu réparer la détoriation qu'ils avaient subie.

Il nous vient aussi des documents de Californie au sujet de l'homme tertiaire. « Nous avons, écrit M. Whitney, directeur » du *geological Survey* de Californie à M. Desor, des preuves » non équivoques de l'existence de l'homme sur la côte du » Pacifique, antérieurement à l'époque glaciaire et à la pé-» riode du mastodonte et de l'éléphant, dans des temps où la » vie animale et végétale était entièrement différente de ce » qu'elle est présentement, et à une époque depuis laquelle » il s'est produit une érosion verticale d'environ deux ou trois » mille pieds des roches dures et cristallisées (1). » Nous devons, il nous semble, attendre l'exposé des preuves. Cette communication a une grande analogie avec celle que M. W. P. Blake a faite en 1867, au congrès de Paris ; il a signalé, en Californie, des instruments de pierre sous des alluvions quaternaires, recouvertes d'une grande couche de lave, dans une région où les rivières actuelles ont profondément creusé leurs lits dans ces terrains (2).

La dernière observation que nous signalerons est celle qui a été communiquée au congrès international d'anthropologie de Paris, en 1867, par M. Issel (1). Il existe une petite colline nommée *Colle del Vento*, dans l'intérieur de la ville de Savone (Piémont). Le terrain qui la forme est une argile fine, tendre, de couleur grise ou jaunâtre, quelquefois associée à du sable ; il renferme quelques os de rhinocéros, des hélices, des fruits et surtout des coquilles marines, dont un peu plus de la moitié se rapportent à des espèces éteintes, en sorte que M. Issel croit qu'il appartient au terrain pliocène inférieur. A 3 mètres de profondeur, dans ce terrain, on a trouvé, vers 1856, un crâne et d'autres ossements humains ; plusieurs personnes étaient présentes au moment de la fouille, mais aucune d'elles n'a fait un examen minutieux du sol, dans le but de savoir s'il n'avait pas été remanié, en sorte que quelques-uns des savants du congrès de Paris ont fait des ré-

serves au sujet de la date de l'enfouissement de ce corps dans le terrain pliocène. Il est probable qu'il en sera du squelette de Savone, ce qu'il en a été de celui de Lamassas (Lot-et-Garonne). M. Garrigou a démontré, en effet, que ce dernier avait été enterré bien postérieurement au dépôt du terrain tertiaire, dans lequel il a été trouvé (1).

Que conclure de ce singulier débat ? Nous reconnaissons volontiers la perspicacité et la finesse avec lesquelles les savants qui croient à l'existence de l'homme tertiaire, ont fait leurs observations, et le haut intérêt qui est attaché à ce que cette question soit élucidée ; ils ont agi avec prudence pour écarter, autant que possible, les chances d'erreur sur ce sujet difficile à scruter ; mais nous comprenons, qu'ils nous permettent de le dire, comment on peut encore avoir des doutes sur l'existence de l'homme à l'époque antérieure à celle de l'ancienne extension des glaciers.

ALPH. FAVRE.

(*Bibliothèque universelle et Revue suisse.*)

TRAVAUX SCIENTIFIQUES ÉTRANGERS.

Observations spectroscopiques des protubérances faites pendant l'éclipse de soleil du 7 août 1869. — Analyse d'un mémoire de M. WILLIAM HARKNESS, professeur de mathématiques à l'observatoire naval de Washington.

Les astronomes qui, en 1868, s'étaient échelonnés depuis Aden jusqu'au détroit de Torrès pour observer l'éclipse totale de soleil du 18 août, furent surpris de voir le spectre des protubérances ne donner qu'un petit nombre de lignes brillantes. Prévenus de ce résultat, instruits de l'éclat du phénomène, les astronomes de Washington ont pu, le 7 août 1869, porter leur attention sur des détails que les observateurs de 1868 avaient forcément négligés, et ils ont fait des protubérances une étude à certains égards plus complète que celle de leurs devanciers.

Nous avions tous reconnu que le spectre des protubérances était formé de lignes brillantes ; mais M. A. Herschel n'en avait aperçu que trois, le major Tennant cinq et M. Janssen cinq ou six. Plus heureux ou mieux outillé que ces astronomes, j'avais constaté l'existence de neuf lignes brillantes (2) ; d'un autre côté, la fente de mon spectroscope étant placée perpendiculairement aux bords du limbe solaire, les lignes brillantes m'étaient apparues avec des longueurs inégales, ce qui indiquait que l'état physique et peut-être la composition chimique des protubérances étaient variables de la base au sommet. « La composition de l'atmosphère solaire, disions-» nous, dans notre rapport sur l'observation de l'éclipse du » 18 août 1868, est d'ailleurs variable avec sa hauteur ; cer-» taines vapeurs, celles dont la lumière répond aux longues » lignes de notre spectre, s'élèvent très-haut ; d'autres, celles » qui répondent aux lignes courtes, ne peuvent atteindre que » des altitudes bien moindres. »

Les observations de M. Harkness confirment nos remarques et permettent d'expliquer comment M. A. Herschel, le major Tennant, M. Janssen et moi nous n'avons pas vu le même

---

(1) *Comptes rendus de l'Acad. des sc.*, 13 avril 1868. — *Bulletin de la Soc. géolog. de France*, 1868, tome XXV, 614. — *Matériaux*, etc., 1868, page 141.

(2) *Matériaux*, etc., 1869, page 109.

(3) Voyez dans notre précédent numéro, page 248, la leçon de M. Hamy sur *L'homme tertiaire en Amérique et la théorie des centres multiples de création.*

(4) *Congrès international d'anthropologie et d'archéologie*, tenu à Paris en 1867, page 157.

(1) *Matériaux*, etc., 1868, page 182.

(2) La *Revue des cours scientifiques* du 26 juin 1869 (ci-dessus page 226) renferme une intéressante leçon de M. Wolf sur les observations faites pendant l'éclipse du 18 août 1868.

nombre de lignes. Il suffit pour cela d'admettre que nous n'avons pas observé la même région des protubérances.

M. William Harkness, astronome de Washington, s'était transporté en un lieu nommé Des Moines (lat. N. 41° 35′ 36″, — long. O. de Washington, 16° 34′), dans l'État d'Iowa ; il était pourvu d'une lunette équatoriale de 77 millimètres d'ouverture libre et de 1ᵐ,10 de longueur focale. Sur cet instrument se montait un spectroscope coudé, à un seul prisme, semblable à ceux de ces instruments ordinairement employés dans les laboratoires de chimie. L'image d'une échelle graduée venait se placer dans le plan focal, et ses divisions remplissaient le rôle de micromètre dans la mesure de la position des raies. Un fort chercheur fixé à la lunette permettait d'ailleurs d'amener la fente du spectroscope sur un objet déterminé.

Pendant l'éclipse totale, on vit sur le pourtour de la lune sept protubérances, distribuées comme le montre la figure 124 ci-contre, et une couronne en forme de losange.

« Immédiatement après le commencement de l'éclipse to-
» tale, dit M. Harkness, je plaçai la fente du spectroscope
» sur la protubérance 1, et je mesurai aussi rapidement que
» possible la position des lignes. Je passai ensuite aux protu-
» bérances 2 et 3, puis à la région C¹ de la couronne : aucun
   spectre n'étant visible, la fente fut portée sur le point C² ;
» aucun spectre n'étant encore perceptible, j'ouvris un peu
» la fente et je la dirigeai sur la région C³ alors très-bril-
» lante, cette fois, j'obtins un spectre *continu, sans ligne d'ab-*
» *sorption,* traversé par une ligne brillante jaune verdâtre.—
» Ensuite j'examinai de nouveau le spectre de la protubé-
» rance 3, puis celui de la protubérance 4. — Enfin le soleil
» reparut.

» Pendant l'observation mon impression fut que les spec-
» tres donnés par les diverses protubérances différaient entre
» eux par le nombre et la position des lignes brillantes ;
» mais, environ quatre heures après l'éclipse, ayant trouvé
» le temps de comparer les spectres les uns aux autres et de
» former une table de la position des lignes, ma surprise fut
» grande de reconnaître que la différence entre les diverses
» protubérances résidait *seulement dans le nombre des lignes*
» et non dans leurs positions. »

Voici d'ailleurs un tableau de la position au micromètre des lignes brillantes des diverses protubérances et de la couronne :

» Le spectre de la protubérance 1 a été observé aussitôt que
» possible après le commencement de la totalité; un coup d'œil
» sur la figure précédente montre que cette protubérance, se
» trouvant très-éloignée de la trajectoire du centre de la lune,
» sa base ne pouvait point être visible. Son spectre donna *qua-*
» *tre* lignes brillantes.

» La protubérance 2, examinée immédiatement après, se
trouve exactement sur la ligne de parcours du centre de la
» lune, mais par suite du temps écoulé il est probable que sa
» moitié supérieure était seule visible. Son spectre était formé
» de *trois* lignes.   .

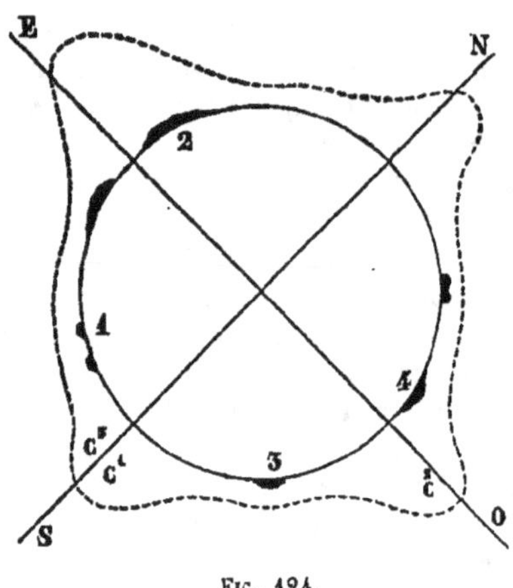

Fig. 124.

» La lunette fut ensuite dirigée sur la protubérance 3 qui,
» se trouvant sur la portion SO du disque solaire, loin de la
» ligne de parcours du centre de la lune, commençait seule-
» ment à se découvrir et dont le sommet était seul visible. Son
» spectre donna seulement *deux* lignes brillantes. Après quel-
» ques instants employés à l'étude de la couronne, l'examen
» de la protubérance 3 fut repris : la lune ayant considérable-
» ment marché, la protubérance se trouvait alors découverte
» jusque vers les bords du soleil, et son spectre renfermait à
» cet instant jusqu'à *six* lignes brillantes.

» Enfin le spectroscope fut dirigé sur la protubérance 4 qui
» se trouvant presque exactement sur le passage du centre lu-
» naire et la totalité étant au moment de finir la fente du
» spectroscope doit avoir été placée dans sa partie inférieure.
» *Cinq* lignes furent notées ; mais je ne suis pas certain qu'il

Position des lignes brillantes dans le spectre des diverses protubérances et de la couronne.

Protubér. 1.	Protubér. 2.	Protubér. 3¹.	Couronne.	Protubér. 3².	Protubér. 4.	Position moy.	Position à l'échelle de Kirchhoff.		
36,0	37,0	36,5	—	36,0	36,0	36,3	693	C.	Hydrogène.
50,0	50,5	—	—	50,0	50,0	50,1	1007		
67,5	67,0	67,0	66,5	66,5	67,5	67,0	1497		Fer.
—	—	—	—	70,5	—	70,5	1611		Magnésium.
85,0	—	—	—	84,0	84,5	84,5	2069	F.	Hydrogène.
—	—	—	—	114,0	114,5	114,2	2770		Hydrogène.

Les différences entre les nombres d'une même ligne horizontale doivent, suivant M. Harkness, être attribuées à la rapidité nécessaire des lectures et dans aucun cas on ne doit y voir la preuve d'un changement de réfrangibilité d'une même raie en passant d'une protubérance à la suivante.

« Comparons maintenant, dit M. Harkness, les résultats con-
» signés dans le tableau précédent avec le moment où l'ob-
» servation spectrale de la protubérance a été faite.

» n'y en eût pas un plus grand nombre, l'observation ayant
» été interrompue par le retour de la lumière solaire.

» Au premier examen des observations, j'avais été frappé de
» ce que deux protubérances ne donnent pas exactement le
» même spectre ; je pense qu'il est maintenant évident que
» les différences tiennent, non pas à une constitution diffé-
» rente, mais seulement à la région examinée. La lumière du
» sommet donne un spectre formé d'un petit nombre de lignes

» brillantes ; plus bas les lignes deviennent plus nombreuses,
» celles propres au sommet existant toujours. Enfin si la fente
» est placée sur la base, toutes les lignes précédentes se mon-
» trent, et il s'y en ajoute encore quelques autres. Je crois
» que les observations précédentes indiquent que toutes les
» protubérances ont à peu près, sinon exactement, la même
» constitution, mais que cette constitution éprouve un chan-
» gement graduel de la base au sommet, en sorte que si la
» protubérance est examinée avec une fente dont la direction
» est perpendiculaire au limbe du soleil, les lignes brillantes
» doivent offrir des longueurs différentes.

M. Harkness a en effet constaté le fait pour l'une des 4 protubérances examinées.

Dans les conclusions de son rapport, le savant astronome de
Washington revient encore sur cette idée d'une variation de
la base au sommet, dans la nature de la lumière émise par les
protubérances. « A la base de la protubérance, nous rencon-
» trons, dit-il, toutes les lignes, et en nous élevant peu à peu
» dans la chromosphère, on voit disparaître d'abord les lignes
» vertes du magnésium et la ligne bleue de l'hydrogène (voi-
» sine de G), puis la ligne verte de la même substance (F), la
» ligne jaune voisine de D ; la ligne rouge de l'hydrogène (C)
» persiste seule jusqu'au sommet. »

Le grand intérêt des observations de M. Harkness est la constatation d'une variation avec la hauteur dans la nature de la
lumière protubérantielle, variation qui explique que suivant
les cas et avec une fente parallèle aux bords du soleil on
puisse y trouver trois, cinq, cinq ou six et enfin neuf lignes
brillantes. D'après l'astronome américain, l'hydrogène serait
de toutes les substances qui forment les protubérances, celle
dont l'incandescence se maintiendrait jusqu'à la plus haute
altitude. La première ligne visible serait C, puis F, puis la ligne voisine de G ; la réfrangibilité de la lumière émise allant
en s'élevant à mesure que l'on pénètre plus profondément
dans l'atmosphère solaire. J'avais déjà constaté un résultat
analogue en montrant (*Comptes rendus du 4 janvier* 1869) que
pour faire apparaître la dernière ligne violette (*h*) de l'hydrogène, il fallait pénétrer dans l'atmosphère solaire bien au-
dessous des couches qui donnent les lignes moins réfrangibles
G et F.

G. RAYET,
Astronome adjoint à l'Observatoire de Paris.

SOUSCRIPTION SARS

8ᵉ LISTE

J. H. Salisbury, professeur à l'École de médecine de Cleveland (Ohio, États-Unis d'Amérique)	20 fr.	
Magne, directeur de l'École vétérinaire d'Alfort	5	
Pomel, de la Société géologique de Paris	5	
Laroche, chef d'institution à Batignolles	5	
Les élèves de son institution	26	50

Souscriptions recueillies à la Société zoologique d'acclimatation :

Prix décerné posthumement aux travaux de Sars, et tenant lieu de souscription	500 fr.	
MM. Drouyn de Lhuys, de l'Institut, sénateur, ancien ministre, membre du conseil privé, président de la Société	20	
Dʳ Em. Moreau	20	
A. Geoffroy Saint-Hilaire, directeur du Jardin d'acclimatation	20	
Comte de Lindemann, secrétaire de la légation de Salvador	10	
Richard (du Cantal) vice-président de la Société	5	
Dʳ J. Léon Soubeiran, secrétaire de la Société	10	
Delaunay, curé de Saint-Etienne-du-Mont	10	
Aristide Mignot, du cabinet de l'empereur	5	
Mauban	5	
Ravot	5	
Em. Barbet	5	
Fréd. Palmer	10	
P. Ramel	5	
J. Audiffred	10	
J. Lecreux	5	
Aug. Salmon	5	
Gabillot	5	
A. Giraudeau	5	
A. Barbey	10	
Marquis de Turenne	5	
Taveau	5	
A. Delondre (seconde souscription)	5	
Marion	5	

Souscriptions recueillies par M. N. Joly, à Toulouse.

MM. N. Joly, professeur à la Faculté des sciences et à l'École de médecine de Toulouse	10 fr.	
Ch. Musset, chef d'institution, docteur ès sciences	10	
H. Voget	10	
Belmontet	»	50
Marin	2	
A. D.	1	
Etchaninoff	»	50
Staidelin	»	50
Lacaux	2	
Ém. Cartailhac, directeur des *Matériaux pour l'histoire de l'homme*	5	
Guillaume Laurent	»	50
De Villaret	»	50
Un Parisien	1	
Les fils Challande	1	50
Régnault	1	
Tauverse, préparateur des cours d'histoire naturelle à la Faculté des sciences	1	
Mˡˡᵉ Églé Bascou	3	
Total de la 8ᵉ liste	801 fr. 50	
Total des sept premières listes	7227 fr. 39	
Total des huit premières listes	8028 fr. 89	

On souscrit au bureau de la *Revue des cours scientifiques*, 17, rue de l'École-de-Médecine, Paris.

Les souscripteurs de Paris peuvent faire toucher à domicile. Il leur suffit d'envoyer aux bureaux de la *Revue des cours scientifiques* leur nom et leur adresse avec le chiffre de leur souscription.

Les souscripteurs des départements ou de l'étranger sont priés d'envoyer leurs offrandes en un bon sur la poste, en toute autre valeur sur Paris, ou en timbres-poste français.

Le propriétaire-gérant : GERMER BAILLIÈRE.

PARIS. — IMPRIMERIE DE E. MARTINET, RUE MIGNON, 2.

REVUE

DES

COURS SCIENTIFIQUES

DE LA FRANCE ET DE L'ÉTRANGER

SEPTIÈME ANNÉE   NUMÉRO 18   2 AVRIL 1870

Paris, 1ᵉʳ avril 1870.

La Faculté de médecine de Paris fera bientô ses présentations pour les deux chaires vacantes dans son sein, la chaire de pathologie générale et celle d'histoire de la médecine. — Pour la chaire de pathologie générale, MM. Potain et Chauffard semblent avoir en ce moment des chances presque égales.—Pour la chaire d'histoire de la médecine, il y a trois candidats, M. Lorain, M. Daremberg et M. Bouchut. Au premier tour de scrutin, aucun des trois candidats n'obtiendra sans doute la majorité absolue. Au second tour, une partie des voix de M. Daremberg et de M. Bouchut paraissent disposées à se reporter sur M. Lorain, ce qui lui assurerait une majorité considérable.

— Le défaut de place ne nous permet pas de publier aujourd'hui la neuvième liste de la *souscription Sars.*— Le total atteint maintenant 9500 fr. — Nous prions les amis des sciences qui désirent participer à cette souscription internationale de vouloir bien nous envoyer leurs offrandes le plus tôt possible.

— Parmi les prix que vient de décerner la Société zoologique d'acclimatation de Paris, nous remarquons une prime de 500 fr. à M. Jules Verreaux, aide-naturaliste au muséum d'histoire naturelle de Paris, pour son ouvrage sur l'*Acclimatation des animaux du Cap*, le prix Delalande décerné à M. Alfred Grandidier pour ses voyages en Asie et en Chine, et le prix de zoologie pure à Sars. — M. Hooker, correspondant de l'Institut, directeur du Jardin royal de Kew, à Londres, a été nommé membre honoraire, ce qui constitue la plus haute récompense de la Société ; et M. F. Carbonnier, de Paris, a obtenu la grande médaille d'or pour ses travaux sur la reproduction de poissons de Chine.

Parmi les médailles, nous avons déjà cité celle de M. Simmonds pour son travail sur la sériciculture dans l'Inde, publié l'année dernière par la *Revue des cours scientifiques*. Ajoutons celle de M. Alphonse Milne Edwards pour ses métis d'hémione et de jument, et celle de M. Soubeiran pour ses travaux de sériciculture. Les magnaneries en plein air de M. Gintrac, directeur de l'École de médecine de Bordeaux, dont nous avons parlé l'année dernière, lui ont valu une mention honorable.

— M. Longet (de l'Institut) ouvrira son cours de *Physiologie* à la Faculté de médecine de Paris, lundi prochain 4 avril, à midi, et le continuera les lundis, mercredis et vendredis suivants, à la même heure. Il parlera cette année des fonctions de nutrition.

VII.

UNIVERSITÉ D'ÉDIMBOURG

PHILOSOPHIE NATURELLE

COURS DE M. P. G. TAIT

Les caractères d'une véritable science

Messieurs,

La leçon d'ouverture d'un cours ne doit pas, il me semble, avoir pour objet, comme celles qui la suivront, l'exposition détaillée d'une portion limitée du sujet. Elle ne peut non plus être consacrée à une revue générale de la branche de la science que ce cours est destiné à représenter : le professeur qui ouvre son enseignement a, en effet, le droit de supposer, et doit même se tenir pour dit, que la grande majorité de son auditoire est encore, au moins à un point de vue rigoureusement scientifique, absolument étrangère aux questions qu'il va traiter : aussi est-ce à la *fin* du cours que ce coup d'œil d'ensemble me paraît devoir logiquement trouver sa place.

Il me semble plus naturel de vous donner aujourd'hui une idée, quelque vague qu'elle puisse être d'ailleurs pour beaucoup d'entre vous, de la *nature* des études qui vont nous occuper, des *modes d'investigation* que l'on a reconnus le mieux appropriés au développement de notre science, enfin des *progrès* que cette science a accomplis dans ces derniers temps.

La *philosophie naturelle*, suivant l'expression de Newton, la *physique*, en employant le terme trop généralement adopté aujourd'hui, est la science du repos et du mouvement, et des forces ou des combinaisons de forces dont ils sont les résultats. Cette définition peut paraître, au premier abord, renfermer notre science dans les limites de cet ordre d'idées qui appartient spécialement au domaine de la mécanique ordinaire, —statique, kinétique, hydrostatique, astronomie physique, par exemple; mais une étude un peu approfondie montre que la chaleur, la lumière, l'électricité, le magnétisme, et tous les agents physiques analogues, ne sont que des formes diverses de mouvement. Quelle est la nature intime de ce mouvement? Quel en est l'agent ou l'objet? De quelle manière s'exécute-t-il? Voilà des questions auxquelles nous sommes encore, dans bien des cas, impuissants à donner une réponse; mais, grâce aux lumières que nous ont apportées certains travaux récents, on ne peut guère douter aujourd'hui que la solution de ces problèmes ne soit accessible à la puissance de l'investigation humaine, soit par l'expérience, soit par le calcul mathématique.

C'est en effet l'un des grands caractères distinctifs de notre

18

science, que *tout pas légitime fait en avant* est en quelque sorte un nouveau terrain acquis, qui va servir de base, de point de départ à des progrès ultérieurs, en les rendant plus faciles et plus sûrs. Mais, demanderez-vous, à quoi reconnaître ce qui est *un pas légitime fait en avant ?*

La réponse à cette question est profondément instructive, et celui qui s'occupe de science physique devrait l'avoir sans cesse présente à l'esprit. Un résultat, quel qu'il soit, ne peut être considéré comme définitivement acquis au domaine de la philosophie naturelle, s'il n'a été obtenu, soit directement par l'observation ou l'expérience ; soit indirectement, mais avec une certitude tout aussi grande, par les déductions des mathématiques appliquées exclusivement aux données de l'observation et de l'expérience. Par ce caractère, la philosophie naturelle contraste étrangement avec les autres soi-disant *philosophies*. Les idées spéculatives, hypothèses ou théories, même d'un Newton ou d'un Faraday, n'ont pour nous, toutes les fois qu'elles dépassent évidemment le point déjà atteint par l'expérience, qu'un très-médiocre intérêt au point de vue scientifique. Elles peuvent être, elles sont en général attrayantes et curieuses ; mais leur intérêt est biographique ou historique plutôt que physique, et elles auraient passé inaperçues comme tant d'autres, si les noms à juste titre immortels de leurs auteurs ne les avaient sauvées d'un éternel oubli.

I. Le caractère essentiel, la pierre de touche de toute science véritable, c'est qu'*elle se développe continuellement.* Pas de retour possible aux idées en vogue à telle ou telle époque antérieure, pas d'opposition d'école contre école, pas de discussion oiseuse et sans fin sur le sens précis à attribuer aux mots, parmi ceux qui consacrent sérieusement leur vie à une science dont l'essence même est d'avancer sans cesse, de progresser indéfiniment. Serait-il possible de nous concevoir passant notre temps à disputer sur la signification exacte de tel ou tel terme, en supposant même que ce fût là une chose supportable et non pas souverainement nauséabonde ? Celui qui s'engagerait dans une pareille voie serait simplement mais inexorablement laissé en arrière ; car, si le prix de la course n'est pas toujours adjugé au plus agile, du moins n'appartient-il jamais aux traînards.

Combien y en a-t-il, parmi les soi-disant *philosophies*, qui pourraient affronter avec succès cette épreuve décisive, et venir, l'histoire de leur passé en main, montrer leurs droits au titre de véritables sciences ? N'est-on pas en droit de les comparer à la lune ou aux saisons, au milieu de leurs évolutions, de leurs phases périodiques, qui les ramènent au bout de quelques générations précisément au point d'où elles étaient parties, après un déplorable gaspillage des années et des facultés humaines, pour recommencer à tourner dans le même cercle, à rouler sans fin leur éternel rocher de Sisyphe ? N'est-il pas vrai que, de nos jours encore, les livres de Platon peuvent être placés au nombre des ouvrages les plus profonds que les hommes aient jamais écrits sur les sujets dont ils traitent ? Où sont maintenant, au contraire, Euclide et Archimède ? Leurs œuvres sont certes bien loin du niveau actuel de notre science, et nos enfants apprennent à l'école les résultats des travaux qui remplirent leur vie et firent leur gloire. C'est qu'ils furent, eux, des pionniers de la vraie science, et les sujets qui occupèrent leur intelligence renfermaient en germe les éléments d'un développement sans limites.

Il m'a toujours semblé qu'il existe, innée dans tout homme,

une certaine tendance à une spéculation sans but et sans utilité. C'est là, si une sévère attention ne vient de bonne heure en réprimer les effets, un don aussi fatal à son progrès intellectuel que ses passions sont funestes au développement de sa nature supérieure, morale et religieuse. Une spéculation sans fin, de l'espèce de celle dont je parle, peut devenir extrêmement facile : elle exerce une fascination étrange sur l'esprit, d'ailleurs indolent, qu'elle berce et excite tour à tour par ses promesses spécieuses et par de fameux exemples d'une célébrité acquise sans peine ; et il vient enfin un moment où le malheureux qui lui sert de victime en arrive à se persuader naïvement, non-seulement qu'il exécute un travail réel, mais encore qu'il travaille sur les plus nobles sujets qui puissent occuper ses facultés.

Le métaphysicien qui a la prétention de découvrir des lois physiques peut, il me semble, être comparé justement à l'un de ces misérables indigènes qui habitent l'Amérique septentrionale, ou de ces animaux sauvages, hôtes farouches du désert. Quel objet remplissent-ils dans le plan gigantesque de la création ? C'est ce qu'il serait malaisé de dire. Incapables par eux-mêmes d'aucun progrès, et rebelles de leur nature à toute influence civilisatrice, ils fuient devant le colon civilisé ; et lorsque la contrée qu'ils habitaient est entièrement cultivée, ils ont disparu sans laisser d'eux la moindre trace. C'est ainsi qu'on voit de nos jours des expérimentateurs et des mathématiciens entreprenants faire de tous côtés des incursions sur des terrains qui étaient restés jusqu'ici dans le domaine exclusif du métaphysicien. A mesure qu'ils avancent, il recule ; il fuit devant la lumière, et il est difficile de voir ce qui lui reste, de quel côté il va chercher quelque heureuse veine à exploiter, maintenant que Sylvester, notre illustre mathématicien, a déclaré, avec sa toute-puissante autorité, que « même l'Imaginaire et l'Inconcevable seront avant peu soumis à la domination des mathématiques ». Quelque désirable que cela puisse être pour la cause du progrès, il est cependant triste d'être témoin de l'extinction d'une espèce ; il est surtout triste de penser que nous allons perdre, dans les métaphysiciens, une source aujourd'hui inépuisable d'innocent, mais véritable amusement.

Le grand poëte allemand qui créa Méphistophélès nous a naturellement représenté ce malfaisant génie comme ne connaissant que ces formes inférieures de l'activité intellectuelle. C'est ainsi que nous l'entendons dire :

> Gewöhnlich glaubt der Mensch, wenn er nur Wort hört,
> Es müsse sich dabei doch auch was denken lassen.

Et ailleurs :

> Da seht dasz ihr tiefsinnig faszt,
> Was in des Menschen Hirn nicht paszt;
> Für was drein geht und nicht drein geht,
> Ein prächtig Wort zu Diensten steht.

De telles paroles ne décrivent que trop bien la métaphysique, même celle de nos jours ; et l'on peut en effet, sans beaucoup d'exagération, la considérer simplement comme une querelle perpétuelle, verbeuse, acrimonieuse sur le sens exact de quelque mot nouvellement forgé, dans la fabrication duquel le génie du beau langage antique de la Grèce a été monstrueusement outragé.

Toute soi-disant science qui conduirait *nécessairement* à de pareils résultats serait tout simplement funeste ; et par conséquent, s'il en existait, ce ne pourrait être une véritable *science*. Toute science qui *peut*, même dans une occasion isolée, conduire à de pareils résultats, ne doit être abordée qu'avec la plus extrême circonspection, et peut-être même vaudrait-il mieux la laisser de côté d'une manière absolue.

On s'est souvent efforcé de démontrer, à grand renfort d'arguments, l'importance de la philosophie naturelle, et ses titres tout particuliers à entrer, pour une large part, dans *toute* éducation, même dans la plus élémentaire ; il me semble cependant que, pour établir pleinement ces titres, il suffit d'un simple énoncé des objets de cette science. Lequel est plus nécessaire et plus profitable, — passer exclusivement les meilleures années de la jeunesse sur les règles indigestes de la grammaire latine ou de la prosodie, sur les *As in præsenti*, sur les *Barbara celarent*, ou encore sur la géographie de Tombouctou, — ou bien s'intéresser un peu aux causes des saisons, des vents alizés, des marées, des éclipses, des orages, de l'arc-en-ciel, des halos, des aurores polaires, étudier l'action de la boussole, de la machine à vapeur, du télégraphe électrique ? Il nous faudrait sans doute chercher bien loin et bien longtemps pour trouver un homme qui pût faire à une question ainsi posée une autre réponse que nous-mêmes. Est-il en droit de se considérer comme sachant quelque chose, celui qui ignore ces découvertes modernes, si magnifiques dans leur simplicité, qui nous permettent de déterminer la constitution et la composition chimique, non-seulement du soleil, mais des étoiles et des nébuleuses les plus éloignées de nous ; de préciser l'origine extérieure de l'aliment qui nous nourrit et du combustible qui nous chauffe ; de comprendre la non-permanence de l'état de choses actuellement existant sur notre globe ; de retracer l'histoire passée de la terre et de la lune, et de prévoir, au moins en partie, l'avenir qui attend l'univers physique ?

A côté de ces grandioses sujets d'études, que peut nous importer le roi Agamemnon et l'histoire de ses infortunes ? En quoi nous intéresse-t-il plus que tous les autres grands qui ont vécu avant lui, et qui sont restés parfaitement inconnus et nullement regrettés, faute d'un Homère pour célébrer leurs exploits ? Si nous considérons seulement ce qu'on appelle trop souvent avec dédain le côté inférieur, l'utile, ne vaudrait-il pas mieux être capable de déterminer une latitude et une longitude, ou simplement de trouver l'heure d'après la position du soleil et des étoiles, que de se rappeler, avec la précision d'un écolier à la veille d'un examen, chaque phase et chaque date de ces insignifiantes guerres de la Grèce, où quelques milliers d'hommes s'entr'égorgaient avec des armes cent fois plus grossières que celles dont se servent de nos jours certaines populations sauvages ? S'il fallait au moins, pour apprendre tout cela, savoir le grec, ou même le latin ! Mais rien n'est moins nécessaire. Les traductions pullulent si bien que le premier venu peut, avec un peu d'habileté et de patience, soit en écrivant, soit dans la conversation, se donner l'air d'un savant et passer pour tel. Croit-on que notre passion de harangues et le goût général actuel pour les articles de journaux démontrent que la diffusion de l'éducation littéraire est plus grande aujourd'hui qu'il y a un ou deux siècles ? Loin de moi la pensée de jeter du mépris sur la science classique ; il y a déjà bien des années, je me croyais irrévocablement destiné à en faire l'occupation de toute ma vie ; et jusqu'au jour où les mathématiques vinrent subitement frapper mes yeux de leur lumière

et me révéler les ténèbres non soupçonnées qui m'enveloppaient, je restai enthousiaste et heureux dans ma prison intellectuelle. Certes, toute science est bonne et précieuse ; mais celle de l'homme qui, sachant toutes les langues mortes, ignore l'allemand et le français, est aujourd'hui comparativement de nulle valeur ; et, même avec la connaissance de toutes les langues, mortes et vivantes, que signifie toute la science d'un homme, s'il ne sait rien des magnifiques phénomènes de la nature, dont la splendeur éternelle s'efforce sans cesse, mais hélas ! vainement, de vaincre son indifférence et de s'imposer à son attention ?

La philosophie naturelle a pour objet l'étude de la *matière*, de la *force* et de l'*énergie*. Il est possible, il est même très-probable qu'avec les progrès ultérieurs de la science, l'idée de force, aujourd'hui extrêmement utile et indispensable, perdra peu à peu de son importance, et finira par être laissée de côté comme inutile. Les notions de matière et d'énergie se trouveront alors seules à la base de la physique. C'est sur elle que je veux d'abord appeler votre attention. Les chimistes, dont la science entière ne constitue qu'une petite branche de la philosophie naturelle, ont démontré, par des expériences rigoureuses, que la matière est indestructible. De leur côté, les physiciens ont, dans ce dernier quart de siècle, prouvé, par l'expérience aussi, que l'énergie est pareillement indestructible. Tous les phénomènes de l'univers matériel, avec leurs perpétuelles variations, sont donc ramenés à des changements, non de quantité, mais de *situation*, dans la matière, et à des changements, non de quantité, mais de *distribution*, dans l'énergie.

Comment a-t-on pu obtenir ces importants résultats ? Ce n'est certainement pas par des spéculations abstruses sur ce qui aurait pu être, ni par de simples affirmations dénuées de preuves ; c'est par une interrogation patiente et laborieuse de la nature, par une observation attentive et une expérimentation judicieuse. Jusqu'au jour où Gilbert montra pour la première fois ce que doit être la physique, la philosophie naturelle fut une intuition, une sorte de foi religieuse ; et les quelques audacieux qui osèrent secouer la tyrannie du dogme échappèrent rarement à la persécution et à la torture. La terre était immobile ; le soleil tournait autour d'elle ; les planètes décrivaient des épicycles ; la nature avait horreur du vide ; la chaleur était matérielle ; l'eau était un élément, etc., etc. Affirmer, c'était prouver ; l'expérience était hérésie. Telle pourrait être, sans aucune exagération, et différence de sujet à part, une peinture de la soi-disant *philosophie* de notre temps.

Heureusement, la philosophie *naturelle* a jeté bas ces monstrueuses entraves ; elle ne les connaît plus aujourd'hui, pourvu toutefois qu'elle ne soit pas pratiquée par des *philosophes* comme ceux desquels Adam Smith disait que « leur métier est de ne rien faire et de raisonner sur tout ». Beaucoup d'entre vous savent, je pense, que Newton découvrit la grande loi de la gravitation universelle, en étendant aux mouvements des planètes les lois ordinaires du mouvement, étudiées expérimentalement sur la matière terrestre ; réciproquement, la preuve la plus rigoureuse de l'exactitude de cette loi doit se trouver dans la parfaite concordance des mouvements actuels des planètes avec ceux que le calcul a permis de prédire et qu'a publiés quatre années d'avance le *Nautical Almanack*. D'après Hegel, il n'en est pas ainsi : « Le mouvement des corps célestes, dit-il, n'est pas produit par des attractions dans telle ou telle direction, comme on l'imagine. Ils marchent devant eux, ainsi que le disaient les anciens, comme des dieux bénis. La conformité céleste n'est pas telle, qu'elle a le principe du repos ou du mouvement en dehors d'elle-même. De ce qu'une pierre est inerte, de ce que la terre entière n'est formée que de pierres, de ce que les autres corps célestes sont de la même nature que la terre, il ne s'ensuit point que les corps célestes soient inertes. Une pareille conclusion supposerait que les propriétés du tout sont les mêmes que celles de la partie. Impulsion, pression, résistance, frottement, attraction, etc., rien de tout cela ne s'applique en aucune façon à la matière céleste. »

Ainsi la gravitation n'est qu'une chimère ! Pourquoi, dans ce cas, les planètes décrivent-elles des orbites elliptiques ? Prouver directement qu'il doit en être ainsi, si c'est réellement sous l'influence de la gravitation que ces astres se meuvent, c'était presque trop difficile pour Newton, qui n'avait donné cette démonstration que très-imparfaitement. Mais combien elle devient aisée pour un *philosophe* comme Hégel ! Voici sa démonstration *in extenso* : je vous la donne, mais en prévenant que je n'ai nullement la prétention d'être capable de la comprendre : « La détermination relativement à l'espace et au temps se présente avec des différences. Il doit exister une différence dans l'aspect spatial en lui-même, et par conséquent la forme exige deux qualités déterminantes. C'est pourquoi la forme de la route se refermant sur elle-même est une ellipse. » En citer davantage serait perdre notre temps. Nous pouvons juger de la valeur du reste par celle de ces curieux échantillons, que j'hésite à qualifier d'absurdités, de peur de me faire dire, dans le langage d'un autre *philosophe*, que « les études du mathématicien le laissent, en dehors des limites étroites de sa science, à la merci d'une crédulité passive dans toutes sortes de prémisses, ou d'une incrédulité absolue dans toutes les prémisses possibles ». Cette remarque témoigne, chez son auteur, d'une connaissance des mathématiques à peu près aussi profonde que le savoir de Hegel en astronomie. Je n'ai aucun désir, et, en vérité, je ne me sens pas qualité pour aller, par représailles, envahir les ténébreux royaumes des philosophes ; mais je ne puis m'empêcher de penser qu'ils auraient à coup sûr mieux fait de ne pas s'occuper de philosophie naturelle. J'aurai l'occasion, dans le cours de mes leçons, de vous montrer que quelques-unes des plus funestes erreurs que les hommes aient mêlées à leurs notions de science physique, ont eu pour origine l'application à cette science de certains principes soi-disant philosophiques, — le principe de la *raison suffisante*, et le principe *causa æquat effectum*, — qui sont certainement illusoires en physique, quelle que puisse être d'ailleurs leur valeur en philosophie sociale ou économique.

La philosophie naturelle est, par son essence même, une science uniquement basée sur l'observation et l'expérience. Nous n'avons pas à chercher ce qui *peut* être ; nous ne sommes pas assez présomptueux pour décider ce qui *doit* être ; nous nous efforçons de découvrir ce qui *est*. A mesure que nous avançons dans notre voie de patientes recherches, à mesure que des acquisitions nouvelles nous permettent de deviner tout ce qu'il nous reste encore à découvrir, nous nous sentons de plus en plus profondément impressionnés par l'immensité des régions jusqu'à présent inexplorées. L'un des plus grands physiciens modernes a dit avec pleine raison : « Lorsque nous ré-

fléchissons à l'état de nos connaissances sur la nature, depuis les âges primitifs, et aux progrès que l'esprit humain a accomplis dans la découverte de la vérité, nous sentons que le pouvoir de chercher les lois établies par le Créateur pour maintenir l'harmonie et la permanence de ses ouvrages, est le plus noble privilége qu'il ait accordé à notre intelligence. Si nous négligeons de cultiver, autant que nous le pouvons, les facultés qu'il a placées en nous pour cette fin, nous rejetons ses dons et nous nous rendons indignes de ses bienfaits. En même temps que la puissance d'apprendre nous est donnée l'exercice de cette puissance est pour nous une source de bonheur. Qu'il s'agisse de l'intérêt qui s'attache à la recherche active de vérités nouvelles, ou de la satisfaction qu'entraîne la possession de connaissances laborieusement acquises, la valeur de la science pour notre bonheur intellectuel est incontestable ; et l'adaptation de l'esprit humain à un pareil ordre de jouissances est une manifestation de la bonté divine non moins remarquable que les divers arrangements qui produisent et maintiennent les facultés physiques du monde animal. »

Nous pouvons ajouter, en employant le langage de Bacon : « Au bout de tous les plaisirs, nous trouvons la satiété. Leur attrait s'éteint par la jouissance ; ce qui montre bien qu'ils ne sont que des apparences trompeuses de plaisir, et non des plaisirs véritables ; c'était leur nouveauté qui nous attirait, et non leur qualité. En fait de savoir, au contraire, il n'y a point de satiété ; la satisfaction et le désir s'entraînent mutuellement et sont perpétuellement réciproques ; aussi ces plaisirs-là sont-ils vraiment de bon aloi, sans illusions ni désenchantements. »

Ceux qui sont étrangers aux investigations scientifiques ne peuvent en aucune façon comprendre de pareilles jouissances ; mais tous ceux qui s'appliquent sérieusement à l'étude de la philosophie naturelle sont aptes à les ressentir dans une certaine mesure. Chacun de vous, je l'espère, pourra, durant cette session, consacrer à cette étude assez de temps et d'attention, pour arriver au moins à vaincre les difficultés préliminaires qui lui appartiennent, comme il doit en appartenir à tout département véritable de la science. Ne craignez rien : il n'y a pas là de barrière formidable à forcer ; les difficultés dont je parle dépendent surtout de la nouveauté des idées que vous allez avoir à vous approprier. Un peu de persévérance et l'examen continuel d'exemples qui s'offrent à chaque instant à vous dans le monde matériel vous permettront facilement de les surmonter. Eh bien ! chacun de vous en s'efforçant de comprendre un principe nouveau, plus ardu, en essayant de résoudre un problème plus difficile que le précédent, sentira en lui-même un peu de cet esprit d'entreprise, oublieux de soi-même, qui conduisit Newton à ses immortelles découvertes ; et lorsque le problème sera résolu, lorsque les doutes se seront évanouis, il sera récompensé de ses efforts par ce sentiment de plaisir intellectuel si bien décrit par Bacon dans les lignes que je viens de citer.

Pour énumérer en détail tous les progrès accomplis en philosophie naturelle, seulement pendant cette dernière année, il faudrait plus de temps qu'il n'est d'usage d'en consacrer à une leçon. Aussi, au lieu d'une exposition complète, je vais me borner à mentionner rapidement quelques-unes des découvertes les plus intéressantes parmi celles qu'a vu surgir récemment la science de l'univers.

Notons en premier lieu une quantité considérable de connaissances nouvelles acquises sur la constitution du soleil. L'éclipse totale qui a été visible dans l'Inde, l'automne dernier, a offert aux savants une occasion remarquablement favorable d'appliquer aux étranges phénomènes de l'atmosphère solaire la puissance récemment découverte du spectroscope. Une autre éclipse totale a été dernièrement observée avec soin en Amérique, et les résultats obtenus dans ces deux occasions sont en parfaite concordance.

Dans une éclipse totale de soleil, l'un des phénomènes les plus remarquables est celui que l'on observa pour la première fois il y a une trentaine d'années, et qui fut décrit alors sous le nom de *flammes rouges*. Il consiste dans l'apparition de protubérances très-singulières qui paraissent émerger du disque obscur de la lune, mais qui dépendent en réalité du soleil, comme on l'a démontré d'une manière décisive en 1860. Si c'étaient là des phénomènes lunaires, comme on l'avait cru d'abord, leurs dimensions seraient déjà très-considérables; mais, du moment que ces protubérances appartiennent à l'atmosphère du soleil, il est facile de voir que leurs dimensions sont *énormes;* en effet, leur hauteur peut, dans certains cas, être évaluée sans exagération à cinquante mille lieues. Ces flammes rouges doivent être évidemment des masses d'une ténuité extraordinaire; s'il en était autrement, elles ne pourraient se soutenir dans l'atmosphère solaire, qui est nécessairement très-raréfiée à de pareilles élévations. Lorsque, l'année dernière, on a eu l'idée de diriger sur elles un spectroscope, on a constaté immédiatement que ce sont des vapeurs incandescentes, consistant principalement en gaz hydrogène porté à une température assez élevée pour le rendre lumineux par lui-même. Cette découverte une fois faite, on a reconnu que la présence d'une éclipse totale n'était pas indispensable pour les étudier, et maintenant on fait tous les jours des observations sur ces singuliers phénomènes. On avait bien supposé d'avance que telle devait être leur nature; et, dans cette prévision, on les avait activement cherchées avant la date de cette éclipse, mais sans succès. Le procédé qui nous permet de les voir, malgré la lumière éblouissante et comparativement écrasante du soleil, est fondé sur un principe très-simple : la lumière solaire, qui est constituée, au moins approximativement, par des rayons de toutes les réfrangibilités, peut être dispersée, en traversant un nombre suffisant de prismes, de manière à s'étendre sur toute longueur voulue, et être ainsi affaiblie dans toutes ses parties dans une proportion quelconque; la lumière des flammes rouges, au contraire, consiste seulement en un petit nombre de rayons parfaitement homogènes, susceptibles de s'écarter indéfiniment les uns des autres, mais non pas de s'affaiblir individuellement, lorsqu'on augmente la puissance du spectroscope. Ce procédé ressemble exactement, en principe, à celui qu'emploient les astronomes pour observer une étoile dans un puissant télescope, pendant le jour. Le télescope affaiblit l'illumination apparente du ciel; l'étoile au contraire, qui n'a pas de diamètre sensible, conserve tout son éclat.

Un fait singulier que l'on a observé est le suivant : Parmi les lignes brillantes émises par les flammes rouges et produites par des vapeurs aux gaz incandescents, il en est qui correspondent exactement à certaines raies obscures bien connues, produites par l'absorption de la photosphère dans le spectre solaire; d'autres, au contraire, une en particulier très-remarquable dans l'orangé, n'ont pas leur contre-partie parmi les raies de Frauenhofer. On a reconnu aussi que quelques-unes de ces lignes sont tantôt plus larges, tantôt plus étroites que celles du spectre normal de l'hydrogène incandescent; quelquefois elles se trouvent légèrement déplacées de leurs positions normales dans ce spectre. On cherche aujourd'hui avec soin l'explication de tous ces phénomènes, sur un terrain purement physique bien entendu, aussi bien que celle des relations qui paraissent exister entre les protubérances et les taches solaires, et des particularités singulières que présentent les spectres de ces taches. Dans cette seule direction vient de s'ouvrir une mine de recherches assez féconde pour fournir, même avec nos moyens actuels d'observation, de l'occupation à toute une génération à venir.

Un autre phénomène remarquable, dans toute éclipse totale, est la *couronne* de lumière blanchâtre qui semble entourer le disque obscur de la lune jusqu'à une distance angulaire considérable; il est prouvé que cette couronne appartient encore au soleil. Une partie de cette lumière est simplement, sans aucun doute, de la lumière solaire réfléchie par l'atmosphère du soleil ou par des corps cosmiques qui tournent autour de lui; car on sait depuis longtemps qu'elle est partiellement polarisée. Mais c'est dans le courant de ces derniers mois seulement qu'on a examiné aussi son spectre; on a reconnu qu'il est formé, au moins en partie, par quelques lignes brillantes, c'est-à-dire que cette lumière consiste dans quelques radiations de réfrangibilités déterminées. La position des lignes les plus marquées a été mesurée, et on a constaté qu'elles correspondent à celles de la lumière de nos aurores polaires. C'est là l'un des résultats les plus extraordinaires auxquels nous ait conduits l'observation; ces aurores présentent en effet un rapport intime avec le magnétisme de la terre, ou du moins ont sur lui une influence importante; et l'on a reconnu depuis quelque temps que certaines perturbations dans le soleil ont aussi un effet marqué sur ce magnétisme.

Notre soleil est une étoile variable. L'observation a montré que les taches ont une période de onze ans de fréquence maximum. On exécute en ce moment, à l'observatoire de Kew, de laborieux calculs, dans le but de chercher à déterminer la cause de cet effet périodique; il semble déjà qu'on puisse l'attribuer avec quelque certitude à l'action des planètes, en particulier de Mercure, Vénus et Jupiter : les deux premières petites mais très-rapprochées, la dernière éloignée mais d'une masse très-considérable. Or, les flammes rouges ou les vapeurs d'hydrogène sont intimement liées aux taches du soleil; aussi rattachons-nous leur fréquence à la variabilité de la lumière solaire. Il y a un an ou deux seulement, nous avons pu observer dans notre hémisphère septentrional, un cas extrêmement marqué d'étoile temporaire : une étoile qui est habituellement de faible grandeur, à peine visible à l'œil nu, se mit subitement à briller d'un éclat qui rivalisait avec celui de Sirius. Le spectroscope montra qu'elle devait cet accroissement de sa lumière à peu près uniquement à de l'hydrogène incandescent, c'est-à-dire à l'élément principal de la vapeur incandescente qui voltige au-dessus d'une tache solaire.

Ce n'est pas seulement dans l'étude du soleil et des étoiles que le spectroscope nous a permis dans ces derniers temps d'accomplir de merveilleux progrès. Il existe dans l'univers des corps étranges, et dont la nature est encore une énigme pour nous. Beaucoup de nébuleuses, que l'on a longtemps considérées comme étant d'immenses groupes d'étoiles, situés à des distances tellement énormes que nos plus puissants télescopes ne nous permettaient pas de distinguer les astres innombrables qui les constituaient, beaucoup de ces nébuleuses, dis-je, examinées au spectroscope, ont fourni des résultats semblables à ceux qui caractérisent les gaz incandescents. Aussi est-il probable que ce sont des corps, très-éloignés de nous sans doute, mais pas beaucoup plus probablement que quelques-unes des étoiles les plus voisines. Il se pourrait même qu'ils fussent quelquefois beaucoup plus rapprochés, auquel cas ils seraient peut-être des soleils qui se sont refroidis et qui sont encore environnés de gaz incandescents, produits par les chocs de petites masses cosmiques ou météorites sur leur surface ou près de cette surface. On pourrait aussi les considérer comme de vastes systèmes de petites masses cosmiques en train de se grouper par attraction mutuelle, pour former une étoile nouvelle, en donnant naissance par leurs chocs et leurs frottements à des gaz incandescents. En eux, nous assistons peut-être actuellement à la formation d'un système solaire.

Jetons maintenant un coup d'œil sur nos acquisitions récentes en ce qui concerne les comètes, corps qui ont jusqu'à ce jour embarrassé les astronomes tout autant que les nébuleuses. Nous avons vu se produire depuis peu de temps plusieurs théories ingénieuses sur ce sujet intéressant ; je n'en mentionnerai qu'une avec quelque détail. Nous paraissons avoir de bonnes raisons de croire qu'une comète n'est, pour ainsi dire, qu'un torrent de pierres (météorites et fragments de fer). Il est tout au moins certain qu'un torrent de ce genre se comporterait, dans sa révolution autour du soleil, exactement comme nous voyons se comporter les comètes. S'il décrivait une courbe fermée, il serait, après quelques révolutions, étalé de manière à se répandre sur la plus grande partie de son orbite. Si alors, à un moment quelconque, notre terre venait à croiser l'orbite de la comète en question, elle passerait au travers de ce torrent de pierres, se mouvant toutes suivant des lignes sensiblement parallèles et avec des vitesses égales. En pénétrant dans l'atmosphère terrestre avec l'énorme vitesse relative qui résulterait de révolutions autour du soleil suivant des orbites différentes, quelquefois décrites en sens inverses, ces fragments de pierres devraient, en vertu des lois de la perspective, décrire des trajectoires divergeant toutes en apparence d'un certain point du ciel ; et ces trajectoires seraient rendues visibles par l'incandescence des météorites due à la résistance de l'air. Or, c'est précisément là ce que nous observons, particulièrement en août et en novembre, chaque année, et d'une manière moins nette dans certaines autres périodes fixes. Les orbites des météorites d'août et novembre ont été déterminées et trouvées identiques avec celles de deux comètes connues.

Je ne puis m'appesantir en ce moment sur cette intéressante question ; cependant il ne sera peut-être pas inutile d'ajouter quelques mots d'explication. Il nous paraît aujourd'hui plus qu'étrange que les magnifiques comètes de 1858 et de 1860 aient pu passer sans que personne ait eu l'idée, soit par hasard, soit par curiosité, de les regarder au travers d'un prisme ; malheureusement, depuis que le spectroscope est entre les mains de tout le monde, aucune comète un peu importante n'a apparu. Les petites comètes que l'on a observées ont paru donner, pour leur queue, des spectres continus ; c'était simplement, selon toute apparence, de la lumière solaire réfléchie, autant du moins qu'on en puisse juger en regardant un objet si faiblement éclairé. Les noyaux, au contraire, donnent des spectres de gaz incandescents, analogues à ceux des nébuleuses dont j'ai parlé tout à l'heure. Tout cela est parfaitement compatible avec les descriptions, données par Hévélius et d'autres, de quelques-unes des grandes comètes, qui ne présentaient aucune particularité de coloration dans la queue, mais dont le noyau était bleuâtre ou verdâtre. D'autre part, ces apparences s'accordent facilement avec l'hypothèse du torrent de pierres. En effet, le noyau ou tête de la comète est cette portion du torrent où les pierres sont les plus nombreuses, où les vitesses relatives sont les plus grandes, et où, par conséquent, les chocs mutuels qui donnent naissance à des gaz incandescents doivent être les plus fréquents et les plus violents.

Cette simple hypothèse rend aisément compte de bien des particularités remarquables que présentent les comètes. On sait, par exemple, qu'elles paraissent émettre quelquefois en quelques heures une queue de plusieurs centaines de millions de lieues de longueur. Pour expliquer ces phénomènes, on a eu recours à des idées fantastiques de forces répulsives immensément plus puissantes que l'attraction solaire ; on a proposé des théories aventureuses, admettant la décomposition par la lumière du soleil d'une matière gazeuse que la comète abandonnerait derrière elle dans l'espace. Mais l'hypothèse d'un torrent de pierres rend compte, il me semble, très-simplement de ces apparences. En effet, de même qu'une bande éloignée d'oiseaux marins qui apparaît subitement à notre vue se présente comme une ligne obscure, lorsque notre œil est amené par leurs évolutions dans le plan dans lequel ils volent ; de même, dans une comète, les masses dispersées qui ont perdu par suite de chocs répétés une partie de la vitesse qu'elles possédaient alors qu'elles faisaient partie du noyau, celles qui ont été accélérées par une action analogue, et enfin celles qui restent en retard derrière les autres à cause des dimensions un peu plus considérables de leurs orbites, nous apparaissent, sous la lumière solaire qu'elles réfléchissent, comme une longue bande brillante, toutes les fois que la terre se trouve dans un plan quelconque tangent à la surface qui, pour le moment, les contient en majeure partie. C'est, dans les sciences physiques, un principe extrêmement important qu'il ne faut jamais perdre de vue, qu'on ne doit pas chercher dans l'hypothèse de forces ou d'actions d'une espèce nouvelle, l'explication d'un phénomène qui n'a pas été reconnu absolument inexplicable par les propriétés de la matière ou du mouvement dont l'existence est déjà démontrée.

Avant d'abandonner ce sujet, je dois dire un mot d'un fait vraiment extraordinaire, récemment reconnu. On a constaté que le spectre du noyau de l'une des plus petites comètes, est celui de la vapeur incandescente du *carbone*, substance que nous n'avons jamais pu fondre, encore moins volatiliser, en employant les plus formidables chaleurs dont nous disposons dans nos laboratoires ; de sorte que, pour connaître son spectre, nous avons été obligés de prendre cette substance telle qu'elle existe dans le gaz oléfiant ou dans d'autres formes combinées.

Il serait prématuré de chercher à bâtir des théories sur des données aussi incomplètes que celles que nous possédons aujourd'hui sur les apparences spectroscopiques des comètes ; mais il n'est pas téméraire de prédire que la première application qui sera faite de la spectroscopie à une comète réellement importante, nous fournira au moins autant d'éclaircissements nouveaux sur la nature de ces corps, que l'éclipse totale de 1868 nous en a fournis sur l'atmosphère solaire.

Dans d'autres directions encore, la philosophie naturelle a vu s'accomplir récemment des progrès non moins remarquables. Je dois citer avant tout les mémoires de sir W. Thomson, sur la durée des périodes géologiques. Il y a quelques années, les écoles de Lyell et de Darwin nous avaient étrangement surpris et presque effrayés, en exigeant de notre crédulité les plus invraisemblables concessions, au sujet du temps qui s'est écoulé depuis la première apparition d'êtres vivants sur notre globe. Je cite le célèbre ouvrage de Darwin sur l'*Origine des espèces* : — « Il m'est impossible, dit-il, de rappeler ici à l'esprit de mon lecteur, qui peut ne pas être un praticien en géologie, tous les faits qui pourraient lui donner une faible idée de la longue durée des âges écoulés ; mais il peut consulter sur ce sujet le grand ouvrage de sir Charles Lyell, sur les *Principes de géologie*, ouvrage que les historiens futurs reconnaîtront avoir opéré une révolution dans les sciences naturelles. Quiconque pourrait le lire sans comprendre quelle doit avoir été l'incommensurable longueur des périodes géologiques, peut fermer ce volume dès les premières pages.» — Et ailleurs : — « Suivant toute probabilité, il s'est écoulé plus de trois cents millions d'années depuis la fin de la période secondaire. »

Darwin a besoin de ces énormes durées pour soutenir jusqu'au bout sa théorie, et il est naturellement ravi de trouver une autorité aussi importante que celle de Lyell toute disposée à les lui accorder. Lyell raisonne, suivant la coutume des géologues, d'après l'épaisseur d'une couche déposée, et la rapidité probable de son dépôt ; ou inversement d'après l'épaisseur primitive d'une couche qui a disparu, et la rapidité probable de son érosion. Les géologues se figurent, comme l'ont parfaitement fait remarquer, dans leur mordant langage, les professeurs Ramsay et Huxley, les géologues se figurant qu'ils ont le monopole de ces sujets-là, de telle sorte que Darwin se considère comme pleinement autorisé à prendre pour assurés les résultats des raisonnements de Lyell. Malheureusement, la philosophie naturelle, par l'organe de sir W. Thomson, a eu aussi son mot à dire sur ce point. Ce savant a déjà démontré, par trois preuves physiques complètes et indépendantes, l'impossibilité d'admettre l'existence de pareilles périodes.

La première de ces preuves est fondée sur l'observation des températures souterraines, et en particulier, sur ce fait bien constaté, que ces températures s'élèvent d'une manière constante à mesure qu'on s'enfonce de plus en plus dans la profondeur de la croûte du globe. Or, les lois de la conductibilité calorifique sont aujourd'hui suffisamment bien connues pour permettre d'affirmer que, d'après l'état actuel de sa chaleur intérieure, la terre devait nécessairement être encore rouge à sa surface il y a tout au plus cent millions d'années.

La seconde preuve est déduite de la forme de la terre, combinée avec cette observation récemment faite, que le frottement des marées fait croître d'une manière continue la longueur du jour. La terre tournait donc autrefois plus vite que maintenant ; et si elle s'était solidifiée à l'époque qu'indiquent les théories de Lyell, elle aurait pris une forme beaucoup plus aplatie que celle que nous lui connaissons.

Enfin, la troisième preuve est déduite du temps pendant lequel le soleil a pu fournir à la terre les radiations nécessaires à la vie des végétaux, qui ont servi de nourriture aux animaux. Ici encore, il est démontré qu'accorder cent millions d'années, c'est déjà dépasser de beaucoup la longueur possible de cette période.

Toutes ces déductions, qui sont entièrement indépendantes les unes des autres, et dont les valeurs s'ajoutent rigoureusement, reconnaissent pour bases des faits physiques très-simples, bien connus, et parfaitement certains. Une seule suffirait pour renverser immédiatement les prétentions des Lyell et des Darwin ; et l'on peut dire, comme conclusion, que dès aujourd'hui la philosophie naturelle a démontré que la durée passée maximum de la vie animale sur notre globe peut être approximativement évaluée à quelques dizaines, à une cinquantaine peut-être de millions d'années, tout au plus ; et que les progrès ultérieurs de notre science n'élèveront jamais cette estimation, mais tendront au contraire probablement à la restreindre de plus en plus. Le professeur Huxley a essayé naguère d'invalider la valeur de cette conclusion ; mais sa tentative a échoué complétement.

Toute science naturelle présente deux phases : dans la première, nous observons, nous classons, et nous nommons, exactement comme dans les diverses branches de l'histoire naturelle ; dans la seconde, nous essayons de déduire des lois, soit de la simple observation, soit de l'expérience. La première nous est utile dans une certaine mesure, pour dresser notre esprit à une certaine finesse, à une précision habituelle d'observation et de mémoire ; mais, à moins qu'on n'y dépasse de beaucoup les limites où l'on s'arrête ordinairement, elle ne se prête en aucune façon à exercer nos facultés intellectuelles les plus élevées. La seconde, au contraire, tout en donnant assez d'exercice à notre mémoire et à nos puissances d'observation, nous fournit réellement, par sa nature même, des sujets dignes de l'activité de nos meilleures facultés. Depuis un temps immémorial, les penseurs de la race humaine ont fait des observations attentives et bâti d'ingénieuses théories sur les phénomènes physiques, qui se présentent constamment à nous, avec leur caractère, tantôt de grandeur paisible et uniforme, comme la lumière et la chaleur du soleil ; tantôt d'exquise beauté, comme les teintes splendides du crépuscule ou de l'arc-en-ciel ; souvent de puissance formidable, comme l'ouragan, la foudre ou les tremblements de terre. Nous ne sommes pas encore aujourd'hui capables d'expliquer tous ces phénomènes ; mais cependant nous savons déjà bien des choses vraies sur leur compte, et nous pouvons même reproduire artificiellement plusieurs d'entre eux, quoique naturellement sur une échelle très-restreinte. L'étude des causes de pareils phénomènes, avec leurs variations sans fin, contraire singulièrement avec celle de sciences telles que la botanique ou l'entomologie, étude qui ne consiste trop souvent qu'à se charger inutilement la mémoire d'un grand nombre de noms difficiles : celle-ci ressemble à la lecture d'un dictionnaire, et on pourrait la comparer à celle de l'alphabet chinois, qui possède, dit-on, un caractère spécial pour chaque mot. L'intelligence ne trouve là, en général, pour tout aliment, que des os desséchés ou une paille indigeste, au lieu de cette nourriture nutritive et abondante que lui fournit toute science véritable, lorsqu'elle lui est convenablement enseignée. Qu'avez-vous à apprendre sur une plante, sur un insecte, si ce n'est quelques particularités de leur forme ou de leur coloration, afin d'arriver à les désigner correctement par leur nom d'un latin plus que barbare? Et lorsque vous êtes parvenu, à force de labeurs, à posséder une somme de connaissances suffisante pour vous sentir capable de nommer immédiatement un échantillon quelconque pris au hasard, en êtes-vous plus avancé? Nul doute que vos facultés d'observation, que votre mémoire n'aient pu rencontrer des occasions de se perfectionner; mais en êtes-vous plus avancé? J'ai bien peur que non. Une pareille science est généralement de l'espèce de celles qui font parade d'elles-mêmes, et qui, par conséquent, se condamnent elles-mêmes.

Les deux premières conceptions en présence desquelles nous allons tout d'abord nous trouver, dans l'étude de tous les phénomènes physiques, sont celles de *temps* et d'*espace*. Il n'entre pas dans mes attributions d'entreprendre des recherches sur la nature de ces conceptions. Les spéculations métaphysiques sont sans doute excellentes pour ceux qui les aiment; et, à en juger par le point auquel elles ont été poussées ici, elles possèdent évidemment un attrait, un intérêt tout particuliers pour la race écossaise en général. Je n'ai pas la prétention de savoir grand'chose sur ces spéculations; je suppose qu'elles sont bonnes et utiles à leur place; mais j'ai un conseil à vous donner : ne leur laissez jamais prendre la moindre influence sur votre étude de la science physique. Le caractère essentiel de l'étude dans laquelle nous entrons, c'est que toute connaissance nouvelle nous sera fournie soit directement par l'observation ou l'expérience; soit indirectement, mais sans possibilité d'erreur, par des déductions mathématiques partant des résultats de cette observation ou de cette expérience; la métaphysique au contraire vous l'avez vu, a la prétention de pouvoir, au moins dans une certaine limite, se dispenser d'employer ces procédés inférieurs, mécaniques, et établir *à priori* ce qui doit être.

Je sais que, pour beaucoup d'entre vous, la simple mention des mathématiques comme instrument *essentiel* du développement de la philosophie naturelle sera reçue avec peu de satisfaction. Il faut dire cependant que l'expérience, à elle seule, peut déjà faire beaucoup; et, avec l'aide seulement des mathématiques élémentaires, elle peut arriver à des résultats considérables. En outre, il ne faut jamais perdre de vue que l'usage des mathématiques n'est guère qu'un moyen d'abréger la pensée, ou plutôt d'éviter, à l'aide de certains procédés mécaniques, des suites longues et fatigantes de raisonnements, au milieu desquels l'erreur serait presque inévitable.

J'ai encore un avis à vous donner : au début de ces études, faites grande attention aux sources où vous puiserez votre instruction. Des expériences pompeuses, suivies d'explications emphatiques qui n'expliquent rien du tout, ne sont pas la philosophie naturelle; ce n'est pas même là de la science. La langue scientifique est froide et sans passion, et le vrai physicien pense plus à son sujet qu'à lui-même. Je fais ces remarques, parce que vous ne pouvez apprendre trop tôt à éviter la prétendue science; dans toute science, la vérité et l'utilité sont les seuls objets à poursuivre. La soi-disant science se présentera souvent à vous sous une forme plus innocente, mais quelquefois cependant très-dangereuse. Vous verrez des hommes, doués d'un bon sens incontesté, quelquefois habitués aux affaires actives et pratiques, et, en général, au-dessus de toute suspicion de vanité personnelle, inventer

le mouvement perpétuel, découvrir la quadrature du cercle, etc., etc. Abandonnons au philosophe moral l'explication de pareils phénomènes. Pour moi, mon affaire est de vous prémunir contre l'influence des inventeurs de ce genre; gardez-vous de vous laisser séduire par leurs arguments, quelque plausibles qu'ils puissent quelquefois vous paraître; soyez assurés que lorsque, par l'expérience ou le raisonnement, on a constaté que de pareils résultats sont impossibles à atteindre, le procédé par lequel on a cru y arriver renferme nécessairement quelque erreur, si difficile qu'il soit, dans certains cas, de la découvrir.

En thèse générale, rejetez les traités de philosophie naturelle qui s'adressent à la foule. Il y a cependant quelques exceptions à cette règle d'exclusion, et parmi celles que je connais, les ouvrages de Herschel constituent un magnifique exemple à citer. Ses écrits sur l'astronomie, la météorologie, etc., etc., sont des chefs-d'œuvre de clarté et de précision, souvent sur des sujets du caractère le plus abstrus. C'est qu'en effet, l'auteur, au fait des profondeurs les plus ténébreuses de son sujet, familiarisé avec toutes ses difficultés spéciales, a pu aplanir, en faisant appel aux souvenirs de sa propre expérience, la route de l'étudiant. Dans la grande majorité des ouvrages populaires, l'auteur, au contraire, ne possède pas la connaissance complète de son sujet, et il fait tous ses efforts pour éviter autant que possible d'aller se commettre au milieu des difficultés qu'il doit essayer d'expliquer, qu'il les comprenne ou non. Un déluge de généralités vagues est ordinairement sa ressource dans de pareilles occasions, et il serait difficile de concevoir un procédé qui pût être plus pernicieux à l'étudiant réellement intelligent. Dans la science, on ne doit jamais essayer de donner de l'éclat à son sujet à l'aide d'un langage orné; l'austère vérité, qui est son unique base, exige de nous, non-seulement de ne pas déguiser une difficulté, mais au contraire de la signaler distinctement, comme une mine d'où pourront sortir de grandes choses. Si vous rencontrez un auteur qui tente, comme la seiche, d'échapper à une position critique en obscurcissant tout autour de lui, par un noir verbiage, fermez son livre immédiatement et allez chercher votre instruction d'un autre côté. Sans la bonne foi la plus scrupuleuse à faire l'aveu de son ignorance, partout où on la sent, il ne peut exister de véritable science. Ces remarques m'ont été inspirées par quelques résultats curieux que j'ai observés en faisant les examens des divisions supérieures de la classe pendant ces quatre dernières années. Plusieurs de mes meilleurs élèves, examinés sur des sujets qui dépassaient un peu le niveau des leçons, répondaient parfaitement bien jusqu'à un certain point, et ensuite se fourvoyaient brusquement. En cherchant, j'ai découvert quels étaient les livres qu'ils avaient lus; et, dans bien des cas, j'ai pu trouver la cause première de leur faiblesse dans le langage sonore, mais vide de sens, de leurs manuels.

La notion du Temps nous est suggérée par la succession des événements; et, en science physique, il est suffisant de la définir d'une manière à peu près semblable à celle-ci : *Des intervalles de temps sont égaux, lorsqu'un mobile dont le mouvement est parfaitement libre parcourt en eux des espaces égaux.* Ceci se comprendra peut-être mieux lorsque nous étudierons la première Loi de Newton sur le mouvement. Le mouvement le plus libre que nous puissions facilement observer est celui de la terre sur son axe, cette rotation qui produit la succession des jours et des nuits. Il est bon d'établir immédiatement que ce mouvement lui-même n'est pas absolument uniforme ; le frottement des marées, la contraction de toute la masse par le refroidissement, et toutes les modifications permanentes dans les distributions de ses parties, — modifications produites sur une grande échelle par le soulèvement des continents, les éruptions volcaniques, la désagrégation des roches, etc. ; et en petit par le percement de nos tunnels, les exploitations des carrières, les remblais, les bâtisses, — ont tous un effet défini sur la vitesse de ce mouvement ; les marées et les soulèvements tendent à *allonger* le jour ; la contraction par le froid et la désagrégation des roches tendent à le *raccourcir*.

Dans une horloge, chaque oscillation de droite à gauche du pendule est un mouvement défini, exécuté par un corps défini sous l'influence de forces définies ; et, pourvu que l'amplitude de l'oscillation reste la même, il s'effectue dans un intervalle de temps défini. Cet intervalle est cependant susceptible de changer sous l'influence de la contraction de la terre, qui rendrait les battements plus fréquents.

Si nous voulons transmettre sûrement à nos descendants, dans quelques millions d'années, notre mesure actuelle du temps, il faut que cette mesure soit fondée sur des mouvements qui ne subissent l'influence d'aucune cause perturbatrice. Sir W. Thomson avait proposé les vibrations d'une verge métallique, un diapason, ou le ressort spiral d'un chronomètre, par exemple. Ce serait là un excellent régulateur perpétuel, puisque la durée de ses vibrations dépendrait seulement de la forme, des dimensions, de la température et de l'élasticité d'une matière, sur l'uniformité absolue de laquelle on pourrait compter, puisqu'elle ne serait en aucune façon influencée par les causes perturbatrices qui nuisent à la valeur de la terre considérée comme instrument chronométrique.

Il n'est pas aussi facile de faire comprendre la notion fondamentale d'ESPACE, au moins en mots précis : en effet, faire intervenir l'*étendue* ou tout autre terme analogue, c'est laisser la difficulté aussi entière, aussi formidable que jamais. La propriété essentielle de l'espace avec laquelle la physique nous met en rapport, est le caractère qu'il possède d'avoir trois dimensions ; c'est en vertu de cette propriété que les positions relatives, les forces et les mouvements de toute espèce exigent, en général, trois nombres, pour être définis complétement, sans ambiguité. Par exemple, pour fixer avec précision la situation d'une étoile par rapport à la terre, nous devons connaître d'abord son *altitude* et son *azimuth*, ou bien son *ascension droite* et sa *déclinaison*, ou bien *latitude* et sa *longitude*. Chacune de ces couples de nombres donne la direction dans laquelle il faut regarder pour voir cette étoile. Pour préciser sa position, nous avons encore besoin d'un troisième nombre, sa *distance*. Prenons un exemple plus simple, et cherchons à exprimer la position du faîte de la colline d'Arthur par rapport à cette salle. Nous dirons qu'il est, tant à *l'est*, tant au *sud*, et tant en *haut* ; encore trois nombres. Lorsque nous essayons de représenter la situation relative des lieux au moyen d'une carte, nous nous restreignons à une surface plane, c'est-à-dire à un espace à *deux* dimensions seulement ; et nous sommes obligés, afin de compléter la description, d'employer des *lignes de niveau* pour les montagnes, et des

sondages pour les fonds de mer, pour remplacer la troisième dimension qu'exige la nature de l'espace. Si nous nous limitons à *une seule* dimension, ce qui arrive lorsqu'il s'agit de points tous situés sur une ligne définie, droite ou courbe, *un seul* nombre suffit. C'est ainsi que le long d'un chemin de fer ou d'une route, les bornes kilométriques marquent les positions. Mais nous disons : tant de milles au delà, ou en deçà de tel endroit ; exactement comme en chronologie on dit : tant d'années avant Jésus-Christ ou après Jésus-Christ ; ou comme sur une carte on indique : tant est ou ouest, nord ou sud. Dans la notation mathématique élémentaire, cette distinction se remplace par le signe ($+$ ou $-$) du nombre dont il s'agit. Ainsi *trois* nombres, chacun avec son signe convenable, sont nécessaires et suffisants pour indiquer, sans ambiguité, la situation relative d'un point ou d'un lieu par rapport à un autre.

Après les notions d'espace et de temps, apparaissent, en science physique, celles de *matière*, de *force*, d'*énergie* et de *mouvement*.

La MATIÈRE peut se définir de différentes façons ; on peut dire, par exemple, que c'est *l'objet de la sensation* ; ou bien *tout ce qui peut produire une force ou en subir l'action*, ou encore *tout ce qui peut occuper l'espace*. Mais ici nous empiétons sur la métaphysique. Physiquement, cependant, nous avons une importante propriété de la matière à connaître ; c'est celle-ci : *l'homme ne peut ni la créer ni la détruire par aucun moyen*. Sans la connaissance de ce principe, la chimie, qui est en réalité une branche de la philosophie naturelle, ne se serait jamais élevée à la hauteur magnifique qu'elle a atteinte aujourd'hui.

Mais il existe dans la nature une autre chose, tout aussi réelle et aussi indestructible que la matière, quoique peut-être moins aisément accessible à nos sens, au moins sous certaines de ses formes. C'est ce que nous appelons l'ÉNERGIE. Vous saisirez peut-être plus facilement cette notion nouvelle, qui est le dernier progrès important accompli en science physique, si je commence par quelques exemples simples et d'une expérience journalière.

Une masse de neige arrêtée sur le flanc d'une montagne est quelque chose de plus que de la matière : en vertu de sa *position*, elle a le pouvoir, si elle se détache, de produire dans sa descente des dévastations plus ou moins considérables. En effet, elle possède de l'énergie dans sa forme dormante ou *potentielle*. La même masse, lorsqu'elle se détache de ses supports, acquiert graduellement, à mesure qu'elle perd son avantage de position ou son énergie potentielle, acquiert, dis-je, du *mouvement*, en vertu duquel elle produit les effets désastreux d'une avalanche. Cette énergie, manifestée par la matière en mouvement, est alors dans sa forme active ou *kinétique*. Cet exemple nous révèle l'importance des notions de *situation* et de *mouvement*, mises en relation avec celle de *matière*. Nous voyons l'avalanche acquérir peu à peu de l'énergie kinétique, proportionnellement à la perte qu'elle éprouve en énergie potentielle. C'est là une application grossière de cette grande loi, que *l'énergie*, comme la matière, *est indestructible*.

Nous voyons aussi que l'énergie tend en général à *se transformer*, et la notion de FORCE nous représente l'agent dans lequel elle tend à se transformer, et la mesure de sa tendance à subir cette transformation. Dans ces grands principes, nous trouvons une première notion des relations mutuelles qui existent entre les divers membres du second groupe d'idées que nous présente la science physique.

Nous aurons donc sans cesse à parler de la *conservation* et de la *transformation* de l'énergie. Tous les phénomènes physiques de l'univers, soit dans la matière vivante, soit dans la matière morte, sont des exemples de transformation d'énergie, transformation limitée dans son étendue par la conservation. C'est ainsi que la lumière et la chaleur solaire, formes d'énergie kinétique, sont partiellement amassées dans la terre sous la forme potentielle de combustible et de nourriture végétale ; la chaleur animale et l'action musculaire sont des transformations kinétiques de l'une, la puissance de la vapeur de l'autre.

Mais l'énergie possède une autre propriété encore plus caractéristique et qui doit avoir sur l'état futur de l'univers une influence prépondérante ; c'est sa tendance à *se dégrader* à chaque transformation, et à disparaître, au moins partiellement, sous des formes inférieures et moins utiles. C'est ce qu'on appelle la *dissipation* de l'énergie.

Grâce à cette immense étendue de notre science, étendue que laisse deviner la simple connaissance de la signification de ces termes, nous avons pu faire avec certitude des pas gigantesques dans l'investigation de l'état primitif, aussi bien que de l'état ultime de l'univers physique. Je puis en mentionner deux. D'abord, nous savons qu'il n'a pu exister aucune forme antérieure de la quantité énorme d'énergie kinétique actuellement possédée par le soleil sous la forme de chaleur, et par le soleil et les planètes sous celle de mouvements axiaux et orbitaires, si ce n'est l'énergie potentielle due à la gravitation de leurs parties lorsqu'elles étaient à d'énormes distances les unes des autres. Nous sommes ainsi amenés à conclure que la matière qui compose notre système solaire doit avoir été originellement éparpillée à travers l'espace en petits fragments, et que l'énergie primitive de l'univers était toute potentielle. En second lieu, l'énergie subissant sans cesse des transformations ; et, à chaque transformation, une portion au moins devenant de la chaleur, qui tend à une diffusion uniforme, après laquelle aucune transformation ultérieure n'est possible, nous en concluons que l'état final auquel tend l'univers est une aggrégation de toute la matière qu'il renferme en une masse, de température uniforme, par la transformation finale de l'énergie tout entière dans sa forme kinétique la plus dégradée.

Mais je ne puis m'attendre à ce que vous puissiez me suivre dès aujourd'hui à de telles hauteurs. Il nous faut d'abord étudier en détail chacune des diverses questions qui nous permettront, lorsqu'elles seront convenablement élucidées et coordonnées, de nous élever jusqu'à ces magnifiques généralisations.

P. G. Tait.

— Traduit de l'anglais par le Dr René Benoît. —

HOPITAL SAINT-ANTOINE A PARIS.

COURS DE M. LORAIN (1).

La médecine scientifique.

On demande en quoi les méthodes nouvelles sont supérieures aux anciennes, et s'il y a réellement progrès en ce moment. On refuserait même, semble-t-il, de prononcer le nom de méthode, qui suppose un ensemble, une sorte de corps de doctrine pourvu de moyens appropriés, tandis que le nom plus humble de procédés serait plus facilement accordé. Le nom importe peu, et le temps des querelles de mots est passé ; la dialectique stérile et oiseuse est reléguée parmi les curiosités de l'histoire ; c'est un impedimentum pour le progrès. En fait, une transformation s'opère en ce moment même dans l'étude de la médecine ; entre les retardataires qui n'y veulent pas croire et les néophytes qui escomptent l'avenir, il y a place pour un examen calme et impartial. Nous allons essayer de dire où en est précisément la question.

Presque toutes les époques, dans l'histoire connue de l'humanité, ont été plus ou moins marquées par le mépris du plus grand nombre pour les tentatives de réforme. Une fois son siége fait, l'homme assis et pourvu d'une doctrine se défend contre le nouveau.

Les jeunes gens et les ignorants, ce qui est tout un, ont seuls une faculté d'enthousiasme et de confiance qui, n'étant point fixée, peut se porter sur des objets nouveaux et s'éprendre pour des promesses. Le monde sérieux et officiel subit les progrès à son corps défendant. La lutte durera toujours. Cependant on peut dire qu'à aucune époque l'opinion n'a été aussi mobile, aussi instable, aussi facile à déplacer qu'aujourd'hui. La médecine, plus que toute autre branche des connaissances, offre ce spectacle. La foi dans le corps de doctrine est ébranlée ; ce que l'on sait positivement paraît peu de chose auprès de ce que l'on avoue ignorer. Le passé n'est plus défendu ni défendable ; l'art médical est ébranlé, soulevé par la science qui pointe. Jamais les dogmes n'ont été si peu, si mal soutenus ; le doute rend la défense faible, et la foi rend l'attaque violente et incessante. Quiconque a foi dans la médecine scientifique déserte la tradition classique et cherche, par des moyens nouveaux et appropriés, à faire une nouvelle médecine qui ne soit plus un art conjectural. Les classiques ne croient pas à ce progrès subit et sans transition ; ceux qui défendent les anciens errements sont sceptiques avant tout.

La logique n'est pas de leur côté. En effet, des gens qui concèdent l'influence des moyens de transport rapides des objets matériels, de l'homme, de la pensée même, sur les progrès de la civilisation, qui ne nient pas l'influence des lunettes d'approche sur la science astronomique, marchanderont au microscope sa part dans les progrès de l'histoire naturelle et se plaindront de l'intrusion de l'outil dans le domaine de l'art. Ils s'indigneront de la substitution d'un appareil mécanique à l'appareil de l'ouïe, de la vue ou du tact. La médecine a été longtemps un métier inconnu et mystérieux, qui ne livrait ses secrets qu'à ses adeptes. S'il faut aujourd'hui compter avec les naturalistes, les physiciens

---

(1) Voyez ci-dessus, pages 81 et 104.

et les chimistes, le mystère n'existe plus, et il n'y a pas d'individualité si habile à faire autour d'elle le prestige qui ne puisse être justiciable du premier venu, qui sait de la physique, de l'histoire naturelle et de la chimie assez pour exercer son contrôle sur la médecine. Dès lors, Hippocrate et Galien comparaissent devant ce tribunal pour lequel il n'y a point de prescription. La tradition est jugée. L'opinion d'un homme, si illustre qu'il ait été, n'est plus qu'un héritage accepté seulement sous bénéfice d'inventaire. Les vivants eux-mêmes ne peuvent prétendre qu'à l'autorité du caractère et du talent ; quant à leurs opinions, elles ne seront plus rien sans la sanction de la science exacte.

Ce spectacle, nous le répétons, est nouveau dans la médecine.

Nous devons dire maintenant en quoi les procédés des nouveaux explorateurs diffèrent de ceux des anciens et de ceux des modernes attardés.

Il n'est pas nécessaire, sans doute, pour marquer la différence des procédés, de remonter bien haut dans l'histoire. Il est inutile, d'ailleurs, de répéter ce qui est si bien connu, à savoir qu'un médecin du xviiᵉ siècle n'était guère plus avancé qu'un médecin du temps de Périclès.

Il y a des périodes d'immobilité et de stagnation qui durent pendant des milliers d'années. Il y a des périodes de deux cent cinquante ans qui valent vingt siècles. Il a été moins fait pour la médecine d'Hippocrate à Fagon que de Harvey à Claude Bernard.

Nous sommes certainement dans un de ces mouvements tournants où s'opèrent de rapides et décisives réformes.

Beaucoup d'hommes aujourd'hui vivants ont vu naître deux grands faits absolument nouveaux :

L'histologie,

L'auscultation et la percussion.

Ces deux faits ont à coup sûr produit une immense révolution dans la médecine. Toute conjecture, toute hypothèse disparaissent devant la certitude d'un signe fourni par l'auscultation et la percussion ; toute contestation cesse devant un produit morbide dessiné par l'histologiste.

L'art de bien dire et de pronostiquer habilement, sans contrôle, va s'effaçant. Les médecins sont tous égaux devant les lois de Laennec.

L'autorité et l'infatuation plient devant cette juridiction nouvelle ; l'élève qui ausculte en peut remontrer au maître.

Ce n'est pas tout. Morgagni avait fait une œuvre immense et tracé un plan admirable de médecine exacte par l'anatomie pathologique mise en concordance avec les signes cliniques tels qu'il les connaissait. L'anatomie pathologique se perfectionne, le microscope vient rectifier les erreurs de nos sens et préciser la nature intime des lésions, voie nouvelle et à perte de vue. Dès lors, le contrôle anatomique est la menace pour les mauvais observateurs cliniciens et la récompense des observateurs soumis aux procédés nouveaux. La chimie anatomique se fonde, Andral et Gavarret ont osé tenter d'accorder l'analyse des liquides avec les lésions des solides et avec les troubles dynamiques de l'organisme. Un instant arrêtée, cette science reparaît aujourd'hui et nous promet des révélations précieuses.

On comprend le légitime orgueil et la satisfaction sans mélange des hommes qui ont vu, qui ont réalisé eux-mêmes cet immense progrès accompli en l'espace de moins d'un demi-siècle.

Eh bien ! cela n'est pas assez encore. Déjà ces progrès ne nous suffisent plus ; ils ne sont que les premiers degrés d'un escalier dont les générations nouvelles veulent atteindre les degrés plus élevés. Monter, monter toujours, sans jamais s'arrêter, tel est le progrès. A qui a montré la voie et découvert le premier échelon revient l'honneur. Nous pensons qu'on n'y peut pas plus stationner qu'on n'en peut descendre. En cela notre époque est favorisée. Elle est sûre de ne point demeurer au point où l'ont laissée ses anciens, elle sait que l'on peut monter, et elle monte.

Voilà pourquoi sans ingratitude comme sans timidité, nous nous éloignons déjà de ce qui était hier encore le progrès, cherchant plus loin en avant. Et ainsi il se fait qu'un livre écrit aujourd'hui ne doit plus ressembler à un livre qui date de vingt-cinq ans. Notre livre peut être un médiocre spécimen de la méthode nouvelle, si nous sommes nous-mêmes d'un esprit inférieur à celui de nos aînés ; mais, si mauvais qu'il soit, il est conçu dans un sens nouveau et il appartient au mouvement de notre époque : c'est le progrès.

Prenons des exemples pour éclairer le lecteur :

La médecine écrite se compose de deux ordres de faits :

Les descriptions dogmatiques où l'écrivain substitue sa personnalité aux objets en question et donne libre carrière à son imagination. Ce n'est ni un peintre d'après nature ni un greffier, c'est un commentateur de la nature, lequel corrige celle-ci et la traduit à sa façon. Autant que possible, il tâche d'accorder son tableau avec un plan idéal et préconçu, forçant la main aux faits pour les faire rentrer bon gré mal gré dans le moule de sa doctrine. Les plus dangereux parmi ces doctrinaires sont ceux qui s'appuient sur les anciens et sur la tradition, comme on s'appuie sur les dogmes.

Le second ordre de faits se rapporte aux descriptions des cas isolés ou d'une série de cas : ce sont les œuvres des épidémiologues, les seules œuvres utiles et qui ne vieillissent pas. Ces descriptions, faites de bonne foi, sans parti pris, naïvement, restent comme des monuments historiques, où rien n'est déguisé. La sincérité des détails permet au lecteur, dans la suite des temps, de corriger après coup les erreurs d'observation ou d'appréciation de l'auteur original. C'est cette sincérité qui sauve les œuvres d'Hippocrate et celles de quelques grands modernes comme Sydenham. On y peut puiser encore aujourd'hui avec toute sécurité, d'autant mieux que la méthode d'observation y est excellente, si les moyens sont faibles.

Les mots méthode naturelle, positivisme, biologie, principe baconien, etc., montrent combien on attache, à notre époque, d'importance à certains axiomes que l'on croit à tort modernes. Il y a une tendance actuelle à une sorte de formalisme étroit et un grand mépris de l'histoire ; on se figure trop facilement que la science est chose moderne.

Ce qui est moderne, c'est le perfectionnement des moyens matériels d'observation et la substitution de la *certitude* à la *croyance*.

Il y a trente ans, un homme d'un esprit droit et d'un caractère élevé, M. Louis, essayait d'introduire, dans l'étude de la médecine, une méthode d'observation ; il n'était préoccupé que de la méthode. Les grands médecins de ce temps étaient occupés à l'auscultation, à la percussion, à l'anatomie pathologique, et faisaient qui une classification, qui une nomenclature d'après ces données. Il en résultait des mémoires excellents, des faits nouveaux bien décrits, et cette organopathologie, qui a été une des grandes étapes de la médecine. Depuis, les idées de spécificité, d'infection, d'épidémie, de constitution médicale, un instant négligées, se sont relevées, questions posées seulement, non résolues.

C'est au milieu de ce mouvement que M. Louis affirma une doctrine d'ensemble. Il fallait, disait-il, à l'aide de moyens nouveaux, de notions précises dont l'observation médicale venait d'être subitement pourvue, refaire la grande enquête et comme l'inventaire de la médecine. Pour cela, on devait examiner minutieusement tous les faits particuliers et ne négliger aucun détail. Il fallait tout recommencer et n'accepter le passé que comme renseignement. Ce n'était pas renverser, c'était recommencer un nouvel édifice à côté de l'ancien. Voici quels étaient les moyens proposés : examen du malade fait dans le plus grand détail ; tout devait être exploré, quelle que fût la maladie ; les coïncidences mêmes devaient être observées avec soin. Les antécédents morbides, l'hérédité, la race, le lieu de naissance, la profession, la taille et la constitution du malade, sa conformation, étaient notés et inscrits. Puis un long interrogatoire dans lequel le malade, contrarié à dessein par le médecin, devait défendre et expliquer ses assertions en fournissant des moyens de contrôle, permettait d'obtenir des notions aussi exactes que possible sur les causes et le début de la maladie. Le malade était ensuite soumis à un examen physique complet, c'est-à-dire que tous les organes et toutes les fonctions étaient passés en revue. Le volume, les modifications de forme des organes, la sonorité et toutes les variations du son à la percussion étaient soigneusement inscrits sur un registre. Il en était de même des signes fournis par l'auscultation. La fréquence et quelques autres caractères du pouls étaient également notés. Enfin l'on ne manquait pas d'inscrire la nature du médicament et son action. Cependant il convient de dire à l'honneur de M. Louis qu'il pratiquait fréquemment en cette matière, l'expectation, c'est-à-dire que, se méfiant à juste titre des troubles que la médication pouvait apporter à la marche générale des maladies et donnant l'exemple d'une réserve qui a eu depuis beaucoup d'imitateurs, il observait les maladies en naturaliste et préférait le rôle de savant observateur à celui de médecin empirique.

Ce genre d'observations, en ce qui concerne du moins la maladie actuelle, étant continué pendant toute la durée de l'état aigu, il en résultait une suite non interrompue de faits qui constituaient un ensemble et formaient comme les archives de la médecine. On était sûr par cette méthode de ne laisser passer aucune circonstance importante ; on recueillait tout et l'on se réservait de trier ensuite les faits et d'en extraire ce qu'ils avaient de constant.

L'examen des cadavres était fait avec la même rigueur inflexible ; rien n'était négligé ; tout était noté, même les lésions qui semblaient être tout à fait étrangères à la maladie principale.

Cela fait et les cas particuliers se multipliant, on entassait ces matériaux, on les classait et l'on essayait de construire une statistique. Étant donnée une maladie dont on possédait 100 exemplaires différents, on cherchait quels en étaient les éléments communs, causes, durée, périodes, signes physiques, troubles objectifs et subjectifs, terminaison, lésions anatomiques. C'était un travail long, pénible, que quelques-uns trouvèrent fastidieux ; c'était en tout cas une œuvre de patience qui fut récompensée par l'événement. L'*école d'observation* a formé un grand nombre des hommes qui sont aujourd'hui à

la tête de la médecine, et M. Louis a eu la satisfaction de voir sa méthode couronnée de succès, c'est-à-dire portant des fruits : plusieurs découvertes, plusieurs vérités définitives sont sorties de l'école d'observation. La fièvre typhoïde, la phthisie pulmonaire notamment ont été déchiffrées et ont été décrites avec une précision et une certitude remarquables.

Cependant on a contesté à M. Louis le droit de se dire chef d'école, on a nié sa méthode. C'était, disait-on, l'école de tout le monde et de tous les temps : l'observation en histoire naturelle ne consistait après tout que dans un examen minutieux de tous les détails, et la statistique avait toujours été un moyen connu sinon de nom, du moins de fait, l'expérience n'étant que le résultat de l'observation de faits particuliers. D'ailleurs cette minutie, cette décomposition de la maladie en une foule de faits de détail faisait perdre de vue l'ensemble du malade.

Si cette école, au lieu d'user de moyens anciens et connus, tels que la conversation du médecin avec le malade et l'usage des sens tout seuls sans aucun moyen physique nouveau, sans instruments de précision, avait apporté une série de moyens nouveaux et plus exacts, elle aurait facilement réfuté ses contradicteurs. Malheureusement elle ne connut ni le microscope, ni les analyses chimiques, ni les instruments de physique appliqués à l'oculistique et à l'examen du larynx, ni les appareils enregistreurs, ni l'usage du thermomètre, et elle accorda trop aux renseignements subjectifs.

Après avoir donné ses résultats premiers, elle se trouvait arrêtée et ne pouvait aller plus loin. L'idée n'en reste pas moins juste et bonne, à savoir qu'il faut refaire chaque jour la médecine et examiner tous les cas particuliers avec un égal soin, comme si ces cas étaient nouveaux et inconnus. Mais une réforme dans les *procédés d'observation* était nécessaire. Il fallait aussi choisir un autre objectif pour l'étude, c'est-à-dire simplifier l'observation, la réduire aux signes indubitables et n'accepter que les éléments sérieusement contrôlables. Quant au reste, il n'y avait rien à réformer.

Quel est donc cet objectif nouveau, quels sont ces nouveaux procédés d'observation ?

D'abord nous posons en principe qu'il y a chez l'homme malade des éléments mobiles et variables, et que d'autres y sont fixes. Ce sont ces derniers auxquels nous devons nous attacher de préférence. Parmi ceux-ci, par exemple, le pouls a toujours occupé le premier rang depuis la plus haute antiquité. Le pouls marque par sa fréquence principalement, pour ne pas parler de ses autres caractères, la marche, les périodes diverses de la maladie, et donne une idée de l'état du malade, c'est-à-dire de ce qui importe le plus. Ce caractère cependant ne suffit pas ; l'abus qu'en ont fait les médecins anciens et même les modernes, les conclusions erronées et exagérées qu'ils en ont tirées, ont entraîné une réaction violente. Devant les moyens d'observation que ce siècle a vus naître, moyens plus exacts et certains, l'examen du pouls s'est effacé et est tombé dans le discrédit même, jusqu'au moment où un outillage nouveau a permis d'en tirer un profit inattendu. Mais avant d'entrer dans le détail de la méthode, exposons-en les principes d'ensemble :

La doctrine nouvelle, la voici : supprimer ou amender tout ce qui est de simple tradition et de mauvaise physiologie, ne rien interpréter sans y être autorisé par des notions de physique exacte, renoncer à la médecine indépendante qui prétend exister par elle-même et avoir ses lois propres. Ramener tout à des phénomènes physiques et non vitaux, et si l'on veut conserver une illusion sur les propriétés spéciales du microcosme, convenir, du moins, que le seul moyen de contrôler les phénomènes morbides est de recourir aux méthodes physiques. On peut réserver si l'on veut les questions relatives à la spécificité de l'instrument humain, aux réactions de l'organisme contre le monde extérieur ; toute latitude est accordée sous ce rapport aux opinions et au sentiment, mais on n'a plus le droit de se soustraire au contrôle de la physique. Tout ce qui est subjectif doit être ou ramené à tomber sous le contrôle des instruments de précision, ou du moins n'être accepté qu'à titre de renseignement.

Ainsi les sensations éprouvées par le malade occupent dans les descriptions anciennes une place considérable, moindre, mais trop grande encore dans les modernes. Il n'en faut prendre que le nécessaire, l'indispensable, il faut les accorder autant que possible avec les signes physiques visibles et tangibles. Les mots *signes rationnels* doivent être employés avec ménagement et n'être appliqués qu'à bon escient. Il faut tout mettre en œuvre pour faire la preuve du fait ressenti par le malade et traduit par lui souvent d'une façon erronée. Il faut surprendre la fonction troublée et l'attaquer par le point où elle se découvre à nous. Par exemple, la diplopie ou vision double doit être ramenée à un contrôle optique soit par l'exercice auquel l'observateur soumet l'œil du malade, le faisant passer par des épreuves où le fait éclate et se prouve, soit par l'examen direct de l'œil fait avec l'instrument optique. La paralysie doit être explorée par les instruments appropriés, électricité, chaleur, froid, esthésiomètre, dynamomètre. On voit comment ici le récit du malade, ses sensations, ont un contrôle direct et matériel saisissable, chiffrable. C'est l'objectif substitué au subjectif. Les sensations de froid et de chaud qui occupent une si grande place dans les signes subjectifs doivent être contrôlées par le thermomètre. Et ce n'est pas seulement la sensation propre du malade qui est erronée et qu'il faut corriger, c'est aussi la sensation du médecin qui, procédant de son tact, le conduit à des renseignements vagues et peu scientifiques. Que penser de ces mots : chaleur âcre, mordicante, brûlante, halitueuse, qui pendant si longtemps ont été inscrits dans les livres de médecine ? le thermomètre seul donne la vérité et permet d'apprécier exactement le fait de la chaleur dans ses variations. Le médecin qui se contente de sa sensation ressemble à l'astronome qui refuserait d'examiner les astres autrement qu'à l'œil nu. L'examen du pouls fait avec la main offre de pareilles imperfections et demandait une réforme. Nous avons montré ailleurs comment ici encore il faut avant tout chiffrer la fréquence, puis apprécier les autres caractères à l'aide d'un appareil enregistreur. Les changements survenant dans le volume et le poids du corps ne peuvent pas davantage être appréciés à la vue ; le médecin peut commettre à cet égard des erreurs considérables, et son appréciation peut être tout à fait ou partiellement erronée. La balance seule nous donne la vérité, et ce signe prend dès lors la valeur d'un fait important. Le frisson, les crampes, les convulsions n'offrent à la vue qu'une image confuse et mal définie ; leurs variétés innombrables échappent à nos sens insuffisants. Là encore le thermomètre et les appareils enregistreurs nous donnent la faculté d'analyser, de dessiner, de distinguer les formes, les variétés, avec une netteté inconnue jusqu'ici. Or, aucun de ces renseignements n'est inutile.

D'autre part, l'examen des excreta par la physique et la chimie nous ouvre un vaste champ d'exploration.

L'histoire naturelle des maladies, grâce au microscope, a pris une place prédominante et qu'on ne saurait lui disputer. Les maladies parasitaires sont connues et classées, fait nouveau et d'une importance considérable. L'examen des urines donne les plus précieux renseignements en permettant d'apprécier par les cendres le travail morbide accompli par l'organisme, et de le graduer presque. Les produits morbides de cet excrétum sont isolés et à eux seuls permettent souvent de donner à la maladie sa véritable signification, son diagnostic et son pronostic. Ce genre d'examen a un avenir considérable. De l'histologie appliquée à l'anatomie pathologique, on peut dire qu'elle a transformé presque la médecine et changé en notions positives quantité de notions confuses et préconçues.

Mais nous voulons parler plus spécialement des moyens d'observation clinique qui tendent à prévaloir, et montrer la supériorité de ces procédés nouveaux sur les anciens.

La multiplicité des catégories produites par les progrès des sciences a divisé les médecins en plusieurs classes. Les uns sont physiologistes, lesquels se subdivisent en histologistes, en vivisecteurs ou médecins expérimentateurs, physiciens ou mécaniciens, chimistes ; les autres sont anatomistes, naturalistes ; d'autres sont adonnés plus particulièrement à l'anatomie pathologique et à l'histologie. Enfin la médecine dans le sens usuel et traditionnel du mot, c'est la médecine clinique, c'est-à-dire l'examen et le traitement de l'homme malade.

C'est de la médecine clinique que nous parlons ici. Elle n'est pas demeurée inactive, et les progrès réalisés autour de son domaine propre ne l'ont pas trouvée immobile. Elle prend à toutes les spécialités qui l'environnent ce qui lui est nécessaire et quitte volontiers la chambre du malade pour le laboratoire, soit qu'elle examine par elle-même, soit qu'elle demande les examens physiques, chimiques, histologiques, aux savants spéciaux. Puis, sans quitter le lit du malade, elle dispose ses appareils et use de ses procédés personnels.

Étant données les préoccupations d'exactitude que nous avons indiquées, il fallait ajouter et corriger quelque chose aux anciens procédés, non par désir de nouveauté, mais par nécessité.

Le premier progrès, progrès immense, nous est arrivé par la thermométrie. Donnez-moi un thermomètre et je vous décrirai la marche d'une maladie sans autre aide. C'est qu'en effet la chaleur est la fonction la plus constante, la plus sûre dans les maladies. Elle est plus sûre que le pouls, à plus forte raison l'emporte-t-elle en certitude sur tous les signes subjonctifs, sur tous les modes d'exploration, ayant pour but de nous éclairer sur l'état général du malade. Elle seule est constante et ne fait pas défaut ; les signes physiques locaux sont variables et peuvent nous tromper souvent ; ils peuvent échapper à notre attention. Nous pouvons nous méprendre sur leur intensité ; ils sont fondés après tout sur une perception de nos sens. Le thermomètre ne nous trompe pas. On a d'ailleurs beaucoup reproché à la médecine de s'occuper trop d'une partie du malade, de s'arrêter à des détails locaux, de poursuivre trop l'organe et de négliger l'ensemble. La chaleur de l'homme nous donne précisément un moyen d'apprécier l'état de cet ensemble.

Voilà donc une fonction nouvelle et la plus importante de toutes qui prend désormais toute sa valeur. Dès lors nous cherchons ce signe et nous en tenons compte sans négliger les autres signes que nous devons à nos devanciers.

L'expérience, en nous montrant les oscillations diverses de

la chaleur, nous a montré la nécessité d'examiner nos malades matin et soir et à ne pas nous méprendre ni sur l'exacerbation vespérine, ni sur la rémission matutinale.

Nous *pointons* donc exactement la chaleur, matin et soir ; puis, nous adressant à cette fonction de tout temps explorée, le pouls, nous en *pointons* également les variations (fréquence), et nous apprenons comment le pouls se comporte par rapport à la température. En le contrôlant ainsi nous avons appris qu'il suivait presque constamment la température, et nous lui avons dès lors restitué la valeur qu'on lui avait en partie contestée.

Ce n'est pas tout : l'expérience apprend que la répartition de la chaleur aux différents points du corps n'est pas toujours identique, et l'exploration de différents points spéciaux nous permet d'établir où et comment ont lieu ces actions de répartition, de concentration, de diffusion, et d'interpréter ces variations.

Le poids des malades a sans doute une importance grande ou petite. Déjà cette notion ne rencontre plus de contradicteurs en ce qui concerne les enfants, dont l'état de nutrition n'a pas de meilleur contrôle que la balance. C'est donc un chapitre nouveau à ajouter à la médecine. Dans le cours des maladies aiguës de l'adulte la balance joue aussi un rôle important pour le pronostic. Nous pouvons juger par là de certains états connus sous le nom de *crises*, et pénétrer plus intimement dans le secret des modifications que certaines périodes des maladies amènent, soit peu à peu, soit soudainement, dans le mouvement de dénutrition des malades.

Si nous ajoutons à ces procédés la pesée des excreta, notamment du liquide urinaire (sans parler de l'analyse physique ou chimique), nous obtenons un certain nombre de *pointages* bi-quotidiens ou même plus souvent répétés, à l'aide desquels nous aurons amassé les éléments de plusieurs courbes.

Et ici nous devons nous expliquer sur les courbes et sur les figures graphiques des maladies. Nous parlerons ensuite des figures données directement par les appareils enregistreurs.

Est-ce une méthode nouvelle que celle des courbes et figures graphiques des maladies? Non, si l'on entend par là que la médecine aurait imaginé d'emblée et pour son propre compte cette méthode. Oui, si l'on veut admettre que la médecine s'approprie en ce moment cette méthode qui était dans le domaine public et était appliquée surtout par les mécaniciens et les statisticiens pour apprécier la marche de certaines fonctions, et les variations suivant le temps de certains phénomènes. En fait, la reproduction des maladies sous cette forme est un fait nouveau et important. La fastidieuse description en un langage obscur et plein de vague de la marche d'une maladie idéale vue à travers les doctrines du moment ne saurait entrer en parallèle avec la figure nette, précise, mesurable, formant ensemble, que donne une courbe. D'ailleurs les éléments de cette courbe ou figure ne prêtent à aucune contestation, et ne sont point matière à dispute. C'est le fait lui-même sans commentaire qui se développe sous les yeux. Ce sont les variations d'une fonction dont un instrument de précision indique le degré. Et lorsque ces courbes diverses, obéissant à une même loi, marchent ensemble, parallèlement, montent, descendent, varient de façon à donner toutes une même figure, cette identité d'action ne fournit-elle pas une plus grande certitude, par le double, triple, quadruple contrôle qui y est contenu ?

Or, l'expérience montre que les maladies dans leur marche affectent une figure à peu près constante, et que les *espèces morbides* s'accusent nettement par leur forme, si bien que, en prenant au hasard un grand nombre de courbes et en les comparant, on voit d'abord qu'elles peuvent être classées en groupes naturels ; ces groupes ce sont précisément les collections d'observations particulières se rapportant à la même maladie. Et dans ces observations particulières domine une forme générale; puis il y a des variations individuelles qui peuvent encore être classées. Enfin, le type se dégage. Quelle description peut entrer en parallèle avec ce procès-verbal de la maladie contenu en une figure ? Sans doute, on ne saurait aujourd'hui réduire ces figures à un type analogue aux figures géométriques. Mais déjà la différence des espèces s'accuse assez nettement pour qu'un homme même peu exercé puisse dire du premier coup : voici une fièvre typhoïde ; cette autre figure montre une pneumonie, cette troisième, une variole, etc., et pour qu'il dise si la maladie est normale ou anomale, pour qu'il en distingue les périodes, la terminaison. Le traitement s'y trouve inscrit aussi par les perturbations mêmes de la courbe.

Placez un semblable tableau sous les yeux du médecin, au jour le jour, à côté de son malade, il suit des yeux les progrès, la forme, les variations de la maladie, il en voit la marche et les progrès, il en mesure de l'œil l'intensité, comparant la veille au jour, et surveillant la direction pronostique de la courbe, non moins que l'action thérapeutique. Cela est un progrès.

Maintenant, il faut parler des appareils enregistreurs. Ils peuvent être multipliés extrêmement. Dans l'état actuel, voici quel est à cet égard notre actif et quelles sont nos espérances. Le premier de tous ces appareils en date et en importance pratique actuelle, est le sphygmographe qui nous donne un tracé du pouls. Nous voyons ainsi apparaître sous nos yeux des dessins fournis par l'appareil circulatoire lui-même. Ce que valent ces dessins, ce qu'ils ajoutent à nos connaissances, on ne l'ignore plus dans les écoles ; on peut varier d'opinion sur le degré de l'utilité, sur le degré de la certitude, sur l'erreur possible de l'interprétation de ces dessins autographes ; mais en principe l'utilité est admise. J'ai consacré trop de temps à ce genre de recherches pour n'avoir pas une opinion à cet égard. Je pense que cet instrument, dès à présent, rend de sérieux services, et que l'avenir justifiera en partie les promesses que nous faisons en son nom. La méthode en tout cas est nouvelle, elle est scientifique, elle peut et doit s'étendre à d'autres objets. Le cardiographe, quoique d'un usage plus difficile et moins usuel, a déjà fourni des renseignements utiles, et il ne dépend que des cliniciens de donner plus de développement à ce procédé d'exploration. J'en dirai autant des appareils propres à enregistrer les pulsations des grosses artères et à explorer les tumeurs anévrysmales.

L'appareil enregistreur des mouvements musculaires (myographe de Marey) a fourni à son auteur l'occasion d'attirer l'attention sur un ordre de faits auxquels on n'avait pas songé jusqu'ici. Marey a montré, en effet, que l'empoisonnement par différentes substances donnait lieu à des modifications nettes dans le mode de contraction des muscles, soit qu'ils se contractassent spontanément, soit qu'on les excitât par l'action d'une pile électrique. Ainsi on obtenait sur le cylindre enregistreur du myographe des figures d'une netteté saisis-

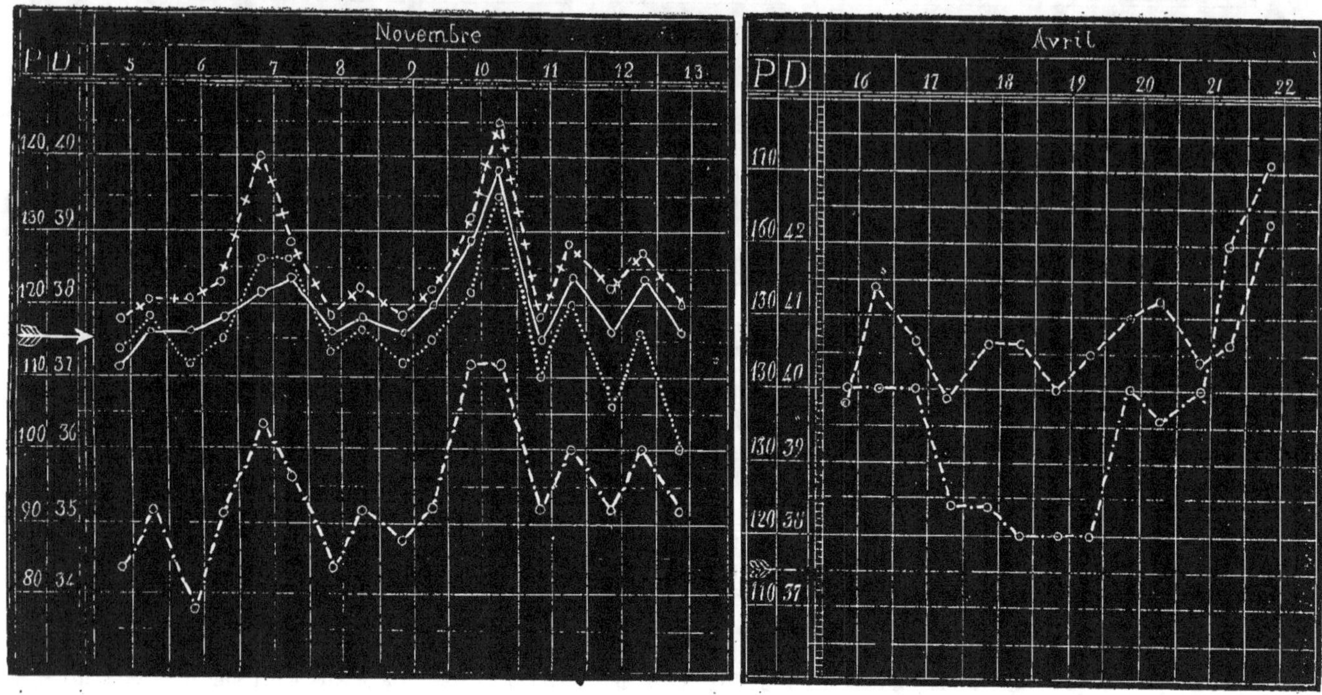

FIG. 124.

FIG. 125.

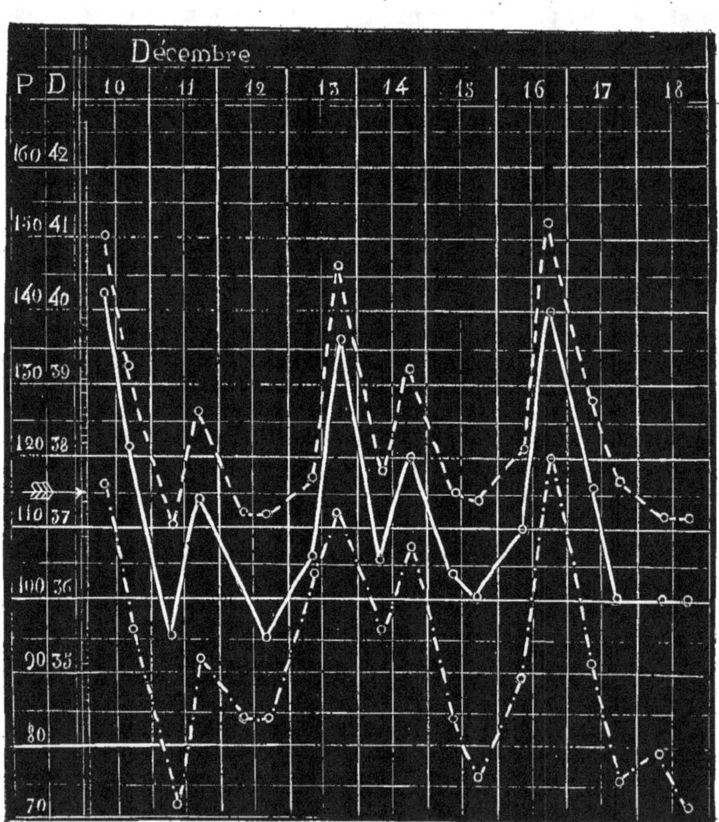

FIG. 126.

sante et sur lesquelles on pouvait reconnaître ici l'action du curare, là celle de la strychnine, des poisons stupéfiants, etc. Cette vue nouvelle et inattendue a excité encore plus de sur-

prise que d'émulation. Cependant un appareil semblable peut être utilisé en médecine et servir au diagnostic. Déjà nous l'avons utilisé pour l'analyse des mouvements convulsifs de la chorée, du tétanos, pour l'analyse des phénomènes connus sous les noms de crampes, tremblements, etc. La poursuite de cette sorte d'études ne peut manquer de donner plus de facilité au médecin pour l'analyse et l'interprétation d'une foule de phénomènes traduits par la forme de la contraction musculaire.

Il en sera de même pour les appareils encore imparfaits qui marquent et inscrivent le mouvement de la respiration. Enfin, nous ne désespérons pas de parvenir à posséder des instruments enregistreurs à indications continues qui, placés à demeure, permettront d'apprécier à un moment donné certains phénomènes qui se sont déroulés en l'absence de l'observateur.

Peu à peu, on arrivera ainsi à reconnaître que l'homme malade mérite d'être traité avec le même soin et le même scrupule que les appareils industriels ou scientifiques construits par nos mains, dont on surveille la marche à l'aide de compteurs et dans lesquels on mesure le travail accompli.

EXEMPLES.

Nous prenons au hasard, parmi les figures graphiques des maladies dans notre collection, trois types différents. Les deux premiers appartiennent aux suites de couches morbides. On y voit d'abord un de ces cas à marche rapide, fatale, où la maladie monte toujours jusqu'à la mort (puerpérisme infectieux). Ces cas là sont au-dessus des ressources de la médecine, ils représentent l'état d'intoxication ou de septicémie au plus haut degré. C'est, si l'on veut, la forme grave par excellence des suites de couche (fig. 124 ; voyez à la p. précéd.).

L'autre type appartient au puerpérisme à accidents locaux, à terminaison variable, curable, et qui ne prend pas d'emblée la forme d'une maladie à marche fatalement ascendante. La maladie y a une allure modérée, moyenne ; elle montre une sorte d'hésitation ; elle a des maxima et des minima très-distants les uns des autres, elle procède par accès, et elle n'a ni période d'état, ni surtout tendance à l'ascension progressive. Enfin on la voit s'éteindre (fig. 125).

De pareils faits demandent des chapitres longs et pleins de confusion, si l'on veut les décrire dans un langage imagé et littéraire ; la figure graphique en dit plus, et parle mieux qu'un livre.

Le troisième fait représente une maladie d'une description difficile, et que l'on n'observe pas habituellement dans notre pays. Nous avons eu la bonne fortune de la saisir au passage et d'en fixer les traits par le moyen d'une figure graphique.

C'est une fièvre quarte romaine, c'est-à-dire une fièvre caractérisée par le retour des accès de trois en trois jours (deux jours d'intervalle ou intercalaires). Plus d'un médecin s'y serait trompé. Nous avons nous-même méconnu cette maladie, dont nous n'avions pas vu encore d'exemple ; cherchant le type tierce ou le type quotidien, nous fumes dérouté d'abord par le retour des accès en un moment inattendu. Cependant la courbe étant recueillie et dessinée au jour le jour, un moment vint où le type morbide réel nous apparut sur la figure et nous contraignit instantanément au diagnostic vrai. *La courbe fait foi ; elle corrige le diagnostic.* Voilà un côté utile et pratique de la méthode qui ne peut être nié (fig. 126).

P. LORAIN.

BIBLIOGRAPHIE SCIENTIFIQUE
Des ouvrages récents sur la théorie mécanique de la chaleur

Plusieurs ouvrages importants sur cette nouvelle branche de la physique ont paru récemment chez Gauthier-Villars, et ils sont destinés à répandre rapidement une doctrine qui est l'œuvre capitale de notre époque.

Le livre de M. Zeuner, professeur à l'École polytechnique de Zurich, a été traduit par MM. Arnthal et Cazin ; il renferme un exposé complet de la thermodynamique dans ses rapports avec la mécanique ; il est particulièrement destiné aux ingénieurs, mais les physiciens y trouveront une foule de considérations du plus grand intérêt, qui peuvent leur suggérer de nouvelles recherches. L'usage des méthodes géométriques rend très-facile la lecture de ce livre. — L'ouvrage de M. Dupré, professeur à la Faculté de Rennes, contient les recherches considérables, expérimentales et théoriques, que ce savant regretté a faites pendant ces dernières années. On y trouve une théorie intéressante des actions moléculaires, un grand nombre de faits nouveaux, qui pourront servir de base à une mécanique moléculaire, des rapprochements remarquables entre les résultats expérimentaux de M. Regnault, etc. La lecture de cet ouvrage pourra fournir de nombreux sujets d'étude. — M. Leclert a publié les leçons que M. Reech, directeur de l'École d'application du génie maritime, a professées l'année dernière à la Sorbonne. La méthode de ce savant diffère notablement de celle qui est généralement adoptée ; elle établit diverses formules sans recourir explicitement au principe de l'équivalence de la chaleur et du travail, et n'introduit ce principe que pour résoudre un certain nombre de questions. Les ingénieurs trouveront dans ce livre des démonstrations géométriques très-simples, et des formules générales qu'ils pourront utiliser dans les recherches de mécanique appliquée. — M. Briot a publié les leçons qu'il a professées à la Sorbonne ; son ouvrage concerne principalement les développements mathématiques qui sont relatifs à la science de l'énergie. Partant de l'hypothèse que la chaleur est un mouvement moléculaire, l'auteur généralise les équations fondamentales de la mécanique rationnelle, et établit les formules de la thermodynamique d'après les méthodes, dues à MM. Clausius, Thomson, Rankine, Zeuner, en s'attachant à donner aux démonstrations la forme la plus simple et la plus rigoureuse. On trouve ainsi dans ce livre les faits définitivement acquis à la science présentés clairement et méthodiquement. Ce qui distingue particulièrement cette publication des précédentes, c'est la théorie de l'*énergie électrique*, laquelle a été fondée par MM. Clausius, Thomson, Helmholtz, etc., sur les propriétés de la *fonction potentielle* de Green et de Gauss. Nous n'avions jusqu'à présent en France que la traduction des mémoires de M. Clausius et celle de l'*Introduction à l'électrostatique* de Beer. L'ouvrage de M. Briot contient un exposé complet de cette partie d'une science nouvelle, qui doit exercer la plus grande influence sur l'interprétation des phénomènes électriques. L'auteur a fait usage de la théorie de M. Weber sur l'induction, laquelle repose sur l'hypothèse des fluides électriques ; mais il fait observer que les résultats mathématiques auxquels on arrive en sont indépendants, et que l'emploi d'une autre hypothèse modifierait seulement le langage, en imposant d'autres définitions des quantités qui figurent dans le calcul. La publication de ce livre contribuera à répandre en France des théories qui sont professées depuis longtemps en Allemagne et en Angleterre. — Ajoutons à cette liste d'ouvrages une *Esquisse historique de la théorie dynamique de 'a chaleur*, par M. Tait, professeur à l'université d'Édimbourg, où sont posées les bases de la science de l'énergie, ou *énergétique*.

Lorsque les œuvres de Verdet auront été complètement publiées, elles nous fourniront encore un utile complément à la thermodynamique, l'éminent professeur ayant fait dans ses leçons de la Sorbonne une étude consciencieuse des expériences relatives à ce sujet.

Parmi les ouvrages sur la chaleur publiés récemment chez Gauthier-Villars, signalons encore *La chaleur solaire et ses applications industrielles*, par M. Mouchot, professeur au lycée de Tours. L'auteur a réussi le premier à faire fonctionner une machine à vapeur à l'aide de la chaleur solaire seule, et il a décrit dans cet ouvrage tout ce qui se rapporte à cette importante question. On y trouve de curieux détails historiques, et un exposé élémentaire des principes sur lesquels repose la création de cette nouvelle industrie. La lecture de ce livre est très-attrayante, autant à cause de l'originalité du sujet, que du style souvent pittoresque de l'auteur.

Le propriétaire-gérant : GERMER BAILLIÈRE.

PARIS. — IMPRIMERIE DE E. MARTINET, RUE MIGNON, 2.

REVUE

DES

COURS SCIENTIFIQUES

DE LA FRANCE ET DE L'ÉTRANGER

SEPTIÈME ANNÉE   NUMÉRO 19   9 AVRIL 1870

MICHAEL SARS

Il y a trente et quelques années, le bruit d'une découverte fort inattendue vint à se répandre dans le monde scientifique. On apprit alors que des recherches exécutées avec beaucoup de sagacité et une longue persévérance avaient conduit à reconnaître dans certains Polypes hydraires et des Méduses, les différents états d'une même espèce. La surprise fut grande. Des procédés de génération jusque-là inconnus se trouvaient tout à coup révélés ; des faits étranges, frappant l'esprit par leur nouveauté, ouvraient la carrière aux interprétations et aux méditations sur de merveilleux phénomènes de la vie : la reproduction et le développement. L'histoire des êtres était enrichie d'un admirable chapitre.

De quel pays venait la découverte ? D'une région située presque aux dernières limites du monde civilisé. — de la Norvége. L'heureux observateur était-il un de ces hommes exclusivement voués à la science et déjà en possession d'une célébrité ? Nullement ; c'était le pasteur ignoré d'une paroisse du diocèse de Bergen, mais à ce moment même les naturalistes apprenaient le nom de Sars pour ne jamais l'oublier.

Michael Sars s'est acquis la considération d'hommes éminents, partout où le culte de la science demeure. Dans leurs ouvrages, ces hommes éminents l'ont cité avec honneur, et en songeant à lui, ils ont salué la Norvége. Que la Norvége devait être fière à la pensée d'avoir un de ses enfants compté par des étrangers au nombre des illustrations de l'Europe ; que le gouvernement du pays devait avoir eu de sollicitude pour ce savant particulièrement recommandable ! Une perspective lointaine porte l'esprit à croire ces choses, en apparence si naturelles et si encourageantes pour la morale.

Sars vient de mourir, et il laisse une nombreuse famille dans le dénûment. Cette infortune attriste, mais elle entraîne une consolation. Le nom du chef de cette famille cruellement frappée a reçu aujourd'hui un lustre impossible à prévoir. A Londres et à Paris, il s'est trouvé une bonne âme pour dire le plus haut possible : vous tous qui aimez la science, qui estimez le talent, qui pensez que de grandes vérités conquises par l'effort de l'esprit appartiennent à l'humanité, reconnaissez une dette en compatissant à un malheur vraiment digne de sympathie (1). Et le nom comme le mérite de Sars, hier confiné dans un cercle étroit, est connu maintenant de la plupart des gens instruits, en France, en Angleterre, en Allemagne, partout où il y a des lecteurs attentifs.

Michael Sars était né à Bergen le 30 août 1805. Après avoir achevé ses études classiques à l'université de Christiania, il entra dans les ordres ecclésiastiques et fut chargé en 1830 de la paroisse de Kind. Pris de bonne heure d'un goût prononcé pour les sciences naturelles, le jeune pasteur, se trouvant placé dans une situation favorable, s'abandonna avec fruit à son penchant. Pour tenter son esprit investigateur, il avait devant lui la mer et sa prodigieuse population d'animaux, source intarissable d'observations du plus haut intérêt. Aussi fut-il bientôt à l'œuvre ; dès l'année 1829, il s'annonça par un mémoire dont le retentissement ne se propagea pas bien loin (1). Ce premier écrit avait pour objet de faire connaître avec exactitude des mollusques, des zoophytes, des annélides échappés jusque-là aux recherches des naturalistes scandinaves. Il contenait le germe de la principale découverte de notre auteur, mais l'étude n'avait pas été suffisamment poursuivie, et rien encore ne faisait pressentir ce qu'on apprendrait un peu plus tard.

Il est rare qu'une belle et grande découverte apparaisse du premier jet dans son ensemble et par conséquent dans tout son éclat. Souvent l'attention de l'auteur s'arrête sur un premier fait, et il n'aperçoit rien au delà. Mais, qu'il revienne sur le même sujet par suite du hasard ou de sa volonté, un incident particulier le frappe, une rencontre heureuse lui inspire une idée, — la lumière est faite. Alors, avec l'émotion que donne l'espoir de parvenir à un résultat considérable, oubliant la peine, il lutte vaillamment contre toutes les mauvaises chances, contre toutes les difficultés, et un jour le but est atteint, la découverte peut être annoncée. C'est, à n'en pas douter, de cette façon que Sars est arrivé à reconnaître l'étrange mode de développement des Acalèphes de la famille des Méduses. Ce mode de développement a été plus d'une fois décrit depuis une trentaine d'années, et néanmoins, pour montrer clairement ce que la science doit au naturaliste norvégien, il nous paraît indispensable de résumer nos connaissances actuelles sur cet admirable sujet.

Tout le monde aujourd'hui, allant de temps à autre passer quelques moments de l'année au bord de la mer, chacun a eu l'occasion de voir des Méduses jetées à la côte, gisant sur la grève, semblables à des masses de gelée d'un assez gros volume. Sur les rivages de la Manche et de l'Océan, on rencontre ainsi en abondance l'espèce qui a reçu le nom de Rhizostome de Cuvier, toujours aisément reconnaissable au liséré

---

(1) A Londres, un zoologiste distingué, M. Gwyn Jeffreys, à Paris, M. Émile Alglave, directeur de cette *Revue*, ont pris l'initiative d'une souscription destinée à venir en aide à la famille Sars, et n'ont reculé devant aucun effort pour en assurer le succès.

---

(1) *Bidrag til Soedyrenes Naturhistorie*, Bergen, 1829.—Matériaux pour l'histoire naturelle des animaux marins.

bleu de son ombrelle. A la vue de ces corps inertes, déchirés, écrasés, souillés, plus ou moins déliquescents, beaucoup de personnes conçoivent une répugnance et ne soupçonnent en aucune manière que pendant la vie les Méduses sont de ravissantes créatures.

Le corps de ces zoophytes est un disque plus ou moins convexe ou mieux une ombrelle que volontiers on compare pour la forme à la tête d'un champignon. Des bords de l'ombrelle ou du pourtour de la bouche située dans la portion centrale et inférieure du corps, pendent soit des filaments, soit des tentacules ou des bras, tantôt simples, tantôt frangés ou mamelonnés, suivant les espèces. Parfois la bouche manque et des suçoirs particuliers qui en tiennent lieu existent dans les ramifications des tentacules. Des teintes roses, bleues, violettes, d'une fraîcheur incomparable, donnent l'aspect le plus séduisant aux tissus diaphanes ou semi-transparents de ces Acalèphes. Les Méduses disséminées par toutes les mers en sont l'un des ornements. Lorsque l'air est calme, l'eau bien tranquille, on voit souvent des légions de ces zoophytes apparaître tout près de la surface, le corps incliné, l'ombrelle exécutant des mouvements successifs de contraction et de dilatation, les filaments ou les tentacules s'agitant avec mollesse. Un souffle survient, l'eau se ride, se soulève, et les Méduses qui excitaient l'admiration de l'observateur attentif s'enfoncent presque sans effort apparent et disparaissent dans les profondeurs de la mer, où l'œil ne peut les suivre.

Les Méduses sont formées en grande partie d'une substance qui rappelle de la façon la plus saisissante l'aspect d'une gelée un peu ferme. Des fibres ou des lames contractiles peu distinctes traversent cette substance en différents points et en différentes directions. En général, les Méduses possèdent un appareil digestif dont les dispositions sont très-variables selon les types. Chez beaucoup d'espèces, il y a un vaste estomac dont l'extrême puissance digestive a été souvent remarquée, et un système de canaux ramifiés, parfois très-complexe, qui communique avec cet estomac. Lorsque, dans le dessein d'étudier la disposition de cet appareil, on introduit un liquide coloré par la cavité centrale, les canaux se montrent dans leurs moindres détails avec une netteté parfaite et produisent l'effet le plus charmant qu'on puisse imaginer (1). Assez souvent les Méduses ont des yeux ou du moins des organes considérés par les uns comme des organes de vision, par les autres comme des organes d'audition, toujours situés au pourtour de l'ombrelle. Elles possèdent un moyen de défense dans des corps urticants qui déterminent sur la peau une vive sensation de brûlure, comparable à celle que l'on ressent au contact des orties. Elles ont des organes de génération, manifestes seulement à certaines époques et affectant dans les deux sexes la forme de rubans plissés ou d'utricules s'ouvrant au dehors par des canaux particuliers. Il y a des individus mâles et des individus femelles ; les œufs de ces derniers se détachent, la liqueur séminale des premiers se répand, et par leur rencontre dans l'eau la fécondation s'opère.

De l'œuf de la Méduse sort un petit être semblable à un infusoire. Le jeune animal, de forme presque ovale, mais un peu plus renflé en avant qu'en arrière, est tout couvert de cils vibratiles ; il nage dans l'eau avec une extrême agilité. Mais bientôt, sur un fucus, sur un rocher, sur une pierre, il

se fixe par l'extrémité antérieure de son corps. Une dépression ou une fossette creusée à la manière d'une ventouse a permis l'adhérence, un mucus répandu sur ce point, tout aussitôt étalé et durci, constitue une attache des plus résistantes. A l'extrémité demeurée libre se manifeste un aplatissement, au centre s'ouvre une bouche, tout autour un bourrelet s'élève, des prolongements ou des bras naissent successivement ; il y en a d'abord quatre, huit un peu plus tard, et enfin un grand nombre. L'animal est alors un vrai polype, un polype gélatineux, comparable à l'Hydre, qui reçut de Sars le nom de *Scyphistoma*. Sous cette forme, il se multiplie par des bourgeons. Il continue néanmoins à grandir ; il s'allonge, des divisions transversales se dessinent, puis au bord de chaque division, sorte de segment, naissent des tentacules figurant une collerette. Notre zoophyte rencontré sous cette forme devint le genre *Strobila*. Mais les segments se séparent les uns après les autres et chaque segment isolé est une petite Méduse qui nage en toute liberté. Encore quelques changements dans les formes, un accroissement de taille, et l'animal sera arrivé au terme de ses transformations.

Il y a quarante ans, on ne savait absolument rien, soit du mode de multiplication, soit du genre de développement des Méduses ; on ne possédait même que des notions fort incomplètes touchant l'organisation de ces animaux. Aucune confiance n'était accordée à Chamisso, le compagnon de Kotzebue dans son *Voyage autour du monde*, pour ses observations sur le double mode de reproduction des Mollusques tuniciers du genre Biphore (*Salpa*) qui auraient déjà pu fournir un précieux terme de comparaison. C'est seulement après les recherches d'un zoologiste allemand, M. Krohn, publiées en 1846, que l'exactitude des assertions du premier investigateur a été pleinement reconnue.

Dans cet état d'ignorance commun à tous les naturalistes, Sars, trouvant le polype fixé qu'il nomme *Scyphistoma*, le considère comme un Zoophyte voisin des Hydres ; il observe d'autre part l'animal remarquable par ses divisions transversales garnies de tentacules bifides, et il y voit un autre genre particulier qui sera appelé du nom de *Strobila*. C'est ainsi que dans son premier mémoire il fit connaître ces deux formes. Satisfait de signaler des êtres qui n'avaient encore été décrits nulle part, il ne songea pas à s'en préoccuper davantage pour le moment.

Notre auteur poursuit tranquillement ses recherches sur la faune marine de la côte de Norvége, donnant une égale attention aux Zoophytes, aux Mollusques et aux Annélides. Ayant réuni de la sorte d'assez nombreuses observations, il publie en 1835 un mémoire contenant les descriptions et les figures de plusieurs animaux nouveaux ou peu connus de la côte de Bergen (1). Sars revient ici sur les deux formes de polypes qu'il a décrites six années auparavant, car il a beaucoup appris sur leur compte. Des individus intermédiaires entre les *Strobila* et les *Scyphistoma* ont été rencontrés et étudiés avec soin ; il n'y a plus à douter ; tous ces êtres appartiennent à la même espèce et en montrent les diverses phases du développement. Le naturaliste norvégien distingue quatre âges : le premier représenté par le *Scyphistoma* dont la surface du

<hr>

(1) Voyez les figures données par M. Milne Edwards, *Voyage en Sicile*, t. I.

<hr>

(1) *Beskrivelser og Iagttagelser over nogle mærkelige eller nye i havet ved den Bergenske Kyst leveden Dyr.* — 4° Bergen, 1835.— Descriptions et études de plusieurs animaux remarquables, vivant sur la côte de Bergen.

corps est lisse, le second par l'animal, offrant des sillons transversaux, le troisième par le *Strobila*, chez lequel les sillons très-prononcés forment les limites de segments garnis de tentacules au bord supérieur, et enfin, après la désunion des segments, le quatrième âge représenté par les individus libres ayant une analogie frappante avec les petites Méduses désignées par Eschscholtz sous le nom d'*Ephyra* (1). Pour cette fois, Sars s'imagine bien avoir été jusqu'au bout. Dans sa pensée, le Strobila est un Acalèphe de forme très-variable pendant les premiers temps de la vie, se fractionnant plus tard en parties transversales qui chacune finit par se séparer des autres et devenir libre. Il croit devoir noter qu'il a recueilli dans la baie de Bergen, mêlé à des Méduses, de l'espèce dite *Medusa aurita*, un *Strobila* plus âgé que les autres, mais cette rencontre ne suffit pas encore à éveiller tout à fait son attention; les idées ne se produisaient qu'avec une certaine lenteur dans l'esprit du patient naturaliste. Il comprend cependant à merveille l'importance de sa découverte, car à cet instant il a déjà reconnu chez une espèce l'agrégation de plusieurs individus devenant libres, dans leur état le plus parfait. Il songe à rapprocher ce fait des observations de Chamisso sur les Biphores ou Salpas, animaux bien différents de ceux qu'il avait étudiés. En effet, tout Biphore est vivipare et chaque espèce, comme l'exprime M. Krohn, se propage par une succession alternative de générations dissemblables, l'une de ces générations représentée par des individus solitaires ou isolés, l'autre par des individus agrégés, réunis en groupes connus sous le nom de chaînes. Chaque individu solitaire engendre un groupe d'individus agrégés, et chaque individu dépendant d'un groupe produit à son tour un individu isolé, en sorte que les individus solitaires sont multipares, et les individus associés unipares. Le développement des Acalèphes présente évidemment des phénomènes d'une autre nature; néanmoins, comme Sars en avait le soupçon, il existe entre le mode de reproduction des Biphores et celui des Acalèphes des faits qui appellent la comparaison.

Deux années s'écoulent après les dernières recherches relatives au *Strobila*, sans aucune observation nouvelle sur ce sujet; mais dans une lettre adressée à l'Académie des sciences, le 24 juillet 1837 (2), le zoologiste de Bergen déclare de la manière la plus formelle que le singulier animal qu'il a fait connaître sous le nom de *Strobila* est le jeune âge d'une Méduse (*Medusa aurita*).

Il avait fallu à notre auteur huit années pour suivre le développement des Méduses depuis leur première forme de polype jusqu'à la dernière phase de leur vie. Mais le temps n'est rien quand il s'agit d'investigations scientifiques; seul, le résultat s'offre à l'attention, et ici le résultat était immense par la nouveauté des faits mis en lumière, par les conséquences qu'il devait avoir, à l'égard des idées générales, partout acceptées, sur la reproduction des êtres. On était accoutumé depuis longtemps à voir des métamorphoses des plus remarquables chez certains animaux; seulement, si grands que

puissent être les changements éprouvés par les individus d'une même espèce pendant le cours de leur existence, on ne songeait pas à la possibilité, pour des individus d'une espèce quelconque, de se multiplier à tout âge et de se multiplier de différente manière, suivant l'âge. Par suite des recherches de Sars, il a été démontré que chez certains zoophytes un œuf est l'origine d'une multitude d'individus. Au début de la vie, l'animal semble avoir le même caractère d'individualité que les représentants des autres groupes zoologiques; mais bientôt cet animal (*Scyphistoma*) produit des bourgeons, des pousses qui se détachent et deviennent autant d'individus semblables à lui-même, pouvant également se multiplier; puis tous ces animaux, parvenus à une période plus avancée de leur développement, se fractionnent (*Strobila*); c'est une association dont chaque partie détachée, retrouvant le caractère d'individualité indépendante, représente l'espèce arrivée au terme de son évolution : la Méduse. Pour la connaissance de cette remarquable série de phénomènes, Sars n'a été devancé que sur un point. Avant lui, MM. Ehrenberg (1) et de Siebold (2) ont observé le premier état des Méduses, celui pendant lequel ces Acalèphes ont la forme d'infusoires. Les recherches du naturaliste norvégien, accueillies avec l'intérêt dont elles étaient dignes, excitèrent l'ardeur de plus d'un zoologiste.

D'habiles investigateurs conçurent aussitôt le désir de voir par eux-mêmes les faits nouvellement signalés, d'étudier les transformations et les divers modes de propagation d'autres Acalèphes, d'autres Polypes. On n'avait pu un instant hésiter à reconnaître que la découverte de Sars serait l'origine d'une suite de découvertes qui permettraient de s'élever à quelques grandes généralisations.

Sir Graham Dalyell entreprit sur les côtes d'Écosse des recherches sur le développement des Méduses; M. Th. de Siebold fit une excellente étude de l'espèce qui avait été particulièrement le sujet des observations de Sars, l'Aurélie (*Medusa aurita*) (3).

Du reste, étant arrivé à un grand résultat par des observations plusieurs fois interrompues, le naturaliste norvégien ne se tenait pas pour satisfait. Son ambition était de produire un travail dans lequel tous les faits relatifs au développement et aux transformations des Méduses seraient présentés dans leur ensemble et exposés avec méthode. C'est ainsi qu'en 1841, l'année même où M. Milne Edwards signala une suite de particularités remarquables de l'organisation des Acalèphes, Sars mit au jour un beau mémoire sur le développement de la Méduse Aurélie (*Medusa aurita*) et de la Cyanée chevelue (*Cyanea capillata*) (4). Une courte introduction nous permet d'apprécier le caractère de l'auteur, toujours plein de conscience et de sincérité. Le zoologiste de Bergen a reçu l'ouvrage de M. de Siebold, et il se hâte de témoigner de l'exactitude des observations qui s'y trouvent exposées. Il ne veut pas se préoccuper des doutes exprimés par quelques naturalistes au sujet de ses recherches antérieures; la vérité, pense-t-il, bien probablement n'a pas besoin d'être défendue; d'ailleurs,

---

(1) Une traduction du passage relatif au *Strobila* a été publiée par M. Gervais, *Annales françaises d'anatomie et de physiologie*, t. II, p. 8, 1838, et reproduite *Annales des sciences naturelles*, 2ᵉ série, t. XVI, p. 323, 1841, en note d'un nouveau mémoire de Sars sur le développement des Méduses.

(2) *Lettre sur quelques espèces d'animaux invertébrés de la côte de Norvége.* — *Comptes rendus de l'Académie des sciences*, t. V, p. 97, et *Annales des sciences naturelles*, 2ᵉ série, t. VII, p. 246, 1837.

(1) *Ueber die Acalephen des Rothen Meeres und den Organismus der Medusen der Ostsee* — *Abhandlungen der Berlin. Akademie*, aus dem Jahre 1835.

(2) *Beiträge zur Naturgeschichte der Wirbellosen Thiere.* Danzig, 1839.

(3) *Loco citato.*

(4) Wiegmann's *Archiv für naturgeschichte*, 1, p. 19, 1841, et *Annales des sciences naturelles*, 2ᵉ série, t. XVI, p. 321; 1841.

les plus importantes de ses observations viennent d'être confirmées par M. Dalyell. Le voilà donc très-rassuré pour l'avenir. Il poursuit sans chercher le moins du monde à se glorifier. « Les animaux que j'ai choisis, dit-il, comme objet de mes recherches, sont difficiles à observer. Là où presque tout est nouveau, il est facile de commettre des méprises, » et il ajoute, ce qu'on juge bien être l'expression de la vérité : « Depuis quelque temps, je suis plus habitué à observer ; quoique jusqu'à présent je n'aie eu qu'un microscope imparfait, j'espère montrer que mes observations ne sont pas faites à la légère. » Manquer d'instruments utiles ou nécessaires, c'est le malheur connu de bien des savants ; mais il est juste de remarquer ici que les études sur le développement des Méduses pouvaient être faites sans le secours d'un microscope d'une grande puissance. Au reste, dans ce travail, résumé de recherches poursuivies avec une constance inébranlable depuis une douzaine d'années, Sars expose avec une précision parfaite la succession des changements qui s'opèrent chez les deux espèces communes sur la côte de Norvège (*Medusa aurita* et *Cyanea capillata*), retraçant les curieuses circonstances de la vie de ces êtres, sous leurs divers états, d'une façon à ne pas laisser d'incertitude sur le soin apporté dans l'étude. Il décrit les particularités du premier âge mieux que ne l'avaient fait ses devanciers et sans omettre aucun détail important, il montre comment les jeunes animaux, affectant le caractère d'infusoires, deviennent des Méduses « après des métamorphoses étonnantes dont on n'avait pas auparavant la moindre idée ; car, ajoute-t-il, *à priori*, on a adopté l'opinion souvent contraire à ce qui existe réellement, que ces animaux, comme beaucoup d'autres des classes inférieures, ont un développement extrêmement simple » ; sur cette partie de l'histoire des animaux, l'auteur avait achevé sa tâche ; sa découverte était complète.

La connaissance des transformations des Méduses étant acquise, disparaissait la distinction nette autrefois admise par tous les zoologistes entre les Polypes et les Acalèphes. Polypes pendant les premières phases de leur existence, Acalèphes dans la dernière période de leur vie, ces zoophytes témoignaient par les formes successives qu'ils présentent, d'une relation intime que personne n'avait soupçonnée. Indication précieuse mise à profit par d'habiles investigateurs dans des recherches sur d'autres représentants des mêmes groupes. Des travaux sur les Polypes des genres Campanulaire, Syncoryne, Tubulaire, etc., dus à MM. Lovén, Dalyell, Nordmann, Van Beneden, Dujardin et d'autres encore, ont apporté de nouvelles preuves que la forme de Polype et la forme de Méduse sont les différents états de l'espèce dans un groupe considérable de l'embranchement des Zoophytes. Beaucoup de Polypes hydraires, ayant toujours la faculté de se multiplier par des bourgeons et par des prolongements que l'on désigne sous le nom de *stolons* et demeurant ainsi de véritables agrégations d'individus, présentent à certains moments des bourgeons que l'on prendrait pour une fructification. Ceux-ci deviennent bientôt des clochettes pourvues de tentacules et ressemblent alors à des fleurs aux pétales épanouies. Les clochettes se détachent et nagent librement ; ce sont de véritables petites Méduses qui produisent des œufs d'où naîtront des Polypes. Une chute, une pluie de Campanulaires est un des plus ravissants spectacles qui soient donnés par les animaux de la mer.

Les métamorphoses et surtout les différents modes de

reproduction constatés chez les Polypes et les Acalèphes devaient nécessairement être l'objet de bien des interprétations. Un naturaliste aujourd'hui célèbre, M. Steenstrup, actuellement professeur de l'université de Copenhague, tenta aussitôt de formuler une grande généralisation et donna une interprétation dont le succès a été considérable (1). M. Steenstrup, ayant rapproché tous les faits connus sur les animaux aptes à se multiplier sous des formes différentes, indiqua par le mot de *générations alternantes* la succession, chez ces animaux, d'êtres dissemblables ou en d'autres termes, d'êtres ne ressemblant pas à leurs parents, mais à leurs grands-parents. C'était d'un mot exprimer une idée générale et rendre saisissant un remarquable phénomène ; le mot fut bien accueilli et même accepté par un grand nombre de naturalistes. Il semble tout à fait heureux quand on l'applique aux générations des Biphores (Salpas) ; beaucoup moins, s'il s'agit de celles des Acalèphes. Dans l'opinion très-justifiée de plus d'un zoologiste, la Méduse est vraiment l'état parfait de l'espèce, et le Polype en est seulement la larve ; une larve douée de la faculté de multiplication, chose qu'on a longtemps regardée comme fort extraordinaire, mais dont on connaît aujourd'hui divers exemples. Un des plus singuliers est offert par des larves d'insectes de l'ordre des Diptères et de la famille des Tipulides (Cécidomyies) observées pour la première fois par M. Nicolas Wagner, de Kazan. Mais ce sont des faits que nous ne songeons point à discuter à cette place ; il nous suffit de rappeler le mouvement scientifique amené par la grande découverte de Sars.

Les yeux sans cesse fixés sur la plupart des animaux invertébrés de la mer, Sars employa son talent d'observateur d'une manière particulièrement favorable aux progrès de la science. A l'époque de sa plus grande activité, lorsqu'on réussissait à voir les premiers états ou à suivre les diverses phases du développement d'un type de Zoophytes, de Mollusques ou d'Annelés, on était presque certain d'avoir à signaler des faits nouveaux de haute importance, toujours propres à éclairer quelques points de la zoologie, souvent de nature à être l'origine d'une vue générale ou d'une vue philosophique. Le naturaliste de Bergen profita merveilleusement de sa situation au bord de la mer ; pour beaucoup d'investigateurs, l'éloignement de la mer est une perpétuelle cause de regret. Il eut la bonne fortune de reconnaître avant tous les autres les premiers états des Zoophytes de la classe des Echinodermes si connus sous le nom d'Etoiles de mer, les Astéries (2). Ici, tout se passe bien différemment de ce qui a lieu chez les Acalèphes. Les œufs formés dans l'ovaire se détachent successivement pour être reçus dans une cavité que prépare volontairement la mère en ployant son disque ventral et en rapprochant ses bras ; c'est l'exemple d'un instinct tout spécial. L'incubation entière s'effectue

---

(1) *Om Fortplantning og Udvikling gjennem vexlende Generationsrakker en sœregen Form for Opfostringen i de lavere Dyrklasser* (Copenhague 1842). — *Sur la reproduction et le développement par voie de générations alternantes, forme particulière de l'entretien de la race, dans les classes d'animaux inférieurs.* — Cet écrit a été traduit en allemand : *Ueber den Generationswechsel*, 1842, et en anglais : *On the alternation of Generations*, London, 1845.

(2) *Comptes rendus de l'Académie des sciences*, t. V, p. 97 ; 1837 et *Annales des sciences naturelles*, 2ᵉ série, t. VII, p. 248 ; 1837. — *Ueber die Entwickelung der Seesterne ; Archiv für Naturgeschichte*, 1, p. 169 ; 1844. — *Mémoire sur le développement des Astéries ; Annales des sciences naturelles*, 3ᵉ série, t. II, p. 190, pl. 13 ; 1844.

dans cette poche artificielle. Au sortir de l'œuf, les jeunes comme ceux des Méduses ressemblent à des infusoires, et nagent rapidement au moyen des cils vibratiles dont ils sont couverts. Après quelques jours de cette vie errante, se développent à la partie antérieure du corps quatre éminences ; à ce moment le corps des petites Astéries est binaire. Entre les premières éminences apparaît ensuite un mammelon destiné à servir d'attache. En effet, les jeunes Astéries se fixent à l'aide de ce pédicule et rappellent en cet état la condition des Encrines ; mais dans un assez court espace de temps, ces animaux prennent la forme radiaire, leur organe d'attache s'atrophie et ne tarde pas à disparaître. Les petites Astéries déjà pourvues des tentacules qui servent à la locomotion, se portent dès cet instant de la même façon que les adultes. Telles sont les principales notions fournies par les études de Sars relatives au développement des Echinodermes. Désormais, on était fixé sur la nature des transformations des Astéries, on avait appris que la forme binaire du corps, dont la trace se retrouve avec peine chez les Echinodermes adultes est presque parfaite, pendant une période de la vie de ces Zoophytes ; c'était reconnaître la persistance d'un caractère très-général que l'on croyait trop ne pas rencontrer chez des animaux de l'embranchement des Radiaires. Il avait été constaté que les Astéries pendant une phase de leur existence demeurent fixées au moyen d'un pédicule ; c'était une fois de plus mettre en évidence le caractère de larves propre aux Echinodermes du groupe des Encrines.

Il y a trente-cinq ans, on savait peu de chose sur l'état embryonnaire des Mollusques ; rien de celui des Gastéropodes sans coquille, les Nudibranches de Cuvier, c'est-à-dire les Tritonies, les Doris, les Eolides, êtres admirables par la délicatesse de leurs tissus, par l'élégance de leurs formes, par la vivacité, la fraîcheur, la variété de leur coloris, par les curieuses particularités de leur organisation. Sars ne fut devancé par personne dans l'étude de l'œuf et de l'embryon des Doris, des Tritonies et des Eolides. Il observa exactement les premières phases du développement, et il reconnut l'existence d'une coquille chez les jeunes des Mollusques gastéropodes dont le caractère le plus apparent est de manquer de coquille (1). Le naturaliste de Bergen ne saisit sans doute pas toute la portée de son observation, mais un peu plus tard, M. Vogt, dans un beau travail sur l'embryogénie d'un autre Gastéropode sans coquille, l'Actéon, a pris soin de la faire ressortir (2). « La découverte d'une coquille chez les embryons des Nudibranches, dit cet auteur, est de la plus haute importance pour la zoologie philosophique. » C'était, en effet, la démonstration que, lorsque un caractère, un organe, un instrument propre à la plupart des représentants d'une classe, vient par exception à manquer chez certaines espèces de la même division zoologique, il existe chez ces mêmes espèces dans les premiers temps de la vie, apparaissant là comme un témoin du rôle considérable qu'il remplit ailleurs.

La connaissance de métamorphoses chez les Annélides ne date pas d'une époque reculée. Sur ce sujet, M. Lovén, de Stockholm, a le premier, en 1840, signalé quelques faits dignes d'attention (1) ; bientôt après, M. Milne Edwards a donné un travail bien connu de tous les naturalistes (2), et dans le cours de la même année, Sars a fourni un contingent d'observations pleines d'intérêt (3).

Notre auteur avait publié une suite de mémoires destinés à faire connaître les résultats de ses principales observations ; autant de découvertes. Mais son dessein, mûri pendant de longues années, était de produire un grand ouvrage sur les animaux marins de son pays et de compléter la *Zoologie danoise*, publiée par O. F. Müller à la fin du siècle dernier. Ce projet reçut un large commencement d'exécution. Une première partie de l'ouvrage ayant pour titre : *Faune du littoral de la Norvége*, parut en 1846 (4).

C'est bien le début de l'œuvre dont on voudrait faire un monument. L'auteur s'est appliqué dans ses études à pousser l'investigation aussi loin qu'il lui a été possible ; il a mis une sorte de passion à être dans les moindres détails d'une exactitude scrupuleuse. Ne perdant pas de vue le côté matériel, il a voulu des planches d'une parfaite exécution, afin de rendre saisissant tout ce qu'il cherche à faire connaître ; il a même désiré une belle impression typographique, un beau format. La première livraison de l'ouvrage est faite ainsi, à peu près au gré de l'auteur, mais on a rencontré bien des difficultés avant d'atteindre le but. Sars, il est vrai, avait reçu quelque assistance matérielle de la part de la Société royale des sciences de Norvége ; mais cela ne devait pas suffire pour accomplir l'œuvre entière. La première partie de la *Faune du littoral de Norvége* était pourtant digne de tous les encouragements. Elle s'ouvre par une belle étude sur la propagation de plusieurs polypes du genre Syncoryne et de quelques genres voisins : les Zoophytes que nous avons cités à raison des curieux phénomènes de leur développement et de leur mode de reproduction ; puis viennent de nouvelles observations sur d'autres polypes : une nouvelle espèce de *Plume de mer* (Pennatula borealis), les Lucernaires, dont la vraie parenté zoologique reste encore incertaine, un singulier polype nageur (Arachnactis albida) ; des observations sur plusieurs de ces magnifiques Acalèphes composés, appelés aujourd'hui les Siphonophores. Nous trouvons ensuite le mémoire sur le développement des Astéries qui avait été publié par anticipation, et des recherches sur l'organisation et le développement des Biphores (*Salpa*). Le zoologiste de Bergen ne dissimule pas la joie que lui procura la rencontre de ces mollusques, ayant un mode de multiplication qu'il était intéressant de comparer à celui des Méduses. D'ailleurs, ces animaux n'avaient jamais été observés que dans les mers des régions chaudes ou tempérées, et c'était un événement de les trouver dans les mers du Nord, sur la côte de Norvége, dans les parages des îles Floröe et Bremanger, par 61° 50′ de latitude N. A l'égard des Salpas,

---

(1) *Annales des sciences naturelles*, 2ᵉ série, t. VII, p. 246 ; 1837. — Wiegmann's *Archiv für Naturgeschichte*, 1, p. 402 ; 1837. — *Zur Entwickelungsgeschichte der Mollusken und zoophyten* (sur le développement des Mollusques et des Zoophytes), Wiegmann's *Archiv*, 1, p. 196 ; 1840. — *Zusätze zu der von mir gegebenen Darstellung der Entwickelung der Nudibranchien* (Additions à l'exposition du développement des Nudibranches que j'ai données précédemment) ; Wiegmann's *Archiv für naturgeschichte*, 1, p. 4, ; 1845.

(2) *Annales des sciences naturelles*, 3ᵉ série, t. VI, p. 5-51, 1846.

(1) *Iakttagelse öfser metamorfos en Anneliden ; K. Vetenskap Akademie Handlingar*, Stockholm, 1840, p. 93. — *Observations sur les métamorphoses dans les Annélides. — Annales des sciences naturelles*, 2ᵈ série, t. XVIII, p. 288 ; 1842.

(2) *Annales des sciences naturelles*, 3ᵉ série, t. III, p. 145 ; 1845, et *Recherches faites pendant un voyage en Sicile*, t. I

(3) Wiegmann's *Archiv für Naturgeschichte*, 1, p. 12, pl. 1 ; 1845.

(4) *Fauna littoralis Norvegiœ ;* Erste lieferung (94 pages et 10 planches), in-folio, Christiania, 1846.

l'auteur de la *Faune du littoral de la Norvége* eut le plaisir de s'assurer de l'exactitude des faits annoncés par Chamisso; il ne connaissait pas encore le travail de M. Krohn. Un dernier chapitre est consacré à l'étude d'une Annélide tubicole (*Filograna implexa*), chez laquelle l'habile observateur constata, ce qui était alors nouveau, un mode de multiplication par fissiparité.

La première livraison de la *Faune du littoral de la Norvége*, fort appréciée par les zoologistes, sembla longtemps ne devoir être suivie d'aucune autre. C'était sans doute un vif chagrin pour l'auteur qui manquait des ressources pécuniaires indispensables à l'exécution de son œuvre ; seulement, après dix années écoulées, parut une seconde livraison donnée comme la fin de l'ouvrage. L'assemblée nationale norvégienne avait accordé une petite somme afin de rendre possible la publication de cette dernière partie. Cette fois, Sars s'était adjoint la collaboration de deux de ses compatriotes, MM. Koren et Danielsen ; sa part se réduit à la description d'une suite d'Annélides d'espèces nouvelles.

Pendant de longues années, le naturaliste de Bergen avait étudié les animaux de la mer qui baigne les côtes de la Norvége. Bien des fois, il avait dû songer à voir une autre mer et d'autres animaux ; le désir de porter son attention sur des objets encore inconnus, ayant une relation avec ceux que l'on connaît, s'éveille inévitablement chez la plupart des investigateurs, presque toujours animés par l'espérance de tirer quelques nouveaux aperçus de leurs comparaisons. Dans une telle disposition d'esprit, quand on a vécu en face de la mer du Nord, comment ne pas rêver de la Méditerranée, de son beau ciel, de ses magnifiques rivages, de son admirable population d'animaux. Nous ne connaissons pas d'une manière certaine les sentiments qui ont pu agiter l'âme de l'auteur de la découverte des transformations chez les Méduses, mais il ne nous est pas permis de douter de sa volonté d'aller chercher des sujets d'étude dans l'Europe méridionale. Vers la fin de 1852, il entreprit le voyage d'Italie et effectua des séjours à Naples et à Messine, ainsi que sur les rives de l'Adriatique. Sans doute, plus soucieux d'examiner les animaux marins que d'admirer les beaux sites, il mit le temps à profit pour étudier différentes espèces, et surtout des Zoophytes. Beaucoup d'observations intéressantes recueillies de la sorte ont été consignées dans deux Mémoires particuliers (1).

Sars, qui longtemps avait poursuivi ses recherches dans les localités voisines de sa résidence, avait pris le goût des excursions. Il visita les îles Lofoten et les côtes du Finmark pendant l'été de 1849. Dix ans plus tard, il fit un nouveau voyage zoologique sur les côtes du comté du Romsdal. Dans les années suivantes, il alla dans le district de Trondhjem. Il a décrit, dans un recueil consacré aux sciences naturelles dont il dirigeait la publication depuis l'année 1838, de concert avec un géologue distingué, M. Th. Kjerulf (2), les nombreuses espèces

nouvelles qu'il avait observées pendant ses voyages, Zoophytes, Mollusques, Annélides, Crustacés.

Parmi les animaux invertébrés de la mer, le naturaliste de Bergen s'était moins occupé des Crustacés que de tous les autres, pendant la première période de sa carrière scientifique. Après avoir remarqué quelques espèces curieuses de ce groupe (1), il entreprit l'étude minutieuse de toutes les parties extérieures de l'une d'elles, le *Lophogaster typique* (2). Ce fut l'occasion de faire connaître une intéressante particularité d'organisation. Les Crustacés, de l'ordre des Décapodes, comme les Écrevisses et les Crevettes ordinaires, ont les branchies entièrement logées sous la carapace ; au contraire, chez le Lophogaster, les branchies qui sont rameuses, comme dans quelques autres genres (*Sergestes* et *Aristæus*), mais partagées en trois rameaux, offrent cette singularité, que le rameau supérieur seul demeure caché sous la carapace, tandis que les deux autres baignent librement dans l'eau. Remarquable exemple de dégradation organique, montrant un passage, entre la forme la plus parfaite chez les Crustacés et les formes moins parfaites de cette classe du règne animal. A Christiania, où il avait été chargé de l'enseignement de la zoologie, Sars fit une recherche très-sérieuse des Crustacés de quelques familles, et dans les derniers temps de sa vie, il a décrit et représenté, avec le soin et l'exactitude qu'il apportait dans ses travaux, les caractères d'une suite d'espèces qui n'avaient pas encore été étudiées (3). Tout aussi récemment, il publia un grand Mémoire accompagné de belles planches, sur un Crinoïde ou *Lys de mer*, trouvé en abondance dans les parages des îles Lofoten et regardé comme le type d'un nouveau genre (*Rhizocrinus lofotensis*). On admire volontiers la précision avec laquelle le savant zoologiste norvégien fait connaître un animal fort intéressant dans ses caractères et dans ses variations à des degrés un peu plus ou un peu moins avancés de son développement, mais on s'étonne un peu de voir qu'il le considère résolûment comme une forme permanente (4). Tout le monde connaît la forme générale des Encrines (Crinoïdes), vulgairement désignés sous le nom de *Lis de pierre*, dont on voit des figures dans une foule d'ouvrages. Ces Echinodermes, portés sur une longue tige propre à les fixer, semblèrent pendant plus de deux siècles n'être représentées que par des espèces fossiles. En 1827, M. J. V. Thompson annonça la découverte qu'il avait faite, quatre ans auparavant, dans la baie de Cork, d'un vrai Crinoïde pédicellé, une Encrine vivante, qu'il appela du nom de Pentacrine européen (*Pentacrinus europœus*); mais l'auteur ne tarda pas à reconnaître que son nouveau Crinoïde était simplement le jeune âge d'une espèce du genre Comatule (*Antedon*). Il y a quelques années à peine, M. William Carpenter a fait connaître, dans les plus grands détails, l'histoire du développement d'une Comatule (*Antedon rosaceus*), qui, pen-

---

(1) *Bemærkninger over det Adriatiske Havs Fauna sammenlignet, med Nordhavets* (Observations sur la faune de la mer Adriatique comparée à celle de la mer du Nord).—*Nyt Magazin for naturvidenskaberne*, t. VII, p. 367; 1853, et *Bidrag til Kundskaben om Middelhavets Littoral Fauna, Reisebemærkninger, fra Italien.* (Matériaux pour la connaissance de la Faune du littoral de la Méditerranée, observations faites pendant un voyage en Italie.) — *Nyt Magazin*, t. IX, p. 110, 1857.

(2) *Nyt Magazin for naturvidenskaberne. — Christiania.* (Nouveau magasin pour les sciences naturelles.) Voyez t. VI, p. 121; 1851, t. XI, p. 241, t. XII, p. 253, etc.

(1) *Om 3 nye norske Krebsdyr* (sur trois Crustacés norvégiens) in *Forhandlinger ved de Skandinaviske Naturforskeres.* — Şyvende Möde i Christiania 1856, p. 160 (1857). Congrès des naturalistes scandinaves.—Septième réunion tenue à Christiania, en 1856.

(2) *Deskrifelse over Lophogagaster typicus, en Mærkverdig Form af de laveré tifoddede Krebsdyr.* Christiania 4°, 1862. (Description du Lophogaster typicus, forme remarquable de Crustacés décapodes inférieurs.)

(3) *Bidrag til kundskab om Christianiafjordens Fauna.* (Matériaux pour la connaissance de la faune du fjord de Christiania.) *Nyt magazin*, t. XV, p. 241; 1868.

(4) *Mémoire pour servir à la connaissance des Crinoïdes vivants* (accompagné de 6 planches, 4° Christiania, 1868.

dant les premières phases de son existence, est un Crinoïde pédicellé (1), il paraît ainsi fort probable que l'animal décrit par Michael Sars, dont tous les individus rencontrés étaient de petite taille, n'est que le premier âge d'une espèce particulière de ce même groupe des Comatules.

Le naturaliste de Bergen, qui s'est montré tout particulièrement attaché à l'étude des animaux marins, s'est cependant, dans quelques circonstances, écarté de sa voie, surtout vers la fin de sa carrière. Naguère, il avait décrit quelques-uns de ces Crustacés qui appartiennent à de très-anciennes périodes géologiques, les Trilobites (2); dans ces dernières années, il s'est occupé fort activement de recherches sur les débris organiques de la période quaternaire.

Pendant une suite d'années, il explora différents points de la Norvége afin de recueillir les débris organiques de l'époque glaciaire; les résultats de ses recherches ont été consignés dans des rapports particuliers (3). En dernier lieu, il publia un grand Mémoire contenant l'énumération des espèces auxquelles appartiennent les débris observées dans chaque localité (4). Après avoir rappelé dans ce travail, que l'époque paléozoïque est la seule des anciennes périodes géologiques qui soit représentée en Norvége, surtout dans la partie méridionale, l'auteur s'arrête sur les phénomènes dont il a fait une longue et patiente étude, il nous montre les dépôts de la période glaciaire dans la mer scandinave, élevés par la suite à des hauteurs plus ou moins considérables au-dessus du niveau de la mer, et renfermant une faune qu'aujourd'hui on retrouve seulement dans les mers polaires. Il y suit la succession des grands mouvements du sol qui se sont produits à diverses époques dans le district de Christiania. il constate les dépôts d'argile marneuse sur les parties affaissées du pays, et il fait revivre ensuite la faune de cette période glaciaire qui, selon sa belle expression, recommence la faune de la Norvége après une interruption incommensurable. Dans les bancs de Testacés (débris de coquilles de Mollusques, d'Échinodermes, de Cirrhipèdes, etc.), de l'époque glaciaire, ce sont des espèces de rivages offrant le caractère des animaux des régions arctiques, qui ont été déposées dans des eaux très-basses, dans les dépôts d'argile marneuse, des espèces des grandes profondeurs de la mer. Dans les couches fossilifères de la période post-glaciaire, ce sont les débris d'espèces qui vivaient à de faibles profondeurs, la plupart très-différentes de celles de l'époque glaciaire, souvent identiques à celles de la faune actuelle du pays. Enfin nous avons des tableaux de toutes les espèces d'animaux trouvées jusqu'à présent dans les formations glaciaires et post-glaciaires de la Norvége; la localité où elles ont été observées, la distribution géographique de ces espè-

(1) *Researches on the structure, physiology and development of Antedon (Comatula) rosaceus — philosophical Transactions* 1865.

(2) *Ueber einige neue oder unvollständig bekannte Trilobiten.* — Isis, 1835, p. 333.

(3) *Beretning om en i sommern 1860 foretagen Reise i en deel af Christianias Stift,* etc. (Rapport sur un voyage dans une partie du diocèse de Christiania pendant l'été de 1860.) *Nyt Magazin,* t. XI, p. 264; 1861, et t. XII, p. 79; 1863.

Geologiske og zoologiske Iagttagelser, anstillede paa i en deel af Trondhjems stift i sommeren 1862. (Recherches géologiques et zoologiques, accomplies pendant un voyage dans une partie du diocèse de Trondhjem en 1862.) *Nyt Magazin,* t. XII, p. 253; 1863, etc.

(4) *Om de i Norge forekommende fossile Dyrelevninger fra Quartær-perioden, et Bidrag til vor Faunas Historie;* Christiania 4°, 1865. (Sur les restes fossiles d'animaux de la période quaternaire trouvés en Norvége, et contribution à l'histoire de la Faune.)

ces, la profondeur à laquelle elles vivent dans la mer à l'époque actuelle, pour celles au moins qui habitent encore le littoral de la Norvége, sont l'objet de remarques des plus instructives.

Le travail de Sars sur les restes fossiles de la période quaternaire a une importance extrême par les lumières qu'il fournit sur les phénomènes géologiques dont les rivages de la Norvége ont été le théâtre et sur les changements survenus à travers les âges dans les faunes de cette contrée.

Nous avons rappelé les belles découvertes de Michael Sars, et l'on a vu dans quelles larges limites elles ont contribué aux progrès de la science. Nous avons cité la meilleure part de la longue suite de ses travaux, et l'on a bien compris, pensons-nous, que les études du naturaliste de Bergen ont fait connaître, sur de nombreuses espèces, sur de nombreux genres d'animaux marins, une foule de détails intéressants dont la zoologie classique a beaucoup profité. Nous avons indiqué comment il avait traité véritablement en maître certaines questions qui appartiennent à l'histoire des révolutions du globe. Pour peindre le savant avec une sévère exactitude, il faut mettre en regard de ses qualités éminentes les circonstances au milieu desquelles il a poursuivi son œuvre avec une constance inébranlable jusqu'aux derniers jours de sa vie. Sars n'avait point eu, dans sa jeunesse, cette solide préparation scientifique indispensable pour devenir habile à pénétrer dans le cœur des plus hautes questions de la zoologie anatomique et physiologique. Il dut ainsi borner ses investigations à ce qui est extérieur chez les animaux qu'il a étudiés avec un remarquable bonheur et fort peu se préoccuper de leur organisation interne. Vivant loin des grands centres où les hommes de science peuvent avoir de fréquentes relations; sans doute, il demeura la plupart du temps seul avec sa pensée, et ne reçut ainsi que peu de chose des inspirations que des hommes plus favorisés par leur résidence puisent parfois dans une discussion ou simplement dans un échange d'idées. On ne peut donc s'étonner de voir que l'auteur de la *Découverte des transformations des Méduses* ait rarement élevé ses regards au delà des faits observés. Mais, comme on admire sans restriction aucune son talent inné d'observateur, son amour de l'étude, qui ne subit jamais la moindre défaillance, sa conscience dans la recherche. Tout ce qu'il exprime inspire confiance, tant on demeure assuré qu'il a fait tous les efforts dépendant d'une volonté ferme pour être exact.

La vie d'un tel homme est évidemment tout entière dans ses travaux. Nous ne savons absolument rien de la vie particulière de cet homme, mais que pourrait-on nous apprendre à cet égard? Nous avons vu Sars pasteur de la paroisse de Kind en 1830; dix ans plus tard, il était pasteur de la paroisse de Manger, dans le même diocèse; en 1837, il fit un voyage en France et en Allemagne; il passa l'hiver de 1852 à 1853 sur les côtes d'Italie; en 1856, il devint professeur de zoologie à l'université de Christiania; on ne s'était pas pressé de lui donner une position scientifique, et l'on crut avoir assez fait en lui accordant une modeste position.

Il est mort, le 22 octobre 1869, à l'âge de soixante-quatre ans, ayant bien mérité de la science, de son pays et du monde civilisé.

Sars a été loué, il y a déjà longtemps, par Edward Forbes, le savant professeur d'Édimbourg, avec une sorte d'enthousiasme, dans des termes qui ont été rappelés ces jours derniers par M. Gwyn Jeffreys. On le sent plus que jamais aujourd'hui, cet éloge était vraiment mérité. Pour plusieurs d'entre nous, la mort de Sars a été deux fois douloureuse. On regrettait le savant qui semblait être loin encore du terme de sa carrière ; on regrettait l'occasion venue trop tardive de lui décerner un honneur auquel on avait plus d'une fois songé. Dans le moment même où l'on apprenait à Paris que le naturaliste de Bergen n'existait plus, les membres de la section de zoologie de l'Académie des sciences se préparaient à le présenter en première ligne pour une place de correspondant. Après un exposé de ses titres, sa nomination pouvait-elle être douteuse ?

Le nom de Michael Sars, attaché d'une manière indissoluble à de grandes découvertes, n'est pas de ceux qui disparaissent. Sars a vécu pauvre, faisant peu de bruit dans son pays, célèbre au dehors. Comme tant d'autres qui ont été l'honneur de l'humanité, il a pu voir comblés de toutes les faveurs les hommes qui n'ont jamais rendu aucun service à la société et les personnages élevés au premier rang, qui tombent dans la plus profonde obscurité dès l'instant qu'ils ont perdu le prestige d'une situation.

Vous, Michael Sars, à défaut d'avantages matériels, vous laissez à vos enfants un nom auquel s'attache l'idée de grands services rendus à la science ; aux enfants qui vous pleurent, nous dirons : songez à la gloire de votre père et consolez-vous en pensant que vous avez reçu pour héritage le modèle d'une vie toute d'honneur.

ÉMILE BLANCHARD,
de l'Institut.

SOCIÉTÉ ROYALE DE LONDRES
LECTURE BAKÉRIENNE

M. THOMAS ANDREWS
de la Société royale de Londres

Continuité des états liquide et gazeux de la matière

En 1822, Cagniard de la Tour observa que certains liquides, l'éther, l'alcool, l'eau, par exemple, chauffés dans des tubes de verre hermétiquement scellés, paraissaient passer à l'état de vapeur dans un espace dont la capacité était de deux à quatre fois égale au volume primitif du liquide employé. Il fit en même temps un certain nombre de déterminations numériques des pressions exercées dans ces expériences. L'année suivante, Faraday parvint à liquéfier, sous l'action de la pression seule, le chlore et plusieurs autres corps que l'on ne connaissait jusqu'alors que sous la forme de gaz. Quelques années plus tard, Thilorier obtint l'acide carbonique solide, et remarqua que le coefficient de dilatation du même corps à l'état liquide, sous l'influence de la chaleur, est supérieur à celui de tous les autres fluides aériformes. Un second mémoire de Faraday, publié en 1845, vint encore accroître considérablement la somme des connaissances acquises sur les effets du refroidissement et de la pression sur les gaz. M. Regnault a depuis étudié avec le plus grand soin les variations absolues des volumes de quelques gaz soumis à des pressions d'une vingtaine d'atmosphères. Nous devons aussi quelques observations à M. Pouillet sur le même sujet. Enfin M. Natterer a repris ces expériences en les poussant jusqu'à l'énorme pression de 2790 atmosphères ; et, bien que sa méthode ne soit pas à l'abri de toute objection, les résultats

qu'il a obtenus ont leur valeur et méritent certainement plus d'attention qu'on ne leur en a accordé jusqu'à ce jour.

Les premières expériences que j'entrepris dans cette direction font le sujet d'un court mémoire que je publiai en 1861. L'oxygène, l'hydrogène, l'azote, l'oxyde de carbone et le protoxyde d'azote avaient été soumis, dans des tubes de verre, à des pressions supérieures à toutes celles qu'on avait déjà employées, et en même temps exposés au froid produit par un mélange d'acide carbonique et d'éther. Aucun de ces gaz n'avait manifesté la moindre apparence de liquéfaction ; et cependant les effets réunis du refroidissement et de la compression les réduisaient à un cinq-centième et même moins de leur volume normal.

Dans la troisième édition de sa *Physique chimique*, publiée un peu plus tard (1863), M. le docteur Miller rendit brièvement compte, d'après une lettre particulière que je lui avais adressée, de quelques résultats nouveaux que j'avais obtenus avec l'acide carbonique, sous certaines conditions déterminées de pression et de température. Comme ces résultats furent le point de départ des recherches qui nous occupent en ce moment, et qu'ils n'ont jamais été publiés isolément, je crois pouvoir citer textuellement quelques lignes de ma première communication au docteur Miller : — « Si on liquéfie partiellement de l'acide carbonique, par l'action de la pression seule, et qu'on élève en même temps sa température jusqu'à 88 degrés F. (31 degrés C.), on voit la surface de séparation entre le liquide et le gaz devenir indécise, perdre sa courbure, puis finir par disparaître complétement. La capacité de l'appareil est alors remplie par un fluide homogène, qui manifeste, lorsqu'on diminue brusquement la pression ou qu'on abaisse légèrement la température, des apparences de stries mobiles, ondoyant au travers de sa masse tout entière. Si la température s'élève au-dessus de 88 degrés F., la liquéfaction apparente de l'acide carbonique, c'est-à-dire la séparation de cette substance en deux états distincts, devient impossible, même en ayant recours à des pressions de 300 à 400 atmosphères. Le protoxyde d'azote donne des résultats du même genre. »

Dans les expériences dont le détail va suivre, le gaz à comprimer était introduit dans un tube *fa* (fig. 127), de calibre ca-

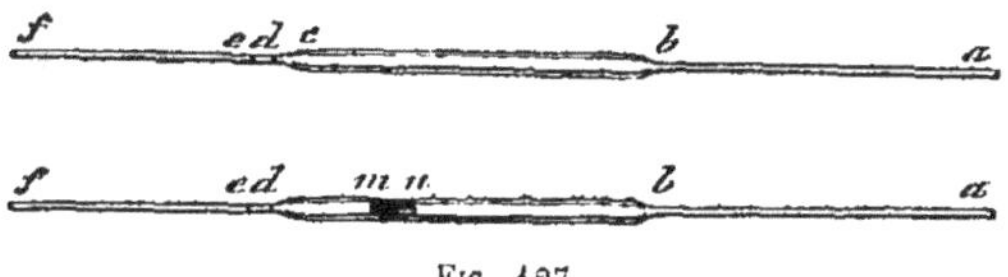

Fig. 127.

pillaire depuis *a* jusqu'à *b*, et présentant ensuite un diamètre d'environ $2^{mm},5$ entre *b* et *c*, et de $1^{mm},25$ de *c* à *f*. Je faisais passer pendant plusieurs heures un courant de ce gaz, desséché avec soin, à travers le tube en question, librement ouvert à ses deux extrémités. Une pression de 2 mètres d'eau était nécessaire pour maintenir dans le petit tube capillaire un courant d'une vitesse modérée. Le gaz, après avoir traversé l'appareil, était conduit par un tube de communication dans une cuve à mercure, sur laquelle je pouvais en recueillir un peu de temps en temps pour m'assurer de son état de pureté. Je prolongeais l'opération jusqu'à ce que la quantité d'air qui restait, après absorption de l'acide par la potasse caustique, fût réduite à un minimum constant. Par des essais répétés j'ai constaté que, dans les dispositions compliquées, que je devais adopter, cette quantité minimum variait entre $\frac{1}{500}$ et $\frac{1}{1000}$ du volume total de l'acide carbonique, et ne pouvait s'abaisser au-dessous; elle apparaissait même après vingt-quatre heures de courant continu; nous verrons bientôt que, dans la discussion de quelques-uns des résultats obtenus en soumettant le gaz à de hautes pressions, il est nécessaire de tenir compte avec le plus grand soin de la présence de cette petite quantité d'air.

Une fois l'appareil rempli, je fermais à la lampe l'extrémité capillaire *a*. L'autre extrémité, fermée de la même manière, était introduite sous la surface d'un bain de mercure pur, contenu dans une capsule de verre. Je brisais sa pointe, et je chauffais de manière à chasser une petite quantité de gaz. Laissant ensuite refroidir, la contraction faisait pénétrer une courte colonne de mercure dans le tube. Je plaçais alors la capsule avec l'extrémité inférieure du tube sous le récipient d'une machine pneumatique, et je faisais un vide partiel, de manière à faire sortir le quart à peu près du gaz enfermé. Quand je rendais la pression, je voyais une colonne de mercure monter dans le tube et prendre la place du gaz chassé. Enfin, séparant l'extrémité du tube de la surface du mercure en abaissant la capsule, je pouvais, en faisant de nouveau le vide avec précaution, ne laisser à cette colonne de mercure que la longueur que je voulais lui donner. Le tube, ainsi rempli, présentait la forme représentée figure 127.

La partie étroite *cf* portait deux traits de lime, l'un en *d*, l'autre en *e*, à 10 millimètres environ de distance l'un de l'autre; je déterminais la capacité du tube en le remplissant de mercure à une température connue et pesant ce mercure, d'une part depuis un troisième trait gravé près de l'extrémité *a* jusqu'en *d*, et d'autre part depuis ce même trait *a* jusqu'en *e*. L'appareil, placé dans une position rigoureusement horizontale, était alors mis en relation, par une communication hermétique, avec l'une des branches d'un long tube en U rempli de mercure. Chaque branche de ce tube avait 600 millimètres de longueur et 11 millimètres de diamètre. En faisant sortir le mercure de la branche extérieure, j'obtenais un vide partiel, et je voyais la colonne *mn* attirée dans le tube étroit *df*; à cause de la différence de diamètre intérieur dans cette partie de l'appareil, cette colonne s'étirait et devenait environ quatre fois plus longue qu'auparavant. Il était facile, avec un peu de soin, de régler la pression de manière à faire coïncider l'extrémité intérieure de la colonne avec le trait *e*. Une fois ce point obtenu, je déterminais avec précision, au moyen d'un cathétomètre, la différence des niveaux du mercure dans les deux branches du tube en U, et je notais rigoureusement la hauteur barométrique aussi bien que la température. Je répétais les mêmes observations, en amenant l'extrémité de la colonne en *d*. J'obtenais ainsi deux systèmes indépendants de données, permettant l'un et l'autre de calculer le volume du gaz à la température de 0 degré C. et sous la pression de 760 millimètres; les résultats obtenus par cette double opération étaient en général d'accord à un millième près. Séparant enfin l'appareil du tube en U, je le coupais un peu en deçà de *e*, et je l'avais alors tout prêt à être introduit dans la machine à compression.

Les tubes capillaires étaient calibrés avec le plus grand soin, et leur capacité moyenne se déterminait par la pesée d'une colonne de mercure dont la longueur et la position dans les tubes étaient observées rigoureusement. Le millimètre du tube que j'employais pour l'air avait une capacité moyenne de 0,00002477 c. c.; et le millimètre du tube à acide carbonique valait 0,00003376 c. c. Je construisais une table qui indiquait la capacité exacte de chaque tube capillaire, de millimètre en millimètre, sur toute sa longueur, à partir de l'extrémité fermée. Je laissais seulement une longueur de $0^{mm},5$ pour le cône produit par la fermeture du tube.

Pour plus de clarté, j'ai décrit ces diverses opérations comme si elles avaient dû s'effectuer sur le tube isolé. En réalité, dans la pratique, ce tube était placé dans sa monture de laiton avant même d'être rempli de gaz.

Le mécanisme de l'appareil à compression que j'employais dans ces expériences se comprend aisément par la simple inspection de la figure 128, qui représente une coupe de sa forme simple. Deux colliers massifs de laiton sont solidement fixés aux extrémités d'un tube de cuivre tiré à froid très-résistant. Ces colliers permettent de boulonner aux extrémités de ce tube deux montures de laiton : des rondelles de cuir inter-

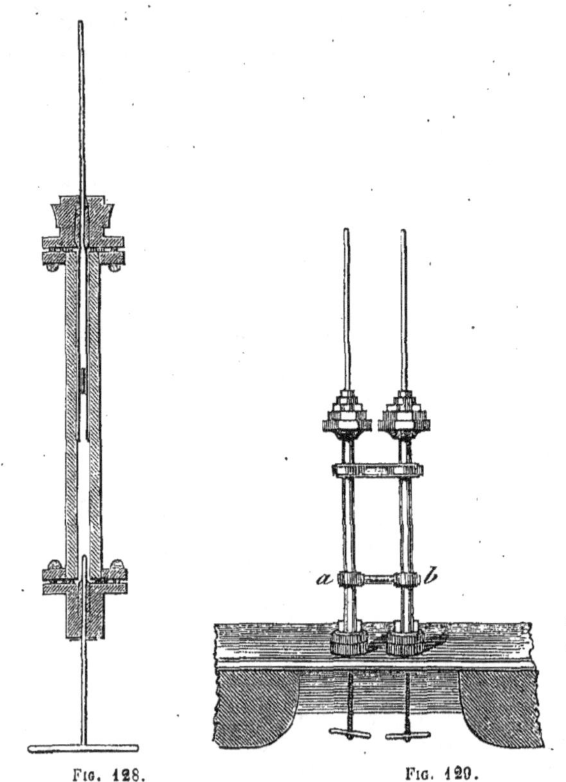

FIG. 128.   FIG. 129.

posées empêchent toute fuite. La monture inférieure porte une vis d'acier de 180 millimètres de longueur, de 4 millimètres de diamètre, et dont le pas est de $0^{mm},5$. Cette vis est soigneusement garnie d'étoupe, et elle tient facilement des pressions de 400 atmosphères et plus. La monture semblable, fixée sur l'anneau supérieur, porte le tube de verre qui renferme le gaz à comprimer. L'appareil ayant été rempli d'eau avant d'être vissé, la pression s'obtient en faisant pénétrer dans cette eau la vis d'acier.

Dans l'appareil composé (fig. 129), les dispositions intérieures sont les mêmes que dans la forme simple que je viens de décrire. Une communication est établie entre les deux moitiés de l'appareil, de a en b. Il est indifférent, dans ce cas, de faire tourner l'une ou l'autre des deux vis placées à la partie inférieure, puisque la pression se transmet immédiatement dans l'intérieur des deux tubes de cuivre, et agit, par l'intermédiaire des colonnes mobiles de mercure, sur les deux gaz à comprimer. L'emploi de vis rend l'expérimentateur plus maître de ses pressions. La figure représente l'appareil sans aucun de ses accessoires ; lorsqu'on le met en expérience, il doit être pourvu de dispositions qui permettent de maintenir les tubes capillaires et le corps de l'appareil lui-même à des températures fixes. A cet effet, une boîte rectangulaire de laiton, fermée sur ses faces antérieure et postérieure par des glaces transparentes, entoure chaque tube capillaire, et permet de le maintenir à toute température voulue, au moyen d'un courant d'eau continu. Le corps de l'appareil lui-même est renfermé dans un vase extérieur de cuivre, qui est rempli d'eau à la température ambiante. Cette dernière disposition est essentielle, si l'on veut faire des observations précises (1).

Dans mes différentes expériences, je faisais toujours coïncider aussi exactement que possible la température de l'eau qui entourait le tube à air avec celle de l'appartement ; je faisais au contraire varier la température de l'eau qui entourait le tube à acide carbonique entre les limites de 13 à 48 degrés centigrades. Dans les expériences que je vais décrire, le mercure n'apparaissait dans la partie capillaire du tube à air que lorsque la pression atteignait environ 40 atmosphères. Les volumes de l'air et de l'acide carbonique étaient déterminés rigoureusement au moyen d'un cathétomètre, et je pouvais compter sur l'exactitude des résultats à $0^{mm},05$ près. La température de l'eau placée autour du tube à acide carbonique m'était donnée par un thermomètre soigneusement gradué par moi-même suivant une échelle arbitraire. Cet instrument fait partie d'une collection de quatre thermomètres que j'ai construits il y a quelques années, et qui s'accordent si exactement dans leurs indications que leurs différences sont complétement insignifiantes lorsque ces indications sont calculées et converties en degrés.

La forme générale des courbes qui représentent les changements de volume de l'acide carbonique ne peut guère subir de modifications sensibles par l'effet des irrégularités de la compressibilité de l'air dans le tube qui sert de manomètre, et ces irrégularités ne peuvent infirmer le moins du monde aucune des conclusions générales auxquelles je suis arrivé. Il doit cependant être toujours entendu que, lorsque j'exprime les pressions par la contraction apparente de l'air dans ce manomètre, ces pressions sont seulement approximatives.

Pour obtenir en centimètres cubes la capacité d'une partie quelconque d'un tube de verre par le poids en grammes du mercure qui la remplissait, j'employais la formule

$$C = P \frac{1 + 0,000154\,t}{13,596}\, 1,00012,$$

dans laquelle C représente la capacité en centimètres cubes, P le poids du mercure qui remplissait le tube à la température t, 0,000154 le coefficient de dilatation apparente du mercure dans le verre, 13,596 la densité du mercure à 0 degré, et 1,00012 la densité de l'eau à 4 degrés.

____

(1) Le mémoire original contient une figure qui représente l'appareil avec tous ces accessoires.

Le volume V du gaz, à 0 degré, et sous la pression de 760 millimètres, se déduisait, comme je l'ai dit, d'une double observation, au moyen de la formule

$$V = C \frac{1}{1 + \alpha t}\; \frac{h - d}{760},$$

dans laquelle C est la capacité du tube de a à d (fig. 130) ou

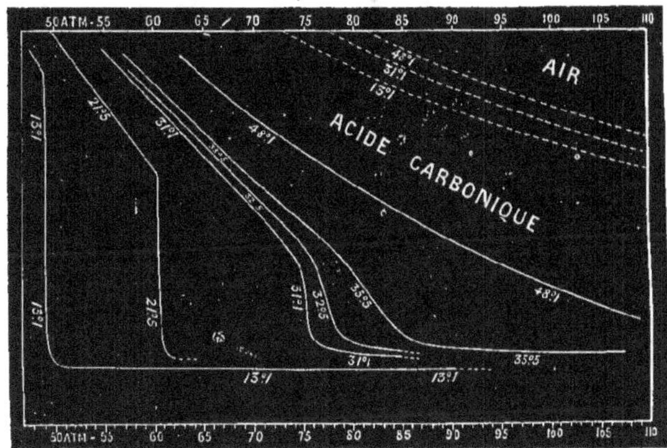

Fig. 130.

de a à e, t la température, α le coefficient de dilatation du gaz par la chaleur (0,00366 pour l'air, 0,0037 pour l'acide carbonique), h la hauteur barométrique ramenée à 0 degré et à la latitude de 45 degrés, d la différence de niveau des colonnes mercurielles dans les deux branches du tube en U, différence corrigée de la même manière.

Une fois les volumes de l'air et de l'acide carbonique déterminés, avant la compression, à 0 degré et sous la pression de 760 millimètres, il était facile de calculer leurs volumes sous cette même pression 760, aux températures auxquelles se faisaient les mesures pendant que les gaz étaient comprimés, et de déduire de là les valeurs des fractions représentant la diminution de volume. Mais les fractions ainsi obtenues ne pouvaient donner encore des résultats directement comparables pour l'air et l'acide carbonique. En effet, bien que les tubes de verre capillaires de l'appareil fussent en communication avec le même réservoir, les pressions des gaz qu'ils contenaient n'étaient pas exactement égales, à cause des hauteurs différentes des deux colonnes mercurielles qui confinaient l'air et l'acide carbonique. La colonne était toujours plus longue dans le tube à acide carbonique que dans le tube à air, de sorte que la pression dans ce dernier était un peu supérieure. La différence des longueurs de ces colonnes mercurielles dépassait rarement 200 millimètres, c'est-à-dire à peu près un quart d'atmosphère. Cette correction était faite constamment, et il y avait aussi une légère correction de 7 millimètres, pour la différence de la dépression capillaire dans les deux tubes.

Pour faire mieux comprendre ces méthodes de réduction, je vais donner les détails d'une expérience.

— Volume d'air, à 0 degré et 760 degrés, calculé d'après les observations faites l'air étant dilaté de a en e, = 0,3124 centimètres cubes.

— Volume du même air, calculé d'après les observations faites l'air étant dilaté de a en d, = 0,3122 centimètres cubes.

— Volume moyen de l'air à 0 degré et 760 millimètres, = 0,3123 centimètres cubes.

— Volumes de l'acide carbonique, déduits de la même manière de deux séries indépendantes d'observations, = 0,3096 centimètres cubes, et 0,3094 centimètres cubes. — Moyenne = 0,3095 centimètres cubes.

—Longueur de la colonne d'air après compression, à 10°,76, dans le tube capillaire à air, = 272,9 millimètres, correspondant à 0,006757 centimètres cubes. D'où

$$\delta = \frac{0,006757}{0,3123 \times 1,0394} = \frac{1}{48,04}.$$

Mais, comme la différence de hauteur des colonnes mercurielles dans le tube à air et dans le tube à acide carbonique, corrections faites pour les dépressions capillaires, était de 178 millimètres, ce résultat nécessite une nouvelle correction, — $\frac{178}{760}$ d'une atmosphère, — pour être rendu comparable à la compression dans le tube à acide carbonique. La valeur définitive de δ (fraction qui représente le rapport du volume de l'air comprimé à la température de l'expérience à son volume à la même température et sous la pression d'une atmosphère) est donc

$$\delta = \frac{1}{47,81}.$$

— Longueur correspondante de la colonne d'acide carbonique à 13°,22, dans son tube capillaire, = 124,6 millimètres, équivalant à 0,004211 centimètres cubes ; d'où se déduit, pour la valeur de la fraction correspondante pour l'acide carbonique,

$$\epsilon = \frac{0,004211}{0,3095 \times 1,0489} = \frac{1}{77,09}.$$

Il suit de là que la même pression, qui réduisait un volume d'air donné à 10°,76, et sous la pression d'une atmosphère, à $\frac{1}{47,81}$, réduisait un volume d'acide carbonique donné à 13°,22, et sous la pression d'une atmosphère, à $\frac{1}{77,09}$. En d'autres termes, en admettant que la compression de l'air mesure approximativement la pression, nous pouvons établir que, sous une pression d'environ 47,8 atmosphère, l'acide carbonique, à la température de 13°,22, se réduit à $\frac{1}{77,09}$ du volume qu'il occupe sous la pression atmosphérique.

Sous la pression de 48,89 atmosphères, mesurée par la diminution du volume de l'air dans son tube capillaire, la liquéfaction commençait. Ce point ne pouvait se fixer par l'observation directe ; car la plus petite quantité visible de liquide formé représentait une colonne de gaz de 2 ou 3 millimètres au moins de longueur ; mais on le déterminait indirectement, en observant le volume du gaz à 0°,2 ou 0°,3 au-dessus du point de liquéfaction, et calculant la contraction qu'il aurait éprouvée en se refroidissant jusqu'à la température à laquelle la liquéfaction commençait. Un accroissement de pression était nécessaire, dès le début, pour produire le changement d'état. Ainsi, le manomètre à air indiquait, toutes corrections faites, une augmentation de pression d'environ un quart d'atmosphère (de 48,89 atm. à 849,15 atm.) pendant la condensation des deux premiers tiers de l'acide carbonique. Théoriquement, on n'aurait pas dû constater dans ce manomètre le moindre changement de volume. Cette anomalie apparente a

pour cause l'existence de la trace d'air. ($\frac{1}{500}$ environ), qui reste mélangé à l'acide carbonique, et dont j'ai parlé tout à l'heure. Il est facile de voir que la présence de cette petite quantité d'air explique l'accroissement de pression qu'exige la liquéfaction complète du gaz. Supposons un volume donné d'acide carbonique contenant $\frac{1}{500}$ d'air ; cette quantité d'air se trouve diffusée dans un espace 500 fois plus grand que celui qu'elle occuperait si elle était isolée. Comprimons le mélange jusqu'à 50 atmosphères ; l'air occupera alors un espace, ou, plus exactement, sera diffusé à travers un espace 10 fois plus grand que celui qu'il remplirait s'il était seul et sous la pression d'une atmosphère ; en d'autres termes, il sera répandu à travers l'espace qu'il occuperait seul, sous une pression de $\frac{1}{10}$ d'atmosphère. Au moment où l'acide carbonique se liquéfiera, il faudra ajouter de la pression pour condenser cet air ; et, pour le réduire à la moitié de son volume, il faudra un accroissement de pression de $\frac{1}{5}$ d'atmosphère. Les résultats directement fournis par l'expérience se rapprochent de ceux de ce calcul. Des considérations du même genre montrent que, si l'on prenait un mélange d'air et d'acide carbonique à volumes égaux, par exemple, la pression devrait, une fois la liquéfaction commencée, s'accroître de plusieurs atmosphères, pour amener la condensation complète de l'acide carbonique. L'expérience m'a permis de vérifier la légitimité de ces conclusions.

La petite quantité d'air mélangée à l'acide carbonique trouble la liquéfaction d'une manière marquée, lorsque la presque totalité de l'acide carbonique est condensée et que le volume de cet air devient considérable relativement à celui de l'acide carbonique restant encore à l'état gazeux. Les dernières parties de l'air résistent quelques instants à se laisser absorber par le liquide, et, à 13°,1 il me fallait élever la pression jusqu'à 50°,4 atmosphères, pour les faire disparaître complétement. Si l'acide carbonique était absolument pur, la partie de la courbe qui représente le passage à 13°,1 de l'état gazeux à l'état liquide, serait sans aucun doute, rectiligne dans toute sa longueur et parallèle aux lignes d'égale pression.

La courbe qui représente les résultats obtenus pour une température de 21°,5, ressemble, dans sa forme générale, à celle de 13°,1 comme le montre la figure ci-dessus (fig. 130). A 13°,1, sous une pression d'environ 49 atmosphères, le volume de l'acide carbonique est un peu plus des trois cinquièmes de celui qu'occuperait un gaz parfait placé dans les mêmes conditions. Après sa liquéfaction, l'acide carbonique est beaucoup plus compressible que les liquides ordinaires, et sa compressibilité paraît diminuer à mesure que la pression augmente. L'extrême dilatabilité de l'acide carbonique liquide par la chaleur, observée d'abord par Thilorier, est parfaitement confirmée par cette observation.

La série suivante d'expériences fut faite à la température de 31°,1, c'est-à-dire 0°,2 au-dessus du point auquel l'acide carbonique est susceptible de prendre visiblement la forme liquide sous l'action de la pression seule. Depuis le jour où j'annonçai pour la première fois ce résultat, en 1863, j'ai fait des expériences rigoureuses pour fixer avec précision la température de ce point *critique*, dans le cas de l'acide carbonique. Trois expériences successives m'ont donné 30°,92 C. ou 87°,7 F. Bien que, à quelques degrés au-dessus de cette température, on puisse observer encore une chute rapide sous l'influence d'un faible accroissement de pression, au moment où le gaz est réduit au volume auquel on pouvait s'attendre à ce qu'il se liquifiât, il ne se produit plus de séparation de l'acide carbonique sous deux états matériels distincts; ou du moins les apparences optiques ne nous fournissent plus la moindre indication d'une pareille séparation. Si l'on fait varier la pression et la température, mais toujours au-dessus de 30°,92, les changements considérables de densité qui se produisent dans le voisinage de ce point, donnent naissance aux mouvements ondulatoires que j'ai déjà décrits, et qui rappellent, mais en les exagérant, les apparences que produit le mélange de deux liquides de densités différentes, ou l'ascension de colonnes aériennes chauffées au travers de couches plus froides. Il est facile de régler la pression de manière à ce qu'une moitié du tube soit remplie par du gaz non condensé, et l'autre moitié occupée par du liquide provenant de la liquéfaction. Cette séparation se reconnaît aisément, au-dessous de la température critique, par la surface de démarcation visible entre le liquide et le gaz, et par la mobilité sur cette surface de l'image d'une ligne verticale quelconque, placée derrière le tube. Mais au-dessus de 30°,92, on n'aperçoit plus rien de pareil, et l'examen le plus attentif ne peut faire découvrir la moindre hétérogénéité dans l'acide carbonique enfermé dans le tube.

La représentation graphique des résultats de cette série d'expériences (fig. 130) offre, si on la compare aux courbes obtenues pour les températures inférieures, des différences caractéristiques bien marquées. Les lignes pointées représentent une portion des courbes d'un gaz parfait (supposé pris sous même volume à 0 degré et sous la pression de 760 millimètres, que l'acide carbonique) pour les températures de 13°,1, 31°,1 et 48°,1. On remarquera que le volume de l'acide carbonique décroît avec assez de régularité, mais beaucoup plus rapidement que ne l'indiquerait la loi de Mariotte, jusqu'à une pression d'environ 73 atmosphères. La diminution de volume marche ensuite très-vite, et il se produit une réduction de $\frac{1}{7}$ lorsque la pression s'accroît de 73 à 75 atmosphères, c'est-à-dire de $\frac{1}{37}$ de la pression totale. Cependant la chute n'est pas brusque, comme dans le cas de la formation du liquide à des températures inférieures; un accroissement continu de la pression est nécessaire pour la produire. Pendant cette chute, on n'observe, comme je l'ai déjà dit, à aucun moment du phénomène, le moindre indice de l'existence simultanée de deux états matériels distincts dans le tube. Au-dessus de 77 atmosphères, l'acide carbonique à 31°,1 devient beaucoup moins compressible; son volume est à ce moment réduit sensiblement à celui qu'il occuperait sous l'état liquide, à la température où se font les observations.

La courbe pour 32°,5 (fig. 130) ressemble beaucoup à celle de 31°,1. Cependant la chute est moins abrupte que pour cette dernière température. A 35°,5, la pression variant depuis 57 jusqu'au-dessus de 107 atmosphères, cette chute diminue encore, et elle perd presque entièrement son caractère brusque. Elle est considérable entre 76 et 87 atmosphères; on voit dans ces limites un accroissement de $\frac{1}{7}$ dans la pression produire une réduction de $\frac{1}{7}$ dans le volume. Sous 107 atmosphères, le volume de l'acide carbonique devient presque égal à celui qu'il occuperait en tant qu'acide carbonique liquide, suivant la loi de dilatabilité de ce corps par la chaleur.

La courbe pour 48°,1 est très-intéressante. La chute que présentaient les courbes des températures inférieures a

presque, sinon complétement disparu, et l'ensemble de la ligne elle-même se rapproche de la forme qui représente la variation de volume dans un gaz parfait. En même temps, la contraction est beaucoup plus grande qu'elle ne l'aurait été si la loi de Mariotte s'était trouvée applicable à cette température. Sous une pression de 109 atmosphères, l'acide carbonique approche rapidement du volume qu'il occuperait s'il provenait de la dilatation du liquide; et, si mon expérience ne se fût trouvée interrompue par l'explosion de l'un des tubes, je l'aurais vu, sans aucun doute, rejoindre ce point sous une pression de 120 ou 130 atmosphères.

Je n'ai pas fait de mesures pour des températures supérieures à 48°,1; mais il est clair que, tandis que la température s'élève, la courbe doit continuer à s'approcher de celle qui représente les changements de volume d'un gaz parfait.

Il m'est arrivé souvent de soumettre l'acide carbonique, sans faire d'ailleurs de mesures précises, à des pressions beaucoup plus fortes, et de le faire passer, sans brèche ni interruption, de ce qui est regardé par tout le monde comme l'état gazeux à ce qui est de même universellement considéré comme l'état liquide. Je prends, par exemple, un volume donné d'acide carbonique gazeux à 50 degrés C. ou à une température supérieure. Si je le soumets à des pressions graduellement croissantes jusqu'à 150 atmosphères, son volume va en décroissant régulièrement; en aucun point il ne se produit de diminution brusque dans ce volume sans une augmentation correspondante dans la pression. Une fois la pression tout entière appliquée, je laisse la température redescendre, et l'acide carbonique se met peu à peu en équilibre avec l'atmosphère ambiante. Pendant toute la durée de cette opération, il est impossible d'apercevoir aucune solution de continuité. Je commence avec un gaz, et, par une suite graduelle de changements, sans transition brusque, sans dégagement brusque de chaleur, je termine avec un liquide. L'observation la plus attentive ne fait découvrir à aucun moment le moindre indice d'un changement d'état dans l'acide carbonique. Absolument rien ne révèle un passage de l'état gazeux à l'état liquide, et il serait impossible de soupçonner que le gaz s'est en effet liquéfié, sans la vive ébullition qui se produit au moment où l'on supprime la pression. Pour plus de commodité, j'ai divisé cette expérience en deux phases, d'abord la compression de l'acide carbonique et en second lieu, son refroidissement. Mais on pourrait exécuter ces deux opérations simultanément, en prenant soin de régler l'application de la pression et la vitesse du refroidissement, de manière que la pression ne soit pas moindre de 76 atmosphères, lorsque l'acide carbonique s'est refroidi jusqu'à 31 degrés.

Nous voilà maintenant préparés à considérer une importante question. Quel est l'état de l'acide carbonique lorsqu'il passe, à des températures supérieures à 31 degrés, de l'état gazeux au volume de l'état liquide, sans manifester à aucun moment du phénomène le moindre indice d'une liquéfaction produite? Reste-t-il à l'état gazeux; ou bien se liquéfie-t-il; ou bien encore avons-nous affaire là à un nouvel état de la matière? Si l'expérience se faisait à 100 degrés ou à des températures supérieures, lorsque toute trace de chute a disparu, nous répondrions selon toute apparence à cette question que le gaz conserve son état gazeux pendant la compression; et bien peu d'entre nous hésiteraient à affirmer que c'est la vérité, si la pression était appliquée, comme dans les expériences de Natterer, à des gaz tels que l'hydrogène ou l'azote. D'autre part, lorsque l'expérience se fait sur de l'acide carbonique, à des températures un peu supérieures à 31 degrés, la grande chute qui se produit à un certain moment du phénomène conduirait à supposer que la liquéfaction se produit réellement, bien que les épreuves optiques soigneusement appliquées ne nous permettent à aucun moment de constater la présence simultanée d'un liquide et d'un gaz au contact l'un de l'autre. Mais on peut opposer à cette manière de voir un argument d'une grande force : c'est le fait d'une pression nouvelle constamment nécessaire pour produire une nouvelle réduction de volume, fait qui est contradictoire des lois connues qui régissent le passage des corps de l'état gazeux à l'état liquide. En outre, plus la température à laquelle est comprimé le gaz s'élève, plus la chute diminue, et enfin elle finit par disparaître.

La réponse à la question que je viens de poser, suivant ce qui me paraît être la vraie interprétation des expériences décrites plus haut, doit se trouver dans les étroites et intimes relations qui existent entre les états gazeux et liquide de la matière. Les états gazeux et liquide ordinaires ne sont, au fond, que des formes largement séparées d'un même état matériel, et ils peuvent passer de l'un à l'autre par une série de gradations si douces que le passage ne présente, en aucun point, d'interruption ni de solution de continuité. Depuis l'acide carbonique, gaz parfait, jusqu'à l'acide carbonique, liquide parfait, la transition peut s'accomplir, comme nous l'avons vu, par un procédé continu ; le gaz et le liquide ne sont que des termes éloignés d'une longue série de changements physiques continus. Sous certaines conditions de température et de pression, l'acide carbonique se trouve, il est vrai, dans ce que l'on pourrait décrire comme un état d'instabilité, et il passe brusquement, avec développement de chaleur, et sans application de pression additionnelle, ou changement de température, au volume qu'il aurait pu atteindre seulement par une route longue et détournée par le procédé continu. Dans le changement brusque qui se produit alors, une différence marquée se manifeste, pendant que se produit le phénomène, entre les caractères optiques et les autres propriétés physiques de l'acide carbonique qui s'est abaissé au volume le !plus petit, et ceux de l'acide carbonique non encore transformé; il n'y a donc pas de difficulté dans ce cas à faire la distinction entre le liquide et le gaz. Mais, dans certains autres cas, cette distinction devient impossible : et, dans beaucoup des conditions que j'ai décrites, on essayerait en vain d'assigner à l'acide carbonique l'état liquide plutôt que l'état gazeux. L'acide carbonique, à la température de 35°,5, et sous la pression de 108 atmosphères, est réduit à $\frac{1}{77}$ du volume qu'il occupait sous une pression d'une atmosphère; mais si l'on demande s'il est alors à l'état gazeux ou à l'état liquide, je crois que cette question ne peut recevoir de réponse positive. L'acide carbonique à 35°,5 et sous 108 atmosphères de pression, est à peu près intermédiaire entre le gaz et le liquide; il n'y a aucune raison valable pour le supposer sous l'une de ces formes plutôt que sous l'autre. La même observation s'appliquerait à plus forte raison à l'état dans lequel se trouve l'acide carbonique, à des températures plus élevées et sous des pressions plus fortes que celles que je viens d'indiquer. Dans les expériences primitives de Cagnard de la Tour, ce physicien distingué supposait que le liquide avait

disparu et s'était transformé en gaz. Une légère modification des conditions de son expérience l'eût conduit à cette conclusion inverse, que ce qui était primitivement un gaz s'était changé en un liquide. Ces conditions sont, en somme, les états intermédiaires que prend la matière en passant, sans changement brusque de volume ou développement rapide de chaleur, de l'état liquide ordinaire à l'état gazeux ordinaire.

Dans les observations qui précèdent, j'ai évité toute allusion aux forces moléculaires mises en jeu dans ces expériences. La résistance des liquides et des gaz à une pression extérieure qui tend à produire une diminution de volume, prouve l'existence d'une force intérieure d'un caractère *expansif* ou *résistant*. D'autre part, la diminution brusque de volume, sans application de pression extérieure additionnelle, qui se produit lorsqu'un gaz est comprimé, à toute température au-dessous du point critique, et réduit au volume auquel la liquéfaction commence, peut difficilement s'expliquer autrement qu'en admettant une force moléculaire *attractive* d'une grande intensité, qui entre en opération et surmonte la résistance à la réduction de volume, résistance qui nécessite ordinairement l'application d'une force extérieure. Lorsque le passage de l'état gazeux à l'état liquide s'effectue par le procédé continu qui est décrit dans les pages précédentes, ces forces moléculaires sont modifiées, de manière à devenir incapables de surmonter seules, à aucun moment, la résistance du fluide au changement de volume.

Les propriétés décrites dans cette communication, et manifestées par l'acide carbonique, ne sont pas spéciales à ce corps; mais elles se retrouvent dans toutes les substances, en général, que l'on peut obtenir sous les deux états, gazeux et liquide. Le protoxyde d'azote, l'acide chlorhydrique, l'ammoniaque, l'éther sulfurique et le sulfure de carbone, m'ont tous manifesté, sous des pressions et des températures déterminées, des points *critiques*, et des changements rapides de volume avec des mouvements ondulatoires, lorsque je faisais varier la température ou la pression dans le voisinage de ces points. Les points critiques de quelques-uns de ces corps se trouvaient au-dessus de 100°; et, dans ce cas, pour faire les observations, il était nécessaire de courber le tube capillaire avant le commencement de l'expérience et de le chauffer dans un bain de paraffine ou d'acide sulfurique.

La distinction entre un *gaz* et une *vapeur* a été jusqu'ici fondée sur des principes qui sont entièrement arbitraires. L'éther à l'état gazeux s'appelle une vapeur ; l'acide sulfureux dans le même état est dit un gaz ; en réalité, ils sont, l'un aussi bien que l'autre, des vapeurs, dérivées, la première d'un liquide qui bout à +35°, la seconde d'un liquide qui bout à —10°. Ainsi la distinction est basée sur cette insignifiante condition, savoir si le point d'ébullition du liquide, sous la pression atmosphérique ordinaire, est placé au-dessus ou au-dessous de la température ordinaire de l'atmosphère. Une pareille distinction peut présenter quelque utilité au point de vue pratique ; mais elle n'a pas la moindre valeur scientifique. Le point critique de température nous fournit un critérium pour distinguer un gaz d'une vapeur, si l'on croit important de conserver cette distinction. Beaucoup des propriétés des vapeurs dépendent de la présence simultanée du gaz et du liquide au contact l'un de l'autre; or, nous avons vu que cette présence simultanée ne peut exister que lorsque la température est au-dessous de son point critique. Nous pouvons donc définir une vapeur : un gaz à toute température au-dessous de son point critique. D'après cette définition, une vapeur peut, sous l'action de la pression seule, se transformer en liquide ; elle peut donc exister en présence de *son* liquide ; un gaz, au contraire, ne peut pas être liquéfié par pression, c'est-à-dire transformé par pression de manière à devenir un liquide visible, se distinguant de *son* gaz par une surface de séparation. Si l'on accepte cette définition, l'acide carbonique sera une vapeur au-dessous de 31°, un gaz au-dessus de cette température ; l'éther sera une vapeur au-dessous de 200°, et un gaz au-dessus.

Nous avons vu que les états gazeux et liquide ne sont que des formes éloignées d'un même état matériel, et qu'ils peuvent passer de l'un à l'autre par un procédé de changements continus. Resterait à résoudre un problème d'une difficulté beaucoup plus grande, la continuité possible des états liquide et solide de la matière. La belle découverte, faite il y a quelques années, par James Thomson, de l'influence de la pression sur la température de la liquéfaction, et vérifiée expérimentalement par sir W. Thomson, me paraît indiquer la direction que doit prendre cette recherche ; dans le cas au moins des corps qui se dilatent en se liquéfiant, et dont les points de fusion sont élevés par la pression, la transition pourra peut-être s'effectuer. Mais ceci doit être l'objet de recherches à venir ; pour le moment, je ne veux point m'aventurer à aller au-delà de la conclusion que j'ai déjà tirée de l'expérience directe, savoir que les formes gazeuse et liquide de la matière peuvent se transformer l'une dans l'autre par une série continue de changements graduels et successifs.

Thomas Andrews,
Professeur à Queen's College, Belfast (Irlande).

— Traduit de l'anglais par le Dr René Benoit. *—*

BULLETIN SCIENTIFIQUE

Société d'anthropologie de Paris

SÉANCES DES 3 ET 17 MARS 1870.

L'homme a-t-il toujours su faire du feu ? A quelle époque, comment a-t-il appris cet art ? Telle est la question, vaste, difficile, mais d'ailleurs très-attachante, qui avait été soulevée dans la précédente séance par M. Dureau, un bibliographe méritée, membre de la Société et descendant des Dureau de la Malle. L'auteur avait accumulé les citations à l'appui de cette thèse : que l'homme a vécu longtemps sans connaître le feu et sans pouvoir le produire, que dès lors l'art de faire du feu ne peut être considéré comme une caractéristique du genre Homme. Plusieurs de ses collègues avaient combattu cette opinion, d'autres l'avaient appuyée ; mais la question n'était pas épuisée et la discussion a été reprise aujourd'hui à l'occasion du procès-verbal.

S'il s'agissait de tout autre sujet, nous dirions que M. Letourneau a ouvert le feu. Il a lu un passage de l'*Histoire des îles Mariannes* par le P. Legobien (1701) dans lequel le révérend jésuite dit positivement qu'à l'arrivée de Magellan, les insulaires ne connaissaient pas encore le feu et que les matelots de l'expédition ayant brûlé quelques cases inspirèrent une terreur inexprimable à leurs malheureux hôtes qui prenaient le feu pour un animal terrible.

Prenez garde, répond M. Gaussin ; il ne faut pas croire Legobier sur parole, il ne contrôlait pas ses renseignements lorsqu'il écrivait son livre près de deux cents ans après la découverte de

Magellan. D'ailleurs, il est contredit par Freycinet dans la relation du voyage entrepris par l'*Uranie* et la *Physicienne*. La vérité est que les habitants des Mariannes ne pouvaient ignorer l'existence du feu puisqu'il y avait des volcans dans leurs îles ; le feu leur était si bien connu qu'ils avaient un mot pour l'exprimer et qu'on a trouvé chez eux des poteries cuites au feu ;—c'est bien possible, reprend M. Ploix, et je ne prétends pas trancher la question de savoir si l'on a rencontré oui ou non des peuplades ne connaissant pas encore le feu ; mais à un point de vue plus général, je voudrais dire quelques mots sur le culte du feu. Il est certain que l'usage du feu n'a pas toujours été aussi facile qu'il l'est de nos jours. Mais par la chaleur, par la lumière qu'il répand, le feu a toujours rendu à l'homme des services de premier ordre, et il est tout naturel que par reconnaissance on l'ait honoré d'un culte spécial. De là l'institution des vestales et les peines horribles qui frappaient leurs négligences. Puis, à mesure que l'homme a perfectionné ses engins, la production du feu est devenue de plus en plus facile et son culte a perdu l'importance qu'il devait à des difficultés dont on avait fini par triompher. J'ai parlé de lumière, il ne faut pas oublier en effet que nos pères estimaient au moins autant la lumière que la chaleur, nous en avons la preuve dans le nom de *Prométhée* qui a symbolisé la conquête du feu et qui signifie : *lumière naissante* ou *celui qui apporte la lumière*.

Succédant aux orateurs précédents, M. Leguay a cherché à établir que la première connaissance du feu avait dû être donnée à l'homme par l'action de la foudre sur des amas de feuilles sèches. Mais de là à produire le feu, il y a un abîme, et c'est probablement en cassant du silex pour faire des haches que l'homme de l'âge de la pierre a vu jaillir les premières étincelles dues à son initiative ; puis il a dû avoir l'idée d'utiliser ces étincelles pour enflammer des matières sèches. Quant à la friction de deux morceaux de bois l'un contre l'autre, c'est là un procédé d'une application beaucoup plus difficile et qui doit être relativement plus récent. Les sauvages de l'Australie y ont encore recours, c'est vrai ; mais l'usage des briquets en silex a persisté même au milieu de nos populations civilisées jusque dans ces dernières années.

Pour ce qui est du culte du feu, ajoute M. Leguay, on l'attribue à la reconnaissance ; c'est ne pas tenir assez de compte de l'égoïsme naturel à l'homme et je suis plus porté à voir dans cette institution un effet de la peur. — En résumé, je pense que le silex a dû être la première source du feu ; mais il me paraît bien difficile de résoudre d'une manière positive cette question, qui sera toujours, comme celle de la taille des silex, enveloppée d'obscurité et d'incertitudes.

M. Broca adresse alors une question aux archéologues. M. Ploix a insisté avec raison sur l'importance de la lumière. A-t-on trouvé des lampes ou d'autres moyens d'éclairage dans les gisements préhistoriques ?

Pas dans les cavernes, répond M. de Mortillet, mais les sépultures de l'âge de la pierre polie ont fourni des vases qui peuvent être supposés avoir servi pour l'éclairage ; et celles de l'âge du bronze renferment assez souvent de véritables lampes dont on peut voir des échantillons dans plusieurs collections, par exemple dans celles de M. Despine, à Aix, et de M. Costa de Beauregard.

M. Hamy a promis pour une prochaine séance la présentation d'ossements extraits d'une carrière exploitée à Grenelle. Ces ossements proviennent de trois individus que M. Hamy considère comme présentant les plus grandes analogies avec la femme et le vieillard découverts en 1868 dans la grotte de Cro-Magnon, sur les bords de la Vézère (Périgord) et qui ont été l'objet de discussions si animées entre MM. Broca, Hamy et Pruner-Bey.

Dans une précédente séance, M. de Mortillet avait annoncé la cinquième session du Congrès international d'anthropologie et d'archéologie préhistoriques, qui doit s'ouvrir à Bologne au mois de septembre (1). Aujourd'hui, M. le secrétaire général donne

____

(1) Voyez ci-dessus pages 162 et 200, numéros des 12 et 26 fé-

lecture de trois questions d'anthropologie proposées par les organisateurs d'un Congrès dont les séances commenceront à Anvers en août 1870, sur la terre illustrée par les découvertes de Schmerling et de M. Dupont. Parmi les pièces de la correspondance, le *Bulletin de la société d'histoire naturelle de Colmar* mérite une mention toute particulière ; on y trouve, en effet, un travail *sur l'homme préhistorique anté et post-diluvien*, dans lequel l'auteur, M. Bourlot, a résumé avec précision et clarté les principaux faits recueillis jusqu'à ce jour par les savants qui recherchent l'origine de l'homme et la date de son apparition.

S'il importe de savoir d'où nous venons et ce qu'étaient nos ancêtres, il n'est pas sans intérêt d'étudier comment vivaient ces hommes primitifs qui disputaient leur vie misérable au mammouth, à l'ours des cavernes, aux éléphants à crinière. A ce titre, la question du feu, soulevée par M. Dureau et discutée comme on a pu le voir avec une certaine passion, est tout à fait digne de nos méditations, aussi la Société a-t-elle entendu avec intérêt une courte discussion entre MM. R. Guérin, Leguay et de Mortillet, de laquelle M. Gavarret a pu conclure sans être contredit que l'homme ne connaissait pas encore l'éclairage à l'époque des cavernes.

Toutefois la question du feu a fait place, dans cette séance, à deux autres qui l'ont rejetée momentanément au second plan. Il s'agit de la fabrication des armes en bronze et en silex, et de la question du transformisme.

M. Lepic a voulu se rendre compte des difficultés qu'éprouvèrent les premiers hommes pour se procurer les armes et les outils indispensables à leur conservation ; il a voulu se faire une idée exacte des résultats que ces engins permettaient d'obtenir ; en un mot, au milieu des splendeurs de l'âge du fer, il a entrepris de faire revivre l'âge de la pierre.

Pendant plusieurs années, il a taillé, poli, emmanché des silex, étudiant, comparant les divers procédés, faisant venir des modèles du Danemark, examinant les pièces des diverses collections, mais surtout puisant dans sa pratique journalière et dans l'expérience des ouvriers, ces enseignements qui trompent rarement parce qu'ils reposent sur des faits incessamment contrôlés. que nous devons résumer en peu de mots :

Lorsqu'on détache une lame d'un *nucleus*, on obtient un tranchant aussi coupant qu'un bon instrument de chirurgie, mais le moindre usage en altère bien vite le fil et multiplie les dentelures ; aussi peut-on affirmer que tout couteau en silex était une scie ; mais la réciproque n'est pas vraie ; et toute scie n'était pas un couteau ; il est probable, en effet, que les ouvriers de l'âge de la pierre avaient des silex façonnés spécialement pour servir de scies, et M. Lepic a répété à ce sujet des expériences démonstratives.

Mais lorsqu'on taille les silex, ou lorsqu'on s'en sert comme d'instruments, ils s'échauffent avec une rapidité surprenante qui en rend promptement le maniement tout à fait impossible. Il n'y a pas alors d'autre ressource que de laisser de côté l'outil échauffé pour en prendre un autre ; cela explique pourquoi on rencontre généralement les silex taillés réunis en si grande quantité sur un même point. On peut cependant, comme l'a proposé un archéologue anglais, recourir à divers procédés pour pallier cet échauffement, et la mousse sèche, roulée autour de la poignée, rend ainsi de très-bons services.

Quant aux procédés employés pour emmancher les silex, ils ont dû varier à mesure que l'homme étendait ses connaissances. Une simple racine de chêne, encore fraîche, peut recevoir dans une fente un silex qui s'y trouve ensuite serré par le travail du bois, de manière à constituer un excellent instrument.

Les boyaux coupés en lanières ont fourni à M. Lepic des liens avec lesquels il a pu monter des flèches, des lances et des haches assez solides pour résister pendant plusieurs mois au travail des bûcherons. Enfin, le même résultat a été obtenu avec des cordes

et il n'est pas nécessaire de les tendre mécaniquement : il suffit de les mouiller avant d'en faire usage, puis d'exposer l'instrument façonné au vent du nord ; l'évaporation rapide resserre les fibres et produit une constriction plus que suffisante.

Doit-on préférer le bois sec ou le bois vert ? Les essais de M. Lepic l'ont conduit à donner la préférence au bois frais, qui, en se resserrant, fixe d'autant mieux le silex. Il a reconnu également que le bois blanc et les bois d'arbres fruitiers offrent peu de résistance ; mais le chêne, le frêne et surtout l'orme sont d'un bon usage.

Maintenant que peut-on faire avec de semblables outils? Les lecteurs que cette question intéresse peuvent la résoudre *de visu*. Qu'ils aillent au musée de Saint-Germain. Ils y verront un modèle de pirogue creusée dans un tronc d'arbre et due à M. Lepic, qui n'a pas employé pour abattre l'arbre, l'équarrir, le creuser et le façonner, d'autres instruments que ses haches, scies et couteaux de silex.

Cette communication, dont l'auteur avait eu soin d'augmenter l'intérêt en produisant divers outils qu'il a fabriqués lui-même et qui tous ont de nombreux états de services, a été suivie d'une improvisation spirituelle de M. Dally en faveur du transformisme. Partisan déclaré de la doctrine édifiée par Lamarck et si puissamment développée par Darwin, M. Dally se plaint de l'indifférence des savants français, et surtout des savants officiels, pour une doctrine qui fait avec succès le tour du monde et qui réunit les suffrages d'hommes du plus grand mérite tels que Lyell et Lubbock en Angleterre, Vogt et Kölliker en Allemagne, Dupont en Belgique. — Toutefois, ajoute-t-il, le mouvement commence à gagner la France elle-même, et puisqu'il nous faut une autorité, nous pouvons revendiquer celle de M. Claude Bernard. L'éminent physiologiste reconnaît en effet, « qu'une simple cellule animale peut prendre une direction évolutive nouvelle si l'on change ses conditions ». Il nous sera donc permis désormais de défendre notre hypothèse sans être accusés de violer les principes de la science. A ce propos, l'orateur n'a pas eu de peine à établir le rôle important que joue l'hypothèse dans les progrès des sciences. Les exemples se pressaient devant lui et nous n'avons pas même besoin de rappeler au lecteur que la plupart des grandes vérités récemment découvertes se sont produites d'abord comme de simples hypothèses.

Cela posé, continue M. Dally, comment ne pas reconnaître le bien-fondé de l'hypothèse darwinienne. Est-ce que nous n'assistons pas, dans les temps passés et présents, à une transformation lente mais continue ? Qu'est-ce donc que notre planète elle-même, si ce n'est le produit de transformations incessantes ? Écoutez le savant linguiste d'Iéna, Schleicher ; il vous dira que les langues se transforment comme les êtres organisés et qu'aucune langue ne dure plus de trois cents ans.

D'ailleurs, sans l'imprimerie, qui a fixé les œuvres immortelles de Rabelais et de Montaigne, que saurions-nous de la langue française au XVI⁰ siècle ?

Le *struggle for Life*, la formation des variétés, la sélection naturelle et la transmission héréditaire des anomalies, voilà les quatre éléments sur lesquels Darwin fonde sa doctrine ; et il a mulplié les exemples de transformations observées dans la série animale.

On nous demande de produire des variétés nouvelles. D'abord il y en a des exemples ; mais n'y en eût-il pas, l'objection serait encore insuffisante, car il faudrait pour résoudre la question un nombre incalculable d'années, et, quoi qu'on fasse, l'esprit humain cherchera toujours une solution des inconnues qui l'entourent. Lorsque nous voyons des insectes dépourvus d'ailes, des oiseaux qui ont des rudiments d'ailes inutiles, lorsque nous retrouvons chez l'homme cet appendice vermiculaire du cæcum si développé chez les oiseaux et qui n'a point de raison d'être dans notre organisme, nous demandons l'explication de toutes ces anomalies et nous les rattachons invinciblement à une transmission atavique. Ainsi, le transformisme offre tous les caractères d'une hypothèse scientifique expliquant, mieux que toute autre, les

vrier 1870, le compte rendu détaillé de la quatrième session, tenue à Copenhague en 1869.

faits difficiles à interpréter; nous l'acceptons à ce titre, parce que la vérité absolue nous est refusée et nous manquera toujours.

Ces arguments et bien d'autres n'ont pas ébranlé les adversaires du transformisme.

M. Giraldès, dans une courte réplique, a constaté que M. Dally, effectuant un mouvement de retraite, avait abandonné les affirmations absolues avancées par lui à l'origine de la discussion; il a fait observer aussi qu'en anthropologie le transformisme n'a point encore d'argument positif, puisqu'on ne connaît encore que quatre ou cinq crânes préhistoriques, tout à fait insuffisants pour établir une théorie.

M. de Quatrefages, avec la modération et la courtoisie qui font le charme de sa polémique, a rendu hommage au talent de Darwin et vanté les séductions de sa doctrine, tout en lui opposant une fin de non-recevoir absolue. Il a rappelé que si les espèces intermédiaires disparaissent, comme les langues, elles ont aussi leurs témoins qui valent bien l'imprimerie : ce sont les fossiles. Quant aux organes rudimentaires, sont-ils en voie de formation ou de disparition, c'est ce que nous ne savons pas, mais ce doute lui-même s'oppose à ce qu'on en tire un argument topique. Enfin, l'objection capitale consiste en ce que Darwin ne peut soutenir sa théorie sans admettre l'existence d'un prototype unique dans chacun des deux règnes animal et végétal ; car s'il en admettait plusieurs, il devrait renoncer à expliquer comment toutes les espèces se trouvent aptes à entrer dans un cadre fixe et déterminé.

Léon Guillard.

SOUSCRIPTION SARS

9e LISTE

Divers membres de la Société des sciences naturelles de Pesth	237 fr.	55
MM. Ch. de Cuyper, recteur de l'université de Liége...	20	
Isid. Kupfferschlaeger, professeur à l'université de Liége	10	
Fr. Cattaneo, recteur de l'université de Pavie....	20	
Feod. Lovati, président de la Faculté de médecine de Pavie	10	
Vitt. Piccaroli, bibliothécaire de l'université de Pavie.	5	
W. Kühne, professeur à l'université d'Amsterdam..	20	
Favre, profes. à la Faculté des sciences de Marseille..	10	
Docteur Ollier, professeur à l'École de médecine de Lyon	20	
Wœstyn, ancien élève de l'École normale de Paris.	10	
De Boismont	20	
Dr Besançon, à Blidah (Algérie)	2	
Dr Th. Chaillou, à Tourny	3	
Benoist, vétérinaire à Tourny	3	
Clerc, de Paris	5	
Marchand, pharmacien à Fécamp	3	
A. Taine, élève en pharmacie à Saint-Quentin.....	2	50
A. Guyerdet, attaché à l'École des mines de Paris..	5	
Chagnet	5	
Les élèves du cours de zoologie de M. P. Bert (enseignement secondaire des jeunes filles à la Sorbonne), second versement	40	

Souscriptions recueillies par M. Fr. Zarneke, recteur de l'Université de Leipzig :

MM. Zarncke, recteur de l'université de Leipzig, 10 thalers	37 fr.	50
J. Vict. Carus, professeur à l'université de Leipzig, 5 thalers	18	75
J. Czermak, professeur à l'université de Leipzig, 10 thalers	37	50
R. Leuckart, professeur à l'université de Leipzig, 10 thalers	37 fr.	50
Radius, professeur à l'université de Leipzig, 5 thalers	18	75
Thiersch, professeur à l'université de Leipzig, 5 thalers	18	75
Nobbe, professeur à l'université de Leipzig, 1 thaler	3	75
Un anonyme, 10 thalers	37	50
Un anonyme, 10 silbergros	1	25
W. L., 1 thaler	3	75
B..., 1 thaler	3	75
R. Engelmann, docteur à Leipzig, 1 thaler.	3	75
Dr W. Engelmann, libraire à Leipzig, 25 thalers	93	75
Librairie de Léopold Voss, à Leipzig, 10 thalers	37	50
J. A. List, directeur de la banque, à Leipzig, 3 thalers	11	25
Ses enfants, 2 thalers	7	50
R. Wachsmuth, avocat et directeur de la banque, à Leipzig, 10 thalers	37	50
Franciska Wachsmuth, née Popping, 10 thalers	37	50
Mademoiselle Leplay, à Leipzig	3	95
M. Gottlieb, à Leipzig, 2 thalers	7	50
G. F. Koch, à Goblis, 1 thaler	3	75
M. Lyonell, à Leipzig, 5 florins autrichiens	9	75
H. Nitsche, docteur à Leipzig, 10 thalers.	37	50
Mœbius, professeur de zoologie à l'université de Kiel, 5 thalers	18	75
Claus, professeur à l'université de Marburg.	20	»
A. Schaerder, professeur à l'université de Giessen, 30 florins bavarois	64	25

Total brut, 612 fr. 75 ; produisant net, après le change.. 600 fr.

Souscriptions des pasteurs de l'Église de la Confession d'Augsbourg.

MM. L. Vallette, pasteur, président du Consistoire.....	10 fr.
J. J. Hosemann, pasteur à Paris	5
A. Mettetal, pasteur à Paris	10
Appia, pasteur à Paris	5
Vict. Goguel, pasteur à Paris	5
Reichard, pasteur à Paris	5
Eug. Berger, pasteur à Paris	5
Vict. Hagen, pasteur à Paris	5
H. Vollet, pasteur à Paris	5
Matter, pasteur à Paris	5
Ed. Lods, pasteur à Paris	5
Ch. Pfender, pasteur Paris	5
Gangloff, candidat en théologie luthérienne, à Paris.	2

Total de la 9e liste.............. 1123 fr. 05
Total des huit premières listes......... 8028 fr. 89

Total des neuf premières listes.. ...... 9151 fr. 94

On souscrit au bureau de la *Revue des cours scientifiques*, 17, rue de l'École-de-Médecine, Paris.

Les souscripteurs de Paris peuvent faire toucher à domicile. Il leur suffit d'envoyer aux bureaux de la *Revue des cours scientifiques* leur nom et leur adresse avec le chiffre de leur souscription.

Les souscripteurs des départements ou de l'étranger sont priés d'envoyer leurs offrandes en un bon sur la poste, en toute autre valeur sur Paris, ou en timbres-poste français.

Le propriétaire-gérant : Germer Baillière.

PARIS. — IMPRIMERIE DE E. MARTINET, RUE MIGNON, 2.

REVUE

DES

COURS SCIENTIFIQUES

DE LA FRANCE ET DE L'ÉTRANGER

SEPTIÈME ANNÉE   NUMÉRO 20   16 AVRIL 1870

Paris, 15 avril 1870.

La Faculté de médecine de Paris a été pendant deux semaines le théâtre de troubles qui viennent d'amener sa fermeture momentanée.

Ces troubles sont en quelque sorte l'épilogue du procès Pierre Bonaparte. On n'a pas oublié que M. Tardieu, professeur de médecine légale, y figurait comme expert du ministère public. Son attitude et ses dépositions avaient déplu à une grande partie de la jeunesse des Écoles qui résolut d'aller manifester bruyamment au cours du professeur le blâme qu'elle voulait infliger au médecin légiste. A quatre reprises successives, le plus violent tumulte força M. Tardieu à se retirer sans avoir pu se faire entendre, malgré l'appui de quelques professeurs et d'une partie des élèves. Les cris de : Démission ! Démission ! couvraient sa voix.

C'est alors que la Faculté, par 18 voix contre 4, demanda la suspension des cours et des examens pendant un mois : ce qui fut consacré aussitôt par un arrêté ministériel. Deux jours après, une réunion comprenant plus de 700 étudiants en médecine protestait contre cette mesure, votait à l'unanimité moins 35 voix la déchéance de M. Tardieu, et chargeait son bureau de notifier sa décision au doyen, ce qui a eu lieu. Enfin, mardi dernier, M. Jules Ferry a porté la question à la tribune du Corps législatif, en blâmant la fermeture de l'École comme illégale et malhabile.

Il était pourtant nécessaire de faire quelque chose ; tout le monde reconnaît qu'on ne pouvait pas laisser continuer ces désordres. Fallait-il donc suspendre le cours de M. Tardieu ? Mais c'était consacrer l'arrêt tumultueux qui exigeait sa démission. Fallait-il frapper seulement les élèves de quatrième année, parce que c'est à eux que s'adresse le cours de médecine légale ? Mais personne n'ignore que la manifestation n'émanait pas plus de ceux-là que des autres, et la réunion dont nous parlions à l'instant était même présidée par un élève de seconde année. Fallait-il rechercher les mutins pour les punir individuellement ? Mais les mutins, c'était la majorité, au moins à l'amphithéâtre. Puis, comment les reconnaître et les saisir ? il faudrait pour cela laisser entrer la police à l'École, ce qui est le plus sûr moyen de provoquer de nouveaux troubles, peut-être des scènes sanglantes. Croit-on d'ailleurs qu'aucun professeur resterait en chaire pendant que la police arrête des élèves dans son amphithéâtre ?

La fermeture momentanée de l'École laissera aux esprits le temps de s'apaiser, et, de toutes les mesures possibles, c'est en définitive la moins rigoureuse, car un retard de quinze jours pour un examen ne saurait porter de préjudice sérieux à personne.

ÉMILE ALGLAVE.

VII.

SOCIÉTÉ HUNTÉRIENNE DE LONDRES

M. FOTHERBY.

Le rôle des sociétés savantes. — Histoire de la Société huntérienne

Nous célébrons aujourd'hui, comme vous le savez, non-seulement l'anniversaire de la fondation de la « Hunterian Society » (Société huntérienne), mais encore le jubilé de son existence. Il est donc naturel que nous consacrions à cette institution toute notre attention, et par conséquent je me propose de vous parler de son origine, de son histoire et de ses progrès jusqu'à ce jour ; je tâcherai aussi de faire sur les associations de ce genre quelques observations générales, suggérées par les faits historiques que nous serons obligés de mentionner dans notre discours.

L'intérêt de l'histoire de la Société huntérienne ne prend pas sa source dans un récit romanesque de l'antiquité, son fondateur n'est pas une divinité païenne, couverte par le brouillard des siècles, aucun fait surnaturel n'accompagna sa naissance, aucun oracle ne lui dicta ses lois. Non, tous les détails de cette histoire sont simples et prosaïques comme une description du XIXe siècle, qui n'est embellie par aucune découverte brillante et qui n'est colorée par aucun épisode émouvant. « L'art demande bien du temps », et cinquante années ne sont qu'une courte période, pourtant nous avons vécu vite durant le dernier demi-siècle ; cependant fut-il jamais une période plus remplie d'événements, plus fertile en inventions, plus riche en découvertes, et pendant laquelle l'humanité fut plus comblée de bienfaits ! Mais ces progrès de l'art et de la science ne sont pas le produit des efforts individuels, ni des sociétés fondées pendant ce siècle ; tous sont également le fruit des mouvements qui ont précédé et qui ont eu lieu dans l'histoire du monde, à des époques successives, et dont l'un des plus importants arriva pendant la vie du génie immortel, dont cette Société a pris le nom pour titre et pour mot d'ordre.

Il sera donc utile de donner quelques détails historiques sur l'origine et les progrès des associations organisées pour encourager l'art et la science, afin d'apprécier les circonstances qui ont favorisé leur développement et le secours qu'elles ont apporté aux diverses études prises sous leur protection. Il est incontestable que ces associations fournissent les moyens les plus convenables et les plus avantageux pour le progrès de la science, et leur existence universelle, à toutes les périodes d'activité intellectuelle, prouverait seule cette assertion. Au fond, leur adoption n'est que le même instinct qui conduit le barbare à s'associer à son semblable dans le seul but de trouver aide et protection; ces buts étant assurés, l'idée religieuse, innée chez l'homme, paraît être la seconde cause de l'association, et nous trouvons dès les premiers siècles, une société ou une caste séparée des centres, dans le but unique de cultiver la religion, comme par exemple, les Druides, les Augures et les Lévites. Avec ces sociétés régnaient l'influence et l'autorité que la sagesse et la science exercent toujours sur l'ignorance, et en vertu de leur action supposée sur les dieux, la guérison de l'âme et du corps et la formation des lois leur étaient confiées également. Dans les systèmes classiques de Grèce et de Rome, cette union des fonctions du prêtre et du médecin cessa depuis l'époque des institutions d'Esculape, mais chez les Germains et chez les autres nations barbares, elle fut longtemps maintenue (1). Quand l'humanité fit ses premiers pas vers la civilisation, l'industrie ne put produire d'abord que des manufactures grossières; vinrent ensuite l'échange, les commerces réguliers, enfin la richesse; et quand les ressources et les loisirs augmentèrent, l'art fut créé à son tour, simple dès l'origine, mais allant toujours en s'améliorant, et se développant par degrés, il a fini par produire *les manufactures perfectionnées*. Ainsi, nous voyons au moyen âge l'origine et l'accroissement de sociétés, de communautés, de compagnies formées pour encourager les intérêts relatifs au commerce, organisées aussi dans le but unique de garder un secret autant que dans celui de publier une découverte. Cependant, ces associations poursuivaient encore un autre but, la défense du commerce contre le pouvoir féodal qui, jusqu'alors tout-puissant, ou partageant son empire avec l'Église, devenait jaloux de la force croissante du nouvel ordre. De là, l'état de guerre perpétuelle qui existait entre les villes libres de l'Italie, les Pays-Bas et les seigneurs héréditaires des États voisins. Mais d'un côté, existaient l'intelligence et la liberté, de l'autre, le pouvoir despotique et l'ignorance brutale, aussi la conclusion, bien que retardée, ne fut jamais douteuse.

L'augmentation des richesses et de la force dans la classe moyenne naissante, produisirent encore plus d'amélioration dans les arts, dans les manufactures, et dans les commodités et les raffinements de la vie. En Italie, le berceau de l'art et de la science, il paraît que des sociétés pour le perfectionnement des ouvrages en métal, de la sculpture, de la décoration, et de la façon des meubles, etc., ainsi que de la peinture, existaient déjà au xiii° siècle à Florence, à Bologne et à Venise. Il en résultait un grand stimulant. Les inventions furent encouragées et de nouveaux progrès se firent continuellement pendant le siècle suivant, jusqu'à ce que la découverte de l'imprimerie, vînt donner une puissante impulsion à la science en général. En effet, avec cet art commence une ère nouvelle dans l'histoire de l'intelligence, et l'on peut dire que la science prit son essor dès cette époque. La

science accumulée des siècles passés fut, par ce moyen, librement répandue, le goût des études médicales s'éveilla, de nouvelles recherches et de nouvelles expériences eurent lieu, et leurs résultats étant publiés, la rétrogradation, ou même un temps d'arrêt, devinrent alors impossibles. Cette découverte porta un coup fatal au mysticisme, dans toutes les formes par lesquelles il avait enchaîné l'intelligence humaine pendant les siècles précédents. La science ne fut plus comme autrefois le privilége d'individus ou d'une classe d'individus avec lesquels seuls elle devait vivre et mourir. Un art une fois révélé ne put plus s'éteindre avec celui qui en avait fait la découverte, et aucun fragment de la vérité scientifique, quelque petit qu'il fût, une fois extrait du roc, ne pouvait plus être enterré de nouveau dans la poussière du temps.

Pendant la dernière partie du xv° et du xvi° siècle, un grand nombre d'universités et d'académies s'élevèrent en Italie. Quelques-unes d'entre elles s'occupaient de littérature et de philosophie, d'autres étudiaient plus particulièrement les mathématiques et la médecine, tandis que d'autres encore avaient pour objet principal les sciences physiques.

Tiraboschi cite cent soixante et onze institutions de ce genre, mais la majeure partie d'entre elles offrait un caractère frivole, superficiel ou grotesque même, les seuls souvenirs que leur courte existence ait laissés sont leurs dénominations aussi stupides que leurs règles. L'une des plus renommées fut l'Académie *della Crusca* (du tamis), qui s'était séparée en 1582 de l'Académie de Florence. Une autre établie à Rome en 1603 sous le titre de *J. Lincei*, pour s'occuper des recherches médicales, et dont Galilée était l'un des membres, montra un but plus sérieux et déploya plus de zèle, mais elle ne survécut que peu de temps à son fondateur, Cesi, qui mourut en 1630. L'institution des *Arcadiens* qui descend de ces sociétés fut créée à Rome en 1690, et existe encore aujourd'hui avec sa constitution allégorique. Gœthe décrit son initiation comme *berger* en 1788. Une telle extravagance caractérise la nature italienne, et ne peut être possible que dans un pays de mascarades.

Pendant toute cette période, les bibliothèques se multiplièrent; mais outre l'imprimerie, et sans doute comme conséquence de son influence, parut un autre agent puissant pour accélérer l'activité intellectuelle du siècle. Avec l'arrivée de Luther, le monde politique et religieux, le monde social même, furent divisés, et une nouvelle classe de sociétés, engendrée par les intérêts les plus solennels, surgit ainsi; et créant de nouvelles voies pour la pensée, prospéra et continua à se multiplier depuis cette époque. L'esprit cultivé de Mélancthon, après une lutte remarquable, adopta la philosophie d'Aristote, autorisa et approuva ces recherches, par son enseignement dans le Wittemburg et dans d'autres universités d'Allemagne, et aussi par son ouvrage *Initia Doctrinæ physicæ*. Les principes qui encourageaient les recherches et la liberté du jugement religieux, ne pouvaient plus refuser la même liberté aux études séculières.

Ce fut à Naples, comme le rapporte Weld, que fut instituée en 1560, sous le titre de *Academica Secretorum naturæ*, la première société pour la recherche de la science médicale; mais le premier ecclésiastique qui envoya Galilée en prison, fit fermer ses portes au bout de très-peu de temps.

En Angleterre, une société savante fut établie dès 1572. C'était la Société des antiquaires, qui dura jusqu'en 1604, elle fut dissoute alors par le roi Jacques qui en avait conçu de

---

(1) Dans le xiv° siècle, ainsi que le rapporte Meryon, l'Europe était encore remplie de conseillers physico-spirituels qui déduisaient toutes sortes de conclusions ridicules, de données purement hypothétiques. Mais l'aurore d'une ère plus éclairée était proche; peu à peu, la médecine était devenue une profession distincte, bien que les ecclésiastiques, voyant que l'exercice de cette profession augmentait leur richesse et leur puissance, fissent tout ce qui était en leur pouvoir pour conserver seuls le droit de l'exercer. « Mais, comme Sprengel l'a dit, leur avidité insatiable et leur incompétence flagrante, amenèrent enfin l'université de Vienne à adopter la décision suivante. C'est que dans l'intérêt de l'infortuné malade, les hôpitaux seraient dès lors dirigés par les laïques. »

l'ombrage (1). Il ne semble avoir existé ni en France, ni en Allemagne, aucune académie ou aucune institution semblable jusqu'à cette époque (2), et bien que de nombreuses sociétés existassent en Italie et eussent contribué plus ou moins à la culture de la littérature et de la philosophie, les sciences inductives ne profitèrent que très-peu de leur établissement.

Le monde intellectuel n'était pas encore suffisamment avancé, mais le moment approchait : à la fin de ce siècle, Tycho-Brahé, Kepler, Galilée et lord Bacon, travaillaient aux œuvres qui ont immortalisé leurs noms, et ont posé les fondements de la science et de la recherche par induction. Depuis cette époque, le goût des recherches médicales augmenta d'une manière régulière. Il est constaté que l'*Academia del Cimento* de Florence, établie en 1657, a été la première association qui cultiva la science avec succès ; bien qu'elle n'ait eu que peu d'années d'existence active, elle a publié quelques écrits qui ont un grand prix. Dans le nombre sont les mémoires de Torricelli et plusieurs autres dissertations remarquables. On comprendra ses principes d'après la règle fondamentale qu'Hallam traduit ainsi : « On exige comme article de foi d'abjurer toute foi, et de prendre la résolution de rechercher la vérité, sans s'occuper aucunement de n'importe quelle secte de philosophie. »

La France fut en quelque sorte en retard sur l'Angleterre pour l'établissement des sociétés scientifiques. Il est vrai que la première institution (l'Académie française) fut fondée en 1635, mais d'après sa constitution, elle ne devait s'occuper que de l'embellissement et du perfectionnement de la langue française. Elle fut ultérieurement fusionnée avec l'Académie des sciences, établie à Paris en 1666, et qui reçut ensuite, d'après une nouvelle Charte, des priviléges et des dotations considérables.

Deux tentatives infructueuses furent faites ici (en Angleterre), sous le patronage du roi Jacques et de Charles Ier, pour établir une association scientifique ; la première fois, en 1617, on se proposa de fonder une *Académie royale* ou *Collége d'honneur*, et en 1635 on projeta encore d'instituer *le Musée de Minerve* qui devait avoir, entre autres professeurs, un professeur de physiologie, un d'anatomie et un de médecine. Mais les troubles civils éclatèrent et cette idée ne fut pas mise à exécution.

Cependant, depuis l'année 1645, un certain nombre d'hommes de science se rencontrèrent de temps en temps, soit dans des maisons particulières, soit au collége de Gresham, à Oxford, ou ailleurs ; selon que les fortunes diverses de la guerre civile le permettaient, et jusqu'à ce qu'elle fût terminée ; ils créèrent alors un établissement en forme, qui en vertu d'une charte de juillet 1662, prit le nom de *Société royale*. Le commencement de l'histoire de la mère de toutes les sociétés scientifiques d'Angleterre est d'un intérêt particulier pour nous, d'après la part que notre profession y prit à son origine : car Weld remarque que le plus grand nombre de ses fondateurs appartenaient à la médecine. Bien que l'École de médecine ait été établie en 1518, que le cours d'anatomie ait été institué vingt ans plus tard, et quoique la découverte d'Harvey ait produit un grand stimulant dans le monde médical, qu'en outre un grand nombre des médecins fussent des hommes sérieux, intelligents et adonnés aux

recherches scientifiques ; il s'écoula cependant plus d'un siècle depuis l'établissement de la Société royale, avant qu'aucune association pour l'étude spéciale de la médecine fût fondée à Londres. Pendant tout ce temps, les dissertations sur la médecine forment une partie intégrale des *Philosophical transactions*. Si l'on comprend celles qui ont été faites sur l'anatomie et sur la physiologie, elles se montent, jusqu'en 1848, à 1020, c'est-à-dire au cinquième à peu près de la liste entière. Il faut avouer cependant que les premiers écrits sur la médecine trahissent généralement une grande crédulité et une grande superstition et ont peu de valeur scientifique : *les poudres sympathiques* et autres remèdes mystérieux, *les cures magnétiques, les naissances monstrueuses et les expériences curieuses* sans objet ou sans signification, forment leur fond caractéristique.

En 1664, plusieurs comités furent nommés, entre autres le comité d'anatomie et le comité de chimie et ceux-ci comprenaient tous les médecins de la Société. Les réunions se tenaient à cette époque au collége de Gresham, et ce fut là, en 1666 et l'année suivante, que furent répétées successivement les expériences de Lower sur la transfusion. Il paraît que ces expériences réallumèrent l'idée d'un élixir de vie, ce qui prouve que même les hommes instruits de ce temps-là étaient excessivement arriérés.

Sir Isaac Newton fut élu en 1671 et ses écrits parurent peu de temps après (novembre 1680). Ce ne fut qu'en 1686, cependant, que son ouvrage les *Principia* fut achevé, et il fut entièrement publié aux frais de la Société royale. M. Weld exprime ainsi ses idées à ce sujet :

« Il est vraiment heureux pour la science qu'un corps tel que la Société royale ait existé et que Newton ait pu lui faire ses communications scientifiques, autrement il est très-possible que son ouvrage les *Principia* n'eût jamais vu le jour. » Cela semble assez probable, attendu qu'à son élection, l'auteur fut exempté du schelling habituel que les membres de la Société donnaient par semaine pour subvenir aux dépenses. Le temps me manque pour parler des communications importantes qui furent données au monde par la Société royale, depuis cette époque jusqu'à la mort de sir Isaac, particulièrement sur les mathématiques, l'astronomie, l'optique et la météorologie. Avant la fin du siècle, les villes d'Édimbourg et de Dublin possédèrent chacune une institution philosophique, et Newton recommanda instamment que des sociétés semblables fussent établies dans les villes de province. Il en existe en effet à Bristol, à Péterborough et à Spalding ; la *Gentleman's Society* a publié la dernière quelques dissertations intéressantes et s'est maintenue jusqu'à ces dernières années.

Ce qui aida encore d'une manière importante au progrès rapide des recherches scientifiques, ce fut l'amélioration des instruments de physique, tant sous le rapport de leur adaptation au but requis, que sous le rapport de la supériorité et de l'exactitude de la fabrication des lentilles et de l'ajustement des parties en acier et en cuivre, etc. Ce progrès tenait sans doute en grande partie à l'existence d'une société peu connue, *la Société de mathématique*, et qui fut établie à Spitalfields en 1717 et dura jusqu'en 1845 ; elle fut alors incorporée dans la Société astronomique. Elle était composée principalement de commerçants et autres personnes pratiques, elle possédait une bonne collection d'instruments dont les membres pouvaient se servir, et quelques-unes de ses règles étaient en rap-

---

(1) La Société actuelle fut établie en 1717, et incorporée en 1751.
(2) Hallam.

port exact avec leurs études, ainsi par exemple, le nombre des membres était limité au carré de sept. La Société royale profita de ces améliorations et donna en 1725, une grande impulsion à la météorologie, en faisant parvenir une quantité de baromètres et de thermomètres à plusieurs de ses correspondants à l'étranger, avec prière de les adopter pour régulariser les observations.

Un comité s'assembla en 1750 pour examiner la mauvaise ventilation des prisons et pour rechercher la cause de la mortalité qui s'y produisait par la fièvre, etc. D'après les moyens adoptés en concordance avec les recommandations, les décès se réduisirent à Newgate, à deux par mois ; alors qu'auparavant ils étaient de sept à huit par semaine.

Tandis que les diverses branches de la science se développaient ainsi par l'encouragement de la Société royale, une autre classe d'associations s'était élevée de manière à établir une distinction marquée entre la littérature et les sciences. Je fais allusion à l'influence des sociétés, des clubs et des cafés. Certains clubs existaient réellement bien avant cette époque ; ainsi, au temps de Henri IV, il y avait la *court de bone companie* (la cour de bonne compagnie), il y avait encore le *club de Friday Street* de sir W. Raleigh, et le fameux *Mermaid* dans Bread Street, dont Shakespeare, Beaumont, Fletcher et d'autres encore étaient membres. Ben. Jonson patronisa et fonda, dit-on, le *Devil Club* dans Fleet Street, et le *Civil Club* établi en 1669 dans Water Lane existe encore aujourd'hui. Mais dans la première moitié du xviiie siècle ces associations étaient à leur apogée, et les hommes d'affaires, les hommes de lettres, les hommes ayant une profession quelconque, tout le monde enfin, se donnait rendez-vous dans ces endroits. Dryden, Addison, Steele, Swift, Pope, et parmi les hommes de notre profession, Arbuthnot, Garth, Mead, Radcliffe, et d'autres encore étaient bien connus au *Kit-Kat Club*, au *Tom's club*, au *Brother's club*, au *Will's Club* et au *Button's Club*, à l'ouest, et au *Garraway's Club*, dans la Cité. On s'y donnait rendez-vous pour traiter des affaires. Le docteur Cooke rapporte, dans ses *Mémoires sur la vie de sir W. Blizard*, que notre premier président fut le dernier médecin qui, en son caractère de médecin, fréquenta une taverne.

Nous ne devons pas considérer ces associations comme simplement frivoles ou sociales et comme n'ayant aucune influence sur la science. Les idées politiques et philosophiques, non moins que les idées scientifiques, subissaient un changement ; les choses anciennes disparaissaient et tout devenait nouveau. La révolution avait produit la liberté d'expression, de même que la liberté de penser sur tous les sujets. La forme même des idées était changée. L'euphémisme du langage du temps d'Élisabeth, la pédanterie des Stuarts, la précision formaliste de la république et le style lourd et pompeux de Clarendon, avaient été successivement abandonnés et remplacés éventuellement par les périodes gracieuses et le style agréable et coulant de Pope, d'Addison et de Steele, et les hommes de science ressentirent son influence. Il est d'une grande importance, pour le penseur original et pour l'observateur, d'étudier les meilleurs auteurs et de se familiariser avec leur manière d'exprimer leurs idées. Si notre grand maître avait été mieux versé dans la littérature classique du siècle, une grande partie de ce qui est obscur dans son langage et quelques passages dans lesquels les idées ne sont peut-être pas bien définies, même pour l'auteur, auraient été autrement exprimés. Le goût pour la littérature était de-

venu général. Des cabinets de lecture, des clubs politiques et des sociétés de controverse s'élevèrent au milieu du siècle, donnant la preuve de l'activité intellectuelle de l'époque à laquelle d'ailleurs les ouvrages de Locke, de Reid, de Stewart, d'Adam Smith et de plusieurs autres, donnaient de la profondeur et de la précision.

Peu de temps après la mort de Newton (1727), commença cette longue suite de découvertes merveilleuses dans les diverses sciences inductives qui ont rendu le xviiie siècle si remarquable. Sloane, nommé président de la Société royale après sir Isaac, donna une impulsion vigoureuse à ces travaux, et son goût particulier pour la botanique favorisa la culture de cette science, qui reçut aussi à ce moment une impulsion nouvelle par la publication du système de Linnée en 1731. Ce célèbre botaniste visita l'Angleterre cinq ans après, mais il s'écoula trente années avant que sa classification fût généralement adoptée. La connaissance plus étendue des pays étrangers et de leurs productions servit à compléter les autres branches de l'histoire naturelle ; mais tous ces matériaux ainsi collectionnés exigèrent les nombreuses années de travail de Hunter et de Cuvier avant qu'ils puissent être compris et arrangés d'une manière scientifique.

Ce fut cependant par la chimie, avant toute autre science, que le changement commença, pour ne cesser que lorsqu'une révolution complète eût été accomplie dans ses doctrines. Nous ne devons pas oublier, pour l'honneur de notre profession, que la chimie, ayant été jusqu'à cette époque étudiée seulement comme un auxiliaire de la médecine, son rang et son importance comme science distincte furent reconnus pour la première fois et défendus avec vigueur par le docteur Cullen, alors professeur régent de médecine à Glascow. Franklin fit sa première dissertation à la Société royale en 1746, et il ne fut élu membre de la Société que dix ans plus tard ; peu de temps après son élection, les découvertes de Cavendish, de Black et de Priestley, furent publiées et excitèrent le plus vif intérêt dans les écoles de Glascow, d'Édimbourg et de Londres. Mais le mouvement intellectuel de ce pays, inauguré par l'apparition de Newton et accéléré par la révolution, fit depuis cette époque des progrès continuels, en devançant toutes les autres nations du continent. Ce mouvement de la science ne trouva pas en Italie un terrain aussi favorable que l'art l'avait trouvé dans le siècle précédent, car le pays était alors enchaîné politiquement et religieusement, et les associations scientifiques établies avaient été supprimées ou avaient péri par manque de vitalité. L'Académie de Berlin fut fondée en 1710, mais la philosophie allemande était immatérielle, vague et spéculative, plutôt que dirigée vers les buts pratiques qui caractérisent les sciences inductives. En France, l'intelligence, si longtemps endormie sur les genoux d'une royauté usée et efféminée, commençait à se réveiller véritablement ; le vent qui devait peu après déchirer le pays et mettre en ruines l'édifice social, agitait déjà le sommet de la société. Les grands philosophes français, courbés sous l'oppression et silencieux dans leurs demeures, aimèrent à visiter l'Angleterre, à étudier ses habitudes de penser et de parler, et acquirent un amour profond de la liberté intellectuelle ; il en résulta qu'au moment où la catastrophe approchait, tout le monde à Paris prenait part aux assemblées scientifiques ; on ne pouvait plus contenir la foule dans les salles et les amphithéâtres où l'on expliquait les grandes vérités de la nature, et dans plusieurs circonstances on fut obligé de les agrandir.

Les siéges de l'Académie, au lieu d'être occupés par quelques érudits solitaires, étaient fréquentés par tous ceux dont le rang ou l'influence leur permettait de s'assurer une place. Les femmes du monde même, oubliant leur frivolité ordinaire, se pressaient pour assister à des dissertations sur la composition d'un minéral, sur la découverte d'un sel nouveau, sur la structure des plantes, sur l'organisation des animaux, sur les propriétés du fluide électrique (*Histoire de la civilisation* de Buckle). Réaumur, d'une imagination fertile et d'un esprit pratique, s'était occupé alternativement d'expériences sur la chaleur, sur les manières de fabriquer le verre, la porcelaine, le fer, et avait fait des recherches sur l'histoire naturelle et sur la physiologie.

Duhamel, d'un génie également vulgarisateur, fournit des études assez nombreuses à l'Académie des sciences sur la physiologie végétale et animale, et sur la chimie en particulier. Soixante de ses dissertations furent publiées dans les Transactions. Mais les découvertes de Lavoisier par-dessus toutes les autres firent faire des progrès à la science, sur ces importants sujets. Il eut peut-être, plus qu'aucun de ses contemporains, le don combiné de l'observation et de la généralisation. De 1772 à 1788, il ne fournit pas moins de soixante dissertations aux mémoires de l'Académie, et il n'avait que cinquante et un ans lorsqu'il monta sur l'échafaud en 1794; selon toute probabilité, ce crime affreux fut pour le monde scientifique une perte énorme. L'influence sur la science et l'avantage réel pour la société, résultant des travaux de ces profonds chimistes, furent plus grands que ceux qui ont suivi les grandes découvertes de Newton, d'autant plus que le sujet concernait la nature matérielle qui nous entoure, et nos relations avec elle. Non-seulement la véritable composition de l'air et de l'eau fut déterminée pour la première fois, les différents gaz et leurs propriétés distingués, la doctrine du phlogistique de Stahl abolie, et la nature réelle de l'oxydation reconnue; mais la physiologie et les phénomènes chimiques de la respiration et les vrais principes de la vie et de la santé furent compris, et la base de notre hygiène moderne et de nos règlements sanitaires fut posée. Enfin le rêve de tant de siècles était accompli, le but pour lequel tant d'hommes capables s'étaient fatigués en vain, était atteint; mais l'élixir de vie et la pierre philosophale se révélèrent sous une forme bien différente de celle que lui prêtait l'alchimiste. On découvrit que la longévité dépend plutôt de la race que de l'individu, et que l'accroissement des richesses et du bonheur viennent de l'augmentation de la prospérité publique et non des artifices subtils d'un adepte égoïste. Il est un fait intéressant et important à la fois, c'est que ces découvertes coïncidèrent avec la vie de John Hunter, et que tandis qu'il étudiait la grande énigme de la vie à un point de vue, elle était étudiée en même temps à un autre point de vue, avec des résultats également importants pour sa compréhension. Hunter fut élu F. R. S. en 1767; il n'avait alors produit qu'une dissertation incomplète, et ce ne fut qu'en 1772, qu'il donna pour la première fois une communication entière sur la dissolution *post mortem* de l'estomac.

Depuis cette date jusqu'à sa mort, on trouve dans les Transactions vingt et une de ses dissertations. On peut juger de l'intérêt que prit la Société royale à l'anatomie et à la physiologie par le fait suivant, c'est que de 1785 à 1830, les Transactions contiennent cent dix dissertations de sir Edward Home, illustrées par des planches splendides qui coûtèrent à la Société plusieurs milliers de livres et dont il lui fut permis ensuite de se servir dans la publication de ses leçons.

Comme on l'a déjà rapporté, la Société royale existait depuis près de soixante ans et aucune commission pour l'étude spéciale d'une branche de la science n'était encore établie; la «Société de mathématique» fut créée la première en 1717, et la dernière est une nouvelle Société de mathématique établie depuis peu. Je citerai brièvement les autres, dans l'ordre où elles ont été fondées.

Ce fut d'abord la « Société des arts » qui commença en 1753; ensuite, les communications sur la chimie, adressées à la Société royale, ayant été très-nombreuses pendant les années 1780, 1781 et 1782, une Société séparée, la « Société de chimie » fut formée, elle était composée des principaux chimistes. La « Société Linnéenne » vint ensuite en 1778. « L'Institution royale » fut fondée en 1805, et l'année suivante elle eut l'avantage de voir à la tête de son laboratoire Davy, jeune homme de vingt-trois ans alors. « L'Institution de Londres » fut établie en 1805 et incorporée en 1807; la même année, la « Société géologique » prit naissance, et les commencements de cette dernière doivent avoir un intérêt particulier pour les membres de la Société Huntérienne. Ce fut en 1807 que le docteur Babington invita à se réunir chez lui quelques hommes qui s'étaient distingués par leurs recherches minéralogiques, il les engagea alors à faire une souscription, afin de faciliter au comte Bournon la publication de sa monographie sur le carbonate de chaux; ce but étant atteint, d'autres réunions eurent lieu, et de ces commencements naquit la Société géologique. En 1809, une association qui prit plutôt la forme d'un club et ne fut pas de longue durée, fut fondée pour l'étude spéciale de la chimie animale et physiologique; — Brodie, Babington, Cavendish, Davy et Home en firent partie.

On aurait pu croire qu'il se serait formé avant toute autre une Société particulière pour l'étude de l'astronomie, la plus ancienne des sciences physiques et celle dont on s'est le plus occupé, depuis les premiers siècles jusqu'à nos jours; mais bien que des propositions aient été faites plusieurs fois à cet égard, ce ne fut qu'en 1820 que la « Société royale d'astronomie » fut établie. Ce qui fit prendre cette décision, ce fut l'accumulation d'observations importantes que la Société royale était dans l'impossibilité de publier et qui couraient grand risque, par conséquent, d'être perdues pour la science (Weld).

« La Société royale asiatique » date de 1823; « la Société géologique » commença en 1826; la « Société géographique » et « l'Association britannique » furent établies en 1831; la « Société d'entomologie » en 1833; la « Société de statistique » en 1834; la « Société électrique » en 1837; la « Société micrographique » en 1840; la « Société ethnologique » en 1843; la « Société de météorologie » en 1850; l' « Association pour le progrès de la science sociale » en 1857; la « Société d'anthropologie » en 1863.

Cette liste des Sociétés qui existent aujourd'hui à Londres, ajoutée à celles dont j'ai déjà parlé, est assez bien remplie, et encore en ai-je exclu plusieurs associations, telles que « *the Ray* » et « *the Palæontolographical* » qui publient seulement des livres et des mémoires. Cette multiplicité, cependant, est le résultat naturel de la somme toujours croissante des connaissances dans les sciences spéciales; cette addition nécessite l'attention presque entière de l'étudiant, qui fait sérieusement des recherches dans une branche particulière de la science.

Les Sociétés purement médicales sont d'une origine comparativement moderne. Pendant le siècle dernier, elles étaient en très-petit nombre et ont eu généralement peu de durée ; elles étaient remplacées par la Société royale qui recevait volontiers des dissertations médicales. La dernière que j'ai trouvée publiée dans ses *Transactions*, a été faite en 1783, sur un cas de sarcocèle chez un nègre, et comprend les symptômes et le traitement de la maladie. La même année fut fondée par Hunter, Fordyce et plusieurs autres, la « Société pour le progrès de la science médicale et chirurgicale ». Cette Société dura vingt ans au plus et publia trois volumes de *Transactions* ; le dernier parut en 1812. Bien que la « Société royale médicale et chirurgicale » ait été fondée en 1805, il ne paraît pas y avoir eu de rapport entre ces deux institutions, et il est probable que la première eut un caractère plus privé. Édimbourg avait une Société médicale dès 1731, c'est-à-dire avant que celle de Londres fût établie, mais huit ans après, cette Société fut réorganisée ; on s'y occupa de philosophie et de littérature, elle reçut alors le le nom de « Société de philosophie d'Édimbourg » ; en 1783, on changea encore ce titre pour celui de « Société royale d'Édimbourg ». En 1737, une autre association médicale avait été fondée, cependant, dans notre capitale du Nord, c'était la « Société royale médicale » qui existe encore aujourd'hui. La « Société royale de physique » fut ensuite établie en 1771, et Édimbourg possède maintenant huit Sociétés médicales, la Société huntérienne, notre homonyme, fondée en 1824, est au nombre de ces dernières. Parmi les autre associations médicales de l'Écosse, la « Société médico-chirurgicale d'Aberdeen » datant de 1789, semble être la plus ancienne.

On compte, à Dublin, six Sociétés semblables environ, mais je crois qu'elles ont toutes été fondées dans le siècle actuel. A Londres, ce fut l'hôpital de Guy qui eut l'honneur d'établir, en 1771, la première Société médicale, et la vaccine fut publiquement discutée pour la première fois à la *Société de Physique*. Deux ans après, la *Société médicale de Londres* se forma, plusieurs membres de la Société de Physique de l'hôpital de Guy étaient au nombre de ses fondateurs. L'hôpital de Middlesex, en 1774, et l'hôpital de Saint-Bartholomé, en 1796, établirent aussi leurs sociétés locales : la Société de Middlesex a eu des moments d'interruption, mais existe aujourd'hui dans toute son activité. La Société de Saint-Bartholomé commença pendant les jours de grandeur et de gloire d'Abernethy et de Macartney, et au moment où Lawrence déployait sa première vigueur, elle a publié une longue série de dissertations importantes. Elle fut d'abord appelée la *Société médicale et philosophique de Saint-Bartholomé*, mais à la mort d'Abernethy, son nom fut donné à cette société. Tous les autres grands hôpitaux de la métropole ont établi, pendant les cinquante années qui viennent de s'écouler, de semblables associations ; mais, d'après leur constitution, leurs opérations sont plus ou moins limitées, naturellement, à l'école particulière que chacune d'elles représente. L'honneur d'ancienneté doit donc être concédé à l'Institution dont nous célébrons la fondation ce soir, comme étant la troisième Société Médicale Générale de Londres. Je continuerai donc ce discours par l'HISTOIRE DE LA SOCIÉTÉ HUNTÉRIENNE.

Ce fut pendant l'automne de 1818 que M. Armiger, chirurgien assistant à l'hôpital de Londres, exprima au docteur Cooke,

alors M. Cooke, de Great-Prescott Street, Goodman's Fields, le regret qu'il n'existât aucune société médicale dans la partie est de la métropole. Sur les deux sociétés qui étaient déjà établies, l'une, la *Société Médicale de Londres* était située dans Bolt Court, Fleet Street, et l'autre, *la Société Médicale et Chirurgicale*, tenait ses réunions encore plus à l'ouest. La plupart des médecins et des chirurgiens les plus distingués du jour étaient membres de ces sociétés, et la première existait déjà depuis près de cinquante ans.

Le docteur Cooke prit en considération la remarque de M. Armiger, et, en raison de la mauvaise santé de ce dernier, et aussi d'après certains engagements qui existaient alors, il en parla à plusieurs de ses confrères, et les convoqua chez lui, le 11 novembre, à cette intention.

L'assistance était peu nombreuse et l'opinion semblait peu favorable : cependant, il fut décidé avant de se séparer, qu'on s'occuperait de nouveau de cette question. Une autre réunion eut lieu le 18, et une troisième le 24 ; dans cette dernière, on fit connaître l'approbation que sir W. Blizard donnait à ce projet, et MM. Cooke et Knight lui furent députés, pour conférer avec lui sur les moyens de mener cette affaire à bonne fin. Ces deux messieurs sollicitèrent l'appui des médecins de la cité et des arrondissements de l'est.

De nouvelles réunions se tinrent chez M. J. C. Knight, de New Basinghall Street, le docteur Robinson présida et la fondation de la Société fut enfin décidée.

Une assemblée générale fut convoquée le 20 janvier à King's Head, Poultry, et ce fut le docteur Hamilton qui occupa le fauteuil ; on cite dix-neuf noms de médecins présents ; après une longue discussion, on adopta des statuts et l'on parla des avantages des sociétés médicales en général et de l'utilité d'en établir une dans la partie est de Londres. Un comité (1) fut alors désigné pour veiller à l'exécution de ce projet.

L'assemblée suivante qui se tint à King's Head, le 3 février, fut composée de vingt-quatre gentlemen. On y adopta un rapport du comité provisoire, comprenant quatorze statuts, formant la base de la Société et constituant les lois fondamentales de son gouvernement ; ce sont en substance les mêmes statuts que ceux qui sont actuellement en vigueur. On passa ensuite un acte de société et vingt signatures y furent apposées (2).

La Société ainsi constituée se réunit de nouveau le 11 février, et sir W. Blizard ayant été nommé président, prit place au fauteuil. Les docteurs Hamilton et Meyer, MM. Vaux

---

(1) Les membres du comité étaient : les docteurs Conquest, Gordon, Robinson, MM. Bell, Knight, Maples, Tyrrell et Cooke (secrétaire).

(2) Une liste de ces membres sera intéressante, ainsi que les noms de plusieurs autres gentlemen, probablement absents à cette réunion particulière, mais qui avaient pris part à cette initiative, et dont les noms sont inscrits les premiers sur le rôle des membres de la Société.

MM. * L. Leese. — J. C. Knight. — T. J. Armiger. — J. Simpson. — R. Dunglison. — G. P. Maples. — Henry Greenwoord. — J. T. Conquest. — * B. C. Pierce. — * J. W. K. Parkinson. — T. L. Blundell. — * G. Edwards. — C. Meeres. — John Martin. — * William Kingdon. — W. Buchanan. — * H. R. Salmon. — John Dunston. — J. Lewis. — * William Cooke. — * James Hamilton. — * Thomas Bell. — * Thomas Addison. — * Thomas Callaway. — William Brennand. — G. C. Collyer. — W. D. Cordell. — John Miles. — William Warner. — * William Blizard. — Z. Newington. — J. Evans Beale. — Thos. Robinson. — John Roberts. — Benj. Robinson. — * J. A. Gordon. — G. Vaux. — B. Travers.

Les noms qui sont marqués d'une astérisque sont ceux des membres qui ultérieurement formèrent le conseil.

et Leese furent élus vice-présidents, et douze membres de la Société furent choisis pour former le conseil, leurs noms sont indiqués dans la note ci-dessous. Le docteur Conquest et M. Armiger furent nommés secrétaires. La question du titre que l'on donnerait à la Société fut le sujet de quelque discussion, on avait d'abord choisi celui de *Société de Médecine et de Physique de Londres*, mais d'après l'instigation du président, elle prit le nom de *Société Huntérienne*, tandis que les mots suivants : *Ratio Societatis vinculum* furent adoptés pour devise.

On ne pouvait plus dès lors se réunir dans une taverne, un comité fut désigné pour choisir un local convenable, deux séances eurent lieu dans l'intervalle, et la troisième se tint, le 31 mars, dans les salles de l'Asile des orphelins de Londres, 10, Saint-Mary Axe ; le docteur Robinson présida l'assemblée, et l'on y discuta les mesures à prendre pour défendre le plus possible l'intérêt de la Société.

Le 21 avril, les travaux de la Société commencèrent et le président fit, en montant en chaire, un grand éloge des lois et des principes sur lesquels l'Institution était établie. On lut ensuite quatre mémoires, le premier, du docteur Cooke, sur la valeur d'une solution de muriate de soude dans l'eau distillée, comme devant être substituée à l'emploi de l'esprit-de-vin, dans la conservation des pièces anatomiques fraîches. Les autres étaient du docteur Robinson et de M. Leese ; on termina la soirée par un second mémoire du docteur Cooke.

Depuis ce moment, des réunions eurent lieu tous les quinze jours, presque sans interruption, jusqu'à la fin de l'année. MM. Callaway, Dunglison, Hamilton et Kingdon fournirent des communications, et d'autres encore furent données à la Société par les personnes qui avaient fait part de leurs observations à la première séance. A la fin de l'année, cinquante-trois noms de membres ordinaires, étaient inscrits sur les registres de la Société.

Le docteur Cooke prit la place de secrétaire de M. Armiger, dont la santé déclinait de jour en jour ; pendant la seconde année, les réunions ne furent interrompues que du 12 juillet au 4 octobre, et les notes de la Société font mention d'un plus grand nombre de communications que la première année. Il devint alors nécessaire d'avoir un plus grand espace pour tenir les séances, et le 17 mars 1821 de nouvelles salles furent ouvertes, 18, Aldermanbury. Le premier président prit une part si importante aux débuts de la Société, que je citerai quelques particularités de sa vie ; je les ai tirées de l'excellente notice du docteur Cooke, lue, en 1835, à l'une des assemblées.

A l'époque où il fut question d'établir la Société Huntérienne, sir W. Blizard avait déjà soixante-six ans, il était né en 1743 ; il fut élève de Pott et des Hunter, et il étudia aussi à l'hôpital de Londres, où il fut nommé chirurgien assistant en 1780 ; il conserva ses fonctions à l'hôpital plus de cinquante ans, et n'abandonna son poste que l'année qui précéda sa mort. Il remplit aussi les fonctions d'*assistant ship* à Crutched Friars et s'adjoignit ensuite au docteur Maclaurin, célèbre médecin écossais, comme professeur d'anatomie. Ils firent des cours ensemble dans un endroit fort petit d'abord, Thames Street, et ensuite dans Mark Lane. En 1785, ils fondèrent l'école de l'hôpital de Londres, ce fut la première école régulière de médecine qui ait été unie à un grand hôpital ; sir W. Blizard fournit une grande partie des fonds pour l'établir, c'est-à-dire plusieurs mille livres sterling.

Sir William occupa successivement toutes les places d'honneur au collége des chirurgiens, et fut deux fois président ; il était aussi membre de la Société royale, de la Société d'antiquités, et d'autres sociétés savantes. C'était un excellent opérateur, doué d'un grand sang-froid, et il introduisit plusieurs améliorations dans la pratique de la chirurgie. Sa vigueur morale et sa force physique ont dû être bien exceptionnelles, car il fit une amputation de cuisse à l'âge de quatre-vingt-quatre ans, et comme il fut atteint de la cataracte dans sa quatre-vingt-douzième année, M. Lawrence lui fit l'opération, par extraction, avec succès ; la saignée était encore de mode, et quatre heures après l'opération on lui tira huit onces de sang.

Notre premier président était poète ; il faisait souvent des vers à l'occasion des cérémonies publiques. Les derniers qu'il publia furent un soliloque sur la vue, il avait quatre-vingt-treize ans quand il les composa ! Il fut aussi, comme la plupart des grands praticiens de ce temps-là, homme politique et écrivain passionné. Il était non-seulement bienfaisant, charitable, bon chrétien, modéré avec tous, mais encore d'une politesse exquise, d'une honorabilité sans égale, bon compagnon, et d'une humeur fort gaie. Avec autant de qualités personnelles et une nature aussi richement douée, c'était un avantage immense pour la Société huntérienne de s'assurer un chef aussi habile pour diriger ses premiers pas ; et nous ne devons pas nous étonner si l'on ne tint pas compte de la loi qui limitait les fonctions de président à deux années et si sir William fut élu pour une troisième année.

En 1825, le conseil de la Société ayant décidé qu'il fallait instituer un discours annuel, sir William fut choisi le premier pour remplir cette honorable fonction, dont il s'acquitta en février suivant.

Ce fut un vrai citadin, qui passa la plus grande partie de sa vie à Devonshire Square ; il mourut Saint-Hellen's place, le 28 août 1835. Nous pouvons vraiment dire de lui :

Il supporta tout, entreprit tout jusqu'à sa fin.

Et en mourant il écrivit *Vici* sur son écusson.

Je suis heureux d'ajouter que notre premier président fut l'un des fondateurs de l'institution dans l'enceinte de laquelle nous sommes réunis ce soir. Il aida non-seulement à établir l'institution de Londres, mais il en fut pendant de nombreuses années vice-président. Il prit une part active à son administration et fut sans jamais se démentir l'un de ses membres les plus dévoués et l'un de ses plus fermes appuis. Bien qu'il fût alors dans sa quatre-vingt-treizième année, il présida l'assemblée annuelle qui eut lieu peu de temps avant sa mort. Son assiduité aux séances de notre Société fut des plus exactes. Le nombre de ses communications, toutes d'une grande valeur, est considérable ; elles ne sont pas seulement le fruit de son observation et de son expérience personnelles, elles comprennent encore les résultats de recherches incidentes.

En parlant en présence des contemporains et des amis de sir W. Blizard, son histoire nous unit d'une manière merveilleuse avec des générations passées depuis longtemps, ainsi qu'avec l'aurore de la science moderne et les révolutions sociales de plus d'un siècle.

« L'âme est toujours émue en pensant aux choses de la terre que le temps a détruites et sur lesquelles ses mains se sont appesanties ; mais brise-t-il sa faux contre elles, c'est qu'elles sont douées d'une force et d'une puissance surnaturelle. »

Le docteur Robinson succéda à sir W. Blizard dans la présidence, et quand il entra en fonctions, le dîner annuel fut établi ; cet usage a toujours été religieusement observé depuis. Mais le travail fut d'abord associé au plaisir, et pendant quelques années on lut le rapport avant le banquet. On prononçait aussi à cette époque le discours le même jour ; on ne dit pas dans les *Annales* si cette fête combinée du corps et de l'esprit sembla trop indigeste, mais en tout cas cette coutume fut changée.

Les rapports annuels de l'époque, parlent du nombre toujours croissant des membres de la Société et de l'augmentation sensible des souscriptions. Le rapport fut imprimé pour la première fois en 1825 ; cette année-là, la liste comprenait soixante-dix-neuf membres ordinaires de la Société et trente-trois membres correspondants. On peut remarquer ici que la création de cette dernière classe n'a pas produit les résultats que l'on attendait d'elle. On espérait que les membres correspondants enverraient de temps en temps, des communications intéressantes à la Société, mais il paraît que la possession seule du titre les a satisfaits (*Lucus a non lucendo*), car en somme,—les membres correspondants ne correspondaient pas du *tout*.

Jusqu'en 1847, chaque président ne conserva sa charge que pendant deux années ; le docteur Babington, membre le plus ancien de la Société, fut le troisième président ; il remplit cette fonction pendant les années 1824 et 1825, il resta ensuite, jusqu'à sa mort, un des membres les plus actifs et les plus dévoués de la Société. Il contribua généreusement aux frais de la Société, et ses capacités scientifiques, ses aimables qualités le firent beaucoup apprécier par ses confrères. Pendant sa présidence, à la clôture d'une des réunions, il dit à ses collègues qu'il avait une expérience en train, dans son laboratoire, situé tout près de là, et il les pria en même temps de vouloir bien y donner quelque attention ; ils se rendirent à cette invitation, et trouvèrent, au lieu de l'expérience annoncée, une provision de thé, de café, etc., destinée à leur usage. Cette gracieuse hospitalité du docteur continua jusqu'au moment où il quitta le voisinage de la Société, mais depuis, cette habitude fut conservée par la Société elle-même.

Il s'écoula dix années environ avant que la Société eût à déplorer quelque perte sérieuse parmi ses principaux membres. Ce fut le docteur Robinson, de l'hôpital de Londres, qui mourut le premier ; il avait rempli les fonctions de trésorier depuis l'établissement de la Société, il fut le second président, et dans le mois de février qui précéda sa mort, il prononça le discours annuel. Le docteur R. s'occupa activement des intérêts de la Société et il fut un de ses membres les plus dévoués. Le 1er octobre 1828, il avait parlé sur l'Empyème, et le 15, tandis qu'il se préparait à sortir pour se rendre à l'assemblée, il mourut subitement. La nouvelle de ce triste événement fut immédiatement communiquée aux membres de la Société, réunis, et après en avoir exprimé une profonde douleur, on leva aussitôt la séance.

Dans le rapport de 1829, le conseil exprima « l'espoir que le profond intérêt que le docteur Robinson avait montré à la Société depuis son origine jusqu'au moment de sa mort, lui assurait un nom durable dans son histoire ; » tel celui d'*Old Mortality* ; je retrace ces lettres, d'une épitaphe qui s'efface.

Le docteur B. G. Babington succéda au docteur Robinson dans les fonctions importantes de trésorier ; et comme ce poste a été occupé par un petit nombre de personnes seulement, je mentionnerai ici les changements qui ont eu lieu par la suite. Le docteur Babington conserva cette charge jusqu'en 1839 et fut remplacé par l'honorable docteur Cooke, aujourd'hui notre vénérable ami, qui céda alors la place de secrétaire qu'il remplissait conjointement avec le docteur Conquest, depuis l'année 1820. Il déploya le même zèle, la même énergie et la même habileté dans ses nouvelles fonctions que dans l'accomplissement de ses anciens devoirs, et pendant les trente années qu'il fut trésorier, et dans le courant desquelles il occupa la présidence, il se distingua plus encore par sa bonté et sa libéralité. Il montra, durant sa longue carrière, combien il approuvait ces principes du grand philosophe Boyle quand il a dit : — « Selon moi, la vie n'a de valeur que par les satisfactions qui résultent des progrès de la science et de l'exercice de la piété ! » Les membres de cette société sont tous profondément reconnaissants à son fondateur des grandes obligations qu'ils lui doivent, ils espèrent fermement que la Providence, qui lui a permis de célébrer le jubilé de son existence, lui réserve encore une verte vieillesse, pour jouir de la force résultant de sa maturité et de l'accroissement de sa prospérité. Puisse-t-il trouver aussi que « comme un songe matinal, la vie devient plus lumineuse à mesure que l'on avance dans sa carrière, que plus on reste ici-bas, plus la raison de ce qui nous embarrassait devient moins mystérieuse et que les sentiers tortueux semblent plus droits à mesure que nous approchons de la fin. » (Richter.)

L'importance de former une bonne bibliothèque médicale occupa, dès le principe, l'attention du conseil.

Plusieurs donations et quelques achats avaient déjà été faits, lorsqu'en 1822 la somme de cinquante livres fut votée à cette intention. Le premier ouvrage que l'on choisit avec beaucoup d'à propos, ce fut les *Œuvres de John Hunter*. Les années suivantes, ce but fut poursuivi activement par le Conseil, d'après ce principe : « Donner une préférence aux ouvrages rares et remarquables, d'un mérite constant et établi et ne se trouvant pas ordinairement dans une bibliothèque particulière. » En outre, d'autres donations de livres furent sollicitées, et les membres de la Société répondirent généreusement à cette demande. On fit imprimer le catalogue pour la première fois en 1830, et, en 1834, la bibliothèque avait augmenté dans de si grandes proportions qu'on fut obligé de nommer un bibliothécaire honoraire en dehors du conservateur appointé, auquel le soin des livres avait été confié jusque-là. Le docteur Bull fut nommé à cet emploi, qu'il remplit pendant dix ans ; le docteur Munk lui succéda et fut trois ans bibliothécaire. M. John Birkett remplaça ce dernier et conserva sa charge, toujours de plus en plus importante, dix années à son tour. En 1843, « on nomma un comité pour rechercher quels étaient les ouvrages rares, français, anglais ou latins, qui manquaient à la bibliothèque de la Société » ; et, sur le rapport du comité et d'après ses recommandations, la bibliothèque s'enrichit bientôt d'un nombre considérable de volumes. Le sous-comité de la bibliothèque est devenu depuis une institution permanente, pour aider le bibliothécaire dans ses fonctions.

Les noms (par ordre de leur nomination) de M. N. Ward, du docteur S. Ward et du docteur Fowler terminent la liste des bibliothécaires. Il est bon, en organisant une bibliothèque modèle, de pouvoir lui assurer l'assistance continuelle d'un homme ayant non-seulement du goût pour les livres, mais aussi connaissant bien la littérature spéciale à laquelle la bibliothèque est consacrée ; un pareil homme peut rendre de grands services, dont il est facile d'apprécier la portée. Les honorables membres de cette assemblée me pardonneront de leur rappeler cette dette particulière à l'égard de notre infatigable bibliothécaire, auquel nous devons une nouvelle édition du catalogue dont voici le premier exemplaire qui vient de paraître aujourd'hui même.

La Bibliothèque s'est augmentée peu à peu, et elle contient maintenant trois mille volumes à peu près. D'après un examen que j'ai fait moi-même, il n'a pas été dépensé moins de 3000 livres, reliure et entretien compris, pour sa formation. Elle possède non-seulement la plupart des ouvrages rares qui ont paru les premiers sur la médecine et la chirurgie, mais elle contient encore un grand nombre de volumes sur les sciences accessoires, sur les découvertes et sur les idées modernes, et des monographies d'une grande valeur ; des atlas, des in-folios de planches ont été encore ajoutés à ceux qu'elle possédait déjà. Ces détails nous ont éloigné de l'histoire générale de l'Institution, nous allons y revenir :

·H. I. FOTHERBY.

— Traduit de l'anglais par L. B., et revu par F. TERRIER, aide d'anatomie à la Faculté de médecine de Paris. —

— La fin très-prochainement. —

COLLÉGE DE FRANCE

MÉDECINE EXPÉRIMENTALE (1)

COURS DE M. CLAUDE BERNARD
de l'Institut de France et de la Société royale de Londres

II

Aperçu historique sur le sang et ses propriétés générales

Si nous voulons résumer ce qui a été exposé dans notre première leçon, nous dirons que dans notre opinion, la médecine est destinée à devenir une science expérimentale, et que le moment est venu d'y faire pénétrer les préceptes de la méthode expérimentale, comme ils se sont introduits successivement dans les autres sciences plus simples.

La méthode expérimentale est en réalité toujours la même philosophiquement parlant, quelle que soit la science à laquelle on veuille l'appliquer, mais il faut cependant la modifier dans ses procédés matériels d'investigation lorsque l'on s'occupe de corps vivants, comme nous le verrons dans la suite.

La proposition fondamentale qui constitue en quelque sorte notre axiome en médecine expérimentale, c'est que nous ne devons jamais établir de séparation réelle entre les phénomènes physiologiques et les phénomènes pathologiques : ces derniers n'étant que des modifications ou des altérations des premiers ; il n'y a en réalité qu'une seule physiologie, qui comprend l'étude des fonctions à l'état physiologique et à l'état pathologique.

Enfin, un point sur lequel nous avons beaucoup insisté, c'est que l'expérimentation, loin d'exclure l'observation, se fonde au contraire sur elle. L'observation représente dans toutes les sciences le premier degré de l'investigation scientifique.

Toutefois en médecine et en physiologie, l'observation est insuffisante à nous fournir l'explication des phénomènes. Nous sommes toujours obligés d'en venir à l'expérimentation après avoir épuisé toutes les formes de l'observation. Tel est le point essentiel que j'aurai bien souvent l'occasion de vous rappeler, et que je tiens déjà à vous signaler.

En effet, je vais vous donner un aperçu historique de nos connaissances sur le sang, et vous constaterez facilement qu'à peu près tout ce que nous savons sur ce sujet même, a été appris par l'expérimentation.

Le sang est connu de tout temps, puisque l'on fait remonter la pratique de la saignée au siège de Troie. Pour Hippocrate, le sang était une des quatre humeurs animales ; savoir : le sang, la pituite, la bile, et l'atrabile. Mais où se trouvait placé le réservoir du sang ? L'observation simple ne pouvait nous l'apprendre ; il fallait pour cela pénétrer dans l'intérieur du corps. Érasistrate, qui passe pour avoir le premier disséqué un corps humain, soutint que les veines seules contenaient du sang et que les artères renfermaient de l'air. Il devait en effet arriver à cette conclusion ; car sur les cadavres on trouve généralement les artères vides de sang et pleines d'air, tandis que le système veineux est plus ou moins gorgé de sang. On se rend compte de l'erreur d'Érasistrate, qui subsista jusqu'à ce que Galien vînt prouver que les artères renfermaient aussi du sang. Galien expérimenta sur des animaux vivants, et il démontra que lorsqu'on coupe une artère, il s'en écoule du sang, et que lorsqu'on lie le vaisseau, le sang s'arrête. Ainsi, nous voyons que cette erreur qui consistait à regarder les artères comme des conduits aériens, était le résultat des autopsies cadavériques, tandis que l'opinion vraie n'a pu être acquise que par des expériences faites sur le vivant. Cela nous montre en d'autres termes que ce que l'on observe dans les autopsies cadavériques ne s'applique réellement qu'aux cadavres, tandis que ce que l'on voit dans les vivisections qui ne sont que des autopsies vivantes, s'applique bien à l'être vivant.

Mais Galien ne se contenta pas de constater un fait expérimental vrai, à savoir qu'il existe dans les veines et dans les artères, du sang dont il reconnut la différence de coloration ; ce qui l'amena tout naturellement à distinguer deux sangs, le sang veineux et le sang artériel. Il se laissa emporter par son imagination, et il alla bien au delà des faits, ainsi que cela s'est vu d'ailleurs tant de fois dans l'histoire de la science, et souvent pour les hommes les plus éminents. Galien donc, bien que partant de l'expérience, se lança dans le domaine des hypothèses et construisit de toutes pièces une doctrine physiologique et pathologique du sang, doctrine qui fut universellement adoptée et qui a résisté jusqu'au seizième siècle, époque à laquelle des expériences sont venues en démontrer la fausseté. Pour Galien, le sang avait son centre d'origine dans le foie : de là, ce liquide se partageait en deux parties ; une qui allait aux organes les plus grossiers par les veines, l'autre, qui allait au cœur et se rendait dans le ventricule droit. Arrivé en ce point, le sang passait dans le cœur gauche, grâce à une infinité de petits trous imaginaires dont la cloison de séparation devait être percée. C'est ensuite dans le cœur gauche que le sang trouvait la chaleur innée du cœur ; il devenait là sang vital et se rendait aux organes les plus délicats et notamment au cerveau où il développait les

---

(1) Voyez ci-dessus, page 242, 19 mars 1870.

esprits animaux. Galien admettait en effet l'existence de trois esprits chez les êtres vivants : l'esprit naturel qui résidait dans le foie ; l'esprit vital dont le siége était dans le cœur gauche, et enfin les esprits animaux que le sang dégageait en quelque sorte dans les ventricules du cerveau.

Galien reconnaissait d'ailleurs les quatre humeurs d'Hippocrate correspondant aux quatre éléments : l'eau, l'air, le feu et l'eau, et aux quatre tempéraments : le sanguin, le pituiteux, le bilieux et l'atrabilaire.

Il sera facile maintenant de vous montrer comment toutes les hypothèses de Galien ont disparu l'une après l'autre, grâce uniquement aux recherches anatomiques et aux expériences successives, qui sont venues substituer la vérité à l'erreur. La première des erreurs que nous voyons disparaître est le passage du sang du cœur droit au cœur gauche, au travers de la cloison qui les sépare. Personne n'avait pu découvrir les petits trous inventés par Galien pour satisfaire à ses vues théoriques, mais cependant on en admettait l'existence et on continuait d'enseigner ses idées. Fallope vint prouver que les trous de la cloison interventriculaire admis par Galien n'existaient pas, et Servet, en découvrant la circulation pulmonaire, montra expérimentalement que le sang passait du cœur droit au cœur gauche, non au travers de la cloison du ventricule, mais en se rendant d'abord dans le poumon, avant d'aller au ventricule gauche.

Les idées erronées de Galien sur la circulation veineuse subsistaient néanmoins toujours ; il croyait, comme nous le savons, que le sang coulait dans les veines du centre à la périphérie. Ce furent les expériences de Harvey qui détruisirent cette seconde erreur galénique. Harvey découvrit la direction de la circulation veineuse, et reconnut le passage du sang des artères dans les veines à la périphérie. Il compléta donc la découverte de Servet et découvrit le mécanisme général de la circulation du sang dans le corps vivant. Ainsi, il n'y a aucun doute à cet égard ; c'est à l'aide des expériences sur les animaux vivants qu'on est arrivé à toutes ces découvertes. L'observation eût été tout à fait impuissante à nous donner ces connaissances.

Voyons ce qui est relatif à l'hématose du sang : Galien pensait qu'elle avait lieu dans le foie. D'après lui, les aliments déjà en partie dissous et purifiés par leur passage dans l'estomac, étaient amenés dans le foie par la veine porte, et c'est là que se formait une sorte de coction ou de fermentation dont le dépôt était la bile qui se rendait dans la vésicule, et aussi l'atrabile qui s'accumulait dans la rate. Le sang une fois formé arrivait dans le foie au cœur droit.

L'idée de l'hématose du sang dans le foie fut d'abord ruinée par la découverte de Servet, qui reconnut non-seulement que le sang traverse le poumon avant de revenir dans le ventricule gauche, mais qui établit que cet organe avait une action directe sur le sang. Servet constata en effet que le sang était noir avant de pénétrer dans le poumon et qu'il en sortait rouge. Il attribua cette modification du sang à l'action de l'air et il fit à ce sujet une expérience digne des meilleurs temps de la physiologie. Après avoir ouvert la poitrine d'un animal et arrêté de cette façon la respiration, il vit que le sang traversait le poumon sans devenir rouge ; prenant alors un soufflet et insufflant de l'air dans le poumon, le sang qui se rendait au cœur gauche redevint rouge aussitôt. L'expérience était concluante, et il était certain que le changement de couleur du sang s'effec-

tuait dans le poumon au contact de l'air, et c'est là que Servet plaça le siége de l'hématose.

Galien avait admis que les aliments dissous étaient portés au foie par la veine porte. Aselli vint aussi combattre cette opinion par des expériences. Aselli, ayant ouvert le ventre d'un chien à qui on avait donné à manger peu de temps auparavant, aperçut des vaisseaux pleins d'un liquide blanchâtre, qui n'était autre que le chyle. Il conclut naturellement de là que la veine porte ne servait pas, comme l'avait admis Galien, à charrier les produits de la digestion.

Les partisans de Galien continuèrent cependant à soutenir leur théorie en disant que les aliments ne s'en rendaient pas moins au foie, où l'on supposait alors que les chylifères devaient aboutir. Mais bientôt Pecquet vint démontrer que ces vaisseaux chylifères, au lieu d'aller au foie, se réunissaient dans une dilatation du système lymphatique, la citer de Pecquet, et que le chyle était ensuite porté par le canal thoracique et versé dans le sang peu avant le poumon, dans la veine sous-clavière. Alors le foie fut complétement dépossédé de la faculté hématosique.

Galien admettait encore, dans le ventricule gauche, l'existence d'une chaleur innée, et c'était sous l'influence de cette chaleur innée que se développait l'esprit vital qu'il avait imaginé et localisé dans ce même ventricule. C'est après avoir été imprégné de cet esprit vital que le sang qui sortait du ventricule gauche se rendait au cerveau pour y préparer les esprits animaux, qui se répandaient ensuite dans tout le corps au moyen des nerfs. Servet admettait encore la chaleur innée et les esprits animaux, mais il avait abandonné l'esprit naturel que Galien supposait exister dans le foie. Quant à Descartes, il abandonna la chaleur innée et l'esprit vital, mais il continua d'admettre l'existence des esprits animaux se formant dans le cerveau et se distribuant ensuite dans les nerfs.

Cette théorie des esprits animaux a persisté jusqu'au siècle dernier, et ce n'est que depuis les expériences de Haller, de Bichat, qu'elle a définitivement disparu et que les esprits animaux ont été remplacés par les propriétés vitales des tissus.

La chaleur innée fut aussi renversée par les progrès de la chimie moderne et par les expériences de Lavoisier sur la respiration, dont il déduisit une théorie dans laquelle il assimilait cet acte physiologique à une combustion capable de produire de la chaleur, ainsi que cela se voit dans tous les procédés chimiques de cette nature.

En résumé, nous avons vu toutes les idées erronées de Galien disparaître peu à peu, à mesure que les expériences, en se multipliant, nous ont apporté des connaissances positives.

Je vous ai retracé cette esquisse historique rapide pour que vous restiez bien convaincus que toutes les erreurs ne prennent naissance que quand on abandonne la voie expérimentale, et que la seule manière de les faire disparaître est de les soumettre au critérium des expériences, qui les juge définitivement.

Ainsi se trouve justifiée la proposition que j'ai émise en commençant, à savoir qu'en physiologie, nous serions livrés à toutes sortes d'erreurs et privés des moyens de les faire disparaître, si nous ne pouvions recourir aux expériences sur l'organisme vivant. Le sang et la circulation du sang ont été l'objet d'un nombre considérable de recherches faites dans la voie expérimentale physiologique, physique et chimique. Nous verrons que c'est à ce triple point de vue qu'il faut toujours considérer les phénomènes de la vie. Nous nous bornerons à dire seulement pour aujourd'hui, que le sang est le théâtre de toutes les actions vitales et qu'il mérite, en conséquence, la plus sérieuse attention de la part des médecins.

C'est dans le sang, en effet, que nous devons trouver les conditions de la vie de tous les tissus et de tous les organes. C'est dans le sang que pénètrent toutes les substances médicamenteuses ou autres absorbées par diverses voies. — C'est donc sur ce fluide vital le plus important que doivent porter les recherches que j'aurai à vous exposer dans le cours de cette année.

III

Dans l'étude générale du sang que nous allons entreprendre, nous examinerons d'abord le rôle qu'il joue dans les phénomènes de la vie, et nous vous indiquerons ensuite les principaux moyens d'investigations que la science expérimentale possède aujourd'hui, pour analyser les propriétés de ce liquide à l'état physiologique et à l'état pathologique.

Non-seulement l'analyse expérimentale est indispensable dans l'étude du sang, mais encore faut-il la pousser assez loin pour pouvoir se rendre compte des différents états dans lesquels il peut se présenter. On ne saurait en effet considérer le sang comme un fluide partout homogène. Il ne suffit plus de distinguer le sang en sang artériel et veineux, mais il faut différencier et caractériser le sang veineux de chaque organe. Le sang artériel n'est en définitive que le sang veineux du poumon. Il est vrai que dans le poumon, le sang se charge d'oxygène nécessaire à la vie de tous les organes; mais il serait également vrai de dire que chaque organe doit fournir au sang quelque élément spécial ; car ce liquide n'est au fond qu'un produit de sécrétion organique.

Tout ce que nous dirons sur le sang se rapportera toujours au sang de l'homme, auquel nous devons constamment faire allusion, quand il s'agit d'un cours de médecine humaine.

D'une manière générale, nous considérerons le sang comme un véritable milieu que tous les organes concourent à former et dans lequel ils vivent. Les anciens avaient déjà observé que le sang était indispensable à notre existence; mais ils avaient cherché l'explication de ce fait dans un principe subtil que renfermait le sang, l'âme, le principe vital, les esprits animaux, etc. Aujourd'hui, la physiologie en est arrivée à voir qu'il fallait chercher les causes immédiates des phénomènes vitaux, uniquement dans les propriétés des différents tissus ou liquides du corps vivant.

Cette analyse des propriétés vitales du sang doit être poussée aussi loin que nos moyens d'investigation nous permettent de le faire en ce moment. C'est dans les propriétés de ce liquide que nous trouverons d'une part les causes de la vie, et d'autre part, celles des troubles survenus dans l'économie, par suite des modifications qu'éprouve l'un ou l'autre de ses éléments.

Les études faites par les anciens sur le sang, leur avaient déjà fait reconnaître quelques-unes de ses propriétés générales telles que sa chaleur, sa couleur, etc. Mais, comme nous le verrons, ces propriétés, qui n'ont rien d'absolument fixe, oscillent dans des limites qu'il importe beaucoup au physiologiste de connaître.

La couleur du sang, par exemple, est très-variable : je vous ai dit que pour Galien, il existait déjà deux sortes de sang, l'un rouge, le sang artériel, et l'autre noir, le sang veineux. Rien ne paraissait mieux établi que cette distinction, et cependant elle est tout à fait empirique, et il serait souvent très-difficile de reconnaître la provenance d'un sang uniquement à sa couleur.

Haller a beaucoup insisté sur les variations de couleurs que peut présenter le sang veineux dans les saignées pratiquées chez l'homme, et il va jusqu'à dire que la couleur rouge n'est pas toujours due à l'action du poumon.

Dans l'état normal, comme dans l'état pathologique, le sang veineux des organes peut être tantôt rouge, tantôt noir. J'ai montré qu'il y a un organe dont le sang veineux à l'état physiologique est à peu près toujours rouge : c'est le rein. Le sang des glandes sous-maxillaires est tantôt rouge, tantôt noir, et j'ai fait voir que le sang des glandes est toujours rouge pendant la fonction glandulaire, et noir pendant le repos de l'organe.

C'est pour cette raison que le sang veineux est toujours rouge dans le rein, attendu que dans cet organe la sécrétion est continue, condition qui n'existe pas pour la plupart des autres glandes où la sécrétion est intermittente.

Pour le système musculaire, c'est l'inverse des glandes. Pendant la contraction le sang veineux est noir : lorsque le muscle est en repos relativement, le sang est presque rouge. Enfin, si le repos est absolu (le nerf étant coupé par exemple), le sang veineux est alors parfaitement rouge.

Ces faits, résultats d'expériences bien positives, prouvent que le sang veineux peut affecter diverses couleurs ; aussi j'ai fait observer depuis longtemps que si l'on veut faire une étude approfondie du sang, il faut l'examiner non-seulement dans les différents organes, mais encore sous les divers états que ces organes peuvent affecter, c'est-à-dire à l'état sain et à l'état malade, dans l'état de repos, dans l'état de fonction. Ce n'est qu'en effectuant des recherches dans toutes ces conditions et en suivant cette marche, qu'il sera possible d'espérer rendre compte exactement des diversités et de la complexité des phénomènes de la vie.

Passons maintenant à une autre propriété physique du sang, sa température. Tout le monde sait que cette chaleur propre du sang est indispensable à la vie. Chez les animaux à sang chaud, cette chaleur a sa source au sein même de l'organisme. Les anciens l'avaient déjà constaté, mais ils la rattachaient comme nous l'avons vu à une chaleur innée se développant dans le cœur, dans le ventricule gauche : c'était une sorte de force vitale ; telle était l'opinion émise par Galien. Cette chaleur innée a été abandonnée lorsque sont nées les théories nouvelles sur la respiration qui rattachent la production de la chaleur animale à cette fonction. Nous savons que la respiration a été considérée par Lavoisier comme une vraie combustion. Toutefois, je crois que la plupart des phénomènes de l'organisme doivent plutôt rentrer dans des actions attribuées à des fermentations. Mais cela est du reste indifférent pour la question qui nous occupe parce que dans les deux cas il se développe toujours de la chaleur.

Lavoisier, et ceux qui avaient partagé ses théories, avaient pu penser que le foyer de la chaleur animale était le poumon, là où l'oxygène se met en contact avec le sang, et que là il donnait lieu à la combustion respiratoire. Mais c'est en réalité dans les tissus et dans le sang que se font les phénomènes chimiques respiratoires. Dans le poumon, c'est surtout un phénomène physique d'échange de gaz qui a lieu entre l'atmosphère extérieure et l'atmosphère organique intérieure représentée par le sang.

D'après la théorie de la combustion pulmonaire, le sang artériel devait être plus chaud que le sang veineux. C'est une erreur d'interprétation qui a longtemps subsisté, parce que les expériences brutes semblaient favorables à cette opinion. En effet, dans les membres, le sang de la veine sous-cutanée est moins chaud que le sang de l'artère ; et cela s'explique très-bien en songeant que la veine est plus superficielle que l'artère, et doit par conséquent perdre plus de chaleur par rayonnement au dehors ; la différence de rapidité de la marche du sang dans ces deux vaisseaux vient également concourir au même résultat. Mais si l'on vient à déplacer le siége des expériences et si on les pratique sur des vaisseaux profondément situés, le phénomène change complétement de face, et l'on voit que le sang veineux est plus chaud que le sang artériel. Ainsi, le sang de la veine cave est plus chaud que celui de l'aorte, et c'est en arrivant au niveau du diaphragme à l'abouchement des veines sus-hépatiques qu'on trouve le sang le plus chaud de l'économie. C'est un sang en quelque sorte le plus veineux du corps. Enfin, dans ces expériences, il faut aussi tenir compte de l'état de l'organe ; car, toutes choses égales d'ailleurs, on sait que si l'organe est en fonction, le sang est plus chaud.

Pour comprendre les différentes fonctions du sang dans l'organisme, il faudra donc le considérer comme un liquide doué de propriétés très-mobiles, d'une composition très-complexe et en rapport intime avec la vie même des organes qu'il baigne. Pour arriver à la connaissance exacte du fluide sanguin, il est indispensable en outre d'étudier un à un les différents éléments qui le constituent, le rôle qu'ils jouent, leur constitution chimique, et enfin les altérations qu'ils peuvent subir sous l'influence des maladies. En un mot, il faut examiner toutes les propriétés du sang successivement et parallèlement dans l'état physiologique et dans l'état pathologique.

IV

Au point de vue physique, on peut considérer le sang comme formé de deux parties essentiellement distinctes, l'une liquide et incolore, constitue le *plasma* du sang ; l'autre solide, est formée par des *globules*, tenus en suspension dans le plasma. Il y a deux espèces de globules, les uns blancs, les autres colorés. Les globules blancs existent chez les animaux invertébrés et vertébrés ; les globules rouges n'existent que chez les animaux vertébrés, et c'est à eux qu'est due la couleur rouge du sang.

Le plasma du sang est liquide tant qu'il est contenu dans le corps de l'animal : aussitôt qu'il en est retiré et surtout qu'il est exposé à l'air, il ne tarde pas à se prendre en masse et il s'en sépare une substance solide sous forme de filaments entrelacés qui n'est autre que la *fibrine*. En se coagulant, la fibrine retient dans ses mailles les globules rouges du sang, si on ne les a pas primitivement séparés du plasma. Le plasma privé de sa fibrine et de ses globules, n'est plus que du *sérum*.

La séparation du plasma des globules du sang est assez difficile, à cause de la rapidité avec laquelle le sang se coagule spontanément. Elle est cependant réalisable, et l'on y arrive en retardant le plus possible la coagulation ; les globules ayant toujours une densité un peu plus considérable que celle du plasma, se précipitent au fond du vase, laissant à la partie supérieure le plasma presque incolore.

Le sang de cheval se prête plus facilement à cette expérience à cause de la lenteur avec laquelle il se coagule naturellement, et en second lieu parce que c'est peut-être le sang pour lequel la différence existant entre la densité des globules et celle du plasma est la plus considérable. Il est toutefois utile, si l'on veut réussir cette expérience, de maintenir le sang à une basse température qui ralentit la coagulation : on peut, par ce moyen, retarder quelquefois de vingt-quatre heures la coagulation du plasma, et l'on arrive ainsi souvent à obtenir une séparation à peu près complète des globules et du plasma.

Voici du reste, d'après Hoppe, quelques chiffres qui pourront donner une idée des proportions de plasma et de globules contenus dans le sang de cheval et les poids spécifiques de ces deux parties.

Le sang de cheval contient sur 1000 parties : plasma, 673,8 ; globules, 326,2 = 1000.

1000 parties de globules contiennent : eau, 566 ; parties solides, 435 = 1000.

1000 parties de plasma renferment : eau, 908,4 ; parties solides, 91,6 = 1000.

Poids spécifiques des globules = 1,105.

Poids spécifiques du plasma = 1,027 à 1,028.

Cette séparation du sang en globules et en plasma peut avoir lieu, non-seulement dans le sang retiré des vaisseaux, mais aussi dans le système sanguin chez l'animal vivant. C'est ce que j'ai, en effet, observé, et voici dans quelles circonstances : Je faisais autrefois des expériences sur l'influence du nerf grand sympathique cervical, sur la circulation chez le cheval. L'animal était vigoureux; un de ces chevaux percherons qu'on voit attelés aux omnibus et qui n'avait été cédé à l'expérimentateur que parce qu'il était atteint d'un commencement de morve. Le cheval était terrassé et maintenu couché sur le côté de façon que la veine jugulaire se trouvait être dans une direction presque horizontale avec le sol. J'avais fait une ligature à cette veine, qui s'était gonflée au-dessus par la stagnation du sang. Après un moment de cette stagnation, je fis une ponction par une ouverture étroite dans la portion supérieure, du cylindre veineux, et je fus très-étonné de voir sortir du plasma à peu près pur, c'est-à-dire du sang presque incolore ; tandis qu'en piquant la veine dans sa partie inférieure, le sang sortit avec la couleur du sang veineux ordinaire. J'ai répété cette épreuve plusieurs fois avec le même succès sur l'animal couché ou debout, et de manière à me convaincre que dans la veine même sur le cheval vivant, les globules dans le sang en repos se séparaient du plasma et tombaient vers les parties les plus déclives.

Je n'ai pas eu l'occasion de vérifier le fait sur d'autres chevaux ; mais sur celui dont je viens de parler, la séparation des globules du plasma était extrêmement évidente.

L'animal était bien nourri, vigoureux en digestion, et avait le filet sympathique cervical coupé. Toutes ces conditions étaient-elles favorables à la séparation des globules et du plasma ? c'est ce que d'autres expériences pourront apprendre. On doit d'ailleurs regarder ces phénomènes comme n'étant pas l'apanage exclusif du cheval ; ils appartiennent à tous les animaux, mais seulement ils sont plus difficiles à réaliser chez certaines espèces que chez d'autres. De sorte que nous pouvons dire d'une manière générale que les globules rouges du sang, à cause de leur densité plus considérable, tendent toujours à se séparer du plasma et à aller au fond du vase qui renferme le sang.

Maintenant y a-t-il des conditions qui sont capables de favoriser cette séparation du plasma des globules rouges? La section du nerf grand sympathique, ainsi que je le disais tout à l'heure, pourrait être une condition favorable. En outre, cette précipitation des globules paraît toujours plus facile dans le sang veineux que dans le sang artériel. Chez l'homme, les affections inflammatoires favorisent aussi cette séparation des globules. Nous verrons plus tard que l'inflammation dans son essence peut être regardée elle-même comme un phénomène nerveux. Or, la section du grand sympathique, se rendant dans une certaine partie du corps, y détermine une tendance à l'inflammation et une inflammation véritable dans certaines conditions données. Depuis longtemps, on sait que le sang retiré par une saignée dans une maladie inflammatoire, forme en se coagulant une croûte blanche nommée couenne inflammatoire : cela vient de ce qu'avant l'arrivée de la coagulation du sang les globules ont déjà eu le temps de se précipiter partiellement, ne laissant à la partie supérieure que du plasma presque pur.

C'est là ce qui existe normalement chez le cheval où il se forme toujours dans les saignées, ce que les vétérinaires appellent *le caillot blanc*, mais chez d'autres espèces, cela ne se rencontre que dans des états qu'on appelle pathologiques, ce qui prouve une fois de plus que les états physiologiques et pathologiques se confondent dans leurs expressions.

Sur l'animal vivant, cette tendance des globules à se précipiter est empêchée par l'agitation incessante du sang par les pulsations ; mais on comprend que si, par suite d'une circonstance quelconque, les globules se précipitaient, il pourrait en résulter des obstacles à la circulation qui seraient capables de constituer ce qu'on appelle des embolies.

Passons maintenant à la *coagulation* du sang, considérée en elle-même. Nous savons que la fibrine que contient le plasma à l'état de dissolution se coagule en devenant insoluble, dès que le plasma est exposé à l'air. Si on laisse la coagulation du sang s'opérer librement dans une éprouvette, par exemple, on peut observer que la densité des globules et de la fibrine sont dans des rapports inverses, de telle sorte que si les globules tendent à se porter au fond du vase, la fibrine tend à monter à la surface, tandis que l'albumine que renferme aussi le plasma reste uniformément mélangée à toute la masse.

On a fait des analyses comparatives d'un caillot obtenu dans une éprouvette et coupé en plusieurs tranches distinctes. Les tranches inférieures ne contenaient que très-peu ou point de fibrine ; mais elles étaient presque exclusivement constituées par les globules. Les tranches supérieures au contraire étaient les plus dépourvues de globules et contenaient les plus fortes proportions de fibrine. Ces analyses sont dues à M. Lassaigne.

M. Poiseuille, se fondant, en outre, sur des expériences qui lui sont propres, a émis l'opinion que la fibrine dissoute dans le plasma pourrait bien avoir pour rôle de contre-balancer l'effet de la grande densité des globules, et de les maintenir en quelque sorte en suspension dans la liqueur du sang.

Il a observé que si l'on défibrine du sang, et si on l'injecte dans un organe, le poumon par exemple, pour y entretenir une circulation artificielle, les globules circulent mal et viennent obstruer les vaisseaux capillaires.

Je vous ai déjà dit que nous envisagions le sang comme une sorte d'atmosphère intérieure et liquide, comme un milieu dans lequel vivent tous nos organes : c'est dans ce milieu qu'ils puisent les substances nécessaires à leur nutrition, mais c'est là aussi qu'ils rejettent leurs produits excrémentitiels : il n'y a donc pas à proprement parler de sang pur et de sang impur, mais un sang plus ou moins riche ou plus ou moins pauvre en produits utiles.

Le plasma du sang, c'est-à-dire le sang dépouillé de ses globules rouges, est le liquide général de l'économie : il comprend la lymphe, le chyle, et tous les liquides interstitiels.

C'est donc lui qui est le véritable milieu dans lequel vivent tous nos organes. Quant aux globules rouges, ce sont de véritables éléments organiques vivant eux-mêmes dans ce milieu intérieur.

Il y a, avons-nous dit, des globules rouges et des globules blancs ; ces derniers sont en nombre beaucoup plus faible ; ces globules blancs sont aussi des éléments organiques, mais ils sont bien différents des globules rouges et ne peuvent en aucune manière leur être comparés.

En effet, tandis que les globules rouges caractérisent le sang et ne se rencontrent que dans le système circulatoire coloré qu'on appelle sanguin, les globules blancs, au contraire, existent partout, dans tous les liquides de l'économie, le sang, la lymphe, les liquides interstitiels. Ce sont des éléments généraux de l'organisme.

Nous devrons dans nos études considérer isolément chacun de ces éléments constitutifs du sang et examiner isolément les altérations qu'ils peuvent subir : en effet, les globules rouges n'existant que dans le sang ne peuvent se modifier, s'altérer que dans ce liquide ; tandis que si le plasma vient à se modifier, il se modifiera dans toute l'économie, parce qu'on le rencontre partout.

On peut dire avec raison que les globules rouges sont des éléments doués de propriétés vitales, mais sous ce rapport on ne saurait cependant les confondre avec les globules blancs qui sont des êtres réellement vivants et doués de mouvements qui leur sont propres. C'est donc à juste titre que l'on peut avancer que ces deux espèces de globules diffèrent à la fois par leur siége et par leur nature.

Voilà à peu près ce que l'on peut dire de plus général de la constitution physique du sang. Quant à sa composition chimique, nous aurons plus tard à l'étudier d'une manière plus particulière, et je vais seulement aujourd'hui appeler votre attention sur un fait capital : je veux parler de la réaction alcaline du sang. Le sang est toujours alcalin ; on ne l'a jamais vu présenter d'autre réaction et toutes les expériences dans lesquelles il aurait été trouvé acide, se rapportent à des cas entachés de causes d'erreur.

Il est évident que quelque temps après la mort, il peut se développer dans le sang une sorte de fermentation capable de rendre sa réaction acide ; mais ces réactions sont toujours cadavériques, et si le sang d'un animal vivant devenait subitement acide, la mort surviendrait aussitôt. La réaction alcaline paraît aussi indispensable au sang que l'oxygène de l'air est nécessaire à la respiration.

Il existe cependant dans l'économie un certain nombre de

liquides acides; mais ils n'entrent pas dans la circulation et se trouvent en quelque sorte en dehors de l'économie.

Le fait de l'alcalinité du sang est donc très-important. Il est utile cependant de dire que cette réaction peut se modifier dans certaines circonstances et devenir plus ou moins alcaline. Mais c'est alors le résultat d'altérations que les expériences seules pourront nous faire connaître, et sur lesquelles nous n'avons encore pour le moment aucune indication précise.

V

Poursuivant encore l'examen sommaire de la constitution physico-chimique du fluide sanguin, nous avons maintenant à parler des gaz du sang.

Vous n'oubliez pas que nous considérons toujours le fluide sanguin comme un milieu intérieur dans lequel vivent tous nos tissus et nos éléments organiques. C'est une sorte d'atmosphère liquide intérieure qui opère des échanges incessants avec l'atmosphère extérieure, dans laquelle vit l'organisme entier.

L'atmosphère sanguine contient en dissolution des gaz qui sont les mêmes que ceux de l'atmosphère terrestre, savoir : l'oxygène, l'azote et l'acide carbonique. Il faut remarquer, toutefois, que ces gaz n'y existent pas dans les mêmes proportions que dans l'air. Vous savez, en effet, que l'air renferme, pour 100 volumes, 79,2 d'azote et 20,8 d'oxygène et des traces d'acide carbonique. Or, dans les gaz du sang, l'acide carbonique existe en abondance, et l'azote est en faible proportion. Ajoutons que l'oxygène siége principalement dans les globules rouges, tandis que l'acide carbonique est dissout en plus forte proportion dans le plasma.

Il y a de 50 à 60 volumes de gaz dissous dans 100 volumes de sang, sur lesquels on peut trouver comme limites extrêmes : dans le sang artériel, 25 pour 100 d'oxygène; dans le sang veineux, jusqu'à 50 pour 100 d'acide carbonique! Dans l'un et l'autre sang, l'azote est à peu près en même proportion et n'a pas dépassé 8 pour 100.

Les nombres qui précèdent n'ont rien d'absolu; en effet, les trois gaz se retrouvent dans toutes les espèces de sangs et en proportions qui peuvent varier à l'infini. Toutefois, on peut dire d'une manière générale que chez un même animal le sang artériel contient plus d'oxygène que le sang veineux, et le sang veineux plus d'acide carbonique que le sang artériel.

Néanmoins il ne faudrait pas accorder à ce fait une signification par trop générale, et il faut, sous ce rapport, distinguer le sang veineux des divers organes; car, ainsi que la couleur, comme je vous l'ai dit précédemment, la quantité précise de gaz oxygène et d'acide carbonique ne pourrait pas toujours servir à caractériser le sang veineux.

Et, en effet, bien que le sang veineux puisse quelquefois arriver à ne contenir plus que 1 ou 2 pour 100 d'oxygène, et que même ce gaz puisse parfois disparaître complétement dans certaines asphyxies, il existe cependant certains organes dans lesquels les deux sangs artériel et veineux sont, dans des conditions données, aussi oxygénés l'un que l'autre. Le sang veineux du rein, par exemple, qui, comme je l'ai dit, dans une leçon précédente, est parfois aussi rouge que le sang artériel, ce sang, dis-je, renferme alors presque autant d'oxygène lorsqu'il sort du rein que lorsqu'il y est entré. Quand une glande est en fonction, le sang veineux qui en sort est rouge et renferme peu d'acide carbonique; il est noir,

au contraire, et contient de très-fortes proportions d'acide carbonique si la glande est en repos; j'ajouterai encore que les expériences ont montré que le sang des glandes est plus chaud lorsque ces dernières sont en fonction que lorsqu'elles sont en repos; ce qui, pour le dire en passant, ne s'accorderait peut-être pas tout à fait avec la théorie de la combustion respiratoire. D'ailleurs, on ne saurait placer cette combustion respiratoire dans aucun tissu spécial; elle s'opère dans le sang lui-même. Du sang artériel devient veineux dans une éprouvette en dehors de l'organisme comme au sein des organes vivants. Ce sont là des faits vulgaires et bien connus qui ne permettent pas d'admettre un échange nécessaire de l'oxygène du sang avec les autres tissus pour former l'acide carbonique. Cependant l'absorption de l'oxygène est indispensable à l'entretien de la vitalité des autres tissus.

Indépendamment des gaz de l'atmosphère, le sang renferme des matières minérales et des matières organiques qui proviennent également du milieu cosmique dans lequel vit l'organisme.

Les matières protéiques ou albuminoïdes du sang sont nombreuses, mais les plus remarquables sont certainement la fibrine et l'albumine, que l'on rencontre dans le plasma, et enfin l'hématoglobuline, qui se rencontre dans les globules rouges.

La plus singulière de ces trois substances est certainement la fibrine. En effet, elle existe à l'état fluide dans le plasma pendant la vie, elle circule avec lui dans tous les vaisseaux de l'économie; mais, dès que le sang est sorti du corps, elle ne tarde pas à se coaguler et devient solide. D'abord il se forme une pellicule superficielle; bientôt la masse entière du plasma forme une sorte de gelée; puis le caillot formé se solidifie: et enfin la fibrine se rétracte, diminue beaucoup de volume et il s'en sépare un liquide peu coloré : c'est le sérum du sang, c'est-à-dire le liquide du plasma moins la fibrine.

Ce passage rapide de la fibrine de l'état liquide à l'état solide, dès que le sang est sorti de l'économie, a beaucoup préoccupé les physiologistes et les chimistes, et a été déjà l'objet d'un grand nombre d'études dont je n'ai pas à vous entretenir en ce moment.

Je me bornerai à vous rappeler le fait remarquable de l'action qu'exerce sur la fibrine fluide le contact d'un corps étranger autre que la paroi vasculaire normale, de sorte que les membranes vasculaires seules auraient par leur nature la propriété d'empêcher la coagulation de la fibrine.

On a observé, en effet, que si l'on altère ou si l'on détruit la membrane interne d'un vaisseau chez un animal vivant, le sang s'y coagule immédiatement, et la coagulation commence au point même où a été effectuée l'altération. Et, en effet, si l'on fait une ligature à une artère à un point déterminé, les deux membranes interne et moyenne se trouvent coupées, tandis que la membrane externe seule a résisté à la pression du fil. On voit, dans ce cas, le caillot se former près de la ligature au point même de la lésion de l'artère.

Si, par suite d'une maladie, il se développe une inflammation qui altère la membrane interne d'un vaisseau, il y a immédiatement formation de caillot dans son intérieur.

En résumé, cette observation est très-curieuse : elle nous montre une action réelle de la paroi interne des vaisseaux sur la fluidité de la fibrine; mais on ne peut la considérer comme une explication du phénomène; ce n'est jusqu'ici qu'une condition observée empiriquement.

Je n'ai rien non plus de particulier en ce moment à vous dire au sujet de l'albumine : c'est un produit de la coagulation du sang, phénomène dans lequel le plasma se sépare en albumine, qui reste soluble dans le sérum, et en fibrine qui se sépare à l'état solide.

Il existe enfin dans le plasma encore d'autres matières azotées, telles que l'urée, la créatine, la créatinine, etc., mais ce sont des produits nécessaires et provenant de la décomposition des substances azotées dans le sang.

L'hématoglobuline qui constitue les globules rouges du sang est une substance très-intéressante. C'est à elle que le sang doit sa couleur. Sa principale propriété est de se combiner très-facilement aux gaz, et non-seulement l'oxygène, mais encore à d'autres gaz, et c'est en général par cet intermédiaire que les gaz peuvent être introduits dans l'économie.

Outre les matières organiques azotées, le sang présente aussi normalement diverses substances non azotées, telles que la graisse et le sucre. Les matières grasses sont introduites dans le sang pendant l'acte de la digestion. Elles y sont amenées par les vaisseaux chylifères. Ces derniers sont en effet pourvus de racines qui se rendent jusque dans les villosités intestinales, où elles absorbent des matières grasses émulsionnées, et ce sont ces matières qui donnent à la lymphe sa couleur opalescente, exactement comme le lait doit sa couleur à la graisse qu'il contient en suspension. Cette graisse émulsive se rend dans la masse du sang. C'est pourquoi on a remarqué que le sérum provenant d'une saignée opérée pendant la digestion est lactescent.

Des matières sucrées se rencontrent aussi dans le sang, comme les matières grasses. On admettait qu'elles proveraient exclusivement des produits de la digestion; mais j'ai montré qu'il existe une autre source de formation du sucre dans l'économie : c'est le foie qui en est le siége. Cette formation est constante et normale dans l'état physiologique; mais, dans quelques circonstances, elle peut, en se modifiant, engendrer un état pathologique particulier, le diabète. Ceci vient encore vous démontrer la liaison intime qui existe entre les états physiologiques et pathologiques et combien il est indispensable de ne pas séparer leur étude.

Arrivons enfin aux matières minérales que l'on rencontre normalement dans le sang. Les principales d'entre elles sont la potasse, la soude, la chaux, l'acide phosphorique à l'état de phosphates, le fer. On obtient ces matières par dessiccation du plasma et des globules, et incinération des résidus obtenus.

L'examen chimique de ces cendres a fait voir qu'il y avait des renseignements intéressants à acquérir quant au siége de ces diverses matières dans les différents principes du sang. De même que nous avons vu les gaz avoir un siége particulier, de même aussi nous verrons les matières minérales se séparer et se concentrer dans des organes spéciaux. Les globules deviennent le siége spécial de certaines substances, le plasma en renferme plus abondamment d'autres.

Ainsi, par exemple, la potasse et la soude ne se rencontrent pas en mêmes proportions dans les diverses parties du sang.

Les globules ne renferment presque exclusivement que de la potasse et à peine des traces de soude, tandis que cette dernière existe abondamment dans le plasma.

Le fer qui existe dans le sang se rencontre particulièrement dans les globules.

L'acide phosphorique existe aussi plus spécialement dans les globules.

En résumé, de cette comparaison du siége des matières minérales contenues dans le sang et de ces différences que l'on rencontre, on peut tirer la conséquence suivante, dont je crois vous avoir parlé, mais qu'il est bon d'énoncer souvent : Les globules sont des éléments organiques nageant et vivant dans le plasma, possédant un liquide intérieur qui leur est propre et n'étant pas imbibés par le plasma lui-même. Ces éléments, ces corpuscules du sang, vivent dans ce milieu comme les poissons vivent eux-mêmes dans l'eau de la mer sans en être pénétrés.

Comment les globules sanguins peuvent-ils contenir de la potasse, du fer, si le plasma n'en contient pas? Il est évident qu'ils ne peuvent former de toutes pièces ces matières minérales : il faut admettre simplement qu'ils ont la faculté d'absorber ces substances et de les concentrer à leur intérieur à mesure qu'elles se présentent en petite quantité dans le plasma, exactement comme les algues qui, vivant sur les bords de la mer, concentrent dans leurs tissus l'iode contenu en quantité si minime dans l'eau de la mer.

Dans quelques cas pathologiques, cette faculté de concentration subit des modifications. C'est ce qui arrive dans le choléra, par exemple, d'après C. Schmidt. En ce cas, le sang ne tarde pas à se désorganiser, et il en résulte toujours de graves accidents.

Je ne m'étendrai pas davantage sur ces considérations générales. Il ne faut voir ici que le point de vue auquel nous nous plaçons : nous voulons surtout traiter des méthodes qui servent à établir les vérités scientifiques.

Notre but est donc, non pas de faire un exposé complet de ce que la science possède sur le sujet que nous traitons, mais d'entrer dans les détails des méthodes et des procédés d'investigation où la science prend sa racine, afin d'établir d'une manière inébranlable le but que la science médicale doit poursuivre.

Pour cela, j'avais eu l'intention de prendre une à une, pour les examiner, les diverses méthodes d'investigation applicables au sang, soit pour analyser les gaz, soit pour déterminer la température du sang dans les divers organes, etc., en faisant connaître, en même temps les appareils employés à cet usage; mais j'ai cru cette étude technique un peu trop aride.

J'ai pensé arriver au même résultat en appliquant l'analyse expérimentale à certaines maladies données, ce qui me permettra de faire mieux ressortir de mon enseignement les vérités générales que je désire vous démontrer.

Vous vous rappelez, en effet, les deux propositions fondamentales que j'ai passées au commencement de mon cours. Je formule ainsi la première : L'observation est et sera toujours insuffisante en médecine.

Ma deuxième proposition était celle-ci : On ne doit séparer jamais les phénomènes pathologiques des phénomènes physiologiques.

La science médicale expérimentale, ai-je enfin ajouté, est un édifice continuellement en voie de construction.

Telles sont les idées que j'espère rendre évidentes par l'analyse expérimentale de certains états morbides que je me propose de faire devant vous.

Voulant vous initier aux recherches expérimentales faites

sur le sang, je rattacherai mon sujet à l'étude de l'asphyxie et, en particulier de l'asphyxie par le charbon. Tel sera le sujet de nos prochaines leçons.

Souscription Sars

Un jeune naturaliste, M. C. Jobert, a eu l'heureuse idée de donner une conférence au Havre en faveur de la souscription Sars. Cette idée a été chaudement appuyée par tous les journaux de la ville, que nous tenons à remercier ici de leur bienveillant concours ; le maire a prêté une salle de l'Hôtel-de-Ville, l'imprimeur a refusé de recevoir le prix des billets, enfin la conférence a eu le plus grand succès à tous les points de vue. — Nous espérons que le bel exemple donné par M. Jobert, trouvera beaucoup d'imitateurs.

DIXIÈME LISTE

Baron Paul Thénard, de l'Institut	100 fr.	
MM. Valentin, professeur à l'université de Berne	10	
Eug. Fournier, secrétaire de la Société botanique de Paris	10	
Dubois, professeur au lycée d'Agen	2	50
Ses élèves	22	50
Un anonyme	3	
Georges Farges, étudiant en médecine	2	
Produit d'une conférence faite au Havre par M. le docteur C. Jobert, naturaliste	330	

Souscriptions recueillies à Montpellier par M. Cazalis de Fondouce.

L'Académie des sciences et lettres de Montpellier	100
MM. Chancel, doyen de la Faculté des sciences	5
E. Combescure, profes. à la Faculté des sciences	5
A. Crova, professeur à la Faculté des sciences	5
E. Roche, professeur à la Faculté des sciences	5
P. de Rouville, professeur à la Faculté des sciences	5
Dr Ém. Bertin, professeur agrégé à la Faculté de médecine	5
J. E. Planchon, directeur de l'École de pharmacie	10
Cauvy, professeur à l'École de pharmacie	5
P. Jeanjean, professeur à l'École de pharmacie	5
Diacon, professeur à l'École de pharmacie	5
Honoré Gay, professeur à l'École de pharmacie	5

Souscriptions recueillies par le Lien, journal des Églises réformées de France.

M. le pasteur Ath. Coquerel fils, rédacteur en chef du Lien	20	
Mme Puget	10	
L'église de Saint-André de Valborgne (Gard), par M. le pasteur Cheyron	10	
MM. le pasteur Descazals, de Chavagner (Deux-Sèvres)	2	50
Degourée	10	
Mlle C. Jacob	3	
Mme Dulley Cookes	5	
M. le pasteur Vidal, de Bergerac	10	
Mme Le Gros	5	
Anonyme	1	
Anonyme, de Paris	100	

Souscriptions recueillies à Versailles par M. Lenglier, professeur au lycée.

MM. Lenglier, professeur au lycée	5
Girardet, professeur au lycée	2
Sirvent, professeur au lycée	2
Arreiter, professeur au lycée	2
Eugène Guieysse	5
Hunebelle, conseiller municipal	5
Paignard, avocat	5
Deroisin, avocat	5
Labbé, vice-président de la Société zootechnique	5
Coüffler	5
Boyer, Jolibois, Pinguet, Zoghel, Braillard, Constantin, Féron, Grenier, Leclerc, de Lochner, élèves du lycée	14

Souscriptions recueillies à la Société zoologique et botanique de Vienne.

	florins autrichiens.	
La Société zoologique et botanique	10	
Comte Auguste de Marschall	20	
Ed. Brandmeyer	5	
Th. Demuth	1	
Cher. G. de Frananfeld	1	
Th. Fuchs, conservateur au musée de minéralogie	2	
A. Kornuber, professeur à l'École polytechnique.	2	
Chev. F. de Hochstetter, professeur à l'École polytechnique	5	
Dr E. Marenzeller	1	
Dr H. Reinart	1	
Al. Rogenhofer	2	
Jos. Türk	5	
Soit 55 florins autrichiens, produisant net		110

Souscriptions recueillies à l'École de médecine d'Alger et par l'Algérie médicale.

Dr Trollier, direct. de l'École de médecine d'Alger.	10	
Dr Trolard, professeur à l'École de médecine d'Alger et directeur de l'*Algérie médicale*	5	
Dr Alcantara, profes. à l'École de médecine d'Alger.	10	
Dr Bruch, profes. à l'École de médecine d'Alger	10	
Dr Gros, profes. à l'École de médecine d'Alger	10	
Dr Texier, profes. à l'École de médecine d'Alger	10	
Dr A. Bourlier, professeur suppléant à l'École de médecine d'Alger	5	
Dr Caussanel, profes. suppléant à la même École	5	
Dr Stéphann, profes. suppléant à la même École	5	
Durando, bibliothécaire de l'École de médecine d'Alger	5	
Deux collectes faites parmi les élèves	15	
Dr Andréini	5	
Fèvre	5	
Scipross Chapuis, étudiant en médecine	5	
Dr Garioli	5	
Pétrus, pharmacien	5	
Demol Ador	5	
Kaddour, médecin	5	
Salles, pharmacien en chef à l'hôpital civil de Philippeville	5	
Casset, pharmacien	5	
Total de la 10e liste	1116 fr. 50	
Total des neuf premières listes	9151 fr. 94	
Total des dix premières listes	10 268 fr. 44	

On souscrit au bureau de la *Revue des cours scientifiques*, 17, rue de l'École-de-Médecine, Paris.

Les souscripteurs de Paris peuvent faire toucher à domicile. Il leur suffit d'envoyer aux bureaux de la *Revue des cours scientifiques* leur nom et leur adresse avec le chiffre de leur souscription.

Les souscripteurs des départements ou de l'étranger sont priés d'envoyer leurs offrandes en un bon sur la poste, en toute autre valeur sur Paris, ou en timbres-poste français.

Le propriétaire-gérant : GERMER BAILLIÈRE.

PARIS. — IMPRIMERIE DE E. MARTINET, RUE MIGNON, 2.

REVUE
DES
COURS SCIENTIFIQUES
DE LA FRANCE ET DE L'ÉTRANGER

SEPTIÈME ANNÉE	NUMÉRO 21	23 AVRIL 1870

Paris, 22 avril 1870.

La Faculté de médecine de Paris a dressé hier jeudi sa liste de présentation pour la chaire d'histoire de la médecine.

Premier rang. Au premier tour de scrutin, sur 29 votants, M. Daremberg a obtenu 13 voix, M. Bouchut 9, M. Lorain 6, et M. Maurice Raynaud 1. Au deuxième tour de scrutin, M. Daremberg a eu 14 voix, M. Bouchut 12, et M. Lorain 3. Enfin au troisième tour, M. Daremberg a été présenté par 15 voix contre 14 dont 12 à M. Bouchut et 2 à M. Lorain.

Deuxième rang. Au premier tour de scrutin, sur 28 votants, M. Lorain réunit 14 voix, M. Bouchut 12, M. Raynaud 2. Au second tour, M. Lorain est présenté par 16 voix contre 10 à M. Bouchut et 2 à M. Raynaud.

Troisième rang. M. Maurice Raynaud est désigné au premier tour de scrutin par 16 voix contre 10 à M. Bouchut et 1 à M. Lorain déjà présenté en seconde ligne.

En conséquence la Faculté de médecine présente : En première ligne M. Daremberg, en seconde ligne M. Lorain, en troisième ligne M. Maurice Raynaud.

Jeudi prochain la Faculté arrêtera ses présentations pour la chaire de pathologie générale.

— On sait que le nouveau ministère italien a préparé un vaste plan financier que discute en ce moment le parlement de Florence. Parmi les nombreuses mesures d'économie indiquées dans ce projet figure la suppression d'une partie des universités italiennes. Nos lecteurs n'ont pas oublié qu'il y a trois ans, M. Matteucci, ancien ministre de l'instruction publique d'Italie, a exposé dans nos colonnes l'utilité de cette réforme. L'enseignement supérieur n'a de vitalité et d'influence que lorsqu'il est suffisamment concentré, et sa trop grande dispersion l'affaiblit sans remède. Il faut donc un petit nombre d'universités placées dans les villes où existe un grand mouvement intellectuel, qui seul peut soutenir l'enseignement et l'inspirer.

Mais, parmi les suppressions projetées, figure celle de l'Institut supérieur de Florence, dont la section scientifique porte le nom de Muséum d'histoire naturelle. C'est en quelque sorte le Collége de France et le Muséum de l'Italie. Comme Florence n'a pas d'Université (il y en a une à Pise), si l'on supprimait l'Institut supérieur, la capitale de l'Italie se trouverait complétement privée d'enseignement supérieur. Comme on le pense bien, ce projet soulève la plus vive opposition. Il est difficile de comprendre comment une grande nation pourrait se résoudre à n'avoir ni Université, ni Facultés dans la ville

VII.

où elle place son centre politique. Il y a une foule d'hommes éminents qui tiennent avant tout au séjour de la capitale ; c'est là, du reste, que viennent surtout les étrangers et que peuvent s'établir ces relations personnelles si fécondes entre les savants de tous les pays ; c'est là enfin que le gouvernement peut le mieux utiliser les professeurs distingués, et que la nation a intérêt à réunir le plus grand nombre possible d'esprits élevés et vigoureux. M. Matteucci allait plus loin que les ministres actuels ; il n'aurait voulu, avec des facultés et des écoles spéciales, que trois grandes universités complètes en Italie ; mais il en plaçait une à Florence.

D'ailleurs, sans contester le mérite des universités italiennes, il faut bien reconnaître qu'aucune d'elles ne possède relativement un aussi grand nombre d'hommes éminents. La section scientifique, ou Muséum d'histoire naturelle, était encore dirigée, il y a deux ans à peine, par M. Matteucci, qui y enseignait les phénomènes physico-chimiques des corps vivants, et nos lecteurs n'ont pas oublié les leçons remarquables que nous avons détachées de ce cours. Parmi les sept professeurs, on compte aujourd'hui l'astronome Donati, le physiologiste Maurice Schiff, le chimiste Ugo Schiff, le zoologiste Targioni-Tozzetti, le botaniste Parlatore, etc. Voilà l'établissement qu'on voudrait supprimer !

Mais il y a une raison plus grave encore. A côté et au-dessus des facultés qui enseignent la science à un point de vue professionnel, il faut un établissement qui cultive la science pour elle-même et qui maintienne toujours abondantes les sources où doivent venir puiser les sciences appliquées. C'est la réserve de l'avenir, et une nation qui repousserait ce léger sacrifice comme une dépense inutile imiterait le père de famille qui place toute sa fortune en viager. L'Italie plus encore que toutes les autres nations a besoin de tremper vigoureusement les esprits des générations futures, et il faut espérer qu'elle ne verra pas une superfluité dans la science pure et les hautes études d'histoire et de philosophie qui doivent former les ministres, les députés et les administrateurs de l'avenir.

— M. Armand Després, agrégé de la Faculté de médecine de Paris, est un de ceux qui ont obtenu d'assister, à 3 mètres de distance, dans un but scientifique, à l'exécution du dernier condamné à mort, le trop fameux Tropmann. Il publie maintenant une brochure où il examine les diverses questions physiologiques et morales que soulève la peine de mort. M. Després analyse les émotions du condamné avant le supplice et devant la guillotine, et discute la question de savoir si les souffrances et la conscience persistent après la décollation. Au point de vue social, il ne croit pas à l'efficacité de la peine de mort comme exemple salutaire, et, en parcourant les principaux récits d'exécutions capitales, il montre au contraire le condamné défiant quelquefois la justice sociale par un calme apparent, produit le plus souvent par une sorte de paralysie d'effroi, mais n'inspirant pas moins aux natures corrompues et aux imaginations malsaines une sorte d'admiration qui efface l'horreur de l'échafaud.

— M. Alexander Herschell nous écrit, au sujet des observations spectroscopiques des protubérances solaires faites aux Indes pendant l'éclipse totale du 18 août 1868, et résumées dans notre numéro du 26 mars dernier, page 270, par M. Rayet. Ces observations appartiennent à son frère, M. le capitaine Herschell, qui, depuis plusieurs années déjà, s'occupe de ces questions.

— M. Liebreich a lu à l'Académie des sciences une note sur l'opération de la pupille artificielle et présenté un instrument qu'il vient d'imaginer en vue de cette opération, pour modifier avec plus de sûreté les formes de la pupille artificielle suivant les exigences de chaque cas. Cet instrument est fondé sur un principe de mécanique qu'on n'avait pas encore appliqué en chirurgie. Il consiste en une pince dont les branches, au lieu de s'ouvrir de la manière ordinaire, tournent autour d'un axe longitudinal, de telle sorte que leur rotation même écarte et rapproche leurs extrémités recourbées (voyez les figures 131, 132 et 133).

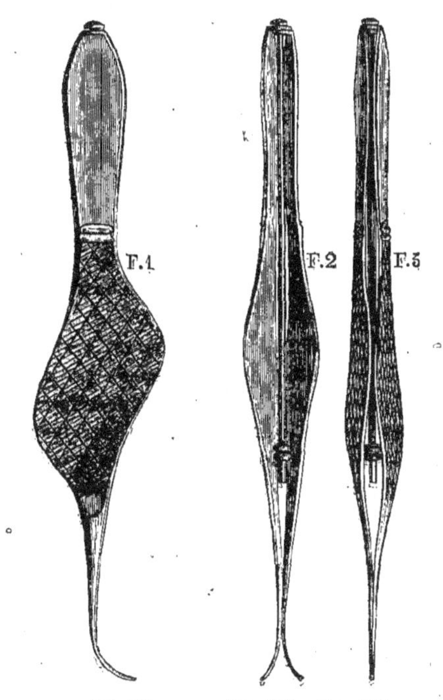

FIG. 131.   FIG. 132.   FIG. 133.

Introduite dans la chambre antérieure de l'œil par une ouverture étroite pratiquée à la cornée, cette pince peut s'ouvrir largement sans que la partie de la pince engagée dans la plaie participe à ce mouvement. Le mode de fonctionnement de cette pince permet aussi de l'introduire dans une direction quelconque, tandis que les instruments employés jusqu'ici ne peuvent pas dévier de la direction radiaire.

ÉMILE ALGLAVE.

UNIVERSITÉ DE BERLIN

SÉANCE SOLENNELLE

DISCOURS RECTORAL DE M. DU BOIS-REYMOND

De l'organisation des universités (1)

. . . .
. . . .

C'est une vieille accusation à laquelle on a habitué les Allemands, que de les représenter comme un peuple dénué de sens pratique, et qui ne s'entend pas à organiser. Nous ne voulons pas rechercher si le reproche est fondé sur d'autres points, si, par exemple, la *Guerre de sept semaines*, comme les Anglais appellent notre campagne de 1866, même comparée à celle d'Abyssinie, ne témoigne pas d'une certaine puissance d'organisation ; en tous cas, on peut affirmer, ce me semble, que dans le domaine de l'enseignement supérieur, les institutions de l'Allemagne sont en somme plus parfaites que celles des autres nations, abstraction faite d'imperfections légères telles qu'il s'en glisse dans toute œuvre humaine. On croirait qu'un législateur a pu seul créer, et d'un seul effort de génie, les universités allemandes ; et cependant elles sont au nombre des premières assises sur lesquelles reposa notre société ; et leur création est l'œuvre patiente à laquelle la nation tout entière a travaillé pendant des siècles. Elles nous figurent un édifice élevé sur d'antiques fondements par la main des générations successives, où pans de mur et tourelles, bastions et créneaux, pittoresques à la vue, mais moins utiles qu'embarrassants, trahissent par leur diversité celle de leur origine, tandis qu'un intérieur plein de clarté, un agencement admirablement entendu et l'ordonnance si bien étudiée de l'ensemble, paraissent trahir la main d'un grand architecte.

Le trait caractéristique de l'université allemande, c'est la liberté des doctrines. Le propre de l'esprit allemand est de ne poser aucune limite à ses investigations, de ne reculer devant aucune des conséquences auxquelles il arrive. Pareil à cette colombe de Kant qui, sentant son aile arrêtée par la résistance de l'air, s'imaginerait voler avec plus de liberté dans le vide, l'esprit allemand a jadis poussé jusqu'aux dernières limites l'audace de ses spéculations. Aujourd'hui, c'est en prenant pour guides le calcul, l'expérience et l'observation, qu'il veut marcher toujours intrépide dans l'inconnu qui s'ouvre à lui ; et de même, c'est libre d'entraves, inaccessible à la crainte, parce que ses intentions sont droites et ses convictions réfléchies, que la parole du maître se fait entendre dans nos chaires. Aussi, bien qu'en temps de troubles politiques ou d'agitation religieuse, cette liberté se soit trouvée momentanément menacée, il n'est pas besoin d'être fort au courant de ce qui se passe à l'étranger pour s'apercevoir avec orgueil que nulle part l'indépendance des doctrines n'approche de celle dont nous jouissons ; et en tous cas, au nombre de nos universités allemandes, soumises pour la plupart à des gouvernements différents, il s'est toujours trouvé un asile où la vérité ailleurs proscrite pouvait réclamer ses droits : avantage incontestable de la divi-

---

(1) Nous supprimons l'exorde et la péroraison de ce discours comme peu propres à intéresser nos lecteurs.

sion du territoire, mais dont il faut espérer que l'Allemagne unifiée n'aura jamais lieu de regretter la perte.

L'universalité de l'enseignement, la largeur du programme des études qui embrasse toute l'étendue des connaissances humaines, ne sont pas le privilége de notre université qui les partage avec celles d'autres pays ; bien que ce soit une erreur de croire que le nom seul d'université les suppose, car ce terme, à l'origine, désignait simplement l'ensemble des colléges de professeurs qui composait l'université, et il ne fut appliqué à l'ensemble des sciences enseignées, qu'à la faveur d'une sorte de jeu de mots historique. Mais ce que nous sommes seuls à posséder, c'est ce procédé si ingénieux par lequel l'université comble les vides et renouvelle les forces du personnel enseignant, cette institution des *Privatdocenten*, grâce à laquelle le tableau de nos cours dépasse toujours et sur plusieurs points à la fois le cadre sans cesse élargi des programmes, si bien que pour la variété des études, nous ne voyons pas d'écoles qui rivalisent avec les nôtres. A mesure qu'une branche de connaissances pousse de nouveaux rameaux, ce qui arrive tous les jours dans la médecine et les sciences naturelles, il se rencontre de jeunes maîtres pour prendre possession du nouveau domaine ; et, tandis que le professeur *ordinaire* a pour mission de présenter le corps de doctrine sous la forme définitive que des progrès successifs ont consacrée, d'autres plus jeunes, vont frayant devant eux leurs voies, et les leçons qu'ils annoncent au grand tableau de l'université sont comme des pousses vigoureuses entées sur l'arbre de la science, que l'avenir verra grandir à leur tour.

L'Université de France la plus importante et la plus complète de beaucoup, celle de Paris, a cinq Facultés, qui correspondent aux nôtres ; à cela près que la Faculté des lettres et la Faculté des sciences qui, de même que la Faculté de théologie, sont établies dans l'enceinte de la vieille Sorbonne, ne forment à elles deux que l'équivalent de notre seule Faculté de philosophie. Mais il y a une autre différence plus sérieuse : c'est qu'entre les diverses Facultés de l'Université de Paris, il n'existe que le lien assez lâche de l'administration et des cérémonies qui leur sont communes. L'École de médecine et l'École de droit ont chacune une existence si indépendante, que l'on n'en parle presque jamais que comme d'établissements sans relation l'un avec l'autre. C'est ainsi que dans l'Université de Paris, qui jadis la première a été appelée de ce nom, on cherche en vain aujourd'hui cette unité de doctrine qui seule constitue une université dans le sens que nous attachons à ce mot. Chez nous cette unité se réalise indépendamment de certaines causes intrinsèques, grâce à l'intime relation qui lie les trois Facultés professionnelles comme on les a nommées en France à la Faculté de philosophie, dont l'objectif et les tendances sont d'un ordre plus relevé. Par les divers éléments dont celle-ci se compose et qui se fondent en elle, elle tend la main aux trois autres : par là, et en leur offrant les cours préparatoires, comme en général ceux d'un intérêt général, elle s'oppose au démembrement de l'*Universitas litteraria* en diverses écoles spéciales qui, abandonnées à elles-mêmes, ne tarderaient pas à s'isoler et à s'absorber dans la préparation au métier. C'est ainsi qu'elle maintient l'esprit scientifique de l'ensemble et qu'elle entretient entre les Facultés l'influence mutuellement salutaire que leur intime rapprochement exerce sur le développement de la doctrine chez chacune d'elles.

L'étudiant en droit de Paris est tenu, à la vérité, de suivre quelques cours à la Faculté des lettres ; mais l'École de médecine a ses chaires à elle pour la physique, la chimie, les sciences naturelles ; de telle sorte que l'étudiant en médecine de Paris ne suit pas ces cours comme l'étudiant allemand à la Faculté philosophique, mais qu'il trouve tout ce dont il a besoin, pour ainsi dire, sans sortir de chez lui. Il y a quelques personnes en Allemagne qui regarderaient comme désirable l'introduction de la même disposition dans nos Facultés de médecine. En présence de la somme toujours croissante de matières que l'étudiant en médecine est forcé de s'assimiler, on pense qu'il serait convenable qu'il pût recevoir dans des leçons *ad hoc* les connaissances indispensables au lieu de les emprunter à des cours généraux, à un moment où il est incapable de discerner ce qui, plus tard, lui fera besoin.

Assurément, il y a une part de vérité dans cette opinion ; on peut même aller jusqu'à dire, qu'au point de vue de leur préparation au métier, les intelligences moyennes y trouveraient mieux leur compte : et c'est en vue de la capacité moyenne que doivent toujours être calculées les méthodes d'enseignement. Mais par là se trouverait aussi sacrifié l'intérêt que trouve justement l'homme médiocre, avant que les travaux absorbants de la pratique aient encore pu s'emparer de lui, à pénétrer au moins une fois dans sa vie dans la demeure auguste de la science pure, à se sentir empreigné de son esprit, à voir enfin la vérité aimée, recherchée, estimée pour elle-même. Un cours *ad hoc* n'a pas cet effet. Il a précisément pour objet de ne comprendre que les matières qui doivent trouver un emploi déterminé dans la pratique, et ce n'est que par hasard qu'il peut inspirer aux auditeurs le feu sacré de la recherche scientifique.

C'est par l'enseignement physique et chimique que les jeunes médecins français reçoivent de ces leçons *ad hoc*, qui pourtant sont professées souvent par les savants les plus distingués, c'est par leur éducation dans l'atmosphère d'une école professionnelle où la physique et la chimie sont qualifiées de *sciences accessoires*, que je serais tenté de m'expliquer les vues relativement arriérées qui dominent encore en France l'étude de la physiologie, malgré des hommes de la valeur de M. Claude Bernard. Tandis qu'ici, depuis l'espace de vingt ans, la physiologie n'est plus considérée, étudiée, enseignée que comme chimie et physique des êtres organisés, que les physiologistes ne se regardent plus que comme des chimistes et des physiciens, engagés dans une voie particulière, cette science n'est toujours pas parvenue en France à se dégager des nuages d'un vitalisme tout au plus déguisé ; elle n'y a pas encore accompli la métamorphose émanée de la physique et de la chimie pures, par suite de laquelle elle a atteint chez nous, du moins en théorie, le terme de ses développements. Ses adeptes se considèrent en France comme tout autre chose que des chimistes et des physiciens d'une catégorie spéciale ; et de plus, ils s'inspirent souvent des mesquines considérations de la pratique, oubliant qu'en physiologie, comme dans toutes les sciences naturelles, la meilleure méthode pour arriver à des découvertes importantes, c'est de chercher des vérités nouvelles sans s'inquiéter du parti qu'on en pourra tirer plus tard.

Depuis quelque temps la scission de la Faculté philosophique en une Faculté de philosophie proprement dite et une Faculté des sciences, à l'exemple de la France et de quelques autres pays, est à l'ordre du jour dans l'Allemagne du Sud ; et cette scission s'est même effectuée dans une université. Sans nier la justesse de plusieurs des considérations que M. Hugo von Mohl a fait valoir en faveur de cette motion, je dois bien dire que faire de la scission une mesure générale, me paraîtrait une tentative bien hasardée. Je craindrais de voir échapper à la Faculté de philosophie le rôle si important qu'elle joue dans le concert des autres Facultés. Ce n'est pas seulement qu'elle a la garde des aspirations élevées, qu'elle est vouée au culte de la science pure et à la défense de ses droits, soit que le vulgaire, soit même que les puissances du jour les menacent (et pourtant c'est un beau spectacle de voir les esprits et les talents les plus divers se constituer les gardiens d'honneur du sanctuaire); mais c'est aussi que la Faculté de philosophie est l'intermédiaire qui relie entre elles les autres Facultés; comparable à ce groupe atomique qui, dans la chimie moderne, fixe les molécules isolées qui satisfont une ou plusieurs de ses affinités. Si le groupe se désagrège, le faisceau instable des atomes est brisé : c'est ainsi qu'échapperait à la Faculté de philosophie son rôle de médiatrice. Car, il ne faut pas s'abuser : une fois la scission accomplie, le lien entre les deux groupes scindés deviendrait plus lâche encore que celui qui unirait la Faculté de philosophie proprement dite à celle de théologie et à celle de droit, le groupe scientifique à la Faculté de médecine ; ce serait faire le pas le plus inquiétant dans la voie du démembrement de l'Université en écoles spéciales, comme cela a lieu à Paris ; quant à l'échange de rapports entre les différentes branches des connaissances humaines qui s'établit au sein même de la Faculté philosophique, il faudrait bien s'attendre à le voir disparaître aussi, et pourtant cette action réciproque est ce qui contribue le plus à élargir les vues, à donner à chacun la notion exacte de la place qu'il occupe dans l'ensemble. Les deux sections de la Faculté descendraient peu à peu au rang d'écoles spéciales : le caractère idéal de l'ensemble aurait été effacé. On peut même se demander avec inquiétude si cette Faculté philosophique démembrée ne cesserait pas de servir de pépinière à ces professeurs de l'enseignement secondaire dont le mérite fondé sur des études solides et variées, pour être moins en vue que celui des professeurs d'université, n'en est pas moins la première force dont notre système d'éducation ait le droit de s'enorgueillir.

La différence essentielle entre l'organisation de l'enseignement supérieur en France et celle de l'Allemagne, c'est que le professeur de Faculté français est à la solde de l'État et n'a rien à attendre au moins directement de ses auditeurs, tandis que le professeur d'université allemand, en même temps qu'il touche son traitement de professeur *ordinaire* ou *extraordinaire*, doit compter encore sur l'*honoraire* fourni par les étudiants.

On entend souvent chez nous, surtout parmi les jeunes gens, vanter cette disposition comme un des grands avantages de l'organisation française, comme un progrès qu'il nous faudra nécessairement réaliser tôt ou tard en même temps que d'autres réformes. Si je n'hésite pas à combattre cette opinion que je regarde comme tout à fait erronée, c'est que j'ose espérer que mes adversaires n'iront pas voir dans cette réfutation une *oratio pro domo*, pas plus que de mon côté je ne leur suppose le mobile d'une basse jalousie : ils auraient, en tous cas, d'autant plus tort que le professeur en place ne demanderait certes pas mieux que de ne plus voir ses recettes à la merci d'un auditoire dont la faveur est fragile et peut lui être enlevée par l'âge.

Si cette opinion s'est fait jour, je l'attribue à cette erreur de jugement appelée *radicalisme* en politique, que l'on voit si souvent inspirée par les plus nobles sentiments, et qui pour cette raison est surtout répandue parmi les jeunes gens. Elle consiste à se laisser guider, dans les jugements qu'on porte sur les affaires compliquées qui se présentent dans la vie, par des idées préconçues ; à décider du concret en vertu de règles fixes et abstraites, au lieu de tenir compte des conditions réelles, soit naturelles soit historiques de la nature humaine, qui a ses passions, ses particularités, ses habitudes, ses faiblesses, et de rechercher les mobiles psychologiques secrets des actions humaines. L'idée que l'État se charge d'appointer le professeur et tient ouvertes les sources de la science à tous ceux qui veulent y puiser, paraît au premier abord une idée grande et généreuse ; ce qui semble mesquin, c'est de faire comme en Allemagne, où le professeur est amené à vendre en quelque sorte la science, pour ne pas prononcer ici le terme plus énergique que l'on emploie souvent en pareille occasion. Et cependant nous n'aurions pas de peine à montrer que c'est juste le contraire qui est vrai, que l'esprit libéral et généreux de nos universités allemandes est en grande partie le fruit de cette disposition, et que le système de la gratuité met en péril l'indépendance du professeur et la liberté de l'enseignement.

C'est un fait d'expérience que les gens en veulent avoir, comme on dit, pour leur argent. L'argent déboursé par nos étudiants les stimule à profiter le mieux possible des cours pour lesquels ils ont consigné. D'un autre côté, il arrive bien rarement que les professeurs soient dans une position de fortune assez brillante pour négliger les profits que leurs cours peuvent leur procurer, indépendamment de la satisfaction d'être utiles et de l'honneur qu'ils en retirent. L'honoraire qu'il reçoit de ces auditeurs assis en face de lui est pour le professeur un aiguillon plus énergique à faire toujours son devoir, que ne le serait un traitement payé par l'être abstrait appelé État, traitement dans lequel il peut aussi, à la rigueur, ne voir qu'une rétribution moyenne, dont il se rendra plus que digne demain s'il ne la mérite pas en entier aujourd'hui. L'honoraire donne à l'étudiant un droit légitime aux conseils et à la direction du professeur. Il établit entre le professeur et l'élève ces premières relations personnelles qui souvent ont dans la suite de si heureux résultats et qui n'ont pas l'occasion de naître avec le système de la gratuité. C'est assurément là une des causes de la parfaite entente des étudiants et de leurs professeurs qui fait l'étonnement des étrangers, et que l'on doit attribuer aussi, il est vrai, à la bonne éducation et au bon esprit des étudiants allemands.

L'honoraire est ce qui rend possible chez nous l'institution des *Privatdocenten* que l'étranger nous envie ; nonseulement parce qu'il leur donne les moyens matériels de franchir les premiers pas si pénibles de la carrière académique, mais parce que, en tant que preuve non équivoque de leur valeur personnelle, il leur apporte un encouragement salutaire, en même temps qu'il les soutient contre des parents bornés aux yeux desquels leurs espérances, leurs projets d'avenir ne paraissent que des chimères : c'est l'honoraire qui recrute pour le corps enseignant des universités allemandes cette réserve toujours prête de jeunes forces, à laquelle on doit l'audace, la vigueur et les tendances progressives de la science allemande, et enfin qui élargit et complète le programme des études. Comme le professeur installé par l'État est impitoyablement soumis à la concurrence des jeunes gens de talent, souvent ses propres élèves, il est sans cesse stimulé à redoubler d'efforts, à l'âge même où sans cela son zèle pourrait se refroidir et où souvent le professeur français abandonne sa chaire à un suppléant. Enfin, cet honoraire que l'on réprouve dans le camp des radicaux, c'est grâce à lui que le professeur allemand, fort de son talent et de sa science, et assuré des sympathies de ses auditeurs, peut résister, dans les questions politiques et religieuses, à la pression du pouvoir et exposer dans sa chaire indépendante les doctrines mal vues en haut lieu. Sans aller même jusqu'à supposer que le conflit éclate, le sentiment intime de cette situation a assurément étouffé dans son germe plus d'un désir de répression, et la confiance d'être soutenu à l'occasion, contribue à assurer au professeur d'université allemand le plus précieux des biens de l'âme, l'esprit d'indépendance.

Le concours employé comme moyen de reconnaître les plus grands talents de professeur paraît être à l'heure qu'il est, en France, l'objet d'une défaveur assez générale, et être remplacé par la présentation, c'est-à-dire la désignation par les corporations de candidats parmi lesquels l'administration fait son choix. C'est notre méthode, à la seule différence que chez nous le concours précède la désignation. Ce concours ne ressemble pas, à la vérité, à ce tournois public de concurrents où se complaît le génie gallo-romain et où la victoire est d'ordinaire acquise à l'orateur le plus brillant ; c'est la lutte soutenue sans vain fracas devant le jury incorruptible d'auditeurs payant l'honoraire, lutte dont l'existence académique est le prix et où, en vertu d'une loi de nature inflexible, c'est le champion doué de la vraie supériorité qui reste maître du champ de bataille.

Pour que le système de l'honoraire obtienne ses pleins effets et ne devienne pas au contraire une source de priviléges, il demande pour corollaire ce qui l'accompagne heureusement chez nous, la liberté pour les étudiants de suivre les cours professés sur les matières et par les maîtres qu'ils veulent. On peut se demander si cette liberté que bien entendu les radicaux réclament également, ne convient pas mieux aux intelligences d'élite qu'aux capacités moyennes, si celles-ci ne s'accommoderaient pas mieux d'un programme d'études invariablement maintenu par des examens. C'est bien possible. Mais la liberté des études ne tient pas seulement au système de l'honoraire ; elle est aussi partie intégrante de la liberté académique que nous regardons comme un bien trop précieux de la jeunesse des écoles et un instrument d'éducation trop profitable au caractère, pour approuver qu'on la restreigne sans les motifs les plus impérieux.

. . . .
. . . .

E. du Bois-Reymond.

<hr>

SOCIÉTÉ HUNTÉRIENNE DE LONDRES

M. FOTHERBY

Le rôle des sociétés savantes. — Histoire de la Société huntérienne (1)

L'occupation successive du fauteuil de la présidence par M. B. Travers pendant les années 1826 et 1827 et par le docteur Billing en 1828 et 1829, termine la première décade, et la partie la plus caractéristique de l'histoire de la Société. Pendant cette période, le zèle et l'activité de la plupart des membres fondateurs furent remarquables. Blizard, Gallaway, Conquest, Cooke, Dunglison (2), Hamilton, Kingdon, Leese, Pierce et Robinson se firent aussi remarquer, en fournissant constamment des communications et en prenant une part active aux débats. Parmi ceux qui firent ultérieurement partie de la Société à différents intervalles, nous citerons le docteur W. Babington et MM. Gossett et Langstaff, élus en 1821 ;—les docteurs Billing, Gordan et M. Winstone, en 1822;—les docteurs Ashwell et B. G. Babington, en 1823 ; — le docteur F. Ramsbotham, M. Key et M. Law, en 1824 ; — les docteurs Davies, Senr. et Waller, en 1825 ;—MM. Luke et Makmurdo, en 1826 ; — le docteur Whiting, en 1828. — Un peu plus tard, mais cependant dans les quinze premières années, sir A. Cooper, MM. B. Cooper, Cock, John Adams, Curling, Hilton, et les docteurs Bright, Lever et Little, devinrent membres de la Société.

C'est une étude fort intéressante que de lire les comptes rendus de nos premières transactions. De grands changements d'opinion se sont opérés sur plusieurs sujets en un très-court espace de temps. Quelques idées, avancées alors comme choses nouvelles, sont devenues depuis longtemps des vérités établies. On n'entend plus parler de certaines doctrines en grande vogue à cette époque. D'autres idées, mises au jour avant leur temps, furent simplement laissées de côté pour ressusciter ensuite ; on y trouve encore plusieurs sujets fortement contestés alors et que nous n'avons pu éclaircir jusqu'ici. Il est impossible d'entrer aujourd'hui dans un examen détaillé de l'œuvre accomplie par la Société, je donnerai seulement quelques notes abrégées d'après le comptes rendus, ceux surtout qui ont été rédigés après le premières années.

<hr>

(1) Suite et fin. — Voyez notre numéro précédent, page 305.

(2) Comme ces feuilles doivent être imprimées, je ne puis résister au désir de payer un tribut à la mémoire de l'un des premiers et des plus estimables membres de la Société. On lit dans le *Times* du 21 avril, Correspondance de New-York : « Robley Dunglison, M. D., bien connu en Europe et en Amérique comme auteur d'ouvrages de médecine et de physiologie, est mort à Philadelphie, le 1er avril, à l'âge de soixante et onze ans. Il naquit en 1798, à Keswick, Angleterre, et fit ses études à Londres, où il commença à exercer la médecine ; mais en 1824, il émigra aux États-Unis à la sollicitation de l'ex président, Thomas Jefferson, pour être professeur à l'université de Virginie. En 1836, il vint à Philadelphie, et accepta une chaire dans le collége Jefferson, l'une des principales écoles de médecine de la ville, il remplit ce poste jusqu'à ce qu'il quittât la vie active, il y a quelques années. Ses ouvrages sont importants et nombreux, et jouissent d'une grande réputation comme ouvrages classiques. Il était membre et correspondant de plusieurs sociétés littéraires et scientifiques, tant en Europe qu'en Amérique. Dans ses dernières années, il prit un vif intérêt à l'instruction des aveugles, et publia un dictionnaire à leur usage. Sa mort était inattendue en quelque sorte, et il fut enlevé par une maladie de cœur et une hydropisie.

La petite vérole et la vaccine donnèrent lieu, pendant plusieurs années, à de fréquentes discussions. On se demandait si la vaccine entraînait une immunité parfaite, ou bien à quel degré elle préservait de la petite vérole. En 1819, on publia un mémoire ayant pour titre : *Observations de cas de petite vérole après la vaccination, qui ne sont autres que des cas de varicelle aggravée.* Plusieurs membres étaient d'avis que le varicelle et la variole, ne sont que des modifications de la petite vérole.

On s'occupa beaucoup de la thérapeutique durant cette période, et l'on discuta longuement l'action des anciens et nouveaux médicaments, en particulier de l'acide hydrocyanique, de la digitale, de la noix vomique, de l'huile de croton et de la quinine. A l'égard de ce dernier médicament, le docteur Babington demanda, un soir, aux membres présents à quelle dose ils l'avaient employé. Il croyait que, bien que ce fût un médicament actif, on pouvait cependant l'administrer en toute sûreté. Son opinion fut confirmée à ce sujet en 1824, après de nouvelles discussions, et, la même année, l'iode fut présenté à la Société ; ce médicament n'eut pas de succès tout d'abord ; plusieurs membres firent des rapports défavorables à cet égard, aussi l'iode fut-il presque condamné. On rapporta le cas suivant : « Une vigoureuse dame, qui n'avait usé de l'iode qu'en application extérieure, était très-notablement maigrie et semblait être entraînée vers la tombe. » On disait que le docteur Coindet, qui le premier avait préconisé l'iode, avait franchement abandonné ses prétentions, et que, dans les cas où l'iode a un succès apparent dans le traitement des tumeurs ganglionnaires, il développe une maladie dans quelque partie interne, en raison directe de l'intensité de son action sur les tumeurs externes. En octobre 1828, le docteur Cooke fit une enquête sur les vertus de l'ergot de seigle, recommandé alors comme un moyen d'exciter les contractions utérines, et par quelques praticiens qui espéraient par ce moyen éviter le forceps etc. Les docteurs Waller, Ashwell et plusieurs autres firent un rapport favorable sur ce nouveau médicament.

Le docteur Robinson fit, en 1821, une excellente remarque au sujet de l'auscultation. « La percussion, dit-il, est un moyen important de découvrir les affections pulmonaires. » Mais, le 8 janvier 1823, on parla pour la première fois du stéthoscope, et l'on n'en fit pas un grand éloge. Il est curieux toutefois de remarquer le changement qui s'opéra peu à peu, pendant les années suivantes, dans la manière de décrire avec soin les cas d'affection de poitrine, à mesure que cet instrument, dédaigné d'abord, fut généralement adopté. Au nombre de ces communications sur les maladies de poitrine, celles du docteur Davies, Senr., qui devint membre de la Société en 1825, ont une grande valeur ; il expose une série d'observations des plus intéressantes et réunissant les nouveaux principes de diagnostic. Plusieurs d'entre elles ont rapport à la pratique de la paracentèse thoracique, cette opération se faisait beaucoup à cette époque, non-seulement dans l'empyème, mais encore dans des épanchements plus récents de la plèvre.

En 1822, un membre, écrivant sur la structure de la *Sirène*, exposée alors à Londres, soutenait que ses formes extérieures ressemblaient à l'animal considéré pourtant comme fabuleux, et avait beaucoup de rapport avec celles d'un être humain. De même, en 1825, on trouve le récit d'une cure miracu-

leuse opérée par un charlatan, raconté avec une certaine apparence de bonne foi (1).

Une observation très-différente de cette dernière fut lue la même année par le docteur Waller ; alors M. Waller, « sur la transfusion » qui avait été faite récemment dans six cas, sur lesquels cinq cas avaient réussi. Dans une autre réunion, pendant une longue discussion sur le « diabète », M. Langstaff recommanda l'emploi de fortes doses d'opium comme très-efficaces en pareil cas. En 1826, le docteur Hodgkin lut deux mémoires très-détaillés et très-intéressants qui soulevèrent une très-grande discussion, sur la maladie des valvules aortiques ; et, en décembre de la même année, deux séances furent destinées à l'examen des idées du docteur Barry sur la circulation et sur l'absorption. En 1827, le docteur Babington décrivit des cas typiques des deux variétés du *delirium tremens*, dans sa forme aiguë et dans sa forme chronique ; il distingua leurs différences et indiqua le traitement à suivre dans les deux cas.

Une invention importante fut montrée, pour la première fois, le 18 mars 1827, à une réunion de la Société ; le docteur B. G. Babington apporta un instrument qu'il avait inventé pour voir les parties qui sont aux environs de la glotte et du larynx et qu'il nomma un *Glottiscope*. Cet instrument, comme le reconnaît le docteur Mackenzie, ressemblait beaucoup au laryngoscope dont on se sert maintenant, et, au point de vue de la priorité, le docteur Babington doit en être considéré comme l'inventeur. Pourtant cet instrument parut exciter très-peu d'intérêt à cette époque, et il n'en fut même pas parlé dans le rapport annuel.

En 1829, M. Key parla, dans une réunion, de l'opération de la lithotritie, que l'on pratiquait fort peu alors, il montra un intrument perfectionné et donna des détails sur un cas.

L'année suivante, la question importante de l'origine des tubercules fut discutée après un mémoire qui assurait qu'une nourriture malsaine et insuffisante pouvait produire seule cet état pathologique.

En 1830, à la suite d'une épidémie de péritonite puerpérale, le docteur Whitehead fit un mémoire dans lequel il caractérisait cette maladie d'érysipèle du péritoine. Un autre mémoire, plaidant en faveur des mêmes idées, fut lu en 1835, et un troisième, traitant le même sujet, mais plus travaillé encore, parut en 1839 : on y insistait sur l'identité de cette maladie avec l'érysipèle et sur son caractère contagieux.

Le dernier mémoire dont je parlerai ici est du docteur Hodkin sur la pathologie de la pneumonie ; il parut en 1834, et offre un grand intérêt. Le siége de l'inflammation est-il dans le parenchyme du poumon ou dans la membrane qui tapisse les cellules pulmonaires ? L'auteur croit qu'elle siége dans la membrane muqueuse. Cette inflammation est de deux espèces, plastique ou non plastique, avec des variétés intermédiaires et demande, dans chaque cas, un traitement particulier.

La méthode de « Burking » fut un sujet du plus haut intérêt pendant l'année 1831, et la Société adressa une pétition

---

(1) Il régnait à cette époque une croyance superstitieuse dans l'efficacité des prières de ce charlatan (le prince Hohenlohe) contre la maladie ; il fallait pourtant que le patient eût une foi ardente et qu'il joignît ses prières aux siennes, les amis ou amies du malade devaient prier aussi. On peut facilement s'imaginer dans quelle circonstance on recourait à lui, et les cures miraculeuses qu'il pouvait faire !

du Parlement pour qu'il fît un décret dans le but de faciliter les études anatomiques. La première apparition du choléra donna lieu à des réunions et à des recherches spéciales, sur les causes qui produisaient cette terrible épidémie.

La Société entrait alors dans la seconde phase de son existence. Dans le courant de 1834, les salles qu'elle avait occupées pendant quatorze ans furent nécessaires à d'autres projets, et, après avoir pris des arrangements avec les administrateurs de la Congregational Library, 4, Blomfield street, la Société y fut transportée et y jouit pendant trente-trois ans de l'habitation la plus confortable et la plus commode. Ce changement eut un bon résultat; la liste des sociétaires, qui depuis quelque temps était restée stationnaire, devint plus nombreuse et, avec quelques fluctuations, continua à augmenter pendant plusieurs années. De 1835 à 1837, au nombre des nouveaux membres furent les docteurs Barlow, Bennett, Daldy, Hughes, Oldham et MM. Solly et Walne, tous travailleurs zélés et infatigables et qui ont depuis occupé les positions les plus importantes dans l'administration de la Société; et nous pouvons attribuer à leur activité et à leur influence, la plupart des améliorations qui se sont produites au milieu de nous.

Ce fut en 1834 que le docteur Conquest abandonna les fonctions de secrétaire qu'il remplissait depuis la création de la Société. M. Ebenezer Smith lui succéda. Les membres qui sont au courant du travail que nécessite toute association scientifique et qui connaissent quelle est la proportion du labeur qui incombe à la partie exécutive, apprécieront la valeur de tant d'années de service. La liste des secrétaires est cependant longue, et pour cette raison et pour d'autres encore, je citerai brièvement leurs noms dans un appendice.

A mesure que le nombre des membres s'accrut, les ressources de la Société augmentèrent, et en dehors des sommes données fréquemment et volontairement pour enrichir notre Bibliothèque, plusieurs centaines de livres sterling de surplus ont été confiées aux fonds publics à diverses époques.

La marche tranquille et facile qu'a toujours suivie notre institution a provoqué enfin certaines observations. Nous apprenons, d'après le rapport annuel de 1846, que des réflexions ont été faites relativement à la non-publication des comptes rendus de nos réunions. Le conseil défendit cette coutume en faisant remarquer dans le premier rapport imprimé ce fait établi : c'est que le principal dessein en formant l'association était l'extension des connaissances scientifiques et pratiques, par la libre communication et la franche discussion entre ses propres membres, et qu'il y avait bien des sujets appropriés à la discussion privée qui ne pouvaient être livrés à une discussion périodique publique. Il fut admis comme principe, que le procédé contraire gênerait les communications, entraverait la discussion et ne servirait qu'à introduire un élément complétement différent du but principal de la Société. En effet, l'examen de la constitution originale et de l'histoire primitive de l'association, montrera qu'elle fut fondée plutôt dans le but d'une conversation scientifique et d'une information mutuelle, que pour la publicité qui caractérise les autres sociétés du même genre. Mais quelque système qui puisse lui être préférable, il n'est pas douteux que celui que nous avons adopté procure des avantages que ne possèdent pas les sociétés dont les transactions sont livrées au domaine public.

Après avoir donné déjà quelques explications sur les premières transactions de notre association, je constaterai maintenant brièvement, que les communications et les discussions des dernières années ont embrassé tous les intérêts et toutes les recherches en médecine et en chirurgie. Les grands noms d'une génération passée, inscrits dans les annales de la Société, ont été remplacés par de dignes successeurs, qui ont accompli les desseins pour lesquels elle a été instituée. Des communications nombreuses et importantes ont été lues sur les maladies et sur la pathologie du système nerveux, et quelque progrès distinct a été effectué dans notre science sous ce rapport et sous celui des affections du cœur et des poumons. Des communications très-intéressantes ont été aussi reçues sur les maladies de l'estomac, du foie et des reins.

La maladie de l'ovaire et son extraction, l'emploi du *clamp* et d'autres améliorations dans cette opération, ont été observées et discutées librement. Enfin, aucun sujet n'a peut-être été autant examiné et autant discuté que l'*obstétrique* et que la pathologie générale utérine ; car la Société a compté parmi ses membres plusieurs des plus grandes autorités et des praticiens les plus éminents dans cette spécialité. Des dissertations importantes sur le traitement moderne des maladies suivantes : le scorbut, le choléra, la diphthérie, la fièvre des marais dans ses formes variées et dans ses relations avec la phthisie, la scarlatine dans son rapport avec l'érysipèle, — les effets des collisions de chemin de fer, les effets de l'usage du tabac à fumer, la construction des hôpitaux chez nous et à l'étranger ; — toutes ces communications et plusieurs autres, seront toujours regardées par ceux qui les ont entendues comme des travaux d'une valeur réelle.

Il y a eu, à diverses époques, de nombreuses communications et des discussions sur les maladies de la peau, et ce sujet, d'un intérêt croissant, a dans ces derniers temps beaucoup attiré l'attention.

Le sujet étendu de la syphilis a été partout travaillé avec zèle, quant à son histoire naturelle, à ses lois de transmission, à sa pathologie, à son traitement, et les changements de doctrine sur tous ces points, sont bien expliqués dans les transactions.

En chirurgie, les hernies et d'autres affections de l'abdomen qui appartiennent au domaine de la chirurgie ont été discutées très-fréquemment. Les maladies du rectum; l'opération de la kélotomie et les différentes conditions qui l'indiquent ; les maladies des articulations et les résections les blessures de tête ; les plaies des artères, et les anévrysmes; sont des sujets qui ont été discutés plusieurs fois dans les réunions.

Pendant la première période de l'existence de la Société, on ne s'est pas beaucoup occupé de l'ophthalmologie, mais en revanche elle est devenue dans ces derniers temps le sujet d'études sérieuses, et les améliorations dues aux écoles d'Allemagne et d'Angleterre ont été entièrement expliquées.

Mais aucun résumé, quelque étendu qu'il soit, ne peut donner une idée de la somme des travaux de cette Société. En vertu du caractère particulier de la Société, sa valeur consiste plutôt dans l'information pratique, dans l'intelligence et le sentiment social répandu parmi ses membres, dans les communications orales sans réserve, dans une libre recherche et dans une libre discussion (voyez le rapport annuel de 1826), que dans de grandes découvertes, des doctrines nouvelles ou dans des théories soigneusement éclairées qu'elle aurait pu produire ; et le succès de ce but d'existence, non moins important, a été senti par l'expérience de ses membres plutôt qu'écrit dans les comptes rendus de ses Transactions. Ce fut un avantage inappréciable pour le praticien, avantage pareil à celui que trouve l'étudiant dans l'enseignement clinique, et je voudrais qu'il puisse en être toujours ainsi.

En dehors des détails de ces travaux, les mémoires de la Société ne présentent, depuis les vingt dernières années, aucun événement important, aucun changement grave dans sa condition, qui soit digne de remarque. On peut dire seulement qu'elle a continué à suivre la même voie sous les présidents successifs, que l'administration a été dirigée avec un bon sens et une harmonie parfaite, qu'une vive sympathie et la plus grande cordialité ont existé entre ses membres, parmi lesquels on ne vit jamais rien qui ait l'apparence d'un parti ou d'une coterie. Le nombre de ses membres est en ce moment plus considérable que jamais, et les résumés successifs des dissertations et des communications de la Société dénotent un certain ton de satisfaction que relèvent les rapports annuels.

Le dernier changement important qui se soit opéré dans la position de la Société eut lieu en 1866, aux sollicitations d'une compagnie de chemin de fer, qui nous obligea à chercher un nouveau local. A cause de l'augmentation de valeur des propriétés et de la modicité relative de notre revenu, cette circonstance menaça l'existence même de l'institution. Mais cette difficulté devint au contraire une source d'avantages pour la Société, par suite du zèle et de l'activité que déployèrent quelques-uns de ses membres qui étaient aussi propriétaires de l'Institution de Londres, et parmi lesquels je dois citer particulièrement le docteur Daldy. Des ouvertures furent faites par la Société pour obtenir un local dans ce bâtiment, et elle rencontra dans le comité d'administration un esprit libéral et éclairé qui, reconnaissant que les intérêts généraux de l'art et de la science sont favorisés par la protec-tion et la culture de chacune de ses branches, appuya cha-leureusement et avec succès notre demande devant une as-semblée générale des propriétaires, et fit accepter des arran-gements pour recevoir notre Société dans ses murs. En con-séquence, le 10 octobre, la première réunion de la session eut lieu dans le nouveau local, et comme tous les membres le reconnaîtront également, toutes les mesures furent prises alors et ont toujours été prises depuis, pour satisfaire le con-fort et les convenances. Une offre personnelle d'une grande valeur et qui mérite nos remercîments particuliers, fut faite spontanément de la part du professeur Wanklyn, de l'Insti-tution de Londres ; cet honorable membre exprima son désir de nous être utile de tout son pouvoir ; par conséquent il mit le laboratoire à notre disposition, pour faciliter dans toutes les recherches chimiques que la Société pourrait entreprendre.

Par cette réunion, les deux institutions acquerreront de nouvelles forces, elles trouveront un champ plus vaste pour utiliser leurs capacités, et les intérêts de l'humanité et de la science avanceront en même temps. L'Institution de Londres, ainsi que la Société huntérienne, doivent, nous ne pouvons l'oublier, leur établissement à notre premier président ; à la fin de sa vie, ces deux Sociétés partagèrent également son in-térêt affectueux et ses efforts zélés, et s'il pouvait contempler leur union actuelle, il éprouverait une douce satisfaction. On est tenté de répéter avec le poëte païen :

> Nonne credideres mentem, quæ nunc quoque cœlum
> Astraque pervolitat, delapsam cœlitus illuc
> Unde abiit remeare, suasque revisere sedes ?

Mais, laissant de côté ces réflexions, notre revue du passé nous imprimera la conviction la plus profonde du bien qui est déjà résulté des travaux de cette Société, pour le progrès de la science médicale et pour l'adoucissement de la ma-ladie et de la souffrance ; et la position à laquelle elle est arrivée, au lieu de nous engager à nous reposer de notre travail, ne doit servir que comme un point d'arrêt pour exa-miner les riches perspectives des triomphes futurs :

Le siècle s'ouvre à nos regards, et cela nous excite à accroître par un travail infatigable, ce dépôt sacré envié par les âmes avides de se désaltérer à la source inépuisable de la vérité !

J'ai presque achevé maintenant, la tâche que je m'étais im-posée, de parler de l'origine et des progrès des institutions éta-blies pour l'avancement de l'art et de la science ; et quelque superficiel et imparfait que soit ce récit, il montrera com-ment les phases intellectuelles des époques successives se sont personnifiées dans les sociétés qui se sont constituées durant ces périodes. On a accordé une attention toute spéciale au grand développement des sciences naturelles et aux associa-tions qui y ont été unies pendant le siècle passé ; et bien que celles-ci augmentent toujours à mesure que la science fait de nouvelles conquêtes, une nouvelle série d'institutions s'est constituée depuis la formation de la Société huntérienne ; on peut dire à juste titre de ces associations qu'elles caractérisent le siècle présent. Depuis la formation de la *Société harveienne* en 1831, jusqu'à l'établissement de la *Société de clinique* en 1868, plus de douze sociétés médicales en renom ont été établies à Londres. Bien que quelques-unes d'entre elles cultivent, comme les anciennes, la médecine en général, les recher-ches et les découvertes ont été facilitées, de ce que la plus grande partie de ces sociétés ont été formées dans des buts spé-ciaux, comme par exemple la *Société médico-psychologique* en 1841, la *Société pathologique* en 1846, et la *Société d'obstétrique* en 1858. Un autre trait qui caractérise ces nouvelles sociétés, c'est la grande attention que l'on a donnée à l'étiologie et à la prévention de la maladie, par exemple dans les travaux de la *So-ciété des épidémies*, fondée en 1850, et de l'*Association des offi-ciers de santé*, qui date de 1856. Il n'est pas improbable que la médecine de l'avenir se consacre plutôt aux causes et à la pré-vention des maladies qu'à leur guérison ; et d'après certains indices, nous semblerions déjà à la veille de grandes décou-vertes dans cette branche de la science, découvertes qui au-ront la même valeur en médecine que celles de Newton en physique et par lesquelles nous pourrons reconnaître, non-seulement les causes secondaires des maladies, mais encore déduire les lois générales sous lesquelles elles deviennent ac-tives, et leur corrélation avec les conditions et avec les lois de la santé.

Quoi qu'il en soit, le caractère du mouvement est évident. Outre les associations que je viens de nommer, nous avons des institutions pour les idiots, les paralytiques, les épileptiques, les scrofuleux, les boiteux, les aveugles, les sourds, les maux de dents, les maladies de la gorge, des poumons, du cœur, du système utérin, de la vessie, du rectum, de la peau et proba-blement pour les autres organes. A ces secours directs appor-tés aux infirmités humaines, les sociétés scientifiques contri-buent encore à la santé publique par les discours, les bro-chures, les revues, etc., sur la science sanitaire et par différents autres moyens tendant au même but. En considé-rant tant d'efforts organisés et associés, nous avons le droit de dire que le siècle présent peut être appelé à juste titre le siècle de la science humanitaire (1).

Abandonnons ces détails historiques, convaincu comme nous le sommes de la valeur et de l'importance des institutions scientifiques, pour examiner le caractère réel des avantages que présente une société comme notre Société huntérienne. Ils sont scientifiques et sociaux : sous le rapport scientifique, par exemple, nous profitons du champ immense qui nous est fourni et dans lequel nous pouvons recueillir nos faits, construire nos théories et déduire nos conclusions sur tous les sujets de recherche.

En admettant même que tous les observateurs soient également doués par la nature, par l'éducation et par l'expérience (ce qui n'est pas le cas), pour donner des conclusions exactes; tous n'ont pas les mêmes qualités, il y a des diversités de dons, même avec un esprit semblable. Un homme raisonne naturellement par éducation ou par induction, un autre a la faculté de saisir plus facilement les grands principes par la déduction. Celui-ci a plus de capacités pour observer, choisir et rapporter des faits et des formes, il peut ainsi fournir d'importantes matières pour les recherches, mais il ne saisit pas aussi promptement les principes généraux auxquels elles conduisent. Celui-là, doué cependant d'idées dont les autres auteurs doivent prouver la vérité ou l'erreur, manque de détails minutieux et d'exactitude. Et c'est peut-être dans ce dernier genre de travail, l'accumulation intelligente des faits et de l'expérience, que consiste principalement la valeur de ces sociétés. Les esprits puissants et inventifs se tiennent à l'écart et travaillent seuls. Mais leurs conceptions doivent être mises à l'épreuve, or celle-ci ne peut être obtenue que par une telle accumulation de faits, qu'un seul observateur ne peut les fournir, et cependant, sans l'aide de ce dernier, les idées du

premier seraient de peu de valeur pour les progrès de la science :

Les pensées ne sont que des rêves, jusqu'à ce que leurs résultats soient mis à l'essai.

Prenez, par exemple, cette conception de Gœthe sur l'existence virtuelle de toute la plante dans la fleur, c'était une idée poétique qui fut pourtant prouvée par une observation subséquente. Mais combien de fois de telles conceptions sont-elles fausses? Il est constaté que sur les centaines d'analogies avancées par Oken dans sa *Physiophilosophie*, il y en a vingt à peine qui soient justes, et la grande idée des homologies du squelette n'aurait-elle pas été enterrée avec les nombreuses idoles qu'il avait forgées lui-même, si elle n'avait pas été étudiée patiemment, d'après des bases scientifiques, par l'ingénieux esprit d'Owen.

Bien que ces considérations s'appliquent aux individus, de même qu'aux sociétés, elles ont cependant une influence importante sur ces dernières, car si les théories et les opinions étaient plus généralement soumises à la critique d'une assemblée, avant qu'elles soient publiées sous la forme d'un livre, beaucoup de travail et de dépenses pour la réfutation seraient épargnés.

Il y a encore des différences de tempérament, de tendances provenant de l'éducation, ou des différences dans les propensions naturelles et les erreurs qui en résultent sont corrigées par la discussion personnelle. Un homme est lent et hésite dans ses raisonnements ou est peu soigneux et inexact dans le détail. Un autre est prompt et enthousiaste, aussi devient-il facilement le partner ou l'adversaire d'un certain ordre d'idées; souvent il arrive que des points importants qui n'avaient été reconnus, ni par l'auteur ni par ses auditeurs, sont exposés pendant une discussion. Le choc des esprits produit de nouvelles idées, des séries de recherches, et à l'occasion celui qui avance une opinion la trouve confirmée, modifiée ou corrigée selon le cas. Ses confrères aussi retournent à leurs occupations journalières avec une vigueur nouvelle et avec une puissance d'observation et d'analyse d'autant plus grande et capable de s'étendre au delà des limites du principal sujet de la discussion.

Quand l'homme est uni à ses semblables par des liens intimes, le monde extérieur tourne autour de lui sans secousses et sans entraves ; mais dans ce monde intérieur les esprits supérieurs tendent constamment vers les sphères plus élevées, et dans ce vol, leurs facultés intellectuelles, stimulées par la rivalité des amis, acquièrent des forces nouvelles.

Il est rare qu'une suite d'idées soit entièrement juste, ou qu'un autre système de croyance soit tout à fait faux; et le plus chaud partisan d'une opinon, fût-ce en science, en philosophie, en politique ou en religion, a beaucoup à apprendre de ceux qui sont d'un avis opposé et peut même modifier ou perdre quelques-unes de ses propres idées. La vérité, bien que claire et pure comme la lumière, est pourtant composée comme elle de plusieurs rayons colorés; tous ont un certain rôle, tous sont nécessaires, et ce n'est que par le mélange harmonieux du tout que s'obtient la vision parfaite et non colorée.

Ces sociétés sont encore d'un avantage tout spécial au simple praticien, par suite de l'exposition des spécimens de pathologie. Le zèle de nos associés, de ceux particulièrement qui sont professeurs dans les hôpitaux, fournit des matériaux pour l'examen et la discussion. La difficulté des examens particu-

---

(1) Dans un travail très-remarquable « sur les progrès des sociétés savantes, expliquant l'avancement de la science dans le Royaume-Uni, pendant les trente années qui viennent de s'écouler », lu par le professeur Leone Levi à la dernière réunion de l'Association britannique, et que je ne connaissais pas avant que ce discours fût imprimé, cet auteur arrive à conclure, entre autres choses, « que, depuis trente ans, il y a dans le Royaume-Uni une grande augmentation dans le nombre des sociétés savantes et dans le nombre de leurs membres, ce qui indique un progrès réel dans la science »; il estime que quinze personnes sur dix mille s'occupent directement de la culture ou de l'enseignement de la science, qu'il y a plus de 120 sociétés savantes réunissant 60 000 membres, et il donne la statistique suivante du progrès de ces sociétés durant cette période :

	Augmentation pour 100.	Diminution pour 100.
Les Sociétés royales de Londres et d'Édimbourg, et les Académies royales d'Irlande..........	»	9
Sciences mathématiques et physiques. — Statistique, mathématique, astronomique, chimique, météorologique et géologique.............	179	»
Histoire naturelle et biologie. — Ethnologie, anthropologie, entomologie, zoologie, linnéenne, d'horticulture, botanique et d'agriculture....	48	»
Géographie et archéologie. — Géologie, d'antiquités, archéologie, historique et d'architecture.	373	»
Sciences appliquées. — Société des arts, des ingénieurs, des architectes, pharmaceutique, médicale, actuaires. — Service uni........	453	»
Sciences diverses. — Société royale asiatique, philologie, micrographie, numismatique.....	82	»
Institutions scientifiques et philosophiques......	149	»
Associations britanniques et nationales........	486	»
	172	»

liers après la mort rend cet usage fort utile ; grâce à lui, nous restons toujours familiers avec les modifications pathologiques de l'organisme.

L'honorable membre qui m'a précédé l'année dernière dans la tâche que j'accomplis aujourd'hui, a fait allusion à un autre avantage, qui n'a pas été cependant suffisamment mis à profit dans cette institution ; je veux parler des facilités accordées soit par le comité, soit autrement, pour la collection de données sur tous les sujets particuliers dignes d'intérêt ou de recherche.

Mais on peut considérer les sociétés médicales à un autre point de vue, celui de leur influence sociale et morale. Au point de vue moral, — sous l'influence épuisante d'une incessante anxiété, de la responsabilité et du poids des années, notre vie professionnelle semble demander quelque élément qui stimule son cours languissant, et en conserve la fraîcheur et l'activité. Pendant nos études, notre *Alma Mater* était le lien de fraternité et l'aiguillon d'honneur qui développaient nos sentiments d'amour et de chevalerie ; aussi, plus tard dans la vie, au milieu du travail et des soins de la pratique, avons-nous besoin de quelque chose qui la remplace, et c'est là le résultat des associations. Les contestations, les petites jalousies, les envies et les mauvais sentiments, sont parmi nous, hélas ! si notoires, qu'ils ont passé en proverbe, même dans le peuple. Il ne doit pas en être ainsi, il ne faut pas qu'il en soit ainsi ; nous sommes des compagnons d'armes, livrant le combat de l'humanité contre la maladie et la mort, endurant les fatigues et les inquiétudes de la guerre, en même temps que notre part des périls égale celle du service militaire. Très-récemment, un des membres du noble corps des officiers de santé tomba à son poste, et aujourd'hui un autre membre de la même phalange dévouée, succombe de la fièvre chaude (1); ils moururent tous deux pour leur pays, vraiment semblables au soldat qui tombe devant le canon, et ils sont également dignes de sa reconnaissance et de ses louanges.

> « Hic manus ob patriam pugnando vulnera passi :
> Quique pii Vates et Phœbo digna locuti
> Inventas aut qui vitam excoluere per artes
> Quique sui memores alios fecere merendo. »

Serrons donc nos rangs, cultivons fraternellement l'amour et l'estime les uns des autres et déracinons de nos cœurs tous ces indignes sentiments qui sont si prompts à naître même chez les bonnes natures, quand elles sont isolées ou renfermées dans un cercle étroit de pensée, de sentiment et d'intérêt personnel.

Si les médecins d'un district ou d'une localité saisissaient plus fréquemment les occasions de communication réciproque que fournit une Société comme la nôtre, je suis certain que la somme de bonheur personnel se trouverait largement augmentée et que l'estime professionnelle mutuelle en serait assurée ; et j'ose dire qu'on pourrait ajouter et adopter de tels arrangements afin d'utiliser davantage l'élément social de notre Institution. Une ou deux soirées pendant la session, par exemple une soirée pendant la semaine de Noël, pourrait bien être consacrée à une « assemblée d'entretien particulier », non à une « conversation » dans le sens conven-

tionnel du mot, mais à une assemblée de communications amicales ; et, sans doute, les relations personnelles plus intimes qui en résulteraient, seraient fort agréables et avanceraient vers ce but important.

J'ai encore une proposition à faire : je souhaiterais, toujours dans le même ordre d'idées, que dans le cas où un membre a quelque doute ou quelque difficulté, soit à propos de sa conduite professionnelle, soit à propos d'une communication ou à propos d'usages, il pût demander l'avis et le secours collectifs de ses confrères comme à une cour d'honneur. Les lois de la Société pourvoient déjà aux cas criminels et pourraient bien s'étendre aux causes civiles et aux enquêtes.

Pendant que nous énumérons ainsi les avantages retirés de ces institutions, nous ne devons pas oublier que, comme toutes les choses de ce monde, elles portent en elles quelques mauvaises semences qui germeront si elles ne sont pas soigneusement détruites. A moins que l'ardent amour de la vérité ne l'emporte sur la bonne opinion de soi-même, les discussions personnelles peuvent devenir préjudiciables, et d'une opposition d'idées il résulte souvent une pique et une vanité blessée, surtout quand quelque erreur a été dévoilée ou qu'une théorie favorite a été impitoyablement démolie. Certains tempéraments supportent moins l'opposition que d'autres ; mais ce qui vient aider et corriger notre contrôle moral, c'est une excellente manière de s'élever l'esprit, et si cela est appréciable même dans la jeunesse, c'est un exercice des plus profitables et une récréation dans l'âge mûr ; si John Hunter s'était soumis davantage à cette discipline, la terrible scène de l'hôpital de Saint-George (16 octobre 1793) n'aurait pas eu lieu, et il aurait vécu pour ajouter à ses travaux et aux conquêtes de la science.

Mais, soit que nous travaillions réunis ou individuellement, il est plus important, maintenant que jamais, que nous poursuivions nos investigations avec un esprit net, impartial, recherchant ardemment la vérité. La grande question à laquelle toutes nos recherches tendent plus ou moins directement est encore comme autrefois la science de la vie. Et bien que les travaux des siècles passés nous aient donné une connaissance merveilleuse de ses phénomènes, de ses lois, de ses causes immédiates, les recherches vont encore plus loin ; et lorsqu'on veut trouver les causes finales, la controverse devient vive et mordante. Cette vieille objection qu'une telle science est trop élevée, ou que cette recherche est impie, ne peut plus être admise. Nous ne devons pas, nous ne pouvons pas imposer de barrières ; mais que notre croyance religieuse soit ce qu'elle peut, soyons assurés que la véritable foi ne peut jamais longtemps souffrir des découvertes de la science. Durant l'époque de transition, tant les théories seront incertaines, il y aura doute et hésitation, et il se peut même qu'on soit obligé en dernier lieu de modifier les prétentions de ce qu'on regarde maintenant comme orthodoxe : mais, en attendant, le bon sens et aussi la philosophie demandent qu'aucune conclusion prématurée ou incertaine ne soit admise comme une vérité claire et démontrée, et ne soit présentée à la multitude dans des lectures populaires sur la biologie.

La première doctrine du principe vital le représente comme un agent doué d'une existence complètement séparable, entièrement distincte, et qui, ajoutée à la matière organisée, constitue l'être vivant. Nous retrouvons cette idée dans les premiers souvenirs de notre race, et elle a continué à for-

---

(1) Le docteur Hillier, F. R. C. P. Officier de santé de Saint-Pancrace, mourut le 7 novembre 1863, âgé de trente-sept ans, après une courte maladie ; et M. Thomas Orton, M. R. C. S. Officier de santé de Stepney, mourut de la fièvre le 30 janvier 1869.

mer, avec des modifications différentes, la base de toutes les croyances religieuses. Hunter se prononce également sur l'existence d'une force vitale comme une entité et comme une cause des phénomènes organiques, bien que ses idées de son union avec la matière indiquassent une union plus intime, d'où le nom *materia vitæ diffusa*.

Mais cette opinion, de même que la doctrine générale la plus ancienne, est maintenant à l'épreuve; bien que la réfutation n'en soit pas encore donnée par ceux qui la nient et prétendent qu'une forme particulière, ou mouvement de la matière, déterminée par des lois chimiques et des affinités, est la somme de la substance de ce que nous appelons la vie (1).

Avec raison, le docteur Bence Jones pose ainsi la question telle qu'elle est aujourd'hui : « Les idées générales à l'égard de l'union de la matière pondérable et de la force dans les sciences biologiques n'ont pas encore été au delà du second degré, ou degré de Hunter, et il y a beaucoup de personnes qui pensent que le premier degré, qui consiste dans la séparation complète entre la matière et la force vitale, représente encore toute la vérité » (2).

De ce que les protoplasma nucléés ou sphéroïdes constituent la base de toutes les formes de la vie, et que la vie est conservée, prolongée par la matière, chimiquement la même, cela ne prouve pas l'assertion récemment émise, que la formation de ces protoplasma est un simple processus chimique, ni la conclusion hardie que nous ne pouvons accepter « que tous les actes manifestés par les êtres vivants, depuis l'humble infusoire jusqu'à l'homme le plus intelligent, soient les propriétés de la matière, comme les propriétés de l'eau dérivent des gaz. » C'est, en vérité, comme si l'on entendait la voix de la nature :

> Tu me fais appel?
> C'est moi qui donne la vie et qui donne la mort,
> L'esprit n'est autre chose que le soupir.

D'après mon humble jugement, de telles assertions ne seront admissibles que lorsque, en possession des éléments chimiques d'un tissu, le philosophe pourra produire un tissu semblable, ou une simple cellule dont ce tissu est composé ; de jusqu'à ce que ce résultat soit obtenu, le vitaliste a le droit

---

(1) L'expression de *principe vital, force* ou *vie*, est employée dans un sens général, sans la distinguer de l'esprit, de l'âme ou de l'intelligence ; car, bien que la première soit principalement le sujet de discussion, les phénomènes de l'esprit sont également réclamés comme explicables par les principes du matérialisme. Cependant, quelques partisans de cette école peuvent limiter l'application de semblables idées, d'autres, répudier tous les agents et existences spirituels admis, et paraissent, en agissant ainsi, pousser seulement ces doctrines jusqu'à leurs conclusions légitimes et plausibles.

(2) Bien que les idées de Hunter forment, dit-on, le second degré ou degré intermédiaire de l'opinion : — la séparation incomplète de la matière et de la force ou vie ; le troisième degré ou idée moderne étant l'indivisibilité complète de la matière et de la force (le mot vie ne devant pas être employé plus longtemps), cependant je me demande si les idées de Hunter différaient virtuellement de l'ancienne doctrine ; son expression : « la *materia vitæ diffusa*, dont chaque partie d'un animal a sa part », était une chose commode pour discuter la vie du sang ; des conclusions telles que celle-ci : la vie alors semble être quelque chose de surajouté à cette modification particulière de la matière, — la simple composition de la matière ne donne pas la vie, car le corps mort a toute la composition qu'il eut toujours. — L'organisation et la vie ne dépendent pas le moins du monde l'une de l'autre. » Cela implique l'idée d'une séparation complète. Ce qu'il y a de plus probable, c'est que ses opinions n'étaient pas entièrement assises et variaient selon les différents aspects du sujet.

---

considérer le tissu et de le définir : un organisme, plus la vie (1).

Un autre savant professeur d'une grande autorité déclare que, « aux yeux de la science, le corps animal est autant le produit de la force moléculaire que la branche ou l'épi de blé, ou que le cristal de sel ou de sucre..., avouant simplement ce que beaucoup de penseurs scientifiques croient plus ou moins distinctement. La formation d'un cristal, d'une plante ou d'un animal est à leurs yeux un problème purement mécanique, qui diffère des problèmes de mécanique ordinaire par la petitesse des masses et par la complexité des processus engagés » (2). Cette idée est développée par une description et par une comparaison des phénomènes de la cristallisation avec ceux de la germination d'un grain de blé. Mais je rappelle encore que la force moléculaire, *minus life* (ainsi appelée) n'a jamais produit un grain de blé, et que l'analogie, ou plutôt l'identité que l'on cherche ainsi à établir, n'existe seulement qu'en apparence.

En vérité, les anciennes distinctions spécifiques entre les processus organiques et les processus inorganiques ne sont pas maintenant diminuées d'une façon sensible par quelqu'une des découvertes à propos de l'action moléculaire de l'accroissement organique, accroissement que les moyens scientifiques perfectionnés nous ont permis de produire.

Non, il y a encore beaucoup à connaître et à faire avant que les lois et les principes dominateurs de la cosmogonie puissent être posés, et, en attendant, les assertions prématurées sur cette grande question ne peuvent produire qu'une discussion inutile et empêcher la découverte de la vérité. Un champ immense et inexploré s'ouvre encore devant nous, profond comme le centre de la terre, élevé comme les étoiles, pour des recherches et des expérimentations suivies et persévérantes. Par ces moyens, nous arriverons, d'une manière ou d'une autre, et sans doute nous serons amenés en temps voulu à soulever le voile.

> Que la science grandisse de plus en plus,
> Mais que le respect ne cesse de grandir aussi,
> Que l'esprit et l'âme dans un parfait accord,
> Puissent comme avant, former une harmonie
> Seulement plus vaste encore !

H. I. FOTHERBY.

— Traduit de l'anglais par L. B., et revu par F. TERRIER, aide d'anatomie à la Faculté de médecine de Paris. —

---

(1) Pour soutenir cette opinion, je me hasarde à ajouter les idées d'un observateur original et d'un physiologiste distingué, qui auront peut-être un poids égal à celles que j'ai citées plus haut. Le docteur L. Beale dit dans ses récentes lectures (*Medical Times and Gazette*, novembre 1868) : « Tandis que dans tous les corps vivants, il existe des actions chimiques et physiques, il y existe encore d'autres actions aussi essentielles, car elles sont particulières à la vie, et ces dernières, loin d'être de la même nature que les autres, leur sont opposées et peuvent vaincre les attractions chimiques et physiques ; et je crois que la preuve que j'avancerai, vous convaincra que la matière non vivante est le siége des phénomènes chimiques et physiques qui se présentent chez les êtres vivants, mais que les actions vitales se présentent dans la matière vivante seulement. » Dans une autre lecture, il fait allusion « aux généralisations vagues de ceux qui persistent à déclarer avec autorité le dogme que les changements qui se présentent dans l'accroissement des cellules sont principalement mécaniques et chimiques, bien qu'ils soient incapables de produire par les moyens qui sont à leur disposition, une particule de fibrine, un morceau de cartilage, ou même un fragment de corail. Ils évitent la difficulté à l'égard de la matière qui germe, en ignorant son existence et attribuant « à un mécanisme moléculaire » que l'esprit ne peut pas concevoir et qui ne peut être rendu évident aux sens, tous ces phénomènes merveilleux qui sont réellement dus au pouvoir vital.

(2) Le professeur Tyndall, à la réunion annuelle de l'Association britannique, 1868.

COLLÉGE DE FRANCE

MÉDECINE EXPÉRIMENTALE (1)

COURS DE M. CLAUDE BERNARD
de l'Institut de France et de la Société royale de Londres

VI

L'asphyxie par le charbon

Nous allons aujourd'hui nous préparer à entrer dans l'analyse expérimentale de l'asphyxie et particulièrement de l'asphyxie par la vapeur de charbon. C'est là un sujet médical à l'étude duquel nous appliquerons tous les moyens d'investigation que la physiologie peut nous fournir dans l'état actuel de nos connaissances, et j'espère vous prouver par cet exemple que sans la physiologie il eût été impossible d'arriver à l'explication scientifique des phénomènes morbides apportés par l'observation.

C'est sur le sang, comme vous le verrez, que nos études se trouveront particulièrement concentrées ; sur ce liquide tellement indispensable à la vie que les anciens en avaient fait le siége de l'âme. Nous concevons donc que si ce liquide vient à être soustrait ou gravement altéré, la vie cessera aussitôt. Cependant, je veux immédiatement vous prémunir contre un penchant auquel on se laisse trop facilement entraîner en médecine : c'est celui qui consiste à formuler des opinions absolues.

Les phénomènes de la vie sont si flexibles, si variés, que bien souvent ils semblent à première vue conduire à des explications contradictoires. Mais si les faits sont bien observés et leurs conditions respectives bien définies, ils rentrent toujours dans des lois qui les expliquent. Il faut donc bien se garder de repousser certains faits parce qu'ils paraissent être en contradiction. Il faut seulement les étudier de plus près, et on les verra toujours se réduire à des conditions différentes, physiologiques ou pathologiques ; mais au fond les phénomènes, quelque opposés qu'ils paraissent, obéissent aux mêmes lois.

S'il est une proposition qui semblera générale et absolue en physiologie et en médecine, c'est celle-ci, que la cessation des fonctions du sang amène *immédiatement* la mort. Cependant je vais vous prouver que cette proposition, quoique très-juste en général, paraît présenter dans certaines circonstances des contradictions qui réellement n'en sont pas.

Lorsqu'on prive un animal élevé de son sang par hémorrhagie, il meurt aussitôt, et au point de vue physiologique on pourrait dire que c'est là une mort naturelle ; car les tissus cessent de manifester leurs propriétés vitales, non pas parce qu'ils ont été modifiés par un agent toxique ou morbifique, mais simplement parce qu'on leur a enlevé le milieu intérieur dans lequel ils trouvent les conditions de leur vitalité.

Si quelqu'un venait après cela vous dire : le sang n'est pas absolument indispensable à la vie, et sa soustraction n'amène pas nécessairement une mort immédiate, vous répondriez aussitôt que cela ne se peut. Et cependant cette seconde proposition est également vraie : il est possible d'en réaliser artificiellement les circonstances ; bien plus, ces circonstances se

présentent quelquefois d'elles-mêmes dans quelques états pathologiques, ainsi que je vais essayer de vous le démontrer.

Chez l'homme bien portant en effet, de même que chez les animaux supérieurs à l'état normal, la soustraction du sang amène immédiatement la mort, et elle se produit plus vite chez l'adulte que chez l'enfant. Mais si nous descendons l'é-chelle animale, nous voyons bientôt que la mort ne survient plus aussi vite à la suite de la soustraction du sang : dans d'autres conditions, on observe encore ce même ralentissement, et cela lorsque les tissus se sont trouvés quelque temps exposés à un refroidissement préalable.

Le sang nourrit les tissus et leur donne leurs propriétés spéciales ; mais la dénutrition, c'est-à-dire la disparition des manifestations vitales, peut être plus ou moins rapide dans ces tissus ; de sorte que dans ces cas les propriétés vitales peuvent persister un temps plus ou moins long après la soustraction du sang. C'est ce qui s'observe ordinairement chez un animal à sang froid. Une grenouille par exemple peut encore, surtout pendant la saison froide, conserver les propriétés vitales vingt-quatre heures après avoir été complétement dépourvue de son sang. Ce qui démontre bien, pour le dire en passant, que ces propriétés vitales siégent dans les tissus et non dans le sang qui les baigne. Le sang leur fournit seulement les éléments indispensables à leur nutrition.

En examinant à ce point de vue le rôle du sang, il est facile de se convaincre immédiatement que son utilité pour la manifestation des phénomènes vitaux varie beaucoup selon que l'on considère l'une ou l'autre des extrémités de l'échelle animale.

Et en effet, chez les animaux inférieurs, il est possible de prouver par des expériences décisives que le sang n'est pas immédiatement indispensable à la manifestation des phénomènes vitaux.

Si pendant l'hiver, dans cette saison par exemple, on prend une grenouille, et si, après avoir ouvert une veine abdominale, on lui injecte par ce vaisseau de l'eau très-faiblement salée ou sucrée, jusqu'à ce que tout le sang ait été expulsé et remplacé par de l'eau salée ou sucrée et même avec du mercure, on voit encore l'animal aller, venir, sauter et manifester tous les signes ordinaires de vie, et cela pendant plusieurs jours. Cependant il n'y a plus de sang du tout dans les vaisseaux de l'animal, et si l'on examine au microscope la circulation dans la membrane natatoire des pattes postérieures ou dans la langue, on voit circuler un liquide incolore qui ne renferme plus de globules. Sans doute il peut rester encore du plasma, mais on a enlevé la totalité des globules, sans que les phénomènes vitaux aient été suspendus pour cela. On peut dire qu'il y avait dans les tissus de l'animal des propriétés vitales emmagasinées par la nutrition antérieure qui ont pu encore entretenir la vie après la soustraction du sang.

Un animal à sang froid peut donc se passer quelque temps de sang, tout au moins de ses globules rouges sanguins, sans cesser de vivre. Nous pouvons d'ailleurs nous rendre compte de ces phénomènes. Les globules rouges du sang sont en effet d'autant plus nécessaires, que la température exalte davantage les propriétés vitales ; pendant l'hiver, les globules rouges du sang des animaux à sang froid, des grenouilles par exemple, leur sont beaucoup moins utiles que pendant l'été. Les fonctions de ces éléments organiques sont presque anéanties par le refroidissement hibernal. Si l'on découvre en effet les artères

---

(1) Voyez ci-dessus, pages 242 et 313, 19 mars et 16 avril 1870.

et les veines, on voit que le sang est rutilant dans les deux ordres de vaisseaux; le sang ne devient plus veineux en traversant les capillaires. Les phénomènes respiratoires des tissus sont considérablement amoindris, et dans ces conditions les animaux résistent considérablement à l'asphyxie et aux intoxications qui agissent sur le sang. Les gaz expirés ont presque la même composition que l'air inspiré; mais vient-on à élever la température ambiante, met-on par exemple cette grenouille dans de l'eau à 28 degrés environ, bientôt les fonctions des globules se réveillent et le sang artériel et le sang veineux redeviennent immédiatement de couleurs différentes.

Le même fait a été observé également, parmi les mammifères, chez les marmottes. En résumé, pendant l'hibernation, les globules rouges du sang sont engourdis et leurs fonctions s'amoindrissent au point que les animaux peuvent s'en passer pendant un certain temps, tandis que dans des conditions différentes de la vie les fonctions vitales de ces globules sont si exaltées que leur soustraction détermine immédiatement la mort de l'organisme. Mais, je le répète, il n'y a là que des degrés dans leurs fonctions, mais une contradiction dans les faits dont on peut facilement saisir la filiation.

Y a-t-il chez l'homme des cas dans lesquels le sang pourrait perdre en quelque sorte de son importance et ne pas être immédiatement indispensable à la manifestation des phénomènes vitaux? L'observation répond affirmativement, et bien que ces faits appartiennent aux phénomènes pathologiques, il est facile d'apercevoir les relations qui rattachent ici les phénomènes pathologiques à certaines conditions physiologiques: la maladie a amené l'homme à l'état hibernant en quelque sorte. Le cas le plus remarquable que je puisse vous citer de modifications aussi curieuses du sang chez l'homme est sans aucun doute le choléra. Et en effet, à une certaine période de cette maladie, à la période dite algide, on a observé que le malade est refroidi; le rôle de la respiration est devenu presque nul, l'air expiré offre à peu près la même composition que lorsqu'il a pénétré dans les poumons. La circulation est profondément modifiée et engourdie, le sang est désorganisé dans ses éléments, et enfin la circulation peut réellement cesser quoique la vie persiste. La cessation de la circulation n'est donc pas dans tous les cas un signe certain de la mort.

Les observations sur les cholériques auxquelles je viens de faire allusion ont été faites par Magendie en 1832, et elles ont été répétées plus tard en Allemagne.

Magendie était médecin à l'Hôtel-Dieu au moment où éclata cette terrible épidémie cholérique de 1832... C'est alors qu'il constata l'absence de toute circulation chez certains malades encore parfaitement vivants, puisqu'ils se mouvaient et parlaient. On ne sentait plus le pouls; il eut l'idée d'ouvrir l'artère radiale et même l'artère axillaire. Elles étaient vides et il ne s'en écoulait pas de sang. Et cependant, je le répète, ces malades parlaient encore, pouvaient encore se mouvoir dans leur lit.

Comment expliquer ce phénomène? La physiologie va nous en donner la clef: sous l'influence de l'état maladif particulier que nous appelons le choléra, à un certain moment les malades se refroidissent considérablement et leurs tissus sont placés en quelque sorte à l'état des tissus des animaux hibernants. A ce moment, la respiration se fait chez eux comme chez les grenouilles, les marmottes, en hiver. L'oxygène de l'air, en pénétrant dans les poumons, n'y détermine plus de combustion et par suite plus de chaleur; l'air expiré ne contient plus d'acide carbonique. La circulation finit ainsi par se suspendre.

Placés dans ces conditions, les malades semblent donc présenter quelques exceptions aux lois générales de la respiration et de la circulation chez l'homme; mais ces exceptions ne sont qu'apparentes et s'expliquent très-bien aussitôt qu'on fait intervenir les modifications survenues dans l'économie par la maladie. Ici encore, vous voyez combien il est important de ne jamais séparer l'état pathologique de l'état physiologique. Leur étude doit se faire simultanément, et la connaissance parfaite de l'un est indispensable si l'on veut comprendre et expliquer l'autre.

Le sang peut donc présenter, dans l'état physiologique et dans l'état pathologique, des degrés de vitalité très-différents. Je vous ai déjà dit qu'on devait le considérer comme constitué par un liquide que l'on rencontre universellement dans l'économie, le plasma, et dans lequel nagent des éléments organiques, les globules rouges du sang, éléments tout à fait particuliers au sang et qui ne se rencontrent que dans le système sanguin.

Ces globules du reste n'existent pas chez tous les animaux; on ne les rencontre que chez les vertébrés. On peut donc avec raison les considérer comme des organes de perfectionnement ajoutés chez les vertébrés pour faciliter les échanges gazeux qui se font continuellement entre les deux milieux dans lesquels vivent nos tissus, c'est-à-dire entre le sang et l'air atmosphérique que nous respirons.

Ces organes de perfectionnement ont des fonctions qui peuvent parfois varier considérablement. Elles sont évidemment nulles chez les invertébrés, puisque ces animaux n'ont pas de globules dans leur sang. Elles ont une fonction presque nulle pendant l'hiver chez les hibernants; en général, lorsque les phénomènes respiratoires vont en diminuant, les globules deviennent de moins en moins importants, et réciproquement leur importance est d'autant plus grande que les phénomènes vitaux sont plus actifs.

Ce fait est très-sérieux et mérite d'être considéré, car il y a là une loi relative, non-seulement à l'activité de la fonction des globules, mais encore à l'activité vitale, normale ou pathologique de tous les organes.

Et en effet il est hors de doute que les maladies sont d'autant plus nombreuses chez un être que son organisme est plus perfectionné. L'homme est sans contredit l'être le plus parfait, mais il est aussi le plus vulnérable et sujet aussi à plus de maladies. Les maladies du sang sont beaucoup plus fréquentes et plus faciles à se produire chez les animaux supérieurs que chez les autres. Pour l'asphyxie, par exemple, c'est une loi que l'on explique facilement. Mais dans ce cas surtout il ne faut jamais conclure directement d'un animal à un autre, ni de l'homme à l'animal, ni même d'un animal quelconque à son semblable sans avoir examiné avec soin les circonstances particulières qui auraient pu influer sur l'observation. Quelques exemples du reste suffiront pour vous le faire bien comprendre.

Et en effet ces phénomènes, très-variables en apparence, sont cependant en rapport direct avec les propriétés mêmes du sang.

On asphyxie, on le sait, très-facilement un oiseau, un mammifère; mais placez par exemple sous la même cloche un oiseau et une grenouille : au bout de très-peu de temps, l'air sera suffisamment vicié pour que l'oiseau ne puisse plus y vivre et il mourra bien longtemps avant que la grenouille en paraisse même incommodée.

Voici un fait très-curieux observé par MM. Regnault et Reiset. On avait mis deux marmottes en état d'hibernation dans un même appareil, fermé avec soin et dans lequel on faisait passer la quantité d'air nécessaire à leur respiration dans ces circonstances. Les deux marmottes dormaient, mais à un moment l'une des deux, par une circonstance fortuite, s'étant réveillée, ne trouva plus une quantité d'oxygène suffisante pour vivre et elle mourut, tandis que celle qui était restée endormie continua de vivre. Il est facile de répéter cette expérience sous une autre forme ; mettez un oiseau sous une cloche : au bout de quelque temps, l'air étant suffisamment vicié, l'oiseau devient mal à son aise et s'engourdit un peu, mais il vit toujours. A ce moment, introduisez brusquement dans ce même air un autre oiseau semblable au premier : il tombe immédiatement comme foudroyé, tandis que le premier continue à vivre ; et cela parce qu'il a été amené insensiblement par la viciation de l'air à se refroidir un peu et à s'abaisser physiologiquement pendant l'opération.

D'après tous les exemples que je viens de vous citer, vous voyez donc clairement qu'il existe toujours une loi constante qui règle tous ces phénomènes; mais il faut bien ajouter que les apparences sont souvent trompeuses; cependant toujours ces faits en apparence différents sont liés entre eux, et une observation suivie permet de les démêler et de les expliquer.

En résumé, je ne puis cesser de vous répéter ce que je vous ai déjà dit bien des fois, c'est que dans cette étude médicale il ne faut jamais séparer les phénomènes physiologiques des phénomènes pathologiques ; les uns aident à comprendre les autres et à les expliquer : ce qui revient à dire qu'il faut toujours étudier simultanément ces deux états. Tel est le but que je m'efforcerai d'atteindre dans la suite de ce cours.

VII

En entrant dans la description des phénomènes de l'asphyxie par le charbon qui seront le sujet spécial de notre étude, il est convenable de vous indiquer en quelques mots la division que l'on établit dans les divers genres d'asphyxies et de vous tracer la marche générale que nous suivrons dans nos investigations expérimentales.

Le poumon, vous le savez, est l'organe spécial destiné à faciliter dans l'acte de la respiration l'échange continuel des gaz indispensables à la vie. Or, la surface pulmonaire donne accès tout à la fois aux gaz utiles et aux gaz toxiques : en un mot, si elle nous procure la vie par l'absorption du gaz vital, elle peut aussi nous donner la mort par l'absorption de gaz délétères qui causent asphyxie.

On distingue généralement trois espèces d'asphyxies : l'asphyxie par les gaz irrespirables, mais inoffensifs par eux-mêmes, tels que l'hydrogène, l'azote ; l'asphyxie par les gaz toxiques, tels que l'oxyde de carbone, l'hydrogène sulfuré, l'acide cyanhydrique; enfin, l'asphyxie par manque d'air, tel que cela se passe dans l'asphyxie par submersion ou dans le vide.

Je ne m'arrêterai pas sur cette classification ni sur ces diverses asphyxies : je ne m'occuperai dans ce cours que de l'asphyxie produite par les gaz de la combustion incomplète du charbon, et j'entre directement dans mon sujet.

C'est là une maladie connue très-anciennement, puisque Érasistrate et Galien en parlent et discutent déjà sur sa nature. Mais son explication rationnelle ou scientifique est le résultat de la science moderne, c'est-à-dire de la physiologie appliquée à la médecine. C'est ce que j'espère vous démontrer clairement.

Pour cela nous suivrons l'évolution successive et en quelque sorte chronologique de la question.

Nous examinerons d'abord ce que la simple observation a pu nous faire connaître, puis ce que les autopsies cadavériques nous ont appris, et enfin nous verrons que c'est l'expérimentation sur les animaux vivants qui seule pouvait nous permettre d'arriver à la solution scientifique du problème.

Quels sont donc les renseignements que nous a fournis l'observation?

Elle a montré que les gaz provenant de la combustion incomplète du charbon sont capables de donner la mort. En effet, toutes les fois que le charbon brûle et que les gaz provenant de cette combustion se répandent dans l'air d'un appartement, par exemple, si la ventilation n'est pas suffisamment active pour renouveler l'air, il survient des accidents chez les personnes qui y ont été exposées, accidents suivis trop souvent de la mort.

Les accidents sont nombreux et fréquents et peuvent arriver soit par des réchauds placés dans les chambres, par des fissures provenant des cheminées, ou d'autres fois par suite de la fermeture de la clef d'un poêle, etc.

Maintenant quels sont les conditions et les symptômes de cette asphyxie? Sur ce sujet, les auteurs sont loin d'être d'accord.

L'asphyxie par le charbon a été souvent produite volontairement dans l'intention de suicide, et à ce propos, on s'est préoccupé beaucoup de la question de savoir si la mort par asphyxie par le charbon était accompagnée ou non de grandes souffrances.

Beaucoup d'auteurs ont prétendu que c'était une mort peu douloureuse, une espèce de sommeil, accompagnée même de rêves délicieux, d'extases ; d'autres, au contraire, ont soutenu que c'était une mort accompagnée de délire et d'angoisses très-grandes.

Un médecin du quartier Saint-Jacques qui était attaché à la constatation des décès et qui fut souvent appelé pour des cas d'accident ou de suicide par la vapeur du charbon, M. le docteur Marye, a publié en 1837 un mémoire fort intéressant, dans lequel il a résumé ses observations sur l'asphyxie par la vapeur du charbon. Il soutient que la vapeur de charbon produit une mort très-douce et sans douleur. D'après M. Marye, les symptômes de l'asphyxie par le charbon sont à peu près les suivants : d'abord un léger mal de tête, suivi bientôt de sommeil pendant lequel les malades éprouveraient un certain bien-être, une sorte d'extase, et la mort surviendrait enfin sans que le patient en eût la moindre conscience. Ces renseignements, on le prévoit bien, n'ont pu être fournis au docteur Marye que par des personnes atteintes par un commencement d'asphyxie, mais qu'il fut assez heureux de sauver pendant qu'il en était temps encore.

Cependant, ce médecin, parmi les cas nombreux qu'il cite, paraît en présenter quelques-uns tout à fait contradictoires. Ainsi, il dit avoir été appelé chez des personnes en commencement d'asphyxie et avoir trouvé des malades très-agités, dans un délire très-violent ; mais ces malades, une fois revenus, n'avaient conservé aucun souvenir, pas la moindre conscience de ce qui leur était arrivé. Quant à moi, je crois qu'il est très-difficile de se décider d'une manière absolue sur cette question de savoir si l'on souffre ou si l'on ne souffre pas dans ce genre de mort. — La souffrance réelle, telle que nous nous la représentons, ne nous est donnée que par la conscience que nous en avons. Mais il est facile de comprendre que des malades peuvent cependant souffrir et ne pas s'en souvenir, si l'état morbide dans lequel ils se sont trouvés au moment de leur souffrance, leur avait enlevé toute conscience et toute mémoire de ce qu'ils ont éprouvé. Ne voyons-nous pas ce phénomène se réaliser tous les jours sous nos yeux par l'anesthésie. Bien souvent, les patients à certains moments de l'opération, et toutes les fois que le couteau entame les chairs vives, poussent des cris qui semblent nous prouver qu'ils souffrent réellement ; et cependant, à leur réveil, ils ne se souviennent absolument de rien.

Qui nous prouve que l'asphyxie ne produit pas le même effet ?

M. Marye dit lui-même que tantôt on trouve les asphyxiés couchés dans une attitude qui dénote qu'ils ont dû mourir dans un calme complet, tantôt aussi on les trouve tombés de leur lit, tordus et dans un état qui montre clairement qu'ils ont dû être soumis à une agitation très-vive.

Il en résulte donc, comme vous le voyez facilement, une grande discordance dans les symptômes qu'on a pu observer.

Arrivons maintenant à une autre question. Lorsque la mort a été causée par l'asphyxie, due à la vapeur de charbon, laisse-t-elle sur le cadavre des caractères qui permettent de la reconnaître avec certitude ?

Ici encore nous trouvons bien peu d'accord entre les auteurs. Ainsi, Portal, un de mes prédécesseurs dans cette chaire eut l'occasion de s'occuper de l'asphyxie par le charbon vers 1774, et à propos d'un cas d'asphyxie pour lequel il fut appelé, il fit un travail sur cette asphyxie et en traça les principaux caractères.

Suivant Portal, les principaux signes de l'asphyxie par la vapeur de charbon sont une tuméfaction de tous les vaisseaux de la tête : les yeux sont saillants et brillants au lieu d'être ternes comme on l'observe généralement après la mort ; la langue est très-grosse, épaisse, gorgée de sang. Il cite même à ce sujet une personne, sauvée après un commencement d'asphyxie, qui aurait conservé la langue tuméfiée pendant plusieurs jours. Enfin on rencontrerait quelquefois aussi des ecchimoses sur la surface du corps.

A côté de ces phénomènes de congestion, Portal en cite un autre sur lequel il insiste plus particulièrement et qu'il semble considérer comme caractéristique ; d'après lui, les cadavres asphyxiés par le charbon conserveraient beaucoup plus longtemps leur chaleur ; cependant il avoue qu'il a observé quelquefois ce même phénomène dans quelques autres cas, tels que l'apoplexie par exemple. Il ajoute enfin comme un autre caractère le retard de la rigidité cadavérique qui serait, dit-il, dans l'asphyxie, très-longue à se produire.

M. Marye, qui de son côté a eu l'attention particulièrement fixée sur cette même question médico-légale, contredit absolument les caractères donnés par Portal. Au lieu d'ad-

mettre comme Portal que la tête est gonflée et gorgée de sang, il dit que les cadavres ont, au contraire, la face pâle et que jamais il n'a pu observer cette turgescence de la face signalée par les auteurs. Il contredit aussi le fait de la conservation de la chaleur plus longtemps après la mort chez les asphyxiés, bien qu'il avoue l'avoir constatée quelquefois, mais rarement. Quant à la rigidité, il ne donne rien de précis ; il dit avoir vu la rigidité survenir immédiatement pour disparaître quelque temps après, pour revenir enfin définitivement.

Un des points les plus importants du travail de M. Marye se rapporte à la coloration du sang chez les asphyxiés par la vapeur du charbon. Il combat l'opinion généralement admise de son temps que, chez les asphyxiés par le charbon, le sang est noir dans tous les vaisseaux et difficilement coagulable et formant souvent des ecchymoses sous la peau de diverses parties du corps.

M. Marye prouve au contraire que, dans l'asphyxie par le charbon, non-seulement le sang n'est pas noir dans tous les vaisseaux, mais qu'il est d'une couleur rutilante. Voici du reste les faits sur lesquels il se fonde ; ils sont au nombre de sept ou huit : appelé chez des asphyxiés à temps encore pour essayer de les sauver, il les saignait, et toujours il vit sortir de la veine, non un sang noir et non coagulable, mais un sang rouge rutilant et se coagulant très-rapidement.

Maintenant quelle est la terminaison de l'asphyxie par la vapeur du charbon ? Ou elle est complète et suivie de la mort, ou bien elle est incomplète et les malades soignés à temps ont été sauvés. Dans ce dernier cas, lorsque le retour à la santé est survenu, il peut être complet et le malade n'éprouver aucune suite de l'asphyxie. Mais dans d'autres cas, il se présente certains phénomènes pathologiques consécutifs à l'asphyxie ; on a surtout signalé des paralysies le plus souvent locales. Mon ami M. le docteur Bourdon, médecin à l'hôpital de la Charité, a fait de cette question intéressante le sujet de sa thèse inaugurale. Ce qui résulte de particulier de son travail, c'est que ces paralysies sont ordinairement peu étendues, et le plus souvent locales. Toutefois ces phénomènes consécutifs ne sont pas constants.

Tel est en résumé ce que l'observation nous a appris concernant les principaux phénomènes de l'asphyxie, et vous voyez en outre que les observateurs sont loin d'être d'accord sur les résultats de leurs recherches.

Mais malgré ces divergences il fallait encore traiter les malades, et il n'est pas étonnant de trouver dans ce traitement le même désaccord que dans les idées sur la nature et les caractères de la maladie. Car le traitement qu'on institue sur une maladie est toujours en rapport avec les opinions que l'on a sur sa cause ; aussi les traitements proposés par Portal et le docteur Marye, par exemple, sont-ils aussi opposés que le sont les opinions qu'ils émettent chacun de leur côté. Portal saigne et rafraîchit ses malades. M. Marye au contraire les réchauffe et leur donne des toniques.

Ce ne pouvaient être là que des traitements empiriques et ne reposant pas sur une base scientifique suffisante ; il était impossible, du reste, de pouvoir aller plus loin avec le secours seul de l'observation.

On avait d'ailleurs senti cette insuffisance de l'observation tout extérieure des symptômes, et on avait compris qu'il fallait aller plus loin. L'idée d'examiner les cadavres et de faire des autopsies avait dû venir tout naturellement à l'esprit des médecins. Portal exprime nettement cette nécessité dans son mémoire, et il constate chez un grand nombre de sujets les lésions trouvées dans les cadavres après la mort, pour en déduire la cause réelle de la mort.

Pour lui, les poumons et tous les tissus sont gorgés d'un sang noir ; mais il crut voir aussi qu'il existait des gaz libres dans les vaisseaux et surtout ceux du cerveau.

Cette idée, du reste, n'a été émise que par Portal ; il faut bien se tenir en garde contre une erreur d'observation. En effet, il n'est pas impossible qu'après la mort il puisse se dégager quelques bulles gazeuzes, et que ces bulles puissent se retrouver jusque dans les vaisseaux du cerveau. Il me semble même que la manière d'ouvrir le crâne peut avoir une influence sur ce phénomène, qui ne serait constaté que dans certains cas tout à fait accidentels.

Relativement aux résultats que l'autopsie a fournis chez les asphyxiés par le charbon, nous trouvons encore M. le docteur Marye en contradiction complète avec Portal. En effet, pour lui les poumons ne sont point gorgés de sang après la mort ; du moins ne l'a-t-il pas observé généralement ; il a trouvé de plus le sang rouge dans les veines et non un sang noir comme l'avait annoncé Portal. — Je ne chercherai pas aujourd'hui à discuter ces observations si contradictoires ; nous y reviendrons plus tard. Il est certain que ces observateurs ont décrit des faits parfaitement observés par eux, et leur discordance, ainsi que j'espère vous le démontrer, ne provient que des circonstances différentes dans lesquelles l'asphyxie a été opérée.

Néanmoins, tous ces résultats de l'observation joints à ceux des autopsies cadavériques, fussent-ils encore beaucoup plus nombreux, seraient insuffisants pour nous donner une explication physiologique de la mort par la vapeur du charbon, et ne nous permettraient pas par suite d'arriver à un traitement rationnel.

Je suis loin de nier que les autopsies soient utiles, qu'elles soient même indispensables pour compléter les résultats déjà fournis par l'observation clinique. Elles peuvent nous donner la localisation d'une maladie, mais jamais elles ne peuvent nous conduire à l'explication des phénomènes qui ont amené la mort. Il faut donc absolument arriver à ce qu'on pourrait appeler les autopsies vivantes, ce sont les expériences sur des animaux vivants. C'est à cette phase, qui constitue l'étude expérimentale des maladies, que nous nous attacherons spécialement, parce qu'elle est la véritable période de la médecine scientifique. Et à ce sujet nous verrons que l'expérimentation nous fournit des lumières sur l'explication de l'asphyxie que n'auraient jamais pu nous apporter ni l'observation simple, ni les autopsies cadavériques.

Ainsi dans notre prochaine leçon nous aborderons ce qu'on pourrait appeler la période expérimentale de l'asphyxie.

Souscription Sars

ONZIÈME LISTE.

Divers professeurs de l'université de Vienne.......	206 fr. 25
MM. Général de Berckheim, du conservatoire luthérien de Paris..........	20
Comte Edmond de Pourtalès, du conservatoire luthérien de Paris..........	20
Un anonyme, du conservatoire luthérien de Paris..	20
Baron Frédéric Bartholdi, du conservatoire luthérien de Paris...............	20
R. Bischoffsheim, banquier à Paris...........	20
Dr S. Goldschmidt.........................	20
Eug. Feltz...............................	10
Defacqz, de l'Académie royale de Belgique.......	10
Haus, de l'Académie royale de Belgique........	10
P. J. de Decker, de l'Académie royale de Belgique..	10

Souscriptions recueillies à la Faculté de médecine de Montpellier.

MM. Bouisson, doyen de la Faculté de médecine......	10
Rouget, professeur à la Faculté de médecine....	10
Fonssagrives, professeur à la Faculté de médecine.	5
Béchamp, professeur à la Faculté de médecine*...	5
Moitessier, professeur à la Faculté de médecine. ..	5
Sabatier, profess. agrégé à la Faculté de médecine.	5
Saintpierre, profess. agrégé à la Faculté de médecine	5

Souscriptions recueillies à l'université de Pise.

MM. Mazzuoli, prof., Fausto, recteur de l'université....	6
Prof. Savi Pietro, président de la Faculté des sciences physiques, mathématiques naturelles......	5
Prof. Paolo Savi...........................	5
Prof. Giuseppe Meneghini.....	5
Prof. Guglielmo Martolini...................	5
Prof. Domenico Comparetti..................	6
Prof. Riccardo Felici......................	3
Prof. Luigi Pacinotti.......................	3
Prof. Paolo Tassinari.......................	3
Prof. Angelo Nardi-Dei.....................	3
Prof. Giovanni Barsotti.....................	2
Prof. Ulisse Dini	3
Prof. Enrico Betti..........................	5

Souscriptions recueillies par M. Fr. Zarneke, recteur de l'université de Leipzig (second envoi).

	thalers.
MM. G. Curtius, professeur à l'université de Leipzig.	5
Zöllner, professeur à l'université de Leipzig...	5
E. Weber, professeur de l'université de Leipzig.	3
E. H. Weber, profess. à l'université de Leipzig.	5
Wenck, professeur à l'université de Leipzig...	2
Émil. Meiner, à Leipzig..................	5
P. C. N...............................	5
A. Braun, professeur à l'université de Berlin...	5
Von Siebold, profess. à l'université de Munich.	6
Soit un total de 41 thalers ayant produit, après frais d'envoi, change, etc..............	110 fr.

Total de la 11e liste...............	575 fr. 25
Total des dix premières listes.........	10268 fr. 44
Total des onze premières listes........	10843 fr. 69

On souscrit au bureau de la *Revue des cours scientifiques*, 17, rue de l'École-de-Médecine, Paris.

Les souscripteurs de Paris peuvent faire toucher à domicile. Il leur suffit d'envoyer aux bureaux de la *Revue des cours scientifiques* leur nom et leur adresse avec le chiffre de leur souscription.

Les souscripteurs des départements ou de l'étranger sont priés d'envoyer leurs offrandes en un bon sur la poste, en toute autre valeur sur Paris, ou en timbres-poste français.

Le propriétaire-gérant : GERMER BAILLIÈRE.

PARIS. — IMPRIMERIE DE E. MARTINET, RUE MIGNON, 2.

REVUE·

DES

COURS SCIENTIFIQUES

DE LA FRANCE ET DE L'ÉTRANGER

SEPTIÈME ANNÉE   NUMÉRO 22   30 AVRIL 1870

SOIRÉES SCIENTIFIQUES DE LA SORBONNE

M. H. BOULEY

de l'Institut

La rage

Mesdames et messieurs,

Je ne puis me défendre d'une grande émotion, en venant m'asseoir à cette place, dans ce célèbre amphithéâtre de l'antique Sorbonne, devant un auditoire si nombreux et si inaccoutumé pour moi par sa composition. Mais quelque chose me rassure et m'encourage : je sais d'abord que votre sympathie m'est acquise comme à tous ceux qui sont déjà venus dans cette enceinte remplir l'honorable mission dont je vais essayer, pour mon compte, de m'acquitter aujourd'hui; et ce qui m'encourage, c'est la conviction profonde où je suis que je vais faire une chose essentiellement utile. Ne croyez pas, en effet, qu'en prenant pour thème de cette conférence la rage des animaux, et tout particulièrement celle du chien, qui doit le plus nous intéresser en raison de sa cohabitation dans nos maisons, et de ses rapports d'étroite intimité avec nous; ne croyez pas que je me sois proposé de satisfaire en vous un sentiment de curiosité banale. Si je n'avais vu devant moi que ce but à atteindre, je me serais abstenu de le poursuivre. Mais plus hautes sont mes visées. Lorsque mon confrère et ami Jamin m'a fait la proposition de traiter, dans une des conférences de la Sorbonne, un sujet de ma compétence, si j'ai accepté et si j'ai choisi la rage, c'est que je savais, par mon expérience personnelle, et par mille et un faits qui sont à ma connaissance, que la meilleure manière de se mettre à l'abri des atteintes de cette redoutable maladie, c'est de la connaître, c'est de savoir comment elle se caractérise, surtout à sa période initiale, c'est-à-dire à un moment où elle est très-dangereuse sous ses apparences bénignes, car à cette époque elle est déjà susceptible de se communiquer; et cependant, *si l'on n'est pas prévenu*, rien dans les habitudes, dans la physionomie, dans les attitudes du chien malade ne vous met en défiance contre lui. On voit bien qu'il n'est pas ce qu'il est d'ordinaire. Mais cette manière d'être inhabituelle ne peut en aucune façon faire soupçonner cette chose redoutable qu'on appelle la rage, si l'on ne connaît pas la signification de ce que l'on voit.

Eh bien, c'est justement cette signification, mesdames et messieurs, que je me propose de vous donner aujourd'hui, pour vous mettre en garde contre les dangers que peuvent vous faire courir les chiens qui sont les hôtes de nos demeures,

VII.

nos commensaux de tous les jours, et nos suivants de toutes les heures.

J'ai la ferme conviction que, par cette initiation, je pourrai vous mettre à même de vous préserver vous, les vôtres et les autres des atteintes de ce mal de rage dont le chien est la source presque exclusive dans notre pays.

Il ne faut pour cela qu'une seule chose : savoir à quoi l'on a affaire lorsque ce mal se manifeste par ses premiers signes. C'est ce que je vais essayer de vous apprendre; et quand bien même, en définitive, lorsque cette conférence sera terminée, je ne serais parvenu à faire qu'un seul prosélyte dans ce nombreux auditoire, eh bien, j'aurais encore le droit de dire, comme l'empereur Titus, que « je n'ai pas perdu ma journée», si toutefois ce mot a été vraiment prononcé par cet empereur, qui pourrait bien n'avoir pas été aussi bonhomme que la légende l'a fait. Mais c'est affaire entre M. Beulé et lui, et j'arrive à mon sujet, sans plus ample préambule.

Qu'est-ce que la rage? Sur ce premier point, je n'ai qu'une seule chose à vous dire, c'est que nous n'en savons rien, absolument rien. Peut-être trouverez-vous que ce n'était pas la peine de vous déranger pour vous faire entendre cet aveu si complétement *dépouillé d'artifice*; mais ce que je vous dois avant tout, c'est la vérité. Il m'eût été facile d'aller fouiller dans ce long amas d'écrits entassés sur la rage, et de vous dire tout ce qui a été rêvé sur la nature de cette étrange maladie; mais nous n'avions aucun profit à tirer, dans ce cas, du fatras des vieux livres, et j'ai mieux aimé m'abstenir.

La nature de la rage est une énigme, dont le mot toujours cherché n'a jamais été trouvé. L'Œdipe qui doit le donner n'est pas encore venu. Il est vrai qu'ici le problème à résoudre est un peu plus difficile que celui dont le sphinx de Thèbes proposait la solution; mais si grandes que soient les difficultés, il n'y a pas à désespérer de les voir quelque jour surmontées. Seulement, nous attendons encore, et aux jours où nous sommes, nous ne savons rien de la nature de la rage; nous ne savons rien non plus de son siége. Mais ce que nous savons bien, — et c'est là pour nous un fait d'une importance principale au point de vue où nous devons nous placer, — c'est que cette maladie, si profondément mystérieuse à l'endroit de sa nature et de son siége, possède la redoutable propriété de se transmettre du chien qui en est affecté à d'autres animaux carnivores ou herbivores, et aussi à l'homme; en un mot, la rage est une maladie contagieuse. Mais elle n'a qu'un mode unique de transmission, c'est celui que l'on appelle *l'inoculation*. Pour que la rage se communique, il faut qu'elle soit inoculée, c'est-à-dire que le liquide qui en contient le germe soit mis en rapport par une plaie superficielle ou profonde, petite ou grande, avec les vaisseaux susceptibles de l'absorber. Ce que l'on a dit de la contagion de la rage par l'intermédiaire de l'air, par l'haleine des malades, par leurs émanations, par le contact de la sueur dont leur peau peut être couverte : autant d'erreurs qui n'ont jamais eu pour elles, même une apparence de fondement, et que la crainte seule a pu inspirer.

La rage ne peut se transmettre que par voie d'*inoculation*, et le seul agent de sa transmission est la salive devenue ce que l'on appelle *virulente*. Le principe de la rage, ou autrement le virus de cette maladie (*virus* est un mot latin qui signifie poison) ne réside que dans la salive. Toute autre humeur, provenant d'un animal enragé, est inoffensive. L'inoculation du sang, voire même sa transfusion, d'un animal malade à un animal sain, sont toujours restées sans résultats.

Le germe de la rage est dans la salive et n'est que là.

Tout animal affecté de la rage, l'homme y compris, — je demande pardon de cette catégorisation aux dames qui m'écoutent, — peut transmettre cette maladie par inoculation ; en d'autres termes, la salive est virulente, chez tous les sujets enragés, à quelque espèce qu'ils appartiennent. Mais l'intensité des propriétés virulentes diffère beaucoup, suivant les espèces. C'est dans le chien et le chat, et dans les animaux de leurs genres (*canis* et *felis*) qu'elle est le plus développée ; elle s'affaiblit considérablement dans les herbivores, à tel point même que l'inoculation expérimentale de la salive provenant de ces animaux reste très-souvent stérile, tandis que dans le plus grand nombre des cas, l'inoculation de la salive des carnivores donne des résultats positifs. L'homme, à cet égard, participe de la nature des herbivores ; sa salive est virulente, les expériences directes l'ont démontré, mais à un degré bien inférieur à celui qui caractérise les carnivores.

Mais ce n'est pas seulement parce que leur salive est moins virulente que les herbivores sont moins dangereux que les carnivores ; il y a à cela une autre raison : c'est qu'ils ont d'autres mœurs et d'autres instincts. Ainsi, lorsqu'un animal herbivore, obéissant aux impulsions irrésistibles de l'état rabique, devient agressif, ce n'est pas avec ses dents que son instinct le pousse d'abord à attaquer, mais bien avec ses pieds si c'est un cheval, avec ses cornes frontales, s'il appartient aux espèces bovine et ovine ou caprine ; et s'il blesse en pareil cas, sa blessure peut être redoutable, mais non pas au point de vue de la rage. Il est vrai qu'il a été écrit dans quelque livre que des coups de griffes de chats enragés avaient transmis la rage à ceux qui les avaient reçus. Si le fait était vrai, il se pourrait expliquer par le dépôt de la salive sur ces griffes devenues ainsi virulentes. Mais jamais un coup de corne de bœuf, de taureau, de bélier, si furieuse soit la rage de l'animal qui le donne, ne sera susceptible de communiquer cette maladie. Ce que je dis là est presque naïf, mais puisque l'assertion contraire a été soutenue, il faut bien la contredire.

Si, dans les premiers moments de leur maladie, les herbivores, en général, ne sont pas disposés à mordre, parce que l'action de mordre n'est pas dans leurs instincts, cependant l'impulsion rabique peut les y déterminer, le cheval plus que tout autre, car, dans les conditions physiologiques, il est plus porté que les autres herbivores à se servir de ses mâchoires comme d'instruments de défense.

Mais, même lorsqu'un herbivore atteint de la rage fait usage de ses dents, sa morsure est moins dangereuse que celle du carnivore, d'abord parce que ses dents sont moins vulnérantes, en raison de la disposition de leurs tables, qui ne leur permet

pas facilement de pénétrer dans les chairs, surtout à travers les vêtements ; et, en second lieu, parce que la salive de l'herbivore est, comme je l'ai déjà dit, infiniment moins virulente que celle du carnivore.

C'est donc surtout de la rage des carnivores et de celle du chien tout particulièrement que je vais m'occuper ici. Ce que je dirai de celle des autres animaux ne sera qu'accessoire.

DE LA RAGE DU CHIEN

En général, on se figure, et, dirai-je, naturellement, que lorsqu'un chien est affecté de la rage, sa maladie se caractérise d'emblée par des manifestations furieuses, des transports *frénétiques*, — car on peut se servir de ce mot, même en parlant d'une bête, qui a son esprit à elle ; — on s'imagine qu'il est devenu tout à coup plus féroce qu'un tigre ou qu'un chacal, et qu'il n'obéit plus qu'à de cruels instincts, soudainement développés en lui, qui le poussent irrésistiblement à mordre et à déchirer ceux qui l'approchent, même les personnes qui lui sont le plus chères.

C'est là une idée fausse ; mais on comprend très-bien qu'elle règne sur les esprits, car le mot rage, dans notre langue comme dans toutes les autres du reste, n'exprime pas autre chose que les passions furieuses, la colère, la haine, la cruauté. Dans le style élevé, comme dans le langage commun, il a la même signification ; et même lorsque ce mot est employé d'une manière figurée ou familière, il exprime toujours quelque chose d'excessif et d'outré. Je ne saurais trop vous mettre en garde contre cette idée si fausse que l'on se fait de la rage du chien, sur la foi même du mot qui sert à la qualifier. Cette maladie ne se caractérise pas, dans les premiers temps de sa manifestation par des accès de fureur et des actes de férocité : souvent même c'est le contraire qui a lieu.

> Un seul jour ne fait pas d'un mortel vertueux
> Un infâme assassin, un lâche incestueux,

dit l'infortuné fils de Thésée dans la tragédie de *Phèdre*. On peut appliquer cette pensée au malheureux animal qui ressent les premières atteintes de la rage. Un seul jour ne fait pas d'un chien affectueux cet animal féroce, furieux et cruel à l'excès que tout le monde croit. C'est par une transition insensible qu'il arrive à la période de la frénésie rabique. Mais quand bien même cette période n'est pas encore déclarée, il faut que l'on sache bien que, du moment que les premiers symptômes de la rage ont apparu, déjà la salive du malade est devenue virulente, et que *ses léchements peuvent être tout aussi dangereux que ses morsures*.

Pénétrez-vous donc bien de cette vérité, sur laquelle j'insiste à dessein, car c'est un préjugé bien redoutable que celui qui admet que la rage est nécessairement et toujours une maladie caractérisée par la fureur. De tous ceux qui sont accrédités dans le monde au sujet de cette étrange affection, c'est peut-être le plus fécond en désastres, puisqu'il enlève ou éteint toute défiance à l'égard du chien *malade*, qui ne manifeste aucune propension à mordre. Or, vous allez le voir, la rage se montre toujours, à sa première période, sous des apparences d'une extrême bénignité ; mais malgré cette apparence, elle n'en existe pas moins, elle ne possède pas moins cette terrible réalité qu'on appelle la virulence.

Je vais essayer maintenant de vous la dépeindre et de vous

la caractériser par ses traits les plus saillants, dans ses périodes successives.

« Si les animaux n'existaient pas, a dit Buffon, la nature » de l'homme serait encore plus incompréhensible. » Cette pensée est juste ; mais il me semble que l'on peut dire avec une égale vérité, que la nature de l'homme, éclairée par sa conscience, dans les faits d'ordre psychologique, permet de mieux comprendre et de mieux interpréter les manifestations intellectuelles ou instinctives des animaux. Nous allons avoir l'occasion de vérifier tout à l'heure l'exactitude de cette proposition, lorsque nous demanderons aux faits de la rage de l'homme l'interprétation de quelques-uns des symptômes par lesquels celle du chien se traduit.

a. *Symptômes qui procèdent de l'habitude extérieure du chien enragé.*

Le mot habitude est pris ici dans le sens physiologique ; il exprime la manière d'être spéciale de l'animal, son aspect, ses caractères extérieurs enfin.

A la période initiale de sa maladie, le chien enragé change d'humeur ; il devient triste, sombre, et dirai-je volontiers, taciturne. Il cherche à s'isoler, se complaît dans la solitude et dans l'obscurité, et va se cacher dans les recoins des appartements, sous les meubles. Mais déjà pour lui il n'y a plus de repos ; à peine s'est-il couché, arrondi sur lui-même, dans l'attitude habituelle du chien qui s'endort, que, par un acoup subit, il se redresse, s'agite, va et vient dans la chambre, puis se remet en position pour dormir, y reste quelques minutes, en change encore et toujours ainsi. En d'autres termes, l'animal est dans un état continuel d'inquiétude et d'agitation qui contraste avec ses habitudes, et doit, par cela même, éveiller et fixer l'attention.

Mais, dans cette première période, il ne montre aucune propension à mordre ; il est encore docile à la voix de son maître, et va vers lui quand il s'entend appeler. Toutefois, ce n'est pas avec le même empressement que par le passé, et surtout avec la même expression de physionomie. Si sa queue est agitée, elle est lente dans ses mouvements. Son regard a quelque chose d'étrange ; destitué de son animation habituelle que la voix du maître n'a réveillée qu'un instant, il n'exprime plus qu'une sombre tristesse ; et dès que l'animal ne se sent plus sous l'excitation de cette voix, il retourne à sa solitude et à ce que l'on peut bien appeler ses tristes pensées, car le chien pense, il a ses idées à lui, qui, pour être des idées de chien, n'en sont pas moins, à son point de vue, de très-bonnes idées, quand il se porte bien.

Ces premiers symptômes s'accusent de plus en plus ; l'agitation du malheureux animal va croissant ; s'il est sur une litière, il la disperse et l'éparpille sous le grattement de ses pattes ; dans un appartement, il retourne et bouleverse les coussins ou les tapis sur lesquels il se couche d'ordinaire ; mais nulle part il ne trouve où se reposer et se livre à un va-et-vient continuel, faisant sans cesse retentir le parquet du frappement de ses ongles, grattant le sol, flairant dans les coins, sous les portes, comme s'il était sur une piste ou à la recherche de quelque objet perdu.

Il est une particularité très-remarquable de cette période initiale de l'état rabique du chien qu'un célèbre vétérinaire anglais, Youatt, a le premier signalée et bien décrite, c'est

l'aberration de ses sens qui lui font voir, entendre, sentir des objets tout imaginaires ; en un mot, le chien enragé éprouve des hallucinations. Peut-être quelques-uns de mes auditeurs s'étonneront-ils de me voir employer ici cette expression. Mais est-ce que le chien n'est pas un être intelligent ? est-ce qu'il n'a pas ses idées, comme je le disais tout à l'heure ? est-ce qu'il n'a pas ses rêves qui se traduisent pour ainsi dire objectivement à nos sens, quand nous l'observons pendant son sommeil, par l'agitation de sa queue, ses jappements, son sifflement nasal ou ses grondements sourds ? Il n'y a donc rien d'extraordinaire à ce que, lorsqu'il se trouve sous le coup de l'excitation nerveuse dont l'état rabique est la cause, son cerveau perçoive des sensations qui sont du même ordre que celles qui constituent les rêves. De fait, c'est ce qui a lieu. Quand on observe attentivement un chien enragé, sans le troubler et sans l'exciter par aucune manifestation qui pourrait détourner son attention, on peut deviner, d'après ses gestes et ses attitudes, la nature des sensations qu'il perçoit et qui le déterminent. Tantôt, en effet, l'animal se tient immobile, attentif, comme aux aguets ; puis tout à coup il se lance devant lui et mord dans l'air, ainsi qu'il le fait dans l'état de santé, lorsqu'il veut attraper une mouche au vol. D'autres fois, il se précipite furieux et hurlant contre un mur, comme s'il avait entendu de l'autre côté des bruits menaçants. Quelle est la signification de ces mouvements qui n'ont rien de désordonné, qui sont au contraire parfaitement dirigés par la volonté de l'animal ? Les faits de la pathologie humaine nous la donnent : le chien comme le malade de notre espèce éprouve des hallucinations ; il voit des ennemis, il les entend, il les poursuit, il se jette sur ces fantômes et les mord comme s'ils étaient des réalités.

Ne croyez pas cependant que lorsqu'il est ainsi déterminé à se servir de ses mâchoires contre des êtres imaginaires et qu'il se livre à de tels mouvements agressifs, les instincts féroces soient déjà développés en lui. Il n'en est rien : à cette époque de sa maladie, le pauvre animal est encore docile et soumis ; il suffit, pour le faire sortir de son état de délire passager, que la voix de son maître se fasse entendre et l'appelle : « Dispersés par cette influence magique, tous les objets de sa terreur s'évanouissent et l'animal rampe vers son maître avec l'expression d'attachement qui lui est particulière » (Youatt).

Je vous ai déjà dit, mesdames et messieurs, et même avec une certaine insistance dont je ne me fatiguerai pas, que la rage chez le chien, à sa période initiale, n'était pas une maladie caractérisée par la fureur, comme on l'admettait généralement ; qu'au contraire elle se manifestait avec des apparences d'une extrême bénignité. Je dois maintenant vous signaler une particularité plus grave encore : non-seulement le chien enragé n'est pas agressif, surtout au début de son mal, pour les personnes auxquelles il est attaché, mais il semble au contraire que chez lui les sentiments affectueux grandissent et s'exagèrent, pour ainsi dire, proportionnellement à l'état de malaise intérieur qu'il éprouve. Son instinct le pousse, à de certains moments, à se rapprocher de son maître, comme pour lui demander un soulagement à ses souffrances, et si on le laisse faire, il témoigne volontiers sa reconnaissance, pour les soins qu'on lui donne, par ses léchements sur les mains ou sur le visage. Ce sont là de perfides caresses contre lesquelles je ne saurais trop vous mettre en garde, car, tout aussi sûrement que les morsures, elles peuvent inoculer la rage si la langue, humide d'une bave déjà virulente, rappelez-vous-le, vient à toucher des parties dont la peau est excoriée et blessée. La plus petite écorchure, en pareil cas, peut être une porte ouverte à la mort, et quelle mort ! Que dis-je, peut-être ? mais elle l'a été maintes et maintes fois ; elles se comptent par centaines, dans les annales de la nécrologie rabique, les victimes de ces caresses empoisonnées données par des chiens dont on ne soupçonnait pas la redoutable maladie. Que ces terribles enseignements ne soient pas perdus ! Le danger que je signale ici est de ceux qu'on peut facilement éviter, et il doit suffire, ce me semble, d'en être averti pour qu'on ne l'encourt pas.

Ce sentiment affectueux du chien enragé pour ses maîtres est tellement puissant et tenace qu'il le domine, même dans la période furieuse de sa maladie, s'impose à lui et demeure plus fort que l'impulsion rabique, c'est-à-dire que cet instinct féroce et tout morbide qui le détermine à mordre d'une manière que l'on peut appeler fatale ; mais cette fatalité est surmontée par un effort de la volonté de l'animal ou pour mieux dire par la puissance de son attachement. En cela on peut dire que le chien participe de la nature de l'homme qui, dans les mêmes conditions maladives, a la conscience du mal qu'il peut faire et sait l'épargner aux autres.

Si le chien enragé respecte le plus souvent ses maîtres et leur épargne ses morsures, même à la période la plus furieuse de sa maladie, de leur côté ceux-ci exercent presque toujours sur lui une puissante influence, assez efficace dans un assez grand nombre de cas, pour que la rage de leur animal reste pour ainsi dire latente, et ne se manifeste pas par des accès de fureur et des envies de mordre. C'est encore là une particularité bien remarquable, qui est souvent une condition de salut pour le groupe des personnes que leurs relations de voisinage ou d'intimité exposent à être les premières atteintes par un chien malade de la rage. Tant que ses maîtres agissent sur lui par leur présence et par leurs paroles qui ont, semble-t-il, quelque chose de fascinateur, ses instincts féroces sont contenus et ne font pas explosion. L'animal reste doux, même abordable encore pour des personnes étrangères—(cependant il ne faut pas trop s'y fier) ;— le sentiment de la soumission et celui de l'attachement demeurent supérieurs en lui à ceux que l'instinct rabique fait naître et développe. J'ai été, pour ma part, bien souvent témoin du fait que je signale ici ; bien des fois, par exemple, j'ai vu, dans la cour des hôpitaux de l'école d'Alfort, des chiens atteints de rage que l'on tenait simplement en laisse et non muselés et qui, grâce à la présence de leurs maîtres, restaient complétement inoffensifs au milieu de la foule dont ils étaient entourés et ne manifestaient leur fureur rabique qu'après leur séparation d'avec la personne qui les avait amenés. Ils sont bien nombreux aussi les faits que j'ai recueillis ou qui sont inscrits dans les annales, de chiens malades de la rage, laissés libres dans les maisons, continuant à vivre dans l'intimité de leurs maîtres, couchant dans leurs chambres et jusque sur leur lit et s'abstenant de commettre aucun méfait sur eux, sur les personnes de leur famille, sur les enfants eux-mêmes, malgré leurs taquineries, et sur les gens de la domesticité ; et cela, notons-le bien, pendant un, deux et trois jours et même au delà, c'est-à-dire pendant une période de temps suffisante pour que la maladie arrive à son plus haut paroxysme.

J'ajouterai maintenant que, même dans cette période de paroxysme, lorsque la rage est pour ainsi dire déchaînée et que l'animal qu'elle domine se livre à tous les emportements

de la fureur, eh bien, même encore dans ce cas, la voix du maître, et volontiers, dirai-je, sa parole est écoutée ; il suffit qu'elle se fasse entendre pour que l'animal rentre quelques instants dans le calme, au milieu de ses accès, qu'il essaye même quelques mouvements de sa queue et qu'à travers son œil fauve et sombre passe comme un éclair de ce sentiment affectueux qui l'animait autrefois.

Cette parole *amie* et *aimée*, que le pauvre animal comprenait si bien avant qu'il fût en proie à son terrible mal, elle peut encore exercer sur lui assez d'empire pour le ramener même lorsque, échappé à toute entrave, il erre en liberté dans les cours, dans les jardins, sur les routes, et que déjà il s'est livré à des actes de férocité. Même dans ces conditions, il n'est pas rare que le chien réponde encore à l'appel de son nom, lorsque c'est son maître qui le prononce et que, dompté et comme résigné, il aille à lui avec soumission et se laisse remettre au cou la chaîne d'attache. Heureuse circonstance, grâce à laquelle bien des malheurs peuvent être évités, lorsque les propriétaires des chiens échappés en plein accès de rage savent dominer leurs propres frayeurs, et mettre à profit cette sorte d'immunité que leur assure l'attachement encore vivant de leur pauvre bête. Dire qu'en pareil cas ils ne courent aucun danger personnel, ce serait aller au delà du vrai, car il y a des chiens que la fureur rabique égarent au point qu'ils méconnaissent jusqu'à leurs maîtres ; mais ce qui est certain, c'est que ceux-ci, dans le plus grand nombre des circonstances, ont pour eux le bénéfice d'une sorte de grâce d'état et qu'en définitive, dans le danger commun, ce sont eux qui sont le moins menacés.

Vous pouvez juger, par ces premiers traits, quelle fausse idée on se fait de la rage canine lorsqu'on s'imagine que, dès les premiers moments de sa manifestation, elle se traduit par des accès de fureur et des envies de mordre. Bien loin qu'il en soit ainsi, c'est le contraire qui est le vrai ; ce ne sont pas les morsures du chien enragé qu'il faut redouter dans les premiers temps de sa maladie, mais bien ses caresses, qu'on peut dire à la lettre empoisonnées.

Je reviens toujours sur ces premiers caractères de la rage canine parce que c'est leur *méconnaissance*, si je puis dire ainsi, qui est cause d'un grand nombre de malheurs. Avec les idées qui courent sur le mode d'expression de cette maladie, on a peine à croire que cet animal, actuellement encore si doux, si docile, si soumis, si humble à vos pieds, qui vous lèche les mains et le visage et vous manifeste son attachement par tant de gestes si expressifs, porte en lui le germe de la plus terrible maladie qui soit au monde. De là vient une confiance et, qui pis est, une crédulité dont sont trop souvent victimes ceux qui possèdent des chiens, surtout ces chiens intimes qui sont pour l'homme le plus sûr des amis, tant qu'ils ont leur *raison*, mais qui, sous l'influence de la rage, peuvent devenir et deviennent en effet des ennemis d'autant plus dangereux qu'ils sont traîtres sans le vouloir et que c'est par leurs caresses qu'ils vous tuent.

N'est-il pas vrai, mesdames et messieurs, que ces premiers symptômes que je viens de vous dépeindre sont déjà bien significatifs, et ne vous semble-t-il pas que si tout le monde était prévenu par des avertissements répétés du sens réel qu'il faut leur attribuer, bien des malheurs seraient évités qui ne résultent que de l'ignorance commune à cet égard.

Méfiez-vous donc, vous dirai-je, pour résumer cette première partie de ma dissertation, méfiez-vous du chien qui commence à devenir malade ; tout chien malade doit être suspect en principe.

Méfiez-vous surtout de celui qui devient triste, morose, et recherche la solitude ; qui ne sait où reposer ; qui sans cesse va, vient, rôde, happe dans l'air, aboie sans motif, et par un acoup soudain, dans le calme le plus complet des choses extérieures ; dont le regard est sombre et ne s'anime, que par éclairs, de son expression habituelle.

Méfiez-vous du chien qui cherche et fouille sans cesse et se livre à des mouvements agressifs contre des fantômes.

Méfiez-vous enfin et surtout de celui qui est devenu pour vous trop affectueux et qui semble vous implorer par ses lèchements continuels.

Ainsi prévenus et mis sur vos gardes, vous pourrez vous tenir à l'abri des plus graves dangers que les chiens, appelés familiers, peuvent nous faire encourir dans nos demeures.

Je continue l'exposé de mon sujet.

b. *Symptômes qui procèdent de l'appareil digestif.*

De toutes les opinions qui ont cours sur la rage du chien, l'une des plus accréditées est celle qui admet que cette maladie se caractérise toujours par *l'horreur de l'eau*, et que conséquemment, lorsqu'un chien malade n'a pas cette horreur, c'est qu'il n'est pas enragé. Ces deux idées se trouvent aujourd'hui si étroitement associées, que le nom du symptôme *réputé* constant est synonyme de la maladie. On dit d'un chien enragé qu'il est *hydrophobe*, et l'*hydrophobie* c'est la rage, comme la rage c'est l'*hydrophobie*.

Voilà, mesdames et messieurs, une funeste erreur qu'il faut s'empresser de déraciner, car elle a été, elle aussi, fertile en conséquences désastreuses.

Il n'est pas vrai que le chien enragé soit hydrophobe ; l'eau ne lui fait pas horreur ; quand on lui offre à boire, il ne recule pas épouvanté. Loin de là, il s'approche du vase, il lape avidement le liquide ; il le déglutit toujours dans les premières périodes de sa maladie, et lorsque la constriction de sa gorge rend la déglutition difficile, il n'en essaye pas moins de boire, et alors ses lapements sont d'autant plus répétés et prolongés qu'ils demeurent plus inefficaces. Souvent même on le voit alors, en désespoir de cause, plonger le museau tout entier dans le vase et *mordre*, pour ainsi dire, l'eau qu'il pompe inutilement et à laquelle il ne peut faire franchir le détroit de son gosier convulsivement resserré. Le supplice qu'il éprouve a quelque analogie avec celui de Tantale qui, dévoré par la soif, voyait fuir devant lui, au moment où il se penchait pour boire, les eaux du fleuve dans lequel il était plongé :

> Tantalus, a labris, sitiens fugientia captat
> Flumina......

Je demande pardon de cette réminiscence aux dames de mon auditoire ; mais n'est-elle pas naturelle, dans ce vieil amphithéâtre de la Sorbonne, où l'on parle latin depuis tant de siècles, qu'il semble que les murs eux-mêmes doivent en être imprégnés.

Je reviens à mon sujet. Les chiens enragés ont si peu horreur de l'eau, qu'on en a vu traverser des rivières à la nage pour aller se jeter sur des troupeaux de moutons qu'ils avaient aperçus sur l'autre bord.

D'où vient donc, à l'égard de la rage ce préjugé de l'hydrophobie, aujourd'hui si profondément enraciné dans les esprits ?

C'est que ce terrible symptôme étant presque constant dans la rage de l'homme, on a admis par un *a priori* et sans autre informé, en substituant l'analogie à l'observation directe, que le chien devait être hydrophobe dans l'état rabique, puisque l'homme l'était.

Oui, l'homme a presque toujours une horreur invincible de l'eau lorsqu'il est sous le coup de cette effrayante maladie, et il subit alors cette indicible torture d'être tout à la fois dévoré par la soif et épouvanté par la vue du liquide qui pourrait en éteindre les ardeurs. Que voilà dépassées et de bien loin, par une terrible réalité, toutes les conceptions des poëtes ! Tantale, dans son fleuve, avait au moins, pour l'apaisement de sa soif, le bénéfice de l'immersion que la physiologie a démontrée depuis être si efficace, et que Jupiter ignorait sans doute ; — à son époque la physiologie était si peu avancée ! — Mais sentir son gosier aride, voir devant soi le liquide, pouvoir le prendre, l'approcher de ses lèvres et se trouver forcé de le repousser parce qu'il vous inspire une insurmontable horreur, peut-on rien concevoir, en fait de tortures, qui soit supérieur à celle-ci ? Et cette torture ce n'est pas, hélas, quelque chose d'imaginaire ; beaucoup de victimes déjà l'ont subie, et parmi elles, le nombre est grand de celles qui ont dû leur malheur aux morsures et aux caresses de chiens familiers, auprès desquels elles vivaient dans une sécurité trompeuse, malheur qu'elles auraient évité, si, éclairées sur la signification des choses, elles avaient su sous quelle forme le danger pouvait se présenter à elles et s'étaient tenues en garde contre lui. Méfiez-vous donc des chiens malades, quand bien même ils sont avides de boire, et gardez-vous de conclure qu'ils ne sont pas enragés, lorsque vous constatez qu'ils ne sont pas hydrophobes, car l'hydrophobie, j'insiste sur ce point, n'existe chez les chiens dans aucune des périodes de leur état rabique.

Au début de son mal, le chien enragé ne refuse par d'ordinaire sa nourriture et quelques-uns même font preuve, lorsqu'on la leur présente, d'une voracité qui ne leur est pas habituelle. Mais tous ne tardent pas à perdre complétement l'appétit. Chose remarquable alors et tout à fait caractéristique ! soit qu'il y ait chez l'animal enragé une véritable dépravation de l'appétit ou, plutôt, que le symptôme que je vais signaler soit l'expression d'un besoin fatal et impérieux de mordre auquel l'animal obéit, on le voit saisir avec ses dents, déchirer, broyer et déglutir enfin une foule de corps étranger à l'alimentation.

La litière sur laquelle il repose dans les chenils, la laine des coussins dans les appartements, la couverture des lits quand, chose si commune, il couche avec ses maîtres ; les tapis, le bas des rideaux, les pantoufles, le bois, le gazon, la terre, les pierres, le verre, la fiente des chevaux, celle de l'homme, la sienne même, tout y passe. Et à l'autopsie d'un chien enragé, on rencontre si communément dans son estomac un assemblage d'une foule de corps disparates de leur nature, sur lesquels s'est exercée l'action de ses dents, que rien que le fait de leur présence suffit pour établir la très-forte présomption de l'existence de la rage : présomption qui se transforme en certitude lorsque l'on est renseigné sur ce qu'a fait l'animal avant de mourir.

Cela connu, on doit se tenir fortement en garde contre un chien qui, dans les appartements, déchire avec obstination les tapis, les couvertures ou les coussins ; qui ronge le bois de sa niche, mange la terre dans les jardins, dévore sa litière, etc., et tout cela, le plus souvent sans manifester aucune méchanceté contre les personnes. Celles-ci ne se voyant pas attaquées restent presque toujours sans défiance, parce qu'elles ne se rendent pas compte de la signification des faits bizarres dont elles sont témoins. Et cependant, rien de plus important que ces faits, car ils sont un prélude. L'animal assouvit sa fureur rabique naissante sur des corps inanimés, mais le moment est bien proche où l'homme lui-même ne sera pas épargné et où le chien en délire pourra porter ses dents, même sur son maître, si affectionné qu'il lui soit.

C'est une croyance assez généralement répandue que le chien enragé bave abondamment, et que sa bouche est toujours remplie d'écume, en sorte qu'on ne se le figure pas autrement ; aussi, lorsqu'on n'observe pas ce symptôme sur un chien malade, est-on naturellement porté à croire que ce n'est pas à la rage qu'on a affaire ! Grave erreur encore que celle-là, et qu'il ne faut pas laisser subsister !

La sécrétion salivaire ne s'exagère dans l'état rabique que lorsque la maladie touche à son paroxysme, c'est-à-dire à sa période de fureur ; mais avant cette époque, rien n'indique que la salive flue vers la bouche avec plus d'abondance que dans l'état physiologique. Un chien peut donc être parfaitement enragé sans qu'il bave et sans qu'il écume.

J'appelle maintenant votre attention sur un autre symptôme, moins constant que ceux que je viens de passer en revue, mais d'une importance très-considérable, en raison des méprises redoutables auxquelles il peut donner lieu. Dans de certaines conditions de l'état rabique qu'il me serait bien difficile de spécifier ici, et même ailleurs, la gueule du chien reste béante, parce que les muscles paralysés de la mâchoire inférieure sont impuissants à la fermer. Dans ce cas, la membrane qui tapisse l'intérieur de la bouche se sèche sous le courant continuel de l'air auquel elle est exposée, revêt une teinte rouge foncée et se couvre par places d'une couche brunâtre de poussière ou de terre desséchée, qui adhère notamment à la surface supérieure de la langue et sur les lèvres. La physionomie que donnent à l'animal l'écartement forcé de ses mâchoires et la couleur foncée de l'intérieur de la bouche, est rendue plus remarquable encore et plus caractéristique par l'expression de l'œil qui devient terne et s'éteint pour ainsi dire.

Dans de telles conditions, l'animal est peu dangereux par lui-même, car il est désarmé, et voulût-il mordre qu'il ne le pourrait pas. Mais, rappelez-vous-le bien, sa salive n'en est pas moins virulente, et si on se l'inocule par des manœuvres imprudentes, on peut-être aussi fatalement voué à la rage que si l'inoculation était faite par une morsure. Or, il y a ici un grave danger contre lequel je dois vous prémunir : c'est celui de se laisser entraîner à faire, avec les doigts, des explorations dans l'intérieur de la bouche du chien malade pour s'assurer si l'obstacle qui s'oppose au rapprochement de ses mâchoires, ne serait pas un os arrêté entre les dents ou dans le pharynx. Car c'est à cette idée que l'on se fixe naturellement quand on ne connaît pas la signification des choses, et si le chien est affectionné, on veut lui porter secours en le débarrassant de la cause présumée de ses souffrances. Mais sa salive est virulente, je le répète ; et si l'on porte aux doigts quelque écorchure, si l'on se blesse contre les dents ou si encore, chose possible, par un mouvement convulsif l'animal rapproche ses mâchoires et fait une morsure, dans toutes ces conditions le germe du mal peut être inoculé et les plus funestes conséquences sont à craindre. L'histoire du passé fournit de terribles exemples d'inoculations faites de cette manière.

Méfiez-vous donc toujours d'un chien dont les mâchoires se maintiennent écartées, car cet écartement peut être le signe de la rage, soit qu'il caractérise la variété particulière que l'on appelle la *rage-mue*, soit qu'il ait apparu dans une des phases de la rage furieuse. D'une manière ou d'une autre, c'est un signe redoutable, et, dans l'un et l'autre cas, l'on doit éviter de se souiller les mains avec la salive qui, quelle que soit l'expression symptomatique de l'état rabique, est toujours virulente.

Méfiez-vous aussi d'un autre symptôme que peut présenter le chien enragé et qui procède de la sensation de constriction et d'astriction qu'il éprouve à la gorge, sous l'influence du spasme rabique et par le fait aussi de la sécheresse de sa bouche ; je veux parler des gestes qu'il fait, quelquefois avec ses pattes de devant, de chaque côté de ses joues, comme pour se débarrasser d'un os qui serait arrêté au fond de sa gorge ou entre ses dents. Dans ce cas encore, trompé par les apparences ou se méprenant sur leur signification, on est volontiers disposé à venir au secours de l'animal qui indique par ses gestes le siége de sa souffrance et qui semble aussi en indiquer la cause. Mais gardez-vous bien de vous laisser aller à ce mouvement de charité, car ici les explorations peuvent avoir des suites d'autant plus dangereuses que le chien étant libre de mordre, la contrariété qu'il éprouve peut le déterminer à se servir contre vous de ses mâchoires.

Si je m'étais proposé de vous dire tout ce que comportent l'histoire et l'étude de la rage canine, le moment serait venu de vous parler de *boutons* particuliers, dont on a signalé l'éruption sous la langue, de chaque côté de son frein, dans la période d'incubation de cette maladie. Mais, au point de vue où je dois rester ici, l'histoire de ces boutons, que l'on désigne sous le nom de *lysses*, n'a pas d'importance réelle, puisqu'ils constituent un symptôme *trop caché* pour qu'il puisse servir à faire reconnaître la maladie. Je ne fais donc qu'en signaler ici l'existence possible et je continue.

Parmi les symptômes fournis par l'appareil digestif, dans la période initiale de la rage, il en est un, très-exceptionnel et, par cela même plus insidieux peut-être que les autres, sur lequel je dois fixer votre attention : c'est le vomissement sanguinolent qui provient sans doute des blessures faites à la muqueuse de l'estomac par des corps durs, à angles acérés que l'animal a pu déglutir. Il faut se méfier de ce symptôme et, tout exceptionnel qu'il soit, l'associer dans votre esprit à l'idée de l'existence possible de la rage, de manière à vous tenir en garde contre l'animal qui peut le présenter. Aussi bien, je dirai à cette occasion que lorsqu'il s'agit des maladies internes des animaux de l'espèce canine, il est prudent, pour se mettre à l'abri des menaces de la rage, de considérer en principe ces animaux comme *suspects* et d'user avec eux de précaution jusqu'à ce que l'on sache à quoi l'on à affaire. J'ai, pour ma part, adopté depuis longtemps cette ligne de conduite, et c'est à elle que j'attribue l'immunité dont j'ai joui pendant la durée de ma longue carrière clinique.

c. *Symptômes qui procèdent de l'expression vocale.*

L'aboiement du chien enragé est tout à fait caractéristi-

que, si caractéristique que, lorsqu'on en connaît la signification, on peut, rien qu'à l'entendre, affirmer à coup sûr
l'existence d'un chien enragé là où cet aboiement a retenti.
Et il ne faut pas, pour arriver à cette sûreté de diagnostic,
que l'oreille ait été longtemps exercée. Celui qui a entendu
une ou deux fois hurler le chien qui *rage* en demeure si fortement impressionné quand, cela va de soi, on lui a donné le
sens de ce hurlement sinistre, que le souvenir en reste gravé
dans sa mémoire, et lorsqu'une autre fois le même bruit
vient à frapper son oreille, il ne se méprend pas sur sa signification.

Je ne réussirai pas sans doute à vous faire comprendre facilement par des paroles ce que c'est que le hurlement rabique. Pour en donner une idée bien nette, il me faudrait avoir
une faculté d'imitation que je ne possède malheureusement
pas. Je dois donc me borner à vous dire que l'aboiement du
chien, sous le coup de la rage, est remarquablement modifié
dans son timbre et dans son mode. Au lieu d'éclater avec sa
sonorité normale et de consister dans une succession d'émissions égales en durée et en intensité, il est rauque, voilé,
plus bas de ton et, à un premier aboiement fait à pleine
gueule, succède immédiatement une série de cinq, six ou
huit hurlements décroissants qui partent du fond de la gorge,
et pendant l'émission desquels les mâchoires ne se rapprochent qu'incomplétement, au lieu de se fermer à chaque
coup, comme dans l'aboiement ordinaire.

Ces hurlements prolongés ont quelque chose de lugubre
et de sinistre qui vous remue jusque dans l'épigastre, lorsqu'on sait ce qu'ils veulent dire, et il est probable que les
présages de malheur qui, d'après les traditions populaires, se
rattachent aux hurlements des chiens contre la lune n'ont
pas d'autres fondements que les souvenirs laissés dans les
esprits des désastres causés par des chiens enragés, qui avaient
fait entendre leurs hurlements sinistres quelque temps avant
de se livrer à leurs fureurs.

La description que je viens d'essayer tout à l'heure n'a pu
vous donner, sans doute, qu'une idée bien incomplète de
l'aboiement rabique ; mais l'important ici, c'est que vous de-
meuriez bien convaincus que toujours la voix du chien enragé change de *timbre*, que toujours son aboiement s'exécute
sur un mode complétement différent du mode physiologique.
Il faut donc se tenir en défiance quand la voix connue d'un
chien familier vient à se modifier tout à coup et à s'exprimer
par des sons qui, n'ayant plus rien d'accoutumé, doivent
frapper par leur étrangeté même.

Maintenant, pour achever vos convictions, je veux vous
donner la preuve, par le récit d'une anecdote authentique,
de la grande valeur qu'il faut attacher à l'aboiement modifié
du chien comme signe de rage. Il y a quelques années, deux
élèves vétérinaires, rentrant à l'école d'Alfort vers neuf heures du soir, entendirent le hurlement de la rage, poussé par
un chien de garde dans une maison de la rue de Charenton.
Ils s'empressèrent de sonner à la porte de cette maison et de
prévenir le propriétaire du danger qui le menaçait. Celui-ci
heureusement prit l'avertissement au sérieux, comme il était
donné ; le chien, qui était encore à l'attache, y fut maintenu
toute la nuit, et le lendemain on le conduisit à Alfort. Les
élèves ne s'étaient pas trompés ; je constatai que ce chien
était enragé. Son maître ne pouvait pas revenir de son étonnement ; il avait peine à croire que cet animal, si docile encore qu'il tenait en laisse, si caressant et qui lui obéissait

comme en santé, fût atteint d'une si redoutable maladie. Il
l'était cependant ; dès qu'on l'eut mis en cage, les symptômes
de la rage se manifestèrent de la manière la plus évidente.

On ne saurait trop louer la présence d'esprit dont ces élèves vétérinaires ont fait preuve dans cette circonstance, car
elle a prévenu de bien grands malheurs. Le chien dont ils
avaient deviné la rage à son hurlement était de haute taille,
et s'il avait été détaché de sa chaîne, comme on avait l'habitude de le faire, et qu'il se fût échappé, il aurait pu causer
les accidents les plus terribles. Le salut est venu ici de ce
qu'un des signes précurseurs de la rage furieuse a pu être
reconnu à temps. Combien cela vous prouve l'importance de
les connaître !

Tous les chiens enragés ne hurlent pas ; il y en a qui sont
complétement muets dès le début de leur maladie, à laquelle
on donne, à cause de cela même, le nom de *rage-mue*, ce qui
veut dire rage muette. Dans cette variété de rage dont j'ai
parlé tout à l'heure et dont la caractéristique essentielle, au
point de vue diagnostique, est la paralysie de la mâchoire
inférieure qui reste écartée de l'autre, le mutisme est la conséquence de cette paralysie et peut-être aussi de celle des organes vocaux. L'animal *se tait* parce que l'émission mécanique des sons ne lui est plus possible. Toutefois, il faut dire
qu'au point de vue *moral*, si je puis m'exprimer ainsi, la rage-
mue diffère de la rage furieuse, non-seulement parce que
l'inertie de ses mâchoires empêche le chien de s'en servir,
mais encore par ce fait que les instincts féroces lui font défaut et qu'il n'y a pas chez lui de tendance à l'agression. En
sorte que la rage-mue resterait toujours inoffensive, si l'on
n'allait pas pour ainsi dire au-devant de ses inoculations, en
cherchant dans la gueule du chien, comme je le disais tout à
l'heure, l'os imaginaire qui s'oppose au rapprochement de
ses mâchoires. Si la rage-mue peut être considérée comme
bénigne au point de vue symptomatique, elle ne l'est pas
au point de vue de la virulence. C'est à dessein que je reviens
sur cette particularité, parce qu'il me semble que je ne saurais trop faire pour l'incruster dans votre esprit.

d. *Symptômes qui procèdent de la sensibilité.*

Contrairement à ce que l'on observe chez l'homme dans
l'état rabique, la sensibilité du chien enragé paraît être considérablement émoussée, et il semble avoir perdu la faculté
d'exprimer dans le langage qui lui est propre les sensations
qu'il éprouve. Le chien enragé est *muet* sous la douleur.
Quelles que soient les souffrances qu'on lui inflige, il ne fait
entendre ni le sifflement nasal, première expression de la
plainte du chien, ni le cri aigu par lequel il traduit les douleurs les plus vives. Frappé, piqué, blessé, brûlé même, le
chien enragé reste muet ; mais il n'est pas insensible. Le sentiment de la conservation existe encore chez lui ; quand on a
allumé sous lui la litière de sa niche, il s'échappe du foyer et
se tapit dans un coin pour échapper aux atteintes de la flamme.
Lorsqu'on lui présente une barre de fer rougie au feu et que,
emporté par la rage, il se jette furieux sur elle et la mord, il
recule immédiatement après l'avoir saisie. Le fer rouge appliqué sur ses pattes le fait fuir de même. Il est évident que,
dans ces diverses circonstances, l'animal souffre, l'expression
de sa figure le dit ; mais, malgré tout, il ne fait entendre ni
cri, ni gémissement.

Toutefois, si la sensibilité n'est pas éteinte chez le chien enragé, comme en témoignent les résultats des expériences qui viennent d'être rapportées, elle est moindre évidemment que dans l'état physiologique. Quand on a jeté sous lui de l'étoupe enflammée, ce n'est pas immédiatement qu'il se déplace ; il y met du temps, c'est le cas de le dire, et quand il se décide enfin à s'échapper, déjà le feu lui a fait de profondes atteintes. Certains sujets, mais ceux-là font exception, ne lâchent pas la barre de fer rouge qu'ils ont saisie entre leurs dents.

On est autorisé à conclure de ces faits que les chiens atteints de rage ne perçoivent pas les sensations douloureuses aussi vite et au même degré que dans l'état physiologique, et c'est ce qui explique comment ils peuvent assouvir leur fureur jusqu'à sur eux-mêmes. Bien des faits, dans l'histoire de la rage des animaux, témoignent de leur insensibilité contre leurs propres atteintes. Je ne veux vous en rapporter ici qu'un seul, mais il est bien convainquant. Je fus appelé, il y a bien longtemps de cela, presque trente ans, pour examiner, chez M. le comte Demidoff, à Paris, un chien épagneul qui portait à la base de la croupe et à l'origine de la queue une petite plaie vive et saignante, qui n'avait apparu que depuis quelques heures. L'animal paraissait très-gai, obéissait à la voix qui l'appelait, venait à vous docilement, en agitant la queue. Rien ne me fit soupçonner le début de la rage ; aussi fus-je mis en défaut, d'autant plus facilement que, débutant alors, je ne connaissais cette maladie que dans sa période d'exacerbation et de fureur. Jamais, à cette époque, on ne la dépeignait autrement.

Je pris la plaie pour une de ces dartres vives si communes chez le chien, et ordonnai un traitement approprié, en recommandant toutefois, pour motif de propreté, de ne pas laisser coucher ce chien dans l'appartement et sur le lit de son maître, comme il en avait l'habitude. On le fit coucher sur le palier de l'escalier.

Le lendemain matin, un domestique trouva, sur la première marche, la queue de l'épagneul favori, complétement séparée du tronc, et c'est lui-même qui s'était infligé cette mutilation.

Étonné et dégoûté d'un pareil accident, M. Demidoff, sans se rendre compte de ce qui avait pu déterminer son chien à commettre ce méfait sur lui-même, lui fit mettre un collier et ordonna à un domestique de le conduire en laisse à Alfort. Le chien fit, sur ses jambes, le long trajet de la rue Saint-Dominique à l'École, sans présenter aucun signe extraordinaire et sans que le domestique qui le tenait à l'extrémité de sa chaîne se doutât qu'il était suivi de si près par un chien enragé.

Arrivé dans la cour des hôpitaux, cet animal, avec sa queue tronquée et saignante, sa gueule bleuâtre et son œil égaré, avait une physionomie trop caractéristique pour que je ne fusse pas mis sur la voie de sa maladie. Il fut conduit prudemment au chenil, où, sous l'influence de l'excitation des aboiements des autres chiens, un accès de rage furieuse ne tarda pas à se déclarer. Deux jours après il était mort.

Vous voyez réunis dans cette observation les traits principaux que je vous ai dit être ceux de la rage canine à sa période initiale : un chien familier, tellement dominé par le sentiment affectueux et les influences de la maison que, bien que déjà l'envie de mordre soit développée chez lui, il respecte son maître et les gens de la domesticité, et ne porte ses atteintes que sur lui-même, sans paraître les sentir ; qui,

soumis pendant tout le trajet de Paris à Alfort à l'homme qui le conduit et *qu'il connaît*, ne se laisse emporter par aucun accès ; qui enfin ne laisse éclater sa rage, avec toutes ses fureurs, qu'après sa séparation d'avec son conducteur et alors qu'il est pour ainsi dire livré à lui-même et à son délire.

C'est là un fait des plus curieux et des plus intéressants au point de vue de la démonstration que je me suis proposé de vous faire.

La conclusion à tirer des dernières considérations que je viens d'exposer, relatives à la sensibilité du chien enragé, c'est qu'il y a lieu de se méfier des animaux de cette espèce qui ne se montrent pas sensibles à la douleur dans la mesure qu'on sait leur être particulière, et qui supportent les coups sans faire entendre aucune plainte, ni aucun cri. Lorsque, par exemple, un chien est poursuivi dans une localité, parce qu'il est inconnu et sans maître, s'il reste muet malgré les menaces et les coups dont on l'accable, tenez-le pour suspect.

Méfiez-vous aussi du chien qui se mord lui-même avec persistance sur un point de son corps et ne s'arrête pas devant les douleurs qu'il devrait ressentir. On peut croire qu'il n'agit ainsi que parce qu'il y est déterminé par une de ces démangeaisons auxquelles le chien est si sujet. Sans doute que ce peut être là l'unique cause de son action ; mais, d'un autre côté, il est possible que l'animal ne soit poussé à porter ses dents sur lui-même que par l'instinct de mordre, déjà développé en lui, ou peut-être par la sensation que lui fait éprouver la cicatrice de la morsure rabique qu'il a subie ; — et il suffit que ce symptôme puisse avoir cette signification pour qu'on se tienne en garde contre l'animal qui le présente.

J'arrive maintenant, mesdames et messieurs, à un symptôme bien étrange de l'état rabique du chien et des autres animaux, l'homme peut-être excepté, symptôme d'une grande importance sous le rapport du diagnostic. Je veux parler de l'impression qu'exerce sur un chien affecté de la rage la vue d'un animal de son espèce. Cette impression est tellement puissante, elle est si efficace à donner lieu immédiatement à la manifestation d'un accès, qu'il est vrai de dire que le chien est le *réactif* sûr à l'aide duquel on peut déceler la rage encore latente dans l'animal qui la couve.

Tous les jours, dans la pratique, on se sert de ce moyen pour dissiper les doutes dans les cas où le diagnostic peut être incertain, et il est bien rare qu'il laisse les observateurs en défaut. Dès que le chien qu'il s'agit d'*éprouver* se trouve en présence d'un sujet de son espèce, si ce chien est réellement enragé, il prend une attitude agressive vis-à-vis de son *semblable*, et s'il peut l'atteindre, il le mord avec fureur.

Chose remarquable, cette excitabilité toute spéciale de l'état rabique n'appartient pas au chien exclusivement. Tous les animaux enragés, l'homme, peut-être, excepté, disais-je tout à l'heure, subissent la même impression à la vue d'un sujet de l'espèce canine ; tous, en le voyant, s'excitent, s'exaspèrent, entrent en fureur, s'élancent contre lui et l'attaquent avec leurs armes naturelles : le cheval avec ses pieds et ses dents, le taureau avec ses cornes, de même le bélier. Il n'y a pas jusqu'au mouton qui ne dépouille, sous l'empire de la rage, sa pusillanimité naturelle et qui, loin de ressentir de l'effroi à la vue du chien, lui en inspire au contraire et fondant sur lui, tête baissée, ne l'oblige à fuir devant ses attaques. Voilà une interversion de rôles bien extraordinaire, n'est-ce pas? Et il ne faut rien moins que la rage pour animer le mouton d'une pareille ardeur belliqueuse contre son puissant maître, le chien.

Je vous demande la permission de vous rapporter ici deux anecdotes cliniques qui resteront dans vos souvenirs comme des preuves démonstratives de l'excitation si énergique que la présence du chien exerce sur les animaux enragés.

Il y a vingt-cinq ans environ, une personne conduisit à Alfort, dans un cabriolet de place *à deux roues*, un fort joli chien de chasse qui fut placé, non muselé, dans le fond de la voiture, c'est-à-dire sous les jambes de son maître et du cocher. Pendant tout le trajet et malgré l'excitation que pouvait lui causer la présence d'une personne qui lui était étrangère, ce chien resta inoffensif. La voiture entra dans l'école jusqu'à la cour des hôpitaux, et là, le propriétaire du chien le prit dans ses bras et le porta dans mon cabinet où je me rendis. Il me donna pour renseignement que, depuis deux jours, ce chien était triste et refusait de manger. N'étant pas alors en garde comme je le suis aujourd'hui contre la rage et ses modes insidieux de manifestations, je plaçai ce chien sur mes genoux pour l'examiner de plus près. J'étais en train de soulever ses lèvres, pour me rendre compte de la coloration de sa bouche, lorsqu'un caniche qui m'appartenait entra dans le cabinet. Dès qu'il l'aperçut, le chien que j'examinais m'échappa des mains, sans essayer de me mordre, et se rua sur le caniche qui parvint à l'éviter. Ce mouvement inattendu et tout à fait inhabituel au caractère de cet animal, d'après ce que me dit son maître, fut pour moi un trait de lumière. Je soupçonnai la rage. Le chien fut immédiatement séquestré et, trois jours après, il succombait à cette maladie.

Dans l'autre circonstance que je vais rapporter, c'est d'un cheval qu'il s'agit : on l'avait conduit à ma consultation parce que, depuis un ou deux jours, il avait de la peine à déglutir les liquides. Cet animal paraissait et était, de fait, d'un naturel extrêmement doux. Je lui avais ouvert la bouche et saisi la langue pour en faire l'examen, lorsque le chien caniche dont j'ai parlé tout à l'heure vint à rôder autour de moi. Dès que le cheval l'aperçut, il se dégagea de mes mains par un mouvement rapide, et se jeta de côté, les mâchoires écartées, à la poursuite du chien qui s'empressa de fuir et ne put être atteint.

Chose remarquable, ce cheval était encore extrêmement doux pour l'homme; obéissant à la voix de son conducteur, il le suivait docilement, sans qu'il fût nécessaire de le tenir par sa longe et, après son mouvement agressif contre le caniche, il resta tout à fait inoffensif pour la foule de personnes qui l'entouraient. D'habitude, il l'était aussi pour les chiens, mais, au récit de son conducteur, il s'était jeté, comme il venait de le faire, sur tous ceux qu'il avait rencontrés dans le trajet de Vitry à Alfort. Cet homme n'avait pas attaché d'importance à ce fait; aussi, n'en avait-il rien dit en me présentant son cheval, et il ne le relatait que parce qu'il venait de le voir se reproduire. Il n'en fallut pas davantage pour m'éclairer. L'animal fut fixé solidement dans le parc, entre deux gros arbres, par un double licou de force, et l'on répéta plusieurs fois l'expérience d'exciter ses accès par la vue d'un chien qu'on présentait devant lui. Sous l'influence de ces excitations, la rage ne tarda pas à atteindre son plus haut paroxysme. En quelques heures, elle parcourut ses périodes. L'animal tomba dans l'épuisement et mourut peu de temps après son entrée à l'école.

Ainsi, cela est incontestable, la présence d'un animal de l'espèce canine met en jeu la susceptibilité nerveuse des animaux enragés, les fait sortir du calme dans lequel ils sont encore et les détermine à des manifestations agressives d'une intensité croissante, proportionnellement à l'intensité et au nombre des excitations produites. C'est là un fait d'une telle constance qu'on peut le considérer comme l'expression d'une loi fatale dont le secret nous échappe. Cependant, cette loi comporte ou, du moins, a comporté une exception dans une circonstance trop remarquable pour que je ne la relate pas ici. Un cheval auquel le directeur de l'École d'Alfort, M. Renault, avait inoculé la rage d'un mouton, contracta cette maladie, qui revêtit chez lui des caractères d'une telle intensité que l'animal, tournant sa fureur contre lui-même, se déchirait, à coups de dents, la peau des avant-bras. Eh bien, sur cet animal si exalté dans sa rage, la vue d'un chien ne produisit aucune excitation. Celui qu'on lui jeta dans sa mangeoire fut épargné; il le repoussa du bout de sa tête, sans lui faire aucun mal; mais quand on lui présenta un mouton, il entra, à l'instant, dans un accès de fureur terrible, il bondit sur lui, pour ainsi dire, et la pauvre bête, saisie entre ses puissantes mâchoires, fut à l'instant même broyée sous ses dents.

Il semblerait, d'après ce fait qui, malheureusement, est unique dans les annales de la science, que les animaux inoculés de la rage, par une morsure ou de toute autre manière, conserveraient comme l'*idée* de la cause de leur maladie, et seraient déterminés à manifester leur fureur à la vue d'un animal, appartenant à la même espèce que celui sur lequel a été puisé le virus dont l'inoculation les a rendus malades. Mais en matière si obscure, il est bon de ne pas longuement discourir; je me contente donc de relater les faits et crois prudent de m'abstenir de plus amples commentaires.

Ce qui ressort de cet exposé, c'est que, à part l'exception que je viens de signaler, ce sont surtout les sujets de l'espèce canine qui mettent en jeu l'excitabilité des animaux atteints de la rage. Vous devez comprendre, mesdames et messieurs, toute l'importance qui se rattache à la connaissance de ce fait et combien l'enseignement qui en ressort pourrait être utile, si les propriétaires des chiens, éclairés sur sa signification, savaient en profiter. Tous les jours, on acquiert la preuve, en interrogeant les personnes auxquelles appartiennent les chiens enragés, que ces animaux, avant de diriger leurs agressions contre l'homme, se sont montrés très-excitables à la vue d'un animal de leur espèce; mais, malheureusement, dans la plupart des cas, cette particularité si significative n'éveille pas l'attention de celui qui l'observe et ne fait naître dans son esprit aucun soupçon, et cela, parce que vis-à-vis des maîtres et des familiers de la maison, rien ne paraît encore changé dans le caractère de ce chien que la vue de son semblable irrite et rend exceptionnellement hargneux et méchant.

Méfiez-vous donc des chiens qui, contrairement à leurs habitudes et aux inspirations de leur naturel, se montrent tout à coup agressifs pour les animaux de leur espèce. De pareilles manifestations sont très-significatives, vous devez en être maintenant convaincus, et, si l'on sait les comprendre, on peut mettre à l'abri les siens, les autres et soi-même des désastres que peut causer la maladie dont ces signes sont des précurseurs infaillibles.

Il ressort de l'ensemble des faits que je viens de vous exposer, que, dans la plupart des circonstances, les chiens familiers des maisons restent inoffensifs dans les premières périodes de leur état rabique, pour les personnes qui les entourent, dominés, comme ils le sont, par leurs sentiments affectueux envers elles. Je suis très-porté à croire que ces pauvres animaux obéissent à l'inspiration de ces sentiments lorsque, ce qui arrive très-souvent, ils s'échappent du domicile de leurs maîtres et disparaissent. On dirait qu'ils ont comme la conscience du mal qu'ils peuvent faire et que, pour éviter d'être nuisibles, ils fuient ceux auxquels ils sont attachés. Quoi qu'il en puisse être de cette interprétation, toujours est-il que, très-souvent, le chien enragé abandonne ses maîtres et qu'on ne le revoit plus, soit qu'il aille mourir dans quelque endroit retiré, soit, ce qui est le plus ordinaire dans les localités populeuses que, reconnu pour ce qu'il est, aux sévices qu'il commet sur les hommes et sur les bêtes, il trouve la mort en route.

Mais, dans quelques cas, trop nombreux encore, le malheureux animal, après avoir erré un jour ou deux et échappé aux poursuites, revient, obéissant à une attraction fatale, vers la maison de ses maîtres. C'est dans ces circonstances surtout que des malheurs sont à craindre pour ceux-ci. Et, en effet, au retour du pauvre *égaré*, on s'empresse vers lui ; le premier mouvement auquel on obéit est de le secourir, car, la plupart du temps, il revient dans l'état le plus misérable, réduit à rien, couvert de boue et de sang. Mais, malheur à qui l'approche ; à la période où il est de sa maladie, la propension à mordre est devenue chez lui impérieuse, elle domine le sentiment affectueux, si vivace qu'il puisse être encore, et trop souvent, elle le porte à répondre par des morsures aux caresses qu'on lui fait, aux soins qu'on veut lui donner.

Il faut donc tenir, tout au moins, pour suspect le chien qui, après avoir quitté le toit domestique pendant quelques jours, y revient, surtout s'il est dans l'état de misère dont j'ai essayé de donner un aperçu.

Je viens d'énumérer successivement les signes, les symptômes, les particularités, qui signalent chez le chien l'état rabique dans les premiers jours de sa manifestation, et j'espère avoir fait pénétrer dans vos esprits cette conviction salutaire que la rage canine n'est pas, tout d'abord, une maladie caractérisée par un état continuel de fureur ; qu'au contraire, avant la période furieuse, qui est la période ultime, un assez long délai s'écoule, pendant lequel l'animal reste inoffensif bien que déjà sa maladie soit nettement déclarée et facile à reconnaître.

Voilà la vérité que j'ai eu pour but de mettre en relief dans cette conférence, et je suis convaincu que si le public s'en pénétrait bien, s'il savait se rendre compte des premiers symptômes de l'état rabique, la plupart des chiens pourraient être séquestrés avant qu'ils aient eu le temps de faire des malheurs. Que sont, en effet, ces chiens *errants* qui, obéissant au délire de la rage, infligent des morsures aux animaux et aux hommes qu'ils rencontrent et répandent partout l'épouvante parmi les populations ? Est-ce que la rage qui s'est emparée d'eux et qui les rend si malfaisants, ils l'ont contractée par un acoup subit ? Non, sans aucun doute ; la plupart sont des chiens de maîtres, qui ont quitté leurs demeures sous l'impulsion dont je parlais tout à l'heure, et qui, quelques jours avant de *fuir*, ont laissé voir ces signes non douteux de maladie que je viens de faire connaître.

Eh bien, supposez que ces signes, au lieu d'être méconnus

dans leur signification, comme c'est trop souvent le cas aujourd'hui, soient au contraire bien compris, et que les propriétaires des chiens malades s'en inspirent pour prendre les mesures de précaution que les circonstances commandent, la meilleure des conditions pour prévenir la propagation de la rage se trouvera ainsi réalisée, car, en définitive, les agents qui la propagent ce sont les chiens qui se sont échappés de leurs demeures, après s'être *dénoncés* malades pendant un temps suffisant pour qu'on ait pu les mettre hors d'état de nuire, si on avait su à quelle maladie on avait affaire.

e. *Symptômes de la rage confirmée.*

Dans tout ce qui précède, je me suis surtout attaché à vous faire connaître les symptômes précurseurs de la rage confirmée, c'est-à-dire de celle qui se caractérise par des accès de fureur et des actes agressifs contre les animaux et contre les hommes. J'ai insisté sur ces symptômes précurseurs parce que, au point de vue de la préservation individuelle, ce sont eux dont la connaissance est le plus nécessaire.

Maintenant je vais essayer de vous tracer à grands traits la physionomie, les attitudes, la manière d'être et d'agir du chien, quand sa maladie, arrivée à sa période furieuse, a développé en lui des instincts féroces qui le poussent fatalement à mordre.

La physionomie du chien en état de rage est terriblement modifiée. Ces yeux, ces bons yeux du chien, si pleins d'amour quand il les fixe sur son maître, d'où se dégagent incessamment, si l'on peut ainsi dire, des effluves de passion affectueuse, ils ont maintenant une expression indéfinissable de tristesse sombre et de cruauté. A travers l'ouverture de leurs pupilles excessivement dilatées, ils laissent échapper par moments des lueurs comme fulgurantes, produites par le reflet de la lumière sur leur tapetum intérieur, et qui leur donnent l'apparence de deux globes de feu. Mais lorsque ces lueurs passagères s'éteignent, ils redeviennent ternes et sombres et si farouches qu'on ne peut se défendre d'un sentiment d'effroi, quand on se trouve en présence de l'animal, et alors même qu'on est protégé contre ses atteintes par la grille de sa cage. Dès qu'il vous voit, il se lance vers vous, poussant son hurlement caractéristique, et, furieux, il mord les barreaux qui l'empêchent de vous attaquer et y fait éclater ses dents. Si on lui présente une tige de bois ou de fer, il se jette sur elle, la saisit à pleines mâchoires et y mord à coups redoublés, mais sans faire entendre ni cris, ni grondements.

A cet état d'excitation succède bientôt une profonde lassitude ; l'animal épuisé se retire au fond de sa niche et y demeure quelque temps, insensible à tout ce qu'on peut faire pour l'irriter. Puis tout à coup il se réveille, bondit en avant et entre dans un nouvel accès.

Mais pour que ces accès se manifestent, il leur faut une cause, c'est-à-dire une excitation.

Quand on observe un chien enragé dans une cage isolée, loin des bruits qui peuvent mettre en jeu sa susceptibilité nerveuse, loin des excitations produites par la présence des hommes et des animaux, on ne constate pas qu'il se livre à des accès de fureur. Tantôt il est agité, va et vient dans sa niche, bouleverse son lit, poursuit des fantômes, hurle contre eux ; tantôt, au contraire, il est calme, immobile, somnolent, avec quelques intermittences d'agitation sur place, qui semblent dénoncer les rêves dont il est poursuivi ; mais il n'entre en rage véritable, il ne se livre à des accès agressifs et furieux que lorsqu'il y est déterminé par des excitations extérieures.

La plus puissante de ces excitations est celle que lui cause la présence d'un de ses semblables. Dès qu'on le lui montre à distance, il bondit vers lui et mord avec violence les barreaux qui l'en séparent; mais si on l'introduit dans sa cage, son premier mouvement n'est pas toujours de l'attaquer et de le mordre; au contraire, la présence de la malheureuse victime qu'on lui livre fait naître en lui comme un sentiment affectueux et il le lui témoigne par des caresses dont la signification n'est pas douteuse. Puis, « dans un même instant, par un effet contraire, » vous voyez « ses yeux s'enflammer de fureur », il entre en rage et se jette à pleines dents sur sa victime. Celle-ci réagit rarement; elle ne répond d'ordinaire aux morsures qu'en poussant des cris aigus qui contrastent avec la rage silencieuse de l'agresseur, et elle s'efforce de dérober sa tête aux attaques dirigées surtout contre elle, en la cachant profondément sous la litière et sous ses pattes de devant. Une fois passé ce premier moment de fureur, l'animal enragé se livre à de nouvelles caresses, tout aussi ardentes que les premières, mais bientôt suivies d'un nouvel accès. Puis, lorsque ces faits se sont ainsi répétés plusieurs fois, le malade épuisé s'affaisse, tombe dans une somnolence inquiète, et lorsqu'il a récupéré quelques forces par le repos, il recommence ses attaques jusqu'à ce que la paralysie s'ensuive, ce qui ne tarde pas, car les accès ainsi répétés précipitent singulièrement le cours de la maladie.

Je dois vous signaler ici cette particularité bien remarquable que les chiens paraissent avoir comme la conscience instinctive du danger qu'ils courent aux approches d'un animal enragé de leur espèce. Les plus courageux et les plus forts font preuve, en sa présence, de lâcheté et de faiblesse. Au lieu d'essayer la lutte avec lui, ils tâchent d'échapper à ses atteintes par la fuite. S'ils sont enfermés dans une cage commune, même les chiens de combat restent sans défense; ils paraissent avoir le pressentiment du terrible danger auquel ils sont exposés, expriment leur effroi par le tremblement de tout leur corps, et cherchent à se tapir dans un coin de la niche. Il y a cependant quelques exceptions à cette règle; en voici un exemple : Je fis introduire un jour, à Alfort, dans la cage d'un chien enragé un bull-terrier, très-habile lutteur. Une fois enfermé, la première impression qu'il subit fut manifestement celle de la peur, mais il la surmonta, et au lieu d'attendre l'attaque, c'est lui qui commença la lutte; d'un bond, il se jeta sur son adversaire et le saisissant à pleines dents par le derrière du cou, il le terrassa et le mit hors d'état de lui nuire. Vingt fois cette expérience fut répétée avec les différents chiens enragés qui se succédèrent aux hôpitaux de l'École et toujours le bull en sortit à son honneur. Dans toutes ses luttes, il sut éviter les morsures et ne contracta pas la rage. Mais, je le répète, ce cas est tout à fait exceptionnel. Ce qui est ordinaire, c'est que le chien enragé est, pour ses semblables, un sujet d'épouvante. La preuve en est donnée d'une manière bien saisissante par ce qui se passe dans les meutes de chiens courants. Dans les conditions habituelles, ces animaux ne laissent pas d'être un peu hargneux les uns contre les autres et même contre l'homme, et il est prudent de ne pas se risquer dans leur chenil, sans être armé d'un fouet qui les tienne en respect. Si deux d'entre eux viennent à se prendre de querelle, malheur à celui des deux adversaires qui témoigne sa faiblesse de cœur par ses cris

et par ses plaintes; les autres se jettent sur lui impitoyablement, le *pillent*, pour employer l'expression usitée en pareil cas, et souvent même le mettent en lambeaux. Eh bien, voici qui est bien remarquable : si la lutte procède de l'état rabique de l'un des deux chiens qui sont aux prises, toute la meute se tient à l'écart dans un coin du chenil et fuirait volontiers si elle trouvait une issue ouverte; malgré ses habitudes cruelles et ses mœurs quelque peu farouches, elle est prise tout entière de lâcheté, en présence d'un danger *pressenti*, et le chien enragé reste seul à *piller* sa victime. Si poussé par ses instincts rabiques, il en choisit une autre dans la meute, l'isolement se fait à l'instant même autour d'eux.

Ces faits sont étranges sans doute, mais ils sont réels. J'ai été à même, pour ma part, d'en faire la constatation il y a une quinzaine d'années au château de Gros-Bois, chez le prince de Wagram, dont la meute reçut la rage d'un chien errant, dans une chasse à courre, et dut être tout entière abattue.

Si le chien enragé est non pas enfermé dans une cage, mais plus libre de ses allures dans une chambre où on le tient séquestré, il la parcourt dans tous les sens, et son agitation est d'autant plus grande qu'il n'est pas habitué à être isolé de ses maîtres. On entend ou l'on voit son va-et-vient continuel; il rôde, il cherche, il flaire, hurle contre les murs, se jette sur les fantômes qui le poursuivent, ronge le bas des portes, les pieds des meubles, etc. Enfin, il peut arriver qu'il se fraye une issue à travers les vitres des portes ou des fenêtres. Si donc on n'est séparé de lui que par une séparation vitrée, il ne faut pas se fier à cette barrière trop fragile; l'animal enragé sera d'autant plus déterminé à la franchir que les personnes qu'il voit au travers surexcitent en lui ce besoin comme fatal de mordre qui le domine maintenant tout entier.

Lorsqu'un chien enragé est parvenu à s'échapper, il se lance devant lui, d'abord avec une complète liberté d'allures, et s'attaque, sur sa route, à tous les êtres vivants qu'il rencontre, mais de préférence aux chiens plutôt qu'à tous les autres, et de préférence à ceux-ci plutôt qu'à l'homme. En sorte que pour l'homme qui peut être exposé à ses coups c'est une heureuse chance que, dans son voisinage immédiat, un chien se rencontre à propos qui lui serve de palladium.

Le chien enragé ne conserve pas longtemps une démarche libre. Épuisé par les fatigues, par les accès de fureur auxquels il a trouvé en route l'occasion de se livrer, par la faim, par la soif et, sans aucun doute aussi, par l'action propre de sa maladie, il ne tarde pas à faiblir sur ses membres. Alors il ralentit son allure et marche en vacillant; sa queue pendante, sa tête inclinée vers le sol, sa gueule béante d'où s'échappe une langue bleuâtre et souillée de poussière, lui donnent une physionomie bien caractéristique. Dans cet état, il est bien moins redoutable qu'au moment de ses premières fureurs. S'il attaque encore, c'est lorsqu'il trouve sur la ligne qu'il parcourt l'occasion de satisfaire sa rage; mais il n'est plus assez excitable pour changer de direction et aller à la rencontre d'un animal ou d'un homme qui ne se trouvent pas immédiatement à la portée de sa dent. Sans doute aussi que sa vue obscurcie et son flair émoussé l'empêchent d'être aussi impressionnable qu'il l'était auparavant.

Bientôt son épuisement est tel qu'il est forcé de s'arrêter; alors il s'accroupit dans les fossés des routes et y reste somnolent pendant de longues heures. Malheur à l'imprudent qui ne respecte pas son sommeil : l'animal, réveillé de sa torpeur, récupère alors souvent assez de force pour lui faire une morsure. Que d'enfants ont péri pour avoir commis cette imprudence.

Quand un chien enragé meurt de sa mort, il meurt par le double fait d'une paralysie lente et de l'asphyxie.

Il ne saurait entrer dans mes intentions de vous énumérer et encore moins de vous décrire les altérations que l'on peut constater dans le cadavre d'un chien mort de la rage. Aussi bien, du reste, ce ne serait pas chose très-utile, car il n'y a rien dans le cadavre du chien enragé, rien de connu tout au moins quant à présent, qui donne l'explication des singuliers symptômes par lesquels la maladie s'exprime. Toutefois, il est un fait sur lequel il me paraît très-important de fixer une nouvelle fois votre attention, je veux parler des matières dont on peut constater la présence dans l'estomac. La rage, vous le savez, donne lieu à une étrange dépravation de l'appétit ; le chien enragé déglutit une foule de corps étrangers à l'alimentation. Si donc on rencontre dans l'estomac d'un animal de cette espèce un mélange de foin, de paille, de crins, de lambeaux d'étoffes, de cuir, de cordages, d'étoupes, d'excréments, de terre, de feuilles, de gazon, de pierres, de verre et de restes d'aliments, on peut affirmer, sans crainte d'erreur, que le chien est mort enragé, car c'est la rage seule qui détermine un animal de cette espèce à ingurgiter les matières si étrangement disparates dont je viens de faire l'énumération. Mais il peut se faire qu'elles aient été rejetées par le vomissement, et que l'on ne constate dans l'intestin que quelques parcelles de ces matières. Dans ce cas, la membrane intérieure de l'estomac conserve la trace de leur passage ; elle est fortement injectée de sang, au point de présenter une teinte presque noire, et la cavité qu'elle tapisse contient du sang en nature mélangé à de la bile. Ce sont là des signes d'une grande importance, qui établissent une forte présomption de l'état rabique : et cette présomption devient à peu-près certitude lorsqu'il résulte des renseignements recueillis que l'animal, dont l'estomac a présenté les caractères dont je viens de parler, s'est livré à des sévices sur les hommes et sur les bêtes.

Ici se termine ce que je me proposais de vous dire de la rage du chien, considérée au point de vue de sa symptomatologie, pendant et après la vie.

Quelques mots maintenant de celle du chat, cet autre animal qui est aussi notre commensal de tous les jours, et vit avec nous dans des rapports d'assez étroite intimité. Lui aussi peut contracter la rage, mais heureusement que c'est un fait assez rare, car le chat enragé est autrement terrible que le chien et autrement dangereux.

De fait, lorsque le chat est enragé, sa nature de tigre se réveille. Ses grands yeux deviennent fulgurants et expriment une indicible férocité ; rien d'effrayant comme de le voir dans sa cage, la gueule béante et baveuse, le dos voûté et la queue battant ses flancs ; ses griffes sorties et tendues rendent sa marche difficile ; elles s'accrochent au parquet et y laissent leur empreinte. Quand on se présente devant lui, l'animal se lance vers vous d'un seul bond, aussi élevé que lui permet la hauteur de sa cage, et visant évidemment à votre figure, car c'est toujours là qu'il s'attaque de préférence lorsque, libre, il subit l'impulsion rabique et se livre aux sévices qu'elle lui commande. Le chat enragé ne connaît plus de maîtres. Cet animal, plutôt apprivoisé que profondément domestiqué, retrouve tous ses instincts féroces lorsque la rage s'en est em-

paré et s'y abandonne aveuglément ; bien différent en cela, comme en tant d'autres choses, du chien, qui est tout dévouement pour ses maîtres, et trouve dans le sentiment affectueux qu'il leur porte la force de dominer, pendant longtemps, ces instincts de férocité que l'état rabique a développés fatalement en lui ; qui même, vous le savez, plutôt que de leur obéir, fuit, quand il le peut, le toit domestique, et va assouvir ailleurs la rage qui le maîtrise. Le chat aussi disparaît lorsqu'il est sous le coup de la rage, par sauvagerie sans doute plutôt que par dévouement, et s'en va mourir dans quelque recoin obscur des greniers ou des caves.

Il est infiniment probable ou pour mieux dire certain que la rage du chat est précédée, comme celle du chien, d'un ensemble de signes précurseurs qui doivent mettre en garde contre les accidents à venir. Mais cette maladie est tellement rare que je ne l'ai jamais observée à sa période initiale, dont je ne saurais vous parler conséquemment avec une connaissance complète de cause. L'analogie permet d'admettre, cependant, que le chat, avant de devenir agressif par la force décisive de l'impulsion rabique, passe par une période de tristesse sombre, d'inquiétude, d'agitation, qui doit d'autant plus frapper l'attention que cet animal est, de sa nature, assez somnolent, et qu'il passe volontiers la plus grande partie de sa vie dans les douceurs d'un repos continu. Donc il y a lieu de se méfier grandement d'un sujet de cette espèce, qui, contrairement à des habitudes que l'on peut appeler séculaires dans nos races domestiques, devient tout à coup inquiet, se livre à des mouvements sans causes, et exprime par ses attitudes et son facies quelque chose d'insolite ; et il n'est jamais trop tôt, en pareil cas, de prendre des mesures de précautions et de se rendre maître de l'animal par une étroite et sûre séquestration.

Nous voilà arrivés, mesdames et messieurs, à la fin des développements que comporte la description des symptômes caractéristiques de la rage du chien tout particulièrement. Si j'ai cru devoir donner à ces développements une grande étendue, c'est que, ainsi que je le disais dans l'enceinte de l'Académie de médecine, il y a quelques années : « Dans un grand nombre de circonstances, le plus grand nombre peut-être, les accidents rabiques qui viennent trop souvent jeter dans la société l'inquiétude, les angoisses prolongées et les plus profonds désespoirs, procèdent surtout de ce que les possesseurs et détenteurs des chiens, dans l'*inscience* où ils se trouvent, faute d'avoir été suffisamment éclairés, ne savent pas se rendre compte des *premiers* phénomènes par lesquels se traduit l'état rabique du chien, état presque-toujours inoffensif au début ; profiter des avertissements que leur donnent par des signes non douteux et facilement intelligibles leurs malheureux animaux, et prendre enfin à temps les mesures à l'aide desquelles il leur serait possible de prévenir des désastres menaçants. L'*inscience*, ajoutai-je en empruntant à Montaigne cette vieille expression qui n'aurait pas dû être rayée de notre vocabulaire, l'inscience, voilà la cause du mal, voilà ce à quoi il faut remédier. »

J'y tâchai, pour ma part, dès cette époque, en exposant, comme je viens de le faire ici, les symptômes de la rage canine dans un rapport académique qui eut un grand retentissement, en raison de l'importance du sujet, et qui fut reproduit en substance ou par analyse dans presque tous les journaux.

J'ai des motifs de croire que cette divulgation n'a pas laissé d'être utile ; et, pour vous en convaincre, je ne puis résister à la satisfaction de vous faire connaître quelques-uns des cas où les instructions puisées dans mon rapport et répandues par les mille et une voix de la publicité ont eu pour résultat d'épargner les plus grands malheurs à ceux qui avaient su les lire et les comprendre.

Le premier fait sur lequel j'appelle votre attention m'a été communiqué de Trébizonde à la date du 27 octobre 1864. Il s'agit d'une chienne nommée *Lipa*, sur laquelle son maître, alors consul de France dans cette ville, a reconnu la rage dans les circonstances émouvantes que voici :

« Avant-hier matin, dit l'auteur de la relation que j'ai sous les yeux, j'ai eu des soupçons sur Lipa *en l'entendant aboyer d'une manière étrange.* Je l'ai enfermée par précaution, bien que rien ne me parût altéré dans ses allures habituelles... Hier, il n'y avait rien de changé dans son état normal, *sauf qu'elle paraissait inquiète et préoccupée quand je la faisais sortir.*

» Je l'ai de nouveau séquestrée, en défendant formellement à mes domestiques de la laisser libre à aucun prix. Ce matin, au point du jour, malgré cette défense expresse, l'un d'eux, *lui trouvant une apparence de santé et de vivacité ordinaire, s'est empressé de la lâcher. Une fois libre, elle s'est échappée par les toits,* en faisant pour cela des bonds prodigieux, dont je ne puis encore me rendre compte, et elle s'est introduite *par la fenêtre dans une maison assez voisine, où elle a mordu un petit chien de trois mois qu'elle est allée trouver sur un sofa.*

» Après cela, Lipa est rentrée chez moi pendant que j'étais encore au lit, s'est attachée à moi sans que je pusse m'en débarrasser, fixant des yeux hagards et d'une expression terrible tantôt sur mes mains, tantôt sur mon visage. Tout le monde chez moi se sauvait, car, il n'y avait plus de doute, Lipa était enragée. Je n'ai pas perdu mon sang-froid, et me suis bien gardé de le prendre autrement que par la douceur. Elle m'a suivi partout, dans les chambres, dans l'escalier, sur la terrasse, dans le jardin ; impossible de l'éloigner. A la fin, j'ai pu l'enfermer dans le jardin, mais elle a commencé à ronger la balustrade. Un domestique s'est alors dévoué et l'a ramenée dans sa chambre, qui a une entrée sur le jardin. Au bout de quelques minutes, Lipa a sauté par une lucarne étroite située à plus de six pieds au-dessus du sol, et elle a fait invasion dans ma chambre comme une furieuse, guettant mes mains comme pour les happer. Cette fois encore je n'ai pas perdu mon sang-froid, et je l'ai emmenée hors de ma chambre, toujours en lui parlant doucement. Dès ce moment je n'ai pas hésité à la faire tuer : une première balle lui a traversé la poitrine *sans qu'elle proférât le moindre cri.* Elle s'est alors élancée dans différents sens : une deuxième balle l'a renversée. On la croyait morte, mais elle s'est élancée d'un seul bond sur le premier qui l'a approchée, et il a fallu deux autres balles pour l'achever.

» Quelque temps auparavant elle s'était jetée sur son petit et l'avait mordu avec une fureur et un acharnement dont on ne peut se faire une idée. Presque au même moment elle s'était précipitée sur le courrier de la délégation de Téhéran, et lui avait arraché une partie de ses habits, mais fort heureusement sans le mordre lui-même.

» J'ai passé, dit l'auteur de cette relation, une heure d'angoisses inexprimables. Je ne craignais pas pour moi, je savais que Lipa me respecterait si je ne la maltraitais pas, mais j'étais dans des transes pour les autres, la voyant mordre tout ce qui était à sa portée : son lit, qu'elle a mis en charpie, la porte de sa chambre, qu'elle a creusée avec ses dents, la terre même du jardin, partout elle a laissé la trace de ses dents.

» Lipa avait été mordue deux mois auparavant, ainsi que son petit, par une chienne qui n'avait pas d'apparence suspecte, mais que l'on avait abattue peu après. La place de la morsure avait été lavée avec de l'eau de savon, et l'on n'avait attaché aucune importance à cet accident, car on n'avait aucun soupçon de la rage chez la bête qui l'avait causé. »

Je vous ai communiqué cette observation avec quelques détails parce que, à tous les points de vue, elle présente un grand intérêt : cette chienne qui dénonce son mal par son *aboiement* qui paraît *étrange* à son maître ; qui se montre inquiète et préoccupée *quand on la sort* ; que son maître a la prudence de *séquestrer*, dès les premiers signes anormaux qu'elle présente ; que les domestiques s'empressent de lâcher,

malgré les ordres reçus, parce qu'elle a toutes *les apparences de la santé* ; qui, *une fois libre, se sauve* et va *s'attaquer à un chien* dans une maison voisine ; qui rentre, *après cet accès,* sous le toit domestique, *fixe sur son maître des yeux dont l'expression est étrange, mais ne se montre pas agressive pour lui* ; qui s'attache à lui et le suit partout avec obstination ; qui, enfermée dans un jardin, *entre en rage* ; qui respecte le domestique qui la ramène au milieu de cet accès ; qui se précipite, furieuse, chez son maître, et *cependant ne le mord pas* ; qui s'attaque avec acharnement à son *petit* et *à un homme étranger,* entrant dans la maison ; *qui ne pousse pas un seul cri* sous les blessures des balles, etc., etc. Voilà un ensemble de symptômes qui prouve que la rage est identique avec elle-même sur les bords de la mer Noire et sur ceux de la Seine. Mais il y a quelque chose de plus important encore dans cette observation que la fidélité avec laquelle elle est relatée, c'est le discernement dont le maître de Lipa a fait preuve, le sang-froid qu'il a conservé vis-à-vis d'elle, la manière habile dont il a su la maîtriser par la douceur, les mesures, enfin, qu'il a prescrites, pour l'empêcher de nuire : la séquestration d'abord, l'abatage ensuite. Eh bien, mesdames et messieurs, si ce maître si intelligent de Lipa a suivi une si bonne ligne de conduite, dans la difficile occurrence où il s'est trouvé, et a prévenu ainsi des malheurs dont, ainsi qu'il le dit lui-même, on ne peut mesurer l'étendue, savez-vous à qui il le doit ? Lui-même va nous l'apprendre : « Quel bonheur, s'écrie-t-il » à la fin de sa lettre, que le traité de M. Bouley sur la rage » se soit trouvé chez moi, que je l'aie lu et que j'en aie pro- » filé ! sans l'éveil que j'ai eu dès le mardi, *je n'aurais jamais* » *eu le moindre soupçon.* »

J'aurais mauvaise grâce à dissimuler la grande satisfaction que m'a fait éprouver cette communication du consul de Trébizonde, puisque cette satisfaction n'est autre, après tout, que celle d'avoir été utile.

Voici maintenant deux autres circonstances où la divulgation des symptômes de la rage par la presse quotidienne eut cette heureuse conséquence de faire séquestrer des chiens enragés à la période initiale de leur maladie et de prévenir ainsi les malheurs qu'ils auraient pu causer. J'extrais ces deux observations d'un discours que j'ai prononcé en 1864 à l'Académie de médecine, dans la discussion à laquelle mon rapport a donné lieu.

Il s'agit de deux chiens entrés le même jour, comme enragés, dans les hôpitaux de l'école d'Alfort, où j'étais alors professeur.

L'un de ces chiens, un *bull* de forte taille, appartenait à un marchand de vin du pays ; cet animal, très-doux de sa nature, malgré sa race et ses habitudes de combat, se montra nullement agressif lorsqu'on me le présenta. Il était, au contraire, extrêmement caressant, et ce qui me le fit suspecter à première vue, ce fut, outre l'expression toute particulière de son regard, la tendance excessive qu'il avait à caresser, tendance qu'il exprimait par les mouvements incessants de sa langue, lorsqu'on l'approchait. Qu'est-ce qui mit en garde le propriétaire de ce chien, encore inoffensif ? La veille, *il avait mordu avec une certaine persistance un sac de toile qui était à sa portée.* En dehors de cela rien de particulier pour lui.

Mais, d'après les communications faites à la tribune de l'Académie, les symptômes de la rage avaient été divulgués par le plus grand nombre des journaux de Paris et de la province. Dans ce cas particulier, le propriétaire de l'animal était en garde. Il comprit la signification d'un fait qui, avant qu'il fût éclairé, lui eût paru de nulle importance, et le chien put être enfermé dans cette période première de la maladie, où, s'il était offensif, il ne l'était que par ses caresses et non pas par ses morsures.

L'autre chien, dont je veux vous parler, appartenait à la catégorie des familiers ; c'était un petit roquet de douze ans auquel son maître tenait beaucoup. La lettre d'envoi de cet animal à l'École spécifiait les faits suivants : « Grande agita- » tion du malade *depuis huit jours ; appétit nul* ; *sentiment* » *affectueux développé à l'excès.* Pendant que son maître man- » geait du raisin, un grain tomba par terre, le chien le happa » et l'avala. La grappe lui fut jetée, il la dévora. Quand on » l'enferme dans une des pièces de l'appartement on l'en- » tend pousser un hurlement saccadé, inhabituel, dont le » timbre diffère de l'aboiement ordinaire du sujet. »

Cet animal continuait, du reste, à être doux, inoffensif pour tout le monde.

Voilà bien un ensemble de symptômes qui devait éclairer un homme prévenu.

L'idée de rage vint effectivement à l'esprit de la personne à laquelle ce chien appartenait, parce qu'elle avait lu les symptômes de cette maladie dans un feuilleton de journal, qu'elle avait conservé prudemment, comme pièce bonne à consulter dans l'occasion. On voit que, pour son grand bien et celui des autres, cette personne a su mettre à profit l'enseignement qu'on lui avait communiqué.

H. Bouley.

— La fin très-prochainement. —

COLLÉGE DE FRANCE

MÉDECINE EXPÉRIMENTALE (1)

COURS DE M. CLAUDE BERNARD

de l'Institut de France et de la Société royale de Londres

VIII

L'asphyxie par la vapeur de charbon (suite)

En 1771, Portal, professeur au Collége de France, fit un cours de physiologie expérimentale qui fut publié plus tard par un de ses élèves (2).

C'est en l'année 1774 que l'attention de Portal fut portée sur l'asphyxie par la vapeur de charbon. Il y fut amené par un rapport dont le chargea l'Académie des sciences, sur un cas d'asphyxie qui se présenta cette année à Paris (3).

C'est à cette occasion que Portal étudia expérimentalement sur des animaux la question de l'asphyxie par la vapeur de charbon. Il fut suivi dans ce travail par deux Italiens ses élèves,

Troja et Carminati, qui, plus tard, retournèrent en Italie et firent des expériences importantes sur ce sujet.

A l'époque dont je parle, vers la fin du siècle dernier, la physiologie expérimentale recevait une impulsion féconde. Il suffit de dire que Haller, Spallanzani, Fontana et beaucoup d'autres encore l'enrichissaient de leurs expériences immortelles sur lesquelles est venue se fonder la physiologie moderne.

Après ce court préambule, arrivons à l'étude expérimentale de l'asphyxie par le charbon, et voyons comment il convient d'y procéder. La méthode est très-simple. Elle consiste à reproduire sur des animaux les phénomènes de l'asphyxie observés sur l'homme, afin d'en étudier le mécanisme au moyen de conditions variées dans lesquelles on pourra placer les animaux, en les sacrifiant à toutes les périodes de la maladie asphyxique. Les expérimentateurs qui ont étudié l'asphyxie ont réalisé ces expériences en plaçant les animaux dans des chambres ou dans des espaces de capacité différente, clos plus ou moins complétement, et dans lesquels on fait directement brûler de la braise ou bien parvenir la vapeur due à la combustion de charbon placé au dehors.

Nous allons employer ce dernier procédé dans les expériences que nous exécuterons devant vous. Vous voyez ici un appareil dans lequel brûle du charbon de bois. Les gaz provenant de sa combustion sont recueillis par un entonnoir métallique que l'on pose au-dessus du fourneau, et amenés par le tube qui termine cet entonnoir dans une sorte de grande caisse ou de petite chambre vitrée sur une des faces, de manière à pouvoir observer ce qui s'y passe. La capacité de cette petite chambre mesure environ un mètre cube ; elle n'est pas exactement close, mais au contraire ventilée par un courant d'air ; par le tube la vapeur de charbon arrive et il existe en haut de la caisse un tube de même diamètre par lequel l'air peut s'échapper. On avait cru qu'il fallait que les chambres fussent hermétiquement closes pour que l'asphyxie eût lieu ; il n'en est rien, car on a vu des personnes asphyxiées dans des chambres dont des carreaux étaient cassés. Néanmoins nous verrons plus tard que les phénomènes de l'asphyxie peuvent un peu varier dans ces conditions différentes de l'asphyxie.

Nous allons d'abord vous montrer l'expérience brute en quelque sorte, et dans toute sa complexité : nous introduisons à la fois dans notre caisse divers animaux sur lesquels nous voulons expérimenter, un pigeon, un cochon d'Inde et un lapin.

En regardant par la paroi vitrée de la caisse, nous remarquons d'abord une sorte d'inquiétude chez ces animaux, bientôt ils tombent sur le flanc sans pouvoir se relever ; le pigeon a été pris d'abord, le cochon d'Inde et le lapin sont tombés ensuite, mais le cochon d'Inde un peu plus tôt. Il y a un peu d'agitation chez ces animaux, comme s'ils voulaient se relever. Bientôt cette agitation cesse, et alors la respiration devient lente et difficile, comme saccadée et diaphragmatique.

Ainsi que vous venez de le voir, il a suffi, dans les conditions où nous sommes placés, de cinq à six minutes pour asphyxier ces trois animaux. La durée de l'asphyxie dépend, bien entendu, de la quantité de gaz toxique dégagée. Mais en même temps que ces trois animaux qui sont morts, nous avions mis aussi dans la caisse un animal à sang froid, une grenouille. Vous voyez qu'elle n'en a pas été affectée ; elle pourrait même rester encore quelque temps sous l'influence de ces gaz sans manifester le moindre symptôme d'asphyxie.

---

(1) Voyez ci-dessus, pages 242, 313 et 332, 19 mars, 16 et 23 avril 1870.

(2) Lettre de M. Collomb, étudiant en médecine en l'Université de Paris, à M. Collomb, médecin à Lyon, sur un cours de physiologie expérimentale, fait cette année 1771, au Collége de France, par M. Portal. Nouvelle édition, revue et augmentée d'autres cours du citoyen Portal, par le citoyen N***, l'un de ses disciples. — Paris, 1800.

(3) Rapport sur la mort du sieur Le Maire et sur celle de son épouse, marchands de modes à l'enseigne de la *Corbeille galante*, rue Saint-Honoré, causée par la vapeur de charbon, le 3 août 1774.

Dans cette expérience, nous nous sommes mis dans les meilleures conditions possibles pour la réalisation la plus rapide de l'asphyxie. Nous avons laissé périr les animaux, mais nous aurions pu, si nous avions voulu, ainsi que vous le verrez plus tard, ne pas laisser la mort survenir et retirer l'animal à diverses périodes de l'intoxication, afin de nous rendre compte des divers symptômes asphyxiques et d'étudier le mécanisme du retour à la vie.

Maintenant que nos animaux sont morts, il nous faut examiner quel est l'état de leurs organes encore chauds, et rechercher si nous pouvons y découvrir la cause de la mort.

Avant d'en venir aux expériences qui nous sont propres, nous voulons vous signaler les observations faites par divers expérimentateurs avant nous. J'essayerai en même temps de faire la critique expérimentale des faits, ce qui est aujourd'hui un des points les plus importants à développer dans les sciences physiologiques et médicales. En effet, on accumule tous les jours des observations et des expériences qui arrivent à des conclusions contradictoires. Comment sortir de l'obscurité qui en résulte pour la science, si ce n'est en éclairant ces expériences les unes par les autres ; car au fond, la vérité est une et les divergences ne peuvent provenir que des conditions diverses dans lesquelles les expérimentateurs se sont trouvés placés.

Suivons l'ordre chronologique : les premières expériences que nous trouvons sont celles de Troja et de Portal.

Dans les recherches qu'il fit sur l'asphyxie par le charbon, Troja se servit d'un appareil analogue à celui que vous nous voyez mettre ici en usage. Il renfermait les gros animaux (chiens) dans une grande caisse de bois qui était pourvue de deux fenêtres de verre aux deux côtés opposés. Elle contenait 17 496 pouces cubiques d'air ; et une chandelle ordinaire de suif s'y éteignait en une heure. Pour les petits animaux (oiseaux, grenouilles), Troja avait une boîte plus petite ne mesurant que 100 pouces cubiques d'air.

Troja examine successivement les effets qui précèdent et ceux qui suivent la mort des animaux. Pour les examiner plus exactement, dit-il, et pour avoir le temps de remarquer successivement tous les phénomènes, j'ai excité une très-lente moffette qui se communiquait dans l'intérieur de la caisse par le moyen d'un entonnoir de fer-blanc appliqué sur un petit fourneau. Cependant dans d'autres circonstances, ajoute-t-il, j'ai allumé le charbon dans l'intérieur de la caisse même. Il faut toutefois noter une différence importante entre notre appareil et celui de Troja : dans le nôtre, il y a un courant d'air constamment renouvelé, tandis que dans celui de Troja la caisse est hermétiquement close et s'oppose à tout renouvellement d'air.

Quant aux phénomènes qui précèdent la mort, Troja les divise en quatre époques. Dans la première, les animaux ont de l'inquiétude, de la pesanteur de tête, de la somnolence ; puis ils s'agitent, cherchent à fuir et tombent sur le côté. Dans la seconde, il y a des mouvements convulsifs, émission d'urine et d'excréments ; il y a des gémissements, des vomissements. La respiration devient gênée, le pouls s'accélère, de même que la respiration ; les inspirations sont brusques et violentes. Dans la troisième période, les difficultés de la respiration deviennent encore plus grandes ; il semble même que les efforts respiratoires sont infructueux, et qu'il ne pénètre plus d'air dans les poumons ; on remarque de petites convulsions, la bouche est ouverte et la langue de l'animal en dehors. Enfin, dans la quatrième période l'animal cesse de vivre ; et cela arrive, dit Troja, selon l'intensité de la moffette après 6, 10, 15, 20 minutes. Il ajoute une réflexion singulière, c'est que, dit-il, on a bien de la peine pour étouffer les lapins. Il y a encore, dit-il en terminant son tableau des symptômes asphyxiques, des différences entre deux animaux (lapins), avec toutes circonstances égales. Nous ne saurions admettre, bien entendu, d'après nos principes, cette proposition. Les circonstances ne pouvaient être égales qu'en apparence, mais non en réalité.

Quant aux lésions qui suivent la mort, Troja porta tout d'abord son attention sur les systèmes vasculaires et pulmonaires ; il dit que chez les animaux suffoqués ou morts par asphyxie, les poumons sont percés, et il prouve cette assertion par des expériences nombreuses et très-précises dans leurs détails. Il a dit aussi qu'il avait observé dans ces cas que le sang était spumeux et qu'il existait quelques bulles d'air dans le cœur.

Nous ne sommes pas d'accord en cela avec Troja. Voici, par exemple, un des animaux que nous venons d'asphyxier devant vous, et vous ne trouverez pas la moindre perforation dans les poumons, ni aucune bulle d'air dans le cœur.

Portal, du reste, a cherché aussi, mais en vain, à constater ces perforations indiquées par Troja. Il n'a jamais pu y réussir, il l'avoue ; mais il reconnaît en même temps que Troja est un expérimentateur très-habile, et il est convaincu qu'il a réellement vu ce qu'il indique ; seulement il ne comprend pas comment cela a pu se faire. Je vous indiquerai bientôt la cause de ces divergences dans ces résultats d'expériences.

Mais poursuivons encore les recherches de Troja. En se basant sur ses observations, il arrive à diviser les animaux en deux catégories sous le rapport de l'asphyxie, et il dit : les animaux à sang chaud meurent par lésions des poumons, tandis que les amphibies meurent par lésions du système nerveux.

Pour expliquer la lésion pulmonaire, il admet que la vapeur de charbon une fois entrée par la trachée, passe par les extrémités bronchiques, pénètre dans le sang qui se rend dans le ventricule gauche par la veine pulmonaire, et enfin occasionne la mort, soit par un arrêt de la circulation, soit en réagissant d'une manière particulière sur le système nerveux.

Troja a, du reste, de singulières idées sur la respiration : il semble supposer que l'air existe dans le sang à l'état de fluide élastique qu'il y conserve des propriétés physiques, et qu'il passe en nature et directement des bronches dans le sang et dans le ventricule gauche.

Pour asseoir son raisonnement, il invoque des expériences faites sur des animaux. Et, en effet, il avait remarqué que si l'on insuffle fortement de l'air dans la trachée-artère au moyen d'un soufflet, par exemple, cet air pénètre en nature dans le sang de la veine pulmonaire.

Il admet donc le passage de l'air en nature dans le sang et directement par les extrémités bronchiques. Cependant il n'avait pu réussir dans l'état normal à trouver de l'air dans le sang du cœur, tandis qu'il en rencontrait, dit-il, dans le cœur et dans les vaisseaux après l'asphyxie par la vapeur de charbon.

Or, voici les conclusions qu'il tire de ces observations. Dans l'état normal, il admet que le sang consume totalement l'air qui a traversé le poumon, mais qu'il n'a pas la propriété de consumer de même les vapeurs méphitiques du charbon, lesquelles, restant alors à l'état d'air élastique dans les vaisseaux et le cœur, déterminent la mort.

Les faits observés par Troja sont observables et réalisables, dans certaines circonstances, mais les explications qu'il en donne sont mauvaises ; et pouvait-il en être autrement à une époque où les mémorables expériences de Lavoisier sur la combustion et la respiration n'étaient pas encore faites ?

Maintenant, il reste à déterminer dans quelles circonstances les phénomènes observés par Troja peuvent se rencontrer. Si nous trouvons des divergences dans les observations de Portal et de Troja, cela vient de ce qu'ils ont expérimenté chacun de leur côté et dans des conditions toutes différentes.

On voit, en effet, d'après les descriptions très-détaillées que Troja donne de ses expériences, que les animaux sur lesquels il opérait, mouraient lentement sous l'influence des vapeurs du charbon et peut-être aussi sous l'influence d'air vicié et appauvri par la respiration elle-même, puisque, ainsi que nous le savons, sa caisse était exactement fermée. Les animaux, ainsi que le répète Troja à diverses reprises, exécutaient des mouvements respiratoires extrêmement profonds et comme à vide, c'est-à-dire, sans que l'air pût pénétrer dans les poumons. Or, il est certain que dans ces efforts inspiratoires violents, le tissu du poumon peut se briser, se déchirer. J'ai vu, en effet, que lorsque les animaux respirent dans de telles conditions, leur poumon devient emphysémateux. Il est facile de donner promptement lieu aux mêmes lésions par la section du pneumogastrique : dans ce cas comme dans l'asphyxie, la respiration devient peu à peu de plus en plus lente et difficile, et le poumon se déchire, comme je l'ai constaté, sous l'influence des efforts respiratoires et devient emphysémateux. — Les jeunes lapins se prêtent très-bien à cette expérience, et dans la section des pneumogastriques chez ces animaux, on observe des ecchymoses exactement comme le rapporte Troja dans ses expériences sur l'asphyxie.

Si, au contraire, les animaux soumis à la vapeur du charbon sont asphyxiés rapidement et si la mort survient très-vite sans que des efforts respiratoires prolongés aient eu lieu, on n'observe plus aucune de ces lésions. Les conditions mêmes de l'expérience ayant changé, le résultat devient différent.

Quant au passage direct de l'air dans le ventricule gauche, on l'a quelquefois observé, même chez l'homme, après des efforts considérables faits pour respirer. On a vu quelquefois aussi l'air passer du cœur droit dans le cœur gauche. En résumé, toutes les fois que la respiration est gênée, les poumons s'altèrent, et c'est par cela, suivant moi, que toutes les expériences de Troja s'expliquent très-facilement. Mais on se tromperait complétement, si l'on cherchait comme lui à rattacher les altérations organiques à la mort par asphyxie de la vapeur de charbon ; ce sont des phénomènes accidentels, en quelque sorte, et entièrement étrangers à l'asphyxie par la vapeur de charbon considérée en elle-même.

Pour ce qui regarde la couleur du sang chez les animaux asphyxiés par la vapeur de charbon, Troja a fait une observation très-exacte, bien qu'elle soit encore en complet désaccord avec les observations et les opinions de Portal. Il a constaté, en effet, que le sang d'un animal asphyxié par le charbon était rouge pourpre, dans tout le système circulatoire, et que le sang veineux ne pouvait plus se distinguer du sang artériel. Il dit avoir fait particulièrement cette observation quand il plaçait le réchaud de charbon dans la chambre où était l'animal ; ce qui dépend peut-être de ce que l'asphyxie était plus rapide et l'air moins vicié et appauvri par la respiration. Je ne fais, du reste, que vous signaler ici le fait sur lequel nous reviendrons plus tard.

Il me reste encore quelques mots à vous dire sur les opinions particulières que Portal s'était faites relativement à la cause de la mort par asphyxie due à la vapeur de charbon. Il admettait, comme Troja, que la présence de la vapeur de charbon à l'état de gaz élastique dans les vaisseaux pouvait être une cause de mort ; mais il supposait aussi que cette vapeur méphitique agissait directement sur le cœur comme un poison stupéfiant. Voici les expériences qu'il fit à ce sujet. Il prit deux grenouilles dont le cœur avait été mis à nu et battait encore, et il en plaça une dans la vapeur de charbon : il vit que son cœur cessait de battre bien avant celui de l'autre grenouille laissée à l'air. Il ajoute aussi que chez les grenouilles le cœur cesse plus vite de battre sous l'action de la vapeur de charbon, lorsque l'animal n'était pas décapité, que lorsqu'il l'était. Il fait remarquer à ce sujet que l'opium agit également plus vite sur le cœur chez une grenouille décapitée. D'où il conclut que la vapeur de charbon agit comme un poison stupéfiant, et qu'elle tue en agissant sur les nerfs et les muscles, et en allant passer par le cerveau. Ce sont là des analyses physiologiques vraiment étonnantes pour le temps ; car elles semblent signaler réellement le mécanisme des actions réflexes.

Les opinions de Portal sont donc différentes de celles de Troja, relativement au mécanisme de la mort par la vapeur de charbon, et nous pouvons dire, dès à présent, que les opinions de ces deux auteurs ne sont vraies ni l'une ni l'autre.

Cependant, ils se sont adressés à l'expérimentation, et je vous ai cité leurs expériences pour vous montrer combien il était difficile d'arriver immédiatement à la connaissance de la vérité. Il ne suffit donc pas d'expérimenter, mais il faut faire de bonnes expériences, et suivre une méthode qui les dégage de leur cause d'erreur. Il faut de plus que les secours des connaissances physico-chimiques qui sont indispensables pour analyser certaines questions, soient développés pour que l'expérimentation soit lumineuse. Vous voyez donc combien la méthode expérimentale offre de difficultés. Aussi la science physiologique et médicale ne saurait se constituer en un jour, et ce n'est que par des efforts successifs et persévérants qu'on arrive à la connaissance exacte de la vérité.

FACULTÉ DE MÉDECINE DE PARIS. — M. Chauffard est présenté en première ligne, au premier tour de scrutin, pour la chaire de pathologie générale, par 14 voix contre 13 données à M. Potain, et 1 bulletin blanc.

M. Potain, qui était le seul concurrent de M. Chauffard, est présenté en seconde ligne.

Le propriétaire-gérant : GERMER BAILLIÈRE.

REVUE

DES

COURS SCIENTIFIQUES

DE LA FRANCE ET DE L'ÉTRANGER

SEPTIÈME ANNÉE	NUMÉRO 23	7 MAI 1870

La réouverture de la Faculté de médecine de Paris a eu lieu lundi dernier et le cours de M. Tardieu s'est fait deux fois déjà, le lundi et le mercredi. On n'a laissé entrer dans l'amphithéâtre qu'avec des cartes spéciales délivrées *ad hoc* par le secrétariat de la Faculté qui conservait les noms des porteurs. Grâce à cette mesure, exécutée avec beaucoup de soin, les deux leçons ont put se faire devant 200 personnes, assez généralement sympathiques au professeur. La cour de l'École était fermée. Sur la place stationnaient 1000 à 1500 élèves surveillés par un officier de paix et une nombreuse brigade de sergents de ville qui ne se sont livrés à aucune agression. A la sortie de M. Tardieu, cette foule l'a reçu avec plusieurs bordées de sifflets coupés par quelques applaudissements. Mercredi la foule était moins nombreuse que lundi et les sifflets moins intenses.

Sans doute, ce n'est point encore là une situation normale. Le cours n'a pu se faire qu'avec un chaperon. Mais il est évident que les esprits sont bien plus calmes ; et la suspension des cours a produit en grande partie les effets bienfaisants qu'on en attendait. Nous comptons sur le bon esprit des étudiants en médecine pour laisser tomber une agitation inutile qu'on peut exploiter au profit des idées qui leur sont les moins chères.

Depuis les travaux d'Edward Forbes sur les animaux marins vivant à de grandes profondeurs, les draguages sont devenus l'occupation favorite d'un grand nombre de naturalistes anglais. M. W. B. Carpenter, notamment, a dirigé avec le concours de MM. Wyville Thomson et Gwyn Jeffreys plusieurs expéditions scientifiques dans la mer du Nord qui ont été très-fécondes en grands résultats scientifiques. Nos lecteurs n'ont pas oublié la conférence dans laquelle M. W. B. Carpenter a exposé ces résultats l'année dernière. Nous publierons prochainement une seconde conférence qui complète la première par le récit de la dernière campagne.

Les Scandinaves se sont aussi beaucoup occupés de l'exploration sous-marine de leurs côtes, surtout les Sars père et fils. Les Suédois ont envoyé au Groenland et au Spitzberg, une expédition pendant laquelle des draguages ont révélé l'existence d'animaux à plus de 2200 brasses de profondeur au-dessous du niveau de la mer. Pendant l'hiver de 1866 à 1867, le *Civil survey*, sous la direction de M. Peirce, a continué les recherches sur le Gulf-Stream entreprises par M. Bache. MM. Pourtalès et Mitchel, chargés de cette tâche, ont donné en même temps plusieurs coups de dragues à d'assez grandes profondeurs entre la Floride et Cuba. Le *Civil survey* possé-

dait déjà une collection assez complète des fonds de la mer, depuis la côte jusqu'au sud-est du Gulf-Stream. Cette bande, s'étendant jusqu'à une profondeur de 1500 brasses, comprenait toute la côte des États-Unis depuis la Floride jusqu'à New-York. Cette première expédition de MM. Pourtalès et Mitchel, la seule où la drague ait été employée, démontra l'existence d'une faune vivant à de grandes profondeurs aussi variée et aussi abondante en espèces que près des bords. Ces travaux furent publiés par M. Pourtalès dans le *Bulletin du Musée de Cambridge*, en décembre 1867, après qu'il les eut exposés à l'Académie nationale à Northampton pendant l'été 1867.

Les résultats si intéressants obtenus par cette première expédition engagèrent M. Peirce de détacher une seconde fois M. Pourtalès pour compléter ses premières recherches. Une seconde expédition pendant l'hiver de 1867 à 1868 fit donc une exploration un peu plus étendue dans les mêmes régions et réussit à draguer jusqu'à 517 brasses ; elle confirma pleinement les aperçus fournis par les premiers draguages ; les principaux résultats sont publiés dans le *Bulletin du Musée de Cambridge*, décembre 1868. Enfin, une troisième expédition fut envoyée sur les mêmes parages pendant l'hiver de 1868 à 1869, et M. L. Agassiz se joignit à M. Pourtalès pour combler autant que possible les lacunes restées dans les premières recherches. Les collections rapportées de cette troisième expédition sont très-considérables ; les draguages descendirent jusqu'à 820 brasses, la plus grande profondeur du détroit entre la Floride et Cuba. Les faits les plus intéressants sont résumés par M. L. Agassiz dans son rapport général et préliminaire que nous publierons bientôt ; les rapports spéciaux paraissent dans le *Bulletin du Musée de Cambridge*. Un premier synopsis contenant les échinodermes a été publié par MM. Alex. Agassiz, Lyman, Pourtalès. Ce premier rapport sera suivi d'un travail préliminaire semblable, confié, pour les mollusques et les crustacés, à M. le docteur Stimpson de Chicago ; pour les bryozoaires au docteur Smitt, de Stockholm ; pour les éponges au professeur O. Schmidt, de Gratz ; pour les annélides au professeur E. Ehlers, de Erlangen. Les polypes et coralliaires seront étudiés par M. Pourtalès et les poissons par M. L. Agassiz. Ces travaux préliminaires seront suivis par des monographies plus détaillées accompagnées de planches, qui paraîtront dans les mémoires du *Civil survey* ou du Musée de Cambridge. Les travaux entrepris par le gouvernement américain sont les seuls jusqu'à présent qui ont pu être poursuivis plusieurs années de suite, et tout fait espérer que le *Civil survey* pourra continuer des recherches d'une si haute importance pour la zoologie et la paléontologie, et les étendre à l'étude complète du cours du Gulf-Stream.

Émile Alglave.

RÉUNION DES SOCIÉTÉS SAVANTES A LA SORBONNE

M. ÉMILE BLANCHARD

de l'Institut

Les travaux scientifiques des départements

Messieurs,

Aux jours de nos premières réunions, lorsqu'on montrait ici la part des membres des sociétés départementales dans le mouvement scientifique, plus d'une personne fit la remarque qu'on donnait éloge et récompense pour des travaux entrepris à une époque déjà un peu ancienne. Il était donc permis de craindre de voir bientôt le Comité dans l'obligation de restreindre son choix. Cette appréhension ne s'est pas justifiée. Près de dix années se sont écoulées depuis que les délégués des Sociétés savantes se trouvèrent réunis pour la première fois à la Sorbonne, et j'ai le bonheur de pouvoir déclarer que le Comité aurait été facilement entraîné à multiplier les récompenses. Des réserves ont été faites pour des œuvres très-récentes.

J'ai à vous entretenir, messieurs, des travaux publiés pendant le cours de l'année 1869, et j'ai le regret d'être dans la nécessité de m'occuper d'une façon presque exclusive de ceux que nous avons particulièrement distingués. Beaucoup d'autres, en effet, mériteraient de vous être signalés, mais les auteurs ne devront pas croire qu'ils sont oubliés. Nous attendons, pour les uns, l'achèvement d'un travail, pour les autres, un nouvel effort. Si nous passons aujourd'hui leur nom sous silence, c'est que nous avons l'espérance ou même la certitude d'avoir prochainement à les citer avec plus d'éclat.

La chimie est dignement représentée dans plusieurs de nos Sociétés savantes. Si jamais un doute avait pu exister à cet égard, on éprouverait en ce moment tout le plaisir d'une agréable surprise.

Les recherches de M. Filhol, de l'académie de Toulouse, sur la composition chimique des eaux minérales des Pyrénées, ont été depuis longtemps remarquées. Commencées il y a un certain nombre d'années, elles ont été poursuivies ou reprises par l'auteur, toutes les fois que s'est offerte l'occasion de les compléter, et mieux encore, toutes les fois que se laissait entrevoir la possibilité d'arriver à des résultats plus précis en recourant à l'emploi des méthodes d'analyse nouvellement introduites dans la science. Avant les travaux de M. Filhol, des idées très-répandues relativement à la composition et aux propriétés des eaux chaudes des Pyrénées étaient un exemple d'étrange contradiction. D'après des analyses dues à un chimiste exercé, toutes les eaux sulfureuses de la chaîne pyrénéenne indistinctement avaient la même composition. D'un autre côté, d'après l'affirmation des médecins, les eaux de certaines localités exercent sur des affections déterminées une action favorable qu'on attendrait en vain des eaux de stations plus ou moins voisines. En présence de deux opinions que nul n'aurait pu songer à concilier sans faire intervenir quelque puissance mystérieuse, une seule chose était manifeste : la nécessité d'études à poursuivre avec patience, avec méthode, avec une complète intelligence du sujet. Ces études ont été faites par M. Filhol, et l'habile chimiste a fourni les preuves que des eaux ayant en réalité beaucoup d'analogie, pré-

sentent des différences considérables. Pour les unes, c'est la quantité exceptionnelle de sels de soude qui les rend très-alcalines ; pour les autres, très-promptes à s'altérer, c'est un dégagement d'acide sulfhydrique qui leur est particulier ; ailleurs, c'est l'abondance d'une matière organique connue sous le nom de *barégine*. Ainsi les connaissances sur les eaux sulfureuses des Pyrénées ont fait un progrès et l'on est en droit d'en espérer de grands avantages. Dans les observations sur les malades, les médecins possèdent maintenant les moyens d'apprécier l'influence de certains agents, dont ils n'étaient pas en mesure de tenir compte à une autre époque.

Je dispose ici d'un temps trop court pour mentionner d'intéressants mémoires de chimie que nous devons à M. Filhol, mais je me reprocherais d'omettre de rappeler un autre genre de service rendu à la science par le savant professeur de Toulouse.

Avec un esprit d'initiative et une persévérance qui méritent d'être loués, M. Filhol a fait exécuter dans les cavernes de l'Ariége, et surtout dans la grotte de l'Herm, des fouilles qui ont donné de précieux résultats. A côté d'objets de l'industrie primitive de l'homme, ont été rencontrés des débris de redoutables animaux aujourd'hui entièrement disparus. On a trouvé dans un parfait état de conservation des parties considérables du lion des cavernes (*Felis spelæa*), un animal d'une taille très-inférieure du lion ordinaire. Des ossements de l'ours des cavernes (*Ursus spelæus*) ont été recueillis en si grande abondance que plusieurs squelettes entiers de cette espèce aux proportions énormes ont pu être reconstruits.

Une médaille d'or sera décernée à M. Filhol.

Si l'on parvient à se figurer le nombre d'ouvrages, de mémoires, de notices auxquels donnent lieu chaque année les études de chimie organique poursuivies à la fois dans tous les pays civilisés, on demeure effrayé devant la difficulté de tout connaître. Sans le secours de comptes rendus analytiques, beaucoup de recherches resteraient ignorées de ceux qu'elles intéressent au plus haut degré. Mais jusqu'ici, pour la chimie comme pour toutes les sciences, c'est invariablement à l'Allemagne qu'il est besoin de recourir pour avoir le compte rendu exact de tous les travaux accomplis pendant le cours d'une année. En Allemagne, des savants distingués, simplement en vue de l'utilité générale, consacrent leur savoir et une patience inaltérable à ce labeur ingrat, qui consiste à résumer les travaux de tout le monde. En France, on ne trouve pas le même zèle de ce côté, et certaines tentatives ont été médiocrement heureuses. On comprendra donc sans peine que le Comité ait vu avec infiniment d'intérêt un rapport très-complet sur les progrès de la chimie organique en 1868. Dans ce travail appelé à fournir de grands secours aux investigateurs et aux professeurs du haut enseignement, les faits sont exposés avec méthode, avec clarté, avec talent, et rien d'essentiel ne paraît avoir été omis. L'ouvrage a été fait à Bordeaux ; l'auteur est un professeur de cette ville, M. le docteur Micé ; l'éditeur, qui a droit aussi à des éloges, est la Société des sciences physiques et naturelles de la même ville.

Dès l'instant qu'il est question de travaux de chimie, personne ne s'étonnera d'entendre parler de la Société industrielle de Mulhouse. Un membre de cette compagnie, M. Rosenstiehl, s'est signalé par des recherches qui lui ont procuré la découverte de corps parfaitement caractérisés. Il s'agit de l'aniline et de la toluidine, des produits qui existent dans certains goudrons de houille et qu'on obtient surtout par la réduction de la nitro-benzine. Ces produits ont donné lieu à une foule de travaux dont la science a largement profité ; ils sont devenus la source d'une immense industrie dans laquelle se trouvent engagés des intérêts considérables.

Tout le monde sait qu'on tire de l'aniline les ravissantes couleurs dont l'emploi s'est généralisé de la manière la plus remarquable depuis quelques années. D'ordinaire, ce qui est très-beau coûte cher ; par une exception rare, les couleurs d'aniline ne coûtent pas cher, et elles possèdent une fraîcheur et un éclat presque incomparables ; en un mot elles sont magnifiques.

M. Rosenstiehl étudiait une toluidine liquide contenant 20 pour 100 d'aniline et fournissant une superbe matière colorante rouge, analogue à la fuchsine et attribuée au mélange de l'aniline et de la toluidine. Une circonstance éveilla l'attention de l'expérimentateur : les deux substances unies dans les proportions les plus favorables avaient un rendement en rouge fort inférieur. Il restait donc quelque chose à découvrir. Alors, s'étant mis à l'œuvre, et conduisant les opérations en chimiste consommé, M. Rosenstiehl reconnut dans la toluidine la pseudotoluidine, qui joue un rôle dans la production de la matière colorante rouge. La découverte du nouvel alcaloïde était de nature à jeter bien des doutes sur la valeur des réactions regardées comme caractéristiques, soit de l'aniline, soit de la toluidine ; à cet égard, tout a été éclairci par l'habile chimiste de Mulhouse.

Une de nos médailles sera le signe de l'estime que le comité accorde aux travaux de M. Rosenstiehl et de M. Micé.

La même marque de considération doit être donnée à M. l'abbé Aoust de l'académie de Marseille pour de profondes études mathématiques relatives aux courbes et aux surfaces, et à M. Résal, de la Société d'émulation du Doubs, pour une suite de travaux de mécanique rationnelle dont il serait difficile de présenter ici l'analyse.

Si je disais que les géologues et les paléontologistes des départements ont montré une grande activité et ont apporté beaucoup de nouveaux matériaux pour la connaissance des terrains de la France, pendant l'année qui vient de s'écouler, on se souviendrait peut-être que cette vérité n'est pas exprimée pour la première fois dans cette enceinte. Aussi, sans entrer dans aucune réflexion générale, je me hâte de citer quelques faits particuliers.

Les environs de Montpellier ont été fréquemment le théâtre de recherches scientifiques. La contrée a toujours le privilége d'exciter l'intérêt ; elle est du nombre des riches et des belles parties de la France ; elle remet en mémoire le souvenir d'hommes célèbres. Dresser une carte géologique très-parfaite du département de l'Hérault devait être aisément l'ambition d'un investigateur placé dans ces conditions favorables pour exécuter ce grand travail. On apprendra donc sans surprise que M. Paul de Rouville, de l'académie des sciences et belles lettres de Montpellier, s'est voué à l'accomplissement de cette œuvre. M. de Rouville, qui connaît le pays à merveille, a poussé ses recherches dans des localités jusqu'alors très-négligées et il en a déjà recueilli les fruits. Par suite d'une circonstance heureuse, on en connaît dès à présent la valeur. Les membres de la Société géologique de France ont coutume d'aller explorer chaque année une partie de notre territoire, et ils avaient pris la résolution d'aller visiter les environs de Montpellier au mois d'octobre 1868. A Montpellier se trouvait le géologue instruit de ce qu'il y avait à voir de plus intéressant ; il profita de la bonne occasion pour rendre juges de ses découvertes des hommes d'une compétence éprouvée, et avec un tel guide les membres de la Société géologique eurent l'avantage d'apprendre beaucoup de faits qui n'étaient pas encore entrés dans le domaine de la science. Le moment de publier les résultats nouvellement acquis ne pouvait être différé. M. de Rouville a livré les matériaux qui vont servir à la construction de la grande carte géologique du département de l'Hérault.

Sous le rapport de la géologie, un ingénieur des mines, M. Mallard, a très-habilement exploré le plateau central de la France, et il a dressé les cartes de deux départements, celui de la Haute-Vienne et celui de la Creuse. Je ne fatiguerai point votre attention, messieurs, en vous exposant les observations de l'auteur, sur les roches éruptives ou les roches cristallines, mais vous me permettrez de vous entretenir un instant d'une découverte propre à intéresser tout à la fois les savants, les industriels et les archéologues. On connaît de longue date à Voulry, près de Limoges, un gîte de minerai d'étain, M. Mallard a rencontré plusieurs gîtes analogues dans la Haute-Vienne, un autre près de Bénevent dans la Creuse, dont personne ne soupçonnait l'existence. Cependant ces minerais d'étain, qui contiennent aussi un peu d'or, ont été exploités à une époque très-reculée, le savant ingénieur en tire la preuve certaine dans la présence de larges excavations de forme conique et d'une profondeur de 10 mètres. On y recherchait sans doute l'or aussi bien que l'étain. A cet égard toute tradition est perdue et seul le nom d'*aurières* donné dans le pays à ces excavations indique leur origine. L'industrie s'apprête à profiter de la découverte scientifique ; des travaux sont déjà commencés pour l'exploitation des minerais d'étain.

Sur la rive droite du Rhône, le calcaire du Jura couvre une grande étendue, et près de Lyon il forme un massif assez considérable entre le mont d'Or lyonnais et Villefranche. Il y a là des couches d'une grande richesse en débris fossiles. Des fouilles ayant été exécutées dans diverses localités, M. Eugène Dumortier est parvenu à réunir de nombreuses observations sur la forme des terrains jurassiques du bassin du Rhône, et il en a fait l'objet d'un ouvrage qui se recommande par l'abondance des détails précis et par les qualités de l'exposition (1).

Une médaille d'argent est attribuée à MM. de Rouville, Mallard et Dumortier.

L'année dernière, ayant à signaler les résultats pleins d'intérêt des recherches de M. de Saporta sur les végétaux fossiles, le sentiment patriotique m'entraînait à montrer la part des savants français dans l'édification de cette science qu'on appelle la paléontologie botanique. Pourtant, je ne crus point devoir citer le professeur éminent de la Faculté de Strasbourg qui depuis un quart de siècle est compté parmi les maîtres ; j'avais la pensée que les éloges donnés dans l'une de nos premières assemblées aux belles études de M. Schimper sur les végétaux du terrain de transition des Vosges n'étaient pas oubliés. Mais depuis notre dernière réunion, M. Schimper a mis au jour un immense ouvrage, un *Traité de paléontologie végétale ; la flore du monde primitif dans ses rapports avec les formations géologiques et la flore du monde actuel.* C'est le ta-

____

(1) *Études paléontologiques sur les dépôts jurassiques du bassin du Rhône.*

bleau fidèle d'une science qui a pris aujourd'hui un prodigieux développement, c'est le résumé complet de tous les travaux antérieurs ; une œuvre qui exigeait le savoir le plus étendu et un effrayant labeur, tel qu'autrefois on en aurait cru seuls capables les membres de l'ordre monastique réputé pour l'amour du travail.

Je viens de dire que le livre de M. Schimper est le résumé de toutes les connaissances acquises sur les végétaux fossiles, mais il ne faudrait pas supposer qu'il s'agit simplement d'une œuvre d'érudition. M. Schimper a étudié minutieusement la plupart des espèces décrites, il a rectifié les erreurs, souvent il a donné une importance à ce qui n'en avait pas. Le *Traité de paléontologie végétale* s'ouvre par un aperçu historique faisant connaître tous les travaux dont cette science a été l'objet, et la série de découvertes qui lui ont déjà donné de si grandes proportions. Dans une suite de chapitres, la distribution des végétaux fossiles suivant les formations, les changements qui se sont opérés dans le règne végétal depuis sa première apparition jusqu'à l'époque actuelle, les flores des diverses époques géologiques sont examinées avec une supériorité de vues qui donnent à cette partie de l'ouvrage un intérêt saisissant. C'est après ces considérations générales que vient l'énumération méthodique de toutes les espèces fossiles et les descriptions qui en fixent les caractères.

Hier, le naturaliste, ayant arraché à la terre des débris de végétaux, ne pouvait les apprécier sans être familiarisé avec d'innombrables publications ; aujourd'hui, il peut atteindre son but en consultant un seul livre. Sûr de l'assentiment de tous les naturalistes, il m'est permis de dire que le livre de M. Schimper est une de ces œuvres qui honorent vraiment le pays dans lequel elles ont été produites. L'œuvre est facile à caractériser presque d'un mot : elle est la science actuelle tout entière ; elle est le point de départ de la science de l'avenir.

Plus d'une fois nous avons parlé des travaux de M. Godron, l'auteur de nombreuses recherches sur l'histoire naturelle de la Lorraine, d'expériences sur l'hybridité des végétaux, d'études savantes sur les variations des espèces. Chaque année, M. Godron qui représente si dignement les sciences naturelles au sein de l'Académie de Stanislas de Nancy, apporte de nouvelles observations, de nouveaux résultats d'expériences toujours tenus en estime. J'aurais voulu m'y arrêter, mais le temps me presse, je ne signalerai particulièrement qu'une seule des dernières publications du professeur de Nancy ; elle a trait à des plantes qu'on a supposées originaires du blé.

Depuis une très-haute antiquité, le blé est partout chez les peuples civilisés, et néanmoins l'origine de cette précieuse céréale est restée un mystère, malgré les efforts sans cesse répétés pour en trouver la trace. A diverses reprises, des naturalistes voyageant en Orient se persuadèrent qu'ils avaient rencontré le blé à l'état sauvage ; selon toute apparence, ils n'avaient vu que de chétives graminées issues d'un blé cultivé. Il y a une trentaine d'années, un horticulteur d'Agde, Esprit Fabre, observa des graminées du pays, des Ægilops qui avaient pris quelques-uns des caractères du blé, une certaine transformation de la plante sauvage (*Ægilops ovata*) était manifeste comme le reconnut le professeur Dunal. On fut ainsi porté à voir dans le blé l'Ægilops métamorphosé par la culture.

M. Godron est arrivé à se former une tout autre opinion, à la suite de nombreuses expériences. Il a démontré que l'Ægilops transformé emprunte constamment les caractères particuliers du blé qui est dans son voisinage. La plante sauvage a été fécondée par la plante cultivée, en un mot, c'est un hybride (*Ægilops triticoides*) dont les étamines sont impropres à la fécondation. La plante ne saurait donc se propager, mais ses graines étant encore fécondées au moyen du pollen du blé, une nouvelle génération est obtenue, et la fécondité est assurée (*Ægilops speltæformis*). Cependant la plante disparaîtrait sans la main de l'homme, et par une culture persistante, elle ne devient jamais du blé.

Si l'origine de notre céréale alimentaire n'est pas découverte, les curieuses expériences de M. Godron, que d'autres investigateurs auront sans doute l'envie de renouveler, donnent une idée précise des modifications possibles chez nos graminées les plus voisines du blé. Le résultat est d'une grande importance dans la question des phénomènes de la vie des végétaux.

Une médaille d'or sera décernée à M. Godron.

Le désir de posséder une connaissance parfaite de la flore et de la faune de la France est si général, que nous attachons toujours un certain prix aux travaux qui nous rapprochent du but. Dans cet ordre d'idées une étude de M. Drouet de l'Académie de Dijon sur les mollusques du département de la Côte-d'Or devait être remarquée.

L'auteur, déjà bien connu par une exploration scientifique des Açores, a fourni les détails les plus précis sur les êtres dont il s'est occupé d'une manière spéciale.

Un entomologiste fort exercé, M. Leprieur, de la Société d'histoire naturelle de Colmar, a observé pour la première fois, avec une véritable sagacité, les phases de développement, les métamorphoses, les circonstances de la vie d'un insecte étrange, l'Hœmonia de la Moselle. Il a fait connaître chez cette espèce parvenue à l'état adulte des conditions d'existence dont on n'avait pas encore d'exemple.

Une médaille d'argent est attribuée à M. Leprieur ainsi qu'à M. Drouet.

Une médaille d'or sera offerte à l'abbé Armand David. C'est une récompense plus significative que le Comité aurait dû solliciter près de M. le ministre, sans un obstacle provenant de la règle de la congrégation à laquelle appartient ce digne missionnaire.

Dans ces dernières années, messieurs, les naturalistes ont fort admiré les travaux accomplis dans l'extrême Orient par un membre de la congrégation des lazaristes, l'abbé Armand David ; ils n'ont pu se défendre d'un sentiment d'orgueil national à la vue des immenses richesses que ce missionnaire a procurées à notre Muséum d'histoire naturelle. On avait à peine quelques notions sur les plantes et les animaux des vastes contrées de l'Asie que leur situation géographique rend particulièrement intéressantes, la Chine, la Mongolie, le Thibet ; l'abbé David y est allé, et maintenant nous possédons en grande partie la flore et la faune de ces régions. Depuis près de dix ans, le pieux lazariste exécute de longs et pénibles voyages à travers des pays d'une exploration difficile, au milieu de populations dont l'hostilité est souvent à craindre. Il n'a jamais redouté ou la fatigue ou le péril ; il ne s'est laissé vaincre par aucune souffrance physique, subissant toujours avec la même résignation la chaleur accablante de l'été ou le froid des plus rigoureux hivers, et s'acquittant de la tâche qu'il a entreprise avec une fermeté inébranlable et une habileté consommée.

« Quand je suis venu en Chine, écrit un jour le P. Armand
» David, ma grande ambition était de partager les rudes et
» méritoires travaux des missionnaires, qui, depuis trois siè-
» cles essayent de gagner à la civilisation chrétienne les im-
» menses populations de l'extrême Orient. Mais, ajoute-t-il,
» toutes les sciences qui ont pour objet les œuvres de la créa-
» tion tendent à la gloire de leur auteur : elles sont louables
» en elles-mêmes et saintes dans leur but ; connaître la vérité,
» c'est connaître Dieu ». C'est sous l'empire de cette noble
pensée que l'infatigable missionnaire a si bien servi la science.

L'âme émue par l'importance de l'œuvre accomplie avec
d'infimes ressources, et plus encore peut-être par l'idée des
efforts qui ont été nécessaires pour l'accomplir, aucun éloge
ne me semblerait exagéré. Mais c'est dans les termes les
plus simples que je tenterai de présenter un rapide aperçu
des explorations de l'abbé David, car je sais que le savant missionnaire se rend utile en demeurant étranger à toutes les va-
nités de ce monde. Dans son humilité, il porte ses regards
au-dessus des ambitions ordinaires des hommes.

La vaste plaine dans laquelle s'élève la capitale de l'empire
du Milieu et la chaîne des montagnes qui s'étend au nord et
à l'ouest de cette ville, ont été le premier objet des recherches de l'abbé Armand David. Le pays dépourvu d'arbres et
même de broussailles est d'une désolante monotonie ; seuls
quelques mûriers et quelques ormes apparaissent près des
habitations, des cyprès au voisinage des pagodes et des tombeaux privilégiés. Les collections envoyées de ces régions ont
offert néanmoins un grand intérêt. C'était un ensemble qui
permettait de reconnaître de curieux rapports entre les productions naturelles d'une grande partie de l'Asie et celles de
l'Europe.

Aux environs de Pékin, par une latitude correspondante à celle des rives méridionales de la Méditerranée, vivent à la fois des espèces qu'on rencontre dans l'Europe centrale, des espèces particulières au pays, à peine différentes
de celles qui habitent aux alentours de Paris et des espèces
analogues à celles de l'Inde ; le tigre et le léopard ne sont
pas rares dans les montagnes de Si-Wan au nord de la grande
muraille. C'est un mélange de formes européennes et de formes asiatiques.

A la Chine, tout est mystère. A quelques pas au sud de la
ville de Pékin, il existe un parc impérial entouré de murs,
qui n'a pas moins d'une douzaine de lieues de circonférence.
Là, vivent dans une paix profonde et se multiplient de temps
immémorial, des Antilopes et surtout des Cerfs d'une espèce
singulière. On avait entretenu notre missionnaire de ces animaux que l'on ne voit nulle part ailleurs, de façon à bien
tenter sa curiosité. Mais l'accès du parc est interdit à tout Européen, et obtenir la permission de le visiter était une chimère. Par bonheur, on se souvient toujours un peu des procédés de l'écolier avide de surprendre un secret. Un jour,
l'instant paraît propice, le révérend père grimpe sur le mur,
et à sa grande joie mêlée de surprise, il distingue un troupeau de plus d'une centaine de cerfs à longue queue ; en
voyant la magnifique et étrange ramure des mâles, il les
prend pour des Élans ou des Rennes gigantesques, mais il ne
doute pas que l'espèce ne soit inconnue, et la découverte d'un
nouveau mammifère de grande taille est un événement rare
à l'époque actuelle. L'abbé David cherche à s'en procurer au
moins une dépouille ; des tentatives répétées demeurent sans
succès ; il met son espoir dans les bons offices de la légation
française de Pékin ; la légation n'attend rien de démarches
qui pourraient être faites auprès du gouvernement chinois.
Notre missionnaire ne perd jamais courage : « Heureusement,
» écrit-il, je connais des soldats tartares qui vont faire la
» garde dans ce parc, et je suis sûr que moyennant une
» somme plus ou moins ronde, j'obtiendrai avant l'hiver
» quelques peaux ». En effet, au mois de janvier 1866 il avait
réussi ; il est bon même en Chine d'avoir des connaissances
de toute sorte.

D'un autre côté, notre chargé d'affaires M. Bellonet,
plus heureux près des ministres du Céleste-Empire qu'il
ne l'avait supposé, recevait bientôt un couple du fameux cerf
auquel les Chinois donnent le nom de *Mi-Lou*. Ainsi nous est
parvenu un remarquable mammifère d'un genre tout nouveau (1).

Au printemps de l'année 1866, l'abbé David fait des préparatifs pour une exploration de la Mongolie. Il faut emporter
une foule d'objets, mais, dit-il : « Je ne me charge d'aucune
» provision de bouche. Pour la nourriture, je m'en rapporte
» aux Chinois, je pense qu'avec un peu de bonne volonté un
» homme peut vivre où vit un autre homme. » Le voilà en
route et pendant huit mois, dans des pays visités pour la première fois par un Européen, il recueille tous les objets qui
devront être envoyés en France ; il décrit dans son journal
l'aspect des pays qu'il traverse ; il en indique les caractères
géologiques ; il note tout ce qui mérite d'être consigné sur
les coutumes des habitants, sur les particularités des populations. Un jour, notre missionnaire avec un seul compagnon est interpellé : « Où allez-vous ? — A l'Ourat occidental.
— Combien d'hommes êtes-vous ? Comme vous voyez, deux
et notre âne. — Mais hier les brigands ont dévalisé et abîmé
de coups de sabre deux pauvres Mongols, vous n'avez donc
pas peur ? — Nous sommes étrangers à ce sentiment-là, et
nous irons partout. » En effet, le P. Armand David est allé
partout, et partout il a conquis des trésors pour la science.

Plus tard, l'infatigable missionnaire explore des provinces
centrales de la Chine, le Kiang-Si, le Se-Tchuen, toujours avec
la même activité, toujours obtenant la même abondance de
résultats scientifiques. En 1869, il est dans le Thibet chinois,
à Mou-Pin. Là, il passe un abominable hiver, dans une région de montagnes roides et aiguës, mais il y fait une foule
de remarquables découvertes, entre autres celle d'un ours
d'espèce inconnue, un ours blanc qui a les oreilles et les
membres noirs.

Nous sommes en 1870, et l'abbé David continue ses grands
travaux. Peut-être en ce moment prépare-t-il son plus beau
triomphe. Des instruments ont été mis à sa disposition par
le ministre des Affaires étrangères ; il veut tenter, m'assure-
t-on, d'apprendre aux Chinois à cultiver les sciences physiques
et naturelles. Vienne le succès, et les Chinois seront gagnés à
notre civilisation.

Émile Blanchard.

---

(1) Les caractères de l'animal ont été étudiés par un de nos jeunes
naturalistes les plus distingués. — Sur l'*Elaphurus davidianus*, espèce nouvelle de la famille des cerfs, par M. Alphonse Milne Edwards.
(Nouvelles archives du Museum d'histoire naturelle, t. II, Bulletin,
p. 29.)

COLLÉGE DE FRANCE

MÉDECINE EXPÉRIMENTALE (1)

COURS DE M. CLAUDE BERNARD
de l'Institut de France et de la Société royale de Londres

IX

L'asphyxie par la vapeur de charbon (suite)

Nous avons vu, dans notre dernière leçon, qu'au siècle qui a précédé le nôtre, on cherchait à expliquer expérimentalement la mort dans le cas de l'asphyxie par le charbon. Mais il faut ajouter que déjà on cherchait cette explication dans deux ordres de faits bien distincts : les uns se rapportant aux diverses altérations des organes ; les autres à la nature même de la vapeur du charbon.

Portal et ses élèves, Troja et Carminati, comme je vous l'ai rapporté, avaient cherché à élucider la question de l'asphyxie par des expériences directes, mais ils étaient loin d'être toujours d'accord sur les résultats mêmes de ces expériences. C'est ce qui arrive toujours au commencement de l'étude d'une question scientifique quelconque. On est toujours obligé de tâtonner au début, et chaque auteur émet d'abord les opinions les plus diverses et les plus controversées ; mais plus tard, à mesure que les expériences se perfectionnent et que les moyens d'études deviennent plus nombreux, les contradictions s'expliquent, les faits se réduisent et la solution du problème avance.

Troja avait observé des perforations, des ruptures du tissu du poumon, et il les avait attribuées à l'action de la vapeur même du charbon pénétrant dans cet organe.

Déjà, dans une autre leçon, je vous ai fait connaître les opinions que les anciens avaient de la respiration : ils croyaient que l'air inspiré passait de la trachée dans les poumons et de là, par l'extrémité des bronches, pénétrait dans la veine pulmonaire, et enfin, dans le ventricule gauche du cœur, et de là dans le système artériel. C'est par un mécanisme à peu près semblable que Troja semble vouloir expliquer la présence de l'air dans les artères et dans le cœur après la mort.

C'est en tenant compte des conditions diverses dans lesquelles les expériences ont lieu, que la critique expérimentale des faits, vous ai-je dit, doit être entreprise.

L'altération, la déchirure et la perforation des poumons peut se produire, ainsi que je vous l'ai dit, toutes les fois que l'asphyxie est lente et la respiration très-difficile : si elle est rapide et s'il y a eu intoxication sans gêne respiratoire, aucun de ces phénomènes ne se manifeste. Je désire vous donner là preuve de l'opinion que j'avance.

Nous ouvrons ici, devant vous, des animaux qui ont été asphyxiés rapidement, dans notre caisse dans laquelle l'air circule incessamment, et vous constaterez facilement qu'il n'existe aucune rupture pulmonaire chez ces animaux : mais voici un lapin dont l'asphyxie, faite dans d'autres conditions, a demandé une heure vingt minutes pour être complète, il présente de nombreuses ecchymoses dans le tissu pulmonaire. Ces faits seuls expliquent parfaitement les différences qui existent entre les observations de Portal et celles

---

(1) Voyez ci-dessus, pages 242, 313, 332 et 350, 19 mars, 16, 23 et 30 avril 1870.

de Troja, puisque en effet, nous pouvons à volonté, en expérimentant sur des animaux, faire développer ces altérations du poumon ou les empêcher de se produire, et que nous pouvons arriver à rendre les ecchymoses assez considérables pour obtenir la rupture du poumon.

Cette cause de la mort, invoquée par Troja, est donc réelle, mais elle n'est pas spéciale à la mort par la vapeur du charbon, et en effet, cette altération peut survenir dans tous les cas où la respiration devient difficile et que des efforts pulmonaires violents sont produits. Voici, par exemple, un animal à qui nous avons coupé hier les pneumogastriques : la respiration est devenue très-anxieuse, diaphragmatique et saccadée un certain temps avant la mort ; aussi l'animal présente des ruptures du poumon identiques avec celles qu'aurait pu produire l'asphyxie lente par le charbon dans un air non renouvelé.

Quel est maintenant le mécanisme de ces phénomènes de rupture pulmonaire? Cette question fut autrefois pour moi le sujet de diverses études, et voici à quels résultats je fus amené : la gêne de la respiration, quelle que soit d'ailleurs sa cause, détermine dans les poumons des lésions identiques qui sont l'expression d'un trouble respiratoire, soit que sa cause tienne à l'asphyxie par le charbon, soit qu'elle soit produite par tout autre agent. J'ai étudié ces lésions particulièrement à la suite de la section du pneumogastrique chez les mammifères, et j'ai vu qu'elles sont d'autant plus grandes que les efforts de la respiration sont plus considérables, et qu'elles sont aussi d'autant plus faciles que les animaux sur lesquels on expérimente sont plus jeunes. Dans ce dernier cas, les accidents arrivent très-vite et la mort est beaucoup plus prompte : cela se conçoit facilement, attendu que chez les jeunes animaux, les tissus pulmonaires sont plus faibles, plus souples, et offrent moins de résistance. On obtient en outre ces altérations plus facilement chez certains animaux que chez d'autres, plus facilement chez les lapins que chez les chiens; enfin chez les vieux animaux, chez les vieux chiens, par exemple, la perforation du poumon est quelquefois très-difficile à obtenir, souvent même impossible après la section des vagues. C'est dans ces circonstances où la réorganisation des nerfs coupés peut avoir lieu et où les animaux peuvent survivre.

Ce sont ces études qui m'ont conduit à donner un mécanisme nouveau de la mort par la section des vagues. Quelques auteurs avaient pensé qu'après la section des pneumogastriques, la paralysie des bronches retenait les sécrétions du poumon dans les voies respiratoires, et que la mort était causée uniquement par le défaut d'hématose résultant de l'accumulation des matières étrangères dans les voies aériennes. J'ai montré que c'est par un autre mécanisme que s'opère la lésion du tissu pulmonaire; et en effet, la section des vagues amène une sorte d'insensibilité pulmonaire, d'où il résulte que l'animal ne sait plus limiter ses efforts respiratoires à la capacité de ses poumons. Il fait des efforts respiratoires exagérés qui distendent outre mesure le thorax et par suite le tissu pulmonaire, qui ne peut quitter la plèvre. J'ai constaté directement que la capacité inspiratoire d'un lapin est beaucoup plus grande après la section des vagues qu'à l'état normal, cette dilatation exagérée des poumons amène bientôt chez les mammifères, surtout s'ils sont jeunes, des ruptures qu'on peut voir à l'œil nu, et par suite des ecchymoses qui empêchent l'hématose de se produire et qui amènent alors la mort par asphyxie.—Mais la section elle-même des pneumogastriques peut aussi amener la mort par d'autres causes, car chez les oiseaux l'altération pulmonaire des poumons dont nous parlons n'a jamais lieu, et cependant la section des nerfs vagues est aussi une opération mortelle pour ces animaux. On a alors attribué la mort à la paralysie des organes digestifs.

Ces lésions pulmonaires sont donc consécutives à une gêne respiratoire, mais elles ne sont aucunement spécifiques de l'asphyxie par le charbon.

Pour revenir à notre sujet qui est l'asphyxie, nous constatons donc que les expérimentateurs dont je vous ai entretenus précédemment n'ont donc pas trouvé la véritable cause de cette mort et qu'ils l'ont attribuée à tort, soit à l'altération des poumons, soit à celle du système vasculaire qui lui était consécutive.

Troja reconnaît d'ailleurs des causes multiples, et il admet encore que la mort peut aussi dépendre des nerfs. L'expérience qu'il fit pour appuyer cette opinion est exacte par elle-même, comme expérience, mais l'interprétation qu'il en a faite est fausse. Voici ce qu'il dit de la perte de la sensibilité et de l'irritabilité à la suite de l'asphyxie par la vapeur du charbon. Si l'on prend, dit Troja, un animal asphyxié par le charbon, et si, par un moyen quelconque, on excite la moelle épinière, on n'a plus la moindre réaction : sa sensibilité est donc totalement perdue ; mais si, au même moment, on vient à irriter le nerf sciatique, les convulsions se produisent dans les muscles du membre dont l'irritabilité est conservée.

Troja s'appuie même de cette perte de sensibilité de la moelle pour combattre les idées de Portal touchant l'action de la vapeur de charbon sur le cœur, et il dit avec raison qu'il est très-difficile de séparer ce qui appartient aux nerfs de ce qui appartient à la respiration et à la circulation chez les animaux supérieurs, tandis que chez les animaux à sang froid, ces deux ordres de phénomènes peuvent être facilement isolés l'un de l'autre et séparés comme distincts. Prenez une grenouille par exemple, dit-il, et coupez-lui la moelle épinière, le cœur ne cesse pas de battre ; d'un autre côté, enlevez le cœur et la grenouille n'a pas perdu la faculté de sauter et de se mouvoir.

Or, Troja ayant asphyxié une grenouille par le charbon remarqua que la moelle avait perdu son irritabilité, tandis que le cœur continuait à battre encore. D'où il conclut à l'action de la vapeur du charbon sur le système nerveux et, contrairement à Portal, son absence d'influence sur le cœur.

Mais si les critiques de Troja s'appliquent bien aux expériences de Portal, il est juste de dire qu'il n'a pas été plus heureux que lui dans la découverte de la vraie cause de la mort dans l'asphyxie par la vapeur de charbon, quand il la rattache aux lésions nerveuses.

En résumé les anciens expérimentateurs n'ont donc pas connu les vraies lésions organiques qui causent la mort par le charbon. Leurs expériences n'étaient encore que des tâtonnements dans un sujet obscur qui a besoin de nouvelles connaissances afin de pouvoir être convenablement éclairé.

Mais il ne fallait pas, ainsi que nous l'avons dit en commençant, seulement chercher la raison de la mort dans les lésions organiques, il était nécessaire aussi de la chercher dans l'agent toxique qui la produit, c'est-à-dire dans la vapeur de charbon elle-même. Ce n'est que par la connaissance de ces deux ordres de causes, qui se trouvent en conflit, que le mécanisme de la mort pourra être bien compris.

On a reconnu en effet depuis longtemps qu'il existait dans la vapeur qui résulte de la combustion du charbon des propriétés toxiques et susceptibles de donner la mort. On s'est demandé naturellement quel était le produit qui pouvait se former dans ces conditions, ou en d'autres termes quelles modifications pouvait subir l'air par son passage sur du charbon incandescent. On a émis deux opinions principales pour expliquer ce phénomène, qui se rapportaient l'une à une altération physique, l'autre à une altération chimique de l'air.

Quant à l'opinion qui touche à l'altération physique de l'air, on a supposé que la combustion du charbon faisait perdre à l'air son élasticité et qu'il était raréfié. Cette opinion remonte à Erasistrate, et Galien le combat en disant exactement le contraire, c'est-à-dire que l'air, loin d'être raréfié, est au contraire plus dense ; mais de ces opinions il n'y a aucune preuve.

Cette opinion de la raréfaction de l'air s'est conservée d'ailleurs presque jusqu'à notre époque, et Priestley a cherché à la démontrer par une expérience exacte en elle-même, mais faussement interprétée. Priestley semblait avoir démontré que l'air était raréfié quand le charbon brûle dans un espace limité : il avait en effet suspendu un morceau de charbon sous une cloche reposant sur l'eau, et, ayant enflammé ce charbon au moyen d'une lentille, il vit l'air se raréfier et l'eau s'élever d'une certaine quantité dans l'intérieur de la cloche. Toutefois, Priestley aurait bien pu expliquer la cause de cette raréfaction, car il avait vu dans cette combustion du charbon la formation d'une certaine proportion d'acide carbonique qui troublait l'eau de chaux.

Troja parle aussi de cette raréfaction de l'air, mais pour la combattre et pour dire que même si elle existait elle ne serait pas là la cause véritable de la mort dans l'asphyxie par le charbon ; car, dit-il, si l'on fait cesser cette raréfaction, on doit voir cesser en même temps les phénomènes qui en auraient résulté. Or, ce n'est pas le cas, dit-il : à cet effet il modifie la caisse exactement close dans laquelle il asphyxie ses animaux, et dans laquelle on pourrait admettre qu'il y a de l'air raréfié provenant de la combustion du charbon ; il perce la caisse d'un trou communiquant à l'extérieur, et si la raréfaction de l'air s'était produite, dit-il, elle doit être annulée par l'arrivée de l'air du dehors. Eh bien, cependant, dans ce dernier cas, les animaux mouraient aussi facilement que dans le premier, bien qu'il soit impossible d'admettre ici une raréfaction de l'air.

Pour Troja, il y avait donc dans la combustion du charbon formation de gaz toxiques ou d'une mofette, comme on disait dans le temps, et c'est à cela qu'il attribue la cause de la mort.

Mais de quelle nature est le gaz qui se forme dans cet air vicié ? Troja ne pouvait le savoir, et il exécute pour le découvrir des expériences que nous considérerions aujourd'hui comme absurdes. Il ne pouvait en effet en être autrement à cause de l'état peu avancé de la chimie sur les gaz, à l'époque où il faisait ses recherches.

Partant des expériences de Priestley qui avait indiqué la formation d'un acide, l'acide carbonique, dans cette combustion du charbon, il se demande si ce n'est pas l'acidité de ce gaz, l'acidité de l'air qui produit la mort. Et il expérimente alors sur de l'air dans lequel il répand d'autres vapeurs acides, telles que des vapeurs d'acide chlorhydrique ; mais cet air ainsi vicié ne donne pas la mort aux animaux qui le respirent, d'où il conclut que ce n'est pas l'acidité de la mofette qui tue. Il essaye alors des gaz alcalins tels que l'ammoniaque, même résultat, et cependant la vapeur de charbon tue ; il attribue finalement la propriété toxique de cette vapeur à un gaz méphitique survenu dans cet air et qui lui est inconnu.

Enfin Troja examine encore une opinion très-répandue, celle de savoir si les animaux asphyxiés ne meurent pas par apoplexie, et il dit que dans ce cas le meilleur moyen curatif serait la saignée. Gardane, du reste, avait fait un mémoire spécial sur ce sujet ; il combat la saignée et soutient que pour lui les animaux ne meurent pas par apoplexie.

Tel est rapidement l'historique expérimental de la question de l'asphyxie par le charbon, qu'il nous serait possible, comme vous devez le voir, de diviser en trois périodes.

La première période, qui ne comporte que des observations plus ou moins empiriques, remonte à des temps très-éloignés. On a constaté des faits, on les a observés, on les a discutés, mais sans rien expliquer. Dans le courant du siècle dernier, on trouve diverses thèses soutenues à la Faculté de médecine de Paris, dans lesquelles on discute simplement la question de savoir si la vapeur de charbon est toxique ou non ; les uns soutenant l'affirmative, les autres la négative. Mais ce sont encore là les restes des discussions scolastiques qui n'étaient que des subtilités sans preuves.

La seconde période va au delà des observations ; on veut descendre dans l'organisme y chercher la cause de la mort. On fait des autopsies cadavériques des individus asphyxiés par le charbon.

Enfin, dans la troisième période, on expérimente sur les animaux vivants.

Ce n'est qu'à partir de la fin du siècle dernier qu'on a commencé à faire des autopsies ; puis on a expérimenté sur des animaux vivants pour chercher à se rendre compte de la mort dans l'asphyxie qui nous occupe. Mais cette question n'a pas été résolue du premier coup, et elle ne pouvait l'être. En effet, il faut, pour arriver à ce but, que toutes les sciences accessoires dont le concours est indispensable à l'explication de ces phénomènes, soient elles-mêmes assez avancées pour pouvoir donner à cette étude un secours utile ; elles ne l'étaient pas à cette époque et l'on donnait le nom de mofettes à une foule de vapeurs les plus diverses, telles que le gaz provenant de la combustion du charbon, l'air impur provenant de la respiration, le gaz provenant de la combustion du soufre, l'air des fosses d'aisances, et enfin les parfums des fleurs auxquels on attribuait certaines propriétés délétères spéciales étaient aussi compris sous cette même désignation.

Or, la chimie est une science toute nouvelle et qui ne date que de Lavoisier. Les progrès de la chimie d'une part, ceux de la physiologie d'autre part et ceux de l'anatomie, sont venus, par leur concours, permettre d'arriver maintenant à une explication certaine de ce genre de mort. Déjà aujourd'hui la solution est à peu près complète, et cela, comme vous le verrez, nous le devons surtout aux progrès de la chimie et de la physiologie.

SOIRÉES SCIENTIFIQUES DE LA SORBONNE

M. H. BOULEY
de l'Institut

La rage (fin) (1)

Après vous avoir exposé, aussi fidèlement que cela m'a été possible, l'ensemble des caractères à l'aide desquels la rage du chien peut être reconnue à toutes ses périodes, et surtout à sa période initiale, je crois, mesdames et messieurs, qu'il ne sera pas inutile de fixer quelques instants votre attention sur les résultats de la dernière enquête administrative, relative à la rage, et de vous donner ainsi un aperçu sommaire des dangers que cette terrible maladie fait courir aux populations dans notre pays. Cette enquête embrasse une période, de six années, de 1863 à 1868. Chargé par le comité consultatif d'hygiène publique, dont j'ai l'honneur d'être membre, d'en dépouiller le dossier, je me suis livré à cette tâche, en vue justement de la conférence que j'avais à vous faire aujourd'hui, et voici les documents pleins d'intérêt et encore inédits que je puis vous communiquer.

Je dois cependant vous déclarer tout d'abord que, malgré la bonne volonté de l'administration de l'agriculture, par les soins de laquelle cette enquête est instituée, elle est loin d'être aussi complète qu'elle pourrait l'être et qu'il faudrait qu'elle le fût.

Ainsi, sur 89 départements, 81 seulement ont répondu à son questionnaire.

49 départements ont envoyé 108 réponses affirmatives de la manifestation d'accidents rabiques dans leurs circonscriptions respectives, et, 77 réponses négatives. 109 fois, ils se sont abstenus de toute réponse.

32 départements ont déclaré, par 115 rapports, être restés exempts de rage, et, 77 fois, ils se sont abstenus de toute réponse.

Enfin 8 départements se sont signalés par une abstention complète.

Ces différentes abstentions sont d'une grande importance, car, parmi les départements dont les rapports manquent dans une ou plusieurs années de l'enquête, il s'en trouve qui, de notoriété publique, sont très-féconds en accidents rabiques, comme, par exemple, la Seine, le Rhône et Seine-et-Oise. D'où il résulte qu'il n'est pas possible d'arriver, je ne dirai pas à une conclusion légitime, mais même à une simple induction tant soit peu autorisée, relativement à l'influence que peut exercer sur les manifestations de la rage, la situation géographique des régions où on les signale, et les circonstances locales qui peuvent y dominer. Il faut bien reconnaître, en effet, que les renseignements recueillis par l'enquête paraissent être l'expression bien moins de la réalité de tous les faits de rage qui ont pu se produire, que des soins que les autorités locales ont mis à les recueillir et à les transmettre à l'autorité centrale.

Il n'y a donc pas lieu d'attacher aux déclarations fournies par l'enquête une trop grande créance, au point de vue du plus ou moins de fréquence de la rage dans les départements dont elles émanent. Toutefois, malgré ce qu'elle a d'imparfait

---

(1) Voyez notre numéro précédent, page 536.

et d'insuffisant, l'enquête ne laisse pas que de fournir encore des résultats pleins d'intérêt.

Les voici en substance :

1° Dans les 49 départements où la rage a été dénoncée par 108 rapports, 320 personnes ont été mordues par des animaux enragés. Ce chiffre est déjà formidable, mais il doit être bien loin de la réalité, puisqu'il y a des départements où la rage est fréquente et dont les rapports manquent dans certaines des années de l'enquête.

2° Sur les 320 personnes mordues, les morsures ont donné lieu, dans 129 cas, à des accidents rabiques, ce qui constitue une mortalité de 40,31 pour 100.

3° Sur les 320 personnes mordues, les morsures n'ont pas été suivies d'accidents rabiques dans 123 cas connus et spécifiés ; l'innocuité constatée de ces morsures a donc été de 38 pour 100 environ.

Mais il faut considérer qu'il y a 68 cas dont les terminaisons ne paraissent pas avoir été connues, puisqu'il n'en est rien dit dans les documents de l'enquête, ce qui permet de supposer que, pour le plus grand nombre des personnes dont il s'agit dans ces 68 cas, les morsures qu'elles ont subies n'ont pas eu de résultats funestes, car une terminaison mortelle d'une morsure rabique a toujours plus de retentissement que ne peut l'avoir un accident de cette nature, suivi d'une complète immunité.

D'où il résulterait qu'on pourrait considérer comme acquis à l'immunité la plupart des cas de morsures spécifiées dans l'enquête, desquelles il n'est pas dit que la mort s'en est suivie.

4° Sur les 320 personnes mordues, 206 appartiennent au sexe masculin et 81 au sexe féminin. Pour 33 le sexe n'est pas indiqué.

Ce résultat est parfaitement concordant avec ceux qu'ont donnés les enquêtes précédentes ; toujours le nombre des femmes mordues est de beaucoup inférieur à celui des hommes, ce qui ne peut s'expliquer évidemment que par les chances moindres que courent les femmes, en raison de leurs habitudes et de leurs travaux, d'être rencontrées par des chiens enragés et de subir leurs atteintes. Peut-être aussi que l'ampleur plus grande de leurs vêtements est pour elles une condition de préservation, l'animal enragé assouvissant sa fureur sur ce qui se trouve immédiatement sous sa dent.

5° Les accidents mortels ne se sont pas répartis d'une manière égale entre les deux sexes : sur les 206 personnes mordues du sexe masculin, la mortalité a été de 100, c'est-à-dire d'un peu moins de la moitié, et, sur 81 personnes du sexe féminin, elle n'a été que de 29, un peu plus du tiers : 48 pour 100 dans le premier cas et 36 pour 100 dans le second.

Ce privilége d'immunité relative, que les documents de l'enquête actuelle donnent au sexe féminin, n'est probablement qu'un accident de statistique, portant sur de trop petits nombres pour qu'il soit possible d'en rien conclure.

Aussi n'y-t-il qu'à enregistrer ce fait sans commentaires.

6° L'âge des personnes mordues est indiqué dans 274 cas, dont la répartition par séries décimales met en relief ce fait intéressant, que le plus grand nombre des accidents de morsures (97 sur 274) correspond à la série de 5 à 15 ans, c'est-à-dire à l'âge de l'imprévoyance, de l'imprudence, de la faiblesse, et surtout à l'âge des jeux et de la taquinerie. Bien

des chiens, sous le coup de la rage, épargneraient les enfants auxquels ils sont familiers, s'ils n'étaient poussés à bout par des harcèlements continuels, que les enfants répètent d'autant plus volontiers que, ne reconnaissant pas dans le chien avec lequel ils veulent jouer son humeur habituelle, au moment des premières manifestations de la rage, ils se trouvent déterminés, par là, à l'exciter davantage.

D'un autre côté, cette si grande proportion d'enfants mordus s'explique par le nombre plus grand des chances qu'ils courent d'être atteints par des chiens errants, dans les rues des villes ou des villages où ces enfants se trouvent si communément réunis en groupes pour se livrer à leurs jeux.

7° Un autre fait très-intéressant ressort des documents de cette enquête, c'est que la série où le chiffre de la mortalité est le plus faible est justement celle où le nombre des accidents de morsures est le plus élevé ; les 97 cas de morsures constatées sur des enfants de cinq à quinze ans n'ont été suivis d'accidents mortels que 26 fois, tandis que, dans les séries suivantes, la mortalité est de 12 sur 25, de 21 sur 34, de 17 sur 28 ; ou, en chiffres plus comparables, tandis que la mortalité est de 26,77 pour 100 dans la série de cinq à quinze ans, elle s'élève à 48, à 61, à 60 pour 100, etc., etc., dans les séries suivantes.

D'où cette conclusion, que si les enfants sont plus exposés aux morsures rabiques, il se pourrait qu'ils fussent moins prédisposés à contracter la rage, peut-être par le privilége de leur insouciance naturelle et conséquemment de leur parfaite quiétude morale.

8° Les morsures rabiques ont été infligées, dans le plus grand nombre des cas, par des chiens et surtout par des chiens mâles :

Sur les 320 cas de morsures, dont il est question dans l'enquête, 284 ont été faites par des chiens mâles, 26 par des chiennes, 5 par des chats ou chattes, et 5 par des loups ou louves.

Il n'est parlé, dans ces documents, d'aucune morsure faite à l'homme par des herbivores.

9° Au point de vue des saisons, la statistique fournie par toutes les périodes de l'enquête donne les résultats suivants :

Pour les trois mois du *printemps :* mars, avril, mai, 89 cas ; pour les trois mois de l'*été :* juin, juillet, août, 74 cas ; pour les trois mois de l'*automne :* septembre, octobre, novembre, 64 cas ; et pour les trois mois d'*hiver :* décembre, janvier, février, 75 cas.

D'où il ressort : *a.* Qu'il n'y a pas eu une très-grande différence entre les saisons sous le rapport des chiffres des cas de rage ;

b. Que la saison d'hiver est, à une unité près, équivalente, au point de vue du nombre des accidents rabiques, à la saison des grandes chaleurs ;

c. Que c'est au printemps que ces accidents ont été les plus nombreux et en automne le moins ;

d. Et, en résultat dernier, que l'opinion qui amnistie l'hiver à l'endroit de la rage et incrimine l'été de préférence à toute autre saison n'est pas l'expression véritable des faits.

Ce qui conduit à cette conclusion d'une importance supérieure, au point de vue de la police sanitaire et de la préservation individuelle, qu'en tout temps et dans toutes les saisons, il faut se méfier de la rage et prendre, à l'égard du chien, des mesures de précaution identiques.

Il faut, toutefois, faire observer que si la statistique actuelle fournit des chiffres presque égaux d'accidents rabiques pour les saisons des grandes chaleurs et pour celles des grands froids, il se pourrait que cette équivalence eût sa cause dans la plus grande rigueur avec laquelle les prescriptions de la police sanitaire sont observées en été, à l'égard des chiens, tandis qu'en hiver elles sont à peu près lettre morte. Mais, quoi qu'il en puisse être de la valeur de cette interprétion, il demeure certain que la rage canine est une maladie de toutes les saisons, et que, conséquemment, il faut toujours se tenir en garde contre ses atteintes possibles.

10° A l'égard de la durée de la période d'incubation, l'enquête donne des résultats d'une grande importance par eux-mêmes et par leur concordance avec ceux que les enquêtes antérieures ont déjà fait connaître.

Sur les 129 cas où les morsures rabiques ont été suivies d'accidents mortels, la durée de la période d'incubation a été constatée 106 fois, et il ressort des faits que c'est pendant les soixante premiers jours consécutifs à la morsure que les manifestations de la rage ont été le plus nombreuses : 73 cas, sur les 106 où la période d'incubation a été constatée.

Les 33 autres cas se dispersent sur les jours suivants : jusqu'au deux cent quarantième, c'est-à-dire embrassant une période de huit mois exactement ; mais ils deviennent graduellement de moins en moins nombreux, de telle sorte qu'au-delà du centième jour les accidents rabiques ne se comptent plus que par les chiffres 1 et 2. Au huitième mois, il n'y en a plus qu'un cas.

D'où cette conclusion, qu'après une morsure subie, les chances de ne pas contracter la rage augmentent considérablement, lorsque deux mois se sont écoulés sans qu'aucune manifestation rabique se soit produite, et qu'au delà du quatre-vingt-dixième jour, la grande somme des probabilités est en faveur de l'immunité complète.

Sans doute que, passé cette époque, les menaces de la rage n'ont pas encore complétement disparu, et qu'il n'y a pas lieu d'être tout à fait rassuré pour les personnes qui ont subi des morsures virulentes ; mais les perspectives de l'avenir deviennent de moins en moins sombres, et de plus grandes espérances sont permises aux victimes de ces morsures et aux personnes auxquelles elles sont chères.

Dans les enquêtes antérieures, il a été établi que la durée de la période d'incubation était d'autant plus courte que les sujets atteints par des morsures rabiques étaient moins avancés en âge.

Les résultats fournis par l'enquête actuelle sont confirmatifs de ceux que les enquêtes précédentes ont déjà donnés. En comparant l'une à l'autre les séries des périodes d'incubation, de trois à vingt ans d'une part, et de vingt à soixante-douze ans de l'autre, on trouve, pour la première, une période moyenne de 44 jours, et, pour la seconde, une période moyenne de 75 jours, différence sensible, et qui présente un grand intérêt au point de vue du pronostic des suites possibles des morsures rabiques dans la première période de la vie.

11° La durée de la maladie a été constatée dans 90 cas, de l'examen desquels il résulte que la mort est arrivée 74 fois dans le délai des quatre premiers jours ; les plus gros chiffres de mortalité correspondant au deuxième et au troisième, et que la vie ne s'est prolongée que 16 fois au delà du quatrième jour.

Cette fois, comme toujours, l'enquête établit que la mort a été la terminaison inévitée des accidents rabiques, et que les malheureux qui en ont été les victimes ont passé par d'épouvantables tortures morales et physiques, qui expliquent et justifient les terreurs que l'idée seule de la rage inspire partout aux populations dans tous les rangs de la société.

12° Les documents de l'enquête fournissent des indications pleines d'intérêt sur le plus ou moins de nocuité des morsures rabiques, suivant les régions où elles ont été faites.

Si l'on compare entre elles les morsures, *occupant le même siége*, dont les unes ont eu des suites mortelles, tandis que les autres sont restées inoffensives au point de vue de la rage, on trouve que, sur les 32 cas où les blessures ont été faites au visage, elles ont été suivies d'accidents mortels 29 fois, et ne sont restées inoffensives que 3 fois seulement, ce qui, pour ces sortes de blessures, donne, d'après la statistique actuelle, une mortalité de 90 pour 100, tandis que leur innocuité ne serait que de 9 environ.

Dans les 73 cas où les blessures virulentes ont été constatées sur les mains, la statistique démontre qu'elles ont été mortelles 46 fois et qu'elles sont restées inoffensives 27 fois : soit une mortalité de 63 pour 100 et une innocuité de 36 pour 100.

Pour les blessures des membres supérieurs et inférieurs, comparées à celles du visage et des mains, les rapports sont inverses : les 28 blessures rabiques constatées aux membres supérieurs, les mains exceptées, ont été suivies d'accidents mortels 8 fois et sont restées inoffensives 20 fois ; les 24 blessures constatées aux membres inférieurs ont été suivies d'accidents mortels 7 fois et sont restées inoffensives 17 fois : soit une mortalité de 28 et de 29 pour 100, et une innocuité de 70 et de 71 pour 100.

Enfin, pour les blessures du corps, généralement multiples, c'est le chiffre de la mortalité qui prédomine de nouveau : sur 19 blessures du corps, 12 ont été mortelles et 7 sont restées inoffensives.

Ces faits, qui sont confirmatifs de ceux que les enquêtes antérieures ont déjà fournis, donnent de nouveau la démonstration que les blessures rabiques faites sur des parties découvertes, comme le visage et les mains, ouvrent à la contagion une voie plus sûre que celles qui ont leur siége sur les bras et sur les jambes, que, d'ordinaire, la dent de l'animal enragé ne peut atteindre qu'après avoir traversé un vêtement qui l'essuie et la dépouille de son humidité virulente.

Il est vrai que les conséquences des morsures faites sur le corps semblent contredire cette proposition, mais il faut faire observer à cet égard que, généralement, ces blessures sont multiples, ce qui augmente les chances de l'inoculation ; que, parmi ces blessures, il en est qui ont leur siége sur des parties dénudées, comme le cou et la poitrine, et qu'enfin la plupart du temps, quand un homme est attaqué par un animal enragé, s'il est mordu sur le corps, il l'est aussi sur les mains, qui sont ses instruments naturels de défense.

13° Un grand intérêt se rattache aux renseignements que fournit l'enquête actuelle sur les moyens à l'aide desquels il est possible de prévenir les terribles effets des inoculations rabiques.

Si l'on compare entre elles, au point de vue de leurs suites, les blessures rabiques qui ont été cautérisées et celles qui ne l'ont pas été, on constate une différence considérable entre les unes et les autres, à l'égard de l'innocuité consécutive. De fait, sur 134 blessures cautérisées, l'innocuité se mesure par le chiffre 92, et la mortalité par le chiffre 42 ; c'est-à-dire par 68 pour 100 dans le premier cas et par 31 pour 100 dans le second.

Pour les blessures non cautérisées, le résultat est inverse et bien plus accusé. Sur 66 de ces blessures, la mortalité se mesure par le chiffre 56, ou 84 pour 100, et l'innocuité par le chiffre 10 seulement, ou 15 pour 100.

Maintenant, il faut faire observer, à l'égard des blessures cautérisées, qu'il n'a pas été possible, faute de renseignements suffisants, d'établir entre elles une distinction d'après le degré de la cautérisation et le moment où elle leur a été appliquée : deux conditions desquelles dépend l'efficacité certaine ou l'inanité complète de ce moyen de préservation.

Si ce départ eût pu être fait, il est permis d'affirmer que le chiffre des blessures cautérisées restées inoffensives aurait grossi considérablement, car la destruction par le feu des tissus souillés et même imprégnés de salive virulente prévient, on peut dire à coup sûr, les accidents rabiques, lorsqu'elle est faite à temps, c'est-à-dire avant l'absorption du liquide déposé dans la plaie.

f. Indication des moyens propres à prévenir les effets des inoculations rabiques.

Je me trouve maintenant tout naturellement conduit à vous parler, non pas des moyens de guérir la rage, — le remède de cette terrible maladie est encore, hélas, le secret de l'avenir, — mais bien de ce qu'il convient de faire pour empêcher que l'inoculation d'une bave virulente soit suivie de conséquences funestes.

Il résulte des documents dont je viens de vous présenter l'analyse, qu'en définitive, c'est la cautérisation des morsures, et surtout la cautérisation au fer rouge, faite avec le plus d'énergie et dans le plus court délai possible, après l'inoculation, qui s'est montrée, cette fois-ci comme toujours, la plus fidèle des ressources prophylactiques.

Je ne saurais dire et je crois qu'il serait téméraire aujourd'hui de vouloir indiquer dans quelles limites de temps s'effectue l'absorption de la bave virulente mise en rapport avec une plaie, par une morsure ou autrement : les données de l'expérimentation ne sont pas encore suffisantes pour qu'on puisse se prononcer en cette matière avec une connaissance complète de cause. Mais ce que l'on peut affirmer sans crainte d'erreur c'est que, étant faite une blessure virulente, on n'a jamais recours trop tôt à la cautérisation, par le fer rouge de préférence à tout autre, et qu'il vaut mieux s'en servir avec excès que d'une manière timorée.

Cette opération n'exige pas absolument l'intervention d'un homme de l'art, tout au moins lorsque les plaies sont superficielles ou que, ayant pénétré à une certaine profondeur, elles n'occupent que des régions charnues. Il est facile d'improviser les instruments qui sont propres à l'usage de la cautérisation : une tringle de rideau, un fer à tuyauter, un tisonnier, une tige de fer quelconque, voire même une lame de couteau ou les extrémités des lames d'une paire de ciseaux mousses peuvent être utilisés, mais il est préférable que l'instrument soit cylindrique ou conique, plutôt qu'aplati en lame, parce que, sous les premières de ces formes, il contient et conserve plus de chaleur. Pour s'en servir, il faut le faire chauffer à la température rouge claire, et le mettant en rapport avec la blessure, on l'y maintient appliqué d'une main ferme, en ayant bien soin de la brûler dans toute son étendue et toute sa profondeur. Pour plus de sûreté, la cautérisation étant faite une première fois, il sera bon de remettre le fer au feu et de la répéter. La considération de la douleur est ici bien secondaire ; qu'importent ces quelques souffrances d'un moment, si cuisantes qu'elles puissent être, quand on les compare à la grandeur du service qu'on doit en retirer. Du reste, on se fait généralement de la douleur causée par le feu un plus gros monstre que cela ne devrait être. Cette douleur est très-supportable, surtout lorsque les parties immédiatement touchées par le cautère sont converties en charbon. Il paraîtrait même, si je m'en rapporte au récit que m'a fait sur ce point, M. Leblanc père, vétérinaire à Paris, qui pouvait en parler d'après son expérience personnelle, il paraîtrait que la cautérisation dans le cas de morsure rabique causerait à celui qui la subit avec connaissance de cause, je ne dirai pas tout à fait du plaisir, mais une certaine satisfaction, résultat de ce que l'idée du bien qu'elle doit faire s'associe dans l'esprit à la sensation douloureuse perçue.

A défaut du cautère, qu'il n'est pas possible d'employer dans toutes les circonstances, et immédiatement, on peut appliquer le feu sur les parties blessées, par l'intermédiaire de la poudre de chasse. D'après des renseignements communiqués à l'Académie impériale de médecine par une personne, M. Manière, qui a habité, pendant quinze ans, Haïti, la rage serait une maladie fréquente dans ce pays et on l'observerait dans toutes les saisons ; mais elle ne donnerait pas lieu à des accidents proportionnels au nombre des morsures, parce que chacun sait ce qu'il doit faire pour prévenir les suites de celles-ci.

Dès qu'une morsure est reçue on la bourre de poudre qu'on allume, et l'on détermine ainsi une cautérisation très-efficace à laquelle on peut recourir partout extemporanément, la poudre de chasse se trouvant presque toujours dans toutes les poches et, à coup sûr, dans toutes les maisons. On complète l'action du feu par celle d'un vésicatoire, et les malades sont soumis à un traitement mercuriel poussé jusqu'à la salivation. L'auteur de cette relation prétend que, malgré la fréquence des morsures rabiques à Haïti, il n'a vu succomber à la rage, qu'une seule personne qui s'était refusée à recourir à la cautérisation suivant le mode usité dans le pays. Cette pratique d'Haïti présente l'avantage de la facilité de son application immédiate dans une foule de circonstances où la cautérisation par le fer ne peut être employée ; elle constitue donc une ressource précieuse qu'il était bon de faire connaître et qu'il ne faut pas négliger.

Si le feu est le meilleur des agents destructeurs des tissus sur lesquels a porté une dent virulente, cela ne veut pas dire qu'il faille l'employer à l'exclusion absolue des autres agents de cautérisation, et qu'en dehors de lui il n'y ait pas de salut. Le but à atteindre est la destruction la plus rapide possible des tissus touchés ou déjà imprégnés par la salive rabique. Si à défaut du feu, qu'on peut ne pas trouver toujours partout et immédiatement, de manière à pouvoir l'appliquer soit suivant le mode chirurgical, soit même avec la poudre, on avait sous la main un agent caustique tel que l'acide nitrique, l'acide sulfurique, l'acide chlorhydrique, la pierre à cautère, le beurre d'antimoine, le sublimé corrosif, le nitrate d'argent, il faudrait l'employer sans délai et avec toute l'énergie que permet l'organisation des parties où la morsure a son siége, sauf à recourir ultérieurement au feu, lorsque le moment de pouvoir s'en servir serait venu.

On ne saurait trop insister sur la nécessité absolue de l'emploi énergique de ces moyens préventifs, car les documents de l'enquête actuelle portent un trop grand nombre de témoignages des pratiques insuffisantes auxquelles bien souvent on se contente de recourir. Bien des fois, en effet, il est indiqué dans ces rapports qu'on n'a fait usage pour le traitement d'une morsure rabique que de l'ammoniaque, ou de l'alcool ou du nitrate d'argent employé trop superficiellement, ou simplement même d'un vinaigre quelconque et que, cela fait, on s'est abstenu de toute autre application locale, les moyens employés étant considérés comme suffisants.

Dans bon nombre de cas encore, il est établi que, faute de substances quelconques à appliquer sur une blessure faite par un animal enragé, on s'est abstenu de toute intervention immédiate avant le moment où soit le cautère, soit les agents caustiques ont pu être employés. Mais trop souvent, en pareil cas, un trop long délai s'est écoulé entre le moment de la morsure et celui de l'application du traitement qui reste inefficace pour avoir été trop tardif.

Qu'y a-t-il donc à faire en pareille circonstance, c'est-à-dire lorsqu'on est loin de tous les secours, et que l'on n'a sous la main aucun agent propre à détruire le liquide virulent qui peut avoir été introduit dans la plaie ? Dans ce cas encore, il ne faut pas rester inactif, et l'on peut, par l'emploi de pratiques spéciales, parvenir soit à empêcher l'absorption du virus, soit tout au moins à la retarder.

Le premier de ces moyens, qui peuvent être préservateurs si l'on se hâte d'y recourir, est la succion immédiate de la plaie que le blessé, dans ce cas, devrait toujours s'empresser de pratiquer lui-même, toutes les fois que cela lui serait possible, c'est-à-dire que la blessure aurait son siége dans une région à portée de sa bouche. Le sang qui s'écoule sous l'aspiration des lèvres entraînant avec lui le liquide virulent qui déjà peut avoir pénétré dans les capillaires de la partie blessée, les chances de l'absorption de ce liquide se trouvent ainsi ou annulées ou considérablement réduites. Sans doute que l'on peut objecter à cette pratique que l'absorption, qui ne se fait pas dans la plaie, peut s'effectuer dans la bouche, grâce à l'extrême finesse de la membrane qui la tapisse, mais ce danger peut être évité, si, après chaque succion, le liquide aspiré est immédiatement rejeté. Du reste, il ne semble pas qu'en une telle occurence il puisse y avoir, pour le blessé, motif à aucune hésitation à l'égard du parti qu'il doit prendre puisque, à coup sûr, les chances sont bien plus grandes de l'absorption d'un virus par la surface d'une plaie vive que par celle d'une muqueuse intacte.

Mais si, dans les conditions qui viennent d'être spécifiées, les chances sont bien faibles de l'absorption par la bouche du virus rabique, je n'oserais dire, cependant, qu'elles sont tout à fait nulles, et conséquemment recommander la succion comme une pratique générale dont on peut affirmer l'innocuité absolue. Je me borne donc à la signaler ici comme une ressource dont on peut toujours disposer, alors que tout autre fait actuellement défaut, comme un moyen possible d'éviter aux victimes des morsures rabiques les terribles dangers dont elles sont menacées, en laissant la responsabilité de leur dévouement à tous ceux qui, sous les inspirations de leurs passions affectueuses, croiront devoir recourir à la pratique de la succion pour le salut de l'un des leurs.

Pour prévenir les redoutables effets des morsures rabiques on peut aussi, et il faut toujours, recourir à l'expression des plaies, afin de les faire saigner le plus possible et d'entraîner avec le sang la salive virulente qu'elles peuvent contenir. Si en même temps qu'on exprime les plaies, il est possible de les soumettre à un lavage continu avec un liquide quel qu'il soit, ne fût-ce que l'urine, il ne faut pas négliger l'emploi de ce moyen qui peut être très-efficace. L'eau de Javelle, si employée pour les usages domestiques, peut être en pareil cas d'un très-utile secours.

Il sera bon aussi, en attendant qu'on puisse faire usage des agents destructeurs, feu ou caustiques, de soumettre les lèvres des plaies à une pression continue et très-énergique, de manière à effacer le calibre de leurs petits vaisseaux et à suspendre dans leurs tissus le courant sanguin, condition nécessaire de l'absorption.

Toutes les fois que la disposition de la région permettra de l'étreindre par une ligature circulaire, on ne devra pas négliger ce moyen, propre à suspendre la circulation locale, et à ralentir, si ce n'est même à empêcher l'absorption dans les tissus blessés. Cette ligature ne devra être levée qu'après l'application du feu ou des caustiques sur ces tissus, et il sera même toujours d'une bonne précaution de la maintenir jusqu'à ce que, par l'emploi des ventouses scarifiées multiples, on ait pu faire évacuer la plus grande quantité possible du sang dont elle avait suspendu le cours dans les parties soumises à son étreinte.

Tel est l'ensemble des mesures qu'il est nécessaire ou tout au moins très-utile d'employer, pour prévenir ou diminuer les dangers que font courir les morsures virulentes aux personnes qui les ont subies.

Maintenant, il existe une foule de recettes, de remèdes secrets, de pratiques de différents ordres auxquels on a communément recours, dans beaucoup de pays, pour se mettre à l'abri des menaces de la rage.

Je ne veux pas examiner ici ce que peut être la valeur thérapeutique de ces moyens, plus vantés les uns que les autres dans les localités respectives où la tradition les a conservés. Mais je crois devoir dire que, quels qu'ils soient en définitive, il ne faut pas les proscrire, car il n'y a vraiment aucun avantage à le faire.

De fait, il est certain que jusqu'à présent on n'a pas encore trouvé le remède antirabique, c'est-à-dire l'agent qui aurait la vertu merveilleuse d'annuler le germe de la rage, lorsqu'il est introduit dans le sang et qu'il y reste en puissance de tous ses effets. Tout ce que peut la médecine, c'est le détruire sur place, dans la blessure où il a été déposé par la dent de l'animal enragé. Cela fait, elle ne sait plus rien de matériellement efficace pour conjurer le danger. Le malheureux qui se trouve en présence des menaces de la rage passe pendant une longue période de jours et même de mois, par toutes les perplexités, par toutes les angoisses, par toutes les tortures morales du condamné à mort. Il a sans cesse devant les yeux, comme un spectre implacable, fantôme encore aujourd'hui, mais demain réalité possible.

Dans de pareilles conditions de son esprit, quel inconvénient y a-t-il à ce qu'il aille chercher, n'importe où, quelques motifs de ne pas tant désespérer, quelques moyens de retrouver un peu de calme et de repos ? Qui peut dire que le rassérénement de son esprit, que sa confiance ou que sa foi ne seront pas pour lui, dans une certaine mesure, des moyens de salut ? La statistisque de l'enquête dont je viens de vous rendre compte ne démontre-t-elle pas qu'à nombre égal de sujets, enfants et adultes, exposés à la rage par suite de morsures virulentes, cette maladie fait bien moins de victimes sur ceux-là que sur ceux-ci? Et ce résultat ne donne-t-il pas à penser que le moral pourrait bien avoir quelque influence sur le développement de cette maladie étrange.

Pour moi, je demeure convaincu que les pratiques ou les médications, quelles quelles soient, qui s'adressent au moral des personnes victimes des inoculations rabiques, peuvent être d'un très-utile secours. Il m'est arrivé quelquefois de faire prendre à des malheureux qui étaient sous le coup des terreurs de la rage des breuvages innocents, à titre de spécifiques infaillibles, et le souvenir que j'ai conservé de leur immense contentement m'a toujours affermi dans l'idée qu'en pareille matière il n'était pas bon de détruire les illusions et les croyances : mieux vaudrait au contraire les faire naître. Mais il ne faut pas que ces moyens, qui constituent ce que l'on peut appeler le traitement moral de la rage, prennent jamais le pas sur ceux dont l'action matérielle est certainement efficace, lorsqu'on les emploie dans le temps convenable et qu'on sait s'en servir. Il ne faut pas surtout que jamais les premiers se substituent à ceux-ci. Là serait un grand danger contre lequel je dois vous mettre en garde.

Je me résume sur ce point et je dis : Étant reçue une blessure rabique, il faut immédiatement et sans perdre une minute, prévenir l'absorption de la bave virulente par l'expression de la plaie, son lavage, la succion exercée par la bouche ou par une ventouse, et le plus tôt possible recourir à la cautérisation à l'aide du feu ou des agents chimiques. Jamais il ne faut s'abstenir du traitement local de la blessure par les moyens énergiques que j'ai prescrits, et c'est à ce traitement qu'il faut recourir toujours et avant tout autre. Mais cela fait, il n'y a aucun inconvénient à coup sûr, il ne peut y avoir que de grands avantages à ce que les malades aillent chercher des ressources et des espérances partout où ils croiront pouvoir en trouver. Quand tout ce qu'il était matériellement possible de faire a été fait, l'indication essentielle qui reste à remplir est de rassurer le moral des blessés, puisque tout tend à prouver qu'ils offrent d'autant moins de prise à la maladie que leur système nerveux est moins ébranlé par les terreurs de l'avenir. A ce dernier égard, je vous ferai observer que la statistique actuelle, concordante en cela avec toutes celles qui l'ont précédée, fournit des chiffres qui, au point de vue du traitement moral de la rage, peuvent avoir une influence salutaire, car ils témoignent qu'une blessure rabique n'est pas fatalement mortelle, comme beaucoup sont trop portés à le croire ; qu'au contraire, dans plus de la moitié des cas, elle ne donne lieu à aucune conséquence funeste. J'ajoute qu'à l'avenir, les chiffres des cas d'innocuité des blessures rabiques grandiront d'autant plus que plus souvent on aura recours à l'emploi immédiat des moyens propres à empêcher l'absorption de la bave virulente dans les plaies où elle aura pu être introduite.

Prévenir cette absorption, voilà le grand but à atteindre, car lorsque la rage est déclarée la mort est fatale, ou du moins jusqu'à présent elle l'a été.

Aucun remède n'étant encore connu contre la rage, le mieux qu'il y ait à faire est de tâcher de diminuer les souffrances physiques de ceux qui en sont atteints, et de les soustraire à leurs tortures morales par l'emploi continué des anesthésiques, sous toutes les formes et par toutes les voies. Puisqu'ils sont condamnés à mourir, c'est leur rendre le plus grand des services que de leur donner tout à la fois l'inconscience de leur état et l'insensibilité pour leurs souffrances.

Il me reste maintenant, mesdames et messieurs, pour terminer cette conférence, à vous donner une idée, d'après les documents de l'enquête, du nombre des animaux de l'espèce canine qui ont été mordus par des chiens ou des loups enragés, et, par ce nombre, des chances plus ou moins grandes que courent les populations, dans notre pays, de subir elles-mêmes des morsures rabiques.

Le chiffre des chiens mordus dont il est question dans l'enquête s'élève à 785. Sur ce nombre, il est constaté que 527 ont été abattus.

Des 258 qui restent, on ne connaît le sort que de 25 seulement, qui ont été séquestrés et dont 13 ont contracté la rage.

Ces chiffres sont bien loin de donner la mesure exacte des animaux de l'espèce canine qui ont reçu des morsures virulentes. Ils expriment seulement le nombre des animaux de cette espèce sur lesquels les autorités locales ont reçu et donné des renseignements. Tels qu'ils sont, cependant, ils ont une signification qu'il est important de faire ressortir.

Établissons ce premier fait que, sur le nombre des chiens que l'on a constaté avoir été contaminés par une morsure rabique, il y a près d'un tiers, 29 pour 100, qui paraissent avoir échappé aux mesures sanitaires de la séquestration ou de l'abatage, par suite de l'incurie probable, de l'ignorance ou de la trop grande complaisance des autorités chargées de faire appliquer ces mesures ; par suite aussi de l'indifférence des populations menacées, qui devraient être les premières toujours, si elles comprenaient bien leurs intérêts, à réclamer l'application de ces mesures qu'on peut dire de salut public.

Leur nécessité, trop mal comprise, se trouve démontrée par les faits qui viennent d'être rapportés. Sur les 25 chiens dont la séquestration a été constatée et l'histoire suivie, la moitié a contracté la rage. Admettons que le même fait se soit produit dans le groupe des 233 chiens restés libres malgré leur contamination : 116 ont donc dû devenir à leur tour les propagateurs de cette terrible maladie, et il n'y a rien d'exagéré à admettre que chacun d'eux a dû faire dans son espèce une dizaine de victimes, destinées à fournir, elles aussi, une nouvelle légion d'agents propagateurs; et successivement ainsi. En sorte que la rage de l'espèce canine s'entretient surtout par elle-même et que son chiffre va croissant, suivant une progression redoutable; tandis que si les autorités étaient vigilantes, si surtout les populations étaient plus soucieuses de leur propre conservation et savaient se protéger elles-mêmes, on pourrait arriver, sans de bien grandes difficultés, à réduire à des proportions bien minimes les désastres causés par cette maladie et les irréparables malheurs qu'elle entraîne trop souvent lorsqu'elle s'attaque à l'homme.

Notons bien, en effet, qu'il est excessivement rare que la rage du chien soit spontanée. Dans l'immense majorité des cas, cette maladie ne procède que de la contagion ; sur 1000 chiens enragés, il y en a 999 au moins qui doivent leur mal à l'inoculation d'une morsure.

La contagion, voilà donc la grande cause qu'il faut éteindre ou, tout au moins, dont il faut circonscrire l'action dans les limites les plus étroites possible. Il est évident que ce résultat serait atteint si toutes les fois qu'un chien enragé a passé par une localité, on connaissait exactement les animaux qu'il a mordus et que ceux-ci fussent mis hors d'état de nuire à leur tour, soit par une séquestration réelle, prolongée pendant huit mois au moins, soit par un abatage immédiat, ce qui est, à coup sûr la mesure la plus efficace, puisque le germe du mal serait ainsi détruit avant d'avoir pu fructifier. Je ne me dissimule pas que de nombreuses difficultés s'opposent à ce que ces mesures, d'une nécessité absolue cependant, soient appliquées, l'une ou l'autre, avec toute la rigueur qu'il faudrait pour qu'elles pussent produire toutes leurs conséquences utiles, à savoir l'extinction complète de la contagion rabique.

Dans un très-grand nombre de cas, en effet, le chien est pour l'homme plus qu'un animal, c'est un être auquel on est attaché par un sentiment affectueux souvent très-énergique; pour beaucoup, il est comme de la famille, il est le favori des enfants, il rappelle un souvenir resté cher, et l'on conçoit que, dans de telles conditions, il soit difficile d'obtenir contre lui l'acquiescement de son maître à son arrêt de mort. Reste la séquestration; mais à moins qu'elle soit exécutée dans un établissement spécial, bien des empêchements mettent obstacle à ce qu'on y tienne la main avec toute la rigueur voulue. Dans les premiers jours, alors qu'on est encore tout plein des terreurs de l'événement qui vient de se produire, le chien qui a été mordu est soumis à une surveillance sévère; on le tient rigoureusement attaché ou enfermé, en se promettant bien de le laisser en quarantaine tout le temps nécessaire; mais avec le temps qui s'écoule, l'oubli vient, les craintes de l'avenir disparaissent, et un beau jour, l'animal suspect redevient libre, juste au moment où il peut être le plus redoutable, c'est-à-dire à l'époque où la période d'incubation de la maladie dont il peut avoir reçu le germe touchant à sa fin, l'explosion en est imminente. Personne ne s'inquiète de cette liberté trop tôt rendue à l'animal qui a pu être inoculé : son maître parce qu'il ne croit plus au danger, les habitants de la localité parce qu'ils ont tout oublié, et les autorités, par ignorance de ce qui peut arriver, ou par insouciance de leur devoir, ou encore par la crainte d'être obligées de l'accomplir; et ainsi peut se trouver réalisée la condition fatale de la propagation de la rage par cet animal auquel une morsure en a transmis le germe. Rappelons-nous que sur les 25 chiens dont la séquestration est mentionnée dans l'enquête, 13 sont devenus enragés. Quel chiffre! et comme il témoigne énergiquement de la nécessité absolue de prendre contre tous les chiens mordus des mesures rigoureuses qui les mettent dans l'impuissance de nuire! Et puisque la séquestration est une mesure trop souvent infidèle, tandis que l'abatage immédiat des animaux suspects est, pour les populations, une condition absolue de sécurité, je crois qu'en pareil cas, l'humanité commande le parti qu'il faut prendre, et qu'en définitive, mieux vaut se résigner à faire mourir les chiens que de courir la chance de faire mourir les hommes.

Du reste si le sentiment de l'humanité ne parlait pas assez haut pour inspirer et faire suivre à tout le monde la ligne de conduite que je viens d'indiquer comme la meilleure, — ce à quoi il faut bien s'attendre après tout, — il y aurait, ce me semble, un moyen excellent de déterminer les propriétaires des chiens suspects à en faire le sacrifice, ce serait de faire peser sur eux la responsabilité pécuniaire des sévices et des désastres que leurs animaux pourraient causer. Pour cela de nouvelles lois ne seraient pas nécessaires; il suffirait d'imposer, par simple mesure de police, l'obligation *rigoureuse* pour tous les propriétaires de chiens de maintenir au cou de leurs animaux un collier portant l'indication des noms et demeure de ceux auxquels ils appartiennent. Cette mesure adoptée et *rigoureusement* exécutée, dans l'intérieur des maisons comme au dehors, — car le chien et son collier devraient être inséparables, — si un de ces animaux venait à causer des malheurs, les articles 1382, 1383 et 1385 du Code civil pourraient et devraient être invoqués contre son maître, car aux termes de ces articles : « 1° *Tout fait quelconque* d'un homme qui cause » à autrui un dommage oblige celui par le fait duquel il est » arrivé à le réparer.

» 2° Chacun est responsable du dommage qu'il a causé, » non-seulement par son fait, mais encore par sa négligence » et par son imprudence.

» 3° Le propriétaire d'un animal, ou celui qui s'en sert, » pendant qu'il est à son usage, est responsable du dommage » que l'animal a causé, soit que l'animal fût sous sa garde, » *soit qu'il fût égaré ou échappé.* »

Or, la réparation, en cas de mort d'homme causée par la morsure d'un chien enragé, pouvant et devant toujours s'élever à des chiffres considérables, j'ai la très-forte conviction que, dans le plus grand nombre des cas, on se résignera à la mort des chiens *suspects*, plutôt que de courir la chance redoutable des lourdes responsabilités que leurs sévices peut entraîner.

Les articles 1382, 1383 et 1385 peuvent donc et doivent devenir les plus efficaces des moyens de préservation contre la rage canine; il suffit pour cela de leur faire produire leurs effets dans toutes les circonstances où il sera possible de faire peser sur les propriétaires des chiens enragés la responsabilité des sinistres causés par leurs animaux, car, en règle générale, quelque *violente amour* que l'on porte à son chien, on en porte encore *une plus grande* à son argent.

Pour ma part, j'ai une bien plus grande confiance dans les *menaces salutaires* de ces articles que dans le musèlement de tous les chiens, que tous les arrêtés préfectoraux ont la prétention de rendre partout obligatoire, et qui n'est exécuté nulle part d'une manière véritablement efficace. On peut même dire qu'au point de vue de la préservation de la rage, cette mesure est tout au moins inutile, car elle n'est jamais appliquée aux chiens qui sont susceptibles de nuire par le fait de leur état rabique actuel. Quelques mots d'explication vont vous le prouver. Quels sont les chiens qui, dans les rues et sur les routes, se montrent en plein accès de rage et font des morsures aux hommes et aux bêtes qu'ils rencontrent? Est-ce que tout à l'heure, ils étaient dans les conditions de la plus parfaite santé et que la rage s'est emparée d'eux soudainement et sans aucun signe prémonitoire? Non, à coup sûr : je me suis déjà expliqué sur ce point, dans le courant de cette conférence; ces chiens couvaient la rage depuis quelques jours déjà chez leurs maîtres, et s'ils sont maintenant errants sur les routes, c'est *qu'ils se sont échappés* de leurs demeures, obéissant à l'instinct qui les pousse à s'éloigner de ceux qui leur sont chers. La plupart du temps, c'est à l'insu de tout le monde qu'ils ont opéré leur fuite, et conséquemment, c'est toujours *démuselés* qu'ils s'échappent, car il n'est pas habituel de maintenir la muselière dans l'intérieur des demeures. A quoi donc peut être utile, au point de vue de la prophylaxie de la rage, ce musèlement qu'on veut rendre obligatoire pour tous les chiens, puisqu'en définitive, par la force même des choses, ce sont les chiens en plein accès de rage qui se trouvent exempts, pour la plupart, de cette obligation et qu'elle n'est le plus souvent imposée qu'à ceux qui sont en parfaite santé ?

Me voici arrivé à la fin de cette longue conférence, et je ne crois pouvoir mieux faire, pour graver plus profondément dans les esprits ce qu'elle peut avoir d'utile, que de la résumer en quelques pages, où je me suis surtout proposé de mettre en relief ces caractères distinctifs de la rage canine, dont la connaissance est si importante, car, vous le savez maintenant, avant que la rage devienne furieuse, elle s'accuse d'une telle manière, pendant quelques jours, que, si l'on connaissait la signification des choses, il serait toujours possible de mettre l'animal enragé hors d'état de nuire, soit par la séquestration, soit par un abatage immédiat.

Voici ce résumé :

INDICATION DES CARACTÈRES DISTINCTIFS DE LA RAGE DU CHIEN A SES DIFFÉRENTES PÉRIODES ET DES MOYENS PROPRES A PRÉVENIR SA PROPAGATION.

I. — La rage du chien ne se caractérise pas par des accès de fureur, dans les premiers jours de sa manifestation. Au contraire, c'est une maladie, tout d'abord d'apparence bénigne ; mais dès ses débuts, la bave est *virulente*, c'est-à-dire qu'elle renferme le germe inoculable, et le chien est alors bien plus dangereux par les caresses de sa langue qu'il ne peut l'être par ses morsures, car il n'a encore aucune tendance à mordre.

II. — Au début de la rage, le chien change d'humeur ; il devient triste, sombre et taciturne, recherche la solitude et se retire dans les recoins les plus obscurs. Mais il ne peut rester longtemps en place : il est inquiet et agité, va et vient, se couche et se relève, rôde, flaire, cherche, gratte avec ses pattes de devant. Ses mouvements, ses attitudes et ses gestes semblent indiquer que, par moment, il voit des fantômes, car il mord dans l'air, s'élance et hurle comme s'il s'attaquait à des ennemis réels.

III. — Son regard est changé ; il exprime une tristesse sombre et quelque chose de farouche.

IV. — Mais, dans cet état, le chien n'est encore nullement agressif pour l'homme ; son caractère est ce qu'il était avant. Il se montre docile et soumis pour son maître, à la voix duquel il obéit, en donnant quelques signes de gaieté qui ramènent un instant sa physionomie à son expression habituelle.

V. — Au lieu de tendances agressives, ce sont souvent des tendances contraires qui se manifestent dans la première période de la rage. Le sentiment affectueux envers ses maîtres et les familiers de la maison s'exagère chez le chien enragé, et il l'exprime par les mouvements répétés de sa langue avec laquelle il est avide de caresser les mains ou les visages qu'il peut atteindre.

VI. — Ce sentiment très-développé et très-tenace chez le chien le domine assez pour que, dans un très-grand nombre de cas, il respecte ses maîtres, même dans le paroxysme de la rage, et pour que ceux-ci, d'autre part, conservent sur lui un très-grand empire, même lorsque ses instincts féroces ont commencé à se manifester et qu'il s'y abandonne.

VII. — Le chien enragé n'a pas horreur de l'eau ; au contraire, il en est avide. Tant qu'il peut boire, il satisfait sa soif toujours ardente ; et quand le spasme de son gosier l'empêche de déglutir, il plonge le museau tout entier dans le vase et il mord, pour ainsi dire, le liquide qu'il ne peut plus avaler.

Le chien enragé n'est donc pas *hydrophobe* ;

L'*hydrophobie* n'est donc pas un signe de la rage du chien.

VIII. — Le chien enragé ne refuse pas sa nourriture dans la première période de sa maladie ; souvent même il la mange avec plus de voracité que d'habitude.

IX. — Lorsque le besoin de mordre, qui est un des caractères essentiels de la rage à une certaine période de son développement commence à se manifester, l'animal le satisfait d'abord sur des corps inertes ; il ronge le bois des portes et des meubles, déchire les étoffes, les tapis, les chaussures, broie sous ses dents la paille, le foin, les crins, la laine, mange la terre, la fiente des animaux et la sienne même, etc., et accumule dans son estomac des débris de tous les corps sur lesquels ses dents ont porté.

X. — L'abondance de la bave n'est pas un signe constant de la rage chez le chien. Tantôt la gueule est humide et tantôt elle est sèche. Avant la période des accès, la sécrétion de la salive est normale ; elle s'exagère pendant cette période et se tarit à la fin de la maladie.

XI. — Le chien enragé exprime souvent la sensation douloureuse que lui fait éprouver le spasme de son gosier, en faisant avec ses pattes de devant, de chaque côté des joues, les gestes propres au chien dans la gorge duquel un os est arrêté.

XII. — Dans une variété particulière de la rage canine que l'on appelle la *rage-mue*, la mâchoire inférieure paralysée reste écartée de la supérieure et la gueule demeure béante et sèche, avec une teinte rouge brunâtre de la muqueuse qui la tapisse.

XIII. — Dans quelques cas, le chien enragé vomit du sang qui provient, suivant toutes probabilités, des blessures de son estomac par les corps acérés qu'il a déglutis.

XIV. — La voix du chien enragé change toujours de timbre, et toujours son aboiement s'exécute suivant un mode complétement différent de son mode habituel.

Il est rauque, voilé, et se transforme en un hurlement saccadé.

Dans la variété de rage appelée *rage-mue*, ce symptôme important fait défaut. La maladie reçoit son nom du mutisme absolu des malades : *rage-mue* ou *muette*.

XV. — La sensibilité est très-émoussée dans le chien enragé. Quand on le frappe, qu'on le brûle ou qu'on le blesse, il ne fait entendre ni les plaintes, ni les cris par lesquels les animaux de son espèce expriment leurs souffrances ou même simplement leurs craintes.

Il y a des cas où le chien enragé se fait à lui-même des blessures profondes avec ses dents et assouvit sa rage sur son propre corps, sans chercher encore à nuire aux personnes qui lui sont familières.

XVI. — Le chien enragé est toujours très-violemment impressionné et irrité par la vue d'un animal de son espèce. Dès qu'il se trouve en sa présence ou qu'il entend ses aboiements, sa fureur rabique se manifeste, si elle était encore latente, se développe et s'exalte, si elle était déjà déclarée, et il se lance vers lui pour le déchirer de ses dents.

La présence du chien produit la même impression sur les animaux des autres espèces, quand ils sont sous le coup de la rage ; en sorte qu'il est vrai de dire que le chien fait l'office d'un agent réactif, à l'aide duquel on peut presque toujours, avec une très-grande sûreté, déceler la rage encore cachée dans un animal qui la couve.

XVII. — Le chien enragé fuit souvent le toit domestique, au moment où, par les progrès de sa maladie, les instincts féroces se développent en lui et commencent à le dominer ; et, après un, deux ou trois jours de pérégrinations, pendant lesquels il a cherché à satisfaire sa rage sur tous les êtres vivants qu'il a pu rencontrer, il revient souvent mourir chez ses maîtres.

XVIII. — Lorsque la rage est arrivée à sa période furieuse, elle se caractérise par l'expression de férocité qu'elle donne à la physionomie de l'animal qui en est atteint et par des envies de mordre qu'il assouvit toutes les fois que l'occasion s'en présente ; mais c'est toujours contre son semblable qu'il dirige ses attaques, de préférence à tout autre animal.

XIX. — Les fureurs rabiques se manifestent par des accès dans les intervalles desquels l'animal épuisé tombe dans un état relatif de calme, qui peut faire illusion sur la nature de sa maladie.

XX. — Les chiens bien portants semblent doués de la faculté de deviner l'état rabique d'un animal de leur espèce et, au lieu de lutter contre lui, ils cherchent à se dérober à ses atteintes par la fuite.

XXI. — Le chien enragé libre s'attaque d'abord, avec une très-grande énergie, à tous les êtres vivants qu'il rencontre, mais toujours de préférence au chien plutôt qu'aux autres animaux, et de préférence à ceux-ci plutôt qu'à l'homme. Puis, lorsqu'il est épuisé par ses fureurs et par ses luttes, il marche devant lui d'une allure vacillante, très-reconnaissable à sa queue pendante, à sa tête inclinée vers le sol, à ses yeux égarés et à sa gueule béante, d'où s'échappe une langue bleuâtre et souillée de poussière. Dans cet état, il n'a plus de grandes tendances agressives, mais il mord encore tous ceux, hommes ou bêtes, qui se trouvent ou qui vont se mettre à la portée de ses dents.

XXII. — Le chien enragé qui meurt de sa mort naturelle succombe à la paralysie et à l'asphyxie.

Jusqu'au dernier moment, l'instinct de mordre le domine et il faut le redouter même lorsque l'épuisement semble l'avoir transformé en corps inerte.

XXIII. — A l'autopsie d'un chien enragé on rencontre, d'une manière presque constante, dans son estomac, un mélange de corps disparates, tels que du foin, de la paille, des crins, de la laine, des lambeaux d'étoffes, des morceaux de cuir, des débris de cordes, des étoupes, des excréments, de la terre, des feuilles, du gazon, des pierres : toutes substances qui, par leur présence et leur assemblage, ont une grande valeur probative de l'existence de l'état rabique sur l'animal où on les constate.

XXIV. — Le moyen le plus sûr de prévenir les effets des inoculations rabiques est la cautérisation immédiate, par le fer rouge de préférence, et, à son défaut, par la poudre de chasse et par les agents caustiques. Plutôt cette cautérisation est faite et plus il y a à compter sur son efficacité.

XXV. — Si la cautérisation ne peut être faite immédiatement après la morsure, il faut, en attendant, laver la plaie, l'exprimer très-énergiquement pour en faire sortir le sang, opérer sur elle des succions avec les lèvres, en rejetant très-vite le liquide aspiré par la bouche, comprimer très-fortement ses bords et d'une manière continue, appliquer, si c'est

possible, une ligature circulaire, pour suspendre le cours du sang.

XXVI. — Après l'emploi de ces moyens, qu'il faut toujours appliquer les premiers, on peut avoir recours avec avantage à l'un ou à l'autre des différents traitements préconisés contre les morsures rabiques.

XXVII. — La cause principale, et l'on peut presque dire exclusive de la rage canine, étant sa transmission par des morsures de chiens enragés, tous les chiens mordus ou suspects de l'avoir été doivent être mis hors d'état de nuire, soit par une séquestration prolongée pendant huit mois au moins, soit par un abatage immédiat.

XXVIII. — Les propriétaires des animaux enragés sont responsables des sinistres qu'ils causent, vis-à-vis des personnes qui en sont victimes, car aux termes des articles 1382, 1383 et 1385 du Code civil : « 1° Tout fait quelconque de l'homme » qui cause à autrui un dommage oblige celui par le faute » duquel il est arrivé à le réparer.

» 2° Chacun est responsable du dommage qu'il a causé, non-» seulement par son fait, mais encore *par sa négligence ou par » son imprudence.*

» 3° Le propriétaire d'un animal, ou celui qui s'en sert, » pendant qu'il est à son usage, *est responsable du dommage » que l'animal a causé,* soit que l'animal fût sous sa garde, *soit » qu'il fût égaré ou échappé.* »

XXIX. — Tous les chiens devraient porter, *au dedans comme au dehors des maisons,* un collier indicateur des noms et de la demeure de leurs maîtres.

Ma tâche est maintenant accomplie ; je vous ai dit, en commençant, que je l'avais entreprise parce que j'avais la conviction que je faisais une chose utile. Je la termine en conservant cette conviction, et je ne crois pas me faire d'illusion en pensant que je vous l'ai fait partager.

H. BOULEY.

BIBLIOGRAPHIE SCIENTIFIQUE

De la mortalité dans l'armée et des moyens d'économiser la vie humaine (*extraits des statistiques médico-chirurgicales des campagnes de Crimée en 1854-1856 et d'Italie en 1859*), par le docteur J. C. CHENU, médecin principal d'armée, en retraite.

L'organisation du service médical dans l'armée française, tel est le sujet de ce livre, qui met dans la plus complète lumière les défauts d'un service subordonné en tout à l'intendance qui manque du temps et des connaissances nécessaires pour le diriger. Nous en avons déjà parlé l'année dernière, à propos des articles de M. Le Fort, et l'espace ne nous permet de citer aujourd'hui que quelques-uns des faits incroyables démontrés chiffres en mains par M. Chenu. Ainsi, l'armée française a relativement quatre fois moins de médecins que de vétérinaires ; depuis le premier empire, le nombre des médecins d'une ambulance a baissé de plus de moitié ; aussi nos soldats ont-ils souvent jusqu'à huit fois moins de médecins que les soldats de Prusse, d'Amérique ou d'Angleterre ; c'est l'intendance qui choisit et dirige les hôpitaux et les ambulances, sans que les médecins puissent même critiquer les ordres qu'ils subissent, etc. Comme résultat, on voit à Solférino relever les blessés *quatre jours* après la bataille, les boîtes à résection et le chloroforme arriver à la fin de la campagne, et la mortalité des diverses blessures s'élever dans l'armée française au double de ce qu'elle est partout ailleurs.

Le propriétaire-gérant : GERMER BAILLIÈRE.

PARIS. — IMPRIMERIE DE E. MARTINET, RUE MIGNON, **2.**

REVUE

DES

COURS SCIENTIFIQUES

DE LA FRANCE ET DE L'ÉTRANGER

SEPTIÈME ANNÉE   NUMÉRO 24   14 MAI 1870

UNIVERSITÉ D'AMSTERDAM

INAUGURATION DU LABORATOIRE DE PHYSIOLOGIE

DISCOURS DE M. W. KUHNE

La science de la vie

Messieurs,

Cette cérémonie a un double objet : l'inauguration d'un laboratoire, véritable temple de la science, et l'entrée en fonctions du professeur qui a l'honneur de parler devant vous.

Jusqu'ici, lorsque les habitants de cette active et laborieuse cité témoignaient, par leur présence à l'ouverture d'un cours public, de l'intérêt qu'ils portaient à la science, il ne s'agissait que d'accueillir un professeur nouveau-venu dans une chaire ancienne et élevée pour un but qui était bien connu. Instruits de l'objet, de l'utilité, de la méthode de cette science que le membre nouveau de l'Athenæum était appelé à enseigner, habitués à voir cet enseignement passer par le renouvellement des générations, en de nouvelles mains, vous aviez le désir légitime de savoir comment le professeur allait comprendre sa tâche, quelle serait sa direction, et vous le jugiez d'après des données qui étaient dans le domaine commun. C'est ainsi que l'auditoire et l'orateur entraient en relations.

Il n'en est pas tout à fait de même aujourd'hui. L'orateur sans doute vous est en partie connu, il vous connaît lui-même, car nous avons déjà, pendant l'année écoulée, fait route ensemble ; mais aujourd'hui, pour la première fois, nous prenons possession de cette belle institution qui permet de vous conduire de l'amphithéâtre au laboratoire, de passer ainsi de la leçon théorique à l'entretien familier, de l'exposition à la pratique, du récit des faits à l'expérimentation directe. En ouvrant un laboratoire nous commençons par mettre nous-même la main à l'ouvrage ; c'est là le vrai moyen de concourir aux progrès de la science.

Si vous lisez une des innombrables feuilles imprimées où s'agite l'esprit critique de notre temps, égarés par ce guide pessimiste vous pourrez vous figurer que le monde s'est arrêté, et que le triste spectacle de l'histoire avec son progrès lent et l'éternelle rechute du genre humain se reproduit tous les jours. En effet, la lutte des peuples, leurs rivalités, la stérile dépense qu'ils font de leur activité destructive, l'ardeur intempérante des passions, le fanatisme, semblent toujours prêts à nous précipiter dans les mêmes égarements toujours nouveaux. Les yeux fixés sur un grand peuple de l'antiquité,

VII.

la Grèce, nous croyons à jamais perdu l'espoir de nous rapprocher d'un pareil idéal.

Cependant, à travers ce trouble et cette confusion des événements, brille un point lumineux, signe éclatant du développement progressif de l'intelligence humaine ; cette lumière c'est la poursuite ardente du vrai et du beau, par la science et par l'art. Cette poursuite de l'idéal est en effet l'un des plus grands mobiles de l'homme. Aussi voit-on par une loi naturelle dont la puissance est irrésistible, le petit groupe des nations auxquelles la culture intellectuelle est chère, écraser de leur supériorité l'immense majorité des peuples qui n'ont pas connu ce feu sacré ou ont négligé de l'entretenir. C'est ainsi qu'on voit la puissance, la grandeur, la richesse, liées étroitement au progrès intellectuel ; mais pour avoir les bénéfices de ce progrès, il y faut croire fermement. Saluons le pays, félicitons la ville, qui entrent courageusement dans cette voie.

La science, messieurs, est la recherche de la vérité, c'est-à-dire de ce qui est invariable, éternellement immuable. Elle est, comme l'ont reconnu les Grecs, une et indivisible.

L'antiquité cherchait, avec l'ardeur de la jeunesse, une vérité unique embrassant tout, sans se douter de la longueur du chemin dans lequel elle s'engageait pleine de joie et d'espérance. Si quelque chose nous distingue d'elle, nous qui nous appelons les modernes, mais qui en réalité sommes les anciens, c'est que nous cherchons à parvenir à la vérité en marchant de connaissances en connaissances. Nous ne prétendons plus atteindre du premier coup au grand but, nous jalonnons la route en prenant possession d'une foule de vérités isolées ; l'homme ne cherche plus à se connaître lui seul ; il veut embrasser tout ce qui l'entoure, et par l'étude de la nature il est ramené à l'étude de lui-même. On a trop souvent fait l'éloge de la science de la nature, de ses rapides progrès à notre époque, de son utilité et de son influence en général, pour qu'il soit nécessaire d'y insister ici. Si tous les hommes instruits sont d'accord sur ce point, il en est peu cependant qui suivent le développement de cette science d'assez près pour se faire une idée exacte de ses procédés et de ses exigences. L'œuvre est à peine commencée ; à chacun de nous incombe le devoir d'apporter notre pierre à cet édifice.

Depuis que la science de la nature est constituée, elle a toujours fait usage, non-seulement de la pensée seule, mais encore des moyens extérieurs propres à venir en aide à nos sens. Le naturaliste observateur cherche et rassemble les moyens matériels d'accroître le champ de l'observation ; il invente des instruments et des méthodes, afin de tirer du chaos le constant et le certain ; « ce que la nature ne donne

» pas volontairement, il le saisit avec des vis et des leviers », comme l'a dit Gœthe (1). Nous regardons comme un temps de triste égarement celui où des esprits rêveurs croyaient pouvoir se passer de ces ressources.

Nous sortons à peine d'une époque où, seul, le savant, l'homme du métier, disposait de ces moyens matériels d'observation, où lui seul voyait, expérimentait ; il fallait que l'élève, avide d'appliquer ce qu'on lui avait enseigné, se contentât des notions qu'on avait consenti à lui transmettre. Un petit nombre d'élus, encore imbus de préjugés, possédaient seuls les moyens d'étudier la nature et de suivre les progrès de la science. Ce temps n'est plus. C'est l'honneur de Liebig d'avoir rompu avec ce passé, d'avoir montré la voie nouvelle et popularisé la science de la nature dans le sens le plus noble du monde, en inventant le laboratoire moderne.

Depuis que le laboratoire de chimie de Giessen a été fondé, la science à laquelle il a été consacré, a acquis des proportions qui doivent frapper d'étonnement tout homme qui réfléchit. Cet exemple a été partout imité, dans les universités et dans les écoles techniques. A la place du modeste laboratoire du chimiste d'il y a trente ans, on a élevé des palais à l'enseignement et aux recherches ; une noble émulation, une sorte de point d'honneur, a été attachée à la possession d'un bel édifice de ce genre. Et lorsque ces établissements eurent produit toute une légion de chimistes, on vit avec étonnement combien l'agriculture, l'industrie, l'État, avaient besoin de leur concours ; par suite, le nombre des hommes qui, poussés par un intérêt prochain ou éloigné ont pénétré les mystères les plus intimes de la chimie est presque incommensurable, et l'on peut dire qu'aujourd'hui toute œuvre émanée d'un chimiste comparaît par devant des milliers de juges compétents.

L'observation et l'expérimentation ont besoin d'yeux et de mains bien exercés ; or, les laboratoires en ont produit une telle quantité que le savant qui sait mettre à profit ces précieux auxiliaires pour son bien et pour celui de ses élèves, peut maintenant produire davantage en une année qu'il n'aurait pu espérer le faire autrefois en dix ans. La science a ainsi perdu son aspect sévère et pédantesque ; à la place de la cellule étroite et sombre de l'alchimiste, désormais passée à l'état de mythe et que nous ne regrettons point, quelque attrayante qu'elle nous apparaisse dans les chefs-d'œuvre des grands peintres de ce pays, nous avons élevé nos grands laboratoires dont l'atmosphère est pleine de vie et de gaieté, et qu'anime l'activité commune du maître et d'une jeunesse avide de science.

Le savant lui-même est devenu tout autre ; le costume suranné sous lequel il se montre encore de temps en temps à vous, n'est qu'un déguisement et non une parure propre à rehausser à vos yeux l'ami de la nature. La science n'était jadis représentée que par un petit nombre de noms importants ; aujourd'hui au contraire, chaque semaine nous apporte les noms nouveaux de jeunes observateurs ; d'importantes découvertes sont même associées à des noms qui peut-être ne reparaîtront plus dans l'histoire de la science. Les vaniteux seuls

peuvent regretter que la science se dégage ainsi de toute personnalité. Félicitons de tout cœur notre époque qui, en perdant l'idée de l'autorité, en a presque perdu le mot. Désormais on n'exigera plus des jeunes gens qu'ils croient aux faits les plus simples sans les vérifier par un examen personnel ; nous les mettons en situation de répéter eux-mêmes chaque observation, chaque expérience ; nous ne leur proposons pas une solution unique, nous cherchons au contraire par la discussion à former leur jugement. Cette école de travail porte ses fruits et nous en voyons déjà les merveilleux résultats dans toutes les branches de l'activité humaine. Ce qui caractérise l'homme instruit, c'est le besoin d'indépendance intellectuelle ; chacun veut par lui-même expérimenter et frayer la voie qui mène à la vérité, sans être astreint à une direction imposée. Jadis l'individu tentait d'exercer sur les autres une contrainte morale par la puissance de ses conceptions propres ; aujourd'hui, et c'est là le caractère de l'homme moderne, nous ne voulons d'autre moyen de persuasion que la confiance dans la logique de tous nos contemporains intelligents, que l'exposé du résultat de nos conceptions et de nos expériences, que le soin et le scrupule apportés à nos observations et à nos recherches.

Comme la chimie, les autres sciences physiques ont leurs exigences ; il n'en est aucune qui puisse ou veuille se priver des moyens indispensables à son développement, et chacune d'elles est en mesure de montrer quel bénéfice répond aux sacrifices apparents imposés à ceux qui jouissent de ses bienfaits. Prenons pour terme de comparaison un objet usuel : voyez cet instrument de la pensée qu'on appelle un fil électrique. N'est-ce pas un outil précieux et dont on ne saurait discuter l'utilité ? Puisse cette comparaison justifier nos exigences !

Le laboratoire que nous inaugurons aujourd'hui est consacré à la physiologie, science dont pendant longtemps on n'a compris l'importance que par rapport à l'art médical. Quel que soit le rang que l'on assigne du reste à la médecine dans la hiérarchie des sciences qui traitent de l'homme, il faut convenir qu'elle touche l'homme de bien près, et que l'intérêt qu'elle lui inspire est bien naturel. Or, comment pourrions-nous exercer utilement ce grand art de diriger la vie humaine vers le bien-être, si nous ne connaissions pas les lois de la vie, si le mécanisme de cette belle partie de l'ensemble de la nature nous était caché. La science qui se propose pour objet l'étude de la vie et de tout ce qui vit est donc la base même de l'art médical. Le médecin intelligent se comporte comme le physiologiste : gardien d'un matériel précieux, il observe les cruelles expériences que, sous la forme de maladies, la nature fait sur ses semblables, et il concourt par là à la collection des faits dont se compose notre science. Vous voyez par là, messieurs, quel intérêt nous attache à la physiologie, science de la vie. Vous montrer l'importance de cette science, éveiller sur ce point votre sollicitude, est une tâche dont je me charge volontiers.

Ce serait cependant une erreur de croire que la physiologie ne soit qu'une étude préparatoire à la médecine, et ne doive intéresser que ceux qui, par ce motif, ou pour toute autre raison, sont dans l'obligation de connaître les phénomènes de la vie. La physiologie qui a, en réalité, pour but l'explication des actes vitaux des organismes, est en même temps le centre de tous les intérêts intellectuels. Il n'y a point de savant qui n'y prenne intérêt et n'en suive attentivement

---

(1) Geheimnisvoll am lichten Tag
Lässt sich Natur des Schleiers nicht berauben
Und was sie deinem Geist nicht Offenbaren mag
Das zwingst du ihr nicht ab mit Hebeln und mit Schrauben.

(Gœthe, *Faust*.)

les progrès ; déjà les enseignements de la physiologie ont profité d'une façon évidente aux autres sciences. La physiologie a jeté un pont solide au-dessus de l'abîme qui menaçait de séparer la science en deux camps opposés et ennemis, elle a rapproché les sciences physiques des sciences morales ou philosophiques et réalisé le rêve de nos pères, l'espoir de tous les esprits profonds, en montrant qu'il n'y a qu'une vérité, qu'une science.

Les enchantements que multiplie autour de nous la nature animée ne sauraient être niés. Si, élevant nos yeux au-dessus de notre planète vers les régions des mondes éloignés, nous sommes frappés d'admiration par la marche des astres au firmament et par la sublime mécanique du ciel, en concevant l'idée de distances et de forces presque incommensurables ; si, par l'étude de notre terre et par la conception de son développement, nous nous familiarisons avec la pensée de révolutions gigantesques accomplies en un temps que l'esprit ne peut concevoir, nous pouvons également, et avec la même admiration, ramener nos regards vers les attrayants phénomènes de la vie qui sont pour nous le prodige le plus grand ou mieux le problème le plus élevé de la nature.

Nous sentons dans tout ce qui vit une parenté avec nous. N'y a-t-il pas dans tout ce qui naît, croît et meurt, comme une copie de nous-mêmes ! Or, la science qui a pour but la solution de ce problème ne mérite-t-elle pas le prix avant toutes les autres ? Sa tâche, en vérité, est si vaste, que de grands esprits des temps passés et même de nos jours (parmi ces derniers je pourrais citer d'éminents mathématiciens ou astronomes), ont douté que ce problème pût jamais être résolu.

Tant que la science, abordant d'emblée les sujets les plus hauts et les plus ardus, n'étudia que les principales fonctions des êtres vivants, l'homme lui-même et son activité intellectuelle, sa pensée, elle ne fit que briser le lien naturel qui unissait la biologie aux sciences exactes. Nous sommes devenus plus modestes : partant de l'étude des phénomènes les plus simples nous nous élevons progressivement aux plus complexes, à ceux qui sont le plus pleins de secrets. Notre marche est plus lente mais aussi plus assurée. Nous rétablissons cette unité de la nature que l'homme avait détruite par son admiration vaniteuse de lui-même et par le soin qu'il avait pris de placer au-dessus des lois de l'univers entier, lui et tout ce qui lui est parent par la vie. On sait à quelles déviations la physiologie a été entraînée par les efforts faits pour attribuer à tout ce qui vit une place spéciale et privilégiée dans l'ensemble de l'univers.

Pour connaître et expliquer la structure, le développement et les phénomènes d'un organisme vivant, nous ne disposons pas d'autres moyens d'examen que ceux dont on se sert pour l'étude de tout phénomène naturel ; nous observons avec exactitude, nous appelons à notre aide toutes les ressources de l'optique afin de reculer les limites de la vision, et nous soumettons l'organisme à l'analyse chimique. Cette constance de la forme et de la structure qu'un coup d'œil naïf ne pouvait que deviner ou pressentir, est devenue une certitude ; on dit qu'aucune feuille ne ressemble à une autre feuille ; que ce qui distingue la matière animée de la matière inanimée, c'est l'irrégularité ; mais, en réalité, les différences de formes que nous trouvons dans la matière animée ne sont ni plus grandes ni plus essentielles que celles que nous offre la matière inanimée.

De même que la cristallographie, à travers ses variétés et ses formes masquées, nous offre une forme générale que régissent des lois invariables, ainsi l'anatomie fine qui nous permet d'étudier le développement intime de l'organisme, nous y révèle la constance de la forme et des transformations, lesquelles obéissent à des lois immuables. Je dirai plus : tout ce qui vit montre, dans sa structure, la plus étonnante concordance. Aussi loin que nous pouvons atteindre par l'analyse à l'œil nu ou par le microscope, nous voyons tous les organismes complexes constitués par ces mêmes organismes élémentaires, les cellules, qui sont comme les matériaux intimes de leur construction. Nulle part nous ne trouvons d'irrégularité. Gœthe n'avait-il pas entrevu dans une sorte de rêve prophétique ce changement de la forme jusqu'à la perfection ? Et à peine Darwin a-t-il soupçonné une loi qui domine les métamorphoses successives dans la série des êtres organisés, que l'on a vu la morphologie, c'est-à-dire les sciences naturelles basées sur la classification, s'ébranler et se fondre dans la physiologie.

L'analyse chimique ne nous fait reconnaître dans les êtres vivants aucun corps nouveau ; il n'y existe aucun élément qui ne se trouve en dehors d'eux ; ces éléments y sont seulement unis en des combinaisons nouvelles et particulières. Pendant longtemps on a cru trouver dans ces combinaisons organiques le secret de l'organisme et son caractère spécifique ; la chimie, adoptant cette manière de voir, a même, dans son propre domaine, établi une classification dont on trouve encore l'écho dans les mots de chimie organique et inorganique. Mais la découverte faite par Wöhler de la possibilité de produire artificiellement et par synthèse un corps organique, les brillants travaux de Berthelot, et à sa suite d'autres chimistes qui ont montré la production opérée dans le laboratoire de corps innombrables dits organiques dont la formation était attribuée exclusivement autrefois à une activité secrète, à une force vitale particulière de la plante ou de l'animal, tous ces faits prouvent que les lois qui régissent les phénomènes chimiques sont les mêmes dans la nature vivante et dans la nature morte. Dès lors la chimie devait renoncer à sa vieille division, aussi n'est-il plus question aujourd'hui de chimie organique. Cette place a été prise par la chimie physiologique, qui non-seulement s'occupe de la constitution chimique de l'organisme, mais en étudie principalement les transformations pendant la vie de l'être. Le physiologiste doit être chimiste, car sa science et celle du chimiste sont intimement liées l'une à l'autre ; c'est ce qu'avait montré déjà Lavoisier qui, en créant la chimie, en créa en même temps l'application à la physiologie.

Les tentatives faites par la chimie physiologique pour étudier la formation et la destruction, c'est-à-dire la combinaison et la décomposition des substances chimiques dans les organismes ont été souvent récompensées par le succès. On a réussi à ramener presque toutes les fonctions physiologiques à des phénomènes chimiques, et à reconnaître les échanges de la matière dans l'état toujours mouvant de l'organisme. Nous ramenons le mouvement, la chaleur, la nutrition, la sécrétion, à des forces chimiques ; ou nous nous trompons fort, ou la physiologie prendra une direction chimique précisément là où il s'agit d'expliquer les fonctions les plus étonnantes de l'animal, c'est-à-dire la vie des nerfs, la sensation et la production du travail organique. Si la transmission du son dans l'oreille, la marche des rayons lumineux à travers l'œil jusqu'à la rétine sont des phénomènes exclusivement physiques, et qui s'accomplissent d'une façon admirable, grâce à la construction des organes acoustique et optique; si la production du travail mécanique et la dépense de chaleur sont du ressort de la physique, personne·cependant ne peut douter que, dans le premier cas, les forces vives qui font vibrer l'air et l'éther lumineux ne se transforment en phénomènes chimiques dans les nerfs de l'ouïe et de la vue, ni que, dans l'autre cas, les sources de force vive ne dépendent d'une décomposition chimique.

Mais n'y a-t-il pas dans le corps de l'homme et de l'animal, à l'état latent, et comme sommeillantes, d'autres forces secrètes, inappréciables, accusées par un grand nombre de phénomènes chez l'être vivant, telles que la sensation consciente et le mouvement volontaire? Mais, dira-t-on, en admettant cette formation lente et régulière d'une synthèse chimique, en admettant l'usure et la mort de ces produits, jeu de la décomposition chimique, phénomènes accessibles aux recherches, et dont les lois inévitables sont enfin expliquées et connues; n'existera-t-il pas toujours un abîme profond entre la matière animée et la matière inanimée, comme entre le mouvement de la vie et le repos d'un corps brut? Cependant, ce repos du monde inorganique que le vitalisme regarde de haut avec mépris, il n'existe pas. Seuls, nos sens habitués à un mouvement plus rapide nous cachent le mouvement de la terre. Depuis longtemps la science sait comment la terre s'est formée de nuées légères, comment elle s'est condensée pour devenir habitable, comment elle se meut sous nos pieds, quels sont ses échanges éternels avec l'atmosphère. Elle parcourt rapidement l'espace, c'est un astre comme les autres astres du ciel, et nous osons dire que le système de l'univers est inanimé! Quoi, cette connaissance des lois de la mécanique céleste qui nous permet de voir dans le passé et dans l'avenir ne serait qu'une goutte d'eau dans l'océan de nos connaissances et porterait sur un objet misérable, privé de vie, sur un problème sans importance! Et à côté de ces grandes lois universelles, l'homme, le ver, le champignon, la mousse, auraient une législation spéciale et indépendante!

Depuis que la loi de Newton a résolu le grand problème de la marche des astres, devant lequel l'homme s'était arrêté de tout temps, hésitant et n'ayant point confiance en ses connaissances dont il croyait les limites plus étroites qu'elles ne sont, une nouvelle espérance est venue animer toutes les sciences qui se savent en état d'user avec la même sûreté que la mécanique des méthodes exactes et de la mesure. Partout où se montrent des phénomènes réguliers et constants, il ne faut point désespérer de résoudre le problème. Un sens intime, je pourrais dire religieux, nous pousse à supposer une loi et une force nécessaire, là ou une spontanéité apparente nous cache la constance des phénomènes. Or, pourquoi la physiologie ne participerait-elle pas à cette espérance? N'est-ce pas d'elle que l'humanité a reçu ce second présent digne de celui de Newton, et qui s'appelle la loi de la conservation de la force? Cette loi qui nous dit que la somme de toutes les forces de l'univers est constante comme la matière, et nous montre par la division des forces en forces vives et en forces de tension, que là où une force paraît sortir du néant, il ne s'agit que de la transformation d'une force en une autre, elle a été découverte et promulguée par un médecin Robert Mayer; Helmholtz, le plus grand des physiologistes modernes, en démontra le premier toute l'importance.

Cette loi, par laquelle la somme des forces vives et des forces de tension est invariable, réunit en un tout harmonique tous les phénomènes de la nature; elle unit toutes les sciences, et particulièrement la chimie et la physique dans le domaine de la vie des organismes.

La force née de rien serait, dit-on, la spontanéité, et la spontanéité serait le caractère de la vie! Or, si nous examinons les forces que dépense l'organisme animal, nous voyons qu'elles consistent en travail mécanique, chaleur, électricité et lumière. Ce que nous appelons fonctions de l'organisme, travail mécanique quand l'animal se meut et se déplace, conservation de la chaleur dans le corps vivant, dépense de celle-ci employée souvent pour un objet important, comme par exemple pour le développement de la couvée, ce n'est que la mise en liberté de forces vives. Nous croyons à tort que ces faits dépendent de la volonté de l'animal ou de l'homme, car l'homme comme l'animal disposent, non pas de la quantité, c'est-à-dire de la somme de ces forces, mais seulement de leur distribution. En mesurant les forces dépensées, nous en découvrons l'origine. Ces forces ne sont pas surajoutées aux forces de l'univers; elles ne naissent pas de rien, mais elles sont empruntées et restituées.

Nous tirons la force, en premier, des aliments et de l'atmosphère qui nous environne. L'organisme n'est que la machine qui donne occasion aux forces de tension de se transformer en forces vives, chaleur ou travail mécanique, et ces forces pénètrent dans la machine, soit sous forme d'aliments combustibles et destructibles, soit sous forme d'oxygène respiré. Ainsi la mesure des fonctions animales est fixée à l'avance et dépend exactement des forces de tension reçues. On a souvent comparé le corps de l'animal à une horloge qui, par la chute de ses poids, dépense ou perd autant de force vive qu'il lui a été donné de force de tension par l'élévation de ces mêmes poids. Suivant la disposition des rouages et de l'engrenage du pendule régulateur, l'horloge transforme plus ou moins vite la force de tension en force vive; mais la somme de force que l'on peut mesurer demeure la même en toutes circonstances. C'est donc le bras de l'homme qui a animé l'horloge, qui lui a donné la force de tension, qui en remontant les poids a accompli un travail mécanique et transformé de la force vive en force de tension. De temps immémorial, notre globe a emmagasiné pour nous de semblables forces vives et il en reçoit encore aujourd'hui du soleil sous forme de chaleur et en lumière. Nous retrouvons ces forces dans le charbon de terre et nous les transformons en travail mécanique utile, en combinant sous la chaudière le carbone à l'oxygène.

Tout ce qui vit ne saurait servir de la même façon à la grande transformation des forces; si la nature animée transformait exclusivement les forces de tension en forces vives, nous aurions bientôt consommé tous nos aliments, nous les changerions en produits de combustion désormais inutiles, et nous verrions s'éteindre toutes nos fonctions. Mais grâce à une diversité admirable, les organismes animaux forment des machines variées dont les unes produisent, et les autres ne font presque que détruire des forces vives.

Il n'y a point de différences essentielles entre les parties intimes des organismes animaux ou végétaux; tous deux ont besoin d'une chaleur qui leur soit transmise: c'est la force vive sans laquelle l'œuf fécondé, même, ne peut commencer à vivre; tous deux ont besoin du premier choc, dans le sens propre du mot; chez eux la vie commence avec le travail, avec le mouvement, avec la segmentation de la cellule.

La plante, à un degré de développement plus avancé, emmagasine une précieuse matière pour former un appareil qui absorbe la chaleur et la lumière, se nourrisse du soleil, et transforme le travail de l'astre enflammé en force de tension. Dans la plante qui tire sa nourriture des organismes animaux détruits, la nourriture qui vient du ciel, c'est-à-dire la lumière et la chaleur, restitue aux éléments réunis par la combustion animale leur ancienne force de tension, en les séparant de nouveau, en séparant, dans le grand mouvement réducteur, l'oxygène du carbone. Lorsque les éléments sont séparés, la plante les réunit pour la nourriture de l'animal. Le même atome sert donc de nouveau à la nourriture de l'animal, et c'est ainsi que, dans la vie, l'un incline vers la mort, pour donner à l'autre la vie.

Ce champ qu'ouvre au savant un rapide regard jeté sur l'économie de la nature organique, est donc immense. La physique et la chimie physiologique réunies sont appelées à le cultiver.

C'est à elles qu'échoit l'importante étude du changement de la force dans ses rapports avec la synthèse et avec la décomposition chimique. La physiologie a déjà commencé cette œuvre dans des travaux qui peuvent servir de modèle pour toutes les recherches futures.

Depuis que la physiologie se sert de la mesure et des méthodes physiques et chimiques, elle est devenue une science véritable, science que Jean Müller avait appelée, d'une façon prophétique : « Physique des organismes », car elle a trouvé pour les phénomènes de la vie, *des constantes*, des « lois pour atteindre le pôle immobile dans la fuite des phénomènes » (1).

La spontanéité que l'être vivant semble opposer à la grande loi qui gouverne le tout, disparaît partout où a pénétré jusqu'ici la recherche ; à l'absence de toute règle succède un ordre rassurant. Malgré le charme et le mystère qui environnent encore les phénomènes de la vie, nous ne doutons pas du progrès en nous engageant dans cette voie de recherches, car nous y voyons luire l'espoir commun à tous les savants, que rien n'échappe à la loi, et qu'il n'existe aucun obstacle à la marche éternellement régulière du monde.

Notre science a abordé résolûment la solution des problèmes les plus élevés, par exemple de la mesure du travail organique. Elle a mesuré la durée des phénomènes dans nos propres nerfs et indiqué avec exactitude le temps nécessaire pour que le cerveau perçoive une impression extérieure et pour que notre volonté agisse sur nos membres ; poursuivant l'étude des sensations, elle est arrivée immédiatement aux problèmes les plus ardus, à ceux qui préoccupent tous les penseurs. Ce n'est point le lieu de dérouler la marche suivie par la physiologie pour aborder les problèmes de l'activité intellectuelle. Dans une université voisine, l'illustre physiologiste de la Hollande, Donders, a mesuré le temps nécessaire à la manifestation de la pensée ; il a ainsi tracé et éclairé une voie qui permet au chercheur de pénétrer dans la nuit du problème intellectuel. Nous ne savons si cette voie nous conduira jamais à la découverte de toute la vérité ; mais chercher dans ce sens, c'est ne plus douter que le succès en définitive ne soit possible.

Nous pouvons donc prétendre avec raison que la psychologie, si elle ne veut être frappée tout d'abord d'impuissance, doit emprunter à la physiologie ses méthodes d'observation.

Déjà apparaît l'influence exercée par la physiologie sur les sciences morales. Nous croyons lire l'œuvre d'un physiologiste, quand nous parcourons les recherches de linguistique d'un Max Müller ou d'un Schleicher, et c'est un physiologiste qui a le premier déduit hardiment et sûrement les lois de l'esthétique musicale. Ainsi, la science de la vie se plie à toutes les aspirations de l'homme. Si l'on s'est plu à ne lui concéder que le nom de science appliquée, nous pouvons nous consoler en pensant qu'elle s'applique à tout, et qu'elle ouvre la voie à la vraie philosophie, et à la science unique et indivisible de l'univers. Elle déroule à nos yeux un tableau magnifique et gracieux, comme la nature animée à l'étude de laquelle nous nous consacrons. Par elle, notre regard est dirigé vers le beau et le sublime qui sont contenus dans la vérité. L'art atteint ce but sans en avoir conscience, et c'est le privilége d'un petit nombre ; nous, au contraire, nous frayons la voie pour tous.

La physiologie a eu besoin d'un travail persévérant et lent pour acquérir toute sa valeur, et pour s'introduire comme anneau dans la chaîne des connaissances qui concourent à la culture intellectuelle ; cependant, aujourd'hui que personne ne la méconnaît plus, c'est encore une lourde tâche qu'assume celui qui entreprend de lui élever une demeure. Les universités de ce pays ont donné un exemple excellent en prenant les devants pour la construction de ces laboratoires de physiologie dont l'utilité est évidente et partout très-appréciée. Ce sont là, en effet, les véritables, les seules écoles de notre science ; seuls ils nous permettent d'enseigner avec tous les moyens de démonstration, et de faire avancer la science. Certes, ce sont là les vraies écoles, car celui-là seul qui a fait des recherches personnelles dans le laboratoire est capable de bien enseigner dans une chaire.

Le laboratoire du physiologiste est aussi le vrai laboratoire du médecin ; là seulement celui-ci apprend à se servir des moyens et des méthodes sans lesquels il ne saurait pénétrer les phénomènes de la vie en général, et même de la vie de l'homme qui doit être confié à ses soins.

Là, il devient lui-même physiologiste et il prend sa part comme collaborateur utile, dans notre activité commune.

Puissions-nous, messieurs, par un échange continuel d'idées, par notre travail en commun, pénétrer dans les profondeurs de la physiologie, et contribuer dans la mesure de nos forces au progrès de cette science.

Cette ville, qui inaugure pour nous une institution digne d'exciter l'émulation des plus grandes nations, ne laissera pas inachevée l'œuvre qu'elle a commencée ; elle ne refusera pas à l'atelier l'outillage. Dans cette espérance, et au nom de la physiologie, à vous, messieurs, qui représentez cette ville, à vous qui êtes chargés de la vie scientifique d'Amsterdam, j'adresse mes plus sincères remercîments.

Montrons-nous tous capables de maintenir cette aspiration vers l'idéal qui animait vos grands ancêtres dont les œuvres jettent aujourd'hui encore un si vif éclat sur ce centre de l'activité humaine.

W. KUHNE.

---

(1) Sucht das vertraute Jesetz in des Zufalls grausenden Wundern.
Sucht den hurendenPol in der Erscheinungen Flucht.

(SCHILLER.)

BOTANIQUE

COURS DE M. EUG. FOURNIER

Les parasites des céréales — L'ergot du seigle

En considérant successivement, pour être fidèle au programme de ce cours, les divers rôles que les végétaux remplissent dans la nature, nous arrivons à un dernier point de vue, sur lequel s'arrêteront nos regards dans cette réunion et dans les suivantes. Nous allons envisager les végétaux, non plus comme servant à la subsistance des êtres qui les entourent, mais comme se nourrissant, au contraire, à leurs dépens, en s'attachant à la surface ou même en pénétrant à l'intérieur de leurs organes. Les parasites végétaux et les maladies qu'ils déterminent sont extrêmement nombreux. Obligé par le défaut de temps de me borner à un petit nombre d'exemples, j'ai choisi, pour cette leçon, les parasites de nos céréales, en raison de l'importance des dégâts qu'ils causent à nos récoltes, du préjudice qu'ils portent à notre alimentation, et même des maladies qu'ils déterminent parfois chez des populations entières.

Les parasites végétaux funestes à nos céréales doivent être rangés par le naturaliste en quatre catégories : la Rouille, le Charbon, la Carie et l'Ergot.

La Rouille est connue de toute antiquité, pour ainsi dire ; elle l'était déjà de Numa Pompilius, qui, sous l'inspiration de sa divine conseillère, avait institué, chez les Romains, la fête des *Rubigalia*, pendant laquelle des prières étaient faites pour détourner la Rouille des récoltes du Latium. Mais les Romains, si friands des bons Champignons, étaient loin de se douter que la Rouille dût être classée, deux mille ans plus tard, dans le même groupe botanique que ces végétaux par les naturalistes d'un autre âge. Il y a sans doute une grande différence entre la constitution du Champignon de couche et celle de la Rouille des céréales, mais toujours on trouve entre les deux un caractère de ressemblance qui est commun à tous les végétaux de la même classe : l'existence de filaments blanchâtres, qui constituent un support, et d'un appareil de fructification, qui naît sur ces filaments. Ceux-ci sont composés de cellules placées bout à bout; ils constituent, à la base, du Champignon de couche, le *blanc de Champignon*, qu'il suffit de semer pour voir naître les Champignons proprement dits. Les botanistes les nomment *mycélium*.

L'appareil de fructification est très-divers, et souvent il ne peut s'observer qu'au microscope, comme dans tous les parasites dont je dois traiter dans cette leçon. Comme ils sont parasites, leur mycélium, au lieu de serpenter dans l'intérieur du sol comme celui des Champignons ordinaires, s'insinue dans l'intérieur du tissu des végétaux, et leurs fructifications naissent sur ce mycélium.

Celles de la Rouille forment, à la surface des feuilles et surtout des différentes parties de l'épi du Blé, des taches orangées, dans le fond desquelles rampent des filaments de mycélium. A la surface de ceux-ci s'élèvent deux sortes de cellules : de longues cellules stériles, nommées par les botanistes *paraphyses*, et des graines arrondies, ou *spores*, portées sur des prolongements étroits et allongés. C'est là l'*Uredo rubigo vera*.

Cet *Uredo*, dont le nom ancien indique que l'on regardait la Rouille comme une sorte de brûlure, de combustion, alors que l'on n'était pas bien fixé sur sa nature, exerce sur les céréales une très-fâcheuse influence. Hâtons-nous de dire qu'il n'est pas vénéneux pour l'homme et les animaux, comme le sont plusieurs des parasites sur lesquels nous insisterons tout à l'heure. Le dommage qu'il cause consiste dans la diminution des récoltes. Les blés atteints par la Rouille restent chétifs et ne donnent pas de fleurs, ou seulement des grains peu nombreux et mal venus. Il importerait donc au plus haut degré pour les cultivateurs d'en empêcher l'apparition, ou tout au moins d'en diminuer les ravages. Cela est possible.

Pour nous en rendre compte, examinons les phénomènes que présente la végétation de l'*Uredo* qui constitue la rouille proprement dite.

A la fin de la saison, sur le même mycélium qui avait donné naissance aux paraphyses et aux spores de l'*Uredo*, se développent des filaments terminés par une spore cloisonnée en deux, que l'on a rapportée jadis à un être différent, le *Puccinia Graminis*. Mais le *Puccinia* et l'*Uredo* ne sont que des formes successives de fructification du même Champignon. Suivons maintenant le développement, la germination des spores du *Puccinia*. Cela a été fait par M. De Bary. Si l'on essaye de faire germer les spores du *Puccinia* sur les Graminées, elles ne se développent point; mais elles germent sur les feuilles de l'Épine-vinette, un arbrisseau dont on fait un usage fréquent et malheureux pour les clôtures. Alors elles produisent une troisième forme de fructification connue depuis longtemps sous le nom d'*OEcidium Berberidis*, et les spores de cet *OEcidium* ne germent pas sur l'Épine-vinette; mais, portées sur les graminées, elles y reproduisent la rouille.

Cela permet de comprendre pourquoi, depuis longtemps, les cultivateurs regardent le voisinage de l'Épine-vinette comme funeste aux moissons. On doutait de la réalité de leurs appréciations; les progrès de la science prouvent qu'elles étaient bien fondées. Elles ont même été récemment l'objet de confirmations éclatantes, offertes sur une large échelle par la pratique agricole et signalées à l'attention des savants par M. Rivet.

Il s'agit de faits récents qui ont mis aux prises des intérêts rivaux et qui pourraient provoquer l'intervention des tribunaux. La question serait nouvelle pour eux.

La Compagnie du chemin de fer de Lyon a fait planter, il y a plusieurs années, une haie d'Épine-vinette pour servir de clôture à la voie ferrée sur le territoire de la commune de Genlis (Côte-d'Or), sur une longueur de plusieurs kilomètres. Depuis cette époque, les champs du voisinage, ensemencés en céréales, ont été attaqués par la Rouille avec une extrême intensité. Les propriétaires des récoltes endommagées ont, à plusieurs reprises, élevé des plaintes et rédigé des pétitions, dans lesquelles ils signalaient la plantation d'Épine-vinette bordant le chemin de fer comme étant la cause de tout le mal et en demandaient l'arrachage. La Compagnie du chemin de fer a voulu se rendre compte de ce que ces plaintes pouvaient avoir de fondé. Elle a fait arracher, pendant l'automne de 1868, à titre d'expérience, la haie d'Épine-vinette sur une longueur d'environ 400 mètres; puis, dans le courant de 1869, et au moment où la maladie de la Rouille avait acquis son plein développement, la Compagnie a chargé l'un de ses agents de faire une enquête, à laquelle il a été procédé le 16 juillet 1869 et dont voici le résultat sommaire :

1° Partout où il y a de l'Épine-vinette, sur le territoire de la commune de Genlis, les céréales sont plus ou moins malades de la Rouille ;

2° Là où il n'y a jamais eu d'Épine-vinette, les céréales sont en bon état et ne présentent pas de traces de Rouille ;

3° Enfin il a suffi, pour faire apparaître cette maladie dans un champ où elle ne s'était jamais manifestée, de planter dans ce champ un pied d'Épine-vinette.

Vous voyez combien la connaissance des transformations de ces petits Champignons intéresse en grand l'agriculture et l'alimentation. Elles devront être signalées à l'avenir dans nos traités d'hygiène, où elles ne sont pas même mentionnées. Comme la Rouille des Graminées a besoin, avant de se reproduire sur les Graminées d'une année à l'autre, de passer préalablement sur l'Épine-vinette, il est clair qu'en enlevant l'Épine-vinette, on supprimera l'apparition de la Rouille pour l'année suivante.

Cela n'est malheureusement vrai que de l'*Uredo rubigo vera* ; mais il y a plusieurs autres *Uredo* qui produisent aussi des maladies parasitaires fort semblables à la rouille proprement dite et que les cultivateurs désignent aussi sous le nom de rouille. Tels sont les *Uredo linearis*, *Vilmorinea*, etc. La phase alternante de ces espèces ne se trouve plus sur l'Épine-vinette, mais sur des Borraginées, sur des *Rhamnus*. Il est évident que l'arrachement des Épines-vinettes n'aurait pas d'effet contre l'extension de ces autres espèces de rouille.

Toutes ces espèces de Rouille appartiennent à une famille spéciale de la grande classe des Champignons, à la famille des Urédinées, caractérisée par les diverses formes de fructification que je viens de vous rapporter ; par conséquent, par l'alternance des phases de reproduction et par un mycélium persistant.

Occupons-nous maintenant du charbon.

Le charbon des céréales, il n'est pas besoin de vous le dire, n'a rien de commun avec le charbon des animaux, constitué par une maladie contagieuse due peut-être à un ferment spécial, les Bactéries.

Le charbon du Blé, de l'Orge, du Seigle, de l'Avoine, est encore un Champignon parasite, l'*Ustilago Carbo*, qui présente, comme les précédents, un mycélium et des fructifications. Le mycélium pénètre toute la substance des Graminées atteintes, leurs feuilles, leurs fleurs, jusqu'à l'axe de leur épi, et les spores brunâtres du parasite se développent dans le parenchyme, qui se dessèche et se détruit. Bientôt l'axe de l'épi malade est bientôt réduit à un squelette noirâtre ; la substance végétale a disparu, et la poussière noire formée de spores qui l'a remplacée est promptement dispersée par le vent.

Il n'y a pas de phases connues dans le développement du Charbon, et la manière dont il pénètre dans les céréales est des plus simples. Les spores de cet *Ustilago* sont semées avec les grains, parce qu'il se trouve des grains charbonnés mêlés aux grains sains, et le jeune mycélium pénètre, en perçant la jeune tige du Blé, dans son intérieur. Ensuite le parasite se multiplie dans l'être qu'il habite, croît dans ses tissus, puis il développe ses spores dans l'intérieur des organes de la fleur et notamment dans le grain.

Pour préserver les Graminées du charbon, c'est donc sur leurs graines qu'il faut agir avant de les livrer au sol. Le chaulage est pour cela le meilleur moyen, qu'on emploie l'eau de chaux ou le sulfate de soude. Il faut éviter d'employer pour cette opération des composés arsenicaux qui pourront plus tard se retrouver dans le froment.

Les Ustilaginées sont plus dangereuses pour les animaux que les Urédinées. Le charbon ne l'est guère cependant, la Carie l'est davantage.

L'*Ustilago Caries* diffère de l'*Ustilago Carbo* parce que le grain carié s'écrase sous le doigt, en laissant une matière blanchâtre et diffluente parsemée de spores noirâtres (tandis que le grain charbonné ne laisse qu'une poussière noire dans les mêmes conditions), et parce que ses spores sont réticulées. Pour ces deux raisons on en a fait un genre particulier : *Tilletia*, dédié à la mémoire de Tillet. Les symptômes que détermine le Champignon de la carie sont en petit les mêmes que ceux que cause l'ergot du Seigle, et, pour cette raison, je ne les étudierai pas sur eux, en renvoyant à ce qui va suivre.

Les Ustilaginées attaquent toutes les céréales et aussi le Maïs. L'*Ustilago Maydis* pénètre dans toute la plante, rend les grains énormes, mous, diffluents et perd la récolte. Le *Sporisorium Maydis*, *verderame* des Italiens, a une influence bien plus désastreuse. Cette Ustilaginée se développe sur les grains de Maïs conservés dans les greniers ; elle forme, dans le parenchyme du grain, de petits amas d'une couleur verte, et c'est à ce cryptogame que M. le docteur Costallat attribue la cause de la pellagre, maladie chronique et presque incurable qui désole périodiquement les populations pauvres du sud-ouest de la France.

Venons maintenant au sujet le plus important de cette leçon, à l'ergot des céréales, dont l'histoire est résumée par celle du Seigle ergoté.

L'ergot est, vous le savez, une production monstrueuse, qui se développe spontanément sur l'épi du Seigle. On a longtemps cru que c'était une monstruosité du grain. Cela est faux. Vous allez voir que la structure de l'ergot n'a rien de commun avec celle du grain. Pour en bien comprendre l'origine, il importe de se rappeler la structure de la fleur du Seigle.

La fleur du Seigle, comme celle de la plupart de nos Graminées, comprend deux écailles vertes ou glumelles, dont l'une, l'inférieure, se termine par une longue arête ; l'ensemble de ces deux écailles constitue la bale de la fleur. Plus en dedans, se voit l'appareil reproducteur : les trois étamines et le pistil. Sur les fleurs ergotées, le pistil est remplacé par l'Ergot, qui fait saillie en dehors des glumelles et se recourbe en dehors ; il se distingue à sa coloration noirâtre. Et sa forme, qui ressemble à celle de l'ergot d'un coq, lui a fait donner son nom.

Cet ergot offre de 2 à 5 centimètres de longueur ; il est sec et friable, d'un noir violet à l'extérieur. Sa surface est sillonnée de raies ou sillons qui quelquefois pénètrent dans l'intérieur du grain et y constituent de petites chambres allongées toujours à parois noirâtres. Il contient de l'air dans son intérieur, et si on le met dans l'eau, il ne va pas tout de suite au fond et l'on voit petit à petit des bulles d'air se dégager de sa surface. Après avoir trempé dans l'eau pendant quarante-huit heures, l'ergot devient flexible.

Examiné dans sa structure intérieure, l'ergot présente une substance corticale sombre et une substance intérieure, blanche. La substance corticale est disposée en filaments allongés, à parois minces, entrecoupés de cloisons fréquentes ; ces filaments sont obscurs ; ils renferment la matière colorante. La substance intérieure, examinée sur un ergot récent, non altéré, est uniquement composée de cellules arrondies à parois très-épaisses et dont le contenu renferme une grosse goutte d'huile.

Tel est l'ergot. Examinons maintenant comment il se produit. Ici, la vérité a été longue à reconnaître et il a fallu les travaux successifs de De Candolle (1825), de Léveillé (1826-1847), de M. Fée (1843), de M. Tulasne (1853) et de M. Bonorden (1858), pour assurer nos connaissances sur ce sujet difficile. Je ne vous exposerai pas quelles vicissitudes elles ont subies. La science, quand elle est faite, doit se souvenir des progrès plutôt que des erreurs, et consacrer les premiers en en rappelant les auteurs. C'est ainsi qu'elle doit à De Candolle d'avoir établi que l'ergot est un Champignon, à Léveillé, l'étude de la Sphacélie, qui est le premier terme du développement de l'ergot, à M. Fée, une anatomie de l'ergot (qu'il nommait *nosocarya*) plus complète que ne l'ont faite les auteurs plus récents, à M. Tulasne, des documents plus complets sur les phases, à M. Bonorden, sur la transmission de l'ergot.

Les fleurs qui doivent offrir le développement du Champignon présentent des gouttelettes visqueuses sur leurs différents organes. Quand on examine au microscope ces gouttelettes, on les trouve composées d'une infinité de spores semblables à celles des champignons inférieurs. Si l'on fait à ce moment une coupe du pistil du Seigle, on voit que ce pistil est considérablement modifié. Sa cavité s'est effacée et à son pourtour il s'est établi un parasite formé d'un lacis filamenteux et de cavités. A la surface extérieure de ce tissu, et aussi sur la surface intérieure de ces cavités, sont des cellules cylindriques comparables à celles que l'on nomme *basides* chez une partie des Champignons. Sur ces cellules naissent les spores que je viens de signaler, et le liquide huileux dans lequel elles nagent est une exsudation du pistil avorté. Ce champignon est la *Sphacélie* de M. Léveillé. Cette affection semblant déterminer une sorte de gangrène, de sphacèle du grain, on a nommé Sphacélie le Champignon qui la détermine.

La germination des spores de la Sphacélie a été suivie par M. Tulasne et par M. Bonorden. Elle produit des filaments semblables à ceux qui entourent le pistil malade.

Tout pistil entouré par la Sphacélie se transforme en ergot. Même M. Bonorden, en transportant sur des fleurs saines des gouttelettes visqueuses remplies des spores de la Sphacélie, a déterminé à volonté le développement de l'ergot. Quand le pistil enveloppé de la Sphacélie pendant son jeune âge s'élève en s'accroissant, il apparaît sous forme d'ergot noir à l'extérieur et blanc à l'intérieur. La Sphacélie alors est devenue diffluente et a plus ou moins disparu ; elle persiste surtout au sommet de l'ergot, sous forme d'une matière blanchâtre, molle, creusée de sillons et de cavités.

Ces détails pourraient faire penser que l'ergot est simplement du grain altéré par la Sphacélie. Il n'en est rien. L'ergot n'a pas du tout la texture du grain, mais celle d'un tissu de Champignon. Il y a mieux : souvent l'ergot porte à sa surface les rudiments du grain ou de la fleur, ce qui prouve bien qu'il en est distinct. D'ailleurs, le revêtement filamenteux de l'ergot se continue avec les filaments de la sphacélie, ce qui prouve qu'il fait corps avec elle, qu'il est une émanation de sa substance.

Nous avons donc ici l'exemple singulier d'une production faite par un Champignon et qui diffère considérablement de lui, car l'ergot ne ressemble point à la Sphacélie. L'ergot est

la deuxième phase d'une végétation dont la Sphacélie représente la première. Mais l'ergot donne lui-même naissance à une troisième phase, sur laquelle je dois maintenant appeler votre attention.

Schumacher, en 1801, donna une courte description de Champignons pédiculés, nés, dit-il, sur des semences de céréales gisant à terre et à demi pourries. Un autre auteur observa des Champignons analogues développés sur des chrysalides d'insectes. Dans ces semences de céréales, dans ces larves d'insectes, ce sont probablement des ergots qu'il faut voir.

En effet, si l'on sème des ergots dans le milieu de l'hiver, on les voit au mois de mars ou d'avril se crevasser par de petites fentes convergentes en manière d'étoile ; bientôt au niveau de cette brisure un petit disque se détache de la pellicule de l'ergot et se soulève ; au-dessous, il apparaît un tubercule rosé ou couleur de chair qui persiste plusieurs jours en cet état, puis s'allonge et enfin porte à son sommet un renflement particulier. On a alors sous les yeux la troisième phase de la vie de l'ergot, un corps qui, en apparence, est un troisième être, lequel a reçu des naturalistes le nom de *Claviceps*.

On a douté que le *Claviceps* fût de la même nature que l'ergot. On a dit que le *Claviceps* croît sur l'ergot, de même que tous les Champignons croissent en général sur les matières organisées en décomposition. Mais d'où viendrait alors que le *Claviceps* ne naisse jamais que sur l'ergot, et que l'ergot convenablement soigné donne toujours naissance à des *Claviceps* ? Il y a encore une autre preuve, c'est qu'on a pu suivre ce que nous appelons la germination de l'ergot. Les cellules intérieures qui constituent la matière blanche de l'ergot s'agglomèrent partiellement en files ; les cloisons qui les séparent disparaissent, et il se forme ainsi des filaments qui préparent dans le corps même de l'ergot la naissance du *Claviceps* ; mais ces cellules ne subissent pas toutes cette modification ; il en est qui se bornent à se vider peu à peu de leur contenu, et se détruisent pour fournir les substances nécessaires à la croissance des jeunes *Claviceps*.

L'ergot joue ainsi à l'égard du *Claviceps* le même rôle que la fécule d'un tubercule de pomme de terre par rapport aux jeunes bourgeons qui en sortent. Ces derniers, en s'élevant, épuisent le tubercule, aux dépens duquel ils se nourrissent. Il y a cependant entre le tubercule et l'ergot cette différence que le lieu où se développeront les bourgeons est fixé d'avance sur le tubercule ; tandis que rien ne fait deviner où apparaîtront les *Claviceps*. Souvent il existe une douzaine de *Claviceps* sur un seul ergot.

Les *Claviceps* ainsi développés jouissent de la propriété de diriger leurs extrémités vers la lumière.

L'organisation de ces *Claviceps* mérite d'être expliquée. Leur surface est sillonnée de dépressions et marquée d'orifices. Ces orifices sont autant d'entrées de petites chambres où se trouvent des paraphyses et des thèques renfermant chacune huit spores filiformes allongées.

Au bout d'un certain temps la paroi des thèques se détruit et les spores font issue en faisceau par l'orifice de la petite chambre qui les renferme, puis elles disparaissent.

Ainsi, trois phases dans la vie du végétal qui nous occupe, la sphacélie, l'ergot, le *Claviceps*. On est certain que l'ergot provient de la Sphacélie ; on a vu et chacun, par une culture assez facile, peut voir le *Claviceps* naître sur l'ergot, mais personne encore n'a vu le *Claviceps* reproduire la Sphacélie. Comme l'ergot reste longtemps inactif pendant l'hiver, et que les *Claviceps* se développent au printemps peu avant la floraison du Seigle, il est probable que les spores du *Claviceps* reproduisent la Sphacélie, mais comment, c'est ce que personne encore ne saurait dire.

On sait que l'ergot se produit plus abondamment par les années humides ; cela vient-il de ce que, quand les fleurs sont humides, les spores de *Claviceps* que le vent peut porter sur elles y sont retenues plus fortement ? Cela est possible ; mais, dans l'état actuel de la science, on ne peut rien affirmer de plus.

Ce qu'il y a de certain, c'est que pendant la floraison du Seigle, les insectes, en voltigeant d'une fleur à l'autre, peuvent facilement transporter les spores de la Sphacélie et la maladie par conséquent, en effectuant involontairement ce que M. Bonorden a réalisé artificiellement dans ses expériences. De cette manière on peut comprendre que l'influence des insectes soit pour quelque chose dans le développement de l'ergot, mais seulement ainsi ; et il faut rejeter absolument des théories telles que celle de M. Debourge, qui croit que l'insecte est la cause première et unique de la maladie.

Ce qu'il y a aussi de bien assuré, c'est que l'ergot est un végétal, c'est-à-dire un corps vivant, placé dans une phase de repos apparent, et comparable aux chrysalides des insectes. C'est un Champignon dans l'état de torpeur, et dans cet état de torpeur il vit cependant, puisqu'un naturaliste russe, M. Borscow, a récemment prouvé qu'il exhale de l'ammoniaque.

Étudions maintenant quelle est l'action de l'ergot sur les animaux. A cet égard, pour procéder méthodiquement, il faudrait étudier chimiquement l'ergot, mais rien n'est plus difficile. Il contient beaucoup d'huile, et aussi un principe résineux, une substance azotée, la fongine, qui existe dans tous les Champignons, et un principe sucré. Mais il faut s'arrêter là. L'ergotine extraite de l'ergot par Wiggers n'est pas l'ergotine de M. Bonjean, laquelle n'est même pas une substance chimiquement définie. Cette dernière préparation, très-active selon son auteur, n'a pas d'efficacité selon M. Parola, dont les observations ont été confirmées par le témoignage important de Rayer et de Magendie ; M. Parola accorde l'influence vénéneuse à la résine de l'ergot qui, selon d'autres savants, serait absolument inactive. Ce sujet étant loin d'être élucidé, il n'y a lieu de rechercher que les effets produits par l'ergot en totalité. Aussi bien lorsque les médecins l'emploient, c'est généralement la poudre d'ergot qu'ils prescrivent.

Il n'entre pas dans mon intention de décrire ici les applications médicales de l'ergot de Seigle. Je n'insisterai que sur un seul fait à cet endroit : je veux parler de son mode d'action : l'ergot agit parce qu'il sollicite la contraction de la fibre musculaire. C'est pour cela qu'il a été employé contre les hémorrhagies. La paroi de nos vaisseaux, de nos artères surtout, est composée en grande partie, dans son épaisseur moyenne, de fibres musculaires ; ces fibres, en se contractant, diminuent le calibre du vaisseau et ralentissent l'issue du sang. L'action que l'ergot exerce sur la circulation explique presque toutes les autres actions qui lui ont été attribuées.

Pour étudier cette action, on a eu recours à des expériences sur les animaux. Sur les chiens, les lapins, les porcs, les poules, l'ergot est promptement mortel quand il est donné à haute dose (15 à 20 grammes) pendant plusieurs jours. L'un des premiers phénomènes qui se remarquent chez les poules est dans ce cas le noircissement de la crête. Cet organe doit sa couleur rouge au sang qui le traverse dans de grandes cellules, et sa couleur n'est maintenue que par la largeur des canaux qui mettent cet appareil en communication avec le réservoir central de la circulation, avec le cœur. Si l'action de l'ergot rétrécit le calibre de ces voies de communication, la crête se noircit, se flétrit et bientôt tombe en gangrène, le bec lui-même se détache. La gangrène, que les médecins nomment le sphacèle, est l'un des résultats les plus constants de l'ergotisme, causé par le *Sphacelia* de M. Léveillé.

L'ergot du Maïs, qui se voit fréquemment dans l'Amérique du Sud, y exerce sur les animaux une action analogue dont on doit la connaissance à M. Roulin. Cette action sur les populations est peu considérable parce que les indigènes de l'Amérique tropicale mangent plus de bananes que de pain ; elle se réduit presque à la chute des cheveux, de sorte que le Maïs ergoté a été nommé *Maïs peladero*. Les porcs nourris avec le Maïs peladero voient tomber leur poil, puis ils sont gênés dans les mouvements du train de derrière ; les membres abdominaux semblent s'atrophier et l'animal peut à peine s'appuyer sur eux. Cette atrophie et la difficulté de mouvement qui en résulte pourraient être regardées comme des lésions de nutrition provenant des difficultés opposées à la circulation par la contraction des vaisseaux. Le poil des mules américaines tombe de même ; leur pied s'engage et le sabot se détache, comme se détachait le bec des poules nourries avec de l'ergot de Seigle. L'ergot du Maïs produit sur ces animaux un autre phénomène bien curieux : il leur fait pondre des œufs sans coquille. Ce fait s'explique facilement ; la coquille ne s'établit autour des œufs que longtemps après la formation du jaune, et quand les œufs sont expulsés prématurément, sous l'action de l'ergot, ils ne sont pas encore revêtus d'une coquille complète.

Il est facile de comprendre à priori quels désordres doivent produire dans l'alimentation des matières aussi vénéneuses que l'ergot, quand il se trouve dans les récoltes en proportion notable. De là sont nées une foule d'épidémies dont la relation serait un long martyrologe. La première dont l'histoire ait conservé le souvenir est celle du Brabant, qui a été racontée par Dodoëns ; elle remonte à 1566. Il en a été observé depuis un grand nombre dans les pays où le Seigle fait partie de l'alimentation, et dans les années humides où l'ergot apparaît en plus grande abondance. Ces épidémies ont désolé périodiquement plusieurs contrées de l'Allemagne, le nord de la France, l'Orléanais ; il est probable qu'on doit rappeler à la même cause certains fléaux terribles qui ont épouvanté le moyen âge et que l'on connaissait alors sous les noms de feu Saint-Antoine, de mal des ardents. Je ne puis vous retracer en détail les caractères médicaux de ces épidémies meurtrières, dont une, dans le Wurtemberg, en 1736, enleva 300 personnes sur 500 affectées dans un court espace de temps ; mais je dois insister sur les principaux symptômes, l'ivresse, la gangrène, les convulsions.

Le symptôme le plus commun qui se manifeste chez ceux qui mangent du pain où entre de l'ergot, c'est un enivrement auquel se complaisent ceux qui l'éprouvent. Cet enivrement, tout à fait semblable à celui que procurent les boissons alcooliques, s'accompagne de gaieté, et n'est suivi d'aucun de ces symptômes de dégoût et de malaise qui surviennent après l'ingestion d'une grande quantité de liqueurs fermentées. Les paysans savent très-bien que les phénomènes qu'ils éprouvent sont dus au pain qu'ils mangent habituellement, et loin de s'en dégoûter, ils s'en font une habitude, comme les fumeurs et les mangeurs d'opium, au rapport de M. Trousseau.

La gangrène et les convulsions existent souvent dans la même forme de maladie causée par l'ergotisme. Ainsi les animaux empoisonnés avec l'ergot présentent de nombreux exemples de gangrène et meurent à peu près toujours dans les convulsions. M. Millet a noté la simultanéité des convulsions et de la gangrène dans plusieurs épidémies. Souvent cependant ces deux phénomènes considérables restent distincts, et l'on a noté deux sortes d'ergotisme, l'ergotisme convulsif et l'ergotisme gangréneux. Je ne saurais mieux vous les faire connaître qu'en vous lisant une courte relation de chacune de ces formes.

M. Bonjean a décrit un exemple d'ergotisme convulsif, observé en Savoie, sur une famille des Envers, composée de neuf personnes. Tous tombèrent malades après avoir mangé, du 16 au 18 novembre 1848, dix-huit livres de pain qui contenait un septième de l'ergot.

Les pauvres malheureux avaient du frisson, du malaise, de l'engourdissement, de l'assoupissement ; leurs pieds et leurs mains étaient roides et crochus. Les accès étaient irréguliers ; ils duraient environ douze heures, pendant lesquels ces pauvres gens étaient tourmentés par des convulsions horribles. Les bras, les jambes, les doigts des mains et des pieds, se tordaient et devenaient si raides, que des personnes avaient de la peine à faire mouvoir leurs articulations, ce qui soulageait les malades quand on pouvait y parvenir. Ce qu'il y a de particulier, c'est qu'une fois l'accès passé, ils dormaient passablement et avaient un appétit dévorant.

Après le rude hiver de 1709, il se manifesta une épidémie gangréneuse dans l'Orléanais et le Blaisois. Noël, chirurgien de l'Hôtel-Dieu d'Orléans, y eut à soigner plus de 50 malades affectés d'une gangrène sèche, noire et livide, qui commençait toujours par les orteils, puis s'élevait par degrés, et quelquefois le haut de la cuisse. — A l'un de ces malades, la gangrène fit d'abord tomber tous les doigts d'un pied, ensuite ceux de l'autre, après cela le reste des deux pieds ; et enfin les chairs des deux jambes et celles des deux cuisses se détachèrent successivement et ne laissèrent que les os. — Eh bien ! Noël assurait que le Seigle de Pologne, aux portes d'Orléans, contenait, dans l'été précédent, près d'un quart d'ergot ; que, dès que les paysans avaient mangé de ce pain malfaisant, ils se sentaient presque ivres ; qu'assez souvent cette ivresse était suivie de la gangrène ; qu'enfin dans la Beauce, où il y avait peu d'ergot, ces accidents n'étaient pas connus.

Ainsi, l'emploi médical, les expériences faites sur les animaux, et les observations recueillies pendant les épidémies causées par l'usage du Seigle ergoté, concordent à nous montrer dans l'ergot l'existence d'un principe vénéneux agissant sur la contractilité musculaire et artérielle, allant jusqu'à déterminer des convulsions par l'exagération de la contractilité des muscles, et la gangrène par l'extrême resserrement des vaisseaux artériels.

Je n'ignore pas que quelques médecins ont nié que l'ergot fût la cause des phénomènes observés dans les épidémies que je viens de vous rappeler. Ils se sont fondés sur ce qu'il a existé à Paris, de 1828 à 1832, une forme de maladie qui rappelait en petit les phénomènes de l'ergotisme, et que l'on appelait *acrodynie*. Or, disent nos contradicteurs, à Paris on ne fait pas usage du Seigle dans l'alimentation. Cela est vrai, mais il importe de faire observer qu'avant le développement de cette maladie, deux récoltes consécutives avaient été incomplètes et que le blé était très-cher ; qui nous dit que les boulangers de cette époque n'avaient pas mélangé de la farine de Seigle à la farine de Froment ?

On fait encore valoir contre l'opinion que je soutiens avec la majorité des naturalistes et des médecins contemporains que le seigle ergoté est assez fréquent, sans que les accidents d'ergotisme le soient heureusement. Il y a bon nombre de médecins qui ne les ont jamais observés. Il importe de faire remarquer à ce point de vue que les propriétés vénéneuses de l'ergot sont un peu neutralisées par la cuisson. On a même soutenu que la mie seule du pain fait avec le Seigle ergoté était malfaisante, et que la croûte ne l'est point. Mais je ne m'y fierais pas.

Il est bon, il est même nécessaire d'ajouter que toutes les Graminées, le Blé, l'Avoine d'abord, peuvent être sujettes à l'ergot, et non-seulement les céréales, mais toutes les Graminées de nos prairies et de nos marais. Certains de ces ergots sont d'espèce différente, et donnent naissance à des *Claviceps* qui ne sont pas le *Cl. purpurea*. Mais l'ergot du Blé et celui de l'avoine sont de la même espèce que celui du Seigle. A Clermont-Ferrand, l'ergot du blé, qui est assez fréquent, est souvent substitué dans la pratique médicale à celui du Seigle, sans inconvénient et même avec avantage, selon M. Carbonneux Le Perdriel. Il est beaucoup plus court et plus épais de forme. L'ergot d'Avoine, qui ressemble davantage à celui du Seigle, et qui s'en distingue parce qu'il est plus lisse, se trouve mélangé avec lui dans le commerce. Enfin, en Algérie on a proposé d'employer l'ergot du Dis (*Ampelosdesmos tenax*), dans la pratique médicale, et avec raison, parce que le Seigle ne croît pas en Algérie.

Il ne suffit pas de connaître la cause naturelle des épidémies que je viens de signaler. Il importerait au plus haut degré d'en prévenir le retour. Comme l'a dit M. Millet, les comités d'hygiène qui fonctionnent dans chaque département devront s'enquérir chaque année, à l'époque où l'on bat les grains, de la quantité proportionnelle d'ergot qui existe dans le seigle surtout, et si cette quantité est considérable, si l'année a été humide, le comité d'hygiène fera savoir, soit par la voie de la presse départementale, soit par des circulaires adressées aux maires des petites localités, soit par des affiches placardées aux portes des mairies et des églises, soit par une annonce verbale faite plusieurs dimanches de suite au sortir de la messe par le garde-champêtre, ou mieux encore par un avis donné en chaire au prône de la messe paroissiale, que l'ergot étant doué de propriétés fort énergiques, et se trouvant exister cette année en notable proportion dans les céréales, il en résulterait indubitablement les plus grands malheurs, si ce mauvais grain passait dans l'alimentation.

Et ne manquez pas d'ajouter que l'usage de l'ergot sera funeste aux bestiaux, ce qui frappera davantage le paysan.

Enfin dites-lui que cet ergot est utile en médecine, que les pharmaciens le recherchent, que les droguistes le payent, et croyez que les gens de la campagne ne s'exposeront plus à manger une substance malsaine dont la vente leur serait lucrative.

Plaise à Dieu que tous les moyens de publicité dont on

abuse si souvent dans les controverses politiques soient alors réunis en faisceau pour servir, au moins une fois, en améliorant l'alimentation de nos paysans, les intérêts bien entendus de l'humanité !   •

EUG. FOURNIER.

COLLÉGE DE FRANCE

MÉDECINE EXPÉRIMENTALE (1)

COURS DE M. CLAUDE BERNARD
de l'Institut de France et de la Société royale de Londres

X

L'asphyxie par la vapeur de charbon (suite)

La première condition nécessaire pour déterminer l'action d'une substance toxique c'est de l'avoir isolée et de la connaître de façon à pouvoir toujours la retrouver avec ses caractères propres:

Pour comprendre l'asphyxie par la vapeur de charbon, il faut donc, avant tout, faire l'étude des produits principaux de la combustion du charbon, et examiner le rôle de chacun d'eux dans l'acte de l'asphyxie; il faut, en outre, tenir compte de l'action de la chaleur qui est dégagée dans cette combustion.

Nous éliminerons tout d'abord l'action que peut avoir la température produite par le fait même de la combustion, et dont le premier effet est d'échauffer l'air respiré : nous verrons que la part qui peut lui être affectée dans la mort par asphyxie est nulle; enfin nous étudierons, pris en eux-mêmes et isolément, les gaz résultant de la combustion du charbon, afin de bien observer ce qui revient à chacun d'eux dans la production des phénomènes toxiques.

Ces gaz sont au nombre de trois principaux

En première ligne nous citerons l'*acide carbonique* : Van Helmont l'avait déjà reconnu et désigné sous le nom de *gaz sylvestre*; le premier il a indiqué et constaté sa présence dans la combustion du charbon, en constatant qu'il est délétère et impropre à la respiration. Il a indiqué, de plus, que ce gaz est un produit constant de la fermentation vineuse.

Les deux autres gaz que nous aurons à étudier comme produits de la combustion du charbon sont l'*oxyde de carbone* et l'*hydrogène carboné*.

Si nous voulons faire l'histoire complète des phénomènes qui accompagnent l'asphyxie, afin d'arriver ensuite à l'explication réelle et raisonnée de la mort qui en est la conséquence, nous devons, ainsi que je vous l'ai déjà dit, procéder d'abord analytiquement, et passer successivement en revue chacun des éléments produits dans cette combustion, afin de bien établir le rôle toxique de chacun d'eux. Mais la connaissance de ce précepte de la méthode expérimentale ne suffit pas, et cette étude nous serait encore impossible et les expériences irréalisables, si les progrès rapides de la chimie, depuis le commencement de ce siècle, et surtout les immortelles recherches de Priestley sur les gaz, de Lavoisier sur la combustion et la respiration, n'étaient venus nous mettre en état de comprendre les réactions multiples qui se passent dans l'acte de la combustion du charbon, d'isoler et d'examiner chacun des produits engendrés, et enfin d'en étudier l'action sur les êtres vivants. La physiologie, de son côté, devait aussi faire des progrès pour nous permettre d'isoler les différents organes, les différents éléments de nos tissus, afin de reconnaître ceux qui sont spécialement atteints dans cet empoisonnement.

Mais, ainsi que vous nous l'avons déjà annoncé, avant d'en arriver à ces études spéciales de l'action des gaz, nous allons examiner d'abord ce qui appartient à l'influence de la chaleur, et j'espère que quelques expériences décisives nous suffiront, pour nous permettre d'éliminer ce premier agent, et pour vous montrer qu'il ne joue qu'un rôle bien secondaire et même nul dans l'asphyxie par le charbon, au moins dans les conditions les plus ordinaires où elle se présente.

Dans les premières expériences que j'ai répétées devant vous, nous faisions arriver les produits de la combustion directement du fourneau dans la petite chambre où sont renfermés nos animaux. Ils y étaient amenés au moyen d'un entonnoir métallique placé au-dessus du foyer où s'effectuait la combustion et d'un tube de transport des gaz assez court, puisqu'il n'avait qu'environ 1 mètre 50 centimètres de longueur.

Les gaz, en se dégageant du foyer, sont à une température très-élevée, et, étant introduits immédiatement dans la chambre, ils en élèvent rapidement la température et peuvent agir comme air chaud. Mais rien n'est plus facile que d'éliminer cette action de la chaleur ; il suffira de faire refroidir les gaz de la combustion avant de les faire parvenir dans la chambre où sont les animaux. C'est ce que nous ferons dans un instant ; et par la comparaison des animaux morts dans les mêmes gaz chauds ou refroidis, nous saurons exactement ce qui doit être attribué à la température de l'air.

Je vous ai déjà dit que cette action est nulle. En effet, la chaleur, dira-t-on, n'est pas un agent toxique ? Sans doute, dans les conditions ordinaires de la vie, lorsque cette chaleur est modérée; mais, lorsqu'elle atteint un certain degré elle peut causer la mort par elle-même avec des caractères spéciaux dont je vais vous entretenir quelques instants.

La chaleur seule peut quelquefois causer la mort. C'est ce que nous avons constaté dans des expériences déjà anciennes que nous avons faites ici même au Collége de France ; mais la condition nécessaire pour que cette influence délétère se manifeste est que la température du milieu soit plus élevée que celle qui est propre à l'animal sur lequel on expérimente.

Un animal à sang chaud peut vivre dans une atmosphère dont la température est de beaucoup inférieure à celle de son propre corps. Dans les conditions ordinaires de notre atmosphère, nous vivons toujours dans un milieu inférieur à notre propre température; c'est dans la loi générale de notre existence, c'est l'état normal.

La température d'un animal à sang chaud est considérée comme fixe relativement aux variations de température du milieu cosmique ambiant. Cependant cela n'est pas absolu, et il y a des limites, assez étroites il est vrai, mais réelles, dans lesquelles oscille la température animale. Si un animal à sang chaud se trouve amené à vivre pendant assez longtemps dans un milieu très-refroidi, il finit par se mettre en équilibre de température avec l'extérieur, il se refroidit lui-même un peu, et il peut finir par mourir des suites de la ré-

<hr>

(1) Voyez ci-dessus, pages 242, 313, 332, 350 et 358, 19 mars, 16, 23, 30 avril, et 7 mai 1870,

frigération. De même s'il est placé dans un milieu plus chaud que son corps, la température animale s'élève et l'animal peut finir par mourir de ce réchauffement.

Nos expériences nous ont appris qu'un animal peut supporter quelque temps une température assez élevée, de 60 et même de 100 degrés, à la condition toutefois que l'air dans lequel il se trouve soit parfaitement sec ; si l'air devient humide, les effets de la chaleur seraient beaucoup plus nuisibles. Quand l'animal meurt dans une étuve sèche, on voit la température de son corps s'élever peu à peu, et toujours l'animal périt aussitôt que la chaleur normale de son sang s'est élevée de cinq degrés. La mort survient subitement par un arrêt instantané du cœur et une rigidité musculaire générale qui se manifeste presque aussitôt. Une pareille mort n'a aucun rapport avec les phases de l'asphyxie par les vapeurs de charbon.

Nous allons maintenant faire les deux expériences comparatives que je vous ai indiquées au commencement de la leçon. Nous faisons dans un cas refroidir la vapeur de charbon, soit en faisant passer sur son tube conducteur un courant d'eau froide, soit en la faisant arriver dans une sorte de tambour de zinc que nous avons fait construire, et qui la retient pendant un certain temps avant qu'elle pénètre dans la caisse.

Vous voyez que les animaux sur lesquels nous avons expérimenté comparativement sont sensiblement morts dans le même temps. Dans le gaz chaud comme dans le gaz refroidi, ils sont morts en 5 à 6 minutes, c'est-à-dire par une action tellement rapide que la chaleur n'aurait pas pu agir dans cet espace de temps aussi court. La chaleur ne doit donc pas être mise en cause dans l'asphyxie par le charbon, parce que ses effets sont beaucoup plus lents, et que dans les conditions dans lesquelles nous nous sommes placés, l'asphyxie a été un phénomène tout à fait indépendant.

En résumé, nous pouvons, ainsi que je vous l'avais annoncé, considérer l'effet de la chaleur comme nul dans ces circonstances, et par suite, éliminer cette cause de mort dans l'étude de l'asphyxie que nous allons entreprendre.

Arrivons maintenant à l'action des différents gaz produits par la combustion : nous commencerons par les effets de l'acide carbonique.

Ce gaz est-il vénéneux ou ne l'est-il pas ? C'est là une question importante qui a été longtemps discutée et qui peut-être n'est pas encore absolument résolue.

L'acide carbonique est certainement nuisible et détermine la mort quand il existe en certaine quantité dans l'air que nous respirons. Nous savons que la vie est impossible dans certains lieux où ce gaz se dégage d'une manière constante : tout le monde connaît l'histoire de la grotte du chien ; mais on a conclu de ces faits que dans l'asphyxie par le charbon, où il se produit de l'acide carbonique, la mort devait être déterminée par la présence de ce gaz, que l'on a dès lors considéré comme un gaz toxique. Or, il importe d'examiner ici à quelle dose l'acide carbonique peut occasionner la mort, et comment il agit quand il manifeste ses effets délétères.

D'abord, doit-on considérer simplement l'acide carbonique comme un gaz irrespirable ou comme un gaz toxique ? Nous allons chercher à répondre à cette question, et je vous avouerai tout d'abord qu'il est assez difficile de la résoudre, à cause de la facilité que présentent les gaz de s'éliminer par le poumon.

Il est bien établi que l'acide carbonique n'a aucune action délétère quand il est injecté dans le tissu cellulaire sous-cutané ; mais quand il est appliqué sur la peau, il occasionnerait la mort dans certains cas suivant quelques auteurs, qui concluent de là que l'acide carbonique est un gaz toxique. Quant à moi, je pense que l'acide carbonique appliqué sur toute la peau peut agir comme un corps capable d'intercepter l'action de l'air qui est indispensable à l'activité vitale. C'est ainsi que si l'on met toute la surface extérieure du corps d'un animal en contact avec un enduit imperméable on obtient le même effet, même avec les enduits les plus innocents, tels que l'huile, la glycérine. Quelques observateurs ont cru voir dans ces phénomènes une sorte d'asphyxie. M. Gerlach, de Berlin, ayant mis une quantité déterminée d'air en contact direct avec une certaine étendue de la peau d'un cheval, il observa, au bout de quelque temps, qu'une partie de l'oxygène de cet air avait été absorbée, et que de l'acide carbonique avait apparu comme dans l'acte de la respiration. Ce fait prouverait donc que les animaux absorbent normalement l'oxygène de l'air par la peau tout aussi bien que par les poumons dans l'acte de la respiration. Mais de plus on a constaté qu'il se produisait un refroidissement considérable dans le corps de l'animal quand la peau est entièrement soustraite au contact de l'air. L'acide carbonique pourrait peut-être agir comme un véritable enduit gazeux qui empêcherait l'arrivée de l'oxygène au contact de la peau.

On a répété autrefois ces expériences, à l'école d'Alfort, sur les enduits appliqués à toute la surface du corps chez le cheval, et l'on reconnut que, si au moment où les symptômes morbides commençaient, on venait à mettre à nu une certaine surface de la peau, même assez peu étendue, en rasant les poils à cet endroit, l'animal revenait et ne mourait pas.

Il n'est donc pas possible de mettre en doute l'importance de l'action de l'air sur la peau ; mais quant à l'action délétère de l'acide carbonique expliquée par son absorption cutanée, je ne la comprendrais pas, puisque le gaz peut être absorbé très-facilement, ainsi que je vous l'ai dit, par le tissu cellulaire sous-cutané et en quantité même très-considérable, sans produire le moindre accident.

Ainsi, vous voyez ici un lapin sous la peau duquel on a insufflé plusieurs litres d'acide carbonique, cet animal n'en est en rien affecté : au bout de peu de temps, le gaz sera absorbé, et il n'en restera plus de trace.

On peut même injecter l'acide carbonique dans le sang par les veines, il se dissout rapidement sans produire d'accident. J'ai aussi poussé de l'acide carbonique par une artère dans le cerveau ou dans l'aorte sans remarquer d'effet funeste. Il faut remarquer toutefois ici que ces expériences ne contredisent point celles qui prouvent que le sang veineux est impropre à entretenir la vie. En effet, le sang veineux est du sang qui, non-seulement est plus riche en acide carbonique, mais c'est aussi du sang appauvri en oxygène ; tandis que dans les expériences que je viens de citer, le sang artériel contenait sa proportion normale d'oxygène, seulement il renfermait plus d'acide carbonique qu'à l'ordinaire.

J'ai varié l'expérience d'une autre manière. J'ai fait absorber de l'acide carbonique par un seul poumon, tandis que l'autre poumon continuait à respirer l'air ordinaire à l'aide d'un appareil que je vous décrirai plus tard.

Nous avons pu ainsi faire absorber par un seul des deux tubes une dizaine de litres d'acide carbonique, sans que la mort de l'animal s'ensuive ; l'acide carbonique peut donc passer impunément dans le système artériel.

En résumé, voici ce que les faits établissent :

1° L'acide carbonique peut être injecté impunément, à forte proportion, dans le tissu cellulaire et dans le sang.

2° L'acide carbonique est cependant nuisible à la respiration s'il existe en certaine quantité dans l'air. Quand la proportion de ce gaz s'élève dans l'atmosphère environ à 10 pour 100, la respiration d'un mammifère ordinaire y devient impossible.

Il faut maintenant expliquer par quel mécanisme l'acide carbonique peut gêner la respiration, et voir si, à ce point de vue, il ne pourrait pas intervenir dans l'asphyxie par le charbon.

Nous savons que lorsque l'acide carbonique est introduit sous la peau ou dans les veines, il ne produit pas d'accident parce qu'il se dissout dans le liquide sanguin et est emporté dans le ventricule droit du cœur, et de là, arrive au poumon qui l'élimine ; et, en effet, il ne faut pas oublier que ce gaz existe normalement dans le sang, et qu'il s'en va par la surface pulmonaire. Dans les cas précédents, si l'on analyse l'air expiré par les animaux ayant ainsi absorbé de grandes quantités d'acide carbonique, on trouve que cet air en contient plus que normalement.

Il faut conclure de ce qui précède que les substances toxiques ou autres qui ne peuvent agir sur nos organes que par l'intermédiaire du sang artériel, lorsqu'elles sont capables d'être entièrement éliminées par les poumons, ne sont pas vénéneuses.

L'hydrogène sulfuré, par exemple, gaz très-toxique, lorsqu'il est introduit directement dans les poumons par les voies respiratoires, cesse de l'être s'il est injecté sous la peau : car, dans ce cas, il est rejeté par la respiration, ce dont il est facile de se convaincre en mettant un papier imbibé d'acétate de plomb sur le trajet des gaz expirés. Toutefois, si l'on injectait une trop forte proportion d'hydrogène sulfuré, l'animal pourrait être tué, parce que tout le gaz ne pouvant pas s'éliminer par la surface pulmonaire, la partie non éliminée passant dans le système artériel empoisonnerait l'animal.

Maintenant, pourquoi les animaux meurent-ils lorsqu'ils respirent l'acide carbonique par les deux poumons à la fois, et ne sont-ils pas affectés lorsqu'un seul de leurs poumons en absorbe des quantités considérables. Cette expérience me semble de nature à faire écarter l'idée que ce gaz serait doué de propriétés toxiques, pour faire admettre qu'il exerce dans l'échange des gaz respiratoires une action purement mécanique qui trouble l'exercice de la fonction.

En effet, dans la respiration normale, pour qu'il y ait échange possible entre l'oxygène de l'air et l'acide carbonique contenu dans le sang, échange indispensable à l'entretien de la vie, il faut nécessairement que ces gaz soient inégalement répandus dans les deux atmosphères en présence, c'est-à-dire dans le sang et dans l'air atmosphérique.

S'il en est autrement, tout échange devient impossible et la respiration doit évidemment cesser à ce point de vue : tel serait le rôle de l'acide carbonique lorsqu'il existe en quantité notable dans l'air atmosphérique, d'empêcher tout échange et d'arrêter les phénomènes essentiels de la respiration, c'est-à-dire l'entrée de l'oxygène dans le sang et de la sortie de l'acide carbonique du sang. Ce n'est certainement pas par défaut d'oxygène que la mort arrive, car un animal meurt aussitôt dans un mélange de 50 pour 100 d'oxygène et d'acide carbonique.

C'est pourquoi l'action de l'acide carbonique, lorsqu'il est respiré par un seul poumon, n'est pas toxique, l'animal pouvant absorber l'oxygène par l'autre surface pulmonaire.

En résumé, d'après toutes ces raisons, je crois que l'acide carbonique n'exerce pas un effet réellement toxique sur l'économie : son action me paraît être de nature purement physique et empêchant l'absorption de l'oxygène. Néanmoins, à ce titre, l'acide carbonique peut intervenir, dans une certaine mesure, dans les phénomènes de l'asphyxie, mais il nous sera toujours possible de nous en rendre compte et de voir la part qu'on pourra lui attribuer, puisque nous savons qu'elle ne peut se manifester qu'à une dose déterminée.

XI

M. Félix Leblanc a examiné dans un travail sur lequel nous reviendrons la composition de l'air sortant d'une fournaise contenant du charbon en ignition. Voici les résultats de cette analyse :

$$
\begin{aligned}
\text{Oxygène} &= 19,79 \\
\text{Azote} &= 75,02 \\
\text{Acide carbonique} &= 4,61 \\
\text{Oxyde de carbone} &= 0,54 \\
\text{Hydrogène carboné} &= 0,04 \\
\hline
&\ 100
\end{aligned}
$$

L'acide carbonique étant éliminé il ne nous reste donc, d'après l'analyse ci-jointe, que l'oxyde de carbone et l'hydrogène carboné comme gaz toxiques : je vais vous montrer que ce dernier gaz n'est pas à proprement parler un gaz toxique.

L'hydrogène carboné existe du reste, ainsi qu'on le voit, en très-petite quantité dans les gaz de combustion : mais en réalité ce n'est pas un gaz toxique, il est simplement irrespirable. Plongés dans une atmosphère de ce gaz, les animaux y meurent par suffocation et par privation d'air ou d'oxygène, mais ils ne sont pas empoisonnés. Voici par exemple un oiseau que nous plaçons sous cette cloche et nous faisons arriver un peu d'hydrogène carboné, l'animal ne paraît même pas en souffrir. L'hydrogène carboné n'est donc pas un gaz toxique, tandis qu'une quantité très-minime d'oxyde de carbone tue aussitôt.

L'oxyde de carbone est un gaz incolore, inodore, découvert par Priestley. Il brûle avec une flamme bleue caractéristique. Comme l'acide carbonique, il est composé de carbone et d'oxygène, mais ces deux corps sont combinés en proportions différentes.

C'est un des produits de la combustion du charbon : il se forme toujours lorsque le courant d'air qui doit alimenter le foyer est insuffisant. L'acide carbonique formé primitivement se transforme en oxyde de carbone en traversant les charbons incandescents ; si au contraire la quantité d'air fournie au foyer est considérable, la combustion du charbon est complète et l'on n'obtient plus que de l'acide carbonique comme produit final de la combustion.

M. Félix Leblanc a montré dans ses expériences que l'oxyde de carbone était un gaz toxique et qu'il l'était même à de très-faibles doses. D'après ce chimiste, il suffirait de la présence de 1 millième de ce gaz dans l'air pour donner la mort. Or, dans l'analyse citée plus haut il en existe 5 millièmes, quantité évidemment plus que suffisante pour déterminer l'asphyxie.

Nous allons maintenant faire quelques expériences comparatives avec ces deux gaz, oxyde de carbone et acide carbonique en les employant isolément et à l'état de pureté, tels qu'on les prépare dans les laboratoires, afin de vous montrer qu'il est facile de distinguer ces deux genres d'asphyxie. Voici deux oiseaux que nous avons fait mourir, l'un par l'oxyde de carbone, et l'autre par l'acide carbonique : il est facile de constater que chez le premier la chair est rouge, le sang est rouge dans toutes les parties du corps; dans le second, au contraire, le sang est d'une couleur beaucoup plus foncée et noir.

Or, je vous ai déjà dit précédemment que Troja avait remarqué que le sang des animaux asphyxiés par la vapeur de charbon était parfois vermeil et rutilant, tandis que lui-même et d'autres auteurs ont avancé qu'il y avait des circonstances dans lesquelles le sang est au contraire noir ou d'une couleur foncée.

L'explication de ces divergences semblerait maintenant bien facile à donner. En effet, comme il peut arriver dans quelques cas que l'asphyxie soit produite à la fois par l'acide carbonique et par l'oxyde de carbone, on comprendrait que si l'acide carbonique domine, le sang sera noir, tandis que si l'oxyde de carbone agit exclusivement, le sang sera naturellement rouge, ainsi que vous venez de le constater dans l'expérience précédente; cependant des circonstances de température peuvent encore intervenir. En général, on peut dire que quand l'asphyxie a lieu dans un milieu où la température est élevée et où l'acide carbonique augmente en même temps que l'oxygène diminue par défaut de renouvellement de l'air, le sang a plus de tendance à prendre une coloration noire, bien que l'asphyxie soit toujours principalement due à l'action toxique de l'oxyde de carbone.

Nous devons conclure de tout ce qui précède que, dans l'asphyxie par la vapeur du charbon, c'est à l'oxyde de carbone qu'il faut principalement attribuer la mort ; bien que l'influence de l'acide carbonique qui se produit dans ce cas, ne puisse aussi se faire ressentir secondairement et en quelque sorte accessoirement.

Vous vous rappelez que je vous ai dit qu'il était possible d'injecter de grandes quantités d'acide carbonique sous la peau ou dans le sang, sans occasionner la mort, parce qu'il est rapidement absorbé et rejeté par les poumons. Voyons s'il en est de même avec l'oxyde de carbone.

Nous avons injecté de l'oxyde de carbone sous la peau de divers lapins, les uns sont morts et les autres ont survécu. Nous avons vu que l'oxyde de carbone sous la peau n'est toxique qu'à forte dose; lorsqu'on injecte 2 litres de gaz, par exemple, l'animal meurt au bout de huit à dix heures et présente tous les caractères de la mort par l'oxyde de carbone, mais si l'on n'injecte qu'un litre ou qu'un demi-litre de gaz sous la peau, l'animal peut survivre et n'être pas empoisonné.

Je vous ai souvent parlé de l'élimination des substances par le poumon, je veux vous rendre témoins d'une expérience à ce sujet dont la démonstration est facile à donner dans un amphithéâtre. Je veux parler de la démonstration de l'élimination par les voies respiratoires de l'hydrogène sulfuré.

Il me reste cependant quelques explications à vous rappeler avant de répéter cette expérience. L'élimination pulmonaire des substances gazeuses introduites dans la circulation veineuse ne se fait jamais que dans une certaine mesure : jamais ces substances ne sont éliminées complétement par les poumons, si elles sont en trop grande quantité. — Ainsi, l'alcool ne s'élimine que partiellement : le reste passe dans le sang artériel et produit l'ivresse. L'ivresse n'est pas autre chose que le résultat du contact de l'alcool absorbé avec les éléments des centres nerveux. Elle se produit quand l'alcool ingéré est en trop grande quantité, et d'un autre côté, elle n'arriverait jamais si l'alcool était toujours éliminé en totalité par le poumon. En résumé, les substances gazeuses ou volatiles peuvent donc être inoffensives et éliminées quand elles ne sont qu'en petite quantité dans l'économie : elles empoisonnent au contraire, si l'on dépasse une certaine limite. De sorte que nous pouvons ici encore vous rappeler un principe qu'il ne faut pas perdre de vue; c'est que dans l'expression des phénomènes physiologiques tout est relatif aux conditions dans lesquelles on agit, bien que les principes de ces phénomènes n'en soient pas moins absolus.

L'hydrogène sulfuré existe, comme vous le savez, dans un grand nombre d'eaux minérales que l'on peut boire impunément : ces eaux sont même prescrites dans certaines maladies. Si l'on attribue à ce gaz une certaine action sur les poumons, cela peut se comprendre physiologiquement, puisque c'est par cet organe que ce gaz est éliminé. Mais il existe cependant certaines eaux sulfureuses que l'on dit trop fortes ; cela provient de ce qu'elles renferment une trop grande quantité d'hydrogène sulfuré, pour que tout puisse être éliminé.

Je vais maintenant vous rendre témoins de l'expérience qui prouve que l'hydrogène sulfuré introduit dans l'économie est éliminé par les voies respiratoires.

Voici un lapin à qui nous allons injecter quelques gouttes d'une forte dissolution d'hydrogène sulfuré sous la peau du dos : si réellement ce gaz est éliminé par les poumons, nous devrons en reconnaître la présence dans les gaz expirés, et il nous sera facile de le constater en approchant du nez de cet animal un papier trempé dans une solution d'acétate de plomb : si ce papier noircit, évidemment l'animal exhale de l'hydrogène sulfuré; c'est en effet ce qui arrive : il n'y a donc plus de doute possible sur ce mode d'élimination des substances gazeuses. Mais nous allons maintenant faire une autre expérience et donner à cet animal une double dose d'hydrogène sulfuré en solution toujours dans le même endroit du corps, dans le tissu cellulaire sous-cutané; cette fois, la quantité en est trop considérable et l'animal meurt. L'élimination s'était faite cependant dans le second cas comme dans le premier, mais elle ne pouvait opérer entièrement l'expulsion du poison et l'excès passé dans la circulation artérielle a occasionné la mort.

Ces deux expériences vous montrent donc bien, je le répète, tout le soin qu'il faut apporter aux expériences physiologiques : et, en effet, selon qu'on se met dans l'un ou l'autre de ces deux cas, le même gaz peut être toxique ou complétement inoffensif.

Passons maintenant à l'oxyde de carbone et répétons les mêmes expériences avec ce gaz. Il est beaucoup moins soluble que l'acide carbonique, il ne pénètre qu'en très-minime quantité à la fois dans la circulation. Cependant, quand on l'injecte en quantité suffisante sous la peau, il est toxique. En raisonnant d'après les autres gaz, il semblerait qu'il ne dût pas l'être, pouvant s'éliminer en totalité par les poumons.

Mais nous verrons d'une part qu'il est très-difficile de constater de petites quantités d'oxyde de carbone dans l'air, et que d'autre part ce gaz constitue une exception relativement à son élimination.

Lorsque je vous montrerai plus tard comment ce gaz tue, ce sera le moment de revenir sur le point que je laisse maintenant en suspens.

En résumé, nous voici arrivés à pouvoir établir dès maintenant les faits suivants : il y a dans la vapeur de charbon plusieurs gaz, et le plus toxique d'entre eux est l'oxyde de carbone. Ce résultat nous a été fourni par l'analyse chimique. Il nous reste à étudier physiologiquement l'action toxique de ce gaz, sur lequel doivent se concentrer maintenant toutes nos recherches.

XII

De nombreuses études ont été faites sur l'action de l'oxyde de carbone et sur ses propriétés toxiques. Sa propriété délétère était déjà connue au siècle dernier ; mais les expériences qui l'ont précisée sont toutes modernes. En 1811, Nysten croit encore que l'oxyde de carbone agit sur le système nerveux. D'un autre côté cependant, il a remarqué que ce gaz injecté dans les veines ne se dissolvait pas, ce qui l'a conduit aussi à lui attribuer une action purement mécanique. Enfin, dans d'autres expériences, il se contente de le considérer comme un gaz purement irrespirable.

C'est en 1842 que M. Félix Leblanc a fait ses premières recherches sur la viciation de l'air par la combustion du charbon. Le mémoire que ce chimiste a publié sur ce sujet est très-considérable et se rapporte à l'air vicié par beaucoup d'autres causes. Relativement à la vapeur de charbon, M. Leblanc a bien constaté que l'oxyde de carbone jouait le rôle toxique essentiel dans les asphyxies par la vapeur de charbon. Il a montré que 2 à 3 millièmes de ce gaz dans l'air suffiraient pour donner la mort à un chien, et qu'il ne fallait pas plus de 1 millième pour asphyxier un oiseau. Depuis ces expériences si concluantes, on a définitivement classé l'oxyde de carbone parmi les gaz toxiques ; tout le monde s'est rangé à cette opinion, personne ne la conteste. Mais M. Leblanc est chimiste, et comme tel il s'est contenté d'exposer ses résultats chimiques, et il n'a nullement abordé la question physiologique de savoir comment l'oxyde de carbone pouvait produire la mort.

De quelle nature est l'action de l'oxyde de carbone ? On a émis l'opinion, et je la retrouve encore dans un livre allemand publié récemment, que ce gaz doit être rangé parmi les poisons narcotiques. Mais en admettant que cela soit un poison narcotique, ce qui est d'ailleurs fort mal défini, cela n'explique nullement son mode d'action ni le rôle important qu'il joue dans l'asphyxie.

Dans un travail qu'il a publié en 1855, M. Chenot aborde cette question et cherche à donner une explication chimique de l'action de l'oxyde de carbone sur l'économie ; il admet deux conséquences à l'action de ce gaz sur l'organisme une fois qu'il a pénétré dans le sang ; il lui prend son oxygène pour l'oxyde et passe à l'état d'acide carbonique. La seconde conséquence est que cette oxydation de l'oxyde de carbone amène une élévation de température qu'il considère comme pouvant s'élever jusqu'à 6000 calories dans le corps animal, ce qui amène naturellement une sorte d'inflammation de tous les organes et des tissus. Ces vues reposent sur des faits chimiques bien connus et

dont l'auteur suppose la réalisation dans l'économie ; mais elles sont purement théoriques et ne s'appuient sur aucune expérience faite sur les animaux vivants. M. Chenot est métallurgiste, et il admet que l'oxyde de carbone joue dans le sang le rôle de corps réducteur comme dans la métallurgie.

Viennent enfin mes travaux propres sur ce même sujet. J'avais déjà remarqué, vers 1842, que les animaux asphyxiés par l'oxyde de carbone avaient le sang veineux rouge et identique avec le sang artériel. Je vous ai déjà annoncé précédemment que Troja avait déjà observé et signalé le même fait. D'un autre côté, le docteur Marye avait observé chez l'homme que dans les cas d'asphyxie par le charbon le sang veineux se montrait tout à fait vermeil et rutilant. Ce caractère tiré de la couleur du sang serait donc en résumé assez net et important pour faire reconnaître un cas d'asphyxie par la vapeur de charbon et surtout par l'oxyde de carbone, tout aussi bien chez l'homme que chez les animaux. Toutefois, nous savons que dans certaines asphyxies par la vapeur de charbon, quand des conditions complémentaires surviennent, ce caractère peut manquer.

Mais ce n'est que dans mon cours que j'ai professé en 1855-56 et publié en 1857 sur les substances toxiques et médicamenteuses que j'ai abordé le mécanisme de la mort par l'oxyde de carbone. Je dois d'abord vous faire connaître la méthode que j'ai employée, vous montrer la suite des opérations que nous avons dû faire. Vous comprendrez mieux de cette façon, je l'espère, le but que nous poursuivons.

Ce n'est pas d'aujourd'hui qu'on cherche à étudier l'action des poisons et des substances médicamenteuses sur l'économie. Mais jusqu'alors on a généralement cherché à localiser cette action sur des systèmes, des appareils ou des organes.

Or, voici le principe fondamental que j'ai posé dans l'ouvrage que je rappelais tout à l'heure, et qu'il ne faut pas perdre de vue : toutes les substances médicamenteuses ou toxiques qui agissent sur l'économie agissent sur les éléments mêmes dont sont constitués nos tissus.

Nous n'en sommes plus au temps sans doute de croire qu'un poison agit sur la vie, qu'un médicament agit sur une diathèse. Cependant on dit encore aujourd'hui parmi les médecins que le sulfate de quinine agit sur la fièvre. Or, la fièvre est un mot, et pour résoudre la question il faudra trouver sur quel élément organique la quinine porte son action et de quelle manière elle exerce cette action.

Je vous ai fait connaître les opinions qui avaient été émises, je vous ai dit que Portal et Troja attribuaient la cause de la mort dans l'asphyxie par la vapeur de charbon, l'un à une action de cette vapeur sur les nerfs, l'autre à son action sur le poumon. Ces localisations étaient fautives, et d'ailleurs elles ne donnent pas l'explication de l'action toxique en elle-même. Pour arriver à la connaissance exacte de ces divers phénomènes, il faut donc non-seulement localiser les actions des substances toxiques sur les éléments constitutifs, mais encore donner le mécanisme physico-chimique de cette action.

L'histologie nous a appris en effet que nos organes sont constitués par des éléments distincts et autonomes possédant une vie qui leur est propre. Nous savons que chacun de ces éléments de tissus sont doués de propriétés physiologiques différentes. Ils ont aussi des poisons distincts. L'étude de cette science importante des propriétés spéciales de nos tissus fut commencée par Haller dans les recherches mémorables qu'il fit sur l'irritabilité musculaire. Ces vues nouvelles changèrent la face de la physiologie et firent définitivement abandonner les idées sur les esprits animaux qu'avait encore soutenues Descartes.

Après Haller est venu Bichat, et depuis ce temps on admet que toutes les propriétés sont des causes d'action qui sont inhérentes aux tissus. C'est ainsi que la propriété de se contracter que possède le muscle lui est essentiellement propre et tient à sa nature intime. De même, les glandes sécrètent par elles-mêmes et en raison des propriétés du tissu qui les constitue. Nous pouvons en effet, par des expériences, retrouver toutes ces propriétés dans les tissus, dans les éléments, et c'est même l'action harmonique de tous ces tissus qui entretient la vie.

Il existe donc en réalité un ensemble de propriétés vitales dont l'agencement et la concordance constituent le mécanisme de la vie ; mais vient-on, par un procédé quelconque, à détruire une seule de ces propriétés, la chaîne se trouve immédiatement rompue, et je dirai même plus, il suffit d'un seul élément détruit dans tous ses représentants pour occasionner la mort.

Lorsqu'un poison se trouve ingéré dans l'économie, il agit donc sur un élément spécial, et c'est précisément la nature de cet élément atteint qui donne la nature de la mort. Maintenant nous pouvons ajouter que c'est seulement par la connaissance du mécanisme de la mort que nous arriverons à la connaissance du mécanisme de la vie. C'est enfin sur ce même élément qu'il faut encore réagir si l'on veut combattre ensuite l'action toxique.

D'un autre côté, que la mort survienne par suite de conditions pathologiques ou toxiques, elle arrivera toujours de la même façon. Quand un malade meurt, il meurt parce qu'un de ses éléments vient de cesser d'agir ; en un mot, il faut qu'il y ait une rupture dans cette chaîne vitale ; il faut qu'un élément cesse ses fonctions pour que la dislocation de l'organisme s'opère et entraîne la mort.

Pour trouver le vrai mécanisme de la mort, il faut donc remonter à cet élément primitivement atteint. Or, il nous est impossible de faire cette étude sur les malades lorsqu'ils succombent, parce que la loi ne nous permet de pratiquer les autopsies que vingt-quatre heures après la mort. Après un laps de temps aussi considérable, il ne nous est plus possible de découvrir les altérations physiologiques des tissus auxquelles on doit attribuer la mort. L'autopsie, dans ce cas, ne nous montre que des lésions anatomiques plus ou moins anciennes qui parfois, quand elles se sont produites lentement, peuvent permettre la vie pendant longtemps.

Mais ces expériences ou ces études qu'il nous est impossible de faire chez l'homme, nous les pouvons réaliser sur les animaux.

La méthode que nous allons suivre est donc celle-ci : empoisonner un animal, et, dès qu'il est mort, pratiquer l'autopsie et examiner aussitôt les propriétés physiologiques de tous les tissus ou éléments de tissus les uns après les autres.

Il est enfin [une précaution importante à prendre dans ce genre de recherches pour éviter toute erreur, c'est de faire toujours deux expériences comparatives : on prend deux animaux aussi identiques que possible et on les fait mourir, l'un de mort que nous appellerons normale, c'est-à-dire en le sacrifiant par hémorrhagie ou autrement, mais sans introduire aucun poison dans son corps, l'autre par la substance toxique dont on veut étudier l'action.

Pour mieux vous faire comprendre combien cette méthode est indispensable et à quelles erreurs on peut être amené en ne faisant pas immédiatement les autopsies, je vais vous en donner en quelque sorte un spécimen en expérimentant avec le curare.

Voici, par exemple, une grenouille que nous venons de faire mourir en la sacrifiant et en la préparant suivant la méthode de Galvani. Examinons maintenant l'état de ses nerfs et de ses muscles, et pour cela recourons à l'électricité. Sous l'influence de cet agent, les muscles de cette grenouille se contractent ; agissons maintenant sur les nerfs, nous voyons encore les muscles se contracter.

Voilà ce que nous avons constaté en opérant sur un animal mort normalement.

Prenons maintenant cette autre grenouille que nous venons d'empoisonner par le curare, préparons-la de même et examinons, ainsi que nous l'avons fait précédemment, l'état de ses nerfs et de ses muscles ; il est évident que toutes les différences que nous trouverons ici, soit en plus soit en moins, seront dues au curare. Or, si nous faisons agir l'électricité sur le muscle, nous voyons qu'il se contracte encore comme dans l'expérience précédente ; mais si nous agissons sur le nerf, nous ne produisons plus la contraction du muscle : donc, le nerf a perdu la propriété d'exciter le muscle et d'éveiller en lui la propriété contractile.

La différence que nous constatons à ce point de vue entre ces deux animaux morts, l'un normalement et l'autre empoisonné par le curare, consiste donc dans la perte d'action de l'électricité sur les nerfs de ce dernier. En réalité, dans ce cas, c'est le système nerveux moteur qui se trouve détruit, puisque le curare a respecté les muscles et n'a tué que les nerfs moteurs. Comme je viens de vous le faire constater, ce fait est extrêmement facile à observer si nous avons la précaution de faire l'autopsie immédiatement après la mort ; mais si nous avions attendu vingt-quatre heures, nous n'aurions rien vu.

En résumé, je crois vous avoir fait voir suffisamment toute l'importance qu'il y a à faire dans les expériences physiologiques les autopsies immédiatement après la mort. C'est la seule méthode possible à suivre si l'on veut arriver sûrement à la connaissance exacte des propriétés physiologiques des différents tissus et de l'action des substances toxiques sur l'économie.

C'est donc la méthode que nous mettrons en pratique dans la suite de nos recherches et que nous appliquerons à l'étude de l'asphyxie par la vapeur de charbon.

Les troubles de la Faculté de médecine de Paris sont complétement terminés et le cours de M. Tardieu se fait maintenant sans encombre.

— L'Académie des sciences vient de perdre un de ses membres qui, depuis longtemps, se survivait à lui-même. M. Lamé était âgé de soixante-quinze ans ; il appartenait à la section de géométrie depuis 1843 et à la Faculté des sciences de Paris depuis 1848. Il a publié un grand nombre de mémoires mathématiques, notamment sur la théorie de l'élasticité.

Le propriétaire-gérant : GERMER BAILLIÈRE.

PARIS. — IMPRIMERIE DE E. MARTINET, RUE MIGNON, 2.

REVUE
DES
COURS SCIENTIFIQUES
DE LA FRANCE ET DE L'ÉTRANGER

SEPTIÈME ANNÉE   NUMÉRO 25   21 MAI 1870

Paris, 20 mai 1870.

La Société des amis des sciences a tenu récemment sa séance publique annuelle. M. Henri Sainte-Claire Deville y a fait une conférence sur l'étincelle électrique, M. L. Vaillant a lu un éloge de M. Sars. Voici quelques passages du rapport présenté par M. Boudet au nom du conseil de la Société :

Lorsque notre société possédera un capital de 400 000 francs, disait Thenard quelque temps avant sa mort, le succès de mon œuvre ne sera plus incertain. Aujourd'hui ce vœu de notre fondateur est accompli, le capital de 400 000 francs est dépassé ; la Société de secours des amis des sciences repose sur des bases assez solides pour que son existence soit désormais assurée.

Permettez-nous de vous exposer rapidement notre situation dans toute sa réalité. Depuis treize ans nous avons encaissé, capital et intérêts, 760 000 francs ; nous avons donné en secours 280 000 francs répartis entre 41 familles, et, déduction faite de nos frais généraux, nous avons formé un capital qui dépasse aujourd'hui 400 000 francs placés en rentes 3 pour 100 et en obligations de chemins de fer garanties par l'État.

Mais si nous entrons dans les détails de notre gestion annuelle, les choses ne se présentent plus sous un aspect aussi satisfaisant. En 1868, nous avons dû employer en secours presque toute la quotité disponible pour cet usage. En 1869, malgré l'accroissement de nos revenus résultant d'une capitalisation de 29 000 francs que nous avions pu faire l'année précédente, nous avons atteint la dernière limite de notre budget de secours ! Pendant l'année 1869 les dons ont été beaucoup moins considérables, le chiffre des cotisations qui, jusqu'alors, avait suivi une marche ascendante, est resté à peu près stationnaire, nous n'avons pu capitaliser que 10 552 francs.

Un fait mémorable se passe aujourd'hui sous nos yeux, messieurs et chers collègues; le modeste pasteur d'une paroisse du diocèse de Bergen en Norwége, devenu par des travaux considérables et par une grande découverte, une des gloires des sciences naturelles, vient de mourir laissant une nombreuse famille dans le dénûment. A cette extrémité du monde civilisé pouvait-il exister une société de secours des amis des sciences pour secourir cette intéressante famille, quand il y a treize ans une pareille institution n'existait ni en France ni en Europe ? La misère semblait donc prête à s'appesantir sur la veuve et les enfants d'un homme qui avait accompli une grande conquête scientifique et illustré sa patrie, mais le sentiment de la fraternité scientifique n'avait pas été en vain provoqué et mis en action par Thenard. En Angleterre, M. Gwyn Jeffreys, et en France un de nos jeunes collègues, M. Émile Alglave, ont pris l'initiative d'une souscription en faveur de la famille Sars. Les savants de l'Allemagne et de la Belgique se sont émus à leur tour, et aujourd'hui la souscription, toujours ouverte, a déjà produit des sommes importantes.

Cette manifestation de sympathie internationale pour un savant des plus lointaines contrées du Nord, n'est-elle pas une preuve éclatante des progrès de la fraternité scientifique, un argument puissant en faveur de l'œuvre de Thenard ? Ne donne-t-elle pas une force nouvelle à nos instances lorsque nous convions tous ceux qui en France aiment et cultivent les sciences, tous ceux qui jouissent de leurs bienfaits à s'unir à nous pour que jamais la misère ne puisse plus atteindre un savant français et sa famille ?

VII.

SOIRÉES SCIENTIFIQUES DE LA SORBONNE

M. FAYE
de l'Institut

Sur la figure des comètes

Il y a peu d'années, les astronomes ne s'occupaient guère des comètes que pour en déterminer les mouvements : l'étude de la figure de ces astres était si peu avancée que M. Arago se croyait en droit d'écrire dans son *Astronomie populaire* : « *Je ne sais* serait encore aujourd'hui la réponse qu'on aurait » à faire aux questions qu'on pourrait formuler sur les queues » des comètes. » Si je me hasarde à prendre pour thème principal de cette conférence les travaux que j'ai entrepris dans ces dernières années sur ce sujet difficile, j'espère désarmer d'avance la critique en avouant tout d'abord que les résultats contrastent singulièrement, par leur imperfection, avec le degré de puissance et de certitude qu'on admire dans les autres branches plus anciennes de l'astronomie.

La raison de ce contraste est bien simple. Tandis que l'astronomie planétaire recevait le précieux héritage de la science des Grecs et le trésor des observations léguées par la plus haute antiquité, l'astronomie cométaire ne rencontrait, dans les archives de l'histoire, que des renseignements grotesquement travestis par une frayeur superstitieuse. Un des préjugés les plus tenaces des siècles derniers, c'est celui qui attribuait aux astres une influence mystérieuse sur nos destinées. Or les comètes, par leur apparition imprévue au milieu des constellations familières, leurs têtes monstrueuses, leurs queues gigantesques, devaient inspirer une sorte d'appréhension que l'astrologie judiciaire, cette longue infirmité de l'esprit humain, n'a pas tardé à traduire en présages menaçants ; et comme les catastrophes n'ont manqué à aucune époque de notre histoire, le singulier sophisme *post hoc, ergo propter hoc*, si naturel à notre pauvre logique, venait confirmer dix ou quinze fois par siècle cette misérable superstition.

Une comète apparaissait-elle dans le ciel du soir ou du matin, on s'empressait de consulter les astrologues. Ceux-ci n'opéraient pas sans règles ; ils avaient toute une classification des formes étranges sous lesquelles ces astres s'étaient déjà montrés, et à chaque forme était attachée une signification particulière. Pline nous a conservé cette nomenclature ; Hevelius, le savant pensionnaire de Louis XIV, l'a religieusement reproduite, en plein XVIIe siècle, dans les figures fantastiques de sa *Cométographie*. Et, véritablement, on prenait tout cela au pied de la lettre : dans une comète à queue courbe, ou droite, ou multiple, on voyait, on dessinait, tant est grande

25

la puissance de l'imagination, un sabre gigantesque, une lance ou une poutre embrasée, une torche ardente ou un dragon dardant sur toute une contrée la peste, la révolte ou la famine. En voici deux exemples tirés du *Theatrum Cometicum* de Lubienitzki (fig. 131 et 132) :

Fig. 131.

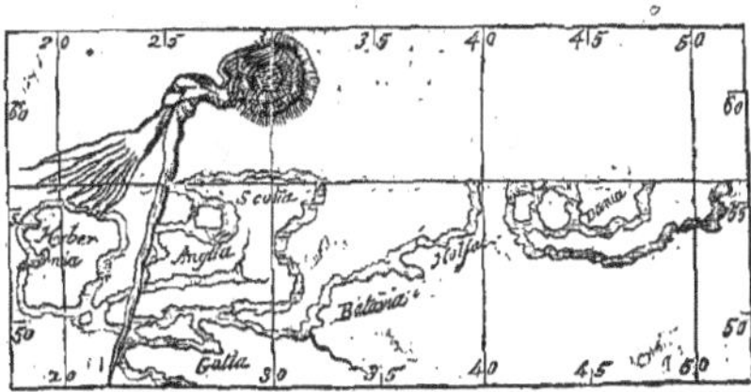

Fig. 132.

La première comète en forme de torche ardente indiquait bien clairement, par la direction de sa queue, l'incendie qui devait consumer la ville voisine ; la seconde, véritable dragon dont l'artiste a reproduit les replis tortueux, menaçait la Gaule et l'Irlande des sept pointes de sa langue de feu.

Ces échantillons suffisent ; il n'y a rien à tirer de pareils récits, de pareils dessins : c'est tout au plus si la théorie qui commence à se former nous permet d'y retrouver, çà et là, quelques traits de la vérité.

L'astrologie a étouffé ainsi l'observation réelle jusqu'au commencement du XVII° siècle. Cela nous paraît étrange aujourd'hui, mais il n'y a pas à en douter. Les astronomes de ces temps si voisins de nous et si fiers déjà de l'universelle renaissance de l'esprit humain, étaient presque tous quelque peu astrologues. Képler lui-même, un des pères glorieux de l'astronomie moderne, était obligé, par les devoirs de sa charge d'astronome impérial, tantôt de tirer l'horoscope de la guerre du pape contre Venise, tantôt de donner à son puissant mais trop gêné patron, l'empereur Rodolphe II, une consultation sur la comète de 1607 qui paraissait menacer la Hongrie. Au reste, Rodolphe comptait beaucoup alors sur son alchimiste pour trouver l'or nécessaire à la paye de son armée, tandis que son général, le duc de Friedland, le célèbre Wallenstein, ne se faisait pas faute de consulter le ciel, toujours par l'intermédiaire de Képler qui nous a conservé son horoscope.

Mais déjà, dès Tycho-Brahé, l'astronomie véritable commençait à poser un pied hésitant dans le domaine des comètes d'où elle devait bientôt chasser l'astrologie. On avait vécu jusqu'alors, sur la foi d'Aristote (1), dans la pensée

que les comètes étaient non pas des astres, mais de simples météores sublunaires, et voilà qu'on s'aperçoit, dès qu'on imagine enfin de substituer l'observation à la parole du maître, qu'elles voyagent bien au-dessus des orbes de Mercure et de Vénus, sans être gênées le moins du monde par les sphères cristallines du firmament où la vieille astronomie incrustait ses planètes et ses étoiles. A partir de Newton les comètes rentrent enfin, pour les mouvements de leurs noyaux, dans la théorie de l'attraction et, par conséquent, dans l'astronomie planétaire, avec cette seule différence qu'elles décrivent autour du soleil des ellipses énormément allongées, presque des paraboles, au lieu de parcourir des ellipses presque circulaires comme les planètes. Alors les astronomes observent avec soin les positions successives de ces noyaux et calculent leurs orbites, mais sans s'occuper de la figure des comètes elles-mêmes, bien que l'invention des lunettes dût révéler déjà une quantité de phénomènes curieux qui échappent à l'œil nu. Pendant cette période, on se borne à représenter les comètes par un petit rond dont le centre seul intéresse, parce que c'est là le centre de gravité auquel s'appliquent les lois de Képler et le calcul des éléments de l'orbite : quant à la queue, qu'on n'observe pas, on la figure tout simplement par quelques traits de plume rattachés au noyau. De tout cela, il n'y a rien à tirer aujourd'hui, pas plus que des dragons des astrologues. Ce n'est plus ici un préjugé superstitieux qui ôte aux astronomes jusqu'à l'envie d'examiner de près les faits : c'est une idée préconçue, idée élevée sans doute, mais trop absolue, d'après laquelle la seule force à considérer dans les espaces célestes serait l'attraction. Au fond on sentait confusément que les figures des comètes étaient inconciliables avec cette hypothèse directrice, et cela suffisait pour que l'œil se portât de préférence sur le sujet le plus abordable aux théories régnantes.

Laissant de côté les grossiers dessins de la comète à six queues de 1744 par Chézeaux et ceux que Messier faisait avec la règle et le compas, il nous faut aller jusqu'aux deux Herschel pour trouver de véritables observations sur la forme des comètes ; les beaux dessins des comètes de 1811 et de 1835 sont déjà capables de servir la science. Les astronomes avaient enfin compris, à l'exemple d'Olbers et de Bessel, la haute importance de ces phénomènes qui nous révèlent plus qu'un monde nouveau, puisqu'ils nous révèlent une force nouvelle dans l'univers. Aujourd'hui la figure des comètes est devenue le sujet des plus sérieuses études, et les dessins de la belle comète de Donati (1858) que je vais mettre sous vos yeux vous donneront la mesure du changement qui s'est opéré à cet égard dans l'esprit des astronomes. J'ose répondre de leur fidélité, car, pendant que Bond exécutait ces dessins à l'observatoire de Cambridge, aux États-Unis, à l'aide d'une lunette d'une grande puissance, je suivais le même astre à Paris avec le premier télescope que Foucault ait construit d'après son nouveau système, et il me semble, en revoyant

---

(1) Presque toujours ces vieilles erreurs, qui ont fait si longtemps loi dans la science, ont soulevé, à l'honneur de l'esprit humain, des protestations isolées. Rien de plus net en ce genre que le magnifique passage de Sénèque sur les comètes dans le septième livre de ses *Questions naturelles*. On dirait d'une page écrite par quelque philosophe moderne un peu avant l'apparition des *Principes* de Newton ou des calculs de Halley. De même, une plaisanterie de Vespasien contraste avec les inquiétudes de Rodolphe à l'endroit de la comète de 1607, qui dénonçait les menées hostiles de l'archiduc Mathias. Pendant sa dernière maladie, ses familiers lui annoncèrent qu'une comète venait de paraître et que le peuple, inquiet, y voyait un présage de mort pour l'empereur. Vespasien demanda quel était son aspect.—Elle a une chevelure énorme, lui fut-il répondu. — Eh bien ! répliqua le César romain, en quoi voulez-vous que cette comète me touche, moi qui suis complètement chauve ?

avec vous les dessins de M. Bond, que j'ai encore cette merveilleuse comète sous les yeux.

Je vais tâcher d'abord de donner une idée nette des métamorphoses successives que présentent les comètes dans le cours de leur apparition, en prenant pour type une comète parfaitement étudiée, celle de Donati. Rappelons que ces astres décrivent autour du soleil des ellipses extrêmement allongées dont le soleil occupe un foyer; que le point le plus rapproché du soleil se nomme le périhélie, tandis que le point le plus éloigné (dans une orbite vraiment parabolique il serait à l'infini) se nomme l'aphélie. Au rebours des planètes, qui décrivent des orbites presque circulaires et restent toujours à peu près à la même distance du soleil, les comètes, en général, nous arrivent de régions bien plus lointaines que les planètes les plus reculées; mais elles ne deviennent visibles, même au télescope, que dans la partie de leur orbite la plus rapprochée du soleil. Après leur passage au périhélie, elles s'éloignent de plus en plus de cet astre, et bientôt elles cessent d'être visibles. Je ne crois pas qu'aucune comète ait été vue au delà de la sphère de Jupiter. Ce n'est pas assurément par leur petitesse qu'elles échappent ainsi à nos yeux dans des régions où les planètes lointaines, Saturne, Uranus et Neptune brillent si bien de l'éclat qu'elles empruntent au soleil; c'est que la matière rare et nébuleuse des comètes réfléchit beaucoup moins la lumière que la surface solide et compacte des planètes dont nous venons de parler, beaucoup moins même que le moindre nuage de notre atmosphère.

Quand on les aperçoit loin du soleil, à l'aide d'une lunette, elles apparaissent comme des nébulosités arrondies, mais à contours vagues, présentant au centre une condensation assez marquée qu'on désigne sous le nom de noyau; c'est ce noyau, plus brillant que tout le reste, dont les astronomes observent la position. Le dessin ci-joint de la comète de Donati à l'époque

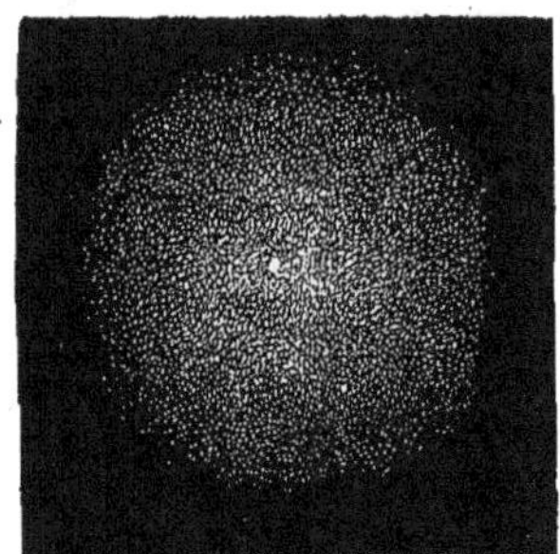

Fig. 133.

de sa découverte, le 5 juin 1858, donne une idée suffisante de l'aspect de toutes les comètes lorsqu'elles sont très-éloignées du soleil (fig. 133).

Plus tard, lorsque la comète s'est rapprochée de son périhélie, elle s'allonge sensiblement dans le sens du rayon vecteur, c'est-à-dire dans la direction d'une ligne idéale qui joindrait le soleil à la comète; mais alors le noyau brillant ne se trouve plus au centre de la figure; il est placé excentriquement du côté le plus voisin du soleil, comme le montre la figure suivante (fig. 134).

Plus tard encore, la queue se forme et se développe de plus en plus, semblable à un panache évasé, tandis que le noyau brille d'un éclat plus vif. La comète devient visible à l'œil nu (fig. 135).

Cette queue est toujours opposée au soleil. A l'origine, près du noyau, elle se trouve dans le prolongement du rayon vecteur; plus loin, elle se recourbe en arrière, comme si elle éprouvait quelque résistance qui l'empêchât de suivre complétement la marche du noyau. L'axe recourbé de cette queue est d'ailleurs constamment situé dans le plan de

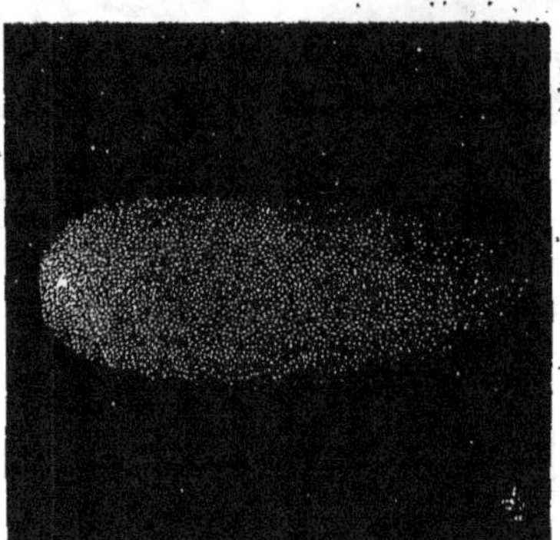

Fig. 134.

l'orbite, et ce simple fait rend compte d'une foule de variétés d'aspect que présentent à nos yeux ces appendices cométaires. Les comètes à queues droites ne semblent telles que parce que l'œil de l'observateur se trouve dans le plan de l'axe de la queue, c'est-à-dire dans le plan de l'orbite. Lorsque la terre, par l'effet de son mouvement annuel, s'est éloignée de ce plan, la courbure de la queue commence à se manifester; elle se prononce de plus en plus à mesure que la comète, vue d'abord par la tranche pour ainsi dire, se montre de plus en plus à plat, comme un cimeterre, à l'observateur terrestre.

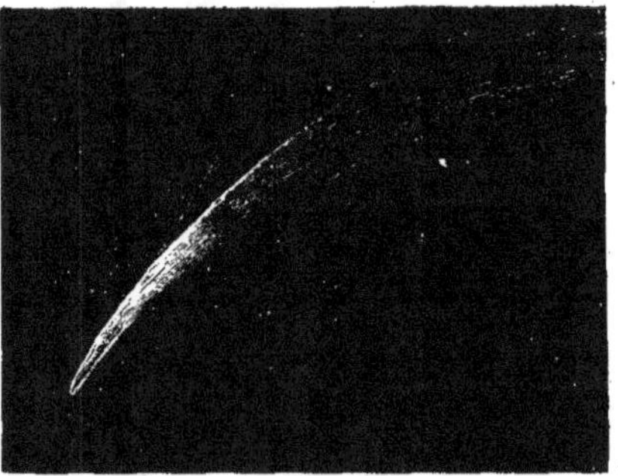

Fig. 135.

Lorsque la comète, en parcourant la branche descendante de son orbite, atteint le périhélie, ces phénomènes acquièrent tout leur développement. Mais, lorsqu'elle s'éloigne du soleil en parcourant la branche ascendante de son immense trajectoire parabolique, la queue diminue, disparaît, puis fait place à un simple allongement. Bientôt la forme sphérique se rétablit; le noyau, qui a perdu peu à peu de son éclat, n'est plus indiqué que par une légère condensation de lumière au centre d'un amas globulaire tout pareil à celui qu'on avait aperçu tout d'abord. Enfin cette nébulosité arrondie finit elle-même par s'effacer.

Sur quelle échelle se passent ces phénomènes dont la cause immédiate réside évidemment dans le soleil? Quelles peuvent être les dimensions de ces nébulosités, de ces noyaux brillants, de ces queues recourbées ? Ces dimensions sont vraiment formidables. La comète de 1843 avait une queue de 60 millions de lieues, presque le double de la distance qui nous sépare du soleil. Sur le ciel, cette queue se dessinait comme un immense coup de pinceau de 65 degrés d'amplitude angulaire. La queue de la fameuse comète de 1811 n'avait que 40 millions de lieues ; mais, en revanche, la tête seule de la comète (250 000 lieues de diamètre) était presque aussi grosse que le soleil.

Quant à la comète de Donati, ses dimensions étaient plus modestes : son noyau avait 1000 lieues de diamètre, et la tête 13 000 seulement ; la queue n'avait que 14 millions de lieues de longueur. J'ai eu la curiosité d'évaluer approximativement le volume de cette petite comète, et j'ai trouvé qu'en supposant l'épaisseur de la queue égale à sa largeur, ce volume était mille fois plus grand que celui du soleil. Comme, en réalité, les queues sont plates, il faudrait peut-être réduire ce nombre de moitié : il en reste assez pour faire voir que notre globe terrestre, si petit vis-à-vis du soleil, n'est qu'un point en comparaison de ces astres gigantesques.

Mais, en revanche, tout nous prouve que ces astres ont très-peu de matière sous un si énorme volume. Un caractère qui leur est spécial et qui n'appartient assurément ni aux planètes ni à leurs satellites, c'est la transparence presque absolue de leur matière. On voit les étoiles à travers la queue d'une comète comme si cette queue n'existait pas ; on les voit même à travers la tête beaucoup plus dense et plus brillante que la queue. On s'est demandé longtemps si le noyau d'une comète ne serait pas du moins opaque et solide comme les planètes ; mais, en les examinant à l'aide de puissants télescopes, on les a toujours trouvés formés de couches nébuleuses de plus en plus denses, toujours perméables aux rayons lumineux. Ce fait bien simple et tout à fait caractéristique nous donne, à lui seul, à penser que la matière cométaire doit être d'une rareté extrême, car un brouillard de quelques milliers ou même de quelques centaines de mètres d'épaisseur suffit pour effacer les étoiles, tandis qu'une épaisseur de 10 000 a 15 000 lieues de matière cométaire en diminue à peine l'éclat. Désirant fixer nos idées à ce sujet, j'ai calculé la masse de la comète de Donati, et j'ai trouvé qu'elle égalait au moins celle d'une mer de 100 mètres de profondeur et de 16 000 lieues carrées de superficie. Cette masse n'est qu'une fraction presque imperceptible de celle de la terre. Elle était concentrée presque en entier dans la tête de la comète et surtout dans le noyau ; même en la supposant répartie uniformément dans tout le volume de la queue, on ne trouverait, pour la densité moyenne de cet appendice, qu'une valeur incomparablement plus faible que la densité du vide approché de nos meilleures machines pneumatiques. Mais ce n'est pas à ce rare résidu gazeux qu'il faut comparer la matière des comètes ; elle ressemblerait plutôt à ces grains impalpables de poussière qui voltigent dans l'air et qui nous révèlent les moindres rayons de lumière solaire pénétrant dans un appartement fermé.

Quoique les comètes nous présentent la matière disséminée à un point tel qu'un célèbre physicien, M. Babinet, a pu les appeler assez justement des *riens visibles*, n'allez pas imaginer cependant que leur rencontre avec la terre serait sans inconvénient. Si le noyau de notre comète avait rencontré directement la terre, avec sa masse de 25 600 millions de millions de kilogrammes et sa vitesse relative de 17 lieues par seconde (7 pour la terre et 10 en sens inverse pour cette comète

rétrograde), la force vive absorbée par le choc aurait été énorme : j'ai calculé que sa transformation en chaleur aurait immédiatement donné naissance à 51 millions de calories par mètre carré de l'hémisphère choqué. Il y aurait de quoi bouleverser, fondre et volatiliser une partie de l'écorce solide de notre globe. Nul être vivant ne survivrait à une pareille catastrophe. Heureusement la probabilité d'une telle rencontre est excessivement faible, et, en fait, les âges géologiques les plus reculés ne portent pas de traces d'une semblable aventure. Nous ne pouvons cependant oublier que les bolides et les étoiles filantes, peut-être même les aérolithes qui nous bombardent si régulièrement chaque année et chaque jour de l'année, ont probablement même origine que les comètes et proviennent d'amas de matières analogues qui se sont décomposés en pénétrant dans notre monde solaire.

Voyons maintenant quelles idées, quelles tentatives d'explication a pu suggérer l'aspect de ces monstrueux phénomènes si évidemment subordonnés à l'action du soleil.

En examinant ces astres, la première idée qui se présente à l'esprit c'est que la tête d'une comète est le siége d'une émission de matière qui se fait à l'opposite du soleil ; il semble que la comète fuse par un bout et que la matière ainsi chassée s'arrange en un immense panache, tout comme la fumée qui s'échappe de la cheminée d'un bateau à vapeur en pleine marche. Étudions de plus près cette analogie et supposons d'abord le bateau immobile, la fumée montant verticalement dans une atmosphère bien calme. Chaque bouffée de cette fumée s'élèvera dans l'air avec une certaine vitesse, et les tranches successives du panache vertical ainsi formé représenteront les positions auxquelles ces bouffées seront parvenues au même instant. Les plus élevées seront les bouffées les plus anciennement sorties ; les plus basses seront des bouffées plus récentes ; si donc nous savions la loi du mouvement ascendant d'une bouffée quelconque, nous saurions aussi assigner l'instant auquel chaque tranche du panache vertical a été lancée. Mettez maintenant le bateau en mouvement dans l'air immobile, le lieu où chaque tranche est émise avancera peu à peu ; chacune d'elles montera à peu près verticalement sur place, car la vitesse de translation horizontale que lui communique le bateau s'épuisera bien vite contre la résistance de l'air immobile, et au bout d'un certain temps ces bouffées se trouveront disposées en un panache incliné présentant une courbure plus ou moins marquée. A l'origine, cette courbure affectera la direction verticale, c'est-à-dire celle de l'émission.

D'autre part, les bouffées successives, en montant, tendent à se disséminer ; les plus anciennes et les plus hautes doivent donc se raréfier et disparaître à nos yeux. La queue, je me trompe, le panache de fumée ainsi formé devra donc aller en s'éclaircissant, mais aussi en devenant de moins en moins distinct, en s'effaçant de plus en plus.

Ne semble-t-il pas que nous ayons mis ici le doigt sur une analogie complète ? La comète est en marche comme le bateau ; elle décrit autour du soleil une orbite allongée pareille à celle d'une bombe ; chauffée de plus en plus par les rayons solaires, sa matière se dilate et s'échappe dans l'espace comme celle d'une fusée. N'est-il pas naturel qu'elle donne naissance à un panache analogue à celui qui s'échappe du foyer d'une machine en mouvement. Si l'on connaissait la vitesse d'émission de chaque bouffée de vapeur cométaire, ne pourrait-on calculer la place qu'elle doit occuper dans la queue, et jusqu'à la forme de la queue elle-même ? Réciproquement, après avoir déterminé avec soin la figure de cette queue, ne pourra-t-on en déduire quelque chose sur cette vitesse d'émission nucléale de la comète ? Tel est aussi, à très-peu près, le point de vue auquel s'est placé Newton dans l'étude de ces phénomènes grandioses. La comète de 1680 qui a paru du temps de Newton avait une queue de 25 millions de lieues de longueur; elle frappa vivement ce grand géomètre et fit naître dans son esprit des aperçus semblables à l'analogie que nous venons d'indiquer.

Mais, messieurs, l'analogie n'est pas toujours un guide bien sûr. Ici les différences l'emportent par trop sur les similitudes. Nous avons bien, dans le ciel, un corps chauffé qui marche en émettant des vapeurs comme un steamer gigantesque, mais où est le tuyau, où est l'atmosphère ? Or l'atmosphère joue ici un rôle capital, car c'est sa présence qui détermine l'ascension des bouffées de fumée. Si celles-ci montent, c'est à la manière des ballons, parce qu'elles sont plus légères que l'air. Supprimez l'air, au lieu de monter elles tomberont, et alors plus de panache de fumée s'élevant dans l'espace. Eh bien, dans le ciel, il n'y a pas d'air; l'espace est libre de matière formant un milieu continu et pesant, de couche en couche, jusque sur la surface du soleil. D'ailleurs Laplace a montré que les droits d'appropriation du soleil sur un fluide pondérable ne sauraient s'étendre au delà d'une limite fort étroite, car elle est bien en deçà de l'orbite de Mercure. Quant à l'éther du physicien, il n'y a pas à s'en occuper un seul instant, puisque, par définition, cet éther hypothétique est impondérable. On ne saurait assez s'étonner que le génie de Newton ait pu se contenter d'une pareille analogie, si l'on ne réfléchissait à toutes les difficultés qu'a soulevées, dans les esprits du xviiie siècle, la doctrine de l'attraction, et aux répugnances cartésiennes qui l'accueillirent à ses débuts sur le continent : qu'eût-ce été si, dès l'origine, on s'était aperçu qu'elle était contredite dans ses termes trop absolus par les phénomènes de la figure des comètes ? Il fallait donc à tout prix, après avoir invinciblement rattaché les mouvements de ces astres à la nouvelle doctrine, laisser aussi entrevoir, par une analogie quelque forcée qu'elle fût, que leur figure pourrait s'expliquer de la même manière.

Aujourd'hui que la doctrine de l'attraction est fondée sur des bases inébranlables, notre esprit peut se dégager de la partie purement métaphysique des affirmations premières qui nous la présentaient comme la force unique à laquelle tous les faits célestes doivent être subordonnés; mais avant d'invoquer une autre force, il faut tout d'abord tirer de l'attraction toutes les conséquences applicables aux comètes, et c'est ce que nous allons faire en montrant que cette force, qui semble tendre constamment à réunir, à agglomérer les matériaux épars, est en réalité tout aussi capable de produire en certains cas l'effet opposé, c'est-à-dire de défaire des agglomérations préexistantes.

Pour procéder avec ordre, demandons-nous d'abord pourquoi les comètes ont des queues, tandis que les planètes n'en ont pas. Serait-ce que les comètes s'approchent plus près du soleil et subissent alors l'action d'une chaleur plus forte ? Nullement, car les planètes Vénus et Mercure surtout restent constamment plus près du soleil que la plupart des comètes à leur périhélie, et pourtant ni Vénus ni Mercure n'ont la moindre queue. Faut-il attribuer la figure des comètes à la nature parabolique de leurs orbites en vertu de laquelle leur dis-

tance au soleil varie énormément, tandis que les planètes restent toujours à très-peu près à la même distance de l'astre central de notre monde ? Un poëte illustre, Lamartine, voulant peindre un Dieu créateur de la terre, mais bientôt indifférent à sa créature, a dit dans son beau langage :

> Et d'un pied dédaigneux la lançant dans l'espace,
> Rentra dans son repos.

Si le coup avait été plus fort, la terre se serait mise à décrire autour du soleil une orbite cométaire, c'est-à-dire une ellipse allongée ou une parabole, au lieu du cercle qu'elle décrit aujourd'hui, mais elle ne serait pas devenue pour cela une comète, elle n'aurait pas de queue. Savez-vous ce qui en serait résulté pour sa figure ? Les imperceptibles marées solaires de l'océan se seraient restreintes peu à peu, à mesure que la terre se serait éloignée du soleil, et bientôt elles auraient disparu tout à fait. Son atmosphère se serait condensée de plus en plus en couches toujours sphériques et concentriques à la terre; notre planète serait allée se perdre dans les profondeurs de l'infini sans autre altération qu'une contraction plus marquée due au froid prédominant de l'espace.

Serait-ce donc que les comètes fussent formées d'une autre matière que les planètes ? Non, messieurs; une telle idée ne saurait nous venir aujourd'hui que l'analyse spectrale nous fait découvrir la soude, la magnésie et la chaux dans le soleil, l'hydrogène dans les étoiles et nos gaz ordinaires jusque dans les nébuleuses les plus éloignées. Partout nous retrouvons les mêmes éléments soumis aux mêmes lois mécaniques, physiques ou chimiques.

La vérité est plus simple : si nos planètes n'ont pas de queue, c'est qu'elles ont une masse énorme ; si les comètes ont des queues, c'est que leur masse est extrêmement faible et que l'attraction que cette masse exerce sur leurs matériaux n'est pas suffisante pour les retenir et pour lutter contre les forces extérieures qui tendent à les décomposer.

Nous voilà parvenus, messieurs, à une notion sur laquelle je dois d'autant plus insister qu'elle n'a pas encore été pleinement vulgarisée. Vous avez entendu parler, pour le monde des êtres organisés et vivants, d'une loi générale que les Anglais ont nommée *the struggle for live*, le combat pour l'existence, la lutte ou l'effort qu'il faut faire pour vivre, c'est-à-dire pour résister aux forces extérieures qui tendent à la mort. Ceux qui ont en eux une force suffisante résistent, se développent et fondent des races persistantes; les faibles succombent et disparaissent. La même loi règne dans les cieux. Un corps subsisterait éternellement en vertu de ses forces intérieures s'il était seul, mais tout corps voisin devient pour lui une cause dissolvante en vertu de l'attraction qu'il exerce sur le premier. Les forts résistent, ce sont les planètes; les faibles cèdent et finissent par succomber, ce sont les comètes.

La mécanique nous le fait bien voir. Prenons une comète loin du soleil, n'éprouvant de sa part qu'une attraction très-faible, et négligeons tout d'abord cette attraction : nous le pouvons, car elle est alors sensiblement la même pour toutes ses parties. Ses matériaux solides, liquides ou gazeux, se disposeront librement, sous l'influence de leurs attractions mutuelles et de la faible chaleur qu'ils reçoivent du dehors, en couches régulières superposées de manière à faire un globe sphérique comme la terre, globe dont le centre sera occupé par les parties les plus compactes et dont la surface sera formée des parties les plus légères. Que ce globe soit en repos ou en mouvement de translation, les choses resteront ainsi, la comète subsistera ; vous verrez son noyau brillant entouré d'une nébulosité moins lumineuse, mais bien ronde, et cette forme même vous dénoncera un corps où les forces qui sollicitent toutes les parties sont dirigées vers le centre. Telle est la première forme sous laquelle nous avons représenté la comète de Donati.

Mais si la comète vient plus près du soleil, l'attraction solaire modifiera rapidement cet état de choses. Les parties les plus voisines du soleil seront attirées plus que le centre et tendront à s'en écarter ; les parties les plus éloignées seront attirées moins que le centre et celui-ci tendra aussi à s'en écarter ; la différence des attractions solaires sur les diverses parties de la comète aura donc pour résultat d'allonger un peu cet astre dans le sens du rayon vecteur : c'est un phénomène entièrement semblable à celui des marées. Le second dessin de la comète de 1858 nous en offre un exemple, mais déjà l'excentricité du noyau doit nous mettre en garde contre ce qu'il peut avoir d'incomplet dans notre raisonnement actuel, basé sur la seule considération de l'attraction. Toutefois, vous le voyez, le corps reste entier ; l'action solaire étant très-faible, à cette grande distance, l'attraction de la comète sur ses couches extérieures est encore prépondérante, et la résultante de ces diverses forces en chaque point est encore tournée vers l'intérieur ; les couches qui la composent sont partout convexes extérieurement et ne présentent aucun symptôme de dissolution.

Mais portez la comète plus près encore du soleil : l'attraction de celui-ci ne se bornera plus à produire un allongement ; vous verrez les couches externes se déformer encore plus et finalement s'entr'ouvrir pour laisser échapper la matière.

C'est qu'il existe, pour tout corps placé dans la sphère d'action de notre soleil, une surface limite que sa matière ne doit pas dépasser sous peine d'échapper à ce corps et de tomber dans le domaine exclusif de l'action solaire. Cette surface-limite dépend de deux choses : la masse du corps et sa distance au soleil. Pour une planète comme la terre, dont la masse est si considérable, cette surface limite est très-éloignée, et pourtant, dans la région encore terrestre de son satellite, la lune, un enfant soulèverait sans grande peine un corps qui pèserait pour nous 36 000 kilos, tant l'attraction de notre globe est déjà affaiblie à cette distance de 60 rayons terrestres. Un peu au delà de l'orbite lunaire, un corps cesserait d'appartenir à la terre pour rentrer dans le domaine exclusif du soleil. Mais, pour une comète, cette surface limite est bien plus voisine du noyau et en outre elle s'en rapproche de plus en plus à mesure que la comète s'approche elle-même du soleil. Un de nos plus éminents professeurs du haut enseignement, M. E. Roche, de Montpellier, a soumis cette question à l'analyse en laissant de côté les circonstances accessoires telles que le mouvement de rotation du corps considéré et la courbure de sa trajectoire ; il est parvenu ainsi à reconnaître que la surface qui limite ainsi un corps dans le voisinage du soleil présente deux points singuliers dans la direction du rayon vecteur à partir desquels cette surface s'évase en nappes coniques, en sorte que la dissolution d'un corps dont la matière atteint ou dépasse ces bornes s'opère principalement au voisinage de ces points-là, en fuyant pour ainsi dire par les deux bouts, pour obéir à la fois à l'attraction de la comète et surtout à l'attraction désormais prépondérante du soleil.

Et l'on ne doit pas objecter ici qu'il n'y a pas de raison pour que la matière d'un corps tende ainsi à s'écarter de son centre et à occuper un volume de plus en plus grand, de manière à atteindre ou dépasser la limite fatale. Cette tendance existe ; elle provient de la chaleur croissante qu'éprouve un corps qui s'approcherait de plus en plus du soleil et de l'expansion progressive qui en résulte dans sa matière. Certes, si la terre s'approchait du soleil, la dilatation de son noyau solide serait peu de chose, mais déjà les mers se réduiraient en vapeurs et passeraient tout entières dans l'atmosphère. Pour les comètes où la matière présente un degré d'agrégation bien moindre, sans doute parce que la chaleur d'origine, due à la réunion des particules qui la composent, n'a pas été suffisante pour favoriser toutes les réactions chimiques, la chaleur solaire produit une expansion comparable à celle des gaz. D'après mes calculs, cette expansion dilatait le rayon des zones concentriques que nous distinguions si bien dans la tête de la comète de Donati à raison de 19 mètres par seconde. Tant que ces zones restent à l'intérieur de la surface limite, elles ne se dissolvent pas ; mais si elles viennent à la dépasser, leurs matériaux s'en vont au gré de l'attraction solaire.

Ainsi, messieurs, toutes les conditions d'instabilité se trouvent réunies dans les comètes. Leur masse est extrêmement faible et, par suite, la surface-limite est très-voisine du centre de gravité. Leur distance au soleil diminue rapidement dans la branche descendante de leur trajectoire : par suite cette surface limite se rétrécit de plus en plus. Enfin leur énorme volume tend sans cesse à se dilater, à cause de la chaleur croissante du soleil, et à déverser la matière cométaire en dehors de cette surface limite.

Que devient cette matière livrée désormais à l'action solaire ? Échappée à celle de la comète, elle n'en gardera pas moins la vitesse primitive, c'est-à-dire celle qui animait la comète elle-même au moment de la séparation ; à peine si cette vitesse aura été altérée par la faible attraction du noyau cométaire ou par les mouvements intestins dont je viens de donner une idée, puisque ceux-ci se mesurent par quelques mètres par seconde, tandis que le mouvement général de translation autour du soleil s'opère à raison de dix, quinze, vingt lieues et plus par seconde. Les molécules séparées et désormais indépendantes décriront donc isolément autour du soleil des orbites très-peu différentes de celles de la comète. Celles qui se trouvent en avant iront un peu plus vite et prendront les devants ; celles qui se trouveront en arrière resteront un peu en retard ; en sorte que les matériaux abandonnés se répartiront sur la trajectoire de la comète en avant et en arrière du noyau. Avec le temps, ces matériaux s'écarteront beaucoup de l'astre dont ils émanent et se dissémineront de plus en plus, mais, considérés au moment de l'émission, ils devront former deux appendices visibles, deux sortes de queues opposées et couchées sur l'orbite elle-même.

Nous touchons ici, messieurs, au moment décisif de notre étude : pour franchir le dernier pas, il nous suffira de mettre en regard l'une de l'autre les deux figures suivantes (fig. 136 et 137) :

La première représente les figures successives C, C′, C″, qu'une comète devrait prendre, d'après la théorie précédente, s'il n'y avait pas d'autre force en jeu que l'attraction. La seconde représente le fait, c'est-à-dire les formes qu'une comète revêt en réalité à mesure qu'elle marche dans son orbite autour du soleil S. Évidemment, il n'y a aucune ressemblance entre ces deux séries de figures. Donc la théorie précédente pèche en quelque point, et comme l'erreur ne saurait être dans le rôle attribué à l'attraction, il faut bien qu'elle se trouve dans le parti pris de ne considérer que cette

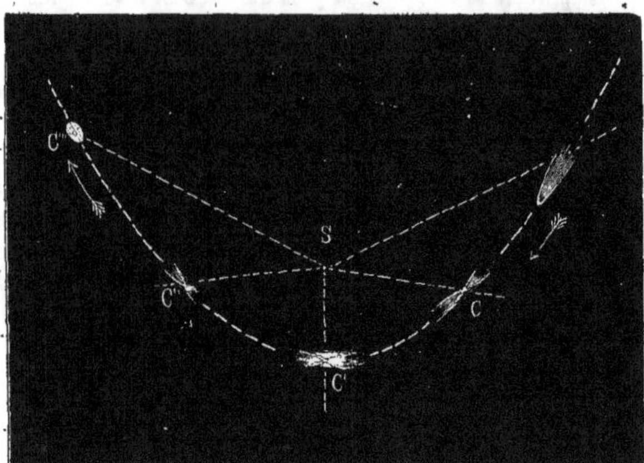

Fig. 136.

force seule. En d'autres termes, il suffit de comparer les effets de l'attraction avec les faits réels pour se convaincre qu'il doit y avoir une autre force en jeu dans les phénomènes cométaires. Et comme la première serait seulement capable de

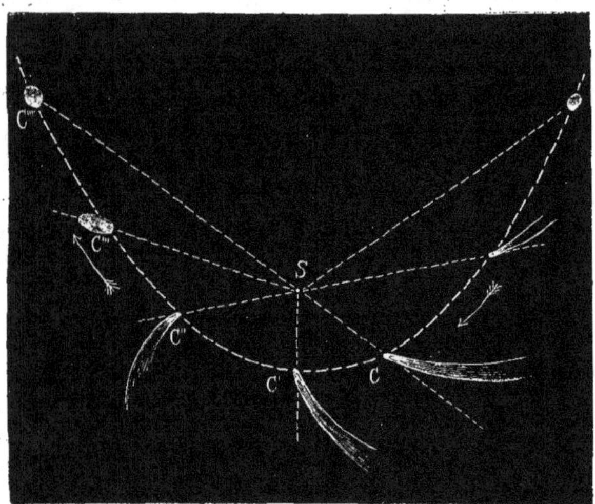

Fig. 137.

disséminer la matière le long de l'orbite, il faut que la force nouvelle soit capable de chasser cette même matière dans la direction du rayon vecteur : elle doit donc être opposée à l'attraction, repousser et non attirer.

Quelle peut être cette force ? Ne doit-elle pas se faire sentir ailleurs que dans la formation des queues gigantesques des comètes ? Comment le même corps, le soleil, peut-il à la fois attirer et repousser des matières de même origine ? et comment se fait-il qu'étant si active sur la matière de ces astres, cette force répulsive du soleil n'altère pas le mouvement de leurs noyaux qui paraissent suivre si fidèlement les lois de l'attraction solaire ? C'est cette dernière question qui va nous mettre sur la voie.

Et d'abord les comètes suivent-elles rigoureusement comme les planètes les lois de l'attraction ? Que le fait soit bien établi pour les planètes, je le conçois, car nous avons pour ces astres une série historique d'observations remontant jusqu'aux Chaldéens et comprenant des milliers de révolutions de chacune d'elles. S'il y avait le moindre désaccord entre les phénomènes et la loi qu'on leur assigne, le désaccord, si faible qu'il pût être, finirait par devenir sensible en s'accumulant pendant des périodes si prolongées. Mais les comètes ne nous apparaissent en général qu'une fois ; on ne les voit, on ne peut les observer que dans une partie très-restreinte de leur orbite ; si donc une très-faible influence altérait leurs mouvements, son effet confondrait avec les erreurs inévitables des observateurs, et les astronomes ne pourraient s'en apercevoir. Il y a bien quelques comètes périodiques, telles que la comète de Halley, celle de Biéla, celle d'Encke, etc., mais la première a une période de soixante-quinze ans, en sorte qu'en remontant à ses apparitions antérieures on arrive bien vite aux siècles où les comètes étaient du domaine de l'astrologie. Celle de Biéla a une période de six ans trois quarts, mais sa première apparition certaine ne date que de la fin du siècle dernier, et dans le courant de celui-ci il lui est arrivé un singulier accident : elle s'est dédoublée. Reste la comète d'Encke, la seule qui se prête au contrôle dont nous parlons, à cause des nombreuses révolutions qu'elle a accomplies depuis sa première découverte en 1786. Eh bien, il se trouve que cette comète-là, la seule qui se prête à l'épreuve dont nous parlons, ne suit pas exactement les lois de la gravitation. D'après ces lois, lorsqu'on a tenu compte des perturbations causées par les planètes voisines, la durée de la révolution devrait être constante, tandis qu'en fait cette durée va en diminuant régulièrement de révolution en révolution ; l'effet constaté jusqu'ici s'élève à une grandeur considérable, à un demi-jour environ.

En face d'un pareil fait, il y avait lieu de se poser la question que nous agitons ici, savoir : l'attraction est-elle la seule force qui gouverne le monde ? Mais comment oser formuler un tel doute, alors que les mouvements si bien étudiés des planètes et des satellites se laissent parfaitement représenter depuis des milliers d'années par la théorie exclusive de l'attraction ? On a esquivé la difficulté par un artifice identique avec celui qui avait déjà servi à Newton pour expliquer les queues de comètes par la seule attraction : je veux parler de cette vaste atmosphère rare que Newton plaçait dans l'espace autour du soleil et dans le sein de laquelle les matériaux cométaires s'élevaient, suivant lui, absolument comme la fumée de nos cheminées dans notre atmosphère terrestre. Les géomètres firent donc intervenir la résistance que ce milieu général doit opposer à la marche d'une comète à cause de la faible densité de ces astres, tandis que le même milieu n'opposerait qu'une résistance insensible aux planètes à cause de leur volume relativement petit et de leur densité énorme. Chose remarquable, l'analyse fondée sur cette hypothèse impossible rendit parfaitement compte de l'anomalie constatée dans la marche de la comète d'Encke, c'est-à-dire de son accélération progressive. J'ai dû reprendre cette analyse et montrer : 1° que sa base première est radicalement fausse, puisqu'elle conduirait à admettre qu'un milieu matériel et pesant pût rester immobile autour du soleil ; 2° que la conclusion de cette analyse, dans sa partie valable et conforme aux observations, se réduit réellement à constater qu'il doit exister une action opposée au mouvement de la comète et dirigée suivant la tangente à l'orbite. Diverses causes peuvent d'ailleurs, conduire à la même conclusion et ne différer, quant aux autres effets, que de quantités difficilement appréciables. Or nous avons vu plus haut, par les phénomènes des queues, qu'il existe aussi une action dirigée dans le sens du rayon vecteur. Le milieu résistant de M. Encke ou l'immense atmosphère solaire de Newton étant physiquement impossibles, j'étais donc conduit, par deux voies différentes, à chercher une force nouvelle qui satisfît à ces données en fournissant les deux actions ou composantes susdites, celle qui expulse les molécules cométaires dans le sens du rayon vecteur, et celle qui agit sur la comète en sens inverse de sa vitesse tangentielle.

Nous touchons au but, car ces conditions sont bien étroites. Pour qu'une force exercée par le soleil puisse offrir en un point quelconque de la trajectoire d'un mobile ces deux composantes radiale et tangentielle, il suffit et il me semble absolument nécessaire que cette force ne se propage pas instantanément comme l'attraction, mais successivement, c'est-à-dire avec une vitesse finie. Pour qu'elle repousse au loin les matériaux les plus rares des comètes tout en n'exerçant qu'une action extrêmement faible sur leurs noyaux beaucoup plus denses et plus compactes, il faut et il suffit que cette force soit une action de surface et non pas de masse comme l'attraction. Si la lumière du soleil était due, comme on l'a cru longtemps, à l'émission d'innombrables atomes se mouvant avec une vitesse de 77 000 lieues par seconde, la force exercée par ces atomes satisferait pleinement à ces conditions. Par malheur, l'hypothèse de l'émission a été reconnue fausse et se trouve remplacée aujourd'hui par celle des ondulations d'un fluide impondérable sur lequel l'attraction n'a aucune prise. Si l'électricité statique, pour produire des attractions et des répulsions, n'avait besoin d'un milieu matériel particulier tel que notre atmosphère, on pourrait peut être recourir à cette force-là, mais il faudrait encore établir que le soleil est électrique et qu'il peut développer un état électrique très-marqué dans les comètes sans rien produire de pareil sur les autres corps. Quant au magnétisme, qui paraît indépendant de tout milieu, on sait assez que ce n'est pas une action de surface, mais une force toute spécifique, capable d'attirer ou de repousser les matériaux les plus denses, et d'ailleurs les phénomènes du magnétisme terrestre ne nous laissent guère la faculté d'attribuer au soleil une puissance magnétique sensible à de pareilles distances. Enfin l'électricité et le magnétisme sont des forces polaires qui donnent aux corps des pouvoirs opposés d'attraction et de répulsion, tandis que les phénomènes cométaires n'accusent qu'une force simplement répulsive.

Reste la force répulsive de la chaleur solaire. Dans tous les corps la chaleur fait naître entre les molécules une force qui tend à les écarter de plus en plus; c'est elle qui fait fonctionner nos machines à vapeur et qui chasse les projectiles de nos bouches à feu. Elle est évidemment une action de surface et non de masse, et à moins de prétendre qu'elle n'est sensible qu'entre les molécules des corps, c'est-à-dire que sa sphère d'action est infiniment petite, il est naturel de penser que la surface d'un corps échauffé exerce son action répulsive tout autour d'elle aussi bien qu'à l'intérieur. Rien ne s'oppose d'ailleurs à ce que cette force se propage successivement, puisque sa cause, la chaleur, se propage elle-même dans le vide

des espaces planétaires avec une vitesse finie, celle de la lumière.

Voilà notre hypothèse formulée. En introduisant cette force répulsive à propagation successive dans les équations différentielles du mouvement des comètes, en même temps que l'attraction, on en voit ressortir le phénomène constaté de leur accélération avec ses caractères les plus délicats (1). L'analyse que j'en ai faite a été reprise et vérifiée plus tard par un illustre géomètre italien, M. Plana, avec des développements qui ne laissent rien à désirer en fait de rigueur mathématique, tandis que l'hypothèse d'un milieu résistant débutait, comme je viens de le dire, par des conditions incompatibles avec la mécanique. Il ne nous reste donc plus qu'à voir si la même force nous rendra également compte des phénomènes si compliqués de la figure des comètes.

Partons de ce caractère distinctif : la force répulsive exercée à distance par la surface incandescente du soleil est une action de surface, d'autant plus capable d'entraîner un corps que ce corps aura une densité plus faible. D'après une évaluation déduite de l'accélération observée de la comète d'Encke, il suffirait de réduire dans le rapport de 1 000 000 à 1 la densité du noyau de cette comète pour que l'action de cette force répulsive l'emportât sur l'attraction. La question se réduit donc à savoir si d'aussi fortes variations de densité se présentent dans les divers appendices des comètes dont les parties les plus compactes ont déjà si peu de masse sous un volume énorme. Or, c'est précisément là ce que les faits établissent de la manière la plus nette et la plus frappante. La figure de la comète de Donati que je vais mettre sous vos yeux montre que le noyau, à mesure qu'il subit l'action échauffante du soleil, émet des vapeurs qui vont en se dilatant de plus en plus, de manière à former autour du noyau des enveloppes d'un rayon dix ou même cent fois plus grand. Or il suffit que la matière d'une sphère de rayon égal à 1 se répande dans une sphère de rayon égal à 100 pour que la densité devienne un million de fois plus petite. En fait toute la matière du noyau ne se dissémine pas ainsi dans la tête de la comète ; cette dilatation n'intéresse qu'une très-faible portion de la masse primitive, et l'on voit ainsi que la densité des couches extrêmes de la tête peut tomber bien au-dessous du chiffre assigné plus haut par le calcul.

On comprendra mieux ce qui précède en examinant un instant le détail des phénomènes présentés par la tête de la comète de 1858 à l'époque où la queue déjà formée était continuellement alimentée par des matériaux émis par le noyau et emportés par la répulsion solaire (fig. 138).

Les zones concentriques à éclat décroissant qu'on remarque autour du noyau, du côté du soleil, étaient dues à une émission intermittente de matière. On voyait cette matière se dilater de plus en plus avec une vitesse initiale très-modérée d'environ 19 mètres par seconde et atteindre finalement les limites de la tête de la comète ; une seconde émission, une troisième, etc., suivaient de près la première en se développant de la même manière. L'éclat d'abord très-vif de ces enveloppes successives près du noyau faiblissait bien vite à mesure que leur densité

---

(1) L'altération progressive de deux éléments seulement, à savoir le moyen mouvement et l'excentricité ; rien sur la position du plan de l'orbite ; pour le reste, de simples inégalités périodiques assez peu sensibles, mais différentes pourtant de celles que donnerait la résistance d'un milieu.

allait en diminuant. Enfin, dans les couches extérieures, ces matériaux de plus en plus raréfiés devenaient la proie de la répulsion solaire qui leur faisait rebrousser chemin en les chassant vers la queue avec une vitesse incomparablement

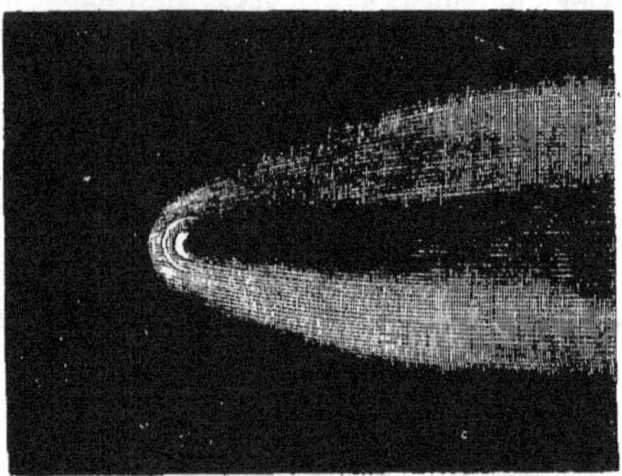

Fig. 138.

plus grande que la première, car en vingt-cinq jours, la queue de la comète de Donati a atteint une longueur de 14 millions de lieues ; elle s'allongeait à raison, non plus de 19 mètres, mais de huit lieues par seconde. J'ai montré d'ailleurs, en commençant, à quelle excessive raréfaction parviennent les matériaux de ces immenses appendices.

Vous voyez que sur des matériaux pareils une action de surface comme la force répulsive doit avoir beau jeu, tandis que l'attraction solaire, indépendante de la surface et de la densité, continue à agir de la même manière sur toutes ces molécules. La lutte de ces deux forces tournera donc à l'avantage de la première sitôt que la dilatation progressive de la matière cométaire, se répandant peu à peu dans le vide ambiant, lui aura fait atteindre un certain degré de diffusion, et rien n'empêche que l'action répulsive ne devienne ainsi deux fois, trois fois, dix fois même supérieure à l'attraction.

De ce que cette force, ou plutôt de ce que la composante radiale de cette force s'exerce dans le sens du rayon vecteur, de ce que les molécules expulsées conservent à très-peu près la vitesse tangentielle dont la comète était animée, il résulte nécessairement, comme on va le voir, que les queues, à l'origine, doivent être opposées au soleil et recourbées en arrière.

La figure suivante représente les positions successives d'une série de molécules émises par le noyau d'une comète, de manière à constituer l'axe de la queue. Dans cette figure, nous supposerons aux molécules une densité telle que la force répulsive contre-balance exactement l'attraction solaire : alors leur mouvement, uniquement dû à la vitesse tangentielle de la comète, s'opère en ligne droite. Cette vitesse a même été supposée constante pour simplifier, comme si l'orbite était circulaire (fig. 139).

Le premier jour, la Comète étant en C_1, une molécule m_1 s'en détache et parcourt les jours suivants la ligne $m_1\,m_1\,m_1$... Le deuxième jour, une molécule m_2 quitte pareillement le noyau en C_2 et décrit ensuite la tangente $m_2\,m_2\,m_2$... De même au troisième jour, pour une molécule m_3, et ainsi de suite. Si l'on joint par un trait continu la série des positions occupées au même instant (le cinquième jour) par toutes ces molécules m_5, m_4, m_3, m_2, m_1, on aura l'axe curviligne de la queue ; ce sera, dans ce cas particulier, une développante de cercle. Cette construction rend compte des trois lois constantes qui résultent de l'observation : 1° la queue à l'origine

est sensiblement opposée au soleil S (1) ; 2° la queue est recourbée en arrière de son mouvement ; 3° l'axe de la queue est une courbe plane située dans le plan de l'orbite.

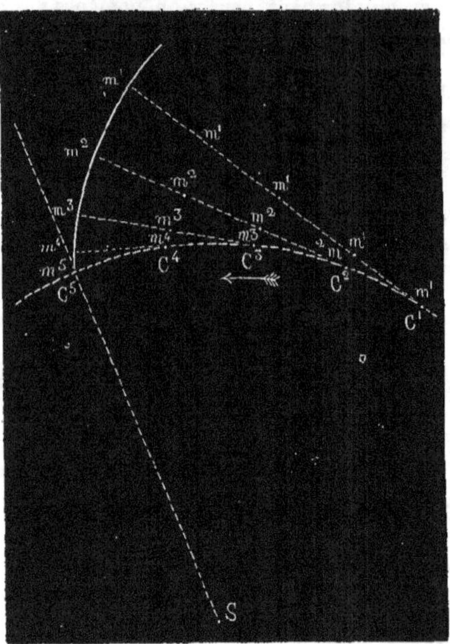

Fig. 139.

Si la densité de ces molécules était encore plus faible, la force répulsive l'emporterait sur l'attraction solaire et ces

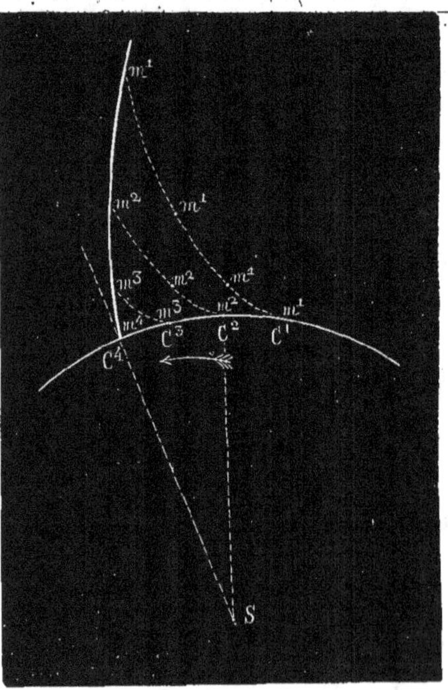

Fig. 140.

molécules décriraient, non plus des lignes droites, mais des branches d'hyperbole dont la convexité serait tournée vers leur foyer commun S (fig. 140).

(1) En réalité l'axe de la queue n'est pas rigoureusement tangent en C_5 au rayon vecteur : il fait avec ce rayon un petit angle dont la

La série des points m_1, m_2, m_3, m_4, émis en C_1, C_2, C_3, C_4 par la comète, donne encore une courbe comme la précédente, mais à courbure beaucoup moins prononcée et plus voisine du rayon vecteur.

Il résulte de cette théorie une conséquence sur laquelle je dois appeler toute votre attention, car elle se vérifie dans la nature de la manière la plus frappante et sur la plus large échelle. Toutes les molécules de même densité doivent naturellement se grouper ensemble, dans le voisinage de l'axe curviligne de la queue m_2 m_4 m_3... et former ainsi le panache évasé dont nous avons exhibé le dessin ; mais, si la comète émettait des molécules de densités très-inégales, sur lesquelles la force répulsive agirait avec des énergies différentes, il devrait y avoir plusieurs queues distinctes, plus ou moins courbes (comme dans les deux figures précédentes), toutes situées en arrière du rayon vecteur. C'est précisément le cas de la comète de Donati. La figure suivante en fait foi ; elle la montre avec trois queues distinctes (fig. 141).

Les deux queues les plus faibles (nous n'avons pas réussi à les voir à Paris à cause de l'illumination nocturne du ciel par les réverbères de nos rues) étaient presque droites, mais toujours en arrière du rayon vecteur ; elles présentaient leur convexité peu marquée dans le même sens que la queue brillante (1).

La grande comète de 1861 avait aussi deux queues. Lorsque nous la vîmes pour la première fois, le 30 juin, elle semblait n'en avoir qu'une, longue de 118 degrés et parfaitement droite, sauf une singulière irrégularité dont nous ne nous rendions pas compte tout d'abord (fig. 142).

Mais bientôt les deux queues se séparèrent et il devint évident que nous avions été trompé par un simple jeu de perspective. La terre se trouvait en effet le 30 juin dans le plan de l'orbite de cette comète, et comme les axes curvilignes des queues sont toujours situés dans ce plan, ils se confondaient pour nous en une seule et même ligne droite ou plutôt en un seul ou même arc de grand cercle de la voûte céleste. Le dessin suivant de la même comète vue quinze jours auparavant, par des observateurs situés sur l'hémisphère austral, montre bien la disposition de cette double queue dont la plus recourbée a presque atteint la terre par son extrémité (fig. 143).

Ces effets singuliers de la force répulsive s'expliquent aisément par une comparaison qui semblera d'abord bien éloignée de notre sujet, mais dont au fond l'analogie est palpable. Je veux parler du vannage du blé. On ne peut mieux comparer, en effet, l'action toute de surface de la force répulsive qu'à celle d'un souffle d'air qui repousse les corps légers et reste sans action sensible sur les corps très-denses. Lorsqu'il s'agit de séparer le blé de la balle à l'aide du van, on laisse tomber peu à peu le mélange dans un courant d'air : le grain de blé échappe à son action et tombe aux pieds du vanneur, tandis que la balle, plus légère, est emportée au loin et va former, en tombant sur le sol, un tas séparé (fig. 144).

---

théorie rend compte, mais que j'ai cru devoir négliger ici pour abréger et simplifier.

(1) Les anciens dessins représentent parfois des queues sinueuses : ce sont des fautes de dessinateur, ou des déformations imputables aux cartes célestes sur lesquelles on reporte les observations, ou enfin des détails physiques mal appréciés qui tiennent simplement à un excès d'éclat en certaines régions où la matière des queues est accidentellement plus abondante. Quant aux queues interrompues par places ou détachées du noyau, ces anomalies proviennent de l'intermittence ou de la cessation brusque de l'émission nucléale.

Si une troisième matière, plus légère que la balle, se trouvait mêlée aux grains placés sur le van, elle serait entraînée plus loin encore et irait former un troisième tas au delà du second. Évidemment la chute dans le vide, sous la seule influence de l'attraction terrestre, n'opérerait pas ce triage, car toutes les matières placées sur le van tomberaient avec la même vitesse et selon la même courbe quelle que fût leur densité.

Eh bien ! la force répulsive du soleil, action de surface et non de masse comme l'attraction, vanne, pour ainsi dire, les matériaux qui se sont séparés du noyau cométaire en se raréfiant ; elle les trie et les distribue, suivant leur densité, dans des queues de courbures différentes ; les plus légers vont former les queues les plus droites et les plus voisines du rayon vecteur prolongé, tandis que le noyau, échappant à l'action répulsive par sa densité relativement énorme, continue à obéir, presque à la rigueur, aux lois képlériennes de l'attraction.

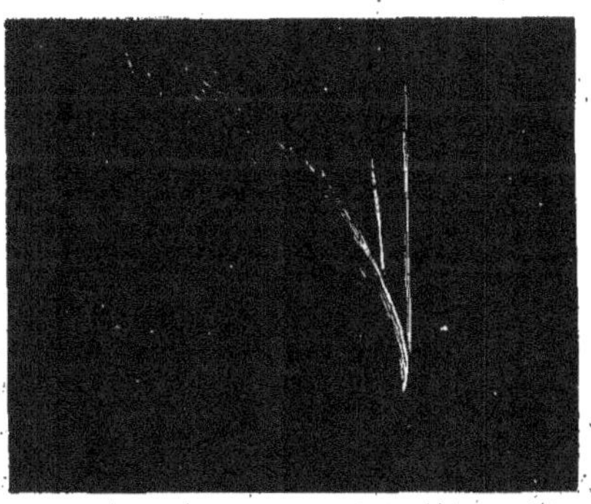

FIG. 141.

FIG. 142.

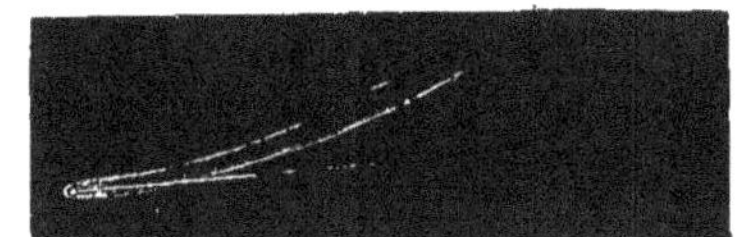

FIG. 143.

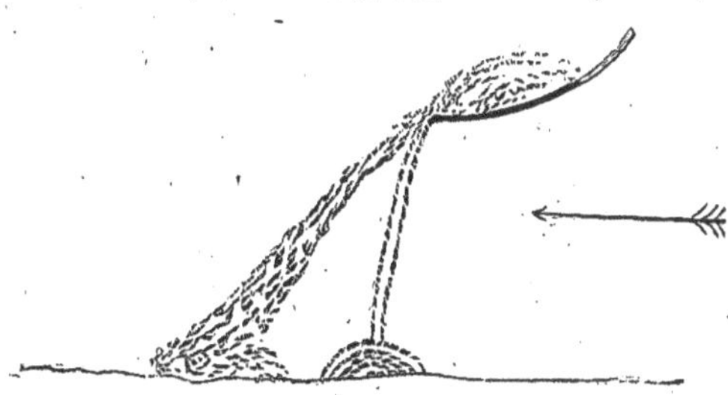

FIG. 144.

Il ne faut pas croire que le phénomène des queues multiples soit rare ; sans parler de l'horrible dragon dont j'ai montré plus haut l'image, beaucoup de comètes ont eu plusieurs queues. La facilité avec laquelle les queues presque droites mais très-faiblement lumineuses de la comète de Donati ont échappé aux observateurs en France, nous donne à croire que le fait pourrait être général, et qu'en y regardant bien on trouverait presque toujours plusieurs queues à chaque comète. Et la théorie le fait pressentir, puisqu'aussi bien une parfaite homogénéité de matériaux, condition d'une queue unique, doit être, pour un astre quelconque, plutôt l'exception que la règle.

Mais alors, me dira-t-on, si des matières très-denses étaient entraînées par l'émission nucléale du côté du soleil, avec une vitesse de quelques mètres par seconde, ces matériaux échappant à l'action répulsive, devraient prendre l'avance sur le noyau et former une sorte de queue du côté du soleil? Oui, sans doute, et ce cas se rencontre effectivement, car quelques rares comètes l'ont présenté, telles que les comètes de 1823, de 1845, et de 1851. Je n'insisterai pas sur ces queues exceptionnelles mais non anormales, situées du côté du soleil, presque couchées sur l'orbite ou du moins formant un angle obtus avec la direction initiale des queues ordinaires.

Nous pourrions nous arrêter ici, car le phénomène des queues se trouve ainsi expliqué jusque dans ses apparences les plus compliquées; mais je tiens à aborder d'autres phénomènes, parce que la meilleure preuve de la vérité d'une théorie, c'est la facilité qu'elle possède de rendre compte d'une foule de détails qu'on n'avait nullement en vue tout d'abord. Considérez, dans la grande figure que j'ai présentée tout à l'heure de la comète de Donati, cette singulière traînée noire qui règne dans l'axe de la queue jusqu'à une distance assez notable du noyau, et dites si cet espace cylindrique vide de matière n'est pas l'effet de l'interposition d'un écran, le noyau, qui intercepte là force répulsive et supprime dans cette région toutes les molécules enlevées à la tête de la comète. C'est que la force répulsive étant une action de surface, s'épuise contre celle du noyau et est arrêtée par ce simple écran, tout au rebours de l'attraction qui s'exerce pleinement à travers toute matière, comme si cette matière n'existait pas. Ce ne saurait être l'ombre projetée par le noyau pour deux raisons dont la première me dispenserait de citer la seconde : en effet cette ligne noire, beaucoup trop longue d'ailleurs, n'est pas dans l'exacte direction du rayon lumineux; elle est inclinée sur le rayon vecteur d'un angle de plusieurs degrés, dont la théorie rend compte. Enfin elle s'élargit considérablement lorsque les queues presque droites, composées des matériaux les plus légers, viennent à disparaître, et l'on en suit souvent la trace jusqu'à l'extrémité de la queue.

Mais je dois insister, en terminant, sur les curieux phénomènes de la tête et sur les secteurs lumineux qui s'y montrent ordinairement dans la direction du soleil. Nous y trouverons une nouvelle confirmation du jeu de la force répulsive. Voici un dessin à grande échelle de la tête de la comète de 1861 exécuté à Rome par le P. Secchi (fig. 145).

N'oublions pas, dans ce qui va suivre, qu'un des traits caractéristiques des couches nébuleuses dont le noyau est entouré et peut-être même entièrement composé, c'est la transparence qui permet de voir de petites étoiles à travers des épaisseurs bien supérieures à celle de notre atmosphère. Il y a donc lieu de croire que les rayons solaires pénètrent à travers les profondeurs de ces couches jusqu'au noyau central et l'échauffent d'autant plus que ces mêmes couches ne sont probablement pas aussi perméables à la chaleur obscure qu'elles le sont pour la chaleur lumineuse. Dans l'espace d'une vingtaine de jours la chaleur centrale peut ainsi s'élever, du degré ther-

mométrique des espaces lointains, jusqu'à une température assez élevée pour volatiliser une partie de la matière du noyau et favoriser peut-être des réactions chimiques arrêtées jusqu'alors par le froid primitif (1). Sous cette influence croissante, la matière se dilate et s'écarte rapidement du

Fig. 145.

noyau (19 mètres par seconde pour la comète de Donati); mais bientôt cette matière, encore trop dense pour être sensiblement repoussée, atteint la surface limite au delà de laquelle elle cesse d'appartenir à la comète. Cette surface limite présente, avons-nous vu, deux points coniques opposés par où se fait principalement l'émission. Plus tard cette matière, en s'éloignant et en se raréfiant de plus en plus, tombe sous l'action de la force répulsive; alors celle-ci lui fait rebrousser chemin et la chasse en arrière. Cette espèce de nappe conique, tournée vers le soleil, prend l'aspect d'un calice à bords renversés, tandis que la nappe opposée, à intérieur obscur, se rétrécit en vertu de la même action, mais sans changer le sens de sa courbure. On remarquera, en avant de cette espèce de calice, des couches extérieures plus voisines du soleil, qui lui présentent leur convexité au lieu de s'ouvrir conformément à la théorie que M. Roche avait jusqu'alors basée sur la seule attraction.

J'ai prié M. Roche d'introduire la nouvelle force dans son étude des surfaces de niveau d'une masse fluide soumise à la double attraction de sa propre masse et de celle du soleil, et nous avons eu la satisfaction de voir disparaître un des deux points singuliers de la surface limite. Les surfaces de niveau se ferment complétement et deviennent convexes vers le soleil; elles ne donnent lieu de ce côté à aucune perte de matière. Mais cela doit s'entendre des couches extérieures assez peu denses pour obéir à la répulsion, tandis qu'à l'intérieur de la tête, plus près du noyau, l'attraction domine encore exclusivement à cause d'une densité encore trop forte.

Afin de rendre intelligibles ces détails un peu compliqués de la théorie, on n'a qu'à faire tourner autour de son axe la figure ci-dessous; elle engendrera une surface de révolution composée d'une nappe extérieure de forme grossièrement parabolique et de deux nappes accolées au noyau, dont l'une

---

(1) L'analyse spectrale semble prouver que cette chaleur peut aller au point de donner au noyau une lumière propre présentant d'ailleurs les caractères d'une lumière émise par une substance gazeuse. Mais, jusqu'à présent, les indications de ce genre sont trop vagues et trop énigmatiques pour qu'on puisse en tirer parti.

est, en termes de botanique, d'aspect cyathiforme, tandis que l'autre à peu près conique (fig. 146).

Si l'on veut comparer cette figure théorique à celle de la tête de la comète de 1861, donnée plus haut, et des autres comètes, il faudra tenir compte de la transparence de ces surfaces et des effets de perspective. Ces derniers varient continuellement, car ces astres-là se présentent à nous dans toutes les positions imaginables (1). La nappe conique antérieure est souvent désignée par les observateurs sous le nom de secteur lumineux, mot qui donne une fausse idée de sa forme réelle. Dans la tête de la comète de Donati, le secteur lumineux semblait avoir une amplitude bien plus grande que dans la comète de 1861.

Vous le voyez, les détails les plus constants, les mieux étudiés, les plus caractéristiques de la figure des comètes s'accordent tous à révéler l'action d'une force répulsive qui serait exercée par le soleil, non pas en vertu de sa masse, mais en vertu de son incandescence superficielle. Éteignez la photosphère du soleil, réduisez-le par la pensée à l'état d'encroûtement où le refroidissement a depuis longtemps amené

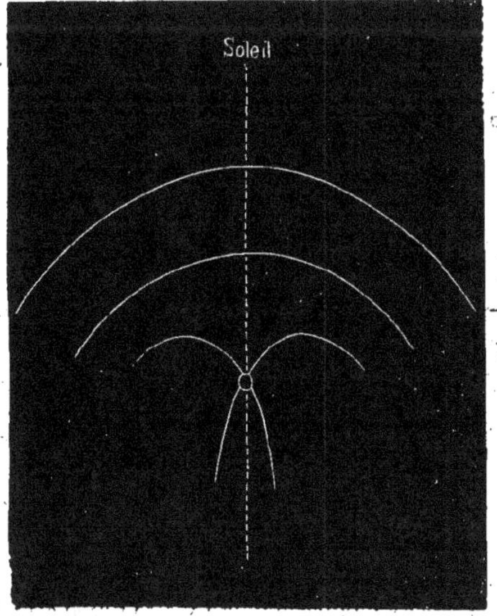

Fig. 146.

la terre, de manière à ne plus laisser subsister que l'attraction solaire inhérente à sa masse, indestructible comme cette masse elle-même, et vous supprimerez en même temps les queues gigantesques des comètes et les émissions cyathiformes de leurs têtes. Elles perdront bien encore quelque partie de leurs matériaux en s'approchant du soleil, mais ces matériaux se dissémineront le long de l'orbite de la comète au lieu de fuir à l'infini avec une vitesse incroyable à l'opposite du soleil. En un mot, les comètes perdront les formes représentées par la figure 137, et prendront celles de la figure 136.

Il vous paraîtra peut-être singulier qu'il faille s'adresser aux phénomènes célestes pour mettre en évidence une force

---

(1) En outre, le moindre défaut d'homogénéité dans le noyau et un mouvement de rotation peuvent modifier notablement les phénomènes et ne laisser subsister que des parties restreintes du calice antérieur. Mais ces anomalies n'enlèvent pas au phénomène sa physionomie caractéristique, même quand elles donnent, par exemple, au calice antérieur, vu à peu près de face, un aspect rayonné des plus étranges.

aussi répandue que la répulsion due à la chaleur; lorsqu'elle agit à distance sensible et non de molécule à molécule. Au fond il n'y a là rien d'étonnant; il en a été de même pour l'attraction.

Chacun de vous est bien convaincu de l'existence de cette force; vous savez que deux corps sphériques s'attirent en raison de leur masse et en raison inverse du carré de leur distance mutuelle, et pourtant vous ne l'avez point constaté *de visu*, vous ne l'avez point expérimenté; autour de nous, en nous, rien ne nous avertit que les corps s'attirent. Jamais l'expérience directe n'en a été faite en France, et si quelque physicien voulait y procéder, il s'y prendrait au moins six mois d'avance pour préparer l'opération délicate qu'on connaît en Angleterre sous le nom d'expérience de Cavendish.

Mais si l'attraction produit des effets tellement faibles autour de nous que jamais mécanicien ni physicien n'a eu même l'idée d'en tenir compte dans ses calculs ou ses expériences, par contre, elle agit en grand dans l'espace céleste, à cause de l'énormité des masses. Eh bien ! il en est de même de la force répulsive, à cause de l'incandescence de la surface du soleil, de l'énormité de cette surface et de la faible densité que peuvent acquérir là-haut des matières qui ont l'espace infini pour se dilater. Bien que cette force répulsive soit en jeu autour de nous, tout comme l'attraction, elle est tout aussi difficile à constater parce que nous n'atteignons pas dans nos foyers le degré d'incandescence du soleil, et surtout parce que nous n'opérons que sur des surfaces insignifiantes, parce que nous agissons dans une atmosphère d'une densité énorme relativement aux matériaux cométaires. Il est donc aisé de prévoir que, pour la mettre en évidence, il faudra recourir à des combinaisons aussi délicates que celles de l'expérience de Cavendish.

C'est pourtant ce qui nous reste à faire : la force répulsive, avec tous les caractères que nous lui avons reconnus, n'est encore qu'une hypothèse qui rend compte à la fois de la figure des comètes et de l'accélération de leurs mouvements. Nous l'avons rattachée, il est vrai, par l'incandescence du soleil, aux phénomènes familiers de la répulsion déterminée par la chaleur entre les molécules des corps; mais il reste à montrer par une expérience directe, dont nous venons d'entrevoir les difficultés, que cette répulsion existe au delà de la distance infiniment petite qui sépare ces molécules. Cette vérification expérimentale de toute hypothèse est chose essentielle en astronomie; elle seule peut imposer à notre esprit une pleine conviction. Au physicien, au contraire, il est permis d'user plus largement du commode artifice des hypothèses parce qu'il tient dans sa main, pour ainsi dire, les phénomènes qu'il étudie, parce qu'il peut les reproduire, les provoquer à volonté et regarder son sujet sous toutes ses faces. Une hypothèse se trouve-t-elle en contradiction avec quelques faits, le physicien en imagine une autre plus compréhensive dont il fera le même usage. Il n'en va pas ainsi de l'astronome. Ce qui a manqué longtemps à la théorie de l'attraction pour beaucoup d'esprits fortement prévenus d'ailleurs en faveur d'une autre doctrine, c'est précisément cette vérification directe et expérimentale dont je viens de signaler la nécessité. Tout le monde n'a pas senti, à l'apparition du *Livre des principes*, qu'elle se trouvait implicitement comprise dans le fameux calcul qui fit voir à Newton que la force qui relient la lune dans son orbite est identique avec celle qui produit autour de nous la chute des corps. Les savants contradicteurs du continent se fussent sans aucun doute inclinés devant l'expérience de Cavendish ou celle de Maskelyne, si Newton avait pu les réaliser pour montrer à tous les yeux que les corps de forme convenable et de nature quelconque s'attirent en proportion de leur masse et en raison inverse du carré de leur distance.

Mais comment appliquer la balance de Cavendish à la mesure de la force répulsive d'une surface incandescente. D'abord les matériaux de nos appareils sont d'une densité énormément supérieure à celle des comètes ; ensuite il faudrait opérer dans un vide parfait, car la moindre trace d'air qui resterait dans l'appareil donnerait lieu à des courants sous l'influence d'une surface fortement chauffée, et masquerait ainsi l'effet qu'il s'agit de constater. En cherchant à surmonter cette difficulté (1), j'en suis venu à penser que si je faisais agir une surface incandescente sur la faible masse d'air elle-même qui nous fait obstacle dans le vide de nos meil-

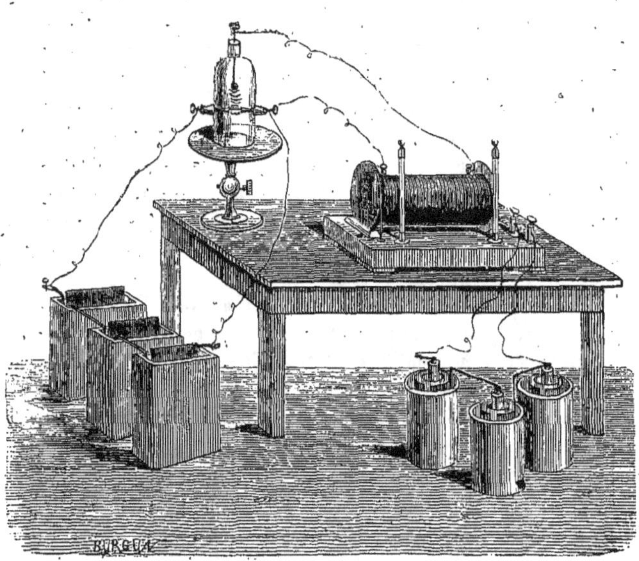

FIG. 147.

leures machines pneumatiques, j'obtiendrais une répulsion très-appréciable : seulement il fallait trouver un moyen de rendre visible cet air-là. L'artifice auquel je vais avoir recours devant vous consiste à illuminer cet air raréfié au moyen de l'étincelle de l'appareil d'induction de Ruhmkorff (fig. 147). Cette cloche de verre, où le vide a été fait, est traversée par les deux rhéophores de l'appareil, l'un vertical et l'autre horizontal. Vous voyez jaillir l'étincelle sous forme de stratifications faiblement lumineuses d'un rose particulier ; en même temps, le rhéophore horizontal se couvre d'une gaîne lumineuse d'un bleu assez marqué. C'est l'air qui s'illumine ainsi au passage du courant. Remarquez, en outre, la forme particulière du rhéophore horizontal : il est formé en partie d'une lame mince de platine entourée de son auréole bleue. Je vais faire rougir cette lame à l'aide d'un courant ordinaire, provenant de plusieurs couples de Bunsen. Je fais passer ce courant par le rhéophore horizontal, ce qui ne trouble en rien le premier courant d'induction : la lame de platine devient

incandescente, et vous voyez aussitôt la gaîne de couleur bleue s'écarter de la lame de platine comme deux lèvres qui s'entr'ouvrent.

J'ai varié cette expérience pour échapper aux objections que pourrait faire naître l'augmentation de conductibilité de l'air échauffé : toujours elle a réussi. Ainsi j'ai obtenu une répulsion analogue en agissant transversalement sur les stratifications rosées ; les choses se passent absolument comme si un vide parfait s'opérait autour de la plaque, vide à limites tranchées où l'électricité ne saurait passer, tandis qu'un accroissement de conductibilité déterminerait simplement l'étincelle d'induction à s'incliner vers la région favorable et à modifier ainsi sa configuration habituelle.

Nous voici donc arrivés à conclure, 1° avec une entière certitude, que les phénomènes cométaires nous révèlent dans l'univers l'existence d'une seconde force totalement différente de l'attraction, susceptible d'y jouer un grand rôle et de produire sous nos yeux des phénomènes gigantesques ; 2° avec une grande probabilité, que cette force n'est autre chose que la répulsion due à la chaleur.

Peut-être retrouverons-nous cette force lorsque nous étudierons de plus près les phénomènes si étranges des protubérances solaires que la brillante découverte de MM. Janssen et Lockyer nous permet désormais de suivre à tout instant, ou quand la science sera en mesure d'aborder l'étude de ces amas mystérieux d'étoiles que l'attraction ne parvient pas à réunir en un seul soleil, et qui se montrent à nous sous des formes si étranges et pourtant si géométriques.

Quoi qu'il en soit de ces expériences, il importait, je crois, à la science de ne pas laisser cette belle question de la figure des comètes, sans autre réponse que le je ne sais d'Arago, et il n'importe pas moins à la philosophie naturelle d'établir que les forces qui régissent les astres ne sont pas autres que celles qui agissent autour de nous à la surface de la terre. S'il déplaisait à quelque savant métaphysicien de m'entendre constater une dualité de forces là où il se flattait naguère de voir régner l'unité, je le prierais de considérer que, s'il est possible de transformer, pour ainsi dire, certaines forces les unes dans les autres, de produire, par exemple, de la chaleur au moyen du choc d'un corps animé par l'attraction terrestre, puis de l'électricité au moyen de cette chaleur, du magnétisme au moyen de cette électricité, enfin d'attirer une sorte très-particulière de matière au moyen de ce magnétisme, on n'a pas réussi du moins à transformer la force attractive de la moindre molécule, puisque son poids reste invariable à travers toutes les modifications des forces qui l'animent. L'unité désirée était donc loin d'être réalisée avant l'apparition de cette force répulsive à distance que les phénomènes cométaires inscrivent définitivement dans la mécanique des cieux à côté de l'attraction, et que je retrouve autour de nous dans les phénomènes de la chaleur.

En tous cas nous voici bien loin de l'astrologie judiciaire que j'ai dû vous rappeler, au début, pour vous expliquer l'état où nous avons trouvé cette branche de la science céleste. Tandis que, dans l'astronomie planétaire, il n'y a plus guère qu'à développer indéfiniment les formules mathématiques d'une force constatée et définie il y a deux cents ans, nous avons dû ici nous mettre à la piste de la force même qui régit plus spécialement le monde cométaire et tâcher de lui donner un nom.

H. FAYE.

---

(1) On y parviendrait assurément, mais il faudrait pouvoir disposer de moyens d'exécution supérieurs aux ressources d'un simple particulier.

COLLÉGE DE FRANCE

MÉDECINE EXPÉRIMENTALE (1)

COURS DE M. CLAUDE BERNARD
de l'Institut de France et de la Société royale de Londres

XIII

L'asphyxie par la vapeur de charbon (suite)

Je vous ai indiqué précédemment la méthode d'analyse physiologique que nous devons suivre dans le cours de nos recherches : elle revient, comme vous savez, à rechercher avec tous les moyens d'investigation que la science nous fournit aujourd'hui l'élément des tissus sur lequel la substance toxique a primitivement porté son action. Maintenant nous allons mettre cette méthode en pratique pour l'oxyde de carbone, car dans la question qui nous occupe, c'est l'action toxique de ce gaz qui est en jeu. Nous allons donc faire des expériences sur des animaux soit avec de la vapeur de charbon, soit avec de l'oxyde de carbone pur, et nous rechercherons aussitôt après la mort si les propriétés de quelque élément de tissu n'auront pas été modifiées.

Il faut, en outre, ajouter que dans ces expériences il ne sera pas indifférent d'opérer de préférence sur certaines espèces animales : il en est, en effet, qui sont plus ou moins impressionnables à l'action de l'oxyde de carbone. De tous les animaux, ce sont les oiseaux que ce gaz affecte le plus rapidement. Viennent ensuite les mammifères : les animaux à sang froid, enfin, sont presque insensibles à cette action toxique, surtout pendant la saison d'hiver. Nous examinerons, du reste, par la suite, quelle action l'oxyde de carbone exerce sur les animaux invertébrés qui, comme on le sait, n'ont pas de globules rouges dans leur sang. Enfin, l'oxyde de carbone exerce-t-il une action aussi rapide sur tous les animaux d'une même race quel que soit leur âge ? le plus jeune sera-t-il plus impressionnable ou le sera-t-il moins que le plus vieux ? les animaux à jeun et en digestion sont-ils également atteints ? Nous ignorons *à priori* toutes ces choses ; l'expérience seule peut y répondre, et ce sont des questions qui intéressent le physiologiste et le médecin.

La méthode que nous allons suivre dans nos investigations est donc une méthode générale : c'est la même que l'on doit toujours employer, quelle que soit la substance toxique dont on veuille étudier l'action. C'est la méthode des éléments organiques, comme je vous l'ai déjà dit. J'ai insisté à dessein sur les vues générales qui lui servent de base. Actuellement recherchons quel est l'élément organique qui se trouve atteint par l'oxyde de carbone.

Voici un lapin que nous venons d'asphyxier au moyen de l'oxyde de carbone pur, afin d'agir dans les meilleures conditions possibles. Il est mort très-rapidement avec les symptômes ordinaires : maintenant il ne respire plus, il est dans une résolution générale, mais il est encore tout chaud. Les éléments organiques sont encore pourvus de leur propriété ; faisons l'autopsie de l'animal et constatons leur existence. J'incise la peau de l'abdomen et je la détache des tissus sous-jacents, vous voyez aussitôt l'animal faire des mouvements réflexes violents qui ne sont pas autre chose qu'une réaction

des nerfs sensitifs que j'irrite mécaniquement, sur les nerfs moteurs. Donc, les nerfs de la sensibilité ne sont pas atteints ; ils sont restés intacts. Les nerfs de mouvement le sont aussi. L'oxyde de carbone n'affecte donc pas les muscles eux-mêmes, car ces trois ordres de tissus ont été mis en jeu dans la production des mouvements réflexes. En résumé, l'oxyde de carbone laisse intacts tous les tissus composant les organes de la vie de relation. A l'aide de l'électricité, on a, du reste, un moyen très-commode de constater la persistance des propriétés physiologiques des muscles et des nerfs.

Examinons maintenant les organes de la vie de nutrition, à savoir le sang et les glandes diverses, cherchons sur lequel s'est portée l'action de ce gaz toxique. Or, d'après ce que nous savons déjà et d'après ce que vous voyez sur ce lapin, nous avons déjà des présomptions pour penser que le sang a été affecté par l'oxyde de carbone. En effet, vous pouvez immédiatement constater que le sang de ce lapin est uniformément rutilant dans toutes les parties du corps, ce qui n'est pas le cas normal ; les tissus eux-mêmes qui en sont injectés sont aussi très-rouges : le foie est évidemment d'un rouge plus vif que de coutume : il en est de même des poumons ; la rate seule semble conserver une teinte plus livide.

Cette coloration plus vive de tous les tissus est certainement un indice de modification produite dans le sang sous l'influence de l'oxyde de carbone, mais nous ne devons cependant pas nous contenter de cette apparence et en rester là.

En effet, je vous ai déjà fait voir que la couleur du sang était si susceptible de varier suivant les organes et suivant une foule de circonstances, que nous ne pouvons nous contenter de ce caractère.

Il faut donc étudier en détail les propriétés physiologiques du sang et voir si quelques-unes d'entre elles présentent des modifications capables de nous rendre compte de l'action toxique de l'oxyde de carbone. Cette étude physiologique et pathologique, car on peut ici lui donner les deux noms, il faut bien l'avouer, est chose moins facile à faire que celle des nerfs et des muscles, qu'il suffit d'exciter à l'aide d'un excitant électrique mécanique quelconque. Elle exigerait une connaissance parfaite des propriétés physiologiques du sang, et elle nécessite des moyens d'investigation plus complexes et empruntés à la chimie.

C'est toujours, ici comme partout, la physiologie qui doit nous servir de point d'appui dans nos explications pathologiques ; et si la physiologie n'est pas bien établie elle-même, nos déductions pathologiques ne pourront avoir aucune solidité. Quelle est donc la fonction principale que le sang est chargé de remplir dans l'organisme ?

Une des principales fonctions du sang est d'absorber l'oxygène de l'air, de le transporter dans l'économie, pour y remplir un rôle que nous ne connaissons que très-imparfaitement, mais qui est indispensable à l'entretien de la vie. Nous savons encore que, parallèlement à cette absorption d'oxygène, il doit y avoir expulsion au dehors de l'acide carbonique produit par la combustion organique intérieure. — Or, dans cet échange continuel de gaz, les globules du sang jouent un rôle capital ; et chez les animaux à sang chaud, ce sont des organes de perfectionnement de l'appareil respiratoire qui n'existent que chez les animaux vertébrés.

Il s'agit donc de savoir si cette fonction se trouve modifiée sous l'influence de l'oxyde de carbone. Voilà ce que nous allons chercher, et pour cela nous n'avons qu'une chose à faire : prendre dans le ventricule droit le sang veineux qui arrive au cœur chez cet animal asphyxié par l'oxyde de carbone, et voir si ce sang possède, comme à l'ordinaire, la propriété d'absorber l'oxygène.

Voici cette expérience qui se fait devant vos yeux et vous constaterez facilement que ce sang a perdu à peu près complétement sa propriété absorbante par l'oxygène. Nous sommes donc arrivés par cette expérience à découvrir un caractère de ce mode essentiel d'empoisonnement. C'est en 1855 que j'ai fait cette expérience fondamentale, qui m'a servi à donner l'explication de la mort par l'oxyde de carbone ; explication qui a été depuis adoptée par tous les physiologistes. Je vis dans mon premier essai que le sang d'un animal empoisonné par l'oxyde de carbone avait absorbé cinq fois moins d'oxygène qu'à l'état normal. Voici, du reste, les résultats de l'analyse que M. Gréhant vient de faire tout à l'heure devant vous sur un animal intoxiqué par l'oxyde de carbone. Une certaine quantité de sang veineux non intoxiqué ayant été pris sur un chien a absorbé 5,5 d'oxygène et exhalé 3,0 d'acide carbonique. Alors on empoisonne l'animal jusqu'à ce qu'il tombe sur le flanc, et le sang pris dans le même vaisseau après intoxication par l'oxyde de carbone, n'a plus absorbé que 1,3 d'oxygène et exhalé 0,5 d'acide carbonique.

Le sang veineux d'un animal asphyxié par l'oxyde de carbone a donc, comme vous le voyez, perdu en majeure partie et peut même perdre en totalité la propriété d'absorber l'oxygène de l'air. Voilà un fait acquis désormais à nos connaissances et que nous expliquerons plus tard.

Il s'agit maintenant de savoir si la perte de cette propriété absorbante de l'oxygène a enlevé au sang sa faculté vitale ou physiologique d'entretenir la vitalité des tissus.

Ainsi, par exemple, un animal qui meurt par hémorrhagie, ne meurt que par la suppression d'un élément indispensable à l'existence de tous ses tissus : mais ces tissus eux-mêmes ne sont pas encore morts aussitôt après la soustraction du sang : ils ne meurent que quelques instants après. Aussi, si pendant qu'il en est temps encore, on injecte du sang normal dans les vaisseaux, on voit les propriétés des tissus se réveiller à mesure que la transfusion s'opère.—Voyons donc si le sang d'un animal asphyxié par l'oxyde de carbone peut servir à la transfusion comme le sang normal. Voyons s'il peut comme ce dernier, entretenir, réveiller les propriétés de ces organes, de ces tissus, ou de ces éléments organiques.

Voilà comment nous allons opérer devant vous cette expérience.

Nous prenons du sang à un chien en lui pratiquant une saignée. Nous asphyxions ensuite l'animal par l'oxyde de carbone, et quand il est mort, nous lui reprenons de son sang : de cette façon, nous avons deux échantillons de sang provenant du même animal, mais différents entre eux par la raison que l'un d'eux a été pris sur l'animal à l'état sain et que l'autre a été retiré après l'intoxication par l'oxyde de carbone.

Cela fait, nous allons injecter chacun de ces sangs défibrinés et convenablement préparés dans chacune des deux pattes de devant de l'animal : voilà ce qui arrive. — Si nous examinons d'abord le membre injecté avec le sang normal, nous voyons que les propriétés des muscles, des nerfs, qui n'étaient point encore perdues, mais peut-être diminuées, sont réveillées et se conservent.

Mais si nous passons maintenant au membre injecté avec le sang intoxiqué, nous constaterons que toutes les propriétés des tissus nerveux et musculaires s'éteignent peu à peu et finissent par se perdre. — Cette expérience me paraît concluante pour vous montrer que le sang d'un animal asphyxié par l'oxyde de carbone est devenu impropre à révivifier les propriétés des tissus.

En résumé, sous l'influence du gaz toxique, le sang perd donc non-seulement la propriété d'absorber l'oxygène et de le transporter dans l'économie, mais, de plus, il a complétement perdu le pouvoir physiologique d'entretenir les propriétés vitales des tissus.

Nous reviendrons, du reste, sur cette expérience fondamentale dans la prochaine leçon.

XIV

L'expérience par laquelle nous avons terminé la dernière leçon vous a montré que le sang normal, injecté dans un membre d'un animal, entretient les propriétés vitales des muscles et des nerfs ; tandis que si l'on remplace le sang oxygéné par du sang intoxiqué par l'oxyde de carbone, toutes ces propriétés disparaissent. Cette expérience fondamentale que nous répétons encore aujourd'hui devant vos yeux nous permet de constater un autre fait. A l'état normal, vous savez que le sang, après être devenu artériel, c'est-à-dire s'être chargé d'oxygène, se dépouille bientôt de ce gaz en circulant dans les tissus et revient par les veines, tenant en dissolution de l'acide carbonique. Ce changement survenu dans la composition des gaz du sang est accompagné d'un changement dans sa couleur.

Ici, dans notre expérience, nous voyons les mêmes choses se passer. Le sang artériel normal, injecté dans le membre, prend les propriétés du sang veineux dans les capillaires, et revient noir par la veine ; ce qui prouve, en d'autres termes, qu'il a la propriété physiologique véritable du sang artériel de passer de l'état artériel à l'état veineux, en circulant et en vivifiant les tissus ; et l'on peut dire que plus il y a eu d'acide carbonique formé dans cette combustion intérieure, plus il y a de vitalité dans les organes, parce que habituellement la rapidité de cette transformation est liée à l'énergie des propriétés vitales du sang et à l'intensité de la production de la chaleur animale indispensable aux manifestations de la vie. Mais si maintenant nous examinons ce qui se passe pour le sang intoxiqué par l'oxyde de carbone, nous voyons qu'il reste rouge, et qu'en revenant par les veines, après avoir circulé dans le membre, il se montre rouge comme en entrant dans l'artère. C'est là un signe évident que ce sang est devenu impropre à l'entretien de la vie. Pour vous montrer combien l'expérience précédente est décisive et combien ce caractère que possède le sang normal de révivifier les tissus est un caractère sensible, nous allons faire en quelque sorte la contre-épreuve et renverser l'expérience précédente. Nous allons en effet changer les canules qui portent le sang. Nous ferons arriver le sang normal dans la patte qui, précédemment, recevait le sang intoxiqué et avait perdu ses propriétés, et nous verrons cette patte, inerte tout à l'heure, reprendre peu à peu la motricité qui était disparue de ses nerfs, tandis que si nous faisons passer le sang intoxiqué dans le membre qui recevait le sang normal et qui avait conservé ses propriétés vitales, nous voyons bientôt ces propriétés disparaître sous l'influence du sang intoxiqué.

Il est bien entendu cependant que, pour répéter ces expériences, il ne faut pas attendre que la rigidité cadavérique soit parvenue à son dernier terme; car, en ce cas, les tissus nerveux et musculaires ne pourraient plus reprendre leurs propriétés vitales.

D'après ce que nous venons de voir, la mort par l'oxyde de carbone se réduit en réalité à une mort par suppression du sang. L'oxyde de carbone a agi sur le sang et lui a fait perdre ses propriétés physiologiques fondamentales. L'action toxique se trouvant ainsi fixée et limitée dans le sang, il nous est permis d'expliquer les opinions anciennement émises par Troja, Nysten, à savoir que l'oxyde de carbone ne tuait qu'en agissant sur le système nerveux. En effet, dans une action toxique, nous avons toujours à considérer l'action primitive et spéciale du poison qui se localise sur un élément, puis les conséquences de la mort de cet élément sur la vitalité des autres. C'est ainsi que l'oxyde de carbone agit sur le sang et l'empoisonne seul; mais, en le rendant impropre à entretenir la vie des tissus, il fait mourir consécutivement les autres tissus nerveux et musculaires; c'est donc ici encore la physiologie qui seule peut nous guider pour nous faire comprendre le mécanisme de l'empoisonnement de l'élément et des phénomènes qui lui sont consécutifs sur le système nerveux et les autres appareils organiques et qui enfin amène la mort de l'organisme.

Toutefois, si nous avons prouvé que le sang qui a subi l'action de l'oxyde de carbone est intoxiqué et impropre à entretenir la vie, cela n'est pas tout, cela n'est pas suffisant. Il nous reste à pénétrer plus avant dans cet empoisonnement et à chercher quel est de tous les éléments constitutifs du sang celui qui a été plus spécialement frappé.

Nous ne considérerons pour cette étude que trois substances principales dans le sang.

Le plasma d'abord, qui est un liquide citrin ou jaunâtre, qui tient la fibrine en dissolution et dans lequel nagent les corpuscules du sang, globules rouges et globules blancs.

L'oxyde de carbone agit-il sur le plasma, ou bien son action se porte-t-elle sur les deux espèces de globules ou seulement sur les globules rouges ou blancs exclusivement?

Il est facile de répondre immédiatement que l'oxyde de carbone n'agit pas sur le plasma. D'abord, l'expérience a appris qu'il était possible de séparer la fibrine du sang, par conséquent du plasma, sans enlever au liquide sanguin ses propriétés vivifiantes, et l'on sait, d'un autre côté, que le plasma ou le sérum sans globules sont incapables d'entretenir la vie quand on les emploie pour opérer la transfusion.

Puisque l'oxyde de carbone enlève au sang sa propriété vivifiante, nous devons donc en conclure que le gaz agit spécialement sur les globules sanguins, dans lesquels réside la faculté spéciale qu'ils possèdent de s'emparer et de dissoudre l'oxygène de l'air; c'est donc à eux qu'il faudra désormais s'adresser pour comprendre le mécanisme de cette action toxique. Nous pouvons maintenant comprendre pourquoi l'oxyde de carbone paraît être sans aucune action sur les animaux invertébrés dépourvus de globules rouges sanguins. Mais ce sont là des expériences que nous nous proposons d'ailleurs de reprendre à un autre point de vue; tout ce que nous disons devant se rapporter au sang des animaux

supérieurs et de l'homme, car c'est de la physiologie et de la médecine de l'homme qu'il s'agit ici.

Il faut ajouter encore, pour compléter l'idée qui précède, que les globules rouges sont seuls atteints par l'oxyde de carbone. Les globules blancs restent très-vivants dans le sang intoxiqué par ce gaz, et je vous en donnerai les preuves dans la séance prochaine.

Les globules rouges ont, avons-nous dit, la propriété de dissoudre l'oxygène de l'air, de l'introduire dans l'organisme et de ramener à l'extérieur l'acide carbonique produit de la combustion interne. C'est à eux, en un mot, qu'est confié le rôle d'entretenir cet échange continuel de gaz entre l'atmosphère gazeuse qui nous entoure et l'atmosphère liquide qui baigne tous nos tissus et les revivifie sans cesse.

Voici, dans un flacon, du sang veineux; il est noir : si nous y faisons arriver un courant d'oxygène, ce gaz s'y dissoudra et déplacera l'acide carbonique. En même temps, la couleur de ce sang deviendra rouge; il passera, comme on le dit à l'état artériel. C'est Lower, qui le premier a vu que cette artérialisation du sang par l'air se faisait dans le poumon.

Voici, dans cet autre flacon, du sang complétement intoxiqué par l'oxyde de carbone. Si nous y faisons passer un courant d'oxygène, nous remarquons que ce gaz ne s'y dissout pas et ne déplace rien. Or, dans le sang, c'est le globule rouge, avons-nous dit, qui opère l'absorption d'oxygène. Le sang intoxiqué ne pouvant plus dissoudre ce gaz, ne se trouve plus dans les conditions indispensables pour être actif dans les phénomènes vitaux. Ce sang a perdu sa propriété vitale, et c'est pourquoi il est désormais incapable d'entretenir la vitalité des tissus de l'organisme.

Après les expériences qui précèdent, il semblerait que nous sommes arrivés au terme de nos recherches sur l'asphyxie par la vapeur du charbon; puisque en effet nous avons localisé cette action toxique dans les globules rouges sanguins, c'est-à-dire sur l'élément organique qui a été atteint. Mais non, il faut aller plus loin; la science physiologique n'a pas encore lieu d'être satisfaite, et nous ne devrons nous arrêter que lorsque nous aurons ramené ce phénomène vital du globule à un phénomène purement physico-chimique dû aux propriétés de la matière qui le constitue.

AVIS.

Les abonnés dont l'époque de renouvellement échoit à la fin de mai, et qui désirent à cette occasion changer les conditions de leur souscription et profiter des avantages que leur présente, soit l'abonnement d'un an, s'ils ne sont abonnés qu'au semestre, soit la souscription aux deux *Revues des cours scientifiques et littéraires*, sont priés d'avertir immédiatement M. Germer Baillière, en lui envoyant un mandat sur la poste ou des timbres-poste.

Les abonnés qui, d'ici à la fin de mai, n'auront fait parvenir aucun avis au bureau de la *Revue* seront considérés comme désirant continuer leur abonnement dans les mêmes conditions. En conséquence, ils recevront par l'entremise des porteurs, soit à Paris, soit dans les départements, une quittance analogue à celle qui leur a été déjà remise lors de leur première souscription.

Le propriétaire-gérant : GERMER BAILLIÈRE.

REVUE

DES

COURS SCIENTIFIQUES

DE LA FRANCE ET DE L'ÉTRANGER

SEPTIÈME ANNÉE   NUMÉRO 26   28 MAI 1870

Paris, 27 mai 1870.

On sait que l'administration municipale de Paris a décidé la publication d'une série de documents sur l'histoire de la capitale. La commission instituée à cet effet a voulu placer en tête de ce recueil une esquisse des époques préhistoriques et ce travail a été confié à un ingénieur de la Ville, M. Belgrand, qui s'est fait connaître depuis longtemps dans le monde scientifique par des travaux importants sur le bassin de Paris. M. Belgrand vient de présenter à l'Académie des sciences un résumé de son ouvrage qui se divise en quatre parties : Époque diluvienne; Grands cours d'eau de l'âge de pierre; Histoire des tourbes; Histoire paléontologique du bassin de la Seine pendant l'époque quaternaire. Les trois dernières surtout présentent beaucoup d'intérêt.

Grands cours d'eau de l'âge de pierre. — Les géologues divisent les graviers des basses terrasses et du fond des vallées en trois couches qu'ils attribuent à trois déluges. A la base ils placent le diluvium gris à ossements, au-dessus le diluvium rouge sans ossements, et enfin le tout est recouvert par une couche de limon produit d'un troisième déluge, le loëss.

Ces trois couches sont dues à de simples phénomènes d'alluvionnement. Le terrain de transport du fond des vallées et des basses terrasses, qui, dans le bassin de la Seine, s'élève de 20 à 60 mètres au-dessus du niveau actuel des thalwegs, a été remanié par des cours d'eau, qui ont abaissé leur lit de la hauteur comprise entre les basses terrasses et le thalweg actuel. Or, toutes les fois qu'une rivière modifie son lit d'une manière quelconque, soit en l'abaissant, soit en le déplaçant, elle jette les matériaux qu'elle affouille sur les parties du lit qu'elle abandonne, et forme ce qu'on appelle vulgairement une *alluvion;* puis lorsque le lit est ainsi rempli de gravier, les eaux de débordement couvrent cette alluvion d'une couche de limon. Il en a été de même aux temps préhistoriques. Les grands cours d'eau, en abaissant leur lit, ont rempli les parties abandonnées et ont recouvert le gravier de fond (diluvium gris) d'une couche d'alluvion (diluvium rouge); puis lorsque le lit devenu inutile a été ainsi comblé, les eaux de débordements y ont déposé une couche de limon (loëss).

M. Belgrand propose donc de substituer les noms *graviers de fond, alluvion, limon des débordements* aux trois noms si défectueux *diluvium gris, diluvium rouge* et *loëss.*

L'abaissement du fond des vallées par les cours d'eau est dû évidemment au relèvement du continent. Il se formait, au bord de la mer, une chute, puis des rapides qui se propageaient en remontant les vallées. M. Belgrand a constaté qu'à l'époque des hauts niveaux, les lits de la Seine, de la Marne et de l'Oise étaient sans pente depuis les plaines de la Champagne jusqu'à la mer; les graviers sont très-peu roulés, il est

VII.

probable qu'ils n'étaient déplacés qu'aux époques où le fleuve abaissait son lit. Dans les temps de régime permanent, la vitesse des cours d'eau n'était pas plus grande que celle du fleuve actuel, qui déplace seulement le sable et le petit gravier.

La Seine avait 6 kilomètres de largeur à Paris, à la hauteur du château de Vincennes, à l'époque des hauts niveaux. Cette largeur était réduite à 2 kilomètres à l'époque des bas niveaux. Ces largeurs sont beaucoup moindres dans les parties étroites des vallées. Avec de très-petits changements dans les lois météorologiques, ces grands cours d'eau deviennent possibles.

Histoire des tourbes. — Les tourbières des terrains granitiques et paléozoïques se trouvent aussi bien sur le flanc des coteaux et sur les plateaux qu'au fond des petites vallées, mais jamais sur les bords des grands cours d'eau.

Les autres terrains du bassin de la Seine n'ont produit la tourbe qu'au fond des vallées pourvues d'un cours d'eau, et seulement lorsque les versants de ce cours d'eau *sont entièrement perméables.* Lorsqu'une notable partie de ces versants *est imperméable*, on ne remarque ni marais, ni tourbière au fond des vallées, et ce fait s'explique facilement. Lorsque les eaux pluviales tombent sur un sol imperméable, elles affluent avec une grande rapidité au fond des vallées et y produisent des crues violentes et de courte durée qui ne permettent pas à la tourbe de se développer; au contraire, les eaux pluviales tombées sur un sol perméable arrivent lentement aux thalwegs en passant par les sources, ne produisent que des crues lentes et peu limoneuses, et favorisent la production des tourbes. Les terrains perméables qui permettent aux marais et aux tourbières de se développer au fond des vallées humides sont les calcaires oolithiques, la craie blanche, le calcaire grossier, les sables de Beauchamp, le calcaire de Saint-Ouen, les sables de Fontainebleau et le calcaire de Beauce. Le granite, le lias, le terrain crétacé inférieur, les argiles du Gâtinais, les marnes vertes et les argiles à meulières sont des terrains imperméables; ils alimentent des cours d'eau dont les crues violentes ne produisent pas de tourbe au fond des vallées.

A l'époque quaternaire, les pluies étaient si abondantes qu'elles produisaient des ruissellements à la surface des terrains les plus perméables, et par conséquent des crues violentes dans tous les cours d'eau : la tourbe n'a donc pu se produire nulle part. C'est à la fin de cette époque, lorsque le régime actuel des pluies s'est établi, que la tourbe a pu se former.

Histoire paléontologique du bassin de la Seine pendant l'époque quaternaire.—Le limon des plateaux, le plus ancien des terrains de transport quaternaire, ne renferme ni ossements, ni débris organiques quelconques, ni traces du travail de l'homme, parce qu'il est d'origine diluvienne.

La plupart des cadavres des animaux de l'âge de pierre

26

sont arrivés en flottant aux points habituels d'alluvionne-
ments, au fond des anses et sur la rive convexe des tournants,
là où nous trouvons aujourd'hui leurs ossements. Ces ossements sont, en effet, enfouis dans les graviers de fond et sont
recouverts par l'alluvion, tandis que s'ils avaient été apportés
pêle-mêle avec les graviers, ils se trouveraient aussi bien dans
l'alluvion que dans les graviers de fond. Ces plages d'alluvionnement étaient disposées en pente douce et formaient
des abreuvoirs naturels où beaucoup d'animaux ont dû se
noyer. C'était aussi sur ces graviers que l'homme venait, en
temps de basses eaux, tailler ses outils lorsqu'il ne trouvait
pas de silex à la surface de la contrée voisine ; c'est à cela
qu'on doit attribuer l'absence des silex taillés dans les graviers calcaires, comme ceux de la basse Bourgogne et de la
Champagne, et même dans les graviers siliceux lorsqu'il existe
de nombreux silex à la surface du sol, comme dans la banlieue de Sens.

L'homme et les animaux de l'âge de pierre ont vécu en
grand nombre sur les pentes de la chaîne de la Côte-d'Or.
Cependant les ossements des grands animaux sont fort rares
dans les graviers des cours d'eau de cette partie du bassin de
la Seine, ce qui tient au rapide abaissement des lits. On voit,
en effet, que les rivières y coulaient à leurs niveaux actuels
dès l'époque de l'*Ursus spelœus*, c'est-à-dire avant le développement de la faune des herbivores. Dès que les vallées s'élar-
gissent en traversant les terrains plus mous du portlandien et
du terrain crétacé, et qu'ainsi les cours d'eau ont perdu leur
violence en s'étalant au fond d'un large lit, la faune de l'âge
de pierre se montre même dans les graviers des hauts niveaux
et des vallées secondaires.

L'homme et les animaux de l'âge de pierre étaient fort
nombreux sur les plateaux tertiaires, et cependant les ossements et autres débris sont rares dans les petites vallées,
parce qu'elles sont trop étroites et ne renferment, pour ainsi
dire, pas de graviers. Les graviers des vallées principales
étaient, au contraire, très-bien disposés pour recevoir ces
débris, puisqu'ils sont à très-faible pente, et que les thalwegs
sont sinueux.

L'étude complète de la faune parisienne fait ressortir les
lois suivantes : les ossements se sont conservés, surtout dans
les anses et à l'aval de la rive convexe des tournants, c'est-à-
dire sur les points où se portent habituellement les alluvions ;
on ne les rencontre que dans les graviers de fond, l'alluvion
en est presque toujours dépourvue : par conséquent, les graviers de fond ont formé longtemps le lit d'un cours d'eau permanent, qui a été remblayé rapidement par l'alluvion. La faune
parisienne est presque identique dans les hauts et bas niveaux ; on y a recueilli beaucoup de débris d'animaux considérés jusqu'ici comme appartenant à l'époque pliocène, notamment des ossements des *Rhinoceros etruscus* et *Merckii*,
du *Trongontherium*, du *Kuon*, etc.

La grandeur des cours d'eau de l'âge de pierre est prouvée
par la présence de l'hippopotame ; de plus, ce monstrueux
pachyderme n'aurait pu vivre dans ces cours d'eau, si les hivers avaient été aussi rigoureux qu'aujourd'hui. De même, le
renne et la marmotte n'auraient pas habité nos plaines si les
étés avaient été aussi chauds que de nos jours. Il est probable
que la température moyenne ne dépassait pas 8 degrés centigrades dans cette saison, ce qui prouve que le niveau des neiges éternelles s'élevait à 400 mètres environ, et que l'époque
quaternaire correspond à l'ère glaciaire.

UNIVERSITÉ DE HEIDELBERG

SÉANCE SOLENNELLE

DISCOURS RECTORAL DE M. H. KOPP

L'état des sciences au moyen âge

Messieurs,

Il y a soixante-six ans, un prince d'une grande élévation
d'esprit, qui ne cessa jamais, même dans des temps malheureux,
d'accorder aux sciences une protection éclairée, Charles-Frédéric, grand-duc de Bade, dont nous célébrons aujourd'hui
l'anniversaire, pouvait dire qu'il avait fondé pour la seconde
fois l'université de Heidelberg.

Quand on songe, en effet, à la triste situation de notre université, au commencement de ce siècle, alors que les agita-
tions politiques l'avaient, en grande partie, privée des conditions matérielles de son existence, il est impossible de ne pas
rattacher au nom de Charles-Frédéric le souvenir d'une renaissance de notre université.

Au xviii° siècle, d'ailleurs, l'université de Heidelberg
avait été peu florissante : absorbée dans de longues et
nombreuses polémiques, elle perdait chaque jour de vue le
véritable objet de toute activité intellectuelle, et demeurait à
peu près stationnaire. Parmi ces querelles si nuisibles aux
progrès de la science proprement dite, une, surtout, avait
agité l'université. Les uns préconisaient la subordination à
l'autorité qui avait caractérisé tout le moyen âge, et les autres soutenaient le droit à la recherche indépendante, tel
qu'il a été proclamé dans les temps modernes.

Cet antagonisme subsiste encore aujourd'hui, et ces deux
principes demeurent parfaitement inconciliables, bien que,
parfois, nous voyions qu'on les invoque et qu'on les revendique en même temps à propos des mêmes questions. La lutte
a éclaté déjà ou doit inévitablement éclater sur les terrains
les plus divers ; de la valeur plus ou moins grande qu'on attache à l'un ou à l'autre de ces deux principes dans la recherche de la vérité, dépend la vie intellectuelle de toute une
nation.

Il serait intéressant de rechercher ce que les anciennes
universités, comme la nôtre, qui ont tour à tour subi l'influence de ces deux principes, ont acccompli aux diverses
époques de leur histoire. Mais ce serait une tâche bien difficile ; car elle suppose, à la fois, une connaissance profonde
des diverses sciences et de leur développement progressif. Ce
qui est plus aisé, sans offrir moins d'intérêt, c'est de considérer, pour une partie importante des branches de leur enseignement, quel a été l'esprit, quelle a été l'œuvre des universités à l'une de ces époques. Permettez-moi donc, pour rester
dans ma spécialité, de vous entretenir de l'état général des
sciences physiques et naturelles au moyen âge.

L'étude de ces sciences au moyen âge suit les mêmes mouvements de progrès ou de décadence que l'étude des autres
sciences en général ; toutes les branches alors connues des
connaissances humaines étaient cultivées de la même manière. Avec la décadence de l'empire d'Occident et les migrations des peuples, les notions acquises par l'antiquité dans
le domaine des sciences, notions dues aux recherches originales des Grecs et aux compilations des érudits romains, se
perdirent dans les contrées du sud-ouest de l'Europe, où ces
mêmes sciences ont été, depuis, cultivées avec tant d'éclat.

Dès le ve siècle, la barbarie règne partout, jusque dans des pays, qui auparavant, s'étaient distingués par une haute culture. Le moyen âge commence quand toute activité scientifique a cessé, et, malgré les efforts de quelques esprits, l'ignorance ne fait, pour ainsi dire, qu'augmenter dans les siècles suivants. C'est à partir du xie siècle que se produit un nouveau réveil scientifique quelque peu animé, avec une tendance nettement déterminée : tendance qui mérite d'être signalée ici, à cause de l'influence qu'elle a exercée sur les sciences physiques, et qui, en s'accentuant de plus en plus, finit par prendre un essor brillant. Cette activité dure jusqu'à la fin du xve siècle, sans s'écarter de la direction qui lui a été d'abord imprimée. Ce n'est que vers l'époque où commence ce qu'on appelle l'histoire moderne, que, pour la première fois, on voit se produire des opinions nouvelles sur les méthodes qu'il convient d'employer dans l'étude des sciences, et que ces opinions gagnent du terrain. S'il est vrai que déjà l'on avait formulé des opinions semblables, ce n'avait été que d'une manière isolée, et elles n'avaient pas assez de consistance pour se répandre.

Ce qui, avant tout, caractérise au moyen âge les sciences en général, et notamment celles qui ont pour objet l'étude de la nature, c'est la subordination à l'autorité de l'Église et à celle des grands hommes de l'antiquité.

Les efforts scientifiques qui se manifestent isolément dans les premiers siècles du moyen âge sont dus aux membres de l'ordre ecclésiastique. La science était presque tout entière entre les mains de la société cléricale. Les monastères renfermaient les trésors littéraires légués par les siècles passés ; à vrai dire, ces trésors n'étaient, le plus souvent, d'aucune utilité pour leurs dépositaires. Les écoles du clergé étaient les seuls endroits où l'on pût s'instruire. Les savants, les auteurs, étaient presque tous des ecclésiastiques, qui s'occupaient de l'étude des sciences dans l'intention, avant tout, de les faire servir aux buts de l'Église. Au ixe siècle, Raban Maur recommande expressément au clergé d'apprendre les arts appelés libéraux, autant qu'ils peuvent être utiles dans cette direction ; il l'invite à étudier l'arithmétique afin de pouvoir déchiffrer les nombres mystiques de l'Écriture sainte, la géométrie pour acquérir des notions exactes sur les édifices sacrés, l'astronomie pour fixer les fêtes de l'Église. Ce qu'il conseillait aux ecclésiastiques s'adressait en réalité à tous les savants quels qu'ils fussent, et ceux-ci, d'ailleurs, appartenaient presque tous au clergé. Les écoles supérieures du xive et du xve siècle ne purent se fonder qu'avec l'autorisation du pape ; elles étaient regardées comme des institutions essentiellement religieuses. Pendant près d'un siècle après la fondation de l'université de Heidelberg, les chaires furent exclusivement occupées par des clercs ; la première nomination d'un laïque comme professeur titulaire à la faculté de médecine, en 1482, rencontra une vive opposition de la part de l'université.

Les sciences étant destinées à servir aux intérêts de l'Église, on trouvait tout naturel qu'elles fussent soumises à son autorité. Quant au fond de l'instruction scientifique, on le puisait dans les grands maîtres de l'antiquité. L'étude de leurs ouvrages ramena le goût et l'habitude des questions scientifiques. On s'accoutuma à regarder les monuments de haute culture et d'activité indépendante non-seulement comme des auxiliaires et des stimulants pour les travaux intellectuels, mais encore comme des modèles qu'on ne pouvait égaler, en-

core moins surpasser. Ils devinrent des autorités dont on s'efforçait de comprendre les arrêts, et devant lesquelles il n'y avait qu'à s'incliner : aller au delà était déclaré impossible.

A partir du xiiie siècle, les œuvres d'Aristote occupèrent le premier rang parmi ces modèles. Il est inutile de dire par quels chemins détournés les œuvres reconnues authentiques du grand philosophe grec, ainsi que d'autres qui lui étaient attribuées, parvinrent, grâce aux Arabes, à la connaissance de l'Occident. Elles eurent bien des obstacles à vaincre, bien des luttes à soutenir, avant de trouver accès dans l'École. Après avoir été, à diverses reprises, condamnés comme contenant de graves erreurs, sources d'opinions hérétiques, les écrits de ce philosophe finirent, au xiie siècle, par faire loi en tout ce qui concernait les sciences. Au xiiie siècle, la doctrine d'Aristote ne rencontre plus que quelques résistances, et bientôt elle triomphe. Depuis le ixe siècle, on s'était efforcé de concilier la philosophie païenne avec le dogme chrétien, tel qu'il existait alors, et de profiter de l'un pour l'autre : la scolastique, s'emparant d'Aristote, croyait avoir trouvé un appui sûr et y puisa de nouvelles forces. L'autorité d'Aristote, définitivement reconnue au xiiie siècle, se soutint très-longtemps encore. Pendant plusieurs siècles, il ne fut possible d'obtenir les grades académiques qu'autant qu'on faisait preuve d'une étude sérieuse des écrits d'Aristote. Aussi, les plus anciens statuts de l'université de Heidelberg, ceux de 1386, contiennent-ils, surtout pour la faculté inférieure ou des arts, une indication détaillée de ces écrits et des commentaires autorisés qui faisaient l'objet des cours. Le candidat au baccalauréat ou à la licence ès arts devait affirmer par serment qu'il avait suivi ces cours ; à cette condition seulement, il était admis à passer l'examen. Une fois maître ès arts, il devait jurer qu'il demeurerait fidèle à la doctrine d'Aristote, en tant qu'elle n'était pas en opposition avec la foi chrétienne. — On a une preuve bien frappante de cet assujettissement à l'autorité d'Aristote dans ce qui se passa dans le xvie siècle encore, en 1569, à Heidelberg, lorsque l'électeur Frédéric III voulut nommer comme professeur d'éthique à la faculté des arts, Pierre Ramus, qui, après avoir été condamné à Paris pour avoir attaqué Aristote, s'était enfui de cette ville. L'université refusa, à plusieurs reprises, de consentir à cette nomination, parce que, — point sur lequel elle insista spécialement, — Ramus avait une manière spéciale d'enseigner, qui ne s'accordait pas avec celle d'Aristote.

A cette autorité incontestée qui gouverna la science au xiiie siècle et dans les siècles suivants, était alliée celle des écrivains sacrés ; et ce fut un mélange bizarre que celui des dogmes chrétiens et des maximes empruntées aux Pères de l'Église avec les doctrines des philosophes païens, notamment d'Aristote, les éclaircissements de ses commentateurs arabes, Avicenne et Averroès, et enfin les appréciations et les explications des érudits juifs qui avaient contribué à faire connaître aux chrétiens de l'Occident le savoir des Arabes. Et cet assemblage d'éléments si divers avait force de loi non-seulement dans la théologie et la philosophie, mais encore dans les sciences physiques. Cette autorité absolue s'étendait à toutes les branches du savoir, et, logiquement, il devait en être ainsi.

Le principe de l'autorité a ceci de caractéristique qu'on ne peut l'admettre pour un seul des objets sur lesquels s'exerce l'esprit humain, à l'exclusion de tous les autres. Il ne peut prétendre à régner sur un département de l'activité intellectuelle, sans revendiquer aussi le même droit vis-à-vis de tous ceux où les doutes pourraient s'élever, et où les attaques pourraient se préparer contre sa légitimité. Et comme il existe une étroite connexité entre les diverses branches du savoir, il en résulte que le principe de l'autorité une fois admis pour l'une d'elles doit s'étendre à toutes; partout il dominera, partout il sera le critérium de la vérité; lui seul décidera de ce qui doit passer pour définitivement démontré, ou de ce qui doit être rejeté comme faux; et c'est au nom de ce principe qu'on fixera les limites de l'esprit humain au-delà desquelles doit cesser toute recherche.

Ce dont il faut blâmer le moyen âge, ce n'est pas de s'être servi comme point de départ des travaux accomplis antérieurement, et d'avoir interrogé comme des autorités les représentants de la science déjà acquise. En ce sens, l'autorité est chose légitime et naturelle. Il sera toujours nécessaire, pour que la continuité soit assurée au développement de la science, de s'appuyer sur les découvertes du passé; tout progrès qui étend ou rectifie nos connaissances se lie inévitablement à ce qu'on a tenu pour vrai jusqu'à nous. Mais ce n'était pas ainsi que le moyen âge entendait le respect du passé. La soumission à l'autorité impliquait l'immobilité dans le dogme; et cette règle, d'abord admise en matière de foi, s'imposait aussi à la science. Un même esprit animait l'Église établie et l'enseignement; de même que la première ne souffrait ni discussion ni contradiction sur les questions religieuses, de même celui-ci excluait d'avance toutes les opinions individuelles contraires aux idées reçues. Maintenir intacte cette autorité qui pesait à la fois sur la conscience et sur l'esprit, telle est la mission que s'était donnée le moyen âge. Toute tentative d'opposition, d'où qu'elle vînt et quel que fût son objet, mettait cette autorité en danger et méritait d'être réprimée : la servilité, dans l'ordre scientifique aussi, a l'intolérance pour effet inévitable. Ce n'était pas contre les croyances religieuses, mais bien contre les doctrines dominantes dans la science que le moine franciscain Roger Bacon protestait au xiii⁰ siècle avec cette énergie qui nous le fait admirer, à nous, comme ayant devancé de beaucoup ses contemporains; la protection du pape, il pouvait l'invoquer contre ses persécuteurs. Mais il n'en fut pas moins poursuivi comme un maître dangereux, et condamné à un long et dur emprisonnement. Et si l'on demande pourquoi tant de haine, si l'on s'informe des crimes de cet homme, l'historien de son ordre nous répond que Bacon cherchait à introduire des innovations suspectes dans la science, qu'il employait l'activité prodigieuse de son intelligence à des recherches plus ingénieuses que louables, que ses opinions et son enseignement respiraient un esprit de liberté condamnable, et qu'enfin il était de ceux qui s'efforçaient d'aller au delà des vérités admises et incontestées.

L'étude des autorités exerça sans doute le moyen âge à penser, mais non pas à penser d'une manière indépendante. Il s'enferma dans le cercle des connaissances acquises, sans les développer, sans les faire progresser; il se borna à s'occuper avec les doctrines des anciens penseurs, à en pénétrer le sens, à les exposer plus nettement, à les expliquer, sans y ajouter une pensée originale et nouvelle : son œuvre fut une œuvre de reproduction et de compilation. Aussi le moyen âge fut-il par excellence l'époque des commentateurs, de ces esprits si absorbés dans la pensée des autres, et si peu aptes à penser par eux-mêmes, que la chose leur paraît superflue, ou que c'est à peine s'ils hasardent çà et là une observation tout à fait secondaire. Les travaux de la scolastique ont tous

ce trait particulier : dans l'examen en apparence très-libre d'une question scientifique, ils partent avant tout de principes approuvés par l'autorité pour aboutir finalement à une solution conforme elle-même à quelque autorité reconnue. D'après ce système, il importe beaucoup moins de rechercher ce qu'il en est d'une chose en réalité que de savoir ce qu'on en a dit. Cela se concevrait, s'il s'agissait d'une revue historique des opinions anciennes sur telle ou telle question; mais quand il s'agit de l'étudier en elle-même, de contrôler les principes sur lesquels elle se fonde, il ne suffit pas, ainsi qu'on le faisait au moyen âge, de répondre par l'opinion d'Aristote, de Pline ou de quelque autorité arabe. Quelle abdication de toute indépendance scientifique dans ces paroles par lesquelles le représentant le plus célèbre de la tendance dominante au xiii⁰ siècle, Albert le Grand, termine son *Traité de zoologie*, et en même temps tous ses écrits sur les sciences de la nature : « Me voici arrivé à la fin du livre sur les animaux, et toute mon œuvre sur la nature est achevée. J'y ai fidèlement suivi le plan que je m'étais tracé, en m'efforçant d'exposer de mon mieux les jugements des péripatéticiens sur cette matière. Nul n'y trouvera ce que je pense moi-même dans la science naturelle. Que celui qui serait tenté d'en douter rapproche mes paroles de celles des péripatéticiens; et, après cela, qu'il me critique ou qu'il me loue, tout en reconnaissant que je ne suis que leur interprète. Mais quiconque me blâmera sans avoir lu ni comparé, celui-là ne le fera que par haine ou par ignorance, et je me soucie peu d'un tel blâme! »

A cette époque, la chose la plus incroyable, la plus contraire à l'expérience, passe pour suffisamment établie, pourvu que l'on puisse citer à l'appui quelque autorité respectable; et, pour réfuter l'argumentation la plus solide, il suffit de dire sans autre explication : Aristote enseigne le contraire dans tel passage qui ne laisse aucun doute.

La confiance que l'on accordait aux décisions des anciennes autorités paraît d'autant plus étrange qu'on n'en avait qu'une connaissance très-imparfaite. La plupart des ouvrages grecs sur lesquels on s'appuyait n'étaient connus que par de mauvaises traductions, souvent inexactes et faites non sur les textes, mais sur d'autres traductions qui avaient elles-mêmes passé par plusieurs langues. On respectait une foule d'œuvres apocryphes tout autant que les écrits les plus authentiques. Certaines d'entre elles, conçues dans le véritable esprit du moyen âge, jouissaient d'une considération toute particulière. A propos de questions rentrant dans les sciences naturelles, on croyait invoquer le témoignage d'Avicenne en citant des ouvrages qui lui étaient faussement attribués; et, sur des questions d'alchimie, on en appelait à Pythagore, à Platon, à Aristote, auxquels on joignait l'autorité du personnage fabuleux Hermès et de ses prétendus écrits.

Habitué à se conformer aux jugements d'autrui, sans les vérifier, sans les rectifier, dispensé de toute critique et de tout progrès, le savant pouvait aisément embrasser dans ses études plusieurs sciences à la fois et produire de longues et nombreuses publications où se manifestaient cette activité et cette universalité. Le nombre prodigieux d'ouvrages que nous ont laissés Albert le Grand, Raymond Lulle ou tant d'autres grands savants de cette époque, semble dépasser les forces d'un seul homme. — J'ai dit la raison de cette fécondité si vantée, de cette variété dans les travaux scientifiques d'un même homme, que l'on s'est plu à opposer à la sphère restreinte dans laquelle se meut l'activité des savants dans les temps modernes. Tout cela ne saurait éblouir que ceux qui considèrent avant tout la quantité des matières traitées au moyen âge, sans se préoccuper de la libre recherche ni de la profondeur du savoir.

Avant la fin du xvᵉ siècle, il ne restait relativement que très-peu d'esprits assez courageux pour résister à cette domination de l'autorité. Pour ne parler que des sciences physiques, pouvoir réaliser un phénomène inconnu ou incompréhensible aux savants du moyen âge, c'était s'exposer à se voir accusé de sorcellerie, frappé d'anathème, persécuté. Réussir à dépasser les limites de la science alors connue, disposer de connaissances contraires à l'autorité, cela supposait, dans les idées du moyen âge, un savoir qui ne pouvait être que le résultat de la magie ou de quelque commerce avec les puissances infernales. On distinguait, dans le domaine des sciences physiques, un ordre naturel comprenant les forces et les effets déjà connus ou regardés comme tels, et un ordre surnaturel en opposition avec le premier.

Parmi les savants qui eurent le courage de lutter contre ces tendances, il faut citer au premier rang l'Anglais Roger Bacon dont j'ai déjà parlé. Il réclamait une connaissance mieux approfondie des anciens et le droit de pousser les investigations scientifiques plus loin qu'ils ne l'avaient fait. Mais ses efforts ne servirent qu'à lui attirer les persécutions de l'autorité ecclésiastique, ce qui fut loin d'encourager ses imitateurs.

Il ne faut pas s'étonner que Bacon lui-même ait partagé sur bien des questions les opinions erronées de ses contemporains, et ses travaux sont loin d'être exempts de ces croyances qui nous paraissent aujourd'hui si grossières et si inconcevables, même pour le temps où il a vécu. Ce qui lui assure une gloire impérissable, c'est d'avoir, le premier, reconnu et démontré les causes qui retardaient les progrès de la science et d'avoir battu en brèche sur quelques points le principe tout-puissant de l'autorité.

Mais quand quelques-uns franchissaient ces barrières, quand, pour eux, l'horizon de la science s'élargissait et laissait apercevoir des hauteurs qui avaient été inaccessibles, ils se sentaient singulièrement excités par la richesse des vérités entrevues : l'œuvre du passé semblait si pauvre auprès des conquêtes de l'avenir, qu'on exagérait de beaucoup la portée de ces dernières et qu'on en reculait les bornes au delà du possible. Aussi n'est-on pas surpris de rencontrer précisément dans Bacon, à côté d'inductions très-justes et de démonstrations très-solides sur plusieurs des résultats accessibles à la science, des affirmations purement gratuites quoique aussi positives sur la probabilité ou la certitude de certains progrès aujourd'hui démontrés irréalisables. On a trouvé ou cru trouver dans ses ouvrages les premiers indices de l'invention du télescope, du microscope, de la cloche du plongeur, des aérostats, des ponts suspendus, des bateaux à vapeur et des locomotives; on a recueilli les plus vagues et les plus hardies conjectures de cette riche imagination pour les donner comme la preuve d'une profonde science, quand quelque découverte confusément entrevue ou plutôt espérée par ce savant venait à se réaliser. Mais, à côté de cela, Bacon affirmait avec la même assurance la possibilité de construire des appareils pour voler dans l'espace, d'un effet aussi merveilleux que toutes les vertus des talismans dans les contes arabes; il parlait de la composition, par la chimie, d'un élixir qui aurait le don de con-

server la santé et de prolonger la vie pendant de longs siècles, et de bien d'autres choses non moins fantastiques, qu'il ne pouvait connaître, par la raison qu'elles ne peuvent exister.

Ce qui précède suffit pour donner un aperçu général de l'état des sciences physiques au moyen âge et pour montrer, en face de l'esprit dominant, une opposition qui tranche singulièrement avec l'uniformité des opinions admises à cette époque. Ces considérations nous donnent aussi la clef des jugements absolument contraires qu'on a portés sur le moyen âge; car il nous apparaît sous un jour complétement différent, selon que nous comparons l'esprit scientifique du xiiiᵉ siècle avec la barbarie des temps qui l'ont précédé, ou avec l'activité féconde des temps postérieurs. Ceux qui ne voient absolument dans tout le moyen âge que la renonciation au libre examen, l'ont désigné comme une époque où l'humanité semblait avoir désappris à penser; d'autres, au contraire, l'ont exalté comme une ère brillante pour la science : ils ont admiré cette foule de connaissances si variées réunies dans les mêmes individus, cette étude si solide des opinions antérieures, enfin les nouvelles voies que les conceptions hardies du moyen âge auraient ouvertes au progrès, les découvertes qu'il aurait entrevues et que les ressources des siècles suivants n'auraient pas suffi même à réaliser. Chacune de ces appréciations est exagérée et fausse; c'est ce qui ressort des considérations qui précèdent, mais je vais essayer de le montrer plus clairement encore en examinant sous d'autres aspects les sciences naturelles au moyen âge, et en m'attachant à quelques branches d'entre elles en particulier.

Comparée à l'esprit de liberté et d'initiative qui animait les sciences arrivées à leur apogée en Grèce, c'est-à-dire pendant la période la plus florissante de l'antiquité, la dépendance dans laquelle elles étaient tenues au moyen âge, ne laisse dans l'esprit d'autre impression que celle d'un état de minorité. Au point de vue scientifique, les peuples, à cette époque, sont encore enfants, non-seulement parce qu'ils sont sous la tutelle des anciens, mais encore parce qu'ils sont sous l'empire de superstitions puériles. Le moyen âge croit encore aux puissances surnaturelles. Un intérêt tout particulier se concentre sur les anomalies de la nature; c'est là que l'on croit trouver une source d'instruction, au lieu de s'appliquer à connaître progressivement et exactement les faits et les causes naturels. On regarde comme très-importants pour l'astronomie des phénomènes célestes insolites et passagers; et, en particulier, dans les sciences d'un caractère purement descriptif, on s'attache de préférence à des circonstances exceptionnelles, à des vices de conformation tout à fait accidentels. On s'égare à la poursuite de grands résultats sur de faux sentiers, au lieu de marcher dans la voie d'une observation calme et raisonnée qui mène toujours et sûrement à quelque vérité grande ou petite. L'astrologie attire plus l'attention que l'astronomie; les promesses fallacieuses de l'alchimie inspirent les travaux d'où sortira plus tard la chimie. La croyance à un élixir spécifique contre la mort fait négliger l'étude rationnelle de la médecine. L'ignorance universelle sur des questions de détail très-simples, qui ne demandaient qu'un peu d'esprit d'observation pour être résolues, nous frappe d'étonnement; et quand nous rencontrons une observation nouvelle, souvent elle est embrouillée par l'association avec une multitude d'emprunts faits aux anciennes autorités. S'il y a progrès sur certains points isolés de la science, il y a, d'un autre côté, dans l'exposition de sujets très-élémentaires, une confusion qui les rend souvent incompréhensibles. Ce que les sciences qui s'occupent de l'étude de la nature doivent au moyen âge consiste moins dans des détails et des faits bien étudiés, que dans des idées générales, conçues alors, mais qui n'ont été définitivement prouvées et fixées que dans les temps modernes. Certainement si l'on dégage une à une et que l'on groupe ensuite les parcelles des vérités qui se trouvent enfouies dans les écrits du moyen âge, on peut se former une idée plus favorable mais moins juste des progrès qu'il a accomplis ; son œuvre paraîtra alors plus considérable, après ce travail de dépouillement, que si on la considère dans son ensemble, avec tout son cortège d'erreurs et de préjugés. Mais je ne dois pas m'arrêter à des considérations spéciales pour en donner des preuves, et je dois aussi me restreindre à peu de traits dans l'esquisse que je voudrais faire indiquer de quelle manière le caractère général du moyen âge se retrouve dans les diverses branches des sciences physiques et naturelles.

L'astronomie du moyen âge resta au point où l'avaient portée les travaux des anciens et les efforts des Arabes. On croit encore que la terre est immobile ; autour d'elle tournent, dans des orbites plus ou moins complexes, les astres, fixés, selon une opinion encore très-accréditée, à des sphères ou voûtes transparentes et superposées, qui se meuvent en divers sens. Toutefois Bacon reconnut les défauts du calendrier Julien et engagea le pape Clément IV à le réformer. Mais le respect des choses consacrées par l'usage empêcha de prendre en considération les arguments invoqués par Bacon, qui représentait pourtant que la fête de Pâques n'était pas célébrée à sa véritable époque, et que le jeûne n'était pas, en réalité, observé aux jours prescrits. On admet assez généralement la forme sphérique de la terre, bien que des doutes se soient élevés à cet égard jusque dans le xve siècle et qu'on ait encore discuté pour savoir si la rondeur de la terre et l'existence possible d'antipodes n'étaient pas contraires aux dogmes de l'Église. Sur certains points de la géographie physique, le moyen âge s'élève à des conceptions plus hautes et plus indépendantes : le rapport entre la température des différentes zones terrestres et les angles d'incidence des rayons solaires ; l'abaissement de la température sur les montagnes à mesure qu'on s'élève ; l'influence qu'exerce la position des chaînes de montagnes sur le climat d'un pays ; tout cela se trouve parfaitement indiqué, dans le xiiie siècle, dans les écrits d'Albert le Grand. Les appréciations relatives à la terre habitable tendent aussi à devenir plus justes. Quant à la connaissance des différents pays, le moyen âge fut longtemps privé des sources d'information offertes par les géographes grecs, et prit pour autorités des auteurs latins peu dignes de foi et bien moins instructifs que les Grecs. Ce n'est qu'à partir du xve siècle que l'on profita de la géographie de Ptolémée, et qu'on dressa de nouvelles cartes indiquant la situation des lieux d'après la latitude et la longitude, et donnant une plus juste idée de l'étendue et de la forme des pays. Les découvertes des Normands au nord-ouest de l'Europe ne parvinrent que peu à peu à la connaissance des peuples méridionaux de cette partie du monde ; et quant à celles que ces navigateurs firent au nord-est de l'Amérique, au xe et au xie siècle, elles restèrent ignorées. Ce n'est que lentement aussi que se répandirent les notions ajoutées par les Arabes aux travaux géographiques des anciens. Mais, au xiiie siècle,

quelques voyageurs européens recueillirent des données plus exactes sur l'Asie, et, dès le commencement du xve siècle, les Portugais entreprirent leurs voyages d'exploration sur la côte occidentale de l'Afrique, préparant ainsi les grandes découvertes des temps suivants.

Au moyen âge, la partie des sciences naturelles qu'on appelle les sciences descriptives, dépasse à peine, quant au fond, les limites dans lesquelles s'étaient enfermés les anciens ; pour la forme de l'exposition, un grand nombre d'écrits du moyen âge, jusqu'à Vincent de Beauvais, c'est-à-dire jusqu'au xiiie siècle, ont ce caractère particulier, que l'histoire naturelle y est présentée comme un commentaire du livre de la Genèse. La stabilité des espèces est si loin d'être généralement acceptée, que Vincent de Beauvais lui-même reproduit, comme une chose incontestable, cette fable d'après laquelle certains oiseaux aquatiques naissent des fruits tombés d'un arbre qui croît dans le nord de l'Europe ; fable qui subsiste encore longtemps, en dépit des raisons que lui oppose Albert le Grand. Elle se maintient même au delà des temps du moyen âge, de même que cette autre fable qui fait naître ces mêmes oiseaux d'un genre de coquillage nommé, pour cette raison, Anatifère. Albert le Grand, lui-même, tout en niant la transmutation des espèces, croyait non-seulement que le seigle peut se transformer en froment et réciproquement, mais encore, que le bouleau peut se produire de racines de hêtre en putréfaction, et la vigne, de branches de chêne plantées en terre. Et c'est précisément comme botaniste qu'Albert le Grand a été mis au premier rang parmi ses contemporains et qu'il est regardé comme bien supérieur, non-seulement à tous ceux qui ont écrit sur les plantes avant lui, mais encore, aux savants des siècles prochains. Plusieurs botanistes modernes font grand cas de ses ouvrages et se plaisent à y relever de fines observations sur la physiologie des plantes ; observations assez semblables, du reste, à celles qui se trouvent dans un écrit de Bacon, sur lequel l'attention a été rappelée dans ces dernières années. Les savants qui se sont occupés de l'histoire de la zoologie et de la minéralogie sont moins d'accord dans leurs jugements sur Albert le Grand ; les uns sont séduits par la quantité de matériaux que renferment ses écrits et font valoir certaines observations ; tandis que d'autres ont été surtout frappés du manque d'indépendance que révèlent la plupart de ses descriptions et des inconvénients qui en résultent. Le merveilleux a, en effet, pour lui, un attrait particulier, et, même dans ce qu'il a écrit sur les pierres, ce qui lui paraît mériter l'attention du savant, ce sont surtout les forces occultes et les effets surnaturels. Cependant, au point de vue technologique, la minéralogie fait quelques progrès ; et la botanique peut d'autant moins être délaissée qu'elle est indispensable à la médecine de cette époque. La zoologie n'occupe plus, relativement à l'anatomie, base de la médecine, la même place qui lui avait été assignée dans les derniers temps de l'antiquité, où Galien avait pratiqué et recommandé la dissection des animaux comme un moyen essentiel d'étudier l'organisation du corps humain. L'anatomie des animaux était restée au même point que par le passé ; celle du corps humain ne faisait de son côté aucun progrès. Ce que les Arabes, dont les scrupules religieux ne permettaient pas la dissection des corps humains, savaient ou croyaient savoir en anatomie, était emprunté à Galien, et, dans l'Europe chrétienne du moyen âge, l'enseignement anatomique était également restreint à la nomenclature et la description des divers organes, toujours d'après Galien. En présence des préjugés religieux régnant aussi en Europe, cet enseignement profita peu de l'autorisation de disséquer de temps en temps des sujets humains, qu'avait accordée l'empereur Frédéric II au xiii° siècle. On n'avait que très-rarement l'occasion de se rendre compte, par l'autopsie, de la structure du corps humain; on ne saurait dire avec certitude si le plus célèbre anatomiste de la fin du xiii° siècle et du commencement du xiv°, Mondino de Bologne, a disséqué deux ou trois cadavres; il est certain qu'il n'en a pas disséqué un de plus. C'est de son époque que date l'usage qui s'introduisit dans les universités, d'employer, au moins une fois par an, ce moyen d'instruction. Mais les préventions contre la conservation des organes humains subsistèrent longtemps et empêchèrent les collections et les cabinets de se former. On s'étonne à bon droit qu'André Vésale n'ait pu, au milieu même du xvi° siècle, trouver dans tout Madrid une seule préparation ostéologique de la tête humaine. Mais nous devons nous rappeler aussi qu'en 1569, la faculté de médecine de Heidelberg fit l'acquisition de son premier squelette, rareté qui lui coûta fort cher.

Les notions de chimie pratique que l'on possède et que l'on applique au moyen âge, se rattachent essentiellement au travail des minéraux. L'étude de l'alchimie, si répandue à cette époque, conduit çà et là à la constatation de faits chimiques. Le problème des alchimistes, c'est-à-dire la production artificielle des métaux précieux, est celui qui préoccupe particulièrement les esprits; mais il reste toujours tel que les alchimistes arabes l'ont transmis à l'occident chrétien; il demeure posé dans les mêmes termes, et appuyé des mêmes théories sur la composition des métaux. Quant à la chimie théorique, si l'on peut donner ce nom aux sentences qui veulent indiquer la manière dont divers corps sont composés, et faire reconnaître que leur diversité repose sur une combinaison inégale de leurs éléments chimiques, ce n'est qu'une répétition des doctrines des Arabes sur cette matière. Tout le monde croit au moyen âge que l'alchimie peut arriver à la solution de son problème; la plupart des savants, sans en excepter les esprits si éminents du xiii° siècle, comme Bacon, sont même persuadés que cette solution est déjà trouvée et qu'elle a produit les résultats les plus admirables. Très-peu seulement s'aperçoivent que ces prétendus résultats pratiques de l'alchimie reposent sur une aberration ou sur une imposture; Albert le Grand signale quelques-unes de ces illusions, sans oser pourtant, en face de tant d'autorités, contester la possibilité de transformer les métaux; et Dante, au commencement du xiv° siècle, se fait l'interprète de vues plus judicieuses, mais très-peu répandues encore, quand il nous représente livrés aux tourments de l'enfer, des fourbes qui s'accusent tout simplement de s'être occupés d'alchimie. Vers la fin du xv° siècle, une nouvelle tendance s'introduit dans la chimie, et l'on commence à l'appliquer aux préparations pharmaceutiques; mais ici se révèle encore le caractère principal qui domine au moyen âge : l'esprit de routine et de soumission s'oppose à ces nouvelles aspirations, et combat l'application de la chimie à la médecine avec autant d'ardeur qu'il en met à favoriser et à maintenir l'étude de l'alchimie.

La physique, au moyen âge, comprenait spécialement l'étude de l'équilibre et du mouvement des corps ; et ici, les doctrines d'Aristote étaient en pleine vigueur. Les notions si précises que l'on devait à Archimède et qui tra-

çaient la route à suivre étaient complétement laissées de côté. La mécanique n'avance nullement dans tout le cours du moyen âge, et demeure stationnaire jusque vers la fin du xvi° siècle. Au lieu de la recherche des lois du mouvement, nous trouvons de stériles réflexions sur la nature du mouvement et sur l'origine de la force motrice ; on se perd de même dans des spéculations au sujet de la nature du temps, de l'infini, du vide, des formes substantielles, et l'on s'imagine faire œuvre de physicien en raisonnant sur des idées vagues en elles-mêmes, adaptées autrefois à certains termes mal définis. On manquait absolument de notions justes sur ce qui produit et entretient le mouvement; on admettait encore, entre autres erreurs de l'ancien temps, que les corps lourds devaient tomber plus vite que les corps légers, le poids d'un corps étant regardé comme la cause de sa chute. On attribuait une légèreté absolue à certaines substances considérées pourtant comme corporelles. La pression atmosphérique était inconnue, et l'on croyait pouvoir expliquer les effets qui en résultent par quelque hypothèse sur la nature intime des choses, par l'admission d'une de ces qualités que l'on nommait, à juste titre, *propriétés occultes*. — On ne connaissait du magnétisme que ce que les anciens en avaient dit. L'attraction était regardée comme une force inhérente à certains corps, et non comme une action réciproque. Ainsi Albert le Grand raconte, à propos du magnétisme, qu'un de ses amis avait vu un aimant qui n'attirait pas le fer mais qui était attiré par lui. — La méthode expérimentale que les alchimistes pratiques employaient, du moins jusqu'à un certain point, n'existait guère pour ceux qui s'intitulaient physiciens. L'optique seule faisait quelques progrès, comme le prouvent particulièrement les écrits de Bacon. Il connaissait très-bien non-seulement les phénomènes de la réflexion de la lumière, mais encore ceux de la réfraction, et il chercha déjà, sans y réussir, une expression générale résumant les rapports qui existent entre la direction du rayon incident et celle du rayon réfracté. On trouve déjà dans Bacon cette assertion, que la lumière se propage non pas instantanément, mais bien dans un espace de temps mesurable, quoique très-court. Au reste, malgré ces progrès qui se manifestent sur quelques points isolés, la physique est de toutes les sciences celle qui, dans la suite, s'est détachée de la manière la plus complète des travaux du moyen âge; pour son développement, elle n'y a pas même trouvé le point d'essor, mais elle a dû se mettre en opposition directe avec toutes les idées qui dominaient dans le moyen âge ce qu'on appelait la physique.

Je n'ai pu qu'esquisser à grands traits et d'une manière incomplète ce tableau des sciences au moyen âge. On pourrait relever d'autres erreurs et aussi d'autres éclairs de vérité à cette époque. On pourrait également citer des exemples, pour montrer qu'il est arrivé quelquefois, plus tard, de négliger des idées saines datant du moyen âge, et de rejeter en bloc avec toute la tendance scientifique de cette époque ce qui pouvait se trouver de bon et de vrai dans les résultats. Dans beaucoup de cas, les progrès accomplis par la science dans les temps suivants prennent leur point de départ dans les travaux de l'antiquité, ou sont le fruit de recherches indépendantes qui ne se rattachent par aucun lien à ce qui semblerait, dans les écrits du moyen âge, les avoir préparées et inspirées. D'autre part, il est vrai, certaines erreurs conservées par le moyen âge, ont été, pour la science, l'occasion d'un imposant développement. Qu'il me suffise de rappeler que c'est la supposition erronée d'un prolongement de l'Asie vers l'est, qui fit croire Christophe Colomb à la possibilité qu'en naviguant vers l'ouest, les Européens peuvent arriver aux Indes, et qui jouait un rôle si important dans ce qui conduisait à la découverte de l'Amérique.

Une ère nouvelle commença pour la science, du jour où l'on chercha à s'affranchir de la tutelle séculaire de l'autorité ; et les sciences contribuèrent elles-mêmes pour une grande part à secouer ce joug despotique. Au XIVe siècle renaît une étude plus directe et plus complète des anciens, en même temps qu'un grand nombre d'esprits éminents réclament le libre examen et le droit de faire valoir une conviction individuelle. Au XVe siècle, l'invention de l'imprimerie accroît la soif d'instruction, multiplie les ressources, facilite l'étude, répand les résultats de la science, et protége la pensée contre les efforts de ceux qui pourraient l'étouffer. Les découvertes du XVe et du XVIe siècle étendent les connaissances géographiques, et contribuent à donner une idée plus juste de la conformation du globe. Dès le commencement du XVIIe siècle, le microscope donne le moyen d'observer les plus petits êtres, les plus petits objets de la nature, et le regard pénètre, à l'aide du télescope, dans l'immensité du ciel, où il aperçoit des merveilles qu'aucun mortel n'avait jamais encore pu contempler. Dans la première moitié du XVIe siècle, Copernic établit son système du monde, en opposition avec les doctrines adoptées et consacrées par l'autorité. Dans les premières années du XVIIe siècle, Kepler, préférant l'étude exacte des positions d'une seule planète, de Mars, aux occupations plus variées mais moins profondes auxquelles s'étaient adonnés les astronomes du moyen âge, est amené à la découverte des lois qui portent encore son nom et sur lesquelles reposent les révolutions planétaires. Ce que Bacon avait prévu de l'application des mathématiques à diverses branches des sciences commençait à s'accomplir : à la fin du XVIe siècle et au commencement du XVIIe, on jette les premiers fondements de la mécanique moderne. Et enfin, à partir de cette époque, la méthode expérimentale pour laquelle ce même grand homme du XIIIe siècle s'était prononcé avec tant de force, et qui avait été si délaissée auparavant, règne désormais sur la science qu'elle féconde et vivifie.

Mais il ne s'agit pas d'énumérer les progrès des sciences à l'époque qui succéda immédiatement au moyen âge, encore moins ceux que les temps modernes ont accomplis. Dans un parallèle du moyen âge avec les temps postérieurs, nous ne prenons pas pour terme de comparaison les résultats obtenus à chaque époque. Il est trop naturel qu'une époque quelconque produise moins que la suivante ; bien que la comparaison de l'antiquité, et du moyen âge nous rappelle sous bien des rapports, il faut le dire, que cette règle a aussi ses exceptions. Pour juger de la valeur relative de chaque époque, et du degré de culture scientifique auquel elle s'est élevée, on ne doit pas se borner à la considération du chemin parcouru par elle dans les diverses branches, du nombre de faits constatés par l'expérience, des résultats pratiques, ni s'appuyer exclusivement sur ce que pour quelques points isolés avait été reconnu ou proposé ; il faut avoir égard nonseulement à ce que cette époque savait, mais encore à ce qu'elle croyait savoir. C'est donc d'après la manière générale dont on a conçu et pratiqué la science au moyen âge et dans les temps modernes, que nous opposons ces deux époques l'une à l'autre : la première, sûre d'elle-même et convaincue de l'infaillibilité de son savoir, là même où il était, en réalité, le plus défectueux ; et l'autre, croyant à la perfectibilité de la science, s'efforçant d'en élucider les points restés obscurs ou douteux et de discerner le vrai du faux. Ceux qui se plaignent de la suffisance des savants d'aujourd'hui, feraient bien de ne pas oublier la confiance et le ton tranchant avec lesquels ceux du moyen âge décidaient de la nature des choses, donnaient comme vérités démontrées les hypothèses les plus gratuites, et comme faits positifs ce qui n'existait que dans leur imagination. Certes, la science moderne prétend être en possession d'une certaine somme de vérités qui correspondent à autant d'erreurs admises par le moyen âge ; et, tant que cette conviction ne sera pas scientifiquement réfutée, les savants devront lui rester fidèles, tout en reconnaissant que ce qu'ils savent et enseignent est susceptible de progrès et de rectification.

Parmi les caractères qui distinguent en général l'esprit scientifique des temps modernes de celui du moyen âge, il faut mettre en première ligne la revendication sans restriction du libre examen. A mesure que le sentiment de ce droit gagne du terrain dans les esprits, celui du devoir imposé au savant d'examiner scrupuleusement les résultats de ses recherches va aussi en se fortifiant. Partout où le champ est laissé libre à la culture sérieuse des sciences, il reste moins de place à l'ivraie des assertions frivoles, que là où le travail est entravé ou limité. Le droit à la recherche indépendante n'exclut pas le respect de l'œuvre du passé ; on s'est appliqué, de nos jours, à l'histoire des sciences avec plus de zèle et de dévouement qu'on ne l'avait jamais fait au moyen âge. Mais aussi la haine contre les autorités d'un temps précédent ne se trouve pas plus dans l'esprit de ceux qui cherchent la vérité en suivant de nouvelles voies. Avec quelle aigreur, au contraire, ceux qui se sont trouvés directement aux prises avec l'autorité ne l'ont-ils pas attaquée pour se débarrasser de ses chaînes, au temps où son pouvoir sur la science était illimité ! Du reste, si les sciences sont arrivées dans les temps modernes à se spécialiser de plus en plus, contrairement à ce qui se passait au moyen âge, il n'en est résulté pour elles ni un morcellement, ni une scission. On ne voit plus comme autrefois toutes les sciences, isolées entre elles, représentées et concentrées dans un même individu ; on ne trouve plus d'homme qui embrasse et résume à lui seul tout l'ensemble du savoir humain ; mais, en revanche, nous voyons les sciences se compléter et se perfectionner mutuellement ; il existe entre leurs diverses branches une émulation, une solidarité et un enchaînement que le moyen âge n'a pas connus. D'ailleurs, il s'est rencontré aussi dans les temps modernes de ces hommes éminents dont le génie, vaste et profond, a pu embrasser et dominer plusieurs sciences à la fois, sans que cette universalité ait nui au succès de leurs travaux sur un terrain spécial ; il y a peu de temps (1), l'Allemagne tout entière a célébré la mémoire d'un tel homme. Pour les sciences aussi, l'indépendance de chaque branche vis-à-vis des autres, ne veut pas dire isolement ; elle n'exclut pas que chaque branche soit pénétrée de la conscience d'appartenir à un même ensemble plus étendu, et que l'on recherche les liens qui en rattachent les différentes parties. Les discussions sur les questions

---

(1) Le 14 septembre 1869 était l'anniversaire séculaire de la naissance d'Alexandre de Humboldt.

de préséance et d'influence 'gagnent aussi à cet esprit de liberté qui anime la science moderne : l'accord s'établit peu à peu entre les savants ; l'animosité et l'aigreur disparaissent ; la lutte des opinions prend un caractère plus paisible et plus tolérant.

Trouver dans quelles limites on doit sauvegarder l'indépendance de chacun, et en même temps aider à l'heureux développement de l'ensemble, telle est la question dont la solution préoccupe aujourd'hui, à juste titre, tous les esprits : question qui se pose, à notre époque, sur les terrains les plus divers, sur celui de la science comme sur celui de la politique. C'est cette question qui se soulève quand il s'agit des rapports entre la science et la foi ; c'est elle qui domine les questions, de quelle manière doivent être réglés les rapports entre l'École et l'Église, entre l'Église et l'État, les rapports sociaux entre les citoyens d'une même nation, et ceux des nationalités entre elles. C'est cette question encore qui s'agite chez nous, en ce qui concerne la reconstruction de notre patrie allemande. On est loin de s'entendre sur la manière dont on pourra la résoudre ; ce que les uns réclament pour l'indépendance de chaque partie séparément, les autres le repoussent comme un obstacle à l'unité et à la prospérité de l'ensemble. Mais quelle qu'en soit la solution, la question, sur un terrain comme sur l'autre, se résume en ces termes : concilier l'indépendance de chacune des parties intégrantes, avec le maintien et l'intégrité du tout.

Hermann Kopp.

— Traduit de l'allemand par L. Koch. —

FACULTÉ DES SCIENCES DE PARIS

PHYSIOLOGIE

COURS DE M. PAUL BERT (1)

Physiologie et zoologie

Au moment où, pour la première fois, j'ai l'honneur de prendre, à titre définitif, la parole dans cette chaire, vous attendez sans doute de moi que je définisse devant vous la science que je suis chargé d'enseigner, que j'indique son objet, sa méthode, ses tendances, et que je vous fasse sentir l'esprit général qui présidera à mon enseignement.

J'ai le devoir de remplir votre attente autant qu'il est en moi. Aussi bien, dans l'état actuel de notre science, ces exposés de principes, ces espèces de profession de foi présentent une utilité véritable. Vous ne les entendez point faire aux professeurs des autres sciences rationnelles, expérimentales ou naturelles ; c'est que leur voie est trouvée, leurs moyens d'action sont connus, leurs limites réciproques tracées. Si quelque difficulté s'élève, comme de savoir aujourd'hui s'il est possible d'établir une ligne de séparation entre la physique et la chimie, tout le monde au moins sait ce que sont ces deux sciences, et de quels points de vue différents elles envisagent quelquefois des faits identiques. Elles sont les aînées de la physiologie, et elles ont sur celle-ci tous les avantages de l'âge : la force, la méthode sûre, l'autorité extérieure.

(1) Voyez notre tome VI, page 298, 10 avril 1869.

Pour notre science, son existence même, comme science distincte, n'est pas en France, mais en France seulement, universellement reconnue.

Ce n'est pas la seule raison qui force le professeur de physiologie à s'expliquer sur les principes. Il en est une autre d'un ordre plus élevé, mais que des raisons multiples m'engagent à n'indiquer que d'une manière directe. Le grand combat que, depuis la Renaissance, l'homme soutient contre les préjugés pour établir son indépendance intellectuelle, après s'être livré successivement sur le terrain de l'astronomie, de la physique, de la géologie, de la linguistique, de l'anthropologie, déploie aujourd'hui son ardeur la plus vive aux environs du domaine de la physiologie. Les uns nous craignent autant que d'autres espèrent en nous. Les mêmes faits, fournis par notre science, servent aux plus acharnés adversaires. On va jusqu'à vouloir nous forcer à prendre un parti, et accuser de timidité ou d'impuissance notre prudente temporisation. Il importait, ce me semble, que je vous dise aujourd'hui quelle bannière sépare à mon gré les affirmations et les certitudes de la science physiologique d'avec les opinions que nous pouvons, à leur propos, concevoir. Des premières, vous avez le droit de nous demander compte, et d'exiger l'exposition complète ; les autres sont notre chose, elles n'appartiennent point à ce cours ; ici, notre devoir est, sinon de vous les dissimuler, du moins de ne jamais les faire intervenir de manière à diminuer l'autorité des faits.

Les exposés généraux de l'ordre de celui que je vais tenter ne sont donc autre chose qu'une preuve de la faiblesse de notre science : science si jeune qu'elle est obligée de s'affirmer, de s'expliquer elle-même, et de se défendre tout à la fois contre ceux qui voudraient l'absorber dans d'autres sciences et contre ceux qui la sollicitent imprudemment à sortir de son domaine.

C'est dans ce siècle seulement que nous avons vu la physiologie se dégager tout à la fois de la médecine et de l'histoire naturelle pour constituer une science distincte. Cette séparation est-elle justifiée ? Examinons d'abord ce point.

Quiconque a réfléchi sur la catégorisation des sciences, conviendra qu'on ne peut les caractériser seulement par l'objet même dont elles traitent, mais qu'il faut surtout faire intervenir le point de vue auquel elles l'envisagent, et le but particulier vers lequel elles tendent. Donnez à un physicien, à un chimiste, à un minéralogiste, le même cristal, et chacun, avec cet objet unique, constituera des travaux différents.

Ils l'étudieront d'abord comme un individu isolé, et en feront chacun une monographie spéciale ; puis ils chercheront en quoi il peut être utilisé pour la solution de problèmes généraux, distincts pour chaque science. Le physicien, qui aura dans ce cristal, par exemple, la double réfraction, verra si ce cas particulier peut l'éclairer sur les lois de la propagation des ondes éthérées. De l'analyse qu'il en aura faite, le chimiste pourra tirer quelques conséquences importantes pour l'étude des relations moléculaires. Enfin, le minéralogiste utilisant les données fournies par les autres savants, et y ajoutant le résultat de ses observations spéciales sur la forme cristalline, la couleur, etc..., déterminera les relations de ce cristal avec ceux qu'il connaissait déjà : il le classera et lui imposera un nom. Voici donc qu'un même objet, ou pour mieux dire, que la même série d'objets aura donné naissance à des sciences dont personne ne conteste l'individualité.

Semblablement, prenez, au lieu d'un cristal, un être vivant, un animal, par exemple. Que feront en sa présence l'anatomiste et le zoologiste ? Le premier, après avoir étudié les formes extérieures, portera le scalpel dans son organisme, et mettra à découvert les organes cachés. Avec les ressources des injections vasculaires, avec l'aide de la loupe et du microscope, il scrutera tous les détails des rouages délicats de la machine vivante, et constituera ainsi la monographie anatomique de l'animal. Mais il ne s'en tiendra pas là. Comparant l'être qu'il vient d'étudier avec ceux qu'il connaissait déjà, il trouvera ainsi des formules exprimant les *tendances* (Milne Edwards) révélées par la complexité croissante de leur organisation (économie, répétition, division du travail, etc.). Envisageant plus spécialement les organes similaires d'animaux divers, et guidé par certaines constatations générales empiriques, qu'il devra se garder d'ériger en lois (connexions, balancement des organes, etc.), il retrouvera, sous d'étonnantes variations de forme, l'identité d'origine : l'aile de l'oiseau, la nageoire du poisson, la patte du cheval, le bras de l'homme lui révéleront leurs affinités profondes. Reportant ensuite son attention sur les différentes parties constituantes d'un animal donné, il reconnaîtra entre elles des rapports profondément cachés ; avec Okèn, par exemple, il verra dans le crâne une série de vertèbres ; avec Carus, il établira la distinction du névro-squelette, du splanchno-squelette, il retrouvera avec de Blainville, les ressemblances typiques du poil, de la dent, de l'œil, avec Audouin et Milne Edwards, la similitude fondamentale des anneaux successifs et des appendices des crustacés, etc.; enfin, à la suite de Bichat, constatant, dans différents points de l'organisme, annexées à des appareils divers, des parties identiques par leur structure, des muscles, par exemple, il s'élèvera à la conception des tissus et des éléments anatomiques. Ce n'est pas tout : il ne comparera pas seulement, à une époque donnée de leur existence, les diverses parties d'un animal, soit entre elles, soit avec celles d'un animal voisin, mais il le fera dès le moment où, dans le développement de l'être, elles se dégageront de la confusion primitive pour apparaître sous des formes souvent très-différentes de la forme définitive : il aura alors à juger la valeur des prétendues lois de conjugaison (Serres), d'attraction de soi pour soi (Geoffroy Saint-Hilaire), etc., et les idées générales sur l'unité de plan, etc., seront alors de son domaine. Enfin il y rattachera l'étude des modifications que certains états morbides impriment à l'organisme (tératologie, pathologie), et trouvera surtout dans cette étude des matériaux utiles pour le développement des idées d'Étienne Geoffroy Saint-Hilaire et de Bichat. En un mot, et pour terminer ce long résumé, l'anatomiste, en dehors de son travail monographique, s'occupera des *analogies* entre les parties similaires d'animaux différents, des *homologies* entre les diverses parties d'un même animal, envisageant ces êtres à la fois dans leurs divers états : successifs ou définitifs, normaux ou pathologiques.

Pour le zoologiste, l'étude de l'animal fournira matière à de tout aussi vastes considérations. S'attachant de plus près que ne le fait l'anatomiste à l'étude des caractères extérieurs, il décrira complétement l'animal, il s'informera des pays où il vit, de ses mœurs, des relations qu'il a, dans son genre de vie, avec d'autres espèces vivantes, et notamment avec l'homme. Profitant alors et de ses observations propres et de celles qu'aura faites l'anatomiste dans ses recherches sur les organes internes, il considérera ces phénomènes comme des signes qui lui permettront de déterminer nettement les rapports d'af-

finité entre l'être qu'il envisage et le reste des animaux ; il établira ainsi une classification et assignera à cet être une place exprimant ces rapports. Dans la solution de ce difficile problème, il tiendra un compte important des modifications de formes que peut présenter l'animal aux différentes phases de sa vie, évitant ainsi de doubles emplois et constatant des affinités nouvelles.

La connaissance des mœurs de l'animal à l'étude, lui sert dans l'étude générale des influences qu'exercent l'un sur l'autre, les différents êtres vivants ; il montre ainsi comment ils sont réciproquement et suivant des relations très-compliquées, la raison d'être les uns des autres, la modification ou la destruction de l'un d'eux modifiant ou détruisant ceux qui l'entourent. Puis, rapprochant les diverses notions d'habitat, il en tire sur la répartition géographique des êtres actuels, des conséquences curieuses dont l'intérêt s'augmente s'il considère non-seulement les êtres actuels, mais ceux qui ont peuplé la terre à de plus anciennes époques.

Enfin, ces dernières constatations lui font étudier de plus près les modifications que les circonstances extérieures impriment aux caractères de l'être vivant ; elles l'amènent à se demander si cette catégorie primordiale de l'espèce, base de sa nomenclature, correspond à une réalité ontologique, ou n'est qu'une invention de l'esprit humain, et à chercher, en admettant cette dernière supposition, par quelles voies une espèce peut donner origine à une autre espèce ; il se sert alors, pour la solution de cette capitale question, de connaissances que vient lui fournir le physiologiste.

Quel sera maintenant le rôle de celui-ci en face de l'animal que nous avons supposé être soumis à son observation ? Il n'y a pas très-longtemps, que la réponse eût été bien simple. Annexant la physiologie à l'anatomie, on eût dit : quand celle-ci aura disséqué et décrit les organes, celle-là en indiquera le jeu. Aussi, dans les anciens livres anatomiques, trouvons-nous, après chaque chapitre descriptif, des explications sur l'usage des parties, explications qui constituaient, en outre de certaines rêveries sur l'origine première des phénomènes, toute la physiologie du temps.

Beaucoup de savants pensent encore de même aujourd'hui, et pour beaucoup, comme pour Häller, la physiologie n'est que l'anatomie animée. De là à lui refuser l'existence à titre de science distincte, à nier qu'elle ait un point de vue et un but particulier, la transition est facile, on l'a franchie, et il m'a été donné d'entendre cette phrase : Quand on a fait la description extérieure d'un animal, on fait son anatomie, puis sa physiologie ; il n'y a donc qu'une science, la zoologie, qu'un but, la connaissance de l'animal : du point de vue, il n'était pas question.

En Allemagne, messieurs, personne ne tiendrait un pareil langage ; par suite de l'évolution naturelle de la physiologie et sous une impulsion venue de France, par Flourens et Magendie, chacune des universités libres et indépendantes a senti la nécessité de dédoubler les anciennes chaires de zoologie et d'attribuer à la science nouvelle un nouvel enseignement.

Il en est résulté que la physiologie est universellement et sans combat, reconnue et admise, qu'elle a sa place au soleil ; que si l'on venait déclarer, comme on l'a fait en France, qu'elle n'est qu'un appendice des diverses branches de la zoologie, et qu'elle n'existe pas en tant que science, les savants allemands, pour toute réponse, imiteraient Diogène et marcheraient devant ceux qui nient le mouvement.

En France, c'est mon illustre maître, M. Claude Bernard, qui, le premier, a montré la spécialité du point de vue physiologique et proclamant l'indépendance de notre science par rapport aux sciences anatomo-zoologiques, lui a attribué, pour éviter toute équivoque, le nom de *physiologie générale*. Mais cette séparation est loin d'avoir été acceptée par tous ; de vifs combats ont été livrés, qui laissent encore la victoire incertaine, non pour l'avenir qui appartient à la vérité, mais, pour le présent. Et ces combats ne sont pas d'oiseuses ou plutôt d'inoffensives discussions entre des philosophes occupés à classer les sciences. Si les convenances ne m'interdisaient de parler de certains faits récents, il me serait facile de vous montrer, par un exemple topique, qu'elles ont une sanction pratique sur le terrain des faits.

Donc, aussi longtemps que la victoire restera en suspens (et peut-on considérer la bataille comme gagnée, alors que la Sorbonne est la seule de nos facultés des sciences de France qui possède une chaire de physiologie?), il est du devoir des physiologistes, au risque d'incessantes et monotones répétitions, de continuer la lutte et de combattre le bon combat. Aussi bien, le rappel de cette discussion nous servira pour la définition de notre science et l'exposition de l'objet de ce cours.

La physiologie a à se défendre contre deux dangers : l'absorption par la zoologie et l'absorption par la médecine.

Je vous ai parlé de la première, qui se présente avec une allure un peu menaçante, la seconde est une amie, au contraire, mais peut-être plus redoutable encore. Pour elle, en effet, la physiologie ne doit avoir d'autre but que d'éclairer la pathologie, elle n'est autre chose que la base sur laquelle devra reposer tout l'édifice médical, depuis le diagnostic jusqu'au traitement. Rôle important, à coup sûr, mais qui n'est pas le seul ni le plus proche, hélas! auquel doive prétendre, pour les temps à venir, la science physiologique. Il faut même qu'elle se mette en garde contre cette spécialisation de ses recherches, qui rétrécirait son champ d'études. Elle est utile, indispensable à la médecine, comme la physique et la chimie le sont à l'industrie ; mais comme ces sciences, elle a son but à part des applications utilitaires, elle a son idéal à poursuivre, son problème fondamental à résoudre.

Revenons donc à notre point de départ ; plaçons à nouveau le physiologiste devant cet être vivant, sur lequel se sont si fructueusement exercées les méditations du zoologiste et de l'anatomiste. Va-t-il négliger les connaissances ainsi acquises, presque toujours antérieures aux siennes, et par paresse ou vanité, les déclarer hors de son domaine : non, il s'en emparera d'abord autant qu'il est possible. Je suis physiologiste, dira-t-il, et rien de ce qui intéresse l'être vivant ne doit m'être étranger. Grâce à elles, il édifiera à son tour la monographie de l'animal considéré au point de vue physiologique. Dans cette première partie de son étude, les notions anatomiques lui seront du plus grand secours et à vrai dire, s'il bornait là son œuvre, il n'aurait guère le droit de réclamer pour sa science, une place à part auprès de son aînée.

Mais, quand il a ainsi expliqué le jeu des divers organes, analysé les liquides sécrétés, étudié leur action, il considère l'être vivant à un tout autre point de vue et qui caractérise spécialement la physiologie. C'est en effet, pour lui, comme un petit monde, un tout, harmonieusement équilibré, lieu de phénomènes qui supposent à la matière et à la force des manifestations en quelque chose différentes de celles qu'il constate en dehors des êtres vivants. Le problème qu'il se pose alors, c'est de suivre tous les facteurs et d'expliquer toutes les conditions de cet équilibre : de dresser le bilan matériel et le bilan dynamique de l'organisme qu'il observe. Et aussitôt, jetant un coup d'œil sur les êtres différents, il s'aperçoit que ce problème, pour indéfiniment diversifié qu'il soit, comme disait Diderot, est le même chez tous, et que ce qu'on pourrait appeler les têtes de colonne du bilan organique sont les mêmes partout. Partout, en effet, il voit la respiration brasser, pour ainsi dire, dans l'organisme, la matière et la force, dégager celle-ci sous forme de chaleur ou de travail, desceller lentement celle-là des flancs de l'édifice organisé : l'absorption, précédée ou non de digestion véritable, réparer incessamment ces pertes incessantes; des mouvements qui, développant un certain travail, nécessitent une certaine dépense de la force rendue libre aux dépens des forces de tension ; des phénomènes dits nerveux, bien que souvent ils se passent sans éléments nerveux, qui consistent en des dégagements soudains de force emmagasinée, dégagements à la suite desquels cette force apparaît avec des caractères qui semblent la mettre à part des forces connues, bien que tout près de la force électrique. Enfin, et au-dessus de tout cela, il constate des phénomènes consécutifs ou non à l'intervention d'excitations extérieures, et dont, pour employer des expressions connues, il désigne l'ensemble sinon la cause cachée par les mots de sensibilité, de volonté, d'intelligence : phénomènes pour la manifestation desquels l'expérience lui montre qu'une certaine dépense de matière et de force est indispensable.

Tout cet ensemble, le physiologiste le retrouve chez le dernier comme, chez le plus élevé des êtres animés; mais les détails varient prodigieusement. Les forces en jeu, les matériaux employés, sont de nature identique, mais ils diffèrent en quantité, et surtout les mécanismes à l'aide desquels ils sont utilisés semblent parfois ne pouvoir être comparés : aussi, pour l'observateur superficiel, les résultats obtenus paraissent différer entièrement.

Mais le physiologiste plus perspicace saisit, sous ce polymorphisme des phénomènes, l'unité fondamentale du problème. Et alors, considérant d'en haut tous ces êtres vivants, tous ces mécanismes réalisés si divers et cependant si semblables, il s'adresse suivant les cas, à celui qui lui paraît le plus commode pour l'étude des éléments particuliers de ce problème unique.

C'est ici que se fait sentir au physiologiste la nécessité de notions étendues en anatomie et en zoologie. S'il n'a pas en main ces connaissances, comme des armes toutes prêtes, non-seulement il ne pourra que rarement attaquer ce problème fondamental, mais il lui faudra une bien grande force d'esprit pour en comprendre l'étendue. En proclamant ainsi la nécessité de ces connaissances, je n'entends pas, tant s'en faut, subordonner la physiologie à l'anatomie et à la zoologie ; je ne la subordonnerais pas davantage à la physique et à la chimie, en reconnaissant avec tout le monde que le physiologiste a sans cesse besoin de ces sciences auxquelles, par ses méthodes d'investigations, la physiologie se lie étroitement. Je veux seulement vous bien pénétrer de l'idée de cette nécessité.

S'il m'était permis d'employer une comparaison, je dirais que l'anatomie et la zoologie ouvrent pour ainsi dire au physiologiste le musée de la nature ; mais la physique et la chimie sont comme le cicérone qui lui expliquerait l'origine, la composition et l'usage des objets. Lui, fait de ces connaissances l'usage qu'il croit utile à sa science.

En résumant ce que je viens d'exposer devant vous, je dirai : le zoologiste, ou pour mieux dire, le naturaliste, car la vieille division de la biologie en zoologie et botanique, utile en pratique, n'a plus de raison d'être théorique ; le naturaliste, dis-je, l'anatomiste, le physiologiste, ont le même objet d'étude : l'ensemble des êtres vivants. Mais les premiers le considèrent à l'état statique, le dernier à l'état dynamique. Les premiers constatent des phénomènes, le dernier, non-seulement les constate, mais les modifie, les arrête ou en fait apparaître de nouveaux. Selon la belle expression de M. Claude Bernard, « les sciences naturelles donnent la prévision des phénomènes, mais restent contemplatrices de la nature ; la physiologie, science expérimentale, arrive à être une science d'action, conquérante de la nature ».

Décrire et classer les êtres vivants ; étudier leurs relations réciproques dans l'espace et dans le temps (paléontologie) tel est le but du naturaliste ; son idéal est l'établissement de la méthode naturelle qui doit être, comme l'a dit Cuvier, « l'expression exacte et complète de la nature entière ».

Décrire et classer les organes ou les éléments, étudier leurs relations réciproques dans l'espace (anatomie comparée) et dans le temps (embryologie), constater les rapports généraux d'homologie et d'analogie, tel est but de l'anatomiste ; son idéal est l'établissement des types et des plans généraux de structure.

Étudier les transformations matérielles et dynamiques qui se passent chez les êtres vivants ; supputer les conditions de leur équilibre ; établir le rapport de ces modifications avec les conditions générales des milieux et les conditions particulières que présente la structure des divers êtres vivants ; trouver les lois qui régissent ces rapports, tel est le but du physiologiste : son idéal est la domination et la direction des phénomènes de la vie.

Telle est à grands traits, et sauf quelques modifications de détail, la thèse soutenue avec tant d'autorité par le maître de la physiologie française, thèse qui me paraît être l'expression de la vérité. Quelles objections lui a-t-on présentées ?

On a dit, d'abord, que les physiologistes étaient des orgueilleux qui voulaient se séparer, et se placer au-dessus du reste des biologistes : ce reproche d'orgueil, on le trouve, messieurs, adressé à tous ceux qui veulent échapper à une domination injuste, nous ne nous y arrêterons donc pas. Si le physiologiste peut se sentir fier à juste titre des progrès immenses d'une science toute récente, il a le devoir d'être modeste en considérant le peu qu'il sait par rapport à ce qu'il lui reste à savoir, et peut-être, hélas ! le peu qu'il pourra savoir par rapport à ce qu'il ne saura jamais. Est-ce vouloir placer la physiologie au-dessus de la zoologie que de proclamer que cette dernière science fournira à la première des moyens d'action ? Dites alors que le physicien qui se sert des mathématiques comme un instrument, subordonne orgueilleusement celles-ci à la science qu'il cultive.

On nous a accusés encore d'instituer d'étroites spécialités, d'y vouloir parquer les savants, et de réduire les zoologistes au rôle inférieur de simples nomenclateurs. Étrange reproche, qui s'adresserait à une prétention bien absurde. Et quelle sanction auraient ces lois édictées ainsi ? Injuste reproche,

car ne sommes-nous pas les premiers à proclamer que tout ce que nous savons de la physiologie des animaux inférieurs est dû aux zoologistes ? Mais, dans un autre ordre de faits, les découvertes les plus importantes en physiologie végétale ne sont-elles pas dues à des chimistes ? Qui peut s'en plaindre ? Est-ce à dire cependant que la chimie soit la botanique, que la zoologie soit la physiologie ?

D'autres ont cru trouver un argument sans réplique en parlant de l'embryologie et de la physiologie du développement. Est-ce là, a-t-on dit, de la zoologie, de l'anatomie ou de la physiologie ? Nous répondrons sans embarras : ce sera l'un ou l'autre, suivant le point de vue auquel vous vous placez, car il ne saurait en être autrement de l'embryon que de l'être complétement développé. Demandez-vous à l'étude du développement de rectifier vos idées sur la classification en vous montrant, par exemple, que Phyllosome et Langouste, que Cysticerque et Ténia, que Cyphistome et Méduse, classés morphologiquement loin les unes des autres, ne sont qu'un même animal à des âges différents, ou encore que les Cirripèdes et les Linguatules sont des crustacés et non des mollusques ou des vers ? Vous faites alors de la zoologie. Montrez-vous, au contraire, chez un embryon de Homard, par exemple, des tubercules identiques, au début, prendre en grandissant des formes spéciales qui, les adaptant à des usages spéciaux, masqueront leur homologie primitive, vous faites de l'anatomie. Enfin, étudiez-vous, par exemple, la question de savoir à quelles époques apparaissent, chez l'embryon d'un poulet, la contractilité musculaire, l'action directe du nerf moteur, les actes réflexes, vous faites de la physiologie : or, pour celle-ci, disons-le en passant, ce champ est presque entièrement inexploré. Certes, très-souvent, c'est le même savant qui, dans la même série de recherches, envisagera l'objet de ses études de ces divers points de vue ; mais la spécialisation de ceux-ci n'en existe pas moins.

On s'est enfin jeté dans les détails ; on a beaucoup discuté sur la valeur des expressions figurées, sciences de contemplation et sciences conquérantes ; sur la question de savoir si celles-ci ne font pas, en certaines occasions, usage de l'expérience ; on a parlé à ce propos de l'acclimatation, de la pisciculture, de la transmutation provoquée des vers intestinaux. Je ne puis, messieurs, m'empêcher de voir là autre chose qu'une discussion scholastique, qui ne mérite pas de nous arrêter. Les traits généraux de la caractéristique de chacune des trois sciences n'en persistent pas moins, et quant à ces détails sur lesquels on s'est tant plu à insister, que prouvent-ils, sinon qu'il y a toujours quelque chose d'artificiel et d'erroné dans nos classifications. Les phénomènes de la dissolution et de la dissociation ne relient-ils pas intimement la physique et la chimie ? Il n'en est pas moins vrai que ces deux sciences sont considérées comme distinctes ; que tout le monde comprend qu'il faut pour cultiver chacune d'elles, une éducation, un apprentissage spécial, pour les faire progresser, des moyens d'action particuliers, pour les enseigner, des chaires séparées : en un mot, de l'indépendance, des laboratoires et des hommes.

Or, c'est là le côté pratique si important de cette classification des sciences biologiques. Certes, le maître illustre dont je viens d'esquisser les idées sur la classification des sciences biologiques avait le droit de s'appuyer sur l'autorité imposante de ses belles découvertes ; mais que de regrets lui eussent été épargnés, que de richesses posséderions-nous en plus ;

si quelque autre eût avant lui fait triompher notre cause. « J'ai connu, dit-il, la douleur du savant qui, faute de moyens » matériels, ne peut entreprendre ou réaliser les expériences » qu'il conçoit, et est obligé de renoncer à ses recherches, ou » de livrer sa découverte à l'état d'ébauche. »

Réclamer pour la physiologie une place à part entraînait réclamer des moyens d'action à part, et c'est là ce qui nous intéresse le plus dans cette discussion. Ne nous arrêtons donc pas à des querelles de mots, ne cherchons pas si c'est faire une expérience que de remuer ensemble des œufs et de la laitance de saumon, si c'est conquérir la nature que d'amener en France un lama d'Amérique; tenons-nous-en aux grandes lignes, et nous, physiologistes, pour qui c'est toujours un sujet d'étonnement de voir des taxonomistes se quereller sur la valeur d'un genre qu'ils ont établi, et à l'existence duquel ils finissent par croire, n'allons pas imiter, en face d'une classification, œuvre de notre esprit et non de la nature, ce statuaire antique s'agenouillant avec terreur devant le Jupiter créé par son ciseau.

Revenons à la physiologie considérée en elle-même. Son objet d'études, avons-nous dit, c'est l'être vivant en action; son idéal, c'est la domination des phénomènes de la vie. Ne semble-t-il pas tout d'abord que l'étude de cette science doive commencer par la distinction nette de ce qu'est un être vivant, que cette science même suppose une définition parfaite de la vie?

Beaucoup l'ont cru et le croient encore, et leurs inutiles tentatives me font dire que fort heureusement elles n'étaient point indispensables. Si nous voulons, par voie d'abstraction, donner de la vie une définition qui soit en rapport avec une certaine conception de notre esprit, avec ce que nous désirerions que soit la vie, nous y arriverons aisément; mais cette définition, inutile dans la pratique, se heurtera incessamment aux faits. Si, plus prudents en apparence, nous voulons faire de notre définition une sorte de description abrégée, en y résumant tous les caractères principaux que nous offrent les êtres dits vivants, nous tombons nécessairement dans une pétition de principes, car il faudrait d'abord déterminer à quoi on reconnaît ces êtres vivants. Enfin, il y a un écueil plus grave : vouloir définir la vie, c'est supposer qu'elle est un ensemble de phénomènes essentiellement distincts des autres phénomènes naturels, qu'il existe réellement une barrière infranchissable entre ce qui vit et ce qui ne vit pas, supposition tout à fait gratuite dans l'état actuel de la science.

Toutes les définitions connues de la vie échouent sur l'un de ces écueils, sans parler d'autres qu'il eût été plus facile d'éviter. Aussi, me semble-t-il préférable de n'en point donner, et de nous en tenir provisoirement à cette espèce de sentiment qui nous fait distinguer dans la nature des êtres qui vivent d'avec des corps qui ne vivent pas. A quoi, dans la pratique des choses, reconnaissons-nous ceux-ci? Faisons-nous ce long parallèle entre la composition chimique, la structure intime, les formes extérieures, etc., auquel nous convient d'ordinaire les livres de physiologie? Non, ce qui nous frappe, ce qui nous fait dire que ces êtres sont vivants, c'est d'abord qu'ils changent en suivant une évolution qui semble établie par avance ; c'est ensuite qu'ils donnent naissance à des êtres qui suivent cette même évolution ; c'est enfin, qu'après un temps, ils perdent soudain l'activité personnelle dont ils témoignaient, et qu'ils disparaissent à nos yeux. Se développer, se reproduire, mourir, voilà les trois caractères auxquels nous les reconnaissons : mourir surtout. Et, à vrai dire, si les êtres vivants ne mouraient pas, la discussion philosophique sur laquelle il me reste, d'après ma promesse, à vous dire quelques mots, perdrait singulièrement, non de son intérêt, mais de son âpreté.

Quand, en effet, on les envisage au point de vue de la mort, ces problèmes se posent d'une façon dramatique, dans la véritable acception du mot. Je prends un oiseau, en plein exercice de tous ces actes que nous appelons vitaux, et avec une épingle je pique sa moelle allongée. Aussitôt il s'affaisse, il ne donne plus signe de sensibilité ni de mouvement : il est mort et vous savez tout ce qu'il adviendra de lui. Ne semble-t-il pas qu'en lui résidait tout à l'heure une puissance que nous avons, avec notre épingle, chassée, et chassée sans retour?

Messieurs, je ne reviendrai pas sur la discussion, aujourd'hui bien banale, de l'existence de ce principe vital, comme on l'a appelé. Des études approfondies ont montré que la solution qui se présente immédiatement à l'esprit n'est pas la vraie ; que la mort n'est pas un phénomène aussi soudain qu'il semble d'abord ; que chacune des particules de la matière vivante a son individualité, son évolution, sa reproduction, sa vie et sa mort personnelle. Nul ne sait, à coup sûr, où s'arrête cette divisibilité de la matière vivante; nous savons seulement déjà qu'elle franchit la prétendue limite de ce qu'on appelle l'élément anatomique ; mais cette inconnue ne doit pas plus nous embarrasser que l'inconnue de la divisibilité matérielle n'arrête les physiciens. Je n'insiste pas davantage sur ce que j'appellerai une hypothèse inutile, et j'arrive à un problème plus élevé, sur lequel on nous questionne, sur lequel, en tant que physiologistes, nous avons le droit de nous récuser.

Voici qu'un homme dans toute la force de l'âge, dans toute la vigueur du talent, est frappé d'un coup mortel. A la question qui se posait tout à l'heure, à propos de l'oiseau, s'en joint une autre plus grave encore : qu'est devenue avec la vie l'intelligence disparue? Et un sentiment analogue à celui qui faisait affirmer le principe vital fait affirmer le principe intellectuel. La physiologie doit-elle, comme elle a repoussé celui-là, rejeter maintenant celui-ci? doit-elle en admettre au contraire l'existence? Je ne saurais trop le répéter, en présence d'opinions contradictoires, en lutte à des sollicitations opposées, elle a le droit et le devoir de refuser de répondre : car ceci n'est pas de son domaine.

Est-ce à dire que la physiologie ne fournisse aucun fait, n'élucide aucune question qu'on puisse utiliser dans cette discussion qui divisera éternellement les hommes? Tant s'en faut, et c'est précisément la grande quantité de ces faits et de ces questions qui, donnant lieu à une confusion fâcheuse, a fait croire que la physiologie fournirait la solution du problème. Examinons rapidement ce point délicat. Je me permettrai pour les besoins de cette étude de diviser les phénomènes intellectuels en deux catégories : les uns, en effet, peuvent être constatés par l'observation extérieure, sur des êtres différents de nous : ils sont d'ordre objectif; les autres, au contraire, relèvent de l'observation intérieure; ils sont essentiellement subjectifs.

L'étude des premiers appartient tout entière à la physiologie, et elle se fait avec la même méthode et suivant les mêmes règles que celle de toute autre manifestation de la matière organisée vivante. Or, que nous révèle cette étude?

Elle nous fait voir d'abord, chez les animaux zoologiquement les plus voisins de nous, la manifestation complète de ce que les philosophes ont appelé les facultés de l'entendement, et cela avec une intensité qui ne laisse nulle place au doute pour quiconque observe de près. Descendant ensuite l'échelle des êtres, elle nous montre ces facultés, de plus en plus affaiblies, ne donner lieu qu'à des phénomènes de plus en plus obscurs jusqu'à disparaître enfin ; ou, pour parler plus exactement, elle nous montre que des phénomènes de plus en plus obscurs se rattachent de plus en plus difficilement à ces facultés arbitrairement instituées et délimitées par les psychologistes. Et là, comme partout, elle constate une gradation suivie, sans aucune de ces démarcations nettes, de ces espèces d'abîmes que la méthode *à priori* se plaît à imaginer entre les êtres qu'elle dédaigne d'observer. On a bien souvent parlé de l'abîme intellectuel qui sépare l'homme de l'animal : mais un abîme tout aussi profond ne semble-t-il pas creusé entre le singe anthropomorphe et l'amibe diffluente ? Or, vous avez tous dans l'esprit l'indication d'une série progressivement décroissante, à étapes innombrables, qui réunit les deux extrêmes. On peut aller plus loin encore, et retrouver jusque dans le besoin de mieux être qui fait chercher aux plantes la lumière, des traces bien obscures de cette volonté et de ce sentiment déjà si effacés chez l'amibe.

Se plaçant à un autre point de vue, le physiologiste remarque que chez l'immense majorité des animaux, les phénomènes intellectuels ont pour lieu d'origine des organes particuliers, à structure spéciale, nommés centres nerveux ; il constate entre la masse, la structure de ces centres et l'intensité de ces phénomènes des relations importantes. Puis, toujours par voie de dégradation progressive, il arrive à des êtres évidemment doués de volonté, et chez lesquels l'anatomiste n'a trouvé nulle trace de centre nerveux. Or, chez ceux-ci l'analyse physiologique révèle quelque chose d'étrange ; on peut les couper en morceaux, et chacun de ces fragments, après un temps plus ou moins long, manifeste les mêmes phénomènes que le tout primitif ; il y a plus, chez quelques-uns, cette division s'opère directement, sans action extérieure, et l'on a cet étrange spectacle d'un animal qui se dédouble lui-même. Il faut donc conclure de ces faits que, chez ces êtres, les phénomènes intellectuels et volontaires sont le résultat de l'action d'une partie quelconque de l'organisme, et que leur raison d'être est ainsi disséminée dans le corps tout entier. Chez les autres, au contraire, cette raison d'être est spécialement localisée dans un centre nerveux.

Ceci apparaît de la façon la plus éclatante lorsque, portant alors plus spécialement son attention sur l'espèce humaine, le physiologiste voit, dans l'évolution des âges même embryonnaires, du fœtus à l'enfant, de l'enfant à l'homme, l'énergie ascendante des phénomènes intellectuels suivre le développement du cerveau ; lorsqu'il voit les phénomènes anormaux d'exaltation, de dépression, de délire, de folie, toujours accompagnés d'altérations cérébrales ; les manifestations intellectuelles disparaître ou reparaître, suivant qu'arrive ou non au cerveau le sang qui nourrit son activité ; lorsqu'il constate tant d'autres faits de cet ordre que lui fournissent à l'envi l'anatomie pathologique, la tératologie, la clinique, l'expérimentation.

Le physiologiste est donc amené, en bonne logique, à lier indissolublement dans sa pensée les phénomènes intellectuels avec la matière cérébrale ou même avec la matière organi-

sée en général, s'il considère spécialement les êtres inférieurs. De ces deux facteurs, son droit est de déclarer qu'il ne constate jamais l'un sans l'autre et qu'il y a un rapport constant entre leurs états réguliers comme entre leurs altérations. De là à confondre, comme l'a dit Cl. Bernard, les causes avec les conditions des phénomènes, à considérer la matière organisée non-seulement comme la condition nécessaire des manifestations intellectuelles, mais comme leur cause, c'est-à-dire leur condition suffisante, il semble n'y avoir qu'un pas à franchir, et ce pas, au reste, beaucoup le franchissent aisément.

Je ne veux pas chercher à savoir s'ils ont au fond tort ou raison, je n'en ai pas le droit ; mais je dis que, ce faisant, ils ne font plus de la physiologie. Que s'ils croient n'être pas sortis de son domaine, je dis qu'ils se trompent, parce qu'ils jugent avec les seules données physiologiques des questions dans l'étude desquelles doivent intervenir d'autres données.

En effet, en dehors de la physiologie, reste presque tout entier le champ immense des phénomènes constatables seulement par voie subjective. C'est ici le terrain de la psychologie, terrain solide encore, et sur lequel la méthode *à posteriori* expérimentale, entre les mains des Mill, de Bain, de Taine, etc., fait faire à la science actuelle de rapides et durables progrès. Or, la psychologie, qui est à la physiologie ce que celle-ci est à la physique, arrive au même problème final, ou, pour mieux dire, au même inconnu par une voie différente et qui deviendra tout aussi certaine. Lorsqu'il s'agit de savoir si l'intelligence humaine est oui ou non le simple résultat d'une transformation de la force, ayant comme substratum la matière organisée, ou si elle est la manifestation d'une puissance spéciale, située bien au-dessus de la force et de la matière, comment peut-on penser à écarter du débat et l'idée de l'infini, et la notion du bien et du mal, et la conscience, et ce sentiment du libre arbitre qui résiste à tout ; car nous sentons qu'en l'abdiquant, nous nous renierions nous-mêmes. Il faut bien que ces notions fondamentales, dans ce qu'elles ont de scientifiquement éclairci comme dans ce qu'elles recèlent encore d'obscurités sentimentales, interviennent dans une querelle qui durera autant que dureront les hommes, et ceux des physiologistes qui refusent d'en tenir compte sont, à mon sens, aussi loin de la vérité que ceux des philosophes de l'école *à priori* qui n'écoutent qu'elles seules et croient pouvoir parler souverainement sans jamais avoir observé ni un animal, ni un malade, ni un fou, sans avoir jamais mis le pied dans un laboratoire.

Ici donc finit le domaine de la physiologie ; elle nous amène et la psychologie, sa sœur, nous y amène en même temps, au seuil de la métaphysique. Et n'allez pas croire que les sciences biologiques présentent, sous ce rapport, quelque chose de particulier. Les sciences physico-chimiques, qui poursuivent l'étude des forces et de la matière brutes, comme on dit, s'arrêtent à ce même seuil lorsqu'il s'agit de savoir si la force n'est qu'une manière d'être de la matière, ou si ces deux facteurs sont d'essences séparées.

Vous connaissez tous, messieurs, une école philosophique célèbre, aux enseignements de laquelle la science doit rendre un reconnaissant hommage, qui recommande à ses disciples de fuir les questions de cet ordre et qui voudrait même les bannir des préoccupations humaines. Il y a là un conseil sage et prudent que je me permets, en son nom, de vous transmettre, messieurs, sans pouvoir cependant répondre que j'aurai pour ma part le courage de le suivre. Quant à chasser ces problèmes de la pensée humaine, je ne sais si ce serait œuvre utile, mais, à coup sûr, c'est œuvre impossible ; ils s'imposent à l'esprit, et l'assiégent d'autant plus qu'il veut les écarter. En dépit de nous-mêmes, nous faisons tous de la métaphysique, souvent sans le savoir. Et pourquoi ne pas l'avouer, au reste ? c'est l'honneur de l'esprit humain, c'est le vrai caractère de sa grandeur que cette impatience d'un éternel inconnu. Prétendre le bannir ! Ah ! messieurs, rappelez-vous ce stoïcien qui, torturé par la goutte, disait : « Douleur, tu n'es qu'un mot » ; il niait la douleur, l'avait-il supprimée ?

Il faut donc laisser à ces questions ceux qu'y porte un secret désir. Mais ce que je ne cesserai de répéter, c'est qu'ils peuvent se servir de la physiologie, mais qu'ils ne font pas de la physiologie (et si j'étais psychologiste de profession, je dirais : ils ne font pas de la psychologie) ; c'est que si nous les suivons, nous cessons d'être nous-mêmes, et que notre science ne sera pas alors responsable de nos conclusions. C'est le mot éternel de saint Augustin : « Il faut mettre à part ce que nous savons de ce que nous sentons. »

En étudiant ces questions, fait-on même de la science ? Je n'ai point qualité pour le chercher ; mais je ne puis m'empêcher de vous rappeler qu'il n'y a science que là où il y a démonstration, et que, suivant l'expression de Voltaire : « Toujours répondre, c'est prouver qu'on n'a pas répondu. » Qu'il n'y a science que là où s'est faite une lumière définitive qui illumine les moins clairvoyants : chercher dans les ténèbres n'est pas de la science. Certes, il y a des obscurités sur le terrain scientifique, mais elles sont comme cette colonne de fumée que suivaient les Hébreux dans le désert ; elles sont en avant et nous marchons à elles, du côté de la terre promise. La physiologie, c'est ce que nous savons, et ce que nous savons est solide mais borné. Voulez-vous, quittant ce terrain sûr, et bravant le sort d'Icare, vous élancer poétiquement ou métaphysiquement, cela se ressemble, à la conquête de redoutables problèmes ? Faites, mais sachez du moins, et c'est là le seul motif de cet exposé à la fois trop rapide et trop long, sachez, si vos ailes vous font défaut, que ce n'est point la physiologie qui vous les a attachées.

PAUL BERT.

VARIÉTÉS

**Les germes atmosphériques et l'action de l'air
sur les plaies** (1)

En aucun temps la théorie de la maladie n'a été l'objet d'études plus approfondies, de discussions plus sérieuses que de nos jours. Les méthodes exactes, dont les sciences physiques et chimiques font journellement l'application aux faits d'expérience aussi bien qu'aux faits de raisonnement, font sentir leur influence dans la médecine et la chirurgie ; et, en nous révélant l'étroitesse des limites dans lesquelles se trouvent encore circonscrites nos connaissances

---

(1) Voyez ci-dessus John Tyndall, *Poussières et maladies* (*Revue des cours scientifiques*, t. VII, p. 285, 12 mars 1870).

précises, elles promettent de garantir leur développement pour l'avenir. Il est, je crois, d'importance capitale de signaler chacun des pas successifs qui viennent accroître d'une manière sûre et certaine ces connaissances, de dégager du domaine du vague et de l'incertitude chacun des fragments graduellement acquis de la vérité. Or, si les données publiées sont bien réelles, il me semble qu'un de ces pas vient de s'accomplir récemment, en ce qui concerne la théorie des germes appliquée à la putréfaction des plaies ; et je pense que les arguments qui ont été mis en avant en faveur de cette théorie ont, en somme, la valeur d'une démonstration physique de son exactitude. Telle est l'opinion que je me propose de préciser ici, en décrivant les faits sur lesquels elle s'appuie.

La pénétration de l'air dans une plaie est la terreur du chirurgien. Lorsqu'il ouvre un abcès, il doit empêcher l'air de se mélanger aux caillots sanguins, s'il veut éviter de voir apparaître la putréfaction et le développement prodigieux d'animalcules qui en est l'accompagnement obligé. Certains chirurgiens éminents de Londres m'apprennent qu'ils ne pressent jamais sur un abcès, de crainte que l'air extérieur n'y soit aspiré au moment où cessera la pression. D'où vient donc cette propriété fatale, si redoutée ? Est-ce l'air lui-même qui cause la putréfaction, ou bien est-ce quelque chose que cet air entraîne mécaniquement ? Un disciple de Gay-Lussac pencherait pour la première alternative ; un hétérogéniste rapporterait les animalcules à une *génération spontanée* ; un partisan de la théorie des germes attribuerait la putréfaction à des semences ou à des œufs, qui flotteraient dans l'atmosphère et qui, déposés sur une plaie, se développeraient en donnant naissance à cette multitude infinie d'organismes microscopiques. Y a-t-il quelques données qui nous permettent de choisir entre ces trois hypothèses, et d'affirmer la vérité de l'une d'elles ? Je le pense.

Il serait très-difficile de démontrer absolument la propriété putréfiante de l'air pur, si elle existait ; en effet, bien qu'on puisse obtenir l'air parfaitement filtré en apparence, un contradicteur obstiné peut toujours affirmer qu'il ne l'est pas en réalité, qu'il contient encore des germes, bien que nous ne possédions aucun moyen de constater leur présence. Il est facile toutefois de tourner cette difficulté ; en effet, si, en dépit de ces germes invisibles qui peuvent y rester, on peut prouver que l'*air visiblement pur* est inapte à produire les phénomènes de la putréfaction, il faut conclure que, pour ce qui concerne la question en litige, cet air est parfaitement filtré ; et la démonstration de son innocuité devient une démonstration de la vérité de la théorie des germes. Par les mots *air visiblement pur*, j'entends de l'air qui, traversé par un faisceau lumineux intense et fortement concentré, dans un espace qui ne reçoit d'ailleurs aucune lumière, ne révèle aucune trace de matière flottante à l'œil de l'observateur.

Mais comment faire pour obtenir cet air filtré ? Comment faire, une fois obtenu, pour l'appliquer sur une plaie et le mêler avec le sang ? Il y a deux ou trois ans, le professeur Joseph Lister, d'Édimbourg, fit une observation, et en tira une conclusion qui fait le plus grand honneur à sa sagacité. Il reconnut, et c'est, je crois, un fait d'expérience universelle en chirurgie, que lorsque le poumon est blessé par une esquille d'une côte fracturée, l'air peut se mélanger librement avec le sang dans la cavité de la plèvre ; et cependant on ne voit jamais survenir la putréfaction. Voici la proposition du professeur Lister, abrégée, mais dans ses propres termes :

« Je me suis expliqué ce fait remarquable, que, dans les fractures simples des côtes, si le poumon est pénétré par un fragment osseux, le sang épanché dans la cavité pleurale, bien que mélangé librement à de l'air, ne subit aucune décomposition. L'air est quelquefois pompé dans la cavité pleurale en telle abondance que, passant au travers de la plaie, il infiltre peu à peu le tissu cellulaire du corps tout entier. Cependant le chirurgien n'a, dans ces cas, aucune crainte de voir apparaître la putréfraction. Pourquoi l'air introduit dans la cavité pleurale par une blessure du poumon a-t-il des effets si entièrement différents de ceux que produit l'air qui pénètre par une plaie ouverte à l'extérieur? C'est ce qui est resté pour moi un mystère incompréhensible, jusqu'au jour où j'ai entendu parler de la théorie des germes, appliquée à la putréfaction. Il me parut alors immédiatement qu'il était naturel que l'air se filtrât et abandonnât ses germes dans les voies aériennes, dont l'une des fonctions consiste à arrêter les particules de poussières inhalées, et à les empêcher de pénétrer dans les lobules pulmonaires. Ce fait de chirurgie pratique, convenablement interprété, apporte donc, en faveur de la théorie des germes de la putréfaction, une preuve aussi bonne que toutes celles que pourraient fournir toutes les expériences artificielles. » (*British medical Journal*, 1868, page 56.)

Voilà une conjecture qui porte sur elle la marque du génie, mais qui cependant exige vérification. Si à la place de ses mots : *il était naturel*, nous étions autorisé à écrire : *il est parfaitement certain*, la démonstration serait complète. Or, c'est précisément ce que nous permettent de faire certaines expériences, avec un faisceau lumineux. Un soir, vers la fin de l'année dernière, pendant que je faisais passer différents gaz au travers de la trace poudreuse d'un faisceau lumineux, qui traversaît le laboratoire de l'Institution royale, l'idée me vint de déplacer la poussière illuminée au moyen de mon haleine.

Je remarquai alors, pour la première fois, l'obscurité extraordinaire produite par l'air expiré vers la fin de chaque expiration. Par un effort volontaire d'expulsion, on peut vider les poumons beaucoup plus complétement qu'on ne fait dans la respiration normale; l'air qui était contenu dans les portions les plus profondes des poumons se trouve alors poussé sur le faisceau, et l'on voit l'obscurité se changer en noirceur absolue. Il n'y a plus une particule, plus un atome, dans cet air; c'est un véritable fluide élastique, sans une trace de nuage ou de matière flottante.

Ainsi, nous pouvons constater *de visu* le pouvoir filtrant des poumons; d'autre part, l'expérience chirurgicale nous démontre l'inaptitude de l'air ainsi filtré à produire la putréfaction. Les germes enlevés par la filtration sont donc la cause de la putréfaction et du développement de vie parasite microscopique qui l'accompagne, — ce qu'il fallait démontrer.

Comme renseignement pour le chirurgien praticien, la démonstration de ce fait est évidemment de la plus haute importance. Le professeur Lister utilise aujourd'hui le pouvoir filtrant du coton, dans le traitement de nombreuses classes de plaies. Il détruit d'abord les germes qui adhèrent au coton, et par des lavages convenables, il tue ceux qui pour-

raient se trouver sur les chairs. Le coton nettoyé, placé sur la plaie, permet la libre circulation de l'air, mais il intercepte entièrement les germes, et le sang reste parfaitement inodore. Il est essentiel qu'aucune matière issue de la plaie ne puisse aboutir jusqu'à l'air extérieur; car elle constituerait une voie ouverte aux animalcules. Je puis ajouter que lorsque je fis les observations précédentes sur le pouvoir filtrant des poumons, je ne pensais pas du tout à la théorie des germes, que je connaissais peu. Leur valeur, comme preuve, est augmentée par cette considération, qu'elles sont complétement indépendantes de toute prévention théorique (1).

JOHN TYNDALL.

— Traduit de l'anglais par le D' RENÉ BENOIT. —

CHRONIQUE

En conformité des présentations de la Faculté de médecine de Paris, M. Daremberg a été nommé professeur d'histoire de la médecine, et M. Chauffard professeur de pathologie et thérapeutique générales.

— Le célèbre chirurgien écossais, sir James Young Simpson, professeur à l'Université d'Édimbourg, vient de mourir.

— MM. Cornil et Chalvet, agrégés de la Faculté de médecine, ont été nommés médecins des hôpitaux de Paris.

— La chaire de physiologie de l'Université de Prague, vacante par suite de la mort de Purkinje, vient d'être donnée à M. Hering, de Vienne. Elle avait été, dit-on, offerte à M. Helmholtz; mais l'illustre physiologiste n'a pas voulu quitter Heidelberg.

(1) Les tourbillons sombres qu'on produit en plaçant la flamme d'une lampe à alcool au-dessous de la trace d'un faisceau de lumière solaire peuvent se voir clairement, quoique moins parfaitement, dans tout salon de Londres. Il faut exclure, autant que possible, toute lumière, sauf un faisceau passant par une ouverture unique. La lumière d'une bougie donne aussi lieu aux mêmes phénomènes, mais très-imparfaitement.

AVIS.

Le propriétaire-gérant : GERMER BAILLIÈRE.

PARIS. — IMPRIMERIE DE E. MARTINET, RUE MIGNON, 2.

REVUE

DES

COURS SCIENTIFIQUES

DE LA FRANCE ET DE L'ÉTRANGER

SEPTIÈME ANNÉE · NUMÉRO 27 · 4 JUIN 1870

Paris, 3 juin 1870.

L'Angleterre se donne, elle aussi, une commission extra-parlementaire ; mais elle diffère beaucoup des nôtres.

Depuis plusieurs années les savants et les amis des sciences ont organisé dans ce pays une sorte d'*agitation* qui se propose d'obtenir pour les sciences une plus large place dans l'éducation des classes libérales. Les universités d'outre-Manche ont conservé toute sa rigueur à l'éducation classique qui s'y rattache aux idées religieuses anglicanes. Nos lecteurs n'ont pas oublié les critiques à la fois spirituelles et véhémentes adressées par M. Huxley (1) à un système scolaire qui repousse presque absolument toutes les sciences, excepté les mathématiques. Les promoteurs de ce mouvement viennent d'obtenir du gouvernement anglais la nomination d'une commission chargée d'étudier cette question. Voici les membres qui la composent : le duc de Devonshire, H. Ch. Keith, marquis de Lansdowne, sir J. Lubbock, sir J. Phillips Kay-Shut-lewort, Bernard Samuelson, et les professeurs W. Sharpey, Th. H. Huxley, W. A. Miller, G. Stokes. La plus grande partie de ces noms sont connus de nos lecteurs, et appartiennent à des hommes favorables aux idées nouvelles. On ne manquera pas de remarquer que la commission se compose non d'administrateurs, comme cela se voit trop souvent parmi nous, mais des sommités de la science.

— La Société géographique de Londres a tenu le 23 mai sa séance publique annuelle sous la présidence de sir Roderick Murchison. Dans son discours, M. Murchison a parlé surtout des voyages de l'infatigable Livingstone, qui explore toujours l'Afrique centrale, et de l'expédition actuelle de sir Samuel Baker à la recherche des sources du Nil. Les deux grandes médailles de la Société ont été décernées, l'une à M. George W. Hayward pour ses explorations dans l'Asie centrale, et l'autre à un Français, M. Garnier, lieutenant de vaisseau, pour l'expédition du Cambodge qui a rendu tant de services à la science géographique.

— M. Joule de Manchester, qui a prouvé et mesuré le premier par expérience l'équivalent mécanique de la chaleur, a été nommé lundi dernier correspondant de l'Académie des sciences de Paris pour la section de physique en remplacement de Magnus.

— Nous publierons la semaine prochaine une nouvelle liste de la souscription Sars, qui approche maintenant 12 000 francs.

— M. Caventou a été nommé membre de l'Académie de médecine de Paris dans la section de pharmacie.

— *Nature* nous apprend que l'amirauté anglaise met, cette année comme les années précédentes, le navire *le Porc-Épic* à la disposition de la Société royale de Londres pour continuer l'exploration du fond de l'Océan. Cette nouvelle campagne commencera vers la fin de juin. M. J. Gwyn Jeffreys et probablement M. Wyville Thomson en dirigeront la première partie ; ils doivent parcourir le golfe de Gascogne et longer les côtes d'Espagne et de Portugal jusqu'à Gibraltar. M. W. B. Carpenter leur succédera au commencement d'août ; il s'avancera dans la Méditerranée, où il doit étudier surtout la direction et la nature des courants dans les détroits. Un appareil construit par M. Siemens permettra de déterminer à quelle profondeur la lumière du soleil pénètre dans la mer. D'autres recherches importantes pour la physique et l'histoire naturelle seront faites dans le cours de cette expédition.

Depuis plusieurs années déjà les naturalistes d'Amérique, d'Angleterre et de Suède exécutent tous les étés des travaux de draguages sous-marins pour lesquels on met à leur disposition la marine de l'État. Ces efforts ont été récompensés par des résultats scientifiques considérables et une énorme quantité de matériaux qui fourniront la matière de bien des mémoires. On peut dire qu'il n'y a pas en ce moment de recherches plus utiles aux progrès de l'histoire naturelle et de la physique du globe. Cependant le gouvernement français ne paraît pas se préoccuper encore de suivre l'exemple qui lui est donné.

Il est assez admis chez nous que les États-Unis, absorbés par la conquête matérielle d'un continent, restreignent leurs préoccupations intellectuelles à l'enseignement primaire ou technique, et qu'ils ne songent guère à l'enseignement supérieur ni à la science pure. Ce sont eux pourtant qui ont pris l'initiative de ces travaux de draguages sous-marins, au sortir de la guerre de la sécession, et la France, qui n'avait pas à subir ces terribles secousses, n'a rien fait encore aujourd'hui. Il n'est même pas certain que les naturalistes français se soient intéressés immédiatement à ces recherches, car leur existence était fort peu connue en France avant que la *Revue des cours scientifiques* ait publié l'article de M. W. B. Carpenter (10 juillet 1869, tome VI, page 498).

Les navires de l'État voyagent souvent sans destination déterminée, pour l'instruction de leurs équipages. On pourrait donc presque sans dépenses en mettre quelques-uns au service de la science pendant les mois d'été, d'autant plus facilement que ces recherches n'exigent ni vaisseau de premier rang, ni cuirassé. C'est d'ailleurs ce que le ministre de la marine a déjà fait dans certaines circonstances.

ÉMILE ALGLAVE.

---

(1) *Ce que doit être une éducation libérale*, dans notre tome V, page 665, 19 septembre 1868.

COLLÉGE DE FRANCE

CHIMIE ORGANIQUE

COURS DE M. BERTHELOT

Les états isomériques des corps simples (1)

Nous allons étudier les principaux états isomériques des corps simples.

Cette étude est d'une grande importance. En effet, les conditions dans lesquelles les divers états des corps simples se manifestent, les influences physiques ou chimiques qui les modifient, et les procédés par lesquels on peut les transformer les uns dans les autres, jettent un jour singulier sur le mécanisme de la combinaison chimique. On voit par là qu'en chimie tout ne se réduit pas à des molécules simplement rapprochées ou éloignées ; mais il s'établit entre elles des liens, des arrangements particuliers, arrangements dont la trace subsiste parfois après que les molécules ont été séparées. Aussi la combinaison est-elle souvent précédée par un travail spécial qui change la disposition intime de chacune des particules élémentaires envisagée séparément; ce travail, obscur ou incertain dans la plupart des cas, est mis en pleine évidence par les faits observés dans les combinaisons du soufre, dans celles de l'oxygène et de quelques autres éléments.

Ce n'est pas tout : l'étude des changements préalables dans les propriétés des corps simples, avant leur combinaison, comme celle des états multiples qu'ils peuvent manifester en sortant de leurs composés, nous conduit à des inductions plus profondes sur la nature même de la matière et sur les causes qui produisent sans doute la diversité des corps élémentaires. En effet, nous verrons certains corps simples, tels que le soufre, l'oxygène, le phosphore, le carbone, se séparer de certains composés avec des propriétés toutes différentes de celles qu'ils présentent en se séparant de leurs autres composés ; la diversité du soufre et du phosphore est du même ordre que celles de deux éléments différents, doués du même équivalent; celle du carbone et de l'oxygène va plus loin encore, car elle semble répondre à des équivalents distincts et multiples les uns des autres.

Développons ces notions générales par l'exposition des faits et des expériences.

La plupart des métalloïdes présentent plusieurs états isomériques distincts; mais ces états n'ont guère été étudiés avec méthode que pour l'oxygène, le soufre, le phosphore et le carbone. Nous parlerons de ceux-là seulement.

I

ÉTATS DE L'OXYGÈNE

Il existe au moins deux états de l'oxygène, à savoir : l'*oxygène ordinaire* et l'*ozone;* Schönbein et M. Meissner en ajoutent un troisième, l'*antozone,* dont l'existence n'est pas absolument démontrée.

L'oxygène ordinaire vous est trop connu pour y insister : je rappellerai seulement que c'est un gaz inodore, seize fois aussi dense que l'hydrogène ; il ne s'unit point directement à l'eau, n'oxyde pas la potasse à froid, ni les métaux proprement dits, si ce n'est à la longue et avec le concours de l'humidité.

L'ozone se produit lorsque l'oxygène ordinaire est soumis à l'action de l'étincelle électrique, ou bien encore pendant l'oxydation lente du phosphore humide et de quelques autres substances : on le dégage en électrolysant l'eau acidulée, à une basse température; ou bien encore en décomposant par l'acide sulfurique certains peroxydes métalliques ou leurs sels, le permanganate de potasse par exemple.

C'est à l'ozone qu'est due l'odeur sulfureuse de la foudre, remarquée de toute antiquité, et celle de l'étincelle électrique, observée par Van Marum à la fin du siècle dernier. Cette odeur, attribuée d'abord à la vapeur nitreuse, a été l'origine de la découverte de l'ozone par Schönbein, qui a consacré une vie entière et un esprit d'invention des plus originaux à l'étude de l'ozone et de ses relations chimiques. Je n'ai pas l'intention de vous faire ici l'histoire des nombreux travaux consacrés à l'ozone par MM. de la Rive, Fremy et Becquerel, Houzeau, Kuhlmann, Soret, Andrews, Meissner, etc.; je me bornerai à résumer les faits qui semblent le mieux acquis.

Préparation. On prépare l'ozone : 1° en électrolysant l'eau renfermant un dixième d'acide sulfurique et entourée d'un mélange réfrigérant : on recueille les gaz dégagés au pôle positif. Les gaz doivent être recueillis sans l'intermédiaire de bouchons ou de caoutchouc, qui seraient corrodés rapidement; on a recours à des fermetures hydrauliques par l'eau, l'acide sulfurique ou même le mercure (qu'une attaque superficielle ne tarde pas à protéger, par la formation d'une pellicule oxydée, contre toute action ultérieure).

2° Par l'emploi de la décharge électrique. On opérait autrefois en faisant passer une série d'étincelles à travers de l'oxygène pur et sec. A cette méthode, M. Babo en a substitué récemment une autre qui est bien préférable. Elle consiste à électriser l'oxygène par influence ou, plus exactement, par la décharge obscure. A cet effet, on termine chacun des deux pôles d'une très-puissante bobine d'induction par un faisceau de fils de platine réunis chacun avec un gros fil de cuivre inclus au sein d'un tube de verre capillaire, fermé aux deux bouts, l'un des bouts étant d'ailleurs soudé avec le fil de platine. On termine chaque pôle par six à huit tubes de verre de cette espèce. Les deux faisceaux de fils de platine sont placés à une distance telle que la décharge ne peut avoir lieu entre eux; mais les tubes de verre étant juxtaposés, la décharge se fait au travers de leur matière, sans étincelle visible.

On place le système des douze tubes de verre, juxtaposés six à six par leurs extrémités libres, dans un tube de verre horizontal, plus large, dans lequel circulent lentement les gaz mis en expérience.

A l'aide de cet appareil, on isole les actions dues à l'élévation de température de celles qui sont dues à l'électrisation elle-même. Par exemple, on change l'oxygène en ozone.

J'ai reconnu que l'hydrogène chargé de vapeurs hydrocarbonées (pétrole volatil vers 90 degrés) fournit aussi une trace d'acétylène; mais un quart d'heure de décharge obscure n'équivaut pas à une seule forte étincelle du même appareil d'induction, pour la formation de l'acétylène.

Au contraire, la formation de l'ozone a lieu d'une manière bien plus prononcée par la décharge obscure que par l'étincelle.

---

(1) Voyez notre tome VI, pages 762 et 781, 30 octobre et 6 novembre 1869, et les notes de renvoi.

Quel que soit le procédé de préparation, on n'a jamais obtenu jusqu'ici l'ozone à l'état de pureté; mais seulement un gaz formé d'oxygène et d'ozone, dans lequel celui-ci n'a jamais dépassé six à huit centièmes du volume total.

Le gaz ainsi modifié et que je mets sous vos yeux possède des propriétés remarquables. Il décompose à froid l'iodure de potassium, avec mise en liberté d'iode qui jaunit la liqueur et qui bleuit l'amidon; il décompose aussi la solution des sels manganeux, en précipitant un peroxyde brun de manganèse que vous voyez se former rapidement sur les parois du flacon. Il oxyde la potasse solide, en formant un composé jaune que je mets sous vos yeux. Il oxyde à froid le mercure et l'argent, ce dernier avec lenteur. En présence de l'azote et d'une solution alcaline, il forme de l'azotate de potasse. Il oxyde immédiatement une multitude de substances organiques, etc. L'ozone est donc un corps nouveau, bien différent de l'oxygène ordinaire.

Cependant la nature élémentaire des deux corps est la même. En effet, dirigeons lentement le gaz qui sort de l'appareil de Babo à travers un tube de verre chauffé au rouge sombre sur deux de mes éléments horizontaux à analyse organique (1), le gaz qui sort du tube a perdu toute réaction sur l'amidon iodé, sur les sels manganeux, etc. Il suffit d'une température de 250 à 300 degrés pour ramener l'ozone à l'état d'oxygène ordinaire.

Mais si la matière élémentaire des deux gaz est la même, ils diffèrent cependant par la condensation : l'ozone représente un état condensé de l'oxygène, d'après les recherches de M. Andrews et celle de M. Soret (2).

En effet, l'ozone, en exerçant une action oxydante sur divers autres corps, tels que l'iodure de potassium, se dédouble; en même temps que le corps oxydable prend une portion d'oxygène, une autre portion se change en oxygène ordinaire, dont le volume est égal à celui de l'ozone primitif. En d'autres termes, un gaz mélangé d'ozone ne change pas de volume en exerçant certaines actions oxydantes, d'où il suit que l'ozone est de l'oxygène condensé.

On arrive au même résultat en soumettant le gaz mêlé d'ozone à l'action de la chaleur : il éprouve par là une certaine augmentation de volume, égale précisément au volume de l'oxygène fixé par l'iodure de potassium.

Il existe, au contraire, d'autres corps, tels que l'essence de térébenthine et l'essence de cannelle, qui absorbent l'ozone dans des proportions différentes et de façon à diminuer le volume du gaz mêlé d'ozone. Cette diminution égale au double du volume de l'oxygène qui serait fixé sur l'iodure de potassium ou qui reparaîtrait sous l'influence de la chaleur, résultat remarquable établi par M. Soret. Si donc, on admet que l'essence absorbe complétement l'ozone, il en résultera que la densité de l'ozone gazeux sera égale une fois et demie à celle de l'oxygène. Comme on aurait pu élever quelque doute sur cette interprétation, M. Soret l'a corroborée par des expériences d'un autre genre, celles-ci fondées sur des données purement physiques, à savoir sur la vitesse de diffusion des gaz, laquelle dépend de leur densité suivant une loi connue. Il a ainsi retrouvé exactement le même résultat.

Ainsi, l'ozone est de l'oxygène condensé dans le rapport de 3 à 2, c'est-à-dire que la densité de l'oxygène étant égale à seize fois celle de l'hydrogène, la densité de l'ozone sera égale à vingt-quatre fois celle de l'hydrogène.

De là une première conséquence d'une extrême importance. En effet, on admet en général que les poids atomiques des corps gazeux sont proportionnels à leurs densités. Le poids atomique de l'hydrogène étant 1, celui de l'oxygène ordinaire est en général regardé comme égal à 16. Mais il résulte des faits précédents que celui de l'ozone devra être égal à 24. L'oxygène ordinaire et l'ozone étant constitués par un seul et même principe matériel, que j'appellerai, pour préciser, l'*oxygène élémentaire*, le poids atomique de l'oxygène élémentaire devra servir d'unité commune à l'ozone et à l'oxygène ordinaire : d'où il suit qu'il ne saurait être supérieur au nombre 8. Tel est le vrai poids atomique de l'oxygène.

L'ozone, nous l'avons dit, ne se produit pas seulement par la réaction de l'étincelle électrique sur l'oxygène ou par l'électrolyse de l'eau, il prend aussi naissance lorsque l'oxygène ordinaire est mis en présence du phosphore et qu'il en détermine l'oxydation lente. Schönbein a cherché à ramener cette double origine à une explication commune, par les hypothèses que voici :

L'oxygène ordinaire serait un composé neutre, formé par l'association d'un oxygène électro-négatif (ozone) avec un oxygène électro-positif (antozone).

Mis en présence des corps oxydables, l'oxygène ordinaire n'exercerait pas immédiatement son action, parce que toute l'oxydation serait précédée ou accompagnée par le dédoublement de l'oxygène. L'ozone et l'antozone ne s'uniraient pas d'ailleurs avec les mêmes corps. Ainsi l'ozone se combinerait avec le phosphore et les protoxydes de fer, de plomb, de manganèse, l'acide pyrogallique, l'hématoxyline, etc., en formant des *ozonides;* tandis que l'antozone, sans action sur le phosphore, l'acide pyrogallique, etc., s'unirait au contraire avec l'eau, pour former de l'eau oxygénée, avec l'essence de térébenthine, pour former un composé spécial; en un mot, l'antozone engendrerait des *antozonides.* Schönbein invoque à l'appui de cette théorie, ce fait que la formation de l'ozone par électrolyse est accompagnée par celle de l'eau oxygénée; laquelle dériverait de l'antozone; il croit aussi avoir démontré par diverses réactions et colorations la présence de l'eau oxygénée, simultanément avec celle de l'ozone, dans l'oxydation du phosphore; la présence de l'eau oxygénée, simultanément avec celle des oxydes métalliques dérivés de l'ozone, dans l'oxydation des métaux par l'oxygène seul ou aidé du concours d'un acide, par exemple, dans l'action de l'oxygène sur l'amalgame de plomb, en présence de l'acide sulfurique étendu ; de même dans l'oxydation de l'acide pyrogallique; de même dans la combustion de l'hydrogène et des gaz combustibles par l'oxygène, etc.

Schönbein et, après lui, M. Meissner, prétendent avoir isolé l'antozone, soit dans la réaction du bioxyde de baryum sur l'acide sulfurique, soit dans la réaction de l'étincelle sur l'oxygène ordinaire. En effet, l'oxygène électrisé, après avoir été privé d'ozone au moyen de l'iodure de potassium ou de l'acide pyrogallique, puis desséché, possède la propriété de répandre à l'air humide d'épaisses fumées. Toutefois, malgré les efforts de ces savants, l'existence de l'antozone demeure fort problématique; la formation même de l'eau oxygénée dans la plupart des oxydations ne semble pas rigoureusement établie. En effet,

---

(1) Ces éléments se prêtent très-commodément à toutes les expériences faites vers le rouge sombre ; voyez la figure et la description dans les *Annales de chimie*, 3e serie, t. LVI, p. 214.

(2) *Comptes rendus de l'Académie des sciences*, t. LXI, p. 941, 1865.

les réactions colorées attribuées à l'eau oxygénée, appartiennent aussi à toute une série de composés, qui représentent les premiers produits dans un grand nombre d'oxydations. Ce sont des composés singuliers qui cèdent facilement l'oxygène déjà combiné avec eux, pour oxyder d'autres substances. L'acide hypoazotique est le type de ces composés. On sait en effet que la plupart des corps oxydables lui enlèvent aisément la moitié de son oxygène ; mais le bioxyde d'azote qui en résulte est un corps fort avide d'oxygène libre et il reproduit immédiatement l'acide hypoazotique. Ainsi s'établit entre l'oxygène libre et le corps oxydable privé de toute action immédiate sur cet élément, une chaîne d'oxydations et de réductions alternatives, dont le bioxyde d'azote et l'acide hypoazotique représenteront les intermédiaires : la transformation de l'acide sulfureux en acide sulfurique est le type bien connu de ces oxydations,

Or, la plupart des observations de Schönbein sur l'eau oxygénée et sur l'antozone me paraissent rentrer dans l'explication précédente. C'est ce que je vais chercher à vous montrer en étudiant avec vous le type des antozonides, l'essence de térébenthine oxygénée. Cette discussion est d'autant plus importante que les phénomènes d'oxydation indirecte semblent jouer un rôle essentiel dans les réactions sur lesquelles reposent la photographie ; ils se retrouvent sans doute fréquemment dans la végétation des plantes et dans la nutrition des animaux ; tous effets qui s'accomplissent à la température ordinaire et sans le secours des réactifs puissants que l'on est habitué à mettre en œuvre dans les laboratoires.

I. — La décoloration de l'indigo est l'une des oxydations les plus frappantes parmi celles que l'essence de térébenthine est apte à provoquer. Elle a été découverte par Schönbein, qui a signalé également l'oxydation de l'acide sulfureux, celle de divers métaux, etc., sous cette même influence. J'ai observé que cette essence peut oxyder aussi le pyrogallate de potasse, le sucre et probablement le mercure.

Parmi ces divers phénomènes, j'ai particulièrement examiné avec détail l'oxydation de l'indigo et celle du pyrogallate de potasse, et j'ai tâché de les préciser par des mesures, de façon à en déterminer l'intensité et les limites.

1° *Indigo*. — On constate rapidement le phénomène en faisant bouillir dans un matras une solution aqueuse et étendue de sulfate d'indigo, avec de l'essence de térébenthine distillée depuis plusieurs semaines ; on agite vivement le tout : au bout de quelques minutes l'indigo se trouve décoloré. Si l'on opère avec une liqueur aqueuse à peine teintée de bleu, la décoloration est presque immédiate. J'ai cherché combien un volume déterminé d'essence pouvait décolorer de volumes d'une solution titrée d'indigo.

J'opérais d'abord en ajoutant cette solution par petites quantités, faisant bouillir et attendant la décoloration complète, avant d'ajouter une nouvelle proportion d'indigo. L'expérience ainsi dirigée se prolonge pour ainsi dire indéfiniment ; la décoloration devient de plus en plus lente, sans cesser pourtant de se produire et sans qu'il soit possible tout d'abord d'en assigner le terme, même au bout de plusieurs semaines. Mais je me suis aperçu que l'expérience ainsi conduite et prolongée comporte deux causes d'erreurs fort graves au point de vue des mesures. En effet, une ébullition d'aussi longue durée finit par volatiliser presque toute l'essence ; et le reste se résinifie d'autant plus vite que l'on opère à 100 degrés.

J'ai alors cherché si l'expérience pouvait se faire à froid, de façon à permettre de la prolonger sans perte de matière. Or il suffit d'agiter l'essence avec la solution d'indigo pendant un temps suffisant, pour décolorer celle-ci, même à la température ordinaire. Au commencement de l'expérience, le temps nécessaire pour obtenir la décoloration est plus long qu'à 100 degrés ; mais cet inconvénient est bien vite compensé. Il n'est point nécessaire d'ailleurs d'agiter continuellement le mélange, car la décoloration se fait d'elle-même au bout d'un certain temps. Ces faits posés, voici comment j'ai opéré :

Dans un flacon de 10 litres, j'ai introduit 5 centimètres cubes d'essence de térébenthine rectifiée depuis quelques semaines, 50 grammes d'eau et 100 centimètres cubes d'une solution titrée d'indigo. Ces 100 centimètres cubes exigeaient pour leur décoloration 50 centimètres cubes de chlore (1), c'est-à-dire 25 centimètres cubes d'oxygène. Le tout a été maintenu à une température comprise entre 20 et 30 degrés pendant huit mois. On ajoutait l'indigo par fraction de 50 centimètres cubes, ou moins, au fur et à mesure de la décoloration.

Voici la marche de l'expérience commencée le 29 novembre 1858, terminée le 13 juillet 1859.

Au bout de sept jours, 5 centimètres cubes d'essence ont décoloré 400 centimètres cubes de solution d'indigo, volume équivalent à 100 centimètres cubes d'oxygène, c'est-à-dire que

En	7 jours 1 volume d'essence a déterminé l'absorption de	20	volumes d'oxygène ;
En	16 jours l'absorption s'élevait à	40	»
En	25 »	60	» »
En	37 »	80	»
En	63 »	102	»
En	77 »	108	»
En	160 »	135	»
En	182 »	146	»
En	220 »	168	»

La décoloration n'a pas pu être poussée plus loin. A ce moment l'essence paraissait complétement résinifiée et avait perdu toutes ses propriétés.

On peut se demander si, dans les conditions de temps qui viennent d'être signalées, l'action seule de l'air et de la lumière ne serait pas efficace pour décolorer l'indigo. Pour répandre à ce doute, j'ai versé dans un quart de litre d'eau une seule goutte de la solution d'indigo employée dans les expériences précédentes, et j'ai abandonné le tout dans des conditions d'aération et de lumière, aussi identiques que possible avec celles où se trouvait l'essence sur laquelle j'opérais. La liqueur demeura sans aucun changement pendant plusieurs mois (2).

Pour se rendre un compte plus précis de l'oxydation de l'indigo déterminée par l'essence de térébenthine, on peut comparer la proportion d'oxygène absorbée par l'indigo dans

---

(1) Déduit du volume de chlorure de chaux titré, qui était nécessaire pour produire la décoloration de l'indigo.

(2) Au bout de ce temps des moisissures apparurent, et la décoloration s'opéra en peu de jours. Je signale ce fait pour ne rien omettre. Mais c'est là un phénomène dû à une cause étrangère et qui ne se produit point quand le liquide est recouvert par une couche d'essence de térébenthine. Cependant il paraît que d'autres observateurs ont remarqué la décoloration spontanée des solutions d'indigo sous l'influence de la lumière solaire. Ce point mérite d'être éclairci.

un intervalle de temps déterminé avec cet intervalle lui-même.

Temps.	Volume absorbé.	Volume absorbé en un jour.
7 jours (décembre)............	20	2,9
9 jours (décembre)............	20	2,2
9 jours (décembre)............	20	2,2
12 jours (décembre)...........	20	1,7
26 jours (janvier)............	22	0,85
14 jours (janvier)............	6	0,43
83 jours (février, mars, avril)....	27	0,31
22 jours (mai)................	11	0,50
38 jours (juin, juillet).........	22	0,58

On voit par là que l'absorption d'oxygène a été la plus active au début, que sa vitesse a décru rapidement presque jusqu'au dixième de sa valeur primitive, puis qu'elle a augmenté de nouveau, jusqu'à atteindre le cinquième de cette valeur, moment où elle est parvenue à son terme définitif. Il est possible que cette oscillation singulière soit due à l'époque même des expériences; car elles ont été commencées en hiver, poursuivies au printemps, terminées en été, sans que l'on ait pris des précautions spéciales pour éviter les variations survenues dans la température et dans la lumière ambiante.

Comparons encore la proportion d'oxygène absorbée par l'indigo sous l'influence de l'essence avec le poids de cette essence et avec son équivalent.

1 centimètre cube d'essence détermine l'absorption par l'indigo de 168 centimètres cubes d'oxygène, c'est-à-dire que 1 gramme d'essence répond à $0^{gr},27$ d'oxygène absorbé. Si l'on remarque que 1 centimètre cube d'essence exigerait pour être changé en eau et en acide carbonique 2 litres d'oxygène, on reconnaît que la proportion d'oxygène absorbée par l'indigo s'élève au douzième de la proportion nécessaire pour brûler complétement l'essence : autrement dit, 1 équivalent d'essence de térébenthine, $C^{20}H^{16}$, détermine l'absorption par l'indigo de 4,7 équivalents d'oxygène.

Ces diverses formules donnent une idée de l'intensité et des limites des propriétés oxydantes de l'essence de térébenthine vis-à-vis de l'indigo.

2° *Pyrogallate de potasse*. — L'essence de térébenthine peut déterminer l'oxydation du pyrogallate de potasse. Pour observer cette oxydation, on doit évidemment l'effectuer à l'abri du contact de l'air, dont l'oxygène agit déjà sur le pyrogallate. L'oxydation de ce principe par l'essence est immédiate et elle atteint au bout de quelques instants sa limite extrême ; par conséquent elle se prête aisément à servir de mesure à la proportion d'oxygène actif unie à l'essence. J'y reviendrai tout à l'heure sous ce point de vue.

3° *Mercure*. — L'essence active jouit de la propriété d'émulsionner et d'éteindre le mercure par le seul fait de l'agitation. En même temps se développe une poudre noire qui semble formée par du protoxyde de mercure associé à une matière organique.

4° *Sucre*. — En abandonnant dans un flacon une solution étendue de sucre de canne avec un peu de chaux éteinte, le tout placé sous une couche d'essence, j'ai obtenu une proportion notable d'acide oxalique. Une portion du sucre de canne est demeurée inaltérée. L'expérience a duré sept mois.

On remarquera cette métamorphose du sucre en acide oxalique, car elle s'effectue sous une influence comparable à celles qui peuvent agir dans la végétation.

II. — Voici comment on communique à l'essence ses propriétés oxydantes :

1° Il suffit d'abandonner l'essence récemment distillée à elle-même, dans un vase à demi rempli, pour lui faire acquérir les propriétés oxydantes caractéristiques.

2° L'influence de la lumière solaire est utile ; mais elle n'est nullement indispensable ; car l'essence acquiert ces propriétés, même dans l'obscurité relative d'une armoire fermée.

3° Le temps nécessaire n'est pas très-long ; car l'essence, privée de cette aptitude oxydante, ne paraît jamais l'être d'une manière absolue, si l'on n'a pas soin d'exclure le contact de l'air. Seulement, dans ces conditions, au lieu de décolorer à chaud l'indigo en quelques minutes, elle le décolore dans l'espace d'une demi-heure, d'une heure, ou tout au plus de quelques heures. Pour bien constater ces effets, il est nécessaire d'opérer avec une proportion d'indigo à peine suffisante pour donner à l'eau une teinte bleuâtre à peine perceptible. La solution ainsi teintée est dans les conditions les meilleures possibles pour accuser avec sensibilité le phénomène cherché.

4° L'essence douée des propriétés oxydantes les conserve pendant plusieurs années et probablement jusqu'à sa résinification totale.

L'essence qui possède les propriétés oxydantes peut en être privée par plusieurs méthodes :

1° En la portant à la température de l'ébullition (160 degrés). Dans ces conditions, elle ne dégage point d'oxygène, comme on l'établira plus loin ; dès lors il est probable que par le fait de l'ébullition, elle s'unit d'une manière définitive avec l'oxygène qu'elle renfermait jusque-là sous une forme transitoire.

2° En agitant l'essence dans un vase clos ou sur le mercure avec du pyrogallate de potasse ; la destruction des propriétés actives est immédiate.

3° En agitant à froid ou à 100 degrés, avec un excès de teinture d'indigo, l'essence contenue dans un vase scellé et privé d'air. Pour anéantir ainsi à froid les propriétés actives de l'essence, il est nécessaire de prolonger l'action de l'indigo pendant une demi-journée ou même pendant un jour entier.

III. — Reste à examiner la nature véritable de l'action oxydante exercée par l'essence de térébenthine.

On peut se poser à cet égard quatre questions principales :

1° L'essence s'oxyde pour son propre compte, et, en même temps qu'elle s'empare d'une portion de l'oxygène avec lequel elle est en contact, elle en modifie une autre portion et lui communique les propriétés de l'ozone. On sait que c'est ce qui arrive, par exemple, avec le phosphore. Ce serait cet oxygène demeuré libre, mais modifié, qui oxyderait l'indigo. Mais l'oxygène uni à l'essence n'interviendrait pas dans le phénomène.

2° L'essence qui s'oxyde et l'oxygène auquel elle s'unit, avant de former une union définitive, contractent une première combinaison définie, mais peu stable et transitoire. L'oxygène ainsi combiné peut se porter sur certains autres corps et les oxyder avec plus d'énergie que ne pourrait le faire l'oxygène libre.

Dans cette explication, le rôle de l'essence vis-à-vis de l'indigo serait le même que celui du bioxyde d'azote vis-à-vis de l'acide sulfureux, dont il détermine la transformation en acide sulfurique, avec le concours de l'oxygène de l'air.

3° L'essence peut condenser l'oxygène d'une façon spéciale, intermédiaire entre la dissolution et la combinaison, ce dont les globules du sang offrent un exemple incontestable. Cet oxygène peut redevenir libre par l'emploi des méthodes qui dégagent les gaz de leurs dissolutions. Il peut aussi exercer sur certains corps une action plus énergique que l'oxygène libre ; on admet même que cette activité propre existe dans l'oxygène des globules du sang, mais sans preuves suffisantes.

4° L'essence qui s'oxyde peut, au même moment, et par une sorte d'entraînement, déterminer l'oxydation d'un autre principe, sans que l'oxygène libre soit modifié préalablement et sans qu'il s'engage d'abord dans une combinaison peu stable, ou dans une dissolution.

C'est ainsi que le chlore sec, incapable d'agir directement sur l'acide sulfureux sec, s'y combine cependant si l'on ajoute au mélange du gaz oléfiant avec lequel le chlore peut s'unir directement.

Enfin les divers effets qui viennent d'être énumérés pourraient exister séparément ou se trouver réunis dans l'action oxydante exercée par l'essence de térébenthine.

Pour discuter ces divers problèmes, je me suis livré à un grand nombre de recherches : je vais rapporter les plus décisives.

Dans une première série d'épreuves, j'ai opéré les oxydations avec le contact de l'air : les résultats de cette série ont été rapportés plus haut. Plusieurs effets distincts s'y trouvent confondus, à savoir l'oxydation qui peut être produite par l'oxygène réellement condensé dans l'essence, qu'il y soit dissous ou combiné ; et celle qui peut résulter de celle de l'oxygène de l'air modifié au contact, ou bien entraîné, ou bien enfin contractant avec l'essence une dissolution ou une combinaison transitoire.

Voici comment j'ai cherché à démêler ces divers effets :

J'ai déterminé d'abord le pouvoir oxydant de l'essence elle-même, indépendamment de toute action de l'oxygène de l'air. J'ai employé dans ce but l'indigo et le pyrogallate de potasse.

Indigo. — Voici la série des opérations :

1° On prend un volume connu d'essence, 5 centimètres cubes par exemple, on l'introduit dans un matras dont le col, étranglé sur un point, se termine par une sorte d'entonnoir.

2° On verse ensuite dans le matras de l'eau distillée récemment bouillie.

3° On fait arriver au fond du matras, sous la couche d'eau, à l'aide d'un tube effilé, 1 centimètre cube d'une solution titrée d'indigo.

4° On achève de remplir presque entièrement le matras avec de l'eau bouillie, en évitant avec soin de mélanger les liquides qu'il renferme.

5° On place le matras, sans l'agiter, dans un bain-marie dont on élève graduellement la température jusqu'à 100 degrés ; on l'y maintient pendant quelques minutes. Les liquides intérieurs se dilatent sans se mélanger sensiblement.

6° Quand l'équilibre de température est suffisamment établi, on introduit dans le matras encore un peu d'eau bouillie, de façon à amener le liquide jusque dans la partie étranglée ; on fond aussitôt celle-ci au chalumeau, un peu au-dessus de la surface du liquide.

On obtient ainsi un vase clos, renfermant de l'essence, de l'eau, de l'indigo, et privé d'air, si l'on excepte le volume insignifiant contenu dans l'effilure. D'ailleurs ce vase est complétement rempli à 100 degrés, et non à la température ordinaire, ce qui prévient tout risque de rupture due à la dilatation du liquide intérieur, dans les expériences subsé-

quentes. Enfin les précautions prises préviennent complétement, ou à peu près, toute réaction préalable entre l'essence et de l'indigo, réaction dans laquelle on pourrait suspecter l'intervention de l'air.

Dans tous les cas on dispose simultanément quatre ou cinq de ces matras contenant, l'un 1 centimètre cube de solution d'indigo titrée, l'autre 4 centimètres cubes, l'autre 8 centimètres cubes, l'autre 12 centimètres cubes, le dernier 16 centimètres cubes, etc.

7° Après avoir scellé les matras, on les chauffe à 100 degrés et on les agite vivement. Au bout d'un certain temps, la décoloration est complète dans plusieurs matras ; elle est incomplète dans les autres. On prolonge pendant plusieurs heures et l'on réitère l'épreuve le lendemain, de façon à acquérir la certitude que les derniers ne se décolorent point par un contact ultérieur, quelque prolongé qu'il soit.

On obtient ainsi deux limites entre lesquelles se trouve compris le pouvoir oxydant de l'essence ; par exemple, il est compris entre 8 et 12 centimètres cubes d'indigo titré. Une nouvelle série, semblable à la première, mais dans laquelle on opère seulement sur 9, 10, 11, 12 centimètres cubes d'indigo titré, permet d'assigner la limite à 1 centimètre cube près, et l'on peut pousser plus loin encore l'approximation.

On a reconnu que l'échantillon employé dans la plupart des expériences précédentes pouvait céder à l'indigo un volume d'oxygène précisément égal à la moitié du volume de l'essence active. Cette proportion varie d'ailleurs avec les échantillons, comme on pouvait s'y attendre.

En même temps que les essais précédents, on a fait une série d'expériences semblables, exécutées à froid sur la même essence, avec des matras remplis avec les mêmes précautions, mais à la température ordinaire et sans jamais les porter à 100 degrés. Cette série a conduit exactement au même résultat numérique que la série précédente.

Pyrogallate de potasse. — Une autre série d'expériences destinées à mesurer les propriétés oxydantes de l'essence a été faite avec le pyrogallate de potasse.

Trois procédés ont été ici employés :

1° On introduit sur le mercure, dans une éprouvette graduée, un volume déterminé d'une solution concentrée d'acide pyrogallique, un fragment de potasse, puis un volume mesuré d'essence. On agite le tout pendant quelques minutes ; le pyrogallate de potasse noircit aussitôt et s'empare de l'oxygène actif contenu dans l'essence.

Cela fait, on introduit dans l'éprouvette un volume connu d'oxygène, et l'on détermine la proportion de cet oxygène qui se trouve absorbée, en agitant pendant un quart d'heure. On s'arrange à l'avance de façon à opérer sur un volume d'acide pyrogallique tel, que la proportion non oxydée par l'essence soit faible, quoique très-appréciable.

L'oxygène ainsi absorbé en dernier lieu se compose de deux parties : une portion principale qui se combine au pyrogallate de potasse et une autre portion qui se dissout dans l'essence.

Une épreuve semblable opérée sans essence fait connaître la proportion totale d'oxygène absorbable par un volume d'acide pyrogallique égal à celui qui a été employé dans l'expérience précédente. Cette proportion est difficile à mesurer avec la dernière précision, parce que l'absorption de l'oxygène par les dernières portions d'acide pyrogallique est très-lente ;

cependant l'incertitude est comprise entre des limites assez resserrées.

Enfin, dans une autre épreuve, on introduit sur le mercure un volume d'essence désoxydée par l'acide pyrogallique et l'on détermine combien d'oxygène elle absorbe dans le même espace de temps et dans les mêmes conditions que la première épreuve. On établira plus loin que la proportion d'oxygène absorbée dans ces dernières conditions est simplement dissoute et peut être redégagée en opérant convenablement. C'est une fraction minime de la quantité précédente.

Cela fait, on connaît trois choses :

a. Le volume d'oxygène absorbable par l'acide pyrogallique employé.

b. Le volume absorbable dans les conditions de l'expérience par l'essence désoxydée.

c. Le volume absorbable par l'acide pyrogallique et par l'essence réunis, après que le pyrogallate de potasse a désoxydé l'essence.

Si l'on retranche ce dernier volume de la somme des deux précédents, la différence représentera le volume d'oxygène cédé par l'essence au pyrogallate de potasse. Sans être connu avec une extrême précision, comme on peut l'inférer des détails ci-dessus, cependant ce volume est déterminé avec une approximation suffisante, et il a été trouvé sensiblement égal au volume d'oxygène cédé par la même essence à la solution d'indigo, c'est-à-dire à la moitié du volume de l'essence employée. Cette concordance est un premier gage de l'exactitude des résultats.

Dans l'épreuve, telle qu'elle vient d'être décrite, le mercure se trouve en contact avec l'essence durant sa réaction sur le pyrogallate de potasse. Comme ce métal aurait pu prendre une portion d'oxygène pour son propre compte, j'ai jugé nécessaire de faire d'autres expériences dans des conditions différentes.

2° Dans l'une, j'ai opéré comme avec l'indigo, c'est-à-dire que j'ai introduit dans un matras la solution pyrogallique contenue dans un petit récipient; j'ai placé la potasse à côté; j'ai rempli le matras avec de l'eau bouillie, j'ai ajouté l'essence, etc., enfin j'ai scellé le matras; j'ai opéré à 100 degrés. J'ai agité ensuite, pour mêler les produits, et quand la réaction a été terminée, j'ai ouvert le matras sur le mercure et j'ai déterminé la proportion d'oxygène libre que les liquides qu'il renfermait étaient susceptibles d'absorber. D'où j'ai déduit, comme ci-dessus, l'oxygène cédé par l'essence au pyrogallate de potasse.

3° J'ai fait la même expérience à froid.

Les résultats des expériences 2° et 3° se sont accordés avec ceux de l'expérience 1° et avec ceux des expériences faites avec l'indigo.

Cet accord de tous les résultats est fort précieux dans des phénomènes aussi particuliers et aussi délicats. Il est nécessaire de l'obtenir pour être autorisé à tirer quelques conclusions générales relativement à l'état de l'oxygène condensé dans l'essence.

Après avoir déterminé par les expériences précédentes la proportion d'oxygène apte à agir sur l'indigo, que renferme l'essence de térébenthine, je me suis demandé si cet oxygène y est simplement dissous, comme il pourrait l'être dans l'eau; s'il s'y trouve dans un état intermédiaire entre la dissolution et la combinaison, comme dans les globules du sang; ou bien s'il y est contenu dans une combinaison réelle, mais peu stable, telle par exemple que l'oxygène combiné au bioxyde d'azote dans l'azote hypoazotique.

Voici les expériences que j'ai faites pour discuter ces questions. J'ai d'abord tâché de dégager l'oxygène de l'essence, soit par la chaleur, soit en le déplaçant à l'aide d'un autre gaz.

1° J'ai pris un certain volume d'essence oxydante, j'en ai rempli entièrement un ballon, puis j'ai porté l'essence à l'ébullition et j'ai recueilli sur le mercure les gaz dégagés. 100 centimètres cubes d'essence ont ainsi fourni 13 centimètres cubes environ d'azote pur, sensiblement exempt d'oxygène et d'acide carbonique. D'où il semblerait résulter que l'essence examinée ne renfermait pas d'oxygène simplement dissous; mais cette conclusion pourrait être révoquée en doute, car l'essence, après avoir éprouvé l'ébullition (160 degrés), avait perdu ses propriétés oxydantes. Il serait donc possible que sous l'influence de la chaleur l'oxygène simplement dissous fût entré en combinaison définitive. A la vérité l'essence chauffée seulement jusqu'à 100 degrés conserve son activité ; mais en la maintenant à cette température, je n'ai réussi à en dégager aucun gaz en proportion sensible.

2° Reste la méthode du déplacement des gaz dissous dans l'essence par un autre gaz. J'ai pris 20 centimètres cubes d'essence, je les ai introduits dans une éprouvette sur le mercure et je les ai agités avec 20 centimètres cubes d'acide carbonique pur, puis j'ai enlevé le gaz avec une pipette Doyère, et je l'ai remplacé par 20 nouveaux centimètres cubes d'acide carbonique. J'ai encore agité, puis enlevé le gaz. Les premiers gaz enlevés ont été traités par la potasse pour absorber l'excès d'acide carbonique ; après ce traitement, il est resté 1^{cc},6 de gaz.. 1^{cc},6

Le pyrogallate de potasse a réduit ce volume à..... 1^{cc},5

Les derniers gaz enlevés, après l'action de la potasse, ont laissé seulement................................. 0^{cc},2 d'azote, exempt d'oxygène.

En résumé, les 20 centimètres cubes d'essence ont dégagé 1^{cc},7 d'azote et 0^{cc},1 d'oxygène dans les conditions décrites ci-dessus. Or, ces 20 centimètres cubes d'essence pouvaient céder à l'indigo et au pyrogallate de potasse 10 centimètres cubes d'oxygène, c'est-à-dire 100 fois autant. On voit que l'oxygène qu'ils cèdent à l'indigo n'est point susceptible d'être déplacé par l'acide carbonique.

Ce caractère l'éloigne de l'oxygène condensé dans les globules du sang, car cet oxygène peut être déplacé par d'autres gaz. Ce n'est pas tout : d'après les expériences de M. Cl. Bernard, l'oxygène des globules peut être, en vertu d'une action spéciale, entièrement dégagé sous l'influence de l'oxyde de carbone, même employé en petite quantité. J'ai essayé l'action de ce gaz vis-à-vis de l'essence de térébenthine, mais il n'en a point dégagé plus d'oxygène que l'acide carbonique.

C'est une nouvelle différence entre l'oxygène des globules du sang et l'oxygène uni à l'essence de térébenthine.

Cependant avant d'admettre définitivement une telle différence entre l'oxygène des globules et celui de l'essence de térébenthine, j'ai cru nécessaire de faire une contre-épreuve et de m'assurer si l'essence peut dissoudre l'oxygène dans des conditions telles, qu'elle puisse le dégager ensuite sous la seule influence du déplacement par l'acide carbonique.

A cet effet, j'ai pris 20 centimètres cubes d'essence douée des propriétés oxydantes, et je les ai agités sur le mercure avec 20 centimètres cubes d'oxygène ; j'ai enlevé l'excès de ce gaz avec une pipette Doyère, j'ai introduit 20 nouveaux centimètres cubes d'oxygène et j'ai agité ; puis, sans attendre davantage, j'ai transvasé l'essence avec une pipette Doyère et je l'ai agitée à trois reprises successives avec son volume d'acide carbonique renouvelé chaque fois ; enfin j'ai fait l'analyse des gaz dégagés dans cette dernière série d'opérations.

Le premier gaz renfermait.	$2^{cc},8$ d'oxygène.
Le deuxième.	$0^{cc},9$
Le troisième.	$0^{cc},1$
En tout.	$3^{cc},8$

J'ai fait encore l'expérience suivante : j'ai agité l'essence primitive à plusieurs reprises avec un grand volume d'acide carbonique, afin d'éliminer les gaz qu'elle contenait. Elle a dissous à la place une proportion considérable d'acide carbonique, puis je l'ai agitée avec de la potasse pour éliminer l'acide carbonique ; l'essence s'est ainsi trouvée purgée de tout gaz dissous. Alors je l'ai enlevée avec une pipette Doyère et je l'ai agitée avec de l'oxygène ; dans l'espace de quelques minutes elle en a absorbé les 19 centièmes environ de son propre volume, ce qui s'accorde sensiblement avec le résultat précédent. Seulement il est nécessaire de ne point prolonger pendant plusieurs heures, ni surtout pendant plusieurs jours, le contact de l'essence et de l'oxygène, parce que ce gaz finirait par entrer en combinaison chimique véritable, et s'absorberait d'une manière graduelle et continue pendant un temps fort long et en proportion considérable ; la portion ainsi combinée ne pourrait plus évidemment être déplacée de nouveau.

On remarquera le procédé employé ci-dessus comme propre en général à *purger un liquide des gaz* qu'il peut renfermer en dissolution *sans recourir à l'ébullition*. Il suffit de déplacer ces gaz par l'acide carbonique, employé d'une manière réitérée, puis d'agiter le liquide avec la potasse qui enlève cet acide. On voit que la seule condition qui soit ici nécessaire, c'est l'insolubilité dans le liquide de l'agent destiné à éliminer le gaz qu'il renferme en solution.

Ces faits que je viens d'exposer prouvent que l'essence peut dissoudre l'oxygène, sans s'y combiner immédiatement et sans perdre aussitôt la propriété de le dégager par voie de déplacement.

L'oxygène ainsi simplement dissous est distinct de l'oxygène doué de propriétés oxydantes vis-à-vis de l'indigo ; car on a vu plus haut que dans l'essence examinée, son volume n'était guère que la centième partie de l'oxygène actif.

Ce dernier est d'ailleurs très-supérieur au volume de l'oxygène simplement soluble, même dans les conditions les plus favorables à ce dernier ; car l'oxygène soluble n'atteint pas le cinquième du volume de l'essence, tandis que l'oxygène actif peut s'élever à la moitié.

En résumé, l'essence contient réellement de l'oxygène actif dont l'action est indépendante de celle de l'oxygène de l'air ; cet oxygène actif est tout à fait distinct de l'oxygène dissous : et de plus il possède des propriétés fort différentes de celles que présente l'oxygène dans les globules du sang ; car ce dernier est déplaçable par un autre gaz et l'oxygène actif de l'essence ne l'est point. On est ainsi conduit à penser que l'oxygène actif contenu dans l'essence s'y trouve contenu dans une combinaison peu stable.

Cette combinaison n'a pu être isolée de façon à acquérir une certitude complète relativement à son existence. Mais on peut s'en former une idée par voie de comparaison. Le composé dont on peut à plus juste titre rapprocher cette combinaison, serait l'acide hypoazotique, en tant que formé par l'union de l'oxygène et du bioxyde d'azote, et apte à oxyder un grand nombre de corps que l'oxygène libre ne pourrait oxyder.

On remarquera que l'essence peut contenir de l'oxygène sous trois formes :

1° De l'oxygène simplement dissous et déplaçable par un autre gaz ;

2° De l'oxygène engagé dans une combinaison peu stable et apte à se porter sur certaines matières suroxydables, telles que l'indigo et le pyrogallate de potasse ;

3° De l'oxygène définitivement combiné sous forme de composés résineux privés de la propriété d'agir sur l'indigo.

Ces faits jettent beaucoup de lumière sur l'action oxydante exercée par l'essence non-seulement à l'état isolé, mais aussi avec le contact de l'air.

En effet, l'action oxydante exercée dans ce dernier cas ne peut guère être envisagée comme un problème d'entraînement pur et simple, provoqué par l'oxydation simultanée de l'essence, car l'expérience prouve que l'essence oxydée jouit précisément des propriétés oxydantes voulues, indépendamment de l'oxygène de l'air, ce qui autorise à la regarder comme l'intermédiaire nécessaire de l'oxydation ; cette conjecture fort vraisemblable explique tous les phénomènes sans autre hypothèse. Elle écarte également l'opinion d'après laquelle l'oxygène, en agissant sur l'essence, acquerrait les propriétés de l'ozone. C'est là une supposition qu'aucun fait connu jusqu'ici ne vient appuyer et qui n'est encore nécessaire à l'explication d'aucun phénomène. Mais le fait le plus saillant, celui d'un composé organique oxydable, doué de propriétés oxydantes vis-à-vis d'autres composés organiques et apte à leur transmettre l'oxygène de l'air que ceux-ci n'absorberaient point directement, n'en subsiste pas moins, avec des caractères nouveaux, propres à le préciser et à lui assigner sa physionomie véritable.

Quoi qu'il en soit, il résulte des études précédentes que le mécanisme suivant lequel s'opère l'union de l'oxygène avec les autres substances, c'est-à-dire la réaction la plus simple en apparence que l'on puisse concevoir, est au contraire des plus compliqués. Les travaux accomplis dans la combinaison chimique ne sauraient être expliqués par un simple rapprochement ou par de simples chocs entre les molécules hétérogènes. Mais on est conduit à reconnaître dans la combinaison toute une série de phénomènes délicats et inattendus. Si les hypothèses relatives à l'antozone doivent être regardées comme douteuses, les faits relatifs à l'ozone n'en persistent pas moins, et ils suffisent pour établir :

1° Qu'il existe, au moins dans certains cas, une relation entre les états d'un corps simple libre, et la nature de la combinaison dont il est dégagé.

2° Qu'un corps simple sous un certain état peut entrer plus facilement dans une classe de combinaisons que dans une autre classe.

3° Qu'un corps simple peut changer d'état, en même temps qu'il existe dans certaines combinaisons. Nous allons retrouver des phénomènes analogues dans l'étude du soufre.

M. BERTHELOT.

COLLÉGE DE FRANCE

MÉDECINE EXPÉRIMENTALE (1)

COURS DE M. CLAUDE BERNARD

de l'Institut de France et de la Société royale de Londres

XV

L'asphyxie par la vapeur de charbon (suite)

Vous avez vu à l'aide de quelle méthode nous sommes parvenus à localiser exactement l'action toxique de l'oxyde de carbone dans l'organisme. Nous ne nous sommes pas contentés de voir qu'il agissait sur le sang ; mais nous avons examiné les diverses parties constituantes de ce fluide animal et nous sommes arrivés, par élimination et par expérience directe, à prouver que le gaz toxique exerce spécialement son influence sur les globules qui sont tenus en suspension dans le plasma sanguin.

Mais les globules du sang sont de deux espèces parfaitement distinctes : les globules *blancs* et les globules *rouges*.

Les globules blancs sont des corpuscules qui existent non-seulement dans le plasma, mais que l'on trouve aussi dans les vaisseaux lymphatiques, et qui sont très-analogues à des infusoires amiboïdes. Dans leur mouvement, ils présentent des formes tantôt irrégulièrement arrondies, tantôt étoilées, tantôt munies de prolongements plus ou moins considérables. Les caractères vitaux de ces globules, ainsi que l'a le premier constaté mon ami le docteur Davaine, consistent dans la propriété qu'ils possèdent de pouvoir passer successivement par ces diverses formes, comme le font les amibes qu'on rencontre dans les infusions. On a donné, depuis, un autre caractère de la vitalité dès globules blancs, c'est qu'ils ont la propriété de prendre, d'absorber ou d'ingurgiter en quelque sorte certaines matières colorantes introduites dans le plasma du sang. Or, ces caractères, qui manifestent la vie du globule blanc et disparaissent avec elle, ne paraissent en aucune façon influencés par l'oxyde de carbone. Le sang est intoxiqué par ce gaz et contient des globules rouges inertes, mais il montre des globules blancs toujours pourvus de leurs caractères vitaux.

Nous conclurons donc que c'est sur les globules rouges que se localise spécialement l'action toxique de l'oxyde de carbone action qui se traduit immédiatement, comme nous le savons déjà, par un changement de coloration du sang ; ce qui n'a d'ailleurs rien de surprenant, puisque c'est dans les globules rouges que réside la cause de la coloration du sang. Voici deux ballons : dans le premier se trouve du sang rouge par son contact avec l'oxygène ; dans le second, du sang rouge par son contact avec de l'oxyde de carbone. La différence de ton est manifeste entre les deux sangs. Elle est d'un ton ocreux dans le sang oxycarboné ; cette nuance se reconnaît parfaitement aussi au microscope, et aussitôt après l'empoisonnement il est facile de distinguer à ce caractère un globule intoxiqué d'un globule normal, artériel ou veineux. On a dit que l'oxyde de carbone a aussi la propriété de déformer les globules rouges, de les créneler, etc. C'est une erreur ; sans doute on peut trouver des globules crénelés dans du sang intoxiqué de cette manière,

mais c'est là une altération très-fréquente qu'il est souvent facile de constater, même dans le sang normal d'une saignée, et qui ne peut être par conséquent attribuée au gaz vénéneux.

Le globule rouge n'ayant pas la faculté de manifester la vitalité par des modifications spontanées de sa forme, nous ne pouvons avoir recours à ce caractère pour constater sa mort ; nous devons le chercher dans l'absence de ses propriétés vitales, physiologiques, qui consistent à absorber incessamment de l'oxygène pour l'apporter dans le sang. Or, nous avons vu que le globule, une fois intoxiqué complétement par l'oxyde de carbone, devient incapable de remplir cette fonction qui lui est propre. Si on le met au contact d'un volume donné d'oxygène, on ne voit plus ce volume changer ; il n'y a aucune absorption, aucun échange, et l'on constate, l'expérience finie, que l'oxygène est resté pur. Le globule est donc devenu inerte ; il circule dorénavant dans le système vasculaire sans jouer aucun rôle vital, exactement comme le ferait un corps étranger, un grain de sable.

Tel est le résumé des résultats auxquels nous étions arrivés dans notre dernière leçon, mais nous avons ajouté : si nous sommes ainsi parvenus à déterminer que c'est sur le globule rouge du sang que se localise l'action toxique de l'oxyde de carbone, là ne s'arrête pas notre tâche ; il nous faut aller plus loin et chercher maintenant à comprendre le mécanisme de cette action ; il nous faut essayer de pénétrer la nature intime de ce phénomène toxique qui prend naissance au moment où le globule est mis en contact avec l'oxyde de carbone. Le but de la physiologie, en effet, ne consiste pas seulement à localiser les fonctions dans les organes, dans les tissus ou dans les éléments de tissus. Trop longtemps on a cru que là devait se borner son rôle, son ambition ; on croyait qu'arrivé à ce point le physiologiste n'avait plus rien à chercher ; et cela par la raison que tous les phénomènes de la vie étaient, disait-on, sous la dépendance d'une force particulière, d'un principe spécial, supérieur à nos moyens d'investigation et inattaquable par les procédés physiques ou chimiques ordinaires. Telle n'est pas l'opinion des physiologistes d'aujourd'hui. Sans doute, la cause première qui préside à l'organisation des êtres vivants nous est inconnue ; mais une fois organisés, ils constituent simplement des machines, des instruments chimiques soumis aux lois de la science ordinaire, et justiciables de ses méthodes. Nous reconnaissons à ces êtres certaines propriétés que nous appelons vitales, précisément parce qu'elles appartiennent à des êtres vivants, mais qui n'en rentrent pas moins dans les lois de la physique et de la chimie, bien qu'elles puissent en différer par les procédés d'exécution des phénomènes. Il n'y a pas deux physiques, il n'y a pas deux chimies ; l'une pour les corps bruts, l'autre pour les corps vivants. La science est une, et nous pouvons être assurés qu'en cherchant l'application des lois physiques ou chimiques dans les fonctions des êtres vivants, nous arriverons tôt ou tard à des résultats précis qui nous donneront une satisfaction scientifique complète.

Poursuivons maintenant notre recherche dans cette voie ; mais avant, revenons un peu en arrière et résumons la question historique. Lorsque M. Félix Leblanc déclara, en 1842, que l'oxyde de carbone était l'élément toxique principal de la vapeur de charbon, il se borna à constater l'action délétère de ce gaz, même sous de très-faibles quantités, sans essayer d'en donner une explication. La première tenta-

---

(1) Voyez ci-dessus, pages 242, 313, 332, 350, 358, 378 et 398, 19 mars, 16, 23, 30 avril, 7, 14 et 21 mai 1870.

tive d'explication à ma connaissance parut dans les *Comptes rendus de l'Académie des sciences de Paris*, le 17 avril 1854. Elle était émise, non par un physiologiste, mais par un chimiste, un métallurgiste, M. Adrien Chenot, qui s'était trouvé à même, dans le cours de sa carrière, de voir souvent et de subir lui-même des accidents produits par l'oxyde de carbone. M. Chenot, partant de cette idée métallurgique que l'oxyde de carbone est un réducteur puissant dans les hauts fourneaux, a admis *à priori* que ce gaz devait agir ainsi dans les animaux. Il supposait que l'oxyde de carbone introduit dans l'organisme et circulant dans le sang jouait là le même rôle que dans les hauts fourneaux, qu'il réduisait le sang, lui enlevait son oxygène pour s'oxyder, se transformer en acide carbonique. Dans cette théorie, la première conséquence de l'empoisonnement était que l'oxyde de carbone s'emparait de l'oxygène du sang et le rendait ainsi impropre à la vie; mais une seconde conséquence était l'accomplissement de phénomènes de combustion extrêmement capables d'amener un dégagement d'un excès de chaleur considérable que M. Chenot évalue à 6000 calories par litre d'oxygène; enfin la troisième conséquence qui se déduit des précédentes est l'apparition d'une inflammation générale déterminant des douleurs violentes et la formation finale d'acide carbonique qui agit en asphyxiant réellement. Cette théorie, qui a été souvent invoquée, n'était fondée que sur des hypothèses en accord avec la science chimique sans doute, mais elle ne pouvait être admise, car elle ne s'appuyait sur aucune expérience sur l'organisme vivant, et elle ne pouvait donc avoir une grande valeur aux yeux des physiologistes. Sans doute, il pourrait se passer des phénomènes de réduction dans les êtres vivants; il s'en passe dans les végétaux, et malgré qu'on en ait dit, il s'en manifeste peut-être aussi dans les animaux, quoique à un moindre degré, car j'ai vu que des sels de peroxyde de fer injectés dans le sang se retrouvent dans l'urine à l'état de protosels de fer. Mais dans tous les cas, si les lois de ces grands phénomènes sont les mêmes partout, cependant, chez les animaux, ils sont accomplis par des procédés spéciaux en rapport avec la délicatesse des corps organisés. Par conséquent, en admettant même *à priori* que l'oxyde de carbone dût s'oxyder et se changer en acide carbonique, gaz asphyxiant, c'était peu physiologique d'admettre que la chose se passait par des procédés aussi énergiques que ceux que nous voyons dans les hauts fourneaux. Mais d'ailleurs toutes les hypothèses, quelles qu'elles soient, sont destinées à tomber devant les expériences directes sur l'organisme vivant, auxquelles il faut toujours arriver, parce que c'est sur elles qu'il faut toujours baser son raisonnement.

Comme physiologiste, c'est la méthode que j'ai toujours suivie; et c'est par conviction de cette nécessité d'expérimenter avant tout et de raisonner après, que j'ai entrepris ici, en 1855, mes expériences pour rechercher le mécanisme de l'empoisonnement par l'oxyde de carbone. Je suis arrivé ainsi à une explication physiologique que je vous ai fait connaître, qui est aujourd'hui généralement adoptée, et qui est regardée comme l'expérience fondamentale de cette étude qui a du reste été poursuivie plus loin par d'autres expérimentateurs, ainsi que je vous l'exposerai par la suite.

Reprenons donc maintenant notre étude, non plus d'après des hypothèses chimiques *à priori*, mais en partant de la simple observation du globule du sang et de l'action spéciale toxique que l'oxyde de carbone exerce sur lui. Cherchons ensuite l'explication de l'empoisonnement dans les propriétés des parties constituantes du globule lui-même, en faisant pour cet élément organique ce que nous avons fait pour l'organisme tout entier. En effet, nous appliquons l'analyse expérimentale à l'un et à l'autre jusqu'à ce que cette méthode d'investigation aidée de tous nos moyens actuels de recherches ait trouvé des limites au delà desquelles elle ne puisse plus aller.

Supposons donc le globule sanguin, dans le poumon, en présence d'une atmosphère mélangée d'oxyde de carbone. Une très-petite quantité, même des traces de ce gaz, suffisent pour produire des phénomènes d'intoxication qui, ne pouvant pas encore se traduire par des accidents, n'en sont pas cependant moins réels. Le globule rouge se trouvant au contact de l'oxygène et de l'oxyde de carbone, peut absorber l'un et l'autre; mais comme son avidité, son affinité pour l'oxyde de carbone est beaucoup plus grande, c'est de ce dernier gaz qu'il s'empare de préférence. En raison même de cette affinité supérieure, l'oxyde de carbone, une fois fixé dans le globule, s'y accroche solidement et y demeure, et ne peut plus être chassé par l'oxygène. Il y a donc là un phénomène de déplacement, d'ordre chimique, exactement du même ordre que celui qui se produit lorsque l'acide sulfurique par exemple chasse l'acide carbonique d'un carbonate. Je fus amené à découvrir que c'est ainsi que les choses se passent, lorsque dans mes expériences de 1855, après avoir localisé sur l'animal l'action de l'oxyde de carbone sur le sang, je pratiquai, pour me rendre compte du mécanisme de cet empoisonnement, des intoxications directes de sang au contact de l'oxyde de carbone en dehors de l'animal vivant.

On doit toujours recourir à ces analyses physiologiques en dehors de l'organisme, afin de saisir plus exactement les conditions d'un phénomène. En effet, les éléments histologiques ne meurent pas dès qu'ils sont séparés de l'organisme; le sang retiré des vaisseaux est dans ce cas. Voici l'expérience que je pratiquai et que je vais répéter sous vos yeux, parce qu'elle est l'expérience fondamentale dans l'explication du mécanisme de l'empoisonnement par l'oxyde de carbone. Nous venons de mettre ici sous une cloche du sang artériel oxygéné encore chaud et vivant. On fait passer maintenant de l'oxyde de carbone pur dans la cloche; puis on agite. Laissant ensuite reposer le mélange, si l'on mesure, on voit que le volume du gaz n'a pas sensiblement changé; mais si l'on analyse l'oxyde de carbone après ce contact prolongé quelques instants avec le sang, on voit que ce n'est plus de l'oxyde de carbone pur, mais qu'il y est apparu de l'oxygène. Si, au lieu d'avoir mis au-dessus du sang une atmosphère exclusivement composée d'oxyde de carbone, on y avait substitué un mélange d'oxyde de carbone et d'air, on aurait vu qu'après l'agitation avec le sang, cette atmosphère se trouve appauvrie en oxyde de carbone, mais s'est enrichie en oxygène. D'où vient cet oxygène? Il nous sera facile de démontrer que c'est l'oxygène qui était combiné avec les globules, qui a été chassé, déplacé par l'oxyde de carbone. J'avais déjà constaté en 1855 que ce déplacement se fait volume à volume, c'est-à-dire que la quantité d'oxygène apparue est égale en volume à la quantité d'oxyde de carbone disparue.

Mais nous ne devons pas nous contenter d'expliquer ce déplacement de l'oxygène du globule en disant que sa propriété vitale de retenir ce gaz a été détruite par l'oxyde de carbone; explication vague qui ne peut être de mise que lorsqu'on ne sait rien de précis. Ici, heureusement, nous pouvons acquérir une notion exacte du phénomène, et nous verrons qu'elle est liée à la constitution même du globule et qu'elle dépend de la propriété chimique d'une des matières dont il est formé.

Tel est en raccourci le mécanisme de l'intoxication par l'oxyde de carbone. Il peut se réduire à un simple phénomène chimique : le déplacement par affinité chimique de l'oxygène par l'oxyde de carbone.

La première fois que je fis l'expérience de l'intoxication du sang par l'oxyde de carbone, et que je me rendis compte de ce phénomène, il me vint immédiatement à l'idée que cette propriété de déplacer l'oxygène dont jouit l'oxyde de carbone pourrait servir de moyen d'analyse précieux dans la question délicate et controversée de l'extraction des gaz du sang.

J'ai émis, en effet, depuis bien longtemps, l'opinion que tous les poisons doivent devenir, entre les mains du physiologiste, des moyens de recherches ou des instruments pour étudier les fonctions des éléments, isoler leurs propriétés, dans le but de résoudre certains problèmes, qui parfois peuvent être de la plus haute utilité pour la science. Tout poison, en réalité, est un véritable réactif de la vie, un modificateur spécial, puisqu'il agit exclusivement sur tel ou tel tissu, sur tel ou tel élément histologique. Il constitue un mode d'expérimentation infiniment moins brutal et plus commode que nos méthodes ordinaires, nos vivisections qui, par les délabrements profonds produits dans l'être vivant, par les hémorrhagies inévitables, par la douleur, compliquent nécessairement les phénomènes que l'on veut étudier, et introduisent dans l'expérience des complications qui peuvent masquer plus ou moins, et gêner l'observation. En un mot, les poisons sont pour nous les moyens d'analyse physiologique les plus délicats et les plus précieux que nous connaissions.

Pour en revenir à l'extraction de l'oxygène du sang, j'ajouterai qu'à l'époque où j'ai fait mes premières observations, les méthodes d'analyse des gaz du sang n'étaient pas perfectionnées comme elles le sont maintenant, et l'oxyde de carbone pouvait être d'un grand secours pour élucider cette question de physiologie chimique. L'étude de cette question ne remonte pas bien loin; on sait, en effet, que la chimie des gaz n'est pas très-ancienne, et elle ne pouvait la précéder. Le premier travail scientifique sérieux publié sur l'analyse des gaz du sang fut celui de Magnus, de Berlin, qui arrivait à conclure, ce qu'on admet encore aujourd'hui en général, à savoir que le sang artériel contient plus d'oxygène que le sang veineux, et que celui-ci contient plus d'acide carbonique que le sang artériel. Choqué cependant des légères différences que présentaient les analyses de Magnus, Gay-Lussac attaqua, critiqua ses recherches à l'Académie des sciences de Paris, et, de concert avec Magendie, ils résolurent de reprendre les expériences de Magnus, mais le peu de temps dont ils disposaient ne leur permit pas de mettre ce projet à exécution. J'étais alors assistant de Magendie, et, d'après diverses expériences commencées, j'avais vu que les procédés de Magnus étaient en effet attaquables, non pas comme méthode, car elle était très-bien conçue par l'éminent physicien de Berlin, mais à cause de la nature complexe du sujet même de l'expérience. Je vis entre autres deux faits importants, le premier c'est que du sang donnait de l'acide carbonique d'une manière en quelque sorte indéfinie. En faisant passer, par exemple, un courant d'hydrogène dans du sang, on déplace les gaz du sang, et au bout d'un certain temps on ne déplace plus rien, et le gaz

hydrogène passe sans rien entraîner. Mais si on laisse le sang en repos pendant vingt-quatre heures, restant, bien entendu, toujours en contact avec de l'hydrogène, et, si alors on fait repasser le courant gazeux hydrogéné, on déplace de l'acide carbonique pendant un certain temps et le lendemain encore, et ainsi plusieurs jours de suite. Maintenant, quant au procédé de Magnus, voici en quoi il était attaquable. Pour extraire les gaz du sang, il soumettait ce liquide à l'action d'une machine pneumatique. Les gaz s'échappaient en effet ; mais en s'échappant, ils produisaient une telle quantité de mousse qu'il était impossible de déterminer immédiatement leur volume. Il fallait attendre que cette masse se fût affaissée, c'est-à-dire vingt-quatre heures au moins. Mais, pendant ce temps, le sang continuait à vivre sous sa cloche ; si c'était du sang artériel, il consommait son oxygène, et le lendemain il était passé à l'état de sang veineux. Ainsi donc, dans tous les cas, Magnus avait opéré sur du sang veineux ; de là, les différences très-petites que ses analyses indiquent entre les quantités d'oxygène contenues dans le sang artériel et le sang veineux. C'est alors qu'en voyant que l'oxyde de carbone a la propriété de chasser intégralement l'oxygène du sang, et de rendre ce sang incapable de se transformer, j'eus l'idée de faire servir l'oxyde de carbone à l'analyse des gaz du sang.

FACULTÉ DE MÉDECINE DE PARIS

HISTOLOGIE

COURS DE M. CH. ROBIN
de l'Institut

Comment les parties de l'organisme s'approprient à des usages déterminés

L'observation des phénomènes de la génération montre que chez les plantes comme chez les animaux, les diverses espèces de parties constituantes élémentaires n'apparaissent pas simultanément. Sans doute, plusieurs éléments d'une même espèce se montrent toujours en même temps et avec un mode d'arrangement réciproque, subordonné à leur forme et à leur structure, mais on n'en peut pas moins dire que les éléments comme les organes qu'ils constituent, naissent l'un après l'autre. De là, résulte que le nombre des éléments et celui des organes diffèrent en des temps divers. Ajoutons que nul n'est, lors de son apparition, ce qu'il sera plus tard.

En outre, les éléments aussi bien que les organes, s'associent et changent dans un ordre tel qu'ils conduisent constamment les parties nouvellement apparues et le tout qu'elles composent, c'est-à-dire l'organisme, à offrir un ensemble de caractères et d'activités qui représentent les caractères et les activités de leurs propres antécédents. Ce sont les conditions et les phénomènes de cette pérennité, dite spécifique, des forces et des actes, ou, en d'autres termes, cette accommodation des parties organiques à telle ou telle fonction, que nous allons étudier.

L'accomplissement simultané de tous les actes de l'économie végétale ou animale représente des conditions statiques et dynamiques qui amènent la manifestation de phénomènes plus complexes que ces actes eux-mêmes dont ils sont comme la *résultante* commune. On voit dès lors qu'aucun de ces *résultats* ne peut être identifiable ou réductible à l'un quelconque des actes élémentaires composants, puisqu'il reconnaît leur simultanéité même pour cause à la fois immédiate et déterminante ou génératrice. De plus, l'un de ces actes ne saurait varier sans que le *résultat général*, plus manifeste qu'aucun des composants, ne soit modifié d'une manière corrélative.

D'une part, les fonctions organiques accomplies par autant

d'appareils, constituent des actes complexes auxquels concourent plusieurs des propriétés élémentaires de la substance organisée, avec prédominance de l'une d'elles, et d'autre part, de l'accomplissement même de ces fonctions, on voit surgir des *phénomènes-résultats*. Ceux-ci ne se rattachent, en tant qu'attributs dynamiques, ni aux propriétés des éléments anatomiques et des tissus, ni aux usages des organes, non plus qu'aux fonctions des appareils, mais seulement à l'organisme agissant comme un tout plus ou moins complexe de parties solidaires. Aussi deviennent-ils d'autant plus nombreux et d'autant mieux caractérisés qu'on les observe sur un être d'organisation plus compliquée.

La calorification animale et végétale, l'hérédité, etc., sont de ces actes biologiques, de causes complexes, dont l'exécution n'appartient à aucun appareil, organe tissu ou élément anatomique en particulier. Nous verrons qu'il faut y joindre, bien qu'on ne l'ait pas encore fait, le phénomène général de l'ordination des parties au fur et à mesure que l'individualisation et le développement des unes déterminent la génération des autres ; série de phénomènes qui conduit nécessairement vers l'aptitude à l'accomplissement d'actes déterminés, en rapport avec les propriétés immanentes à chacune des espèces d'éléments anatomiques qui apparaissent et évoluent. Nous verrons encore qu'il faut par suite y joindre le maintien des formes spécifiques des plantes et des animaux dans l'espace comme dans le temps ; phénomène qui est une des conséquences inévitables de cette accommodation et un résultat de même ordre.

D'une manière générale, l'accommodation successive des parties, dans l'ensemble de l'économie, à l'accomplissement d'actes déterminés, est un résultat de ce fait que les phénomènes sont générateurs les uns des autres, la présence des premières parties qui naissent étant la condition nécessaire de l'apparition de celles qui suivent, et cela d'élément à élément, de tissu à tissu, d'organe à organe et d'appareil à appareil. D'où la formation d'un tout ou organisme dont les composants inévitablement solidaires, fonctionnent corrélativement à la nature des propriétés de leurs éléments constitutifs, et qui, dès leur entrée en action, trouvent dans cette solidarité les sources de leur unité fonctionnelle, c'est-à-dire du concours à un but commun.

La première des questions à résoudre préalablement est de savoir en quoi consiste l'état de la matière dit état d'organisation. Ce que la substance organisée présente de fondamental, c'est l'union moléculaire, en proportions différentes, de principes immédiats tant coagulables que cristallisables, d'origine organique et d'origine minérale, associés ainsi en un tout de petites dimensions temporairement indissoluble, bien que d'une faible stabilité chimique. Cet état d'association moléculaire caractérise le premier degré d'organisation.

Le deuxième degré consiste en ce fait que chacune des parties élémentaires, de volume et de forme déterminés, qui compose la substance organisée, est construite de particules de celle-ci qui sont distinctes les unes des autres par leur consistance, leur couleur, leurs réactions chimiques (noyaux, granulations de cellules, etc.). C'est cette construction qui reçoit le nom de *structure* dans l'étude de chaque élément. Les degrés d'organisation qui suivent se rapportent successivement : 3° A la conformation générale des tissus subdivisés en parties similaires constituant les *systèmes organiques* ; 4° à la *conformation spéciale des organes* ; 5° à la *composition des appareils* par des organes divers avec solidarité ; 6° à la réunion des appareils en un tout dit *organisme* ou *économie*, do conformation spéciale.

A chacun de ces degrés correspondent des actions d'ordre organique de plus en plus complexes, tels que l'*attribut général de chaque système ;* les *usages de chaque organe*, la *fonction accomplie par chaque appareil*, et les *phénomènes généraux résultant* de l'exécution de cet ensemble.

Un dernier fait qui est capital, c'est la nécessité de relations réciproques permanentes de la substance organisée avec un mi-

lieu fluide, pour que l'état d'organisation persiste et manifeste ses propriétés. Tous les actes que nous appelons vitaux ne sont en effet que des manifestations d'une ou de plusieurs de ces propriétés.

Aussi longtemps qu'ils siègent dans un milieu compatible avec la permanence de l'intégrité de leur composition immédiate, les éléments manifestent des qualités ou propriétés qui ne se trouvent que là où il y a organisation et tant que dure cet état. Elles reconnaissent comme conditions d'existence les propriétés générales et spéciales de la matière d'ordre physique et chimique, mais elles ne leur sont pas assimilables. De là vient qu'elles sont dites d'ordre *organique* ou *vital*. On les divise en *végétatives* et en *animales* selon qu'on les observe chez les végétaux et les animaux, comme la nutrilité, l'évolutilité et la natalité, ou sur les animaux seulement comme la contractilité et l'innervation.

Ces propriétés, les unes immanentes à tous les éléments anatomiques, les autres à telle ou telle forme élémentaire, sont les sources ou principes des actions de tous les êtres organisés, et *nulle autre force intérieure d'animation n'existe en eux*.

Les seuls métaphysiciens savent s'exempter de ces difficiles études. Pour eux l'état d'organisation à ses divers degrés est le résultat de la puissance de l'*ame* ou de tel autre principe analogue qui, par son union à la matière inorganique, en forme une substance organisée vivante. C'est dire que la fonction fait l'organe.

En général, ceux qui ont abordé ces questions les ont traitées non comme des problèmes scientifiques ou de physiologie, mais comme ressortissant de la métaphysique pure. Au fond, toutes les vues des métaphysiciens sont un commentaire incessant de l'idée d'Aristote que l'*ame* est la *forme* ou l'*acte premier*, l'*entéléchie* ou *perfection* d'un corps organisé possédant la vie.

Buffon et après lui Bonnet posèrent très-nettement la question de savoir comment s'accomplit l'appropriation des parties à des usages déterminés. Mais en l'absence de l'importante notion d'élément anatomique qui ne fut introduite dans la science que de 1820 à 1839 (Turpin, Dutrochet, Mirbel, Schwann), ils ne purent même pas en entrevoir la solution. Bonnet admit la doctrine de la préformation contre laquelle s'éleva Buffon. Puis les naturalistes avec Cuvier, et les physiologistes proprement dits avec Burdach et Müller se bornèrent à supposer que : « le germe est le tout en puissance », et que : « quand il se développe, les parties intégrantes du tout apparaissent en acte » (Müller). On voit aisément que cette hypothèse, toute subjective, n'est qu'une transformation mystique de la théorie de la préformation telle que l'a formulée Bonnet.

Supposer que les parties d'un fœtus ou d'une graine, dès les premiers instants où il nous est possible de les apercevoir, ont déjà en eux *le germe de tous les phénomènes que la vie doit développer par la suite*, que, par exemple, le vitellus de l'ovule de la femme est déjà un organisme vivant et humain, un composé de matières et de mouvements physico-chimiques élevés à la dignité d'homme, qu'il n'est pas un début, mais a été organisé pour un but prédéterminé, pour une fin, savoir pour vivre, se développer, penser et vouloir, qu'il possède déjà réellement l'empreinte originelle de l'espèce, de la forme du corps humain, avec la faculté de penser et de vouloir librement, c'est étrangement méconnaître ce fait, que les propriétés d'ordre organique ou vital sont consubstantielles aux éléments anatomiques tant que persiste l'état d'organisation, et méconnaître par suite la corrélation de cet état avec les modes d'activité qui lui correspondent.

Cette doctrine ne tient pas un instant contre le *principe des conditions d'existence*, c'est-à-dire devant l'examen du mode d'accomplissement des phénomènes évolutifs.

Les ovules naissent dans les plantes et dans les animaux d'une manière analogue à celle de plusieurs espèces d'éléments anatomiques qui ont forme de cellules, les épithéliums exceptés. Chez les vertébrés en particulier, ils naissent peu après l'apparition des ovaires eux-mêmes, comme font dans les autres organes les éléments anatomiques caractéristiques et fondamentaux de leur tissu. Il s'en produit infiniment plus qu'il ne s'en détache de l'ovaire pendant la durée de la vie : beaucoup, pendant le cours de l'existence, tombent et se détruisent faute d'avoir rencontré, dans leur migration naturelle, les conditions voulues pour. la fécondation, ou même après les avoir rencontrées, par suite des accidents les plus divers. On ne voit donc pas qu'ils jouissent de quelque faveur spéciale qui doive les conduire plus sûrement que les autres éléments anatomiques à une fin déterminée ou qu'ils s'en distinguent par quoi que ce soit en dehors de leur structure, de leurs réactions, de la lenteur ou de la rapidité de leur développement dans telle ou telle circonstance.

L'ovule, dans ces conditions, n'a d'autre puissance que la possibilité d'arriver à maturité si nul accident n'en vient entraver l'évolution. La maturité de l'ovule est caractérisée par la disparition spontanée de son noyau, alors devenu vésiculeux et dit *vésicule germinative*, disparition accompagnée de changements moléculaires appréciables. Alors seulement il est devenu apte à être fécondé : tant que cette vésicule persiste, le contact des spermatozoïdes reste inefficace.

Si la fécondation a eu lieu, le vitellus a par ce fait acquis la propriété de présenter une succession de changements moléculaires intimes et *rien de plus*. Ces changements consistent en une série de modifications dans le nombre, le volume, la forme et le mode de groupement de certains des granules graisseux ou autres qui prennent part à la constitution du vitellus. Une pression plus ou moins prolongée les fait cesser pendant un temps plus ou moins long. Leur accomplissement fait voir que les conditions dans lesquelles se trouve le vitellus sont changées, et en effet il est désormais devenu apte à la production des *globules polaires* et du *noyau vitellin*. Une fois ces phénomènes accomplis, le vitellus se trouve placé dans des conditions anatomiques et physiologiques nouvelles qui sont celles du fractionnement régulier du vitellus, amenant son individualisation en cellules blastodermiques et le groupement de celles-ci en membranes ou couches de ce nom. Toute déviation accidentelle de l'achèvement régulier de ce blastoderme, causée par des troubles chimiques, physiques ou mécaniques apportés à la scission vitelline, etc., entraîne l'apparition d'un blastoderme anormal simple ou divisé plus ou moins profondément sur une de ses deux extrémités ou sur toutes deux à la fois. Elle cause par suite ainsi le développement de monstres simples ou doubles, pouvant aller parfois jusqu'à la duplicité presque complète, alors que, dans tous les cas, on peut constater que le blastoderme dérive d'*un œuf simple à vitellus et à vésicule germinative uniques*. Ce n'est plus alors un seul individu que le germe aurait représenté en puissance, mais deux, ou un plus une moitié ou un quart, de la partie antérieure ou postérieure de cet individu.

La portion embryogène du blastoderme est soumise à cette même loi des conditions d'existence ; c'est-à-dire qu'elle ne contient rien en puissance au delà des conditions nécessaires à la génération des premiers organes embryonnaires ; telles sont les lames dorsales et ventrales formées d'abord par les cellules blastodermiques de la tache embryogène, auxquelles succède le tissu embryoplastique ; telles sont la notocorde, puis les deux moitiés de l'axe nerveux central, les corps vertébraux cartilagineux, les yeux et les vésicules auditives, le cœur, puis les conduits vasculaires qui le prolongent, etc., etc. Chacun de ces organes devient en apparaissant la condition nécessaire à la génération du suivant, de telle sorte que si quelque circonstance dérange ou fait cesser la production et le développement du premier, le second ne se montre pas (1).

(1) C'est ainsi qu'on voit s'évanouir, en présence des faits, la prétendue validité de toutes les vues subjectives sur l'unité directrice et la vigueur consécutive d'un principe d'activité formatrice, de quelque nature qu'on le suppose, venant façonner d'une manière parfaite et absolument invariable, dès l'origine du germe d'un être, la structure et la forme spécifiques de ses parties pour en faire un organisme complet. Les nombreuses variétés produites par l'intervention matérielle des spermatozoïdes de tel ou tel mâle, dans la substance vitelline de l'ovule de

Les conditions que présente le blastoderme sont d'une manière tellement immédiate, celles qu'exige l'apparition du premier de ces organes (comme les conditions présentées par celui-ci sont d'une manière tellement immédiate, celles de l'apparition du second et ainsi de suite), que *chacun* des lobes du blastoderme *anormalement* divisé, donne naissance aux organes céphaliques ou aux organes de l'arrière du corps *dans le même ordre* que dans les circonstances où l'évolution se fait régulièrement.

Enfin, lorsqu'un organe nouvellement apparu, dont l'absence est compatible avec la persistance de la vie intra-utérine vient à se dissocier et à disparaître, cette disparition fait évanouir les conditions nécessaires à la génération habituelle de l'organe qui normalement apparaît aussitôt après que le précédent est arrivé à un certain degré de développement : aussi n'apparaît-il pas, non plus que tous ceux dont son apparition amenait l'épigénèse. C'est ainsi que dans les monstres péracéphaliens avec les poumons et le cœur, on voit manquer le foie et les organes internes de la génération.

Une fois fécondé, le germe de l'homme ne possède aucune puissance qui ne se retrouve non pas identique, mais à titre égal, dans l'ovule des autres organismes animaux et végétaux, savoir celle d'amener par segmentation ici, par gemmation ailleurs, la substance de son vitellus à l'état d'éléments anatomiques figurés, ayant forme de cellules disposées en membrane ou en amas blastodermique. Et il faut dire que cette puissance est d'un ovule à l'autre équivalente, car sur un fonds commun de la constitution ovulaire, on constate des différences spécifiques relatives tant à sa structure propre qu'à sa composition immédiate. Or, ces différences se retrouvent aussi d'une espèce à l'autre dans chacun des éléments anatomiques résultant de la segmentation du vitellus et dans tous ceux dont la génération des premiers détermine successivement l'apparition.

La permanence des caractères dits spécifiques du tout, comme de ses parties, résulte inévitablement de ce que, à compter du point de départ de chaque individu organique, représenté par le début de l'apparition de l'ovule, les conditions individuelles ou intrinsèques de son existence et les conditions de milieu ou extrinsèques, sont en tel nombre, et chacune d'une stabilité si délicate que l'être n'évolue et ne marche qu'entre les monstruosités et la mort. Il ne va nullement vers la transmutation *de specie in speciem*, car cette trasmutation exigerait au moins un certain degré de fixité, tel que celui qui permet de soumettre le soufre, le phosphore et l'oxygène aux influences qui les amènent à prendre divers états de dimorphisme.

Examinons maintenant comment les éléments anatomiques se disposent en tissus, les tissus en systèmes d'organes, et ceux-ci en appareils ; appareils dans lesquels le jeu successif et simultané de chaque partie conduit à l'accomplissement de telle ou telle fonction, selon les propriétés caractéristiques du tissu composant l'organe principal de chacun de ceux-ci.

Si l'ovule, fécondé ou non, renfermait l'organisme en puissance, il n'y aurait pas lieu de se poser cette question qui a dû se présenter nécessairement à l'esprit, du moment où l'embryogénie a démontré que le germe est vivant au même titre que tout autre élément anatomique de l'animal ou du végétal et par suite apte à s'atrophier aussi bien qu'à se développer de telle ou telle manière suivant sa constitution et les conditions dans lesquelles il est placé.

La faculté de prendre l'arrangement qui convient à l'accomplissement de chaque fonction que présente la substance organisée est un *résultat* de sa vitalité générale ou végétative, c'est-à-dire un de ces *phénomènes-résultats* (Blainville, A. Comte) qui ne se rattachent à aucun agent spécial, élément anatomique, tissu,

telle ou telle femelle lors de son arrivée à maturité, et à *fortiori* la production de métis entre des individus de genres différents, tels que le bouc et la brebis, suffisent à montrer l'inanité de toutes les hypothèses de cette sorte.

organe ou appareil, mais sont les conséquences des manifestations simultanées des propriétés élémentaires ou irréductibles, immanentes aux éléments anatomiques, et aussi du fonctionnement de l'ensemble des appareils.

La matière organisée est conduite à cette ordination comme à la répétition héréditaire des diverses aptitudes, végétatives et animales, par la manière dont ont lieu sa genèse et son individualisation en parties distinctes, l'évolution de ces dernières et leur rénovation moléculaire nutritive. L'hérédité est dominée particulièrement soit par la composition immédiate du vitellus de l'ovule maternel qui fournit les matériaux pour la génération des éléments du nouvel être, soit par le fait de son union matérielle avec la substance fécondante du mâle. De plus, la constitution du *milieu* dans lequel naissent les éléments anatomiques, ainsi que l'*état antérieur* par lequel ont passé les principes immédiats qui servent à leur genèse et à leur rénovation moléculaire, influent tant sur la production des parties organisées que sur la formation des composés chimiques.

L'ordination conduisant pas à pas l'économie à présenter les dispositions qui entraînent avec elles l'aptitude à l'accomplissement de chaque fonction, est au contraire plus particulièrement le *résultat* des modes d'individualisation, de genèse et surtout des phases d'évolution tant de structure que de forme et de volume des éléments anatomiques. Ainsi, dans le cas de segmentation en cellules polyédriques du vitellus dans l'*ovule* et de la substance homogène qui précède les couches épithéliales, les éléments anatomiques figurés qui s'individualisent ainsi, ne peuvent pas ne pas être rangés dans un ordre déterminé les uns par rapport aux autres et par rapport aux parties antécédentes sur lesquelles ils reposent : d'où leur accommodation à l'accomplissement d'actes déterminés en rapport avec leur constitution immédiate et leur structure propre. Lorsque entre ceux de ces éléments qui dérivent du vitellus et qui forment l'aire embryonnaire, apparaissent, par genèse; des éléments distincts de ceux-là et qui, quelques instants auparavant, n'existaient pas, le fait même de leur apparition avec un arrangement réciproque en rapport avec leur forme, leur volume et leur structure spécifiques, constitue un ensemble nouveau de conditions fonctionnelles qui est en corrélation à la fois avec le lieu où se passe cette genèse, avec la composition immédiate et avec la structure des éléments qui viennent de naître. C'est-à-dire que cette genèse entraîne dans une direction inévitable l'accomplissement d'actes, nuls jusque-là, subordonnés à la constitution individuelle, spécifique de ces éléments, à leur. composition immédiate et à leur acquisition graduelle d'une structure intime donnée.

En second lieu, l'étude des phénomènes d'évolution nous montre que tout élément anatomique, tout tissu, tout organe qui est né, devient par le fait de son apparition ou de son arrivée à un certain degré d'accroissement, la condition de la genèse d'un élément anatomique d'espèce semblable ou différente, et par suite de la formation d'un tissu, d'un organe, etc. : il devient même à certaines périodes la condition de l'atrophie de quelque autre partie. C'est de la sorte que les éléments anatomiques deviennent successivement générateurs les uns des autres, sans l'être directement par continuité matérielle, c'est-à-dire sans qu'il y ait un lien générique entre la substance de celui qui apparaît et celle des éléments de même ou d'une autre espèce entre lesquels il naît. C'est par cette série de conditions se montrant successivement, que s'établit la connexité qui existe entre les divers faits de l'apparition constante de plusieurs éléments à la fois, offrant aussitôt une forme spécifique et un arrangement réciproque déterminé, arrangement qui conduit ainsi pas à pas l'organisme à présenter les dispositions qui entraînent avec elles l'aptitude à l'accomplissement de chaque fonction.

La question de l'appropriation des tissus à l'accomplissement d'actes déterminés est déjà résolue par ce fait que constamment les éléments anatomiques naissent ou s'individualisent un certain nombre à la fois, de telle sorte que dès leur apparition, ils sont groupés dans un ordre déterminé, en corrélation avec leur forme et leurs dimensions. Ceux des éléments anatomiques de même espèce ou d'espèce différente dont la naissance est amenée par l'évolution des premiers apparus, prennent naturellement une disposition réciproque en rapport avec celles des parties analogues qui les ont précédées. Ces faits s'observent jusque dans les cas de régénération des tissus chez l'adulte.

Là se trouvent les conditions qui font que les organes premiers constitués de tissus différents tels que les muscles, les tendons, les os, les ligaments, n'ayant jamais été séparés et ayant développé corrélativement leurs saillies et leurs dépressions en sens inverse les unes des autres, offrent une adhésion par contiguïté immédiate qui est proportionnelle à leur propre consistance. Il faut avoir suivi pas à pas sur des embryons de vertébrés ou d'invertébrés l'examen de cette influence successive de la génération d'un tissu sur celle d'un autre, ou sur la production d'une humeur, comme celle du tube cardiaque sur la formation du sang, etc., pour saisir comment l'apparition de l'un des précédents détermine celle de celui qui le suit, comment un trouble causé dans la formation du premier en amène un dans la formation du second, alors même que ces perturbations ont précédé l'apparition de celui-ci. Il faut avoir suivi la succession de ces phénomènes pour saisir comment la génération des pièces squelettiques amène celle des masses musculaires, puis comment la genèse de ces dernières détermine celle des faisceaux des tendons correspondants qui naissent après ceux-là et jamais avant, comment l'arrivée de l'intestin à un certain degré de développement entraîne la génération du foie, etc., comment celle du chorion dermique ou muqueux à telle phase de son évolution, suscite en quelque sorte la genèse de diverses glandes à sa face profonde.

C'est si bien d'après un ensemble de conditions nécessaires de cet ordre, oscillant dans leur succession entre celles qui causent les monstruosités et celles qui ne sont plus compatibles avec le maintien de l'état d'organisation, que naissent les organes ; c'est si peu pour remplir le *vœu* de l'accomplissement d'une fonction, d'après une *préméditation de l'acte de leur création*, qu'ils apparaissent, que divers organes se forment sans arriver au degré d'évolution intime qui entraîne l'aptitude à l'accomplissement d'un usage ; que d'autres enfin atteignent ce degré d'une manière plus ou moins parfaite, ce qui amène les différences individuelles, morphologiques et fonctionnelles.

Il y a beaucoup de ces organes apparus absolument à la même époque et de la même manière que leurs homologues et homonymes chez les individus d'un autre sexe ou d'une autre espèce, qui n'atteignent pourtant pas le développement indispensable à l'aptitude fonctionnelle et qui constituent des organes *sans fonctions* ou mieux *sans usages*. Telles sont les mamelles et le mamelon chez tous les mâles des mammifères, les dents de la baleine qui ne percent jamais les gencives, les membres des orvets qui restent toujours sous la peau, les doigts de divers animaux ongulés ou pinnipèdes qui offrent le même exemple, etc., etc. D'autres au contraire continuent à se développer, alors qu'ils ont perdu certaines dispositions qui les rendaient primitivement propres à l'accomplissement d'un usage ; tels sont les organes de Rosenmüller chez l'homme et la femme.

En même temps que les parties constituantes du corps apparaissent ordonnées en tissus (qui, à de très-rares exceptions près, naissent à la place même qu'ils occuperont toujours), elles se présentent, comme nous l'avons vu, groupées ou divisées en organes directement contigus ou continus les uns avec les autres, selon leur constitution élémentaire propre, et dans un état de solidarité par contiguïté et continuité que leur génération successive rend inévitable. Or, cette solidarité statique est justement ce qui fait anatomiquement un appareil unique, d'un ensemble d'organes différents par leur constitution propre. La consubstantialité ou l'immanence des propriétés aux éléments anatomiques arrivés à un certain degré de développement, fait que les actions de ceux-ci, lors de leur conflit réciproque avec le milieu ambiant, ne sauraient être autrement qu'harmoniques ou susceptibles d'amener l'accomplissement d'un usage en rapport avec la constitution élémentaire des parties.

Des parties nées successivement de telle sorte que la génération des unes est déterminée par l'ensemble de conditions nouvelles qu'apporte la naissance des autres, ne peuvent manquer d'être solidaires fonctionnellement, ne fût-ce que de proche en proche, par le fait de leur rénovation moléculaire nutritive, source de croissance et de reproduction, lorsque le tout formé par cet ensemble est dans un tel conflit avec le milieu ambiant que l'assimilation l'emporte sur la désassimilation rénovatrice.

C'est même à cela que se bornent la solidarité statique et le consensus fonctionnel dans les plantes, dans les ovules et dans les animaux adultes les plus simples. Mais la prépondérance de la solidarité et du consensus, amenés graduellement, devient d'autant plus prononcée qu'il s'agit d'organismes plus composés et de phénomènes plus complexes. C'est ainsi, comme le remarque A. Comte, que le consensus animal est bien plus complet que le consensus végétal : en outre, il se développe évidemment à mesure que l'animalité s'élève, lorsque par exemple un organe d'impulsion vasculaire devient le centre distributeur des principes nutritifs indispensables à toute vie végétative, par des conduits qui sont en continuité avec lui et qui pénètrent jusque dans les organes les plus essentiels.

Le sentiment de l'existence aussi bien que de l'unité fonctionnelle résulte non de l'instinct de conservation, mais du jeu de systèmes d'organes formés de tissus à éléments continus avec eux-mêmes, qui établissent la solidarité ou sympathie fonctionnelle directe ou indirecte; tel est le système nerveux de la vie végétative ou sympathique pour la transmission au cerveau de certains états des viscères dit insensibles, telles sont les autres parties du système nerveux en général, tel est le système vasculaire pour la transmission des principes servant à la rénovation moléculaire nutritive et servant aussi de milieu intermédiaire entre le milieu général ou extérieur et les agents directs des actes organiques, c'est-à-dire les éléments anatomiques.

C'est par les seuls systèmes anatomiques dont les différentes portions ne sont pas discontinues, le système vasculaire et le système nerveux, que mécaniquement dans l'un, biologiquement dans l'autre, s'établit cette solidarité fonctionnelle végétative d'une part, animale de l'autre, qui d'organes divers fait un organisme où tout se tient, tout concourt à un but commun.

C'est la génération successive des organes qui entraîne inévitablement l'harmonie dans leur arrangement et leur solidarité, lesquels représentent l'ordination et l'appropriation à l'accomplissement d'un acte. Et dans cette succession, source d'harmonie ou d'accommodation, les parties simples ou composées ne sont pas faites du premier coup ; elles ne sont jamais lors de leur apparition ce qu'elles seront plus tard, parce que, en raison de la rénovation moléculaire continue (condition *sine qua non* de leur permanence), chaque chose qui se montre dans leur intimité devient un motif de l'apparition d'une disposition qui suit bientôt.

Il en est ainsi également pour les propriétés spéciales qui leur sont immanentes, comme la contractilité et l'innervation qui ne se montrent que lors de l'arrivée des éléments musculaires et nerveux à un certain terme de cette série de phénomènes. Les organes se trouvant être déjà solidaires lorsque, par la continuité des causes qui amènent cette accommodation harmonique, ils arrivent à être aptes à manifester leurs propriétés spéciales, l'arrangement qui convient à l'accomplissement d'un but déterminé se trouve obtenu.

Cet ensemble de phénomènes n'est donc qu'un *résultat général* de la manifestation des propriétés immanentes à toute substance organisée et non pas le résultat d'une propriété nouvelle à joindre à la nutrilité, à l'évolutilité, à la natalité, à la contractilité, à l'innervation. Hegel avait dit : « Si l'on saisit l'idée d'organisme, on comprend que sa disposition accommodée aux fins est une *suite nécessaire de la vitalité* du sujet. » « C'est là, dit M. Littré (préface de *Matérialisme et spiritualisme*, par Leblais. Paris, 1865), une notion juste, profonde, positive de l'organisme. Mais, malgré

cette priorité du philosophe allemand, peut-être ai-je quelque droit à m'attribuer d'avoir le premier assimilé biologiquement la disposition des parties pour les fins, à la propriété qu'ont le tissu vivant de se nourrir, le tissu musculaire de se contracter, le tissu nerveux de sentir, changeant ainsi l'idée métaphysique de finalité en une idée positive, c'est-à-dire en un fait irréductible. »

L'appropriation reconnaît en effet pour cause la nutrition, l'accroissement et l'individualisation avec genèse et reproduction, d'une des formes élémentaires de la substance organisée dite ovule ou germe, entrant en relations réciproques avec un milieu qui comporte le maintien de sa constitution immédiate et de sa structure.

La manifestation régulière de ces trois propriétés simultanément, a pour résultat général le groupement dans un ordre régulier et constant des parties qui naissent et s'individualisent, parties douées elles-mêmes de telles et telles propriétés qui, lorsqu'elles entrent en jeu, conduisent nécessairement à une fin fonctionnelle qui est déterminée par leur structure.

La cause de cette appropriation est donc fort peu spirituelle, puisqu'elle se trouve dans le jeu même des trois propriétés dites *végétatives*. Aussi cette accommodation des organes à l'accomplissement de leurs usages a-t-elle lieu chez les plantes avec la même régularité, la même rigueur et la même constance que chez les animaux. D'où l'on peut dire que cette ressemblance entre tous les êtres, y compris l'homme, dans la succession des phénomènes, dans leurs modes, dans leurs résultats tant naturels qu'accidentels, ne laisse plus de place à l'intervention de cette tierce force que les métaphysiciens appellent l'âme et qui, en tant que forme active de chaque individu, représentant son organisme partiel et total, viendrait réunir et disposer les particules matérielles selon une idée créatrice et directrice, pour en construire le corps organisé dont les attributions intellectuelles viennent ensuite.

On pourrait se demander maintenant comment le corps et ses parties, dans les êtres organisés, s'accroissent jusqu'à un certain terme seulement et reproduisent successivement les mêmes formes, de l'antécédent à celui qui suit.

Ce qui demeure beaucoup plus constant que les contours de l'être aussi bien que de ses parties constituantes, c'est leur organisation fondamentale. Et en remontant des appareils aux organes, aux systèmes, aux tissus et aux éléments, ce qui reste de moins variable, c'est la composition immédiate de ces derniers.

Aussi l'expérience montre-t-elle que la cause qui fait que le corps et les parties varient incessamment de forme, mais sans aller au delà de certaines limites, est de même ordre au fond que celle qui fait que tout corps brut que l'on fait, défait et refait, que l'on fond, solidifie et refond, reprend toujours en passant de l'état liquide à l'état solide, un type cristallin dans lequel les formes et les dimensions de chaque cristal varient aussi, mais sans que la valeur des angles et la situation symétrique des faces soient changées.

Pour les éléments anatomiques (comme pour les corps bruts lors de leur apparition sous une forme déterminée), acquérir telle ou telle forme définie lors de leur naissance ou de leur individualisation est un fait qui est en pleine corrélation avec la composition immédiate de chacun d'eux. Être associés les uns avec les autres dans un ordre déterminé par cette forme et dès cette apparition est un fait qui résulte de ce que les éléments naissent ou s'individualisent plusieurs à la fois. De là vient encore qu'ils composent, dès l'origine aussi, une certaine masse ou organe qui a une configuration définie résultant de cette association. Enfin, comme chacun des organes naît ou fait naître tel autre dans un ordre constant, cette ordination successive entraîne inévitablement avec elle une figure définie pour l'ensemble des parties qui s'ajoutent les unes aux autres aussi bien que pour chacune d'elles isolément, c'est-à-dire pour le tout ou individu aussi bien que pour chaque appareil ou chaque système.

La permanence de cette succession de phénomènes qui entraîne la permanence de la forme du tout et des parties est subordonnée à la permanence de la composition immédiate des éléments anatomiques qui ainsi donnne le tout. De même qu'en raison de la nature chimique des principes immédiats assimilés, le volume se maintient ou augmente durant la croissance par l'assimilation, de même aussi il est retenu entre certaines limites ou même diminue ensuite par la désassimilation ou départ des principes qui ont servi. Or, l'assimilation et la désassimilation étant des actes moléculaires intimes ou intérieurs, elles influent nécessairement sur les trois dimensions à la fois de chaque élément. Buffon, qui s'était occupé dès 1749 du problème de la persistance des formes et en avait clairement entrevu la solution, appelait cela *brasser* la matière dans ses trois dimensions.

Les variations du volume et de la forme des éléments anatomiques sont donc subordonnées aux variations de l'assimilation et de la désassimilation de ces parties ; ces actes à leur tour dépendent à la fois de la composition immédiate des éléments et de celle du milieu dont les variations entraînent la mort, et par suite la cessation de tout changement des contours dès qu'elles dépassent une certaine limite. .

Cette question se rattache à un fait capital consistant en ce que la genèse de tout élément résulte de la formation, en certaine quantité, d'un ou de plusieurs principes immédiats coagulables s'unissant en telle ou telle proportion à divers principes cristallisables, avec prise en cet instant d'une configuration déterminée subordonnée à cette composition même. Et ces parties élémentaires naissent plusieurs à la fois, se groupent dans un ordre ou, si l'on veut, avec une texture en rapport avec cette configuration, c'est-à-dire qu'il se passe là un phénomène analogue à celui qui fait que dans les liquides chimiquement sursaturés de tels ou tels composés, certaines conditions survenant, on voit un ou plusieurs d'entre eux cristalliser subitement et les cristaux se grouper de telle ou telle manière selon le type de la forme prise ou selon les dérivés de ce type.

On voit aisément comment ce que nous venons de dire des éléments s'applique à toutes les parties qui en sont composées, en ce qui concerne tant la permanence des formes spécifiques que la solidarité des parties les plus hétérogènes, laquelle est poussée à ce point que chaque partie agissant avec l'autre dans le conflit avec les milieux ambiants, chacune *semble* faite pour l'autre, bien qu'en réalité nulle partie n'ait de supériorité sur les autres, puisque chacune d'elles a un rôle particulier qu'aucune autre ne peut remplir et que toutes ces parties ne valent quelque chose dans l'économie que par leur coordination.

En résumé, les mêmes causes qui, dans chaque nouvel être, amènent l'appropriation des organes à l'accomplissement de tel ou tel usage, ont pour résultante nécessaire le maintien des formes spécifiques des plantes et des animaux qui se succèdent dans le temps et se multiplient dans l'espace.

Il reste à montrer quelles sont les analogies et les différences qui existent entre le fait de l'appropriation des parties à l'accomplissement d'usages définis et celui de la transmission héréditaire des formes et des aptitudes.

D'une part, l'ordination des parties au fur et à mesure de leur génération successive dans l'ovule conduit à la production d'un tout, c'est-à-dire d'individus que nous rapprochons d'abord en couples de sexes différents à leurs divers âges pour établir abstractivement, à l'aide de ces rapprochements étendus jusqu'à leurs prédécesseurs, la notion d'espèce, puis de genre, etc., au point de vue normal ou tératologique.

D'autre part, l'hérédité est le phénomène biologique qui fait que les ascendants transmettent aux descendants, outre le type de l'espèce, des particularités d'organisation et d'aptitudes individuelles. Elle est subordonnée à l'*état antérieur* par lequel ont passé les principes immédiats (surtout les coagulables) qui ont servi à la production et à la nutrition des ovules mâle et femelle qui sont les éléments de génération du nouvel être. Elle dépend encore de la nature des principes constitutifs et autres qualités du milieu extérieur à l'œuf, qui sont compatibles avec le déve-

loppement de ces parties pendant l'ordination de celles-ci. Car c'est cet ensemble d'influences portant sur les actions moléculaires intimes qui, suivant son intercurrence, domine l'hérédité dès l'origine, en ayant pour résultat de faire de chaque individu d'une espèce un certain individu, de susciter en un mot des différences individuelles normales ou tératologiques, tout en maintenant certaines ressemblances, de génération en génération, avec les individus antécédents.

On voit donc que ce qui distingue l'hérédité de l'accommodation des parties à l'accomplissement d'actes déterminés, c'est que celle-ci, représentant ce qu'il y a de constant dans la génération et dans l'évolution, l'hérédité représente au contraire ce qu'il y a d'intercurrent, de contingent, de variable.

Pour se rendre compte des phénomènes d'hérédité, il faut savoir que les substances organiques coagulables jouissent de la propriété de transmettre, par simple contact avec des substances d'une autre espèce, l'état moléculaire particulier que quelque circonstance particulière a produit chez elles. Or, il est certains états généraux de l'organisme, certaines aptitudes qui ne résident évidemment pas seulement dans un simple arrangement réciproque des tissus ou des humeurs, mais qui ont au contraire développé une modification moléculaire particulière dans la substance même de tous les éléments de l'organisme. D'après la propriété qu'ont les substances organiques de transmettre d'une manière lente, mais continue, leur état moléculaire aux substances avec lesquelles elles sont en contact, il est évident que toutes les parties qui naîtront directement ou indirectement à l'aide et aux dépens des premières cellules dérivant de l'ovule, seront modifiées en bien ou en mal, selon l'état que celui-ci offrait lui-même. C'est là ce qu'on désigne sous le nom d'*hérédité originelle* ou *par incarnation*.

Rappelons encore que dans la fécondation il y a mélange matériel de la substance du mâle avec celle de l'ovule femelle qui reçoit ainsi l'impression de la constitution du premier. Ce fait nous représente, à l'état élémentaire, la transmission héréditaire par suite de cette propriété dont jouit toute *substance organique* d'amener (par actions moléculaires lentes et successives) à un état analogue à celui où elle se trouve, les autres espèces de substances qu'elle touche. D'où il résulte que la matière des spermatozoïdes ou des grains de pollen détermine dans celle du vitellus de l'ovule femelle l'apparition d'un état analogue à celui qu'elle offre en arrivant dans ce vitellus et en l'imprégnant.

Ce ne sont pas seulement les particularités innées qui sont transmises héréditairement, les particularités acquises le sont aussi. C'est là-dessus que les éleveurs de bestiaux ont fondé la création de races domestiques douées de qualités spéciales. C'est en vertu de cette loi, nommée *innéité* par P. Lucas, qu'il arrive que partout, à chaque instant, il naît dans le sein de chaque famille des individus signalés par des caractères physiques, moraux, intellectuels, tout à fait exceptionnels.

Résumé par le Dr Clémenceau.

AVIS.

Les abonnés dont l'époque de renouvellement échoit à la fin de mai, et qui désirent à cette occasion changer les conditions de leur souscription et profiter des avantages que leur présente, soit l'abonnement d'un an, s'ils ne sont abonnés qu'au semestre, soit la souscription aux deux *Revues des cours scientifiques* et *littéraires*, sont priés d'avertir immédiatement M. Germer Baillière, en lui envoyant un mandat sur la poste ou des timbres-poste.

Les abonnés qui, d'ici à la fin de mai, n'auront fait parvenir aucun avis au bureau de la *Revue* seront considérés comme désirant continuer leur abonnement dans les mêmes conditions. En conséquence, ils recevront par l'entremise des porteurs, soit à Paris, soit dans les départements, une quittance analogue à celle qui leur a été déjà remise lors de leur première souscription.

Le propriétaire-gérant : Germer Baillière.

REVUE

DES

COURS SCIENTIFIQUES

DE LA FRANCE ET DE L'ÉTRANGER

SEPTIÈME ANNÉE   NUMÉRO 28   11 JUIN 1870

Paris, 10 juin 1870.

La science anglaise triomphe de plus en plus du rigorisme anglican, et elle arrivera bientôt peut-être à conquérir une complète indépendance. La Chambre des communes vient de voter un bill qui dispense de tout serment religieux les professeurs et les élèves des deux grandes universités classiques, Oxford et Cambridge. Il faut espérer que la Chambre des lords laissera passer une loi qui supprime définitivement cette formalité vexatoire déjà fort atténuée par plusieurs bills successifs depuis une dizaine d'années.

Jusqu'ici, la science indépendante s'était surtout développée dans d'autres institutions, d'origine moins ancienne, notamment à Londres. Elle va maintenant envahir les vieilles universités du moyen âge. Déjà Trinity-college, à l'université de Cambridge, institue une chaire de physiologie pure, qui est donnée à M. Michaël Foster, professeur de physiologie pratique à University-college (Londres). Nos lecteurs n'ont pas oublié les lectures de MM. Foster sur *les mouvements involontaires des animaux*, qu'il nous est interdit de louer, puisqu'elles ont été écrites pour la *Revue des Cours scientifiques;* ils savent que c'est un véritable physiologiste expérimentateur. Or, par la nature même des problèmes qu'elle se pose et de la méthode qu'elle emploie, la physiologie expérimentale tient la tête dans cette lutte de la science contre les préjugés surannés qui veulent entraver sa marche. Un certain nombre d'hommes comme M. Michaël Foster modifieront bien vite l'esprit des Universités anglicanes.

— M. Claude-Bernard ouvrira mercredi prochain, à deux heures un quart, dans l'amphithéâtre de la galerie de géologie, son cours de physiologie générale au Muséum d'histoire naturelle. Il traitera des principes généraux de la physiologie, surtout au point de vue de ses rapports avec les autres sciences, de sa méthode et de ses moyens d'études, c'est-à-dire des laboratoires.

— Nous avons annoncé samedi dernier l'élection de M. Joule à la place de correspondant laissée vacante dans la section de physiologie de l'Académie des sciences. — Outre M. Joule, placé en première ligne, la section présenterait en seconde ligne, par ordre alphabétique, MM. Angström, d'Upsal; Jacobi, de Saint-Pétersbourg; Dove et Riess, de Berlin; Grove et Tyndal, de Londres; W. Thomson, de Glascow; Llyod, de Dublin; G. Stokes, de Cambridge; Henry, de Philadelphie; Volpicelli, de Rome; et Billet, de Dijon.

M. Joule a été nommé au premier tour de scrutin par 32 suffrages sur 43 votants. M. Lloyd a obtenu 8 voix; MM. Angström, Dove et Volpicelli, chacun 1.

VII.

— M. Angström et M. Plateau (de Bruxelles) viennent d'être présentés, par le conseil de la Société royale de Londres, pour les deux places de membres étrangers actuellement vacantes.

— On trouvera plus loin la douzième liste de la *souscription Sars*. Nous faisons un nouvel appel à tous les amis des sciences, en les priant de se hâter. Le total dépasse déjà celui de toutes les souscriptions scientifiques essayées parmi nous; mais il est loin d'atteindre les limites des sympathies publiques pour la science.

Les sommes recueillies en Angleterre par M. Gwyn Jeffreys s'élevaient, il y a quinze jours, à 343 livres sterling 12 shellings 10 deniers.

ÉMILE ALGLAVE.

Souscription Sars

DOUZIÈME LISTE

	fr.	c.
Les conférences pastorales générales, par l'intermédiaire de M. le pasteur Dhombres, président.	433 fr.	
Souscriptions recueillies par M. Heimsoeth, recteur de l'université de Bonn.	242	69
MM. le professeur François Brioschi, sénateur, directeur de l'Institut technique supérieur de Milan...	10	
Le prof. Emilio Cornalia, correspondant de l'Académie des sciences de Paris, directeur du musée de Milan.	20	
Le prof. Achille Cavallini, ingénieur, à Milan.	5	
E. Nivoit, ingénieur des mines, à Mézières.	5	
Mouchot, professeur au lycée de Tours.	5	
Borgnet, professeur au lycée de Tours.	4	
Cons, professeur au lycée de Tours.	2	
Masquelier, à Tours.	2	
Anonyme, à Tours.	7	50
Saucour, vétérinaire au 12e dragons.	2	
L. Meschinet de Richemond, secrétaire de la Société des sciences naturelles de la Charente-Inférieure, à la Rochelle.	5	
La Société impériale d'agriculture, industrie, sciences, arts et belles-lettres de la Loire, à Saint-Étienne.	20	
La Société d'agriculture, sciences, arts et belles-lettres d'Indre-et-Loire, à Tours.	50	
La Société des amis du pays de Valence (Espagne).	10	
Total de la 12e liste.	823 fr.	19
Total des onze premières listes.	10 843 fr.	69
Total des douze premières listes.	11 666 fr.	88

28

LA MARCHE A CONTRE-VAPEUR DES LOCOMOTIVES

§ 1. — Principe

Exposé. — La machine locomotive, depuis son origine au concours de Liverpool en 1829, a reçu des perfectionnements incessants, qui en font aujourd'hui un instrument puissant, facile à manier, sûr dans son emploi. — Au degré de perfection où sa construction est arrivée, elle peut entraîner des centaines de voyageurs à la fois, à des vitesses qui excèdent souvent 20 mètres par seconde ou 70 à 75 kilomètres à l'heure ; elle remorque, à la vitesse des chevaux de course, des convois de 4 à 500 tonnes de marchandises, représentant le chargement d'un navire de capacité moyenne.

Elle accomplit un tel travail pendant plusieurs années consécutives, effectuant un parcours total qui dépasse souvent trois ou quatre fois le tour du monde, sans avoir à subir de grosses réparations, moyennant quelques travaux d'entretien courant, que l'on peut assimiler, toute proportion gardée, au ferrage d'un cheval et à la réparation de ses harnais.

Il restait cependant une lacune dans les perfectionnements apportés à cet admirable engin ; une découverte récente l'a comblée. — Nous nous proposons de faire connaître l'appareil aussi simple qu'efficace, auquel cette découverte a donné naissance et qui permet désormais à la machine locomotive d'accomplir une fonction nouvelle.

Cette machine est en quelque sorte un cheval mécanique ; elle imite et remplace le cheval de trait ; mais l'imitation était encore incomplète à un point de vue important. — Un cheval attelé à une voiture, sous l'action de son conducteur, exercée au moyen du mors et des guides, peut instantanément en quelque sorte changer le sens de son action et réagir sur la masse qu'il entraîne, en appliquant sa force musculaire à la retenir au lieu de l'entraîner. — Dominé pendant quelque temps par l'impulsion qu'il a imprimée lui-même à cette masse, il parvient rapidement, par la résistance qu'il développe en arrière, tout en continuant à marcher en avant, à amortir la puissance vive dont elle est animée et à la réduire à l'état de repos.

A la descente d'une pente rapide, le cheval exerce incessamment un effort opposé au sens du mouvement du véhicule et au sien propre ; il marche en avant et travaille en arrière, détruisant à chaque instant l'action de la gravité qui tend à l'entraîner avec le véhicule en accélérant la vitesse.

Le perfectionnement que nous nous proposons de décrire permet désormais à la machine locomotive, à la volonté de son conducteur, de produire, *régulièrement et d'une manière permanente*, un travail du même genre.

Le système de construction de la machine locomotive, surtout depuis l'introduction de la coulisse de Stephenson, permettait bien d'obtenir momentanément un effet de cette nature ; le mécanicien pouvait, en changeant le sens de la distribution pendant la marche, faire agir la vapeur à contre-sens du mouvement des pistons, de manière à substituer à l'effort moteur un effort résistant ; il pouvait, en terme de métier, *renverser la vapeur*. — Mais cette manœuvre offrait de très-sérieux inconvénients pour la conservation ou le bon entretien de la machine, souvent même une cause de danger pour le mécanicien, et surtout, au bout d'un temps très-court,

ses effets nuisibles prenaient des proportions telles que la machine ne tardait pas à être mise hors de service.

Les mécaniciens n'avaient donc recours à cette manœuvre que dans des circonstances tout à fait exceptionnelles, en cas de collision imminente, et ils ne le faisaient qu'avec hésitation et souvent trop tard. Les règlements interdisaient le renversement de la vapeur pour l'arrêt ordinaire aux stations, et son usage était absolument impossible pour la descente des pentes d'une forte inclinaison et de quelque longueur.

Le nouveau perfectionnement a consisté, par un artifice ingénieux et des plus simples, à faire disparaître tous les inconvénients que présente le renversement de la vapeur, à rendre cette manœuvre facile, usuelle, applicable à peu de frais à toutes les locomotives et dans toutes les conditions de leur service, sans accroître la difficulté de leur entretien.

Nous n'entrerons pas dans l'examen des tentatives infructueuses qui ont été faites à diverses reprises, pour obtenir ce résultat, soit dans le sens de la solution aujourd'hui acquise, soit au moyen de combinaisons distinctes ; nous rappellerons seulement que le mérite de l'invention doit être attribué à M. Le Chatelier, ingénieur en chef des mines.

Les premiers essais prescrits par M. Le Chatelier ont été exécutés sur le chemin de fer du Nord de l'Espagne, à partir du milieu de l'année 1865 ; aujourd'hui environ 3 000 machines locomotives, en France, sont pourvues de son système de *marche à contre-vapeur* ou de *frein à contre-vapeur :* les applications se poursuivent en France et se développent rapidement dans les autres pays.

Avant de faire connaître en quoi consiste précisément l'artifice au moyen duquel le renversement de la vapeur a été rendu tout à fait usuel, nous indiquerons en quelques mots le mode de fonctionnement de la vapeur dans les machines locomotives, soit en marche directe, soit en marche renversée, et nous montrerons quels étaient les effets produits et les inconvénients constatés dans ce dernier cas (1).

Marche directe. — Le diagramme de la figure 148, relevé sur une machine en service, au moyen de l'indicateur de Watt, représente les variations successives de la pression de la vapeur sur l'une des faces du piston de l'un des deux cylindres, pendant qu'il effectue son oscillation complète, c'est-à-dire pendant un tour entier des roues motrices.

Le piston quitte le fond arrière du cylindre et marche à partir du point a dans le sens de la flèche en trait plein ; l'admission de la vapeur a lieu de a en b. — Au point b, le tiroir ferme la lumière et la *détente* se produit de b en c. — Au point c le bord intérieur du tiroir démasque la lumière et l'échappement commence ; le parcours $c\,d$ représente la période *d'avance à l'échappement.*

Le piston, arrivé à l'extrémité de sa course, commence à rétrograder dans le sens de la flèche en trait pointillé, en refoulant dans le tuyau d'échappement la vapeur qui n'est pas sortie pendant la période précédente et qui remplit encore le cylindre ; l'*échappement* se complète de d en e.

---

(1). Nous avons emprunté une partie des détails qui vont suivre à un mémoire inséré dans le XIXe volume de la *Publication industrielle des machines, outils et appareils* de M. Armengaud aîné ; nous avons profité, en outre, des notes que M. Le Châtelier a bien voulu nous fournir. — Les clichés des gravures intercalées dans notre texte ont été mis libéralement à notre disposition par M. Armengaud aîné.

Lorsque le piston est arrivé au point *e*, le tiroir, par son mouvement rétrograde, croisé avec celui du piston, ferme l'orifice de la lumière et cet orifice reste fermé jusqu'à la fin de la course du piston; la vapeur, emprisonnée dans le cylindre, est comprimée dans l'espace nuisible formé par le jeu de quelques millimètres, que le constructeur a ménagé entre le piston et le fond du cylindre, et par la capacité de la lumière. — La période de *compression*, de *e* en *a*, est la contre-partie de l'avance à l'échappement.

La pression de la vapeur pendant l'admission est notablement inférieure à celle de la chaudière, et pendant l'échappement notablement supérieure à celle de l'atmosphère, dès que la vitesse devient un peu considérable; un surcroît de

pas incessamment baignés par une atmosphère de vapeur chargée d'eau.

Marche renversée. — Lorsque le mécanicien, la machine étant lancée en avant, *renverse* la distribution, c'est-à-dire lorsqu'il substitue l'action de l'excentrique de la marche arrière à celle de l'excentrique de la marche avant, par un déplacement du levier de changement de marche, de telle sorte que les tiroirs prennent un mouvement inverse de celui qui leur était imprimé précédemment, le jeu de la vapeur dans les cylindres est complétement modifié, comme l'indique le diagramme (fig. 149), relevé en service sur la même machine que le précédent :

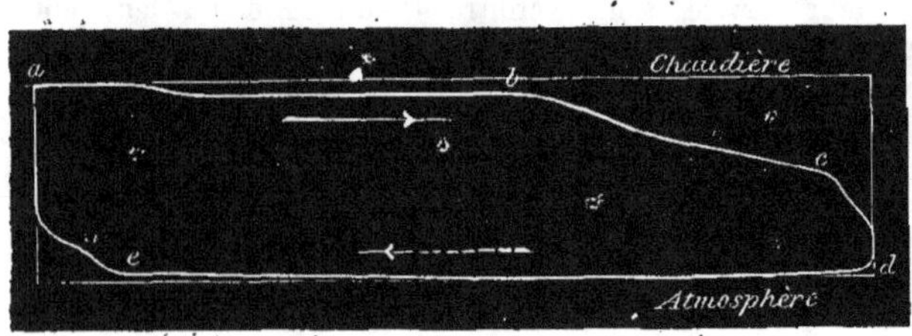

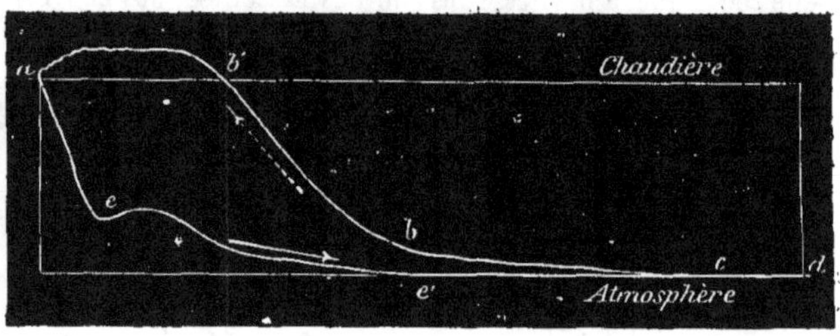

Fig. 148.

Fig. 149.

pression est nécessaire pour déterminer un écoulement rapide de la vapeur dans les tuyaux de prise de vapeur ou dans les conduits de l'échappement, et dans les deux cas, dans les lumières et à travers la fente, de largeur variable, que le mouvement du tiroir laisse ouverte à leur extrémité supérieure. — Le diagramme de la figure 148, relevé à petite vitesse, ne donne pas de dépressions fortement accusées.

Les cylindres des machines locomotives sont sans chemise de vapeur, et les effets de la conductibilité du métal se produisent librement; de la vapeur se condense pendant l'admission pour restituer au métal la chaleur qu'il a perdue, et pendant la détente pour subvenir à la dépense de chaleur qu'entraîne la production de travail; de l'eau se vaporise pendant l'échappement et même pendant la détente, si elle est très-prolongée; la quantité de chaleur enlevée au métal des cylindres par le refroidissement extérieur s'augmente de celle absorbée par cette vaporisation; c'est à la restitution de la somme totale de cette chaleur perdue que pourvoit la condensation pendant l'admission et à son début. — Le métal des cylindres joue en réalité, d'une façon nuisible au point de vue du bon emploi *théorique* de la vapeur, le rôle d'*échangeur de chaleur*. Ces effets s'accroissent encore par l'introduction dans les cylindres d'une certaine quantité d'eau entraînée de la chaudière, où se produit une ébullition rapide et tumultueuse dans un espace resserré.

Mais en fait, et au point de vue pratique, ces effets de condensation et de vaporisation alternatives dans les cylindres, dont l'existence et l'importance ont été démontrées par des expériences spéciales, ont leur utilité au point de vue de la lubrification des pièces frottantes; on est, jusqu'à un certain point, autorisé à se demander si les machines locomotives, avec le mouvement si rapide de leurs organes, avec la haute pression et la haute température de la vapeur, qui vont souvent jusqu'à 10 atmosphères et 180 degrés, pourraient fonctionner régulièrement, si les pistons et les tiroirs, ainsi que les surfaces sur lesquelles leur frottement s'exerce, n'étaient

La flèche en trait plein montre encore le sens de la marche du piston au début de son oscillation, et la flèche en trait pointillé le sens de sa marche rétrograde.

Pendant que le piston s'avance de *a* en *e*, la lumière est fermée par le tiroir comme pendant la marche directe au moment de la *compression*; la vapeur, ou le mélange de vapeur et de gaz dont on verra tout à l'heure la provenance, se *détend* en effectuant un certain travail moteur qui favorise la continuation de la marche en avant. — A partir du point *e*, le bord intérieur du tiroir démasque la lumière du côté de l'échappement; une partie du mélange s'échappe, mais comme le tiroir est peu ouvert, et que le piston commence à marcher très-vite, cet échappement n'est que partiel et le reste continue à se détendre en remplissant une nouvelle portion du cylindre. — L'échappement ne peut se faire que graduellement dès que la machine est animée d'une certaine vitesse.

En *e'*, par l'effet simultané de l'échappement et de la détente du mélange qui remplit le cylindre, la pression tombe au niveau de la pression atmosphérique, et le vide se ferait si les gaz de la combustion contenus dans le tuyau d'échappement et dans la boîte à fumée n'étaient pas aspirés; cette *aspiration* a lieu depuis le point *e'* jusqu'à la fin de la course en *d*.

Lorsque le piston est à fond de course, la communication avec l'échappement est encore ouverte, et elle reste ouverte pendant la première partie de la course rétrograde, jusqu'en *c*.

La période *e e' d c*, dans la marche renversée, qui constitue l'*aspiration*, correspond à la période de l'*échappement c d e*, dans la marche directe; pendant le même parcours du piston la communication avec l'échappement reste ouverte, mais les effets sont inverses, l'aspiration remplace l'évacuation.

De *d* en *c*, une partie du mélange qui remplit le cylindre est rejetée à l'extérieur ; c'est la période de *refoulement* qui correspond géométriquement à l'avance à l'échappement.

— La portion de la course du piston comprise entre *e'* et *c*, forme l'*aspiration nette* ou *effective*; le volume engendré par le piston, dans ce parcours, représente celui des gaz, ou plus exactement celui des gaz et de la vapeur mélangés, pris à l'extérieur et emprisonnés dans le cylindre. Toutes circonstances égales, l'aspiration effective est d'autant moins considérable que la capacité de l'espace nuisible est plus grande, et fournit plus de vapeur mélangée à la détente.

Lorsque le piston, dans sa course rétrograde, est arrivé au point *c*, la lumière est fermée et le mélange de vapeur et de gaz emprisonné dans sa capacité est comprimé par le piston ; la pression s'élève, suivant une loi plus ou moins voisine de celle de Mariotte. — Cette période de *compression c b*, correspond exactement à la période de *détente bc*, dans la marche directe.

En *b*, le bord extérieur du tiroir découvre la lumière et permet à la vapeur de la chaudière, le régulateur étant ouvert, de pénétrer dans le cylindre. La pression ne s'élève pas instantanément, pas même avec une très-grande rapidité relative, bien que la réduction du volume libre dans le cylindre diminue par le mouvement du piston. — Le tiroir marche lentement et le piston très-rapidement ; en outre la différence de pression entre la chaudière et le cylindre, qui détermine la vitesse de l'écoulement dans les lumières, diminue en même temps que le tiroir découvre la lumière. L'élévation de pression dans le cylindre est donc graduelle, et ne peut dans aucun cas avoir le caractère d'un choc. La forme du diagramme de la figure 149, subsiste même dans le cas de marche à très-petite vitesse.

Au point *b'* la pression s'équilibre, la vapeur cesse d'affluer de la chaudière dans le cylindre et elle est au contraire refoulée dans la chaudière jusqu'à la fin de la course en *a*, ou le même cycle recommence.

Effets du renversement de la vapeur. — Pendant le refoulement qui suit l'admission à contre-vapeur, la pression s'élève dans le cylindre très-notablement au-dessus de la pression de la chaudière ; cette surélévation de pression est nécessaire pour produire un écoulement rapide de la vapeur, ou du mélange refoulé, dans les lumières et à travers l'ouverture étroite que laisse le tiroir à leur orifice supérieur. — Cette surélévation de pression peut s'accroître, dans certaines machines, par la longueur ou la faible section des tuyaux de prise de vapeur, que le mélange refoulé doit parcourir pour arriver jusqu'à la chaudière.

La surface intérieure du diagramme (fig. 149), représente le travail résistant net, dû à cette action de la vapeur à contre-sens. La conséquence des propriétés géométriques de la distribution, qui saute aux yeux à l'inspection des deux diagrammes, est une très-notable infériorité du *travail résistant* dans la marche à contre-vapeur sur le *travail moteur* dans la marche directe.

Une fois la marche à contre-vapeur en train, le cylindre est rempli d'un mélange de vapeur et de gaz, de composition variable à diverses périodes d'un même cycle et d'un cycle à l'autre, mais qui tendrait vers une composition moyenne permanente, si la manœuvre était prolongée pendant un temps notable.

Pendant l'aspiration, des gaz appelés de l'extérieur viennent se mélanger avec le mélange de gaz qui provient lui-même de l'espace nuisible ; ces gaz se sont eux-mêmes mé-langés dans le tuyau d'échappement avec le volume partiel qui s'est échappé du cylindre de *e* en *e'*, et avec le volume qui avait été antérieurement refoulé de *d* en *c*.

Le mélange emprisonné en *c* change encore de composition lorsque la vapeur de la chaudière fait irruption dans le cylindre en *b* ; mais cette vapeur est mélangée elle-même avec les gaz qui ont été précédemment aspirés et qui ont été refoulés vers la chaudière dans la période *b' a*.

Il serait sans doute bien difficile de fixer d'une manière précise la composition du mélange qui remplit le cylindre à un moment quelconque. Mais il reste le fait d'une aspiration permanente de gaz de la combustion, qui vont finalement se loger dans la chaudière, qui s'y mélangent avec la vapeur produite en quantité variable suivant l'activité du foyer, y élèvent rapidement la pression et font souffler les soupapes en s'échappant avec la vapeur.

S'il était pratiquement possible de marcher pendant un temps un peu long, dans les conditions qui viennent d'être indiquées, il s'établirait bientôt un régime constant dans lequel l'aspiration des gaz de la combustion et leur évacuation par les soupapes de la chaudière se compenseraient.

L'élévation rapide de la pression dans la chaudière, dont on pourrait d'ailleurs combattre les effets nuisibles en desserrant les soupapes, n'est que le moindre inconvénient du renversement de la vapeur. — Cette manœuvre détermine une élévation de température considérable du métal des cylindres et des pièces qui se meuvent à leur intérieur ; les surfaces frottantes ne tardent pas à gripper, au point de former de la limaille, et elles se détériorent rapidement ; les frottements peuvent acquérir une intensité telle, que les pièces du mécanisme commandées par le mouvement des roues motrices deviennent impuissantes à les surmonter et se faussent ou se brisent.—Les garnitures des presses-étoupes se carbonisent et finissent par prendre feu ; les joints des fonds de cylindre, des couvercles de tiroir et des prises de vapeur se calcinent et se détruisent.

En un très-petit nombre de minutes, si la marche à contre-vapeur a lieu à fond de course, ou à un cran élevé de la distribution, la machine se trouve hors de service. — Quelle que soit sa durée, la manœuvre laisse sa trace, ne serait-ce qu'en desséchant les graisses, en rendant les frottements durs, ou en altérant les garnitures.

Ces effets calorifiques destructeurs sont faciles à comprendre.

Le volume des gaz aspirés est une fraction importante de la capacité des cylindres ; elle peut aller jusqu'à 30 ou 40 mètres cubes par minute. — Ces gaz sont à une température qu'on peut estimer à 250 ou 300 degrés, ils sont chargés de suie. Leur effet direct est peu important, la quantité de chaleur qu'ils pourraient abandonner aux cylindres, par un abaissement de température de 100 degrés par exemple, est très-peu de chose à côté de la masse de métal qu'ils auraient à surchauffer ; mais en desséchant et en salissant les cylindres, ils rendent les frottements durs, et l'augmentation même de ces frottements devient dans une certaine mesure une cause d'échauffement.

La compression dans la période *c b* donne lieu à un dégagement de chaleur dont l'effet est bien connu par l'exemple des pompes à refouler l'air dans les fondations tubulaires de ponts ; la chaleur dégagée dans l'intérieur même du cylindre est équivalente au travail résistant produit.

Dans la période bb', et même un peu au delà, cet effet de compression se continue ; mais en même temps il arrive de la chaudière une quantité considérable de vapeur, à haute pression, animée d'une grande vitesse, dont la force vive s'amortit en complétant la compression produite par le mouvement du piston ; par suite, une nouvelle quantité de chaleur est mise en liberté dans l'intérieur des cylindres.

A partir du moment où la vapeur cesse d'affluer de la chaudière pour y être refoulée, la compression produite par le piston réagit sur l'ensemble du mélange de vapeur et de gaz, compris dans la chaudière et dans les capacités intermédiaires, et la production de chaleur cesse d'être localisée dans les cylindres.

Mais ces causes d'échauffement des cylindres et des pièces qu'ils contiennent ne sont pas les seules ; il en existe une autre dont l'influence peut prendre une part importante dans les effets calorifiques produits.

L'une des premières conséquences du renversement de la vapeur est de mettre fin à toute introduction d'eau entraînée, à toute liquéfaction de vapeur dans les cylindres, et par suite de supprimer un agent de lubrification essentiel. En outre, dès que la température s'élève, l'huile ou le suif, qui peut encore rester à l'état d'enduit sur les surfaces de frottement, se décompose et perd toute propriété lubrificatrice. Le frottement s'exerce entre des surfaces sèches, à une température élevée et qui tend à croître rapidement ; il devient donc lui-même une cause d'élévation de température, soit au contact du piston avec le cylindre, soit au contact du tiroir et de sa table de glissement.

Quelle que soit la part à faire aux diverses causes d'échauffement qui sont en jeu dans le renversement de la vapeur, leur effet nuisible est considérable et rapide, et pour tirer parti de ce moyen puissant de résistance et d'arrêt, il fallait trouver le moyen de remédier à cet échauffement.

Celui que M. Le Chatelier a proposé consiste à établir une communication entre la chaudière et la base du tuyau d'échappement, au moyen d'un tuyau de petit diamètre, muni d'un robinet à la main du mécanicien, et, au moyen de ce robinet et de ce tuyau, à dériver de la chaudière un petit filet d'eau chaude qui est projeté dans la capacité du tuyau d'échauffement et pénètre dans les cylindres.

Par cette combinaison éminemment simple d'exécution et de manœuvre, on arrive à faire disparaître tous les inconvénients du renversement de la vapeur et à satisfaire en outre à toutes les conditions accessoires du problème.

Effets de l'injection d'eau. — L'expérience a montré que la quantité d'eau chaude, qu'il est nécessaire de dériver de la chaudière pour injecter dans les cylindres, ne dépasse pas, sauf des cas extrêmes, 20 à 25 kilogrammes par minute ; si la prise d'eau était faite sur la chaudière de la locomotive par un orifice circulaire, en mince paroi, il suffirait de donner à cet orifice, pour les pressions usuelles de huit à dix atmosphères absolues dans la chaudière, un diamètre de 3 à 4 millimètres ; pour les injections le plus généralement nécessaires, de 10 à 15 kilogrammes par minute, un diamètre de 2 millimètres 1/2 suffirait.

L'injection se réduit donc à un petit filet d'eau, dont le mécanicien fait varier le débit au moyen du robinet placé sous sa main.

L'eau est reçue dans un tuyau dont le diamètre intérieur est de 20 à 30 millimètres. Ce tuyau, dans le cas des machines à cylindres extérieurs, se bifurque en deux branches symétriques qui viennent s'implanter sur les branches du tuyau d'échappement au plus près des cylindres (voyez plus loin fig. 151 et 152).

A sa sortie de la chaudière, l'eau entre en ébullition spontanée, immédiatement si le tuyau est d'un échantillon un peu fort et si l'injection est faible, successivement, et au fur et à mesure que la pression diminue en approchant de l'extrémité, si les dimensions respectives du tuyau et de l'orifice d'injection sont telles que le tuyau gêne l'écoulement.

Le tuyau d'échappement tend donc à se remplir d'un mélange de vapeur et d'eau en suspension dans la vapeur ; ce mélange, qu'on a caractérisé par le nom de *brouillard aqueux*, est semblable à celui qui se forme lorsqu'on ouvre un robinet de vidange ou lorsqu'un tube crève : en faisant déboucher l'extrémité du tuyau d'injection librement dans l'air, on se rend compte *de visu* de la nature de ce mélange, et on reconnaît facilement qu'il est apte à circuler dans les conduits sinueux qui aboutissent à l'intérieur des cylindres. La vapeur et l'eau sont à 100 degrés.

Par un calcul simple on peut se rendre compte, pour une pression et une température déterminées dans la chaudière, de la proportion de l'eau qui se transforme en vapeur ; elle est, *en poids*, dans les circonstances usuelles, de 13 à 14 pour 100 d'eau contre 87 à 86 de vapeur. *En volume*, elle est seulement de 3 à 4 millièmes, soit 3 à 4 litres par mètre cube de vapeur à la pression atmosphérique. L'eau est très-divisée ; le mélange circule dans le tuyau d'injection et se précipite dans le tuyau d'échappement avec une vitesse considérable, et le choc des gouttes d'eau contre les parois de ce tuyau tend encore à en augmenter la division par *pulvérisation*.

Au moment de l'aspiration, $e'd$ (fig. 149), ce mélange ou fluide aqueux se précipite vers les cylindres en passant sous le tiroir, dans la lumière d'échappement, dans les lumières d'admission, et vient tourbillonner dans le cylindre.

On comprend donc, en examinant la question d'une façon provisoire et sommaire, qu'il peut être possible de faire pénétrer dans chacun des cylindres, deux fois par tour des roues motrices, ou par chaque *cylindrée*, une quantité d'eau suffisante pour absorber par sa vaporisation, sous forme de chaleur latente, toute la chaleur développée à l'intérieur par l'effet du renversement de la vapeur.

Si l'on calcule, pour chaque cas particulier, par exemple pour les trains descendant une pente, le travail effectif de la gravité, déduction faite des résistances du train qui compensent en partie son action, et qu'on transforme en calories le nombre de kilogrammètres obtenus, on en déduira le maximum de la quantité d'eau à faire pénétrer dans un temps donné, pendant une minute par exemple, pour que la vaporisation de cette eau suffise à l'absorption de ce nombre de calories. On trouve ainsi des quantités qui s'élèvent avec la puissance de la machine, avec le degré d'admission à contre-vapeur, et avec la vitesse, à 3, 4, 5, 6 et même 7 kilogrammes dans des cas extrêmes.

Si l'on calcule en même temps, soit sur l'épure de la distribution, soit sur des diagrammes, la somme totale des volumes d'aspirations engendrés par les pistons, on trouve que le volume de la vapeur associée à l'eau dans le mélange injecté serait tout à fait insuffisant pour les remplir ; il en serait encore de même si l'on supposait toute l'eau en suspension dans la vapeur vaporisée pendant la période même d'aspiration. Il entrerait des gaz avec l'eau et la vapeur.

On éviterait ainsi une partie des inconvénients du renversement de la vapeur, en empêchant l'élévation de température du mélange gazeux qui circule dans les cylindres ; mais la lubrification des tiroirs ne serait assurée qu'à la condition de graisser largement; la pression s'élèverait dans la chaudière, les soupapes souffleraient en déchargeant les gaz introduits, et la marche des injecteurs Giffard, employés généralement pour l'alimentation, serait entravée.

Mais si l'on augmente l'injection d'eau, qu'on triple ou qu'on quadruple la quantité calculée d'après l'équivalence avec le travail à détruire, on voit apparaître un panache de vapeur continu au sommet de la cheminée.

Dans les conditions de marche ordinaire, avec une injection d'eau qui peut descendre au-dessous de 10 kilogrammes par minute, et qui s'élève rarement au-dessus de 20 à 25 kilogrammes, on constate que le panache de vapeur se maintient toujours au sommet de la cheminée, plus ou moins abondant suivant que la limite d'injection nécessitée par les conditions de dimensions et de marche de la machine sont plus ou moins dépassées. On constate de plus, par l'inspection du manomètre, dont l'aiguille vibre, et par la marche de l'injecteur Giffard, qui cesse de fonctionner dès qu'il y a des gaz fixes, même en très-petite quantité, dans la chaudière, qu'il n'y a plus de gaz aspirés de la boîte à fumée dans la chaudière.

Si l'on ferme graduellement le robinet d'injection ou qu'on laisse la vitesse s'accélérer, on verra le panache diminuer successivement, se réduire à un filet de vapeur imperceptible, puis disparaître ; à l'instant même où le panache disparaîtra, l'injecteur s'arrêtera s'il est en fonction, ou il sera impossible de l'amorcer s'il est au repos.

Si l'on compare, les débits du robinet d'injection ayant été préalablement déterminés avec soin, les quantités d'eau dépensées lorsque le panache est réduit à de faibles proportions, on trouvera que les poids d'eau dépensés par minute sont à peine suffisants pour fournir la vapeur nécessaire au remplissage des volumes d'aspirations cumulés.

Ce fait qu'on peut, avec une injection d'eau seule en quantité très-limitée, fournir toute la vapeur nécessaire au remplissage du volume d'aspiration, et même un excès de vapeur formant un volumineux panache à l'orifice de la cheminée, montre qu'il se produit une active vaporisation pendant la période d'aspiration, et que les cylindres deviennent en quelque sorte des générateurs de vapeur, fournissant celle-ci en quantité de beaucoup supérieure à ce que pourrait produire la chaleur équivalente au travail mécanique détruit.

Si l'injection d'eau excède certaines limites, cette eau est en partie rejetée par la cheminée et vient retomber sur la machine et sur les premiers wagons du train. Entre-t-il et reste-t-il dans les cylindres, jusqu'au moment où la communication avec le tuyau d'échappement cesse et où la vapeur est emprisonnée en c derrière le piston, une certaine quantité d'eau en suspension dans cette vapeur, dans le cas d'une injection même très-exagérée ? C'est possible, mais peu probable ; la longueur et la forme contournée du canal sinueux, que les gouttes d'eau auraient à parcourir en sens contraire de la vapeur qui cherche son échappement par la cheminée rendent cette supposition invraisemblable. Quand on injecte

trois ou quatre fois plus d'eau qu'il n'est nécessaire, non-seulement il s'en échappe par la cheminée, mais il en retombe une grande quantité dans la boîte à fumée, et lorsque le fond de celle-ci est submergé, cette eau vient couler dans le foyer par le tube inférieur de la chaudière.

L'expérience, et maintenant elle est devenue la pratique journalière, montre donc qu'en prenant de l'eau seulement dans la chaudière, on en fait pénétrer et l'on en vaporise dans les cylindres une quantité beaucoup plus considérable que celle qui est nécessaire pour absorber la chaleur dégagée par le fait même du renversement de la vapeur, et plus que suffisante pour fournir au remplissage des cylindres ; ce n'est qu'au delà d'une certaine limite que l'excédant est rejeté à l'extérieur par l'orifice du tuyau d'échappement.

Ces faits s'expliquent naturellement et facilement.

La masse des cylindres, en présence desquels on met l'eau chaude sortant de la chaudière, ou le mélange de vapeur et d'eau très-divisée, à 100 degrés, qui se forme par suite de la différence de pression, est toujours plus ou moins considérable ; dans les machines les plus puissantes, y compris les pistons, tiroirs, fonds de cylindre, couvercles, etc., elle atteint le poids de 2500 kilogrammes. Certaines parties, dans les machines à cylindres extérieurs surtout, telles que les patins qui servent à accrocher les cylindres au bâti, sont en dehors du contact direct de la vapeur de la chaudière, et du brouillard aqueux venant du tuyau d'échappement; mais on peut prendre 1500 kilogrammes pour une machine moyenne comme la représentation, pour les deux cylindres, du poids des parties métalliques qui sont directement intéressées dans les effets que nous analysons.

Pour la quantité d'eau dépensée par minute, avec panache modéré, dans des circonstances moyennes de service, on peut prendre un chiffre de 10 à 15 kilogrammes, soit pour exemple 15 kilogrammes. Une vitesse de translation exigeant 2 tours 112 de roue par seconde, fournissant 10 cylindrées par seconde ou 600 par minute, répond également à des conditions moyennes de service.

Or, 15 kilogrammes par minute, pour 600 cylindrées, représentent 25 grammes sur lesquels 14 pour 100 sont déjà à l'état de vapeur ; c'est donc finalement 21 grammes 1/2 à vaporiser. Un quart ou un tiers environ emprunte la chaleur nécessaire à sa vaporisation à l'effet thermodynamique du renversement de la vapeur ; les 15 à 16 grammes restant, qui se vaporisent également pour achever le remplissage du volume d'aspiration, empruntent la chaleur à l'appareil lui-même. La quantité de chaleur à dépenser pour vaporiser 15 grammes d'eau à 100 degrés est, à raison de 536^{cal},5 par unité de poids, égale à 8^{cal},05. Pour fournir cette quantité de chaleur, la température moyenne de la masse totale de chacun des cylindres, du poids de 750 kilogrammes, devrait s'abaisser, la chaleur spécifique moyenne étant supposée égale à 0°,12, de 0°,09 ou 1/11° de degré.

Si cet emprunt de chaleur à la masse métallique des cylindres devait se répéter indéfiniment, ils finiraient par se refroidir ; mais leurs différentes parties sont baignées, soit d'une manière permanente, soit alternativement, par de la vapeur saturée à haute pression, à haute température, et la condensation d'une partie de cette vapeur restitue au métal la chaleur qu'il a cédée à l'eau vaporisée.

La masse métallique reste dans un état moyen de température ; elle joue, comme dans la marche directe, le rôle d'un *échangeur* de chaleur.

Si l'on entre maintenant plus avant dans l'examen des faits, on voit d'abord le mélange de vapeur et d'eau à 100 degrés pénétrer en dessous du tiroir et lécher sa face intérieure ; ce tiroir est baigné extérieurement par de la vapeur à 170 ou 180 degrés, saturée ; son épaisseur varie de 12 à 15 millimètres. Il se produit là le même effet que dans les appareils de chauffage à la vapeur, il y a transmission de chaleur à travers la paroi ; l'eau se vaporise en dessous, au contact du métal, en lui empruntant sa chaleur latente, et une quantité équivalente de vapeur se condense en dessus en abandonnant sa chaleur latente au métal.

Un effet semblable se produit dans la capacité même de la lumière d'échappement, qui n'est séparée que par des parois minces des lumières d'admission dans lesquelles passe pendant une partie de la course du piston de la vapeur saturée à haute pression.

La vaporisation se continue lorsque le mélange s'engage dans les lumières d'admission, où il a été précédé par un flux de vapeur à haute température. Les parois de ces lumières, canaux étroits dont la largeur est au plus de 40 à 45 millimètres, sont alternativement baignées par de la vapeur saturée à 180 degrés et par de la vapeur chargée d'eau à 100 degrés; il y a refroidissement et réchauffement alternatifs et vaporisation d'une nouvelle partie de l'eau en suspension dans la vapeur aspirée.

Le même effet se produit dans les cylindres, dont la capacité est alternativement remplie de vapeur saturée à 180 ou 190 degrés et de vapeur humide à 100 degrés, au contact de leur surface, de leurs fonds, des pistons et de leurs tiges.

Le fait d'expérience est la vaporisation active de l'eau introduite dans les cylindres, dans des proportions telles que le volume d'aspiration soit complétement rempli et qu'il s'écoule un excès de vapeur par la cheminée. Les développements qui précèdent sont l'explication de ce fait, qui, d'ailleurs, est d'accord avec ce qu'on sait de la rapidité avec laquelle se produit la condensation de la vapeur, dans un milieu dont les parois sont à une température inférieure à la sienne, si ce milieu est complétement purgé d'air ; en effet, si l'on plonge l'orifice d'un ballon de verre à long col, plein de vapeur, en prenant les précautions nécessaires pour éviter toute introduction d'air, dans un bassin plein d'eau froide ou même tiède, la condensation de la vapeur est *instantanée ;* le ballon vole en éclats et l'eau aspirée par le vide est projetée à une grande distance par delà.

On comprend que la vaporisation de l'eau, à l'état de grande division dans de la vapeur, animée d'une grande vitesse de translation ou de gyration, se produise de même avec une égale instantanéité au contact de masses métalliques possédant une température de 60 à 80 degrés plus élevée que la sienne propre. A défaut de démonstration directe, les effets qui se produisent dans les machines à vapeur, et en particulier ceux qu'a révélés la marche à contre-vapeur avec injection d'eau, mettent le fait hors de doute.

On a supposé quelquefois que, lorsqu'on injecte de l'eau dérivée de la chaudière dans le tuyau d'échappement, une fois le mélange de 13 : 87 ou 14 : 86 de vapeur et d'eau formé, ce mélange passait en nature dans les cylindres pour rentrer dans la chaudière, sans subir d'autres vaporisation que celle

des 4 à 5 kilogrammes par minute équivalant à la destruction du travail mécanique.

La conséquence de cette hypothèse serait que, pour empêcher l'aspiration des gaz et assurer l'obturation du tuyau d'échappement, il faudrait porter l'injection à plusieurs hectolitres par minute, à 250 ou 300 kilogrammes, là où l'on marche en réalité avec 10 ou 20 kilogrammes d'injection. Cette hypothèse est donc tout à fait inadmissible.

Lubrification. — La conséquence du fait de la vaporisation sous le tiroir et dans le cylindre pendant l'aspiration, c'est-à-dire du côté de l'échappement, est une précipitation équivalente d'eau dans la boîte des tiroirs, dans les lumières et au besoin dans le cylindre, pendant la période d'admission à contre-vapeur et de refoulement, c'est-à-dire du côté de la chaudière ; une fraction seulement de cette eau précipitée est vaporisée, ou si l'on veut bien, la part de condensation correspondante est empêchée, par la chaleur développée dans l'intérieur du cylindre du chef de la destruction du travail mécanique. — Comme la vapeur qui a joué dans le cylindre pendant cette période n'est pas intégralement renvoyée dans la chaudière à chaque coup de piston, la plus grande portion allant et venant dans la capacité intermédiaire formée par la boîte du tiroir et le tuyau de prise de vapeur, cette vapeur se charge de plus en plus d'eau, et lorsque son degré de sursaturation est arrivé à un état d'équilibre tel que l'eau, portée dans la chaudière par la vapeur qui va finalement s'y emmagasiner, soit égale à celle qui continue à se précipiter dans le même temps, l'atmosphère de vapeur qui baigne le tiroir, et qui pénètre dans le cylindre pour en être expulsée ensuite à chaque cycle, est nécessairement surchargée d'eau. — L'expérience n'a pas encore indiqué dans quelle proportion, mais cette proportion est nécessairement très-forte.

Il résulte de là, outre le fait d'extinction largement assurée de la chaleur développée incessamment dans les cylindres, et outre l'obturation complète du tuyau d'échappement prévenant toute introduction des gaz, que les pistons et les tiroirs nagent en quelque sorte dans une double atmosphère surchargée d'eau, formée d'un côté par le brouillard aqueux résultant de l'injection, formée de l'autre côté par la vapeur de la chaudière qui se condense partiellement et se charge successivement de l'eau précipitée.

Les surfaces frottantes se trouvent alors placées dans d'excellentes conditions de lubrification. — L'un des faits les plus saillants de l'introduction du système de marche à contre-vapeur avec injection d'eau a été, en effet, l'amélioration des surfaces frottantes ; celles-ci ont pris un poli qu'elles n'avaient pas précédemment.

Si les explications qui précèdent ont été bien comprises, on aura vu qu'il suffit de prendre dans la chaudière une très-petite quantité d'eau chaude, et de la lancer dans le tuyau d'échappement, pour remédier à tous les inconvénients du renversement de la vapeur ; cette petite quantité d'eau accomplit une triple fonction : *extinction* de la chaleur dégagée par la compression, ou par la destruction du travail mécanique, — *obturation* du tuyau d'échappement prévenant l'introduction des gaz de la boîte à fumée dans les cylindres et dans la chaudière et, par suite, le dérangement des injecteurs Giffard, — *lubrification* des surfaces frottantes. — Le résultat obtenu est tellement complet que l'injection elle-même, par l'importance du panache dont elle détermine la formation au sommet de la cheminée, devient son propre *régulateur* ; — il suffit, en effet, au mécanicien d'observer ce panache pour juger si l'injection est trop forte ou trop faible et s'il faut augmenter ou réduire l'ouverture du robinet.

Nous avons tenu à entrer dans le détail de tous les effets qui se produisent, parce que nous pensons que le meilleur moyen de faire accepter l'usage d'un appareil, ou d'un procédé, même le plus simple, est d'en faire connaître exactement le principe à ceux qui sont appelés à s'en servir ; nous croyons de plus que les faits constatés dans ce système de marche à contre-vapeur sont instructifs pour toutes les personnes qui s'occupent des applications de la vapeur.

Les expériences ont été faites en premier lieu avec une injection de vapeur ; l'obturation du tuyau d'échappement a été obtenue et l'introduction des gaz de la combustion dans la chaudière a été prévenue. — Mais les phénomènes calorifiques, l'échauffement des cylindres, le grippement des pièces frottantes et la destruction des garnitures et des joints se sont encore manifestés, quoique avec moins d'intensité. Il est facile de s'en rendre compte en se reportant aux explications qui précèdent.

Des applications ont été faites dans ce sens, mais uniquement dans le but de pourvoir les machines d'un frein de détresse. — On peut avec la vapeur seule arrêter un train lancé, sans produire d'avaries sérieuses ; on doit même admettre que l'accroissement rapide des frottements augmente la puissance d'arrêt.

Cette combinaison ne paraît pas de nature à se répandre ; mais comme il convient en général de compléter l'installation de l'appareil de contre-vapeur par l'addition d'un robinet de vapeur, on pourra le faire assez large pour que le mécanicien, par une manœuvre rapide, puisse injecter de la vapeur seule et en quantité suffisante, pour renverser la vapeur en cas d'arrêt à obtenir rapidement.

Les premières applications complètes ont été faites avec une injection mixte de vapeur et d'eau, et l'on en trouve encore de nombreux exemples. — Pour arriver à un résultat satisfaisant, il a fallu rendre l'injection d'eau prépondérante, environ dans la proportion de 2/3 d'eau contre 1/3 de vapeur.

Le système d'injection de l'eau seule s'est montré dans la pratique supérieure à l'injection mixte, et c'est dans ce sens que se font actuellement les applications nouvelles ou que se modifient les anciennes. — Il est beaucoup plus facile pour le mécanicien de régler l'injection ; mais surtout, il y a une amélioration considérable dans les frottements : on peut marcher indéfiniment à contre-vapeur sans graisser, et il semble même que l'on arrive ainsi à rétablir le poli que les surfaces frottantes avaient perdu dans les conditions ordinaires du service.

Théoriquement, il devrait y avoir un gain de chaleur par la chaudière ; mais si l'on remarque que les quantités de vapeur définitivement acquises à la chaudière par la vaporisation équivalente au travail mécanique détruit, se réduisent à quelques kilogrammes par minute, on voit qu'il y a compensation, et au delà, par l'action de plusieurs causes : la perte de vapeur sous forme de panache que le mécanicien est toujours disposé à exagérer, le refroidissement extérieur des cylindres et de la chaudière, et enfin l'alimentation que les mécaniciens font de préférence à la descente.

En réalité, on ne maintient la pression qu'en alimentant un peu le foyer, et le résultat pratique est une augmentation de dépense de combustible, de 1 kilogramme 1/2 environ, par le fait de la marche à contre-vapeur à la descente d'une pente, comparativement à ce qu'on dépensait antérieurement en descendant sous l'action des freins, le régulateur fermé et la cheminée capuchonnée.

§ II. — APPLICATION.

Installation de l'appareil. — Rien n'est plus simple comme construction et comme emploi que l'application du système dont nous venons de faire connaître le principe.

Sur l'arrière de la machine, et sous la main du mécanicien, en E (fig. 150), on place un robinet d'un mode de construction

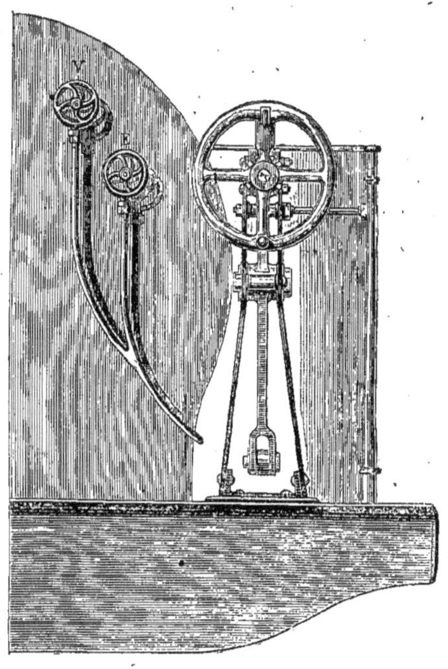

FIG. 150.

quelconque, qui doit seulement satisfaire à cette condition que, entre les limites de 0 à 30 kilogrammes de débit par minute, la course de la manette et de son volant ait une amplitude de course assez considérable. — Un tuyau de 25 à 30 millimètres de diamètre intérieur part de ce robinet, se développe sur le flanc droit de la chaudière, passe sous le corps cylindrique et, à l'approche des cylindres, si ceux-ci sont extérieurs comme c'est le cas le plus général, se bifurque *symétriquement* en deux branches (fig. 151 et 152), qui viennent s'implanter sur les deux branches du tuyau d'échappement, près des cylindres.

Il est nécessaire que la bifurcation soit bien symétrique, et même qu'elle soit précédée d'une partie rectiligne parallèle à l'axe de la chaudière, pour que la distribution du mélange d'eau et de vapeur se fasse bien également entre les deux cylindres. Il convient, autant que faire se peut, que le tuyau d'injection ait une pente continue du robinet jusqu'à ses points d'implantation sur les branches du tuyau d'échappement, pour que l'eau ne puisse pas s'y accumuler en cas de fuite du robinet.

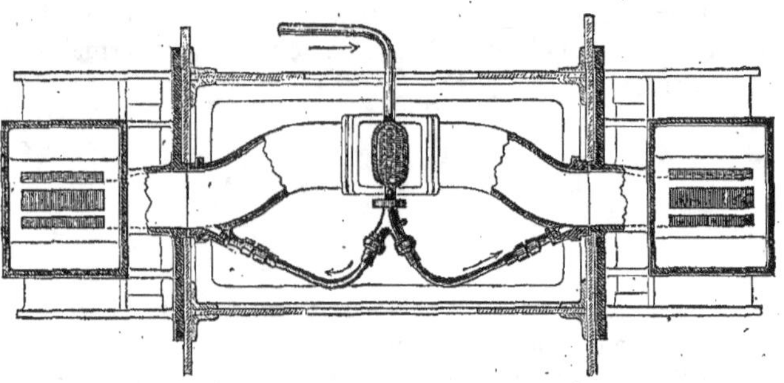

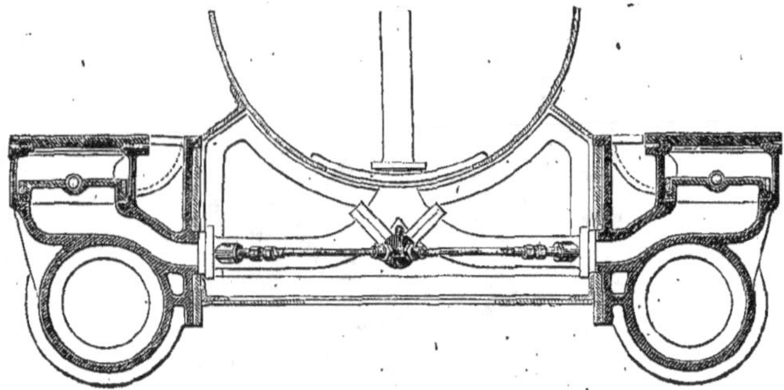

FIG. 151 et 152.

Parmi les nombreux types de robinets en usage, l'un des plus commodes pour l'injection de l'eau est celui de la figure 153, qui a été combiné par M. Forquenot, ingénieur en

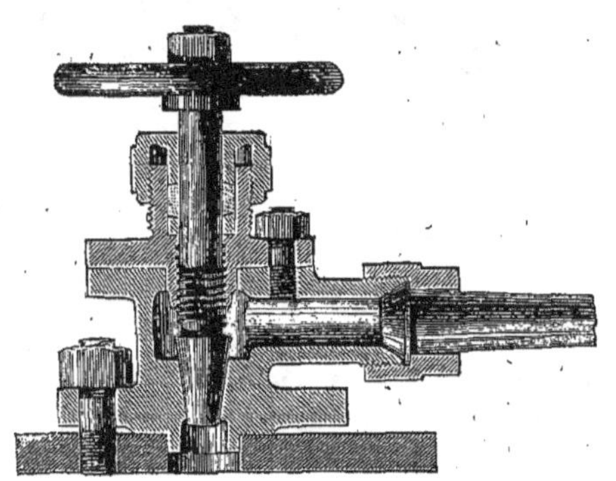

FIG. 153.

chef du chemin de fer de Paris à Orléans; la soupape a la forme d'un cône allongé, dont la conicité (rapport du diamètre de la base à la longueur de l'arête) est de $\frac{1}{4}$, les orifices de prise d'eau dans la chaudière et de débit, ont 15^{mm} de diamètre, et le pas de vis est de $2^{mm},5$.

Avec ces dimensions, et sous les pressions ordinaires de 8 à 9 atmosphères, on obtient un débit de 10 à 12 kilogrammes d'eau par minute, pour chaque tour du volant.

Ce robinet convient très-bien aux machines à marchandises; pour les machines de trains express, il conviendrait sans doute d'en rendre le débit un peu plus rapide, en adoptant un cône plus obtus.

Robinet de vapeur. — Pour compléter l'appareil, et surtout pour le rendre applicable à une fonction distincte de celle du frein à contre-vapeur, on peut y ajouter un robinet de prise de vapeur V, figure 150.

Lorsque la pression de la chaudière est très-basse, ou lorsqu'il fait un froid rigoureux en hiver, on peut ajouter un jet de vapeur au jet d'eau, pour faire foisonner le mélange et pour lui donner de la vitesse dans le tuyau d'injection, ou pour compenser l'effet des condensations.

Mais ce robinet est surtout utile pour le cas où la machine doit descendre des pentes d'inclinaison moyenne, sur lesquelles l'action de la gravité fait équilibre aux résistances du train et suffisent pour entretenir sa vitesse moyenne. Dans ce cas, les mécaniciens ont l'habitude de mettre le changement de marche à fond de course avant, et de fermer le régulateur. — Le vide se fait partiellement, pendant la période qui correspond à l'admission et à la détente, et, pendant celle qui correspond à l'avance à l'échappement, les gaz de la combustion sont aspirés; ils finissent par remplir les cylindres et la boîte des tiroirs; les frottements se font à sec, un graissage fréquent est nécessaire, et finalement les surfaces de frottement souffrent plus ou moins. On remédie à cet inconvénient par l'envoi d'un petit jet de vapeur dans le tuyau d'échappement, au moyen du robinet V, figure 150, — Les cylindres et la boîte de tiroir se remplissent de vapeur, qui se condense en partie par les progrès du refroidissement extérieur; on obtient des frottements doux et sans pression sur les tiroirs, comme le montre le diagramme ci-après (fig. 154). Dans ce diagramme, une même ligne droite représente la pression atmosphérique, la pression dans la boîte des tiroirs, et la pression dans le cylindre à l'aller et au retour du piston.

FIG. 154.

La règle habituelle, pour faire usage du renversement de la vapeur, soit pour l'arrêt aux stations, soit pour la descente d'une section en pente, est de mettre la distribution au point mort, puis d'ouvrir le robinet d'injection et de placer ensuite la distribution au cran de la marche arrière correspondant à la résistance qu'il convient de développer, soit pour arrêter le train, soit pour modérer sa vitesse, — le régulateur restant constamment ouvert.

Si, pour un motif quelconque, le mécanicien doit fermer le régulateur avant de renverser la vapeur, il faut qu'il ouvre préalablement à la fermeture du régulateur le robinet de vapeur, pour empêcher l'aspiration des gaz; ceux-ci, au moment du renversement de la vapeur, iraient se loger dans la chaudière et entraveraient la marche des injecteurs Giffard. Cette précaution est indispensable dans ce cas; beaucoup de mécaniciens, en débutant dans l'application de la contre-vapeur, restent quelque temps avant de s'affranchir de l'habitude de la fermeture du régulateur, et ils attribuent à l'appareil les difficultés d'injection qui ne sont que le résultat d'une fausse manœuvre.

Changement de marche à vis. — M. Marié, ingénieur en chef des chemins de fer de Paris à Lyon et à la Méditerranée, en appliquant sur son réseau la contre-vapeur, dont il a rendu l'emploi général et obligatoire dans toutes les circonstances du service, a introduit un perfectionnement d'une grande importance. — Il a substitué au levier de changement de marche ordinaire, le changement de marche à vis (fig. 150), connu en Angleterre, mais peu employé jusque-là. — La manœuvre du renversement de la vapeur est devenue très-commode, sûre pour le mécanicien, et elle peut toujours être effectuée sans fermeture du régulateur.

On peut commencer l'application de la contre-vapeur avec le levier de changement de marche ordinaire, et l'on peut même le faire sans fermer le régulateur, si l'on a soin d'ouvrir à l'avance l'injection d'eau ; mais on doit le plus tôt possible appliquer le changement de marche à vis, qui est à lui seul et sans la contre-vapeur une grande amélioration.

En cas de collision imminente le mécanicien peut avec la vis renverser instantanément la vapeur et il peut ne s'occuper de l'injection qu'après avoir pourvu au plus pressé. — Avec le levier de changement de marche, il s'exposerait dans beaucoup de cas à des retours brusques du levier, s'il n'ouvrait pas préalablement l'injection d'eau ; — la manœuvre serait manquée et au lieu de résister la machine pourrait donner momentanément au train une nouvelle impulsion en avant.

Lorsque la machine est pourvue d'une vis, la manœuvre est des plus simples ; le mécanicien ne touche pas au régulateur, tant que la machine n'est pas au repos pour quelque temps ; il place la distribution à l'avant, à l'arrière, au point mort, il détend ou fait varier l'admission à contre-vapeur, en faisant tourner à droite ou à gauche le volant représenté figure 150. — S'il dépasse le point mort pour faire résister la machine au mouvement, il n'a d'autre précaution à prendre que d'ouvrir le robinet d'injection d'eau, et d'en régler l'ouverture suivant l'apparence du panache.

Freins ordinaires. — Le seul moyen d'arrêt ou de ralentissement usuel, jusqu'au moment où les difficultés du renversement de la vapeur ont été surmontées, comme nous venons de l'indiquer, a été l'emploi des freins à friction, imités de ceux en usage dans les messageries et dans le roulage.

Le frein ordinaire se compose d'un ou de plusieurs blocs de bois ou de fonte, que l'action d'un homme placé dans un wagon ou dans une guérite extérieure, presse sur les jantes des roues par l'intermédiaire d'une vis, d'un cric, et d'un système de leviers, quelquefois au moyen de leviers seulement. — On trouve des freins formés d'un seul sabot, plus généralement de deux sabots agissant sur une même roue, ou sur les deux roues d'un même essieu, et très-souvent aussi de quatre sabots embrassant les deux roues du même essieu, — généralement le frein est double et agit à la fois sur les deux essieux du wagon.

Le tender est armé d'un frein énergique ; souvent aussi on en place sur quelques-unes des roues de la machine ; c'était une nécessité pour les machines-tenders.

On a essayé de substituer aux sabots agissant sur la jante des roues, des sabots ou patins prenant leur point d'appui sur les rails, et recevant momentanément tout ou partie de la charge des wagons. — Ces applications ont eu lieu sur les plans inclinés à câbles.

On a cherché sous toutes les formes possibles à perfectionner cet instrument primitif, sans arriver en général à des résultats bien satisfaisants. Les recherches les plus utiles ont eu pour but de rendre l'action des freins des wagons instantanée, et d'en mettre la manœuvre entre les mains du mécanicien. — Le frein électrique de M. Achard a donné des résultats très-remarquables, mais jusqu'ici la pratique ne s'est pas encore approprié ce système ingénieux. — M. Bricogne, depuis de longues années, s'est occupé de la solution de ce problème, en perfectionnant les appareils ordinaires ; il a rendu plus rapide la manœuvre des freins, en déterminant leur pression au moyen d'un contre-poids, qu'un simple déclanchement fait agir — Cet ingénieur a de plus établi un système de tirage, au moyen duquel le mécanicien ou le chauffeur peut mettre instantanément en prise le frein du fourgon de tête, ou les freins de plusieurs fourgons consécutifs placés en tête.

On a construit enfin des freins automoteurs, mis en prise par la pression des tampons de choc des wagons ; malgré les perfectionnements successifs que ce système a reçus; il ne semble pas qu'il soit destiné à se propager ; la contre-vapeur paraît fournir plus avantageusement le supplément de résistance qui lui était demandé.

Les inconvénients du système de freins généralement en usage sont nombreux. — Pour rendre facile la composition des trains, il faut en établir sur un très-grand nombre de wagons, qui se dispersent dans les gares ; leur surveillance et leur entretien laisse nécessairement à désirer. Ils sont manœuvrés par des agents d'ordre très-secondaire, dont l'attention s'émousse dans l'accomplissement d'un service purement machinal. — Ils ne peuvent être manœuvrés que sur un signal du mécanicien donné au moyen du sifflet d'alarme ; ce signal n'est pas toujours perçu, à l'extrémité d'un train très-long, dans un tunnel, etc. La manœuvre est faite avec plus ou moins de diligence, et il y a un certain temps perdu pour la manœuvre et la mise en action, et, pendant ce temps, chaque seconde diminue l'espace qui sépare la machine de l'obstacle ou du signal aperçu par le mécanicien, si c'est en plein parcours qu'il faut arrêter.

A la descente des pentes la manœuvre est irrégulière; si la vitesse s'accélère, le mécanicien siffle aux freins, sans qu'il lui soit possible de donner la mesure du serrage nécessaire, et sans que les garde-freins puissent eux-mêmes se rendre un compte exact de l'effet qu'ils produisent ; le but est généralement dépassé, la vitesse se ralentit, et le mécanicien doit faire un nouveau signal pour faire desserrer les freins; les garde-freins desserrent complétement ou d'une trop grande quantité, et l'accélération recommence, etc. — Ce n'est que moyennant des alternatives de vitesse, qui vont souvent du simple au double, que le train accomplit son trajet ; par moment l'accélération de vitesse peut devenir dangereuse.

Le mécanisme des freins s'use et se disloque par la trépidation des wagons, et donne lieu à un certain entretien ; les sabots s'usent et doivent être remplacés ; mais surtout l'action des freins use les bandages et les rails.

Si cette action est combinée, ou calculée par le garde-frein, de telle sorte que les roues continuent à tourner, les sabots s'usent, les bandages s'usent également, ils s'échauffent, tendent à se décaler et surtout dans les courbes à cisailler les vis qui les fixent sur les centres de roue.

La chaleur dégagée par le frottement, se transmet jusqu'au moyeu et à la fusée de l'essieu ; la graisse fond et coule.

Si les freins calent les roues, celles-ci frottent sur les rails, qui s'usent et s'exfolient quand ils sont de fer laminé; il se produit des facettes ou plats sur les bandages, qui deviennent ensuite, par les chocs qui se produisent au roulement, une cause de rupture des rails. — Le frottement de glissement entraîne les rails et tend à déranger la pose de la voie.

Le choix, l'entretien et la manœuvre des freins sont une source de préoccupations constante pour les ingénieurs chargés du service.

Avantages de la contre-vapeur. — L'action résistante de la contre-vapeur est proportionnelle à la puissance de traction de la machine; on peut en principe estimer à 60 pour 100 de l'effort continu qu'une machine développe, en travaillant à *fond de course* pour remorquer un train, l'effort de résistance continue qu'elle peut opposer à son mouvement lorsqu'elle travaille à contre-vapeur à fond de course. Mais dans la pratique il est de règle de donner aux cylindres un assez grand excès de volume, de telle sorte que, la machine travaillant à la limite de puissance que comportent la vaporisation dans la chaudière et l'adhérence des roues motrices sur les rails, l'admission maximum de la vapeur dans les cylindres soit limitée, et que le travail maximum s'obtienne avec une détente prolongée; — on fait des machines dans lesquelles l'admission maximum en marche est de 40 ou 50 pour 100 et même moins; en renversant au contraire la vapeur à *fond de course*, on peut rétablir et même dépasser l'égalité entre le travail moteur et le travail résistant, de telle sorte que la machine *patine* à contre-vapeur, c'est-à-dire que ses roues cessent de tourner en avant pour prendre un mouvement rapide de rotation en arrière.

On peut admettre comme règle pratique, pour les machines dont les cylindres ont leurs dimensions largement calculées, que l'action de la contre-vapeur équivaut à autant de freins ordinaires de 10 à 12 tonnes qu'il y a de paires de roues motrices ou accouplées à la machine. Pour des cylindres de dimensions exceptionnellement faibles, il serait prudent de n'établir la comparaison qu'avec des freins de 7 à 8 tonnes. On pourrait d'ailleurs, dans ces machines, augmenter un peu la puissance du frein à contre-vapeur en combinant le calage de l'excentrique de la marche en arrière de manière à augmenter la limite d'admission à contre-vapeur, ce qui donnerait plus de surface au diagramme de la figure 149.

Le premier avantage de la contre-vapeur est d'augmenter, sans dépense notable, 100 à 150 francs pour l'achat et pour la pose d'un tuyau et d'un ou deux robinets, et *sans accroître le poids mort du train*, les moyens d'arrêt mis à la disposition du mécanicien.

Pour une machine Crampton, à roues indépendantes de grand diamètre, qui démarre lentement et qui n'exerce qu'un effort de traction assez limité, la contre-vapeur n'équivaut guère qu'à un frein testé ordinaire; elle n'augmente guère que de un quart à un cinquième la puissance des moyens d'arrêt préexistants.

Pour une machine à voyageurs, à quatre roues accouplées, si les cylindres ont reçu de grandes dimensions, comme il convient de le faire pour obtenir des consommations économiques, la contre-vapeur équivaut à un frein de 20 à 25 tonnes, plus puissant déjà que celui du tender, dont le poids est de 15 à 18 tonnes.

Pour les machines de six ou huit roues accouplées, avec grands cylindres, le poids total de la machine, 33 à 44 tonnes, est utilisé pour l'arrêt.

L'emploi de la contre-vapeur est un motif qui s'ajoute à ceux qui les guidaient déjà, pour encourager les ingénieurs à donner de grandes dimensions à leurs cylindres.

Le nouveau moyen d'arrêt offre un second avantage d'une importance également considérable, c'est d'être l'instrument du mécanicien. Il l'a en permanence sous la main, et peut le mettre en œuvre avec la rapidité de la pensée; s'il aperçoit un obstacle sur la voie ou un signal d'alarme, il tourne instantanément le volant du changement de marche et renverse la vapeur à fond de course en trois ou quatre secondes, en moins de temps qu'il n'en faut pour donner aux garde-freins le signal de serrage au moyen du sifflet, en deux ou trois fois moins de temps qu'il n'en faut souvent pour que les freins des wagons soient en prise.

Le renversement de la vapeur se fait très-rapidement, mais graduellement et sans secousse; il n'offre aucun inconvénient pour la machine, moyennant l'injection préalable ou immédiate de l'eau, et le mécanicien n'a aucun motif d'hésitation pour exécuter cette manœuvre. En cas de doute ou d'incertitude sur l'état de la voie, ou sur la signification d'un signal, il renverse la vapeur partiellement ou à fond de course, sans autre inconvénient qu'un ralentissement momentané de la vitesse, tandis qu'il ne ferait serrer le frein du tender et ne sifflerait aux freins du train qu'en parfaite connaissance de cause, après un certain délai d'attente.

Le mécanicien règle à volonté, et en passant par tous les degrés, la résistance du frein à contre-vapeur, et lorsqu'il l'applique à modérer la vitesse à la descente d'une pente, il peut donner à la marche l'extrême régularité que comportent l'habitude et le coup d'œil de sa profession; il peut arriver à limiter les variations de vitesse à 1 ou 2 kilomètres à l'heure, tandis que la descente avec les freins comportait des variations considérables.

Enfin, sans occasionner dans la machine un surcroît d'usure et de dépense appréciable dans la pratique, probablement avec économie même si l'on met en balance l'usure des sabots et des bandages du tender avec celle des pièces de la machine, on évite l'usure des freins, de leurs sabots, des bandages de roues, et même du véhicule que les trépidations disloquent; on évite le chauffage des fusées des roues et une déperdition de graisse qui était importante à la descente des plans inclinés, où toute la résistance était demandée aux freins des wagons. — Enfin on évite l'usure des rails et leur déplacement rapide dans le sens de la pente.

On a cherché quelquefois à supputer les économies dues à l'emploi de la contre-vapeur; des calculs de ce genre sont difficiles à faire et ont peu d'intérêt puisque la dépense d'installation est insignifiante, et que celle de consommation de houille dans le foyer est elle-même peu importante.

On s'est demandé souvent s'il n'y avait pas quelque inconvénient à prendre la résistance, ou la plus grande somme de résistance, sur la tête du train, et s'il n'en résulterait pas pour les wagons de tête, fortement comprimés à l'avant et à l'arrière, des chances de déraillement dans les courbes de petit rayon; les calculs que l'on a faits à ce sujet montrent que la poussée latérale, ainsi produite, reste au-dessous des limites que peut atteindre l'action de la force centrifuge par les variations de vitesse inséparables du système de marche à la descente avec les freins. Depuis plusieurs années l'emploi de la contre-vapeur est très-répandu, et l'on n'a pas cité d'exemple d'accidents susceptibles d'être expliqués par une cause de ce genre. C'est d'ailleurs uniquement pour les trains de marchandises lourdement chargés qu'il y aurait lieu de s'en occuper; il est prudent, pour ce cas, d'éviter de mettre en tête du train des wagons vides.

On s'est demandé, d'autre part, si l'emploi de la contre-vapeur devait ou non conduire à diminuer le nombre dés freins et des gardes-freins dans les trains. Nous pensons qu'on peut réviser les règlements qui fixent le nombre des freins à faire entrer dans la composition d'un train, en évitant une exagération de précautions qui va quelquefois contre le but que l'on s'est proposé, mais que le train doit toujours être pourvu d'un nombre de freins suffisant pour le retenir et pour l'arrêter sur les pentes, abstraction faite de la machine. Un tube peut crever, une pièce du mécanisme peut se briser et la machine peut se trouver désemparée. Il faut d'ailleurs qu'à la remonte, si le train se détache de la machine par suite d'une rupture d'attelage, il puisse être retenu par ses propres freins.

Accidents. — On cite déjà plusieurs circonstances dans lesquelles l'emploi du frein à contre-vapeur a prévenu de graves collisions, en permettant au mécanicien d'arrêter sur un parcours moins étendu que s'il n'avait eu que les freins du train et du tender à sa disposition. — On pourrait en citer d'autres dans lesquels, faute de ce moyen d'arrêt, des accidents très-graves se sont produits.

Depuis le commencement de l'année, les journaux ont mentionné deux accidents qui ont eu lieu dans des circonstances à peu près identiques, l'un en Angleterre, au mois de janvier, sur le « Accrington et Yorkshire railway », à la station d'Accrington, l'autre, [en mai, sur les chemins de fer de Luxembourg, à la station de Dommeldange.

Dans les deux cas, un train de marchandises lourdement chargé, a pris une vitesse exagérée à la descente d'une pente de forte inclinaison, au pied de laquelle se trouve une station ; le mécanicien, en apercevant la station et les signaux qui en annoncent l'approche, n'a pas pu se rendre maître du train et celui-ci est venu se précipiter sur un autre train arrêté dans la station.

Avec les freins seuls, il est très-difficile, comme nous l'avons montré précédemment, de régulariser la vitesse; la descente se fait tantôt lentement, tantôt avec une grande vitesse, et la vitesse normale résulte seulement d'une moyenne entre des termes très-écartés. Avec le frein à contre-vapeur, le mécanicien peut maintenir une vitesse uniforme et modérée ; par suite, les freins, en supposant même que tout le travail de la contre-vapeur soit employé pour combattre l'action de la gravité, peuvent produire rapidement l'effet pour lequel ils ont été disposés.

Le travail nécessaire pour arrêter un train en marche est le produit de la somme totale des résistances, qui lui sont incessamment appliquées en sens inverse du mouvement, par l'espace dans lequel il doit être réduit au repos; ce produit est proportionnel au carré de la vitesse. — Si l'on suppose, à la descente d'une pente, un convoi dont la composition eût été réglée, de telle sorte que ses résistances propres (frottements des wagons et de la machine et résistance de l'air), combinées avec l'action de la contre-vapeur, fassent exactement équilibre à l'action de la gravité, les freins resteront dispo-

nibles pour produire l'arrêt au point d'arrivée ou en présence d'un signal d'alarme.

Si l'on désigne par V la vitesse du train en mètres par secondes, par T son poids brut (machine et tender compris), par R la somme totale des frottements que les freins bien manœuvrés sont susceptibles de produire, par L l'espace à parcourir depuis le moment où le mécanicien reconnaît la nécessité de l'arrêt, par t le temps perdu depuis cet instant jusqu'à celui où les freins commencent à agir, on a la relation suivante entre ces divers éléments :

$$\frac{1}{2}\frac{T}{g}V^2 = R(L - tV).$$

Le temps t peut être évalué à dix secondes. On a donc :

$$L = \frac{T}{2gR}V^2 + 10V.$$

Si l'on suppose que le train soit composé de 30 wagons, dont 28 chargés du poids de 15 tonnes et 2 fourgons du poids de 10 tonnes, et que la machine (à 8 roues accouplées) pèse 43 tonnes et son tender 17 tonnes, qu'il y ait enfin $\frac{1}{6}$ des wagons armés de freins en bon état, soit 2 fourgons et 3 wagons à marchandises chargés, pesant ensemble 65 tonnes, les rails étant dans un état moyen qui donne une adhérence de $\frac{1}{7}$, ou aura T = 500 000 kilogrammes et R = $\frac{1}{7}$ (17000 + 65000) = 11700 kilogr., d'où : L = 2,18V² + 10V.

Ou enfin en nombre rond, et en supposant le tender en partie déchargé :

$$L = 2,2V^2 + 10V.$$

La vitesse qu'il convient d'adopter pour un train de marchandises à la descente d'une pente fortement inclinée peut être estimée à 20 ou 22 kilomètres à l'heure, soit 6 mètres par seconde.

Dans l'accident d'Accrington, la vitesse que le mécanicien avait laissé prendre au train (*Times* du 6 janvier 1870) a été, à ce que l'on assure, de quarante milles, soit 65 kilomètres à l'heure, ou 18ᵐ,50 par une seconde. Cette vitesse est excessive pour un train de marchandise, mais elle n'a cependant rien d'invraisemblable.

On verra, par le tableau suivant, quelles peuvent être, au point de vue de la promptitude de l'arrêt, les conséquences de l'exagération de la viiesse, dans les circonstances prises comme exemple :

VITESSE.		
En mètres par seconde.	En kilomètres à l'heure.	Espace parcouru. L = 2,2V² + 10V.
Mètres.	Kilomètres.	Mètres.
4	14,4	79
6	21,6	139
8	28,8	221
10	36,0	320
12	43,2	437
14	50,4	567
16	57,6	723
18	64,8	892
20	72,0	1080

Ce ne sont là que des résultats théoriques qui supposent un état parfait du matériel, une vigilance à toute épreuve du personnel, un état d'adhérence qui ne se rencontre pas toujours. — En réalité, il faut compter sur des parcours plus longs que ceux qui viennent d'être calculés, mais ils indiquent des rapports.

On peut en conclure qu'un train de marchandises qui serait dans de parfaites conditions de sécurité avec un frein pour 6 wagons, qui, animé de sa vitesse normale, pourrait être arrêté en 2 ou 300 mètres par l'action des freins seuls, se trouverait au contraire placé dans des conditions dangereuses, s'il l'arrêt devenait nécessaire au moment où la vitesse réglementaire est dépassée dans une forte proportion.

L'un des principaux avantages de la contre-vapeur est de permettre au mécanicien de maintenir très-facilement et d'une manière permanente, la vitesse dans des limites modérées ou, dans d'autres termes, de faire qu'à aucun moment, la puissance vive du train ne prenne pas des proportions telles, que l'arrêt devienne impossible dans un parcours très-limité.

Dans l'exemple qui précède, on a supposé que l'action de la contre-vapeur s'ajoutait à celle des résistances propres du train et de la machine pour combattre l'action de la gravité. S'il n'était pas fait usage de la contre-vapeur, le nombre de freins supposés serait encore suffisant, dans cet exemple pour marcher à la vitesse normale de 20 à 22 kilomètres à l'heure ; mais il faudrait leur emprunter l'action de 40 tonnes environ, pour remplacer la machine transformée en frein à contre-vapeur. Le poids utile pòur l'arrêt serait par suite réduit à 42 tonnes, soit 6000 kilogrammes de résistance.

Les valeurs, de $L = 4,24\ V^2 + 10V$, deviennent :

A	6 mètres par seconde,	ou 22 kilom.	à l'heure	212 mètres.
	8	»	29	»	351
	12	»	43	»	730
	14	»	50	»	971

L'accélération de vitesse, au delà du taux réglementaire, qu'il est à peu près impossible d'éviter par suite même des conditions dans lesquelles se fait la manœuvre, deviendrait bien plus promptement dangereuse.

Dans le cas des chemins à forte pente, l'adoption du frein à contre-vapeur augmente la somme totale des moyens d'arrêt ; elle permet surtout d'éviter les exagérations de vitesse, en même temps qu'elle prévient la destruction des rails et des bandages de roues, et l'usure desfreins.

Sur les sections à faible pente, cet appareil ajoute aux freins existants un moyen d'arrêt puissant et d'une mise en œuvre rapide, qui permet, en réduisant à la fois les deux termes de la formule ci-dessus, d'obtenir des arrêts plus rapides, et qui diminue dans une très-large proportion les chances de collision.

Nécessité d'un emploi permanent. — Les détails qui précèdent montrent donc qu'on doit considérer le frein à contre-vapeur comme un agent perfectionné, destiné à se substituer aux moyens d'arrêt ordinaires *dans l'usage habituel*, mais sans amener leur suppression. — Les rôles seraient intervertis ; jusqu'ici les freins servaient à la manœuvre ordinaire et le renversement de la vapeur restait, à la vérité d'une façon un peu nominale, comme moyen exceptionnel ou accidentel ; les freins du tender et des wagons seront désormais le complément du frein à contre-vapeur et lui viendront en aide comme auxiliaires ou comme appoint.

Mais, outre les avantages inhérents à la substitution de la machine aux freins des wagons et du tender, et que nous avons énumérés en détail, outre l'intérêt évident qu'il peut y avoir à saisir toutes les occasions de faire une injection d'eau dans les cylindres pour adoucir les frottements et pour les

maintenir dans la meilleure condition possible, il y a une considération dominante en faveur de l'usage *permanent* du frein à contre-vapeur ; cet appareil ne peut devenir un instrument de sécurité, d'un usage certain en cas de danger imminent, que s'il devient tout à fait usuel. — Nous empruntons textuellement à la note de M. Armengaud aîné les observations qu'il a présentées à ce sujet nous craindrions de les affaiblir en les reproduisant sous une forme différente :

« Mais pour recueillir tous les avantages du nouveau
» système de frein, les compagnies doivent suivre l'exemple
» remarquable que leur a donné la compagnie de Lyon à la
» Méditerranée, sur l'initiative de son ingénieur en chef,
» M. Marié. Il faut que la contre-vapeur devienne d'un usage
» journalier, que toutes les machines soient pourvues de l'appareil si simple de M. Le Chatelier, et de plus, que les méca-
» niciens en fassent un usage permanent. C'est à cette seule
» condition d'un usage permanent, que ces agents peuvent
» arriver à renverser la vapeur sans tâtonnement, sans plus
» d'hésitation que s'ils avaient à changer un cran d'admission ;
» il faut que leur main trouve, même dans l'obscurité ou sans
» qu'ils les cherchent des yeux, les robinets d'injection, et les
» ouvre instantanément d'une quantité suffisante ; il faut sur-
» tout que leur main ne se porte pas mal à propos sur le ré-
» gulateur pour le fermer. Quelque simple que soit la ma-
» nœuvre, il faut que la pratique de tous les jours la rende
» entièrement familière, instinctive à celui qui l'exécute,
» qu'il puisse la faire les yeux fermés, si l'explosion d'un pé-
» tard vient inopinément le surprendre. »

Il nous parait incontestable que lorsque l'emploi de la contre-vapeur sera devenu général et qu'il sera passé, en quelque sorte, dans les mœurs des mécaniciens, la dose de sécurité générale qu'offre la circulation sur les chemins de fer sera notablement accrue, et que l'on verra encore se réduire le nombre de ces rares mais terribles catastrophes qui frappent si vivement le public, bien que, eu égard à l'énorme circulation des chemins de fer, ce moyen de transport soit encore celui qui offre le plus de sécurité aux personnes.

L'application du frein à contre-vapeur fait de rapides progrès en France. — Le nombre des machines qui en étaient pourvues, ou qui devaient en être pourvues à bref délai était de 2 625 au 1er mars 1869. Les applications se multiplient et la tendance actuelle paraît être conforme aux principes que nous avons exposés plus haut : c'est-à-dire consistant à faire du frein à contre-vapeur un instrument d'un emploi courant et journalier. — A la descente des sections à forte pente, l'emploi du frein à contre-vapeur a été substitué d'une manière générale à celui des freins ordinaires.

SOCIÉTÉ DES SCIENCES NATURELLES ET MÉDICALES DE HEIDELBERG

LECTURES DE M. HELMHOLTZ
De la Société royale de Londres et de l'Institut de France

I

Action physiologique de courants électriques de peu de durée dans l'intérieur de masses conductrices étendues

Des expériences récemment faites, au laboratoire physiologique, sur la transmission de l'excitation dans les nerfs ont appelé mon attention sur ce fait que des courants intermittents d'induction électrique produisent peu d'effet sur des nerfs situés à une certaine profondeur dans le corps humain, tandis qu'il est facile, à l'aide d'une pile de dix à vingt éléments de zinc et de platine, de provoquer dans ces mêmes nerfs des commotions ou même le tétanos. Pourtant la force électromotrice d'un appareil d'induction, qui donne de petites étincelles entre les extrémités rapprochées de la spirale induite, est beaucoup plus grande que celle d'une pile de dix à vingt éléments, laquelle ne produit jamais d'étincelles visibles au moment où l'on ferme le courant. D'après les expériences de Gassiot, environ quatre cents éléments de zinc et de platine sont nécessaires pour donner, quand on ferme le circuit de la pile, de petites étincelles visibles. D'autre part, la force électromotrice maxima d'un appareil d'induction ne se maintient que pendant une très-petite fraction de seconde, tandis que celle de la pile peut agir sur les parties excitables aussi longtemps que l'on veut.

Pour mettre ce fait parfaitement en évidence, j'ai entrepris des expériences sur une cuisse de grenouille rhéoscopique, dont le nerf reposait sur un papier humide. Ce papier couvrait la surface d'un vase rempli d'une dissolution de sel marin au demi-centième; le nerf faisait ainsi partie d'une grande masse liquide conductrice. Les électrodes du courant excitateur étaient formés par deux petites sphères de platine, d'un millimètre de diamètre, soudées à des fils de platine et fixées l'une à côté de l'autre à une distance de 3 millimètres. Ces petites sphères furent mises en contact avec la surface du conducteur humide; de telle sorte que le nerf, suivant qu'il était à une distance plus ou moins grande, fût traversé par des courants plus ou moins longs. Les courants qu'on dirigea à travers ces électrodes furent généralement produits par la spirale secondaire d'un chariot d'induction. Dans une partie des expériences, les courants induits auxquels donnait naissance l'ouverture ou la fermeture de la spirale primaire furent simplement dirigés par le conducteur humide. Je désignerai ces courants sous le nom de *courants d'ouverture* et de *courants de fermeture*. Ces derniers ont, comme on sait, une intensité moindre, une durée plus longue et une action physiologique moins énergique que les courants d'ouverture produits, dans la même position du chariot d'induction, par l'interruption du courant primaire. Dans une autre série d'expériences, j'ai abrégé encore davantage la durée de ces courants d'ouverture en ajoutant au circuit secondaire contenant le conducteur humide et les petites sphères de platine, trois petites bouteilles de Leyde formées chacune par deux petits verres d'expérience placés l'un dans l'autre et remplis de mercure. Une des extrémités de la spirale d'induction communiquait avec la masse intérieure du mercure et l'autre extrémité se rattachait, à travers le conducteur humide, à la masse extérieure. Le mouvement de l'électricité est de telle sorte dans ce cas, — si l'on suppose une interruption assez rapide du courant, — que les bouteilles de Leyde se chargent et qu'ensuite a lieu, entre leurs armatures et à travers le fil de la spirale induite qui les réunit, une série d'oscillations de l'électricité extrêmement courtes et rapides. Ces oscillations passent ensuite dans le conducteur humide et excitent le nerf qui y touche. Je désignerai ce courant sous le nom de *courant de décharge*.

A. J'éloignai le nerf des spirales de platine à une distance telle (environ 4 millimètres) que, dans le cas où les spirales de l'appareil d'induction étaient rapprochées, le coup de décharge d'une des bouteilles de Leyde suffisait justement pour provoquer une commotion à peine sensible. Il fallait ensuite, par l'interposition dans le courant primaire d'une résistance de grandeur déterminée, affaiblir le courant d'induction d'ouverture de telle sorte qu'il agît sur le nerf avec la même force que le courant de décharge de la bouteille.

Je supprimai ensuite la résistance, je mis le nerf en contact avec les électrodes et j'éloignai du courant primaire le chariot de l'appareil d'induction jusqu'à ce que le courant de décharge de la bouteille ne donnât plus qu'une légère trace de commotion. Quand on vint ensuite à interposer dans le circuit primaire la même résistance qu'auparavant, le courant d'ouverture ne donna pas d'effet; il fallut, pour produire un effet, diminuer la résistance de manière que la force du courant primaire fût plus que le double de ce qu'elle avait été dans les courants d'ouverture antérieurs.

Dans une autre série d'expériences, j'employai trois de mes petites bouteilles de Leyde et j'éloignai davantage le nerf (à 5 millimètres). Alors, l'action des courants de décharge restant d'ailleurs la même, il fallut donner au courant d'ouverture, quand le nerf était en contact, une action trois fois plus grande que lorsqu'il était éloigné.

B. La différence entre les actions à proximité et les actions à distance était encore plus surprenante, lorsqu'on comparait les courants de décharge des bouteilles avec le courant d'induction de fermeture. Lorsque le nerf touchait les électrodes, les effets de ces deux sortes de courants avaient à peu près la même intensité; mais, quand l'action s'exerçait à distance, il fallait, pour obtenir le même effet avec les deux courants, donner au courant primaire une intensité neuf fois moindre dans le cas du courant de fermeture que dans le cas du courant de décharge des bouteilles de Leyde.

C. J'ai comparé enfin le courant de décharge d'une des bouteilles de Leyde avec les courants de fermeture et d'ouverture d'un courant constant dérivé par embranchement du conducteur primaire. La spirale induite resta dans une position invariable, et, en faisant varier convenablement la résistance dans le circuit primaire, on régla toujours l'action des courants de manière à produire la plus petite commotion appréciable dans chaque position du nerf. Dans ce cas encore, il se manifesta une action relativement plus forte des courants constants. Mais les résistances de fil que j'avais à ma disposition ne me suffisaient que pour de petites variations de la distance entre le nerf et les électrodes.

Les phénomènes observés sur un nerf de grenouille en contact avec une grande masse conductrice liquide confirment donc les faits observés sur le corps humain. Mais des recherches théoriques poursuivies en même temps sur les décharges électriques de courte durée, et dont je rendrai compte plus tard, me font entrevoir différentes manières d'expliquer ces phénomènes. On ne pourra choisir entre ces différentes explications qu'après de nouvelles recherches expérimentales sur la durée de l'étincelle et sur la durée des oscillations dans la spirale employée, alors qu'elle est reliée avec les petites bouteilles de Leyde.

Dans les expériences faites avec les courants d'induction de fermeture, les résultats dépendent probablement de ce que la réaction du courant induit sur le courant inducteur favorise d'autant plus le développement rapide et l'action physiologique du courant induit que les spires sont plus rapprochées, — et c'était précisément le cas, quand le nerf était plus éloigné. Si la durée des oscillations électriques dans les courants de décharge de mes bouteilles de Leyde est petite par rapport à la durée des étincelles d'ouverture, — ce que d'autres expériences pourront seules décider, — la même chose peut se présenter quand on compare ces courants de décharge.

D'autre part, la théorie montre que si des décharges électriques oscillant rapidement partent de deux points pour se propager dans un conducteur, elles subissent, outre l'affaiblissement que les courants constants manifestent aussi dans leur développement, un autre affaiblissement plus considérable provenant d'une induction électrodynamique et qui introduit dans l'expression de leur intensité le facteur e^{-kr} ; r désigne la distance au couple d'électrodes, k une constante positive dont la grandeur dépend de la conductibilité du milieu. Si l'on obtenait une rapidité suffisante des oscillations des courants de décharge que nous avons employés, cette circonstance produirait également les résultats observés.

II

Des oscillations électriques

J'ai rendu compte à la Société (voyez ci-dessus) d'expériences que j'avais faites sur la propagation des décharges électriques dans des masses conductrices étendues. Pour expliquer ces expériences, il faut connaître la durée des oscillations des courants dans les appareils employés et, en particulier, dans une spirale d'induction communiquant par ses extrémités avec les armatures d'une bouteille de Leyde. J'ai fait, sur ce sujet, des expériences d'après une nouvelle méthode qui a, sur toutes les méthodes que je connais, cet avantage que les oscillations électriques peuvent se produire entre les armatures de la bouteille de Leyde dans un arc continu qui ne donne aucune étincelle, et où ces oscillations peuvent s'accomplir sans trouble, si faibles qu'elles soient. Pour manifester les mouvements électriques, j'employais un nerf de grenouille rhéoscopique, ce moyen étant beaucoup plus sensible que tous les autres.

J'eus recours, pour mesurer le temps, à un pendule très-lourd qui fait partie du myographe à pendule enregistreur construit d'après les indications de M. A. Fick. Ce pendule tombait d'une hauteur toujours la même et, à l'aide d'une saillie qui se trouvait au bas, frappait, à peu d'intervalles, deux petits leviers, et rompaient ainsi deux circuits galvaniques l'un après l'autre.

Le premier de ces circuits était parcouru par le courant primaire de l'appareil à chariot de du Bois-Reymond. Les extrémités de la spirale induite étaient en communication métallique avec une ou plusieurs bouteilles de Leyde. L'interruption du courant primaire induisait d'abord dans la spirale secondaire un courant de même sens, lequel chargeait les armatures de la batterie ; ensuite la batterie se déchargeait d'une manière oscillante par la spirale même qui l'avait chargée. Les fils de fer de l'intérieur du courant primaire furent éloignés dans toutes ces expériences afin de ne pas compliquer le phénomène par l'action qu'ils pouvaient subir de la part de la spirale secondaire ou exercer sur elle à leur tour ; d'ailleurs la présence des fils de fer eût retardé les oscillations.

La communication métallique du courant induit fut ouverte, dès que le pendule vint appuyer contre le second levier ; alors un circuit secondaire, renfermant le nerf rhéoscopique, entra en fonction. J'avais plongé ce nerf dans une dissolution de sel marin au demi-centième, dans laquelle son excitabilité se maintint très-bien pendant trois à quatre heures. Le nerf fut introduit en partie dans un tube étroit de verre, qui plongeait également dans le liquide et dans lequel pénétrait un fil très-fin de platine, servant d'électrode. Une plaque de platine, placée dans la masse liquide, formait l'autre électrode. Aussi longtemps que le circuit métallique secondaire n'était pas ouvert, il ne passait au travers du nerf aucune portion appréciable du courant. Dès que ce circuit fut ouvert, le reste du courant se déchargeait à travers le nerf et produisait des commotions quand il était assez fort.

Le courant agit avec sa plus grande énergie, quand l'interruption du circuit se fait à un moment où la vitesse du passage dans la spirale a atteint un maximum; alors les armatures de la batterie sont peu ou point chargées. L'extracourant de la spirale se précipite subitement dans le nerf avec une intensité qui, à cause de la faible puissance électrodynamique du nerf, doit être presque égale à l'intensité qu'a le courant dans la spirale au moment de l'interruption. Ce courant diminuera rapidement en force à cause de la grande résistance du nerf et disparaîtra immédiatement ou après quelques oscillations. Mais l'action physiologique de son interruption subite dans le nerf peut cependant être très-énergique.

Vient-on, au contraire, à interrompre le circuit métallique à un moment où les armatures de la batterie ont atteint le maximum de leur charge et au moment où le courant qui leur amène l'électricité cesse dans la spirale et commence à passer dans la direction opposée, alors les électricités accumulées dans la batterie sont forcées, après l'interruption, de se décharger par le nerf, qui constitue un arc d'une résistance beaucoup plus grande ; la force vive des oscillations qui ont encore lieu se trouve par là rapidement anéantie. Le courant ne croît ensuite que peu à peu pour atteindre le maximum dans le cours d'un quart d'oscillation ; pendant ce temps, l'intensité des oscillations peut avoir déjà notablement diminué ; l'action physiologique est plus faible dans ce cas que dans le premier, parce que le courant croît moins rapidement et que le maximum à atteindre est moins élevé.

Voici comment je comparais les intensités de l'action physiologique : je cherchai, pour chaque valeur de l'intervalle entre les deux chocs donnés par le pendule aux deux leviers, à placer la spirale mobile induite de manière à obtenir la plus légère commotion de muscle appréciable. Le pendule interrompait-il le circuit secondaire conduisant au nerf à un moment où le courant avait atteint un maximum dans la spirale, je pouvais mettre une grande distance entre la spirale induite et la spirale inductrice. Si, au contraire, l'interruption se faisait à un moment où le courant était au minimum, il me fallait rapprocher les spirales ou je n'obtins plus d'effet des derniers minima.

Je réglais l'interruption à l'aide d'une vis très-fine, qui faisait varier la position du second levier et dont la tête était munie d'une division circulaire grossièrement faite. Pour calculer les valeurs de temps correspondant aux tours de vis, je mesurais, à l'aide d'une règle divisée fixée au pendule même, le chemin parcouru par ce dernier entre deux interruptions de courant, et j'en déduisais le temps de la durée et de l'amplitude des oscillations du pendule.

L'appareil était improvisé et pourra, sous beaucoup de rapports, être mieux disposé ; cependant j'ai déjà obtenu avec lui un certain nombre de résultats.

Il faut remarquer d'abord qu'en employant pour le courant primaire un élément de Grove, la durée totale des oscillations électriques perceptibles dans la spirale rattachée à une bouteille de Leyde était environ d'un cinquantième de seconde. Cette durée totale est, d'après la théorie, indépendante de la capacité électrique de la batterie réunie à la spirale.

En effet, si nous désignons par P la potentielle électrodynamique de la spirale inductrice sur la spirale induite, la force du courant étant la même dans les deux ; par p la potentielle électrodynamique de la spirale induite sur elle-même ; par c la capacité électrique de la batterie ; par w et i la résistance et l'intensité du courant de la spirale induite ; par J la force du courant qui existait dans la spirale inductrice ; par q la quantité d'électricité accumulée dans l'armature intérieure de la batterie ; par t le temps ; par T la durée des oscillations ; et si nous posons $t = o$ pour le moment de l'interruption du courant primaire, nous aurons, d'après la théorie de Kirchhoff et W. Thomson :

$$q = J\frac{P}{\mathfrak{S}p}\,e^{-\alpha t}\sin(\mathfrak{S}t)$$

$$i = \frac{JP}{p}\left\{\cos\mathfrak{S}t - \frac{\alpha}{\mathfrak{S}}\sin\mathfrak{S}t.\right\}$$

expressions dans lesquelles

$$\alpha = \frac{w}{2p}$$

$$\mathfrak{S} = \frac{2\pi}{T} = \sqrt{\frac{1}{pc} - \alpha^2}.$$

Dans le cas, par exemple, où la spirale était en communication avec une bouteille de Leyde de forme ordinaire, le nombre d'oscillations était de 2164 par seconde ; on pouvait, sur mon appareil, observer successivement 45 maxima. Les trois petites bouteilles de Leyde, formées de petits verres d'expérience remplis de mercure et dont j'ai parlé dans ma première lecture, avaient toutes ensemble, à cause de la plus faible épaisseur du verre, une capacité électrique plus forte que la première et donnèrent 2050 oscillations par seconde. En réunissant les trois petites bouteilles et la grande, je n'observai que 1550 oscillations. En ne comptant que la capacité électrique des bouteilles de Leyde, on n'aurait dû trouver, d'après le calcul, que 1484 oscillations. La différence provient de ce que, dans ces expériences, la spirale joue, jusqu'à un certain point, le rôle d'une petite bouteille de Leyde. L'extrémité de la masse de fil de fer qui est en communication avec l'armature de la batterie, en ce moment chargée positivement, se charge elle-même positivement ; l'autre extrémité se charge négativement. Comme chaque spire ainsi chargée est en contact étroit avec d'autres spires placées à une distance différente des armatures de la batterie et douées d'une tension électrostatique différente, et comme elle n'est séparée des spires voisines que par la mince couche isolante de soie qui l'entoure, des électricités contraires s'accumulent aux deux côtés de cette enveloppe. Les spires extrêmes n'accumulent qu'une seule espèce d'électricité. Dans les couches intérieures du fil, les électricités contraires se distribuent sur les côtés extérieur et intérieur du fil.

Cette considération m'amena à rechercher si l'on peut constater des oscillations, alors même que la spirale n'est pas du tout rattachée à une bouteille de Leyde : c'est ce qui arrive pour les contractions de la grenouille rhéoscopique, nommées par M. du Dois-Reymond *contractions unipolaires*, dans lesquelles les muscles ne communiquent par le nerf qu'avec une seule extrémité de la spirale induite.

Dans ce but, j'isolai entièrement une des extrémités de la spirale et je mis l'autre en communication avec les tuyaux de gaz de la maison. La seconde place d'interruption avec le nerf comme circuit secondaire était interposée entre la spirale et les tuyaux de gaz. Les oscillations furent très-rapides, à peu près 7300 par seconde ; leur action physiologique était très-faible, de sorte qu'en général les premiers maxima produisirent seuls de l'effet. Je ne pus observer, dans ce cas, que les neuf premiers maxima du courant. D'après la théorie, la diminution des oscillations ne devait pas se faire alors plus rapidement que dans les cas antérieurs. Mais la théorie montre aussi que l'insuffisance d'isolement des spires de fil a ici une influence beaucoup plus grande que lorsque les oscillations sont plus lentes. D'autre part, il faut tenir compte encore de ce que le nerf n'est peut-être plus assez fortement affecté par des oscillations si rapides.

Dans ces expériences, comme dans les expériences antérieures, les maxima des courants qui montent dans les nerfs se distinguent de ceux qui en descendent par une action physiologique plus intense, de sorte qu'on peut reconnaître les changements dans la direction des courants par ces maxima.

Cela montre qu'une spirale même vide, isolée à une extrémité et rattachée par l'autre extrémité avec le sol, se charge alternativement d'électricité positive et négative et repousse l'électricité contraire dans le sol jusqu'à ce qu'elle arrive au repos, après un certain nombre d'oscillations.

La théorie permet de conclure de là que des oscillations de ce genre se produisent encore tout en diminuant plus vite dans une spirale induite, au moment du courant intermittent d'ouverture, alors même que ses extrémités sont réunies par un corps mauvais conducteur, un nerf par exemple. Ainsi le mouvement électrique dans le nerf consiste alors en oscillations dont la force diminue rapidement et dont la durée vibratoire est à peu près celle que donne la spirale quand l'une de ses extrémités est entièrement isolée.

H. HELMHOLTZ,
Professeur à l'Université de Heidelberg.

— Traduit de l'allemand par Is. LEVAILLANT. —

— La ville de Rotterdam ne suit pas l'exemple d'Amsterdam, qui vient de fonder à grands frais une université largement dotée. Elle est sur le point de supprimer son jardin botanique.

Le propriétaire-gérant : GERMER BAILLIÈRE.

PARIS. — IMPRIMERIE DE E. MARTINET, RUE MIGNON, **2.**

REVUE

DES

COURS SCIENTIFIQUES

DE LA FRANCE ET DE L'ÉTRANGER

SEPTIÈME ANNÉE	NUMÉRO 29	17 JUIN 1870

Paris, 17 juin 1870.

Dans une des dernières séances de l'Académie des sciences de Bruxelles, un des doyens de l'ethnologie, M. d'Omalius d'Halloy, a fait une communication sur les *théories physiologiques nouvelles* et posé une série de questions aux physiologistes qui appartiennent à l'Académie. Le vénérable savant était-il alarmé des allures indépendantes de la physiologie ou simplement curieux? C'est ce que nous ne pouvons dire. Pris à l'improviste, les physiologistes répondirent assez brièvement aux interpellations. Mais à la séance suivante, le professeur de physiologie de l'Université de Gand, M. Poelman, revint sur ce sujet pour faire ce qu'il appelle lui-même sa profession de foi.

Aujourd'hui je tiens, pour remplir le désir exprimé par notre savant collègue, à lui faire *ma profession de foi*, c'est-à-dire l'exposé des principes qui me guident dans l'*enseignement physiologique que le gouvernement m'a confié*, enseignement auquel se rattache la question de la force ou puissance vitale.

Pour expliquer le travail fonctionnel chez l'homme vivant, il faut, me semble-t-il, admettre la nécessité du concours de deux ordres de forces, les unes d'ordre physique, chimique, mécanique, et, en un mot, des forces inhérentes à la matière en général.

En outre, je pense qu'il est nécessaire d'admettre l'intervention d'une force distincte, qui n'exerce ses effets que sur les organismes. Je la désigne sous le nom de *force* ou de *puissance vitale*, et le plus souvent sous celui d'INTELLIGENCE FONCTIONNELLE.

La définition de cette force, je la considère, je ne dirai pas comme difficile, mais comme réellement impossible. On l'a admise de tout temps, en lui donnant des noms divers. C'est l'*archée* de Van Helmont; la *vis medicatrix* d'Hippocrate, etc., etc.

Tout en convenant que sa définition est impossible, je tiens à déclarer que je constate son intervention partout où un travail fonctionnel quelconque a lieu, et que c'est à elle que nous devons attribuer l'harmonie et la régularité admirables dans la succession des phénomènes de ce travail.

En ce qui concerne la nature intime de la force vitale, je n'éprouve aucune répugnance à avouer que cette nature intime nous échappe, et que probablement elle nous sera toujours inconnue. Contrairement à ce qui a été soutenu quelquefois, je ne saurais accepter qu'elle puisse être la conséquence du travail matériel.

Quand on passe en revue le travail fonctionnel chez l'homme vivant, et qu'on raisonne sans idée préconçue, il paraît de toute impossibilité de s'en rendre compte par l'intervention seule des lois physiques et chimiques.

Quand on observe, par exemple, que pendant la déglutition pharyngienne les piliers du voile du palais s'écartent d'abord pour laisser passer le bol alimentaire, puis se rapprochent pour l'empêcher de rebrousser chemin;

Quand on observe le mouvement alternatif des diverses formes musculaires de l'estomac pour le brassage des aliments;

Quand on voit les fibres musculaires des trompes de Fallope agir en sens inverse pour la descente de l'ovule et l'ascension du spermatozoaire;

VII.

Quand on observe, pour favoriser l'expulsion du jeune être hors de la matrice, d'abord la contraction des fibres musculaires longitudinales de cet organe et le relâchement des fibres circulaires, pour permettre au col utérin de s'ouvrir; quand on voit que les muscles du périnée ne se contractent qu'au moment où ils doivent agir comme modérateurs; enfin, quand on constate, en un mot, la régularité et l'harmonie parfaites qui règnent dans tout le travail fonctionnel, on est en droit de se demander s'il est possible de n'y admettre que l'intervention des forces physiques ou d'une force quelconque qui serait le produit du travail de la matière.

Si nous considérons finalement, pour ne pas pousser cet examen trop loin, les phénomènes d'assimilation et de désassimilation, qui président à la nutrition des corps vivants, expliquera-t-on jamais par les lois de la matière, et comprendra-t-on jamais, sans admettre une intelligence fonctionnelle, ce choix que chaque organe fait dans le plasma sanguin pour les besoins de son activité physiologique?

Les muscles s'assimilent de la fibrine; les os, du phosphate et du carbonate de chaux; les nerfs et l'encéphale, de l'albumine et des matières grasses phosphorées; les poils, de la silice; les dents, du fluorure de calcium; les glandes salivaires, le pancréas, les glandes de l'estomac, les testicules, les mamelles, etc., tout ce qui leur faut pour produire les principes caractéristiques de la salive, du suc gastrique, du lait, etc. De plus, chose étonnante, ces glandes, quelle que soit leur forme extérieure, peuvent être ramenées à deux types fondamentaux de structure, et reçoivent du sang qui partout présente, à peu de chose près, les mêmes caractères.

En présence de ces faits, il me paraît que nous pouvons affirmer que la force qui y préside est de nature spéciale, différente des forces physiques et chimiques, mais qu'elle nous est et nous restera probablement inconnue.

Pour l'enseignement de la physiologie, je prends pour base, autant que possible, les données fournies par les sciences modernes, en m'adressant à l'observation et à l'expérimentation, et en admettant pour l'accomplissement du travail organique l'indispensable nécessité de l'intervention d'une force spéciale, directrice et régulatrice, à laquelle je donne le nom d'INTELLIGENCE FONCTIONNELLE.

Après cet exposé doctrinal, M. Poelman déclare que « pour mieux faire comprendre le travail organique, tout en admettant la nécessité d'une force vitale distincte », il a très-souvent recours à l'emploi d'instruments qui donnent plus de précision aux résultats de l'expérience, optomètre, ophthalmomètre, hœmodynamètre, cardiomètre, spiromètre, kymographion, sphygmographion, myographion, phrénographe, laryngoscope, thermographe, etc., etc. :

Mais, continue M. Poelman, n'oublions pas que l'emploi de ces instruments parle plutôt, me semble-t-il, en faveur de l'intervention de la puissance vitale que contre elle.

En effet, pour qu'un instrument travaille, il faut un moteur.

M'accordera-t-on, en ce qui concerne le travail fonctionnel chez l'homme vivant, qu'il en est de ce dernier comme de celui que nous provoquons avec nos instruments, c'est-à-dire que, pour que les organes fonctionnent, il faut le concours d'un agent moteur, directeur, coordonnateur, que j'appelle la force, *la puissance vitale, qui se sert de nos organes comme un artiste habile se sert de la matière* et de ses instruments pour produire des chefs-d'œuvre.

C'est cet agent, de nature inexplicable, qui établit une différence entre le cadavre et l'homme vivant.

Nous n'avons pas à discuter ici la profession de foi de M. Poelman, quoiqu'un vitalisme aussi carré chez un physiologiste expérimentateur soit bien fait pour étonner un peu en l'an 1870. Mais il nous inspire une réflexion.

Outre l'Université libérale de Bruxelles, qui lutte courageusement dans des conditions d'existence matérielle bien difficiles, la Belgique possède trois autres universités, l'université catholique de Louvain, entretenue par le clergé, et deux universités de l'État, celles de Liége et de Gand. A Liége, le parti catholique exerce une très-grande influence, surtout dans l'enseignement scientifique. Mais l'université de Gand passe pour s'inspirer d'idées indépendantes, ce qui lui a valu plus d'une attaque. Eh bien ! le programme de M. Poelman nous montre que, même à Gand, la physiologie est enseignée à peu près comme elle peut l'être à Louvain.

Cet exemple devrait éclairer ceux qui comptent sur la liberté de l'enseignement supérieur pour donner un élan plus hardi à la science française et lui ouvrir une voie de progrès rapides ; on voit qu'elle lui prépare plutôt un véritable asservissement au triple joug de la philosophie, de la religion, et de la politique. Quand nous serons dotés de cette liberté nouvelle, on verra les partis politiques se servir de l'enseignement supérieur, comme l'*intelligence fonctionnelle* de M. Poelman se sert de nos organes, à la manière d'un artiste habile qui veut produire des chefs-d'œuvre, mais n'atteint pas toujours son but. En serons beaucoup plus libres, et la science beaucoup plus prospère ?

Émile Alglave.

SOCIÉTÉ GÉOLOGIQUE DE LONDRES

DISCOURS DE M. TH. H. HUXLEY
de la Société royale de Londres

La Paléontologie depuis huit ans

LA THÉORIE DE L'ÉVOLUTION : LES TYPES INTERMÉDIAIRES ET LES TYPES LINÉAIRES. — GÉOGRAPHIE SUCCESSIVE DES VERTÉBRÉS TERRESTRES AUX AGES GÉOLOGIQUES.

Il y a aujourd'hui huit ans, en l'absence de feu M. Léonard Horner, qui était alors notre président, je fus chargé, comme étant l'un des secrétaires de cette Société, de prononcer devant vous le discours annuel d'usage. Je profitai de cette occasion pour *dresser*, en quelque sorte, *un inventaire* de l'état dans lequel se trouvait à cette époque cette portion de la science biologique qu'on désigne habituellement sous le nom de *paléontologie;* et, discutant l'une après l'autre les diverses théories émises par les paléontologistes, je m'efforçai de discerner les points nettement élucidés et décidément acquis de tout ce qui était purement hypothétique ou encore incertain. Permettez-moi de vous rappeler en quelques mots les conclusions que je vous soumettais comme résultat de ce travail :

1º La population vivante, vous disais-je, de toutes les parties de la surface terrestre jusqu'à présent étudiées à ce point de vue, a subi depuis l'origine une série de modifications dont le caractère a été, d'une manière générale, successif, lent et graduel.

2º Lorsque nous comparons les débris fossiles, qui nous apportent le témoignage de ces changements successifs, sur deux points plus ou moins éloignés de la surface de la terre, nous leur voyons manifester un certain parallélisme général bien marqué. En d'autres termes, certaines formes de la vie se présentent à nous, dans l'une de ces localités, avec le même ordre général de succession que les mêmes formes dans la seconde localité, c'est-à-dire que ces formes sont, de part et d'autre, *homotaxiques*.

3º L'*homotaxie* ne doit pas être confondue avec le *synchronisme;* elle ne l'entraîne en aucune façon, à moins de preuve spéciale et indépendante. Des faunes ou des flores analogues, identiques même, dans deux localités distinctes, peuvent être d'âges extrêmement différents, en employant le mot *âge* dans son acception chronologique propre. « Les provinces ou zones géographiques, vous disais-je, pouvaient se trouver tout aussi nettement délimitées à l'époque paléozoïque qu'elles le sont de nos jours, et les brusques apparitions, à certains moments, de genres et espèces nouveaux, qui nous semblent devoir s'attribuer à une création nouvelle, ont parfaitement pu n'être que les résultats de migrations. »

4º Les débris fossiles les plus anciens que nous connaissions représentent-ils les formes primitives de la vie à la surface de notre globe ? Cette opinion ne repose sur aucun fondement solide.

5º Si nous nous en tenons aux faits positivement constatés, la somme totale des modifications observées dans les formes de la vie animale et végétale depuis que ces formes sont connues, est petite. Mise en regard de la durée du temps écoulé depuis l'apparition première de ces formes, cette somme de modifications devient prodigieusement petite. En outre, dans chaque grand groupe du règne animal aussi bien que du règne végétal, il existe certaines formes, dites *types persistants*, qui ont demeuré sans se modifier sensiblement, depuis leur première apparition jusqu'à l'époque actuelle.

6º A quelle conclusion doit conduire un examen impartial des vérités positives de la paléontologie, relativement aux théories répandues de modification progressive, d'après lesquelles une évolution ascendante aurait agi, en vertu de lois nécessaires, pendant la durée des siècles représentés par le dépôt des roches fossilifères, sur les séries des formes organiques, de manière à les éloigner de plus en plus, par des transformations graduelles, de certains types embryologiques ou généralisés ? A cette question, je répondais : « Un pareil examen conduit à une conclusion négative; en effet, l'observation ne nous révèle aucun indice de transformations de ce genre; ou du moins, si dans quelques cas il a pu s'en produire, elle nous montre qu'elles ont toujours été extrêmement légères; pour ce qui est de la nature même de ces transformations, absolument rien ne nous autorise à admettre que les membres primitifs de l'un quelconque des groupes dont l'existence s'est longtemps prolongée à la surface de notre planète, aient présenté une organisation plus généralisée que les représentants actuels des mêmes familles. »

Je ne saurais, il me semble, mieux utiliser la dernière occasion que j'aie de vous parler officiellement, qu'en reprenant aujourd'hui ces anciens jugements, pour les examiner l'un après l'autre, en m'aidant de connaissances nouvelles acquises, de réflexions plus mûries, enfin d'un ardent désir d'arriver à la vérité.

1° Revenant d'abord sur la première proposition énoncée, je puis faire remarquer qu'aujourd'hui, quelles que puissent être d'ailleurs les opinions des géologues physiciens, les paléontologistes partisans des catastrophes ont complétement disparu. Il est en effet impossible de supposer que les espèces vivantes appartenant à une formation se soient éteintes, à un moment donné, toutes en même temps et d'un seul coup, pour être remplacées par une série de création toute nouvelle dans la formation suivante. On admet au contraire généralement, sinon universellement, que la succession de la vie sur notre globe a été le résultat d'un remplacement lent et graduel des espèces anciennes par des espèces nouvelles, et que la brusquerie apparente de certaines transformations doit s'expliquer par des interruptions dans la suite des dépôts, ou par quelque autre changement dans des conditions physiques. La continuité des formes vivantes a été parfaite depuis les âges primitifs jusqu'à l'époque actuelle.

2°, 3° La substitution du terme *homotaxie* à celui de *synchronisme* n'a pas, que je sache, été reçue avec beaucoup de faveur par les géologues. C'est cependant, je l'espère, le simple amour de la rigueur scientifique, et non pas une affection personnelle pour un mot de ma fabrique, qui me fait penser encore aujourd'hui que cette distinction a son importance, et qu'en l'acceptant au plus tôt, ceux qui veulent raisonner sur les faits et les théories de la géologie se mettraient à l'abri d'une quantité de piéges qui les entourent aujourd'hui. Nous avons appris récemment que les géologues autrichiens ont enfin cédé à la masse de preuves accumulées par M. Barrande, et consenti à accepter la doctrine des colonies. Mais si l'on admet la doctrine des colonies, il faut nécessairement admettre en même temps que l'identité des débris organiques ne démontre pas le synchronisme des dépôts qui les contiennent.

4° Les discussions sur l'*Eozoon*, qui ont pris naissance en 1864, ont pleinement justifié ma quatrième proposition. En 1862, les formes de la vie les plus anciennes se trouvaient dans les terrains cambriens; mais si l'*Eozoon* est effectivement, comme nous avons toutes raisons de le croire d'après les études du principal Dawson et du docteur Carpenter, un débris d'un être vivant, l'origine de la vie sur la terre se trouve reculée, par la découverte de la véritable nature de cet être, jusques à une période qui, suivant l'observation de sir William Logan, est aussi éloignée de celle pendant laquelle se déposèrent les terrains cambriens, que l'époque cambrienne elle-même est éloignée de l'époque tertiaire. En d'autres termes, la durée démontrée de la vie sur notre globe est à peu près doublée d'un seul coup.

5° L'existence de *types persistants* et la faible somme des modifications éprouvées par les formes organiques chez lesquelles on a pu en constater, prennent de jour en jour plus d'importance à mes yeux, à mesure que je m'occupe davantage de la biologie du passé.

Songeons à la longueur prodigieuse du temps qui s'est écoulé depuis l'époque miocène; nous avons cependant de bonnes raisons de croire que chacun des groupes importants, dans les divers ordres de mammifères, se trouvait représenté dans la faune de cette époque. Dans la faune éocène elle-même, qui est comparativement pauvre, nous rencontrons des échantillons des ordres suivants : *Cheiroptères, Insectivores, Rongeurs, Périssodactyles, Artiodactyles* (sous ses deux modifications, Ruminants et Sangliers), *Carnassiers, Cétacés* et *Marsupiaux.*

Si, remontant plus haut encore, nous nous reportons à la première moitié de la période mésozoïque, nous sommes surpris d'y trouver représentés tous les ordres de nos *Reptiles*, les *Ophidiens* exceptés, et de plus quelques groupes, les *Ornithoscélidés* et les *Ptérosaures*, par exemple, qui étaient extrêmement abondants et qui présentaient une organisation plus spécialisée qu'aucune des espèces actuellement vivantes.

Il existe une division des Amphibiens qui est particulièrement intéressante et instructive à ce point de vue ; c'est celle des *Labyrinthodons*, qui, se prolongeant depuis la base des assises carbonifères jusque dans la partie supérieure du Trias, et peut-être même jusque dans le Lias, constitue une sorte de pont jeté sur l'intervalle qui sépare les formations mésozoïque et paléozoïque, intervalle que l'on a supposé souvent d'une grandeur prodigieuse. Au moment où mon discours de 1862 était à l'impression, on découvrait, dans les terrains houillers d'Édimbourg, un grand Labyrinthodon avec ses vertèbres parfaitement ossifiées, et j'eus même le temps de signaler ce fait dans une note. Depuis cette époque, on a retrouvé huit ou dix genres distincts de Labyrinthodons dans les roches carbonifères de l'Angleterre, de l'Écosse et de l'Irlande, sans parler des formes américaines qu'ont décrites le principal Dawson et le professeur Cope ; de sorte qu'actuellement la faune des Labyrinthodons des terrains carbonifères est plus riche et plus variée que celle du Trias ; en même temps les types principaux de la première paraissent, autant que les caractères ostéologiques puissent nous permettre d'en juger, avoir possédé une organisation tout aussi élevée que ceux de la seconde. Il est donc certain qu'une forme organique vertébrée, d'une organisation relativement élevée, comme celle des Labyrinthodons, a pu persister, sans subir aucune modification importante, pendant toute la durée de la période représentée par les puissants dépôts qui constituent les formations carbonifère, permienne et triasique.

Les opérations de sondage et de dragage qu'ont exécutées avec un si remarquable succès les expéditions envoyées par les gouvernements anglais, américain et suédois [1], sous la surveillance d'habiles naturalistes, ont mis en lumière certains résultats dignes au plus haut point d'attirer l'attention et d'une grande importance au même point de vue. Ces investigations ont démontré l'existence, à de grandes profondeurs dans les eaux de l'océan, d'animaux vivants, tantôt identiques, tantôt plus ou moins analogues à ceux que l'on trouve à l'état fossile dans la craie blanche. Les *Globigerinæ*, les Coccolithes, les Coccosphères, les Discolithes que l'on rencontre d'un côté et de l'autre, sont absolument identiques ; il existe aussi de part et d'autre des espèces semblables ou très-voisines d'Éponges, d'Échinodermes et de Brachiopodes.

Non loin des côtes du Portugal vit aujourd'hui une espèce de *Beryx* qui laisse sans aucun doute ses os et ses écailles çà et là au sein des vases de l'Atlantique, exactement comme les Beryx qui l'ont précédée et ont appartenu à la série mésozoïque, ont abandonné leurs dépouilles dans le limon des mers de l'époque crétacée.

Il y a quelques années, je me hasardai [2] à considérer la

---

(1) Voyez ci-dessus pages 353 et 417 (7 mai et 4 juin derniers), et notre tome VI, page 498, 16 juillet 1869.

(2) *Un morceau de craie*, conférence de M. Huxley dans notre tome V, page 697, 3 octobre 1868. — Voyez aussi *Saturday Review*, 1858, *La craie ancienne et moderne*.

vase de l'Atlantique comme constituant une *craie moderne*; je ne connais du reste aucun fait de nature à faire rejeter l'idée qu'a soutenue le professeur Wyville Thomson, d'après lequel cette craie moderne ne serait pas seulement la descendante directe en quelque sorte de la craie ancienne, mais serait cette craie ancienne, prolongée, permanente, persistant toujours dans le même état; c'est-à-dire que depuis la période crétacée, depuis une époque beaucoup plus reculée peut-être, jusqu'à nos jours, une mer profonde aurait couvert une grande partie de ce qui constitue actuellement la surface de l'Atlantique. Mais si la *Globigerina*, la *Terebratula Caput serpentis* et la *Beryx*, pour ne pas mentionner d'autres formes d'animaux et de plantes, jettent ainsi un pont sur l'intervalle qui sépare la période présente de la période mésozoïque, est-il possible que la majorité des autres êtres vivants dans la mer ait subi tout d'un coup un changement inattendu et étrange ?

LA THÉORIE DE L'ÉVOLUTION. — TYPES INTERMÉDIAIRES ET LINÉAIRES

7° Jusqu'à présent, je me suis simplement efforcé, comme vous l'avez vu, de développer et de corroborer par des arguments nouveaux, sans les modifier en quoi que ce soit d'important, les conclusions auxquelles je m'étais déjà arrêté autrefois. Mais j'en arrive maintenant à celles de ces conclusions qui se rapportaient à la question de la modification progressive; et je crois qu'aujourd'hui, grâce à un ensemble de documents nouveaux émanés de diverses sources, il y a lieu de revenir sur la sévérité quelque peu romaine avec laquelle je parlais en 1862 d'une doctrine, à laquelle j'aurais cependant été assez heureux de pouvoir reconnaître un fondement solide. *Pour ce qui regarde les Invertébrés et les Vertébrés inférieurs,* sans doute, les faits constatés et les conclusions à en tirer à leur sujet me paraissent être restés ce qu'ils étaient à cette époque. En effet, jusqu'à preuve démonstrative du contraire, les plus anciens Marsupiaux connus ont pu posséder une organisation tout aussi élevée que celle de leurs congénères vivants; nous ne trouvons chez les Lézards permiens aucun signe d'une infériorité quelconque relativement à ceux d'aujourd'hui; il est impossible de ne pas placer les Labyrinthodons sur le même rang que la Salamandre et le Triton actuels; enfin les Ganoïdes dévoniens ressemblent exactement au *Polypterus* et au *Lepidosiren.*

Mais si nous considérons les *Vertébrés supérieurs,* les résultats des recherches les plus récentes, passés au crible d'une sévère critique, me paraissent constituer une somme de preuves parfaitement nettes en faveur de la doctrine de l'évolution ou de la dérivation des formes vivantes l'une de l'autre. En discutant cette question, toutefois, il est nécessaire d'établir une importante distinction entre les différents ordres de preuves, tirées de la considération des débris fossiles, que l'on a mises en avant en faveur de la théorie de l'évolution.

Tout fossile qui vient occuper une place intermédiaire entre des formes vivantes déjà connues peut être considéré comme constituant une preuve en faveur de l'évolution; il indique en effet une route possible par laquelle l'évolution a pu se produire. Cependant la simple découverte d'une forme de ce genre ne démontre en aucune façon, par elle-même, qu'une évolution s'est produite par elle, au travers d'elle; ce n'est donc qu'une présomption acquise, et rien de plus, en faveur de l'évolution en général. Supposons que A, B, C, repré-

sentent trois formes, B possédant une organisation intermédiaire entre A et C. Dans ce cas, la doctrine de l'évolution nous offre quatre alternatives possibles : A peut être devenu C en passant par B; ou bien C peut être devenu A en passant par B; ou bien A et C peuvent être l'une et l'autre des modifications indépendantes de B; ou bien enfin A, B, et C peuvent être toutes les trois des modifications indépendantes d'une quatrième forme inconnue D. On sait, par exemple, que les *Anoplothéridés* constituent un type intermédiaire entre celui des *Sangliers* et celui des *Ruminants;* mais cela ne nous apprend pas si ce sont les Ruminants qui ont dérivé des Sangliers; ou bien les Sangliers des Ruminants; ou bien les uns et les autres des Anoplothéridés; ou enfin si Sangliers, Ruminants et Anoplothéridés, ne sont pas tous dérivés de quelque souche commune que nous ignorons.

Mais si l'on pouvait montrer que A, B et C manifestent des étages successifs dans le degré de modification ou de spécialisation d'un même type; — si, de plus, on pouvait prouver que ces formes se présentent dans des dépôts successifs, A occupant le plus ancien et C le plus récent;—dès lors, le caractère intermédiaire de B prendrait une tout autre importance, et, pour ma part, je n'hésiterais plus à considérer ce type mixte comme l'un des anneaux de la chaîne généalogique de C. En présence d'une pareille accumulation d'indices, il me semble impossible de nier que C a dû dériver de A, en passant par B, ou par quelque autre forme analogue; car il est peu probable qu'on rencontre toujours la série exacte des filiations, et l'on peut sans doute, dans bien des cas, prendre quelque ligne collatérale pour la ligne directe.

Je crois nécessaire d'établir une distinction entre ces deux catégories de formes intermédiaires, et de les désigner sous deux qualifications différentes; je les appelle *types intercalaires* et *types linéaires.* Lorsque j'emploie le premier terme, j'entends simplement exprimer ce fait positif, que la forme dite B est intermédiaire entre d'autres formes, comme l'*Anoplotherium* est intermédiaire entre le *Sanglier* et le *Ruminant,* sans rien préjuger d'ailleurs, pas plus dans le sens de l'affirmative que de la négative, sur une relation *directe* possible de parenté ou de dérivation entre les trois formes considérées. Lorsque j'emploie le second terme, au contraire, je veux exprimer l'opinion que les formes A, B et C constituent une ligne de descendance, et par conséquent que B fait partie du lignage de C.

Depuis le jour où Cuvier, par ses magnifiques études sur les mammifères éteints du gypse de Paris, fit connaître pour la première fois des types intercalaires et comprendre leur véritable caractère, nous avons vu le nombre de ces formes s'accroître graduellement dans les groupes des Mammifères supérieurs. Non-seulement nous connaissons aujourd'hui de nombreuses formes intercalaires d'*Ungulés,* mais nous devons à M. Gaudry une grande monographie des animaux fossiles de Pikermi (1), — monographie qui est l'une des œuvres paléontologiques les plus parfaites qu'il m'ait été donné de voir depuis longtemps, — dans laquelle nous trouvons, parmi les *Primates,* le *Mésopithèque,* comme type intercalaire entre les *Semnopithèques* et les *Macaques;* et parmi les *Carnassiers,* l'*Hyènictes* et l'*Ictitherium* comme types intercalaires, peut-

---

(1) Voyez dans notre tome III, page 74, 30 décembre 1865, une conférence de M. A. Gaudry sur les *Animaux fossiles aux environs d'Athènes.*

être même linéaires, entre les *Viverridés* et les *Hyénidés*.

Parmi les Mammifères supérieurs, aucun ordre n'offre des caractères aussi tranchés et n'est aussi nettement séparé de tous les autres que celui des Cétacés ; cependant un examen attentif de l'organisation des *Carnivores* fissipèdes ou *Phoques*, fait reconnaître chez plusieurs d'entre eux des traits qui les rapprochent des Mammifères plus complétement marins. Mais le *Zeuglodon* éteint représente une forme intercalaire entre le type du Phoque et celui de la Baleine.

Par certaines particularités, le crâne de ce grand monstre aquatique de l'époque éocène ressemble de très-près à celui du Phoque : la région interorbitaire étroite et allongée, l'union des os pariétaux en une suture sagittale étendue, les dents incisives distinctes et larges, implantées dans les os intermaxillaires qui prennent une grande part à l'occlusion de la partie antérieure de la bouche, les dents molaires à deux racines bien distinctes, à couronnes triangulaires et dentelées, au nombre de cinq de chaque côté et sur chaque mâchoire, enfin l'existence d'une première dentition temporaire. Au contraire, la forme avancée ou rostrale du museau, l'allongement de la symphyse et le peu d'élévation des apophyses coronaires du maxillaire, sont des caractères qui rapprochent le Zeuglodon des Mammifères cétacés.

Les omoplates ressemblent à celles de l'*Hyperoodon*, bien que la fosse sus-épineuse soit plus grande et rappelle davantage celle des Phoques ; de même l'humérus diffère de celui des Cétacés par les véritables surfaces articulaires qu'il présente pour l'articulation mobile des os de l'avant-bras. Par l'absence en apparence complète de membres postérieurs, et par les caractères de sa colonne vertébrale, le Zeuglodon se place à côté des Cétacés, sur la ligne de démarcation ; de sorte qu'en somme les Zeuglodons, avec leurs caractères de transition, peuvent cependant être considérés comme faisant partie de l'ordre des Cétacés. M. Van Beneden a d'ailleurs publié, en 1864, un mémoire sur les *Squalodons* miocène et pliocène, qui a fourni aux anatomistes des documents nouveaux pour relier un autre anneau de la chaîne qui réunit les *Cétacés* vivants au Zeuglodon. Les dents sont beaucoup plus nombreuses, mais les molaires présentent la double racine de celles des Zeuglodons ; les os nasaux sont très-courts, et la surface supérieure du museau porte la rainure, remplie pendant la vie par le prolongement du cartilage ethmoïdal, qui est si caractéristique de la majorité des Cétacés.

De même que, parmi les *Carnivores* vivants, les Morses et les Phoques auriculés sont des formes intercalaires entre les Carnivores fissipèdes et les Phoques ordinaires ; de même les Zeuglodons sont, me paraît-il, intercalaires entre les Carnivores en général et les Cétacés. Maintenant les Zeuglodons, considérés dans leurs rapports avec ces deux derniers groupes, peuvent-ils être regardés de plus comme des types linéaires ? C'est là une question à laquelle on pourra peut-être répondre affirmativement, lorsqu'on aura acquis des connaissances plus précises que celles que nous possédons actuellement, sur les rapports, au point de vue du temps, des Carnivores et des Cétacés.

Jusqu'à présent, il n'a été question que des types intercalaires qui occupent les intervalles entre certaines familles ou certains ordres d'une même classe. Mais les recherches poursuivies par le professeur Gegenbaur, par le professeur Cope, et par moi-même, sur l'organisation et les rapports des formes éteintes de reptiles dites *Dinosauria* et *Compsognatha*, ont mis en évidence l'existence de formes intercalaires entre deux grands groupes, les *Reptiles* et les *Oiseaux* (1), que l'on a jusqu'à présent toujours considérés comme constituant deux classes parfaitement distinctes de l'embranchement des Vertébrés. Quelles que soient les conclusions que l'on puisse ou veuille tirer de ce fait, c'est aujourd'hui une vérité démontrée que, chez beaucoup de ces *Ornithoscélidés*, les membres postérieurs et le bassin ressemblaient beaucoup plus à ceux des Oiseaux qu'à ceux des Reptiles, et que ces Oiseaux-reptiles ou Reptiles-oiseaux étaient plus ou moins complétement bipèdes.

Lorsque, en 1862, j'occupais cette tribune, dans une occasion semblable à celle-ci, je me serais cru en vérité singulièrement téméraire, si j'avais émis l'opinion que la paléontologie pourrait avant peu démontrer la possibilité d'une transition directe du type du Lézard au type de l'Autruche. Aujourd'hui, nous possédons dans les *Ornithoscélidés* une forme intercalaire qui nous prouve que cette transition est quelque chose de plus qu'une possibilité. Il est cependant très-douteux qu'aucun des genres des Ornithoscélidés actuellement connus constitue l'un des véritables types linéaires par lesquels s'est effectué le passage du reptile à l'oiseau. Ces types linéaires sont probablement encore ignorés, et c'est sans doute dans des formations plus anciennes que nous devrons les retrouver.

Essayons maintenant de trouver quelques cas de véritables types linéaires, c'est-à-dire de formes qui ont été intermédiaires entre d'autres formes, parce qu'elles ont eu une relation généalogique directe avec celles-ci. Ce n'est pas chose facile que de trouver des preuves de filiation nettes, convaincantes, irrécusables, entre différents animaux fossiles. Pour arriver à une satisfaction complète, à une certitude scientifique absolue, il nous faudrait connaître tous les traits généraux importants de l'organisation des animaux que nous rapprochons ainsi les uns des autres, et non pas seulement les fragments qui servent si souvent d'unique base à la détermination des genres et des espèces paléontologiques. M. Gaudry a dressé un tableau des différentes espèces des *Hyénidés*, des *Proboscidiens*, des *Rhinocérotidés* et des *Équidés*, dans leur ordre de filiation, depuis leur première apparition à l'époque miocène jusqu'au moment actuel ; de son côté, le professeur Rütimeyer a dessiné des schémas du même genre pour les *Bovidés* ; et je suis très-disposé à croire que ces divers arrangements se rapprochent probablement beaucoup de l'ordre qu'a suivi la nature. Cependant, — ces deux savants biologistes le savent mieux que personne, — toutes les classifications de ce genre doivent être regardées comme simplement provisoires, excepté dans les cas où, par un heureux hasard, on a pu extraire de vastes séries de débris d'une série de dépôts épaisse et étendue. S'il est aisé dans bien des cas particuliers d'accumuler des probabilités, il est toujours très-difficile d'établir une certitude absolue sur des bases qui puissent supporter le contrôle d'une critique rigoureuse.

Je crois cependant, après bien des recherches, que la généalogie du Cheval nous offre un exemple d'évolution aujourd'hui hors de toute contestation.

Le genre *Equus* se trouve représenté dès la dernière partie

---

(1) Voyez dans notre tome V, page 761, 31 octobre 1868, une lecture de M. Huxley sur les *Animaux intermédiaires entre les oiseaux et les reptiles.*

de l'époque miocène ; dans les dépôts qui appartiennent au milieu de cette même époque, il est remplacé par deux autres genres, l'*Hipparion* et l'*Anchitherium* (1); enfin, dans le miocène inférieur et l'éocène supérieur, ce dernier genre se présente seul.

Une espèce d'*Anchitherium* a été rapportée par Cuvier au genre *Palæotherium* sous le nom de *Palæotherium Aurelianense*. Les dents molaires de ces Pachydermes ressemblent en effet beaucoup, par leur forme et leur dessin aussi bien que par l'absence complète de cément, à celles de quelques espèces de Palæotherium, particulièrement du *Palæotherium minus*, de Cuvier, qui a été isolé et constitué en genre distinct, sous le nom de *Plagiolophus*, par Pomel.

Mais, par d'autres caractères, la dentition de l'Anchitherium le sépare du type du Palæotherium et le rapproche de celui du Cheval ; c'est ainsi qu'il possède six grosses molaires; la première prémolaire est très-petite, les molaires antérieures sont aussi volumineuses, plus volumineuses même que les postérieures; la seconde prémolaire porte un prolongement antérieur; enfin la molaire postérieure du maxillaire inférieur présente, comme Cuvier l'avait déjà remarqué, un lobe postérieur de dimensions beaucoup moindres et d'une forme différente.

Du reste, le squelette de l'Anchitherium offre, dans son ensemble, une très-grande analogie avec celui des Équidés. M. Christol va jusqu'à dire que les descriptions des os du Cheval ou de l'Ane, courantes dans les traités d'art vétérinaire, conviendraient à ceux de l'Anchitherium. Sans doute, cela est vrai d'une manière générale, — mais il existe cependant quelques différences extrêmement importantes, qui ont été, — je m'empresse de l'ajouter, signalées avec soin et précision par le même observateur. Par exemple, le cubitus est complet, au lieu de présenter une diaphyse rudimentaire fusionnée en seul os avec le radius. Le pied antérieur possède trois doigts, un médius très-dominant, et, à côté de lui, un indicateur et un annulaire pourvus de toutes leurs phalanges et terminés chacun par un petit sabot, mais cependant insuffisamment développés pour toucher le sol. Le fémur est exactement semblable à celui du cheval: il présente, au-dessus du condyle externe, la dépression caractéristique. Le *British Museum* possède un échantillon très-instructif des os de la jambe, sur lequel on constate que le péroné est représenté par la malléole externe et par une languette osseuse aplatie, qui, partant de cette malléole, se prolonge sur la face externe du tibia, en se soudant intimement avec ce dernier os (2). Les doigts du membre postérieur sont au nombre de trois, comme ceux de devant; l'os métatarsien moyen est beaucoup moins aplati latéralement que chez les Équidés.

---

(1) Hermann von Meyer a donné le nom d'*Anchitherium* à l'*A. Ezquerra*; et, dans son mémoire sur ce sujet, il s'efforce, à grand'peine, de distinguer ce dernier du *Palæotherium d'Orléans* de Cuvier, pour en faire le type d'un nouveau genre. Or, c'est précisément le *Palæotherium d'Orléans* qui est le type du genre *Hipparitherium* de Christol; et ainsi, bien que l'*Hipparitherium* soit de plus fraîche date que l'*Anchitherium*, il me semble qu'il avait en toute justice droit à être reconnu à l'époque où ce discours a été écrit. Somme toute, cependant, il me paraît plus convenable de conserver le terme *Anchitherium*.

(2) Je dois à M. Gervais un échantillon qui indique que le péroné était cependant complet dans certains cas, et un fragment de maxillaire très-intéressant sur lequel on voit que la dernière molaire de lait de la mâchoire inférieure était, comme chez les *Palæotheria*, dépourvue du lobe postérieur qui existe dans la dernière véritable molaire.

Chez l'*Hipparion*, la dentition ressemble beaucoup à celle du Cheval ; cependant les couronnes des molaires ne sont pas si longues ; mais, comme celles du Cheval, elles sont revêtues d'une épaisse couche de cément. La diaphyse du cubitus est réduite à une simple languette osseuse, qui se soude au radius dans presque toute sa longueur, et ne paraît guère, au premier abord, qu'une saillie longitudinale sur la face interne de ce dernier os. Les doigts de devant sont encore au nombre de trois; mais les doigts extrêmes sont plus grêles que chez l'Anchitherium, et leurs sabots sont plus petits relativement à celui du doigt moyen. A la jambe, l'extrémité inférieure du péroné est si parfaitement unie au tibia qu'elle semble n'être qu'une simple apophyse de cet os.

Dans le genre *Equus* enfin, les couronnes des dents molaires deviennent plus longues, et leurs dessins se modifient légèrement ; le milieu du corps du cubitus s'efface, et ses extrémités supérieure et inférieure se soudent au radius. Les phalanges de l'indicateur et de l'annulaire disparaissent à chaque pied, et les os métacarpiens et métatarsiens restent seuls comme vestiges de ces doigts latéraux.

L'Hipparion a sur la face, en avant des orbites, de larges dépressions, semblables à celles qui logent les *larmiers* de beaucoup de ruminants; on a pu reconnaître des traces de ces dépressions sur les crânes de certains Chevaux fossiles des collines de Sewalik.

Lorsque nous considérons tous ces faits, lorsque nous y ajoutons, par-dessus le marché, cette circonstance signalée par M. Gaudry et par bien d'autres, que les Hipparions, dont on a retrouvé des débris en quantité prodigieuse, ont été sujets à des variations considérables, il nous est, me semble-t-il, impossible de se refuser à conclure que les types des *Anchitheria*, des *Hipparions* et des *Chevaux* anciens constituent la ligne généalogique des *Chevaux* actuels, l'Hipparion étant le terme intermédiaire entre les deux autres, et répondant à B dans l'exemple que je donnais tout à l'heure.

Le phénomène qui a agi sur l'Anchitherium de manière à le transformer peu à peu en Cheval a été un processus de spécialisation, c'est-à-dire de déviation plus ou moins complète de ce qu'on pourrait appeler le type moyen d'un animal Ongulé. Chez le Cheval, la réduction de certaines parties des membres, et en même temps la modification spéciale de celles qui restent, est poussée plus loin que chez aucun autre Mammifère à sabot. La réduction et la spécialisation sont moins prononcées chez l'Hipparion, et moins prononcées encore chez l'Anchitherium. Et cependant, si l'on compare l'Anchitherium aux autres Mammifères, on trouve encore ces caractères relativement très-accentués chez l'Anchitherium. N'est-il pas à présumer que, de même que l'époque miocène nous offre une forme équine atavique moins modifiée que le Cheval, de même, en reculant jusqu'à l'époque éocène, nous devons rencontrer quelque nouveau quadrupède présentant avec l'Anchitherium les mêmes rapports que ceux de l'Hipparion à l'Equus, et, par conséquent, s'écartant moins que l'Anchitherium de la forme moyenne?

Ce desideratum est, je crois, très-approximativement, sinon entièrement rempli par le *Plagiolophus*, dont les débris existent en abondance dans certaines parties des formations éocènes supérieure et moyenne. Les dents molaires du Plagiolophus présentent des dessins semblables à ceux des dents de l'Hipparitherium, et, comme chez ces derniers, elles sont dépourvues de cément; seulement ces molaires vont en diminuant de grandeur d'arrière en avant, et la dernière molaire inférieure possède un large lobe postérieur, convexe en dehors et concave en dedans, comme celle du Palæotherium. Le cubitus est complet et beaucoup plus fort que chez aucun des Équidés, plus grêle, au contraire, que chez la plupart des Palæotheria. Il est solidement uni, mais non soudé, au radius. Il y a trois doigts au membre antérieur; les doigts latéraux sont minces, mais moins cependant que chez les Équidés. Le fémur ressemble plus à celui du Palæotherium qu'à celui du Cheval; il ne possède, au-dessus de son condyle externe, qu'une fossette peu marquée au lieu de la dépression profonde, qui est un caractère si accentué du fémur des Équidés. Le péroné est distinct, mais très-grêle, et son extrémité inférieure est fusionnée avec le tibia. Le pied postérieur possède trois doigts qui présentent les mêmes proportions que ceux de devant. Les os métacarpiens et métatarsiens principaux sont plus aplatis que chez aucun des Équidés.

Par sa forme générale, le Plagiolophus rappelle un Cheval petit et grêle (1), et il n'a pas la moindre ressemblance avec l'être lourd, plus ou moins analogue au Cochon, que Cuvier a dépeint dans ses *Ossements fossiles*, en faisant la restauration de son *Palæotherium minus*.

Il serait certainement téméraire d'affirmer que le Plagiolophus est la forme racine exacte des quadrupèdes équins; mais il n'est au moins pas douteux, à mon sens, que ces animaux proviennent de la modification de quelque quadrupède très-analogue.

Ainsi nous avons reculé peu à peu jusqu'à la formation éocène moyenne, et nous avons pu suivre dans le passé la généalogie du Cheval, jusqu'à un type racine caractérisé par trois doigts à chaque pied. Mais ces formes tridactyles elles-mêmes présentent, comme les quadrupèdes équins, de minces stylets, vestiges des deux doigts qui leur manquent encore et qui appartiennent à ce que j'ai appelé le type Ungulé moyen. Or, si la considération des stylets du Cheval permettait de supposer qu'on trouverait, dans quelque ancêtre de ce quadrupède, ces organes rudimentaires remplacés par des doigts parfaits; si l'expérience a justifié cette induction en vérifiant le fait; — n'est-on pas en droit de conclure avec certitude du fait précédent que l'aïeul tridactyle, plus ou moins analogue au Plagiolophus, de l'Anchitherium, doit avoir eu à son tour quelque ancêtre pentadactyle, dans une période plus ancienne? Il faut dire toutefois que cet ancêtre pentadactyle n'a pas encore paru parmi les quelques Mammifères de l'éocène moyen et inférieur qui sont connus.

Il est une autre série de formes qui offrent d'étroites affinités, mais dont la filiation est cependant peut-être moins claire que celle de la série équine; elle est représentée par le *Dichobune* de l'époque éocène, par le *Caïnotherium* du miocène, et enfin par les *Tragulidés* ou *Chevrotains porte-musc* de nos jours.

Les Tragulidés ne possèdent pas de dents incisives à la mâchoire supérieure; ils n'ont que six molaires de chaque côté sur chaque maxillaire; la dent canine est rapprochée de l'incisive externe, et il existe une diastema ou barre dans la mâchoire inférieure. Le pied de derrière a quatre doigts complets; seulement les métatarsiens moyens finissent habituellement tôt ou tard par se souder de manière à constituer un os canon. Le scaphoïde et le cuboïde sont fusionnés, et l'extrémité inférieure du péroné est soudée au tibia.

Dans le Caïnotherium et le Dichobune, les incisives supérieures sont complétement développées. Il y a sept molaires; la dentition tout entière forme une série continue, sans interruption. Les métatarsiens, le scaphoïde, le cuboïde et l'extrémité inférieure du péroné restent indépendants. Chez le Caïnotherium, on trouve le second métacarpien développé, mais beaucoup plus court cependant que le troisième, pendant que le cinquième est absent ou rudimentaire. A cet égard, il ressemble à l'*Anoplotherium secundarium*. Cette circonstance et le dessin particulier des dents molaires dans le Caïnotherium me font hésiter à le considérer comme le véritable ancêtre des Tragulidés actuels. Si le Dichobune avait un pied de devant tétradactyle (quoique j'incline à soupçonner qu'il ressemble au Caïnotherium), il serait certainement un meilleur représentant de la forme primitive de la série traguline. Mais le Dichobune se présente dans l'éocène moyen, et il est, de fait, le plus ancien Mammifère artiodactyle connu. Où, dès lors, nous faudra-t-il chercher son ancêtre pentadactyle?

Si nous suivons d'autres lignes d'*Ungulés* actuels et tertiaires, nous nous trouvons encore en face de la même question. On peut suivre la trace du Sanglier, à travers l'époque miocène, jusqu'à l'éocène supérieur, où il apparaît sous les deux formes bien distinctes de l'*Hyopotamus* et du *Chœropotamus*. Mais l'Hyopotamus paraît n'avoir eu que deux doigts.

Tous les grands groupes des Ruminants, *Bovidés*, *Antélopidés*, *Caméléopardalidés*, *Cervidés*, se trouvent aussi représentés à l'époque miocène; on peut en dire autant du *Chameau*. L'*Anoplotherium* de l'éocène supérieur, qui est intercalaire entre les Sangliers et les Tragulidés, n'a que deux ou, au plus, trois doigts. Parmi les petits Mammifères de la formation éocène inférieure, nous avons les *Ungulés* périssodactyles, représentés par le *Coryphodon*, l'*Hyracotherium* et le *Pliolophus*. Admettons un instant, en poursuivant notre thèse, que le *Pliolophus* représente la souche primitive des Périssodactyles, et le *Dichobune* celle des Artiodactyles (je suis loin cependant d'affirmer qu'il en est ainsi); alors nous trouvons, dans la faune la plus ancienne de l'époque éocène que nos recherches nous aient jusqu'à présent fait connaître, les deux divisions des *Ungulés* complétement différenciées, et pas la moindre trace d'une souche commune de ces deux divisions, ou de prédécesseurs pentadactyles de l'une ou de l'autre. Puisque l'étude de la généalogie du Cheval justifie la croyance à la production de nouvelles formes animales par modification des formes anciennes, je ne vois aucune raison pour nous soustraire à l'obligation de rechercher ces ancêtres des *Ungulés* au delà des limites des formations tertiaires.

Je pourrais aussi facilement admettre une création spéciale d'un seul coup, que supposer que les Périssodactyles et les Artiodactyles n'ont pas eu d'ancêtres pentadactyles. Or, lorsque nous considérons l'énorme durée de la partie de la période tertiaire qu'a exigée la transformation de l'Anchitherium en Equus, il est difficile d'échapper à cette conclusion, qu'une longueur prodigieuse de temps antérieur à l'époque **tertiaire**

---

(1) Telle est du moins la conclusion à laquelle conduisent les proportions du squelette figurées par Cuvier et de Blainville; cependant on serait peut-être plus près de la réalité en se figurant quelque chose d'intermédiaire entre un Cheval et un Agouti.

doit avoir été dépensée pour transformer la souche commune des Ungulés en Périssodactyles et Artiodactyles.

Une pareille conclusion ressort, du reste, nécessairement de l'étude de chacun des autres ordres des Mammifères monodelphes tertiaires. Tous ces ordres se trouvent représentés à l'époque miocène ; la formation éocène, comme je l'ai déjà dit, renferme des *Chéiroptères*, des *Insectivores*, des *Rongeurs*, des *Ungulés*, des *Carnassiers* et des *Cétacés*. Or, les Chéiroptères sont des modifications extrêmes du type Insectivore, exactement comme les Cétacés sont des modifications extrêmes du type Carnassier; et, par conséquent, il m'est impossible d'admettre que les Insectivores et les Carnassiers monodelphes n'aient pas été largement développés, parallèlement avec les *Ungulés*, à l'époque mésozoïque. Mais, s'il en est ainsi, jusqu'où nous faudra-t-il remonter, dans la série des siècles passés, pour retrouver la souche commune de tous les Mammifères monodelphes ?

Même conclusion à tirer encore de l'étude des Didelphiens. En effet, les débris, malheureusement très-pauvres, que nous possédons d'eux paraissent indiquer déjà clairement qu'une forme Hypsiprymnoïde existait à l'époque du Trias, côte à côte avec une forme Carnivore. A l'époque du Trias, par conséquent, les *Marsupiaux* devaient exister depuis un temps qui avait été suffisant pour leur permettre de se différencier en deux groupes, carnivore et herbivore. Mais les *Monotrèmes* sont des formes inférieures aux *Didelphes*, qui sont intercalaires entre les *Ornithodelphes* et les *Monodelphes*. A quel point de l'époque paléozoïque devrons-nous donc raisonnablement reléguer l'origine des Monotrèmes ?

L'étude de l'apparition des classes et des ordres des *Sauropsidiens* conduit à des résultats tout à fait analogues. S'il existait, comme tout porte à le croire, de véritables Oiseaux à l'époque triasique, les formes Ornithoscélidées, par lesquelles s'effectue la transition du type reptile au type oiseau, ont dû les précéder. En effet, nous avons aujourd'hui de bonnes raisons pour soupçonner l'existence de *Dinosauriens* dans les formations permiennes. Mais, dans ce cas, il doit avoir existé des Lézards à une date encore plus ancienne. Si les différences, presque insignifiantes, que l'on rencontre entre les *Crocodiliens* des formations mésozoïques les plus anciennes et ceux de l'époque actuelle, nous permettent de nous faire une idée approximative de la rapidité de la marche de la modification dans le groupe des Sauropsidiens, il est presque effrayant de songer au chemin prodigieux qu'il faut faire dans le passé, à travers les temps paléozoïques, avant de pouvoir espérer atteindre la souche commune de laquelle ont dû dériver les *Crocodiliens*, les *Lacerticiens*, les *Ornithoscélidés* et les *Plésiosauriens*, qui ont atteint un développement si remarquable à l'époque triasique.

Les *Amphibiens* et les *Poissons* nous racontent la même histoire. Il n'y a pas une seule classe d'animaux vertébrés qui soit, au moment où elle nous apparaît pour la première fois, représentée par des analogues des membres les plus inférieurs connus de cette classe. Par conséquent, si la doctrine de l'évolution est vraie, chaque classe doit être infiniment plus ancienne que les premières traces à nous connues de son apparition sur la surface du globe. Mais si des considérations de cet ordre nous poussent à placer l'origine des animaux vertébrés à une époque suffisamment distante du silurien supérieur, où se présentent les premiers Élasmobranches et Ganoïdes, pour permettre la dérivation de ces poissons d'un

vertébré aussi simple que l'*Amphioxus*, je ne puis que répéter qu'il est effrayant de songer combien cette origine a dû précéder l'époque de la première apparition connue de vie vertébrée sur la terre.

DISTRIBUTION GÉOGRAPHIQUE SUCCESSIVE DES VERTÉBRÉS TERRESTRES
AUX AGES GÉOLOGIQUES.

Voilà ce que j'avais à ajouter aux conclusions que je vous ai autrefois soumises sur les résultats généraux aujourd'hui acquis par la science paléontologique.

Mais les progrès les plus récents de cette science me font sentir une lacune considérable dans cet exposé sommaire de son état actuel : en effet, il passe absolument sous silence les résultats obtenus par les paléontologistes au point de vue de la distribution de la vie sur le globe ; il ne signale pas ce fait important que l'étude de cette distribution, dans les temps passés et présents, confirme d'une manière remarquable la doctrine de l'évolution, en particulier pour ce qui regarde les animaux terrestres.

Ce rapport entre la paléontologie et la géologie d'une part, et la distribution géographique actuelle des animaux terrestres d'autre part, — rapport qui avait frappé assez vivement M. Darwin, il y a une trentaine d'années, pour l'amener à formuler une *loi de succession des types*, en même temps qu'à affirmer l'étonnante affinité sur un même continent des formes organiques mortes avec les formes vivantes, — a été singulièrement éclairci dans ces derniers temps par les études de MM. Gaudry, Rütimeyer, Leidy, Alphonse Milne-Edwards, mises en regard des travaux plus anciens de notre regretté collègue Falconer. On trouve aussi des discussions instructives dans l'ouvrage ingénieux de M. Andrew Murray sur *La distribution géographique des Mammifères* (1).

Je me propose de vous exposer, aussi brièvement que possible, les idées auxquelles une longue considération du sujet a donné naissance dans mon propre esprit.

Si la doctrine de l'évolution est vraie, l'une de ses conséquences immédiates est évidemment que la distribution actuelle de la vie sur le globe est le produit de deux facteurs : le premier est la distribution qui existait à l'époque immédiatement antérieure ; le second est donné par la nature et l'étendue des transformations qui se sont produites dans la géographie physique entre la première époque et la seconde. Je pourrais dire aussi, en exprimant la même pensée d'une manière différente, que la faune et la flore sur une surface terrestre donnée à une époque donnée, ne peuvent comprendre que des formes de la vie directement descendues de celles qui constituaient la faune et la flore de la même surface à l'époque immédiatement précédente, à moins que la géographie physique (et je comprends sous cette dénomination les conditions climatologiques) de cette surface ne se soit transformée en passant d'une époque à l'autre, de manière à

---

(1) Lorsque ce discours a été écrit, je ne connaissais pas le travail de M. Searles V. Wood, Jun., *sur la forme et la distribution des terres pendant les périodes secondaire et tertiaire; et sur les effets que de grands changements dans les configurations géographiques ont probablement produits sur la vie animale.* Ce travail, qui a été publié dans le *Philosophical Magazine* en 1862, est digne de l'étude la plus sérieuse.

amener l'immigration de formes vivantes étrangères, appartenant à une surface différente.

Voici donc le problème dont le partisan de l'évolution aura à trouver la solution toutes les fois qu'il sera nettement posé devant lui : — Étant données les faunes d'une même zone pendant deux périodes successives, démontrer, ou bien que ces faunes ont dérivé l'une de l'autre par voie de modification graduelle, ou bien qu'elles ont dû leur origine à une immigration de faunes étrangères nées et développées dans quelque zone différente.

Telle est la question que je vais aborder maintenant, en limitant mon étude au cas des vertébrés terrestres, et j'espère arriver à vous démontrer qu'elle est susceptible de recevoir une solution dans un sens entièrement favorable à la doctrine de l'évolution.

J'ai longuement développé ailleurs (*Classification et distribution des Alectoromorphes*, Proceedings of the Zoological Society, 1868) les diverses raisons qui me conduisent à reconnaître quatre provinces primitives de distribution dans le monde actuel :

1° La province *Novozélanienne*, ou de la Nouvelle-Zélande ;

2° La province *Australienne*, comprenant l'Australie, la Tasmanie, et les îles Negrito ;

3° L'*Austro-Colombie*, c'est-à-dire l'Amérique du Sud, avec l'Amérique du Nord jusqu'à Mexico ;

4° La province *Arctogéenne*, constituée par le reste de l'univers, et subdivisible en quatre départements : l'Amérique au nord de Mexico, — l'Afrique au sud du Sahara, — l'Hindoustan, — et enfin le reste de la terre.

Le grand fait que M. Darwin a reconnu et formulé sous le nom de *loi de succession des types* est le suivant : pour chaque province, les animaux retrouvés dans les dépôts pliocènes et pléistocènes ont de très-proches affinités avec ceux qui l'habitent de nos jours ; par contre, les formes caractéristiques des autres provinces en sont absentes ; l'Amérique septentrionale et l'Amérique méridionale présentent peut-être à cette dernière règle une ou deux exceptions, dont il est, du reste, facile de trouver l'explication. Par exemple, dans l'Australie, les Mammifères tertiaires les plus récents sont des Marsupiaux (en exceptant peut-être le Chien et un ou deux Rongeurs, comme aujourd'hui). Dans l'Austro-Colombie, la dernière faune tertiaire nous présente des formes nombreuses et variées de Singes platyrhines, de Rongeurs, de Chats, de Chiens, de Cerfs, d'Edentés et de Sarigues ; mais pas de Singes catarhines, pas de Lémuriens, pas d'Insectivores, pas de Bœufs, d'Antilopes, de Rhinocéros, aucun Didelphien autre que la Sarigue : la faune actuelle de la même province est constituée exactement de la même manière. De même, dans la faune de la province Arctogéenne, qui est si largement disséminée, les Mammifères des époques pliocène et pléistocène appartiennent aux mêmes groupes que ceux d'aujourd'hui.

La loi de succession des types se vérifie donc lorsque l'on compare l'époque actuelle avec la période qui l'a immédiatement précédée. Se vérifierait-elle encore, si l'on mettait en regard la faune pliocène de celle de l'époque miocène ? Par une singulière bonne fortune, nous connaissons maintenant une riche faune mammifère de cette dernière époque, pour quatre parties de la province Arctogéenne, très-éloignées les unes des autres, mais de latitudes peu différentes. Falconer et Cautley ont décrit celle des monts Himalayas et des îles Périm ; Gaudry, celle de l'Attique ; divers observateurs, celle de l'Europe centrale et de la France ; enfin, Leidy, celle de Nebraska, sur le versant oriental des montagnes Rocheuses. Les résultats de ces diverses études sont très-frappants. La faune miocène totale comprend beaucoup de genres et d'espèces de Singes catarhines, de Chauves-Souris, d'Insectivores de quadrupèdes Rongeurs, (types Arctogéens), Proboscidiens, Rhinocérotidés, Équins et Tapirins ; de Ruminants Camelidés, Bovidés, Antelopidés, Cervidés et Tragulidés ; de Sangliers et d'Hippopotames; de Viverridés et d'Hyénidés, entre autres carnassiers ; enfin d'Edentés voisins de l'*Orycteropus* et du *Manis* Arctogéen, et différents des Edentés Austro-Colombiens. Le seul type que l'on rencontre dans la faune miocène, sans le retrouver aussi dans la faune actuelle de l'Arctogée orientale, est celui des Didelphidés qui persiste cependant encore dans l'Amérique du Nord.

Mais voici un fait digne de remarque. Si la faune miocène de la province Arctogéenne, considérée dans son ensemble, présente les mêmes caractères que la faune vivante de cette même province, prise encore en totalité, les éléments qui constituent l'une et l'autre de ces deux faunes se trouvent très-différemment associés à l'époque miocène et de nos jours. L'Amérique septentrionale possédait des Éléphants, des Chevaux, des Rhinocéros, et un grand nombre de variétés de Ruminants et de Sangliers qui manquent à sa faune indigène actuelle. L'Europe avait ses Singes, ses Éléphants, ses Rhinocéros, ses Tapirs, ses Chevrotains porte-musc, ses Girafes, ses Hyènes, ses grands Chats, ses Édentés, ses Marsupiaux, qui ont également disparu de sa faune présente. Dans l'Inde septentrionale, les types africains d'Hippopotames, de Girafes et d'Éléphants étaient mélangés avec ceux qui sont maintenant les types asiatiques des derniers, et avec des Chameaux, des Singes semnopithèques et pithèques de formes asiatiques tout aussi distinctes.

En résumé, l'Europe et la région de l'Himalaya possédaient, associés ensemble, à l'époque miocène, les types de Mammifères qui sont aujourd'hui séparés et localisés dans les deux départements de l'Arctogée constitués par l'Afrique méridionale et l'Inde. Or, nous avons toute raison de croire, d'après des indices d'un autre ordre, que l'Hindoustan, au sud du Gange, et l'Afrique au sud du Sahara, se trouvèrent pendant la durée des périodes éocène moyenne et supérieure, séparés par une large mer s'étendant depuis l'Europe et l'Asie septentrionale. Aussi est-il extrêmement probable que les ressemblances bien connues et les différences non moins remarquables qui existent entre les faunes actuelles de l'Inde et de l'Afrique méridionale doivent s'expliquer par quelque événement plus ou moins analogue au suivant : à un moment donné de la période miocène, peut-être lors du soulèvement de la chaîne de l'Himalaya, le fond de la mer nummulitique s'éleva et forma une terre continentale, étendue de l'Abyssinie à l'embouchure du Gange. Le Dekhan d'un côté, et l'Afrique méridionale de l'autre, communiquèrent ainsi avec ce nouveau continent miocène, et, par ce continent, l'un avec l'autre. Les Mammifères miocènes s'avancèrent peu à peu sur cette terre intermédiaire, et, si les conditions dans lesquelles se trouvaient ses extrémités orientale et occidentale offraient des contrastes aussi tranchés que ceux qui séparent aujourd'hui la vallée du Gange de l'Arabie, la plupart des formes qui se dirigèrent vers l'Afrique furent sans doute différentes de celles qui se portèrent vers le Dekhan, tandis que certaines autres purent se fixer à la fois dans ces deux départements de la province Arctogéenne.

Qu'il ait existé de même une continuité entre l'Europe et l'Amérique du Nord, à quelque moment de la période miocène, c'est ce qui me paraît être une conséquence nécessaire de cette observation, que nombre d'espèces de Mammifères terrestres — comme le *Castor*, l'*Hystrix*, l'*Éléphant*, le *Mastodonte*, l'*Équus*, l'*Hipparion*, l'*Anchitherium*, le *Rhinocéros*, le *Cervus*, l'*Amphicyon*, l'*Hyænarctos* et le *Machairodus*, — sont communes aux formations miocènes de ces deux zones, et n'ont été retrouvées jusqu'à ce jour (sauf peut-être l'*Anchitherium*) dans aucun dépôt d'âge plus ancien. Cette communication s'est-elle produite par l'est, ou par l'ouest, ou par les deux côtés de l'ancien continent? On ne possède encore aucun indice qui permette de répondre avec certitude à cette question, qui est d'ailleurs sans importance pour cette discussion ; mais, si nous avons de bonnes raisons pour croire que la province Australienne et les départements de l'Inde et de l'Afrique méridionale étaient séparées par la mer du reste de l'Arctogée, antérieurement à l'époque miocène, il est non moins probable, grâce aux travaux de M. Carrick Moore et du professeur Duncan, que l'Austro-Colombie resta séparée par la mer de l'Amérique du Nord, pendant une grande partie de la période miocène.

Il est malheureux que nous n'ayons aucune connaissance de la faune mammifère miocène des provinces Australienne et Austro-Colombienne. Mais, en considérant qu'on n'a encore retrouvé dans les dépôts miocènes de l'Arctogée aucune trace de Singe platyrhine, de Carnassier procyonine, de Rongeur du type caractéristique de l'Amérique méridionale, de Paresseux, de Tatou, ni de Fourmilier, je ne puis douter que ces divers Vertébrés existaient déjà dans la province Austro-Colombienne miocène.

Les types caractéristiques des Mammifères Australiens étaient aussi très-probablement déjà développés dans cette région à l'époque miocène.

Mais l'Austro-Colombie nous met en face de difficultés que nous ne rencontrons point pour l'Australie : certains Camélidés et Tapiridés sont aujourd'hui indigènes de l'Amérique du Sud aussi bien que de l'Arctogée, et les genres Arctogéens *Equus*, *Mastodon* et *Machairodus* se trouvent au nombre des Mammifères Austro-Colombiens pliocènes. Sont-ce là des immigrants post-miocènes ou des indigènes præ-miocènes ?

Encore plus embarrassantes sont les formes étranges et intéressantes *Taxodon*, *Macrauchenia*, et *Typotherium* ; et un nouveau mammifère anoplothérien (*Homalodotherium*) que le docteur Cunningham m'a envoyé il y a quelque temps de Patagonie. J'avoue que j'incline fortement à soupçonner que ces derniers sont des débris de la population Austro-Colombienne antérieure à l'époque miocène, au lieu de provenir de l'Arctogée par la voie du nord et de l'est.

Cette immense faune de l'Arctogée miocène n'est, en somme, pleinement et richement représentée aujourd'hui que dans l'Inde et dans l'Afrique méridionale ; elle est au contraire très-réduite et appauvrie dans le nord de l'Asie, dans l'Europe et dans l'Amérique du Nord. Ce fait se comprendra immédiatement, si nous supposons que l'Inde et l'Afrique méridionale ne possédaient qu'une population mammifère peu nombreuse avant l'immigration miocène, et que les conditions nouvelles dans lesquelles se trouvaient les nouveaux arrivants étaient favorables au plus haut degré à leur développement. Il est à supposer que ces nouvelles régions furent pour les Ongulés miocènes ce qu'ont été l'Amérique du Sud et l'Australie pour les bestiaux, les moutons, les chevaux des colons modernes. Mais une fois que ces vastes régions se furent ainsi peuplées, survint l'époque glaciaire, pendant laquelle le froid excessif, sans parler des affaissements et des couches de glace qui couvrirent entièrement le sol, dut dépeupler presque entièrement toutes les parties septentrionales de l'Arctogée, en détruisant les formes mammifères les plus élevées, excepté celles qui, comme l'Éléphant et le Rhinocéros, purent, grâce à la nature de leur tégument protecteur, se plier aux conditions nouvelles qui leur étaient faites. Ces dernières même durent être chassées de la plus grande partie de la province. Ce furent seulement les Mammifères miocènes qui avaient passé dans l'Hindoustan et dans le sud de l'Afrique qui échappèrent à la décimation produite par ces changements dans la géographie physique de l'Arctogée. Plus tard, lorsque l'hémisphère nord passa à sa condition actuelle, ces tribus perdues de la faune miocène furent retenues par les Himalayas, le Sahara, la mer Rouge, et les déserts de l'Arabie, dans l'intérieur des limites où nous les trouvons confinées aujourd'hui.

Maintenant, dans l'hypothèse de l'évolution, il n'y a aucune espèce de difficulté à admettre que les différences entre les formes miocènes de la faune mammifère, et celles qui existent actuellement, sont les résultats d'une modification graduelle ; et puisque les différences de distribution qui existent entre ces deux faunes s'expliquent aisément par les changements qui se sont produits dans la géographie physique du monde depuis l'époque miocène, il est clair que le résultat de la comparaison des faunes miocène et actuelle est très-nettement favorable à la théorie de l'évolution. Je vais même plus loin, et je prétends que l'hypothèse de l'évolution explique les faits de distribution miocène, pliocène et actuelle ; tandis qu'aucune autre hypothèse ne peut avoir une pareille prétention. On conçoit sans doute la supposition d'après laquelle chaque espèce de Rhinocéros, chaque espèce d'Hyène, etc., dans la longue série des formes qui se sont succédées depuis l'époque miocène jusqu'au temps actuel, aurait été séparément et à son tour tirée de la poussière, c'est-à-dire de rien du tout, par une puissance surnaturelle ; mais, jusqu'au jour où l'on pourra me présenter une preuve décisive de ce fait, je me refuse de faire à tout homme de bon sens l'injure de croire qu'il pourrait s'arrêter un moment à une pareille idée et la soutenir sérieusement.

Faisons maintenant un nouveau pas en arrière, et cherchons quelles sont les relations qui existent entre la faune miocène et celle qui l'a précédée dans la formation éocène supérieure.

En abordant cette nouvelle question, nous devons reconnaître que les matériaux dont nous disposons pour asseoir notre jugement sont d'une regrettable insuffisance, surtout si on les compare à l'étendue et à la variété de ceux qui nous sont fournis par les couches miocènes. Cependant, ce que nous savons de la faune éocène supérieure de l'Europe constitue déjà une somme de connaissances positives suffisantes pour nous permettre de tirer quelques conclusions assez sûres.

Cette faune présente des représentants des *Insectivores*, des *Cheiroptères*, des *Rongeurs*, des *Carnassiers*, des *Ongulés* artiodactyles et périssodactyles, et des *Marsupiaux* analogues aux Sarigues. Les types Australiens de Marsupiaux manquent absolument dans l'éocène supérieur ; il en est de même des Mammifères Édentés. Les genres, sauf peut-être quelques *Insectivores*, *Chéiroptères* et *Rongeurs*, sont différents de ceux des périodes suivantes; cependant ils offrent une ressemblance générale remarquable avec les genres des époques miocène et actuelle. Dans certains cas, comme je l'ai démontré tout à l'heure, on a reconnu bien nettement que les formes éocène et miocène présentent un rapport tel, que la forme éocène est la moins spécialisée, tandis que la forme correspondante miocène l'est davantage; enfin, on voit la spécialisation arriver à son maximum dans la forme actuelle du même type.

Si nous comparons les faunes mammifères éocène supérieur et miocène, autant du moins que nous puissions le faire, nous reconnaissons que cette comparaison ne nous fournit aucun résultat incompatible avec la supposition que les formes les plus récentes descendent des formes les plus anciennes; dans certains cas même, elle est très-nettement favorable à cette supposition. La longueur de la période et les modifications dans la géographie physique, représentées par les dépôts nummulitiques, furent sans aucun doute trèsconsidérables, tandis que les débris des Mammifères de l'éocène moyen et de l'éocène inférieur sont comparativement très-pauvres. Cependant le facies général de la faune éocène moyenne est tout à fait le même que celui de la faune éocène supérieure.

La faune mammifère prénummulitique de l'éocène inférieur comprend des Chauves-souris, deux genres de Carnassiers, trois genres d'Ongulés (probablement tous périssodactyles), et un Marsupial didelphien. Toutes ces formes, excepté peut-être la Chauve-souris et la Sarigue, appartiennent à des genres qui sont représentés dans l'éocène inférieur. Cependant, le *Coryphodon* paraît avoir été un parent des Tapirs miocènes et plus récents; le *Phiolophus*, de son côté, par son crâne et par sa dentition, participe d'une manière curieuse à la fois des caractères artiodactyle et périssodactyle; cependant, le troisième trochanter de son fémur et son pied postérieur tridactyle paraissent devoir fixer définitivement sa position dans la dernière division.

Ainsi, dans ce que l'on sait des Mammifères de l'éocène inférieur dans la province Arctogéenne, il n'y a absolument rien qui puisse faire rejeter l'idée qu'ils furent les progéniteurs de ceux du calcaire grossier et du gypse du bassin de Paris ; et, par conséquent, que notre faune actuelle est dérivée directement de celle qui existait déjà dans l'Arctogée au commencement de la période tertiaire. Mais si nous voulons pousser plus loin et franchir les limites qui séparent les faunes kaïnozoïques des faunes mésozoïques, telles qu'elles sont conservées dans la province Arctogéenne, nous nous trouvons tout à coup en présence de changements effrayants, qui paraissent indiquer d'une manière indiscutable une interruption complète dans la ligne de continuité biologique.

Parmi les douze ou quatorze espèces de Mammifères que l'on a retrouvées dans les lits de Purbeck, il n'en est pas une qui appartienne aux ordres *Cheiroptère*, *Rongeur*, *Ongulé* ou *Carnassier*, qui sont si richement représentés dans les dépôts tertiaires. On n'y reconnaît non plus, avec certitude, ni Insectivore, ni Mammifère analogue aux Sarigues. Ainsi, il y a une immense différence négative entre les faunes mammifères kaïnozoïque et mézozoïque de l'Europe. Mais il existe entre elles une différence positive encore plus importante, en ce sens que tous les Mammifères mésozoïques européens semblent avoir été des Marsupiaux appartenant à des groupes Australiens, c'est-à-dire appartenant à la faune d'une autre province de distribution que les Marsupiaux éocènes et miocènes, qui sont Austro-Colombiens. Autant que les matériaux imparfaits que nous possédons puissent nous permettre d'en juger, la même loi paraît devoir se vérifier pour tous les Mammifères mésozoïques plus anciens. Parmi les Mammifères des schistes de Stonesfield, l'un, l'*Amphitherium*, est d'un caractère franchement Australien ; un autre, le *Phascolotherium*, peut être, soit Dasyuride, soit Didelphien ; quant au *Stereognathus*, on ne peut rien affirmer jusqu'à présent. Les deux Mammifères du Trias paraissent de même appartenir à des groupes Australiens.

Tout le monde connaît les nombreux et curieux points de ressemblance qui lient la faune marine de la série mésozoïque européenne à celle qui existe actuellement en Australie. Mais si ce facies Australien se retrouve à la fois sur les faunes terrestre et marine de l'Europe mésozoïque ; si, de plus, on constate une ligne de démarcation complète, tranchée, inexplicable entre la faune de l'Europe mésozoïque et celle de l'Europe tertiaire, n'est-ce pas là une preuve évidente qu'à l'époque mésozoïque, la province Australienne comprenait l'Europe, et que la province Arctogéenne était dès lors renfermée dans d'autres limites? La province Arctogéenne est aujourd'hui immense, tandis que l'Australienne est relativement petite. Ces proportions n'ont-elles pas pu être différentes pendant l'époque mésozoïque ?

Ces considérations m'amènent à penser que le mode de beaucoup le plus simple et le plus rationnel d'expliquer le grand changement qui s'est manifesté dans la population vivante de la zone européenne, à la fin de l'époque mésozoïque, consiste à admettre qu'il se produisit dans la géographie physique de notre globe un immense bouleversement qui mit la zone longtemps occupée par certaines formes kaïnozoïques en telles relations avec la zone européenne que des migrations de l'une à l'autre devinrent possibles et eurent lieu sur une vaste échelle.

Cette supposition lève immédiatement la difficulté en face de laquelle nous nous trouvions tout à l'heure, et qui résultait de la nécessité, en vertu même de mon argumentation, de démontrer l'existence de tous les grands types de l'époque éocène dans quelque période antérieure.

C'est ce continent mésozoïque (qui pouvait bien se trouver dans le voisinage des rivages actuels de l'océan Pacifique septentrional) que je suppose avoir été occupé par les *Monodelphes* mésozoïques ; et c'est dans cette région que je conçois qu'ils ont dû subir la longue série des modifications qui les ont spécialisés sous un certain nombre de formes diverses, formes que nous rapportons à différents ordres. Je crois très-probable que ce qui est maintenant l'Amérique méridionale pouvait recevoir les éléments caractéristiques de sa faune mammifère pendant l'époque mésozoïque; et, il serait difficile d'en douter, le changement qui se produisit à la fin de l'époque mésozoïque en Europe consista, d'une manière générale, dans le soulèvement des régions orientales et septentrionales du fond de la mer mésozoïque, donnant naissance à un **prolongement** occidental du continent mésozoïque, sur lequel s'étendit graduellement la faune mammifère qui peuplait déjà ce continent. Cette invasion de la terre fut précédée par une première invasion de la mer crétacée par certaines formes modernes de mollusques et de poissons.

Il est facile d'imaginer comment un changement analogue pourrait se produire dans le monde actuel. Il existe aujourd'hui une ligne de démarcation très-nette entre la faune des îles Polynésiennes et celle de la côte occidentale de l'Amérique ; les animaux qui laissent leurs débris dans les dépôts qui se forment sous nos yeux dans ces deux zones sont entièrement différents. Par conséquent, s'il se produisait un déplacement graduel vers l'ouest du fond de la mer, qui empêche actuellement des migrations entre les plus orientales de ces îles et l'Amérique, en même temps qu'un soulèvement progressif du côté américain de ce même fond de mer, les paléontologistes de l'avenir reconnaîtraient sur la zone Pacifique un changement exactement semblable à celui que je suppose avoir eu lieu dans le champ Atlantique septentrional à la fin de la période mésozoïque. On trouverait une faune Australienne sous-jacente à une faune Américaine, et la transition de l'une à l'autre serait aussi brusque que celle qui existe entre la craie et les tertiaires inférieurs. Et comme le champ d'écoulement du prolongement nouvellement formé du continent américain donnerait naissance à des rivières et à des lacs, les Mammifères embourbés dans leur limon différeraient de ceux des dépôts semblables existant sur le côté Australien, exactement comme les Mammifères éocènes diffèrent de ceux des lits de Purbeck.

Peut-on appliquer des considérations du même ordre à l'autre grande modification de la vie qui se produisait à la fin de la période paléozoïque ?

A l'époque triasique, la disposition des terres continentales et la distribution de la vie vertébrée terrestre paraissent avoir été, d'une manière générale, semblables à celles qui existaient à l'époque miocène, de sorte que les continents triasiques et leurs faunes semblent présenter avec les terres mésozoïques et leurs faunes exactement le même rapport qui lie celles de l'époque miocène à celles d'aujourd'hui.

En effet, il y avait, comme je me suis récemment efforcé de le démontrer devant cette Société, un continent Arctogéen et une province de distribution Arctogéenne, dans les temps triasiques aussi bien qu'aujourd'hui. Les *Sauropsidiens* et les *Marsupiaux* qui constituaient cette faune furen', je n'en doute pas, les parents des *Sauropsidiens* et des *Marsupiaux* de l'époque mésozoïque tout entière.

Pour ce qui regarde la faune terrestre actuelle de l'Australie, il me paraît très-probable qu'elle est essentiellement un reste de la faune de l'époque triasique ou même d'une époque antérieure (1). Dans ce cas, l'Australie a dû, à ce moment, se trouver en continuité avec le continent Arctogéen.

Mais où était la faune sauropsidienne, si remarquablement différenciée, de l'époque triasique dans les temps paléozoïques ? Telle est la question à laquelle il faudrait maintenant répondre. Admettre que les types Dinosaurien, Crocodilien, Dicynodontien et Plésiosaurien furent brusquement

créés à la fin de l'époque permienne, c'est là une affirmation aussi gratuite qu'absurde, qu'il faut laisser immédiatement de côté sans s'y arrêter un seul instant. Supposer que toutes ces formes se différencièrent rapidement en partant du type commun des *Lacertiliens* pendant la durée du temps représenté par le passage de la formation paléozoïque à la formation mésozoïque ; c'est ce qui ne me paraît guère plus acceptable ; d'autant mieux qu'on a déjà trouvé certains indices de l'existence de formes Dinosauriennes dans les terrains permiens.

Pour ma part, je ne doute en aucune façon que les Reptiles, Oiseaux et Mammifères du trias ne soient les descendants directs des Reptiles, Oiseaux et Mammifères qui existaient dans la dernière partie de l'époque paléozoïque : seulement ce fait ne se vérifie pour aucune des zones terrestres actuelles qui ont été jusqu'à ce jour explorées par les géologues. Cette opinion peut passer, à première vue, pour une affirmation singulièrement téméraire ; elle paraît cependant moins hasardée si l'on songe à l'étendue infiniment petite des portions de la surface terrestre dans lesquelles on a, jusqu'à présent, retrouvé des débris de la grande faune de l'époque éocène. A ce point de vue, la faune des Vertébrés terrestres permiens me paraît se lier à la faune triasique, comme la faune éocène se lie à la faune miocène. On n'a trouvé de Reptiles terrestres dans les roches permiennes que dans trois localités : dans quelques points de la France et récemment de l'Angleterre, et dans de plus vastes proportions en Allemagne. Qui pourrait supposer que les quelques fossiles jusqu'à présent trouvés dans ces régions nous représentent d'une manière complète ou suffisante la faune permienne ?

On pourrait nous objecter que les formations carbonifères démontrent l'existence de vastes continents dans la zone continentale actuelle, et que la faune supposée des Vertébrés terrestres paléozoïques aurait dû laisser ses débris dans les couches de houille ; d'autant mieux qu'il y a maintenant bien des raisons de croire qu'une grande partie de ces couches se formèrent sur des terres sèches. Mais, si nous considérons la question de plus près, je pense que cette objection apparente perd sa force. Il est évident que, pendant l'époque carbonifère, la zone terrestre, qui est aujourd'hui couverte par les couches houillères, a dû subir un affaissement graduel. Par conséquent, la terre continentale, ainsi déprimée, a dû exister dans cet état avant l'époque carbonifère, — en d'autres termes, dans les temps dévoniens, — et sa population terrestre n'a jamais pu être différente de celle qui existait pendant l'époque dévonienne ou à quelque époque antérieure, bien que des formes beaucoup plus élevées aient pu se développer ailleurs.

De plus, permettez-moi de le faire remarquer, je n'affirme point ici gratuitement des modifications incompréhensibles. Il est évident que la surface énorme de la Polynésie constitue, dans son ensemble, une zone sur laquelle s'est produit un affaissement considérable. Par conséquent, un grand continent ou un assemblage de masses terrestres sous-continentales, a dû exister à quelque époque ancienne, et cela à une période récente, géologiquement parlant, dans la zone du Pacifique. Mais si ce continent avait contenu des Mammifères, quelques-uns d'entre eux auraient dû rester pour en témoigner ; et comme il est bien connu que ces îles ne possèdent pas de Mammifères indigènes, on peut affirmer qu'il n'en existait aucun. Ainsi, à moitié che-

---

(1) Depuis la lecture de ce discours devant la Société, M. Kefft nous a envoyé la nouvelle de la découverte en Australie d'un poisson d'eau douce dont l'apparence est étrangement paléozoïque, et qui est probablement un Ganoïde intermédiaire entre le *Dipterus* et le *Lepidosiren*.

min entre l'Australie et l'Amérique méridionale, qui possédaient chacune une faune mammifère riche et variée, devait
se trouver une étendue de terres peut-être aussi vaste que
ces deux contrées réunies ensemble, et ne possédant pas un
seul habitant mammifère. Supposez que les rivages de cette
grande terre fussent frangés, comme le sont maintenant ceux
de l'Australie tropicale, avec des ceintures de mangliers se
prolongeant dans l'intérieur des terres d'un côté, et dispa-
raissant ensevelis sous les dépôts littoraux de l'autre côté, à
mesure que se faisait l'affaissement, et vous comprendrez
que d'immenses couches de lignites de manglier ont pu s'accumuler sur la terre qui s'enfonçait. Qu'un soulèvement de
la masse totale vienne ensuite à se produire, de manière
que la terre nouvellement émergente soit en communication
avec le continent Américain méridional ou avec le continent
Australien, et, avec le cours des temps, cette nouvelle terre
se peuplera par extension de la faune de l'une de ces deux
régions, exactement comme j'imagine que le continent européen permien a été peuplé.

Je ne vois aucun motif plausible pour refuser d'admettre
que les provinces de distribution de la vie terrestre existaient
à l'époque dévonienne. M. Barrande a même démontré
que les provinces de distribution de la vie marine existaient
bien antérieurement. Je ne connais pas de motifs pour
douter que, en ce qui concerne les degrés de la vie terrestre contenue dans ces provinces, l'une d'entre elles puisse
avoir eu avec une autre les mêmes rapports que la Nouvelle-Zélande a aujourd'hui avec l'Australie, ou l'Australie
avec l'Inde. L'analogie me paraît plutôt favorable que
contraire à cette supposition, que tandis que seulement des
Poissons ganoïdes habitaient les eaux fluviales de notre terre
dévonienne, des *Amphibies* et des *Reptiles*, ou même des formes
plus élevées, pouvaient exister simultanément, bien que nous
ne les ayons pas encore découvertes. Les Amphibies carbonifères les plus anciens aujourd'hui connus, tels que l'*Anthra-
cosaurus*, sont si hautement spécialisés, que je ne puis en
aucune façon concevoir qu'ils aient dérivé de formes piscines
dans l'intervalle qui s'est écoulé entre les périodes dévoniennes
et carbonifères, quelque considérable qu'ait été cet intervalle
Je me réfugie dans l'une des deux alternatives suivantes : ou
bien ils existaient dans notre propre zone pendant l'époque
devonienne, et nous ne les avons simplement pas encore retrouvés; ou bien ils faisaient partie de la population de quelque autre province de distribution de cette époque, et ils
ne pénétrèrent dans notre zone par migration qu'à la fin de
l'époque dévonienne. Les *Reptiles* et les *Mammifères* existaient-ils en même temps qu'eux? C'est là, à mes yeux, une
question encore complétement indécise, qui pourra tout aussi
vraisemblablement recevoir une réponse affirmative que
négative de la part des chercheurs futurs.

Permettez-moi maintenant de rassembler les fils de mon
argumentation, et de la résumer sous la forme d'une vue d'ensemble hypothétique de la manière suivant laquelle s'est
effectuée la distribution des animaux vivants et éteints.

Je conçois que des provinces distinctes de distribution de
la vie terrestre ont existé depuis la période la plus ancienne
à laquelle la vie est enregistrée, et peut-être beaucoup plus
tôt; et je suppose, avec M. Darwin, que les progrès de modification des formes terrestres sont plus rapides dans les zones
d'élévation que dans les zones de dépression. Je considère

comme certain que les *Amphibies* Labyrinthodons existaient
dans la province de distribution qui renfermait la terre continentale déprimée pendant l'époque carbonifère; et je conçois que, dans quelques autres provinces de distribution de
la même époque, provinces qui restaient dans l'état de terre
continentale stationnaire ou croissante, les types variés des
Sauropsidiens terrestres et des Mammifères se développèrent
graduellement.

L'époque permienne marque le commencement d'un nouveau mouvement de soulèvement dans notre zone, mouvement qui atteint son maximum dans l'époque triasique, alors
qu'une terre continentale existait dans l'Amérique du Nord,
l'Europe, l'Asie, l'Afrique, semblable à celle qui existe maintenant. Dans ce vaste champ continental nouveau, s'étendi-
rent les Mammifères, Oiseaux et Reptiles, développés durant
l'époque paléozoïque, et ils formèrent la grande province
Arctogéenne triasique. Mais, à la fin de la période triasique,
le mouvement de *dépression* recommença dans notre zone,
compensé, sans aucun doute, par un mouvement ascensionnel sur quelque autre point; le processus de développement
et de transformation, arrêté dans la première province, passa
dans la seconde, et les principales formes de Mammifères,
d'Oiseaux et de Reptiles se développèrent, telles que nous les
connaissons aujourd'hui, et peuplèrent le continent mésozoïque, duquel l'Australie se sépara dès la fin de l'époque
triasique ou peu de temps après. Ce continent mésozoïque
devait, je présume, s'étendre vers l'est, vers les rivages de
l'océan Pacifique septentrional et de l'océan Indien, et j'incline à croire qu'il se prolongeait tout le long du côté oriental
de la surface du Pacifique, — côté occupé actuellement par
la province Austro-Colombienne, dont la faune caractéristique
est probablement un reste de la population de la dernière
partie de cette période.

Vers la fin de la période mésozoïque, le mouvement de soulèvement autour des rivages de l'Atlantique recommença
de nouveau; et il fut très-probablement accompagné par une
dépression autour de ceux du Pacifique. La faune vertébrée
élaborée dans le continent mésozoïque poussa vers l'ouest,
et prit possession des nouvelles terres, qui augmentèrent
graduellement en étendue jusqu'à l'époque miocène, et même
après cette époque dans certaines directions.

Ce qui est, il me semble, favorable à cette manière de voir,
c'est qu'elle s'accorde avec la persistance d'une uniformité générale des directions des grandes masses terrestres et aqueuses.
Depuis la période dévonienne, ou même depuis une époque
antérieure, jusqu'à nos jours, les quatre grands océans, l'Atlantique, le Pacifique, l'Arctique et l'Antarctique, ont dû occuper leurs positions actuelles, et ce sont seulement leurs côtes
et leurs canaux de communication qui ont subi des modifications incessantes. Enfin, l'hypothèse que je viens d'esquisser
devant vous ne nous force pas à supposer que la vitesse de
transformation dans la vie organique ait été, soit plus grande,
soit plus petite, dans les temps anciens qu'elle n'est maintenant; ni à avancer aucune affirmation, soit physique, soit
biologique, qui ne trouve sa justification dans les phénomènes
analogues de la nature actuelle.

Il ne me reste plus maintenant, messieurs, qu'à m'acquitter d'un dernier devoir; celui de vous remercier, non seulement pour la patiente attention que vous m'avez accordée si
longtemps aujourd'hui, mais encore pour l'obligeance con-

stante avec laquelle, durant ces deux dernières années, vous avez fait de mes efforts pour accomplir les fonctions importantes et souvent laborieuses de votre Président, non un fardeau, mais un plaisir.

Th. H. HUXLEY,

Professeur à l'École des mines, à l'Institution royale
et au Collége des chirurgiens de Londres.

— Traduit de l'anglais par le D' RENÉ BENOÎT. —

COLLÉGE DE FRANCE

MÉDECINE EXPÉRIMENTALE (1)

COURS DE M. CLAUDE BERNARD

de l'Institut de France et de la Société royale de Londres

XVI

L'asphyxie par la vapeur de charbon (suite)

Nous devons maintenant chercher pourquoi ou plutôt comment l'oxyde de carbone a tué les globules rouges du sang, et ne nous arrêter dans cette étude que lorsque nous serons arrivés à donner une explication physico-chimique de ce phénomène physiologique. Dans l'état actuel de la science, et grâce à des travaux récents faits en Allemagne sur ce sujet intéressant, nous sommes aujourd'hui en mesure de pouvoir donner cette explication d'une manière très-satisfaisante, et s'il peut rester encore quelques points obscurs dans cette question, les faits fondamentaux sont parfaitement acquis à nos connaissances.

Examinons donc, tout d'abord, la constitution des globules rouges du sang.

Ces organes sont de véritables éléments histologiques, ayant une vie qui leur est propre et doués de propriétés qui leur appartiennent spécialement. Nous devons voir chez ces globules un véritable organisme en miniature, et c'est à cet organisme élémentaire que nous devons nous adresser pour comprendre tous les phénomènes complexes de l'asphyxie par le charbon. Ces éléments histologiques vivent au sein d'un liquide intérieur qui n'est autre que le plasma du sang. Ils vivent réellement de leur vie propre dans ce milieu, et en effet, ils s'y reproduisent et ils y meurent, ils s'y régénèrent incessamment ; et c'est là le fait de tout être vivant, de pouvoir se reproduire et de mourir. Les globules rouges sanguins ont une structure qui leur est particulière. Leur forme et leurs dimensions varient suivant les animaux auxquels ils appartiennent. Ils sont constitués par des substances spéciales qu'ils trouvent dans le milieu au sein duquel ils vivent, mais qu'ils élaborent et modifient en se les appropriant. Ils renferment plusieurs substances, les unes de nature albumineuse et les autres de nature minérale. Parmi les premières, nous pouvons citer l'*hémoglobine*, qui n'est autre que la matière colorante du sang, la *globuline* ou *paraglobuline*, matière analogue à l'albumine ; et enfin, le noyau ; ce dernier fait complétement défaut chez l'homme, mais il existe chez certains animaux. Parmi les substances minérales que contiennent les globules, nous citerons en première ligne le fer, qui entre dans la constitution de l'hémoglobine, et même en quantité considérable ; l'acide phosphorique et enfin la potasse qui existent également dans les globules.

Les substances albumineuses que nous avons citées plus haut sont tout à fait spéciales aux globules et ne se retrouvent pas dans le plasma : il en est de même des matières minérales : c'est ainsi que le fer et l'acide phosphorique existent à peine à l'état de traces dans ce liquide. On peut en dire autant de la potasse, qui se trouve en quelque sorte concentrée exclusivement dans les globules : mais elle est remplacée par la soude dans le plasma.

Les globules rouges de sang sont donc en réalité des êtres organisés distincts, mais ils font partie d'un organisme à la vie duquel ils sont indispensables. Je vous ai déjà fait voir que nous n'expliquerions pas du tout le phénomène de l'asphyxie par la vapeur du charbon, si nous nous contentions de dire : l'oxyde de carbone tue l'organisme, parce qu'il tue la faculté vitale des globules ; nous ne ferions, en effet, que reculer la cause occulte que nous n'éclairerions pas. Au lieu d'invoquer cette faculté vitale pour l'organisme entier, nous l'invoquerions pour un de ses éléments, mais le phénomène n'en resterait pas moins obscur dans un cas que dans l'autre. Or, nous voulons ramener les phénomènes vitaux occultes à des phénomènes physico-chimiques évidents, spéciaux sans doute, mais relevant des lois générales de la physique et de la chimie. Il faut toujours expliquer ce qui est obscur par ce qui est plus clair et mieux défini, et c'est tomber dans une faute de méthode expérimentale que d'expliquer les phénomènes physico-chimiques organiques par une force vitale vague et non définie. Et cependant, chose singulière, c'est une faute que commettent tous les jours précisément les chimistes lorsqu'ils veulent s'occuper de questions physiologiques ; toujours ils font intervenir en dernier lieu des propriétés vitales. Veut-on expliquer, par exemple, ce qui se fait dans la fermentation alcoolique. On sait que la levûre de bière, sous l'influence de certaines conditions, transforme le sucre en alcool et en acide carbonique, et l'on paraît satisfait en disant c'est là le résultat des propriétés d'un être organisé, la levûre de bière. Mais, dans ces termes, la question physiologique n'est vraiment pas résolue ; il faut entrer dans la constitution même de l'organisme élémentaire de la levûre, y trouver les matières qui possèdent les propriétés chimiques de dissocier les éléments du sucre. Il faut réduire en un mot la fermentation à une cause chimique et non à une cause vitale, et ce qui prouve qu'il doit en être ainsi, c'est que les produits de cette fermentation, alcool et acide carbonique, se font par d'autres procédés en dehors de la vie.

Je ne cesserai de le répéter, faisons tous nos efforts pour supprimer les forces vitales dans tout ce qui est manifestation des phénomènes de la vie. Et, en effet, si nous voulons admettre une force vitale organisatrice, il faut savoir que les tissus, une fois formés, agissent, soit mécaniquement, soit physiquement. En d'autres termes, nous devons continuer nos études sans relâche et ne nous arrêter que lorsque nous serons arrivés à ramener aux lois physico-chimiques l'expression de tous les phénomènes de la vie.

Je vous ai dit il y a un instant qu'il existait dans les globules deux substances principales de nature albuminoïde, l'hémoglobine et la globuline. Or, l'expérience indique que l'hémoglobine est la matière la plus importante et celle qui joue

---

(1) Voyez ci-dessus, pages 242, 313, 332, 350, 358, 378, 398 et 425, 19 mars, 16, 23, 30 avril, 7, 14, 21 mai et 4 juin 1870.

le plus grand rôle dans les phénomènes physiologiques que les globules sont appelés à accomplir. L'hémoglobine qui donne aux globules leur couleur rouge infiltre la substance des globules du sang, et l'on peut l'en extraire par des moyens purement mécaniques. Il suffit pour cela de plonger quelque temps les globules dans l'eau : l'hémoglobine ou matière colorante se dissout et les globules deviennent incolores. En cet état il est difficile de les apercevoir, mais on peut les rendre visibles en ajoutant à l'eau un peu d'iode qui les colore aussitôt en jaune. On peut donc aisément séparer cette substance par des procédés purement mécaniques qui ne l'altèrent pas. Mais on arrive au même résultat en détruisant les globules par d'autres procédés, soit en soumettant le sang à la gelée, soit en faisant passer des courants électriques dans ce liquide, soit enfin par l'éther, et peut-être encore par bien d'autres agents. L'hémoglobine séparée des globules, cristallise sur les parois du verre qui la renferme, comme le font toutes les substances chimiques.

Dans cet état, on peut la dissoudre dans l'eau et opérer sur cette dissolution, comme sur les globules eux-mêmes.

Le rôle que joue cette substance dans les globules est un rôle purement chimique. L'expérience a montré que les globules du sang dissolvent l'oxygène en grande quantité ; mais on a longtemps discuté la question de savoir si cet oxygène est retenu en simple dissolution dans ces globules ou bien s'il est retenu en combinaison par leur substance. Cette question est jugée maintenant, et l'on sait que l'oxygène forme une véritable combinaison, quoique faible, avec l'hémoglobine des globules. On savait du reste, par des expériences déjà anciennes, que le sang froid dissout moins d'oxygène que lorsqu'il est chaud, et le contraire devrait avoir lieu dans le cas d'une simple dissolution de ce gaz dans les globules.

Il se fait ici une véritable combinaison entre l'oxygène et l'hémoglobine, et, en effet, si l'on extrait, comme nous l'avons dit précédemment, cette substance des globules, on voit qu'elle a conservé ses propriétés d'absorber l'oxygène.

On peut donc résumer en peu de mots les fonctions des globules et dire : ce sont des éléments organiques vivants, se reproduisant sans cesse et mourant au sein même du plasma dans lequel ils existent en vertu d'une constitution chimique ; ils renferment une matière dont le rôle est de dissoudre l'oxygène de l'air pour le transporter ensuite avec eux dans le torrent de la circulation.

Arrivons maintenant à l'action de l'oxyde de carbone sur l'hémoglobine elle-même. N'oublions pas que l'expérience a montré que cette substance a une très-grande affinité pour l'oxyde de carbone avec lequel elle forme une véritable combinaison chimique. Nous savons, en outre, que cette combinaison est beaucoup plus stable que celle que forme l'hémoglobine avec l'oxygène ; de telle sorte que l'oxyde de carbone a la propriété de chasser l'oxygène de sa combinaison et de se substituer chimiquement à lui volume à volume. Cette nouvelle combinaison chimique, relativement très-stable, cristallise aisément. Enfin l'oxygène est sans action sur cette combinaison qui forme l'hémoglobine avec l'oxyde de carbone.

Ces phénomènes sont maintenant bien précisés : ils ont été étudiés avec beaucoup de soin en Allemagne par un chimiste physiologiste, M. Hoppe-Seyler, qui a examiné très-complétement toutes les combinaisons cristallines que l'hémoglobine forme avec les divers gaz, et entre autres l'oxygène, l'oxyde de carbone et le bioxyde d'azote, etc. Ce dernier gaz est

encore celui qui donne la combinaison la plus stable, car il peut déplacer l'oxyde de carbone de sa combinaison avec l'hémoglobine.

La question si complexe de l'asphyxie par le charbon se trouve donc dès à présent ramenée à un phénomène chimique simple et bien défini.

J'ai beaucoup insisté, et à dessein, sur cette partie chimique de la question qui nous occupe, parce que nous pouvons trouver dans cette action curieuse de l'oxyde de carbone que nous venons d'étudier, un exemple remarquable qui nous montre jusqu'à quelle limite il faut pousser les investigations dans les recherches physiologiques.

Mais on n'arrive là que par une méthode expérimentale, analytique, complexe et longue. Avant d'en arriver aux éléments, il faut porter l'analyse expérimentale sur les appareils, les organes et les tissus, lorsqu'on les a localisés dans certain tissu, dans certain élément. Mais nous savons maintenant que le grand principe est de ne s'arrêter que lorsqu'on est arrivé à donner, des phénomènes que l'on étudie, l'explication physico-chimique qui lui convient.

Tel est le résultat auquel nous sommes maintenant arrivés pour l'asphyxie par la vapeur de charbon, et tel est le but que l'on doit toujours chercher à atteindre dans toutes les recherches physiologiques.

BIBLIOGRAPHIE SCIENTIFIQUE

Manuel de conchyliologie ou histoire naturelle des mollusques vivants et fossiles, par le docteur S. P. WOODWARD, traduit de l'anglais par M. ALOIS HUMBERT (1).

L'essor pris en France depuis quelques années par les études géologiques faisait vivement regretter qu'il n'existât pas dans notre langue un ouvrage élémentaire présentant d'une façon simple et pourtant suffisamment complète un résumé de l'histoire des mollusques.

Les coquilles sont, en effet, comme des médailles semées dans les diverses couches géologiques dont elles établissent d'une façon certaine la chronologie. Ce sont les fossiles par excellence ; ceux que l'on retrouve partout, ceux que l'on peut interroger avec le plus de fruit pour reconstituer l'antique histoire de notre globe.

L'embarras qu'éprouvaient jusqu'ici les débutants pour se familiariser avec leurs formes si diverses, va être considérablement diminué par la traduction que vient de donner M. Aloïs Humbert de l'excellent manuel de conchyliologie de Woodward.

Cet ouvrage sera consulté avec autant de fruit par les zoologistes que par les jeunes géologues dont il est destiné à devenir le *Vade mecum*. Il contient l'exposé succinct des caractères de tous les genres de mollusques vivants ou fossiles, qui sont aujourd'hui généralement acceptés ; 297 figures placées dans le texte et 24 planches gravées avec soin, représentent la plupart des formes et des caractères génériques, complètent et précisent les descriptions.

Nous signalerons spécialement parmi les figures celles qui représentent l'appareil lingual de bon nombre de céphalopodes ou de gastéropodes, lorsqu'il est caractéristique.

La partie méthodique est précédée d'un résumé des principaux faits relatifs à l'organisation et aux mœurs des mollusques ainsi que d'un remarquable chapitre sur la distribution géographique et stratigraphique de ces animaux.

---

(1) 1 vol. in-12. Paris, 1870 (chez F. Savy, éditeur).

Bien que Woodward se soit astreint à ne présenter autant que possible dans son livre aucune idée personnelle, on sent dans ce chapitre toute l'étendue des connaissances de l'auteur. On lira particulièrement avec intérêt les conclusions auxquelles il arrive relativement à une ancienne communication entre la Méditerrannée et la mer Rouge ; à l'existence d'un passage aujourd'hui peut-être bien rétréci, situé dans le voisinage du pôle et mettant en communication les mers américaines avec celles de l'ancien monde, ou bien encore à l'affaissement de continents d'une étendue autrefois considérable dont les îles Canaries, Sainte-Hélène, les Açores, doivent être considérées comme les derniers vestiges.

Dans son résumé de la distribution stratigraphique des mollusques, l'auteur semble mettre un soin particulier à réserver son opinion au sujet de la théorie de Darwin. Toutefois, l'idée d'une *création* successive des espèces *une à une* paraît lui sourire particulièrement. C'est, du reste, à l'avenir seul que l'on peut demander une solution définitive de ces intéressantes mais difficiles questions.

La première partie du manuel de conchyliologie se termine par quelques renseignements utiles sur la manière de récolter et de conserver les coquilles.

La méthode de classification adoptée par Woodward est à très-peu près celle de Cuvier en ce qui concerne les grandes classes. — Il divise les mollusques en *Céphalopodes, Gastéropodes, Ptéropodes, Brachiopodes* et *Lamellibranches.* Des modifications plus ou moins grandes et aussi — il faut bien le reconnaître — plus ou moins heureuses, ont été apportées à la division de ces classes en ordres.

Nous n'avons rien à dire de la division des Céphalopodes en *Dibranchiaux* et *Tétrabranchiaux.* Cette division proposée par Owen a été adoptée par tous les naturalistes.

Mais peut-être pourrait-on critiquer avec juste raison, comme l'a fait remarquer M. Lacaze-Duthiers, la division des Gastéropodes en *Prosobranches* et *Opistobranches* (1), suivant que le cœur est situé en arrière ou en avant des branchies. Quoi qu'on en ait dit, il sera toujours bien difficile de décider si les Patelles, les Oscabrions, les Pleurobranches appartiennent réellement à l'un ou à l'autre de ces deux ordres.

Dans la deuxième édition de son manuel, Woodward avait laissé les *Ianthines* à côté des *Haliotides*, les *Siphonaires* auprès des *Patelles ;* ces erreurs ont été réparées dans un appendice dû à M. Tate, imprimé à la suite de l'ouvrage et qui contient d'excellentes choses, notamment une répartition des genres entre les familles des *Olividæ, Cassididæ, Volutidæ, Conidæ* et *Cypræidæ*, bien meilleure que celle de Woodward.

C'est, du reste, avec juste raison que M. Woodward repousse pour les Gastéropodes la classification de Troschel, fondée sur l'appareil lingual et les dénominations nouvelles que ce savant a essayé d'introduire dans la science. Il est moins heureux lorsque, repoussant l'ordre de Solénoconques proposé par M. Lacaze-Duthiers pour les Dentales et adopté en particulier par Clans, il conserve une famille des *Dentalidæ* entre les Patelles et les Oscabrions. Les Dentales forment très-certainement un type à part qui est comme un pont jeté entre les Gastéropodes et les Acéphales d'une part, les Gastéropodes et les Annélides de l'autre. Ils ont, comme les Gastéropodes, une coquille formée d'une seule pièce, un appareil lingual ou *radula ;* mais leur pied, leur système nerveux, la symétrie générale de leur corps, appartiennent au type acéphale. Enfin, il est curieux de trouver aux Dentales et aux *Chitou* qui, à l'état adulte, ont jusqu'à un certain point l'aspect extérieur des Annélides, des larves qui ressemblent tout à fait à celles de ces derniers animaux. Toutefois, il est évident pour tout le monde que cette ressemblance est tout à fait insuf-

fisante pour autoriser un rapprochement entre les *Dentalidæ* et les *Chitonidæ*, quand tous les autres caractères tendent à ramener les Dentales au bas de la série des Gastéropodes et dans le voisinage des Acéphales.

Dans la classe des Lamellibranches, on remarquera, non sans quelque étonnement, l'abandon de la division de Lamarck en Dimyaires et Monomyaires. — La répartition des genres Monomyaires parmi les Dimyaires se fait assez mal et ne satisfait pas l'esprit. La disparition du muscle antérieur est un fait important dans l'économie de l'acéphale et elle retentit surtout le reste de l'organisme. Il faut en tenir compte dans la classification.

Il est, du reste, inexact de supposer que le passage des Dimyaires aux Monomyaires se fait insensiblement par la réunion progressive des deux muscles. M. Lacaze-Duthiers a démontré depuis longtemps déjà que le muscle antérieur — c'est lui qui disparaît, — se trouvait toujours situé au-dessus et en arrière du tube digestif, et le muscle postérieur au-dessus et en avant. La bouche se trouve ainsi toujours comprise entre les deux muscles, et cette disposition se trouve à peine altérée, même dans les types d'Acéphales les plus modifiés en apparence, comme chez le Taret, par exemple, où le muscle postérieur se trouve placé dans l'anse intestinale qui laisse en arrière le muscle antérieur, situé comme l'autre dans la coquille. Il faudrait, pour admettre la fusion des deux muscles, admettre aussi que le muscle antérieur ait enjambé l'intestin, ce qui est absolument contraire à toutes les lois de la morphologie.

Nous croyons donc qu'il y a encore toutes sortes de bonnes raisons pour conserver l'ancienne division de Lamarck.

Il est peut-être encore téméraire de placer les *Solenelles* et les *Solémyes* à côté des *Yoldia* dans la même famille que les *Arches.* Mais nous nous sommes déjà trop étendu sur les critiques à adresser à un ouvrage qui contient une foule de renseignements précieux, exposés avec une grande clarté, qui a reçu en Angleterre la consécration du succès le plus mérité et dont la traduction dans notre langue est un véritable service rendu à la fois à la science des mollusques et à la géologie.

Les quelques taches que nous avons dû signaler n'enlèvent rien d'ailleurs au mérite du livre. Les familles et les genres adoptés dans l'ouvrage sont ceux qui sont admis par tous les naturalistes en renom. La synonymie en est indiquée avec soin, la caractéristique en est très-précise et le type de chaque genre se trouve représenté dans les planches.

En somme, on peut être assuré de rencontrer dans le manuel de conchyliologie de Woodward tous les faits de quelque importance touchant à l'histoire des mollusques. Il est à regretter que nous ne possédions pas un plus grand nombre d'ouvrages de ce genre relatifs aux autres divisions du règne animal.

EDMOND PERRIER,

Aide naturaliste au Muséum d'histoire naturelle de Paris.

Annales des sciences géologiques, publiées sous la direction de M. HÉBERT, professeur à la Faculté des sciences de Paris, pour la partie géologique, et de M. ALPHONSE MILNE-EDWARDS, professeur à l'École de pharmacie de Paris, pour la partie paléontologique. — Ce nouveau recueil doit former chaque année un volume grand in-8 de 600 à 700 pages, paraissant en quatre livraisons trimestrielles, avec planches et figures dans le texte. Deux livraisons sont parues. Elles contiennent deux mémoires importants : un *Essai sur la géologie de la Palestine et des contrées avoisinantes*, par M. Louis Lartet, et des *Recherches sur l'âge des grès à combustibles d'Helsingborg et d'Höganäs*, par M. Hébert. La description de quelques espèces d'échinides de Suède, par M. Cotteau, termine le second cahier.

Le propriétaire-gérant : GERMER BAILLIÈRE.

---

(1) Il faut ajouter naturellement à ces deux ordres ceux des *Pulmonés* et des *Nucléobranches*, ces derniers correspondant aux *Hétéropodes* de Cuvier.

REVUE

DES

COURS SCIENTIFIQUES

DE LA FRANCE ET DE L'ÉTRANGER

SEPTIÈME ANNÉE   NUMÉRO 30   25 JUIN 1870

Paris, 24 juin 1870.

L'épidémie de variole qui sévit à Paris depuis plus d'une année a provoqué une application nouvelle du droit de réunion. Sur l'initiative du docteur Marchal de Calvi, rédacteur en chef de la *Tribune médicale*, il s'est formé une CONFÉRENCE MÉDICALE pour l'examen des questions relatives à la vaccine et à la variole, exposées il y a peu de temps à nos lecteurs par M. Brouardel. La salle du gymnase Paz, rue des Martyrs, a été mise à la disposition de cette conférence qui a tenu déjà trois meetings sous la présidence du docteur Caffe. L'auditoire a varié de 200 à 500 personnes et, outre les nombreux discours qu'elle a entendus, la conférence a reçu des médecins de province beaucoup de communications écrites contenant surtout des statistiques de vaccination avec le vaccin animal et le vaccin humain.

La persistance étonnante de l'épidémie variolique la rend comparable à des maladies qu'on est habitué à redouter bien davantage, et elle a peut-être enlevé dans la population parisienne plus de victimes que les derniers choléras. Aussi a-t-elle fini par préoccuper vivement l'attention publique, et le Corps législatif lui-même s'en est occupé il y a quelques jours. La mortalité de la semaine atteignait alors 213. Le ministre de l'intérieur annonça que l'épidémie semblait entrer en décroissance, et en effet, le dernier chiffre publié ne s'élève plus qu'à 165. Mais c'est un mieux fort relatif, car, il y a quelques mois, la mortalité variolique hebdomadaire dépassait rarement 100.

On peut dire que cette résurrection de la variole a surpris tout le monde. Depuis longtemps on se reposait avec confiance sur l'admirable découverte de Jenner, et il semblait que la variole comme la peste noire ne devait désormais régner que dans l'histoire. Quelle était donc la cause de ce réveil aussi terrible qu'inattendu ? Le vaccin animal ayant remplacé en partie dans ces derniers temps le vaccin humain, on s'en prit à lui, on l'accusa d'impuissance ; aux yeux de bien des médecins, ce fut

Ce pelé, ce galeux d'où venait tout le mal,

et l'attitude de la conférence du gymnase Paz a été plus d'une fois la traduction vivante du vers de Lafontaine.

La tolérance pour les opinions d'autrui n'est pas encore une vertu française. Ce qui l'a le mieux montré, c'est l'orage soulevé par le médecin qui s'en est pris à Jenner lui-même et veut guérir la variole par les évacuants au lieu de la prévenir par la vaccine ; dans la troisième séance le trouble est devenu tel, que la docte assemblée aurait pu trouve un exemple de calme et de modération dans les fameuses réu-

nions de Belleville. Il n'est pas question assurément de renoncer à la vaccine ; mais quand la variole existe, il faut bien la combattre, et les évacuants sont-ils infiniment plus absurdes que bien des médications imaginées depuis Hippocrate ?

En somme la vaccine paraît accusée à tort. Les nombreuses victimes de l'épidémie sont des gens qui n'ont pas été revaccinés en temps utile, ou du moins on n'a pas la preuve positive du contraire. Il en résulte donc, comme on le savait déjà, que la préservation due à la vaccine ne se prolonge pas indéfiniment, mais peut-être la préservation du vaccin de génisse est-elle plus courte que celle du vaccin jennérien. D'après un travail de M. Créquy, ce n'est pas au huitième jour de l'éruption, comme on le fait à l'Académie, mais du sixième au huitième, qu'il faudrait prendre le vaccin pour l'inoculer. Enfin, M. Danet et d'autres médecins ont présenté des observations intéressantes sur les caractères de la véritable éruption vaccinale qui sert à compter les succès.

Quant à la comparaison des résultats obtenus avec le vaccin de génisse et le vaccin humain, il a été présenté de part et d'autre des statistiques aussi nombreuses que contradictoires. Mais les éléments mêmes de ces statistiques ne sont pas assez solides pour qu'on puisse en tirer des conclusions définitives.

ÉMILE ALGLAVE.

CONGRÈS DES NATURALISTES ET MÉDECINS ALLEMANDS

SESSION D'INNSBRUCK

M. A. KÉKULÉ

Les travaux chimiques

Le congrès des naturalistes et médecins allemands, réunis en 1869, à Innsbruck, a été beaucoup plus fréquenté qu'on ne l'espérait. Et certes, aucun des membres présents n'aura regretté d'avoir, sous un prétexte scientifique, entrepris une excursion dans les belles contrées du Tyrol, pour y passer quelques jours heureux avec de nombreux collègues et amis. Cette assemblée, comme ses aînées, n'avait pas perdu de vue l'article 2 des statuts. « Le but principal du congrès est de mettre en rapport les naturalistes et médecins allemands, et de leur fournir ainsi l'occasion de se connaître personnellement. » Aucun moyen ne fut négligé pour arriver à ce but. Les discours, tenus en assemblées générales, et les nombreuses communications scientifiques faites dans les dix-huit sections, fournissaient naturellement l'occasion aux auditeurs de connaître les savants qui occupaient la tribune. Mais ce moyen eût été insuffisant pour conduire au but désiré; on organisa, comme l'habitude s'en est établie, des excursions en commun, des banquets et des réunions qui furent pleines de charme et d'abandon. Les chimistes, notamment, n'ont rien à se reprocher, car maintes fois ils étaient encore réunis après minuit, évidemment pour satisfaire aux exigences de l'article 2.

Une relation détaillée du congrès nous mènerait trop loin, et nous devons nous borner à rendre compte des travaux de la section de chimie. Nous passerons sous silence le récit des plaisirs luculliens; mais ce n'est pas sans regret que nous perdons l'occasion de célébrer les charmes de cette contrée ravissante, et d'exprimer toute notre gratitude aux braves Tyroliens pour leur cordiale hospitalité.

Mais oublions ces regrets, et passons aussi sous silence les discours du gouverneur impérial et du bourgmestre d'Innsbruck, quoique, sous beaucoup de rapports, ils soient dignes d'attention. Nous ne pouvons même pas nous occuper des discours scientifiques tenus en assemblées générales. S'il nous était possible de donner une analyse rapide des discours de Helmholtz, C. Vogt et Virchow (1), on verrait que peu de réunions de congrès avaient été l'occasion de discours aussi éloquents, aussi conformes aux progrès de notre époque, et qu'on a rarement donné une définition plus précise de la tendance et du but des investigations scientifiques actuelles.

Arrivons enfin à la section de chimie. La liste de présence porte 86 noms; l'amphithéâtre de chimie de l'université est comble et ne suffit même pas toujours. Quant aux communications, elles ne manquent pas non plus.

La section a commencé ses travaux le lundi 20 septembre, sous la présidence de M. le professeur HLASIWETZ. M. LIEBEN ouvre la séance par une communication sur la formation de l'iodoforme et sur l'application de cette réaction aux recherches analytiques. Il fait voir que la formation de l'iodoforme est une réaction très-sensible de l'alcool, dont on peut ainsi reconnaître des traces, pourvu qu'il n'y ait aucun autre corps en présence, capable de donner la même réaction. C'est ainsi qu'on peut reconnaître la présence de l'alcool, non-seulement dans l'éther ordinaire, mais aussi dans celui qui a été purifié par distillation sur le sodium; ce qui montre combien il est difficile d'obtenir de l'éther complétement exempt d'alcool. Un grand nombre d'autres composés produisent de l'iodoforme dans les mêmes circonstances que l'alcool.

Si l'on jette un coup d'œil sur tous les corps qui sont dans ce cas, et dont la constitution est suffisamment établie, on s'aperçoit qu'il n'y a que les composés contenant le groupe CH^3 qui soient susceptibles de fournir de l'iodoforme. Mais la conclusion inverse ne serait pas fondée : car, de ce qu'une substance ne fournisse pas d'iodoforme, il ne s'ensuit pas forcément qu'elle ne contienne pas un atome de carbone uni à 3 atomes d'hydrogène; il en est ainsi de l'éther,

$$\begin{matrix} CH^3 - CH^2 \\ CH^3 - CH^2 \end{matrix} \!\!> O \quad (2)$$

et d'un grand nombre d'autres substances.

Un fait digne de remarque, c'est que l'acide lactique des muscles produit nettement la réaction de l'iodoforme. Parmi les substances dont la structure est encore mal définie, et dans lesquelles on n'admettait pas jusqu'à présent l'existence du méthyle, il en est qui fournissent de l'iodoforme, par

exemple, l'acide quinique : on en peut conclure que ce dernier renferme le groupe CH^3, et l'auteur explique toutes les réactions de ce corps en partant de cette hypothèse.

M. WISLICENUS développe de nouvelles considérations sur les différentes modifications de l'acide lactique. Ses recherches, quoique non terminées, conduisent à ce résultat important, qu'il existe trois acides oxypropioniques isomériques : 1° l'acide éthylidène-lactique (acide lactique de fermentation); 2° l'acide éthylène-lactique, différent de celui-ci, obtenu d'abord par M. Moldenhauer, et se préparant facilement à l'aide de l'acide β iodopropionique obtenu en premier lieu par M. Beïlstein, en partant de l'acide glycérique; 3° l'acide sarcolactique (acide des muscles), qui ne constitue pas une modification unique, mais un mélange d'acide éthylène-lactique et d'un troisième isomère. Ce dernier est doué du pouvoir rotatoire, il dévie le plan de polarisation de 3°,3 à droite, et paraît constituer une modification de l'acide éthylidène-lactique. L'auteur a trouvé de l'acide éthylène-lactique, exempt de cette troisième modification dans un œdème provenant d'un individu mort d'ostéomalacie.

Après avoir exposé les relations de ces trois acides oxypropioniques, l'auteur fait ressortir l'insuffisance des formules dites de structure, généralement usitées, pour rendre compte de certaines isoméries; il faudrait pour cela avoir recours à des figures dans l'espace, et représenter le groupement des atomes par des solides.

M. BOLLEY entretient l'assemblée d'un brun de phényle désigné sous le nom de *phénicine*, introduit dans la teinture par M. J. Roth, en 1864. On l'obtient à l'état d'une poudre amorphe brune, en ajoutant peu à peu à du phénol un mélange d'acides sulfurique et nitrique, et versant le produit dans de l'eau. Cette préparation a plusieurs fois provoqué des explosions. Le produit commercial, aussi bien que celui préparé suivant ces indications, renferment du binitrophénol et une substance amorphe brune, qui n'est ni un composé nitré ni un composé sulfuré, et dont la formation paraît due à une action secondaire de l'acide sulfurique sur le binitrophénol.

M. SCHWARZENBACH fait une communication sur les matières protéiques. Il entre dans quelques détails sur l'emploi du platinocyanure de potassium recommandé par lui en 1865, comme réactif des matières protéiques; les différences dans les résultats obtenus par d'autres chimistes tiennent à ce que ceux-ci employaient le sel de Quadrat, au lieu du sel de Gmelin.

M. HLASIWETZ indique un procédé nouveau et qui paraît très-avantageux pour préparer les dérivés iodés de substitution. Ce procédé consiste à mélanger d'oxyde de mercure la substance que l'on veut ioder, et à ajouter ensuite peu à peu la quantité voulue d'iode. L'auteur a appliqué cette méthode à la préparation de grandes quantités de biiodophénol qu'il cherchait à obtenir facilement, dans le but d'établir si ce corps fournit, par l'action de la potasse en fusion, de la phloroglucine, de l'acide pyrogallique ou un troisième isomère. L'expérience fit voir qu'aucun de ces trois trioxybenzols ne prend naissance, mais qu'on n'obtient, par suite d'une action plus profonde, que de la pyrocatéchine, le même composé qui se forme dans la décomposition du monoiodophénol par la potasse. La formation du biiodophénol a lieu suivant l'équation :

$$C^6H^6O + I^4 + Hg^2O = C^6H^4I^2O + HgI^2 + H^2O.$$

Ces recherches, faites en commun avec M. WESELSKY, doivent être poursuivies et étendues.

La seconde séance, tenue le mardi 21 septembre, sous la

---

(1) Voyez ci-dessus pages 92 (Helmholtz), 124 (J. R. Mayer) et 209 (Virchow), 8 et 22 janvier et 5 mars 1870, et notre tome VI, page 814, 20 novembre 1869 (C. Vogt).

(2) Notation atomique : $C = 12$; $O = 16$; $Hg = 200$; $H = 1$, etc.

présidence de M. Kékulé, a été ouverte par une communication intéressante de M. Claus, sur une classe de composés remarquables découverts jadis par M. Fremy, décrits par lui sous le nom de *corps sulfazotés*, et qui, depuis, n'avaient été l'objet d'aucun travail. M. Claus, qui a entrepris de nouvelles recherches sur ce sujet, en partie avec la collaboration de M. S. Koch, a d'abord approfondi l'étude des trois sels suivants :

Tétrasulfammoniate de potassium. $K^4HAzS^4O^{12} + 3H^2O$
Trisulfammoniate de potassium... $K^3H^2AzS^3O^9 + 2H^2O$
Disulfammoniate de potassium.... $K^2H^3AzS^2O^6$.

On n'obtient le premier de ces sels à l'état de pureté, que si l'on mélange une solution d'azotite de potassium avec un excès notable d'une solution de sulfite de neutre de potassium. La formation a lieu suivant l'équation :

$$4K^2SO^3 + KAzO^2 + 3H^2O = 5KHO + K^4HAzS^4O^{12}.$$

Sous l'influence de l'eau, il se transforme en trisulfammoniate :

$$K^4HAzS^4O^{12} + H^2O = KHSO^4 + K^3H^2AzS^3O^9,$$

qui, lui-même, donne du disulfammoniate par l'ébullition avec l'eau :

$$K^3H^2AzS^3O^9 + H^2O = KHSO^4 + K^2H^3AzS^2O^6.$$

S'appuyant sur les faits connus, notamment sur les transformations ci-dessus, dans lesquelles le groupe SO^3K est remplacé par H, pour s'unir ensuite au reste hydroxyle (OH), et former du sulfate acide de potassium, M. Claus fait dériver les sels sulfammoniés de l'azote peutatomique, et les représente par les formules :

Tétrasulfammoniate.. $AzH(SO^3K)^4$
Trisulfammoniate.... $AzH^2(SO^3K)^3$
Disulfammoniate.... $AzH^3(SO^3K)^2$.

M. Claus mentionne encore une autre classe d'acides sulfazotés, les acides sulfazique et sulfazotique de M. Fremy, dont il n'a pas encore terminé l'étude. Ces acides diffèrent essentiellement des acides sulfammoniques, ils peuvent successivement être transformés l'un dans l'autre, et fournissent, comme produit final de leur transformation, de l'acide sulfamique proprement dit.

M. Petersen présente à l'assemblée un échantillon d'anthracène pulvérulent, presque blanc, tel qu'il est employé par MM. Gutzkow et Brœnner, pour la fabrication de l'alizarine, ainsi qu'une matière colorante, voisine de l'alizarine, et teignant les tissus en violet et non en rouge.

M. Liebermann fait observer que cette matière colorante a été obtenue par M. Graebe et lui, en faisant agir à chaud un mélange d'acides sulfurique et nitrique sur l'anthraquinone.

M. Otto indique quelques réactions des composés organo-mercuriques qu'il a fait connaître. Les acides minéraux décomposent ces combinaisons en produisant les sels mercuriques correspondants, et en mettant l'hydrocarbure primitif en liberté. Les acides organiques, au contraire, tels que les acides formique, acétique, propionique, myristique, etc., ne mettent en liberté qu'une seule molécule de l'hydrocarbure, en donnant des sels du radical organo-mercurique correspondant :

$$\frac{C^6H^5}{C^6H^5}{>}Hg + \frac{C^2H^3O}{H}{>}O = C^6H^6 + \frac{C^2H^3O{\diagdown}O}{\mid}{\Big/}\;C^6H^5{-}Hg.$$

Les halogènes, chlore, brome, iode, agissent d'abord à la manière des acides organiques :

$$\frac{C^{10}H^7}{C^{10}H^7}{>}Hg + I^2 = C^{10}H^7I + (C^{10}H^7 - Hg - I),$$

mais si l'on pousse leur action plus loin, la décomposition est plus profonde :

$$C^{10}H^7.Hg.I + I^2 = C^{10}H^7I + HgI^2.$$

L'iodure, ou bromure organo-mercurique, produit en premier lieu, peut aussi s'obtenir par l'action de l'iodure ou bromure mercurique sur la combinaison du mercure avec l'hydrocarbure :

$$\left.\frac{C^{10}H^7}{C^{10}H^7}\right\} Hg + HgI^2 = 2C^{10}H^7.Hg.I.$$

L'emploi du cyanure de mercure donne naissance à des cyanures correspondants. Le soufre, en agissant sur les dérivés mercuriques des hydrocarbures, donne du sulfure de mercure et le sulfure de l'hydrocarbure correspondant. Le zinc fournit de l'amalgame de zinc en même temps que des combinaisons organo-zinciques. Les combinaisons mercuriques des radicaux alcooliques monoatomiques, tels que le méthyle, donnent lieu, en général, aux mêmes réactions.

Cette séance se termine par une série d'expériences présentées avec beaucoup de succès par M. Bœttger. Voici celle de ces expériences qui présente le plus d'intérêt scientifique. Si, pour répéter la belle expérience de Graham sur l'hydrogénation du palladium, on fait usage d'une bande de palladium très-mince, on la voit, sitôt le circuit de la pile fermé, s'enrouler presque instantanément sur elle-même; si à ce moment on renverse le courant, la bande se déroule avec la même vivacité, pour s'enrouler aussitôt dans l'autre sens. — Si l'on sature d'hydrogène une lame de palladium recouverte de noir de palladium, tel que celui qu'on obtient par voie électrolytique, qu'on sèche ensuite rapidement cette lame, elle ne tarde pas à s'échauffer au rouge, ce que l'on peut constater en l'enveloppant de coton-poudre: celui-ci ne tarde pas à s'enflammer. Cette même lame, ainsi préparée, produit un dégagement d'hydrogène lorsqu'on la plonge dans de l'éther, mais ce qu'il y a de remarquable, c'est que si cet hydrogène reste en présence de l'éther, il ne tarde pas à diminuer de nouveau de volume pour disparaître totalement après quelques heures en produisant une hydrogénation ou une réduction partielle de l'éther; ce fait, qui mérite confirmation, n'est peut-être dû qu'à une simple absorption.

M. Bœttger termine par une expérience sur l'antimoine fulminant, qui fait explosion lorsqu'on le raye avec un couteau, en produisant une haute élévation de température et d'abondantes fumées de chlorure d'antimoine.

La troisième séance, tenue le 22 septembre, a été particulièrement favorisée par le temps, car une pluie froide venait en aide à l'attrait scientifique non encore épuisé. Plus d'un, sans doute, avait médité des projets d'excursion dans les environs si attrayants d'Innsbruck; mais la contrée était trop maussade ce jour-là, elle n'attira personne, et l'on n'était pas fâché de trouver un local sec où l'on pût utilement et agréablement remplir sa matinée. La séance, au surplus, qui fut des plus intéressantes, ne tarda pas à faire oublier les mécomptes causés par le temps.

Le président, M. Limpricht, communique le résultat de quelques recherches sur l'acide pyromucique. Le meilleur mode de préparation de cet acide est le traitement du furfurol par la potasse alcoolique. Lorsqu'on traite une solution aqueuse d'acide pyromucique par du brome, il se produit, entre autres composés, de l'acide fumarique.

Il entretient ensuite l'assemblée de différents composés du groupe toluylénique, et fait voir un grand nombre de préparations obtenues par lui ou ses élèves. Il mentionne l'existence de deux alcools toluyléniques (hydrobenzoïne); l'un fondant vers 120 degrés, et cristallisant dans le système clinorhombique; l'autre cristallisant en tables orthorhombiques de 120 et 60 degrés, et ne fondant qu'à 132-133 degrés. Le premier s'obtient par l'action de la potasse sur l'éther toluylénacétique; le second, en décomposant l'oxalate de toluylène par l'ammoniaque. En traitant l'essence d'amandes amères par l'amalgame de sodium, on obtient la variété clinorhombique, tandis que c'est la variété orthorhombique qui prend naissance par l'action du zinc et de l'acide chlorhydrique. Jusqu'à présent, ces deux modifications n'ont pas pu être transformées l'une dans l'autre.

La benzoïne ne fond qu'à 136· degrés et non à 120 degrés, comme on l'indique généralement. Sa transformation en acide benzilique par la potasse alcoolique présente de grandes difficultés : on obtient fréquemment d'autres produits, dont l'étude est encore inachevée.

La potasse alcoolique transforme directement le benzile en acide benzilique, par fixation d'eau. Mais, surtout lorsqu'on emploie de la potasse très-concentrée, on obtient souvent une autre réaction donnant lieu à l'alcool tolanique :

$$2C^{14}H^{10}O^2 + 2H^2O = 2C^7H^6O^2 + C^{14}H^{12}O^2.$$

Benzile.　　Acide benzoïque.　　Alcool tolanique.

Cet alcool tolanique constitue de beaux cristaux fusibles vers 200 degrés; mais il reste encore à bien établir que le nom d'alcool tolanique convient à ce composé.

Les formules de structure établies par M. Limpricht, notamment celle qu'il propose pour l'acide benzilique, sont l'occasion d'une discussion à laquelle prennent part MM. KÉKULÉ, GRAEBE, LIEBEN et WISLICENUS. D'après ces deux premiers savants, tous les composés du groupe de la benzoïne présentent une structure d'après laquelle l'oxygène occupe une position toute caractéristique, figurée par la formule :

$$\begin{array}{l} C^6H^5.C - \\ \quad | \!>\!O. \\ C^6H.^5C - \end{array}$$

L'acide benzilique lui-même renferme probablement :

$$\begin{array}{l} C^6H^5.\ C - OH \\ \qquad | \!>\!O \\ C^6H^5.\ C - OH. \end{array}$$

Envisagé de cette manière, son caractère acide ne présente rien de surprenant, car l'hydrogène, remplaçable par un métal, occupe une position tout à fait analogue, si ce n'est identique, à celle de l'hydrogène mobile dans les acides carbonés proprement dits (1).

_____

(1) Suivant cette manière de voir, les hydrocarbures et leurs dérivés en question auraient pour formules :

$$\begin{array}{ccc} C^6H^5.CH^2 & C^6H^5.CH & C^6H^5.\ C \\ | & \| & \||| \\ C^6H^5.CH^2 & C^6H^5.CH & C^6H^5.\ C \\ \hline \text{Dibenzyle.} & \text{Toluylène} & \text{Tolane.} \\ & \text{(Stilbène).} & \end{array}$$

Mais une chimie moins sérieuse vient prendre la place de ces formules de structure : M. BŒTTGER fait voir comment, avec du chlorure de platine et de l'essence de lavande, on peut rapidement recouvrir la porcelaine ou le verre d'une couche mince et réfléchissante de platine, et comment, avec de l'acide chlorhydrique et une tige de zinc, on peut de nouveau, avec la rapidité de l'éclair, enlever cette couche métallique.

Après avoir fait chanter une fiole remplie aux trois quarts d'hydrogène et d'un quart d'air, M. Bœttger fait entendre à l'assemblée un nouvel harmonica chimique, généralement inconnu, mais qui, pas plus que tous les tuyaux sonores, n'a rien à démêler avec la chimie. On introduit une toile métallique au tiers de la hauteur, dans un tube ouvert, de 50 centimètres de long sur 5 environ de large; lorsqu'on chauffe cette toile métallique à l'aide d'une flamme Bunsen, la portion la plus courte du tube étant celle que l'on présente à la flamme, le tube ne commence à chanter que lorsqu'on l'éloigne de la lampe; si, au contraire, on présente le tube à la flamme par sa partie la plus longue, on entend immédiatement un son qui cesse lorsqu'on s'éloigne de la flamme pour se faire entendre de nouveau, lorsqu'on renverse le tube, avec le ton produit dans la première partie de l'expérience.

L'éther dit ozoné n'est autre que de l'éther chargé de peroxyde d'hydrogène. On l'obtient facilement, comme le fait voir M. Bœttger, en ajoutant peu à peu de l'acide chlorhydrique à du peroxyde de baryum placé sous de l'éther. Cette préparation se conserve très-longtemps et peut être utilisée comme réactif pour reconnaître la présence de petites quantités d'acide chromique qui donne, comme on sait, une coloration bleue intense par le peroxyde d'hydrogène.

_____

Dérivés dibenzyliques.

$$\begin{array}{l} C^6H^5.C - H \\ \qquad\ - Br \\ \qquad | \\ C^6H^5.C - Br \\ \qquad\ - H \end{array} \Big\}\ \text{Bromure de toluylène.}$$

$$\begin{array}{l} C^6H^5.C - H \\ \qquad\ - OH \\ \qquad | \\ C^6H^5.C - OH \\ \qquad\ - H \end{array} \Big\}\ \text{Alcool toluylénique (hydrobenzoïne).}$$

$$\begin{array}{l} C^6H^5.C - H \\ \qquad | \!>\! O \\ C^6H^5.C - H \end{array} \Big\}\ \text{Désoxybenzoïne.}$$

$$\begin{array}{l} C^6H^5.C - OH \\ \qquad | \!>\! O \\ C^6H^5.C - H \end{array} \Big\}\ \text{Benzoïne.}$$

$$\begin{array}{l} C^6H^5.C - OH \\ \qquad | \!>\! O \\ C^6H^5.C - OH \end{array} \Big\}\ \text{Acide benzilique.}$$

$$\begin{array}{l} C^6H^5.C \\ \qquad | \!>\! O\ O \\ C^6H^5.C \end{array}\ \text{Benzile.}$$

Dérivés toluyléniques.

$$\begin{array}{l} C^6H^5.C - Cl \\ \qquad \| \\ C^6H^5.C - Cl \end{array} \Big\}\ \text{Chlorure de tolane.}$$

$$\begin{array}{l} C^6H^5.C - OH \\ \qquad \| \\ C^6H^5.C - OH \end{array} \Big\}\ \text{Alcool tolanique.}$$

$$\begin{array}{l} C^6H^5.C \\ \qquad \| \!>\! O \\ C^6H^5.C \end{array} \Big\}\ \text{Oxyde de tolane (Fischer).}$$

$$\begin{array}{l} C^6H^5.C \\ \qquad \| \!>\! S \\ C^6H^5.C \end{array} \Big\}\ \text{Sulfure de tolane (Maerker).}$$

Il pourrait exister une substance isomère de l'alcool toluylénique diatomique, qui aurait les deux OH liés au même atome de carbone; une aldéhyde correspondante à la désoxybenzoïne qui représente un oxyde d'éthylène aromatique; une substance isomère de la benzoïne, un alcool acétonique, etc. Quant à l'oxylépidène de M. Limpricht, il faudrait peut-être l'envisager comme :

$$\begin{array}{l} C^6H^5.C = O \\ \qquad | \\ C^6H^5.C = O. \end{array}$$

Un serpent noir de Pharaon, préparé par immersion dans une solution éthérée de résine de dammara, met fin à cette série d'expériences.

M. Hlasiwetz communique ensuite les résultats obtenus par M. Weselsky sur quelques dérivés succiniques.

M. Graebe succède à M. Hlasiwetz, et rend compte des recherches entreprises sur les dérivés de la naphtaline, avec la collaboration de M. Ludwig.

Les composés suivants présentent une constitution analogue à celle de la quinone :

$$C^{10}H^5 \begin{cases} O\ H \\ AzH \\ AzH \end{cases}\!\!> \qquad C^{10}H^5 \begin{cases} O\ H \\ O \\ AzH \end{cases}\!\!> \qquad C^{10}H^5 \begin{cases} OH \\ O \\ O \end{cases}\!\!>$$
$$(1) \qquad\qquad (2) \qquad\qquad (3)$$

Tandis que les formules (4), (5) et (6) sont celles de corps analogues à l'hydroquinone :

$$C^{10}H^5 \begin{cases} OH \\ AzH^2 \\ AzH^2 \end{cases} \qquad C^{10}H^5 \begin{cases} O\ H \\ O\ H \\ AzH^2 \end{cases} \qquad C^{10}H^5 \begin{cases} OH \\ OH \\ OH \end{cases}$$
$$(4) \qquad\qquad (5) \qquad\qquad (6)$$

Le biimidonaphtol (1) est la base obtenue par MM. Martius et Griess, par l'oxydation du biamidonaphtol (4); il régénère ce dernier par réduction. Le biimidonaphtol fournit par une oxydation plus profonde un produit coloré, comme l'ont déjà observé MM. Martius et Griess; ce produit est représenté par la formule (2), et est par conséquent intermédiaire entre une quinone et un composé biimidé. Il fournit par réduction un composé analogue (5), qui est de l'amidoxynaphtol ou de l'amidodioxynaphtaline. Le produit final de l'oxydation est un corps non azoté (3) que MM. Graebe et Ludwig désignent sous le nom d'acide naphtalique; traité par l'hydrogène naissant, il donne le composé (6) (trioxynaphtaline), tandis que, chauffé avec de la poussière de zinc, il fournit de la naphtaline.

M. Kékulé fait une communication préliminaire sur des recherches entreprises par M. Czumpelik dans le laboratoire de Bonn. Le but de ces recherches est de démontrer l'existence de nouvelles classes de combinaisons aromatiques indiquées par la théorie. Il est clair notamment que le xylène, le cymène et autres hydrocarbures analogues, doivent donner lieu à une série de métamorphoses, semblables à celles que subit le toluène en se transformant en alcool benzylique, benzaldéhyde, acide benzoïque :

$$\underbrace{C^6H^5,CH^3}_{\text{Toluène.}} \qquad \underbrace{C^6H^5,CH^2(OH)}_{\text{Alcool benzylique.}} \qquad \underbrace{C^6H^5,COH}_{\text{Benzaldéhyde.}} \qquad \underbrace{C^6H^5,CO(OH)}_{\text{Acide benzoïque.}}$$

Seulement, pour le xylène, le cymène, etc,, ces transformations peuvent s'effectuer à la fois sur les deux chaînes latérales de ces hydrocarbures, ou être différentes sur ces deux chaînes. Des nombreuses recherches entreprises dans cette direction, celles qui portent sur l'acide cuminique ont seules jusqu'à présent donné des résultats précis. Lorsqu'on traite, dans des conditions convenables, le chlorure de cuminyle par le chlore ou par le brome, on obtient, après avoir décomposé le chlorure par l'eau, un acide cuminique chloré ou bromé, renfermant le corps halogène non dans la chaîne principale, mais dans le groupe propylique. Ce chlore ou ce brome peut facilement être remplacé par l'hydroxyle (OH), et l'on obtient ainsi un acide oxycuminique caractéristique, qui est à la fois un alcool aromatique et un acide, par conséquent, un acide glycolique de la série aromatique :

$$C^6H^4 \begin{cases} C^3H^7 \\ CO^2H \end{cases}\!\!\cdot \qquad C^6H^4 \begin{cases} C^3H^6Cl \\ CO^2H \end{cases} \qquad C^6H^4 \begin{cases} C^3H^6,OH \\ CO^2\ H \end{cases}$$
$$\underbrace{}_{\text{Acide cuminique.}} \qquad \underbrace{}_{\text{Acide chlorocuminique}} \qquad \underbrace{}_{\substack{\text{Nouvel acide}\\ \text{oxycuminique.}}}$$

M. Ludwig annonce qu'il est parvenu, avec la collaboration de M. Hein, à préparer synthétiquement, par l'oxyde azotique, l'hydroxylamine découverte par M. Lossen. A cet effet, on dirige le courant de bioxyde d'azote à travers une série d'éprouvettes reliées les unes aux autres, et contenant de l'étain et de l'acide chlorhydrique. On traite ensuite le liquide par un courant d'hydrogène sulfuré pour en séparer l'étain, et l'on évapore le liquide filtré; le résidu salin est formé pour la moitié de chlorhydrate d'hydroxylamine, qu'on peut en retirer en l'épuisant par l'alcool absolu.

M. Lieben a cherché à résoudre la question du passage de l'alcool dans les urines, après l'absorption de boissons alcooliques. Pour cela, il a eu recours à la réaction qu'il a fait connaître dans la première séance, et qui provoque la formation d'iodoforme. Il a constaté, en premier lieu, que l'urine des hommes et des animaux contient toujours une substance volatile produisant la réaction de l'iodoforme. Néanmoins, par des recherches très-délicates et très-pénibles, effectuées sur de l'urine recueillie après l'absorption de boissons alcooliques, il a pu isoler de l'alcool pur, dont le caractère a été établi par les propriétés chimiques et physiques. Cette quantité d'alcool est toujours très-faible; néanmoins, M. Lieben a pu en retrouver après l'absorption de un quart de litre de vin.

Le zèle des chimistes réunis au congrès ne se ralentit pas; leur assiduité aux séances de section n'est comparable qu'à leur fidélité aux réunions du soir si pleines d'abandon. La quatrième séance elle-même est tellement fréquentée, qu'il est difficile de constater une absence. L'attrait des séances peut-il seul expliquer cette assiduité persistante? Le ciel s'est éclairci : d'un côté, les roches dentelées du Brandjock et de la Hoh-Warth; de l'autre, les Lanser Kœpfe, adossés à la cime arrondie du Patscherkofel, déploient tous leurs attraits. C'est là que les membres du congrès doivent porter leurs pas dans le courant de l'après-midi. Qui pourrait quitter Innsbruck dans ces conditions ?

La séance, présidée par M. Wislicenus, est ouverte par une communication de M. Gunning, d'Amsterdam. Ce savant commence par rappeler la décomposition de la solution d'alun par une grande quantité d'eau, puis il fait savoir que le chlorure ferrique, qui se comporte comme l'alun, est maintenant généralement employé dans les Pays-Bas pour rendre potables les eaux troubles des rivières et des canaux, qu'il clarifie et qu'il prive de leurs germes morbides. Il montre que les solutions d'alun et de chlorure ferrique sont d'autant plus facilement décomposées sous diverses influences, sans action chimique proprement dite, qu'elles sont plus étendues. M. Günning attribue à la contraction, qui est une suite de la dilution, la cause de cette décomposition dont la tendance est en raison inverse de la concentration. M. Deville avait déjà fait voir qu'une certaine quantité de chaleur devient latente par la contraction, d'où il suit que les sels dissous doivent éprouver une véritable dissociation par la dilution. L'auteur pense que cette explication permet de rendre compte d'un grand nombre de faits et de réactions jusqu'à présent inexplicables; de plus, cette manière de voir a l'avantage de ne pas s'appuyer sur une affinité hypothétique, mais sur des changements physiques.

M. Barth entretient l'assemblée des modifications isomériques de l'acide crésylsulfureux et de leur décomposition sous l'influence de la potasse fondue. L'acide crésylsulfureux brut, traité par la potasse fondue, fournit deux acides oxybenzoïques, l'acide salicylique et l'acide paroxybenzoïque, indépendamment d'une certaine quantité de crésol, ou probablement de deux crésols isomériques. Cette expérience montre que non-seulement le groupe SHO^3 est remplacé par (HO), mais que le méthyle de la chaîne latérale est aussi transformé en carboxyle CHO^2; elle prouve en outre que l'acide crésylsulfureux primitif est un mélange de deux isomères au moins, et peut-être de trois, fait qui a été mis aussi en évidence par les travaux plus récents de MM. Engelhardt et Latschinoff. Ces deux isomères peuvent être séparés par la cristallisation de leurs sels potassiques dont le moins soluble se dépose en cristaux volumineux, dont un échantillon est mis sous les yeux de l'assemblée.

Dans une seconde communication, M. Barth s'occupe de la constitution de l'acide phlorétique et de la tyrosine; cette dernière doit être envisagée comme un acide oxyphénylamidopropionique; l'auteur annonce que des expériences doivent être tentées pour faire la synthèse de la tyrosine, d'après les vues qu'il a exposées.

La formation d'acides oxybenzoïques par les acides crésylsulfureux, réalisée par M. Barth, et les recherches de M. Hlasiwetz, sur le biiodophénol, exposées dans une séance antérieure, engagent M. Kékulé à présenter un ensemble succinct des réactions qui ont été observées dans ces derniers temps par la fusion des matières aromatiques avec la potasse. On avait d'abord réalisé cette réaction en introduisant le reste de l'eau HO dans les produits iodés de substitution, puis dans les acides sulfoconjugués; on l'a ensuite étendue à quelques composés chlorés et bromés, et même à certains dérivés amidés. M. Hlasiwetz, en l'appliquant au biiodophénol, a obtenu, non un trioxybenzol, mais un dioxybenzol. M. Kékulé a lui-même observé plusieurs fois des faits analogues, notamment par la fusion de l'acide phénolsulfureux, et obtenu des produits moins oxydés qu'on ne devait s'y attendre. Cette réduction doit être attribuée à une carbonisation partielle qui se produit fréquemment dans cette opération, et il paraîtrait, d'après des expériences qui ne sont pas encore décisives, que l'addition de substances se carbonisant facilement (le sucre, par exemple), augmente la quantité de ces produits de réduction. On sait de plus que le reste de l'acide formique peut être remplacé par de l'hydrogène, au moins lorsqu'on emploie trop peu de potasse; que les restes aldéhydiques se transforment en restes acides; que des restes d'acides à plusieurs atomes de carbone peuvent donner le reste formique, etc. M. Barth ayant remarqué que le méthyle de l'acide crésylsulfureux s'oxyde en fournissant du carboxyle CO^2H, il serait possible que ce dernier, qui représente le reste formique, se comportât dans certains acides aromatiques comme le reste sulfurique SO^3H dans les acides sulfoconjugués. On voit, d'après cela, qu'on ne peut, qu'avec une grande circonspection, de la nature des produits obtenus par l'action de la potasse fondue, tirer des conséquences sur la nature des corps soumis à cette action. MM. Hlasiwetz et Barth font observer qu'ils n'ont jamais observé de transformation des acides aromatiques dans le sens indiqué par M. Kékulé, mais que, par contre, ils avaient constaté la grande stabilité de certains acides vis-à-vis de la potasse en fusion.

Mais abandonnons pour un instant la théorie. Pour répondre au désir d'un grand nombre de membres, M. Bœttger présente plusieurs « expériences instructives »; mais la baguette magique de Bosco paraît avoir perdu de sa puissance, car les mains les plus habiles ne parviennent à rien en tirer de neuf. Il est vrai que de grandes bulles de savon étalent leurs plus brillantes couleurs, mais nous ne pensons pas que cette expérience serve jamais, dans les cours de chimie, à mettre en évidence la nature hygroscopique de la glycérine. Mais voici une parure de plumes brisée, ou une vulgaire plume d'oie; une immersion dans l'eau bouillante, puis dans l'eau froide, va lui rendre toute sa fraîcheur. Ici, au moins, on met en relief une des propriétés de la matière cornée.

L'ordre du jour étant épuisé, M. Kékulé prend la parole pour exposer ses vues sur la constitution des sels.

Dans les considérations sur la nature des sels, on est trop porté, encore aujourd'hui, à attribuer le principal rôle à la basicité de l'acide, tandis qu'on n'attache souvent qu'une importance secondaire à l'atomicité du métal. Si l'on avait tenu plus de compte de cette dernière donnée, on aurait fait ressortir bien des relations qui sont loin de manquer d'intérêt. On aurait considéré comme les sels les plus simples, et peut-être comme des orthosels, ceux dans lesquels le nombre de molécules d'acide est égal à l'atomicité du métal; ou bien, partant d'un autre point de vue, on aurait regardé comme les sels les plus simples, ceux qui dérivent du nombre de molécules d'acide le plus petit possible. Beaucoup de minéraux, notamment des silicates, dont les formules sont encore maintenant très-compliquées, auraient apparu comme des sels très-simples et même comme des sels normaux.

On aurait pu se poser une autre question, d'une importance fondamentale : les différents atomes d'hydrogène contenus dans la molécule d'acide polybasique sont-ils disposés dans le voisinage l'un de l'autre, et, par suite, aptes à être remplacés par un seul et même atome d'un métal polyatomique? Il est clair, par exemple, que dans un système complexe, deux atomes d'hydrogène placés pôle à pôle, ne peuvent pas être remplacés par un seul et même atome d'un métal diatomique, car il est tout aussi difficile d'admettre que ce dernier se place en diagonale dans la molécule, que de concevoir qu'il l'enlace.

Or, comme il est probable que les sels les plus stables et les plus aisés à produire, ainsi que ceux qu'on rencontre dans la nature, ont une constitution aussi simple que possible, on peut être fondé à invoquer la composition des sels les mieux caractérisés pour en tirer des conclusions sur la position relative des atomes d'hydrogène dans l'acide correspondant. On serait évidemment amené, en partant de ce principe, à admettre que les deux atomes d'hydrogène de l'acide carbonique, de l'acide sulfurique, etc., sont voisins l'un de l'autre; que dans l'acide phosphorique deux des atomes d'hydrogène sont voisins, mais que le troisième est séparé des deux premiers; tandis que, d'après les silicates à métaux diatomiques les mieux définis, les quatre atomes d'hydrogène de l'acide silicique sont voisins deux à deux.

On doit nécessairement, dans des considérations de cet ordre, se heurter à plus d'une difficulté. Ainsi, pour les sulfates, faut-il chercher l'argument décisif dans les sels anhydres de calcium, de baryum, etc., ou plutôt dans le sulfate de magnésium et autres sels analogues, renfermant de l'eau d'halhydratation? On ne peut guère envisager ces derniers que comme dérivant d'une réunion de deux molécules, ou, comme on disait autrefois, d'un type mixte : acide sulfurique et eau. D'après cette manière de voir, qui a été récemment développée par M. Erlenmeyer, le métal diatomique ne remplace qu'un seul atome d'hydrogène de l'acide sulfurique bibasique, le second atome d'hydrogène substitué provenant de la molécule d'eau associée à la molécule d'acide sulfurique.

$$\left. \begin{array}{l} H\ SO^4 \\ H\ O \end{array} \right\rangle Mg.$$

On serait par là fondé à admettre que le second atome d'hydrogène de l'acide sulfurique est hors de portée du métal.

On ne peut guère nier la justesse de ces remarques ; mais il est nécessaire de pousser l'hypothèse plus loin, afin de pouvoir la vérifier avec plus de certitude par l'expérience ; en procédant ainsi, on s'aperçoit facilement que les arguments mentionnés plus haut perdent beaucoup de leur force. Il faut admettre que dans les systèmes d'atomes que nous nommons molécules, tous les atomes sont maintenus dans une position d'équilibre et occupent par conséquent dans l'espace une position aussi symétrique que possible. Si donc il n'existe pas de raison spéciale pour admettre une autre hypothèse, il faut que, dans les acides bibasiques, les deux atomes d'hydrogène occupent des positions opposées ; pour les acides tribasiques, les trois atomes d'hydrogène doivent occuper les sommets d'un triangle, que celui-ci soit équilatéral ou non ; pour les acides tétrabasiques, la position la plus probable des atomes d'hydrogène figure un tétraèdre, qui n'est pas nécessairement un tétraèdre régulier. Partant de ces principes (et s'il n'y a pas de raisons spéciales qui rendent probable une autre position des atomes d'hydrogène), les sels à acides bibasiques doivent contenir un nombre de molécules d'acide égal à l'atomicité du métal. Pour les acides tribasiques, un métal diatomique doit toujours pouvoir remplacer deux atomes d'hydrogène dans une seule molécule d'acide, pourvu que le nombre d'atomes contenus dans la molécule ne soit pas trop grand et que par conséquent les atomes d'hydrogène ne soient pas trop éloignés les uns des autres ; un métal triatomique, par contre, exigerait toujours au moins deux molécules d'acide tribasique, et ainsi de suite. Dans un acide tétratomique, un ou deux atomes d'un métal biéquivalent peuvent toujours déplacer deux ou quatre atomes d'hydrogène, mais les quatre atomes d'hydrogène d'une seule molécule ne peuvent pas être remplacés par un seul atome de métal.

Il est donc probable, d'après ces considérations, que les sels anhydres des acides bibasiques, à métal diatomique, dérivent de deux molécules d'acide.

Deux points encore qui méritent examen. D'après l'auteur, il faudrait tenir compte aussi des affinités spécifiques d'un métal, lorsqu'il est question de la constitution des sels. Le magnésium, par exemple, paraît avoir une tendance plus marquée à se combiner à l'oxygène qu'à s'unir au soufre. Or, comme on peut, avec quelque vraisemblance, assigner à l'acide sulfurique une structure non symétrique,

$$H - O - S - O - O - O - H,$$

il serait possible que la constitution particulière du sulfate de magnésium tienne à l'affinité du magnésium plus grande pour l'oxygène que pour le soufre ; ce métal déplacerait seulement l'hydrogène placé du côté le plus oxygéné de la molécule, introduisant dans le sel un groupe hydroxyle, plutôt que de se fixer sur le côté de la molécule où se trouve le soufre.

L'autre point a trait à l'isomorphisme en général, et plus particulièrement à celui qui s'observe entre les sels ferreux et les sels magnésiens, calciques, etc. Comme le fer doit être considéré comme tétratomique, on peut admettre, avec beaucoup de probabilité, dans les sels ferreux, l'existence d'un groupe $\overset{IV}{Fe_2}$ résultant de la juxtaposition de deux atomes de fer ($\overset{IV}{Fe} = \overset{IV}{Fe}$). Mais cette manière de voir rend peu compréhensible l'isomorphisme du carbonate ferreux, par exemple, avec les carbonates de calcium ou de magnésium, surtout si l'on exprime la composition de ces derniers par les formules simples CO^3Ca'', CO^3Mg''. Mais cette difficulté n'existe au surplus que pour les chimistes qui ne peuvent pas se résoudre à voir dans l'atomicité une propriété essentiellement variable. L'auteur lui-même croit fermement à l'invariabilité de cette fonction, et il pense que l'avenir de la science est dans cette direction d'idée.

La difficulté est atténuée si, partant des principes énoncés plus haut, on double les formules moléculaires des carbonates $(CO^3)^2\ Ca''$ $(CO^3)^2\ Mg''$; elle disparaît totalement si l'on se figure les molécules dans l'espace : le groupe tétratomique (Fe^2) peut aussi bien souder deux molécules d'acide que deux atomes biéquivalents, ainsi que les figures ci-dessous le mettent en évidence :

$$CO^3 \left\{ \begin{array}{c} H - H \\ \\ H - H \end{array} \right\} CO^3 \qquad CO^3 \left\{ \begin{array}{c} H \quad\ \ H \\ \times \\ \times \\ H \quad\ \ H \end{array} \right\} CO^3.$$

Il est parfaitement indifférent, tant pour la forme de la molécule que pour la forme cristalline du sel, que les deux atomes du métal soient eux-mêmes unis ou non dans l'intérieur de la molécule. Néanmoins, cette explication a aussi ses côtés faibles, et de nouvelles difficultés surgissent lorsqu'on envisage les sulfates doubles de la série dite magnésienne.

Ce sont les difficultés de cet ordre et l'impossibilité où se trouvait l'auteur d'établir un accord parfait entre l'isomorphisme et la théorie atomique qui l'ont jusqu'à présent empêché de publier ces réflexions tirées du domaine de la chimie inorganique. Ces réflexions l'ont amené à des opinions différentes de celles qui ont cours sur les causes de l'isomorphisme. Une de ces opinions lui paraît assez probable pour qu'il en établisse les bases. Il faut admettre que dans les systèmes d'atomes qu'on désigne sous le nom de molécules, les atomes sont animés d'un mouvement continu qui doit être tel qu'il ne modifie pas notablement la position respective de ces atomes, que ceux-ci reviennent donc constamment à une position d'équilibre. On peut donc parler de la forme de la molécule si l'on entend par là l'espace qui contient les atomes et dans les limites duquel ont lieu les oscillations. Cette forme est probablement toujours plus ou moins arrondie et, dans beaucoup de cas, très-irrégulière ; or, c'est la forme de cette molécule qui évidemment détermine et la manière dont elles se groupent pour former des cristaux et les lois qui président à cette fonction. De la forme des molécules doit notamment dépendre leurs distances relatives et par conséquent la longueur d'axe des cristaux, ainsi de suite. Cette opinion peut conduire à des conséquences très-nombreuses. Ainsi l'on est amené à penser qu'une même forme cristalline ne suppose pas forcément une identité complète de la forme de la molécule et peut ne résulter que d'une similitude partielle. Supposons, pour fixer les idées, des molécules ayant à peu près la forme d'une poire ; dans certaines conditions, la forme des cristaux sera déterminée par les têtes de molécules, dans d'autres circonstances par les tiges. Si les molécules de plusieurs substances offrent la forme de poires, mais de telle sorte que les têtes en soient très-différentes et que les tiges soient semblables, il y a isomorphisme lorsque ce sont les parties semblables qui déterminent la forme cristalline; et ainsi de suite.

Le plus beau jour arrive à son déclin; il en est de même du zèle le plus ardent. La cinquième séance de la section de chimie, présidée par M. Bœttger, est peu fréquentée, par huit membres seulement, nous dit-on.

M. Gilm présente un régulateur à gaz, construit par lui et pouvant amener des pressions constantes, même pour des flammes très-petites. Il indique en outre une méthode pour la détermination quantitative du résidu des eaux minérales qui consiste à dessécher le résidu non dans une capsule ouverte, mais dans un tube de verre horizontal traversé par un courant d'air sec.

M. Marquart cite un cas remarquable de destruction d'une chaudière de fer servant à l'évaporation de solutions neutres d'azotate de strontium.

M. Batka rend compte d'une dissertation sur le thé et fait ressortir le peu de concordance qu'on rencontre dans les analyses du thé. M. Hlasiwetz fait remarquer que la proportion des principes contenus dans une plante peut varier dans beaucoup de circonstances et que de pareilles déterminations n'ont guère de valeur.

Cette séance met fin aux travaux de la section de chimie. Après une dernière assemblée générale qui réunit encore une fois tous les membres restés à Innsbruck et dans laquelle M. Virchow(1) a fait entendre des paroles éloquentes, tout le monde se sépare.

Le rendez-vous pour l'année 1870 est à Rostock.

A. Kékulé,
Professeur à l'université de Bonn.

COLLÉGE DE FRANCE

MÉDECINE EXPÉRIMENTALE (2)

COURS DE M. CLAUDE BERNARD

de l'Institut de France et de la Société royale de Londres

L'asphyxie par la vapeur de charbon (suite)

XVII

L'OXYDE DE CARBONE DANS LE SANG; ANALYSE
SPECTROSCOPIQUE DU SANG

Nous sommes maintenant arrivés au terme de la recherche expérimentale analytique de l'asphyxie. Nous avons vu l'asphyxie apparaître d'abord comme une question des plus complexes, toutes les asphyxies étaient confondues; l'asphyxie par la vapeur de charbon elle-même, que nous avons distin-

guée pour en faire l'objet plus spécial de nos études, était loin d'être exactement définie. Jusqu'à la fin du siècle dernier on était resté dans le vague, discutant encore la question de savoir si la vapeur de charbon était nuisible ou non à la santé. Ce n'est que lorsque l'expérimentation s'est introduite dans le sujet qu'on a commencé à faire des progrès, et pour cela il fallait que les sciences tributaires de la physiologie et de la médecine, ainsi que les moyens d'investigation qu'elles leur fournissent, eussent eu le temps de se développer. C'est seulement dans ces derniers temps que l'expérimentation nous a conduit à une analyse profonde des phénomènes et qu'il nous a été permis de réduire finalement la question si complexe de l'asphyxie à un simple phénomène chimique, à une seule condition élémentaire initiale, la combinaison de l'hémoglobine avec l'oxyde de carbone.

Le fait de cette combinaison de l'oxyde de carbone avec l'hémoglobine étant connu, cherchons maintenant si les propriétés de cette hémoglobine modifiée nous donneront l'explication de tous les phénomènes si variés de l'asphyxie, et si, comme je vous l'ai dit, nous pourrons prouver ainsi que les généralités doivent partir des détails mêmes et de l'examen approfondi des phénomènes et non se déduire de leur vue d'ensemble.

Voyons d'abord si nous pourrons reconnaître avec certitude l'asphyxie par le charbon.

Il est de la plus haute importance, en médecine légale, de pouvoir spécifier à quel genre de mort un individu a succombé. Ce problème est posé depuis longtemps; Portal et Troja avaient déjà donné des caractères tirés de l'examen du cadavre, mais peu certains. Nos connaissances actuelles sur la combinaison chimique que forme l'hémoglobine avec l'oxyde de carbone nous permettent de chercher si cette combinaison offre des caractères spécifiques positifs et irrécusables.

Troja paraît être le premier qui ait observé, au siècle dernier, que le sang des animaux asphyxiés par la vapeur de charbon est parfois rutilant dans tous les vaisseaux, et nous savons maintenant que cette coloration est due à la combinaison de l'hémoglobine avec l'oxyde de carbone. Cependant Troja accorda peu d'attention à ce caractère. Toutefois, le sang ne devient pas toujours aussi rouge lorsqu'il survient certaines conditions accidentelles dans l'expérience.

Mais il faut dire que le véritable caractère de cet état rutilant du sang quand l'expérience est bien complète, c'est de conserver sa couleur même après avoir subi l'action de l'acide carbonique.

Il existe, en effet, une expérience de cours, répétée journellement, qui consiste à montrer que le sang veineux prend une couleur rutilante sous l'action de l'oxygène, et que ce sang rouge ou artériel redevient noir ou sang veineux si on le fait traverser par un courant d'acide carbonique. Or, si l'on cherche à faire la même épreuve avec le sang rouge intoxiqué par l'oxyde de carbone, ce sang ne noircit plus sous l'influence de l'acide carbonique. Ce caractère est d'autant plus important, que si l'intoxication du sang est bien complète, la combinaison définie que forme l'oxyde de carbone avec l'hémoglobine est assez stable et paraît se conserver longtemps sans se décomposer.

J'ai autrefois insisté sur cette propriété que possède l'oxyde de carbone d'empêcher le sang de s'altérer. J'ai vu aussi que le sang le plus complétement intoxiqué gardait sa couleur

---

(1) Voyez ci-dessus page 209, 5 mars 1870.
(2) Voyez ci-dessus, pages 242, 313, 332, 350, 358, 378, 398, 425 et 462. 19 mars, 16, 23, 30 avril, 7, 14, 21 mai, 4 et 18 juin 1870.

rouge plus longtemps et se putréfiait très-tardivement. J'ai même indiqué l'intoxication par l'oxyde de carbone comme moyen de conservation du sang, qui constitue la partie la plus corruptible de la chair, ainsi qu'on le sait depuis long-temps, puisque la loi de Moïse le mentionne déjà. Enfin, dans ces derniers temps, on s'est fondé sur les faits que j'avais fait connaître relativement à la propriété antiputride de l'oxyde de carbone pour proposer des procédés applicables à une grande question d'hygiène publique, celle de la conservation des viandes.

Il faut examiner maintenant comment le sang empoisonné par l'oxyde de carbone se comporte aux réactifs. Voyons d'abord l'action de la chaleur. Si l'on chauffe le sang normal dans un tube il noircit rapidement, tandis que le sang intoxiqué reste rouge. Mais cette coloration du sang combiné à l'oxyde de carbone devient un caractère beaucoup plus important encore si l'on a recours à d'autres réactifs. En effet, tandis que le sang normal devient immédiatement noir sous l'action de la potasse ou de la soude caustique, M. Hoppe-Seyler a vu que le sang intoxiqué ne change pas de couleur au contact de ces alcalis, ou du moins change bien plus lentement. Ces diverses propriétés appartiennent en propre à la combinaison définie que forme l'hémoglobine avec l'oxyde de carbone et permettent de caractériser facilement le sang qui a été mis en contact avec l'oxyde de carbone. Elles sont surtout précieuses en ce sens qu'on les retrouve, dans certaines circonstances que nous essayerons de préciser plus tard, non-seulement chez l'animal qui vient de mourir, mais longtemps encore après la mort; il serait même possible de les manifester sur du sang de cadavres putréfiés ou sur du sang depuis longtemps desséché. M. Eulenberg a proposé de remplacer les alcalis caustiques par un mélange de chlorure de calcium et de soude, et de verser ce réactif sur le sang étendu dans une assiette. Mais ce n'est qu'une modification dans le mode opératoire destinée à rendre la réaction plus manifeste.

Les moyens chimiques que je viens de vous indiquer pour reconnaître dans le sang la présence de la combinaison que forme l'hémoglobine avec l'oxyde de carbone sont importants à connaître; mais pour pouvoir être appliqués, ils exigent une certaine quantité de sang déjà appréciable. Le procédé que je vais maintenant vous décrire est purement physique; il permet de retrouver les moindres traces de la combinaison chimique formée par l'hémoglobine, et quelques gouttes de sang suffisent pour le mettre en pratique. Ce procédé consiste dans l'application du spectroscope à l'analyse du sang. Cet instrument si ingénieux, inventé dans ces dernières années par MM. Bunsen et Kirkoff, qui a déjà rendu de si grands services à la chimie minérale et qui, tout récemment, a été appliqué à l'étude de la constitution chimique du soleil et de plusieurs étoiles, s'est aussi introduit dans la physiologie à laquelle il a déjà fourni des renseignements remarquables.

Je n'entrerai dans aucun détail sur la théorie et la construction du spectroscope. Il me suffira de vous montrer que l'analyse spectrale, dont la netteté et la sensibilité sont si précieuses dans l'analyse minérale, s'applique merveilleusement aussi à l'étude de certaines humeurs, telles que la bile et le sang.

Avant de vous donner le détail des expériences spectroscopiques sur le sang intoxiqué par l'oxyde de carbone, il est bon de rappeler en quelques mots comment se comporte le globule rouge du sang qu'on mêle à l'eau pour le soumettre à cette opération. On peut considérer les globules rouges du sang comme composés de deux substances : l'une, insoluble ou peu soluble dans l'eau, forme le *stroma* du globule, c'est la globuline ou la paraglobuline; l'autre, très-soluble, imprègne le globule, lui donne sa coloration rouge, c'est l'hémoglobine. Dans l'état normal, l'hémoglobine ne se dissout pas, ou à peine, dans la liqueur du sang; mais aussitôt que l'on place les globules dans de l'eau, il se fait une diffusion de l'hémoglobine dans ce liquide qui se colore en rouge. Le stroma du globule devient incolore, mais il n'est pas détruit; car, par l'iode, on le fait apparaître avec une teinte jaune.

A l'état normal, l'hémoglobine n'existe pas libre dans le sang; elle est en combinaison avec l'oxygène, aussi bien dans le sang artériel que dans le sang veineux. C'est dans les poumons, au contact de l'air inspiré, que cette combinaison s'effectue. Le sang, devenu artériel, se change peu à peu, pendant son parcours à travers les tissus, en sang noir ou veineux; mais jamais cependant il ne perd la totalité de son oxygène. En réalité, le sang renferme donc toujours de la matière colorante à l'état de combinaison avec l'oxygène (oxy-hémoglobine). Nous avons vu, d'un autre côté, que l'oxyde de carbone mis en contact avec le sang détruit cette combinaison, se substitue volume à volume à l'oxygène, et forme avec l'hémoglobine une nouvelle combinaison beaucoup plus stable que la combinaison oxygénée.

Nous devons donc considérer, pour notre sujet, l'hémoglobine sous trois états :

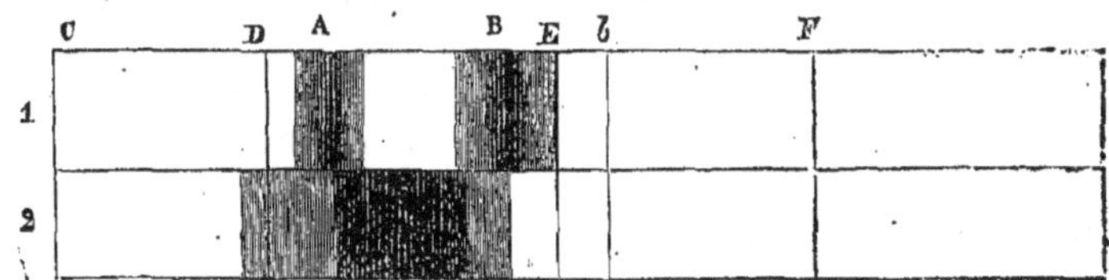

Fig. 155. — Comparaison des spectres de l'hémoglobine oxygénée et de l'hémoglobine complétement réduite. — 1. Hémoglobine oxygénée. — 2. Hémoglobine complétement réduite.

1° Hémoglobine pure, désoxygénée ou réduite.

2° Hémoglobine combinée avec l'oxygène.

3° Hémoglobine combinée avec l'oxyde de carbone.

Lorsqu'on examine au spectroscope une dissolution étendue de sang normal artériel ou veineux, on voit apparaître deux bandes d'absorption. Ces deux bandes noires (A B, fig. 155) sont situées dans la partie jaune du spectre. La présence de ces deux bandes constitue le caractère du sang oxygéné ou de la combinaison de l'hémoglobine avec l'oxygène. Mais si l'on vient à enlever cet oxygène, c'est-à-dire lorsque, par un procédé chimique, on réduit le sang, l'hémoglobine se trouve dégagée de la combinaison, et alors si l'on examine la dissolution au spectroscope, on n'observe plus qu'une seule bande noire plus large, comme si elle résultait du déplacement et de la fusion des deux premières : tel est le caractère de l'hémoglobine réduite. Les substances que l'on emploie généralement pour obtenir cette réduction sont, le fer récemment réduit par l'hydrogène ou le sulfhydrate d'ammoniaque.

Voyons maintenant en quoi le sang empoisonné par l'oxyde de carbone va différer du sang normal à l'examen microscopique. Si l'on en fait une solution étendue et qu'on l'examine aussi au spectroscope, ce premier examen ne nous offre presque aucune différence entre le sang intoxiqué et le sang normal ou oxygéné. Le sang intoxiqué, comme le sang normal, présente deux bandes d'absorption; il n'y a seulement qu'une légère différence des positions des bandes. En d'autres termes, nous constatons les caractères de l'hémoglobine combinée ; mais il serait difficile au premier abord de dire si cette combinaison a lieu avec l'oxygène ou avec l'oxyde de carbone. Le problème est donc de savoir à laquelle de ces deux combinaisons nous avons affaire. Pour arriver à cette connaissance, il faut réduire le sang par l'un des procédés indiqués précédemment.

Lorsqu'on opère sur du sang intoxiqué, cette réduction n'a pas lieu, parce que la combinaison de l'hémoglobine avec l'oxyde de carbone est trop stable pour être réductible par ces agents; après leur action, on continue toujours à voir les bandes d'absorption au spectroscope, tandis qu'on n'en voit qu'une, celle de l'hémoglobine pure, quand on a agit sur du sang normal.

En résumé, il existe une différence bien marquée entre le sang normal et le sang intoxiqué : la combinaison oxygénée de l'hémoglobine est réductible et ne donne plus qu'une raie d'absorption après la réduction, tandis que la combinaison qu'elle forme avec l'oxyde de carbone ne se réduit pas et présente toujours deux raies au spectroscope.

Cette méthode d'analyse est d'une sensibilité extrême et permettrait à elle seule de décider si le sang d'un individu contient ou ne contient pas d'oxyde de carbone. Mais c'est là un caractère empirique qui pourrait appartenir aussi à quelque substance inconnue jusqu'ici. La véritable démonstration d'un empoisonnement, ce sera toujours d'obtenir le corps toxique en nature, afin de pouvoir le reconnaître à tous ses caractères. Il faut toujours tendre à ce mode de recherche et ne s'arrêter aux autres que lorsqu'on ne peut le mettre en pratique.

Dans la question qui nous occupe en ce moment nous devons donc chercher à extraire l'oxyde de carbone du sang intoxiqué et à le retrouver en nature. On a déjà fait beaucoup d'essais dans cette voie ; on a pu dégager l'oxyde de carbone de sa combinaison avec l'hémoglobine au moyen du bioxyde d'azote. L'oxyde de carbone réagissant sur le chlorure de palladium, M. Eulemberg a essayé de déplacer l'oxyde de carbone du sang intoxiqué à l'aide d'un courant d'oxygène pour le faire passer ensuite sur ce réactif. M. Lelorrain, dans une thèse soutenue à Strasbourg en 1868, a obtenu le déplacement de l'oxyde de carbone du sang en traitant celui-ci par l'acide sulfurique étendu et en chauffant à 70 et 80 degrés. Le gaz, ainsi éliminé, peut ensuite, suivant lui, être absorbé, soit par le chlorure de palladium, soit par une solution ammoniacale de

proto-chlorure de cuivre. Mais, pour résoudre la question telle que nous l'avons indiquée, il fallait obtenir le gaz en nature et le reconnaître à tous ses caractères. C'est ce qu'a réalisé M. Gréhant, en dégageant ce gaz de sa combinaison avec l'hémoglobine également au moyen de l'acide sulfurique étendu, à une température très-peu élevée, puis en le recueillant dans le vide produit par la machine pneumatique à mercure. En opérant avec beaucoup de soin on peut donc, par cette méthode, isoler l'oxyde de carbone à l'état gazeux. Toutefois, les plus grandes précautions sont indispensables. En effet, avec des réactifs aussi énergiques que l'acide sulfurique, il serait très-possible d'engendrer, dans des conditions données de chaleur, de l'oxyde de carbone dans du sang qui n'en renfermerait pas primitivement. Du reste, il faut toujours s'en référer au principe que nous suivons comme une consigne, celui des expériences comparatives, qui consiste à traiter simultanément de la même manière du sang sain et du sang intoxiqué. En physiologie, c'est le moyen le plus sûr de se tenir en garde contre les erreurs si faciles dans des sujets si complexes.

Il reste maintenant un point par lequel je terminerai cette leçon. Les lumières de la physiologie pénètrent naturellement peu à peu toutes les sciences médicales. C'est pourquoi, dans ces derniers temps, on est venu demander des secours à cette science pour résoudre certaines des questions de médecine légale. On a voulu non-seulement isoler le corps toxique en nature et examiner ses propriétés physiques et chimiques, mais encore constater ses propriétés toxiques sur des animaux. Ces renseignements deviennent très-utiles surtout quand on se trouve en présence de poisons végétaux, d'alcaloïdes par exemple ; et l'on peut de la sorte appuyer son jugement sur l'ensemble des trois ordres de caractères que peuvent offrir les corps : leurs caractères physiques, chimiques et enfin leurs caractères organoleptiques, c'est-à-dire le mode d'action de ces corps sur nos organes.

Cette méthode est excellente, mais je ferai cependant une réserve.

C'est par la physiologie, à la vérité, que nous arrivons à la connaissance du mode d'action des corps sur nos organes; mais, on concevra que pour s'en servir il faille attendre que cette science soit faite, et en tous cas opérer avec beaucoup de précautions, si l'on veut éviter les erreurs les plus grandes.

C'est surtout en médecine légale qu'il conviendra de se tenir en garde contre ces causes d'erreurs, il faudra ne jamais agir sur un produit impur et toujours recourir aux expériences comparatives que nous ne cessons de recommander afin de nous prémunir contre les conditions inconnues de l'expérience.

A l'appui de ce que j'avance, je vous citerai l'exemple suivant : On veut savoir si un animal est tué par le curare. On recueille son urine, on la concentre, et l'on injecte un peu de cet extrait sous la peau d'une grenouille pour constater les caractères physiologiques du poison. Si la grenouille meurt avec des symptômes plus ou moins analogues à ceux du curare, on en conclut que l'urine était intoxiquée par cette substance. Mais faisons maintenant deux expériences comparatives : prenons, par exemple, deux lapins identiques et faisons-en mourir un par le curare. Recueillons de l'urine de chacun de ces animaux; concentrons-les et introduisons l'extrait de ces deux urines sous la peau de deux grenouilles. Elles meurent toutes les deux. Ce n'est donc pas au curare qu'il faut attribuer la mort dans le second cas, puisque l'animal n'en a pas pris. C'est qu'en effet l'extrait d'urine normale et beaucoup d'autres extraits produisent la mort chez les grenouilles. Si l'on n'a pas une habitude extrême d'analyser les phénomènes de la mort, on ne distinguera pas si la mort est vraiment due au curare ou à une autre cause ; tant que le curare lui-même se trouve mélangé avec beaucoup d'autres matières étrangères. Les caractères physiologiques seuls sont donc souvent incertains, surtout quand on opère sur des grenouilles avec des matières extractives qui sont presque toutes toxiques pour ces animaux.

XVIII

ÉLIMINATION DE L'OXYDE DE CARBONE.

Le spectroscope, grâce à la rapidité avec laquelle il permet d'opérer les analyses sur de petites quantités de sang, nous donne le moyen de suivre pas à pas le globule intoxiqué dans l'économie à toutes les périodes de l'asphyxie. Nous devons donc maintenant chercher à comprendre le mécanisme de cet empoisonnement.

Voici une première expérience dont je vais vous rendre compte. On a placé ce lapin à midi dans la chambre à expérience, où il s'est trouvé exposé à l'action de la vapeur de charbon. On avait eu soin primitivement de lui prendre quelques gouttes de sang en faisant une incision à l'oreille, et de l'examiner au spectroscope. Le sang se réduisait complétement : donc il était normal et ne contenait pas de traces d'oxyde de carbone. Le lapin est tombé sur le flanc à midi et cinq minutes. Il était curieux de voir l'état du sang au moment où le lapin a éprouvé les premiers symptômes de l'empoisonnement. On l'a donc retiré de la boîte, et lui ayant repris un peu de sang par le même vaisseau de l'oreille, on a constaté la présence de l'oxyde de carbone dans les globules : ce sang ne se réduisait plus.

L'animal étant revenu rapidement à la vie, on a renouvelé l'épreuve : à midi et demi, le sang du lapin examiné, se réduisait encore en partie, ce qui prouvait que l'oxyde de carbone absorbé était déjà en partie éliminé ; enfin, à midi quarante-cinq minutes, le sang fut retrouvé tout à fait normal.

Vous le voyez donc, l'emploi du spectroscope nous montre que l'oxyde de carbone se fixe sur le globule, et puis qu'il s'élimine peu à peu de l'organisme. Ce sont ces divers phénomènes que nous allons chercher maintenant à expliquer.

Nous savons déjà que l'oxyde de carbone ne devient toxique que parce qu'il forme avec l'hémoglobine une combinaison chimique définie, dont M. Hoppe Seyler a fait une étude toute spéciale. Ce qui cause l'asphyxie, c'est que cette combinaison est beaucoup plus stable que la combinaison oxygénée de l'hémoglobine qui existe normalement dans le sang ; en effet, si l'oxygène pouvait déplacer l'oxyde de carbone de sa combinaison avec le globule sanguin, l'asphyxie ne pourrait se produire et ne se comprendrait plus.

Nous avons vu enfin que le sang intoxiqué retiré de l'économie conservait les propriétés physiques et les propriétés physiologiques du sang intoxiqué, c'est-à-dire devenu impropre et à vivre et à entretenir la vitalité des autres tissus.

En 1855, lors de mes premières expériences, j'étais arrivé à émettre l'opinion que le globule une fois atteint par l'oxyde de carbone, devait être tué et ne pouvait plus reprendre ses propriétés physiologiques ; de sorte qu'il devait nécessairement être éliminé de l'économie.

Cette supposition, du reste, était plausible, et l'on pouvait se figurer le globule sanguin en quelque sorte comme minéralisé et devenu inerte. — Je me fondais, pour émettre cette opinion, sur ce fait que je viens de vous rappeler, à savoir, que le sang d'un animal empoisonné très-complétement et mort par l'oxyde de carbone, conservait sa couleur rouge pendant très-longtemps après la mort. Or, le fait est toujours aussi exact que par le passé ; il n'a pas changé ; mais l'opinion que je m'en étais faite a dû changer devant de nouvelles expériences exécutées dans d'autres conditions : en effet, si le sang, lorsqu'il est sorti de l'économie, conserve longtemps sa couleur et par suite l'oxyde de carbone qu'il avait absorbé, nous venons de voir qu'il n'en est plus de même lorsque l'empoisonnement n'est pas complet et que le sang continue à circuler dans le corps de l'animal. C'est ainsi que le lapin sur lequel nous venons d'expérimenter a pu, dans l'espace de trois quarts d'heure, éliminer complétement l'oxyde de carbone qu'il avait absorbé. Or, il n'est pas possible d'admettre que tout son sang ait pu se renouveler en si peu de temps.

Nous voici donc en face de deux résultats bien distincts : lorsque le sang d'un animal asphyxié par l'oxyde de carbone reste dans le corps de cet animal et que la mort ne s'ensuit pas ; il peut se débarrasser au bout de quelque temps de tout l'oxyde de carbone qu'il avait absorbé. Si, au contraire, l'empoisonnement est complet, si la mort est survenue ou si l'on a retiré le sang de l'économie, il ne se débarrasse plus de la même manière de son oxyde de carbone. Que se passe-t-il donc dans l'organisme ? Comment se fait cette élimination ? sous quelle forme et à quel état cet oxyde de carbone abandonne-t-il la combinaison qu'il formait avec l'hémoglobine : est-il simplement éliminé sous sa forme propre ou bien passe-t-il à l'état d'acide formique, d'acide carbonique, etc., pour être ensuite expulsé par les voies respiratoires ou par les urines.

Diverses théories ont été émises pour expliquer ce fait de l'élimination de l'oxyde de carbone ; nous les examinerons et nous chercherons par des expériences nouvelles à élucider et à fixer cette question. D'ailleurs, comme cette élimination constitue un phénomène purement physique et chimique, on doit pouvoir, en se mettant dans des conditions convenables, le réaliser aussi bien au dehors qu'au dedans de l'économie ; nous avons déjà entrepris quelques expériences à ce sujet et nous vous en donnerons les résultats dans la séance prochaine. C'est pourquoi nous allons interrompre pour le moment l'examen de ce sujet pour passer à l'explication des phénomènes de l'asphyxie en eux-mêmes.

Quand on asphyxie un animal comme nous le faisons ici devant vous, comment se présente cette asphyxie ; quels symptômes l'accompagnent ? Puis ces symptômes une fois bien constatés, il faudra essayer de nous en rendre compte physiologiquement.

L'animal perd d'abord sa sensibilité, puis il tombe : je dois vous signaler particulièrement ce fait, parce qu'on a proposé l'oxyde de carbone comme anesthésique, et M. Tourdes (de Strasbourg) a même comparé son action à celle du chloroforme. — Il est vrai que l'oxyde de carbone peut être anesthésique, mais à ce titre l'acide carbonique le serait de même. Or, le mot anesthésique ainsi généralisé pourrait s'appliquer à une foule de substances. En effet, l'hémorrhagie elle-même est un anesthésique, puisque son premier effet est de détruire la sensibilité. Mais je crois qu'on doit réserver ce nom aux substances qui produisent l'anesthésie, sans faire courir de grands dangers pour l'existence.

Beaucoup d'auteurs ont soutenu, du reste, que l'anesthésie n'était pas autre chose qu'un commencement d'asphyxie, et ce genre de mort est en réalité le plus ordinaire. Dans presque toutes les manières de mourir, les nerfs de sensibilité sont d'abord atteints; dans la mort par le curare elle-même, qui nous présente un exemple précisément opposé, en ce sens que les nerfs moteurs sont atteints les premiers, la mort survient encore par asphyxie par suite de la paralysie des nerfs respiratoires.

Toutefois, dans l'insensibilité ou l'anesthésie, quelle que soit la cause, il ne faut jamais oublier qu'il y a une marche physiologique constante qui est partout la même. D'abord, ce sont les éléments sensitifs les plus élevés qui sont atteints et ensuite successivement ceux qui sont en quelque sorte moins délicats. La conscience disparaît d'abord; on perd connaissance, comme on le dit vulgairement. Les perceptions sensorielles s'éteignent ensuite, alors que les nerfs de sensibilité générale conservent encore leurs propriétés et que leur oscillation peut déterminer des mouvements réflexes. Je vous ai rendus témoins de ce fait sur un lapin empoisonné par la vapeur de charbon, dont nous avons fait l'autopsie devant vous. Nous nous arrêtons ici pour aujourd'hui; nous reprendrons ce sujet dans des leçons ultérieures.

XIX

Nous allons reprendre des expériences que nous avons interrompues momentanément. Nous avons vu, dans la dernière leçon, que l'oxyde de carbone une fois pénétré dans le sang, pouvait cependant s'éliminer et disparaître de l'économie après un certain temps. Par quel mécanisme cette élimination s'opère-t-elle, et que devient cet oxyde de carbone? Pour cela, revenons à l'étude que nous avions commencée et cherchons d'abord à suivre la substance toxique depuis le moment où elle pénètre dans les globules du sang jusqu'au moment où elle en disparaît.

Lorsque nous mettons un animal dans cette chambre à expérience, il se trouve aussitôt sous l'influence toxique du gaz de la combustion et cependant il ne tombe sur le flanc que cinq ou dix minutes après le commencement de l'expérience. Que se passe-t-il dans cet intervalle de temps? car il commence immédiatement à absorber l'oxyde de carbone qui se trouve dans l'atmosphère vicié. Ce gaz n'existe d'abord dans le sang qu'en très-faible quantité; mais il doit y exister bien avant que l'animal tombe.

En effet, les phénomènes toxiques ne se manifesteront que lorsque l'oxyde de carbone absorbé se trouvera être en proportion suffisante dans le liquide sanguin. Toutes les substances toxiques, ne sont telles qu'à une certaine dose déterminée : les médicaments et les poisons ne diffèrent en réalité que par la dose employée; en d'autres termes, pour qu'une substance agisse sur l'économie soit comme médicament, soit comme poison, il faut l'administrer à une dose efficace, sinon elle ne produira pas l'effet qu'on en attend. L'oxyde de carbone rentre dans le cas de toutes les substances

toxiques ou médicamenteuses. Voici, par exemple, un lapin que nous venons de soumettre à l'action de ce gaz toxique, et aussitôt, bien longtemps avant qu'il ne tombe, nous prenons un peu de son sang par une piqûre faite à l'oreille, et nous l'examinons au spectroscope. Nous trouvons qu'il renferme déjà un peu d'oxyde de carbone et cependant l'animal n'éprouve encore aucun symptôme toxique. Supposons maintenant que cette dose première de gaz délétère ne soit pas augmentée, l'animal continuera à vivre sans avoir éprouvé de phénomènes d'intoxication. Cela arrivera d'ailleurs toujours lorsque l'oxyde de carbone existera en très-faible proportion dans l'air d'une salle.

Cependant, si, sous l'influence de cette faible quantité de gaz toxique, on n'éprouve pas d'accidents toxiques rapides et appréciables par les caractères ordinaires, on n'en éprouve pas moins des effets réels, et nous verrons en effet plus tard qu'un séjour trop continu dans une atmosphère ainsi constituée, peut à la longue avoir des inconvénients et produire des troubles qui deviennent avec le temps manifestes dans l'économie. Il peut donc, sous ce rapport, être très-utile de savoir déceler des traces d'oxyde de carbone dans l'air d'un appartement.

Or, les réactifs chimiques que l'on emploie généralement dans ce but sont trop peu sensibles ou trop difficilement applicables. Le meilleur à mon avis est encore le sang des animaux. Depuis très-longtemps j'ai émis cette idée qu'un animal était le meilleur réactif pour déceler la présence de l'oxyde de carbone dans une atmosphère où il est en très-faible proportion.

Il est indispensable toutefois pour appliquer cette méthode d'investigation à nos recherches d'examiner fréquemment et successivement le sang, puisque nous savons maintenant que l'oxyde de carbone s'accumule et s'élimine peu à peu. Toutefois, cette élimination doit être lente dans l'air vicié, et elle doit l'être d'autant plus que l'atmosphère ambiante renferme plus de ce gaz délétère. De sorte que l'animal accumule l'oxyde de carbone dans son sang, et c'est lorsque tous ses globules en sont saturés et sont empoisonnés qu'il tombe, comme cela arriverait s'il avait perdu à peu près tout son sang. — Cependant la saturation n'est pas complète; cet animal ne meurt pas, s'il est brusquement soustrait à l'action de ce gaz et si l'élimination peut se produire : pour que la mort survienne, il faut que les autres éléments de l'animal meurent à leur tour et ce fait se produit successivement pour chacun d'eux dans ce cas comme dans le cas de mort normale ou par hémorrhagie. — La mort par asphyxie par l'oxyde de carbone nous présente donc en réalité une série de symptômes bien nets, que grâce à l'emploi du spectroscope nous pouvons maintenant suivre pas à pas. Nous avons reconnu, en effet, que cet appareil permet de distinguer soit une réduction incomplète, soit une réduction complète, soit enfin l'absence de toute réduction dans le sang, ce qui correspond à un envahissement plus ou moins complet du sang par le poison.

Ce sont donc ces trois caractères qui vont nous permettre de suivre avec précision l'évolution des phénomènes occasionnés par la vapeur de charbon et l'accumulation successive de l'oxyde de carbone dans le sang, ainsi que son élimination graduelle lorsque l'animal est soustrait à l'atmosphère toxique.

Lorsque l'animal tombe sous l'influence de l'oxyde de carbone et qu'on examine immédiatement son sang au spectroscope, il paraît complétement envahi et l'on ne peut plus constater la moindre apparence de réduction par le fer réduit ou par le sulfhydrate d'ammoniaque (voy. fig. 156, 1). Mais faut-il en conclure que ce sang ne contient plus la moindre trace d'oxygène? Évidemment non, il faudrait s'appuyer sur des analyses chimiques exécutées avec beaucoup de soin pour le démontrer, et si l'oxygène, diminuant peu à peu dans le sang à mesure que l'oxyde de carbone s'y accumule, est alors à son minimum, il en reste cependant encore, mais en quantité insuffisante pour entretenir la vie des tissus e particulièrement l'activité des éléments nerveux.

Dès que l'animal se trouve soustrait à l'atmosphère viciée et qu'il respire de l'air pur, alors les conditions d'élimination de l'oxyde de carbone sont les meilleures possibles et l'animal revient peu à peu. Bientôt le sang, qui ne présentait aucune trace de réduction au moment où l'animal est tombé, offre au spectroscope des caractères évidents d'une réduction commençant (voy. fig. 156, 3) qui s'accroît peu à peu jusqu'à ce qu'elle devienne complète.

de carbone, avait supposé que si l'oxyde de carbone était nuisible, c'était uniquement parce qu'une fois introduit dans le sang, il se combinait à l'oxygène de l'air inspiré pour se transformer en acide carbonique avec dégagement excessif de chaleur, etc. Ensuite est venue ma théorie dans laquelle j'admettais que l'oxyde de carbone formait avec le globule sanguin une combinaison très-stable et telle qu'elle tuait, minéralisait en quelque sorte le globule du sang qui, dès lors, devait mourir ou être éliminé de l'économie.

Mais un physiologiste russe dont nous aurons plusieurs fois à citer le nom dans le cours de ces études, M. Pokrowski, a repris l'idée, sinon la théorie de M. Chenot. Après avoir constaté que des animaux asphyxiés par l'oxyde de carbone pouvaient souvent être ramenés à la vie, si l'on pratiquait à temps sur eux la respiration artificielle, ce physiologiste a admis que l'oxyde de carbone introduit dans l'organisme se change lentement en acide carbonique, et que c'est sous cette forme qu'il est éliminé. Il appuie du reste cette opinion sur des ex-

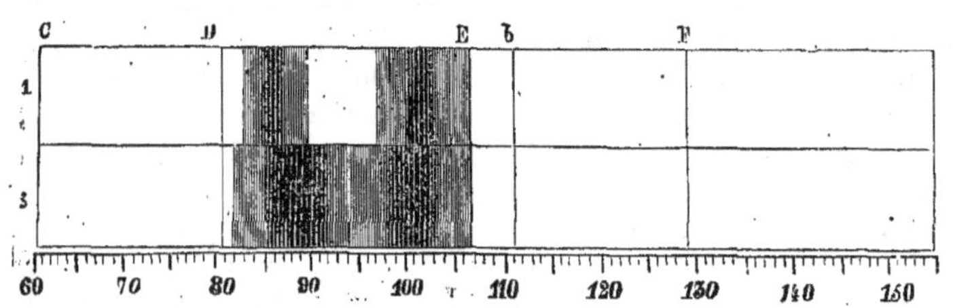

FIG. 156. — Comparaison des spectres de l'hémoglobine oxygénée et de l'hémoglobine à demi réduite. — 1. Hémoglobine oxygénée. — 3. Hémoglobine à demi réduite (mélange d'une partie de sang oxygéné et d'une partie de sang oxycarboné réduit par le sulfhydrate d'ammoniaque).

Mais il est nécessaire que je vous dise ici en quoi consiste ce caractère de réduction partielle. Il est probab'e que les globules du sang sont tous atteints à la fois dans l'empoisonnement par l'oxyde de carbone et qu'il n'en reste pas de sains à côté d'autres qui seraient totalement intoxiqués. Seulement, lorsqu'il y a une réduction incomplète, c'est que l'intoxication du globule n'est pas entière. Nous savons que l'hémoglobine saturée d'oxyde de carbone donne deux bandes d'absorption à peu près comme l'hémoglobine oxygénée du sang normal : mais vous vous souvenez que ce qui les distingue, c'est que, tandis que les deux bandes d'absorption de l'hémoglobine intoxiquée sont irréductibles, les deux bandes de l'hémoglobine oxygénée sont réductibles en une seule bande qui donne le caractère de l'hémoglobine pure. Or, suivant que le sang renferme des proportions relatives différentes d'hémoglobine oxygénée ou oxy-carbonée, il y aura des demi-réductions qu'il sera possible d'apprécier par la coïncidence simultanée des deux ordres de caractères de la réductibilité et de l'irréductibilité de l'hémoglobine du sang. C'est ce qu'on peut voir facilement dans la figure comparative ci-jointe (voy. fig. 156, 1-3).

Maintenant ce qui nous intéresse particulièrement, c'est de savoir ce que devient l'oxyde de carbone une fois qu'il est entré dans l'économie et de nous rendre compte de la manière suivant laquelle il s'élimine. Sur ce point, diverses opinions ont été émises.

Je vous ai déjà dit que M. Chenot, le premier à ma connaissance qui ait donné une théorie de l'action de l'oxyde

périences dans lesquelles il dit avoir constaté une plus grande quantité d'acide carbonique dans l'air exhalé par les poumons, à mesure que l'oxyde de carbone s'éliminait du sang de l'animal.

Mais sans mettre complétement en doute la rigueur de ces expériences, elles ne sont cependant pas absolument concluantes, et l'auteur en convient lui-même à cause de la difficulté presque insurmontable d'éviter toutes les causes d'erreurs multiples qui peuvent faire varier l'exhalation de l'acide carbonique.

Mais, en dehors de toutes les théories, il reste un fait évident que nous avons pu nous-mêmes bien constater avec le spectroscope, c'est que l'oxyde de carbone une fois entré dans l'économie peut en sortir et s'éliminer assez rapidement. Mais la question théorique qui subsiste toujours est celle de savoir sous quelle forme se fait cette élimination? Est-ce à l'état d'acide formique, ou de formiate? Est-ce en nature sous forme d'oxyde de carbone? Est-ce enfin sous forme d'acide carbonique?

On n'a jamais pu constater la formation d'aucune trace d'acide formique pendant cette élimination ou cette disparition d'oxyde de carbone : il faut donc écarter de suite cette première hypothèse.

Voyons maintenant si l'oxyde de carbone s'élimine en nature. L'expérience seule pourra nous répondre à cette question. Et, en effet, il est permis de supposer *a priori* que le poumon peut être doué de ce pouvoir éliminatoire. Je vous ai déjà fait voir que certains gaz, et en particulier l'hydrogène sulfuré, introduits sous la peau d'un animal, s'éliminent en nature par les poumons. En est-il de même pour l'oxyde de carbone ? — Cela pouvait être ; car, si ce gaz n'a pas la faculté de se dégager facilement du sang extrait de l'organisme, il pourrait se faire que le tissu pulmonaire exerçât une action propre dans cette élimination.

J'avais, en effet, depuis longtemps observé qu'il résidait dans cet organe une action toute spéciale favorisant certaines décompositions et par suite certaines éliminations. Ainsi, par exemple, en expérimentant sur les cyanures métalliques injectés dans le sang, j'avais remarqué que ces sels empoisonnent par l'acide cyanhydrique qu'ils dégagent en passant au contact du tissu pulmonaire.

Il serait donc possible que le tissu pulmonaire pût dégager l'oxyde de carbone de sa combinaison avec l'hémoglobine et mît ce gaz en liberté pour lui permettre de se dégager par le poumon. L'expérience seule peut, vous l'ai-je dit, répondre à cette hypothèse. J'ai prié M. Gréhant d'instituer diverses expériences pour rechercher si chez un animal il se dégage de l'oxyde de carbone en nature par les poumons après l'intoxication. Mais il n'a jamais pu constater la présence de l'oxyde de carbone dans l'air expiré par les animaux sains préalablement soumis à l'intoxication par ce gaz, ou du moins s'il en a constaté dans quelques cas ce ne sont que des traces et dans des conditions exceptionnelles qui ne permettraient pas de penser que l'oxyde de carbone absorbé fut ainsi éliminée en totalité. D'ailleurs, M. Pokrowski n'a pas pu constater non plus cette élimination dans des expériences qu'il a tentées à ce sujet.

Cherchons maintenant s'il nous sera possible de démontrer que c'est à l'état d'acide carbonique que se fait cette élimination de l'oxyde de carbone. Nous pouvons dire tout d'abord que s'il y a transformation de l'oxyde de carbone en acide carbonique, ce doit être par une réaction purement chimique capable de s'opérer non-seulement dans l'économie, mais que nous pourrons aussi réaliser en dehors d'elle, si nous nous plaçons dans des conditions aussi identiques que possible avec celles qui se rencontrent dans l'organisme.

Voici un chien que l'on a soumis ce matin à l'action de la vapeur de charbon : il est tombé sur le flanc à neuf heures : à ce moment, il n'y avait plus trace de réduction de son sang, ce qui prouve qu'il était bien intoxiqué. L'animal a été laissé ensuite à l'air pur et il est revenu à la vie. A midi trente minutes, son sang nouvellement examiné se réduisit complétement, ce qui montre que l'oxyde de carbone en avait été complétement éliminé.

Mais au moment où l'animal est tombé sous l'influence délétère du gaz, on avait eu la précaution de lui soutirer un peu de sang intoxiqué qui a été divisé en trois parties.

La première abandonnée à elle-même dans un vase ne présente encore aucune trace de réduction.

La seconde partie a été placée dans un flacon et on a fait depuis ce matin barboter à son intérieur un courant d'air froid pris à la température ambiante. Ce sang ne paraît avoir subi encore aucune modification : la réduction de l'hémoglobine est encore impossible.

Quant à la troisième portion, on l'a maintenue à une température de 38 degrés environ, température moyenne du corps humain, et on l'a fait traverser par un courant d'air chaud à la même température. Nous pouvons dans ce cas constater déjà une réduction incomplète : il y a donc eu dans ces conditions transformation et élimination d'une portion de l'oxyde de carbone contenu primitivement dans le

sang. Cependant l'action n'a pas été aussi rapide que dans l'organisme, puisque le sang du chien n'offre plus maintenant aucune trace d'oxyde de carbone.

BIBLIOGRAPHIE SCIENTIFIQUE

Études sur la maladie des vers à soie ; moyen pratique assuré de la combattre et d'en prévenir le retour, par M. Pasteur. (Paris, Gauthier Villars, 1870.)

On ignore généralement en France et la splendeur du passé et la misère présente de la sériciculture. Pourtant, il n'est guère d'industrie qui par la beauté de ses produits, la puissance des capitaux qu'elle met en œuvre, l'amélioration matérielle et morale qu'elle a portée dans les pays qui la possèdent, mérite plus de fixer l'attention et d'éveiller les sympathies ; il n'en est pas qui, envisagée en elle-même, soit plus intéressante et plus digne d'être connue. La naissance du ver à soie d'un œuf auquel sa ressemblance avec les semences de certains végétaux a valu le nom singulier de graine, ses quatre mues ou changements de peau, la prison soyeuse qu'il se file pour y subir en paix sa transformation en chrysalide d'abord, en papillon ensuite, sa sortie du cocon sous ce dernier état, et sa mort rapide aussitôt que par l'accouplement et la ponte de la graine, il a assuré la perpétuité de l'espèce, tous ces phénomènes si curieux passent en quelques jours sous les yeux de l'éducateur. Six semaines à peine séparent pour lui le moment où il sème de celui où il récolte. Aussi, autrefois, le *temps des magnans* était un temps de fête et d'allégresse, et le mûrier avait reçu le nom d'arbre d'or, de la reconnaissance des populations.

Malheureusement la sériciculture est atteinte depuis vingt ans d'un mal cruel, inexplicable, dont les allures singulières, les manifestations multiples et changeantes déconcertent la raison et déjouent les efforts les mieux combinés en apparence pour le combattre. Une éducation de vers avait-elle par exemple très-bien réussi, de manière à exciter l'admiration de tout le pays environnant, au lieu de la faire étouffer, pour filer les cocons et en faire de la soie, on la consacrait au grainage, dans l'espoir tout naturel d'en tirer de la graine excellente. Eh bien ! il arrivait que presque toujours cet espoir était déçu, et que l'année suivante, les vers sortis de cette graine, au lieu de grossir rapidement comme leurs ascendants, en conservant jusqu'à la fin une égalité parfaite, acquéraient lentement les tailles les plus diverses. Beaucoup périssaient dans les premiers âges, et ceux qui avaient traversé heureusement la quatrième mue ne semblaient guère pouvoir aller au delà ; ils se rapetissaient, semblaient se fondre peu à peu, et finissaient par disparaître presque tous en ne donnant qu'une récolte nulle ou insignifiante. L'impossibilité bientôt constatée par de pareils insuccès de faire de la graine avec nos belles races françaises, avait engagé de nombreux commerçants à aller chercher au loin des semences plus saines ; mais la maladie semblait faire avec eux le tour du monde, et leurs graines exotiques, après avoir réussi une ou deux années en France, étaient frappées de stérilité aussi bien chez nous que dans les pays d'où elles étaient originaires.

Par le fait de sa production dans les éducations qui paraissaient devoir être les plus robustes, la maladie semblait être épidémique ; par le fait de sa marche lente mais régulière, de notre pays vers les régions les plus reculées de l'Europe et de l'Asie, elle semblait présenter au plus haut degré le caractère contagieux ; et cependant d'autres faits, non moins nombreux et non moins probants en apparence, venaient témoigner qu'elle n'était ni épidémique, ni contagieuse. Pour n'en citer qu'un, on avait vu, dans l'éducation d'un mélange de deux graines, l'une à cocons blancs, l'autre à cocons jaunes, la première périr presque complétement, tandis que l'autre donnait une récolte très-satisfaisante.

L'incertitude n'était pas moins grande si l'on cherchait à étudier la maladie en elle-même, sans se préoccuper davantage de son caractère nosologique. Ainsi, M. de Quatrefages, après en avoir fait une étude soigneuse, avait cru pouvoir la caractériser par l'existence à l'intérieur et surtout sur la peau du ver de taches très-petites, simulant un semis de *poivre noir*, et avait été ainsi conduit à lui donner le nom de pébrine. Mais l'expérience montrait que des vers pouvaient être tachés sans être malades, et inversement que des vers non tachés ne donnaient pas nécessairement de la bonne graine. Voulait-on pénétrer plus avant dans l'étude de la maladie, on se trouvait en présence des résultats contradictoires obtenus par divers physiologistes. Ainsi, MM. Lebert et Frey avaient établi qu'à l'intérieur de tous les vers et de tous les papillons malades, existait en abondance un parasite spécial, visible seulement au microscope, le corpuscule, observé pour la première fois par M. Guérin-Menneville, et dont l'importance au point de vue pathologique avait été entrevue par M. Cornalia. Mais à en croire un autre savant, M. Filippi, ces corpuscules existaient normalement dans tous les papillons.

Un progrès réel avait pourtant été réalisé le jour où M. Osimo avait découvert les corpuscules dans les œufs du ver à soie, et où M. Vittadini, après avoir reconnu que leur nombre augmentait dans une ponte au fur et à mesure qu'on se rapprochait de l'époque de l'éclosion, avait fondé sur l'examen microscopique de la graine un moyen de distinguer la bonne de la mauvaise. Le corpuscule est bien, en effet, comme nous allons le voir, la cause de la maladie, et une graine qui en renferme ne peut jamais donner de cocons ; mais ces deux faits n'étant pas démontrés, l'incertitude existait sur la valeur théorique du procédé. Quant à la pratique, il donnait trop souvent comme bonnes des graines détestables, et lorsqu'il en condamnait une, c'était au nom de principes trop incertains pour que l'éducateur fût blâmable de ne tenir aucun compte des conseils de la science.

Telle était la situation en 1865, lorsque M. Pasteur commença ses recherches, à l'instigation de M. Dumas. On ne savait rien sur la nature et la cause de la maladie régnante, et tous les efforts pour la combattre étaient demeurés impuissants. Aussi, en désespoir de cause, s'était-on arrêté avec une persistance singulière à ces mots de « pays infecté », de « milieu délétère », de « choléra des vers à soie », expressions vagues, mal définies, qui parlent à l'oreille sans rien dire à l'esprit, et qui, depuis les travaux de M. Pasteur, doivent disparaître pour la maladie des vers à soie, en attendant que des travaux analogues les fassent disparaître pour les maladies humaines.

Les recherches de M. Pasteur, résumées aujourd'hui dans un beau livre, orné de planches et de gravures sur acier dont quelques-unes sont de véritables chefs-d'œuvre, ont entièrement élucidé, comme nous allons le voir, le problème soulevé par l'existence de la maladie, et ont conduit à un moyen pratique assuré de la combattre et d'en prévenir le retour. De pareils résultats obtenus en quelques années dans une voie si obscure et si souvent explorée en vain, ne surprendrait aucun de ceux qui connaissent M. Pasteur comme savant. Ils n'étonneront pas non plus ceux qui l'ont vu à l'œuvre dans sa laborieuse solitude de Pont-Gisquet, près Alais (Gard). On sortait, lorsqu'il commença ses études de cette désastreuse année 1865, qui avait accumulé ruines sur ruines dans les pays séricicoles.

M. Pasteur commença par s'assurer que le corpuscule n'existe normalement à aucun âge dans le ver à soie, et qu'en élevant convenablement de la graine saine, les vers, les chrysalides, les papillons et leurs œufs sont également exempts de corpuscules. Mais si, prenant des vers sains, on leur fait avaler ou on leur inocule par une piqûre des corpuscules frais empruntés soit à un ver malade, soit à ses déjections, les vers ainsi traités sont atteints sûrement d'une maladie qui, par ses caractères extérieurs, rappelle tout à fait la pébrine, et corrélativement, les corpuscules ainsi introduits dans leur organisme, s'y développent au point de l'envahir en entier. Le corpuscule est donc la cause de la maladie, et la pébrine est due et uniquement due au développement anormal de ces petits êtres.

Heureusement, la marche de la maladie n'est pas aussi rapide que sûre, et ce n'est guère qu'une trentaine de jours après la contagion que l'animal est assez envahi par le parasite pour être vraiment malade, et ne plus pouvoir par exemple filer son cocon. Comme sa vie à l'état de larve n'est que de trente-cinq jours environ, tout ver qui sort d'une graine saine, c'est-à-dire qui ne contient pas au moment de sa naissance de corpuscules en voie de développement, donnera presque sûrement son cocon. Il faudrait, pour qu'il en fût autrement, qu'il se contagionnât dès les premiers jours de son existence, c'est-à-dire à une époque où la maladie est encore pour ainsi dire latente chez ses voisins même les plus infectés, et où il a mille chances de ne pas rencontrer autour de lui des corpuscules formés qu'il pourrait avaler ou s'inoculer par des blessures. Donc, si une graine est saine, c'est-à-dire exempte de corpuscules, l'éducation qui en provient ne peut périr de la pébrine. Voilà évidemment un fait d'une importance capitale, et il n'est pas le seul de cet ordre.

Il résulte en effet de cette espèce de durée d'incubation de la maladie une autre conséquence : c'est que le ver à soie passant de quinze à vingt jours dans son cocon, pour peu qu'il soit malade lorsqu'il s'encoconne, et il peut l'être assez peu pour paraître, même au microscope, parfaitement sain, les quelques corpuscules qu'il renferme vont se développer peu à peu chez lui. Ils envahiront tous les tissus de la chrysalide, et en particulier celui au milieu duquel se forment les œufs. Dès lors, ceux-ci pourront en renfermer quelques-uns dans leur inté.ieur, et les vers qui en naîtront, corpusculeux à leur naissance, ne pourront pas, nous l'avons vu, arriver jusqu'au cocon. On n'obtiendra donc de récolte industrielle d'une graine que si elle est pure, et elle ne le sera sûrement que si elle provient de papillons exempts de corpuscules.

Nous sommes donc autorisés à dire maintenant que la maladie est contagieuse et héréditaire, mais en donnant à ces deux mots de contagion et d'hérédité un sens bien défini, car ils représentent tous les deux l'introduction soit dans un ver sain par le fait de ses voisins malades, soit dans un œuf par le fait de la femelle corpusculeuse, d'un seul et même élément, le corpuscule en voie de développement. M. Pasteur a même été plus loin, et il a rattaché entre elles ces deux questions de contagion et d'hérédité en montrant qu'au commencement d'une campagne séricicole, il n'y a de corpuscules vivants que ceux qui sont contenus dans les œufs malades. Tous les autres, tous ceux, par exemple, qui se présentent en si grande abondance dans les poussières des magnaneries sont morts et incapables de se reproduire. Ce sont donc les corpuscules héréditaires seuls qui permettent à la maladie de reprendre chaque année son caractère contagieux, et elle disparaîtrait pour jamais le jour où, dans le monde entier, on n'élèverait que de la graine saine.

Telles sont les conclusions théoriques des travaux de M. Pasteur. Ses conclusions pratiques n'en sont pas moins nettes. Voulez-vous savoir, dit-il aux éducateurs, si un lot de cocons vous donnera de la bonne graine ? Séparez-en une portion que vous chaufferez de façon à accélérer de quatre à cinq jours la sortie des papillons, et voyez si ceux-ci sont corpusculeux. Leur examen microscopique est plus facile et plus sûr que celui des œufs, parce que les corpuscules y sont beaucoup plus multipliés. S'ils sont mauvais, envoyez le lot principal à la filature : faites-le grainer au contraire si vous ne rencontrez qu'un nombre très-restreint d'individus malades ; la graine en sera bonne, et l'éducation réussira. Seulement, à cause de la présence initiale et de la multiplication des corpuscules, elle sera elle-même impropre au grainage. Mais voulez-vous qu'elle reste bonne jusqu'à la fin, et vous donne une graine irréprochable ? Partez de graine absolument saine, provenant de parents absolument purs, et élevez-la dans des conditions de propreté et d'isolement tels que l'infection ne puisse s'y répandre. Que si par malheur elle y apparaît, je vous donne encore le moyen d'établir une sélection et de séparer rigoureusement les œufs sains des œufs corpusculeux.

En d'autres termes, le *procédé Pasteur* permet de ne consacrer au grainage que les lots de cocons pouvant donner de la bonne graine. Il y en a tous les ans beaucoup de pareils, même dans les pays les plus infectés, que l'on envoie sans examen à la filature, et dont on pourrait tirer à volonté soit de la graine propre à donner une récolte industrielle, soit de la graine tout à fait pure, destinée à fournir elle-même des reproducteurs sains. Dix minutes suffisent, quand on a en main le livre de M. Pasteur, pour se mettre au courant de la méthode à suivre ; des photographies microscopiques et des planches nombreuses permettent de lever en un clin d'œil toutes les difficultés d'observation. La pratique du procédé est donc des plus simples, quant à ses résultats et à sa valeur, s'il pouvait à ce sujet rester quelques doutes, ils seraient entièrement levés par les chiffres éloquents inscrits dans les documents qui accompagnent l'ouvrage.

Voici, par exemple, M. le marquis Crivelli qui, élevant par centaines d'onces une graine faite au microscope, en obtient une moyenne de 48 kilogrammes par once de 25 grammes, c'est-à-dire deux fois et demie le rendement des époques de prospérité. Même moyenne à peu près, 47 kilogrammes, dans les Basses-Alpes, avec les graines faites par milliers d'onces, par M. Raybaud-Lange, dans ce même département. La réussite de ces graines était générale la même année, et dans le Gard, l'invasion d'une maladie nouvelle et les insuccès complets qu'elle occasionnait n'amenaient pas leur rendement moyen au-dessous de 21 kilogrammes par once. Elles donnaient donc dans ce département qui a été de tous le moins favorisé, et qui est pour ainsi dire la terre classique de la pébrine, un rendement certainement supérieur à 30 kilogrammes par once, dans toutes les éducations où elles n'avaient pas été atteintes par la maladie nouvelle, contre laquelle rien à cette époque ne les garantissait.

Cette lacune est comblée aujourd'hui, et il importe à ce sujet de dire quelques mots de cette maladie, que j'appelle nouvelle, bien qu'elle soit aussi vieille que la sériciculture, parce que jusqu'à M. Pasteur elle avait été confondue avec la pébrine, et qu'elle n'avait jamais d'ailleurs, de mémoire d'homme, sévi avec autant d'intensité. Ses caractères extérieurs sont fort singuliers. Une éducation a, par exemple, très-bien marché jusqu'après la quatrième mue, et le succès semble assuré, lorsque tout à coup les vers, saisis d'une torpeur inexplicable, cessent de manger, semblent au contraire fuir la feuille, et périssent presque tous en conservant à tel point les apparences de la vie, qu'il faut les toucher pour s'assurer qu'ils sont morts. Quelques jours, souvent quelques heures, suffisent ainsi à la flacherie ou maladie des morts flats pour transformer en un charnier infect la plus belle chambrée. On comprend, qu'à ce degré d'intensité, ce fléau ait paru plus redoutable que la pébrine, et que la science se soit préoccupée de savoir quelle en était la cause, et s'il était possible de le prévenir.

Or, en étudiant le contenu du canal digestif des vers morts flats, M. Pasteur trouva la feuille qui remplissait ce canal envahie par les mêmes organismes microscopiques que ceux qui s'y développent, lorsqu'après l'avoir broyée avec de l'eau, on la met à fermenter dans un vase en verre. Comme ces organismes ne se rencontrent jamais dans un ver bien portant qui digère bien, il est évident que les vers flats digèrent mal, et l'on devine quel doit être l'effet d'un pareil accident chez des êtres qui paraissent vivre uniquement pour manger, et qui consomment en effet des quantités prodigieuses de nourriture.

Maintenant, ces productions organisées qui se forment dans l'intestin des vers malades, sont-elles la cause ou le résultat de la maladie ? La précèdent-elles, ou ne prennent-elles naissance que par suite de la répercussion sur les fonctions digestives d'un affaiblissement général du ver ? Si, prenant des vers sains, on leur fait avaler un peu de la matière intestinale ou des déjections d'un ver malade, et si on les voit à la suite de ce repas, périr morts flats, en présentant à leur tour dans leur intestin les mêmes organismes microscopiques que ceux qu'ils ont ingérés, il sera bien évident que c'est l'ingestion de ces ferments et leur développement ultérieur qui aura causé la mort. La maladie est donc contagieuse, et pour empêcher les vers malades de la communi-

quer aux vers sains, en salissant par exemple par leurs déjections humides les feuilles que ceux-ci vont manger, il faut, comme pour la pébrine, tenir ses vers aussi espacés que possible. Il faut faire de ces éducations à grande surface, si vivement recommandées par M. Pasteur, dont les heureux résultats sont mis en évidence dans son livre, par les expériences les plus ingénieuses et les plus nouvelles, et qui sont pour les vers ce qu'est pour l'espèce humaine la vie à la campagne comparée à la vie des villes.

Mais si la flacherie peut ainsi provenir chez un ver sain de son contact avec des vers malades, sa marche rapide et foudroyante dans quelques cas, semble prouver qu'elle a un autre mode de développement. Comme elle n'est autre chose qu'une mauvaise digestion, chez un animal organisé pour les faire bonnes et rapides, on devine que l'affaiblissement des facultés digestives devra provenir quelquefois d'un affaiblissement du ver produit par des fautes d'éducation. Toutefois, les insuccès produits par cette cause sont et seront toujours l'exception. Sur vingt échecs, par exemple, il n'y en a guère maintenant plus d'un imputable à l'éducateur. Quant aux autres, si l'on fait à leur sujet une espèce d'enquête, on constate presque toujours qu'ils ne sont pas irrégulièrement distribués. Ils se produisent de préférence sur certains lots de graines, partagés quelquefois entre plusieurs éducateurs, et qui, malgré cette circonstance, ont tous été attaqués de la même maladie. Il y a donc des graines qui semblent prédisposées à mourir de la flacherie, en d'autres termes, il y a ici, comme pour la pébrine, une question d'hérédité que M. Pasteur a heureusement abordée et résolue.

Toutes les éducations attaquées de la maladie des morts flats ne périssent pas, en effet, à l'état de vers, et il y a telle production microscopique qui, tout en envahissant les vers affaiblis, et les affaiblissant davantage, leur laisse cependant assez de vigueur pour faire leur cocon et y subir les transformations ordinaires. C'est sous cette forme bénigne en apparence que la maladie est vraiment redoutable : car si, séduit par l'aspect florissant qu'elle laisse quelquefois à l'éducation, on consacre celle-ci au grainage, on obtient de la graine qui peut à la rigueur réussir l'année suivante, mais qui est affaiblie, et chez laquelle le moindre accident d'éducation, qui avec une autre, eût passé inaperçu, développera presque fatalement la maladie des morts flats. Comme il n'y a pas d'éducation sans accidents ou sans fautes, de pareilles graines seront ruineuses pour tous ceux qui les élèveront. Il y a donc un intérêt majeur à ne jamais consacrer au grainage une chambrée dont les vers sont à la fin de leur vie sous l'influence de la maladie des morts flats : « Si j'étais éducateur, dit-il avec force M. Pasteur, je ne voudrais jamais élever une graine née de vers que je n'aurais pas observés à maintes reprises dans les derniers jours de la vie ». S'ils sont alors lents dans leurs mouvements, lents à monter à la bruyère, lents à choisir la place où ils feront leur cocon, lents à le filer, c'est qu'ils sont malades, et impropres à la reproduction.

Mais il arrive quelquefois que cet examen est impossible. L'éducateur devra-t-il alors s'abandonner au hasard ? Non, car M. Pasteur lui apprend à retrouver, soit dans la chrysalide avant la ponte, soit dans le papillon, le témoin de la maladie du ver. On peut donc s'assurer contre la flacherie, comme contre la pébrine, au moyen de deux examens microscopiques, l'un, celui de la flacherie, portant de préférence sur les chrysalides; l'autre devant, pour être concluant, être fait plus tard et porter uniquement sur les papillons. Pour se mettre à l'abri de ces deux fléaux redoutables, deux heures de travail suffisent. Qui pourrait hésiter à se les imposer ?

Duclaux,
Professeur suppléant à la Faculté des sciences de Clermont.

Le propriétaire-gérant : Germer Baillière.

PARIS. — IMPRIMERIE DE E. MARTINET, RUE MIGNON, 2.

REVUE

DES

COURS SCIENTIFIQUES

DE LA FRANCE ET DE L'ÉTRANGER

SEPTIÈME ANNÉE — NUMÉRO 31 — 2 JUILLET 1870

Paris, 1ᵉʳ juillet 1870.

Pendant que nous constations un léger affaissement dans l'intensité de la variole à Paris, l'épidémie reprenait une nouvelle vigueur et la mortalité hebdomadaire remontait brusquement de 165 à 238, chiffre bien supérieur à tous les précédents.

Le ministère de l'agriculture et du commerce avait renvoyé au *conseil consultatif d'hygiène* placé près de lui les tableaux de la mortalité variolique à Paris. Il en est résulté un rapport rédigé par M. Michel Lévy, au nom d'une commission composée de MM. Husson, Fauvel, Reynaud, Lhéritier et Michel Lévy. Ce rapport a pour but de rassurer la population parisienne. Il constate que l'épidémie actuelle ne s'est pas produite aussi soudainement qu'on le croit.

Du 1ᵉʳ janvier au 24 mai 1870, elle a produit dans les hôpitaux de Paris 4251 cas de variole, dont 172 cas dits *intérieurs* (développés dans les salles), (4,16 pour 100 ou 1 sur 24), et dont 683 suivis de mort (16,07 p. 100). Voilà une proportion de mortalité qui proclame déjà le bénéfice de la vaccine; plus les vaccinations s'étendent, se répètent, se multiplient, moins la variole trouve d'accès et plus elle perd de sa gravité. Le meilleur terrain de démonstration de cette vérité, qu'on ne saurait trop faire sonner par toutes les voix de la publicité, c'est l'armée : tout soldat, dès son arrivée au corps, est vacciné ou revacciné; cependant il y a parfois des retards, des empêchements temporaires. Du 1ᵉʳ janvier au 27 mai 1870, les 13 050 hommes qui dirigent leurs malades sur le Val-de-Grâce n'ont donné que 116 cas de variole, dont 19 intérieurs, et sur 116 cas 4 décès (3,44 décès p. 100); sur les 116 varioleux du Val-de-Grâce 93 avaient été vaccinés dans l'enfance, 13 revaccinés avec succès, 3 sans succès ; 7 n'avaient jamais été vaccinés, et ils ont compté un décès.

On sent, au choix de ces chiffres, la main du chef des hôpitaux et de celui du Val-de-Grâce. Mais ce qu'il importe de mettre en lumière, — pour rassurer par la vérité — c'est le chiffre de la mortalité totale, en ville aussi bien que dans les hôpitaux.

Le rapport constate l'efficacité des revaccinations bien faites, qui paraît maintenant hors de doute, et recommande aussi bien le vaccin de génisse que celui d'enfant. Puis il insiste sur la nécessité d'isoler les varioleux, reconnue par tous les médecins.

Toutes les administrations hospitalières de France doivent être informées que la réunion des varioleux dans un service spécial et isolé de tous les autres services de malades a procuré dans les hôpitaux de Paris une notable diminution de cas intérieurs : un hôpital séparé, un pavillon affecté exclusivement aux varioleux, à leur défaut une ou plusieurs salles avec un escalier particulier, au moins la séparation d'un palier intermédiaire, et, dans tous les cas, un personnel spécial pour le soin des varioleux, voilà la gradation rationnelle de ces dispositions de services qui, usitées depuis bien longtemps dans les hôpitaux militaires, y ont toujours restreint les propagations contagieuses.

VII.

Mais l'administration des hôpitaux de Paris a-t-elle bien pratiqué cet isolement, même au dernier degré indiqué? Ce point vient précisément d'être discuté à la *Société médicale des hôpitaux* à la suite d'une lettre du docteur Guyot, qui adresse de nombreuses critiques au service des varioleux et demande que le conseil de surveillance soit saisi de la question. C'est à l'ancien hospice des Incurables qu'on a surtout organisé l'isolement des varioleux : eh bien! ce service n'y a pas de personnel spécial, et c'est là pourtant ce que le rapport, avec beaucoup de raison, déclare indispensable dans tous les cas.

L'administration des hôpitaux a fait ce qu'elle a pu, disent plusieurs médecins. — Sans doute, aujourd'hui. Mais il ne faut pas attendre que l'ennemi soit dans la cité pour se préparer à le combattre. Depuis quatre ans, date du travail de M. Vidal, la nécessité d'isoler les varioleux est universellement reconnue, et l'administration des hôpitaux devait d'autant mieux prendre ses mesures pour la réaliser, que, depuis cette époque, c'est encore le rapport qui le déclare, la variole conserve toujours à Paris le caractère épidémique. La vérité c'est qu'on n'écoute pas les médecins quand il s'agit de construire des hôpitaux, et lorsqu'il faut lutter contre l'épidémie, on a des monuments propres à tout, excepté à leur destination. Tout le monde se souvient encore des protestations soulevées par le projet du nouvel Hôtel-Dieu. Est-ce que l'exécution a été seulement retardée?

ÉMILE ALGLAVE.

LE FOND DE L'ATLANTIQUE (1)

Depuis deux années déjà, M. B. Pierce dirigeait les travaux hydrographiques sur le *Gulf Stream*, ainsi que les sondages et dragages des eaux profondes, lorsque je fus invité à me joindre à lui, pour une troisième expédition. Comme les années précédentes, les explorateurs trouvèrent alors tout ce qui leur était nécessaire pour une opération aussi importante, à bord du steamer *Bibb*, faisant partie du service du *Coast Survey* des États-Unis; M. Robert Platt, chargé des travaux hydrographiques, était le capitaine du vaisseau, tandis que son aide, L. F. Pourtalès, surveillait les opérations de dragages, comme il l'avait fait jusqu'alors. Je m'étais joint à cette expédition, dans le but de m'assurer jusqu'où

---

(1) Rapport sur les dragages faits au fond du Gulf Stream pendant la troisième exploration du steamer *Bibb* des États-Unis, adressé au professeur Benjamin Pierce, inspecteur en chef du relevé des côtes des États-Unis (*Coast Survey*).

allaient les dernières investigations relativement à l'espace qui devait être exploré et jusqu'à quel point et dans quelle direction il était désirable de poursuivre les recherches ultérieures, dans les mêmes régions, afin d'en retirer des renseignements scientifiques importants. Le travail de M. Pourtalès a eu un si grand succès, les résultats obtenus dans ce court espace de temps ont tellement dépassé les espérances, et ont une valeur scientifique si réelle, que l'on ne saurait s'attendre de ma part qu'à une répétition, ou bien, dans quelques cas, à une simple modification de ces recherches. C'est un plaisir pour moi de constater que, bien que notre croisière ait exploré cette année-ci le *Gulf Stream* plus à l'est que les années précédentes, entre Cuba et les Bahamas d'un côté, et la Floride de l'autre, nous n'avons fait que confirmer les conclusions de M. Pourtalès. Les résultats qu'il a obtenus peuvent donc être considérés comme des faits établis, méritant la plus entière confiance du monde scientifique; il ne leur faut, pour être appréciés à leur juste valeur, que le genre de publicité que peuvent leur donner les descriptions illustrées et les cartes. Quant ils auront été publiés ainsi, on verra que nous devons au *Coast Survey* la première base large et détaillée d'une exploration complète du fond de la mer dans une grande étendue; une ère nouvelle s'ouvrira alors aux recherches zoologiques et géologiques.

J'insiste sur ces faits, parce que les données obtenues jusqu'ici sur les animaux du fond de la mer n'ont été comparées méthodiquement, ni les unes aux autres, ni avec celles fournies par l'examen des habitants des eaux moins profondes et des eaux de nos côtes. De plus, les recherches précédentes n'ont pas été poursuivies sur des surfaces étendues combinées de manière que chaque point nouvellement étudié soit déterminé par rapport aux investigations précédentes, comme on l'a fait dans les dragages de ces deux dernières années. Dans la récente exploration du *Gulf stream* par M. B. Pierce, les opérations de dragages ont été faites sur une large surface, justement afin d'éviter la possibilité de toute conclusion accidentelle ou prématurée. Je ne parlerais pas en ces termes des recherches auxquelles j'ai pris part, si les principaux résultats obtenus n'avaient pas été déterminés primitivement par M. Pourtalès, avant que je me joigne à l'expédition.

I. — LA VIE ANIMALE DANS LES PROFONDEURS DU GULF STREAM.

Il est certain maintenant que l'espace occupé par le courant qui se manifeste à la surface de l'Océan a une faune particulière, indépendante, et totalement distincte de celle des eaux plus profondes. A cet espace appartiennent ces espèces de coraux regardés comme les vrais architectes des récifs de corail, et auxquels, dans un travail antérieur, j'ai donné pour cette raison le nom de *constructeurs de récifs (reef-builders)*. Cette faune est très-limitée en profondeur; elle n'a pas plus de dix brasses, et elle est occupée principalement par des coraux qui acquièrent de très-grandes dimensions par suite de leur agrégation. Tels sont : le *Madrepora palmata, cervicornis* et *prolifera*, le *Porites astræoides*, l'*Oculina diffusa*, l'*Eusmilia fastigiata*, l'*Astræa annularis* et *cavernosa*, l'*Isophyllia dipsacea*, le *Manicina areolata*, le *Colpophyllia gyrosa*, le *Meandrina mammosa*, et d'autres espèces du genre *Diploria cerebriformis*, *Siderastræa radians* et *siderea*, *Agaricia agaricites*, *Myretium elephantotus*, *Millepora alcicornis*, les plus

grandes espèces de *Gorgonia*, enfin, un grand nombre d'animaux de toutes les classes vivant sur et dans les récifs, parmi lesquels on doit remarquer le *Rhipidigorgia flabellum*, le *Diadema Antillarum* et le *Strombus gigas*. C'est dans cette région (la seule de ce genre qui ait été soigneusement explorée par les naturalistes) que je me suis procuré autrefois ces grandes et belles collections de coraux qui ornent maintenant le Musée de Zoologie comparée de Cambridge.

Au delà de cet espace dont l'étendue varie de quelques milles le long de la côte de la Floride, nous trouvons, dans le voisinage du cap Floride, à douze, quinze ou vingt milles du cap Sable, une autre zone qui est plutôt stérile ou tout au moins, dans laquelle on ne remarque pas cette richesse de vie animale et végétale qui caractérise le banc de récifs. — Le fond de cette seconde zone est une masse vaseuse formée de coquillages morts et cassés, de coraux brisés et de gros sable de corail ; elle est principalement habitée par des vers et par des coquillages qui recherchent un sol de cette nature. On y trouve encore quelques petites espèces de coraux vivants, des Alcyonariens et beaucoup d'Algues. La constitution du lit de cette zone, particulièrement à une profondeur de vingt à quarante brasses, démontre qu'un grand nombre de mollusques et de zoophytes morts et brisés ont été déposés à sa surface, par l'action des courants et des marées.

Je n'énumère pas en ce moment les animaux et les plantes caractéristiques qui se trouvent dans cette région sous-marine et dans celle que nous venons de décrire, parce que le travail d'identification en est encore très-incomplet. D'ailleurs, quelques-unes des espèces les plus communes et les plus caractéristiques ne sont encore ni décrites, ni nommées, et seraient fatalement omises dans toute liste des espèces appartenant spécialement à la faune du *Gulf Stream*. Jusqu'ici, un semblable catalogue ne pourrait contenir que les espèces déjà étudiées par les naturalistes d'après les spécimens échoués sur le rivage, et ne donnerait aucune idée des faunes actuellement vivantes dans leur habitat naturel. Il est fort à désirer, sous ce rapport, que le résultat scientifique de ces explorations soit promptement connu (1), et publié avec des explications aussi complètes que possible.

Une troisième région ou zone, commence à une profondeur de cinquante ou soixante brasses et s'étend jusqu'à deux cents à deux cent cinquante brasses ; elle constitue un large plateau incliné, au delà duquel le fond de la mer s'abaisse brusquement et devient très-profond. Le lit de cette zone est rocheux ; c'est de la pierre calcaire conglomérée, espèce de *lumachelle*, entièrement composée de restes solides d'êtres organisés. Ce véritable calcaire concrété est semblable à celui que l'on trouve dans plusieurs étages de la formation jurassique, et plus particulièrement dans cet étage que les géologues appellent *coral-rag*. Le plateau correspondant au coral-rag a une étendue de plus de cent milles ; il commence aux Marquises et se prolonge jusqu'au

---

(1) Les coraux trouvés dans les premières explorations sont décrits par M. Pourtalès dans les numéros 6 et 7 du *Bulletin* du musée de Cambridge , pages 103-141. Un rapport préliminaire sur les Échinodermes se trouve au numéro 9 du *Bulletin*, pages 253-361. Comme je n'ai pas énuméré les espèces décrites ici, il ne sera pas inutile de remarquer que, malgré quelques additions faites depuis, ce rapport était préparé avant la remise des numéros 9, 10, 11, et 12 du *Bulletin*. Les observations sur la croissance des coraux ont été écrites immédiatement après mon retour de la Floride, en mai 1869.

cap Floride. Il varie de huit à dix, douze ou vingt milles de largeur ; c'est en face de Sombrero qu'est sa plus grande étendue ; il est entièrement formé d'animaux vivant encore aujourd'hui à sa surface, et qui, par leur accumulation, augmentent sans cesse l'épaisseur de son lit. De grands fragments de ce roc ont été ramenés par la drague, de sorte que sa structure et des restes caractéristiques d'animaux ont pu être étudiés à loisir. Je ne sache pas qu'il existe dans les annales de notre science une explication plus claire de la manière dont les masses énormes de dépôts calcaires se sont accumulées au fond de l'Océan.

Les animaux habitant ce plateau sont innombrables ; et les espèces n'y sont pas moins variées que sur les rivages les plus fertiles en productions animales. On y rencontre une grande variété de coraux, tous de petite dimension et, chose étrange, ils appartiennent à des espèces que l'on n'a jamais vues sur nos côtes. Ils ne ressemblent pas aux coraux vivants, mais plutôt aux types des périodes tertiaires et crétacées. Des Échinodermes sont également nombreux ; ils sont aussi petits, si on les compare à ceux que l'on trouve sur les rives plus rapprochées, et rappellent par leurs affinités zoologiques les types caractéristiques de la période crétacée. Des formes analogues aux Solénoïdes et aux Discoïdes, que l'on n'avait jamais rencontrées jusqu'ici parmi les Échinodermes vivants, ont été découvertes sur ce plateau. Au nombre des mollusques, je puis mentionner une espèce, le *Voluta junonia*, considéré jusqu'à présent comme le coquillage le plus rare des côtes méridionales des États-Unis, et connu seulement d'après quelques spécimens détériorés. La drague a ramené un certain nombre de spécimens vivants, jeunes et vieux, de cette espèce, qui offre un intérêt particulier par sa grande ressemblance avec le *Voluta Lamberti* du crag, et avec le *Voluta mutabilis* des lits du miocène de la Virginie et du Maryland. Deux espèces de Brachyopodes, — *Terebratula cubensis* (Pourt.), et *Waldheimia floridana* (Pourt.) — sont extrêmement communes et contribuent à donner à cette faune un incontestable caractère d'ancienneté. On n'a pas vérifié l'identité d'un grand nombre d'autres mollusques. Les vers et les crustacés abondent également dans cette zone et l'on s'est aussi emparé de quelques poissons qui m'étaient inconnus. Tous ces animaux sont encore indéterminés.

La richesse extraordinaire, la profusion et la variété de la vie animale sur ce plateau m'ont étonné, non-seulement par la singularité des types, mais encore par le nombre considérable des individus de chaque espèce. La drague remontait d'une telle profondeur chargée et encombrée de toutes sortes de créatures vivantes, comme si elle avait été traînée sur des bas-fonds : c'était un coup d'œil à la fois rare et émouvant pour un naturaliste. Un semblable résultat était des plus inattendus, surtout après l'impression générale qu'avaient produite les vastes opérations de dragage d'Edward Forbes et du capitaine Mac Andrew, dans la mer Égée : ces observateurs assuraient qu'à mesure que l'on descend au-dessous de la surface de l'Océan, la vie animale diminue graduellement et rapidement, et qu'elle finit par disparaître tout à fait dans les eaux profondes. C'est là une complète erreur, et, dernièrement, le capitaine Mac Andrew a cherché lui-même à dissiper cette illusion.

Néanmoins, on peut remarquer un véritable changement dans les caractères et dans les dimensions des animaux qui habitent des eaux de plus en plus profondes, quand on les compare à ceux des eaux peu profondes des côtes. On peut dire avec raison, qu'il existe dans la mer quelque chose d'analogue à la flore alpine et subalpine, lorsqu'on vient à comparer les plateaux les plus élevés avec les plaines. Mais notre flore, ou plutôt notre faune sous-marine, comprend surtout des êtres fort peu étudiés jusqu'à présent ou même entièrement inconnus.

Un fait surprenant, c'est que la diversité des plantes marines ne soit pas en rapport avec celle des animaux ; ils font une pauvre figure quand on les compare aux algues nombreuses et variées qui couvrent les bas-fonds vaseux du littoral et les écueils rocheux. Toutefois, les éponges croissent mieux dans les eaux profondes que les algues ordinaires ; mais les grandes éponges de prix que l'on recueille maintenant en grande quantité sur toute la côte de la Floride ne se trouvent que dans les hauts fonds du littoral. Dans les profondeurs de la mer nous rencontrons, avec une variété de plus grandes espèces, un grand nombre de petites espèces appartenant au même type, et parmi elles, une petite *Hyalonema*.

Permettez-moi de placer ici une remarque : M. B. Pierce a consacré plusieurs fois la découverte d'une couche, d'un récif sous-marin, d'une particularité de configuration du fond de la mer, par des officiers chargés de la surveillance des côtes, en associant leurs noms au théâtre de leurs opérations. Il serait donc convenable et juste que ce vaste plateau de corail, dont M. Pourtalès a si fidèlement exploré la faune caractéristique, prît son nom et fût appelé *plateau Pourtalès*.

Près de ce plateau de corail, le fond de la mer s'abaisse rapidement à une profondeur de quatre à cinq cents brasses ; il atteint même jusqu'à huit cents brasses et plus, bien que nos dragages successifs se soient à peine étendus au delà de sept cents brasses. Sur cette surface qui constitue le lit le plus profond du *Gulf Stream*, le fond de la mer présente une accumulation uniforme de vase épaisse, adhérente(1), dans laquelle la vie animale est beaucoup moins abondante que sur le plateau de corail. On ne peut cependant pas attribuer cette diminution de vie ni à la profondeur de la mer ni à la pression de l'eau qui en est la conséquence, ni à l'absence de lumière. Elle résulte plutôt de la nature du sol ; car nous y trouvons beaucoup d'animaux auxquels une telle habitation est congénitale, par exemple une variété de vers et de coquillages qui cherchent des fonds vaseux. Je ne doute pas un seul instant qu'un fond rocheux, situé à une profondeur de huit cents brasses ou même de mille brasses et plus, ne présente une grande quantité d'animaux. Il y en aurait moins sans doute que dans les eaux moins profondes ; mais ils seraient d'espèces aussi variées et comparativement aussi nombreuses que les plantes alpines aux limites mêmes des neiges perpétuelles, partout où, à différentes latitudes, cette végétation peut être comparée à la flore des plateaux moins

---

(1) Quand elle est sèche, cette vase du fond de la mer ressemble d'une manière remarquable, avec ses Foraminifères innombrables et caractéristiques, à de la craie calcaire de la formation crétacée. Je n'ai pas examiné personnellement la formation du sable vert, mais elle a été minutieusement étudiée par M. Pourtalès, qui a certifié que c'était le résultat d'une altération spéciale, de la désagrégation, et enfin de la réunion des Foraminifères (Voyez, à ce sujet, *Un morceau de craie*, conférence de M. Huxley, dans notre tome V, page 697, 3 octobre 1868.)

élevés. Si nous n'avons pu rencontrer une telle faune dans les eaux les plus profondes du *Gulf Stream*, cela tient principalement, selon moi, à l'absence des fonds rocheux dans les parties les plus profondes du bassin où coule le grand courant de notre côte méridionale. On avait supposé que les dépôts de vase provenant des eaux bourbeuses de l'Amazone et de l'Orénoque s'étendaient au nord jusqu'au golfe du Méxique, bien que le grand courant de l'équateur passe rapidement au delà même des embouchures de ces rivières. Les caractères de la vase du *Gulf Stream* ne justifient en rien cette supposition.

II. — Antiquité géologique des continents actuels.

Il est un sujet de recherches scientifiques qui, joint aux sondages du fond de la mer, ne peut manquer de conduire à des résultats inattendus. Quand les géologues ont tenté d'expliquer la structure des roches stratifiées, et plusieurs autres phénomènes liés à l'aspect général de la surface de la terre, ils n'ont pas hésité à y voir un résultat de l'action de l'eau. Mais ils sont rarement entrés dans des détails circonstanciés qui puissent établir une relation entre tous ces faits et la cause qu'ils invoquaient. A mesure que le fond de la mer est exploré dans une plus grande étendue, que les caractères des matériaux qui reposent au fond de l'eau et leur mode d'arrangement sont déterminés avec une plus grande précision, les études comparatives seront plus exactes, et les opinions courantes devront subir des modifications considérables, résultant de la comparaison des formations géologiques anciennes, au point de vue de leurs dépôts de diverses espèces, avec les matériaux répandus actuellement dans des régions déterminées du lit de l'Océan.

D'après ce que j'ai pu voir du fond de la mer, je suis conduit à conclure que parmi les roches constituant la masse de la croûte stratifiée de notre globe, depuis la formation la plus ancienne jusqu'à la formation la plus récente, il n'y en a probablement aucune qui ait pris naissance dans des eaux très-profondes. Si cela est vrai, nous devrons admettre que les surfaces actuelles de nos continents, circonscrites par une courbe tracée à la profondeur de deux cents brasses ou à peu près, ont gardé depuis le commencement de l'évolution géologique leurs contours et leurs positions relatives en face des océans plus profonds. Les continents ont toujours été des surfaces de soulèvement graduel avec des oscillations d'élévation et d'abaissement comparativement légères ; et les océans des surfaces de dépression graduelle avec des oscillations verticales également légères.

La constitution géologique de l'Amérique connue aujourd'hui d'une manière satisfaisante dans la plus grande partie de son étendue, fournit, ce me semble, la meilleure preuve à l'appui de cette idée, tandis que rien ne vient soutenir cette supposition, qu'une partie du continent se soit enfoncée de nouveau, à une très-grande profondeur, après s'être élevée au-dessus de la surface de l'océan. Le fait que sur le continent américain, à l'est des montagnes Rocheuses, les formations géologiques présentent une stratification régulière, depuis les dépôts azoïcs et primordiaux les plus anciens jusqu'à la formation crétacée, sans qu'il y ait la plus légère indication d'un grand abaissement subséquent, me paraît être la démonstration la plus complète et la plus directe de ma proposition. Mais je ne puis parler avec la même

confiance de la partie ouest du continent. Enfin, la position des formations crétacées et tertiaires le long des plaines basses situées à l'est de la chaîne des Alleghanys, est une autre preuve de la permanence du bassin de l'Océan, sur le bord duquel ces couches plus nouvelles ont été formées. Je crois bien qu'à une période relativement récente, des parties du Canada et des États-Unis, qui sont maintenant à six ou sept cents pieds au-dessus du niveau de la mer, ont été au-dessous de l'eau ; mais cela n'a pas changé la configuration du continent, si nous admettons que ce dernier soit en réalité circonscrit par une courbe tracée à deux cents brasses de profondeur.

III. — Origine des terrains erratiques.

Les géologues ont attribué aux courants océaniques la présence de blocs erratiques (*loose materials*) sur la surface de la terre. Mais aujourd'hui qu'on commence à connaître le mode de distribution de ces matériaux sous l'action de courants persistants et étendus, ceux qui expliquent les faits de cette manière sont obligés de prouver que leur disposition actuelle s'accorde avec les effets des courants océaniques. Je dois avouer que j'ai en vain cherché dans la profondeur du *Gulf Stream* des traces de la vase caractéristique qui s'écoule de l'embouchure de l'Amazone en quantité suffisante pour troubler les eaux de l'Océan à une grande distance la rive ; et pourtant le courant équatorial de l'Atlantique est un des courants les plus importants et les plus forts de tous les courants connus.

Un autre côté de ce sujet se lie aussi étroitement aux sondages des eaux profondes. Les géologues, ceux de l'école de Lyell en particulier, ont considéré l'élévation lente de grands espaces de terre, sortis du sein des eaux, et toute espèce de blocs erratiques (*loose materials*) dispersés irrégulièrement sur la surface de la terre, comme une preuve de sa submersion primitive. Mais depuis que la drague a été employée pour l'exploration des profondeurs de la mer et qu'une grande variété d'animaux, rivalisant pour la quantité avec ceux des basfonds, ont été extraits non-seulement du voisinage immédiat des bords, mais encore à des distances variées, augmentant en profondeur, depuis une jusqu'à deux et plusieurs centaines de brasses, on ne peut considérer les dépôts étendus des matériaux erratiques (*loose materials*) comme des dépôts marins, si l'on n'y trouve aucune trace de restes organiques marins. La vase même et le sable des profondeurs de la mer produisent d'innombrables êtres vivants microscopiques, dont les parties solides se découvrent facilement dans les plus petits échantillons de dépôts marins et peuvent par conséquent fournir une preuve satisfaisante dans les endroits où manquent les animaux plus grands ou les plantes. Or, après avoir examiné nos prairies occidentales dans toute leur largeur, sans trouver nulle part la moindre trace d'animaux marins ou de plantes marines, je ne puis accepter comme une preuve de leur origine maritime, ou de l'influence des courants de l'Océan, l'accumulation ou la distribution des matériaux erratiques (*loose*) répandus sur ces vastes plaines. D'un autre côté, je me suis assuré que la base rocheuse sur laquelle reposent ces blocs, est partout polie, creusée de sillons, et offre de légères fissures, analogues à celles qui caractérisent les surfaces si bien connues des glaciers, partout où elles sont découvertes. J'ai vu de semblables roches polies dans la vallée de la rivière Platte, non loin d'Omaha, et je suis convaincu maintenant que toute l'étendue du pays situé entre les Alleghanys et les montagnes Rocheuses était un fond de glacier non interrompu (*unbroken*). Les cailloux fissurés que l'on trouve parmi les matériaux ou blocs erratiques (*loose materials*) des grandes prairies confirment cette manière de voir. Je suis convaincu également, pour des raisons analogues, que la vallée de l'Amazone n'a pas été au-dessous du niveau de l'Océan depuis la période tertiaire.

IV. — GÉOLOGIE DU LIT DU GULF STREAM. — LES FORMATIONS MADRÉPORIQUES DU GOLFE DU MEXIQUE.

Le fait le plus embarrassant qui m'ait été révélé par nos dragages du fond de la mer, et par mes observations des bords du *Gulf Stream* du côté de la Floride et de Cuba, c'est l'irrégularité de la stratification des rives espagnoles quand on la compare aux dépôts de la côte d'Amérique.

Considéré dans son ensemble, le fond du *Gulf Stream*, entre Cuba et la Floride, de même que plus à l'est et plus au nord, présente dans sa configuration des caractères très-différents de ceux qu'offre le relief d'une surface continentale d'une égale étendue. Le lit de ce bassin forme une pente douce et augmente graduellement de profondeur depuis la côte de la Floride, tandis que du côté de Cuba il s'élève brusquement. La pente est tellement rapide sur la côte espagnole, qu'à une distance de moins de deux milles des rives abruptes et escarpées, le bassin a généralement trois à quatre mille pieds de profondeur; il atteint même çà et là, à une très-petite distance de la côte, jusqu'à cinq mille pieds. Il existe donc en cet endroit une pente aussi rapide et même plus rapide que celle des chaînes de montagnes les plus escarpées et d'une égale élévation. Ce qui est plus étonnant, c'est que la grande inclinaison de ce lit ne résulte pas du soulèvement et de l'obliquité des couches de roche; elle est sans aucun doute produite par le frottement du grand courant sur les plus anciennes formations de corail, à en juger d'après l'aspect des rives escarpées et leur continuité évidente avec la pente générale depuis le bord de l'eau, jusqu'aux plus grandes profondeurs que puissent atteindre la sonde et la drague. Cette différence dans l'inclinaison des bords du bassin, sur les côtes d'Amérique et de Cuba, continue plus de cent milles, — des Tortugas au cap Floride, — avec cette particularité, que dans la direction de Salt Key Bank, on rencontre sur la côte de Cuba un banc de rochers peu élevé faisant saillie de la partie la plus profonde du bassin et s'étendant presque parallèlement à la côte. Un autre caractère remarquable appartient au bord du grand récif de la Floride; sa pente est moins abrupte du côté de la mer que celles des récifs de corail de l'Océan Pacifique. Toutefois, la pente de ce récif est réellement plus rapide du côté de la mer que du côté du rivage; c'est, paraît-il, un élément essentiel à la croissance et à l'élévation de tous les récifs de corail.

Mais tandis que le grand récif de corail de la Floride présente ce caractère exceptionnel, les Bahamas et les récifs du nord-est de Cuba ont des pentes très-abruptes, et l'on trouve une grande profondeur près des rives de ces bancs; de sorte que les Bahamas ressemblent beaucoup plus aux récifs de corail du Pacifique, que les récifs de la côte de la Floride.

Tout le groupe de bancs et d'îlots (*keys*) compris entre Double-headed Shot-Key, Salt-Key et Anguilla-Key, offre une combinaison très-intéressante des phénomènes de création et de destruction. Dans son ensemble, ce groupe forme un banc plat, couvert de quatre, cinq, ou même six brasses d'eau, dont le fond est du sable fin; ce sont évidemment des coraux réduits en oolithes de différentes dimensions, depuis une poudre très-fine jusqu'à un sable grossier, mélangés à des coquillages brisés parmi lesquels on trouve de temps en temps quelques spécimens vivants. La partie périphérique de ce banc est entourée en plusieurs endroits de rocs d'aspects les plus divers, et dans d'autres, elle est bordée de dunes de sable. L'examen attentif et la comparaison des divers îlots prouvent que ces différentes formations sont en effet liées ensemble et qu'elles représentent les différents degrés d'accumulation, de consolidation et de cémentation des mêmes matières.

Sur la surface plane du banc, les matériaux erratiques (*loose materials*) sont réduits en sable fin; avec le temps, ce sable est rejeté sur les parties les plus saillantes, et il est curieux de noter que ces hauts-fonds sont les véritables bords de ce banc, le long desquels les coraux ont formé des récifs qui sont devenus les bases des bancs mis à sec. Aussi loin que la marée, le vent et les vagues peuvent transporter les matières les plus grossières, la couche de rochers consiste en une conglomération des plus grossiers oolithes, en fragments arrondis de coraux, en coquillages brisés et même en plus grands morceaux d'une variété de coraux et de conques. Toutes ces espèces se trouvent encore aujourd'hui vivantes sur le banc, et dans le nombre, le *Strombus gigas* est la plus commune, ce sont ensuite l'*Astræa annularis*, le *Siderastræa siderea*, et le *Meandrina mammosa* qui dominent. Les coquilles de *Strombus* sont si communes qu'elles donnent une grande solidité et une grande dureté au roc. La stratification est un tant soit peu irrégulière, et les lits allant obliquement vers la mer forment un angle de sept degrés environ.

Des masses immenses de *Strombus*, de coquillages morts et de coraux, ont formé des bancs sur cette couche de rochers; c'est là sans doute le commencement de dépôts semblables à ceux qui se sont déjà consolidés; mais il existe une différence dans leur mode de formation; tandis que la couche de roc est légèrement inclinée et ne s'élève jamais au-dessus du niveau de la marée, l'accumulation des matériaux erratiques (*loose materials*) au-dessus du niveau de l'eau forme des côtes plus rapides, d'une inclinaison variant de quinze à vingt et trente degrés. Les coquillages brisés dominent dans quelques endroits; dans d'autres, c'est du sable brut et du sable fin; et les bords ainsi formés par l'action des hautes vagues s'élèvent à douze ou quinze pieds environ.

C'est évidemment cette accumulation du sable le plus fin, porté par le vent sur ces bords, qui a donné naissance aux dunes élevées et sablonneuses, consolidées par une multitude de plantes, au nombre desquelles on peut remarquer une vigne traînante (*Batatas littoralis*), diverses herbes et des arbrisseaux. Ces dunes s'élèvent à vingt pieds environ; sur leurs flancs et presque à leur sommet, croît un petit palmier. Le sable de ces dunes n'est pas concrété; cependant il offre çà et là à sa surface, une tendance à former des incrustations. La pente de ces monticules de sable est assez rapide; elle atteint quelquefois trente degrés, et elle est plus abrupte du côté de la mer que du côté de la terre.

Dans l'intérieur de Salt-Key, se trouve une mare remplie d'eau excessivement salée, dont la teinte est d'un rose foncé ou couleur de chair, ce qui tient à la présence d'une petite algue. Quand cette eau est agitée par le vent, les rives du marais se couvrent partout d'écume d'un blanc très-pur, résultant de l'agitation de l'eau visqueuse. L'accumulation de cette algue microscopique sur les bords de l'étang forme de grands gâteaux, offrant quelque ressemblance avec de la viande gâtée, et qui répandent une très-mauvaise odeur. La fondation rocheuse de cet îlot est entièrement pareille à ce que Gressly a décrit dans le *facies corallien* de la formation jurassique; tandis que le dépôt du fond de l'eau consiste surtout en parcelles de chaux vaseuse et répond à son *facies vaseux*.

Le Double-headed Shot-Key est un long récif formé de monticules arrondis et en forme de croissant, qui rappelle les roches moutonnées. Il est interrompu par des trouées, de sorte que l'ensemble offre l'aspect d'une muraille démantelée, abattue çà et là vers le bord de l'eau. Le récif tout entier est composé des plus petites oolithes, stratifiées assez régulièrement, mais ressemblant par places à des dépôts de torrents; la stratification est plus manifeste dans les endroits où la surface des rochers a été exposée à l'air, sur ces pentes raboteuses et sillonnées, vulgairement connues en Suisse sous le nom de *Karren*. Il est évident qu'on trouve là le même mode de formation que sur le Salt-Key; seulement la formation est plus ancienne, et les matières qui la composent sont plus complétement réunies. L'uniformité des petites oolithes ne nous permet pas de douter que le sable n'ait été soulevé par le vent et accumulé en forme de hautes dunes, avant qu'il se soit consolidé. L'aspect général du Double-headed Shot Key diffère notablement de celui du Salt Key. Toute sa surface est aride, on n'y trouve pas un arbre, à peine y voit-on un arbrisseau; la végétation, des plus rabougries, est formée de plantes rampantes. Le roc est très-dur et résonne sous le marteau, il rappelle les sommets nus du Jura, par exemple la Tête de Rang, près La-Chaux-de-Fond. Il est évident que les phénomènes qui commencent sur le Salt Key ont été nonseulement complétés en cet endroit, mais qu'il se fait encore une désagrégation étendue dans le Double-headed Shot Key, tant sous l'influence des agents atmosphériques, agissant sur la surface de l'îlot, que par l'action des marées et des vents, qui s'exerce contre la base de l'îlot.

Parmi les dépôts oolithiques plus anciens, qui forment la couche principale de l'Orange Key, et du Double-headed Shot Key, nous reconnaissons des formations de dates plus récentes, occupant les cavités des anciens *pot-holes* qui ont été remplis peu à peu par des matières identiques avec celles des dépôts plus âgés. Les *pot-holes* eux-mêmes n'offrent rien de très-particulier. Ils sont en grand nombre sur ces îlots, quelques-uns ont plusieurs mètres de diamètre et d'autres sont très-petits; ils ont été produits par le frottement des morceaux isolés des rocs du corail le plus dur, que les fortes vagues ont jetés sur l'îlot, et qui n'ont été mis en mouvement que de temps en temps pendant les violentes tempêtes. Les *pot-holes* situés très-près du bord de l'eau sont les plus récents et offrent, pour la plupart, des excavations nettes, entièrement vides, ou contenant du sable et des cailloux de pierre calcaire libre au fond des trous. Quelques-unes de ces excavations sont circulaires, d'autres oblongues, d'autres encore ont une forme spiroïde et s'ouvrent du côté de la mer ou sur la surface de l'îlot. Au delà des limites des marées ordinaires et hors de l'atteinte des vagues soule-

vées par les vents modérés, les *pot-holes* sont généralement entourés de couches de pierre calcaire dure, solide et compacte. Ces couches sont quelquefois très-minces, mais ont souvent aussi plusieurs pouces d'épaisseur; elles suivent tous les replis des cavités dans lesquelles elles sont accumulées. D'après leur structure, il est évident qu'elles sont d'une formation subaérienne. Elles s'accroissent par l'accumulation successive de parcelles de pierre calcaire déposées sur les plus anciens rocs lors de l'évaporation de l'eau lancée sur l'îlot, quand l'Océan est violemment agité et que toute la côte se trouve inondée. Souvent l'excavation de ces *pot-holes* couverts d'une couche calcaire est encore remplie d'oolithes consolidées; ou bien, de minces dépôts de petites oolithes, alternant avec une couche de pierre calcaire compacte, se rencontrent dans toute l'étendue de l'excavation qui se trouve ainsi comblée et atteint le niveau des parties environnantes. De temps en temps, ces surfaces de nouvelle formation sont de nouveau creusées sous l'action des tempêtes, il en résulte des *pot-holes* démantelés qui laissent voir distinctement leur structure et la manière dont ils se sont remplis.

La stratification de la masse principale de ces îlots est toute spéciale. Bien qu'ils soient évidemment le résultat d'une accumulation d'oolithes rejetés par les hautes vagues, les lits sont assez réguliers en eux-mêmes, mais ils obliquent dans toutes les directions du côté de la mer, prouvant ainsi qu'ils ont été déposés sous l'action des vents, qui soufflent aux différentes époques de chaque trimestre. Tandis que les couches les plus épaisses consistent en oolithes, que l'on distingue facilement à l'œil nu, il y existe par intervalles des couches minces de pierre calcaire compacte et très-dure, alternant avec les lits oolithiques, et qui ont sans doute été formées de la même manière que le revêtement des *pot-holes*.

Les formations de corail de la côte cubaine du *Gulf Stream* diffèrent par leur aspect général de celles de la côte américaine, comme les roches de l'Amérique diffèrent des roches observées sur les bancs de Salt Key. Sur les récifs de la Floride, de même qu'entre les îlots innombrables répandus le long de la côte d'Amérique et sur le plateau de corail allant en pente vers le bassin principal du *Gulf Stream*, on trouve des couches étendues de roches de différentes espèces, et régulièrement stratifiées. J'ai déjà décrit (ci-dessus, p. 482) la pierre calcaire conglomérée du plateau Pourtalès. Une telle formation n'existe nulle autre part dans l'étendue du *Gulf Stream*, à moins qu'on ne découvre ultérieurement un semblable dépôt le long du bord sous-marin de notre continent, constituant la côte américaine de la partie la plus profonde du bassin de l'Atlantique. Mais dans les bas-fonds intermédiaires entre la Péninsule de la Floride et les îlots et les récifs, il existe des dépôts variés d'une structure entièrement différente, qui s'accumulent et augmentent constamment. La plus étendue de ces formations est un roc oolithique régulièrement stratifié, dont les grains varient en volume depuis des granulations imperceptibles jusqu'à des oolithes de plus en plus grandes, se rapprochant de la grosseur des pisolithes et cémentées par une masse amorphe de vase de pierre calcaire. Les oolithes elles-mêmes sont formées, comme Léopold von Buch l'a montré pour la première fois, de dures parcelles des matières les plus hétérogènes réduites aux plus petites dimensions et ballottées en tous sens dans l'eau chargée de chaux; elles se recouvrent graduellement d'une mince pellicule calcaire, s'unissent ensuite l'une à l'autre, tombent au fond de l'eau, y sont ultérieurement roulées dans le sens vertical jusqu'à ce qu'elles s'attachent à d'autres granulations semblables et forment ainsi une partie du lit calcaire qui s'accroît constamment. Les plus petites oolithes se trouvent tout près du bord, et il est très-intéressant d'examiner à la marée basse les petits bouillonnements produits par les oolithes de plus en plus grandes, qui sont successivement mises à sec à mesure que l'eau baisse. Ces matières, rejetées fréquemment le long des rivages, y forment des couches de différentes épaisseurs, se cémentent avec le temps et se transforment en un roc solide sur lequel se développent enfin des croûtes de calcaire dur et compacte par suite de l'évaporation de l'eau calcaire qui jaillit sur les surfaces exposées à l'air.

Dans les eaux très-basses, qui ne sont pas fortement remuées par les mouvements de la marée et au fond desquelles ne se développe aucune oolithe, nous rencontrons de vastes couches d'un calcaire amorphe foncé, formé de vase de chaux alternant avec des filons d'un calcaire plus dur, plus compacte, dans lequel on peut voir de temps en temps quelques oolithes répandues sur les surfaces unies sur lesquelles ces formations se développent. Ces dépôts ressemblent au calcaire marneux des couches d'Oxford. Sans doute ces différentes roches peuvent alterner l'une avec l'autre, car, tout en concourant à l'augmentation de la formation dans son ensemble, les conditions nécessaires au développement d'une espèce de roche peuvent être remplacées par d'autres qui favorisent l'apparition d'une autre combinaison. En outre, des changements dans la direction des courants, ou une forte brise, peuvent détruire des dépôts considérables, qui augmentaient régulièrement depuis longtemps. Les débris de ces dépôts produisent alors des conglomérats composés de fragments de calcaire de structure variée, et ceux-ci, en se réunissant, forment des agglomérations singulières de *pudding-stone* avec des matières anguleuses. Les calcaires compactes sont souvent aussi durs que les calcaires les plus durs de la formation secondaire, ils ont une fracture conchoïde comme le plus compacte muschelkalk de la période du trias, et enfin peuvent résonner sous le marteau.

La plupart des îlots sont composés de coraux brisés, roulés par les vagues, de fragments de coquilles, d'oursins, quelquefois d'os de tortues de mer et de poissons. Cependant, aux Dry Tortugas et aux Marquises, quelques-uns des îlots sont entièrement formés des fragments décomposés de corallines, cémentés ensemble. Les articulations, en forme de croissant, d'une grande espèce d'*Opuntia* sont celles qui y dominent le plus.

V. — LES BASSINS SOUS-MARINS ET LES BASSINS TERRESTRES.

Je n'ai rencontré ni dans le courant du *Gulf Stream*, ni sur ses bords, aucune production rocheuse dont on puisse chercher l'origine dans les matières accumulées à l'endroit où il a le plus de profondeur (ainsi que je l'ai décrit plus haut, page 483). Or, nulle production rocheuse de la formation jurassique, ne peut provenir d'autres matières que celles que l'on trouve dans les parties les plus profondes du bassin de l'Atlantique, le long des côtes de l'Amérique; aussi ne puis-je croire qu'une seule des roches du Jura et des Alpes de la Souabe ait été formée dans des eaux très-profondes.

Toute la surface occupée par les îlots et par les récifs de la Floride, y compris le plateau incliné de corail de la côte américaine du fond du *Gulf Stream*, peut être comparée avec raison à la formation jurassique, car celle-ci s'étend à travers l'Europe centrale, et plus à l'est dans la direction du Caucase et des monts Hymalaya. Dans son ensemble, la formation jurassique a les mêmes relations avec les dépôts plus anciens sur lesquels elle repose, que la récente formation de corail américaine, par rapport aux anciennes parties de la côte du nouveau continent. Pendant les âges géologiques moyens, la formation jurassique était la limite sous-marine d'un continent en voie d'évolution, comme le plateau Pourtalès forme aujourd'hui l'extrémité méridionale de l'Amérique du Nord.

Ces faits se rapportent directement à la question de l'origine des bassins sous-marins, comparée aux inégalités de la terre ferme. La configuration et le relief de nos continents, dès qu'ils ne sont pas le résultat des derniers bouleversements, ont été déterminés par des élévations et par le soulèvement graduel de la terre au-dessus du niveau de la mer; ainsi se sont formés les sommets déchirés des chaînes de montagne, avec leurs crêtes perpendiculaires. Les profondeurs des grands bassins de l'Océan sont des surfaces de dépression ou d'abaissement, sur lesquelles toute espèce d'inégalité manque absolument, par ce fait même que les brisures, s'il s'en présentait, devraient être tournées vers le centre de la terre. Si cette manière de voir est exacte, il s'ensuit naturellement que les principaux contours et les limites des continents et des océans doivent avoir pris naissance au commencement même de la formation des inégalités de la surface de la terre et doivent être restés essentiellement les mêmes à travers tous les âges géologiques, variant seulement quant à leur élévation et à leur profondeur relatives, de même qu'au point de vue de leur extension réciproque.

VI. — L'AGE DU GULF STREAM.

Cet ordre de considérations me permet de soulever maintenant la question de l'âge du *Gulf Stream*. Notre connaissance actuelle des courants atmosphériques et océaniques justifie l'hypothèse suivante; par suite de la rotation de la terre sur son axe, et en prenant pour garantie que cette dernière n'a jamais changé ses pôles, les grands courants de l'équateur, entretenus par les vents alizés, doivent se diriger de l'est vers l'ouest et être alimentés par les courants des pôles nord et sud, courants obliquant à l'ouest vers l'équateur. Tant que la chaîne des Andes n'interrompait pas le courant atlantique équatorial, il se continuait directement avec le grand courant du Pacifique, et, comme M. Alexandre Agassiz l'a démontré, il existe des preuves paléontologiques établissant que durant la période crétacée le canal était encore ouvert. Je puis ajouter que j'en ai vu moi-même la preuve le long de la base des montagnes Rocheuses, et sur les bords ouest de la vallée de l'Amazone, par suite de l'élévation post-crétacée de la grande chaîne de montagnes qui forme comme une immense barrière du côté ouest des continents américains du Nord et du Sud, séparant les eaux du Pacifique de celles de l'Atlantique. Cela vient à l'appui de l'assertion suivante, c'est que, même à la période crétacée, il existait un grand courant atlantique nord, coulant du nordest au sud-ouest, et que le *Gulf Stream* n'a pris son cours actuel dans une direction opposée, que depuis cette période, c'est-à-dire à l'époque où les montagnes Rocheuses et les Andes se sont réunies à travers l'Amérique centrale. Cette remarque augmente beaucoup l'intérêt excité par le caractère crétacé et tertiaire de quelques-uns des animaux découverts par M. Pourtalès dans les parties les plus profondes du *Gulf Stream*. La véritable signification de ce fait est cependant trop étrangère à ce travail pour justifier une digression à propos de son influence sur la question de l'origine des faunes actuelles.

VII. — Limites de la faune du Gulf Stream.

Il serait de la plus haute importance de déterminer, grâce aux recherches actuelles, toute la faune du lit récemment découvert du *Gulf Stream*, entre les côtes de la Floride et de Cuba. Pour arriver à un bon résultat, il faut exécuter de nombreux dragages, à partir des côtes et des États-Unis, jusqu'aux endroits les plus profonds de l'océan Atlantique, et cela tout le long du rivage, depuis la Floride jusqu'à nos États du Nord. Avant la terminaison de ce travail important, notre rôle se borne à utiliser le mieux possible les faibles données que nous avons entre les mains, pour essayer de nous former une opinion sur l'extension, vers le nord, des animaux qui vivent dans cette partie du *Gulf Stream* coulant entre la Floride, Cuba et les Bahamas.

Heureusement les naturalistes anglais et scandinaves ont déjà réuni un grand nombre de renseignements sur les faunes maritimes des côtes de la Norwége et des îles Britanniques. De plus, les expéditions récentes, entreprises par les gouvernements anglais et suédois, pour explorer les plus grandes profondeurs de l'océan Atlantique, ne peuvent manquer de fournir les moyens de comparaison les plus précieux entre les faunes des deux côtés de l'Atlantique aux différentes latitudes.

D'après les comptes rendus de l'*Association britannique* pour l'avancement des sciences, les publications du professeur Sars, ainsi que les rapports et lectures des professeurs W. B. Carpenter (1), Wyville, Thomson et Gwyng Jeffreys, et des communications particulières du docteur Smitt et de M. Ljungman, naturalistes du bâtiment de guerre suédois *Joséphine*, qui a récemment visité le port de Boston, nous avons pu vérifier que quelques-unes des espèces animales des mers les plus profondes de la Floride se retrouvent très au nord des îles Britanniques, sur la côte ouest de la Norvége et même près des Açores, sur le *Joséphine Bank* nouvellement découvert.

Toutes ces stations sont situées sur le parcours du *Gulf-Stream*. En effet, après avoir traversé obliquement l'océan Atlantique, depuis les côtes des États-Unis dans la direction de l'Irlande, ce courant se divise en une branche nord ou scandinave, et en une branche sud ou lusitanique. Aussi la question suivante se pose-t-elle naturellement : cette immense dissémination de la faune des profondeurs de la mer de la Floride n'est-elle pas une conséquence immédiate de la direction du *Gulf Stream*? Il ne peut guère en être autrement, au moins dans de certaines limites. Toutefois, nous ne devons pas oublier qu'à une période comparativement récente, le courant principal de l'Atlantique du nord devait avoir une direction nord-sud, et que maintenant il existe un grand courant d'eau froide allant vers le nord, qui passe au

(1) Voyez notre tome VI, page 498, 10 juillet 1869.

large des côtes est des États-Unis. Quant à la branche sud du *Gulf-Stream*, elle coule dans une direction méridionale, au large des rives occidentales du midi de l'Europe, de sorte que nous pouvons nous attendre à rencontrer un singulier mélange d'animaux du pôle et des tropiques, dans les parties inexplorées de l'Atlantique, entre l'Amérique et l'Europe. Il faut espérer que le zèle avec lequel on a entrepris l'exploration des profondeurs de l'Océan ne s'affaiblira pas avant qu'on ait entièrement résolu ce problème.

VIII. — L'évolution embryonnaire des coraux comparée a leur classification, a leur succession géologique et a la profondeur de leur habitat actuel.

Un des résultats les plus importants de l'exploration de 1869 mérite une mention spéciale dans ce travail, bien qu'il ne soit pas exclusivement dû aux sondages de la mer.

Des recherches antérieures sur d'autres classes d'animaux m'avaient appris que les affinités et la position relative des êtres organisés présentent des relations directes, non-seulement avec les modifications qu'ils subissent pendant leur accroissement, mais encore avec leur succession pendant les âges géologiques et avec leur distribution actuelle sur la surface de la terre. Aussi ne laissai-je échapper aucune occasion de m'assurer jusqu'à quel point ces relations se vérifiaient également parmi les coraux. Leur organisation inférieure et les différences moins accusées qui distinguent leurs nombreux représentants devaient permettre de suivre facilement ces rapports ; et, dès le début de mes recherches, je compris qu'il y avait là un vaste champ encore inexploré, où pouvaient se faire des découvertes d'une grande valeur.

Une circonstance heureuse, tout à fait inespérée, favorisa mes recherches. A la suite de dégâts produits à un brisemer contigu au fort Taylor, on amena sur le rivage un grand nombre de blocs de granit qui avaient séjourné trois ans au fond de l'eau. Je les trouvai couverts de spécimens des différentes espèces de coraux à divers degrés de développement. Les surfaces des blocs de granit étaient encore si nettes qu'on pouvait y apercevoir les coraux les plus petits et suivre tous les degrés intermédiaires entre ces jeunes individus et les plus grands. Il n'y avait donc aucun doute possible sur la détermination de leur espèce. Avec l'aide de M. Pourtalès, je réunis un grand nombre de ces jeunes coraux, que je comparai ensuite à loisir à d'autres individus et à des types adultes de la même espèce. Voici, en quelques mots, le résultat de cette comparaison. Les coraux subissent une succession de changements particuliers, mais qui cependant sont bien moins marqués que les transformations embryonnaires déjà observées chez un grand nombre d'animaux. Si l'on réunit en série tous les changements ainsi observés dans les différentes familles de coraux, on constate entre eux une gradation incontestable, absolument comme dans les séries qu'on peut établir pour les autres animaux arrivés à l'état adulte, quand on les range d'après la complication de leur structure.

En comparant les familles de coraux adultes aux jeunes coraux à leurs différents degrés d'évolution, il paraît évident que les représentants de la classe des Polypes n'arrivent pas tous au même degré de développement structural ; il existe parmi eux des types plus ou moins complets, reconnaissables sans l'aide des données embryologiques, bien que ce soit l'étude des jeunes Polypes qui m'ait conduit à déterminer leur situation respective. Nous ne discuterons pas ici les bases de la classification des Polypes. Je veux seulement indiquer ce que j'espère prouver plus tard, c'est que les Actinies proprement dites sont les Polypes les plus incomplets, qu'au-dessus d'eux viennent les Madréporiens, et que les plus complets sont les Alcyoniens. Comme les Madréporiens constituent une grande partie des récifs de corail, je puis ajouter que, parmi eux, les Turbinoliens sont les plus incomplets, viennent ensuite les Fungiens, puis les Astræens, et enfin les Madréporiens, qui sont les plus développés.

Un fait des plus intéressants à noter, c'est que les changements successifs subis par les représentants de ces différents groupes pendant leur évolution, rappellent les traits caractéristiques des groupes situés immédiatement au-dessous. Par exemple, les jeunes Astræens, avant de prendre leur forme solide, sont semblables aux Actiniens, leur première forme coralline les faisait ressembler aux Turbinoliens et, de cet état, ils étaient passés à la condition de Fungiens, avant de revêtir leurs formes astræennes caractéristiques.

Pour établir sur une base scientifique solide cette comparaison entre les phases de développement et le groupement relatif des différents types à l'état adulte, je vais seulement décrire quelques cas particuliers.

Les Actinies se multiplient, non-seulement par des œufs, mais aussi par des bourgeons qui résultent du développement de leur base d'attache (*Abactinal area*), des bords de laquelle naissent de nouveaux individus qui finissent par se détacher spontanément. J'ai observé le même mode de développement ou de multiplication d'un individu simple, dans plusieurs genres de Fungiens, d'Astræens, d'Oculines et de Madrépores. Si nous prenons, par exemple, un *Siderastræa* qui, somme toute, est une Fungie et non une Astræ,—comme le prouve la structure de ses tentacules ainsi que celle de sa tige de corail,—nous trouvons que les grandes masses arrondies formées par ces coraux sont d'abord des disques minces dont l'épaisseur n'augmente qu'ultérieurement. Le genre *Mycedium*, qui, même arrivé à l'état parfait, constitue une lame mince et augmentant d'étendue, peut être comparé, en faisant la part des différences génériques à une jeune tige de *Siderastræa* en voie de développement.

Le mode d'accroissement du genre Mycedium est très-simple. Une série d'échantillons recueillis par M. Pourtalès, montre que cette réunion de coraux est le produit d'un seul individu primitif dont le bord s'étend graduellement. De ce bord naissent, au milieu des parties radiées de l'individu mère, des individus surajoutés qui, se développant à leur tour, restent unis les uns aux autres et à l'individu central. Ce processus continue jusqu'à ce que la tige de corail ait atteint ses dimensions ordinaires. Supposons maintenant que les individus Polypes, unis comme dans un polypier de Mycedium, augmentent verticalement de même qu'ils se développent et se multiplient horizontalement, le processus de l'élévation commençant au centre, nous aurons alors un *Siderastræa*. On doit en outre remarquer que l'individu primitif, duquel provient la communauté du *Mycedium*, est un diminutif de Fungie, jusqu'au moment où de nouveaux individus prennent naissance sur ses bords. Ainsi, j'ai devant moi de jeunes Mycediums, que l'on pourrait prendre pour de petits spécimens de Fungiens, et qui sont identiques avec ceux que Stuchbury et Milne-Edwards ont figurés. Nous avons

donc raison de considérer le genre *Fungia* comme une forme embryonnaire du type des Fungiens, quand nous la comparons au *Mycedium*, à l'*Agaricia*, ou au *Siderastræa*; et il doit être évident pour tout le monde que dans un système naturel, on peut assigner au Fungien proprement dit une position inférieure à celle qui appartient aux types composés de la famille.

Le genre *Zoopilus* n'est qu'un Mycedium chez lequel les individus de la communauté sont plus intimement confondus que dans le genre *Halomitra*; il forme ainsi une transition avec les Fungiens proprement dit. J'ai eu l'occasion d'examiner aussi le développement de l'*Agaricia*. A l'exception de différences génériques dans sa structure, il offre les mêmes caractères d'accroissement que le genre Mycedium. Les plus jeunes Mycediums ont des affinités avec les Turbinoliens, d'autant plus que les chambres interseptales sont ouvertes de haut en bas et n'ont ni traverses, ni synapticules.

Chez les Astræens, la première pousse d'une communauté a lieu de la même manière que chez les Fungiens. Les naturalistes considèrent ordinairement les masses hémisphériques de ces coraux comme formées des bourgeons verticaux qui apparaissent autour et au milieu de ceux qui les ont précédés. Ce mode d'accroissement des communautés existe en effet dans les dernières périodes de leur développement. Mais ce n'est pas de cette manière que se fait la fondation de la communauté.

L'*Astræa annularis*, l'espèce la plus commune des Madréporiens de la Floride, met en lumière la formation de ces tiges, et le grand nombre des jeunes tiges de cette espèce que j'ai rencontrées à chaque degré de croissance ne laisse aucun doute à ce sujet. Un seul individu polype s'étend, comme le Mycédium, dans toutes les directions par l'allongement de ses parties radiées et produit, à des distances déterminées, de nouveaux centres ou individus, qui se groupent ainsi autour du premier. L'évolution s'opère sans un accroissement vertical bien accusé des nouveaux individus, jusqu'à ce que la communauté ait acquis un diamètre de plusieurs pouces. Ces phénomènes sont donc exactement ceux qui se produisent chez le *Mycedium*, l'*Agaricia* et le *Siderastræa*. L'aspect des bords en voie d'accroissement de la jeune tige d'Astræa ressemble tellement à celui d'un Fungien en voie de développement, que si cette tige était détachée des individus circulaires bien définis occupant le centre du disque, on n'hésiterait pas à la prendre pour le fragment d'un Fungien. C'est à une époque plus tardive que les membres de la communauté de l'*Astræa annularis* se développent dans une direction verticale; toute la communauté s'accroît alors par l'intercalation de nouveaux individus, et prend la forme d'une masse hémisphérique.

J'ai observé le même mode de croissance chez l'*Astræa cavernosa*, le *Manicinia*, le *Symphyllia*, le *Favia*, le *Colpophyllia* et le *Meandrina*. Je possède une série de jeunes *Manicinia* chez lesquels on retrouve leurs caractères turbinoliens, avec leurs chambres *interseptales* ouvertes de haut en bas, et n'offrant aucune trace de traverses.

Comme les Fungiens et les Astræens circulaires composés, les coraux dont les tranchées ondulent et serpentent naissent d'individus simples dont la circonférence s'accroît à la manière des Fungiens et tout à fait comme chez les Astræens proprement dits. Mais les particularités qui appartiennent à chacun de ces types ne peuvent être bien décrites sans nombreuses figures; aussi ne tenterais-je pas d'exposer ici tous les faits que j'ai observés, me réservant de donner des détails plus complets dans un travail spécial. Cependant le genre *Meandrina* offre quelques caractères d'un si grand intérêt que je ne puis me dispenser de les signaler.

Quand le jeune *Meandrina*, en voie de développement, atteint environ un demi-pouce et qu'il ressemble encore tout à fait à un Fungien, ses bords se fendent pour produire des groupes isolés affectant une disposition radiée et qui restent distincts les uns des autres exactement comme les saillies caractérisant l'*Hydnophora*. En fait, le jeune *Meandrina* passe de l'état Fungien à l'état *Hydnophora*, et plus tard, lorsque la communauté a deux pouces de diamètre environ, au moment où les tranchées et les murailles commencent à se courber, tandis que le bord se déploie encore horizontalement, le jeune *Meandrina* prend l'apparence d'un *Aspidiscus*, genre de la période crétacée. Dans cette évolution, il ressemble bien plus à l'*Aspidiscus* et à l'*Hydnophora* qu'à aucun représentant adulte de son propre genre. Nous trouvons ici la complication la plus grande du type Astræoïde, qui présente successivement les caractères des Fungiens, ceux de l'*Astræa* commun, ceux de l'*Hydnophora*, et enfin les particularités des *Aspidiscus*, avant de revêtir sa forme véritable et permanente. Je n'ai pas eu l'occasion d'observer le degré turbinolien dans l'évolution du *Meandrina*. Ce genre semble croître plus rapidement que les autres Astræens, et ce fut à grand'peine que je me procurai les premiers états astræens et fungiens de son développement.

Les zoologistes ont tellement l'habitude de voir dans les *Oculinidæ* et les *Madreporoidæ* des coraux arborescents, qu'ils seront peut-être surpris d'apprendre que ces familles, comme les Astræens, passent par une phase de développement correspondant à l'état fungien. Cependant, j'ai sous les yeux une série complète de tiges d'*Oculina*, parmi lesquelles de petits groupes d'individus simplement juxtaposés, indiquent bien le premier état de développement qu'on ait observé jusqu'ici. Un certain nombre constituent des disques plats, en voie de développement, de plusieurs pouces de diamètre, sans une branche verticale, tandis que chez d'autres, les branches semblent s'élever comme de petites excroissances et commencent enfin à prendre les formes ramifiées sous lesquelles les Oculinæ sont généralement représentées dans nos musées. Nos Madrépores les plus ramifiés, eux-mêmes, tels que le *Madrepora prolifera* et *cervicornis*, s'accroissent en formant des disques avant de présenter des ramifications. Le *Madrepora palmata* passe, comme les précédents, par l'état embryonnaire des espèces ramifiées.

Cet aperçu sur le mode d'accroissement de nos tiges de corail ne peut laisser aucun doute sur le rapport qui existe entre les phases de développement des Polypes et la gradation que l'on peut reconnaître dans les communautés de ces animaux, parvenues à leur entier développement. Si nous étendons cette étude comparée à l'examen des classes, depuis les premières périodes géologiques jusqu'à l'époque actuelle, nous ne pouvons nous empêcher de remarquer que la série qui résulte de leur succession à ces diverses périodes, coïncide avec celle de leur classement relatif et s'accorde avec leur évolution. Pour le démontrer plus clairement, il serait nécessaire de discuter les affinités réelles des coraux; mais ce serait en ce moment hors de propos. Je ferai toutefois une remarque.

La connaissance que j'ai acquise des affinités des *Siderastræa* avec les Fungiens, me permet d'affirmer qu'un grand nombre de coraux, parmi les représentants de la série oolithique, généralement placés dans la famille des Astræens, sont de vrais Fungiens. Cela prouve la prépondérance du type fungien à une période antérieure à celle où les Astræens deviennent plus nombreux. On sait depuis longtemps que les véritables Madrépores sont encore de date plus ancienne dans l'histoire géologique. L'examen des parties molles de plusieurs représentants de la famille des *Eupsamidæ*, m'a convaincu qu'ils ne sont pas alliés aux véritables Madrépores, comme Milne Edwards et Haime l'ont supposé, mais qu'ils appartiennent à une espèce voisine des Turbinoliens. Les affinités du genre *Tubulata* pour les Acalèphes sont incontestables, et le genre *Rugosa* doit être comme lui éliminé de la classe des Polypes pour entrer dans celle des Acalèphes. Enfin le *Paleodiscus* appartient au type *Rugosa*, et non à la famille des Fungiens. Grâce à ces diverses considérations, il devient évident que depuis les époques mésozoïques, pendant lesquelles ils font leur première apparition, les grands types de la classe des Polypes se sont succédés dans l'ordre suivant : d'abord les Turbinoliens, puis les Fungiens, ensuite les Astræens, et enfin les Madrépores. La série suivant laquelle ces types se sont succédés l'un à l'autre, est en rapport exact avec leur structure de plus en plus parfaite et avec l'ordre dans lequel ces coraux passent d'un état à l'autre, pendant leur accroissement.

Si nous nous occupons maintenant de la distribution de ces animaux dans les différentes profondeurs de l'Océan, il est incontestable que les types les plus inférieurs, — les Turbinoliens et les Eupsamides, — habitent les endroits les plus profonds et y forment la majeure partie de la population corallaire. Il paraît également probable, d'après les résultats des dragages de M. Pourtalès, que les différents types d'Astræens, y compris le Stylaster, l'Oculina et le Parasmilia, se montrent ensuite; les Stylastériens et les Oculiniens appartenant aux types plus inférieurs, se trouvent aux plus grandes profondeurs. L'Astræa proprement dite, le Manicina, la Meandrina, et le Colpophylia avec les Porites, sont déjà des types qui se rencontrent dans les eaux moins profondes, tandis que les Madrépores sont de tous les genres de coraux ceux qui occupent l'espace bathymétrique le plus limité. Je n'ai pas encore de données suffisantes sur la situation relative des différents types d'Alcyonariens, pour étendre ma comparaison à cet ordre de Polypes. Mais les résultats énumérés plus haut suffisent déjà pour établir que les relations des animaux entre eux et avec les milieux dans lesquels ils vivent se rattachent à d'autres rapports résultant de leur descendance ou de leur lutte pour exister.

J'ai des raisons de croire que l'exploration du *Gulf Stream*, telle qu'elle a été présentée dans les premiers rapports du *Coast-Survey* n'est pas encore complète du côté de l'est. Il était naturel que les premières explorations s'arrêtassent à l'endroit où le grand courant cesse de produire ses particularités caractéristiques et que ses limites à l'est aient été explorées avec moins de soin que les courants alternatifs d'eau chaude et d'eau froide voisins du rivage. Mais maintenant que l'influence du *Gulf Stream* sur la distribution géographique des êtres organisées paraît être un de ses traits les plus caractéristiques, — fait qui d'ailleurs n'avait jamais été sou;çonné, — il sera nécessaire d'étendre l'exploration plus au loin dans l'océan Atlantique. — Quant à présent, je conseillerai le sondage et le dragage des lignes suivantes :

1° Une ligne s'étendant de la côte Atlantique, soit de la Géorgie ou de la Caroline du Sud jusqu'aux eaux profondes, en dehors de l'espace occupé par le *Gulf Stream*, pour déterminer les limites septentrionales de la faune de la Floride.

2° Une ligne allant de la côte Atlantique, à partir de la Caroline du Nord ou de la Virginie jusqu'aux Bermudes et au delà, afin de comparer la faune des eaux profondes du *Gulf Stream* à la faune du bord de ces îles, et à celle de notre propre côte, sur laquelle le cap Hatteras marque les limites entre deux provinces zoologiques du littoral.

3° Une ligne partant du cap Cod ou de la côte du Maine et s'étendant dans une direction sud-est à travers le *Gulf Stream*, pour déterminer spécialement les limites qui séparent la faune de ces côtes et celle du *Gulf Stream* à cette latitude. Cette ligne d'exploration fournirait de bons éléments de comparaison avec notre faune acadienne qui a déjà été soigneusement explorée jusqu'au Grand Manan par le docteur Stimpson, par le professeur Verrill et par moi-même. Des lignes moins étendues de Sandy Hook au fond du *Gulf Stream* ajouteraient une grande valeur aux résultats obtenus par les dragages effectués à partir de la côte du Massachusetts ou du Maine jusqu'à travers le *Gulf Stream*.

Je conseillerais aussi d'explorer une ligne s'étendant à travers la mer des Caraïbes, de Cumana ou La Guayra à Porto-Rico, et une autre ligne située en dehors des petites Antilles, à partir de l'embouchure de l'Orénoque jusqu'à Antigua, pour déterminer l'étendue de la surface des dépôts vaseux de l'Orénoque et leur limite dans la mer des Caraïbes.

Mais la ligne la plus importante à explorer au delà des rives des États-Unis et qui offrirait un certain intérêt au point de vue de l'histoire géologique du *Gulf Stream*, ce serait celle qui s'étend depuis Panama jusqu'aux eaux les plus profondes du Pacifique. Les dragages faits dans cette direction peuvent démontrer que la faune des profondeurs de la mer est identique des deux côtés de l'isthme, et que, par conséquent, à une époque comparativement récente, le grand courant équatorial de l'Atlantique passait, sans obstacles sérieux, à travers l'Amérique centrale, et arrivait jusqu'à l'océan Pacifique.

Louis Agassiz,

Correspondant de l'Institut de France et de la Société royale de Londres, Professeur à l'Université de Cambridge, près Boston.

COLLÉGE DE FRANCE

CHIMIE ORGANIQUE

COURS DE M. BERTHELOT

Les états isomériques des corps simples (1)

II

LE SOUFRE

Le soufre se manifeste sous une grande variété d'états distincts, les uns produits par des méthodes physiques, les autres par des procédés chimiques. Tels sont :

(1) Voyez ci-dessus, page 418, 4 juin 1870.

Le *soufre octaédrique*, état normal, le seul définitivement stable dans les conditions ordinaires.

Le *soufre prismatique*.

Le *soufre amorphe soluble*, transformable par simple dissolution en soufre cristallisable.

Le *soufre amorphe insoluble*, préparé par simple refroidissement.

Le *soufre amorphe insoluble*, extrait de la fleur de soufre ou préparé par un refroidissement opéré en présence de l'acide sulfureux.

Le *soufre mou*, préparé par refroidissement brusque.

Le *soufre huileux* des hyposulfites, *soluble* dans le sulfure de carbone, mais transformable spontanément dans

Le *soufre huileux insoluble*, lequel se change à son tour en un mélange de soufre cristallisable et de *soufre amorphe insoluble des hyposulfites*, etc.

Nous allons passer en revue ces divers états, en insistant surtout sur les conditions dans lesquelles ils prennent naissance et sur leurs relations avec la nature des combinaisons dont ils sont extraits et dans lesquelles ils peuvent être engagés de nouveau.

Commençons par les états produits sous une simple influence physique, celle de la chaleur.

Voici du soufre octaédrique placé dans une petite cornue, nous le chauffons lentement sur une lampe. Il entre en fusion à 113 degrés, en formant un liquide jaune dont la couleur se fonce de plus en plus. Cependant, à mesure que la température s'élève, la fluidité du liquide diminue ; il s'épaissit sans cesse, et vers 170 degrés il a pris une consistance telle que la cornue peut être renversée sans que le soufre s'écoule. Continuons à chauffer ; le soufre se fonce encore davantage, mais il redevient peu à peu fluide, et quand il atteint la température de 448 degrés, il bout et se réduit en une vapeur orangée. Laissons alors refroidir lentement la cornue, et le soufre va repasser en sens inverse par la même série d'états précédemment observée : sa fluidité diminue, il s'épaissit ; vers 170 degrés, il est devenu presque solide; puis il se liquéfie de nouveau, sa teinte jaunit, à 113 degrés il cristallise.

Il y a là des phénomènes singuliers et contraires à ceux que l'on observe en général. Lorsqu'on échauffe par exemple de l'eau solide et de l'acide acétique cristallisé, la fluidité croît avec l'élévation de température, depuis l'état solide jusqu'à l'état gazeux.

A cette viscosité croissante du soufre répond d'ailleurs un changement semblable dans sa dilatation. Voici en effet les nombres trouvés par Despretz pour le coefficient moyen de dilatation du soufre :

Entre 110-130 degrés.		0,00062
130-150	»	0,00054
150-200	»	0,00035
200-250	»	0,00038

Le coefficient du soufre, contrairement à ce qui arrive en général, passe donc par un minimum entre 150 et 200 degrés.

Les changements de couleur que présente le soufre échauffé n'ont pas la même signification, car ils se présentent en général dans l'étude des divers corps jaunes et orangés. Chauffons du massicot : cette poudre jaune va rougir et se foncer de plus en plus ; de même l'oxyde rouge de mercure devient presque noir, lorsqu'on l'échauffe, pour reprendre sa teinte initiale par refroidissement. Réciproquement, le polysulfure d'ammonium, corps d'un rouge rubis, devient jaune lorsqu'on le refroidit dans l'acide carbonique solide ; la naphtaline nitrée, corps jaune, à la température ordinaire devient presque blanche, à — 78 degrés, etc.

Mais les changements de dilatation et de cohésion ont une toute autre signification.

Il semble donc que le soufre éprouve un changement particulier entre les limites de température signalées plus haut. Pour saisir cet état, l'idée qui se présente d'abord, c'est de refroidir brusquement le soufre et d'examiner s'il conserve à la température ordinaire quelque chose de particulier. En effet, le soufre que nous refroidissons ainsi, en le faisant couler en minces filets dans de l'eau froide, reste amorphe, mou et élastique ; au lieu de se cristalliser, comme il le ferait sous l'influence d'un refroidissement lent ; c'est l'état de *soufre mou*. Ce soufre a, comme on dit, conservé une portion de chaleur latente. Sous l'influence du temps, il durcit peu à peu, perd son élasticité et reprend un état analogue à celui du soufre ordinaire. Si on le porte à 100 degrés, le changement s'opère brusquement et avec un dégagement de chaleur qui peut être évalué, d'après les expériences de M. Regnault, à 12 calories environ pour 1 gramme de soufre.

Ce n'est pas tout : le soufre mou qui a durci spontanément n'est pas entièrement revenu à l'état de soufre cristallisable. En effet, M. Ch. Deville, ayant eu l'idée de le traiter par le sulfure de carbone, qui dissout le soufre cristallisable, a reconnu que le soufre mou durci laissait une portion insoluble s'élevant à 15, 20, 30 centièmes. C'est le *soufre amorphe insoluble*. Il a fait la même observation sur la fleur de soufre, produite en condensant brusquement les vapeurs de soufre. En reprenant ces recherches, j'ai observé que le soufre insoluble de la fleur de soufre n'est pas identique avec celui du soufre trempé ; il s'en distingue par une plus grande stabilité. En effet, les deux soufres insolubles, étant portés à 100 degrés, se changent peu à peu en soufre cristallisable ; mais le changement est bien plus rapide sur le soufre trempé que sur le soufre de la fleur de soufre. Il suffit même de faire bouillir le premier pendant quelques minutes avec l'alcool absolu pour le changer en soufre cristallisable ; tandis que le soufre insoluble extrait de la fleur résiste à cette épreuve : je fais l'expérience sous vos yeux. Je reviendrai tout à l'heure sur ces différences entre le soufre insoluble préparé par simple trempe et le soufre insoluble extrait de la fleur, et j'en donnerai l'explication.

Quoi qu'il en soit, les faits précédents établissent l'existence d'un soufre insoluble dans le sulfure de carbone, préparé au moyen du soufre mou. Il s'agit d'éclaircir l'origine de ce soufre insoluble et le mécanisme de sa formation. Ce soufre est-il produit par la trempe, c'est-à-dire par le simple fait d'un refroidissement brusque ? Ou bien correspond-il à un état nouveau du soufre, état acquis seulement à partir d'une certaine température ? Telle est la question que nous allons examiner.

Voici deux bains d'huile ; l'un est maintenu depuis quelque temps à une température fixe de 140 degrés. Dans ce bain, nous avons suspendu un tube de verre très-mince, dans lequel pénètre à frottement un second tube de verre très-mince renfermant 1 gramme de soufre octaédrique, purifié avec soin ; un courant lent d'acide carbonique circule dans le tube, de façon à exclure toute réaction de l'oxygène de l'air.

Le second bain d'huile est maintenu à 175 degrés. Il renferme un système de tubes tous semblables au précédent, de façon à maintenir 1 gramme de soufre vers 175 degrés, dans une atmosphère d'acide carbonique.

Je saisis le tube qui renferme le soufre chauffé vers 140 degrés et je le plonge brusquement dans l'eau froide, en écrasant le fond du tube, de façon à mettre le soufre en contact avec l'eau froide. Reprenons le soufre ainsi trempé ; traitons-le par le sulfure de carbone, il se dissout sans laisser une trace appréciable de soufre insoluble.

Saisissons maintenant le tube qui renferme du soufre chauffé vers 175 degrés et opérons de la même manière. Cette fois, le soufre refroidi brusquement demeure mou et visqueux. Traité par le sulfure de carbone, il laisse le tiers de son poids à l'état de soufre insoluble. Cette proportion ne change pas d'ailleurs, si l'on opère de même avec du soufre chauffé à 200, à 250, à 300 degrés.

Ces expériences que je réalise sous vos yeux sont d'une extrême netteté, elles démontrent que la formation du soufre insoluble n'est pas due au fait même du refroidissement brusque. Celui-ci n'a d'autre rôle que de permettre de constater un état préexistant, produit à partir de 160 à 170 degrés environ, en dehors de toute influence de trempe ou analogue : cet état se détruirait peu à peu, en passant à l'état de soufre cristallisable, sous l'influence d'un refroidissement lent.

Le soufre modifié reprend donc peu à peu son état normal au voisinage de la température de sa fusion, c'est-à-dire s'il demeure longtemps vers 120 à 130 degrés (l'air et l'acide sulfureux étant exclus) : il redevient soufre cristallisable. Mais ce changement n'est pas instantané ; aussi, lorsque le soufre traverse rapidement ledit intervalle de température, une portion seulement est transformée, l'autre portion conservant l'état qu'il avait acquis vers 170°.

S'il en est ainsi, on doit pouvoir augmenter la proportion de soufre insoluble en accélérant le refroidissement. C'est en effet ce que l'on observe : le soufre trempé en fils très-fins renferme plus de soufre insoluble que le soufre refroidi en masse ; le soufre trempé dans l'éther, dont l'évaporation accélère le refroidissement du soufre, renferme jusqu'à 65 centièmes de soufre insoluble, au lieu des 30 centièmes signalés plus haut.

On peut aller plus loin en tirant parti de nouvelles observations. En effet, j'ai reconnu que l'acide sulfureux avait la propriété de modifier par son contact le soufre insoluble extrait du soufre trempé et d'en accroître la stabilité. En même temps, l'acide sulfureux abaisse la température de transformation. Voici un tube scellé à la lampe, dans lequel nous avons chauffé du soufre octaédrique avec une dissolution aqueuse d'acide sulfureux, dans un bain d'huile maintenu vers 130 degrés. Le soufre a fondu et il s'est refroidi lentement. Cependant il renferme une proportion notable de soufre insoluble. Même remarque lorsque le soufre se solidifie lentement au contact de l'acide nitrique.

Faisons donc refroidir brusquement le soufre porté à 170 degrés, en le coulant, non plus dans l'eau, mais dans une solution d'acide sulfureux, et réduisons-le en filaments aussi minces que possible, afin de multiplier la surface de contact, la seule sur laquelle l'action modificatrice puisse s'exercer ; nous obtiendrons ainsi jusqu'à 86 pour 100 de soufre insoluble.

C'est précisément sous une influence analogue, c'est-à-dire en présence de l'acide sulfureux, que le soufre insoluble de la fleur de soufre a pris naissance; de là dérivent ses différences avec le soufre insoluble obtenu par simple trempe.

Quel que soit le procédé par lequel le soufre insoluble ait été obtenu, cet état ne présente pas une stabilité définitive ; il tend à revenir à l'état de soufre octaédrique. Il y revient de lui-même sous l'influence du temps, car le soufre résoluble conservé pendant quelque temps renferme une proportion toujours croissante de soufre octaédrique. Toutefois, la transformation est assez lente. J'ai eu occasion d'examiner de la fleur de soufre qui datait de cinquante ans. Au lieu de 30 centièmes de soufre insoluble qu'elle avait dû contenir à l'origine, elle en renfermait encore 5 à 6 centièmes.

Le changement peut être accéléré par le contact de certains agents tels que l'hydrogène sulfuré, les sulfures alcalins et les alcalis. Voici du soufre insoluble : mouillons-le avec quelques gouttes d'alcool et agitons-le avec une solution aqueuse d'hydrogène sulfuré, il blanchit peu à peu, prend un aspect floconneux et tombe au fond du tube. Au bout de quelque temps, il est transformé et devenu soluble dans le sulfure de carbone, dont il se sépare par évaporation sous forme cristallisée.

Le soufre ainsi modifié n'arrive cependant pas du premier coup à l'état octaédrique. Examiné au microscope, il conserve l'aspect amorphe et utriculaire du soufre insoluble ; traité par le sulfure et le carbone, il absorbe en se dissolvant plus de chaleur que le soufre octaédrique : c'est un état nouveau, l'état de *soufre amorphe soluble*. Cet état est d'ailleurs transitoire. Au bout de quelques heures, les utricules vues sous le microscope commencent à se hérisser de pointes cristallisées. Après quelques semaines, tout est changé en soufre cristallisé, lequel a repris sa chaleur de dissolution normale. Je reviendrai bientôt sur ces faits.

Mais auparavant, étudions une nouvelle condition physique propre à changer le soufre cristallisable en soufre insoluble. Il s'agit de l'action de la lumière.

En effet, le soufre dissous dans le sulfure de carbone, sous l'influence de la lumière solaire, donne naissance à du soufre insoluble : cette découverte intéressante a été faite récemment par M. Lallemand. Je l'ai vérifiée ; j'ai reconnu que la lumière électrique, concentrée par un miroir, produit le même effet. Il en est de même de la lumière du magnésium, comme je vous le montre en ce moment. Au contraire, la lumière Drummond ne produit pas les mêmes effets d'une manière appréciable. On peut encore fondre du soufre à une température inférieure à 130 degrés, puis le laisser se solidifier lentement en l'exposant au soleil; après cristallisation, la surface du soufre est recouverte d'une pellicule de soufre insoluble. En opérant d'une manière comparative à l'ombre, la transformation n'a pas lieu.

Cependant on peut empêcher la formation du soufre insoluble dans la dissolution sulfocarbonique, en saturant à l'avance le liquide avec un corps qui a la propriété de déterminer le changement inverse, tel que l'hydrogène sulfuré. Le sulfure de carbone, chargé de soufre et d'hydrogène sulfuré, et introduit dans un tube scellé à lampe, peut être exposé au soleil indéfiniment, sans déposer de soufre insoluble. L'expérience ne réussit complétement que si l'air a été soigneusement exclu ; sinon il se produit d'abord un léger dépôt, dû à quelque réaction oxydante ; puis la liqueur éclaircie se conserve indéfiniment.

Dans tous les cas, la formation photogénique du soufre insoluble exige la dissolution ou la fusion préalable du soufre ; car le soufre octaédrique exposé au soleil n'éprouve pas le plus léger changement.

Cette formation a lieu seulement sous l'influence de la portion extrême du spectre, dite des rayons chimiques. C'est pour cela que la lumière du magnésium la produit et non la lumière Drummond : elle est donc assimilable aux effets photographiques ordinaires.

J'ai entrepris quelques recherches sur le mécanisme thermochimique de ces transformations. Il s'agit de savoir si la formation du soufre insoluble sous l'influence de la lumière répond à une absorption de chaleur, c'est-à-dire à un certain travail effectué par la lumière; ou bien si cette même formation répond à un dégagement de chaleur, auquel cas la lumière jouerait seulement le rôle d'un agent propre à déterminer la réaction. La réaction, en un mot, est-elle endothermique ou exothermique ?

Pour répondre à cette question, il faut déterminer les quantités de chaleur mises en jeu :

1° Dans la dissolution du soufre octaédrique ;

2°. Dans sa fusion ;

3° Dans la transformation du soufre octaédrique en soufre insoluble.

Chaleur de dissolution du soufre octaédrique.—J'ai trouvé que la dissolution de 1 gramme de soufre, dans le sulfure de carbone, absorbe $12^{cal},8$ (moyenne de dix déterminations, qui ne se sont pas écartées de la moyenne de plus de 1 calorie). Cette quantité est un peu plus faible lorsque le soufre est employé en grande quantité, par exemple lorsqu'il forme le quart du poids du dissolvant ; mais la différence est trop petite pour y insister, car elle n'excède pas 1 calorie.

Chaleur de fusion du soufre octaédrique. — M. Person a trouvé, pour 1 gramme de soufre.............. $-9^{cal},4$

Transformation du soufre octaédrique en soufre insoluble. — J'ai cherché à déterminer une quantité de chaleur égale, celle qui est mise en jeu dans la transformation inverse. Vers 112 degrés, les divers soufres insolubles se changent en soufre ordinaire, avec un dégagement de chaleur capable de ramollir la masse et de la fondre partiellement : ce fait est établi par mes anciennes expériences (*Annales de chimie et de physique*, 3° série, t. LV, p. 213). Il en résulte que, vers la température de la fusion du soufre, la chaleur de transformation du soufre insoluble doit être voisine de la chaleur de fusion, mais un peu inférieure. Cependant ce résultat n'est pas applicable aux transformations opérées à la température ordinaire.

» Pour transformer à froid le soufre insoluble, il suffit, comme je vous l'ai dit, de le mettre en contact avec une dissolution d'hydrogène sulfuré : le soufre se mouille peu à peu, blanchit et tombe au fond de la liqueur, en prenant un aspect floconneux ; 1 partie d'hydrogène sulfuré transforme ainsi 20 à 30 parties de soufre, et même bien davantage. Le soufre est alors devenu complétement soluble dans le sulfure de carbone, dont l'évaporation reproduit du soufre octaédrique. Il est facile de vérifier que l'action de l'hydrogène sulfuré sur le soufre insoluble donne lieu à un léger dégagement de chaleur : mais l'action est trop lente pour se prêter à des mesures précises.

» On peut la rendre assez prompte pour qu'elle soit terminée au bout de trente à quarante minutes, en ajoutant à l'avance un dixième d'alcool à la solution d'hydrogène sulfuré. Par suite de cette addition, le soufre insoluble est mouillé tout d'abord, ce qui accélère le changement. Aucun autre changement chimique ne se produit d'ailleurs, comme je l'ai vérifié en comparant le poids du soufre dissous par le sulfure de carbone à la fin de l'expérience, avec celui du soufre insoluble employé au début.

» J'ai opéré la transformation du soufre insoluble (extrait de la fleur de soufre) dans un calorimètre de verre mince, contenant 500 grammes de liqueur hydrosulfurée et 21 grammes de soufre insoluble. Le calorimètre était placé dans une double enceinte et entouré d'eau. Les substances employées avaient été amenées d'avance à des températures qui ne différaient entre elles et de celle de l'enceinte d'eau que de 3 à 4 centièmes de degré : précautions indispensables toutes les fois qu'il s'agit de mesurer des quantités de chaleur très-petites et qui ne se dégagent que peu à peu. Le maximum a été atteint au bout de trente-cinq minutes : il répondait à une élévation de 0°096. La correction du refroidissement s'élevait à $\frac{1}{11}$ environ de cette valeur ; elle a été déterminée empiriquement par une épreuve ultérieure faite sur le mélange lui-même quelques heures après, dans des conditions identiques. Ce refroidissement était si lent, que la température a baissé seulement de 1 quarantième de degré en trois heures et demie. Je crois utile de donner ces détails, à cause de l'extrême délicatesse de semblables déterminations. Tous calculs faits, le changement du soufre insoluble a dégagé, vers 18°,5, pour 1 gramme . . . . $+ 2^{cal},7$.

» Mais le soufre obtenu était-il identique avec le soufre octaédrique ? Pour m'en assurer, j'ai introduit du sulfure de carbone dans le calorimètre, aussitôt après la transformation et sans séparer le soufre de la liqueur ; j'ai déterminé la chaleur de dissolution. J'ai ainsi trouvé pour 1 gramme de soufre transformé . . . . $- 15^{cal},4$.

» Ce nombre l'emporte d'un quart environ sur la chaleur de dissolution du soufre octaédrique. Cet excès s'est retrouvé constamment, et même avec une valeur plus grande, dans cinq déterminations : je donne ici celle qui m'inspire le plus de confiance. La différence entre les chaleurs de dissolution n'est pas due à une action préalable, telle que l'imbibition du soufre, ou à quelque réaction propre de la solution hydrosulfurée précédente. En effet, j'ai déterminé, à deux reprises, la chaleur de dissolution du soufre octaédrique par le sulfure de carbone, en présence d'une dissolution hydrosulfurée identique, et j'ai trouvé pour 1 gramme de soufre $- 12^{cal},7$, chiffre identique avec. . . . . $- 12^{cal},8$, trouvé avec le soufre octaédrique et le sulfure de carbone seul.

Il résulte de ces faits que le soufre soluble obtenu par la transformation du soufre insoluble au contact de l'hydrogène sulfuré n'est pas identique avec le soufre octaédrique, circonstance qui n'a rien de surprenant pour quiconque aura vu l'aspect blanchâtre et floconneux du soufre transformé. Examiné au microscope, ce soufre conserve l'aspect utriculaire du soufre insoluble qui lui a donné naissance. Au bout de quelques heures, les utricules commencent à se hérisser de pointes cristallines, qui augmentent sans cesse. Toute la masse est changée en cristaux après quelques semaines. J'ai trouvé alors pour la chaleur de dissolution . . $- 13^{cal},1$, c'est-à-dire le même nombre sensiblement que pour le soufre octaédrique. Ainsi, le soufre transformé au contact de l'hy-

drogène sulfuré présente un état particulier, distinct du soufre octaédrique. Je désignerai cet état sous le nom de *soufre amorphe soluble.*

» Ce soufre, une fois dissous par le sulfure de carbone, ne peut plus en être séparé que sous la forme octaédrique. En admettant l'identité des dissolutions, on trouve que le *changement du soufre amorphe soluble en soufre octaédrique* répondrait à une absorption de . . . . $- 2^{cal},6$, sensiblement égale, mais de signe contraire, à la chaleur dégagée lors du *changement du soufre insoluble en soufre amorphe soluble* $(+ 2^{cal},7)$.

» Il en résulte que le *changement du soufre insoluble en soufre octaédrique*, à la température de 18°,5, *répond à un phénomène thermique nul*, ou sensiblement,

» La chaleur mise en jeu dans ce changement va donc en diminuant, depuis 112 degrés jusqu'à la température ordinaire ; ce qui implique une chaleur spécifique du soufre insoluble un peu supérieure à celle du soufre octaédrique.

» Rappelons encore que le *changement du soufre prismatique en soufre octaédrique* dégage, d'après Mitscherlich, une quantité de chaleur très-voisine des précédentes $(+ 2^{cal},3)$. En passant du soufre prismatique au soufre amorphe soluble, il y aurait donc un dégagement de 5 calories environ.

» Il est maintenant facile de répondre aux questions signalées au début de cette exposition.

1° La transformation du soufre octaédrique dissous en soufre insoluble, sous l'influence directe de la lumière solaire, est accompagnée par un dégagement de chaleur, soit . . . . $+ 12^{cal},8$ par gramme ;

2° La transformation du soufre ordinaire, simplement fondu, en soufre insoluble est également accompagnée par un dégagement de chaleur. Ce changement n'a pas lieu dans les conditions ordinaires ; mais il a lieu, comme je l'ai montré plus haut, sous l'influence de la lumière solaire. Il a lieu également, d'après mes anciennes expériences (*Annales de chimie et de physique*, 4° série, t. I, p. 392), lorsque le soufre fondu se solidifie au contact de l'acide sulfureux ou de l'acide nitrique.

Dans la transformation du soufre, comme dans la plupart des réactions où elle intervient, la lumière joue donc simplement le rôle d'agent excitateur ; mais ce n'est pas elle qui effectue le travail proprement dit de la transformation.

Vous voyez maintenant comment ces études sur le soufre nous conduisent à tout un ensemble de notions d'une haute importance sur le mécanisme des actions chimiques. Poussons maintenant plus loin et étudions les relations qui existent entre les états du soufre et ses combinaisons.

Nous pouvons étudier ces relations sous divers points de vue, tels que le mode de formation chimique des divers soufres par la décomposition des combinaisons sulfurées ;

Leur aptitude à entrer en combinaison avec d'autres corps ;

Enfin leurs transformations réciproques.

Formation chimique des divers soufres.

1° Le soufre octaédrique apparaît seul dans la décomposition des polysulfures par un acide (*Annales de chimie*, 3° série, t. XLIX, p. 449), pourvu que les polysulfures ne soient mélangés avec aucun composé oxygéné du soufre.

2° Un soufre insoluble, analogue à celui de la fleur de soufre, sinon même plus stable, se manifeste presque seul dans la décomposition ménagée du chlorure de soufre par l'eau.

(Même mémoire, p. 452, *Bulletin de la Société philomathique*, pour 1858, séance du 3 avril, p. 35.

3° Un soufre analogue apparaît dans la décomposition rapide des composés thioniques par les acides concentrés.

4° Les hyposulfites (Même mémoire, p. 455 et *Annales de chimie*, 3ᵉ série, t. I., p. 376), décomposés par l'acide chlorhydrique concentré, fournissent un soufre particulier, d'abord huileux et soluble dans le sulfure de carbone ; puis il devient insoluble, sans se solidifier encore. Il passe bientôt à l'état mou, état que l'on observe le plus aisément, tant les deux premiers sont transitoires. Enfin, le soufre mou durcit en quelques heures et se change en un mélange de soufre octaédrique, prédominant, et de soufre insoluble : ce dernier est bien moins stable que les autres variétés signalées ci-dessus. La chaleur et le temps le ramènent bien plus vite à l'état cristallisé. Aussi, lorsqu'on opère la décomposition d'un hyposulfite d'une manière lente et par un acide étendu, on n'obtient que des traces de soufre insoluble.

Il résulte de ces faits que les diverses combinaisons sulfurées fournissent des soufres doués de propriétés distinctes, pourvu qu'on opère la séparation du soufre dans des conditions ménagées.

Aptitude des divers soufres à entrer en combinaison. — Réciproquement le soufre octaédrique et les soufres insolubles manifestent des différences très-marquées, au point de vue de leur aptitude à entrer en combinaison. Dans certains cas, chacun de ces états se transforme en un autre, avant de contracter combinaison.

Citons d'abord des exemples du premier phénomène, c'est-à-dire de l'aptitude inégale à entrer en réaction.

Le soufre octaédrique se combine plus rapidement au mercure que le soufre insoluble (1), les deux soufres étant amenés à un état de cohésion comparable (2).

Au contraire, le soufre insoluble est attaqué bien plus vite par les sulfites alcalins et par les agents oxydants (3).

En général, chacun des soufres manifeste une aptitude plus grande à rentrer dans l'ordre des composés, qui est particulièrement propre à lui donner naissance.

La combinaison précédée par un changement d'état isomérique. — Dans les cas où les différences que je signale ici ne peuvent pas être observés avec netteté, il arrive souvent, par compensation, que la combinaison est précédée par un changement correspondant dans l'état du soufre libre. Ces changements sont des plus décisifs dans la question que nous examinons.

Soit, par exemple, le soufre cristallisable et le soufre insoluble : ils se dissolvent à peu près de la même manière dans les alcalis et dans les sulfures alcalins. Mais cette similitude de réaction est facile à expliquer, car elle résulte d'un changement préalable survenu dans l'état du soufre insoluble. En effet, prenons le soufre insoluble et mettons-le en contact avec la solution aqueuse ou alcoolique d'un alcali ou d'un sulfure alcalin. Presque aussitôt, l'aspect du soufre change :

avant de se combiner, et même à froid, le soufre insoluble se transforme en soufre octaédrique (ou plutôt en *soufre amorphe soluble*, voyez plus haut).

De telle manière que l'on peut dire en réalité que ce n'est pas le soufre insoluble qui se combine avec le potassium, puisqu'il commence par perdre l'état de soufre insoluble et par prendre la forme du soufre octaédrique, avant de former un sulfure alcalin.

Signalons maintenant des faits analogues, mais relatifs à la transformation inverse. Ils ne sont pas moins réels, quoique plus difficiles à mettre en évidence.

Pour y réussir, il suffit de faire bouillir les deux soufres avec l'acide nitrique : tant que les deux corps conserveront l'état solide, nous verrons le soufre insoluble se dissoudre plus vite que le soufre octaédrique. Mais la différence cesse, si l'on opère à une température telle que le soufre entre en fusion : dans cette circonstance les deux soufres se comportent de la même manière, parce qu'ils sont ramenés à un état identique.

Cependant, en examinant de plus près ce qui se passe alors, on peut y trouver la preuve de la transformation préalable du soufre octaédrique en soufre insoluble, au moment même de l'oxydation. En effet, lorsque le soufre a été ainsi fondu en présence de l'acide nitrique, laissons-le solidifier ; nous observerons que le globule devenu solide se trouve enveloppé par une pellicule de soufre insoluble. Toute la portion superficielle du globule, c'est-à-dire la partie qui se trouve en contact avec l'acide nitrique, demeure à l'état de soufre insoluble.

Cette observation est indépendante de l'état primitif du soufre, mais elle est subordonnée à la présence de l'acide nitrique. Car si l'on réalise la fusion du soufre en présence de l'eau ou de la plupart des solutions salines, et en opérant dans un tube scellé, afin de conserver à l'eau son état liquide jusqu'à 115°, on observe alors que le globule fondu, puis solidifié à la suite du refroidissement du tube, ne renferme pas de soufre insoluble.

Il résulte de ces faits que lorsque le soufre fondu est oxydé par l'acide nitrique, quel que soit son état primitif, on doit admettre que c'est toujours du soufre insoluble qui se combine avec l'oxygène.

Il en résulte encore que le soufre isolé sous une influence oxydante peut être modifié par cette influence et amené à l'état de soufre insoluble.

Ce sont là des faits très-caractéristiques et analogues à ceux que présente l'histoire de l'ozone.

Corrélation entre les états de soufre et la nature de ses composés. — C'est en me fondant sur un grand nombre d'observations de ce genre que j'ai été conduit à regarder comme probable la proposition suivante :

Plusieurs des états moléculaires du soufre répondent à divers ordres de combinaisons, c'est-à-dire à des fonction différentes.

J'avais d'abord formulé cette généralisation, en regardant le soufre octaédrique comme répondant exactement à l'état électronégatif, c'est-à-dire aux combinaisons dans lesquelles le soufre joue le rôle de l'oxygène ; tandis que le soufre insoluble répondrait précisément à l'état électropositif, c'est-à-dire aux combinaisons dans lesquelles le soufre joue le rôle de l'hydrogène.

Une signification aussi limitée, attribuée aux phénomènes

---

(1) Voyez Péan de Saint Gilles, *Comptes rendus de l'Académie des sciences*, t. XLVIII, 398, 1859.

(2) La méthode par laquelle on peut obtenir les deux soufres dans un état de cohésion comparables est exposée, *Annales de chimie et de physique*, 3ᵉ série, t. LIV, p. 50, 1858.

(3) Voyez même recueil, mon mémoire, 3ᵉ série, t. XLIX, p. 442 ; Péan de Saint-Gilles, même recueil, 3ᵉ série, t. LIV, p. 49, 1858.

multiples que présente l'histoire du soufre, me paraît actuellement douteuse. Mais, je regarde toujours comme très-vraisemblable, que plusieurs des états divers du soufre libre correspondent à la nature de ses combinaisons.

Tels sont notamment :

1° Le soufre extrait des polysulfures,
2° Le soufre extrait des hyposulfites,
3° Le soufre extrait du chlorure de soufre.

pourvu que la séparation du soufre sous ses divers états ait lieu dans les conditions les plus favorables, et sans en altérer l'état préexistant, au moment même où il se sépare de sa combinaison.

III

LE PHOSPHORE.

Le soufre et l'oxygène manifestent des états divers, suivant les combinaisons dont on les sépare ; c'est-à-dire que la diversité de leurs états répond à la diversité de leurs fonctions chimiques. Il en est de même du carbone, d'après mes observations, car la décomposition des carbures d'hydrogène par la chaleur, fournit du carbone amorphe, tandis que celle du sulfure et du chlorure de. carbone, fournit du carbone graphite. J'ai publié ces observations dans le présent Recueil, p. 100.

Mais on peut aussi concevoir qu'un même élement forme deux séries de combinaisons isomériques, dans lesquelles il conserve la même fonction.

Tel paraît être le phosphore. Ce corps existe, vous le savez, sous deux états distincts : comme phosphore ordinaire, blanc, fusible, cristallisable et soluble dans plusieurs dissolvants ; et comme phosphore rouge, infusible, amorphe et insoluble.

Le phosphore rouge s'obtient en exposant le phosphore blanc à la lumière, ou en le chauffant vers 250 degrés, comme M. Schrötter l'a découvert. Il se transforme en phosphore blanc par la distillation.

Or, les deux phosphores répondent à deux séries de combinaisons distinctes, et spécialement à deux séries de sulfures isomériques.

C'est Berzelius qui a fait cette découverte (1). En combinant directement le soufre et le phosphore ordinaires, il a obtenu deux sulfures liquides, très-altérables, qui font explosion au contact de l'oxygène, et dont le maniement est très-dangereux. Ce sont : l'hyposulfide phosphoreux

$$P^2S,$$

l'hyposulfide phosphorique

$$PS,$$

et un sulfure intermédiaire,

$$P^3S^2.$$

Or, ces sulfures de phosphore, étant combinés avec certains sulfures métalliques, dans des conditions définies par Berzélius, produisent des combinaisons particulières. En décomposant ensuite ces combinaisons, Berzélius en dégage une nouvelle série de sulfures de phosphore, isomériques avec les premiers. Les nouveaux sulfures sont rouges, solides, amorphes et insolubles, précisément comme le phosphore rouge. Berzélius obtient par exemple un hyposulfide phosphoreux rouge,

$$P^2S ;$$

un hyposulfide phosphorique rouge,

$$PS ;$$

enfin un sulfure intermédiaire,

$$P^3S^2,$$

Ainsi les sulfures rouges de phosphore sont isomériques, terme pour terme, avec les sulfures inflammables. Berzelius a reconnu de plus qu'il suffit de distiller les sulfures rouges de phosphore pour les changer en sulfures inflammables.

Ces faits donnent une très-grande probabilité à l'opinion en vertu de laquelle les deux séries de sulfures de phosphore correspondraient précisément aux deux espèces de phosphore.

Une expérience récente de M. Lemoine vient encore à l'appui de cette opinion. Ce savant, en effet, a obtenu précisément un sulfure de phosphore rouge cristallisé,

$$P^2S^3.$$

par la combinaison directe du soufre et du phosphore rouge ; les propriétés de ce sulfure, particulièrement son inaltérabilité à la température ordinaire, rappellent tout à fait les propriétés du phosphore rouge.

Nous sommes donc amenés avec la plus grande probabilité à admettre des phénomènes d'isomérie proprement dite dans un corps simple, le phosphore, les états multiples du corps libre correspondant à des fonctions chimiques semblables et à des équivalents chimiques égaux.

Le cobalt et le nickel, l'or et le platine pris deux à deux représentent peut-être des cas analogues, puisque ces corps simples possèdent les mêmes équivalents avec des fonctions chimiques analogues ; mais ils n'ont pas été jusqu'ici métamorphosés l'un dans l'autre.

Au contraire, la variété de fonction correspondant à la variété d'état, représente l'opposition des états chimiques qui peuvent caractériser deux corps distincts. Tantôt les équivalents seront les mêmes (soufre), tantôt ils seront multiples les uns des autres (carbone amorphe et carbone graphite, oxygène et ozone) ; opposition qui répond presque complétement à la diversité des éléments chimiques : une seule différence essentielle subsiste entre deux corps distincts et deux états différents d'un même élément, c'est que ces deux états différents sont transformables l'un dans l'autre ou réductibles à certains composés communs ; tandis que les deux corps simples, réputés distincts, ont résisté jusqu'ici aux mêmes épreuves (1).

M. BERTHELOT.

---

(1) L'étude des états isomériques du carbone a paru l'année dernière dans la *Revue des cours scientifiques* sous ce titre : *De la constitution des corps simples en général et du carbone en particulier* (t. VI, p. 762 et 781, 30 octobre et 6 novembre 1869).

Le propriétaire-gérant : GERMER BAILLIÈRE.

PARIS. — IMPRIMERIE DE E. MARTINET, RUE MIGNON, 2.

---

(1) Voyez son *Traité de chimie*, t. I, p. 817 et 829, 1845 (traduction française).

REVUE

DES

COURS SCIENTIFIQUES

DE LA FRANCE ET DE L'ÉTRANGER

SEPTIÈME ANNÉE · NUMÉRO 32 · 9 JUILLET 1870

Paris, 8 juillet 1870.

La grande chaîne des Alpes est une des régions les plus intéressantes pour la géologie, et se rattache à presque toutes les questions importantes discutées aujourd'hui. Ce fait a inspiré aux naturalistes suisses l'heureuse idée d'organiser un congrès scientifique consacré à l'étude de ces montagnes et réunissant les géologues ou paléontologistes qui s'en occupent, en France, en Allemagne, en Italie, etc. Voici les noms des promoteurs de ce congrès qui doit se tenir à Genève :

MM. B. Studer, professeur à l'université de Berne ; P. Mérian, professeur à l'université de Bâle ; A. Escher de la Linth, professeur à l'université de Zurich ; E. Desor, professeur à l'Académie de Neuchâtel ; A. Favre, professeur à l'Académie de Genève, membres de la commission de la carte géologique fédérale ; P. de Loriol, O. Heer et A. Mousson, professeurs à l'université de Zurich ; L. Rutimeyer, professeur à l'université de Bâle ; E. Renevier, professeur à l'Académie de Lausanne ; C. Vogt et F. J. Pictet, professeurs à l'Académie de Genève.

L'organisation et la réception du congrès est confiée à un comité genevois ayant pour président M. F. J. Pictet, pour vice-président M. Alphonse Favre, et pour secrétaires MM. Ernest Favre et Edmond Sarazin. Nous avons reçu de M. F. J. Pictet la lettre suivante qui expose le programme du congrès :

Monsieur,

Je prends la liberté de m'adresser à vous pour vous prier de donner, par l'intermédiaire de votre excellente *Revue*, quelque publicité à notre projet d'un *Congrès des géologues alpins*, convoqué à Genève pour le 31 août, le 1er et le 2 septembre de la présente année.

Nous avons envoyé des circulaires à tous les géologues et les paléontologistes que nous avons supposé plus directement intéressés à la géologie des Alpes ; mais nous tenons à ce que l'on sache bien que nous recevrons avec le même plaisir tous ceux qui, sans avoir reçu de circulaire, voudront s'associer à nous dans le but d'étudier les questions qui se rattachent à ce vaste sujet.

La première idée de ce congrès est née à la suite de quelques conversations de géologues suisses avec des savants autrichiens. Elle a été accueillie avec faveur par quelques géologues français, allemands et italiens. Nous avons en conséquence préparé et envoyé une circulaire qui a été signée par douze géologues et paléontologistes suisses de divers cantons, adressant en commun une invitation à leurs collègues des autres pays et fixant Genève pour le lieu de réunion.

Un comité local s'est immédiatement formé pour préparer la réception. Tous ceux qui désireront être membres du Congrès sont priés d'arriver à Genève dans la journée du 30 août. Ils trouveront à l'Athénée le programme de la réunion, et, dès trois heures après midi, des membres du comité qui leur délivreront des cartes et leur donneront les renseignements dont ils pourront avoir besoin. Ils sont invités à prendre part ce jour même à une réunion familière convoquée par le président du comité dans les salons de la maison de Saussure.

Le but de ce Congrès s'explique de lui-même. C'est ainsi que le dit la circulaire, de « rassembler pendant quelques jours les savants des

deux versants des Alpes et des extrémités orientale et occidentale de cette chaîne, afin d'établir des rapports plus intimes entre la science française, la science allemande et la science italienne. »

Le Congrès s'organisera lui-même et fixera son ordre du jour. Nous tâcherons seulement de nous assurer de quelques orateurs pour introduire les questions principales, et nous prions instamment tous ceux qui auraient quelque communication à faire de vouloir bien nous en prévenir, afin que nous puissions présenter un projet de coordination. Les lettres doivent être adressées à M. Ernest Favre, secrétaire du comité, rue des Granges, 6.

Les séances auront lieu le 31 août et le 1er et le 2 septembre. Nous tâcherons de les organiser de manière à permettre quelques excursions. Nous proposerons en particulier de visiter pendant un de ces trois jours le gisement classique de la Perte du Rhône.

La situation géographique de Genève permettra ensuite à chacun de se rendre à son gré dans les Alpes suisses, dans celles de la Savoie ou du Dauphiné ou dans la chaîne du Jura.

Nous espérons que cet appel sera entendu et nous amènera de nombreux visiteurs. Nous ferons notre possible pour préparer une bonne organisation et une bonne réception, afin que cette réunion laisse à chacun un bon et profitable souvenir.

Veuillez agréer, etc.

F. J. PICTET,
Président du comité.

L'expérience a montré que les congrès scientifiques avaient d'autant plus de succès que leur objet était mieux circonscrit. Le Congrès géologique alpin de Genève ne peut donc manquer d'être fort utile.

— L'Académie des sciences de Paris a nommé un correspondant dans la section de médecine en remplacement de Panizza (de Pavie), mort depuis plusieurs années déjà. La section présentait : en première ligne, M. Rokitanski, professeur à l'université de Vienne ; en deuxième ligne, M. Lebert, professeur à l'université de Breslau ; en troisième ligne, par ordre alphabétique, M. Bournan (de Londres), et M. Donders, professeur à l'université d'Utrecht ; enfin, en quatrième ligne, et toujours par ordre alphabétique, M. Bennet, professeur à l'université d'Édimbourg, et Paget (de Londres).

M. Rokitanski a été élu au premier tour de scrutin par 37 voix contre 2 données à M. Lebert et 1 à M. Donders. M. Rokitanski possède une grande situation dans le monde médical autrichien. La Société d'anthropologie qui vient de s'organiser à Vienne il y a quelques mois l'a choisi pour président. C'est un partisan déterminé des idées de Darwin.

— M. Helmholtz va quitter l'université de Heidelberg pour l'université de Berlin, où il remplacera Magnus. Ce dernier était professeur de physique, tandis que M. Helmholtz occupe à Heidelberg une chaire de physiologie. Mais nos lecteurs savent que les travaux de M. Helmholtz ne se bornent pas à la physiologie ; il s'est placé aussi au premier rang des physiciens et des mathématiciens. C'est même la combinaison de ces diverses sciences qui lui a inspiré ses plus belles recherches physiologiques, par exemple sur la vision et l'audition.

LES AXIOMES DE LA GÉOMÉTRIE

I.— Des hypothèses qui servent de base à la géométrie *(Abhandl. der königl. Gesellsch. d. Wissensch. zu Göttingen*, Bd. XIII) par B. Riemann. — II. Des faits qui servent de base à la géométrie *(Nachrichten von d. königl. G. der Wiss. zu Göttingen*, 3 juin 1868), par H. Helmholtz. — III. *Saggio di Interpretazione della Geometria non-Euclidea*, par E. Beltrami. Naples 1868. — IV. *Theoria fondamentale degli spazj di curvatura costante*, par le même *(Annali di Matematic.*, sér. II, tome II, fasc. III, pp. 232-55). — V. Sur la transformation des expressions différentielles du second degré, par E. B. Christoffel. *Journal für reine u. angew. Mathematik*, Bd. LXX, p. 46. — VI. Recherches sur les fonctions intégrales homogènes de n différentielles, par R. Lipschitz. *Id.*, p. 71.

La question de l'origine et de l'établissement des axiomes de la géométrie est l'une de ces vieilles énigmes dont la solution a donné naissance aux discussions les plus prolongées, aux opinions les plus contradictoires parmi les métaphysiciens. C'est une question qui peut, il me semble, intéresser tous ceux qui ont étudié les mathématiques, fût-ce les éléments seulement, et qui touche. en même temps aux problèmes les plus élevés que nous présente la nature de la pensée humaine. Dans ces derniers temps, le côté mathématique de la question a attiré l'attention de plusieurs mathématiciens. Le premier des travaux qui sont consignés dans la liste ci-dessus contient une exposition abrégée des points essentiels. Diverses parties du problème ont été étudiées dans les autres travaux, dont les uns sont antérieurs, les autres postérieurs à la publication des recherches de M. Riemann. Je vais essayer d'exposer ici la portée générale et les résultats de ces études, autant qu'il est possible de le faire, sans avoir recours à des calculs mathématiques, ni faire intervenir des formules.

Pour commencer par le cas le plus simple, occupons-nous d'abord de la géométrie à deux dimensions. L'espace que nous connaissons, dans lequel nous vivons, possède trois dimensions. Mais il n'y a pas d'impossibilité logique à concevoir l'existence d'êtres intelligents, vivant et se mouvant sur la surface d'un corps solide quelconque, incapables de percevoir autre chose que ce qui se trouve sur cette surface, et insensibles à tout ce qui est en dehors d'elle. Rien n'empêche de supposer que ces êtres pourraient trouver les lignes les plus courtes existantes dans leur espace, et se créer sur cet espace des notions géométriques appropriées à la nature particulière de leurs perceptions. Naturellement, leur espace n'aurait que deux dimensions. Si la surface qui les portait était un plan indéfini, ils pourraient reconnaître la vérité des axiomes d'Euclide. Ils trouveraient qu'entre deux points, il existe une ligne plus courte que toutes les autres (ou *géodésique*), et une seule, et que deux lignes géodésiques (droites dans ce cas spécial) parallèles chacune à une troisième, sont parallèles entre elles.

Si ces êtres vivaient au contraire sur la surface d'une sphère, leur espace n'aurait pas de limite, comme dans la première supposition, mais il ne serait pas indéfiniment étendu; et les axiomes de la géométrie seraient pour eux très-différents des nôtres, et de ceux des habitants d'une surface plane. Les lignes les plus courtes que les habitants d'une surface sphérique pourraient mener entre deux points, seraient des arcs de grands cercles. Cet axiome, qu'entre deux points il n'y a qu'une seule ligne géodésique, ne serait pas vrai pour eux sans exception; car entre deux points diamétralement opposés, ils pourraient trouver un nombre infini de ces lignes, toutes égales entre elles. De pareils êtres ne pourraient concevoir

la notion des lignes géodésiques parallèles ; en effet, toutes leurs lignes géodésiques, suffisamment prolongées, iraient se couper en deux points. La somme des angles d'un triangle serait supérieure à deux angles droits, et la différence croîtrait avec la surface du triangle considéré. Il est évident que ces êtres ne pourraient concevoir la notion de la *similitude* géométrique, parce qu'il leur serait impossible de connaître des figures géométriques de même forme et de grandeurs différentes, à moins de les prendre de dimensions infiniment petites.

Supposons maintenant des êtres vivant sur une autre surface quelconque, par exemple sur celle d'un ellipsoïde. Ils pourraient construire les lignes les plus courtes entre trois points, et former ainsi un triangle géodésique. Mais s'ils construisaient de pareils triangles en différentes parties de leur espace, de manière que les trois côtés fussent toujours égaux chacun à chacun, les angles de ces divers triangles seraient différents, sauf dans certains cas particuliers. Des cercles d'égal rayon géodésique auraient des surfaces différentes et des longueurs périphériques différentes, s'ils étaient placés sur des points de la surface pour lesquels la courbure serait différente. Ainsi, dans ce cas, il ne serait plus possible, comme il l'était dans le cas du plan ou de la sphère, de construire en un point quelconque de la surface une figure superposable à une figure donnée, ou, si l'on veut, de faire mouvoir une figure sur cette surface sans changer une ou plusieurs de ses dimensions.

Gauss a démontré dans son célèbre Traité de la courbure des surfaces, quelle est la condition à remplir, pour qu'on puisse construire, en des points quelconques d'une surface donnée, deux figures superposables, c'est-à-dire telles qu'on puisse, en les appliquant l'une sur l'autre, les faire coïncider par toutes leurs parties. C'est que la *courbure* de cette surface — c'est-à-dire l'inverse du produit des deux rayons de courbure principaux — soit partout la même. Gauss a démontré aussi dans ce même travail que, si l'on déforme une surface , sans allonger ni raccourcir aucun de ses éléments linéaires, la courbure en chaque point de cette surface reste la même. Par exemple , un plan peut être enroulé sous forme de cylindre ou de cône ; sa courbure reste toujours égale à zéro. De même, un fragment de surface sphérique peut être enroulé en une surface en forme de fuseau ; c'est une expérience facile à réaliser en coupant le fond d'une vessie, lequel a une courbure sensiblement sphérique; on peut ensuite donner à cette membrane des formes diverses, représentant différentes modifications de surfaces sphériques altérées par flexion.

Or, puisque nous avons supposé qu'aucun élément linéaire de la surface n'a éprouvé ni allongement ni diminution par l'effet de cette déformation, la longueur de toutes les lignes, la grandeur de tous les angles, la surface de tous les triangles, construits sur cette surface, restent les mêmes avant et après la déformation. Il est évident, par conséquent, que le système de géométrie qui appartient aux figures construites sur une surface est indépendant d'une telle déformation qui ne change la longueur d'aucun élément linéaire.

Parmi les exemples dont nous nous sommes servi ci-dessus pour expliquer notre pensée, il se trouve deux surfaces satisfaisant à cette condition, que la courbure est la même en tous leurs points. C'est le *plan*, pour lequel la courbure est nulle, et la *sphère*, pour laquelle la courbure peut avoir une valeur positive quelconque.

A part ces deux surfaces, on peut en construire encore d'autres dans lesquelles la courbure soit constante ; seulement sa valeur est négative. M. Beltrami les a appelées *surfaces pseudosphériques :* elles ont en chaque point la forme d'une selle de cheval, convexes dans une direction, et concaves du même côté dans une direction perpendiculaire à la précédente. Ainsi, un exemple de surface pseudosphérique nous est fourni par une surface annulaire convexe du côté de l'axe, comme certains anneaux de serviette. Nous pouvons en trouver un autre exemple dans la surface extérieure d'un verre à champagne dont le corps s'élargit en haut en un rebord recourbé en dehors, et dont le pied se prolongerait en bas en une tige infiniment longue et mince. Nous pouvons, dans ces cas, considérer la surface comme infiniment étendue dans la direction perpendiculaire à l'axe, comme si elle était enroulée autour de l'axe. Mais nous ne pouvons pas, dans notre espace, construire une surface pseudosphérique indéfiniment étendue dans la direction de l'axe de révolution ; nous arrivons toujours, soit à une limite, comme dans le cas du verre à champagne, soit à deux limites, comme dans le cas de l'anneau. A ces limites, le plus petit rayon de courbure devient nul et le plus grand devient infini.

Cependant, si nous supposons une surface pseudosphérique flexible, nous pouvons la traiter comme si elle était indéfiniment étendue dans toutes les directions. En effet, chaque portion de la surface qui s'approche de la limite peut se déplacer sur le reste de cette surface et s'adapter à une autre portion, où une continuation de la surface et des figures construites sur elle est possible. Ainsi, bien que nous ne puissions construire une surface pseudosphérique indéfiniment étendue simultanément dans toutes les directions, nous pouvons néanmoins construire toutes les parties de cette surface l'une après l'autre, de telle manière que chaque partie forme la continuation des autres, sans aucune interruption.

M. Beltrami a donné, dans ses mémoires sur la *Géométrie non-Euclidéenne*, une exposition très-élégante de la géométrie des figures construites sur une surface pseudosphérique ; il a montré qu'on peut construire des figures parfaitement superposables à une figure quelconque donnée sur cette surface, en d'autres points quelconques de cette surface ; il a démontré ainsi qu'il n'existe qu'une seule ligne géodésique entre deux points, exactement comme pour le plan. L'axiome qui concerne les lignes parallèles, au contraire, n'est plus applicable ici. Si l'on donne sur la surface une ligne géodésique, et un point en dehors de cette ligne, on peut faire passer par ce point un faisceau de lignes géodésiques qui ne rencontrent pas la première, quelque loin qu'on les suppose prolongées. Ce faisceau est limité par deux lignes géodésiques, dont la première coupe l'une des extrémités de la ligne donnée à une distance infinie, et la seconde l'autre extrémité de la même manière. Ces deux lignes ne coïncident pas l'une avec l'autre, comme dans le cas du plan. L'exposition de cette géométrie abstraite a été remarquablement simplifiée par M. Beltrami, grâce à une méthode particulière de représentation des points de la surface pseudosphérique sur un plan et dans l'intérieur d'un cercle, méthode telle, que toute ligne géodésique de la surface pseudosphérique se trouve représentée par une ligne droite sur le plan. .

Il y a déjà longtemps, M. Lobatschewsky a développé synthétiquement dans sa *Théorie géométrique* un système de géométrie excluant le principe des lignes parallèles. Ce système ressemble parfaitement à la géométrie des surfaces pseudosphériques développée par M. Beltrami. Ces recherches démontrent que les trois axiomes dont nous avons parlé à plusieurs reprises contiennent la définition du plan, nécessaire et suffisante pour servir de base à la géométrie de cette surface et de toutes les surfaces qui sont développables sur un plan.

L'axiome que toutes les parties de la surface peuvent s'appliquer sur toutes les autres parties (en laissant de côté la considération des limites) distingue les trois surfaces à courbure constante de toutes les autres surfaces. L'axiome qu'il y a une seule ligne géodésique entre chaque couple de points distingue le plan de la sphère ; enfin l'axiome sur les lignes parallèles distingue le plan des surfaces pseudosphériques.

La distinction entre la géométrie sphérique et la géométrie plane était évidente depuis bien longtemps, mais la signification de l'axiome sur les lignes parallèles, telle qu'elle ressort de ces recherches, ne pouvait se découvrir avant que la notion et l'étude mathématique des surfaces déformables sans changement de dimensions se fussent développées.

Nous pouvons expliquer par les notions géométriques usuelles, comme nous avons essayé de le faire, ces résultats sur les surfaces, c'est-à-dire sur les espaces étendus en deux dimensions seulement, parce que nous vivons dans un espace à trois dimensions, et que nous pouvons nous représenter par notre imagination ou bien façonner en réalité d'autres surfaces que le plan, auquel seul s'applique la géométrie d'Euclide. Mais quand nous essayons d'étendre ces recherches à l'espace à trois dimensions, la difficulté augmente, parce que nous ne connaissons en réalité l'espace que tel qu'il existe autour de nous, et que nous ne pouvons, même en idée, nous représenter aucun autre genre d'espace. Cette nouvelle partie de ces études peut cependant se poursuivre par la voie abstraite de l'analyse mathématique.

En géométrie analytique, on suppose la position d'un point déterminée par la mesure de trois quantités quelconques, qui dépendent de la situation de ce point, et que nous pouvons appeler ses coordonnées. Le choix des quantités à prendre pour coordonnées est du reste entièrement arbitraire ; on admet seulement que, lorsque le point se déplace, ses coordonnées, ou au moins l'une d'elles, croissent ou diminuent d'une manière continue. Il existe, outre la situation d'un point, d'autres relations naturelles qui peuvent de même se définir par trois quantités mesurables et se transformer par degrés infiniment petits, en modifiant leurs coordonnées de la même manière. M. Riemann comprend ces objets sous le terme général de *variétés (Mannichfaltigkeiten)* de trois dimensions. Par exemple, chaque couleur peut se représenter, d'après Thomas Young et Maxwell, comme un mélange de trois quantités mesurables, de trois couleurs primitives. Par conséquent, l'espace et le système des couleurs peuvent être appelés des *variétés* de trois dimensions. Le temps serait une *variété* d'une seule dimension ; le son, en considérant l'intensité et la hauteur, une *variété* de deux dimensions, etc. Entre l'espace et beaucoup d'autres *variétés* de plus d'une dimension, il existe cette différence fondamentale, que nous pouvons comparer la longueur d'une ligne quelconque, dans une direction quelconque, avec la longueur de toute autre ligne. Au contraire, il serait impossible de comparer quantitativement, pour un son, une différence d'intensité avec une différence de hauteur. En conséquence, le problème fondamental de la géométrie ou stéréométrie, consiste, d'après M. Riemann, à trouver une méthode qui permette de comparer la longueur d'éléments linéaires de direction différente. Dans notre géométrie actuelle, quelles que soient les coordonnées que l'on choisisse, la distance entre deux points infiniment rapprochés se présente toujours à nous comme la diagonale d'un parallélipipède dont les côtés sont les accroissements correspondants des coordonnées ; et sa longueur peut, par conséquent, se calculer au moyen de ce théorème bien connu de stéréométrie, qui exprime le carré de la diagonale, par la somme des carrés et des produits des côtés d'un parallélipipède. M. Riemann a admis ce théorème très-général comme hypothèse, et, le prenant pour base de ses études, il a cherché quelles quantités correspondent, dans des espaces de plus de deux dimensions, à la courbure dans un espace de deux dimensions ; il a démontré que ces quantités doivent être constantes dans toutes les parties de l'espace en question, et pour toutes les directions dans cet espace, pour qu'il soit possible de construire en chaque point une figure superposable par toutes ses parties à une figure quelconque donnée sur un autre point du même espace. Il s'ensuit que des corps solides de forme invariable peuvent se déplacer dans un espace à trois dimensions ou plus, avec le même degré de liberté que celui avec lequel ils peuvent se déplacer dans l'espace réel qui nous entoure, sous cette seule condition, qu'en chaque point, et dans chaque direction de l'espace dans lequel ils se déplacent, une certaine quantité analytique, qui est analogue à la mesure de courbure de Gauss, conserve une valeur constante. Si cette quantité est égale à zéro, nous avons ce que M. Riemann appelle un *espace plan*, c'est-à-dire un espace qui présente avec les espaces à plusieurs dimensions le même rapport que le plan présente avec notre espace à trois dimensions. Dans un espace plan, il n'existe qu'une ligne géodésique entre deux points donnés, et par un point donné, on ne peut mener qu'une seule ligne géodésique parallèle à une ligne géodésique donnée. L'espace plan de trois dimensions est par conséquent identique avec l'espace qui existe réellement autour de nous. La géométrie de l'espace à trois dimensions de courbure négative constante, a été développée, comme celle des surfaces par M. Lobatschewsky, et par M. Beltrami. Il y a des surfaces géodésiques, pour ainsi dire, qui sont caractérisées par cette propriété, que toute ligne géodésique qui unit deux points de ces surfaces coïncide avec elles dans toute sa longueur. Par un point donné d'un pareil espace, on peut faire passer un faisceau de surfaces géodésiques, parallèles à une surface donnée, et ne coïncidant pas les unes avec les autres. Toutes ces conséquences très-abstraites ont été très-heureusement simplifiées par M. Beltrami, comme celles qui ont trait aux surfaces pseudosphériques ; en effet, il a démontré que chaque point d'un espace infini de courbure négative constante et de trois dimensions, peut être représenté par un point dans l'intérieur d'une sphère dans notre espace réel, de telle manière que toute ligne géodésique du premier soit représentée par une ligne droite dans le second, les points à distance infinie dans le premier, par la surface sphérique du second, et ainsi de suite.

Je me suis moi-même occupé de spéculations du même

ordre, comme conséquence de mes recherches sur la localisation dans le champ de vision. Une partie de mes résultats se trouvèrent semblables à ceux de M. Riemann, lorsque ceux-ci furent publiés ; dans une autre partie, j'avais essayé de faire remonter encore au delà les principes fondamentaux de nos notions sur l'espace. Comme je l'ai expliqué ci-dessus, M. Riemann a admis cette forme très-générale de la valeur de la diagonale comme une hypothèse, et après avoir développé les conséquences analytiques les plus générales de cette hypothèse, il a cherché comment ces conséquences devaient se trouver limitées, si l'on faisait intervenir le principe de la superposition.

Pour moi, je suis parti du principe de la superposition, en raisonnant de la manière suivante : toute démonstration d'une égalité géométrique, est originellement basée sur ce fait, que certaines lignes, surfaces, espaces ou systèmes de points sont superposables, c'est-à-dire applicables les uns sur les autres ; ce fait que la superposition peut être observée est le fait originel sur lequel sont basées toutes nos mesures de l'espace. Pour que la notion de la surperposition puisse s'appliquer à deux figures géométriques quelconques, il est nécessaire de supposer que l'une au moins de ces deux figures peut être déplacée sans altérer sa forme, et transportée à la place qui était primitivement occupée par l'autre. La notion de la superposition implique donc la possibilité d'un mouvement dans un corps de forme invariable. Nous avons vu ci-dessus qu'un mouvement sans changement de forme n'est possible que dans certains genres particuliers d'espace. Partant de cette observation, j'ai essayé de démontrer analytiquement que, si des corps de forme invariable se déplacent avec le même degré de liberté que celui avec lequel nous les voyons se déplacer dans la réalité, il s'ensuit que ce que M. Riemann a admis comme une hypothèse doit être une réalité.

J'ai supposé, comme M. Riemann, que la situation de chaque point peut être déterminée par la mesure de trois quantités (coordonnées), qui varient par degrés infiniment petits, lorsque le point se déplace. Puisque au début de ces recherches, nous ne connaissons encore aucune méthode spéciale pour mesurer des quantités quelconques dans l'espace, nous ne pouvons donner d'un corps parfaitement solide d'autre définition que celle-ci, savoir que les coordonnées de chaque couple de points qui appartiennent à un corps solide en mouvement satisfont à une équation quel que soit le mouvement. Il faut remarquer que si le nombre de points pour chaque couple desquels existe une équation dépasse cinq, le nombre des équations correspondant à ce cas est plus grand que le nombre des quantités à déterminer, et que, par cette circonstance, la nature des équations dont il est question est très-étroitement limitée. Une liberté parfaite de mouvement est définie en supposant que chaque point d'un corps mobile, considéré isolément, est susceptible de se déplacer pour occuper un autre point quelconque de l'espace ; et que les différents points du corps ne sont sujets à aucune contrainte dans leurs déplacements, si ce n'est celle qui est définie par les équations ci-dessus mentionnées subsistant entre deux d'entre eux.

Enfin, la possibilité de la superposition implique les deux conditions suivantes :

— 1° Deux systèmes de points qui sont superposables dans

une première position quelconque du premier système, peuvent aussi se superposer l'un à l'autre dans toute autre position du premier système.

— 2° Si un corps mobile se déplace de telle manière que deux de ses points restent fixes, il reviendra à la même position, si le mouvement continue, sans être renversé.

Les deux conditions que je viens de poser expriment tout simplement ceci, que l'égalité de forme et de grandeur de deux corps, qui est démontrée par superposition, est une propriété des corps eux-mêmes, qui leur appartient indépendamment de leur situation dans l'espace, et des révolutions auxquelles ils peuvent être sujets. Si ces conditions sont remplies, les théorèmes bien connus sur les coefficients différentiels partiels des fonctions de plusieurs variables sont suffisants, comme je l'ai fait voir dans le mémoire cité ci-dessus, pour démontrer le théorème que M. Riemann a donné seulement sous forme d'hypothèse ; de cette manière toutes les autres conséquences que MM. Riemann et Beltrami ont déduites de ce fondement, se déduisent aussi de ce fait que la superposition de deux figures peut être observée dans l'espace réel.

Nous résumerons les résultats de ces recherches, en disant que les axiomes sur lesquels notre système géométrique est basé ne sont pas des vérités nécessaires, dépendant seulement des lois irréfragables de notre entendement. Au contraire, divers systèmes de géométrie peuvent se développer analytiquement avec une consistance logique parfaite. Nos axiomes sont, en réalité, l'expression scientifique d'un fait d'expérience très-général, à savoir que, dans notre espace, les corps peuvent se mouvoir librement sans altération de leur forme. De ce fait d'expérience il suit que notre espace est un espace de courbure constante, mais la valeur de cette courbure ne peut être trouvée que par des mesures directes. M. Riemann, il est vrai, termine son travail par cette conclusion, qui paraîtra peut-être paradoxale, que les axiomes d'Euclide pourraient bien n'être qu'approximativement vrais. Ils ont été vérifiés par l'expérience, jusqu'au degré de précision que la géométrie et l'astronomie pratique ont atteint jusqu'à ce jour, et par conséquent, il n'y a aucun doute que le rayon de courbure de notre espace, s'il pouvait être sphérique ou pseudosphérique, soit infiniment grand lorsqu'on le compare aux dimensions de notre système planétaire. Mais nous ne sommes pas absolument assuré qu'il serait trouvé infini, si on le comparait avec les distances des étoiles fixes, ou avec les dimensions de l'espace lui-même.

H. HELMHOLTZ.
Professeur à l'université de Heidelberg.

(Academy.)

INSTITUTION ROYALE DE LA GRANDE-BRETAGNE

LECTURES DU VENDREDI SOIR

M. E. J. REED

Les navires blindés

Il y a quatre-vingt-trois ans seulement qu'on a construit, pour le service d'un canal, le premier bateau de fer dont il soit fait mention ; le premier paquebot à vapeur de fer ne date que de cinquante ans, et c'est seulement depuis trente ans que l'on a généralement adopté les navires de fer pour la grande navigation. Les premiers bâtiments blindés ont été des batteries flottantes construites à l'époque de la guerre de Crimée, il y a à peine seize ans ; et quant à la première frégate blindée, la Gloire, sa construction ne remonte même qu'à douze ans. Aujourd'hui des navires de fer sillonnent toutes les mers et s'arrêtent à tous les ports importants ; les plus grands et les plus beaux navires de commerce qu'on construise sont en fer, ainsi que la plus grande partie de notre marine marchande, et les trois grandes puissances navales du monde, l'Angleterre, la France, et l'Amérique, possèdent à elles seules plus de 150 vaisseaux blindés de toutes grandeurs, pendant que la Russie, la Prusse, l'Autriche, l'Italie et les autres puissances en ont à peu près toutes ensemble un nombre égal.

Lorsqu'on a commencé à se préoccuper de mettre les navires à l'abri de toute espèce de projectiles, il y eut naturellement une grande divergence d'opinions sur les meilleurs moyens à employer. Le public en général, et même plusieurs membres du clergé, proposèrent à cet effet différents systèmes, dont quelques-uns étaient vraiment bien singuliers. Les blindages de fer obtinrent le plus de faveur, mais les modes d'application que l'on proposait étaient très-variés. Certains inventeurs recommandaient fortement des blindages arqués, coudés, ondulés, cannelés, articulés et creusés, avec toute espèce de matières placées par-dessus ou par-dessous, telles que du bois, de l'acier, du sable, des peaux, du caoutchouc, de la laine, du coton, des filaments de noix de coco, du liége des ressorts à boudin, etc., etc. D'autres préféraient au fer les matières protectrices suivantes : le bois, le caoutchouc vulcanisé, le coton, etc., et indiquaient les moyens de les employer. D'autres enfin consacrèrent leur attention à ce qu'ils appelaient des plans perfectionnés pour fixer les blindages sur les côtés ; et un inventeur français alla jusqu'à proposer de protéger les vaisseaux par des armatures mobiles, portées sur rails et fixées provisoirement aux points où il fallait résister à l'attaque de l'ennemi, « une rapide observation des canons » de l'ennemi permettant de découvrir où les blindages devenaient nécessaires ».

Le moyen simple de boulonner des plaques de fer sur les côtés des navires trouva tout d'abord faveur auprès des constructeurs ordinaires de navires, et a continué d'être employé depuis. Le problème qu'ils étudièrent avec le plus de soin fut celui-ci : Quel est le genre de navires le plus propre à porter des blindages ? Les batteries flottantes construites en premier lieu ne ressemblaient aucunement à des vaisseaux, et n'étaient spécialement destinées qu'à attaquer des forts. La Gloire est la première frégate blindée qui put tenir la mer. Elle était comparativement courte et épaisse, ses sabords n'étaient que peu élevés au-dessus de l'eau, et son gréement était très-léger. Sa construction a été évidemment due à l'initiative de l'empereur des Français de transformer les vaisseaux de ligne en vaisseaux blindés. La *Gloire* ne fut pas reconnue très-remarquable sous le rapport de ses qualités nautiques, bien que ses flancs fussent entièrement couverts de plaques de blindages.

Notre premier vaisseau blindé, le *Warrior*, a été construit sur un plan tout différent. On l'a fait excessivement long et effilé ; un peu plus seulement de la moitié de ses côtés a été blindée, les extrémités restant non protégées : ses sabords ont été assez élevés hors de l'eau ; et son gréement étant beaucoup plus lourd que celui de la *Gloire*, pouvait lui permettre de marcher à la voile seule. La sécurité qu'il pouvait offrir dépendait donc principalement de l'étanchéité des compartiments à ses extrémités ; c'est ce qui fit préférer par beaucoup de personnes la protection complète de la *Gloire* à cette protection partielle du *Warrior*. Par le fait, après un ou deux essais de modifications du système du *Warrior*, on en vint à adopter le système de protection complète dans les vaisseaux transformés du genre de la *Calédonie*, et dans les grands vaisseaux du genre du *Minotaur*. Dans ce dernier tous les autres principaux caractères du système du *Warrior* furent conservés, et la résistance des côtés blindés fut calculée de manière à égaler à peu près celle du *Warrior ;* mais pour arriver à ce résultat, on jugea nécessaire de donner au navire une longueur de 400 pieds (122 mètres) et une contenance de plus de 6600 tonnes. Ce furent là les derniers longs vaisseaux blindés, comme on les avait nommés, et nous ne sommes pas près d'en construire de semblables. Si nous avions continué à suivre cette voie, nous aurions été ainsi amenés à construire des *Great Eastern* blindés qui nous coûteraient chacun un million ou un million et demi de livres sterling (de 25 à 38 millions de francs), pour les mettre à même de porter une épaisseur de blindage égale à celle que l'on a mise sur les flancs de nos vaisseaux nouvellement construits.

Les vaisseaux construits en premier lieu et ceux récemment construits diffèrent considérablement. Le *Warrior*, par exemple, ne porte qu'un blindage de 4 pouces 1/2 ($0^m,114$) pour une capacité de 6100 tonnes, tandis que le *Bellerophon* en a un de 6 pouces ($0^m,152$) pour 4270 tonnes ; le *Minotaur* a 5 pouces 1/2 ($0^m,140$) de blindage pour 6600 tonnes de contenance ; l'*Hercules*, de 5200 tonnes environ, a des blindages de 9, 8 et 6 pouces ($0^m,228$; $0^m,203$ et $0^m,127$), sans compter des dispositions spéciales pour augmenter la résistance sur toute la ligne de flottaison. Nos derniers vaisseaux du genre du *Thunderer* ont des avantages encore plus marqués sur le *Minotaur*, car ils ont des blindages de 12 pouces ($0^m,305$) pour une capacité de 4400 tonnes, et ne peuvent même pas être entamés par les projectiles des plus gros canons connus. Cette supériorité des navires nouvellement construits tient à certaines modifications dont nous parlerons plus loin.

On a été conduit, par suite, à augmenter rapidement l'épaisseur des blindages à mesure que l'on augmentait le poids et la force de projection des canons de la marine. En 1859, notre arme la plus terrible était un canon de fonte du calibre de 68 et qui pesait quatre tonnes 3/4 ; aujourd'hui nous avons des canons de 600 et du poids de 25 tonnes, indépendamment d'autres de 18, 12, 9 et 6 1/2 tonnes. Le plus petit de ces canons est beaucoup plus puissant que l'obusier de 68, et il

pourrait percer les flancs du *Warrior* à 500 mètres de distance, tandis que l'ancien canon ne les traverserait qu'à 200 mètres ; quant à notre canon de 25 tonnes, selon toute probabilité, il traverserait tous les vaisseaux blindés à deux milles de distance. On parle de fabriquer des canons encore plus lourds, et cela ne tardera sans doute pas, puisque des canons de 30 tonnes viennent d'être commandés. Mais autant qu'on peut en juger, nos canons actuels sont supérieurs à tous ceux que possèdent les Américains et les Français ; et quant à la résistance des blindages, nous sommes certainement en avance de beaucoup. Notre flotte blindée supporte très-bien la comparaison avec les flottes des autres nations.

Les remarquables progrès obtenus dans la construction de nos vaisseaux blindés pendant ces sept dernières années sont principalement dus à trois causes : 1° modifications dans les formes et les proportions des navires ; 2° nouvelles dispositions de blindages ; et 3° modifications dans la charpente des navires.

Les nouveaux vaisseaux sont plus courts et plus épais que le *Warrior* et le *Minotaur*, tout en étant malgré cela aussi rapides ou même plus rapides. Nos deux vaisseaux blindés les plus rapides, le *Monarch* et l'*Hercules*, sont, en effet, des exemples du type de petite longueur. Cette question de la vitesse a été d'abord fort discutée, et l'on peut aujourd'hui la considérer comme résolue, si toutefois l'expérience seule peut l'établir. La réduction de longueur des nouveaux navires leur a donné en même temps une merveilleuse facilité pour obéir à la vapeur, comparée à celle des anciens navires ; et cette facilité d'évolution a été encore augmentée par l'adoption de gouvernails équilibrés ou différentiels. Ainsi, dans des épreuves officielles, il a fallu sept minutes 38 secondes au *Minotaur* pour parcourir un cercle de 939 mètres de diamètre ; tandis que l'*Hercules* n'a mis que quatre minutes à faire un tour complet en décrivant un cercle de 562 mètres seulement de diamètre.

Les modifications apportées dans les systèmes de blindages sont également importantes. Elles consistent surtout dans l'adoption du système à *ceinture* et à *batterie*, pour les vaisseaux qui peuvent lâcher des bordées et du système à *fronteau* pour les monitors. Grâce à ces perfectionnements les parties vitales des navires blindés, — le voisinage de la ligne de flottaison, les batteries ou les tourelles où sont placés les canons, et l'appareil de direction, — sont bien protégées. En même temps la portée horizontale des canons placés derrière les blindages est augmentée au point de leur permettre de tirer *en rond*, au lieu de n'avoir que la portée très-limitée des canons du *Warrior* et des autres anciens vaisseaux. Ces modifications ont été rendues plus faciles par la tendance de ces dernières années à réduire le nombre des canons pour augmenter considérablement la puissance de chacun d'eux.

Les changements introduits dans la construction de nos derniers vaisseaux blindés ne présentent pas un moindre intérêt, car ce sont eux qui ont rendu les vaisseaux actuels plus solides et plus sûrs que les précédents, bien qu'ils aient des coques proportionnellement plus légères. On peut citer, comme exemple, le vaisseau blindé ancien *Defence* et le vaisseau nouveau l'*Invincible*. Ils sont à peu près de mêmes dimensions ; mais, tandis que, dans *Defence*, la coque pèse 3500 tonnes et transporte à peine 2500 tonnes ; dans l'*Invincible*, au contraire, la coque ne pèse pas 2700 tonnes, et peut cependant transporter plus de 3200 tonnes. Le poids économisé sur la coque peut évidemment se reporter sur le blindage, et, si *Defence* eût été construite d'après le système perfectionné des *supports*, elle aurait pu avoir un blindage double de celui qu'elle porte actuellement. Des modifications analogues dans la charpente des navires, jointes aux changements dont il vient d'être question, nous ont donné une flotte de navires puissants et faciles à manœuvrer, qu'on n'aurait pu obtenir autrement. Elles ont en même temps permis de réaliser sur chaque vaisseau de premier ordre une économie qu'on peut évaluer en chiffres ronds à 100 000 livres sterling (2 millions et demi de francs).

Les modifications récemment faites ont eu un autre résultat important, qu'on n'a pas encore fait ressortir, bien qu'il mérite une attention sérieuse : ç'a été de diminuer beaucoup les efforts auxquels doivent résister les navires, en diminuant leur longueur et en concentrant mieux leurs charges. Des calculs précis montrent, par exemple, que, dans certaines positions, le *Minotaur* devrait résister à des efforts trois fois plus grands que le *Bellerophon*. Cependant le navire le plus petit est au moins aussi bien disposé que le plus grand pour résister à ces efforts. Si l'on tient compte de la plus grande latitude de résistance du vaisseau le moins long, et si l'on songe à la rapidité et à la violence des changements d'efforts dans les navires soumis en mer au roulis et au tangage, — rapidité et violence qui font courir les efforts dans toute la charpente du navire, pour ainsi dire comme des *vagues*, — on reconnaîtra que les vaisseaux relativement courts dureront sans doute davantage que les vaisseaux longs, tout en leur étant supérieurs sous d'autres rapports.

Une considération à laquelle on a eu justement égard dans la reconstruction de notre marine, c'est la nécessité de donner à la plupart de nos navires blindés la faculté de marcher à la voile en même temps qu'à la vapeur, de manière à pouvoir tenir la mer et faire croisière pendant de longues périodes de temps. Cette considération a beaucoup contribué aussi à faire adopter généralement, dans nos vaisseaux, le principe des bordées. En effet, il s'adapte mieux au genre des navires à mâture complète que le principe des tourelles, parce que la portée horizontale des canons n'est pas gênée par le gréement, tandis que le tir des canons placés dans des tourelles pourrait l'être dans une certaine mesure. En outre, les conditions d'aménagement d'un navire qui doit tenir la mer sont bien plus faciles à remplir dans les vaisseaux qui possèdent des bordées.

Le principe des tourelles peut, sans doute, s'appliquer aux navires à mâture ; comme on l'a fait avec grand succès pour *Captain* et *Monarch* ; mais, à mon avis, il convient beaucoup mieux aux navires sans voiles ni mâts — tels que nos derniers monitors — où les canons des tourelles peuvent tirer de tous les points d'un cercle. Ces monitors ne sont pas des croisières ; mais ils ont d'immenses soutes à charbon, et peuvent, le cas échéant, aller dans la Méditerranée aussi bien que traverser l'Atlantique. Partout où ils iront, ils pourront combattre sans être gênés dans leurs mouvements par des mâts ou des espares, et sans courir les nombreux risques qu'occasionne le gréement. On a proposé plus d'une fois d'équiper des monitors suivant le modèle américain — tout à fait différent de notre système à fronteau — comme des navires à voiles. Mais ces projets n'ont pas abouti parce qu'on n'a pu trouver la place d'aménagements suffisants pour les .

munitions et l'équipement, et (ce qui est bien plus grave) parce que de tels navires courraient grand risque de chavirer sous l'action du vent, à cause de leur manque de stabilité dans les positions inclinées. Des calculs précis ont démontré qu'il en serait ainsi.

Les vaisseaux blindés passent pour plus sujets au roulis que les vaisseaux non blindés, à cause des charges qu'ils portent à la partie supérieure de leurs flancs. L'expérience prouve cependant qu'ils sont plus stables que les vaisseaux de guerre de bois, et que cette *élévation* de la charge à bord tend au contraire à diminuer le roulis. Les vaisseaux blindés à deux ponts, *le Magenta* et *le Solferino*, sont les plus stables de la marine de guerre française. Dans l'étude des derniers navires de guerre à l'amirauté anglaise, on a eu bien soin de remonter la charge pour rendre les navires plus stables ; des modifications de formes peuvent aussi conduire au même résultat.

Le poids des blindages de nos vaisseaux est fort considérable ; et, quoique nos navires blindés portent le nom de frégates, ils sont en réalité beaucoup plus lourds et plus grands que nos plus grands vaisseaux à trois ponts. A mesure que nous avons acquis de l'expérience et obtenu certains perfectionnements, nous avons augmenté graduellement le poids des blindages par rapport au poids total du navire. Dans le *Warrior*, ils n'atteignent pas le neuvième du poids total ; dans le *Bellerophon*, ils dépassent un peu le septième ; dans l'*Hercules*, le sixième ; et dans le monitor *Thunderer*, ils sont d'un poids très-supérieur au quart du poids total. Ainsi, le *Warrior* n'a que 975 tonnes de blindages pour un poids total d'environ 9100 tonnes, tandis qu'avec un tonnage un peu moindre, le *Thunderer* porte 2370 tonnes de blindages sur ses flancs, ses tourelles et ses ponts. Ce monitor, nous l'avons dit tout à l'heure, n'a ni mâts ni voiles, et sa vitesse est faible, comparée à celle du *Warrior* ; mais c'est grâce à ces deux causes qu'on a pu augmenter considérablement le poids de ses blindages.

La limite d'épaisseur des blindages n'est pas encore atteinte. On a d'abord employé des plaques de 4 pouces 1/2 ($0^m,114$), et au bout de dix ans, nous sommes arrivés à des plaques de 14 pouces ($0^m,356$). Aujourd'hui, grâce à des dispositions meilleures qui ne sont pas encore divulguées, nous pourrions employer des plaques de 20 pouces ($0^m,508$) et même de 24 pouces ($0^m,610$), sans augmenter, pour cela, démesurément les dimensions de nos vaisseaux blindés. En fait, les dimensions nécessaires pour permettre aux navires de porter cette épaisseur maximum, ne dépasseraient pas celles des vaisseaux que nous construisons déjà. Les plus robustes de ces vaisseaux sont complètement à l'abri du tir des canons les plus lourds, et, comme nous pourrions, si cela était nécessaire, doubler l'épaisseur de leur blindage, il est très-douteux qu'on parvienne à construire des canons rendant les blindages inutiles. Il est plus probable que l'artillerie finira par être remplacée par d'autres moyens d'attaque, soit des béliers, soit des éperons.

E. J. REED,

Chef des constructions navales de l'amirauté d'Angleterre.

— Traduit de l'anglais par H. SABATIER,
ingénieur civil. —

COLLÉGE DE FRANCE

MÉDECINE EXPÉRIMENTALE (1)

COURS DE M. CLAUDE BERNARD

de l'Institut de France et de la Société royale de Londres

L'asphyxie par la vapeur de charbon (suite et fin)

XX

ÉLIMINATION DE L'OXYDE DE CARBONE

Nous avons répété l'expérience par laquelle nous avons terminé la leçon précédente. Nous avons mis du sang intoxiqué venant d'un même animal dans trois éprouvettes différentes : l'une d'elles fut abandonnée à l'air, et nous avons vu, comme dans l'épreuve de la dernière séance, que le sang n'avait éprouvé aucun changement sensible relativement à son contenu d'oxyde de carbone ; dans les deux autres éprouvettes, nous avons fait passer un courant d'air, mais nous avons fait varier la température : le sang de l'une des deux resta à la température ordinaire, l'autre fut porté à 38 degrés environ. Or, nous avons constaté encore que, dans cette troisième éprouvette seule, l'oxyde de carbone avait disparu au bout de trois heures environ. En résumé, la réunion d'une certaine température et d'un courant d'air sont donc les deux conditions indispensables pour faire disparaître l'oxyde de carbone. Or, nous n'avons pas fait autre chose qu'une sorte de respiration artificielle. Ces faits nous prouvent donc ce que je vous ai dit en commençant ces expériences, à savoir que les réactions se passent aussi bien dans l'organisme qu'au dehors, si l'on a soin toutefois de se placer dans des conditions physico-chimiques identiques.

Mais il nous reste toujours la même question. Nous avons prouvé seulement que l'oxyde de carbone disparaît du sang sous l'influence de la chaleur et d'un courant d'oxygène ; mais en quoi s'est-il transformé et sous quelle forme a-t-il pu réellement s'éliminer de l'organisme? Le problème est plus circonscrit, cependant il persiste toujours.

M. Pokrowski avait déjà admis dans un premier mémoire que c'est en acide carbonique que ce gaz se transformait pour s'éliminer du sang ; mais il n'apportait pas d'expériences décisives pour démontrer cette transformation. Cependant, l'élimination de l'oxyde de carbone, par sa transformation en acide carbonique, paraît l'hypothèse la plus probable. Nous avons vu en effet que, même en dehors de l'économie, en se plaçant dans ces conditions convenables, il était possible de transformer en sang normal du sang primitivement intoxiqué. Si l'on se place seulement au point de vue des réactions connues de la chimie, on se rend peut-être difficilement compte de cette transformation de l'oxyde de carbone en acide carbonique sous la seule action du sang et de l'oxygène. En effet, cette réaction ne se réalise dans les laboratoires qu'à l'aide de moyens des plus énergiques. Mais cette idée ne doit pas nous arrêter ; car il n'est pas rare de voir certaines réactions chimiques se faire au sein même de l'organisme beaucoup plus facilement que dans les laboratoires, à l'aide de procédés ou de moyens de tout autre autre espèce. Nous assistons tous les jours à une action de cette nature, lorsque nous voyons les parties vertes des plantes décomposer l'acide carbonique versé journellement dans l'atmosphère par les animaux, fixer le carbone dans leurs tissus et exhaler l'oxygène.

Lorsque le sang d'un animal se trouve soumis à l'action de l'oxyde de carbone, il peut se comporter de deux manières : tantôt l'atmosphère dans laquelle se trouve plongé l'animal ne renferme que de faibles quantités d'oxyde de carbone ; par suite, le sang n'absorbe ce gaz que par très-petites quantités : il s'appauvrit en oxygène, mais il n'est pas complétement intoxiqué ; il reste encore de la vie dans le globule du sang. C'est dans ce cas que l'oxyde de carbone présente les meilleures conditions pour être éliminé et transformé en acide carbonique. Mais lorsque le sang a été saturé d'oxyde de carbone, ce gaz forme avec l'hémoglobine la combinaison que je vous ai déjà signalée et qui, en raison même de sa stabilité et de l'extinction de la vitalité du globule, ne paraît plus se décomposer.

M. Pokrowski, qui a beaucoup étudié cette question dans un dernier mémoire assez récent, se demande comment ces phénomènes d'oxydation peuvent se réaliser dans l'économie. Il admet que, lorsque l'oxygène en dissolution est combiné avec l'hémoglobine dans le sang, ce gaz, sous cet état, possède une tendance beaucoup plus grande à s'unir aux corps avec lesquels il se trouve en contact. Ce qui semblerait dire, en d'autres termes, que, dans le sang, l'oxygène existe en quelque sorte à l'état liquide ou sous une forme plus active qu'à l'état gazeux.

Du reste, la transformation de l'oxyde de carbone en acide carbonique dans l'économie peut être parfaitement attribuée à une action spéciale des globules, sorte de propriété vitale inhérente à leur constitution. Ce qui pourrait donner quelque valeur à cette idée, c'est que, lorsque les globules sont complétement saturés d'oxyde de carbone, ils paraissent, ainsi que je vous l'ai déjà dit, perdre leur propriété vitale de le détruire et, d'autre part, l'hémoglobine, une fois extraite du sang, paraît perdre aussi ses propriétés oxydantes.

Malheureusement nous ne pouvons pas suivre toutes ces modifications intimes dans le globule lui-même. J'avais chargé M. Ranvier de voir si l'examen microscopique des globules pourrait offrir un moyen de différencier les globules normaux d'avec les globules intoxiqués. Le premier examen n'a rien fait remarquer de particulier quant à la forme des globules. Le sang normal comme le sang intoxiqué donnent tous deux des cristaux d'hémoglobine en apparence identiques.

Cependant ces hémoglobines de provenances différentes paraissent se comporter différemment au contact de l'eau. En effet, tandis que celle du sang normal se redissout toujours facilement dans l'eau, celle que l'on retire du sang intoxiqué ne se redissout plus qu'avec beaucoup de peine. Je me borne à signaler en passant ce caractère distinctif qui mérite, je crois, quelque attention.

En résumé, le sang intoxiqué par l'oxyde de carbone peut se débarrasser de ce gaz, s'il n'en est pas absolument saturé. C'est pour cette raison que les animaux asphyxiés peuvent revenir à la vie, quand on les soustrait à temps à l'action de cette vapeur toxique. Enfin, les expériences tendent à prouver que l'oxyde de carbone dans l'économie peut se transformer en acide carbonique, et que c'est à cet état qu'il est éliminé de l'organisme. Voici, du reste, un fait cité par M. Po-

<hr>

(1) Voyez ci-dessus, pages 242, 313, 332, 350, 358, 378, 398, 425, 462 et 472, 19 mars, 16, 23, 30 avril, 7, 14, 21 mai, 4, 18 et 25 juin 1870.

krowski, et qui vient encore à l'appui de cette opinion. Il est tiré de l'examen des variations de la température du corps de l'animal soumis à l'action de l'oxyde de carbone. M. Pokrowski a remarqué, en effet, que la température du corps qui baissait au commencement de l'action de l'oxyde de carbone, allait ensuite en croissant à mesure que ce gaz s'éliminait et que l'animal revenait à la vie. Ce fait tend à faire admettre que l'élimination de l'oxyde de carbone est accompagnée d'une vraie combustion qui transforme l'oxyde de carbone en acide carbonique et engendre de la chaleur.

Revenons maintenant aux symptômes de l'asphyxie par l'oxyde de carbone et résumons ce qui se passe dans les conditions ordinaires de l'empoisonnement par la vapeur de charbon. L'oxyde de carbone, en se combinant avec l'hémoglobine, diminue en quelque sorte la quantité de sang actif contenu dans l'organisme et rend l'animal anémique. En effet, l'hémoglobine a pour fonction d'absorber et de porter dans le torrent de la circulation les gaz indispensables à l'entretien de la vie. Or, cette substance n'absorbe pas indifféremment tous les gaz avec la même énergie, et l'expérience nous a montré qu'elle avait plus d'affinité pour l'oxyde de carbone que pour l'oxygène. Ainsi, par exemple, expose-t-on un animal dans une atmosphère composée uniquement d'oxyde de carbone et d'oxygène, il n'absorbe que l'oxyde de carbone ; de même que, dans un mélange d'azote et d'oxygène, l'animal ne prend que l'oxygène. Voici une expérience qui le prouve : on plonge un animal dans un milieu contenant un volume connu d'oxygène et d'oxyde de carbone : au moment où il tombe, on recueille les gaz contenus dans la cloche et on les analyse : on trouve les deux gaz déjà cités et, de plus, une certaine quantité d'acide carbonique ; mais, en outre, la quantité de l'oxygène contenu dans ce mélange gazeux a augmenté. Cet oxygène vient du sang de l'animal, dans la constitution duquel il a été remplacé par une quantité équivalente d'oxyde de carbone. Ainsi donc, dans un pareil mélange gazeux, non-seulement l'animal n'absorbe pas d'oxygène, mais, bien plus, il abandonne celui que renfermait son sang au commencement de l'expérience, et il accumule de l'oxyde de carbone pour le remplacer.

Lorsque la vapeur de charbon se trouve disséminée dans l'air d'une chambre, elle est donc immédiatement nuisible par sa nature même, et l'empoisonnement lent qui en résulte comme l'empoisonnement rapide ou aigu, a pour origine un phénomène bien défini et purement chimique qui se passe dans le sang.

Le retour à la vie est également la conséquence des phénomènes physico-chimiques qui doivent s'accomplir dans le sang et en vertu desquels l'oxyde de carbone doit être dégagé du globule, transformé et éliminé hors de l'organisme.

XXI

MÉCANISME PHYSIOLOGIQUE DE L'ASPHYXIE

Nous allons maintenant essayer de comprendre le mécanisme physiologique des différents symptômes de l'asphyxie par le charbon que nous avons résumés en finissant la dernière leçon.

Quoique je vous en aie déjà souvent entretenus, le sujet est si important que je vous demande la permission de revenir sur le mécanisme chimique de l'empoisonnement et de vous rappeler qu'en suivant au moyen du spectroscope l'envahissement progressif du sang par l'oxyde de carbone, nous avons vu que ce n'est qu'au moment où le sang nous paraît envahi en totalité que l'animal tombe. Devra-t-on conclure de cet examen que le sang à ce moment ne renferme plus de traces d'oxygène et que ce gaz se trouve complétement remplacé par l'oxyde de carbone? Il est vraisemblable que tous les globules sont atteints en même temps, mais modérément d'abord et progressivement, de sorte qu'ils ne perdent leurs propriétés que peu à peu; et c'est lorsqu'ils sont tous atteints au degré suffisant pour appauvrir le sang que l'animal tombe. Mais à ce moment, doit-on admettre qu'il n'existe plus d'oxygène dans ces globules intoxiqués ? Non. Il résulte des analyses chimiques directes qu'il existe encore de l'oxygène dans le sang en combinaison avec l'hémoglobine. Mais cette quantité est sans doute trop faible pour être reconnue par l'emploi du spectroscope. En résumé, nous conclurons que les globules sont intoxiqués graduellement; peu à peu l'oxyde de carbone déplace l'oxygène qui entre dans leur constitution, mais sans arriver jamais à le déplacer complétement, car toujours l'animal meurt avant que cette limite soit atteinte. Les globules cessent donc leurs fonctions lorsque la quantité d'oxygène qu'ils renferment devient insuffisante à la manifestation de leur vitalité.

Voici quelques expériences à l'appui de ce que j'avance.

On sait que le sang veineux agité dans une atmosphère pure absorbe une quantité déterminée d'oxygène; mais si l'on remplace le sang veineux ordinaire par du sang intoxiqué, la quantité d'oxygène qu'il dissout est beaucoup moins considérable ; j'ai trouvé dans ma première expérience qu'il absorbait cinq fois moins d'oxygène que le sang normal.

Il est évident, d'un autre côté, que si le sang avait été en contact avec l'oxyde de carbone pendant un temps suffisamment prolongé pour se saturer de ce gaz, ce sang n'absorberait plus d'oxygène. Et en effet, nous savons que l'oxyde de carbone remplace l'oxygène volume à volume dans l'hémoglobine, et que d'un autre côté cette nouvelle combinaison est beaucoup plus stable que la combinaison oxygénée.

Ces phénomènes peuvent donc offrir diverses phases différentes et présenter tous les degrés possibles d'intensité.

Si l'intoxication se produit dans une atmosphère formée d'oxyde de carbone presque pur, les phénomènes sont très-rapides. Le sang se sature promptement et l'animal tombe comme foudroyé ! Mais si l'atmosphère au contraire ne contient que des traces de ce gaz délétère, l'animal qui la respire ne peut s'en saturer que très-lentement, et il ne perd que peu à peu les fonctions de ses globules. L'animal devient en quelque sorte lentement anémique et se trouve tout à fait dans la même condition que si on lui avait soutiré une certaine partie de son sang. En effet, les globules en partie intoxiqués ne peuvent plus absorber autant d'oxygène qu'à l'état sain, il en résulte une diminution dans la quantité de ce gaz introduite dans l'économie et par suite une diminution dans l'action que ces globules sont chargés de remplir. Cette intoxication chronique est un fait assez commun; c'est le cas des repasseuses et des cuisinières exposées à la vapeur de charbon.

En résumé, l'oxyde de carbone, comme toutes les substances toxiques, peut empoisonner lentement et graduellement. On peut en supporter l'action lente d'une manière en apparence inoffensive, mais on en subit néanmoins les atteintes. Seulement, il est indispensable que la quantité absorbée soit en certaine proportion pour qu'il devienne toxique.

Ces faits montrent nettement la distinction que l'on doit établir entre les substances toxiques et les substances médicamenteuses : c'est une simple question de dose. Ainsi que la strychnine, la morphine, si énergiques à certaines doses, deviennent des médicaments précieux, quand on les administre à doses convenablement modérées. L'oxyde de carbone est un des exemples les plus frappants de ce fait. En quantité trop forte, il tue; mais lorsqu'il n'est pas en excès, il agit lentement sur le sang, lui enlève une portion de son oxygène et détermine chez l'individu une sorte d'anémie chronique. Ce serait donc là une indication thérapeutique s'il y avait lieu de l'utiliser à ce point de vue, chez des individus pléthoriques par exemple.

Abordons maintenant le côté physiologique et pathologique de la question, et demandons-nous ce qui se passe chez un animal au moment où il se trouve exposé à l'action de l'oxyde de carbone.

En abordant cette étude, je me suis hâté de vous rappeler que toute substance active, médicament ou poison, agit toujours sur un élément spécial.

Dans le cas qui nous occupe en ce moment, nous savons que l'oxyde de carbone agit sur le sang, sur l'hémoglobine du sang. Ce gaz n'agit exactement que sur cet élément ; c'est donc le globule sanguin qui est le siége unique de cette action toxique. Pourquoi la mort s'ensuit-elle ? Uniquement parce que le globule fait partie de l'ensemble des éléments qui constituent l'organisme vivant. En effet, un animal vivant peut être considéré comme une machine pourvue d'un certain nombre de rouages. Une roue vient-elle à se briser, bientôt la machine s'arrête, quoi que toutes les autres pièces soient encore en parfait état.

Or, le sang intoxiqué par l'oxyde de carbone est impropre à l'entretien de la vie, fait que nous avons déjà vérifié, il vous en souvient, en transfusant dans les pattes d'un animal tué récemment du sang normal et comparativement du sang intoxiqué. Nous avons établi ainsi que ce dernier avait perdu la faculté de réveiller les propriétés des tissus.

Qu'arrive-t-il donc chez un individu qui commence à s'intoxiquer ? D'abord des maux de tête et une sorte de défaillance. Ces accidents tiennent à ce que la quantité de sang actif circulant dans l'économie, ayant en quelque sorte diminué subitement, le système nerveux, et par suite le cerveau, ne se trouvent plus suffisamment surexcités. C'est là une conséquence normale de la diminution du sang. En effet, les tissus, lorsqu'ils meurent, le font toujours dans l'ordre de leur hiérarchie.

Les propriétés du système nerveux sont les premières à disparaître et parmi elles en première ligne la conscience et la sensibilité sensorielle. Puis viennent les phénomènes de sensibilité tactile. La sensibilité générale disparaît ensuite. Dès lors, plus de mouvements réflexes. Les nerfs moteurs meurent plus tard, et enfin les muscles sont les derniers à perdre leurs propriétés. L'ordre dans lequel meurent ces différents tissus montre donc la place hiérarchique qu'ils doivent occuper dans l'ensemble de l'organisme.

Parmi les troubles que peut occasionner chez l'homme, cette mort progressive des tissus par la vapeur de charbon on a observé les suivants : quelquefois des vomissements, puis une absence complète des sécrétions ; un arrêt absolu de la

digestion : les aliments restent dans l'estomac sans se modifier. Voyons si nous pourrons observer ces accidents particuliers chez les animaux que nous aurons asphyxiés.

Un fait digne de remarque, c'est que l'intoxication par l'oxyde de carbone met les animaux sur lesquels elle s'effectue dans des conditions d'existence analogues à celles des animaux à sang froid. On a remarqué, en effet, que la température du sang baissait à mesure que l'intoxication se produisait, et l'on a même pu abaisser cette température d'une manière considérable en ayant eu soin de ne faire agir l'oxyde de carbone que lentement et graduellement.

On comprend très-bien qu'il soit facile de passer de la sorte par tous les degrés possibles d'anémie. Cependant l'action de ce gaz toxique doit être fort variable d'après les individus qu'elle affecte. Comme l'élément atteint n'est autre que le globule du sang, l'individu en devra ressentir les effets d'une façon différente, suivant qu'il a plus ou moins de sang. Ainsi, par exemple, on croit qu'un animal à jeun a moins de sang qu'un animal en digestion. Lequel des deux sera le plus vite affecté par l'oxyde de carbone ? L'expérience seule peut nous répondre à cette question.

Voici deux lapins de la même portée et aussi identiques que possible ; seulement, l'un des deux est à jeun depuis quelques heures, l'autre est en pleine digestion. Nous allons les soumettre tous les deux en même temps à l'action de la vapeur de charbon. Ainsi que vous pouvez le constater, ils paraissent en ressentir les premiers effets aussi vite l'un que l'autre, et même ils tombent en même temps. Retirons-les maintenant, et vous voyez qu'ils reviennent en même temps à la vie. Il n'est donc pas possible de trouver de différence dans l'action de l'oxyde de carbone dans le cas présent : d'où nous devons conclure que l'influence de la digestion sur la quantité de sang n'est pas réelle ou ne s'est pas encore manifestée.

Je terminerai cette leçon par un fait dont je vous parle parce qu'il s'offre à nos yeux sur cette table. Vous savez que le sang intoxiqué par l'oxyde de carbone est rutilant comme le sang artériel et qu'il a la faculté de conserver longtemps sa couleur. Il est cependant facile sous ce rapport de distinguer le sang intoxiqué du sang normal oxygéné, c'est-à-dire du sang artériel. En effet, si l'on abandonne, comme on l'a fait ici depuis la dernière séance, du sang artériel dans une éprouvette, il devient noir au bout d'un certain temps, mais il commence à s'altérer par la partie inférieure, tandis que le sang intoxiqué par l'oxyde de carbone placé dans les mêmes conditions fait l'inverse et commence à s'altérer par la surface. C'est donc là un caractère qui permet de distinguer facilement les deux espèces de sang.

<h2 style="text-align:center">XXII</h2>

ACTION SUR LES NERFS, LES MUSCLES ET LES GLANDES

Dans l'étude de l'asphyxie par la vapeur de charbon, c'est toujours à l'élément sanguin que nous devons revenir; c'est lui qui est seul atteint et qui meurt le premier. Voyons maintenant comment périssent les autres éléments, par conséquence de cette action toxique initiale du globule sanguin.

Troja avait vu, mais sans l'expliquer et sans le comprendre, que, dans l'asphyxie par la vapeur de charbon les animaux perdaient d'abord la sensibilité et que les nerfs moteurs et les muscles mouraient ultérieurement. Toutefois, il admettait à tort que le système nerveux était atteint et détruit par l'oxyde de carbone et que l'action toxique de ce gaz portait directement sur ce système.

Le fait observé par Troja est exact comme point d'observation : mais l'interprétation qu'il en donne est erronée. En effet, Troja attribue la mort des nerfs à l'action toxique de la vapeur de charbon, tandis qu'elle est due en réalité, comme je vous l'ai démontré précédemment, à une altération du sang, altération qui empêche ce liquide de remplir partiellement ou en totalité les fonctions dont il est chargé dans l'économie, c'est-à-dire le transport de l'oxygène dans la circulation. Les nerfs ne sont en réalité nullement attaqués par l'oxyde de carbone : Troja attribuait donc à la vapeur de charbon une action qui ne lui appartient pas et qui n'est qu'une conséquence indirecte de l'action qu'elle exerce sur les globules du sang.

Voici comment Troja exécutait ses expériences: Il prenait un animal empoisonné par la vapeur de charbon et il cherchait à voir si son système nerveux réagirait comme celui d'un animal sain. Or, quand on détermine chez un animal normal une irritation sur la moelle, on détermine une excitation et des mouvements dans toutes les parties du corps de cet animal.

D'un autre côté, si l'on excite le nerf sciatique sur son trajet chez un animal sain, on voit d'abord se produire des convulsions dans les membres, puis une excitation qui se dirige sur la moelle et de là s'irradie dans toutes les parties du corps. Si l'on excite le nerf sciatique chez un animal empoisonné par la vapeur de charbon, il arrive le plus souvent que cette excitation ne produit plus que des convulsions dans les membres inférieurs, sans réaction médullaire ni mouvements généraux dans les autres membres. Troja admettait, d'après cette expérience, que l'excitabilité de la moelle était perdue.

Aujourd'hui, nous savons parfaitement que les nerfs de sensibilité seuls sont détruits les premiers et que les nerfs moteurs sont restés intacts. Or, ces phénomènes ne peuvent être rapportés à la vapeur de charbon, car, dans la mort normale ou par hémorrhagie, les divers tissus perdent leurs propriétés de la même façon et dans le même ordre : nous voyons d'abord disparaître la sensibilité, puis la motricité, et l'irritabilité musculaire disparaît la dernière.

Nous allons répéter devant vous ces expériences et nous opérerons sur des grenouilles, parce que, chez ces animaux, les propriétés vitales des tissus disparaissent moins vite que chez les animaux supérieurs. Il faut de même un temps assez considérable pour obtenir leur empoisonnement par l'oxyde de carbone. Cependant lorsque ce but est atteint, on constate que cet empoisonnement s'est effectué de la même façon chez les grenouilles que chez les mammifères. Nous savons que chez ces derniers le sang renferme déjà de l'oxyde de carbone — et qu'il est possible d'en démontrer l'existence au moyen du spectroscope — longtemps avant que l'animal tombe : nous avons observé le même fait sur les grenouilles, bien que, comme je viens de vous le dire, l'empoisonnement dans ce cas soit beaucoup plus long à se manifester.

Les phénomènes se passent partout de la même façon. Seulement, chez les oiseaux, par exemple, qui meurent très-vite sous cette influence toxique, le sang est très-vite empoisonné et les tissus perdent très-rapidement leur propriété. Chez les mammifères, le sang s'intoxique moins vite et les tissus résistent plus longtemps à l'action que doit avoir sur eux la suppression subite des globules du sang. Chez les grenouilles enfin, les propriétés des globules sont beaucoup moins énergiques : l'oxyde de carbone sera beaucoup plus lent à faire sentir son influence toxique. — Aussi les globules étant moins sensibles, les grenouilles seront moins vite impressionnables et, par suite, une fois les globules atteints, les tissus ne sentiront les effets de cette suppression des globules que beaucoup plus lentement.

Ce que nous venons de dire là s'observerait dans l'anémie pure et simple par toute autre cause que l'oxyde de carbone. Voici, par exemple, une grenouille à laquelle on a lié le cœur, elle vit encore et saute comme si elle n'avait subi aucune opération : elle pourra vivre ainsi quelques heures encore, tandis qu'un oiseau ou un mammifère à qui l'on voudrait pratiquer la même opération en seraient comme foudroyés.

Voici une autre grenouille empoisonnée déjà depuis vingt-quatre heures. Les tissus ne sont pas encore morts. Si nous cherchons à exciter la moelle épinière directement, nous n'observons plus aucun mouvement, parce que la moelle a déjà perdu son excitabilité. Si nous excitons maintenant le nerf sciatique au-dessous d'une ligature que nous avons pratiquée sur ce nerf, la patte correspondante fait des mouvements par l'excitation du nerf. Mais si nous agissons au-dessus de la ligature, nous n'avons plus rien du côté de la moelle épinière et aucun mouvement réflexe ne se manifeste.

Cette expérience est exactement celle que Troja avait faite et nous en constatons l'exactitude comme fait, mais nous l'interprétons autrement. En effet, dans la moelle épinière, nous distinguons deux sortes de nerfs : les nerfs de sensibilité qui meurent de la périphérie au centre et les nerfs de mouvement, dont la mort se produit d'une façon opposée.

Or, chez cette grenouille, les nerfs de sensibilité sont déjà morts, mais les nerfs moteurs et surtout les muscles ne le sont pas encore. Mais cette mort successive des nerfs et des muscles n'est pas du tout, ainsi que je vous l'ai déjà dit, le fait de l'oxyde de carbone, elle résulte simplement de la cessation des fonctions du sang.

En résumé, nous pouvons dire aujourd'hui qu'il n'y a point de principe vital unique. Il y a en réalité autant de principes vitaux que de propriétés de tissus, et lorsqu'un poison agit sur l'économie, il agit toujours sur un de ces principes vitaux ou sur un élément en particulier pour détruire sa propriété vitale spéciale, mais les autres éléments meurent ensuite et successivement de leur mort naturelle.

Le poison n'est spécifique que parce qu'il agit sur tel ou tel élément spécial : il est donc de toute nécessité d'étudier cette série de phénomènes pour arriver à commenter le mécanisme de la mort dans tel ou tel cas particulier.

Or, dans celui qui nous occupe en ce moment, nous savons que l'oxyde de carbone agit uniquement sur les globules et les rend désormais impropres à établir l'échange continuel de gaz qu'ils sont chargés de maintenir dans l'économie.

Nous connaissons donc en réalité le point de départ du mécanisme de la mort, c'est la perte des propriétés des globules. Il ne nous restera plus qu'à poursuivre la recherche du mécanisme de la mort des autres éléments dans ce cas particulier d'intoxication.

L'asphyxie suspend les sécrétions, avons-nous dit encore ; voyons par quel mécanisme.

On doit distinguer deux sortes de sécrétions, les sécrétions proprement dites qui sont en rapport avec des phénomènes nerveux intermittents, et les excrétions qui sont dues à des influences toutes spéciales mais continues.

Ainsi, par exemple, les glandes salivaires sont annexées à la bouche, elles ont des sécrétions intermittentes. — Si l'on met une goutte de vinaigre dans la bouche ou sur la langue, il se manifeste aussitôt une sensation gustative qui atteint le nerf sensitif, lequel réagit à son tour sur le nerf sécréteur spécial de la glande, laquelle se met aussitôt à sécréter.

On comprend que cette action sécrétoire réflexe cessera d'avoir lieu si la sensibilité est perdue : c'est ce que l'expérience nous a prouvé. En effet, chez un animal asphyxié, le vinaigre ne détermine plus l'écoulement de la salive, tandis que l'excitation directe de la corde du tympan produit encore l'écoulement du liquide salivaire.

XXIII

TRAITEMENT CONTRE L'EMPOISONNEMENT PAR L'OXYDE DE CARBONE

Après avoir indiqué d'une manière générale la cause physiologique de la mort dans l'asphyxie par le charbon, il nous resterait maintenant à en poursuivre l'étude dans tous ses détails, afin d'en déduire finalement le traitement rationnel que l'on devra faire suivre toutes les fois qu'on aura été appelé à temps près des asphyxiés. Ce sera là bien entendu l'œuvre du temps ; nous ne pouvons pour le moment que signaler la direction dans laquelle les recherches doivent être faites pour atteindre ce but.

Or, pour pouvoir instituer un traitement rationnel, il est indispensable de connaître l'élément organique atteint, car c'est sur lui que devra être dirigée l'action thérapeutique. Toutefois, avant d'en être arrivé là, on peut trouver par tâtonnement des traitements empiriques plus ou moins utiles ; mais ils n'éclaireront vraiment la médecine et ne constitueront une thérapeutique scientifique que lorsque la physiologie pourra expliquer leur mode d'action.

Pour le cas qui nous occupe, nous savons que c'est sur le sang qu'agit la vapeur de charbon. Nous connaissons le mécanisme de son action et nous savons qu'il occasionne la mort par élimination et par privation d'oxygène, en éteignant dans les globules leur propriété absorbante pour ce gaz. L'indication à remplir est donc de fournir l'oxygène qui manque, de chercher à régénérer le sang et de faire que les globules qui ne sont pas encore complétement morts puissent de nouveau absorber l'oxygène de l'air et le porter dans l'organisme.

Rappelons encore ici en quelques mots les principaux phénomènes qui accompagnent ordinairement l'asphyxie.

L'animal tombe d'abord, puis il reste un certain temps sans connaissance : il est insensible et a perdu toute conscience. Les mêmes phénomènes se constatent chez l'homme et l'on constate aussi la disparition de la conscience et de la sensibilité dès les premiers moments de l'asphyxie. On a vu souvent des individus assoupis devant le brasier qu'ils avaient allumé pour s'asphyxier, tomber au milieu des charbons ardents et subir de profondes brûlures sans pousser le moindre cri. Dans cette première période de l'asphyxie, les globules sanguins ne sont point encore complétement paralysés, et si

l'individu est soustrait à temps à la vapeur méphitique, ces globules peuvent peu à peu reprendre leurs fonctions. Cependant, si l'influence asphyxique se prolonge, les mouvements respiratoires deviennent de plus en plus rares et finissent par cesser tout à fait, alors les globules sanguins sont complétement intoxiqués.

Le traitement, pour s'adapter à ces différents cas, doit nécessairement varier selon que l'asphyxie est plus ou moins avancée. Ce que nous allons dire s'appliquera aussi bien aux animaux qu'aux hommes.

Au moment où l'animal tombe, s'il est possible de le soustraire immédiatement à l'action délétère de la vapeur de charbon, et de le transporter en plein air, il suffit de lui jeter un peu d'eau, et de le rafraîchir au moyen de boissons froides. Ce traitement était préconisé par Portal. Dans ces cas d'intoxication au début, les individus reviennent assez vite à la vie. Mais quand l'animal, après être tombé, reste longtemps, — quelques heures, par exemple, — dans le milieu vicié où il se trouve et où il n'a pu respirer que péniblement, il se produit des altérations secondaires, telles que lésions ou ruptures dans les poumons, déjà observées par Troja et signalées par lui comme caractéristiques de l'asphyxie, tandis qu'elles n'en sont qu'une conséquence accidentelle. Dans ce second cas comme dans le premier, il faut encore soustraire les individus à l'air vicié et leur faire respirer le plus possible d'air pur ; mais on peut voir les individus mourir ultérieurement par suite de pneumonies ou autres affections locales accidentelles. Ils meurent donc en réalité des conséquences de l'empoisonnement et non du poison lui-même.

Lorsque la respiration a complétement cessé chez l'animal ou l'individu intoxiqués, c'est le cas le plus grave : il faut chercher à tout prix à ranimer les mouvements respiratoires, car un arrêt un peu prolongé de la respiration est une cause certaine de mort. Dans ce cas, beaucoup de moyens ont été proposés. On peut d'abord chercher à réveiller la sensibilité de l'animal et à rétablir sa respiration par des moyens mécaniques.

Portal avait beaucoup insisté sur l'action de l'air frais sur la peau pour exciter les mouvements respiratoires, comme on peut l'observer chez l'enfant qui vient de naître. Cette action toute périphérique agit par effet réflexe sur le cœur et le poumon ; elle peut finir par rétablir la respiration et la circulation. Si l'on réussit à faire revenir les mouvements respiratoires, les animaux peuvent être sauvés et revenir à la vie.

Lorsque l'action de l'air pur et de l'eau froide reste insuffisante, certains praticiens ont préconisé l'emploi du fer rouge, c'est-à-dire la cautérisation. A quel endroit doit-on de préférence appliquer la cautérisation ? On a parlé de la plante des pieds : mais ce n'est pas encore le point le plus favorable. Le lieu d'élection est celui où les nerfs restant plus longtemps impressionnables peuvent réagir plus directement sur les mouvements respiratoires. A ce titre, les rameaux sensitifs du plexus cervico-brachial un peu en dessous des clavicules paraissent devoir être choisis de préférence.

Voilà en résumé les premiers moyens qu'on doit mettre en usage. Mais s'ils ne réussissaient pas, ou s'il est déjà trop tard pour en espérer de bons résultats, il faut recourir à d'autres procédés que nous allons maintenant examiner.

Il faudra d'abord chercher à s'assurer si le cœur bat encore ou du moins s'il existe encore quelque frémissement ; on essayerait alors la respiration artificielle. Sous cette influence, on peut voir le cœur se réveiller et la respiration se rétablir lentement. Ce moyen peut réussir dans certains cas; mais il demande à être employé avec beaucoup de ménagement. En effet, si l'on faisait pénétrer de trop grandes quantités d'air dans les poumons il pourrait en résulter des déchirures dont les suites ne laisseraient pas d'avoir beaucoup de gravité dans le cas où l'individu reviendrait. On peut faire la respiration artificielle avec l'air ordinaire, ou en remplaçant l'air par de l'oxygène pur. Ce dernier procédé est indiqué théoriquement, puisque ce n'est que l'oxygène qu'on cherche à introduire dans le sang. Il a du reste reçu l'assentiment de l'expérience ; on l'a employé quelquefois et il a été couronné de succès : on en cite au moins quelques exemples.

Un autre moyen plus énergique que le précédent, mais qui a été employé, lui aussi, quelquefois, c'est la transfusion. Elle doit s'appliquer aux cas dans lesquels les globules, complétement intoxiqués, ne peuvent pas se revivifier par la respiration artificielle. Il faut alors modifier le sang en remplaçant les globules inertes par des globules actifs et vivants.

La transfusion n'a plus aujourd'hui la signification qu'on lui prêtait lors de sa découverte. On croyait alors qu'il était possible, en transfusant du sang d'un animal à un autre, de lui communiquer en même temps le caractère de l'animal qui avait fourni le sang. C'est ainsi qu'on avait cru un moment pouvoir rajeunir un vieillard en lui transfusant le sang d'un enfant, rendre doux un animal féroce en lui transfusant le sang d'un mouton, etc. Nous savons maintenant que le sang se renouvelle continuellement aussi bien chez le vieillard que chez l'enfant. Le globule est un élément histologique doué de sa vie propre et qui renaît sans cesse dans l'économie.

La saignée simple qu'on pratiquait beaucoup autrefois contre l'asphyxie est, au point de vue théorique, une mauvaise chose dans l'asphyxie par le charbon, car on soustrait des globules sanguins à un organisme qui les a déjà en partie perdus. Mais si, en même temps qu'on enlève une partie du sang intoxiqué, on restitue une certaine quantité de sang vivant oxygéné, il est certain que la physiologie est en faveur de cette pratique. En effet, M. Pokrowski a vu que le sang intoxiqué se régénérait plus vite au contact d'une certaine proportion de sang oxygéné. La transfusion aurait donc de cette façon un double but : rendre de l'oxygène au sang et favoriser la transformation du sang intoxiqué en sang normal.

Chez les animaux, la transfusion réussit très-bien. Chez l'homme, on l'a mise quelquefois en pratique, et l'on a obtenu des succès et des insuccès. Elle offre du reste encore de grandes difficultés pratiques.

Théoriquement ce moyen paraît excellent ; on ne doit cependant l'employer que dans des cas extrêmes, et quand tous les autres moyens déjà cités seront restés sans succès. En ce cas seulement, il n'est pas téméraire de tenter la transfusion. Il est vrai qu'en l'employant dans des cas désespérés, on a peu de chance d'en obtenir de bons résultats. Mais il existe une limite à laquelle on doit pouvoir recourir à ce moyen. Quelle est-elle ? On ne la connaît pas bien encore, car il est difficile de dire à quel moment la mort est certaine. Tant qu'un signe incontestable de la mort ne nous sera pas suffisamment connu, nous ne pourrons nous prononcer avec certitude sur l'emploi de la transfusion dans l'asphyxie.

Je dois me borner à ces quelques indications sur le traitement de l'asphyxie. Le temps nous presse d'en finir : des questions de cette complexité ne se résolvent pas en un jour. C'est déjà beaucoup d'avoir planté solidement quelques jalons pour servir de guide à ceux qui viendront après nous.

Il me reste maintenant à traiter un sujet qui se rattache à l'histoire toxique de l'oxyde de carbone. Je veux parler de son application à l'analyse des gaz du sang.

XXIV et XXV

Analyse des gaz du sang au moyen de l'oxyde de carbone. — Se forme-t-il de l'eau dans l'organisme?

C'est seulement vers le premier quart de ce siècle que l'on voit formuler le principe suivant : le sang artériel est toujours identiques avec lui-même, quel que soit le lieu de sa provenance ; quant au sang veineux, il diffère suivant les organes d'où on l'a extrait.

C'est là un fait maintenant hors de doute, et sur lequel nous n'aurons pas à revenir. Le sang veineux diffère non-seulement d'après les organes qu'il a traversés, mais encore d'après les divers états de ces organes. Suivant que l'organe est en fonction ou en repos, on trouve autant d'états divers du sang veineux, autant de différences dans sa composition chimique.

Au fond, qu'est-ce que le sang artériel ? Ce n'est autre que le sang veineux des poumons. Il n'y a donc en réalité qu'un seul sang dans l'économie, se modifiant suivant les organes qu'il a desservis et traversés, et suivant leurs états différents. En effet, si le poumon est malade ou ne remplit pas ses fonctions, le sang artériel qui en sort reste noir comme à son entrée dans cet organe. Dans ce cas, le sang artériel peut donc ne pas toujours être toujours identique avec lui-même. Chaque système organique possède un sang particulier qui lui est propre, parce que chaque organe modifie le sang à sa manière. Cette étude est donc très-complexe. Nous n'entrerons pas ici dans les détails d'une analyse complète du sang ; nous nous bornerons à l'étude des gaz qu'il contient.

Les gaz sont à l'état de dissolution dans le sang. Ce liquide peut contenir jusqu'à 50 pour 100 d'acide carbonique dans sa composition ; les limites extrêmes de l'oxygène dissous dans le sang sont à peu près les mêmes que dans l'air : de 20 à 25 pour 100 ; quant à l'azote, il existe en faible proportion, on n'en trouve guère plus de 6 à 8 volumes sur 100 volumes de sang. Mais les proportions de ces gaz subissent parfois des variations considérables. Ainsi, le sang peut arriver à ne plus contenir d'oxygène et à ne renfermer que de l'acide carbonique et de l'azote. Toutefois, à l'état normal, il y a toujours plus d'oxygène dans le sang artériel que dans le sang veineux.

Lorsqu'on cherche à asphyxier un animal, soit en liant la trachée, soit par submersion, il ne meurt pas instantanément. Au moment où l'on empêche l'air de pénétrer dans les poumons, il existe encore une certaine quantité d'oxygène en dissolution dans le sang ; ce gaz se détruit bientôt, dans les convulsions asphyxiques de l'animal, et celui-ci ne meurt qu'après avoir épuisé tout l'oxygène en réserve dans son sang. Si, après la mort produite dans ces conditions, on fait l'analyse des gaz contenus dans le sang, on ne trouve plus d'oxygène, mais de l'acide carbonique en beaucoup plus grande quantité qu'à l'état normal.

L'oxygène contenu dans le sang est donc incessamment détruit et constamment remplacé dans l'acte de la respiration. Voilà pourquoi les proportions de l'oxygène et de l'acide carbonique contenus dans ce liquide doivent être sujettes à des variations continuelles.

La question que nous voulons aborder ici se réduit particulièrement à savoir comment on doit étudier le sang afin de saisir d'une manière exacte la composition des gaz qu'il renferme en dissolution à tous les états où nous pouvons le rencontrer.

Il y a quinze ans environ, je fus frappé de ce résultat, que l'action toxique dû à l'oxyde de carbone consiste en ce que ce gaz se fixe sur les globules du sang, en déplaçant, volume à volume, l'oxygène qu'ils contiennent, et que cet oxyde de carbone une fois fixé, le sang cesse de s'altérer et de passer à l'état veineux. L'oxyde de carbone joue donc ici un double rôle : il déplace l'oxygène et rend le sang inaltérable ; et par suite, il s'oppose à la transformation de l'oxygène dégagé en acide carbonique. Telle est la base de notre procédé ; mais comme le sang renferme d'autres gaz que l'oxygène, il faut aussi les dégager du sang, et le vide ou la chaleur sont les meilleurs moyens à employer pour atteindre ce but.

Nous emploierons une pompe à mercure que vous voyez ici, à l'aide de laquelle nous pouvons combiner le vide et l'action de l'oxyde de carbone. Cet appareil n'est autre que la machine pneumatique à mercure, à laquelle M. Gréhant a apporté quelque perfectionnement et qu'il va faire fonctionner devant vous. Le sang est d'abord introduit dans un ballon de verre qui communique avec cette machine, et dans lequel le vide a été préalablement fait. Le ballon est placé sur un bain-marie, de manière à le chauffer modérément, afin de faciliter encore davantage le dégagement des gaz. Maintenant voici comment nous opérons :

Pour éviter que le sang n'ait le contact de l'air, nous l'extrayons du vaisseau artériel ou de la veine de l'animal, à l'aide d'une très-bonne seringue de verre graduée munie d'une garniture est de fer, et dans laquelle on a déjà introduit une quantité d'oxyde de carbone, à peu près égale au volume du sang que l'on veut analyser. Le sang introduit dans la seringue et exactement mesuré, on l'agite un moment pour faciliter la combinaison de l'oxyde de carbone avec l'hémoglobine, puis on a introduit le tout dans le ballon de verre, où l'on a eu auparavant la précaution de faire le vide. Tout le reste de l'opération se réduit à une simple analyse de gaz.

Sans doute le vide combiné avec la cuisson du sang pourrait paraître suffisant pour en extraire le gaz qu'il contient et arrêter en lui toute altération ultérieure. L'oxyde de carbone en un mot, pourrait ne pas sembler indispensable dans l'opération. En effet la cuisson combinée avec le vide est un perfectionnement considérable sur le procédé primitif de Magnus, mais nous pensons que pour avoir des analyses très-exactes des gaz des diverses espèces de sang suivant les divers états fonctionnels des organes, il faut absolument recourir à l'emploi de l'oxyde de carbone. Voici pourquoi. L'action de la chaleur sur le sang, lorsqu'elle n'est pas assez subite, peut modifier les rapports de l'acide carbonique et de l'oxygène, et le temps qui s'écoule entre l'extraction du gaz et son introduction dans l'appareil à analyse peut même suffire pour qu'il se passe dans le sang des altérations capables de modifier profondément son contenu gazeux. Dans notre procédé, le sang au sortir du vaisseau, se trouve, immédiatement en contact avec l'oxygène de carbone, il passe en quelque sorte à un état de fixité qui empêche en lui toute altération si minime

qu'elle soit, de sorte qu'à l'aide de ce procédé on peut dire la nature est réellement saisie sur le fait.

L'action de l'oxyde de carbone dans les analyses du sang donne surtout des résultats précieux, quand il s'agit de se rendre compte des conditions exactes dans lesquelles le sang artériel se transforme en sang veineux sous certaines influences très-rapides, dépendant du système nerveux ou de l'état fonctionnel des organes.

J'ai observé, par exemple, que lorsqu'on coupe les nerfs du système du grand sympathique, on voit immédiatement le sang auparavant très-noir, devenir rouge après la section. La raison en est que si l'on supprime subitement l'action du système nerveux sympathique, le sang ne perd plus son oxygène, en traversant les capillaires, et reste rouge. Mais ce sang veineux rouge a une très-grande tendance à devenir noir, et si on ne le saisit pas à l'instant même, quelques secondes après il a perdu ses caractères, et est devenu noir et semblable à du sang veineux ordinaire. Il serait de toute impossibilité de faire l'analyse exacte de cette espèce de sang, recourait à la méthode que je viens de vous indiquer, dans laquelle nous combinons le vide et l'emploi d'oxyde de carbone.

L'oxyde de carbone rend encore des services du même genre, comme je l'ai montré depuis longtemps quand il s'agit de faire des analyses comparatives de sang veineux dans des organes en état de repos et en état de fonction.

C'est là un point de vue sur lequel j'ai beaucoup insisté parce que je le crois très-important et cependant un peu négligé. Pour se rendre compte des phénomènes vitaux, il faut toujours faire les recherches anatomiques et chimico-physiques sur les organes aux différents âges et aux différents états fonctionnels, physiologiques ou pathologiques. Autrement, on opère toujours dans des conditions indéterminées et l'on n'atteint que des résultats manquant de précision. En effet, suivant que l'animal est vigoureux, ou affaibli, à jeun ou en digestion, jeune ou vieux, etc., les résultats présentent des variations qui sont des plus importantes à connaître pour saisir la direction des phénomènes vitaux.

J'ai démontré qu'à l'état de fonction, le sang veineux des glandes diffère, au point de vue de sa couleur et de la quantité d'oxygène qu'il contient, à son entrée dans ces organes et à sa sortie. Le sang, de rouge qu'il était, devient noir et se dépouille complétement de son oxygène, quand les glandes sont en repos. Il reste rouge, au contraire, et l'oxygène ne disparaît pas, lorsque ces organes sont en fonctions. Je vous ai dit, en outre, qu'en examinant de plus près ce phénomène, nous serons bientôt frappés d'un fait singulier, c'est que la température la plus élevée du sang coïncide avec le moment où il contient le plus d'oxygène, ce qui contredit en apparence la théorie de Lavoisier. Nous avons pu constater et vérifier ce fait sur deux sortes de glandes, le rein et les glandes salivaires.

Voici quelques résultats d'analyses faites comparativement, au point de vue de l'oxygène du sang artériel et du sang veineux du rein, l'organe étant en repos et en fonction.

	Sang artériel. (Oxygène)	Sang veineux. (Oxygène)
1° Sécrétion rénale en pleine activité. Chien vigoureux.. :	17,44 (rutilant).	16,00 (rutilant).
Sang du cœur droit.....		6,44 (noir).
2° Sécrétion rénale en activité..........	19,46 »	17,26 (rutilant).
Sécrétion rénale suspendue. Chien vigoureux.	» »	6,40 (noir).
3° Sécrétion moyenne et active.............	12,00 »	10,00 (rutilant).
4° Sécrétion peu active. Chien affaibli........	5,69 »	6,45 »

Les analyses nous montrent que, pendant la sécrétion, le sang ne devient par veineux, si l'on peut ainsi dire, dans le tissu capillaire rénal, tandis qu'il n'en est pas de même quand la sécrétion est suspendue. Il faut ajouter que dans ce dernier cas, la circulation est considérablement plus lente que dans le premier. Nous constatons encore un autre résultat, c'est que la quantité d'oxygène diffère beaucoup dans le sang artériel ou veineux, suivant l'état des animaux. Nous avons, dans la dernière analyse, ce résultat singulier et contradictoire, que le sang veineux rénal renferme relativement plus d'oxygène que le sang artériel. J'ai choisi ces nombres afin de vous faire voir combien peuvent varier les résultats d'une même expérience et vous montrer en même temps qu'on peut cependant les ramener à des conditions physiologiques précises. — C'est chez les animaux vigoureux que le sang renferme le plus d'oxygène, et quand, par suite de l'opération ou autrement, l'animal vient à s'affaiblir, aussitôt la quantité d'oxygène diminue dans le sang par un mécanisme que nous n'avons pas à examiner ici. Quant à la dernière analyse où le sang artériel renferme 5,69 d'oxygène, tandis que le sang veineux renferme 6,45, voici ce qui est arrivé. Pendant l'expérience, l'animal s'affaiblissait rapidement, et, à mesure, la quantité d'oxygène diminuait dans son sang. Or, on avait recueilli le sang veineux le premier, et l'affaiblissement survenu chez l'animal jusqu'au moment où l'on a extrait le sang artériel avait amené une diminution d'oxygène. De là ce résultat singulier qui ne se serait pas produit si l'on avait pu recueillir simultanément les deux sangs : car il serait absurde de supposer que le sang a pu absorber de l'oxygène dans le rein, comme il le fait dans le poumon. Ces exemples, sur lesquels je n'insisterai pas davantage parce que nous sommes pressés, suffisent pour montrer quelles précautions minutieuses il faut prendre dans les expériences physiologiques et combien on doit s'attacher à saisir la direction des phénomènes, plutôt que leurs mesures exactes qui sont illusoires si elles ne sont rattachées à la loi qui les régit.

On retrouve les mêmes faits dans l'étude comparative des différents sangs veineux qui baignent les glandes salivaires, à l'état de repos et à l'état de fonction. Ici comme pour le rein, nous nous limiterons à l'examen des variations de la quantité d'oxygène contenue dans ce liquide, sans nous préoccuper pour le moment des autres gaz qu'on y rencontre normalement. Il me suffira de citer une de ces analyses faites sur la glande sous-maxillaire du chien.

	Sang artériel. (Oxygène)	Sang veineux. (Oxygène)
Sécrétion salivaire en activité.	9,80 (rutilant).	6,31 (rouge).
» suspendue...	»	» 3,92 (noir).

Passons maintenant aux résultats sur le sang artériel et veineux des muscles, relativement à leur contenu d'oxygène pendant le repos et la fonction de l'organe. Nos expériences ont été exécutées de préférence sur le muscle droit de la cuisse du chien. Ce muscle est assez long, et, de plus, il reçoit, vers le milieu de son corps, un nerf, une artère et deux veines ; enfin, il est facile à isoler. Ce sont ces considérations qui nous ont déterminé à exécuter toutes nos expériences sur ce muscle qui, en réalité, se prête mieux que tous les autres à ce genre d'études.

Dans une de nos expériences, le sang artériel, à son entrée dans le muscle, contenait 7 vol., 31 pour 100 d'oxygène. Le sang veineux du même muscle, au repos, ne renfermait plus que 5 volumes d'oxygène ; donc 2,31 avaient disparu dans le muscle. Le sang artériel était rouge à son entrée dans le muscle, et à sa sortie il présentait une teinte noire très-modérée, ce qui s'explique par la disparition d'une certaine quantité d'oxygène. J'ai alors coupé le nerf pour soustraire le muscle à l'influence médullaire : ce muscle s'est trouvé ainsi non-seulement en repos, mais privé de *tonus*, relâché, paralysé. Aussitôt après cette section du nerf, le sang veineux du muscle devint rouge et semblable au sang artériel. Cette expérience nous montre donc que la section des nerfs amène instantanément un changement dans l'état du sang qui baigne le tissu musculaire. Cela tient à ce que l'oxygène a disparu en moins grande quantité en même temps que la circulation s'est accélérée. En effet, nous trouvons alors que le sang veineux sortant du muscle contient sensiblement la même proportion d'oxygène que le sang artériel : le dosage donna 7 vol., 20 dans le sang veineux au lieu de 7 vol., 31 dans le sang artériel. Il faut donc bien se garder de confondre jamais un muscle en repos avec un muscle paralysé.

A quoi tient cette modification dans la couleur du sang et la rapidité de la circulation après la section des nerfs du muscle ? C'est sans doute la conséquence de la section des nerfs vaso-moteurs. J'ai montré depuis longtemps qu'il y a dans les muscles deux ordres de nerfs, les uns vaso-moteurs, les autres musculaires proprement dits. Pour les isoler, il faut agir surtout à leur origine médullaire. Dans l'expérience, telle que nous l'avons pratiquée ici, nous les avons nécessairement coupés tous deux à la fois.

Mais il nous était encore possible d'agir sur le muscle dont nous avions ainsi divisé le nerf ; car une excitation portée sur le bout périphérique du nerf le faisait immédiatement contracter. En faisant cette expérience, on voyait le sang veineux, de rouge qu'il était, devenir très-noir ; aussitôt la contraction effectuée, il sortait de la veine un flot abondant de sang noir. La quantité d'oxygène contenue dans le sang veineux recueilli pendant les contractions, était devenue beaucoup plus faible, ainsi qu'aurait pu le faire prévoir sa couleur plus foncée. L'analyse donna en effet 4,28 d'oxygène dans le sang veineux au lieu de 7,31 dans le sang artériel,

En résumant les faits qui précèdent, nous avons donc pour le sang d'un muscle à l'état de fonction et à l'état de repos, les résultats suivants.

Muscle droit du chien, l'oxygène est calculé par 100 vol. de sang.

	Sang artériel.	Sang veineux.
Muscle en repos......	7,31 (rutilant).	5,00 (modérément noir).
Muscle paralysé......	»	»	7,20 (rouge).
Muscle en contraction..	»	»	4,28 (très-noir).

Ces résultats sont inverses de ceux qui s'observent dans les glandes ; pendant la fonction du muscle, l'oxygène disparaît en plus forte proportion que pendant le repos, tandis que c'est le contraire pour les glandes où le sang veineux le plus riche en oxygène coule pendant que la sécrétion s'opère.

Vous voyez par là combien les phénomènes physiologiques sont variables et compliqués, combien leurs modifications sont incessantes. Il est donc indispensable, si l'on veut arriver à la connaissance exacte des faits et à leur explication rationnelle, d'étudier chaque organe en particulier et de le considérer dans toutes les phases qu'il peut présenter, avant de généraliser et de poser des lois.

Mais les quantités d'oxygène que nous pouvons déterminer dans le sang à l'aide de l'oxyde de carbone, sont encore des résultats bien incomplets, au point de vue d'une analyse du sang qu'il faudrait faire d'une manière entière pour arriver à des connaissances exactes des phénomènes de la vie qui dérivent des propriétés de ce liquide organique. Il faudrait encore étudier dans le sang les variations des quantités d'azote, d'acide carbonique et de toutes les autres substances qu'il contient, telles que l'urée, l'acide urique, etc., etc. On devrait aussi étudier celles de la quantité d'eau contenue dans ce liquide, faire en un mot une analyse physiologique complète du sang, étudier les propriétés des globules qu'il renferme et celles de toutes les matières salines ou autres jouant un rôle dans les fonctions de la vie.

Relativement à la quantité d'eau contenue dans le sang, il s'élève une question assez difficile à résoudre.

On a admis, — telle est la théorie posée par Lavoisier sur la respiration, — qu'il existait une combustion due à l'action de l'oxygène de l'air absorbé par le sang sur les diverses substances contenues dans ce liquide. Or, les produits ultimes de cette combustion seraient, pour les substances hydrocarbonées, de l'acide carbonique et de l'eau. Il y aurait donc grand intérêt à connaître et à mesurer cette quantité d'eau formée dans la combustion organique. On a dit qu'il pouvait y avoir de l'eau engendrée dans l'organisme, et certains auteurs ont prétendu que les diabétiques peuvent rendre par leurs urines une quantité d'eau plus considérable que celle qu'ils ont absorbée dans leurs boissons. Mais ces observations ne sont rien moins qu'exactes.

J'ai fait des expériences directes pour savoir si il y avait de l'eau engendrée dans la salive. En opérant sur les glandes sous-maxillaires, j'ai vu qu'il n'y a pas lieu d'admettre une telle hypothèse. J'ai trouvé, en effet, que le sang veineux sortant de la glande au moment de la sécrétion, comparé au sang artériel qui y arrive, renferme en moins une quantité d'eau représentant exactement la quantité passée dans le liquide sécrété. Je ne nie pas pour cela la combustion dans le sang ; j'indique seulement les difficultés que présente encore la démonstration de ce phénomène. D'ailleurs, toutes les théories ne sont imaginées que pour faire avancer les sciences, et, à ce point de vue, elles présentent une utilité incontestable; mais il faut bien se garder de leur accorder une trop grande confiance quand elles ne sont pas encore entièrement démontrées.

En poursuivant la question de la formation d'eau dans l'organisme, qui doit se produire si la théorie de la combustion est exacte, j'ai remarqué un autre fait très-singulier, que je vous signale. Si l'on dose la quantité d'eau contenue dans le sang avant son entrée dans le poumon et à sa sortie de cet organe, on voit que le sang de l'artère pulmonaire contient plus d'eau que le sang des veines pulmonaires, et, cependant, dans l'acte de la respiration, il s'exhale une quantité de vapeur d'eau assez considérable. Le poumon serait-il doué d'une action spéciale favorisant cette production d'eau ; des expériences anciennes que j'ai fait connaître relativement à l'action spéciale du tissu pulmonaire sur la décomposition de certaines substances, ainsi que de nouvelles recherches faites à Leipzig sur la même question, pourraient faire penser qu'il faut attribuer au tissu du poumon une certaine action purement chimique qui semblerait agir sur divers éléments entrant dans la constitution du sang. Mais la question de la formation d'eau n'a pas été résolue. Ce serait là un beau problème à poursuivre.

En résumé, messieurs, nos connaissances physiologiques sur le sang sont encore bien imparfaites. J'ai, pendant ce semestre, attiré votre attention sur l'asphyxie qui trouve son explication dans des propriétés spéciales au liquide sanguin et particulièrement à celles de ses globules rouges. Mais ce n'est encore là qu'une faible lueur dans un des sujets les plus importants pour la médecine. Ces premiers résultats sont faits néanmoins pour nous encourager, et dans notre prochain cours nous poursuivrons encore nos études sur le sang.

FIN DU COURS.

BIBLIOGRAPHIE SCIENTIFIQUE

Traité de paléontologie (première partie du second volume), par M. Schimper, correspondant de l'Académie des sciences.

Cette continuation de l'important ouvrage dont M. Schimper a publié le premier volume, il y a un an, contient la fin des végétaux cryptogames, c'est-à-dire les plantes de l'ordre des Lycopodiacées, dans lequel M. Schimper range, comme familles distinctes, les Lycopodiées, les Lépidodendrées, les Isoëtées et les Sigillariées, familles presque exclusivement limitées à la période houillère.

Les Phanérogames gymnospermes, comprenant les deux classes des Cycadinées et des Conifères, occupent une place très-importante dans cette partie de l'ouvrage de M. Schimper, et l'on sait tout l'intérêt que les végétaux qu'elles renferment offrent au point de vue paléontologique, par suite de leur existence dans les terrains de toutes les époques géologiques.

Enfin, ce volume renferme, en outre, l'ensemble des plantes monocotylédones, Graminées, Palmiers, etc., qui jouent un rôle important dans la végétation de la période tertiaire.

Les Dicotylédones angiospermes, si nombreuses également dans les diverses formations tertiaires, et qui rattachent la végétation de cette période à la végétation actuelle, restent seules à publier dans la seconde partie de ce volume.

Vingt-cinq nouvelles planches sont ajoutées aux cinquante de l'atlas du premier volume. Elles représentent également, soit des échantillons dessinés d'après nature, sous la direction de M. Schimper, soit des figures reproduites d'après les meilleurs auteurs. Elles ajoutent beaucoup à l'intérêt de ce grand ouvrage. »

Ad. Brongniart (de l'Institut).

Le propriétaire-gérant : Germer Baillière.

PARIS. — IMPRIMERIE DE E. MARTINET, RUE MIGNON, 2.

REVUE

DES

COURS SCIENTIFIQUES

DE LA FRANCE ET DE L'ÉTRANGER

SEPTIÈME ANNÉE   NUMÉRO 33   16 JUILLET 1870

Paris, 15 juillet 1870.

L'Académie des sciences vient de nommer deux nouveaux correspondants, l'un dans la section de médecine, l'autre dans la section de zoologie.

La section de médecine avait ajouté deux noms à sa dernière liste de présentation : l'éminent histologiste et zoologiste Kölliker et M. Hannover. Elle plaçait : en première ligne, M. Lebert professeur à l'université de Breslau ; en deuxième ligne MM. Bourneau, de Londres, et Donders, l'ophthalmologiste, professeur à l'université d'Utrecht ; enfin en troisième ligne, toujours par ordre alphabétique, MM. Bennet, professeur à l'université d'Édimbourg, Hannover, professeur à l'université de Copenhague, Kölliker, professeur à l'université de Wurtzburg, et Paget, de Londres.

M. Lebert a été nommé au premier tour de scrutin par 36 voix contre 2 données à M. Kölliker et 1 à M. Bowman. M. Lebert s'est fait surtout connaître par des travaux d'anatomie pathologique. Il remplace le chirurgien anglais Lawrence, mort en juillet 1867.

La section de zoologie avait à désigner le successeur de Carus auquel on doit la connaissance du mode de circulation chez les insectes.

Il se produisit un partage dans son sein. MM. H. Milne Edwards et de Quatrefages (du Muséum d'histoire naturelle), voulaient présenter en première ligne M. Ch. Darwin, MM. Émile Blanchard (du muséum) et Ch. Robin (de la Faculté de médecine), repoussaient énergiquement le créateur du transformisme et lui préféraient M. Brandt, de Saint-Pétersbourg. Ce partage fut vidé par M. Longet (de la Faculté de médecine), qui se joignit à M. E. Blanchard et Ch. Robin. La majorité ainsi constituée, dressa la liste de présentation que voici : En première ligne, M. Brandt, de Saint-Pétersbourg ; en seconde ligne, par ordre alphabétique : MM. Th. L. W. Bischoff, professeur à l'université de Munich ; Charles Darwin ; Th. Huxley, professeur à l'institution royale, au collège de chirurgie et à l'École des mines de Londres ; Hyrtl, professeur à l'université de Vienne ; R. Leuckart, professeur à l'université de Leipsick ; Loven, de Stockholm, Steenstrup, professeur à l'université de Copenhague et K. Vogt, professeur à l'Académie de Genève.

Le premier tour de scrutin n'aboutit pas, ce qui arrive rarement pour les nominations des correspondants. Sur 39 votants, M. Brandt eut 19 voix, M. Ch. Darwin 16, M. Th. H. Huxley 3 et M. Loven 1. Au second tour de scrutin, M. Brandt fut nommé par 22 suffrages contre les 16 voix de M. Darwin

restées fidèles au principe de la tolérance scientifique. On peut s'étonner que deux des 3 voix de M. Huxley aient préféré se reporter sur M. Brandt plutôt que sur M. Darwin.

Nous ne ferons aucun commentaire sur cette élection parce que la lutte va recommencer. La section de zoologie a encore deux fauteuils vacants. On va remplacer Purkinje de Prague, MM. H. Milne Edwards et de Quatrefages maintiennent énergiquement M. Darwin, tandis que MM. Émile Blanchard, Longet et Robin présentent en première ligne M. Bischoff, professeur à l'Université de Munich, qui a publié il y a une trentaine d'années de remarquables travaux d'embryogénie. La discussion déjà ouverte dans le sein de l'Académie, doit se continuer lundi prochain. L'objectif réel de ce débat n'est point d'un côté la défense ou encore moins l'adoption du transformisme et de l'autre l'éloge de certains travaux ; il s'agit de savoir si les transformistes seront frappés d'ostracisme dans la personne de MM. Darwin et Huxley. Voilà ce qu'il ne faut pas perdre de vue. Nous reviendrons du reste sur la question.

— L'Académie de médecine a élu un associé libre. La liste de présentation était ainsi dressée : 1° M. Payen (de l'Institut) ; 2° le docteur Th. Roussel ; 3° le docteur Brochin, rédacteur en chef de la *Gazette des hôpitaux*. M. Payen a été nommé au premier tour de scrutin par 53 voix sur 77 contre 19 données à M. Roussel et 5 à M. Brochin. Il n'y a pas bien longtemps que M. Payen échouait dans cette candidature contre M. Amédée Latour, rédacteur en chef de l'*Union médicale*. On peut s'étonner de l'obstination du vénérable chimiste à conquérir un fauteuil qu'il sera peut-être moins pressé d'occuper.

— L'Académie des sciences de Paris a tenu lundi sa séance publique annuelle sous la présidence de M. Claude Bernard. On trouvera plus loin l'éloge de M. Pelouze par M. Dumas qui a rempli la plus grande partie de cette séance. Voici la liste des prix décernés :

Prix d'astronomie (Lalande) : Décerné à M. James Watson, directeur de l'observatoire d'Ann-Arbor (Etats-Unis), qui a découvert neuf petites planètes, dont huit dans une seule année.

Prix de mécanique (Montyon) : Décerné à M. Arson, ingénieur en chef de la Compagnie parisienne du gaz, pour ses recherches sur l'écoulement du gaz dans les conduits de fonte.

Prix de statistique : Décerné à M. Chenu, pour sa *Statistique médico-chirurgicale de la campagne d'Italie en 1859-1860*. Mentions honorables à MM. Maguë et Poly (Données générales d'une statistique des conseils de Prud'hommes) et à M. Bontemps (Guide du verrier). Voyez le rapport de ce jour ci-dessous, page 528.

Prix Tremont : Décerné à M. Lefroux, pour l'aider à continuer ses recherches sur les courants thermo-électriques et la détermination des indices de réfractions des corps qui ne se vaporisent qu'à une température élevée.

Prix Poncelet (destiné à l'ouvrage qui a le plus contribué aux progrès des sciences mathématiques) : Décerné à M. J. R. Mayer, pour l'ensemble de ses travaux sur la théorie mécanique de la chaleur.

Prix de médecine et de chirurgie. (Application de l'électricité à la thérapeutique). — Le prix n'est pas encore décerné cette année ; deux médailles sont accordées, l'une de 3000 fr. à MM. Legros et Onimus, l'autre de 2000 fr., à M. Cyon (de Saint-Pétersbourg).

Prix de physiologie expérimentale : Décerné à M. Famitzin, pour ses travaux de physiologie végétale; mention honorable à MM. L. Tripier et Arloing pour diverses recherches sur les nerfs sensitifs. Nous publierons prochainement le rapport.

Prix de médecine et de chirurgie (Montyon) : 1° de 2500 fr. au docteur Junod, inventeur d'un système de grandes ventouses ; 2° prix de 2000 fr. à M. Hubert von Suschka, professeur à l'université de Tubingen, pour divers travaux d'astronomie ; 3° prix de 2000 fr. à MM. Paulet et Sarrazin, pour leur *Traité d'anatomie topographique.* — *Mentions honorables* avec encouragement de 1500 fr. : 1° au docteur H. Roger (Recherches cliniques sur la chorée, le rhumatisme et les maladies du cœur chez les enfants) ; 2° au docteur A. Maurin, médecin militaire en Afrique (Typhus des Arabes); 3° au docteur Knoch (de Saint-Pétersbourg) (Recherches sur l'évolution du bothriocéphale large). — Encouragement à M. Saint-Cyr (Étude sur la teigne faveuse chez les animaux domestiques). — Citations avec éloge au docteur R. Blache (Essai sur les maladies du cœur chez les enfants) et à M. Rondanovski (Études photographiques sur le système nerveux.

Prix des arts insalubres. — Deux prix décernés : 1° à M. Pimont, pour l'invention d'un mastic diminuant la chaleur des chaudières, tuyaux, etc. ; 2° à M. Charrière, pour des appareils de sauvetage en cas d'incendie.

Prix Breant (pour la guérison du choléra). — Récompense de 5000 fr. au docteur Fauvel, pour ses recherches sur l'étiologie et la prophylaxie du choléra. — *Citations* à M. Proeschel (Etudes géographiques et scientifiques sur le choléra asiatique) ; au docteur Dukerley, médecin militaire en Algérie (épidémie de 1867) et au docteur Géry père (épidémie du quartier Folie-Méricourt à Paris en 1866-67). Nous publierons prochainement le rapport.

Prix Cuvier : Décerné à M. Ehrenberg, professeur à l'université de Berlin.

Prix Bordin (pour la zoologie) : Partage entre M. A. P. Marion, préparateurs de la Faculté des sciences de Marseille (Recherches sur les némotoïdes non parasites marins) et M. Nicolas Wagner, professeur à l'université de Kazan (monographie des ancées du golfe de Naples).

Prix Jecker (chimie organique) : Décerné à M. Ch. Friedel, pour ses recherches sur les composés du sicilium correspondant aux composés d'origine organique (Voyez la *Revue des cours scientifiques*, tome V, page 361, 9 mai 1868).

Prix Barbier : Partagé entre M. Mirault, professeur à l'Ecole de médecine d'Angers (occlusion des paupières pour le traitement de l'électropion cicatriciel) et le docteur B. Stilling (de Cassel), véritable inventeur de la méthode d'ovariotomie qu'on applique aujourd'hui avec un succès inespéré.

Prix Godard : Décerné à M. Hyrtl, professeur à l'université de Vienne, pour ses recherches sur l'anatomie des appareils urinaires et génitaux des poissons.

Prix Desmazières : Partagé entre M. H. Hoffmann, professeur à l'université de Giessen (Mémoire sur les bactéries) et M. Robenhorst, de Dresde (*Flora Europœa algarum aquœ dulcis et submarinœ*). *Mention honorable* à M. Strasburger, professeur à l'université d'Iéna, pour ses travaux sur la fécondation dans les fougères. — Nous publierons prochainement le rapport.

Prix Thore : Décerné à M. Bonnet, pour ses études sur la truffe.

ACADÉMIE DES SCIENCES DE PARIS

SÉANCE PUBLIQUE ANNUELLE

M. DUMAS

Secrétaire perpétuel

Éloge historique de M. Pelouze

Messieurs,

Depuis le commencement du siècle, marchant avec ardeur dans la voie ouverte par le génie de Lavoisier, la chimie accomplit chaque jour un progrès nouveau. Perfectionnant ses méthodes, multipliant et précisant ses observations, elle élève le niveau de ses doctrines ; elle renouvelle le spectacle de la nature. La chimie n'est plus ce mélange confus des pratiques de la pharmacie et des rêves de l'alchimie que nos ancêtres ont connu. C'est une des assises de la philosophie naturelle. Elle nous fait assister aux transformations de la matière et nous en révèle les lois. Elle soumet à son analyse la terre que nous habitons, le soleil, les étoiles fixes, les nébuleuses, les comètes, et, retrouvant dans les astres les plus éloignés les éléments dont notre propre globe se compose, elle démontre ce que Newton avait soupçonné, l'identité de la matière dans l'univers visible. Elle fournit des armes à la physiologie, à la médecine, à l'agriculture, aux arts, à l'hygiène, multipliant à la fois les richesses des nations, les forces de l'industrie, les ressources de l'administration et les plus nobles jouissances des esprits cultivés.

Il n'est plus douteux que les laboratoires où se forment des chimistes sont des institutions publiques dignes des encouragements de l'État, et que les maîtres qui consacrent leurs forces et leurs talents à les diriger méritent la reconnaissance du pays. Le temps n'est pas loin, néanmoins, où l'opinion, indifférente à leurs efforts, ne les accueillait pas d'un sentiment favorable. Elle comprenait qu'un peintre, qu'un architecte eussent des ateliers, s'entourassent d'élèves partageant leurs travaux, et fissent école. Elle n'acceptait plus cette ambition lorsqu'il s'agissait d'un chimiste. Ces maîtres qui se prodiguaient n'étaient-ils pas dirigés par l'intérêt ou l'orgueil, disait-on, et non par l'amour de la vérité ? Ne fallait-il pas préférer les produits lentement élaborés du travail solitaire à ces ébauches rapides qu'engendre la fièvre du travail en commun ? Ces fruits, mûris à la hâte, en espalier, par une culture forcée, valaient-ils les fruits savoureux qui mûrissent à leur saison, en plein vent ? Ces facilités offertes, ces sujets de recherches, fournis par le maître et commentés entre camarades, ce relâchement de l'effort personnel, n'étaient-ils pas faits pour développer des prétentions plutôt que pour créer ou découvrir des talents ? L'expérience a répondu. Ces écoles mutuelles de chimie, où professeurs et élèves confondus interrogent la nature en commun, ont produit, en cinquante ans, l'œuvre de plusieurs siècles ; elles répandent sur toute la surface du globe des chimistes animés des plus nobles émulations, laboureurs nouveaux dont le travail intellectuel rend à la terre une fécondité que le travail de la main de l'homme avait épuisée.

Lorsque les directeurs des laboratoires de recherches libéralement créés par l'État se voient entourés d'élèves choisis, en possession de toutes les ressources de la science, qu'ils n'oublient pas que la voie leur a été ouverte par des savants moins favorisés, dont la conviction fut le seul appui et dont les travaux n'ont été soutenus qu'au prix de sacrifices au-dessus de leurs forces.

Parmi les chimistes français qui ne se sont pas contentés de l'enseignement oral, il est juste de signaler l'un de nos confrères les plus dignes de respect et de regret : M. Pelouze, enlevé prématurément à l'Académie, dans la force de l'âge et dans la plénitude du talent.

Professeur à l'École polytechnique et au Collège de France, président de la commission des monnaies, conseil de la manufacture de Saint-Gobain, membre du conseil municipal de Paris, M. Pelouze a laissé, dans ces situations élevées, où ses lumières et les circonstances l'avaient successivement appelé, les mêmes souvenirs d'ardeur et de bienveillance, qui lui conciliaient l'affection ; de bon sens, de pénétration et d'amour du vrai, qui lui assuraient le respect.

Sa vie, laborieuse et simple, n'offre aucun de ces événements propres à exciter la curiosité publique ; partagée entre les devoirs, la science et la famille, elle ne présente aucun de ces incidents qui appellent l'attention. Elle avait été calme, heureuse, enviable ; modeste à ses débuts, elle était restée pleine de modération aux jours de la prospérité ; et rien n'annonçait les coups précipités qui devaient frapper en quelques mois sa maison d'un triple deuil, dispersant par des catastrophes soudaines ses enfants unis jusqu'alors dans la paix du foyer paternel, qui leur avait donné et qui leur promettait encore une longue durée de bonheur.

Théophile-Jules Pelouze était né, le 26 février 1807, à Valognes, ville de Normandie, dont sa mère était originaire et où son père dirigeait une fabrique de porcelaine fondée sur ses conseils.

La jeunesse de notre confrère connut les privations et les inquiétudes. Son père était doué d'une intelligence incontestable et d'une énergie peu commune. Ses connaissances étaient variées et pratiques ; il avait l'appui de plusieurs savants bien placés pour le servir et en particulier celui de Fourcroy. Cependant il ne se fixait à rien. Son esprit mobile, sa susceptibilité exagérée, une certaine exaltation dans ses opinions, ne le lui avaient jamais permis. Il avait abandonné Valognes, pour entrer à la manufacture de Saint-Gobain ; celle-ci, pour passer successivement des forges de Charenton à la direction du Creuzot, et, plus tard, de la compagnie anglaise du gaz à d'autres établissements moins notables.

En présence de difficultés sans cesse renaissantes, devant lesquelles le foyer domestique perd sa paix et sa sécurité, le fils le plus respectueux est forcé de se recueillir et d'aviser, par lui-même, à son propre avenir et à celui des siens ; chaque mécompte est un avertissement ; chaque malheur, une leçon.

De bonne heure, notre confrère apprit ainsi que le succès dans les entreprises veut de la suite dans les idées ; que la solidité dans les relations exige de la tenue ; que l'indépendance véritable n'est pas celle qui se manifeste par des prétentions impatientes, mais celle qui, fondée sur l'ordre et l'économie, repose sur le respect dont on s'entoure. Lorsque son père s'éteignait près de lui, dans l'asile que sa piété filiale lui avait préparé, il y avait longtemps déjà que les rôles étaient intervertis, et que le fils, gardant pour lui tous les devoirs du chef de famille, ne lui en laissait plus que les douceurs.

L'enfance de M. Pelouze s'écoula paisiblement, toutefois, près de cette manufacture célèbre de Saint-Gobain, qui devait l'appeler plus tard dans son conseil. Ces vastes fours où des matières opaques, le sable, la chaux, le sel, sont convertis par le feu en verre limpide et incolore, offrent le spectacle le plus imposant. Le transport des creusets ardents, pleins de la masse vitreuse ; la coulée de celle-ci en nappe incandescente, sur les grandes tables de bronze, où l'action d'un rouleau pesant l'étale en une galette immense ; la marche et les mouvements, d'une précision militaire, des ouvriers attentifs qui vont porter au four à recuire cette lourde et fragile plaque de verre, toujours prête à voler en éclats ; les machines, qui, dégrossissant et polissant la glace brute, lui

donnent, enfin, la transparence de l'air le plus pur, tout cet ensemble laisse dans l'esprit le moins ouvert aux sciences un souvenir profond.

Comment s'étonner qu'un enfant, animé d'une curiosité vive, doué au plus haut degré du sens de l'observation et du juste sentiment de la nature, ait été ému par un tel spectacle, reproduit sous ses yeux chaque jour ; qu'il ait cherché à se rapprocher de la chimie, dès ses débuts, et qu'au déclin de la vie, ses dernières pensées, le ramenant aux heures de la jeunesse, aient été consacrées à éclairer l'art du verrier des vives lumières de la science ?

Après s'être familiarisé avec les manipulations de la chimie pharmaceutique, à la Fère, chez M. Dupuy, son premier maître, et à Paris, chez M. Chevalier, professeur à l'École de pharmacie, il concourut pour le service des hôpitaux et fut nommé interne à la Salpêtrière. Ses devoirs l'ayant placé sous les ordres d'un membre illustre de cette Académie, Magendie, et lui ayant donné pour collègue un de ses futurs confrères, Jobert (de Lamballe), un tel voisinage assurait de justes appréciateurs à ses facultés naissantes et des protecteurs sérieux à sa carrière encore très-incertaine. Ce ne fut pas dans ce milieu cependant qu'il trouva ce patronage puissant et amical qui, après avoir décidé de son avenir, l'accompagna pendant toute sa vie ; le hasard seul le lui donna, mais, dans la destinée d'un homme bien doué, tout hasard n'a-t-il pas son prix ?

Lorsque ses devoirs à la Salpêtrière le lui permettaient, il allait passer quelques heures auprès de son père, alors employé aux forges de Charenton. En revenant d'une de ces visites, surpris au milieu de la route par une pluie inclémente, il veut prendre place dans une de ces voitures de banlieue dont le souvenir s'efface et que désignait un nom populaire et ironique. Circonstance peu commune, assurément, celle-ci ne contenait qu'un seul voyageur. Phénomène plus rare encore, le conducteur, loin de se montrer importun, allait droit son chemin, faisant la sourde oreille à la requête du jeune piéton mouillé. Celui-ci cependant court vivement, arrête le cheval et apostrophe avec indignation l'automédon mal appris. Le voyageur intervient alors : c'était Gay-Lussac. Revenant lui-même des forges de Charenton, il avait loué le modeste équipage pour son usage personnel ; il permet à M. Pelouze d'y prendre place ; la conversation s'engage, prend un tour scientifique, et, comme conclusion d'une causerie qui sans doute ne lui déplaît pas, Gay-Lussac lui offre de le recevoir dans son laboratoire. Le premier pas, le pas décisif dans la carrière est ainsi accompli, non parce qu'il se trouve pour notre confrère et sur son chemin un hasard heureux, mais parce qu'il s'en rend digne, qu'il en comprend la valeur et qu'il sacrifie tout au désir de mettre à profit les exemples de son illustre maître.

Levé dès l'aurore, refusant de donner des leçons particulières de chimie pour réserver tout son temps au travail, il poursuit ses études, insensible aux privations auxquelles le condamne la brusque démission de son père, qui venait d'abandonner son emploi avec son imprévoyance accoutumée. Notre confrère n'avait jamais oublié ces temps difficiles et ces dures épreuves ; il en avait gardé une grande sympathie pour toutes les souffrances et une active compassion pour les jeunes misères. Il se souvenait toujours de cette époque où, logé rue Copeau, il y occupait une cellule si étroite que, pour allonger les bras ou passer un habit, il fallait en ouvrir la fenêtre. En ce temps, l'ordinaire plus que frugal du jeune cénobite se composait souvent de pain sec et de l'eau de la fontaine voisine : « On ne sait pas assez, » disait-il avec un sourire, en rappelant ces souvenirs, « combien l'esprit reste lucide à ce régime. » Voilà comment le hasard ouvre le chemin du succès aux hommes faits pour parvenir ! à ceux qui manquent de talent, de volonté surtout et d'énergie, le hasard s'offre en vain ; pour eux, ce n'est plus qu'un mot.

Quelques notes de chimie commençaient la réputation de notre confrère, lorsqu'un de nos correspondants, demeuré fidèle au culte de la science pure au milieu des devoirs positifs de la grande industrie, M. Kuhlmann eut besoin d'un suppléant pour le cours de chimie dont l'avait chargé la municipalité de Lille. Désigné à son choix par M. Gay-Lussac, M. Pelouze fut nommé et s'empressa de se rendre dans le Nord.

A dater de ce moment, notre confrère entrait dans la voie des succès. Il commençait l'apprentissage du professorat devant un auditoire bienveillant, mais sérieux. M. Kuhlmann lui ouvrait sa demeure, où il trouvait réunies les habitudes larges de l'homme d'affaires, les douceurs de la vie de famille, la passion de la science et le charme qu'une maîtresse de maison accomplie, pleine d'esprit et de grâce, savait répandre autour d'un foyer hospitalier.

Lille est une capitale. Ses campagnes sont dignes par leur fécondité de servir de modèle aux agriculteurs de tous les pays ; son sol privilégié fournit la houille et le fer ; depuis le moyen âge, la fabrication des tissus y met en valeur une partie de ses propres récoltes et y attire un grand commerce ; la fabrication du sucre de betteraves, qu'elle a tant contribué à conserver à la France et au monde, a doublé ou triplé la valeur de son territoire ; nulle part l'agriculture et l'industrie se prêtant un mutuel secours, nulle part les applications de la science, n'offrent d'école plus sûre, de spectacle mieux fait pour la méditation. C'est au milieu de cette cité, passionnée pour les arts et aimant les lettres, d'où le génie des affaires n'a chassé ni les mœurs polies, ni l'esprit de famille, que M. Pelouze allait débuter dans la carrière pratique de la vie.

Gay-Lussac lui avait appris comment l'art d'expérimenter, dirigé par un esprit droit, mène à la découverte de la vérité ; comment le bon sens en prend possession et s'y arrête. Lille et sa population réfléchie, pleine de déférence pour la théorie, mais n'accordant confiance entière qu'à la pratique, achevèrent son éducation.

Notre confrère puisa dans ce dernier milieu des préceptes qu'il n'a jamais mis en oubli. Il apprit à se maîtriser. Ceux qui n'ont connu que l'extérieur, l'apparence de M. Pelouze, ne savent pas que ce professeur, voué au culte des faits, cet académicien si froid aux théories, était doué d'une imagination prompte à se passionner, même jusqu'à l'excès. La famille et les amis de M. Kuhlmann n'ont point oublié la gaîté expansive du jeune Pelouze. Parmi eux, sa bonne humeur et son entrain bruyant sont restés légendaires. Cet enthousiasme actif, qui cherchait plus tard avec pétulance des admirateurs pour toute nouveauté, partait d'un premier mouvement, souvenir des ardeurs paternelles ; mais bientôt revenait la juste mesure, dont son séjour dans le Nord lui avait donné le goût réfléchi.

. A peine âgé de vingt-quatre ans, il se mariait à Lille avec la sœur d'un de ses amis, jeune personne qui, elle-même,

n'avait pas dépassé la seizième année ; cette union fut sans trouble comme sans nuage ; concentrée dans la vie de famille, prospère entre toutes, pendant quarante années, elle n'était pas prête pour le malheur, et le premier choc brisa du même coup ces deux existences, qui ne pouvaient être séparées ni dans la vie ni dans la mort.

Il serait impossible d'analyser toutes les productions sérieuses de la vie active de M. Pelouze ; elles ne représentent pas moins de quatre-vingt-dix mémoires ou notes, pour la plupart dignes d'être considérés comme classiques ; ses premiers travaux cependant sont des esquisses, des études, comme on en rencontre au début de toute carrière.

Dès 1831, à la suite de nombreuses expériences, il publiait un mémoire dont le souvenir est resté et dont il aimait à rappeler le souvenir. Déjà les sucreries de betterave commençaient à acquérir dans le département du Nord une importance qui n'a fait que s'accroître. Mais l'industrie, naissante alors, connaissait mal sa matière première, hésitait sur ses procédés et doutait de sa fortune. Quelques agriculteurs éminents, dont les noms demeurent attachés à la fondation de la sucrerie indigène, Crespel, Hamoir, Demesmay, Blanquet, réclamaient le secours de la science pour diriger leurs opérations ; M. Pelouze se livra à des analyses délicates et nombreuses, dont il fit sortir quelques vérités que le temps et des études plus approfondies ont consacrées.

Une racine de betterave râpée et soumise à une pression puissante laisse couler les deux tiers seulement de sa substance, sous la forme d'un jus sucré ; le tiers restant constitue la pulpe qu'on livre au bétail. M. Pelouze fait voir que cette pulpe elle-même, formée de fragments de betteraves que la râpe n'a pas divisés, est susceptible de se convertir presque tout entière en jus. Cette racine si consistante, si ferme, ne contient que des traces de tissu fibreux ou cellulaire ; si l'on pouvait déchirer toutes les outres microscopiques qui la constituent, la betterave serait liquide.

Le bétail, chimiste délicat lorsqu'il s'agit d'aliments, ne s'y était pas trompé ; il acceptait avec la même satisfaction la betterave en nature ou sa pulpe. Notre illustre confrère, M. Biot, qui était passionné pour l'agriculture, aimait à mettre en parallèle le fabricant de sucre retirant péniblement la moitié à peine du sucre contenu dans la betterave, et la vache n'en laissant rien perdre, le digérant en entier et rendant son équivalent en lait. L'estomac est un puissant instrument d'analyse, en effet, auquel il n'y avait rien à apprendre. Les industriels, au contraire, s'étaient fait illusion sur la puissance de leurs machines.

Une seconde vérité, également féconde en conséquences pratiques, fut mise en évidence par M. Pelouze.

Il existe diverses espèces de sucres : le premier, toujours sirupeux ; le second, farineux ; le troisième, enfin, le sucre de la canne, fournissant seul des cristaux durs. C'est ce dernier que le commerce recherche.

Le jus des betteraves, concentré, se modifie et contient alors, non-seulement l'espèce de sucre, but de l'exploitation, mais d'autres qui colorent celui-ci, et qui contribuent à le changer en mélasse. Ces sucres inférieurs existaient-ils dans la racine ? certains manufacturiers le pensaient ; en ce cas, le mal eût été sans remède. M. Pelouze et M. Péligot, plus tard, ont mis hors de contestation qu'ils se forment par l'altération du sucre cristallisable primitif pendant le séjour de la racine dans les silos, ou par l'effet de la chaleur sur le jus. La betterave fraîche ne contient que du sucre, capable de se transformer tout entier en candi ou en pain incolore et sonore. Ce fait établi par la science, l'industrie s'appliqua à prévenir les causes d'altération du sucre ; elle exagéra la propreté des appareils, abaissa leur chaleur et rendit le travail plus rapide. Le succès a couronné ses efforts.

La betterave est-elle toujours également riche en sucre? A côté des modifications produites par les saisons, n'en est-il pas qui tiennent aux races? M. Pelouze démontre que leur contenu peut différer du simple au double. La première variété serait la ruine ; la seconde, la prospérité. Choisir et cultiver les racines riches, c'est augmenter la valeur des récoltes, sans accroître la dépense nécessaire pour les obtenir.

Tel est le rôle de la chimie à l'égard de l'agriculture et de l'industrie ; elle signale des vérités abstraites ; c'est au fermier et au manufacturier à en tirer des formules pratiques.

Enfin, M. Pelouze reconnaît que la racine de la betterave, si riche en sucre d'abord, n'en contient plus trace quand la plante est montée en graines. Que signifie ce changement? Pourquoi la betterave produit-elle du sucre ? Pourquoi disparaît-il ?

La vie de la betterave dure deux ans. Pendant la première année, elle produit du sucre qu'elle emmagasine dans sa racine ; pendant la seconde, cet aliment, ainsi mis en réserve, devient un combustible qu'elle consomme, tandis qu'elle élabore la graine destinée à assurer sa perpétuité. Pendant la première année, les larges feuilles de la betterave, étalées au soleil, travaillent donc pour la production de ce sucre que, pendant la seconde, la tige fleurie brûle en quelques jours et transforme en chaleur.

Sous forme de sucre, la betterave, pendant la première année de sa vie, condense une force, la lumière émanée du soleil ; pendant la seconde, elle exhale une autre force, la chaleur rayonnante, qui se perd dans l'espace infini. Grand problème auquel, autour de nous, le moindre phénomène nous ramène sans cesse ! Le soleil perd ce qu'il envoie à cette humble plante ; elle ne lui rend pas, mais elle rejette dans les profondeurs de l'univers, ce qu'elle en a reçu, témoignant, dans son étroite sphère, par une image sensible, comment le soleil s'appauvrit et doit s'éteindre un jour.

Les progrès de la chimie organique nous ont familiarisés avec les plus surprenantes métamorphoses, et pourtant les observations d'une netteté saisissante que M. Pelouze faisait connaître, au sujet de la conversion de l'acide prussique en ammoniaque et en acide formique, il y a près de quarante ans, demeurent encore comme un modèle de précision, de clarté et d'intérêt.

L'acide prussique est le plus prompt et le plus sûr des poisons. Mêlé d'un peu d'eau, il ne perd guère de sa redoutable puissance. Cependant les éléments du mélange représentent alors une base, l'ammoniaque, et un acide, celui des fourmis, en justes proportions pour se neutraliser. M. Pelouze, guidé par une remarque de M. Kuhlmann, fait voir qu'à l'aide de quelques artifices, on peut, alternativement et indéfiniment, faire passer ces éléments de l'état d'acide prussique et d'eau à celui d'ammoniaque et d'acide des fourmis.

Sous la première condition, poison effroyable ; sous la seconde, sel innocent ; transformation tellement étonnante, qu'on ne lit pas sans quelque surprise, au milieu d'une phrase, cette remarque de notre confrère : « Curieux de connaître,

dit-il, quelle action exerce sur l'économie animale un corps, le formiate d'ammoniaque, qui a la même composition que l'acide prussique dissout dans l'eau, j'en ai mis un gramme dans un demi-verre d'eau et je l'ai bu sans en être incommodé. » Les physiologistes sont plus prudents ; ils se contentent volontiers d'expérimenter *in anima vili*, et de tenter l'épreuve sur des animaux.

Du reste, M. Pelouze fut bientôt averti qu'il ne convient de jouer, ni avec l'acide prussique, ni avec les substances de nature à se transformer en ce poison foudroyant. Peu de temps après, en effet, il découvrait l'éther prussique, combinaison moins vénéneuse que l'acide, mais d'un maniement suffisamment périlleux, car il courut danger de la vie, le jour même où elle se manifesta pour la première fois entre ses mains. La réaction nécessaire à sa formation s'était présentée sans doute à son esprit pendant la soirée ; dès les premières heures, le lendemain, il était à l'École polytechnique, dans son laboratoire, pour la réaliser ; voulant éviter toute distraction, il s'était installé au premier étage, et l'aide du laboratoire, venu pour son service à l'heure accoutumée, attiré par l'odeur de l'éther prussique, trouva M. Pelouze gisant sur le sol.

Les dispositions de son expérience avaient été insuffisantes pour la condensation complète, soit des vapeurs de l'éther prussique formé, soit des vapeurs de l'acide prussique dont il était accompagné. Plongé dans cette atmosphère malsaine, notre confrère avait été asphyxié et sa chute était un péril de plus, les vapeurs de l'acide et celles de l'éther étant plus denses que l'air.

C'est ainsi que se passe la vie du chimiste, au milieu des poisons, des substances inflammables, des produits détonants. Tous n'échappent pas au danger, et la plupart en portent les cicatrices ; le martyrologe de la chimie est long. J'attendrirais mon auditoire, si je cédais au désir de jeter, en passant, quelques fleurs sur les tombes où j'ai vu descendre prématurément tant de jeunes et nobles victimes de leur ardeur. Heureusement pour la science, qu'il devait enrichir de tant de nobles découvertes, M. Pelouze ne fut pas arrêté au seuil de la carrière et ne vint pas en accroître le nombre.

Les substances chimiques agissent les unes sur les autres, en vertu de certaines lois, et sous la dépendance de certaines forces, dont la connaissance est encore incertaine ; on a exprimé par un mot les faits observés, sans prétendre en définir la cause. Deux corps se combinent-ils, on dit qu'ils ont de l'affinité. Ne se combinent-ils pas, on dit qu'ils n'ont pas d'affinité. Mais qu'est-ce que l'affinité ? On l'ignore. Quelle définition en donner ? On n'en connaît pas.

Or, M. Pelouze fait voir que, si l'on dissout certains corps dans l'eau, ils manifestent des affections déterminées et agissent vivement sur d'autres corps ; les dissout-on dans l'alcool, ces affections et ces manières d'agir, non-seulement sont altérées, modifiées, mais renversées. En présence de l'eau, le vinaigre enlève la potasse à l'acide carbonique. En présence de l'alcool, c'est l'acide carbonique qui enlève la potasse au vinaigre.

Les esprits n'étaient pas préparés, à cette époque, à comprendre et à poursuivre les idées de cet ordre. M. Pelouze, se conformant au langage de son temps, tire de ses curieuses et importantes expériences cette conclusion : que les affinités des corps, les uns pour les autres, sont susceptibles de changer avec la nature des dissolvants. Dire que l'action change avec les dissolvants, n'exprimait que le fait ; dire que l'affinité change avec les dissolvants, remontait à la cause. M. Pelouze donne, en adoptant la dernière formule, une nouvelle preuve de l'influence que les mots exercent sur les idées, même quand il s'agit des esprits les plus sûrs et les moins disposés à s'éloigner des faits.

Si l'on met de côté toute hypothèse, les expériences de M. Pelouze offriront un sujet d'études du plus grand intérêt, au point de vue considérable et nouveau qui vient de prendre une si grande place dans la science, la dissociation.

Jusqu'à ces derniers temps, personne n'était parvenu à mesurer l'action chimique. Notre éminent confrère M. Henry Sainte-Claire Deville, le premier, en a fourni le moyen. La chimie entre ainsi dans une voie que Laplace et Lavoisier auraient été heureux de connaître et dont la découverte marquera dans l'histoire de notre Académie. C'est à M. Deville à résoudre la question posée, il y a quarante ans, par M. Pelouze et c'est à lui qu'il appartient de définir ce mélange d'alcool et d'eau, unique peut-être parmi les liquides, dans lequel la potasse incertaine demeurera en équilibre, sans pouvoir choisir entre les deux acides carbonique et acétique.

C'est vers la même date que se placent plusieurs mémoires de M. Pelouze : sur l'acide lactique ; sur le tannin, l'acide gallique et ses dérivés ; sur l'acide malique et ses congénères ; sur l'acide tartrique et l'acide pyrotartrique. A cette occasion, il soumet à la distillation sèche ces substances organiques non volatiles, qui se transforment par l'action du feu en produits secondaires et il pose, comme conséquence de ses expériences, une règle, confirmée par le temps, et qui, par un bonheur peu commun, fut acceptée, dès le premier jour, par tous les chimistes, sans débat.

Au milieu du dernier siècle, on croyait faire l'analyse d'une substance organique, en la brûlant ou la distillant à feu nu. J'ai vu, jadis, ces collections de nos anciens laboratoires, où se trouvaient réunis les résultats uniformes de cette analyse : cendres, charbon, phlegme ou partie aqueuse, huile ou goudron. Toutes les substances d'origine végétale ou animale, soumise à cette épreuve, donnaient les mêmes produits ; seulement, avec les premières, le phlegme était acide ; avec les secondes, alcalin. A cette différence près, qu'il fût question de rose ou de fumier, de sucre ou de fiel, leur uniformité justifiait trop bien le doute de J.-J. Rousseau, à l'égard de la chimie de son temps, qu'il défiait de refaire un pain avec de tels débris.

Cette simplicité et cette uniformité ne sont qu'apparentes. La distillation des substances végétales ou animales offre dans ses produits une complication extrême. La houille et le bois ont donné par l'action du feu une foule de substances diverses, parmi lesquelles figurent : la benzine, la créosote, l'acide phénique, la paraffine, l'esprit et le vinaigre de bois. C'est de là que proviennent ces éthers odorants dont l'art du parfumeur abuse. C'est de là que l'on extrait, enfin, ces huiles complexes, d'où dérivent les couleurs brillantes, que la chimie, rivale heureuse, cette fois, de la nature, oppose sous le rapport de l'éclat, aux plus belles nuances des fleurs, mais qui, hélas ! fixées sur les étoffes, en ont aussi l'extrême fugacité. M. Pelouze abandonna ces distillations anciennes, noires, dans lesquelles le charbon et les produits bruns signalent l'intervention du feu, et dans lesquelles on voit naître, en un pêle-mêle confus, tous les produits qu'on vient de rappeler. Il inventa les distillations blanches, dont le nom indique le caractère dominant ; effectuées à une température fixe, qui régularise leurs produits, elles fournissent, à chaque degré de feu, des matières distinctes, simples, toujours les mêmes et en très-petit nombre ; les unes, volatiles, se dégagent ; les autres, fixes, restent. Ainsi, à 212 degrés, l'acide de la noix de galle perd de l'acide carbonique pur et se transforme tout entier en acide pyro-gallique, qui à son tour, à 250 degrés, perd de l'eau pure et se convertit tout entier aussi, en acide méta-gallique. Une chaleur brusque eût fait naître, à la fois, tous ces phénomènes et d'autres encore, et n'eût pas permis de démêler les lois de l'action du feu sur ces deux corps.

M. Pelouze prouve, ainsi, qu'une matière organique, engendrée par le feu, sous ces conditions précises, à laquelle on ajoute de l'eau et de l'acide carbonique, ou seulement l'un de ces deux corps, reproduit celle qui lui a donné naissance. Il n'y a donc ni charbon noir, ni goudron, ni vinaigre, ni ammoniaque mis à nu, quand on prend les précautions nécessaires. La réaction se passe, comme si, par une combustion intérieure, l'hydrogène ou le carbone de la matière, brûlés par une portion de son propre oxygène, se convertissaient, en partie, en eau ou en acide carbonique. L'histoire de la science doit une place réservée à cette généralisation, l'une des premières, qui aient appris que la chimie organique, dans ses obscurités les plus rebelles, pouvait s'assouplir à des lois d'une saisissante clarté.

Si ces phénomènes et les règles peuvent être considérés d'un œil distrait par des chimistes, familiers maintenant avec les considérations générales, il n'est pas permis aux physiologistes de les négliger. Rien ne ressemble plus, en effet, aux transformations qui se manifestent dans les phénomènes de la respiration, que ces changements d'équilibre et ces dédoublements qu'une chaleur modérée et constante fait subir aux substances organiques, soumises à la distillation blanche. Quand on voit s'exhaler du bec d'une cornue, de l'eau et de l'acide carbonique, et se former dans sa panse une substance organique nouvelle, résidu de la réaction, on se représente involontairement ces combustions intérieures, qui ont lieu chez un être vivant, dont l'appareil respiratoire exhale aussi de l'eau et de l'acide carbonique et dont chaque organe sécréteur retient aussi la nouvelle matière, résidu de cette élaboration.

En étudiant les acides altérables par la chaleur, M. Pelouze faisait connaître non-seulement la règle que nous venons de rappeler, mais encore des faits particuliers très-importants. Ainsi, un procédé très-nouveau et même très-singulier, pour extraire le tannin pur de la noix de galle, découvert par notre confrère, sortait bientôt de son laboratoire pour passer dans l'industrie. Il est mis à profit, sur une grande échelle aujourd'hui, pour assurer la conservation des vins blancs et en particulier des vins de Champagne. Le tannin coagule et précipite la matière qui donnerait naissance à un ferment, capable de les rendre filants et glaireux. M. Pelouze, dont les charges de famille étaient déjà considérables, abandonna son procédé à la libre exploitation du commerce, et celui-ci le désigne encore sous le nom de *Tannin Pelouze*, juste récompense de son désintéressement.

La préparation de l'acide pyro-gallique, régularisée et fournissant des produits purs et abondants, a rendu service aux photographes, l'emploi de cet acide étant indispensable à la production de leurs épreuves. Elle a fourni à une autre industrie sa matière première, et quand vous voyez sur des chefs vieillis, des cheveux et des barbes d'un beau noir, vous pouvez, sans calomnie, soupçonner l'acide pyro-gallique de ne pas être absolument étranger au phénomène.

Signalons, comme se rapportant à la même époque, la découverte des nitro-sulfates, composés doublement remarquables, car ces sels, d'une instabilité surprenante, renferment de l'acide sulfurique dans lequel une molécule d'oxygène, corps simple, est remplacée par une molécule d'un corps composé, le bioxyde d'azote. On commençait à soupçonner alors la disposition que celui-ci possède à jouer le rôle de corps simple ; la formation de l'acide nitro-sulfurique en donnait la démonstration, et cette découverte était destinée à prendre une grande place dans cette science élargie qui confond l'ancienne chimie minérale et la chimie organique nouvelle. Mais M. Pelouze dans un travail, excellent d'ailleurs, demeura très-réservé quant aux conclusions.

La manière de diriger une recherche n'est pas la même dans toutes les branches de la science. Le géomètre n'a besoin de personne et il poursuit seul, dans le calme de sa pensée, le développement des problèmes qui l'occupent. Les naturalistes s'associent rarement, lorsqu'il s'agit des études relatives à la classification des êtres. L'association des chimistes est fréquente, en France du moins.

Sous le rapport matériel, la préparation des expériences est si longue ; elles exigent dans l'exécution une attention si soutenue ; elles admettent si peu les interruptions, que pour des professeurs réclamés sans cesse par leurs devoirs, une association est presque toujours indispensable. L'exemple célèbre, donné par Gay-Lussac et Thenard, et les résultats éclatants de leurs travaux communs séduisent, d'ailleurs, leurs imitateurs.

Ce n'est pas tout : les travaux du chimiste obéissent rarement à un plan préconçu ; les incidents se multiplient ; la part de l'imprévu est large; quand une exploration commence, l'horizon est nu, on n'a rien devant soi. Un premier résultat se présente-t-il, il est souvent inattendu ; il faut l'interpréter, le suivre et revenir sur ses pas, si l'on s'est mépris sur sa signification. C'est la chasse, avec tous ses mécomptes, ses bonheurs et sa passion. Quand la voie est ouverte et que la veine est heureuse, rien n'égale la satisfaction légitime du chimiste. Ne voit-il pas naître sous l'impulsion de sa volonté, des corps nouveaux, doués de propriétés inconnues ; des formes matérielles, que l'homme ignorait et que la nature n'avait jamais réalisées ? Cette satisfaction est expansive ; elle a besoin d'éclater, on la sent mieux, quand elle est partagée par un ami, dont les pensées et les mains se sont confondues avec les vôtres, dans les ardeurs d'une poursuite commune. A une époque comme la nôtre, un peu pédante, oserait-on rappeler que Gay-Lussac et Thenard saluaient gaiement chaque découverte en dansant la bourrée, au milieu du laboratoire de l'École polytechnique, et n'en travaillaient pas plus mal, pour s'être oubliés jusque-là.

Ainsi que la plupart des chimistes actuels, M. Pelouze a eu de nombreux collaborateurs. Parmi eux, il en est un, M. de Liebig, qu'il avait connu dans le laboratoire de Gay-Lussac et avec lequel il s'était lié d'une étroite amitié. Il lui fut associé quelquefois, lorsque cet illustre chimiste eut fondé l'école de Giessen, devenue si célèbre par ses décou-

vertes, et dont il est sorti tant de chimistes et de professeurs éminents, qui ont porté dans les deux hémisphères la renommée de leur maître.

Leur collaboration se manifesta particulièrement en 1833, par un mémoire considérable, dans lequel on remarque encore aujourd'hui la découverte de l'éther œnantique et celle de son acide ; c'est-à-dire d'une substance éthérée, provenant de la distillation des lies de vin, possédant, à un haut degré, la saveur et l'odeur vineuse, et la communiquant aux liquides aqueux ou alcooliques. Car l'odeur vineuse est caractéristique et distincte de celle de l'alcool, ainsi que de celle du bouquet des vins, variable du reste, selon les crus et les cépages.

L'éther œnanthique était le premier éther naturel ; l'acide œnanthique se rattachait aux matières grasses, par l'ensemble de ses propriétés; aussi M. Laurent parvint-il bientôt à le produire artificiellement, à leur aide ; enfin, on constatait qu'un litre de cet éther suffisait pour communiquer la saveur et l'odeur vineuse caractéristique à 200 tonneaux de vin ! En voilà plus qu'il n'en faut pour le sauver de l'oubli.

. On n'aurait qu'une idée incomplète de l'intimité scientifique de MM. Pelouze et de Liebig, si on la considérait comme bornée à cette publication. Leurs rencontres fréquentes, l'habitude de se communiquer leurs travaux respectifs, amenaient entre eux une communauté de vues, dont l'influence se fait sentir dans la direction de la pensée, comme dans les procédés de l'exécution, pour certains travaux de M. Pelouze. L'amitié qui l'unissait à M. de Liebig lui avait assuré, d'ailleurs, celle d'un grand nombre de ses élèves et en avait fait le correspondant naturel des chimistes du nord de l'Europe.

Ces travaux de M. Pelouze, si fortement conçus, lui ouvraient les portes de l'Académie , en remplacement de M. Deyeux, en 1837. Ce fut pour lui un grand événement et une grande joie; il avait à peine 30 ans ; il avait ambitionné cet honneur avec passion et il était préféré à des compétiteurs, très-dignes des suffrages de l'Académie, et plus anciens que lui dans la carrière.

Mais l'Académie, entre les deux écoles qui se partagent la chimie : l'une qui, la rattachant aux sciences naturelles, s'occupe à isoler les principes des minéraux et ceux des plantes ou des animaux ; l'autre qui, ramenant vers la physique et la mécanique, cherche les lois qui président aux combinaisons, voulut manifester ses préférences pour la chimie de précision. M. Pelouze ne jugea pas que son entrée dans la compagnie lui eût donné le droit de se reposer : il continua ses travaux avec une ardeur nouvelle et se montra plus exigeant encore pour en assurer la solidité et la perfection.

Notre confrère n'avait pas besoin qu'on lui apprît ce que signifie le titre de membre de cette Académie et ce qu'il vaut; une circonstance dont il avait été vivement frappé lui aurait fait comprendre ce qu'on en pense dans le pays des lettres. Une année à peine écoulée depuis son élection, il avait été amené à demander en faveur de son père la protection de Béranger. L'illustre poëte, qui connaissait M. Pelouze père et qui appréciait son intelligence et son savoir, s'excusant de ne pouvoir le servir dans cette occasion, répondait à notre confrère : « Vous autres savants, vous n'avez pas toujours une idée
» bien exacte de ce que c'est que le monde et de l'importance
» que vous y avez. Un membre de l'Académie des sciences est
» un grand personnage, d'autant plus important que peu de

» gens sont de force à contester sa valeur. Usez donc de vos
» priviléges, et prenez un peu sur votre modestie, pour faire
» valoir le mérite d'un père si digne de son fils. Je connais
» la tendresse que vous lui portez. Moi, qui depuis si long-
» temps répugne à tous les visages nouveaux, votre amour
» filial fut le premier titre qui vous distingua à mes yeux,
» titre que les autres n'ont jamais effacé et n'effaceront ja-
» mais. »

Ces paroles consolèrent sans doute M. Pelouze de l'insuccès de sa démarche : elles amenèrent, du moins, entre Béranger et lui des relations dont il fut touché ; mais il ne se fit
pas illusion ni sur le vaste crédit que Béranger nous attribue
ni sur la facilité de créer une position stable à ce père toujours prêt à se dérober.

Un de nos correspondants, M. Braconnot, chimiste éminent,
professait la botanique à Nancy, où il a contribué à maintenir le goût des études sérieuses et le culte des traditions élevées. Il a laissé, entre autres découvertes curieuses, celle
d'un produit obtenu, en 1833, en faisant agir l'acide nitrique
sur l'amidon et sur la matière ligneuse. Il l'appelait xyloïdine,
nom qui, rappelant qu'elle provient du bois, semble appartenir à quelque divinité champêtre et qui affiche un air d'in-
nocence peu propre à deviner que son frère jumeau, le
coton-poudre, allait par le même enfantement, faire sa première apparition dans le monde.

M. Braconnot constate que la xyloïdine s'enflamme rapidement ; mais il ne lui apparaît pas qu'il ait entre les mains une
matière fulminante. M. Pelouze, à son tour, étudie cette substance en 1838, et s'assure qu'en plongeant dans l'acide nitrique concentré, du papier ou des tissus de toile ou de coton, on obtient un parchemin d'une extrême combustibilité.

Ces premiers indices n'avaient pas attiré l'attention, lorsque
les journaux politiques et la rumeur publique firent connaître, en 1846, la découverte d'un savant chimiste de Bâle,
le professeur Schönbein, dont le nom demeure attaché aux
plus étranges nouveautés de la chimie moderne ; il venait,
disait-on, de transformer le coton en une poudre supérieure
à la poudre de guerre.

Tout chimiste exercé rattacha immédiatement la découverte de M. Schönbein aux travaux antérieurs de Braconnot
et de Pelouze. Une série de publications s'engagea tout de
suite sur ce thème curieux : Qui était le véritable inventeur
du coton-poudre? Schönbein ! le premier, il en avait signalé
les propriétés cabalistiques ; mais il gardait secret son procédé ; Pelouze ! il avait préparé le coton-poudre, huit années
avant lui, mais il n'en avait pas reconnu le pouvoir explosif ;
Braconnot, enfin ! cinq ans plus tôt, n'avait-il pas découvert
la xyloïdine? Procès singulier, qu'il appartenait à M. Pelouze
de juger et sur lequel ses expériences ont porté la lumière.

M. Braconnot, en découvrant la xyloïdine, n'avait pas préparé le coton-poudre, quoiqu'il eût été bien près de l'obtenir ; M. Pelouze l'avait produit, sans s'apercevoir qu'il réalisait une poudre à canon nouvelle ; M. Schönbein signalait
cette application inattendue, mais il n'inventait pas le produit.
Douze années et trois chimistes avaient suffi, néanmoins,
pour faire cette découverte et pour la conduire à perfection ;
depuis la découverte de la poudre jusqu'à son premier emploi
dans les armes, au XIIIᵉ siècle, il s'est écoulé des milliers d'années, et les Chinois, qui de toute antiquité ont connu la poudre,

n'en ont pas moins laissé aux Européens le soin de leur apprendre à s'en servir.

Le coton-poudre a été d'abord prôné à outrance, critiqué
avec excès, délaissé avec indifférence. Il a eu le sort de toute
nouveauté qui cherche sa place et qui, la trouvant prise, a
besoin de compter avec les habitudes, les intérêts, les préjugés, l'esprit de corps. Des recherches récentes ont appris,
d'ailleurs, que les premiers expérimentateurs n'avaient pas
reconnu tous les aspects sous lesquels le coton-poudre a besoin d'être envisagé, pour tirer le meilleur parti de sa puissance explosive, et pour se mettre à l'abri de sa détonation
spontanée.

Le salpêtre, le soufre, le charbon sont trois corps solides,
qui, réduits en poudre et mélangés, constituent la poudre de
guerre. Or, quelle circonstance pourrait amener l'explosion
d'un tel mélange, tant qu'il n'est soumis ni à l'action du feu,
ni à celle du choc, ni à celle de la foudre? Des amas de poudre
peuvent demeurer inertes pendant des siècles, comme l'a
prouvé l'explosion de l'ancienne poudrière de Rhodes, et ne
détonent que lorsqu'un événement fortuit vient les soumettre
à l'une de ces épreuves. Le coton-poudre, combinaison intime
d'une matière éminemment combustible et d'un comburant
éminemment énergique, est dans un état instable; la moindre
circonstance pouvant provoquer l'échauffement, et l'inflammation d'un filament et par suite l'explosion de la masse entière, on doit s'en défier.

Si le coton-poudre est demeuré suspect, à plus forte raison
la nitro-glycérine, matière explosive formidable, découverte
par un élève de M. Pelouze, M. Sobrero. C'est une combinaison liquide de glycérine et d'acide nitrique, dont nombre
d'événements désastreux ont justifié la proscription. Or,
s'il est vrai que l'action réciproque des corps solides est
difficile, celle des liquides prompte, la poudre à canon et la
nitro-glycérine offrent les deux extrêmes, parmi les matières
détonantes. Aussi, la première exige un choc énergique ou
une chaleur rouge pour détoner ; tandis que la seconde fait
explosion au moindre froissement.

Qui le croirait? dans ces phénomènes dont la brutalité
semble le caractère dominant et le trait exclusif, il y a pourtant une sensibilité d'artiste. Sur un bloc de coton-poudre,
on peut faire détoner un flacon, tout entier, de nitro-glycérine. Le choc violent réduira la masse en poussière. A vingt
mètres, à la ronde, le sol sera couvert d'une neige de coton-
poudre floconneux, mais chaque parcelle aura gardé la propriété explosive intacte. Enflammez une amorce fulminante
sur le coton-poudre lui-même, il disparaîtra soudain avec un
éclat foudroyant. Les corps détonants sont donc impressionnables à certains chocs, insensibles à d'autres, bien plus intenses, cependant. L'explosion des amorces fulminantes se
transmet au coton-poudre ; celle de la nitro-glycérine, plus
violente, encore ne s'y transmet pas. Le coton-poudre semble
sourd au bruit de la nitro-glycérine; il ne l'est pas à celui des
amorces fulminantes.

Malgré les objections qui accueillirent le coton-poudre à
son apparition, les deux inventeurs, MM. Pelouze et Schönbein, ne doutèrent jamais de sa fortune. Enlevés tous les
deux à la science, il ne leur a pas été donné d'assister aux
épreuves de la commission mixte anglo-française, exécutées
dans l'île de Bréa. On y a comparé l'effet produit sur des rochers sous-marins de granite, par des charges de poudre de
mine et par des charges de coton-poudre; l'explosion était

déterminée au moyen d'amorces fulminantes, enflammées par un courant électrique. Là où l'effet de la charge de poudre s'est montré faible et presque nul, celui du coton-poudre a été tel qu'un bloc énorme de granite a disparu, réduit en miettes.

Un incident est venu mettre en pleine évidence la différence qui existe entre les deux explosions. La commission anglo-française, qui s'était rendue dans l'île de Bréa avec une confiance non justifiée par les ressources restreintes de son exiguë population, avait dû bientôt se résigner à l'abstinence et même au jeûne, ne comptant pas sur les ressources du coton-poudre. Les premières explosions d'épreuve, effectuées à la poudre de mine, n'avaient rien amené d'extraordinaire et n'avaient pas préparé la commission au spectacle inattendu que le coton-poudre allait lui offrir. Mais, dès la première détonation, opérée avec cette matière nouvelle, la mer soulevée d'abord, ayant repris son niveau, on vit apparaître à sa surface et sur une grande étendue une multitude de poissons de fond, que la masse d'eau, faisant coup de bélier, avait assommés ou étourdis ; le service des vivres était assuré ; une preuve de plus de la rapidité et de l'énergie avec laquelle l'explosion du coton-poudre se manifeste était acquise ; on avait appris, enfin, que la mortalité des poissons, qui accompagne si souvent les phénomènes volcaniques dont la mer est le théâtre, ne doit pas toujours être attribuée à l'élévation de la température, au dégagement des gaz délétères, et peut dépendre des soulèvements et des retours brusques de la masse des eaux.

Le coton-poudre, comme agent de guerre, offre des inconvénients incontestables, qu'une longue série d'expériences dues à M. Pelouze et à un commissaire des poudres distingué, M. Maurey, ont mis hors de doute, en 1863, dans un rapport officiel, et qu'il convient de résumer.

Cette explosion rapide, qui brise le granite, ne ménage pas les armes ; elles éclatent facilement sous ce choc. La poudre-coton est donc classée, par les artilleurs, dans la catégorie des poudres brisantes, qui doivent être écartées des arsenaux.

Les poudreries ordinaires sautent aussi et même assez souvent, mais avec cette différence que, si la poudre à canon peut s'enflammer, pendant qu'on la prépare, par suite de quelque choc accidentel, il n'y a pas d'exemple bien avéré de l'inflammation spontanée de la poudre en magasin. Une fois préparée, la poudre à canon n'offre d'autres périls que ceux qui naissent d'un maniement téméraire ou imprudent.

Il en est tout autrement du coton-poudre ; sa préparation est sans danger ; sa conservation périlleuse, ses éléments étant toujours près d'agir l'un sur l'autre. En magasin, le coton-poudre dégénère souvent, d'ailleurs, perd son pouvoir explosif et se convertit en grande partie en matière sucrée. Au bout de quatorze années, sur vingt-huit échantillons exposés à l'air et à la lumière, seize, c'est-à-dire plus de la moitié, s'étaient décomposés, sans détoner, il est vrai ; mais avec ces substances, la décomposition tranquille et l'explosion sont bien près ; quand l'une apparaît, l'autre est imminente.

Le coton-poudre reste donc encore ce qu'il a été, dès le premier jour ; un agent propre à l'art du mineur plutôt qu'à l'usage des armes ; une matière qu'il n'est pas bon de conserver longtemps en magasin ; une substance explosive qui exige dans les armes de jet plus de précautions que la poudre à canon, la dose nécessaire pour lancer le projectile et

celle qui ferait éclater l'arme étant beaucoup plus rapprochées.

Si notre confrère n'a pas reconnu, le premier, le rôle du coton-poudre, comme matière détonante, honneur qui appartient à M. Schönbein, le coton-poudre est né entre ses mains ; il en a constaté l'extrême inflammabilité ; il l'a analysé ; il a étudié ses propriétés ; il a déterminé et précisé ses usages et il a su, sans illusion, résister aux entraînements qui auraient compromis nos armements.

Au commencement et à la fin de ce récit, nous retrouvons donc M. Pelouze, avec ce sens droit qui lui servait de guide. Dès le début du coton-poudre, les officiers les plus compétents des armes savantes le condamnent comme impuissant ; M. Pelouze résiste ; il montre que dans les petites armes de jet, il lance la balle avec énergie. Lorsque, par une réaction exagérée, on proclame plus tard, à l'étranger (1) le coton-poudre comme devant remplacer la poudre de guerre, M. Pelouze résiste encore, son patriotisme s'émeut et il fait voir que l'instabilité du coton-poudre, aussi bien que ses effets brisants, doivent, à ce titre, l'éloigner de nos arsenaux.

Parmi les travaux de M. Pelouze, l'histoire de la science accordera une place réservée à ceux qui ont pour objet les fermentations.

Les liqueurs vineuses doivent leur alcool au sucre qu'elles contenaient ; dans le moût de raisin comme dans le moût de bière, le changement s'est opéré par la fermentation qui a converti la matière sucrée en alcool et en acide carbonique. Une seconde fermentation tourne bientôt à l'acescence la plupart des liqueurs vineuses exposées à l'air. C'est ainsi que les fruits ou les conserves sucrées qui fermentent, offrent si souvent à la fois l'odeur de l'alcool et celle du vinaigre mélangées.

Ces transformations du sucre ne sont pas les seules qu'il puisse éprouver par la fermentation. M. Pelouze en a étudié avec soin deux autres, la fermentation visqueuse et la fermentation lactique : il en a découvert une de plus, la fermentation butyrique. Ajoutons de suite, pour marquer l'intérêt qui s'attache à ces dernières, que la formation de l'alcool et celle du vinaigre sont des phénomènes qui ne s'accomplissent jamais dans les tissus vivants des animaux ou des plantes d'un ordre supérieur. Il en est autrement des fermentations visqueuse, lactique et butyrique ; elles tendent à ramener le sucre vers une forme assimilable, et leurs produits se rencontrent parmi les matériaux de la vie dans les êtres organisés supérieurs, puisque l'acide lactique appartient à leur sang et à leur chair, l'acide butyrique à leur lait.

Du sucre, de la craie, du gluten étant mis ensemble dans la quantité d'eau convenable et étant maintenus entre 10 et 40 degrés, la liqueur perd sa limpidité, prend avec l'odeur du lait aigri la consistance du blanc d'œuf et la dépasse souvent, au point que l'on peut renverser le vase sans que le liquide s'écoule. C'est la fermentation visqueuse qui s'est accomplie et qui a converti le sucre en une espèce de gomme. La craie est restée intacte.

Peu à peu la viscosité diminue, des gaz se dégagent, la

---

(1) Voyez, dans notre tome III, page 825 (17 novembre 1866), et dans notre tome VI, page 562 (7 août 1869), des lectures de M. Abel sur l'emploi du coton-poudre comme poudre de guerre.

craie se dissout, des cristaux apparaissent flottants dans la liqueur; ils augmentent en nombre, et le tout se prend en masse, comme le plâtre. La fermentation lactique est accomplie; le lactate de chaux est formé.

A son tour, celui-ci se redissout; les gaz continuent à se dégager, et, après plusieurs semaines, la liqueur redevenue limpide, l'acide butyrique y a remplacé l'acide lactique, et l'on n'y trouve que du butyrate de chaux.

Notre illustre confrère M. Pasteur, que son courage seul éloigne de cette enceinte et qui a voulu continuer, au péril de sa santé et presque de sa vie, la mission dont le Souverain l'avait chargé dans l'intérêt de l'industrie de la soie, M. Pasteur a complété ce tableau. Il a montré qu'à chacune de ces fermentations correspond un ferment spécial, qu'il a reconnu, déterminé et décrit, et qui, semé dans le liquide, accélère singulièrement la marche des opérations dont il est l'agent.

Il serait hors de propos d'analyser les mémoires que M. Pelouze a consacrés aux acides lactique et butyrique. Les faits qu'il a constatés sont enregistrés d'ailleurs dans tous les traités de chimie, et constituent l'histoire classique de ces deux corps. Cependant il est deux circonstances dignes d'être signalées.

A l'égard de l'acide lactique et par une heureuse application de la distillation blanche, M. Pelouze parvient, non-seulement à lui enlever toute son eau et à l'obtenir anhydre, mais il en soustrait un équivalent d'eau de plus et produit ainsi un type nouveau de corps qui, sorti de la classe des acides en perdant de l'eau, peut y rentrer en la reprenant. Pour mettre dans tout son jour la découverte plus considérable qui se rattache à l'histoire de l'acide butyrique, il est nécessaire de jeter un coup d'œil sur un autre mémoire de notre confrère.

La glycérine, ou principe doux des huiles, était connue; son rôle avait été défini par M. Chevreul, mais ses propriétés avaient à peine été examinées. C'est M. Pelouze qui a commencé l'étude de ce composé, devenu l'un des plus importants de la science. Le doyen des chimistes français et probablement des chimistes du monde, notre illustre confrère M. Chevreul, avait démontré que les huiles et les graisses peuvent être considérées comme des sels qui renfermeraient, comme base, la glycérine elle-même. Cette opinion fut confirmée par M. Pelouze; en combinant la glycérine à l'acide butyrique, il reproduisit une des matières grasses du beurre, la *butyrine*. Pour la première fois, la chimie reconstituait un corps gras neutre, et, s'il était juste que notre confrère vît couronner ses études sur la glycérine et sur l'acide butyrique par cette belle synthèse, il ne l'est pas moins de lui en réserver l'honneur.

Il appartenait à M. Berthelot cependant de démontrer que si la glycérine est un alcool, ainsi que le pensait M. Chevreul et que M. Pelouze l'avait prouvé, c'est du moins un alcool tout nouveau, et à M. Wurtz, par une synthèse hardie, d'en découvrir un troisième, intermédiaire entre eux, le glycol. On a souvent comparé la formation des composés, les combinaisons chimiques, à un mariage. L'esprit-de-vin s'unit à une molécule d'acide et s'en contente; le glycol en prend une ou deux à volonté; la glycérine, plus large dans ses affections, en prend une, deux et même trois. L'esprit-de-vin pratique la monogamie; le glycol, la bigamie; la glycérine est trigame. C'est ce que signifient réellement les termes d'alcools monoatomiques, biatomique et triatomique dont on fait usage à leur égard et dont on ne saisit pas d'abord le véritable sens. Ces adjectifs indiqueraient plutôt une qualité qu'une aptitude, et de même que bimane signifie qui a deux mains et quadrupède qui a quatre pieds, on se représente ces alcools comme possédant déjà un ou trois atomes et non comme pouvant les prendre et les fixer.

Mais la nouvelle nomenclature chimique serait pardonnée si elle n'avait que ce défaut. Heureusement elle n'est que provisoire. M. Pelouze aimait l'Allemagne assurément, mais son esprit lucide était éminemment français, et ses rapports habituels avec la plupart des chimistes qui habitent l'autre côté du Rhin ne lui avaient pas fait oublier ce langage sobre, logique, inventé par Lavoisier, Guyton de Morveau et leurs contemporains, nos prédécesseurs. Plus il avançait dans la carrière et plus il s'attachait à rapprocher son style de celui de ces modèles immortels, et à épargner, comme eux, toute fatigue au lecteur à force de clarté, de précision et de simplicité.

On se souvient de ce cri, parti du cœur, d'un de nos plus illustres géomètres, qui, venant de lire pour la première fois l'ouvrage de Lavoisier, disait en fermant le volume : « C'est clair comme de l'algèbre ». J'ai peur qu'en présence des formules compliquées et des noms raboteux sous lesquels la chimie moderne cache ses grandes et incontestables beautés, plus d'un lecteur, moins familier avec la langue des mathématiques, ne soit souvent tenté de dire, mais cette fois dans le sens populaire : « Je ne comprends pas; c'est de l'algèbre ».

En 1850, M. Gay-Lussac, conseil de la puissante manufacture de Saint-Gobain, résignait cette situation et présentait comme son successeur M. Pelouze, qui était accepté par la compagnie. Les quinze années que notre confrère a passées au milieu des usines qu'elle possède ont porté leurs fruits. Les procédés de la fabrication des glaces, très-perfectionnés au point de vue mécanique, étaient demeurés empiriques au point de vue de la vitrification. M. Pelouze a soumis ces derniers à une discussion scientifique, au grand profit de l'économie et surtout de la régularité du travail.

Lorsqu'on voit un de ces spécimens merveilleux des glaces sorties des manufactures de Saint-Gobain ou de Cirey, on admire leur éclat, leur pureté, leur limpide transparence et l'absence complète de couleur de leur pâte vitreuse; on les admirerait bien davantage si l'on savait par quels soins et à travers quels périls ces qualités sont obtenues.

Pour fondre ces grandes masses de verre, il faut d'immenses cuvettes en argile, capables de résister à une chaleur énorme et prolongée, sans casser ni fondre; rongées trop rapidement par le verre en fusion, elles pourraient le rendre opaque ou le colorer. La célèbre argile réfractaire de Forges-les-Eaux, en Normandie, alimentait Saint-Gobain et toutes les usines analogues pour la fabrication de leurs creusets. Mais le gîte s'épuisait et l'on n'en obtenait que des produits insuffisants ou douteux. M. Pelouze fit venir des argiles de tous les points accessibles de la France et de la Belgique, les analysa et les essaya sous le rapport de leur action réciproque, de leur résistance au feu et de l'action du verre sur elles; ces recherches, faites avec méthode, ont assuré à la fabrique des glaces l'usage de creusets excellents et lui ont rendu la sécurité.

Le verre à glace s'obtient au moyen de la soude provenant du sel marin. On ne peut pas se servir de ce sel directement ; on le convertit par une première opération en sulfate de soude ; par une seconde, en soude brute ; par une troisième, en carbonate. Il n'est pas nécessaire de chiffrer ces opérations pour démontrer que les éviter toutes les trois serait une économie, et qu'il serait au moins utile d'en éviter deux, ainsi que l'avaient réalisé déjà les fabricants de verre à vitre. Mais la manufacture de Saint-Gobain, obligée à faire de beaux produits, répugnait à ce changement. Entre une glace de premier choix et une glace trouble, colorée, tachée, bulleuse, suante, la différence de prix est telle, que nulle économie sur les matières premières n'équivaut à la certitude d'obtenir des verres irréprochables. Ce problème, notre confrère a eu le mérite de l'aborder par la méthode scientifique et de le résoudre à la satisfaction entière de la pratique.

M. Pelouze était ainsi conduit à examiner les conséquences de l'intervention des sulfates dans la fabrication des glaces ; il savait, comme tous les verriers, que le soufre ou les sulfures alcalins colorent les masses vitreuses en jaune, en brun ou même en noir foncé, et que le verre en fusion se colore des mêmes tons en présence du charbon ou de la fumée. D'après lui, dans ce dernier cas, le verre contient des sulfates alcalins qui passent à l'état de sulfures. Cette démonstration intéressante, donnée dans l'une des dernières œuvres de sa vie, obtint près de l'Académie un succès complet ; la logique qui dirige les expériences et le sens juste qui en tire les conclusions font de ce travail un modèle du genre de discussion propre à la recherche des vérités de l'ordre chimique.

Mais il ne suffit pas que le verre sorte du creuset et des fours à recuire limpide, incolore et brillant. Il faut encore le mettre à l'abri d'une altération que la lumière lui fait subir. Dans beaucoup d'anciennes habitations, on voit à la même fenêtre des vitres de luxe, les unes incolores, les autres teintées de violet, d'autres même d'un violet foncé. Faraday avait signalé à l'attention ce phénomène singulier observé sur les verres de Bohême, qui, incolores au sortir de la fabrique, prenaient à la lumière des teintes passant du violet naissant au violet le plus foncé. D'après M. Pelouze, quelques heures d'insolation suffisent pour que l'action se manifeste ; il faut des années pour l'épuiser.

Les verres qui possèdent cette propriété contiennent tous du manganèse, qui, faiblement oxydé, donne un verre sans couleur, et, fortement oxydé, les beaux verres violets des vitraux de couleur. Comment le manganèse incolore change-t-il d'état d'oxydation ? Où prend-il l'oxygène nécessaire pour se colorer en se suroxydant ?

Rappelons que si les matières employées à la fabrication du verre renferment du fer, le verre en devient verdâtre, et que, pour le blanchir, on y ajoute du manganèse, le *savon des verriers*.

Le verre, verdi par le fer, devient donc incolore par le manganèse et peut entrer dans la consommation. Mais, en ce cas, exposé au soleil, il passe au violet. Chauffé jusqu'au ramollissement, il redevient incolore. Une nouvelle insolation le rend violet de nouveau ; et on peut le blanchir par le feu et le teindre par la lumière indéfiniment. L'oxygène passe donc du manganèse au fer ou du fer au manganèse, selon que

la chaleur ou la lumière, mises en jeu, le décolorent ou le colorent tour à tour.

Combien le fait paraît plus surprenant encore quand on songe que ces transports de l'oxygène, qui voyage ainsi du fer au manganèse et du manganèse au fer, s'effectuent au milieu même d'une matière solide, à laquelle on attribue une résistance presque absolue à toute action chimique !

Lorsqu'un phénomène aussi saillant se manifeste, on peut être assuré qu'il en est du même genre qui, moins éclatants, étaient restés inaperçus. Or, le verre blanc commun offre les mêmes modifications ; la teinte verdâtre tourne au jaune à la lumière et reparaît au feu ; la même lame de verre tourne alternativement et indéfiniment du vert au jaune et du jaune au vert, selon qu'on fait agir sur elle la lumière solaire ou la chaleur rouge. Ces effets ne sont pas rares. Quand on déplace une vitre ou une glace après quelques années d'exposition à la lumière, si l'on examine la portion cachée sous le mastic ou sous le cadre, on reconnaît qu'elle a gardé sa teinte verdâtre, tandis que le reste prenait le ton jaune.

Mais ces changements restaient inaperçus, tandis que l'œil d'un observateur capable d'en saisir l'intérêt ne s'était pas arrêté sur eux. Pour le vulgaire, les couleurs d'une étoffe qui passe, le verre qui devient violet, celui qui se décolore ou jaunit, tout cela se confond, et quand il s'est dit : « Ce sont des effets de soleil », son esprit satisfait demeure en paix et n'en demande pas davantage. L'œil du chimiste va plus loin : il analyse ces phénomènes ; il veut savoir quelles matières exige leur production ; quelles matières y prennent naissance ; quelles forces produisent ces transformations.

Le philosophe va plus loin encore. En présence d'un mouvement intérieur qui agite et modifie une substance incorruptible comme le verre, dont les molécules semblent si bien soudées et dont pourtant l'arrangement se montre dans un état d'équilibre sans cesse changeant, il ne s'étonne pas que la lumière exerce une si grande action sur les plantes ou sur les animaux, bien plus impressionnables. Il ne s'étonne même pas que les roches se modifient sous l'influence de la lumière solaire qui les visite chaque jour, et il reconnaît que rien n'est en repos dans la nature. Ces altérations des moindres parcelles du sol sur lequel nos pieds reposent ne peuvent se constater qu'après des siècles ; mais elles n'en sont pas moins réelles. Ce soleil qui revient tous les jours frapper les mêmes débris pierreux, c'est le temps qui marche ; ces atomes qui se séparent ou s'unissent dans l'intimité des corps les plus durs, ce sont des signes de l'âge, des rides. Les verres passés au jaune ou au violet sous l'action répétée du soleil sont des verres vieillis. Seulement, par un privilége qui nous manque, ces verres atteints par l'âge retrouvent leur jeunesse en passant par le feu.

A peu près vers le même temps, de concert avec notre confrère M. Cahours, M. Pelouze soumettait le pétrole, qui venait de signaler son importance, à une curieuse et savante analyse qui, en le montrant formé d'un grand nombre de composés distincts, fait voir qu'ils sont tous homologues entre eux et avec le gaz qui l'exhale des marais.

Les contemporains de M. Pelouze et lui-même avaient eu à remplir une tâche dont il faut garder le souvenir. Ils ont renouvelé l'armement des chimistes.

Les chemins de fer rendent les communications si faciles, les journaux scientifiques sont tellement multipliés, qu'une école ou un pays ne peuvent plus s'approprier exclusivement les procédés, les méthodes ou les appareils de travail scientifique. Ce qui se fait au profit d'une nation s'étend maintenant à toutes, et l'on ne s'attend plus, quand on parcourt les diverses villes intellectuelles de l'Europe, à rencontrer dans chacune d'elles un matériel caractéristique. Il n'en était pas ainsi autrefois. Les laboratoires de Dalton ou de Davy en Angleterre, ceux de Gay-Lussac ou de Thenard en France, et celui de Berzelius dans le nord de l'Europe, avaient chacun leur physionomie ; tous ne pouvaient pas servir de modèle cependant, et parmi eux il fallait choisir.

Dalton, l'illustre inventeur de la théorie atomique, le physicien éminent à qui l'on doit la théorie des vapeurs et dont les vues ont répandu sur la théorie des gaz une lumière si vive, n'appartenait à aucun collége ou université ; il habitait une ville de fabriques, Manchester. Admis près de lui vers la fin de sa vie, je me sentais pénétré de respect pour ce noble vieillard dont la paralysie avait déjà frappé les membres, mais dont l'intelligence survivait tout entière à ce choc. Je lui témoignai discrètement le désir de visiter son laboratoire ; il voulut m'y recevoir lui-même, et son fauteuil fut roulé dans le sanctuaire. Il n'avait probablement pas vu beaucoup d'autres laboratoires, et il appréciait son matériel à la grandeur des services qu'en avait reçus la philosophie naturelle. Mais, pendant que d'un regard satisfait il semblait me convier à prendre une idée de l'ensemble, et que du geste il me désignait plus spécialement quelques objets, je demeurais confondu. Je me trouvais en présence d'un si modeste assemblage de fioles ou de tubes et de quelques instruments d'une simplicité si primitive, qu'il me semblait voir Dalton grandir encore sous mes yeux. Quoi ! dans ce petit asile de quelques mètres carrés, au moyen de ces instruments empruntés à l'officine d'un droguiste ou au magasin de quelque marchand de baromètres, une pensée puissante avait suffi pour contraindre la matière à révéler les lois qui la gouvernent ! Avec un outillage de quelques écus, un homme de génie avait donné la vie et la réalité aux rêves de la philosophie grecque ; il avait, après deux mille ans d'oubli, tiré les atomes d'Empédocle des régions de la spéculation pure, et il en avait fait la base solide de la chimie moderne !

La découverte de Dalton lui a survécu ; son laboratoire ne pouvait servir qu'à lui ; c'était une relique.

Davy n'a pas fait école non plus pour ses moyens de travail ; cependant c'était un bien grand maître. S'il était permis de comparer les choses de la science à celles de l'art, on pourrait dire que l'inventeur du gaz exhilarant, de la théorie électro-chimique, de la lumière électrique, du potassium, du sodium, de la lampe de sûreté, était un admirable coloriste. Toutes ses idées sont neuves, merveilleuses, et leur démonstration se traduit en phénomènes éclatants dont le spectacle étonne les générations qui se succèdent dans nos amphithéâtres. Mais il lui manquait l'exactitude du dessinateur, et, comme on ne pouvait lui emprunter ni son coloris ni son génie, il ne fallait propager ni son dessin, ni ses procédés incorrects.

Gay-Lussac, Thenard, à la tête de la chimie française de cette époque, avaient au contraire porté loin la recherche de la ligne, le goût de la pureté et de la forme mathématique. Les traditions de l'ancienne Académie et la grande influence de Laplace provoquaient à la recherche de lois et de rapports numériques absolus. La balance de Fortin, sensible au millionième, était, en conséquence, l'instrument préféré des chimistes français, et, malgré les services qu'elle a rendus, on a dû l'abandonner dans l'usage habituel, son maniement étant délicat, difficile et lent.

Berzélius, dont les analyses incalculables en nombre et merveilleuses en exactitude ont fondé la chimie atomique pratique et ont posé des règles à toutes les réactions matérielles des êtres, ayant compris l'utilité des pesées promptes, se contenta d'une balance sensible au cent millième. Ce fut une révolution ! Le travail d'un jour se faisait en une heure : celui d'un mois en un jour. La précision nécessaire au chimiste et la rapidité que ses opérations exigent, tout se trouve réuni dans l'usage de cet instrument, véritable fusil à aiguille du chimiste, mais arme de paix, qui ne fait la guerre qu'à l'erreur et qui ne tue que l'ignorance. A son aide, les analyses se sont multipliées à l'infini, les modifications moléculaires de la matière se sont manifestées ; la connaissance des lois de la nature s'est révélée d'elle-même. Ceux qui assistent à ce spectacle, avec la conscience de sa grandeur, aiment à se recueillir, à le contempler, et le proclament admirable, sans crainte d'être démentis par la postérité.

Les chimistes actuels appartiennent tous, pour la doctrine, à l'école de Lavoisier et de Dalton, et pour la manipulation à celle de Berzélius. Ils ne savent plus à travers quels obstacles les contemporains de M. Pelouze et lui-même ont fait prévaloir ces principes.

Notre confrère prit naturellement parti pour Berzelius dans la discussion qui s'est élevée naguère au sujet des poids atomiques des corps simples. Il s'agissait de prendre la défense d'un fait et celle d'un maître, c'est-à-dire, pour M. Pelouze, celle de deux amis. En effet, on avait à choisir entre deux opinions : l'une, soutenant que les chiffres qui représentent le poids moléculaire des corps simples doivent être employés tels que l'expérience les donne ; l'autre, qui, les subordonnant à une loi, en néglige les fractions. L'illustre chimiste suédois, qui défendait le premier sentiment, avait adopté l'oxygène comme unité. Un savant anglais d'un rare mérite, M. le docteur Prout, avait fait, de son côté, une remarque dont il était impossible de méconnaître l'importance.

Si, au lieu de prendre l'oxygène comme unité, on choisissait l'hydrogène, les rapports très-complexes admis par Berzélius se transformaient en nombres entiers, d'une singulière simplicité. La pratique du laboratoire et celle des ateliers ont donné raison au docteur Prout ; l'enseignement de la chimie en est devenu plus facile ; l'emploi de l'hydrogène comme unité est à peu près général aujourd'hui. Mais le côté philosophique de la question n'a pas été résolu aussi complétement en sa faveur.

Soit que l'hydrogène ne représente pas la matière élémentaire et qu'il y ait à découvrir un élément plus léger que lui ; soit qu'il y ait, dans les rapports numériques par lesquels les poids des molécules des divers corps simples sont unis, certaines perturbations qui en troublent les rapports naturels l'expérience démontre que, si le docteur Prout a souvent raison, tous les éléments et spécialement le chlore et le potassium, étudiés avec le plus grand soin par M. Pelouze, ne constituent pourtant pas des multiples de l'hydrogène par des nombres entiers. Si l'hydrogène peut être considéré comme une unité convenable à l'égard de certains corps, il faut c a·

ployer pour d'autres une unité deux fois, quatre fois ou même huit fois plus faible.

Cette question a suscité les grandes et belles études de M. de Marignac, de M. Stas, celles de notre confrère ; je lui ai donné moi-même quelques soins ; elle n'est pas résolue.

En exposant dans cette enceinte les travaux de Faraday (1), je montrais sa vie entière consacrée à mettre en évidence l'unité de la force, admise aujourd'hui par les physiciens et démontrée au moyen de la transmutation de l'une quelconque des forces de l'autre. La chimie est moins avancée, et si l'unité de la matière doit être la fin de ses travaux, cette doctrine reste encore à l'état de pressentiment. Les corps simples qui se multiplient, les analogies qui se révèlent entre eux, le passage insensible de l'un de ces corps à l'autre par des intermédiaires qui en répètent les qualités confondues, tout indique la communauté de leur origine. Mais l'expérience est encore muette ; la chimie tend vers l'unité de la matière, elle n'y est point parvenue.

De telles questions sont faites pour alimenter longtemps la dispute. Ceux qui s'en tiennent au présent peuvent dire : « Je suis sûr que l'unité de la matière n'est pas démontrée » ; ceux qui croient qu'elle le sera peuvent se fortifier dans leur opinion, en contemplant le chemin parcouru depuis un demi-siècle et la pente insensible qui semble conduire à cette conclusion. Quoi qu'il en soit et quelque parti que l'on prenne dans un tel débat, pourquoi le fermer ? Il ranime, pour les chimistes, l'intérêt qui s'attache à la découverte de chaque nouveau corps simple ; il excite les physiciens à l'étude comparative de leurs qualités les plus intimes ; il convie les géomètres à tenter sur les molécules chimiques, véritables systèmes planétaires microscopiques, la puissance de ce calcul à qui les grands mouvements des corps célestes, assujettis par Newton et Laplace aux lois de la mécanique, semblent ne plus offrir désormais d'obstacles dignes des efforts d'une analyse perfectionnée.

Je ne puis fermer ces pages consacrées à la mémoire de notre regretté confrère, sans rappeler qu'en plus d'une occasion nous avons eu à débattre devant l'Académie des opinions concernant la chimie organique, au sujet desquelles nous n'étions pas toujours en complet accord. A la distance où nous nous trouvons de ces événements, connaissant d'ailleurs les impressions qu'en avait conservées M. Pelouze, je me sens libre d'en dire mon propre sentiment.

Il n'y a pas un demi-siècle que la chimie organique est sortie de l'empirisme. Notre illustre doyen, M. Chevreul, le premier, a ouvert la route aux études qui, s'appuyant sur l'expérience la plus sûre, ont fait pénétrer l'esprit philosophique dans cette branche des connaissances humaines et en ont constitué les doctrines. Au terme du voyage, il m'est doux de pouvoir rendre cet hommage public au nom des chimistes français et des chimistes du reste de l'Europe, à celui qui nous a tous guidés dans la carrière.

Dans ce domaine encore inculte, M. de Liebig et moi nous nous étions lancés avec la plus vive ardeur. Le nombre des matières organiques, immense aujourd'hui, était déjà considérable alors. Leur étude, excepté dans le groupe de corps choisi par M. Chevreul comme objet de ses recherches, n'avait

(1) Voyez notre tome V, page 393, 23 mai 1868.

fourni que des règles sans portée. La nature de la plupart des combinaisons était ignorée ; leurs différences, leurs analogies, leurs connexions, étaient couvertes d'un voile.

Pour voyager et pour nous reconnaître à travers ces terres inexplorées, nous n'avions ni boussole, ni guides, ni méthodes, ni lois. Nous avions été conduits à nous former des idées et à choisir des doctrines qui nous étaient absolument personnelles, que nous défendions avec chaleur et passion, mais sans mélange d'aucun sentiment d'envie ou de jalousie. Les découvertes à accomplir nous apparaissaient sans limites et la moisson suffisait à chacun. Ce que nous cherchions l'un et l'autre, c'était à poser des jalons, à ouvrir des chemins ; et je suis sûr que M. de Liebig éprouvait alors à lire mes écrits le même bonheur que me procuraient les siens. Peu importait qu'un échelon nouveau eût été placé par l'un ou par l'autre, puisque nous pouvions également nous en servir pour monter vers la vérité.

Il restera, de ce demi-siècle d'ardentes études, quelques lignes pour l'histoire de la science : au point de vue du laboratoire, le procédé d'analyse rapide des matières organiques, le moyen d'en déterminer l'azote, la définition de leur état moléculaire par les densités de vapeur ; au point de vue des doctrines, les radicaux composés, les types, les substitutions.

M. Pelouze n'accepta pas la portée et l'avenir des opinions qui se manifestaient alors, cherchant leur place, hésitant d'abord, se raffermissant ensuite peu à peu, et définitivement classées aujourd'hui. Il s'en fit l'adversaire et ce fut assurément au grand dommage de la science, car il éloigna de ses mains des armes qui lui auraient procuré de grands succès. Mais les deux formes de l'esprit humain, qui mettent sans cesse en opposition les faits et les idées, trouvent surtout leurs représentants dans les sciences. M. Pelouze était de ceux qui estiment surtout les faits et pour qui les idées représentent ce qui est mobile et vain. Il ne faut pas plus s'étonner de sa résistance qu'il ne faut être surpris de l'oubli où le souvenir de ces luttes est tombé. Qui soupçonne aujourd'hui que les doctrines de la chimie organique n'existaient pas il y a cinquante ans, qu'elles sont lentement écloses au feu du laboratoire et non ailleurs, et qu'elles sont la traduction exacte de l'expérience et non le produit d'une abstraction ?

On pourra regretter que M. Pelouze, à la tête d'un laboratoire renfermant de nombreux élèves, n'ait pas dirigé leurs travaux dans la voie qui s'ouvrait naturellement devant eux. Mais il y avait compensation, et par cela même que notre confrère s'enthousiasmait difficilement pour une idée, il était prompt à se passionner pour un fait, pourvu qu'il fût clair et précis. Son laboratoire, ses élèves, sa correspondance avec les chimistes étrangers lui apportant quelque fait nouveau, chaque jour, lui procuraient le genre de jouissance qui convenait le mieux au tour de son esprit. C'est ainsi que le laboratoire de M. Pelouze a enrichi la science d'un grand nombre de faits importants ; c'est ainsi qu'il a formé des chimistes et des savants, dont quelques-uns occupent un rang distingué ou même éminent, sans chercher à faire école.

Le souvenir des travaux exécutés dans ce laboratoire devait être conservé, ainsi que les noms des personnes que notre confrère y a successivement admises ; je détache de la note que je dois à la piété de l'un de ses meilleurs élèves, M. Aimé Gérard, deux noms seulement,

Le premier est celui de M. Péan de Saint-Gilles, intéressant jeune homme, que le souffle de la mort a frappé dans sa fleur, dont les aimables qualités laissent à sa famille d'éternels regrets, et dont les premiers mémoires, touchant aux vues les plus générales de la science, et se soutenant à leur hauteur, avaient fait naître au sein de l'Académie des espérances que le destin a trompées.

Le second est celui de l'homme illustre qui préside cette séance, et qui, à une époque où l'Allemagne nous disputait le sceptre de la physiologie expérimentale, l'a ressaisi et le conserve à notre pays. Notre Président ne permettrait pas que Magendie fût privé de l'honneur d'avoir été son maître; mais on serait ingrat envers le laboratoire de M. Pelouze, si l'on oubliait qu'il fut le théâtre de l'une des plus grandes découvertes de la physiologie moderne, et si l'on ne disait pas que dans cet asile, dont il était l'hôte assidu, M. Claude Bernard a découvert le vrai rôle du foie, organe fondamental dont la fonction restait obscure, et que c'est là qu'il a constaté la production du sucre qui s'y élabore.

Ce n'est pas seulement dans son laboratoire et au milieu de ses élèves que M. Pelouze se montrait partisan du fait. L'ouvrage, si abondant en informations précises et en détails exacts, qu'il a publié avec la collaboration de notre confrère M. Frémy, l'un de ses premiers élèves, et l'un de ses plus constants amis, présente ce caractère et lui doit une partie de son succès.

En effet, les traités généraux des sciences expérimentales qui prennent les faits pour base durent longtemps; ceux qui se fondent sur des doctrines vieillissent vite. Rien de plus solide qu'un fait; rien de plus mobile qu'une opinion. Aussi, tandis que le jeune savant n'hésite pas à chercher le fait dont il a besoin dans un ouvrage imprimé, s'il s'agit d'une opinion, il en demande, au contraire, l'expression à ce terrain mouvant de l'enseignement oral, de la discussion des Académies et de la conversation, où tous les points de vue viennent concourir. C'est ainsi que s'explique le grand rôle et l'utilité des Académies et des réunions scientifiques, où les faits s'enregistrent, mais où les doctrines, s'élaborant sans relâche, changent de physionomie à mesure que tout se meut autour d'elles. En ce sens, les savants isolés ont raison de se plaindre de leur éloignement des centres intellectuels, et de considérer comme un besoin de s'y retremper à courts intervalles.

M. Pelouze avait été nommé, au concours, essayeur de la Monnaie de Paris; il fut appelé à remplacer M. Persil, comme Président de la Commission des monnaies. Placé à la tête de cette grande administration, il eut à donner satisfaction à quatre exigences considérables de la circulation monétaire de la France et il le fit avec un succès complet.

Pendant les années 1848 et 1849, en effet, des besoins exceptionnels de numéraire, résultant des circonstances, s'étant manifestés, les hôtels monétaires déployèrent une activité qui ne s'arrêta qu'avec l'apaisement des difficultés commerciales.

Mais, à peine était-on sorti de la crise, la refonte totale des monnaies de cuivre et leur transformation en monnaies de bronze venait exiger le réveil de nombreux ateliers monétaires, depuis longtemps au repos, et rendre aux autres un élément de travail important.

En même temps, la Californie et l'Australie émettant l'or en abondance, une fabrication, sans exemple, en espèces de ce métal, donnait aux hôtels de Paris et de Strasbourg l'occasion de livrer à la circulation plus de 5 milliards en moins de quinze années.

Enfin, la transformation des pièces divisionnaires d'argent étant décidée, M. Pelouze avait à pourvoir à l'exécution de cette mesure, objet d'une convention internationale dont il avait été l'un des principaux négociateurs.

La grande estime qu'il s'était acquise au Ministère des Finances, il la retrouvait au Conseil municipal, dont il faisait partie depuis près de vingt ans, et où il avait participé à toutes les grandes mesures de la transformation de Paris. A côté des problèmes qui se sont agités dans cette assemblée, au sujet de la voirie, des égouts, du service des eaux, de celui de l'éclairage, des asiles et écoles, des hôpitaux et des hospices, partout où les lumières de la science étaient invoquées, l'autorité de M. Pelouze intervenait avec un entier succès. Personne n'en sera surpris. Mais on sera peut-être étonné si j'ajoute que M. Pelouze se chargeait avec empressement de ces dossiers relatifs aux logements insalubres, qui se présentent au conseil par centaines, et dont l'examen serait une tâche bien pénible, si l'on n'était soutenu par ce désir d'être secourable à ceux qui souffrent, dont notre confrère était toujours aimé.

M. Pelouze n'était pas un de ces savants, plongés dans leurs études ou travaux personnels, qui semblaient, autrefois, considérer le reste du monde comme indigne de leur attention. Il aimait les lettres. Le style de ses mémoires est clair, ferme, convaincu; il peut être offert comme modèle à imiter. On sent que l'auteur remonte aux meilleures sources; on ne s'étonne pas qu'il ait vécu dans la familiarité des classiques et qu'il ait toujours gardé pour Horace une prédilection particulière.

Passionné pour le progrès des idées libérales, il prit aux journées de juillet une part très-active, comme orateur populaire, au milieu des faubourgs, et comme combattant, aux points les plus exposés du conflit. Il avait conservé d'illustres amitiés parmi les personnages politiques les plus en évidence, dans ces temps troublés, et il en avait toujours conservé les opinions. Cependant, sous l'influence de causes diverses, et peut-être sous l'impression de cet avertissement secret qui nous met en doute de nous-mêmes, lorsque, un organe essentiel de la vie étant blessé, nous nous sentons menacés d'une fin prochaine, notre confrère, dans ses dernières années, s'était désintéressé de la politique et du monde. Il s'était consacré tout entier à l'accomplissement de ses devoirs spéciaux, et se repliait, chaque jour davantage, vers la vie de famille. Entouré de ses enfants, qu'il chérissait, et de ses petits-enfants, dont il était adoré, M. Pelouze semblait chercher, de plus en plus, à jouir des biens ineffables que renferme cette tendresse et regretter toutes les occasions qui l'enlevaient à ce milieu charmant et préféré. Il n'avait plus rien à désirer; il possédait tout ce qui contribue au bonheur sur la terre: une indépendance loyalement acquise, une réputation européenne, les dignités et les honneurs, la considération et le respect.

La simplicité de sa vie, la chaleur de ses affections, l'espri t de justice dont il était animé, lui avaient assuré partout des dévouements sincères et l'avaient entouré de cœurs reconnaissants. A Lille, à l'École polytechnique, au Collège de France, à Saint-Gobain, au Conseil municipal, à la Monnaie, à l'Académie enfin, M. Pelouze avait vu se concilier des amitiés durables, parmi lesquelles il faut compter, au premier rang, celle de notre président actuel), M. Liouville, à cause de son caractère fraternel et de la confiance scientifique sans bornes qui en avait scellé les premiers nœuds.

Rien ne manquait à M. Pelouze ; mais, avant de dire d'un homme qu'il fut heureux, il faut attendre qu'il soit mort.

Lorsqu'il n'avait plus qu'à jouir, qu'à récolter ce qu'il avait semé ; quand, parvenu à l'âge de soixante ans, il avait le droit de compter encore sur des années d'une douce existence, la fin prématurée et subite de l'un de ses gendres vint porter le premier coup à cet édifice de prospérité. Ce fut un réveil épouvantable au milieu d'un bonheur que rien ne menaçait ; mais ce fut aussi une occasion de montrer tout ce dont était capable sa tendresse. Les soins touchants dont il entourait sa fille et ses petits-enfants, devenus orphelins, disaient qu'il eût voulu prendre pour lui seul les douleurs qui pesaient sur ces têtes si chères. Plusieurs de ses petits-enfants disparurent à leur tour. La compagne de sa vie lui fut enlevée, elle-même, d'une manière également soudaine et particulièrement cruelle ; il ne put, hélas ! lui survivre que trois mois.

M. Pelouze, en effet, n'était pas préparé à ces catastrophes ; on le vit décliner, à mesure qu'elles se succédaient, et, malgré la force naturelle de sa constitution, succombant aux coups qui l'avaient frappé si durement, se sentant mourir, il trouvait encore des paroles d'espoir pour ses enfants, et la force de leur sourire, au moment où chaque heure écoulée rapprochait celle de la séparation.

Cependant l'Exposition amenait à Paris tous les chimistes de l'Europe et de l'Amérique, et parmi eux de nombreux amis de notre confrère, qu'il avait coutume de réunir à sa table. Il voulut que rien ne fût changé à cette habitude hospitalière ; il fit à ses enfants une obligation de les accueillir, et l'on aurait pu croire, à les voir réunis près de son lit de douleur, qu'il recevait en leur personne un suprême et solennel hommage de la science universelle.

Dans ma dernière visite à notre confrère, alors déjà mortellement frappé, je recueillais avec émotion l'expression de ses désirs et celle de ses sollicitudes pour tout ce qui lui était cher, lorsque nos yeux, se rencontrant, se remplirent de larmes ; une même pensée, que nous n'eûmes pas besoin d'exprimer, nous avait frappés. Nos destinées avaient été confondues depuis quarante années ; n'eût-il pas mieux valu que nos mains, unies aux premiers jours par l'amitié, et aux derniers, par la confiance, n'eussent jamais été séparées, même pour un moment ?

Lorsque tout espoir semblait perdu, une dernière lueur relevant le courage de sa famille et le sien peut-être, il désira être transporté à la campagne, au milieu de la verdure et des fleurs. Dès son arrivée, il témoignait par de douces paroles l'impression que produisait sur son âme ce dernier aspect des beautés de la nature, auxquelles il avait toujours été sensible. Il cherchait à calmer les craintes de ses enfants, leur montrant une confiance qu'il ne partageait plus, lorsqu'une dernière et suprême angoisse mit un terme aux souffrances de ce cœur brisé.

M. Pelouze a été, pendant quarante ans, l'un des représentants les plus élevés de la science française ; il laisse parmi nous des souvenirs qui ne s'effaceront pas. Toutes les académies du monde savant ont été atteintes du même coup ; il leur appartenait depuis longtemps ; son nom demeure inscrit dans leurs annales. Ses travaux classiques, ses découvertes, la part qu'il a prise dans la transformation de la

chimie organique, lui assignent un rang qui ne sera jamais contesté parmi les premiers et les plus éminents de ses fondateurs.

J. B. DUMAS.

ACADÉMIE DES SCIENCES DE PARIS

M. BIENAYMÉ (1).

La mortalité militaire dans la campagne d'Italie (1859-60).

De tout temps, les collections de faits d'espèces si différentes, que l'on comprend, bien à tort, sous le nom commun de *Statistique*, ont été très-estimées. « Les observations ont créé les sciences ; et l'expérience dirige la vie des hommes selon la science ; l'inexpérience la mène au hasard. » Ce sont les paroles de Polus, ou peut-être de Platon lui-même dans le *Gorgias*, et Aristote, dans la *Métaphysique*, ajoute que c'est avec justesse que Polus se prononce ainsi sur la nécessité des observations. Mais la nécessité des renseignements numériques, recueillis avec précision, ne s'est jamais manifestée peut-être avec plus d'évidence que dans le siècle actuel. Partout des bureaux de statistique ont été fondés, partout on a multiplié les publications. Seulement, il faut l'avouer, les résultats acquis n'ont pas souvent répondu au but qu'on semblait se proposer. Les causes de l'insuccès sont palpables. Le défaut de connaissances mathématiques conduit souvent à rassembler des masses de faits incomplets ; et quand on les a réunis avec grandes peines, on veut absolument en tirer les conséquences qu'ils ne peuvent donner. C'est surtout une opinion bien fausse, quoique très-répandue, qui nuit au succès : on s'imagine que rien n'est plus facile que d'exécuter ce genre de travaux. On les abandonne en quelque sorte au premier venu, parce qu'on ne veut pas constituer de vraies comptabilités savantes, qui seraient absolument indispensables. On recule devant les dépenses. Sans nul doute, elles seront considérables quand il s'agira de parvenir enfin à toutes les connaissances qui se présentent confusément à l'esprit dès qu'on prononce le mot de *Statistique*. C'est une immense comptabilité à établir, à diriger scientifiquement : ou plutôt ce sont des comptabilités très-différentes les unes des autres à suivre avec persévérance pour chaque nature des faits. Il faut tout enregistrer d'avance, car on ne refait pas la statistique du passé. L'ouvrage que la Commission chargée de décerner le prix fondé par M. de Montyon, a distingué entre tous dans les Concours de 1869, en fournit une preuve nouvelle. Tout ce qui était consigné par le ministère de la guerre dans les registres des hôpitaux et dans les contrôles de l'armée a pu être relevé a donné des résultats d'une grande exactitude. Mais quand il s'est trouvé des lacunes dans ces vastes comptabilités, le zèle infatigable de l'auteur n'est pas parvenu à les combler. On ne peut que le louer de n'avoir pas même essayé dans certains cas la moindre conjecture. Il faut savoir, en ces matières, ne pas aller au delà des faits authentiques. L'invention, si brillante ailleurs, ne servirait ici qu'à propager des idées inexactes.

L'ouvrage remarquable dont il s'agit est dû à M. Chenu, et est intitulé : *Statistique médico-chirurgicale de la campagne d'Italie en* 1859 *et* 1860. Déjà l'Académie avait décerné un prix à M. Chenu, pour son excellent travail sur la mémorable campagne de Crimée. Les deux volumes qu'il publie aujourd'hui sur les combats de nos soldats en Italie ont paru mériter le même honneur. Ils offrent le même intérêt saisissant, au point de vue historique de la campagne et au point de vue des résultats chirurgicaux. Le lecteur s'y laissera entraîner, car la chronique de l'armée, quelque simplement qu'elle soit racontée, met en évidence l'héroïsme de nos troupes. Après l'avoir lue, nul ne prendra pour des lieux communs ces louanges qui reviennent si souvent dans nos histoires ou dans nos chants patriotiques : ce ne sont pas de vains mots. Malheureusement la gloire n'est achetée qu'à haut prix ; la vaillance paye ses gloires parfois bien chèrement. On n'en est que trop convaincu, en parcourant, même rapidement, la partie chirurgicale, c'est-à-dire presque tout l'ouvrage. Sans cesse elle met sous les yeux les plus pénibles tableaux.

Toutefois ce n'était pas ces deux faces du travail de M. Chenu que votre Commission devait considérer. Il fallait sans doute en tenir compte, pour bien juger de la grande valeur statistique de ces volumes, qui renferment près de 2000 pages ; mais c'est aux médecins, c'est aux

____

(1) Rapport sur les prix de statistique.

historiens qu'il appartiendra d'examiner ces nombreux documents à leurs points de vue spéciaux. Votre Commission n'avait à apprécier que l'exactitude de cette collection de faits si considérable ; et à cet égard, elle n'a que des éloges à donner à la persévérance et aux soins scrupuleux de l'auteur; un très-grand nombre de faits sont appuyés de listes nominatives. Toute l'armée d'Italie a pu en vérifier les détails. Ils ont subi l'épreuve de la discussion publique, et il serait vraiment superflu d'insister ici sur les mérites de l'ouvrage au point de vue purement statistique. Déjà, le volume sur la guerre de Crimée avait mis hors de doute les procédés employés par M. Chenu pour arriver à une constatation complète des faits qu'il avait à réunir.

Il est bon d'en faire ressortir le résultat principal : c'est que cette campagne de trois mois, qui a vu tant de glorieux combats et la grande bataille de Solferino, a moins coûté à la France que l'on aurait pu le craindre. Voici la récapitulation des pertes de l'armée :

Tués	2536
Disparus	1128
Blessés et malades morts aux hôpitaux.	5010
Total des morts	8674

Il y avait eu près de 20 000 blessés, dont 17 000 sur le champ de bataille.

D'après divers renseignements, l'auteur évalue à 2800 morts ou disparus les pertes de l'armée sarde, qui avait eu 4922 blessés.

Les pertes de l'ennemi sont nécessairement bien supérieures. On manque toutefois de renseignements positifs à ce sujet. Les morts sur le champ de bataille seraient au nombre de 5400. Mais les hommes disparus excéderaient 17 000, dont une grande partie sans doute se retrouveraient parmi les prisonniers. Les blessés et les malades excéderaient 40 000.

A la fin de son grand et excellent travail, l'auteur a placé un *appendice* de quelques pages sur la *Population de la France* et sur le *Recrutement de l'armée*. Votre Commission est obligée de faire des réserves au sujet des calculs de cet appendice ou des conséquences hasardées que l'auteur en déduit. La belle comptabilité du recrutement tenue au ministère de la guerre lui a fourni le rapport de 63 sur 100 pour le nombre des jeunes gens de vingt ans rapproché des naissances correspondantes. Mais il n'est possible d'en rien conclure relativement à l'accroissement de la population. On en a la preuve dans les tables de Belgique : le nombre des survivants de vingt ans est aussi de 63 sur 100 dans ce pays ; et l'accroissement annuel moyen de la population est signalé comme double de celui que fournit la statistique de la France. Les causes de l'accroissement apparent d'une population sont très-satisfaction que le rapport des survivants de vingt ans n'est pas moin-

dre chez nous qu'à l'étranger, et qu'en même temps le nombre des mariages paraît être supérieur.

Au surplus, l'appendice qui motive ces réflexions ne dépend en aucune façon de l'ouvrage de l'auteur, et c'est à la partie statistique seule de cet ouvrage, à la collection de faits, que votre Commission a décerné le prix.

Les conseils de prud'hommes

Sous ce titre : *Données générales d'une statistique des conseils de prud'hommes, recueillies et publiées sous les auspices des conseils de Lyon*, MM. Magué et Poly, secrétaires, ont rassemblé des renseignements très-exacts sur l'institution des prud'hommes. Leur travail paraît très-bien fait et très-propre à éclairer le public sur la situation de cette institution, qui devient de jour en jour d'un plus grand intérêt. Depuis soixante ans il a été créé cent douze conseils ; mais douze ne fonctionnent pas. Entre les cent autres, qui comptent en moyenne quatorze membres, 47 300 affaires annuelles se trouvent très-inégalement réparties, car trente-huit conseils n'ont reçu que 932 affaires. A Paris, un membre, en moyenne, a eu 251 affaires à décider, tandis que la moyenne générale n'est que de 46. L'institution n'existe que dans quarante-sept départements, et le Nord seul a dix conseils. On voit combien ces utiles justices industrielles et commerciales pourraient être augmentées en nombre. Cet accroissement est surtout le but de la publication de MM. Magué et Poly. Mais leur travail, qui paraît n'avoir pas été exécuté sans peines et sans difficultés, n'en est pas moins une statistique à la fois curieuse et digne de l'attention des législateurs et des moralistes.

Fabrication des verres

Une seconde mention honorable est attribuée à un travail tout différent : *Le guide du verrier, traité historique et pratique de la fabrication des verres, cristaux, vitraux*, par M. Bontemps. Sous ce titre sont réunis une foule de renseignements des plus solides sur l'histoire et les procédés de cette fabrication, dont les produits ont un usage journalier si important au bien-être de la population. Mais lorsqu'il s'est agi de données numériques, l'auteur n'a pu inscrire dans son livre que des évaluations. Et on le conçoit sans peine : il est presque impossible de savoir avec précision les opérations de chaque fabrique ou maison de commerce. Néanmoins la grande expérience de M. Bontemps rend ses évaluations beaucoup plus dignes d'attention que ne le sont d'ordinaire les indications de cette espèce. Voici un résumé très-curieux qu'il a formé en réunissant tous les faits épars dans les différents chapitres de son guide :

Évaluation de la fabrication.

	VALEUR.	POIDS DU PRODUIT.	POIDS DES MATIÈRES PREMIÈRES.	POIDS DU COMBUSTIBLE.	NOMBRE D'OUVRIERS EMPLOYÉS.	SALAIRES.
Verre à vitre.	12 500 000 fr.	31 000 000 kil.	44 000 000 kil.	105 000 000 kil.	2700	3 200 000 fr.
Glaces.	13 000 000	13 800 000	15 260 000	99 500 000	4000	3 500 000
Bouteilles (110 000 000).	14 000 000	100 000 000	118 000 000	240 000 000	3800	4 000 000
Cristaux.	14 000 000	11 500 000	15 000 000	38 000 000	5000	4 000 000
Gobeletterie	10 000 000	21 000 000	28 000 000	75 000 000	4420	3 300 000
	63 500 000	177 300 000	220 260 000	557 500 000	19 700	18 000 000

difficiles à dégager. La mortalité des vingt premières années est égale en France et en Belgique, et même à fort peu près dans toute l'Europe. Cependant la population paraît s'accroître très-inégalement dans les divers pays. Il est bien clair que cette apparence doit se prononcer dans les régions où l'émigration est considérable, et où, par suite, le nombre des décès est diminué. Semblablement, puisqu'il subsiste en France autant d'hommes à vingt ans que dans le reste de l'Europe, on ne peut affirmer que la diminution si désirable du nombre des décès des enfants en nourrice puisse avoir une notable influence sur la population. Il faut arriver à supprimer cette grande mortalité qui frappe une partie des enfants des grandes villes confiés à des nourrices éloignées et parfois peu scrupuleuses. L'expérience prononcera ensuite sur l'influence des résultats heureux qu'on peut obtenir, et c'est un devoir de les rechercher avec sollicitude. En attendant, on peut voir avec quelque

Assurément, une valeur de 63 millions de francs, dont 18 en salaires pour près de 20 000 ouvriers, mérite bien les recherches des statisticiens. Elles seront grandement facilitées par l'ouvrage de M. Bontemps, dont la lecture est indispensable comme préparation à une statistique de la verrerie. Quant à l'auteur, comme il le dit lui-même, c'est de la technologie qu'il a voulu faire. Aussi ce n'est que pour la moindre partie que son œuvre a paru mériter une place dans ce concours.

BIENAYMÉ.

Le propriétaire-gérant : GERMER BAILLIÈRE.

PARIS. — IMPRIMERIE DE E. MARTINET, RUE MIGNON, 2.

REVUE

DES

COURS SCIENTIFIQUES

DE LA FRANCE ET DE L'ÉTRANGER

SEPTIÈME ANNÉE   NUMÉRO 34   23 JUILLET 1870

Paris, 22 juillet 1870.

La guerre qui vient d'être déclarée à la Prusse a provoqué un mouvement considérable dans le monde médical de Paris. Plusieurs chirurgiens des hôpitaux, un très-grand nombre de médecins civils, d'internes des hôpitaux et d'élèves en médecine, sont partis immédiatement pour l'armée avec des fonctions plus ou moins importantes. L'intendance, chargée de la direction du service médical, a déclaré autrefois que les médecins civils ne devaient jamais être employés qu'à des fonctions secondaires. On paraît heureusement abandonner cette doctrine. La lutte qui s'engage prépare aux chirurgiens militaires une tâche qui pourrait être en disproportion avec leur nombre : en faisant appel aux sentiments patriotiques du corps médical, on est sûr que les recrues ne manqueront jamais.

L'Association pour le secours des blessés, fondée à Genève, organise également son service, sous la direction de M. Le Fort, chirurgien des hôpitaux de Paris.

Il paraît qu'on va transformer en hôpitaux sous tente une partie des forts de Paris, et qu'on y évacuerait le plus vite possible les blessés capables de supporter douze ou quinze heures de chemin de fer. Ce serait là une excellente mesure qui placerait ces blessés dans les meilleures conditions hygiéniques, à portée des secours médicaux de toute sorte dont Paris abonde ; elle aurait surtout le grand avantage de dégager les hôpitaux placés près du théâtre de la guerre et de rendre disponibles pour les ambulances un plus grand nombre de chirurgiens militaires.

—Les ravages de la variole ne sont rien à côté de ceux de la guerre ; aussi l'attention publique s'est-elle détournée de l'épidémie, qui ne semble pas encore entrer en décroissance à Paris. Au milieu du mois dernier, la mortalité hebdomadaire par la variole était remontée brusquement de 165 à 238 ; la semaine suivante donna encore 238 décès ; puis du 25 juin au 2 juillet, 210 décès, et du 2 au 9 juillet, 267, le plus haut chiffre atteint. La semaine dernière, du 9 au 16 juillet, nous apporte une légère diminution : 225 décès par la variole.

— M. Helmholtz est nommé professeur de physique à l'université de Berlin, comme nous l'annoncions récemment ; mais il passera l'hiver prochain à Heidelberg, et n'ira prendre possession de la chaire de Magnus qu'au mois d'avril 1871.

— Lundi dernier, l'Académie des sciences a continué en comité secret la discussion des titres pour la place de correspondant de Purkinje, dans la section de zoologie. Comme on s'y attendait, il n'a été question que de M. Darwin. M. H.

Milne Edwards a parlé le premier en sa faveur. Il a beaucoup insisté sur son opposition absolue aux doctrines transformistes ; mais il a rendu hommage à la valeur des travaux spéciaux de Darwin, surtout à la théorie de la formation des îles madréporiques. M. Élie de Beaumont a proclamé aussi la valeur de cette théorie, qu'il a enseignée autrefois dans ses cours ; à ses yeux M. Darwin a fait de bons travaux qu'il a gâtés par des idées dangereuses et sans fondements : il faut attendre pour l'élire qu'il ait renoncé à ces idées.

M. Émile Blanchard a été très-sévère pour M. Darwin : il ne voit en lui qu'un *amateur* intelligent mais non un savant, et ce serait un malheur pour la science que de lui ouvrir les portes de l'Académie ; ses longues recherches sur les races de pigeons, tant admirées, prouveraient qu'il manque du véritable esprit scientifique ; il n'a même pas pu faire l'étude zoologique des échantillons qu'il avait recueillis pendant l'expédition du *Beagle*. Son travail sur les cirripèdes ne contient guère que des faits déjà connus ; sa monographie des planaires ne renferme presque rien d'important. La théorie des îles madréporiques lui doit beaucoup moins qu'on ne dit ; tous les faits capitaux étaient connus avant lui. Enfin, la doctrine qui a fait la fortune de son nom n'est pas seulement fausse, elle ne lui appartient même pas : Lamarck avait exposé depuis longtemps le système de la transmutation des espèces. Partant de cette assimilation, M. Émile Blanchard s'est le plus souvent attaqué aux idées et aux exemples de Lamarck pour combattre le transformisme de Darwin. Cette confusion nous semble inacceptable ; on peut être transformiste sans accepter les idées de Darwin, nos lecteurs en trouveront plus loin un exemple dans le discours de M. Broca. Lamarck avait une vue confuse qui n'a pas fixé l'attention du monde savant parce qu'elle n'avait pas de base scientifique ; il invoquait sans explication l'*empire des circonstances* et les désirs internes ; on connaît l'histoire du cou de la girafe s'allongeant par le désir d'atteindre les feuilles des arbres, et celle des cornes du colimaçon produites par le désir de palper. La théorie de Darwin est une véritable conception scientifique fondée sur la sélection naturelle qui dérive de la lutte pour la vie et la survivance des plus forts. Voilà ce qu'il faut attaquer.

M. Émile Blanchard, qui a parlé plus d'une heure, continuera son discours dans le comité secret de lundi prochain.

C'est de la *science mousseuse*, s'est écrié pendant la discussion un académicien, qu'on dit être M. Élie de Beaumont. Cette interruption a provoqué une énergique protestation de M. de Quatrefages qui, lundi prochain, répondra point par point à M. Émile Blanchard.

SOCIÉTÉ D'ANTHROPOLOGIE DE PARIS

M. BROCA

Sur le transformisme

I

REMARQUES GÉNÉRALES.

Lorsque j'ai pris la parole, l'année dernière, dans la discussion sur l'ordre des primates, j'ai écarté à dessein toutes les questions relatives au transformisme. Il me paraissait nécessaire de commencer par constater les faits. Mais en même temps j'ai pris l'engagement de discuter à son tour la grande hypothèse qui a illustré le nom de Darwin. C'est ce que je viens faire aujourd'hui.

Cette seconde partie du grave débat qui s'agite devant vous, est bien autrement épineuse que la première. Alors qu'il s'agissait seulement de déterminer la place que doit occuper le genre Homme dans la classification zoologique, vous avez pu voir combien il est difficile, même à l'anatomiste qui se base sur l'observation matérielle et positive, d'oublier qu'il est lui-même en cause, et de conserver toute sa liberté d'esprit. Je disais à cette occasion que j'aurais voulu voir ce sujet traité par un être intelligent comme l'homme, mais étranger à notre planète, et juge impartial d'une question où son amour propre et son intérêt ne seraient pas engagés. C'est aujourd'hui surtout que nous aurions besoin d'un pareil juge. Car c'est en vain que nous chercherions à nous désintéresser du débat, et à étudier la doctrine transformiste abstraction faite de ses applications au groupe spécial dont nous faisons partie. L'opinion que nous adoptons sur l'origine des autres espèces, touche de trop près à celle que nous nous faisons de notre propre origine, pour que nous puissions étudier le transformisme chez les mollusques sans songer à nous-mêmes ; et comment pourrions-nous comprimer nos sentiments, nos aspirations, nos idées préconçues, et acquérir cette sérénité philosophique qui est si nécessaire pour interpréter les grands phénomènes de la nature, lorsque nous craignons de perdre l'auréole de noblesse dont il nous est si doux d'entourer notre berceau ?

Quant à moi, je le déclare tout d'abord, cette crainte ne m'obsède pas. Je ne suis pas de ceux qui méprisent les parvenus. Je trouve plus de gloire à monter qu'à descendre, et si j'admettais l'intervention des impressions sentimentales dans les sciences, je dirais, comme M. Claparède, que j'aimerais mieux être un singe perfectionné qu'un Adam dégénéré. Oui, s'il m'était démontré que mes humbles ancêtres furent des animaux inclinés vers la terre, des herbivores arboricoles, frères ou cousins de ceux qui furent les ancêtres des singes, loin de rougir pour mon espèce de cette généalogie et de cette parenté, je serais fier de l'évolution qu'elle a accomplie, de l'ascension continue qui l'a conduite au premier rang, des triomphes successifs qui l'ont rendue si supérieure à toutes les autres. Je me réjouirais en songeant que mes descendants, poursuivant indéfiniment l'œuvre splendide du progrès, pourraient s'élever au-dessus de moi autant que je m'élève au-dessus des singes, et réaliser enfin cette promesse du serpent de la Genèse : *eritis sicut deos !* Ce que j'aimerais à rêver pour l'humanité future, d'autres sans doute se plai-

saient à l'accorder à l'humanité naissante. Mais la science n'est pas faite pour obéir à nos goûts, ni pour flatter notre orgueil, et il ne serait pas plus fâcheux de l'incliner devant un système théologique, que de la mettre au service de la doctrine philosophique qui est en lutte avec ce système.

M. Dally, dans sa dernière improvisation, a habilement invoqué l'exemple de plusieurs savants qui professent à la fois le christianisme et le transformisme. Je ne sais s'il a eu l'intention de les en louer ; mais je serais surpris que la conciliation de ces deux doctrines lui parût possible et logique. L'une place tous les phénomènes, actuels ou passés, sous la volonté toute-puissante d'un dieu personnel, d'un dieu vivant, qui a tout créé, tout organisé, qui surveille tout, qui fait tout, qui a établi des lois mais qui peut les suspendre, qui maîtrise la nature et qui dispense à son gré, parmi les individus, comme parmi les espèces, la force et la faiblesse, la mort et la vie. Le transformisme, au contraire, se rattache à la doctrine générale des savants et des philosophes qui, ne voyant dans l'univers que des lois éternelles et immuables, nient l'intervention, même exceptionnelle, de toute action surnaturelle. Ce qu'ont fait dans l'empire inorganique les astronomes, les physiciens et les chimistes, ce qu'ont fait, dans la biologie, les physiologistes organiciens, le transformisme s'efforce de le faire à son tour dans l'histoire naturelle. Montrer que l'évolution des formes organiques, l'apparition des espèces, leur extension, leur extinction, leur succession, leur répartition, sont des phénomènes ordinaires, c'est-à-dire nécessaires et régis par des lois qui ne laissent aucune place à un pouvoir supérieur, tel est le but, ou du moins telle est la conséquence de cette hypothèse, dont la hardiesse étonne ou indigne même beaucoup d'esprits attachés aux croyances les plus répandues, mais qui, par là même, attire aisément à elle les esprits impatients de se soustraire au joug des dogmes.

II

LE TRANSFORMISME AVANT DARWIN.

Le transformisme ne date pas d'hier ; mais je ne saurais lui accorder l'antiquité vénérable que mon spirituel collègue, M. Dally, voudrait lui attribuer. Les métamorphoses bizarres auxquelles croyaient les anciens étaient pour eux des choses surnaturelles ; elles ne méritent pas plus de figurer ici que la fable d'Aristée dans l'histoire des générations spontanées, et je trouve que c'est faire peu d'honneur au transformisme de le placer sous le patronage d'Ovide.

L'hypothèse transformiste ne pouvait surgir avant que l'on eût classé les espèces, déterminé leurs caractères, étudié leurs affinités, et leur distribution sériaire. L'histoire naturelle ainsi conçue est une science moderne. Les classifications réellement méthodiques ne datent que du dernier siècle ; ce fut alors seulement que les savants purent embrasser d'un coup d'œil toute la nature, et s'élever à la conception de ce que nous appelons aujourd'hui la série organique. Avant eux, sans doute, on avait soupçonné les rapports et l'enchaînement des groupes ; le célèbre adage *Natura non facit saltum* était depuis longtemps formulé ; mais cette formule, vague à force d'être générale, et plutôt instinctive que scientifique, n'avait pas encore été soumise au contrôle de l'observation.

La forme sous laquelle on se représenta d'abord la répartition des espèces et des genres, fut celle d'une chaîne dont les anneaux se tenaient sans interruption, ou de deux échelles, l'une végétale, l'autre animale, dont les pieds. se confondaient dans la classe intermédiaire des zoophytes, et dont les branches divergentes conduisaient, de degrés en degrés, jusque aux types les plus élevés des deux règnes. Cette image était frappante, mais inexacte. On sait aujourd'hui que, si les grands groupes connus sous les noms d'embranchements et de classes, présentent une gradation réelle, les groupes moins généraux, ordres, familles, genres ou espèces, ne peuvent être disposés en série continue, et représentent plutôt les rameaux et les ramuscules des branches latérales d'un arbre, C'est Lamarck, je pense, qui, dans sa *Philosophie zoologique*, a le premier nettement formulé cette idée (en 1809) : « Les espèces, dit-il, présentent une diversité si considérable » et si singulièrement ordonnée, qu'au lieu de les pouvoir » ranger *comme les masses*, en une série unique, simple et » linéaire, sous la forme d'une échelle régulièrement graduée, » ces mêmes espèces forment souvent autour des masses » dont elles font partie, des ramifications latérales, dont les » extrémités offrent des points véritablement isolés (1). » J'ai cru devoir citer ce passage, parce que, dans une discussion précédente, l'idée de comparer la répartition des espèces à celle des rameaux d'un arbre ayant été attribuée à Darwin, quelques-uns de nos collègues en réclamèrent la priorité pour Blainville ; il m'a donc paru utile de rappeler que Blainville a été précédé par Lamarck.

La nature des rapports de continuité que l'on établit entre les divers termes de la série organique est certainement de la plus haute importance ; mais ce qui est plus important encore c'est cette notion générale que les formes innombrables des êtres organisés ne sont pas réparties dans la nature d'une manière capricieuse et confuse, qu'elles sont soumises à une ordination régulière, qu'elles sont par conséquent réglées par des lois. Il semble qu'une pareille notion ne pouvait se répandre dans l'histoire naturelle sans entraîner aussitôt les esprits à la recherche de ces lois. Il n'en fut rien cependant, et le xviiie siècle s'écoula tout entier sans qu'on parût se douter que la solution de ce problème scientifique ne relevait que de la science. Chaque système philosophique ou théologique admit sans difficulté l'existence de la chaîne des êtres, de l'échelle des êtres, et crut même y trouver sa propre confirmation. Les uns voyaient dans cet ordre admirable un effet direct de la volonté du créateur. D'autres invoquaient l'harmonie préétablie, ou l'action intelligente de la Nature, qu'ils ne confondaient pas avec le pouvoir créateur ; et ceux enfin qui attribuaient toute chose à la fatalité, disaient que, toutes les combinaisons possibles s'étant réalisées, les effets des conditions favorables à la production des organismes devaient être gradués et nuancés comme ces conditions elles-mêmes. On n'avait pas encore compris que la science naturelle n'est pas faite pour s'adapter à la philoso-

phie et pour s'incliner devant elle, mais pour l'éclairer et la dominer. Puis, il faut bien le dire, cette science était alors trop incomp'ète, trop imparfaite, pour être en mesure de s'affranchir du joug de la métaphysique ; la géologie était dans l'enfance ; la planète n'avait pas de chronologie, la paléontologie n'existait pas. On n'avait aucune idée de la lente succession des espèces ; on admettait bien que le déluge universel en avait pu détruire quelques-unes, mais à vrai dire, on n'avait classé que les formes actuelles, et l'on ne soupçonnait pas que l'étude des espèces éteintes allait bientôt permettre de reconstituer les anciennes populations du globe, d'agrandir, de compléter les cadres, et d'envisager sous un jour nouveau les rapports des termes innombrables qui composent la série organique.

Ce fut donc seulement au commencement de ce siècle que les naturalistes purent se hasarder à poser dans la science le problème immense des origines de la vie, de son développement et de sa répartition sur le globe. Jusqu'alors le principe de la fixité de l'espèce n'avait pas été, comme on l'a vu depuis, érigé en dogme. Il était généralement accepté, mais on n'y attachait pas beaucoup de prix, et c'était ainsi qu'on avait vu Buffon l'admettre ou le rejeter tour à tour suivant les inspirations du moment, le proclamer solennellement lorsqu'il voulait dépeindre la majesté de la nature, et le rejeter dédaigneusement lorsqu'il voulait prouver que les classifications et les méthodes sont nécessairement arbitraires, illusoires et nuisibles aux progrès de l'histoire naturelle. Ce même Buffon avait pu, sans provoquer le moindre scandale, émettre la pensée que toutes les espèces groupées dans une même famille semblent être sorties d'une souche commune. Le mot famille n'avait pas pour lui la même acception que pour nous ; ses familles différaient peu de nos genres. Il est clair néanmoins que l'hypothèse du transformisme était contenue en germe dans cette remarque de Buffon ; mais elle n'aspirait pas encore à expliquer l'évolution des formes de la vie et la disposition sériaire des êtres ; elle ne menaçait aucune doctrine philosophique, et elle avait pu se produire sans faire ombrage à personne.

Il en fut autrement lorsque Lamarck, d'abord en 1801, puis en 1809, s'élevant tout à coup à une conception plus générale et planant à une hauteur d'où les étroites limites de nos espèces, de nos genres, de nos ordres, n'apparaissaient plus que comme des nuances presque insensibles, nia résolûment la fixité des types organiques et proclama le changement continu et indéfini comme une loi de la nature. A la doctrine de l'harmonie préétablie et des causes finales, il substitua celle de l'évolution progressive des êtres et expliqua ainsi un grand nombre de faits de la plus haute importance : l'adaptation des espèces à leur milieu, la complication croissante des organismes qui se sont développés d'époque en époque, l'existence des organes inutiles et des rudiments d'organes, des animaux incomplets, des espèces dites anomales ou même paradoxales ; — enfin et surtout la formation, l'évolution et la disposition de la série organique.

Il y a, dans la doctrine de Lamarck, deux choses distinctes et séparables, savoir : le principe général du transformisme, et la théorie à l'aide de laquelle il essaya d'expliquer la transformation des espèces.

Le principe, comme on vient de le voir, avait été entrevu avant lui, mais il n'avait pas été généralisé, il n'avait pas

---

(1) Lamarck, *Philosophie zoologique*, 2e édition. Paris, 1830, in-8°, page 109. La première édition est de 1809. Les *masses* dont il est ici question ont été définies à la page 107, où il est dit : « Cette *échelle* » (organique) n'offre de degrés saisissables que dans les masses princi- » pales de la série générale et non dans les espèces ni même dans les » genres. » Il est permis d'en conclure que l'auteur admettait une gradation continue dans les familles ou au moins dans les ordres, mais on sait aujourd'hui qu'un certain nombre d'ordres sont situés en dehors de la série linéaire.

servi de base à une conception *scientifique* (1) de la nature. Il est juste de donner à ce principe le nom de celui qui l'a promulgué ; je l'appellerai donc le *principe de Lamarck*, principe hypothétique d'ailleurs, comme le sont souvent, dans les sciences, les propositions générales sous lesquelles on s'efforce de coordonner les faits et qui prennent le nom de lois lorsqu'elles sont démontrées.

La gloire de Lamarck serait peut-être plus grande à nos yeux s'il se fût borné à formuler son principe et s'il n'y eût pas joint des explications hypothétiques, qui devaient plus tard donner prise à la critique et compromettre jusqu'au principe lui-même. Mais peut-être aussi n'eût-il fait aucune impression sur les esprits de son temps, généralement imbus de la doctrine de la permanence des espèces, qui d'ailleurs avait pour elle toutes les apparences. L'observation usuelle montre, en effet, que les caractères des êtres se transmettent par la génération, et, pour s'inscrire contre les conséquences probables de ce fait, il paraissait nécessaire de signaler les causes capables de contre-balancer ou de modifier l'influence de la loi d'hérédité. A ce prix seulement la nouvelle doctrine pouvait conquérir des suffrages. Lamarck ne se contenta donc pas d'énoncer son principe ; il voulut en donner la théorie, et pour cela il chercha à découvrir le mode d'action des agents naturels qui peuvent opérer la transformation des espèces.

Les causes qu'il invoqua pouvaient aisément se ramener à une seule formule, à savoir : que la constitution des êtres est sujette à changer avec les conditions de la vie. C'est ce qu'on appelle aujourd'hui l'*influence modificatrice des milieux*, en prenant le mot de *milieux* dans son acception la plus étendue. Lamarck ne connaissait pas cette expression ; au lieu de l'influence des milieux, il invoquait l'*empire des circonstances*, ce qui revenait absolument au même ; mais, parmi ces circonstances, il distinguait tout spécialement celles qui dépendent de l'animal lui-même, de sa volonté, de ses besoins, de ses *habitudes*.

L'influence des circonstances, exprimée en formule générale, donnait peu de prise à la discussion ; elle faisait tout entrevoir, tout espérer, mais elle n'expliquait rien et ne laissait rien affirmer. L'influence des habitudes, au contraire, se prêtait aux explications particulières, et plus d'une fois l'auteur montra avec quelque probabilité comment l'apparition de circonstances propres à faire naître de nouveaux besoins ou à rendre certaines fonctions moins nécessaires, pouvait favoriser le développement ou l'atrophie de divers organes. Mais il se laissa le plus souvent aller à exagérer cette influence, et la plupart des exemples qui servirent à sa démonstration ne pouvaient supporter la discussion. Ainsi, il supposait que les membranes interdigitales des vertébrés aquatiques s'étaient formées par suite des efforts qu'avaient faits ces animaux en écartant les doigts pour nager, — ou encore que la girafe, en élevant continuellement la tête pour brouter sur les arbres, avait allongé ses vertèbres cervicales, etc. Cette partie de son argumentation donnait beau jeu à ses adversaires, et l'on ne tarda pas à le voir.

Une pareille doctrine, qui renouvelait entièrement les bases de la philosophie naturelle, ne pouvait se produire sans soulever aussitôt une vive opposition ; mais ce qui rendit cette opposition plus énergique encore, ce fut le chapitre singulièrement hardi où Lamarck, poussant jusqu'au bout les conséquences du transformisme, osa décrire les changements graduels qui avaient pu amener la transformation des singes en hommes. Ce n'était plus seulement l'histoire naturelle qui se trouvait ainsi mise en cause, c'étaient tous les systèmes philosophiques ou théologiques, toutes les traditions, toutes les croyances. Aussi l'émotion fut-elle grande hors de la science aussi bien que dans la science. Mais je n'ai à parler ici que du côté scientifique de la question.

Les naturalistes, les physiologistes n'eurent pas de peine à découvrir le point faible de la doctrine de Lamarck. Les nombreux exemples qu'il avait cités pour établir l'influence de l'habitude, cette « seconde nature », furent facilement réfutés. On ne prit pas garde que cette influence n'était qu'un cas particulier de l'influence plus générale « des circonstances », et que Lamarck, vaincu sur un point, pouvait à la rigueur avoir raison sur les autres. Comme on avait attaqué et renversé l'une des explications qu'il avait proposées, on crut avoir ruiné du coup le principe même du transformisme. Mais ce principe n'était pas si bien détruit qu'il ne pût un jour reparaître, et la science orthodoxe, un instant menacée, éprouva le besoin de s'abriter derrière un rempart solide.

Ce rempart, ce fut le dogme de l'immutabilité absolue et de l'invariabilité des espèces. On admit que chaque espèce, une fois établie par un acte spécial et instantané du pouvoir créateur, ne pouvait subir aucune altération, ni sous l'influence des milieux, ni sous celle des croisements. Les êtres hybrides furent déclarés inféconds, et, alors même qu'ils se reproduisaient entre eux, on leur refusait du moins la fécondité continue. La Nature, disait-on, avait établi entre les espèces des murs infranchissables. Elle leur avait assigné des caractères tellement fixes, que plutôt que de leur permettre de se modifier, de se plier aux conditions changeantes de la planète, elle préférait les détruire et les remplacer par d'autres espèces. *Sint ut sunt aut non sint.* La doctrine des révolutions du globe, formulée dans le célèbre livre de Cuvier, vint cimenter ce système. Chaque révolution avait été signalée par la destruction subite des espèces anciennes et par la création non moins subite des espèces nouvelles. Tout cela n'était point nouveau. Il y avait longtemps que la majorité des naturalistes croyaient à la permanence des espèces ; mais on pouvait la rejeter sans rompre avec la science classique, tandis que désormais cette notion fut placée, comme un dogme fondamental, à la base de l'histoire naturelle.

Bientôt cependant une voix puissante s'éleva contre la doctrine de la fixité de l'espèce. Ce fut celle d'Étienne Geoffroy Saint-Hilaire, qui, à partir de 1828, se rallia au principe de Lamarck et qui, deux ans après, dans sa mémorable discussion avec Cuvier, soutint devant l'Académie des sciences la mutabilité des types.

L'illustre auteur de la *Philosophie anatomique* trouvait dans le transformisme, dans l'évolution des espèces, l'explication du grand fait qu'il avait mis en lumière : l'unité de composition organique, et celle de cet autre fait non moins frappant : que les phases transitoires du développement embryonnaire d'un animal, reproduisent souvent des états qui sont permanents chez des animaux placés plus bas dans la série. L'étude

---

(1) Je souligne le mot *scientifique* parce que le système de Robinet, d'ailleurs essentiellement différent de celui de Lamarck, était purement métaphysique. Quant à celui de Telliamed (de Maillet), ce n'était qu'un rêve ridicule, si même ce n'était pas un simple jeu d'esprit,

de certaines anomalies que l'on peut appeler *régressives*, et qui font reparaître dans un organisme supérieur des dispositions qui sont normales dans des organismes moins élevés, le confirma dans cette idée. Enfin et surtout, son esprit, affranchi de toute pression extra-scientifique, se refusait à admettre ces destructions soudaines et ces créations successives qu'invoquait l'auteur du *Discours sur les révolutions du globe*; et il n'hésita pas à déclarer que les espèces actuelles provenaient directement, par une évolution lente et continue, par une série ininterrompue de générations et de transformations, de celles dont on retrouve les débris dans les couches paléontologiques.

C'était bien toujours le principe de Lamarck, mais des deux séries de causes naturelles que Lamarck avait fait intervenir pour expliquer la transformation des espèces, Geoffroy n'accepta que la plus générale : l'influence du monde ambiant ou du milieu. Quant à l'influence qu'un animal exercerait sur ses caractères spécifiques, par l'action de sa volonté, par ses habitudes, il la rejeta résolûment. D'ailleurs, en invoquant, dans son acception la plus étendue, l'influence des milieux, il se garda bien de descendre dans l'explication des faits particuliers. En restant ainsi dans le vague, il rendit sa théorie insaisissable; mais s'il échappait à la réfutation directe, il se privait en même temps de l'appui des preuves directes. A son puissant adversaire, qui lui demandait des faits, des observations positives, il ne pouvait opposer que des raisons générales, celle-ci par exemple, que les conditions du monde ambiant ayant subi graduellement des modifications profondes, pendant l'évolution de la planète, il était tout à fait impossible que les espèces seules fussent restées immuables, au milieu du changement universel; mais Cuvier avait par avance répondu à cet argument en attribuant les révolutions du globe et le renouvellement des faunes et des flores à l'intervention intermittente de la puissance créatrice. Dans ce débat grandiose, qui rendit l'Europe attentive pendant toute une année, on trouvait toujours, au fond de chaque question, la lutte de deux doctrines, de deux philosophies, dont l'une ne reconnaissait dans le cours des choses que l'action des causes naturelles, tandis que l'autre tenait en réserve, pour résoudre les dernières difficultés, l'action d'un pouvoir surnaturel.

Les esprits se partagèrent entre ces deux philosophies rivales; mais la majorité des suffrages se prononça pour l'école de Cuvier. La doctrine de la permanence des espèces devint une opinion classique, j'oserais dire orthodoxe. Elle fut comme la base de l'enseignement officiel de l'histoire naturelle. Jamais cependant elle n'obtint l'assentiment universel. Pour être réduit à l'état d'hérésie, le transformisme n'était pas mort. On vit encore de loin en loin quelques savants revenir au principe de la variabilité des espèces. Les uns y furent ramenés par l'étude de la géologie et de la paléontologie; tels furent M. D'Omalius d'Halloy (1846), et plus tard MM. Keyserling (1853) et Schaaffhausen (1853). C'est qu'en effet, la théorie qui attribuait les modifications successives du globe terrestre à des révolutions violentes et instantanées, perdait chaque jour du terrain; à sa place se développait la théorie, maintenant triomphante, des changements graduels produits par l'action naturelle des causes qui agissent encore aujourd'hui; dès lors il devenait de plus en plus probable que les espèces de l'époque actuelle descendaient de celles des époques antérieures. Le transformisme recruta d'autres adhésions parmi les botanistes; et il n'y a pas lieu de s'en

étonner, car c'est un fait bien connu que les espèces végétales sont en général moins nettement séparées les unes des autres que les espèces animales; les nuances intermédiaires sont plus graduées, les lignes de démarcation plus confuses, si bien que la délimitation des variétés, des espèces et des genres est souvent tout à fait arbitraire. La transformation des espèces végétales, déjà admise en 1822 par le Rév. W. Herbert, fut acceptée de nouveau en 1831 par M. Patrick Matthew, en 1836 par Rafinesque, et en 1852 par M. Naudin (1). Enfin, quoique la très-grande majorité des zoologistes fussent restés fidèles à la doctrine de la permanence, l'un d'eux, le célèbre Richard Owen, l'auteur de la théorie de l'archétype, admit résolûment le principe du transformisme.

Pendant ce temps, les partisans de la fixité des espèces se trouvaient aux prises avec une question où ils couraient la chance de devenir à leur tour hérétiques. L'application de leur doctrine à l'anthropologie conduisait tout droit au polygénisme. C'est ce qu'on avait déjà senti au xviiie siècle, et le besoin de montrer que tous les hommes descendent d'un seul couple fut certainement au nombre des causes qui ramenèrent plus d'une fois Buffon vers l'hypothèse transformiste. C'est qu'en effet, si l'on accorde à l'influence des milieux une efficacité suffisante pour transformer le nègre en blanc, ou le blanc en nègre, il semble difficile de lui refuser le pouvoir de produire, dans les autres groupes naturels, des différences spécifiques, car combien n'y a-t-il pas d'espèces classiques, animales ou végétales, qui ne diffèrent pas plus, ou même qui ne diffèrent pas autant que le Germain et le Nègre, le Patagon et le Lapon, le Hottentot, le Polynésien et l'Australien? Ceux donc qui considèrent l'espèce comme inflexible sont par là même enclins à assigner à l'humanité plusieurs origines distinctes, et cette idée devait surtout paraître probable à l'époque où Cuvier s'efforçait de prouver que l'apparition de l'homme sur la terre était toute récente, qu'il ne s'était écoulé par conséquent qu'un très-petit nombre de siècles entre l'époque de cette apparition et celle où la distinction complète du type dit caucasique et du type nègre, avait été nettement et fidèlement établie, par la peinture et la sculpture, sur les vieux monuments de l'Égypte. Si quelques centaines d'années avaient suffi pour produire une pareille divergence de caractères, c'en était fait de la fixité de l'espèce; et réciproquement, si l'espèce était reconnue inflexible, c'en était fait de l'unité du genre humain.

A l'époque où Cuvier fit triompher la doctrine de la fixité, la majorité des naturalistes, en France du moins, étaient polygénistes. Cuvier, en diplomate prudent, était resté sur la réserve; il n'avait rien écrit qui fût ouvertement contraire au monogénisme, mais il n'avait rien écrit non plus qui lui fût favorable, et ce silence a bien sa signification de la part d'un homme qui aimait tant à chercher dans la science la confirmation des traditions bibliques.

Le polygénisme avait donc puisé une nouvelle force dans la doctrine de la permanence des espèces. Mais cette doctrine, contraire aux croyances générales, ne pouvait manquer de soulever de nombreuses résistances. Le transformisme de Lamarck, naguère si menaçant par ses conséquences subver-

---

(1) Naudin, *Considérations philosophiques sur l'espèce et la variété* (dans la *Revue horticole*, 1852), mémoire très-remarquable, où se trouve déjà signalé, sous une forme, il est vrai, peu précise encore, le phénomène de la sélection naturelle.

sives, était déjà presque oublié; il ne retentissait plus dans le passé que comme un écho lointain; on ne le craignait plus; tout ce qui en restait, c'était l'explication ridicule de la membrane interdigitale des grenouilles et des vertèbres cervicales de la girafe. Le danger actuel, c'était le polygénisme; et s'il fallait, pour le repousser, invoquer des arguments transformistes, on pouvait le faire, on le croyait du moins, sans compromettre la science classique.

Ce fut ainsi que les monogénistes préparèrent, à leur insu, la voie du darwinisme. Ils montrèrent l'homme cosmopolite aux prises avec les climats les plus divers, et subissant, en quelques générations, des modifications profondes sous l'influence des milieux, passant rapidement du blanc au jaune, au noir ou au rouge, devenant, sous le soleil d'Afrique, prognathe, lippu et laineux, tournant au blond sur les bords de la Baltique, descendant presque à la taille des nains sous le ciel de la Laponie, s'élevant presque à celle des géants dans le pays des Patagons, et tout cela, en un petit nombre de siècles, car on continuait à refuser à l'humanité plus de 6000 ans d'existence.

Puis, comme les polygénistes élevaient contre ce système des objections multiples, et qu'il n'était pas facile de leur opposer des preuves directes (puisque l'observation des faits semblait établir la permanence des types humains plutôt que leur variabilité), on groupa, à l'appui du monogénisme, un faisceau de preuves indirectes, tirées de l'analogie; et, pour montrer la possibilité de l'unité primordiale de l'espèce humaine, pour faire comprendre comment l'influence des milieux n'était pas incapable de produire, dans une espèce primitive, des divergences de caractères équivalentes à celles qui existent entre les races d'hommes, on invoqua d'abord l'exemple des animaux domestiques, puis celui des plantes cultivées, et enfin celui de certaines espèces sauvages.

Mais c'était une pente glissante, qui devait insensiblement amener les esprits à concevoir des doutes sur le principe de la permanence des espèces. Pourrait-on s'arrêter à temps sur ce plan incliné? Et allait-on se trouver contraint d'opter entre l'hérésie du transformisme et celle du polygénisme? Isidore Geoffroy Saint-Hilaire essaya de conjurer ce danger, et à cet effet il émit sa théorie de la *variabilité limitée de l'espèce*, théorie qu'il s'efforça d'abriter derrière l'autorité de son père, mais en vain, car Étienne Geoffroy n'avait imposé aucune limite à la transformation des espèces.

Quelle était, pour Isidore Geoffroy, l'étendue des oscillations que l'influence des milieux pouvait imprimer aux caractères organiques? Était-ce celle que peut révéler l'observation directe des faits pendant une période déterminée? Non, car la divergence des caractères dans le genre humain s'étend bien au delà de cette limite expérimentale. Était-ce celle que l'induction permet de concevoir en multipliant par la durée illimitée du temps les changements constatés pendant la courte période accessible à l'observation directe? Pas davantage, car alors il eût été impossible d'assigner un minimum au produit de deux facteurs, dont l'un ne pouvait être nul, tandis que l'autre pouvait s'accroître indéfiniment. Et si la limite cherchée par Isidore Geoffroy ne pouvait être déterminée ni par l'observation, ni par l'induction, elle devait donc être arbitraire. Elle l'était, en effet, et je suis convaincu que l'auteur, à son insu, concédait au transformisme ce qui était rigoureusement nécessaire pour sauver le monogénisme. Il laissait varier l'espèce, en général, jusqu'à la limite où

s'étendaient les variétés des races humaines. Au delà, l'espèce ne changeait plus.

Telle fut, en abrégé, pendant la période comprise entre Cuvier et Darwin, la marche incertaine de la philosophie naturelle, obligée de louvoyer entre deux écueils. Une question incidente, celle des origines de l'homme, avait fait perdre de vue le grand objectif de Lamarck : l'explication de la série. D'innombrables faits découverts dans l'intervalle avaient permis aux naturalistes de compléter cette série, de la déployer dans son majestueux ensemble. On en déterminait plus exactement les contours, on en distribuait plus correctement les branches et les rameaux, on la constatait comme un fait, mais on ne l'expliquait pas. On jugeait, peut-être avec raison, que les connaissances humaines n'étaient pas encore assez développées, que l'esprit humain n'était pas encore assez mûr pour que le moment fût venu de constituer, avec la rigueur qu'exige la science, la vaste synthèse de la nature. Mais celui qui, dans l'état des choses, allait tenter cette entreprise hardie méritait-il d'être taxé d'imprudence? Un pareil jugement est bien loin de ma pensée. Je suis de ceux qui pensent que Charles Darwin n'a pas découvert les véritables agents de l'évolution organique. Mais je ne suis pas de ceux qui méconnaissent la grandeur de son œuvre, et si jamais cette synthèse du monde organisé, qui nous échappe encore, se réalise dans la science positive, une grande partie de cette glorieuse conquête devra être attribuée à ceux qui, comme Lamarck et Darwin, en auront préparé les voies.

III

RÉSUMÉ DE LA DOCTRINE DE DARWIN.

La doctrine de la sélection naturelle fut conçue par Charles Darwin dès 1844, pendant qu'il rédigeait les observations recueillies dans ses voyages; mais il se borna alors à en entretenir quelques amis, et ce fut seulement quinze ans plus tard qu'il la publia dans son mémorable ouvrage intitulé : *De l'origine des espèces par sélection naturelle* (1).

Darwin admet, comme Lamarck, le principe de l'évolution lente et de la transformation des espèces sous l'influence des agents naturels. Pour lui, comme pour Lamarck, la cause immédiate de cette transformation des espèces est la transmission héréditaire des modifications individuelles, modifications d'abord légères, mais qui, en s'accumulant et s'aggravant de génération en génération, peuvent s'accroître indéfiniment.

Sur ces deux principes fondamentaux du transformisme, il est d'accord avec son illustre prédécesseur. Mais il se sépare entièrement de lui lorsqu'il cherche l'origine des modifications individuelles que l'hérédité confirme et amplifie.

Parmi les voies et moyens de la transformation naturelle,

(1) Ch. Darwin, *On the Origin of Species by Natural Selection.* Londres, novembre 1859, un volume in-8°. Il est juste de dire que M. Wallace, pendant son séjour dans l'archipel Malais, avait conçu un système de transformisme très-semblable à celui de Darwin, et qu'un mémoire de ce savant fut présenté par les soins de Darwin lui-même à la Société linnéenne de Londres, en 1858. Ce fut à cette occasion que sir Charles Lyell et M. Hooker, qui connaissaient depuis longtemps les anciens manuscrits de Darwin, engagèrent ce dernier à en publier immédiatement quelques extraits, qui parurent en même temps que le mémoire de Wallace dans le *Journal de la Société linnéenne.*

Lamarck avait placé en première ligne l'influence des habitudes. Que le changement des conditions extérieures de la vie puisse modifier les habitudes d'un animal, et réagir par là sur tel ou tel de ses organes, c'est ce que l'on ne saurait nier; mais ce qui est plus contestable, c'est que ces modifications, survenues pendant la vie de l'individu, et surajoutées accidentellement à son organisation originelle, puissent se transmettre par hérédité.

C'est au contraire un fait tout à fait certain que les variations originelles, dépendant des oscillations] que tout organe peut subir en plus ou en moins pendant sa formation et son développement, font partie intégrante de l'organisation de l'individu, et que, lorsqu'elles sont compatibles avec la vie et avec la fécondité, elles peuvent être héréditaires.

Et il n'est pas moins certain que jamais un individu ne ressemble complétement à ses parents, qu'il en diffère toujours par un certain nombre de particularités qui constituent, pour les caractères de chaque organe, une divergence plus ou moins étendue.

Ce sont ces variations individuelles, ces divergences spontanées, et par conséquent susceptibles de se transmettre à la lignée, qui sont, suivant Darwin, le point de départ de toutes les transformations.

Les lois de la reproduction faisant naître plusieurs individus d'un seul, la population animale et végétale de la terre s'accroîtrait indéfiniment, si l'espace et les subsistances étaient sans limites; une seule espèce pourrait même, si rien ne contrariait son expansion, accaparer au détriment de toutes les autres toute la substance organisable du globe. De là cette loi fatale de la lutte des êtres vivants, lutte entre les espèces qui se disputent la place et la nourriture, lutte entre les individus, qui réclament une part du lot commun de leur espèce, lutte universelle et éternelle, où le plus faible doit succomber. Cette grande loi, depuis longtemps reconnue par les philosophes et les naturalistes, et impitoyablement constatée dans les sociétés humaines par l'économiste Malthus, Charles Darwin l'a reprise à son tour, l'a étudiée jusque dans ses moindres détails, l'a suivie pas à pas dans toutes les parties du monde organisé, et l'a retrouvée avec une admirable sagacité au fond d'un grand nombre de phénomènes jusqu'alors méconnus. Personne avant lui ne l'avait formulée avec autant de précision; aucun œil avant le sien n'en avait saisi tout l'ensemble; aucun esprit n'en avait compris toute la portée. Il est donc juste de l'appeler *la loi de Darwin.*

Darwin l'a énergiquement caractérisée en la nommant : *le combat pour l'existence (struggle for life).* Son savant traducteur, aujourd'hui notre collègue, madame Clémence Royer, l'a désignée sous le nom très-significatif, mais peut-être un peu moins général, de *concurrence vitale.* D'autres encore l'ont appelée la *bataille de la vie* ou la *lutte pour la vie.*

Plaçant cette loi inflexible en présence des conditions que crée, dans chaque espèce, la loi des variations individuelles, Darwin en a fait découler le phénomène de la *sélection naturelle.* De même que, dans les expériences de sélection artificielle, les éleveurs font reproduire une race par des individus que telle ou telle qualité a désignés à leur choix, de même, dans le cours naturel des choses, les individus doués de certaines qualités natives ont plus de chances que les autres d'échapper aux causes de destruction, d'arriver à l'âge de la fécondité et de reproduire leur espèce. La concurrence vitale réalise donc dans les espèces une sélection naturelle qui tend à éliminer, à chaque génération, les êtres les moins bien adaptés à leur milieu. C'est là un fait incontestable.

Darwin ajoute que, parmi les variations organiques qu'un individu apporte en naissant, et qui le distinguent de ses semblables, il en est qui peuvent constituer en sa faveur un avantage dans le combat pour l'existence, qu'alors la sélection naturelle s'effectue au profit de cet individu, et que la loi d'hérédité tend à doter du même avantage quelques-uns de ses descendants. Ce qui n'était d'abord qu'une simple variation organique peut donc, au bout d'un certain nombre de générations, constituer un caractère distinctif plus ou moins fixe. De là naissent d'abord, dans une espèce, des variétés plus ou moins divergentes, puis à la longue, la divergence s'accroissant, ces variétés peuvent devenir des espèces, ces espèces des genres, puis des familles, des ordres et même des classes. Pour amener ce résultat, la concurrence vitale et la sélection naturelle ne demandent que du temps, et la durée des périodes qui se sont succédé depuis l'apparition de la vie sur le globe est si immense, que ce n'est pas ce facteur qui peut faire défaut à la doctrine de Darwin.

La concurrence vitale est une loi ; la sélection qui en résulte est un fait ; la production des variations individuelles est un autre fait ; enfin, la transmission éventuelle de ces variations pendant une ou plusieurs générations, est une des conséquences possibles des lois de l'hérédité. Et c'est parce que le chef de la nouvelle école a placé à la base de son système des faits certains et des lois positives, qu'il a fait une si vive impression sur les esprits.

Mais ce qui n'est ni un fait, ni une loi, ce qui n'est plus qu'une hypothèse, c'est l'écart indéfini que la sélection naturelle ferait subir aux caractères anatomiques et morphologiques. C'est la persistance et l'aggravation des variations que l'hérédité immédiate peut maintenir sur quelques individus pendant quelques générations, mais que les lois de l'hérédité générale tendent à ramener au type antérieur ; c'est la disparition des nuances graduelles, aboutissant à la constitution d'espèces souvent séparées par des caractères très-importants. Toute l'argumentation de Darwin a eu pour but de montrer que c'étaient là des conséquences *possibles* des causes qu'il considère comme les agents du transformisme. Et c'est merveille de voir avec quelle sagacité il a prévenu les objections, avec quel talent il y a répondu, avec quelle profonde science il a groupé les innombrables matériaux de sa démonstration indirecte ; mais il ne suffit pas de considérer la possibilité d'une explication ; ce que la logique exige, c'est la preuve directe qui seule en établit la réalité ; or, cette preuve directe fait défaut jusqu'ici à la doctrine de Darwin.

Quoi qu'il en soit, le transformisme, au sortir des mains de Darwin, avait sa théorie, une théorie assez compliquée sans doute, mais d'ailleurs facile à comprendre, admirablement coordonnée, expliquant avec bonheur plusieurs des grands phénomènes du monde organisé, pouvant même rendre compte d'un assez grand nombre de faits moins généraux, et paraissant dès lors embrasser toute la nature. C'était plus qu'il n'en fallait pour rallier de nombreux suffrages. A l'hypothèse trop fragile de Lamarck, qui avait cherché presque exclusivement dans l'individu lui-même les causes de l'évolution organique, aux assertions trop vagues d'Étienne Geoffroy, qui n'invoquait que les influences extérieures, et qui, ne précisant rien, pouvait difficilement transmettre ses convictions, succédait une théorie mixte, où l'on voyait intervenir à la fois l'individu et son milieu, et où les faits s'enchainaient de la manière la plus séduisante. Les raisons générales, de l'ordre philosophique, qui avaient conduit Lamarck et Étienne Geoffroy au principe du transformisme avaient conservé toute leur valeur ; les progrès des connaissances leur avaient même donné plus de force, et cependant peu de personnes se ralliaient à ce principe, parce qu'il n'était pas accompagné d'un système de raisonnements et d'explications propres à frapper les esprits ; mais le jour où le transformisme, fécondé par l'imagination puissante de Darwin, se manifesta sous la forme d'une doctrine régulière, il obtint un succès rapide, qui n'a fait que grandir jusqu'à ce jour.

Bientôt le transformisme darwinien fut débordé à son tour, Darwin ne fait pas découler d'une seule souche primitive tous les êtres organisés. Il admet pour le règne animal quatre ou cinq origines distinctes, correspondant à peu près aux divisions zoologiques connues sous le nom d'embranchements (1), et il en admet un nombre « égal ou moindre » pour le règne végétal. Il ne considère pas comme « incroyable » (*it does not seem incredible*) que ces diverses souches des deux règnes organiques aient pu descendre d'un seul prototype, d'une seule forme primitive, intermédiaire aux animaux et aux plantes; mais cette vue, ajoute-t-il, ne pourrait être établie que par l'analogie, qui est souvent un guide trompeur (2). Par là, il reconnaît nettement que sa théorie de la sélection naturelle ne lui a pas paru capable d'expliquer la transformation complète des caractères fondamentaux qui séparent profondément les types des grands embranchements de la série. En d'autres termes, rien ne lui prouve que la sélection naturelle ait un pouvoir sans limites; et sa doctrine, qui rattache le monde organisé à un petit nombre de souches distinctes, peut être désignée sous le nom de *transformisme oligogénique*.

Mais là où Darwin lui-même a hésité, d'autres ont osé marcher en avant, et, suivant jusqu'au bout la voie qu'il avait tracée, ils n'ont pas désespéré de ramener, par la sélection naturelle, toutes les souches darwiniennes à un ancêtre commun. C'est surtout en Allemagne que s'est développé ce transformisme unitaire que j'appellerai *monogénique*. D'un proto-organisme simple, d'un être nommé monade par les uns, protiste ou protozoon par les autres, et constitué par une seule cellule, ou, moins encore, par un élément équivalent à peine à un noyau ou à un nucléole, seraient nées toutes les formes connues des deux règnes organiques.

Ces deux doctrines, la monogénie et l'oligogénie, se partagent aujourd'hui les suffrages des transformistes; ce sont, comme je l'ai dit ailleurs, les deux premiers degrés du transformisme, mais il est permis de concevoir un troisième degré, qui mériterait le nom de *transformisme polygénique* et dont la conception paraît remonter jusqu'à Buffon. C'est lui qui a dit en parlant des quadrupèdes : « Les deux cents espèces dont nous avons donné l'histoire peuvent se réduire à un assez petit nombre de familles, ou souches principales, dont il n'est pas impossible que toutes les au-

tres soient issues (1). » Peu importe que Buffon, à d'autres occasions, ait dit le contraire, et peu importe qu'il attribue l'origine du petit nombre de souches dont il parle à un acte spécial de création. En écrivant la phrase qui précède, il a émis une idée qui mérite l'attention des transformistes modernes. Si l'on suppose que l'apparition des êtres vivants ait été l'effet d'une cause surnaturelle, on peut éprouver le désir de restreindre au minimum, dans le temps et dans l'espace, l'intervention de cette cause, et de réduire le fait miraculeux à la réalité d'un seul être, ancêtre commun de tous les autres. Mais si l'on admet, au contraire, conformément à l'opinion de la plupart des transformistes, que l'organisation et la vie aient pris naissance sous l'action des lois naturelles, il n'y a plus aucune raison pour limiter à un moment donné et à un point donné cette évolution spontanée de la matière. Déjà madame Royer a émis la pensée que la première poussée organique donna la vie à une innombrable quantité de germes, répandus sur toute la surface du globe, d'abord tous semblables entre eux, mais ensuite diversifiés par des évolutions distinctes. De la sorte, l'unité de la forme originelle n'impliquerait pas nécessairement l'idée de descendance et de parenté. Mais si les lois naturelles ont pu amener l'organisation de la matière, à la faveur de certaines conditions encore indéterminées, il est difficile de concevoir que ces conditions se soient partout réalisées *simultanément*, de l'équateur au pôle, à une époque où, depuis longtemps déjà, la répartition de la chaleur et de l'humidité avaient cessé d'être uniformes. Il paraîtra bien plus probable que les foyers d'organisation se soient produits sur des points très-différents, et à des époques très-différentes ; et comme les conditions qui s'y trouvaient réunies ne pouvaient être identiques, les êtres qui y apparaissaient ne pouvaient l'être davantage. Supposera-t-on, par exemple, que des organismes formés directement par l'agencement des matières minérales, lorsque la vie apparaissait pour la première fois dans un certain milieu, aient pu être exactement semblables à ceux qui seraient nés au sein d'une matière organique, déjà soumise, par son passage à travers les corps vivants, à une longue élaboration ? La notion fondamentale du transformisme actuel, savoir, que les êtres vivants sont des produits naturels, me paraît donc conduire logiquement à l'idée des origines multiples, multiples dans le temps, multiples dans l'espace, multiples aussi dans leurs formes primordiales, — c'est-à-dire à un transformisme polygénique. Pour ma part, en laissant de côté l'explication darwinienne par la sélection naturelle, et en déclarant que le mode d'apparition des êtres, et les procédés de transformation des espèces ne sont pas encore connus, c'est vers le transformisme polygénique que j'inclinerais, bien plutôt que vers la monogénie ou l'oligogénie, car les objections que soulève dans mon esprit la doctrine darwinienne, ne seraient plus valables si l'on attribuait aux êtres organisés un nombre encore indéterminé, mais considérable d'origines distinctes, et si l'on cessait de considérer l'analogie de structure comme la preuve suffisante d'une filiation commune.

IV

DISCUSSION DE LA PERMANENCE DES ESPÈCES.

Je viens d'exposer très-sommairement l'histoire du transformisme. Ce résumé m'a paru utile pour montrer que le prin-

---

(1) Darwin parle de classes et non d'embranchements ; mais ce qu'il appelle une classe correspond évidemment à ce que nous nommons un embranchement. Ainsi, il dit la classe des vertébrés, celle des articulés, etc.

(2) Darwin, *On the Origin of Species*, third edit. Lond., 1861, in-12, pages 518-519.

(1) *Histoire naturelle*, tome XIV, 1766, page 358.

cipe général de cette doctrine est indépendant des théories particulières à l'aide desquelles on l'a appliquée à l'explication des phénomènes de la nature ; mais il eût été superflu de m'arrêter plus longtemps sur les détails de ces théories, bien connues de ceux qui m'écoutent.

Le moment est venu maintenant de passer à la discussion des principes et à l'examen des faits.

La première question à examiner est celle de la *permanence des espèces*. C'est la question centrale autour de laquelle se groupent toutes les autres.

Je n'ai pas attendu la publication du livre de Darwin pour me prononcer énergiquement contre la doctrine classique de la fixité et de l'inaltérabilité des espèces. J'ai publié en 1858 un long mémoire sur l'hybridité, où je me suis efforcé de démontrer, dès les premières pages, que cette doctrine n'était plus à la hauteur de la science ; et ce n'est pas le besoin d'y chercher un refuge contre le darwinisme, qui m'y fera revenir aujourd'hui. Mais les arguments que j'invoquais alors étaient relatifs à une question qui n'est que secondaire dans la discussion actuelle. Je ne puis donc pas craindre que mon esprit soit lié par ce précédent, et c'est, je l'espère, en toute liberté, en toute impartialité, que je vais maintenant aborder ce grave problème.

On peut invoquer pour ou contre la permanence des espèces, deux ordres d'arguments, les uns tirés de l'observation des faits, les autres fournis par l'induction et le raisonnement. Les faits d'observation peuvent être, à leur tour, groupés sous deux chefs, suivant qu'ils concernent les espèces actuelles ou les espèces paléontologiques.

1° Arguments tirés de l'observation des espèces actuelles.

Les faits actuels semblent tout d'abord déposer en faveur de la fixité des espèces. Nous vivons si peu, que ce qui change moins que nous nous paraît permanent ; lorsque nous ajoutons à nos observations celles de nos devanciers, nos renseignements peuvent quelquefois remonter à quelques milliers d'années ; mais qu'est-ce qu'une aussi courte période, lorsqu'il s'agit d'apprécier des modifications dont la production peut exiger le concours de plusieurs milliers de siècles ?

Toutes les espèces dont les auteurs de l'antiquité nous ont laissé une description suffisante, sont telles aujourd'hui qu'elles étaient alors. Celles qui sont représentées sur les monuments de l'Égypte n'ont pas changé davantage, et si l'on élevait des doutes sur la fidélité de ces images, les nombreuses momies d'animaux trouvées dans les hypogées fourniraient des témoignages d'une authenticité irrécusable. On sait quel parti Cuvier tirait pour sa doctrine de la parfaite similitude qu'il avait constatée entre ces animaux de l'Égypte ancienne et ceux de l'Égypte moderne.

L'argument de Cuvier perd toutefois une grande partie de sa valeur, aux yeux des transformistes qui considèrent les changements des espèces comme la conséquence des changements de milieux. Tout permet de croire en effet que les milieux sont restés les mêmes, dans l'immuable Égypte, depuis l'époque pharaonique. L'objection est plus embarrassante peut-être pour l'école de Darwin, car la concurrence vitale et la sélection naturelle fonctionnent toujours, alors même que le milieu ne change pas, mais les darwiniens peuvent répondre cependant que la période sur laquelle porte la comparaison n'a pas eu une durée suffisante.

L'exemple des animaux et des plantes domestiques, tant invoqué par les transformistes (comme par les anthropologistes monogénistes) ne prouve absolument rien. D'une part, en effet, les conditions auxquelles l'homme soumet les espèces qu'il modifie ne se retrouvent pas dans la nature, et d'une autre part on ne sait pas encore jusqu'où peuvent s'étendre les effets de la sélection artificielle. Les partisans de la fixité de l'espèce estiment que les limites de ces modifications sont celles de l'espèce elle-même. Leurs adversaires répondent que beaucoup d'espèces classiques diffèrent moins entre elles que tel chien de tel autre. Mais ce qui est parfaitement certain, c'est que la sélection artificielle, quelque efficace qu'elle soit, n'a jamais produit de divergences allant au-delà de celles qui caractérisaient les genres. Elle laisse toujours persister un type organique parfaitement déterminé. Certes, on n'a pas le droit d'en conclure que des changements plus profonds ne puissent pas se produire dans la grande officine de la nature, mais on ne peut pas davantage arguer de la réalité de ces variations limitées pour établir la réalité des variations illimitées.

Que va nous apprendre maintenant l'observation des espèces sauvages ? La plupart des zoologistes admettent que les animaux en état de liberté varient beaucoup moins que les animaux domestiques ; je pense, en effet, que, si les faits zoologiques actuels pouvaient être séparés des faits paléontologiques, ils tendraient à établir la permanence de l'espèce plutôt que sa variabilité.

Mais la botanique conduirait peut-être à une autre conclusion. Les animaux, doués de la faculté de se mouvoir volontairement, peuvent se soustraire jusqu'à un certain point par l'émigration, ou même par un léger déplacement, à l'influence d'un milieu devenu plus ou moins nuisible. Les plantes au contraire, sont fixées au sol ; quelques-unes de leurs semences peuvent de proche en proche se disséminer au loin par une sorte de migration ; mais la plupart de ces semences se développent sur place, dans l'habitacle de la plante mère, et y subissent l'action des influences locales. Il est donc facile de comprendre pourquoi les agents naturels ont plus de prise sur les végétaux que sur les animaux.

J'ai déjà eu l'occasion de dire que le transformisme, même avant Darwin, comptait parmi les botanistes des partisans très-autorisés. C'est qu'en effet des faits nombreux tendent à établir la variabilité des espèces végétales. On en a cité de très-importants que je pourrais reproduire ; mais je préfère vous soumettre quelques observations qui me sont personnelles, et qui ont fait une certaine impression sur mon esprit.

Je suis allé plusieurs fois passer les vacances au bord de la mer avec ma jeune famille ; je n'ai pas été surpris d'y trouver un grand nombre de végétaux différents de ceux que j'avais étudiés dans mes herborisations rurales. Mais ce qui m'a frappé, c'est que beaucoup de ces espèces du littoral étaient très-semblables, par les caractères fondamentaux de la fleur et du fruit, à d'autres espèces que je connaissais déjà, et que d'ailleurs je retrouvais presque toujours, dans le voisinage, à peu de distance de la mer. Souvent la différence ne portait que sur la taille ou le port de la plante, ou sur la consistance des feuilles. Cela suffit sans doute, pour constituer, dans les flores, des distinctions d'espèces. Mais j'ai remarqué que ces différences étaient habituellement en rapport avec l'habitacle de l'espèce maritime ; que, par exemple, les plantes des sables avaient acquis des feuilles dures et épineuses, tandis que celles des falaises et des terres salées avaient au contraire acquis des feuilles charnues. Il m'a donc paru assez probable que bon nombre de ces espèces du littoral descendaient des espèces analogues de la pleine terre, et que par conséquent le changement de milieu avait produit des différences considérées par les botanistes comme spécifiques.

Je reconnais que ces observations manquent de rigueur, puisque je n'ai pas eu l'occasion de découvrir les formes intermédiaires, établissant la transition entre les espèces similaires. Mais voici un fait plus significatif que j'ai étudié à Saint-Jean-de-Luz, sur le bord du golfe de Gascogne, au mois d'octobre 1867.

Le port de Saint-Jean-de-Luz se compose de plusieurs bassins, creusés de main d'homme, alimentés par une petite rivière appelée la Nivelle, et ne communique avec la mer que par un étroit goulet. Le plus élevé de ces bassins, situé au-dessus du pont du chemin de fer, sur la rive gauche de la Nivelle, est complétement à sec à la marée basse. Le flux le submerge entièrement, et l'eau qui le remplit alors est presque aussi salée que celle de la mer. J'estime qu'à chaque marée il reste cinq heures sous l'eau et sept heures à découvert. Il est creusé dans la terre végétale et son fond est tout couvert de plantes rabougries, couchées, qui, à un très-petit nombre d'exceptions près, appartiennent toutes à la même espèce.

Je vous présente quelques échantillons de cette espèce. C'est une plante de la grande famille des composées, dont tous les capitules jaunes sont exclusivement formés de fleurons tubuleux, tous fertiles, tous hermaphrodites, et tous semblables. Elle se rattache donc au groupe des plantes que Tournefort appelait flosculeuses, c'est-à-dire à la première des trois grandes tribus de la famille des composées.

Lorsque pour la première fois j'essayai de déterminer cette espèce avec le secours de mes flores, je la cherchai naturellement dans cette première tribu. Mais j'échouai complétement. Je ne la trouvai pas davantage dans la seconde tribu où, comme on sait, la plupart des espèces sont radiées ; mais où quelques espèces cependant n'ont que des fleurons tubuleux. Sur ces entrefaites, je reçus la visite de M. Le Bœuf, savant pharmacien de Bayonne, et j'espérais qu'il me tirerait d'embarras. Mais il ne connaissait pas cette plante. Il en emporta avec lui quelques échantillons qu'il montra à divers botanistes de Bayonne ; et il me répondit quelques jours après que décidément cette espèce n'était pas décrite dans les flores. J'avais donc renoncé à résoudre la difficulté, lorsqu'un jour, remontant en bateau le cours de la Nivelle, je pus étudier tout à mon aise les modifications graduelles que subissait cette plante, à mesure qu'elle vivait dans une eau moins salée. Je vis d'abord son port se modifier, ses tiges grandir et se redresser, ses capitules devenir moins nombreux et plus grands, ses feuilles, d'abord charnues, s'amincir et s'élargir. Bientôt, au milieu d'un corymbe formé de capitules jaunes et flosculeux, j'aperçus un capitule qui portait sur un de ses bords un petit fleuron ligulé, de couleur violette. Ce petit fleuron ligulé faisait faire tout à coup un grand pas à la question : il prouvait qu'il s'agissait d'une espèce à fleurs radiées, que l'action de l'eau de mer avait modifiée et défigurée. D'autres capitules munis de deux ou trois fleurons ligulés ne tardèrent pas à paraître, puis il en vint d'autres dont la couronne était complète, et enfin il arriva un moment où il n'y eut plus que des fleurs radiées. Dès lors, je n'eus pas besoin de la flore pour reconnaître que cette plante singulière était

une espèce du genre *Aster* ; mais quelle espèce ? La flore ne put me l'apprendre.

Cette plante, très-abondante sur les deux rives de la Nivelle, acquiert une taille de près de 2 mètres vers la limite de l'eau salée ; sa hauteur diminue ensuite dans la région où le flux se fait encore sentir, mais où l'eau salée ne remonte plus ; à six kilomètres de la mer, vers le village d'Ascain, le flux est devenu presque insensible. Là, notre aster, baignant toujours ses pieds dans l'eau, n'a plus guère que 40 à 50 centimètres de haut, et ne se rencontre plus que de loin en loin. Il n'est plus influencé par la mer, et cependant il diffère encore notablement de tous les asters décrits dans les flores, par les caractères de la fleur, il se rapproche beaucoup de l'*Aster tripolium*, mais il n'a ni le même port, ni les mêmes feuilles, et la fleur elle-même se distingue de celle de l'*Aster tripolium* des auteurs classiques par la grande longueur de ses fleurons ligulés, qui dépassent beaucoup les aigrettes, et par la disposition des folioles de l'involucre, qui sont aiguës comme dans l'*A. pyrenæus*, et réfléchies au sommet comme dans l'*A. amellus*.

Après avoir constaté ces caractères, je pus croire que je venais de découvrir une nouvelle espèce d'aster, une espèce fluviatile, qui, en descendant vers la mer, s'était peu à peu transformée. Mais quelques jours après je dus reconnaître que ce n'était nullement une espèce nouvelle, que c'était simplement une variété d'*Aster tripolium*, devenue fluviatile. A un kilomètre environ au nord de l'embouchure de la Nivelle, au pied du coteau sablonneux qui s'étend du cimetière à l'établissement des bains de mer, à 150 mètres du rivage, je visitai un petit îlot de verdure, sorte d'oasis microscopique groupée au-dessus d'une très-faible source qui se perd aussitôt dans le sable ; et là, au milieu des grands joncs d'eau douce, je trouvai une vingtaine de pieds d'un aster qui me parut tout d'abord être l'*Aster tripolium*. C'était l'*Aster tripolium* en effet, mais une variété particulière, qui différait du type décrit dans les flores précisément par les deux caractères déjà constatés sur la variété fluviatile, c'est-à-dire par la longueur exagérée des fleurons ligulés, et par la disposition particulière des folioles de l'involucre.

Ce lieu, si limité, est le seul où j'aie trouvé l'*Aster tripolium* terrestre, dans mes promenades aux environs de Saint-Jean-de-Luz. Mais cela suffit sans doute pour rendre très-probable que l'aster fluviatile du haut de la rivière est dérivé de l'*Aster tripolium* terrestre, comme l'aster maritime des bassins de Saint-Jean-de-Luz est dérivé de l'aster fluviatile.

Maintenant quelle est la gravité des modifications de caractères qui ont amené cette transformation ? Vous allez voir qu'elle est considérable. Je place sous vos yeux sept échantillons, recueillis sur les divers points que j'ai indiqués. La dessiccation, en faisant disparaître le caractère des feuilles charnues, a considérablement diminué le contraste, mais il est encore bien frappant.

Voici d'abord l'aster terrestre, avec sa racine grêle, annuelle ou bisannuelle, sans feuilles radicales, avec sa grande tige droite couverte de feuilles lancéolées assez grandes et légèrement dentelées, avec son corymbe non rameux, muni de feuilles plus petites et de bractéoles foliacées, et supportant de un à quinze capitules grands et beaux, qu'entoure une large couronne de demi-fleurons violets.

Puis voici l'aster des bassins salés, entièrement submergé sous une eau très-salée pendant le tiers environ de chaque journée, vivant à l'air le reste du temps, mais enfonçant d'ailleurs ses racines dans la terre végétale. C'est une plante à souche ligneuse et vivace, dont la tige couchée, tortueuse et sans feuilles, se décompose presque aussitôt en un corymbe très-rameux, très-irrégulier, qui supporte quelques feuilles charnues, longues de 2 à 4 centimètres, larges au plus de 3 millimètres, et terminées en pointe émoussée. Les capitules très-nombreux (j'en ai compté plus de cent sur certaines tiges), sont petits, jaunes, et tous flosculeux, c'est-à-dire sans demi-fleurons.

Jamais on ne soupçonnerait la parenté de ces deux plantes si l'on n'étudiait les formes intermédiaires que je place sous vos yeux.

La variété d'eau douce, très-semblable à l'aster terrestre, a cependant des feuilles caulinaires plus rares, des corymbes très-peu feuillés, déjà un peu rameux, des capitules moins grands et plus nombreux.

Celle qui vit dans l'eau demi-douce n'a plus sur ses tiges, qui sont très-longues (de 1 à 2 mètres), que de rares feuilles presque linéaires ; mais de sa souche, qui paraît déjà vivace, naît une sorte de couronne de belles feuilles radicales lancéolées, longues de 25 à 30 centimètres, larges de 3 à 4 centimètres, les unes tout à fait entières, les autres présentant de loin en loin une légère dentelure sur leurs bords.

L'échantillon suivant, recueilli dans une eau un peu plus salée, est entièrement privé de feuilles caulinaires et n'a plus que des feuilles radicales. Déjà beaucoup de ses capitules n'ont plus qu'une couronne incomplète de fleurons ligulés.

Les deux derniers échantillons proviennent d'une eau plus salée encore, et d'une rive qui reste à découvert une partie du jour. Ici les feuilles radicales ont disparu ; toutes les feuilles de la tige et du corymbe sont presque linéaires et commencent à devenir charnues. Le corymbe est rameux, la tige est encore dressée, mais courte ; et les capitules enfin n'ont plus qu'une couronne incomplète, quelques-uns même sont entièrement découronnés.

Ces transitions, graduées comme les conditions mêmes dont elles sont la conséquence, expliquent la parenté de l'aster terrestre et de celui des bassins salés. Il ne faut rien moins qu'une preuve aussi palpable pour que l'on se décide à admettre une transformation qui a entièrement bouleversé les caractères des tiges, des feuilles, de l'inflorescence, qui surtout a fait passer des capitules radiés à l'état de capitules ffosculeux. Or, les premiers de ces caractères ont une valeur au moins spécifique, et le dernier a une valeur au moins générique.

Je signale encore un fait curieux : c'est l'apparition des feuilles radicales dans les variétés intermédiaires, tandis que cette espèce de feuilles n'existe ni sur l'aster terrestre ni sur celui des bassins salés. Il n'est pas nécessaire de rappeler que le caractère des feuilles radicales a, pour les botanistes, une valeur spécifique. Ici, nous le voyons se produire sur une espèce en voie de transformation, et disparaître lorsque la transformation est plus avancée.

Cet exemple m'a paru de nature à démontrer que les espèces végétales libres peuvent varier sous l'influence des changements de milieux, et que leurs modifications peuvent s'étendre même au delà des bornes ordinairement assignées aux genres. Cela dépasse sans doute ce qui a été directement observé chez les animaux ; mais on remarquera cependant que les limites de la famille ont été respectées, et l'on n'oubliera pas surtout que les plantes, privées de la faculté de se mouvoir et de reculer devant les conditions ennemies, sont sujettes, bien plus que les animaux, à subir l'influence des milieux.

Avant de quitter l'étude des faits actuels, je signalerai en passant les arguments tirés des phénomènes d'hybridité. Des êtres appartenant à des espèces et même à des genres différents peuvent s'unir et se féconder. Ces croisements réussissent d'autant mieux en général que les espèces sont plus voisines ; ils deviennent de plus en plus difficiles à mesure que la distance s'accroît, et, au delà d'une limite qui n'est jamais bien étendue, ils sont tout à fait infructueux. Peu importe que les hybrides soient plus ou moins parfaits, qu'ils soient doués ou non de la fécondité continue ; ce sont là des distinctions qui peuvent avoir leur importance dans la discussion du monogénisme humain, mais qui ici sont tout à fait sans valeur. Dès le moment que la fécondation est possible entre deux espèces, le produit, quel qu'il soit, témoigne de leur analogie organique, de la similitude de leurs ovules et de leur liqueur fécondante. Le transformisme, il faut bien le reconnaître, fournit une explication très-satisfaisante de ces faits remarquables. Mais ne peut-on pas les interpréter autrement ? Les partisans du transformisme paraissent croire que l'hybridité d'espèce, étant relative à un caractère physiologique, constitue en leur faveur un argument spécial, un argument différent de ceux qui reposent sur les caractères de forme ou de structure. Je ne puis me ranger à cet avis. Les propriétés physiologiques sont la conséquence des conditions anatomiques, et les analogies révélées par l'étude de l'hybridité ne sont en réalité que des analogies organiques. Elles ont donc la même signification, ni plus ni moins, que les caractères de l'organisation proprement dite. Il ne faut pas se figurer que, parce qu'elles concernent l'appareil de la génération, elles impliquent plus particulièrement l'idée de parenté ; elles ne sont qu'une conséquence du grand fait de la distribution sériaire des êtres, et elles n'ajoutent rien au degré de probabilité des inductions que l'on peut tirer de ce fait général en faveur du transformisme.

En résumé, l'étude des faits actuels permet de mettre en doute la permanence absolue des espèces admises par les zoologistes et surtout par les botanistes ; mais le sens du mot espèce n'est peut-être pas assez bien défini pour qu'on puisse tirer des faits zoologiques une conclusion formellement contraire au principe de la permanence ; et quand, au lieu des groupes souvent arbitraires qu'on distingue sous le nom d'espèces, on considère les caractères généraux qui constituent en quelque sorte les types de ces groupes, on ne trouve pas dans l'observation directe la preuve que les causes naturelles puissent aller jusqu'à modifier profondément ces caractères. En ce sens, je dirai que, si les faits actuels ne sont pas conformes à l'idée que l'on se fait habituellement de la permanence des espèces, ils ne sont pas pour cela incompatibles avec l'idée de la permanence des types. Voyons maintenant ce que diront les faits paléontologiques.

2° *Arguments tirés de la paléontologie.*

Le transformisme a recruté beaucoup d'adeptes parmi les paléontologistes. C'est qu'en effet, lorsqu'on compare entre eux les êtres des diverses époques depuis l'origine de la vie, lorsqu'on assiste ainsi à la complication croissante des organismes, à la divergence progressive des groupes, lorsqu'on voit un type rare et à peine ébauché à une certaine période se développer dans les périodes suivantes sous des formes multiples et de plus en plus parfaites, on ne peut se défendre de l'idée que les règnes organiques ont subi une évolution continue, et cette idée se confirme de plus en plus lorsqu'on établit un rapprochement entre les êtres, très-analogues entre eux, qui peuvent être considérés comme ayant été, d'époque en époque, les représentants successifs d'un même groupe naturel.

Les découvertes nombreuses qui ont été faites depuis Cuvier ont répondu victorieusement aux objections qu'il pouvait élever contre l'argumentation d'Étienne Geoffroy. Les formes intermédiaires, qui faisaient alors si souvent défaut et dont l'absence paraissait creuser un large hiatus entre les espèces actuelles et les espèces paléontologiques correspondantes, ont été trouvées et trouvées précisément dans les couches des époques intermédiaires.

L'un des exemples les plus frappants est celui que nous présente, dans l'ordre des pachydermes, la famille des équidés. Cette famille, qui ne renferme plus maintenant qu'un seul genre, est tellement isolée dans la faune actuelle que plusieurs zoologistes en ont fait un ordre à part, désigné depuis longtemps sous le nom de solipèdes. Toutefois, Cuvier ne jugea pas que le caractère de la monodactylie fût suffisant pour l'emporter sur les analogies qui existent entre les solipèdes et les autres ongulés non ruminants, et comme d'ailleurs il trouvait, sur les côtés des métatarsiens et des métacarpiens des chevaux, deux petites aiguilles osseuses qui ne pouvaient être que les vestiges du squelette de deux doigts latéraux, il se décida à réunir les solipèdes à l'ordre des pachydermes. Il ne montra pas moins de perspicacité lorsqu'il eut à classer le genre fossile des *palæotherium*, qu'il avait découvert dans les terrains tertiaires, et qu'il avait reconstitué avec un si merveilleux talent. Ce fut encore parmi les pachydermes qu'il rangea ce genre d'animaux tridactyles, sans méconnaître toutefois la distance considérable qui existait entre le *palæotherium* et les autres pachydermes connus de son temps. L'illustre adversaire d'Étienne Geoffroy se tenait, certes, aux antipodes du transformisme; mais il connaissait la série, et le *palæotherium* lui semblait tellement éloigné des formes actuelles qu'il ne put se défendre d'émettre ce vœu prophétique : « Entre le *palæotherium* et les espèces d'aujourd'hui, » on devrait découvrir quelques formes intermédiaires.»

Ce vœu est aujourd'hui pleinement réalisé. Les formes intermédiaires ont été découvertes dans les terrains tertiaires, et elles rattachent les *Palæotherium* précisément à cette famille des solipèdes, que Cuvier avait lui-même retirée de son isolement pour la réunir à l'ordre des pachydermes.

Entre le genre *Equus* et le genre *Palæotherium*, se place d'abord le genre *Hipparion*, dont la ressemblance avec les chevaux est évidente ; puis vient le genre *Anchitherium*, à l'aide duquel on remonte aisément des *Hipparion* aux *Palæotherium*.

Tous les genres de cette série ont fait leur apparition pendant l'époque tertiaire, mais il ne faut pas en conclure qu'ils aient tous été contemporains ; car la durée de l'époque tertiaire a été immense. J'ai à peine besoin de rappeler que les terrains tertiaires se divisent en trois groupes, désignés sous les noms d'*éocène*, *miocène* et *pliocène*, et que la stratigraphie paléontologique a établi dans ces trois groupes des subdivi-

sions correspondant à autant de périodes. Ainsi les terrains éocènes se rapportent à trois couches appelées *éocène inférieur*, *moyen* et *supérieur ;* de même les terrains miocènes se divisent en *inférieur* et *supérieur*, et les terrains pliocènes se divisent en *pliocène inférieur* ou *ancien*, et *pliocène supérieur* ou *nouveau*.

Aucune espèce connue ne représente jusqu'ici dans le premier éocène, ou éocène inférieur, la série zoologique qui s'étend du *Palæotherium* au cheval. Les espèces du genre *Palæotherium* ne commencent que dans l'éocène moyen et finissent avec le miocène inférieur. Le genre *Anchitherium* apparaît pour la première fois dans le miocène inférieur et ne va que jusqu'au miocène supérieur ; le genre *Hipparion*, moins ancien que le précédent, commence dans le miocène supérieur et finit (en Europe du moins) dans l'ancien pliocène. Le genre *Equus*, enfin, remontant jusqu'à l'ancien pliocène (1), se continue dans le pliocène nouveau, puis il survit seul aux temps tertiaires, traverse la période quaternaire, et quelques-unes de ses espèces se perpétuent jusqu'à l'époque actuelle.

L'ordre de succession de ces genres est donc le suivant : *Palæotherium*, *Anchitherium*, *Hipparion*, *Equus*.

Cela posé, les nombreuses espèces du genre *Palæotherium* ont les membres courts, ramassés, et terminés par un pied à trois doigts ongulés et inégaux. Le doigt qui supporte le sabot médian est le plus long et le plus large ; mais les deux latéraux sont encore volumineux et s'appuient fortement sur le sol. Dans le genre *Anchitherium*, les membres sont déjà plus allongés. Le doigt médian devient plus fort et plus long. Les deux doigts latéraux sont réduits dans toutes leurs dimensions, mais ils sont encore assez longs pour reposer sur le sol; ils sont complets, mobiles et utiles. Dans le genre *Hipparion*, les muscles s'allongent encore, le doigt médian continue à se développer en longueur et en largeur, mais les deux doigts latéraux atrophiés, réduits à deux phalanges, se terminent en deux petits sabots rudimentaires qui ne touchent jamais le sol et qui n'ont aucune utilité. Quoique l'animal, muni de trois doigts à chaque pied, puisse encore à la rigueur être considéré comme tridactyle, en réalité cependant ce n'est déjà plus qu'un solipède, puisque chacun de ses pieds ne s'appuie que sur un seul doigt. Dans le genre *Equus* enfin on n'aperçoit à l'extérieur qu'un seul sabot, qu'un seul doigt ; les deux doigts latéraux sont complétement effacés; on n'en retrouve ni les muscles, ni les phalanges; mais on découvre cependant, sur les côtés de l'os du métatarse (ou du métacarpe), deux petites aiguilles osseuses soudées, moins longues que le métatarsien ; ce sont les derniers vestiges des doigts latéraux des prédécesseurs du genre Cheval.

M. Richard Owen, qui a insisté plus que personne sur cette modification graduelle des pieds, a signalé un caractère d'évolution non moins significatif. Les *Palæotherium* ont une première prémolaire permanente, moins grosse que les vraies molaires, mais présentant comme elles les replis intérieurs de l'émail, servant comme elles à la mastication, et s'usant comme elles à mesure que l'animal avance en âge. Chez les *Anchitherium*, cette dent conserve tous ses caractères, mais elle est moins volumineuse : elle est plus petite encore, mais toujours compliquée, fonctionnelle et persistante, chez les *Hip-*

---

(1) Le genre *Equus* existait déjà en Asie à l'époque miocène avec les hipparions. En Europe, ce genre est très-rare dans l'ancien pliocène et ne se développe réellement que dans le nouveau pliocène.

parion. Chez les *Equus* enfin ce n'est plus qu'une dent rudimentaire, simple, c'est-à-dire sans replis intérieurs d'émail, et tellement petite qu'elle ne peut servir à aucun usage. Elle n'appartient qu'à la première dentition, elle tombe très-promptement et n'est pas remplacée.

Ces modifications graduelles de certains organes, que l'on voit se développer ou s'atrophier de genre en genre suivant l'ordre chronologique, trouvent dans le transformisme une explication tout à fait satisfaisante. La paléontologie fournit un grand nombre de faits analogues, et l'on conçoit comment l'étude de cette science a conduit beaucoup d'auteurs à faire dériver les espèces actuelles de celles des périodes géologiques antérieures. Avouons cependant que ces faits n'établissent en faveur de l'idée de descendance directe ou de parenté collatérale qu'une présomption et non une preuve. Ils prouvent seulement le développement sériaire des caractères, sans qu'on puisse dire si les espèces de chaque groupe ont dû leur origine à une seule évolution ou à plusieurs évolutions parallèles, mais distinctes et indépendantes, ou à toute autre cause encore inconnue. La paléontologie, en complétant la série, en déterminant la succession chronologique des termes qui la composent, fournit donc à la doctrine transformiste un argument très-sérieux, mais cet argument n'est pas péremptoire, et ne constitue pas une démonstration.

Puisque l'observation des faits passés ne peut pas plus que celle des faits actuels nous conduire à une conclusion rigoureuse, voyons si l'induction et le raisonnement philosophique dissiperont notre incertitude.

P. BROCA,
Professeur à la Faculté de médecine de Paris.

— La suite très-prochainement. —

VARIÉTÉS

Les ambulances et les hôpitaux en campagne (1)

Les règlements militaires portaient autrefois que l'ambulance se tiendrait constamment à 4 kilomètres de l'armée ; on laissait les blessés sur le champ de bataille jusqu'après le combat, puis on les réunissait dans un local favorable, où l'ambulance se rendait aussi promptement que possible. Mais la grande quantité d'équipages interposés entre elle et l'armée et beaucoup d'autres difficultés la retardaient au point qu'elle n'arrivait jamais avant vingt-quatre heures, quelquefois même trente-six heures et davantage ; de sorte que beaucoup de blessés périssaient faute de secours. « La prise de Spire, dit Larrey, nous en ayant donné un assez grand nombre, j'eus la douleur d'en voir mourir plusieurs victimes de cet inconvénient. (Larrey, *Mémoire de chirurgie militaire*, Paris, 1812, t. I, p. 57, in-8.) » Au combat de Limbourg, un mouvement nécessité par l'arrivée d'une forte colonne prussienne mit dans l'impossibilité d'aller chercher les blessés, qui tombèrent au pouvoir de l'ennemi. Nous avons rapporté ces deux faits afin de faire connaître l'importance de la nouvelle organisation que Larrey devait donner aux ambulances. Peu de temps après, en effet, dans un combat dans la montagne d'Oberuchel, près Kœnigstein, *l'ambulance volante* était en

pleine activité. « Plusieurs de nos compagnons, dit Larrey, furent tués dans le défilé, et nous eûmes une trentaine de blessés que nous transportâmes avec nous, après les avoir pansés pour la première fois sur le champ de bataille. »

Pour porter les secours sur les lieux du combat, Percy avait imaginé, à l'armée du Nord, de petites voitures basses et arrondies, désignées sous le nom de *wurtsch* ; les caisses de ces voitures contenaient les objets nécessaires au pansement. *L'ambulance volante* de Larrey a prévalu. En effet, non-seulement elle était assez légère pour suivre même les mouvements de l'avant-garde, mais encore elle permettait d'enlever les blessés pour les conduire loin du combat. Chaque division d'ambulance était composée de douze voitures : huit à deux roues, quatre à quatre roues ; les premières recevaient chacune deux blessés couchés dans des cadres où ils pouvaient être pansés ; les autres, destinées à être conduites dans des points d'un accès plus difficile, transportaient quatre blessés dont les jambes se croisaient un peu. Chaque voiture était accompagnée d'un chirurgien à cheval et d'un nombre suffisant d'infirmiers pour que les blessés pussent recevoir les premiers soins avant d'être placés dans la voiture qui devait les conduire jusqu'aux hôpitaux de première ligne. Dans les montagnes, les objets de pansement étaient apportés par des chevaux et des mulets de bât dans des paniers recouverts de cuir.

Cette organisation réalisait déjà un grand progrès ; mais, ainsi que nous allons le voir, on devait faire mieux encore, et amener les secours aux soldats d'une manière beaucoup plus complète.

1. *Du service de santé en campagne.* — Le nombre et le grade des médecins militaires et des officiers d'administration, pour le service de guerre, sont déterminés par le ministre d'après la force de l'armée ou des corps d'armée et la nature de l'expédition.

Un médecin du grade de principal est placé au quartier général de chaque corps d'armée.

Si une armée agissante est formée de plusieurs corps d'armée, elle a un médecin en chef chargé de la direction supérieure du service de santé. Le médecin en chef réside au grand quartier général ; il a sous ses ordres immédiats tous les officiers de santé de l'armée, y compris même ceux des corps de troupes ; il assigne à ses collaborateurs les destinations, les emplois, les missions qu'il juge convenable de leur confier ; néanmoins tous les ordres de service qu'il donne sont soumis à l'approbation de l'intendant en chef.

Les officiers de santé principaux près d'un corps d'armée y remplissent des fonctions analogues à celles du médecin en chef au grand quartier général ; ils correspondent avec lui, et dépendent de lui pour tout ce qui concerne la pratique de l'art.

Les officiers de santé principaux sont envers l'intendant de leur corps d'armée, pour tout ce qui concerne l'exécution du service, dans le même rapport immédiat de subordination que le médecin en chef envers l'intendant en chef.

Toutes les questions d'hygiène rentrent dans le domaine des attributions respectives de ces officiers de santé ; ils prennent, de concert avec les intendants en chef, les mesures propres à sauvegarder l'état sanitaire des troupes.

Les jours de bataille, le médecin principal, chef des ambulances d'un corps d'armée, fait choix des locaux propres à re-

---

(1) Extrait de la *Pathologie chirurgicale* de Nélaton.

cevoir les blessés ; il veille à ce que tout le monde soit à son poste ; si le personnel est au complet, si le service est assuré. Il fait une tournée dans toutes les ambulances ; là il pratique lui-même les opérations graves, ou bien il aide de son expérience et de ses conseils ceux de ses collaborateurs que des cas difficiles pourraient embarrasser. Lorsque toutes les opérations, tous les pansements sont terminés, il procède, avec le concours des officiers d'administration, à l'évacuation des blessés sur les ambulances sédentaires ou sur les hôpitaux de première et de deuxième ligne.

A l'issue d'une bataille, et si les circonstances l'exigent, les médecins des régiments peuvent être distraits de leurs corps pour participer au service des ambulances ou des hôpitaux ; mais cette réquisition ne peut être que momentanée, car le personnel médical des régiments en campagne a des obligations nombreuses à remplir, il doit toujours être prêt à marcher et à suivre tous les mouvements stratégiques exécutés par la troupe.

II. *Organisation des ambulances.* — Le personnel attaché à une ambulance se compose d'un médecin-major, de quatre médecins aides-majors, d'un pharmacien aide-major, d'un officier d'administration comptable, de quatre adjudants, de trois infirmiers sergents et de dix-sept infirmiers soldats.

Le matériel consiste : 1° En un caisson contenant des médicaments et des ustensiles de pharmacie, les instruments nécessaires aux opérations chirurgicales, des objets de pansement et les brancards servant au transport des blessés ;

2° En un certain nombre de prolonges employées à l'évacuation des malades et des blessés ;

3° En litières et en cacolets réservés, soit pour les blessés qui ne peuvent, sans de grandes souffrances, supporter les secousses de la prolonge ou de toute autre voiture, soit pour les cas où le transport en brancard est impraticable.

Le cacolet est un appareil composé de deux fauteuils dont toutes les parties se meuvent et se déploient au moyen de charnières ; un petit banc retenu par deux courroies sert de point d'appui aux pieds du malade. Ces fauteuils sont attachés, l'un à droite, l'autre à gauche, à un bât porté à dos de cheval, de mulet ou de chameau. Le cacolet est particulièrement affecté au transport des blessés frappés à la tête, au tronc ou aux membres supérieurs.

La litière est, comme son nom l'indique, un lit étroit, garni d'un matelas et d'un traversin ; à défaut de ces objets, on garnit la litière avec de la paille ou du foin.

Les deux litières sont fixées et portées de la même manière que les cacolets ; elles sont destinées à transporter les hommes qui ont eu les membres inférieurs fracturés, amputés ou gravement endommagés, et les malades qui, pour cause de faiblesse, ne peuvent demeurer assis sur un cacolet.

Le caisson d'ambulance, conduit par des soldats du train des équipages, est surmonté d'un drapeau rouge qui en indique la destination. Chaque division d'infanterie ou de cavalerie est pourvue d'une ambulance ainsi organisée.

Le chiffre des approvisionnements affectés à une ambulance se règle d'après la force des corps auxquels elle appartient, et d'après le nombre probable des blessés, qui est, en moyenne, du quart ou du cinquième de l'effectif des combattants.

Ainsi, un corps d'armée composé généralement de trois divisions, représentant de 20 à 25 000 hommes, doit être approvisionné de telle sorte qu'il puisse fournir sur le champ de bataille les objets nécessaires à cinq ou six mille pansements. Il est même plus prudent d'outrepasser cette mesure que de rester en deçà.

A quelques proportions qu'il se trouve réduit, en vue de la nature et du but des opérations militaires, cet approvisionnement doit toujours être complet. En effet, lorsqu'on organise les ambulances, il ne faut jamais oublier qu'elles sont destinées à servir sur le terrain même du combat, loin quelquefois de toutes ressources locales ; il faut donc prévoir les moindres besoins et y pourvoir d'avance.

Indépendamment de ces ambulances divisionnaires, chaque corps d'armée a une ambulance de réserve établie au quartier général. Le personnel et le matériel de cette ambulance sont destinés, un jour de bataille, soit à se porter sur les points où le combat étant le plus acharné et le plus meurtrier, les blessés affluent en plus grand nombre, soit à remplir les vacances survenues dans les ambulances divisionnaires, soit enfin à fournir une partie ou la totalité du personnel des hôpitaux temporaires au moment où on les ouvrira.

Pareille ambulance est organisée au grand quartier général et sert aux mêmes fins ; c'est là que se trouve, en outre, la principale réserve des approvisionnements.

Pendant le combat, les médecins, dans les régiments, ne demeurent point inactifs ; ils contribuent, pour une certaine part, aux secours qui doivent être donnés immédiatement à certains blessés. Chaque régiment a donc sa petite ambulance approvisionnée d'objets contenus dans un havre-sac et dans une paire de cantines portées à dos de mulet. Ces cantines constituent une sorte de réserve.

Pour l'infanterie, le sac d'ambulance est, pour les dimensions et pour le poids, entièrement conforme au sac du soldat ; l'intérieur, de fer-blanc, est divisé en plusieurs compartiments, où sont placés les médicaments, les instruments de chirurgie et les objets de pansement.

Ce sac, porté dans le rang par un soldat de chaque bataillon, peut devenir très-utile dans les circonstances où il est impossible de s'approvisionner aux cantines. Il est pourvu de telle sorte que, conjointement avec la trousse-giberne, les médecins d'un régiment, quand ils sont séparés, puissent panser vingt blessés au moins, et, pour le cas où ils sont réunis, extraire des projectiles, pratiquer des ligatures et même des amputations.

Dans les régiments montés (artillerie ou cavalerie), le havre-sac est remplacé par des sacoches confectionnées de manière à pouvoir être portées à dos de cheval, sans gêner le cavalier et sans fatiguer sa monture.

Ces sacoches, d'un poids de 7 kilogrammes également répartis, sont de cuir noir de vache corroyé ; elles renferment la trousse des instruments de chirurgie, ainsi que deux coffres de veau corroyé, avec compartiments de vache étirée, dans lesquels sont placés les médicaments et les objets de pansement. Cet appareil, garni comme le havre-sac, offre les mêmes ressources que lui dans le service de campagne.

III. *Fonctionnement des ambulances.* — La veille d'une bataille, lorsqu'elle est prévue, ou bien au moment même du combat, quand il s'engage inopinément, le médecin en chef, dans chaque corps d'armée, explore, avec circonspection toutefois, le pays où la lutte devra avoir lieu, il y recherche les locaux qui pourront être convertis en dépôts d'ambulances. Ces dépôts sont ordinairement établis dans une chapelle, une église, une ferme, un moulin, une gare de chemin de fer, un château, une grange, un grenier, une écurie dont on fait garnir le sol avec du foin ou de la paille, obtenue par voie de réquisition ou fauchée sur place.

A défaut d'un local quelconque, on fait dresser des tentes ; mais la tente est de tous les abris le dernier qu'il convient d'adopter, car, pendant les saisons extrêmes, le froid et la chaleur y deviennent intolérables, et souvent, en été, les blessures y dégénèrent promptement.

L'installation des ambulances est beaucoup moins embarrassante lorsque l'armée opère au voisinage d'une ville ou même d'un village ; là on trouve toujours quelque édifice facile à transformer ; là aussi on peut se procurer des vivres, du vin, du linge, des effets de literie, en un mot, une partie du matériel dont on peut avoir besoin. Dans les cités hospitalières, on doit encore compter sur le concours des médecins civils, qui s'empressent le plus souvent d'offrir leurs services aux médecins de l'armée.

Au point de vue de la sécurité et de la commodité des transports, il faut qu'un dépôt d'ambulance soit abrité contre les projectiles, les attaques ou les surprises de l'ennemi ; qu'il soit autant que possible à proximité de la ligne de bataille ; il faut surtout qu'il soit abondamment pourvu d'eau, car l'eau joue un grand rôle dans la thérapeutique initiale des blessures de guerre.

Un drapeau rouge placé sur le point culminant du dépôt sert à diriger les blessés ou les hommes qui les transportent. Si le terrain est fortement accidenté, des jalons indicateurs sillonnent le chemin à suivre.

Lorsque le lieu destiné à l'établissement de l'ambulance a été choisi, on le fait connaître immédiatement aux chefs de corps qui en informent la troupe.

Le médecin en chef de l'armée doit être averti aussi de la position de chaque ambulance particulière, afin qu'il puisse y transmettre ses ordres et y faire connaître le lieu où il a décidé que seront évacués et réunis les blessés qu'on y aura pansés ou opérés.

En cas de siège, les ambulances du côté des assiégés sont établies dans une *casemate*, sur laquelle flotte un drapeau noir qui indique qu'en vertu du droit des gens, ce point doit être épargné par les projectiles de l'ennemi ; du côté des assiégeants, des ambulances protégées par un repli de terrain, fonctionnent au voisinage des lignes de circonvallation, tranchées, chemins couverts, en un mot des travaux d'approche.

Au moment d'un combat, la section active d'ambulance se dédouble quelquefois en ambulance VOLANTE et en ambulance de dépôt. L'ambulance volante se compose d'un caisson léger, de deux médecins, d'un officier d'administration et de plusieurs infirmiers. Si la nature du terrain s'oppose à ce qu'on puisse l'aborder avec le caisson, il faut prendre alors deux paniers *garnis* que l'on charge sur un des chevaux de l'attelage.

L'ambulance volante est particulièrement destinée à porter des secours partout où ils sont jugés promptement nécessaires, comme lorsqu'une troupe d'avant-garde est aux prises avec l'ennemi, ou qu'un corps de cavalerie exécute au galop une charge loin du gros de l'armée.

Pour rendre plus facilement compréhensible le mécanisme suivant lequel chacun, dans une ambulance, remplit les fonctions qui lui sont attribuées, supposons deux armées ennemies en présence. Aux premiers coups de fusil, aux premières décharges du canon, un officier d'administration, accompagné d'infirmiers-majors et d'infirmiers, se rend derrière la ligne avec des brancards et des cacolets pour relever les blessés et les transporter au dépôt de l'ambulance.

Tous les blessés, qu'ils appartiennent aux vainqueurs ou aux vaincus, sont recueillis avec le même empressement et secourus avec la même humanité. Dans le même temps, les médecins des régiments, convenablement abrités, procèdent de leur côté aux opérations urgentes, telles que des ligatures d'artères. Transporté à l'ambulance, tout militaire blessé, après y avoir été pansé, est ensuite ou dirigé sur son corps, ou évacué sur l'hôpital le plus voisin, suivant la gravité de sa blessure ; ces évacuations doivent se faire immédiatement, autant que les moyens de transport en offrent la possibilité. De cette manière l'ambulance de bataille peut à chaque instant changer de position et se tenir constamment à portée de la division à laquelle elle appartient. Après une journée sanglante, le terrain, doit être le soir, libre de blessés. Dans le cas où l'évacuation des ambulances de bataille n'a pu se faire complétement, et que cependant l'armée se porte en avant, le matériel, replacé dans les caissons, et suivi de la plus grande partie du personnel, se met en marche et suit les colonnes, afin de pourvoir aux nouveaux besoins que de nouveaux combats pourraient faire naître. On laisse en arrière un détachement de soldats infirmiers, un officier d'administration pour les commander et quelques officiers de santé qui devront prendre soin des blessés, jusqu'à ce que le transport de ceux-ci soit complétement effectué. Ce détachement rejoint ensuite son ambulance.

Il arrive fréquemment que le nombre des infirmiers est insuffisant pour les besoins de l'ambulance ; on croit pouvoir remédier à cet état de choses en mettant en réquisition les musiciens des régiments. Mais les médecins ont rarement à se louer du concours de ces auxiliaires qui, novices aux scènes de la chirurgie, en sont vivement impressionnés et désertent leur poste ; on obtient au contraire d'excellents services des cantinières, qui se montrent, pour la plupart, d'un sang-froid et d'un dévouement qu'on ne saurait trop honorer.

Lorsqu'une armée fléchit et bat en retraite, il faut multiplier les moyens de transport et accélérer les mouvements. Si au lieu de s'effectuer en bon ordre et avec des retours offensifs contre l'ennemi pour le contenir à distance, la retraite prend au contraire les allures d'une déroute, alors les prolonges, les cacolets, les litières, les voitures de réquisition, les voitures de bagages, celles des vivandières, les fourgons des généraux, les caissons de l'artillerie, les chevaux de main des officiers, les barques, les bateaux, les chalands, etc., tout est employé pour dérober les blessés à l'ennemi.

Il arrive quelquefois qu'au milieu des désordres et du tumulte qui règnent dans les mouvements d'une retraite précipitée, les blessés épars sur le champ de bataille ou ceux qui se trouvent réunis dans les ambulances n'ont pu être enlevés à temps ; ils ne doivent jamais être abandonnés sur le champ de bataille par les officiers de santé, soit en présence de l'ennemi, soit même après une déroute, à moins d'ordres formels du commandant supérieur ou de circonstances impérieuses tout à fait exceptionnelles.

§ IV. — *Organisation et service des évacuations.* — *Hôpitaux temporaires de première, deuxième et troisième ligne.* — Il est très-important, en campagne, que les ambulances actives soient promptement disponibles, afin qu'elles puissent s'associer aux mouvements exécutés par l'armée. De là la nécessité de diriger sur les hôpitaux temporaires tous les blessés aussitôt qu'ils ont reçu les soins les plus urgents. On comprend aussi dans ces évacuations les fiévreux et les vénériens.

Les hôpitaux temporaires doivent être multipliés d'après les prescriptions du médecin en chef, selon les besoins prévus du service, afin de prévenir les redoutables effets de l'encombrement, c'est-à-dire les épidémies les plus désastreuses, comme M. H. Larrey y a réussi pendant la guerre d'Italie.

Les hôpitaux temporaires à former sur les lignes d'évacuation se subdivisent en hôpitaux de première, de deuxième et de troisième ligne. Les hôpitaux de première ligne doivent être établis à courte portée des ambulances, afin de rendre le premier transport des blessés moins fatigant.

Les hôpitaux de deuxième et de troisième ligne ne doivent être distants les uns des autres que d'une faible journée de marche, à moins toutefois que les transports des malades ne se fasse par eau ou en chemin de fer : ces hôpitaux sont destinés à recevoir successivement les hommes venant des hôpitaux de première ligne, où il est prudent de prévenir l'encombrement par de fréquentes évacuations.

Le choix des emplacements où doivent être organisés ces hôpitaux est fait par l'intendant en chef, d'après l'avis du médecin en chef de l'armée, pour tout ce qui a rapport à la salubrité. On a égard dans le choix de ces emplacements, à la facilité des transports ou par terre ou par eau : il faut généralement donner la préférence aux transports par eau, particulièrement sur les fleuves ou sur les rivières, parce que les malades peuvent de la sorte franchir de grandes distances sans secousses ni fatigues.

Dans les contrées habitées, on trouve presque toujours les moyens d'assurer un bon service hospitalier à la suite des armées, car on rencontre à peu près constamment dans les villes ou dans les campagnes des édifices propres à être transformés en hôpitaux. Ces bâtiments sont les châteaux, les palais, les colléges, les couvents, les églises, les manufactures, les casernes, etc., etc. Toutefois les églises sont les constructions qui conviennent le moins, parce qu'elles sont toujours froides, souvent humides et qu'il est très-difficile de les chauffer à cause de leur élévation. Comme l'air s'y renouvelle peu, les miasmes font prendre promptement un caractère typhoïde à toutes les affections.

Les manufactures, les vastes ateliers sont bien préférables. En général, ces bâtiments sont bien construits, bien aérés, et situés dans des lieux salubres ; il suffit de placer des lits dans leurs vastes salles pour en faire tout de suite un bon hôpital. Les monastères se recommandent presque toujours par une bonne exposition, une construction bien entendue, le voisinage de l'eau, du bois ; on y trouve des cuisines, des fours, des caves, des latrines, des bains, en un mot tous les accessoires d'un hôpital.

Quand une armée nombreuse se porte rapidement sur un point éloigné, on est exposé à manquer de fournitures de couchage ; il faut se résoudre alors à coucher les malades tout habillés, sur la paille ou sur le foin qu'on étend dans les chambres et jusque dans les corridors, car il est des circonstances où l'on est obligé de tirer parti de tout.

Lorsque, par suite de difficultés ou de lenteurs dans la marche des voitures de bagages, on en est réduit à ce dénûment, il faut contraindre, par voie de réquisition, les habitants à fournir les objets de literie nécessaires au service des hôpitaux temporaires.

Une des meilleures dispositions que l'on puisse prendre, en pareil cas, c'est d'ordonner la confection d'un grand nombre de paillasses. Lorsque celles-ci sont bien faites, disent MM. Maillot et Puel, elles ne le cèdent en rien aux matelas ; elles sont même préférables, en ce sens que, dans certaines maladies épidémiques, on peut promptement les laver, en brûler la paille et la renouveler, ce qu'on ne peut faire pour les matelas. Pendant l'été, surtout dans les pays chauds, il n'y a en réalité aucun inconvénient à coucher les malades sur la paille ; les hommes atteints de maladies ou de blessures très-graves pourraient seuls être pourvus d'un coucher plus moelleux.

C'est encore par le moyen rigoureux des réquisitions que l'on se procure pour le service des hôpitaux une foule d'objets de première nécessité, tels que le linge, la charpie, les médicaments, les vivres, les ustensiles de cuisine, etc.

Pendant tout le temps que dure la guerre, le service médical des hôpitaux temporaires est fait par des officiers de santé et d'administration, qui n'appartiennent pas ou qui n'appartiennent plus au personnel des ambulances actives. Néanmoins ces officiers sont sous les ordres de l'intendant et du médecin en chef de l'armée. Lorsque la paix met fin aux opérations militaires, les chirurgiens des ambulances dissoutes sont appelés à servir dans les hôpitaux temporaires.

Lorsqu'il y a lieu de faire des évacuations collectives, soit d'une ambulance sur un hôpital, soit d'un hôpital sur l'hôpital de la ligne voisine, le sous-intendant en informe à l'avance les officiers de santé, qui désignent sur une liste nominative les malades en état de supporter le transport.

Les sous-intendants règlent l'itinéraire de ces évacuations; ils fixent les gîtes intermédiaires où elles doivent s'arrêter ; ces gîtes sont, autant que possible, ceux d'étapes, à moins que l'état des routes, les circonstances de la saison ou la situation des malades ne s'y opposent.

Il est prescrit d'avance aux autorités locales, dans chaque station, de prendre les mesures nécessaires pour que les malades soient reçus et installés dans des locaux convenables.

Le sous-intendant règle l'heure du départ, de manière à éviter les marches de nuit ; il réunit, à l'heure fixée, les prolonges du train, les cacolets, les litières, ainsi que les voitures de réquisition nécessaires au transport des malades ; il dispose de même des navires ou des trains de chemins de fer.

Les évacuations collectives sont toujours accompagnées par un ou plusieurs officiers de santé et d'administration, par des infirmiers et par une escorte de troupes.

L'officier de santé est muni de médicaments et d'articles de pansement, afin de pouvoir donner ses soins aux malades pendant la route. L'officier d'administration pourvoit, au moyen de fonds mis à sa disposition et par des achats sur place, à l'alimentation des malades. L'escorte maintient le bon ordre dans le convoi et le protége contre les insultes ou les agressions d'une population ennemie.

Des moyens ou des frais de transport sont alloués à l'officier de santé et à l'officier d'administration qui accompagnent une évacuation.

CHAMPOUILLON,

Professeur à l'École de médecine militaire du Val-de-Grâce.

Le propriétaire-gérant : GERMER BAILLIÈRE.

PARIS. — IMPRIMERIE DE E. MARTINET, RUE MIGNON, 2.

REVUE

DES

COURS SCIENTIFIQUES

DE LA FRANCE ET DE L'ÉTRANGER

SEPTIÈME ANNÉE	NUMÉRO 35	30 JUILLET 1870

Paris, 29 juillet 1870.

L'Académie des sciences a repris lundi dernier la discussion des titres de M. Ch. Darwin. Il était plus de cinq heures lorsque le comité secret a commencé; M. Émile Blanchard a terminé son discours contre M. Darwin. Il était trop tard pour que M. de Quatrefages pût répondre ce jour-là, et il a été convenu que la parole lui serait réservée pour le début du comité secret de lundi prochain. M. Émile Blanchard annonce qu'il répliquera. Il est donc probable que la discussion ne se terminera pas encore la semaine prochaine.

— L'Allemagne vient de faire une perte au moins comparable à celle d'une bataille; mais cette perte, le monde entier la fait avec elle.

Le professeur von Graefe, de Berlin, vient de mourir. Il a succombé subitement, apprenons-nous, à une longue consomption qui le minait depuis des années, et que secondaient trop, dans son perfide travail, le dédain et l'oubli de l'homme de science à l'endroit de sa propre personne.

Quoique brutalement atteint à plusieurs reprises, le chercheur n'a jamais consenti à suspendre un instant ses absorbants travaux; les attaques les plus aiguës n'ont pas même obtenu de lui ces simples phases de repos que la fièvre impose à ceux qu'elle touche. Recherches, méditations incessantes, tension d'esprit continue, enseignement permanent et de toutes les heures, consultations à peine interrompues, publications innombrables, opérations quotidiennes, tel fut le régime constant qui a répondu à la maladie, et cela, à notre connaissance, depuis huit années au moins. Or, il y en a quinze tout à l'heure que le jeune savant était déjà illustre, et il nous est enlevé à quarante ans à peine.

Nous n'entreprendrons pas aujourd'hui fût-ce la simple esquisse d'un éloge : la liberté d'esprit nous manquerait pour un tel objet. Rappelons seulement qu'à peine descendu des bancs de l'école, le jeune de Graefe enrichissait déjà l'humanité d'une de ces conquêtes, sans larmes et sans retour, qui s'inscrivent d'elles-mêmes dans la reconnaissance de l'histoire. Vers l'âge de vingt-six ans, en 1856, il venait de découvrir dans une opération nouvelle un remède à une maladie jusqu'alors inattaquable, la *cécité par glaucôme*. Ce fut là son premier titre de gloire; et au milieu de tant d'autres conquis à sa suite, il suffirait à éterniser tous les regrets.

Dans un prochain numéro, nous essayerons de retracer le tableau de cette courte vie si fructueusement remplie.

— M. Hermite (de l'Institut) a été nommé professeur d'algèbre supérieure à la Faculté des sciences de Paris, en remplacement de M. Duhamel, démissionnaire. La chaire de calcul des probabilités et physique mathématique, devenue vacante par la mort de M. Lamé, est donnée à M. Briot, qui fait le cours depuis plusieurs années déjà, à titre de suppléant.

— On lit dans la *Gazette hebdomadaire de médecine et de chirurgie :*

D'après des renseignements que nous croyons pouvoir affirmer comme authentiques, la constitution et le mode de fonctionnement des ambulances volontaires auraient les bases suivantes :

L'appel fait par la section médicale du Comité a été entendu ; le patriotisme et le dévouement des médecins et des élèves ont amené de nombreuses offres de service. Les ressources en matériel, nulles au début, sont aujourd'hui créées, et elles se développeront rapidement.

Le principe adopté par la section médicale du Comité serait d'éviter autant que possible le transport des blessés atteints de fractures par coup de feu, et de les traiter sur place aussi près que possible du champ de bataille.

Pour remplir ce but, chaque ambulance du corps d'armée se compose d'une ambulance mobile avec des tentes-hôpitaux, s'installant à proximité d'un village qui devient son annexe. Le personnel de l'ambulance, assez nombreux pour répondre à des besoins qu'il faut prévoir étendus, intervient tout d'abord, et une réserve comprenant des chefs de service, des élèves et des infirmiers volontaires arrivant le plus tôt possible sur le théâtre de la lutte, convertit l'ambulance en un hôpital temporaire, laissant à l'ambulance la possibilité de marcher en avant et de suivre l'armée.

L'organisation du corps des ambulances est calquée sur celle de notre chirurgie militaire. Chacune d'elles se compose d'un chirurgien en chef, de quatre chirurgiens, de dix aides-chirurgiens, de douze sous-aides, d'un aumônier et d'un pasteur, d'un comptable avec ses adjoints, d'infirmiers et de conducteurs d'attelages.

Le principe qui a présidé à la répartition des grades serait le suivant : Les sous-aides sont pris parmi les élèves en médecine ; les aides-chirurgiens parmi les docteurs en médecine français et les internes en médecine qui offrent des garanties analogues de savoir et d'expérience. Les chirurgiens seront recrutés dans l'élite des aides-chirurgiens, de façon que, ultérieurement, les services rendus concourent à l'avancement.

On nous communique la composition de la première ambulance aujourd'hui tout à fait constituée et dont le départ prochain sera suivi du départ d'autres ambulances pour d'autres corps d'armée. Le ministère de la guerre indiquera à quel corps d'armée sera attaché ce premier groupe.

Chirurgien en chef de l'ambulance du corps : M. Liégeois.

Chirurgiens : MM. les docteurs Gillette, prosecteur à la Faculté de médecine; Good, ex-chirurgien de l'armée américaine; Martin, ancien interne des hôpitaux de Paris ; Sanné, id.

Aides-chirurgiens : MM. Laugier, ancien interne des hôpitaux de Paris ; Letendard, docteur en médecine ; Nottin, id.; Ramlow, id.; Savreux-Lachapelle, id.; Chevalet, interne des hôpitaux de Paris ; Fremy, id.; Labadie-Lagrave, id.; Lagrange, id.; Lorez, id.

Sous-aides : MM. Barborin, étudiant en médecine ; Bonnet, id.; Boylan, id.; Brière, id.; Decaesteker, id.; Forestier, id.; Calisson, id.; Gueneau de Mussy, id.; Laffitte, id.; Menard (Saint-Yves), id.; Raillard, id.; Vizzu, id.

Chirurgien en chef des ambulances volontaires : M. Léon Le Fort.

A. D.

— La souscription Sars va être close; nous publierons la semaine prochaine une longue liste de nouveaux adhérents.

VII.

UNIVERSITÉ DE VIENNE

DISCOURS RECTORAL DE M. C. VON LITTROW

De l'état arriéré des sciences chez les anciens

La période de l'antiquité à laquelle on s'est plu de tout temps à accorder le nom de *classique*, doit cet honneur à sa supériorité incontestable en tout ce qui touche à la forme. Mais s'il faut nous incliner sous ce rapport devant les anciens, s'il nous faut reconnaître en eux des maîtres et des modèles qu'on n'a jamais surpassés, nous pouvons prétendre, d'autre part, à une supériorité tout aussi éclatante, sinon plus éclatante encore, quand il s'agit d'approfondir et d'appliquer la science. Ce qui nous frappe dans ce rapprochement, c'est la lutte entre le réalisme et l'idéalisme, lutte qui, heureusement pour l'humanité, ne cessera jamais complétement. Notre grande infériorité dans presque toutes les branches de l'art, en prenant ce mot dans son acception la plus large, et les raisons de cette infériorité sont, si je ne me trompe, bien plus généralement reconnues et comprises que les causes de notre supériorité dans le domaine des sciences exactes. Schiller, qui, sans la profondeur de ses vues philosophiques, ne serait pas ce qu'il est, je veux dire le prince des poëtes, Schiller trouve que ce qui caractérise le réaliste, c'est « un esprit d'observation toujours calme et réfléchi », tandis que l'idéaliste se distingue par « un esprit de spéculation qui ne connaît pas de repos ». « Prétendre arriver, avec la seule raison, dit-il, à la connaissance du monde externe, c'est là une illusion, une puérilité. » Quelque justes et lumineuses que paraissent ces réflexions au premier abord, il faut pourtant reconnaître, quand on les examine de plus près, non-seulement qu'elles attribuent à l'antiquité idéaliste un esprit de spéculation très-exagéré, mais qu'elles lui refusent encore d'une manière absolue l'esprit d'observation. La science astronomique, mieux peut-être que toute autre, nous fournira des considérations propres à nous éclairer sur le véritable sens qu'il convient de donner aux paroles de Schiller.

Tout le monde sait quel est le beau ciel de ces pays qui ont servi de berceau à la civilisation, l'Italie, la Grèce, l'Espagne et principalement l'Égypte et l'Arabie. La pureté de l'atmosphère dont ces pays ont de tout temps été favorisés, ressort déjà de l'importance que les anciens attachaient à la connaissance du lever et du coucher de certains astres. Dans nos contrées, il n'eût pas été possible de donner une telle direction à l'astronomie, par cette simple raison que les vapeurs qui obscurcissent presque constamment notre ciel nous empêchent le plus souvent de voir les astres à l'horizon, ou même près de l'horizon. Par la même raison, nous n'aurions jamais pu, sans le secours du télescope, acquérir les notions relativement exactes auxquelles étaient arrivés les anciens sur les mouvements de la planète Mercure, si peu visible dans nos latitudes. Nous autres, habitants de l'Europe centrale, nous n'avons guère rien à envier, pour l'obscurcissement fréquent de notre ciel, aux Cimmériens des bords de la mer d'Azov chez les anciens. On serait donc en droit de penser à priori que les notions que nous ont transmises les anciens sur le ciel étoilé se rattachent principalement aux points du ciel invisibles pour nous ; et, en outre, que leurs connaissances doivent être nécessairement bien plus riches, bien plus étendues que celles qu'il nous a été possible d'acquérir plus tard. On s'attend de leur part à des résultats féconds, à des découvertes presque inaccessibles pour nous. Et cette attente parait d'autant plus légitime, que la division actuelle du ciel septentrional en constellations existait déjà presque tout entière il y a au moins deux mille ans, ce qui suppose que, dès cette époque, le firmament était l'objet d'une observation attentive. Songez encore qu'environ cent trente ans avant Jésus-Christ, Hipparque s'occupait déjà de dresser un catalogue complet de toutes les étoiles fixes, travail que Claude Ptolémée reprit deux siècles et demi plus tard.

Or, le système astronomique de Ptolémée, ou, comme le nomment les Arabes qui nous l'ont conservé, l'Almageste ne cite en tout que 1028 étoiles. Et, en admettant même, d'après Pline l'Ancien qui parle de 1600 étoiles observées, que l'Almageste ne renferme pas d'une manière complète les travaux d'Hipparque et de Ptolémée, supposition peu probable, ce dernier nombre n'en resterait pas moins bien au-dessous de notre attente. Les cartes d'Argelander à Bonn contiennent 3256 astres visibles à l'œil nu, et Heis de Munster, doué il est vrai d'un œil extraordinaire, et qui aperçoit les étoiles sans rayons et sous forme de points, a encore élevé ce nombre d'environ 2000. Il suit de là que, sans tenir compte d'un espace d'au moins 20 degrés qu'une ville comme Alexandrie par exemple peut apercevoir dans le ciel de plus que l'Allemagne, les anciens ont à peine noté la moitié des étoiles qu'ils pouvaient voir ! L'insuffisance de leurs observations ressort encore de ce fait, qu'ils nomment, par exemple, 474 étoiles de la quatrième grandeur, 217 seulement de la cinquième et enfin seulement 49 de la sixième grandeur, tandis que le nombre des étoiles varie en raison inverse de leur grandeur, et si rapidement que chaque classe d'étoiles en contient toujours beaucoup plus que toutes les classes précédentes prises ensemble. Argelander marque dix-neuf nébuleuses et groupes d'étoiles visibles à l'œil nu, dans nos latitudes, tandis qu'Hipparque n'en mentionne que deux, et Ptolémée que cinq, et que tous deux passent sous silence des faits aussi importants que les nébuleuses Orion et Andromède. Et cette connaissance si imparfaite d'un ciel ouvert à tous les yeux, demeure dans le même état longtemps après l'invention du télescope, pendant plus de quinze cents ans ! De tous les astronomes de l'antiquité, un seul, le Persan Abdel-Rahman-Al-Sûfi, fait au xᵉ siècle une honorable exception ; mais tous ses efforts ne réussissent pas à réveiller chez ses contemporains et ses successeurs le moindre zèle pour les progrès de la science astronomique.

On pourrait en dire autant de la connaissance du ciel méridional. Certes, l'occasion n'a pas manqué aux anciens, principalement aux Arabes, pour étudier, en grande partie du moins, les constellations de ce ciel, et pourtant l'Almageste ne contient que quelques-unes des plus grandes étoiles de l'hémisphère antarctique. Depuis Barthélemy Diaz, les Européens sentirent le besoin, dans l'intérêt de la navigation, de rattacher l'indication des lieux aux constellations du sud ; et pourtant ce n'est que vers le commencement du xviiᵉ siècle que Théodore d'Emden introduisit une classification régulière de ces constellations. C'est à sir John Herschel enfin qu'il était réservé de fixer et de préciser, à une époque encore toute récente, une foule de notions sur les constellations antarctiques.

On ne saurait attribuer à un esprit superficiel cet insuccès dans des recherches auxquelles les anciens prenaient tout autant d'intérêt que nous. Un pareil jugement serait injuste, pour une époque dont la ténacité et la scrupuleuse attention ont droit à toute notre admiration sous d'autres rapports. Ce qui leur a manqué, c'est bien plutôt le don de l'observation scientifique, et l'habitude d'appliquer à cette étude leurs sens si délicats, si subtils d'ailleurs au point de vue artistique. Quelques considérations historiques sur certains points de l'astronomie en particulier, serviront mieux que le résumé qui précède à mettre cette vérité en relief.

Un exemple très-propre à montrer que, pour observer les étoiles, il ne suffit pas simplement d'avoir à sa disposition un ciel pur et de bons yeux, c'est celui de la constellation des Pléiades. Dans un poëme didactique écrit vers 270 avant Jésus-Christ, et où nous trouvons pour la première fois des indications positives sur l'astronomie des Grecs, Aratus nous dit qu'on nomme les Pléiades ἐπτάπορον « les étoiles marchant dans sept voies », bien qu'on n'aperçoive que six étoiles. Environ trois cents ans plus tard, Ovide dit :

> Quæ septem dici, sex tamen esse solent,

tandis qu'Hipparque, dans son « Commentaire sur les phénomènes d'Aratus », près de cent cinquante ans avant Ovide, remarque expressément que l'on peut réellement voir sept étoiles pendant les nuits sereines sans clair de lune. Or, Aratus vivait en Macédoine; Ovide écrivait probablement ses Fastes à Rome, et il y mit la dernière main pendant son exil sur les côtes méridionales de la mer Noire : tous deux se trouvaient donc sous un très-beau ciel. Hipparque travaillait à Rhodes, à quelques degrés de plus vers le sud par conséquent; mais ce n'est pas à cette circonstance évidemment que cet astronome doit d'avoir mieux observé que les autres. Quoi qu'il en soit, ces différences d'opinion sont d'autant plus surprenantes, qu'il s'agit ici d'un astre considéré par les anciens comme très-important pour les navigateurs. Il est vrai que cette contradiction n'échappait pas aux astronomes de ce temps; mais après avoir cherché pendant des siècles la septième étoile, ils en vinrent à imaginer les hypothèses les plus étranges pour expliquer sa prétendue disparition. L'une entre autres semble surtout curieuse. Ils admettaient, par exemple, que cette septième étoile s'était peu à peu rapprochée de l'étoile qui est au milieu de la queue de la grande Ourse, et qui est nommée Mizar par les Arabes; et ils croyaient la retrouver par conséquent dans cette petite étoile que l'on aperçoit près de Mizar. Dans les scolies sur Homère, on retrouve encore cette idée de la disparition de la septième étoile. Au XIIIe siècle seulement, nous rencontrons dans les écrits du Persan Kazwini une description exacte des Pléiades, empruntée sans doute à Sûfi : « Ce sont, dit-il, six étoiles, entre lesquelles se trouvent un certain nombre d'étoiles moins lumineuses », explication à laquelle les astronomes qui lui succédèrent ne firent aucune attention. L'observation d'un homme comme Mæstlin lui-même, qui fut le maître de Keppler, et qui distingua quatorze étoiles dans la petite Ourse, passa également inaperçue. Il fallut l'invention du télescope, pour que sir Christopher Heyden pût écrire en 1610 ces paroles destinées à glorifier le nouvel instrument : « Je vois onze étoiles dans les Pléiades, tandis qu'à aucune époque on n'en a compté plus de sept. » — Et aujourd'hui? Aujourd'hui, il n'est rien moins que rare de voir des personnes qui distinguent à l'œil nu, dans nos pays septentrionaux, ces mêmes onze étoiles. Bien plus, j'ai connu, non pas des astronomes de profession, mais des personnes étrangères à notre science, qui reconnaissaient quatorze et même seize étoiles dans la petite Ourse et dans son voisinage. C'est que nous descendons de générations qui, de bonne heure, ont appris à concentrer toute leur attention sur les choses extérieures, qui ont dressé leurs organes et se sont habituées à se rendre compte de la moindre impression reçue par les sens : nos yeux sont exercés, et, pour ne parler que de cet exemple des Pléiades, ils sont moins éblouis par les étoiles brillantes qu'attirés par les astres voisins; plus de la moitié de ces seize étoiles, en effet, sont d'une grandeur bien inférieure à celle qu'on regarde ordinairement comme étant la limite de la puissance visuelle de l'œil nu; — nous avons appris à observer, à choisir les circonstances les plus favorables, à bien distinguer l'état serein du ciel; nous savons qu'il est beaucoup plus facile d'observer de petites étoiles, à côté d'étoiles brillantes, au crépuscule que dans le milieu de la nuit, où l'éclat des étoiles plus grandes rend les premières obscures. Hipparque considère à tort le clair de lune comme un obstacle à l'observation : des personnes douées d'une vue perçante ont compté en ma présence, dans une nuit où la pleine lune jetait tout son éclat, jusqu'à quinze étoiles dans les Pléiades.

A cet exemple instructif se rattache d'ailleurs une autre observation qui ne manque pas d'intérêt. Ce fait, que l'on croyait retrouver la septième étoile disparue des Pléiades dans une autre, nommée Alcor par les Arabes, prouve qu'Alcor, étoile de cinquième grandeur et facile à apercevoir, n'était pourtant pas encore mentionnée par les astronomes précédents : sans quoi, on n'aurait pu, au commencement de notre ère, la regarder comme un astre nouveau, qui restait en quelque sorte à enregistrer. Et, en effet, mille ans plus tard, les astronomes arabes nomment cette étoile « l'Oubliée », évidemment parce qu'on n'en avait pas parlé auparavant.

L'étoile α du Capricorne offre un exemple analogue : l'humanité a dû aussi la contempler pendant plusieurs siècles, avant de remarquer ce que tout enfant verrait de lui-même, si l'on attirait son attention de ce côté. On sait qu'il se trouve là deux étoiles (l'une de troisième grandeur, et l'autre de quatrième) tellement rapprochées l'une de l'autre, qu'au premier coup d'œil elles semblent en effet ne former qu'une seule et même étoile. Ce sont encore les Arabes qui, les premiers, font mention de cette circonstance. Mais cela encore ne suffit pas pour rendre générale la connaissance de cette particularité de l'α du Capricorne. Ulugh Beigh, au XVe siècle, Tycho Brahe au commencement du XVIIe, n'en tiennent aucun compte dans leurs célèbres catalogues astronomiques; et ce n'est qu'un siècle plus tard que Hevel donne place dans le sien à cette étoile secondaire. Il est vrai que cette duplicité ne pouvait échapper à cet astronome qui avait déjà le télescope à sa disposition.

Les exemples s'offrent en foule pour montrer combien la tendance idéaliste des anciens (tendance qui atteignit son plus haut point dans les doctrines péripatéticiennes) éloigna jusqu'à nos temps les esprits d'une conception simple et juste du monde extérieur. Il suffira d'en citer quelques-uns.

Les progrès étonnants qu'a faits l'astronomie d'observation pendant les deux derniers siècles, tiennent en grande partie à cet heureux hasard qui a mis à notre disposition dans notre hémisphère une étoile brillante.

.Il y a une foule de recherches qui ne pourraient se faire sans étoiles situées près du pôle ; et l'on conçoit que plus l'étoile est grande, plus les instruments doivent être plus petits pour faciliter les observations.

L'importance de cet astre, pour l'usage de la boussole en particulier, n'échappait nullement à nos ancêtres; et cependant, Christophe Colomb lui-même ne savait pas bien positivement si cette étoile se trouvait au pôle même, ou si elle n'en était que rapprochée ; à quoi il faut ajouter encore que, de son temps, la distance entre l'étoile polaire et le pôle comprenait plus de trois degrés, soit six fois le diamètre de la pleine lune, et ne pouvait par conséquent échapper à ses moyens d'observation. « Il semble, » dit-il très-prudemment, « que l'étoile polaire se meut comme les autres étoiles (autour du pôle). »

Ne faut-il pas s'étonner en outre, que, pendant des milliers d'années, les hommes se soient trouvés en présence de la lumière zodiacale si fréquente, et si remarquable principalement dans les latitudes méridionales, sans daigner la mentionner, ou plutôt sans la voir, jusqu'à ce que, Childrey la découvrit, s'il est permis d'appeler cela une découverte, vers le milieu du XVIIe siècle? On n'est pas moins étonné d'apprendre que la description la plus ancienne des phénomènes remarquables, parfaitement visibles à l'œil nu, des éclipses totales du soleil, ne date que de 1606, cent ans après la découverte du télescope.

Nous voyons donc que les anciens manquaient du plus simple esprit d'observation. La conscience claire et la reproduction fidèle des perceptions de nos sens, c'est là un caractère particulier à notre temps.

Quant à cet esprit remuant de spéculation dont Schiller accuse les anciens, permettez-moi de vous rappeler, par un exemple emprunté à l'astronomie, certaines réflexions qui se sont peut-être souvent présentées à notre esprit. Le dialogue de Plutarque « sur la figure qui se montre dans le disque de la lune » fut toujours considéré comme le résumé de tout ce qu'on avait pu penser et imaginer jusqu'à lui sur notre satellite. Ce sujet seul ne suffit-il pas déjà à exciter notre hilarité, à nous autres enfants des temps modernes? La figure de la lune ! Aujourd'hui une semblable pensée ne réveille que la fibre satirique chez les poëtes et les artistes. Mais autrefois c'était le point de départ de profondes observations qu'on pouvait mettre dans la bouche des philosophes et des mathématiciens les plus distingués.

Que trouvons-nous en effet dans ce dialogue ? Tout d'abord une réfutation très-sérieuse de cette assertion d'après laquelle la figure qui apparaît dans la lune n'est autre chose que l'effet d'une disposition de l'organe visuel, qui, à cause de sa faiblesse, cédait, disait-on, à l'éclat de la lumière. Puis, vient une longue dissertation pour montrer l'absurdité d'une autre opinion, d'après laquelle la figure de la lune ne serait que le reflet de notre Océan, chose impossible, dit-on, puisqu'il n'y avait qu'un seul Océan ; et que, si cette figure était l'image de notre Océan, celui-ci devrait être composé de plusieurs parties séparées par des isthmes et des continents ! Une troisième opinion, longuement combattue de la même manière, c'est celle qui fait de la lune un mélange de masse d'air et d'un feu peu ardent, et qui explique le phénomène de la figure par une teinte noirâtre, dont se couvrirait cet air en se ridant, comme le fait la surface des eaux par le calme le plus complet (ce qui restait d'ailleurs à prouver). Après cela, nouvelle réfutation de l'hypothèse des stoïciens qui pensaient que la lune était un globe de feu entouré d'air; chose impossible, puisqu'il aurait fallu que la lune reposât sur quelque matière fournissant un aliment au feu ! A ce propos, nous apprenons que, d'après Pindare, la terre était soutenue par des colonnes disposées en cercle et dont les pieds étaient de diamant ; tandis que, d'après les stoïciens, elle n'avait besoin d'aucun support, la terre se trouvant au centre de l'univers, vers lequel toutes les choses sont attirées. Cette dernière opinion ne pouvait être acceptée, parce qu'il aurait fallu admettre que la terre, malgré les grandes excavations et les immenses hauteurs de son sol, est sphérique, et qu'il existe par conséquent des antipodes, qui s'y tiennent cramponnés à la façon des lézards ! Revenant au sujet principal, l'un des interlocuteurs remarque que, même en admettant que des corps lourds et semblables à la terre ne sauraient se mouvoir dans le ciel, il ne s'ensuit pas encore que la lune ne soit pas une terre, mais simplement qu'elle ne se trouve point à la place qu'elle devrait occuper. « L'homme, par exemple, » poursuit-il, « a les parties lourdes et terreuses à son extrémité supérieure, près de la tête ; les parties chaudes et ignées se trouvent plus bas ; les dents sont fixées les unes en haut, les autres en bas, mais ni les unes ni les autres n'ont une position contraire à la nature. La lune, située entre le soleil et la terre, comme le foie ou quelque autre viscère entre le cœur et l'estomac, nous fait parvenir la chaleur des régions supérieures, et répand au contraire autour d'elle des vapeurs qui s'élèvent de la terre, après les avoir purifiées et subtilisées par la chaleur. La lune, en tant que terre, est magnifique; comme, étoile elle est indigne de ce nom; car, parmi les innombrables corps célestes — je cite littéralement — elle est la seule qui ait besoin d'une lumière étrangère ! — A son coucher, » ajoute-t-il, « le soleil est caché à nos yeux par la terre, et dans le cas d'éclipse de soleil, cet astre se trouve voilé par la lune. De là vient que la terre, en vertu de sa grandeur, nous dérobe complétement et pendant toute la nuit la vue du soleil, tandis que la lune ne le cache entièrement qu'à certains moments, et pour peu de temps. La lune est donc un corps semblable à notre terre ; et comme elle ne contient rien de fangeux, mais qu'au contraire elle jouit de la plus pure lumière céleste, qu'elle est enfin remplie non pas d'un feu ardent et fougueux, mais d'un feu modéré, il est évident qu'elle ne possède que de riantes campagnes, des montagnes lumineuses comme des flammes, des zones pourprées, et avec tout cela beaucoup d'or et d'argent — telle est la cause de la figure qui se montre sur son disque. » A cette objection que les taches de la lune sont trop grandes, pour pouvoir être expliquées de cette manière, on répond par ce curieux argument: ce qui fait l'ombre, c'est la distance qui sépare la lumière des objets, et non pas la grandeur de ces objets eux-mêmes ; si le mont Athos jette une ombre longue de sept cents stades, cela ne tient pas à la hauteur de cette montagne, mais à la grande distance du soleil. On examine ensuite si la lune est habitable, et l'on discute sur le sort de notre âme après la mort. De cette partie de la discussion, je vous citerai seulement cette bonne nouvelle, que les pieux et les vertueux se rendent à la lune, et puisent dans l'éther où ils planent une force et un développement que le moindre souffle suffit à entretenir.

Quelque courtes que soient ces citations de ce traité assez volumineux, elles suffiront pour donner un échantillon de ce qu'étaient l'astronomie et la physique des Grecs. Où trouver dans tout cela une conception tranquille, une observation précise des faits, une juste appréciation des notions les plus élémentaires? On a jugé à priori des causes des phénomènes, longtemps avant d'en avoir sérieusement abordé l'étude.

Ce qui est important, c'est non-seulement l'objet même que nous voyons, mais encore la manière dont nous le voyons; il faut savoir juger ce que l'on voit, et discerner ce qu'il y a de véritablement essentiel. Comme nous l'avons montré, les anciens ne savaient point voir en matière scientifique ; du moins n'était-ce pas leur côté fort ; et, il faut le dire, ils savaient encore moins voir par les yeux de la réflexion que par ceux du corps. Contrairement à ce qui se répète si souvent, nous pourrions dire à juste titre, que l'esprit encore enfant s'arrête, dans sa simplicité, bien plus aux choses secondaires et insignifiantes, qu'à ce qu'il y a de réellement important dans un objet. Assurément, ce sont les sens qui fournissent la matière première, le fond plus ou moins immédiat de tous les systèmes, sans en excepter les plus élevés et les plus hardis ; mais dans leur développement ultérieur, ils subissent toujours l'influence de cette éducation qu'ils ont eux-mêmes provoquée et fait naître.

Les sens commencent par être nos maîtres, et finissent par obéir à notre pensée. Regarder et voir sont deux opérations inséparables : voir sans regarder est presque aussi inimaginable que regarder sans voir. Pour voir, l'intelligence est en quelque sorte plus nécessaire que de bons yeux, de même que pour marcher, on pourrait plutôt se passer de bonnes jambes que de poumons sains. Un œil exercé, quoique affaibli, voit mieux un objet presque imperceptible, que ne le ferait un organe bien constitué mais non cultivé. Et ce qui est vrai de l'œil nu l'est aussi du microscope et du télescope : le savant d'aujourd'hui verrait beaucoup plus de choses à l'aide des instruments imparfaits de ses prédécesseurs, que ceux-ci ne l'ont jamais fait. Qui n'a pas éprouvé cent fois la subordination des sens à l'esprit, et remarqué qu'en voulant observer quelque objet prédéterminé, son œil devenait presque insensible pour tout le reste? Un homme qui se met à chercher des baies rouges dans son jardin, n'aperçoit nullement les bleues qui se trouvent à côté.

Le langage emploie, pour rendre ce rapport, une figure tellement juste, qu'elle cesse presque d'être une figure, quand il parle des yeux de l'esprit, et nomme « regard, coup d'œil pénétrant » cette faculté qu'ont les savants éminents de tirer des choses les plus simples les conséquences les plus importantes. Lorsque Gauss, par le reflet des fenêtres d'un clocher qu'il aperçoit par hasard dans son télescope, est conduit à l'idée de son héliostat, indispensable aujourd'hui à la mesure exacte des angles, ou bien quand un Rittenhouse trouve, à l'occasion des charmantes images que l'on aperçoit dans un télescope retourné, le moyen appliqué partout aujourd'hui de produire des signaux artificiels paraissant venir d'une distance infinie, ou quand enfin Newton découvre dans le spectre solaire, contemplé mille et mille fois avant lui comme un objet d'amusement, toute la source de l'optique d'aujourd'hui, ne dirait-on pas avec raison que tous ces hommes étaient doués d'une vision dont la puissance était multipliée, non-seulement par le génie, mais encore par une vaste science ?

L'ardeur avec laquelle on s'empare avidement de quelques vérités nouvelles, et qui, comme on l'observe si souvent dans l'histoire de la science, fait qu'il est difficile de retrouver le premier savant auquel l'honneur de la découverte de cette vérité revient de droit, cette ardeur prouve justement que l'humanité a désormais toute l'éducation nécessaire pour bien comprendre le point essentiel des choses. On pourrait comparer l'humanité à un voyageur qui revient de pays lointains et inconnus. Comme celui-ci, elle tire de ses investigations des fruits d'autant plus riches que ses connaissances ont été plus étendues et plus variées ; elle a besoin d'une longue école pour savoir discerner ce qui est nouveau et important de ce qui est ordinaire et connu. Pour recevoir des impressions, il faut que l'esprit soit ouvert à ces impressions.

Depuis le IVe siècle de notre ère, la Chine emploie l'aiguille aimantée dans la navigation ; elle pouvait donc dès cette époque étendre ses explorations vers l'Inde, et vers l'est de l'Afrique. Les Arabes nous mirent dès le VIIIe siècle en communication avec les Indes, et les croisades au Xe siècle nous firent connaître l'Orient ; mais la boussole ne fut introduite en Europe que dans le XIIe siècle.

N'est-ce pas une chose presque incroyable qu'il faille remonter vers un temps où les Arabes étaient nos maîtres en astronomie, pour retrouver le premier emploi du fil à plomb comme moyen d'observation, et qu'il ait fallu attendre jusqu'au XVIe siècle, jusqu'à l'époque de notre célèbre compatriote Georges de Peurbach, pour que l'usage en fût universellement connu et reçu.

Quand Amontons, au commencement du siècle dernier, réalise avec un plein succès un télégraphe optique, quand Franklin, cinquante ans plus tard, désarme la foudre, et que ces deux hommes ne reçoivent pour tout accueil auprès d'un corps comme l'Académie de Paris, que d'ironiques plaisanteries; quand pendant des milliers d'années on voit tomber d'innombrables aérolithes sur la terre, sans faire la moindre réflexion sérieuse sur la nature des météores, il faut voir là une preuve de la même sorte d'indifférence et d'insensibilité qui avait accueilli à leur apparition les fécondes pensées d'un Roger Bacon ou d'un Léonard de Vinci. Ces deux hommes occupent dans la philosophie de l'induction un rang beaucoup plus élevé que le célèbre François Bacon ; mais celui-ci s'adressant à des hommes déjà initiés par Copernic, Galilée, Keppler et d'autres aux merveilleux effets de cette méthode, n'avait, pour ainsi dire, qu'à en formuler le principe pour lui donner une autorité incontestée. Plusieurs grands savants avaient d'ailleurs précédé Roger Bacon lui-même dans la voie de l'observation et de l'expérience. J'en puis citer un exemple assez peu connu peut-être. La réapparition du croissant après la nouvelle lune a pour les rites israélites une grande importance, puisque les juifs en font dépendre le commencement de leurs mois ecclésiastiques. Leur grand philosophe Maimonide nous indique au XIIe siècle le moyen employé chez eux pendant longtemps pour déterminer les moments de cette apparition, et une formule qui servait à la calculer d'après la position du soleil et de la lune. Voilà de la vraie induction ; mais le terrain scientifique n'était pas encore prêt à recevoir de tels germes, et il fallut du temps avant qu'on pût apprécier l'importance de ces observations.

Depuis un peu plus d'un siècle, nous sommes enfin, à tous les points de vue dont nous avons parlé, entrés dans la bonne voie. Nous avons beaucoup développé la puissance de nos organes par un exercice soutenu ; nous avons appris à mettre nos sens en garde contre les ténèbres dont les entourait un philosophisme préconçu ; nous savons profiter de toutes les circonstances fortuites qui nous révèlent quelque fait important dans la nature ; enfin, nous nous affranchissons de plus en plus de ce scepticisme dédaigneux, souvent plus pernicieux, comme le dit si justement Alexandre de Humboldt, que l'aveugle crédulité, qui tend elle-même chaque jour à disparaître. Gardons-nous cependant de croire que cette supériorité nous dispense de toutes les autres qualités : « L'homme dont l'intelligence embrasse toute la vérité est au-dessus de celui qui ne possède que quelque talent spécial, même quand il est très-développé ; le premier exerce une action bien plus durable et plus bienfaisante que celui qui ne dirige ses forces que d'un côté..... Celui de nous qui réunit en lui les plus nombreuses qualités harmonieusement combinées, celui-là est un guide pour les hommes, quelque inférieur qu'il puisse être à d'autres sous tel ou tel rapport en particulier. C'est là le but suprême de l'humanité ; ce développement de toutes les facultés dans leur ensemble, cette tendance à l'équilibre, à l'harmonie intérieure, tel est l'idéal auquel doit tendre l'individu comme la société. » Ces paroles d'un célèbre poëte de notre temps m'amènent au conseil que je voudrais vous donner pour vous guider dans la vie. Si, d'un côté, le principe de la division du travail, qui s'impose à l'humanité comme une condition de tout vrai progrès, limite nécessairement les efforts des individus à un champ d'activité relativement restreint, d'un autre côté celui-là seul dont le regard embrasse toutes les branches de l'activité humaine, pourra choisir et exploiter avec profit le champ qui lui convient. Il n'y a point de science qui n'ait son côté esthétique ; il n'y a point d'étude si abstraite qui n'ait besoin d'une base réelle. Les philologues et les historiens s'efforcent depuis quelque temps de faire mettre leurs sujets d'étude au rang des sciences d'induction ; le savant sent chaque jour de plus en plus qu'il a peut-être trop longtemps délaissé la méthode déductive. La science des sciences, la philosophie elle-même, peut-elle subsister sans une étude profonde de toutes les autres sciences, et pourrait-on la croire, aujourd'hui, capable de s'élever, sans cette étude, à un haut degré de développement, quelle que soit d'ailleurs sa tendance ? La philosophie ne s'impose-t-elle pas en outre à tous ceux mêmes qui se détournent d'elle avec dédain ? N'est-elle pas indispensable pour apporter de la clarté aux réflexions auxquelles ne peut échapper aucun esprit sérieux sur le caractère, sur l'esprit de la branche d'études qu'il a choisie ?

Ne vous bornez donc pas, étudiants de cette université κατ'ἐξοχήν, à une seule faculté, encore moins à quelque branche spéciale d'une faculté. Restez fidèles aux principes de l'*Universitas litterarum* ; que votre vocation spéciale ne vous fasse pas négliger une instruction aussi générale que possible ; attendez pour vous spécialiser que vous n'ayez plus seulement à recevoir, à apprendre, mais encore à donner, à produire ; respectez les anciens là où ils sont toujours nos maîtres, mais ne méprisez pas non plus nos prédécesseurs plus rapprochés et nos contemporains, à qui nous devons tant de vérités ignorées avant eux.

Carl von Littrow.

M. BROCA

Sur le transformisme (1)

V

ARGUMENTS DE L'ORDRE PHILOSOPHIQUE.

Ce qui fait, par excellence, la force du transformisme, c'est la faiblesse, je dirai même l'impuissance scientifique de la doctrine avec laquelle il est en lutte.

Si les espèces sont permanentes, si les distinctions spécifiques n'ont pas été la conséquence de l'action des lois naturelles, leur origine doit être attribuée à un fait surnaturel, à l'intervention directe du pouvoir créateur. C'est bien ainsi que les théologiens de tous les temps et la plupart des philosophes et des naturalistes ont expliqué l'apparition des êtres. Dieu a créé les espèces par un acte de sa volonté ; il les a réparties à son gré ; il les a disposées suivant l'ordre qu'il a choisi, et la série existe parce qu'il l'a faite ainsi. Il y a là matière à contemplation et à admiration, mais non à explication.

Cette doctrine, ou, si l'on préfère, cette croyance, née invinciblement du besoin de tout réduire en système, qui caractérise si généralement l'esprit de l'homme, dès l'aurore même de toute civilisation, se trouve aujourd'hui en présence des faits que la science a constatés.

La science ne nous a rien appris encore sur la première origine des choses ; si haut et si loin qu'elle nous conduise, elle nous amène toujours devant l'inconnu. Là où les faits nous abandonnent, l'hypothèse nous soutient encore quelque temps ; puis il arrive un moment où les lois que nous connaissons ne peuvent plus rien expliquer. Ce moment, où notre esprit reconnaît son impuissance et où nous ne voyons plus que des ténèbres, c'est, pour les uns, celui où la vie apparut sur le globe ; pour d'autres, plus hardis, c'est celui où la matière cosmique commença à se séparer et à se condenser ; et alors, pendant que les douteurs déclarent le cas irréductible et reviennent sur leurs pas pour rentrer dans le domaine des faits accessibles à l'étude, ceux qui ne peuvent se résoudre à l'incertitude, ceux qui ne peuvent s'arrêter devant un effet sans en indiquer la cause, invoquent, à défaut d'une cause naturelle, une cause surnaturelle, à défaut d'une loi un acte de création.

Sous ce rapport, beaucoup de transformistes ne diffèrent de leurs adversaires que par des nuances relatives au temps où ils font intervenir le miracle, et au degré d'influence qu'ils lui accordent. Ni Lamarck, ni Richard Owen, ni Darwin n'ont exclu de leur doctrine la volonté créatrice. Mais, admettant le fait primordial de l'organisation des germes, de l'insufflation de la vie dans la matière, et de l'institution des lois qui la régissent, ils ne voient plus, dans l'histoire ultérieure des êtres, que l'application naturelle de ces lois immuables. Là commence pour eux la science, c'est-à-dire la détermination de faits enchaînés par des rapports nécessaires, au milieu desquels il ne reste plus aucune place pour des agents surnaturels.

Rejeter le fait miraculeux jusqu'à l'origine première des choses, et se mouvoir ensuite sans obstacle au milieu d'une

---

(1) Suite et fin. — Voyez le numéro précédent, page 530.

nature affranchie de toute perturbation anomale, c'est ce que firent longtemps aussi les partisans de la formation des espèces par voie de création. On croyait alors que toutes les espèces avaient apparu sinon à la fois et d'un seul coup de baguette, du moins dans un court espace de temps, et que, la période de création une fois close, aucune forme nouvelle n'avait pu se produire.

La découverte des fossiles, et l'impossibilité de rattacher ces formes éteintes aux formes actuelles ne prouvaient rien contre cette doctrine, car on concevait très-bien que les conditions extérieures eussent pu faire périr certaines espèces ; quant aux espèces vivantes, on admettait qu'elles dataient de cette époque inconnue, qu'on appelait l'époque de la création.

Mais la question changea de face lorsque les progrès de la paléontologie eurent permis de constater que toutes les espèces des plus anciennes époques ont entièrement disparu, que d'autres leur ont succédé, et que celles qui vivent aujourd'hui sont relativement beaucoup plus récentes.

Le géologue, le paléontologiste, qui, après avoir étudié aussi complétement que possible la flore et la faune des terrains primaires, étudiaient à leur tour les fossiles des terrains secondaires, puis ceux des terrains tertiaires, et enfin des terrains quaternaires, se croyaient chaque fois transportés pour ainsi dire dans un monde nouveau. Il leur semblait que des changements successifs, si profonds, si complets et (on le croyait du moins) si brusques, n'avaient pu être produits que par des révolutions générales et soudaines, par des cataclysmes universels plus ou moins comparables au déluge de la Genèse.

La vie, subitement anéantie par ces révolutions, avait reparu ensuite sur le globe régénéré ; mais quelle cause autre que la volonté du Créateur avait pu suspendre ainsi le cours naturel des choses, en dépeuplant tout à coup la planète pour la repeupler aussitôt d'êtres tout différents ?

Cette conclusion s'imposait nécessairement à l'esprit ; on ne pouvait concilier autrement la doctrine de la permanence des espèces avec les faits géologiques.

La science, qui pose, comme but suprême de ses recherches, la découverte des causes naturelles, et qui n'aurait aucune raison d'être si les phénomènes qu'elle se propose d'étudier flottaient au gré du hasard ou du miracle, la science, dis-je, se trouvait donc obligée de sacrifier son principe le plus fondamental, d'admettre que les lois de la nature n'étaient pas éternelles ou inviolables, qu'elles avaient été par intervalles suspendues et remplacées par l'acte d'une volonté suprême ; mais elle n'était pas désarmée pour cela ; le fait miraculeux ne lui apparaissait que de loin en loin ; à chaque révolution du globe, le maître de l'univers, *Deus ex machinâ*, manifestait sa volonté ; mais, jusqu'à la révolution suivante, les choses reprenaient leur cours naturel, leur marche régulière, et se prêtaient à l'étude scientifique.

Cette idée fut acceptée avec empressement par les théologiens, qui comptaient déjà les révolutions du globe, et les faisaient coïncider avec les six jours de la Genèse, devenus autant d'époques d'une durée illimitée ; mais une première difficulté se présenta lorsqu'on eut reconnu que beaucoup d'espèces ont traversé deux ou plusieurs périodes géologiques. Quelle que soit la couche que l'on considère dans l'écorce de la terre, on y trouve toujours un grand nombre d'êtres parfaitement caractérisés, qui existent aussi dans celle qui précède ou dans celle qui suit, ou dans l'une et l'autre à la fois.

Jamais, par conséquent, la vie ne s'est éteinte sur le globe, et cela suffirait déjà pour établir d'assez fortes présomptions contre l'hypothèse des révolutions géologiques subites, générales et surnaturelles. En tout cas, pour concilier ce fait avec cette hypothèse, il faudrait supposer que l'auteur des révolutions a fait un choix parmi les espèces, et qu'en exterminant les unes il a bien voulu conserver les autres pour cette fois, se réservant de les détruire à leur tour dans les révolutions suivantes. Autant un pareil résultat serait facile à concevoir si on l'attribuait à l'action aveugle des lois de la nature, autant il paraît incompréhensible lorsqu'on l'attribue à l'action personnelle d'une volonté souveraine, dont la justice et la bonté doivent égaler la puissance. On peut répondre toutefois que ce sont là des mystères métaphysiques au-dessus de notre intelligence. Je veux bien le reconnaître ; mais l'observation des faits reste encore à la portée de nos forces.

Or, la science marchait toujours, et à mesure qu'elle grandissait elle rendait de plus en plus inadmissible l'hypothèse des révolutions du globe. Une étude plus approfondie des fossiles a contraint les savants à diviser et à subdiviser en un grand nombre de couches les grands groupes de terrains qu'on avait d'abord reconnus, et le mode de superposition de ces couches, le mode de succession des époques qu'elles représentent, a permis de constater qu'il n'y a pas eu de cataclysmes généraux, que les changements géologiques ont été graduels, que les causes qui les ont produits agissent encore aujourd'hui, et que ce que l'on attribuait il y a cinquante ans à des révolutions subites a été l'effet d'une évolution lente, insensible et ininterrompue, qui dure encore, et qui durera indéfiniment. Les espèces paléontologiques, après une durée extrêmement variable, se sont éteintes peu à peu, et en quelque sorte, une à une. Celles qui ont pris leur place, et qui ont continuellement renouvelé la faune et la flore, ont apparu successivement, progressivement, au jour le jour, et si la formation des espèces n'a pas été l'effet des causes naturelles, mais de leur suspension par l'intervention d'un pouvoir surnaturel, il faut admettre que cette intervention a été et est encore incessante, que la période de création n'a jamais été close, que le miracle par conséquent est en permanence, et que la nature est assujettie à une volonté et non à des lois.

Et, alors, s'il n'y a plus de lois, il n'y a plus de science. Et s'il n'y a plus de science que venons-nous faire ici ?

Ceux qui proclament la permanence des espèces entendent bien énoncer une loi. Mais cette loi, pourquoi serait-elle plus valable que les autres, et pourquoi surtout le Dieu qui depuis l'origine des êtres terrestres aurait continuellement travaillé à la création et à la destruction des espèces, n'aurait-il pas eu aussi le pouvoir de les transformer ?

Il me semble que, si j'appartenais à l'école de ceux qui expliquent toutes les inconnues par l'intervention d'un dieu personnel, je chercherais dans le transformisme un refuge contre les anxiétés que ferait naître dans mon esprit l'histoire de la planète et de ses habitants. Que Dieu, à un moment où l'état de l'écorce terrestre et des fluides qui l'entourent se prêtait à l'apparition de la vie, ait créé des êtres organisés, adaptés à ces conditions, c'est un acte de puissance et de bonté qui fait partie de ses attributs. Mais qu'un jour, mécontent de son œuvre, il l'ait anéantie, puis recommencée et détruite de nouveau pour la recommencer encore à plusieurs reprises, en lui donnant chaque fois plus de variété et plus de perfection, c'est ce que la théodicée concilierait peut-être difficilement avec la sagesse, la justice et la prévoyance infinies du grand architecte.

Lorsqu'on songe qu'il aurait pu éviter ces bouleversements affreux, ces destructions imméritées, en permettant aux espèces de se plier par des modifications graduelles aux changements graduels de leurs milieux, en leur accordant la faculté d'adaptation qu'on veut qu'il leur ait interdite, on est bien forcé de reconnaître que la doctrine du transformisme est plus conforme que celle de la permanence des espèces à l'idée que la théologie nous donne de la bonté de Dieu, et de son amour pour ses créatures. Puis, lorsque, de cette considération générale on descend dans l'étude particulière des êtres et de leurs parties, on trouve des imperfections et des antinomies que l'hypothèse de l'évolution des espèces explique de la manière la plus satisfaisante, mais qui, dans l'hypothèse de la création, constitueraient des oublis, des maladresses ou des erreurs indignes de l'intelligence créatrice.

Par exemple, sans parler des organes nuisibles que l'on observe dans certaines espèces, et qui pourraient donner lieu à des contestations, personne n'ignore que presque tous les animaux ont des organes rudimentaires ou inutiles. Tels sont les simulacres de dents du fœtus de la baleine, qui ne percent jamais les gencives, et qui disparaissent avant la naissance, — l'appendice vermiculaire du cœcum humain, qui ne sert à rien, si ce n'est à produire des accidents pathologiques, — les ailes des oiseaux qui ne volent pas ou les pieds palmés des oiseaux qui ne nagent pas, — les vestiges des doigts latéraux des solipèdes ou du pouce des atèles et des colobes, — la clavicule avortée des rongeurs acléidiens, etc. Attribuera-t-on ces complications inutiles, ces organes manqués aux tâtonnements d'un ouvrier inexpérimenté qui se propose un but sans savoir l'atteindre, ou qui, mécontent de son ébauche, essaie de la corriger d'un coup de pouce sans réussir à enlever complétement ce qu'il y avait mis de trop? C'est là pourtant que la doctrine de la permanence des espèces conduirait les partisans de l'hypothèse de la création.

Personne n'ignore encore qu'il y a d'innombrables espèces parasites qui ne peuvent vivre que sur le corps ou dans le corps de certains êtres vivants, en se nourrissant de leur substance. La plupart des espèces ont ainsi une ou plusieurs espèces parasites ; il y a même des parasites de parasites ; enfin, il y a des parasites qui sont exclusivement propres à une seule espèce, et qui meurent promptement lorsqu'on les transporte sur un être d'une autre espèce.

Il est inutile d'ajouter, je pense, qui si certains parasites ne constituent pour l'individu qui les porte qu'un inconvénient médiocre ou un simple désagrément, d'autres lui sont nuisibles ou même le font périr. Virey a donc eu recours à un euphémisme ridicule, en disant que les parasites ont été créés *en faveur* des espèces qu'ils exploitent. Dans l'hypothèse de la permanence, on doit admettre que chaque espèce parasite a été créée après l'espèce sur laquelle elle habite, puisqu'elle est constituée de telle sorte qu'elle ne peut vivre ailleurs, ni autrement ; et alors il faudrait se figurer un créateur qui, après avoir créé des êtres, les aurait trouvés trop heureux, et aurait pris plaisir à fabriquer d'autres êtres spécialement destinés à altérer ou à détruire son œuvre première. Il y a là un paradoxe tout à fait inacceptable ; tandis que toute difficulté disparaît si l'on admet le transformisme. Chaque être, vivant comme il peut, s'installe où il peut ; s'il

trouve le moyen de s'établir sur le corps d'un être plus grand ou dans l'épaisseur de ses tissus, et d'y puiser sa nourriture, il le fait ; si ce nouveau milieu lui est favorable, il y prospère, il s'y maintient, lui et sa postérité ; mais il en résulte pour lui un changement considérable d'habitudes et d'alimentation ; toutes les conditions de sa vie sont modifiées à un haut degré, et les modifications organiques qu'il subit en s'adaptant à cette nouvelle existence, finissent par lui donner des caractères spécifiques qui le différencient de ceux de ses congénères qui ont suivi une autre voie.

Je pourrais multiplier les exemples ; je pourrais parler des espèces anomales ou incomplètes qui semblent indiquer un défaut d'attention, des espèces paradoxales qui feraient croire à un défaut de plan, des anomalies et des monstruosités, surtout de celles qu'on appelle régressives et qui dénonceraient l'imperfection ou l'impuissance. Tous ces faits, qui ne sont pour les transformistes que des conséquences toutes naturelles des causes multiples qui produisent l'évolution des êtres, constituent autant de difficultés insolubles pour les partisans de l'hypothèse de la permanence de l'espèce.

Ainsi, messieurs, à quelque point de vue que l'on se place, soit qu'on relègue au nombre des inconnues la cause de la première apparition de la vie, soit que l'on fasse intervenir une seule fois, ou un petit nombre de fois, ou d'une manière continue l'action d'une puissance créatrice, la doctrine de la permanence des espèces n'aboutit qu'à un abîme de confusions, de contradictions, d'impossibilités physiques et métaphysiques, et l'on ne peut sortir de cet abîme qu'en admettant, comme une conséquence de l'histoire, de la répartition et de la constitution des espèces, la nécessité de leur évolution et de leur transformation.

Mais cette conclusion, qui s'empare de notre esprit, ne découle pas d'une preuve directe ; elle ne repose que sur l'induction philosophique, qui ne peut avoir la prétention de régir à elle seule les sciences d'observation. Et d'ailleurs, elle ne concerne que le principe général du transformisme ; elle n'est liée à aucun système transformiste en particulier ; elle ne présume rien ni sur le nombre des souches primitives, ni sur le mode de descendance des espèces, ni sur leur parenté directe ou indirecte ; et il ne saurait en résulter aucune preuve ni même aucune présomption en faveur de la théorie de la sélection naturelle, qui constitue l'essence même du darwinisme, et qui seule est en discussion ici. On peut dire seulement que cette théorie est née du besoin d'expliquer le mécanisme de la transformation des espèces, comme les théories de l'émission et de l'ondulation sont nées du besoin d'expliquer la marche des rayons lumineux ; avec cette différence toutefois que dans ce dernier cas le phénomène physique avait été préalablement constaté par l'observation directe, tandis que la transformation des espèces n'est qu'une induction, résultant de l'impossibilité d'admettre leur permanence ; de sorte qu'on ignore entièrement les détails des faits que l'on se propose d'expliquer, et le plus souvent même jusqu'à l'existence de ces faits. S'il était démontré que telle espèce provient de telle autre, si l'on connaissait toutes les formes intermédiaires qui ont établi la transition, alors, la théorie darwinienne se trouverait en présence d'un fait particulier sur lequel on pourrait en faire l'épreuve ; et lorsqu'elle aurait successivement subi, avec un succès constant, le contrôle d'un grand nombre de faits analogues, elle cesserait d'être une pure hypothèse pour devenir une doctrine basée sur des arguments positifs. Mais ce n'est pas ainsi qu'elle a procédé. Elle a entrepris la synthèse avant que la science eût recueilli et déterminé les éléments analytiques. Elle a trouvé, dans l'histoire naturelle, un certain nombre de faits généraux qui sont incompatibles avec l'idée de la permanence des espèces, qui s'accordent au contraire fort bien avec l'idée de leur évolution, et que tout transformisme, darwinien ou autre, pourrait expliquer. Ces faits généraux, elle les a expliqués à son tour d'une manière toujours ingénieuse, souvent heureuse, quelquefois séduisante. Mais les faits élémentaires, les phénomènes concrets, les expliquera-t-elle avec le même bonheur ? C'est ce que je vais maintenant examiner.

VI

DISCUSSION DE L'HYPOTHÈSE DE LA SÉLECTION NATURELLE

Ce qui est sujet à contestation, ce ne sont pas les prémisses de la doctrine de Darwin. Je l'ai déjà dit, et j'ai à peine besoin de le rappeler, les variations individuelles sont un fait, et la transmission de ces variations par hérédité, est un phénomène fréquent. La lutte pour l'existence, soit entre les espèces, soit entre les individus de même espèce, est une loi. Et enfin, la sélection naturelle est la conséquence nécessaire de cette loi. Puisqu'il n'y a pas place au banquet de la vie, comme dirait Malthus, pour tous les êtres qui naissent, ceux qui survivent doivent cette faveur aux conditions extrinsèques de leur milieu ou aux conditions intrinsèques de leur organisation individuelle ; on peut dire par conséquent, dans un langage imagé, que la nature les a choisis pour leur confier le soin de reproduire leur race. C'est l'idée générale qu'exprime le mot *sélection naturelle*, et la sélection naturelle, ainsi formulée, abstraction faite de ses causes déterminantes et de son influence sur l'évolution des espèces, est un fait incontestable.

Mais ce qui est hypothétique, ce sont les conséquences que Darwin tire de ses prémisses.

Et d'abord, il emploie le mot de sélection naturelle dans un sens beaucoup plus restreint que celui qui précède. Il néglige comme accessoire l'influence modificatrice des milieux ; les milieux n'interviennent pas dans sa doctrine comme les agents directs du transformisme, mais seulement comme le champ de bataille de la lutte pour l'existence ; il ne reconnaît pas d'autre élément primitif de transformation que les variations individuelles. Plusieurs de ses partisans ont cherché à corriger ce que cette opinion avait de trop absolu, et ont remis en action l'influence des milieux ; mais c'est une question de savoir si la doctrine n'y a pas perdu plus qu'elle n'y a gagné, car dès que les variations spontanées et la sélection naturelle cessent d'être les agents exclusifs du changement des espèces, les explications darwiniennes n'ont plus cette simplicité, cette clarté méthodique et cette précision de détails qui sont la cause principale de leur succès.

La sélection naturelle n'est donc pour Darwin que le choix des reproducteurs, basé sur la supériorité que leur donnent, dans la lutte pour l'existence, leurs qualités innées. Il spécifie même davantage, car parmi les qualités innées il ne considère que celles qui sont liées aux variations organiques. Lorsque ces variations n'établissent aucun avantage en faveur de l'individu qui les présente, il n'y a aucune raison pour qu'elles se perpétuent et pour que le type soit altéré ; l'es-

pèce alors se maintient sans changement jusqu'à nouvel ordre ; mais lorsqu'elles sont de nature à faciliter la lutte que l'individu est appelé à subir contre la nature ambiante, elles sont le point de départ d'une évolution lente qui, développant de génération en génération le caractère avantageux, aboutit à une modification plus ou moins grave du type ancestral. Cette évolution s'arrête lorsque le caractère en question est arrivé à un certain terme, où son développement cesse d'être favorable, eu égard aux conditions de la concurrence vitale, et l'espèce peut alors rester fixe aussi longtemps que ces conditions ne changent pas, à moins que l'apparition et l'évolution de quelque nouveau caractère avantageux ne viennent donner le signal d'une divergence nouvelle.

Pendant ce temps, les représentants de l'ancienne espèce, vaincus dans la bataille de la vie, se sont éteints ; quant aux formes intermédiaires établissant le passage de l'un à l'autre type, chacune d'elles a eu peu de durée, elle n'a été représentée que par un petit nombre d'individus et a pu disparaître sans laisser de traces ; voilà pourquoi les espèces congénères d'une certaine époque, comparées soit entre elles, soit avec celles des autres époques, sont souvent séparées par des différences assez grandes, sans que l'on puisse retrouver les nuances transitoires de leur transformation graduelle.

Tout cela est fort ingénieux sans doute, mais entièrement hypothétique. Si l'on se demande comment Darwin a été conduit à faire découler de la sélection naturelle cette série de conséquences, on reconnaît bientôt — et il ne s'en cache pas — qu'il a cherché à retrouver, dans l'évolution spontanée des espèces, l'image des phénomènes qui se succèdent dans les expériences de sélection *artificielle*. Aussi invoque-t-il continuellement l'exemple des procédés suivis par les éleveurs ou les horticulteurs pour faire varier les races des animaux domestiques ou des plantes cultivées. L'analogie qu'il a voulu établir entre les effets de l'art et ceux de la nature, lui a constamment servi de guide, et constitue, pour ainsi dire, le pivot de son argumentation.

Mais ce rapprochement est-il réel ? Tant s'en faut, car la sélection artificielle s'obtient par l'intervention d'une volonté déterminée et non par l'action pure et simple des lois naturelles. On choisit les reproducteurs dans un certain but. Si l'on veut seulement changer la taille, on marie les gros avec les gros, les petits avec les petits, et par ce dernier moyen on finit par obtenir des chiens qu'une dame peut porter dans son manchon. Si l'on veut modifier tel ou tel caractère de forme ou de couleur, telle ou telle qualité répondant à un besoin ou à une simple fantaisie, on y arrive encore de la même manière, en éliminant la plupart des produits et en ne conservant pour la génération que ceux qui tendent à varier dans le sens voulu. Souvent même, ce n'est pas une simple variation, mais une véritable anomalie qui a apparu tout à coup sur un individu naissant, et que l'on cherche à fixer chez ses descendants par une sélection méthodique. Mais tout cela est dirigé, manié, par un être intelligent, qui trouble la marche ordinaire des choses au gré de ses volontés ou de ses caprices. L'homme intervient ici, comme le dieu des finalistes, pour provoquer des résultats que la nature seule n'aurait pas produits. Et à moins d'investir la Nature d'une volonté personnelle, manifestée par le choix systématique des reproducteurs — ce qui serait entièrement contraire à toute la philosophie darwinienne — on est bien obligé de reconnaître que le rapprochement établi entre la sélection artificielle et la sélection naturelle, pour démontrer la puissance de celle-ci par l'efficacité de celle-là, est complétement arbitraire et illusoire.

L'exemple des variétés artificielles des animaux domestiques et des plantes cultivées étant une fois écarté, le seul groupe de faits qui pouvait fournir, en faveur de la théorie darwinienne, un argument par analogie, étant reconnu de nulle valeur, le pouvoir de la sélection naturelle n'est plus qu'une pure hypothèse.

Est-ce à dire que la cause invoquée par Darwin soit imaginaire ? Nullement. Il me paraît certain que la sélection naturelle, telle qu'il l'a formulée, est au nombre des causes qui peuvent concourir à produire des changements organiques ou morphologiques. Mais de ce qu'elle a une certaine action, on ne saurait conclure qu'elle soit le procédé unique et universel de l'évolution des espèces, ni même qu'elle ait jamais eu le pouvoir de former une seule espèce. Sous ce rapport, l'hypothèse de Darwin peut être comparée à celle de Lamarck. L'influence que les habitudes d'un animal, et le genre de vie que lui impose son milieu, peuvent exercer sur son organisation, n'est pas contestée ; pour la nier, il faudrait n'avoir jamais comparé la main d'un manœuvrier avec celle d'un gandin ; on peut même accorder que quelques-unes de ces modifications acquises peuvent se transmettre plus ou moins souvent, plus ou moins complétement par hérédité, mais on n'est pas obligé pour cela d'admettre la théorie de Lamarck, car une cause peut être réelle et posséder une certaine efficacité, sans avoir le pouvoir de transformer les espèces.

La théorie des déluges périodiques d'Adhémar nous fournit un autre exemple analogue. Tout se tient et s'enchaîne dans cette théorie, dont le point de départ est absolument vrai. L'axe de la terre décrit très-lentement un mouvement de cône qui a pour conséquence le phénomène de la précession des équinoxes, et ce phénomène à son tour rend inégales, dans l'hémisphère boréal et dans l'hémisphère austral, les durées respectives du semestre d'hiver et du semestre d'été. Quelque légère que soit la différence, elle ne peut pas ne pas exercer quelque influence sur la quantité de chaleur que chacun des deux hémisphères reçoit annuellement du soleil ; de sorte que, si aucune autre cause ne contribuait à modifier la température des diverses parties de la terre, celui des hémisphères où le semestre d'été est le plus court devrait se refroidir continuellement, pendant que l'autre s'échaufferait. Adhémar en conclut que les glaces polaires doivent s'accumuler et s'étendre d'un côté, pendant qu'elles fondent et reculent de l'autre, que le centre de gravité du globe se trouve ainsi graduellement déplacé vers le pôle le plus froid, que les eaux de la mer attirées vers ce centre doivent se porter vers l'hémisphère le plus lourd, et le rendre plus lourd encore, jusqu'à ce qu'enfin, l'équilibre du système étant détruit, un mouvement de bascule dévie subitement l'axe terrestre et change la situation respective des deux hémisphères. Il est clair qu'à ce moment les eaux se précipitent d'un hémisphère à l'autre, ce qui constitue une révolution de la mer ou un déluge ; après quoi, les rôles étant changés, et la précession des équinoxes continuant, l'hémisphère le plus froid commence à se réchauffer et l'autre à se refroidir, jusqu'à ce qu'il en résulte un nouveau déluge. Le système est achevé, rien n'y manque, pas même les durées et les dates, et la démons-

tration semble plus complète encore que celle de Darwin.

Maintenant, comment a-t-on réfuté la théorie d'Adhémar ? On a dit à l'auteur : La cause que vous invoquez est réelle, mais elle est trop faible pour produire les effets immenses que vous lui attribuez. De même, je dirai aux darwinistes : La sélection naturelle, telle que vous la définissez, n'est pas imaginaire ; mais le pouvoir illimité que vous lui attribuez est hypothétique et illusoire. Vous en faites l'agent exclusif d'une évolution à laquelle elle peut n'être pas tout à fait étrangère ; mais elle ne peut contre-balancer à elle seule l'ensemble de toutes les autres conditions plus énergiques et non moins persistantes auxquelles les êtres vivants sont assujettis.

Telle est ma première objection, mon objection générale contre l'hypothèse darwinienne. Toutefois, je puis me tromper ; et si la sélection naturelle rendait compte de tous les phénomènes, si même, sans les expliquer tous, elle n'était en contradiction directe avec aucun d'eux, je reconnais que mon objection générale ne pourrait prévaloir contre ce succès. Mais elle conserverait toute sa force si l'anatomie comparée nous présentait des faits incompatibles avec le mode d'évolution qu'exige la théorie de la sélection naturelle.

Lorsqu'on étudie, dans un groupe naturel, comme celui des Primates par exemple, les analogies et les différences des espèces dont il se compose, on est conduit à y distinguer deux catégories de caractères.

Il y a d'abord ce que j'appellerai les *caractères d'évolution ;* cette expression n'explique pas nécessairement l'idée d'une évolution véritable, liée à une filiation que j'ignore, et à des transformations graduelles qui ne sont pas démontrées ; je veux dire seulement que les caractères en question sont répartis de telle sorte, que l'hypothèse de l'évolution les explique d'une manière satisfaisante.

Les caractères d'évolution sont eux-mêmes de deux ordres, savoir : les caractères de perfectionnement, et les caractères simplement sériaires.

J'appelle *caractères de perfectionnement* ceux qui nous paraissent de nature à donner une certaine supériorité à l'animal. Ainsi, l'homme doit une partie notable de ses avantages à la station verticale ; et tous les caractères ostéologiques, myologiques ou splanchnologiques qui le distinguent du type des quadrupèdes, peuvent être considérés, par rapport à eux, comme des caractères de perfectionnement. Par conséquent, lorsque nous voyons ces caractères se développer dans la série des Primates, et se dessiner de plus en plus chez les anthropoïdes, nous pouvons dire que la torsion de l'humérus, croissant de 90 à 180 degrés, que l'élargissement de la cage thoracique, et le dégagement de l'épaule qui en résulte, que la diminution et la disparition de l'antéversion des apophyses lombaires, que l'avancement du trou occipital, que l'obliquité du cœur et le raccourcissement de la veine cave inférieure thoracique, etc., sont des caractères de perfectionnement. Nous pouvons en dire autant, à un autre point de vue, de l'accroissement du volume du cerveau, et du nombre de ses circonvolutions primaires ou secondaires.

L'hypothèse darwinienne explique parfaitement la répartition de ces caractères de perfectionnement, soit que leur développement coïncide avec la position des espèces dans la série, soit qu'il se montre à l'état sporadique sur des espèces auxquelles il ne donne qu'une supériorité relative et partielle.

A côté de ces caractères, il y en a d'autres dont l'utilité fonctionnelle nous échappe, mais qui, se développant de degré en degré dans la série, ne peuvent être considérés comme insignifiants. C'est ce que j'appelle les *caractères simplement sériaires*. Nous ne voyons pas en quoi ils eussent pu contribuer à améliorer ou à détériorer les espèces, ni en quoi ils ont pu être de quelque poids dans la lutte pour l'existence. Ils semblent n'être là que pour témoigner des analogies qui existent entre les termes adjacents de la série. Ainsi, la soudure de l'os intermaxillaire est de plus en plus précoce, lorsqu'on passe des pithéciens aux anthropoïdes, puis, parmi ceux-ci, du gorille et de l'orang au chimpanzé, et lorsqu'on passe enfin du chimpanzé à l'homme. Ainsi, encore, l'appendice cœcal, si bien caractérisé chez l'homme et chez le chimpanzé, se dégrade du chimpanzé à l'orang et aux gibbons, pour disparaître chez les pithéciens. Ces caractères simplement sériaires s'accordent très-bien avec l'idée d'une évolution graduelle des espèces; mais ils ne fournissent pas un argument en faveur de l'hypothèse darwinienne, car la sélection naturelle ne les explique pas. Je n'en conclurai pas toutefois qu'ils soient en opposition avec cette hypothèse, car si le rôle qu'ils ont pu jouer dans la concurrence vitale nous est inconnu jusqu'ici, il n'est pas impossible qu'on le découvre tôt ou tard.

En résumé, parmi les caractères que j'appelle d'évolution, les uns sont favorables au transformisme darwinien, et les autres ne peuvent être déclarés incompatibles avec cette doctrine.

Mais la distinction des espèces ne repose pas seulement sur les caractères d'évolution. Il y a un grand nombre de caractères auxquels nous ne pouvons rattacher théoriquement aucun avantage ni aucun désavantage fonctionnel et dont l'apparition et le développement ne s'effectuent pas, dans la série, suivant une direction déterminée, de sorte que ni la physiologie, ni la zoologie ne nous révèlent la signification de ces caractères. Voilà pourquoi je les désigne sous le nom de *caractères indifférents*.

Je ne veux pas dire par là qu'il soit indifférent pour un animal d'avoir un organe de plus ou de moins, ou seulement d'avoir un organe constitué de telle ou telle manière; les caractères dont je parle ne sont indifférents que par rapport à la question de la série.

Quelques exemples feront mieux comprendre ma pensée. Je les emprunterai à l'ordre des Primates; mais on en trouve de pareils dans tous les autres groupes.

Presque tous les Primates ont cinq doigts à chaque main; c'est un des caractères les plus constants de ce groupe. Deux genres, cependant, les atèles et les colobes se distinguent par l'absence du pouce. Or, ces deux genres appartiennent à deux familles très-différentes: les atèles sont des singes d'Amérique, et les colobes sont des singes de l'ancien continent. Les premiers constituent un des genres les plus élevés de la famille américaine; on pourrait donc se demander si l'avortement du pouce ne serait pas, sans que l'on sache pourquoi, un caractère de perfectionnement. Mais les colobes occupent un rang intermédiaire dans la série des singes de l'ancien continent; les genres qui les précèdent et ceux qui les suivent sont pentadactyles. — L'absence du pouce ne peut donc, à aucun point de vue, être rangée parmi les caractères d'évolution. Ce caractère a une grande valeur pour distinguer les genres, mais non pour les disposer en série, et sous ce dernier rapport je dis qu'il est indifférent.

De même, l'homme et les anthropoïdes n'ont pas de queue, et la position qu'ils occupent dans la série permet, pour ce qui les concerne, de considérer ce caractère comme un caractère de perfectionnement ou au moins d'évolution. Mais l'absence de queue chez le magot et le cynopithèque, pithéciens très-voisins des cynocéphales, ne peut être considérée que comme un accident que rien n'explique, qui n'a aucune signification et qu'il faut accepter comme un fait indifférent.

Les os du nez sont libres chez les singes d'Amérique et soudés chez les pithéciens, ainsi que chez les anthropoïdes; et cependant ils redeviennent libres chez l'homme. Le grand épiploon s'insère sur le côlon transverse chez l'homme, le chimpanzé, peut-être l'orang; puis, dans toute la famille des pithéciens, il affecte une disposition toute différente; mais l'insertion côlique reparaît dans le genre *Cebus* (singes d'Amérique).

Il est inutile de multiplier les exemples pour prouver que certains caractères, par l'irrégularité de leur répartition, échappent à toute loi d'évolution, à toute loi sériaire.

Les caractères indifférents ne prouvent rien contre l'idée générale du transformisme; mais il me semble bien difficile de les concilier avec le transformisme darwinien, car la sélection naturelle, quelque efficace qu'on la suppose et quelque indéfinies que soient les transformations qu'on lui attribue, ne paraît pouvoir produire que des branches divergentes qui, en superposant leurs bifurcations, n'ont aucune chance de se rencontrer. Il y a là, pour la théorie darwinienne, une difficulté considérable que je n'oserai pas dire encore invincible. Mais si l'on spécifie davantage, si l'on prend les faits particuliers, un à un, si l'on étudie dans leurs détails les caractères propres à chaque espèce, l'improbabilité s'accroît à tel point qu'elle constitue souvent une véritable impossibilité.

Toute espèce, en effet, se distingue de ses voisines par certains caractères, les uns d'évolution, les autres indifférents. Je ne m'occuperai que de ces derniers, et je prendrai par exemple le genre Orang (*Satyrus*). Je vais appliquer à ce genre les principes de l'école darwinienne, qui consistent à faire dériver les caractères des espèces d'une variation individuelle, apparue chez un ancêtre et maintenue ensuite par la sélection naturelle.

L'orang, comme les pithéciens, possède l'os intermédiaire du carpe, qui fait défaut chez l'homme, le gorille et le chimpanzé. C'est donc chez les pithéciens ou chez un ancêtre commun aux pithéciens et à l'orang qu'il faut chercher la souche de ce dernier.

Cela posé, l'orang, seul de tous les Primates, n'a pas d'ongle au gros orteil. Je demande aux darwiniens comment ce caractère bizarre a pu se produire. Ils me répondent qu'un jour un certain pithécien est venu au monde sans ongle au gros orteil, et que cette variété individuelle s'est perpétuée chez ses descendants.

Pour plus de clarté, donnons un nom à cet ancêtre pithécien dont le gros orteil n'avait pas d'ongle, et, comme il a été la souche du genre *Satyrus*, appelons-le *Prosatyrus I*, en lui donnant un numéro d'ordre, comme il convient au chef d'une dynastie.

Ce *Prosatyrus I* a eu un certain nombre d'enfants dont quelques-uns sans doute ressemblaient à leurs autres ascendants et avaient comme eux un ongle à chaque orteil. Mais, en vertu de la loi de l'hérédité immédiate, un ou plusieurs d'entre eux ont été, comme leur père, privés de leur premier ongle. Puis, grâce à la sélection naturelle, ce caractère est devenu de plus en plus fréquent chez les descendants de *Prosatyrus I*, et il est arrivé enfin un moment où il est devenu constant.

Je me demande, il est vrai, comment il a pu se faire que l'absence d'un ongle ait donné prise à la sélection naturelle ; je ne vois pas comment ce caractère négatif, qui ne pouvait améliorer aucune fonction, a pu procurer aux individus qui en étaient doués un avantage quelconque dans la lutte pour l'existence. Je supposerais plutôt le contraire. Je ne m'explique donc pas le triomphe du type de *Prosatyrus I*, mais on ne peut pas tout comprendre, et je veux bien attribuer à la sélection naturelle le mérite d'avoir fixé ce caractère parmi les ancêtres de nos orangs.

Mais l'orang se distingue encore de tous les autres Primates vivants ou fossiles par l'absence du ligament rond de la hanche. Ce ligament singulier, qui n'a point d'analogue dans les autres articulations, se retrouve non-seulement chez tous les Primates, mais encore chez la plupart des mammifères, et son absence chez l'orang peut être qualifiée d'anomale. Les darwiniens peuvent donc, avec quelque apparence de raison, attribuer l'apparition de ce caractère à une anomalie individuelle, survenue par hasard chez l'un des ancêtres de l'orang et fixée ensuite par la sélection naturelle.

Je continue bien à me demander comment la sélection naturelle et la concurrence vitale ont laissé survivre une disposition qui est plus nuisible qu'utile aux fonctions de l'articulation coxo-fémorale. Mais je continue à me répondre qu'on ne peut pas tout expliquer, et je me borne à poser la question suivante :

A quel moment l'absence du ligament s'est-elle montrée chez les ancêtres du genre Orang ? Est-ce avant ou après celui d'entre eux que j'ai appelé *Prosatyrus I?*

Voyons d'abord si ce premier singe sans ligament rond était un des descendants de *Prosatyrus I*. S'il en était ainsi, il conviendrait de donner le nom de *Prosatyrus II* à celui qui aurait inauguré, parmi les singes privés de leur premier ongle, le second caractère distinctif du genre Orang.

Lorsque *Prosatyrus II* vint au monde sans ligament rond, un certain nombre de générations s'étaient déjà succédé depuis que l'ongle du gros orteil avait disparu. C'était par centaines que l'on comptait les descendants de *Prosatyrus I*, dépouillés comme lui de cet ongle, mais encore munis de leur ligament rond.

C'est avec cette cohorte nombreuse d'individus semblables à *Prosatyrus I* que *Prosatyrus II* se trouva aux prises dans la lutte pour l'existence. Il ne différait d'eux que par l'absence du ligament rond, ce qui, à coup sûr, n'était pas un avantage ; je veux bien consentir à admettre que, malgré cette défectuosité, il ait vécu jusqu'à l'âge adulte, qu'il ait pu engendrer quelques êtres semblables à lui, et que ceux-ci, s'alliant entre eux, aient, je ne sais comment, constitué une espèce caractérisée à la fois par l'absence de l'ongle du pied et par l'absence du ligament rond. Mais il n'y a aucune raison pour que cette espèce ait pris la place de l'autre ; il n'y a aucune raison pour que les nombreux représentants de l'espèce de *Prosatyrus I* aient perdu leur droit à la vie. Supposons qu'il n'y en ait eu qu'un millier ou même seulement une centaine au moment de la naissance de *Prosatyrus II;* tous ces êtres, répandus sur une zone plus ou moins étendue, et situés pour la plupart en dehors du milieu où *Prosatyrus II* a

vécu, ont eu au moins autant de chances que lui de se reproduire. Ils ont eu des descendants semblables à eux ; et si l'espèce *Prosatyrus II* s'est maintenue malgré son imperfection, l'espèce *Prosatyrus I*, cent fois, mille fois plus nombreuse, et, j'ajoute, mieux constituée, a dû se maintenir à plus forte raison. Il devrait donc y avoir, à côté des orangs actuels, qui n'ont ni le premier ongle du pied, ni le ligament rond, une autre espèce qui, privée également de cet ongle, posséderait encore ce ligament. C'est ce qui devrait avoir lieu si le ligament rond avait disparu *après* l'ongle du premier orteil ; or, il n'en est rien. Cette espèce intermédiaire n'existe pas, par conséquent il est impossible d'admettre que le ligament rond ait manqué pour la première fois sur l'un des descendants de *Prosatyrus I*.

Supposerons-nous maintenant que le caractère relatif au ligament rond existât déjà *avant* la naissance de *Prosatyrus I*, qu'il eût apparu antérieurement sur l'un de ses ancêtres, qu'il se fût fixé, de génération en génération, par l'effet de la sélection naturelle, et que *Prosatyrus I*, en venant au monde, en eût hérité de ses parents ? Cette seconde supposition n'est pas plus admissible que l'autre ; elle aboutirait à la même conclusion, à la même impossibilité.

Par conséquent, le second caractère n'ayant pu paraître ni avant, ni après le premier, il faut admettre qu'ils ont paru tous deux ensemble, et que *Prosatyrus I*, par une double anomalie, est né à la fois sans ligament rond et sans ongle au premier orteil.

Que cet individu, doublement défectueux, ait fait souche d'individus qui, dans la lutte pour l'existence, ont triomphé des types les plus voisins et évolué ensuite jusqu'à l'orang ; c'est peut-être un problème de sélection naturelle difficile à résoudre. Mais continuons.

L'orang nous présente un troisième caractère aussi singulier que les deux autres : ses poumons sont indivis ; en d'autres termes, chacun de ses poumons ne se compose que d'un seul lobe. Le gorille et le chimpanzé, les plus proches voisins de l'orang, ont, comme l'homme, cinq lobes pulmonaires, trois à droite et deux à gauche ; les autres Primates, pithéciens, cébiens ou lémuriens, ont sept lobes, quatre à droite et trois à gauche. Seul, l'orang a le poumon indivis, fait tout à fait sans analogue dans les ordres supérieurs de la classe des mammifères et presque sans analogue dans les ordres inférieurs.

Je n'ai pas à chercher si l'absence de divisions pulmonaires constitue une disposition désavantageuse ; mais je ne crains pas d'être démenti en disant qu'il ne peut en découler aucun avantage dans la lutte pour l'existence. Ce n'est donc pas un caractère de perfectionnement ; on vient de voir que ce n'est pas non plus un caractère sériaire ; c'est donc seulement un de ces caractères que j'ai appelés indifférents ; et il n'a pu se produire, dans la généalogie de l'orang, que par suite d'une anomalie individuelle.

Sans chercher comment la sélection naturelle a pu fixer ce caractère dans une espèce, je me demande à quelle époque il a pu apparaître, je cherche, comme tout à l'heure, s'il est antérieur ou postérieur à *Prosatyrus I*, et j'arrive, par le même raisonnement, à prouver qu'il n'a pu se manifester ni sur les descendants ni sur les ancêtres de ce singe. N'oublions pas en effet qu'aucun animal privé, comme l'orang, de l'ongle du gros orteil et du ligament rond de la hanche, n'a le poumon divisé en lobes, ce qui devrait avoir lieu si le poumon indivis avait paru avant ou après les deux autres caractères auxquels il se trouve associé chez l'orang.

Donc, ce caractère ne pouvant être ni antérieur ni postérieur aux deux autres, il faut que *Prosatyrus I* soit venu au monde avec les trois caractères à la fois.

Et ce n'est pas tout, car l'orang, seul parmi les Primates, n'a que seize vertèbres dorso-lombaires. Voilà donc encore un caractère que *Prosatyrus I* a dû apporter en naissant.

Et ainsi de suite pour tous les autres caractères propres à l'orang.

Mais alors, ce n'est donc pas par une évolution lente et graduelle, par une sélection à marche séculaire, que l'espèce de l'orang s'est produite ? Ce *Prosatyrus I*, déjà revêtu de tous les caractères de notre genre *Satyrus*, n'était autre que *Satyrus* lui-même. Le changement a eu lieu tout à coup, sans transition ; ce n'est pas une transformation progressive, c'est une transfiguration complète, effectuée en une seule fois, contrairement à toutes les lois, darwiniennes ou autres ; disons le mot, c'est un acte surnaturel, équivalant à un acte de création.

Or, c'est précisément pour ramener les origines des espèces à une évolution régulière que le darwinisme a été fondé. La théorie de la sélection naturelle, n'étant pas démontrée par l'observation, n'aurait pu séduire aucun esprit scientifique, s'il n'avait été répondu d'avance à ceux qui réclament des preuves directes. Cette réponse anticipée, Darwin l'a faite en disant que les phénomènes de la sélection naturelle sont tellement lents, qu'ils ne peuvent être constatés directement, et que, pareils à beaucoup d'autres phénomènes dus à des actions faibles mais continues, ils ne deviennent sensibles qu'au bout d'un laps de temps très-considérable. La doctrine darwinienne est donc inséparable de l'idée que l'évolution des espèces a été graduelle et excessivement lente. C'est, on peut le dire, son axiome fondamental. Et cependant, lorsque nous appliquons à l'exemple de l'orang les règles de la sélection naturelle, nous arrivons à reconnaître que le type de cet animal n'a pu se produire peu à peu, qu'il a dû apparaître tout à coup, sans aucune transition.

De sorte que, lorsque nous mettons la théorie aux prises avec les détails de ce fait particulier, elle nous conduit à une conséquence absolument contraire à son propre principe.

Et ce fait n'est pas isolé ; je l'ai choisi parce qu'il est emprunté à un groupe voisin du nôtre et aussi parce qu'il nous présente un ensemble remarquable de caractères très-simples et très-faciles à discuter ; mais le même raisonnement est applicable sinon à toutes les espèces, du moins à toutes celles qui sont nettement limitées et qui se distinguent de leurs plus proches voisines par des caractères bien tranchés. J'ajoute que des objections analogues s'appliqueraient même le plus souvent aux espèces les plus indécises, car le mécanisme de la sélection naturelle ne peut produire la divergence des caractères que par une série de ramifications dichotomiques, et il ne se prête pas à cette répartition irrégulière, à cet entrecroisement de caractères que l'on observe presque toujours dans les groupes les plus naturels.

Je ne saurais donc admettre l'argument développé l'autre jour par M. Dally, qui, reconnaissant loyalement que la sélection naturelle est encore à l'état d'hypothèse, ajoutait cependant : «Les espèces sont constituées et distribuées *comme si* elles avaient été produites par la sélection naturelle. » Je trouve, au contraire, que si les espèces ont évolué, ce qui est probable, elles sont disposées *comme si* la sélection naturelle n'avait pas été l'agent de leur transformation.

Au surplus, je reconnais ce mode de raisonnement, qui déjà ne m'avait pas convaincu lorsque notre éminent collègue M. de Quatrefages s'en servait pour démontrer l'unité du genre humain. « Je trouve, nous disait-il, que les races humaines se suivent, se répartissent, se comportent *comme si* elles descendaient toutes d'une même souche. » Et, à mon tour, constatant que les caractères des principales races se sont maintenus sans aucun changement depuis l'époque pharaonique, constatant, en outre, que les hommes paléontologiques, ceux de l'époque quaternaire du moins (car les hommes tertiaires ne sont encore connus que par leurs œuvres), présentaient déjà des différences ostéologiques au moins égales à celles des races actuelles, je répondais qu'à mon sens, les choses étaient *comme si* l'humanité descendait de plusieurs souches distinctes. Et il en est ainsi de toutes les hypothèses vraies ou fausses, scientifiques ou autres. Toutes ont leurs partisans qui disent *c'est comme si...*, et leurs adversaires qui disent le contraire.

Je viens d'exposer quelques-unes des objections qui me paraissent de nature à prouver que la sélection darwinienne n'a pu être l'agent de la transformation des espèces. Ces objections ont dû se présenter à l'esprit de tous ceux qui ont eu la curiosité de pénétrer dans les détails de la constitution des espèces, et si elles ne les ont pas découragés, c'est que les difficultés particulières leur paraissaient de peu de poids auprès des faits généraux qui trouvent leur explication dans le transformisme, confondu par eux avec l'hypothèse de la sélection.

Cette hypothèse, en effet, rend compte de la plupart des grands phénomènes biologiques actuels ou passés, et notamment de ceux qui embarrassent le plus les partisans de l'hypothèse de la création des espèces.

Elle explique :

L'existence de la série et le mode de répartition des êtres qui la composent ;

La succession des formes organiques, ou leur complication croissante d'époque en époque ;

Le grand principe de l'unité de composition qui avait rallié Étienne Geoffroy au transformisme ;

L'évolution des phases embryonnaires, qui reproduisent à l'état transitoire, chez les êtres les plus élevés, les conditions organiques permanentes des êtres moins élevés ;

La production de ces anomalies régressives qui ramènent à un type inférieur un ou plusieurs organes ;

L'existence des organes inutiles ou rudimentaires, qui n'auraient aucune raison d'être et qui confondraient notre esprit, s'ils n'étaient comme les souvenirs ou comme les témoins d'un état de choses antérieur où ils étaient plus développés et où ils remplissaient une fonction ;

L'existence de ces espèces qu'on appelle anomales ou paradoxales parce qu'elles réunissent des caractères plus ou moins contradictoires, et qui devraient être considérées comme des ébauches manquées, comme des aberrations de la nature créatrice, si elles n'étaient pas les produits d'une évolution inachevée ou contrariée par le conflit des causes multiples qui modifient les organismes ;

L'existence des espèces parasites, dont la création directe serait non moins paradoxale ;

L'existence des métis féconds ou inféconds que produisent

souvent les croisements d'individus appartenant à des espèces différentes ou même à des genres différents, métis dont le degré de perfection décroît, en général, à mesure que la distance des espèces mères est plus grande ;

Enfin la sélection naturelle rend compte d'une manière satisfaisante de l'adaptation des espèces à leur milieu, quel que soit ce dernier, quelques changements qu'il ait subis aux diverses époques ; elle explique tout aussi bien l'adaptation des organes à leurs fonctions et les fonctions si diverses que le même organe peut remplir dans des espèces différentes, au prix de modifications relativement légères.

Tout cela est bien séduisant ; et c'est le cas de dire : *C'est comme si !* Mais ne nous laissons pas éblouir par ces résultats grandioses ; s'ils dirigent notre esprit vers le transformisme en général, ils ne fournissent pas le plus petit argument en faveur du système spécial qui fait reposer le transformisme sur l'hypothèse de la sélection naturelle. Lorsque nous contemplons l'ensemble de la nature, la répartition des rameaux de la série et les rapports des êtres entre eux, lorsque nous étudions l'histoire des formes successives que la vie a revêtues et que nous comparons la constitution des espèces actuelles avec celle des espèces antérieures, nous trouvons des raisons de toutes sortes pour nier la fixité des types, c'est-à-dire pour admettre leur évolution, et nous faisons disparaître ainsi les difficultés, les confusions et les contradictions sans nombre qu'entraîne avec elle la doctrine de la permanence des espèces. Nous arrivons donc à considérer comme très-probable le principe du transformisme ; mais il n'en résulte rien de plus, et cette notion générale est tout à fait indépendante des conjectures auxquelles elle ouvre un champ illimité. Tous les systèmes transformistes, le monogénique ou l'oligogénique comme le polygénique ; — ceux de Lamarck ou de Darwin, qui s'appuient sur des explications hypothétiques, comme celui d'Étienne Geoffroy, qui ne spécifie pas les causes de l'évolution ; — ceux qui rapportent toutes les transformations à une étiologie unique, telle que la sélection naturelle ou l'influence des habitudes, comme celui qui laisse intervenir toutes les conditions intrinsèques ou extrinsèques de l'individu et du milieu ; — tous les systèmes transformistes, dis-je, expliquent également les grands faits généraux que je viens d'énumérer, par cela même que tous sont la négation de la permanence de l'espèce. La sélection naturelle, sous ce rapport, n'est ni plus ni moins satisfaisante que les autres variétés de transformisme, et il ne faut pas lui faire un mérite particulier d'un avantage qu'elle partage avec elles. Comme, depuis dix ans, le transformisme s'est propagé sous le couvert de la sélection naturelle, on a pu croire que la sélection naturelle était le transformisme même, et qu'il fallait choisir entre l'hypothèse darwinienne et le système de la permanence. C'est une fausse alternative : ni le rejet de cette hypothèse n'implique l'abandon du transformisme, ni l'acceptation de celui-ci n'implique la réalité de la sélection naturelle.

Cette distinction une fois faite, la sélection naturelle, séparée de la doctrine générale qui l'a suscitée, se trouve livrée à ses propres forces. Comme toutes les hypothèses, elle se place en face des faits et doit en subir le contrôle. Ces faits sont de deux ordres. Il y a d'abord les faits généraux qui s'adaptent à toute théorie transformiste comme à tout transformisme sans théorie, puisqu'il suffit pour en rendre compte d'admettre la variabilité des espèces ; de ce premier ordre de

faits on ne peut tirer aucune preuve ni pour ni contre la sélection naturelle. Il y a ensuite les faits particuliers, qui seuls peuvent servir de pierre de touche à une hypothèse particulière. Si la sélection naturelle les explique, elle n'est pas encore démontrée pour cela, puisqu'il lui manque encore la preuve directe ; on peut dire toutefois qu'elle est valable jusqu'à nouvel ordre. Mais si elle ne les explique pas, et surtout si elle se trouve en contradiction avec eux, elle n'est plus qu'un brillant mirage. Or, je crois avoir montré par des exemples précis qu'il y a tout un ordre de caractères, ceux que j'ai appelés indifférents, qui échappent à la théorie de la sélection et qui souvent même sont tout à fait incompatibles avec elle.

Je conclurai donc en disant : La permanence des espèces paraît presque impossible, elle est en opposition avec le mode de succession et de répartition des espèces dans la série des êtres actuels et passés. Il est donc très-probable que les espèces sont variables et sujettes à l'évolution.

Mais les causes, les agents de cette évolution sont encore inconnus. Toutes les théories qui ont été tentées jusqu'ici sont insuffisantes. La grande synthèse de la nature n'est pas encore réalisée. Et il ne s'agit pas seulement d'expliquer la série organique. La loi de la distribution sériaire n'est pas propre seulement aux êtres qui possèdent la vie ; elle se révèle partout dans l'univers. Il y a une série minérale aussi bien qu'une série animale ou végétale ; il y a les séries chimiques, la série des cristaux, la série des couleurs ; il y a même une série sidérale. Et puisque la série est partout, il est permis de se demander si la série organique, tout en obéissant à ses lois propres, n'est pas subordonnée à quelque loi plus générale et plus inconnue encore ?

C'est ce grand problème qui a de tout temps obsédé les métaphysiciens et qui a suggéré la doctrine d'Épicure. Que disaient Épicure et Lucrèce ? Qu'ont dit leurs modernes sectateurs ? Ils ont dit que, dans le cours nécessaire des choses, toutes les combinaisons possibles s'effectuent tôt ou tard, au milieu de conditions complexes qui tantôt les favorisent plus ou moins et tantôt, au contraire, les contrarient ; de sorte que les résultats sont aussi variables que peut l'être, suivant les temps et les lieux, le concours de ces conditions. Et de même qu'entre deux nombres il y a toujours place pour un troisième, on conçoit toujours, entre deux effets produits par des circonstances déterminées, un effet intermédiaire déjà réalisé ou destiné à se réaliser plus tard. C'est la doctrine de la nécessité, et en face d'elle s'élève la doctrine de la finalité, qui n'est peut-être pas beaucoup plus claire. Mais tout cela n'est que de la métaphysique, et la science ne doit pas s'égarer dans ces creuses spéculations.

Est-ce à dire que la science ne puisse par elle-même atteindre les hauteurs d'une synthèse générale ? Si elle y a échoué jusqu'ici, faut-il désespérer de l'avenir ? Telle n'est point ma pensée, et j'aime mieux me pénétrer de ces belles paroles de Buffon : « L'esprit humain n'a point de bornes, il » s'étend à mesure que l'univers se déploie. L'homme peut » donc et doit tout tenter. Il ne lui faut que du temps pour » tout savoir. »

P. BROCA,
Professeur à la Faculté de médecine de Paris.

ACADÉMIE DES SCIENCES DE PARIS

M. ED. BECQUEREL
de l'Institut

L'électro-thérapeutique ; travaux de MM. Onimus et Legros et de M. Cyon (1)

L'Académie avait mis au concours, pour 1866, la question des applications de l'électricité à la thérapeutique ; mais, à la suite d'un rapport au nom d'une Commission composée de MM. Serres, Velpeau, Rayer, Cloquet, Longet, Robin et Becquerel rapporteur (2), elle décida qu'il n'y avait pas lieu à décerner le prix dont la valeur est de *cinq mille francs*, et que la question serait remise au Concours pour l'année 1869. Néanmoins elle accorda une médaille de la valeur de *quinze cents francs* à M. Namias, de Venise, pour les efforts incessants qu'il avait faits dans le but de répondre scientifiquement à la question proposée par l'Académie, et pour les observations intéressantes qu'il avait déjà recueillies.

Cette année, onze concurrents se sont présentés et ont adressé des ouvrages dont la plupart sont manuscrits et contiennent de nombreuses observations sur l'influence que peut exercer l'électricité dans différents cas pathologiques.

La Commission ne s'est pas arrêtée d'une manière spéciale à l'exposé historique des faits déjà publiés, ni à la description des appareils électriques employés, et qui sont généralement connus, sujets traités plus ou moins complètement, comme la Commission le reconnaît dans la plupart des Mémoires présentés, et cela conformément au programme; mais elle a distingué particulièrement les recherches de deux des concurrents, qui se sont proposés d'établir les bases de l'électrothérapie sur les phénomènes physiologiques produits par l'influence de l'électricité sur l'organisme à l'état sain et à l'état pathologique.

MM. Legros et Onimus ont adressé plusieurs séries de recherches de l'électro-physiologie comprenant les résultats de nombreuses observations parfaitement coordonnées, qu'ils ont cherché à appliquer à des cas pathologiques déterminés.

Matteucci avait observé que dans les nerfs qui sont parcourus par un courant électrique, il se forme, au moment de l'ouverture du circuit, un courant en sens contraire du premier, attribué à des effets de polarisation et qui produit fréquemment des contractions. MM. Legros et Onimus ont constaté ces effets chez l'homme à l'état de santé et à l'état pathologique. Ils ont rapporté également les observations qu'ils ont faites sur l'homme et d'après lesquelles le courant descendant ou direct (3) empêche les actions réflexes et diminue l'excitabilité de la moelle, tandis que le courant ascendant ou inverse les excite. Les recherches qu'ils ont faites sur les effets du courant inverse sur les nerfs moteurs, leur ont montré que ces effets paraissaient dus à une action réflexe et étaient d'autant plus énergiques que l'excitabilité des nerfs sensitifs et de la moelle était plus grande; les effets produits devenaient presque nuls lorsque les nerfs sensitifs ou la moelle avaient perdu leur excitabilité : les courants directs agissent alors sur les nerfs moteurs.

Plusieurs observateurs ont vu que dans certaines paralysies périphériques, les muscles perdent de leur excitabilité pour les courants induits, tandis que celle-ci est, au contraire, conservée et même augmentée pour les courants de la pile ; effets dus aux différences de direction, de durée et d'intensité du courant électrique. Ce phénomène, d'après MM. Legros et Onimus, est constant chaque fois que la fibre musculaire striée est modifiée dans les conditions normales ; il en est de même pour les fibres musculaires lisses et pour celles des embryons.

Ils ont fait à ce sujet une longue étude de l'influence des courants provenant des appareils d'induction et des piles sur les fibres lisses (intestins, vessie, matrice, etc.), et ils ont constaté des différences d'ac-

tion entre les courants induits et les courants continus, et, pour ces derniers, suivant leur direction.

En examinant l'influence variable exercée par les courants continus sur les vaisseaux capillaires, ils ont observé que, si le courant direct dilate les vaisseaux, le courant inverse les resserre, surtout dans les premiers instants du passage de l'électricité, mais sans déterminer une oblitération complète. Cette influence s'exerce également sur le cœur et sur le système respiratoire.

Nous ajouterons que MM. Legros et Onimus, pour comparer entre eux les résultats qu'ils ont obtenus, ont fait usage de la méthode graphique qui est généralement employée aujourd'hui dans les recherches physiologiques.

En résumé, ces expérimentateurs habiles, sans adopter particulièrement aucune théorie, conduits uniquement par l'expérience, ont réuni aux faits déjà connus ceux qu'ils ont observés, et ont cherché à les appliquer à la thérapeutique dans des cas nombreux. La Commission pense que, s'ils se bornent aux circonstances qui sont bien définies et s'ils prennent pour guides les phénomènes électro-physiologiques, ils ne peuvent manquer, dans la voie où ils sont engagés, d'arriver à des résultats importants pour la pratique médicale.

M. Cyon, déjà connu par des recherches physiologiques justement appréciées (1), dans un ouvrage manuscrit ayant pour titre *Applications de l'électricité à la thérapeutique*, a fait un exposé très-développé des connaissances électro-physiologiques en adoptant exclusivement les vues théoriques de M. du Bois-Reymond, c'est-à-dire en considérant comme base des fonctions musculaires et nerveuses une force électromotrice des éléments des muscles et des nerfs, à laquelle il suppose une origine organique. Les savants sont aujourd'hui divisés au sujet de cette hypothèse, et un certain nombre d'entre eux, comme Matteucci, M. Liebig, Hermann, etc., se basent avec juste raison sur des faits nombreux pour adopter l'origine chimique du dégagement de l'électricité dans les tissus musculaires et nerveux, mais sans la préciser : les derniers travaux d'un des membres de la Commission (M. Becquerel) viennent à l'appui de cette opinion, en établissant les circonstances dans lesquelles les actions chimiques peuvent se manifester.

M. du Bois-Reymond avait observé qu'un nerf qui est traversé dans sa longueur par un courant électrique acquiert des facultés nouvelles ; il a appelé ce nouvel état du nerf dans lequel se trouvent modifiées les forces électromotrices, *état électrotonique* (2). De nombreuses objections furent faites à cette hypothèse : M. Pflüger crut les lever en précisant les circonstances dans lesquelles l'irritabilité nerveuse était produite par le passage d'un courant constant dans une portion d'un nerf. Il appela *zone anélectrotonique* et *zone cathélectrotonique* les zones qui se trouvent dans le voisinage de l'électrode positive et de l'électrode négative : dans la première, l'irritabilité du nerf est diminuée ; dans la seconde, elle est augmentée.

M. Cyon partage ces vues hypothétiques, puis expose avec de grands développements les travaux exécutés pour attaquer ou défendre l'électrotonisme. Il traite du rapport entre l'irritation du nerf et l'excitation musculaire dont s'est occupé M. Fick au moyen du miographe. Il a déterminé lui-même ce rapport sur l'homme en faisant usage du muscle adducteur du pouce, et a pensé démontrer l'identité des forces électromotrices et vitales. En faisant contracter ce muscle, il a déterminé le rapport entre l'irritabilité du nerf et la contractilité du muscle, d'où il a conclu que les effets observés par Pflüger se vérifient sur le vivant, ce qui ouvrirait, selon lui, un nouveau champ d'investigation aux savants qui se livrent à l'étude des maladies nerveuses.

Il expose ensuite les expériences faites par M. Fick et d'autres physiologistes allemands sur la subordination de l'irritation à la force excitante, dont il pense que les résultats pourraient être utilement appliqués à la thérapeutique. C'est ainsi qu'il traite des effets des courants constants et d'induction sur l'excitabilité des nerfs et des muscles ; des effets obtenus par M. Heidenhem sur les nerfs fatigués ; de l'électrisation localisée ; des effets produits sur les nerfs sensitifs; enfin de l'examen des cas pathologiques dans lesquels les muscles et les nerfs donnent lieu à des effets différents, suivant qu'on emploie des courants continus ou des courants d'induction alternatifs.

---

(1) Rapport présenté à l'Académie au nom d'une commission composée de MM. Becquerel père, Claude Bernard, Longet, Bouillaud, Cloquet, Nélaton, Jamin, Coste, Ed. Becquerel.

(2) *Comptes rendus*, t. LXIV, p. 483 et 538.

(3) On admet, comme on le sait, que le courant électrique dans le circuit extérieur d'une pile et dirigé du pôle + au pôle —, se propage dans le corps du centre à la périphérie ; le courant direct est donc centrifuge, et, partant de la moelle épinière, se dirige dans le sens des ramifications nerveuses.

---

(1) Voyez *Revue des cours scientifiques*, tome V, page 420, 30 mai 1868.

(2) Cette expression est semblable à celle que Faraday a employée pour désigner l'état particulier de tension que possèdent les molécules d'un corps parcouru par un courant électrique pendant le passage même de ce courant, ou bien soumis à l'influence de l'induction. Cet état, pour s'établir ou se détruire, donnerait lieu, dans les corps, aux phénomènes d'induction. Cette dénomination, en physiologie, n'est donc pas appliquée au même ordre de phénomènes.

M. Cyon a fait preuve d'érudition en ce qui concerne particulièrement la physiologie allemande, dont il est un des partisans. Il indique les cas pathologiques où l'électricité pourrait être employée, mais il parle peu des applications qu'il a faites et des résultats qu'il a obtenus.

Cet expérimentateur cherche, comme on le voit, à fonder l'électropathologie et l'électro-thérapie sur l'électro-physiologie, méthode qui nous paraît très-rationnelle à suivre. L'exposé de son ouvrage, en dehors des idées théoriques sur lesquelles la commission n'a pas à se prononcer, est fait avec méthode ; mais ce travail est une sorte de programme qui demande à être développé et appuyé par des faits bien constatés.

Plusieurs des ouvrages et des mémoires présentés par les autres concurrents renferment de nombreuses observations bien coordonnées, mais ils n'ont pas paru à la commission avoir une direction aussi scientifique que les précédents et basés sur l'application de faits physiologiques bien définis en vue d'éclairer la médecine.

La commission s'abstient de revenir sur les développements donnés dans le rapport de 1866 sur la marche à suivre dans les applications (*Comptes rendus*, tome LXIV, pages 483 et 538); elle se borne à citer les indications mentionnées lors de la publication du programme des prix, et d'après lesquelles les concurrents devaient :

« 1° Indiquer les appareils électriques employés, décrire leur mode
» d'application et leurs effets physiologiques.

» 2° Rassembler et discuter les faits publiés sur l'application de
» l'électricité au traitement des maladies, et en particulier au traite-
» ment des affections des systèmes nerveux, musculaire, vasculaire et
» lymphatique ; vérifier et compléter par de nouvelles études les résul-
» tats de ces observations, et déterminer les cas dans lesquels il con-
» vient de recourir, soit à l'action des courants intermittents, soit à
» l'action des courants continus. »

La commission rappelle encore que l'Académie ne demandait pas seulement aux concurrents une réunion de faits obtenus par des méthodes empiriques, mais des règles certaines pour servir de guides dans la voie si délicate des applications de l'électricité à la thérapeutique. Elle fait remarquer également que, bien que les expérimentateurs aient distingué les effets produits suivant le sens de la propagation de l'électricité et selon que les courants électriques sont continus ou alternatifs, ou bien fournis par des appareils d'induction, elle aurait désiré que l'influence de l'intensité et de la durée du passage de ces courants continus ou alternatifs, ainsi que les effets d'induction qui pourraient se produire dans l'organisme à la fermeture et à l'ouverture du circuit, eussent été l'objet d'un examen plus approfondi.

BIBLIOGRAPHIE SCIENTIFIQUE

Cours de physiologie élémentaire, par M. TH. H. HUXLEY, traduit de l'anglais par le docteur DALLY (Un vol. in-18, Paris, Reinwald).

Les lecteurs de cette *Revue* savent qu'il est peu de sujets relatifs aux sciences biologiques qui n'aient été abordés par M. Huxley au point de vue de l'enseignement supérieur. M. le docteur Dally, en nous donnant une traduction des *Leçons élémentaires de physiologie*, nous a fait connaître l'illustre professeur sous un jour nouveau. Ces *Leçons*, en effet, sont destinées à l'enseignement des colléges, et c'est avec curiosité que nous avons ouvert ce volume, désireux de savoir comment un homme habitué à traiter les questions les plus ardues de l'anatomie comparée et de la paléontologie, s'y était pris pour exposer les rudiments de la science de la vie. Disons tout de suite que, malgré son caractère essentiellement populaire et accessible à tous, l'ouvrage que nous annonçons conserve, dans sa façon d'exposer les faits, une hauteur de vue et un caractère original qui le feraient consulter avec fruit même par les savants de profession.

La première leçon est un coup d'œil d'ensemble jeté sur le mécanisme général de l'organisation vivante. Les lois du travail et de l'usure, de la recette et de la dépense, y sont exposés expérimentalement, de façon que le lecteur est bien préparé à entrer dans l'étude des détails de ce mécanisme, qui font l'objet des leçons suivantes. Signalons, comme offrant un intérêt tout particulier, l'admirable résumé des travaux modernes sur le sang et la lymphe (leçon III). Un résumé non moins remar-

quable de tout ce que nous savons sur le système nerveux et innervation est donné dans la leçon XI. Mais nous recommandons surtout à ceux qui s'intéressent aux rapports de la physiologie et de la psychologie la lecture attentive de la leçon X, qui a pour thème la coordination réciproque des sensations, des perceptions et des idées. Là se trouvent merveilleusement condensées toutes nos connaissances sur les lois du jugement dans leur rapport avec les sensations.

M. Dally, dans une courte préface, après avoir indiqué les raisons de l'immense popularité du livre de M. Huxley en Angleterre, formule avec concision un éloge suprême : *C'est*, dit-il, *la science sans phrases ;* s'il avait ajouté, et avec des gravures, il aurait tout dit.

Signalons en terminant le chapitre très-nouveau dû à Michaël Forster, et qui a pour sujet la comptabilité du corps humain, ce qu'il pèse, comment il se décompose, ce qu'il gagne par l'aliment, ce qu'il perd par le travail, sous quelle forme et dans quelle mesure chaque élément entre et sort de l'organisme, le tout réduit en poids et mesuré. C'est là, à coup sûr, un chapitre intéressant que les hommes spéciaux consulteront avec fruit, les élèves avec curiosité.

Le traducteur paraît s'être attaché à imiter la concision de l'auteur anglais ; il a visé à la clarté en suivant le texte d'aussi près que possible, et nous pouvons dire qu'il a complétement atteint son but. On ne pouvait pas moins attendre de l'écrivain distingué à qui nous devons déjà une belle traduction des *Evidence as to man's place in nature*.

Histoire des plantes, par M. H. BAILLON, professeur d'histoire naturelle à la Faculté de médecine de Paris, président de la Société linnéenne. Tome deuxième, comprenant les familles suivantes : connaracées et légumineuses mimosées, légumineuses césalpiniées, légumineuses papilionacées, protéacées, lauracées, éléagnacées et myristiacées. 1 vol. grand in-8 avec 307 figures dessinées par Fagnet. Paris, 1870, Hachette et Cie. — Le plan et le caractère de cet important ouvrage ont été exposés dans notre numéro du 25 décembre dernier, page 64 du présent volume.

Leçons sur la physiologie comparée de la respiration, professées au Muséum d'histoire naturelle par M. PAUL BERT, professeur à la Faculté des sciences de Paris. 1 vol. in-8 avec 150 figures dans le texte. Paris, 1870, J. B. Baillière et fils.

Précis de paléontologie humaine, par le docteur E. T. HAMY, secrétaire de la Société d'anthropologie de Paris, préparateur d'anthropologie à l'Ecole des hautes études. 1 vol. in-8 illustré de 114 figures. Paris, J. B. Baillière et fils. — Cet ouvrage a été écrit pour servir de complément à l'*Ancienneté de l'homme* de sir Charles Lyell.

BULLETIN DES COURS

Faculté de médecine de Paris

CONFÉRENCES SUR LES MALADIES DES ARMÉES. — MM. les étudiants sont prévenus que des conférences sur les épidémies et maladies des armées seront faites par MM. les agrégés Raynaud et Constantin Paul. Elles auront lieu tous les soirs, à huit heures, dans le grand amphithéâtre de la Faculté de médecine, à partir du mercredi 27 juillet.

CONFÉRENCES SUR LES PLAIES DE GUERRE. — Ces conférences seront faites par M. Lannelongue, agrégé de la Faculté et prosecteur. — Elles auront lieu tous les jours, de une à deux heures, dans le petit amphithéâtre de la Faculté, et ont pour objet les plaies de guerre, leurs accidents immédiats, leurs complications et leur traitement.

Exercices pratiques de médecine opératoire, tous les jours, de deux à quatre heures, à l'Ecole pratique, sous la direction de MM. les prosecteurs Lannelongue, Ledentu et Parabœuf.

Le propriétaire-gérant : GERMER BAILLIÈRE.

PARIS. — IMPRIMERIE DE E. MARTINET, RUE MIGNON, 2.

REVUE

DES

COURS SCIENTIFIQUES

DE LA FRANCE ET DE L'ÉTRANGER

SEPTIÈME ANNÉE   NUMÉRO 36   6 AOUT 1870

Paris, 5 août 1870.

La discussion des titres de M. Ch. Darwin continue à l'Académie des sciences. Dans le comité secret de cette semaine, M. de Quatrefages a longuement exposé les titres de l'illustre naturaliste anglais. Voici un résumé très-complet de son discours, dont nous pouvons garantir l'exactitude :

« Il y a deux hommes dans M. Ch. Darwin : un naturaliste observateur et un penseur théoricien. Le naturaliste est exact, sagace et patient; le penseur est original et pénétrant, souvent juste, parfois trop hardi. Pendant de longues années, il s'est appliqué à une question que le développement de la science imposait pour ainsi dire à l'attention des naturalistes, celle de l'origine des espèces. La notion fondamentale de sa doctrine, c'est la sélection naturelle, et, tout en contestant les conséquences qu'il en tire, il est difficile de ne pas admettre qu'il y ait au moins là une idée séduisante et présentant, à certains égards, quelque chose de plausible, quand on voit des hommes comme M. A. R. Wallace, M. Naudin et M. Darwin, travaillant loin les uns des autres, sans se connaître, dans les voies les plus différentes, arriver en même temps à la même conception. Si les idées et les livres de M. Ch. Darwin étaient ce qu'on a dit, comment expliquerait-on qu'ils aient pu conquérir en moins de dix ans des esprits aussi élevés que sir Ch. Lyell, Hooker, Th. H. Huxley, Karl Vogt, sir John Lubbock, Hæckel, Filippi et Brandt lui-même, que l'Académie a nommé correspondant il y a quelques jours contre M. Ch. Darwin.

D'après la manière dont on a présenté la théorie de M. Darwin, cette théorie serait absurde et ne lui appartiendrait même pas. Autant que personne, et plus publiquement qu'aucun membre de l'Académie, M. de Quatrefages a combattu cette théorie, mais il distingue ce qu'elle a de vrai de ce qui doit être repoussé.

Dans l'œuvre de Darwin, il y a certainement des choses qui se trouvent dans Lamarck. Telles sont, entre autres, les lois de l'hérédité, la transmission et le développement progressif des caractères. Mais tout cela est vrai. Ce sont autant de propriétés des êtres vivants sur lesquelles reposent les pratiques agricoles des éleveurs. C'est grâce à elles que Bakewell, Collins, J. Webb, J. Sebrigt ont obtenu les merveilleux résultats que l'on connaît. La théorie consiste à expliquer *comment* et *par quoi* ces propriétés sont mises en jeu, et à tirer de ce mécanisme l'explication des règnes organiques.

Le point de départ de Lamarck, c'est une génération spontanée incessante; celui de Darwin, c'est un archétype unique

VII.

qu'il suppose préexistant et dont il ne recherche pas l'origine, parce que cette origine se rattache à la question de la cause première qui est en dehors de la science. Pour Lamark, les causes de modifications consistent dans les *habitudes* des êtres, leurs *désirs* internes et leurs besoins; le mode d'action de ces causes, c'est un *afflux nerveux* et une accumulation de suc nutritif qui en résulte : dans ce système, les palmipèdes deviennent des échassiers en allongeant leurs pattes pour éviter de se mouiller dans les marais, et le cou de la girafe s'allonge par suite de son désir de tondre la cime des arbres. Voilà bien ce que dit Lamarck, mais jamais Darwin n'a rien dit de pareil. A ces explications, aussi vagues qu'hypothétiques, il substitue deux faits généraux, évidents, savoir : la *lutte pour l'existence* qui amène le triomphe des individus les mieux appropriés, par leurs caractères, à des conditions d'existence données, et cette lutte pour l'existence engendre la *sélection naturelle*.

Ce qui appartient encore à Darwin seul, ce sont les lois de variations qu'il a établies : la loi de caractérisation permanente, la loi de corrélation de croissance, enfin la notion de variation plus grande, celle des ancêtres communs..., etc. C'est de l'ensemble de ces lois qu'il tire l'explication du développement progressif des types et de leurs sous-divisions. Ce sont elles qui lui permettent de rendre compte des rapports divers existant entre les diverses parties d'un même règne; c'est grâce à elles qu'il croit pouvoir déterminer approximativement celles des espèces actuelles qui serviront de souche aux espèces futures. C'est encore ainsi que, combinant les idées de Serres et d'Agassiz sur l'évolution embryonnaire, il s'en sert pour établir l'histoire de l'espèce. Enfin, tous les faits paléontologiques trouvent également leur place dans son système. On ne trouve rien de tout cela chez Lamarck. Le système de Darwin est un ensemble méthodique admirablement lié, et qui reste vrai pour la plus grande part, si l'on substitue le mot *race* au mot *espèce*.

Là est, en effet, l'erreur fondamentale de cet auteur, comme de tous ceux qui ont cru ou qui croient à la *transformation lente*, et qui concluent de la race à l'espèce, ces deux choses si différentes.

M. de Quatrefages, on le comprend sans peine, n'a pas d'ailleurs eu l'intention de défendre les théories de M. Darwin qu'il a combattues dans un volume récemment publié. Aussi s'est-il attaché surtout à exposer dans leur vrai jour les travaux spéciaux de Darwin. Ces travaux se rapportent à presque toutes les branches de l'histoire naturelle. M. Émile Blanchard a dit que sa part dans l'expédition du *Beagle* s'était bornée au rôle de *collecteur*, et qu'à son retour il avait dû faire déterminer et décrire par d'autres les pièces qu'il rapportait; il a ajouté que la science de Darwin était de la science d'*amateur*. Examinons successivement les différents travaux de Darwin, pour voir jusqu'à quel point cette double appréciation est fondée.

Pour la géologie, nous trouvons d'abord sept grands mémoires qui appartiennent entièrement à Darwin : 1° Sur les îles de corail; 2° observations géologiques sur les îles volcaniques; 3° observations géologiques sur l'Amérique du Sud; 4° sur la connexion des phénomènes volcaniques dans l'Amérique du Sud; 5° sur la distribution des blocs erratiques dans l'Amérique du Sud; 6° sur la géologie des îles Falkland; 7° origine des dépôts salifères de la Patagonie. En outre, six autres mémoires ou notes de moindre importance. Je ne suis pas compétent, dit M. de Quatrefages, pour apprécier ces travaux géologiques, mais je puis invoquer pour eux deux autorités considérables: celle de la Société géologique de Londres qui leur a décerné la médaille de Wollaston, sa plus haute distinction, et celle de M. Élie de Beaumont, qui déclarait, lundi dernier, les avoir adoptés dans son enseignement.

Ici M. Élie de Beaumont interrompt M. de Quatrefages pour préciser son opinion sur la valeur des mémoires géologiques de Darwin. Il reconnaît l'originalité et le mérite du travail sur les îles de corail, dont le mode de formation a été démontré par lui; mais une partie des faits avaient déjà été indiqués par Quoy et Gaimard; quant aux recherches géologiques sur l'Amérique du Sud, elles ont surtout pour but d'établir que les Andes auraient été produites par une série de tremblements de terre, ce que M. Élie de Beaumont n'admet pas (ces travaux de Darwin sont conçus dans la doctrine de son ami sir Ch. Lyell, qui était adversaire de la théorie des soulèvements établie par M. Elie de Beaumont).

En botanique, M. de Quatrefages invoque surtout le témoignage de M. Hooker dans son discours d'inauguration de l'Association britannique, il y a deux ans, d'après lequel les plus belles découvertes faites depuis dix ans en physiologie végétale appartiendraient à Darwin. — (M. Decaisne et M. Duchartre, qui n'assistaient pas à cette séance, doivent parler des travaux botaniques de Darwin.)

Enfin, M. de Quatrefages arrive aux travaux zoologiques. Cette partie du voyage du *Beagle* a été rédigée sous la direction de Darwin, et c'est à lui personnellement qu'on doit une partie des publications qui contiennent ses résultats. Dans les mémoires sur les poissons et les reptiles, il n'y a rien de Darwin. Les mammifères fossiles ont été décrits par Owen, et les mammifères vivants par Waterhouse; mais Darwin a écrit une introduction géologique pour les premiers et une introduction géographique pour les seconds, c'est-à-dire qu'il a abordé les questions les plus générales de chacun de ces sujets spéciaux. Le volume sur les oiseaux est écrit par lui en entier, bien que portant le nom de Gould. Il explique dans la préface que ce volume devait d'abord être rédigé par Gould; une mission lointaine ne permettant plus à celui-ci de le faire, Darwin le remplace, et avec sa loyauté ordinaire, il déclare qu'il a utilisé quelques notes laissées par Gould, et qu'il s'est fait aider par Gray. Ainsi, Darwin n'a pas été seulement le *naturaliste collecteur* du voyage du *Beagle*, c'est lui aussi qui dirige la publication des résultats scientifiques; il se charge seul de toute la partie géologique, formée de plusieurs volumes; il écrit les introductions d'autres parties, ce qui est le rôle ordinaire de celui qui dirige l'ensemble du travail; enfin, quand un de ses collaborateurs vient à manquer, il est en mesure de le remplacer.

Arrivons au mémoire sur les planaires terrestres, auquel on a refusé toute importance. Dans le *règne animal* de Cuvier, publié en 1830, il n'y a pas un mot sur les planaires terrestres; c'est l'année suivante que commence l'expédition du *Beagle*. Avant le mémoire de Darwin, on ne connaissait que deux espèces de planaires terrestres, la *Pl. terrestris* (Müller), et une espèce du Brésil. Darwin décrit dix espèces, il établit que la nature des tissus est la même chez les planaires terrestres que chez les planaires aquatiques, malgré la différence des conditions d'existence; enfin, il reproduit avec succès sur les planaires terrestres les expériences de reproduction après segmentation qui avaient été faites sur les planaires aquatiques, et il établit ainsi l'identité physiologique de ces deux groupes d'êtres, qui vivent dans des conditions si différentes.

Après avoir dit quelques mots du *Sagitta*, curieux intermédiaire entre les mollusques et les annelés, que Darwin a étudié un des premiers, M. de Quatrefages passe à la monographie des Cirrhipèdes. A en juger par la manière dont cet ouvrage a été apprécié, on pourrait croire qu'il s'agit d'un de ces travaux que renferme tout au plus une forte brochure. Or, les cirrhipèdes vivants forment deux volumes in-8, l'un de 400 pages pour les Lépadides, l'autre de 684 pages pour les Balanides. On y trouve de nombreuses planches. Les Lépadides fossiles forment 86 pages, et les Balanides fossiles 44. L'ensemble constitue donc un ouvrage général qui manquait dans la science quand Darwin est venu combler cette lacune. La monographie des cirrhipèdes fossiles a été publiée par la Société paléontologique, et celle des cirrhipèdes vivants aux frais de la Société de Ray, le tout à une époque où Darwin n'était encore connu que par son voyage du *Beagle*, et ne faisait présager en rien les théories qu'il devait développer plus tard. Cela prouve l'estime qu'on avait déjà pour ses travaux, avant que cette estime pût passer pour un hommage à l'idole du jour, et ce n'est certes pas pour un travail d'*amateur* que les deux Sociétés anglaises auraient dépensé les fonds dont elles disposaient.

La célébrité populaire qui s'attache aujourd'hui au nom de Darwin tient surtout à ses deux ouvrages théoriques, *l'Origine des espèces* et *Les variations des animaux et des végétaux domestiques;* ce second ouvrage peut être considéré comme le développement d'un des chapitres du premier.

L'*Origine des espèces* n'est pas du tout, comme on voudrait le faire croire, un ouvrage dont le succès s'explique par le style, la méthode et l'esprit. C'est un fouillis de faits parfois simplement indiqués, au milieu desquels des aperçus théoriques, tantôt vrais ou plausibles, tantôt discutables ou inacceptables, se glissent sans grand ordre. Cette rédaction un peu embrouillée s'explique par la hâte avec laquelle l'ouvrage a été rédigé sous l'empire de circonstances pressantes. Il en résulte pour le lecteur une grande fatigue. Aussi, quoi qu'on en puisse dire, l'*Origine des espèces* a-t-elle entraîné les savants avant le public. Celui-ci n'est en réalité venu à Darwin qu'à la suite des controverses soulevées précisément par un adversaire de la théorie. Dans son second ouvrage, Darwin voulait étudier de près la variabilité de l'espèce. Où la chercher, sinon là où elle est la plus prononcée et où l'on en peut suivre tous les progrès? L'homme n'a pas de baguette magique: son seul pouvoir c'est de mettre en jeu les forces naturelles; on étudie donc celles-ci en étudiant ce que l'homme en obtient.

M. de Quatrefages s'est surtout attaché aux observations de Darwin sur les coqs, les lapins et les pigeons.

L'étrange développement du crâne que présentent certaines races huppées de coq, notamment le coq de Padoue et le coq polonais, avait été signalé depuis longtemps déjà, par Pierre Borelli (1656), par Pallas, par Blumenbach (*de nisus formativi aberrationibus*) par Bechstem, par Tegetmayer, etc. Darwin constate, range et explique des différences capitales. M. E. Blanchard n'y voit que le résultat d'accidents, tels qu'il s'en produit chez les animaux captifs, par exemple lorsqu'ils se blessent aux barreaux de leur prison. Il avait parlé du crâne du coq huppé comme d'un cas d'exostose. Mais comment voir une exostose dans une formation qui continue le crâne en avant et dans laquelle se logent les hémisphères cérébraux?

M. de Quatrefages termine sur les coqs, en rapprochant les modifications signalées par Darwin des altérations qui sont entièrement héréditaires. On ne saurait donc les comparer aux altérations des os et en particulier du sternum observées chez les oiseaux captifs. Celles-ci restent individuelles et rappellent des altérations observées par Chossat chez des animaux morts d'inanition à la suite d'une privation absolue de calcaire.

Les races de lapins ont été étudiées par Darwin avec le plus grand soin dans leurs caractères extérieurs et ostéologiques; il a mesuré la capacité des crânes par les procédés anthropologiques, il a dressé des tableaux où il compare les résultats de l'observation et ceux du calcul. Certes, rien ne ressemble moins que ces études à un simple travail d'amateur.

Le travail de Darwin sur les pigeons lui a demandé plus de dix années d'études; il s'est procuré toutes les variétés connues, en a préparé des squelettes qu'il a décrits os par os. Il détermine ainsi parmi les races de pigeons cinq groupes contenant chacun en moyenne une trentaine d'espèces et répondant morphologiquement à cinq genres distincts. Après avoir montré le nombre et l'étendue des variations dans ces animaux que nous désignons par le même mot malgré les différences qui les séparent, il se demande si ces formes animales peuvent avoir une souche commune. Grâce à un ensemble de faits précis et de déductions logiques, il conclut à la descendance de ces cent cinquante espèces d'une seule espèce sauvage, la *Columba livia*; non content de cette démonstration tirée de l'observation seule, il la contrôle par l'expérience en démontrant que ces cinq types principaux peuvent se croiser aisément entre eux et donner des métis féconds, tandis que le croisement avec d'autres espèces ne réussit pas ou ne donne que des produits inféconds. Jamais travail n'arriva à une conclusion plus solide et plus nette dans le langage même: variabilité morphologique, persistance physiologique. Si c'est là l'œuvre d'un amateur, qu'aurait donc fait un naturaliste de profession?

A quelque point de vue qu'on se place, il y a dans ce travail des enseignements pour tous. Il y en a d'abord pour les transformistes, auxquels on peut y montrer, saisie sur le fait, la persistance physiologique de l'espèce. Il y en a aussi pour les naturalistes, qui se placent au pôle opposé, qui n'admettent aucune atténuation au principe de la fixité de l'espèce et qui sont ainsi conduits, comme Agassiz, jusqu'à nier la linguistique comparée.

En résumé, M. Darwin est un naturaliste éminent qui veut écarter de la science l'invocation de la cause première, et chercher l'explication des faits naturels du monde organisé dans les causes secondes, comme on le fait depuis longtemps en géologie, en chimie, en physique. Mais il ne va pas au delà, et il ne faudrait pas juger Darwin sur la parole de quelques disciples qui semblent parfois ne pas avoir lu ses ouvrages. Il y aurait injustice à le rendre responsable des exagérations et des aberrations de ceux qui s'abritent sous son nom.

En définitive, M. de Quatrefages ne peut être suspecté de complaisance pour le darwinisme, qu'il a publiquement combattu. S'il vote pour l'auteur de cette théorie, c'est que le savant anglais, à côté de travaux zoologiques des plus techniques et des plus sérieux, en a d'autres où il aborde par l'expérience et l'observation un des problèmes les plus difficiles et les plus pressants de la science actuelle, celui de la *variabilité de l'espèce*. S'il ne l'a pas résolu entièrement, il a du moins apporté un résultat très-net et de la plus haute importance. M. de Quatrefages votera donc pour Darwin avec la conscience de remplir son devoir envers la science et envers l'Académie.

Après M. de Quatrefages, M. Ad. Brongniart parle contre le système de Darwin; il ne connaît pas d'espèces végétales qui varient et se transforment, et il voit au contraire que le blé des pyramides d'Égypte, qui remonte à plus de quatre mille ans, reproduit exactement les variétés aujourd'hui existantes. L'apparition des espèces est un fait qu'une cause surnaturelle seule a pu produire, et le système de Darwin n'est qu'un conte de fées. M. Brongniart n'en regarde pas moins les observations physiologiques de Darwin, en botanique, comme très-intéressantes; mais il regrette que l'auteur n'ait pas donné en particulier sur ses expériences de fécondation des détails suffisants.

M. Ch. Robin déclare qu'il faut apprécier Darwin d'après les faits *démontrables* qu'il a introduits dans la science, et que d'après cette mesure il ne devrait même pas figurer sur la liste : il y a peut-être cent zoologistes qui passeraient avant lui.

M. H. Milne Edwards répond à M. A. Brongniart que la mer révèle quelquefois des contes de fées. Lorsqu'ils étudiaient ensemble, si on leur eût dit que les Sertulaires et les Méduses étaient le même animal, ils auraient déclaré la chose aussi absurde qu'impossible : cependant Sars l'a démontré, et personne n'en doute aujourd'hui. A M. Robin, il répond qu'outre les faits démontrables, il y a les idées résultant d'un ensemble de faits. Enfin, il déclare qu'on ne doit pas trop insister sur le mot *espèces*, parce que nous ne savons pas ce que sont les espèces; il y a seulement des *formes*, et le grand mérite de Darwin, c'est d'avoir démontré que ces formes pouvaient varier de la façon la plus notable. Il entre dans quelques détails sur la manière dont on pourrait comprendre que des phénomènes tératologiques persistants donnassent naissance à des formes jusque-là inconnues et qui se propageraient. Enfin, il revient sur la valeur scientifique de l'ouvrage sur les Cirrhipèdes. Avant le travail de Darwin, les caractères de ce groupe étaient assez mal déterminés pour qu'on ne pût pas même en caractériser les restes fossiles. Depuis Darwin, les Cirrhipèdes sont rentrés dans les études paléontologiques, et personne n'a songé à refaire un ouvrage qui, depuis sa publication, suffit à tous les besoins de la science.

M. de Quatrefages, rappelé à la tribune par un incident, insiste de nouveau contre cette idée émise par M. Ém. Blanchard, que Darwin ferait descendre l'homme du singe. Darwin n'a jamais parlé de l'origine de l'homme ; il y fait à peine allusion deux ou trois fois dans ses ouvrages, et il est aisé de voir qu'il ne songe pas au singe comme à un de nos ancêtres. Mais il y a plus : dans la théorie de Darwin, il est impossible que l'homme, marcheur, descende du singe, qui est grimpeur, ou *vice versa*. Ils ne peuvent descendre que d'un ancêtre commun. C'est, du reste, ainsi qu'en ont jugé les darwinistes les plus sérieux, tels que Vogt, Philippi..., etc.

Appelés à juger Darwin, nous ne devons pas l'apprécier par ce qui peut et doit être combattu en lui, pas plus que nous ne jugeons Lamarck de cette manière. Malgré des erreurs plus graves que celles du savant anglais, ce dernier n'en reste pas moins une des gloires de la science et de l'Académie. Nous devons faire pour le naturaliste vivant ce que nous faisons pour un naturaliste mort. Quant à l'opinion du public, qui croirait, dit-on, l'Académie darwiniste si elle nommait Darwin, il n'y a rien à craindre. Les savants n'ignorent pas qu'à l'Institut on apprécie les travaux indépendamment des doctrines, et les gens du monde savent que les défenseurs de Darwin dans la section de zoologie, M. H. Milne Edwards et M. de Quatrefages, ont toujours fait profession d'être opposés aux idées de Darwin.

L'Académie décide que la discussion sera continuée lundi prochain.

LA SÉLECTION NATURELLE (1)

Le nom de M. Wallace est étroitement associé à celui de M. Darwin dans l'esprit de tous ceux qui ont suivi avec attention la naissance et le développement de la doctrine de la sélection naturelle. Cependant le rôle exact de ce savant dans l'importance chaque jour grandissante de cette doctrine n'est peut-être point très-clair aux yeux d'une foule d'amateurs qui s'intéressent, par des motifs divers, aux péripéties de la théorie de l'évolution ou du transformisme dite darwinienne. M. Darwin, avec l'exactitude scrupuleuse qui le distingue, n'a pas manqué de citer les noms de tous ceux qui, en même temps que lui, ou même avant lui, ont reconnu ou simplement entrevu le principe fondamental de la théorie de la sélection. Le lecteur superficiel pourrait facilement se laisser entraîner à mettre tous ces noms sur la même ligne. Mais ce serait là une grande erreur. Les mérites de MM. Wells et Patrick Matthew, par exemple, relativement à la théorie de la sélection naturelle, quelque grands qu'ils puissent être d'ailleurs, ne sauraient être mis en regard de ceux d'un Wallace ou d'un Herbert Spencer. Parmi ces hommes, les uns ont bien entrevu le principe, mais n'en ont point saisi la portée; les autres, au contraire, en ont mesuré les conséquences et montré les applications. Au nombre de ces derniers, M. Wallace est certainement au premier rang, parce que la nature même de ses occupations et la tournure de son esprit paraissent l'avoir conduit à la théorie de la sélection, précisément par la même voie que M. Darwin et en même temps que lui. Aussi les hommes spéciaux n'inscrivent-ils guère que le nom de Wallace à côté de celui de Darwin, au début de cette ère

nouvelle pour la science des êtres organisés qui a été inaugurée par la publication de l'*Origine des espèces*.

M. Wallace, estimant que son rôle, dans la question de la sélection naturelle, n'a pas toujours été bien apprécié, qu'il a été amoindri par les uns, exagéré peut-être par les autres, M. Wallace, disons-nous, a eu l'heureuse idée de fixer exactement sa position relativement à la théorie dite darwinienne, en réunissant en un volume les différents travaux sur ce sujet, publié par lui dans des revues ou journaux divers. Ces articles ont été retouchés, souvent augmentés, sans perdre pour cela leur caractère primitif, et l'auteur les a fait suivre de quelques chapitres entièrement nouveaux. Ce volume est destiné à rappeler que l'auteur est arrivé à la découverte de la théorie de la sélection d'une manière entièrement indépendante, qu'il en a saisi la portée et qu'il a pu la faire servir immédiatement à l'interprétation de nombreux phénomènes jusqu'alors inexpliqués. M. Wallace n'en est pas moins vivement pénétré de l'importance majeure des travaux de M. Darwin, derrière lesquels il s'efface modestement. « J'ai ressenti toute ma vie, dit-il, et je ressens encore la plus sincère satisfaction de ce que M. Darwin a été à l'œuvre longtemps avant moi, et qu'il ne m'a pas été réservé de tenter la rédaction de l'*Origine des espèces*. J'ai depuis longtemps mesuré mes forces, et je sais qu'elles n'auraient pas été proportionnées à la tâche... M. Darwin est peut-être, de tous les hommes actuellement vivants, le plus approprié à la grande œuvre qu'il a entreprise et accomplie. »

On le voit, M. Wallace, malgré ses droits de copaternité sur la théorie de la sélection naturelle, ne repoussera jamais l'épithète aujourd'hui courante de *Darwiniste*, s'il nous prend fantaisie de la lui appliquer ; seulement il nous demandera de ne point oublier que tout *Darwiniste* est forcément quelque peu *Wallacien*.

On discute aujourd'hui, comme il y a quelques années, la théorie darwinienne avec beaucoup de vivacité, mais il nous semble que le terrain de la discussion a bien changé. Dans le principe, les adversaires du darwinisme s'en prenaient aux bases mêmes de la théorie; aujourd'hui les jouteurs portent leurs efforts, non plus sur les principes, mais sur certaines interprétations de phénomènes naturels, tentées, çà et là, plus ou moins conformément à la théorie. Il faut convenir que ces interprétations sont souvent bien risquées, quoique ingénieuses, et parfois aussi peu prouvées que probantes. Les vrais ennemis de la théorie de la sélection naturelle ne sont plus ceux d'autrefois. Cette théorie a moins à se défendre contre ses adversaires directs, à peu près réduits aux abois, qu'à faire bonne garde contre les exagérations de ses partisans. On voit aujourd'hui certains naturalistes reconstruire sans sourciller tout l'arbre généalogique de la première espèce venue, à travers toutes les époques géologiques; ils le dessinent avec autant de netteté et de coquetterie que celui d'un hobereau prussien. Puis vient un rival dont la sélection raisonnée se prononce en faveur d'une veine de sélection naturelle toute différente et qui esquisse pour la même espèce une généalogie tout autre. Chacun parle avec une autorité égale et accentuée, tellement qu'on a déjà surnommé l'un des ouvrages (1) les plus importants publiés en Allemagne sur la théorie du transformisme : *la Bible du dar-*

---

(1) *Contributions to the theory of natural selection; a Series of Essays*, by Alfred Russel Wallace. London, Macmillan and Cᵉ, 1870.

(1) *Generelle Morphologie der Organismen*, von Ernst Hæckel. Berlin, 1866, 2 volumes.

vinisme. Son auteur, M. Hæckel, permettra sans doute à un ami et ancien camarade, aussi chaud partisan que lui des idées darwiniennes, de remarquer ici combien cette critique frappe juste.

On ne peut dire que M. Wallace soit l'un de ces enfants terribles de la théorie darwinienne, bien que telle ou telle explication des phénomènes naturels tentée par lui puisse frapper autant par le caractère d'audace que par celui de l'ingénieux. Je ne puis lire, pour ma part, les deux premiers tiers de l'ouvrage que j'ai sous les yeux sans me dire que M. Wallace est la seconde colonne du darwinisme. Aussi quelle n'a pas été ma surprise d'assister dans le dernier tiers, en majeure partie de rédaction nouvelle, à une défection complète de ce soutien éprouvé! Subitement un rideau se lève et une scène toute nouvelle se déroule aux yeux du lecteur. Il ne s'agit point d'exagérations semblables à celles auxquelles je faisais allusion tout à l'heure, mais bien d'un abandon formel de la théorie. Le raisonnement que l'auteur tenait pour irréfutable dans la page précédente, ce raisonnement perd toute valeur dès que la feuille est tournée. Le sel a subitement perdu sa saveur.

Pourquoi les lois que M. Wallace a reconnues dans la première partie de son ouvrage lui paraissent-elles suspendues dans la dernière? C'est que dans l'une il s'agit des animaux, et dans l'autre de l'homme. L'éminent naturaliste a sombré sur cet écueil que M. Darwin a si habilement su tourner dans son *Origine des espèces*. Ce dernier a fort bien compris, en lançant sa théorie dans le monde, qu'il n'avait provisoirement pas à toucher la question de l'homme. Ce sujet aurait passionné trop vivement le public, comme nous l'avons suffisamment vu depuis lors, et le noyau de la théorie aurait été oublié. L'auteur s'en est tenu à la question générale, et, pour les applications de détail, il s'est toujours adressé à d'autres types qu'à l'espèce humaine. C'est ainsi qu'il voulait maintenir la discussion sur un terrain strictement scientifique, hors de la sphère de sentiment. Mais il est clair qu'un esprit aussi profondément logique que celui de Darwin n'a pas fermé les yeux un seul instant sur les conséquences nécessaires de sa théorie. Il a cherché à établir que tous les vertébrés, par exemple, ont une souche commune. C'est par cette unité d'origine qu'il explique l'unité de composition organique de tous les êtres appartenant à cet embranchement; de même qu'il explique par la tendance à la variation et par la fixation de certaines variétés à l'aide de la sélection naturelle la multiplicité des formes organisées malgré l'unité de l'organisation. Mais une fois cette loi établie, une fois la descendance commune constatée pour tous les vertébrés, et la formation des espèces rapportée à l'action de la sélection naturelle, M. Darwin a certainement compris que l'homme, vertébré comme les autres, devait subir la loi de la même manière qu'eux. Sur cette question, ce savant, dans son *Origine des espèces*, a été éloquent par son silence même.

Les deux points de vue auxquels s'est placé successivement M. Wallace me paraissent inconciliables, et je pense que l'auteur ne trouvera de sympathie, parmi les hommes s'occupant de la question d'une manière strictement scientifique, ni parmi les darwinistes, ni parmi leurs adversaires. Dans les controverses des cours publics, où l'on fait appel aux sentiments les plus divers, plus qu'à la saine logique d'observateurs impartiaux, dans ces controverses, dis-je, il sera, au contraire, vilipendé par les uns, porté sur le pavoi par les autres. Ces

ondulations probables de la vague populaire n'ont pas à m'inquiéter ici et resteront indifférentes, sans doute, à M. Wallace lui-même. Je ne désire pas davantage présenter ici une apologie du darwinisme, bien que je sois personnellement favorable à cette théorie, mais je voudrais montrer que l'ouvrage de M. Wallace nous place en face d'un dilemne. Ce dilemne est le suivant : Ou bien la théorie a été appliquée à bon droit, par M. Wallace et d'autres, aux plantes et aux animaux, jusqu'aux dernières de ses conséquences, et, dans ce cas, elle est aussi applicable avec le même degré de rigueur à l'espèce humaine; ou bien M. Wallace a eu raison de nier que la sélection naturelle puisse rendre compte de la formation de l'espèce humaine et de ses variétés, et alors il faut reconnaître que cette théorie n'est pas non plus apte à expliquer la formation des espèces animales et végétales.

Pour faire saisir toute l'inconséquence que je crois pouvoir reprocher à M. Wallace, il est nécessaire de suivre brièvement ce dernier dans les divers modes d'argumentation dont il a fait successivement usage. Je vais donc consacrer quelques instants à une courte analyse des chapitres principaux de son ouvrage.

Dans la première partie de son livre, M. Wallace développe la théorie du transformisme avec autant de netteté que le ferait M. Darwin lui-même. Il montre que la comparaison de certains faits, fournis avec évidence par l'observation, conduit logiquement à certaines conséquences nécessaires et en particulier à la formation d'espèces par voie de sélection naturelle. La chaîne de ces raisonnements est la suivante : L'expérience nous enseigne, d'une part, que la multiplication des êtres organisés a lieu d'une manière constante et rapide ; et, d'autre part, que le nombre total des individus reste à peu près invariable. De ces deux faits découle nécessairement la *lutte pour l'existence*, le nombre des morts étant en moyenne égal à celui des naissances. L'expérience nous amène en outre à constater l'existence de l'hérédité combinée avec la variation chez les êtres organisés, c'est-à-dire ce fait que les descendants ressemblent à un haut degré à leurs ancêtres, tout en offrant certaines particularités individuelles. Or il est impossible de mettre ce fait-là en regard de la lutte pour l'existence, sans reconnaître que la sélection naturelle résulte avec nécessité de l'action de ces deux facteurs. Les individus les mieux adaptés par leurs particularités personnelles aux conditions ambiantes l'emporteront forcément dans la lutte, et le résultat sera, pour employer l'expression de M. Herbert Spencer, *la survivance des plus aptes* (*survival of the fittest*). Enfin cette loi de la survivance des plus aptes à la lutte contre les circonstances ambiantes combinée avec celle du changement graduel des conditions extérieures pendant la série des temps géologiques, conduit nécessairement à admettre qu'il doit s'opérer graduellement des modifications de forme dans les êtres organisés, pour maintenir l'harmonie entre la forme de ces êtres et les circonstances modifiées. Mais aussi longtemps que ces conditions restent approximativement identiques, les modifications des êtres organisés sont pour ainsi dire nulles, et les espèces se présentent avec le caractère apparent de la permanence de forme.

C'est là, comme on le voit, toute la théorie darwinienne condensée sous une forme aussi nette que concise. La position de M. Wallace au cœur de cette doctrine darwinienne résulte avec tout autant d'évidence de l'examen des chapitres consacrés par ce savant à l'étude de quelques cas spéciaux. Je veux parler des cas où il a cru pouvoir suivre d'une manière sûre les péripéties par lesquelles ont passé certaines formes animales, à travers la lutte pour l'existence soutenue pendant des siècles, avant d'arriver à la fixation des caractères déterminés. Là, l'auteur a dû se souvenir de la parole du sage : *Audaces fortuna juvat*, mais il faut bien reconnaître que son audace est ingénieuse.

Un des chapitres les plus intéressants de M. Wallace est consacré aux *formes imitatives* et aux *autres ressemblances protectrices parmi les animaux*. Les Anglais désignent par le terme de *mimicry*, malheureusement intraduisible dans notre langue, la propriété que présentent certains animaux d'offrir, soit par leur forme, soit par leur couleur, une reproduction presque complète de l'apparence d'un autre animal appartenant par son organisation à un tout autre groupe zoologique et dépourvu par conséquent d'affinité avec le premier. M. Bates (1) surtout a étudié ce sujet avec une extrême sagacité et cherché à établir, comme le fait aussi M. Wallace, que les espèces mimiques ou imitatives ont été produites par voie de sélection naturelle. Ces observateurs n'y voient qu'un cas spécial des conformations particulières extrêmement variées qui assurent à certains animaux une protection contre leurs ennemis et, partant, une plus grande chance de survivance dans la lutte pour l'existence.

Il est évident qu'il existe dans la nature une harmonie générale entre la coloration d'un animal et celle du milieu qu'il habite. Les animaux des régions polaires sont blancs ; ceux du désert rappellent la teinte des sables ; une foule d'espèces se confondent par la couleur avec le vert du feuillage au sein duquel elles habitent ; les bêtes nocturnes sont de couleur sombre. Ces lois de coloration ne sont point universelles, mais pourtant assez générales et rarement renversées. Si nous allons un peu plus loin, nous rencontrons des oiseaux, des reptiles, des insectes bariolés ou tachetés de manière à imiter exactement la teinte du rocher de l'écorce, de la feuille ou de la fleur sur lesquels ils reposent d'ordinaire, et il en résulte pour eux un mode efficace de protection. Un pas de plus et voici des insectes formés et colorés de manière à ressembler exactement à une feuille déterminée, à un morceau de bois mort, à un rameau moussu, à telle ou telle fleur ; et dans ces cas-là, nous voyons souvent apparaître certains instincts particuliers qui aident à l'illusion. Dans une autre phase de ce même phénomène, nous n'avons plus affaire à des êtres dont la coloration semble calculée pour les soustraire aux regards, mais bien à des animaux faciles à apercevoir, souvent même dotés de couleurs vives ; mais ce sont des espèces mimiques, c'est-à-dire des formes qui ressemblent à un haut degré à d'autres espèces appartenant à un groupe entièrement différent au point de vue zoologique. On pourrait les considérer comme des chevaliers d'industrie qui se donnent tous les dehors de gens bien nés et respectables pour se glisser dans une société honorable. Il est clair que la nature n'est point ici coupable d'une pure mascarade. L'existence des espèces-mimes peut s'expliquer de la même manière que celle des formes ressemblant à une feuille ou à un fragment d'écorce. Ces dernières, grâce à cette ressemblance, échappent facilement aux poursuites d'ennemis carnassiers peu soucieux de la ramée, dont l'estomac ne s'accommoderait

pas de fibres ligneuses. Les premières échappent aux poursuites de leurs ennemis par suite de leur ressemblance avec une espèce dont ceux-ci n'ont pas l'habitude de faire leur proie. En effet, les recherches de M. Bates et de M. Wallace semblent montrer que les espèces imitées jouissent d'une immunité remarquable contre les attaques d'autres animaux. On le reconnaît à leur extrême abondance, malgré leur vive coloration et l'absence de moyens actifs pour échapper à leurs ennemis. En revanche, ces espèces se distinguent par une odeur ou une saveur pénétrante, propres à en faire des proies plus repoussantes qu'agréables, ou du moins offrent-elles une dureté qui les rend indigestes. Souvent la propriété mimique est l'apanage d'un seul sexe, qui est dans la règle le sexe féminin, et dans ce cas l'observation enseigne que la protection de la femelle pendant un temps considérable est bien plus nécessaire pour assurer la conservation de l'espèce que celle du mâle.

Cette théorie des ressemblances protectrices est fort ingénieuse et séduisante. Je regrette que l'espace ne me permette pas de citer la série de nombreux cas ajoutés par M. Wallace à ceux que M. Bates avait déjà fait connaître. Je voudrais pouvoir les citer tous, non pas seulement pour montrer combien il en est de séduisants parmi eux, mais aussi pour faire sentir qu'ils ne sont pas tous convaincants au même degré, et que l'audace de M. Wallace ne se laisse guère arrêter dans l'application de la théorie, lorsque des préoccupations étrangères ne viennent pas à la traverse. Qu'on me permette un seul exemple de cette dernière espèce :

Le tigre, dit M. Wallace, est un habitant des jongles, et se cache dans les massifs de hautes herbes et de bambous ; les bandes verticales qui ornent son pelage doivent se confondre avec les troncs également verticaux des bambous et faciliter au carnassier chasseur l'approche de sa proie. N'est-il pas remarquable, ajoute-t-il, que, outre le tigre et le lion, presque tous les autres grands chats vivent essentiellement sur les arbres et présentent un pelage ocellé ou tacheté qui se marie admirablement avec l'arrière-plan du feuillage ? tandis que seul le pouma, à pelage uniformément brun, guette sa proie appliquée contre la maîtresse-branche de quelque arbre au point de se confondre avec son écorce.

Cette explication des différents modes de coloration des diverses espèces de chats est sans doute ingénieuse, mais je n'oserais pas trop la taxer de séduisante. Je suis, pour ma part trop prudent défenseur de la théorie darwinienne pour risquer d'en jouer l'avenir sur une semblable carte. Je ne tenterai pas d'opposer à la thèse de M. Wallace une autre explication des colorations variées des espèces si nombreuses du genre Chat. Mais je ne doute pas qu'avec un peu de réflexion il ne fût possible d'en imaginer plusieurs autres tout aussi plausibles, ou tout aussi peu plausibles, comme l'on voudra. De tels jeux d'une imagination hardie ont un intérêt que je suis le premier à reconnaître, mais je crains qu'on ne se laisse entraîner trop facilement à leur accorder une valeur scientifique à laquelle ils ne sauraient aucunement prétendre.

Un autre chapitre remarquable du livre de M. Wallace est celui auquel l'auteur donne le titre bizarre de *Philosophie des nids d'oiseaux*. Les lecteurs des *Archives* connaissent déjà cet article sous un titre plus long, mais plus clair et moins prétentieux : *Théorie sur les relations qui existent entre certaines différences sexuelles de couleur chez les oiseaux et leur*

---

(1) Voyez pour une analyse des recherches de M. Bates, *Archives des Sciences phys. et natur.*, 1863, t. XVII, p. 75.

mode de nidification, par A.-R. Wallace (*Archives des sciences phys. et natur.,* 1868, t. XXXIII, p. 5). On se souvient que, dans cet essai, l'auteur divise les nids d'oiseaux en deux classes : la première comprend tous les nids dans lesquels les œufs et les petits sont entièrement cachés, soit par la construction d'un toit ou dôme protecteur, soit par la circonstance que le nid est logé dans un tronc d'arbre creux ou dans une cavité souterraine. Dans la seconde classe viennent se ranger tous les nids dans lesquels les œufs, les petits et l'oiseau couveur sont entièrement à découvert et exposés à la vue. M. Wallace croit pouvoir établir que pour tous les oiseaux chez lesquels les deux sexes ont des couleurs vives et voyantes, le nid est de la première classe, tandis que les espèces chez lesquelles le mâle seul offre des couleurs gaies et brillantes, la femelle étant obscure ou terne, construisent des nids de la seconde classe.

L'examen de ces faits, dont la réalité semble parfaitement établie aux yeux de l'auteur, suggère à ce dernier les remarques suivantes : Il ne paraît exister chez les oiseaux aucune incapacité pour les femelles de revêtir les mêmes teintes brillantes et les vifs contrastes de couleurs qui ornent si fréquemment leurs époux, puisque toutes les fois qu'elles sont protégées et cachées pendant l'incubation, elles se revêtent du même plumage. La conclusion à en tirer, c'est que le manque de la protection d'une bonne cachette pendant cette époque intéressante, est en relation intime avec l'absence ou l'arrêt du développement de ces riches et vives couleurs. La manière dont les choses se passent devient très-intelligible, si l'on a recours aux procédés de la sélection naturelle et sexuelle. Il est manifeste que les deux sexes sont rarement munis au même degré d'armes offensives et défensives, quand celles-ci ne sont pas absolument nécessaires à la protection personnelle ; tandis que le nombre des cas dans lesquels les deux sexes sont également décorés de brillantes couleurs, prouve que l'action normale de la sélection naturelle tend à développer les couleurs et la beauté dans les deux sexes, en propageant et en multipliant toutes ces riches variétés de plumage qui, dans chaque sexe, plaisent à l'autre. La femelle cependant, appelée à couver sur un nid ouvert de tous côtés, est très-exposée aux attaques de ses ennemis, et toute modification de son plumage, qui la rendrait plus apparente encore, amènerait la destruction de l'oiseau et de la couvée. Toutes les femelles dont le plumage se modifierait dans la direction de nuances plus voyantes, seraient peu à peu exterminées, tandis que celles dont le plumage prendrait une tendance contraire, qui s'assimilerait, par exemple, à la terre, au tronc, au feuillage, auraient une bien meilleure chance de survivre. C'est ainsi qu'on aboutit à ces teintes d'un brun sale, vertes ou indifférentes, qui caractérisent le plumage de la portion supérieure du corps de la grande masse des oiseaux femelles couvant sur des nids ouverts.

Cette théorie de M. Wallace sur les relations de la couleur des oiseaux avec leur mode de nidification est remarquablement ingénieuse, et son auteur l'a développée avec une sagacité extrême. Il a même su faire tourner habilement à son avantage certaines exceptions apparentes, qui deviennent par là les arguments les plus forts en faveur de sa thèse. C'est ainsi que chez le Phalarope gris, la femelle seule revêt en été le plumage de noces gai et brillant, tandis que le mâle conserve la teinte terne de la saison d'hiver ; mais il se trouve que le mâle veille ici à l'incubation et couve les œufs gisant sur la terre nue. Chez l'*Eudromias morinellus,* la femelle est également plus colorée que le mâle, mais c'est ce dernier qui paraît couver les œufs.

Cependant, quelque ingénieuse que soit cette théorie, il me semble bien difficile de lui donner une créance absolue. Les facteurs que M. Wallace pense avoir agi pour déterminer la forme des nids et la couleur du plumage, doivent sans doute peser dans la balance, mais il est probable qu'ils sont loin d'être les seuls. Je suis fort éloigné de me ranger à tous égards aux réfutations que M. Andrew Murray (1) et surtout M. le duc d'Argyll (2) ont opposées à l'article de M. Wallace. Cependant je crois démêler dans ces articles de Revues plus d'une objection très-sérieuse. Il est certain que, pour le plus grand bien de la cause du darwinisme, M. Wallace montre parfois assez d'arbitraire dans sa manière de faire jouer le grand ressort de la sélection naturelle. Son étude est consacrée à la coloration des oiseaux, et, absorbé dans son sujet, l'auteur oublie que d'autres facteurs peuvent, aussi bien que la couleur, attirer l'attention des ennemis sur la gent ailée. Un nid couvert d'un dôme volumineux échappera tout aussi peu, grâce à ses dimensions, à l'œil d'un animal en quête de proie, que quelques plumes brillamment colorées. Les gamins de nos villages en savent quelque chose, comme l'a remarqué M. le duc d'Argill, et ils ne réussissent que trop, à la présence d'un gros nid, à deviner l'oiseau caché et sa couvée. Il y a du reste dans toute l'argumentation une sorte de pétition de principe. C'est ainsi que le faisan mâle — c'est encore une remarque du duc d'Argill — est arrivé, dans la théorie darwinienne, à conquérir son beau plumage par voie de sélection sexuelle, grâce à la prédilection des femelles pour l'aspect de couleurs vives et gaies. Il faut donc en conclure que la couleur primitive de l'espèce était une teinte plutôt terne. D'autre part, si le faisan femelle a un plumage peu voyant, c'est grâce à la sélection naturelle qui a favorisé les individus à couleurs peu vives, dans la lutte pour l'existence, en leur permettant d'échapper plus facilement aux regards de leurs ennemis. On pourrait en conclure que la couleur primitive de l'espèce était plutôt voyante. Je sais que cette objection n'a qu'une valeur très-relative. On pourra répondre qu'à partir d'une couleur donnée, les mâles ont dû varier par sélection naturelle, dans le sens d'une coloration toujours plus vive, et les femelles, également par sélection naturelle, dans le sens d'une coloration toujours plus terne. Mais il n'en reste pas moins vrai que la théorie est d'une élasticité merveilleuse, ou pour parler plus exactement, qu'on peut la mettre entièrement au service de son imagination, dès qu'on part de prémisses mal assises.

On sait que M. le duc d'Argyll a défendu, en opposition au darwinisme, l'hypothèse de la *Création par loi (Creation by Law).* Dans son ouvrage sur ce sujet, il attribue le brillant plumage des colibris, et en général les couleurs vives des oiseaux, au sentiment du beau chez un créateur. M. Wallace n'a pas de peine à réfuter cette hypothèse d'une manière victorieuse. L'opinion du duc d'Argill, remarque-t-il, a sa source dans une sorte d'anthropomorphisme qui attribue à la divinité la propriété d'être affectée agréablement ou désagréa-

---

(1) *Reply to Mr Wallace's Theory of Birds' Nests,* by Andrew Murray. — *Journal of Travel and Nat. History,* vol. I, p. 137.

(2) *On Mr Wallace's Theory of Birds' Nests,* by the Duke et Argyll. — *Journal of Travel,* etc., vol. I, p. 276.

blement par les mêmes objets qui font sur nous une impression agréable ou désagréable. Mais il s'en faut de beaucoup que tout fasse sur nous dans la nature une impression favorable. Le cheval et la biche nous frappent sans doute par leur grâce, mais bien des gens ressentent une impression tout opposée à la vue d'un éléphant, d'un rhinocéros, d'un hippopotame, d'un crocodile ou d'un ver. Et si le Créateur sent de même, pourquoi s'est-il rendu coupable de ces laideurs ?

Si je fais ici allusion à cette discussion entre le duc d'Argyll et M. Wallace, ce n'est pas que je veuille aborder l'examen de la théorie des *Créations par loi*, je désire au contraire la laisser entièrement de côté. Mon but est seulement de montrer que les armes dont M. Wallace se sert victorieusement pour attaquer le duc d'Argill, se retournent contre lui-même. Sans doute, c'est un pur anthropomorphisme que de supposer chez un Créateur un sentiment du beau entièrement semblable au nôtre, et une telle hypothèse n'a rien à faire avec la science. Mais cet autre anthropomorphisme par lequel les darwinistes supposent chez les oiseaux un sens du beau identique avec le nôtre, est-il plus justifié ? Soit M. Darwin, soit M. Wallace, ils expliquent la formation de la belle voix et du beau plumage chez les oiseaux mâles par sélection sexuelle. Les femelles sont censées donner toujours la préférence aux mâles, qui, au point de vue humain, ont la plus belle voix et les plus brillantes couleurs. Au contraire, chez toutes les espèces à cri désagréable pour l'oreille humaine et à couleur sombre, la nature du cri comme de la couleur a dû sa formation à une autre forme de sélection que la sélection sexuelle. Quel oubli de l'antique dicton : *De gustibus et coloribus non est disputandum !* Si ce dicton a été reconnu vrai chez toutes les nations civilisées, il acquiert une force bien autrement grande lorsqu'il s'agit de son application à des oiseaux. Serait-il absurde de supposer chez certains oiseaux un goût prononcé pour les couleurs sombres, comme ce goût existe chez beaucoup d'hommes ? Et alors ne devient-il pas possible, contrairement à MM. Darwin et Wallace, d'expliquer la couleur terne de certaines espèces par sélection sexuelle ? N'en peut-il pas être de même pour la voix criarde de tel ou tel volatile ? Certes, il est dangereux de baser un édifice sur quelque chose d'aussi subjectif qu'un sentiment, quelle que soit du reste la nature de l'être chez lequel on le suppose plus ou moins gratuitement, oiseau ou Créateur !

On voit que la hardiesse ne fait point défaut à M. Wallace dans ses interprétations darwinistes. Je désire qu'on ne se méprenne pas sur la portée des pages qui précèdent et qu'on n'y voit point une attaque dirigée contre la théorie de la sélection naturelle, de la justesse de laquelle je suis au contraire entièrement pénétré. J'ai voulu seulement montrer que, dans son enthousiasme pour la théorie, M. Wallace se laisse souvent entraîner à des conclusions qui dépassent les prémisses, à des interprétations qui peuvent être vraies, mais dont l'exactitude n'est pas suffisamment démontrée. Il me semble en général beaucoup plus fort, beaucoup plus concluant dans ses réfutations des attaques dirigées contre le darwinisme, que dans ses tentatives pour chercher de nouvelles interprétations en faveur de cette doctrine. Il a su répondre, par exemple, d'une manière sobre mais complète, à une des objections apparentes qu'on a opposées avec le plus de force à la théorie de la sélection. Essaie-t-on d'exagérer par voie de sélection raisonnée la variation d'une espèce dans une direction déterminée, telle est cette objection, on arrive

assez vite à obtenir une somme de modifications considérable, mais bientôt la rapidité des modifications diminue graduellement, jusqu'à ce qu'on atteigne un degré de variation extrême qui ne saurait être dépassé. C'est ainsi que par une série de croisements bien entendus, on peut produire en peu d'années une race de chevaux de course égale en promptitude aux meilleures races de chevaux coureurs précédemment existantes, mais ce terme une fois atteint ne peut être dépassé. On a cru pouvoir conclure de cette observation que la sélection ne peut faire varier une espèce que dans certaines limites déterminées et que la permanence des espèces est une conséquence nécessaire de ce fait. M. Wallace sait fort bien répondre à cette objection, en montrant que ces promoteurs ont déplacé la question de son véritable terrain. Il ne s'agit point, en effet, de savoir si les modifications peuvent avoir lieu à l'infini dans une direction donnée, mais bien si des différences du même ordre que celles offertes par la nature, peuvent résulter de l'accumulation de petites variations par voie de sélection. Pour ce qui concerne le cas particulier, il est certain qu'il y a dans la nature une limite à la rapidité de la progression des animaux terrestres. Tous les animaux très-habiles à la course (cerfs, antilopes, lièvres, renards, lions, léopards, chevaux) ont atteint sensiblement le même degré de rapidité. Il y a sans doute longtemps que ces espèces ont acquis le maximum de vitesse possible dans les conditions de vie terrestre. Tant que ces conditions subsistent, on ne peut guère s'attendre à voir la rapidité de ces animaux augmenter notablement par voie de sélection naturelle ni de sélection raisonnée. Par une raison analogue, on ne peut espérer d'obtenir un plus grand développement de l'éventail caudal chez la race de pigeons connue sous le nom de pigeons-paons. Les éleveurs semblent avoir réalisé le maximum de modification possible dans ce sens, conciliable avec l'organisation de l'oiseau. Ils ont obtenu dans cette race la formation d'un nombre de pennes caudales, non-seulement supérieur à celui d'un pigeon quelconque, mais encore supérieur à celui de l'une quelconque des 8000 espèces d'oiseaux connus. Il est clair qu'il doit y avoir une limite au nombre des pennes à une queue propre au vol, et cette limite a été sans doute atteinte par les pigeons-paons. Par ces exemples et par d'autres encore, M. Wallace nous paraît avoir efficacement défendu la théorie du transformisme contre l'objection précitée..

Suivons maintenant M. Wallace, ce darwiniste ingénieux et audacieux à la fois, dans son application de la théorie de la sélection naturelle à l'homme. Nous ne tarderons pas à voir son audace se paralyser, et le tour ingénieux de son esprit s'exercer à prendre la sélection naturelle en défaut, même dans les cas où son action semble fort simple.

M. Wallace est un naturaliste, et l'on ne peut s'attendre à le voir, dans la question de l'origine de l'homme, prendre la position d'un théologien ou d'un artiste amateur en cosmogonie. L'homme reste, à ses yeux, un vertébré, et descend, par voie de génération, d'une forme pithécoïde antérieure. Ce n'est qu'un anneau dans la chaîne généalogique des formes animales. Le naturaliste anglais n'en est pas moins frappé de la grande distance qui sépare, à certains égards, l'homme du reste de la nature animale, et il cherche à l'expliquer.

M. Wallace remarque d'abord que la sélection naturelle ne saurait agir sur l'homme avec la même intensité que sur les animaux, pour former des races nouvelles et conduire avec plus ou moins de rapidité à la transformation de l'espèce humaine en espèces différentes. Ce point est développé avec beaucoup de sagacité. En effet, l'homme peut échapper, en grande partie, aux influences qui agissent continuellement pour transformer les espèces animales. Grâce à la supériorité de son intelligence, il se fabrique des vêtements et des armes, et cultive le sol de manière à n'être jamais sevré d'une nourriture appropriée à ses besoins. Son espèce peut donc se conserver, à l'inverse de ce qui a lieu pour les autres animaux, sans que son corps se modifie parallèlement aux changements des conditions extérieures. L'intelligence de l'homme lui permet de se maintenir en harmonie avec les changements du monde ambiant, indépendamment de toute variation de son corps.

C'est ainsi que des changements dans la géographie physique d'une contrée, dans le climat et d'autres conditions analogues, peuvent produire, chez telle ou telle espèce animale, des modifications de la fourrure, des armes offensives et défensives, et d'autres particularités d'organisation. Ces modifications doivent se produire, sous peine d'extinction de l'espèce. Supposez, par exemple, que les antilopes diminuent rapidement de nombre dans une contrée, et que quelque grosse espèce carnassière, qui faisait jusqu'alors de ce ruminant sa proie principale, soit réduite à la nécessité d'attaquer des buffles. En face d'une proie aussi vigoureuse et bien plus habile à la défense que les antilopes, nos carnassiers seront placés dans des conditions bien moins favorables qu'auparavant. Les plus vigoureux d'entre eux, ceux qui seront armés des griffes les plus fortes et les plus crochues, ainsi que des canines les plus puissantes, pourront seuls maîtriser leur proie et triompher dans la bataille de la vie. Les plus faibles périront d'inanition et de misère. C'est ainsi qu'il se formera graduellement une nouvelle race de carnassiers, distinguée par la vigueur et la puissance de ses armes. Mais l'homme, transporté dans des conditions toutes semblables, n'acquiert ni des ongles plus crochus, ni des dents plus saillantes, ni une plus grande rapidité à la course. Il aiguise mieux sa lance, se tend un arc plus vigoureux, imagine une trappe, s'associe avec ses semblables pour chasser en commun et s'emparer du buffle, sans qu'aucune modification de son corps soit nécessaire pour la réalisation de ce but.

Ce n'est pas à dire que la sélection naturelle cesse d'agir sur l'homme pour le modifier; mais les modifications produites sont d'un ordre tout autre que celles opérées sur les animaux. C'est l'homme le plus intelligent, le plus rusé qui triomphera dans la lutte pour l'existence, et la sélection naturelle continue d'agir sur l'espèce humaine pour assurer la formation de races de plus en plus intelligentes. Son action est en quelque sorte localisée sur le cerveau. Pour M. Wallace, l'homme a cessé d'être un singe à l'époque où « son intelligence a pris une plus grande importance que la structure de son corps, » c'est-à-dire à l'époque où son intelligence l'a mis en état de faire équilibre aux modifications du monde extérieur, indépendamment de tout changement des organes autres que son cerveau. M. Wallace pense pouvoir rendre compte par ce fait, d'une part, de la ressemblance anatomique du squelette, allant presque jusqu'à l'identité, entre l'homme et les singes anthropomorphes, et, d'autre part, des dissemblances cérébrales entre l'homme et ces mêmes singes, dissemblances qui ont paru à M. Owen assez importantes pour

ériger l'homme en une sous-classe à part (Archencéphales), parmi les mammifères. Il est bon cependant de remarquer ici que les principales différences signalées par M. Owen, entre le cerveau des hommes et ceux des singes anthropomorphes, sont contestées par tous les anatomistes.

Jusqu'ici nous reconnaissons toujours en M. Wallace le plus pur darwiniste; mais la scène va changer, maintenant que nous allons voir ce savant s'occuper des limites de la sélection naturelle appliquée à l'homme. Les races d'animaux domestiques ne sauraient exister à l'état sauvage, parce qu'elles n'y rencontrent point les conditions nécessaires à leur formation, pas plus qu'à leur conservation. C'est seulement dans les conditions artificielles imaginées par l'homme que ces races ont pu se produire, et elles ne peuvent se conserver que sous l'égide humaine. M. Wallace pense que les conditions de la transformation d'un singe en homme, de la formation des races humaines et de leur conservation, ne peuvent pas davantage se rencontrer dans la nature, et nécessitent, pour leur production, l'intervention d'une force supérieure. Les races humaines constitueraient donc en quelque sorte, à ses yeux, les animaux domestiques d'une force divine.

Voici les principaux arguments de M. Wallace en faveur de son opinion :

1° Les hommes préhistoriques et les races sauvages actuelles nous présentent un développement du cerveau, quant à son volume, à peine inférieur à celui des races civilisées. Ces hommes primitifs semblent donc être en possession d'un organe dont le volume n'est pas proportionné à ses fonctions. Il faut en conclure que cet organe a été préparé d'avance pour être utilisé plus tard, à une époque de civilisation avancée, et qu'une force supérieure a guidé la formation de cet organe dans la prévision de ce résultat.

2° Chez tous les mammifères, le poil atteint son maximum de développement le long de l'échine, où il est disposé de manière à faciliter l'écoulement de l'eau qui tombe sur le dos de l'animal. La fourrure se développe même fréquemment en une véritable crinière dans cette région. L'homme, au contraire, offre une peau nue, encore plus dépourvue de poils sur le dos que partout ailleurs. Il n'en sent pas moins la nécessité de protection dans cette région ; car, les races même les plus sauvages éprouvent le besoin de se couvrir au moins le dos et les épaules d'une peau d'animal. Le sentiment même de ce besoin de couverture montre que, chez l'homme, cette absence de poils sur le dos ne saurait être le résultat de la sélection naturelle. Il faut donc recourir à l'intervention d'une autre force pour expliquer cette suppression des poils.

3° Chez tous les singes, le membre postérieur est converti en une sorte de main. Le pouce est chez tous opposable aux doigts. Il est difficile de comprendre comment et pourquoi la sélection naturelle aurait pu transformer ce pouce du membre postérieur, organe si utile, en un orteil peu mobile, comme celui de l'homme. Il est donc plus simple d'expliquer cette transformation par l'intervention d'une force supérieure. D'autre part, la main humaine offre une multitude d'aptitudes diverses que nous voyons mises en œuvre dans notre monde civilisé. Toutes ces aptitudes existent à l'état latent dans la main du sauvage, qui ne sait pourtant pas en faire usage, et il est probable que ses prédécesseurs préhistoriques l'ont su encore bien moins que lui. Déjà les singes ont une main qui paraît beaucoup trop bien conformée pour le pauvre usage que ces animaux en font. Il semble donc naturel d'admettre que la main a été préparée longtemps d'avance par une force supérieure, afin que l'homme pût s'en servir lorsqu'il aurait atteint un degré de civilisation suffisant pour en découvrir les aptitudes latentes.

4° Quelle admirable souplesse du larynx chez nous autres hommes civilisés, chez nos dames surtout ! Quelle puissance de la voix ! quelle douceur, quelle harmonie dans les sons ! Le sauvage au contraire ne chante pas. Son chant prétendu est un hurlement rauque, et sa femelle ne connaît que le silence. Jamais sauvage n'a recherché une femme pour la beauté de sa voix, et la sélection sexuelle n'a donc pu contribuer à en perfectionner ni le timbre ni l'étendue. Et cependant le larynx du sauvage est conformé comme celui de l'homme civilisé. Il faut donc admettre que cet appareil a été préparé d'avance par une force supérieure qui l'a doté de capacités latentes, susceptibles de se révéler à l'homme une fois civilisé et devenu capable des jouissances de l'harmonie.

5° L'homme civilisé connaît des jouissances artistiques de forme et de nombre qui rendent possibles l'arithmétique et la géométrie. Rien de tout cela n'existe chez le sauvage, qui ne connaît pas davantage les sentiments de pure moralité ni les nobles émotions. Jamais la sélection naturelle n'aurait pu produire toutes ces choses parfaitement privées de point de contact avec les exigences de la vie sauvage. Seule une force supérieure a pu faire naître ces facultés. Et cependant le sauvage possède déjà un cerveau à peu près aussi développé que celui de l'homme civilisé, cerveau qui deviendra l'organe de ces facultés. La force supérieure a donc dû provoquer, chez l'homme sauvage, un développement du cerveau bien supérieur à celui du singe, développement, il est vrai, parfaitement inutile à ce sauvage, mais calculé en vue des facultés dont cette force voulait doter plus tard l'homme civilisé.

Ces exemples, qui sont d'ailleurs les principaux, suffiront pour montrer que je n'avais pas tort d'annoncer la défection complète du darwiniste Wallace. Mon intention n'est pas de les reprendre point par point pour les réfuter en détail. Le lecteur, qu'il soit partisan ou adversaire de la théorie de la sélection naturelle, se sera déjà acquitté de cette tâche en tenant compte du point de vue précédent de l'auteur. Je me bornerai aux réflexions suivantes :

M. Wallace n'a pas reculé devant l'explication de la formation graduelle du chant de la fauvette et du rossignol par voie de sélection naturelle. La chose est toute simple, bien fou serait celui qui voudrait recourir ici à l'intervention d'une force supérieure, amie du beau ! Les fauvettes femelles et les rossignols de même sexe ont toujours accordé de préférence leurs faveurs aux mâles bons chanteurs. C'était la conséquence de leurs goûts musicaux et des aptitudes harmoniques de leur oreille. Malheur aux pauvres mâles à registre peu étendu ou à timbre fêlé ! les douceurs de la paternité leur ont été impitoyablement refusées ; ils sont morts de jalousie dans la tristesse et l'isolement. Ainsi s'est formée la race des bons chanteurs qui peuplent nos bocages. Pourquoi n'y a-t-il pas de chanteuses ? Sans doute que les oiseaux mâles ne se sont jamais souciés de la voix de leurs épouses, soit parce qu'ils n'avaient pas l'oreille juste, soit plutôt, car cela serait contradictoire, parce que leurs goûts musicaux étaient suffisamment satisfaits par leurs concerts personnels. Peut-être aussi les

femelles n'avaient-elles point d'aptitude virtuelle au perfectionnement de la voix; peut-être avaient-elles atteint l'extrême limite de développement vocal compatible avec l'organisation d'un oiseau du sexe féminin ; ou bien enfin la sélection naturelle produite sous l'influence des poursuites exercées par des ennemis de toutes sortes contre les belles couveuses, sélection favorable, selon M. Wallace, à la production de couleurs sombres, a-t-elle mystérieusement éteint même l'éclat de la voix. Quoi qu'il en soit, il est évident pour M. Wallace que la sélection sexuelle, en d'autres termes le goût des dames fauvettes pour la musique, a amené le grand perfectionnement de la voix des virtuoses de l'autre sexe. Mais, dans l'espèce humaine, la chose aurait-elle pu se passer ainsi ? Le chant harmonieux et enchanteur d'une *prima dona* aurait-il pu naître et se perfectionner par voie de sélection ? Le goût musical des auditeurs pourrait-il avoir eu une influence sélectrice sur ce phénomène ? Jamais, au grand jamais ! Seule l'intervention d'une force supérieure a pu amener un résultat pareil, car jamais homme primitif n'a eu de goût pour la musique. M. Wallace le sait bien : il a vécu si longtemps parmi les sauvages qui ont pu le lui dire ! Au contraire, les femelles fauvettes primitives et les femelles rossignoles primitives, avaient déjà le goût musical longtemps avant que leurs époux eussent appris à chanter. Comment M. Wallace le sait-il ? Le lui ont-elles dit ? N'importe, il le sait.

Passons aux poils qui font défaut au dos de l'homme. Un darwiniste à tout prix, voyant que toutes les peuplades sauvages ont l'habitude de se couvrir le dos et les épaules d'un lambeau de peau d'animal, en aurait sans doute conclu que cette habitude remonte à une très-haute antiquité. Il aurait peut-être pensé que l'homme primitif, apparu d'abord dans une contrée tempérée et sèche, avait appris à se couvrir d'une toison d'animal en s'avanturant plus au nord ou plus au sud. C'est ainsi que nos pères se seraient protégés de bonne heure déjà contre les intempéries, contre le soleil aussi bien que contre la pluie et le froid. Que ce vêtement rude et primitif ait été jeté sur le dos et les épaules, cela semble tout naturel. N'était-ce pas la position la moins gênante pendant le travail et les occupations de toute nature ? Qui sait enfin si le frottement continuel du vêtement dans cette région, pendant une longue série de siècles, n'a pas pu finir par amener une rareté relative des poils sur le dos humain ? Sans doute il est facile d'opposer des objections à une telle hypothèse. Mais pourrait-on la supposer trop hardie aux yeux d'un homme qui n'hésite pas à faire dériver, par sélection naturelle, les mammifères velus et les oiseaux emplumés des reptiles écailleux, et ceux-ci des batraciens nus ? C'est pourtant le cas. M. Wallace se déclare incapable d'expliquer la nudité du dos de l'homme par voie de sélection naturelle ; il invoque l'intervention d'une force supérieure pour racler le poil de l'échine de l'homme pithécoïde, et transformer cet être en singe humain. Ce même Wallace n'hésite pourtant pas, en vrai darwiniste, à voir dans l'Archœopteryx un reptile récemment arrivé à l'état d'oiseau par voie de sélection naturelle. Séduit par les beaux travaux de M. Huxley, il sait reconnaître dans le Compsognatus et tous les Dinosauriens des Reptiles en train de marcher vers l'état d'oiseau. Il peut découvrir dans les Labyrinthodontes d'ex-Batraciens en voie de se transformer en Crocodiles, en Lézards ou en Ganoïdes ; dans l'Helladatherium, une ex-Antilope cheminant vers la phase de Girafe, etc. Dans toutes ces transformations, il voit avec

M. Darwin et ses partisans le simple effet d'une sélection naturelle longtemps prolongée.

Que M. Wallace soit au moins conséquent dans la question de la chute des poils. Si l'intervention d'une force supérieure lui semble nécessaire pour épiler le dos de l'homme, qu'il sache se résoudre à la faire agir de même sur l'échine de l'éléphant, du rhinocéros, de l'hippopotame ou du cachalot.

M. Wallace remarque que le cerveau du sauvage, — et il aurait pu ajouter de certains idiots, — peut être aussi développé que celui d'un homme de génie. Logiquement, il aurait dû en inférer, comme l'ont fait depuis longtemps les physiologistes, que les dimensions du cerveau ne donnent point la mesure du degré de développement intellectuel, et que le *volume* n'est que l'un des nombreux facteurs de la constitution du cerveau dont le résultat est l'intelligence. M. Wallace a préféré en conclure qu'une force supérieure a doté le sauvage d'un organe inutile à ce dernier, mais destiné à être utilisé par ses descendants devenus des hommes civilisés. Je m'abstiens de combattre ici cette opinion, puisque mon objet n'est point pour le moment une apologie du darwinisme. En revanche, je me demande pourquoi M. Wallace n'applique pas le même mode de raisonnement à une foule d'autre cas. Ainsi, par exemple, une grande partie des passereaux offrent, comme on sait, un larynx très-complexe, muni d'un grand nombre de muscles. Cette complexité du larynx est évidemment en relation intime avec le fait que tous les oiseaux bons chanteurs appartiennent à ce groupe. Toutefois, beaucoup de ces passereaux munis d'un appareil vocal complexe ne se distinguent nullement par la beauté de leur voix. On peut expliquer cette contradiction apparente par le fait qu'il s'agirait d'espèces autrefois chanteuses, mais ayant depuis lors, pour une raison ou pour l'autre, perdu l'habitude de chanter. Cependant il me semble que le raisonnement imaginé par M. Wallace dans sa phase anti-darwinienne serait ici parfaitement applicable. Ces oiseaux possèdent dans leur larynx un organe beaucoup trop bien conformé pour l'usage qu'ils en font. Il est donc nécessaire d'admettre l'intervention d'une force supérieure pour façonner cet appareil, inutile aux oiseaux qui le possèdent, mais calculé en vue de générations nouvelles qui, dans un avenir plus ou moins éloigné et dans des conditions déterminées, apprendront à chanter. Que M. Wallace aurait-il à répondre à une semblable argumentation?

Il est inutile de poursuivre plus loin cette discussion. Je crois avoir amplement prouvé que M. Wallace s'est placé successivement à deux points de vue entièrement inconciliables. Son livre semble écrit par deux auteurs, l'un darwiniste audacieux, l'autre anti-darwiniste aveugle. J'ai cherché, dans ces pages, à faire abstraction autant que possible de mes sympathies personnelles en faveur de la théorie du transformisme, et je crois pouvoir poser les conclusions suivantes en dehors de toute préoccupation de parti pris :

Ou bien M. Wallace a eu raison de faire intervenir une force supérieure pour expliquer la formation des races humaines et guider l'homme dans la voie de la civilisation, et alors il a eu tort de ne pas faire agir cette même force pour produire toutes les autres races et espèces animales ou végétales ; ou bien il a eu raison d'expliquer la formation des espèces végétales et animales par la seule voie de la sélection naturelle, et alors il a eu tort de recourir à l'intervention d'une force supérieure pour rendre compte de la formation des races humaines.

Édouard Claparède,
Professeur à l'Académie de Genève.

COLLÉGE DE FRANCE

HISTOIRE NATURELLE DES CORPS ORGANISÉS

COURS DE M. MAREY (1)

Du vol chez les oiseaux.

I

Sommaire. — I. Parallèle du vol des insectes et des oiseaux au point de vue du mécanisme. — Différence de la trajectoire de l'aile dans ces deux types — Différences anatomiques en rapport avec les différences de fonctions de l'aile chez l'insecte et chez l'oiseau. — Inégale utilisation de la résistance de l'air ; supériorité du type de l'oiseau à cet égard. — II. Du passage de la force musculaire entre leur résistance de l'air et la masse du corps de l'oiseau. — Loi du partage des forces entre deux résistances inégales.

I. — Comparaison de l'insecte et de l'oiseau au point de vue du mécanisme du vol.

Nous connaissons assez les mouvements qu'exécutent dans le vol l'insecte et l'oiseau, pour pouvoir établir entre leurs façons de voler des différences bien tranchées. Toutefois, la classe des insectes présente de telles variétés dans la structure des ailes et dans le fonctionnement de ces organes qu'il est indispensable de bien préciser l'espèce que l'on prendra pour type dans la comparaison qui va être faite. Les Diptères nous fourniront ce type, c'est chez eux, en effet, que le vol semble, par son mécanisme, s'éloigner le plus de celui de l'oiseau, tandis que les Lépidoptères, par la direction presque verticale de leur coup d'aile, par leur faculté de planer dans l'air sans effectuer de mouvements, quelquefois par le parcours de leurs ailes, semblent se rapprocher du type du vol que présente l'oiseau.

Une mouche et un oiseau nous offrent, au contraire, deux modes bien tranchés de locomotion aérienne ; les différences portent sur plusieurs points. Sur la forme de la trajectoire de l'aile dans l'espace ; sur l'inclinaison du plan dans lequel battent les ailes ; sur le rôle de chacun des deux mouvements alternatifs et de sens inverse que ces ailes exécutent, enfin sur la façon dont la résistance de l'air se décompose dans ces différents mouvements.

A. *Différence des trajectoires de l'aile chez l'insecte et chez l'oiseau.*

On a vu que si l'aile d'un insecte est munie d'une paillette brillante, on peut suivre la trajectoire qu'elle décrit dans l'espace ; le parcours de cet organe se traduit alors par la forme d'un 8 plus ou moins allongé (2). Chez l'oiseau la méthode optique est inapplicable, mais des appareils enregistreurs spé-

---

(1) Voyez notre tome VI, pages 578, 601, 646 et 700, année 1869.
(2) Je croyais avoir signalé le premier cet aspect de l'aile de l'insecte pendant le vol ; une réclamation de M. J. Bell Pettigrew d'Édimbourg m'a appris que cet auteur avait déjà décrit cette forme du mouvement. Mais on peut voir, dans le travail du physiologiste écossais, que l'interprétation qu'il a donnée de la cause de cette figure optique et de la nature des mouvements auxquels il l'attribue est tout à fait différente de la théorie que j'ai cherché à établir (voy. *Comptes rendus*, n° 16 (18 avril 1870).

ciaux m'ont fourni la forme du parcours de l'aile ; cette trajectoire présente une sorte d'ellipse à sommet aigu dont la figure ci-dessous fournit la reproduction exacte.

Si maintenant nous tenons compte de la direction générale dans laquelle s'exécutent les mouvements de l'aile chez les deux types que nous comparons, une nouvelle différence se présente : l'insecte bat des ailes dans un plan sensiblement horizontal et l'oiseau dans un plan presque vertical.

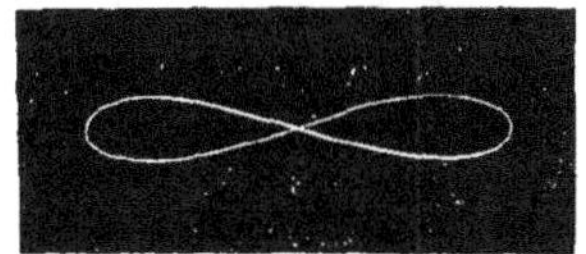

Fig. 157. — Trajectoire de l'aile d'une mouche.

De sorte que si nous supposons chacun de ces animaux immobiles dans l'espace, les trajectoires décrites par leurs ailes seraient pour leur forme et leur orientation représentées par les figures 157 et 158.

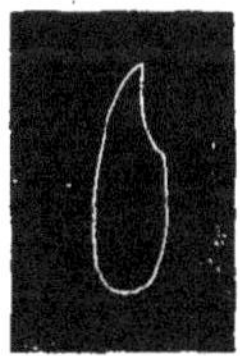

Fig. 158. — Trajectoire de l'aile d'une Buse.

La structure de l'aile chez l'insecte et chez l'oiseau faisait déjà prévoir que l'action de cet organe sur l'air ne devait pas être la même. Une aile d'insecte est également imperméable à l'air quelle que soit celle de ses faces qui frappe ce fluide ; chez l'oiseau, au contraire, le mode d'imbrication des pennes ne permet à l'aile d'offrir à l'air un plan résistant que par sa face inférieure.

De là, deux effets distincts dans le va-et-vient de l'aile : chez l'insecte, ces deux temps sont actifs l'un et l'autre ; chez l'oiseau, l'abaissement de l'aile est le seul temps actif. Je ne veux pas dire que pendant sa remontée, l'aile ne serve à rien pour soutenir l'oiseau, mais, ainsi qu'on l'a vu, dans ce deuxième temps du vol, ce n'est plus l'aile qui agit contre l'air mais c'est l'air qui agit contre l'aile. L'oiseau, animé d'une vitesse horizontale acquise dans le temps d'abaissement de son aile, présente celle-ci en un plan incliné au moment de sa remontée ; il passe alors à l'état de projectile empenné et monte sur l'air par l'effet des surfaces inclinées qu'il offre passivement à la résistance de ce fluide.

Si, pour rendre plus saisissante la différence de ces deux façons de voler, nous figurions la trajectoire de l'aile de l'insecte et celle de l'oiseau lorsqu'ils se meuvent dans l'espace, et si de plus nous représentions l'orientation du plan de leurs ailes à différents instants de ce parcours, on obtiendrait les figures suivantes :

Les différences des deux types de vol me semblent nettement définies par la comparaison de ces deux figures. Cette différence consiste essentiellement en ceci :

Chez l'insecte, un mouvement énergique est également nécessaire pour frapper l'air dans ses deux temps. Chez l'oiseau, au contraire, un seul temps actif est nécessaire, c'est le

temps d'abaissement ; il crée, à lui seul, toute la force motrice qui sera dépensée pendant la révolution entière de l'aile.

Fig. 159. — Trajectoire de l'aile d'un insecte qui se transporte de droite à gauche.

Fig. 160. — Trajectoire de l'aile d'un oiseau qui se transporte horizontalement de droite à gauche (1).

Cette différence dans l'action entraîne une différence dans la forme de l'aile ainsi qu'on va le voir.

B. *Différences anatomiques en rapport avec les différences de fonction de l'aile chez l'insecte et chez l'oiseau.*

Quand une surface frappe l'air, il faut, pour qu'elle y trouve quelque résistance, que cette surface se meuve avec rapidité. Or, une aile qui se meut autour de son point d'attache au corps de l'animal, présente des vitesses inégales et graduellement croissantes pour les points qui s'éloignent de plus en plus du corps, de sorte que, presque nulle au niveau de point d'attache de l'aile, la vitesse sera très-grande à l'extrémité libre.

Qu'on se figure une aile d'insecte aussi large à sa base qu'à son extrémité ; cette largeur serait inutile dans la partie la plus voisine du corps, car l'aile, en ce point, a trop peu de vitesse pour frapper l'air utilement.

Aussi voit-on chez les insectes appartenant au groupe que nous étudions en ce moment, l'aile réduite, vers sa base, à une forte nervure. Le voile membraneux ne commence que dans les points où la vitesse du mouvement commence elle-même à prendre quelque valeur et le voile gagne en largeur jusque dans le voisinage de l'extrémité. Tel est

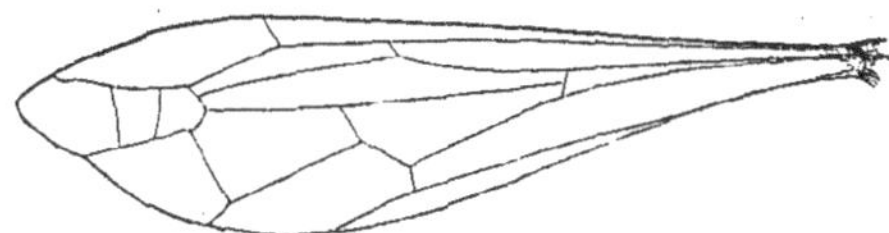

Fig. 161. — Aile d'un insecte.

le type de l'aile (fig. 161) essentiellement active, c'est-à-dire destinée seulement à frapper l'air.

---

(1) Cette figure est celle que laisserait dans l'espace l'aile d'un oiseau si elle pouvait tracer dans l'air une traînée lumineuse. Elle diffère de celle qui est représentée (fig. 106, année 1869-1870). Cette dernière est obtenue sur une surface qui se mouvait de droite à gauche, c'est-à-dire dans le sens même de la translation de l'oiseau. Or, il est plus naturel, pour l'intelligence du mouvement, d'imiter ce qui arriverait si l'oiseau frôlait de son aile un plan qui garderait la trace de ses mouvements. Le tracé obtenu fuirait derrière l'oiseau comme fuit le rivage derrière une barque qui descend le cours d'une rivière.

Mais, chez l'oiseau, nous l'avons vu, l'aile a aussi un rôle passif, c'est-à-dire qu'elle subit la pression de l'air sur sa face inférieure, lorsque l'oiseau est projeté rapidement en avant par sa vitesse acquise. Dans ces conditions, l'animal tout entier étant transporté dans l'espace, tous les points de son aile sont animés de la même vitesse ; les régions voisines du corps sont aussi utilisables que les autres pour subir la poussée de l'air qui agit comme sur un *cerf-volant*.

Fig. 162.

Aussi la base de l'aile, chez l'oiseau, loin de se réduire comme chez l'insecte à une tige rigide mais nue, est-elle très-large et munie de *pennes* et de *couvertures* qui constituent une grande surface sous laquelle l'air presse avec force et d'une manière très-efficace pour soutenir l'oiseau. La figure 162 donne une idée de cette disposition de l'aile à la fois active et passive d'un oiseau.

La moitié interne, dépourvue de vitesse suffisante, doit être considérée comme la partie passive de l'organe, tandis que la moitié externe est la partie active, celle qui frappe sur l'air.

On comprend ainsi que, par sa vitesse très-grande, la pointe de l'aile doive rencontrer dans l'air plus de résistance que toute autre partie de cet organe; de là, l'extrême rigidité des pennes dont elle est formée, de là, aussi la faiblesse de plus en plus grande de ces pennes dans les parties de l'aile plus voisines du corps; et enfin la minceur très-grande des plumes de la base, ou partie passive de l'aile.

Enfin, en observant l'inclinaison que doit présenter l'aile d'un oiseau dans le temps actif et dans le temps passif, on voit que cette inclinaison doit être inverse dans l'un ou l'autre temps. Dans le temps actif ou d'abaissement, la face supérieure de l'aile doit regarder en avant; dans le temps passif ou de remontée, cette même face doit regarder en arrière ; or, les deux moitiés de l'aile présentent anatomiquement une différence d'inclinaison qui s'accorde avec le rôle particulier de chacune d'elles. La partie passive tourne naturellement sa face inférieure en avant; elle se trouve orientée favorablement pour subir l'action de l'air par sa face inférieure, soit sous l'influence du vent, soit par l'effet de la vitesse de translation de l'oiseau (1). La partie active, au contraire, présente naturellement une orientation différente. Son plan est presque horizontal et pour peu que la résistance de l'air se produise au-dessous de ce point, le bord postérieur se soulève et la face inférieure regarde en arrière.

Cet effet donne à l'aile une surface gauche qui semble faire partie d'une hélice sans que rien dans le mode d'action de l'aile permette de l'assimiler à l'hélice au point de vue du mécanisme de la propulsion (2).

Les différentes espèces d'oiseaux n'offrent pas au même degré cette torsion du plan de l'aile. Ainsi, les oiseaux qu'on nomme voiliers, parce que, plus que les autres, ils utilisent l'action du vent, n'ont pas une aile aussi tordue en spirale que les oiseaux dits rameurs qui frappent l'air d'une manière presque continue.

Enfin, cette torsion, d'après M. Pettigrew, serait à son maximum dans les espèces aquatiques qui volent sous l'eau comme le Pingouin. Chez cette espèce d'oiseau, la torsion complète de l'aile se trouve en rapport avec la condition toute particulière dans laquelle le vol s'exécute.

Plus léger que le fluide dans lequel il vole; le Pingouin doit trouver dans l'inclinaison de son aile une force qui le fasse plonger malgré l'effet de sa légèreté spécifique, tandis que les autres oiseaux doivent par une inclinaison de sens inverse s'élever, malgré leur poids, au-dessus d'un fluide beaucoup moins dense que leur corps.

C. *De l'utilisation inégale de la résistance de l'air par l'insecte et par l'oiseau.*

Sans prétendre aborder l'équation du travail développé par l'oiseau ou par l'insecte, nous pouvons faire entre leur façon de voler une comparaison intéressante. Nous pouvons chercher quel est celui de ces deux types du vol qui utilise le mieux le point d'appui que l'air lui offre. A ce point de vue, je crois qu'on peut démontrer que l'avantage appartient à l'oiseau.

En effet, reportons-nous aux figures 159 et 160 qui représentent la trajectoire de l'aile chez l'insecte et chez l'oiseau.

Nous voyons que dans sa position ordinaire de vol, l'insecte bat des ailes dans un plan presque horizontal et que la composante qui le soutient et le propulse est une partie seulement de la résistance de l'air. Or, que devient l'autre partie ? Cette seconde composante, dirigée contrairement au sens du mouvement de l'aile, aura pour effet de fournir à cet organe un point d'appui pour déplacer latéralement le corps de l'insecte. Dans le coup d'aile suivant, le même phénomène va se reproduire, la composante verticale sera seule utilisée pour la translation de l'insecte, tandis que la composante horizontale tendra à déplacer latéralement le corps de l'animal. Mais, cette fois, le déplacement devrait être en sens inverse du déplacement précédent.

On voit déjà que sur les deux composantes que chacun des coups d'aile de l'insecte emprunte à la résistance de l'air, il n'y en a qu'une qui soit utilisée, l'autre tend seulement à produire des vibrations latérales du corps de l'animal. Mais ces vibrations n'existent même pas en réalité; en effet, quand on observe, planant sur une fleur, certaines mouches à corps brillant, on voit que tandis que leurs ailes s'agitent avec une extrême rapidité, leur corps reste parfaitement immobile. L'œil peut saisir les moindres détails de la structure de l'insecte, tandis qu'il ne le verrait que d'une manière confuse

---

(1) Tout porte à croire que la partie interne de l'aile de l'oiseau doit garder son rôle passif, même pendant le moment de l'abaissement de l'aile.

(2) M. Pettigrew, d'Édimbourg, frappé de cette apparence de l'aile,

a pensé que le rôle de cet organe n'est autre que celui d'une hélice qui agirait sur l'air comme agit sur l'eau l'hélice d'un bateau à vapeur. Mais on comprend que le type alternatif qui appartient aux mouvements musculaires ne saurait se prêter à produire l'action propulsive d'une hélice ; car s'il est vrai que l'aile pivote sur son axe et change de plan pendant son parcours, cette rotation se borne à une fraction de tour et est suivie d'une rotation de sens inverse qui, dans le cas du mouvement d'une hélice, détruirait complétement l'effet produit par le mouvement précédent.

et avec des contours vagues s'il était animé de vibrations latérales.

Il est facile de comprendre pourquoi ces vibrations n'existent pas. Cela tient à l'extrême rapidité des battements d'ailes, à la flexibilité de ces organes, et à l'inertie de la petite masse que représente le corps de l'insecte.

L'aile d'une mouche qui fait 330 révolutions par seconde, exécute par conséquent 660 oscillations simples ; elle devrait, à chaque fois, imprimer une déviation latérale au corps de l'insecte et détruire la vitesse acquise que l'oscillation précédente lui avait donnée en sens contraire. Or, toutes les fois qu'une tige flexible, chargée d'une masse à son extrémité, est sollicitée à exécuter des oscillations, on voit que ces oscillations perdent de leur amplitude à mesure que leur fréquence augmente, et qu'à un moment donné, il ne se produit plus que des flexions alternatives de la tige, la masse restant immobile. Le même phénomène se produit chez l'insecte pour éteindre les oscillations latérales auxquelles son corps serait soumis.

Quelle est la valeur de la composante empruntée à la résistance de l'air et utilisée pour la locomotion de l'insecte ?

Cela dépend évidemment de l'angle que fait le plan de l'aile, à chaque instant, avec la direction de son parcours. Cette question est donc une de celles dont les éléments sont beaucoup trop complexes pour qu'on puisse en chercher la solution. Nous serons donc obligé de faire une hypothèse et d'admettre que les deux composantes empruntées à la résistance de l'air, sont égales entre elles. Dès lors, nous caractériserons le type du vol employé par l'insecte en disant qu'il n'utilise que 50 pour 100 de la résistance que l'air lui fournit.

Voyons maintenant ce qui se passe chez l'oiseau. Les figures 163 et 164 indiquent les positions successives que prend le plan de son aile.

Fig. 163. — Représentant la position de l'aile au moment de l'abaissement (temps actif). La ligne oblique tracée sur cette figure indique l'inclinaison du plan de l'aile pendant la descente.

Fig. 164.—Représentant l'inclinaison de l'aile dans le temps passif ou de remontée.

Un seul temps est actif dans la révolution de son aile ; c'est le temps d'abaissement. Nous n'aurons donc que celui-là à considérer. Dans l'abaissement de l'aile, le plan oblique qui frappe l'air en décompose la résistance, de façon qu'il se pro-

duise une composante verticale qui lutte contre la pesanteur et une composante horizontale qui imprime la vitesse au corps de l'oiseau.

Or, il est clair que la composante verticale est utilisée, puisqu'elle sert à soutenir l'oiseau contre la pesanteur. Il n'est pas moins évident que la composante horizontale n'est pas perdue, mais qu'elle est emmagasinée sous forme de force vive dans la masse de l'oiseau, pour être utilisée, à son tour, pendant la remontée de l'aile, par l'effet de *cerf-volant*.

Si la composante horizontale était restituée tout entière, on comprend que le type de l'oiseau serait deux fois plus avantageux que celui de l'insecte et qu'il utiliserait toute la résistance de l'air. Mais cette composante horizontale qui donne à l'oiseau la vitesse, subit à son tour une décomposition et cette fois ne s'utilise pas tout entière pour devenir force ascensionnelle.

La résistance de l'air devant l'aile inclinée en *cerf-volant* (fig. 164), donne une composante verticale qui lutte contre la pesanteur, celle-là est utilisée ; et une composante horizontale directement opposée à la translation de l'oiseau et entièrement inutile.

On voit que le coup actif de l'aile utilise une de ses composantes empruntées à la résistance de l'air, au moment même où ce coup se produit, et qu'il emmagasine la deuxième composante dont une partie seulement sera utilisée plus tard. Admettons pour le partage des forces ce que nous avons admis pour l'insecte, à savoir que dans toute décomposition les composantes seront égales entre elles et nous verrons que l'oiseau utilise contre la pesanteur 75 pour 100 de sa résistance que lui fournit l'air, tandis que l'insecte n'en utiliserait que 50 pour 100. Le type du vol effectué par l'oiseau est donc théoriquement préférable à celui de l'insecte, puisqu'il présente deux fois moins de déchet de la résistance de l'air.

Mais n'oublions pas que tout le raisonnement qui conduit à cette conclusion repose sur une hypothèse, à savoir, que devant un plan incliné, la résistance de l'air se décompose également en deux forces perpendiculaires l'une à l'autre.

Il est clair que devant certaine inclinaison du plan qui frappe l'air, la décomposition de la résistance peut se faire ainsi en deux forces égales, mais comme on ne peut savoir quel est précisément l'angle sous lequel l'aile se présente à chaque instant à la résistance de l'air, il s'ensuit que l'appréciation que nous venons de tenter est purement approximative. Jusqu'à ce que, pour lui donner plus de rigueur, on soit arrivé à connaître plus exactement l'angle formé à chaque instant par le plan de l'aile.

II. — Du partage de la force musculaire entre la résistance de l'air et la masse du corps de l'oiseau.

Lorsqu'en physiologie on cherche à estimer le travail d'un muscle, on le considère comme fixé à l'une de ses attaches d'une façon absolue et l'on apprécie l'étendue du parcours de l'extrémité mobile de ce muscle. Si l'on connaît le poids que ce muscle soulève ainsi, en se contractant, et le parcours qu'il imprime à ce poids, on a les éléments de la mesure du travail effectif. Mais ce sont là des conditions idéales que la locomotion terrestre présente à peine ; on ne les observe plus chez les animaux qui se meuvent dans l'eau et surtout chez ceux qui volent dans l'air.

Que l'on compare seulement l'effort nécessaire pour marcher sur un sol meuble, sur le sable des dunes, par exemple, avec celui qu'exige la marche sur un plan résistant. On verra que la mobilité du point d'appui fourni par le sable, détruit une partie de l'effet utile de la contraction de nos muscles; en d'autres termes, qu'il faut un effort absolument plus grand pour produire le même travail utile, quand le point d'appui n'est pas résistant.

Cette consommation de travail est facile à comprendre et même à mesurer.

Lorsqu'un marcheur appuie l'un des pieds sur le sol, la jambe correspondante, un peu fléchie, se redresse bientôt et repousse à la fois le sol par en bas et la masse du corps par en haut. Si le sol résiste entièrement à cette pression, tout le mouvement produit se fera du côté du tronc qui sera soulevé à une certaine hauteur, à 15 centimètres par exemple. Mais si le sol s'enfonce de 5 centimètres sous la pression du pied, il est clair que le corps ne sera plus soulevé qu'à une hauteur de 10 centimètres, et que le travail utile subira par ce fait un déchet d'un tiers.

· L'enfoncement du sol sous le pied constitue bien certainement un *travail*, d'après la définition mécanique de ce mot. En effet, le sol, en cédant, présente une certaine résistance. C'est cette résistance qui doit être multipliée par l'étendue dont le sol s'est affaissé pour donner la valeur du travail accompli en ce sens. Mais c'est un travail tout à fait inutile pour la locomotion que celui-là; c'est un déchet de la force motrice dépensée.

Lorsqu'un poisson frappe l'eau de sa queue pour se propulser en avant, il exécute un double travail : une partie a pour effet de chasser derrière lui une certaine masse d'eau avec une certaine vitesse, et l'autre pousse son corps malgré les résistances du fluide environnant. Ce dernier travail est seul utilisé; il serait bien plus considérable si la queue de l'animal rencontrait, au lieu de l'eau qui fuit devant elle, un point d'appui solide.

Presque tous les propulseurs employés par la navigation subissent ce déchet de travail qui tient à la mobilité du point d'appui. C'est ce déchet que l'on évite avec grand profit, dans le *touage*, en faisant agir la machine motrice sur une chaîne qui est immergée dans le canal et fournit un point d'appui d'une fixité absolue.

· L'oiseau se trouve dans des conditions particulièrement défavorables : son aile qui, si elle agissait sur un point d'appui solide, soulèverait, en se raccourcissant, la masse du corps à une grande hauteur, n'imprime à celle-ci qu'une légère ascension, ainsi qu'on l'a vu dans des expériences précédemment exposées.

D. *Loi du partage de la force motrice entre deux résistances inégales.*

Peut-on mesurer le déchet de la force motrice par la mobilité du point d'appui, et prévoir la quantité de travail utile que donnera un moteur s'appuyant sur l'air? C'est ce qu'il s'agit maintenant d'examiner.

Il est un principe établi par Newton et qui domine, pour ainsi dire, toute la mécanique ; c'est que l'action est égale à la réaction.

Dans le cas qui nous occupe, la force motrice de l'oiseau produit, par chacun des tendons d'insertions des muscles grands pectoraux, deux actions égales : l'une a pour effet de

déplacer en arrière une certaine masse d'air avec une certaine vitesse, l'autre pousse en sens contraire le corps de l'oiseau, avec une autre vitesse. Est-ce à dire, que dans ces deux actions, il y ait une même quantité de travail produit? Nous essayerons d'examiner cette question.

Dégageons-la tout d'abord d'une influence qui la complique et sur laquelle nous reviendrons plus tard : l'inégale longueur du bras de levier sur lequel agissent la force motrice et la résistance de l'air, et supposons que la force musculaire s'applique directement à soulever la masse du corps et à repousser celle de l'air.

La physique nous fournit des exemples bien étudiés de semblables partages de force. Ainsi, dans la balistique, la force motrice de la poudre, c'est-à-dire la pression des gaz, agit à la fois sur le projectile et sur la pièce, imprimant à ces deux masses des vitesses de sens contraire. Or, il se fait un partage égal de la quantité de mouvement entre les deux projectiles, de sorte que la masse du canon et de son affût multipliée par la vitesse de recul qui lui est communiquée, est égale à la masse du projectile multipliée par la vitesse de propulsion qu'il reçoit. Comme le canon pèse beaucoup plus que le boulet, la vitesse de recul du canon est beaucoup plus faible que la vitesse imprimée au projectile (1).

Quant au travail développé par la poudre contre la pièce et contre le boulet, il se partage très-inégalement entre ces deux masses.

En effet, le travail engendré par une force vive étant proportionnel au carré de la vitesse de la masse en mouvement $\left(\text{sa formule est } \dfrac{m v^2}{2}\right)$, le calcul montre que ce travail, dans le cas où la pièce pèserait 300 fois plus que le boulet, serait 300 fois plus grand pour le boulet que pour la pièce.

Dans ce calcul, il faut encore admettre que la déflagration de la poudre soit très-rapide et qu'elle se passe d'une manière parfaitement régulière, ce qui n'est pas démontré.

Acceptons comme inattaquables les résultats de l'expérience de balistique et des calculs qui ont été faits à ce sujet et cherchons si l'on peut transporter ces calculs au partage de l'action musculaire dans le cas du vol.

Il semble, que dans le cas où le moment d'action du muscle sur le corps serait le même que celui de la résistance de l'air,

---

(1) Voici la solution de ce problème donnée par Poncelet: *Introduction* à la mécanique industrielle, page 175.

Soit F, à un instant donné, la force motrice qui pousse en avant le boulet et qui est censée presser, en sens contraire et avec une intensité égale, le fond de l'âme de la pièce; soient P et P′, les poids du boulet et de la pièce y compris son affût, etc.; soient V et V′ respectivement les petits degrés de vitesse qui leur sont imprimés à un instant quelconque et dans la durée de l'élément de temps t, on aura la proportion.

$$F : P :: v : gt \text{ ou } Pv = F \times gt.$$

On aura de même, pour la pièce et son affût :

$$F : P' :: v' : gt \text{ ou } P'v' = F \times gt.$$

Ainsi :

$$Pv = P'v' \text{ ou } v : v' :: P' : P.$$

… Par conséquent, les degrés de vitesse imprimés au boulet et à la pièce, dans un temps infiniment petit, sont réciproquement proportionnels aux poids de ce boulet et de cette pièce.

… De même, les vitesses finies imprimées à la pièce et au boulet à l'instant où celui-ci a acquis tout son mouvement, sont réciproquement entre elles comme le poids de cette pièce et de ce boulet.

l'action du muscle devrait agir également sûr la masse du corps et sur celle de l'air. Que, par exemple, au moment où la masse du corps est soulevée avec une certaine vitesse, la masse de l'air déplacé devrait recevoir une quantité de mouvement égale à celle de l'oiseau, mais de sens contraire. Enfin, que le calcul permettrait d'estimer quelle est la masse d'air qui a été mise en mouvement au moyen de l'équation qui a été employée dans le problème de balistique.

En effet, nous savons que les quantités du mouvement imprimées à la masse du corps et à celle de l'air sont égales.

La pesée peut nous faire connaître la masse de l'oiseau, nous pouvons obtenir, d'après les traces de l'oscillation de l'oiseau, la courbe des vitesses qui lui sont communiquées à chaque coup d'aile; nous connaissons de même la vitesse avec laquelle s'abaisse l'aile, c'est-à-dire la vitesse même de l'air. Il resterait à déterminer la masse de cet air qui serait la seule inconnue de cette équation.

Le problème réduit ainsi à son plus haut degré de simplicité présenterait cependant encore une complication extrême à cause de la nature du mouvement imprimé à la masse du corps et à celle de l'air, qui sont soumises toutes deux à des mouvements variés.

MAREY.

VARIÉTÉS

Nous extrayons de la *Gazette hebdomadaire* les détails suivants sur l'organisation des ambulances volontaires dont nous avons déjà parlé la semaine dernière :

« Quatre ambulances volontaires ont été créées. Le personnel de chacune d'elles se compose de : 1 chirurgien en chef, 4 chirurgiens, 10 aide-chirurgiens, 12 sous-aides, 60 infirmiers, dont 8 sont des ouvriers de divers corps d'état, charpentiers, forgerons, etc. Nous avons fait connaître la composition de la première ambulance. La deuxième, dont le chirurgien en chef est notre collaborateur, M. Sée, portera le nom spécial d'*Ambulance de la presse française*, sur la demande de la presse elle-même, qui vient de verser 300 000 francs dans la caisse de la Société. La troisième a pour chirurgien en chef M. Ledentu, et la quatrième M. Pamard fils (d'Avignon). En outre, on organise une ambulance maritime, dont M. Trélat est le chirurgien en chef désigné : un navire a été loué par la Société.

» Un aumônier catholique et un ministre protestant sont attachés à chaque ambulance, ainsi qu'un comptable chargé de la subsistance et assisté de deux aides comptables. L'ambulance se nourrit elle-même ; mais les blessés reçoivent leurs vivres de l'intendance.

» Chaque ambulance est munie de : 1° 51 petites tentes susceptibles de se réunir trois à trois, de manière à former 17 grandes tentes pouvant contenir chacune 24 malades ; 2° 300 brancards-lits avec sacs de toile destinés à être remplis pour former des paillasses, qui seront munies de toiles imperméables ; 3° 100 civières, modèle de l'armée ; 4° 10 brancards à roues, 10 fourgons ; 5° 20 chevaux de trait et une trentaine de chevaux de selle (tous les chirurgiens, excepté les sous-aides, sont montés). »

Le propriétaire-gérant : GERMER BAILLIÈRE.

PARIS. — IMPRIMERIE DE E. MARTINET, RUE MIGNON, 2.

REVUE

DES

COURS SCIENTIFIQUES

DE LA FRANCE ET DE L'ÉTRANGER

SEPTIÈME ANNÉE   NUMÉRO 37   13 AOUT 1870

Paris, 12 août 1870.

Les circonstances graves que nous traversons nous imposent personnellement à tous des obligations patriotiques qui pourraient mettre subitement la *Revue* dans l'impossibilité matérielle de paraître. Pour le cas où cette éventualité se réaliserait, nous donnerions à nos lecteurs, en une ou plusieurs fois, aussitôt après le retour d'une situation normale, les numéros arriérés dont ils auraient été privés.

— A l'Académie des sciences, au début du comité secret de lundi dernier, M. H. Milne Edwards annonce que la section de zoologie demande à l'unanimité le renvoi à trois mois de la discussion des titres pour la place de correspondant. L'Académie adopte cette proposition.

On trouvera plus loin un exposé très-complet des considérations que M. H. Milne Edwards a fait valoir dans les séances précédentes en faveur de la candidature de M. Darwin.

Nous avons reçu deux lettres à propos du dernier comité secret de l'Académie des sciences, l'une de M. de Quatrefages, l'autre de M. Robin. — Voici la lettre M. de Quatrefages :

« Cher monsieur,

» Sous l'empire de douloureux sentiments que vous comprendrez, la section de zoologie a demandé et l'Académie a voté hier à l'unanimité le renvoi à trois mois de la discussion soulevée par la candidature de Darwin. Tout en m'associant avec empressement à mes confrères, j'ai éprouvé le regret de ne pouvoir faire à mon allocution de lundi dernier une rectification que je devais à l'Académie et à M. Blanchard. J'espère que vous voudrez bien lui faire une place dans votre prochain numéro.

» Le volume de l'ornithologie du *Beagle* n'a pas paru comme je l'avais cru sous le nom de Darwin seul. Un sous-titre qui m'avait échappé porte le nom de Gould. Un autre titre porte les noms de Gould, de Darwin et de Eyton. Celui-ci ne figure du reste dans la rédaction que pour un appendice anatomique de neuf pages d'impression.

» Permettez-moi d'ajouter qu'au moment même où je croyais que le titre attribuait le tout à Darwin, je n'ai pas pour cela surfait les mérites de mon candidat. J'ai rappelé et nettement caractérisé la part qui revenait en tout cas à MM. Gould et Gray. De telle sorte que, sauf cette question du titre, tout ce que j'ai dit reste vrai.

» Agréez, etc.,   A. DE QUATREFAGES. »

Voici enfin la lettre de M. Robin :

« Dans votre compte rendu de la discussion en comité secret des titres des candidats à une place vacante parmi les correspondants de la section d'anatomie et de zoologie de l'Académie des sciences, vous me faites dire :

« M. Ch. Robin déclare qu'il faut apprécier Darwin d'après les faits *démontrables* qu'il a introduits dans la science, et que d'après cette mesure il ne devrait même pas figurer sur la liste ; il y a peut être cent zoologistes qui passeraient avant lui. »

» La personne qui vous a donné un compte rendu de cette discussion, vous a trompé trop grossièrement en ce qui me concerne, pour que je ne vous demande pas une rectification et l'insertion dans le prochain numéro de votre *Revue*, des lignes suivantes reproduisant exactement les quelques mots que j'ai prononcés :

« Si des publications de M. Darwin, on élimine les vues
» dont ni la réalité ni la fausseté ne sont démontrables et
» qui dès lors ne sont plus objet de science, il lui reste un en-
» semble de titres qui est inférieur à celui que représentent
» les données scientifiques bien démontrées, introduites dans
» la science par M. Bischoff ; il lui reste même moins de titres
» à nos suffrages qu'à quelques-uns des savants qui sont
» placés *ex æquo* avec lui sur notre liste de présentation. Ce
» sont là les raisons qui m'ont conduit à ne pas porter
» M. Darwin au premier rang, et il m'a paru qu'elles ont influé
» sur le vote des autres membres de la majorité de la sec-
» tion.

» Recevez, etc.,   CH. ROBIN,
» Membre de l'Institut. »

Nos lecteurs trouveront sans doute comme nous qu'entre la rectification de M. Robin et notre compte rendu, il n'y a d'autre différence sensible qu'une atténuation dans la forme. Aucun des collègues de M. Robin ne nous a donc *trompé grossièrement*. Ajoutons que notre compte rendu a été fait d'après les indications non d'un seul, mais de plusieurs membres de l'Académie.

La discussion étant remise à trois mois, il convient de renvoyer à la même époque les observations qu'elle peut motiver. Nous ferons une seule remarque aujourd'hui : le dissentiment entre la majorité et la minorité de la section de zoologie est plus radical que ne l'indique M. Robin. Quelle que soit son opinion sur la valeur relative des titres de MM. Darwin et Bischoff, la minorité aurait soutenu la candidature de M. Bischoff pour ce fauteuil, si la majorité avait voulu accepter M. Darwin pour une prochaine vacance ; mais il s'agissait de frapper M. Darwin d'un ostracisme définitif, motivé par ses doctrines.

— Tous les élèves de l'École normale supérieure viennent de s'engager dans l'armée active.

— La séance générale des cinq académies, qui devait se tenir demain samedi, n'aura pas lieu. Les concours d'agrégation et distributions de prix sont supprimés pour cette année.

INSTITUTION ROYALE DE LA GRANDE-BRETAGNE

LECTURES DU VENDREDI SOIR

M. W. B. CARPENTER

de la Société royale

La température et la vie animale dans les profondeurs de la mer (1)

Ce discours présente le résumé des résultats généraux les plus importants obtenus par l'exploration des mers profondes près des îles britanniques, effectuée en 1869 par le vaisseau de la marine royale, le *Porcupine,* afin de compléter et d'étendre les recherches commencées par l'expédition du *Lightning,* en 1868.

L'expédition du *Porcupine* s'est composée de trois croisières.

La première, placée, pour la partie scientifique, sous la direction de M. J. Gwyn Jeffreys, membre de la Société royale, accompagné de M. William L. Carpenter, pour les recherches chimiques, a commencé ses opérations à Galway (2), vers la fin de mai, et les a terminées à Belfast (3), au commencement de juillet. Elle s'est dirigée d'abord au sud-ouest, puis à l'ouest, puis enfin au nord-ouest, jusqu'aux bancs de Rockall. La plus grande profondeur à laquelle on ait opéré des sondages thermométriques et des dragages, pendant cette croisière, a été de 1476 brasses (2609 mètres); et ces opérations, grâce aux excellents appareils du *Porcupine* et à l'habileté du capitaine Calver qui le commande, ont si bien réussi, qu'elles ont donné bon espoir d'arriver à des profondeurs plus grandes encore, avec des résultats non moins satisfaisants.

La seconde croisière, dont la partie scientifique avait été confiée au professeur Wyville Thomson, membre de la Société royale, assisté de M. Hunter pour la chimie, se dirigea en conséquence vers le point le plus proche où l'on eût reconnu une profondeur de 2500 brasses (4572 mètres); c'était à l'extrémité nord du golfe de Gascogne, à environ 250 milles (402 kilomètres), à l'ouest de l'île d'Ouessant. Pendant cette croisière, on exécuta des sondages thermométriques et des dragages à la profondeur extraordinaire de 2435 brasses (4431 mètres), ou près de trois milles, profondeur qui égale presque la hauteur du mont Blanc, et qui surpasse de plus de 500 brasses (914 mètres), celle à laquelle on a pu ressaisir le câble transatlantique. En cet endroit, la pression de l'eau sur le fond de la mer est de près de trois tonnes par pouce carré (472 kilogrammes par centimètre carré), ce qui n'empêche pas la vie animale d'y être fort développée : environ un quintal et demi (762 kilogrammes) de boue du fond de l'Atlantique, surtout composée de *globigérines,* a été ramené par la drague, avec divers types d'êtres plus élevés, échinodermes, annélides, crustacés et mollusques; entre autres, un crinoïde nouveau, se rattachant comme le *rhizocrinus,* dont la découverte par M. Sars jeune, a servi de point de départ aux recherches actuelles, au type de l'*apiocrinite,* qui appartient à la période oolitique.

La troisième croisière s'est faite sous ma propre direc-

tion pour la partie scientifique, avec l'aide de M. P. H. Carpenter pour la partie chimique; mais j'avais l'immense avantage d'emmener avec moi mon collègue, le professeur Wyville Thomson, le même qui, dans l'expédition du *Lightning,* avait dirigé tous les dragages. Cette croisière, commencée au milieu d'août, pour se terminer au milieu de septembre, avait pour but d'explorer plus complétement l'espace situé entre le nord de l'Écosse et les îles Fœroë, espace dans lequel l'expédition du *Lightning* avait obtenu des résultats d'un intérêt tout particulier, au double point de vue de l'inégalité de la température et de la distribution de la vie animale sur le fond de la mer, à des profondeurs qui ne sont guère que de 350 à 650 brasses (de 640 à 1188 mètres) — car c'est là la plus grande profondeur à laquelle se soient faits les dragages de 1868.

Pendant presque toute la durée de l'expédition du *Porcupine,* le temps a été aussi favorable à nos travaux, qu'il l'avait été peu pendant la plus grande partie de l'expédition du *Lightning;* aussi les résultats obtenus ont-ils été non-seulement bien au-dessus des plus grandes espérances des promoteurs de l'expédition, mais même, nous pouvons le dire sans être accusés d'exagération, tels qu'auparavant aucune exploration scientifique d'une si courte durée n'en avait jamais donné.

Nous exposerons d'abord les résultats des sondages thermométriques, et leurs rapports avec les doctrines émises dans notre lecture de l'année précédente et fondées sur les observations recueillies par l'expédition du *Lightning.* Ces observations indiquaient l'existence de deux climats sous-marins fort différents, dans le canal profond qui s'étend de l'est nord-ouest à l'ouest-sud-ouest, entre l'Écosse septentrionale et les bancs des îles Fœroë : en effet, on avait noté une température minima de 32 degrés Fahr. (zéro centigrade) dans certaines parties de ce canal, tandis que, dans d'autres parties et à *la même profondeur,* avec *la même température à la surface* (presque toujours 52 degrés Fahr., ou 11 degrés centigrades), on relevait des températures minima qui n'étaient jamais au-dessous de 46 degrés Fahr. (7°,7 centigrades), ce qui constituait une différence absolue de 14 degrés Fahr. (7°,7 centigrades). On n'a pu affirmer d'une manière positive que ces *minima* fussent les températures du fond des régions qui les ont donnés; mais on a essayé de le démontrer par deux raisons : — d'abord, il est très-peu probable que de l'eau de mer, à la température de zéro centigrade, se trouve au-dessus d'une couche d'eau à une température plus élevée et d'une pesanteur spcifique moindre, à moins que les deux couches ne soient animées d'un mouvement en sens contraire assez rapide pour qu'on le reconnaisse ; et, en second lieu, parce que le caractère de la faune trouvé sur le fond de la région froide, fond composé de sable quartzeux mêlé de particules d'origine volcanique, est tout à fait en rapport avec l'abaissement présumé de sa température, tandis que le fond de la région chaude se compose essentiellement de boue de *globigérine,* et que sa faune a tous les caractères de celle des mers tempérées plus chaudes.

Il est évident que cette conclusion ne serait nullement affectée par quelque erreur résultant de l'effet produit par la pression sur les boules des thermomètres; en effet, quand même les véritables températures minima seraient, comme on l'avait d'abord supposé, d'un ou deux degrés centigrades au-dessous des *minima* indiqué par l'instrument, la *différence*

---

(1) Voyez VIᵉ année, page 498, 10 juillet 1869.
(2) Côte ouest de l'Irlande.
(3) Côte nord-est de l'Irlande,

entre les températures prises à des profondeurs égales ou presque égales, n'en pourrait être affectée.

L'existence, dans la région froide, d'une température minima de zéro centigrade, avec une faune essentiellement boréale, ne pourrait, avons-nous dit, s'expliquer que par l'hypothèse d'un courant inférieur d'eau des mers polaires, venant du nord ou du nord-est; et, réciproquement, l'existence dans la région chaude, d'une température minima de 7 degrés centigrades, s'étendant à une profondeur de neuf à onze cents mètres, sur le soixantième degré de latitude (c'est-à-dire au moins 8 degrés plus haut que la parallèle isothermique), aussi bien que le caractère de sa faune qui est celle d'un climat tempéré plus chaud, semble également indiquer un courant équatorial venant du sud ou du sud-ouest.

Nous avions également avancé que, si l'existence de deux climats sous-marins aussi différents, dans le voisinage l'un de l'autre, ne peut s'expliquer que par l'hypothèse d'un courant polaire et d'un courant équatorial circulant côte à côte (le second s'étendant même au-dessus du premier, par suite de sa densité moindre), ces courants, le *Gulf-Stream*, par exemple, doivent être considérés comme des cas particuliers d'une *grande circulation océanique générale*, qui ramène constamment aux parties les plus profondes du bassin de l'océan équatorial, l'eau qui s'est refroidie dans les régions polaires, tandis que l'eau qui s'est réchauffée à l'équateur se dirige vers les pôles, en suivant la surface de la mer ou les couches voisines. Il y a longtemps que l'on a indiqué la nécessité physique de cette circulation, nécessité qui n'est pas moins grande que celle des courants atmosphériques qui vont de l'équateur aux régions polaires, et qui jouent un rôle si important dans la production des vents; mais tant que la géographie physique était dominée par le principe de l'existence d'une température uniforme de 35 degrés Fahr. (3°,8 centigrades), l'importance de la théorie des courants ne pouvait être réellement reconnue.

Les nombreux sondages thermométriques exécutés avec le plus grand soin par l'expédition du *Porcupine*, ont pu servir à vérifier ces principes; ils ont eu pour résultat non-seulement de les confirmer de la manière la plus complète et d'en faire désormais des faits acquis, mais encore de montrer qu'une température de 1°,4 centigrade peut exister au fond de la mer à une grande distance des régions polaires, et que même une température si basse n'empêche nullement l'existence d'une faune à la fois variée et abondante.

Tous les sondages thermométriques de l'expédition du *Porcupine* ont été exécutés avec des thermomètres dont la boule était protégée par une enveloppe soudée à la tige, afin de garantir l'instrument des effets de la pression. Les trois quarts environ de l'espace resté libre entre la boule et son enveloppe étaient remplis d'alcool; mais il restait un petit vide grâce auquel la diminution de volume qu'aurait pu subir l'enveloppe extérieure ne pouvait comprimer le thermomètre lui-même. Cette modification, dont l'idée est due au professeur M. A. Miller, a été exécutée avec tant d'habileté par M. Casella, que des thermomètres ainsi protégés ont été soumis à une pression de *trois tonnes par pouce carré* (472 kilogrammes par centimètre carré), dans un appareil d'essai construit tout exprès, et n'ont subi qu'une très-légère élévation, dont au moins une partie doit être attribuée à la chaleur développée par la compression de l'eau dans laquelle ils étaient plongés.

Au contraire, les meilleurs thermomètres, dépourvus d'enveloppe protectrice, ont varié, sous l'influence de la même pression, de 4 degrés à 5 degrés centigrades; pour quelques instruments, l'élévation a même été jusqu'à 25 et 30 degrés centigrades (1). Deux de ces thermomètres Miller-Casella ont servi dans chaque observation; et ils ont toujours été d'accord, à une fraction insignifiante de degré près. Les deux mêmes instruments ont été employés pendant tout le cours de l'expédition; et, quoiqu'ils eussent servi à 166 observations différentes, pour lesquelles ils avaient parcouru, soit en montant, soit en descendant, un espace de près de cent milles (160 kilomètres), ils sont revenus en très-bon état, grâce surtout au soin avec lequel ils étaient maniés par le capitaine Calver. Nous pouvons affirmer en toute confiance que les indications de ces instruments étaient certainement exactes à un demi-degré centigrade près, approximation tout à fait suffisante pour la question scientifique qui nous occupe.

Afin de rattacher les travaux du *Porcupine* à ceux de l'expédition du *Lightning*, il est bon de commencer par la troisième croisière du *Porcupine*, dans laquelle nous avons examiné en détail l'espace que le *Lightning* avait traversé l'année précédente. Pendant cette croisière, nous avons exécuté des sondages à trente-six stations différentes, à des profondeurs variant de cent à sept cent soixante-sept brasses (de 182 à 1400 mètres); de ces stations, dix-sept étaient dans la région froide, et quatorze dans la région chaude, tandis que les cinq autres nous ont donné des températures intermédiaires, tout à fait en rapport avec leur position entre les deux régions. Pour nous assurer si les températures *minima* ainsi obtenues étaient réellement celles du fond, nous avons exécuté des sondages de séries à trois stations, l'une dans la région chaude, les deux autres dans la région froide : nous déterminions par plusieurs observations successives faites aux mêmes points, en descendant chaque fois de cinquante ou de cent brasses (91 ou 182 mètres), la température de l'eau à des profondeurs différentes entre la surface et le fond. Tous ces résultats sont parfaitement d'accord entre eux; ils le sont aussi avec les quinze observations faites par l'expédition du Lightning, en tenant compte pour ces dernières de la correction rendue nécessaire pour la pression (de 1°,1 à 1°,6 centig. selon la profondeur (voyez tableaux I et II, pages 580 et 581).

Le sommaire général des résultats obtenus, que nous donnons ici, établit un contraste frappant entre les conditions de la région chaude et celles de la région froide, régions qui occupent séparément les parties ouest-sud-ouest et est-nord-est du détroit entre le nord de l'Écosse et les îles Fœroë, et sont situées côte à côte au milieu de ce détroit.

On peut dire que la température de la surface est presque la même partout, c'est-à-dire de 52 degrés Fahr. (11°,11 centig.); les variations en plus ou en moins peuvent parfaitement être attribuées soit à des différences atmosphériques, telles que le vent, le soleil, etc., soit à la différence de latitude. Dans les deux régions, nous avons constaté un abaissement de 3 à 4 degrés Fahr. (de 1°,6 à 2°,2 centig.) pour les cinquante premières brasses de profondeur, ce qui réduit à 48

---

(1) Le même principe avait déjà été appliqué à des thermomètres construits sous la direction de l'amiral Fitzroy; mais l'espace qui séparait la boule de l'enveloppe était rempli avec du mercure au lieu d'alcool. Malheureusement, par suite de quelque vice de construction, ces instruments donnèrent des résultats peu satisfaisants; de plus, ils se brisaient très-facilement.

degrés Fahr. (8°,8 centigr.) la température pour cette profondeur. Les cent cinquante brasses suivantes (273 mètres) ont donné un abaissement lent de température presque égal pour les deux régions ; dans la région chaude, la température était de 47 degrés Fahr. (8°3 centig.) à une profondeur de deux cents brasses (364 mètres), tandis que, dans la région froide, elle était de 45°,7 Fahr. (7°6 centig.). C'est au-dessous de cette profondeur que se montre une différence marquée. En effet, tandis que la région chaude présente un abaissement lent et presque uniforme pour les quatre cents brasses (728 mètres) qui suivent, abaissement qui n'est pas même en tout de 4 degrés Fahr. (2°,2 centig.), il y a, dans la région froide, un abaissement de 15 degrés Fahr. (8°,3 centig.) pour les cent brasses qui suivent, de sorte qu'à la profondeur de trois cents brasses la température est de 30°,8 Fahr. (— $\frac{4}{10}$ de degré centig.). Et ce n'est pas là la température la plus basse, car les sondages opérés par séries à des profondeurs entre trois cent et six cent quarante brasses (546 et 1170 mètres), ce qui est la plus grande profondeur que l'on ait mesurée dans la région froide, à égale distance entre les îles Fœroë et les Shetland, ces sondages ont montré un abaissement progressif encore plus grand, de sorte que la température la plus basse que l'on ait trouvée au fond est de 29°,6 Fahr. (—1°,3 centig.). Ainsi, tandis que la température de la couche d'eau superficielle de la région froide indique clairement qu'elle vient de la même source que la masse d'eau qui occupe la région chaude, la température de la couche inférieure, qui peut avoir une épaisseur de plus de deux mille pieds (304 mètres), varie de zéro à — 1°,3 centig. Entre les deux se trouve une couche de mélange d'environ cent brasses d'épaisseur, qui marque la transition entre la couche chaude de la surface, et la masse d'eau froide qui occupe la partie plus profonde du détroit.

La plus courte distance à laquelle nous ayons observé à des profondeurs correspondantes ces deux climats sous-marins opposés, a été d'environ vingt milles (37 kilom.) ; mais il suffisait d'une distance bien moindre, quand la profondeur changeait rapidement. Ainsi, près du bord méridional du chenal profond, à une profondeur de cent quatre-vingt-dix brasses (345 mètres), la température du fond était de 48°,7 Fahr. (9°,2 centig.) ; tandis que six milles seulement plus loin, dans un endroit où la profondeur s'était accrue jusqu'à quatre cent quarante-cinq brasses (813 mètres), la température du fond n'était plus que de 30°,1 Fahr. (1°,5 centig.). Dans le premier cas, le fond se trouvait évidemment situé dans la couche chaude de la surface ; tandis que, dans le second, il était couvert par le courant froid du dessous.

Il nous semble impossible d'expliquer ces phénomènes par une autre hypothèse que celle de *la venue directe de cette eau froide du bassin arctique*. Et cette hypothèse est tout à fait d'accord avec d'autres faits observés dans le cours de cette exploration. D'abord, l'abaissement rapide de température, qui marque la couche de mélange, commençait environ cinquante brasses plus près de la surface dans la partie la plus septentrionale de la région froide étudiée par nous, que dans la partie la plus méridionale, fait qui s'explique suffisamment par la proximité plus grande de la source du courant froid. En second lieu, le sable qui couvre le fond contient des parcelles de minéraux volcaniques, provenant pro-

TABLEAU I. — *Donnant la température de la mer à différentes profondeurs, dans le détroit qui sépare le nord de l'Écosse et les îles Shetland des îles Fœroë ; cette température a été déterminée par des sondages par séries et des sondages de fond. Les chiffres romains indiquent les sondages thermométriques exécutés par le* Lightning, *corrigés de l'erreur de pression.* — RÉGION CHAUDE.

SÉRIE 87. PROFONDEUR.		SÉRIE 87. TEMPÉRATURE.	
BRASSES.	MÈTRES.	FAHR.	CENTIGR.
0	0	52,6	11,44
50	91	48,1	8,94
100	182	47,3	8,50
150	274	47,0	8,33
200	365	46,8	8,22
300	548	46,6	8,11
400	731	46,1	7,83
500	914	45,1	7,27
600	1096	43,0	6,11
767	1402	41,4	5,22

STATION N°.	PROFONDEUR.		TEMPÉRATURE DE LA SURFACE.		TEMPÉRATURE DU FOND.	
	BRASSES.	MÈTRES.	FAHR.	CENTIGRADES.	FAHR.	CENTIGRADES.
73	84	153	52,7	11,50	48,8	9,33
80	92	167	53,2	11,77	49,4	9,66
71	103	188	53,0	11,66	48,6	9,22
81	142	259	53,3	11,83	49,1	9,50
84	155	283	54,3	12,38	49,2	9,55
85	190	347	53,9	12,16	48,7	9.27
74	203	371	52,5	11,38	47,7	8,72
50	355	648	52,6	11,44	46,2	7,88
46	374	683	53,9	12,16	46,0	7,77
89	445	813	53,1	11,72	45,6	7,55
90	458	837	53,1	11,72	45,2	7,33
49	475	868	53,6	12,00	45,4	7,44
VI	530	968	52,5	11,38	44,8	7,11
47	542	990	54,0	12,22	43,8	6,55
XV	570	1042	52,0	11,11	43,5	6,38
XVII	620	1133	52,0	11,11	43,5	6,38
XIV	650	1188	53,0	11,66	42,5	5,83
88	705	1288	53,5	11,94	42,7	5,94

bablement de l'île Jean Mayen ou du Spitzberg. En troisième lieu, la faune de la région froide présente un type boréal bien accusé ; plusieurs des animaux qui y abondent n'ont été trouvés jusqu'ici que sur les côtes du Groënland, de l'Islande ou du Spitzberg.

Quoique les températures obtenues dans la région chaude ne prouvent pas d'une manière aussi évidente que toutes ses eaux proviennent des latitudes méridionales, cependant un examen attentif des conditions de cette région semble justifier une telle conclusion. L'eau, à une profondeur de quatre cents brasses (728 mètres), par 59° ½ de latitude, n'était que de 2°,4 Fahr. (1°,3 centig.) plus froide que l'eau située à la même profondeur à l'extrémité nord du golfe de Gascogne, à plus de 10 degrés plus au sud, et dans des parages où la température de la surface était de 62°,7 Fahr. (17 degrés centigr.). La différence entre les deux températures diminue encore à de plus grandes profondeurs : ainsi la température du fond, à une profondeur de sept cent soixante-sept brasses (1402 mètres), à la première station, est de 41°,4 Fahr. (5°2 centig.), tandis qu'à sept-cent cinquante brasses (1365 mètres) nous trouvons, à la seconde station, 42°,5 Fahr. (5°,8 centig.). Or, comme on peut affirmer sans craindre de se tromper que la température la plus basse observée dans la région chaude est bien au-dessus de celle de son isotherme pour cette latitude, et que cette élévation de température ne pourrait se maintenir malgré le froid qu'apporte le courant arctique, s'il n'y avait un afflux constant de chaleur d'une région plus chaude, il semble impossible de ne pas admettre que la grande masse de l'eau doit venir du sud-ouest.

L'influence du *Gulf-Stream* proprement dit (j'appelle ainsi la masse d'eau chaude qui sort du golfe du Mexique par le passage appelé les *Narrows*), si même elle s'étend jusqu'à ces parages, ce qui est très-douteux, ne pourrait se faire sentir que sur la couche *la plus superficielle* ; il en est de même du mouvement de la surface dû à la prédominance des vents du sud-ouest, et auquel quelques-uns ont attribué les phénomènes que l'on explique ordinairement par l'extension du *Gulf-Stream* jusqu'à ces régions. Assurément, la présence de la masse d'eau située entre cent et six cents brasses (182 et 1092 mètres) de profondeur, et dont la température varie entre 48 et 42 degrés Fahr. (8°,8 et 5°,5 centig.) ne peut guère s'expliquer que par l'hypothèse *d'un grand mouvement général des eaux de l'équateur vers les régions polaires ;* mouvement dont le *Gulf-Stream* n'est qu'un cas particulier, modifié par les conditions locales. De même, le courant arctique qui circule sous la couche chaude de la surface dans notre région froide, n'est qu'un cas particulier, modifié par les conditions locales dont nous parlerons tout à l'heure, *d'un grand mouvement général des eaux polaires vers la zone équatoriale,* qui fait descendre presque jusqu'au point de congélation la température des parties les plus profondes des grands bassins océaniques.

Pendant la *première* et la *seconde* croisière du *Porcupine,* nous avons constaté la température du bord oriental du

TABLEAU II. — *Température de la mer à diverses profondeurs.* — RÉGION FROIDE.

PROFONDEUR.		SÉRIE 64. TEMPÉRATURE.		SÉRIE 52. TEMPÉRATURE.	
BRASSES.	MÈTRES.	FAHR.	CENTIG.	FAHR.	CENTIG.
0	0	49,7	9,83	52,1	11,16
50	91	45,5	7,50	48,5	9,16
100	182	45,0	7,22	47,3	8,50
150	274	43,3	6,27	46,5	8,05
200	365	39,6	4,22	45,6	7,55
250	456	34,3	1,27	38,4	3,55
300	548	32,4	0,22	30,8	— 0,66
350	639	31,4	— 0,33	....	
384	701			30,6	— 0,77
400	731	31,0	— 0,55	....	
450	822	30,6	— 0,77	....	
500	914	30,1	— 1,05	....	
550	1005	30,1	— 1,05	....	
600	1096	29,9	— 1,16	....	
640	1168	29,6	— 1,33	....	

STATION N°.	PROFONDEUR.		TEMPÉRATURE DE LA SURFACE.		TEMPÉRATURE DU FOND.	
	BRASSES.	MÈTRES.	FAHR.	CENTIG.	FAHR.	CENTIG.
70	66	120	53,4	11,88	45,2	7,33
69	67	121	53,5	11,94	43,8	6,55
68	75	137	52,5	11,38	44,0	6.66
61	114	208	50,4	10,22	45,0	7,22
62	125	228	49,6	9,77	44,6	7,00
60	167	305	49,5	9,72	44,3	6,83
IX	170	310	52,0	11,11	41,0	5,00
63	317	579	49,0	9,44	30,3	— 0,94
65	345	630	52,0	11,11	29,9	— 1,16
76	344	628	50,3	10,16	29,7	— 1,27
54	363	663	52,5	11,38	31,4	— 0,33
86	445	812	53,6	12,00	30,1	— 1,05
56	480	875	52,6	11,44	30,7	— 0,72
53	490	896	52,1	11,16	30,0	— 1,11
X	500	914	54,0	10,55	30,8	— 0,66
58	540	987	54,5	10,83	30,8	— 0,66
VIII	550	1005	53,0	11,66	29,8	— 1,22
77	560	1023	50,9	10,50	29,8	— 1,22
59	580	1059	52,7	11,50	29,7	— 1,27
55	605	1105	52,6	11,44	29,8	— 1,22
57	632	1155	52,0	11,11	30,5	— 0,83

grand bassin septentrional de l'Atlantique, à des profondeurs variant de cinquante-quatre à deux mille quatre cent trente cinq brasses (de 98 à 4431 mètres), et à des points fort éloignés les uns des autres, du 47e au 55e degré de latitude.

Nous avons noté la température du *fond* à trente stations différentes, et opéré des séries de sondages à sept stations, ce qui donne un total de quatre-vingt-quatre observations (voyez tableaux III et IV, pages 582 et 583). Dans tous les résultats obtenus, l'accord des températures pour les profondeurs correspondantes est très-remarquable ; les principales différences se montrent dans la température de *la surface*, et de la couche située immédiatement au-dessous. Dans cette couche superficielle, on observe un excès de température bien marqué, qui ne dépasse guère soixante-dix ou quatre-vingts brasses (127 ou 145 mètres) de profondeur, et qui est plus considérable aux stations du sud qu'à celles du nord. Cet excès de température est-il entièrement dû à l'influence directe de la chaleur solaire, ou dépend-il de façon ou d'autre de ce que le *Gulf-Stream* arrive jusqu'à la partie sud de la région que nous avons examinée ? c'est là une question qu'il n'est possible de résoudre qu'en déterminant la valeur relative de cette température pour chaque saison.

Entre cent et cinq cents brasses (182 et 910 mètres), la température décroît très-lentement : l'abaissement total est d'environ 3 degrés Fahr. (1º,6 centig.), ce qui fait 0º,4 centig. par 180 mètres. Cette masse d'eau a une température tellement supérieure à celle de son isotherme des stations du nord où nous avons fait nos observations, qu'il faut nécessairement qu'elles viennent d'une source située au midi. Entre cinq cents et sept cent cinquante brasses (1365 et 910 mètres) cependant, la température décroît beaucoup plus rapidement : l'abaissement total est de 5º,4 Fahr. (3 degrés centig.), ce qui fait plus de 2 degrés Fahr. (1º,1 centig.) par cent brasses (182 mètres). Enfin, entre sept cent cinquante et mille brasses (1365 et 1828 mètres), l'abaissement est de 3º,1 Fahr. (1º,7 centig.), ce qui réduit la température, à cette dernière profondeur, à une moyenne de 38º,6 Fahr. (3º,6 centig.). Plus bas, nous notons encore un abaissement progressif de température fort lent, à mesure que la profondeur croît : l'abaissement total est d'un peu plus de 2 degrés Fahr. (1º,1 centig.) de mille à deux mille quatre cent trente-cinq brasses (de 1828 à 4431 mètres), de sorte qu'à cette dernière profondeur, la plus grande à laquelle la température ait été reconnue, elle était de 36º,6 Fahr. (2º,5 centig.). — Ainsi, il est évident que l'énorme masse d'eau qui occupe les profondeurs du bassin de l'Atlantique provient elle-même d'une région plus froide, ou que sa température a subi un abaissement par suite du mélange d'une eau froide venue des régions polaires. Cette dernière supposition est celle qui s'accorde le mieux avec l'abaissement *graduel* de température que nous avons constaté entre cinq cents et mille brasses (914 et 1828 mètres) de profondeur, ce qui correspond à la couche de mélange de la région froide.

Les sondages thermométriques récemment exécutés par le

TABLEAU III. — *Température de la mer à différentes profondeurs près du bord ouest de l'océan Atlantique septentrional. Sondages par séries.*

PROFONDEUR.		TEMPÉRATURE.													
		SÉRIE 23.		SÉRIE 42.		SÉRIE 22.		SÉRIE 19.		SÉRIE 20.		SÉRIE 21.		SÉRIE 38.	
BRASSES.	MÈTRES.	FAHR.	CENTIG.	FAHR.	CENTIG.	FAHR.	CENTIG.	FAHR.	CENTIG.	FAHR.	CENTIG.	FAHR.	CENTIG.	FAHR.	CENTIG.
0	0	57,3	14,06	62,6	17,00	56,9	13,83	54,8	12,66	55,5	13,05	56,2	13,44	64,0	17,77
50	91	....		53,2	11,77										
100	182	48,5	9,16	51,1	10,61										
150	274	....		50,9	10,50										
200	365	48,0	8,88	50,5	10,27										
250	456	....		50,2	10,11	48,5	9,17	48,0	8,88	48,5	9,17	48,3	9,05	50,5	10,27
300	548	47,8	8,77	49,6	9,77										
350	639	....		49,1	9,50										
400	731	47,5	8,61	48,5	9,16										
450	822	....		47,6	8,66										
500	914	45,8	7,66	47,4	8,55	46,7	8,16	46,7	8,16	46,9	8,27	47,5	8,61	47,8	8,77
550	1003	....		46,4	8,00										
600	1096	44,5	6,94	45,5	7,50										
630	1151	43,4	6,33												
650	1187	....	....	44,3	6,83										
700	1279	....	....	43,6	6,44										
750	1370	....	....	42,5	5,83	42,0	5,55	41,2	5,11	41,6	5,33	42,4	5,77	41,3	5,16
800	1462	....	....	42,0	5,55										
862	1595	....	....	39,7	4,27										
1000	1828	....	....	....	....	38,8	3,77	38,5	3,61	38,8	3,77	38,5	3,61	38,3	3,50
1263	2308	....	....	....	....	37,3	2,94								
1250	2284	....	....	....	....	....	....	....	....	37,7	3,16	37,9	3,27	37,7	3,16
1360	2486	....	....	....	....	....	....	37,4	3,00						
1443	2637	....	....	....	....	....	....	....	....	37,0	2,77				
1476	2698	....	....	....	....	....	....	....	....	....	....	36,9	2.72		
1500	2742	....	....	....	....	....	....	....	....	....	....	....	....	37,2	2,88
1750	3198	....	....	....	....	....	....	....	....	....	....	....	....	36,7	2,61
2090	3820	....	....	....	....	....	....	....	....	....	....	....	....	36,3	2,38

commandant Chimmo et le lieutenant Johnson, tous deux de la marine royale, avec les corrections nécessaires pour tenir compte de l'influence de la pression sur les boules des thermomètres à enveloppe simple dont ils se sont servis, donnent des résultats qui concordent d'une manière remarquable avec les nôtres ; aussi pouvons-nous affirmer avec confiance que la température des parties les plus profondes du fond de l'océan Atlantique septentrional n'est que de quelques degrés au-dessus de zéro.

Or, si l'on jette les yeux sur la région voisine du pôle nord, en se servant soit d'un globe, soit d'une projection dont le pôle soit le centre, on voit que le bassin des mers polaires est tellement enfermé par les côtes septentrionales de l'Europe, de l'Asie et de l'Amérique, que sa seule communication avec le bassin septentrional de l'Atlantique, à part les passages tortueux qui vont aux baies d'Hudson et de Baffin, est l'espace entre la côte orientale du·Groenland et la partie nord-ouest de la presqu'île scandinave. Si donc il existe entre les eaux des pôles et celles de l'équateur un échange du genre de celui dont nous avons parlé, le courant arctique doit occuper les parties les plus profondes de cet espace, au nord duquel se trouve le Spitzberg, tandis que l'Islande et les îles Fœroë occupent le milieu de son extrémité méridionale. Or, dans le détroit qui sépare le Groenland de l'Islande, la profondeur est suffisante pour·livrer passage à un courant froid de ces dimensions ; mais, entre l'Islande et les îles

Tableau IV. — *Température de la mer à différentes profondeurs près du bord ouest du bassin de l'océan Atlantique septentrional. Sondages de fond.*

STATION N°.	PROFONDEUR.		TEMPÉRATURE DE LA SURFACE.		TEMPÉRATURE DU FOND.	
	BRASSES.	MÈTRES.	FAHR.	CENTIG.	FAHR.	CENTIG.
27	54	98	55,6	13,11	48,3	9,05
34	75	137	66,0	18,88	49,7	9,83
6	90	163	54,0	12,22	50,0	10,00
35	96	174	63,4	17,44	51,3	10,72
8	106	193	54,2	12,33	51,2	10,66
24	109	199	57,7	14,27	46,5	8,05
7	159	290	53,2	11,77	50,4	10,22
14	173	316	53,2	11,77	49,6	9,77
18	183	334	53,2	11,77	49,4	9,66
13	208	380	53,6	12,00	49,6	9,77
4	251	458	53,5	11,94	49,5	9,72
1	370	676	54,0	12,22	49,0	9,44
15	422	771	52,2	11,22	47,0	8,33
45	458	837	60,7	15,94	48,1	8,94
40	517	945	63,4	17,44	47,7	8,72
41	584	1067	63,4	17,44	46,5	8,05
12	670	1224	52,2	11,22	42,6	5,88
3	723	1321	54,5	12,50	43,0	6,11
36	725	1325	63,9	17,72	43,9	6,50
2	808	1477	54,1	12,27	41,4	5,22
16	816	1491	53,0	11,66	39,5	4,17
44	865	1581	61,2	16,22	39,4	4,11
43	1207	2206	61,7	16,50	37,7	3,16
28	1215	2221	57,7	14,27	37,1	2,82
17	1230	2248	53,2	11,77	37,8	3,22
29	1264	2310	56,9	13,83	36,9	2,72
32	1320	2412	55,9	13,27	37,4	3,00
30	1380	2522	56,0	13,33	37,1	2,82
37	2435	4451	65,6	18,66	36,5	2,50

Fœroë, on ne trouve nulle part une profondeur de 300 brasses (548 mètres), si ce n'est dans un chenal étroit au coin sud-est de l'Islande ; de sorte qu'il y a là une barrière réelle empêchant tout mouvement d'eau froide à une profondeur plus grande. Le plateau sur lequel reposent les îles Britanniques, et même le fond de la mer du Nord présentent un obstacle de même nature ; cette dernière mer est si peu .profonde, qu'elle doit arrêter un mouvement de ce genre tout comme pourrait le faire une ligne de côtes reliant les îles Shetland à la Norwége. Il est donc évident qu'un courant d'eau glacée, à plus de 300 brasses (548 mètres) de la surface, qui descend du nord-est, ne peut s'avancer au sud qu'en traversant la partie la plus profonde du détroit qui sépare les îles Fœroë des Shetland. Ceci lui donnera une direction ouest-sud-ouest entre les îles Fœroë et le nord de l'Écosse, et enfin la partie qui n'aura pas été neutralisée par le courant opposé venu du sud-ouest, ira se décharger dans le grand bassin de l'océan Atlantique septentrional : là elle rencontrera les courants de l'Islande et du Groenland, et s'unira à eux pour verser de l'eau froide dans les partie les plus profondes. En s'étendant ainsi, cependant, l'eau froide se mêlera nécessairement à la masse d'eau plus chaude qu'elle rencontrera ; sa propre température s'élèvera, tandis que la température générale de la masse s'abaissera ; c'est pour cela que nous ne trouvons pas la température, même des plus grandes profondeurs du bassin de l'Atlantique, à beaucoup près aussi basse que celle du détroit relativement moins profond qui lui fournit les eaux des mers arctiques.

On peut se demander, cependant, si toute la masse d'eau arctique qui suit le chemin que je viens de tracer, suffirait seule à maintenir un abaissement si considérable dans la température de la masse énorme située au-dessous de la profondeur de 1000 brasses (1828 mètres) dans le bassin de l'océan Atlantique, surtout en présence de l'échauffement continuel produit par l'action du soleil à sa surface dans la partie méridionale. D'ailleurs, comme les rares observations dignes de foi sur les températures du fond de la mer sous l'équateur, indiquent que là aussi la température du fond n'est que très-peu supérieure à zéro, il semble probable qu'une partie du refroidissement est dû à l'action d'un courant d'eau glacée venu du pôle antarctique, et qui s'étend même au nord du tropique du Cancer. Nous trouvons la preuve de ce fait dans les sondages thermométriques récemment exécutés par le vaisseau de sa majesté Britannique *Hydra*, entre Aden et Bombay, où le refroidissement ne peut guère provenir que des régions antarctiques (1).

La libre communication qui existe entre les mers antarctiques et les grands bassins des océans du sud, permettrait, s'il fallait admettre le principe d'une circulation océanique générale, un échange d'eaux bien plus considérable entre les mers antarctiques et celles de l'équateur, qu'il ne peut y en avoir dans l'hémisphère nord. Et les preuves ne semblent pas man-

---

(1) La température la plus basse réellement constatée par ces sondages a été de 36°,5 Fahr. (2°,5 centig.). La température de 33°,5 Fahr. (0°, 8 centig.) que nous avons citée comme existant au-dessous de 1800 brasses (3290 mètres), n'était qu'un aperçu donné par le capitaine Shortland, dans la persuasion que l'abaissement de température constaté à de moindres profondeurs devait continuer d'une manière uniforme jusqu'au fond. Or, les séries de sondages du *Porcupine* prouvent qu'il n'en est pas ainsi.

quer à l'appui de cette idée ; c'est, par exemple, un fait bien connu des navigateurs qu'il existe un mouvement perceptible de la surface chaude de tous les océans du sud vers le pôle antarctique ; ce mouvement est si marqué dans une des parties de l'océan Indien du sud, que le capitaine Maury le compare à celui du *Gulf-Stream* dans l'océan Atlantique septentrional(1). Réciproquement, on trouverait, en appliquant la correction de pression aux températures relevées dans l'expédition de sir James Ross dans les mers antarctiques, dans le voyage de *la Vénus*, etc., à des profondeurs de plus de 1000 brasses (1828 mètres), que la température du fond des parties les plus profondes du bassin de l'océan du sud, est réellement voisine ou même au-dessous de zéro. Et, si la température de la partie la plus profonde de l'océan Pacifique septentrional donnait aussi un abaissement de température qui correspondît à celui de l'océan Atlantique septentrional, il faudrait l'attribuer entièrement à l'extension de ce courant antarctique : en effet, la profondeur et la largeur du détroit de Behring sont trop faibles pour permettre à une masse d'eau suffisante, venue des régions arctiques, de passer par ce détroit.

Si d'autres observations viennent confirmer le fait de l'*existence générale d'une température voisine de zéro dans toutes les parties profondes de l'océan, et même entre les tropiques*, comme résultant d'un mouvement général des eaux profondes des pôles vers l'équateur, pour former la contre-partie du mouvement de surface qui porte les eaux de l'équateur vers les pôles, il est évident que cette loi doit avoir une très-grande influence sur la distribution de la vie animale. Nous pouvons, par exemple, nous attendre à rencontrer des êtres considérés jusqu'ici comme appartenant essentiellement aux régions arctiques, dans les mers profondes même de la zone torride, aussi bien que dans les eaux moins profondes des régions antarctiques. L'expérience viendra, nous en sommes persuadé, confirmer ces idées. Dans son dernier discours annuel comme président de la Société royale, Sir Edward Sabine cite des observations sur ce sujet, faites par Sir James Ross dans son expédition aux régions antarctiques, observations qui confirment l'idée de ce grand navigateur, « qu'il existe dans les profondeurs de l'océan intermédiaire des eaux à la même température que celles des mers arctiques et antarctiques, qui ont pu servir de canal à la dissémination des espèces. » La *même température* à laquelle croyait Sir James Ross, semble avoir été 39 degrés Fahr. (3°,8 centigrades); tandis que les observations faites par l'expédition du *Porcupine* prouvent d'une manière évidente, qu'une température même inférieure à 30 degrés Fahr. (— 1°,1 centigrade), peut être transmise par des courants polaires fort loin dans la zone tempérée, et que la température générale de la partie la plus profonde de l'océan Atlantique du nord, est plus polaire qu'il ne le supposait.

De plus, les dragages exécutés dans les mers profondes par l'expédition du *Porcupine*, ont montré que bien des espèces de mollusques et de crustacés, que l'on avait d'abord regardées comme purement arctiques, s'avancent au sud dans les eaux profondes aussi loin que l'on a poussé ces dragages, c'est-à-dire jusqu'à l'extrémité nord du golfe de Gascogne ; et c'est maintenant une question du plus haut intérêt, de savoir si, en étendant ce mode d'exploration, on ne ramènerait pas les mêmes espèces des abîmes mêmes des mers de la zone torride.

Or, comme il a dû y avoir des mers profondes à toutes les époques géologiques, et comme les forces physiques qui entretiennent la circulation océanique ont dû toujours agir, bien que modifiées dans leur action locale par la distribution particulière des terres et des eaux à chaque époque, il est évident que la présence des types de la faune arctique dans un terrain sous-marin quelconque, ne peut être acceptée comme donnant par elle-même la preuve de l'extension générale de l'action glaciaire dans les zones tempérées ou la zone torride. — Jusqu'à quel point les doctrines maintenant admises sur ce sujet devront-elles être modifiées par ces faits nouveaux, c'est aux géologues à le déterminer ; nous sommes sûrs qu'ils feront bon accueil aux témoignages nouveaux que nous leur soumettons.

Nous allons maintenant, énumérer rapidement les résultats généraux des dragages exécutés pendant l'expédition du *Porcupine*.

D'abord ces dragages prouvent, d'une manière péremptoire, qu'*il n'y a pas de limite de profondeur pour la vie animale au fond de l'Océan ;* et que les types que l'on trouve, même aux plus grandes profondeurs, peuvent présenter des caractères tout aussi élevés que ceux des eaux moins profondes. Il serait même prématuré d'affirmer encore que les types plus élevés s'y trouvent avec moins d'abondance et de variété qu'ailleurs; car il n'est nullement impossible que la méthode perfectionnée de collection imaginée par le capitaine Calver (1), et employée avec un succès extraordinaire dans notre troisième croisière, n'ajoute autant à notre connaissance de la faune du fond exploré par la drague dans les deux premières croisières du *Porcupine*, qu'elle l'a fait pour la région froide, où elle a révélé l'étonnante richesse d'un fond que les dragages effectués l'année précédente par le *Lightning* nous avaient appris à considérer comme relativement stérile.

En second lieu, ils confirment l'idée déjà émise, que la température a bien plus d'influence que la pression sur la répartition de la vie animale. Non-seulement nous avons vu les mêmes formes se présenter dans un espace vertical très-étendu, sans qu'aucune pression exercée par un fluide soit incompatible avec leur existence, mais nous avons aussi, par un examen plus complet des relations de la région chaude et de la région froide, établi la différence très-marquée qui existe entre les faunes des deux parties contiguës du fond de l'Océan situées à la même profondeur, différence indiquée par les dragages du *Lightning*. Remarquons cependant que cette différence s'est montrée plutôt pour les *crustacés*, les *échinodermes*, les *éponges* et les *foraminifères* que pour les *mollusques,* dont un grand nombre étaient communs aux deux régions. L'abondance et la variété de la vie animale sur un fond dont la température est au moins de 2 degrés Fahr. (1°,1 centigrade), au-dessous du point de congélation de l'eau douce, est un fait qui peut paraître surprenant; il n'est guère moins remarquable que celui de la grosseur à laquelle parviennent les *mollusques,* les *échinodermes* et les éponges qui semblent être les habitants caractéristiques de

----

(1) *Géographie physique de la mer*, 748-750.

(1) Cette méthode consiste à adapter à la drague des paquets de chanvre qui balayent le fond de l'océan, pendant que la drague le racle. Ces paquets remontaient souvent chargés de butin, tandis que la drague était presque vide.

cette région froide. La limite exacte de la boue de *globigérine* et des *éponges vitreuses*, qui ne dépassent pas la région chaude, montre d'une manière frappante l'influence de la température, et a des conséquences fort importantes au point de vue de la géologie.

En troisième lieu, ces dragages ont beaucoup ajouté au nombre de cas dans lesquels des types que l'on regardait comme caractérisant des époques géologiques précédentes, et que l'on croyait éteints depuis longtemps, se retrouvent encore vivants dans les profondeurs de l'Océan. Ainsi nous voyons s'accroître la probabilité que l'extension de ces méthodes de recherches à des points plus éloignés, produirait des révélations de ce genre encore plus remarquables.

La doctrine émise par le professeur Wyville Thomson, dans son rapport sur l'expédition du *Lightning*, sur la continuité absolue du dépôt crétacé avec le dépôt de boue de *globigérine* maintenant en voie de formation au fond de l'océan Atlantique septentrional, a reçu une confirmation si éclatante par suite de la découverte de la persistance de nombreux types crétacés, non-seulement dans nos propres explorations, mais aussi dans celles des vaisseaux des États-Unis chargés de relever le plan des côtes du golfe du Mexique, que l'on peut bien affirmer que c'est maintenant à ceux qui avancent que la formation de la craie véritable n'a jamais été interrompue depuis la période crétacée, à donner la preuve de leurs assertions. On considère généralement que cette période s'est terminée au moment où les dépôts crétacés du plateau européen se sont soulevés et transformés en terre ferme. Mais, selon les doctrines reçues en géologie, il est très-probable qu'en même temps que le soulèvement du plateau européen, il s'est produit un affaissement graduel de ce qui forme maintenant le fond de l'Atlantique ; de sorte que les *globigérines* de la première surface, avec un grand nombre de types de vie animale qui les accompagnaient, ont dû peu à peu se répandre sur la seconde, à mesure qu'elle offrait des conditions favorables à leur existence. Et il ne semble pas qu'il y ait eu de raison pour les empêcher de se maintenir dans ses parties les plus profondes, vu les changements de niveau relativement petits qui se sont opérés dans cette partie de la croûte terrestre pendant l'époque tertiaire.

En quatrième lieu, les explorations du *Porcupine* ont énormément ajouté à notre connaissance de la faune marine de la Grande-Bretagne, et en découvrant des types nouveaux, et en ramenant des types déjà connus, mais que l'on n'avait rencontrés que dans d'autres localités.—Les *mollusques* seuls ont été jusqu'ici complètement examinés ; et M. J. Gwyn Jeffreys, dont l'autorité en pareille matière ne le cède à celle d'aucun autre naturaliste, s'exprime ainsi : — « Le nombre total des *espèces* des mollusques de mer énumérées dans la Conchologie britannique, que je viens de terminer, est de 451 (sans compter les *nudibranches*) ; à ces espèces l'expédition du *Porcupine* vient d'en ajouter 117, ou plus *d'un quart*. Parmi celles-ci, il y en a 56 qui n'ont jamais été décrites, et 7 que l'on croyait éteintes, et que l'on rangeait parmi les fossiles de l'époque tertiaire. Seize *genres*, dont cinq n'ont jamais été décrits, sont nouveaux pour les mers de la Grande-Bretagne. Tout ce que j'ai pu faire, ajoute-t-il, par des dragages répétés dans des eaux relativement peu profondes, pendant les seize dernières années, a été d'ajouter environ quatre-vingts espèces à celles qu'avaient décrites Forbes et Hanley. Je regarde

les conquêtes qui viennent d'être faites, quelque considérables qu'elles soient, seulement comme une indication de ce que nous réserve l'avenir. En effet, les trésors de l'Océan sont inépuisables. » — L'examen complet des *crustacés*, confié au révérend A. M. Norman, et celui des annélides, entrepris par M. Claparède et le docteur Macintosh, donneront probablement des résultats aussi frappants. Ce sont cependant les *échinodermes* et les *éponges*, dont s'est chargé le professeur Wyville Thomson ; les coraux pierreux, soumis à l'examen du docteur P. M. Duncan ; et enfin les *foraminifères*, dont je fais une étude spéciale, qui fournissent les faits les plus nouveaux et les plus intéressants.

Une addition considérable a été faite à la liste des échinodermes britanniques, par la découverte dans nos mers de plusieurs espèces que l'on croyait jusqu'ici n'appartenir qu'à la Norwége et aux mers arctiques ; ces espèces se sont souvent rencontrées avec une abondance extraordinaire. Une des plus intéressantes de ces espèces a été la grande et belle étoile, l'*Antedon (comatula) Eschrichtii*, que l'on n'avait rencontrée jusqu'ici que sur les rivages du Groënland et de l'Islande, mais que nous avons trouvée dans toutes les parties de notre région froide. D'un autre côté, l'influence de la température s'est montrée non-seulement par l'absence d'un grand nombre de types de ce groupe appartenant aux régions méridionales, mais aussi par le passage de certains autres à l'état *nain* ; c'est au point que les êtres ainsi réduits pourraient être regardés comme spécifiquement distincts, si leur structure ne reproduisait pas exactement celle des êtres du type ordinaire. Ainsi le *Solaster papposa* est réduit de *six* pouces de diamètre à *deux* (de 15 à 5 centimètres); il n'a plus que dix rayons, au lieu de douze à quinze ; l'*astérocanthion violaceus* et la *cribella oculata* subissent une diminution analogue. Mais, en outre, nous avons obtenu plusieurs échinodermes tout à fait nouveaux pour la science, et quelques-uns d'un très-grand intérêt. La découverte, à la profondeur de 2435 brasses (4431 mètres), d'un *crinoïde* vivant du type de l'*apiocrinite*, et se rattachant de fort près au petit *rhizocrinus* (dont la découverte par les naturalistes norwégiens a été le point de départ de nos recherches dans les mers profondes), mais cependant d'une espèce différente, est un fait des plus intéressants à la fois pour le naturaliste et le paléontologiste. Un autre représentant remarquable d'un type que l'on supposait éteint, s'est rencontré à des profondeurs de 440 et de 550 brasses (800 et 1000 mètres) dans la région chaude : c'est un grand *Echinide* du genre *Diadème*, dont la coquille se compose de plaques réunies par une membrane au lieu de l'être par une suture, de sorte qu'elle ressemble à une cotte de mailles flexible, au lieu de la cuirasse rigide dont les *échinides* ordinaires sont revêtus. Ce type présente une grande analogie avec le fossile singulier trouvé dans la craie blanche, et décrit par le docteur S. P. Woodward sous le nom d'*Echinothuria floris*. Nous avons aussi obtenu, dans notre première et notre troisième croisière, des spécimens d'un *Clipéastroïde* fort intéressant, qui touche de près à l'*Infulaster*, lequel appartient spécialement à la craie de formation récente (1). Ce n'est là qu'un échantillon des êtres nouveaux

---

(1) Nous avions d'abord cru que c'était une découverte entièrement nouvelle ; mais, depuis le retour du *Porcupine*, nous avons appris qu'un type génériquement, sinon spécifiquement, identique, a été obtenu par le comte Pourtalès dans ses derniers dragages dans le golfe du Mexique, et décrit par M. Alex. Agassiz sous le nom de *Pourtalesia miranda*.

et intéressants de ce groupe, que nos recherches ont ramenés au jour.

Entre autres conquêtes ajoutées au groupe remarquable des *Éponges vitreuses*, et trouvées dans la région que recouvre la boue de globigérine, nous avons rencontré parmi les habitants les plus répandus dans la région froide, une forme d'éponge particulière et toute nouvelle. Cette éponge se distingue par un axe branchu rigide, couleur vert de mer clair, qui sort d'une racine étalée, et s'étend comme un arbrisseau, ou comme les rameaux d'un grand *Gorgonia*. L'axe est chargé de spicules siliceux ; des spicules de même forme sont contenus dans la chair molle dont il est revêtu.

Les *Foraminifères* recueillis dans l'expédition du *Porcupine* présentent des traits non moins intéressants, quoique sur une bien plus petite échelle. On jugera de la masse énorme de boue de globigérine (quelquefois presque pure, quelquefois mêlée de sable) qui couvre partout le lit des eaux profondes dans la région explorée, si ce n'est aux endroits où la température descend presque à zéro, quand on saura qu'une fois la drague en a ramené une *demi-tonne* (508 kilogrammes), d'une profondeur de 767 brasses (1402 mètres). La ressemblance de ce dépôt avec la craie est fort augmentée par l'existence de plusieurs types crétacés bien caractérisés parmi les foraminifères dispersés dans la masse de *globigérines* dont il se compose principalement. On y trouve aussi la *Xanthidie*, souvent conservée dans des silex. Nous n'avons pas trouvé beaucoup de types absolument nouveaux parmi les foraminifères qui forment les vrais coquillages calcaires ; le fait le plus intéressant a été la rencontre à de grandes profondeurs de certains types d'organisation élevée atteignant des dimensions qui ne s'étaient trouvées jusqu'ici que dans des latitudes bien plus chaudes, ou dans les terrains tertiaires ou même plus anciens. Cela s'est présenté surtout pour le groupe des *Cristellaires*, si étendu géologiquement ; et aussi pour la *Milioline* dont nous avons rencontré des spécimens de dimensions peu ordinaires. La nouveauté la plus intéressante a été un bel *Orbitolite*, qui lorsqu'il était entier devait avoir le diamètre d'une pièce de cinquante centimes ; malheureusement, c'est un être si mince qu'il se brisait toujours lorsque nous le recueillions. — Pour les foraminifères arénacés, cependant, qui construisent des enveloppes en cimentant ensemble des grains de sable, au lieu de produire des coquilles, le nombre des types nouveaux est tel que nous aurons grand'peine à leur trouver des noms génériques convenables. Beaucoup de ces types présentent une analogie remarquable avec des formes déjà reconnues dans la craie, et dont la nature n'avait pas été bien établie. Quelques-uns d'entre eux jettent une lumière importante sur la structure de deux types arénacés gigantesques, appartenant au grès vert supérieur, et que M. II. B. Brady et moi nous avons décrits tout récemment. L'un de ces types est certainement identique avec un spécimen récemment découvert par M. H. B. Brady dans une couche d'argile du calcaire carbonifère. Nous pouvons maintenant nous demander si, puisqu'il a dû y avoir des mers profondes à toutes les époques géologiques, et que les changements qui ont modifié le climat et la profondeur des mers ont été pour la plupart très-graduels, nous pouvons dis-je, nous demander s'il ne faut pas rapporter la continuité de l'accumulation de la boue de *globigérine* sur un point ou un autre du lit de l'Océan, à des époques géologiques encore plus reculées ; et si elle n'a pas eu la même part à la produc-

tion des premiers dépôts calcaires, qu'elle a certainement eue à celle des derniers. L'origine foraminifirique de certaines couches du calcaire carbonifère, par exemple, semble indiquée par la présence de *globigérines*, que le professeur Phillips y a reconnues depuis longtemps, aussi bien que par le fait que nous venons de citer. Le caractère semi-cristallin de ces roches ne saurait être regardé en aucune façon comme opposé à ces idées sur leur origine ; car nous savons fort bien que toute trace de l'origine organique des roches calcaires peut être détruite par un métamorphisme subséquent, comme on le voit par la craie de la côte d'Antrim.

D'où cette masse énorme de vie animale qui couvre le fond des abîmes de la mer, tire-t-elle *sa nourriture?* C'est là une question du plus grand intérêt pour la biologie. Les animaux ne peuvent produire eux-mêmes les composés organiques qui servent à former leurs corps ; la production de ces matériaux avec l'acide carbonique, l'eau et l'ammoniaque des corps inorganiques, sous l'influence de la lumière, est spécialement réservée à la végétation ; ce sont là deux points si généralement acceptés, que les mettre en question serait une hérésie physiologique. Il n'y a aucune difficulté à s'expliquer l'alimentation des types animaux supérieurs, avec la provision de nourriture illimitée qui leur est fournie par les *globigérines* et les *éponges* au milieu desquels ils vivent, et dont un grand nombre se nourrissent comme on a pu le constater. Les *protozoaires* étant donnés, tout le reste s'explique. Mais alors il faut se demander, de quoi se nourrissent ces *protozoaires?*

On a émis l'hypothèse que la nourriture des *protozoaires* des abîmes leur est fournie par les *diatomes* et autres plantes microscopiques, qui, vivant ordinairement à la surface ou tout auprès, peuvent, en tombant au fond de l'Océan, apporter aux animaux des profondeurs les aliments dont ils ont besoin. Mais en examinant les eaux de la surface, nous n'avons pas trouvé la preuve de l'existence d'une végétation microscopique de ce genre, en quantité suffisante pour répondre aux besoins de ces myriades d'êtres vivants ; et les recherches les plus attentives dans la boue de globigérine n'ont mis en évidence qu'un très-petit nombre de spécimens de ces enveloppes siliceuses de diatomes, qui se seraient assurément retrouvés en abondance si ces protophytes avaient servi d'aliment principal aux *protozoaires* qui occupent le fond de la mer. — On a proposé une autre hypothèse ; c'est que ces protozoaires, qui sont si près de la limite du règne végétal, peuvent peut-être, comme les plantes, produire les composés organiques dont ils ont besoin, et fabriquer, pour ainsi dire, leur propre nourriture avec des substances inorganiques. Mais on ne peut guère concevoir que ce soit possible sans l'intervention de la lumière ; et, comme c'est évidemment le manque de cet agent qui empêche la végétation d'exister au fond des abîmes de l'Océan, le même défaut empêcherait les animaux de développer une action semblable.

Une solution possible, proposée par le professeur Wyville Thomson dans une lecture faite au printemps dernier, a été confirmée d'une façon si remarquable par les recherches de l'expédition du *Porcupine*, que nous pouvons maintenant la mettre en avant avec confiance. « C'est, nous dit M. Thomson, le caractère distinctif des protozoaires de n'avoir pas d'organes de nutrition spéciaux, mais d'absorber de l'eau par toute la surface de leur corps gélatineux. La plupart de ces animaux sécrètent des squelettes d'une délicatesse extrême, formés tantôt de chaux et tantôt de silice. Sans aucun doute, ils extraient ces deux substances de l'eau de mer, quoique la silice s'y trouve souvent en quantité si minime qu'elle échappe aux réactifs chimiques. Toute eau de mer contient une certaine quantité de matière organique en dissolution. L'origine de cette matière est bien connue. Tous les fleuves en contiennent une grande quantité ; tous les rivages sont bordés d'une bande d'herbes marines, qui peut bien avoir un mille de large ; au milieu de l'Atlantique se trouve une prairie sous-marine, la mer de Sargasse, qui couvre 3 000 000 de milles carrés ; la mer est pleine d'animaux qui meurent et se décomposent ; enfin l'eau du *Gulf-Stream*, surtout, longe des côtes qui fournissent une énorme quantité de matières organiques. Il est donc très-facile de comprendre qu'un monde d'animaux puisse vivre dans ces sombres abîmes, à condition toutefois qu'ils appartiennent surtout à des espèces qui vivent en absorbant par leur surface des matières en dissolution, qui ne développent que peu de chaleur, et ne perdent que très-peu par les manifestations de leur activité vitale. D'après ces vues, il semble très-probable qu'à toutes les époques de l'histoire du globe, une forme quelconque de protozoaires, — rhizopodes ou éponges, ou tous deux ensemble, — a dû prédominer sur toutes les autres formes de la vie animale dans les profondeurs de la mer : formant une masse étendue, compacte et semblable à un récif, comme l'*eozoon* de l'époque laurentienne et palæozoïque ; ou bien, sous la forme de myriades d'organismes séparés, comme les *globigérines* et les *ventriculites* de la chaux. »

Pendant chaque croisière du *Porcupine*, des échantillons d'eau de mer pris à différentes profondeurs et à la surface, à des stations fort éloignées de terre, ont été traités par le permanganate, d'après la méthode du professeur, W. A. Miller, avec une modification indiquée par le docteur Angus Smith, dans le but de distinguer la matière organique *en décomposition* de celle qui est seulement *décomposable*. Le résultat a certainement indiqué la présence d'une quantité appréciable de matière de cette dernière catégorie, qui, n'étant pas encore en décomposition, peut être assimilable comme nourriture pour des animaux ; c'est, en réalité, du protoplasme dans un état de dilution extrême. Les analyses faites depuis, avec le plus grand soin, par le docteur Frankland, sur des quantités plus considérables recueillies pendant la troisième croisière, ont pleinement confirmé ces résultats, en démontrant le caractère *éminemment azoté* de cette matière organique, qui se présente dans des échantillons d'eau de mer pris à des profondeurs entre 500 et 750 brasses (910 et 1365 mètres), et cela en proportion telle, qu'on peut affirmer en toute sûreté qu'elle se retrouve partout dans l'Océan.

Ainsi, jusqu'à ce que l'on ait proposé une hypothèse plus probable, nous pouvons expliquer la manière dont la vie animale se soutient à toutes les profondeurs au fond de l'Océan, en admettant avec le professeur Wyville Thomson, que la partie protozoïque de cette faune se nourrit par l'absorption directe du protoplasme dissous, qui est répandu dans toute la masse des eaux de l'Océan, tout comme elle tire de la même masse les éléments minéraux des squelettes qu'elle forme. Ce protoplasme dissous, cependant, doit subir une décomposition continuelle, et doit également se renouveler sans cesse ; la source de cette rénovation doit se trouver dans les plantes et les animaux *qui vivent à la surface* ; ceux-ci, comme l'indique M. Wyville Thomson, doivent constamment fournir aux eaux de l'Océan de nouvelles quantités de matières organiques, qui pénètrent jusqu'à leurs plus grandes profondeurs, grâce à cette *diffusion liquide* si admirablement étudiée par Graham.

Mais ce n'est pas seulement la nutrition de la faune des abîmes qui a besoin d'être expliquée ; il faut aussi rendre compte de sa *respiration* ; et, pour cette fonction encore, les résultats des analyses des gaz contenus dans l'eau de mer faites pendant l'expédition du *Porcupine*, nous apportent encore des indications fort importantes. Des échantillons ont été recueillis, non-seulement à la surface et dans des circonstances très-variées, mais aussi à de grandes profondeurs ; les gaz séparés de l'eau par ébullition, ont été analysés d'après la méthode du professeur W. A. Miller, dont l'appareil avait été, avec beaucoup de bonheur, modifié par M. W. L. Carpenter, pendant la première croisière, de manière à pouvoir servir à bord. Trente analyses d'eau prise à la surface, donnent la moyenne suivante, calculée sur cent parties : Oxygène, 25,1 ; azote, 54,2 ; acide carbonique, 20,7. Cependant, ces proportions sont sujettes à de grandes variations, comme on le verra tout à l'heure. Règle générale : la proportion d'oxygène diminue, et celle d'acide carbonique augmente à mesure que la profondeur s'accroît : les analyses d'eaux *intermédiaires* donnent, sur cent parties, oxygène 22,0 ; azote, 52,8 ; acide carbonique, 26,2. Enfin, les analyses des eaux *du fond* donnent, sur cent parties aussi, oxygène, 19,5 ; azote, 52,6 ; acide carbonique, 27,9. Mais l'eau *du fond*, à une profondeur relativement faible, contient autant d'acide carbonique et aussi peu d'oxygène que de l'eau *intermédiaire* prise à une profondeur beaucoup plus grande ; et le rapport de l'acide carbonique à l'oxygène dans l'eau *de fond*, se trouve dépendre bien plus de l'abondance d'êtres vivants, surtout des types les plus élevés, indiqués par la drague, que de la profondeur de l'eau. Nous avons été frappés de ce fait dans un cas où nous avions analysé les gaz contenus dans des échantillons d'eau recueillis de 50 en 50 brasses (90 mètres), depuis la profondeur de 400 brasses (730 mètres), jusqu'au fond, situé à 862 brasses (1568 mètres). Voici les résultats obtenus, toujours sur cent parties :

	à 750 brasses (1365 m.)	à 800 br. (1456 m.)	Au fond 862 br. (1568 m.)
Oxygène.........	18,8	17,8	17,2
Azote..........	49,3	48,5	34,5
Acide carbonique..	31,9	33,7	48,3

L'accroissement extraordinaire de la proportion d'acide carbonique dans la couche d'eau en contact avec le fond, était accompagné d'un grand développement de vie animale. D'autre part, la proportion la plus faible d'acide carbonique que nous ayons trouvée dans l'eau *de fond*, proportion représentée par 7,9 sur cent parties, a été accompagnée d'un coup de drague des plus médiocres comme résultat. Dans plusieurs cas où les profondeurs étaient à peu près les mêmes, le chimiste qui analysait les gaz, annonçait d'avance une faune abondante ou pauvre, d'après la quantité d'acide carbonique donnée par l'eau du fond ; et ces prédictions se sont toujours vérifiées.

Il semblerait donc que l'accroissement de la proportion d'acide carbonique contenue dans l'eau et la diminution de l'oxygène au fond des abîmes de l'Océan, sont dues à l'acte de la respiration, acte non moins nécessaire à l'existence de la vie animale au fond de la mer, que ne l'est la nutrition elle-même. De plus, il est évident que l'absorption continuelle de l'oxygène et le dégagement de l'acide carbonique rendraient bientôt la couche d'eau qui se trouve en contact avec le fond complétement impropre à la respiration, faute d'une action contraire de la végétation, si l'acide carbonique n'avait la propriété de remonter par diffusion à travers les couches intermédiaires jusqu'à la surface, et si l'oxygène, toujours par diffusion, ne pénétrait de la surface jusqu'au fond. Un échange perpétuel s'effectue à la surface entre les gaz de l'eau de mer et ceux de l'atmosphère ; et ainsi la respiration de la faune des abîmes est assurée par une force de diffusion qui agit souvent en traversant une épaisseur de plus de trois milles d'eau.

Les proportions variables d'acide carbonique et d'oxygène trouvées dans les eaux *de surface* s'expliquent sans doute en partie par les différences que présentent l'abondance et le caractère de la faune du fond ; mais une comparaison entre les résultats des analyses faites pendant que la surface était agitée par le vent, et ceux des analyses faites par un temps calme, a montré, dans le premier cas, une réduction tellement marquée dans la proportion de l'acide carbonique, avec une telle augmentation dans celle de l'oxygène, qu'il semble presque démontré que l'agitation de la surface de la mer par le mouvement atmosphérique, est indispensable pour la purifier des effets de la décomposition animale. Le fait suivant est venu confirmer ces vues, d'une manière non moins remarquable qu'inattendue : dans une des analyses d'eau de surface faites pendant la seconde croisière, la proportion d'acide carbonique obtenu s'est trouvée n'être plus que de 3,3 pour cent, tandis que celle d'oxygène montait à 37,1 ; dans une analyse semblable faite pendant la troisième croisière, la proportion d'acide carbonique a été de 5,6 pour cent, tandis que celle d'oxygène était 45,3. Comme les résultats de toutes les autres analyses d'eau de surface présentaient un contraste marqué avec ces deux derniers, nous nous demandions si nous ne devions pas les écarter comme entachés d'erreur ; mais nous nous rappelâmes que, tandis que les échantillons d'eau de surface était ordinairement recueillis à l'avant du vaisseau, ceux-ci avaient été pris *derrière les roues*, ce qui les avait soumis à une agitation violente au contact de l'atmosphère, agitation éminemment favorable à leur aération complète.

Ainsi nous pouvons affirmer que tout mouvement communiqué à la surface de l'Océan par le mouvement de l'atmosphère, depuis la plus légère ride jusqu'à la vague la plus énorme, contribue, selon sa force, à entretenir la vie animale au fond des abîmes ; ce mouvement agit, en réalité, pour aérer les fluides des habitants de ses profondeurs, tout à fait comme le mouvement alternatif des parois de notre poitrine pour aérer le sang qui traverse nos poumons. Un calme perpétuel serait aussi fatal à la continuation de leur existence, que le serait à la nôtre la suspension forcée de tout mouvement respiratoire. Ainsi, la stagnation universelle deviendrait la mort universelle.

Nous avons donc démontré que le fond des mers profondes, même dans le voisinage immédiat de nos propres rivages, est une surface dont les conditions avaient jusqu'ici été aussi complétement inconnues que celles des régions glacées des pôles, ou celles des forêts les plus épaisses, des déserts les plus arides, des pics les plus inaccessibles de la zone torride ; nous avons aussi fait voir qu'en employant d'une manière systéma-

tique la sonde, le thermomètre et la drague, nous pouvons arriver à connaître ces conditions presque aussi complétement que si nous visitions nous-mêmes les profondeurs des abîmes que nous voulons étudier. Quant aux découvertes importantes dans presque toutes les branches des sciences et, plus particulièrement dans celle que M. Kingsley a si bien nommée la bio-géologie, découvertes que nous sommes en droit d'attendre de la poursuite et de l'extension des recherches dont le commencement seul a déjà donné une si abondante moisson, je crois que notre attente sera encore dépassée par la réalité. D'ailleurs, nous ne sommes pas seuls dans la carrière : les ingénieurs maritimes des États-Unis et le gouvernement suédois ont fait aussi des explorations, dont les résultats concordent d'une façon remarquable avec ceux que je viens de vous exposer. Ainsi, d'autres puissances maritimes s'intéressent vivement à ce sujet.

Cependant, nous pouvons espérer que l'assistance libérale du gouvernement de Sa Majesté, qui a déjà permis aux naturalistes anglais de se mettre au premier rang pour ces recherches, leur sera continuée et leur permettra de conserver ce rang pour l'avenir. N'oublions pas non plus de tenir compte de l'idée émise par M. Alex Agassiz, d'un arrangement possible entre notre amirauté et le département de la marine des États-Unis, arrangement d'après lequel les deux pays se partageraient le travail d'une exploration complète, physique et biologique, de l'océan Atlantique septentrional. Ainsi, les explorateurs de l'Angleterre et ceux de l'Amérique, poursuivant, dans un esprit de rivalité généreuse, des travaux si importants pour la science de l'avenir, pourraient se rencontrer et se donner la main au milieu de l'Océan.

W. B. CARPENTER.

— Traduit de l'anglais par BATTIER. —

ACADÉMIE DES SCIENCES DE PARIS

OPINION DE M. H. MILNE EDWARDS
de l'Institut

Sur les travaux de Ch. Darwin

Dans le cours de la discussion sur Darwin, M. Milne Edwards a pris la parole plusieurs fois en faveur de ce naturaliste éminent, et l'on peut résumer de la manière suivante les considérations qu'il a présentées :

« D'ordinaire mes opinions, disait M. Milne Edwards, cadrent parfaitement avec celles de mon savant confrère et ami M. Blanchard, et je ne puis m'expliquer le désaccord de nos jugements dans la circonstance actuelle qu'en l'attribuant à une différence dans le point de vue où nous nous sommes placés l'un et l'autre. — M. Darwin, tout en possédant de grandes qualités comme naturaliste, a, j'en conviens, un défaut considérable. Il a une puissante intelligence ; c'est un observateur des plus sagaces, un esprit méditatif qui aime à raisonner sur les conséquences des faits, et ses idées ont souvent de la grandeur ; mais il est trop hardi dans ses conceptions, et il se laisse parfois entraîner à des exagérations que ni M. Blanchard ni moi ne pouvons accepter. Or, ce sont ces défauts qui me paraissent avoir le plus vivement frappé l'esprit de mon confrère et qui l'ont empêché d'apprécier à leur juste valeur, suivant moi, les titres scientifiques de ce savant. Mes impressions sont différentes. Toujours je place en première ligne les qualités d'un auteur, et lorsque je vois qu'il rend à la science des services considérables, je suis très-disposé à juger ses défauts avec indulgence. En effet, le temps fait justice des exagérations; les erreurs ne sont jamais durables, elles disparaissent à mesure que nos lumières grandissent, et la postérité n'en souffre que peu, tandis que les vérités restent et portent toujours d'utiles fruits : celui qui en établit grossit le patrimoine de la science, et si son apport est considérable, son nom vit longtemps après que ses défauts sont tombés dans l'oubli. Or, pour apprécier le mérite de mes contemporains, j'aime à chercher par la pensée ce que la postérité en dira, et c'est en me plaçant à ce point de vue que je juge M. Darwin. Ce savant, à mon avis, est un naturaliste dont le nom doit arriver à la postérité, et c'est pour cette raison que, malgré les objections que l'on y fait, je voudrais le compter au nombre des correspondants de l'Académie. Je suis loin de partager toutes les opinions de M. Darwin ; de même que M. de Quatrefages, je me suis expliqué publiquement à ce sujet, et je n'hésite pas à qualifier d'exagérations fâcheuses quelques-unes de ses vues; mais je tiens en haute estime la plupart de ses travaux, et je suis persuadé que la zoologie tirera un profit durable des idées de ce naturaliste éminent.

» Je dis naturaliste éminent, car je ne saurais partager l'opinion de mon savant confrère, qui disait, il y a quelques instants : « M. Darwin n'est pas un véritable naturaliste, il » n'est qu'un amateur. » Si l'on entend par amateur un homme qui aime passionnément la science et qui s'y consacre tout entier sans en attendre aucune rétribution, oui, M. Darwin est un amateur, un grand amateur; car c'est à titre de volontaire qu'il obtint en 1831 la permission de s'embarquer à bord du *Beagle* et d'explorer pendant cinq années la Patagonie et les nombreux archipels de l'océan Pacifique. C'est aussi par amour de la science seulement que, depuis son retour de ce voyage de circumnavigation, il a entrepris une longue série de grands travaux. Mais si mon savant confrère, en qualifiant M. Darwin d'amateur, veut dire que c'est un observateur léger qui effleure beaucoup de choses sans rien approfondir, je ne saurais souscrire à ce jugement, et, pour montrer combien M. Darwin est un investigateur persévérant non moins qu'habile, il me suffira de rappeler ses beaux travaux sur la constitution zoologique et le mode de formation des récifs et des îles madréporiques dont l'océan Pacifique est parsemé. Ses observations ont complétement changé nos idées à ce sujet ; il nous a donné de ce grand phénomène une théorie qui, dans l'état actuel, satisfait à tout, et ses vues, pleinement confirmées par les recherches subséquentes de M. Dana, me paraissent être l'expression de la vérité. Voici en peu de mots l'état de la question :

» On savait, par les observations de Péron et de quelques autres voyageurs, qu'il existe dans ces mers un nombre considérable d'îles basses constitué par des polypiers pierreux ; qu'en général ces îles affectent la forme d'un grand anneau dont l'intérieur est occupé par un bassin où s'élève parfois un petit cône volcanique, et qu'à l'extérieur, sur le bord même de ces récifs, l'eau est extrêmement profonde. Pour se rendre compte de ces dispositions, on admettait généralement que les madrépores vivants, fixés au fond de la mer à d'immenses profondeurs, s'élèvent peu à peu de ces abîmes, comme une muraille vivante, jusqu'à ce qu'ils soient arrivés à la surface de l'eau, et que la forme annulaire des attols dépend de ce que la base du récif repose sur le bord du cratère de quelque volcan sous-marin. Mais M. Darwin a montré que les choses ne sauraient se passer de la sorte, et il a donné de ces grands phénomènes zoologiques une explication nouvelle qui en simplifie singulièrement l'histoire et la fait rentrer dans les règles ordinaires du mode d'existence des coralliaires, quels que soient les parages habités par ces zoophytes. M. Darwin étudia d'abord avec beaucoup de rigueur la composition zoologique des colonies de zoophytes dont les polypiers ou charpente solide constituent les îles de coraux, et après avoir déterminé avec soin les espèces qui s'y rencontrent, il a examiné, la sonde à la main, les profondeurs auxquelles chacune de ces espèces vit et se multiplie, soit sur les flancs de ces récifs accores, soit dans d'autres localités. Or, M. Darwin constata de la sorte que la zone bathymétrique habitée par ces espèces particulières est très-étroite; que jamais on ne les trouve vivantes à de grandes profondeurs, et qu'au-dessous de la limite inférieure du revêtement littoral ordinaire constitué par ces mêmes espèces de madrépores sur divers points de la surface du globe, il n'y a sur les flancs des attols que des polypiers morts depuis plus ou moins longtemps. M. Darwin en a conclu qu'à l'époque où vivaient les madrépores, dont les restes forment les assises inférieures des îles de corail, ces animaux doivent être placés dans les mêmes conditions biologiques que les autres représentants actuels de leur espèce, c'est-à-dire dans des eaux peu profondes, et que par conséquent l'attol, au lieu d'être le résultat de l'accroissement d'une colonie de madrépores s'élevant peu à peu des grandes profondeurs de l'Océan jusqu'à fleur d'eau, doit être une conséquence de l'abaissement progressif du sol dans les parages habités par ces zoophytes.

» Ces vues nouvelles de M. Darwin ont permis d'expliquer d'une manière simple et entièrement conforme à tout ce que nous savons touchant l'histoire naturelle des zoophytes, non-seulement le mode de conformation des attols et le mode de groupement des îles madréporiques en général, mais aussi l'existence des récifs en ceinture qui, situés en mer à quelque distance du rivage, forment le long de certaines côtes une barrière gigantesque dont le bord externe est sans cesse battu par les vagues, tandis que le bord interne baigne dans des eaux tranquilles.

» Un de mes savants collègues me répond que le travail de M. Darwin sur le rôle des zoophytes dans la formation des îles madréporiques est excellent; que depuis longtemps il en a adopté les résultats et qu'il les expose dans ses leçons de géologie; mais que Darwin n'est pas le premier qui ait étudié le phénomène en question, et qu'il a fait usage de beaucoup de faits constatés par ses prédécesseurs, notamment par Quoy et Gaimard.

» Cela est vrai, et c'est ce qui, à mes yeux, prouve la supériorité du naturaliste dont je défends ici les droits. Ses prédécesseurs ont vu sans comprendre la signification de ce qu'ils regardaient; M. Darwin a mieux observé, et il nous a donné la clef dont nous manquions. Son nom restera donc attaché à la solution d'une grande et belle question d'histoire naturelle.

» Passons à un autre point. L'ouvrage de M. Darwin sur les Cirripèdes a été traité bien sévèrement par mon savant confrère M. Blanchard. Il n'y aperçoit rien qui soit nouveau, et il reproche à M. Darwin de ne pas avoir découvert le fait capital des métamorphoses de ces animaux. Au premier abord, cela peut paraître grave aux yeux de beaucoup de membres de l'Académie; mais tous les zoologistes savent que la découverte dont il est question avait été faite un quart de siècle avant la publication du travail de M. Darwin; et par conséquent je ne comprends pas comment il aurait pu en être l'auteur. J'ajouterai que la *Monographie des Cirripèdes*, formant deux volumes in-8°, est une histoire générale de ces animaux, et qu'un livre de ce genre nè peut être bon qu'à la condition de contenir tout ce qu'on sait sur le sujet traité. Si l'on n'y trouvait que les résultats nouveaux fournis par les observations personnelles de l'auteur, il ne vaudrait rien ; car, heureusement, il n'y a aucune branche de la zoologie qui ne possède des richesses dont il importe de tenir grand compte. Du reste, cette monographie contient beaucoup de faits nouveaux; elle a été très-utile, et c'est en se basant sur les détails morphologiques contenus dans ce livre, que M. Darwin a pu faire plus tard un travail très-approfondi sur les Cirripèdes fossiles, publié aux frais de la Société paléontographique de Londres. Voilà donc, en réalité, deux nouveaux titres à l'estime de l'Académie.

» Mais la célébrité de M. Darwin est due principalement à une autre série de travaux qui, tout en prêtant à la critique sous certains rapports, témoignent d'une puissante intelligence et ont conduit à des résultats dont la science la plus sévère devra tenir grand compte. Ce sont les recherches de M. Darwin sur la variabilité des formes organiques chez des animaux issus d'une souche commune, mais placés dans des conditions biologiques différentes, et ses vues relatives à l'influence que la *sélection naturelle* peut exercer sur la production des types zoologiques considérés généralement comme étant caractéristiques d'autant d'espèces distinctes. En marchant dans cette voie, il s'est laissé entraîner dans le champ des spéculations où je ne voudrais pas le suivre; je crois qu'il exagère beaucoup les conséquences probables de l'influence des puissances modificatrices dont nous connaissons l'existence, mais je suis persuadé que dans beaucoup de cas les choses doivent se passer comme il le suppose, et les idées nouvelles qu'il a introduites dans la science me semblent dignes de la plus sérieuse attention.

» Dans le débat actuel, on a souvent confondu les idées de Lamarck avec celles de M. Darwin, et quelques-uns des reproches faits à ce dernier ne devraient être adressés qu'à l'auteur de la philosophie zoologique. Or il existe entre les vues de ces deux naturalistes des différences profondes. Lamarck croyait pouvoir expliquer un grand nombre de particularités de conformations spécifiques par l'influence de l'exercice sur le développement des organes, influence qui est incontestable, mais qui est loin d'avoir la puissance nécessaire pour déterminer des changements de l'ordre de ceux dont il est ici question. M. Darwin ne s'arrête que peu sur ces modifications de l'individu, et s'applique surtout à montrer quels peuvent être les effets combinés des variations individuelles, de l'hérédité et de la sélection naturelle.

» Je m'explique.

» Chacun sait que les divers individus sortis d'une souche commune n'ont pas tous les mêmes caractères, qu'ils diffèrent entre eux par des particularités organiques plus ou moins considérables, et que chacun de ces individus, devenu reproducteur à son tour, tend à transmettre à ses descendants les caractères qui lui sont propres. C'est à raison de cette loi naturelle que, vers la fin du siècle dernier, Bakewell en Angle-

terre, et plus récemment une foule d'autres agronomes, ont pu modifier profondément la conformation et les aptitudes de nos animaux domestiques, et créer des races dont les caractères sont parfois des plus remarquables. Pour cela il leur a suffi de choisir comme reproducteurs les individus ayant les particularités voulues, et d'empêcher tout mélange entre les produits ainsi obtenus et des individus qui n'offraient pas les mêmes particularités. Par cette *sélection artificielle*, on parvient à généraliser dans tout le troupeau les caractères qui, dans le principe, ne se rencontraient que chez quelques individus ; ces caractères se prononcent de plus en plus à mesure que le nombre des générations augmente, et ils deviennent d'autant plus fixes que la race vieillit davantage. Cela est incontestable, et M. Darwin s'est demandé si, dans la nature, des phénomènes du même ordre ne devaient pas se présenter, ou, en d'autres mots, si la *sélection naturelle* ne pouvait produire des effets analogues à ceux de la *sélection artificielle*. M. Darwin était en droit de répondre affirmativement. Mais comment cette sélection peut-elle s'effectuer ? et comment peut-elle amener, dans la descendance d'une même souche, la formation de deux ou de plusieurs formes organiques différentes ?

» Voici en substance le raisonnement de M. Darwin à ce sujet.

» Parmi les particularités organiques propres à un individu, il en est qui, dans certaines conditions biologiques données, sont favorables à la puissance physiologique, à l'existence même de cet individu ; d'autres qui doivent exercer une influence contraire sur les animaux où elles se rencontrent. Tant que la lignée reste dans ces mêmes conditions, les individus qui possèdent le premier de ces modes de conformation, que j'appellerai le caractère A, doivent prospérer plus que les autres et contribuer davantage à la propagation de l'espèce. En vertu du principe d'hérédité, ils doivent tendre à donner à leurs descendants les particularités qui leur valurent cette supériorité dans ce que M. Darwin nomme la lutte pour l'existence, savoir, le caractère A; et leur part étant plus grande dans la reproduction, ce même caractère doit s'étendre de plus en plus et non-seulement se généraliser peu à peu, mais aussi se prononcer de plus en plus avec les progrès du temps.

» Mais, si d'autres descendants des mêmes parents se trouvent placés dans des conditions biologiques différentes, dans des conditions où les particularités individuelles A seraient une cause de faiblesse, et où au contraire le caractère B serait un élément de prospérité, la sélection naturelle amènerait à la longue la généralisation de cette dernière particularité et la disparition du caractère A. On conçoit donc, de la sorte, la possibilité de la formation de deux ou de plusieurs types plus ou moins dissemblables, bien qu'ayant la même origine.

» Ce raisonnement me semble parfaitement juste, et lorsqu'il ne s'agit que de la création de races différentes, appartenant à une même espèce zoologique, aucun naturaliste ne le repousserait; mais, lorsqu'on veut l'appliquer à l'explication des différences spécifiques, et surtout des différences dont la valeur zoologique est supérieure, les avis se partagent. La question de la grandeur des variations organiques compatibles avec une origine commune se présente tout d'abord, et sur cette question de limite, je cesse de partager les vues de M. Darwin : car je ne pense pas que les forces modificatrices communes soient suffisantes pour nous rendre compte des différences organiques offertes par les animaux dont la surface du globe a été peuplée aux diverses époques géologiques. Mais je suis loin de partager l'opinion de l'un des préopinants sur la fixité absolue des formes animales et l'impuissance des conditions d'existence pour en faire varier les caractères.

» Un de mes savants confrères vient de dire qu'à ses yeux les écrits de M. Darwin ne sont que des *contes de fées*. Je lui répondrai que parfois le vrai ne paraît pas vraisemblable, et que si, à l'époque où nous commencions l'un et l'autre à nous occuper sérieusement d'histoire naturelle (vers 1820), un homme était venu nous dire : « Voilà deux zoophytes que » Cuvier, Lamarck et tous les zoologistes placent dans des » classes différentes : l'un, suivant ces auteurs, appartient à » la classe des acalèphes, l'autre à la classe des polypes. Mais » on se trompe, ces animaux descendent les uns des autres : » le polype, après s'être multiplié pendant plusieurs généra- » tions, donne naissance à l'acalèphe, et les descendants de » l'acalèphe sont des polypes... » je n'aurais vu dans cette assertion que le rêve d'une imagination malade, et si, m'endormant dans ces idées pour ne me réveiller qu'au bout d'un demi-siècle, je me trouvais tout à coup en face des découvertes récentes touchant les générations alternantes, il est probable que je serais encore très-incrédule. Mais peu à peu la lumière s'est faite, et ce que j'aurais considéré comme un conte de fées il y a cinquante ans, me paraît être aujourd'hui une vérité démontrée.

» Tous les naturalistes savent maintenant que l'identité des origines ne suppose pas nécessairement la similitude des formes organiques. Il est par conséquent légitime de penser que dans une même lignée d'animaux ou de plantes, où tous les individus se succèdent conformément aux lois ordinaires de la génération, il puisse y avoir successivement production de deux ou de plusieurs types zoologiques distincts, si les conditions dans lesquelles ces êtres se développent viennent à changer beaucoup.

» J'irai même plus loin, et je dirai que, sans admettre l'intervention d'aucune puissance modificatrice autre que celles dont nous voyons parfois les effets, il est possible de concevoir des changements de formes très-considérables chez les descendants d'un animal quelconque. Effectivement, nous savons que des anomalies organiques ou monstruosités apparaissent de temps à autre dans une lignée d'individus issus d'une souche commune, et que souvent ces monstruosités ne sont pas incompatibles avec le maintien de la vie, mais changent à un haut degré le mode de conformation des êtres. Chacune de ces monstruosités doit dépendre d'une cause, et si ces particularités de structure sont des anomalies, ce ne peut être que parce que cette cause déterminante n'agit pas toujours avec la même intensité. Mais si cette cause, dont nous ignorons complétement la nature, devenait constante au lieu d'être variable ou intermittente, elle produirait toujours les mêmes effets, et le mode d'organisation qui est aujourd'hui une exception deviendrait normal. La lignée ou espèce physiologique changerait alors de caractère anatomique, et il y aurait, aux yeux du zoologiste classificateur, formation d'une espèce nouvelle dont rien n'indiquerait la descendance du type dont elle serait cependant un dérivé.

» Lorsque le naturaliste cherche à se rendre compte de l'origine des diverses formes animales qui, à diverses époques géologiques, se sont succédé à la surface de la terre, il ne peut avoir recours qu'à trois hypothèses. Il est obligé d'ad-

mettre qu'au commencement de chacune des périodes marquées par les mouvements de la croûte solide du globe dont résultent les discordances de stratification dans les dépôts successifs des terrains de sédiment, Dieu, reprenant à nouveau son œuvre, a renouvelé le grand mystère de la création ; ou bien que la matière brute jouissait alors de la propriété de prendre vie sans le concours d'aucun être vivant, et de s'organiser sous la forme de poissons, de reptiles, d'oiseaux ou de mammifères, comme le supposent les partisans de la théorie de la génération dite spontanée ; ou bien encore que les animaux à formes nouvelles sont les descendants d'autres animaux qui les avaient précédés sur la surface de la terre, mais qui étaient organisés d'une manière plus ou moins différente. La première de ces hypothèses me semble incompatible avec les idées de grandeur et de stabilité que nous inspire le spectacle majestueux de l'univers ; la seconde est en désaccord avec tout ce que nous savons relativement à la naissance des êtres vivants ; la troisième, au contraire, ne me semble soulever aucune objection grave. Je conçois facilement que, sous l'influence de quelque condition biologique nouvelle, les produits génésiques d'une espèce animale aient été modifiés assez profondément pour changer de forme, et constituer un type qui jusqu'alors n'avait pas été réalisé. Cette hypothèse me semble donc préférable à toute autre, et j'ajouterai qu'elle s'accorde très-bien avec les transmutations que nous voyons s'opérer dans l'organisme de chaque animal pendant les premiers temps du développement de l'embryon. Là nous voyons une multitude d'espèces distinctes revêtir d'abord une forme commune et se différencier de plus en plus à mesure que le travail organique avance. Ainsi, quand je me place à ce point de vue, tous les vertébrés me semblent être des dérivés d'un type commun qui ne se réalise d'une manière permanente chez aucun d'entre eux, mais qui imprime à tous le même caractère essentiel et qui les distingue de tout le reste du règne animal. Je vois ensuite ce type général se modifier de deux manières différentes, suivant que l'embryon en voie de développement doit constituer d'un côté un poisson ou un batracien, ou d'autre part un reptile, un oiseau ou un mammifère. Enfin, lorsque l'embryon du vertébré a revêtu la forme commune à tous les vertébrés allantoïdiens, il ne tarde pas à acquérir des caractères organiques particuliers, suivant qu'il appartient à la classe des mammifères ou bien au groupe zoologique constitué par les reptiles et les oiseaux.

» Ici le temps me manquerait pour entrer dans plus de détails à ce sujet, et je me bornerai à dire que, guidé par des considérations d'un tout autre ordre que celles présentées par M. Darwin, je pense comme lui, que les animaux d'aujourd'hui et les animaux d'autrefois ne constituent qu'une seule série dont les termes ont changé souvent de signe, mais dont l'enchaînement génésique n'a jamais été brisé ; que les types zoologiques réalisés par les descendants de chaque souche primitive ont été modifiés successivement ; enfin, que ces types dérivés ont été en s'écartant de plus en plus entre eux. Mais je me sépare de M. Darwin, lorsque ce naturaliste éminent croit pouvoir expliquer tous ces changements par la sélection naturelle agissant dans les conditions biologiques actuelles. Par suite d'un défaut commun chez les inventeurs, il s'est exagéré la puissance de l'agent dont il invoque l'intervention et, dans mon opinion, il faut quelque chose de plus pour expliquer les transformations dont la paléontologie nous offre le tableau. Dans une autre occasion, je reviendrai peut-être sur ce sujet, mais, en ce moment, je ne dois m'occuper que des points en discussion.

» J'ai hâte de terminer; cependant il me faut répondre encore à une objection qu'on nous fait. J'entends dire, à côté de moi, que l'Académie ne doit s'occuper que de ce qui est démontrable, et ne doit pas tenir compte des vues de l'esprit qui ne reposent pas sur des certitudes, sur des choses tangibles. Là encore je ne partage pas l'opinion de mon savant confrère M. Robin. J'avouerai même que j'éprouve peu d'entraînement pour les naturalistes dont la marche est comparable à celle des navigateurs prudents de l'antiquité, qui ne perdaient jamais la terre de vue et s'astreignaient à suivre toutes les sinuosités des côtes, quand ils voulaient gagner un port lointain. J'admire davantage les marins hardis, qui se hasardent en haute mer et qui cherchent à pénétrer les nébulosités de l'horizon, sauf à s'égarer parfois dans leur route. Le naturaliste, à mon avis, ne doit pas s'attacher exclusivement à l'étude des objets qu'il touche de la main ou dont il saisit nettement l'image ; il peut utilement étendre ses investigations plus loin, et chercher à découvrir ce qui est probable aussi bien que ce qui est certain. Il agrandit ainsi le domaine de la science, et ouvre des voies nouvelles qui conduisent souvent à des découvertes importantes, bien que le premier explorateur y ait été arrêté par les difficultés de la route. L'Académie, ce me semble, doit accorder de l'estime aux penseurs aussi bien qu'aux observateurs, et c'est à ce double titre que M. Darwin me paraît mériter nos suffrages. N'eût-il pour titres que les vérités démontrables dont il a enrichi la science par ses travaux sur les îles madréporiques et sur la variabilité des formes organiques, il serait digne de prendre rang parmi nos correspondants ; mais les vues de l'esprit qu'il a introduites en zoologie, quoique ternies par des exagérations regrettables, ont, à mon avis, une importance majeure, et ajoutent beaucoup au mérite de ce naturaliste éminent. C'est pour ces raisons que, dans le sein de la section, j'ai soutenu la candidature de M. Darwin, et que, lors de la prochaine élection, je voterai pour lui. »

ACADÉMIE DES SCIENCES DE BELGIQUE

M. ED. VAN BENEDEN
Correspondant de l'Institut

Le commensalisme dans le règne animal

Depuis la lecture que j'ai eu l'honneur de faire à la séance publique du 16 décembre dernier sur le commensalisme (1), j'ai reçu de divers côtés l'indication de faits nouveaux et intéressants. Je demande la permission à la classe de lui faire part de certains passages d'une lettre que j'ai reçue de M. Alex. Agassiz, au sujet de quelques cas de commensalisme qu'il a eu l'occasion d'observer sur les côtes des États-Unis d'Amérique :

Nous avons sur la côte de Californie, m'écrit M. Alex. Agassiz, une espèce de *Lépidonote* qui se loge toujours près de la bouche d'un *Asteracanthion* (*Asteracanthion ochraceus*, Brandt) : on en trouve quelquefois jusqu'à cinq sur un seul individu ; ils sont toujours placés sur différentes parties des rayons ambulacraires.
Vous trouverez aussi dans mon catalogue des Acalèphes, ajoute mon savant confrère, une indication de commensalisme d'un petit Poisson et d'une de nos espèces de Pélagies (*Dactylometra quinquecirra*, Al. Agass.). Cette Pélagie habite la baie de Nantucket; elle est nocturne

---

(1) Voyez notre numéro du 5 janvier dernier, ci-dessus page 145.

dans ses habitudes, et le Poisson, qui appartient au genre *Clupea*, se loge communément dans les replis de ses franges.

On voit encore un autre cas de parasitisme, comme on l'appelait, d'une espèce d'Hirudinée et d'une Béroé, le *Mnemiopsis Leydii*, qui vit sur la côte des États-Unis d'Amérique, à *Naushon*, *Buzzard's bay*. On ne trouve jamais de ces Béroés qui ne logent quatre ou cinq de ces Vers, et l'on en voit quelquefois jusqu'à huit dans le même animal.

Vous trouverez aussi dans mes *Seaside Studies* l'indication du commensalisme de notre grand *Cyanea arctica*, dont le disque a sept pieds et demi de diamètre et dont les cirres dépassent une longueur de cent pieds. Entre les franges buccales de cette superbe Méduse vit une espèce d'*Actinie*, à laquelle mon père avait donné le nom de *Biccidium*, et qui appartient peut-être au même genre qui a été appelé *Philomedusa* par Fr. Müller.

On voit communément de trois à cinq de ces Actinies sur chaque Cyanée.

Nous avons aussi, dans notre *Aurelia*, un assez grand nombre d'*Hyperina* qui vivent en commensaux sur le disque.

Un autre fait intéressant est le commensalisme de nos jeunes *Comatules* et des adultes : les jeunes de notre espèce de la Caroline du Sud s'attachent volontiers aux cirres basals, et là se développe une petite colonie de jeunes Pentacrinoïdes.

Enfin une autre sorte de commensalisme est celle d'une espèce de Planaire, le *Planaria angulata*, Müller, dont j'ai fait l'embryologie ; elle vit toujours en commensal libre sur la surface inférieure de notre *Limule*, près de la base de la queue.

Je profiterai de cette occasion pour citer un fait observé par Risso et qui m'avait échappé lors de ma *lecture*. Risso dit que la *Baudroie* loge dans le sac de ses énormes ouïes, un Poisson *murénide*, l'Aptérychthe oculé, et il n'est pas impossible que ce Poisson apode rentre dans la catégorie des animaux commensaux.

Enfin, voici un des exemples les plus curieux de commensalisme, et dont on s'est beaucoup occupé dans ces derniers temps.

Von Siebold a rapporté du Japon une aigrette de spicules hyalins, entourée d'une gaîne de Polypes charnus et qui se termine par une Eponge. Cette aigrette, qui, pendant plusieurs années, était une des grandes raretés des musées, se trouve aujourd'hui aussi répandue sur les étagères des salons que dans les vitrines des collections. M. Semper l'a trouvée aux îles Philippines, où les Espagnols la désignent sous le nom de *Regadera*, c'est-à-dire aiguière. C'est l'*Hyalonema* des naturalistes.

Quels sont les rapports qui unissent cette Eponge, car l'*Hyalonema* est une vraie Eponge, au Polype qui l'entoure en partie, et auquel M. Schultze a donné le nom de *Polythoa fatua*? «Le Polype est un parasite de l'Eponge », dit M. Schultze. — « Non, l'Eponge est au contraire parasite du Polype», dit le docteur Gray. — « L'*Hyalonema* est un produit artificiel », dit Ehrenberg. Et M. Bowerbank, le naturaliste le plus autorisé pour tout ce qui concerne les Eponges, pense que le Polype de l'*Hyalonema* est, non point un animal distinct, mais une partie de l'Eponge, une réunion de conduits formant un système de cloaque.

C'est M. Schultze qui a déterminé le mieux les rapports et la nature du Polype et de l'Eponge, et il est évident que le *Polythoa* est, non le parasite, mais le commensal de l'Eponge.

M. Oscar Schmidt a reconnu dans l'Adriatique un Polype du même genre *Polythoa*, et, comme celui de l'*Hyalonema* de la mer de Chine, ce Polype vit sur une Eponge, *Axinella*. C'est également un cas de commensalisme.

Nous ferons remarquer, en terminant cette note, que tous les travaux viennent corroborer l'opinion que nous avons exprimée depuis longtemps sur la nature des Éponges. — L'Éponge n'est autre chose qu'un Polype, avons-nous dit encore en dernier lieu au Congrès de Hanovre, Polype dont la partie active est réduite à un tube membraneux dont l'orifice est dépourvu, contrairement à ce qui s'observe chez les autres animaux de sa classe, de tentacules préhenseurs. «*C'est l'animal du type polype réduit à sa plus simple expression* », ai-je dit depuis longtemps dans la *Zoologie médicale* que j'ai publiée en collaboration avec M. P. Gervais.

Le propriétaire-gérant : GERMER BAILLIÈRE.

PARIS. — IMPRIMERIE DE E. MARTINET, RUE MIGNON, 2.

REVUE

DES

COURS SCIENTIFIQUES

DE LA FRANCE ET DE L'ÉTRANGER

SEPTIÈME ANNÉE   NUMÉRO 38   20 AOUT 1870

Paris, 19 août 1870.

Le congrès des géologues alpins, qui devait se réunir à Genève le 31 de ce mois (voyez notre n° du 9 juillet dernier, page 497) est ajourné jusqu'à une époque plus heureuse. Le président du comité, M. F. J. Pictet, nous écrit pour nous en avertir.

Il est probable que la plupart des congrès scientifiques annoncés pour le mois de septembre ajourneront également leurs réunions, notamment le congrès d'anthropologie et d'archéologie préhistoriques qui devait se tenir à Bologne, et le congrès des naturalistes allemands qui siége cette année à Rostock.

Placé plus loin des événements, le congrès de l'association britannique à Liverpool s'ouvrira sans doute le 14 septembre, comme il a été annoncé, sous la présidence de M Huxley. Il est probable que le congrès de l'année prochaine sera présidé par sir William Thomson, dont nos lecteurs ont pu apprécier la haute valeur et l'indépendance d'esprit.

— La *société hollandaise des sciences de Harlem* a institué, l'année dernière, en dehors des prix ordinaires, deux grandes médailles d'or, chacune d'une valeur intrinsèque de 500 florins, dont l'une porte le nom et l'effigie de Huyghens et l'autre ceux de Boerhaave. Ces médailles doivent être décernées alternativement, tous les deux ans, au savant, hollandais ou étranger, qui aura le plus contribué, pendant les vingt dernières années, au progrès d'une branche déterminée des sciences physico-mathématiques ou des sciences naturelles.

La médaille Huyghens est attribuée en 1874 à la chimie, en 1878 à l'astronomie, en 1882 à la météorologie, en 1886 aux mathématiques pures et appliquées. La médaille Boerhaave est attribuée en 1872 à la minéralogie et à la géologie, en 1876 à la botanique, en 1880 à la zoologie, en 1884 à la physiologie, en 1888 à l'anthropologie. La rotation recommencera ensuite.

Dans sa récente séance annuelle, la Société décernait pour la première fois la médaille Huyghens. Elle a dignement inauguré cette haute récompense en l'attribuant à M. R. Clausius dont nous n'avons pas besoin de rappeler le rôle capital dans la fondation de la thermodynamique.

— Les quatre ambulances volontaires, dont nous avons annoncé la composition il y a quinze jours, sont parties pour l'armée. Deux autres vont les suivre. La septième s'organise sous la direction de M. Arm. Després, chirurgien des hôpitaux de Paris; elle sera prête dans quelques jours.

VII.

INSTITUTION MILITAIRE DE LA GRANDE-BRETAGNE

M. H. SHAW.

Professeur au collège d'état-major de Sandhurst

Les nouvelles armes de précision. — Avantage de la défense sur l'attaque. — Les fortifications de campagne. — Attaque des côtes fortifiées.

Le titre de cette lecture, rédigée à la demande du conseil de cette institution, indique que les progrès récents faits par les armes à feu donnent à la défense un certain avantage sur l'attaque. C'est là, d'ailleurs, une manière de voir que je partage. Mais la question peut assurément se discuter; et, même en admettant que la défense ait gagné un certain avantage, il reste à décider jusqu'où cet avantage peut aller.

Quand je me suis chargé de ce travail, j'avais oublié que j'avais déjà traité ce sujet en détail dans un mémoire sur *l'État actuel de la question des fortifications*, mémoire que j'ai eu l'honneur de lire devant vous en mai 1866. Mais les armes à feu ont fait tant de progrès dans les quatre années qui viennent de s'écouler, qu'un nouvel examen de la question ne sera pas, je l'espère, sans intérêt.

Notre grand système de fortifications pour la défense du pays va bientôt être complet; notre organisation militaire subit en ce moment des modifications qui auront pour résultat de constituer une réserve effective, afin d'augmenter notre armée permanente en temps de guerre, et de former, avec l'aide de notre milice et de nos volontaires, une force suffisante pour la défense de notre territoire et de nos colonies.

La question qui nous intéresse en ce moment est celle-ci :
— La valeur de notre armée défensive et de nos fortifications est-elle augmentée ou diminuée par les derniers perfectionnements des armes de précision ? Et d'abord examinons la nature de ces perfectionnements, en prenant pour points de comparaison les années 1850, 1860 et 1870 ; 1850 comme représentant l'époque des armes à canon lisse ; 1860 comme l'époque des armes rayées se chargeant avec une baguette, et de l'artillerie rayée de calibre relativement faible ; et 1870 comme représentant l'état actuel des armes en Europe.

Pour discuter les résultats de ces perfectionnements des armes à feu, commençons par considérer deux armées manœuvrant en rase campagne ; l'une cherchant à attaquer, l'autre restant sur la défensive. Dans le cas donné, il me semble que les forces qui repoussent l'attaque auront un plus grand avantage qu'autrefois ; ou plutôt il est plus juste de dire que leur position sera moins désavantageuse qu'autrefois. En effet, on peut regarder comme un principe bien établi que les forces attaquantes ont non-seulement l'avantage moral que résulte du sentiment, bien ou mal fondé, de la supériorité que suppose le fait même de l'attaque ; mais encore l'avantage militaire de pouvoir choisir le temps, le lieu et le mode d'attaque. D'un autre côté, l'armée attaquée aura, selon toute probabilité, l'avantage de tenir les assaillants sous un feu d'artillerie plus ou moins meurtrier, pendant le temps qu'il leur faudra pour arriver de 3000 à 1000 ou 800 mètres ; puis les mitrailleuses entreront en jeu ; et enfin, quand les tirailleurs ennemis auront forcé les canons et les mitrailleuses à se retirer, les derniers 300 mètres entre les deux armées devront être parcourus sous le feu de l'infanterie ; cette dernière, à genoux ou couchée, donnera peu de prise aux coups de l'ennemi, tout en faisant un feu soutenu, avec une vitesse de six à huit coups par minute, ce qui représente de dix à vingt coups par homme. Les effets meurtriers de ce feu, surtout pendant les deux ou trois dernières minutes de la marche des assaillants, sont tellement supérieurs à ce que l'on obtenait autrefois, qu'en supposant les combattants à peu près égaux de part et d'autre au point de vue du nombre et du *moral*, une charge à la baïonnette faite par les troupes attaquées, lorsque les assaillants ne sont plus qu'à quelques pas, doit achever de démoraliser ces derniers.

	1850.	1860.	1870.
FUSILS.			
Portée effective, en mètres...	200	De 600 à 800	De 600 à 800
Vitesse de tir (coups par minute).	2	2	De 6 à 8
MITRAILLEUSES.			
Portée..	....	....	1000
Vitesse de tir............	....	....	12
ARTILLERIE DE CAMPAGNE.			
Portée effective, cartouches...	300	300	300
Projectiles pleins ou creux....	1000	De 500 à 3000	De 500 à 3000
Vitesse de tir.............	$2\frac{1}{2}$	$2\frac{1}{2}$	$2\frac{1}{4}$
ARTILLERIE DE PLACE, DE MARINE ET DE SIÉGE.			
Portée effective du tir horizontal, cartouches à balles....	600	600	600
Projectiles pleins ou creux...	De 600 à 1000	De 1000 à 3000	De 1000 à 3000
Portée du bombardement.....	4000 (mortiers).	De 6 à 8 kilom.	De 6 à 8 kilom.
Epaisseur suffisante pour résister au feu.			
Ouvrage de maçonnerie.....	2 ou 3 mètres résistant longtemps.	Facilement détruits.	Très-facilement détruits.
de terre.........	6 mètres.	8 mètres.	15 mètres.
de fer...........	n'était pas en usage.	De 8 à 12 cent.	De 30 à 35 cent.

Si l'armée attaquée a le temps de se couvrir du feu de l'ennemi en creusant des tranchées et des trous de tirailleurs, ses avantages deviendront bien plus grands encore ; car non-seulement elle sera stationnaire, et tirera à des distances connues sur un ennemi en marche et qui, par conséquent, peut viser moins bien, puisqu'il doit à chaque instant juger de la distance variable entre lui et l'ennemi, mais encore elle sera presque entièrement à l'abri du feu de l'artillerie et de la mousqueterie ennemies.

Quand le pays est boisé, et que l'armée attaquée a eu le peu de temps nécessaire pour se retrancher, sa position, si elle est bien choisie et bien défendue, peut être considérée comme pratiquement imprenable par une attaque de front : en effet, outre la protection des ouvrages en terre, elle aura dû abattre sur son front une ceinture d'arbres, à portée de son feu, et cet abatis irrégulier formera entre elle et l'ennemi un obstacle des plus formidables. Cependant une telle position doit être considérée comme purement défensive, car l'obstacle qui gêne l'attaque empêche également les défenseurs de poursuivre leur victoire, lorsque les assaillants se replient en désordre, accablés par le feu de l'ennemi. Quant au temps nécessaire pour faire l'abatis et le parapet de terre, le colonel Smyth rapporte dans les *Proceedings of the R. A. Institution*, vol. IV, qu'il a vu une brigade de l'armée fédérale américaine élever un parapet de troncs d'arbres sur tout son front en quarante minutes ; les outils employés étaient une hache et une pelle par dix hommes, outre les outils ordinaires des pionniers.

Dans une expérience faite l'an dernier au collège d'État-Major, dans la forêt de pins qui couvre une grande partie des terrains du collège, douze files, un détachement du génie se sont retranchées en une heure : le second rang seul travaillait, tandis que les hommes du premier étaient postés en tirailleurs pour couvrir les travailleurs. Au bout d'une heure, ils avaient élevé un parapet de terre suffisant pour couvrir les deux rangs et les surnuméraires ; des arbres étaient coupés et disposés en abatis irrégulier d'environ 90 mètres, en avant du parapet. Les outils employés étaient six haches, trois pelles et trois pioches pour les vingt-quatre hommes. Il fut reconnu qu'on se couvre plus rapidement en creusant une tranchée et en rejetant la terre en avant, qu'en abattant des arbres et en prenant les troncs pour former un retranchement ; mais que l'obstacle formé par un abatis d'arbres par devant, rend impossible une attaque de front.

Le résultat de l'expérience acquise pendant la dernière guerre d'Amérique, guerre qui s'est faite surtout dans un pays couvert d'immenses forêts, a démontré toute la valeur de ces retranchements élevés à la hâte, presque toujours par les troupes qui gardaient la défensive. Vers la fin de la guerre, cette valeur était si bien reconnue, qu'on n'essayait plus d'aborder de front une position retranchée ; mais on délogeait les troupes qui la défendaient, en tournant leur position et en menaçant leurs communications. N'oublions pas que ce résultat était obtenu avant l'adoption générale des fusils se chargeant par la culasse, et à une époque où il n'y avait encore ni mitrailleuses, ni canons Gattling, dont les troupes assaillies pourraient maintenant tirer si grand parti.

Supposons qu'une position retranchée, dans une forêt, ait été tournée, et que les combattants soient engagés au milieu des arbres, sans autre inégalité que la nécessité pour les troupes attaquées de garder leur position, et pour les troupes attaquantes de la leur enlever ; la balance semble alors pencher du côté des assaillants. Les armes de précision à longue portée perdent presque toute leur valeur, et la rapidité du tir des fusils se chargeant par la culasse est aussi favorable aux assaillants qu'aux assaillis à petite distance, tandis que l'avantage moral et celui de la tactique sont tout en faveur des premiers.

L'inutilité relative des pièces de campagne rayées dans la guerre de forêts était devenue si évidente pour les Américains pendant leur lutte prolongée, qu'en réorganisant l'armée vers la fin de la guerre, le général Grant résolut de conserver un grand nombre de pièces à canon lisse, qui, avec bien des pièces de campagne de modèles différents, avaient été essayées pendant la guerre. Ce canon était la pièce de 12 de bronze, ou canon Napoléon, comme on l'appelle du nom de son éminent inventeur, l'empereur actuel des Français, qui l'avait introduit à la place des anciennes batteries de canons et d'obusiers combinés, mais qui y renonça lorsque le perfectionnement des fusils eut rendu indispensables, pour les actions sur un terrain généralement découvert, des progrès correspondants dans la portée et la précision de l'artillerie.

Dans les pays cultivés, comme l'Angleterre, et dans une très-grande partie de l'Europe, où l'on peut à peine trouver un champ de bataille qui ne soit coupé de haies ou de barrières, de bosquets et de bois, de villages et de maisons, de ruisseaux et de chemins creux, outre les mouvements de terrain ordinaires qui peuvent couvrir les troupes, il devient intéressant de considérer encore ce que le perfectionnement des armes à feu peut faire gagner à l'attaque ou à la défense.

Les barrières et les haies sont en général plus avantageuses à la défense qu'à l'attaque; mais, dans un pays plat, elles facilitent beaucoup l'approche de l'ennemi, et dérobent ses mouvements aux troupes qui sont sur la défensive, de sorte que les avantages militaires particuliers à l'attaque en sont accrus, tandis que l'avantage du feu meurtrier de l'artillerie et des mitrailleuses est en grande partie perdu pour la défense. Cependant, au premier avantage que nous venons d'indiquer pour l'ennemi, l'armée attaquée peut opposer l'emploi des ballons; elle peut contrebalancer le second en garnissant les haies de tireurs faisant un feu nourri sur l'ennemi quand il tentera de traverser le champ le plus voisin de la position attaquée, et aussi en balayant les routes avec l'artillerie et les mitrailleuses. Dans un pays plat, l'avantage semble donc encore appartenir aux soldats qui se défendent, s'ils sont aussi exercés et aussi bien commandés que les assaillants. Leur tactique doit être d'user l'ennemi en se retirant peu à peu, sous la protection de tirailleurs qui occuperont successivement des lignes de haies choisies et reliées ensemble de manière à assurer la retraite de chacune des lignes d'hommes qui feront face à l'ennemi l'une après l'autre, par des angles rentrants dans la ligne qui les couvre, et aussi de manière à écraser sous leurs feux convergents, et avec l'aide d'un corps de cavalerie posté en réserve dans le voisinage, tout corps ennemi qui tenterait de suivre les fugitifs de trop près. Cette tactique a été souvent employée dans la dernière guerre américaine. On faisait plusieurs lignes de petites tranchées se couvrant les unes les autres, et les défenseurs de la première, quand des forces supérieures les serraient de trop près, se repliaient rapidement par la forêt pour aller occuper la seconde, et ainsi de suite.

Les taillis et les petits bois, sans aucun travail préparatoire, peuvent servir aux troupes qui en occupent la lisière, en les cachant à la vue et en les couvrant partiellement du feu de la mousqueterie ou des mitrailleuses. Le feu de l'artillerie peut être dangereux pour les troupes qui occupent la lisière d'un bois; mais si les arbres sont assez gros, une bande relativement étroite suffit pour amortir les projectiles de l'artillerie de campagne, rayée ou non. Ainsi les bois ou les taillis servent mieux à la défense qu'ils ne le faisaient auparavant. Ils couvrent les hommes avec autant d'efficacité qu'autrefois, et

le feu que les défenseurs de la position peuvent faire à leur abri est plus vif et plus meurtrier.

Les cours d'eau sont des obstacles passifs et qui ne couvrent pas les hommes; s'ils se trouvent placés de manière à arrêter la marche des assaillants, et à les tenir sous le feu des troupes assaillies, ils ont plus de valeur qu'autrefois, à cause de la plus grande précision des armes nouvelles. Mais le feu de l'artillerie n'a relativement que peu d'effet sur des troupes qui traversent un terrain marécageux, tel qu'il l'est ordinairement celui du voisinage des cours d'eau : tous les projectiles qui ne portent pas jusqu'à l'ennemi, s'enfoncent dans la boue sans produire d'effet.

Les maisons et les villages donnent à l'infanterie moderne un immense avantage, quand ils ne sont pas exposés aux coups de l'artillerie; car le feu de l'artillerie est plus à craindre maintenant pour les constructions qu'il ne l'était autrefois : en effet, les projectiles coniques des pièces rayées pénètrent plus avant dans les murs de brique ou de pierre, et la charge des bombes est plus forte, de sorte que les maisons sont plus souvent incendiées.

Cependant, avec un grand village ou une petite ville, l'avantage est à peu près le même qu'avec un taillis ou un petit bois. Des tirailleurs peuvent en défendre les abords, malgré le feu de l'artillerie, qui ne saurait leur faire que peu de mal, tandis que les réserves sont garanties par les maisons, pourvu que ces troupes se tiennent au centre ou au fond du village, car la ligne de maisons qui les couvre par devant arrêtera la plupart des projectiles.

A moins que le village ne soit bâti en bois, ou que les toits ne soient de chaume, il faudra un feu d'artillerie prolongé pour le brûler ou empêcher la position d'être tenable. S'il se trouve devant le village un bois ou une éminence qui puisse le couvrir du feu d'une artillerie éloignée, ce village devient une position importante, qu'il est facile de défendre longtemps contre des feux bien supérieurs.

Dans le rapport officiel prussien sur la campagne de 1866, il est souvent question de luttes sanglantes entre Prussiens et Autrichiens dans des villages, des stations de chemins de fer et des fermes, et quoique l'arme nouvelle que possédait l'infanterie prussienne établît entre les combattants une inégalité exceptionnelle, qui ne permet pas de tirer de conclusions absolues, cependant le résultat général semble prouver que des villages ou des groupes de maisons, occupés par l'infanterie armée de fusils se chargeant par la culasse et bien pourvue de munitions, sont presque imprenables pour l'infanterie ennemie. Au contraire, si l'on attaque à la fois avec de l'artillerie et de l'infanterie, le succès est presque certain, comme il l'était autrefois. Ainsi, au point de vue de la défense, les villages sont au moins aussi importants qu'autrefois : ils ont plus à souffrir du feu de l'artillerie; mais, en revanche, le feu de mousqueterie qu'ils peuvent diriger sur l'ennemi est devenu peut-être plus meurtrier encore.

Les maisons isolées, exposées aux coups de l'artillerie nouvelle, ne sont évidemment pas tenables. Il en était probablement ainsi déjà du temps des canons lisses, à moins que les constructions ne fussent tout à fait massives. Aussi me suis-je toujours demandé, comme bien d'autres sans doute, pourquoi, à la bataille de Waterloo, les Français n'avaient pas attaqué les bâtiments de la Haye-Sainte avec l'artillerie formidable qu'ils avaient massée sur la hauteur opposée, avant de les faire assaillir par leur infanterie.

Il n'y avait pas en cet endroit d'arbres pour masquer les bâtiments, comme à Hougomont, et Napoléon savait mieux que personne se servir de l'artillerie pour ouvrir un chemin à l'infanterie. Le vieil adage, *Quem Deus vult perdere prius dementat*, est probablement la seule réponse possible.

Dans la campagne de Bohême, en 1866, les Autrichiens essayèrent, en plusieurs occasions, de se défendre dans de grands bâtiments ; mais ayant à soutenir à la fois le feu de l'artillerie, et l'attaque de l'infanterie armée du fusil à aiguille, ils ne purent tenir longtemps.

Pour résumer toute la question de l'efficacité des armes perfectionnées, au point de vue de l'attaque et de la défense des positions, préparées ou non par des retranchements faits à la hâte, et quelle que soit la configuration du pays, il est permis de conclure que partout, excepté dans les forêts où les troupes attaquées n'auraient pas eu le temps de se retrancher, ou auraient négligé de le faire ; ou encore dans un pays plat coupé de barrières, si les assaillants étaient plus aguerris et mieux commandés que leurs adversaires ; ou enfin dans le cas de bâtiments attaqués par l'artillerie et l'infanterie combinées ; partout ailleurs, dis-je, la défense a décidément gagné à l'introduction des armes à feu perfectionnées. En effet, il est presque inutile de le démontrer, toutes les fois que des troupes qui s'avancent pour attaquer sont exposées au feu de l'ennemi, tandis que celui-ci, soit en se couchant à terre, soit grâce à l'incertitude du tir des assaillants, soit enfin par des retranchements naturels ou artificiels, peut se mettre au moins en partie à couvert de leur feu ; alors assurément les progrès de la portée, de la précision et des effets meurtriers du feu de l'artillerie, l'introduction des mitrailleuses, et l'accroissement de la portée, de la précision, de la force de pénétration et surtout de la rapidité de tir des fusils nouveaux, donnent à l'armée attaquée une facilité inconnue jusqu'ici de détruire les assaillants avant qu'ils ne puissent se servir de l'arme blanche, et par conséquent augmentent beaucoup ses chances de succès.

Un des résultats particuliers de l'introduction des pièces rayées, résultat qui d'ailleurs ne donne d'avantage ni à l'attaque, ni à la défense, c'est la difficulté d'abriter les réserves derrière les plis du terrain, dans un pays découvert et accidenté. On dit que les réserves autrichiennes eurent beaucoup à souffrir du feu des canons rayés français à la bataille de Solférino ; et les dernières expériences faites à Dartmoor ont montré que le feu courbe de l'artillerie nouvelle ferait de terribles ravages dans un corps de réserve placé sur le revers d'une colline dont le sommet serait occupé par la première ligne. Le champ de bataille de Waterloo ne donnerait pas aujourd'hui à des troupes postées comme l'était l'armée anglaise, le même avantage qu'autrefois, parce que les feux courbes de l'artillerie actuelle atteindraient maintenant les réserves dans le creux où elles avaient été habilement placées par Wellington, et où, en 1815, elles étaient relativement à l'abri. Peut-être dira-t-on que les troupes attaquées, sachant ce qu'elles ont à craindre, peuvent obvier dans une certaine mesure à cet effet de l'artillerie nouvelle, en préparant des tranchées pour y abriter leurs réserves, tandis que les assaillants n'ont pas le même avantage ; et qu'ici encore la balance penche plutôt du côté de la défense.

Nous pouvons maintenant passer du cas de deux armées qui manœuvrent en rase campagne, et dont l'une, plus fai-ble, se tient sur la défensive, à celui où l'une des deux armées est tellement inférieure à l'autre, qu'elle a recours à des fortifications de campagne régulières, et où la lutte se change en attaque et en défense d'une position retranchée, comme, par exemple, celle des Danois à Düppel, ou les fameuses lignes de Torres Vedras en Portugal. De quel côté sont maintenant les avantages des perfectionnements de nos armes à feu ?

Si l'armée qui attaque possède une artillerie nombreuse et puissante, capable de produire des effets marqués sur des ouvrages en terre, comme cela est arrivé lorsque les Prussiens ont attaqué les retranchements de Düppel, et s'il arrive, en outre, comme dans ce dernier cas, que la position défendue ait été si mal choisie que l'ennemi puisse la prendre d'enfilade avec son artillerie, ou diriger sur elle des feux convergents, alors il semble probable que l'avantage sera du côté de l'attaque. Mais il arrivera le plus souvent que de semblables positions fortifiées seront armées d'une artillerie plus nombreuse et d'un calibre supérieur à celle que l'ennemi pourra mettre en batterie, à moins qu'il n'attende son parc de siège ; et si les officiers chargés de choisir et de fortifier la position sont à la hauteur des circonstances, ce qui doit être assurément avec l'instruction qu'ils reçoivent aujourd'hui, ils ne feront pas la faute de laisser aux assaillants l'avantage d'un feu d'enfilade ou de feux convergents qui puissent couvrir l'approche de leurs colonnes d'attaque, et gêner les feux des ouvrages de défense jusqu'au moment suprême de l'assaut définitif. Au contraire, ces ouvrages, s'ils sont habilement tracés, doivent protéger leurs défenseurs de telle sorte que, même après une canonnade soutenue, les assaillants, dans une attaque de jour, se trouvent exposés au feu d'une artillerie balayant en sûreté le plus grand espace que la configuration du terrain expose à ses coups ; ce feu doit devenir plus nourri à mesure qu'ils approchent, et s'accroître encore des décharges terribles des mitrailleuses, puis enfin de celles de l'infanterie qui garnit la ligne : c'est sous cette grêle de projectiles, et probablement encore sous un feu d'enfilade d'artillerie et de mitrailleuses, qu'ils auront à franchir les obstacles disposés aux abords des retranchements. Une telle attaque ne peut aboutir qu'à un résultat désastreux, et il est probable que nul n'aurait la témérité de la tenter, après les nombreux échecs que nous présente la dernière guerre d'Amérique.

Les surprises et les attaques de nuit seront peut-être tentées plus souvent qu'autrefois, pour éviter les pertes certaines que doivent causer les armes nouvelles dans une attaque de jour contre une position retranchée ; mais de tels coups de main sont toujours hasardeux, le plus souvent désespérés, et comme il y a toujours lutte corps à corps, les chances de succès ne semblent guère modifiées par le perfectionnement des armes à feu ; seulement, en cas d'échec et de retraite à l'aube du jour, le feu des retranchements serait plus meurtrier qu'autrefois, et les pertes des assaillants se trouveraient proportionnellement accrues.

Deux points qui se rattachent à cette partie de notre sujet méritent ici une mention toute spéciale. Je veux parler d'abord de la manière de monter les pièces destinées à la défense des forts improvisés et des redoutes, quand ces pièces seraient pour ainsi dire immobilisées et dans la position d'artillerie de place. Déjà, en 1866, j'ai eu l'occasion d'indiquer les inconvénients que présentaient alors les batteries à embrasures et les batteries à barbette, seules dispositions connues à cette époque pour l'artillerie des fortifications ; j'ai exprimé l'espérance que l'on découvrirait bientôt quelque moyen d'élever les pièces pour tirer par-dessus les parapets, et de les redescendre pour les charger, comme on le fait pour les fusils. Ce résultat si désirable, nous le devons à l'invention précieuse du capitaine Moncrieff (1) ; mais je regrette que sa découverte n'ait été appliquée jusqu'ici qu'aux très-grosses pièces destinées à la défense des côtes. Sans doute cette application du principe est la plus difficile, et le succès obtenu en prouve la valeur d'une manière incontestable ; mais je ne suis nullement convaincu que ce soit là l'application la plus utile qu'on en puisse faire. Des canons plus légers, sur des affûts plus simples, peut-être même, selon l'idée de l'inventeur, sur leurs affûts ordinaires, adaptés à son système, vont nous être nécessaires ; il en faudra un grand nombre pour armer du côté de terre nos points de défense naturels et permanents, ainsi que les ouvrages de campagne que nous aurons à élever, en cas de guerre, pour compléter notre système de fortifications ; et cependant on n'a pas encore proposé d'affûts à contre-poids qui conviennent à ce service. L'ancienne embrasure peut, je le crois, rendre encore de grands services sur le flanc des ouvrages, parce qu'il n'y faut en général qu'un angle de tir assez faible : d'ailleurs, cette position, exposée au feu d'enfilade, est particulièrement défavorable au système Moncrieff ; puis l'affût ordinaire est très-commode pour le maniement des pièces par les artilleurs au dedans d'un ouvrage, de manière à concentrer leur feu du côté où cela peut devenir nécessaire ; enfin les embrasures de flanc ne seraient pas ordinairement exposées à la vue ou au feu de l'artillerie d'un ennemi posté loin des retranchements. Mais pour les angles saillants ou d'épaule, et sur le front d'un ouvrage, le système Moncrieff est infiniment supérieur aux embrasures et aux batteries à barbette ; il l'est aussi au système des grands affûts en usage sur le continent, affûts assez hauts pour que les canons puissent tirer par-dessus les parapets qui dépassent les plates-formes de quatre pieds et demi. Le système du continent a l'avantage de simplifier les affûts ; il permet aussi de défendre toute la longueur du parapet, soit avec l'artillerie, soit avec la mousqueterie ; mais il a le grand désavantage d'exposer les pièces et les hommes bien plus que le système Moncrieff, et offre par conséquent à l'artillerie ennemie une bien plus grande chance de détruire l'artillerie des retranchements en tirant à plein fouet.

L'autre point sur lequel je voudrais appeler votre attention à propos des fortifications de campagne, c'est le parti que l'on peut tirer des mitrailleuses dans de telles positions. Lorsque l'on fortifie un terrain irrégulier, il arrive souvent qu'un des éperons d'une hauteur qui doit porter un des ouvrages, fait saillie du côté de l'ennemi ; il est trop étroit pour être occupé, et la seule chose à faire est de reculer la ligne en cet endroit, de manière à laisser à l'ennemi, qui peut gravir sans être vu les pentes à l'extrémité de cet éperon, une distance aussi grande que possible à parcourir sous le feu des ouvrages, après qu'il est arrivé au sommet. En pareil cas, une mitrailleuse sur le front qui défend l'éperon serait fort utile. Mais ici se présente une difficulté : comment monter cette mitrailleuse ? Une embrasure ou une barbette l'exposerait à

être détruite par l'artillerie ennemie ; un affût à contre-poids du système Moncrieff ne convient pas non plus, vu la faiblesse du recul. Il faudrait avoir recours à quelque autre manière de monter les mitrailleuses, permettant de tirer par-dessus les parapets, puis de rentrer l'arme pour la dérober aux coups de l'ennemi ; on trouvera probablement une modification du système à contre-poids qui remplira ces conditions. Les fossés des ouvrages de campagne peuvent être défendus sur les flancs de la manière la plus efficace par des mitrailleuses abritées par des caponnières de charpente, toutes les fois que les fossés sont assez larges pour que l'on se donne la peine de les flanquer, et s'ils sont assez profonds, ou si l'on peut élever un glacis suffisant pour garantir les caponnières du feu de l'artillerie ennemie. La mitrailleuse Montigny paraît cependant avoir un défaut au point de vue de la défense des fossés : ses projectiles ne sont pas assez lourds pour rompre les échelles ou les ponts légers dont l'ennemi pourrait se servir pour traverser.

Sur un flanc prenant d'enfilade une ligne d'abatis en avant d'une face collatérale, une mitrailleuse vaudrait bien mieux que les deux ou trois pièces de campagne dont on se sert ordinairement. La rapidité du tir et le peu d'écartement des balles de la mitrailleuse rendent son feu bien plus meurtrier pour l'ennemi que celui des canons chargés de cartouches à balles, et de plus ses projectiles ne peuvent endommager l'ouvrage que l'on défend. Une embrasure ordinaire, avec mantelet, irait assez bien pour la mitrailleuse : il ne faudrait au flanc que la longueur nécessaire à l'embrasure, 10 mètres, par exemple, et la longueur de la ligne flanquée pourrait probablement être de 600 ou 800 mètres sur un terrain uni. Un feu d'infanterie équivalent exigerait un flanc d'environ 50 mètres, en admettant qu'une mitrailleuse soit l'équivalent de cent hommes. Un tel flanc serait très-exposé à être pris d'enfilade, et exigerait plusieurs traverses pour abriter les hommes, tandis que la mitrailleuse serait en sûreté dans l'angle et couverte par le parapet de front.

Il est donc permis de conclure, selon moi, que si les fortifications de campagne sont bien tracées, avec des abris à l'épreuve de la bombe, et garnies d'artillerie et de mitrailleuses montées sur des affûts convenables, la défense a plutôt gagné que perdu. Il faut, il est vrai, plus d'habileté pour le tracé, et plus de travail et de matériaux qu'autrefois pour la construction des ouvrages ; mais une fois ces conditions remplies, et elles doivent l'être facilement dans un pays comme le nôtre, les assaillants ne trouveront pas leur tâche facile s'ils tentent une attaque avec de l'artillerie. Dans quelque mesure que la portée, la précision et la puissance de l'artillerie de campagne aient augmenté, il est certain que les pièces de campagne rayées actuellement en usage ne sont pas très-à-craindre pour les ouvrages en terre ; et, quand même on emploierait des obusiers de campagne, lançant des obus plus lourds que la pièce de 12, il ne serait pas difficile d'élever des ouvrages garantissant presque entièrement les hommes et les pièces du feu de l'ennemi, tandis que ce dernier serait exposé à tous les effets des armes perfectionnées de toutes sortes. Il faudra donc entreprendre un siége régulier si l'on veut réduire des ouvrages de campagne bien faits, à moins qu'on n'ait recours à un assaut de nuit ou à une surprise.

Arrivons enfin aux ouvrages de défense de l'ordre le plus élevé, et voyons ce que sont les fortifications régulières en 1870, auprès de ce qu'elles étaient en 1850 et 1860. Je ne

---

(1) Voyez le travail de M. Moncrieff dans la *Revue des cours scientifiques*, 6e année, 13 novembre 1869, p. 794.

veux pas abuser de votre attention en répétant en détail ce que je vous ai déjà dit en 1866. A cette époque, j'ai essayé de démontrer que l'avantage était décidément du côté de la défense, pourvu qu'elle fût conduite avec habileté, et que les fortifications fussent bien construites. J'ai fait remarquer combien il est important de dérober tous les ouvrages de maçonnerie, non-seulement à la vue de l'ennemi, mais encore aux feux courbes de son artillerie, même à la distance de 4 ou 5 kilomètres ; j'ai également insisté sur la nécessité de perfectionner notre manière de monter l'artillerie, et de préparer des abris assez grands, à l'épreuve de la bombe, pour les troupes de repos, et des positions sûres que ne puisse endommager l'artillerie d'un ennemi éloigné, comme, par exemple, des caponnières casematées et convenablement disposées, pour les pièces qui flanquent les fossés. Si ces précautions n'étaient prises ; si, par exemple, une forteresse armée selon les anciennes règles était attaquée par une armée munie de la nouvelle artillerie, il est certain que les avantages de l'attaque seraient bien plus grands qu'autrefois.

Le siége de Borgo-Forte, fait par les Italiens en 1866, nous offre un exemple de la facilité que peuvent maintenant avoir les assiégeants, dans des circonstances favorables, à construire leurs premières batteries sans éprouver de pertes, et sans être inquiétés par le feu de la place ou par des sorties. Les pièces de siége rayées produisant plus d'effet à 1500 ou 2000 mètres que les anciennes pièces à canon lisse à 600 mètres, les assiégeants ont un très-grand choix pour l'emplacement de leurs batteries, et peuvent, dans la plupart des cas, les cacher à la garnison jusqu'au moment d'ouvrir le feu. C'est là ce qui s'est passé à Borgo-Forte. Les Autrichiens avaient quatre forts disposés en quadrilatère, et destinés à servir de double tête de pont pour assurer le passage du Pô à une armée autrichienne opérant sur l'une ou l'autre rive. Trois de ces forts se trouvaient sur la rive gauche, et un, le fort Mottegiana, sur la rive droite. Ce dernier devint le point de mire de l'attaque des Italiens ; mais, pour assurer le succès de cette attaque, il fallait faire taire l'artillerie de deux des autres forts situés près de la rive gauche du fleuve, et dont le feu appuyait le fort Mottegiana.

Un ruisseau qui entourait en partie le fort Mottegiana, à environ 1500 ou 2000 mètres, et qui était bordé de fortes digues, ainsi que des digues semblables sur la rive du Pô, offrait aux Italiens des parallèles naturelles et des ébauches de batteries, tandis que les hautes herbes, et sur un point un verger, cachaient si bien leurs opérations qu'après sept jours de travail ils purent ouvrir le feu avec 74 pièces de siége et quelques pièces de campagne, sans avoir été aucunement inquiétés par la garnison, qui ne parut pas même avoir soupçonné jusqu'alors les travaux des assiégeants. La distance des batteries italiennes aux forts ainsi attaqués variait de 1500 à plus de 3000 mètres ; et, à cette distance, elles donnèrent des résultats très-appréciables. Près de 50 canons concentrèrent leur feu sur le fort Mottegiana, et le réduisirent au silence en quelques heures. Les bombes qui dépassaient la crête du parapet étaient parties de si loin que leur trajectoire s'abaissait rapidement près du but : elles venaient frapper l'abri et le mur percé de meurtrières qui étaient à la gorge de l'ouvrage. Ces ouvrages furent bientôt démolis en partie, et les fragments de murs dont les Italiens trouvèrent l'intérieur du fort jonché quand ils y entrèrent, témoignèrent de la puissance des feux courbes de l'artillerie nouvelle contre les ouvrages en ma-

çonnerie. Les éclats qui volent de tous côtés doivent démoraliser complétement la garnison attaquée. Les Italiens continuèrent leur feu pendant près de vingt-quatre heures, et alors deux grandes explosions leur annoncèrent que les Autrichiens avaient abandonné leurs ouvrages, et venaient de détruire les deux forts de la rive gauche en mettant le feu aux poudres.

Dans une discussion intéressante sur ce siége ou plutôt cette attaque d'artillerie, sir John Borgoyne a fait observer qu'au simple point de vue de l'attaque et de la défense des forteresses, il n'y avait pas la moindre raison pour que les Autrichiens abandonnassent leurs ouvrages : leurs parapets étaient encore en bon état, et les fossés, les escarpes, les contrescarpes et les caponnières de flanc n'étaient nullement endommagés. L'artillerie ennemie était, il est vrai, supérieure à celle de la place ; mais les travaux de siége proprement dits étaient à peine commencés. Il aurait fallu des approches régulières pour arriver jusqu'au fort ; et des contre-approches habilement disposées, ainsi que des batteries sur la rive gauche avec le feu de la mousqueterie, et de temps en temps celui des canons du fort attaqué, auraient rendu cette opération aussi difficile et aussi dangereuse qu'autrefois ; de plus, la distance à parcourir était bien plus considérable. En outre, quand les travaux de l'assiégeant seraient arrivés près du fort, et que le feu de ses batteries éloignées eût été masqué par ses propres ouvrages, les derniers travaux et la construction des batteries de brèche auraient été plus difficiles que jamais, par suite de la plus grande puissance des fusils nouveaux. C'est surtout à des causes stratégiques qu'il faut attribuer le succès de l'attaque dont nous venons de parler. L'empereur d'Autriche avait résolu d'abandonner ses possessions italiennes. Cette tête de pont, destinée uniquement à assurer le passage du Pô, était donc devenue inutile, et il n'était pas nécessaire de sacrifier des hommes pour la défendre. Remarquons de plus que les divers ouvrages qui formaient ce quadrilatère n'étaient pas suffisants pour assurer le passage. Dès qu'un ennemi pouvait établir ses batteries dans de bonnes positions commandant les ponts et leurs abords, les forts étaient inutiles, puisqu'ils n'assuraient plus le passage du fleuve. Ceci montre incidemment l'extrême difficulté que présente de nos jours la construction d'une bonne tête de pont. Avant l'introduction des canons rayés, cette tête de pont aurait probablement été bien suffisante, car le feu de ses grosses pièces aurait empêché l'ennemi de mettre son artillerie entre le fort Mottegiana et les digues ; et, derrière ces digues, des canons lisses auraient été trop loin des ponts pour les endommager ou pour faire grand mal aux troupes qui les auraient traversés. De nos jours, il faudrait trois ou quatre forts de plus, sur la rive droite du fleuve, pour faire une bonne tête de pont dans cette position.

Pour résumer la question de l'attaque et de la défense des forteresses intérieures d'un pays, il est permis de conclure que les perfectionnements des armes à feu ont augmenté les difficultés de part et d'autre. Les forteresses doivent maintenant couvrir beaucoup plus de terrain qu'autrefois ; leur construction et leur armement sont bien plus coûteux, ce qui fait qu'il y en aura nécessairement moins. Pour les attaquer, il faut commencer les opérations à une bien plus grande distance, et donner aux batteries et aux magasins à poudre bien plus de solidité qu'autrefois. Les moyens de destruction de l'assiégeant sont plus grands qu'auparavant ; mais le génie militaire a fait autant de progrès que l'artillerie, et les ouvrages de défense sont maintenant bien plus difficiles à détruire qu'autrefois. Pour construire une forteresse, comme pour la prendre, il faut maintenant plus d'hommes, plus de matériel, plus d'habileté et plus de temps.

Sans doute, la supériorité du nombre et des ressources des assiégeants doit finir par l'emporter, comme toujours ; mais leur tâche est devenue extrêmement plus difficile, elle doit être plus fatigante et plus coûteuse, et c'est là, évidemment, autant de gagné pour la défense. Les forteresses se construisent à loisir, en temps de paix ; elles servent généralement à gagner du temps. Ce but, elles le rempliront d'une manière plus complète qu'autrefois, tandis que la nécessité d'augmenter la grandeur et de diminuer le nombre des forteresses, nécessité qui résulte du perfectionnement des armes à feu, est favorable à la concentration de forces que recommandent tous les habiles stratégistes modernes. Napoléon 1er l'avait posée en principe : « *Prétendez-vous*, dit-il, *défendre une frontière par un cordon ? Vous êtes faible partout, car enfin tout ce qui est humain, bons officiers, bons généraux, tout cela n'est pas infini, et si vous êtes obligé de disséminer partout, vous n'êtes fort nulle part* (1). »

Nous arrivons maintenant au point qui nous intéresse le plus comme nation, je veux dire à la défense des côtes et des ports ; car évidemment, pour peu que l'on réfléchisse, malgré la nécessité de se mettre en garde contre toute crainte d'invasion, en entretenant une armée de terre suffisante pour repousser une attaque subite, on doit voir que c'est sur notre marine qu'il faut compter pour défendre l'Angleterre. Il serait inutile de chercher à nous dissimuler ce fait évident pour les nations étrangères, qu'une lutte prolongée contre un envahisseur sur nos propres côtes doit être sans espoir ; en effet, la possibilité de cette lutte suppose nécessairement que nous avons perdu notre supériorité navale, et que l'ennemi est maître de la mer. Mais alors, notre commerce, nos manufactures, sont anéantis, ce qui amènerait une misère si grande dans ce pays qui ne produit pas de quoi nourrir ses habitants, et par suite un tel mécontement parmi nos millions d'ouvriers sans travail, qu'une lutte prolongée avec un envahisseur puissant serait impossible. C'est pour cela que nos grands arsenaux maritimes sont soigneusement fortifiés, car il faut que notre marine ait de bons ports de refuge ; il faut que nous puissions réparer, renouveler et augmenter nos flottes sans qu'une attaque soudaine par mer, ou par mer et par terre à la fois, puisse y mettre obstacle. Voyons donc de quel côté sont les avantages pour ce genre de défense. Un énorme avantage que l'attaque a maintenant sur la défense, c'est qu'avec l'artillerie nouvelle, voir un arsenal maritime, c'est le détruire presque à coup sûr. La portée et la puissance de l'artillerie se sont tellement accrues, qu'une surface un peu considérable doit nécessairement souffrir d'un bombardement fait à la distance de 7 ou 8 kilomètres, pourvu que l'ennemi la voie distinctement. De là la distance à laquelle il faut porter les ouvrages de défense pour protéger les bassins de construction ; et par suite, la difficulté d'avoir assez d'hommes, de canons, etc., pour armer des travaux aussi étendus. Cependant, le gain n'est pas tout entier pour l'assaillant ; avec les pièces à longue portée sont aussi venus les projectiles creux, si des-

tructeurs pour les vaisseaux, qu'il a fallu les cuirasser ; puis a commencé la lutte entre les canons et les plaques de blindage, lutte encore indécise, mais qui doit nécessairement se terminer en faveur de la défense, car il y a une limite au poids de l'armure que peut porter une batterie flottante, tandis qu'il n'y en a aucune à celui de l'armure d'une batterie de terre. Nous pouvons aussi compter les torpilles parmi les perfectionnements de l'artillerie moderne qui sont presque entièrement en faveur de la défense, et qui ajoutent beaucoup aux difficultés et aux dangers de l'attaque.

Voici une question qui a été fort discutée dans ces derniers temps à propos de la défense des ports : pour défendre un chenal, vaut-il mieux avoir plusieurs batteries disposées de façon qu'un vaisseau ennemi ait à les passer l'une après l'autre, chacune tirant à son tour ; ou bien doit-on accumuler tous ses moyens de défense, canons, torpilles et barrages sur un seul et même point ? S'il faut adopter l'une ou l'autre de ces méthodes, la dernière est sans aucun doute la plus efficace : l'expérience de la dernière guerre d'Amérique a démontré de la manière la plus évidente que des vaisseaux peuvent parcourir un chenal à toute vapeur, et passer sous le feu des batteries sans souffrir beaucoup, tandis que des batteries de terre, combinées avec des barrages et des torpilles, sont infranchissables. Toutes les fois que l'on pourra réunir les deux systèmes pour défendre un chenal, on devra le considérer comme infranchissable pour la flotte la plus forte, si elle n'est soutenue par une armée de terre.

Une question également intéressante est celle de savoir s'il est maintenant possible pour des vaisseaux d'attaquer des batteries de terre avec des chances raisonnables de succès. Avant l'invention de l'artillerie rayée, il est arrivé, deux fois au moins, qu'une frégate fût repoussée par un seul canon sur une tour. L'instabilité du vaisseau jointe à l'imperfection de son tir, et au peu d'effet que ses canons pouvaient produire de loin sur la maçonnerie, rendaient son feu inoffensif pour la tour, tandis que celle-ci, avec son unique canon à longue portée, tirant d'une plate-forme stable atteignait souvent la frégate. Notre attaque par mer contre les forts de granit de Sébastopol a prouvé qu'à cette époque les forts avaient décidément l'avantage. Mais pendant la dernière guerre d'Amérique, des vaisseaux cuirassés et des vaisseaux de bois, armés de canons puissants, et agissant de concert, ont souvent triomphé des batteries du rivage, qu'elles fussent de terre, de maçonnerie, ou même imparfaitement cuirassées.

Comme exemple remarquable d'un avantage remporté par des vaisseaux sur de forts ouvrages en terre, on peut citer l'attaque par mer du fort Fisher, à l'entrée du port de Wilmington, dans la Caroline du Nord ; mais il ne faut pas oublier qu'on avait fait la faute de construire ce fort dans une position telle que des vaisseaux placés par un très-grand arc de cercle, pouvaient concentrer leurs feux sur cet ouvrage, et prendre ses faces d'enfilade ou à revers ; de plus, presque toutes ses pièces étaient montées en barbette, très-peu élevées au-dessus de l'eau, et trop faibles d'ailleurs pour percer l'armure d'un vaisseau.

Dans la plupart de leurs opérations navales sur le Mississippi, les fédéraux réussirent, avec leurs navires cuirassés, à éteindre le feu des batteries de terre, même quand les canons étaient habilement disposés en petites batteries, soit dans des creux, soit à 50 ou 100 pieds au-dessus de l'eau, mais tirant en barbette.

---

(1) Il est impossible de lire ces lignes sans en faire une application douloureuse aux débuts de la guerre actuelle.

N'oublions pas cependant que la puissance de leurs canons et la force de leurs plaques de blindage donnaient partout une grande supériorité aux Fédéraux.

Des forts casematés, bien construits, de fer seulement, ou de granit et de fer combinés, et armés de canons puissants, n'ont pas encore été essayés contre des vaisseaux cuirassés; mais il n'est guère douteux qu'avec de tels ouvrages l'ancien rapport existant entre l'artillerie flottante et l'artillerie de terre ne se trouve à peu près rétabli. Même des ouvrages de terre, situés sur des hauteurs, avec de gros canons sur des affûts Moncrieff, peuvent lutter avec succès contre la grosse artillerie des vaisseaux, si l'on tient compte du grand avantage que donne leur feu plongeant sur les ponts des vaisseaux. Mais, en construisant les ouvrages de défense, il faut se rappeler l'exemple du fort Fisher, et ne pas commettre la même faute que les ingénieurs confédérés : la position des batteries de terre doit toujours être choisie de telle sorte qu'une grande flotte ne puisse se ranger sur un arc de cercle étendu, et, toujours en mouvement, grâce à sa vapeur, de manière à rendre le tir de l'ennemi plus incertain, faire converger tous ses feux sur les batteries. Dans de telles conditions, le succès d'une flotte serait presque certain.

Je me suis efforcé d'examiner devant vous tous les cas que peuvent présenter l'attaque et la défense, et je crois que l'on reconnaîtra généralement qu'en admettant l'exactitude des faits et des arguments dont je me suis servi, la balance penche, à tout prendre, du côté de la défense; pourvu, bien entendu, que les troupes attaquées soient égales aux assaillants pour le courage, les armes, le matériel, l'habileté et l'éducation.

Avant de conclure, je voudrais faire une remarque qui n'est pas sans importance au sujet de nos travaux de défense nationale. Nous avons presque achevé les fortifications qui forment la base de notre système défensif, et les forteresses que nous avons construites sont nécessairement d'une telle étendue que la question de garnison devient difficile. Il est clair qu'il faudra y employer un grand nombre de nos volontaires; et cette manière de les utiliser serait fort avantageuse, car nous pouvons être sûrs que nulles troupes au monde ne sauraient les surpasser en courage, en force de résistance et en habileté de tir, qualités essentielles pour les troupes qui garnissent une forteresse.

Au contraire, ce ne serait pas juste, ce serait même probablement nous exposer à un désastre national que d'aller, avec leur éducation militaire imparfaite, les exposer en rase campagne contre des troupes étrangères bien exercées; la supériorité de manœuvres des troupes régulières devrait, selon toutes les probabilités humaines, leur assurer la victoire sur nos volontaires, quelque braves et dévoués que fussent ces derniers.

Ne serait-ce pas alors un exercice éminemment pratique et utile pour nos volontaires, si, un des jours où ils se réunissent en grand nombre, comme le lundi de Pâques, on leur faisait garnir une partie des ouvrages qu'ils auront évidemment à défendre dans le cas où leurs services deviendraient malheureusement nécessaires pour la sûreté du pays?

L'infanterie et l'artillerie pourraient former trois divisions : la première serait envoyée dans un des forts avancés, à Portsmouth, par exemple; la seconde garnirait les lignes de l'intérieur; et la troisième, soutenue si cela se pouvait, par quelques troupes régulières, tiendrait la campagne entre les forts. En même temps, les ingénieurs s'occuperaient à tracer les ouvrages de campagne destinés à soutenir la troisième division, qui seraient nécessaires en temps de guerre. Le défilé ordinaire pourrait nécessairement avoir lieu avant ou après les principales opérations de la journée (1).

Je ne saurais mieux terminer ce travail qu'en rappelant ici l'opinion de quelques-uns des meilleurs officiers de l'armée française sur ce que la guerre doit être désormais avec les armes nouvellement adoptées. Le 27 décembre 1867, le capitaine Regius, un des vétérans du premier empire, disait au Corps législatif, à propos de l'organisation de l'armée : « Quand nos fusils portaient à 250 mètres, et tiraient un coup par minute, il fallait à une colonne d'attaque quatre ou cinq minutes pour franchir cette distance. Nous perdions du monde, mais nous arrivions. Maintenant, les armes de précision portent à 1000 mètres, et tirent sept ou huit coups par minute. Une colonne d'attaque qui voudrait franchir cette distance serait exposée au feu de l'ennemi pendant quinze ou vingt minutes : elle serait anéantie avant d'arriver. »

D'après les témoignages que j'ai pu recueillir, voici les résultats que donne le chassepot entre les mains de l'infanterie de ligne : à 1000 mètres, un coup cinq sur porte; à 400 mètres, près de deux sur cinq; à 200 mètres, près de trois sur cinq. Ainsi, plus une colonne ennemie approche, plus elle doit être décimée par la mousqueterie seule. De plus, cette colonne n'a pas devant elle une ligne rouge de soldats debout, mais bien des hommes dont l'uniforme est à peu près couleur de terre; ces hommes sont couchés, et n'exposent guère que la tête, ou un neuvième de leur surface : ainsi le désavantage du fantassin qui attaque est de neuf contre un.

Pour les charges de cavalerie, écoutons le récit d'une expérience faite en France. Dans une charge simulée de cent guides contre quatre-vingts hommes d'infanterie de la garde impériale, armés du chassepot, la distance à parcourir était de 400 mètres. Les guides franchirent cet espace en trente-deux secondes, et pendant ce temps les fantassins tirèrent trois cent vingt-six coups, dont cent cinquante allèrent frapper la cible, ce qui donne un coup et demi par cavalier; ainsi la cavalerie aurait été anéantie en trente-deux secondes, sans atteindre l'ennemi.

Un de mes amis, officier expérimenté, qui a dernièrement passé près de deux mois à Châlons, avec des officiers de l'artillerie et du génie français, dit que l'impression générale est qu'il ne faut plus songer aux charges d'infanterie et de cavalerie, ni aux combats à l'arme blanche. Les officiers de cavalerie disent qu'ils peuvent encore servir à poursuivre l'ennemi quand le feu de l'artillerie aura mis le désordre dans ses rangs. Mais les soldats sont armés de revolvers pour se défendre contre une surprise; et, sûrement, ce serait folie que de vouloir opposer une lance ou un sabre à un revolver d'Adams qui tire presque un coup par seconde, et dont la moitié des balles frappent un but plus petit qu'une tête d'homme, à 60 mètres.

Des escarmouches habilement conduites, des feintes et des surprises sont les seules manœuvres que l'on conçoive maintenant dans l'armée française. Adieu désormais à l'appareil pompeux de la guerre; se montrer, c'est aller à la mort; on n'avancera plus qu'à genoux ou en rampant. En un mot, on pense, à Châlons, que la guerre de l'avenir est *une guerre de serpents*. Mais c'est là, justement là, le genre de guerre qui

____

(1) Tout ce qui suit est extrait des remarques de M. Chadwick.

donnera le plus grand avantage à des défenseurs alertes, comme le sont nos volontaires, connaissant bien le pays et sachant profiter de chaque mur, de chaque maison, de chaque haie.

Mais les armes nouvelles n'ont été essayées encore que d'une manière incomplète : tantôt les nouveaux fusils, et pas même les meilleurs; tantôt, mais rarement, l'artillerie nouvelle, sans être soutenue par les fusils perfectionnés.

Et nous sommes encore bien loin d'avoir épuisé ce que la science peut aire pour les armes nouvelles. Mon ami sir Joseph Whitworth ne mourra pas content avant d'avoir trouvé le moyen de tuer et de détruire à plus de 11 kilomètres: « alors, dit-il, la paix sera assurée entre les nations civilisées, car les hommes ne voudront pas se décider à aller combattre des ennemis qu'ils ne pourraient pas voir. » On dit que la grosse artillerie porte maintenant à 7 ou 8 kilomètres. Mais le canon Whitworth de neuf pouces porte à 10 ou 11 kilomètres. Whitworth peut, dit-il, lancer à plus de 10 kilomètres une bombe de 1500 livres, de manière à lui faire traverser une armure d'un pied d'épaisseur.

Les expériences d'artillerie, faites récemment près de Portsmouth, sont toutes en faveur de l'avantage que les armes nouvelles donnent à la défense. Un général américain expérimenté, qui a pris part à la dernière guerre de son pays, passant dernièrement en Angleterre, nous a dit qu'il regardait comme une folie l'idée de songer à envahir notre pays, avec ses fossés, ses haies, ses murs et tous les abris qu'il offre à l'infanterie. Il s'appuie sur l'expérience de la dernière guerre d'Amérique, où aucun des deux partis n'a jamais pu l'emporter sur l'autre dans les endroits cultivés, et cela avec des armes inférieures à celles que nous avons maintenant. Dans les pays cultivés, l'assaillant est inévitablement défait. Je ne connais qu'un cas où l'attaque ait semblé l'emporter sur la défense ; c'est sur la côte et avec le gros canon Whitworth. S'il peut lancer une bombe du poids énorme de 15 quintaux à plus de 10 kilomètres, le bateau qui portera ce canon ne sera qu'un point à cette distance, et ce point mobile pourra plus facilement atteindre une grande forteresse, Portsmouth ou Cherbourg, que la forteresse n'atteindra le point mobile. Selon moi, les côtes devront être défendues non plus par de grandes fortifications, mais par des bateaux rapides, de grandes canon-nières, qui iront soutenir le combat au large pour écarter l'ennemi.

Certains se récrient sur la dépense de nos expériences et des essais d'armes nouvelles. Je suis d'avis qu'il faut encourager ces expériences, les faire sur une grande échelle ; elles nous vaudront des économies énormes de frais militaires. J'ai assisté l'automne dernier, à la Haye, à un congrès de statistique et d'économie politique, où se trouvaient représentés les principaux États de l'Europe et les États-Unis. J'ai pu y déclarer, d'après des témoignages recueillis en France, que la Belgique, ou la Hollande seule, pourrait maintenant, toute petite qu'elle est, résister, si elle le voulait, à la puissance de la France. *La France, avec 100 000 hommes pourrait arrêter toutes les forces qu'une puissance comme la Prusse mettrait en campagne pour l'envahir.* Et, dans ce cas, les contribuables français ne seraient-ils pas en droit de demander pourquoi on leur impose le fardeau d'une armée de 4 ou 500 000 hommes, quand, après tout, la Prusse, ou même la Belgique ou la Hollande, résisterait facilement à une pareille armée?

H. SHAW,

Professeur de fortification et d'artillerie à l'école d'état-major de Sandhurst.

COLLÉGE DE FRANCE

HISTOIRE NATURELLE DES CORPS ORGANISÉS

COURS DE M. MAREY (1)

Du vol chez les oiseaux.

II

SOMMAIRE : De la résistance de l'air. — I. Conditions qui font varier cette résistance. Influences de la vitesse des mobiles, de l'étendue et de la forme de leurs surfaces. — II. Mouvements imprimés à l'air par les mobiles : remous et tourbillons. Pression positive ou négative sur les différents points du corps en mouvement. — III. Décomposition de la résistance de l'air par les plans inclinés ; construction du parallélogramme des forces ; influence de l'angle que fait le plan avec la direction de son mouvement ; applications à la théorie du vol. — IV. Résistance de l'air dans les mouvements rotatifs ; applications à la théorie du vol.

Nous avons vu, dans la leçon dernière, qu'une force élastique, celle des gaz de la poudre, par exemple, agissant en même temps sur deux masses : le boulet et la pièce, se partage également entre elles ; de sorte que les deux masses, quelle que soit l'inégalité qu'elles présentent, reçoivent la même quantité de mouvement. C'est là une confirmation expérimentale de ce principe bien connu que l'action est égale à la réaction.

Nous pouvons donc admettre que dans le mécanisme du vol, les muscles pectoraux partagent leur effort d'une manière également entre leurs deux attaches, et que la traction exercée sur leurs insertions sternales est égale à celle qui se produit sur l'attache de ces muscles aux humérus.

N'allons pas plus loin dans la comparaison des deux phénomènes. Car dans la considération du travail accompli, le problème de balistique nous a présenté des conditions qui ne se retrouvent plus dans l'action des muscles de l'oiseau. Un boulet chassé par les gaz de la poudre avec une grande vitesse et cheminant dans un fluide beaucoup moins dense que lui, peut acquérir une force vive considérable, et lors de son arrêt développer du travail. Mais quand l'aile de l'oiseau, sous l'impulsion du muscle, pousse l'air au devant d'elle, cet air ne saurait être comparé à un projectile ; retenu de proche en proche par les couches atmosphériques voisines, il ne peut les traverser, ayant la même densité qu'elles, et tend seulement à les repousser. Mais l'air est compressible, et comme l'inertie des couches environnantes empêche le mouvement de se propager bien loin au milieu d'elles, il s'ensuit que, à quelque distance du point frappé, l'air reste immobile. De sorte que l'abaissement de l'aile a eu pour effet de comprimer de proche en proche les couches d'air les plus voisines.

Mais entre la paroi inférieure de l'aile et les couches d'air immobiles, la portion d'air qui s'est comprimée prend une force élastique qui repousse l'aile de bas en haut, luttant contre la pesanteur et tendant à soulever l'oiseau.

Essayons de nous représenter ce qui se passe à chaque coup d'aile.

La figure 165 représente d'une manière schématique, le sternum d'un oiseau, les différentes pièces du squelette de son aile et les faisceaux musculaires du grand pectoral qui, du sternum, se portent à l'humérus. Après le raccourcissement du muscle pectoral, les différentes pièces de ce système auront changé de rapports et se trouveront dans les positions figurées

---

(1) Voyez ci-dessus page 571, 6 août 1870, et notre tome VI, pages 578, 601, 646 et 700, année 1869.

par les lignes ponctuées. Le corps de l'oiseau se sera élevé, tandis que les ailes se seront abaissées.

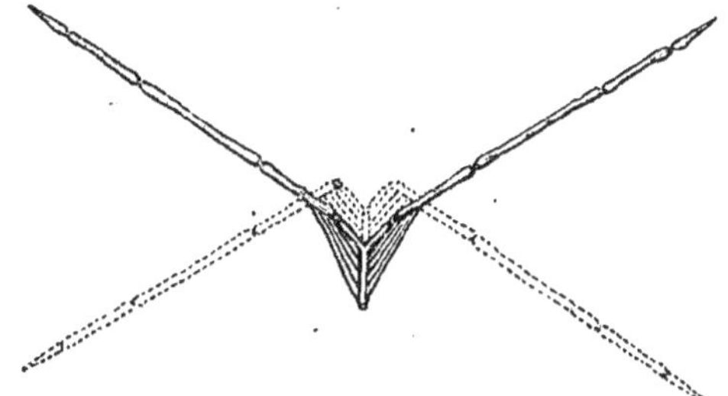

Fig. 105. — Représentant la position des ailes et du corps de l'oiseau avant et après le temps d'abaissement dans le vol.

Ce n'est pas là une hypothèse: l'expérience nous a montré que, pendant le temps d'abaissement de l'aile, le corps de l'oiseau se soulève. La figure schématique ci-dessus n'est donc que la représentation d'un fait expérimental bien établi.

Or, pour que le corps de l'oiseau s'élève de quelques centimètres, tandis que la pesanteur tendrait à le faire tomber, il faut que la pression qui s'exerce à la face inférieure des deux ailes soit un peu supérieure au poids de l'oiseau. De sorte que, chez un milan qui pèse 800 grammes, chacune des deux ailes doit supporter une pression de plus de 400 grammes.

Il n'est plus besoin de combattre aujourd'hui l'ancienne théorie qui admettait que les animaux qui volent s'élèvent, par leur légèreté spécifique, au-dessus du fluide ambiant. Tout le monde tend à admettre que l'ascension de ces animaux dans l'air est l'effet plus ou moins complexe de la réaction de leurs coups d'aile qui frappent l'air et y trouvent un point d'appui.

La résistance de l'air contre un plan qui le déplace est connue de tout le monde; il suffit d'agiter vivement un éventail pour avoir la sensation de cette résistance; mais il est moins facile d'en bien comprendre la nature.

I. — Conditions qui font varier la résistance de l'air.

Newton considère les molécules de l'air comme agissant par *leur inertie* ou *leur force vive* suivant qu'elles sont frappées par les plans solides ou qu'elles vont se heurter contre eux; dans les deux cas il n'est besoin de faire aucune hypothèse, puisqu'il est démontré que l'air est pesant.

Influence de la vitesse des mobiles. — On sait que la résistance que présente un corps à une force qui tend à le déplacer est proportionnelle au carré de la vitesse avec laquelle le corps est heurté. On sait aussi que ce corps, s'il est en mouvement, développe à son tour contre les surfaces qu'il vient choquer un effort proportionnel au carré de sa propre vitesse. Newton put donc conclure que si l'air se comporte comme tous les autres corps, les résistances qu'il présente, ou les efforts qu'il développe, sont *proportionnels aux carrés des vitesses*.

Mais cette loi si simple ne répond pas aux résultats de l'expérience.

La résistance de l'air devant les corps animés d'une translation très-rapide croît beaucoup plus vite que le carré de la vitesse. La formule adoptée aujourd'hui pour les grandes vitesses, en balistique, par exemple, contient deux termes dont

l'un croît en effet comme les carrés, mais dont l'autre croît comme les cubes des vitesses. Pour les mouvements très-rapides comme ceux des projectiles de guerre qui ont une vitesse de 400 à 500 mètres par seconde, le terme qui varie en raison du cube des vitesses prend une valeur beaucoup plus grande que l'autre. Il semble toutefois que pour les vitesses bornées à quelques mètres seulement par seconde, la formule de Newton s'éloigne beaucoup de la vérité.

Influence de l'étendue des surfaces. — Dans l'hypothèse où la résistance de l'air est produite par la somme des effets d'inertie des molécules de l'air, il est clair que plus ces molécules seront nombreuses, plus la résistance sera grande. Elle variera donc en raison de la surface que le corps en mouvement présente à l'air, c'est-à-dire en raison de la section maximum de ce corps perpendiculaire à la direction du mouvement. Cette estimation a été adoptée par Navier dans ses calculs sur le travail développé par un oiseau qui vole.

Mais, ici encore, la loi est moins simple qu'on ne l'avait cru d'abord. S'il est vrai que pour des corps géométriquement semblables, des sphères, des boulets par exemple, la résistance soit proportionnelle à la section de ces sphères, on s'aperçoit bien vite que pour des corps de *formes* différentes ce rapport n'existe plus.

Influence de la forme des surfaces. — Une surface convexe trouve dans l'air moins de résistance qu'une surface plane; et une surface plane à son tour moins qu'une surface concave. En somme, dans les fluides comme dans les solides, les corps pénètrent en déplaçant latéralement les molécules qui se trouvent devant eux. De sorte qu'un mobile qui présente à son avant une pointe aiguë pénètre plus facilement dans l'air qu'un mobile obtus qui aurait cependant la même section transversale (1).

En vertu de cette influence de la forme des mobiles sur la résistance que l'air leur fournit, on comprend que le corps d'un oiseau présentant, en quelque sorte, en avant, une pointe allongée, éprouvera une résistance moindre que celle que lui assignait Navier en estimant cette résistance d'après la section transversale du corps de l'oiseau.

Au contraire, la face inférieure de l'aile de l'oiseau, grâce à sa forme concave, éprouvera plus de résistance que n'en trouverait sur l'air un plan de même étendue. Ces deux conditions sont favorables au vol, car l'une diminue la résistance que l'oiseau éprouve dans sa translation, tandis que l'autre augmente la résistance du point d'appui.

II. — Mouvements imprimés a l'air par les mobiles qui le traversent.

Ce fait de la pénétration plus ou moins facile des corps en mouvement dans l'air doit s'expliquer par l'entraînement de quantités variables de ce fluide. Certains auteurs admettent avec d'Alembert qu'il existe au devant des mobiles une *proue* d'air immobile qui est poussée devant eux et sur laquelle glissent les couches d'air dans lesquelles la pénétration s'effectue. Derrière le mobile serait également une *poupe* d'air qui accompagnerait le corps, et dans laquelle se feraient des re-

____

(1) Il y a toutefois une limite à l'acuité de l'angle favorable à la pénétration du mobile dans l'air, car, en augmentant cette acuité indéfiniment, on augmenterait aussi la longueur du mobile et il se produirait de nouvelles résistances par les *frottements* de l'air sur les parties latérales.

mous ou *tourbillons* pareils à ceux qu'on voit, dans les rivières, se former derrière un bateau. Enfin, sur les côtés, le glissement de l'air se ferait en offrant certaines résistances dites *de frottement* et dont l'intensité croît en raison de la longueur du mobile et de l'étendue de ses surfaces latérales.

La théorie indique en outre que derrière un corps animé de vitesse l'air se précipite, à mesure que ce corps se déplace, mais pas assez vite, cependant, pour qu'il n'y ait pas en ce point une diminution de pression qui varie avec la vitesse elle-même.

On voit déjà combien le problème se complique, bien que nous ne soyons pas sortis du cas, d'une simplicité idéale, où un corps suivrait un trajet rectiligne en vertu d'un mouvement uniforme. Mais, dans l'étude qui nous occupe, il s'agit de plans inclinés qui, sous des angles variables, parcourent des trajectoires curvilignes avec une vitesse à chaque instant changeante en chacun de leurs points.

Sans nous effrayer de cette complication nouvelle, cherchons comment se comporte la résistance de l'air au devant d'un plan incliné, c'est-à-dire d'un plan qui fait un certain angle avec la direction de son parcours.

III. — Décomposition de la résistance de l'air par les plans inclinés.

Nous avons déjà dit maintes fois que la résistance de l'air se décompose contre un plan incliné, mais sans spécifier comment se fait cette décomposition. L'expérience a fait voir que ce plan sera d'une part retardé dans son transport par la résistance de l'air, et d'autre part, dévié de la route qu'il tend à suivre d'après la direction de la force motrice. Ces deux influences de l'air sur le plan incliné résultent, avons-nous dit, de la décomposition de cette résistance de l'air comme on le voit dans la figure.

Soit *a a* (fig. 166) la section d'un plan incliné. Pour rendre le

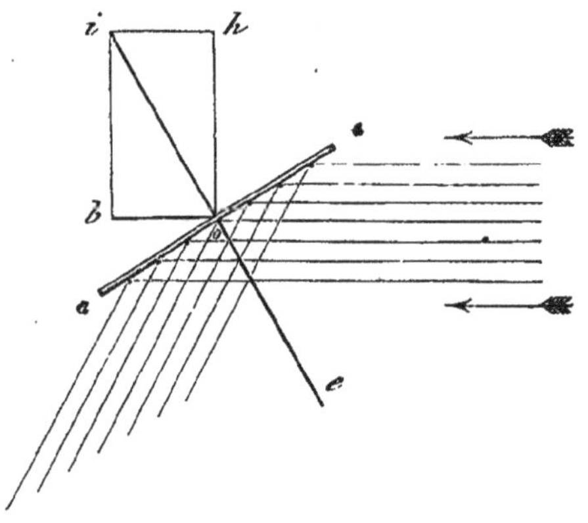

Fig. 166.

problème plus simple, supposons qu'un vent venant de droite dans la direction des deux flèches et soufflant horizontalement, rencontre ce plan sous un certain angle ; on admet qu'il se fait sur la surface du plan une poussée qui peut être représentée par la ligne *o e* normale à la surface. Cette force se décomposera en deux autres, dont l'une entraînera le plan dans la direction du vent, et dont l'autre soulèvera ce plan à une certaine hauteur. Pour obtenir la valeur de ces deux forces, construisons le parallélogramme dans lequel *o i* représente, en grandeur et en direction, la poussée du vent contre

le plan. Nous trouverons *o b* pour la valeur de la composante horizontale qui entraînera le mobile dans la direction du vent et *o h* pour la composante qui se traduira par une force ascensionnelle.

Ces deux composantes varieront inversement l'une par rapport à l'autre dans les rapports des sinus ou des cosinus de l'angle que forme le plan incliné avec l'horizon.

Mais, dira-t-on, pourquoi admettre que la force du vent qui souffle obliquement sur le plan incliné constitue une pression que nous représentons en direction par la ligne *o e* normale à la surface ? A ce sujet, on a invoqué autrefois une considération théorique introduite je crois par Newton et que voici :

Si l'on considère les molécules d'air animées de vitesse comme douées d'une élasticité parfaite, on suppose que chacune d'elles, lancée contre le plan, sous un certain angle, rebondira en faisant avec ce plan un angle de réflexion égal à l'angle d'incidence. Or, ces molécules étant élastiques, se déforment au moment du choc dont elles atténuent partiellement l'effet, mais aussitôt après, reviennent à leur forme primitive et restituent au plan sur lequel elles rebondissent la force empruntée pour leur déformation. Ce plan aurait donc reçu deux poussées presque simultanées et d'intensités égales, l'une dans le sens de l'incidence, l'autre dans le sens de la réflexion des molécules. La résultante de ces deux poussées se fera nécessairement suivant la bissectrice de l'angle qu'elles font entre elles, c'est-à-dire suivant la normale à la surface.

Cette théorie autoriserait l'adoption de la ligne *o e* pour représenter la direction de la poussée produite contre le plan *a b* (fig. 166). Toutefois, elle a été abandonnée en présence des résultats de certaines expériences. On peut voir, en effet, si l'on dirige contre un plan incliné un jet d'air chargé de fumée pour le rendre visible, que cet air ne rebondit pas contre le plan, mais s'étale le long de sa surface et s'échappe en rasant ce plan.

Du reste, l'hypothèse de Newton est rendue fort invraisemblable *à priori*, quand on pense que les molécules d'air qui frappent le plan incliné et tendraient à rebondir, rencontreraient aussitôt la résistance des autres molécules qui les suivent et qui, elles-mêmes, sont animées d'une vitesse de translation plus grande que ne serait celle du rebondissement. Ainsi étreintes entre le plan incliné qu'elles ont frappé et l'air qui vient derrière elles, les molécules qui sont arrivées au contact du plan ne peuvent s'en séparer et doivent s'écouler le long de ce plan avec une vitesse variable, suivant que l'inclinaison existe dans le sens où les porte leur propre vitesse, ou qu'elle a lieu en sens contraire.

Pour estimer la poussée de l'air contre le plan et pour connaître la direction dans laquelle cette poussée s'effectue, il faut donc considérer l'air pressé contre le plan comme acquérant une tension élastique qui s'exerce également dans tous les sens et qui, par conséquent, produit, sur la surface pressée, une poussée perpendiculaire à son plan.

Quant à l'intensité de cette poussée, elle varie suivant l'angle que le plan forme avec la direction du vent. Sa variation ne se produit pas suivant le rapport des sinus de l'angle que fait ce plan avec la direction du vent, mais suivant des lois plus compliquées, si l'on en juge par les expériences qui ont été faites sur ce sujet.

Ainsi, Thibault et le colonel Duchemin ont donné des tables qui indiquent la valeur de la résistance horizontale de l'air contre des plans d'inclinaisons variées. La résistance horizontale dont il est ici question correspond dans la figure 166 à la composante od. De la valeur de cette composante, on peut tirer celle de la pression P, qui s'exercerait normalement à la surface. En effet, si nous appelons E cette composante od et α l'angle d'inclinaison du plan, nous aurons la relation :

$$E = P \sin \alpha.$$

d'où l'on tire :

$$P = \frac{E}{\sin \alpha}$$

Pour toute inclinaison du plan qui frappe l'air, nous pouvons tirer des tableaux de Thibault, de Duchemin ou de Hutton, la valeur de la pression normale au plan. Il suffit de diviser la composante horizontale, seule indiquée dans ces tableaux, par le sinus de l'angle que le plan fait avec la direction du vent.

En faisant cette opération, on arrive à ce résultat singulier : que, depuis 90 degrés (c'est-à-dire la position où le plan est perpendiculaire à la direction du vent) jusqu'à 50 degrés, la pression P reste constante ; et que, si nous prenons pour unité cette pression P invariable de 90 à 50 degrés, on la voit ensuite décroître à mesure que l'angle diminue. Le tableau suivant donne les valeurs de cette pression pour des angles compris entre 45 et 5 degrés.

ANGLE.	D'APRÈS DUCHEMIN		D'APRÈS THIBAULT	
	VALEUR DE E	VALEUR DE P	VALEUR DE E	VALEUR DE P
45°	0,64	0,96	0,68	0,96
30	0,40	0.80	0,38	0,76
20	0,20	0,48	0,18	0,52
10	0,058	0,33	0,057	0,33
5	0,014	0,16	0,018	0,17

D'après ces tableaux, la résistance de l'air qui tend à soulever un oiseau, soit dans le temps passif du vol, soit dans le cas où cet oiseau se présente, le bec au vent, sans agiter ses ailes, resterait considérable encore, si l'aile faisait avec l'horizon un angle de 30 degrés. La poussée perpendiculaire au plan de l'aile serait peu inférieure à ce qu'elle serait si l'aile se présentait perpendiculairement à la direction du vent. Or, pour un angle de 30 degrés avec l'horizon, la composante horizontale, c'est-à-dire celle qui tend à entraîner l'oiseau en arrière, serait seulement moitié de celle qui tend à le soulever.

L'angle de 30 degrés est précisément celui que la plupart des observateurs attribuent à l'acte de l'oiseau au moment de sa remontée ou lorsqu'il se lance contre le vent.

On comprendrait dès lors comment les espèces voilières peuvent utiliser le vent pour se soutenir et s'élever dans l'air sans subir, par l'effet de ce vent, un entraînement qui les empêche de cheminer contre sa direction.

Mais, pour avoir le droit de conclure à une pareille utilisation de la force du vent, il faudrait que des expériences directes eussent été tentées pour mesurer simultanément les deux forces, verticale et horizontale, produites sur le plan incliné par la poussée du vent ; c'est ce qui n'a pas encore été fait ; la force horizontale a été seule mesurée jusqu'ici.

La théorie que je viens d'émettre avec réserves a été soutenue toutefois avec une grande autorité par M. de Louvrié. Pour en tirer toutes les applications possibles au mécanisme du vol, il faudrait encore savoir si les choses se passent de la même façon, soit lorsque le vent souffle avec une certaine vitesse contre un plan incliné, soit lorsque c'est le plan qui se transporte avec cette même vitesse dans l'air immobile.

Certains physiciens affirment que la somme des résistances n'est pas la même dans les deux cas, tandis que d'autres, avec le colonel Duchemin, croient que les résistances restent les mêmes, que ce soit l'air ou le plan qui se meuve avec une vitesse donnée.

IV. — RÉSISTANCE DE L'AIR AUX MOUVEMENTS ROTATIFS.

Toutes ces incertitudes sur les conditions physiques de la résistance de l'air ne donnent cependant qu'une idée incomplète de la difficulté du problème. Il est encore un élément nouveau dont il faudrait tenir compte, c'est la direction dans laquelle le mouvement s'effectue. La translation d'un plan incliné, suivant qu'elle se fait en ligne droite ou qu'elle décrit une courbe, ne rencontre pas dans l'air la même résistance.

Pour comprendre l'importance de ce fait dans le mécanisme du vol, il faut se rappeler que tous les mouvements actifs de l'aile de l'oiseau sont précisément des mouvements tournants qui s'effectuent autour de l'articulation de l'épaule. Quelque faible que soit l'angle dans lequel se meut une aile d'oiseau, chaque point de celle-ci décrit nécessairement un arc de cercle, d'où résulte une force centrifuge qui agit à la fois sur les différentes parties de l'aile, et sur l'air qu'elles entraînent dans leur mouvement.

Voyons quelle peut être l'influence de la nature de ce parcours circulaire de l'aile de l'oiseau ; est-elle favorable ou défavorable à l'acte du vol ? L'idée qui se présente le plus naturellement serait celle-ci. Dans un appareil rotatif, il se produit un entraînement circulaire de la masse d'air au milieu de laquelle le mouvement s'effectue. Dès lors, le plan n'ayant plus à choquer des molécules d'air immobiles, mais des molécules animées déjà d'un mouvement dans le sens même de sa translation, ne trouve plus au devant de lui une résistance égale à celle que lui offrirait un air immobile. Dans cette théorie, les appareils rotatifs éprouveraient donc moins de résistance que ceux qui se transportent en ligne droite.

Contrairement à cette hypothèse, le colonel Duchemin signale, dans certains cas, une augmentation de la résistance de l'air au devant des plans qui se meuvent circulairement par rapport à ceux qui sont animés d'une translation rectiligne.

En outre, cet auteur a trouvé que, sous le même angle, la surface éprouve plus de résistance quand elle est tournée en dehors que lorsqu'elle regarde en dedans du cercle parcouru. C'est à la force centrifuge qu'il attribue cet effet.

Pour qu'une aile d'oiseau, dans son temps d'abaissement, éprouvât cet accroissement de résistance signalé dans les expériences de Duchemin, il faudrait que sa courbure changeât et que sa face inférieure se tournât plus ou moins du côté de la convexité de la courbure parcourue. Toute flexion du rayon de l'aile sous l'influence de la résistance de l'air produirait un effet de ce genre. Mais, bien qu'il soit assez naturel d'admettre qu'une pareille flexion de l'aile puisse se produire, ce serait trop donner à l'hypothèse que de lui assigner un rôle important dans le mécanisme du vol et de la considérer comme une condition d'accroissement de la résistance de l'air.

J'ai passé rapidement sur les travaux des physiciens relativement à la résistance de l'air, ce qu'on vient de voir suffit néanmoins pour montrer la difficulté de résoudre par le calcul l'équation du travail développé dans le vol. En effet, les expériences qui viennent d'être citées se rapportent à des cas simples où des surfaces, rigides et planes, se meuvent, sous des angles constants, avec une vitesse uniforme.

Comment prétendre calculer les résistances, dans les cas si compliqués, où la vitesse, la forme et l'inclinaison des surfaces changent à chaque instant ?

Mais cette détermination numérique n'est pas le but que nous poursuivons. En physiologie, une pareille recherche serait toujours impossible à cause des conditions trop compliquées des phénomènes de la vie. Ce que nous cherchons à déterminer, c'est le mécanisme du vol; c'est l'influence favorable ou défavorable qu'exercent sur lui telle ou telle disposition anatomique, telle ou telle condition dynamique, telle ou telle circonstance extérieure. La physique nous renseignera donc sur la nature de ces influences bien plus que sur l'intensité de leurs effets. C'est à ce titre seulement que nous lui demandons son concours.

Maintenant que nous avons constaté l'insuffisance des expériences faites jusqu'ici relativement à la résistance de l'air, faut-il s'en prendre à la difficulté spéciale du problème ? Il me semble bien plutôt que cette lacune, en physique, tient à l'absence d'un stimulant qui préside en général à toute recherche aride et de longue haleine, je veux parler de l'application immédiate, de l'intérêt pratique des résultats que ces recherches pourraient fournir.

En montrant les applications nombreuses que la physiologie pourrait faire, j'espère stimuler le zèle des physiciens et provoquer de nouvelles recherches sur la résistance de l'air au devant des surfaces inclinées et animées de mouvements de diverses natures.

Marey.

BIBLIOGRAPHIE SCIENTIFIQUE

M. A. R. WALLACE,

de la Société royale de Londres

L'origine des espèces. — L'intelligence dans la nature. — Classification des sciences (1)

Le flot de lumière que les recherches de ces dernières années ont répandu tout à coup sur les formes et les forces de la nature les plus cachées et les plus obscures, a fait croire à des esprits profonds et spéculatifs que le temps était venu, où les problèmes autrefois insolubles de l'origine de la vie et de l'intelligence allaient recevoir une solution, sinon complétement démontrée, au moins possible et compréhensible. La grande doctrine de la conservation de la force, la théorie si vaste de l'évolution, une vue plus nette des rapports de la force et de la matière, d'une part les immenses résultats de l'analyse spectrale, qui nous montre l'anatomie de l'univers jusque dans ses dernières parties, d'autre part la puissance toujours croissante du microscope moderne, qui nous permet de déterminer avec certitude la struc-

---

(1) *Habit and intelligence in their connection with the lawes of matter and force,* a series of scientific essays, by John Murphy (2 vol. London, 1869 ; Macmillan and C°.).

ture des êtres, ou l'absence de structure, même dans les formes de la vie les plus humbles et les plus infimes, tant de découvertes sont pour nous comme une batterie convergente d'armes scientifiques, grâce à quoi nous pouvons espérer qu'aucun secret de la nature ne nous résistera longtemps. En même temps, notre littérature abonde en essais plus ou moins sérieux sur le développement des êtres, la nature et l'origine de la vie, l'unité de toute force physique et intellectuelle, et des sujets analogues.

Le livre dont je me propose de rendre compte est un bel exemple de cette sorte d'essais, bien que, jusqu'à un certain point, il ne paraisse pas sortir de recherches originales ; mais l'auteur a étudié avec grand soin, et a presque toujours parfaitement compris les meilleurs ouvrages écrits sur les nombreux sujets auxquels il touche, et il a lui-même apporté à son travail des idées originales et un criticisme ingénieux. Aussi son livre ne présente-t-il nullement l'aspect d'une compilation, qu'il eût eu sans doute, sorti de mains moins habiles.

Il s'occupe dans l'introduction des caractères de l'esprit scientifique moderne, et s'efforce de montrer « que le caractère distinctif de notre siècle, au point de vue intellectuel, est avant » tout l'importance donnée aux méthodes de recherche histo- » rique et générique, qui ont rendu l'histoire scientifique, et la » science historique : c'est de là que nous est venue cette con- » viction, que nous ne pouvons vraiment bien connaître quelque » chose, sans en connaître l'origine ; de là aussi une critique » plus intelligente, une défiance plus grande, le dégoût, la » crainte même des méthodes révolutionnaires, un amour plus » réfléchi et plus profond de la liberté intellectuelle et de la » liberté politique ». Les six premiers chapitres sont consacrés à une recherche sérieuse des grandes puissances motrices de l'univers, des lois du mouvement, de la conservation des forces. L'auteur y propose l'introduction d'un nouveau mot, *radiance*, pour exprimer la lumière, la chaleur rayonnante et l'actinisme du soleil — trois modifications de la même espèce de force — et une définition plus précise des mots force (*force*) et énergie (*strength*), le premier réservé pour les forces qui peuvent produire du mouvement, le second pour les forces purement de résistance, comme la cohésion.

Il énumère les forces primitives de la nature, comme la pesanteur, l'attraction capillaire, l'affinité chimique, et fait remarquer comme une généralisation importante « que toutes les forces » primitives de la nature sont attractives, qu'il n'y a dans la na- » ture aucune force primitive répulsive (p. 43) ». Il me paraît ici commettre deux erreurs. La cohésion, dont l'auteur ne parle pas, est assurément une force primitive tout autant que l'attraction capillaire, et, en réalité, c'est probablement la force plus générale dont l'attraction capillaire n'est qu'un cas particulier ; l'élasticité est l'effet d'une force primitive répulsive. L'auteur nous dit (p. 26), que toute matière est parfaitement élastique, car quand deux billes se rencontrent, la force qui se perd par suite de l'élasticité incomplète de la masse passe dans les molécules, et se transforme en chaleur. Mais la chaleur implique certainement une répulsion des molécules ; et M. Rayma a montré, dans sa *Mécanique moléculaire*, que la répulsion est une propriété de la matière, aussi nécessairement que l'attraction.

Le huitième chapitre traite du phénomène de la cristallisation ; et les deux suivants de la chimie et de la dynamique de la vie. L'existence d'un « principe vital » y est maintenu comme « quelque chose d'inconnu et d'indémontrable que les propriétés » de la matière pure et simple ne peuvent expliquer, et qui con- » stitue les différences des êtres vivants ». A part la formation des composés organiques, nous avons les fonctions de l'organisme, l'instinct, la sensibilité et l'intelligence qui ne peuvent se concevoir comme résultant des propriétés ordinaires de la matière. En même temps l'auteur admet que l'intelligibilité n'est pas une garantie de vérité, et que toutes les questions concernant l'origine de la vie sont des questions de fait, qui doivent être résolues, non par le raisonnement, mais par l'observation et l'expérimentation ; et il soutient que par les faits on arrive à se convaincre davantage que la vie, comme la matière et la force, a son origine non pas dans une cause secondaire, mais dans l'action directe de la puissance créatrice. Du chapitre X au chapitre XIV, il traite de l'organisation et du développement des êtres, et il donne un résumé des opinions les plus récentes sur ces questions, qu'il termine par ce tableau des fonctions organiques :

Fonctions formatives ou végétatives, consistant essentiellement dans la transformation de la matière.

Chimiques. . . . .   Formation des composés organiques.

Structurales. . . . .   { Formation des tissus.
                                        { Formation des organes.

Fonctions animales, consistant essentiellement dans la transformation de la force.

Du système moteur, c'est-à-   { Spontanées.
dire des muscles. . . . . { Réfléchies.
                                 { Consensuelles (1).
                                 { Volontaires.

Du système nerveux. . . . .   { Sensation.
                                    { Intelligence.

Nous arrivons, avec le quinzième chapitre, à l'une des questions favorites de l'auteur : les lois de l'habitude. Voici sa définition de l'habitude : « La définition de l'habitude et sa première loi, c'est que toutes les actions vitales tendent à se répéter elles-mêmes, ou, si elles sont incapables de se répéter elles-mêmes, elles tendent à se laisser reproduire plus facilement. » Toutes les habitudes sont plus ou moins héréditaires, quelquefois sujettes à être modifiées par des circonstances extérieures, et capables de variations spontanées. La force d'une habitude vient de ce qu'on s'y est livré récemment ; sa ténacité du plus ou moins de temps (des millions de générations peut-être) durant lequel on s'y est livré. Les habitudes des espèces et des genres sont plus tenaces, celles des individus sont plus fortes. Celles ci peuvent se perdre complètement ; celles-là peuvent paraître perdues ; mais elles existent à l'état latent, et sont sujettes à réapparaître. Ce fait que les habitudes actives vont se fortifiant, tandis que les impressions passives vont s'affaiblissant par la répétition, est dans les deux cas une conséquence de la loi de l'habitude ; dans le second cas, en particulier, l'organisme acquiert l'habitude de ne pas répondre à une impression. Voici par exemple deux hommes qui, le matin, entendent la même cloche ; elle appelle l'un d'eux au travail, et comme il a l'habitude d'y prendre garde, elle l'éveille ; l'autre doit se lever une heure plus tard ; il a l'habitude de ne pas s'en inquiéter, et bientôt elle cesse d'avoir sur lui aucun effet. L'habitude a produit dans les deux cas des résultats complètement différents. Les habitudes sont capables de changements assez considérables ; mais une modification légère est seule possible dans un court espace de temps ; sont dans un rapport étroit avec cette loi les lois suivantes de variation.

Les changements dans les circonstances extérieures sont utiles à l'organisme s'ils sont légers ; nuisibles s'ils sont considérables, à moins qu'ils ne s'accomplissent graduellement.

Les changements dans les circonstances extérieures sont agréables quand ils sont légers, désagréables quand ils sont considérables.

Le mélange de races différentes est favorable à la force des rejetons, s'il n'y a entre les races mélangées que des différences légères ; dans le cas contraire, ou bien les rejetons sont faibles, ou bien ils sont incapables de se reproduire, ou bien même il n'en naît aucun. La grande loi des sexes elle-même, qui réclame pour la propagation de la race l'union de deux individus peu

(1) L'auteur appelle action consensuelle une action musculaire dépendant d'une sensation, mais involontaire.

différents l'un de l'autre, paraît être intimement unie aux lois précédentes.

Les sept chapitres suivants traitent des lois de la variabilité, de la distribution des êtres, de la morphologie, de l'embryologie, de la classification, comme tendant toutes à expliquer l'origine des espèces par développement, et nous arrivons alors aux causes du développement, où l'auteur expose ainsi ses théories :

« Ces deux causes, l'harmonisation spontanée et la sélection naturelle sont les seules causes purement physiques qui aient été assignées, ou qui paraissent le pouvoir être, pour expliquer l'origine de la structure et de la forme des organes. Mais je crois qu'elles ne rendent compte que d'une partie des faits ; et qu'aucune solution des problèmes sur l'organisation, et sur l'origine des espèces douées d'organes, ne peut être complètement satisfaisante, si elle ne reconnaît une intelligence organisatrice, au-dessus et en dehors des lois générales de la matière....... Nous pouvons toutefois commencer nos recherches, en considérant combien de faits dans la structure des organes et dans les fonctions vitales sont explicables par les deux lois de l'harmonisation spontanée et de la sélection naturelle, avant d'affirmer qu'un certain nombre d'entre eux ne trouvent leur raison que dans l'hypothèse d'une intelligence organisatrice. »

Et encore :

« La vie ne suspend pas l'action des forces ordinaires de la matière ; elle agit à travers ces forces. Je crois que partout où il y a vie, il y a intelligence, et que l'intelligence concourt à toute œuvre vitale quelle qu'elle soit, mais d'une façon plus visible dans les plus considérables. La nutrition, la circulation, la respiration, sont presque entièrement explicables par les résultats des lois physiques et chimiques, mais non pas la sensation, la perception et la pensée. Celles-ci sont exclusivement le propre de la vie ; et de même les organes de ces fonctions, les nerfs, le cerveau, les oreilles, ne peuvent, selon moi, être sortis que de l'action d'une intelligence organisatrice »

Tout en admettant la théorie de M. Herbert Spencer sur l'origine du système vasculaire, et peut être du système musculaire, par l'harmonisation spontanée, il soutient qu'aucune théorie de ce genre, purement physique, ne peut expliquer en particulier la formation de l'appareil si complexe de l'organe visuel. Jamais l'action de la lumière sur l'œil, ni l'action de l'œil sur lui-même, n'auront la moindre tendance à produire la structure histologique si complexe et si étonnante de la rétine ; ni à former les humeurs transparentes de l'œil entre les lentilles ; ni à déposer une couleur noire qui absorbe les rayons divergents par quoi la vision distincte pourrait être gênée ; ni à produire l'iris, avec sa faculté de se contracter en présence d'une lumière trop vive, de façon à protéger la rétine pour se dilater ensuite quand la lumière s'affaiblit ; ni enfin à donner à l'iris ses deux communications nerveuses, l'une qui le relie au ganglion sympathique et lui permet de se dilater, l'autre qui le relie au cerveau et lui permet de se contracter.

Il ne veut pas non plus reconnaître que la sélection naturelle (qu'il avoue pouvoir produire des organes simples, comme l'aile d'une chauve-souris) soit applicable à ce cas, et il nous donne deux arguments de grande valeur. Le premier appartient à M. Herbert Spencer ; il montre que, dans les animaux élevés, la sélection naturelle a besoin du secours de la libre harmonisation, parce qu'une altération dans une partie d'un organe complexe nécessite des altérations correspondantes dans d'autres parties de cet organe, que l'on ne peut concevoir comme l'effet de changements spontanés. Mais, dans le cas de l'œil, il montre que la libre harmonisation ne peut intervenir ; d'où il conclut qu'il y a une infinité de chances contre une pour que les variations spontanées nécessaires pour produire un œil ne s'accomplissent jamais. Son second argument, c'est qu'on trouve des yeux bien développés dans les ordres les plus élevés des trois grands groupes, les Annelés, les Mollusques et les Vertébrés, tandis que les ordres inférieurs ont des yeux rudimentaires ou même en sont complétement privés; de sorte que les variationss pontanées nécessaires pour la production de cet organe si étrangement compliqué auraient dû se produire par trois fois, de trois côtés différents. Dans la première de ces objections, il suppose que de grands changements doivent se présenter ensemble, et tout son argument est fondé sur cette hypothèse. Il cite en note, d'après M. Darwin, l'exemple du lévrier qui a été amené à son état actuel en choisissant les races à un moment donné pour un perfectionnement particulier; mais il ne croit pas possible « qu'un appareil composé de lentilles » puisse être perfectionné par quelque méthode que ce soit, » sans que les altérations de densité et de courbure ne soient » parfaitement simultanées ». C'est là une erreur complète. Si une lentille a un foyer trop long ou trop court, elle peut être corrigée, soit par une altération de courbure, soit par une altération de densité; si la courbure est irrégulière, et que les rayons ne convergent pas en un même point, toute modification tendant à régulariser la courbure sera un progrès. Ainsi la contraction de l'iris et les mouvements musculaires de l'œil ne sont ni l'un ni l'autre nécessaires à la vision, mais seulement des perfectionnements qui ont pu s'ajouter à n'importe quel moment de la construction de l'instrument. Il ne paraît donc pas impossible du tout que des variations spontanées aient produit tout ce mécanisme délicat de l'œil, le principe de l'œil une fois donné dans ces nerfs si sensibles à la lumière et à la couleur; mais il paraît certain que cela n'a pu se faire qu'avec une extrême lenteur; et ce fait, que dans les trois premiers groupes, Mollusques, Annelés et Vertébrés, les espèces munies d'yeux bien développés se rencontrent déjà dans la période silurienne, est certainement une difficulté en présence des étroites limites que les physiciens assignent aujourd'hui à l'âge du système solaire.

Dans son chapitre sur le *Taux de la variabilité*, M. Murphy adopte cette idée, — rejetée par Darwin après un examen sérieux, — que, dans beaucoup de cas, les espèces se sont formées tout d'un coup, par suite de grands changements qui vont quelquefois jusqu'à la création de nouveaux genres : il apporte comme exemples le mouton d'Ancon, et l'apparition soudaine, puis la propagation facile de formes remarquables du pavot et du *Datura tatula*. Il croit cette théorie nécessaire pour écarter la difficulté que présente la marche lente du changement par la sélection naturelle, s'opérant au milieu d'une infinité de petites variations spontanées : système qui exige un temps si énorme pour le développement de toutes les formes de la vie, qu'il est incompatible avec la période durant laquelle la terre peut avoir été habitée. Mais, pour écarter une difficulté, il ne faut pas faire intervenir une hypothèse insoutenable, et l'on peut prouver que telle est l'hypothèse de la formation rapide des espèces par des variations uniques, en invoquant précisément les arguments que M. Murphy a accueillis comme très-solides. Le premier, c'est qu'aucun de ces grands changements ne peut persister dans la nature et ainsi former de nouvelles espèces, si ce ne sont des changements *utiles* aux espèces elles-mêmes. Or, d'aussi grands changements, — tout le monde le reconnaît, — sont très-rares comparés à la variabilité spontanée ordinaire, et comme ils présentent d'habitude un caractère de « monstruosité », il y a bien des chances pour qu'il ne se produise pas, dans quelque cas particulier, un changement qui soit utile. Une autre considération dans le même sens, c'est que, comme une espèce n'existe qu'en vertu de la convenance de ces individus avec son entourage, et comme cet entourage ne se modifie que lentement, ce sont de petits changements bien plutôt que des changements considérables qu'il faut pour maintenir cette harmonie. Mais supposons même que de grands changements de conditions se produisent rapidement, comme par l'irruption d'un nouvel ennemi, ou par un affaissement de terrain de quelques pieds, qui d'une plaine peu élevée fait un étang; quelles chances y a-t-il pour qu'entre ces milliers de grands changements possibles, celui qui doit être en parfaite convenance avec les conditions renouvelées se produise juste en temps opportun. Le grand changement qui doit s'accorder avec le renouvellement des conditions survenues telle année peut arriver à mille ans de distance.

Le second argument est encore plus fort. M. Murphy adopte pleinement la théorie de M. Herbert Spencer, qu'une modification, même légère, a absolument besoin, pour assurer sa durée, d'être accompagnée d'un certain nombre de modifications qui ne peuvent se produire que par la marche lente de la libre harmonisation (entre les espèces et leur entourage), et il se sert de cet argument comme d'un argument concluant contre la formation par la sélection naturelle d'organes complexes, dans tous les cas où il n'y a pas tendance active à produire cette harmonie. A fortiori donc, il faut qu'un grand changement soudain en quelque point soit accompagné de nombreux changements ; il est bien moins probable encore qu'ils puissent par hasard arriver en même temps; et il est impossible que la marche lente de l'harmonisation naturelle puisse les produire en temps convenable pour qu'ils soient de quelque utilité. Ainsi nous sommes conduits à cette conclusion, qu'un seul changement considérable n'étant pas soutenu, comme il le faut nécessairement, par des changements qui doivent se produire en même temps, ne peut guère être que funeste aux individus chez qui il s'accomplit, et se trouve, par conséquent, destiné, dans l'état de nature, à une disparition presque immédiate. La question donc n'est pas de savoir, comme paraît le croire M. Murphy, si d'aussi grands changements se produisent dans l'état de nature, mais si, s'étant produits, ils peuvent persister et se développer. On a fait un calcul d'après lequel le mode le plus rapide de changement paraît être nécessaire. On suppose que le lévrier est sorti du genre loup par une dérivation qui s'est faite en cinq cents ans, mais on remarque que le changement s'accomplit plus lentement à l'état de nature qu'à l'état de domesticité, si bien qu'avec des animaux libres, il faudrait dix fois autant de temps pour qu'un changement équivalent pût se produire. On ajoute encore qu'il y a dix fois moins de chances pour que des modifications favorables persistent, à cause du libre mélange qui a lieu à l'état sauvage; et ainsi la nature, pour faire d'un loup un lévrier, aurait besoin de cinquante mille ans. Sir W. Thomson calcule que la vie sur la terre doit être limitée à une période d'à peu près cent millions d'années (1), de telle façon que seulement en deux mille fois le temps qu'il faut pour produire un changement spécifique bien tranché, se sont accomplies toutes les transformations, depuis le protozoon jusqu'à l'éléphant et l'homme.

Quoique beaucoup des données mises en œuvre dans ce calcul soient complétement inexactes, le résultat ne s'écarte probablement pas beaucoup de la vérité ; car il est remarquable que les découvertes géologiques les plus récentes indiquent une période à peu près égale à celle qui est nécessaire pour changer la forme spécifique des mammifères. Cette question de la période géologique est d'ailleurs si vaste et si importante, qu'il nous faut la laisser pour un article particulier.

Le second volume de l'ouvrage de M. Murphy est presque entièrement psychologique, et nous ne pouvons en dire que quelques mots. Il consiste en un grand développement d'un résumé des doctrines de Bain, Mill, Spencer et Carpenter, combinées avec une grande originalité d'esprit, et souvent soumises à une critique pénétrante. La véritable nouveauté du livre est la théorie de « l'intelligence » se manifestant dans l'organisation et dans les phénomènes moraux, et c'est là une conception si difficile qu'il faut la présenter dans les propres paroles de l'auteur :

« Je crois que l'intelligence inconsciente qui préside à la formation des tissus corporels, est la même intelligence qui devient consciente dans l'esprit. On croit en général, qu'elles sont fondamentalement distinctes: l'intelligence consciente de l'esprit, on la regarde comme humaine ; l'intelligence formative, comme

____

(1) Voyez *Revue des cours scientifiques*, tome VI, 1869, p. 57.

divine. Cette théorie, qui en fait deux choses absolument dissemblables, ne laisse aucune place à la région moyenne de l'instinct, et par conséquent aux merveilleux caractères dont l'instinct est généralement revêtu. Mais si nous admettons que toute l'intelligence se manifestant dans la création organique est fondamentalement la même, il paraîtra naturel, et l'on devait s'y attendre, qu'il y ait entre l'intelligence absolument inconsciente et l'intelligence absolument consciente un agent moteur intelligent quoique inconscient, que nous observons dans la réalité, l'instinct...... L'intelligence qui forme les lentilles de l'œil (le cristallin) est la même intelligence qui dans l'esprit de l'homme comprend la théorie de la lentille ; l'intelligence qui creuse les os et les plumes de l'aile des oiseaux, pour combiner la légèreté avec la force, et qui place les franges pennées où elles sont nécessaires, est la même intelligence, qui, dans l'esprit de l'ingénieur, a imaginé la construction de piliers de fer creusés comme ces os et ces plumes...... On dira sans doute que cette identification de l'intelligence formative, instinctive et morale est panthéiste..... Je ne suis pas un panthéiste ; au contraire, je crois en une puissance et une sagesse divine, infiniment supérieures à toutes les manifestations de force et d'intelligence qui nous sont, ou qui nous peuvent être connues dans notre condition présente d'existence..... L'énergie ou la force est un effet de la puissance divine ; mais il n'y a pas un nouvel acte de cette puissance chaque fois qu'une pierre tombe ou que du feu brûle, ainsi de l'intelligence. Toute intelligence dérive de la sagesse de Dieu ; mais il n'y a pas besoin d'une détermination nouvelle de la pensée divine pour chaque nouveau changement harmonisateur dans les tissus organiques, ou pour chaque nouvelle idée éclose dans le cerveau de l'homme. Tout théiste admettra qu'il n'y a pas un nouvel acte créateur à chaque nouvelle naissance d'un être particulier ; je vais un peu plus loin, et je dis que je ne puis croire à un nouvel acte créateur, à l'apparition d'une espèce nouvelle. Je crois que Dieu n'a pas organisé d'une façon différente chaque tissu ; mais qu'il a doué la matière animée d'une intelligence sous la direction de laquelle elle s'organise elle-même ; et il n'y a pas là, j'imagine, plus de panthéisme qu'à croire que le créateur n'intervient pas séparément comme cause pour chaque pierre qui tombe ou chaque feu qui brûle, mais qu'il a doué la matière d'énergie, et qu'il a donné à l'énergie le pouvoir de se mouvoir elle-même. »

Je ne suis pas, quant à moi, capable de concevoir cette intelligence impersonnelle et inconsciente, arrivant, juste où il faut, pour diriger les forces de la matière vers leurs fins spéciales ; et il n'y a pas là, assurément, de démonstration possible. D'autre part, cette théorie qu'il y a divers degrés d'intelligences conscientes et personnelles s'exerçant dans la nature, dirigeant les forces de la matière et de l'esprit vers leurs fins propres, comme l'homme les dirige vers les siennes, peut se concevoir facilement et n'est pas nécessairement incapable de preuves. Si donc il y a dans la nature, comme le croit M. Murphy, des phénomènes que les lois de la matière et de la vie ne suffisent pas à expliquer, ne vaudrait-il pas mieux adopter la solution la plus simple et la plus facile à concevoir, jusqu'à ce qu'une nouvelle évidence se soit fait jour ? Une autre partie de l'ouvrage, la seule à quoi la place dont je dispose me permette encore de toucher, c'est le chapitre de la classification des sciences, où l'auteur propose un plan d'une grande simplicité et d'un grand mérite: M. Murphy ne paraît pas avoir connaissance de l'essai de M. Herbert Spencer sur ce sujet, et il est assez remarquable qu'il soit arrivé à un résultat aussi rapproché du sien, quoique la conception chez lui soit moins idéale et moins élevée. Il est un point où son plan paraît être en progrès sur tout ce qui a été fait avant lui. Il dispose les sciences en deux séries, que nous pouvons désigner sous les noms de série des sciences primaires (ou primordiales) et série des sciences secondaires. Les sciences primaires sont celles qui traitent un groupe défini de lois naturelles ; et l'on peut les disposer (comme le proposait Comte) en une série régulière, chacune dépendant plus ou moins de celles

qui précèdent, et ne relevant au contraire en rien de celles qui suivent. Les sciences secondaires, d'un autre côté, sont celles qui se servent des sciences primaires pour rendre compte des phénomènes de la nature ; on peut aussi les ordonner d'après leur généralité décroissante, et l'indépendance de chacune d'elles par rapport à celles qui suivent, bien que la série soit moins complète et moins symétrique que dans le cas des sciences primaires. Voici, un peu restreintes, quelles sont ces deux séries :

SCIENCES PRIMAIRES.	SCIENCES SECONDAIRES.
1. Logique.	1. Astronomie.
2. Mathématiques.	2. Magnétisme terrestre.
3. Dynamique.	3. Météorologie.
4. Son, chaleur, électricité....	4. Géographie.
5. Chimie.	5. Géologie.
6. Physiologie.	6. Minéralogie.
7. Psychologie.	7. Paléontologie.
8. Sociologie.	8. Biologie descriptive.

Si nous prenons la première des sciences secondaires ou composées, l'astronomie, nous pouvons la définir l'application des cinq premières sciences primaires à la connaissance de tout un groupe de phénomènes naturels, les phénomènes des corps célestes ; et il est à peine possible de dire que l'une de ces sciences soit ici plus essentielle que l'autre. Nous sommes peut-être trop portés à admettre, comme l'a fait Comte, que l'application des hautes mathématiques, par la loi de gravitation, au calcul des mouvements planétaires, est si bien le côté le plus important de l'astronomie moderne, que tout le reste, en comparaison, devient insignifiant. Il ne sera donc pas mauvais de considérer un instant quel serait aujourd'hui l'état de la science, si la loi de gravitation était encore à découvrir. Nos observations multipliées sur une vaste échelle, et nos instruments de précision nous auraient mis à même de déterminer un si grand nombre de lois empiriques sur les mouvements planétaires et leurs variations séculaires, que les positions de toutes les planètes et de leurs satellites auraient pu pour une période limitée être déterminées à l'avance, et avec une grande exactitude. Tous les points importants de position et de distance, dans l'astronomie planétaire et stellaire, seraient déterminés avec beaucoup de précision. Les connaissances que nous devons à nos télescopes modernes et à l'analyse du spectre seraient tout aussi complètes qu'elles le sont. Neptune, il est vrai, n'aurait pas été découverte, si ce n'est par hasard ; l'almanach nautique ne serait pas publié quatre ans à l'avance ; la longitude ne serait pas déterminée par les distances lunaires, et nous n'aurions pas ce sentiment de la puissance de l'intelligence, que nous puisons dans la connaissance de la grande loi de Newton ; — mais toutes les merveilles des nébuleuses, du soleil, de la lune et du monde planétaire, des résultats de l'analyse du spectre, de la rapidité de la lumière, de l'immensité des espaces planétaires et stellaires nous seraient aussi complètement connus qu'ils le sont en effet, et formeraient une astronomie à peine inférieure en dignité, en grandeur et en puissant intérêt, à celle que nous possédons.

M. Murphy nous met en garde contre la supposition que les séries de sciences qu'il a proposées, renferment tout ce qui peut être connu à l'homme. Il avoue qu'il s'en est tenu dans cet ouvrage à tout ce qu'on peut appeler science positive; mais il croit aussi à la métaphysique et à la théologie, et il se propose de traiter de leurs rapports avec les sciences positives dans un ouvrage à part, qui, vu la grande originalité et le caractère méditatif de l'auteur, méritera, sans aucun doute, toute notre attention.

A. R. WALLACE.

(Nature.)

Le propriétaire-gérant : GERMER BAILLIÈRE.

PARIS. — IMPRIMERIE DE E. MARTINET, RUE MIGNON, 2.

REVUE

DES

COURS SCIENTIFIQUES

DE LA FRANCE ET DE L'ÉTRANGER

SEPTIÈME ANNÉE — NUMÉRO 39 — 27 AOUT 1870

Paris, 26 août 1870.

La Société hollandaise des sciences de Harlem met au concours, pour le 1er janvier 1872, au plus tard, un certain nombre de questions parmi lesquelles nous signalerons particulièrement les suivantes :

I. Préciser, par des recherches anatomiques et microchimiques le mode d'origine et le rôle de la *cire* dans les plantes vivantes.

II. Faire connaître, autant que possible, à l'aide de recherches originales, l'histoire du développement de quelques déformations et excroissances produites, sur le Chêne, par différents Hyménoptères gallicoles. Dans cette étude, on aura à tenir compte, aussi bien de l'influence exercée par l'insecte dans les phases successives de son développement, que des changements morphologiques, anatomiques et chimiques éprouvés par la partie végétale.

III. Décider expérimentalement si les racines des plantes donnent lieu à des excrétions particulières, et, en cas d'affirmative, faire connaître la nature des matières excrétées.

IV. Étudier les œuvres de Chrétien Huyghens, tant au point de vue des connaissances acquises à son époque, que dans leurs rapports avec l'état actuel de la science.

VI. Donner une théorie mathématique de la bobine d'induction.

VII. La valeur de la constante de l'aberration, déduite par Delambre des éclipses du premier satellite de Jupiter, et celle qui résulte des mesures astronomiques postérieures présentent entre elles une différence encore inexpliquée. On demande de rassembler les observations concernant les éclipses du premier satellite de Jupiter et d'en déduire une nouvelle détermination de la constante de l'aberration.

VIII. Faire de nouvelles recherches sur l'influence que les différentes couleurs du spectre exercent sur la respiration des parties vertes des plantes.

IX. Donner une monographie de la flore des dunes néerlandaises, comprenant : 1° le tableau systématique de toutes les plantes phanérogames et cryptogames trouvées jusqu'ici dans les dunes ; 2° l'indication des changements que subissent, par le fait de leur croissance dans les dunes, les espèces qui croissent aussi ailleurs ; 3° la comparaison de la végétation des dunes dans les différentes parties de la Néerlande, y compris les îles.

XI. Donner une description systématique des Phanérogames qui croissent dans la mer.

XIII. Élucider par des recherches anatomiques l'affinité qui existe entre les Rotateurs et les Vers.

VII.

SOCIÉTÉ CHIMIQUE DE BERLIN

M. A. W. HOFMANN

de la Société royale de Londres et de l'Institut de France

Éloge de Th. Graham

L'impression douloureuse causée par la mort de Faraday ne s'était pas encore éteinte que la science anglaise avait de nouveau à subir la perte d'un de ses membres les plus illustres. Thomas Graham mourut à Londres, le 16 septembre 1869. Son nom, qui a retenti si souvent aux oreilles de ses contemporains, ne s'effacera pas de longtemps, car il demeure attaché à un grand nombre de découvertes scientifiques.

Si la vie de Graham est courte à raconter, quant aux événements qui ont signalé sa carrière, il n'en est pas ainsi de sa vie scientifique. Si nous entreprenions d'esquisser dans tous leurs détails le caractère et l'esprit original de cet homme éminent ; si nous voulions donner une idée complète de l'étendue et de la grande variété de ses connaissances, ainsi que des résultats de ses nombreux travaux et de l'influence qu'ils ont exercée sur les progrès de la chimie, nous sortirions des bornes étroites dans lesquelles nous sommes obligé de nous renfermer.

Thomas Graham naquit à Glasgow le 21 décembre 1805. Son père, James Graham, riche manufacturier, était en mesure de lui donner une éducation distinguée. Graham fit ses premières études à l'École supérieure (*high school*) de sa ville natale. En possession des connaissances premières, notamment dans les mathématiques et dans les langues classiques, il passa, en 1819 déjà, à l'université de Glasgow.

Les années universitaires, que nous considérons généralement comme les plus heureuses de notre existence, furent pour le précoce étudiant une source d'amertumes qui ne furent pas sans influence sur le cours de sa carrière. Son père, qui n'avait pas méconnu les heureuses dispositions de l'enfant, le destinait à l'Église d'Écosse et caressait ce désir depuis de longues années. Mais le jeune Graham avait déjà entrevu la nature de trop près pour pouvoir se résoudre à satisfaire le vœu, de jour en jour plus ardent, de son père. La chimie et la physique qu'il avait commencé à étudier avec un zèle enthousiaste, sous les auspices du célèbre Thomas Thomson et de l'éminent professeur William Meikleham, avaient trop d'attrait pour lui, et l'étude de ces sciences était devenue une nécessité pour son esprit. Ce conflit entre le père et le fils amena une séparation douloureuse, et la tristesse pénétra dans cette famille, jusque-là si heureuse. Ce fut donc dans les circonstances les plus défavorables que s'établirent les fondements d'une carrière scientifique qui, plus tard, fut un sujet de juste admiration, non-seulement pour la famille et pour la patrie de Graham, mais aussi pour les savants de tous les pays.

Toutes les tentatives auxquelles se livrèrent les membres et les amis de la famille pour amener une conciliation entre le père et le fils furent vaines, aucun ne voulant céder. Et ce qui n'était d'abord qu'une scission regrettable, devint presque une rupture formelle, lorsque le jeune homme, après avoir conquis à Glasgow le grade de *Master of arts*, se rendit quelques années après à Édimbourg pour y poursuivre ses études scientifiques. Le père paraît alors avoir retiré tout son appui à son fils. Nous rencontrons celui-ci dans une situation précaire, voisine du besoin, soutenu péniblement par les soins dévoués de sa pauvre mère et par les sacrifices de ses frères et sœurs; sa sœur Marguerite, notamment, animée pour lui d'une amitié enthousiaste, mettait à sa disposition ses économies et son argent de poche.

Qu'elles devaient être pénibles, ces années de rupture! Ce n'est que bien rarement et toujours à contre-cœur que, plus tard, Graham, même dans les conversations confidentielles avec ses intimes, faisait allusion à cette triste époque de sa jeunesse; il se complaisait au contraire dans le récit de sa réconciliation complète avec son père, réconciliation qui, quoiqu'elle n'eut lieu que beaucoup plus tard, se fit assez tôt, pourtant, pour que le vieillard pût jouir, avec une joie sans mélange, de la renommée de son fils.

Le séjour de Graham à Édimbourg devait amener pour lui des résultats d'une grande importance. La chaire de chimie de l'Université était alors occupée par le docteur Hope, bien connu en chimie par la découverte du strontium, et fort apprécié, dans le cercle plus restreint de ses élèves, pour la clarté de son exposition, ainsi que pour l'élégance et la précision de son expérimentation. Graham suit pendant deux ans le cours de ce professeur; mais il poursuit en même temps avec assiduité les études de physique et de mathématiques. Les relations amicales qu'il avait nouées avec le célèbre physicien écossais Leslie le poussèrent surtout vers les études physiques; et c'est peut-être cette fréquentation qui a déterminé chez Graham ce goût marqué pour les études physico-chimiques dans lesquelles il s'est signalé plus tard. Cette époque amène aussi dans la vie matérielle du jeune homme un revirement heureux. Le riche capital de connaissances qu'il a acquis commence à porter intérêt. Des travaux littéraires et des recherches industrielles lui procurent un petit revenu, et ce n'est pas sans émotion qu'on apprendra que, dans une position encore précaire, il expédie à Glasgow six guinées, converties en cadeaux pour sa mère et sa sœur; ces six guinées sont les premières qu'il ait gagnées.

De retour dans sa ville natale, le jeune Graham en est toujours presque exclusivement réduit aux ressources aléatoires que peuvent lui procurer des leçons de chimie et de mathématiques. Néanmoins l'attention publique commence à se porter sur les travaux du jeune et infatigable savant. En 1829, nous le voyons abandonner le petit laboratoire qu'il avait fondé, Portland-Street, et se charger au *Mechanical Institution* des fonctions de professeur de chimie, remplies jusque-là par Thomas Clark. L'année suivante déjà, nous le trouvons en pleine activité, occupant la chaire de chimie au laboratoire d'*Andersonian University* à Glasgow.

Graham est resté dans cette position pendant sept an-

nées qui comptent parmi les plus importantes de sa carrière. Cette position le met en mesure d'entreprendre ses belles recherches expérimentales qui, à partir de ce moment, s'ajoutent les unes aux autres comme les anneaux d'une chaîne. Elle lui offre l'occasion et le loisir d'approfondir l'industrie chimique, de la suivre dans toutes ses ramifications, et de réunir ainsi un ensemble de connaissances pratiques qui devront porter leurs fruits plus tard. C'est là enfin qu'il dresse les premiers plans de son remarquable ouvrage que l'on voit paraître quelques années plus tard, *Elements of chemistry*, dans lequel une grande partie de la jeune génération a puisé les premiers principes des connaissances chimiques.

Au commencement de l'année 1837, mourut Edward Turner, professeur de chimie à l'institution *University of London* fondée peu de temps auparavant et connue depuis sous le nom de *University College*. La vacance de cette chaire provoque de nombreuses compétitions; Graham l'emporte et, dès l'automne de la même année, nous le trouvons dans la capitale de l'Angleterre. C'est là seulement que le jeune savant trouve véritablement son centre d'action. Son influence dans l'enseignement ne tarde pas à se faire sentir, et la jeunesse avide de science envahit ses cours dans lesquels il développe les principes de la chimie avec une clarté et une précision inconnues jusque-là. Ces leçons ne captivaient ni par les frais d'éloquence ni par la netteté de la diction auxquelles Graham apportait quelquefois une négligence que d'autres n'auraient guère pu se permettre; mais sa méthode vraiment philosophique forçait invinciblement l'attention de l'auditeur. C'est cette précision dans les idées, cette ordonnance logique des faits, en un mot, ce véritable esprit scientifique qui nous séduit encore aujourd'hui à la lecture des *Éléments de chimie*. Cette œuvre, qui n'a pas tardé à faire connaître le nom de son auteur dans toutes les parties du monde, est trop appréciée pour qu'il soit nécessaire d'en faire l'éloge. Le grand nombre d'éditions qui en ont été publiées en Angleterre et en Amérique, les traductions qui en ont été faites dans presque toutes les langues suffisent pour en faire ressortir la valeur. L'édition allemande (1) publiée par M. Fr. J. Otto est toujours encore un des ouvrages les plus répandus et les plus précieux, ainsi que l'attestent les nombreuses rééditions partielles qui sont publiées presque chaque année et auxquelles des savants tels que M. H. Kopp, Buff, Zamminer, Ko'be, Fehling, ont prêté leur concours. L'ouvrage, il est vrai, a perdu dans ces remaniements son caractère primitif. Sous cette accumulation de matériaux recueillis soigneusement d'année en année, et qui donne aujourd'hui à cet ouvrage sa haute valeur, il serait difficile de retrouver la clarté première de l'œuvre de Graham. Il faut pour cela remonter à la première édition (2); on pourra se rendre compte en même temps de l'influence capitale qu'elle a exercée lors de son apparition.

Dans toute l'ardeur de sa vocation, occupé sans cesse de travaux littéraires et surtout de ses belles recherches expérimentales, Graham trouve encore le temps et la force de poursuivre, dans un ordre d'idées tout différent, les recherches les plus variées. Il n'est pas une question d'hygiène publique, pas une question de finance, impliquant des connaissances chimiques,

---

(1) Graham-Otto's *Ausführliches Lehrbuch der Chemie*, 4° édition. Brunswick, 1863.

(2) *Elements of Chemistry, including the applications of the Science in the Arts, by Thomas Graham*. London, 1841.

sur lesquelles on ne l'ait consulté ; il n'est pas un point de droit de quelque importance, concernant les intérêts de l'industrie chimique, sur lequel il n'ait été appelé à donner son avis. Toute Société, non-seulement de physique et de chimie, mais de toute autre science naturelle faisait appel à ses conseils et à son concours. Déjà, peu avant son départ pour Londres, en 1836, Graham avait été reçu membre de la *Royal Society*. Mais cette grande Société embrassant dans son ensemble toutes les sciences expérimentales et même les mathématiques, offrait de moins en moins aux branches spéciales la faculté de se développer dans la mesure de leurs aspirations toujours croissantes. Aussi vit-on bientôt de nombreuses Sociétés se détacher de cette Société-mère, comme des colonies de la mère-patrie. Le 23 février 1841, les chimistes ang'ais, cédant à ce courant, résolurent, dans une réunion tenue à la Société des Arts, la création de la Société chimique de Londres ; et le 30 mars de la même année cette Société se constituait en élisant Graham pour son premier président. Il suffit de parcourir les anciennes archives de cette Société, pour reconnaître la part considérable qu'a prise Graham à sa création et à son développement.

Quelques années plus tard, nous voyons Graham s'occuper de la fondation d'une seconde Société scientifique. Le but de cette nouvelle association, créée en 1846 sous le nom de *Cavendish Society*, était de faciliter la publication d'ouvrages, notamment de traductions, que l'étendue ou le luxe n'auraient pas permis d'entreprendre dans les conditions ordinaires de la librairie. Une longue série d'ouvrages d'une importance capitale témoigne de l'activité développée par cette Société, qui, dès son origine, avait confié son sort entre les mains de Graham, son président perpétuel. Parmi les ouvrages publiés par elle, nous devons citer la traduction du traité classique de Gmelin, qui ne compte pas moins de dix-sept volumes.

L'année 1854 amena un revirement subit dans l'existence, si simple jusque-là, de l'infatigable savant ; sir John Herschel venait d'abandonner sa position de directeur des monnaies d'Angleterre, et l'opinion unanime désignait l'illustre professeur de chimie de l'*University College* comme le digne successeur de l'éminent physicien. Graham, quoiqu'abandonnant avec regret des relations qui lui étaient devenues si chères, ne crut pas pouvoir décliner les offres honorables que lui fit le gouvernement anglais. En outre, un charme irrésistible attire le savant britannique à cette position, qui a été occupée par tant d'illustrations et qui, depuis Isaac Newton, est considérée comme le sanctuaire de la gloire scientifique.

Il serait difficile, dans de si étroites limites, de donner une idée exacte de l'influence prodigieuse qu'exerça Graham sur la grande administration qui lui était confiée. Le nouveau directeur des monnaies fit preuve d'un coup d'œil, d'une connaissance des faits et d'une énergie, se traduisant au besoin en une grande sévérité, qui étonna tout le monde et qui stupéfia surtout certains employés de l'administration. On n'avait jamais manifesté de telles exigences, ni exercé un pareil contrôle ; aussi les velléités d'innovation et de transformation du savant directeur devaient-elles trouver de grandes résistances. L'auteur de cet éloge occupait lui-même alors une position officielle à la Monnaie anglaise et se trouva ainsi, quoiqu'à distance, témoin des conflits qu'eut à soutenir Graham dans ses nouvelles fonctions. Des années se passèrent, avant que Graham ne pût avoir raison de ces difficultés et retrou-

ver ainsi le loisir nécessaire pour revenir à ses études de prédilection. Néanmoins, il arriva enfin ce moment si désiré, qui lui procura de nouveau des années de bonheur.

Graham ne perd pas une minute ; il installe rapidement un laboratoire commode dans les appartements officiels du directeur, attenant à la Monnaie, et dont la splendeur n'a jamais ébloui cet homme si simple, qui vivait seul, et qui préférait comme habitation la modeste demeure qu'il avait occupée comme professeur. Il y reprend avec une nouvelle ardeur le cours de ses anciens travaux. Il n'est guidé en cela que par amour de la science ; il n'a plus de position à conquérir, il n'a plus à se faire un nom ; son nom et sa position sont depuis longtemps sa propriété ina'iénable. Mais ses travaux scientifiques sont exposés à de nouveaux dangers, résultant de l'éclat de sa position administrative et de la multiplicité de ses relations sociales et officielles, inhérentes à cette position elle-même. Il sera soutenu, dans ces circonstances, par le même attrait pour l'observation de la nature, qui, dans ses jeunes années, lui a fait supporter sans murmures les plus grandes privations et les douleurs les plus amères.

Graham a conservé jusqu'à sa mort la direction de la Monnaie, partageant son temps et ses forces entre les devoirs de son administration et les poursuites non moins laborieuses des problèmes scientifiques difficiles qu'il avait pris à tâche de résoudre. Il n'accordait que peu d'heures aux relations de la vie privée, et son incessant labeur n'était que rarement interrompu par un petit voyage ou par une courte villégiature. De pareils efforts auraient éprouvé à la longue une santé plus robuste que celle de Graham. Vers le commencement du mois d'août 1869, M. Gustave Magnus le visita et le trouva fort souffrant, mais toujours travaillant sans interruption. Son état empira, et il essaya de se retremper à l'air vivifiant des monts Malvern. Au commencement de septembre, après quinze jours de ce séjour, il alla rendre visite à son vieil ami le docteur Henry, résidant alors à sa propriété de Haffield dans Herefordshire. C'est à cet ami que nous devons quelques détails sur les derniers jours de Graham, dont la santé lui parut singulièrement raffermie par le repos et par l'exercice au grand air, et qui manifesta l'intention de poursuivre son voyage jusqu'en Écosse pour y revoir les lieux témoins de son enfance. Mais ce fut le dernier rayon de cette flamme expirante ; peu de semaines après, Graham arrivait au terme de sa brillante carrière. La mort vint le surprendre au milieu des préoccupations soulevées par les grandes réformes monétaires qui sont en voie de s'accomplir ; au milieu de travaux scientifiques dont les derniers résultats ont à peine eu le temps d'arriver à la connaissance du monde savant.

Les travaux de Graham, dans le domaine de la chimie et de la physique, s'étendent sur une période de plus de quarante ans.

On n'attendra pas de nous l'énumération des nombreux mémoires qu'il a publiés dans ce laps de temps et qui ont paru dans les *Transactions of the Royal Society of Edinbourgh* et de préférence dans les *Philosophical Transactions*, les *Proceedings of the Royal Society of London*, les *Memoirs* et le *Journal of the Chemical Society*, enfin dans le *Philosophical Magazine*. Mais si nous ne pouvons entrer dans le détail de tous ces mémoires, nous ne pouvons pas omettre d'en signaler sommairement les plus importants.

Les premières recherches de Graham remontent à l'année 1826, dans laquelle le jeune savant de vingt et un ans fait connaître un travail sur l'absorption des gaz par les liquides (1). A côté de ce premier mémoire viennent se ranger des recherches sur la chaleur dégagée par le frottement (2) ; sur la limite de l'atmosphère (3) ; sur la nitrification (4) ; sur les exceptions à la loi de solubilité des sels dans l'eau à diverses températures (5) ; sur l'influence de l'air sur les cristallisations des solutions salines (6).

Le premier grand mémoire de Graham se trouve dans les *Transactions of the Royal Society of Edinburgh*, 1831, et doit en conséquence être considéré comme le premier résultat de ses travaux au laboratoire d'*Andersonian University*, à Glasgow. Il a trait à la combinaison chimique de certains sels avec l'alcool (7), comparables à celles qu'ils forment avec l'eau ; nous y trouvons pour la première fois l'idée de l'analogie de l'alcool et de l'eau qui est devenue, dans la chimie moderne, un article de foi de la plus grande importance. Graham a-t-il prévu l'influence que devaient avoir vingt ans plus tard sur les progrès de la chimie les développements donnés à cette idée par M. Williamson, son successeur à *University College* ?

Un des plus beaux travaux de Graham, qui fit connaître son auteur au loin, et qui a été publié en 1833, est son travail sur les acides phosphoriques (8). Il est difficile, dans l'état actuel de la science, de bien apprécier l'importance première de ce travail. Les vues qu'il y développe sur la nature des divers acides phosphoriques sont celles que nous avons recueillies dans nos premières études de chimie et sur lesquelles s'appuient en grande partie les considérations actuelles sur la nature des acides et des sels. Elles présentent tant de simplicité qu'on ne comprend pas qu'elles n'aient pas été universellement partagées. Néanmoins, il faut se reporter au temps où paraissait ce mémoire. On était en possession d'une foule d'observations contradictoires sur les réactions de l'acide phosphorique, tandis que les moyens analytiques étaient impuissants pour constater des différences dans la composition de cet acide. Bien loin de diminuer, la confusion semblait augmenter chaque fois que l'on avait à enregistrer une expérience nouvelle sur l'acide phosphorique ou sur ses sels. Vinrent enfin les expériences de Graham, qui, d'un coup, tranchèrent ce nœud gordien. Nous voyons le même oxyde du phosphore se combiner avec différentes proportions d'eau pour fournir trois acides de composition parfaitement distincte. Cet accord : ACIDE PHOSPHORIQUE, ACIDE PYROPHOSPHORIQUE, ACIDE MÉTAPHOSPHORIQUE résonne pour la première fois à notre oreille, et ces trois acides, dont la dénomination était déjà partiellement en usage, deviennent les prototypes des grands groupes auxquels nous rapportons encore aujourd'hui les acides et leurs sels. C'était un trait de lumière pour les chi-

mistes. Des phénomènes qui défiaient toute tentative d'explication, deviennent des conséquences simples et naturelles de la théorie des nouveaux acides phosphoriques ; tel est le fait parfaitement compréhensible aujourd'hui pour chaque élève, de l'action du phosphate *alcalin* de sodium sur l'azotate d'argent *neutre*, qui donne naissance à une solution *acide*. Dans les interprétations de Graham, on croit déjà voir le germe de l'idée, développée seulement plus tard, que les acides ne sont autre chose que des sels dans lesquels l'hydrogène fonctionne comme métal. Nous assistons au réveil de la théorie des hydracides.

Les recherches de Graham sur les acides phosphoriques resteront toujours comme un modèle, dont on ne peut assez hautement recommander l'étude à la jeune génération des chimistes. Mais nous aussi, dont la carrière est plus avancée, nous nous plaisons de temps à autre, et toujours avec une nouvelle satisfaction, à nous reporter à cette belle création, ne sachant ce qu'il faut le plus y admirer, de la simplicité des expériences ou de la logique de leur interprétation. La lecture actuelle du mémoire original conduit en outre à la remarque singulière que Graham s'y sert encore de la notation qui devait disparaître pendant un grand nombre d'années pour être reprise, avec une signification un peu différente, par les chimistes modernes.

Parmi les autres travaux de Graham remontant à la même époque, nous ne rappellerons plus que ses belles recherches sur l'hydrogène phosphoré (1) et sur la constitution des oxalates, azotates, phosphates, sulfates et chlorures (2). Dans les premières, l'auteur fait voir que l'hydrogène phosphoré spontanément inflammable, dont la composition venait d'être reconnue identique par H. Rose avec celle de l'hydrogène phosphoré non spontanément inflammable, devait sa propriété caractéristique à la présence d'une autre combinaison ; qu'on pouvait lui enlever cette inflammabilité et la lui restituer de nouveau ; résultats que sont venues confirmer plus tard les belles recherches de M. Paul Thénard sur l'hydrogène phosphoré liquide.

Dans son grand travail sur les sels, Graham a étendu ses premières observations sur les phosphates et sur les sulfates de la série magnésienne ; il y fait connaître notamment la détermination exacte de la quantité d'eau de cristallisation contenue dans un grand nombre de sels. C'est à ces remarquables recherches que nous devons la connaissance d'une foule de faits relatifs à ces groupes importants de sels.

Avec l'année 1840 commence une série de travaux moins étendus, dont cette courte notice permet à peine de citer les titres. Ces recherches portent sur la constitution des sulfates, mise en lumière par des expériences thermométriques (3) ; sur la préparation du chlorate de potassium (4) ; sur la chaleur de combinaison (5) ; sur l'utilisation des résidus de chaux provenant de la fabrication du gaz d'éclairage (6) ; sur

<hr>

(1) *On the absorption of gases by liquids. Annal. of Philos.*, XII, 69, 1826.

(2) *On the heat of friction. Annal. of Philos.*, XII, 260, 1826.

(3) *On the finite extent of the atmosphere. Philosophical Magazine*, I, 107, 1827.

(4) *On Longchamps theory of nitrification. Philosophical Magazine.* I, 172.

(5) *On exceptions of the law that salts are more soluble in hot than in cold water. Philosophical Magazine*, II, 20, 1827.

(6) *On the influence of air in determining the cristallisation of saline solutions. Philos. Mag.*, IV, 215, 1828.

(7) *On the formation of alcoates, definite compounds of salts and alcohol, analogous to the hydrates. Transact. of Roy. Soc. of Edinburgh*, IX, 175, 1831.

(8) *Researches on the arseniates, phosphates and modifications of phosphoric acid. Philosophical transactions*, 1833, p. 253.

<hr>

(1) *On phosphuretted hydrogen. Transact. of the Roy. Soc. of Edinb.* XIII, 88, 1836.

(2) *Inquiries respecting the constitution of salts, of oxalates, nitrates, phosphates, sulfates and chlorides, Philos. Transact.*, 47, 1836.

(3) *On the constitution of sulfates as illustrated by late thermometrical researches, Mem. of the Chem. Soc.*, I, 82, 1843.

(4) *On the preparation of chlorate of potash. Mem. of the Chem. Soc.*, I, 5, 1843.

(5) *Experiments on heat disengaged in combination, Mem. of the Chem. Soc.*, II, 357, 1845.

(6) *On the useful application of the refuse lime of Gasworks, Mem. of the Chem. Soc.*, II, 357, 1845.

la composition du grisou dans les mines de Newcastle (1) ; sur une nouvelle méthode eudiométrique (2). Enfin, un peu plus tard paraissent des remarques sur l'éthérification (3). On voit par cette énumération combien étaient variées les directions que Graham donnait à ses investigations.

Les travaux les plus étendus de Graham, ceux qui montrent dans tout leur éclat le génie original du savant, la grandeur de ses vues, la logique inflexible de sa méthode, la patience tenace qui ne le faisait reculer devant aucune difficulté, sont ceux qui concernent la chimie moléculaire. Par la longue série de ses recherches expérimentales, qui comprend une période d'une trentaine d'années, Graham s'est érigé un monument sur lequel les générations futures liront son nom avec admiration. Les phénomènes de la diffusion des gaz et des liquides, qui constituent le sujet principal de ces recherches, ne sont pas, il est vrai, de ceux qui étonnent et qui captivent par leur variété et leur éclat. Mais l'importance capitale de ce sujet de science expérimentale est évidente, si l'on considère qu'il n'est pas de phénomène vital qui ne se ramène, en dernière instance, à un phénomène chimique ; que toutes les parties du corps des animaux ou des plantes sont constamment le siége d'actions chimiques plus ou moins intenses. L'assimilation et la désassimilation des principes chimiques sont les conditions nécessaires de la durée de ces actions, c'est-à-dire de la vie elle-même ; or, indépendamment des transports mécaniques effectués par la contraction des muscles et des membranes (*ciliary movements*), cette assimilation et cette désassimilation se font par *diffusion*. C'est ainsi que les phénomènes physiologiques des plantes et des animaux se résument toujours en des phénomènes de diffusion, au delà desquels ne se manifestent plus que ceux qui se passent dans l'intérieur même des tissus. La physiologie vient donc constamment rencontrer le sillon si profondément tracé par Graham dans ses incursions sur son domaine. Lorsque la physique et la chimie physiologiques seront constituées à l'état de sciences, rendant compte de tous les phénomènes moléculaires qui se passent dans l'économie, le nom de Graham y restera attaché comme celui d'un de leurs premiers pionniers.

La série des travaux se rapportant à ce sujet est inaugurée en 1834 par le célèbre mémoire sur la diffusion des gaz (4). Partant d'une observation isolée de Dœbereiner, qui avait remarqué que dans une cloche félée, remplie d'hydrogène et retournée sur une cuve à eau, le niveau du liquide s'était élevé au-dessus du niveau extérieur, Graham recherche la rapidité avec laquelle l'hydrogène et l'oxygène pénètrent dans le vide par une très-petite ouverture, pratiquée en mince paroi (*effusion*), ainsi que la rapidité avec laquelle ces gaz se mélangent à travers une paroi poreuse (*diffusion*). Ces deux séries d'expériences le conduisent à une seule et même loi. Dans des conditions physiques identiques, l'hydrogène se meut environ quatre fois plus vite que l'oxygène qui est seize fois ou 4×4 plus dense que lui. La rapidité d'écoulement des deux gaz est donc en raison inverse de la racine carrée de leur densité, ou de leur poids moléculaire, puisque ceux-ci sont proportionnels aux densités des gaz ; ainsi, la molécule d'hydrogène possède une mobilité quatre fois plus considérable que la molécule d'oxygène, de même dimension mais seize fois plus pesante. Cette relation, qui se rencontre ici pour l'oxygène et l'hydrogène, se confirme aussi pour les autres gaz.

L'appareil, aussi simple qu'élégant dont s'est servi Graham pour ses recherches, est encore généralement utilisé aujourd'hui dans les cours de chimie. C'est ainsi qu'au début de nos études le nom du grand savant anglais se fixe dans notre mémoire, lorsque, étudiant les phénomènes de mouvement des gaz, nous voyons l'eau s'élever dans le *tube à diffusion* de Graham, rempli d'hydrogène.

A ces expériences sur l'effusion et la diffusion des gaz se rattachent étroitement d'autres recherches, parues seulement beaucoup plus tard (1), sur l'écoulement des gaz par des tubes capillaires plus ou moins larges (*transpiration* ou *transfusion*). Ce n'est que par des tubes capillaires très-courts que les gaz s'écoulent suivant la loi des densités, observée pour la diffusion et l'effusion. Plus le tube est long, plus les phénomènes d'écoulement se trouvent entravés par le frottement des gaz contre les parois, et ce n'est qu'avec des tubes d'une certaine longueur qu'on retrouve un rapport constant entre les vitesses d'écoulement de différents gaz. Dans ces conditions, les vitesses d'écoulement des gaz (leur transpirabilité) présentent certaines relations invariables dépendant de la nature des gaz. La résistance d'un tube capillaire à l'écoulement d'un gaz est proportionnelle à sa longueur. Enfin, la vitesse d'écoulement d'un gaz est en raison directe de sa densité, que les accroissements ou diminutions de densité résultent d'un changement de pression ou d'une variation de température. Les travaux plus récents, très-importants, de M. O. E. Meyer (2) sur le coefficient de frottement des différents gaz, et de M. L. Meyer (3) sur les volumes moléculaires de différents corps, s'appuient sur les recherches de Graham sur la transpiration des gaz.

Les observations qu'a recueillies Graham sur les phénomènes du mouvement des molécules gazeuses l'amènent naturellement à faire rentrer le mouvement des molécules liquides dans le cadre de ses recherches. Son premier soin est de rechercher la loi suivant laquelle un corps soluble se répand dans son dissolvant, et il commence par étudier la rapidité avec laquelle un corps préalablement dissous se répand, du liquide qui le tient en dissolution, dans une plus grande quantité du même liquide. Les premiers résultats de l'observation de ces phénomènes, que Graham comprend sous la dénomination de *diffusion des liquides*, se trouvent consignés dans plusieurs mémoires publiés en 1850 et 1851 (4). Ces recherches mettent bientôt en lumière toute une série de nouveaux phénomènes. Ici encore notre admiration est éveillée par la simplicité de la méthode et par l'extrême patience qu'ont dû nécessiter les nombreuses expériences réalisées par l'auteur.

---

(1) *On the composition of the fire-damp of the Newcastle coal mines*, *Mem. of the Chem. Soc.*, III, 5, 1848.

(2) *On a new Eudiometric process*, *Mem. of the Chem. Soc.*, III, 46, 1848.

(3) *Observations on etherification*, *Quart. Journ. of the Chem. Soc.*, III, 24, 1851.

(4) *On the law of diffusion of gases. Transact. of the Roy. Soc. of Edinb.*, XII, 222, 1834.

(1) *On the motion of gases, their effusion and transpiration, Philosoph. Trans.*, 349, 1849.

(2) *Poggendorff's Annalen*, CXXVII, 253.

(3) *Ann. Chem. Pharm. Suppl.*, V, 129.

(4) *On the diffusion of liquids. Philos. Transact.*, 1850, 1 et 805 ; et 1851, 483. Ce travail fit aussi le sujet d'une leçon professée le 20 décembre 1849 (*Bakerian lecture*), *Proceedings of the Roy. Soc.*, V, 897.

Un flacon rempli de la solution du sel soumis à l'expérience, le flacon à solution *(solution bottle)*, est disposé dans un vase plus grand rempli d'eau pure *(water jar)* ; le système de ces deux vases constitue la cellule de diffusion *(diffusion cell)*. La quantité de sel, résultat de la diffusion *(diffusion product)*, qui se *diffuse* dans un temps donné dans l'eau extérieure, est ensuite déterminée par évaporation.

Les résultats obtenus par cette méthode sont aussi importants que variés. On voit d'abord, par les expériences sur le chlorure de sodium, que la diffusibilité est proportionnelle à la concentration de la solution et qu'elle augmente avec la température. On remarque des différences considérables dans les déterminations de la diffusibilité d'un grand nombre de substances. Toutes les conditions étant égales, il se diffuse dans le même temps 69 parties d'acide sulfurique, 58 parties de chlorure de sodium, environ 27 parties de sulfate de magnésium, 26 parties de sucre, 13 parties de gomme, 3 parties d'albumine. Beaucoup de substances isomorphes sont *équidiffusibles*, tels sont : les chlorures de potassium et d'ammonium, les azotates de potassium et d'ammonium, les sulfates de magnésium et de zinc. Lorsque deux sels, d'inégale diffusibilité, sont mélangés dans l'appareil de diffusion, ils se diffusent chacun suivant son coefficient de diffusibilité et comme s'il était seul. Graham, dont l'esprit saisit toujours le côté pratique des faits, entrevoit aussitôt dans cette circonstance une nouvelle méthode de séparation partielle, comparable à celle de la distillation fractionnée. Il montre qu'on peut, jusqu'à une limite déterminée, séparer par diffusion les chlorures des sulfates et des carbonates, les sels de potassium des sels de sodium, et ces derniers de ceux de magnésium. Non-seulement on peut séparer ainsi de simples mélanges, mais on peut, par la diffusion, opérer le dédoublement de certaines combinaisons chimiques définies, comme cela a lieu dans certains cas par la distillation. Ainsi, dans la diffusion de l'alun, le principe le plus diffusible, le sulfate de potassium se sépare du sulfate d'aluminium, moins diffusible, et, même pour le sulfate de potassium, qu'on fait diffuser dans une grande quantité d'eau, on remarque une séparation partielle d'acide sulfurique et d'hydrate de potassium.

Les recherches de Graham sur la diffusion des liquides furent accueillies avec le plus vif intérêt par les chimistes, les physiciens et les physiologistes. Elles donnèrent bientôt un nouvel essor à l'étude des phénomènes moléculaires. On chercha, dans les buts les plus variés, à utiliser les faits nouvellement découverts, et l'on arriva, dans certains cas, à des résultats tout à fait inattendus. Ainsi, Drevermann (1) réussit à reproduire artificiellement des minéraux cristallisés, le chromate de plomb, le carbonate de plomb, le spath calcaire, etc., en mélangeant lentement, par diffusion, les combinaisons qui, par leur action réciproque, doivent donner naissance au composé cherché.

Aux travaux de Graham sur la diffusion des liquides viennent s'ajouter de nombreuses expériences sur les phénomènes osmotiques (2). Il était naturel de chercher une relation entre ces phénomènes et la diffusibilité des substances en solution. Cette diffusibilité ne serait-elle pas, en définitive,

la cause première de la force osmotique ? Les recherches de Graham viennent contredire cette hypothèse. Il reconnaît, par deux grandes séries d'expériences entreprises avec des osmomètres dont le diaphragme est formé, d'une part par une cellule d'argile, d'autre part par une membrane animale, que l'ascension osmotique des liquides est nulle pour toutes les matières organiques neutres, telles que le sucre, le tannin, l'alcool, l'urée, ainsi que pour la majeure partie des sels neutres, des alcalis et des terres alcalines ; qu'elle se manifeste avec les acides nitrique, acétique, chlorhydrique, azotique, et qu'elle est la plus prononcée lorsque l'osmomètre contient de l'acide sulfurique ou de l'acide phosphorique, ou bien un sel très-acide ou très-alcalin. C'est toujours sous l'influence des agents chimiques les plus énergiques que le phénomène se manifeste avec le plus d'intensité, et, dans toutes les circonstances, la substance du diaphragme se trouve fortement altérée. Graham est porté à voir, dans l'action chimique qu'exerce sur le diaphragme le corps mis en expérience, la force première des phénomènes osmotiques.

A côté de ces recherches purement scientifiques, nous devons signaler une longue série de travaux dans le domaine de la chimie appliquée, dont quelques-uns présentent un intérêt permanent. Beaucoup de ces travaux ont été entrepris avec la collaboration d'autres chimistes. L'auteur de cette notice a eu le privilége de parcourir ce champ sous les auspices de Graham.

Vers 1850, l'attention générale, à Londres, se portait avec un vif intérêt sur la question des eaux et sur les moyens de pourvoir aux besoins de la métropole. Les plaintes les plus vives s'élevaient contre les compagnies d'eaux existantes, et les propositions les plus diverses étaient mises en avant. Dans ces circonstances, le gouvernement anglais chargea Graham de présenter un rapport (1).

A cette même époque, toute l'Angleterre se trouva sous le coup de l'émotion produite par la terrible catastrophe du golfe de Biscaye. Le magnifique vapeur *l'Amazone*, nouvellement construit, avait à peine quitté la côte anglaise, qu'il devenait la proie des flammes. La grande nation maritime manifesta des sentiments d'inquiétude et réclama impérieusement une enquête approfondie sur les causes qui avaient pu amener cet effroyable sinistre. C'est encore Graham qui est chargé de la partie chimique de cette enquête (2), par les lords de la commission du commerce dans le conseil privé.

Un professeur français annonce à son auditoire que l'on fait usage de la strychnine, en Angleterre, pour communiquer au pale ale une amertume agréable. Cette nouvelle à sensation ne tarde pas à faire le tour de la presse. Une panique s'empare du peuple menacé dans sa boisson nationale, et les princes de la brasserie de Burton tremblent sur leurs trônes. On consulte les chimistes, et ce n'est que lorsque Graham a prononcé (3) que l'émotion nationale s'apaise.

Depuis longtemps les brasseurs étaient en contestation avec l'administration du fisc au sujet du tarif, suivant lequel on les exemptait, pour la bière d'exportation, de l'impôt sur le

---

(1) *Ann. Chem. und Pharm.*, LXXXIX, 11.
(2) *On osmotic force. Philos. Trans etc.*, 1854, 177. Ces recherches ont également fait le sujet d'une leçon (*Bakerian lecture*), le 15 juin 1854. *Proceedings of the Roy. Soc.*, VII, 83.

(1) *Chemical Report on the supply of water to the metropolis, by Graham, Miller and Hofmann. Quart. Journ. of the Chem. Soc.*, IV, 375, 1852.
(2) *Chemical Report on the cause of the fire in the « Amazone »*, loc. cit., V, 34, 1853.
(3) *Report upon the alleged adulteration of Pale Ale by Strychnine, by Graham and Hofmann. Loc. cit.*, 172, 1853.

malt, et des principes suivis dans la perception de cet impôt lui-même. Un rapport, rédigé sous la direction de Graham, donne à ces questions une solution qui satisfait les deux parties (1).

L'élévation exagérée des droits sur les alcools cause à certaines industries un préjudice considérable. L'industrie chimique, notamment, est sous le poids de cette mesure fiscale qui atteint même les recherches scientifiques, ce qui n'a pas lieu dans la plupart des autres pays. Des protestations s'élevaient de tous côtés pour faire écarter cet embarras créé à l'industrie. Sur l'initiative de la principale administration fiscale du pays (*Inland Revenue*), une commission chimique est nommée sous la présidence de Graham. Les travaux de cette commission ont pour résultat de faire remplacer dans l'industrie l'emploi de l'alcool par celui de l'esprit de bois (*methylated spirit*) (2).

L'habitude établie en Angleterre de se procurer le café tout moulu est la cause des falsifications nombreuses qu'on fait subir à ce précieux aliment. En 1857, ces falsifications atteignirent de telles proportions qu'on eut encore une fois recours aux conseils éclairés de Graham (3).

Le nombre des décès causés par le feu en Angleterre a atteint, dans la période de 1850 à 1860, des proportions effrayantes. Ainsi, de 1852 à 1856, les registres de l'état civil en Angleterre et dans le pays de Galles n'accusent pas moins de 9998 cas de mort causés par le feu ; dans ce nombre, 2182 sont attribués à l'inflammation des vêtements. Ces tristes circonstances provoquent la sollicitude de la reine et du prince-époux. Un nouveau rapport est demandé à Graham, qui en confie la rédaction à deux jeunes chimistes allemands, MM. Fr. Versmann et Alph. Oppenheim. Ceux-ci s'acquittent de leur tâche avec tout le succès désirable (4).

Les travaux sur l'osmose, publiés en 1852, marquent un point d'arrêt dans les recherches purement scientifiques de Graham. Le plus clair de son temps est exclusivement consacré aux exigences nombreuses de l'importante administration dont il a assumé la responsabilité. Des années s'écoulent avant qu'il lui soit donné de revenir à ses études de prédilection.

Ce n'est qu'en 1861 que Graham publie de nouvelles recherches. Les premières se rapportent aux relations qui existent entre la composition chimique des liquides et leur *transpirabilité*, c'est-à-dire leur passage, sous l'influence de la pression, à travers des tubes capillaires (5).

Prenant pour point de départ la remarque faite par M. Poiseuille que de toutes les combinaisons d'eau et d'alcool c'est l'hydrate $C_2H^6O + 3H^2O$, dont la formation est accompagnée de la contraction la plus forte, qui présente la transpirabilité la plus faible, Graham a déterminé la durée de transpiration d'un grand nombre de liquides. Le maxi-

mum de durée pour l'acide azotique correspond à l'hydrate $2HAzO^3 + 3H^2O$; pour l'acide sulfurique à l'hydrate $H^2SO^4 + H^2O$ et pour l'acide acétique à $C^2H^4O^2 + H^2O$. Les résultats auxquels on arrive pour l'acide formique et pour l'acide chlorhydrique sont moins caractéristiques. Graham confirme entièrement les observations de M. Poiseuille sur l'alcool ordinaire ; pour l'alcool méthylique, c'est également l'hydrate $CH^4O + 3H^2O$ qui transpire le plus lentement. La durée de la transpiration des composés homologues, alcools, éthers, etc., croît avec le point d'ébullition. Et Graham incline à penser que ce genre d'observations pourrait conduire à classer les corps en séries analogues à celles qu'a établies M. H. Kopp en partant des points d'ébullition et d'autres propriétés physiques.

Graham reprend aussi avec une nouvelle ardeur ses expériences sur la diffusion des liquides. Un mémoire étendu, publié également en 1861, montre que son génie novateur est loin de s'affaiblir. Les résultats de ses premières recherches avaient indiqué la possibilité d'appliquer la diffusion à l'analyse. Il s'agit maintenant de poursuivre cette première idée et d'étendre les observations encore isolées, de manière à pouvoir établir une méthode d'une application plus générale. A cet effet, Graham détermine le temps que nécessite la diffusion de quantités égales de différents corps. Le temps exigé pour la diffusion d'une quantité donnée d'acide chlorhydrique étant pris pour unité, le temps nécessaire à la diffusion d'un même poids de chlorure de sodium, dans des conditions identiques, est égal à 2 1/3 ; pour le sucre de cannes et le sulfate de magnésium, il est égal à 7 ; pour l'albumine, il est égal à 39 ; enfin, pour le caramel, à 38. Une élévation de température accélère la diffusion ; mais cette accélération n'est pas la même pour les différentes substances ; aussi doit-il y avoir une température déterminée à laquelle la séparation partielle par diffusion de deux corps donnés doit s'effectuer le plus facilement.

Jusque-là, toutes les expériences avaient été faites par diffusion dans l'eau pure ; Graham remplace cette eau par une solution de gélose (matière gélatineuse obtenue par la décoction de la plante marine *Gelidium corneum*), qui présente cette circonstance remarquable que les sels, par exemple le chlorure de sodium, s'y diffusent de la même manière, c'est-à-dire avec la même rapidité que dans l'eau pure. L'empois d'amidon, l'albumine coagulée, les matières muqueuses animales et certaines membranes présentent la même particularité. Si l'on dépose à la surface des solutions salines une couche de cette substance, puis de l'eau pure, la diffusion s'effectue tout aussi bien que si la solution saline était directement en contact avec l'eau. Le papier parchemin, qui n'est autre que du papier modifié par l'acide sulfurique, se prête d'une manière toute particulière à ce genre d'expériences. Ce papier parchemin, découvert quelques années auparavant, est devenu, grâce aux soins de M. Warren de la Rue, l'objet d'une fabrication importante. Les substances très-diffusibles traversent un diaphragme de ce parchemin avec une vitesse qui est à peine diminuée, tandis que le passage de corps moins diffusibles en est presque entièrement empêché. Cette observation importante est la base de la nouvelle méthode de séparation désignée par Graham sous le nom de *dialyse*. L'appareil qu'il a imaginé pour appliquer cette méthode consiste en un large cylindre fermé à sa base inférieure par une feuille de papier parchemin. Ce cylindre, qui est le *dialyseur*, reçoit le mélange qui doit être soumis à la dialyse, sur

---

(1) *Report upon « Original gravities » by Graham, Hofmann and Redwood. Loc. cit.*, V, 229, 1853.

(2) *Report on the supply of spirit of wine, free from duty, for use in the arts and manufactures, addresel to the chairman of Inland Revenue, by Graham, Hofmann and Redwood. Loc. cit.*, VIII, 120, 1856.

(3) *Chemical Report on the mode of detecting vegetable substances mixed with coffee for the purpose of adulteration, by Graham, Stenhouse and Campbell. Loc. cit.*, IX, 33, 1857.

(4) *On the comparative Value of certain salts for rendering Fabrics non-inflammable, by Fred. Versmann and Alph. Oppenheim*, London, Trübner and Cᵒ, 1859.

(5) *On the transpiration of liquids. Philos. Transact.*, 1861, 373.

une hauteur de 20 à 25 millimètres, et est introduit dans un vase beaucoup plus grand renfermant un volume d'eau environ dix fois plus considérable, de telle sorte que le niveau du liquide soit le même dans le dialyseur et dans le vase extérieur. Pour se rendre compte des résultats que peut fournir cet appareil aussi simple, il suffit de comparer les quantités des différents corps qui, d'après les expériences de Graham, traversent le papier du dialyseur dans des conditions identiques : gomme arabique 1 ; caramel, 1,2 ; tannin 7,5 ; sucre de canne 52 ; glucose, 67 ; mannite 87 ; alcool 120 ; chlorure de sodium, 250.

De nouvelles recherches sur la diffusion d'un grand nombre de substances, appartenant à toutes les branches de la chimie, ont fait reconnaître à Graham deux formes de la matière absolument distinctes par leur constitution moléculaire. Les corps se partagent d'après le degré de leur diffusibilité en deux grands groupes, entre lesquels il n'y a toutefois aucune délimitation tranchée. Le premier groupe comprend toutes les substances qui présentent une diffusibilité très-prononcée, les acides minéraux et organiques, ainsi que leurs sels, beaucoup de combinaisons organiques cristallisables, les différents sucres, l'alcool, etc., sont de ce nombre. Graham désigne les substances de ce groupe par le nom de *cristalloïdes*, parce qu'ils sont presque tous cristallisables. Dans le second groupe se rangent les corps qui n'ont qu'une faible diffusibilité : tels sont les hydrates de silice, d'alumine et les oxydes métalliques analogues, l'amidon, la dextrine, la gomme, l'albumine, la gélatine, etc. Tous ces composés sont caractérisés par une consistance gélatineuse qui leur a fait donner par Graham le nom de *colloïdes*. Beaucoup de substances appartiennent à l'un et à l'autre groupes.

La dialyse nous met en présence d'un moyen précieux pour séparer les cristalloïdes des colloïdes.

Nous ne pouvons, dans cet aperçu biographique, que rappeler quelques-unes des applications les plus importantes qu'ait faites Graham de sa méthode dialytique.

Lorsqu'on soumet l'urine à la dialyse, les principes cristalloïdes qui y sont contenus traversent complétement le diaphragme du dialyseur, et dans un état de pureté tel que l'eau du vase extérieur fournit par l'évaporation une masse cristallisable blanche qui cède à l'alcool de l'urée chimiquement pure.

La dialyse d'un mélange de sucre et de gomme, cette dernière en excès suffisant pour faire perdre à la solution toute tendance à la cristallisation, fournit une solution de sucre pur et cristallisable.

L'industrie sucrière n'a pas manqué d'utiliser les phénomènes de diffusion. Les fabriques de sucre de betteraves ont, en général, adopté des procédés de purification basés sur les observations de Graham.

Des aliments empoisonnés par l'acide arsénieux ou par la strychnine abandonnent, par la dialyse, ces corps dans un état de pureté tel qu'on peut immédiatement, sans purification ultérieure, les caractériser par leurs réactifs ordinaires.

Lorsqu'on place dans un dialyseur une solution de silicate de sodium dans un excès d'acide chlorhydrique, tout le chlorure de sodium et l'acide chlorhydrique passent, après quelques jours, dans le vase extérieur ; le liquide qui reste dans le dialyseur est une solution d'acide silicique dans l'eau pure, qu'on peut chauffer et concentrer par évaporation jusqu'à ce qu'elle renferme 14 pour 100 d'anhydride silicique, sans qu'elle se coagule.

Graham a obtenu de même, par la dialyse d'une solution de chlorure basique d'aluminium, une solution d'alumine pure dans l'eau. Des expériences postérieures ont permis d'obtenir également des modifications solubles des acides stannique, titannique, tungstique et molybdique, en soumettant à la dialyse des solutions de stannate, de titanate, de tungstate et de molybdate de sodium sursaturés d'acide chlorhydrique. Graham est même parvenu à obtenir une modification soluble de sesquioxyde de fer, mais les dernières traces d'acide ne peuvent être que difficilement éliminées.

Toutes ces substances dissoutes dans l'eau, obtenues comme résidu dans le dialyseur, présentent une tendance très-prononcée à se prendre en gelée. De grandes quantités de silice soluble se trouvent transformées en silice gélatineuse par l'addition d'une trace d'un sel étranger ; inversement, de très-petites quantités d'alcali suffisent pour redissoudre cette silice gélatinisée. Graham montre que tous les colloïdes peuvent prendre l'état gélatineux et être obtenus en solution ; il désigne l'hydrate dissous par le nom d'*hydrosol* et l'hydrate gélatineux par celui d'*hydrogel ;* c'est dans ce sens qu'il parle de l'hydrosol et de l'hydrogel de l'acide silicique. Mais ces deux états ne s'observent pas seulement pour les hydrates : on peut, dans l'hydrosol, aussi bien que dans l'hydrogel de l'acide silique, remplacer l'eau par de l'alcool, par de la glycérine et même par de l'acide sulfurique, et obtenir ainsi des alcoolates, glycérates et sulfates solubles (*alcosol silicique, glycérosol silicique,* etc)., ou bien des combinaisons gélatineuses (*alcogel, glycérogel, sulfogel siliciques*). L'acide silicique, et les colloïdes en général, peuvent encore former des combinaisons avec l'éther, la benzine, le sulfure de carbone et même avec les huiles grasses ; et ces combinaisons présentent même quelquefois une certaine stabilité.

Arrivé à des résultats si remarquables par l'étude de la diffusion des liquides, Graham ne pouvait pas tarder à revenir à ses premières études sur les gaz, pour les éclairer d'un jour nouveau et les appuyer de ses nouvelles observations sur les liquides.

Dans le fait, nous le retrouvons pendant les années 1863 à 1866 occupé activement de ces nouvelles recherches. Il commence par reprendre, dans des conditions différentes, ses premiers essais sur la diffusion des gaz (2). Au lieu d'employer, comme dans ses premières expériences, un tube à diffusion fermé par une plaque de gypse, il fait usage d'un diffusiomètre dont l'ouverture supérieure est fermée par un disque de graphite comprimé de Brockedon, de l'épaisseur d'un pain à cacheter. Toutes les incertitudes et les irrégularités, résultant de la porosité grossière et inégale du diaphragme de gypse, et qui avaient introduit de si grandes difficultés dans l'étude des lois de la diffusion, disparaissent par l'emploi de la plaque de graphite, d'une porosité beaucoup plus homogène et plus fine.

Graham trouve, d'une manière rigoureuse, que les temps pendant lesquels un même volume de différents gaz, hydrogène, oxygène, acide carbonique, etc., s'écoule à travers une plaque de diffusion de $0^m,0005$, sont proportionnels à la racine

---

(1) *On the properties of silicic acid and other colloidal substances. Journ. of the Chem. Soc.*, (2), II, 318.
(2) *On the molecular mobility of gases. Proceed. of the Roy. Soc.*, XII, 612.

carrée de leur densité. Mais déjà, dans son esprit, le phénomène a notablement changé d'aspect. Graham ne se contente plus d'avoir établi expérimentalement la relation exacte entre le pouvoir diffusif d'un gaz et sa densité. Guidé par les hypothèses physiques de plus en plus répandues sur la constitution de la matière, il cherche à ramener ces deux propriétés, diffusibilité et densité, à une cause unique, l'état particulier de mobilité dans lequel se trouvent les molécules des gaz. L'*effusion* et la *transpiration* sont maintenant pour lui des phénomènes provoqués par la mobilité des masses gazeuses, la *diffusion* est le résultat du mouvement de leurs molécules.

Les pores d'une plaque de graphite sont trop petits pour permettre l'écoulement d'une *masse* gazeuse ; les phénomènes d'effusion et de transpiration ne peuvent donc pas se produire ; seules, les molécules gazeuses trouvent à s'y frayer un passage, et cela sans résistance due à un frottement quelconque ; car, quelque finesse que nous puissions attribuer aux pores du graphite, ils seront toujours, par rapport aux molécules en mouvement, comparables à un « *tunnel* ».

Ces nouvelles recherches sur la diffusion conduisent Graham à une conception profonde sur la matière.

« On peut concevoir, dit Graham (1), que les différentes formes qu'affecte la matière et que nous considérons comme les corps élémentaires appartiennent à une seule et même molécule, dans différents états de mouvement. L'hypothèse de l'unité de la matière est en accord avec l'action de la pesanteur qui est la même sur tous les corps. On sait l'intérêt avec lequel Newton poursuivait cette question, et le soin qu'il a mis à bien établir que tous les corps, « métaux, pierres, bois, sels, matières animales, etc., » sont soumis pendant leur chute à la même accélération, que par conséquent ils sont sollicités de la même manière par la force de la pesanteur.

A l'état gazeux, la matière est dépourvue des propriétés variées auxquelles elle est soumise à l'état liquide et à l'état solide. La matière gazeuse ne présente qu'un petit nombre de caractères généraux qui, tous, peuvent être ramenés à la mobilité des molécules qui la constituent.

Si nous admettons que la matière est unique, et que cette matière est constituée par des atomes de même poids et de mêmes dimensions, ces atomes seront communs à tous les corps, et l'unité de la matière sera complète si ces atomes sont à l'état de repos. Mais chacun de ces atomes possède un mouvement plus ou moins rapide, qui, nous pouvons également l'admettre, est dû à une impulsion première (*primordial impulse*).

L'amplitude de ce mouvement détermine l'espace, et plus le mouvement est rapide, plus grand est l'espace qu'occupe l'atome, de même que s'élargit l'orbite d'une planète avec sa vitesse tangentielle. La matière ne contracte des formes différentes que parce que ses atomes se meuvent dans un espace plus ou moins grand, c'est-à-dire que, dans un même espace, elle contient un nombre plus ou moins grand d'atomes. Le mouvement spécifique des atomes est immuable, c'est pourquoi la matière légère ne peut être transformée en matière plus dense. En un mot, les différentes densités de la matière sont la cause des différences entre les corps, entre ceux que nous regardons comme des éléments indécomposables. »

Néanmoins, l'esprit de Graham n'est pas porté vers la spéculation, et nous ne tardons pas à le retrouver sur le terrain

plus ferme de l'expérience. De même qu'il a pu séparer par diffusion les corps tenus en dissolution (dialyse), il poursuit avec ardeur la séparation des gaz par un procédé analogue. A côté de la *dialyse* vient se ranger l'*atmolyse*. Mais le diffusiomètre à disque de graphite est insuffisant pour ces expériences ; Graham le remplace par un tube en argile non vernissé, enveloppé d'un tube de verre fermé à ses deux extrémités par des bouchons de caoutchouc que traverse le tube d'argile.

Si l'on fait le vide dans l'espace annulaire compris entre les deux tubes, tandis que l'on fait passer au courant lent du mélange gazeux à travers le tube d'argile, ce mélange se sépare : le gaz le plus diffusible se répand dans l'espace vide en plus grande quantité que le gaz moins diffusible, et le mélange gazeux recueilli à l'issue du tube d'argile est moins riche en gaz qui présente la plus faible densité. L'air atmosphérique que l'on soumet à cette atmolyse, ne contient plus que 77 pour 100 d'azote au lieu de 79. Un mélange à volumes égaux d'oxygène et d'hydrogène, ne contient plus que 5 pour 100 d'hydrogène, après avoir traversé le tube d'argile.

On est bien plus frappé encore des résultats auxquels arrive Graham dans ses recherches sur l'absorption et la séparation dialytique des gaz par les membranes colloïdales (1).

D'après ses expériences, une membrane mince de caoutchouc, telle que celle que nous offre un tissu de soie imperméable, ou un de ces petits ballons de caoutchouc translucides, ne présente aucune porosité et est complétement imperméable à l'air et aux gaz. Mais cette pellicule possède la propriété de condenser à l'état liquide les principes constituants de l'air, l'oxygène et l'azote, pour les laisser ensuite diffuser de nouveau de l'autre côté dans le vide, à l'état de gaz. Cette perméabilité pour l'air est d'autant plus intéressante que les deux principes qui le constituent sont absorbés et condensés par le caoutchouc à des degrés bien différents, l'oxygène l'étant deux fois et demie plus que l'azote ; le passage définitif à travers les membranes, se fait dans la même proportion. Graham a donc découvert dans le caoutchouc la faculté de laisser passer les éléments de l'air, dans une proportion telle que l'air diffusé renferme 41,6 pour 100 d'oxygène, au lieu de 21 pour 100 que contient l'air ordinaire. Le diaphragme arrête en réalité la moitié de l'azote, tandis que l'autre moitié le traverse avec la totalité de l'oxygène. L'air dialysé rallume une allumette incandescente, il tient le milieu par l'intensité des phénomènes de combustion en général, entre l'air ordinaire et l'oxygène pur.

La disposition qui a permis à Graham de réaliser cette expérience remarquable est encore de la plus grande simplicité. On fait le vide dans un sac en soie caoutchouquée ou dans un petit ballon de caoutchouc ; pour éviter que les parois ne s'appliquent complétement l'une contre l'autre, on dispose dans le sac de caoutchouc une pièce de feutre, ou dans le petit ballon, de la sciure de bois. Le vide est fait par la pompe de Sprengel, qui présente l'avantage de permettre de recueillir facilement l'air dialysé dans de l'eau ou du mercure, en recourbant l'extrémité du tube dans lequel se fait la chute du mercure.

Pendant ce temps, MM. Sainte-Claire Deville et Troost faisaient connaître leurs belles expériences sur le passage de

---

(1) *Loc. cit.*, p. 22, 620.

(1) *On the absorption and dialytic separation of gases by colloïd septa.* Part. I. *Action of a septum of caoutchouc. Proceed. of the Roy. Soc.*, XV, 223.

l'hydrogène à travers le platine ou le fer incandescents. En répétant ces expériences, Graham arrive à des résultats identiques ; et il attribue ces phénomènes à la même cause qui permet au gaz le passage à travers une paroi de caoutchouc. Il admet que l'hydrogène, probablement par suite de son caractère métallique (*possibly in its character as a metallic vapour*), se condense dans le métal, en se liquéfiant, pour ressortir de nouveau à l'état de gaz, de l'autre côté de la paroi métallique. Il trouve que le platine en fils ou en lames absorbe au rouge sombre 3,8 fois son volume d'hydrogène ; mais c'est dans le palladium que cette faculté est la plus développée. Le palladium, réduit en feuilles, absorbe, déjà au-dessous de 00 degrés, 643 fois son volume d'hydrogène, tandis qu'il est complètement inerte à l'égard de l'oxygène et de l'azote. A l'état d'éponge, le platine absorbe 1,48 fois et le palladium 90 fois son volume d'hydrogène. Du fer, chauffé préalablement au rouge dans le vide, absorbe au rouge sombre 0,46 fois son volume d'hydrogène, et 4,15 fois son volume d'oxyde de carbone. Graham croit voir dans cette tendance que possède le fer à absorber et à retenir (*occlure*) l'oxyde de carbone, à une température modérée, la cause première de l'aciération du fer. L'oxyde de carbone occlus par le fer au rouge est partiellement décomposé au rouge blanc, en cédant la moitié de son carbone au fer.

De nombreuses expériences, exécutées comme celles qui viennent d'être décrites, l'amènent à rechercher les gaz occlus par les métaux qui se rencontrent à l'état natif, le fer, le platine, l'or. Il espère, par la connaissance de ces gaz, pouvoir jeter quelque lumière sur l'origine de ces métaux, ces gaz ayant dû être empruntés à l'atmosphère avec laquelle les masses métalliques se sont trouvées en contact dans un état d'ignition. La météorite, bien connue de Lenarto, attire surtout son attention (1). Ce fer météorique, chauffé au rouge dans le vide, fournit environ trois fois son volume de gaz, qui ne renferme pas moins de 86 pour 100 d'hydrogène ; le reste est formé de 10 pour 100 d'oxygène et de 4 pour 100 d'oxyde de carbone. Les gaz occlus par le fer pendant les procédés ordinaires d'affinage, présentent une composition toute différente. Ces gaz, dont le volume total est environ deux fois et demie celui du fer, renferment 30 pour 100 et même moins d'hydrogène, et plus de 50 pour 100 d'oxyde de carbone. L'analyse spectrale a démontré dans les étoiles la présence de l'hydrogène libre ; le fer météorique de Lenarto provient évidemment d'une atmosphère dans laquelle prédomine l'hydrogène. Il a dû se charger de cet élément dans les régions stellaires et nous l'apporter ensuite dans sa chute sur notre planète.

Nous avons suivi d'un vol rapide l'illustre savant anglais dans sa glorieuse carrière, jusqu'au commencement de l'année 1868 ; nous approchons de la fin de sa laborieuse existence. Il est à peine nécessaire d'en rappeler davantage aux membres de la Société ; le chant du cygne du maître résonne encore à nos oreilles.

Chacun de nous a présente à la mémoire la remarquable découverte, qui remonte à moins de deux ans et à laquelle Graham s'est trouvé conduit en poursuivant ses études sur les gaz. L'hydrogène forme avec le palladium une combinaison dans laquelle le caractère métallique de ce dernier ne se trouve aucunement diminué, et qu'il nous est en conséquence permis à juste titre d'envisager comme un alliage, celui de deux métaux, le *palladium* et l'*hydrogénium*.

Les recherches de Graham sur l'hydrogénium ont été publiées dans deux mémoires parus dans le cours de l'année 1869. Dans le premier (1), communiqué le 15 janvier à la Société royale de Londres, il décrit en détail les altérations remarquables que subit le palladium lorsqu'on le charge d'hydrogène par l'électrolyse d'un mélange d'eau et d'acide sulfurique, en le faisant servir d'électrode négative.

« On a souvent affirmé, écrit Graham, en se fondant sur des » considérations chimiques, que le gaz hydrogène est la va- » peur d'un métal extrêmement volatil. On est de même » porté à croire que le palladium avec son hydrogène occlus » n'est autre chose qu'un alliage, dans lequel la volatilité de » l'un des éléments est comprimée par son union avec l'autre, » et qui doit son aspect métallique également aux deux corps » qui le composent. On jugera jusqu'à quel point cette théo- » rie est vérifiée par les faits, par l'examen attentif des pro- » priétés du corps que je proposerais, en admettant son ca- » ractère métallique, d'appeler *hydrogénium*. »

Or, comme les propriétés de cet hydrogénium ne peuvent être déduites que de celles de son alliage, il a fallu soumettre celui-ci à une série de recherches dans lesquelles Graham a été heureusement secondé par un jeune et habile chimiste, M. W. C. Robert. Ces recherches concernent la densité de l'alliage, sa ténacité, sa conductibilité électrique, son magnétisme, l'action d'une température élevée et, finalement, ses propriétés chimiques.

Voici comment Graham résume lui-même l'ensemble de ses résultats.

« Les conclusions générales qui résultent de ce travail » sont les suivantes : Dans le palladium complétement » chargé d'hydrogène, par exemple dans le fil de palladium » soumis à la Société royale, il existe un composé de palladium » et d'hydrogène dans des proportions qui sont voisines de » celles d'équivalent à équivalent. Les deux substances sont » solides, métalliques et blanches. L'alliage contient environ » 20 volumes de palladium pour un volume d'hydrogénium, » et la densité de ce dernier est égale à 2, un peu plus élevée » que celle du magnésium, avec lequel on peut supposer que » l'hydrogénium possède quelque analogie. Cet hydrogénium » possède un certain degré de ténacité, et il est doué de la » conductibilité électrique d'un métal. Enfin, l'hydrogénium » prend place parmi les métaux magnétiques. Ce fait se relie » peut-être à la présence de l'hydrogénium dans le fer mé- » téorique, où il est associé à certains autres éléments ma- » gnétiques. »

Six mois plus tard, Graham revient sur ce sujet. Dans une courte notice qui contient de nouvelles observations sur l'hydrogénium, il fait voir que les alliages de palladium avec l'argent, le platine, l'or, possèdent également la faculté d'occlure l'hydrogène. L'examen de ces alliages tertiaires a donné pour la densité de l'hydrogénium un nombre plus petit que celui qui avait été précédemment indiqué ; ce

(1) *On the occlusion of hydrogen gas by meteoric iron. Proceed. of the Roy. Soc.*, XV, 502, 1867.

(1) *On the relation of Hydrogen to Palladium. Proceed. of the Roy. Soc.*, XVII, 212. — *Comptes rendus de l'Académie des sciences*, t. LXVIII, p. 101, 18 janvier 1869.

(2) *Additional observations on the Hydrogenium, Proceed. of the Roy. Soc.*, XVII, 500. — *Comptes rendus de l'Académie des sciences*, t. LXVII, p. 1511, 28 juin 1869.

nombre, qui s'abaisse à 0,750 environ, résulte aussi des données fournies par l'alliage de palladium et d'hydrogénium,
en donnant aux résultats une interprétation un peu différente. Cette note est la dernière communication de Graham ; elle a été présentée le 17 juin à la Société royale,
c'est-à-dire trois mois à peine avant sa mort, survenue le
16 septembre.

Quelques semaines seulement avant sa mort, Graham avait
fait frapper pour ses amis une médaille en alliage de palladium et d'hydrogénium. Cette médaille présente sur sa face
le portrait de la reine Victoria, le revers porte le nom de
Graham, avec l'exergue *Palladium-hydrogenium* 1869, sur la
tranche. Graham prévoyait-il que ses amis ne recevraient
ce joli souvenir qu'à titre d'héritage ?

La perte de Graham laisse dans la littérature chimique un
vide qui se fera longtemps et douloureusement sentir. Dans
le champ qu'il a si péniblement défriché, il n'a trouvé encore
que des émules rares et isolés. Ils sont rares en effet, ceux qui
sont doués d'assez de courage, d'assez de patience et, pourrait-on dire, d'assez de résignation pour vaincre les nombreuses difficultés auxquelles est soumise l'étude des phénomènes moléculaires. Il se passera bien du temps avant qu'il
ne se rencontre un chercheur, soutenu par le même enthousiasme et la même force de volonté, capable d'attaquer ces
difficultés sans hésitation et de suivre avec succès la voie
tracée par Graham. Mais il viendra, l'esprit scientifique qui
anime notre siècle en est un sûr garant.

La reconnaissance de la science, — qui pourrait en douter? —
est acquise à une vie qui s'est exclusivement dévouée pour
elle. Il n'est pas une Académie, pas une Société savante qui
n'ait tenu à honneur de compter Graham au nombre de ses
membres. Les Sociétés scientifiques de sa patrie, notamment,
rivalisaient d'ardeur pour lui témoigner leur considération
et lui prodiguer les marques d'admiration. Son premier
grand travail sur les lois de la diffusion des gaz, publié
en 1835, est l'objet d'une haute distinction de la part de
la Société royale d'Édimbourg, qui lui décerne la *Keith Medal*.

Peu d'années après, en 1837, la Société royale de Londres
lui décerne à son tour la médaille royale (*Royal Medal*) pour
son mémoire sur la constitution des sels. En 1850, il remporte
pour la seconde fois la même médaille, à l'occasion de son
travail sur le mouvement des gaz. Enfin, en 1862, ses recherches sur la diffusion des liquides, sur l'osmose et surtout
sur l'application de la diffusion à l'analyse lui valent la plus
haute distinction que puisse accorder la Société royale, la
Copley Medal. Déjà en 1847, il devenait membre correspondant de l'Institut de France. En 1862, l'Académie des sciences
lui décernait le prix *Jecker*. Il était membre de l'Académie de
Berlin depuis 1835.

Nous pourrions nous arrêter ici dans cette notice biographique, mais qu'il nous soit permis à nous qui, pendant un
quart de siècle avons vécu avec Graham dans la plus grande
intimité, qui avons parcouru à ses côtés les riantes campagnes
de l'Italie, les Alpes de la Suisse, enfin les montagnes de l'É-
cosse, la patrie de Graham, qu'il nous soit permis de rendre un
public hommage au caractère de cet homme incomparable.

Doué dans l'intimité d'une gaieté presque enfantine, allant
quelquefois jusqu'à l'espièglerie, accessible à toute plaisanterie
innocente, il exerçait sur le cercle d'amis qu'il aimait à réunir sous son toit hospitalier, un charme auquel on ne pouvait se soustraire. Il faisait preuve, dans ses relations privées,

de la même noble simplicité, de la même modestie, de la
même équité à l'égard d'autrui, du même amour de la vérité qui caractérisent tous ses travaux scientifiques. Personne
plus que lui, dans les plus petites circonstances de la vie, ne
savait se contenter facilement; dépourvu de toute vanité, il faisait, moins que personne, sentir sa supériorité : personne plus
que lui ne se réjouissait du succès des autres. Inflexible pour
lui-même, il était d'autant plus porté à pardonner les fautes
d'autrui. Fidèle à ses devoirs, il ne reculait devant aucun sacrifice. Prenant part à toutes les nobles causes, il était d'une
générosité à toute épreuve, surtout lorsqu'il s'agissait de l'a-
vancement de la science. Comme maître et comme ami,
son dévouement et sa fidélité n'étaient pas de vains mots.

Le portrait de cet homme, que nous avons essayé d'esquisser dans cette courte notice, restera gravé en traits ineffa-
çables dans la mémoire de tous ceux qui ont eu le bonheur
de l'approcher de près. Tous ceux même, dans une sphère
plus étendue, qui sont animés de l'amour de la science, con-
templeront toujours avec admiration ce caractère si élevé, et
n'auront qu'un désir, celui de marcher, comme homme et
comme savant, sur les traces du mort illustre dont nous célébrons la mémoire.

A. W. HOFMANN,
Professeur à l'Université de Berlin.

— Traduit de l'allemand par Ed. WILLM,
Chef des travaux chimiques à la Faculté de médecine de Paris.

SOCIÉTÉ D'ANTHROPOLOGIE DE PARIS

SÉANCES DES 21 AVRIL ET 5 MAI

Ethnologie de la Basse-Bretagne. — Suite de la discussion sur le transformisme (1)

Les inductions d'Amédée Thierry et de William Edwards,
confirmées dès 1860 par les recherches statistiques de M. Broca
(*Mémoires de la Société d'anthropologie*, t. I), ont montré que la
population française se compose de deux éléments principaux :
les Celtes, décrits par Jules César et que l'on reconnaît à leur
petite taille, à leurs cheveux bruns, à leurs yeux noirs, et les
Kymris à la taille élevée, aux yeux bleus et aux cheveux blonds.
Les premiers dominent au centre et au midi de la France; les
seconds dans l'ouest et le nord, et ces deux zones, distinctes
par leur population comme par les dialectes qui s'y parlent,
sont séparées par une bande mixte qui s'étend du nord-ouest
au sud-est. Plus récemment M. Broca, appliquant les mêmes
principes aux départements du Finistère, des Côtes-du-Nord
et du Morbihan, a reconnu dans l'ancienne presqu'île armo-
ricaine les deux mêmes éléments ethnologiques, et nous voyons
aujourd'hui très-nettement, à l'aide de la carte pittoresque
des cent vingt-six cantons bretons, comment l'invasion des
hommes du Nord a eu pour effet de refouler au centre de la
presqu'île la population celtique, chassée et resserrée par les immigrants bretons, qui ont peuplé le littoral et donné leur nom à
cette partie de la Gaule.

Mais est-ce tout? Ces deux éléments, Celtes et Kymris, sont-ils
irréductibles? M. Guibert ne le pense pas. Fixé depuis longues
années à Saint-Brieuc, il a, de son côté, étudié soigneusement
la population des Côtes-du-Nord, en opérant surtout, comme
M. Broca, sur les relevés officiels des conseils de révision, mais

(1) Voyez ci-dessus page 302, 9 avril 1870, et le discours de
M. Broca, qui a rempli la séance du 7 avril, dans les numéros des 23
et 30 juillet dernier, pages 530 et 550.

en observant aussi, dans les diverses localités, sur les champs de foires et de marchés, la coloration, la taille et les allures des Bretons du centre et du littoral. Poussant ainsi plus avant, sur un groupe plus restreint, l'analyse ethnologique, M. Guibert est arrivé à cette conviction que l'élément celtique et l'élément kymrique déterminés en Bretagne comme en France par M. Broca, doivent être décomposés, au moins quant à la Bretagne, en quatre éléments primordiaux. Suivant lui, les Celtes de la Bretagne sont des Celtes-Ibères, tandis que les Kymris sont un mélange de Kymris, de Celtes, d'Ibères et aussi de Galls.

Cette assertion semble pouvoir être admise jusqu'à nouvel ordre. Elle n'a encore provoqué aucune objection fondamentale.

Il faut, pour échauffer les esprits et susciter les longues discussions, des données plus vagues, des théories plus générales, un champ plus vaste, c'est le rôle du darwinisme.

Madame Clémence Royer s'est imposé bravement la tâche un peu lourde de répondre successivement à tous les adversaires de la théorie introduite en France par sa traduction de l'*Origine des espèces*. M. Dally avait accordé que le transformisme est une simple hypothèse, commode, rendant compte des faits, et satisfaisant l'esprit. Madame Royer s'indigne à cette idée, et reprenant une à une les principales hypothèses qui ont favorisé les progrès des sciences, elle construit le syllogisme suivant : « Une hypothèse est une théorie à l'état naissant, une théorie est une hypothèse confirmée par l'induction et appuyée sur la vérification des faits ; or, le livre de Darwin est plein de faits, son système repose tout entier sur des transformations, sur des variations observées dans les limites les plus étendues sur nos races d'animaux domestiques, ce n'est donc pas une simple hypothèse, c'est une véritable théorie et des meilleures, car seule elle explique des phénomènes qui, en dehors d'elle, ne peuvent être attribués qu'à une succession de miracles. »

Ce qui est incontestable, c'est que des races parfaitement distinctes ont été produites et fixées, par l'effet de la domestication ou de toute autre manière, peu importe, car bien évidemment les darwinistes ne prétendent pas que les formes varient sans cause ; mais ils soutiennent que la variabilité n'a pas de limites préfixes et qu'elle peut, en certains cas, l'emporter définitivement sur les tendances héréditaires, de manière à empêcher tout retour vers le type ancestral. — Mais, disent les adversaires, les races domestiques, lorsqu'elles repassent à l'état sauvage, redeviennent ce qu'étaient leurs ancêtres. — Pure hypothèse! répondent les darwinistes. Car où avez-vous vu les ancêtres du bœuf et du cheval domestiques? et qui vous dit que redevenant sauvages simultanément en Asie, en Amérique, en Australie, ils représenteraient partout le même type et les mêmes caractères? Nous n'en savons rien ; vous non plus, et dans cet ordre de faits, c'est assurément l'influence des milieux qui doit jouer le rôle le plus actif.

On nous objecte la stérilité des hybrides. On nous demande comment des races fécondes entre elles donnent naissance à des espèces stériles. — Je crois, pour ma part, que les naturalistes font abus des caractères de fécondité et de sexualité ; car si, comme semble le croire M. de Quatrefages, la faculté de fécondation réciproque doit dominer les considérations morphologiques, si la fécondité peut seule permettre de reconnaître une espèce d'une race, qu'on veuille bien me dire ce que devient, dans les organismes inférieurs, la notion d'espèce. Il n'y aura plus là que des races : autant d'individus autant de races, mais d'espèces, point. En réalité, la fécondité dépend de rapports étroits, de convenances physiologiques dont la loi de sélection naturelle peut seule rendre un compte satisfaisant.

M. de Quatrefages nous reproche d'admettre l'existence d'un prototype unique. — Il faut distinguer. — Le darwinisme conclut bien à l'unité morphologique du prototype primitif, mais nulle part Darwin ne s'explique sur le nombre des représentants de ce type, et dire qu'un individu unique ait été la souche de tous les autres, c'est lui prêter une opinion qu'il n'a point soutenue. Quant à moi, unité morphologique du prototype, multi-

plicité numérique de ses représentants, voilà, je crois, la formule à laquelle le transformisme doit s'arrêter.

M. Broca demande comment l'orang, seul entre tous les singes, est dépourvu d'ongle à l'orteil, de ligament rond à la hanche, de divisions au poumon, comment une espèce ainsi imparfaite sous plusieurs rapports, a pu se perpétuer. D'abord, je ferai remarquer que l'orang paraît être en voie de disparition ; ensuite, si le premier individu qui présentait ces anomalies avait en même temps un meilleur estomac ou un caractère plus craintif, rien d'étonnant à ce qu'il se soit reproduit et conservé. On peut d'ailleurs donner de ce fait mille autres explications.

Mais ce que nous devons affirmer, c'est que le darwinisme n'est pas une simple hypothèse, encore moins un roman, comme le dit M. Giraldès, c'est une théorie fondée sur les faits et sur l'usage de la méthode inductive, et ses adversaires obéissent en le combattant à l'instinct, à des habitudes d'esprit, à des croyances héréditaires bien plutôt qu'aux lois de la raison.

M. de Quatrefages, que son cours du Muséum devait éloigner des séances suivantes, a tenu à répondre tout de suite en quelques mots au long discours de madame Royer. Il a établi une distinction très-importante entre les partisans de la transformation brusque tels que Geoffroy Saint-Hilaire, Kölliker, et les défenseurs de la transformation lente représentés par Lamark et Darwin ; et rappelant les faits très-curieux observés au Muséum par M. Duméril qui, sur trois mille axolotls, nés à la ménagerie de parents mexicains, en a vu dix-neuf se transformer en ambystomes (1), il a fait observer que bien des conditions manquent encore pour qu'on puisse voir dans ce fait la formation d'une espèce nouvelle. D'ailleurs, ajoute le savant professeur, lors même que nous aurions ici une espèce nouvelle, elle se serait constituée en dehors de toute lutte pour l'existence, de toute sélection, brusquement et par des modifications accomplies en très-peu de jours sur le même individu, déjà presque adulte. Ce fait conclurait donc contre Lamark et Darwin aussi bien que contre Geoffroy Saint-Hilaire, qui n'admet les transformations brusques que chez les très-jeunes embryons.

M. André Sanson, bien connu par ses travaux de zootechnie, combat depuis longtemps pour faire triompher la doctrine de l'immutabilité des espèces. On ne s'étonnera donc pas de le trouver dans le camp des adversaires du transformisme. Il demande aux darwinistes des faits positifs de transformations d'espèces, et leur reproche de ne jamais savoir dire à propos : « Nous ne savons pas. »

Quant à moi, dit M. Sanson, je sais au besoin être modeste ; il ne me répugne en aucune façon d'avouer mon ignorance, mais ce que je ne puis admettre, c'est le dilemme que nous posent les darwinistes : « Etre transformiste ou partisan de la théorie providentielle, voilà la question. Choisissez, nous disent-ils. Entre les deux, point de milieu. » Eh bien, on me permettra de repousser également l'une et l'autre branche de cette fourche. Il y a certes bien d'autre théories possibles, et je n'ai pas besoin de les exposer ici. Ce qu'il me faudrait, et ce que je suis tout prêt à accepter, ce sont les éléments d'une explication basée sur l'expérience.

La sélection naturelle! Fort bien, je l'accepte, mais comme servant à la conservation des espèces et non à leur transformation, car pour moi une espèce qui varie n'est plus une espèce. Les zootechnistes font bien varier les dimensions de tel muscle, la couleur du poil, etc. Il est vrai que dans la Gueldre la race pure a le manteau blanc et les extrémités noires, tandis que l'inverse a lieu dans les prairies de Groningue ; mais c'est le squelette qu'il faut observer et non les parties, or le squelette ne varie pas dans une même race ; je le maintiens et le maintiendrai jusqu'à ce qu'on me montre un bœuf dolichocéphale issu de deux brachycéphales purs. Je n'ajoute pas plus d'impor-

____

(1) Voyez, pour plus de détails, *Darwin et ses précurseurs français*, par M. de Quatrefages : historique élégant et impartial de la question en litige.

tance au caractère tiré de la taille, laquelle varie avec les climats, la nature du sol, l'alimentation, etc.

Mais, me dira-t-on, que répondez-vous aux faits cités par Darwin et relatifs aux pigeons? — Il est vrai que l'éminent naturaliste figure dans son ouvrage plusieurs espèces de pigeons dont les crânes diffèrent, et qui, par conséquent, doivent appartenir à des espèces distinctes. Or, suivant lui, ces espèces diverses dérivent toutes de la même souche, le pigeon bizet. Mais, le prouve-t-il? — Si oui, sa démonstration est faite. Malheureusement pour le darwinisme, cette démonstration est encore à faire. Darwin se borne à affirmer et son seul argument consiste dans la reproduction constante de la coloration bleue, par atavisme et retour à la souche originaire, le bizet. — Le bizet est-il donc le seul pigeon qui offre une coloration bleue? — Eh non! Tous les pigeons ont du bleu; et l'on sait bien que certains amateurs réussissent à faire varier à l'infini les couleurs des plumes des pigeons. Je ne puis donc me déclarer satisfait, et j'attends encore une expérience décisive qui me permette de placer le transformisme en dehors du vaste champ des hypothèses, dans le cercle restreint des théories scientifiques.

Ainsi parle M. André Sanson, et peut-être un darwiniste va-t-il lui répondre. Mais non, c'est encore un adversaire qui prend la parole.

M. Giraldès prodigue à madame Clémence Royer des éloges que rehausse une certaine pointe d'ironie; il cite plusieurs phrases empruntées à James Hunt, qu'une mort prématurée a ravi aux anthropologistes anglais; à Huxley, à Agassiz, et desquelles ressort invariablement cette conclusion que le darwinisme est une hypothèse. — Je n'ai, pour ma part, ajoute M. Giraldès, jamais dit autre chose, et notre collègue M. Broca, vous a bien montré l'autre jour que nous sommes en droit de le dire.

D'ailleurs, je ne veux pas insister; mais je n'ajouterai qu'une observation à ce que j'ai déjà dit dans une autre séance. Les transformistes invoquent la série ascendante, ils sont très-fiers toutes les fois qu'ils peuvent nous montrer une nouvelle découverte de fossile venant combler quelque lacune. Ils nous citeront par exemple, le mésopithèque que M. Gaudry a trouvé à Pikermi, et qui prend sa place entre le semnopithèque et le macaque. — Fort bien! mais qui, du semnopithèque ou du macaque, a produit le mésopithèque? — Vous n'en savez pas plus que moi, et cela diminue un peu la valeur de l'argument. En somme, quand on exprime le darwinisme, qu'en sort-il? Une hypothèse hardie et des expressions heureuses; mais rien de plus. Les transformistes croient remuer de grandes idées, et je crains bien qu'ils ne se bornent à remuer beaucoup de mots.

Je ne puis admettre, répond M. Dally, que M. Sanson vienne nous dire : « Il n'y a pas d'espèces ou les espèces sont invariables. » Et puisqu'il n'aime pas les dilemmes, il fera bien d'abandonner celui-ci, car on a reconnu et admis l'existence d'espèces transitoires. D'ailleurs, que dire de l'espèce humaine? Et si l'on admet son unité, comment ne pas être frappé des immenses variations et des différences infinies qu'elle présente? Rassemblez dans un même tableau les êtres humains des diverses époques et vous serez frappé vous-même de leurs variations.

Quant à l'argument dont les adversaires me semblent abuser un peu et qui consiste à demander des faits, je n'ai qu'un mot à répondre : Le transformisme repose sur un grand fait admis de tous, sur la diversité des espèces géologiques.

M. de Mortillet demande alors la parole. Messieurs, dit l'honorable conservateur du musée de Saint-Germain, je ne vois pas d'inconvénient à ce que les adversaires du transformisme usent et abusent de leurs arguments. Ils ont le droit de demander qu'on leur oppose des faits, mais combien leur en faudra-t-il? Pour moi, j'en apporte un. Voici : Le *Gloxinia speciosa* est une jolie Gesnériacée qui nous est venue du Brésil en 1815. Son type primitif a des fleurs sub-bilabiées, penchées et munies de quatre étamines. Or, d'après M. Morren, les exemplaires nés et cultivés dans les serres ont, au contraire, des fleurs tubuleuses, régulières, droites et pourvues de cinq étamines conniventes.

Ainsi voilà une plante qui, dans l'espace d'un demi-siècle, a subi des variations de couleur, de port, de taille, bien plus encore, de structure, suffisantes pour la faire passer d'une espèce dans une autre. Je ne veux rien ajouter aujourd'hui, dit M. de Mortillet, mais j'exposerai, lorsque mon tour sera venu, les principaux arguments qui me font incliner vers le transformisme.

Un seul mot, répond M. Sanson, je n'accepte pas votre fait. Il y en a d'autres analogues et même plus probants en botanique; mais ils ne me suffiront jamais, parce que les classifications des botanistes ne sont ni assez fixes ni assez rigoureuses.

Léon Guillard.

VARIÉTÉS

M. T. STERRY HUNT
de la Société royale de Londres

Sur le siége probable de l'action volcanique

On admet généralement aujourd'hui la théorie qui attribue à la terre une croûte solide d'origine ignée : cette théorie suppose que notre globe a été à une certaine époque une masse entièrement fondue, et qu'il possède encore à partir d'une certaine profondeur une température très-élevée.

Les géologues regardent comme se rattachant à cette chaleur interne la formation des roches éruptives, les phénomènes volcaniques et les mouvements de l'écorce terrestre; ils ont proposé trois théories principales pour expliquer ces faits.

La première suppose que par suite du refroidissement du globe, une mince couche solide s'est formée, recouvrant un noyau encore en fusion.

La seconde hypothèse, soutenue par Hopkins et Poulett Scrope, admet que la solidification a commencé au centre du globe liquide et qu'elle a gagné peu à peu vers la circonférence. Avant que les dernières parties ne fussent solidifiées on conçoit l'existence d'une phase de demi-fluidité pendant laquelle des parties déjà refroidies et assez légères n'ont pu se précipiter et ont formé une croûte superficielle dont la solidification s'est produite de la surface au centre.

Une certaine quantité de matière liquide s'est ainsi trouvée enfermée entre le noyau et la croûte solides; suivant Hopkins cette matière est encore probablement liquide; elle est le siége de l'action volcanique. On peut du reste supposer qu'elle forme des réservoirs isolés ou lacs souterrains, ou bien, comme le veut Scrope, une enveloppe continue autour du noyau solide dont l'existence les concilie ainsi avec celle que l'on ne peut contester, d'une mince croûte flexible recouvrant une matière en fusion.

Hopkins, dans la discussion de cette question, a insisté sur ce fait, établi par ses expériences, que la pression favorise la solidification des matières telles que les roches, dont la densité diminue quand elles passent à l'état liquide. Il en conclut que la pression existant à de grandes profondeurs a dû déterminer la solidification de masses en fusion qui, sous des pressions moindres, fussent demeurées liquides à la température, où cette solidification s'est produite. M. Scrope a complété cette théorie par l'hypothèse ingénieuse que dans certaines régions l'énorme pression exercée sur le noyau solide a pu être diminuée par suite de mouvements locaux de la croûte terrestre; il en est résulté que des matières déjà solidifiées ont pu reprendre la forme liquide : de là l'invasion des roches éruptives dans des régions où tout était solide auparavant (1).

De semblables vues ont été exposées dans une note par le révérend O. Fisher et par M. N. S. Shaler dans les *Proceedings of the Boston Society of Natural history*. Ces deux notes ont paru en même temps, au mois de novembre 1868, dans le *Geological Magazine*.

M. Shaler suppose, lui aussi, que la terre « est constituée » par un immense noyau solide, une croûte extérieure également solide et une région intermédiaire d'une épaisseur » relativement faible et dans un état de fusion ignée impar- » faite. » Il est curieux de remarquer, comme l'a fait M. Clifton Ward, dans le même recueil pour décembre (page 581), que l'étude du magnétisme terrestre avait conduit Halley à une hypothèse et toute semblable. Ce physicien supposait l'existence de quatre pôles magnétiques, dont deux situés dans la croûte extérieure de la terre, et deux autres dans une masse intérieure séparée de l'enveloppe solide par une masse intermédiaire et tournant autour de son axe un peu plus lentement que cette enveloppe (2). Ces conclusions furent adoptées plus tard par Hansteen.

La formation d'une couche solide à la surface de la masse visqueuse et presque solidifiée du globe, telle que l'admettent les partisans de la seconde hypothèse, est chose extrêmement possible.

Toutefois il est peu probable que cette couche ait commencé à se former à une époque où l'enveloppe encore liquide du globe avait une épaisseur telle que le refroidissement qui a dû se produire depuis cette époque jusqu'à nos jours n'ait pas été suffisant pour solidifier cette enveloppe tout entière. — Une telle croûte formée par le refroidissement de la couche superficielle se serait plus ou moins déprimée et fendue à cause de la contraction éprouvée par le liquide sous-jacent à la suite de son refroidissement et il en serait résulté probablement, comme je l'ai dit ailleurs, une « surface extrêmement irrégulière provenant de la con- « traction des masses congelées qui avaient en dernier lieu » formé une enveloppe de mince épaisseur autour du noyau » solide. » — Suivant moi, les phénomènes géologiques ne démontrent pourtant pas d'une manière évidente l'existence de portions encore non solidifiées de la matière primitive liquide ; ils peuvent être plus simplement expliqués par une troisième hypothèse.

Celle-ci, comme la précédente, suppose l'existence d'un noyau solide d'une croûte extérieure et d'une couche intermédiaire de matière demi-fluide; mais cette dernière couche ne doit plus son origine à une portion non solidifiée du globe liquide, elle est constituée par des matériaux appartenant à la partie extérieure de la masse solidifiée primitive qui ont été désagrégés et modifiés par les agents chimiques et mécaniques et se trouvent dans un état de fusion due à l'action simultanée de l'eau et de la chaleur.

L'histoire de cette théorie forme un intéressant chapitre de la géologie. Comme l'a remarqué Humboldt, on voit apparaître dès l'enfance de la géologie cette idée que les phénomènes volcaniques ont leur siége dans les formations sédimentaires et dépendent de la combustion de substances organiques. A cette période appartiennent les théories de Lémery et de Breislak (1). Keferstein, dans son histoire naturelle des corps terrestres (*Naturgeschichte des Erdkörpers*) publiée en 1834, maintient que toutes les roches cristallines non stratifiées, depuis le granite jusqu'à la lave, sont produites par la transformation de couches sédimentaires, en partie très-récentes. Il ajoute qu'il est impossible de tracer aucune ligne de démarcation bien nette entre les roches neptuniennes et les roches volcaniques, puisqu'elles se transforment les unes dans les autres. Suivant lui, ce n'est ni dans un fluide central incandescent, ni dans l'oxydation d'un noyau central métallique (Davy, Daubeny) que les phénomènes volcaniques ont leur cause, c'est dans les couches sédimentaires connues où ils résultent d'une sorte de fermentation, qui fait cristal·iser et groupe sous de nouvelles formes les éléments de ces couches. Le dégagement de chaleur est la conséquence nécessaire des réactions chimiques qui se produisent alors (2).

En commentant ces vues (3) j'avais fait remarquer qu'en négligeant le noyau incandescent comme source de chaleur, Keferstein avait laissé de côté la cause déterminante des changements chimiques qui s'observent dans les couches sédimentaires profondes. L'idée d'une fermentation ou d'une combustion souterraine comme source de chaleur, doit être rejetée comme irrationnelle.

Une idée identique avec celle de Keferstein, relativement au siége des phénomènes volcaniques, a été émise plus tard par sir John Herschell dans une lettre à sir Charles Lyell datée de 1863 (4). Partant de cette supposition de Scrope et de Babbage que les horizons isothermes de la croûte terrestre doivent se relever par suite de l'accumulation des sédiments, Herschell insiste sur ce point, que les couches profondes peuvent à cause même de leur profondeur devenir assez chaudes pour cristalliser atteindre leur point de fusion. Comme elles contiennent de l'eau et des débris organiques, il se produit alors des dégagements de gaz qui amènent les tremblements de terre et les éruptions volcaniques. En même temps, les perturbations produites dans l'équilibre des pressions par la transformation des sédiments, jointes à cette circonstance, que l'écorce flexible du globe repose sur des matières en parties liquides, suffisent à expliquer les mouvements d'exhaussement ou d'affaissement de la croûte terrestre. Herschell ignorait sans doute, les développements que Keferstein avait avant lui donné à ces vues ; et les idées de l'un et de l'autre semblaient avoir échappé aux géologues jusqu'à l'époque où je les rappelai dans une note lue en mars 1858, devant l'institut canadien à Toronto. Je connaissais alors la lettre d'Herschell, mais les écrits de Keferstein ne m'étaient pas encore tombés sous la main. J'examinais dans ma note

---

(1) Voyez Scrope sur les *Volcans*, et sa communication au *Geological Magazine*, en décembre 1868.

(2) La température élevée de l'intérieur du globe n'exclut pas nécessairement le développement du magnétisme. D s expériences récentes de M. Trève, communiquées par M. Faye à l'Académie des sciences de Paris, ont montré qu'une masse de fonte placée dans un moule entouré par une hélice que traverse un courant électrique, devient un aimant énergique, bien qu'elle soit liquide, à une température de 1300 degrés centigrades. Elle conserve son magnétisme en se refroidissant.

(1) Voyez *Cosmos*, p. 443, traduction d'Otte.

(2) *Naturgeschichte*, vol. I, p. 109, et *Bulletin de la Soc. géol. de France*, vol. VII, p. 197.

(3) *American Journal of sciences*, juillet 1869.

(4) *Proceedigs geol. Soc. London*, t. II, p. 548.

les diverses réactions que pouvaient produire les actions combinées de l'eau et de la chaleur dans des sédiments contenant à côté de matières riches en silice et en alumine, des sulfates, des carbonates, des chlorures et des substances organiques. Je montrais que dans ces circonstances, toutes les émanations gazeuses des contrées volcaniques pouvaient prendre naissance, tandis que du mélange en proportions diverses de ces matières, ayant subi une fusion ignéo-aqueuse, pouvaient résulter les roches éruptives dans toute leur variété.

Voici les termes dont je me servais dans ma note :

« On conçoit que la croûte solide primitive de la terre formée de roches anhydres et ignées, est partout profondément ensevelie sous ses propres ruines qui forment de grandes masses de couches sédimentaires imprégnées d'eau. La chaleur interne envahissant ces couches, y produit des modifications qui constituent le métamorphisme normal. A une profondeur suffisante, ces roches sont dans un état de fusion produit par les actions combinées de l'eau et de la chaleur, et dans le cas où il se produit une rupture dans les couches qui leur sont superposées elles peuvent s'élever au-dessus de ces dernières, prenant alors la forme de roches éruptives. Lorsque la nature des sédiments est telle que leur fusion peut engendrer une grande quantité de fluides élastiques, des tremblements de terre et des éruptions volcaniques peuvent se produire. Toutes choses égales d'ailleurs—c'est dans les formations les plus récentes que ces conditions se trouvent le mieux réalisées (1). »

Les mêmes idées ont été plus tard exposées par moi, dans une note intitulée : *Sur quelques points de chimie géologique* (2). J'yai depuis ajouté quelques explications relatives à ce que j'appelle *les ruines de la croûte formée par les roches primitives anhydres et ignées*. Par suite de la contraction due au refroidissement, ces roches, on le conçoit, sont devenues poreuses et jusqu'à une grande profondeur perméables à l'eau, qui a été ensuite précipitée à leur surface. Elles se sont trouvées par cela même, dans les meilleures conditions pour subir une désagrégation mécanique en même temps que l'action chimique des acides qui devaient à cette époque se trouver dans l'atmosphère et dans les eaux, comme je l'ai montré dans la note déjà mentionnée. Il n'est cependant pas improbable, qu'une enveloppe encore liquide de matière fondue ait existé sous la croûte terrestre, et soit intervenue dans les phénomènes volcaniques de la première période. Cette matière aurait alors contribué à accroître la masse minérale, soumise à l'action de l'eau et de l'atmosphère. La terre, l'air et l'eau réagissant ainsi réciproquement, ont formé par une série de transformations chimiques ou mécaniques, tout le monde minéral qui nous est connu.

C'est la portion inférieure de cette masse désagrégée et imprégnée d'eau qui, dans l'hypothèse actuelle, forme la couche semi-liquide que nous supposons exister entre la croûte terrestre extérieure et le noyau solide, interne, dépourvu d'eau. Pour se faire une idée exacte des conditions d'existence actuelles ou passées de cette couche, il faut spécialement considérer deux choses, la relation de la température avec la profondeur, et celle de la solubilité avec la pression.

En supposant que l'accroissement de température que l'on constate lorsqu'on descend à l'intérieur du globe, est uniquement dû à la chaleur du noyau central, M. Hopkins a démontré qu'il devait exister un rapport constant entre les effets de cette chaleur centrale à la surface du sol, et la loi suivant laquelle s'accroît la température des couches internes. Ainsi, actuellement la température moyenne de la surface de la terre est augmentée d'un vingtième de degré Fahrenheit par le dégagement de la chaleur centrale, et l'accroissement de température des couches internes est de un degré pour soixante pieds de profondeur. Si nous nous reportons au contraire, à une époque de l'histoire de notre globe où la chaleur centrale était capable d'accroître la température de la surface du sol d'une quantité vingt fois plus grande qu'aujourd'hui, c'est-à-dire de un degré Fahrenheit, l'accroissement de température à mesure que l'on descend à l'intérieur du globe, aura dû être à cette époque vingt fois plus rapide qu'aujourd'hui, c'est-à-dire de un degré pour trois pieds de profondeur (1). Il est indiscutable qu'un pareil état de choses a dû exister pendant une longue période à une époque où l'accumulation d'une couche relativement mince de sédiments a pu produire tous les phénomènes de métamorphisme, de volcanicité et de mouvements de la croûte terrestre dont Herschell a si bien expliqué l'origine.

Si maintenant nous examinons l'influence de la pression sur les matériaux profondément ensevelis qui proviennent de la désagrégation par les agents chimiques ou mécaniques de la croûte primitive, nous trouvons que la présence de l'eau chaude dans ces matériaux les place dans des conditions très-différentes de celles où a pu se trouver la masse solide primitive. Tandis que la pression élève le point de fusion des corps qui se dilatent en passant à l'état liquide, elle abaisse au contraire celui des corps, tels que la glace, qui se contractent en devenant liquides. Le même principe s'étend à la liquéfaction par solubilité. Lorsque la dissolution d'un corps est accompagnée d'une condensation ou d'une diminution de volume, ce qui arrive généralement, la pression, comme l'a montré Sorby (2), augmente le pouvoir dissolvant des liquides. Sous l'influence de la température élevée et de la haute pression à laquelle sont soumis les sédiments à une grande profondeur, les minéraux qui les composent doivent prendre un certain degré de fluidité, grâce à l'eau dont ils sont imprégnés. Il n'est pas improbable, comme le veut Scheerer, que la présence de 5 à 10 pour 100 d'eau puisse suffire, à une température voisine du rouge, pour donner à une masse granitique une sorte de fluidité participant à la fois de la fusion aqueuse et de la fusion ignée. Les études de M. Sorby sur les cavités des cristaux, l'ont conduit à admettre que les éléments constitutifs des roches granitiques et trachytiques ont dû cristalliser en présence de l'eau, sous une grande pression et à une température peu éloignée du rouge, bien inférieure par conséquent à celle que nécessiterait une fusion ignée pure et simple. L'intervention de l'eau dans la liquéfaction des laves a été depuis longtemps démontrée, en fait, par Scrope et malgré l'opposition des plutonistes, tels que Durochet, Fournet et Rivière, cette intervention est aujourd'hui généralement admise. Le lecteur trouvera dans le numéro de

---

(1) *Canadian Journal*, mai 1858, vol. III, p. 207.
(2) *Quarterly Journal, geological Soc. London*, novembre 1859, vol. XV, p. 594.

(1) *Geol. Journal*, vol. VIII, p. 59.
(2) Sorby, *Bakerian lectures, Royal Soc.*, 1863.

février 1868, du *Geological Magazine*, page 57, l'histoire critique de cette question.

On peut remarquer ici, que si l'on considère comme une dissolution plutôt que comme une fusion la liquéfaction des roches soumises à une température élevée et à une forte pression, en présence de l'eau, et il s'ensuivra, qu'une diminution de pression devra produire l'inverse d'une liquéfaction. La pression mécanique produite par les sédiments doit au contraire être regardée comme s'ajoutant à la température pour accroître le pouvoir dissolvant de l'eau ; elle devient ainsi une cause déterminante de la liquéfaction des roches sédimentaires profondes.

L'intervention de l'eau, non-seulement dans les éruptions volcaniques, mais aussi dans la cristallisation au milieu des roches éruptives de minéraux qui se sont formées à des températures bien inférieures à celle de leur fusion, voilà un fait qui se concilie difficilement avec l'une ou l'autre des deux premières hypothèses qui ont été faites au sujet de l'action volcanique. Ce fait est au contraire en parfaite concordance avec l'hypothèse que nous soutenons et qui trouve encore un solide appui dans l'étude des roches ignées. Ces roches sont généralement rapportées à deux divisions correspondant à ce que l'on a appelé les types trachytique et pyroxénique et, pour leur origine, aux deux couches de silicates acides ou basiques qui, suivant Phillips, Durocher et Bunsen, constituent la masse en fusion située au-dessous de la croûte terrestre. Bunsen a étudié comme on sait, la composition normale de ces prétendues masses trachytique et pyroxénique, et il admet que les diverses roches éruptives ont pu provenir, soit de chacune de ces masses isolément, soit de leur mélange ; de telle sorte, que les quantités d'alumine, de chaux, de magnésie et d'alcali doivent se trouver dans chaque roche en relation constante avec la silice. Si cependant nous examinons les analyses faites par Streng des roches éruptives de la Hongrie et de l'Arménie, et si nous cherchons à leur faire servir d'épreuve à la théorie de Bunsen, nous trouvons de tels écarts entre les résultats calculés et les résultats expérimentaux que l'hypothèse en question en reçoit une grave atteinte.

Deux choses paraissent résulter de l'étude chimique des roches éruptives : premièrement, elles présentent une variété de composition tout à fait inconciliable avec l'origine si simple qu'on leur attribue ; secondement, cette composition est analogue à celle de roches sédimentaires dont l'histoire et l'origine sont, le plus souvent, faciles à établir. J'ai montré ailleurs, comment les actions mécaniques naturelles et les agents chimiques tendent à produire parmi les sédiments une séparation en deux classes, correspondant aux deux grandes divisions indiquées plus haut. Toutefois, d'après leur mode d'accumulation, les sédiments doivent présenter une grande variété de composition correspondant à beaucoup des variétés de roches éruptives.

L'étude attentive des roches stratifiées d'origine aqueuse révèle, en outre, l'existence de dépôts de silicates basiques appartenant à des types particuliers. Les uns sont en grande partie magnésiens, d'autres consistent en composés, comme l'anorthite et la labradorite, qui sont des silicates basiliques très-riches en alumine, et dans lesquels la chaux et la soude se trouvent à l'exclusion complète de la magnésie et des autres bases. Au contraire, dans les masses de pinite et d'algalmatolite, nous trouvons des silicates alumineux ou analogues, manquant à la fois de chaux et de magnésie, et où la potasse et les alcalis prédominent. Dans de tels sédiments, nous trouvons les représentants de roches éruptives telles, que la péridotite, la phonolite, le leucitophyre et autres, qui sont autant d'exceptions dans le groupe basique de Bunsen. Ces roches étant représentées dans les sédiments, leur apparence particulière se trouve parfaitement et simplement expliquée par le ramollissement et l'extravasation des couches plus facilement fusibles des sédiments profonds (1).

L'objet de la présente communication était d'appeler l'attention des géologues sur les idées trop négligées de Keferstein et d'Herschell. Je me suis efforcé de développer les vues et de ces adapter à l'état présent de nos connaissances. Je me propose d'étudier dans une autre note les causes qui ont déterminé la répartition géographique des phénomènes volcaniques dans les temps anciens et modernes.

T. STERRY HUNT,
Professeur à l'université de Montréal (Canada).

— Traduit de l'anglais par EDMOND PERRIER,
aide naturaliste au Muséum d'histoire naturelle. —

Souscription Sars

QUATORZIÈME LISTE

MM. Lucien Papillaud .... 5 fr.

*|Souscriptions recueillies par le Dr Batut, professeur
à l'École de médecine de Toulouse :*

Dr Batut	10
Courtois, oncle	10
Courtois de Viçose	10
Adolphe Mather	5
Ernest Mather	5
Mme Harvey	5
Paulin Martin	5

Total de la 14e liste .... 55 fr.
Total des treize premières listes ..... 12 283 fr. 88

Total des quatorze premières listes ... 12 338 fr. 88

On souscrit au bureau de la *Revue des cours scientifiques*, 17, rue de l'École-de-Médecine, Paris.

Les souscripteurs de Paris peuvent faire toucher à domicile. Il leur suffit d'envoyer aux bureaux de la *Revue des cours scientifiques* leur nom et leur adresse avec le chiffre de leur souscription.

Les souscripteurs des départements ou de l'étranger sont priés d'envoyer leurs offrandes en un bon sur la poste, en toute autre valeur sur Paris, ou en timbres-poste français.

---

(1) Voyez, à ce sujet le *Canadian Journal* pour 1858, p. 203. — Le *Quart. Journ. geol. Soc.* pour 1859, p. 494. — *L'American Journ. science*, XXXVII, p. 255 et vol. XXXVIII, p 182 ; et aussi *Geology of Canada*, 1863, p. 643, 669, et *Rep. geol. Canada*, 1866, p. 230.

Le propriétaire-gérant : GERMER BAILLIÈRE.

PARIS. — IMPRIMERIE DE E. MARTINET, RUE MIGNON, 2.

REVUE

DES

COURS SCIENTIFIQUES

DE LA FRANCE ET DE L'ÉTRANGER

SEPTIÈME ANNÉE   NUMÉRO 40   3 SEPTEMBRE 1870

Paris, 2 septembre 1870.

M. Giraud-Teulon examine dans la *Gazette hebdomadaire* les causes de la myopie, sa fréquence relative et son influence sur l'aptitude militaire :

Si nous nous demandons quels sont les éléments occasionnels qui, trouvant un terrain favorable, réaliseront l'élongation myopique, un seul mot suffira pour répondre : *c'est le travail assidu, de près.* Les preuves sont faites et elles abondent. Quelques chiffres indiqués sommairement justifieront cette proposition.

Vers 1858, Donders (d'Utrecht), parcourant ses relevés statistiques, remarquait avec étonnement que la myopie était une maladie des classes riches ! Les habitants des villes lui payaient un gros tribut ; la campagne en était presque exempte. Recherchant dans les travaux antérieurs, il trouva que Ware, il y a près de cinquante années, appelait déjà sur ce même fait l'attention :

« Je me suis informé, dit-il, en forme d'exemple, auprès des chirurgiens de trois régiments de l'infanterie de la garde (anglaise), lesquels présentent un effectif d'environ 10 000 hommes, du chiffre de myopes que ce nombre pourrait bien présenter. Il m'a été répondu que la vue basse était, parmi eux, presque absolument inconnue. Dans l'espace de près de vingt ans, il n'en a point été réformé, pour cet objet, plus d'une demi-douzaine. Pas plus d'une douzaine de recrues n'ont été, non plus, écartées pour cette cause. A l'école militaire de Chelsea, sur 1300 enfants, nulle plainte à cet égard ; 3 seulement ont été signalés. Les recherches, au contraire, portent-elles sur les colléges d'Oxford et de Cambridge, on rencontre alors une proportion considérable de myopes : à Oxford seulement 32 sur 127. »

Si l'on compulse les relevés de la conscription en France, on trouve des résultats analogues. Nous n'en avons pas les chiffres sous les yeux ; mais nous croyons nous rappeler que le nombre des exemptions pour myopie par les conseils de révision n'excède nulle part 4 à 5 pour 1000 (nous exagérons assurément ce chiffre) dans les campagnes, tandis que, dans les villes, le chiffre des exemptions est bien autrement élevé. Les bureaux de la guerre pourraient donner à cet égard tous les renseignements désirables et sur de longues périodes. Nous croyons même que ce travail a été fait déjà et qu'il s'accorde pleinement avec les relevés qui précèdent.

Mais voici un recueil statistique fait avec un soin de bénédictin et qui jette sur cette question un jour éclatant : le docteur Hermann Cöhn, de Breslau (Silésie), s'est imposé la tâche d'examiner lui-même, dans les établissements universitaires de son pays, les yeux de *dix mille* écoliers ou étudiants et d'en mesurer la vue. Sur ces 10 000 écoliers ou étudiants, M. Cöhn a trouvé 1004 myopes : un *dixième !* Les principaux résultats numériques obtenus par l'auteur peuvent se condenser dans les propositions suivantes :

I. Il n'existe pas d'écoles sans myopes.

II. Les myopes sont relativement peu nombreux dans les écoles de village (1,4 pour 100).

III. Ils le sont huit fois plus dans celles des villes (11,4 pour 100).

IV. Dans les écoles primaires des villes, il y a quatre à cinq fois plus de myopes que dans les écoles rurales (6,7 pour 100).

V. Dans les écoles urbaines, la proportion des myopes s'élève en raison du degré des écoles : Écoles primaires, 6,7 ; Écoles moyennes, 10,3 ; Écoles normales, 19,7 ; Gymnases, universités, 26,2. (On rapprochera ce dernier chiffre de celui qui nous a été rapporté comme ayant été noté à l'inspection d'entrée de l'une des dernières années de notre école polytechnique, à savoir 35 sur 100.)

En résumé, l'auteur a constaté que dans tous ces établissements, la myopie augmente de degré, d'une façon assez régulière, de deux en deux années, dans les écoles rurales comme dans celles des villes. M. Cöhn n'a pas trouvé de myopes parmi les élèves qui n'avaient pas encore un demi-semestre révolu de fréquentation des écoles.....

Convient-il de continuer, avec la règle française, à bannir de l'armée le sujet myope, — ou, avec l'économie allemande, de ne plus faire de ce vice de conformation oculaire un motif d'exemption ?

En conservant dans son sein les officiers des armes savantes affectés de myopie, la jurisprudence militaire française a cédé, sans trop s'en rendre compte, à la pression du fait. Renvoyer de l'armée ces nombreux sujets, c'eût été, évidemment, sacrifier au coup d'œil de l'alignement des forces trop chèrement acquises. On a donc gardé, dans le rang, les officiers sortis de l'École polytechnique ou de celle d'état-major. L'école ne pouvait fournir des savants sans fabriquer en même temps des myopes.

L'Allemagne a agi de même, mais en étendant forcément la loi sur un terrain bien plus large. Si nous jetons les yeux sur les tableaux de M. Cöhn, nous voyons quelle proportion d'exemptions il eût fallu admettre dans ces contrées où tout le monde sait lire, et où le plus grand nombre sait bien davantage. Le chiffre des myopes exempts eût quasi forcé de prendre les boiteux ou les manchots. On a donc agi, dans ce pays, comme si l'on avait reconnu que l'avantage de savoir lire, écrire, compter, se retrouver sur un plan ou dans une contrée inconnue au moyen des principales constellations, compensait les inconvénients attachés à une paire de lunettes sur le nez, et l'on a enrégimenté les myopes comme les autres conscrits.

Quant à l'administration française, elle a plus de champ pour se retourner, et le nombre des conscrits instruits ne l'a pas encore réduite à subir la paire de lunettes.....

La limite n'a point été déterminée à laquelle un myope doit être gardé dans les rangs, ou en être exclu. D'après l'ancienne règle, cette limite semblait être la neutralisation à distance par le verre concave n° 5. Eh bien, nous n'hésitons pas à dire que, en proscrivant le port des lunettes dans le rang, ce chiffre 5 est beaucoup trop fort ; une sentinelle, une vigie, affectée d'une myopie même de 1/8, nous paraissent exposées, sans lunettes, à de cruelles méprises.....

La mesure changerait, bien entendu, de base, si la question des lunettes recevait une solution nouvelle. Armé du n° 8, un myope de ce degré peut rendre les meilleurs services, et à fortiori, toutes les myopies de degré moindre.

Nous ne voulons pas dire par là que, dans l'armée, les vues basses doivent être conservées pour être affectées aux travaux accessoires du service militaire, comme la comptabilité, les écritures, le tracé des plans, etc. Il y aurait peut-être là, sauf dans les temps de grandes crises, quelque injustice. Le myope n'est devenu tel que par le fait du travail de près, et s'il se maintient dans ces occupations rapprochées, sa myopie progressera. On peut bien se demander alors s'il n'y a pas abus du pouvoir social à prononcer contre lui une telle condamnation.

En le maintenant dans le mouvement actif, on lui rend, au contraire, un très-réel service ; sa myopie devient stationnaire, et c'est là une guérison. Achetée au prix du léger danger résultant des chocs imprévus, éprouvés par ces instruments de verre si voisins des yeux, cette guérison peut bien prendre le caractère d'une véritable compensation.

Nous concluons donc qu'il importerait au pays et à l'administration de la guerre, de fixer d'une façon très-précise le degré de myopie à conserver au service ; et ce terme serait basé sur l'admission ou la non-admission des lunettes dans le rang.

Ce chiffre fixé, rien n'est simple comme la mesure exacte, irréfutable du degré de myopie d'un sujet, *et sans s'occuper aucunement de ses réponses.* Une goutte d'atropine et l'ophthalmoscope suffisent à établir sur des éléments *exclusivement objectifs* un arrêt non susceptible d'erreur.....

COLLÉGE DE FRANCE

HISTOIRE NATURELLE DES CORPS ORGANISÉS

COURS DE M. MAREY (1)

Du vol chez les oiseaux.

III

DE LA RÉSISTANCE DE L'AIR.

SOMMAIRE. — De la résistance de l'air étudiée dans les conditions les plus rapprochées de celles du vol de l'oiseau. — I. Plan de deux séries d'expériences : 1° Détermination de la pression de l'air en avant et en arrière d'un plan animé d'un mouvement circulaire ; 2° de la résultante des pressions qui s'exercent sur l'aile et de son point d'application.

Messieurs,

J'ai rassemblé, dans une exposition rapide des lois de la résistance de l'air, ce qui me semblait devoir éclairer les conditions mécaniques du vol des oiseaux. De l'aveu même des physiciens, les expériences faites sur cette matière sont encore insuffisantes. Vous avez pu juger, par le désaccord des différents expérimentateurs, que bien des doutes planent encore sur ce sujet. Ai-je besoin d'ajouter que, pour élucider la question physiologique qui nous occupe, il serait important d'instituer de nouvelles expériences dans des conditions nouvelles, et de chercher d'une manière plus directe la solution expérimentale de notre problème?

L'exposé qui précède ne me semble pas toutefois sans utilité ; lui seul permettait d'apprécier l'importance de certaines conditions de forme, de courbure, d'élasticité et d'inclinaison des surfaces que l'oiseau met en mouvement pour frapper l'air.

Il faudrait, autant que possible, reproduire, dans des expériences nouvelles, les conditions anatomiques de l'aile de l'oiseau, et imprimer à ces ailes un mouvement exactement semblable à celui qui se produit dans les conditions naturelles du vol.

Mais nous savons, d'autre part, que l'oiseau exécute des mouvements de différents ordres ; les uns peuvent être définis : des mouvements des ailes autour de leurs articulations ; les autres : des mouvements de totalité de l'animal, ou mouvement de translation dans l'air. Il faut donc scinder encore la question et à notre grand regret, instituer des expériences séparées pour étudier les effets de ces deux ordres de mouvements.

Une *première série* d'expériences devra être dirigée vers l'étude des mouvements rotatifs de l'aile, et servira à déterminer les points suivants :

1° La pression positive ou négative qui s'exerce sur les différents points d'une surface tournante présentant différents angles d'inclinaison avec son plan de rotation ; la somme de ces pressions devant constituer la résistance totale que l'air offre à ce mouvement tournant ;

2° La résistance de l'air contre une surface triangulaire, concave et partiellement élastique, tournant autour de son petit côté avec la vitesse indiquée par les expériences directement faites sur l'aile de l'oiseau ;

3° La réaction qu'un mouvement d'une aile ainsi établie exerce sur une masse qui représenterait le corps de l'oiseau.

A ce sujet, devront être étudiées les influences de l'étendue et de la forme des surfaces des ailes, ainsi que les effets de l'énergie plus ou moins grande du moteur employé.

La *seconde série* d'expériences aura pour but d'étudier la condition dans laquelle la résistance de l'air s'exerce dans les temps passifs du vol, c'est-à-dire dans la translation, sensiblement rectiligne, de l'oiseau qui a acquis une impulsion en avant. — Les cercles décrits dans le planement de certains oiseaux ont un rayon généralement assez grand pour qu'on puisse négliger l'influence de l'inégale vitesse des deux ailes de l'oiseau.

Dans ces expériences il faudra rechercher :

1° Le meilleur angle sous lequel l'aile devra se présenter à la résistance de l'air pour soutenir le mieux possible le corps de l'oiseau, tout en ralentissant le moins possible la vitesse de translation dont il est animé ;

2° La position que doit occuper le centre de gravité de l'oiseau pour que la résistance de l'air contre ses ailes ne modifie pas la direction de sa trajectoire.

Tel est le plan des expériences que nous aurons à faire, je m'en écarterai le moins possible, à moins d'absolue nécessité. Je ne parlerai pas des difficultés que nous rencontrerons dans ces recherches ; le besoin incessant de créer de nouveaux appareils, l'absence de toutes ressources de laboratoires lorsqu'il nous faudrait des appareils délicats, des moteurs puissants et réguliers, etc., nous aurons trop tôt l'occasion de rencontrer ces difficultés matérielles.

I. — EXPÉRIENCES SUR LES MOUVEMENTS ROTATIFS D'UN PLAN.

1° Détermination de la pression de l'air contre ce plan.

La figure 167 représente l'appareil que j'ai établi dans le but d'estimer la pression de l'air en différents points des surfaces d'un plan tournant. Il se compose de pièces diverses à savoir : H un moteur à poids muni d'un régulateur Foucault r ; ce dernier a pour objet d'assurer l'uniformité de la vitesse avec laquelle le moteur fera tourner le plan soumis à la résistance de l'air. P, représente l'appareil rotatif muni d'un plan qui refoule l'air. Ce plan circulaire, de 10 centimètres de diamètre, est adapté sur la branche verticale d'un cadre métallique qui tourne dans une chape autour d'un axe creux. Une articulation permet de donner au plan tournant des inclinaisons variées. Enfin, un contrepoids placé sur une tige perpendiculaire à l'axe de rotation équilibre le cadre métallique et empêche les secousses de se produire pendant la rotation de l'appareil. Une courroie transmet le mouvement de l'appareil H à l'axe du plan tournant.

Vu d'en haut, l'appareil offre la disposition représentée figure 168. P, est le disque dont il a été parlé et qui se trouve orienté dans le sens du rayon de son parcours circulaire ; celui-ci s'effectue dans la direction de la flèche. p, est la poulie par laquelle une courroie imprime la rotation à tout le système. C est le contrepoids du plan P et des pièces qui le supportent. m est un tube ouvert à son extrémité libre et communiquant par l'autre bout avec l'intérieur de l'axe creux. Ce tube sert à explorer la pression de l'air ; soit en avant, soit en arrière du plan P et à transmettre cette pression au manomètre qui sera décrit tout à l'heure. Le tube m peut s'allonger ou se raccourcir à volonté, pour prendre la pression dans les différents points de la surface P ; il peut aussi s'élever ou s'abaisser. Enfin, il peut, tournant sur l'axe qui le porte, se pla-

---

(1) Voyez ci-dessus pages 571 et 601, 6 et 20 août 1870, et notre tome VI, pages 578, 601, 646 et 700, année 1869.

cer au contact ou à toute distance du plan *P*, soit en avant, soit en arrière de ce plan.

La pression de l'air dans lequel plonge l'extrémité *m* du tube explorateur doit se transmettre, par une série de conduits, jusqu'au manomètre *M* (dans la figure d'ensemble). Pour cela, ce tube, avons-nous dit, communique avec l'intérieur de l'axe tournant qui est creux. Celui-ci est fermé par en haut, du côté de la poulie motrice; tandis que, par en bas, il plonge et tourne dans un godet plein de mercure. Mais, du centre du mercure s'élève un autre tube qui s'ouvre au-desssus du niveau du liquide, à l'intérieur de l'axe. Ce tube intérieur se rend par le pied de l'appareil à un conduit de caoutchouc long de 2 ou 3 mètres, qui aboutit finalement au manomètre indicateur de la pression.

La pression s'établit donc nécessairement entre le manomètre et l'air dans lequel plonge l'extrémité du tube explorateur. A moins d'avoir à sa disposition un moteur d'une grande puissance, il faut employer un manomètre d'une extrême sensibilité, car les variations de pression auxquelles nous aurons affaire seront peu considérables. A cet effet, j'ai choisi le manomètre de Kretz, à deux liquides ; cet instrument amplifie environ trente fois les indications du manomètre à eau, soit plus de quatre cents fois celles du manomètre à mercure.

Dans la figure 169, on voit avec tous ses détails le manomètre de Kretz déjà représenté en M dans la figure 167.

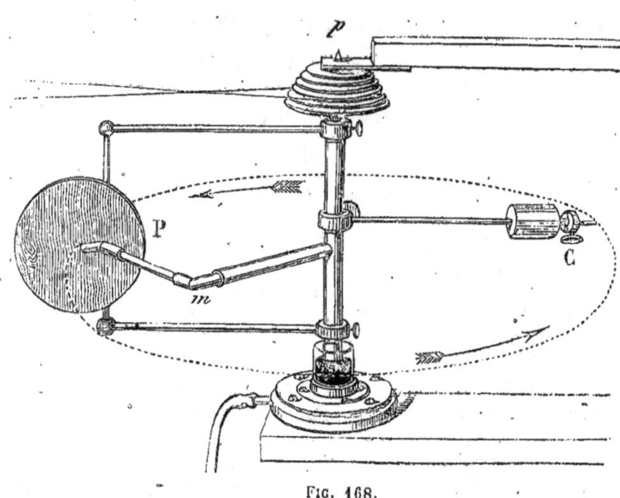

Fig. 168.

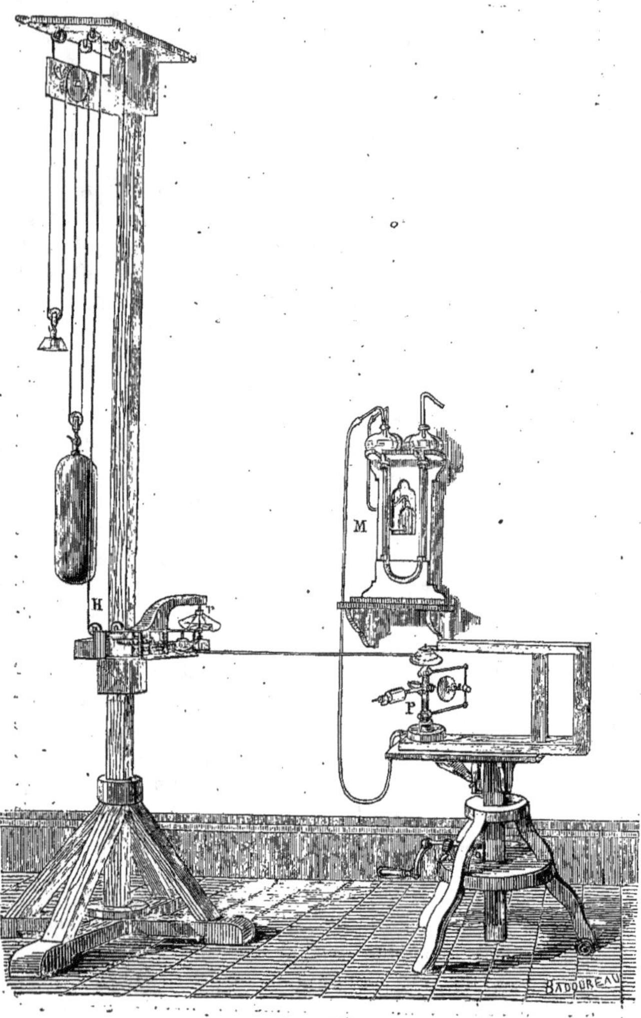

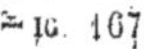

Fig. 167.

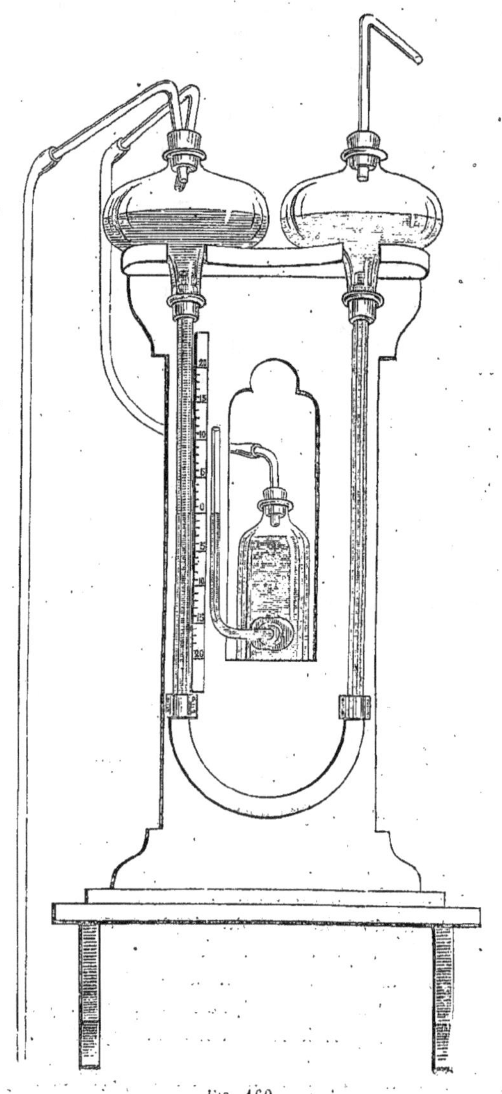

Fig. 169.

Deux boules de grand diamètre, cylindriques à leur partie moyenne, au point d'affleurement des liquides de l'appareil, sont réunies en bas par un long tube en U, qui établit la communication entre l'une et l'autre boule. Dans l'une des boules, on a versé de l'essence de térébenthine; dans l'autre, de l'alcool coloré. Ces deux liquides arrivent au contact sans se mélanger, et la ligne de démarcation de leurs niveaux reste très-nette, l'essence surnageant au-dessus de l'alcool.

On règle le niveau des deux liquides dans les boules, de façon à amener le point de contact des liquides diversement colorés à la partie moyenne de la branche du tube de verre où se trouve une échelle graduée, et au niveau de cette jonction des deux liquides on marque le zéro de l'appareil.

Le tube qui amène la pression dans le manomètre s'ouvre dans le bouchon de la boule qui contient l'essence de térébenthine; une bifurcation de ce tube se rend dans un manomètre à eau visible au centre de la figure. Les zéros de ces deux manomètres sont placés sur une même ligne.

Cette disposition permet de contrôler la sensibilité de l'appareil. En effet, supposons qu'en soufflant dans le tube de transmission, on ait élevé d'un centimètre le niveau du manomètre à eau, on regarde alors le déplacement de la ligne de séparation des deux liquides dans le manomètre de Kretz, et l'on voit de combien cette ligne s'est déplacée. Nous avons dit que ce déplacement serait en ce cas d'environ 30 centimètres.

Voici, en quelques mots, la théorie de cet instrument et de ses indications amplifiées.

Considérons les niveaux des deux liquides dans les boules de l'appareil. Au repos, ces niveaux sont sensiblement sur un même plan. Qu'une pression s'exerce sur l'essence de térébenthine, de façon à faire équilibre à une colonne de liquide de 1 centimètre, un dénivellement se produira dans les deux boules et le liquide s'élèvera de 1 centimètre du côté de l'alcool.

Mais, grâce au diamètre considérable des boules, ce léger changement de niveau représente le passage d'une quantité considérable de liquide d'une boule dans l'autre à travers le tube de verre qui les réunit. Et comme ce tube est d'un faible calibre, il s'ensuit que si l'œil pouvait y suivre le trajet d'une tranche de liquide, il la verrait parcourir un chemin considérable. Or, la ligne de démarcation des deux liquides, dont l'un est rouge et l'autre blanc, rend perceptible le parcours de cette tranche idéale dont nous parlions tout à l'heure.

Dans la disposition actuelle de l'appareil, cette tranche s'abaisse lorsqu'il s'exerce sur le niveau de l'essence une pression positive; elle s'élève dans le cas de pression négative ou d'aspiration produite dans cette même boule du manomètre.

Une remarque toutefois doit être faite : c'est que, dans le cas où il se produit un déplacement de niveau du manomètre, l'essence se substitue à l'alcool, ou l'alcool à l'essence, dans une certaine étendue du tube; il y a donc substitution d'une colonne d'un liquide plus léger à une colonne d'un liquide plus dense ou inversement.

Dans les deux cas, les indications de l'instrument sont un peu diminuées; mais, telles qu'elles sont, elles suffisent entièrement aux expériences dont il va être question.

Expérience I. — *Effets de la force centrifuge sur la pression*

de l'air dans le mouvement rotatif. — Le tube manométrique *m* étant disposé comme on le voit figure 167, c'est-à-dire assez loin du plan tournant pour ne pas être influencé par ce plan, on fait tourner le système avec une vitesse quelconque : soit un mètre par seconde. Aussitôt le manomètre se met en marche et s'arrête bientôt en indiquant une pression négative de 10 centimètres (soit 1/3 de centimètre d'eau).

Que s'est-il passé? Il est vraisemblable que la force centrifuge, qui tend à expulser du tube tournant *m* l'air qui y était contenu, a produit cette aspiration. En effet, nous voyons que cette aspiration augmente ou diminue suivant que la vitesse de rotation augmente ou diminue elle-même; le même effet se produit si l'on augmente ou si l'on diminue la longueur du tube *m*, sans changer la vitesse de rotation de l'appareil. Nous appellerons donc cette dépression *aspiration par force centrifuge*, et nous la considérerons comme existant toujours, au même degré, pour une même vitesse de rotation de l'appareil.

Des expériences nombreuses m'ont démontré que cette aspiration existe au même degré, quelle que soit la position occupée par le tube *m*, pourvu qu'il ne se trouve pas trop rapproché du plan tournant.

Expérience II. — *De la pression positive au-devant du plan tournant.* — Si l'on place le tube *m* de façon que son extrémité ouverte vienne au contact du centre de la plaque tournante P et du côté qui frappe l'air, on doit s'attendre à voir le manomètre indiquer une pression positive.

En faisant l'expérience, on constate toujours que le manomètre reste à zéro.

Mais ce manomètre, influencé en raison de sa vitesse de rotation par la force centrifuge, devrait donner une pression négative; celle-ci devrait se soustraire de la pression positive qui doit exister au-devant de la plaque. C'est le résultat de cette soustraction de l'aspiration centrifuge qui donne zéro; ce qui prouve que ces deux pressions de signes contraires sont égales entre elles.

La singularité de ce résultat m'a fait croire, tout d'abord, à un hasard de l'expérience, et j'ai pu supposer que cette égalité s'était rencontrée dans un cas particulier, avec une certaine vitesse de rotation de l'appareil. J'essayai donc d'imprimer à l'appareil des vitesses de rotations différentes, mais toujours j'obtins le même résultat.

Toutes les fois que le plan de la surface tournante est placé dans le sens du rayon de l'appareil rotatif, le manomètre reste à zéro, indiquant que *l'aspiration centrifuge compense exactement la pression positive au devant du plan tournant.*

J'ai pu, grâce à l'obligeance de M. Jamin, expérimenter dans le laboratoire de physique de la Sorbonne avec un moteur à gaz dont la vitesse pouvait varier beaucoup plus que celle de ma machine à poids. Là encore, les résultats ont été les mêmes. Je vous les livre sans interprétation, comme un curieux rapport numérique dont il serait intéressant de trouver la théorie.

Expérience III. — *De la pression négative en arrière du plan tournant.* — S'il est vrai que derrière un mobile animé de translation, il existe une pression diminuée; en plaçant l'extrémité du tube explorateur *m* en arrière du plan P on en doit obtenir l'indication, sous forme d'aspiration signalée par le manomètre. Cette fois, l'effet produit par le plan étant de même sens que celui de la force centrifuge, c'est-à-dire consistant, comme lui, en une aspiration, on devra voir le niveau du manomètre s'élever plus haut que sous l'influence de la force centrifuge toute seule.

C'est, en effet, ce qui arrive. Dans une série d'expériences, j'ai vu que l'aspiration signalée dans ces conditions est sensiblement double de celle que la force centrifuge toute seule fournissait, avec la même vitesse de rotation, bien entendu. L'égalité de ces deux aspirations entre elles ne m'a pas toujours paru absolue; mais cela tient peut-être à la difficulté de placer dans mon appareil, l'extrémité du tube explorateur au centre de la face postérieure du plan *P*. Toutefois dans un certain nombre d'expériences faites dans le laboratoire de M. Jamin, où je pouvais renverser le sens de la rotation de la plaque, j'ai constaté que, très-sensiblement, l'aspiration de la force centrifuge et celle qui se produisait derrière la plaque tournante étaient égales entre elles.

On voit par là, que dans la production du point d'appui que l'aile trouve dans l'air, il faut tenir compte, à la fois, de la pression positive qui se produit au-dessous de l'aile et de la pression négative, égale à la première, qui existe au-dessus.

EXPÉRIENCE IV. — *De la proue et de la poupe d'air qui accompagnent les mobiles.* — On prévoit de suite qu'en explorant les différents points des deux faces du plan *P* tournant toujours avec une vitesse constante, et en explorant ainsi des tranches d'air plus ou moins éloignées de ce plan, on pourrait déterminer les limites de la région de l'air qui est influencée, le degré de pression positive ou négative qui lui appartient. Mais on pressent aussi qu'il faudrait, pour arriver à ce résultat, une très-longue série d'expériences; qu'il faudrait disposer d'un moteur régulier et travaillant sans cesse, tandis que je n'ai pu me servir que d'une machine à gaz fort peu régulière ou d'un moteur à poids qu'il fallait remonter à tout instant.

Je n'ai donc pu obtenir aucune évaluation numérique des pressions que l'air présente, à différentes distances du plan, et pour des vitesses de rotations variées; j'ai constaté seulement que l'influence du plan diminue peu à peu, à mesure qu'on éloigne de sa surface le tube explorateur des pressions.

EXPÉRIENCE V. — *Influence de l'orientation du plan tournant sur la résistance de l'air.* — On se souvient que dans les expériences de Duchemin, la résistance de l'air a été très-modifiée, suivant que la plaque tournante orientait sa face antérieure en dehors ou en dedans du cercle parcouru.

J'ai donc cherché à déterminer l'état de la pression sur les faces du plan *P*, sous ces différentes inclinaisons. Il est facile de constater, qu'en somme, la résistance de l'air est augmentée quand le plan est tourné un peu en dehors. On s'en aperçoit dans l'appareil, en ce que le régulateur Foucault *r* (fig. 167) resserre ses ailes dans ce cas, ce qui correspond toujours à une augmentation de résistance de l'air sur la plaque tournante. Mais, quand j'ai voulu déterminer la pression de l'air sur ces deux faces, une nouvelle difficulté s'est présentée. L'appareil qui tourne avec uniformité tant qu'il est placé dans des conditions semblables de résistance de l'air, perd son uniformité quand la résistance varie en raison des changements d'inclinaison du plan. Cela m'a paru tenir au glissement de la courroie dans les gorges de ses poulies. Dès lors,

j'ai dû renoncer à de longues expériences dont les résultats seraient d'avance plus que suspects. Il faudrait pour les exécuter avec chance de succès, transmettre le mouvement au système rotatif, non plus avec une courroie, mais au moyen d'engrenages. Ce serait donc toute une nouvelle construction d'appareil que nous aurions à entreprendre. D'autres expériences seront d'une application plus directe à notre sujet.

II. — DE LA RÉSULTANTE DES PRESSIONS QUI S'EXERCENT SUR L'AILE.

La pression positive qui s'exerce au devant d'un plan qui se déplace dans l'air, croît, avons-nous dit, sensiblement comme le carré de la vitesse de ce plan. Tout porte à croire qu'il en est de même pour la pression négative ou aspiration qui s'exerce à la face postérieure. De sorte que, pour estimer la résistance totale qui s'exerce sur une partie de la surface du plan, sur un centimètre carré par exemple, il faudrait procéder de la manière suivante :

Supposons que le manomètre accuse 12 degrés (1) de pression positive au niveau exploré de la face antérieure, et 12 degrés de pression négative en arrière du même point, il faudrait multiplier la surface d'un centimètre carré par 24 degrés de pression pour avoir la résistance totale supportée par cet élément de surface.

Si le plan tout entier était animé d'un mouvement de translation uniforme, il suffirait, pour mesurer la résistance qu'il éprouve, de multiplier la surface tout entière par les 24 degrés de pression qui s'exercent uniformément sur tous ses points; mais le mouvement rotatif que l'aile exécute à chacun de ses battements complique les conditions du problème.

Chaque point de la surface de l'aile est animé d'une vitesse qui croît en raison de la distance qui le sépare de l'axe du mouvement; en d'autres termes, chaque point présente une vitesse proportionnelle au rayon de l'arc qu'il décrit.

Très-faible dans le voisinage du corps, cette vitesse sera donc considérable au voisinage de la pointe de l'aile, surtout chez les oiseaux d'une grande envergure. Or, comme la résistance de l'air croît sensiblement comme le carré des vitesses en chaque point de l'aile, on conçoit qu'elle doit atteindre une valeur considérable précisément à l'extrémité de l'aile, dans les points où se trouvent les pennes les plus fortes.

Considérons la résistance de l'air comme agissant contre l'effort du muscle, et figurons-nous que l'aile constitue un levier du premier genre dans lequel le *point d'appui* sera à l'articulation scapulo-humérale; la *résistance* au point d'attache du grand pectoral à l'humérus; et la *puissance* au point où s'applique la somme des résistances de l'air. Cette manière d'envisager les conditions dynamiques du phénomène montre qu'il est indispensable de déterminer le point d'application de la résultante des résistances de l'air. En effet, il n'est pas indifférent que cette pression s'exerce sur tel ou tel point du levier représenté par la longueur de l'aile. L'effort développé par le muscle étant limité, sera tantôt supérieur et tantôt inférieur à l'effort de sens inverse que la somme des résistances de l'air représente, suivant que cette somme de

---

(1) Ces degrés de l'échelle arbitraire du manomètre devront être réduits en centimètres ou millimètres d'eau ou de mercure pour être rapportés à l'unité usuelle des pressions.

résistances s'appliquera au bout d'un bras du levier plus ou moins long.

Des expériences sur ce sujet ne sont pas indispensables ; la géométrie indique, en effet, quel doit être le point d'application de la résultante des pressions qui agiraient sur une surface de forme sensiblement semblable à celle d'une aile d'oiseau, tournant autour du petit côté du triangle qu'elle représente.

. Prechtl a calculé pour différentes surfaces le point d'application de cette résistance. Il faudrait, pour déterminer avec rigueur ce point d'application de la résistance de l'air, faire un calcul spécial pour chaque espèce d'oiseau, car la variété de la forme de leurs ailes ne permet pas d'établir une position identique pour le point d'application de la résistance chez tous les oiseaux. Nous ne chercherons pas cette rigueur, d'autant plus que la flexibilité des ailes leur fait prendre des inclinaisons variées que nous ne connaissons pas et qui modifient la composante verticale de la pression de l'air, ainsi que la position de sa résultante.

Contentons-nous de cette détermination approximative qui lacerait le centre de pression de l'air : *sur la ligne qui partage la surface de l'aile en deux moitiés suivant sa longueur, et à la réunion du tiers externe avec les deux tiers internes de cette ligne.*

Le bras de levier de la pression de l'air sera donc les deux tiers de la longueur de l'aile.

Cette importante notion va nous fournir le moyen d'aborder la troisième question relative à la résistance de l'air et d'estimer l'intensité de la réaction du coup d'aile sur la masse du corps de l'oiseau.

Marey.

SOCIÉTÉ D'ANTHROPOLOGIE DE PARIS

SÉANCES DES 19 MAI, 2 ET 16 JUIN, 7 ET 21 JUILLET 1870

Le cerveau de l'homme et des primates. — Ostéologie pathologique des nouveau-nés. — Acclimatement des Européens en Afrique. — Discussion sur le transformisme (suite et fin) (1).

Non contente d'avoir eu ses assises périodiques et internationales successivement à la Spezzia, à Paris, à Norwich, à Copenhague et bientôt à Bologne, l'anthropologie, déjà brillamment représentée en France et en Angleterre par deux sociétés qui comptent leurs membres par centaines dans toutes les parties du monde, l'anthropologie, née d'hier, a maintenant dans les principales villes d'Europe des adeptes réunis en corps et rivalisant de zèle pour assurer les progrès de la science. Après Madrid, ç'a été Moscou, tout récemment Berlin suivait ce noble exemple, et aujourd'hui Vienne, à son tour, se félicite d'avoir, elle aussi, une société d'anthropologie présidée par le professeur Rokitansky, et composée d'un premier groupe des principaux savants de l'Autriche. Saluons en passant ces nouveaux confrères, et portons ensuite notre attention au delà de l'Océan, vers l'Association smithsonienne de Washington. Tout le monde connaît cette puissante société, dont les commencements ne sont pas moins remarquables que son prodigieux développement, et nous n'avons pas ici à en faire l'histoire, mais elle publie chaque année un volume compacte, le *Report*, et M. Boggs a bien voulu parcou-

rir celui de 1868 et en extraire ce qui a plus particulièrement trait aux études anthropologiques. C'est ce qui nous a valu l'analyse d'un très-intéressant mémoire de sir Burnet Tylor *sur les traces de l'état mental de l'homme dans les temps primitifs* (1).

Partant de cette idée que si les progrès de la civilisation sont indiqués par le perfectionnement des outils employés aux diverses phases de l'évolution humaine, ils le sont également par l'élévation progressive de l'intelligence, M. Taylor s'attache, pour le démontrer, à deux des principales et des plus anciennes créations de l'esprit humain : l'art de calculer et les diverses conceptions de la divinité. Or, si l'on songe à la distance qui sépare nos algébristes du sauvage réduit à faire les calculs les plus élémentaires avec ses doigts, et de certaines tribus dont le vocabulaire arithmétique ne dépasse pas le nombre deux, on comprendra facilement que l'auteur établit sans peine la première partie de son raisonnement. Et quant au second point, bien que les hommes civilisés du XIXe siècle donnent encore une trop large part à la superstition, ils sont cependant bien loin des Dyaks de Bornéo qui, après avoir tué leurs ennemis, en rapportent chez eux les têtes pour s'assurer des esclaves dans l'autre monde, des Groënlandais qui enterrent un chien avec leurs enfants afin que l'instinct de cet animal guide le petit défunt vers le pays des esprits, et des Gètes qui, d'après Hérodote, tuaient tous les cinq ans un homme pour l'envoyer en ambassade auprès de leur dieu Zamolxis.

Dans son beau mémoire *sur les plis cérébraux de l'homme et des primates*, Gratiolet, tout en reconnaissant les analogies frappantes qui existent entre le cerveau de l'homme et celui des anthropoïdes, a signalé cependant un caractère qui serait spécial à l'homme: c'est l'existence de deux ponts ou *plis de passage*, qui chez l'homme sont grands, superficiels et interrompant la scissure perpendiculaire servent ainsi de transition entre les lobes pariétaux et les lobes occipitaux. Suivant le regrettable anatomiste, le premier de ces plis existerait chez l'orang, le second serait trop profondément situé pour être apparent ; chez le chimpanzé, le premier manquerait et le second, caché au fond de la scissure, serait à peine visible.

Ce caractère, auquel Gratiolet ajoutait beaucoup d'importance et qui lui semblait séparer nettement l'homme des anthropoïdes, n'a pas en réalité autant de valeur qu'il le pensait. Déjà l'année dernière, dans son mémoire sur les primates (2), M. Broca avait montré sur le cerveau d'un jeune chimpanzé l'existence du premier pli de passage, et rappelé l'opinion du professeur Turner, qui contredit les assertions de Gratiolet. Aujourd'hui, il a présenté deux cerveaux humains qui sont également en opposition avec les faits énoncés plus haut. C'est d'abord le cerveau d'une jeune femme assez intelligente et morte d'affection chronique, sur lequel le premier pli de passage n'est pas apparent ; c'est, en second lieu, le cerveau d'un homme atteint de folie-suicide, chez lequel le deuxième pli seul est visible, tandis que le premier est trop profondément situé pour être apparent, comme il devrait l'être suivant la loi de Gratiolet.

M. Broca entretient ensuite la Société d'une femme qui est morte récemment à l'hôpital Saint-Antoine, après avoir mené pendant plusieurs mois dans les fossés des fortifications et dans le bois de Vincennes une vie misérable, voisine de l'état sauvage. L'autopsie a montré que le cerveau de cette femme se rapprochait par la simplicité de ses circonvolutions de celui de la Vénus hottentote. Bien que sachant parler et se faire comprendre, elle était cependant dans un état voisin de l'idiotie ; et la teinte foncée de sa peau, due probablement à la nudité presque complète, l'avait d'abord fait passer pour une négresse ; mais ses yeux bleus, ses traits caucasiques et ses cheveux lisses réfutent cette opinion : on ne sait pas d'ailleurs quelle était son origine, et les renseignements manquent sur son âge et sur les circonstances qui l'ont réduite à ce degré d'abaissement.

<hr>

(1) Voyez notre numéro précédent, page 619.

(1) Voyez notre tome IV, page 705, 5 octobre 1867.
(2) *Bulletins de la Société d'anthropologie*, t. IV (2e série), p. 389.

M. de Semallé annonce un fait qui intéresse non-seulement les anthropologistes voués à l'étude des questions d'acclimatement, mais aussi les Français que préoccupe l'avenir de notre colonie algérienne. Il résulte, en effet, de relevés de l'état civil, publiés régulièrement par l'*Indépendant de Constantine*, que l'élément européen et juif de cette ville tend à l'emporter sur l'élément arabe, et que ce résultat favorable est dû à l'excès des naissances sur les décès pour les uns, et au contraire pour les autres à l'excès des décès sur les naissances.

A propos d'un travail statistique sur la population des 28 cantons du département des Landes, adressé par M. le docteur Louis Sentex, et dans lequel l'auteur a relevé avec beaucoup de soin les exemptions du service militaire accordées par les conseils de révision pour défaut de taille et autres infirmités, M. Lagneau fait observer que l'exemption prononcée pour défaut de taille prive souvent l'armée d'excellents soldats qui atteignent plus tard la taille réglementaire. M. Champouillon, du Val-de-Grâce, a constaté, en effet, qu'un certain nombre de jeunes gens exemptés comme trop petits ont, plus tard, lors de la révision pour la garde mobile, été toisés de nouveau et reconnus bons pour le service. M. de Quatrefages rapporte à l'appui de cette observation, qu'un astronome américain a signalé il y a quelque temps un cas de croissance observé entre vingt-cinq et trente ans.

M. Broca admet qu'on puisse grandir jusqu'à vingt-cinq ans, mais pas plus tard, parce que passé cet âge l'épiphyse du fémur est soudée et s'oppose à l'allongement de l'os.

M. le docteur Lecourtois, qui a longtemps étudié dans les hôpitaux de Paris le crâne des nouveau-nés, expose la partie de ses recherches relative au rachitisme du crâne. Suivant lui, ce prétendu rachitisme n'est qu'une illusion : sur aucun des nombreux crânes de six mois à deux ans qu'il a eu l'occasion d'étudier, il n'a pu reconnaître un ensemble de caractères constituant l'affection ainsi dénommée. M. Henri Roger a dit que le rachitisme avait pour effet de retarder l'oblitération de la fontanelle ; cependant un grand nombre de cas authentiques déposent contre cette opinion. Il en est de même de l'assertion d'un professeur de Stuttgard, qui a signalé chez les enfants de cinq à six mois un ramollissement et un amincissement de l'occipital pouvant amener la perforation et la mort. Cet amincissement n'est pas spécial au rachitisme et s'observe aussi bien sur le pariétal que sur l'occipital. M. Lecourtois croit donc pouvoir conclure que l'on ne connaît pas encore de caractères propres au rachitisme du crâne, et que jusqu'à nouvel ordre cette affection doit être rayée du cadre de l'ostéologie pathologique.

Habitué dès longtemps à la rigueur des sciences mathématiques, M. Gaussin admet difficilement le vague qui domine le débat relatif au transformisme. Il est assez exigeant pour demander qu'avant de discuter on s'entende sur les mots, et la première condition, pour décider si les espèces sont ou non susceptibles de se transformer, lui paraît être de définir le mot *espèce*. Il est vrai que les transformistes pourraient répondre à cette mise en demeure qu'au fond ils nient l'existence des espèces. Mais ce serait aller contre le sentiment général, car cette notion est le résultat de l'observation, et elle est sensible même à l'instinct des animaux d'une même race, qui savent fort bien se reconnaître au milieu de beaucoup d'autres.

Mais il y a plus, ajoute M. Gaussin, les micrographes admettent aujourd'hui que chaque espèce est caractérisée par quelque chose de bien plus fixe que les formes extérieures, par l'élément cellulaire. Il ne suffit donc plus aux transformistes de nous montrer des modifications dans la couleur, la taille ou le squelette, nous avons le droit d'exiger qu'ils nous prouvent l'action de la sélection naturelle sur le globule, sur la cellule, sur l'élément le plus simple de l'organisme animal.

Voilà un des desiderata de la doctrine darwinienne, et il y en a bien d'autres, en sorte que ses partisans sont un peu téméraires lorsqu'ils osent comparer leur hypothèse à celle de l'attraction universelle. — Pour le coup, M. Gaussin se révolte absolument.

Un peu plus, il crierait au sacrilége, et l'on sent percer sous son indignation contenue le bicorne de l'ancien polytechnicien. Cependant la galanterie l'emporte et il se borne à sommer les darwinistes, en la personne de mademoiselle Clémence Royer, de produire leurs lois de Képler avant de mettre en parallèle leur prétendue théorie et celle de la gravitation universelle.

Cependant il faut bien reconnaître que l'hypothèse darwinienne a obtenu l'adhésion de bon nombre d'hommes distingués. M. Gaussin trouve l'explication de ce fait dans les facilités qu'elle procure aux esprits désireux de tout expliquer. A ses yeux, le succès du darwinisme repose sur les mêmes éléments que l'engouement suscité naguère par la génération spontanée. Mais ni l'une ni l'autre de ces deux doctrines ne lui semblent suffisamment démontrées, et l'ardeur de ceux qui prétendent dès aujourd'hui fournir une explication satisfaisante des principaux phénomènes biologiques serait mieux employée, suivant lui, à rechercher patiemment les lois qui régissent ces phénomènes. Car, dit-il en terminant, « ces lois existent, et cela suffit pour le repos de mon » esprit. Je me plais même à espérer que les générations futures » parviendront à les découvrir ».

Cette péroraison, prononcée avec chaleur et conviction, a valu au savant président les applaudissements de tous ses collègues, mais elle n'a pas mis fin au débat, et M. de Mortillet est venu à la rescousse en faveur des darwinistes.

Voici la substance de son raisonnement :

1° C'est à tort que l'on invoque, pour combattre le transformisme, le prétendu renouvellement brusque de la faune et de la flore. Il est aujourd'hui démontré que ce renouvellement n'est en réalité que le résultat de transitions successives. C'est du moins ce qui ressort des travaux de géologues compétents et non suspects de partialité. Ainsi, d'Orbigny a reconnu dans les deux étages parisiens inférieur et supérieur de Chaumont (Oise) et d'Anvers, des fossiles identiques ; Auerbach, explorant le calcaire de Malouka (Russie), y a rencontré bon nombre de fossiles réputés propres à d'autres couches.

De leur côté, les paléontologues ont observé des faits analogues. M. Dumontier, par exemple, a noté, dans ses études sur les dépôts jurassiques du Rhône, que des espèces identiques ou à peine différentes occupent simultanément les quatre étages du lias. Pareille remarque a été faite par M. Pictet pour les terrains crétacés, et M. d'Archiac, dès 1859, formulait des conclusions analogues.

2° M. de Quatrefages a produit contre les transformistes un argument tiré de ce fait, que les uns croient aux transformations lentes et successives, les autres aux transformations subites et accidentelles. Mais ces deux opinions sont conciliables, et M. de Mortillet, quoique transformiste, les admet toutes deux. D'abord, en ce qui touche aux transformations lentes, on en peut citer plusieurs exemples parmi les fossiles. Ainsi les *térébratules biplissées*, qui ont des représentants dans presque tous les terrains, et qui, étudiées isolément, constituent plusieurs espèces distinctes, n'en forment pas moins, lorsqu'on les rapproche les unes des autres, une série continue et pour ainsi dire une chaîne non interrompue. La même observation peut être faite relativement aux céphalopodes fossiles, sur les genres *Ammonite* et *Criocère*, qui se trouvent en quelque sorte soudés, à l'aide de modifications graduelles, par l'*Ammonites angulicostatus* de d'Orbigny.

Quant aux transformations accidentelles, elles ne sont pas impossibles. M. de Mortillet a connu, vers 1840, une famille dont la mère était normalement constituée, tandis que le père avait six doigts aux pieds et aux mains ; or, tous leurs enfants furent sexdigités, soit aux pieds, soit aux mains, soit aux deux extrémités, et il pense que cette anomalie aurait pu se perpétuer, si les individus sexdigités, tirant de cette particularité un avantage quelconque, avaient eu soin de s'unir entre eux. L'orateur croit donc pouvoir conclure que le transformisme n'a rien à craindre des faits sur lesquels reposent jusqu'ici la géologie et la paléontologie, et que tout au contraire ces deux sciences confirment pleinement la doctrine soutenue par Darwin.

Une discussion s'engage ensuite entre MM. Letourneau et Sanson sur un point de méthode. On se rappelle qu'en répondant aux transformistes à propos des variations observées chez les animaux domestiques, M. Sanson avait nié l'importance des caractères de taille et de coloration et demandé qu'on lui présentât des variations dans le squelette et particulièrement dans la forme du crâne. M. Letourneau lui objecte qu'il n'est pas fondé lui-même à invoquer la crâniologie animale, d'abord parce que rien n'est plus difficile que de déterminer l'indice céphalique d'un bœuf ou d'un cheval, ensuite et surtout, parce que pour tirer des conclusions, il faudrait des moyennes prises sur des séries : or, M. Sanson n'a mesuré qu'un petit nombre de crânes et ce n'est pas sur six ou huit mensurations qu'on peut étayer un système.

M. Sanson prétend, au contraire, que pour un zootechnicien expérimenté, rien n'est plus aisé que de dire à première vue si tel animal est brachycéphale ou dolichocéphale, et que les types sont trop nettement déterminés pour que de grandes séries soient nécessaires. — Il y a là une question à la fois théorique et pratique non encore vidée et que nous croyons devoir mentionner, bien qu'elle ne se rattache qu'incidemment à la discussion générale, parce que des recherches spéciales sur la crâniologie animale semblent devoir présenter une utilité réelle, digne de solliciter la curiosité des travailleurs.

A la suite de cet incident, M. Chavée intervient à son tour dans le débat au nom de la linguistique. A ses yeux, les rapports qui existent entre l'homme et les singes sont un des points importants du transformisme et il s'efforce de démontrer, par l'analyse du langage, que M. Broca a pu dire avec raison : « Dans le parallèle de l'homme et des anthropoïdes, la comparaison des organes ne montre que des différences légères, tandis que la comparaison des fonctions en révèle de beaucoup plus grandes. » Il y a, dit-il, dans le langage, deux systèmes ou fonctions : le système des interjections et le système analytique. Le premier est commun à l'homme et aux animaux : le singe en effet, le chien, et bien d'autres ont leurs interjections à l'aide desquelles ils se comprennent et communiquent entre eux absolument comme nous-mêmes. Mais l'analyse leur manque ; ils n'ont pas le véritable langage composé de pronoms et de verbes. Observez un singe, vous constaterez en lui l'existence des sensations, de la mémoire, car il vous reconnaîtra, il pourra même rêver, avoir des hallucinations comme l'homme ; mais il ne se rend pas compte de ses sensations ; la notion du *moi* lui est inconnue : il n'a pas dans son langage le pronom, c'est-à-dire l'expression phonétique du geste indicatif par lequel, frappant notre poitrine, nous disons : Me voici, c'est moi.

Le verbe, cet autre élément fondamental de tout langage articulé, fait également défaut aux singes et aux animaux en général. Qu'est-ce que le verbe ? la représentation d'un effort, d'une action. Or, le singe sent bien l'effort qu'il fait pour se mouvoir ou pour agir ; mais il n'a pas la notion du rapport qui existe entre l'effort et le mouvement qui en résulte, aussi ne songéra-t-il jamais à représenter par une onomatopée l'effort duquel résulte le mouvement qu'il exécute. Le verbe lui est inconnu.

Je suis donc autorisé à dire, ajoute le savant directeur de la *Revue de linguistique*, que la science positive du langage nous oblige à admettre entre l'homme et les singes une distance énorme, et à rejeter l'homme hors de l'ordre des primates pour en faire un règne à part, le règne humain, le *règne du verbe*.

Il y a dans cette vaste question de la transformation des espèces deux ordres d'idées bien distincts, correspondant à ce qu'on appelle au palais le point de droit et le point de fait. Si l'on considère le premier, on recherche quelle est, au point de vue philosophique, la valeur du transformisme, s'il doit être rangé parmi les hypothèses ou parmi les théories, et ce côté de la question a été longuement traité par mademoiselle Clémence Royer. Examine-t-on, au contraire, le second point, alors on se préoccupe surtout de savoir si le transformisme est d'accord avec les faits et s'il s'appuie sur des expériences concluantes. Ainsi, d'un

côté on se demande quelle place doit occcuper, dans l'arsenal des méthodes scientifiques, un système fondé sur la transformation des espèces, tandis que de l'autre on commence par examiner si en réalité les espèces se transforment. M. Bertillon a traité successivement ces deux faces de la question. Nous allons analyser rapidement son mémoire.

On doit distinguer, suivant l'auteur, trois familles d'hypothèses scientifiques. La première comprend les hypothèses investigatrices, c'est-à-dire toutes celles qui reposant sur des déductions logiques s'élèvent par *à priori* du connu vers l'inconnu sous le contrôle de l'expérience.

Dans la seconde doivent être rangées les théories destinées surtout à l'enseignement, telles que la théorie des deux fluides électrique, magnétique, etc. Ce sont là des hypothèses érigées en systèmes, en théories devenues classiques et fort commodes pour la démonstration.

Enfin, la troisième famille est celle des grandes conceptions philosophiques embrassant dans une vaste synthèse tous les phénomènes d'une même science : par exemple l'hypothèse de Laplace, celle au moyen de laquelle M. Chavée a relié à une même souche toutes les langues indo-européennes, et celle du transformisme si brillamment renouvelée par Darwin.

On voit que M. Bertillon n'éprouve aucune répugnance à classer le transformisme parmi les hypothèses. En cela, il nous semble parfaitement sage. Et nous ne voyons guère en quoi cela peut blesser les susceptibilités des transformistes. Est-ce que, en dehors des faits, tout n'est pas hypothétique ? Or, les faits se succèdent, dans le champ de l'observation, d'une manière continue, et tel système adopté aujourd'hui, renversé inopinément par de nouvelles découvertes, retombera peut-être demain au rang de pure hypothèse.

Quoi qu'il en soit, l'auteur, qui paraît ajouter une certaine importance à sa classification des hypothèses, tient beaucoup à séparer l'*attraction* du *transformisme*. La première est à ses yeux une théorie pure, caractérisée par la certitude de ses déductions et le peu de probabilité de leur réalité objective. Le second, au contraire, doit être mis au nombre des grandes synthèses philosophiques. Hypothèse, synthèse, conception, investigation, réalité objective, tout cela, nous osons le dire, appartient au bagage philosophique de l'illustre Comte, et le lecteur nous permettra de passer rapidement sur toute cette première partie du mémoire pour insister particulièrement sur la seconde : car, ainsi que le disait fort spirituellement M. Gaussin, répondant aux théoriciens du transformisme : « Le moindre petit fait ferait bien mieux mon affaire. »

Voyons donc, en dehors des considérations métaphysiques, sur quels faits, sur quelles données positives M. Bertillon appuie ses préférences pour le transformisme.

Comme mademoiselle Clémence Royer, comme M. Dally et tous les transformistes en général, il ajoute une grande importance à cette observation que le transformisme permet d'expliquer d'une manière rationnelle un très-grand nombre de faits et de phénomènes.

Telle est, par exemple, l'évolution successive des êtres qui se sont succédé à la surface du globe, depuis les éponges qui peuplent les étages géologiques les plus anciens, immédiatement au-dessus des roches primitives, jusqu'à l'homme fossile des terrains quaternaires.

Telle est encore cette singularité de certains crustacés, le crabe par exemple, qui reproduisent successivement, dans leur évolution embryonnaire, les formes propres aux fossiles inférieurs : trilobites, isopodes, etc.

M. Bertillon s'appuie également avec beaucoup de force sur les recherches tératologiques d'Isidore Geoffroy Saint-Hilaire ; ces recherches ont montré que, par suite d'anomalies dues, soit à des arrêts, soit à des exagérations de développement, l'homme offre souvent des traits marqués de ressemblance avec plusieurs mammifères, et même avec des reptiles, des poissons et jusqu'à des invertébrés. Isidore Geoffroy a montré que ces anomalies dans le développement peuvent avoir pour effet, lorsqu'elles portent sur l'ossature, de transformer un genre en un autre, ce qui a lieu pour la carpe et le brochet, et il conclut de ses observations « qu'elles tendent manifestement au renversement de la doctrine » de la fixité des espèces..... de cette hypothèse toute gratuite » que les espèces actuellement existantes ont été créées initiale- » ment telles que nous les observons aujourd'hui ». On voit que M. Broca avait raison de ranger Isidore Geoffroy parmi les pères du transformisme, et M. Bertillon ne pouvait manquer de recou- rir à un si imposant auxiliaire.

Quant à l'exigence de M. Gaussin, qui demande aux transfor- mistes une définition de l'espèce, M. Bertillon lui oppose une fin de non-recevoir tirée de ce que, pour les partisans de cette hypo- thèse, les espèces n'ont pas une existence propre, mais sont uni- quement le résultat des lacunes produites dans la série des êtres par la concurrence vitale.

Enfin, à l'argument tiré par M. Broca de ce fait que l'ongle de l'orteil, le ligament rond de la hanche et la division des lobes du poumon, manquent tous les trois chez l'orang (*satyrus*) alors qu'ils existent chez tous les autres primates, M. Bertillon répond que cette singularité serait une objection sérieuse s'il n'y avait jamais eu de transition entre le genre orang et les autres anthro- poïdes, ce qui n'est nullement démontré. Il se croit, en consé- quence, autorisé, par un examen attentif, à considérer le transfor- misme comme une conception audacieuse (*audaces fortuna juvat*) mais grandiose et digne de figurer à côté de celle de Laplace.

Cependant M. Chavée ne permet pas que l'on compare le transformisme avec sa théorie de la dérivation des langues indo- européennes. Pour lui, cette dérivation n'est pas une hypothèse, c'est un fait bien établi, et il appelle à son aide une comparaison des plus ingénieuses.

Si nous prenions, dit le savant linguiste, trente exemplaires du discours de M. Bertillon et si nous versions d'une certaine hauteur le contenu d'un encrier sur la première page de chacun d'eux, l'encre couvrirait-elle les mêmes lignes sur chaque exemplaire? non assurément, et la situation, la forme, l'étendue des taches noires varieraient pour chaque reproduction de cette première page. N'est-il pas évident, d'après cela, qu'en réunissant les lignes épargnées sur chacun des exemplaires maculés nous arriverions facilement à reconstituer en entier notre texte? Eh bien, mes- sieurs, je vous le demande, cette restitution serait-elle une hypothèse? Personne n'osera le soutenir. Ce serait bien un fait évi- dent, incontestable; or, lorsque, étudiant dans leur structure in- time les divers éléments des neuf langues sœurs indo-européennes, nous retrouvons épars dans chacune d'elles quelques-uns de ces vocables qui, anéantis chez les unes, ont survécu chez les autres, mais qui tous, à l'origine, formaient par leur ensemble un tout harmonieux, et lorsque nous disons : cet ensemble c'était une même langue, la langue mère qui a donné naissance à celles que parlent et ont parlées les races indo-européennes, l'aryaque, en un mot, faisons-nous autre chose qu'une restitution analogue à celle que je supposais tout à l'heure? Et n'y aurait-il pas une su- prême injustice à qualifier d'hypothétique un résultat aussi po- sitif?

Vous lisez sur plusieurs inscriptions les lettres S. P. Q. R. tou- jours placées dans les mêmes conditions, et vous écrivez au-des- sous *senatus populusque romanus*. Votre traduction est-elle une hypothèse? Personne ne le pensera.

Je soutiens, avec tout autant de raison, que la restitution de l'aryaque est un résultat positif, que la dérivation des langues indo- européennes est un fait, et qu'il n'y a dans tout cela absolument rien d'hypothétique. Lorsque le premier en France j'ai émis ces idées et exposé ces faits, on murmurait autour de moi, on m'au- rait volontiers taxé d'extravagance, mais il a bien fallu se rendre à l'évidence, et ce que M. Bertillon appelle une hypothèse est au- jourd'hui universellement admis comme un fait enseigné succes- sivement en Allemagne et en Angleterre par tous les linguistes sérieux et notamment par Schleicher et Max Müller.

M. Chavée improvise avec une facilité et une conviction qui rendent la réplique difficile et font pâlir la contradiction. D'ailleurs la discussion durait depuis plusieurs mois, les chaleurs de juillet ne sont pas favorables aux efforts de l'intelligence, et déjà les préoccupations de la guerre troublaient un peu les esprits; on a cependant écouté encore avec plaisir un membre nouveau, M. le docteur Hector George, qui, prenant le côté humoristique du débat, se demande si l'homme actuel est le dernier degré de l'évolution sériaire et si les perfectionnements résultant de la transforma- tion aidée par la sélection naturelle n'auront point pour résultat de faire naître chez l'homme des vertèbres caudales, voire même d'y ajouter un œil. M. George déplore, en tout cas, les tendances de certains esprits qui veulent tirer du darwinisme ce qui n'y est pas, et qui abandonnent le terrain solide des faits pour se lancer dans des théories ultra-scientifiques. Il rend justice aux recher- ches de Darwin, qui ont mis en lumière des faits de premier ordre; mais quant au transformisme en lui-même il se gardera bien de le combattre de front, pour deux motifs : d'abord, parce que ce serait s'exposer aux foudres de mademoiselle Clémence Royer, qui, à la fin de sa préface, qualifie de *bonzes* et autres appellations tout aussi peu désirables les adversaires de la doctrine; en second lieu, parce que le transformisme n'est lui-même qu'une succes- sion continuelle de transformations, et constitue ainsi une sorte de protée insaisissable contre lequel les efforts de la dialectique n'ont pas de prise et qui échappe au raisonnement.

M. le président lève ensuite la séance et ajourne la prochaine réunion de la Société au 21 octobre prochain. A cette époque sera close la session du Congrès international d'anthropologie, dont les séances doivent avoir lieu à Florence et à Bologne pendant la première quinzaine d'octobre.

Léon Guillard.

VARIÉTÉS

M. A. NÉLATON

de l'Institut

Les plaies par armes à feu (1)

Les plaies produites par les armes à feu sont contuses au plus haut degré ; de cette contusion excessive dérive une sé- rie de phénomènes tous également instantanés, et dont la réu- nion donne à ces solutions de continuité un aspect caracté- ristique. Ces phénomènes sont : une lividité prononcée, une désorganisation plus ou moins étendue, une sorte de stupeur qui s'empare des parties blessées, rayonne autour de ce point central et se propage quelquefois à toute l'économie ; enfin une sécheresse remarquable, due à la fois à l'absence de l'écoulement sanguin et à la présence des eschares. Tel est l'aspect général sous lequel se présentent la plupart des bles- sures produites par les projectiles que met en mouvement la déflagration de la poudre. Il est facile de pressentir que de si graves désordres primitifs doivent en entraîner d'autres beau- coup plus nombreux et plus formidables au moment de la réaction inflammatoire ; c'est, en effet, dans les blessures de cette espèce qu'on voit se produire, dans toutes leurs variétés et sous toutes leurs combinaisons, les accidents généraux des plaies. Ainsi la contusion provoque une inflammation intense ; les pertes de substance produisent des suppurations abon- dantes et des hémorrhagies secondaires ; l'écrasement des os et des articulations prédisposent le malade au tétanos et au

---

(1) Extrait de la *Pathologie chirurgicale* de M. Nélaton.

délire nerveux. Souvent le grand nombre de ·blessés, leur entassement, font naître la pourriture d'hôpital et la diathèse purulente. Les projectiles enfin s'arrêtent souvent au milieu des tissus, en sorte que la présence d'un corps étranger, rare dans les autres plaies, est ici un phénomène ordinaire, surajouté à cette longue série de complications que nous avons énumérées.

Ces plaies, malgré les caractères qui leur sont communs et qui en font une famille si distincte, offrent entre elles de nombreuses différences, qui dépendent de la forme et du volume du corps qui les a produites, du trajet qu'il a parcouru, de la nature des parties intéressées, et des circonstances qui les accompagnent.

Les projectiles les plus ordinaires sont : les balles, les biscaïens, les boulets, les éclats de bombe, d'obus, de grenade ; les morceaux de mitraille, les grains de plomb; à ceux-ci il faut ajouter tous les corps solides que ces projectiles détachent ou soulèvent pour les lancer ensuite dans l'espace lorsqu'ils les rencontrent sur leur route. La poudre elle-même, lorsqu'elle prend feu, ne se consume pas toujours entièrement ; les grains qui échappent à la combustion se transforment en véritables projectiles qui pénètrent dans la peau et y demeurent fixés.

Les balles sont ordinairement régulières; cependant elles peuvent avoir été déformées par leur choc contre un corps dur qui les réfléchit. La même arme peut en contenir deux et même trois; et alors elles sont quelquefois ramées, c'est-à-dire réunies par un fil d'archal tortillé.

Du mode d'action des projectiles. — Ils agissent différemment sur les parties molles et sur les os. — A. Lorsqu'une *balle* frappe très-obliquement les parties molles, elle emporte les tissus qu'elle touche et produit une plaie qui se présente sous la forme d'une gouttière. Si son obliquité est moindre, elle traverse la peau en y faisant une ouverture ovalaire ; si sa direction est perpendiculaire à la surface du corps, elle pénètre au milieu des tissus, et alors tantôt elle s'arrête dans leur épaisseur, tantôt elle ne fait que les traverser, et va sortir sur un point plus ou moins éloigné de celui par lequel elle avait pénétré. Dans le premier cas, la plaie qu'elle produit offre la forme d'un cône dont le sommet tronqué répond à l'ouverture d'entrée, tandis que le fond présente des dimensions plus considérables, ce que la plupart des chirurgiens depuis Percy ont attribué à la persistance du mouvement de rotation de la balle. Dans le second cas, elle creuse au milieu des parties molles un véritable canal, dont les dimensions transversales s'accroissent de l'ouverture d'entrée vers l'ouverture de sortie. Les deux ouvertures ne présentent pas ordinairement les mêmes dimensions ; la plupart des chirurgiens s'accordent à dire que l'ouverture d'entrée est la plus petite. Quelques-uns, au contraire, soutiennent que cette ouverture est plus grande que l'ouverture de sortie. Voici ce que l'examen clinique et des expériences nombreuses faites sur des cadavres et des animaux vivants ont appris à Gerdy. Le plus souvent l'ouverture d'entrée est plus grande que celle de sortie ; d'autres fois, les deux ouvertures sont sensiblement égales. En tirant obliquement sur une surface plane, il a obtenu sur le cadavre une ouverture d'entrée ovalaire. En tirant perpendiculairement sur la surface antérieure de la cuisse, la jambe étant fléchie, il a produit des ouvertures rondes qui devenaient transversalement ovalaires par l'extension de la jambe, et surtout par la flexion de ·la cuisse sur le bassin. La direction dans laquelle la balle vient frapper la peau, l'état de tension ou de relâchement de cette membrane, apportent donc des différences dans l'étendue des ouvertures que produisent les balles.

L'ouverture d'entrée est nette, déprimée vers les parties profondes, toujours plus qu moins contuse ; celle de sortie est irrégulière, saillante au dehors, et présente moins de contusion. Quelquefois le trajet parcouru par la balle est rectiligne, et alors les ouvertures d'entrée et de sortie sont diamétralement opposées; mais souvent il s'infléchit dans un ou plusieurs points, et prend une direction angulaire, curviligne ou sinueuse. Il résulte de ces déviations que l'ouverture de sortie est quelquefois placée dans une région où l'on n'eût jamais pensé que la balle pût parvenir. Ces déviations trouvent une explication naturelle dans la différence de densité des tissus que la balle traverse ; celle-ci est réfléchie lorsqu'elle tombe obliquement sur des tissus résistants. Les aponévroses, les muscles en contraction et la peau elle-même peuvent déterminer cette réflexion des balles. C'est ainsi qu'on en a vu décrire un trajet demi-circulaire, bien que les deux orifices directement opposés semblassent alors accuser un trajet rectiligne : c'est ainsi qu'on a vu une balle pénétrer sous la peau du front près de la ligne médiane, et aller sortir au niveau de la protubérance occipitale externe, après avoir cheminé entre le cuir chevelu et le crâne. Le même phénomène a été observé autour du thorax, autour de l'abdomen. Dupuytren a vu une balle qui avait pénétré près du cartilage thyroïde venir sortir à une petite distance du même point, après avoir ainsi décrit un trajet circulaire presque complet.

B. Sur les os, les effets déterminés par ces projectiles ne sont pas moins variés ; ils diffèrent pour les os plats, les os longs et les os courts, pour le tissu compacte et pour le tissu spongieux.

1° Si la balle qui vient frapper un os plat tombe obliquement sur sa surface, elle peut être réfléchie par l'os d'abord, ensuite par les parties molles qui le recouvrent, et de ces réflexions successives naissent ces mouvements curvilignes qui la détournent des organes splanchniques et la maintiennent à la périphérie du corps. Ces phénomènes se présentent lorsque le projectile rencontre les os du crâne, le sternum, ou la face externe des côtes. Dans ce cas, bien que l'os examiné à sa surface externe semble ne présenter aucune altération, on a plusieurs fois constaté sur les os formés de deux lames de tissu compacte (comme les os du crâne, par exemple), des fractures de la table interne. Lorsque la balle est moins oblique dans sa direction, tantôt elle s'arrête au devant de la surface osseuse, tantôt elle la brise en éclats, tantôt elle détermine une simple perte de substance et la traverse. Dans le premier cas, elle se déforme et produit une désorganisation du périoste et une contusion de l'os.—Dans le second, il peut y avoir une simple fêlure, ou bien des fêlures multiples et étoilées, ou bien encore des fragments. On a vu quelquefois la balle se heurter contre la vive arête de l'un des bords de la fracture et se diviser en deux moitiés qui, dans leur marche divergente, allaient atteindre l'une les parties profondes et l'autre les parties superficielles.— Dans le troisième enfin, on observe que l'ouverture qui succède à la perte de substance est nette, régulière, comme si elle eût été pratiquée à l'aide d'un emporte-pièce ; mais cette netteté ne se présente pas au même degré sur les deux tables de l'os. Sur la table interne, la perte de substance est plus considérable et moins égale ; assez souvent même la perforation de cette table est entourée de fractures multiples. Lorsqu'une balle a traversé le crâne de part en part, l'ouverture de sortie est constamment plus grande et moins régulière que l'ouverture d'entrée. Ces phénomènes sont entièrement semblables à ceux qu'on observe lorsqu'une balle, douée d'une force d'impulsion suffisante, traverse plusieurs planches verticalement placées les unes à la suite des autres. Alors, en effet, la première planche offre, comme dans le cas précédent, deux ouvertures d'inégale grandeur, celle d'entrée à peu près du diamètre de la balle, celle de sortie beaucoup plus large, entourée de nombreuses esquilles. L'ouverture d'entrée de la deuxième planche traversée par la même balle est plus grande que celle de la première, mais cependant plus petite que son ouverture de sortie ; l'ouverture de sortie est encore plus grande que l'ouverture correspondante de la première planche, et ainsi de suite pour les autres.

2° Lorsque le projectile rencontre le corps d'un os long et cylindrique, on l'a vu se réfléchir et se porter vers les muscles, qui, contractés et tendus, l'ont réfléchi à leur tour, en sorte qu'il a pu, dit-on, contourner l'os, de la même manière qu'il a contourné le crâne et le thorax. Levacher a publié un fait de ce genre ; mais le plus souvent l'os est brisé en éclats. Ce n'est que dans quelques circonstances tout à fait exceptionnelles que cette fracture a présenté deux fragments seulement, ainsi que Hunter et Boyer l'ont observé, le premier sur le fémur, le second sur l'humérus. Si le corps de l'os est prismatique, comme le tibia, la balle, en tombant obliquement sur l'un de ses bords, peut l'emporter, et l'os demeure écorné. Celle-ci, au contraire, se divisera en deux fragments, si elle vient frapper le bord tranchant de l'os. Dupuytren a vu les deux fragments d'une balle qui s'était ainsi divisée sur la crête du tibia de la jambe droite, traverser toute l'épaisseur des chairs, et aller se perdre dans les parties molles de la jambe gauche, placée derrière la précédente.

3° L'action des balles est la même sur les extrémités des os longs et sur les os courts, ou plus généralement sur tous les os formés de tissu spongieux. Mues par une puissance modérée, elles pénètrent dans l'épaisseur de ces os et s'y enclavent à des profondeurs différentes ; animées d'une impulsion plus grande, elles les traversent en creusant des canaux dont la largeur augmente graduellement de l'ouverture d'entrée, qui est petite et régulière, à l'ouverture de sortie, qui est plus grande et entourée d'esquilles. Lorsque la balle pénètre dans l'extrémité d'un os long près des surfaces articulaires, si son trajet n'est pas parallèle à ces surfaces, elle peut se porter vers l'articulation. Lors même qu'elle ne prend point cette direction, il est rare qu'elle n'occasionne pas de fracture dont le foyer communique encore avec la cavité articulaire. Enfin, si le projectile s'éloigne de l'articulation et se rapproche du corps de l'os, en suivant une direction oblique par rapport à celle de ce dernier, il pourra s'engager dans le canal médullaire, ainsi que A. Paré eut l'occasion de l'observer sur le roi de Navarre pendant l'assaut donné à la ville de Rouen.

Les balles cylindro-coniques des armes de précision dont on se sert actuellement sont mues avec une vitesse plus grande et causent des désordres plus considérables que les balles de calibre des fusils de munition : c'est ce qui résulte des faits observés dans la campagne d'Italie de 1859.

Les *biscaïens* offrent un volume plus considérable que les balles ; leur force d'impulsion est aussi plus grande. Il résulte de là que leur action, quoique analogue à celle de ces dernières, est en général plus meurtrière et qu'ils s'arrêtent plus rarement au milieu des parties molles.

Les *boulets* sont doués d'une quantité de mouvement si prodigieuse, que, devant une semblable puissance, la faible résistance de nos tissus devient tout à fait nulle. Sans se dévier de leur route, ils divisent donc et désorganisent instantanément tout ce qu'ils touchent ; aussi leur action est-elle immédiatement mortelle lorsqu'elle porte sur les cavités splanchniques. S'ils frappent un membre d'un diamètre à peu près égal à celui qu'ils présentent, ils l'emportent. Le moignon qui succède à cette espèce d'amputation instantanée est remarquable par son extrême irrégularité ; l'os est brisé en esquilles, la peau, les muscles, les tendons, divisés à des hauteurs différentes, flottent en lambeaux inégaux et déchirés à la surface de la plaie, rendue livide par l'infiltration du sang au milieu de toutes ces parties plus ou moins désorganisées. La division des vaisseaux artériels présente la même irrégularité ; leurs tuniques internes, plus fragiles, se rompent d'abord ; la tunique celluleuse se déchire plus bas que les premières. Les débris de ces deux tuniques et le retour sur elle-même de la troisième s'opposent à l'effusion du sang, qui est ordinairement peu considérable, malgré une si grave mutilation. Les boulets qui effleurent la surface du corps enlèvent également les parties soumises à leur contact : c'est ainsi qu'ils ont quelquefois emporté le mollet, une partie de la fesse, qu'ils échancrent le tronc ou les membres, et déterminent de cette manière des plaies dont la cicatrisation est rendue impossible par la perte de substance trop considérable que les parties ont éprouvée.

Lors même que la force d'impulsion que possèdent ces projectiles est à peu près complétement épuisée, ils conservent encore la funeste propriété de produire les lésions les plus graves. Le tissu cellulaire, les muscles, les vaisseaux, sont réduits en bouillie ; les tissus fibreux sont dilacérés, les os brisés comminutivement ; la peau seule, par sa souplesse, échappe alors le plus souvent à la désorganisation. On voit quelquefois sur les champs de bataille des militaires périr subitement sans lésions apparentes. Ces morts subites étaient autrefois attribuées à la malignité du vent du boulet ; mais l'autopsie, en révélant les désordres que nous venons de signaler, désordres dont les organes contenus dans les grandes cavités ne sont point exempts, a fait depuis longtemps justice d'une explication si opposée aux principes de la physique la plus élémentaire.

Les *éclats de bombe, d'obus, de grenade*, diffèrent des projectiles précédents par l'irrégularité de leur surface hérissée d'angles et de bords dentelés ou tranchants ; à volume égal, les plaies qu'ils occasionnent sont plus étendues ; elles saignent davantage, et donnent souvent lieu à des hémorrhagies dangereuses. Les corps que les projectiles détachent ou soulèvent sur leur passage se rapprochant des éclats de bombe par leur forme irrégulière, produisent des effets analogues, mais ils agissent avec moins d'intensité ; ce que leur impulsion plus faible et leur densité, en général bien inférieure à celle des métaux, expliquent suffisamment.

Les *grains de plomb* déterminent des blessures qui offrent

en général peu de gravité. Le plus souvent ils s'arrêtent au milieu des organes, à des distances inégales ; ils déterminent peu de douleur, peu d'inflammation. Les tissus se cicatrisent sur eux, et ils demeurent ainsi enfermés dans l'économie, durant de longues années, sans causer d'accidents, et même sans manifester leur présence par de la douleur ou du malaise. Cependant, si le coup a fait balle, c'est-à-dire si tous les grains ont pénétré comme une seule masse dans l'épaisseur des parties molles, la plaie deviendra grave, et même plus grave que celle qui eût été produite par une balle ; car tous ces grains, qui ont pénétré comme un seul corps, ne tardent pas, lorsqu'ils sont parvenus à une certaine profondeur, à prendre des directions divergentes. Les tissus, dilacérés dans tous les sens, ne pouvant se cicatriser par première intention, comme lorsque les grains pénètrent isolément, s'enflamment, suppurent, et la plaie demeure compliquée de la présence d'un grand nombre de corps étrangers qui, le plus souvent, échappent à toute tentative d'extraction.

Les *grains de poudre* s'implantent dans la peau, et y demeurent pendant toute la durée de l'existence, sans produire aucun accident ; mais comme ils n'atteignent que les parties découvertes, le plus ordinairement la face, et qu'ils tranchent par leur couleur sur celle des téguments, ils constituent, lorsqu'ils sont très-nombreux, une sorte de tatouage, préjudiciable à l'expression et à l'agrément de la physionomie.

Après avoir étudié isolément le mode d'action de chacun de ces projectiles, il nous reste à exposer les phénomènes primitifs et consécutifs, ainsi que les accidents des plaies qu'ils produisent, et enfin le traitement qui leur convient.

Symptomatologie. — A. *Phénomènes primitifs.* — 1° La contusion et la désorganisation des bords de la plaie sont en général proportionnelles au volume des projectiles, les tissus divisés présentent à leur surface une coloration brune, livide, qui s'étend souvent à de grandes distances au milieu des parties saines environnantes, en offrant les teintes ordinaires et progressivement décroissantes de l'ecchymose ; les vaisseaux capillaires directement broyés au niveau de la plaie, simplement rompus dans les tissus ambiants par le contre-coup du reflux des liquides, expliquent ces différences, et toutes les variétés qu'on observe dans la coloration livide des parties blessées. La désorganisation est partielle ou complète, superficielle ou profonde ; mais dans tous les cas, les parties contuses privées de vie restent adhérentes et collées à la surface de la plaie par la petite quantité de sang coagulé qui la recouvre, en sorte que celle-ci, par son aspect, offre une certaine analogie avec les blessures occasionnées par la cautérisation. Cette apparence avait fait croire à la cautérisation des tissus par les projectiles ; erreur réfutée depuis longtemps par Bartholomœus Maggius, par Laurent Joubert, et, avant ces auteurs, par A. Paré, qui en avait fait voir toute la futilité, en montrant qu'on pouvait faire passer une balle au travers d'un monceau de poudre sans l'enflammer.

2° L'écoulement sanguin est ordinairement peu considérable, même à la surface des plaies les plus étendues, la petite quantité de sang qui abandonne les vaisseaux capillaires dilacérés ou désorganisés se coagule au milieu des eschares, fait corps avec elles, et constitue ainsi une couche inorganique, d'abord humide, mais qui ensuite se dessèche au contact de l'air, et par son adhérence aux parties sous-jacentes s'oppose à l'effusion ultérieure du sang. Si un gros tronc artériel a

éprouvé une violente contusion, et même une désorganisation complète sur un point de sa circonférence, ce point, confondu avec les eschares environnantes, trouve en elle un appui assez solide pour résister à l'effort latéral du sang, et l'hémorrhagie n'a pas lieu. Lorsqu'un membre est emporté par un boulet, nous avons vu que la déchirure des trois tuniques artérielles à des hauteurs différentes suffisait souvent pour prévenir cet accident ; cependant on observe quelquefois des hémorrhagies primitives à la suite des plaies par armes à feu : ce phénomène se présente surtout lorsqu'une artère volumineuse, l'artère crurale par exemple, a été échancrée par une balle, et lorsque la plaie est produite par un éclat de bombe, ou par un de ces projectiles secondaires que les boulets animent de leur impulsion.

3° La stupeur est un phénomène éminemment propre aux plaies d'armes à feu. Les parties blessées, loin d'être le siége d'une douleur plus ou moins vive, sont frappées d'une sorte d'engourdissement, avec diminution de la sensibilité, abaissement de la température, sentiment de pesanteur, prédisposition toute spéciale à l'engorgement et à la mortification. Cette stupeur, ordinairement circonscrite dans un rayon peu étendu, peut devenir générale, surtout lorsque la blessure siége aux membres inférieurs et qu'elle a entraîné de grands délabrements des os et des parties molles. Le malade est alors couché sur le dos, il conserve la position qu'on lui donne ; si on soulève l'un de ses membres, celui-ci retombe comme une substance inerte ; l'œil est fixe, la pupille dilatée, la face pâle, la respiration lente, le pouls extrêmement faible : toutes les fonctions des sens sont émoussées ; l'intelligence est affaiblie ; cependant le blessé répond aux questions qu'on lui adresse, mais d'une manière toujours brève ; il est indifférent à tout ce qui l'entoure. Tel était l'état de ce malade dont parle Quesnay, dont l'état de commotion était tel, que l'amputation de sa jambe fracassée lui ayant été proposée comme unique moyen de salut, il répondit que *ce n'était point son affaire.* La peau devient froide, souvent elle prend une teinte plombée ; il survient des horripilations, des faiblesses, des syncopes. Un état aussi grave doit être considéré comme l'indice d'une terminaison funeste, s'il ne se dissipe au bout de quelques heures.

B. *Phénomènes consécutifs.* — La sensibilité renaît peu à peu dans les parties blessées : avec le retour de la sensibilité coïncide l'apparition de la douleur. Du deuxième au quatrième jour, l'inflammation se déclare et se montre d'autant plus intense que la contusion a été plus violente. Elle est caractérisée par une douleur vive, par un engorgement considérable, par la tension et la rougeur des parties environnantes, et tous les phénomènes généraux qui forment le cortége de la fièvre traumatique. Les tissus dans lesquels la vie n'est pas complétement éteinte achèvent de se mortifier au moment de cette réaction inflammatoire ; la membrane pyogénique s'étend entre les parties qui continueront à vivre et celles qui, étant mortifiées, doivent être éliminées. La suppuration s'établit, et, du huitième au douzième jour, les eschares se détachent ; alors seulement la plaie se montre dans toute son étendue.

Lorsque la perte de substance a été considérable, et surtout lorsque cette déperdition est encore augmentée par des éliminations secondaires au moment où les phénomènes inflammatoires se déclarent, la suppuration est si abondante qu'elle peut causer un affaiblissement extrême, et même la mort par épuisement complet des forces si elle se prolonge. Les plaies que déterminent les boulets, lorsqu'ils viennent creuser de larges gouttières à la surface du tronc ou des membres, exposent principalement les blessés à cette fâcheuse terminaison. Lorsque le malade est assez heureux pour résister à cet épuisement, et que la plaie se cicatrise, il demeure soumis à tous les inconvénients d'une cicatrice qui s'est opérée aux dépens de l'organisation de la membrane granuleuse; aux douleurs, aux inflammations réitérées, aux ulcérations qui se montrent si souvent dans ce tissu, et enfin aux rétractions dont il est l'agent, rétractions assez puissantes pour dévier les surfaces articulaires, anéantir un ou plusieurs de leurs mouvements.

C. *Accidents ou complications.* — 1° L'inflammation, quelque intense qu'elle soit, est cependant encore un phénomène propre et en quelque sorte naturel dans cette espèce de plaie, tant qu'elle est limitée aux parties divisées; mais il est rare qu'elle ne franchisse point cette limite. Quelquefois elle se propage au loin sur la peau et se montre sous les formes variées de l'érysipèle, de l'angioleucite ou de la phlébite ; mais plus souvent elle s'étend au tissu cellulaire sous-cutané, et alors une vaste suppuration diffuse ne tarde pas à se montrer ; ou au tissu cellulaire sous-aponévrotique et intermusculaire, et, dans ce dernier cas, la compression que toutes les parties profondes engorgées et tuméfiées éprouvent de la part des plans fibreux cause un redoublement d'intensité dans les phénomènes inflammatoires qui peuvent alors amener la gangrène des membres ; cet accident est cependant très-rare. Le plus souvent, des phlegmons profonds, des fusées purulentes, qui dénudent les muscles et les tendons, sont le résultat de cette compression ; ou bien, si la gangrène se montre, c'est sous la forme d'eschares limitées aux parties qui ont été le plus violemment comprimées.

2° L'hémorrhagie, rare comme phénomène primitif, est fréquente, au contraire, comme phénomène consécutif; elle se montre au moment de la chute des eschares. Nous avons vu que celles-ci sont éliminées du huitième au douzième jour. On aurait donc pu croire que l'oblitération des vaisseaux est alors assez complète pour qu'on n'ait point à redouter un accident de cette nature; mais n'est-il pas probable que l'inflammation si violente qui se développe dans les plaies d'armes à feu peut ralentir ou troubler ce travail d'oblitération? On a vu ainsi des hémorrhagies foudroyantes se déclarer subitement, et mettre un terme à la vie du malade, au moment où l'état de sa blessure lui laissait entrevoir une prompte guérison.

3° Le tétanos se montre surtout à la suite des plaies compliquées de déchirure des parties molles, et d'écrasement des os et des articulations. Cependant nous avons vu qu'une prédisposition toute spéciale et les changements brusques de température paraissent exercer sur le développement de cette complication une influence plus grave et plus manifeste que l'état même de la blessure.

4° Le délire nerveux apparaît lorsque l'état de stupeur est dissipé et que la réaction générale se déclare; il est favorisé par les émotions si vives et de nature si variée qui agitent ordinairement l'âme des blessés pendant la durée et la suite d'un combat.

· 5° La diathèse purulente et la pourriture d'hôpital trouvent dans le grand nombre et l'encombrement des blessés la plu-

part des conditions favorables à leur développement. De là résulte, en effet, l'accumulation des malades dans des salles insuffisantes, et cette accumulation produit l'insalubrité et toutes les fâcheuses conséquences que celle-ci entraine ; en outre, ces plaies, étant compliquées de pertes de substance, sont toujours longues à se cicatriser, et restent pendant toute cette durée exposées à la pourriture d'hôpital. Les phlébites, les suppurations diffuses, les fractures comminutives, sont autant de circonstances favorables à la production de la diathèse purulente. Ces deux complications ont exercé souvent de grands ravages, surtout dans les hôpitaux militaires situés au voisinage d'une armée. La plupart des blessés qui succombent périssent victimes de l'un ou de l'autre de ces deux accidents, véritables fléaux qui semblent ainsi vouloir compléter l'œuvre de destruction commencée par la main de l'homme.

6° Les corps étrangers, par leur présence au sein des parties blessées, sont fréquemment la source d'accidents graves. Ils ne sont pas seulement constitués par les esquilles, dont nous parlerons bientôt : souvent les projectiles s'arrêtent au milieu des tissus ; en outre, ils poussent au-devant d'eux les corps qu'ils trouvent sur leur passage, la bourre de l'arme, les vêtements du malade, des boutons, des pièces de buffleteries, des débris de toute espèce. — Il est d'une haute importance de reconnaître la présence de ces corps étrangers cachés dans l'épaisseur des organes, et ce diagnostic s'entoure quelquefois de grandes difficultés. Si la plaie faite par une balle offre deux ouvertures, il est probable que le projectile n'a fait que traverser les parties; mais la même arme pouvait contenir plusieurs balles, l'un de ces projectiles a pu se porter au dehors, et les autres s'arrêter dans les tissus sur des points différents ; en outre, si une seule balle a pénétré, elle a pu se diviser à la suite d'un choc contre le bord tranchant d'un os, et il n'est pas rare alors de voir l'un des fragments seulement s'ouvrir une issue extérieure. L'existence d'une seule ouverture semble accuser d'une manière certaine la présence d'un corps étranger dans la profondeur de la plaie; cependant elle est loin d'en être la preuve irrécusable : la balle pousse quelquefois au-devant d'elle les vêtements du malade, et peut, sans les déchirer, pénétrer assez loin dans l'épaisseur des tissus. A. Paré a vu un de ces projectiles qui avait pénétré dans la jambe sans diviser la botte du blessé, en sorte qu'elle avait été extraite avec son enveloppe au moment où la botte avait été retirée. Plus souvent, un phénomène semblable a été produit par les vêtements du malade. Il est donc important pour s'assurer de la présence ou de l'absence de la balle dans une plaie, d'examiner les vêtements, afin d'acquérir la certitude qu'elle les a divisés et traversés, ou qu'elle les a laissés intacts et y est demeurée cachée.

La bourre, les pièces de métal, d'étoffe, tous les corps étrangers que les balles entraînent s'arrêtent ordinairement à peu de profondeur; en sondant la plaie, il est ordinairement facile de les reconnaître et de les enlever.

Quant aux projectiles plus volumineux, il est beaucoup plus rare de les trouver au milieu des plaies qu'ils occasionnent; cependant les biscaïens s'y arrêtent quelquefois, les boulets mêmes ont pu pénétrer et séjourner dans certaines régions. Larrey a vu, sur un canonnier, un boulet de cinq livres qui, après avoir pénétré par la partie inférieure et externe de la cuisse, était venu se loger dans le pli de l'aine, où il n'avait point été reconnu par les premiers chirurgiens qui avaient examiné le malade. En 1814, Sanson a extrait de la cuisse d'un artilleur un boulet de neuf livres qui occupait la partie supérieure et interne de la cuisse.

Les fractures produites par les projectiles sont presque constamment comminutives; les fragments, très-multipliés si l'os a été brisé dans sa partie moyenne, sont mobiles au milieu des parties molles, et les irritent vivement; de là des accidents de toute espèce, de vastes inflammations, des abcès, des fistules, des suppurations intarissables, des nécroses. Parmi les fragments, les uns sont entièrement détachés et dès lors privés de vie, et transformés en véritables corps étrangers; les autres sont encore adhérents aux parties molles; ils pourraient se récoller et continuer à vivre, mais les accidents inflammatoires qui surviennent ne tardent pas à les isoler complétement. Ces mêmes accidents et la suppuration abondante qui les accompagne dénudent souvent le corps de l'os; celui-ci se nécrose, et cette partie nécrosée est aussi détachée et isolée à son tour. C'est là ce qui a fait admettre à Dupuytren trois classes d'esquilles : des esquilles *primitives*, des esquilles *secondaires*, et enfin des esquilles *tertiaires*. Lorsque la fracture siége à l'extrémité d'un os long et communique dans l'intérieur de l'articulation, la communication du foyer de la fracture avec la membrane séreuse articulaire est un accident des plus funestes, suivi d'une inflammation si violente que la mort en est ordinairement la conséquence, si l'on ne se hâte de pratiquer l'amputation du membre.

Pronostic. — On peut dire d'une manière générale que les plaies d'armes à feu sont extrêmement graves. Le malade peut succomber dans toutes les périodes qu'elles présentent : 1° au début, et alors il succombe dans un état de stupeur, rarement par suite d'une hémorrhagie; 2° au moment où éclate la réaction générale, et, dans ce cas, il périt au milieu de tous les phénomènes généraux qu'entraîne une fièvre traumatique intense; 3° pendant l'organisation de la membrane pyogénique : dans cette dernière période, il meurt d'épuisement; en outre, il est exposé à tous les dangers qui accompagnent les complications si variées que nous venons de passer en revue. La mort est donc une conséquence fréquente de cette plaie. Toutefois ce pronostic fâcheux s'applique surtout aux blessures produites par les biscaïens, les boulets, les éclats de bombe ou d'obus, et les balles lorsqu'elles ont brisé les os; mais lorsque celles-ci ont divisé seulement les parties molles sans atteindre les gros vaisseaux, les plaies qu'elles produisent se cicatrisent le plus souvent sans accident, quelquefois même assez promptement : Sanson a vu le trajet creusé par une balle au travers de la cuisse se réunir par première intention; mais cette réunion immédiate est un fait exceptionnel.

Traitement. — Il se compose de moyens généraux et locaux.

A. Le *traitement général* trouve ses indications dans la marche naturelle de ces plaies. Chaque période réclame des moyens différents : la période de stupeur, les stimulants et les cordiaux; la période de réaction inflammatoire, les antiphlogistiques locaux et généraux; la période de suppuration, divers moyens corroborants. Mais les agents qui composeront le traitement prescrit pour chacune de ces trois époques seront toujours employés avec une grande prudence; ainsi, dans la première période, les stimulants seront assez actifs pour ranimer le blessé, mais ne doivent jamais être assez violents pour provoquer une réaction inflammatoire intense qu'il fau-

drait combattre plus tard. C'est ainsi, également, que les antiphlogistiques, nécessaires lorsque cette réaction se produit, seront cependant toujours modérés, afin de ne point trop diminuer les forces du malade, qui lui seront si utiles pour résister à une longue suppuration. La même prudence dirigera la médication corroborante, afin d'éviter un retour d'intensité dans les phénomènes inflammatoires. — Dans la stupeur, on entourera le malade d'une douce chaleur, et l'on fera usage isolément ou collectivement de potions cordiales et éthérées, d'un vésicatoire volant placé sur un membre ou sur le tronc, de vin généreux pris en petite quantité, et, dans quelques circonstances, de lavements excitants. — Dans la période d'irritation, une ou deux évacuations sanguines modérées suffiront le plus souvent; la diète, sévère d'abord, deviendra moins rigoureuse les jours suivants; de doux purgatifs, l'émétique en lavage, seront aussi utiles. — Enfin, le régime corroborant se composera d'aliments riches en principes nutritifs et non excitants, de vins de bonne nature étendus d'eau dans des proportions qui pourront varier, mais qui se rapprocheront, en général, de celles d'un mélange à parties égales.

B. Le *traitement local* n'est pas aussi simple dans les indications qu'il présente; il est subordonné à l'état de la plaie, et les phénomènes qui accompagnent celle-ci sont si variés qu'il est à peu près impossible de l'appuyer sur des principes d'une application constante. Toutefois, en observant les modifications qui se succèdent sur les plaies d'armes à feu dans le cours de leur guérison, on peut saisir quelques indications qui s'appliquent à un assez grand nombre de faits. Parmi ces indications, les plus importantes sont relatives : 1° aux incisions immédiates connues sous le nom de *débridements;* 2° à l'extraction des corps étrangers; 3° aux premiers pansements et soins consécutifs; 4° aux diverses complications qu'elles peuvent présenter.

La plupart des chirurgiens pensent que, dans le traitement d'une plaie d'arme à feu, la première indication consiste à en changer en quelque sorte la nature, et à la transformer en une plaie par instrument tranchant au moyen d'une ou de plusieurs incisions; ces incisions constituent une opération à laquelle on a donné le nom de *débridement*. Par cette opération, on se propose de prévenir l'étranglement et les fâcheuses conséquences qu'il amène, telles que la gangrène, les fusées purulentes, la dénudation des os et des tendons, de faciliter le dégorgement des parties enflammées, et d'ouvrir une voie pour la sortie des eschares, du pus et des corps étrangers. Le débridement est nécessaire lorsque la plaie est étroite, profonde et située sur une région entourée de fortes aponévroses; on le pratiquera donc souvent avec utilité lorsque la plaie aura son siége à la cuisse, à la jambe, sur le cuir chevelu ou sur les parties postérieures du tronc à la région lombaire; mais les plaies qui intéressent les parties latérales et antérieures de la poitrine ne réclament point cette opération; celles même qui siégent sur les membres ne présentent aucune indication de débridement lorsqu'elles ont éprouvé des pertes de substance considérables. Si elles revêtent la forme d'un canal superficiel, de manière que les parois de ce canal soient constituées en dehors par les téguments, il faudra éviter de les débrider, car par cette disposition elles se rapprochent pour ainsi dire des plaies sous-cutanées dont la cicatrisation est si facile et si prompte.

Le débridement est pratiqué à l'aide d'un bistouri boutonné, conduit sur le doigt indicateur gauche jusque dans les parties les plus profondes de la plaie ; si le doigt ne peut être introduit, on se sert d'une sonde cannelée ; quelquefois une seule incision peut suffire, mais le plus souvent deux, et même trois seront nécessaires : elles devront être toujours parallèles à la direction des vaisseaux et des nerfs, et perpendiculaires à celle des tissus fibreux. Il est difficile de satisfaire à ces deux conditions dans la même incision : de là l'utilité des incisions multiples, les unes profondes, les autres superficielles, les premières parallèles aux gros troncs vasculaires et nerveux, les secondes perpendiculaires aux aponévroses. Ces incisions sont suivies d'un écoulement de sang qui varie dans sa quantité, et doit être considéré comme une saignée locale dont les effets sont presque toujours avantageux ; il convient donc de le favoriser tant qu'il se montre modéré.

Nous avons vu que trois espèces de corps étrangers peuvent séjourner dans les plaies par les armes à feu : 1° les projectiles ; 2° tous les corps qu'ils poussent devant eux ; 3° enfin les esquilles ; nous avons vu en outre que la présence de ces corps étrangers dans l'épaisseur des tissus enflammés entraîne ordinairement des dangers ; il est donc urgent de procéder à leur extraction. Voici les règles qui doivent diriger la conduite du chirurgien dans leur recherche : 1° les parties blessées seront placées dans la position qu'elles occupaient au moment de l'accident ; alors, en effet, tous les tissus se retrouvent dans le même état de tension ou de relâchement qui se présentait lorsque le projectile est venu les atteindre. Le canal creusé par celui-ci reprend en partie au moins ses dimensions et sa direction primitives. Ce fut l'application habile de ce précepte, dit Percy, qui couvrit de gloire A. Paré, lorsque, appelé auprès de M. Brissac, grand-maître de l'artillerie, blessé au camp de Perpignan, il lui trouva presque sous la peau, plus bas que l'omoplate, la balle que plusieurs chirurgiens n'avaient pu rencontrer, et qu'ils soutenaient avoir pénétré dans la poitrine, parce qu'ils n'avaient point mis les parties dans une position convenable pour faciliter leur exploration. Toutefois, il ne faudra pas fatiguer le malade par une application trop rigoureuse de ce principe ; car une balle peut avoir été réfléchie et plus ou moins déviée ; alors la précaution de placer le blessé exactement comme il était lorsqu'il a reçu le coup, loin de favoriser la découverte du projectile, pourrait devenir un moyen de le mieux cacher, en ramenant sur lui les parties qui l'avaient écarté de sa direction rectiligne, et derrière lesquelles il peut s'être arrêté. Par conséquent, si, après avoir rétabli la position primitive, on n'a pu arriver jusqu'au corps étranger, il faudra, en se basant sur la connaissance anatomique des parties blessées, diversifier les mouvements et la situation, de manière à découvrir une attitude plus favorable à l'extraction du projectile. 2° Lorsque la balle a pénétré à une grande profondeur, et qu'elle est peu éloignée des téguments qui recouvrent la partie opposée à celle par laquelle elle est entrée, il faut pratiquer une contre-ouverture qui rendra son extraction facile. 3° Il est presque toujours indispensable d'agrandir l'ouverture par laquelle le projectile a pénétré lorsqu'on veut le retirer. 4° Le doigt indicateur est le meilleur instrument qu'on puisse employer pour reconnaître la présence des corps étrangers et les extraire ; mais il n'est applicable qu'aux cas les plus simples ; c'est-à-dire à ceux dans lesquels le corps étranger est superficiel et la plaie assez large.

Lorsque le canal creusé par le projectile est étroit et profond, d'autres instruments deviennent nécessaires ; on en a imaginé un très-grand nombre, connus sous le nom générique de *tire-balle*. La plupart sont tombés dans l'oubli ; ceux qui ont survécu à l'épreuve de l'expérience, et qu'on emploie généralement aujourd'hui, sont : les pinces, la curette et le tire-fond. — Les *pinces* sont composées de deux branches longues d'environ 30 centimètres, croisées et articulées à leur partie moyenne, munies à l'une de leurs extrémités de cuillers qui se regardent par leur concavité, et à l'autre d'anneaux qui servent à les saisir et à les mouvoir. — La *curette* est formé par une tige, offrant une cavité hémisphérique à une de ses extrémités. Thomassin a modifié la curette en y ajoutant une seconde tige qui glisse à la faveur d'une coulisse sur la tige principale, et qui, poussée vers la cavité hémisphérique, s'implante sur la balle, à l'aide d'un biseau tranchant qui la termine, et la retient ainsi solidement dans cette cavité ; l'addition de cette tige rend l'usage de la curette plus sûr. — Le *tire-fond* est une espèce de vis à filet double, et à deux-pointes supportées par une tige que termine un anneau. Ces trois instruments ont été réunis en un seul par Percy ; cet instrument, appelé *tribulcon*, est composé, comme la pince, de deux tiges longues de 30 à 34 centimètres, articulées à la manière des branches du forceps, c'est-à-dire à l'aide d'un cliquet ou d'un bouton tournant, qui permet de les séparer ou de les réunir suivant qu'on se propose de les introduire isolément ou toutes deux simultanément ; la branche mâle et la branche femelle se terminent d'un côté par les cuillers disposées comme dans les pinces ; du côté opposé, la branche femelle, celle qui reçoit le cliquet, porte une cavité hémisphérique qui remplace la curette, tandis que la branche mâle est creusée d'un canal cylindrique dans lequel on introduit le tire-fond, qui y est ensuite fixé par quelques tours de vis ; l'anneau qui termine le tire-fond, et la curette qui termine la branche femelle, permettent de saisir l'instrument avec facilité. — Ces instruments doivent être préalablement enduits d'une couche d'huile qui favorise leur introduction.

Lorsqu'on fait usage de la curette simple, on l'introduit lentement, en suivant le trajet de la plaie, jusqu'à ce que l'instrument rencontre un obstacle ; quelques coups secs et légers apprennent au chirurgien, par leur résonnance métallique, s'il est arrivé jusqu'au corps étranger ; alors, inclinant la tige de la curette, de manière à glisser le bord de la cavité hémisphérique entre la balle et les chairs à la manière d'un coin, il la saisit, et inclinant ensuite un peu la branche de l'instrument du côté opposé de la plaie, afin que le corps étranger, par son propre poids, tende à rester dans la cavité de la curette, il retire celle-ci en suivant une même direction. Si l'on emploie la curette de Thomasin, avant de retirer l'instrument, il faut avoir la précaution d'abaisser la tige mobile, de manière à fixer la balle, et à prévenir sa chute, qui obligerait le chirurgien à renouveler les mouvements nécessaires pour la saisir.

Si l'on se sert des pinces, on les introduit fermées ; lorsque le choc métallique avertit de la présence du projectile, on écarte les anneaux, et par suite les cuillers ; quelques mouvements convenables permettent de le saisir, et alors on retire peu à peu l'instrument et le corps étranger, soit à l'aide de tractions directes, lentes et modérées, soit à la faveur d'un mouvement oscillatoire des branches. Lorsque la balle est profonde et le trajet un peu sinueux, il est préférable de mettre en usage l'instrument de Percy ; dans ce cas, il convient d'introduire d'abord la branche mâle, puis la branche femelle, on les articule ensuite ; souvent des corps qui avaient échappé aux pinces ont pu être saisis et retirés de cette manière.

Quand la balle est implantée dans un os superficiel, un simple élévatoire ou une spatule peuvent suffire pour la détacher ; lorsqu'elle est située plus profondément, et fixée dans la position qu'elle occupe, il faut recourir au tire-fond, qu'on conduit jusqu'au corps étranger sur le doigt indicateur, qui, après lui avoir servi de conducteur, se maintient fixe à la surface du projectile, pendant qu'on lui imprime un mouvement de rotation sur son axe, afin de faire pénétrer les deux pointes. L'implantation du tire-fond exige un effort de pression assez considérable ; on ne pourra donc en faire usage que lorsque la balle trouve dans les parties qui l'entourent des points d'appui suffisamment résistants ; il faut encore, pour que le tire-fond soit utile, que celle-ci, déformée et aplatie, n'offre pas des dimensions plus grandes que l'ouverture d'entrée du canal osseux ; lorsqu'il en est ainsi, il ne reste d'autre ressource que l'emploi de la gouge et du maillet, ou mieux l'application d'une couronne de trépan, qui agrandit le canal osseux en emportant en même temps et les parois de ce canal et le corps qui y séjourne.

Quant aux corps étrangers différents des projectiles, l'absence du choc et de la résistance métallique les rend plus difficiles à reconnaître ; mais comme ils sont en général moins éloignés de la surface de la plaie, les pinces à pansement ordinaires les saisissent facilement. La mollesse de ces corps peut faire craindre qu'on ait saisi un lambeau de tendon, de muscle ou d'aponévrose ; la prudence exige alors qu'on fasse des tractions très-légères ; l'absence de douleurs et le défaut total de résistance indiquent au chirurgien qu'il a saisi un corps inerte dont l'extraction est sans danger. Les grains de poudre seront successivement extraits avec la pointe d'une aiguille et le plus tôt possible ; car, ainsi que l'avait déjà observé Maggius, les petites plaies qu'ils produisent se cicatrisent immédiatement, et après cette cicatrisation l'extraction n'est plus possible.

Les recherches les plus habiles ne permettent pas toujours de trouver et de saisir le corps étranger ; la prudence exige qu'on ne le prolonge pas trop longtemps, et qu'on abandonne les soins d'une semblable élimination aux efforts de la nature ; plus tard la suppuration parvient souvent à les entraîner ; s'ils restent enfermés dans un organe, ils s'entourent d'un kyste celluleux, adhérent aux parties voisines par sa face externe, et lisse par sa face interne. Ainsi enkystés, les projectiles peuvent séjourner pendant de longues années au milieu des organes sans produire aucun accident ; ils peuvent même se déplacer et parcourir d'assez grandes distances sans cesser d'être inoffensifs, puisque dans ces migrations ils emportent avec eux leur enveloppe séreuse ; à la suite de ces déplacements ils se rapprochent quelquefois des téguments, sous lesquels ils manifestent leur présence par une saillie plus ou moins sensible ; enfin, dans quelques circonstances, le kyste qui les entoure s'enflamme, suppure, des abcès se forment, s'ouvrent au dehors, et l'on voit sortir en même temps le pus et le corps étranger.

Après avoir débridé la plaie et extrait les corps étrangers, on procède au pansement ; la réunion, qui est posée en principe dans toutes les autres espèces de plaie, même dans les plaies contuses ordinaires, ne saurait être prescrite pour les plaies d'armes à feu dont la surface présente des eschares plus ou moins étendues. Ces plaies doivent nécessairement suppurer ; en attendant que la suppuration se déclare, on les recouvrira de compresses trempées dans une liqueur aromatique et stimulante si elles sont le siège d'une stupeur prononcée ; dans le cas contraire, on fera un pansement simple ; lorsque la suppuration a détaché les parties mortifiées, au pansement simple, renouvelé deux ou trois fois par jour, si l'abondance du pus l'exige, et à une position convenable, on joint l'usage de bandelettes agglutinatives, qui favorisent la cicatrisation, et abrégent la durée de la maladie. Si la perte de substance a été considérable et occupe le voisinage d'une articulation, on maintiendra les parties blessées dans une position inverse à celle qui favoriserait le rapprochement des lèvres de la plaie, afin de donner au tissu de la cicatrice assez d'étendue pour que la rétractilité n'apporte plus tard aucun obstacle aux mouvements articulaires.

Quant aux complications des plaies par armes à feu, elles seront traitées par les moyens spéciaux que nous avons fait connaître, et sur lesquels nous ne devons point revenir ici ; nous ajouterons seulement : 1° que l'hémorrhagie, soit primitive, soit consécutive, sera combattue par une ligature faite au-dessus de la plaie ; parce que le désordre extrême de la plaie, le sang infiltré, les eschares, ne permettraient que très-difficilement de reconnaître les deux bouts du vaisseau divisé ; 2° que dans les fractures comminutives, il faut pratiquer de larges débridements afin d'extraire toutes les esquilles, et même avoir recours aux contre-ouvertures, si le pus ne se porte pas librement au dehors ; 3° que la stupeur dont ces plaies sont le siège repousse, en général, l'irrigation continue avec l'eau froide, qui favoriserait l'extension de la gangrène ; 4° enfin, qu'il est des blessures tellement graves, que l'amputation ou l'ablation de la partie est le seul traitement qu'on puisse leur opposer.

A. NÉLATON,
Professeur honoraire à la Faculté de médecine de Paris.

La 6ᵉ section des infirmiers militaires, en résidence à Chambéry, a été dirigée sur l'armée du Rhin.

— On organise une 10ᵉ section d'infirmiers.

— La Société de secours aux blessés établie à Paris, au palais de l'Industrie, se charge de faire parvenir aux militaires les lettres qui lui sont transmises ; en outre, ses membres ayant leurs entrées dans les ambulances françaises et prussiennes, lui fournissent des renseignements sur les Français qui s'y trouvent. Ces renseignements sont tenus à la disposition du public.

— Une Société s'est formée en Angleterre pour secourir les malades et les blessés. Le comité, après s'être mis en rapport avec ceux de Paris et de Berlin, et ayant été renseigné sur les moyens les plus efficaces d'atteindre le but proposé, a envoyé sur le théâtre de la guerre six chirurgiens qui seront attachés à la Société de la Croix-Rouge et recevront leurs instructions du président du comité de Paris et de celui de Berlin. La Société payera les dépenses de ces chirurgiens ; leurs services, pour le reste, seront gratuits. La Société a envoyé 500 livres sterling au président à Paris, et une égale somme au président à Berlin.

Le propriétaire-gérant : GERMER BAILLIÈRE.

PARIS. — IMPRIMERIE DE E. MARTINET, RUE MIGNON, 2.

Paris, 9 septembre 1870.

Les événements politiques qui viennent de s'accomplir, amènent au ministère de l'instruction publique M. Jules Simon qui était depuis longtemps indiqué pour ce poste par son origine, son apostolat pour l'enseignement, et les sympathies qu'il inspire. A la *Revue des cours littéraires* il appartient de rappeler qu'au 2 décembre 1851, il était la voix la plus applaudie de la Sorbonne.

L'enseignement supérieur n'a pas eu beaucoup à se louer du régime qui tombe ; le nom seul de M. Jules Simon est un gage assuré de l'appui qu'il trouvera dans le régime républicain.

— Un des derniers actes du ministère Palikao avait été l'institution de deux comités dirigés par M. Berthelot et M. G. Séc, chargés d'apporter le concours de la science à la défense de la capitale ; ils vont être organisés sous la présidence du ministre de l'instruction publique, M. Jules Simon.

— L'*Association britannique pour l'avancement des sciences* ouvrira son congrès annuel mercredi prochain 14 septembre à Liverpool. Il sera clos le mercredi suivant 21 septembre.

Nos lecteurs savent que l'Association a élu pour président de ce congrès M. Th. H. Huxley. Les vice-présidents sont : le comte de Derby, M. W. E. Gladstone, sir de Malpas Grey Egerton, sir J. Whitworth, MM. S. R. Graves, J. Prescott Joule, J. Mayer. Secrétaires généraux : MM. T. Archer Hirst et Th. Thomson ; assistant secrétaire général, M. George Griffith, (1, Woodside, Harrow). Trésorier général : M. W. Spottiswoode (50, Grosvenor Place, London S. W.).

Le comité local, qui siége à l'hôtel municipal de Liverpool, est composé de : MM. Rev. W. Banister, Reginald Harrison, Rev. Henry H. Higgins, Rev. A. Hume et M. H. Duckworth, trésorier.

Voici quels sont les présidents des différentes sections :

Physique et mathématiques. — Président : M. J. Clerk Maxwell.

Chimie. — Président : M. H. E. Roscoe.

Géologie. — Président : sir Ph. de Malpas Grey Egerton.

Biologie. — Président : M. G. Rolleston ; vice-présidents : MM. J. Evans et Michael Foster.

Géographie. — Président : sir Roderick I. Murchison.

Sciences économiques et statistique. — Président : M. Jevons.

Mécanique. — Président : M. Ch. Vignoles.

La séance générale d'ouverture aura lieu le mercredi 14, à huit heures du soir, et sera en grande partie remplie par le discours du président M. Th. Huxley. Le 15 et le 20, grandes soirées, à la même heure. Le 16 et le 19, discours, ou leçons solennelles, à huit heures et demie du soir, l'un par M. Tyn-

dall, sur les *Usages scientifiques de l'imagination*, l'autre par M. Macquorn Rankine sur les *Courants et les vagues dans leurs rapports avec l'architecture navale.* — Les séances des sections se tiendront tous les jours, du 15 au 20, à onze heures du matin. Les personnes qui désirent faire des lectures doivent envoyer à l'assistant-secrétaire général une courte notice du sujet qu'elles se proposent de traiter. La séance générale de clôture aura lieu le mercredi 21, à deux heures et demie.

— On annonce la mort de M. le docteur Guyon, correspondant de l'Académie des sciences de Paris.

— Nous trouvons dans un mémoire de M. Chervin, directeur de l'institution des bègues de Paris, des observations intéressantes sur le bégayement comme cause d'exemption du service militaire.

« Le plus fréquemment (*Instruction* pour les officiers de santé, approuvée par M. le ministre de la guerre, 1862), après avoir scrupuleusement examiné les organes de la parole, le médecin n'y découvre aucune altération à laquelle il puisse attribuer l'infirmité dont il s'agit ; aussi n'en existe-t-il pas que l'on ait plus de tendance à simuler. Dans ce cas, le rôle de l'officier de santé se réduit à rassembler des probabilités, et à apprécier l'exagération qui pourrait être faite dans les cas légers.

» Quelle que soit cependant la force des présomptions suggérées par l'examen le plus scrupuleux, il est rare que celui-ci puisse dispenser de l'enquête publique, aussi souvent nécessaire en pareille occurrence que pour la surdité et le mutisme. »

Le bégayement étant sujet à de fréquentes intermittences, il arrive parfois, assez souvent même, que des jeunes gens très-bègues répondent sans hésiter aux questions que leur adressent les officiers de santé chargés d'examiner les conscrits, mais, par contre, certains jeunes gens chez lesquels le bégayement est léger d'ordinaire, sont pris d'une émotion telle en présence du conseil de révision, qu'ils ne peuvent articuler une seule parole. Ainsi, en admettant les deux cas que nous avons cités, l'exemption du service se réduit à une question de chance ; il résulte de là que, devant le conseil de révision, c'est l'enquête seule qui devrait faire foi. Cette enquête porte la signature de trois pères de famille ayant un intérêt à l'exemption ou à la non-exemption. Tant pis pour eux s'ils ne se conforment pas aux lois de l'enquête, ils subissent les conséquences de leur déloyauté en la personne de leurs enfants.

Le bégayement est plus fréquent qu'on ne le suppose à première vue et qu'on ne le croit généralement. En 15 années, de 1852 à 1867, 10 148 conscrits ont été, pour cause de bégayement, exonérés du service militaire. Actuellement, puisque tous les jeunes gens qui ne peuvent justifier d'aucun cas d'exemption prévu par la loi doivent être incorporés dans la garde mobile, l'exemption pour cause de bégayement pèsera fortement sur cette milice, à laquelle elle enlèvera chaque année environ 1000 hommes, soit 5000 pour la période de 5 ans fixée par la loi militaire.

M. Chervin termine en déclarant que, le bégayement pouvant être guéri par certaines méthodes de diction, il conviendrait de mettre ces méthodes à la portée de tous dans les écoles primaires et de décider ensuite que le bégayement n'exempterait plus du service militaire.

ÉMILE ALGLAVE.

SOCIÉTÉ LINNÉENNE DE LONDRES

SÉANCE ANNUELLE

M. GEORGES BENTHAM

de la Société royale de Londres

Les travaux de botanique depuis trois ans

SOMMAIRE. — Transformation des espèces végétales. — Des types linéaires ou inter-médiaires en botanique. — Valeur de l'*espèce* paléontologique : les *Protéacées*. — Régions d'origine des espèces végétales. — Génération spontanée; état actuel de la question. — Gymnospermie des conifères; M. Spørk et M. Van Tieghem. — Tératologie végétale ; le docteur Masters.

Je me proposais aujourd'hui, en suivant une habitude déjà ancienne et à l'exemple de ce que j'ai tenté en 1862, 1864, 1866 et 1868, de faire passer devant vous un tableau, à grands traits, de la marche générale des sciences biologiques dans ces derniers temps. Malheureusement, je n'ai pu, pour divers motifs, consacrer autant de temps que de coutume à la préparation de ce discours, et je me vois obligé de restreindre cette étude à un petit nombre de points, se rapportant à des sujets d'un intérêt plus particulier pour moi-même, et sur lesquels se sont accomplis des progrès considérables dans le courant de ces deux ou trois dernières années.

En première ligne, sans contredit, je dois signaler les magnifiques résultats qu'ont fournis tout récemment, d'une part l'exploration des faunes des mers profondes et, d'autre part, l'étude des dépôts tertiaires des régions arctiques. Si je les réunis sous un même chef, bien qu'ils intéressent deux branches parfaitement distinctes des sciences naturelles, c'est parce qu'ils tendent les uns et les autres à élucider à un degré remarquable l'une des questions les plus importantes et les plus controversées en histoire biologique, la continuité de la vie au travers des périodes géologiques successives.

M. W. B. Carpenter a donné une excellente esquisse générale de la découverte première de la vie animale au fond des mers à de grandes profondeurs, et des recherches qui ont été faites depuis sur le même sujet jusqu'à la fin de l'année 1868 (1). Les résultats de l'expédition, encore plus importante, de l'année dernière n'ont été, jusqu'à présent, que sommairement indiqués par M. W. B. Carpenter dans une leçon faite à l'Institution royale et publiée dans la *Revue des cours scientifiques* du 13 août 1870 (ci-dessus page 578); quelques détails plus explicites concernant les Madrépores ont été donnés par le docteur Duncan, dans le *Proc. of the Royal Society* (vol. XVIII, n° 118, 24 mars 1870). En Amérique, le professeur Verril a développé, dans un langage clair et concis, les conclusions générales à tirer de ces recherches sur les faunes marines (*Silliman's Journal*, janvier 1870); enfin MM. Louis et Alexandre Agassiz, et plusieurs autres après eux, ont publié des rapports très-détaillés sur les résultats des explorations américaines, dans la *Revue des cours scientifiques* du 2 juillet 1870 (ci-dessus p. 481) et le *Bulletin* du Muséum de zoologie comparée de *Harvard College* (nᵒˢ 6, 7 et 9-13). Quant aux données fournies par les dépôts tertiaires des régions arctiques, nous en devons la con-

naissance presque exclusivement aux sagaces observations et aux explications judicieuses du professeur O. Heer, dans sa *Flora fossilis Arctica*, dans son mémoire sur les plantes fossiles collectionnées par M. Whymper dans le Groenland septentrional (*Transactions philosophiques* de 1869), et dans le court exposé des résultats des expéditions suédoises dans le Spitzberg, contenu dans la Bibliothèque universelle de Genève (*Archives scientifiques*, décembre 1869).

Il serait sans utilité de rappeler ici, après M. W. B. Carpenter et le professeur Verril, les traits généraux de la révolution que ces découvertes ont amenées dans les théories conçues antérieurement sur la distribution géographique des animaux marins et les influences relatives de la température et de la profondeur sur cette distribution, aussi bien que sur la température actuelle du fond des mers ; je n'ai pas non plus à essayer de faire ressortir la quantité prodigieuse d'acquisitions nouvelles que ces résultats ont ajoutées à nos connaissances sur les variétés de la vie organique ; encore moins serait-ce mon affaire d'examiner les conclusions géologiques qu'on peut ou doit en tirer. Mon intention est seulement de montrer comment ces pas de géants, accomplis dans l'étude de l'histoire primitive des animaux marins et des forêts terrestres de notre globe, nous ont apporté la preuve la plus forte que nous possédions encore du fait suivant, qu'une permanence en apparence illimitée et une modification complète peuvent marcher côte à côte, exister ou se produire simultanément, sans que la dernière nécessite quelque catastrophe générale qui serait un obstacle à la première.

Il y a eu, comme nous le savons, une époque pendant laquelle nos collines crayeuses, aujourd'hui élevées au-dessus des eaux et desséchées, se formaient au fond des mers par l'effet du développement de la destruction successive de Globigérines, et d'autres animaux qui vivaient aux dépens de ceux-ci, par exemple le *Rhizocrinus* et la *Terebratulina caput serpentis*. Plus tard, lorsque le soulèvement du sol transporta ces animaux au sein d'un élément dans lequel il leur était impossible de vivre, et arrêta leur progrès sur tel ou tel point déterminé, ils s'étaient déjà répandus sur une zone d'une étendue suffisante pour qu'une partie de leur race ait pu échapper, persister dans les mêmes conditions et survivre. C'est ainsi que, depuis ce temps-là jusqu'à nos jours, par une dispersion ou migration graduelle, dans une direction ou dans une autre, le même *Rhizocrinus* et la même *Terebratulina* ont toujours été en possession de quelque localité favorable, où ils se sont perpétués de génération en génération et où ils se perpétuent encore en compagnie des Globigérines et d'autres animaux divers, formant des couches crayeuses au fond des mers, sans avoir subi, pendant la durée des longues périodes géologiques dont ils ont été témoins, le plus léger changement dans leurs caractères anatomiques, leur structure, dans leurs habitudes ou leur mode d'existence. De même aussi, il fut un temps où les montagnes du Groenland et du Spitzberg, aujourd'hui couvertes de glaces et de neiges éternelles, étaient, sous l'influence d'un climat propice, revêtues de riches forêts, dans lesquelles fleurissait le *Taxodium distichum*, avec des *Sequoia*, des *Magnolia*, et beaucoup d'autres espèces végétales ; lorsque, plus tard, ces forêts furent anéanties par le refroidissement général, la zone qu'avait déjà envahie le *Taxodium* était assez vaste pour comprendre quelques districts dans lesquels il put encore vivre et se propager ; quelles qu'aient été depuis les vicissitudes de

---

(1) *Revue des cours scientifiques*, tome VI, page 498, 10 juillet 1869 et *Proceed. of the Royal Society*, vol. XVII, n° 107. — Voyez aussi dans notre tome V, page 697, 3 octobre 1868, la lecture de M. Th. H. Huxley, *Un morceau de craie*.

son sort dans certaines régions ou même dans la totalité de sa zone d'habitation primitive, il a toujours trouvé, par l'effet d'une extension ou migration graduelle, quelque point sur lequel il a persisté, prospéré, et perpétué sa race de génération en génération, jusqu'à nos jours, sans avoir subi la moindre modification dans ses caractères anatomiques pas plus que dans son fonctionnement physiologique.

Dans ces deux cas, les animaux permanents du fond des mers et les arbres permanents des forêts terrestres ont été témoins d'une transformation plus ou moins partielle, plus ou moins complète, dans les races auxquelles ils se sont trouvés mêlés. Parmi ces associées primitives, les unes, dépourvues des mêmes moyens de dispersion et confinées dans leurs habitations originelles, furent anéanties sans retour par les changements géologiques ou climatologiques, et remplacées par des formes nouvelles, parmi lesquelles les races permanentes avaient pénétré, ou par des espèces immigrantes provenant d'autres localités ; d'autres, au contraire s'étaient dispersées comme ces races permanentes; mais se trouvant moins bien appropriées aux nouvelles conditions d'existence qui leur étaient faites, elles durent, dans le cours des générations successives, se transformer graduellement par le procédé de sélection naturelle qui joue un si grand rôle dans les théories darwiniennes, c'est-à-dire par la survivance et la conservation des seules variations accidentellement produites qui sont avantageuses aux individus dans les conditions particulières où ils se trouvent placés. Si, à quelque époque postérieure, le fond des mers une fois soulevé s'est affaissé et submergé de nouveau, ces terres glacées ont pu reconstituer un sol favorable au développement d'une nouvelle vie, et se couvrir, soit d'animaux, soit de végétaux, dérivés des régions plus ou moins voisines, et plus ou moins différents de ceux qu'elles portaient originellement, suivant la durée du temps écoulé et l'importance des changements physiques survenus dans l'intervalle. Ainsi nous reconnaissons d'une part, avec le docteur Duncan, que « la persistance de certains types, à travers les âges, au milieu des transformations variées et sans fin subies par les espèces concomitantes, n'indique en aucune façon qu'il ne s'est pas produit, pendant la durée de leur existence, des changements physiques et biologiques considérables, qui ont pu modifier la face de toute chose assez profondément pour donner aux géologues le droit d'établir la succession de plusieurs périodes » ; mais d'un autre côté, il nous faut convenir aussi que M. W. B. Carpenter a, dans un sens, parfaitement raison lorsqu'il affirme que « nous devons nous considérer aujourd'hui encore comme vivants en pleine période crétacée ». En effet, la formation de la craie s'est perpétuée, sur certaines parties du lit de l'Atlantique septentrional, depuis le commencement de cette période jusqu'au jour actuel, sans aucune interruption, et sans qu'il se soit produit aucune modification dans ses caractères.

Si maintenant nous considérons comme démontrée la coexistence possible d'une permanence indéfinie et d'une transformation graduelle ou brusque, sur une même zone et sous les mêmes conditions physiques, dans des races diverses, suivant leurs idiosyncrasies constitutionnelles ; si nous admettons de plus qu'une seule et même race peut être permanente ou plus ou moins variable suivant les circonstances locales, climatologiques ou autres, dans lesquelles elle se trouve placée, nous écartons par cela même l'une des difficultés les plus embarrassantes dans l'étude de l'histoire des races, savoir le

défaut apparent d'uniformité dans les lois qui régissent la succession des formes. Il nous devient alors possible, non-seulement de faire avec quelque confiance pour certaines races ce que le professeur Huxley faisait récemment devant nous à propos de la généalogie du Cheval (1), et de les suivre à travers leurs modifications successives dans la série des périodes géologiques, mais encore de comprendre plus aisément l'identité absolue de certaines espèces végétales qui habitent des localités très-distinctes, largement séparées les unes des autres, et dans lesquelles la grande majorité des espèces est plus ou moins différente. Un argument souvent mis en avant contre la communauté d'origine d'espèces typiques dans des régions éloignées, — telles que l'Europe tempérée et les Alpes australiennes, le cercle Arctique et l'Amérique antarctique, les États-Unis orientaux et le Japon, — argument qui m'a paru longtemps d'une valeur considérable, est le suivant : si la variation des types et la séparation qui en est la conséquence résultent nécessairement d'une modification graduelle par sélection naturelle, comment se fait-il que, parmi les descendants de certaines races, alors que tous ont été soumis aux mêmes influences, les uns se soient spécialisés dans des directions diverses au point d'arriver à constituer des genres distincts dans les deux régions, tandis que d'autres appartiennent, de l'aveu universel de tous les botanistes, aux mêmes genres mais à des espèces différentes, et que d'autres enfin ont formé seulement des variétés peu importantes ou sont même restés absolument identiques ? A cela nous répondons aujourd'hui, avec une certaine assurance, qu'il n'existe pas plus d'uniformité absolue dans les résultats de la sélection naturelle qu'il n'y en a dans tout autre phénomène de la vie en général. Les influences extérieures agissent diversement sur des constitutions diverses. Si nous transportions la flore et la faune tout entières d'un pays dans une région éloignée, ou, ce qui revient au même, si nous transformions les conditions extérieures de cette flore et de cette faune, quant au climat, aux influences physiques, aux adversaires naturels ou aux autres causes de destruction, aux moyens de protection, etc. , nous devrions nous attendre, nous le savons maintenant, à voir quelques-unes des races animales et végétales périr immédiatement sans retour ; d'autres, plus ou moins affectées, persisteraient encore pendant un certain nombre de générations, mais en perdant graduellement leur vigueur, puis, avec le cours des années ou des siècles, disparaîtraient peu à peu pour être remplacées par des races voisines ou envahissantes mieux constituées ; chez certains autres, nous verrions se produire quelques variations plus ou moins légères, qui auraient pour effet de les adapter mieux au nouvel ordre de choses qu'elles auraient à subir ; et l'expérience a montré à plusieurs reprises qu'une pareille transformation, une fois commencée, augmente et s'accentue de plus en plus, au travers des générations successives, et finit souvent par donner naissance à une nouvelle espèce permanente typique ; enfin, certaines races pourraient se trouver aussi favorisées sous leurs nouvelles conditions que sous les anciennes, se conserver vigoureuses et se perpétuer, sans subir aucune modification.

En prenant en considération les lumières nouvelles jetées sur ces sujets par les recherches dont je viens de parler, aussi bien que par les nombreuses observations qu'a suscitées le développement des grandes théories darwiniennes — (obser-

----

(1) Voyez ci-dessus, pages 453-455 (17 juin 1870).

vations au nombre desquelles je comprends certaines particularités signalées dans un travail sur les *Cassia* que je vous ai communiqué l'année dernière et que l'abondance de matières nous a empêchés jusqu'à présent de publier), — il me semble que nous pouvons presque surprendre, pour ainsi dire, au moins chez les végétaux, le processus de transformation des espèces en action sous nos yeux, ou du moins nous pouvons observer diverses races, aujourd'hui vivantes, arrêtées à différentes phases de cette transformation, depuis la légère variation locale jusqu'à une séparation complète d'espèces et de genres. Sur le premier degré de cette échelle, nous placerons par exemple ces races que la majorité des botanistes regardent comme des espèces très-variables, telles que le *Rubus fruticosus*, la *Rosa canina*, la *Zornia diphylla*, la *Cassia mimosoides*, etc. Dans chacune de ces espèces, nous trouvons une forme particulière, que nous appellerons typique, qui domine généralement sur la plus grande partie de la zone d'habitation de cette espèce ; les autres formes, qui s'écartent plus ou moins de la précédente, sont au contraire plus ou moins restreintes à des localités particulières, et les mêmes variétés ne se présentent pas, dans des stations séparées, avec précisément les mêmes combinaisons de caractères ni dans les mêmes proportions ; il s'est donc formé des variétés et des sous-espèces locales et représentatives ; mais elles n'ont pas encore assez d'importance, la transformation n'a pas été assez profonde, pour les soustraire à la domination de la forme typique plus robuste dont elles dépendent et par leur communauté d'habitat et probablement par des croisements plus ou moins fréquents avec elle. Le botaniste anglais, transporté dans le sud de la France ou en Hongrie, rencontrerait encore une, peut-être deux ou trois des formes de Ronce et d'Églantine qui lui sont familières ; mais s'il voulait distinguer les trente ou quarante variétés ou sous-espèces sur lesquelles il a dépensé chez lui tant de peine et de sagacité, il se verrait obligé de recommencer tout son travail, avec une série de formes et de combinaisons de caractères entièrement nouvelles pour lui ; l'espèce est encore la même, les variétés sont transformées.

Nous reconnaissons des exemples de ce que j'appelle une seconde phase dans la transformation des espèces, dans des plantes telles que le *Pelargonium australe* ou *grossularioides*, et la *Nicotiana suaveolens* ou *angustifolia*, dont il était précisément question dans le travail sur les *Cassia* que je rappelais tout à l'heure. Nous nous trouvons ici en présence d'une race, — race d'un ordre qui n'est pas supérieur à l'*espèce* dans l'acception botanique ordinaire du terme, — habitant deux pays qui sont depuis longtemps largement séparés, dans le premier exemple l'Afrique méridionale et l'Australie, dans le second le Chili et l'Australie ; cette race, à supposer qu'elle ait été originellement transportée de l'un de ces pays dans l'autre, l'a été à une époque assez éloignée pour qu'elle ait pu acquérir depuis un caractère nettement indigène dans chacun d'eux ; dans chacun d'eux, elle est largement répandue et hautement diversifiée ; mais, parmi toutes ses variétés, une forme seulement est identique dans les deux régions (*Pelargonium australe*, var. *erodioides*, et *P. grossularioides*, var. *anceps* ; *Nicotiana suaveolens*, var. *angustifolia*, et *N. angustifolia*, var. *acuminata*), et cette forme est comparativement si rare qu'on peut la considérer comme étant en voie d'extinction ; toutes les autres variétés, au contraire, dont quelques-unes sont très-fécondes et occupent des zones éten-

dues, et qui sont toutes liées entre elles par des gradations insensibles, divergent dans les deux régions dans des directions différentes ; elles présentent des combinaisons de caractères diverses, et la seule forme qui puisse établir un lien entre les types indigènes de chacune de ces régions est précisément celle qui est encore commune à toutes les deux. Lorsque cette dernière sera éteinte, des espèces distinctes seront établies.

Faisons un pas de plus, et nous allons voir le progrès dans la transformation spécifique se prononcer encore davantage, dans la *Cassia* par exemple. J'ai montré qu'il n'existe pas moins de huit ou neuf modifications différentes sectionnelles, et sous-sectionnelles, de ce type, communes à l'Amérique méridionale, à l'Afrique tropicale et à l'Australie, mais sans aucune identité d'espèce ou du moins de sous-espèce, si ce n'est peut-être dans quelques cas particuliers dans lesquels un échange moderne s'est probablement produit. Les espèces communes primitives se sont éteintes, la communauté d'origine ne se manifeste plus que dans les sections.

Des types communs d'un ordre plus élevé encore ont disparu dans le cas des *Protéacées*, ordre si parfaitement naturel et si nettement défini que nous ne pouvons nous empêcher de supposer une communauté d'origine entre ses races d'Afrique et d'Australie. Elles sont, les unes et les autres, remarquablement nombreuses et réductibles à des groupes bien déterminés, sans qu'il existe un seul genre commun aux deux régions ; cette fois, ce ne sont plus seulement les espèces, ce sont les genres eux-mêmes qui ont pris un caractère géographique. Dans tous ces cas, pour les variétés du *Pelargonium* et de la *Nicotiana* comme pour les espèces de *Cassia* et les genres des *Protéacées*, il est certaines modifications de caractères exactement semblables que l'on observe à la fois dans les deux régions ; mais ces modifications sont différemment combinées ; la corrélation des déviations produites dans les divers organes n'est pas la même. Chez les *Chamæcristæ* d'Asie et d'Afrique, une tendance à un changement particulier dans la vernation de la foliole s'accompagne d'une certaine transformation dans la glande pétiolaire ; en Amérique, la même transformation dans la glande est corrélative d'un changement différent dans la préfoliaison. Dans les Protéacées australiennes, les glandes du torus manquent constamment avec une certaine inflorescence (cônes à écailles imbriquées) qu'elles accompagnent toujours dans les Protéacées d'Afrique.

Si j'ai choisi les exemples qui précèdent pour expliquer ce que nous pouvons considérer, sans grand effort d'imagination, comme des cas de transformations progressives dans les races, ce n'est pas qu'ils soient isolés ou exceptionnellement appropriés ; il me serait facile d'en produire de semblables en nombre infini. Dans le cours des études détaillées que j'ai dû faire successivement sur les flores de l'Europe, du nord-ouest de l'Amérique, de l'Amérique tropicale, de la Chine et de l'Australie, j'ai partout et toujours observé que la communauté d'un type général, dans des régions actuellement séparées, s'accompagne, lorsque surviennent des variations, d'une divergence plus ou moins marquée dans des directions différentes dans ces différents pays.

Si nous considérons la succession des races qui ont subi une transformation spécifique complète à travers les périodes géologiques successives, nous est-il possible de déterminer dans le règne végétal des cas de « véritables types *linéaires,* c'est-à-dire de formes qui ont été intermédiaires entre d'autres formes, parce qu'elles ont eu une relation généalogique directe avec celles-ci, » comme M. Huxley le faisait récemment, avec bien des apparences de certitude, pour la généalogie du Cheval, dans son dernier discours annuel à la Société géologique ? Je ne le pense pas, dans l'état actuel de notre science ; et, en effet, n'est-ce pas surtout aux végétaux que pourraient s'appliquer les paroles du célèbre professeur lorsqu'il signalait les difficultés qui entourent les études de cet ordre ? — « Ce n'est pas chose facile, disait-il, que de trouver des preuves de filiation nettes, convaincantes, irrécusables entre différents animaux fossiles. Pour arriver à une satisfaction complète, à une certitude scientifique absolue, il nous faudrait connaître tous les traits généraux importants de l'organisation des animaux que nous rapprochons ainsi les uns des autres, et non pas seulement les fragments qui servent si souvent d'unique base à la détermination des genres et des espèces paléontologiques. » Ces mêmes difficultés se présentent à un degré bien plus élevé lorsqu'il s'agit des plantes fossiles ; en effet, ici il n'est plus question d'os, de dents, de coquilles, de portions de squelette interne ou externe ; les débris végétaux qui nous restent de la période tertiaire sont généralement ceux qui sont le moins propres à nous apprendre quelque chose sur la structure et l'organisation intérieure. M. Carruthers a récemment donné (*Geological Magazine,* avril et juillet 1869, et *Journal de la Société géologique,* août 1869) (1) des preuves satisfaisantes de l'étroite affinité qui unit la *Sigillaria* et les genres voisins de la période houillère aux Lycopodiacées actuellement vivantes, affinité déjà entrevue par le docteur Hooker ; mais, d'après les renseignements qu'il me donne, on n'a jusqu'à présent trouvé aucun anneau de communication dans aucun des dépôts tertiaires intermédiaires ou tertiaires. Dans ces derniers, la présence de nombreux types végétaux, que nous pouvons, selon toute apparence, considérer comme les ancêtres de nos races vivantes, est établie sur des données irrécusables. Mais je ne sache pas qu'on ait démontré un seul cas de généalogie authentique dans une série de transformations successives, depuis l'époque crétacée jusqu'à l'époque actuelle, à travers les puissantes assises déposées pendant les périodes éocène et miocène, d'une manière aussi satisfaisante que l'identité absolue du *Taxodium* et des autres espèces végétales que j'ai déjà nommées ; je ne doute pas cependant qu'on n'obtienne des résultats satisfaisants dans cette voie, lorsque nos paléontologistes cesseront de tout mélanger et de prendre indifféremment pour bases de leurs raisonnements tantôt les faits les mieux établis et tantôt les conjectures les plus hasardées. Le professeur Unger, dont nous avons eu récemment à déplorer la perte, et qui était l'un de nos correspondants étrangers distingués, a publié, il est vrai, peu de temps avant sa mort, sous le titre de *Geologie der europäischen Waldbäume,* 1re partie, *Laubhölzer,* jusqu'à douze tableaux généalogiques des races des forêts européennes ; mais il me semble que, dans ce travail, comme d'ailleurs dans un autre de ses mémoires dont j'aurai tout à l'heure à dire un mot, cet éminent paléontologiste a pris toute liberté de fonder ses déductions beaucoup plus sur des conjectures que sur des faits. Nul doute que l'existence de représentants extrêmement voisins de nos

---

(1) Voyez ci-dessus, W. Carruthers, les *Forêts cryptogamiques de la période houillère,* p. 194 (26 février 1870).

Hêtres, Bouleaux, Aunes, Chênes, Tilleuls, etc., dans les dépôts tertiaires de l'Europe centrale et méridionale, ne nous soit pleinement démontrée par des fleurs, des fruits et des feuilles ; mais comment déterminer les transformations successives des caractères dans une race, alors que nous ne possédons que la fleur d'une période, le fruit d'une autre, la feuille d'une troisième? Je ne connais pas un seul cas dans lequel on ait rencontré ces trois éléments réunis dans plus d'un étage, et l'immense majorité de ces espèces fossiles sont établies sur l'autorité de feuilles détachées ou de fragments de feuilles seulement.

Considérons donc un instant quelle est la place qu'occupe en réalité la feuille dans la botanique systématique. Existe-t-il un botaniste, quelque expérimenté, quelque sagace qu'il soit, qui puisse se flatter de déterminer, sur le simple examen d'une feuille inconnue, non-seulement l'ordre et le genre naturels auxquels elle appartient, mais encore ses caractères précis comme espèce inconnue ? Les auteurs de certaines monographies ont, sans doute, quelquefois fondé de nouvelles espèces sur des échantillons sans fleur ni fruit, qu'ils avaient de bonnes raisons, d'après les circonstances collatérales d'habitat, d'après les notes du collectionneur, la ressemblance générale, etc., pour croire qu'ils appartiennent bien réellement au genre dont ils s'occupaient ; mais alors ils avaient l'avantage de certifier le faciès général dérivé de l'insertion de la position relative, de la présence ou de l'absence d'appendices stipulaires, etc., en outre des données fournies par la branche elle-même. Du reste, même en s'aidant de toutes ces données accessoires, de Candolle le père, dont aucun botaniste n'a égalé la sagacité pour juger d'un genre d'après son aspect général, s'est plusieurs fois fourvoyé complètement dans l'appréciation des genres et même des ordres auxquels il a attribué des espèces décrites seulement d'après des échantillons foliacés. Or, dans la plus grande partie des dépôts tertiaires, les paléontologistes n'ont rencontré que des feuilles détachées ou des fragments de feuilles, indiquant seulement la forme extérieure, la préfoliaison, et, dans une certaine mesure, la structure épidermique, caractères qui se rangent tous dans la classe de ceux que le professeur Flower, dans sa leçon d'introduction au Collège royal de Chirurgie, au mois de février dernier, désignait si judicieusement sous la qualification d'*adaptifs,* en les mettant en opposition avec les caractères essentiels ou fondamentaux. Ces caractères peuvent sans doute, lorsqu'on les met en relation avec l'abondance individuelle relative, aider à se former une idée générale de l'aspect de la végétation, et fournir ainsi quelques données sur certaines conditions physiques de la région ; mais, à eux seuls, ils sont absolument inaptes à fournir aucune indication d'affinité de race, ni par conséquent d'origine ou de distribution géographique successive.

M. Lesquereux, parlant des « espèces ou pour mieux dire des formes de feuilles » crétacées, fait, dans une note de son mémoire sur les plantes fossiles de Nebraska (*Silliman's Journal,* vol. XLVI, juillet 1868, p. 103), une observation très-importante : « — Il est bien entendu, dit-il, que lorsqu'on emploie dans l'étude des plantes fossiles le mot *espèce,* ce mot n'est pas pris dans son acception précise ordinaire ; il est en effet impossible de déterminer une espèce d'après des feuilles ou des fragments de feuilles. Toutefois, comme les paléontologistes doivent reconnaître les formes qu'ils décrivent et représentent, les comparer entre elles et apprécier leurs rapports, il a bien fallu fixer à ces formes des noms spécifiques, et par conséquent les considérer comme des espèces. » Malheureusement, les investigateurs des flores tertiaires de l'Europe centrale et méridionale ont pris l'habitude, non-seulement de négliger cette distinction, de nommer et de traiter ces formes foliacées comme des espèces équivalentes à celles que nous établissons pour les plantes vivantes, mais encore de fonder sur elles des théories, qui pèchent complétement par la base si ces déterminations spécifiques se trouvent inexactes et sans valeur. Rien de plus satisfaisant, à coup sûr, que des déterminations comme celle du *Podogonium*, par exemple, que le professeur Heer a réussi à mettre hors de toute contestation par l'étude de nombreux échantillons de feuilles, de fruits, et même de fleurs, quelques-uns encore attachés aux branches, échantillons que j'ai eu le plaisir d'examiner l'été dernier sous la direction amicale de l'éminent professeur lui-même. Ce genre de Césalpiniées, par son affinité évidente avec le *Peltogyne*, le *Tamarindus*, et quelques autres végétaux aujourd'hui répandus sur les régions les plus chaudes de l'Amérique et de l'Afrique et moins abondamment en Asie, nous fournit des indications d'une importance capitale sur les relations physico-géographiques de la végétation tertiaire de la Suisse, indications confirmées encore par quelques autres exemples d'une valeur égale ou presque égale. Ainsi, dans ce cas, nulle difficulté. Mais en est-il de même lorsqu'il s'agit de la théorie que le professeur Unger a si énergiquement soutenue en 1861, dans son discours intitulé *Neu Holland in Europa?* Je ne le pense pas ; et cette théorie, qui est d'ailleurs aujourd'hui généralement admise, me paraît être établie sur des raisonnements du genre de celui-ci : — « On trouve dans les dépôts tertiaires d'Europe, et principalement dans les plus anciens, un grand nombre de feuilles qui ressemblent à celles des Protéacées ; or, la présence des Protéacées est un trait caractéristique de la végétation australienne ; donc la végétation européenne possédait en abondance, à l'époque tertiaire, un type appartenant à l'Australie et qui avait passé de cette dernière région en Europe par une communication terrestre directe.

Cette opinion, que des Protéacées appartenant à des genres australiens existaient en nombre considérable en Europe à l'époque éocène, est considérée par les paléontologistes comme l'un des résultats les mieux acquis, les plus incontestables de leur science. Ils comptent près de cent espèces tertiaires, et beaucoup d'entre elles avec une confiance si parfaite, si absolue, que cela peut paraître, de la part d'un paléonlogiste aussi inexpérimenté que moi, le comble de la présomption que d'oser émettre le moindre doute sur une pareille question.

Cependant, si les débris que nous possédons de la végétation des dépôts tertiaires sont beaucoup trop insuffisants pour nous permettre d'affirmer que les Protéacées n'en faisaient point partie, je ne crois pas du moins, je n'hésite pas à le dire, qu'on y ait trouvé un seul échantillon qu'un botaniste classificateur reconnaîtrait appartenir à des Protéacées, à moins toutefois qu'il ne provînt d'une région dans laquelle on saurait d'ailleurs qu'il existe des Protéacées. Pour bien des raisons, du reste, je serais très-peu disposé à admettre qu'aucune des grandes branches australiennes de l'ordre soit jamais parvenue en Europe. Comme c'est là une assertion qui exige plus qu'une pure affirmation de ma part, je vous demande la permission d'entrer dans quelques détails ; je commencerai par énoncer brièvement les motifs de mon incrédulité dans l'existence des Protéacées tertiaires européennes ; j'examinerai ensuite les prétendues preuves que l'on donne de cette existence.

Les analyses et les descriptions détaillées que j'ai eues à faire, pendant ces derniers mois, d'environ cinq ou six cents Protéacées, et l'étude à laquelle je me suis livré de leurs affinités et de leur distribution, m'ont démontré que l'ordre, dans son ensemble, est l'un des plus distincts et des plus nettement définis parmi tous ceux des végétaux phanérogammes. Je ne connais pas une seule plante qui présente une structure intermédiaire entre cet ordre et les ordres les plus voisins ; je ne pourrais en dire autant d'aucun autre des grands ordres sur lesquels j'ai fait des recherches. On constate en outre, spécialement parmi les Nucamentacées, une netteté remarquable dans la majorité des genres, qui sont bien distincts et n'offrent pas d'espèces intermédiaires. En même temps, l'ordre, dans son ensemble, présente une extrême uniformité dans quelques-uns de ses caractères les plus essentiels, tirés de la disposition des organes floraux, et de la structure de l'ovaire et de l'embryon, enfin de son feuillage qui est véritablement caractéristique. Tout cela révèle, à mon avis, l'unité dans l'origine, une très-grande antiquité, et un long isolement aux époques primitives. Les espèces elles-mêmes paraissent être pour la plupart constitutionnellement douées de ce que j'appelais, dans mon discours de l'année dernière, une longévité individuelle, plutôt que d'une grande rapidité de propagation.

L'ordre comprend à peu près cinq groupes principaux, plus ou moins bien définis dans leurs caractères, mais très-différents dans leur distribution géographique :

— 1° Les *Nucamentacées* (dont je sépare l'*Andripetalum* et le *Guevina*) ; c'est probablement le groupe le plus ancien, et peut-être le seul qui existait à l'époque où les Protéacées habitaient quelque terre en communication directe, soit simulnément, soit consécutivement, avec l'Afrique extra-tropicale et avec l'Australie ; c'est en effet le seul qui soit aujourd'hui représenté dans la première de ces deux régions. Ce groupe est doué au plus haut degré de la spécificité des caractères et de la durabilité de l'ordre ; il est très-naturel dans son ensemble ; il comprend environ deux cent cinquante espèces dans onze genres d'Afrique distincts, et environ deux cents espèces dans douze genres d'Australie également distincts ; pas un seul genre n'est commun aux deux pays, et les différentes espèces, très-riches en individus, habitent des localités très-restreintes. Dans les deux pays, ce groupe est confiné d'une manière générale dans les régions méridionales. En Afrique, on ne trouve qu'une ou deux espèces qui remontent vers le nord aussi haut que l'Abyssinie. Quant à la section australienne, elle s'est étendue jusqu'à la Nouvelle-Zélande, où elle a laissé une seule espèce, aujourd'hui entièrement différentiée des espèces australiennes ; quelques autres espèces, en petit nombre (moins d'une douzaine), ont atteint l'Australie tropicale ; enfin, s'il en est qui aient dépassé ces limites, on n'en a toujours encore découvert aucune trace, ni en Amérique, ni en Asie, ni même dans la Nouvelle-Calédonie.

Les quatre groupes restants, qui constituent ensemble les *Folliculares*, doivent s'être tous formés depuis la séparation de l'Afrique. Ce sont :

— 2° Les *Banksiées*, — deux genres, comprenant environ cent espèces, — présentent le même type de distribution que les Numencatacées australiennes; elles sont principalement méridionales, locales et riches en individus; trois ou quatre espèces pénètrent dans les régions tropicales; aucune n'a été trouvée hors de l'Australie.

— 3° Les *Grevillées*, dans lesquelles les genres sont un peu moins caractérisés et dont la distribution est plus étendue, comprennent plus de trois cents espèces réparties entre huit genres environ; ces espèces sont encore pour la plupart méridionales et locales; le nombre de celles qui sont tropicales est cependant considérable, et quelques-unes s'étendent jusqu'à la Nouvelle-Calédonie; mais aucune ne dépasse cette limite.

— 4° Les *Embothriées*, comprenant environ vingt-cinq espèces dans une demi-douzaine de genres, font partie de cette flore méridionale, essentiellement montagneuse, qui s'étend depuis la Tasmanie et Victoria jusqu'à la Nouvelle-Zélande, l'Antarctique et l'Amérique chilienne; cette flore comprend beaucoup d'espèces qui se sont probablement disséminées en partant de l'hémisphère nord en dessous des Andes, vers l'Amérique antarctique et de là jusqu'à la Nouvelle-Zélande et à l'Australie; d'autres espèces au contraire, ont dû éprouver une dispersion dans la direction inverse, et parmi celles-ci, nous pouvons, selon toute vraisemblance, comprendre les Embothriées. En Amérique, elles ne remontent pas vers le nord au delà du Chili; en Australie, au contraire, bien qu'elles appartiennent principalement aux montagnes du sud et de l'est, deux ou trois espèces sont septentrionales, et l'on en trouve deux autres dans la Nouvelle-Calédonie; il n'en existe aucune dans l'archipel Indien ni dans l'Asie continentale.

— 5° Enfin les *Héliciées*, formes tropicales des Protéacées, sont constituées simplement par une légère modification dans deux directions différentes (soit de la fleur, soit du fruit) du type *Grevillea*, modification qui est sans doute d'une date relativement récente. Bien qu'on les trouve aujourd'hui largement répandues en Amérique méridionale et en Asie, elles ont néanmoins laissé des représentants dans les régions habitées originellement par les *Grevillea* en Australie. Elles comprennent près de cent espèces, réparties entre environ huit genres, et presque toutes tropicales ou sous-tropicales; trois petits genres sont exclusivement australiens; le genre *Helicia* lui-même appartient à l'Asie, et principalement à l'archipel indien; mais quatre de ses espèces s'étendent à l'Australie tropicale; une ou deux, à la Nouvelle-Calédonie; deux ou trois remontent vers le nord jusqu'aux montagnes du Bengale et de Sikkim; enfin une espèce jusqu'au Japon. Deux genres américains, contenant environ quarante espèces, sont représentés dans la Nouvelle-Calédonie par une espèce pure de chacun d'eux et par une espèce d'un genre ou d'une section voisine, et dans l'Australie tropicale, par une espèce qui montre encore la connexion australienne; enfin deux petits genres appartiennent exclusivement, jusqu'à plus ample informé, à l'Amérique, où ils se sont sans doute différenciés.

On n'a jusqu'à présent découvert aucune trace d'*Héliciées*, ni en général de *Folliculares* en Afrique. Si donc des Protéacées s'étaient réellement, à une époque quelconque, étendues jusqu'en Europe, c'est naturellement dans ce groupe hélicioïde que nous devrions les chercher. Cependant, dans la centaine supposée de prétendues Protéacées européennes, il n'y en a, si je

ne me trompe, qu'une seule que les paléontologistes rapportent à ce groupe; c'est l'*Helicia sotzkiana* d'Ettingshausen, fondée seulement sur une feuille qui, de l'aveu d'Ettingshausen lui-même, ressemble beaucoup aux feuilles d'une vingtaine de genres appartenant à treize familles différentes; après bien des hésitations il pense que c'est plutôt une *Helicia* que tout autre chose, et il finit par lui imposer définitivement ce nom, décision dont il est permis de contester la légitimité.

En réponse aux considérations négatives qui précèdent, et qui ne peuvent, j'en conviens, conduire qu'à une présomption, on nous dit que l'existence des Protéacées dans les formations miocènes et plus encore dans les formations éocènes de l'Europe nous est positivement attestée par des débris, fleurs, fruits, et graines, que nous retrouvons dans ces formations. Comme on n'a jamais rencontré ces organes fixés sur des branches, et même trop rarement rapprochés les uns des autres pour autoriser à leur attribuer une origine commune avec quelque apparence de certitude, il faut les prendre les uns après les autres et faire une étude spéciale de chacun d'eux.

Occupons-nous d'abord des graines; celles que les paléontologistes attribuent à des Protéacées sont ailées et samaroïdes; quelques-unes sont probablement en effet des graines, dont la forme rappelle sans doute celle de quelques *Hakea* et *Embothria*, mais qui ressemblent aussi parfaitement à celles d'un grand nombre de Conifères ou de certains genres de Méliacées, de Sapindacées, et de plusieurs autres ordres de dicotylédones. L'organisation intérieure, la conformation de l'embryon, etc., qui seules permettraient de distinguer ces diverses graines samaroïdes les unes des autres, se sont effacées, et il est impossible d'en apercevoir la moindre trace. Ce n'est pas tout, les graines qu'a représentées Ettingshaussen, dans son Mémoire intitulé *Die Protéaceen der Vorwelt* (*Comptes rend. de l'Acad. imp. des Scienc. de Vienne*, LVII, 711, pl. XXXI, fig. 11, 12, 14 15 et δ) offrent une préfoliation de l'aile très-différente de celle de toutes les Protéacées que j'ai vues, et ressemblant beaucoup plus à celle d'une véritable samare de frêne.

Passons à l'examen des fruits : les follicules durs et les noix des Protéacées sont aussi remarquables par l'énergie avec laquelle ils résistent aux causes de destruction et se conservent, que les capsules de tant de Myrtacées australiennes; il semble donc qu'on devrait s'attendre, partout où les débris de Protéacées sont abondants, à trouver parmi eux une notable proportion de fruits, comme cela se présente pour les Conifères, les Légumineuses, etc., donc on a pu établir l'identité sans la moindre incertitude. Il faut reconnaître cependant que ces prétendus fruits de Protéacées, dans les dépôts tertiaires, sont prodigieusement rares. Les seuls que j'ai vus représentés sont : — 1° Un fruit supposé d'*Embothrium*, figuré par Heer dans sa Flore tertiaire de la Suisse (pl. XCVII. fig. 30); le contour seul est indiqué; une partie manque dans la portion supérieure; et, bien entendu, il n'y a pas la plus légère indication de structure intérieure; une fois la partie absente rétablie et les graines insérées, — comme on le voit dans la restauration imaginaire (fig. 31) que je ne garantis en aucune façon et dans laquelle les graines sont même placées à l'envers, — on obtient quelque chose qui rappelle un peu, pas beaucoup à mon avis, un follicule d'*Embothrium*, mais qui ressemble tout autant à ce qu'Ettingshaussen représente (pl. XXXI, fig. 5) comme une feuille sans nervure de *Lambertia ;* —2° les drupes supposées de *Persoonnia* et de *Cenarrhenes* figurées par Ettingshaussen (pl. XXX); les premières vu l'absence de toute indication de structure, seraient des représentations aussi bonnes, sinon meilleures, de jeunes fruits d'*Ilex*, de *Myoporum* et de beaucoup d'autres que de ceux de *Persoonnia;* et pour ce qui est des figures *c* et *d* de la même planche, où l'on voit des fruits jeunes (verts) de Persoonnia insérés, mis en parallèle avec les figures de fossiles β, γ, et δ, il me semble que dans ces dernières la pointe la plus longue est le pédicelle et la plus courte le style, tandis que dans les premières, au contraire, la pointe courte est le pédicelle et la pointe longue le style. Enfin pour supposer que la figure 5 de la même planche représente un fruit de *Cenarrhenes*, qui consiste toujours, autant que je sache, en une drupe obliquement globulaire, il faut en vérité un effort prodigieux d'imagination. Je n'ai trouvé nulle part aucun autre fruit fossile de Protéacée représenté ou décrit.

Occupons-nous enfin des feuilles, sur lesquelles s'appuient nécessairement surtout les paléontologistes; je conviens qu'il y a, dans cet ordre, un certain faciès général du feuillage qui nous permet, dans beaucoup de cas sinon dans tous, de lui rapporter, avec une exactitude suffisante, des échantillons de feuilles connus pour provenir d'un pays qui renferme des Protéacées, même sans fleurs ni fruits. Cependant, en fait de feuilles détachées, je n'en sais pas une seule qui, par sa forme ou par sa vernation, soit exclusivement caractéristique de cet ordre, ni d'aucun de ses genres. Lorsque nous connaissons le genre et la section d'un échantillon, sa vernation nous permet de déterminer son espèce ; quelquefois même il est possible de conjecturer assez bien son genre, lorsqu'on est assuré qu'il appartient à une Protéacée; mais voilà tout. La forme des feuilles est remarquablement variée dans beaucoup d'espèces de *Grevillea* et d'autres genres, et la vernation n'est pas toujours constante, même sur un même individu. A ces objections, on répond, avec la plus triomphante confiance, que la structure des stomates dans ces feuilles fossiles, révélée par le microscope, démontre de la manière la plus palpable leur origine protéacée. Je m'en rapporte là-dessus à l'opinion de M. Hugo Mohl, la plus sérieuse autorité lorsqu'il s'agit de ces curieux organes, lequel, dans un mémoire considérable et très-soigné spécialement consacré aux stomates de Protéacées, s'exprime de la manière suivante : — «Quelque remarquable que soit la structure ci-dessus décrite des stomates chez les Protéacées, nous ne serions cependant pas autorisés à le considérer comme une particularité caractéristique de cette famille ; en effet, toutes les variétés que nous trouvons dans la structure des stomates des Protéacées peuvent aussi se rencontrer chez des végétaux appartenant à des ordres qui en sont très-éloignés. »

Ainsi, d'après les considérations qui précèdent, je suis forcé de reconnaître que toutes les présomptions sont défavorables à l'existence de Protéacées européennes, et que toutes les preuves directes invoquées en leur faveur ne résistent pas à un examen sérieux.

Du reste, si beaucoup de ces feuilles éocènes offrent des caractères généraux qui se présentent plus fréquemment, soit chez les Protéacées, soit chez d'autres ordres, en Australie, que partout ailleurs, tout ce que cela peut prouver c'est, non pas une affinité généalogique entre ces fossiles et les races

australiennes, mais simplement quelque similitude de cause produisant une similitude de caractères adaptifs.

Une autre série de conclusions que nos paléontologistes ont tirées de leurs découvertes récentes, et qui me paraît avoir été poussée trop loin, se rapporte à la détermination de la région dans laquelle une espèce donnée a pris son origine. La théorie que toute race (soit espèce, soit groupe d'espèces dérivées d'une seule) a eu pour origine un seul individu, et par conséquent une seule région, d'où elle est partie pour se disperser graduellement, est une conséquence nécessaire de l'adoption des idées darwiniennes ; aussi, lorsque M. R. Brown me raille (*Sur la distribution géographique de Conifères*, Comptes Rend. de la Société botanique d'Édimbourg, X, p. 195) de l'avoir qualifiée de parfaite illusion, il faut qu'il n'ait pas compris le moins du monde, ou plutôt qu'il ait mal lu le passage de mon discours de l'année dernière auquel il fait allusion.

J'appliquais en effet cette expression spécialement à l'idée de centres généraux de création, d'où la flore entière d'une région se serait étendue graduellement, en l'opposant à celle de l'origine présumée des races individuelles dans une localité unique, que j'admettais manifestement. Quant à la détermination de cette localité, pour telle ou telle race individuelle, c'est là une question beaucoup plus compliquée que les botanistes et les paléontologistes géographes ne semblent le supposer. — « Toute espèce végétale, comme le fait très-judicieusement observer le professeur Heer, a une histoire distincte, » qui exige pour être élucidée une comparaison rigoureuse de toutes les conclusions qui peuvent se déduire, soit de sa distribution présente, soit des débris qu'elle a laissés dans les formations anciennes. Ce fait, d'une importance capitale, que le *Taxodium distichum*, des *Sequoia*, que des *Magnolia*, le *Salisburia*, etc., vivaient dans le Spitzberg à l'époque miocène, fait démontré d'une manière si satisfaisante par M. Heer, nous apprend que la végétation de cette région comprenait alors des espèces et des genres aujourd'hui caractéristiques de l'Amérique septentrionale ; mais il me semble que la seule conclusion à en tirer (en dehors bien entendu de considérations climatologiques et géologiques) est que la zone d'habitation de ces espèces ou de ces genres s'est étendue d'une façon continue de l'une de ces régions vers l'autre, soit à une époque déterminée, soit pendant plusieurs périodes successives. Affirmer que «le Spitzberg paraît avoir été le foyer de distribution du *Taxodium distichum*», uniquement parce qu'une conservation accidentelle de ses débris nous montre que ce végétal y a vécu dans la période miocène inférieure, c'est une assertion qui demanderait au moins d'être confirmée à un degré quelconque par la connaissance de la flore de cette même période et des périodes précédentes sur le reste de sa zone d'habitation actuelle, flore dont la plus grande partie est complètement détruite et pour toujours inconnue. Cet autre fait, que le *Pinus abies* existait au Spitzberg à l'époque miocène et qu'on n'en a retrouvé aucune trace parmi les débris tertiaires abondants de l'Europe centrale, est très-instructif. Il pourrait prouver que l'introduction de cet arbre dans cette dernière région est d'une date plus récente que pour la première; toutefois, il ne peut prouver que ce végétal n'a pas été encore plus ancien dans quelque autre région d'où il a pu s'étendre successivement sur deux territoires, encore moins que sa dissémination se fit directement du Spitzberg sur l'Europe septentrionale et centrale. Du reste, la détermination du *Pinus abies* n'est pas aussi convaincante que celle du *Taxodium; car* elle n'est fondée, si je comprends bien l'expression du professeur Heer, que sur des graines et des feuilles détachées, et sur quelques écailles d'un cône; elle demande par conséquent une confirmation ultérieure.

Les observations que je viens de vous soumettre n'ont en aucune façon pour objet, dans ma pensée, d'amoindrir l'immense valeur des travaux du professeur Heer. Lancé dans l'étude de l'histoire des races végétales, je sens profondément mon ignorance générale en paléontologie, et par conséquent mon insuffisance pour contrôler, par la connaissance des végétations anciennes, les conclusions que j'ai pu tirer de celle de la végétation actuelle. Je sens aussi l'impossibilité d'entreprendre à mon âge une étude approfondie des espèces paléontologiques ; et, comme beaucoup d'autres botanistes, je suis obligé de me servir des résultats généraux acquis par les travaux des paléontologistes. Aussi, si j'ai hasardé ici quelques critiques, c'est seulement dans le but d'attirer l'attention sur la distinction importante qu'il ne faudrait jamais perdre de vue entre des faits avérés et de vagues conjectures, pour savoir jusqu'à quel point on peut avoir confiance dans les conclusions déduites des uns et des autres.

La génération spontanée ou hétérogénie est une question qui continue à exciter le plus vif intérêt. Elle a été l'objet de mémoires volumineux, de controverses violentes et d'articles populaires, chez nous, et plus encore sur le continent; cependant la solution du problème ne me paraît pas avoir avancé beaucoup, depuis l'époque où je vous exposais les théories contradictoires de M. Pasteur et de M. Pouchet, dans mon discours de 1863. Voici l'état actuel de la question : dans les ordres les plus élevés des animaux, tout individu procède d'un parent semblable à lui, après fécondation sexuelle ; chez beaucoup de plantes et quelques animaux inférieurs, en outre du mode précédent de génération, la reproduction peut s'effectuer par la séparation de bourgeons, par scissiparité ou quelquefois par parthénogenèse ; dans certains cryptogames inférieurs, le premier état dans lequel on observe les nouveaux êtres séparés de leurs parents est celui de spores, qu'on appelle agames, parce qu'on croit que leur développement n'exige pas de fécondation primitive; cependant le nombre des races agames va en diminuant de plus en plus, à mesure que notre science se perfectionne, et des progrès remarquables ont été accomplis tout récemment dans cette direction par Pringsheim dans son travail sur la fécondation des zoospores chez les *Pandorina* et les *Eudorina*. Ainsi, dans tous les cas qui précèdent, c'est-à-dire toutes les fois que nous pouvons connaître les êtres organisés dès les premières périodes de leur existence, il est démontré que tout individu procède d'une manière ou d'une autre d'un parent organisé comme lui. Mais il est des circonstances dans lesquelles on voit, sous le microscope, des êtres vivants, — Vibrions, Bactéries, etc., — apparaître immédiatement dans un état de complet développement, au sein de substances organiques en décomposition dans lesquelles on ne pouvait ni découvrir ni supposer la présence de parents. Trois théories différentes ont été proposées pour expliquer ce phénomène : 1° ces êtres sont subitement nés de rien ou d'éléments purement inorganiques; c'est peut-être là la véritable signification de la théorie déguisée sous le nom de génération spontanée, théorie non sus-

ceptible de démonstration et par conséquent rejetée par beaucoup de naturalistes comme absurde. 2° Ils sont le résultat de la simple transformation des particules des substances organiques dans lesquelles on les trouve sans l'intervention d'aucun parent Vibrion ou Bactérie; c'est là ce qu'on appelle spécialement l'hétérogénie. 3° Il existait dans ces substances organiques des germes, dérivés de parents Vibrions et Bactéries, mais trop petits pour être appréciables; la génération des nouveaux êtres est par conséquent normale. Les partisans de l'hétérogénie s'appuient sur l'impossibilité d'expliquer l'apparition des Vibrions et des Bactéries autrement que par leur théorie. En effet, disent-ils, on a beau traiter les infusions par la chaleur dans un vase hermétiquement fermé, de manière à tuer tous les germes et intercepter toute communication avec l'extérieur, ces êtres vivants apparaissent encore. Les panspermistes affirment qu'il n'en est rien lorsque les expériences sont conduites avec des précautions convenables. Voilà où l'on en était il y a sept ans; voilà où l'on en est encore aujourd'hui, bien que les expériences aient été souvent répétées en Angleterre, en France et dans l'Amérique du Nord, presque toujours avec des résultats variables. L'analogie plaide évidemment en faveur de la reproduction par un parent ; cependant l'hétérogénie a acquis dernièrement des partisans, particulièrement en Allemagne, parmi ceux qui sont disposés à renverser les barrières qui séparent les êtres vivants des corps inorganiques.

La théorie célèbre de Brown sur la gymnospermie des conifères et des ordres voisins a été, dans ces derniers temps, l'objet d'une ardente controverse. Repoussée par Baillon, Parlatore et d'autres, elle a été énergiquement soutenue par Caspary, Eichler, et, en dernier lieu, par Hooker, dans son important mémoire sur les *Welwitschia*, publié dans nos *Transactions* de 1863. A cette époque, la discussion avait paru prendre fin et la question rester pendante ; mais l'année dernière ont paru simultanément deux mémoires considérables, le premier contraire, le second favorable à la théorie. Le plus important est, sans aucun doute, celui de Gustave Sperk, publié dans les *Mémoires de l'Académie impériale des sciences de Saint-Pétersbourg*. L'auteur donne d'abord un résumé très-bien fait de tout ce qui a été publié sur son sujet; puis il décrit en détail ses propres observations sur la structure et l'anatomie de la fleur dans un grand nombre de conifères, de l'*Ephedra alata*, du *Gnetum latifolium* et de deux espèces de *Cycas*, observations accompagnées de figures analytiques très-bien exécutées. Il s'efforce de prouver, en se fondant principalement sur l'anatomie et le développement, que le revêtement qui enveloppe le noyau est carpellaire et non ovulaire, d'une origine indépendante, toujours libre et souvent développé avant le noyau, — que ce qui manque chez les gymnospermes n'est pas l'ovaire ou l'enveloppe carpellaire, mais le revêtement ovulaire, — que ces plantes sont en effet gymnospermes, dans ce sens qu'elles ont des noyaux et des embryo-sacs nus, mais non pas des ovules nus.

M. P. Van Tieghem, au contraire, considère (*Annales des sciences naturelles*, 5e série, vol. X) la gymnospermie des ovules des conifères comme démontrée par la structure anatomique des organes sur lesquels ils s'appuient. Comme dans les Dicotylédones normales, dit-il, les ovules se développent sur les bords de feuilles carpellaires et se continuent avec ces bords; mais ces feuilles carpellaires sont ouvertes, diversement ou imparfaitement développées, et constituent des feuilles solitaires sur une branche secondaire à l'aisselle de la bractée sous-tendante, cette branche secondaire étant arrêtée dans son développement et la feuille carpellaire faisant face à la bractée. Ce mémoire est illustré d'un grand nombre de figures. Ces deux travaux publiés simultanément, l'un à Saint-Pétersbourg, l'autre à Paris, n'ont à coup sûr aucun rapport l'un avec l'autre. Jusqu'à quel point chaque auteur a-t-il démontré sa thèse ? C'est ce que je ne puis prendre sur moi d'examiner maintenant. Ni l'un ni l'autre ne paraissent avoir eu connaissance des idées du professeur Oliver qui, dans son résumé du mémoire de Hooker sur les *Welwitschia* (*Hist. nat. Review*, 1863), suggère l'analogie des organes en discussion avec les développements axiaux connus sous le nom de disques floraux ; cependant les deux écrivains confirment la structure anormale de la fleur dans cette grande classe de végétaux, et la position de ces végétaux eux-mêmes sous beaucoup de rapports intermédiaire entre les Cryptogames les plus élevés et les Dicotylédones ; leur rapport avec les premières a été clairement démontré par les recherches de Carruthers et d'autres paléontologistes ; et leur rapport avec les Dicotylédones par les *Welwitschia*, par Hooker dans le mémoire dont j'ai déjà parlé.

La tératologie est un sujet qui prend chaque jour une importance nouvelle, comme aidant dans l'histoire des variations produites par la sélection naturelle dans la formation des espèces. L'homme a toujours eu une tendance à attribuer les monstres et les prodiges, soit dans le monde organique, soit dans le monde inorganique, à une infraction aux lois qui régissent les phénomènes naturels, par l'intervention immédiate *ad hoc* d'une volonté souveraine dont les motifs restaient impénétrables. Le seul rôle qu'avait dès lors à remplir le savant, lorsqu'on le plaçait en face de ces phénomènes, était d'établir leur authenticité et de détailler leurs anomalies. C'en fut déjà assez, aux yeux de d'Alembert, pour constituer la tératologie comme l'une des grandes branches de l'histoire naturelle, prise dans son sens le plus large : en effet, dans son *Système figuré des connaissances humaines*, qui fut célèbre à une époque, l'histoire naturelle était divisée en trois grandes branches. — *Uniformité de la nature*, ou étude des lois qui régissent le monde organique et inorganique, terrestre et céleste ; — *Écarts de la nature*, ou science des prodiges et des monstres ; — *Usages de la nature*, ou arts et manufactures. Jérémie Bentham, dans son *Essai de nomenclature et de classification*, dont j'ai publié une édition française il y a aujourd'hui près d'un demi-siècle, critiquait énergiquement cette classification, « dans laquelle un homme de taille moyenne appartenait à une catégorie, tandis qu'un géant et un nain se trouvaient ensemble dans une autre ». Cependant M. Galton, dans les recherches intéressantes qu'il a récemment publiées sur le génie héréditaire, nous montre, d'après Quetelet, que, même à ce point de vue, les lois qui gouvernent les déviations de la hauteur moyenne de l'homme à la fois au-dessus et au-dessous de cette moyenne, sont uniformes sous des conditions semblables, et peuvent très-bien être étudiées ensemble. Nous ne pouvons sans doute mêler avec d'Alembert l'histoire des monstruosités animales et végétales à celle des monstres minéraux et des prodiges végétaux, quels qu'ils soient ; mais la marche que la biologie a prise dans ces dernières années a montré la nécessité de rechercher

avec soin dans chaque branche toutes les exceptions à ce qui paraît être le cours ordinaire de la nature, avant que les lois de ce cours ordinaire puissent être posées avec certitude. Aussi, un ouvrage dans lequel ces aberrations observées sont soigneusement colligées, soumises à une critique rigoureuse, et classées méthodiquement, ne peut manquer d'être d'une grande utilité pour les biologistes : nous possédons maintenant un ouvrage de ce genre pour ce qui concerne les plantes, et j'en signalais le besoin dans l'état actuel de la science, dans mon discours de 1864. C'est la *Tératologie végétale* du docteur Masters, livre que nous aimerions particulièrement à voir déposer dans des bibliothèques publiques, soit ici, soit à l'étranger, dans lesquelles les observateurs qui résideraient dans le pays pourraient aisément avoir accès. Les monstruosités, c'est-à-dire les déviations des formes ordinaires dans les plantes, sont comparativement rares et fugitives ; elles s'observent plus aisément à l'état frais et elles demandent souvent d'être suivies et surveillées dans le cours de leur développement. Les habitants de la campagne sont ceux qui sont placés dans les meilleures conditions pour s'acquitter de cette tâche, et il serait très-important pour eux d'avoir sous la main un ouvrage systématique, qui leur permettrait de reconnaître si telle observation qu'ils ont rencontrée est bien connue, si elle se présente fréquemment, si elle offre quelque trait nouveau, un *item* à ajouter à la somme des données qu'on possédait déjà sur elle, si elle exige par conséquent une observation plus approfondie et des descriptions plus précises.

Cependant, lorsqu'on fait usage de la tératologie dans l'explication de la structure et des affinités, il faut faire grande attention. Tout le monde ne manie pas ces phénomènes avec le tact d'un Darwin. Dans le courant de mes travaux de classification, j'ai vu souvent des tératologistes amenés à des conclusions très-éloignées de la vérité, pour s'être fiés à la tératologie seule, en négligeant l'homologie et l'organogénie. Cette importance des faits tératologiques pour le physiologiste qui sait apprécier convenablement leur portée, et le discrédit jeté sur leur étude par l'usage déplorable qu'on en fait dans des spéculations hâtives et inconsidérées, sont signalées dans l'introduction du docteur Masters. Cependant, à part quelques explications de causes suggérées par des séries connexes de faits présentant un rapport physiologique les uns avec les autres et avec des formations plus normales, cet auteur aborde peu les diverses questions, dont la solution a été plus ou moins tentée à l'aide de la tératologie. Il est vrai que ces questions ne pouvaient se discuter sans faire intervenir dans chaque cas l'organogénie normale, le développement et l'homologie, et sans conduire ainsi l'auteur bien au delà de l'objet de son présent ouvrage, qui était d'offrir aux physiologistes futurs un compendium de faits bien étudiés, et classés de manière à montrer leurs rapports relatifs les uns avec les autres, avec les conditions normales, et avec toutes les causes de perturbations observées. Cet objet paraît avoir été pleinement rempli, et la méthode adoptée par l'auteur est probablement la mieux appropriée à l'objet qu'il se proposait. Sans doute, une classification fondée sur la nature des causes qui produisent les divers changements serait, comme il le fait observer, théoriquement la meilleure ; mais elle est impraticable, jusqu'au jour où ces causes seront éclaircies d'une manière satisfaisante.

Georges Bentham.

ACADÉMIE DES SCIENCES DE PARIS

M. ÉMILE BLANCHARD

de l'Institut

Recherches de M. A. F. Marion sur les Nématoïdes marins; travaux de M. N. Wagner sur les Ancées du golfe de Naples (1).

L'Académie a proposé en 1866, comme sujet de concours pour le prix Bordin à décerner en 1869 : la *Monographie d'un animal invertébré marin*. Dans la pensée de la Commission chargée de formuler le programme, les concurrents devaient s'attacher à faire une étude profonde de l'organisation et des conditions biologiques d'un animal qui n'aurait pas encore été l'objet de recherches bien étendues. On désirait, en un mot, que la science s'enrichisse d'une de ces monographies, qui, en apportant des détails d'une extrême précision sur les appareils organiques et sur les diverses phases du développement embryonnaire d'un type particulier, donnent lieu à de nouvelles comparaisons et facilitent ainsi de nouvelles généralisations.

Deux mémoires ont été envoyés pour ce concours. L'un, inscrit sous le n° 1, a pour titre : *Recherches zoologiques et anatomiques sur des Nématoïdes non parasites, marins*, et pour épigraphe : Μάθειν. Les vers de la classe des Helminthes et de l'ordre des Nématoïdes habitent dans les milieux les plus différents. Il y a les espèces parasites — ce sont pour la plupart des vers intestinaux — et les espèces errantes, terrestres et aquatiques. Les premières ont été beaucoup étudiées dans leur organisation ; mais les autres, n'ayant pas excité aussi vivement l'intérêt des naturalistes, ont été plus négligées. On a seulement quelques travaux sur les Anguillules et les Gordius, les plus connus des Nématoïdes libres, et un nombre fort restreint d'observations sur les espèces marines.

Le travail que nous avions à apprécier a pour objet la détermination des caractères zoologiques et l'étude comparative de l'organisation interne de vingt-deux espèces méditerranéennes recueillies dans les parages de Marseille. L'auteur, ayant à s'occuper d'animaux qui paraissent n'avoir encore été enregistrés dans aucun ouvrage descriptif, s'est appliqué d'abord à les bien caractériser, et il a fait preuve d'un bon esprit scientifique, en tenant à s'assurer que les signes distinctifs extérieurs coïncidaient avec des particularités anatomiques importantes. La seconde partie du mémoire est consacrée à l'exposition des résultats obtenus par la recherche anatomique. Nous y trouvons une étude consciencieuse des téguments et des muscles, d'intéressantes remarques relatives à la cavité générale du corps. Les observations sur l'appareil digestif qui conserve les traits caractéristiques depuis longtemps signalés chez les vers nématoïdes, nous font connaître simplement quelques modifications suivant les espèces, mais l'auteur a vu et décrit avec soin des glandes qui n'existent pas chez les Nématoïdes parasites. Le système nerveux, que personne encore n'avait étudié chez les Nématoïdes marins, a été l'objet d'investigations sérieuses, et nous pensons que ses parties les plus importantes ont été assez exactement reconnues. Une réserve plus grande nous est commandée à l'égard d'une détermination des organes des sens, et surtout d'un appareil d'audition que l'auteur croit avoir découvert. Les organes de la génération ont montré dans leur ensemble une très-grande ressemblance avec ceux que l'on a décrits chez d'autres représentants du même type zoologique, mais des détails précis relatifs à diverses espèces ont été constatés. Le *Mémoire sur des Nématoïdes marins* se termine par des remarques sur le développement de l'embryon, qui ajoutent peu aux faits observés chez des vers du même ordre, et par des considérations physiologiques sur l'alimentation et sur la digestion.

On voit par cet exposé que le travail a été exécuté avec une véritable intelligence du sujet, et qu'il contribue très-notablement à faire connaître un type zoologique jusqu'ici assez négligé. L'étude de ce type cependant n'est pas achevée. Comme conclusion, l'auteur formule ses appréciations sur les affinités naturelles des Nématoïdes marins. La détermination précise de ces affinités offre, en effet, un intérêt réel, car elle doit être la conséquence d'études assez approfondies pour que tous les faits soient rendus bien comparables. Il existe plusieurs groupes zoologiques composés d'espèces présentant les mêmes

caractères généraux et ayant des conditions d'existence fort différentes, par exemple, les Planaires qui sont des vers aquatiques, et les Trématodes qui sont des vers intestinaux. L'auteur estime qu'à la façon de ces deux formes, les Nématoïdes marins et les Nématoïdes parasites constituent aussi deux groupes bien distincts du même ordre. La question ainsi posée, il est facile de se convaincre que les comparaisons n'ont pu être suffisamment rigoureuses encore pour que toutes les ressemblances et toutes les différences entre les représentants des deux groupes se trouvent mises en lumière. On peut croire, d'ailleurs, que les conditions biologiques, si dissemblables en apparence, coïncident moins ici que ne le pense l'auteur avec d'importantes particularités d'organisation, car avec les données actuelles encore fort incomplètes, il est vrai, il ne paraît plus douteux que le même genre de vie de certains vers nématoïdes ne change durant les phases de leur existence.

Le mémoire inscrit sous le n° 2 est la *Monographie de deux espèces d'Ancées du golfe de Naples* (*Anceus parallellus*, *A. forficula*, Costa, et *A. illepidus*).

Les Ancées, petits crustacés de l'ordre des Isopodes, furent, il y a quelques années, de la part de M. Hesse, l'objet d'un travail jugé digne par l'Académie de prendre place dans le *Recueil des savants étrangers*. M. Hesse, ayant beaucoup observé les espèces des côtes de l'Océan, s'était assuré que les Pranizes, considérées précédemment comme représentant une forme générique particulière, étaient les larves ou les femelles des Ancées ; le premier, il avait reconnu les métamorphoses de ces animaux. Mais jusqu'ici, seules à peu près, les formes extérieures de ces crustacés avaient été étudiées. L'auteur du mémoire soumis à notre examen s'est attaché à l'observation des parties internes et des changements qui s'opèrent dans l'organisme pendant les phases successives du développement. Une première partie de son travail est consacrée aux individus adultes. Les pièces tégumentaires, les appendices, les muscles, l'appareil digestif, les organes de la génération y sont étudiés d'une manière comparative dans les deux sexes et d'une façon qui laisse peu à désirer, car des rapprochements avec les autres crustacés de l'ordre des Isopodes contribuent à donner la précision aux faits observés. Le système nerveux a été examiné, dans ses parties principales tout au moins ; à l'égard de l'appareil de la circulation du sang, la recherche a été moins heureuse : elle nous éclaire simplement sur la forme et la position du cœur, et sur le trajet des grosses artères ; elle nous laisse encore dans l'ignorance relativement à la marche du sang veineux, ainsi qu'au système de canaux qui apporte au cœur le sang artérialisé.

Après l'étude des Ancées adultes, l'auteur s'occupe de leurs larves depuis la sortie de l'œuf jusqu'à la dernière métamorphose, décrivant avec un soin presque minutieux les divers états par lesquels passe l'animal quant à ses formes extérieures et à son organisation interne. Il compare ses états transitoires à l'état permanent des adultes, et, dans cette comparaison, il fait ressortir avec habileté la signification biologique des changements qui s'effectuent. Sous leur forme de larves, les Ancées vivent parasites sur la peau des poissons dont ils sucent le sang ; leurs pattes, leurs pièces buccales sont appropriées à ce genre de vie ; leur tube digestif, qui doit recevoir une grande quantité de nourriture, est énorme. Adultes, les Ancées vivent libres et semblent presque ne plus agir que pour les besoins de la reproduction ; alors se modifient leurs appendices, la bouche cesse d'être apte à la succion, il y a une certaine atrophie de l'appareil alimentaire. L'auteur du mémoire que nous examinons a bien suivi, bien compris ces modifications, qui sont en rapport avec les variations dans les conditions d'existence.

Dans un dernier chapitre, il étudie la formation des œufs et leur développement après la fécondation, mais cette partie du travail, à la vérité très-difficile, laisse beaucoup de lacunes.

Nous devons ajouter que le texte est accompagné de dix planches d'une exécution remarquable, qui permettent de ne conserver aucune incertitude sur la valeur des observations.

En résumé, comme on a pu en juger par notre rapide analyse, les deux mémoires envoyés au concours pour le prix Bordin sont des œuvres fort estimables, qui, l'une et l'autre, se recommandent par le nombre des faits constatés pour la première fois. Ces travaux témoignent de la part de leurs auteurs un talent d'observation incontestable, beaucoup de persévérance, et une conscience absolue dans des recherches extrêmement difficiles. Malgré ces qualités que nous nous plaisons à signaler, et malgré la valeur des résultats que nous avons été heureux de constater, aucun des deux mémoires cependant ne répond d'une manière complète au vœu de la commission qui a proposé le sujet, à l'espérance qu'il avait fait naître. La préférence à attribuer à l'un ou l'autre des deux ouvrages demeure délicate. Des deux côtés, il y a des résultats notables obtenus, et également dus à des efforts persévérants,

---

(1) Rapport présenté au nom d'une commission composée de MM. Coste, H. Milne-Edwards, de Quatrefages, Robin et E. Blanchard.

bien que les grandes difficultés n'aient pas été surmontées. En présence de cette situation, la commission n'éprouve aucun embarras ; elle pense que les *Recherches sur les Nématoïdes marins,* et la *Monographie des Ancées du golfe de Naples,* étant vraiment dignes d'une marque d'estime et des encouragements de l'Académie, il convient de partager le prix Bordin entre les deux concurrents.

Le mémoire n° 1, portant pour épigraphe : Μάθειν, a pour auteur M. *A.-F. Marion,* préparateur à la Faculté des sciences de Marseille.

Le mémoire n° 2 est de M. *Nicolas Wagner,* professeur à l'université de Kasan.

ÉMILE BLANCHARD,
Professeur au Muséum d'histoire naturelle de Paris.

VARIÉTÉS

M. A. NÉLATON
de l'Institut

Complications des plaies de guerre (1)

I. — DOULEURS.

La douleur ne devient une complication des plaies que lorsqu'elle dépasse par sa durée et son intensité ses limites ordinaires. Les sujets irritables, dont le système nerveux a été fortement ébranlé au moment de la blessure, sont particuculièrement exposés à cet accident, dont l'intensité peut être assez grave pour produire l'insomnie, une extrême agitation, des mouvements convulsifs, et enfin tous les désordres qui caractérisent la fièvre ataxique.

Les causes capables de la provoquer et l'entretenir sont ordinairement les corps étrangers, l'épanchement de quelque liquide plus ou moins irritant, l'application intempestive à la surface de la plaie de certaines substances médicamenteuses, un pansement mal fait, des mouvements qui changent la position respective des bords de la plaie après la réunion, et enfin l'inflammation, lorsqu'elle devient trop aiguë.

Si l'on a lieu de supposer l'existence d'un corps étranger, on procédera de nouveau à sa recherche ; et si on le rencontre, on l'extraira immédiatement. Le sang coagulé entre les lèvres d'une plaie produit quelquefois ce phénomène ; comme il est ordinairement devenu fluide sous l'influence d'un mouvement de décomposition, on en favorise la sortie vers un des angles de la plaie à l'aide de pressions suffisantes pour opérer cette évacuation, mais qui devront toujours être assez modérées pour respecter l'adhésion partielle des tissus. Si la présence du sang a fait échouer complétement ce travail adhésif, on abandonnera les lèvres de la plaie à leur élasticité naturelle, et on laissera tomber sur leur surface un courant d'eau tiède, qui entraînera toute la masse du sang interposé ; ensuite on réunira une seconde fois la plaie, si l'adhésion primitive est encore possible, et dans le cas contraire on la laissera suppurer.

Il arrive quelquefois que les bords d'une solution de continuité ont été trop exactement réunis. Lorsque l'inflammation adhésive se développe, la turgescence légère qu'elle occasionne devient une cause d'étranglement et de douleurs ; il suffit, pour faire cesser ces accidents, de n'appliquer les moyens d'union qu'avec une force plus modérée ; dans le pansement, on rejettera entièrement l'emploi des substances médicamenteuses, âcres et irritantes.

(1) Voyez notre numéro précédent, page 633.

L'inflammation est la cause presque constante de la douleur ; c'est en la provoquant que toutes les circonstances précédentes développent la douleur. La plupart des auteurs anciens avaient pensé que la douleur qui accompagne les plaies était occasionnée par la division incomplète des cordons nerveux, et, conséquents avec cette opinion, ils donnaient le conseil de débrider la plaie, afin d'achever cette division ; mais le raisonnement et une observation plus attentive des faits ont démontré que cette douleur avait son siége dans les tissus profondément situés, fortement enflammés, et étranglés par les aponévroses sous-cutanées qui opposent à leur ampliation une résistance insurmontable ; les anciens, en prescrivant le débridement de la plaie, étaient donc plus heureux dans leur conseil sur le traitement que dans leur opinion sur la cause de la douleur. Ce débridement dissipe en effet tous les accidents, non, il est vrai, en achevant la section de quelques filaments nerveux, mais en divisant largement les tissus fibreux, qui permettent alors à la turgescence inflammatoire des parties sous-aponévrotiques de prendre un libre développement.

II. — DÉLIRE NERVEUX.

Dupuytren a désigné sous ce nom et décrit le premier cette complication des plaies, qui se distingue des autres espèces de délire par sa cause, qui est ordinairement une violence extérieure, et par l'absence complète de fièvre.

Symptomatologie. — Le délire nerveux se montre le plus souvent tout à coup et dans les premiers jours qui suivent la blessure, quels que soient d'ailleurs l'état local de la plaie et l'état général du malade. D'autres fois l'invasion du délire peut être prévue à l'aide de quelques signes qui l'annoncent d'une manière presque infaillible. Nous ne saurions mieux faire que de reproduire ici la description pleine de vérité que Dupuytren a donnée de cette complication (Dupuytren, *Leçons orales de clinique chirurgicale,* 2ᵉ édit., 1839, t. II, p. 231) : « Si le soir, le lendemain ou surlendemain d'une fracture, d'une luxation, d'une tentative de suicide ou d'une opération quelconque, le malade paraît dans un état de gaieté surnaturelle, s'il parle beaucoup, s'il a l'œil vif et la parole brève, les mouvements brusques et involontaires, s'il affecte un courage et une résolution désormais inutiles, tenez-vous sur vos gardes..... Bientôt il se manifeste une singulière confusion d'idées sur les lieux, les personnes et les choses : le malade, en proie à l'insomnie, est ordinairement dominé par une idée plus ou moins fixe, mais presque toujours en rapport avec sa profession, ses passions, ses goûts, son âge, son sexe : il se livre à une jactitation continuelle. Les parties supérieures de son corps sont couvertes d'une sueur abondante ; les yeux deviennent brillants, injectés ; la face s'anime, se colore, et il profère avec une loquacité extraordinaire des paroles menaçantes, des vociférations effrayantes. Son insensibilité est souvent telle qu'on a vu des individus atteints de fractures comminutives des extrémités inférieures, arracher leur appareil et marcher en s'appuyant sur leur membre brisé sans témoigner la moindre douleur ; d'autres, qui avaient les côtes fracturées, s'agitaient et chantaient sans manifester la plus légère souffrance ; quelques-uns enfin, opérés de la hernie, introduisaient leurs doigts dans la plaie, et s'amusaient froidement à dérouler leurs intestins comme s'ils faisaient cette manœuvre sur un cadavre.

» Malgré l'apparente gravité de ces symptômes, le pouls

tranquille et calme n'éprouve d'autre altération que celle que détermine le désordre des mouvements ; il n'y a pas de fièvre. Les fonctions excrémentitielles s'exécutent avec leur régularité accoutumée ; mais l'appétit est nul, et au bout de deux, quatre ou cinq jours, cette affection se termine par la mort, mais beaucoup plus souvent par la guérison. Si cette heureuse terminaison doit avoir lieu, le calme revient sans crise apparente, et aussi brusquement que le désordre a commencé. Un sommeil profond s'empare du malade excédé de fatigue, et au bout de dix ou quinze heures au plus il s'éveille en pleine raison, sans souvenir du passé, faible et sensible à la douleur ; l'appétit renaît, la maladie primitive poursuit son cours, et tout rentre dans l'ordre. Constamment plus faible à chaque récidive, ce délire peut se renouveler jusqu'à deux ou trois fois, après un ou deux jours de rémission. »

Dans les cas rares où l'on a pu faire l'autopsie de sujets morts pendant la durée du délire nerveux, on n'a rencontré aucune altération ni dans l'appareil cérébro-spinal, ni dans les autres organes.

Étiologie. — Les sujets nerveux, pusillanimes, qui ont été obligés de s'armer de tout leur courage pour subir une opération, sont les plus exposés à ce délire ; cet accident est extrêmement fréquent chez les suicidés, mais ne se montre pas exclusivement chez eux, ainsi que semblent le croire quelques auteurs. Il apparaît le plus ordinairement à la suite des luxations, des fractures bien ou mal réduites, des plaies, des opérations de tout genre ; en un mot, dans presque toutes les maladies chirurgicales et à toutes les périodes de ces affections, depuis le moment où les symptômes inflammatoires sont le plus prononcés, jusqu'à l'époque où la cicatrisation est presque complète. Les hommes y sont plus exposés que les femmes ; Dupuytren ne l'a jamais observé chez les enfants.

Diagnostic. — Le délire nerveux pourrait être confondu — avec une méningite, — avec le *delirium tremens :* l'absence de troubles circulatoires suffira pour le faire distinguer de la première de ces deux affections; quant à la seconde, elle présente avec le délire nerveux une analogie qu'on ne saurait méconnaître ; mais la cause établit entre elles une première différence : l'une succédant à une plaie, une opération, etc.; l'autre à l'abus des boissons alcooliques. En outre, suivant M. Calmeil, le délire nerveux ne présente pas le même mode d'accroissement, on ne remarque pas la même incertitude de la voix, le tremblement des lèvres, le défaut complet d'équilibre.

Traitement. — Dupuytren a vu employer pendant longtemps, et a employé lui-même contre cette affection les calmants de toute espèce, les saignées poussées jusqu'à la défaillance, les révulsifs les plus puissants : ces moyens lui ont paru sans utilité. Le traitement auquel il accordait la préférence consiste en quelques goutes de laudanum administrées en lavement. Cinq ou six gouttes dans un lavement font, suivant lui, plus d'effet qu'une dose triple introduite dans l'estomac. Ces lavements doivent être répétés toutes les six heures. Quelques malades sont agités par des mouvements tellement désordonnés, qu'il est quelquefois difficile et dangereux de leur administrer un lavement ; on peut alors leur faire prendre de 15 à 20 gouttes de laudanum dans un verre d'eau. Nous avons vu ce moyen produire le résultat le plus avantageux.

III. — INFLAMMATIONS.

Une inflammation modérée préside à la cicatrisation de toutes les plaies : à ce degré elle se présente comme un phénomène ordinaire et d'un bon augure pour la marche ultérieure de la maladie; mais des cause nombreuses peuvent lui faire dépasser ce degré avantageux pour la guérison. Le travail adhésif est suspendu; si la plaie a été réunie par première intention, ses bords ne se recollent pas, et sont envahis par la suppuration ; si la plaie suppure, sa surface, loin de diminuer d'étendue, augmente par le renversement de ses bords ; le pus qu'elle sécrétait devient moins homogène, moins lié, plus séreux, et en même temps il diminue de quantité; la couleur de la membrane granuleuse est d'un rouge violacé, qui se propage à la circonférence de la plaie, et de là s'étend souvent à la peau des parties environnantes. L'excès d'inflammation à la surface d'une plaie s'accompagne ordinairement de tous les phénomènes généraux de la fièvre inflammatoire.

Il peut tenir à la présence d'un corps étranger profondément caché ; il est le plus souvent le résultat d'une désorganisation considérable des parties blessées, comme celles que produisent souvent les projectiles lancés par les armes de guerre, et alors cette inflammation se montre au moment où la réaction générale travaille à l'établissement de la suppuration et à l'élimination des parties mortes. Comme la douleur, elle peut succéder, soit à l'étranglement des tissus divisés lorsqu'ils sont trop violemment rapprochés ou bridés par des tissus fibreux, soit au contact irritant des différentes pièces employées dans le pansement, de certaines substances médicamenteuses, soit enfin à des tiraillements entre les différentes parties de la plaie provoqués par des mouvements imprudents.

Cette inflammation se termine rarement par résolution; une suppuration abondante a lieu ordinairement lorsque la plaie a été le résultat d'un écrasement : cette suppuration est un phénomène ordinaire à ce genre de plaie tant qu'elle est limitée aux parties blessées, et qu'elle se porte librement au dehors ; mais quelquefois l'inflammation et la suppuration se propagent au loin, gagnent les parties saines, envahissent tout un membre ; alors elles deviennent une complication de ces plaies déjà si graves par elles-mêmes. Elle est assez fréquemment suivie de gangrène, lorsqu'elle reconnaît pour cause un étranglement qui a été méconnu ou incomplétement débridé; dans quelques circonstances, elle se communique aux veines, aux lymphatiques, à la peau dans une grande étendue ; et de là des phlébites, des angioleucites, des érysipèles, qui viennent se joindre aux autres phénomènes inflammatoires et en augmenter la gravité.

Le traitement de cette complication présente deux indications : 1° faire disparaître la cause qui la provoque ou l'entretient ; 2° opposer à l'inflammation proprement dite l'emploi plus ou moins énergique des moyens antiphlogistiques.

IV. — TÉTANOS TRAUMATIQUE.

Le tétanos est le plus grave de tous les accidents qui peuvent compliquer les plaies ; une contraction spasmodique, violente et permanente, d'une partie ou de la totalité des muscles soumis à l'empire de la volonté, constitue son caractère le plus essentiel.

Lorsque le tétanos affecte une partie seulement du système musculaire, il se fixe de préférence sur les groupes auxquels sont dévolues des fonctions analogues, sur les muscles élévateurs de la machoire inférieure, sur les extenseurs du tronc et des membres, sur les fléchisseurs. Ce sont ces différentes formes qui ont été désignées sous les noms de *trismus*, d'*opisthotonos*, d'*emprosthotonos*. Quelquefois il s'écarte de cette distribution physiologique pour envahir tous les muscles de l'une des moitiés du corps, comme s'il était assujetti dans sa propagation à l'ordre qui règle la dissémination des cordons nerveux partis de la moelle épinière. Cette forme, en quelque sorte anatomique, prend le nom de *pleurosthotonos*. Ces dénominations n'indiquent donc point des variétés de la maladie, mais seulement les limites plus ou moins étendues dans lesquelles elle peut demeurer renfermée, et les attitudes spéciales, constantes et pour ainsi dire inamovibles qui sont propres à chaque forme. Le tétanos est appelé *tonique* lorsqu'il s'empare de la totalité du système musculaire.

Symptomatologie. — Le tétanos traumatique est brusque dans son début; aucune modification dans l'état de la plaie, aucun phénomène général ne vient l'annoncer. Ordinairement une douleur faible vers la nuque, une légère roideur du cou, un peu de gêne dans la déglutition, en sont les premiers symptômes. La roideur du cou augmente, la difficulté de la déglutition se prononce davantage, la mâchoire inférieure est moins libre dans ses mouvements; la rigidité s'empare peu à peu de ses muscles élévateurs, qui la rapprochent graduellement de la mâchoire supérieure, contre laquelle ils l'appliquent bientôt avec une force telle, qu'aucune puissance ne peut en opérer la diduction. Cet état, qui constitue le trismus, est la forme la plus ordinaire du tétanos. Souvent il s'arrête à ce petit groupe musculaire, et lorsqu'il doit s'étendre davantage, c'est constamment par lui qu'il débute. Si cette extension a lieu, la douleur et la rigidité se propagent aux muscles du dos, aux muscles extenseurs des membres inférieurs, puis à ceux des membres supérieurs, en sorte que l'opisthotonos se joint au trismus, et alors la tête s'incline en arrière, le rachis décrit une courbe à concavité postérieure, les membres demeurent dans l'extension. Lorsque les contractions spasmodiques occupent les parties antérieures du tronc et les muscles fléchisseurs, la maladie revêt la forme de l'emprosthotonos, et l'attitude du malade est essentiellement différente : la paroi antérieure de l'abdomen est tendue et appliquée à la colonne vertébrale, qui s'infléchit en avant; toutes les extrémités semblent converger vers l'ombilic ; la tête est fortement fléchie, et le menton vient toucher le sternum ; les genoux s'appliquent à la région épigastrique, et les talons aux muscles fessiers ; les coudes dans l'état de flexion se rapprochent des hypochondres. Cette dernière forme est beaucoup plus rare que les précédentes ; mais il est fréquent, lorsque le tétanos a débuté par les muscles élévateurs de la mâchoire inférieure et les extenseurs du tronc et des membres, de le voir se propager aussi à tous les muscles fléchisseurs. Dans cette circonstance, toutes les formes se réunissent, le tétanos devient général, et les diverses parties du corps, obéissant à des puissances opposées, l'attitude ne sera plus la même : le tronc conserve sa rectitude ; la tête demeure verticale, les extrémités sont le plus souvent dans l'extension, en sorte que le corps tout entier se dresse comme un seul membre, et conserve cette attitude rectiligne, soit qu'on le soulève par l'occiput, soit qu'on le soulève par les talons, soit qu'on le laisse dans une position horizontale, suspendu en quelque sorte par les deux régions précédentes.

Le front est plissé par la contraction du frontal ; l'œil est fixe ; le muscle élévateur de la paupière supérieure et le muscle palpébral étant également tendus, les paupières demeurent immobiles et s'appliquent fortement sur le globe oculaire sans le recouvrir. Tous les autres muscles de la face prenant leur point d'appui sur un plan postérieur à celui de leur extrémité mobile, il en résulte que la base du nez est tirée en bas et en arrière, que les commissures des lèvres se portent en dehors, que les joues se retirent vers la tempe et l'oreille ; de là cette altération profonde de la physionomie, et cette expression étrange connue sous le nom de *rire sardonique*.

Pendant que ce désordre règne dans le système musculaire, tout est calme, soit dans les autres organes de la vie de relation, soit dans la vie nutritive ; l'intelligence conserve toute son intégrité ; les fonctions sensoriales se continuent avec la même perfection. Au début, le pouls est plein, fort, peu fréquent ; tous les muscles respirateurs étant convulsés, une asphyxie lente s'établit ; dans les derniers instants de la vie seulement, les battements du cœur deviennent irréguliers et tumultueux, peut-être, comme le dit M. Bégin, parce que cet organe participe à la rigidité des autres muscles, ou bien encore à cause des troubles que l'asphyxie imminente apporte dans la circulation ; les lèvres sont violacées ; une sueur froide se montre à la face et à la poitrine, et le malade succombe au milieu des vains efforts qu'il fait pour respirer, à la suite d'un paroxysme plus violent.

L'état de tension des muscles n'est point toujours égal ; la rigidité musculaire, sans jamais cesser entièrement, diminue par intervalles. C'est ordinairement à la suite d'un mouvement, d'un déplacement, d'un effort de déglutition, et souvent sans cause apparente, que les contractions tétaniques atteignent le plus haut degré d'intensité.

Anatomie et physiologie pathologiques. — Ce désordre extérieur des fonctions musculaires complétement soustraites à l'empire de la volonté a de tout temps, mais surtout depuis une vingtaine d'années, suggéré aux auteurs la pensée d'en rechercher le siége et la cause première dans une altération du centre nerveux. Mais comme l'intelligence et toutes les fonctions sensoriales demeurent intactes au milieu même du plus violent paroxysme, et que les mouvements se trouvent sous la dépendance immédiate de la moelle épinière, c'est dans cette partie du centre nerveux qu'on a principalement cherché à constater l'existence de ces altérations. Les phénomènes produits par l'empoisonnement avec la strychnine, les convulsions qu'on observe dans la première période de la myélite et de la méningite rachidienne, autorisaient aussi ces conjectures. Voici à quel résultat a conduit l'observation : 1° Le docteur Thompson, à Philadelphie, et le docteur Gœlis, à Vienne, ont souvent constaté l'inflammation du bulbe rachidien chez les nouveau-nés qui avaient succombé au trismus ; le professeur Bréar a plusieurs fois observé l'injection et l'induration de la moelle ; d'autres observations du même genre se trouvent disséminées dans les recueils périodiques. 2° M. Monod a communiqué à la Société anatomique une observation de tétanos dans laquelle on voit que la moelle était diffluente depuis la quatrième vertèbre cervicale jusqu'à la cinquième dorsale (*Bulletins de la Société anatomique*, 1826, p. 161). Un assez grand nombre de médecins ont vu cette inflammation de la moelle avec ramollissement, soit de toute son épaisseur, soit seulement de ses cordons antérieurs : parmi eux nous citerons MM. Bouillaud, Gendrin, Possi (d'Udine), Clot, Combette, etc. 3° Dupuytren a observé une méningite rachidienne sur un malade mort de tétanos à la suite d'une piqûre au pied ; sur un autre tétanique, Tulli a trouvé une exsudation pseudo-membraneuse à la surface de la moelle ; sur un autre, Larrey a remarqué dans le canal rachidien une sérosité rougeâtre. On voit donc que si l'on voulait tirer une conclusion des faits qui précèdent, il faudrait admettre que le tétanos peut être le résultat : 1° d'une myélite avec induration, ou au premier degré ; 2° d'une myélite avec ramollissement, ou au deuxième degré ; 3° d'une méningite rachidienne. Mais ces conclusions ne sauraient être admises ; car si l'on a quelquefois constaté les caractères anatomiques que présente la myélite dans la première période, bien plus souvent on n'a rencontré aucune trace d'altération ; dans l'immense majorité des autopsies, on a trouvé la moelle parfaitement saine. Lorsqu'on a constaté de l'induration et de l'injection, on s'est trop hâté de croire à une myélite. Peu de chirurgiens connaissent bien la consistance normale de la moelle ; en sorte que cette induration, dont quelques-uns ont fait le caractère anatomique de cette affection, n'est peut-être qu'un état normal ; quant à l'injection, elle s'explique, en partie du moins, par la gêne extrême avec laquelle le sang circule dans les derniers temps de la vie, gêne qui est surtout prononcée dans la circulation du rachis, en sorte qu'elle serait l'effet plutôt que la cause du tétanos. La myélite est une théorie éminemment physiologique et rationnelle du tétanos, mais nous la repoussons comme basée sur des faits trop complaisamment interprétés, et surtout tout à fait insuffisants. Nous n'émettrons pas un jugement aussi avantageux sur l'explication des auteurs qui regardent le ramollissement de la moelle comme la cause des contractions tétaniques ; nous ne dirons pas qu'elle est insuffisante, mais qu'elle est en opposition avec les faits les plus positifs que nous enseigne la physiologie, et contradictoire à tout ce que nous connaissons sur la myélite, qui, arrivée au second degré, c'est-à-dire au ramollissement, entraîne nécessairement la paralysie. M. Velpeau, il est vrai, a publié dans les *Archives de médecine* une série de vingt-cinq observations puisées la plupart dans différents auteurs, et qui ne tendaient à rien moins qu'à établir que la moelle a pu être ramollie et détruite dans une partie plus ou moins grande de son étendue, sans que cette destruction ait entraîné aucun trouble dans la sensibilité et la myotilité. Mais ces faits étant diamétralement opposés à d'autres faits infiniment plus nombreux et entourés de tout ce qui peut leur donner une valeur et une authenticité incontestables, nous n'hésitons pas à les repousser entièrement. Comment les auteurs qui ont attaché le plus d'importance au ramollissement de la moelle ont-ils pu se complaire à insister sur le siége de ce ramollissement dans les cordons antérieurs ? Voyons-nous le ramollissement des lobes cérébraux produire un redoublement d'activité dans l'intelligence ? La paralysie dans cette théorie devrait nécessairement précéder la mort, et la mort est le résultat d'une contraction plus violente ? Enfin, quant à la méningite rachidienne, à peine en existe-t-il quelques observations ; le fait rapporté par Tulli a une valeur réelle, mais il paraît unique. Concluons donc que le tétanos n'a son siége apparent ni dans la moelle ni dans les membranes.

Ce siége serait-il dans les nerfs ? M. Jobert dit avoir trouvé,

sur le cadavre d'un tétanique mort à l'hôpital Saint-Antoine, une rougeur et une injection insolites de tous les nerfs, rougeur et injection qui résistèrent au lavage. Ce fait est demeuré jusqu'à présent complétement isolé. Serait-il dans les muscles ? Ces organes sont quelquefois livides et gorgés de sang noir ; MM. Cruveilhier et Bérard aîné ont rencontré des épanchements sanguins dans les muscles des gouttières vertébrales ; Larrey et S. Cooper ont vu une rupture des muscles droits. Mais tous ces phénomènes naissent évidemment sous la double influence du tétanos et de l'asphyxie qu'il entraîne à sa suite. Le caractère anatomique du tétanos est donc encore inconnu.

Étiologie. — Toutes les blessures peuvent occasionner le tétanos ; on l'a vu causé par une piqûre d'abeille, par une morsure de serpent, par une morsure de cheval, par un coup de fouet ; mais c'est surtout à la suite des plaies compliquées de déchirure et d'écrasement, et principalement à la suite de celles qui intéressent les pieds ou les mains, qu'on l'a vu survenir.

Les circonstances hygiéniques au milieu desquelles se trouvent placés les blessés exercent une grande influence sur le développement de cette affection : la chaleur jointe à l'humidité, et l'impression subite d'un froid vif, en deviennent souvent la cause principale, et peuvent la faire éclater simultanément sur un grand nombre de blessés entassés dans le même local et soumis aux mêmes conditions atmosphériques. Ainsi, après une journée dont la température avait été très-élevée, nos blessés restèrent couchés sur le champ de bataille de Bautzen, exposés à un froid très-vif ; dès le lendemain Larrey constata que plus de cent militaires étaient affectés de cette cruelle maladie. M. Bégin nous apprend qu'après la bataille de la Moskowa, au milieu des plus vives chaleurs, il y eut peu de tétaniques ; et après la bataille de Dresde, un temps humide et froid ayant succédé à une grande élévation de température, les blessés furent décimés par cette affection. Le tétanos est fréquent sur les bords de la mer, lorsque les vents soufflent vers la terre. A ce sujet, Bajon, dans sa description de l'île de Cayenne, raconte le fait suivant : Dans un village abrité contre les vents de la mer par une forêt haute et épaisse, les cas de tétanos étaient pour ainsi dire inouïs ; la forêt fut abattue, et dès lors la maladie devint aussi fréquente dans ce village que dans les points les plus défavorablement situés de l'île.

Pronostic. — Le tétanos traumatique se termine presque constamment d'une manière funeste : des paroxysmes plus fréquents et d'une plus longue durée, une difficulté extrême ou l'impossibilité complète de la déglutition qui force la salive de s'écouler au dehors, une sueur abondante, le refroidissement, tous les phénomènes de l'asphyxie précèdent cette fatale terminaison, qui a lieu ordinairement du deuxième au quatrième jour. Si la maladie doit se terminer heureusement, on voit, au contraire, les intervalles qui séparent les paroxysmes devenir plus nombreux et plus longs, la respiration est moins gênée, la déglutition plus facile, la douleur se calme, et une détente générale de tous les muscles contractés s'opère, non d'une manière brusque, mais lente et graduelle ; souvent des sueurs copieuses se déclarent. Plus la maladie se prolonge, plus elle laisse concevoir d'espérances.

Traitement. — Le siége du tétanos étant inconnu, ses causes l'étant aussi le plus souvent, il en résulte que son traitement n'a pu être soumis jusqu'à présent à aucun principe fixe et rationnel ; il est demeuré assujetti au plus aveugle empirisme, et a été aussi varié que les opinions si diverses émises sur la nature de ses causes.

Il est un point cependant qui semble devoir fixer plus particulièrement l'attention : un air chaud et humide, l'impression subite d'un froid vif sur la peau en sueur, qui produisent quelquefois le tétanos sur un grand nombre de blessés à la fois ; les sueurs copieuses qui viennent quelquefois amener la guérison de cette terrible maladie, semblent indiquer l'utilité des puissants diaphorétiques. C'est en provoquant une sueur abondante sur le militaire qui avait subi une amputation dans l'articulation du coude que A. Paré parvint à le guérir, en le laissant trois jours enterré dans une étable sous une double couche de paille et de fumier, appliquée ainsi sur une surface de quatorze pieds carrés, la face seule étant demeurée libre. François Fournier a vu un matelot atteint de tétanos guérir après avoir été descendu à la cale, et laissé quatre heures consécutives au milieu d'une atmosphère chaude et non renouvelée, qui avait occasionné une grande transpiration ; le même auteur rapporte d'autres exemples de guérisons obtenues en faisant prendre aux blessés des boissons sudorifiques, du thé. Les circonstances qui président le plus souvent au développement du tétanos, et celles qui marquent sa terminaison lorsqu'elle est heureuse, autorisent donc l'emploi de tous les moyens capables de provoquer la transpiration. Parmi ces moyens, les bains de vapeur, administrés au lit à l'aide de l'appareil si commode imaginé par M. Duval, tiendront le premier rang ; à ces bains on joindra un air sec et chaud et l'usage de boissons sudorifiques. Pour permettre l'administration des médicaments et des boissons, il est important, dès le début de la maladie, de placer entre les mâchoires un coin de bois modérément dur, afin qu'il puisse subir l'impression légère des dents et qu'il ne soit pas chassé au dehors. Si cette précaution avait été négligée, et si les arcades dentaires, arrivées au contact, ne pouvaient être éloignées, on introduirait les boissons par l'intervalle résultant de l'absence d'une ou de plusieurs dents ; et si enfin ces arcades étaient complètes, il ne faudrait point avoir recours à l'avulsion d'une dent, ainsi qu'on l'a conseillé, mais se servir d'un tube porté entre les dents et la face interne des joues, et dont l'extrémité profonde, recourbée à angle droit, est placée entre les dernières grosses molaires et le bord antérieur de l'apophyse coronoïde. Lorsque les muscles du pharynx participent à l'état tétanique, et que la déglutition est impossible, il ne reste d'autre ressource que l'emploi de la sonde œsophagienne, introduite jusque dans l'estomac.

Après les sudorifiques, qui nous paraissent devoir tenir la première place dans le traitement du tétanos, vient l'opium, qui a joui peut-être d'une plus grande faveur. En l'employant, les praticiens se proposaient deux buts : le premier de calmer les douleurs, le second d'exercer une influence sédative sur le système nerveux, dans lequel ils voyaient, non sans quelque raison, le point de départ des contractions tétaniques. On le donne alors à une dose très-élevée ; l'observation a démontré depuis longtemps que cette dose peut être portée très-loin sans produire les effets de l'empoisonnement. Lorsque la déglutition est possible, on le fait prendre par la bouche à l'état solide ou liquide, et à la dose de 15 à 20 centigrammes toutes les trois heures, et même toutes les heures, si la violence des symptômes l'exige. On est arrivé à faire prendre à quelques malades jusqu'à 2 et même 3

grammes d'opium en vingt-quatre heures. Lorsque la déglutition est impossible, on l'administre à l'aide de lavements, ou par la méthode endermique ; dans ce dernier cas, il est préférable de mettre en usage l'acétate ou le chlorhydrate de morphine, cette préparation renfermant sous un volume plus petit une quantité plus considérable du principe actif. A l'opium on a souvent associé le camphre et le musc, donnés aussi à des doses plus ou moins élevées.

Lisfranc, en dix-neuf jours, a fait dix-neuf saignées à un tétanique, et lui a appliqué 772 sangsues : le malade a guéri. M. Lepelletier (du Mans), dans l'espace de soixante heures, à fait cinq saignées d'un kilogramme chacune : le malade a également guéri. Mais quelle valeur attribuer à ces deux faits et à quelques autres moins saillants, perdus et comme engloutis dans la masse des insuccès ? Nous pensons que les évacuations sanguines doivent être entièrement rejetées de la thérapeutique du tétanos ; si elles sont utiles, ce pourrait être seulement dans la dernière période de la maladie, lorsque l'asphyxie est imminente : alors peut-être elles pourraient prolonger quelque temps la vie du malade.

Parmi les moyens qui ont encore été fréquemment mis en usage et fortement recommandés, mais dont la valeur nous paraît aussi problématique que celle des saignées, nous citerons : les bains alcalins, les bains froids et tièdes, les préparations mercurielles données au point de produire la salivation, les lavements avec forte décoction de tabac, la teinture de cantharides, les anthelminthiques, le chloroforme, etc.

En 1859, à la suite de la mémorable campagne d'Italie, M. Vella, chirurgien en chef du grand hôpital français à Turin, eut l'idée d'employer le *curare* contre le tétanos et obtint un succès. Cette observation eut un grand retentissement, et le curare fut administré aussi souvent que l'occasion s'en est présentée. Malheureusement, les espérances des praticiens ont encore été trompées, et, à part un cas de succès dans un cas de tétanos chronique observé par M. Chassaignac, les malades traités par le curare ont succombé. Ce médicament est administré de la manière suivante : on fait une solution de 2 décigrammes de curare dans 10 grammes d'eau distillée, et, à l'aide d'une seringue de Pravas, on injecte dans le tissu cellulaire sous-cutané du tronc ou d'un membre une goutte de cette solution, c'est-à-dire un centigramme de curare ; cette petite opération est répétée toutes les heures. Si le curare doit agir sur la maladie, les accidents tétaniques cèdent pour reparaître dès que l'action du curare est épuisée ; on fait en même temps prendre à peu près une même quantité de la même substance dissoute dans un julep.

Quelques chirurgiens, parmi lesquels il faut surtout citer Larrey, voyant dans la plaie le point de départ et la cause des contractions tétaniques, ont cherché à substituer aux médicaments que nous venons de passer en revue un traitement essentiellement chirurgical. Quelques-uns, croyant à un étranglement des cordons nerveux, conseillent de débrider la plaie ; d'autres praticiens, dans le même but, prescrivent la cautérisation ; enfin Larrey, poussant l'application du principe à ses dernières conséquences, a recommandé et même pratiqué l'amputation : l'opinion est unanime aujourd'hui pour blâmer cette pratique.

A. NÉLATON,
Professeur honoraire à la Faculté de médecine de Paris.

Le propriétaire-gérant : GERMER BAILLIÈRE.

PARIS. — IMPRIMERIE DE E. MARTINET, RUE MIGNON, 2.

REVUE

DES

COURS SCIENTIFIQUES

DE LA FRANCE ET DE L'ÉTRANGER

SEPTIÈME ANNÉE   NUMÉRO 42   17 SEPTEMBRE 1870

INSTITUTION ROYALE DE LA GRANDE-BRETAGNE

LECTURES DU VENDREDI SOIR

M. R. PROCTOR
de la Société royale astronomique de Londres

Le groupement des étoiles, les tourbillons et les nuages stellaires

Un siècle presque entier s'est écoulé depuis le jour où le plus grand astronome que le monde ait jamais connu, le Newton de l'astronomie d'observation, comme l'a justement appelé Arago, conçut l'audacieuse pensée de jauger les profondeurs du ciel. Mais à son époque, comme encore de nos jours, on ne savait que bien peu de choses sur la distribution des étoiles : il fut donc forcé de fonder ses recherches sur une conjecture. Il supposa que les étoiles, non-seulement celles qui sont visibles à l'œil nu, mais celles aussi que découvrent les plus puissants télescopes, sont des soleils, distribués dans l'espace avec une certaine uniformité générale. Je me propose d'essayer de vous démontrer, ce que W. Herschel fut conduit lui-même à soupçonner dans le cours de ses recherches, que cette conjecture était une erreur ; qu'un petit nombre seulement des étoiles peuvent être regardées comme de véritables soleils, et qu'au lieu de cette uniformité de distribution rêvée par Herschel, le caractère le plus tranché du système sidéral est la *variété infinie*.

Pour faire bien saisir les arguments sur lesquels j'appuie ma manière de voir, je dois rappeler d'abord les résultats du système de groupement des étoiles adopté par W. Herschel.

Dirigeant un de ses réflecteurs de vingt pieds vers différentes parties du ciel, il comptait chaque fois les étoiles visibles dans le champ de l'instrument. Si l'on admet que le télescope permettait réellement d'atteindre aux limites du système sidéral, il est clair que le nombre d'étoiles vues dans une direction déterminée donne une mesure de l'extension relative du système dans cette direction, à la condition toujours que les étoiles soient réellement distribuées d'une façon presque uniforme dans tout le système. Là où l'œil rencontre beaucoup d'étoiles, le système s'étend fort loin ; ses limites se rapprochent de nous, là où se voient peu d'étoiles.

Cette manière de grouper les étoiles conduisit W. Herschel à la conclusion que le système sidéral a la forme d'un disque bifurqué. Les étoiles visibles à l'œil nu sont bien en dedans des limites de ce disque. Les étoiles situées au delà des limites relativement étroites de la sphère de visibilité à l'œil nu, sont invisibles prises isolément. Mais dans les régions où le système a la plus grande profondeur, l'ensemble de ces étoiles

VII.

produit la lumière diffuse connue sous le nom de voie lactée.

Sir John Herschel, par une semblable série de recherches sur le ciel austral, fut amené à une conclusion analogue. Ses vues sur le système sidéral diffèrent particulièrement de celles de son père en ce qu'il considère les étoiles situées en deçà d'une certaine distance au soleil, comme moins abondamment semées dans l'espace que celles dont la lumière réunie produit la lueur de la voie lactée.

Maintenant il est clair que si l'hypothèse qui sert de base à ces vues théoriques est exacte, on doit s'attendre aux trois résultats suivants :

En premier lieu, les étoiles visibles à l'œil nu seront distribuées avec une certaine uniformité générale sur la sphère céleste. De sorte que si, au contraire, nous trouvons certaines régions assez étendues où les étoiles sont plus condensées que sur le reste du ciel, il nous faudra abandonner l'hypothèse fondamentale d'Herschel et toutes les conséquences qui en ont été déduites.

En second lieu, nous ne devrons trouver aucun indice d'agrégation d'étoiles brillantes en bandes ou en groupes. S'il existe de tels groupes, nous sommes forcés d'abandonner l'hypothèse d'une distribution uniforme et toutes les conséquences qui en ont été tirées.

Enfin, et c'est le point le plus évident, les étoiles brillantes ne devront en aucune manière se rattacher à la forme de la voie lactée. Un exemple va le faire comprendre. Lorsque nous regardons un paysage lointain à travers les vitres d'une fenêtre, nous ne trouvons aucun rapport entre les défauts de la substance du verre et les contours des vallées, des collines et des bois, ni d'aucun détail du paysage. De même, regardant la sphère des étoiles brillantes comme la fenêtre à travers laquelle nous apercevons la voie lactée, nous ne devons trouver aucune liaison entre ces étoiles si voisines de nous et la voie lactée, qui nous envoie sa lumière d'une distance incomparablement plus grande. Donc ici encore, s'il se présente des signes certains d'une semblable relation, nous serons forcés d'abandonner la théorie du système sidéral telle qu'Herschel l'a conçue.

Il faut encore remarquer que ces trois ordres de preuves sont indépendants les uns des autres. Ce ne sont point trois anneaux d'une chaîne, où la fracture de l'un entraîne la rupture de la chaîne. Ce sont les trois torons d'une corde triple : qu'un seul des trois résiste, la corde résiste. Nous allons montrer que tous trois sont solides.

Il ne faudrait pas s'attendre cependant à voir ces relations se montrer évidentes à la simple inspection du ciel étoilé, car le plus grand nombre des étoiles visibles à l'œil nu n'est que faiblement visible ; si bien que l'œil y chercherait en vain les indices d'une loi de distribution, quoiqu'elle y existât réellement. Il est d'abord indispensable de construire des cartes sur un plan clair et uniforme, sur lesquelles les étoiles faibles soient représentées brillantes, et les brillantes plus brillantes encore.

Les cartes mises sous les yeux des auditeurs ont été construites particulièrement en vue de bien faire ressortir les faits à démontrer (1). En voici douze, mais elles empiètent l'une sur l'autre, puisqu'en réalité chacune couvre la dixième partie du ciel. Voici d'abord une carte polaire boréale, puis cinq cartes des régions qui entourent ce pôle ; de même une carte polaire australe, et cinq qui l'entourent symétriquement et se raccordent avec les cinq précédentes de manière à compléter la sphère. En réalité, chacune de ces douze cartes en a cinq symétriquement placées autour d'elle et empiétant sur elle.

Comme tout le ciel ne contient que 5932 étoiles visibles à l'œil nu, chacune de ces cartes devrait en contenir en moyenne 593. Mais il n'en est rien : quelques-unes contiennent beaucoup plus que ce qui devrait leur revenir d'étoiles ; sur d'autres, le nombre est grandement inférieur à la moyenne. Et en combinant ces indications, on reconnaît l'existence, dans le ciel boréal, d'une région grossièrement circulaire riche en étoiles, et dans l'hémisphère austral d'une autre région plus riche encore et plus étendue.

Pour démontrer l'influence de ces riches régions sur la distribution des étoiles, il suffira d'énoncer les relations numériques qui ressortent des cartes.

La carte polaire boréale, qui comprend la plus grande partie de la région de condensation, ne contient pas moins de 693 étoiles visibles, dont 400 au moins appartiennent à la moitié qui correspond à cette région. Des cartes adjacentes, deux contiennent plus de 500 étoiles, tandis que les trois autres n'en renferment pas plus de 400 chacune. Passant à l'hémisphère austral, nous trouvons que la carte du pôle austral, qui est entièrement comprise dans une très-riche région, ne contient pas moins de 1132 étoiles. Une des cartes voisines en contient 834, et les quatre autres présentent des nombres variant de 527 à 595.

En présence d'une distribution si inégale, on ne peut se refuser à admettre l'existence de lois spéciales de condensation des étoiles.

Il est digne de remarque aussi, que la plus grande des nuées de Magellan tombe au cœur de la région australe la plus riche en étoiles. S'il n'existait pas d'autres indices de l'association de ce merveilleux amas avec le monde stellaire, il serait sans doute téméraire de partir de cette simple remarque pour affirmer l'existence d'une connexité physique entre la grande nuée et la région australe riche en étoiles. Les astronomes ont, en effet, si longtemps regardé les nuées de Magellan comme n'appartenant ni au monde stellaire, ni au système nébulaire, qu'ils ne sont nullement disposés à se laisser aisément convaincre de l'existence d'une telle relation. Et pourtant, combien est étrange le raisonnement qui a conduit les astronomes à assigner une existence à part à ces merveilleux objets ! Réduits à ses termes les plus simples, la

preuve admise est celle-ci : les nuées de Magellan contiennent et des étoiles et des nébuleuses ; donc elles ne sont ni nébulaires ni stellaires. Peut-on pousser plus loin l'amour du paradoxe, et la vraie conclusion n'est-elle pas celle-ci, que puisqu'on voit et des étoiles et des nébuleuses mélangées dans ces nuées, le système des étoiles et celui des nébuleuses ne forment en réalité qu'un même monde complexe.

L'existence de grands courants stellaires et de condensation d'étoiles en amas se révèle à nous avec des caractères non moins évidents. Ainsi il existe un courant bien marqué d'étoiles marchant des environs de la Chèvre vers la Licorne. Au delà se trouve une large crevasse sombre entièrement dépourvue d'étoiles ; au delà encore une large rangée d'étoiles couvrant les Gémeaux, le Cancer et les portions méridionales du Lion. Ce vaste système stellaire ressemble à une gigantesque vague d'étoiles courant à la voie lactée comme vers un majestueux rivage. Et cette description n'est pas du tout de pure fantaisie, car un des cas les mieux marqués de tourbillon stellaire dont je vais vous parler, se présente justement dans cette même région. Cet ensemble d'étoiles associées pressent leur course vers la voie lactée, et cela à une vitesse qui nous paraît bien lente vue de l'énorme distance qui nous sépare du flot, mais qu'on peut estimer en réalité à des millions de milles par an.

Il existe d'autres courants, d'autres rassemblements en amas dont je laisse de côté la description. Mais il faut remarquer que tous les courants bien marqués déjà reconnus par les anciens, semblent intimement liés à la riche région australe dont j'ai parlé. C'est le cas des étoiles qui forment le fleuve Éridan, le Serpent de l'Hydre, et les courants qui s'échappent de l'urne du Verseau. Il faut noter aussi que dans chaque cas une portion du courant se trouve à l'extérieur de la région de condensation, et l'autre à l'intérieur ; tandis que tous les courants qui se trouvent du même côté de la voie lactée tendent vers les deux nuées de Magellan.

Les preuves les plus évidentes d'association des étoiles visibles avec la voie lactée se voient : 1° dans la région qui s'étend du Cygne à l'Aigle ; 2° dans celle qui est comprise entre Persée et la Licorne ; 3° dans celle que couvre le Navire Argo, et 4° enfin, vers la Croix du Sud et les pieds du Centaure.

Avant d'aborder le sujet des tourbillons stellaires, établissons trois grands faits qui, je crois, sont entièrement nouveaux, et qui me paraissent une preuve décisive de l'existence de lois spéciales de distribution dans l'irrégularité apparente des étoiles.

En premier lieu, la région australe de condensation, bien que ne couvrant que le sixième du ciel entier, contient le tiers des étoiles visibles à l'œil nu, n'en laissant que deux tiers pour les cinq sixièmes restants.

Deuxièmement, si l'on divise le ciel en deux portions, l'une comprenant les deux riches régions et la voie lactée, l'autre tout le reste de la sphère, la première se trouve trois fois mieux fournie en étoiles visibles que la seconde.

Enfin, l'hémisphère austral contient mille étoiles visibles de plus que l'hémisphère boréal, et c'est là un fait des plus frappants, si l'on se rappelle que le nombre des étoiles visibles n'atteint pas 6000.

Il y a deux ou trois ans, l'idée me vint que, de l'examen des mouvements propres des étoiles, pourrait ressortir une démonstration lumineuse de la variété de constitution des

---

(1) Ces cartes ont été publiées par M. R. Proctor, sous le titre : *A Star Atlas for the library, the school and the Observatory...* London, Longmans, Green and C°, 1870. Cet atlas contient une très-intéressante préface de M. Proctor.　　　　　C. W.

étoiles et des lois spéciales qui président à leur distribution dans le monde sidéral.

Et d'abord, la grandeur du mouvement apparent d'une étoile peut être considérée comme une mesure de sa distance à la terre. Plus rapproché est l'objet qui se meut, plus rapide paraît son mouvement, et *vice versâ*. En réalité, dans chaque cas individuel on ne peut accorder que peu de confiance à cette indication; mais si l'on considère la moyenne des mouvements propres de toute une classe d'étoiles, on peut en déduire une mesure non sans valeur de leur moyenne distance comparée à la distance moyenne des étoiles d'une autre classe.

Par exemple, ce procédé nous donne le moyen de vérifier l'exactitude de cette supposition que la grandeur apparente d'une étoile est une preuve de sa proximité relative. Suivant les idées reçues, les étoiles de sixième grandeur sont dix ou douze fois plus éloignées que celles de première grandeur. Et leurs mouvements propres devraient être en conséquence plus faibles dans la même proportion. Alors, pour assurer l'exactitude du résultat, je divisai les étoiles en deux classes, l'une contenant toutes les étoiles de première, deuxième et troisième grandeur, l'autre toutes celles de quatrième, cinquième et sixième. D'après les théories admises, la moyenne des mouvements propres pour la première classe devait se trouver environ cinq fois plus grande que pour la seconde. Je m'attendais à trouver environ le rapport de trois à un, c'est-à-dire un peu moindre que ne le voulait la théorie, mais cependant encore assez grand. A ma grande surprise, je trouvai que la moyenne des mouvements propres des ordres les plus brillants est à peine égale à celle des ordres inférieurs.

Il est ainsi prouvé sans réplique que le plus grand nombre des étoiles les plus faibles parmi celles qui sont visibles à l'œil nu, doivent leur faible éclat non à l'immense espace qui les sépare de nous, mais à leur petitesse relative réelle.

Laissant de côté nombre de recherches analogues, j'arrive à la description du procédé que j'ai suivi pour traduire sur une carte les mouvements propres des étoiles, et à la découverte, qui en est résultée, de ce phénomène auquel j'ai donné le nom de tourbillon stellaire.

Dans les catalogues, la méthode même suivant laquelle sont classées les étoiles ne permet guère de reconnaître s'il existe quelque relation entre les directions des mouvements des étoiles. Ce qu'il faut pour une semblable recherche, c'est rendre immédiatement sensibles aux yeux ces relations par un procédé graphique bien choisi. Celui que j'ai adopté consiste à marquer chaque étoile sur mes cartes d'une petite flèche, indiquant la direction et la grandeur du déplacement apparent de l'étoile en 36 000 ans, intervalle de temps assez long pour que les flèches aient des longueurs facilement mesurables. L'exécution de ce travail mit immédiatement en lumière plusieurs cas bien évidents de concordance de mouvements.

Il faut cependant bien établir au préalable, qu'avant de tenter cette expérience, il existait des raisons de douter de son succès. Un système d'étoiles peut en réalité se mouvoir de conserve à travers le ciel, et cependant la communauté des mouvements être masquée par la superposition d'autres systèmes plus ou moins éloignés, animés de mouvements différents, et se projetant accidentellement sur le premier.

C'est ce qui arrive en effet dans quelques cas. Ainsi les étoiles de la constellation de la Grande Ourse et des étoiles voisines du Dragon présentent deux directions bien marquées de mouvements d'ensemble. Les étoiles β, γ, δ, ϵ et ζ de la Grande Ourse, et en outre les deux compagnons de la dernière, voyagent dans une même direction, avec une même vitesse, et forment évidemment un premier système. Les autres étoiles du voisinage voyagent au contraire dans une direction presque exactement inverse. Mais cette relation même de directions différentes des mouvements dans une même région est digne du plus haut intérêt. Le célèbre astronome allemand baron Mœdler, ayant reconnu la communauté des mouvements de ζ de la Grande Ourse et de ses compagnons, a calculé que la durée de la révolution cyclique du système n'est certainement pas moindre de 7000 ans. Mais lorsqu'on tient compte du système complet des étoiles qui présente ce mouvement commun, on arrive à une durée de révolution telle que, non-seulement la vie d'un homme, mais la vie de la race humaine, la durée d'existence de notre terre, la durée même du système solaire, ne peuvent être considérées que comme un jour auprès de ce prodigieux espace de temps.

Puis il y a d'autres cas où, malgré l'absence de mouvements contraires, le caractère circulatoire du mouvement est masqué par la différence des distances qui séparent de nous les étoiles associées:

Un exemple de ce genre se rencontre dans les étoiles qui forment la constellation du Taureau. C'est là que Mœdler avait déjà reconnu une communauté de mouvement parmi les étoiles, mais il interpréta le fait autrement que je ne le fais. Il s'était formé l'idée que l'ensemble du système des étoiles était en mouvement autour de quelque point central inconnu; et par des raisons qu'il est inutile d'indiquer ici, il fut conduit à penser que, quelle que fût la position par rapport à nous du soleil-central, les étoiles qui nous apparaissent dans la même direction que lui devraient manifester une certaine communauté de mouvement. Alors, ne pouvant examiner les mouvements propres du ciel entier, il chercha la direction la plus probable dans laquelle devait se trouver le centre du mouvement. Et après être arrivé à la conclusion qu'il devait se trouver vers le Taureau, il examina les mouvements propres dans cette constellation, et découvrit ainsi une communauté de mouvement qui l'induisit à regarder Alcyon, la plus brillante des Pléiades, comme le soleil central de l'univers étoilé. Un examen plus général l'eût conduit à la découverte d'exemples mieux marqués encore de communauté de mouvement dans d'autres parties du ciel, et à abandonner probablement l'hypothèse d'un soleil central dans les pléiades, ou du moins à ne point attacher trop d'importance à la démonstration qu'il déduisait des mouvements d'ensemble observés dans le Taureau.

L'exemple le plus remarquable peut-être d'une onde d'étoiles est celui que nous fournissent les constellations des Gémeaux et du Cancer. Là, les étoiles semblent se transporter en corps vers la partie voisine de la voie lactée. Le transport général dans cette direction est trop marqué et affecte un trop grand nombre d'étoiles, pour qu'il soit possible de l'attribuer à quelque coïncidence accidentelle.

Il est important de noter que si l'on pouvait reconnaître la parenté des étoiles d'un courant, je devrais dire dès qu'on l'a reconnue, l'astronomie a le moyen de déterminer les distances relatives des étoiles qui composent le système. Car des différences dans la direction apparente et dans la grandeur du mouvement ne sont que les effets des différences de distance et de position, et dès lors, la détermination de ces différences devient un simple problème de perspective (1).

Il est probable qu'avant peu la théorie des courants d'étoiles sera soumise à une épreuve décisive : l'analyse spectrale donne en effet le moyen de constater les mouvements des étoiles qui les rapprochent ou les éloignent de nous. La tâche est difficile sans doute, mais les astronomes ont pleine confiance qu'entre les mains habiles de M. Huggins elle sera heureusement remplie. J'en attends les résultats avec la plus entière confiance d'y trouver la confirmation de mes vues.

J'arrive à la question des nuages stellaires, dénomination sous laquelle je comprends toutes les classes de nébuleuses. Je crois avoir démontré avec la dernière évidence qu'aucune de ces nébuleuses ne forme un monde à part en dehors de notre système stellaire ; mais je ne puis ici exposer l'ensemble des preuves. Je me bornerai à trois points seulement.

D'abord, en ce qui regarde la distribution des nébuleuses, elles ne sont pas semées uniformément où à peu près par tout le ciel, elles sont rassemblées en courants et en amas. La grande loi qui caractérise leur distribution, c'est leur fuite loin de la voie lactée et de son voisinage. Cette particularité a été étrangement interprétée par les astronomes, qui ont voulu y voir la preuve de l'absence de toute connexion entre les nébuleuses et notre monde sidéral, oubliant que, logiquement, un contraste marqué est un indice aussi clair d'association que la ressemblance la plus frappante (2).

En second lieu, il y a dans le ciel austral deux courants bien marqués de nébuleuses. Chacun de ces courants est associé avec un courant bien marqué d'étoiles. Chacun de ces courants mixtes dirige sa course vers une des nuées de Magellan, l'un vers le grand nuage, l'autre vers le petit. Ils coulent vers ces grands amas comme des fleuves vers un grand lac. Et, dans l'intérieur de ces amas, dont la forme est sans doute grossièrement sphérique, on trouve pêle-mêle une admirable profusion d'étoiles, d'amas d'étoiles et de nébuleuses de tous ordres. Est-ce là le pur effet d'une coïncidence fortuite ? Et s'il n'y a rien d'accidentel dans leur réunion, n'en ressort-il pas clairement cet enseignement, que les nébuleuses ne sont que des membres du système sidéral, sur le même pied et au même titre que les étoiles, si même ces dernières ne sont pas dans l'échelle de la création des objets plus importants que ces masses nébuleuses, dans lesquelles on a voulu voir si longtemps des mondes égalant, surpassant même en grandeur notre monde stellaire.

Le troisième point sur lequel je veux appeler l'attention est la manière dont des étoiles d'un éclat relatif considérable, et appartenant évidemment au système stellaire, sont,

dans maintes nébuleuses, si intimement associées à la matière nébuleuse, qu'on ne peut pas douter qu'elles n'y soient réellement plongées. Cette association, est, en beaucoup de cas, trop évidente pour qu'on puisse la regarder comme accidentelle.

Parmi tous les exemples, il faut citer la nébuleuse qui entoure les étoiles c^1c^2 et d'Orion. On y voit deux remarquables noyaux nébuleux entourer deux étoiles doubles qui en occupent les centres. Si nous admettons la réalité du fait, et il serait difficile d'en trouver une autre explication, nous en déduirons d'intéressantes conclusions touchant l'ensemble de cette merveilleuse région nébulaire qui enveloppe l'épée d'Orion. Nous serons conduits à regarder les autres nébuleuses de cette région comme réellement associées aux étoiles qui s'y voient, et à conclure que ce n'est pas un pur effet de perspective, si l'étoile du milieu du baudrier d'Orion est enveloppée d'une nébuleuse, ou si l'étoile la plus basse de l'épée se trouve environnée de même. C'est une très-légitime hypothèse que de croire que toutes les nébuleuses de cette région appartiennent à un immense groupe nébulaire, qui étend ses bras jusqu'à ces étoiles. Il semble que, dans cette région nébuleuse, une main mystérieuse rassemble les étoiles sous des lois communes et en forme un véritable système dont les liens ne peuvent être méconnus.

La nébuleuse qui entoure l'étrange variable Êta d'Argo est un autre exemple remarquable de ce genre d'association. Il y a plus de deux ans, je m'aventurai à faire deux prédictions sur cet objet. La première avait pour elle une suffisante probabilité : j'exprimais la conviction que cette nébuleuse était à l'état gazeux. Après la découverte de M. Huggins sur l'état gazeux de la grande nébuleuse d'Orion, il n'était pas difficile de voir que la nébuleuse d'Argo devait se trouver dans les mêmes conditions : c'est, en effet, ce qu'ont démontré les recherches spectroscopiques du capitaine Herschel. Ma seconde prédiction était plus aventurée. Sir John Herschel, dont on voudrait toujours partager l'opinion en pareille matière, avait exprimé sa conviction que la nébuleuse est située dans l'espace bien au delà des étoiles qui nous apparaissent en même temps dans la lunette. J'osai énoncer l'opinion que ces étoiles sont en réalité enveloppées par la nébuleuse. Dernièrement nous est venue d'Australie la nouvelle que M. Lesueur, à l'aide du grand téléscope établi à Melbourne, avait reconnu des changements dans l'apparence de la nébuleuse comparée aux dessins de J. Herschel. M. Lesueur exprimait, en conséquence, l'opinion que la nébuleuse se trouve plus rapprochée de nous que les étoiles dont elle semble parsemée. Mais plus récemment, il a trouvé que l'étoile Êta d'Argo brille de la lumière de l'hydrogène en combustion, et il exprime l'opinion que l'étoile a consumé la matière nébuleuse qui l'entoure. Sans adopter cette manière de voir, j'y trouve la preuve qu'aujourd'hui M. Lesueur considère la nébuleuse comme réellement associée aux étoiles qu'elle paraît envelopper. Ma conviction est que, au moment du maximum d'éclat de l'étoile, l'observation montrera que la nébuleuse, au voisinage immédiat de l'étoile, devient elle-même plus brillante, et non pas plus pâle, comme le voudrait l'hypothèse qu'elle sert de combustible. En fait, je suis disposé à regarder les variations de la nébuleuse comme systématiques et dues à des mouvements orbitaires de ses diverses parties autour des étoiles avoisinantes.

Comme indication d'autres lois d'association se rapportant

---

(1) On ne tient pas compte ici des mouvements des étoiles à l'intérieur du système ; de tels mouvements doivent être petits auprès du mouvement commun du système.

(2) L'auteur impute ici aux astronomes une croyance qu'ils sont loin d'avoir. S'ils considèrent généralement les nébuleuses résolubles et les amas d'étoiles comme formant des systèmes sidéraux distincts du nôtre ; les nébuleuses proprement dites sont, au contraire, regardées par tous comme appartenant à notre monde sidéral. Les ouvrages élémentaires expriment depuis longtemps cette opinion. Voyez : *Astronomie* de M. Delaunay, première édition, 1853, p. 613. — Les relations de la grande nébuleuse d'Orion avec les étoiles de cette constellation ont été reconnues depuis longues années, et le P. Secchi a très-nettement formulé son opinion à ce sujet.

aux relations dont je m'occupe maintenant, je puis mentionner cette circonstance que les étoiles rouges et les étoiles variables affectionnent le voisinage de la Voie lactée ou des courants d'étoiles les mieux marqués. La constellation d'Orion est singulièrement riche en objets de cette sorte. C'est là que se trouve l'étrange variable Beteigeuze : aujourd'hui cette étoile ne présente aucun signe de variabilité; mais, il y a quelques années, elle offrait les plus remarquables changements. On serait porté à croire que son mouvement propre a entraîné cet astre dans des régions où existe une distribution plus uniforme des matériaux dont son globe entretient ses feux. Peut-être faut-il demander à des considérations analogues l'explication des variations anciennes de notre soleil et du problème qui intrigue tant les géologues, l'existence autrefois d'une température tropicale dans notre zone tempérée et jusque dans les régions arctiques.

Il me reste à exposer les résultats généraux auxquels j'ai été conduit. Quelques personnes ont paru croire que mon hypothèse tend à diminuer singulièrement notre estimation de l'étendue du système stellaire. C'est plutôt le contraire qui a lieu. Suivant les vues généralement admises, dans l'intérieur des espaces où nos plus puissants télescopes nous permettent de pénétrer se meuvent des millions de millions de soleils. D'après mon hypothèse, c'est par dizaines de mille, par centaines de mille au plus qu'il faut compter les soleils primaires que nous pouvons apercevoir. Quelle est la conséquence de cette diminution du nombre des soleils, sinon celle-ci, que l'espace qui sépare les uns des autres ces centres de mouvement est infiniment plus grand qu'il n'était permis de le supposer? Et cet accroissement de distance implique un énorme accroissement dans l'estime que nous devons nous former de l'énergie vitale de chaque soleil individuel. Car la vitalité d'un soleil, si je puis me permettre cette expression, se mesure non pas simplement par la quantité de matière sur laquelle il exerce son attraction, mais par l'étendue de l'espace dans lequel cette matière est disséminée. Supposez un globe mille fois plus grand que notre soleil et répandez sur sa surface une quantité de matière surpassant mille fois la masse combinée de toutes les planètes du système solaire : au point de vue de la force vive le résultat est zéro. Mais disséminez cette matière dans un vaste espace tout autour du globe, ce globe devient aussitôt propre à être le centre d'une armée de corps soumis à son empire. Suivant les théories admises, quand l'astronome a réussi à résoudre en étoiles la lumière blanchâtre d'une portion de la voie lactée, il a atteint en quelque sorte dans cette direction les limites du système sidéral. Suivant mon système, ce qu'il a fait réellement, c'est l'analyse d'un agrégat défini d'étoiles, d'un simple coin du grand système stellaire. Bien plus encore, au point de vue des hypothèses admises, des milliers et des milliers de voies lactées, extérieures à notre système, peuvent se voir avec des télescopes suffisamment puissants. Si je suis dans le vrai, les systèmes extérieurs d'étoiles se cachent dans des profondeurs inaccessibles à nos plus puissants instruments, si bien que peut-être la plus voisine de ces galaxies se trouve un million de fois plus loin que les dernières limites auxquelles puisse atteindre le puissant télescope de lord Rosse.

Mais ce n'est rien encore : si prodigieuse que soit l'étendue du système sidéral ainsi considéré, bien plus admirable est son infinie variété. Nous savons combien les découvertes modernes ont accru nos connaissances sur la complication du système planétaire. Où les anciens ne voyaient qu'un petit nombre de planètes, nous trouvons, autour des planètes, des familles de satellites; nous trouvons les anneaux de Saturne, formées peut-être de petits satellites aussi nombreux que les grains de sable du rivage; la zone merveilleuse des astéroïdes; des myriades et des myriades de comètes ; des millions et des millions de systèmes météoriques, semés dans l'espace avec une profusion toujours croissante jusqu'au voisinage du soleil, où ils forment la couronne et la gloire qui éclatent à nos yeux pendant les éclipses totales. Mais si merveilleuse que puisse être la variété des éléments du système planétaire, infiniment plus admirable est celle du système sidéral. A côté des soleils isolés, des groupes, des systèmes, des courants de soleil de premier ordre ; puis des voies lactées de globes plus petits ; des amas d'étoiles où le nombre des astres, leur figure, leur distribution, varient à l'infini; toutes les formes si diverses de nébuleuses, résolubles ou non résolubles, circulaires, elliptiques ou spirales ; et enfin, des masses irrégulières de gaz lumineux, attachant leurs fantastiques draperies aux étoiles et aux systèmes d'étoiles. Et qui oserait affirmer qu'on ne découvrira pas encore d'autres formes, d'autres variétés de corps célestes, ou qu'il n'en existe pas des milliers d'autres que nous n'apercevrons jamais ?

Mais combien la prodigieuse vitalité du système sidéral doit nous frapper plus encore que son infinie variété ! Ces milliers d'astres ne sont pas des masses inertes : tout l'ensemble des cieux obéit à un énergique instinct, est animé d'une vie active. Ces grandes masses de vapeurs lumineuses, qui occupent dans l'espace des millions de milles, sont emportées par des forces inconnues, comme des nuages par la brise d'été. Les nuages stellaires se condensent en amas, ces amas deviennent des soleils ; les courants et les amas de globes plus petits sont entraînés par des attractions inconnues ; et au milieu de ce mouvement, les soleils de premier ordre, isolés ou réunis en système, poursuivent leur marche triomphale à travers les espaces, et géants des cieux se complaisent à fournir leur course, étendant de tous côtés les bras de leur puissante attraction, recueillant dans des régions toujours nouvelles les aliments de leur énergie motrice, pour les transformer dans les diverses manifestations de la force, lumière, chaleur, électricité, et les distribuer avec une générosité prodigue aux mondes qui circulent autour d'eux.

Oui, de quelque côté que se tournent nos regards, que nous considérions l'immense étendue du système sidéral, ou l'infinie variété de ses éléments, ou enfin, la prodigieuse vitalité qui anime chacun de ses membres, nous pouvons le dire, parmi tous les sujets d'étude, il n'en est point de plus majestueux ni de plus admirable. C'est un livre plein de magnifiques problèmes, de problèmes auxquels l'esprit humain n'a presque pas encore touché, de problèmes dont il semble presque insensé d'espérer la solution. Mais ces problèmes ont été livrés à l'homme pour qu'il les résolve, et il les résoudra toutes les fois qu'il voudra appliquer les règles d'un raisonnement droit à déchiffrer les signes mystérieux de ce merveilleux ouvrage (1).

RICHARD PROCTOR.

— Traduit de l'anglais par C. WOLF, astronome à l'observatoire de Paris. —

(1) Le lecteur qu'intéresseraient les vues originales et souvent un

L'OVAIRE ET L'ŒUF

Prof. W. WALDEYER. L'OVAIRE ET L'ŒUF. (*Eierstock und Ei*, 1 vol. in-8°, avec 6 pl. Leipzig, 1870, Engelmann.) — W. KOSTER. ONDERZOEK OMTRENT DE VORMING, etc. RECHERCHES SUR LA FORMATION DES ŒUFS DANS L'OVAIRE DES MAMMIFÈRES APRÈS LA NAISSANCE ET SUR LES RELATIONS DE L'OVAIRE ET DU PÉRITOINE. (*Verslagen en Mededeel. d. Kon. Akad. van Wetenschapen. Afd. « Natuurkunde » 2 Reeks. Deel III. 1868.) — LE MÊME. HET EPITHELIUM, etc. L'ÉPITHÉLIUM DE L'OVAIRE. (*Nederlandsch Archief voor Genees- en Natuurkunde*. Utrecht, 1870, Deel V, p. 250.) - Ed. VAN BENEDEN. RECHERCHES SUR LA COMPOSITION ET LA SIGNIFICATION DE L'ŒUF, 1 vol. in-4°, Bruxelles, 1870. Extrait du tome XXXIV des *Mém. couronnés et Mém. des Sav. étr. de l'Acad. de Belgique*. — Em. DURSY. LA BANDELETTE PRIMITIVE DE L'EMBRYON DU POULET. (*Der Primitivstreif des Hühnchens*. Lahr, 1867, in-8°, et 3 pl.) — W. HIS. RECHERCHES SUR LES PREMIERS RUDIMENTS DU CORPS CHEZ LES VERTÉBRÉS. (*Untersuchungen über die erste Anlage des Wirbelthierleibes*, 1 vol. in-4° avec 12 pl. Leipzig, 1868, Vogel.) — PEREMESCHKO. UEBER DIE BILDUNG, etc. SUR LA FORMATION DES FEUILLETS BLASTODERMIQUES DANS L'ŒUF DE POULE. (*Sitzbrcht. d. Akad. zu Wien*, Bd VII, 1868.) — Dr VAN BAMBEKE. RECHERCHES SUR LE DÉVELOPPEMENT DU PÉLOBATE BRUN. (*Acad. de Belgique*, Mém. couronnés, t. XXXIV, 1868, avec 5 pl.) — A. GOETTE. UNTERSUCHUNGEN, etc. RECHERCHES SUR LE DÉVELOPPEMENT DU BOMBINATOR IGNEUS. (*Archiv für mikrosk. Anatomie*, Band V, 1869, p. 90, avec 2 pl.) — C. KUPFFER. BEOBACHTUNGEN, etc. OBSERVATIONS SUR LE DÉVELOPPEMENT DES POISSONS OSSEUX. (*Ibid.*, Band IV, p. 209-272, avec 3 pl.) — RIENECK. UEBER DIE SCHICHTUNG, etc. SUR LA STRATIFICATION DU BLASTODERME CHEZ LES TRUITES. (*Ibid.*, Band V, p. 356.)

Parmi les différents travaux publiés récemment sur la genèse de l'œuf, il faut signaler en première ligne les ouvrages de M. Waldeyer et de M. Édouard van Beneden. Ce sont, en effet, là les traités les plus complets qui aient paru sur ce sujet depuis le célèbre article *ovum* de M. Allen Thomson dans la *Cyclopædia of Anatomy and Physiology*, publiée par MM. Todd et Bowman. Ces ouvrages tiennent largement compte de l'histoire de la science et renferment en outre, surtout (au moins pour les Vertébrés) celui de M. Waldeyer, une riche série d'observations nouvelles.

Tous les anatomistes enseignent que l'ovaire de l'homme et celui de tous les mammifères est revêtu par le péritoine, comme les autres organes abdominaux. Il a été seulement reconnu par quelques-uns que l'épithélium de cette partie du péritoine est semblable à celui d'une muqueuse et n'a point le caractère d'endothélium (1) du reste de la surface péritonéale. Et pourtant cette opinion si accréditée est erronée. M. Waldeyer et M. Koster sont arrivés simultanément et d'une manière entièrement indépendante à reconnaître que le péritoine s'arrête tout autour de l'ovaire et que ce dernier est totalement dépourvu de revêtement péritonéal. Ce fait est bien remarquable : car, abstraction faite de la muqueuse du *morsus diaboli*, l'ovaire est le seul organe placé dans l'intérieur du sac péritonéal.

Le *morsus diaboli* et l'ovaire se comportent donc exactement de la même manière relativement au péritoine. La cause en est du reste la même dans les deux cas. Il persiste à ces deux places un véritable épithélium de muqueuse dès les

premiers temps de a vie embryonnaire; il n'y a donc jamais en ces points de couche de tissu connectif à nu, pouvant se revêtir d'une couche endothéliale. Il est tout naturel de supposer une connexion primitive entre ces deux surfaces épithéliales, et de la chercher dans la frange décrite par M. Henle, sous le nom de *fimbria ovarica*, frange qui s'étend jusqu'à l'ovaire. M. Waldeyer trouve que chez l'homme l'épithélium vibratile du sillon de la frange s'étend presque jusqu'à l'ovaire et, dans quelques cas exceptionnels, il a constaté sa continuité avec l'épithélium cylindrique de l'ovaire. Chez d'autres mammifères, cette continuité paraît être la règle : ainsi chez le Lapin et chez les Kangourous. Il paraît y avoir d'ailleurs de grandes variations individuelles à cet égard. Chez les oiseaux, les relations de l'ovaire et du péritoine sont de même nature. Il en est au fond de même chez les reptiles et les poissons; toutefois la grande diversité que présente la conformation des ovaires chez les vertébrés inférieurs, nous empêche d'entrer dans des détails à cet égard. Le résultat essentiel est que chez aucun vertébré le péritoine ne recouvre réellement l'ovaire.

Soit M. Koster, soit M. Waldeyer, soit enfin M. van Beneden confirment sur les points principaux le mode de genèse des follicules de Graaf tel qu'il a été exposé par M. Pflüger; cependant tous ces auteurs paraissent contester aux boyaux de Pflüger (1) toute membrane propre, et ces boyaux folliculiformes doivent donc être considérés comme de simples cylindres de cellules. M. Waldeyer est disposé à admettre, comme cela a été souvent soutenu, qu'il ne se forme dans la règle, chez l'homme et les mammifères, point de follicules de Graaf, ou au moins point d'ovules, après la naissance. Ce n'est qu'exceptionnellement qu'à l'âge adulte on observe dans l'ovaire des boyaux de Pflüger semblables à ceux de l'embryon. M. Waldeyer est pourtant obligé d'admettre une exception pour le lapin, tout en constatant que, chez des lapins de même âge, l'un offre ces prolongements épithéliaux en grand nombre, tandis que l'autre en est dépourvu. Cette exception à la règle a lieu de surprendre et il ne faut pas perdre de vue que M. Koster avait constaté des variations tout à fait semblables chez les chiens aussi bien que chez les lapins. Le savant hollandais a basé, sur cette variation même, l'opinion qu'il y a bien production d'ovules après la naissance, mais d'une manière périodique. Cette opinion, déjà soutenue par M. Pflüger, n'est pas suffisamment réfutée par les nouvelles recherches de M. Waldeyer. Sa légitimité semble admise par M. Ed. van Beneden.

Il résulte des travaux de M. Waldeyer que, soit les œufs, soit les cellules épithéliales des follicules de Graaf, descendent directement de l'épithélium superficiel de l'ovaire. Les boyaux de Valentin et Pflüger n'existeraient point primitivement dans l'ovaire, mais seraient le résultat d'une invagination de l'épithélium de la surface. Le phénomène de la production des follicules de Graaf consiste essentiellement dans la pénétration réciproque des prolongements de l'épithélium et du stroma de l'ovaire. Dans les cellules ainsi englobées par le stroma, il s'établit de bonne heure déjà une différenciation entre les ovules primitifs et ce qui sera plus tard les cellules épithéliales des follicules. Il n'y a donc pas de différence fondamentale entre les œufs primordiaux et les cellules épithé-

---

peu aventureuses de M. R. Proctor pourra consulter plusieurs notes publiées par le même auteur dans les *Monthly Notices* :

1. *Distribution of the nebulæ*, vol. XXIV, p. 337, suppl. notice.

2. *Note on the sun's motion in space and on the relation distances of the fixed stars of various magnitudes*, vol. XXX, p. 9, novembre 1869.

3. *A new theory of the milky way*, vol. XXX, p. 56, décembre 1859.

(1) On se souvient que la distinction entre les épithélium des membranes muqueuses et les endothélium des membranes séreuses, et en général des cavités closes, a été établie par M. His. Cette distinction est tellement nette et si nécessaire au point de vue histologique, qu'elle est adoptée par tous les anatomistes, malgré les arguments étymologiques qu'on pourrait faire valoir contre le terme d'*endothélium*.

(1) A proprement parler *boyaux de Valentin et de Pflüger*, puisque M. Valentin les avait déjà aperçus il y a de longues années.

liales des follicules. Les uns comme les autres dérivent de l'épithélium de la surface de l'ovaire, dans lequel on voit déjà apparaître des ovules dès les premiers temps de la vie embryonnaire, même avant la formation des boyaux de Valentin et Pflüger.

Nous croyons cette découverte de l'origine des boyaux de Valentin et Pflüger parfaitement bien établie, d'autant plus que M. Koster est arrivé à peu près au même résultat. M. van Beneden qui ignore l'origine première de ces boyaux et qui se contente de considérer avec M. Pflüger l'ovaire comme une glande primitivement tubuleuse, M. van Beneden, disons-nous, est peu disposé à reconnaître l'identité primitive des ovules et des cellules épithéliales. Il fait naître les ovules sous la forme d'une masse protoplasmique, logée au fond du boyau folliculaire, et tenant en suspension des vésicules qui constitueront plus tard autant de vésicules germinatives. Cette description est sans doute parfaitement exacte, mais il n'en résulte point que cette masse protoplasmique ne puisse pas être considérée comme résultant de la fusion d'un grand nombre de cellules épithéliales, dépourvues de membrane et, partant, mal délimitées.

M. Pflüger croyait au contraire que le fond des boyaux est occupé par des cellules mères des œufs et il a décrit ces cellules comme donnant naissance par bourgeonnement à une série d'œufs qui formeraient une véritable chaîne. Pour M. van Beneden les jeunes œufs sont primitivement tout à fait confondus les uns des autres par leurs corps protoplasmiques. Cette masse protoplasmique se délimite peu à peu autour des vésicules germinatives et ceci s'opère par la formation de sillons apparaissant à la surface du protoplasma entre deux vésicules consécutives. Ces sillons, en progressant vers le centre de la chaîne, finissent par isoler les œufs. Au fond, la différence entre ces deux manières de voir n'est pas aussi grande qu'elle le paraît au premier abord et il s'agit plutôt d'une diversité d'interprétation basée sur des images identiques. L'interprétation de M. van Beneden a l'avantage de ramener complétement l'oogénèse des mammifères aux phénomènes observés dans les diverses classes du règne animal. L'analogie est surtout frappante avec les faits observés chez les Nématodes, et les chaînes d'œufs des mammifères correspondent parfaitement aux séries d'œufs, portés sur un rachis commun, que l'on a observées chez un grand nombre de ces Helminthes. Relevons un fait curieux au point de vue historique : M. Pflüger croyait trouver un argument très-fort en faveur de son interprétation, dans l'analogie des phénomènes d'oogénèse décrits par M. Meissner chez les Nématodes. Aujourd'hui que les observations de M. Meissner sur ce sujet ont été entièrement réfutées par MM. Claparède, Munck, Schneider et Leuckart, nous voyons M. van Beneden s'appuyer sur les observations de ces savants relatives à l'oogénèse de ces mêmes vers nématodes, pour corroborer son interprétation de la formation des œufs chez les mammifères.

L'oogénèse des oiseaux a fait le sujet de nouvelles recherches approfondies qui ne paraissent pourtant pas avoir résolu le problème d'une manière définitive. On sait qu'il existe deux manières bien différentes d'envisager l'œuf des oiseaux. Dans l'une, dont l'origine remonte à Baer, Meckel von Hemsbach et M. Coste, la cicatricule de l'œuf d'oiseau arrivé à maturité serait seule comparable à l'ovule des mammifères. Cette opinion a été surtout formulée avec précision par M. Allen Thomson et M. Ecker. Aux yeux de ces savants, tout

le vitellus, tant blanc que jaune, doit être considéré comme une production de l'épithélium du follicule, qui se dépose peu à peu autour de l'œuf primordial. L'autre manière de voir, qui repose sur le terrain de la théorie cellulaire, a été défendue par Rudolph Wagner, M. Leuckart, M. Külliker, et surtout M. Gegenbaur. Elle parallélise l'œuf d'oiseau dans sa totalité à l'ovule des mammifères et ne voit dans les éléments vésiculeux du premier qu'un développement particulier des granules vitellins.

Les nouvelles recherches de M. His semblent parler en faveur de la première opinion, et le savant bâlois, malgré ses points de vue nouveaux, suit les traces de Meckel et d'Allen Thomson. Au contraire, M. Waldeyer fournit de nouveaux arguments en faveur de la seconde manière de voir, et se place en somme au point de vue de M. Gegenbaur. La question reste donc toujours pendante, mais il n'en est pas moins intéressant de résumer en peu de mots les principaux arguments fournis en faveur de ces deux thèses opposées.

Selon M. His, les plus petits follicules ovariques de poules qui n'ont pas encore pondu renferment chacun un œuf primordial composé d'un *vitellus principal* ou *archilécithe* (*vitellus de formation* des auteurs) et de la vésicule germinative. Ce vitellus principal est entouré directement des cellules épithéliales du follicule (*Granulosazellen* de His). Il est formé d'une substance fondamentale gélatineuse dans laquelle sont semés les granules vitellins proprement dits. La couche périphérique est dépourvue de granules, comme l'a déjà vu M. Gegenbaur, et se présente sous l'apparence d'une zone claire désignée par M. His sous le nom de *couche zonoïde* ou de *cuticule*. Plus tard apparaissent les premières traces du *vitellus accessoire* ou *paralécithe* (*vitellus de nutrition* des auteurs). M. His fait dériver ce vitellus secondaire des cellules épithéliales du follicule qui se multiplient et s'accumulent autour du vitellus principal. Ces cellules, qui se dilatent et deviennent transparentes, forment les éléments vésiculeux du vitellus et immigrent jusque dans l'intérieur du vitellus principal. Par suite de cette pénétration, le vitellus principal est pour ainsi dire réduit en fragments, et il n'en subsiste plus qu'une partie relativement petite, comme reste de l'œuf primordial, entourant la vésicule germinative sur un point du vitellus total. C'est la cicatricule. Cette immigration des cellules épithéliales dans le vitellus n'entraîne point la destruction de la couche zonoïde ou cuticulaire ; elle a lieu au travers de cette couche, de telle sorte qu'à la fin de l'oogénèse, la couche cuticulaire continue de subsister comme une membrane enveloppant toute la masse du vitellus, tant principal qu'accessoire. Elle s'endurcit et devient la membrane vitelline.

L'interprétation donnée par M. Waldeyer aux phénomènes d'oogénèse chez les oiseaux s'éloigne notablement de cette description de M. His. Il trouve, il est vrai, l'ovule primordial constitué de la même manière que ce dernier. C'est, comme chez les mammifères, une simple cellule composée de protoplasma, de noyau et de nucléole, mais dépourvue de membrane. Ce fait paraît bien établi, car il est d'accord avec les observations précédentes de M. Gegenbaur, et M. van Beneden vient d'arriver au même résultat. L'épithélium du follicule forme tout autour de cet œuf primordial une couche de cellules cylindriques. M. Waldeyer représente l'ovule comme séparé de cette couche épithéliale par une membrane rayée de stries rayonnantes dans son épaisseur, membrane qu'il désigne sous le nom de *zona radiata*. Cette membrane correspond bien au fond à la couche zonoïde de M. His; mais elle est interprétée par M. Waldeyer d'une manière si particulière qu'elle mérite un nom spécial. La désignation de *membrane* n'est, du reste, pas fort heureuse. Il s'agit, en effet, d'une couche qu'il n'est pas possible d'isoler par aucun moyen de préparation. Cette couche se divise facilement en petits éléments fibrillaires très-fins qui semblent surgir comme des cils vibratiles du protoplasma des cellules cylindriques de l'épithélium folliculaire. L'autre extrémité de ces *pseudocils* paraît se résoudre en fins granules pour constituer la couche moléculaire corticale du vitellus. Ce phénomène rend compte de la formation du vitellus accessoire en tant que produit de l'épithélium du follicule. Dans les très-jeunes follicules, où la *zona radiata* manque encore, les parties constitutives du protoplasma de l'épithélium se résolvent en granules qui forment par un gonflement ultérieur les éléments blancs du vitellus. Plus tard, l'apparence change dans une certaine mesure, le protoplasma de l'épithélium du follicule se métamorphosant à son extrémité interne en une masse relativement compacte : la *zona radiata*. Mais cette masse se détruit à mesure par une résolution en granules pour former la couche moléculaire du vitellus accessoire. Elle se reforme en arrière dans la même proportion qu'elle se détruit en avant, de manière à conserver la même apparence. Lorsque la formation du vitellus est terminée et que la plus grande partie des éléments blancs se sont transformés en éléments jaunes, la *zona radiata* se transforme en membrane vitelline. On voit que M. Waldeyer ne saurait, pas plus que M. Gegenbaur, se ranger à l'opinion de ceux qui voient de vraies cellules dans les vésicules du vitellus, opinion qui est pourtant encore défendue par M. His. M. Ed. van Beneden se prononce aussi contre la nature cellulaire de ces éléments.

L'œuf des oiseaux n'est donc pas aussi différent de celui des mammifères pour M. Waldeyer que pour M. His. Le premier de ces savants cherche à établir que, chez tous les vertébrés, les œufs ovariques entièrement développés ne sont jamais de simples cellules. Ils sont formés d'abord de l'œuf primordial, cellule dont le protoplasma peut fort bien porter le nom de *vitellus principal*, imaginé par M. His, puis de parties accessoires, qui sont le vitellus accessoire et la membrane vitelline. Ces parties sont des produits directs de l'épithélium du follicule. A ce point de vue, il existe, il est vrai, une différence entre le type d'oogenèse des mammifères et celui des autres vertébrés; mais cette différence n'a qu'une importance secondaire : elle consiste en ce que, chez les mammifères, une partie seulement de l'épithélium du follicule, à savoir le disque proligère, prend part à la formation des éléments accessoires de l'œuf, tandis que, chez les autres vertébrés, ce rôle est dévolu à la totalité de l'épithélium.

M. Waldeyer a cherché à étendre les résultats obtenus chez les vertébrés à tout le règne animal. Bien que ses observations personnelles sur les invertébrés n'aient pas été extrêmement nombreuses, il croit pouvoir en conclure, par la comparaison avec les travaux d'autres auteurs, que, dans tout le règne animal, l'œuf primordial est une simple cellule épithéliale; mais partout cet ovule primordial se complique du dépôt de parties accessoires, et l'œuf ovarique définitif n'est nulle part une simple cellule.

Tel est aussi le résultat auquel est arrivé M. Ed. van Beneden, au moins pour ce qui concerne la nature complexe de l'œuf ovarique définitif. Relativement à la nature épithéliale de l'œuf primordial, il est, au contraire, d'un avis différent de M. Waldeyer; mais, comme nous l'avons vu, il s'agit d'une différence d'interprétation qui n'a pas une très-grande importance. Pour M. van Beneden, les premiers rudiments de l'œuf se forment aux dépens d'un protoplasme commun, tenant en suspension des noyaux cellulaires distincts et capables de se multiplier. Il considère cet ensemble comme formé de cellules distinctes par leurs noyaux, mais confondues par leurs corps protoplasmatiques. Quand ces noyaux ont atteint un volume déterminé, le protoplasme se délimite autour d'eux en une couche distincte, et c'est à partir de ce moment que le savant belge les considère comme des éléments cellulaires proprement dits. En somme, M. Ed. van Beneden trouve dans toute la série animale le mode d'oogenèse semblable à celui qu'ont fait connaître chez les vers nématodes MM. Claparède, Munck, Schneider et Leuckart.

Mais pour M. van Beneden, comme pour M. Waldeyer, bien qu'à un point de vue assez différent, l'œuf définitif est quelque chose de plus complexe que l'œuf primordial. Ce dernier est toujours complétement transparent. Plus tard, il commence à se charger d'éléments nutritifs réfringents (granules vitellins, etc.). Le naturaliste belge donne à cet ensemble d'éléments nutritifs le nom de *deutoplasma*, par opposition au protoplasma de l'œuf primordial. Cette distinction est importante : le protoplasma est, en effet, le seul élément aux dépens duquel se forment les premières cellules de l'embryon, tandis que le deutoplasme n'intervient que secondairement dans cette formation. Le deutoplasme paraît d'ailleurs entièrement privé de la contractilité qui, dans le protoplasma, permet les mouvements amœboïdes caractéristiques. Cette distinction a surtout de l'intérêt parce qu'elle permet à M. van Beneden d'établir un rapport intime entre la constitution de l'œuf et la manière dont s'accomplissent les premiers phénomènes embryonnaires.

En effet, le protoplasme faisant seul partie de l'œuf primordial, lui seul doit se diviser quand la cellule se divise. Mais comme, dans un certain nombre de cas, le deutoplasme se trouve en suspension dans le protoplasme, il peut arriver que le deutoplasme prenne part à la division de l'œuf primordial, c'est-à-dire qu'il reste en suspension dans le protoplasme pendant que celui-ci se divise. Dans ce cas, il y a *fractionnement total* du vitellus. Si, au contraire, une partie seulement des éléments nutritifs se trouvent en suspension dans le protoplasme, cette partie seule de la masse deutoplasmatique pourra prendre part à la division de l'œuf primordial, et il y aura *fractionnement partiel*. Mais s'il y a séparation complète entre le deutoplasme et l'œuf primordial, celui-ci seul se divisant, il n'y a pas de fractionnement proprement dit.

Selon M. van Beneden, on voit chez les Vertébrés, les Crustacés, les Nématodes, les Planaires et les Némertes, des éléments nutritifs se former *dans le protoplasme même* de l'œuf primordial qui fonctionne comme cellule sécrétoire de ses éléments deutoplasmatiques, car même l'œuf de l'oiseau est à ses yeux une cellule colossale qui ne perd pas dans le cours de son développement ses caractères primordiaux et qui ne renferme en elle aucune autre cellule.

Chez un animal très-voisin des Némertes, le Prorhynchus, M. Max Schultze a fait voir qu'une partie des éléments vitellins se forme en dehors du protoplasme de l'œuf dans des cellules distinctes qui, chargées des produits qu'elles ont élaborés, viennent entourer le germe. Plus tard, ces cellules se désorganisent lentement, et les éléments nutritifs sont mis en liberté pour être peu à peu absorbés par le protoplasme de l'œuf primordial. Cet animal présente une transition incontestable entre les Planaires et les Némertes d'une part, où le deutoplasme se développe à l'intérieur même du protoplasme de l'œuf primordial, et les Rhabdocèles d'autre part, où le deutoplasme est tout entier élaboré en dehors de l'œuf primordial, voire même dans une glande distincte : le *vitellogène* des auteurs. Seulement, plus tard, chez ces derniers, les éléments deutoplasmatiques sont absorbés par l'œuf primordial.

Chez les Trématodes et les Cestoïdes, comme chez les Rhabdocèles, un germigène et un vitellogène concourent à la formation de l'œuf définitif. Les éléments nutritifs du vitellus sont élaborés par les cellules épithéliales des glandes dites *vitellogènes*. Mais, tandis que chez les Rhabdocèles ces éléments sont peu à peu absorbés par le protoplasme de l'œuf primordial, ils restent constamment distincts de celui-ci chez les Trématodes et les Cestoïdes; les deux éléments constitutifs du vitellus ne se fondent jamais en une masse commune. L'œuf primordial se divise sans que le deutoplasme prenne part à cette division, et peu à peu les cellules embryonnaires absorbent, pour s'en nourrir, les éléments nutritifs qui les entourent de toutes parts. Les prétendus vitellogènes sécrétant en réalité une partie seulement des éléments constitutifs du vitellus, à savoir le deutoplasme, M. van Beneden les désigne sous le nom de *deutoplasmigènes*.

M. Ed. van Beneden a profité de ses études sur l'oogenèse pour définir plus correctement que cela n'a eu lieu jusqu'ici ce qu'on doit entendre par *membrane vitelline* et par *chorion*. Nous doutons qu'il ait mieux résolu ce problème que ses prédécesseurs. Il réserve le nom de *membrane vitelline* aux membranes cellulaires qui se forment par la solidification de la couche externe du protoplasme. En revanche, il propose de réserver le nom de *chorion* à toute membrane anhiste formée par voie de sécrétion par les cellules épithéliales de l'ovaire ou de l'oviducte, et destinées à servir d'enveloppe à un œuf arrivé à maturité. En fait, ces définitions sont celles adoptées aujourd'hui plus ou moins tacitement par tous les auteurs; seulement, les difficultés surgissent dans l'application. Pour n'en citer qu'un exemple, l'œuf de l'oiseau est, aux yeux de M. van Beneden, une cellule qui a pris un développement colossal, et sa membrane vitelline est considérée par lui comme représentant la membrane cellulaire de l'œuf primordial. Toutefois, cette opinion n'est pas très-solidement assise. Même si l'on rejette les observations de M. His, qui font immigrer dans le vitellus de l'œuf d'oiseau des cellules à mouvements amœbéens, il n'en reste pas moins les observations de M. Waldeyer. Or, ce savant, tout en niant l'existence d'éléments cellulaires dans l'intérieur de l'œuf d'oiseau, n'en fait pas moins résulter la plus grande masse du vitellus d'une métamorphose, d'une sorte de désorganisation des cellules épithéliales du follicule. Si les choses se passent réellement ainsi, il est bien difficile de dire d'une manière parfaitement certaine quelle est l'origine de la couche externe du vitellus qui se solidifie en membrane vitelline. Cette origine peut même être complexe. M. Waldeyer n'hésite pas à faire provenir cette membrane de la *zona radiata*. Elle serait donc en réalité un produit de l'épithélium du follicule, et, dans ce cas, pour être fidèle à sa nomenclature, M. Ed. van Beneden serait obligé de baptiser du nom de *chorion* la membrane vitelline de l'œuf d'oiseau.

Après ce bref aperçu sur les travaux relatifs à l'oogenèse, jetons un rapide coup d'œil sur les travaux les plus récents concernant l'embryologie des vertébrés.

Le premier travail à mentionner par suite de la révolution radicale qu'il opérerait dans nos notions embryogéniques si ses résultats venaient à se confirmer, est celui de M. Dursy. Jusqu'ici tous les embryogénistes ont considéré la bandelette primitive avec son sillon médian, comme le rudiment qui, par la métamorphose de ses différentes parties, se transforme en embryon. Pour M. Dursy, il n'en est point ainsi. La bandelette primitive avec son sillon constitue à ses yeux une sorte de pro-embryon d'où le corps embryonnaire surgit « comme une plante du pot dans lequel on la cultive ». Le véritable rudiment embryonnaire se formerait à l'extrémité antérieure de ce pro-embryon, comme un bourgeon qui s'allonge en une sorte de bandelette un peu élargie en avant.

Cette nouvelle bandelette est le rudiment de la corde dorsale et sa dilatation antérieure indique le milieu de ce qui sera plus tard la base du crâne. Plus tard, lorsque la corde s'est allongée et a atteint une longueur supérieure à celle de la bandelette primitive, elle se dilate aussi à son extrémité postérieure pour former le renflement caudal, immédiatement en avant de la bandelette primitive, qui, à partir de ce moment, s'atrophie et finit par disparaître. Ces observations s'écartent trop de toutes les idées embryogéniques en vigueur, pour qu'il soit possible de formuler un jugement sur elles avant des recherches nouvelles.

Chez les oiseaux, M. His a émis des idées en partie assez neuves et séduisantes, à plus d'un égard. Il distingue sous les noms d'*archiblaste* (germe principal) et de *parablaste* (germe accessoire) deux sources distinctes des éléments constitutifs de l'embryon. L'archiblaste n'est pas autre chose que le disque proligère qui, par son évolution, engendre le système nerveux, le tissu des muscles striés et lisses, les épithéliums et les glandes. Le parablaste est formé par les éléments blancs du vitellus (1) et donne naissance, pour M. His, au sang et à tous les tissus de la famille connective. Si ce résultat devait se confirmer, il en résulterait une opposition parfaitement nette entre ces deux catégories de tissus. Par la pensée on peut éliminer du corps la totalité des substances connectives, et il subsiste une sorte de squelette ayant pour axe l'encéphale et la moelle épinière et comme parties périphériques les muscles, les glandes et les épithéliums, reliés à l'axe par les nerfs. Mais, par la pensée, on peut éloigner aussi du corps tous les organes d'origine archiblastique, et il reste une sorte de squelette, formé uniquement d'éléments parablastiques. Ce second squelette forme, pour ainsi dire, un moule interne du premier. En d'autres termes, les éléments archiblastiques

---

(1) Il convient de remarquer que M. His donne à cette expression un sens un peu plus restreint que la plupart des auteurs. Les éléments blancs du vitellus forment, suivant sa description, une mince couche périphérique sous-jacente à la membrane vitelline, puis le plancher de la cavité de segmentation, et enfin le contenu du canal vitellin et de la *latebra*. La plupart des auteurs admettent, en outre, que les halos visibles sur la coupe d'un œuf durci sont dus à une alternance de couches, formées, les unes par les éléments jaunes, les autres par les éléments blancs. M. His nie la présence d'éléments blancs caractéristiques dans ces couches.

et les éléments parablastiques se pénètrent mutuellement dans toutes les régions du corps, sans jamais présenter, aux yeux de M. His, des relations plus intimes que celles d'une simple contiguïté. C'est ce qu'on reconnaît expérimentalement surtout pour les organes nerveux centraux et la rétine, où le squelette parablastique, formé ici uniquement par les vaisseaux, est si peu adhérent aux mailles du tissu archiblastique dans lesquelles il est logé, qu'on peut l'en tirer, comme on tire les doigts hors d'un gant. M. His trouve que l'élément archiblastique joue le rôle principal dans la détermination du développement embryonnaire. Le corps résulte dans ses grands traits de la croissance et de la division de l'archiblaste : plus tard seulement, les produits du parablaste, venant de la périphérie, pénètrent dans les lacunes qui subsistent dans la structure de l'archiblaste.

Au point de vue de la formation des feuillets embryonnaires, M. His s'écarte des idées le plus généralement admises depuis les travaux de Remak, et il revient à peu près complétement à la théorie de M. de Baer qui n'admettait, comme on sait, qu'un feuillet animal et un feuillet végétatif. Le feuillet supérieur ou animal fournit le système cérébrospinal, les corps de Wolff avec les glandes sexuelles qui en dépendent, les reins définitifs, et enfin l'épiderme avec ses dépendances immédiates, épithélium et glandes de la cavité buccale et du cloaque.

Le feuillet inférieur (1) est considéré dans ses métamorphoses, par M. His, en connexion avec ce que ce savant appelle le cordon axial. Sous ce nom, il désigne un cordon situé sur la ligne médiane du rudiment embryonnaire, dans lequel la lamination en feuillets ne se fait point, ou, si l'on aime mieux, dans lequel les deux feuillets restent soudés. Le feuillet inférieur et le cordon axial donnent naissance à la musculature lisse, et enfin aux épithéliums et aux glandes des muqueuses internes.

Le point de vue de M. His se distingue pourtant de celui de M. de Baer par un côté fort important, à savoir par le mode de formation qu'il attribue à ce que le grand embryogéniste a appelé, comme chacun le sait, le *feuillet vasculaire*. Aux yeux de M. His, ce feuillet vasculaire n'est aucunement le produit de l'un des autres feuillets, mais il descend du parablaste. A proprement parler, le feuillet vasculaire de M. de Baer serait même d'origine complexe, car il comprend en outre des éléments parablastiques de M. His, la lame musculaire végétative que le savant bâlois fait dépendre du feuillet interne ou inférieur.

Voici comment M. His comprend l'évolution du parablaste : un tissu aéolaire se forme tout autour du disque proligère ; il tire son origine d'éléments blancs du vitellus. Cette couche développe des bourgeons qui se dirigent en dessous vers le centre du disque, et qui pénètrent dans les lacunes formées dans le tissu de ce disque par une série de divisions et de plissements. Dans l'origine, ces bourgeons se transforment presque tous en vaisseaux, et, pendant les premiers

stades du développement, les vaisseaux sont à peu près les seuls représentants des éléments parab'astiques. Plus tard, les choses se passent autrement : les cellules qui germent des parois des vaisseaux ne s'ordonnent plus toutes en tubes vasculaires. Elles s'accumulent par place dans les lacunes, en groupes plus ou moins nombreux, et il se forme entre elles une substance intercellulaire incolore. C'est là une substance connective embryonnaire, tissu connectif embryonnaire, ou cartilage embryonnaire.

Les espaces lymphatiques primordiaux sont pour M. His des cavités qui demeurent ménagées pendant la croissance des tissus parablastiques. La même chose a lieu pour les cavités séreuses, qui ne sont d'ailleurs, comme le démontrent toutes les recherches récentes, que de vastes réservoirs lymphatiques.

La distinction entre l'archiblaste et le parablaste a, comme on le voit, une haute portée. Une partie seulement des tissus embryonnaires, les tissus archiblastiques, proviendraient de la partie segmentée, c'est-à-dire fécondée de l'ovule, les autres sembleraient se former indépendamment de la fécondation. Mais la chose est-elle suffisamment établie ? C'est ce dont il est peut-être permis de douter encore. M. His paraît bien avoir prouvé que les gros éléments celluleux qui forment le sol de la cavité de segmentation immigrent dans le corps de l'embryon pour former une partie de ses tissus ; mais ces cellules sont-elles bien des éléments blancs du vitellus et point des produits de la segmentation ? Sur ce point, M. Peremeschko se pose en adversaire de M. His et se prononce décidément en faveur de la seconde alternative.

Dans son bel ouvrage, M. His cherche à préciser les conditions mécaniques qui président à la formation du corps de l'embryon. Il montre que les plissements auxquels sont dus en général les premiers rudiments d'organes, sont déterminés par des centres de plus grande croissance. En effet, les inégalités de croissance entraînent forcément des phénomènes de pression et de traction variant avec les points du disque pro'igère ou de l'embryon. Citons-en un exemple, sans cependant vouloir suivre l'auteur dans l'étude de ce problème fort complexe. M. His admet que l'extrémité antérieure de la corde dorsale arrête par ses adhérences la croissance de la base du crâne, tandis que le reste de l'embryon continue de croître, et il rend compte ainsi de la courbure céphalique et de la faciale, et même, plus tard, du développement des vésicules ophthalmiques, de la formation du quatrième ventricule, etc.

M. Waldeyer est arrivé à des résultats extrêmement remarquables, dans une étude approfondie de la formation de l'appareil urogénital chez les vertébrés supérieurs. Il trouve chez les vertébrés un rudiment urogénital commun pour les deux sexes. On trouve ce premier rudiment, lorsqu'il est déjà bien formé, dans les lames intermédiaires de M. Remak (lames péritonéales de M. de Baer), mais il paraît provenir du cordon axial de l'embryon, et même probablement, à sa toute première origine, du feuillet blastodermique supérieur. De très-bonne heure ce rudiment se divise en deux parties, *l'épithélium germinatif et l'épithélium des conduits de Wolff*, desquels dérive tout l'appareil génito-urinaire.

L'épithélium germinatif sert toujours à la formation des ovules et des conduits excréteurs féminins. M. Waldeyer s'en est convaincu dans toute la série des vertébrés, à partir des amphibies jusqu'à l'homme. Dans le principe, cet épithélium

---

(1) Ce feuillet est, pour M. His, une production du feuillet supérieur ou externe. Il n'existe pas comme feuillet distinct avant l'incubation. Le disque proligère qui forme le toit de la cavité de segmentation est constitué seulement par le feuillet supérieur. Mais de la surface inférieure de ce feuillet naissent de nombreux bourgeons ou cordons celluleux auxquels M. His donne le nom de *processus sous-germinaux*. Ces processus s'unissent plus tard entre eux pour former le feuillet inférieur.

ne peut être séparé du rudiment du conduit de Wolff, dont il forme le revêtement médial, et dont il ne tarde pas à se séparer. Il s'étend toujours en une large surface et tapisse une partie plus ou moins considérable de la future cavité péritonéale. Cet épithélium forme d'abord une masse continue qui ne tarde pas à se diviser en deux régions : l'une s'étend en surface, s'unit au stroma connectif et vasculaire sous-jacent, et fournit les ovules; l'autre s'enfonce, d'abord sous la forme d'un sillon, dans la paroi connective de l'abdomen et se transforme peu à peu en un canal : le conduit de Müller.

L'épithélium du conduit de Wolff est à la fois le rudiment des organes sexuels mâles et de l'appareil urinaire. Ce dernier ne naissant qu'à une époque tardive, on voit se former dans l'intervalle le rein primordial à existence transitoire, qui constitue, aux yeux de M. Waldeyer, une *partie seulement* du corps de Wolff. La conséquence la plus remarquable de ces recherches, c'est que chez chaque individu, et même chez les vertébrés supérieurs, la disposition primordiale de l'appareil générateur est hermaphrodite. Ce fait avait été déjà reconnu par M. de Wittich, chez les Batraciens. Ce savant avait reconnu que le premier rudiment de la glande sexuelle a, chez tous les individus, un caractère féminin. De la paroi dorsale de cet organe, tournée du côté des reins, il a vu apparaître, chez les batraciens mâles, un tube qui s'unit à des groupes de cellules renfermées dans l'intérieur de la glande sexuelle, et destinés à former les canalicules séminaux. On peut par suite distinguer bientôt chez ces Batraciens deux parties de la glande sexuelle, à savoir un noyau dorsal ou central renfermant les rudiments des tubes séminifères et une zone périphérique parfaitement semblable au rudiment de l'ovaire chez les femelles, Or, cette zone engendre des ovules, selon M. Jacobson et surtout M. de Wittich, même chez les crapauds mâles. M. Waldeyer voit en outre persister cette couche d'épithélium germinatif sur le testicule des tritons pendant toute la vie. Cet hermaphrodisme primordial n'est point spécial aux Batraciens, mais, comme le démontre M. Waldeyer, il existe dans toute la série des vertébrés, même chez l'homme.

L'étude soignée de l'épithélium germinatif a conduit M. Waldeyer à des vues en partie assez nouvelles sur la signification du sac du péritoine. Autrefois on n'attribuait aux membranes séreuses qu'une fonction mécanique consistant à faciliter le glissement des viscères. Aujourd'hui, grâce à M. Recklinghausen et ses successeurs, nous savons de plus, comme nous le remarquions plus haut, que les sacs séreux jouent aussi le rôle de grands réservoirs de la lymphe. M. Waldeyer remarque que chez les vertébrés du sexe féminin la cavité péritonéale joue en outre un rôle dans les fonctions sexuelles. Au commencement de l'évolution, elle est tapissée, peut-être dans sa totalité, par l'épithélium germinatif. Plus tard, une partie de cet épithélium s'atrophie, et partout où cela a lieu la couche de cellules connectives sous-jacente, mise à nu, se transforme en une couche endothéliale, toute semblable à celle résultant de la transformation du tissu connectif dans les cavités articulaires, les bourses muqueuses accidentelles, etc. Cette manière de voir semble corroborée par la circonstance suivante. Dans certains cas, ainsi chez les batraciens, l'épithélium germinatif subsiste dans la cavité péritonéale proprement dite toute la vie durant, mais alors on le trouve superposé à l'endothélium qui apparaît par suite comme une couche profonde, ainsi que M. Waldeyer l'a découvert. Chez les grenouilles, une grande partie du péritoine fonctionne aussi bien comme réservoir et comme organe éducateur pour les ovules, que comme sac lymphatique; aussi l'étendue de l'épithélium véritable est-elle dans le sac péritonéal aussi considérable que celle de l'endothélium. Chez les vertébrés supérieurs, la participation du sac péritonéal aux fonctions sexuelles est restreinte à une très-petite région, dans le voisinage du bassin, autour de l'ouverture des trompes. Chez certaines espèces (chien, chat, etc.), cette région est réduite à un minimum, grâce à la capsule particulière de l'ovaire; chez d'autres, comme chez les loutres, etc., elle est entièrement isolée. L'élucidation de ces conditions remarquables par M. Waldeyer pourra jeter quelque lumière sur certains phénomènes obscurs, comme la transmigration des œufs et de la semence, et les grossesses abdominales. Dans la cavité de l'abdomen, l'œuf se trouve encore dans l'intérieur de l'appareil sexuel, et peut, dans certaines circonstances, vivre dans ces conditions et même se développer.

Le développement des vertébrés anallantoïdiens présente, en outre des particularités bien connues qui le caractérisent, certains phénomènes d'évolution dont l'assimilation avec ceux des vertébrés supérieurs n'est pas toujours très-facile. L'embryogénie des batraciens, que nous considérerons d'abord, a fait l'objet de deux mémoires étendus : l'un de M. van Bambeke, sur le Pélobate brun, l'autre de M. Götte, sur le Bombinator igné. Les résultats auxquels sont arrivés les auteurs sont semblables sur bien des points, malgré une nomenclature différente; mais il subsiste cependant des divergences sur des questions capitales.

On sait que chez les Batraciens l'œuf contient, immédiatement après la segmentation, une cavité à laquelle on donne le nom de *cavité de segmentation* ou *cavité de Baer*. Bientôt apparaît une deuxième cavité, séparée de la première, et communiquant avec l'extérieur par une fente arquée. Cette seconde cavité est connue sous le nom de *cavité elliptique* ou de *cavité de Rusconi*, et la fente est désignée sous celui d'*anus de Rusconi*.

Les opinions relatives au mode de formation de la cavité de Rusconi sont variées. Les uns, ainsi Remak, la considèrent comme le résultat d'une sorte d'invagination de l'anus de Rusconi, et cette opinion semble acceptée par M. Götte; les autres, et M. Van Bambeke est de ce nombre, nient toute invagination semblable, et font apparaître la cavité en question dans l'intérieur du vitellus blanc. Il est clair qu'il est difficile de décider entre ces deux opinions. Nous nous permettrons seulement de remarquer que M. Götte semble avoir étudié tout spécialement ce point d'embryogénie, et que sa description implique un mode de formation très-remarquable des feuillets blastodermiques. Ce mode s'éloigne, il est vrai, de tous ceux qui ont été admis, par les différents auteurs, pour les vertébrés supérieurs; mais il rappelle, en revanche (en partie seulement, il est vrai), les phénomènes que M. Kowalewsky a fait connaître chez l'Amphioxus. D'après M. Götte, l'invagination pénètre concentriquement à la surface, dans l'intérieur du vitellus blanc, de sorte qu'une partie de celui-ci, formant une sorte de couche membraneuse, reste attachée à l'écorce brune de l'œuf, et n'est plus en communication que par ses bords avec le vitellus blanc. Cette couche forme donc le plafond de la cavité de Rusconi. Dans cette couche il s'établit bientôt une différenciation en deux strates, l'une formée de cellules très-petites et adhérentes à la couche brune externe, et l'autre formée par une seule couche de cellules plus grosses constituant la paroi de la cavité. A partir de ce moment, la voûte de la cavité de Rusconi est formée de trois feuillets distincts, dont l'externe et le moyen augmentent notablement en épaisseur vers l'anus de Rusconi. Telle est l'origine des trois feuillets blastodermiques. Rien dans tout cela qui rappelle le parablaste de M. His.

M. van Bambeke ne distingue pas seulement trois feuillets embryonnaires, mais bien quatre. Cette différence n'est pas essentielle, car M. Götte admet la formation subséquente de deux lames superposées dans son feuillet externe. M. van Bambeke, suivant en cela les doctrines de M. Stricker, considère ces deux lames comme feuillets distincts. En somme, M. Götte et M. van Bambeke font subir à ces deux couches, malgré la différence de nomenclature employée par eux, exactement la même évolution, au moins pour tous les traits principaux. Le feuillet externe de M. Stricker et de M. van Bambeke, qui ne correspond qu'à la moitié du feuillet externe de M. Remak et de M. Götte, est identique avec ce que M. Reichert appelait la *membrane enveloppante* (Umhüllungshaut).

La première apparition du rudiment embryonnaire prend pour point de départ l'anus de Rusconi, aussi bien dans la description de M. Götte que dans celle de M. van Bambeke. Selon le premier de ces savants, la corde dorsale apparaît d'abord en connexion intime avec le feuillet externe, dans le voisinage immédiat de l'anus de Rusconi, et se sépare nettement du feuillet moyen. Au-dessus du rudiment de corde, dans la couche superficielle du feuillet externe, se forme un sillon primitif très-court, résultant d'une contraction du bourrelet anal. M. Götte semble disposé à considérer ce premier rudiment comme un pro-embryon très-court, dans le sens de M. Dursy. Quoi qu'il en soit, ce sillon primitif si petit ne tarde pas à se prolonger en avant en un sillon dorsal beaucoup plus large, qui deviendra le système nerveux. M. van Bambeke affirme, il est vrai, que la formation du système nerveux ne commence que lorsque le sillon dorsal a disparu, mais cette divergence n'est qu'apparente et tient à la distinction que ce savant fait avec M. Stricker des deux couches du feuillet externe en un feuillet enveloppant et un feuillet sensoriel. Or, considérant le sillon primitif comme creusé dans le seul feuillet enveloppant, il a raison de dire que la transformation de ce sillon en un tube ne produit point de système nerveux. Ce tube n'est, en effet, pas autre chose que le futur revêtement épithélial du canal spinal. Le système nerveux proprement dit se forme aux dépens de la couche profonde du feuillet externe de M. Götte, c'est-à-dire aux dépens du second feuillet ou feuillet sensoriel de MM. Stricker et van Bambeke.

La raison pour laquelle M. van Bambeke considère la membrane enveloppante et le feuillet sensoriel des Batraciens comme deux lames parfaitement distinctes, c'est qu'il n'est pas possible de les assimiler entièrement au feuillet sensoriel indivis des vertébrés supérieurs. La membrane enveloppante fournit l'épiderme, l'épithélium du canal médullaire, celui des fosses nasales, tandis qu'elle ne contribue en rien à la formation du cristallin ni à celle du labyrinthe. Elle ne correspond donc que partiellement au feuillet externe ou corné de Remak chez les vertébrés supérieurs; mais sa valeur histologique est la même, puisqu'elle ne donne naissance qu'à des produits épidermiques. Le feuillet sensoriel de M. Götte (son second feuillet) forme seul la vésicule auditive, et c'est le trait de ressemblance le plus réel qu'il présente avec le feuillet corné; car la formation du cristallin n'a pas lieu uniquement à ses dépens, le feuillet moteur contribuant, pour une certaine part, à cette formation; d'un autre côté, il donne naissance à des parties purement nerveuses, ce que ne fait pas la lame cornée. C'est ainsi que pour l'organe olfactif il produit le lobule, tandis que le revêtement épithélial est fourni par la membrane enveloppante.

On sait que Remak décrit les vertèbres primitives comme étant l'origine des muscles vertébraux. Cette opinion est confirmée par M. van Bambeke chez le pélobate, mais il ajoute que ces vertèbres primitives donnent encore naissance aux lames cutanées dorsales et à la couche cellulaire, qui bientôt entourera la moelle et la corde dorsale, et aux dépens de laquelle se formeront les vertèbres. M. Götte a étudié, d'une manière bien plus complète encore, cette transformation des vertèbres primitives. Dans chacune d'elles, il distingue une petite cavité, un noyau qui deviendra la source des fibres musculaires striées, et enfin une couche corticale. Cette dernière donne naissance : 1° au tissu connectif de la peau (lames cutanées); 2° à un cordon particulier que l'auteur désigne sous le nom de cordon axial du feuillet intestinal, et qui paraît devenir un vaisseau intestinal lymphatique; 3° aux ganglions spinaux et aux racines des nerfs rachidiens qui envoient leurs prolongements dans la moelle épinière; 4° aux ganglions du grand sympathique; 5° enfin aux enveloppes de la moelle.

Les corps de Wolff naissent du feuillet moyen, soit pour M. van Bambeke (son troisième feuillet), soit pour M. Götte. Il en est de même, selon ce dernier, pour les glandes sexuelles et les reins, dont la formation ne paraît pas avoir été étudiée par l'embryogéniste belge. On remarque, dans la description de M. Götte, relative aux relations premières du conduit de Wolff avec l'espace rétro-péritonéal, certains traits qui rappellent la liaison intime que M. Waldeyer cherche à établir entre la cavité du péritoine et l'appareil sexuel.

La divergence la plus profonde entre M. Götte et M. van Bambeke est relative à la formation du tube digestif. Tous les auteurs sont d'accord que la cavité de segmentation diminue et finit par disparaître, même complétement, à mesure que la cavité de Rusconi augmente de volume. Toutefois, cette cavité de Rusconi, que Remak et M. Stricker ont démontré être le premier indice du tube digestif, n'aurait, selon le premier de ces auteurs, qu'une existence transitoire : ce serait un tube digestif provisoire. Cette opinion est entièrement confirmée par M. van Bambeke, qui fait naître chez le Pélobate brun le tube digestif définitif indépendamment de la cavité de Rusconi, et qui fait apparaître un anus définitif en un point différent de l'anus de Rusconi. En revanche, M. Götte, qui semble avoir consacré une attention toute particulière à ce point d'évolution, se prononce très-carrément contre l'opinion de Remak, et montre que, chez les Bombinator, le canal digestif définitif résulte de la transformation de la cavité de Rusconi. Cette manière de voir paraît fort vraisemblable, et l'on peut citer en sa faveur le mode de formation de la cavité digestive chez l'Amphioxus, tel qu'il a été observé par M. Kowalewsky. Il est vrai que Remak et M. van Bambeke pourraient invoquer en faveur de l'opinion contraire des observations faites sur d'autres poissons par M. Kupffer, observations dont il nous reste à entretenir le lecteur.

M. Kupffer a publié des observations fort étendues sur le développement de divers poissons, comme des Épinoches, des Spinachia, diverses espèces de Goujons, la Perche, etc. Ces poissons peuvent se répartir en deux groupes au point de vue des différences apparentes assez considérables qu'ils présentent pendant les premières phases de l'évolution. Ces différences tiennent essentiellement à ce que, dans l'un des groupes, le disque proligère, c'est-à-dire la partie qui subit seule la segmentation (*vitellus de formation* des auteurs, *protoplasme* de M. Éd. van Beneden), est relativement d'un faible volume, et forme une simple couche sur l'un des pôles de l'œuf; tandis que dans l'autre groupe, ce disque proligère est relativement énorme, au moins aussi gros que le vitellus de nutrition, et condensé en une masse quasi-sphérique. Dans la première catégorie se rangent, par exemple, les œufs des Syngnathes, des Spinachia, des Épinoches, etc.; dans la deuxième, ceux des Goujons et des Perches.

Nous laisserons de côté ce qui a rapport à la segmentation proprement dite, l'auteur ne paraissant pas assez sûr de ses résultats pour accorder une très-grande importance aux quelques détails par lesquels sa description s'éloigne de celle de Lereboullet, l'auteur le plus récent qui se soit occupé de ce sujet. Nous insisterons, en revanche, sur un phénomène étrange que M. Kupffer décrit comme immédiatement postérieur à la formation du blastoderme. Chez les Épinoches et les Spinachia (Épinoches de mer), il a vu apparaître à la surface du vitellus de nutrition, tout autour du bord du disque proligère, des noyaux de cellules plus gros que ceux des cellules du disque. Ces noyaux s'entourent de protoplasme et produisent ainsi des cellules dont le mode de formation ressemble tout à fait à celui des cellules blastodermiques dans la couche de blastème périphérique de certains œufs d'Arthropodes (Araignées, Musca, Chironomus). Ces cellules ne dériveraient donc point de la partie segmentée de l'œuf, et l'on pourrait distinguer ici, comme l'a fait M. His, chez les oiseaux, un archiblaste et un parablaste. Mais ce parablaste jouerait ici un rôle tout autre que celui de M. His. Il se glisserait, selon M. Kupffer, entre le vitellus et le blastoderme, et devrait former, par conséquent, non point l'homologue du feuillet vasculaire de Baer, mais bien le feuillet interne, soit épithélial ou glandulaire. M. Kupffer n'ose pourtant pas se prononcer d'une manière parfaitement nette sur le sort de cette couche. Nous devons ajouter que M. Rieneck, dans ses études sur le blastoderme des truites, n'a rien vu de semblable. Il trouve la couche la plus interne formée par de très-grosses cellules qu'il fait descendre de la segmentation proprement dite.

Dans le principe, le blastoderme ne recouvre que l'un des pôles de l'œuf, et se termine, par conséquent, par un bord libre formant un cercle autour du vitellus. Mais ce bord voyage avec une rapidité plus ou moins grande, selon les espèces, vers le pôle opposé, si bien que la partie non envahie par le blastoderme est réduite, comme l'on sait, à une petite place désignée par M. Vogt sous le nom de *trou vitellaire*, et qui correspond exactement à l'*anus de Rusconi* chez les Batraciens. M. Kupffer n'accorde pas plus d'importance que ne l'avaient fait MM. Baer, Vogt et Lereboullet à cette ouverture. Il se refuse à y voir l'anus, comme M. van Bambeke vient

aussi de le faire pour les Batraciens. Il ne faut pourtant pas oublier la doctrine de l'anus primordial mise en avant par Rusconi, et défendue par des autorités considérables, ainsi par M. Max Schultze chez les Lamproies; par M. Kowalewsky chez l'Amphioxus; par M. Götte chez les Bombinator.

Chez les Épinoches, la formation du rudiment embryonnaire commence avant que le blastoderme ait envahi la moitié de la surface de l'œuf. Bientôt on voit se différencier dans cette calotte un bord circulaire et épais, le bourrelet blastodermique de M. Lereboullet, et un champ central plus clair et plus mince. La formation du rudiment embryonnaire prend pour point de départ le bourrelet périphérique, comme M. Lereboullet a été le premier à l'établir pour les poissons; puis ce rudiment se dirige sous forme de languette ou de bandelette vers le pôle qui occupe le centre du blastoderme, de sorte que l'axe de la bandelette occupe un méridien de l'œuf. A l'époque où, par suite de la croissance du blastoderme, le bord libre du bourrelet blastodermique s'est avancé jusqu'à l'équateur, la bandelette embryonnaire atteint le pôle du blastoderme, et sa croissance dans cette direction est arrêtée dès ce moment-là. Désormais l'allongement du rudiment embryonnaire résulte uniquement de la migration du bourrelet blastodermique vers le pôle opposé. Cette naissance du premier rudiment embryonnaire aux dépens du bourrelet blastodermique, constatée non-seulement par Lereboullet et M. Kupffer, mais encore par M. Rieneck, cette naissance, disons-nous, est un point de grande importance si nous le comparons au résultat des travaux embryogéniques récents chez les Batraciens et les Oiseaux. En effet, le bourrelet blastodermique est morphologiquement l'anus de Rusconi encore très-dilaté. Par conséquent, soit chez les Poissons, soit chez les Batraciens, la naissance du rudiment embryonnaire procède du bord de cette ouverture, qui, si elle n'est pas l'anus définitif, est dans tous les cas peu éloignée du point où se formera plus tard cet anus. Enfin, chez les Oiseaux aussi, surtout si les résultats obtenus par M. Dursy se confirment, c'est encore par son extrémité postérieure que la bandelette embryonnaire apparaît tout d'abord.

Nous n'entrerons dans aucun détail sur les premières phases du développement des Poissons de la seconde catégorie. En effet, quelque différents que soient en apparence les phénomènes observés, le caractère essentiel reste le même, à savoir la production du rudiment embryonnaire par le bord du blastoderme.

L'organogenèse, dans la description de M. Kupffer, s'éloigne sur beaucoup de points des idées généralement reçues. Le premier phénomène d'évolution dans la bandelette embryonnaire consiste dans la formation d'une carène axiale partant de la surface inférieure de la bandelette, et déterminant, par conséquent, un sillon dans le vitellus; puis se montrent deux vésicules claires, l'une dans l'extrémité antérieure de la carène, l'autre près de son extrémité postérieure. Mais la seconde, au lieu d'être creusée dans le tissu de la carène, est logée entre celle-ci et le vitellus. La première de ces vésicules est considérée par M. Kupffer comme le rudiment du péricarde; la seconde, qu'il a désignée comme allantoïde, serait la future vessie urinaire. Il est certain que l'apparition de ces deux organes avant la première ébauche du système nerveux central a quelque chose d'entièrement nouveau et digne de provoquer les recherches d'autres observateurs. Un autre résultat tout aussi inattendu des recherches de M. Kupffer, c'est que le système nerveux central apparaît sous la forme d'un cordon *solide* avec lequel les yeux sont en relation comme des masses également solides. Plus tard seulement, un sillon se creuse à la surface de ce cordon nerveux, sous l'épiderme, et finit par donner à cet appareil sa constitution tubulaire. La cavité des yeux résulterait de l'écartement des cellules dans l'axe de ces organes primitivement massifs. Le péricarde dont nous avons signalé l'apparition précoce subsiste d'abord sans renfermer aucune trace du cœur. Puis le cœur se forme comme un bourgeon du feuillet moyen, bourgeon d'abord solide, mais devenant plus tard creux et s'invaginant dans le péricarde préformé.

M. Kupffer a fait aussi des observations très-curieuses sur l'origine première et commune des cellules du sang et des cellules pigmentaires. Il les a vues se former dans le bourrelet qui entoure l'anus de Rusconi. Puis elles se multiplient par division et se glissent sur la surface du vitellus, surface qui se trouve par suite transformée en un vaste sinus sanguin. Peu à peu ces cellules, les sanguines du moins, sont aspirées par le cœur et introduites dans la circulation. Le sinus qui entoure le vitellus est transformé plus tard en vaisseaux, grâce à des divisions opérées en lui par des bourgeons nés du feuillet moyen.

Ed. Claparède,
professeur à l'Académie de Genève.

VARIÉTÉS

Des phénomènes électro-capillaires

L'étude des courants électriques dans l'organisme humain vient récemment d'entrer dans une voie toute nouvelle, grâce aux travaux de M. Becquerel et à sa découverte fondamentale des courants électro-capillaires. Sans entrer dans tous les détails de cette question, nous exposerons les faits principaux et les conséquences les plus importantes se rattachant à l'électro-physiologie (1).

Voici le principe posé par M. Becquerel : deux dissolutions de nature différente, conductrices de l'électricité, séparées par une membrane organique ou par un espace capillaire, constituent un circuit électro-chimique pouvant donner lieu à des effets chimiques.

En séparant des dissolutions métalliques par un tube de verre dans lequel on a fait une légère fissure ou par du papier à dialyse, M. Becquerel est arrivé à réduire facilement le platine, l'or, l'argent, le cuivre, l'étain, le plomb, le cobalt, le nickel, etc.

Il résulte de là que des circuits électro-chimiques peuvent exister dans la nature organique sans l'intervention d'aucun métal. Il suffit, en effet, de la présence de deux liquides séparés par des espaces capillaires ou des membranes, pour constituer de véritables circuits.

Voilà comment est constitué le couple électro-capillaire : la paroi en contact avec le liquide qui se comporte comme acide est le pôle négatif, et la paroi opposée le pôle positif; les parois des espaces capillaires se comportent comme des conducteurs solides de l'électricité, fait démontré par M. Edmond Becquerel.

Les courants électro-capillaires opèrent encore des effets mé-

-caniques d'une grande importance, et l'on sait, en effet, qu'il y a un double courant allant du pôle positif au pôle négatif, et du pôle négatif au pôle positif; mais ce dernier est bien faible. Aussi, en décomposant avec la pile de l'eau renfermée dans un vase partagé en deux compartiments au moyen d'une membrane, le niveau s'élève dans la case négative. De plus, l'électricité positive a plus de force que l'électricité négative pour vaincre les obstacles.

Si maintenant nous considérons les divers éléments anatomiques, cellules, tubes, globules, et leurs rapports avec les liquides de l'organisme, nous trouvons presque pour tous le principe du couple électro-capillaire, c'est-à-dire des liquides ou des substances semi-liquides, séparés les uns des autres par une membrane. Il existe donc dans le corps un nombre incalculable de couples électro-capillaires donnant lieu, dans le même tissu, à des courants qui agissent sans interruption pendant la vie et quelque temps après la mort.

M. Becquerel a d'abord recherché si l'oxydation qui s'opère au contact de l'air et des muscles et autres tissus, quand ils ne sont plus vivants, est indépendante ou non de leur organisation, et si elle a des rapports avec celle qui se produit dans les corps vivant par l'intermédiaire du sang artériel.

Cette première série d'expérience a démontré : 1° qu'un muscle intact mis en contact avec l'oxygène respire de même que lorsqu'il est en présence du sang, mais les résultats ne sont pas identiquement les mêmes ; 2° que, lorsque le muscle est désorganisé et réduit en pâte très-fine, il consomme une quantité d'oxygène double de ce qui est consommé par un muscle intact de même poids.

Or, pour le muscle intact comme pour le muscle réduit en pâte, si l'on met une lame de platine à l'extérieur du muscle, et une autre à l'intérieur, on obtient une déviation de l'aiguille du galvanomètre qui indique que le courant va de l'intérieur à l'extérieur, c'est-à-dire que la surface extérieure est positive et la surface intérieure négative. Comme la partie extérieure est en contact avec l'air extérieur, et par conséquent plus oxydable, il est à présumer que c'est là une des causes qui déterminent le courant musculaire de l'intérieur à l'extérieur ; il en est de même dans l'animal vivant, ou du moins quand les muscles sont mis en contact avec l'air par une préparation préalable.

D'autres expériences de M. Becquerel sur l'absorption des gaz par les os et les tendons, lui ont également démontré que ces tissus respiraient comme les muscles. Comme M. Hermann, M. Becquerel admet que l'origine des courants électriques dans les muscles est due à une cause chimique. L'expérience sur des muscles réduits en pâte le démontre d'une manière évidente ; mais à ces preuves. M. Becquerel ajoute encore celles d'autres faits découverts par lui. Si, sur des muscles plongés dans l'azote ou l'hydrogène, on a d'abord un courant allant de l'intérieur du muscle à l'extérieur, au bout de quelques temps le courant diminue, devient nul, et enfin se manifeste en sens inverse. Ce renversement est dû probablement à la différence d'oxydation des parties du muscle, car la partie intérieure du muscle renferme encore de l'oxygène et des parties oxydables, lorsque la surface est déjà complètement altérée ; la partie intérieure devient alors acide par rapport à la partie externe.

Les os, comme les muscles et les nerfs, donnent lieu à un courant électrique. Celui-ci est remarquable par l'intensité et la durée de la force électro-motrice.

La force électro-motrice du courant osseux a été étudiée par M. Becquerel, à l'aide de la méthode dite *par opposition*, et en employant des couples spéciaux inventés par M. Edmond Becquerel. Cette force est environ moitié de celle du couple à sulfate de cuivre ; elle est constante pendant quelque temps, et elle augmente ensuite peu à peu, à mesure que l'eau distillée, dans laquelle plonge l'os, se charge de matières organiques qui, en se décomposant, rendent l'eau acide. On peut ainsi construire une pile qui marche pendant plusieurs semaines.

<hr>

(1) Voyez *Mémoires et Comptes rendus des séances de l'Académie des sciences* depuis 1867. M. Becquerel y a publié neuf mémoires sur les *Phénomènes électro-capillaires*. Le dernier de ces mémoires (du moins jusqu'à ce jour) a été lu à l'Académie des sciences le 4 février 1870.

M. Becquerel a également cherché la force électro-motrice entre le sang artériel et le sang veineux. Il a trouvé qu'elle est égale à 0,57, celle d'un couple à acide nitrique étant 100. La force électro-motrice de la sérosité des muscles est représentée par 0,3, celle du couple à acide nitrique étant 100. Il existe donc une suite innombrable de courants électro-capillaires entre le sang et les liquides musculaires.

Quelles sont les actions électro-chimiques résultant du fonctionnement de ces innombrables couples électro-capillaires? Dans le sang artériel, l'oxygène est fixé dans l'hématosine, par une affinité capillaire. La face des capillaires en contact avec le sang artériel est le pôle négatif, et celle opposée, contiguë aux sérosités, le pôle positif d'un couple « Les courants électriques, suivant leur intensité, pouvant vaincre toutes les affinités, même l'affinité capillaire, il en résulte que l'oxygène, par l'effet du courant électro-capillaire agissant comme force chimique, est déposé sur la paroi positive en dehors des capillaires, et les globules qui sont électro-positifs sur la paroi négative de l'intérieur ; l'oxygène peut réagir alors sur les matières combustibles des liquides ambiants, avec production de gaz acide carbonique qui rentre dans les capillaires par l'action du courant agissant comme force mécanique à l'égard des composés électro-positifs dissous. »

Ces recherches de M. Becquerel donnent, des phénomènes qui se passent dans les capillaires, la seule explication satisfaisante. On comprend en effet difficilement que les seules lois d'endosmose et de diffusion puissent rendre compte de la rapidité des échanges liquides et gazeux qui se font entre les capillaires et les tissus contigus. Comment d'ailleurs se fait-il que, dans un cas (grande circulation), l'oxygène, qui a tant d'affinité pour les globules du sang, quitte les globules, et que le sang revienne dans les veines chargé d'acide carbonique ? Dans un autre cas (circulation pulmonaire), le sang arrivant aux poumons se débarrasse rapidement de son acide carbonique et prend de l'oxygène. La théorie de M. Becquerel est tout aussi exacte pour les capillaires des poumons. Seulement, dans ce dernier cas, le phénomène est inverse, c'est l'acide carbonique qui est expulsé, et c'est l'oxygène qui rentre dans le sang des vaisseaux efférents ; mais aussi, l'électricité des parois a également changé de parois. L'oxygène, en effet, au lieu d'être du côté de la surface interne, comme pour les capillaires des tissus, est pour les capillaires du poumon du côté de la surface externe ; les phénomènes d'échange et de transport matériel doivent donc être, comme cela a lieu, inverses dans les deux cas.

Il faut bien remarquer que tous les phénomènes d'échange de gaz et de liquides se font dans l'organisme avec une rapidité telle qu'il est impossible de les expliquer par le seul fait de l'endosmose, qui d'ailleurs est accompagné de phénomènes électriques et qui est augmenté dans de notables proportions par les courants. Sans l'intervention des phénomènes électro-capillaires, il est réellement impossible d'expliquer l'introduction de l'acide carbonique dans les capillaires. Pour les vaisseaux des poumons, on peut prétendre que l'oxygène a beaucoup d'affinité pour les globules et que l'acide carbonique n'en a pas ; mais pour les capillaires des tissus, comment se fait-il que l'acide carbonique, qui a si peu d'affinité pour les globules, vienne s'y déposer et pénètre même dans des vaisseaux où la tension est plus élevée que dans les tissus d'où il provient ?

D'un autre côté, plusieurs expériences prouvent que l'oxygène qui se trouve dans le sang qui revient des poumons s'y trouve à l'état d'ozone. Et comment y serait-il sous cette forme, s'il n'avait éprouvé dans les capillaires l'influence de courants électriques?

Une autre conséquence des courants électro-capillaires résulte de ce que les parois des tissus qui servent d'électrodes aux couples électro-capillaires, sont elles-mêmes soumises aux actions électro-chimiques ; elles éprouvent donc des effets de décomposition et de recomposition, et les principes élémentaires des organes sont ainsi sans cesse renouvelés.

En résumé, les tendons, les artères, les veines, les nerfs (1), les os et tous les tissus donnent des courants dans le même sens et dans les mêmes conditions, et ces courants comme le prouvent tous les faits que nous venons d'exposer, ont une origine chimique et ne proviennent nullement d'une organisation électrique des muscles et des nerfs.

Les courants électro-capillaires sont les seuls dont l'existence soit bien constatée jusqu'ici. Ils sont produits dans les corps vivants partout où il y a deux liquides différents séparés par une membrane telle qu'une paroi cellulaire. C'est probablement à des actions de ce genre qu'est due l'électricité développée dans les appareils spéciaux de certains poissons.

Onimus.

BULLETIN

Nous extrayons les passages suivants d'un volume sur la *Campagne du Potomac*, qui, publié en 1863, fit sensation à cause de l'exactitude du récit et du nom de l'auteur, dont l'anonymat ne fut pas longtemps un mystère. Nous y relevons quelques détails sur l'artillerie de siége, et d'autres sur le respect montré par les Américains du Nord pour les habitants et les propriétés des pays occupés par eux. Le lecteur fera de lui-même et sans peine des rapprochements entre ces faits, qui se passaient dans un autre hémisphère, et ceux dont nous sommes aujourd'hui les témoins attristés, mais fermes et résolus.

« Dix mille travailleurs se relevant sans cesse furent employés à faire les abatis à travers bois, les routes, les tranchées, les batteries. C'était un curieux spectacle. Un bras de mer étroit, bordé d'une épaisse et puissante végétation, mélange d'arbres de toutes les essences, morts et vivants, enchevêtrés de lianes et de mousses, s'approchait en serpentant du front d'attaque. On en avait fait la première parallèle. Les bois qui l'entouraient étaient une admirable protection. On couvrit de ponts ce bras de mer ; des routes avaient été pratiquées dans les berges, au milieu des tulipiers, des arbres de Judée, des azalées en fleurs. De cette parallèle naturelle d'autres partaient, faites de main d'homme, et se rapprochant rapidement de la place. Ses défenseurs faisaient sur les travaux qu'ils voyaient, et surtout sur ceux qu'ils soupçonnaient, un feu violent. Les obus sifflaient de tous côtés dans les grands arbres, coupaient des branches, effrayaient les chevaux, mais faisaient fort peu de mal. Personne ne s'en occupait. Le soir, au moment où toutes les corvées rentraient en bon ordre, le fusil sur le dos et la pelle sur l'épaule, le tir devenait plus vif, comme si l'ennemi eût remarqué l'heure. On allait à cette canonnade comme à un spectacle, et lorsque, par une belle soirée de printemps, les troupes s'en revenaient gaiement au son de cette musique martiale à travers les bois en fleur, lorsque le ballon qui servait aux reconnaissances était en l'air, on se fût cru volontiers à une fête, et l'on se prenait à oublier pour un moment les misères de la guerre.

» Cependant le siége avançait. Une puissante artillerie avait été amenée, non sans peine : des canons rayés de 100, de

---

(1) M. Becquerel a également trouvé qu'il existe un courant électrique entre la substance blanche et la substance grise dans la moelle et dans l'encéphale. Le courant est dirigé de la substance blanche à la substance grise.

200 même, des mortiers de 13 pouces s'apprêtaient à battre la place. Quatorze batteries avaient été construites, armées et approvisionnées. Si le feu n'était pas encore ouvert, c'est qu'on voulait qu'il le fût partout à la fois, et pour cela on attendait qu'il ne manquât plus rien aux préparatifs. On n'avait pas résisté toutefois au désir d'essayer les canons de 200. Ces énormes pièces se manœuvraient avec une aisance incroyable. Quatre hommes suffisaient pour les charger et les pointer sans plus de difficulté que nos anciens canons de 24. A trois milles de distance, leur tir était d'une justesse admirable. Un jour une de ces grosses pièces eut une sorte de duel avec une pièce rayée un peu moins forte, placée sur un des bastions de York-Town. Les curieux de notre côté montaient sur le parapet pour voir où portait chaque coup; puis, pendant qu'on se communiquait mutuellement ses observations, l'homme de faction prévenait que l'ennemi tirait à son tour; mais la distance était si grande qu'entre le coup et l'arrivée du projectile tout le monde avait le temps de descendre sans se presser et de se mettre à l'abri derrière le parapet. Cependant telle était la justesse du tir qu'on était sûr de voir passer l'énorme projectile à l'endroit même où le groupe des observateurs était un instant auparavant; puis il allait frapper la terre à 50 mètres en arrière, son appareil percutant agissait, et il éclatait en lançant en l'air une gerbe de terre aussi haute que le jet d'eau de Saint-Cloud... »

« Le malheur voulut qu'en traversant le marécage une des pièces de l'artillerie à cheval s'enfonçât dans la boue de manière à n'en pouvoir être retirée. En vain doubla-t-on les attelages; l'ennemi concentrait son feu sur cet unique point et tuait tous les chevaux. Il fallut abandonner la pièce, la première qu'eût encore perdue l'armée du Potomac. On ne pouvait s'en consoler. Le soir, de nouveaux efforts furent faits pour la reprendre; mais les abatis étaient remplis de tirailleurs ennemis qui en rendaient l'approche impossible. Le jour baissait. La colonne confédérée venant de Lee's-Mill échappa et réussit à s'abriter derrière les retranchements de Williamsburg. Quant à l'infanterie fédérale, elle n'arriva que très-tard. Il y avait eu de grands encombrements sur les routes étroites par lesquelles elle s'avançait. A la tombée de la nuit, le général Sumner, qui avait pris le commandement, voulut faire une attaque de vive force sur les ouvrages de la défense; malheureusement l'obscurité était devenue complète avant que ses troupes débouchassent des bois et des marais : force fut de tout remettre au lendemain. Alors survint un de ces contre-temps fâcheux, trop communs à la guerre, et qui ne furent pas épargnés à l'armée dans le cours de sa pénible campagne. La pluie commença de tomber à torrents, et dura sans discontinuer pendant trente heures... »

« Jamais, je crois, aucune armée n'a montré plus de respect pour les habitants et les propriétés particulières. Pendant tout le temps que j'ai suivi l'armée du Potomac, le seul exemple de désordre qui soit venu à ma connaissance est le pillage d'un grenier rempli du plus fin tabac de Virginie, découvert au-dessus d'un hangar abandonné. J'ajoute que les circonstances donnaient quelque mérite à cette stricte observance de la discipline. Les troupes qui campèrent autour de Williamsburg, le lendemain du combat que nous venons de raconter, furent un moment à court de vivres par suite de l'état impraticable des chemins, et supportèrent avec résignation l'attitude hostile des habitants, qui répondaient par un refus unanime à leurs offres de payer des provisions argent comptant. Après les premiers moments de crainte passés, lorsqu'il fut évident qu'il n'y avait aucun risque à courir, on vit les dames de la ville s'en aller porter avec affectation à *leurs* blessés des rafraîchissements qu'elles n'avaient pas pour les blessés fédéraux, et quand, suivies de leurs nègres chargés de paniers remplis de provisions, elles rencontraient un soldat fédéral sur le trottoir, elles ramassaient ostensiblement les plis de leurs robes, comme si elles eussent craint de se souiller par le contact d'un animal immonde. Les vainqueurs se bornaient à sourire de ces taquineries d'enfants mal élevés. D'autres à leur place auraient peut-être été moins patients... »

« Le 16 mai, on arriva à White-House, belle habitation, jadis la propriété de Washington, et appartenant à ses descendants, la famille Lee. Le chef de cette maison, le général Lee, était l'un des principaux officiers de l'armée confédérée; un de ses neveux servait dans les rangs des fédéraux. Le général Mac-Clellan, toujours soigneux de maintenir le respect dû à la propriété, fit placer des sentinelles autour de la demeure du général ennemi, défendit d'y pénétrer, et ne voulut pas y entrer lui-même; il alla planter sa tente dans une prairie voisine. Ce respect des propriétés du Sud a été reproché au général dans le congrès; l'opinion de l'armée était autre, et elle s'associait au sentiment délicat de son chef. Ce sentiment y était poussé si loin, que les gens d'un général ayant trouvé dans une maison abandonnée un panier de vin de Champagne, ce général le renvoya ostensiblement le lendemain par un de ses aides de camp. On pourra sourire de cette austérité de mœurs un peu puritaine, à laquelle nous ne sommes guère accoutumés en Europe; pour moi, je dois avouer qu'elle a toujours fait mon admiration... »

« Le général Mac-Clellan prit, pendant la nuit du 30 juin au 1er juillet, les dispositions nécessaires. Il mit en batterie toute l'artillerie, au moins trois cents pièces, sur ces hauteurs, en la disposant de telle sorte qu'elle ne gênât pas le feu de l'infanterie le long de l'espèce de glacis que les assaillants auraient à gravir à découvert. Au feu de cette artillerie devaient se joindre les boulets de cent des canonnières qui, comme la veille, étaient chargées de flanquer la position. C'était folie que de se ruer contre de tels obstacles. Les confédérés cependant l'essayèrent. A plusieurs reprises, dans la journée du 1er juillet, ils s'efforcèrent d'enlever Malvern-Hill, mais sans avoir un seul moment la chance de réussir. Cette journée ne fut pour eux qu'une inutile boucherie. Leurs pertes furent très-considérables, celles des fédéraux insignifiantes... »

Ce succès tint à deux causes : d'abord à l'heureuse prévoyance du général, qui, en dépit de tous les obstacles opposés par la nature du sol à sa nombreuse artillerie, n'avait rien épargné pour la mener avec lui; et ensuite à la fermeté des troupes qu'il commandait. On ne fait pas une campagne comme celle qu'elles venaient de faire, on ne traverse pas une série d'épreuves comme celles qu'elles venaient de traverser, sans en sortir plus ou moins aguerri. Si leur organisation primitive eût été meilleure, les survivants de cette rude campagne, je ne crains pas de l'affirmer, eussent pu marcher de pair avec les premiers soldats du monde.

Le propriétaire-gérant : GERMER BAILLIÈRE.

PARIS. — IMPRIMERIE DE E. MARTINET, RUE MIGNON, 2.

REVUE

DES

COURS SCIENTIFIQUES

DE LA FRANCE ET DE L'ÉTRANGER

SEPTIÈME ANNÉE   NUMÉRO 43   24 SEPTEMBRE 1870

FACULTÉ DE MÉDECINE DE PARIS

CONFÉRENCE DE M. AR. VERNEUIL (1)

Instructions sur les premiers soins à donner aux blessés

Messieurs,

Les occupations et les préoccupations du moment sont peu favorables au développement des idées scientifiques, aussi devons-nous être surpris de nous trouver en présence, vous pour entendre une leçon de chirurgie, et moi pour la faire. La commission des ambulances instituée à l'Hôtel de ville, non contente de déployer toute l'activité matérielle possible, a pensé qu'il serait opportun de rappeler les notions pratiques élémentaires à ceux qui vont consacrer au soulagement des blessés leur zèle et leur dévouement.

On m'a chargé de cette tâche. Laissant de côté tout exposé didactique, toute discussion théorique, je m'attacherai à formuler quelques préceptes courts, clairs, dogmatiques, indiquant ce qu'il convient de faire dans les premiers moments qui suivent les blessures.

Cette leçon s'adresse surtout aux jeunes praticiens nommés dans les ambulances de rempart, au voisinage immédiat du combat; nous nous sommes représenté la position difficile et délicate dans laquelle ils se trouveraient en présence de cas nouveaux pour eux, les blessures par armes de guerre étant rares dans la pratique vulgaire. Dépourvus d'expérience personnelle, privés du conseil des maîtres, sans loisirs pour la réflexion et la lecture, munis de ressources restreintes, installés dans des locaux improvisés, ils seraient sans aucun doute fort embarrassés si on ne leur dictait point une sorte de programme capable de les guider.

Nous avons également voulu leur indiquer nettement ce qu'on attend d'eux, ce qu'ils doivent faire et ne pas faire, quand ils doivent agir ou s'abstenir, dans quelle sphère, en un mot, doivent s'exercer leur activité et leur bon vouloir.

En désignant ainsi la classe de jeunes praticiens à laquelle je m'adresse et le but que je poursuis, j'échapperai, je l'espère, au reproche de me montrer à la fois très-incomplet et très-élémentaire.

Quels sont d'abord les cas qui se présenteront à vous? Malgré leur grande variété, ils peuvent se ranger en deux séries : 1° blessures communes telles que vous les rencontrez journellement dans la pratique des hôpitaux ou de la ville;

---

(1) Cette conférence a été recueillie par M. Brunet, sténographe à l'Hôtel de ville.

VII.

2° blessures spécialement dues aux armes de guerre. Les premières seront nombreuses, car dans les batailles et surtout dans les siéges, on aurait tort de croire que les accidents ordinaires font défaut. Vous observerez donc des contusions, des fractures simples, des luxations, des plaies contuses. Pour le traitement, il vous suffira de vous rappeler ce que vous faites et voyez faire chaque jour. Les plaies par instruments tranchants, piquants et par corps contondants autres que les projectiles, n'offrent également rien de particulier. Le sabre, l'épée, la baïonnette, la crosse du fusil, lèsent nos organes comme le couteau, le poignard, le bâton ou tout autre agent de violence.

Il en est autrement des blessures par armes à feu, elles forment une catégorie à part, et, bien que je ne veuille point faire de nosographie, je dois vous donner une idée sommaire de leur nature et de leurs caractères spéciaux.

Elles se rapprochent surtout des plaies contuses avec exagération de toutes les lésions anatomiques : attrition considérable et très-étendue des tissus, fracas multiple des os; déchirure, écrasement, arrachement, broiement des parties molles; section avec perte de substance des vaisseaux et des nerfs, large ouverture souvent béante des cavités viscérales ou articulaires, etc. Les désordres sont parfois latents, peu prononcés à la surface, énormes, irréparables dans la profondeur; le trajet des projectiles peut être direct, rectiligne, mais plus souvent il est irrégulier, anfractueux, bizarre, impossible à prévoir ou difficile à reconnaître. Fréquemment il recèle des corps étrangers : projectiles entiers ou fragmentés, esquilles, débris de vêtements, etc.

La surface d'une telle plaie est tout à fait impropre à la réunion immédiate; sans être empoisonnée comme on le croyait encore au XVI° siècle, elle est presque inévitablement condamnée à s'enflammer violemment, à suppurer, et le travail réparateur n'y commence qu'après l'élimination d'une couche plus ou moins épaisse de tissus mortifiés.

C'est à ces conditions anatomiques que les plaies par armes à feu doivent leur marche et leur pronostic; j'ai voulu les rappeler, mais comme les complications qu'elles engendrent ne se développent pas subitement, je n'y insisterai pas davantage, car ce n'est jamais sous vos yeux et dans les premières heures qu'elles surgiront.

Dans les ambulances de rempart, il vous suffira de distinguer cinq genres faciles à reconnaître :

1° Plaies par armes à feu n'intéressant que les parties molles;

2° Plaies avec fracas des os;

3° Plaies avec corps étrangers;

4° Plaies avec hémorrhagie;

43

5° Plaies avec grand délabrement, larges pertes de substance, séparation complète ou presque complète d'un membre.

Avant de vous dicter des règles de conduite pour chacun de ces genres, je dois examiner les ressources mises à votre disposition et les indications que vous avez à remplir.

Ces ressources sont limitées, et quoi que nous ayons pu faire, il vous manquera bien des choses ; aussi nous comptons sur votre économie et surtout sur votre ingéniosité. Il faut vous préparer à faire beaucoup avec peu, et à utiliser tout ce qui vous tombera sous la main : car, à un moment donné, vos petites provisions seront vite épuisées. Ce qu'on vous demande d'ailleurs ne nécessite qu'un matériel restreint et n'exige pas une installation complète. Vous aurez à donner les soins urgents, c'est-à-dire à faire un premier pansement tout à fait provisoire destiné à protéger les plaies, à immobiliser les membres, à calmer les douleurs violentes, à prévenir certaines complications immédiates ; en un mot, à faciliter le transport dans les ambulances de second rang et surtout dans les hôpitaux, abondamment fournis du matériel et du personnel nécessaires à l'exécution des grandes opérations. Ces opérations elles-mêmes, vous n'aurez point à les pratiquer, et pour plusieurs raisons :

1° Parce qu'elles sont d'ordinaire difficiles et réclament une habileté que vous ne possédez pas pour la plupart ;

2° Parce qu'elles sont longues, et que vous devez garder les blessés le moins longtemps possible ;

3° Parce que les grandes mutilations sont, en général, contre-indiquées dans les premières heures qui suivent la blessure, et doivent être remises à un certain moment où l'ébranlement primitif a disparu et où la réaction tend à s'établir ;

4° Parce qu'enfin le choix à faire entre la conservation des membres, l'amputation, la résection, réclame un examen attentif et un grand tact pratique.

Ne cédez donc pas à la tentation d'opérer, ne prenez pas sur vous une telle responsabilité ; restez prudemment dans le programme du premier pansement. Cette réserve ne comporte guère qu'une seule exception, l'arrêt des hémorrhagies, dont je vous parlerai tout à l'heure.

Ceci posé, revenons sur le premier pansement.

Vous avez pour l'exécuter de la charpie, du linge, des bandes et quelques pièces accessoires pour recouvrir les plaies et immobiliser les membres.

Ménagez votre charpie, couvrez-en ou remplissez-en les plaies ; vous pouvez la remplacer par de l'amadou et du coton cardé ou ouate, sans vous arrêter à ce préjugé ridicule qui accuse le coton d'être nuisible aux plaies récentes. A défaut de charpie, vous pouvez recouvrir la plaie de diachylon ou même de feuilles fraîches si elle n'est pas étendue. La seule condition essentielle est de placer sur la solution de continuité un corps quelconque propre et peu irritant.

Des compresses doivent recouvrir ce premier corps. Si elles vous manquent, prenez toute substance molle et souple qui vous tombera sous la main : les vêtements du blessé lui-même ; des lambeaux de sa chemise, de sa tunique, de l'étoupe, de l'herbe, etc. Vous pouvez être moins scrupuleux en ce qui touche la propreté de cette seconde couche, qui n'est pas en contact immédiat avec les plaies.

Pour fixer le tout vous avez des bandes, le moindre pansement en emploie beaucoup ; votre provision épuisée, déchirez en lanières des serviettes, des draps, des chemises ; faites des bandages de corps avec des ceinturons ; coupez circulairement des tuniques, des capotes, et faites-en des ceintures larges de 20 centimètres. Servez-vous surtout du mouchoir, que vous trouverez partout, dans la poche du blessé ou de ceux qui l'entourent. Plié en triangle, en rectangle, en cravate, le mouchoir remplacera la compresse, la bande roulée, l'écharpe ; il s'applique partout, à la tête, au cou, aux membres, et si vous vous exercez d'avance à son emploi vous reconnaîtrez que Mathias Mayor, Rigal, et plus récemment Esmarch, à qui je conserve mon estime et mon amitié, bien qu'il soit dans les rangs ennemis, ont eu raison de préconiser un moyen de déligation si simple et si efficace.

Vous aurez souvent l'occasion d'immobiliser les membres fracturés ou violemment contus ; vous n'aurez ni appareils de Scultet, ni gouttières, ni plâtre, ni dextrine, à peine quelques attelles et quelques coussins. Heureusement il est facile de construire de toutes pièces un appareil provisoire suffisant.

Une serviette pour remplacer le drap fanon ; deux ou trois coussins disposés parallèlement au grand axe du membre ; deux ou trois supports inflexibles placés sur les coussins ; quelques liens circulaires pour maintenir le tout, et l'indication est convenablement remplie. Vous ferez d'excellents coussins avec des faisceaux de paille du volume du poignet, de l'avant-bras ou du bras, et de longueur convenable. Vous les préparerez d'avance en liant la paille avec des bouts de ficelle espacés de 10 à 15 centimètres.

Pour attelles, vous prendrez des bouts de planche mince, des lattes à empiler les bouteilles, des fourreaux de baïonnette ou de sabre, etc.

Pour liens, du ruban de fil, de la corde, des lanières de cuir, des bandouillères de fusil, des bretelles, des ceinturons, etc.

Pour immobiliser le membre supérieur, il suffit souvent de le mettre en écharpe. Une serviette, un ou deux mouchoirs réunis satisfont à ce besoin.

Si vous êtes pauvres en pièces de pansement, vous pouvez craindre une pénurie plus grande de médicaments, sans avoir le pouvoir de les improviser. Je dois vous rassurer sur ce point. Le topique par excellence, dans les plaies récentes, est par bonheur toujours à votre disposition. Je veux parler de l'eau fraîche. Vos petites pharmacies contiennent de l'eau-de-vie camphrée, de l'eau blanche, que vous ajouterez à l'eau, en proportions minimes. Vous trouverez souvent de l'alcool ordinaire, de la teinture d'arnica et autres principes analogues, c'est tout autant qu'il vous en faut. L'eau seule, par sa température, calme déjà les douleurs, vous en imbiberez généreusement vos appareils. Vous n'avez besoin ni de cérat, ni d'onguents, surtout si vous avez du diachylon, dont il suffit d'appliquer un morceau carré sur la plaie.

Je vous parlerai plus loin des hémostatiques et de quelques agents pharmaceutiques qui doivent être donnés à l'intérieur ; mais j'insiste ici sur ce seul point que, dans les plaies récentes, l'eau pure et froide remplace très-bien tous les topiques.

Vous appliquerez votre premier pansement le plus possible dans les locaux que nous avons choisis et aménagés de notre mieux. Lorsque plusieurs blessés vous arriveront à la fois, vous ferez un triage : les moins gravement atteints seront assis ou déposés sur les lits de paille préparés à l'avance ; les plus sérieusement affectés seront couchés sur vos propres lits; vous vous occuperez d'eux tout d'abord. En cas de pansement un peu long, surtout douloureux, et si une petite opération ou une ligature est nécessaire, vous coucherez aussitôt le patient sur votre table d'opération. Toutes les fois que votre local le permettra, vous placerez celle-ci dans un endroit écarté ou dans une pièce isolée, de façon que les blessés déjà pansés ou qui attendent leur tour n'assistent pas à vos actes et n'entendent pas les plaintes de leurs camarades. Autant que possible, avant de procéder à un nouveau pansement, vous ferez disparaître les vestiges du premier : taches de sang, linges souillés, vêtements en lambeaux, etc. En un mot, vous prendrez toujours soin du moral des victimes. Parfois vous ferez les pansements soit sur le rempart lui-même ou hors de l'enceinte, si l'accident a lieu à quelque distance de votre poste de secours. Dans ce cas, vous disposerez le malade le plus commodément possible, assis ou couché, en profitant de tous les accidents de terrain, ou en vous servant de vos brancards portatifs comme de lits improvisés.

Vous aurez à agir la nuit comme le jour, sous la pluie et le vent comme sous le soleil. Vous prendrez grand soin de préserver les blessés contre l'impression trop prolongée du froid; vous recouvrirez donc rapidement la région mise à nu par les nécessités du pansement.

Ces règles générales établies, revenons au traitement qui convient aux divers cas précédemment énumérés.

Contusions simples. — Applications froides et résolutives, bandage légèrement compressif. Immobilisation du membre, si les mouvements sont douloureux.

Fractures simples. — Réduction, contention exacte avec un appareil approprié.

Luxations. — La réduction est souvent difficile lorsqu'elle est tentée après un certain nombre de jours; elle est d'ordinaire très-aisée dans les premières heures qui suivent l'accident. Essayez-la, puis immobilisez le membre.

Plaies par armes blanches sans complications. — Pansement simple, si elles sont étroites ou peu profondes; réunion avec les agglutinatifs, favorisée par l'attitude du membre, si elles sont larges et à lambeaux.

Ne vous préoccupez pas outre mesure de cette réunion, que le transport pourra d'ailleurs détruire, et soyez très-sobres de sutures sanglantes. C'est dans les ambulances fixes qu'on l'effectuera complétement, s'il y a lieu. Rappelez-vous que l'adhésion primitive réussit mieux après quelques heures que dans les premiers moments.

Plaies par armes à feu n'intéressant que les parties molles. — Elles sont souvent exemptes de douleurs et d'hémorrhagies, et fort bénignes, au moins pendant quelque temps. Recouvrez-les d'un pansement simple et résolutif, sans jamais tenter la réunion. Abstenez-vous de toute exploration intempestive dans le but de fixer le diagnostic; n'introduisez ni stylet ni sonde, pas même votre doigt. En cas d'ouverture unique, tout porte à croire que le projectile est encore dans la plaie. Ne cherchez pas à vous en assurer; laissez ce soin aux chirurgiens des ambulances fixes; vous feriez souffrir le blessé et perdriez du temps à cette recherche inopportune.

Plaies par armes à feu avec fracas des os. — Il faut tenir compte des os atteints. S'il s'agit du crâne, de la face, du rachis, du sternum, des côtes, du bassin, vous n'avez, malgré la gravité des cas, aucune indication spéciale à remplir; le pansement protecteur suffit. Si les membres sont atteints, votre rôle est moins limité : vous immobiliserez soigneusement le segment blessé si la fracture a atteint l'humérus, le fémur, les deux os de la jambe et de l'avant-bras. Même précaution pour les articulations de l'épaule, de la hanche, du coude et du genou. Pour les fractures des os du pied ou de la main, et d'un seul des deux os de la jambe ou de l'avant-bras, le pansement simple suffira d'ordinaire.

Plaies d'armes à feu avec corps étrangers. — Le cas est commun; alors même que le projectile a traversé les parties de part en part, on trouve dans le trajet, soit des fragments de ce projectile, soit des débris de vêtements qu'il a poussés devant lui, soit des esquilles osseuses disséminées au loin dans les parties molles, soit enfin des corps non métalliques, fragments de pierre ou de bois, devenus projectiles à leur tour. Le séjour de ces corps étrangers étant manifestement nuisible, leur extraction est indiquée. Rappelez-vous toutefois qu'elle est souvent très-laborieuse et rarement urgente. Je vous engage donc à ne l'entreprendre qu'avec réserve. En faisant le premier pansement, enlevez tout ce qui est facilement accessible et se présente sous vos yeux. Si vous trouvez sous la peau une balle mobile et proéminente, pratiquez une boutonnière pour l'extraire. Mais sauf ces cas fort simples, abstenez-vous. Pour reconnaître, atteindre et enlever les corps étrangers plus profonds, il faudrait vous livrer d'abord à des explorations pénibles que j'ai précédemment condamnées, puis faire de véritables opérations que le temps, l'expérience et l'outillage convenable peuvent seuls conduire à bonne fin. Il y a moins d'inconvénients à laisser quelques heures un corps étranger dans une plaie qu'à faire laborieusement, et souvent en vain, des tentatives d'extraction. Que vous servirait-il, d'ailleurs, de chercher le projectile dans les plaies des cavités viscérales : crâne, poitrine, abdomen, et dans les cas de fracas étendus des os, alors que l'amputation ou la résection sont les seules ressources à mettre en usage?

En résumé, permettez-moi donc de vous défendre formellement toute action chirurgicale dans les cas de ce genre.

Plaies par armes à feu avec hémorrhagie. — Je vais ici changer de langage et vous conseiller au contraire une intervention prompte, énergique, radicale. L'hémorrhagie est une des causes les plus communes de la mort rapide sur les champs de bataille. Jadis on croyait que les projectiles respectaient jusqu'à un certain point les gros vaisseaux, ou les blessaient du moins de telle sorte que l'écoulement sanguin était empêché comme dans les plaies par contusion ou par arrachement.

L'expérience a fait justice de cette erreur. Plus le danger est grand, plus vous devez être préparés à le combattre. Pour vous tracer une conduite, il faut distinguer plusieurs cas. Au moment où vous abordez le blessé, l'hémorrhagie peut être arrêtée spontanément, par le fait d'une syncope ou par toute autre cause. Vous soupçonnerez l'existence d'une hémorrhagie antérieure si le patient est très-faible, très-pâle, si le pouls est misérable, filiforme, si les vêtements ou le sol sont inondés de sang, si la plaie siége et pénètre dans une région où passent des vaisseaux importants. Défiez-vous de l'arrêt momentané du sang. Un mouvement intempestif, un effort du blessé, une exploration imprudente, peuvent ramener l'hémorrhagie. Prenez donc vos précautions en relevant, en transportant, en pansant le malade. Placez d'avance et par précaution un appareil compressif sur la plaie ou sur le trajet du vaisseau suspect de blessure. Quelquefois vous devrez sur le terrain même procéder à l'hémostase définitive. C'est ce dernier parti qu'il faut prendre d'ordinaire si vous êtes dans le second cas, c'est-à-dire si le sang coule au moment de votre premier examen. Vous devez encore agir différemment suivant que le vaisseau est accessible ou non, suivant que le jet sanguin est visible ou que le sang s'échappe en bouillonnant des profondeurs de la plaie. Donc, toutes les fois que vous pouvez atteindre le point blessé, vous devez faire la ligature, quelque minime que soit le vaisseau. Si le suintement est peu intense, qu'il vienne de la profondeur ou d'une source inconnue, remplissez la plaie de boulettes de charpie, recouvrez de compresses pliées en plusieurs doubles, maintenez le tout avec un bandage compressif un peu serré, et imbibez d'eau froide ou d'eau blanche.

Si l'hémorrhagie, plus violente, vient d'un vaisseau indéterminé, arrêtez-la au moyen de la compression digitale pratiquée dans la plaie avec le concours de vos aides et des assistants intelligents.

Profitez du répit pour établir une compression, au-dessus du point blessé, avec le garrot, le tourniquet, et cherchez à lier le vaisseau dans la plaie, c'est le mieux, et à la rigueur à une certaine distance au-dessus. Pour atteindre le vaisseau, faites avec les précautions nécessaires les incisions, les débridements indiqués. Il est presque indispensable de lier les deux bouts dans la plaie, et il faut se rappeler qu'ils peuvent être assez distants, le projectile leur ayant fait subir une sorte de perte de substance.

Les ligatures d'artères médiates ou immédiates sont des opérations difficiles pour tout le monde. Je ne saurais donc trop vous engager à y réfléchir, à vous y exercer, à faire appel à toutes vos connaissances anatomiques. Il restera trop de cas encore où la blessure portant sur des vaisseaux de gros calibre ou cachée dans les cavités viscérales, tous vos efforts seront stériles.

Je ne veux pas quitter ce sujet sans vous prémunir contre une pratique funeste par malheur trop usitée. Il nous arrive souvent, dans nos hôpitaux, des blessés dont les plaies sont remplies de charpie imbibée de perchlorure de fer. Cet agent empêche absolument la réunion immédiate, provoque une inflammation violente et rend très-difficiles les ligatures ultérieures ; s'il rend de temps à autre quelques services dans les hémorrhagies secondaires fournies par de petits vaisseaux, il est tellement nuisible aux plaies récentes, que je voudrais le voir proscrire d'une manière absolue. Son utilité hémostatique est d'ailleurs contestable : si le vaisseau blessé est important, le perchlorure ne sert à rien ; s'il s'agit d'un petit vaisseau, tout autre agent, le froid, la compression, le tamponnement, sont aussi efficaces et moins dangereux. J'espère donc que vous ne commettrez pas la faute d'inonder les plaies de ce médicament détestable. Vous trouverez à votre disposition d'autres préparations hémostatiques moins dangereuses, l'alcool pur, l'eau de Pagliari, etc. Je ne vous les recommande pas, mais je les condamne moins énergiquement. Elles conviennent dans les cas de suintement sanguin fourni par les petits vaisseaux d'une large plaie.

Larges solutions de continuité, écrasement, arrachement, séparation presque complète d'un membre. — Les projectiles de gros calibre : boulets, éclats de bombes ou d'obus, les explosions de mines, causent parfois des dégâts effroyables que je ne saurais mieux comparer qu'à ceux que provoquent les machines à vapeur ou les wagons des chemins de fer. Si les cavités viscérales sont largement ouvertes, la mort survient rapidement, souvent précédée de douleurs violentes. Pour

calmer ces dernières et adoucir les horreurs de l'agonie, vous pouvez, suivant le conseil de Scrive, ancien chirurgien militaire, chloroformiser vos blessés pour engourdir la douleur.

Si un membre ne tient plus que par quelques lambeaux de chair ou de téguments, vous pouvez achever la séparation. L'amputation régulière est indiquée, mais le patient n'est guère en état de la supporter immédiatement. Contentez-vous de lier les gros vaisseaux à la surface du moignon irrégulier, recouvrez cette surface d'un pansement protecteur, et dirigez le blessé sur l'hôpital ou l'ambulance fixe la plus rapprochée.

J'arrête ici, quoique à regret, l'énoncé de mes conseils, et je laisse de côté les faits particuliers et exceptionnels. Si vous êtes bien pénétrés de mes paroles, vous exécuterez d'une façon convenable tous les premiers pansements, tous ceux qui sont indispensables dans les heures qui suivent immédiatement la blessure.

Mais à côté des soins locaux vous devez songer encore à l'état général. Les blessés nous arrivent tantôt épuisés par les douleurs, la fatigue, l'inanition, la perte de sang, la terreur ; tantôt excités par la lutte, par la colère ou même par l'ingestion inopportune de liqueurs alcooliques. Ces dispositions exigent l'administration de remèdes intérieurs : à ceux dont les forces faiblissent, ingérez un peu de bouillon, quelques aliments légers s'ils le demandent, une certaine dose de vin pur ou coupé d'eau. En un mot, quelques cordiaux, une liqueur, une teinture alcoolique quelconque mélangée à de l'eau sucrée.

A ceux qui souffrent, qui ont été privés de sommeil, ou qui sont livrés à l'excitation, prescrivez l'opium ; 5 à 6 gouttes de laudanum ou de vin d'opium amèneront du calme et du bien-être. Répétez la dose au bout d'une heure au besoin. Si vous constatez bien dûment l'état d'ivresse chez certains imprudents blessés derrière le rempart, provoquez le vomissement et prescrivez l'éther ou les boissons chaudes, si vous pouvez vous les procurer.

Messieurs, je viens de fixer, autant que possible, vos attributions, et de vous tracer approximativement la ligne de conduite. Comme praticiens nous sommes convaincus que vous dépasserez nos espérances et que vous accomplirez votre tâche avec zèle, dévouement, intelligence et ponctualité. Ce n'est pas tout encore, et si nous ne réclamons pas formellement de vous d'autres qualités, c'est dans la persuasion que vous nous les offrez d'avance et de grand cœur.

Nous attendons de vous le *courage personnel*, cette qualité brillante qui ne manque guère aux Français. Les postes que nous vous confions dans le siége de Paris seront à coup sûr périlleux ; parfois vous partagerez les dangers des combattants : vous prendrez exemple sur vos camarades de l'armée et de la marine, hier vos condisciples et en tout temps vos amis, et vous vous rappellerez que, sans souci de leur vie, ils bravent la mort sur les champs de bataille, ne songeant qu'à remplir leur g'orieux devoir.

Vous pratiquerez l'*humanité* dans toute son ampleur. Peut-être vous aurez à secourir des ennemis ; si vous étiez armés du fusil vous les frapperiez sans pitié, mais comme médecins vous ne devez point connaître la haine pour celui qui est tombé et qui a droit à votre compassion. Vous soignerez donc l'adversaire comme le compatriote.

Nous vous recommandons encore une vertu plus modeste, la *confraternité*. Nos ambulances de rempart appartiennent à tous; quiconque y viendra frapper sera le bienvenu. Vous vous y rencontrerez avec des chirurgiens de la garde nationale et des corps militaires, avec des praticiens de la ville, désireux de se rendre utiles, avec des membres de l'Internationale, des ambulances de la Presse, avec les inspecteurs de l'Intendance, de la ville de Paris, des commandants de secteurs. Offrez à tous aide et assistance; tout en ménageant vos ressources, partagez-les fraternellement. Évitez soigneusement tout conflit, toute récrimination, toute question de prééminence, soyez partout et toujours conciliants et complaisants. Par cette conduite, vous provoquerez la sympathie et commanderez le respect. Montrez enfin une dernière qualité, très-rare dans notre pays, surtout dans les classes éclairées, la *discipline* qui implique l'*obéissance* aux règles et à ceux qui sont investis du pouvoir. L'initiative et l'indépendance ne sont profitables qu'à la condition de ne point engendrer l'anarchie et la confusion.

Sur tous ces points, nous avons pleine confiance en vous. Parisiens de fait ou par nécessité, vous montrerez à tous que les enfants de la grande ville qu'on dit insouciants, légers et frivoles dans la paix, sont braves dans le danger, fermes dans le malheur, indomptables et inébranlables dans l'accomplissement des devoirs que leur impose le salut commun de la Patrie.

Ab. Verneuil.

Après cette conférence, M. Brisson, adjoint au maire de Paris, a pris la parole et prononcé l'allocution suivante :

« Mes chers concitoyens, en ma qualité d'adjoint au maire de Paris dont les habitants sont appelés à combattre, je tiens à remercier M. Verneuil de l'utile et savante leçon qu'il vient de nous faire entendre.

» Il y a quelque quinze ou seize ans, étant étudiant en droit, mais passionnément curieux des choses de la science, d'autant plus curieux que la science seule offrait alors des consolations à ceux qui venaient d'être témoins de la chute du droit, j'assistais, dans cet amphithéâtre même, à la première leçon de M. Verneuil; j'étais bien sûr qu'un jour nous retrouverions sa parole au service de la Patrie et de la République. (*Applaudissements.*)

» Si je rappelle ce souvenir, mes chers concitoyens, c'est parce que ceux qui du dehors ou même du dedans observaient la surface, et, passez-moi le mot, je dirai volontiers, l'écume de la société que nous étions il n'y a pas un mois encore, ceux-là disaient : « Il n'y a plus en France que des hommes de proie et des femmes de plaisir. Il y a bien aussi quelques spécialistes, quelques savants, enfouis dans leurs laboratoires, voués à des études utiles; mais les sentiments généreux et les idées générales se sont retirés d'eux ». Eh bien! ceux qui parlaient ainsi, et je le dis parce que j'en ai fait l'expérience depuis trois semaines que les hasards des événements m'ont mis en collaboration avec les princes de la science, ceux qui parlaient ainsi calomniaient les savants, calomniaient la France. Les vertus de la nation sommeillaient, elles n'étaient pas mortes. Et je puis le dire pour ma part, à l'honneur de ces hommes que l'on calomniait, partout où j'ai été mis en rapport avec l'un d'eux, j'ai rencontré un citoyen (*applaudissements*), et je suis sûr que ce que je dis ici des hommes spéciaux qui sont à mes côtés, je puis le dire de ceux qui sont en face de moi. Vous êtes tous des citoyens, vous êtes tous des défenseurs de la République. (*Applaudissements.*)

» Oui, ces hommes d'étude, ces hommes de science, se sont voués au travail de jour et de nuit qui nous est imposé à l'Hôtel de ville, avec la même passion, la même ardeur, que les hommes politiques, que les républicains les plus ardents, et ils y ont ajouté cette vertu française par excellence qui donne le charme à toutes les autres et que j'appellerai la bonne humeur. Ils nous ont donné leurs journées et leurs veilles avec autant de bonne grâce que de dévouement.

» Je tiens donc, au début de ces conférences, qui seront continuées par M. Sée, par M. Béhier, et par ses confrères; je tiens à les remercier au nom de la ville de Paris, c'est-à-dire, aujourd'hui que cette ville combat pour toute la France, au nom de la France, au nom de la République. » (*Vifs applaudissements.*)

FACULTÉ DE MÉDECINE DE PARIS

CONFÉRENCE DE M. G. SÉE

Sur le régime alimentaire pendant le siége

Dans les circonstances difficiles que nous traversons, une des graves préoccupations des hommes d'État et de science, c'est l'approvisionnement de Paris, c'est l'alimentation de la population. Il s'agit, en effet, de soutenir les forces physiques du peuple à la hauteur de la force morale qu'il déploie.

Le problème est complexe, mais il n'est pas insoluble, et il peut se réduire, en définitive, à la solution des questions suivantes :

1° Déterminer quel est le rôle des aliments dans l'entretien de la vie? comment ils s'élaborent, ils se transforment dans l'organisme pour arriver à faire partie intégrante du corps humain et à ranimer nos forces.

2° Préciser la ration normale de l'homme; savoir quels sont nos besoins nutritifs; en d'autres termes, quelle est la quantité de principes alimentaires que l'homme doit prendre, doit s'assimiler, pour se maintenir dans l'état normal.

3° La troisième question consiste à fixer la qualité de chaque aliment; quels sont les aliments nutritifs, quelles en sont les parties utiles, et comment il faut procéder au choix de la nourriture.

4° Lorsque nous aurons résolu ces questions, c'est-à-dire quand nous connaîtrons la destination, la quantité et la composition des aliments nécessaires à l'homme sain, nous aurons à appliquer ces données à la situation actuelle; il me suffira de vous faire connaître alors l'approvisionnement de Paris pour pouvoir vous indiquer les lois du régime à suivre pendant la période de l'état de siége.

5° Je n'aurai plus qu'à ajouter quelques réflexions sur ce que j'appellerai les moyens auxiliaires.

PREMIÈRE QUESTION.

Quel est le but définitif à atteindre par l'alimentation?

C'est évidemment de suppléer aux déperditions incessantes que nos organes subissent, rien que par le fait de leur fonctionnement. La vie n'est possible que grâce au mouvement et à la mise en activité des divers organes; intervertissant la proposition, on peut même dire que le mouvement constitue la vie; et cela est vrai dans la nature entière, ainsi dans l'ordre moral et politique; à plus forte raison dans la nature physique de l'homme.

Or, tout mouvement, toute action est inévitablement liée à une usure plus ou moins prononcée des appareils qui sont mis en réquisition; et cette usure lente, graduelle, latente, finirait par arriver à la destruction de notre organisme, si nous n'avions pas à notre disposition des moyens de compensation suffisants de ces pertes continuelles. Ces moyens de réparation, ce sont précisément les aliments empruntés aux règnes animal et végétal.

Cela posé, il s'agit de savoir comment ces aliments introduits dans le corps humain vont se transformer, se modifier, pour arriver finalement à faire partie intégrante de l'organisme.

Dès que les substances alimentaires pénètrent dans le tube digestif, elles subissent une première élaboration, qui leur permet de devenir assimilables et d'être absorbées. Déjà, dans la bouche, le pain et les fécules, les pâtes, subissent par l'action même de la salive qui afflue, par le fait de la mastication, un commencement de véritable digestion.

L'estomac se charge de digérer les viandes, l'albumine des œufs, la caséine ou partie essentielle du lait et du fromage, et, en outre, toutes les substances qui, même dans le règne végétal, offrent quelque analogie avec les principes albumineux de la viande ou de l'œuf.

Les intestins recueillent et digèrent tout ce qui a échappé à l'action de la salive de la bouche et à l'intervention des sucs digestifs de l'estomac; mais, de plus, les intestins ont le double privilége d'agir sur la graisse, en la divisant en parcelles moléculaires, de manière à la rendre assimilable, et en outre d'agir sur le sucre, en le dissolvant, de façon que cette dissolution puisse pénétrer directement dans le sang.

Ainsi chaque aliment s'élabore à une étape fixe, et cette élaboration première, nécessaire, lui permet d'arriver dans le sang dont, désormais, il va faire partie intégrante. En énumérant ces laboratoires spéciaux d'épuration, je viens aussi d'indiquer, sommairement, les principales classes d'aliments; ce sont les aliments albumineux, les féculents, les graisses et les sucres.

Le produit essentiel qui provient de ces diverses sortes d'aliments va circuler maintenant avec le sang, se distribuer à tous les organes, et se répandre comme une véritable séve jusque dans les dernières fibres de l'organisme. C'est dans cette séve que la trame des organes qui sont usés va puiser les éléments de sa reconstitution; le suc alimentaire sert donc, en définitive, à la réparation de nos tissus.

Mais ce n'est pas tout; il a une autre destination encore non moins importante: c'est de former et d'entretenir la chaleur de notre corps; on sait que cette chaleur est à peu près invariable, et que cette fixité, qui est de 37 degrés, est une condition fondamentale pour nous permettre de lutter efficacement contre les variations atmosphériques, contre le froid excessif ou la chaleur tropicale qui, sans cette merveilleuse prévision, nous détruiraient infailliblement.

Cette température innée nous est tout aussi indispensable pour le développement de nos forces physiques; la chaleur est la source de tout travail mécanique, les découvertes modernes l'ont démontré; il s'agit donc de maintenir cette cha-

leur, et c'est là, précisément, une des fonctions, un des usages de la nourriture.

Ainsi les aliments ont une double destination : ils servent, en s'adaptant à nos organes, à en reconstituer la trame; ils servent, en brûlant, à maintenir notre chaleur fixe. On peut donc considérer les substances alimentaires comme des matériaux de réparation et de combustion.

Cette comparaison est d'autant plus justifiée, qu'en réalité le corps humain suit les mêmes lois physiques et chimiques qu'un appareil à vapeur, mais avec cette différence consolante que la machine n'est rien sans le secours du mécanicien, tandis que notre intelligence est tout pour guider la machine humaine.

Chaque fois que le corps exécute un mouvement, opère un travail quelconque, les instruments sont les mêmes que dans l'ordre mécanique. Tout cylindre à vapeur suppose une paroi métallique qui résiste, du charbon qui produit la chaleur, l'air extérieur, ou plutôt sa partie essentielle l'oxygène, qui en entretient la combustion.

Nous retrouvons en nous exactement les mêmes éléments. L'organe qui travaille se compare au cylindre lui-même; celui-ci s'use peu; il en est de même de l'organe vivant. Toutefois, il faut l'entretenir intact, et nous en trouvons naturellement les moyens dans les aliments dont la composition se rapproche le plus de celle de notre corps. Or, les tissus animés sont formés surtout par les substances albumineuses, ou fibrineuses, ou azotées, c'est-à-dire par des substances analogues au blanc d'œuf; partout où nous constatons des principes albumineux dans un aliment, qu'il soit d'origine animale ou végétale, peu importe, nous utiliserons ces principes pour réparer la machine; et nous les trouvons surtout dans les viandes fraîches ou salées, le poisson, les œufs, le fromage, les légumes secs, et en partie dans le pain; voilà donc les matériaux de reconstruction.

Allons maintenant à la recherche du combustible; le charbon qui brûle dans le foyer de la chaudière a, de tous points, son analogue dans ceux des aliments qui contiennent le plus de carbone ou d'hydrogène; ce sont là, en effet, les deux éléments qui brûlent le mieux, comme le prouve le gaz de l'éclairage qui, précisément, est un composé d'hydrogène carboné. Supposez maintenant le carbone et l'hydrogène entrant en proportion considérable dans la composition de la graisse, des fécules et des sucres; vous y trouverez des aliments éminemment combustibles capables de maintenir notre chaleur, qui constitue le foyer de la vie intérieure.

Pour compléter l'instrument et mettre en œuvre cet appareil de chauffage, il ne manque plus que l'air, ou plutôt sa partie essentielle, l'oxygène, sans lequel le charbon, ni aucun autre corps, ne peut entrer en combustion; or, l'air que nous respirons librement suffit largement à ce but; il pénètre en nous par une sorte de tuyau qui commence à la bouche et plonge dans un sac élastique appelé poumon, sorte de soufflet qui, en se dilatant, aspire cet air extérieur; de là, l'air pénètre dans le sang et se met ainsi en contact avec tous nos organes où il va, pour ainsi dire, attiser la flamme. Nous savons maintenant le rôle de l'atmosphère et les divers usages des aliments dans le mécanisme humain. La respiration de l'air n'a pas besoin d'être calculée; elle se règle d'elle-même; mais, comment préciser la quantité d'aliments nécessaire? Comment fixer, en un mot, la ration de l'homme? c'est là l'objet de la deuxième question à résoudre.

Ration alimentaire.

La mesure d'alimentation nécessaire à la conservation des forces n'est pas facile à déterminer. La faim n'est pas un régulateur, car elle n'indique rien de la quantité nécessaire de nourriture ; en général, on dépasse singulièrement les limites de la faim, à plus forte raison celle des besoins réels de nutrition. Il est au contraire des individus dont l'appétit est sans cesse atténué au point qu'ils ne mangent que *par raison ;* ici l'*instinct naturel* est éteint, tandis que d'autres fois il parle trop ; et il existe, en effet, principalement chez les individus nerveux, des fausses faims qui ne répondent à aucune nécessité. La faim est une sensation *locale* qui peut être soumise aussi aux habitudes ; elle peut donc tromper sur le moment, ainsi que sur le nombre et la limitation des repas. Il y a plus, on peut la tromper par l'introduction de quelques substances inertes dans l'estomac, sans que pour cela la nutrition soit satisfaite.

La faim véritable se traduit plutôt par une impression générale sur notre système nerveux, et un sentiment de faiblesse qui se manifeste principalement quand le sang n'a pas reçu une quantité suffisante de matériaux réparateurs ; mais ce n'est là qu'un cri d'alarme, ce n'est pas un guide certain pour nous fixer sur la ration alimentaire.

Il n'y a qu'un seul moyen correct pour atteindre ce but, c'est en calculant les pertes que chaque homme subit dans l'état de santé ; ce calcul a été fait par les plus éminents physiologistes, depuis notre célèbre Lavoisier jusqu'à nos jours ; on sait maintenant quelles sont la quantité et la nature de ces déperditions ; on sait, par conséquent, combien d'aliments et aussi quel genre d'aliments il faut pour réparer ces déficits journaliers.

Pour bien préciser ce point, reprenons et complétons notre comparaison de l'organisme avec un appareil à vapeur.

A la suite du travail mécanique, des déchets, des scories, souvent microscopiques, se forment aux dépens de la machine ; il en est de même dans nos organes ; or, ces débris de nos tissus s'en vont, sous forme moléculaire, par les diverses sécrétions.

On compte, chez un homme sain, qu'il se perd tous les jours assez de substance corporelle pour représenter 120 à 130 grammes de principes albuminoïdes ; il s'agit, à tout prix, de retrouver au moins 100 grammes de ces principes ; ils existent principalement dans la viande, les légumes secs, le pain, en proportions que nous allons bientôt déterminer d'une manière précise.

Ce n'est pas tout : outre les 130 grammes de principes albumineux qui proviennent de nos organes et qui ont été entraînés au dehors par les sécrétions, nous perdons tous les jours 280 grammes de carbone provenant des combustions intérieures ; ce carbone s'échappe par la bouche sous la forme d'un gaz appelé *acide carbonique*, qui est éliminé par l'haleine ; il est impropre à la respiration. C'est pourquoi, lorsqu'un grand nombre d'individus se trouvent agglomérés dans un espace trop restreint, ils respirent un air impur : de là les inconvénients de l'encombrement, dont le gouvernement cherche partout à éviter les effets, surtout dans les quartiers populeux.

Le gaz acide carbonique sort de l'organisme par la même voie que celle qui sert à l'introduction de l'air pur, ou oxygène. Le même soufflet élastique, appelé *poumon*, sert à deux fins : pendant qu'il se dilate, il aspire l'air extérieur ; dès qu'il vient à se contracter, il chasse l'air impur, ou acide carbonique. Le même tuyau sert aussi tour à tour de tuyau d'appel pour l'air extérieur et de tube d'échappement pour la fumée de la cheminée. C'est par là que s'élimine la plus grande quantité du carbone qui a été consumé dans l'organisme pour entretenir notre chaleur. Or, ce carbone monte à 280 grammes ; il faut les récupérer. Tout ce qui est au delà est inutile, tout ce qui est en deçà est insuffisant ; il faut une équilibration complète, parfaite, entre les dépenses corporelles et les recettes alimentaires.

Quels sont les aliments les plus aptes à réparer ces deux genres de pertes ? Quelle est la valeur nutritive des divers aliments ? En d'autres termes, comment faut-il composer le régime ?

Un aliment ne vaut que par la quantité de principes albumineux et de principes carbonés qu'il renferme, puisque les uns servent à réparer les parties usées, et les autres à développer la chaleur ; c'est sur cette double base qu'il faut calculer la valeur et les propriétés des aliments.

Autrefois on les envisageait surtout au point de vue de leur origine, soit animale, soit végétale ; mais cette manière de voir n'indique rien des qualités nutritives, car les provenances végétales, comme le pain, les légumes secs, le chocolat, peuvent contenir les mêmes principes albumineux que la viande, que le poisson ou les œufs.

Une autre classification des aliments en aliments gras et maigres est encore plus fallacieuse. Celui qui se voue à un régime maigre, comprenant du lait, des œufs, du fromage, du poisson, peut être tranquille sur sa destinée, il peut vivre parfaitement, car en fait il prend autant de substances albumineuses ou réparatrices que s'il prenait de la viande ; si, au contraire, il ne consommait que des végétaux frais, des légumes verts, des fruits, à coup sûr il dépérirait promptement.

Les aliments doivent toutes leurs propriétés à leur richesse en principes albumineux et carbonés, c'est-à-dire à leur composition, que nous allons préciser ; c'est cette composition chimique qui permet de classer les aliments en réparateurs et calorigènes, selon qu'ils contiennent beaucoup de matière albumineuse ou beaucoup de matière carbonée.

Première classe. — Aliments avec principes albumineux ou réparateurs. Le type de ces aliments, c'est la viande ; mais on peut en rapprocher le poisson frais ou salé, le fromage, les œufs. En effet :

100 grammes de viande contiennent 21 grammes de substances albumineuses appelées : *fibrine, albumine, créatine.*

100 grammes de poisson salé (le poisson salé contenant relativement moins d'eau que la viande) représentent 24 à 35 parties de substances albumino-fibrineuses.

Le fromage est très-chargé en principes nutritifs, qui se chiffrent par 20 à 34 pour 100. Les œufs ont 14 à 15 pour 100 de ces mêmes principes, de sorte que deux œufs équivalent à 80 grammes de chair musculaire.

A cette première classe il faut ajouter une série mixte d'aliments contenant à la fois des principes albumineux et des principes carbonés.

Tels sont : 1° les *légumes secs*, qui contiennent, pour 100 grammes, 31 grammes de substances albumineuses appelées *légumines*, et en outre 40 grammes de substance carbonée ; 2° le *chocolat*, qui contient 17 parties d'albumine, et de plus 48 parties de carbone ; 3° le *pain*, dans lequel on trouve 7 pour 100 d'albumine ou de gluten, substances réparatrices, et 30 pour 100 de carbone ; 4° le *lait*, qui contient 3 pour 100 de caséine analogue à l'albumine, 3 et demi de graisse ou beurre, et près de 4 parties de sucre.

Ces divers aliments mixtes pourraient donc par eux-mêmes suffire au besoin pour l'alimentation, puisqu'ils possèdent les deux qualités réparatrice et combustible.

Deuxième classe. — La deuxième classe comprend les substances alimentaires où prédominent les matières combustibles : 1° les *graisses*, le lard, qui retient encore près de 10 pour 100 de principes azotés, mais qui est formé surtout par 70 parties de graisse ; le beurre est à peu près dans la même catégorie ; 2° les *fécules*, comprenant le riz et les pommes de terre ; le riz se compose de 43 parties de carbone mêlées à 6 parties d'albumine ; les pommes de terre sont plus pauvres en albumine (1 et demi pour 100) et en carbone (10 pour 100) ; 3° les *sucres* de toute espèce, qui complètent cette deuxième série.

Si maintenant on évalue le pouvoir nutritif de ces diverses classes d'aliments au point de vue du régime, on peut, à la rigueur, considérer la classe intermédiaire, c'est-à-dire les aliments mixtes, comme des aliments complets ; ainsi on pourrait vivre avec 1800 grammes de pain, car ils contiennent 126 parties de gluten ou d'albumine, et en outre 540 parties de carbone, mais alors il y a un tiers de carbone de plus qu'il n'est nécessaire ; mais surtout l'usage exclusif et journalier de 1800 grammes de pain finirait par fatiguer le tube digestif, et l'assimilation ne s'opérerait plus ; aussi sera-t-il toujours nécessaire d'y ajouter une certaine quantité d'aliments réparateurs et de vin. Ce qui est vrai du pain l'est à plus forte raison des légumes secs, du chocolat, qui pèseraient certainement sur les fonctions digestives, et ne suffiraient pas seuls à la nutrition, bien qu'en théorie ce soient des aliments complets, parfaits. Le seul aliment mixte qui ait été mis à l'épreuve c'est le lait ; deux litres de lait contiennent 85 grammes de principes albuminés et 214 grammes de carbone et de graisse, les enfants s'en nourrissent exclusivement pendant un an, dix-huit mois et même deux ans ; cet aliment leur permet non-seulement de réparer leurs pertes par la caséine qu'il contient, mais il permet encore l'accroissement ; en outre, par la graisse (beurre) et par le sucre qu'il renferme, il fournit une grande proportion de chaleur, ce qui est indispensable aux enfants, car ils perdent, relativement au volume de leur corps, plus de calorique rayonnant qu'il ne s'en perd par la surface du corps d'un adulte.

Les aliments du type de la viande et du type carboné ne sauraient ni les uns ni les autres suffire seuls à la nutrition.

On a vu des individus qui, à l'exemple d'un Anglais appelé Banting, ont consommé jusqu'à 1500 grammes de viande par jour, sans aucune autre addition, dans le but de se faire maigrir ; mais au bout de quelques semaines, il survenait chez eux, en même temps que l'amaigrissement, un tel degré de faiblesse musculaire, qu'ils furent obligés de revenir à leurs anciennes habitudes et de conserver leur embonpoint.

L'expérience sur l'usage exagéré du riz et des pommes de terre est encore plus décisive. Le riz, qui est la nourriture favorite des Indiens, détermine un engraissement excessif sans grand profit pour les forces physiques.

Les pommes de terre, dont les malheureux Irlandais ont été obligés, souvent pendant de longues périodes, de se nourrir d'une manière presque exclusive, ne sauraient suffire en aucun cas pour réparer les pertes ; la pomme de terre ne contient en effet que 1 et demi pour 100 d'albumine : une pareille alimentation équivaut pour ainsi dire à l'abstinence et même forcément à l'inanition ; de là les famines, de là les maladies qui en sont la conséquence et qu'on a si fréquemment observées en Irlande.

Il est donc impossible de satisfaire à nos besoins par un régime uniquement composé de substances carbonées ou même de substances albumineuses ; le régime doit être mixte et combiné de façon à contenir les deux genres de substances et aussi de manière à ne pas fatiguer les fonctions digestives.

QUATRIÈME QUESTION.

Dans l'état de siége, comment faut-il, comment peut-on combiner l'alimentation ?

Cette question suppose tout d'abord connu l'approvisionnement de Paris. Or, sous ce rapport, la principale difficulté est relative à la viande ; l'usage particulier doit en être calculé sans doute, mais le bétail vivant dans nos murs permet à chaque habitant de consommer 100 grammes par jour, si l'on admet que la durée du siége soit de six semaines, et si l'on compte sur deux millions d'habitants, ce qui est au-dessus de la vérité.

Ce n'est pas tout heureusement : il existe à Paris quarante à cinquante mille chevaux qu'on peut facilement livrer à la consommation, et cette viande vaut à tous égards toutes les espèces de viande de boucherie. En outre, il reste une bonne quantité de viande et de poisson salé, dans les magasins de la ville et dans les entrepôts particuliers. Enfin, on a proposé d'utiliser le sang des animaux pour en faire des boudins, et cette ressource sera aussi précieuse que considérable. Avec ces divers éléments, on peut affirmer que, même avec un siége de trois mois et demi, on sera suffisamment pourvu de la quantité nécessaire de viande.

Les farines et le riz sont approvisionnés pour trois à quatre mois, de manière à satisfaire à toutes les exigences d'une population de deux millions d'habitants. Les légumes secs n'existent qu'en petites proportions ; il en est de même des œufs et du lait ; le chocolat, le fromage, le café, le sucre, le sel sont en quantité suffisante ; les graisses, entre autres le lard, ne manqueront pas.

C'est avec ce stok alimentaire que nous pouvons maintenant composer le régime pendant le siége. Voici des combinaisons faciles à réaliser :

1° 100 grammes de viande de bœuf, mouton ou cheval, contenant en principe albumino-fibrineux 21 grammes.

2° 20 grammes de viande salée ou poisson salé, ou de charcuterie, contenant environ 7 grammes.

3° 750 grammes de pain représentant 53 grammes.

4° On peut remplacer 250 grammes de pain par 300 grammes de riz ; on arrivera ainsi au même chiffre, à savoir, 500 grammes de pain contenant 35 grammes de principes albumineux.

300 grammes de riz contenant 18 grammes. — Ensemble, 53 grammes.

5° Avec 50 grammes de légumes secs, représentant en principes albumineux 15 grammes, on complétera la série des aliments moyens, contenant, ainsi que le pain et le riz, une certaine quantité de féculents et en même temps l'albumine.

Le quatrième genre contient aussi de l'albumine, et surtout de la graisse.

6° 50 grammes de lard contenant en principes réparateurs 5 grammes.

30 grammes de chocolat remplaceront avantageusement le lard, et représentent le même chiffre de substances réparatrices.

30 grammes de fromage, soit 10 grammes de caséine, compléteront cette série.

Total, 1000 à 1140 grammes contenant en principes albumineux 111 grammes. Ainsi, ces 1000 à 1140 grammes d'aliments contiennent 111 grammes de principes albumineux; c'est là un chiffre qui se rapproche singulièrement du chiffre le plus élevé de pertes albumineuses que nous subissons journalièrement, c'est-à-dire du chiffre de 130 grammes. Il est à noter en effet que la plupart des rations prescrites rég'ementairement, par exemple aux militaires, atteignent rarement 111 grammes de substances réparatrices.

Il est à remarquer, surtout pour ce qui est de la viande, que 100 grammes par jour dépassent singulièrement la moyenne de consommation en France, et surtout en province, où ce chiffre varie de 55 à 75 grammes par jour, et n'atteint jamais au delà. Ainsi, notre ration de 100 grammes de viande est plus que suffisante, et les 111 grammes de principes albumineux contenus dans les 1140 grammes d'aliments prescrits peuvent être, sans aucun inconvénient, réduits à 100 et même à 90 grammes par jour pendant plusieurs mois.

Après avoir pourvu aux pertes albumineuses, il ne nous reste plus qu'à nous procurer les 280 grammes de carbone : ceci est d'autant plus facile que déjà, dans les 1140 grammes indiqués ci-dessus, et surtout dans les 500 grammes de pain, les 300 grammes de riz, dans le chocolat, les légumes secs, on trouve plus de 280 grammes de carbone, ce qui complète le régime.

CINQUIÈME QUESTION.

Moyens auxiliaires et moyens d'épargne. — Gélatine. — Sels. — Bouillon.

Il est des substances qui ne nourrissent pas par elles-mêmes, mais qui ralentissent cette usure lente, moléculaire, résultant du fonctionnement de nos organes. Ces substances détournent, pour ainsi dire, l'oxygène de l'air, et l'empêchent de consumer autant nos organes et nos aliments; parmi ces substances, il faut citer la gélatine, les sels, l'alcool, le café, qu'on peut donc à bon droit appeler les moyens d'épargne.

La gélatine, qui n'a aucune propriété nutritive, possède à un haut degré le pouvoir de ménager nos ressources. Si vous prenez de la viande en excès, elle ne s'assimile pas tout entière; si vous ajoutez de la gélatine, comme celle qui existe dans la gelée, vous profiterez bien plus de votre ration de viande; il restera ainsi plus d'aliments dans l'organisme, et par conséquent plus d'organes dans leur intégrité.

Sels de soude ou *sel de cuisine.* — Le sel de cuisine jouit aussi de ce pouvoir jusqu'à un certain point; mais il a d'autres avantages : il remplace les sels de soude contenus dans le sang, il stimule l'appétit, et contribue ainsi singulièrement à augmenter la force; les expériences sur les animaux démontrent ce dernier point, et prouvent que le sel ajouté à leur ration les rend plus agiles, plus vifs, tout en leur donnant de plus belles apparences.

Sels de potasse. — Les sels de potasse font partie de nos tissus, comme les sels de soude font partie du sang; il s'agit de retrouver les uns et les autres, car eux aussi se perdent par le fonctionnement de nos organes.

Dans la viande que nous mangeons, il existe une suffisante quantité de sels de potasse. Lorsqu'on fait bouillir la viande, ils passent dans le bouillon.

Bouillon. — Le bouillon se compose d'eau, de sels de potasse qui présentent l'usage ci-dessus indiqué, une très-petite quantité d'albumine, qui ordinairement s'enlève sous forme d'écume, de la gélatine et une substance aromatique; or, de ces divers principes, il n'y en a pas un directement nutritif; le bouillon stimule utilement l'appétit et parfois les digestions, et c'est tout. Ce n'est pas un breuvage réparateur; bien des populations s'en passent, et il eût été à désirer que l'armée, qui a été surprise plus d'une fois à faire la soupe, imitât ces populations; le bouillon, en effet, n'est qu'une préface, mais non une préface obligée du repas.

Bouillon de Liebig. — Que dirai-je maintenant de ce fameux bouillon, et même de cet extrait de viande de Liebig, qui ne vaut pas même notre bouillon, mais qui à force de réclames a fait croire à des qualités nutritives? — Ce sont les Allemands qui nous ont inondé de cette drogue mensongère, maintenant répudiée par l'auteur lui-même; puissent-ils se nourrir ainsi exclusivement pendant deux mois !

Boissons. — Les meilleures boissons sont le vin et le café. — La bière, tout en contenant quelques principes alimentaires, a l'inconvénient d'alourdir l'esprit sans provoquer de forces.

Les liqueurs fortes agissent en vertu de l'alcool, qui, à petite dose, sert aussi à enrayer le mouvement de dénutrition. L'abus des liqueurs entraîne l'hébétude, l'affaiblissement général et moral, et les maladies des organes les plus essentiels à la vie.

Au contraire, le vin est salutaire à tous égards; il contient une petite proportion d'alcool qui est très-favorable, des substances salines telles que des sels de potasse et de soude qui ont une action incontestablement utile, enfin des arômes qui stimulent l'appétit et la digestion.

Le vin peut remplacer le bouillon, avec lequel il a de grandes analogies, abstraction faite de l'alcool.

Le café et le thé n'ont pas beaucoup plus de propriétés nutritives que le vin et l'alcool; ils ne brûlent pas dans l'organisme, ils ne restaurent pas les organes usés, mais ils ont un avantage immense, c'est d'enrayer d'une manière évidente et plus que le vin cette déperdition graduelle contre laquelle nous luttons par l'alimentation. — Les preuves sont formelles à cet égard : celui qui prend du café rend moins de déchets par les sécrétions; donc il s'use moins, donc le café dans le temps actuel, plus que jamais, constitue le moyen d'épargne par excellence.

Les mineurs d'Anzin prennent une tasse de café, travaillent huit heures dans les souterrains, et ne font ensuite qu'un seul repas; ils se portent bien et vivent longtemps, malgré la dureté de leur travail.

Résumé. — Aux proportions indiquées de viande fraîche ou

salée (120 grammes), de pain et de riz (750 à 800 grammes), de légumes secs (50 grammes), ajoutez surtout une petite quantité, 30 à 50 grammes de lard ou de chocolat et de fromage, sans oublier les moyens complémentaires comme le sucre, le sel, la gélatine; prenez pour boissons le vin et le café, qui existent en grand approvisionnement, et vous éviterez pendant deux, trois et même quatre mois les inconvénients du siége; avec le régime prescrit, nous sommes bien sûrs de pouvoir conserver nos forces physiques et notre énergie morale qui leur est si intimement liée.

G. Sée.

ACADÉMIE DES SCIENCES DE PARIS

M. SÉDILLOT

Observations relatives aux indications chirurgicales et aux conséquences des amputations, à la suite des blessures par les armes de guerre.

...La règle la plus importante et la moins contestée est d'opérer avant le développement de la période inflammatoire, dès les deux premiers jours de la blessure. Ces amputations, dites *immédiates* ou *primitives*, sont parfois encore possibles le troisième et le quatrième jour sur les hommes à réaction tardive, mais ce sont des cas exceptionnels.

Pendant la période inflammatoire, les opérations sont suivies d'une effrayante mortalité; mais elles l'emportent grandement sur l'expectation, au moins dans les conditions d'encombrement inévitable où l'on se trouve.

L'influence des localités, des saisons, des soins, des eaux, des approvisionnements, de la nourriture, de la nationalité, exige de nouvelles investigations.

A Haguenau, à Bischwiller, à Reichshoffen, à Walbourg, à Durrenbach, à Pfaffenhoffen et dans quelques autres localités que nous avons visitées, il nous a semblé que l'expectation n'avait pas sauvé un blessé sur vingt. La gangrène, les hémorrhagies, et plus tard les infections purulentes et putrides, étaient rapidement mortelles partout où de nombreux malades étaient réunis. Peut-être a-t-on été plus heureux dans des maisons particulières renfermant seulement un ou deux blessés; mais la mortalité y a été encore très-considérable et excessive.

Les amputations secondaires ou pratiquées pendant la période inflammatoire ont généralement donné des résultats immédiats excellents. Les blessés accusaient tous une amélioration remarquable; leur figure exprimait le contentement. Ils s'applaudissaient de ne plus souffrir et d'avoir recouvré de l'appétit, du sommeil, de la confiance; mais quelques-uns ont succombé à la gangrène, un plus grand nombre à des hémorrhagies répétées; enfin, du huitième au seizième jour et au delà, ont apparu de fréquentes infections, avec abcès métastatiques, dont la guérison a offert fort peu d'exemples. L'état pultacé des plaies, sorte de pourriture d'hôpital, des abcès, des infiltrations sanieuses, des hémorrhagies consécutives ont fait de tristes ravages parmi les opérés et en font encore.

Quant aux amputations tardives, le moment en est à peine arrivé, et il restera peu de malades susceptibles d'en profiter. On obtiendrait, croyons-nous, des résultats moins affligeants :

1° En introduisant dans les ambulances le principe de la division du travail, si féconde en toutes choses : un seul opérateur, bien secondé, pourrait pratiquer cent amputations au moins par jour, et si l'on admet la nécessité d'une amputation sur dix blessés, proportion probablement trop élevée, on comprendra quel rôle important doit être attribué à la rapidité opératoire;

2° En renonçant à tous les procédés compliqués, à tous ceux qui rendent les guérisons longues et difficiles, comme les résections, par exemple ; en adoptant, à l'imitation d'un grand maître, le baron Larrey, les procédés les plus simples et les plus prompts.

Les projectiles actuels produisent de si graves désordres et exposent à des suppurations si étendues, qu'on doit s'imposer comme règle :

A. De réduire les plaies des moignons au plus petit diamètre;

B. De favoriser avant tout le libre écoulement du pus, doctrine que nous défendons depuis plus de vingt années;

C. D'adopter, en outre, une réforme radicale des méthodes d'amputation : sans crainte de heurter et de contredire l'opinion de tous les chirurgiens du siècle dernier et du nôtre, nous soutenons qu'au lieu de renfermer les extrémités osseuses au milieu des chairs, dans les amputations de continuité, il faut les en faire sortir, et en voici les raisons.

Nous prendrons pour exemple l'amputation de la cuisse, particulièrement choisie comme sujet d'étude de toutes les méthodes et procédés opératoires.

Avec un moignon creux, l'os tend à blesser, ulcérer et mortifier les parties en contact, nuit au transport des blessés, exige des pansements répétés, empêche le dégorgement des plaies tenues fermées et l'écoulement du pus, et rend très-pénible la recherche des vaisseaux atteints d'hémorrhagie.

En laissant l'os au dehors de la plaie, le moignon est plein, naturellement soutenu, insensible aux mouvements du malade et par conséquent à son transport. Les procédés circulaires, dans lesquels les vaisseaux sont coupés plus perpendiculairement que par aucun autre, sont applicables. La plaie, très-petite, peut être réunie immédiatement dans la plus grande partie de son étendue, offre une surface très-bien disposée pour la recherche du siège des hémorrhagies, et permet au pus de s'écouler librement et au dégorgement de s'effectuer, lorsque la réunion n'a pas eu lieu.

La plus forte objection à adresser à cette méthode est l'obstacle qu'apporte à la guérison définitive un os isolé et saillant, mais on en fera la résection au moment où la plaie sera presque entièrement cicatrisée, et, avec la précaution de détacher et de renverser le périoste, cette opération présentera peu de danger.

J'ai visité un grand nombre d'ambulances, et entre autres celle de M. Icessel, professeur agrégé de la Faculté de médecine de Strasbourg, où j'ai trouvé plus de vingt-cinq amputés de la cuisse : partout les blessés amputés avec des moignons creux, ou avec de vastes lambeaux antérieurs ou autres, avaient offert plus d'accidents et avaient succombé en plus grand nombre que ceux dont les moignons étaient coniques et l'os saillant.

L'expérience semble donc ici confirmer les raisons théoriques que nous venons d'exposer.

J'ajouterai qu'une amputation dans laquelle on veut laisser l'os saillir au delà des chairs ne diffère pas autant qu'on pourrait le supposer d'une amputation ordinaire. C'est au reste un sujet à étudier plus longuement, mais voici des procédés que nous avons pratiqués. On divise circulairement la peau ; on la fait relever, par simple pression si elle est souple et saine, en manchette si elle est adhérente ou infiltrée, et l'on coupe les chairs jusqu'à l'os en un ou deux temps, selon leur épaisseur et leur résistance. On dénude légèrement l'extrémité osseuse et on la scie à 1 centimètre environ des muscles. Le moignon ainsi formé est conique. On en retranche, s'il y a lieu, les masses musculaires proéminentes et les nerfs qui dépassent la plaie, et, après avoir lié les vaisseaux avec section à ras des ligatures, on panse à plat, on rabat la peau sur le moignon, tout autour de l'os laissé au dehors, si l'on essaye la réunion immédiate partielle. Quelques points de suture réunissent les téguments que l'on comprime légèrement, avec un linge trempé dans du digestif et de la charpie, contre la plaie, pour en assurer l'immobilité et l'adhésion uniforme, et l'on complète le pansement par une compresse, une bande ou une cravate Mayor. On examine le lendemain si le moignon n'est pas trop serré. Les téguments repoussés en arrière, et entraînés dans ce sens par la rétractilité et la contraction des muscles, se réunissent plus ou moins bien à la plaie et diminuent, par leur adhésion, l'étendue des surfaces de suppuration. Si le moignon s'enflamme et s'engorge, il devient convexe, repousse encore la peau plus haut et plus en arrière, et l'os, toujours saillant, ne blesse pas les parties qu'il dépasse, et le moignon ne retient pas le pus. A la jambe, le procédé ovalaire, que nous avons autrefois décrit, avec section médiane de la peau (Larrey), au devant du tibia, et petits lambeaux latéraux, avec peu de muscles, donne de très-beaux résultats. Pour la désarticulation de l'épaule, la règle est de couper très-bas la peau de l'aisselle, pour éviter la rétention du pus ou la production d'abcès le long des parois thoraciques. On enlève avec soin les masses musculaires du deltoïde, des pectoraux et du grand dorsal, et l'on assure l'écoulement des liquides, malgré la réunion immédiate, par une mèche ou drain placé à la partie déclive de la plaie. Toutes ces questions ont une importance pratique trop grande pour que nous ne nous réservions pas d'y revenir plus tard.

Voici les cas d'amputation que nous admettons, en répétant qu'il ne s'agit pas de faire exceptionnellement une opération brillante, qui réussit une fois sur cent, mais de sauver la vie au plus grand nombre des opérés :

A. Toute blessure pénétrante du genou par un projectile exige impérieusement, sans hésitation et sans retard, l'amputation de la cuisse.

B. Toute plaie de l'articulation scapulo-humérale avec fracture de la tête osseuse réclame la désarticulation du bras. Nous proscrivons la résection, à moins de circonstances favorables exceptionnelles. Nous avons tenté cette opération quatre fois dans le mois dernier. Un de nos malades est mort de gangrène ; deux autres, l'un à Walbourg, l'autre à l'hôpital d'Haguenau, ont succombé à des accidents infectieux, avec frissons et abcès métastatiques, sans parler de la variole qui s'était déclarée chez l'un de ces blessés. Le quatrième, arrivé au seizième jour de sa résection, faite pour une fracture en éclat de la tête humérale, a été pris d'hémorrhagie, et, comme dernière ressource de salut, nous lui avons désarticulé l'épaule. Le bras était dur, très-volumineux et rempli, depuis l'extrémité osseuse qui touchait la cavité glénoïdale jusqu'au coude, d'une collection de pus sanieux. L'opération date de trois jours, et le malade va bien ; mais, comme toutes

nos plaies, dans les salles de l'hôpital, sont couenneuses et phagédéniques, nous avons peu d'espoir de le sauver.

C. Quant aux fractures de la cuisse, du bras, des deux os de la jambe, de l'avant-bras, des articulations du poignet et du cou-de-pied, avec fracas osseux, nous croyons encore l'amputation indiquée.

D. L'expectation peut être tentée dans les fractures partielles de la main et du pied, celles d'un seul os de la jambe et de l'avant-bras, et du col et de la tête du fémur. Dans ces deux derniers cas, nous aurions recours à la résection et à la désarticulation, à une époque ultérieure, si la vitalité des malades avait été assez puissante pour les soustraire aux dangers des premiers accidents.

On sera disposé peut-être à traiter notre chirurgie de barbare, et l'on nous accusera de multiplier des mutilations, que l'on pourrait éviter ou remplacer par des résections ou par des consolidations lentement et difficilement obtenues : nous répondrons que c'est la véritable chirurgie conservatrice, parce qu'en sacrifiant les membres elle sauve la vie.

Nous terminerons en disant, avec tous les chirurgiens de nos jours, que la dissémination des blessés est une mesure indispensable, qui décide de la vie ou de la mort de milliers d'hommes...

SÉDILLOT.

VARIÉTÉS

Le professeur von Graefe.

En 1851, une vue de génie dotait la science d'une découverte tout à fait imprévue, qui allait apporter dans l'observation et l'étude de l'œil une révolution presque sans égale dans l'histoire des sciences. Helmholtz apprenait au monde savant que l'on peut voir dans l'intérieur de l'œil, que les profondeurs de cet organe peuvent être rendues aussi facilement accessibles à l'observation directe que ses surfaces extérieures, et, en même temps, joignant la pratique au principe, armait le médecin d'une instrumentation simple, déjà presque parfaite à sa naissance, et qui réalisait cette inestimable invention.

Presque au même moment, et comme le complément prédestiné de cette admirable découverte, apparaissait sur la scène scientifique un jeune homme, entre les mains, ou plutôt sous le regard duquel l'instrument nouveau allait bientôt révéler sa puissance !

Ce jeune homme, à peine sorti des épreuves universitaires, c'était le prochain professeur, le prochainement illustre de Graefe dont nous annoncions récemment la fin foudroyante.

Prochainement illustre, en effet : car en 1856, cinq années seulement après la découverte de l'ophthalmoscope, ce savant de vingt-sept ans révélait à la fois la puissance de l'instrument nouveau et celle de son naissant génie par une conquête qui inscrivait tout d'un coup son nom sur la liste rare des bienfaiteurs séculaires de l'humanité. De Graefe reléguait dans la nuit du passé la cécité fatalement attachée à l'œil glaucomateux : à un œil irrévocablement condamné à mort il rendait désormais la vie !

Or, cette découverte, était-ce au hasard qu'elle était due, à la fortune qui sourit à la jeunesse ?

Loin de là : type de la recherche scientifique, ce grand fait était le couronnement de deux années d'observations sagaces et savantes, de l'union du double savoir du physicien et de l'anatomo-pathologiste; de l'alliance nouvelle de deux branches scientifiques maintenues jusqu'à cette école trop largement séparées l'une de l'autre : la physique organique et la physique inorganique.

A cette collaboration intime et égale de deux sources de savoir, d'ordinaire si inégalement réparties dans un même esprit, est, en effet, dû en premier lieu cet éclatant et rapide progrès de la science ophthalmologique. Les faits d'observation présentés à l'œil du médecin par l'intermédiaire d'un appareil qui n'est pas sans quelque complication optique, exigeaient, dans leur interprétation, la double appréciation du mathématicien et du physiologiste. Or, malheureusement ces deux facultés ne se rencontrent que par exception réunies, et c'est là une des lacunes les plus profondément regrettables que présente l'enseignement officiel dans notre pays. Cette belle découverte de la guérison du *glaucome* peut, comme toutes celles d'ailleurs dont nous avons à parler aujourd'hui, servir à l'illustration de cette importante vérité.

Nous ne craindrons donc pas de nous y arrêter : le premier objet à atteindre et le plus naturel, avant de songer à guérir, c'est de connaître l'affection même que l'on doit combattre. Or, qu'était-ce que le glaucome à cette époque? — qu'est-il encore pour un trop grand nombre? Une maladie caractérisée ainsi qu'il suit : Un œil ou complétement ou presque complétement aveugle; devenu tel en quelques heures, ou en quelques jours, ou en quelques années (forme aiguë ou forme chronique); présentant, en général, un aspect terne, une pupille immobile, d'une coloration verdâtre (cataracte verte des anciens), ou franchement grise (cataracte vraie complétée); enfin, des douleurs souvent très-intenses, précédées ou accompagnées de symptômes photopsiques divers et, dans toute une catégorie de cas, d'injection souvent très-vive des membranes antérieures de l'organe.

Résultat constant, une cécité fatale, vainement combattue par tout l'arsenal de la thérapeutique spéciale aux affections congestives céphaliques : soustractions sanguines locales et générales, — dérivatifs prolongés dans leur emploi, — révulsifs cutanés, cautères, moxas, finalement le séton, dernier argument de l'impuissance dont il précédait d'ordinaire l'humiliant aveu.

Un symptôme encore avait été placé par quelques-uns dans le cadre de cette désolante maladie : l'œil perdu était dur. Mais de cette condition nul ne s'était autrement préoccupé, ou n'avait tiré de conséquences.

Or, dans ses nombreuses études ophthalmoscopiques, de Graefe remarqua que ce symptôme, la dureté, se rencontrait dans un certain nombre de formes morbides considérées jusqu'alors comme très-différentes du glaucome, mais dont quelques-unes conduisaient comme fatalement à cette terminaison.

Or, ces formes présentaient en même temps un ensemble de caractères non moins constants et que révélait seul l'ophthalmoscope; ces caractères consistaient en une certaine forme particulière de la papille (on appelle ainsi, très-mal à propos du reste, le cercle de pénétration du nerf optique dans l'œil), des altérations singulières et toujours les mêmes de la circulation sanguine dans ce même district, des battements spontanés des veines et des artères isochrones aux pulsations cardiaques, etc.

La difficulté était d'établir entre ces faits d'observation et le mécanisme pathologique de la dégénérescence glaucoma-

teuse, des rapports logiques ou vrais de cause à effet; en un mot, de trouver à ces caractères une interprétation fondée.

Un grave empêchement retint deux années entières l'infatigable chercheur sur le chemin du problème posé. Cette forme particulière du disque optique que nous venons de signaler déroutait tous les calculs. Ledit disque s'offrait comme une proéminence convexe (comme serait la surface d'un pois sec). Comment concilier alors cette convexité dans un tissu mou et siége d'une circulation, plus ou moins empêchée sans doute, mais enfin existante, avec la dureté remarquable de l'enveloppe extérieure? Il y avait là de quoi fort embarrasser, si l'on songe en outre que la proéminence papillaire se montrait d'autant plus prononcée que la dureté de l'ensemble était elle-même plus marquée. L'excès de volume du fluide intérieur du globe, et qui semblait la cause immédiate de la dureté de l'enveloppe, s'accommodait mal avec sa pénétration en saillie par un corps relativement mou.

D'où venait ce paradoxe dans les faits? d'une illusion optique.

La papille optique, qui s'offrait convexe comme un bol renversé, affectait en réalité la *concavité* d'un bol vu par sa face profonde. L'observation était faite avec un seul œil; et il se passait ici le même phénomène que l'on constate quand on regarde attentivement, toujours avec un seul œil, le moule en creux d'une médaille ou d'un bas-relief. En moins de quelques secondes, le creux s'apprécie comme une saillie.

Si l'ophthalmoscopie se fût pratiquée alors par le concours des deux yeux, cette illusion, qui a retardé de deux années la découverte du savant, n'eût point eu de raison d'être.

Mais cette même circonstance ajoute au mérite immense de l'auteur. Les principes de l'optique appelés à la rescousse, l'analyse des ombres portées (en contre-sens ici avec la direction des rayons incidents), les différences d'étendue des mouvements relatifs des images des détails objectifs plus ou moins profondément situés, lors des mouvements latéraux imprimés à la lentille objective (différences parallactiques), tous ces éléments d'induction furent savamment appelés en cause et finirent par redresser, avec l'erreur, la sensation erronée elle-même.

Le disque fut, en ce cas, reconnu tel qu'il était, excavé; et dès lors se vit fondée la théorie du mécanisme de la production du glaucome : il consistait mécaniquement en une exagération de la sécrétion des éléments fluides de l'intérieur du globe oculaire. Sous l'influence de cette hypersécrétion, quelle qu'en soit d'ailleurs la cause, les tissus délicats de l'œil, comprimés, s'enflammaient ou s'atrophiaient, et suivant le plus ou moins d'intensité du phénomène initial, accomplissaient plus ou moins rapidement leur œuvre fatale.

Une seconde remarque, celle-ci exclusivement empirique à la vérité, compléta le desideratum pratique sinon scientifique.

Ayant été conduit à pratiquer un nombre assez notable de pupilles artificielles par ablation d'un fragment de la membrane iris, de Graefe avait observé que, dans la plupart des cas, cette opération était suivie d'un certain degré de ramollissement de l'organe oculaire entier. De là à rechercher les effets possibles d'une pareille iridectomie sur la dureté du globe en voie glaucomateuse, il n'y avait qu'un pas; ce pas fut fait, et la plus éclatante victoire de l'intelligence sur la nature reçut ce jour-là son accomplissement.

Le glaucome, arrêté dans sa marche, n'était plus une affection fatale. La vue était désormais conservée à des milliers d'individus voués d'avance à une cécité prochaine. — Car, par une double fatalité, les cas sont vraiment rares dans lesquels le second œil ne suit pas plus ou moins rapidement le sort du premier.

Cette merveilleuse application de l'*iridectomie* n'est pas d'ailleurs la seule, tant s'en faut, dont on ait à porter la reconnaissance à l'illustre professeur.

Les recherches sur le glaucome avaient été précédées de travaux non moins importants sur les inflammations de deux des membranes les plus actives de l'organe, l'iris et la choroïde ; et ce sont même ces travaux qui avaient ouvert la voie aux essais si brillamment couronnés dont nous venons d'esquisser les traits principaux.

Jusqu'à ces recherches, l'iris était la *res sacra* des chirurgiens oculistes. Sa blessure, sa contusion, dans un acte opératoire quelconque, étaient l'objet d'un général effroi. De Graefe, renversant toutes les idées acceptées, fait d'un large lambeau enlevé à cette membrane une voie de salut, une méthode antiphlogistique et préventive contre des inflammations actuelles ou menaçantes. Or, voilà tout un chapitre et vaste de la science nouvelle qui se crée sous ce chef : *Des indications et des contre-indications de l'iridectomie.*

Cette opération n'est plus, comme celle de Chéselden, un simple fait optique, une ouverture pratiquée dans un écran ; non, c'est une méthode d'antiphlogose locale dont les applications utiles vont être sans limites.

Nombre de thèses ont déjà, sous ce titre, une place honorable dans la littérature scientifique.

Nous verrons même plus loin cette opération devenir la base d'une importante modification dans l'extraction de la cataracte. Mais n'anticipons pas.

Un esprit aussi pénétrant, aussi constamment tendu sur les liaisons du connu et de l'inconnu ne pouvait demeurer longtemps indifférent *aux rapports* qui devaient rattacher aux *manifestations morbides du sens de la vue les altérations plus profondes du centre cérébral.* Au point de vue embryologique, comme au rapport physiologique, comme dans celui du voisinage et de la continuité des tissus, les membranes profondes de l'œil sont des expansions mêmes des éléments encéphaliques. La rétine est une sorte de tissu cérébral : elle est un district psychique ; c'est elle qui, suivant l'ingénieuse et exacte expression d'un savant anglais, Nunneley, récemment aussi enlevé à la profession, c'est elle qui est le *siège de l'idée de lumière* (et l'on pourrait y joindre : des idées d'espace et de géodésie) ; *la rétine est un petit cerveau.* De même la choroïde et l'iris sont-elles les représentations de la pie-mère, comme le névrilemme du nerf optique et la sclérotique rappellent et continuent la dure-mère.

De là à supposer, à préconcevoir une relation ou nécessaire ou possible entre les altérations des unes et des autres, il n'était que peu de chemin à faire.

L'examen des profondeurs de l'œil devait ou pouvait, sur le vu de certaines modifications dans les tissus, conduire à la connaissance plus ou moins assurée d'altérations correspondantes dans la cavité crânienne.

C'était là une recherche trop naturelle pour ne pas attirer les préoccupations d'un observateur aussi éveillé. Aussi, dès 1858, le savant auteur faisait-il connaître, dans un intéressant mémoire, un grand nombre de rapports reconnus par lui entre certaines formes d'amblyopies et des altérations cérébrales correspondantes. Ces recherches fondées sur le relevé graphique du champ visuel superficiel dans ses parties claires ou obscures, permirent d'établir une sorte de classification des obscurcissements visuels, et de rattacher chaque division à des altérations plus ou moins définies, les unes rétiniennes ou locales, les autres, au contraire, se rattachant à des modifications survenues dans le tissu cérébral lui-même. Dans quelques cas, la localisation de ces dernières put en une certaine mesure être conjecturée. Parmi ces dernières, on connaissait déjà cette forme remarquable, décrite pour la première fois par Wollaston, l'hémiopie. Les travaux de de Graefe développèrent de la manière la plus heureuse ces premières indications. Dans l'hémiopie elle-même, on reconnut diverses formes : les unes exclusivement locales, se rattachant à une lésion rétinienne, décollement de la rétine, diverses formes d'atrophie de la membrane, glaucome, etc.; les autres rentrant, dans l'idée mère de Wollaston, et symptomatiques d'une lésion encéphalique. Or, ces dernières elles-mêmes, scrupuleusement étudiées, en confirmant l'aperçu de Wollaston, se virent divisées en deux classes dont la caractéristique se rattachait directement à la forme de la lésion supérieure. Confirmant par la pathologie la théorie de la semi-décussation anatomique des nerfs optiques, de Graefe montra que, suivant que l'hémiopie binoculaire est homonyme ou symétrique, il y a lieu de faire remonter l'altération du tissu nerveux à un seul tractus en arrière de la commissure chiasmatique ou à la localiser dans le chiasma même.

Dans ces mêmes recherches se vit encore établi le véritable sens à donner à cette maladie singulière et rien moins que rare, l'*héméralopie*, ou cécité crépusculaire. De Graefe montra encore qu'on ne devait voir là qu'un symptôme de l'amblyopie et de celle qui se caractérise par un amoindrissement général de la perception visuelle elle-même.

Ces délicates analyses n'étaient que l'avant-coureur d'un travail plus complet donné par l'auteur en 1860, et dans lequel l'étude des rapports qui relient les affections du tissu nerveux oculaire avec celles du tissu nerveux encéphalique était poursuivie au point de vue plus exprès des formes anatomo-pathologiques révélées par l'ophthalmoscope.

C'est dans ce travail que furent décrits les symptômes de la névrite optique et que se vit posé le diagnostic différentiel entre les névrites développées sur place et celles déterminées par la propagation ou l'influence moins directe d'une lésion intra-crânienne.

Deux grandes classes naquirent de ces observations : la névrite ascendante et la forme descendante. Mais l'auteur alla plus loin et put, dans bien des cas, déterminer le processus même de ces propagations, et en préciser le point de départ supérieur.

Après une période de luttes bien remarquables et dans laquelle notre pays avait tenu une fort honorable place, la chirurgie européenne avait, depuis 1841, déserté le terrain difficile de la question des *déviations oculaires et de la strabotomie.* Au moins en avait-il été ainsi chez nous. En Angleterre, en Allemagne, les tentatives se poursuivaient cependant, mais mollement et en dehors d'une véritable direction scientifique. Cela se comprend aujourd'hui. La question du strabisme, on ne s'en doutait pas alors, est avant tout une question d'optique. La chirurgie n'y a de place que comme moyen et de droit à intervention que lorsque l'optique fonctionnelle a rendu son arrêt.

Or, il faut bien le reconnaître, le bagage médical officiel français ni anglais ne comportent guère de lumières optiques.

Il en est autrement au delà du Rhin, et la moyenne mathématique médicale est là beaucoup plus élevée. Nous ne
devons donc pas être fort surpris de la révolution apportée
dans le bilan de cette question dès les premiers progrès faits
par l'oculistique à la lumière de l'ophthalmoscope et sous la
direction d'une physique suffisante.

Ici encore, nous n'avons pas longtemps à attendre ; et, dès
1861, nous voyons sortir des universités d'Utrecht et de Berlin le secret des défaites éprouvées par les écoles de 1840. Le
strabisme se voit élucidé dans ses origines, son mécanisme,
sa thérapeutique. Considéré jadis comme un simple fait de
lésion musculaire, il est reconnu, dans les trois quarts des
cas, comme la manifestation concomitante d'une anomalie
optique définie. Ses rapports avec lesdites anomalies sont
précisés, et eux seuls fixent désormais les conditions d'intervention de la chirurgie. Le rôle de l'art devient ainsi déterminé. Dans le strabisme fixe, mécanique, le défaut d'harmonie des axes oculaires provient exclusivement d'une inégalité
primitive ou secondaire des proportions convenables entre
les longueurs respectives des muscles adducteurs ou abducteurs. Il y sera pourvu par un déplacement adéquate de l'insertion mobile des uns ou des autres. L'idée de Stromeyer
est alors rappelée ; les travaux perdus et incohérents de la
période agitée de 1840, recueillis, coordonnés, analysés à la
lumière des principes nouveaux, fournissent alors un apport
heureux d'enseignements utiles ; une voie nouvelle et désormais assurée s'ouvre ainsi pour la belle idée de la ténotomie
oculaire, devenue aujourd'hui une des branches les plus positives, les plus productives, les plus exemptes d'imprévu que
renferme l'art du chirurgien.

Après une déchéance de vingt ans, la question renaît donc
en 1861, mais toute résolue dans un code déjà quasi-complet,
et embrassant non-seulement le strabisme, mais l'histoire
entière des déviations paralytiques ; et pendant qu'on se
demande encore en France s'il est bien vrai que l'opération
du strabisme n'a pas pour unique effet la transformation
d'une loucherie en dedans en une loucherie inverse ou réciproquement, il ne se rencontre plus guère dans le reste de
l'Europe d'autres louches que les enfants non encore en âge
d'être opérés. Si nous sommes bien informés, le nombre des
strabotomies exécutées annuellement en Allemagne seulement se compte par milliers. Ces chiffres indiquent suffisamment que les résultats n'en peuvent être qu'avantageux.

Cette question est une des plus propres à faire ressortir la
regrettable influence de l'esprit de routine de notre pays, si
prompt par d'autres côtés, moins utiles peut-être !

Cette rectification du regard, simple avantage d'harmonie
pour le commun des intéressés, simple recherche esthétique
de la part du sexe, offre sous le rapport optique et fonctionnel
tout un ensemble de bienfaits que peuvent seuls apprécier,
avec nous, les sujets dont le strabisme a été redressé. Ainsi,
dans la moitié des cas, l'œil rectifié récupère un degré de
vision important et notable : — il était condamné, sans cela,
à une amblyopie progressive, à une impuissance finale. La vision binoculaire, dépourvue de ses qualités distinctives et spéciales, les recouvre, et souvent avec elles, l'aisance et la facilité
des mouvements associés, jusque-là restreints et pénibles.

Souvent aussi avec l'opération disparaissent des attitudes
vicieuses générales qui n'ont plus de raison d'être.

Voilà un simple petit aperçu de tout ce que recélait de
trésors compromis ce vaste champ des déviations strabiques,

abandonné par les premiers pionniers qui en avaient, avec un
armement insuffisant, abordé le défrichement.

Tout se tient et s'enchaîne dans ces percées ouvertes à
travers d'aussi riches filons de minerai scientifique.

Des déviations fixes (strabismes) on est naturellement amené
sur le terrain des déviations variables ou du *strabisme paralytique ;* on entre alors sur le domaine de la *diplopie,* et là, à
chaque pas encore, c'est de Graefe qui tient le flambeau.

Le taillis, il est vrai, avait été largement déblayé à l'avance
par les beaux travaux de physiologie dus aux écoles de
Leipzig et d'Utrecht.

Grâce à la clarté jetée par les recherches dues à ces deux
méthodiques écoles sur les mouvements oculaires physiologiques, les anomalies fonctionnelles survenues dans ces mouvements se manifestent dans une langue nouvelle d'une saisissante simplicité. L'étude analytique de la position relative des
doubles images dans les paralysies oculaires écrit en quelques
minutes toutes les circonstances de ces paralysies.

Mais ce n'est pas le seul service qu'elles rendent à la pathologie, et nous devons à l'illustre auteur, qui donne ici tant
d'occupations à notre plume, de nouvelles applications de
cette sémiotique, où l'ingéniosité de la recherche n'a d'équivalent que dans l'importance du résultat acquis.

Dans nombre de cas, en apparence physiologiques, c'est-à-
dire dans lesquels des troubles très-réels de la vue ne s'accusaient cependant que par l'obscurité des sensations du malade
et celle non moins égale où se trouvait plongé le praticien,
de Graefe observa l'apparition de ces doubles images aux
limites de l'association des deux champs latéraux de la vision.
Bientôt cet esprit pénétrant put reconnaître dans ces états la
manifestation, auxdites limites du champ visuel binoculaire,
des conditions d'un strabisme réel, mais jusqu'à ces limites
annulé par l'empire de la fusion binoculaire.

Tout le chapitre des *insuffisances musculaires,* ou plus généralement des *strabismes latents ou dynamiques,* sortit quasi-
complet de ces judicieuses observations ; et toute une classe
d'asthénopies, absolument méconnues jusque-là, prit place
dans la nosographie avec son cadre complet : symptomatologie, — diagnostic, — pathogénie, — thérapeutique et efficace.

A ce chapitre même, et comme diverticulum important,
s'est vu depuis rattaché le mécanisme de la myopie progressive ; et ce ne sera pas l'un des moindres services que l'hygiène des peuples civilisés aura reçus de l'oculistique.

Le lecteur impatient s'étonne peut-être de n'avoir pas encore
vu apparaître sous notre plume la mention d'une des dernières et plus éclatantes révolutions survenues dans la chirurgie
oculaire et qui, depuis sept à huit années, agite si violemment
les écoles. Nous voulons dire l'*extraction linéaire de la cataracte.*

Nous ne pouvions, qu'il se rassure, passer sous silence un
sujet d'un aussi éclatant intérêt tant comme importance que
comme actualité. Mais qu'il va être difficile de renfermer en
un cadre aussi étroit le tableau d'une évolution scientifique
aussi expansive !

On sait qu'aujourd'hui, à part un très-petit nombre de cas
renfermés sous des indications parfaitement catégoriques, *la
cataracte,* ou cristallin opacifié, *doit être extraite de l'œil.*

On sait encore que cette méthode thérapeutique, l'extraction, née au milieu du siècle dernier, et due à un chirurgien
français, Daviel, malgré toutes les améliorations qu'elle a
reçues progressivement pendant un siècle, laisse encore au
chirurgien même le plus digne de confiance, des inquiétudes

que partagent bien naturellement le malade et ceux qui s'intéressent à son sort.

Ces inquiétudes sont légitimées par l'étendue de la plaie nécessaire à l'issue du corps extrait de l'œil, eu égard au terrain défavorablement disposé où cette plaie doit être pratiquée.

Et d'abord, ce sol est mal doté au point de vue de sa reconstitution nutritive; et les réparations cicatricielles y sont chanceuses. En second lieu, sa forme, celle d'une calotte de sphère, donne les dispositions d'un lambeau à tabatière à l'une des surfaces de l'incision réclamée. D'où de constantes oscillations dans la coaptation réparatrice, et des transes trop souvent justifiées par la suppuration totale ou partielle de ce lambeau.

On comprend que, dans ces conditions, et malgré une proportionnalité de succès qu'on peut estimer entre des mains expérimentées à 75 pour 100, l'extraction classique, par kératotomie, préoccupe toujours le chirurgien oculiste.

Dès 1856, ces préoccupations se faisaient jour chez de Graefe par un premier travail sur l'extraction dite linéaire.

L'auteur proposait au procédé opératoire de l'extraction une modification consistant à réduire notablement l'étendue de la section en ramenant des deux cinquièmes de la circonférence cornéale (ou même de la moitié) ses dimensions classiques, à un seul cinquième de cette circonférence. L'incision, au lieu d'être pratiquée, avec le couteau classique, par ponction, contre-ponction et mouvement final de scie, était déterminée, comme celle de l'iridectomie, par simple pénétration d'une lame triangulaire plane.

Ainsi pratiquée et réduite dans ses dimensions, l'incision (courbe et appartenant à un petit cercle de la cornée, parallèle à son équateur) *paraît* n'être qu'une ligne droite. Elle est telle au point de vue pratique, c'est-à-dire que, vu son peu d'étendue, les lèvres en demeurent naturellement à l'état de coaptation et que par là la cicatrisation s'y comporte de façon favorable et rapide.

Mais en présence de ce rare avantage, on voit combien est diminuée l'ouverture offerte au corps à extraire de l'œil. Cette ouverture est telle en effet que peuvent seules y passer des masses très-ramollies ou exceptionnellement réduites, mais que la cataracte régulière est arrêtée au passage, et réclame, pour sortir, l'introduction dans l'organe de curettes ou petites cuillers destinées à l'y ramasser.

Or, l'introduction à l'intérieur de l'œil de ces instruments compense à elle seule, par ses mauvais effets, les avantages promis par une coaptation plus prompte et plus assurée. L'art ne gagne rien dans cette modification, le chiffre final des succès n'est par elle aucunement relevé.

Les résultats fâcheux constatés et qui consisteraient principalement, non plus dans le fait de la suppuration primitive du lambeau, mais dans des iritis plus ou moins tenaces, la formation de cataractes secondaires, etc., furent en partie attribués à des froissements ou contusions de l'iris par les instruments tracteurs introduits dans l'organe (curettes de diverses formes). On espéra alors y remédier par l'*iridectomie*, et l'adjonction de l'ablation d'un segment d'iris à la manœuvre opératoire forma un second chapitre de ces premiers essais, sous le nom d'*extraction linéaire modifiée*.

Mais, même avec cette modification, la méthode ne pouvait être appelée à remplacer l'extraction classique. De Graefe ne fut pas le dernier à le reconnaître, et le jugement de ses collaborateurs dans les diverses régions de l'Europe n'était pas

encore formulé, que déjà ses recherches l'entraînaient dans des voies nouvelles.

La direction à suivre était d'ailleurs indiquée par des résultats remarquables obtenus par un savant aussi modeste que judicieux et dont la pratique atteignait, de l'aveu général, des chiffres inconnus jusqu'à lui. M. Jacobson, de Copenhague, avait imaginé de transporter parallèlement à elle-même, dans le limbe cornéo-scléral, la section circulaire de la kératotomie classique. Par le fait de ce transport, la plaie nouvelle, à étendue linéaire absolue égale, comprenait un moindre nombre de degrés dans le cercle où elle était inscrite. Une plus grande facilité de coaptation de ses deux lèvres devait nécessairement résulter de ce changement d'assiette donnée à l'incision. Mais l'événement y ajoute un second avantage non moins précieux, au jugement d'un grand nombre. Ce second cercle, parallèle comme le premier à celui de la circonférence cornéale, se trouve étendu dans la région nourricière même de la membrane, dans le lieu où s'entrecroisent et se terminent les vaisseaux mêmes destinés à y entretenir la vie ou l'évolution nutritive. De cette circonstance devait résulter et résultait en effet une grande économie de temps dans la réparation cicatricielle de la plaie.

Les avantages conquis dans cette nouvelle méthode se formulaient par ce remarquable chiffre : de 75 pour 100, les résultats complets étaient élevés jusqu'à 85 ; les insuccès absolus réduits à la proportion de 7 à 5 pour 100.

Malheureusement, car il y a là encore un desideratum, la méthode si remarquable de Jacobson nécessitait l'emploi de l'iridectomie. C'est un inconvénient dont la science n'a pu encore se débarrasser.

Frappé de ces résultats, de Graefe se demanda s'il n'était pas possible de réunir dans une même méthode les avantages des deux principes qui semblaient dominer la question : d'une part, une section ou incision *linéaire* d'étendue suffisante; de l'autre, sa position dans le limbe kérato-scléral : et il eut le bonheur de réaliser les deux conditions dans une même formule.

Si l'on fait pénétrer une aiguille tranchante dans la chambre antérieure de l'œil, à $1^{mm},50$ du bord transparent de la cornée et en dehors de ce bord; si on la fait ensuite avancer parallèlement au plan de l'iris ou de la circonférence cornéale pour la faire sortir en un point symétrique de celui de pénétration, de façon que cette aiguille représente une corde de la circonférence cornéale ayant $1^{mm},50$ de flèche, le plan passant par cette aiguille tangentiellement au bord transparent de la cornée, passera aussi par le centre de la sphère cornéale, c'est-à-dire qu'il déterminera, dans la région kérato-sclérale, une section appartenant à un *grand cercle* de la sphère.

Or, l'incision menée dans ce plan et entre ces limites a, par un grand bonheur, une étendue telle que, lors du bâillement de la plaie, la surface entr'ouverte mesurerait exactement la section droite d'un cristallin normal.

Ainsi donc voilà une incision tout entière logée dans la région d'élection pour la réparation des plaies, incision d'une étendue parfaitement en rapport avec le corps à extraire de l'œil et qui jouit d'un avantage aussi brillant que scientifique.

Cette section appartient *à un grand cercle de la sphère* : c'est dire qu'elle jouit sur cette surface de toutes les propriétés de la ligne droite sur le plan; c'est le plus court chemin d'un point à un autre sur cette surface, c'est la ligne de moindre courbure, et enfin si la sphère creuse est constituée par une substance homogène, un arc de grand cercle y est le siége des mêmes actions et réactions d'élasticité et de contractilité organiques en tous ses points et dans tous les sens, suivant les normales et suivant les tangentes.

On voit par là quel avantage considérable peut résulter pour la coaptation d'abord, puis pour la cicatrisation, d'une semblable réunion de propriétés capitales.

Minimum d'étendue pour une béance suffisante.—Égalité de toutes les actions et réactions perpendiculaires ou tangentielles en tous les points.—Position périphérique ou scléro-cornéale.

L'expérience a confirmé ces aperçus de la théorie ; ces plaies se réunissent presque sans exception par première intention.

Après avoir exposé sommairement le principe de cette remarquable modification aux procédés anciens, et passant par-dessus les détails d'exécution et les desiderata qu'elle peut encore comporter, la nécessité de l'iridectomie, par exemple, disons que ses résultats la placent, d'un accord général, au premier rang entre toutes les méthodes.

Elle donne, en effet, 85 pour 100 de bons résultats immédiats, et 95 pour 100 de résultats définitifs, et de 3 à 5 pour 100 au maximum d'insuccès finaux.

En outre, le séjour des malades au lit ou à la chambre est-il infiniment réduit.

C'est au moment où l'illustre chirurgien recueillait, dans l'adoption de jour en jour plus générale de sa méthode, le témoignage de l'admiration universelle que la mort est venue le frapper.

Nous avons, dans les pages qui précèdent, esquissé à grands traits le principe des plus remarquables découvertes du regrettable savant, plutôt que nous n'avons énuméré la longue série de ses titres à la reconnaissance du monde civilisé. Et, en effet, cette énumération même serait impossible. Dans l'ophthalmologie moderne, de Graefe a touché à tout, et, à chacun de ces contacts, une immense lumière a marqué son passage. Pour avoir une idée du nombre de ses travaux, il suffit d'ouvrir les *Archiv für Ophthalmologie*, recueil considérable entrepris avec la collaboration de Donders (d'Utrecht) et d'Arlt (de Vienne), et qui sera, dans l'histoire des sciences, un des monuments contenant dans le plus petit nombre d'années la plus vaste somme de conquêtes accomplies par le génie humain.

Dans les citations que nous avons faites, nous nous sommes limité aux grandes lois, aux principes nouveaux, à tout ce qui portait le cachet d'une méthode, d'une élaboration didactique, laissant de côté les innombrables travaux qui formaient le butin de chaque jour.

C'est ainsi que nous avons négligé de citer les premières recherches sur la scléro choroïdite postérieure, la découverte et l'extraction des cysticerques des profondeurs de l'œil, les recherches sur le goître exophthalmique, l'embolie de l'artère centrale de la rétine ; enfin, parmi les innovations chirurgicales, le traitement du blépharospasme par l'incision sous-cutanée des filets péri-orbitaires de la cinquième paire, de nombreuses modifications dans les procédés auto-plastiques des régions palpébrales, la névrotomie dans les douleurs ciliaires, enfin les abrasions cornéales dans le kérotoconus ; et passons-nous encore bien des choses !

Tous ces titres assurément mériteraient des chapitres.

Mais ces travaux écrits ne donnent encore qu'un témoignage incomplet de la prodigieuse fécondité de cet inépuisable fond. De Graefe enseignait, professait perpétuellement ;

ses consultations étaient des leçons ; et que n'a-t-il produit par le seul rayonnement de son génie sur tout ce qui se trouvait dans sa sphère d'activité ? Ses rapides et lumineuses observations ouvraient de toutes parts la voie à un nombreux cortége de brillants élèves, devenus, en quelques courtes années, des maîtres sous les seuls rayons de ce foyer de vitalité scientifique. Comment en eût-il été autrement ? D'une simple conversation de dix minutes avec cette véritable muse de la science, on sortait ébloui , mais plus encore pénétré de lumières nouvelles. Ses entretiens vous laissaient phosphorescent à votre tour.

Quinze années ont fourni toute la carrière de ce modèle d'esprit analytique. — Entre vingt-sept et quarante-deux ans sont comprises toutes les productions de ce mérite éclatant. Le quart de ce bagage suffirait à la gloire d'une vie tout entière et illustre !

Il convient cependant que, dans cet éloge, nous fassions les parts respectives à plusieurs éléments distincts concourant vers un objet commun.

En premier lieu, il convient de dire que de Graefe et ses nombreux collaborateurs se trouvaient, eu égard aux états pathologiques des profondeurs de l'œil, dans une situation comparable à celle de Leuwenhœck qui, le premier, arma son œil d'un microscope, vis-à-vis des naturalistes ses contemporains.

L'opthalmoscope venait de naître, et son intervention dans les recherches n'était rien moins que l'invasion du microscope dans le champ de l'anatomie pathologique vivante. Heureux, trois fois heureux ceux que leur bonne étoile dota de bonne heure de ce brillant et solide instrument, de cette arme véritablement merveilleuse.

Maintenant compterons-nous pour rien le concours de cette ardente école d'histologie micrographique qui entourait les premiers pas de l'ophthalmoscopie, préparant pour elle sur le porte-objet les éléments nouveaux dont l'œil allait ensuite surprendre, dans les profondeurs obscures de l'organe, les altérations confirmées ou en cours d'évolution ?

Négligerons-nous le secours apporté par la science nouvelle de la dioptrique vivante, dont les progrès ne le cédaient pas en vitesse à ceux de l'observation anatomo-pathologique ?

Et cette pléiade de travailleurs, tous attachés à des pistes convergentes et qui, dans leurs réunions de tous les soirs, se communiquent *inter pocula* les résultats de la journée, profitant eux-mêmes et faisant profiter ainsi, au jour le jour, les sciences jumelles des progrès parallèlement réalisés !

Ah ! Allemagne, Allemagne ! comment tant de largeur scientifique peut-elle être unie à une personnalité aussi intense, à tant de particularisme (le mot t'appartient), à tant de particularisme dans les ambitions ?

Dire qu'entre toutes ces communications si profondes et si savantes, jamais il ne nous a été donné, en huit années, d'échanger une idée véritablement libérale !

GIRAUD-TEULON.

P. S. Cette notice a été rédigée la semaine même de la mort de de Graefe, en juillet dernier, au moment où éclataient les premières hostilités. Aurions-nous eu l'esprit assez libre pour l'écrire depuis le bombardement de Strasbourg et la destruction de sa bibliothèque ! ! !   G. T.

Paris, 20 octobre 1870.

Le propriétaire-gérant : GERMER BAILLIÈRE.

PARIS. — IMPRIMERIE DE E. MARTINET RUE MIGNON, 2.

REVUE

DES

COURS SCIENTIFIQUES

DE LA FRANCE ET DE L'ÉTRANGER

SEPTIÈME ANNÉE   NUMÉRO 44   1ᵉʳ OCTOBRE 1870

FACULTÉ DE MÉDECINE DE PARIS

CONFÉRENCE DE M. BÉHIER

Des maladies qui peuvent se développer dans une ville assiégée

Messieurs,

Lorsque, pendant la conférence que vous faisait ici mon excellent ami M. Verneuil, on m'a passé un papier dans lequel on me demandait de vous entretenir à mon tour des maladies qui peuvent se développer pendant le siége d'une grande ville, j'ai été tout d'abord un peu inquiet. Il m'a semblé que la tâche qu'on m'imposait était d'une utilité moins immédiate que celle dont s'acquittait mon ami Verneuil. La chirurgie semble en effet une actualité plus urgente. Cependant, en y réfléchissant un peu, je me suis dit qu'en raison de ce que nous savons sur les faits de guerre, il y avait encore place, dans la situation où nous sommes, pour une médecine militante et militaire. En effet, messieurs, si l'on s'en rapporte aux documents que nous fournit la statistique, on voit que, bien souvent, les maladies (Dieu nous garde qu'il en soit ainsi, aujourd'hui; mes espérances, mes convictions sont même toutes différentes, et je vous dirai pourquoi tout à l'heure), on voit, dis-je, qu'en général, en temps de guerre, les maladies sont beaucoup plus meurtrières que le feu. Si l'on se reporte à ce qui s'est passé en Crimée, on voit que sur 95 615 individus qui ont succombé dans cette campagne, en ne prenant que l'armée française, 21 000, c'est-à-dire un peu plus de 6 pour 100, ont succombé sous le feu de l'ennemi, et qu'au contraire 74 000, c'est-à-dire 24 pour 100 à peu près, sont morts par le fait de la maladie.

Ce sont là des chiffres douloureux pour la patrie, mais ils semblent légitimer la conférence que l'on m'a demandé de faire.

Nous n'avons rien de pareil à redouter, j'en suis sûr, et je vous en donnerai les raisons tout à l'heure; mais enfin, il est bon de ne pas être pris de court, de ne pas avoir cette incurie fabuleuse dans laquelle nous avons été endormis pendant un certain temps ; il est bon d'envisager le mal d'un regard ferme, afin de pouvoir y porter le remède.

Les renseignements que j'ai à vous donner sont en quelque sorte de deux natures, et je dois établir, pour nos jeunes confrères qui sont aux remparts, deux catégories de maladies. Les unes sont les maladies qui seront prises directement au rempart; les autres sont des maladies qui ont leurs caractères propres, si je peux ainsi dire, qui ont des conditions d'existence spéciales, distinctes des maladies ordinaires, et qui ne se rencontrent que là où se trouvent certaines dispositions hygiéniques vicieuses contre lesquelles nous aurons à lutter, si elles se produisent.

Les unes, celles de la première catégorie, sont des maladies dont chacun, père de famille, garçon, garde national, soldat ou mobile, peut être affecté aux remparts; ce sont des maladies communes et qui résultent des circonstances habituelles, inévitables, que l'on rencontre lorsqu'on va affronter telle ou telle influence hygiénique, le froid, l'humidité par exemple, l'insomnie, le vent, la mauvaise alimentation.

L'autre catégorie, au contraire, emprunte ses formes, son apparence, à des conditions hygiéniques inhérentes à certaines circonstances du siège.

Voyons les affections de la première catégorie.

Je ne ferai, messieurs, de toutes ces maladies qu'un examen excessivement rapide, une sorte de revue. Je n'ai pas aujourd'hui à compléter un cours de médecine; s'il me fallait étudier chacune d'elles avec détails, nous en aurions pour plus d'un mois: car nous allons voir que la fièvre typhoïde, par exemple, se rencontre parmi ces affections, et j'ai passé dix-huit séances ici même, quand j'ai été nommé professeur de pathologie interne, à faire l'étude de la fièvre typhoïde. Je ne saurais donc évidemment entrer dans des détails qui seraient d'ailleurs tout à fait inutiles pour la plus grande partie de ceux qui veulent bien m'écouter.

La première maladie avec laquelle doit compter le simple soldat, le garde national, qui s'en va au rempart, c'est l'ophthalmie. L'ophthalmie n'a l'air de rien, c'est un mal très-bénin en apparence ; cependant c'est un mal très-gênant et qui peut nuire à la défense du rempart. Voyons les conditions qui peuvent aider à la produire. L'individu qui va faire ce métier de soldat pour lequel il n'était nullement préparé, le garde national, a à lutter tout d'abord contre l'insomnie. Chez lui, il dormait grassement, paisiblement; il est obligé de renoncer à son sommeil. Et le seul fait de se tenir constamment éveillé est déjà une cause prédisposante de l'ophthalmie. De plus, il affronte le froid, l'humidité, la rosée. La rosée ne semble pas bien dangereuse; c'est cependant déjà une cause considérable de développement de l'ophthalmie chez les nouveaux soldats. Il m'est plusieurs fois arrivé de causer sur ce point avec tel ou tel de mes amis. J'ai trouvé qu'en Afrique, par exemple, tel officier qui était arrivé dans ce pays à l'époque de la conquête, et qui s'était couché paisiblement à la belle étoile sous un ciel superbe, posant son schako auprès de lui comme je pose mon chapeau sur cette chaire, le lendemain, en le reprenant, l'avait trouvé inondé, tant la rosée s'y était déposée avec abondance. La rosée qui tombe sur la figure, non garantie, des individus qui couchent à la belle étoile, peut inonder le visage d'une abondante humidité et devenir ainsi une cause terrible de développement de l'ophthalmie.

Je ne vous ferai pas l'histoire de l'affection qui se développe dans ce cas spécial, c'est ce qu'on appelle la conjonctivite. Les yeux sont rouges, collés le matin; tout le bord des paupières est recouvert d'une couche épaisse de mucosités. De plus, on ressent une horreur profonde pour la lumière. Et vous comprenez que l'individu qui est dans cette situation, lorsqu'il s'agit de viser l'ennemi, est extrêmement gêné. Il y a donc dans cette petite maladie une difficulté véritable pour l'état militaire. De plus, elle rend l'homme qui en est affecté mal en train, grognon, et j'ajouterai que lorsqu'elle se manifeste au milieu d'une collection d'individus, elle peut devenir contagieuse.

Il y a une variété de l'ophthalmie qui est très-contagieuse, je veux parler de l'ophthalmie des enfants. Il n'est pas rare que lorsqu'un enfant est atteint d'une ophthalmie qui au premier abord paraît très-bénigne, sa mère et ses frères et sœurs la contractent. Or, ce fait se manifeste dans la collection des individus appelés soldats aussi bien que parmi les enfants.

Si cela se bornait à une indisposition, ce serait peu de chose. Mais, faites-y attention, la population qui garantit les remparts n'est pas une population de choix au point de vue physiologique. La garde nationale et même la garde mobile comptent dans leurs rangs un grand nombre d'individus qui ont échappé à la conscription et qui sont d'une constitution médiocre, déplorablement lymphatique. Chez ces individus, l'ophthalmie peut devenir une affection très-grave, arriver jusqu'à l'inflammation vive de la cornée et même de l'iris. Ces faits-là sont rares, mais enfin il faut savoir qu'ils sont possibles.

Que faire en pareille circonstance? Comme toujours, éviter les causes, ne jamais s'endormir au rempart sans se couvrir la figure d'un linge, afin d'éviter la rosée, les courants d'air et l'humidité; quand vous êtes en faction au rempart, avoir soin de ne pas trop vous exposer au vent qui souffle; s'il pleut, s'il neige, ne pas vous exposer directement à l'influence de la pluie et de la neige. Voilà des préceptes bien misérables, bien insignifiants en apparence, et qui cependant ont une réelle et sérieuse importance. Quant au traitement, je n'ai pas à vous en parler; mais je puis vous dire cependant que le meilleur remède à employer c'est l'eau fraîche mélangée d'un peu d'eau-de-vie, deux cuillerées à café pour un verre d'eau. N'employez jamais l'eau blanche, voici pourquoi : lorsque vous mettez de l'extrait de Saturne dans l'eau, vous la voyez blanchir, c'est qu'un composé insoluble s'est formé, et qu'il y a eu suspension dans le liquide, une sorte de petit gravier de sous-acétate de plomb insoluble qui peut s'incruster à la face interne des paupières et devenir la cause d'un supplice véritable. Je me rappelle, au commencement de mes études médicales, m'être mis de l'extrait de Saturne tout pur dans l'œil. La douleur atroce que j'ai ressentie et que je me suis expliquée depuis m'a servi de leçon.

Je ne vous parlerai pas du coryza, de la bronchite. Cependant notez bien que cette bronchite, qui pour beaucoup d'entre vous n'est qu'une gêne, un ennui, une fatigue, peut devenir un grand danger pour certains individus délicats et frêles, prédisposés à la phthisie pulmonaire; car cette bronchite prise au rempart peut développer une affection tuberculeuse du poumon qui les tuera; il est bon que vous soyez prévenus

de ce danger pour ne pas être étonnés de voir tout d'un coup se déclarer une maladie restée jusque-là à l'état latent, et qui prendra une gravité excessive une fois que le développement en aura commencé.

Je n'ai rien à vous dire de bien important sur la pleurésie, sur la pneumonie, qu'on peut prendre au rempart. Il y a quelques jours, j'ai vu un garde national qui y prit ainsi une pleurésie. Vous savez qu'un frisson violent est le premier symptôme de l'une comme de l'autre de ces deux maladies, qu'il est bientôt suivi de douleurs dans un des côtés de la poitrine, que la fièvre s'allume, que la toux se manifeste, et que si, dans cet état, des crachats rouges sanglants se montrent, c'est plus probablement une pneumonie qui existe. Je passe sous silence la matité et les divers autres symptômes que le médecin doit connaître, et à propos desquels il me faudrait entrer dans une analyse pathologique que je ne puis aborder dans cette conférence, pas plus que l'étude des moyens de traitement à opposer à ces deux affections.

Il y a encore une autre maladie qu'on peut prendre au rempart, et dont il faut se garer avec une grande sollicitude, c'est le rhumatisme. Au premier abord, c'est peu de chose. S'il était seul, s'il n'avait pas ses conséquences cardiaques, s'il ne pouvait pas devenir mortel dans l'avenir, s'il n'était pas possible qu'il devînt le germe d'une de ces maladies du cœur terribles qui tuent mollement, lentement, insensiblement en quelque sorte, je ne vous dirais pas d'y veiller. Mais il est bon de guérir rapidement l'affection rhumatismale si l'on veut que rien de semblable ne puisse se produire ultérieurement.

Vous dirai-je que, dans certains cas, se manifeste un violent frisson, de la douleur dans la base de la mâchoire, des vomissements? En présence de ce dernier symptôme, vous penseriez que l'homme qui l'éprouve a une indigestion. Prenez garde : examinez si cet homme n'a pas une éruption sur la face, autour des oreilles, s'il n'a pas dans le nez quelques écorchures, car ce que vous venez d'observer est peut-être le début d'un érysipèle; il est fréquent, en effet, de voir un individu soumis à un courant d'air violent prendre un érysipèle qui peut mettre sa vie en danger; il est bon que vous sachiez que les choses peuvent se passer ainsi, que vous n'attribuiez pas à un excès gastronomique l'état de cet individu, alors qu'il est atteint d'une maladie grave dans laquelle sa volonté n'est pour rien. Il y a quelques mois, au commencement du printemps dernier, j'ai vu un individu qui avait contracté un érysipèle de la face tout en pêchant à la ligne, occupation bien innocente à laquelle on ne se livre plus guère aujourd'hui, par parenthèse; enfin il avait contracté ainsi un érysipèle de la face. Eh bien, j'ai constaté qu'il avait un peu d'écorchure dans le nez. C'est un signe auquel je vous recommande de faire attention, car je suis de ceux qui pensent qu'un érysipèle ne se développe pas sans une sorte de porte d'entrée traumatique.

Il y a encore une maladie à laquelle on ne fait pas grande attention, l'amygdalite, vulgairement appelée *esquinancie*. Vous trouverez des individus pris d'une fièvre violente, avec un frisson intense, une vive douleur de reins. Ont-ils de la peine à avaler, la voix est-elle nasonnée? Dans ce cas, vous devrez penser à l'amygdalite. Laissez-moi, à ce propos, vous livrer une des petites habiletés de la profession. Un jour, quand vous serez médecins, on vous appellera auprès d'un enfant pris des symptômes les plus violents; à votre arrivée, on vous dira, comme on me l'a dit plusieurs fois, hélas ! « Il est au plus mal ! » Si à votre première question l'enfant répond avec une voix nasonnée, dites hardiment à la famille : « Rassurez-vous, je sais ce que c'est, c'est une amygdalite. » Vous passerez alors pour un grand médecin. Vous n'aurez eu qu'un mérite, c'est d'avoir bien observé. Or, bien observer, ce n'est après tout que mettre en pratique une des qualités maîtresses nécessaires pour être un bon médecin.

Donc, l'individu qui est au rempart a éprouvé ces divers symptômes : il a mal à la gorge, sa voix est nasonnée, il souffre en avalant sa salive ; faites-lui cesser sa faction, renvoyez-le dans ses foyers, et demeurez tranquille sur son sort.

Il y a aussi une maladie que je dois vous signaler en passant : l'individu est pris de malaise, de douleurs de reins qui s'étendent dans les jambes ; il a des nausées, il est mal en train, il a une fièvre vague, sa face est un peu bouffie, ses chevilles enflent un peu le soir. Ah ! prenez-y garde, ce n'est rien en apparence, mais c'est la mort pour plus tard. C'est une maladie particulière que les études de ces dernières années nous ont appris à bien connaître : c'est la néphrite albumineuse. Vous sortez de votre tente, on vous met en faction, il fait un vent violent qui vous saisit, il n'en faut pas plus pour vous faire contracter une néphrite albumineuse, et si vous n'êtes pas soigné immédiatement, vous pouvez voir la maladie persister sous une forme chronique, qui vous tuera dans un temps peut-être rapproché.

Il est bon que je vous indique encore quel est le symptôme caractéristique de cette affection. J'en demande pardon à ces dames, mais c'est là un détail nécessaire : c'est l'existence de l'albumine dans les urines, albumine qui peut être constatée par la chaleur et par l'emploi de l'acide azotique.

Vous le voyez, toutes les maladies dont je viens de vous faire rapidement, incomplétement, le tableau ont pour cause l'action du froid et de l'humidité.

Contre tout cela, je n'ai comme prophylaxie, comme moyen de prévision, qu'à vous engager à faire éviter aux hommes ces deux conditions atmosphériques. Ce sont là les deux ennemis qu'ils trouveront au rempart avant que d'autres moyens de destruction ne viennent les assaillir et que les ennemis eux-mêmes ne les attaquent. Eh bien, recommandez à tous des précautions spéciales ; qu'ils ne croient pas que c'est être brave que d'aller au rempart sans des moyens suffisants pour se couvrir ; qu'ils prennent des ceintures de flanelle, de doubles vêtements. Quant à moi, je crois devoir dès à présent appeler l'attention de l'autorité sur la nécessité de donner aux gardes nationaux, pour faire leur faction, ces grandes capotes que portent les soldats. Lorsque les hommes sortiront du baraquement, de la tente, de l'abri blindé qu'on leur prépare en ce moment-ci au pied des bastions et des courtines, et qu'ils iront sur le rempart sans moyen de protection, puisqu'on ne peut pas, quand on a un fusil sur l'épaule, s'affubler d'une couverture, il faut qu'ils soient garantis par leurs vêtements, et il est nécessaire que l'autorité pourvoie à cette éventualité.

Il faut que les hommes se garent bien des transitions de température, et qu'ayant chaud sous la tente ils n'aillent pas vêtus à la légère sur le rempart. Il faut que ceux qui le pourront se munissent de caleçons, car les jambes se refroidissent beaucoup plus que le reste du corps ; et c'est là une des causes les plus fréquentes des maladies que j'ai indiquées tout à l'heure.

Enfin, messieurs, il faut toujours, comme le disait dans le temps la chanson de Nadaud, avoir de bonnes et fortes chaussures ; il ne faut pas avoir les pieds humides, car la majeure partie des indispositions que je vous ai indiquées peuvent en résulter. En ce moment, nous avons un assez beau temps ; seulement, durera-t-il toujours ? nous pourrions le souhaiter pour les nôtres, en souhaitant le contraire pour ceux qui sont là-bas et qui nous gênent beaucoup. Il n'est pas coupable de dire que je voudrais que toutes les cataractes du ciel fondissent sur leurs têtes. Ceci est un vœu stérile ; mais bénissons toujours le beau temps, car il est favorable à ceux d'entre nous qui vont défendre la patrie et la chose commune.

Une maladie qu'engendrent encore le froid et l'humidité chez certaines personnes, mais qui a besoin d'autres causes adjuvantes, c'est la diarrhée. La diarrhée n'est pas une indisposition bénigne au point de vue auquel nous sommes placés en ce moment ; c'est une maladie sérieuse, et vous allez voir pourquoi. Le froid et l'humidité ont une influence sur sa production ; mais ces causes ont de puissants adjuvants, vous disais-je. En effet, ce qu'on trouve au rempart, — j'ai eu l'occasion de le voir plusieurs fois en allant organiser les ambulances, — c'est une collection d'abominables mélanges qu'on donne aux gardes nationaux sous le prétexte d'aliments : des viandes plus ou moins avariées, des charcuteries plus ou moins avancées, et qui sont un véritable poison, cela est démontré par la science. Les vins, les eaux-de-vie qu'on y boit sont souvent d'exécrables composés. Or, ces substances, ingérées pendant le froid et l'humidité, sont de nature à aider puissamment au développement de la diarrhée ; il n'est même pas besoin que les boissons alcooliques soient pour cela de mauvaise qualité. M. Claude Bernard, le grand physiologiste, une des gloires de notre pays, qui peut lutter avec tant d'autres que nous admirions beaucoup, mais qui perdent beaucoup dans notre estime aujourd'hui, M. Claude Bernard a montré qu'une petite quantité de boissons alcooliques prise après un repas est un excellent moyen pour stimuler les forces de l'estomac, mais qu'au contraire prises dans une forte proportion, ces boissons occasionnent un trouble considérable de la digestion. Dites donc aux hommes que vous aurez à diriger qu'il faut se garder de ce qu'on fait trop souvent. On débute par mal dîner ; on prend un petit verre, un second, on pense qu'on en digérera mieux ; tout au contraire, et c'est après cet écart de régime qu'on voit se manifester la diarrhée. Or, la diarrhée est un inconvénient grave, elle affaiblit le soldat, et en outre elle est souvent le point de départ d'autres affections. Il y a encore une autre cause déterminante de la diarrhée qui ne doit pas nous échapper, c'est l'usage des fruits. Cette cause est très-restreinte par le temps qui court ; cependant on voit encore de mauvais melons, de mauvais raisins, des poires qui ne sont pas mûres, circuler dans les rues de Paris et aux remparts. L'usage de ces fruits divers est dangereux, d'autant plus que, comme on n'a presque rien à faire aux remparts, on en mange, souvent par désœuvrement, plus qu'il ne faut. Mettez les hommes en garde contre ce genre d'alimentation, il est en tout temps si nuisible, que chaque année à l'automne il entraîne à Paris des résultats fâcheux au point de vue de la santé publique. Par contre, préconisez l'emploi des boissons chaudes et notamment du café léger, si salutaire en Afrique.

Un autre inconvénient que je dois vous signaler, c'est

l'abus du tabac. Il n'est pas rare de voir des hommes, même très-habitués au tabac, être atteints de diarrhée lorsqu'ils fument plus que de coutume. La raison en est simple, c'est que le tabac est un vigoureux excitant de l'estomac, si bien qu'il y a des personnes qui ne peuvent digérer qu'en fumant un cigare après leur repas. Lorsqu'on fume aux remparts, on fume beaucoup trop, par désœuvrement, et l'on peut arriver ainsi à la diarrhée.

Je ne vous dirai que peu de chose des remèdes à apporter à cette affection : c'est d'abord un bon régime, puis un peu d'opium et du sous-azotate de bismuth, et par-dessus tout l'absence de boissons aqueuses trop abondantes. Il n'est pas rare, en effet, de voir la diarrhée augmenter considérablement d'intensité chez les individus qui boivent abondamment des boissons aqueuses.

Cette maladie, cette indisposition, conduit souvent, vous disais-je tout à l'heure, à quelque chose de plus grave. En effet, elle est en quelque sorte le trait d'union qui rattache les maladies de la première catégorie que je viens de vous énumérer à celles de la seconde classe que je vous ai indiquées. Car si vous ajoutez à ces causes occasionnelles de la diarrhée des conditions défectueuses d'hygiène générale, vous voyez tout de suite la diarrhée passer à l'état de dysentérie, et c'est la première des maladies véritablement obsidionales sur lesquelles j'ai à appeler votre attention.

La dysentérie règne endémiquement dans certains pays. A Paris, grâce à Dieu, elle n'est pas endémique, mais on en voit cependant périodiquement un assez grand nombre de cas se produire au commencement de l'automne. Elle naît alors surtout sous l'influence des fruits, des boissons aqueuses, et aussi à propos de la température élevée qui existe à cette époque de l'année, à la fin d'août et au commencement de septembre. Cette année même, elle était fréquente dans les hôpitaux militaires au commencement du mois dernier. Les cas de dysentérie étaient assez nombreux à l'hôpital du Gros-Caillou et à l'hôpital Saint-Martin ; et mes honorables amis les professeurs Hardy et Chauffard ont cru devoir le signaler d'une façon spéciale.

La dysentérie ne provient pas uniquement de l'abus des fruits, il faut qu'elle rencontre d'autres conditions ; et ces conditions sont surtout l'agglomération des hommes dans le même lieu, l'influence des émanations qu'exhalent les matières animales en putréfaction, et surtout les amas de déjections alvines maintenues dans le voisinage des groupes d'hommes agg'omérés tels qu'un camp, une caserne, une prison. En 1839, M. Barthélemy a soutenu une thèse sur le sujet que voici : *Du non-renouvellement de l'air et de ses altérations produites par l'habitation et la respiration de l'homme.* Il a signalé dans cette thèse l'aggravation constante de la dysentérie lorsque les déjections des malades n'étaient pas enlevées très-rapidement des salles. Mais il y a encore d'autres exemples de ce genre, tels que celui-ci, qu'a signalé Pringle, d'un médecin qui, ayant respiré un flacon de sang altéré, fut pris de dysentérie ; celui que signale Chomel, de deux étudiants en médecine atteints de cette affection pour avoir fait l'autopsie d'un individu mort asphyxié par les émanations d'une fosse d'aisances. Moi qui vous parle, il ne m'est pas arrivé, dans ma carrière hospitalière, de faire une seule fois l'autopsie de femmes ayant succombé à des maladies survenues après leur accouchement sans être atteint de diarrhée à forme dysentérique. Vaidy, qui était un chirurgien militaire, a été pris d'une attaque de dysentérie après avoir procédé à l'exhumation de soldats enterrés précipitamment sur le champ de bataille quelques jours auparavant ; et Desgenettes rapporte que dans la campagne d'Égypte il fut pris de dysentérie pour avoir manié une peau de cerf qui était en putréfaction.

Vous voyez que l'influence des matières animales en putréfaction est très-considérable pour le développement de la dysentérie. C'est une affection qui se déclare souvent dans les camps. Elle a régné, il y a deux ou trois ans, au camp de Châlons, et j'ai eu occasion de voir une personne qui ayant été y visiter un de ses parents a été atteinte de cette maladie et en est morte cinq mois après par suite d'une complication particulière, un abcès du foie. La dysentérie est caractérisée par une violente diarrhée sanguinolente, accompagnée d'un signe particulier qui consiste à éprouver de violents besoins qui ne sont suivis que de déjections fort peu abondantes. Cela s'appelle (j'en demande pardon à une partie de l'auditoire) le ténesme.

De plus, la dysentérie donne lieu à des symptômes généraux fort graves et elle est compliquée fréquemment d'altérations suppuratives du foie. J'ai constaté cette complication et à l'hôpital de la Pitié et sur la personne dont je vous ai déjà parlé, qui a succombé, bien que, avant la dysentérie dont elle fut atteinte, elle se trouvât dans d'excellentes conditions hygiéniques. D'ailleurs, les travaux de bon nombre d'auteurs, tels que M. Gestin en France, MM. Cambay, Haspel, Catteloup, Rouis, Bertherand, en Afrique, et ceux de M. Dutroulau, médecin très-distingué de la marine, sont là pour nous édifier sur ce côté du sujet.

Un bon moyen et le premier d'éviter la dysentérie, c'est de ne commettre aucun écart de régime, car tout écart de régime a pour résultat inévitable d'affaiblir l'individu ; or, il faut toujours considérer la maladie comme le résultat d'une sorte de lutte dans laquelle notre organisme est vaincu par les influences extérieures.

En outre, même quand par un régime régulier vous avez mis les chances de votre côté, défendez-vous contre les influences extérieures. Tenez-vous le ventre très-chaud à l'aide de ceintures de flanelle, et prenez toutes les autres précautions que je vous ai indiquées tout à l'heure à propos de la prophylaxie de la diarrhée. A l'autorité incombe le devoir de veiller à la destruction de toutes les matières animales. C'est pour cela que, dans ce moment même, avec la sollicitude la plus louable le comité d'hygiène et le gouvernement procèdent à l'enfouissement de ces matières et à l'assainissement des lieux de dépôt, soit à l'aide de chlorure de chaux, — nous en avons très-heureusement de grandes quantités en réserve, et une des préoccupations du gouvernement est de tenir ce stock dans un état satisfaisant, — soit à l'aide de l'acide phénique dont nous avons également de fortes quantités, et dont nous augmentons la production tous les jours, car on peut l'extraire des résidus de la distillation du gaz. Ce gaz, qui nous donne notre moyen d'éclairage, produit donc en outre un excellent moyen de préservation contre les émanations malsaines. Quant au régime de vos hommes à propos de la dysentérie, gardez-vous de leur conseiller l'usage de moyens débilitants. Beaucoup d'individus, quand ils sont pris de diarrhée, craignent que leurs organes ne soient enflammés, boivent de l'eau au lieu de vin, mangent des légumes, quand il y en a, au lieu de viande. Faites attention que les boissons débilitantes, que les rafraîchissants et que le changement de régime, dans ce même sens, sont très-favorables à la production et à l'entretien de la dysentérie, et ici encore les faits prouvent toute l'utilité du café léger comme boisson habituelle. Ceci dit, je ne vous parlerai pas du traitement de cette maladie : vous savez qu'on préconise et qu'on emploie l'ipécacuanha à la brésilienne, c'est-à-dire à très-forte dose, pendant trois, quatre et cinq jours ; l'état de l'individu est souvent très-vite amélioré par ce moyen ; mais cela rentre dans la médecine proprement dite, et je m'arrête.

J'arrive à une maladie qui, tout en appartenant à cette même catégorie, est une maladie plus commune, endémique, habituelle dans ce pays-ci ; je veux parler de la fièvre typhoïde.

Veuillez remarquer que nous avons, parmi les défenseurs de la patrie, une collection d'individus qui lui font le plus immense honneur, la garde mobile, qui est composée de jeunes gens qui ont quitté leurs provinces, leurs villages, pour venir dans la grande cité. Rien que par ce fait qu'ils sont jeunes et qu'ils viennent de quitter la campagne pour venir dans une grande ville, ils présentent deux conditions favorables pour le développement de la fièvre typhoïde. En outre, ils sont soumis à d'assez vives fatigues et à des excès relatifs. Grâce à Dieu, cependant, il ne semble pas qu'il y ait rien à craindre pour eux sous ce rapport. Ils y ont échappé jusqu'ici. Il faut, pour expliquer cette chance heureuse, accepter tout d'abord l'opinion de M. Colin, que je partage tout à fait : remarquer, comme première condition favorable, que ces jeunes gens sont placés dans des conditions qui éloignent le développement d'une première cause d'affaiblissement fréquente chez le soldat, la nostalgie. Ils sont venus tous ensemble, camarades d'un même village ; les chefs qui les commandent sont leurs amis, leurs *pays* ; ils n'ont aucun souci, aucun ennui ; ils vivent dans une réelle abondance, la ville est grande, l'air, l'espace n'y manquent pas, les baraquements qu'ils y occupent sont parfaitement organisés, ou ceux qui, jusqu'ici, ont eu la vie commune avec nous, ceux que nous avons logés, nous ont trouvés prêts à leur faire l'existence la plus agréable possible. Ce sont là des conditions excellentes pour que la maladie ne se développe pas trop vite parmi eux, et j'espère qu'elle ne s'y développera que dans une très-faible proportion, si elle se développe. Je n'ai pas à insister sur la description de la fièvre typhoïde.

Vous savez qu'elle est caractérisée par un certain nombre de signes, céphalalgie, saignements de nez, diarrhée, taches lenticulaires qui occupent la base de la poitrine et le ventre, et qui disparaissent facilement sous la pression du doigt. D'autres symptômes plus graves (formes adynamique, ataxique) se manifestent quand la maladie augmente d'intensité ; mais je les laisse de côté, car les décrire serait dénaturer le caractère que doit conserver cette conférence.

Mais ce qu'il est plus utile de savoir, c'est que la fièvre typhoïde se développe souvent par l'influence du voisinage de certains réceptacles. Je prends des exemples assez connus : A Clapham, village d'un comté d'Angleterre, un certain nombre d'enfants d'une école étaient allés jouer dans un jardin. Dans un terrain voisin, on vidait un puisard dont on répandit les détritus sur le sol. Sur vingt-sept enfants, douze furent pris de fièvre typhoïde, huit moururent et les quatre autres furent extrêmement malades. Ceux qui sont morts étaient ceux qui s'étaient, par curiosité, le plus rapprochés du puisard.

De même, dans une autre circonstance, lorsque Buchanan, en 1859, fut nommé Président des États-Unis, on lui offrit un grand banquet dans un des hôtels de Washington. La moitié des convives et le président lui-même furent pris de la fièvre typhoïde ; on en chercha la cause, et l'on trouva que la salle du banquet était bâtie au-dessus du water-closets de l'établissement. Les émanations des fosses avaient été la cause de la maladie. Enfin, à Windsor, dans une épidémie de fièvre typhoïde, la moitié de la ville fut prise et l'autre fut épargnée ; on chercha ce qui avait pu causer cette répartition bizarre de la maladie, et l'on reconnut que la Tamise, ayant, par une crue subite, barré les égouts de la partie de la ville qui avait été atteinte, y avait maintenu les eaux infectées.

Vous voyez que ce sont là des faits incontestables et pleins d'intérêt. Ils se sont reproduits souvent. Dans un certain nombre d'épidémies, il n'est pas rare de voir tout un côté d'une ville épargné, tandis que l'autre est atteint. En 1865 ou 1866, je fus appelé à Chateaudun ; il y régnait une épidémie de fièvre typhoïde qui avait pris naissance au quartier de cavalerie. Chose bizarre ! dans trois rues, le côté droit avait été pris, et l'autre côté avait été épargné ; il y avait là certainement des conditions particulières qui ont fait que la maladie n'a pas traversé la rue.

Je ne puis pas insister beaucoup sur le traitement de la fièvre typhoïde ; il est différent selon les cas, et il est impossible d'indiquer un mode de traitement général.

Je ne vous parlerai pas longuement du choléra, que tous vous connaissez par les dernières épidémies, et qui est pour moi un vieil ennemi, car, depuis 1832, moment où nous avons fait connaissance, je l'ai vu bien des fois. Je n'insisterai que sur un point essentiellement pratique, que je vous prie de bien noter. Presque jamais, je puis même dire jamais, on n'est pris du choléra sans avoir éprouvé tout d'abord, pendant un ou deux jours, de la diarrhée. Il faut donc qu'on le sache bien : celui qui arrête cette diarrhée, qu'on appelle *prémonitoire*, arrête le choléra. Mais lorsqu'on n'est pas médecin, il faut bien se garder de traiter cette diarrhée soi-même et avec des remèdes recommandés par l'un ou par l'autre, parce qu'il y a des indications différentes pour telle ou telle forme de cette diarrhée. Je me borne à ces quelques mots. Je rappellerai seulement qu'il y a deux périodes dans le choléra, la période algide et la période typhoïde. Dans cette maladie comme dans la fièvre typhoïde, au moment où cette dernière période se manifeste, il y a vraisemblablement une altération particulière du sang ; — nous ne savons guère exactement encore, je vous le dis en confidence, en quoi consiste cette altération, — nous allons voir cependant tout à l'heure qu'on peut peut-être arriver à une certaine connaissance à ce sujet.

L'étude de la fièvre typhoïde, dont je vous parlais tout à l'heure, nous conduit à une maladie particulièrement afférente encore aux villes assiégées et aux hôpitaux ; je veux parler du *typhus*.

Le typhus a pour origine l'accumulation, dans un espace trop resserré, des hommes et de leurs émanations. Et ici je ne parle ni des matières animales en décomposition, ni des déjections ; je veux parler simplement des exhalaisons de la surface cutanée de l'homme.

Nous respirons environ seize à dix-huit fois par minute. Chaque fois nous introduisons dans nos poumons environ un demi-litre d'air, soit par conséquent 500 litres d'air par heure. L'air expiré contient environ 4 pour 100 d'acide carbonique.

Or, quand l'air que l'on respire contient 1 pour 100 d'acide carbonique, il ne peut plus être inspiré sans inconvénient. Vous voyez que lorsqu'on vit confiné dans un milieu où l'on ne peut renouveler l'air, on est bien vite arrivé à ce 1 pour 100 d'acide carbonique qui est le fléau qu'il faut combattre.

Mais il y a autre chose encore, ce sont les exhalaisons du corps humain. Quand vous passez dans une rue très-étroite, et que vous vous trouvez croiser un peloton ou un bataillon d'infanterie, s'il n'y a pas grand vent, vous sentez bien vite des exhalaisons particulières. Ces émanations, il faut encore en tenir compte dans la question dont il s'agit, et si vous voulez me permettre de vous citer des exemples connus dans la science, vous verrez quelle terrible puissance ont les exhalaisons du corps humain.

En 1577, Camden et Bacon ont rapporté qu'aux assises d'Oxford il y eut une affluence considérable ; les accusés, très-malpropres, exhalaient surtout, par la saleté de leurs pieds, une odeur particulièrement fétide. Or, trois cents personnes, juges et assistants, moururent dans l'espace de six à sept jours, d'une maladie qu'ils contractèrent en assistant aux assises.

Pringle, qui a beaucoup étudié les maladies pestilentielles, rapporte qu'aux assises d'Old-Bailey, le 11 mars 1750, quatre juges sur six, trois conseillers, plusieurs jurés, une grande partie des assistants, excepté ceux qui étaient placés à la droite du président, succombèrent à un typhus terrible, et que ceux-là qui échappèrent à la mort n'eurent ce bonheur que parce qu'il y avait à la droite du président une fenêtre ouverte.

En 1805, après la bataille d'Austerlitz, cinq cents prisonniers autrichiens, qu'on voulut mettre à l'abri du froid, furent renfermés dans une grotte. On entendit pendant la nuit un grand tapage qui effraya tout d'abord, et le lendemain, quand on ouvrit, quarante seulement de ces hommes sortirent de la grotte, l'écume et le sang à la bouche, les deux cent soixante autres étaient morts par suite du non-renouvellement de l'air et des exhalaisons des corps de tous.

Vous voyez par ces exemples, que je pourrais multiplier, les effets violents que peut produire l'altération de l'air non renouvelé lorsqu'il est altéré par la respiration et par les exhalaisons de la surface cutanée. Ces faits que je viens de citer sont, en quelque sorte, l'état aigu ; mais si vous voulez savoir ce qui se passe lorsque ces influences délétères agissent sur les hommes d'une façon moins violente, moins concentrée, écoutez le passage suivant, que j'emprunte aux écrits d'un chirurgien militaire très-distingué, malheureusement enlevé à la science, le docteur Jacquot. C'est le tableau des conditions hygiéniques du soldat pendant le siége de Sébastopol : « Après un séjour prolongé dans la boue des tranchées, » après les factions, les travaux, les corvées, les marches dans » les champs profondément défoncés, après avoir été mouillés » par la pluie, par la neige, les soldats grelotants, et man- » quant le plus souvent d'effets de rechange, s'entassent sous » les tentes et les huttes, allument, s'ils peuvent, quelque » maigre feu et ferment hermétiquement toutes les ouver- » tures avec une persévérance et une insistance contre les- » quelles échouent les conseils les plus pressants et les me- » sures les plus sévères. L'extrême malpropreté des hommes, » les haleines fétides, la fumée du tabac, l'évaporation de » l'eau qui trempe les vêtements, tout se réunit pour empes- » ter ces bouges étroits. Là est le typhus... »

En effet, quand les circonstances sont telles que Jacquot les a décrites, le typhus naît d'une façon nécessaire. Heureusement le typhus, dont je vous donnerai tout à l'heure les apparences symptomatiques, est une maladie qu'on peut, pour ainsi dire, faire naître et cesser à volonté. Pendant la guerre de Crimée, MM. Armand et Baudens ont émis cette opinion, et M. Alkerieff, chirurgien dans l'armée russe, d'accord en cela avec M. Chenu, a reconnu que toutes les fois qu'on aérait les habitations des soldats, qu'on pouvait faire écouler ce 1 pour 100 d'acide carbonique qui rend la vie difficile dans les milieux circonscrits, améliorer les conditions de la respiration et donner une issue à ces exhalaisons quotidiennes du corps humain qui sont si dangereuses, on arrêtait immédiatement et certainement le typhus.

Il en est de même quand on a affaire à un endroit plus restreint, à une caserne ou à un navire, et je pourrais, dans la campagne de Crimée, citer l'exemple qui a été signalé par un chirurgien militaire. Il s'appelait France, son nom lui a dicté sa conduite énergique et lui a porté bonheur. On l'embarqua de Crimée, avec le bataillon de chasseurs à pied auquel il était attaché, sur le *Glascow*, bâtiment de transport. Le bâtiment avait antérieurement servi à amener des chevaux de France en Crimée, et par l'incurie de qui de droit le navire conservait encore dans sa cale des détritus résultant du séjour de ces animaux. Avec le bataillon de chasseurs, on avait embarqué des malades atteints de typhus, et on les avait amenés à Constantinople. Le bataillon de chasseurs, si singulièrement accolé à des malades, vit se développer dans ses rangs le typhus. Arrivé en Grèce, après le débarquement des malades, on voulut refuser à M. France, qui la réclamait, l'autorisation de faire aérer le navire. Il insista, se targuant de son nom de France, et par son insistance ferme et charitable il obtint de faire assainir son navire, et vit par ses soins courageux et bien entendus diminuer infiniment le nombre des malades. Vous voyez que, même dans un milieu aussi circonscrit que celui d'un navire, on peut arriver à un bon résultat avec de sages mesures d'hygiène.

Heureusement nous n'avons vraisemblablement pas à craindre ici le typhus. Je vous en ai parlé, parce qu'il me faut bien vous entretenir de toutes les maladies qui peuvent se produire pendant un siége ; mais nous avons de vastes baraquements, des casernes bien aménagées, des forts bien aérés, le froid n'est pas encore tel qu'on se calfeutre bien hermétiquement ; on a partout ouvert de larges voies à l'air extérieur, on continuera de le faire, l'autorité est prévenue, et agira en conséquence ; nous n'aurons donc pas le typhus, nous éviterons les terribles désastres qu'il pourrait causer, et jamais nous ne nous trouverons dans la situation des juges et du public des assises d'Oxford et de Old-Bailey.

Pour compléter ce que je puis vous dire sur cette maladie, laissez-moi ajouter qu'elle a pour signes deux collections symptomatiques particulières, soit : 1° un ensemble de phénomènes nerveux représentés plus spécialement par la stupeur profonde, le tremblement, le délire sans violence ; et 2° des éruptions cutanées représentées par des hémorrhagies dans l'épaisseur de la peau, hémorrhagies désignées en médecine sous le nom de *pétéchies*; avec cela des symptômes ataxo-adynamiques graves.

Laissez-moi maintenant vous rappeler que, à propos de la fièvre typhoïde, je vous ai déjà indiqué comme signe caractéristique les saignements de nez; que je vous montre comme signe du typhus des hémorrhagies cutanées. Ce groupe de symptômes hémorrhagiques nous conduit à une maladie dans laquelle le sang est assez altéré pour qu'il s'écoule, pour ainsi dire, de tous les côtés à la fois. Je veux parler du *scorbut;* mais vous allez voir que si c'est un grand ennemi, nous pouvons le braver comme nous braverons, je l'espère, les autres ennemis du dehors.

Autrefois le scorbut était une maladie très-fréquente. Dès qu'une armée était rassemblée, dès qu'un hôpital était rempli, dès qu'une prison était bien garnie de détenus, dès qu'un navire était appelé à un voyage prolongé, le scorbut était une maladie habituelle; la médecine maritime du temps passé ne tarissait pas en renseignements sur cette maladie. Maintenant elle est devenue plus rare; on l'a vue cependant reparaître pendant le siége de Sébastopol. Nos soldats en ont été atteints, et Dieu sait s'ils ont souffert, car les mesures étaient si étrangement prises, qu'à ces pauvres gens dont les gencives étaient ulcérées, les dents ébranlées, on donnait en général pour alimentation du bœuf bouilli, du biscuit et des pruneaux. Vous voyez combien un pareil régime devait réconforter nos pauvres compatriotes.

Les gens atteints du scorbut commencent par maigrir, ils tombent dans une anémie profonde, puis sur les bras et sur les jambes se développent des taches rouges qui ne disparaissent pas sous la pression du doigt comme celles que l'on constate dans la fièvre typhoïde. En outre, sur divers points du corps se montrent de larges taches d'un rouge noirâtre qui ne sont que des hémorrhagies sous-cutanées; puis ces hémorrhagies se produisent sur les surfaces muqueuses, et le sang s'échappe par la gorge, par les narines, par les intestins, par la vessie et par les autres ouvertures naturelles. Les membres sont atteints d'un gonflement qui n'est pas simplement œdémateux, mais bien hémorrhagique; tout le tissu conjonctif est infiltré de sang extravasé. En outre, les gencives sont boursouflées, les dents s'ébranlent, sont chassées de leurs alvéoles, et quelquefois les os de la mâchoire supérieure ou de la mâchoire inférieure tombent dans un état de nécrose. On a dit longtemps que la fibrine du sang était diminuée de proportion; que le nombre des globules était diminué. De grandes discussions se sont engagées sur ces questions. Ce sont là querelles entre savants; mais enfin il est très-vraisemblable que le sang est en effet altéré. Sur ce point, si les opinions sont contradictoires, c'est qu'Hippocrate et Galien peuvent ne pas être d'accord, comme on dit; mais l'altération du sang, de quelque façon qu'elle se produise, est chose certaine chez les scorbutiques.

Quoi qu'il en puisse être, il y a là évidemment l'influence des conditions sur lesquelles j'ai déjà insisté et qui dépriment l'économie, à savoir, l'encombrement, et de plus une mauvaise alimentation et de mauvaises conditions de nutrition générale. Ainsi, les vêtements mouillés, humides, habituellement froids, l'absence d'aération, qui ne permet pas l'oxygénation suffisante du sang, l'absence de mouvement, qui ne permet pas la brûlure des éléments combustibles dans chacune des parties de l'économie, ce sont là certainement des causes qui doivent singulièrement favoriser la production du scorbut.

On a beaucoup parlé de l'alimentation salée, et cela nous intéresse grandement, car il pourra nous arriver de manger beaucoup de salaisons. Il n'est nullement démontré que la viande salée agisse, pour la production du scorbut, en tant que substance salée et alcaline amenant, par cette dernière qualité, une sorte de dissolution du sang : non, la viande salée est fâcheuse lorsqu'elle devient l'unique nourriture de l'homme, parce qu'au bout d'un certain temps l'individu se dégoûte de ces sortes de substances, que l'appétit se perd, et aussi parce que l'estomac se trouve mal de cette stimulation perpétuellement identique. Il ne faut pas non plus croire que ce soit l'absence d'aliments végétaux qui détermine la maladie, car Lind, qui a profondément étudié cette maladie, a constaté que l'absence des végétaux n'était pas la cause véritable du scorbut. Non, comme toutes ces affections de la deuxième classe, la maladie que j'étudie résulte de causes combinées : mauvaise alimentation, trop uniforme, amenant la satiété et l'absence d'une nutrition régulière; froid, humidité, qui dépriment l'économie; et enfin existence restreinte dans un milieu limité, souvent encombré, sans exercice possible, dernière condition qui empêche le mouvement musculaire si nécessaire à l'individu pour brûler suffisamment les divers déchets qui résultent de l'usure de ses tissus et qui doivent subir une modification réparatrice.

Eh bien! nous sommes, comme je vous le disais, à l'abri du scorbut. Les végétaux sont très-utiles comme moyen de restaurer l'appétit, de réveiller la nutrition; certains d'entre eux, comme le cresson et les autres herbes dites antiscorbutiques, sont même doués de propriétés stimulantes. Or, ces végétaux, nous pouvons en avoir. Nous avons une ville large; grâce à Dieu, le périmètre en est très-étendu, et en même temps qu'elle crée de sérieuses difficultés à ceux qui voudraient tant y entrer, elle nous permet l'aération et le mouvement le plus actif. M. Sée vous a dit que nous avions de la viande fraîche pour un certain temps, et de plus nous avons dans la viande de cheval un surcroît d'approvisionnement considérable; or, c'est là certainement un excellent aliment. J'ai fait hier, en compagnie des autres membres de la commission d'hygiène, un repas uniquement composé de viande de cheval; nous voulions nous rendre compte de ce qu'elle était, fraîche ou salée : eh bien ! c'est un mets excellent, nous en avons mangé avec plaisir, sous toutes les formes, depuis le bouilli jusqu'au bœuf à la mode et au filet.

La situation dans laquelle nous sommes peut durer longtemps peut-être, c'est une perspective peu agréable; mais enfin, il faut l'accepter avec courage. Or, à ce sujet, permettez-moi quelques conseils.

Commençons dès maintenant à nous habituer à une alimentation mixte. Le public a été sensiblement inquiété, il y a quelque temps, par le rationnement de la viande fraîche. Cette mesure eût peut-être pu être réglée avec plus de modération et de douceur, mais enfin elle était nécessaire. C'est une mesure conservatrice, un moyen d'éviter des pertes sérieuses, un gaspillage regrettable. En effet, certaines personnes, par une prévoyance mal entendue, se sont approvisionnées de quantités considérables de viande, se disant : Je vais la saler; mais ne sale pas la viande qui veut, cela est une opération difficile qui demande des appareils spéciaux et une expérience particulière. De fortes quantités de viandes qui, bien employées, auraient été très-utiles, ont été ainsi perdues pour tous. C'est pour éviter ces approvisionnements et les pertes qu'ils causent que l'on a rationné un chacun avec assez de raison.

Pour moi, en ne m'occupant que de la question d'hygiène, je crois qu'il faudrait, dès maintenant, mêler une certaine quantité de viande salée à l'alimentation avec la viande fraîche, et faire, en pères de famille prévoyants, une petite part de sacrifice culinaire. En agissant ainsi, on se préparera à subir l'influence de la viande salée, on habituera nos estomacs, nos palais, nos gencives à subir son influence locale ; or, cette influence locale, selon moi, est pour quelque chose dans l'état spécial des gencives dans le scorbut. Il y a des gens qui ne peuvent manger ni poisson, ni jambon salés, sans avoir une altération du voile du palais et de la langue, une rougeur érythémateuse et même des aphthes dans la bouche ; ceux-là s'habitueraient graduellement à l'usage des salaisons. Pour obvier à cet inconvénient, on peut employer le contact des acides. Les citrons sont un excellent préservatif ; si nous n'en avons pas, il nous restera le vinaigre, les fruits confits dans ce liquide, ou encore les tomates. En outre, les uns et les autres de ces condiments auront pour résultat de ragaillardir notre estomac et de nous empêcher de nous étioler comme s'étiolent les individus condamnés à une alimentation toujours identique et par cela même peu réparatrice. Ainsi nous éviterons le scorbut. De plus, il faut que l'autorité veille, elle le fait d'ailleurs, à la production des végétaux. Il faut que l'on fasse, dans les vastes places libres que nous avons à cultiver, des semis des végétaux de la saison, de ceux qui peuvent pousser promptement ; il faut qu'elle protége cette culture entre les forts et l'enceinte, et que nous ayons des végétaux pour contre-balancer l'influence des viandes salées qui pourraient devenir notre seul aliment. Comme autres préservatifs, conseillez de l'eau dans laquelle on aura fait pendant un jour macérer de l'écorce de quinquina, c'est un bon moyen pour aider à conjurer le scorbut. De même, l'eau ferrée, prise aux repas sera d'une semblable efficacité. Enfin, tant que nous aurons du pain et du vin, il n'y a pas de scorbut à craindre. Le pain et le vin, à eux seuls, constituent presque un aliment suffisant, il faut le dire ici alors que nous avons encore d'autres vivres, pour qu'on ne croie pas que c'est par pénurie que nous vantons ainsi l'action combinée du pain et du vin comme seuls aliments. Oui, avec du pain et du vin un homme peut vivre. Ce sera une nourriture médiocre, assurément, mais enfin elle sera suffisante ; quand le temps des sacrifices sera venu, il faudra s'y résoudre. Mais abstraction faite de toute idée gastronomique, le pain et le vin, répétons-le bien, constituent une alimentation presque suffisante, et, pour rentrer dans le point que j'examine, suffiront avec la vie en plein air pour éviter le scorbut.

Vous parlerai-je d'une autre maladie, qui peut nous frapper, la variole ? Elle a son remède, seulement ce remède n'a pas encore pu vaincre certains préjugés étranges. Nous avons, depuis plus de cinq semaines, déclaré que les jeunes soldats, que les gardes mobiles et les individus réfugiés de la campagne à Paris devaient être revaccinés ; malheureusement on nous a peu écoutés ou même on nous a refusé sous ce prétexte, pour les soldats et les mobiles, que faire vacciner les hommes serait un mal, car on les empêcherait ainsi de se battre, les boutons de vaccin devant les gêner pour tirer. Que dire d'une semblable réponse? Nous avons insisté, nous insistons encore ; d'ailleurs, qu'on les vaccine au bras gauche, et ils pourront très-bien épauler leur fusil. La commission d'hygiène a demandé cette mesure depuis cinq semaines, l'Académie la demande de nouveau. Qu'on fasse donc cette vaccination et revaccination, c'est là une mesure indispensable.

J'arrive au bout de mon énumération, je n'ose pas dire de ma conférence, et je vous ai présenté çà et là des tableaux un peu bien sombres. Il fallait bien qu'on vous montrât ce qui pourrait arriver de fâcheux, si l'on ne prenait pas les précautions nécessaires ; mais comme je vous l'ai dit, tout cela nous n'avons pas en réalité par trop à le craindre. L'autorité veille, la commission d'hygiène appelle son attention sur tous les points où peut se montrer une apparence de danger pour la santé publique. Dès qu'un dépôt de matières putrides, une accumulation de détritus sont signalés, on prend immédiatement des mesures d'assainissement, on enfouit, on désinfecte, on brûle. On veille à l'alimentation avec une telle économie, qu'il y a peu de jours encore on s'est aperçu qu'on perdait par incurie un excellent aliment, je parle du sang des bêtes qu'on abat. Eh bien ! dorénavant ce sang sera converti en boudin, ou bien on le desséchera, on en fera un aliment de conserve, et s'il faut que nous voyions diminuer nos ressources, nous trouverons encore là de quoi nous alimenter. A côté du gouvernement de la défense nationale, la science se met pleinement au service de la patrie ; elle entend s'ingénier de toutes les façons, chercher partout ce qui pourra être utile, donner partout les conseils que peut suggérer l'expérience. Ce sont là déjà des garanties ; mais, de plus, nous avons, pour nous aider dans notre tâche, l'ardeur, l'entrain, l'alacrité de la population si ferme et si simplement décidée. Devant un tel spectacle, on doit conserver toute sa confiance ; et si nos deux sœurs infortunées Toul et Stasbourg nous ont montré l'exemple, si elles nous ont appris ce que nous devions faire, nous pouvons être sûrs que Paris le fera. Je ne sais ce que sera l'avenir, mais quel qu'il soit nous serons, je le crois fermement, à la hauteur de cet avenir. Pour cela, il faut que les défenseurs du pays soient sains, vigoureux, bien portants ; et c'est pour contribuer à atteindre ce but, que j'ai cherché à vous donner quelques aperçus sur ce qu'il fallait faire pour maintenir dans son intégrité la santé des citoyens de tous rangs dont les bras courageux sauveront la patrie.

Béhier.

SOCIÉTÉ DE GÉOGRAPHIE DE PARIS

M. CH. GRAD

Résultats scientifiques de l'expédition allemande dans l'océan Glacial en 1868

Messieurs,

C'est au zèle ardent, infatigable du docteur Augustus Petermann que sont dues les expéditions allemandes envoyées à la découverte du pôle pendant les deux dernières années. Non content de contribuer au développement de la science du globe par tant de belles publications, l'éminent directeur de l'Institut géographique de Gotha apporte à ce développement un concours plus efficace encore par des explorations directes suscitées à son initiative. Après une première mission envoyée en 1861 à la recherche de Vogel dans l'intérieur de l'Afrique (1), il a soutenu tour à tour M. Gerard Rohlfs, puis le docteur Karl Mauch, pendant leurs longs voyages, l'un dans le nord, l'autre dans les parties méridionales du même continent. Tout récemment enfin, deux expéditions nouvelles

---

(1) Voyez le rapport de M. Charles Grad sur les résultats scientifiques de la mission allemande envoyée au Soudan oriental en 1861 (*Bulletin de la Société de géographie*, janvier 1865).

ont pu prendre le chemin de la mer Glaciale en 1868 et en 1869, grâce à des souscriptions publiques ouvertes en Allemagne sous son impulsion, souscriptions aussitôt remplies que proposées, et où l'obole du pauvre et de l'artisan est venue se déposer à côté d'offrandes royales. La plus récente de ces expéditions se trouve en ce moment même dans les parages du pôle arctique, après un hivernage sur la côte du Groenland. La première n'a été qu'une reconnaissance préliminaire entreprise afin d'examiner la voie, mais qui a permis de faire néanmoins des observations importantes pour la physique générale du globe, et dont je me suis proposé d'exposer ici les principaux résultats.

I. — L'ITINÉRAIRE.

La première expédition allemande dans l'océan Glacial, placée sous le commandement du capitaine Koldewey, devait s'approcher, selon ses instructions, aussi près que possible du pôle en se dirigeant le long des côtes occidentales du Groenland, à partir de 74 ou 75 degrés de latitude, ou bien en passant au sud ou au nord des îles Spitzbergen pour se porter du côté de la terre de Gillis. Elle quitta Bergen, en Norvége, le 24 mai, à bord de la *Germania*, petit navire de 80 tonneaux avec dix hommes d'équipage, et se trouva de retour le 30 septembre suivant, après une absence de quatre mois à peine. On avança vite, tout en faisant de nombreux sondages et des observations météorologiques régulières, répétées de quatre en quatre heures. Une tempête qui survint le 30 mai empêcha l'expédition de voir la cime pittoresque de l'île Ian Mayen. Les premiers bois flottants se montrèrent le 1er juin, les premiers glaçons quatre jours plus tard par 74° 52' de latitude nord et 2° 27' de longitude à l'ouest du méridien de Paris. Du côté du Groenland, les glaces ne tardèrent pas à devenir plus compactes, au point d'enfermer le navire du 9 au 22 juin. Enchaînée au milieu des bancs flottants, la *Germania* dériva avec eux du 9 au 22 juin, suivant la direction du courant polaire de 75° 20' nord et 15° degré de longitude ouest à 73 degrés de latitude et 18 degrés de longitude ouest, toujours à égale distance du littoral. Les matelots tirèrent plusieurs ours blancs sur les glaçons, ils prirent des phoques et un gros requin. Le commandant faisait des sondages ou des observations magnétiques toutes les fois que l'occasion s'y prêtait. Dans la nuit du 16, on aperçut la côte du Groenland depuis l'île Pendulum jusqu'à *Hudson hold wilh Hope*.

La mer étant redevenue libre, l'expédition, après avoir louvoyé pendant quatre jours, reprit la direction du nord en se tenant à quelques milles de la lisière des glaces fixes. Par malheur, il était impossible de pénétrer à l'intérieur de ces glaces adossées contre le Groenland. Quatre navires baleiniers que l'on rencontra successivement se plaignirent tous du mauvais état des glaces qui n'auraient été « jamais aussi abondantes ». Quelques jours auparavant, les brouillards avaient amené la *Germania* en face d'un bâtiment anglais entraîné comme elle par les glaces en dérive. Ce bâtiment semblait abandonné. Déjà les marins allemands montaient à son bord pour en prendre possession, lorsqu'à leur vif étonnement plusieurs têtes d'hommes sortirent une à une des cabines : c'était l'équipage du navire anglais qui venait souhaiter la bienvenue aux Allemands, dont, sans doute, il ne soupçonnait pas les velléités de capture. Déçus dans leur attente comme dans leur tentative de toucher au Groenland,

ils se dirigèrent vers les Spitzbergen. Le point atteint le 20 juin était par 75° 10' nord et 14 degrés de longitude ouest. On passa dans une eau plus tiède, de nuance bleue, remplie de fruits, de bois flottants, d'herbes marines. On vit aussi parmi ces débris une courge. Quant au bois, il consistait surtout en mélèzes venus de Sibérie, et qui abondent surtout sur les plages orientales des Spitzbergen. Certains troncs mesuraient 40 centimètres d'épaisseur.

Dans la matinée du 3 juillet, l'expédition prit terre aux Spitzbergen près du cap sud où elle rencontra une flotille de pêcheurs norvégiens. Après un arrêt très-court, la *Germania* se dirigea à l'est jusqu'au 6, entre de grands icebergs. Les sondages ne donnaient pas plus de 20 brasses de profondeur sur quelques points entre le cap Look-out et l'île Baeren. Plus à l'est cependant, la sonde ne trouva plus de fond à 200 brasses. Puis, la glace étant devenue plus épaisse et le calme absolu de l'atmosphère interdisant la marche au nord-est, le capitaine Koldewey se décida à remonter le long de la côte occidentale de la grande île. Il fit le 13 juillet une excursion sur le promontoire de Middlez-point, près de Bell-sound, la *baie de la Cloche* des cartes françaises. Lord Dufferin qui visita les mêmes sites en 1856, les a décrits en ces termes : « Comment vous donner une idée de l'étrange panorama qui nous entoure ? Il me semble que les caractères les plus frappants de ce nouveau monde sont l'impassibilité, le mutisme et la mort. Tout autour de nous des glaces, des rochers, de l'eau ; nul bruit d'aucune sorte ne trouble ce silence, la mer même se tait sur la plage ; pas un oiseau, pas un être vivant n'éveille ces solitudes. Le soleil de minuit, à demi voilé par le brouillard, répand une lueur mystérieuse, imposante, sur les glaciers et sur les montagnes. Pas un atome de végétation ne témoigne ici de la vitalité de la terre ; un engourdissement universel semble avoir pénétré ces déserts. Je ne pense pas qu'il y ait sur le globe une autre région aussi profondément marquée du cachet de la mort. Dans les jours les plus calmes de l'été, en France, on peut toujours saisir à travers l'atmosphère un souffle, un soupir de la création ; dans le repos de la brise, dans l'immobilité absolue du feuillage, on sent pourtant l'élaboration de la vie. Mais ici, sur les flancs décharnés des collines, on chercherait en vain un brin de gazon ; des roches primitives et des glaces éternelles constituent tout le paysage.»

Arrêtée de nouveau dans sa course vers le nord par 80° 13' de latitude, l'expédition reçut néanmoins, à la date du 19 juillet, de meilleures informations sur l'état des glaces du Groenland entre 72° et 74° de latitude. Cette circonstance décida le capitaine Koldewey à tenter un second essai de ce côté. Par un singulier contraste, la mer présente là des zones alternativement bleues et vertes, les zones bleues étant plus chaudes, les zones vertes plus froides. La *Germania* se dirigea d'abord au sud jusqu'au 76° degré parallèle, puis à l'ouest à travers les glaces. Deux essais vigoureusement poussés restèrent encore sans résultats. Une fois, le 5 août, par 19° 42' de longitude ouest, on vit la côte du Groenland à 50 milles de distance. Cette côte se dessinait nettement rocheuse et élevée, séparée du navire par un champ de glace flottante qui rendait toute communication impossible. Cet immense amas de glace ne présentait aucune fissure. Scoresby parle déjà de champs pareils, longs de 40 milles et présentant d'une seule pièce des surfaces de 2400 kilomètres carrés, soit la moitié d'un de nos départements.

Dans l'impossibilité d'aborder au Groenland, le capitaine

Koldewey songea à une nouvelle tentative du côté de la terre de Gillis par le nord des Spitzbergen et le détroit de Hinlopen. A la suite d'une tempête violente pendant laquelle la *Germania* embarqua force lames, elle vogua rapidement vers le nord. Elle se trouva en face de l'île Moffen le 18 août, entra dans le détroit de Hinlopen et jeta l'ancre dans une baie, près du cap Torell. On resta là jusqu'au 11 septembre, passant d'une extrémité à l'autre du détroit en attendant que la débâcle des glaces ouvrît le chemin du côté de la terre de Gillis. Des glaces fermes barraient encore toute issue dans cette direction, tandis qu'au nord passaient des glaces flottantes. Ces glaces n'atteignent pas des dimensions gigantesques, comme dans la mer de Baffin ou sur la côte du Groenland. Mais, selon la parole de Bellot, un marin français mort dans les mers polaires à la recherche de Franklin, « la variété des formes défie toute comparaison. Tantôt c'est une table régulière ou un pain de sucre; tantôt une île véritable avec ses anses, ses baies, ses promontoires; une autre fois, c'est une immense tente de laquelle on s'attend à voir sortir un habitant qui vous souhaite la bienvenue, ou l'entrée d'un souterrain ouvert par de vastes galeries, ou bien encore une caverne précédée par de splendides travaux d'art. Les contes de notre enfance, les souvenirs des *Mille et une Nuits* reviennent sans notre appel, et le *Sésame, ouvre-toi* cherche à pénétrer les sombres profondeurs où se prépare un mystérieux travail. De temps en temps, une sourde détonation annonce le résultat de la décomposition amenée par la chaleur; un roulement saccadé se fait entendre semblable au bruit du tonnerre dans un orage d'automne, et nous voyons la tête d'un iceberg se détacher du tronc, glisser en mugissant et se précipiter dans l'onde au milieu de nuages d'écume qui jaillissaient à une grande hauteur. Une longue houle va dire à plusieurs milles de distance son entrée dans le monde; quelques minutes encore, et, naguère partie dépendante d'un des plus gros blocs, il est lui-même membre de cette famille de géants. O hommes ! que vous êtes petits dans le monde, que vos chefs-d'œuvre sont mesquins près des travaux du grand maître qui s'appelle la Nature. »

Quelques reconnaissances à terre, l'étude des marées, la continuation des observations météorologiques et magnétiques occupèrent l'expédition dans le détroit de Hinlopen. Elle constata aussi que la terre du roi Guillaume forme une île au milieu d'une presqu'île, comme elle figure sur la carte de la dernière expédition suédoise de M. Nordenskjöld. Le navire souffrit beaucoup des glaces. A partir du 8 septembre, la première fois où l'on revit des étoiles au ciel, le capitaine Koldewey s'aperçut chaque soir de la formation de la glace fraîche. D'un autre côté, les glaces fermes au sud du détroit restant toujours immobiles, tout espoir d'atteindre la terre de Gillis pendant cette campagne s'évanouit. Comme on le sait, bien des cartes appellent la terre de Gillis la *Fabuleuse*, et, en tout cas, personne n'y a mis le pied depuis 1707, époque où elle fut signalée à l'est des Spitzbergen. Ayant repris le chemin du nord, sous le méridien de 15 degrés est, l'expédition arriva le 13 septembre par 81° 5′ nord, sa plus haute latitude. Il y avait de la glace dans toutes les directions, à l'occident, à l'orient, au nord, sans chance apparente de se rapprocher plus du pôle dans les circonstances actuelles. Il fallut se résigner au retour. Parvenue le 16 septembre vers 80° 14′ de latitude nord et 4° 17′ de longitude, la *Germania* fila ensuite vers le sud à toute vitesse, comme si, selon l'ex-

pression d'un marin anglais, *the girls at home had got hold of the tow rope.*

La première expédition allemande dans la mer Glaciale rentra à Bergen le 30 septembre 1868. Elle n'a fait aucune découverte géographique notable; mais bien qu'elle ait été seulement une reconnaissance préliminaire pour ouvrir la voie de la grande expédition scientifique qui explore en ce moment même le bassin polaire, le capitaine Koldewey, son chef, a fait des observations d'une grande valeur pour la physique du globe et l'hydrographie.

II. — MÉTÉOROLOGIE ET PHYSIQUE DU GLOBE.

Selon ses instructions, le capitaine Koldewey a fait pendant toute la durée de l'expédition des observations régulières de quatre en quatre heures sur la température de l'air et de l'eau, sur la pression barométrique, sur la direction et la force des vents, sur la direction et la force des courants océaniques. Ces observations se rapportent toutes, du 1er juin au 23 septembre, à la partie de la mer Glaciale comprise entre 70° et 81° de latitude nord, entre la côte occidentale du Groenland, les îles Spitzbergen et la Norvége. Les observations de la température de l'air et de l'eau à la surface de la mer sont exactes à un dixième de degré près. Les hauteurs barométriques ne présentent pas une précision aussi rigoureuse, parce que d'une part le baromètre a dû être placé dans une cabine chauffée, et que, d'un autre côté, les mouvements du navire ne permettent de compter sur ses indications qu'au millimètre près. Quant aux courants maritimes, leur direction a été fixée avec soin d'après les longitudes et les latitudes géographiques. J'ai résumé toutes ces observations jour par jour dans un tableau spécial.

Ce qui frappe tout d'abord dans l'examen de la température de l'air, c'est un degré sensiblement inférieur à la normale donnée par les cartes isothermes de toute la zone située au nord de la Norvége, tandis qu'à Paris elle a été supérieure à la moyenne pendant toute la durée de la campagne, de mai à septembre 1868. En France, la forte température de l'été de 1868 a eu pour conséquence la sécheresse, une récolte médiocre de céréales, et des vins de qualité supérieure. Dans les parages du Groenland, au contraire, la température, plus basse d'un degré au moins que la moyenne des isothermes calculées par M. Dove, provoqua d'abondantes chutes de neige, des brouillards persistants, des arrêts fréquents dans la fusion des glaces. La température maxima observée pendant toute la durée de l'expédition a été de 8° 1 centigrades, ce qui n'est pas rare chez nous en janvier. Le minimum fut de —4°,2, en août, alors qu'à Paris le maximum de l'air s'élevait à 34 degrés et le minimum à 8. Les variations de température en été sont néanmoins plus faibles dans les régions polaires qu'en France. Aussi l'état sanitaire de l'expédition a-t-il été excellent, aucun refroidissement, pas la moindre indisposition n'ayant affligé les marins de la *Germania*. Rien d'étonnant si, grâce à cette constance de la température pendant l'été, les excursions arctiques deviennent à la mode pour les gens de loisir, et, si d'ici peu d'années, un entrepreneur bien avisé établit aux îles Spitzbergen un hôtel confortable à l'intention des clubs alpins.

Comparé au nôtre, le climat de la région polaire présente des oscillations diurnes de température encore plus faibles que les oscillations mensuelles. Nous trouvons, en effet, les moyennes suivantes, à bord de la *Germania*, pour l'intervalle du mois de mai à septembre :

	Degrés centigrades.
Midi	2,81
4 heures du soir	2,75
8 heures du soir	2,34
Minuit	1,92
4 heures du matin	1,81
8 heures du matin	2,12

De manière que l'amplitude des oscillations diurnes est en moyenne seulement d'un degré. Entre les oscillations extrêmes, nous trouvons pour toute la durée de l'expédition une amplitude totale de 11°,8 seulement, la température la plus élevée ayant été de 7°,6 le 15 juillet, et la température la plus basse de — 4°,2 le 25 août : cela pour la température de l'air. La température de la mer à la surface a varié dans le même intervalle de 5°,7 le 12 août, à — 1°,7 centigrades le 6 juin, avec une différence de 7°,4 au plus entre les degrés extrêmes observés sur le parcours de l'expédition dans la région de l'océan Glacial au nord de 70° de latitude. Nous reviendrons tout à l'heure sur les rapports des températures de la mer avec les courants. Sans l'influence régulatrice des courants maritimes sur la température de l'air elle-même, les marins de l'expédition auraient observé des oscillations plus considérables. Néanmoins le degré de chaleur à peu près uniforme qui règne dans les régions polaires en été, par suite de la présence constante du soleil au-dessus de l'horizon, contraste singulièrement avec les variations considérables de la température en France pendant la même saison. Tandis que dans l'intervalle du mois de juin au 30 septembre, la différence entre le plus haut degré de chaleur et le plus grand froid a seulement été de 11°,8, nous trouvons à Paris ou à Strasbourg pour le même temps une amplitude totale de 25 degrés à 30, avec des variations de 15 degrés à 20 pendant le même jour.

Quelques années avant l'expédition allemande, un baleinier norvégien, Sievert Tabiesen, a passé une année à l'île Baeren pour la pêche et la chasse aux phoques, en même temps qu'il s'est occupé d'observations météorologiques régulières répétées trois fois par jour, à huit heures du matin, à deux heures et à huit heures du soir, du 6 août 1865 au 20 juin 1866. La chasse donna un mince profit à Tobiesen ; par contre, ses observations thermométriques, très-exactes d'ailleurs, faites par 74° 38' de latitude nord et 16° 28' de longitude orientale de Paris, méritent une sérieuse attention. Je les reproduis ici, comparées aux observations de la température de l'air à Vardo et Hammerfest, sur la côte de Norvége (1), le premier de ces points étant situé par 70° 22' nord et 28° 47' est, le second par 70° 40' et 21° 20' est. (V. le tableau ci-contre.)

Pas un seul orage ne s'est manifesté dans l'océan Glacial pendant toute la campagne. M. de Baer affirme bien qu'on a parfois entendu le tonnerre aux îles Spitzbergen et la Nouvelle-Zemble, mais les relations de Scoresby, de Parry, de Ross, de Franklin, font voir que les explosions électriques sont excessivement rares dans les régions polaires entre 70° et 75° de latitude. Cette rareté des orages se trouve en rapport intime avec la faible élévation, surtout avec la constance de la température de l'été dans ces parages. La pression atmosphérique a oscillé entre 737,1, le 8 juin, et 739,9 millimètres, le

21 septembre, avec une hauteur moyenne de mercure de 738,37 millimètres pendant la durée de la campagne. La plus grande hauteur du baromètre correspond avec un vent d'ouest, la plus faible à un vent de sud-est. J'ai réuni dans un tableau détaillé les observations diurnes dans leurs rapports avec les autres phénomènes de l'atmosphère.

Température de l'air.

ÉPOQUES	ILE BAEREN			VARDO	HAMMERFEST
	MOYENNE	MINIMUM	MAXIMUM	(MOYENNE)	(MOYENNE)
	°	°	°	°	°
Décembre	— 8,5	— 26,6	0,9	— 5,7	— 4,2
Janvier	— 15,0	— 28,4	0,6	— 7,5	— 5,2
Février	— 8,6	— 22,7	0,6	— 6,8	— 5,4
Mars	— 14,2	— 25,2	1,9	— 4,9	— 3,2
Avril	— 10,0	— 18,4	0,6	— 1,7	— 1,0
Mai	— 4,4	— 9,8	3,1	1,6	3,1
Juin	0,9	— 4,9	5,8	5,2	7,8
Juillet	?	?	?	8,5	11,7
Août	2,9	— 0,6	6,5	9,0	10,2
Septembre	1,0	— 3,5	7,1	5,2	7,1
Octobre	— 2,8	— 8,6	1,9	1,5	2,2
Novembre	— 5,4	— 17,1	1,9	— 3,2	— 0,4
Hiver	— 10,7	— 28,4	0,9	— 6,7	— 4,9
Printemps	— 9,5	— 25,2	3,1	— 1,6	— 0,4
Été	? 2,3	— 4,9	6,5	7,6	9,9
Automne	— 2,4	— 17,1	7,1	1,1	3,0
Année	— 5,1	— 28,4	7,1	0,1	1,9

Nous avons dit que l'été de 1868 a été plus froid dans la zone polaire relativement à la moyenne que dans le milieu de l'Europe : c'est ce qui ressort en toute évidence de la comparaison du journal météorologique de la *Germania* avec les observations faites en France. En effet, la température de l'air à bord de la *Germania* fut, pendant vingt et un jours, supérieure à la moyenne théorique indiquée par les isothermes de M. Dove. Mais, sur ces vingt et un jours de température supérieure, huit retombent sur l'époque à laquelle l'expédition se trouvait entre 76° et 80° de latitude et à 6° est de Paris, dans la branche septentrionale des eaux tièdes du gulfstream. De même, il faut reporter sept jours sur une autre traversée des eaux chaudes dérivées du gulfstream, lors du séjour dans le détroit de Hinlopen et la dernière tentative vers le nord. Enfin, la température se trouve encore fort élevée les trois premiers et les trois derniers jours du voyage, soit lors du départ et à l'arrivée dans les eaux de l'Europe moyenne. Comme on le sait, la température du mois de mai dépassa la moyenne de 3 degrés en France et même dans le nord de l'Allemagne. Or, la *Germania* se mit en route vers la fin de mai avec un fort vent du sud et revint vers la fin de septembre. L'excès de la température persista au départ jusque sous 66° de latitude, et reparut au retour par 62°. L'été chaud de l'Europe paraît s'être étendu en longitude et en latitude jusqu'aux environs du cap Nord, et peut-être de l'île Baeren, tandis qu'une température inférieure à la normale se manifeste à partir de 72° ou 73° de latitude. En tout cas, l'expédition allemande observa une température plus basse que d'ordinaire à partir de l'île Baeren.

---

(1) Les observations de Vardö et de Hammerfest sont empruntées à un mémoire de M. Mohn publié à Christiania en 1870, sous le titre de *Oversigt over narges Klimatology*.

Les vents non moins que la température ont été contraires en 1868 à la navigation dans l'océan Arctique. Parry dit que le 15 juillet 1827, après vingt et une heures de forte pluie par 82°27′ de latitude nord et 18° 12′ de longitude est, alors que le thermomètre marquait 3°,1 centigrades à l'ombre et 8°,4 au soleil, il observa 22 degrés contre le rebord noirci de son canot en temps de calme, mais que, avec la moindre brise, la température tombait partout au-dessous de 4 degrés. De son côté, Scoresby rapporte que, se trouvant en avril 1822 à 150 milles à l'est de l'Islande, par 64° 30′ de latitude, il rencontra des glaces flottantes amenées dans ces parages par de fortes tempêtes du nord-ouest, et que, vers la fin de mai, il traversa la glace à partir de 75° nord et 2° ouest, tandis que la *Germania* se trouva arrêtée par les glaces sous le même parallèle, par 10° de longitude à la même époque de l'année. D'après le journal du capitaine Koldewey, les calmes prédominèrent sur tous les autres vents pendant son voyage. Sur 773 quarts, — de quatre heures chacun, — ses registres en indiquent 117 de calme, 83 avec vent du nord, 65 avec vent du nord-nord-ouest, 46 avec le nord-nord-est. Or, si Parry a éprouvé par 82°30′ de latitude en temps de calme des températures assez fortes pour produire sur les champs de glace des flaques d'eau d'un pied de profondeur, à plus forte raison la *Germania* aurait-elle dû observer à 500 milles plus au sud, en face du Groenland, une fusion des glaces plus considérable si les conditions atmosphériques avaient été également bonnes en 1868. Lors même que cette année l'accumulation des glaces sur les côtes du Groenland n'aurait pas été plus considérable en quantité, elle est restée plus ferme par suite d'une moindre température, et la fréquence des vents du nord et du nord-est l'a resserrée contre le littoral. Scoresby a vu la glace se rompre plus aisément sous l'influence des vents d'ouest, de manière à rencontrer des banquises flottantes à 150 milles plus au sud, mais avec une navigation plus facile aussi.

La fréquence des vents du nord-est et du nord-ouest notés par la *Germania* n'a d'ailleurs rien d'extraordinaire. De même que les courants océaniques, les masses d'air plus mobiles obéissent partout aux lois de la pesanteur et subissent l'influence du mouvement de rotation du globe d'occident en orient. Dilatées sous le ciel ardent de l'équateur, les couches d'air s'élèvent dans cette zone au-dessus de la surface du globe en laissant des vides que tendent à remplir les masses adjacentes venant des pôles. Si la terre restait immobile, les courants de compensation afflueraient vers l'équateur sans dévier de leur méridien, le courant boréal allant en ligne droite vers le sud, le courant austral en ligne droite vers le nord, pour se rencontrer tous deux en face l'un de l'autre sous l'équateur. Mais il n'en est pas précisément ainsi. Par suite de la rotation du globe, la masse d'air affluant des pôles dévie de plus en plus vers l'ouest, en sens opposé du mouvement général de la terre. En conséquence, les courants polaires frappent obliquement le plan de l'équateur sous un angle aigu, celui de l'hémisphère boréal dans le sens du nord-est au sud-ouest, celui de l'hémisphère austral dans le sens du sud-est au nord-ouest.

Dans la zone arctique, la prédominance appartient donc naturellement aux vents du nord-est ou du nord-nord-est. Mais tandis que chez nous le vent tourne généralement dans le sens du soleil, le journal météorologique de la *Germania* constate des changements de vent en sens inverse du soleil, 15 fois avec tempête et 10 fois par un temps calme, contre des changements accomplis selon la marche du soleil, 6 fois seulement avec tempête et 6 fois par un temps calme. Ces changements de vent en sens inverse du mouvement apparent du soleil se sont manifestés dans le sud comme dans le nord de l'océan Glacial, tandis que les changements dans le sens du soleil se sont généralement accomplis au midi du 75° parallèle. Que conclure de ces faits, sinon que le vent du sud-ouest ne parvient plus guère à déborder le courant polaire au nord de 75° de latitude où les vents boréaux dominent presque toujours? Quant à la tendance du vent à retomber au nord-nord-ouest, contre le soleil, il faut l'attribuer à la proximité du pôle de froid occidental, c'est-à-dire de la région de plus basse température de l'été, dans l'Amérique septentrionale, avec une plus grande expansion de l'air vers le sud. Inutile d'ajouter que le point de moindre température ne se trouvent pas plus aux pôles terrestres que l'équateur ne correspond au plus haut degré de chaleur : dans l'hémisphère septentrional, le point le plus froid paraît se trouver en été dans l'archipel de l'Amérique polaire vers 66° 10′ nord et 85° 50′ ouest, et en hiver le plus grand froid règne près de l'embouchure de la Lena en Sibérie, autant du moins qu'on peut en juger par les observations faites jusqu'à ce jour.

Tout le monde sait comment les marins estiment la force des vents d'après une graduation de 0 à 12, les vents étant favorables à la navigation de 0 à 8, et 9 à 12 correspondant à des tempêtes. D'après les observations de l'expédition allemande, notées de quatre en quatre heures, la force moyenne de tous les vents observés pendant le voyage a été de 3,5, les temps de calme compris, et de 4,1 à l'exclusion de ceux-ci. La force moyenne des tempêtes n'a pas dépassé 8,4 dans l'intervalle du 24 mai au 30 septembre. En général, les vents froids ont paru plus forts que les vents chauds. Le journal porte tempête pour 54 quarts. Il y a eu calme pendant un quart sur sept et tempête pendant un quart sur quatorze, les tempêtes se terminant toujours par un calme parfait. La plupart des tempêtes se sont déclarées brusquement et ont fini vite, quelques-unes seulement ont persisté pendant plusieurs jours. C'est au large, vers le milieu de l'océan Glacial, qu'ont paru les plus grandes tempêtes, venues ordinairement du nord ou de l'est. L'échauffement considérable du sol dans les plaines de la Sibérie, et probablement aussi sur certains points du Groenland, doit susciter en opposition avec le froid de l'Océan des courants contraires sur de grandes étendues. Les eaux du gulfstream, en face des grands champs de glace, produisent de leur côté dans l'atmosphère d'autres conflits qui, pour être locaux, n'en sont pas moins violents. Tous les marins de l'océan Arctique parlent de ces courtes mais fortes tourmentes, qui sont une des particularités de cette région. Elles inquiètent les navires, surtout dans le voisinage des glaces, donnent ainsi une preuve manifeste de leur origine. M. Koldewey les note souvent, venant du sud-ouest sur le récif au sud des Spitzbergen, longeant le canal de Hinlopen sur la côte opposée, venant enfin de l'est dans les parages du Groenland. Peut-être ces coups de vent violents obéissent-ils à une forte aspiration de l'air vers les baies allongées, échauffées fortement du Scoresby-sound, du Davy-sound, de toutes ces découpures étroites qui pénètrent bien avant dans l'intérieur du Groenland.

Régis par les mêmes lois que les mouvements généraux de l'atmosphère, ces courants locaux peuvent néanmoins se produire dans des directions opposées et avec des caractères différents. C'est là un fait que nous observons dans les régions montagneuses de la France comme dans le voisinage des terres polaires. Or, selon les calculs de M. de Freeden et les observations de l'expédition, on obtiendrait entre la direction des vents et la température, la hauteur du baromètre, la pluie, les brouillards, la neige, les rapports que voici :

En face du Groenland, du 6 au 23 juin, entre 76° et 73° de latitude nord et 14° à 18° de longitude ouest.

VENTS.	HAUTEUR DU BAROMÈTRE.	TEMPÉRATURE.	BROUILLARD.	PLUIE.	NEIGE.
	millimètres.	degrés centigr.	heures.	heures.	heures.
Nord.......	752,3	0,06	17	»	45
Nord-est...	754,2	0,81	18	»	13
Est........	753,5	0,47	9	»	25
Sud-est....	752,6	— 0,34	8	2	22
Sud.......	757,4	— 0,90	»	»	6
Sud-ouest..	758,7	— 0,21	»	»	»
Ouest.....	756,4	1,02	»	»	»
Nord-ouest .	756,9	0,37	2	»	12
Calme.....	760,9	0,50	»	»	»

2° Dans le canal de Hinlopen, du 20 août au 12 septembre.

VENTS.	HAUTEUR DU BAROMÈTRE.	TEMPÉRATURE.	BROUILLARD.	PLUIE.	NEIGE.
	millimètres.	degrés centigr.	heures.	heures.	heures.
Nord.......	757,0	— 0,50	4	»	21
Est........	750,3	0,54	13	26	24
Sud-est....	758,5	— 0,71	13	6	7
Sud.......	759,8	— 0,31	2	»	»
Ouest......	759,9	0,88	4	»	»
Nord-ouest..	755,5	— 0,04	3	»	21
Calme.....	758,0	0,29	46	6	7

Ainsi, les vents les plus froids seraient celui du sud en face du Groenland et celui du sud-ouest dans le canal de Hinlopen, chaque fois selon la position des glaces dans les deux régions, tandis que le vent d'ouest venant de terre est le plus tiède. La neige et les brouillards viennent du nord et du nord-ouest jusqu'au sud-ouest. L'abondance de la pluie dans le détroit de Hinlopen, simultanément avec la neige et les brouillards correspondant au vent d'est, indique une eau en partie ouverte dans cette direction. Ajoutons cependant que ces résultats s'appuient sur des observations de trop courte durée pour avoir un caractère de précision absolue.

Pendant la campagne de la *Germania*, il y a eu enfin sur 100 quarts 17 quarts avec brouillard, 5 avec pluie, 10 avec neige et 2 seulement avec un ciel serein. Sur la côte du Groenland, le temps fut moins clément que dans les autres parages. Il y avait là par jour huit heures de brouillard tellement épais qu'on ne voyait pas devant soi à une longueur de navire, plus quatre heures de neige avec un peu de pluie. En juin, l'expédition ne vit pas une seule fois le ciel serein. Pendant une semaine passée en face du Groenland, il y eut quarante-six heures de brouillard, soixante-dix-sept de neige et trente-deux de pluie. Si dans une semaine de cent soixante-huit heures, il y en a eu cent trente-cinq d'un temps pareil, les trente-trois heures qui restent peuvent bien être prises par la transition de la neige à la pluie et du

brouillard à la neige. Du 10 au 13 septembre, les tourmentes de neige furent constantes pendant soixante-deux heures, avec des flocons d'un volume tel et si pressés que chaque heure il fallait en débarrasser le pont. Bref, la fréquence des brouillards et l'abondance des précipitations de neige et de pluie à la surface de l'océan Arctique s'expliquent par les grandes différences de température et d'humidité de l'atmosphère sous des méridiens très-rapprochés.

III. — HYDROGRAPHIE DE L'OCÉAN ARCTIQUE.

Les travaux de l'expédition allemande sur l'hydrographie de l'océan Glacial comprennent des sondages, des expériences sur la force et la direction des courants, des observations régulières sur la température de la mer près de la surface faites simultanément avec les observations sur la température de l'air. Ainsi, pendant le cours du voyage, la température de la mer à 12 degrés centigrades sur la côte de Norvége descendit rapidement à 5 degrés vers le nord. A la fin de mai comme dans les premiers jours de septembre, les observations indiquent seulement une diminution de 0°,6 de température pour chaque degré de latitude dans la direction du nord, contre une diminution de 0°,5 par degré de longitude de l'est à l'ouest. Comme à cette hauteur la distance d'un méridien ou bien d'un degré de longitude à l'autre équivaut à peine aux deux cinquièmes de la distance d'un degré de latitude au degré suivant, la diminution de température de la mer à la surface est réellement deux fois plus considérable de l'est à l'ouest que dans la direction du nord. Puis on constate dans cette région l'existence d'un courant allant au nord-nord-est et d'une largeur variable de 10 à 12 milles marins. Vers 68° de latitude et 2° 20′ à l'ouest du méridien de Paris devient insensible et subit par moments un refoulement latéral sous l'influence d'un courant froid contraire par 66° de latitude et 3° de longitude ouest. Sous le méridien de l'île Jan Mayen et vers le nord à partir de 71° de latitude, la température de l'eau oscilla entre 0° et 2°,5 centigrades dans l'intervalle de juin à septembre. Cette zone présente des glaces en fusion de plus en plus serrées à mesure qu'on va à l'occident : la surface de la mer forme là des bandes alternativement vertes et bleues, d'un vert sale pour les eaux plus froides, d'un bleu profond pour les eaux plus tièdes.

En face du littoral de la Norvége et bien au delà vers le nord, les isothermes ou les lignes d'égale température suivent à la surface de la mer un tracé sensiblement parallèle aux côtes, dirigées du sud au nord comme elles et de plus en plus écartées à mesure qu'on s'en éloigne. Le tracé de ces lignes varie selon les saisons, comme le montrent parfaitement les belles cartes isothermes du nord de l'Atlantique et de la zone polaire, récemment publiées par le docteur Augustus Petermann. Or, ces lignes, d'accord avec la direction des courants, mettent en évidence l'extension vers le nord d'une branche du gulfstream étroite, allongée, atteignant en été la latitude de 80° 10′ au nord-ouest des îles Spitzbergen avec une température de 3 degrés et plus. En hiver, autant qu'il est permis d'en juger à l'aide des observations déjà faites, l'isotherme de 3 degrés n'arrive pas jusqu'à l'île Baeren du côté du nord, mais bien au delà des côtes septentrionales de la Norvége, du côté de l'est. Un petit courant froid sépare les eaux tièdes du gulfstream des côtes occidentales des îles Spitzbergen, et ces mêmes eaux sont limitées à l'ouest par le grand courant glacial du pôle. Au delà de 80° de latitude, le courant tiède a une vitesse de 12 à 14 milles marins, et se trouve en partie dévié vers le nord-est par le courant polaire, pour disparaître dans les glaces par 81° de latitude et 13° de longitude orientale. Une partie de ces eaux de provenance méridionale paraît se diriger ensuite à l'orient, tandis que l'autre s'écoule vers le pôle, mais en s'éloignant de la surface pour compenser le courant froid. Sans aucun doute, les montagnes sous-marines qui relient les îles Spitzbergen à l'île Baeren influent beaucoup sur la marche des glaces et sur l'extension de la branche septentrionale du gulfstream.

Peu de géographes se font encore une idée nette de l'extension du gulfstream, quoique le développement de ce courant dans le nord de l'océan Atlantique soit déterminé par des observations nombreuses (1). Ce que tout le monde sait, c'est que le gulfstream a une température constante, été comme hiver, de 25 degrés centigrades depuis le détroit de Floride jusqu'à 37° de latitude. Au delà de ce point, ce beau fleuve de l'Océan, comme l'appelle Maury, se détourne de la côte d'Amérique pour s'avancer à l'est du méridien de Terre-Neuve jusqu'à 42° de longitude occidentale où sa température est encore de 24 degrés en juillet, égale et peut-être même supérieure à celle des eaux marines sous l'équateur en cette saison ; en janvier, elle descend à moins de 19 degrés. Après avoir embrassé un moment presque toute la partie septentrionale de l'Atlantique, une partie de ses flots viennent baigner les côtes d'Europe jusqu'au sein de la mer Blanche, jusque dans les parages des Spitzbergen et les enveloppent de tièdes effluves sans lesquelles l'Angleterre aurait le climat désolé du Labrador, tandis que la Scandinavie se couvrirait comme le Groenland de glaciers immenses. Grâce à lui, la mer conserve une température de 3°,2 par 71° 6′ de latitude à Fruholm, où cependant le soleil ne paraît pas pendant tout le mois de janvier, et sous le même parallèle où en Asie et en Amérique le froid règne au point de congeler le mercure durant plusieurs mois. La somme de chaleur que le gulfstream transporte avec lui équivaut à celle versée par le soleil sur une surface de huit millions de kilomètres carrés sous l'équateur.

A en juger d'après les sondages faits jusqu'à présent, le gulfstream formerait un courant d'une profondeur considérable jusqu'à son entrée dans la mer Glaciale. S'il en était autrement les glaces polaires aborderaient en Europe, où cependant aucun glaçon n'a encore touché l'extrémité septentrionale de la Norvége, tandis que dans l'hémisphère du sud les glaces polaires arrivent au delà de 40 degrés de latitude, à une distance de l'équateur égale à celle de la Méditerranée. J'ai dit que près des Spitzbergen la branche septentrionale du gulfstream se trouve déviée vers le nord-est par le courant polaire. De fait, les eaux polaires entament ses flots à trois reprises. Elles les refoulent d'abord à l'est de Terre-Neuve, puis à l'est de l'Islande, en s'épanchant au-dessus d'eux, après les avoir momentanément refoulés ou fait dévier, comme il arrive une troisième fois près de l'île Baeren. Dans ces derniers parages, les eaux froides passent encore au-dessus du gulfstream et s'écoulent à sa surface au moins pendant le mois de juillet, sauf à le laisser reparaître sur les côtes occidentales des Spitzbergen jusqu'à 82° 30′ de latitude nord, selon les

observations de Parry (1). Par suite de cette triple attaque des eaux polaires, les isothermes du gulfstream présentent en été, après le solstice, de profondes découpures dont la forme change complétement en hiver. Ces lignes indiquent un échauffement considérable des eaux à la surface de la partie septentrionale de l'Atlantique et du nord de l'Europe jusqu'aux Spitzbergen. En hiver, les lignes isothermes, plus régulières qu'en été, fixent la limite du courant froid aux environs de Terre-Neuve, tandis que le courant tiède du sud occupe tout l'espace compris entre cette île, l'Islande et le nord de la Norvége. La différence entre la température moyenne de l'été et celle de l'hiver sur cette limite est de 5 degrés seulement, l'isotherme de 7°,5 se substituant en été à celui de 2°,5 qui suit en janvier la même direction. Selon toute apparence, le gulfstream doit atteindre l'extrémité sud des îles Spitzbergen, même au moment des plus grands froids, mais on ne sait pas positivement quelle est la température exacte de ces parages en cette saison. Bien plus, nous ne connaissons pas la température des eaux qui baignent nos côtes de France, où cependant il serait facile de faire des observations régulières par les gardiens des phares.

L'expédition allemande ne s'est pas bornée à observer la température de la mer à la surface ; elle a cherché à la déterminer à différentes profondeurs chaque fois qu'elle en pouvait avoir l'occasion. Sous la latitude de Bergen, elle a trouvé ainsi une température uniforme sur 70 brasses de profondeur, à partir de la surface ; mais dans le voisinage du cercle polaire, par 68° de latitude nord et à 2° ouest, on trouva une diminution d'un quart de degré par 10 brasses jusqu'à une profondeur de 100 brasses, de telle sorte qu'à 100 brasses la mer avait une température de 2°,5 inférieure à celle de la surface. La profondeur réelle de la mer atteint dans cette région 600 brasses. Au point où le gulfstream s'écoule à son extrémité septentrionale au-dessus du courant polaire, le capitaine Koldewey trouva à la surface une température de 3°,9 centigrades, de 3°,1 à 40 brasses, et de 0° à 60 brasses, cela en été. Ainsi les bathothermes, ou les observations de température à différentes profondeurs, nous montrent dans la mer Glaciale la superposition de courants d'origines diverses s'écoulant l'un par-dessus l'autre dans des directions opposées. C'est ce qui arrive notamment aux abords du grand récif, de la chaîne de montagnes sous-marines comprise entre le sud des Spitzbergen et l'île Baeren, où le courant froid de la Nouvelle-Zemble, après avoir fait échouer une partie de ses glaces sur le récif, passe au-dessous du gulfstream pour se diriger vers le Groenland à l'ouest. Ce courant s'unit alors avec le courant polaire avec une vitesse moyenne de 12 milles allant au sud-ouest dans une mer profonde de 400 brasses en moyenne, pour former ensuite au-dessus du plateau sous-marin, entre le Groenland et l'Islande, cette accumulation de glace qui rend la navigation si difficile dans ces parages. Plus haut, par 76° de latitude, la branche extrême du gulfstream qui baigne les îles Spitzbergen s'écoule, d'après ces sondages attentifs, par-dessus un bassin de 1200 à 1400 brasses, dans une mer assez profonde pour recouvrir toute la France, avec ses montagnes, entre les Pyrénées et les Alpes. Cette branche a encore une température de 3 degrés

---

(1) Voyez une lecture de M. Grad sur les courants et les glaces des mers polaires dans la *Revue des cours scientifiques* du 23 février 1867, p. 203.

(1) Le docteur Berrels poursuivit la branche septentrionale du gulfstream, à l'est de l'île Baeren jusqu'à 76°,6′ nord, et lui trouva une température de 5°,1 en août 1869.

centigrades à une profondeur de 100 brasses par 80° 30′ de latitude, dans une région de la mer dont le fond descend à 2170 brasses, et où toutes les Alpes bernoises disparaîtraient sous les eaux sans même se déceler par un remou ou un faible tourbillon.

L'eau salée comme l'eau douce paraît avoir son maximum de densité à la température de 4 degrés centigrades. Plusieurs physiciens de cabinet et, parmi eux, Erman, Despretz, Marcet, Horner, Rosetti, affirment bien, d'après leurs expériences, que l'eau de mer atteint son maximum de densité à une température bien plus basse, variable entre — 3°,6 et — 5°,5 seulement. Mais les observations des marins les plus distingués, de Scoresby, de Beechey, de Dumont d'Urville, de James Ross, de Mac Clintock, faites dans les mers polaires, sont contraires aux résultats fournis par les éprouvettes de cabinet. En tout cas, des faits positifs semblent indiquer au fond des mers une température à peu près uniforme de 4 degrés comme dans nos lacs d'eau douce. Les recherches thermométriques indiquent d'un autre côté, dans les mers polaires, à partir de l'isotherme de 4 degrés à la surface, une température généralement de plus en plus faible de la surface vers le fond dans la direction du sud, tandis qu'au nord de cette ligne la chaleur augmente de haut en bas en sens inverse. On a déjà constaté dans cette zone trois couches d'eau ou trois courants superposés l'un à l'autre avec un degré de température tout différent. En somme, et malgré les variations de direction et de vitesse observées à diverses époques, les courants de l'océan Glacial se partagent en deux grandes branches superficielles de direction contraire et se compensant l'une l'autre. La branche froide ou le courant polaire dirigé du nord-est au sud-ouest occupe presque tout l'espace compris entre Terre-Neuve, le Groenland et les îles Spitzbergen. La branche chaude du gulfstream s'avance bien sur la côte occidentale des Spitzbergen jusqu'à une très-haute latitude, mais le courant froid le recouvre déjà sur une étendue considérable près de l'île Baeren, pour le laisser reparaître un peu plus haut après l'avoir séparé en deux branches, dont l'une va à l'orient pour rejoindre peut-être la mer libre des côtes de Sibérie en passant au nord de la Nouvelle-Zemble. Par contre, un autre courant froid vient aussi de ce côté, allant de l'est à l'ouest, échouant une partie de ses glaces flottantes sur le grand récif entre les Spitzbergen et l'île Baeren, traversant avec le gulfstream pour se porter vers le Groenland et se joindre à la grande masse des eaux polaires.

Entre les îles Spitzbergen et l'île Baeren, les montagnes sous-marines montent jusqu'à 20 mètres de la surface sur certains points. Par suite, les grands glaçons d'origine terrestre qui y échouent, amenés par le courant froid de l'est, y déposent des amas de rochers et de décombres pareils aux moraines terminales de nos glaciers des Alpes. Ces accumulations de pierres constituent de véritables moraines sous-marines, parmi lesquelles l'expédition allemande a recueilli de beaux échantillons de roches polies et striées par la glace en mouvement, et charriées par la mer à de grandes distances de leur point d'origine. Cette découverte est du plus vif intérêt pour la géologie et l'étude des dépôts erratiques. Quant aux montagnes sous-marines sur lesquelles s'arrêtent ces dépôts, elles ne relient pas seulement les Spitzbergen à l'île Baeren, mais elles se prolongent jusqu'au nord de la Norvége et forment du groupe des Spitzbergen une sorte de prolongement de la péninsule scandinave. Les sondages effectués par les savants suédois de 1861 à 1868 accusent une profondeur moyenne de 200 brasses pour la mer entre la Norvége et l'île Baeren : une seule fois la sonde y est descendue à 271 brasses; et de l'île Baeren aux Spitzbergen la profondeur est encore moindre, puisqu'on n'y a pas trouvé plus de 180 brasses au maximum. Au contraire, sur tout le littoral du nord et de l'ouest des Spitzbergen, l'Océan descend à des profondeurs énormes : le fond s'est trouvé à 1370 brasses à 60 milles de distance du groupe des Sept-Iles, et à 2650 brasses à 150 milles des côtes occidentales entre 76° et 79° de latitude. Le mont Blanc et toute la chaîne des Alpes disparaîtraient en entier dans ces abîmes.

Que de choses nous pouvons apprendre de ces sondages ! Tout d'abord ils mettent en évidence, avec l'absence de grands icebergs au nord des Spitzbergen, l'existence d'une mer profonde aû abords du pôle arctique. Puis, les magnifiques travaux entrepris de 1861 à 1868 par les expéditions suédoises sous la direction de MM. Nordenskjöld et Torell, nous ont révélé tout un monde nouveau avec une multitude d'espèces animales diverses à des profondeurs jusqu'ici inconnues. A la suite des recherches de Forbes dans le bassin classique de la mer Egée, les naturalistes ont pensé que le nombre des espèces animales vivant au sein des mers diminue progressivement à partir de la surface, et qu'à 300 brasses de profondeur la vie est impossible. Mais voici qu'en 1861, au même moment où M. Alphonse Milne Edwards annonçait en France l'existence dans les eaux de la Méditerranée, à une profondeur de 1000 brasses, de différents mollusques acéphales vivant avec des gastéropodes et de nombreux coralliaires, le docteur Torell découvrit à la même profondeur, au sein même de l'océan Glacial, une profusion inattendue d'animaux dont personne ne soupçonnait l'existence dans ces abîmes où toute trace de lumière a disparu et sous l'énorme pression de 200 atmosphères. Dès le premier coup de sonde jeté à 2000 mètres de profondeur et au delà, les filets se remplirent dans la mer au nord des îles Spitzbergen d'une multitude de mollusques et de coquillages des genres *Tellina*, *Yoldia*, *Astarte*, *Tritonium* mêlés d'annélides aux vives couleurs, telles que des *Terebella*, des *Nephthys*, des *Phyllodoce*, tandis que de singuliers crustacés de la famille des *Cuma* fourmillaient dans l'argile mêlée de sable amenée du fond des mers. La première expédition allemande n'a pas poussé ses sondages à plus de 400 brasses, mais la mission nouvelle qui parcourt en ce moment le bassin polaire a déjà fait des observations à plus de 1200 brasses avec des appareils spéciaux, et s'occupe avec un soin particulier de l'étude du monde animé du fond des mers. Je ne terminerai pas d'ailleurs, à l'occasion de la lutte déplorable dans laquelle nous sommes engagés contre l'Allemagne, sans appeler l'attention de la Société de géographie sur l'expédition actuelle des Allemands au pôle Nord, afin de sauvegarder les navires qui la composent, comme nous avons fait pour l'expédition de la *Novara* lors de la guerre d'Italie. Non-seulement la science est neutre, mais nous devons la considérer comme l'alliée de tous les peuples, comme une médiatrice dans les sanglants conflits qui nous divisent, et seule capable d'atténuer de plus en plus les maux qui en résultent pour l'humanité.

Charles Grad.

ACADÉMIE DES SCIENCES DE PARIS

M. SÉDILLOT

Suite des indications relatives aux amputations faites à la suite de blessure par les armes de guerre (1). — Suites funestes de l'encombrement et de tout ce qui s'oppose à une parfaite aération des lieux, où sont reçus les blessés. — Conditions qui devront augmenter les chances de guérison; mesures proposées à cet effet.

L'affreuse mortalité des blessés par armes de guerre appelle l'attention de tous les amis de la science et de l'humanité, et je suis certain de la sympathie de l'Académie en vous entretenant de ce sujet. La question « de la conservation des blessés » devrait être mise et rester à l'ordre du jour des Académies et des Sociétés de médecine, et je voudrais que les propositions que j'ai l'honneur de vous soumettre pussent être adoptées ou remplacées par des dispositions mieux conçues et d'une plus complète efficacité.

L'étude du traitement et des résultats des blessures de guerre révèle douloureusement de profondes dissidences entre les hommes de l'art les plus éminents.

Le problème des amputations immédiates ou tardives, mis au concours par notre ancienne et glorieuse Académie de chirurgie, a seulement changé de terme et se débat entre les partisans de la conservation des membres, forcés de revenir, dans beaucoup de cas, aux amputations tardives, et ceux des amputations pratiquées immédiatement, dans le but d'éviter la nécessité d'y recourir pendant la période inflammatoire. On n'est d'accord ni sur les cas ni sur l'opportunité des amputations. Là où les uns ont éprouvé des revers, d'autres ont obtenu des succès, et l'art, hésitant et déconcerté, poursuit une doctrine et des règles qui semblent fuir devant ses recherches.

Le perfectionnement des armes de guerre et l'aggravation des blessures n'expliquent pas ces dissidences. Une cause semblable ne saurait produire des effets différents, et la raison doit s'en trouver dans des influences variables.

Le choix des méthodes et des procédés opératoires, l'habileté des chirurgiens modifient sans doute le nombre des guérisons, mais l'expérience démontre que la part en est faible, comparativement à celle des conditions hygiéniques, si néfastes parfois qu'aucun blessé ne survit. N'est-il pas évident que des hommes souffrants, affaiblis, attristés, accumulés dans des espaces étroits, infects et bientôt infectieux, sans air, sans aliments et sans eau potable, sont voués à une mort inévitable ? L'ouvrage de M. le docteur Chenu, couronné par l'Académie, n'en offre que des preuves trop répétées et trop lamentables.

Une vérité fondamentale s'est fait jour et n'admet plus de discussion. Il faut placer les blessés dans des conditions hygiéniques favorables, et pour cela les disséminer. Mais comment, dans quelles proportions, sur quelle étendue de territoire, par quels moyens leur assurer des soins médicaux ? Voilà ce qu'il importe d'établir...

En règle générale, tous les blessés sont transportables, et la preuve en est fournie par les champs de bataille, où il n'en reste pas un seul au bout de peu de jours.

Un autre fait digne de toutes les modifications est qu'un homme jeune, sain et bien constitué, placé dans des conditions hygiéniques favorables, échappe habituellement aux traumatismes les plus compliqués, comme la médecine de nos villages en offre de si remarquables exemples. Là est la source d'indications. Larrey et d'autres chirurgiens ont signalé avec une certaine surprise l'état inespéré de blessés transportés à de grandes distances en raison des nécessités de la guerre, et retrouvés en bonne voie de guérison. Le changement de lieux et une meilleure aération les avaient sauvés.

Des conditions différentes de salubrité sont donc les principales causes des succès et des revers des chirurgiens et de leurs dissidences. Si les amputations immédiates sont plus heureuses, c'est qu'à ce moment l'air n'est pas encore vicié. La mortalité des amputations faites pendant la période inflammatoire tiendrait à ce qu'elles ont eu lieu en pleine infection nosocomiale, et l'issue moins défavorable des amputa-

(1) Voyez le numéro précédent.

tions consécutives s'expliquerait, en partie au moins, par un commencement d'assainissement des localités, débarrassées par la mort d'un encombrement fatal.

Pour éviter de pareils désastres, assurer dans les plus larges limites le salut des blessés, et ne sacrifier que les membres condamnés par une expérience unanime, nous proposons les mesures suivantes :

1° Les blessés seront assez écartés les uns des autres pour prévenir par ce seul fait la viciation des localités et de l'air ambiant.

2° A cet effet, on pratiquera dès le premier ou le second jour de la blessure les amputations et les résections que l'opinion unanime des hommes de l'art rend indispensables, et l'on appliquera le principe de la conservation, au moins provisoire, dont on fera courir les chances heureuses aux blessés, dans tous les cas où il y aurait doute et hésitation.

3° Ces opérations terminées et les appareils et les bandages exigés par la nature des lésions étant placés, on dirigera sur des lieux désignés à l'avance un nombre déterminé de blessés, répartis aux distances réglementaires qui auront été fixées. Deux personnes seulement pourront occuper une même chambre suffisamment espacée. C'est un moyen de société, de protection et de confiante intimité dont les malades se trouvent généralement bien.

4° Les plus longs transports seront supportés par les moins souffrants. Ceux dont l'état exige le plus de ménagements et de soins seront envoyés de préférence dans les cités universitaires.

5° Les blessés recevront leur solde de guerre jusqu'à guérison, pour alléger volontairement les charges de ceux qui les recevront, ou améliorer comme ils l'entendront leur situation. Tous auront la faculté de se faire transporter, sans frais à leur charge, dans leur famille ou chez les parents et les amis qui les réclameront, et dont les moyens d'installation seront reconnus favorables. Les blessés non réclamés seront placés chez les personnes qui auront offert de les recevoir. Si cette hospitalité spontanée était insuffisante, on la rendrait obligatoire, avec des conditions de surveillance confiées à des commissions spéciales.

6° Les visites, pansements et opérations seront gratuits, et le gouvernement en réglera les honoraires, d'après un tarif général, aux hommes de l'art dont le choix sera libre. Les mêmes dispositions s'appliqueront à la fourniture des médicaments.

7° Le brassard de la Société internationale sera remis aux nobles femmes que la charité et le dévouement décideront à se consacrer aux soins des blessés. Des instructions et une organisation spéciales seront assignées à cette vaste confrérie de secours.

8° Une commission nommée par l'Institut, l'Académie de médecine, le conseil de salubrité de Paris et le conseil supérieur de santé des armées établira d'urgence les règles de la dissémination des blessés; les distances à maintenir entre eux; la situation isolée et salubre des localités qui leur seront affectées; le minimum de cubage d'air reconnu indispensable; le choix, dans les villes, des maisons à proximité des places, des jardins, des espaces libres; les indications relatives au régime alimentaire, aux vêtements, aux premiers secours, aux pansements, aux opérations.

9° Les préfets, sous-préfets, maires, curés, pasteurs, médecins, membres des conseils général et municipal, les sociétés médicales, les associations religieuses et de charité veilleront, dans les limites de leur compétence, à ce que rien de ce qui touche à la santé des blessés ne soit négligé.

10° Un rapport sur la nature des blessures, des complications et accidents, et des résultats définitifs du traitement sera fourni par le médecin traitant, et permettra, avec les renseignements officiels de l'autorité militaire, de compléter l'histoire de chaque cas particulier et d'arriver à des statistiques du plus haut intérêt pour les indications opératoires, la gravité relative des blessures et les moyens les plus assurés de la guérison.

Conclusion. — L'adoption de ces mesures nous paraît le plus sûr moyen de sauver des milliers de blessés et de prévenir une multitude de mutilations imposées à l'art par les fatales conditions d'encombrement, d'insalubrité et d'insuffisance de soins que déplorent l'humanité et la science.

Le propriétaire-gérant : GERMER BAILLIÈRE.

PARIS. — IMPRIMERIE DE E. MARTINET RUE MIGNON, 2.

FACULTÉ DE MÉDECINE DE PARIS

CONFÉRENCE DE M. BOUCHARDAT

L'hygiène de Paris pendant le siége

Aux maux de la guerre viennent se joindre, dans une ville assiégée, ceux des maladies ; prévoir ces derniers, les éloigner le mieux possible, voilà le rôle élevé qui incombe à l'hygiène.

Les difficultés augmentent avec les dangers et les privations. C'est dans ces graves conjonctures qu'il importe d'écarter les sujets secondaires pour ne s'arrêter qu'aux principaux, qu'à ceux que l'observation a éclairés, et en s'inspirant toujours des nécessités de la situation et du moment.

Voici l'énoncé des différentes questions que je me propose de traiter très-sommairement aujourd'hui, me réservant d'en aborder quelques-unes séparément, en donnant pour chacune d'elles les preuves fournies par l'observation et l'expérience :

1° Des maladies des villes assiégées ; 2° de l'état sanitaire actuel de Paris ; 3° de la direction de l'alimentation publique ; 4° de l'influence des émotions morales sur la santé.

La conférence d'aujourd'hui sera donc une sorte d'introduction à l'hygiène du siége.

Il est une solution de ces redoutables problèmes qui, en se plaçant au point de vue élevé de l'hygiène, est nettement indiquée.

Cette solution, j'ai insisté vivement du haut de cette chaire sur *son absolue nécessité*, quand le typhus dévorait nos soldats en Crimée, quand les fièvres et la dysenterie frappaient dans le royaume lombardo-vénitien nos troupes, qui se battaient si vaillamment pour un peuple que l'histoire célébrera plus pour avoir reconquis son unité que pour sa gratitude. Je réclamais aussi avec énergie cette solution quand la fièvre jaune décimait nos soldats et nos marins dans les terres chaudes du Mexique.

Mais aujourd'hui les conditions ne sont plus les mêmes ; il est deux sentiments qui doivent tout primer : l'honneur du pays, l'amour de la patrie.

Maladies des villes assiégées.

Les maladies des villes assiégées sont ou chirurgicales ou médicales.

Les blessures par armes de guerre touchent à de graves sujets hygiéniques : la genèse des maladies qui les suivent, les moyens de les prévenir, l'étude comparée des principaux désinfectants, la ventilation, le pansement des plaies par occlusion, les ambulances.

VII.

La question des ambulances et des hôpitaux de blessés est aujourd'hui une des plus urgentes, car si jusqu'ici la guerre autour de Paris a été presque exclusivement défensive, d'un jour à l'autre elle peut changer de caractère et créer des besoins comparables à ceux que Metz a éprouvés, mais avec infiniment moins de ressources que celles dont nous pouvons disposer.

Des difficultés très-sérieuses se présentent au point de vue des soins les meilleurs à donner aux blessés, car on se heurte de prime abord contre deux exigences qui ne peuvent se concilier qu'à l'aide de mesures parfaitement étudiées : 1° la toute-puissance de la dispersion ; 2° les soins éclairés et suffisants que la dispersion rend très-difficiles.

La loi hygiénique se rapportant aux blessés est aussi bien démontrée que précise ; elle se résume en un mot : isolement.

Un blessé isolé a beaucoup plus de chances d'éviter l'infection purulente, l'érysipèle traumatique, la pourriture d'hôpital, qu'un blessé soigné dans une salle encombrée.

D'un autre côté, peut-on trouver assez de chirurgiens autorisés, familiarisés avec les grandes opérations, secondés par des aides habiles, munis des appareils convenables à chaque cas, pour pourvoir aux nécessités de la dispersion ?

Nous consacrerons la prochaine séance à l'examen attentif de ces graves questions hygiéniques qui surgissent lorsqu'il s'agit de l'encombrement nosocomial des blessés ; nous chercherons à apprécier l'influence de la ventilation, des désinfectants, et du suprême remède, la dispersion, dont depuis vingt ans nous ne cessons de proclamer la puissance.

Pathologie médicale des villes assiégées. — La pathologie spéciale des villes assiégées peut se ranger sous quatre groupes principaux : le premier comprendra les maladies causées par les faits de guerre ; le second, celles dont l'aggravation est déterminée par la réunion dans un centre très-populeux d'un grand nombre de personnes non acclimatées ; le troisième, celles causées par les privations, les souffrances, les mauvaises conditions hygiéniques imposées par les nécessités du siége ; le dernier enfin, les maladies obsidionales proprement dites.

Nous traiterons, je vous l'ai dit en parlant des ambulances, des maladies causées par les faits de guerre.

Toutes les fois qu'un grand nombre d'habitants non acclimatés arrivent simultanément dans une grande ville, on peut prédire, pour ainsi dire à coup sûr, qu'il périra davantage de jeunes enfants de la rougeole et de la scarlatine, que la fièvre typhoïde sévira avec plus d'intensité sur les jeunes hommes, et que les uns et les autres fourniront de plus nombreuses victimes à la variole.

Toutes ces indications, sur lesquelles j'avais insisté avant l'investissement, se sont vérifiées. Je redoutais un contingent plus élevé de mortalité pour la fièvre typhoïde que celui que nous avons subi; mais pour la variole mes prévisions n'ont été que trop confirmées. Dès que je vis dans l'*Officiel* l'annonce de l'arrivée des mobiles à Paris, j'ai pensé que beaucoup d'entre eux n'étaient pas vaccinés. J'ai demandé au conseil de salubrité qu'on procédât sans retard à des vaccinations générales. Mais tant de choses étaient à accomplir qu'il a fallu aller au plus pressé, et les vaccinations ont malheureusement été retardées. Les habitants réfugiés des communes voisines sont venus augmenter les dangers et aussi l'intensité de l'épidémie.

Si nos ennemis ne sont pas vaccinés, je leur prédis que la variole ne les épargnera pas plus que les autres maladies contagieuses qui s'augmentent par l'encombrement; j'annoncerais même avec certitude qu'il en périra un grand nombre, autour de Paris, de la fièvre typhoïde, si nous n'étions pas dans une de ces phases pendant lesquelles cette maladie paraît ne pas se développer avec une grande intensité.

Les maladies déterminées par les privations, les souffrances, les mauvaises conditions hygiéniques, imposées par les nécessités du siége, peuvent être des maladies aiguës qui révèlent immédiatement leurs funestes influences, ou des dégradations physiques qui préparent l'invasion des maladies chroniques les plus meurtrières. Parmi les maladies aiguës viennent au premier rang celles causées par des refroidissements non suivis de réaction.

Tous nos gardes nationaux aux remparts ne sont pas habitués à endurer sans se glacer le froid des nuits de novembre; les pauvres ménagères qui stationnaient de longues heures à la porte des boucheries ne se réchauffaient pas aux vents, à la pluie : aussi, les bronchites, les pneumonies, les rhumatismes articulaires, font-ils deux fois plus de victimes que dans les conditions ordinaires.

Les jeunes enfants privés de l'alimentation appropriée à leurs organes sont frappés en grand nombre par cette diarrhée lientérique qui en enlève tant aujourd'hui.

Les adultes, par suite aussi et de changement de régime et de refroidissements, en sont également atteints, et de plus, parmi eux, la dysenterie se montre beaucoup plus commune. L'isolement des cas dans les divers quartiers de la ville, dans les campements, nous montre que nous n'avons point heureusement affaire à cette redoutable dysenterie spécifique contagieuse dont nous parlerons plus loin, et qui fait tant de victimes dans les camps et dans les villes assiégées.

Le froid, une nourriture insuffisante, conduisent sûrement à cet état de l'économie que j'ai désigné sous le nom de *misère physiologique*, et qui prépare, les conditions d'âge étant favorables, des victimes assurées à la scrofule et à la tuberculisation pulmonaire. Certes, c'est un très-nombreux contingent de victimes innocentes dont les auteurs de cette guerre devront répondre devant Dieu et devant les hommes.

Les maladies obsidionales proprement dites, celles qui ravagent les camps et les villes assiégées, sont le scorbut, la dysenterie spécifique, et par-dessus tout le typhus.

Je consacre, dans mon cours d'hygiène, plusieurs leçons à l'étude étiologique de ces redoutables maladies; si les circonstances le permettent, j'essayerai de les résumer dans les séances prochaines.

Je puis me borner aujourd'hui à quelques notions très-sommaires, me réservant de donner plus tard toutes les preuves. En parlant de l'alimentation, je dirai aujourd'hui quelques mots du typhus.

Deux facteurs sont le plus souvent nécessaires pour produire le scorbut : le premier, c'est l'alimentation insuffisante; le second, c'est la continuité du refroidissement à la périphérie, par le froid extérieur et par l'inaction. Exercer le corps pour se réchauffer, éviter le repos quand les vêtements sont humides, voilà les indications les plus sûres pour prévenir l'invasion du scorbut.

J'étudierai dans une séance spéciale les conditions où se développe la dysenterie contagieuse des camps; je me borne à vous dire aujourd'hui que cette maladie paraît se propager par des miasmes qui existent ou se développent dans les matières fécales des dysentériques.

Quand les gardes nationaux sont aux remparts et les mobiles dans leurs campements, il est de l'intérêt commun que l'ordre le plus grand règne pour la bonne tenue des lieux d'aisances improvisés. Les matières excrémentitielles doivent être ou régulièrement enlevées chaque jour, ou recouvertes de terre après avoir été désinfectées. Ces précautions prennent une très-grande importance quand quelques cas de dysenterie apparaissent dans le campement.

Un remède hygiénique très-efficace contre la dysenterie, dont le prix s'élève et qui pourrait peut-être faire défaut à Paris, c'est le sous-nitrate de bismuth, que feu mon collègue Monneret a si bien appris à manier. Jadis on en prescrivait des doses beaucoup trop faibles; il nous a montré que, pour réussir, il fallait employer des doses massives. Au lieu des 20 centigrammes qu'on ordonnait jadis, il en éleva la quantité jusqu'à 25 grammes et plus dans les vingt-quatre heures. Ces grandes doses peuvent être considérablement réduites, comme je l'ai démontré depuis longtemps, en administrant le sous-nitrate à l'état de division extrême. C'est une poudre insoluble qui s'étale dans les intestins et dont l'action désinfectante est d'autant plus sûre que la poudre est plus ténue. Grâce à cette manipulation, avec quelques grammes on guérit plus sûrement qu'avec les doses énormes encore employées. Les granules de sous-nitrate de bismuth de Mentel, la crème de Quesneville au sous-nitrate de bismuth, doivent leur efficacité à la division extrême du sous-nitrate. J'ai vu, rue Jean-Bausire, une très-petite usine qui réduisait sur un porphyre mû à la vapeur, du bol d'Arménie en pâte impalpable pour les doreurs sur bois. Cette usine doit être aujourd'hui inoccupée ; elle pourrait très-utilement servir à réduire le sous-nitrate de bismuth en pâte aussi fine et certainement très-efficace.

Après vous avoir fait connaître les maladies qui affligent les villes assiégées, il est important de savoir où nous en sommes aujourd'hui sous ce rapport.

De l'état sanitaire de Paris.

Pour se faire rapidement une idée aussi exacte que possible de l'état de la santé publique à Paris dans les conditions où nous nous trouvons, voici, selon nous, comme il faut procéder : 1° comparer le chiffre des décès dans la ville de Paris pendant le mois d'octobre 1869 et pendant le même mois 1870 ; indiquer la mortalité causée par les maladies régnantes pendant ces périodes; 3° apprécier d'après l'observation les motifs des différences.

Cette étude devra être complétée par la comparaison sanitaire de la semaine qui vient de s'écouler avec les précédentes. On saura de la sorte si les circonstances exceptionnelles dans lesquelles nous nous trouvons exercent une influence progressive.

Le chiffre total de la mortalité à Paris a été pendant le mois d'octobre 1869 de 3458, et de 7467 pendant le mois d'octobre 1870.

La différence, comme on le voit, est considérable, mais elle peut dépendre, comme je l'ai dit, de trois causes principales : 1° des faits de guerre ; 2° des maladies dont l'aggravation a été déterminée par la réunion à Paris d'un très-grand nombre de personnes non acclimatées ; 3° des privations, des souffrances, des mauvaises conditions hygiéniques imposées par les nécessités du siége. Avant de chercher à apprécier la part qui revient à chacune de ces influences, nous allons donner le tableau contenant le relevé des décès causés par les principales maladies pendant les mois d'octobre 1869 et 1870. Notons que nous ne possédons aucune donnée rigoureuse sur les chiffres de la population de Paris en octobre 1869 et en octobre 1870. Si un grand nombre de personnes ont abandonné la ville avant l'investissement, nous pensons qu'un nombre d'habitants beaucoup plus considérable y est entré, soit comme réfugiés des communes suburbaines, soit pour prendre part à la défense.

Relevé des décès causés par les principales maladies régnantes pendant le mois d'octobre 1870, comparé au mois d'octobre 1869.

	1869	1870
Variole	40	1423
Scarlatine	26	49
Rougeole	22	47
Fièvre typhoïde	110	251
Scorbut	»	»
Erysipèle	28	45
Bronchite	177	287
Pneumonie	178	282
Diarrhée	70	356
Dysenterie	18	128
Choléra	8	9
Angine couenneuse	24	26
Croup	32	26
Affections puerpérales	26	33
Autres causes	2697	4505
Total	3458	7467

Dans le chiffre des autres causes se trouvent compris 334 militaires décédés des suites de blessures.

Parmi les maladies qui ont fourni des nombres plus élevés aux chiffres des décès par suite de l'encombrement à Paris d'un grand nombre de personnes non acclimatées, il faut noter la variole, la scarlatine, la rougeole, la fièvre typhoïde. Le chiffre de léthalité de toutes ces maladies a progressé, mais dans des proportions très-différentes pour chacune d'elles.

Le chiffre des décès causés par la variole s'est élevé de 40 à 1423.

Au mois d'octobre 1869 nous étions au début de cette épidémie qui a fait tant de victimes à Paris dans l'année qui vient de s'écouler.

Dès cette époque, j'annonçais à l'Académie de médecine (1) sa menaçante invasion et j'indiquais les mesures qui me paraissaient les plus efficaces pour la prévenir. Malheu-

(1) *Bulletin de l'Académie de médecine,* 1869.

reusement elles n'ont pas été appliquées. Elles consistaient alors, comme aujourd'hui, à vacciner et revacciner avec énergie, et à confiner les varioleux dans des hôpitaux spéciaux et isolés.

Le nombre des décès par suite de scarlatine était de 26 pour le mois d'octobre 1869 ; il a été de 49, près du double, pour le mois d'octobre 1870 ; il en est de même de la rougeole, dont le nombre de 22 s'est élevé à 47. La progression de la fièvre typhoïde a été plus considérable : 110 en octobre 1869, et 551 en octobre 1870.

Ces résultats étaient prévus ; dès que des jeunes enfants et des jeunes hommes non acclimatés entrent en grand nombre dans un centre populeux, on peut prédire une aggravation dans les chiffres des décès causés par ces maladies.

Quelle a été l'influence des mauvaises conditions hygiéniques, des privations, des souffrances imposées par les nécessités du siége ?

Nous voyons les chiffres des décès causés par les maladies déterminées par les refroidissements s'élever, pour la bronchite, de 177 à 287 ; pour la pneumonie, de 178 à 282.

Nous trouvons là de puissantes raisons pour insister sur les recommandations déjà souvent formulées par le comité d'hygiène, d'éviter les longs stationnements à la porte des boucheries, et de protéger le mieux possible nos différents corps de troupes contre le froid.

Si nous arrivons maintenant aux maladies déterminées par une alimentation insuffisante ou non appropriée à l'appareil digestif, et qui éclatent souvent aussi sous l'influence de refroidissements, nous observons une très-notable aggravation. Ainsi, le chiffre des décès par suite de diarrhée, qui n'était que de 70 en octobre 1869, a atteint en 1870 le chiffre de 356 ; celui de la dysenterie s'est élevé de 18 à 128.

Ces nombres montrent combien le comité d'hygiène a eu raison de se préoccuper si fortement du lait, de l'alimentation des jeunes enfants, et de la bonne tenue des lieux d'aisances des différents corps de troupes.

Nous devons terminer ce rapide exposé par une consolante remarque, c'est que les maladies (scorbut, typhus, dysenterie contagieuse) qui déciment les camps et les villes assiégées, ne se sont point encore montrées à Paris, et pour le choléra nostras le chiffre est presque le même pour les mois d'octobre 1869 et 1870, 8 pour le premier et 9 pour le second.

Comparons maintenant les trois semaines qui viennent de s'écouler.

Bulletin hebdomadaire des décès causés par les principales maladies régnantes, d'après les déclarations à l'état civil à Paris.

Causes de décès.	Du 23 au 29 octobre 1870.	Du 30 oct. au 5 nov. 1870.	Du 6 au 12 nov. 1870.
Variole	378	380	419
Scarlatine	9	6	7
Rougeole	5	12	9
Fièvre typhoïde	62	63	62
Erysipèle	8	11	7
Bronchite	77	72	82
Pneumonie	71	69	79
Diarrhée	99	87	71
Dysenterie	49	32	39
Choléra	1	1	1
Angine couenneuse	7	9	14
Croup	5	6	5
Affections puerpérales	8	12	6
Autres causes	1090	1004	1064
Total	1878	1762	1885

La comparaison des bulletins hebdomadaires des décès à Paris, des trois dernières semaines, accuse les résultats suivants :

Le nombre total des décès pour la dernière semaine de novembre était de 1878; il est de 1762 pour l'avant-dernière, et de 1885 pour la dernière.

Le chiffre des morts causées par la variole était de 378, il est à peu près égal pour l'avant-dernière semaine, 380; il s'est élevé la dernière à 419. Celui de la fièvre typhoïde était de 62, il est encore de 61 et 62. La scarlatine est restée de 9 à 6-7, et par contre les décès par suite de rougeole se sont élevés de 5 à 12, puis ils sont descendus à 9.

Les maladies de poitrine déterminées par le refroidissement étaient descendues, pour la bronchite, de 77 à 72; elles se sont relevées à 82; et pour la pneumonie, de 71 à 69, elles ont également monté à 79. Les cas de diarrhée et de dysenterie ont subi également une diminution. La diarrhée est descendue de 99 à 87-91, et la dysenterie de 49 à 32-39.

Ces comparaisons confirment nos résultats généraux; elles montrent que, malgré le chiffre élevé de la mortalité, l'état sanitaire de Paris est aussi satisfaisant que possible pour les conditions dans lesquelles nous nous trouvons.

De l'alimentation.

L'alimentation, voilà ce qui à bon droit doit nous préoccuper. Nourrir sans ravitaillement une ville de deux millions d'âmes, quel redoutable problème !

Étudier les moyens d'employer utilement toutes les ressources, prévoir et faire connaître les maladies que la continuité de la privation engendre, celles qui naissent fatalement sous l'influence de la famine, tels sont les graves sujets que le médecin hygiéniste doit aborder.

Il est un point éminemment pratique, technique, pour ainsi dire, et sur lequel chacun de nous a un peu médité : c'est celui qui consiste à employer le mieux possible, pour la conservation de la santé, le peu qui nous reste, et de trouver des ressources dans les matières premières qui, dans les temps ordinaires, n'intervenaient pas dans l'alimentation. Nous consacrerons, si d'ici là nous ne sommes pas ravitaillés, une séance entière à développer tous ces détails.

Résumons maintenant en conseils sommaires les faits principaux qui se rapportent à l'alimentation.

La conservation, l'aménagement, la distribution équitable, l'emploi intelligent de toutes les substances alimentaires, voilà des questions qui ont une importance capitale dans une ville assiégée.

Occupons-nous d'abord de la conservation.

Parmi les matières premières de l'alimentation, les unes, comme le blé, le riz, le vin, le café, le cacao et le chocolat, les viandes bien salées ou fumées, les conserves alimentaires, peuvent se garder indéfiniment; les autres, telles que les pommes de terre, les légumes, les œufs, les fromages, les viandes imparfaitement salées, peuvent s'altérer, et, par conséquent, se perdre. Il importe donc de les consommer d'abord et de les visiter régulièrement. Cette recommandation est plus essentielle pour les aliments conservés dans des locaux obscurs et étroits. Ces visites doivent être faites journellement par les citoyens qui possèdent ces provisions; l'administration a organisé un service qui fonctionnera régulièrement pour tous les magasins généraux.

Les farines, le blé, le vin, ces matières fondamentales d'une bonne alimentation, existent heureusement à Paris en quantités assez élevées pour endurer un long siége ; les réserves d'animaux vivants ne sont pas en rapport avec celles du blé, des farines et du vin.

Le gouvernement de la défense nationale a donc très-sagement fait d'aménager ces ressources, et de ne livrer journellement à la consommation qu'un nombre limité d'animaux.

Les habitants des campagnes ne consomment pas en moyenne, en France, 76 grammes de viande par jour; ils ne se portent pas plus mal que les habitants de Paris, qui en usent trois fois plus. La proportion de viande peut donc être beaucoup diminuée sans aucun dommage pour la santé.

La réduction dans les quantités de viande commande une distribution égale entre tous les citoyens. Les mairies de Paris prennent ou ont pris les mesures les plus efficaces pour atteindre ce résultat désirable.

Nous arrivons à l'énumération des ressources que nous avons trouvées.

En temps ordinaire, beaucoup de matières animales étaient ou perdues, ou converties en engrais, ou destinées à diverses industries; il importe aujourd'hui de tout utiliser ce qui est sain pour l'alimentation.

La viande de cheval, qui était à tort si négligée par les travailleurs, est maintenant recherchée par tout le monde. Il ressortira de cette grande expérience, faite pendant le siége, qu'il n'est pas de nourriture animale plus substantielle et plus saine. Les os, qui contribuent si efficacement à la qualité du bouillon, ne sont pas épuisés de leurs principes nutritifs lorsqu'ils sortent de la marmite ; ils peuvent y être remis deux ou trois fois avec grand profit, pourvu qu'on ne les laisse point sans nouvel emploi assez de temps pour qu'ils s'altèrent.

Le sang des animaux de boucherie était depuis longtemps transformé en produits industriels; aujourd'hui il est tout converti en boudin d'une qualité égale au meilleur boudin de porc. Il importe de ne pas faire de provision de cet aliment éminemment réparateur, et de le consommer le plus frais possible.

Le beurre de Normandie ne nous arrive plus, mais toutes les graisses des animaux de boucherie sont converties en graisses de bouche qui remplissent exactement le même rôle que lui pour tous les usages culinaires. Ce beurre animal a rendu d'immenses services à nos soldats en Crimée ; on l'expédiait de Paris dans les pays producteurs du beurre, qui se trouvaient très-bien de cet échange. Au reste, dans toutes les cuisines méridionales, le beurre est remplacé par l'huile, et nous en avons de suffisantes provisions.

Une ressource des plus précieuses, et qui ne nous manquera pas, c'est le vin ; un demi-litre de cette fortifiante boisson avec du pain, un peu de viande ou de poisson salés, peuvent constituer un régime très-convenable pour entretenir la santé.

Un peu d'eau-de-vie est efficace pour réchauffer le garde national pendant son séjour au rempart ; mais l'abus de l'eau-de-vie, des liqueurs fortes, est funeste à tous les titres. Si en temps ordinaire l'intempérance est condamnable, en temps de siége c'est un crime.

Le lait ne fait pas complétement défaut, mais la quantité dont on dispose est considérablement diminuée ; il faut le réserver pour les jeunes enfants, les malades et les convalescents. Pour suppléer à son insuffisance, une décoction épaisse de gruau de Bretagne convient, et mieux encore, tant que cela sera possible, un lait artificiel préparé en battant bien un œuf avec 100 grammes d'eau tiède, une très-petite pincée de sel et 6 grammes de sucré.

Seugnot a préparé du chocolat avec une forte décoction de gruau ; cette boisson, conservée par le procédé d'Appert, peut tenir lieu de lait pour les adultes ; les jeunes enfants eux-mêmes s'en trouvent très-bien.

L'usage d'une infusion de café noir termine agréablement le repas, et de plus, permet de rester bien portant avec une ration réduite. Les magasins de Paris ont d'abondantes provisions de café.

Le tabac est utile au soldat oisif ; mais aujourd'hui que son temps a un noble emploi, la consommation peut en être diminuée sans inconvénient.

Parmi les condiments, le sel, le poivre, l'ail, les échalottes, existent en quantité suffisante ; ils sont très-précieux pour donner une saveur appétissante aux mets les plus ordinaires. Qui au village n'a fait un excellent déjeuner avec des croûtes de pain frottées d'ail ?

Nous étions menacés, comme beaucoup de villes assiégées, de manquer de sel, mais grâce à l'énergique intervention de M. Henri Sainte-Claire Deville, on a pu en faire entrer à Paris des quantités considérables avant l'investissement.

On distribuera peut-être bientôt des viandes salées. Quelques personnes pourraient redouter le scorbut, mais qu'elles se rassurent : si l'usage continu des viandes salées est une des préparations les plus certaines au développement de cette maladie, il faut en user pendant plus de temps que nous ne le ferons, puis le vin complète heureusement l'alimentation par les viandes salées. A côté de la cause prédisposante nous aurons le meilleur préservatif.

Pour boisson, il n'est pas d'eau meilleure que l'eau de Seine filtrée. On peut boire également les eaux de nos puits quand elles n'ont pas d'odeur et de saveur désagréables. Bien longtemps les boulangers et les brasseurs les ont préférées pour fabriquer le pain et la bière aux eaux de la Seine et du canal. Elles sont dures et ne conviennent pour savonner ou cuire les légumes que lorsqu'on y ajoute une cuillerée à café de sel de soude (carbonate de soude) pour 10 litres d'eau.

Après ces notions générales sur l'alimentation pendant le siége, il ne me reste plus à vous parler que des effets de la famine, car je vous ai déjà dit combien de morts lentes par les scrofules et la phthisie étaient préparées par les privations que nos ennemis imposent à tant d'êtres inoffensifs, femmes et enfants.

Pour la famine, les résultats définitifs les frapperont peut-être plus que nous ; je vais vous dire comment :

Je tiens à établir nettement quelle épouvantable responsabilité prennent les hommes qui, dans le XIXᵉ siècle, ont formé le projet de réduire par la famine une ville contenant deux millions d'habitants. Je suis persuadé qu'ils ne connaissaient pas la portée de cette menace.

Quand je répéterai devant vous tout ce que j'expose depuis bientôt vingt ans dans mon cours d'hygiène, comme moi vous serez convaincus que le typhus naît *fatalement* quand ces deux conditions sont réunies : *famine, encombrement*. Si nous subissons la famine, certes la condition d'encombrement existe.

Je vous démontrerai aussi que ce terrible fléau ne borne jamais ses ravages à la ville assiégée, mais qu'il s'étend par *contagion* à l'armée assiégeante ; qu'il frappe alors aussi bien

ceux qui sont le mieux nourris que les affamés. Quelques semaines suffisent pour réunir dans les cimetières, assiégés et assiégeants.

Ce que je dis de la genèse et de la marche du typhus, je le dis avec autant de certitude que j'en avais lorsque j'ai annoncé, à l'arrivée des mobiles, la grave recrudescence de l'épidémie de la variole.

Je ne sais si ces terribles épreuves nous sont réservées, mais plus elles seront cruelles, mieux on en gardera le souvenir ; plus la génération qui nous succédera prendra de virilité, de vertus républicaines, et fera d'efforts pour que de pareilles catastrophes ne se renouvellent plus.

Émotions morales.

Le sujet que je viens d'esquisser est bien fait pour faire naître de grandes émotions morales ; il me reste à vous parler de l'influence de ces dernières.

Dans les villes assiégées, surtout dans les périodes extrêmes, les émotions morales ont une grande influence sur la santé publique ; ces émotions doivent être et plus vives et plus redoutables dans une ville comme la nôtre, qui renferme deux millions d'habitants ; où se trouvent réunies tant de conditions si disparates ; où les privations, les souffrances, les inquiétudes de toutes sortes, s'attaquent à l'envi à tous les citoyens.

L'alternative subite de bonnes et de mauvaises nouvelles, la plupart du temps controuvées ou exagérées, à leur suprême puissance, peuvent suffire pour ébranler les âmes les mieux trempées ; d'où ces affaissements, ces troubles d'esprit, ces révoltes insensées qui peuvent conduire à de si déplorables résultats.

Reconnaissons cependant que l'attitude générale de la population de Paris a été admirable. Depuis l'investissement, elle ne paraît animée que d'une seule pensée : repousser l'ennemi.

Si la santé morale a tant à souffrir des émotions du siége, la santé physique peut aussi avoir quelque chose à en redouter.

Je me contenterai de citer ici trois autorités, pour vous montrer l'influence des affections morales sur la gravité et la fréquence des maladies.

Vandermye (1) a donné des observations aussi curieuses que variées sur l'effet des passions de l'âme pendant le fameux siége de Breda.

Les mauvaises nouvelles augmentaient prodigieusement le nombre des victimes, et les nouvelles agréables en arrêtaient les progrès.

Dans l'expédition de l'amiral Anson (2), cruellement éprouvée par la maladie, on a observé que lorsqu'il arrivait quelque accident qui faisait perdre aux soldats l'espérance de revoir leur patrie, aussitôt la violence du mal augmentait de la façon la plus remarquable.

Lind (3) a donné un extrait curieux du journal de M. Yves. En arrivant dans la rade d'Hyères le vaisseau comptait 90 malades. Nous apprîmes, dit Yves, que nous étions à la veille

<hr>

(1) Milmann, *Scorbut et fièvres putrides*, trad. Vigasous, p. 22.
(2) *Voyage de George Anson, etc., dans les mers du Sud*, tiré de ses mémoires, et publié par Richard Walter.
(3) Lind, *Scorbut*, Paris, 1756, chez Carreau, t. I, p. 181.

d'en venir aux mains avec l'ennemi. Ceux qui étaient en santé et les malades donnèrent également les plus grandes marques de satisfaction. Ces derniers se rétablirent de jour en jour d'une manière surprenante. Le jour du combat nous n'avions plus que quatre malades.

Qu'on nous annonce que les armées libératrices s'avancent, qu'elles s'approchent de Saint-Germain et de Versailles, quel puissant remède pour nos soldats malades, comme ils demanderont leur sortie de l'hôpital pour voler au combat!

Indiquons maintenant le meilleur moyen de combattre les fâcheuses influences des émotions morales. Il est bien simple, c'est de marcher avec conviction dans les voies droites du devoir; c'est de bien se dire à chaque instant du jour, qu'on n'a rien à se reprocher.

Il est deux pensées que le siége de Paris fait naître dans tous les esprits, et qu'au point de vue de la morale, qui est la suprême loi des nations civilisées, on ne saurait trop mettre en lumière.

Par tous ses actes, Paris a protesté contre la guerre d'Allemagne. En votant *non* au plébiscite, cette ville reniait tous les projets ambitieux de la dynastie napoléonienne. Aux élections générales, elle a donné une immense majorité aux députés courageux qui, regardant la guerre comme le plus abominable des fléaux, combattaient sans relâche la politique impériale.

Voilà un premier point indiscutable, le second ne l'est pas moins.

Est-il une ville qui fut plus hospitalière aux Allemands que Paris?

Il y a quelques mois à peine, plus de cent mille d'entre eux étaient parmi nous, vivant de notre vie. Dans nos ateliers, dans nos fabriques, dans nos cours publics, dans nos maisons, ne les avons-nous pas accueillis comme des frères?

Et ce sont ces Allemands qui viennent assiéger une ville qui fut toujours si fraternelle pour eux!

S'il est des maux immérités, c'est bien ceux que nous endurons.

Dans de pareilles conditions, plus Paris souffrira, plus il se relèvera grand, car il accomplit courageusement le plus sacré des devoirs.

Bouchardat.

VARIÉTÉS

L'assistance publique (1)

Le moment est opportun pour formuler des vœux. Si chacun des hommes qui sont actuellement en position de parler de la chose publique avec quelque compétence, veut dire ce qu'il sait, en se tenant dans l'ordre d'idées où s'est exercée son activité intellectuelle, les cahiers de 1870 marqueront une étape dans notre histoire intérieure; ils pourront être utilement consultés par ceux qui seront chargés de refaire notre société, quels qu'ils soient. C'est l'assistance publique qui sera le sujet de ce cahier-ci. Cette institution ne répond plus aux besoins physiques ni aux exigences morales de notre société. Elle ne saurait être laissée en l'état où elle est, ni amé-

---

(1) Nous recommandons vivement au lecteur ce travail important.

liorée progressivement. Une réforme soudaine est nécessaire; ni les pauvres, ni les malades ne doivent attendre.

Il est admis par tout le monde, dans les pays civilisés, que l'encombrement ou l'accumulation des malades en un même lieu est chose funeste; qu'ainsi s'accroît la mortalité et se forment les foyers d'infection.

Or, notre pays est signalé par les étrangers comme se montrant peu pressé de suivre le progrès sous ce rapport; là comme sur tant d'autres points nous sommes en retard. En même temps que les dépenses ruineuses faites pour le luxe et l'éclat attiraient sur nous le blâme et l'envie des autres nations, les institutions de première nécessité et de premier devoir étaient chez nous négligées et tenues dans l'ombre. Lorsque les besoins croissants de la misère forçaient la main à l'État, et que quelque nouvelle maison s'élevait pour les malades, la préoccupation première paraissait être d'imposer à un public ignorant et négligent de ses intérêts, par une façade monumentale. Servir la politique n'est pas servir l'humanité, et un hôpital ne doit point être, comme un théâtre, un objet de décoration. La disposition intérieure, le choix de l'emplacement, l'aménagement, doivent tendre à un seul but : le progrès dans l'art de guérir. Nous avons vu le scandale de ces palais hospitaliers, où l'on meurt plus que partout ailleurs, de ces Louvres de la misère où le pauvre crédule entre en bénissant la société, et dont il sort trop souvent à l'état de cadavre. Sous ce rapport, le nouvel Hôtel-Dieu, produit hybride d'une antithèse du souverain dans un de ses discours au peuple, et des caprices des architectes, offre un monument d'orgueil et d'insanité à nul autre pareil. Nous n'avons pas attendu ces temps de libre parole pour en dire notre avis; en 1868, dans une brochure sur la réforme des études médicales, nous imprimions ceci : « Je ne puis me » décider à quitter cet objet de justes récriminations et de » réflexions tristes sans rappeler qu'on a construit des hôpi- » taux par ordre administratif sans donner satisfaction aux » vœux légitimes des médecins. Oui, on élève des hôpitaux, » on y enfouit des millions pour la somptuosité extérieure, et » l'on affecte de les disposer suivant un plan qui a été blâmé » et refusé officiellement par les médecins; et l'indifférence » des masses permet de considérer ce fait comme n'exerçant » aucune influence fâcheuse sur les rapports de la nation » avec l'administration. Nous affirmons que les malades man- » queront d'air, qu'ils seront exposés à l'infection purulente, » à la fièvre puerpérale; nous protestons, mais en vain. »

Qui donc devait avertir le peuple, les pauvres gens, les ignorants, les malheureux blessés qui se traînent vers la porte de l'hôpital en demandant secours, les femmes et filles-mères que pressent les douleurs de l'enfantement et qui affluent à l'entrée des maternités meurtrières? Nous, médecins, nous avions ce devoir, et presque tous l'ont compris. Il n'en est qu'un petit nombre, et ils étaient de ceux que leur situation élevée et indépendante mettait au-dessus du reproche ou du soupçon de faire de l'opposition à la politique du gouverne-ment, qui aient laissé faire le mal sans rien dire. Quant aux administrateurs, aux agents du pouvoir, aux hommes politiques des classes dites éclairées, et qui seraient mieux nommées classes découragées, la plupart ne se sont détournés ni de leur bien-être, ni de leur ambition, ni des voies de l'indifférence ou de la servilité, pour s'apitoyer sur le sort des pauvres gens. La charité privée avait disparu; on s'en rapportait à l'État entrepreneur du bonheur public.

Si l'on consulte le compte moral de l'assistance publique sous l'empire, on voit que de nombreuses institutions de bienfaisance ont été fondées depuis 1848 ; mais en examinant de près cette question, on reconnaît que l'accroissement énorme de la population à Paris a nécessité l'ouverture de nouveaux services hospitaliers, et qu'il a fallu pourvoir de force à ces besoins urgents comme à ceux de la voirie et de la salubrité publique. Les fondations originales ont été les asiles de Vincennes et du Vésinet, et l'hôpital de Berck ou bains de mer des enfants pauvres. Ces établissements, utiles du reste, ont été mis sous le patronage et sous le nom du souverain, et ont plus rapporté à la politique qu'à l'humanité ; leurs dépenses excessives étaient en disproportion avec le service rendu, et cette dépense était au compte de la nation.

LES MATERNITÉS.

Cette question est une des plus urgentes ; il y a quarante ans qu'elle est posée, et que de tous les points du globe s'élèvent des voix autorisées qui réclament et protestent contre le système meurtrier des hôpitaux d'accouchements. Les Académies, les Sociétés de médecine ont retenti des plaintes de nos anciens et des nôtres, l'enquête est faite, la solution est indiquée, et rien ne s'est fait ou presque rien. Lutter contre l'indifférence et le scepticisme, user ses forces et son ardeur dans un combat stérile, frapper à toutes les portes en vain, parler, écrire et recommencer sans cesse l'œuvre de prédication, c'est ce que nous avons fait. Il faut ici rendre hommage au zèle et à l'honnêteté du corps médical ; il a fait son devoir largement. Quelques citations montreront où en est la question. Dans un livre classique (*Guide du médecin praticien*), en 1866, nous disions, page 78, à l'article FIÈVRE PUERPÉRALE : « N'est-il pas évident que la préoccupation de tout médecin » éclairé devra être de savoir s'il règne, là où l'appelle un » accouchement, une épidémie de fièvre puerpérale, et qu'il » devra donner ses ordres pour que la femme soit transportée » ailleurs ? C'est là une pratique qui existe déjà pour les classes » riches, et qu'il faut étendre aux classes pauvres. Il faut que » les médecins qui n'ont droit à la considération publique » qu'autant qu'ils servent les intérêts du public se pénètrent » de cette idée : que les *maternités* sont des foyers habituels » de fièvre puerpérale, et que c'est là une institution qu'il » faut détruire ou transformer. On peut hésiter quant au » moyen, mais non quant au but. » Et ailleurs (page 68) : « Parmi toutes les maladies qui sévissent sur les femmes en » couches, il en est une, la fièvre puerpérale, dont les ravages » acquièrent quelquefois les proportions d'une calamité pu- » blique. Procédant à la façon des affections pestilentielles » épidémiques, la fièvre puerpérale fait en très-peu de temps » de très-nombreuses victimes, et, en présence de pareilles » épidémies, le thérapeutique est désarmée. Voilà un fait qui » est connu de tout le monde. Le bon sens public a accusé les » *maternités* d'être des foyers permanents de fièvre puer- » pérale. Lorsqu'une pareille épidémie règne dans une mai- » son d'accouchements, toute femme qui y entre pour accou- » cher risque sa vie, tout aussi bien que l'homme affaibli et » souffrant qui entre dans une ambulance où règne le typhus. » On voit alors, chose monstrueuse, l'accouchement, fonction » physiologique qui, dans les prévisions naturelles, n'expose » la femme qu'à une souffrance passagère, devenir le plus » dangereux de tous les états. »

Dès 1855 (thèse inaugurale), nous exprimions la même pensée : « Il est une maladie à laquelle succombent tous les » ans, dans les grands centres de population, un nombre con- » sidérable de femmes en couches ; elle sévit surtout dans les » maternités ; cependant on en rencontre des exemples isolés » dans la pratique de la ville. Cette maladie, endémique à la » Maternité et à l'hôpital des Cliniques de Paris, a contraint » plus d'une fois les administrateurs de ces hôpitaux à faire » évacuer, pendant plusieurs semaines, les salles destinées » aux femmes en couches ; il n'y a guère d'année qui ne » s'écoule sans qu'on ait été obligé de recourir à une sem- » blable mesure. On a discuté beaucoup sur la nature de cette » maladie, mais on a peu appris à la guérir. *Des nécessités* » *sociales s'opposent sans doute à ce que l'on ait recours à la* » *seule mesure qui pût prévenir de pareils malheurs,* et je » prends à témoin les médecins, mes maîtres, qui depuis » vingt ou trente ans voient succomber chaque année tant de » jeunes femmes qui auraient dû vivre, du peu de succès de » la médecine appliquée à la guérison de la fièvre puerpérale » dans les hôpitaux. » En 1853, sur 2567 femmes accouchées à la Maternité, j'en avais vu mourir 152, soit 1/18. Assister à de pareils malheurs et se taire, c'est de la complicité. En 1869, à l'hôpital Saint-Antoine, sur 56 femmes accouchées pendant le mois d'octobre, 45 devinrent malades, proportion vraiment effrayante ! A la même époque, il y a eu à la Maternité, d'après le rapport de M. Brouardel, sur 82 accouchements, 29 femmes atteintes d'accidents divers et transportées dans le service des femmes malades. Sur ces 29 femmes entrées à l'infirmerie, 7 sont mortes, 1 est sortie mourante, 11 sont sorties guéries, 10 restaient en traitement à la date du 26 novembre. Il est arrivé qu'à la Maternité de Paris 20 ou 30 femmes en couches sont mortes dans une semaine. M. Tarnier, dans un travail de statistique, montre que *la mortalité est dix-sept fois plus considérable à la Maternité de Paris qu'en ville ;* par exemple, en 1856, il y a eu en ville 10 décès pour 3222 accouchements, et à la Maternité 132 décès pour 2237 accouchements. Les chiffres donnés par M. Husson, sans commentaires, dans son *Étude sur les hôpitaux,* montrent que la mortalité, dans les services d'accouchement de tous les hôpitaux, est également très-élevée. Ces chiffres conduisent M. Tarnier au calcul suivant : Si la mortalité n'avait pas été plus forte dans les hôpitaux que dans la ville, on y compterait à peine 80 décès au lieu de 1169. M. Léon Le Fort, dans un livre remarquable sur les Maternités dans différents pays, a relevé les résultats de 1 823 093 accouchements, et établi que la mortalité était en moyenne de 1/32 dans les hôpitaux et les Maternités, et de 1/212 dans les villes. Malgaigne, dans le *Bulletin du ministère de l'intérieur* (1864), montrait qu'en 1862, tandis que la mortalité dans les hôpitaux était de 1 sur 14,64 accouchements, elle n'était dans le service des bureaux de bienfaisance que de 1 sur 160,88. M. U. Trélat, dans une *Étude sur les Maternités* en 1867 (*Archives de médecine*), condamnait les Maternités par des chiffres convaincants. Non-seulement les efforts individuels tendaient à faire disparaître cet odieux système, mais les corps savants prenaient en main cette cause sacrée des pauvres, et mettaient le gouvernement en demeure d'aviser. En 1856, la commission départementale de la Seine faisait sur ce sujet un rapport qui se terminait par les conclusions suivantes :

« La commission départementale, considérant que des épi- » démies de fièvre puerpérale sévissent fréquemment, de la

» manière la plus désastreuse, sur les femmes admises dans
» les maisons d'accouchements appartenant à l'administra-
» tion de l'assistance publique, émet le vœu que des mesures
» soient prises pour faire cesser les causes auxquelles peuvent
» être attribuées les affections épidémiques qui ont leur foyer
» dans les maisons hospitalières d'accouchements de la ville
» de Paris. » En 1858, l'Académie de médecine ouvrait une
discussion prolongée et approfondie sur cette question ; ce
corps savant aura le mérite, aux yeux des honnêtes gens,
d'avoir éclairé d'une façon complète l'opinion publique sur
ce point, et mis l'administration à même d'agir en toute connaissance de cause. Nous reproduisons ici de courts et significatifs extraits des discours prononcés dans cette discussion.
M. Depaul s'exprime ainsi : « Il ressort bien évidemment de
» tout ce qu'on sait sur la marche de la fièvre puerpérale,
» qu'elle se développe presque exclusivement dans les mai-
» sons où sont réunies en certain nombre les femmes en cou-
» ches, et que les cas qui s'observent dans la pratique civile
» ne sont, en général, qu'une émanation des épidémies
» d'abord concentrées dans certains hôpitaux; qu'une fois
» développé, quelle que soit son origine première, le poison
» se transmet d'autant plus sûrement et plus fatalement que
» le nombre des femmes réunies ensemble est plus considé-
» rable. D'un autre côté, puisqu'il est certain que la mort par
» fièvre puerpérale ne s'observe, dans la pratique de la ville,
» que dans des cas rares, comparativement à ce qu'elle est
» dans les maisons spéciales, *n'est-on pas conduit forcément à*
» *demander qu'on ne réunisse plus les femmes en couches dans*
» *des maisons particulières; qu'on les dissémine, autant que*
» *possible, dans les diverses maisons hospitalières, et mieux*
» *encore qu'on trouve les moyens de les secourir à domicile?*
» J'ai la conviction que c'est la seule manière de faire dispa-
» raître ou diminuer notablement ces épidémies meurtrières
» qui viennent périodiquement porter le deuil dans les fa-
» milles et attrister les médecins, qui, n'ayant à leur opposer
» que des médications incertaines, n'interviennent presque
» constamment que pour confesser leur impuissance. »

M. Cruveilhier dit que lorsque la fièvre puerpérale se déclare dans une maison d'accouchements, il n'y a qu'un parti
à prendre : évacuer l'hôpital. Il demande qu'on supprime les
maisons d'accouchements et qu'on les remplace par des secours à domicile. « Qu'on n'espère pas, dit-il, de diminution
dans le chiffre de la mortalité de ces maisons, si les choses se
maintiennent dans l'état où elles sont en ce moment ; il n'y a
qu'un seul parti à prendre, c'est la suppression des grands
hospices d'accouchements, c'est leur remplacement par des
secours à domicile, auxquels on pourrait ajouter un certain
nombre de petits hospices situés hors de Paris, pouvant admettre douze, quinze, vingt femmes en couches, et dans lesquels chaque accouchée pourrait avoir une chambre particulière. » M. Cruveilhier proposait à l'Académie d'adresser le
rapport de la commission à l'autorité compétente, qui ne
pouvait manquer de faire droit à une réclamation aussi légitime, appuyée par l'Académie de médecine tout entière
(6 avril 1858).

M. Danyau, chirurgien en chef de la Maternité, formulait
ainsi ses vœux : « Paris devrait posséder, dans des positions
bien choisies, pas trop près les unes des autres, et aussi loin
que possible des hôpitaux ordinaires, de petites Maternités,
en nombre assez considérable pour suffire aux besoins de la
population indigente, avec la moitié seulement des salles

occupées. Si l'une de ces maisons était menacée, les autres
seraient réduites à un petit nombre, ou tout à fait suspendues, et les femmes dirigées sur une autre. »

M. Bouillaud se ralliait sans réserve à l'avis émis par M. Danyau.

M. Paul Dubois proposait les réformes suivantes, dont il
avait entretenu l'administration vingt-six ans auparavant :

1° Supprimer les Maternités.

2° Les supprimer dans la capitale et en créer de nouvelles
dans la banlieue, selon la pensée de M. le docteur Jouy.

3° Créer de nouveaux établissements, selon les indications
de la science, ou introduire dans ceux qui existent déjà les
améliorations indispensables à leur salubrité.

M. Cruveilhier avait exprimé le vœu que la discussion pendante alors devant l'Académie de médecine ne restât pas stérile. Ce vœu fut partiellement exaucé, mais voici comment :
l'agitation produite par la discussion académique fut considérée par l'administration comme un symptôme auquel il
fallait porter remède dans un délai prochain. On improvisa un
système qui, mal étudié et fondé sur des notions fausses, ne
donna qu'une satisfaction apparente à des vœux si légitimes;
cette satisfaction était un danger de plus, car elle retardait
la solution définitive de la question, en même temps qu'elle
constituait une dépense infructueuse. On créa la Maternité de
l'hôpital Cochin. Il ne semble pas que les médecins compétents aient été consultés sur le plan de cet établissement ; en
tout cas, il ne s'en trouve pas aujourd'hui qui en réclament
l'honneur, car l'entreprise a échoué. L'idée mère en était fausse,
et il n'était pas besoin de cette coûteuse expérience pour s'en
assurer. On construisit donc une belle maison qui semblait
réunir toutes les conditions requises pour l'emploi auquel on
la destinait, au voisinage d'un hôpital, mais à une distance
qui semblait la mettre à l'abri des miasmes de celui-ci, dans
un vaste terrain bordé par des jardins ; les vestibules y étaient
larges ; les salles très-grandes étaient disposées de façon
qu'une sur deux fût toujours vide, et qu'on pût changer les
malades d'air ; les lits étaient très-espacés. Les moyens d'aération et de renouvellement de la literie, de lavage, étaient
tels qu'on les pouvait désirer. On inaugura le monument, et
presque aussitôt après son ouverture il s'y déclara, sur les
femmes qui y accouchaient, une terrible mortalité. L'étonnement fut grand ; cette déception toutefois aurait pu être
évitée, si la question avait été confiée à l'étude des gens compétents.

Ceux-là auraient pu dire aux présomptueux administrateurs
qui avaient entrepris l'hygiène de Paris, et en raisonnaient
avec assurance, que ce n'est ni la beauté des constructions,
ni les ornements, ni le marbre, ni l'ampleur des appartements qui font la santé. On meurt aussi bien dans un palais
que dans une écurie. La propreté n'est une demi-vertu que
pour les délicats, elle ne contribue que peu à la santé. Ce
n'est pas un sommier mis à la place d'une paillasse malpro-
pre, ni le stuc à la place du plâtras, qui empêcheront une
femme de mourir en couches. L'air dont on parle tant est une
expression vague et mal définie ; la chimie n'a point encore
montré que l'air qui offense l'odorat contint nécessairement
des principes infectieux. La mauvaise odeur n'est pas un signe
qui indique un danger certain de maladie.

Pauvreté, logement misérable, odeurs fétides, absence de
renouvellement de l'air, linges imprégnés du liquide lochial,
ce sont les conditions que l'on rencontre chez presque toutes

les pauvres femmes, et il n'en résulte pas que les suites de couches doivent être mauvaises.

Jamais personne n'a été en droit de faire de la maladie le corollaire de la malpropreté, ni de faire de la mauvaise odeur le synonyme de l'infection morbide. Il est vrai que le renouvellement de l'air est recommandé aujourd'hui par les chirurgiens; mais en ce qui concerne la fièvre puerpérale, il est certain que les fenêtres restant ouvertes toujours, il y aura des épidémies à un moment, et qu'il n'y en aura pas à un autre moment, sans que personne puisse donner la raison du fait.

L'expérience de l'hôpital Cochin n'avait pas réussi; les médecins renouvelaient leurs plaintes. En 1867, nous demandions (Société des hôpitaux) la suppression des Maternités. Déjà, deux ans auparavant, nous avions, M. Charrier et moi, présenté au directeur de l'assistance publique, un plan de réforme qui a été repris et développé depuis par M. Charrier (1869) devant la Société de médecine de Paris. Nous en extrayons ce qui suit : ·

« L'autorité qui s'attachait à la parole de M. P. Dubois a » contribué sans doute à entraîner l'administration dans la » voie des réformes partielles et des entreprises timides qui » se sont résumées dans la construction de la nouvelle Mater- » nité de Cochin. L'expérience a montré que cette réforme » était illusoire, et nous ne doutons pas que ce système mixte » ne soit, dès à présent, condamné, aux yeux même de l'ad- » ministration. » Le mémoire se terminait par des conclu- sions pratiques : « L'institution des grandes Maternités est

condamnée sans retour. Il n'y a pas de discussion possible » sur ce point. On discute seulement sur le genre de réforme » qu'il convient d'introduire, au point de vue de l'assistance » publique, dans le mode de secours offert par la ville de » Paris aux femmes pauvres qui ne peuvent pas faire leurs » couches dans leur propre domicile. On peut étendre et per- » fectionner le système des secours à domicile, mais il y a une » classe de femmes qui ne peuvent être secourues. Cette » classe très-nombreuse comprend :

» 1° Les femmes mariées qui ne sont pas aidées par leurs » maris, et qui manquent des objets les plus indispensables.

» 2° Les filles-mères, si nombreuses à Paris, et qui n'ont » pas, à proprement parler, de domicile, puisque presque » toutes sont domestiques; or, le plus souvent, elles n'osent » avouer à leurs maîtres leur grossesse, et, d'autre part, le » nombre est très-restreint des maîtres qui sont assez chari- » tables pour assister leur domestique enceinte.

» Il ne faut donc pas songer à supprimer complétement les » lieux de refuge ouverts à ces malheureuses femmes. Voici » ce que nous proposons :

» 1° La suppression des grandes Maternités.

» 2° La réduction des services d'accouchements dans les » hôpitaux, à quelques lits nécessaires pour les femmes qui, » étant traitées à l'hôpital pour une maladie, y accouchent, » et pour celles qui, présentant des difficultés dans l'accou- » chement (dystocie), rentrent dans la catégorie des grands » malades ou des blessés qui doivent subir des opérations » très-difficiles. En tout cas, il convient que ces accouche- » ments soient dirigés et pratiqués par un accoucheur.

» 3° La création de maisons qui seraient disposées pour » recevoir des femmes en couches en petit nombre, et placées » dans des chambres particulières, sous la surveillance d'une » sage-femme. Ces maisons, disséminées à travers la ville,

» suffiraient aux besoins de l'assistance publique et seraient » soumises à l'inspection quotidienne de médecins accou- » cheurs.... »

L'administration, tout en maintenant l'état de choses ancien, et se refusant à une réforme soudaine et radicale que nos institutions politiques rendaient impossible, fit, il faut le reconnaître, quelques efforts pour sortir de son inertie. C'est ainsi que fut rendu un arrêté qui prescrivait de diriger sur les maisons d'accouchements tenues par des sages-femmes de Paris désignées à cet effet, le trop-plein des services d'accouchements des hôpitaux. C'était le principe de la dispersion ou dissémination mis en pratique. M. Moissenet, médecin délégué par ses collègues des hôpitaux près l'administration, et M. Depaul, ne furent pas étrangers à cette mesure, qui a donné de très-bons résultats. Malheureusement, cet essai ne fut établi que sur une échelle assez restreinte. C'est à l'occasion d'une commission officieuse sur ce point, faite à la Société de médecine des hôpitaux, qu'est née la discussion sur les Maternités qui s'est produite au sein de cette Société à la fin de 1869, et a abouti à un rapport dont nous allons parler. A ce moment, M. Tarnier, chirurgien de la Maternité, proposait à l'administration et faisait presque adopter en principe le plan de petits établissements d'accouchements qui devaient, dans un avenir plus ou moins prochain, être mis à l'essai.

La Société de médecine, à la date du 12 novembre 1869, décida, sur notre demande, qu'une discussion serait immédiatement ouverte sur la question de l'assistance des femmes en couches. Il était entendu que l'initiative comme le contrôle de toute mesure de ce genre devait appartenir aux médecins, et qu'ils réclameraient l'usage d'un droit dont ils avaient été injustement dépossédés. Dorénavant, fut-il dit, il faudra que l'administration s'entende avec des médecins avant de s'entendre avec des architectes. Le rapport fut présenté à la Société le 14 janvier 1870 par M. H. Bourdon. La discussion, dont on trouvera le compte rendu dans les journaux de médecine, a fourni matière à plusieurs mémoires originaux de MM. Hervieux, Chauffard, Gallard, Dumontpallier. Le rapport rappelle ce qui a été dit précédemment, et se rallie à l'idée de la dissémination; il propose l'essai des petites maisons d'accouchements et contient un paragraphe relatif à la nécessité d'exercer les élèves aux pratiques de l'accouchement, afin de ne point livrer les femmes en couches à des mains inexpérimentées.

Ainsi la question est épuisée, le mal est connu; le remède est indiqué. Il faut aviser sans plus tarder.

LES BLESSÉS DANS LES HÔPITAUX.

A quoi sert l'habileté d'un chirurgien, si son opéré meurt des suites plus ou moins prochaines de l'opération ? C'est une erreur trop répandue dans le public et même parmi les médecins, que la chirurgie donne constamment des résultats en rapport avec les progrès de la science. Cela ne sera vrai que le jour où les chirurgiens auront le courage de reconnaître et de professer ouvertement que les hôpitaux, dans les grandes villes, fournissent à la statistique de la mortalité des chiffres excessifs.

Opérer habilement, d'une façon opportune et suivant toutes les règles de l'art, ce n'est qu'accomplir la moitié de la tâche; il faut suivre l'opéré jusqu'à la fin, et rien n'est plus contraire au sens commun non moins qu'à la morale que de citer avec éloge une série d'opérations bien faites, à la suite desquelles les malades ont succombé. La responsabilité du chirurgien est double : comme opérateur, il doit savoir la technique de son métier; comme médecin, il doit tout tenter pour amener son malade à guérison. La première partie de ce programme dépend de lui, la seconde est plus complexe. Il lui faut lutter contre le milieu ambiant, contre les conditions que lui fait la société représentée par ses surveillants librement élus ou par une administration imposée. C'est celle-ci à laquelle il faut s'en prendre des résultats douloureux des opérations faites dans nos hôpitaux. Et ce n'est pas seulement l'atmosphère d'un hôpital, c'est quelquefois celle d'une grande ville tout entière comme Paris qu'il faut accuser de ces malheurs. L'attention de nos chirurgiens s'est portée depuis longtemps, mais particulièrement depuis quelques années, sur cette question. Il n'est point de reproches à faire à notre grande école de chirurgie française sous le rapport de la science ni du sens pratique. Malgré nos malheurs, nous sommes encore, sur ce terrain, en tête de la civilisation; presque tous nos chirurgiens ne parviennent à la fonction si grave qu'ils remplissent dans les hôpitaux, qu'après de longues années passées dans la pratique de l'anatomie, après une série d'épreuves et de concours publics, qui ne laissent aucune prise à la critique. Leur conscience est non moins couverte par les efforts qu'ils font pour modifier le milieu pernicieux dans lequel ils sont obligés jusqu'ici d'agir.

Comme les femmes en couches succombent en grand nombre à l'infection puerpérale, de même les opérés meurent trop souvent de l'infection traumatique ou chirurgicale. Cette question est à l'étude, mais avec de trop nombreuses et de trop longues intermittences, depuis le xviiie siècle. Tout d'abord est apparue la cause principale : l'encombrement. Mais la complexité du sujet est telle que l'on s'est égaré dans une foule de directions partant de ce centre unique. L'encombrement n'existe plus aujourd'hui. Les vastes hôpitaux où les malades étaient tassés et comme condensés, où les pansements étaient rares et insuffisants, ne sont plus à craindre désormais. La guerre a pu encore donner ce spectacle, qui est le revers de la gloire; mais la guerre elle-même perd ce triste privilége, et la société soulevée contre cette barbarie vient en aide aux blessés, et impose des conditions nouvelles qui en atténuent l'horreur. D'autre part, ce que l'hygiène banale pouvait faire a été fait : l'air a été mesuré, cubé, et il n'y a plus d'hôpital dont on puisse dire que les malades y manquent d'air. Poussant plus loin ses exigences, l'hygiène a cherché des moyens de renouveler et de faire circuler rapidement l'air dans les salles d'hôpital; les ventilateurs mécaniques ont été utilisés pour cela; ailleurs on a vu les chirurgiens tenir largement ouvertes les fenêtres de leurs salles, même par le temps froid. L'air infecté, ennemi supposé, était soumis au plus grand renouvellement possible. Ainsi, ni l'encombrement, ni l'insuffisance de l'air renouvelé, ne peuvent être mis en cause aujourd'hui. Cependant la mortalité est toujours grande; il a fallu chercher la cause locale et prochaine de la mort. L'infection purulente, telle est la maladie protéique qui a d'abord été nommée, et il n'y en a pas d'autre. Les noms ont varié avec les théories; on a discuté sur des mots qui représentaient des explications plus ou moins plausibles, c'était : résorption purulente, fièvre purulente, pyohémie, septicémie, érysipèle, phlegmon, phlébite, abcès métastatiques, typhus traumatique ou chirurgical. Il fallait

passer par cette période, par ces discussions. Sans doute, la grande cause unique, l'unité, c'est l'hôpital, et cela seul importe en pratique; l'axiome antique a raison : « *Sublata causa tollitur effectus;* » mais le progrès va lentement; il faut épuiser les discours académiques, les leçons des maîtres, les questions de personnes; il faut subir cette loi de l'histoire naturelle de l'homme et attendre patiemment. Enfin la question arrive à maturité; ce n'est pas qu'on ne s'attarde encore aux curiosités de détail, et qu'il n'y ait quelques résistances individuelles. Comment ne se trouverait-il pas quelques personnes parmi nous qui fussent douées des défauts communs à toute collection d'hommes, par exemple l'émulation pour le succès réel ou apparent, la prétention à la « main heureuse », le désir de se faire considérer comme plus habile ou en possession d'une pratique personnelle qui est un secret? Donc l'enquête rencontre des résistances, et la statistique ne se montre pas tout à fait à nu. D'autre part, on s'attarde un peu trop à la théorie zymotique, c'est-à-dire à la recherche des infiniment petits. Il faut aussi admettre que les naïfs, qui sont pourtant chez nous en minorité, croient à quelques spécifiques pour guérir cette redoutable infection, en quoi ils sont aidés par la tourbe des marchands d'épiceries médicinales, qui sont à la piste de toutes les erreurs ou de toutes les défaillances des thérapeutes.

Ce qui est vrai, ce qui reste vrai au milieu de toutes ces tergiversations, c'est l'x qui tue les opérés et que nous appellerons *infection purulente*. L'habileté du chirurgien, son autorité, ses titres, ses prétentions n'y font rien, et ses pansements n'y font rien non plus si l'hôpital reste tel quel. Ouvrir les fenêtres et ventiler ne suffit pas. Un chirurgien qui pose les questions avec netteté, Verneuil, admet ici trois termes : 1° le *milieu*, 2° le *blessé*, 3° la *blessure*. Pour nous, ces trois termes peuvent être ramenés à un seul : le *milieu*. En effet, nous supposons que pour les deux autres il y a des remèdes, et nous avons foi dans la science : aussi nous ne nous en inquiétons pas; mais rien n'est fait si le *milieu* reste. Changez-le. Voilà une conclusion formelle. Qui pourrait s'y opposer? On ne peut pas admettre que la routine, le besoin de quiétisme, la crainte de rompre de longues habitudes et de compliquer ses occupations, puissent être invoqués. Il y a charge d'âmes ici, il y a une fonction sociale où la conscience a autant de part que l'esprit professionnel; il faut donc ajouter aux sacrifices qui nous sont imposés de nouveaux sacrifices. Sur ce point, nul doute que l'accord ne doive être complet. Passons outre. Un moyen a été proposé, un système : ce sont les baraques et les tentes pour les blessés; ce n'est pas là un simple projet, c'est un fait réalisé en plusieurs circonstances à l'état temporaire, et en certains pays à l'état permanent. Les nécessités d'une installation prompte, ou, en d'autres termes, improvisée, ont engendré le traitement des blessés sous la tente en temps de guerre; dès le commencement de ce siècle, on y eut recours dans l'armée anglaise (1812, guerre d'Espagne). Depuis cette époque, dans plusieurs circonstances on eut encore recours à ce mode d'installation, en Algérie, en Crimée. Michel Lévy le recommande dans son *Traité d'hygiène*, après l'expérience de Crimée (1854). La récente guerre d'Amérique (sécession) fournit l'occasion d'utiliser ce moyen et d'en généraliser l'emploi. Enfin, c'est à Berlin (Bethanian et Charité, 1864) que l'on établit définitivement des baraques ou tentes au voisinage des hôpitaux pour loger les blessés. Cet exemple a été suivi depuis par les chirurgiens de plusieurs villes d'Allemagne. En France, M. Léon Le Fort a entrepris une campagne en faveur de ce système, qui est adopté en principe par la plupart de nos chirurgiens. Des essais ont été tentés dans ce sens par l'ancienne administration des hôpitaux, à l'hôpital Cochin, à Saint-Louis, à Lariboisière, à l'hôpital Saint-Antoine, où existent de vastes terrains inoccupés. Les résultats ont été favorables, et il ne s'agit plus que d'étudier le meilleur mode d'installation des tentes ou baraques. Voici les conclusions d'un mémoire fait sur cette question par M. Le Fort : « Le traitement des blessés » à l'air libre est préférable au séjour dans les salles ordi- » naires de nos hôpitaux. On devra donc y avoir recours » toutes les fois que le climat ou la saison le permettront.

» Comme annexes d'hôpitaux permanents, on peut employer » la tente ou la baraque. Toutefois, la tente nous paraît avoir » sur la baraque l'avantage d'une protection plus grande » contre la chaleur solaire, d'une aération plus parfaite, d'une » purification plus facile, par le lavage des toiles, en cas d'im- » prégnation par les miasmes; d'un séjour plus gai, par suite » de la possibilité de supprimer à volonté les parois latérales » en les convertissant en galeries couvertes... Qu'il s'agisse » de baraques ou de tentes, il est indispensable qu'elles soient » constituées par de doubles parois, percées de larges ouver- » tures au sommet du toit; c'est à cette condition seulement » qu'on s'oppose efficacement à l'élévation de la température » intérieure. »

Si ce système n'est pas le dernier terme du progrès, il en marque du moins une étape, et il faut s'y rallier franche- ment, l'étudier, le perfectionner. Peut-être y a-t-il déjà autre chose à proposer à côté de cette amélioration : ce serait de transporter hors la ville, en un lieu salubre, les malades d'une certaine catégorie, dont l'état n'exige pas l'interven- tion constante de la chirurgie. On sait, en effet, que les résul- tats des opérations sont bien plus favorables en province qu'à Paris, dans les villages que dans les villes, et qu'un médiocre opérateur de village peut compter plus de succès qu'un prince de la science à Paris. Depuis quelques années, plu- sieurs spécialistes ont eu le soin de n'opérer les malades que hors Paris, et ils s'en sont applaudis ; il serait très-désirable que cette pratique se généralisât. Ce que les médecins font pour eux-mêmes lorsqu'ils sont malades doit, autant que pos- sible, être appliqué aux autres malades. Dans un article sur les épidémies (*Nouveau Dictionnaire de médecine et de chirurgie pratiques*, tome XIII), nous disions : « Faut-il faire la preuve » de la contagion? Qui doute que l'infection purulente, sous » toutes ses formes, y compris l'érysipèle, la phlébite, etc., » soit contagieuse, et qu'une salle de blessés où règne cette » maladie soit meurtrière pour les opérés qui y seront intro- » duits? La même évidence n'est-elle pas admise pour les » femmes en couches, et se trouve-t-il une voix qui ose s'éle- » ver contre le fait démontré à satiété de l'insalubrité des » Maternités? Non, il n'y a pas sur ce point d'opposition à » craindre dans le monde savant. Tout au plus se heurte-t-on » à des résistances individuelles, que l'intérêt particulier ou » l'apathie entretiennent, et dont la moralité publique devra » faire justice. Que reste-t-il à dire au médecin sur ces faits? » Un seul mot : réforme. Il ne convient plus de discuter sur » la contagion puisqu'elle est prouvée, ni sur l'infection, ni » sur l'encombrement, ni même sur le groupement. On sait » que ni l'aération, ni la grandeur de l'espace, ni l'écarte- » ment des lits, ni la propreté, ne sont de suffisantes garan-

» ties. L'isolement, l'abandon des lieux infectés, le renonce- » ment aux grands hôpitaux, la création de maisons rustiques » en plein air, à la campagne, pour les opérés, l'interdiction » formelle de toute opération grave et non urgente tentée » dans des milieux où la statistique donne une mortalité » constante ou presque constante, tel est, en peu de mots, le » dernier terme de l'hygiène prophylactique. »

LA VARIOLE.

La variole est une de ces maladies *évitables*, suivant une expression anglaise, que l'incurie seule entretient ; on peut la combattre, la faire disparaître peut-être. Un peuple soi- gneux de son hygiène doit d'abord se mettre en garde contre un pareil ennemi et s'imposer la loi de la vaccination répé- tée. L'épidémie de variole qui sévit sur la France et princi- palement sur Paris depuis une année entière, et qui, favori- sée par des circonstances malheureuses, va croissant, rend cette démonstration, pour ainsi dire, plus opportune. Il n'est point nécessaire de rappeler ici l'origine de la variole impor- tée en Europe, ni les ravages que cette maladie a exercés dans les siècles passés. Un secours inespéré (le vaccin) a per- mis de penser que le mal serait désormais conjuré. Après l'enthousiasme est venue la tiédeur, et le remède a cessé d'être étudié et appliqué avec ce soin que demande le souci légitime de la santé publique. Depuis plusieurs années, cette question renaît et s'impose; avant de recourir au vrai remède, il a fallu songer à limiter le mal, à en empêcher l'extension, à le circonscrire ; la contagion était à craindre ; on a discuté, et le mal a fait des progrès tels, qu'aujourd'hui il est devenu une véritable calamité. Les lenteurs administratives, les résis- tances et l'inertie, l'ignorance, ont prolongé une situation à laquelle il était facile de couper court dès le principe. Si nous nous reportons à six années en arrière, nous trouvons cette question agitée et résolue dans le sein de la Société de mé- decine des hôpitaux; depuis lors, l'Académie de médecine a consacré de nombreuses séances à l'étude de la revaccination. En 1865, nous terminions une conférence faite à la Faculté de médecine sur Jenner en demandant ce qui suit : « Que les » personnes qui ont quelque influence sur les destinées de » l'hygiène publique fassent auprès de l'administration une » démarche pour que cette question soit de nouveau mise à » l'étude, et pour finir par trois propositions nous deman- » dons : 1° une école d'expérimentation, 2° le *cowpox* en per- » manence, 3° une réforme dans le service de vaccination » des hôpitaux. »

En 1864, l'administration, sollicitée par le corps médical, avait demandé aux médecins des hôpitaux des rapports indi- viduels sur ce sujet. Un grand nombre de mémoires furent ainsi envoyés et ne virent jamais le jour. Il fut convenu qu'un rapport collectif serait publié après une discussion publique. M. Vidal fut chargé de rédiger ce rapport. Nous rapportons ici les parties essentielles de ce mémoire excellent et dont on n'a pas tenu assez de compte; on y verra exposé l'état lamen- table de nos institutions hospitalières, continuant des erre- ments anciens au milieu des progrès qui partout ailleurs se réalisaient :

« *Y a-t-il nécessité d'isoler les malades atteints d'affection » varioleuse?* Il semblerait tout d'abord que la réponse affir- » mative s'imposât d'elle-même par l'évidence, et l'on est » tout disposé à s'étonner d'avoir à discuter sur ce point. La

» contagion de la variole, la facilité de sa propagation, son
» danger plus grand encore parmi des malades convalescents
» que parmi des individus sains, sont des vérités scientifiques
» des mieux établies. Comment se fait-il alors que le principe
» du règlement obligatoire pour la maison de santé ne soit
» pas appliqué indistinctement à tous les hôpitaux? (Ce
» règlement est ainsi conçu : « Les personnes atteintes de
» maladies réputées contagieuses, telles que la variole et
» autres, ou produisant le délire, telles que les fièvres
» typhoïdes, etc., seront placées, lors de leur entrée, ou
» transportées durant leur séjour, dans les chambres particu-
» lières, dont elles seront tenues de payer le prix. Elles ne
» pourront, par conséquent, entrer ou demeurer dans les
» salles ou chambres communes. »)

» C'est que les conditions économiques dans lesquelles un
» semblable problème doit être résolu sont plus difficiles
» qu'elles ne semblent au premier abord : aussi les tentatives
» faites jusqu'à ce jour ont-elles été incomplètes et suivies
» d'insuccès. Jamais, du reste, dans nos hôpitaux civils, ces
» tentatives n'ont été faites méthodiquement, d'après des
» données scientifiques, et la comparaison qu'on peut faire
» avec les précautions prises à l'égard des varioleux dans les
» hôpitaux de l'armée et de la marine, dans les asiles de
» convalescence de Vincennes et du Vésinet, et dans les hôpi-
» taux étrangers, vous prouvera combien notre pratique
» actuelle est susceptible de perfectionnement.

» Cette comparaison vous expliquera le douloureux étonne-
» ment dont sont saisis nos médecins militaires et les méde-
» cins étrangers, lorsque, visitant nos hôpitaux, ils voient,
» dans des salles où sont réunis souvent plus de 40 fiévreux,
» les varioleux mélangés aux autres malades et les tenant
» sous la menace d'une contagion imminente.

» Si nos hôpitaux étaient construits sur le plan qui sera
» probablement adopté lors de l'érection de nouveaux établis-
» sements, on n'y verrait plus ces immenses salles, tradition
» des anciens couvents, mieux appropriées au service des hos-
» pices d'infirmes ou de vieillards qu'aux conditions d'hygiène
» les plus favorables à la guérison des maladies fébriles. Ils
» seraient composés de petites salles indépendantes les unes
» des autres, renfermant chacune un petit nombre de lits, et
» il serait facile au médecin de distribuer les malades suivant
» les exigences des maladies régnantes.

» Dans ces conditions, il n'est pas douteux qu'on ne fût
» arrivé à une séparation suffisante pour réduire à des pro-
» portions très-minimes la transmission des affections conta-
» gieuses.

» Malheureusement, il n'en est pas ainsi, et trop souvent
» des individus contractent la variole dans les salles de l'hô-
» pital, les uns pendant le traitement de l'affection médicale
» ou chirurgicale qui a motivé leur admission, les autres en
» venant visiter les malades.

» Avec le système actuellement en vigueur, les hôpitaux
» sont des centres de propagation de la variole, dont l'action,
» favorisée par le mouvement incessant des malades et des
» visiteurs, non-seulement se manifeste dans l'établissement,
» mais encore s'étend dans la ville et dans la banlieue.

» Dans son rapport annuel sur les vaccinations, dont les
» conclusions étaient adoptées par l'Académie de médecine
» dans sa séance du 17 juin 1857, M. Bousquet, avec la légi-
» time autorité que lui donne son expérience en cette ma-
» tière, disait : « Nous convenons, d'ailleurs, qu'il y a des cir-

» constances qui favorisent la contagion et semblent lui
» donner des ailes, c'est l'encombrement des malades et leur
» séjour dans les hôpitaux. Après M. Baudelocque, MM. Her-
» vieux et Pellarin ont touché cette question; M. Thore y
» revient et cite des faits en preuve que c'est des hôpitaux de
» Paris que sortent la plupart des épidémies de variole qui, de
» temps en temps, ravagent la banlieue. »

» On la suit pour ainsi dire pas à pas. A Compiègne, elle
» débute par les salles civiles, d'où elle passe dans les salles
» militaires, de celles-ci dans la garnison, et ensuite dans la
» ville. De son côté, le médecin de l'Hôtel-Dieu de Beauvais
» raconte qu'un voyageur y porte la variole. On le place
» malheureusement dans une salle que traversent les indi-
» gents qui vont chercher secours à leurs maux : peu de jours
» après, un de ces malheureux fut pris de la variole et la
» répandit dans toute la ville. Aussi tous les médecins qui ont
» quelque habitude de la variole demandent une place dis-
» tincte pour elle. Nous l'avons demandée nous-même à
» l'administration des hôpitaux; mais les plus utiles réformes
» sont souvent les plus lentes à se faire. Il est triste cepen-
» dant de voir de pauvres malheureux que la misère, encore
» plus que la maladie, pousse parfois dans nos hôpitaux y
» prendre la petite vérole, et laisser la vie là où ils avaient
» cru trouver les forces et la santé. »

M. Vidal continue ainsi : « Ce sont, en d'autres termes, les
» mêmes plaintes qu'il y a plus de soixante-dix ans Tenon
» faisait entendre à l'Académie des sciences, en concluant à
» la nécessité de créer un hôpital de contagieux, et d'affecter
» à cette destination l'École royale militaire, que le roi avait
» donnée à la ville de Paris.

» Les rapports de votre commission des maladies régnantes
» signalent tous les mois des faits de variole contractés dans
» les salles. D'autre part, lorsque, interrogeant les individus
» qui entrent avec les symptômes de l'affection varioleuse,
» vous cherchez à remonter à la source de la contagion, ne
» trouvez-vous pas le plus souvent que c'est dans les hôpitaux
» que le mal a été puisé? C'est en général un malade sorti
» depuis quelques jours d'un hôpital, ou bien un individu
» bien portant qui a été visiter un parent ou un ami dans des
» salles où des varioleux étaient en traitement.

» Quelques médecins ont pu croire ces transmissions moins
» fréquentes qu'elles ne le sont en réalité; cela s'explique
» par ce fait que souvent la maladie ne se déclare qu'après la
» sortie de l'hôpital et après une période d'incubation de
» quelques jours de durée. Aussi ne sommes-nous pas étonnés
» de voir des cas assez nombreux d'affection varioleuse se
» manifester, dès les premiers jours de l'arrivée des conva-
» lescents, dans les asiles de Vincennes et du Vésinet. En
» prenant pour limite extrême de l'incubation le terme de
» dix jours, les relevés de 1861, 1862 et 1863 nous fournis-
» sent une moyenne actuelle de 65 cas se déclarant dans les
» conditions précitées. » (La limite de dix jours, indiquée ici
par M. Vidal pour l'incubation de la variole, est encore au-
dessous de la réalité, ainsi que l'a montré depuis M. Laboul-
bène dans un relevé statistique où cette limite extrême est
reculée entre le douzième et le quinzième jour.)

» Les honorables médecins de ces asiles de convalescence,
» dans leurs rapports annuels, se sont appuyés sur ces faits
» pour mettre en évidence le danger de laisser les varioleux
» mélangés avec les autres malades dans les salles communes
» des hôpitaux. »

En effet, M. Laborie, dans son rapport sur les maladies contractées en 1861 à l'asile de Vincennes, s'élevait contre « le déplorable usage de laisser les varioleux dans les salles » communes. Une maladie aussi redoutable, aussi transmis- » sible, devrait être mise en quarantaine, et nous sommes » toujours péniblement affecté en voyant parmi les convales- » cents varioleux qui nous arrivent souvent défigurés, quel- » quefois infirmes, des malades qui étaient entrés dans un » hôpital pour y être traités d'une autre affection. C'est pen- » dant le cours de ce traitement que, placés en contact avec » des varioleux, ils ont eux-mêmes contracté la variole. »

M. Vidal croyait pouvoir évaluer le nombre des cas de variole contractés à l'hôpital même, à la moitié du chiffre total de tous les cas de variole signalés dans les statistiques hospitalières. En relevant les chiffres fournis par les asiles de Vincennes et du Vésinet pour les années 1861, 1862 et 1863, on trouvait que 250 individus envoyés comme convalescents de diverses affections médicales ou chirurgicales avaient été pris de variole dans les premiers temps de leur séjour à l'asile. Le chiffre total approximatif des individus qui contractaient à cette époque la variole dans les hôpitaux parut être à la commission de 821 par an. Aussi la commission jugea-t-elle qu'il était urgent de provoquer une mesure radicale ayant pour but de séparer les varioleux des autres malades dans les hôpitaux. Jusque-là, chose monstrueuse ! ils restaient confondus pêle-mêle dans nos salles avec tous les autres malades, quoique tout le monde reconnût le danger d'un semblable état de choses. Il n'en aurait pas été ainsi sans doute si l'administration ne s'était réservé le droit exclusif de diriger à son gré le service des hôpitaux, s'il avait existé un comité permanent d'hygiène composé de gens compétents et responsables.

Ce mépris de la vie des pauvres malades a trop longtemps duré ; que la responsabilité en retombe sur l'indigne système qui a comprimé nos aspirations légitimes et étouffé les voix indépendantes. Espérons que l'avenir, un avenir prochain, fera droit à de si justes réclamations. Un moment on put croire que la publicité donnée à ces faits douloureux entraînerait une réforme prompte et radicale ; une pétition adressée au Sénat par les malades de l'hôpital Saint-Louis, et dont le savant M. Élie de Beaumont avait été le rapporteur (1864), exposait ces griefs légitimes. Cette pétition entraîna le directeur de l'assistance publique à publier une note sur la question de savoir s'il convenait de créer un hôpital spécial pour les varioleux ou de placer ces malades dans des salles particulières. Déjà, au xviiie siècle, en Angleterre, les varioleux étaient séparés des autres malades, et le Small pox hospital, situé hors de Londres, fonctionnait au temps de Jenner. Comment pouvait-on poser en 1864 une question résolue depuis quatre-vingts ans ? Il y avait, du reste, à ce moment, sept ans que l'Académie de médecine avait fait à ce sujet une enquête (1857) dont les conclusions avaient été adressées au préfet de la Seine. L'administration avait reconnu que la vaccination et la revaccination de tous les malades indistinctement, dès leur entrée à l'hôpital, étaient, ainsi que l'avait déclaré l'Académie de médecine, la mesure la plus efficace contre la propagation de la variole. Cette mesure ne fut pas exécutée sérieusement. « Il est probable, dit M. Vidal, que » les mesures arrêtées furent plus difficiles à réaliser qu'on » ne l'avait cru au premier abord. Peut-être les premiers » essais ne furent-ils pas suffisamment encourageants, peut-

» être la difficulté d'avoir tous les jours du vaccin dans tous » les hôpitaux, peut-être encore la résistance des malades, » refroidirent-ils le zèle des médecins ; toujours est-il que les » vaccinations d'adultes, qui, en 1855, deux ans avant la me- » sure administrative, étaient de 1371, tombèrent à 852 dans » cette même année 1857, et descendirent l'année suivante à » 348, suivant une décroissance rapide. » D'ailleurs, la revaccination perd de ses chances de succès lorsqu'on l'applique à des gens atteints de maladies aiguës fébriles, ainsi que l'a démontré dans sa thèse le docteur Félix Courot (1855). Cependant, la commission, tout en convenant que ce moyen ne suffisait pas, le trouvait très-utile et en recommandait l'usage. Elle espérait que le concours empressé de l'administration permettrait d'assurer un service régulier de la vaccine, en fournissant *chaque jour à tous les hôpitaux* du *cowpox* ou du vaccin de bonne qualité. Elle faisait des vœux pour que toutes les personnes appartenant aux administrations publiques, à l'armée, aux écoles, aux collèges, fussent soumises tous les dix ans à une revaccination obligatoire.

La séparation des malades varioleux était précisément le point par où l'administration se sentait le plus attaquable. Dans son étude sur les hôpitaux (1862), M. Husson déclarait que dans tous les hôpitaux existaient un grand nombre de chambres séparées qui devaient être utilisées pour l'isolement des malades atteints d'affections contagieuses et dont on ne savait pas suffisamment faire usage. Ce moyen de défense avait quelque chance d'être accueilli et de faire reculer l'échéance de cette réforme totale qui était demandée à juste titre. Il ne fut pas difficile de démontrer que ces prétendues chambres d'isolement n'étaient pas isolantes, qu'elles confinaient aux salles des autres malades, qu'elles s'y ouvraient par une porte toujours battante, qu'elles étaient desservies par le même personnel ; qu'enfin, dans la plupart des services, il n'en existait même pas. La commission dut examiner les différents modes d'isolement des varioleux dans les hôpitaux ; ces modes étaient au nombre de trois :

1° Un hôpital spécial ;

2° Un bâtiment isolé dans chaque hôpital ;

3° Des salles ou chambres séparées des autres parties de l'hôpital. On rappela d'abord qu'un arrêté du conseil général des hospices, en date du 22 février 1815, ordonnait de diriger tous les malades atteints de variole sur un même hôpital : « Les malades attaqués de la petite vérole ne pourront être » admis à l'avenir qu'à l'hôpital de la Pitié, et placés dans » un quartier séparé. » Cette accumulation des varioleux sur un même point ne donna pas de mauvais résultats ; cependant on y renonça sans que les motifs de cette mesure nous soient parvenus. A Londres où l'expérience date de 1746, le Small pox hospital a donné de très-bons résultats ; il a été constaté seulement qu'il devenait insuffisant en temps d'épidémie, et que l'énorme extension de la ville a rendu impossible le transport de tous les varioleux sur ce point très-éloigné de quelques quartiers. En tout cas, le règlement des hôpitaux ordinaires interdit absolument qu'on y admette des varioleux.

L'isolement dans un pavillon séparé pour chaque hôpital est pratiqué depuis longtemps dans l'Europe du Nord, en Danemark, en Allemagne, en Suisse, et même en Russie. Généralement, les maisons de variole forment un pavillon isolé dans un grand hôpital, et se composent de chambres de quatre à six lits. MM. Jaccoud et Le Fort ont donné des renseignements précis sur le mode d'isolement des varioleux dans les hôpitaux d'Allemagne. Dans nos hôpitaux de l'armée et de la marine, les règlements en vigueur ne permettent pas que les varioleux soient mêlés aux autres malades, et les moyens d'isolement employés sont généralement efficaces. A l'asile du Vésinet et à celui de Vincennes, l'isolement a lieu également. Le danger de la concentration des varioleux sur un même point est démontré nul.

Les conclusions du rapport de la commission des hôpitaux sont ainsi conçues :

1° Il est urgent d'isoler les malades atteints d'affection varioleuse.

2° Les bons résultats de l'isolement par les méthodes mises en usage dans les asiles de convalescence de Vincennes et du Vésinet, dans les hôpitaux de l'armée et de la marine, et dans les établissements hospitaliers d'Allemagne, de Danemark, de Russie, de Suisse, etc., démontrent la possibilité d'éviter les dangers dont la crainte a fait ajourner jusqu'ici une mesure salutaire.

3° La création d'un hôpital spécial n'est pas nécessaire et pourrait avoir des inconvénients.

4° La construction dans chaque hôpital d'un pavillon isolé, avec service particulier et indépendant, composé de chambres de deux à quatre lits pour la variole, et de quatre à six lits pour la varioloïde, avec une ventilation de 120 à 150 mètres cubes par heure et par malade, permettrait de séparer, aussi complétement que possible, les varioleux et de les traiter dans des conditions favorables à leur guérison.

5° Dans les hôpitaux dont les dispositions actuelles ne permettraient pas la construction d'un pavillon isolé, il est nécessaire et il serait possible de séparer les varioleux des autres malades, en les réunissant dans des chambres de deux à quatre lits pour la variole, chambres groupées dans un quartier indépendant des autres services.

6° Il serait avantageux, dans le pavillon ou dans le quartier des varioleux, de réserver des chambres d'alternance.

Les membres de la commission :

H. ROGER, président, GUÉRARD, LÉGER, LAILLER, JACCOUD, E. VIDAL, rapporteur.

Six années ont passé depuis la publication de ce rapport et les vœux de la commission n'ont pas été entièrement exaucés. Des deux mesures nécessaires, la première seule prévalut, la vaccination dans les hôpitaux ; c'était la moins coûteuse, la plus rapidement applicable, mais ce n'était pas la plus efficace. La direction de l'assistance publique s'est appliquée à donner au service des vaccinations une extension considérable. Des médecins spéciaux ont été chargés de ce service, et il n'a pas dépendu d'eux que leur intervention ne fût efficace. En 1867, sur 3163 enfants vaccinés par le cowpox, un succès complet a été constaté 2614 fois. Les revaccinations avaient été, sur les adultes, de 1826; et avaient réussi de 24,55 pour 100. Du 1er octobre 1867 au 30 avril 1867, 6183 inoculations de cowpox ont eu lieu, et les résultats ont été à peu près ce qu'ils avaient été en 1867. L'impossibilité de fournir une quantité de vaccin suffisante en le prenant de bras à bras fit adopter le système de la vaccination animale par l'inoculation faite sur des génisses, pratique qui, entretenue à Naples depuis de nombreuses années, fut rapportée en France par le docteur Lanoix. Malgré l'activité déployée, ce service, inauguré dans les hôpitaux, a été in-

suffisant ; non-seulement les revaccinations sur les adultes ont été infiniment rares, comparées au chiffre total des malades, mais les enfants nouveau-nés mêmes n'ont été vaccinés qu'en partie. D'ailleurs des difficultés diverses vinrent entraver l'exécution de ce projet. La question de la qualité du vaccin et du mode de vaccination est à l'étude. Les remarquables discours de M. Depaul à l'Académie de médecine (1869) permettent d'apprécier cette question dans son ensemble. En tout cas, l'épidémie de variole s'étend ; le mal, loin d'être arrêté, prend un développement inattendu, excessif : depuis un an, plus de 50 000 personnes à Paris ont été atteintes de variole, et 10 000 environ ont succombé. Est-ce là le prix de tant de débats, de tant de discours, de ces enquêtes se succédant pendant tant d'années ? La répression a été insuffisante, stérile ; il faut recourir à des moyens décidément efficaces. A la date du 27 mai 1870, des documents authentiques permettent de constater l'absence de ces mesures indispensables tant de fois et vainement réclamées. A la Société des hôpitaux, il était, le 27 mai, donné lecture d'une lettre de M. Guyot, médecin de l'hôpital Saint-Antoine, par laquelle notre collègue signalait la négligence des mesures demandées par le rapport de M. Vidal, le défaut d'isolement, les mauvaises conditions dans lesquelles s'effectue le transport des malades, leur départ prématuré de l'hôpital qu'entraîne la pénurie de lits, l'absence de bon vaccin, comme contribuant pour une large part à perpétuer l'épidémie de variole actuelle. M. Guyot proposait que les médecins des hôpitaux priassent leur délégué, M. Moissenet, de porter devant le conseil de surveillance les questions relatives à l'isolement des malades atteints d'affections varioleuses, et au transport de ces malades à l'hôpital et de l'hôpital aux asiles du Vésinet et de Vincennes. « Je ne demande pas, disait M. Guyot, un isolement immédiat dans les pavillons spéciaux, quoique, à mon sens, on eût dû et l'on eût pu le faire ; mais, au moins, qu'on évite cette promiscuité dangereuse des varioleux avec les autres malades dans les salles communes, dans les salles d'attente pour les consultations ; qu'on prenne des mesures pour ne plus les transporter dans des fiacres, dans des omnibus, dans des wagons destinés à tout le monde. »

Il fut fait droit dans une certaine mesure à une partie de ces demandes, et M. Moissonnet annonçait, le 11 juin, que depuis le 29 avril les convalescents varioleux étaient transportés aux asiles de convalescence dans des voitures spéciales. D'ailleurs, la recrudescence inattendue de l'épidémie avait obligé l'administration d'ouvrir des services spéciaux aux varioleux, et, à moins d'un encombrement subit, ils y devaient tous être transportés. Quoi qu'il en soit, ces demi-mesures, ces concessions arrachées une à une péniblement, lentement, ne sauraient être considérées comme la réalisation sincère d'un plan qui aurait dû être immédiatement accepté et exécuté. Nous adjurons ceux qui ont mission de veiller sur la santé publique de prendre en main des intérêts si précieux et de pourvoir à des nécessités si urgentes. Vacciner, revacciner en tout temps, par toute la France, séquestrer les varioleux, empêcher la contagion, tel est leur devoir. — On nous permettra de citer le court paragraphe que nous avons consacré à la variole dans le Nouveau Dictionnaire de médecine et de chirurgie pratiques (1870): « La variole étant éminemment et exclusivement contagieuse et inoculable, on » peut dire que toute discussion doit cesser sur ses origines et » sur sa nature; il ne peut être question que d'en arrêter les

» progrès et d'en détruire les germes, si cela est possible.
» Rappeler les épidémies observées en Asie avant les temps
» modernes, la marche de la maladie introduite à la suite des
» Arabes dans la péninsule Ibérique, et de là se répandant sur
» l'ancien et le nouveau monde, noter les millions d'hommes
» qui ont disparu par le fait de ces épidémies, ce n'est que
» curiosité historique. Ce qu'il nous importe de savoir, c'est
» que la médecine tient un moyen certain, d'une efficacité
» absolue, pour détruire le virus varioleux, et que ce moyen,
» la vaccine, doit être imposé aux populations. Les sociétés
» ont le droit de se protéger, et tout individu non vacciné
» étant, à l'occasion, un danger pour le reste de la société,
» doit subir une atteinte à sa liberté (si tant est que la liberté
» du mal et de la maladie soit admise) et être soumis d'office
» à la vaccination et à la revaccination périodique. Les peu-
» ples éclairés, notamment les Anglais et les Allemands, ont
» compris toute l'importance de cette pratique. Dans l'Alle-
» magne du Nord, elle est obligatoire. Quant au mode de pro-
» pagation de la variole, à son mode épidémique, aux moyens
» d'en modérer la diffusion, tout a été dit, tout est connu, et
» si les mesures que le simple bon sens et l'amour de l'hu-
» manité commandent ne sont pas adoptées, ainsi que nous
» le voyons en ce moment (1870) en France, la faute en est
» à nos mœurs publiques, au défaut de prédominance des
» idées scientifiques, et à une organisation sociale qui réside
» dans l'omnipotence et l'irresponsabilité d'une administra-
» tion incompétente. En trois mots, on peut définir la variole
» et sa curation : *contagion, isolement, vaccination.* »

LA TEIGNE.

Parmi les maladies contagieuses qui se propagent facilement, dans une population dense comme l'est celle de
Paris, la teigne est une des plus répandues. En 1837, on
vit apparaître à Paris une maladie nouvelle, l'*herpes tonsu-
rans*, qui ne présentait alors que quelques exemplaires. Elle
s'est depuis développée dans de grandes proportions sans que
les moyens que lui ont opposés, soit les comités d'hygiène,
soit les hôpitaux, en aient le moins du monde modéré les
progrès. Le végétal parasite (Tricophyton) se transmet, se
sème, envahit les écoles, les pensionnats, gagne l'atelier, s'introduit dans les familles, et peu à peu l'on voit des milliers
de teigneux dont un grand nombre méconnaissent même la maladie qui attaque leurs cheveux ou leur barbe. Le traitement
de cette maladie est extrêmement difficile et fort long ; le
mal va croissant, et l'on ne voit pas que la médecine publique
fasse de sérieux efforts pour avertir le peuple de ce danger,
ni pour l'en préserver. Il est difficile d'évaluer, même approximativement, le nombre de teigneux de cette espèce à
Paris, mais il en existe certainement plusieurs milliers. Je
fus un jour prié d'examiner des garçons dans une école tenue
par des frères dans un des faubourgs de Paris, et j'y trouvai
quatre-vingt-dix élèves atteints de la teigne tondante. L'hôpital Saint-Louis a consacré un service externe au traitement
de cette maladie ; aux hôpitaux de la rue de Sèvres et de la
rue de Charenton (enfants), il y a à la fois service externe et
service interne ; mais cette assistance est tout à fait insuffisante. D'ailleurs il est dangereux, pour des enfants teigneux,
d'être traités dans un hôpital général, au milieu d un foyer
permanent de contagion, là où règnent la variole, la scarlatine, la rougeole, la coqueluche et le croup. Chaque quartier

devrait avoir son comité d'hygiène, disposant de locaux et de
moyens matériels qui permettraient de traiter cette maladie
et d'autres de nature analogue. Il faut décentraliser l'assistance publique et multiplier les comités d'hygiène.

LES ENFANTS NOUVEAU-NÉS.

La population en France est loin de suivre le même accroissement que dans d'autres pays d'Europe. Cette inferio-
rité numérique est-elle un signe de décadence ? Il y a des
raisons de le penser. En tout cas, notre race, au lieu de devenir envahissante, d'émigrer, de faire souche en divers pays,
comme la race anglo-saxonne, reste stationnaire, demeure
aux lieux de son origine et perd de son activité. Parmi les
causes de ce défaut d'accroissement il convient de signaler la
mortalité trop considérable des enfants nouveau-nés. La négligence, l'alimentation insuffisante, l'habitude de confier
l'enfant à des mains étrangères et de l'envoyer, sans garanties sérieuses, hors des villes, sont les causes de sa destruction.
L'assistance publique supporte dans ces questions une part
considérable de responsabilité.

Depuis quelques années, les médecins ont abordé ce sujet
douloureux, et, sans écouter les voix qui les invitaient à
abandonner le terrain social et à se renfermer dans l'étude
des objets les plus prochains de leur art, ils ont courageusement ouvert l'enquête et mis à nu ces misères. Le public n'a
pas connu ces efforts, et la torpeur d'une société indifférente
à ses plus chers intérêts et à ses devoirs les plus sacrés n'a
point été dissipée par ces tristes révélations. En vain objectera-t-on que le mal est général dans le monde, que la France
n'a pas le triste privilége de cette indifférence ; il n'en faut
pas moins s'avouer que notre société est coupable vis-à-vis
d'elle-même, et tenter de l'arracher à cette habitude de lais-
ser-faire et de lâche irresponsabilité. Nous donnons ici un
aperçu de cette vaste question, dont les éléments sont empruntés aux discussions publiques soutenues devant l'Académie de médecine en 1866 et en 1869.

M. Monot adressait en 1866 à l'Académie un mémoire dans
lequel il signalait l'influence fâcheuse de l'émigration des
nourrices vers Paris, au triple point de vue de l'agriculture,
de la morale et de la mortalité des nourrissons. M. Monot demandait la suppression des nourrices filles-mères, la nécessité
de la présence d'une vache au moins chez la femme qui veut
être nourrice, une surveillance médicale plus exacte.

M. le docteur Brochard osait faire les plus tristes révélations sur le trafic des nourrissons dans les départements, et
signalait aux médecins et à l'administration les manœuvres
coupables des agents de placement et des nourrices mercenaires. Ce scandale demandait une enquête sévère.

L'administration saisit l'Académie de cette question, qui, à
plusieurs reprises et à de longs intervalles, avait été l'objet de
règlements et d'ordonnances.

M. Brochard, dans sa brochure sur la Mortalité des enfants
nouveau-nés dans les départements, s'exprime ainsi : « J'ai,
» pendant dix-huit ans, observé un fait qui m'a toujours
» frappé, et que, dans l'intérêt de la morale, je crois utile de
» publier. Dans certaines communes pauvres, toujours éloi-
» gnées du chef-lieu judiciaire de l'arrondissement, on voit
» des femmes et des filles qui ont, dans toute la contrée, la
» réputation bien méritée d'être de très-mauvaises nourrices.
» Chezelles, les nourrissons ne font que paraître et disparaître.
» Eh bien ! ces femmes ont toujours des nourrissons ; ces

» nourrissons sont presque toujours des enfants de filles, et
» ces nourrices sont toujours parfaitement et régulièrement
» payées. Un tel fait, se reproduisant d'une manière identique
» sur divers points d'un arrondissement, ne saurait être l'effet
» du hasard ; il est entièrement le résultat d'un calcul. Il est
» évident, pour le médecin, que ces femmes chez lesquelles
» les enfans meurent si facilement, sont connues, recherchées
» de certaines maisons de la capitale, et que leurs services
» mêmes y sont très-appréciés. »

Sans doute le vice, les fautes, la séduction, ont une grande
part dans la mortalité des enfants, car ce sont les enfants illégitimes surtout qui périssent. L'immoralité des mères, leur
pauvreté, l'abandon où les laisse l'auteur de leur malheur,
sont des raisons qui apparaissent tout d'abord ; les statistiques
sont affirmatives sur ce point. La question des filles-mères ne
sera point traitée ici, nous citerons seulement quelques passages empruntés à de nombreux écrits publiés sur ce sujet
pénible. Mais il n'y a pas que le vice ou les fautes qui puissent être invoqués ici ; la misère seule suffit à expliquer la
grande mortalité des enfants, alors même qu'ils proviennent
d'unions légitimes.

Ces misères, surexcitant au plus haut degré la pitié d'une
part, et de l'autre l'indignation, ont inspiré quelques satires
virulentes de nos mœurs. M. Paul Lacombe, dans un livre intitulé *Le mariage libre*, n'a pas craint d'écrire les lignes suivantes : « Il se peut d'abord que la mère tue l'enfant aussitôt
» né. Ce genre de dénoûment, atroce dans l'action, humain
» dans ses conséquences, je ne puis m'empêcher de le dire,
» tend à prévaloir sur les autres. Plus nous allons, plus la fille-
» mère devient sensible à la honte que l'opinion publique
» attache à son état, et plus elle tue l'enfant pour s'y sous-
» traire. A l'heure qu'il est, quand les statisticiens font leur
» compte, au bout de l'an, c'est par milliers qu'ils recensent
» les enfants naturels qui ont été jetés sur les chemins, dans
» les caves, dans les égouts, dans les fosses d'aisances, comme
» de petits chiens, ou coupés par morceaux pour les cacher
» plus sûrement, ou enterrés après avoir été étouffés à peine,
» ou brûlés, vaporisés dans des cheminées, des poêles, des fours.
» Cela est horrible, n'est-ce pas ? Mais il faut le dire, ces filles
» sont folles, folles de la peur du mépris public, quand elles
» ne le sont pas par vingt autres causes, solitude, dénûment,
» jalousie, indignation, etc., sans compter les troubles phy-
» siologiques qui accompagnent si souvent l'accouchement.
» Figurez-vous une enfant de dix-huit ans : n'est-ce pas un
» véritable enfant que cet être superstitieux, craintif, sans
» caractère, qui ne sait rien, qui n'a que des appréhensions,
» des pressentiments et pas une notion réelle ? Figurez-vous,
» dis-je, cette enfant, au moment où elle voit qu'elle va deve-
» nir la cible du mépris et des colères universels. Parents,
» amis, voisins, et les passants mêmes, tous, les connus et les
» inconnus, vont se déclarer contre elle. Elle jette les yeux
» autour d'elle ; tout lui est ennemi. Elle se voit comme dans
» une foule immense dont les visages insultants font cercle et
» dont les regards se concentrent sur sa tête. Jamais aucun
» homme ne s'est trouvé dans une situation absolument sem-
» blable. De là naît la folie barbare des infanticides. Autre
» dénoûment, la mère pardonne à son enfant ; elle accepte la
» honte et la misère.
» Troisième dénoûment, de beaucoup le plus fréquent, au
» moins aujourd'hui, et qu'on pourrait considérer comme la
» loi dont les autres dénoûments seraient l'exception. L'en-

» fant est exposé, abandonné quelque part, où il est probable
» qu'on le recueillera. Voilà donc l'enfant à l'hospice... on le
» met en nourrice à la campagne... Les trois quarts meurent...
» Au reste, ce sont là les heureux de la tribu....
» Je connais excessivement peu de bonnes nourrices, écrit
» le docteur Galopin (thèse de Pironon, 1868). J'en connais
» beaucoup de très-mauvaises. Il en est qui font de cela mé-
» tier, depuis dix, douze ou quinze ans, qui ont toujours des
» nourrissons et qui, je crois, n'en ont jamais rendu aux pa-
» rents ; ce qui m'a fait dire bien souvent que je trouvais très-
» bêtes les filles de Paris qui donnent tête baissée dans le
» Code pénal en tuant leurs enfants, quand elles pourraient
» éviter le piége que leur tend la loi en les mettant en nour-
» rice à Montigny ou dans certaines maisons de la commune
» d'Iliers (Eure-et-Loir). »

Le docteur Brochard cite, entre autres, le fait d'une fille-
mère qui avait placé ses deux jumeaux chez une fille-mère
comme elle et connue pour sa mauvaise conduite. La nourrice n'avait point de lait, et les nourrissons étaient dans l'état
le plus pitoyable. M. Brochard s'était cru obligé d'avertir le
commissaire de police, et celui-ci d'informer la mère. Celle-ci
trouva ses deux jumeaux bien soignés et dit qu'on s'était mêlé
d'une chose qui ne regardait personne.

P. LORAIN.

— La fin très-prochainement. —

ACADÉMIE DES SCIENCES.

L'osséine.

Dans un premier mémoire, M. E. Fremy a fait connaître les
propriétés nutritives de l'osséine, matière organique extraite
des os ; il a fait ressortir les différences qui la distinguent de
la gélatine ; enfin, il a fait connaître un procédé industriel
d'extraction par l'acide chlorhydrique étendu d'eau. M. Fremy
complète sa communication par quelques conseils sur le mode
d'emploi de cette substance véritablement alimentaire, au
même titre que la fébrine, la caséine et l'albumine. Le parenchyme des pieds de mouton ou de cochon, les tendons, les
cartilages des viandes blanches, ne sont autre chose que de
l'osséine. Il est important de bien dégraisser les os avant de
les traiter, afin d'obtenir une osséine bien pure et qui n'ait
aucune odeur ; cela regarde le fabricant. Quant au consom-
mateur, il suffit qu'il sache qu'après avoir laissé lentement
gonfler l'osséine dans l'eau froide, il ne faut la soumettre à
l'ébullition que pendant une heure, dans de l'eau salée et
aromatisée ; si l'on prolongeait l'ébullition, on obtiendrait une
masse gélatineuse moins agréable au goût. Il se produit à
Paris de 20 à 30 000 kilogrammes d'os par jour : à raison de
35 0/0 d'osséine, on pourrait donc disposer d'environ 8000 kilogrammes d'osséine par jour. Le ministre de l'agriculture et
du commerce agit donc sagement en invitant les maires à
désigner, dans chaque arrondissement, plusieurs points de
dépôt où les os recueillis dans les boucheries, ou mis en
réserve dans les ménages, seront payés à raison de 2 fr. 50 les
100 kilogrammes. Le prix du kilogramme d'osséine, d'après
les calculs de M. Fremy, ne devrait pas dépasser un franc.

Le propriétaire-gérant : GERMER BAILLIÈRE.

PARIS. — IMPRIMERIE DE E. MARTINET, RUE MIGNON, 2

REVUE

DES

COURS SCIENTIFIQUES

DE LA FRANCE ET DE L'ÉTRANGER

| SEPTIÈME ANNÉE | NUMÉRO 46 | 15 OCTOBRE 1870 |

ÉCOLE SUPÉRIEURE DE PHARMACIE DE PARIS

CONFÉRENCE DE M. ALFRED RICHE
(11 novembre 1870)

Conseils sur la manière de se nourrir dans les circonstances présentes

MESSIEURS,

C'est aujourd'hui le cinquante-cinquième jour d'investissement de Paris. Bien des personnes avaient pensé qu'il n'aurait pas résisté aussi longtemps, et cependant on peut dire que la majeure partie de la population n'a pas encore éprouvé de sérieuses privations au point de vue de la nourriture. Mais il ne faut pas s'abuser, je dirai plus, il faut savoir regarder en face la vérité : le 25 de ce mois, les bœufs et les moutons, que nous ne contemplions pas sans une certaine satisfaction dans leurs étables improvisées, auront disparu, sauf ceux que l'on réservera pour les blessés.

A cette époque bien rapprochée, comment pourrons-nous nous alimenter? Telle est la question que je me propose d'examiner avec vous ce soir.

Au dire des uns, rien n'est plus simple. Le pain, le vin, le thé et le café constituant par leur association un aliment complet, nous avons dans ces matières une nourriture assurée pour plusieurs mois. Suivant d'autres, une population de deux millions d'individus, contenant beaucoup de vieillards, de femmes et d'enfants, ne peut vivre sans sa nourriture habituelle, et pour ceux-là le jour où le bœuf et le mouton manqueront ne sera pas éloigné du jour où nous nous rendrons à l'ennemi.

Ces derniers ont parfaitement raison lorsqu'ils pensent qu'on ne peut pas changer du jour au lendemain le système d'alimentation d'une telle masse d'individus sans s'exposer à compromettre sérieusement la santé de ceux qui sont affaiblis par l'âge ou par la maladie. Mais ils ont tort lorsqu'ils supposent que nous en soyons réduits de sitôt à une pareille nécessité, et j'espère le leur démontrer. N'avons-nous pas, en effet, à notre disposition des provisions sagement amassées par l'État, par la ville de Paris et par nous-mêmes, et près de 25 000 chevaux qui ne sont pas utiles à la défense ! Or, aujourd'hui l'immense majorité des habitants de Paris s'est habituée à la viande de cheval, et la contagion de l'exemple, jointe à la nécessité, est bien près de convertir le petit nombre de ceux qui sont encore retenus par un préjugé que rien ne justifie. Ignorent-ils que l'industrie des comestibles a réalisé des merveilles grâce auxquelles le bœuf, le mouton, le cheval sont utilisés pour l'alimentation, comme le porc l'était seul jusqu'à ce jour, et qu'on tire un parti avan-

tageux de leur tête, des extrémités de leurs membres et même de leur peau ! Ne savent-ils pas enfin qu'il existe encore dans Paris et dans la banlieue de grandes quantités de légumes qui seront remplacés successivement au moyen des repiquages et des semis qu'a faits l'industrie maraîchère !

La matière nutritive existe. Le tout est de l'employer sans modifier profondément nos habitudes, car on souffrira d'autant moins qu'on respectera mieux le régime auquel nos organes sont accommodés. Telle est, à mon sens, la question à résoudre, et elle est loin de me paraître insoluble.

De temps immémorial, l'homme a fait servir le feu à la cuisson de la chair dans l'eau pour préparer du *bouillon*, et s'il est un pays où cette habitude soit enracinée, exagérée même, c'est à coup sûr le nôtre. Cette raison suffirait à elle seule pour qu'on dût se préoccuper de faire du bouillon; mais j'ajouterai que la science a établi que le bouillon, associé au pain, constitue un aliment complet. Cette vérité a été démontrée par de nombreuses expériences faites par un grand physiologiste, W. Edwards, sur le chien, c'est-à-dire sur un des animaux qui se rapprochent le plus de l'homme par son mode d'alimentation. Chacun de nous, d'ailleurs, a pu constater par lui-même que ce liquide chaud excite l'appétit, facilite la digestion, et amène à manger une grande quantité de pain. L'incertitude ne peut donc pas exister : le bouillon et le pain réunis ont le double avantage de former une nourriture à laquelle nos organes sont accoutumés, et qui est capable à elle seule de développer le corps et d'entretenir la santé. Si j'insiste sur ce point, c'est qu'on a dit dernièrement que le bouillon, la soupe n'étaient qu'une préface du dîner ; comme beaucoup de personnes, surtout dans les circonstances présentes, sont obligées de se contenter presque exclusivement de cette préface, je tenais à bien établir qu'elle était la base d'une alimentation suffisante.

Par suite, je n'hésite pas à dire que c'est à cet usage qu'il faut réserver autant que possible la chair des trois cents chevaux que l'administration fait abattre chaque jour, et dont le nombre sera probablement augmenté lorsque le bœuf et le mouton manqueront. Seulement, il faut modifier la manière dont nous préparons le bouillon, et n'employer que le *quart* de la viande que nous consommons en temps ordinaire pour l'obtenir.

La *force* du bouillon, pour me servir du terme admis, c'est-à-dire sa viscosité, n'est pas sensiblement amoindrie si l'on ajoute à une petite quantité de viande une proportion notable d'os, et que l'on maintienne l'action du feu plus longtemps que de coutume.

L'administration du Ministère de l'agriculture s'est vivement, et depuis quelque temps déjà, préoccupée d'atteindre ce but pour l'alimentation des personnes pauvres. Elle fait recueillir dans les boucheries tous les os, trier ceux qui sont encore recouverts de chair, et elle les envoie à divers établissements hospitaliers. Une certaine quantité restant libre, elle s'est adressée à quelques industriels, qui se sont empressés de satisfaire son désir, et qui débitent chaque jour gratuitement, à la porte de leurs établissements, 500 litres au moins de bouillon dans lequel ils mettent à leurs frais des aromates et des légumes en quantité convenable pour faire un excellent produit, comme je m'en suis assuré plusieurs fois (1).

Si cette pratique se généralisait, ce serait un grand bienfait, mais il en résulterait tout de suite — et je le désire vivement — que les os *rouges* des boucheries seraient insuffisants. Pouvons-nous les remplacer, et par quoi ? Oui, par le principe le plus abondant du bouillon, par la *gélatine.*

Ce nom éveille probablement dans l'esprit de plusieurs d'entre vous le souvenir des nombreuses discussions auxquelles la question de la gélatine alimentaire a donné lieu pendant la première moitié de ce siècle, et je vous demande la permission de vous en esquisser les points principaux.

A la fin du xvii° siècle, Papin apprit à retirer des os, au moyen d'un appareil de son invention, nommé encore aujourd'hui la marmite de Papin, une substance qui, dissoute dans l'eau bouillante, se prend en gelée par le refroidissement et qui doit son nom à cette curieuse propriété. Vers la fin du siècle dernier, divers savants, Geoffroy, l'abbé Changeux, d'Arcet père, Proust, préoccupés du sort des classes pauvres, reprirent l'étude de cette substance en vue de la faire servir à l'alimentation. Il résulta de leurs travaux que les os, réduits en poudre, donnaient par leur contact prolongé avec l'eau bouillante une grande quantité de gélatine, et Proust proposa de la conserver en pastilles qui, tout à fait inaltérables à l'air, étaient susceptibles d'être portées d'un bout du monde à l'autre, puis de se dissoudre dans l'eau.

Cette idée parfaitement juste devint le point de départ d'exagérations ridicules. Le bouillon d'os était, au dire de certaines personnes s'occupant de science, comparable, préférable même au bouillon de viande, et l'une d'elles, après avoir servi ce bouillon à ses invités, faisait remplacer sur la table la soupière par un bol contenant les quelques os en poudre qui avaient produit ce bouillon. Ces hyperboles eurent le résultat qu'elles ont toujours : loin de détruire l'opinion opposée, elles la fortifièrent, et amenèrent des exagérations inverses, par suite desquelles on refusait à la gélatine toute propriété nutritive. La question fit beaucoup de bruit dans les premières années de ce siècle, on chansonna la gélatine, et le quatrain suivant n'est pas encore tombé dans l'oubli :

> L'inventeur de la gélatine,
> A la chair préférant les os,
> Veut désormais que chacun dîne
> Avec un jeu de dominos.

Le monde savant n'abandonna pas la question, et elle a été complétement élucidée à la suite des travaux de d'Arcet fils,

(1) Je leur demande pardon de les citer de ma propre autorité, mais il est indispensable, pour qu'ils fassent le plus de bien possible, que leur demeure soit connue. Ce sont M. Dordron, rue Saint-Lambert, 7; M. Brigonnet, rue du Château-des-Rentiers, 105; M. Bonneville, route d'Italie, 95; M. Léon Thomas, usine de Javel; M. Duchêne, rue des Cordelières, 23.

de W. Edwards et d'une commission de l'Académie, dont M. Dumas, alors très-jeune, fut un des membres les plus actifs.

D'Arcet préparait la gélatine en grand, soit en chauffant les os sous une pression très-peu supérieure à celle de l'atmosphère et correspondant à une température de 106 degrés, soit en enlevant aux os leur matière minérale par l'action de l'eau acidulée par l'acide chlorhydrique.

On établit le 9 octobre 1829, sous sa direction, une marmite de Papin à l'hôpital Saint-Louis, et cet appareil y fonctionna pendant onze ans à la satisfaction générale.

Près de cent mille malades, indigents ou gens de service, y furent nourris avec des aliments animalisés par la gélatine. L'administration des hôpitaux ne se prêta pas à ces essais dans le but de faire des économies aux dépens des malades, mais dans celui d'améliorer la nourriture des convalescents, car si l'on substituait la gélatine aux trois quarts de la viande servant à faire le bouillon, on disposait de cette viande pour préparer du rôti.

Il y eut en activité, pendant plusieurs années, des appareils semblables à Lille, à Lyon, à Rouen, à Metz, à Reims et dans plusieurs villes de Hollande et d'Allemagne, et voici ce que François Arago disait à l'Académie, à son retour d'un voyage à Metz, le 24 décembre 1838 :

« Le bouillon de gélatine animalisé est en usage à l'hospice de Saint-Nicolas de Metz depuis plus de quatre ans. Depuis quatre ans, d'après le témoignage unanime des honorables administrateurs de cet établissement, l'état sanitaire des cinq cents individus qu'il renferme a reçu la plus évidente amélioration. L'augmentation de dépense s'est trouvée plus que compensée par la moindre dépense afférente à l'infirmerie... Sauf deux ou trois exceptions appartenant à la section des vieilles femmes, partout on s'est félicité du nouveau régime ; partout on l'a déclaré très-supérieur à l'ancien sous le rapport de l'agrément et de la salubrité ; partout on a exprimé la crainte qu'il fût abandonné... Des circonstances particulières, totalement indépendantes de la valeur que peut avoir le procédé de M. d'Arcet, en ont seules amené la suspension momentanée. Les employés se trouvaient très-bien de l'emploi du bouillon de gélatine animalisé : ils seraient heureux de le voir rétablir. »

Citons encore le fait suivant : « Après les journées de juillet 1830, la population ouvrière de la ville de Reims, qui s'élève à près de dix-huit mille individus sur une population totale de trente-six mille âmes, se trouvait, par suite des faillites et de la fermeture de presque tous les ateliers, dans une position de misère et d'inactivité qui donnait de grandes inquiétudes. M. Commesny était alors administrateur du bureau de bienfaisance. Il proposa à ses collègues de créer un établissement de potages à la gélatine dans un bâtiment qui appartenait à la ville. Le conseil municipal et l'autorité supérieure accueillirent la proposition. L'urgence était extrême ; et, grâce à l'incroyable activité de M. Commesny et de ses connaissances profondes en chimie appliquée aux arts, tout fut organisé en moins d'un mois. La machine marcha régulièrement de cent trente-cinq jours à cent quarante jours consécutifs dans toute la période de la crise. Le succès obtenu couronna ses efforts et surpassa toutes les attentes.

» Il avait mis tous ses soins à faire préparer les mets de la manière la plus salubre et la plus agréable ; aussi toutes les préventions disparurent dès qu'on en eut goûté. Les distributions se faisaient avec la plus grande régularité. Elles consistaient en potage de demi-litre avec 3 onces de pain ; en ragoût de légumes accommodés au gras avec la graisse obtenue des os, la portion pesant 14 onces ; et trois fois la semaine on donnait la part de viande qui avait servi, concurremment avec la gélatine, à confectionner le bouillon. Ce qu'il y a de certain, c'est que la saveur des potages et des ragoûts de légumes était excellente et toujours la même, et qu'aucune plainte ne s'est élevée dans la population nombreuse qui recevait ces secours. »

Qui n'est frappé, en lisant ces lignes, écrites par W. Edwards, de l'analogie de notre position avec celle des habitants de Reims? On les a nourris près de cent quarante jours *consécutifs* avec un plein succès sans aucune plainte. L'avantage est tout de notre côté : les appareils existent, les os sont en abondance, et la préparation du bouillon, grâce à l'activité de M. Demongeot, ingénieur des mines, directeur du service compétent, et des fabricants de gélatine cités plus haut, pourrait commencer demain dans les ménages, dans les maisons hospitalières, dans les cantines municipales, dans les établissements de bouillon. 10 à 15 grammes de gélatine représentent la dose convenable par litre de bouillon. Or, il y a dans Paris une grande quantité de gélatine fabriquée, un stock d'os immense; et l'abatage des chevaux met chaque jour à la disposition de l'administration 18 000 à 20 000 kilogrammes d'os. Ces os bouillis sont réunis par elle dans un local spécial, et distribués aux fabricants qui les traitent par les deux méthodes indiquées plus haut ; de telle sorte que la gélatine ne nous manquera pas avant que le pain ne nous manque. Ajoutons enfin que la gélatine existe dans l'os cuit lorsqu'il est rejeté des cuisines.

Mais, objectera-t-on, pourquoi les hôpitaux ont-ils cessé de fabriquer du bouillon à la gélatine? Cela tient à diverses raisons indépendantes de sa valeur. Plusieurs insuccès ont été constatés dans divers établissements, et notamment à l'Hôtel-Dieu de Paris et dans un hospice d'Amiens. Or, quand on a fait des enquêtes sur ces faits, on a vu, comme me le disait M. Dumas à propos de l'hospice d'Amiens, que la négligence ou même la malhonnêteté en étaient la cause. Ou bien, la solution gélatineuse, très-putrescible de sa nature, n'était employée que tardivement, c'est-à-dire lorsqu'elle avait subi un commencement de décomposition; ou bien, le chauffeur épuisait incomplétement les os par paresse ou pour vendre le charbon et les os; ou enfin, on économisait les légumes et les aromates qui sont indispensables pour relever le bouillon, car la gélatine est absolument sans odeur et sans saveur.

Examinons maintenant ce que l'expérience scientifique rigoureuse a établi sur la valeur de la gélatine au point de vue alimentaire, et posons la question dans son extrême simplicité: la gélatine est-elle nutritive? L'Académie a répondu : *non;* les travaux isolés des savants ont répondu : *non.* Le fait est donc vrai, mais il faut s'expliquer. Le principe de la chair, qui représente la presque totalité de son poids, la fibrine, est-il nutritif? *Non.* Le principe de l'œuf, l'albumine, est-il nutritif? *Non.* Le principe du fromage, le caséum, est-il nutritif? *Pas davantage.* Et cependant, la chair, l'œuf, le fromage, sont extrêmement nutritifs. Il y a pour la gélatine un fait identique. Seule elle n'est pas nutritive, elle le devient par son association; et ne croyez pas que je juge par induction, je ne dis que ce qui est démontré par l'expérience. W. Edwards conclut ainsi son travail, et ces résultats n'ont pas été révoqués en doute :

1° Le régime de pain et de gélatine est nutritif et insuffisant pour les chiens.

2° La gélatine associée au pain a une part *effective* dans les qualités nutritives de ce régime.

3° Une addition de bouillon en petite proportion au régime de pain et de gélatine le rend susceptible de fournir une nutrition complète, c'est-à-dire d'entretenir la santé et de développer le corps.

M. Dumas rappelait dernièrement les conclusions de la Commission de la gélatine, qui sont inscrites dans les *Comptes rendus de l'Académie,* tome XIII, et il en résulte que l'on doit, dans une fabrication rationnelle, faire un choix dans les os.

Les os fournissent quatre sortes de produits ainsi rangés dans l'ordre utile comme aliments :

1° Parenchyme des pieds de mouton, isolé par les acides, contenant le plus de tissu insoluble et pouvant nourrir pendant un mois sans répugnance les animaux soumis à l'expérience.

2° Parenchyme des têtes de bœuf ou de mouton contenant surtout des matières animales solubles ; les animaux s'en dégoûtent au bout de cinq ou six jours.

3° Gélatine récente et inaltérée; les animaux s'en dégoûtent bientôt lorsqu'elle est mise seule à leur disposition, mais elle peut être utilisée à l'état de mélange avec d'autres aliments.

4° Dissolutions gélatineuses altérées, même légèrement ; elles excitent la répugnance des animaux et ne peuvent pas être employées même à l'état de mélange avec d'autres aliments.

Ainsi, l'accord est parfait entre la pratique de onze années organisée par d'Arcet et l'expérience scientifique. M. Chevreul, M. Payen, M. Fremy, sont venus sanctionner récemment (1) les assertions de la Commission de la gélatine. Devant des témoignages aussi remarquables par l'autorité de ceux qui les émettaient que par leur unanimité, le service administratif, cité plus haut, qui s'était mis à l'œuvre, de son initiative propre, avant les publications de ces savants, a redoublé d'activité. Les os de pieds de mouton seront traités à part, et je m'occupe de rechercher si, dans le cheval, il n'y aurait pas certains os qui seraient susceptibles de fournir un parenchyme plus riche en tissu insoluble et plus nutritif.

M. Dumas a conseillé, une fois ce parenchyme isolé, de le dessécher pour le livrer à la consommation si l'on n'en a pas un besoin immédiat, ou bien de le plonger dans un bain de gélatine fondue qui, le recouvrant ainsi de toutes parts, le mettrait à l'abri de l'altération.

En résumé, un bouillon préparé avec le quart du poids de viande employé d'habitude, et contenant en outre 10 grammes environ de gélatine par litre, et les principes sapides et odorants des légumes et des aromates, peut remplacer le bouillon ordinaire. Il suffirait d'ajouter la gélatine quelque temps avant de le retirer du feu.

Si, à certains jours, la viande venait à manquer, on aurait un bon bouillon en faisant cuire dans l'eau les légumes ordinaires, auxquels on ajouterait de la gélatine, un corps gras et ces extraits de viande Liebig, trop peu goûtés dans notre pays, qui fourniraient les principes sapides et odorants existant dans le bouillon de viande.

Beaucoup de personnes font du bouillon seulement avec des légumes, un corps gras, de l'extrait de viande et les épices ordinaires.

---

(1) *Comptes rendus,* t. LXXI, p. 559, 31 octobre 1870.

L'extrait de viande suffit même pour donner un liquide qui a de l'analogie par son goût avec le bouillon à la viande. Je me suis assuré que ces extraits existent encore en quantité notable à Paris. Le dépositaire de la Compagnie Benitès de la Plata, M. Dubrac, cédant cette substance en gros à 15 francs le kilogramme, le litre de bouillon contenant 10 grammes d'extrait revient à 25 centimes, ou à 35 centimes si cet extrait a été acheté au détail à 22 francs le kilogramme.

Enfin, le tapioka Boudier et les différentes préparations faites par ses imitateurs sont formés par du tapioka ou des pâtes analogues enrobés dans de l'extrait de viande. Cuites à l'eau, elles fournissent de bons potages.

Le parenchyme des os, appelé du nom d'*osséine*, qui résulte du traitement des os à l'eau acidulée par l'acide chlorhydrique, et qui, fondu dans l'eau bouillante, fournit la *gélatine*, peut, d'après M. Fremy, fournir plusieurs sortes de mets analogues à des mets ordinairement consommés aujourd'hui. Voici, d'après ce savant, la manière d'opérer :

On place ce parenchyme dans de l'eau froide avec du sel. Lorsque, au bout de huit à douze heures, il est fortement gonflé, on le fait bouillir, jusqu'à ce qu'il cède sous la dent, avec de l'eau salée et aromatisée comme à l'ordinaire. L'eau qui baigne cette substance cuite est très-gélatineuse et peut être changée en bouillon par les méthodes indiquées plus haut. « Quant à l'osséine cuite qui est restée insoluble, elle possède, dit M. Fremy, une saveur agréable et peut recevoir facilement tous les assaisonnements culinaires (1).

On ne peut pas se prononcer aujourd'hui sur la valeur nutritive de l'osséine, parce qu'il n'y a pas eu d'expériences rigoureuses ou même suivies pendant quelque temps sur l'homme avec cette matière. Cependant, M. Terreil en a mangé tous les jours à son déjeuner depuis une huitaine, et il annonce l'avoir prise avec plaisir, et n'avoir jamais éprouvé le moindre accident gastrique. Le goût de l'osséine assaisonnée comme les pieds de mouton à la vinaigrette est tout à fait semblable à celui de ce mets, qui est assez recherché à Paris.

Pour préparer un bouillon convenable avec la gélatine et des légumes, ou pour obtenir ces aliments à l'osséine, il faut, avons-nous dit, la présence d'un corps gras. En temps ordinaire, ce serait le beurre, la graisse de rognon de bœuf, ou même le saindoux. Ces substances manquant en ce moment ou ayant atteint un prix excessif, nous serions fort embarrassés si un industriel très-habile, M. Dordron, n'était pas arrivé par l'emploi d'agents tout à fait sans danger pour l'économie, et qui, d'ailleurs, ne restent pas dans la graisse, à fabriquer avec le suif le plus commun une graisse alimentaire qui rivalise avec celle du rognon de bœuf. Cette matière, très-répandue en ce moment, souvent falsifiée du reste, est vendue sous le nom de *beurre de Paris*. C'est elle qui a permis à cet industriel de préparer du boudin avec le sang du bœuf, et c'est là un vrai service rendu, non-seulement à l'alimentation, mais encore à l'hygiène, parce que ce sang, qui n'était plus recueilli comme autrefois pour les raffine-

ries de sucre, se coagulait dans les égouts et s'y putréfiait. On savait parfaitement que ce sang pouvait servir comme celui du porc à la fabrication du boudin, mais il fallait remplacer aussi la panne du porc, et même le boyau retiré de cet animal. Il est juste d'ajouter que cette graisse est inférieure pour cet usage à la panne de porc, parce que, n'étant pas renfermée dans des utricules, elle s'écoule au moment du grillage, et le boudin est toujours sec. D'autres fabricants ont évité cet inconvénient en introduisant dans le boudin les filaments graisseux eux-mêmes; mais, outre que cette graisse exhale l'odeur du suif, elle n'est pas cuite, et le boudin, aliment qui est déjà par lui-même d'une digestion difficile, devient fatigant pour l'estomac.

M. Dordron, poursuivant cette voie jusqu'aux limites les plus éloignées, est arrivé à fabriquer des produits de toute sorte qui imitent par leur forme et même par leur goût les si nombreuses préparations auxquelles la chair de porc a donné naissance. Parmi elles, je ne citerai que des terrines où le foie est associé au riz et même au sang de mouton, et qui, cuites au four, sont, surtout pour celles où le sang a été remplacé par d'autres abats, d'une conservation possible pendant quinze jours ou trois semaines.

Si ce corps gras manquait pendant la nouvelle période du siège où nous allons entrer, la graisse de cheval pourrait la remplacer, et quelques personnes même la préfèrent à celles du bœuf et surtout du mouton, parce qu'elle se fige moins facilement et qu'elle est douée d'une odeur faible, rappelant celle de la graisse de l'oie. Elle a l'inconvénient d'être trop liquide. On y remédiera en jetant cette matière sur un papier à filtre ou sur une toile serrée ; il passera une huile liquide, et il restera sur le filtre une graisse solide : l'une et l'autre pourront être consacrées à des usages spéciaux.

L'administration a en réserve des viandes salées et préparées, et elle a déployé une grande activité depuis l'investissement pour accroître cette proportion.

M. Cornillier, à Grenelle, M. Wilson, à la Villette, ont salé du bœuf et du cheval.

Pour désaler cette viande, le mieux est de la placer pendant quelques heures dans un courant d'eau. Si l'on ne dispose pas d'eau courante, on la maintiendra dans un seau ou dans une terrine pleine d'eau froide pendant six à huit heures, en ayant soin de changer l'eau une ou deux fois. On pourrait encore, si le temps manquait, mettre la viande dans l'eau froide, porter l'eau à l'ébullition et jeter cette première eau.

M. Gorges a conservé du bœuf et du mouton par un procédé qui a pour base l'emploi de l'acide sulfureux, cet agent antiseptique si justement utilisé déjà dans l'industrie.

Avant de faire cuire cette viande, on la suspendra à l'air pendant quelques heures, et on la tiendra ensuite dans de l'eau froide une heure environ.

Quant à la viande conservée par le procédé Appert ou les autres procédés analogues, elle n'exige aucune préparation spéciale. Il en est de même des viandes de bœuf et de cheval fumées que l'industrie particulière a fabriquées en assez grande quantité depuis l'investissement.

1 200 000 kilogrammes représentent un travail immense, mais qu'est-ce que 1 200 000 kilogrammes de viande pour 2 millions d'individus ? Il est juste d'ajouter que les viandes salées de bœuf et de mouton prennent à la salure l'aspect et même les autres caractères du jambon, qu'il serait difficile de les manger rôties, et que le mieux est de les asso-

---

(1) M. Bignon et M. Terreil avaient bien voulu m'envoyer pour cette conférence divers mets à l'osséine, et notamment deux préparations imitant parfaitement le gras-double et les pieds de mouton à la vinaigrette. Ces produits ont été jugés très-bons au goût. On peut se procurer de l'osséine à un prix peu élevé, 1 franc le kilogramme.

cier en petite quantité à une forte proportion de riz ou d'autres aliments végétaux.

Nous sommes loin, vous le voyez, d'être réduits à ce régime sommaire du pain, du vin, du thé et du café, et nous ne serons jamais forcés d'y recourir, grâce aux produits que je viens de signaler : à la chair du cheval, aux divers légumes frais ou conservés, et à beaucoup d'autres matières alimentaires, jambons, poissons, volailles, œufs, fromages, confitures, qui sont dans les magasins de l'État ou dans les maisons particulières. Mais tout le monde n'a pas pu faire des provisions, tout le monde ne peut pas acheter ces divers produits. La misère est grande, et elle croît chaque jour. C'est pourquoi il est du devoir de celui qui possède de donner son superflu, de toucher même à ce qu'il considérait comme nécessaire avant les tristes circonstances que nous traversons. Je vais plus loin : il ne suffit pas de donner, il faut économiser ses propres provisions dans l'intérêt de tous, et je considère comme une obligation pour l'homme et la femme, bien portants, de supprimer de leur table le *rôti* qui consomme une grande quantité de viande et n'invite pas à manger du pain, et de le remplacer par une proportion moindre de viande bouillie, ou cuite avec du riz, avec des pommes de terre ou avec des légumes soit frais, soit conservés. Ils auront sous cette forme un aliment réparateur, car les matières végétales, associées à la graisse, renferment les trois principes nécessaires à l'homme, les principes féculents, gras et albumineux. La portion du pauvre, du convalescent, de l'enfant, du vieillard, en deviendra plus forte, et, s'il était nécessaire d'attendrir vos cœurs, je vous dirais, en terminant, qu'il est à ma connaissance que des vieillards, réunis dans une maison hospitalière, n'ont eu pendant quelques jours que de l'eau, du pain et un peu de riz, et qu'ils ne sont guère mieux partagés aujourd'hui.

A. Riche.

COLLÉGE DE FRANCE

HISTOIRE NATURELLE DES CORPS ORGANISÉS

COURS DE M. MAREY (1)

Du vol chez les oiseaux

IV

SYNTHÈSE DU COUP D'AILE DESCENDANT

SOMMAIRE. — Réaction de la résistance de l'air sur la masse du corps de l'oiseau. — Appareil schématique reproduisant le soulèvement du corps de l'oiseau au moment de l'abaissement de l'aile. — *Première expérience :* Influence du poids à soulever sur l'amplitude du mouvement ascensionnel. — *Deuxième expérience :* Influence de la force motrice sur la hauteur à laquelle se soulève l'appareil. — *Troisième expérience :* Influence de l'étendue des surfaces des ailes sur la hauteur du soulèvement. — Effets de l'inertie de l'aile.

Nous nous rapprochons de plus en plus des conditions réelles du problème du vol; aussi, dans les expériences que nous avons à entreprendre, aurons-nous, pour ainsi dire, à aborder la reproduction synthétique du temps actif du vol de l'oiseau. Il s'agit de reproduire un coup d'aile descendant avec l'effet de soulèvement qu'il produit sur la masse

(1) Voyez ci-dessus pages 571, 601 et 626, 6, 20 août et 3 septembre 1870, et notre tome VI, pages 578, 601, 646 et 700, année 1869.

du corps de l'animal, ainsi que nous l'avons constaté par des expériences directes sur différentes espèces d'oiseaux.

Mes premières tentatives de synthèse du vol de l'oiseau ne furent pas heureuses; j'avais pris d'abord un moteur d'horlogerie dont la force me semblait devoir fournir à une trentaine de coups d'aile, des rouages peu nombreux aboutissant à une sorte de bielle faisaient agir deux ailes d'assez grande surface. Or, le mouvement communiqué à ces dernières n'était probablement ni assez rapide ni assez étendu pour soulever la machine, on n'obtenait qu'un allégement du système, mais non une suppression complète des effets de la pesanteur.

Il fallait, dès lors, modifier toute la série des rouages et recommencer de nouveaux tâtonnements pour aboutir à des mouvements d'ailes peut-être aussi défectueux que les premiers. J'ai préféré changer complétement la marche de mes tâtonnements.

Vous connaissez le procédé des géomètres qui, dans certains problèmes d'une solution embarrassante, supposent le problème résolu et remontent ensuite la série des propositions qui s'enchaînent jusqu'au point de départ. C'est justement cette méthode que je vais essayer de suivre, elle me semble de beaucoup la plus sûre et la plus rapide.

Supposons donc le problème résolu, et admettons que les coups d'aile de notre machine soulèvent sa masse comme les coups d'aile de l'oiseau soulèvent la masse de son corps. Si la machine pèse autant qu'un oiseau d'espèce déterminée, une Buse par exemple, si les ailes ont la même étendue que celle de la Buse, il semble bien admissible que la même force motrice devra être dépensée, de part et d'autre, pour produire, dans la machine et chez l'oiseau, des ascensions de même hauteur. On cherchera ensuite quels effets se produisent suivant qu'on fait varier dans tel ou tel sens le poids de la machine, la surface des ailes ou la force motrice.

Or, pour ce genre d'études il n'est pas besoin d'observer une longue série de coups d'aile. Un seul coup d'aile suffit, s'il soulève l'oiseau; à plus forte raison, le soulèvement se produira-t-il sous l'influence d'une série de coups d'aile donnés dans des conditions semblables. Le docteur Hureau de Villeneuve a essayé déjà, il y a quelques années, de construire des ailes artificielles qu'il adaptait à une monture légère, et qui, par la détente d'un ressort, s'abaissaient brusquement. On voyait, au moment du coup d'aile, le système tout entier sauter en l'air à une certaine hauteur.

C'est à une disposition de ce genre que nous aurons recours, et de plus, dans la série d'expériences que nous allons exécuter, nous aurons soin de tenir un compte exact des surfaces qui agiront sur l'air; des forces qui mettront ces surfaces en mouvement; des poids qui seront soulevés; enfin, des hauteurs auxquelles ce soulèvement se fera. Pour ce dernier résultat, la méthode graphique nous sera d'une très-grande utilité.

La fig. 170 représente la disposition que j'ai adoptée pour reproduire grossièrement les conditions du phénomène qu'il s'agit de reproduire.

De chaque côté se voient des ailes *aa* formées d'une nervure antérieure de bois, sur laquelle s'implantent des tiges d'acier destinées à former une carcasse élastique que l'on recouvre de papier mince et résistant.

Ces ailes possèdent deux qualités importantes : la légèreté et la solidité. Elles ont aussi une flexibilité qui permet à la partie postérieure de se relever légèrement par l'effet de la résistance de l'air, ainsi que cela se produit dans le vol de l'oiseau.

La charpente sur laquelle ces ailes s'articulent est ainsi disposée. Une forte traverse de cuivre carrée est mortaisée à ses deux extrémités et reçoit une pièce métallique qui constitue la base de l'aile, la partie qui correspond à la tête humérale. Toutefois, au lieu des mouvements en tous sens qu'exécute chez l'oiseau la tête de l'humérus, nous n'aurons ici que l'élévation et l'abaissement que permet une simple charnière. La pièce de cuivre horizontale qui porte les deux ailes, est traversée dans sa longueur par une tige verticale sur laquelle sont fixés deux cordons de caoutchouc m m, qui correspondent aux muscles pectoraux et vont, comme eux, se porter en divergeant jusqu'aux nervures des ailes, sur lesquelles ils se

façon, l'effort du fil de caoutchouc se partage très-également entre les deux ailes qu'il doit mouvoir.

Le poids des pièces qui viennent d'être décrites n'est pas très-considérable ; aussi, pour soumettre l'appareil à des charges croissantes, ai-je adapté une tige verticale articulée qui pend au-dessous du système, portant à son extrémité un godet P dans lequel on jette des poids additionnels.

L'intérêt des expériences que l'on peut faire avec cet appareil consiste, tout entier, dans l'appréciation exacte des différentes hauteur auxquelles le soulèvement se fera, suivant les charges, les surfaces d'aile, les degrés de tension du ressort, etc. J'ai disposé le schéma de façon qu'il pût tracer sur une surface enfumée les indications de ses soulèvements ;

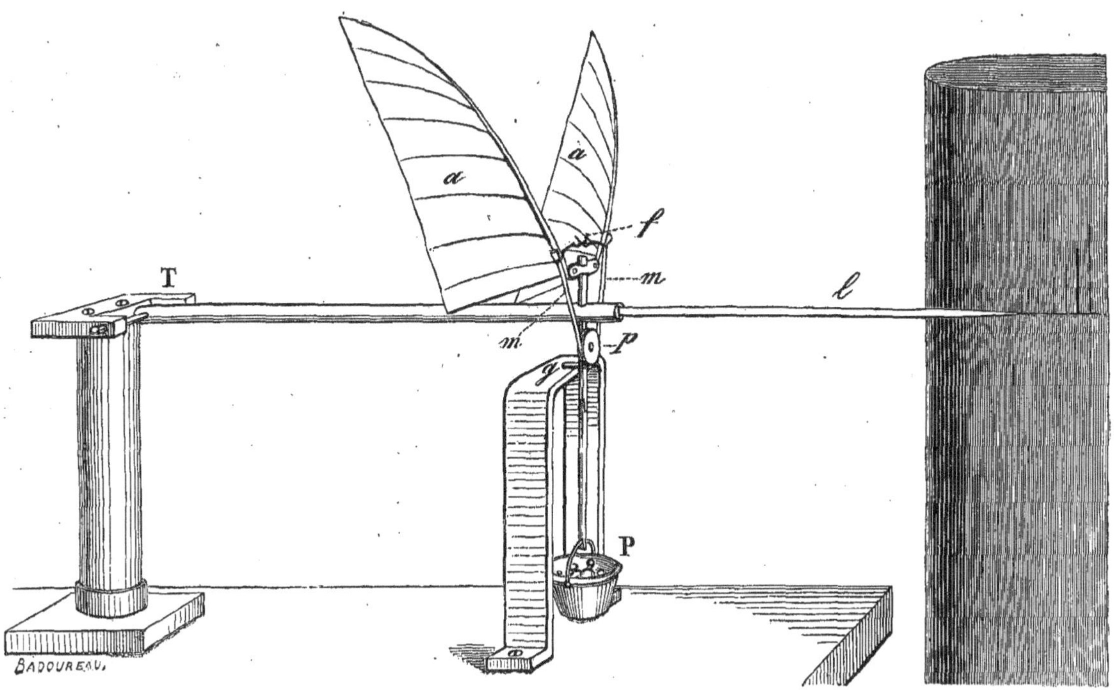

FIG. 170. — Appareil destiné à reproduire le soulèvement du corps de l'oiseau au moment de l'abaissement de son aile.

fixent dans le voisinage des articulations. L'élasticité de ces fils de caoutchouc servira à abattre les deux ailes à la fois. En remontant les ailes, on surmonte la résistance du caoutchouc qui se tend, et quand les ailes sont ainsi remontées, on les maintient dans cette position dans laquelle les ressorts de caoutchouc sont tendus. Pour cela, deux crochets d'acier sont implantés perpendiculairement à la nervure des ailes ; quand ces crochets sont amenés presque au contact l'un de l'autre, on les y maintient au moyen d'un fil de lin f. Il suffit de brûler le fil pour que les ailes, obéissant toutes deux aux ressorts de caoutchouc qui les tirent, s'abattent brusquement.

Mais il est difficile de donner au deux caoutchoucs le même degré de tension ; de là résulte une prédominance de l'action d'un des ressorts, et conséquemment, de l'action d'une des ailes. Pour obvier à cet inconvénient, j'ai pris un fil unique de caoutchouc attaché par chacun de ses bouts à l'une de ces ailes, et l'ai fait reposer à la partie moyenne dans la gorge d'une poulie verticale p qui tourne librement. De cette

pour cela, je l'ai asservi à se mouvoir dans un plan vertical.

Une tige creuse, longue et légère, traverse d'arrière en avant la monture métallique qui représente le squelette de l'oiseau. Cette tige se termine en arrière par une traverse horizontale T dont les deux extrémités pivotent librement dans une chape vissée sur une forte colonne. La tige rigide impose donc à l'appareil des oscillations verticales. En avant de l'oiseau, et sur le prolongement de cette même tige qui dirige ses mouvements, s'en trouve une autre, l, mince et légère, terminée par une pointe écrivante. C'est cette pointe qu'on amène au contact, soit d'un cylindre tournant, soit d'une simple plaque de verre enfumée sur laquelle se trace un trait dont la longueur exprime la hauteur à laquelle la machine s'est élevée à chaque coup d'aile.

Enfin le schéma, au repos, est soutenu par un solide arceau de fer sur la plate-forme duquel s'appuie une goupille g horizontale, courte et forte, implantée dans la tige verticale de l'appareil.

Il s'agit de faire des séries d'expériences, en variant graduellement une seule des conditions dont j'ai parlé plus haut : poids, surface d'aile ou force du ressort.

Une précaution est nécessaire pour que les ailes soient toujours également élevées, et les ressorts également tendus, elle consiste à faire, sur un mandrin de bois, les anneaux de fil qui relieront ces crochets et tiendront l'appareil armé jusqu'à ce qu'on les brûle. Ces anneaux, ayant un diamètre constant, amèneront les deux crochets toujours à la même distance l'un de l'autre, et par conséquent tendront toujours également les ressorts de caoutchouc.

PREMIÈRE EXPÉRIENCE : *Influence du poids à soulever sur l'amplitude du mouvement ascensionnel.* — Après avoir, par le tâtonnement, établi des surfaces d'ailes assez grandes et employé un ressort assez fort pour que l'abaissement des ailes soulève tout le système à quelques centimètres de hauteur, on détermine le poids total de la machine en glissant le fléau d'une balance au-dessous du poids *P*. L'appareil, pesé ainsi avec la tige qui sert à le diriger, représente un poids de 195 grammes environ.

On constate que le coup d'aile élève le schéma à 7 centimètres, par exemple. Alors, on ajoute un poids additionnel de 10 grammes et l'on voit qu'il ne s'élève plus qu'à 6 centimètres et demi. Une nouvelle addition de 10 grammes réduit encore la hauteur à laquelle la machine s'élève. On procède ainsi, par additions successives de poids constants, jusqu'à ce que le coup d'aile ne soulève plus du tout l'appareil, et l'on obtient ainsi la courbe des hauteurs auxquelles un même effort soulève des poids graduellement croissants (fig. 171).

Les hauteurs du saut de l'appareil décroissent visiblement en raison de l'accroissement de la charge ; il semble même, au premier abord, que la diminution de l'amplitude soit proportionnelle à l'accroissement du poids, mais il n'en est rien :

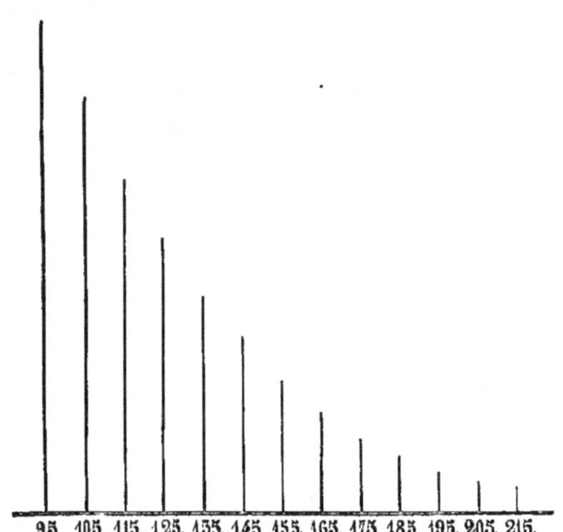

FIG. 171. — Hauteurs auxquelles s'élève l'appareil portant des charges croissantes.

le rapport est plus complexe. Si la hauteur du saut était inversement proportionnelle à la charge, on verrait les sommets de toutes les lignes tracées par la machine situés sur une même ligne droite, ce qui n'a pas lieu, ainsi qu'on peut s'en assurer dans la figure suivante.

L'appareil, non chargé, pesait 95 grammes, il a été porté successivement à 195 par augmentation de 10 en 10 grammes.

Dans cette figure, comme dans la précédente, les lignes tracées sont plus longues que la hauteur réelle de l'ascension de la machine, parce que le prolongement du bras de levier qui supporte la plume amplifie, d'un tiers environ, le mouvement produit. Toutefois, les tracés sont exactement proportionnels aux amplitudes des mouvements de la machine, cela suffit pour toutes les expériences que nous aurons à faire.

La figure 171 permet déjà de bien saisir la courbe suivant laquelle varient les amplitudes des sauts de l'appareil, selon le poids dont il est chargé. Je n'ai pas encore tenté de déterminer à quel genre de courbe géométrique appartenait celle que forment entre eux les sommets de toutes ces lignes.

DEUXIÈME EXPÉRIENCE : *De l'influence de la force motrice sur la hauteur à laquelle se soulève l'appareil.* — Jusqu'ici, c'est un ressort de force quelconque qui a servi à mettre en mouvement l'appareil schématique. Le tâtonnement seul avait présidé au choix de ce ressort dont j'ai graduellement augmenté la tension, jusqu'à ce qu'il produisît le soulèvement désiré.

La série suivante d'expériences a été faite avec des ressorts de forces décroissantes.

Un tube de caoutchouc bien homogène développe toujours la même traction, lorsqu'on en prend un tronçon quelconque, d'une longueur donnée, soumis à une même élongation. J'ai donc pris trois morceaux de ce tube, semblables en longueur, et j'en ai employé d'abord un seul, puis deux à la fois, puis trois.

Pour relever les ailes, il fallait des efforts croissant régulièrement avec le nombre des tubes employés comme ressort ; chaque tube développait environ un effort statique de 900 grammes.

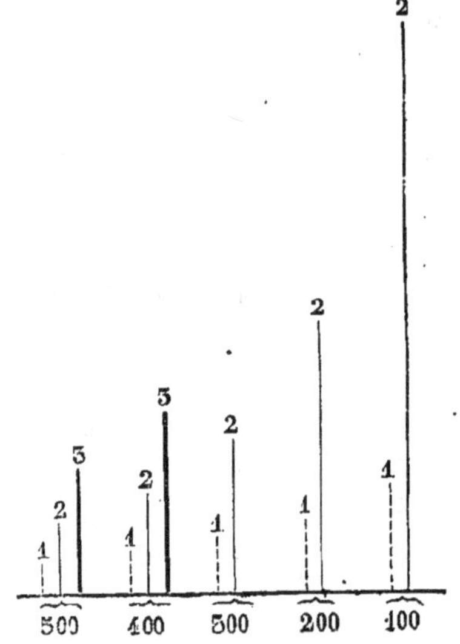

FIG. 172. — Hauteurs auxquelles s'élève l'appareil sous l'influence de ressorts de forces différentes.

La figure 172 montre trois séries d'expériences comparatives. Chaque série est faite avec une même force de ressort, mais des poids variés graduellement décroissants.

Pour distinguer ces trois séries entre elles, on a donné aux traits des aspects différents.

La série première, formée de tous les tracés qui sont ponctués et portent le n° 1, a été obtenue avec un ressort de 900 grammes de force ; les charges successivement employées allaient en décroissant, à partir de 500 grammes jusqu'à 100.

La deuxième série, reconnaissable aux numéros d'ordre de chacun de ses tracés, a été obtenue avec un ressort de 1800 grammes de force ; les mêmes variations de poids ont été employées.

En comparant cette deuxième série à la première, on voit qu'à mesure que la machine s'allége, l'effet du ressort plus puissant se prononce davantage.

Une troisième série a été entreprise avec un ressort de 2700 grammes de traction, mais elle a été interrompue dès la troisième expérience; l'un des tubes de caoutchouc a présenté un commencement de déchirure. L'appareil ne pouvait, après cela, donner des résultats comparables à ceux qu'il avait fournis précédemment; de là, interruption forcée de la série commencée.

TROISIÈME EXPÉRIENCE : *Influence de l'étendue des surfaces des ailes sur la hauteur de soulèvement.* — Les expériences précédentes étaient faites avec des surfaces d'ailes constantes pour chaque série.

L'aile employée pour les expériences représentées figure 172 était de grande dimension ; la surface totale était 1092 centimètres carrés.

Pendant la construction de l'appareil, alors qu'il n'y avait encore que la partie externe des ailes qui fût garnie de papier, je fis une série d'expériences avec charges croissantes. La surface qui agissait sur l'air n'était que de 700 centimètres carrés. Après avoir obtenu la série de tracés représentés figure 173 par des lignes pleines, je continuai à couvrir de papier la charpente de l'aile et j'augmentai ainsi de 392 centimètres la surface résistante. Une série d'expériences faites dans ces conditions nouvelles me donna des résultats très-peu différents des premiers, ce qui prouve bien que la surface de l'aile n'agit efficacement pour soulever l'oiseau qu'autant qu'elle est située au bout d'un bras du levier considérable, c'est-à-dire soumise à un mouvement rapide.

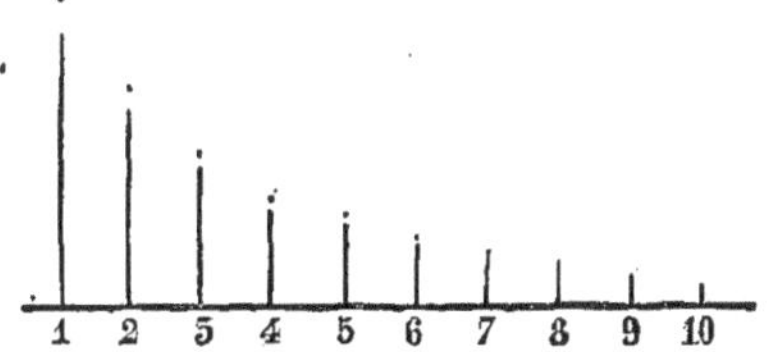

FIG. 173. — Hauteurs auxquelles s'élève l'appareil avec des surfaces d'ailes plus ou moins étendues.

Les tracés nouveaux obtenus avec la grande surface d'aile avaient leurs sommets au niveau de la série de points qui surmontent les traits pleins dans la figure 173. La différence des seconds tracés avec les premiers portait principalement sur les expériences faites avec le minimum de charge ; cette différence diminuait graduellement à mesure que l'appareil était plus chargé ; elle a disparu complétement après la septième expérience. Les nouveaux tracés se confondent alors avec les anciens et la série des points arrive au contact des traits dont elle ne se distingue plus.

Bien que ces résultats fussent conformes aux prévisions et confirmassent la théorie qui attribue à chaque élément de la surface de l'aile une résistance proportionnelle à la vitesse

dont il est animé, j'ai voulu rendre la démonstration plus rigoureuse en faisant une série d'expériences dans laquelle on diminuerait graduellement la surface d'aile employée.

Le plan de cette nouvelle série d'expériences était difficile à tracer.

En effet, pour obtenir des élévations de la machine régulièrement décroissantes, il fallait enlever à chaque fois, de la surface de l'aile, des parties de résistance égale. Comme il ne me semblait pas possible *à priori* de déterminer ces surfaces équivalentes au point de vue de la résistance qu'elles trouvent sur l'air, je me suis borné à enlever à la surface de l'aile, en allant de la pointe à la base, des zones parallèles et de même largeur.

Chaque aile fut divisée en treize bandes par des lignes parallèles à l'axe de la machine, c'est-à-dire à l'axe autour duquel les ailes se mouvaient. Ces bandes avaient 4 centimètres de largeur. Je fis une première expérience en chargeant la machine au minimum, afin d'obtenir des élévations le plus étendues possible et plus facilement comparables entre elles. Après une première expérience dans laquelle j'avais laissé les ailes intactes, j'en fis une seconde dans laquelle j'ai enlevé la zone de papier qui recouvrait la pointe de l'aile. Cette zone se réduisait à un petit triangle de 16 centimètres de surface environ. Dans une troisième expérience, j'enlevai la deuxième zone, puis la troisième, et ainsi de suite, jusqu'à ce que j'aie réduit les deux ailes de l'appareil à leur squelette, c'est-à-dire à une nervure de bois et des fils de métal dont la résistance contre l'air était insignifiante.

La série des tracés obtenus est représentée figure 174.

L'incohérence de ces résultats peut sembler suspecte au premier abord, mais j'ai éliminé les causes d'erreur en répétant plusieurs fois chacune des déterminations de la hau-

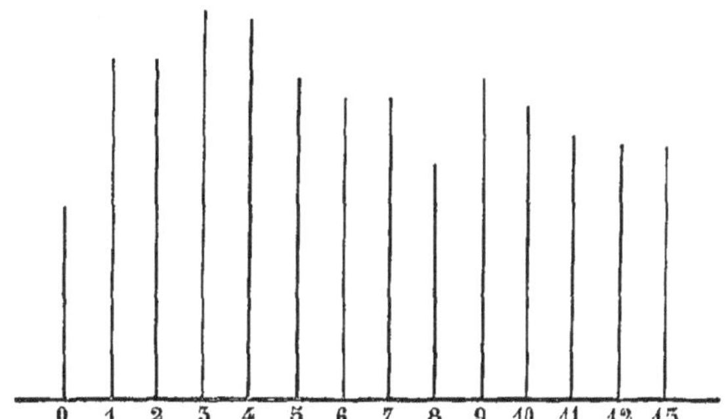

FIG. 174. — Hauteurs du soulèvement de l'appareil sous l'influence d'une réduction graduelle de la surface des ailes.

teur à laquelle la machine s'élevait pour chaque diminution de la surface des ailes. Je dois donc croire que chacune de ces déterminations est bien exacte.

Dans les variations singulières de la hauteur à laquelle la machine s'élevait avec une charge constante et une force motrice invariable, l'étendue des ailes était seule modifiée.

La double inflexion de la courbe fait reconnaître tout de suite l'intervention de deux influences dont l'une apparaît lorsque l'autre diminue.

Ces deux influences sont : *l'une, la résistance de l'air* contre la surface de l'aile ; *l'autre, l'inertie de la masse de l'aile*, qui augmente en raison de la vitesse qui lui est imprimée.

De sorte que, dans la théorie que je propose, la première

diminution des élévations de l'aile tient à la diminution de l'étendue des surfaces qui subissent la pression de l'air qui s'exerce au-dessous d'elles.

Le deuxième maximum se produit au moment où la résistance de l'air étant très-diminuée, l'aile tend à s'abaisser avec une rapidité très-grande. Alors la *résistance d'inertie* présentée par la masse de l'aile s'accroît en raison même de cette augmentation de vitesse, et fournit un véritable point d'appui à l'appareil. La force élastique du ressort s'exerce à ce moment entre deux inerties : celle de l'aile et celle du reste de la machine.

Pour contrôler cette théorie, j'ai fait l'expérience suivante :

Après avoir complétement enlevé le papier qui couvrait les ailes et les avoir réduites au squelette, que je considère comme incapable de prendre sur l'air un point d'appui, j'ai augmenté l'inertie de ces ailes en les chargeant toutes deux de masses égales, formées de grenailles de plomb empâtées dans de la cire à modeler.

Dans ces conditions je devais nécessairement augmenter le point d'appui fourni à la machine par l'inertie de ses ailes, puisque j'augmentais leur masse; c'est ce qui est arrivé. Dans cette expérience nouvelle, malgré l'augmentation réelle du poids total de l'appareil par l'addition des deux masses de cire et de plomb, le tracé m'a montré que l'élévation était très-sensiblement plus grande que dans le cas où le squelette de l'aile n'était pas chargé. Cette augmentation de la hauteur de soulèvement était d'un cinquième environ.

J'ai donc été autorisé à conclure que c'était bien l'inertie de l'aile qui produisait le deuxième maximum d'élévation dans la figure 174, puisque ce deuxième maximum ne pouvait être expliqué par l'étendue de surface qui pouvait encore subir la résistance de l'air.

Le point d'appui fourni par l'inertie des ailes mérite d'attirer notre attention. Les conditions dans lesquelles il se produit sont déterminées à l'avance. On sait que la résistance qu'une masse présente à la force qui tend à la déplacer est proportionnelle au carré de la vitesse du mouvement qu'elle reçoit. L'effet de l'inertie d'un appareil aussi léger que l'aile de notre machine doit donc être à peu près nul lorsque la surface trouve dans la résistance de l'air une cause de sensible ralentissement.

Effets de l'inertie de l'aile. — Ce point d'appui que fournit l'inertie a-t-il quelque influence sur le soulèvement total de l'appareil? peut-il neutraliser en partie l'influence de la pesanteur?

La réponse à cette question est facile. L'inertie des masses restitue à la fin du mouvement, sous forme de force vive, tout ce qu'elle avait emprunté à la force motrice, au commencement du mouvement. Dans le cas présent, au moment où les ailes s'abattent, elles tendent à entraîner en bas la masse de la machine, et cette force qui agit de haut en bas est exactement égale à celle qui, au début de l'abaissement de l'aile, tendait à élever l'appareil tout entier.

Il n'y a donc aucun effet utile à attendre de l'intervention de l'inertie de l'aile, son intervention ne saurait qu'être nuisible en augmentant l'effort musculaire qui doit être produit à chaque coup d'aile.

Du reste, dans la nature, les conditions de structure de l'aile ne permettent guère aux effets de l'inertie de se manifester. Le squelette de l'aile est d'une légèreté admirable, les muscles qui servent à la ployer ou à la déployer sont situés à la base de l'organe, c'est-à-dire dans les points où leur masse sera animée de la vitesse minimum.

D'autre part, l'extrémité de l'aile, réduite à des pennes fortes et légères à la fois, réalise l'idéal de la réduction des masses dans les points où la vitesse est au maximum.

Enfin, la surface qui éprouve la résistance de l'air est assez étendue pour réduire considérablement la vitesse de la descente de l'aile.

Il serait intéressant de chercher quelle est la durée de l'abaissement de l'aile dans l'appareil schématique dont nous nous sommes servi pour les expériences ci-dessus, et de comparer cette durée à celle de la descente de l'aile d'un oiseau qui aurait une surface résistante semblable à celle de l'appareil schématique. Je ne fais qu'ajourner cet ordre d'expériences, mais il en est d'autres dont l'importance est plus grande en ce moment.

Elles auront pour but de déterminer la force musculaire nécessaire pour soulever une certaine masse, étant données une certaine forme des ailes et une certaine étendue de leur surface.

Marey.

VARIÉTÉS

L'assistance publique (1)

APERÇU HISTORIQUE DE LA QUESTION DES NOURRICES.

Le premier règlement sur ce sujet remonte au roi Jean (1350); il indique les devoirs des nourrices et des meneuses ou recommanderesses. Un arrêt de 1611 (Louis XIII), un autre de 1715 (Louis XIV), confirment et perfectionnent les règlements antérieurs. Nouveaux arrêts en 1727, 1740, 1747, 1749, 1753, réglant les formalités à remplir et les garanties exigibles. En 1757, une sentence prononçait des peines graves contre les nourrices qui, étant enceintes, prenaient des nourrissons. En 1762, il fut déclaré qu'une nourrice ne pourrait allaiter plus de deux ans. En 1769, une grande réforme fut opérée ; il fut fondé un *bureau central* unique pour les nourrices, à Paris, avec vingt préposés chargés du recouvrement du mois de nourrices. En 1805, ce service est rétabli et réorganisé. En 1821, une enquête générale fut ordonnée par suite des plaintes du public. On nomme des médecins inspecteurs dans les provinces. En 1828 parut une ordonnance de police contre les abus des bureaux de nourrices. En 1833, nouvelle ordonnance, et organisation du service médical. Enfin, les abus sont devenus si criants à notre époque, qu'ils ont atteint les proportions du scandale et de la honte. Les médecins n'ont pas failli à leur devoir, qui est d'éclairer la société sur ces questions qui mettent son honneur et ses intérêts les plus chers en péril.

M. Boudet, le 25 septembre 1866, faisait entendre, devant l'Académie de médecine, ces généreuses paroles :

« Lorsque, dans une de nos dernières séances, j'ai cru de» voir insister pour que l'Académie reconnût qu'elle était » saisie par le ministre de l'instruction publique de la

---

(1) Fin. — Voyez le numéro précédent.

» question de la mortalité des nourrissons, je n'avais pas
» seulement en vue ce sujet si digne de la haute interven-
» tion de notre Compagnie ; j'attachais la plus grande impor-
» tance à voir l'Académie entrer résolûment, à cette occasion,
» dans le rôle qui doit lui appartenir lorsqu'il s'agit des
» grandes applications de l'hygiène à la conservation et à
» l'amélioration de l'espèce humaine…. Tandis qu'on prodigue
» des primes d'encouragement pour l'amélioration des races
» de nos animaux domestiques, tandis que de bonnes âmes re-
» cueillent avec ardeur des souscriptions pour les petits Chi-
» nois, n'est-il pas déplorable de voir le triste sort réservé
» aux enfants du peuple le plus civilisé de l'univers, et l'aveu-
» glement avec lequel des cœurs généreux s'intéressent à des
» misères lointaines, au lieu de songer à ces misères si pré-
» sentes et si grandes; qu'on se refuserait à y croire si les
» preuves n'étaient pas surabondantes ! »

Le 23 octobre 1866, M. Husson, directeur de l'assistance publique, donnait connaissance à l'Académie de médecine des
statistiques suivantes : La moyenne des naissances par année,
à Paris, est de 53 335; sur ce nombre, 18 000 enfants environ
sont confiés à des nourrissons de la campagne. Ils se répartissent, pour 1865, de la manière suivante :

Enfants placés par des bureaux ou par des personnes intermédiaires	9 042
Enfants placés par la direction des nourrices	1 974
Enfants assistés envoyés en nourrice	3 942
Enfants placés directement par les familles	3 000
Total	17 958

De 1839 à 1858, la mortalité moyenne des nourrissons de
1 jour à 1 an placés et surveillés par la direction des nourrices a été de 29,71 pour 100; de 1859 à 1864, de 33,93 pour
100. Pour les enfants assistés, la proportion a été plus grande :
de 1839 à 1858, la mortalité de ceux-ci a été de 55,88 pour
100. Elle est descendue à 39,26 pour 100 en 1864. La mortalité des enfants assistés de quelques autres départements est
effrayante ; voici, à ce sujet, quelques chiffres fournis en 1862
par le ministre de l'intérieur :

Mortalité des enfants assistés, de 1 jour à 1 an.

Loire-Inférieure	90,50	pour 100
Seine-Inférieure	87,36	—
Eure	78,12	—
Calvados	70,09	—
Aube	70,27	—
Seine-et-Oise	69,23	—
Côte-d'Or	66,46	—
Indre-et-Loire	62,12	—
Manche	58,66	—

M. Husson attribuait l'excessive mortalité des nouveau-nés
et la dépopulation qui s'ensuit en Normandie, à l'usage où
l'on y est de ne pas allaiter les enfants au sein, mais de les
nourrir au petit pot. Il se plaignait de la diminution de la
clientèle du bureau central des nourrices, qu'il expliquait par
l'odieux commerce des bureaux particuliers. M. Husson était
d'avis que l'Académie se bornât à exposer ses vues sur la
question technique de l'hygiène, sans empiéter sur le domaine de l'administration, à laquelle, pensait-il, il fallait s'en
rapporter pour le soin des mesures à prendre. Heureusement
le renvoi à l'administration n'eut pas lieu, et l'enquête de
l'Académie se poursuivit pendant de nombreuses séances.

M. Boudet réclama en effet, pour l'Académie, le droit de
diriger une œuvre régénératrice qui lui appartenait au nom
de la science. « L'enquête administrative, dit-il, ne peut embrasser qu'une des faces de la question ; l'Académie doit faire
son enquête ; elle a une compétence supérieure et incontestable ; qu'elle n'hésite pas à l'affirmer. Instituons une commission permanente pour l'hygiène de l'enfance. Que l'Académie de médecine s'empare avec assurance du rôle qui doit
lui appartenir dans notre société française, à côté des sciences ·
sociales ; qu'elle proclame l'hygiène publique ; qu'elle montre
que c'est de l'hygiène que dépendent la force et la santé des
populations ; que c'est une science qu'il n'est permis à personne d'ignorer ; qu'elle la professe, l'encourage et l'agran-
disse… » M. Broca partageait l'opinion de M. Boudet (séance
du 8 juin 1867) : « S'il appartient à l'autorité de faire et d'é-
dicter un règlement sur cette matière, c'est à la science, c'est
à l'Académie qui en est l'interprète le plus élevé, à en préparer les bases. »

M. J. Guérin, recherchant les causes de la mortalité des
naissances, insistait sur deux points : 1° ce n'est pas à l'alimentation artificielle, à l'allaitement par le biberon, c'est à l'alimentation prématurée qu'il faut attribuer la mortalité ; 2° il
y a un autre ordre de faits signalé avec véhémence par M. le
docteur Brochard, c'est l'agonie lente de ces pauvres enfants
abandonnés à des nourrices dépourvues de sens moral et qui
les laissent simplement *mourir d'inanition.*

Nous passerons rapidement en revue quelques-unes des
solutions proposées pour cette grave question.

Solution proposée par le rédacteur des Archives générales
de médecine, 1866, numéro de novembre, p. 602.

« La question telle qu'on doit la poser se réduit pour nous
» à deux points, hors desquels rien n'est pratique : surveil-
» lance efficace des nourrices, rémunération suffisante et à
» peu près assurée. Garantir aux nourrices, au nom de l'huma-
» nité, les mois de nourriture, serait injuste et immoral ; in-
» juste, en ce que l'on mettrait à la charge du public ce qui doit
» être supporté par les individus ; immoral, parce que, ces-
» sant de regarder comme une simple intervention bienveil-
» lante ce qui deviendrait, à leurs yeux, un droit absolu, les
» parents ne feraient plus aucun effort pour remplir leurs
» devoirs, et prolongeraient, autant qu'ils le pourraient, la
» durée de la nourriture, d'où résulterait un affaiblissement
» du lien qui doit rattacher l'enfant au père et à la mère.
» Fondez, si vous le voulez, une grande société de secours ;
» nommez-la, si cela vous convient, *Société pour la protection*
» *de l'enfance ;* l'important, c'est qu'elle vienne au secours
» des familles avec intelligence et dans de sages limites.
» Lorsque les familles sont solvables, la loi arme la nourrice
» d'un pouvoir suffisant ; son titre est le livret qu'elle tient
» du bureau et sur lequel sont inscrites les conditions du
» contrat entre les parents et elle ; mais on se trouve souvent
» en présence de grandes misères ; d'autres fois, les mères sont
» mortes ou ont disparu. C'est alors que devrait intervenir la
» société de secours, pour empêcher que la nourrice, privée
» de son salaire, ne mette son nourrisson à la charge de l'as-
» sistance publique. Ces abandons sont devenus très-fré-
» quents.

» La solution de la question, la voilà. Il serait inutile d'en-
» trer dans de plus longs détails ; il nous suffit d'avoir indiqué

» le remède au mal qui ronge de ce côté la société; à d'au-
» tres le soin de l'appliquer. »

Nous reproduisons ce passage à titre de document, tout en
trouvant que le remède proposé est insuffisant....

*Rapport de M. Blot (27 avril 1869) fait au nom de la commission
académique.*

1° PROJET DE RÈGLEMENT. — Précautions administratives pour
assurer l'identité de la nourrice et l'âge de son lait; certificat
de médecin attestant le bon état de la nourrice; inscription
de ses qualités sur un registre. Nécessité pour la nourrice de
n'allaiter qu'un seul enfant, elle devra donc cesser d'allaiter le
sien quand elle prendra un nourrisson. Défense faite à tout
industriel ou intermédiaire de négocier le placement des enfants. Défense d'emmener les enfants sans que les nourrices
les accompagnent. Police des bureaux de nourrices. Les
maires, commissaires de police, inspecteurs en service des
nourrices, devront veiller à l'exécution du règlement. — Ce
règlement était accompagné d'un projet d'instruction sur
l'hygiène des nouveau-nés, œuvre purement théorique et
dont l'application était invraisemblable, vu l'état des mœurs
publiques.

M. Devilliers, trouvant le rapport de la commission incomplet, en propose un autre en cinquante-sept articles, où tout
a été prévu. C'est la réglementation idéale. Nous analysons
ce document : Il serait institué, au ministère de l'intérieur,
une direction générale, un service central duquel relèverait
tout ce qui concerne les intérêts de la première enfance. Tout
un ordre de fonctionnaires provinciaux en dépendrait, parmi
lesquels les médecins spéciaux chargés de veiller sur les enfants et de prendre toutes les mesures utiles à leur conservation. Des garanties nombreuses seraient exigées des nourrices,
qui recevraient des récompenses publiques ou subiraient une
retenue sur leurs salaires suivant les cas. (Celles-ci seraient
en outre passibles des tribunaux. Par contre, des poursuites
et un affichage public seraient ordonnés contre les parents
qui auraient cessé de payer la nourrice et auraient fait perdre
leurs propres traces.

Cette disette de nourrices pour les enfants pauvres a suscité des inventions chimiques, inspirées au début par les
plus purs sentiments et qui ont viré trop vite au mercanti-
lisme. Le lait Liebig a été préconisé par des chimistes purs,
et est entré dans le domaine commercial avant même que
la sanction expérimentale lui fût venue. Cette préparation,
qui n'a du lait que le nom, peut rendre des services dans
des cas particuliers et exceptionnels ; mais le lait de vache,
de chèvre, d'ânesse ne fait point défaut et vaut mieux que
cette composition artificielle qui est déjà elle-même sophis-
tiquée sur une large échelle. D'autres essais très-nombreux
ont été tentés dans le même sens, notamment par le docteur
Coudereau, qui a entrepris une série de recherches sur la
possibilité de trouver un aliment composé susceptible de
remplacer le lait. M. Bouchardat a fait sur ce même sujet de
nombreuses et savantes communications au public médical.
La question n'est pas résolue, il ne paraît pas même qu'elle
doive l'être prochainement. A défaut de lait d'une nourrice,
le lait de vache est le meilleur aliment pour les enfants, que
nous connaissions jusqu'ici.

*Moyen proposé pour contrôler le service des nourrices.
— Pesée des enfants.*

MM. Odier et Blache, dans une Note sur les causes de la
mortalité des nouveau-nés et sur les moyens d'y remédier,
proposaient de recourir à un moyen de contrôle employé par
Natalis-Guillot, puis préconisé par M. Bouchaud et par M. Hervieux, moyen du reste usité à la Maternité et dans divers services d'accouchements des hôpitaux : la *pesée* des enfants. Voici
les conclusions de ce mémoire : « 1° Lorsqu'un enfant sera
» confié à une nourrice, il sera pesé et son poids inscrit sur
» son bulletin ; 2° lorsque la nourrice arrivera dans sa com-
» mune, elle remettra à l'employé de l'autorité son bulletin,
» qui sera transcrit sur un registre spécial; 3° toutes les se-
» maines, un médecin inspecteur se rendra auprès de l'au-
» torité, et les nourrices devront toutes présenter leur enfant,
» qui sera pesé, et dont le poids sera mentionné de nouveau
» sur le registre susdit. S'il y a diminution, le médecin s'en-
» querra de la cause, et jugera si c'est à une maladie, à un
» défaut de soins ou à un vice d'alimentation qu'on doit l'at-
» tribuer. Or, l'expérience a prouvé que c'est ,dans la majorité
» cas, au vice d'alimentation qu'il faut attribuer la déperdi-
» tion de poids observée chez les enfants. »

Cette méthode des pesées est devenue pratique et est entrée dans les habitudes de quelques médecins et même de
quelques familles. Nous l'avons nous-même appliquée à un
très-grand nombre d'enfants nouveau-nés ; elle donne des
résultats importants. L'administration de l'assistance publique a reconnu l'utilité de cette méthode, et, récemment, à la demande de M. le docteur Siredey, un certain
nombre de balances spéciales avaient été fabriquées et déposées au bureau des nourrices de l'assistance, pour être
expédiées aux médecins inspecteurs des enfants mis en nourrice dans les provinces. Cette tentative n'a pas encore été
suivie d'effet, mais l'idée est juste et pourrait être reprise.

Nous poursuivons l'exposé des moyens bien insuffisants qui
ont été proposés pour porter remède à un mal si profond et
si étendu, et qui a ses racines dans les mœurs mêmes de la
nation.

Ce qu'il faut penser des crèches.

Les *crèches*, dont M. Marbeau a été le fondateur, ont été
diversement appréciées ; voici sur ce point l'opinion de M. Delpech (séance du 28 septembre 1869) :

« Le rapporteur approuve l'institution des crèches sous certaines conditions renfermées dans les conclusions suivantes :
1° Salubrité du local constatée par une commission. 2° Les
crèches ne doivent recevoir que des mères-nourrices travaillant hors de chez elles et donnant la preuve de leur travail.
3° Les enfants ne seront admis que pendant le jour, devront
avoir été vaccinés, et seront rendus s'ils sont malades. 4° Les
mères seront tenues de venir deux fois par jour, au moins,
allaiter leur enfant. Le sevrage ne pourra être fait que sur
l'approbation du médecin de la crèche. 5° L'alimentation
supplémentaire sera ordonnée et surveillée par lui..., et l'âge
des enfants ne pourra dépasser trois ans... »

L'institution des crèches était théoriquement très-utile; en
fait, elle n'a pas prospéré. Michel Lévy, Morin, ont blâmé l'installation de la plupart de ces établissements. Les premières
crèches datent de 1844; il en fut fondé successivement 31,

et en 1868 il n'en existait plus que 21. Ces établissements coûtent cher, répondent mal au but proposé, et sont peu à peu désertés par les indigents.

Les *Sociétés de charité maternelle* sont sans doute appelées à un meilleur avenir. Dans quelques localités, notamment à Mulhouse, ce mode d'assistance a donné des résultats excellents.

Suite de l'enquête (1869).

M. Husson (5 octobre 1869) apprécie les résultats d'une enquête entreprise par le ministre de l'intérieur et le préfet de police sur la mortalité des enfants de Paris envoyés en nourrice dans les provinces. Des renseignements ont été demandés aux maires de cinq mille communes; mais cette enquête n'a pas donné de résultats concluants. M. Husson établit que la mortalité est de 36,28 pour 100 pour les enfants assistés, et seulement de 29,31 pour les enfants de la direction des nourrices. Il conteste que le chiffre de mortalité (42 pour 100) fourni par M. Brochard pour les enfants des petits bureaux placés dans Eure-et-Loir soit applicable à tous les autres départements.

Le nombre des naissances en France est de 900 000 environ par an, sur lesquels il y a 80 000 enfants naturels, dont 18 ou 20 000 sont abandonnés par leurs mères. Or, le chiffre de la mortalité est dans la première année :

Sur le total des naissances (900 000)...	17,51 pour 100.	
Sur les naissances légitimes (820 000)..	16,36	—
Sur les naissances illégitimes (80 000)..	35,52	—

Ainsi, la mortalité est beaucoup plus grande pour les enfants illégitimes, lesquels sont plus mal soignés.

Il est vrai de dire que le chiffre de la mortalité des nouveau-nés en France n'est pas supérieur à celui des autres pays de l'Europe ; mais les autres pays produisent un plus grand nombre d'enfants. M. Husson pense que la grande mortalité qui sévit sur les enfants nouveau-nés a des origines nombreuses et complexes; telles sont les conditions de la naissance, le manque de lumières chez les nourrices, les préjugés locaux, l'habitude invétérée de donner prématurément aux nourrissons des aliments solides, l'insalubrité des habitations, l'indifférence et la négligence des familles elles-mêmes. « Or, ce n'est pas, dit M. Husson, par des règlements qu'on peut espérer guérir de tels maux ; il faut compter, pour les atténuer, sur les progrès de l'instruction, sur l'amélioration des mœurs et l'accroissement du bien-être dans les classes urbaines aussi bien que dans les classes rurales. » Je crois donc fermement que si l'organisation et les règlements que nous proposons sont de nature à ramener le chiffre de la mortalité des nourrissons à des proportions inférieures à celles que nous avons constatées, ils seront impuissants à réaliser les vœux si légitimes de ceux qui voudraient la réduire à un niveau qu'on ne saurait atteindre que dans les sociétés où l'instruction serait répandue, où l'aisance régnerait dans la majorité de la population, et où l'allaitement maternel serait la règle des familles.

D'après l'enquête, dit M. Boudet, la moyenne des naissances annuelles à Paris est de 53 000. Sur ce nombre, 25 000 enfants sont envoyés en nourrice à la campagne. On peut évaluer à 9500 les placements des enfants par les bureaux particuliers, à un nombre égal les placements effectués directement par les familles, et à 6500 les placements opérés par le bureau municipal et les hospices de Paris. Il est établi par cette même enquête : que la mortalité générale des 25 000 enfants de Paris envoyés en nourrice et comprenant les trois catégories indiquées est de 51,68 pour 100, tandis que la mortalité relevée pour les enfants du pays dans les communes qui reçoivent les nourrissons parisiens est de 19,92 pour 100. D'après M. Boudet, la mortalité serait, pour les enfants provenant du bureau municipal et des hospices de Paris, de 36,65 pour 100, et il serait, pour les enfants de Paris placés directement par les familles, de 71,64 pour 100. (Séance du 28 septembre 1869.)

M. Boudet (20 novembre 1869) s'étonne qu'il y ait une loi protectrice des animaux et qu'il n'y ait pas de loi protectrice des enfants; il propose que l'on institue une direction générale de la protection de l'enfance et de l'industrie nourricière. La protection des enfants doit précéder leur naissance et s'étendre aux mères nécessiteuses ou sans appui qui les portent dans leur sein ; légitimes ou illégitimes, quand elles veulent allaiter leurs enfants, la maternité les consacre et leur donne droit à une assistance efficace et sympathique. Assistance aussi et garantie pour les nourrices qui ont leurs droits aux sympathies que la maternité inspire; honneur et récompense pour celles qui remplissent dignement leurs devoirs; juste sévérité pour celles qui les méconnaissent.

M. Bouchardat, dans la séance du 14 décembre 1869, proposait comme unique et suprême remède, l'établissement d'un *impôt communal progressif* prélevé sur les femmes qui se dispensent de l'allaitement maternel, et dont le produit servirait à subventionner les mères pauvres qui nourrissent leurs enfants.

M. Devilliers (1ᵉʳ février 1869) constate que l'allaitement maternel est presque exclusivement en usage en Angleterre dans les classes élevées et moyennes de la société, et que c'est pour ainsi dire accidentellement que l'on a recours à des nourrices étrangères. Mais les enfants des nourrices et ceux des femmes pauvres obligées de travailler sont élevés au biberon et soumis à une alimentation prématurée qui fournit un contingent fort élevé au chiffre de la mortalité.

Malgré ces dernières conditions défavorables, les chiffres des décès donnés par M. Letheby offrent des proportions générales sensiblement plus basses que celles de la France, et il n'est pas douteux qu'il ne faille attribuer, en partie, ce résultat à l'allaitement maternel si répandu en Angleterre.

M. Fauvel pense qu'il faut, avant tout, envisager l'allaitement maternel et la sollicitude maternelle; or, les femmes des classes riches n'allaitent pas leurs enfants aussi souvent qu'elles le pourraient, et en même temps elles accaparent une grande partie des bonnes nourrices mercenaires. Il faut secourir efficacement les mères pauvres qui allaitent elles-mêmes leurs enfants; les tentatives de ce genre faites dans plusieurs villes manufacturières sont de nature à encourager les efforts faits dans ce sens. La crèche à domicile est une institution utile et qui pourrait être perfectionnée. Pour les filles-mères, la question est plus difficile à aborder ; cependant, en Amérique (Pensylvanie), il existe une institution qui recueille les filles-mères et leur assure les vivres ainsi que le logement, pendant les premiers mois de la vie de leurs enfants, à la condition qu'elles l'allaiteront elles-mêmes, et l'on assure que cette institution donne de bons résultats.

M. Fauvel, dans la séance de l'Académie de médecine du 12 octobre 1869, examine la question dans son ensemble. Il ramène à trois toutes les causes de la mortalité des nouveau-nés : 1° la faiblesse native plus commune chez les enfants naturels ; 2° le défaut de soins ; 3° l'insuffisance ou la mauvaise qualité de la nourriture. Cette dernière cause est prépondérante. Cela tient, d'après M. Fauvel, à ce que le lait de femme est, en France, insuffisant à nourrir les nouveau-nés. La plupart des femmes, dans les grandes villes, ne peuvent ou ne veulent pas allaiter ; quant aux nourrices des campagnes, elles sont souvent misérables, et l'on ne peut exiger qu'elles aient beaucoup de lait, ni qu'elles fassent un bel élève d'un enfant qui leur a été donné chétif et malingre. Est-il étonnant que, dans ces conditions, l'enfant dépérisse et meure ? C'est ainsi, assurément, que les choses se passent pour bon nombre des enfants de Paris envoyés en nourrice, pour les *petits Parisiens*, comme on les appelle dans les villages où fleurit le trafic infâme stigmatisé par MM. Brochard et Monot. M. Fauvel dit avec raison que le rôle de la commission était non pas de constater le mal, mais d'en rechercher scientifiquement les causes, et d'établir sur ce point une enquête sévère. Ce qui reste acquis, c'est que la cause première du mal est dans le nombre insuffisant des bonnes nourrices. Sans doute, il y a des fraudes, des crimes qu'il faut poursuivre ; mais la nécessité de pourvoir un trop grand nombre d'enfants à qui le lait maternel fait défaut, et d'un autre côté l'espoir, pour la nourrice, d'apporter à la maison un peu de bien-être, font tout le mal.

« L'effroyable mortalité signalée par les statistiques porte, » en grande partie, sur la population nécessiteuse ; c'est à » elle que, par la force des choses, s'adresse surtout cette ca- » tégorie de nourrices tarées qui, pour un faible salaire, pro- » mettent le lait qu'elles n'ont pas et des soins qu'elles sont » incapables de donner et dont elles ne comprennent même » pas l'importance. C'est ainsi que la misère est appelée à » nourrir la misère. La situation actuelle peut, en définitive, » se résumer dans la formule que voici : *pénurie d'argent*, » *pénurie de lait, mortalité considérable;* formule éloquente » dans sa concision, qui nous montre bien qu'il ne s'agit pas » ici d'un mal superficiel qu'une ordonnance de police peut » atteindre, mais d'un mal profond qui a ses racines dans les » conditions mêmes de notre organisation sociale ; c'est, en » un mot, un des côtés de la question du *paupérisme*, question » redoutable qu'il faut aborder résolûment et à la solution » de laquelle l'Académie, dans les limites de ses attributions, » ne saurait rester indifférente. »

M. Chauffard (*Académie de médecine*, 1869) accuse nos lois et nos institutions d'entretenir le mal ; il blâme surtout cet article du Code civil qui interdit la recherche de la paternité, et livre la jeune fille sans protection et sans secours possible à toutes les entreprises de la passion et de l'immoralité. Les grandes armées permanentes sont aussi, d'après M. Chauffard, une des causes des unions illégitimes et passagères. « On ne saura jamais, dit-il, le mal qu'a fait à notre pays l'institution des armées permanentes, ces conscriptions impitoyables qui, tous les ans, arrachent au foyer le meilleur choix de la jeunesse française pour le livrer aux encombrements malsains de la caserne, à la vie oisive et corrompue de garnison..... Pensez à la situation de 4 à 500 000 hommes jeunes et vigoureux à qui le mariage est interdit sans qu'ils aient fait vœu de continence, et qu'on jette sur le pavé des grandes villes, livrés et nécessairement adonnés à toutes les séductions! N'est-ce pas décréter, en quelque sorte, la prostitution ou les

unions illégitimes? Cela est si vrai, que partout, ainsi que le dit M. Legoyt, le nombre des naissances naturelles s'accroît en raison directe des effectifs militaires. Triste, mais instructive solidarité ! »

D'après M. Legoyt, en effet, la mortalité serait beaucoup plus forte pour les enfants naturels que pour les légitimes : ainsi, sur 10 000 enfants mort-nés, on trouve, dans le département de la Seine, 610 enfants légitimes et 856 enfants naturels. Pour la mortalité de zéro à un an, on trouve, pour le même nombre de naissances, 1511 morts d'enfants légitimes et 2068 d'enfants naturels; pour la population urbaine, 1622 morts d'un côté, 2541 morts de l'autre. « L'énorme tribut payé à la mort par les enfants naturels, dit M. Chauffard, n'est pas le seul qui soit à la charge des unions illégitimes : derrière ce tribut apparent et saisissable se cache un tribut criminel qu'il est difficile de mesurer, mais qui, hélas ! semble grossir et se multiplier dans l'ombre, celui des avortements et des infanticides. C'est là une mortalité des nouveau-nés anticipée qui n'entre pas en ligne de compte dans les statistiques, mais qu'il est bon de rappeler pour montrer sous tous ses aspects le mal hideux que nous avons à réprimer. »

M. Chauffard résumait son discours à l'Académie de médecine (1869) par les propositions suivantes : « Réforme des lois » civiles et des institutions politiques qui altèrent en France » le bon état de la maternité et de la paternité; réglementa- » tion de l'industrie des bureaux de placement; suppression » du carnet et des obligations nouvelles imposées aux nour- » rices; secours aux mères nécessiteuses, femmes ou filles- » mères, qui allaitent leurs enfants; secours à l'effet de pro- » curer des nourrices aux enfants des mères malades ou trop » épuisées pour remplir la fonction de l'allaitement; surveil- » lance administrative et médicale des nourrices de la cam- » pagne munies d'un nourrisson étranger; seconder les » œuvres de l'initiative publique et privée en faveur de la » protection et de l'hygiène de la première enfance. »

M. Blot (22 février 1870) admettait l'existence de moyens *réels, fondamentaux, définitifs,* que les améliorations successives de notre organisation sociale pourront produire dans un avenir plus ou moins proche; ce sont :

1° La révision de nos institutions militaires ;

2° Une loi sur la séduction.

Nous terminons ici l'analyse des documents empruntés à l'Académie.

Les médecins ont fait leur enquête ; ils ont outre-passé les limites qu'ils assignent d'habitude à leurs travaux et empiété sur le domaine social. La question est posée, résolue en principe ; l'application ne nous appartient pas. La société est prévenue, mise en demeure d'agir. Que la responsabilité retombe sur qui de droit !

HÔPITAUX GÉNÉRAUX.

Les hôpitaux généraux comprennent toutes les catégories de malades. On y trouve des blessés, des cancéreux, des vénériens, des femmes en couches, des fiévreux, des phthisiques et des varioleux. Le bon sens, le simple sens commun, si peu écouté, crie que cet assemblage est discordant et monstrueux ; mais la routine est tellement puissante en ce pays, que les choses restent malgré tout en l'état et que tout changement a chance d'être refusé.

Nous avons dit ce qu'il fallait penser de la présence des

femmes en couches accumulées en un même lieu et dans l'atmosphère d'un hôpital, et comment la science et l'humanité commandent sur ce point une réforme. Pour la variole, il est démontré que le danger est encore plus grand et la négligence plus coupable. Implanter au milieu de 4 ou 500 fiévreux ou blessés un foyer de variole, c'est de la folie ou de la cruauté. Dernièrement encore, les salles de varioleux, à l'hôpital des Enfants de la rue de Charonne, étaient situées non pas dans un pavillon ni au fond d'un jardin, mais précisément au cœur, juste au centre de l'hôpital, et il en est ainsi dans la plupart de nos malheureux hôpitaux. Mais isole-t-on les malades atteints d'autres maladies contagieuses ? Par exemple, la rougeole, la scarlatine, ont-elles une section réservée, des chambres d'isolement ? Point. Les gens atteints de ces maladies sont placés pêle-mêle avec les autres, et la contagion a tout pouvoir de s'exercer.

Dans les hôpitaux d'adultes, cet inconvénient est moindre, parce que ces maladies appartiennent surtout à l'enfance ; mais dans les hôpitaux d'enfants, elles sévissent sur une très-large échelle. J'ai eu, étant interne, à soigner, à l'hospice des Enfants trouvés, jusqu'à 18 enfants, dans une même salle, atteints de la rougeole. Que devenaient les autres ? Ils attendaient que la rougeole les prît. Peut-être existe-t-il depuis quelques années des chambres d'isolement en petit nombre pour parer à ce danger, mais elles ne suffisent pas quant au nombre, et l'isolement n'est pas efficace. Or, ces maladies sont extrêmement meurtrières chez les enfants.

Que produit l'accumulation sur un même point de tant d'éléments divers ? un résultat triste et qu'on pouvait prévoir : un enfant admis pour une maladie, en contracte successivement, par contagion, plusieurs autres à l'hôpital même, et, s'il guérit de l'une, il a chance de mourir d'une autre. Ainsi, de pauvres enfants atteints de plaies et placés dans un service de chirurgie, au voisinage des salles de médecine, contracteront la rougeole ou la fièvre scarlatine. N'est-ce pas là un état de choses barbare ?

Ce n'est pas tout. On pourrait comprendre que des nécessités pressantes obligeassent de recevoir dans les mêmes hôpitaux des fiévreux et des blessés. Lorsqu'il y a urgence, il faut aller au plus près ; mais, pour les maladies chroniques, pour les scrofuleux, les teigneux, quelle nécessité y a-t-il de les enfermer dans un même lieu avec d'autres enfants atteints de maladies aiguës contagieuses ? J'ai vu mourir un grand nombre de ces malheureux enfants atteints de maladies scrofuleuses ou de la teigne, par suite de la rougeole que l'hôpital leur avait donnée.

Est-ce qu'il n'est pas évident, pour tout homme de bon sens, qu'un tel état de choses doit cesser et qu'il n'a que trop duré pour notre honneur et notre considération dans le monde ?

Dans les hôpitaux d'adultes, le danger est moindre, assurément, étant exceptées cependant les questions de la variole et des femmes en couches. Cependant il est nécessaire qu'il existe dans tous les hôpitaux des chambres d'isolement en nombre suffisant pour contenir tous les malades qui, étant atteints d'affections aiguës contagieuses, ne doivent pas être traités dans les salles communes. Ce n'est pas seulement cette considération qu'il faut invoquer ici ; il y a encore un autre ordre, une autre catégorie de malades qui ne doivent point être laissés au milieu d'une salle commune : ce sont ceux qui troublent le repos des autres malades et sont un objet de

crainte ou offrent un spectacle affligeant. Tels sont les malades atteints de délire et ceux qui sont à toute extrémité, à l'agonie. Comprend-on qu'aujourd'hui encore on tolère dans le plus grand nombre des cas, au milieu d'une salle de 30 ou 40, quelquefois de 60 malades, des gens atteints de méningite, de *delirium tremens*, et qui, attachés sur leur lit, emprisonnés dans la camisole de force, crient, hurlent, poussent des gémissements, emplissent la salle de clameurs et de paroles incohérentes, sont en proie à la fureur, et jettent l'effroi autour d'eux jour et nuit ? J'ai voulu m'assurer par moi-même de la situation qui est faite à nos pauvres malades, en couchant pendant toute une nuit dans un des lits de ma division, au milieu d'une salle de 68 malades. Ceux qui voudront se soumettre à cette épreuve sauront combien notre service hospitalier est défectueux et arriéré.

De la nécessité de ne point traiter dans le même lieu les maladies aiguës à courte durée et les maladies chroniques ou incurables.

Il faut mettre de l'ordre dans ce chaos de l'assistance publique. Tous les malades, de quelque espèce qu'ils soient, sont admis dans les mêmes salles. Pourquoi ? N'est-il pas raisonnable de traiter différemment des espèces différentes ? Il existe, à la vérité, des hospices dits d'incurables, tels que Bicêtre, la Salpêtrière, l'hospice des Incurables (hommes et femmes), les Ménages ; la plupart sont, à proprement parler, des maisons de retraite ouvertes à la vieillesse. Ces hospices sont insuffisants, et peut-être n'en faut-il pas rendre responsables nos administrateurs, attendu que l'accroissement énorme de la population immigrante dans Paris a dépassé les prévisions et créé des charges très-lourdes.

D'autre part, la charité privée et les associations ou sociétés de secours mutuels sont tout à fait insuffisantes ; les mœurs des vingt dernières années ont été telles, que l'État semblait être chargé de tout et les particuliers de rien. Il est à espérer que dorénavant la proposition tendra à se renverser.

En fait, nos hôpitaux généraux sont encombrés de maladies chroniques et incurables, cancers, hydropisies, phthisie pulmonaire, et que de lits y sont occupés pendant des mois, des années même, par cette catégorie de malades qui ne peuvent recevoir que des soins insuffisants et coûtent fort cher à entretenir ! Pourquoi ne pas séparer des autres ces malades incurables, et ne pas les placer hors de Paris, dans des maisons spéciales, bien aérées, pourvues de promenoirs et de jardins, sous la direction de médecins de l'assistance publique, qui feraient là un stage et y demeureraient ?

Si l'on veut entrer dans une voie de réformes sincères, on adoptera là le système des hôpitaux d'apparence modeste, d'où le luxe et l'apparat seront bannis et où l'on cherchera à la fois le confortable et l'économie. Des malades doivent coûter moins cher hors la ville que dans la ville.

En ne gardant à Paris, dans nos hôpitaux du centre, que les maladies aiguës curables ou les maladies mortelles à courte échéance, on nous permettra de donner à nos malades plus d'espace, d'accommoder nos anciens bâtiments, vastes mais encombrés, aux besoins reconnus de la bonne hygiène, d'y cloisonner les grandes salles, d'y disposer des chambres de lavage et de propreté, d'y introduire, en un mot, les améliorations indispensables, telles que salle à manger, bibliothèques et salles de lecture, écoles, etc. On y pourra aussi agrandir et perfectionner les appareils à eau, bains, hydrothérapie, qui, presque partout, sauf à Saint-Louis, sont tout à fait exigus et mal agencés.

On pourrait aussi agrandir les locaux destinés à la consultation externe, et corriger ainsi l'un des défauts les plus criants de notre système hospitalier. Dans quelques hôpitaux, les consultants du dehors sont entassés, hommes et femmes, dans des salles exiguës, attendant pendant des heures entières que leur tour vienne, assis sur des bancs ou se tenant debout, ou bien couchés sur des brancards, spectacle triste et qui donne de notre hospitalité une idée peu avantageuse. Les médecins eux-mêmes sont trop étroitement logés pendant ces consultations et manquent de l'outillage indispensable.

Mais nous n'insisterons pas sur cette partie de la question. Que, de parti pris, l'ancienne administration ait refusé à la médecine, aux maîtres, aux élèves, tout ce qui pouvait aider aux progrès de notre art et à notre considération, cela ne fait doute pour personne. On s'apercevra peut-être prochainement, quand il s'agira de reprendre l'éducation de ce peuple-ci, que la science est intimement liée aux intérêts de la société, et un revirement salutaire aura lieu. Ces questions ne peuvent être traitées ici. Ce qui importe surtout, c'est que les pauvres soient assistés efficacement. Le bureau central des hôpitaux est une institution sur laquelle devra aussi se porter l'attention des réformateurs. Ce centre où aboutissent tant de maladies graves, et qui dessert ensuite les hôpitaux excentriques, offre de graves inconvénients. Il y a des dangers de toute sorte à conjurer ici : le refus de certains malades par défaut de lits vacants, le transport au loin de malades très-gravement atteints, l'emploi de voitures publiques prises sur la place pour envoyer des gens atteints de maladies contagieuses, etc.

Cette question devra être étudiée. Il est vraisemblable que l'on devra supprimer ce centre et multiplier les bureaux de réception à travers Paris.

Les servants. — Les gens de service des hôpitaux sont mal payés, trop peu nombreux, et sont en général de détestables serviteurs. Ils n'ont ni l'esprit de charité, ni les mœurs douces, ni même l'éducation nécessaire. Il n'y a pas un serviteur pour vingt malades, et il n'y a qu'un seul veilleur pour des salles de trente-cinq lits. Les hommes qui font ce métier ne sont ni des apprentis herboristes, ni des élèves sortant d'une école quelconque ; ce sont les premiers venus, des infirmes souvent, des vieillards, des malades convalescents gardés par charité, quelquefois des vagabonds et des repris de justice. On les paye 15 francs par mois ; ils sont nourris comme les malades et couchent dans des dortoirs. Très-rarement ils sont mariés. Leur sort est misérable, ils sont ignorants, et souvent indignes. Voilà les gens qui sont en contact jour et nuit avec nos malades, doivent veiller sur eux et exécuter les prescriptions médicales !

Qui donc représente la charité, l'humanité? Est-ce l'administration? Mais l'administration, ce sont des bureaux ; les employés y écrivent et n'ont point affaire dans les salles des malades, excepté pour l'état civil. Les directeurs sont chargés de veiller au bon ordre, à la discipline, à la comptabilité, aux bâtiments, d'écrire aux familles, de régler le contentieux. La charité est, en fait, représentée dans nos hôpitaux généraux par des religieuses ; mais combien cette question est difficile à aborder ! La religieuse d'hôpital, l'hospitalière, est respectée du monde entier ; c'est une figure populaire et à laquelle les réformateurs les plus aventureux n'ont point osé toucher. La religieuse d'hôpital fait partie de notre civilisation, c'est un type national.

On se représente volontiers les objets d'après un idéal convenu que les images peintes ou gravées ont répandu dans le public. Ainsi, la religieuse est toujours représentée aux côtés d'un blessé qu'elle panse, ou tenant embrassé un enfant malade. On ne la représente pas telle que nous l'ont faite nos institutions municipales, c'est-à-dire un employé aux écritures, aux vivres, un comptable, dont l'activité se dépense presque tout entière dans la direction administrative d'un grand service d'hôpital. Je n'insiste pas. En Allemagne, en Angleterre, l'assistance est purement laïque et bourgeoise, simple, humaine, sans apparat, sans costume ; elle est efficace. Il serait à désirer qu'en France on fortifiât ce qui est ou qu'on le changeât. C'est une question que je livre aux méditations des personnes qui ont la charge de l'assistance publique.

La morale municipale, la morale laïque, c'est-à-dire dépouillée de tout prestige, pure de toute origine religieuse, et indépendante de tout système philosophique, produit de singulières œuvres. Il nous est arrivé bien des fois, pendant dix ans de pratique de la médecine légale, d'assister aux débats criminels dans diverses cours d'assises, soit à Paris, soit en province. Je ne parlerai pas des plaidoiries, car la morale n'y joue qu'un rôle très-effacé, et le parti pris d'attirer l'indulgence sur le vice amène rarement l'avocat à invoquer les prescriptions sévères de l'éternelle justice. Ce sont les réquisitoires des organes du ministère public qui m'ont fourni la matière principale de mes observations. Sitôt que l'accusateur sort de la loi, c'est-à-dire de la lecture d'un article du Code, et que, ne s'en tenant point à la question de fait, il aborde les principes, malheur à lui ! Qu'il ferait bien mieux de parler le langage de la sensibilité, de faire appel à la pitié pour la victime, au sentiment contraire à l'égard de l'accusé ; avec un peu de talent ou même un peu d'habitude, il agirait fortement sur l'esprit des jurés qui ne sont habituellement ni des savants ni des lettrés.

Mais le magistrat résiste rarement au désir de faire grand ! Il aborde donc la grande question de la morale publique. Alors c'est souvent un supplice de l'entendre, car il n'est ni religieux, ni philosophe : religieux, il n'ose l'être franchement devant un auditoire mêlé et dont les éléments ne lui sont pas connus ; philosophe, il n'a point le droit de l'être. Il s'enferme alors dans une sorte de morale étroite, maladive, artificielle, que j'appellerai la morale légale, civile, judiciaire, je ne vois quel nom lui donner, si ce n'est le nom de *mesquine.*

Et cependant ces avocats de l'accusation sont pris parmi l'élite de la société. Ce n'est ni l'instruction ni le sentiment du vrai et du bien qui leur font défaut ; mais ils sont placés sur un terrain qui rend leurs efforts stériles.

Que dire, dès lors, de la morale des administrateurs de l'ordre exécutif? Il existait et peut-être trouverait-on encore aujourd'hui, dans certaines prisons de la Seine, des tableaux imprimés placés dans les cellules, et qui devaient servir à moraliser les détenus en leur rappelant les devoirs de l'homme. La composition et le style de cette pièce appartenant à la morale civile et administrative, sans mélange de mysticisme ni de philosophie, offrent un modèle d'absurdité incomparable.

BULLETIN DES COURS.

Revenons aux hôpitaux : la charité ni la morale n'y sont représentées. Combien de jeunes filles y entrent pures et en sortent corrompues !

La promiscuité y est complète ; la fille prostituée y rencontre la jeune servante ; la débauche et le vice y étalent leurs stigmates cyniques. Le langage y a les franchises les plus grandes. Il n'y a ni conseil, ni exemple, ni règle.

Est-ce là tout ce que peut produire notre morale civile ? Mais alors qu'est-ce donc que notre société ? Êtes-vous athées, alors ayez du moins les mœurs bourgeoises et la discipline que les philosophes naturalistes ont bien soin de maintenir dans leur propre famille ; soyez franchement laïques, mais montrez que l'on peut gouverner les hommes et les moraliser sans l'aide des mythes, pourvu qu'on ait des mœurs et des principes. Établissons, en tout cas, des écoles et une discipline dans les hôpitaux.

P. LORAIN.

ACADÉMIE DES SCIENCES DE PARIS

Les ballons dans les guerres de la Révolution

M. Ch. Sainte-Claire Deville a donné lecture à l'Académie des sciences de l'extrait d'une brochure extrêmement rare maintenant, écrite en 1829 par Coutelle, qui avait dirigé le corps d'aérostiers de l'armée de Sambre-et-Meuse. Coutelle y raconte ses voyages et décrit ses ascensions sur les bords du Rhin, à Mayence, à Manheim, etc.

Nous extrayons de cet opuscule, dont il ne reste plus guère d'exemplaires, le passage suivant bien fait pour montrer combien les temps sont changés et combien nos adversaires d'aujourd'hui comprennent singulièrement les usages de la guerre.

« Nous étions campés, dit Coutelle dans sa relation, sur les bords du Rhin, devant Manheim, lorsque le général qui nous commandait m'envoya en parlementaire vers l'autre rive.

» Aussitôt que les officiers eurent appris que je commandais l'aérostat, je fus accablé de questions et de compliments. Un officier qui avait passé avec moi, observa que si les cordes cassaient, je pourrais être exposé si je tombais dans le camp ennemi.

» — Monsieur l'ingénieur, répondit un officier supérieur, les Autrichiens savent honorer les talents et la bravoure, vous seriez traité avec distinction. C'est moi qui vous ai fait voir le premier, pendant la bataille de Fleurus, au prince de Cobourg dont je suis l'aide de camp.

» Les Autrichiens honorent les talents et la bravoure, et vous seriez traité avec distinction ! ! ! »

Ces quelques mots ne sont-ils pas à placer à côté de l'arrêté du comte de Bismarck, qui renvoie devant une cour martiale les aéronautes français qu'une descente forcée fait tomber au milieu des lignes prussiennes ? La comparaison n'est pas superflue. Chaque peuple a ses mœurs. Laissons l'histoire apprécier les uns et faire justice des autres.

BULLETIN DES COURS

Faculté des sciences de Paris

PREMIER SEMESTRE

Les cours de la Faculté se sont ouverts le lundi 28 novembre 1870, à la Sorbonne.

GÉOMÉTRIE SUPÉRIEURE (les mercredis et vendredis, à midi et demi). — M. CHASLES, professeur. M. OSSIAN BONNET, suppléant, a ouvert ce cours le mercredi 30 novembre. Il traite des applications de la méthode infinitésimale à la théorie des lignes et des surfaces courbes.

ALGÈBRE SUPÉRIEURE (les lundis et mercredis, à onze heures). — M. HERMITE, professeur, a ouvert ce cours le lundi 28 novembre. Il traite de la théorie des équations.

CALCUL DIFFÉRENTIEL ET INTÉGRAL (les lundis et jeudis, à dix heures). — M. J. A. SERRET, professeur, a ouvert ce cours le lundi 28 novembre. Il traite du calcul différentiel.

MÉCANIQUE RATIONNELLE (les mercredis et vendredis, à dix heures). — M. LIOUVILLE, professeur, a ouvert ce cours le mercredi 30 novembre. Il traite de la composition des forces et des lois générales de l'équilibre et du mouvement.

ASTRONOMIE MATHÉMATIQUE ET MÉCANIQUE CÉLESTE (les lundis et jeudis, à huit heures et demie). — M. PUISEUX, professeur, a ouvert ce cours le lundi 28 novembre. Il traite des perturbations des mouvements des planètes autour du soleil.

CALCUL DES PROBABILITÉS ET PHYSIQUE MATHÉMATIQUE (les mardis et samedis, à dix heures et demie). — M. BRIOT, professeur, a ouvert ce cours le mardi 29 novembre. Il traite de la théorie mécanique de la chaleur.

MÉCANIQUE PHYSIQUE ET EXPÉRIMENTALE (les mardis et samedis, à midi). — M. DELAUNAY, professeur, a ouvert ce cours le mardi 29 novembre. Il traite des principales machines employées dans l'industrie et spécialement des machines motrices.

PHYSIQUE (les mardis et samedis, à une heure et demie). — M. P. DESAINS, professeur, a ouvert ce cours le mardi 29 novembre. Il traite de la chaleur, du magnétisme, de l'électricité, de l'électromagnétisme et de leurs principales applications.

CHIMIE (les lundis et jeudis, à une heure). — M. H. SAINTE-CLAIRE DEVILLE, professeur, a ouvert ce cours le lundi 28 novembre. Il expose les principes généraux de la chimie ; il fait l'histoire des métaux.

ZOOLOGIE, ANATOMIE, PHYSIOLOGIE COMPARÉE (les mardis et samedis, à trois heures et demie). — M. MILNE EDWARDS, professeur, a ouvert ce cours le mardi 29 novembre. Il traite de l'anatomie comparée et de la physiologie des animaux, et principalement des fonctions de nutrition.

MINÉRALOGIE (les mercredis et vendredis, à deux heures). — M. DELAFOSSE, professeur, a ouvert ce cours le mercredi 30 novembre. Après avoir exposé les propriétés générales des minéraux, il fera l'histoire des principales espèces, et plus particulièrement de celles de la classe des métaux.

COURS ANNEXE.

PALÉONTOLOGIE (les mercredis et vendredis, à quatre heures). — M. GAUDRY, docteur ès sciences chargé du cours, continue l'étude des fossiles caractéristiques des diverses époques géologiques. Il traite particulièrement des êtres tertiaires et quaternaires. Il a ouvert ce cours le mercredi 7 décembre.

Le propriétaire-gérant : GERMER BAILLIÈRE.

PARIS. — IMPRIMERIE DE E. MARTINET, RUE MIGNON, 2.

REVUE

DES

COURS SCIENTIFIQUES

DE LA FRANCE ET DE L'ÉTRANGER

SEPTIÈME ANNÉE   NUMÉRO 47   22 OCTOBRE 1870

FACULTÉ DE MÉDECINE DE PARIS

CONFÉRENCE DE M. BOUCHARDAT

Des meilleurs moyens d'employer pendant le siége nos ressources alimentaires

Aussitôt que l'investissement de Paris fut prévu, je n'hésitai pas à dire : La plus grande question d'hygiène obsidionale est l'alimentation.

Il faut aménager le mieux possible toutes nos ressources et ne rien perdre de ce qui peut être utilisé.

En agir ainsi, c'est non-seulement le moyen le plus sûr d'éviter de nombreuses et terribles maladies, mais aussi c'est donner du temps au gouvernement de la défense nationale, et, dans les conditions où nous sommes, le temps peut être un élément indispensable au salut de la patrie.

J'insistai vivement sur la nécessité de surveiller avec le plus grand soin. nos animaux de boucherie, afin de n'en laisser périr aucun ; mais de consommer immédiatement ou de conserver par la salaison, par le procédé d'Appert, la viande de ceux qui étaient chancelants. — Je m'élevai fortement contre la perte des chairs si nourrissantes et si savoureuses de ces chevaux que le manque de fourrage forçait de conduire à l'équarrisseur.

Je demandai avec instance l'utilisation de tous les abats, du sang, et d'un grand nombre de produits des animaux qui, auparavant, étaient convertis en engrais ou servaient à l'industrie. Je revins à bien des reprises sur l'absolue nécessité de prévenir les avaries de toutes les matières alimentaires.

L'utilité de ces mesures est aujourd'hui reconnue par tous.

Le besoin a fait vite les éducations.

Les dames, qui s'arrêtaient devant les boutiques où s'étalaient les bijoux et les objets de toilette, n'ont plus aujourd'hui des yeux que pour les épiciers, les marchands de comestibles, espérant découvrir du fromage, du lard, des harengs ou des sardines.

Il y a encore [à Paris bien des ressources alimentaires : les employer le mieux possible pour conserver longtemps nos santés, c'est le but que nous allons poursuivre dans ces conférences, et je suis dans de bonnes conditions pour en approcher. J'ai consacré pour les soins de mes malades de persévérantes études aux choses de l'alimentation ; je crois aussi, pardonnez-moi cette foi présomptueuse, avoir le génie de la cuisine, *faire de bonnes choses avec peu.* J'ai hérité cela de mon père, il l'avait acquis ou s'était beaucoup perfectionné pendant le siége de Gênes, qu'il a enduré sous les ordres de Masséna. On y avait du vin, on s'en trouva très-bien, ceux au moins qui en usèrent sobrement ; pour la nourriture animale à la fin du siége, c'était chose inconnue, mon père dépensa ses derniers 20 francs à acheter un rat.

La garnison républicaine, comme vous le savez, capitula, mais sortit de Gênes avec armes et bagages, enseignes déployées, et tous les honneurs de la guerre. Espérons que nous en sortirons mieux.

Il est des souffrances trop réelles déterminées par l'épuisement ou la diminution de quelques-unes des matières alimentaires ou des matériaux normaux de l'alimentation usuelle.

Je citerai, en première ligne, la diminution du lait. Combien de pauvres enfants sont morts pour n'avoir pas eu cet aliment qui leur est si nécessaire !

A voir avec quelle ardeur on recherche les derniers échantillons de beurre ou de fromage, on comprend combien ces excellentes matières premières étaient entrées dans nos habitudes bromatologiques. Comme le lard est actuellement apprécié, à combien d'excellents usages culinaires serait-il réservé si nos charcutiers avaient encore leurs boutiques ouvertes !

Je ne parle pas de la viande, nous en avons ; mais quelques-uns de nous sont contraints, malgré eux, à une utile sobriété. Pour les poissons, on espérait beaucoup de la pêche des pièces d'eau des bois de Vincennes, de Boulogne et surtout du canal de l'Ourcq et de la Seine. Toutes ces pêches ont produit peu de choses. Pourquoi avons-nous si fort négligé la pisciculture et le repeuplement de nos cours d'eau ?

Notre but, dans les conférences qui vont suivre, c'est de chercher les moyens de remédier, dans une certaine mesure, à l'épuisement ou à la diminution dans la quantité de quelques-uns de nos aliments usuels.

Je ne vous entretiendrai pas des choses que nous n'avons plus, je ne veux pas vous faire venir l'eau à la bouche, je ne vous parlerai que des aliments qui nous restent ; nous sommes encore assez bien pourvus pour que plusieurs conférences soient nécessaires pour développer les questions qui s'y rapportent.

Avant de m'engager dans ces détails, une étude générale est utile. Voici les trois questions que je veux traiter :

A. Préciser les quantités d'aliments nécessaires pour entretenir la vie.

B. Faire connaître les maux de la continuité d'une ration insuffisante.

C. Indiquer les moyens que possède l'économie et ceux que la physiologie enseigne pour conserver la santé avec une ration diminuée.

Quantité d'aliments nécessaires pour entretenir la vie.

Cette quantité varie suivant la nature de l'aliment qui reste.

Ce n'est pas une masse de matière alimentaire quelconque qui suffit pour réparer les pertes de l'économie, mais une réunion de matériaux alimentaires ou principes immédiats dans des proportions convenables pour constituer ce qu'on appelle l'*aliment complet*.

Cet aliment, qui doit satisfaire à tous nos besoins, réparer les pertes de l'économie, pourvoir même à l'accroissement, quand cela est nécessaire, comprend trois ordres de matériaux alimentaires : 1° les matériaux inorganiques ; exemple : l'eau, les sels ; 2° les matériaux de calorification, ou ceux destinés à maintenir notre température au degré constant de 37 ou 37,5; exemple : les huiles, les sucres, les fécules ; 3° les aliments plastiques ou ceux qui sont destinés à réparer nos tissus; exemple : la fibrine du sang ou de la chair, l'albumine de l'œuf ou des graines, etc.

Il faut que ces trois ordres de matériaux se trouvent dans nos aliments de chaque jour, dans un rapport convenable, parfaitement ordonné. Pour vous faire comprendre cette nécessité, permettez-moi une comparaison qui sera peut-être grossière, mais qui se rapporte aux choses de la guerre. Si dans la poudre on voulait forcer la proportion d'une des matières premières, qu'arriverait-il ? Les quantités de salpêtre, de charbon, de soufre, ont été rigoureusement déterminées par l'observation et l'expérience pour produire le maximum d'effet à masse égale.

Si vous augmentez outre mesure la quantité relative, soit du salpêtre, soit du charbon, soit du soufre :

Il y aura perte de substance, diminution d'effet, détérioration de l'arme.

Des phénomènes parfaitement analogues se produisent quand la proportion des matériaux alimentaires n'est pas bien réglée pour satisfaire, avec un certain écart, à la condition d'aliment complet.

Nos aliments ordinaires, pain, viande, etc., contiennent les trois ordres de matériaux alimentaires. Mais quelques-uns de ces principes immédiats se trouvent en excès par rapport aux autres. Il en résulte les principaux inconvénients que voici :

1° Une masse d'aliments trop grande devient nécessaire pour réparer les pertes.

2° Des matériaux alimentaires sont ou perdus ou imposent un surcroît de travail à l'économie pour les transformer ou les mettre en réserve.

3° Si la masse ingérée est suffisante, les principes immédiats en excès peuvent produire des résidus nuisibles.

4° Si cette masse n'est pas augmentée, les inconvénients de l'alimentation insuffisante se révèlent.

Pour démontrer la réalité de ces principes, nous allons revenir sur les deux aliments que nous avons pris pour exemple.

Si l'on veut se nourrir exclusivement avec du pain, il en faudra une trop grande masse pour réparer les pertes de l'économie, car le pain contient trop d'amidon et pas tout à fait assez de matériaux plastiques.

Si l'on se nourrit exclusivement de viande, ce sont les aliments de la calorification qui feront défaut. Pour pourvoir à ce déficit, il faudra ingérer une masse énorme de viande, et les résidus de décomposition de cette masse ingérée pourront déterminer des troubles dans l'économie. Si l'on ne prend de la viande que ce qui est nécessaire pour réparer les pertes des matériaux azotés du corps, les aliments de calorification feront défaut, surviendront alors tous les inconvénients de l'alimentation insuffisante.

Pour nous servir de guide afin de fixer le mieux possible les rapports nécessaires entre les trois ordres de matériaux alimentaires qui sont indispensables pour réparer les pertes de l'économie, pour mieux former un régime réparateur avec économie, rien n'est mieux pour éviter les tâtonnements que de prendre pour types des aliments complets.

Pour cela nous adoptons, sans hésitation aucune, des modèles que tous les physiologistes accepteront, les laits de la femme et des animaux. Voici les tableaux représentant leur composition :

Composition des laits de femme, vache, ânesse.

		VACHE.	ANESSE.	FEMME.	JUMENT Boussingault.
1. Aliments de calorification.	Beurre.....	38 50	13 72	20 76	traces
	Lactine.....	50 00	66 56	73 60	87 05
2. Aliments plastiques....	Caséine.. Albumine.	37 72	1 00	14 00	16 00
3. Aliments inorganiques..	Sels......	7 00	5 00	1 80	
	Eau.......	866 69	893 62	889 84	884 00
Parties solides..........		133 31	106 38	110 16	103 05
Densité.............		1 033 88	1 034 09	1 031 04	

En adoptant pour type le lait de la femme, nous trouvons sur 110 grammes :

Aliments de calorification............	94 grammes.
Aliments plastiques..................	14
Aliments inorganiques moins eau........	2
Eau................................	890

Les aliments de calorification contiennent 20 1/2 corps gras, 73 1/2 sucre de lait.

La condition à remplir pour fixer un régime, c'est d'employer ce que nous avons (les aliments qui nous restent) de telle manière, que les rapports que je viens d'indiquer soient à peu près conservés. C'est la règle générale que nous suivrons dans la suite de ces études.

Disons cependant que les aliments de calorification peuvent se substituer à la limite les uns aux autres. Ainsi, dans le lait des animaux, quand le beurre diminue, la lactine augmente et réciproquement. L'homme s'accommoderait, surtout pendant l'hiver, de l'association de ces deux ordres de matières.

Je vous ai parlé du lait de la femme ; c'est le plus précieux des aliments.

Si en temps ordinaire j'ai condamné (*Bulletin de l'Académie de médecine*, 1868) avec une grande force les mères qui n'allaitent pas leurs enfants, aujourd'hui, ne pas remplir ce devoir à Paris, c'est un infanticide.

Je demande pour les mères nourrices deux rations : une pour elles, et une pour leurs enfants.

Qu'elles ajoutent au régime obsidional une à trois cuillerées d'huile de foie de morue ; je leur promets pour elles santé parfaite, et elles élèveront une génération qui contribuera à régénérer notre pays et à fonder sur des bases solides ces États-Unis d'Europe que depuis longtemps nous appelons de tous nos vœux.

Des moyens que possède l'économie et de ceux que la physiologie indique pour conserver la santé avec une ration diminuée.

Conserver la santé avec une ration diminuée pour la quantité et la qualité c'est une question difficile.—Les dommages, en effet, sont variables, suivant la condition où nous sommes placés ; pour ceux qui sont sous l'influence de la misère physiologique, il est plus grand. Malgré les difficultés du problème, il faut l'aborder, parce que la nécessité est là ; elle nous dit qu'il faut à la fois se restreindre et s'industrier.

Dans d'heureuses conditions, la quantité des aliments ingérés peut être réduite pendant un certain temps sans grand dommage pour l'économie.

Une des propriétés les plus admirables de l'organisme des êtres vivants, c'est l'aptitude qu'il possède de modifier dans des limites souvent très-étendues le jeu de ses rouages, sans que pour cela ils cessent de fonctionner régulièrement et de concourir à l'effet commun qu'ils sont chargés de remplir. Les transformations organiques diminuent, se modifient, mais l'être vivant résiste. Quand les matériaux indispensables à entretenir la chaleur indispensable à la vie sont épuisés, il s'en forme de nouveaux aux dépens de la plupart des principes immédiats qui constituent les organes.

Voilà les grandes ressources que l'économie animale possède pour résister et entretenir pendant un certain temps les phénomènes de la vie, en dépit des privations. Mais de ces ressources il ne faut pas en abuser, car lorsqu'on arrive à la limite, les difficultés s'augmentent pour l'organisme ; les matériaux qui restent sont plus difficiles à employer ; puis survient cet état d'appauvrissement général de l'économie qui prédispose à toutes les maladies aiguës et qui conduit aux plus redoutables affections chroniques.

Maux de la continuité d'une ration insuffisante.

Quand par la continuité des privations on dépasse les limites du possible, on arrive à remplir les conditions observées dans l'inanition avec toutes ses fatales conséquences. *C'est une question de temps.* Heureusement que rien de pareil ne s'est encore présenté depuis l'investissement de Paris. Il faut des mois pour y arriver, à moins de famine. J'ai examiné cliniquement un grand nombre de santés. Presque tous nous accusons une certaine diminution de poids. Nous avons perdu quelques kilogrammes ; j'ai vu des protubérances abdominales diminuer sensiblement, mais chacun a conservé ses forces ou les a vues s'accroître. On marche mieux, on supporte des fardeaux sans faiblir ; on passe la nuit au rempart sans souffrance. Au physique tout va bien, et au moral mieux encore.

Je vous ai parlé, il y a un instant, de la limite extrême à laquelle une garnison puisse parvenir. Si l'on en croit à des récits qui me paraissent des plus vraisemblables, nos vaillants soldats de Metz touchaient à cette limite. Au lieu de 750 grammes de pain, ils n'en recevaient plus que 200 grammes. Il n'y avait plus que deux batteries d'artillerie sur quatre-vingt-trois qui eussent leurs chevaux, les autres avaient été mangés. Il ne restait plus que quinze chevaux par escadron. L'aspect des habitants indiquait qu'ils avaient enduré les plus terribles privations. Le sel manquait, et nous verrons combien est funeste la privation de cette matière indispensable à l'économie.

Je suis heureux, dans le moment où nous sommes, de rendre ce public hommage à notre armée de Metz, qui a enduré tant de maux et livré de si glorieux combats.

J'ai indiqué les moyens que possède l'économie pour conserver la santé avec une ration insuffisante. Ils peuvent se résumer en deux principaux : diminution de la dépense, emploi des matériaux du corps pour entretenir la chaleur.

De ce deuxième fait il est facile de déduire cette conséquence que les matériaux de calorification sont les plus indispensables. Aussi, dans le lait de la femme en trouvons-nous 94 grammes sur 110 de matières fixes, le reste est de l'eau.

C'est surtout pendant les temps froids que le besoin des huiles, des graisses, se fait plus vivement sentir.

Heureusement qu'en utilisant tout ce que jadis on négligeait, les ressources alimentaires de cet ordre sont encore abondantes.

A peine a-t-on attaqué les provisions d'huile de foie de morue, qui peut, dans les circonstances où nous sommes, compléter de la façon la plus heureuse l'alimentation des jeunes enfants qui ont eu le plus à souffrir depuis l'investissement.

Je vous parlerai de ces graisses animales, des beurres de coco et de palme, produits des plus précieux que l'alimentation emprunte aujourd'hui à la parfumerie. Nous avons de ces beurres végétaux en quantité considérable, parce que Paris expédiait dans tout l'univers ses savons, ses pommades parfumés.

Quand on est bien chauffé, l'appétit et le besoin de manger diminuent ; malheureusement nos provisions de coke sont bornées.

Un des moyens les plus sûrs de modérer la dépense alimentaire, c'est de conserver la chaleur qu'on produit, à l'aide de bons vêtements chauds, de couvertures suffisantes, de matelas de laine. Ces mauvais conducteurs diminuent les pertes que le froid extérieur produit, et amènent ainsi une diminution de dépense. Il y a parmi nous plusieurs personnes qui, guidées par cet instinct, se couchent de très-bonne heure et restent longtemps au lit : il y a double économie, d'éclairage et de chaleur.

Quoi qu'il en soit, on comprendra combien c'est chose ardue de fixer un *minimum* de rationnement ; ce *minimum* devra varier avec la condition organique de chacun, avec le travail qu'il doit produire, avec les conditions de température extérieure, et avec la nature des matières premières qui nous restent. Il est pour nous plus aisé, et surtout plus utile, de rechercher les meilleures associations des ressources alimentaires que nous avons, en dépensant le moins possible et en produisant le plus grand bien.

Avant d'aborder l'étude des aliments complexes qui nous restent (j'appelle aliments complexes le blé, le riz, les salades), je crois utile de jeter un coup d'œil général sur les trois groupes de principes immédiats ou matériaux alimentaires qui les constituent. Je les divise comme vous savez en : 1° matériaux inorganiques, 2° matériaux de calorification, 3° matériaux azotés ou plastiques.

Matériaux inorganiques.

Pour les matériaux inorganiques, nous nous bornerons à dire quelques mots de l'eau potable et du sel ; les autres matériaux inorganiques du corps existent en proportion suffisante dans les aliments végétaux ou animaux que nous avons, peut-être quelques jeunes personnes feront bien d'ajouter à leur principal repas une très-petite pincée de limaille de fer.

Eau potable.

Toutes les eaux de Paris qui sont inodores et ont un bon goût, les eaux de puits elles-mêmes, peuvent être bues sans nul inconvénient. Les eaux de la Seine sont les meilleures. Elles sont beaucoup plus agréables après la filtration, et le meilleur filtre domestique est le filtre de pierre des ménages parisiens quand il est bien nettoyé.

C'est précisément l'eau de la Seine dont nos ennemis ne pourront pas nous priver ; elle coulera toujours dans nos murs, et par une sage prévoyance on a disposé des appareils à vapeur le long de nos quais pour assurer la distribution à domicile.

L'eau est le premier besoin pour la quantité, il en existe 89 pour 100 dans le lait de femme.

Dès les premiers jours de l'investissement j'ai été consulté par plusieurs personnes des plus recommandables par leur bon jugement en temps ordinaire, sur les moyens de conserver ou de se procurer de l'eau potable. La Seine, leur disais-je, vous en fournira toujours. Mais, répondaient-ils, les Prussiens la détourneront. Ils oubliaient qu'à Charenton la Marne vient se réunir à la Seine.

Quand on a de chères santés à protéger, toutes ces folles terreurs se comprennent.

La crainte de manquer de vivres a conduit certains citoyens à des exagérations de prévoyance vraiment puériles, mais qui ont eu leur bon côté quand elles ont été prises lorsque les provisions nous arrivaient en abondance.

Voici la situation de Paris par rapport à l'eau potable :

En 1854, Paris disposait par jour de 148 000 mètres cubes d'eau, 100 000 provenaient du canal de l'Ourcq.

En 1868, Paris disposait de 213 000 mètres cubes d'eau pour une population de 1 600 000, c'est environ 139 litres par habitant. Dans quelques années, quand nos affaires seront rétablies, ce chiffre sera porté à 200 litres par habitant.

D'après M. Belgrand, voici par quelles ressources on doit arriver à ce résultat :

1° Régularisation et augmentation du débit du canal de l'Ourcq. Aujourd'hui les Prussiens nous l'ont coupé.

2° Pompes à feu sur la Seine, en amont de Paris ; elles fonctionnent très-bien, on en a établi de provisoires.

3° Usine hydraulique utilisant les chutes de la Marne pour refouler l'eau dans le canal de l'Ourcq pendant les basses eaux. Cette ressource nous fait défaut par le fait de la guerre.

4° Puits artésiens ; ils nous ont rendu depuis le siége de grands services pour remplir les bassins du canal et éviter leur infection, et cela grâce à la généreuse assistance d'une des grandes raffineries de Paris.

5° Soins des sources Arcueil, Belleville, Ménilmontant.

6° Dérivation des sources de la Dhuis et de la Somme-Soude. Les Prussiens nous ont coupé ces conduites.

Sous le rapport de l'eau potable, nous sommes complétement rassurés, les Prussiens nous ont laissé la meilleure en qualité, et pour la quantité les crues successives l'ont considé-

rablement augmentée. Comme beaucoup de villes assiégées, nous n'aurons pas à souffrir de la privation d'eau potable.

Sel marin.

Un bon approvisionnement de sel marin est une des choses les plus indispensables dans une ville assiégée. Je vais, en peu de mots, vous faire comprendre cette nécessité.

Le rôle du sel marin dans l'alimentation a été fixé par des expériences physiologiques et des observations hygiéniques qui n'offrent plus matière à controverse. Le sel marin est une des substances minérales les plus répandues ; il intervient dans l'alimentation de tous les peuples ; les régimes monastiques les plus sévères n'ont pu l'écarter. Il est d'autant plus nécessaire que l'alimentation est plus pauvre. Quand le sel est rare, comme dans certaines contrées de l'Afrique centrale, il devient la représentation la plus nette de l'aisance. Le sel est à la fois un aliment et un condiment. La preuve qu'il est un aliment, c'est qu'il est indispensable, en quantité déterminée, à l'organisation humaine. Les cendres du sang contiennent de 50 à 60 pour 100 de sel, tandis que les cendres des aliments n'en renferment en moyenne que de 5 à 10 pour 100. Les herbivores ingèrent avec les plantes un excès de sels de potasse sur ceux de soude, et ce sont ces derniers qui sont fixés dans le sang ; la potasse est éliminée par les reins ou fixée dans les muscles à l'état de chlorure de potassium.

Les sels de soude, comparés aux sels de potasse, sont relativement inoffensifs ; voilà pourquoi le sang peut contenir une quantité plus élevée de sel marin, qui augmente sa densité et favorise ainsi les phénomènes de l'absorption et de la conservation des globules du sang.

Nous allons maintenant chercher à apprécier rapidement le *rôle hygiénique* du sel marin. Quand les animaux, l'homme lui-même, sont privés de sel ou n'en trouvent pas dans les aliments complexes la proportion qui leur est nécessaire, ils le recherchent avec avidité. Est-il besoin de rappeler ce fait de longs siéges où, le sel manquant, on était obligé de rechercher celui qui était éliminé dans les urines.

M. J. Marshal (*Bibl. méd.*, LXII, 408) a publié d'importantes observations sur la nocuité de l'abstinence du sel. La privation absolue de sels détermine l'anorexie, une forme d'anémie spéciale accompagnée d'œdème et toujours d'une notable diminution de forces. Varden rapporte que dans certaines provinces du nord du Brésil, il est indispensable pour conserver la vie des animaux. M. Roulin a vu en Colombie des femelles de grands animaux devenir infécondes par suite de la privation de sel. Je vais rapporter une observation qui corrobore ce résultat remarquable de l'infécondité déterminée par la privation de sel.

Pendant mon séjour à l'Hôtel-Dieu, j'élevais sur les croisées ces charmants messagers qui ont apporté tant de bonheur en donnant des nouvelles à quelques-uns des assiégés de ce qu'ils ont de plus cher au monde.

Grillage de fer, appui en calcaire, blé ne renfermant que des traces de chlorures, paille pour faire le nid, eau distillée, voilà les seules matières où le couple de pigeons pouvait trouver ce qui était indispensable pour réparer les pertes de son organisme. Une couvée réussit avec ce régime, mais malgré la saison et toutes les autres conditions favorables, la femelle cessa de pondre. Je leur rendis la liberté ; le premier usage que la femelle en fit fut de voler sur la croisée voisine, dont l'appui était toujours souillé par des résidus riches en sel marin. Ces pigeons n'étaient pas privés, le besoin de sel était si impérieux pour cette femelle qu'elle se laissait prendre sans chercher à fuir pour ne point perdre un instant pour accaparer cet aliment indispensable à la constitution de son sang et de ses œufs. On la lâcha, elle revint aussitôt vers le résidu salé. La fécondité reparut avec le retour du sel dans l'alimentation.

Pendant les derniers jours qui ont précédé l'investissement, on a eu des craintes sérieuses sur l'approvisionnement de Paris en sel. Plusieurs épiciers en avaient même doublé le prix. Mais, grâce à M. H. Sainte-Claire Deville, il a pu au dernier moment en arriver des salines plus qu'il n'en faudra pour toute la durée du siége.

Aliments de calorification.

Les aliments de calorification forment le deuxième ordre de ma division des *matériaux alimentaires ;* ils ont été désignés par M. Liebig et d'autres chimistes par le nom d'*aliments respiratoires*, mais je préfère le nom d'aliments de calorification, qui indique nettement le rôle principal et si important qu'ils jouent dans l'organisme vivant.

Les substances principales qui sont rangées dans ce groupe sont les sucres et féculents, les corps gras et l'alcool ; malgré les différences considérables que présentent ces substances, sous le rapport de la composition, des propriétés, de la manière dont elles sont digérées, il existe des relations intimes entre ces matériaux alimentaires. En effet, ils dérivent les uns des autres, ou ils proviennent de transformations qui les rattachent les uns aux autres de la manière la plus intime. L'alcool est produit par un dédoublement de plusieurs sucres. Les féculents et l'inuline, par les transformations qu'ils subissent dans nos organes, se transforment en sucres, et enfin les expériences d'Hubert, celles de M. Perzos et de M. Boussingault, montrent que dans certaines conditions des organismes vivants les sucres peuvent se transformer en corps gras ; la fermentation butyrique du sucre est un phénomène du même ordre. Tous ces matériaux disparaissent de l'économie, en donnant comme résidus ultimes, sous l'influence de l'oxygène, de l'acide carbonique et de l'eau. Il ne paraît pas que ces matières soient transformées dans les divers actes de la nutrition des animaux en éléments plastiques. Dès que l'on soumet un animal à l'alimentation exclusive par un des aliments de calorification, les inconvénients du défaut de réparation des organes les plus importants apparaissent ; c'est dans ces cas qu'on a observé la perforation de la cornée.

Les matériaux de calorification répondent au plus grand besoin de l'économie, celui de maintenir la chaleur animale à la température constante de 37 à 38 degrés ; par leur masse ils viennent au premier rang dans la constitution de nos aliments complexes les plus usuels. Heureusement que ce sont les matériaux alimentaires de cet ordre que nous possédons en quantités les plus élevées.

Matériaux alimentaires plastiques.

Les matériaux alimentaires plastiques ou azotés contiennent du charbon, de l'hydrogène, de l'azote, de l'oxygène et du soufre ; ils existent dans les plantes et surtout dans les animaux qui sont constitués pour la plus grande partie par la réunion de ces principes immédiats. Dans les plantes, nous trouvons l'albumine, la caséine, le gluten, etc. ; dans les organes des animaux, nous avons la fibrine, l'albumine, et de la caséine dans le lait des mammifères.

La gélatine et les matières animales qui par leur décoction avec l'eau en fournissent, sont encore des matières azotées, mais elles ne renferment pas de soufre.

Les matériaux alimentaires plastiques se trouvent peut-être en faible proportion dans les aliments qui nous restent ; en traitant des aliments fournis par les animaux, nous étudierons les moyens de pourvoir à leur insuffisance.

Dans la première séance je parlerai des principaux aliments végétaux qui nous restent ; je commencerai par le blé et le riz.

Du meilleur emploi des céréales

La plus grande question obsidionale au point de vue alimentaire est de déterminer l'emploi le meilleur et le plus pratique des céréales que nous avons.

Il en est trois qui constituent encore un stock important : le blé, le riz, l'avoine.

Je vais vous dire la composition de ces grains, puis j'étudierai leur rôle alimentaire et les préparations les meilleures qu'on puisse leur faire subir, eu égard aux conditions dans lesquelles nous sommes placés. Je chercherai, en prenant les données chimiques et physiologiques, et surtout l'observation pour guide, ce qu'il convient d'ajouter à ces graines ou aux préparations qu'elles donnent, afin de constituer le régime le plus convenable pour maintenir la santé de l'homme.

Commençons par la plus importante, le blé.

Du blé.

Le blé est la base de l'alimentation des peuples les plus avancés du globe. Depuis plus de deux mille ans, c'est la représentation la plus nette du besoin le plus considérable de l'homme. Il est donc peu de sujet qui doive nous intéresser plus que celui qui se rapporte à une aussi précieuse substance.

Pour la produire en quantité suffisante, les efforts combinés de la partie la plus vaillante de la population sont nécessaires ; quand son prix s'élève outre mesure, des souffrances apparaissent dont on ne se fait point une idée quand on n'a point mûrement réfléchi sur ce grave sujet. Aussi n'ai-je pas craint d'aborder une pareille étude devant un auditoire aussi sympathique aux besoins du peuple et aux maux qui nous menacent actuellement, et surtout qui peuvent atteindre les travailleurs dans un avenir, hélas ! trop prochain.

Il existe des variétés très-nombreuses de blé, plus de quatre cents.

Ces variétés ont des aptitudes différentes se rapportant à la fécondité, à leur action sur le sol, à leur résistance plus ou moins grande aux intempéries. Il est très-important de connaître les principales variétés à ces divers points de vue. C'est la base de la science de l'agriculteur. Pour le but que je me propose, il me suffira de vous dire que l'on divise les blés en deux groupes principaux, les blés durs et les blés tendres. Les premiers se conservent mieux, fournissent un pain plus complet, mais il est moins beau que celui que donnent les blés blancs ou tendres, qui sont généralement préférés dans nos régions tempérées. Je reviendrai plus loin sur ces distinctions. Je vais aborder maintenant les questions hygiéniques principales se rapportant à la culture, à la composition du blé, aux préparations qu'on lui fait subir.

Le premier travail qu'impose la culture du blé, c'est le labourage, il a une telle importance qu'on donne le nom de laboureurs aux nombreux ouvriers agricoles qui l'exécutent. Il a pour but de mettre en communication avec l'atmosphère les racines du froment et de ramener à la surface les parties plus profondes du sol, qui ne sont pas épuisées et qui n'ont pas éprouvé les modifications que l'air, l'eau et la chaleur doivent leur faire subir pour les rendre fécondes.

Le labourage ne suffit pas pour assurer une fertilité sans limite. Les principes indispensables au développement du blé seraient bien vite épuisés si l'on cultivait toujours sur le même sol la précieuse céréale sans trêve ni merci. L'alternance sagement combinée des cultures et le judicieux et large emploi des engrais forment la base de la prospérité agricole.

Les engrais ont une puissance si grande sur l'augmentation progressive des récoltes, que, toutes choses égales, avec le même travail sur la même surface non fumée ou pourvue largement d'engrais, on peut obtenir quatre à quarante fois la semence. L'exemple le plus remarquable de la fécondité que l'on peut donner à un sol stérile par un large emploi des fumures, nous était offert par la campagne qui environne Paris, il y a quelques mois à peine si riche de produits agricoles et aujourd'hui désolée par tous les maux de la guerre. Des sables s'étaient transformés comme par enchantement en champs doués de la plus haute fertilité. Cette heureuse révolution s'était produite par une modification des plus simples dans les règlements de la voirie de la grande cité. Jadis les boues étaient accumulées dans les voiries d'immondices. On a supprimé ces voiries. Ces boues, ces immondices ont été immédiatement conduites sur les terres dont elles ont décuplé la valeur.

Je reviens au blé, je vais vous en faire connaître sommairement la composition, en m'appuyant sur une excellente analyse de mon ami M. Péligot.

Le blé sec renferme 80 pour 100 d'aliments de calorification de l'ordre de l'amidon ou des sucres (amidon, dextrine, cellulose); il ne renferme que 1,5 pour 100 d'aliments de calorification de l'ordre des corps gras. Il contient 17 pour 100 de matériaux alimentaires azotés ou plastiques (albumine, gluten, gliadiane, etc.), et 15 pour 100 d'éléments minéraux qui sont constitués, comme nous l'a appris M. Berthier, par des phosphates de magnésie, de chaux, de potasse, de soude, de fer.

Si vous voulez bien vous rappeler la composition du lait de jument, vous verrez quelle remarquable analogie existe, au point de vue physiologique et hygiénique, entre cet aliment complet et le grain de blé.

Pour 103gr,5 de matériaux fixes dans le lait de jument, nous trouvons 16 de caséine, élément plastique. Dans le grain de blé, M. Péligot a trouvé 17 pour 100 de ces mêmes éléments plastiques. Il y a dans le lait de jument 87,5 d'aliments de calorification pour 103,5; il s'en trouve 81,5 pour 100 dans le blé en ajoutant à l'amidon et à la cellulose les corps gras qui ont un pouvoir calorifique plus élevé. La lactine du lait paraît au premier abord très-différente de l'amidon du blé, mais par les phénomènes de la digestion et de l'assimilation, ces deux principes immédiats donnent des produits

sinon identiques, au moins des plus rapprochés par l'ensemble de leurs propriétés.

Les sels du blé sont constitués presque exclusivement par des phosphates, ils en renferment en proportion plus élevée que les os de l'homme. Il manque peut-être au grain de blé un peu de chaux et de sel, mais ce complément se trouve dans les autres aliments.

On a voulu comparer le grain de blé et les autres graines aux œufs, sous les rapports physiologique et hygiénique cette comparaison manque de justesse.

Considéré comme aliment, l'œuf de la poule ne renferme pas assez d'aliments de calorification, ils sont remplacés pour le jeune poulet par la chaleur de l'incubation.

L'embryon de la graine avait besoin d'un réservoir de chaleur qui remplace pour lui l'incubation. Cette provision se trouve dans cet organe que l'on nomme l'albumen, ou dans les cotylédons développés. Ces parties forment la masse la plus considérable des graines, et par leur composition, par le rôle qu'elles jouent, elles se confondent avec le lait des animaux.

En négligeant le sel marin et la chaux qui manque au grain de blé pour en faire un aliment complet pour l'homme, nous devons reconnaître que ses habitudes bromatologiques, et peut-être aussi la nature de ses organes digestifs, réclament parmi les matériaux de calorification une association des matières grasses aux principes de l'ordre des féculents. Ces rapports, nous les trouvons dans le lait de la femme. En ne changeant rien aux proportions entre les principes immédiats de la calorification et plastiques, si nous augmentons dans les premiers la proportion des graisses, les principes immédiats plastiques deviendront insuffisants : car vous savez que les matières grasses développent beaucoup plus de chaleur que le sucre à poids égal. Or, comme il entre dans les habitudes de tous les peuples des pays du Nord ou même tempérés d'ajouter des huiles, des graisses, au pain dans les repas de chaque jour, il faut aussi y ajouter des principes azotés ou plastiques pour rétablir l'harmonie qui existe dans l'aliment complet.

Quoi qu'il en soit, nous pouvons dire, pour résumer cette étude, quelle admirable chose que le blé !

Un grain qui réussit presque constamment sur notre sol quand on s'en donne la peine, qui relativement est peu sensible aux intempéries, qui avec des soins peut se conserver plusieurs années, et assurer ainsi la subsistance de tous.

Avec le blé on prépare un aliment qui suffit, peu s'en faut, à réparer les pertes de l'économie, qui plaît à tous, dont la digestion s'accommode merveilleusement à nos organes, dont on ne se lasse jamais.

Aussi pressentez-vous déjà les privations que doit imposer aux travailleurs l'élévation de son prix, les maux qui marchent à la suite de ce renchérissement !

J'ai encore à vous entretenir du riz et de l'avoine. Je serai beaucoup plus court pour ces deux graines, car vous pourrez leur appliquer les considérations générales que je viens de développer à propos du blé.

Avoine.

L'avoine est une céréale qui aujourd'hui mérite de fixer notre attention. Quand on la débarrasse de ses enveloppes grossières, elle constitue pour l'homme un aliment de premier ordre, comme nous allons le montrer en discutant sa composition; puis, grâce aux provisions des compagnies des omnibus et des petites voitures, nous en avons encore des quantités assez élevées qu'on pourra bien consacrer à l'alimentation de l'homme. Si les chevaux sont livrés à la boucherie, si les omnibus et les petites voitures ne circulent plus, nous irons à pied et nous ne nous en porterons pas plus mal.

Composition de l'avoine :

Matériaux de calorification.	Amidon......... 60,59		
	Dextrine........ 9,25	76,90	82,40
	Cellulose........ 7,06		
	Matières grasses........ 5,50		
Matières azotées (gluten, albumine)............ ..	14,39		
Sels (phosphates, chaux, magnésie, potasse, fer).....	3,21		

Les matériaux plastiques ou azotés s'y trouvent à peu près en même proportion que dans le lait de la femme, 14 sur 110,16 pour ce liquide, et 14,39 pour 100 dans l'avoine. Les matériaux de calorification y sont également dans les rapports voisins. L'avoine avec le maïs sont les deux céréales les plus riches en matières grasses, mais le lait de la femme contient encore une proportion plus élevée de beurre, 20,76 sur 110,16.

Quoi qu'il en soit, il ressort de cette comparaison qu'il faut ajouter très-peu de chose à l'avoine pour en former un aliment complet pour l'homme. On sait, au reste, que cette graine, sous le nom de *gruau de Bretagne*, intervient d'une façon très-utile dans l'alimentation ; mais il faut pour l'employer que l'avoine soit décortiquée.

Il existe quatre espèces d'avoine et dix variétés. Sa qualité varie dans de grandes limites, comme son poids par rapport à son volume ; il faut de certains échantillons 28 kilogrammes pour un hectolitre, et la même mesure exige 55 kilogrammes d'avoine lourde.

L'avoine contient une matière aromatique spéciale qui peut agir comme un utile auxiliaire dans la digestion.

On pourrait peut-être, si la décortication de l'avoine ne pouvait être pratiquée, piler la graine dans un mortier, séparer la farine à l'aide d'un tamis, faire de la bouillie avec cette farine et une décoction du son ou des écorces de l'avoine. Ces pratiques seraient difficiles et imparfaites. Il faut absolument utiliser les ateliers de décortication que nous avons à Paris.

Riz.

Le riz forme la base de l'alimentation de peut-être la moitié des habitants du globe. En Chine, dans les Indes orientales, il remplace le blé ; on peut dire que presque généralement c'est le pain de l'Asie.

Bien des avantages recommandent cette précieuse céréale : l'abondance des récoltes qu'elle donne et qui permet de nourrir une grande quantité d'habitants sur un espace limité ; sa facile décortication permet de ne rien sacrifier de ce qui est utile dans cette graine ; sa texture compacte aide à sa conservation, elle la préserve des faciles attaques des insectes qui dévorent nos blés, et des moisissures qui en altèrent les qualités.

La culture des rizières développe des fièvres intermittentes que le Chinois évite, en partie, par une série de moyens qu'il a découverts par une longue observation.

Composition du riz :

Matériaux de calorification.	Amidon........ 89,15	91,05
	Cellulose....... 1,10	
	Matières grasses. 0,80	
Matières azotées (albumine, gluten)..	8,05	
Sels (phosphates, potasse, chaux, magnésie, fer)....	0,90	

Les matériaux de calorification sont en trop forte proportion dans le riz, par rapport aux matériaux plastiques. Quand on se nourrit exclusivement de riz, il en faut donc des quantités trop élevées pour pourvoir à la dépense de ces derniers.

Les matières grasses y existent en proportion insuffisante, aussi cette céréale convient surtout dans les contrées chaudes où le besoin de production de chaleur est moindre, où généralement on dépense moins de force que dans les contrées froides ou tempérées.

Nous reviendrons sur les meilleurs modes d'emploi du riz, dans les conditions actuelles, après avoir envisagé sous ce point de vue le blé et l'avoine.

Du meilleur emploi du blé, de l'avoine et du riz.

Il est peu de questions qui, au point de vue de la défense nationale, aient aujourd'hui plus d'importance que le bon emploi du blé.

Si, dans les temps ordinaires, je défends avec conviction les procédés si parfaits de notre mouture française, qui nous fournissent un pain d'excellente qualité et qui séparent, pour nos animaux domestiques, des sons et des recoupes qu'ils utilisent mieux que nous, et qu'ils nous rendent sous forme de lait et de chair, aujourd'hui les conditions ne sont plus les mêmes, nos besoins de son et de recoupes pour nos animaux sont bien diminués ; il faut donc chercher à employer pour nous, le mieux possible, tout ce qu'il y a de bon dans le blé.

Le grain de blé, comme vous le savez, est un fruit composé d'un grand nombre de parties que je vais énumérer rapidement, parce que, dans la suite de nos études, nous aurons à revenir sur ce sujet.

Le son est principalement constitué par les trois enveloppes du fruit, l'épicarpe, le mésocarpe et l'endocarpe.

La graine a également trois enveloppes très-minces, le testa, l'endoplèvre et la membrane embryonnaire.

C'est dans ces trois enveloppes que se trouve cette matière, dont je parlerai plus tard, à laquelle M. Mège-Mouriès a donné le nom de céréaline ; puis on trouve l'embryon constitué par la tigelle, la radicelle et le cotylédon.

L'albumen ou périsperme forme la plus grande partie du grain, il en constitue la masse farineuse.

Par nos procédés de mouture, on obtient deux produits principaux : la farine, le son. Je vous donne, dans le tableau ci-joint, leur composition comparée, d'après M. Millon :

Analyse comparée du son et de farine de blé :

	Son.	Farine.
Amidon, dextrine, sucre...............	50	70
Sucre de réglisse......................	1	»
Gluten...............................	14,9	12
Matières grasses......................	3,6	1,5
Ligneux..............................	9,7	3
Sels.................................	5,7	2,5
Eau.................................	13,9	11
Matières incrustantes résineuses, colorées..	1,2	»
	100	100

Vous remarquerez un fait général tout à fait inattendu, et sur lequel Millon, dont la science regrette si vivement la perte, a appelé toute notre attention.

Le son renferme presque autant de matières alimentaires que la farine première, et ce qui doit surtout nous frapper, c'est qu'il se rapproche beaucoup plus qu'elle de l'aliment complet.

En effet, il contient plus de gluten et plus de matières grasses, précisément les substances qui se trouvent en trop faible quantité dans la farine, et qui commandent l'addition de viande et de graisses au pain pour constituer un régime complet.

Il y a donc un intérêt considérable à utiliser tous les matériaux alibiles qui sont contenus dans le son, et que nous ne pouvons sacrifier aujourd'hui. Quels sont les moyens auxquels on doit avoir recours pour atteindre ce but? Ils sont de plusieurs ordres : les uns nécessitent la décortication ; les autres se contentent de laisser tous les produits de la mouture sans séparer le son de la farine ; les derniers, enfin, consistent à tirer du son isolé le meilleur parti. On peut encore, comme nous le dirons en parlant de la fabrication du pain, utiliser les gruaux ou recoupes.

Tous ces modes d'emploi du blé commandent un nettoyage aussi parfait que possible du grain. Lorsqu'on mélange le son et la farine, ce nettoyage absolu est indispensable. On peut encore borner la mouture à la séparation du gros son, ou employer le blé pour l'utiliser sous forme de graines sans mouture préalable.

La décortication du blé n'est pas une opération nouvelle, les Arabes l'exécutent de temps immémorial pour le couscoussou qui forme la base de leur alimentation. C'est surtout sur les blés durs qu'ils agissent.

Voici, en résumé, d'après E. Millon (*Sa vie et ses travaux de chimie, et ses études économiques et agricoles*. Paris, 1870), homme qui unit la science la plus élevée à la pratique, comment il faut s'y prendre pour épurer et décortiquer le blé :

«Laver rapidement, éviter l'échauffement du grain et de l'eau, voilà deux premières règles pratiques qu'il ne faudra jamais oublier dans le nettoyage des blés par la voie humide. L'omission de ces deux précautions essentielles introduit dans le séchage des blés des difficultés dont les machines les plus ingénieuses ne triomphent pas.

» Si maintenant on observe le blé à sa sortie de l'eau, on reconnaît que celle-ci forme trois couches distinctes à la surface du grain : 1° l'eau a imprégné et traversé les téguments; 2° elle forme une couche extérieure et mince qui adhère aux téguments; 3° elle est libre et mobile à la surface du grain. On peut appeler la première couche, *eau d'imbibition* ; la deuxième, *eau d'adhérence*, et la troisième, *eau de mouillage*.

» Si le blé, au sortir de l'eau, forme une masse à travers laquelle l'eau ne circule pas, l'imprégnation marche incessamment, l'eau passe des couches superficielles du grain aux couches profondes, et bientôt l'eau d'adhérence et l'eau de mouillage se convertissent en eau d'imbibition.

» L'eau d'imbibition et l'eau d'adhérence sont désormais acquises au grain ; la circulation d'un air sec et chaud parvient seule à l'enlever. Mais il n'en est pas de même de l'eau de mouillage : elle s'essuie et se communique sans peine à tous les corps qui la touchent : il suffit d'agiter le grain pour l'expulser.

» Comme l'eau de mouillage forme toujours à elle seule les deux tiers environ de l'eau entraînée par le grain, si l'on n'attend pas qu'elle se convertisse en eau d'adhérence et en eau d'imbibition, si l'on agite le blé aussitôt que son lavage est fini, on élimine, par une opération simple dont on trouve déjà le modèle et l'application dans plusieurs industries, la plus grande partie de l'eau fixée sur le grain.

» Au lavage rapide du blé doit succéder, sans la moindre intermittence, l'action d'un agitateur mécanique, d'un appareil à force centrifuge analogue à ceux que l'on connaît sous le nom d'*essoreuse*, de *diable*, d'*hydro-extracteur*.

» Lorsque l'appareil à force centrifuge s'applique suivant les règles qui viennent d'être définies, il suffit à lui seul pour éliminer la plus grande partie de l'eau, en un mot, pour sécher les blés et les rendre propres à la mouture. »

Voici maintenant les procédés que Millon recommande pour opérer la décortication :

« Suivant que l'on veut retirer des blés essorés le maximum du produit en farine, sans s'inquiéter de la nuance de celle-ci, ou bien que l'on s'efforce de moudre le plus possible en farine blanche, la mouture du blé reçoit quelques modifications.

» Dans le premier cas, lorsqu'un lavage très-rapide a fait pénétrer dans le blé le moins d'eau possible, on donne un premier tour de meule en maintenant la mouture très-grosse; on porte la farine au blutoir, les sons et les gruaux passent par un sas dont l'action est combinée à l'action d'un ventilateur, et les gruaux sont enfin remoulus et amenés au degré de finesse qu'on recherche.

» Le ventilateur devient d'une efficacité remarquable en raison de la légèreté des sons.

» Dans le second cas, après un lavage non moins prompt, on opère une décortication préalable du blé ; avant que l'eau ait pénétré dans le corps du grain, on fait arriver celui-ci entre deux meules d'un petit diamètre, l'une de pierre, l'autre de bois et armée de tôles, sorte de système à nettoyer qui enlève en même temps les téguments du grain et la couche colorée du périsperme; cette couche, fortement ramollie et imprégnée d'eau, se détache sans difficulté. Les produits de cette première opération sont versés sur un sac garni de toile métallique et sur lequel agit également un ventilateur. Le grain est presque entier : l'eau n'a pas eu le temps d'arriver jusqu'à lui, et la mouture donne ensuite des minots d'une blancheur irréprochable et dans une proportion supérieure. »

Dans une communication récente (*Comptes rendus de l'Académie des sciences*, numéro du 3 octobre 1870), M. Mège-Mouriès a donné d'utiles renseignements pour arriver à une décortication facile du blé.

Voici comme il convient d'opérer : On humecte le blé avec 5 pour 100 d'eau salée, qui s'arrête avec la membrane embryonnaire, puis on enlève les téguments extérieurs à l'aide d'un décortiqueur, et le blé devient alors si facile à broyer, que, si l'on manque de meule, un moulin à café peut suffire à cette opération.

Le problème de la plus large utilisation de l'emploi le plus complet et le plus avantageux du blé se réduit à cette question :

Avons-nous actuellement à Paris des décortiqueurs pour agir avec une suffisante rapidité?

J'espère bien que ces précieux instruments existent dans les manutentions, ou que nos habiles mécaniciens pourraient rapidement en établir.

Déjà MM. J. Cail et Cie et Barrabé ont construit un nettoyeur-décortiqueur universel, du système Fili, qui a obtenu une médaille de bronze à l'Exposition universelle.

Quand les blés seront décortiqués, nous utiliserons tout ce que le grain contient, hormis une très-légère pellicule.

Supposons actuellement que les moyens de décortication soient insuffisants, ou demandent *trop de jours* pour fonctionner (c'est la supposition, après enquête, que je regarde comme probable), ne peut-on y suppléer, au moins dans une certaine mesure, par les procédés de la meunerie, sans modifier l'installation des appareils?

Le lavage rapide du blé avec de l'eau froide contenant 5 pour 100 de sel ne permettrait-il pas au meunier d'enlever presque complétement les téguments extérieurs en ne laissant que le grain?

D'autres moyens usuels en meunerie rendraient facile cette séparation, sans avoir recours au lavage et au trempage des grains, si le blé est bien nettoyé.

D'après M. A. Vignal, dans le département de l'Ardèche, le blé en nature tient depuis un temps immémorial une large place dans l'alimentation publique.

Le blé subit une décortication préalable dans le moulin.

Une commission prise dans le sein d'une société formée par les habitants de Paris originaires de l'Ardèche, s'est assurée, dit M. Vignal, que la pratique des diverses préparations auxquelles cet aliment peut être soumis, s'effectuerait à Paris sans difficulté. (*Compt. rend. Acad. sc.*, 24 oct. 1870.)

Dans l'Ardèche, dans le midi de la France, on opère sur des *blés durs* ou demi-durs, dont la décortication est facile; ici les blés tendres dominent et ils sont moins faciles à décortiquer! Voilà pourquoi je crains fort que nous ne puissions mettre en pratique cet excellent procédé.

La séparation du gros son complétement inerte ne diminue le poids du blé que de 8 pour 100, tandis que par les procédés habituels de la meunerie, le déficit est de 20 ou de 22 pour 100 et plus.

Je regarde comme indispensable cette séparation du gros son, je suis convaincu qu'elle pourra se réaliser avec la plus grande facilité, et qu'on pourra traiter ainsi, dans un temps donné, une masse beaucoup plus considérable de blé que par les procédés usuels.

Les téguments extérieurs du blé, ou les gros sons, étant enlevés, on pourra faire de la farine qui donnera de l'excellent pain, en modifiant, comme nous le dirons, les procédés usuels. Les produits obtenus seront bons, sains et acceptés par tous sans répugnance.

Si les meules n'étaient pas installées en quantité suffisante à Paris pour moudre les quantités de grains nécessaires à la dépense de chaque jour, on pourrait avoir recours, ou à domicile, ou chez les boulangers, au moulin à café dont mon collègue et ami M. le professeur Baillon a si bien montré les avantages. On peut, avec ce moulin, ne pas séparer le gros son, car les dents le déchirent et le réduisent en une poudre presque aussi ténue que la farine; mais *une condition d'une nécessité absolue, si l'on veut employer ce moyen, c'est de ne l'appliquer qu'à des blés sains et d'une propreté parfaite.* Quand cette condition n'est pas remplie, le pain qu'on obtient avec cette farine n'est plus agréable.

Ainsi, pour laisser dans la farine tous les produits de la mouture, sans séparation aucune du son, les moulins à café sont préférables aux meules ordinaires.

Les moulins de Saint-Maur, ceux de Scipion, fonctionnent avec des meules horizontales qui séparent avec facilité les gros sons, mais les moulins montés à l'usine Cail sont pourvus de meules verticales animées d'un mouvement beaucoup plus rapide; les gros sons ne sont plus séparés sous forme plate, ils sont déchirés. Cette différence nécessite une épuration complète des blés, c'est ce qui se pratique à l'usine Cail à l'aide de trois décortiqueurs-nettoyeurs Fili.

Je reproduis textuellement la communication de M. Baillon au Comité central d'hygiène :

« Si nous nous trouvions dans des circonstances ordinaires et qu'on pût moudre surabondamment le blé destiné à la boulangerie de Paris, il n'y aurait aucune mesure exceptionnelle à proposer. Mais s'il est vrai que les moyens de mouture sont quelquefois insuffisants dans les circonstances actuelles, il est évident qu'il faut, autant que possible, avoir recours ici à la division du travail. Il faut, là où l'État, seul chargé de la mouture, peut éprouver quelque difficulté à approvisionner en temps voulu la ville de farine, il faut que le travail privé puisse intervenir. Soit dans les familles, soit dans les boulangeries, soit dans certaines agglomérations d'individus, il serait possible, sans doute, qu'à l'aide de moulins, plus ou moins analogues aux simples moulins à café, ou avec des instruments plus parfaits, qu'il ne serait pas impossible à l'industrie de confectionner rapidement, on arrivât à effectuer en détail la mouture que l'État ne serait pas à même d'accomplir en temps voulu.

» Il est probable que ce genre de mouture en détail sera considéré comme présentant quelques inconvénients, notamment la qualité inférieure de finesse et de grain de la farine, le degré de blutage et de pureté de celle-ci, c'est-à-dire la proportion relative de la farine et du son. Cette objection est d'autant moins à craindre ici, que ce qui est considéré d'ordinaire comme un caractère d'infériorité nous paraît désirable dans les conditions où nous nous trouvons. Il est évident qu'en supprimant tout blutage et qu'en fabricant du pain bis avec le mélange de la totalité de la farine et du son, on augmenterait d'une quantité notable, soit d'un cinquième à un tiers, la masse totale du pain à distribuer aux habitants, et, par conséquent, le nombre des jours de résistance. Le bétail, qui n'existe malheureusement plus, n'a plus besoin que le son soit réservé pour sa nourriture ; l'homme peut y puiser directement les principes alimentaires qui lui revenaient par l'intermédiaire des animaux ; et comme la plupart des procédés de blutage ou de décortication connus laissent forcément au son une portion variable du gluten, c'est-à-dire de l'aliment albuminoïde du blé, ainsi qu'on peut s'en convaincre par un examen direct, le seul moyen de ne perdre aucune trace de l'azote du grain paraît être d'employer celui-ci tout entier. La cellulose même, qu'on considère comme inutile, ne l'est certes pas, et constitue un excitant mécanique de la digestion qui rend celle-ci plus active. — Restent les détails d'apprentissage et de fabrication en petit, dans les ménages, du pain auquel chacun s'efforcera de donner les qualités spéciales qui lui conviennent le mieux, suivant qu'on le désirera lourd ou léger, riche ou pauvre en eau, plus ou moins levé, plus ou moins cuit, etc. Celui qui, de même, apprend à préparer journellement son café ou sa viande, doit forcément passer par un apprentissage qui se fait d'ailleurs rapidement. On peut en dire autant du mode de cuisson. Outre qu'on trouverait chez les boulangers ou pâtissiers une sorte de four banal auquel chacun pourrait, à la rigueur, porter son pain à cuire, on pourra chez soi régler l'épaisseur et la forme données au pain sur les moyens de cuisson dont on disposera, âtre, petit four, fourneau, ou même, faute de mieux, simple plaque de tôle posée sur le feu. Jamais, sans doute, un particulier n'arrivera à cuire, dans ces conditions, son pain aussi bien que le ferait un boulanger ; mais il est inutile de toujours rappeler qu'on nous suppose placés dans des conditions exceptionnelles et difficiles.

» Actuellement, le meilleur aliment azoté qui, après la viande, soit à notre disposition, est représenté par les légumineuses, c'est-à-dire les pois, haricots, lentilles, pois-chiches, fèves, etc. Si, malheureusement, la quantité que nous en possédons est, dit-on, peu considérable, il n'est pas moins vrai que les haricots blancs, par exemple, renferment 2,92, soit environ 4 pour 100 d'azote, et qu'à cet égard ils sont plus riches en principe albuminoïde que la viande de bœuf sans eau qui n'en contient que 3, le rognon de mouton qui n'en renferme que 2,6, le foie gras qui n'en contient que 2,1, etc. On propose donc (et l'on soumet à la commission plusieurs échantillons) de préparer un biscuit portatif qui, sous un petit volume, se cuit très-vite et très-facilement et se conserve longtemps, et qui contient quantité égale de farine de blé non bluté et de farine de légumineuses (haricots). Pour 200 centigrammes, ce biscuit renferme 3 grammes d'azote provenant de blé et 4 grammes provenant des haricots, soit 7 grammes ; de sorte que celui qui mangerait 600 grammes de cet aliment, dans les vingt-quatre heures, introduirait dans son économie, sous cette forme, une ration à peu près suffisante d'aliment albuminoïde. Comme le café et le chocolat sont encore en abondance, M. Baillon présente en outre des échantillons du biscuit précédent auxquels on a ajouté des proportions variables de ces substances. Le café, entre autres, peut agir dans ce cas comme antidépuratif. Et c'est à ce titre qu'est également présentée une tablette de conserve, uniquement formée, à proportions égales, de café et de farine de légumineuses. On donne à ces préparations une légère saveur sucrée qui peut les rendre plus agréables, soit en leur incorporant directement du sucre, qui ne manque point, soit en soumettant les légumineuses employées à un commencement préalable de germination qui leur donne la saveur douce.

» M. Baillon insiste d'ailleurs sur la difficulté qu'on éprouve de supporter une alimentation prolongée dans laquelle le pain, quel qu'il soit, serait remplacé par des bouillies de blé, additionnées d'ail, de matières grasses plus ou moins rancies ou d'aromates divers. Quand ces préparations, plus ou finement *passées*, sont rendues plus agréables par la séparation des enveloppes à gluten, elles nécessitent toujours d'ailleurs la perte d'une certaine proportion d'aliment albuminoïde. »

Après avoir laissé la parole à mon ami Baillon, occupons-nous un instant des moyens d'utiliser le blé sous forme de grains sans mouture préalable.

Je puis invoquer des souvenirs qui rappellent une époque qui n'est pas sans analogie avec celle que nous traversons. C'était en 1814. La France était envahie par toutes les armées de l'Europe. Mon père commandait les corps francs de notre arrondissement. Depuis plusieurs mois, ma mère n'avait pour nous nourrir que du pain de munition fabriqué depuis tant de jours qu'il était envahi par les moisissures de couleur les plus bigarrées. Ce pain lui était envoyé de la ville voisine par mon oncle, pharmacien, qui m'a élevé, et qui avait pour son

frère et ses neveux la plus tendre affection. Un jour, l'envoi bi-hebdomadaire du pain vint à manquer ; mon oncle n'avait pu s'en procurer à aucun prix, la commissionnaire revenait à vide. Rien à manger pour la mère et pour deux jeunes enfants. Les blés commençaient à mûrir. Toute la famille se rendit dans notre champ ; nous égrenions le blé dans nos petites mains. Mâché tel quel, il nous parut délicieux et nous restaura complétement.

Je sais aujourd'hui que ce blé, qui n'était pas tout à fait mûr, pouvait être plus facilement digéré par l'homme que le blé mûr et sec, aussi ce n'est qu'avec la plus grande réserve que je conseillerais, faute de mieux, cet emploi primitif.

Plusieurs personnes ont pensé à faire subir au blé une préparation analogue à celle qui est habituellement suivie pour le gruau, c'est-à-dire une coction dans l'eau.

On prétend que les Romains, sous la république, vivaient de blé grillé moulu et converti en bouillie.

M. Grimaud (de Caux) assure avoir très-utilement, pendant le siége de Venise, employé pour l'alimentation le blé en grain. Voici comment il opérait :

« Pour utiliser le blé en grain comme aliment, quand on est privé des moyens usuels d'en faire du pain, il est inutile de le décortiquer. Le décorticage priverait d'ailleurs le grain de la partie nutritive inhérente au son. Voici ma formule : Mettez le blé à tremper dans de l'eau de Seine (je parle pour Paris), pendant quelque temps, deux heures au moins ; frottez bien les grains les uns contre les autres, afin d'enlever des restes de glume qui adhèrent à l'épiderme, sous forme de poils très-déliés, lesquels viennent surnager par le fait du *malaxage;* retirez le blé de son eau de lavage, faites-le égoutter, mettez-le à cuire dans un vase, avec un peu d'eau, et traitez-le absolument comme du riz. Le blé est cuit quand le grain s'écrase sous les doigts. Pour condiment, on peut employer toute espèce d'aromates. Mais il suffit de sel, de poivre et d'une pointe d'ail pour obtenir un aliment savoureux, nutritif et de la plus facile digestion.

» Une cuillerée de grain suffisait, à Venise, pour remplacer le pain d'une personne ; mais il faut tenir compte des climats. Peut-être à Paris devrait-on doubler cette ration, quoique ce soit à peu près celle que l'on donne en riz à un cipaye dans l'Inde. »

J'avoue que la ration d'une cuillerée de blé par jour est beaucoup au-dessous de ce qui est nécessaire pour réparer les pertes de l'économie.

Cependant, je conseillerais, dans les premiers jours de ce régime si anormal, des doses modérées, afin d'habituer peu à peu l'appareil digestif à ce nouveau mode d'alimentation. Si la dose convenable était immédiatement ingérée, très-certainement elle ne serait pas digérée, elle déterminerait de la lienterie ou une véritable diarrhée alimentaire ; d'où perte de substance utile et dérangement de la santé.

Il est indispensable que les appareils sécréteurs des sucs digestifs (glandes gastriques, pancréas, glandes intestinales) modifient leur travail, et pour cela il faut l'habitude de l'aliment nouveau. Un guide assuré pour régler la dose du blé bouilli sera l'appétit, on peut y ajouter encore l'examen attentif des matières excrémentitielles. On saura sûrement par cet examen si l'aliment est utilisé.

J'insiste encore, avec M. Grimaud (de Caux), sur la nécessité absolue de nettoyer parfaitement le blé en le frottant fortement à l'aide de linges rudes.

Chacun ayant une très-petite quantité de blé à préparer pour les besoins de chaque jour, peut exécuter ce travail indispensable pour obtenir un bon produit.

M. Gauldrée-Boileau, à l'imitation des anciens Romains, préfère une bouillie préparée avec du blé grillé et moulu. Il a donné, dans le numéro du 17 octobre 1870 des *Comptes rendus de l'Académie des sciences*, des détails sur le choix du blé, son grillage, sa mouture, sa cuisson. Cette bouillie de blé grillé est employée avec avantage pour le service des fourneaux économiques de plusieurs mairies.

Emploi des blés avariés. — Pour corriger les avaries des blés, voici un procédé aussi ingénieux qu'efficace.

M. Coignet torréfie le blé à une température de 125 degrés, en faisant traverser, *per descensum*, des masses de blé par de l'air chauffé à ce degré.

Le blé torréfié se moud plus vite et plus facilement par les moulins ordinaires, et peut se moudre dans les petits moulins à café de ménage.

Le blé torréfié prend une saveur des plus agréables, et peut être employé sous forme d'excellent potage.

Utilisation du son. — Parmentier, Rollet, et surtout M. Herpin, ont cherché à utiliser les sons par le lavage, soit à l'eau froide, soit à l'eau bouillante. Ces eaux de lavage étaient employées pour faire le pain. C'était un moyen d'éviter les pertes, on pourra peut-être y avoir recours si nous n'avons plus d'animaux pour utiliser les sons existants ou produits.

Invoquant le souvenir d'anciennes expériences, je pense qu'au lieu d'eau pure on pourrait employer de l'eau contenant 1 à 3 pour 1000 d'acide chlorhydrique pur. Cette eau dissout très-bien le gluten à froid, et permet ainsi la séparation de l'amidon. Cette eau, légèrement acide, chargée de gluten, entraverait l'action de la céréaline; la couleur et la saveur du pain ne seraient pas altérées.

Crêpes. — Un des bons emplois alimentaires de la farine de blé blutée ou non blutée c'est sous forme de crêpes. Les graisses qui interviennent dans leur préparation ajoutent d'utiles aliments de calorification; les corps gras végétaux au plus bas prix, tels que le beurre de coco, peuvent être employés pour cet usage. Si l'on veut augmenter l'équivalent nutritif de cet aliment, au lieu d'eau on emploiera une forte émulsion de chènevis. Nous parlerons plus tard de cette précieuse graine.

Emploi du riz. — Veut-on remplacer une partie du pain consommé par le riz, il est deux moyens qu'on peut mettre en usage : le premier consiste à moudre le riz avec le blé; le second, sa cuisson à sec, comme cela se pratique aux Indes et aux colonies.

Veut-on constituer un régime avec le riz, nous verrons les substances qu'il convient de lui ajouter pour approcher le plus possible de l'aliment complet.

Moudre un quart de riz avec le blé ou mélanger la farine de riz à la farine de froment sont des opérations très-faciles; voici les avantages qu'elles présentent : le pain est plus blanc, une même quantité de farine donne une quantité plus élevée de pain.

À l'aide de ce moyen, on donnera un emploi utile au riz, et qui sera selon les goûts de tous; mais voici les inconvénients de ce mode d'emploi : la quantité de pain est augmentée, parce que la farine de riz retient plus d'eau que la farine de froment.

La valeur alimentaire du pain est diminuée par cet excès d'eau, par la diminution dans ce pain de la proportion des matériaux plastiques qui déjà s'y trouvent en trop faible proportion. Quoi qu'il en soit, c'est le moyen d'utiliser le riz, auquel il faudra avoir recours pour respecter le goût que nous avons tous pour le pain.

Si l'on veut employer le riz seul pour remplacer le pain, rien de mieux que le procédé indien dont H. Sainte-Claire Deville a donné la description si nette que voici :

« Pour utiliser le riz comme aliment destiné à remplacer plus ou moins complétement le pain, prenez un verre à boire plein de riz, mettez-en le contenu dans une casserole ou marmite, versez dans celle-ci un verre et quart d'eau, couvrez le vase et mettez-le sur un bon feu : après une demi-heure, l'eau s'est complétement évaporée, le riz est cuit tendre, mais sec, et tous les grains sont isolés et détachés de manière à ne pas faire pâte.

» On a eu soin de mettre le sel en quantité convenable, et l'on se garde bien de remuer les grains pendant la cuisson. Les riches et les gourmets laisseront encore le riz se dessécher un peu plus sur un feu doux, après l'avoir imprégné d'un peu de beurre, de graisse ou de lard.

» Ce riz, tel qu'on le prépare dans les Indes orientales, où il remplace le pain, est à la bouillie épaisse et indigeste que l'on mange en France, ce que le pain lui-même est à la bouillie de farine.

» Ce riz tendre, mais en grains isolés, ne peut, à cause de sa consistance, être avalé sans avoir été mâché. Il s'imprègne abondamment de salive, qui est absolument nécessaire à sa digestion.

» Il en est de même pour le pain bien levé, sorte d'éponge qu'il faut nécessairement mâcher, imbiber de salive avant de l'avaler, c'est pour cela que la bouillie de farine et la bouillie de riz ne peuvent remplacer dans l'alimentation le pain et le riz cuit en grain à la manière orientale.

» Nos soldats perdent en ce moment une grande quantité de riz en le transformant en une pâte également indigeste et répugnante qu'ils rejettent. Ils s'habitueront facilement au riz cuit en grain par le procédé si simple précédemment décrit.

» Quand le riz est bien préparé, on en fait une excellente salade en le mélangeant avec beaucoup d'huile et de poivre, avec un peu de vinaigre et très-peu de sel. »

Nous allons nous occuper du second problème : Ajouter au riz ce qui lui manque pour en faire un aliment complet et en même temps aussi agréable que possible.

Une des meilleures associations qu'on puisse faire au riz, c'est de l'unir à des matières grasses et azotées. Rien ne s'approche du régime complet, ou, si vous aimez mieux, du lait de femme, par la nature et les proportions des matériaux alimentaires contenus, que du riz préparé avec du lard maigre. Avec de l'eau et l'action de nos ferments digestifs, les transformations présentent la plus grande analogie, comme vous pouvez facilement le comprendre d'après ce que je vous ai exposé dans les précédentes conférences.

Mais le lard est pour nous presque un souvenir, il faut chercher à y suppléer par un aliment qui s'en rapproche à certains égards.

Les semences oléagineuses, telles que les amandes douces, dont je vous entretiendrai dans la prochaine séance, se rapprochent du lait des carnivores par le rôle que jouent dans l'alimentation les principes immédiats qui les constituent. Or, en associant les amandes douces au riz, on ajoute un excès de matières grasses et de substances azotées, précisément ce qui manque au riz pour constituer l'aliment normal de l'homme. Voici comment on opère, pardonnez-moi ces détails : On fait crever dans une suffisante quantité d'eau du riz, deux mesures ; on le sucre ; on prive les amandes douces de leur enveloppe à l'aide de l'eau bouillante. On les réduit en pâte *très-fine* au moyen d'un peu d'eau et de sucre. On mélange cette pâte au riz crevé, et l'on achève, si l'on veut, de transformer le mélange en gâteau à l'aide d'un four de campagne, ou en le plaçant dans le four d'un fourneau de cuisine.

Il semble au goût que ce gâteau contient du beurre et des œufs ; les chats, qui dédaignent le riz, s'y trompent eux-mêmes.

Il est indispensable que les amandes soient réduites en pâte des plus fines, ne donnant aux doigts la sensation d'aucune aspérité, car leur tissu compacte résisterait sans cette parfaite division à l'action des sucs digestifs.

Au lieu d'amandes, on peut ajouter dans le riz crevé et sucré du chocolat cuit avec très-peu d'eau, en ayant soin de remuer continuellement pendant la cuisson du chocolat avec l'eau.

Le cacao du chocolat ajouté au riz les deux matières qui lui manquent pour en faire un aliment complet pour l'homme, le beurre de cacao et les matières azotées.

Il renferme de plus une matière spéciale, la théobromine, qui agit comme la caféine du café dont je vais vous parler.

Ajouter à du riz crevé et sucré une forte infusion de café, cela constitue un mélange qui plaît à plusieurs personnes. Cette addition ne rapproche pas le riz de l'aliment normal ; mais la caféine modère la dépense des matériaux ou des tissus de l'économie. Si la dépense est moins grande, les besoins pour la réparation diminueront. C'est ainsi que cette association peut se justifier au point de vue de l'hygiène.

On ajoute encore au riz crevé et sucré des raisins de Corinthe et du rhum. L'alcool est à la fois un aliment de calorification et un modérateur de la dépense, le raisin contient plusieurs principes immédiats utiles à la nutrition.

Emploi de l'avoine. — Le gruau d'avoine, connu chez nous sous le nom de *gruau de Bretagne*, est un aliment usuel en Écosse et en Irlande, on en prépare des bouillies et des gâteaux très-nourrissants, qui à eux seuls pourraient suffire à réparer les pertes de l'économie. Il faut pour cela décortiquer l'avoine et la concasser. Cette opération très-simple peut, selon M. Wilson, être organisée sur une grande échelle. (*Compt. rend. Ac. sc.,* 13 oct. 1870.) Je dois ajouter qu'il existe dans les laboratoires de Saint-Denis de la Pharmacie centrale de France, dirigée par M. Dorvault, des appareils de décortication qui peuvent opérer chaque jour sur 1000 kilogrammes d'avoine.

BOUCHARDAT.

— La fin très-prochainement. —

COLLÉGE DE FRANCE

HISTOIRE NATURELLE DES CORPS ORGANISÉS

COURS DE M. MAREY (1)

Du vol chez les oiseaux

V

SOMMAIRE : Exposé des conditions mécaniques réalisées dans le schéma avec celles que présente le vol de l'oiseau : 1° De la masse qui doit être soulevée. 2° De la force élastique du muscle ou du ressort qui abaisse les ailes. 3° De la résistance de l'air. 4° Du moment d'action de la force motrice et de la résistance de l'air. — Rapport nécessaire entre le moment d'action de la force motrice et celui de la résistance de l'air. — Théories contradictoires ; détermination expérimentale de ce rapport. — Application à la mesure de la force musculaire de l'oiseau ; vérification expérimentale. — Du travail produit par le temps d'abaissement de l'aile. — Déchet et travail utile.

APPLICATIONS PHYSIOLOGIQUES DES EXPÉRIENCES SCHÉMATIQUES
FAITES SUR LE COUP D'AILE DESCENDANT.

Les expériences que vous avez vues dans la séance dernière sont destinées à éclairer les conditions dynamiques dans lesquelles l'oiseau, frappant l'air de son aile, se soulève un instant. Laissons de côté, pour le moment, l'impulsion horizontale qui se produit dans ce même coup d'aile ; le *schéma* que vous avez vu fonctionner ne permet pas à ce mouvement de se manifester. Mais si nous bornons notre étude au mouvement ascensionnel, dans l'oiseau et dans le schéma, nous trouvons, de part et d'autre, une parfaite identité. Les éléments du problème mécanique sont les suivants : 1° La masse qui doit être soulevée ; 2° la force élastique du muscle ou du ressort qui abaissera les ailes ; 3° la résistance de l'air ; 4° le moment d'action de la résistance de l'air et de la force musculaire. Ces diverses données nous fourniront le sujet d'une utile comparaison entre le mécanisme du coup d'aile de l'oiseau et celui du schéma.

Avec ces éléments, il deviendra possible de déterminer le travail total déployé par le ressort moteur ou par le muscle chez l'oiseau ; enfin, on pourra faire la part du travail inutile et de celui qui est utilisé.

1° *De la masse à mouvoir.* — Dans les expériences dont nous avons été témoins, l'appareil pouvait être soumis à des charges variées qui le portaient au poids de 500 grammes dans le schéma à petites ailes et de 8 ou 900 grammes dans le schéma à grandes ailes.

Ces poids étaient souvent supérieurs à ceux des oiseaux, le faucon et la buse par exemple, dont les ailes présentent à peu près les dimensions de celles que nous avions construites. On ne peut donc pas dire qu'au point de vue de la masse à soulever, les expériences schématiques aient été faites dans des conditions de travail moindre que celui qui se produit à chaque coup d'aile de l'oiseau.

2° *De la force élastique du muscle et de celle du ressort qui abaisse les ailes.* — Ces deux forces sont parfaitement comparables entre elles. J'ai montré ailleurs (*Du mouvement dans les fonctions dans la vie,* page 285) combien Weber avait raison

---

(1) Voyez ci-dessus pages 571, 601, 626 et 752, 6, 20 août, 3 septembre et 15 octobre 1870, et notre tome VI, pages 578, 646 et 700, année 1869.

d'assimiler les muscles à des ressorts et de définir leur force motrice : « *l'effet d'une force élastique considérable acquise par* » *le muscle au moment de l'excitation nerveuse.* »

Une objection, cependant, pourrait être faite à cette comparaison : c'est que, dans un ressort, la force élastique a été emmagasinée au moment où l'on a bandé ce ressort, et que cette force, si elle ne trouve pas de résistance, peut se dépenser en un instant extrêmement court.

Dans le muscle, au contraire, la force élastique qui produira le mouvement s'engendre pendant l'acte même dans lequel elle se dépense, ce qui limite beaucoup, dans certains cas, la rapidité du mouvement que produit un muscle. L'exemple des muscles de la tortue est un des meilleurs que l'on puisse citer.

En effet, les muscles de cet animal mettant en général plus d'une seconde à engendrer la force élastique qu'ils auront à dépenser (*loc. cit.*, p. 367), il est évident que la tortue ne saurait exécuter un acte musculaire complet en un temps moindre qu'une seconde.

Mais, si la différence qui existe entre un muscle et un ressort peut être très-grande, dans certaines conditions dynamiques et chez certains animaux, cette différence n'existe pour ainsi dire pas dans les conditions qui nous occupent.

D'une part, la production de la force élastique des muscles de l'oiseau est si rapide, que le temps nécessaire à la produire est négligeable. J'ai montré, en effet, que la secousse musculaire d'un oiseau dure à peine 2 ou 3 centièmes de seconde, et que, par conséquent, la période d'accroissement de sa force élastique dépasse à peine 1 centième de seconde.

D'autre part, un ressort tendu, bien qu'il possède toute la force motrice qu'il devra dépenser, est limité, en général, dans la vitesse avec laquelle il dépensera cette force. Ce qui ralentit la vitesse avec laquelle ce ressort revient sur lui-même, c'est la résistance qu'il doit vaincre. Or, dans le coup d'aile descendant d'un oiseau, ou dans la descente de l'aile du *schéma*, la résistance de l'air intervient pour réduire la vitesse de raccourcissement du muscle aussi bien que celle du ressort. Le temps d'abaissement de l'aile d'une buse est parfois d'environ 13 centièmes de seconde, on voit que, par rapport à cette durée, le temps de production de la force élastique dans le muscle est négligeable, et qu'on peut légitimement assimiler l'effet de ce muscle à celui du ressort préalablement tendu qui sert de moteur dans le schéma.

Enfin, on peut mesurer sur l'oiseau la force élastique du muscle grand pectoral, en déterminant le poids qui fait équilibre à sa contraction. Nous avons vu autrefois que sur la buse adulte, cette force est d'environ 12kil.,600 pour chacun des pectoraux.

Dans le schéma, on évalue la force élastique du ressort en mesurant quel est le poids dont on doit le charger pour lui donner le degré de tension avec lequel il fonctionnera. Ainsi, on chargera de poids ce ressort jusqu'à ce qu'il ait acquis la force élastique qui représente celle du muscle grand pectoral de l'oiseau. Il faut, pendant cette évaluation de la force élastique du ressort, que les ailes aient été préalablement placées dans l'élévation, afin d'avoir la mesure de la force élastique du ressort lorsque celui-ci est tendu au maximum.

3° *De la résistance de l'air et de son point d'application.* — Puisque nous n'avons pas mesuré la durée d'abaissement de l'aile dans le schéma, nous ne pouvons calculer la résistance que l'air doit exercer au-dessous de l'aile. Mais l'expérience nous ayant démontré que la masse du corps est soulevée par l'abaissement de cette aile, nous sommes autorisé à conclure que la somme des pressions de l'air contre les deux ailes est un peu supérieure au poids du corps. Si nous chargeons graduellement le corps de la machine de manière à réduire à son minimum le soulèvement qui se produit à chaque coup d'aile, nous pouvons admettre qu'au moment où ce minimum est atteint, la résistance de l'air fait exactement équilibre au poids de la machine.

Ainsi, étant donné un oiseau ou un schéma du poids de 600 grammes, il faut, pour qu'il se soulève, que la résistance verticale éprouvée de bas en haut excède 300 grammes pour chaque aile ; si cette résistance égale seulement 300 grammes, le corps de l'oiseau sera soutenu mais non soulevé pendant que les ailes s'abaisseront.

4° *Du moment d'action de la force motrice et de la résistance de l'air.* — Cette poussée de 300 grammes qui représente la somme des résistances éprouvée par l'aile agit en un point que nous avons dit être situé à la réunion du tiers externe avec les deux tiers internes de chaque aile. Cette considération du point d'application de la résistance de l'air est de la plus grande importance ; elle permet en effet de déterminer quelle doit être, au minimum, la force élastique du ressort moteur.

En effet, essayons d'appliquer sous les ailes du schéma une force qui soulève l'appareil. Plaçons, par exemple, un doigt sous chacune des ailes, il est clair que nous soulèverons la machine avec un effort total de 600 grammes, quel que soit le point de chaque aile sous lequel le doigt sera placé. Mais il faut pour cela *que les ailes restent rigides* et que le ressort qui les tire en bas ne subisse pas d'élongation ; sans quoi, les ailes s'élèveraient seules et la masse de l'appareil ne se soulèverait pas.

Or, la force qui tend à allonger le ressort de caoutchouc varie, non pas avec l'intensité de la poussée ascendante que les doigts exercent sous les ailes, celle-ci ne saurait excéder le poids de la machine, mais avec le bras de levier au bout duquel cette poussée s'exerce. Si ce bras est très-court, on peut soulever la machine sans que les ressorts fléchissent. Mais si l'on applique les doigts sous des points de l'aile de plus en plus éloignés de l'articulation, il arrive un moment où le ressort cède et où l'aile s'élève, en tendant le ressort, sans que la machine puisse être soulevée. C'est qu'alors l'effort exercé sous l'aile, multiplié par le bras de levier au bout duquel cet effort s'exerce, surpasse la force élastique du ressort multipliée par le bras très-court au bout duquel elle est appliquée.

Rapport entre le moment d'action de la force motrice et celui de la résistance de l'air.

Le point d'application de la résistance de l'air se trouve, avons-nous dit, à l'extrémité d'un levier dont la longueur serait environ les deux tiers de la longueur totale de l'aile. L'attache du ressort à la nervure de l'aile n'a pour bras de levier que le vingtième, peut-être, de la longueur totale (nous déterminerons plus tard ces longueurs véritables). Il faut donc que la force élastique du ressort excède la poussée de l'air en raison inverse de la longueur de ces bras inégaux.

Fixons les idées provisoirement par des chiffres arbitraires. Le corps de la machine pèse 600 grammes ; la poussée ascendante excédant 300 grammes pour chacune des ailes s'exerce à 40 centimètres de l'articulation ; l'attache du ressort qui abaisse l'aile est située à 2 centimètres de cette même articulation. Il faudra pour que la machine se soulève que la force du ressort, multipliée par son bras de levier très-court, excède la poussée de 300 grammes multipliée par son long bras de levier.

On aura donc le rapport suivant : $300^{gr} \times 40 < F \times 2$.

F représentant la force élastique du ressort d'une des ailes, d'où :

$$F > \frac{12^k,000}{2}, \text{ ou 6 kil.}$$

Si F n'excédait pas 6 kilogrammes elle ne pourrait surmonter la poussée de l'air qui est nécessaire à soulever la machine. Ou, pour mieux dire, la force du ressort ne saurait imprimer à l'aile une vitesse capable de lui faire éprouver sur l'air la résistance nécessaire au soulèvement du corps de l'oiseau.

Tous les auteurs ne s'accordent pas pour admettre que dans le mécanisme du vol les choses doivent se passer ainsi. Le colonel Devèze est l'auteur d'une théorie très-séduisante, au premier abord, et qui tendrait à faire croire qu'on peut soulever une masse quelconque en prenant sur l'air un point d'appui, 10, 20, 100 fois, etc., plus faible que le poids soulevé.

Je crois pouvoir vous donner une idée de la théorie de M. Devèze au moyen de la figure que vous connaissez déjà.

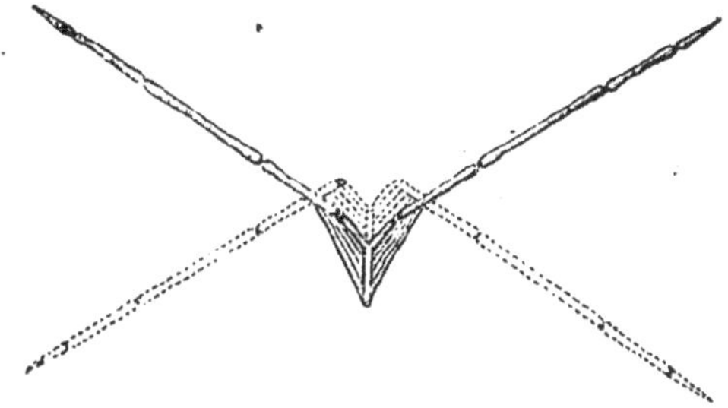

Fig. 175. — Représentant la position des ailes et du corps de l'oiseau avant et après le temps d'abaissement dans le vol.

Soit, dans cette figure, les deux positions de l'oiseau avant et après le coup d'aile descendant. Le corps de l'oiseau s'est élevé quand l'aile s'est abaissée. Mais il est facile de remarquer que la direction de l'aile abaissée coupe celle qu'elle avait primitivement en un point, et que ce point seul est resté immobile pendant le déplacement de tous les autres. Ce point immobile partage l'aile en deux leviers qui se sont déplacés en sens inverse l'un de l'autre. Le bras de levier qui touche au corps de l'oiseau s'est élevé tandis que celui qui agit sur la résistance de l'air s'est abaissé.

Considérons le point fixe, c'est-à-dire l'intersection des deux positions de l'aile, comme un point d'appui autour duquel ont tourné ces deux bras inégaux comme feraient les deux bras inégaux d'une balance romaine, il est clair que pour produire

le soulèvement du corps de l'oiseau au bout de son court bras de levier, il faudrait, au bout du bras le plus long, un effort bien inférieur au poids soulevé. En raisonnant au point de vue du travail accompli et en supposant qu'un même travail soit exercé, d'une part, pour soulever l'oiseau, et, d'autre part, pour vaincre la résistance de l'air, on devra obtenir l'équation suivante : $Me = rE$.

M, la masse considérable de l'oiseau, multipliée par le petit espace e qu'elle aura parcouru, c'est-à-dire le travail de soulèvement de l'oiseau, devra être égal à r, la résistance de l'air multipliée par E, l'espace considérable qu'elle aura parcouru. Ce dernier produit représente le travail que l'aile effectue sur l'air.

L'auteur accorde que dans ces conditions, l'oiseau serait simplement soutenu, mais que, pour le soulever, il faudrait supposer la résistance de l'air un peu plus considérable.

On saisit facilement la différence qui sépare l'hypothèse de M. Devèze de celle que nous émettions tout à l'heure. Il est évident que la théorie de cet auteur serait très-encourageante pour tous ceux qui voudraient tenter la construction d'appareils volants, car elle admet que la force du moteur à employer n'a pas besoin d'être considérable.

Malheureusement, l'expérience prouve que cette théorie ne saurait être admise. Je ne suivrai pas l'auteur à travers les nombreux calculs sur lesquels il appuie sa démonstration. Ici, comme dans la thèse inverse soutenue par Navier, c'est au point de départ qu'il me semble qu'on doit trouver l'erreur. M. Devèze raisonne sur le point fixe de l'aile de l'oiseau, comme on pourrait le faire sur un véritable point d'appui. Or ce n'est pas un point d'appui.

En outre, l'auteur admet en principe qu'il doit y avoir égalité de travail du côté de la masse à soulever et du côté de l'air repoussé par l'aile. Cette égalité de travail n'est aucunement démontrée ; bien plus, nous avons vu, dans les expériences citées par Poncelet relativement à des problèmes de balistique, qu'il n'y a pas nécessairement égalité de travail entre les deux masses qui reçoivent leur mouvement d'une même force.

Quelle que soit la valeur des calculs dont les conclusions nous semblent erronées, c'est dans l'expérience seule que nous chercherons le moyen de les combattre ou de les vérifier.

Il s'agit de savoir si la pression que l'air exerce au-dessous de l'aile qui s'abat peut être inférieure, pour chaque aile, à la moitié du poids de la machine, tout en soutenant le poids de celle-ci.

Soit, fig. 176, M, la masse à soulever dans le schéma ; nous

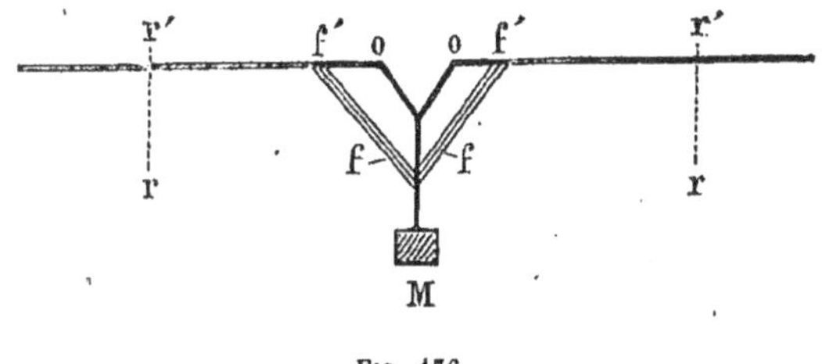

Fig. 176.

négligerons la masse des autres parties de l'appareil. Soit ff, les ressorts qui abaissent l'aile et leur force motrice qui s'applique en $f'f'$, soit rr la résistance de l'air contre chaque aile et $r'r'$ les points d'application de ces résistances aux ailes dont les centres de mouvement sont en oo.

Quelle que soit la valeur de r, nous connaissons son point d'application r'. On peut établir que le moment de la résistance r (r' o) est sensiblement égal à celui de la puissance f (f' o). En effet, si le moment de la résistance excédait celui de la puissance, le mouvement ne pourrait avoir lieu ; d'autre part, si le moment de la résistance était sensiblement plus faible que celui de la puissance, le mouvement de l'aile s'accélérerait jusqu'à ce que l'égalité s'établit.

Or, nous soutenons que sous chaque aile, la pression r est égale à 1/2 M, tandis que M. Devèze assigne à r une valeur beaucoup moindre. Examinons ces deux cas.

Dans l'hypothèse où $r = $ 1/2 M, comme nous sommes conduits à admettre que le moment de la force motrice est au moins égal à celui de la résistance, nous aurons cette égalité : 1/2 M (r' o) $= f$ (f' o). D'où l'on peut conclure que si l'on appuyait deux doigts sous les ailes au niveau des points $r'r'$, on soulèverait la masse de l'oiseau sans faire céder l'élasticité des ressorts ff.

L'expérience montre que toutes les fois que le schéma pouvait s'enlever par un coup d'aile, on pouvait aussi le soulever en le soutenant au-dessous des points r' r' et que les ressorts ne fléchissaient pas.

Dans l'hypothèse où r peut être beaucoup plus petit que 1/2 M, le moment de la puissance du ressort est nécessairement moins grand que dans le cas précédent. Dès lors, en appuyant sous les ailes aux points $r'r'$ on fera céder l'élasticité des ressorts sans soulever l'appareil, et les ailes seules s'élèveront.

L'expérience montre que dans ces conditions, le schéma ne se soulève point par l'effet du coup d'aile.

Elle montre, en outre, que la machine cesse précisément de se soulever par l'action de son ressort, au moment où la force de ce ressort, graduellement diminuée, ne lui permet plus de résister à un effort ascendant égal à la moitié du poids de l'oiseau et appliqué au même point que la résistance de l'air.

Pour ne laisser aucun doute sur la réalité du principe qui établit que la résistance de l'air doit toujours être égale au poids de l'oiseau, reprenons l'expérience dans des conditions nouvelles.

Sans changer la force du ressort, faisons, cette fois, varier le poids dont nous chargerons l'appareil. Les tracés représentés fig. 171, montrent que, sous des charges croissantes de 95 grammes à 215, la hauteur à laquelle la machine se soulevait allait toujours en décroissant. Nous avons estimé qu'à 225 grammes de charge, l'appareil cessait de se soulever (le faible tracé que l'on obtient alors, et qui persiste même pour des charges beaucoup plus fortes, m'a semblé tenir à un ébranlement vibratoire communiqué au style comme à toute la machine).

Dans notre hypothèse, tant que l'appareil a sauté en abattant ses ailes, il devait aussi pouvoir être soulevé par une pression exercée sous ses ailes, au point où s'applique la résistance de l'air. Quand il a cessé de pouvoir être soulevé ainsi, sans que ses ressorts fléchissent, il a dû aussi cesser de sauter à chaque coup d'aile.

C'est précisément ce qui a lieu dans l'expérience. Arrivé à la charge de 215 grammes à 225, l'appareil ne sautait plus, et, d'autre part, ses ailes s'élevaient seules sous la pression des doigts qui, placés aux points d'application de la résistance de l'air, tendaient à soulever tout l'appareil.

S'il reste un certain vague dans la détermination du poids nécessaire pour empêcher le fonctionnement du schéma, cela tient, d'une part, à la difficulté d'établir le moment où l'appareil cesse entièrement de s'élever, et, d'autre part, à la difficulté de déterminer avec une grande précision le point d'application de la pression de l'air sur l'aile.

Mais ces résultats sont bien suffisamment nets pour établir ce principe très-important :

Que la résistance que les ailes rencontrent sur l'air doit être au moins égale au poids de l'oiseau.

Cette égalité étant admise, il serait intéressant de rechercher si la force maximum des muscles d'un oiseau répond à ce que la théorie lui assigne.

Évaluation théorique de la force musculaire de l'oiseau. Contrôle expérimental.

Nous avons essayé autrefois (leçons faites en 1869, *Revue des cours scientifiques*, n° 37, p. 578) de faire cette détermination et nous avons trouvé dans une expérience faite sur la buse que l'effort total développé par chacun des muscles grands pectoraux était de 12^{kil}.,600. Dans la même expérience, nous avons évalué à 17 millimètres le bras de levier au bout duquel cette force est appliquée.

D'après les dimensions ordinaires et la forme de l'aile de la buse, il semble qu'on puisse placer le point d'application de la pression de l'air au bout d'un bras de levier de 40 centimètres de longueur. Enfin, d'après un tableau dans lequel j'avais réuni le poids de différents oiseaux tués au fusil, le poids de la buse est de 785 grammes.

S'il est vrai que la pression de l'air sous chaque aile soit égale à la moitié du poids du corps, cette pression sera d'environ 392 grammes.

Pour que le vol s'effectue, il faut que le moment de la force motrice soit au moins égal à celui de la pression de l'air ; nous devons même nous attendre à le trouver un peu supérieur de façon à obtenir le rapport :

$$F \times 17^{mm} > 392 \times 400^{mm}$$
$$\text{où } 12\,600 \text{ gr.} \times 17 > 392 \text{ gr.} \times 400,$$
$$\text{où } 214\,200 > 156\,800.$$

L'excès du moment de la force motrice sur celui de la résistance de l'air devait exister, avons-nous dit ; l'estimation ci-dessus nous montre qu'il est environ de 51 à 43/5 dans un cas particulier.

Une plus grande rigueur n'est pas de mise dans des expériences de ce genre ; en effet, on ne sait pas si la force que la volonté de l'oiseau engendre dans ses muscles, à chaque coup d'aile, est bien égale à celle que nous y développons par des excitations électriques ; joignez à cela la difficulté de déterminer avec précision le bras de levier de la force musculaire et celui de la pression de l'air, et vous aurez la conviction que nous avons obtenu tout le degré de précision que comporte une estimation dans un acte physiologique.

Toutefois, pour ne pas conclure d'un seul fait, dans une circonstance si importante, j'ai répété sur un pigeon adulte la détermination de la force musculaire ; voici les résultats de cette détermination.

Poids du pigeon, 375 grammes. La moitié de ce poids sera égale à la pression de l'air sous chaque aile ; soit, pour cette résistance, 187 grammes.

Le point d'application de cette pression de l'air sur l'aile serait situé environ à 23 centimètres de l'articulation humérale. *Le moment de la résistance de l'air* sera donc $187 \times 230^{mm} = 43\,010$.

Pour déterminer le moment de la force musculaire, j'ai constaté d'abord que le grand pectoral électrisé développait un effort total de 5860 grammes, l'attache de ce muscle se fait environ à 12 millimètres de l'articulation, *le moment de la puissance sera donc* $5860 \times 12 = 70\,320$.

Le rapport de 70 à 43 est ici plus favorable à la puissance que dans l'expérience ci-dessus. Peut-être cela tenait-il à la faiblesse du poids du pigeon, qui nous a fait estimer très-bas la valeur de la résistance de l'air. C'était une femelle adulte qui venait de couver pendant plusieurs jours ; elle était très-maigre et avait sans doute subi plus de déchet dans son poids que dans sa force musculaire.

Il ressort de ces deux déterminations expérimentales que les muscles de l'oiseau ont toujours plus de force qu'il n'en faut pour faire équilibre à une résistance, celle de l'air, qui serait égale au poids du corps de l'oiseau multiplié par le bras de levier au bout duquel agit cette résistance.

Toute cette force n'est sans doute pas nécessaire dans le vol ordinaire, mais elle peut servir en certaines circonstances. Sans parler des oiseaux rapaces auxquels les fabulistes font enlever des animaux de grande taille, on peut citer des exemples authentiques de poids considérables enlevés par des oiseaux. Silberschlag avait un aigle apprivoisé qui volait en enlevant une boule de cuivre du poids de 4 livres. J'ai fait enlever par un pigeon un poids de plus de 100 grammes ; une buse en enlevait 300, un canard sauvage en soutenait à peine 60.

Marey.

BULLETIN

Piles mobiles de Bunsen

L'installation d'une pile de Bunsen ou de tout autre système analogue à deux liquides, demande du temps et des précautions, surtout lorsqu'il s'agit de batteries de 64 éléments, par exemple, telles que celles qui fournissent l'électricité aux appareils de signaux ou d'investigation, chaque élément ordinaire se composant d'un vase de verre ou de porcelaine, d'un diaphragme poreux de terre cuite, séparant l'acide nitrique de l'acide sulfurique, d'un cylindre de charbon et d'un manchon de zinc plongeant, l'un dans l'acide nitrique, l'autre dans l'acide sulfurique.

On voit ce qu'il faut de temps pour mettre la batterie en activité, et surtout pour la démonter, la transporter sur un autre point du fort ou du rempart, et la réinstaller. M. Jamin a présenté, au nom de M. d'Almeda, une disposition très-ingénieuse qui permet de transporter facilement une batterie de 64 éléments Bunsen, et quatre caisses de 16 éléments chacune. Les caisses sont carrées, en bois doublé de gutta-percha ; elles sont divisées en 16 compartiments munis de leur cadre poreux. Deux réservoirs contenant, l'un l'acide nitrique, l'autre l'acide sulfurique, amènent les liquides au moyen de tubes qui se divisent chacun en 16 rameaux dans la caisse. Il suffit donc d'élever les deux vases pour que les acides arrivent respectivement aux éléments. On n'a qu'à les abaisser pour enlever les acides. Le rebord de la caisse porte une rainure dans laquelle s'engage le couvercle ; un petit cylindre de caoutchouc ferme le joint. Au moyen d'une petite voiture, on peut donc transporter l'appareil où l'on veut, et le mettre instantanément en activité.

Une éclipse totale de soleil a eu lieu le 18 décembre. Elle a dû être visible dans le sud de l'Europe et en Algérie. Ce phénomène astronomique est de la plus haute importance, parce qu'il permettra de perfectionner l'observation des protubérances et d'arriver à des notions plus complètes sur la constitution physique du soleil.

M. Janssen, l'éminent physicien, qui a fait faire tant de progrès à l'analyse spectrale des astres, avait proposé, à l'une des dernières séances de l'Académie des sciences, d'aller observer l'éclipse en quittant Paris en ballon. L'Institut avait accepté cette offre avec empressement. L'honorable ministre de l'instruction publique a accueilli favorablement la proposition de M. Janssen et a fourni à ce savant les moyens d'accomplir cette excursion scientifique si intéressante.

Vendredi soir, 2 décembre, M. Janssen est parti en ballon, emportant les appareils les plus indispensables et les moins fragiles. Il se propose de se rendre à Marseille, pour compléter à l'observatoire de cette ville sa collection d'instruments. De là il gagnera la Sicile, où il fixera son poste d'observation.

Ainsi nous fournirons à M. de Bismarck une preuve frappante de l'énergique vitalité de cette France qu'il compte anéantir. Nous lui montrerons ainsi que, si nous savons nous consacrer à l'œuvre sainte de la défense nationale, nous savons aussi nous livrer à l'œuvre non moins sacrée du perfectionnement de la science humaine.

M. Aug. Duméril, membre libre de l'Académie des sciences, professeur de zoologie au Muséum d'histoire naturelle, agrégé libre de la Faculté de médecine, vient de mourir à Paris. C'est M. le baron H. Larrey qui, au nom de l'Institut, a prononcé un discours sur la tombe de cet honorable savant.

Le propriétaire-gérant : Germer Baillière.

PARIS. — IMPRIMERIE DE E. MARTINET, RUE MIGNON, 2.

REVUE

DES

COURS SCIENTIFIQUES

DE LA FRANCE ET DE L'ÉTRANGER

SEPTIÈME ANNÉE   NUMÉRO 48   29 OCTOBRE 1870 — 23 JANVIER 1871

COLLÉGE DE FRANCE

CHIMIE ORGANIQUE

COURS DE M. BERTHELOT

Sur la force de la poudre et des matières explosives

I. — Relations générales.

Pour définir la force d'une matière explosive, quatre don-nées sont nécessaires, savoir :

1° La composition chimique de la matière explosive;

2° La composition des produits de l'explosion;

3° La quantité de chaleur dégagée dans la réaction;

4° Le volume des gaz formés.

Entrons dans quelques détails, afin de préciser la signification de ces données.

1° La *composition chimique de la matière explosive* est connue à l'avance. Tantôt cette matière est un mélange de divers corps susceptibles de produire l'explosion par leurs actions réciproques : telles sont les poudres au nitrate de potasse (poudre de chasse, de guerre, de mine); tantôt l'explosion est produite par la transformation d'un principe défini unique, tel que la nitro-glycérine ou la poudre-coton.

2° La *composition des produits de l'explosion* peut être prévue, si la matière renferme assez d'oxygène pour transformer tous les éléments en composés stables et arrivés au maximum d'oxydation; cette limite n'est pas toujours atteinte dans la pratique, à cause de la promptitude des réactions chimiques et mécaniques, et du refroidissement. Si l'oxygène fait défaut, les produits varient suivant les conditions de l'explosion : pression, température, effets mécaniques. Dans ce cas, la composition desdits produits ne peut pas être prévue avec certitude; elle doit être déterminée par des analyses spéciales et pour chaque condition donnée.

J'aurai recours à ces analyses, toutes les fois qu'elles ont été exécutées d'une manière convenable. Dans le cas où les données expérimentales seront insuffisantes, je présenterai sous toutes réserves les résultats qui me paraîtront les plus simples et les plus conformes aux observations.

3° La *quantité de chaleur* dégagée peut être déterminée par expérience. On peut aussi la calculer, en faisant abstraction des effets mécaniques, toutes les fois que la réaction est connue avec exactitude. Le travail maximum que la matière explosive puisse développer est proportionnel à cette quantité de chaleur.

4° Le *volume des gaz* dégagés (réduits à 0 degré est 0^m,760)

VII.

peut être aussi, soit déterminé par expérience, soit calculé lorsque la réaction est exactement connue. La pression développée par un poids donné de la matière faisant explosion dans une capacité constante dépend du volume des gaz et de leur température; on peut déduire de là les pressions successives développées dans une capacité variable, telle que celle d'une arme à feu.

La pression pourrait donc être calculée avec précision, si l'on savait la température desdits gaz et la loi qui rattache les pressions aux températures. Par exemple, on peut calculer la pression en supposant que les gaz obéissent, dans toute condition, aux lois de Mariotte et de Gay-Lussac, et en admettant, en outre, que leur chaleur spécifique est constante et parfaitement connue.

Malheureusement ces diverses hypothèses sont trop éloignées de la réalité pour fournir des résultats même approximatifs. En effet, les lois de Mariotte et de Gay-Lussac perdent toute signification physique dans l'étude des gaz comprimés à plusieurs milliers d'atmosphères. En outre, les chaleurs spécifiques de tels gaz sont complétement inconnues, et varient, sans doute, avec la température et la pression.

Ces réserves sont justifiées par bien des phénomènes, et notamment par les expériences de Rumfordt et par celles de nos artilleurs contemporains, lesquels ont mesuré des pressions jusqu'à décuples de celles qui pourraient être calculées à l'aide des lois de Mariotte et de Gay-Lussac.

En raison de ces circonstances, et plutôt que de recourir à des hypothèses arbitraires, j'ai renoncé à évaluer par le calcul les pressions développées par les matières explosives. Mais comme il est nécessaire, pour les applications, de choisir quelque terme de comparaison, j'adopterai le nombre que l'on obtient en multipliant la chaleur dégagée par le volume des gaz; ce produit varie certainement dans le même sens que la pression, et il offre cet avantage d'être déduit immédiatement de deux données caractéristiques et susceptibles d'être déterminées par expérience.

Dissociation. — Pour prendre une notion plus complète des efforts exercés par les matières explosives, il est nécessaire d'examiner les phénomènes de dissociation. En effet, les quantités de chaleur et les volumes gazeux sur lesquels nous raisonnons sont mesurés à 0 degré et sous la pression d'une atmosphère. Or, les composés observés dans ces conditions n'existent probablement pas tous ou en totalité à la haute température développée pendant la combustion; ils sont remplacés sans doute, en tout ou en partie, par des combinaisons plus simples. Par suite, la quantité de chaleur correspondante aux réactions réelles diminue, ce qui abaisse la température et la pression développées.

Ces effets, cependant, doivent être moindres qu'on ne le croirait à première vue, parce que les lois de Mariotte et de Gay-Lussac perdent de plus en plus leur signification physique pour des pressions aussi énormes que les pressions observées dans la combustion de la poudre. Étant donnés des gaz tellement comprimés, leur pression varie avec la température suivant une loi bien plus rapide que celle que l'on déduirait des propriétés ordinaires des gaz. Leur chaleur spécifique doit aussi varier dans de grandes limites.

Les températures véritables sont donc beaucoup moins hautes que les températures calculées, et par suite les phénomènes de dissociation éprouvent un accroissement moins marqué.

D'autre part, ces mêmes phénomènes dépendent de la pression aussi bien que de la température. L'état de combinaison des éléments, toutes choses égales d'ailleurs, est d'autant plus avancé que la pression est plus grande : relation facile à concevoir *à priori*, et que confirment mes expériences relatives à la décomposition de l'acétylène en carbone et hydrogène sous diverses pressions par l'étincelle électrique (1). Or, les pressions croissent en même temps que les températures, et même beaucoup plus rapidement, comme on vient de le dire : l'influence décomposante de la température pourra donc être compensée et au delà par l'influence inverse de la pression.

Les phénomènes de dissociation n'exercent pas seulement leur influence sur l'effort maximum que la poudre peut développer; mais ils interviennent encore pendant la première période de détente. A mesure que les gaz de la poudre se détendent, en agissant sur le projectile, ils se refroidissent : par suite, les éléments entrent en combinaison d'une manière plus complète et avec formation de composés plus compliqués. De là résulte un nouveau dégagement de chaleur qui s'accroît incessamment durant toute une période de la détente.

Les pressions véritables seront donc toujours supérieures aux pressions qui pourraient être calculées d'après la quantité de chaleur dégagée réellement au moment de la température maximum, tandis qu'elles seront d'abord inférieures aux pressions calculées d'après la quantité observée dans le calorimètre; mais ce dernier écart va en diminuant et finit par s'annuler, à mesure que le volume augmente, parce que la chaleur dégagée s'accroît, les réactions devenant plus complètes. La courbe des pressions véritables, exprimées en fonction des volumes, est d'abord plus tendue que la courbe des pressions théoriques, avec laquelle elle finit par se confondre tout à fait, lorsque l'état de combinaison des éléments est devenu le même qu'à la température ordinaire.

Au contraire, la quantité de chaleur, et par conséquent le travail maximum que la poudre puisse développer en brûlant dans une capacité constante peuvent être calculés indépendamment des phénomènes de dissociation, pourvu que l'état final de température et de combinaison des éléments soit exactement connu. Cette remarque est fondamentale.

II. — Chaleur de formation des composés azotiques.

Pour comparer la force des diverses poudres entre elles et avec les autres matières explosives, il faut savoir la nature des réactions accomplies dans l'acte de la combustion et les quantités de chaleur dégagées par lesdites réactions. Or, le calcul de ces quantités exige, dans la plupart des cas, la connaissance de la chaleur de formation de l'acide azotique et de l'azotate de potasse par leurs éléments, quantités qui étaient demeurées inconnues jusqu'à présent. J'ai réussi à les évaluer en faisant concourir les déterminations calorimétriques de MM. Dulong, Hess, Graham, Favre et Silbermann, Andrews, Woods, Thomsen, Deville et Hautefeuille, etc., avec les expériences de MM. Bunsen et Schischkoff. En admettant, avec ces derniers auteurs, que leur donnée calorimétrique s'applique à la formation des substances mêmes trouvées dans leurs analyses, je suis arrivé aux valeurs thermiques que voici (1) :

1° *Formation du bioxyde d'azote.*

$$\text{Az} + \text{O}^2 = \text{AzO}^2 \ldots\ldots\ldots\ldots\quad 7000 \text{ calories.}$$
$$\text{AzO} + \text{O} = \text{AzO}^2 \ldots\ldots\ldots\ldots\quad 16000 \quad »$$
$$2\text{AzO} = \text{AzO}^2 + \text{Az} \ldots\ldots\quad 24500 \quad »$$

2° *Formation de l'acide azotique.*

$$\text{Az} + \text{O}^6 + \text{H} = \text{AzO}^5,\text{HO} \text{ pur et liquide} \ldots\ldots\quad 54500 \text{ calories.}$$
$$\text{Az} + \text{O}^6 + \text{H} = \text{AzO}^5,\text{HO} \text{ gazeux} \ldots \ldots \text{ environ}\quad 45000 \quad »$$
$$\text{Az} + \text{O}^6 + \text{H} = \text{AzO}^5,\text{HO} \text{ étendu} \ldots\ldots\ldots\ldots\quad 62000 \quad »$$

		cal.;		cal.
$\text{AzO} + \text{O}^5 + \text{H} = \text{AzO}^5,\text{HO}$ pur.	63000	étendu	......	70500
$\text{AzO}^2 + \text{O}^4 + \text{H} = \text{AzO}^5,\text{HO}$ »	47500	»	......	55000

Liquide et pur :	cal.	cal.	cal.
$\text{Az} + \text{O}^5 + \text{HO} = \text{AzO}^5,\text{HO}$	20000;	ét. 27500	gaz., env. 15000
$\text{AzO} + \text{O}^4 + \text{HO} = \text{AzO}^5,\text{HO}$	28500;	» 36000	
$\text{AzO}^2 + \text{O}^3 + \text{HO} = \text{AzO}^5,\text{HO}$	13000;	» 20500	
$\text{AzO}^3,\text{HO} \text{ étendu} + \text{O}^2 = \text{AzO}^5,\text{HO}$	»	27000.	

3° *Formation des azotates.*

		cal.
Azotate de potasse, ...	$\text{Az} + \text{O}^6 + \text{K} = \text{AzO}^5,\text{KO}$ solide.	129500
Azotate de soude......	$\text{Az} + \text{O}^6 + \text{Na} = \text{AzO}^5,\text{NaO}$	122000
Azotate d'ammoniaque.	$\text{Az}^2 + \text{O}^6 + \text{H}^4 = \text{AzO}^5,\text{AzH}^3,\text{HO}$	114000
Azotate de plomb.....	$\text{Az} + \text{O}^6 + \text{Pb} = \text{AzO}^5,\text{PbO}$	66500
Azotate d'argent......	$\text{Az} + \text{O}^6 + \text{Ag} = \text{AzO}^5,\text{AgO}$	46000

4° *Formation des azotites.*

L'acide azoteux AzO^3,HO formé en solution étendue par :

	cal.		cal.
$\text{Az} + \text{O}^4 + \text{H}$ dégage.	34500;	par $\text{Az} + \text{O}^3 + \text{HO}$.....	0
$\text{AzO} + \text{O}^3 + \text{H}$ »	43000;	» $\text{AzO} + \text{O}^2 + \text{HO}$....	+8500
$\text{AzO}^2 + \text{O}^2 + \text{H}$ »	27500;	» $\text{AzO}^2 + \text{O} + \text{HO}$....	—6600

			cal.
Azotate de potasse.	$\text{Az} + \text{O}^4 + \text{K} = \text{AzO}^3,\text{KO}$	sol. env.	102000
Azotate d'ammon.	$\text{Az}^2 + \text{O}^4 + \text{H}^4 = \text{AzO}^3,\text{AzH}^3,\text{HO}$ sol. env.		87000
» »	$\text{Az}^2 + \text{O}^4 + \text{H}^4 = \text{AzO}^3,\text{AzH}^3,\text{HO}$ diss. ou f.		80000

Ces chiffres exigent de nouvelles expériences avant d'être admis comme définitifs. Cependant j'ai cru devoir les présenter, parce que les réactions qu'ils expriment jouent un rôle très-important dans les études de philosophie chimique. Dès à présent, ces chiffres permettent de comparer les effets thermiques et mécaniques produits par la plupart des matières explosives.

[III. — Poudres a base de nitrate et de chlorate.

Je vais étudier maintenant les principales matières explosibles, en commençant par les poudres à base de nitrate et de

---

(1) *Annales de chimie*, 4ᵉ série, t. XVIII, p. 196.

(1) Pour les éléments du calcul, (voyez *Comptes rendus*, t. LXXI, p. 678.

chlorate, pour passer ensuite aux composés définis, tels que le chlorure d'azote, la nitro-glycérine, la poudre-coton, le picrate de potasse.

§ 1. — *Poudres à base de nitrate de potasse.*

La composition de ces poudres varie. On distingue principalement la poudre de chasse, la poudre de guerre et la poudre de mine.

1° *Poudre de chasse.* — Sa composition est à peu près celle de la poudre étudiée par MM. Bunsen et Schischkoff (1).

Cette poudre renfermait :

Nitre	78,9
Soufre	91,8
Charbon	11,0

D'après leurs expériences, 1 gramme dégage en brûlant $619^{cal},5$, et développe 193^a de gaz réduits à $0°$ et $0^m,760$, dans les conditions de leurs expériences, qu'ils ont achevé de définir par l'analyse complète des produits brûlés. Dans ces conditions, d'ailleurs, une partie du nitre, du soufre et du charbon, échappait à la combustion. En déduisant cette portion (2) et en négligeant les produits accessoires, on arrive à l'équation suivante :

$$8(AzO^5KO) + 6S + 13C = 5(SO^3,KO) + 2(CO^2,KO) + KS + 8Az + 11CO^2.$$

laquelle représente assez exactement les analyses.

D'après cette équation, 1 kilogramme de poudre, en brûlant complétement sous la pression atmosphérique, dégage (3) $644\,000^{cal}$ et donne naissance à 216 litres de gaz permanents. Cependant, on a négligé dans ces formules la vaporisation des composés salins. Or, les observations de Rumfordt (4) indiquent que les composés produits par l'explosion de la poudre doivent tous affecter la forme gazeuse dans les premiers moments, soit qu'ils subsistent en totalité après refroidissement, soit que l'état de combinaison des éléments change avec la température et la pression.

Si tous les composés observés à froid pouvaient être réellement amenés à l'état gazeux, sous la pression $0^m,760$ et à une température convenable t, leur volume total serait 306^{lit} $(1 + \alpha t)$.

---

(1) Pogg., *Ann.*, 1857, t. CII, p. 321.

(2) On trouve ainsi par expérience :

Nitre	81,9
Soufre	10,8
Carbone pur	7,9

(3) *État initial* (calculé depuis les éléments) :

$8(AzO^5,KO)$... $8 \times 129\,500 = 1\,036\,000$ calories.

État final (calculé depuis les éléments) :

$5(SO^3,KO)$	$5 \times 166\,300 =$	831500
$2(CO^2,KO)$	$2 \times 137\,700 =$	275400
KS		45300
$11CO^2$	$11 \times 47\,000 =$	517000
		1669200

Chaleur dégagée dans la réaction, 633200 pour 983 grammes.

(4) Piobert, *Traité d'artillerie*, partie théorique, deuxième tirage de la deuxième édition, p. 329.

2° *Poudre de guerre.* — M. Linck (1) a analysé la poudre de guerre. En déduisant les matières échappées à la combustion (2) et les produits accessoires, les analyses de l'auteur peuvent être représentées par l'équation suivante

$$8(AzO^5,KO) + 6\frac{1}{2}S + 15C = 4(SO^3,KO) + 2\frac{3}{4}(CO^3KO) + 1\frac{1}{4}KS^2$$
$$+ 8Az + 11\frac{1}{2}CO^2 + \frac{3}{4}CO,$$

D'après cette équation, 1 kilogramme de poudre, brûlée complétement sous la pression atmosphérique à zéro, dégage 622500 calories et donne naissance à 225 litres de gaz permanents. La vaporisation totale de tous les composés à $t°$ produirait 314 $(1 + \alpha t)$ sous la pression normale.

Tous ces nombres diffèrent peu de ceux relatifs à la poudre de chasse, c'est-à-dire que les deux poudres, brûlées dans une même capacité constante, développeraient les mêmes pressions et pourraient donner lieu au même travail. La différence de leurs effets dans les armes où les gaz se détendent en changeant de volume semble due principalement au mode de propagation de la combustion, moins rapide dans la poudre de chasse, à cause de sa constitution physique (3).

Dans ce qui précède, j'ai représenté la combustion de la poudre d'après les analyses exécutées sur les produits réels. Comparons les résultats avec les réactions théoriques qu'on admettait autrefois. D'après l'équation

$$AzO^5KO, + S + 3C = 3CO^2 + KS + N,$$

1 kilogramme de poudre devrait dégager 420000 calories, en brûlant à zéro et sous la pression $0^m,760$. Il donnerait naissance à 330 litres de gaz permanents à zéro. Enfin, la vaporisation totale produirait à $t°$ 412^{lit} $(1 + \alpha t)$ sous la pression normale.

La quantité de chaleur dégagée d'après cette équation théorique est beaucoup plus faible, dans toutes les conditions, que la chaleur dégagée dans la réaction véritable. En d'autres termes, les produits qui dégagent le plus de chaleur en se formant sont ceux qui se forment de préférence conformément à une relation très-générale en chimie,

Les pressions, au contraire, doivent être à peu près les mêmes dans les deux réactions, car le produit des deux nombres caractéristiques est égal à 139000 dans les deux cas.

3° La *poudre de mine* renferme un excès de soufre et de charbon par rapport au même poids de nitre. Les composés formés dans sa combustion n'ont pas été déterminés par des analyses, au moins dans ces derniers temps. C'est pourquoi je me bornerai à envisager l'équation théorique (4) :

$$AzO^5HO + 2S + 4C = 2CO^2 + 2CO + KS^2 + Az.$$

---

(1) *Annalen der Chemie und Pharm.*, t. CIX, p. 53. La poudre analysée contient :

Nitre	74,7
Soufre	12,45
Charbon	12,25

(2) On trouve ainsi par expérience :

Nitre	78,7
Soufre	12,85
Carbone	8,55

(3) Piobert, *loco citato*, p. 136 et 154.

(4) Elle exige :

Nitre	65,0
Soufre	20,0
Carbone	15,0

1 kilogramme de poudre devra dégager 380 000 calories et produire 355 litres de gaz permanents. La vaporisation totale produirait 426^{lit},5 (1 + αt) sous la pression normale.

4° Soit enfin la *poudre avec grand excès de charbon*, laquelle fournit plus de gaz qu'aucune autre (1) :

$$AzO^5,KO + S + 6C = 6CO + KS + Az.$$

1 kilogramme dégagerait 429 400 calories (à 0 et 0^m,760), en produisant 510 litres de gaz permanents. La vaporisation totale produirait à $t°$: 583^{lit} (1 + αt) sous la pression normale.

Les nombres précédents permettent quelques comparaisons intéressantes entre les effets produits par les diverses poudres.

Supposons une poudre brûlant dans un espace qu'elle remplit entièrement, comme il arrive dans les mines et dans les projectiles : on peut distinguer les phénomènes de dislocation, dus surtout à la pression initiale, et les phénomènes de projection, dus au travail total. Or, le produit caractéristique que nous sommes convenu de prendre comme terme de comparaison des pressions offre les valeurs suivantes :

Pour la poudre de chasse..........	139 000
Pour la poudre de guerre..........	140 000
Pour la poudre de mine...........	135 000
Pour la poudre à excès de charbon...	219 000

Les trois premières devront donc donner lieu aux mêmes effets de dislocation, tandis que la poudre avec excès de charbon sera beaucoup plus efficace.

Toutefois, ces inductions sont subordonnées aux phénomènes de dissociation, lesquels réduisent la pression théorique initiale dans une proportion inconnue.

Au contraire, le calcul de la chaleur dégagée à volume constant, et par conséquent celui du travail maximum, sont indépendants des phénomènes de dissociation. Le travail maximum sera donc proportionnel aux nombres suivants, par kilogramme de poudre :

Poudre de chasse.	644 000
Poudre de guerre.	622 500
Poudre de mine..	380 000
Poudre à excès de charbon	429 000

En d'autres termes, la poudre de chasse et la poudre de guerre l'emportent sur les autres au point de vue du travail mécanique, surtout lorsque ce travail est destiné à communiquer instantanément de la force vive aux éclats d'un projectile brisé par l'effort d'une pression intérieure qui s'est développée à volume constant.

Mais si la communication de force vive se faisait peu à peu et pendant la détente progressive des gaz à volume variable, dans un canon par exemple, les effets seraient plus compliqués, parce qu'ils dépendraient des phénomènes de dissociation, tels que nous les avons discutés dans la première partie.

§ 2. — *Poudres au nitrate de soude.*

1° Le nitrate de soude se prête aussi bien que le nitrate de potasse à la fabrication des poudres; il a été employé en grand dans les travaux de l'isthme de Suez, et il présente une économie notable. Malheureusement, ce sel est fort hy-

---

(1)

Nitre.	65,5
Soufre...	10,5
Carbone.	24,0

grométrique, et la conservation des poudres qu'il concourt à former exige des précautions spéciales. Les théories thermiques que je vais appliquer augmenteront l'intérêt qu'il peut y avoir à surmonter ces difficultés, en montrant que la poudre à base de nitrate de soude développe une pression plus grande que la poudre au nitrate de potasse, sous le même poids, et peut effectuer un travail plus considérable.

2° Soit d'abord une composition équivalente à celle que nous avons admise pour la poudre de chasse et pour les produits de sa combustion, constatés par expérience :

$$8(AzO^5,NaO) + 6S + 13C = 5(SO^3,NaO) + 2(CO^2,NaO) + NaS + 8Az + 11CO^2.$$

Cette poudre dégagera à équivalents égaux (1) presque la même quantité de chaleur que la poudre à base de potasse : 647 000 calories, au lieu de 633 000, et elle fournira le même volume de gaz, c'est-à-dire 212 litres de gaz permanents à zéro et 0^m,760; elle fournirait 301^{lit} (1 + αt) dans l'hypothèse d'une vaporisation totale.

1 kilogramme de poudre à base de soude fournira 769 000 calories et 252 litres de gaz à zéro et 0^m,760; la vaporisation totale produira 358^{lit} (1 + αt).

Ces nombres sont plus élevés d'un cinquième environ que les nombres calculés pour un même poids de poudre à base de potasse.

En général, les poudres à base de soude doivent développer des pressions plus fortes et une quantité de chaleur, c'est-à-dire de travail, plus grande que le même poids des poudres à base de potasse et à composition équivalente. En effet, l'expérience prouve que la substitution du sodium au potassium dans un sel défini, soit dissous, soit anhydre, donne lieu à un dégagement de chaleur presque constant, quelle que soit la nature du sel. Or, le métal alcalin existant sous la forme saline, aussi bien dans la poudre que dans les produits de la combustion, son influence est éliminée dans l'évaluation de la chaleur dégagée par la combustion; elle est éliminée, dis-je, lorsqu'on évalue la chaleur pour des poids équivalents de sels de soude et de sels de potasse. A poids égaux, au contraire, on obtiendra beaucoup plus de chaleur, de même qu'on obtiendra un volume gazeux plus considérable, attendu que l'équivalent du sodium est plus faible que celui du potassium.

§ III. — *Poudre au chlorate de potasse.*

La poudre au chlorate de potasse a été fabriquée autrefois dans les proportions suivantes :

Chlorate...........................	75,0
Soufre.............................	12,5
Charbon.	12,5

Cette poudre est éminemment brisante; sa préparation a

---

(1)   *État initial :*

S(AzO^{5}NaO)...................	976 000

État final :

5(SO^3,NaO)...................	795 500
2(CO^2,NaO)...................	268 000
NaS (environ)................	43 000
11CO^2......................	517 000
	1 623 500

Chaleur dégagée dans la réaction 647400 calories pour 842 grammes de poudre.

donné lieu à de terribles accidents. Voyons si la théorie peut rendre compte de semblables propriétés.

La composition précédente répond aux rapports

$$3(ClO^5, KO) + 4S + 10C = 3KCl + 4SO^2 + 10CO.$$

Un kilogramme de cette poudre (1) dégagera 972 000 calories; elle fournira 318 litres de gaz permanents à zéro et $0^m,760$; ou bien encore $386^l (1 + \alpha t)$, à t^o et sous la pression normale, dans l'hypothèse de la vaporisation totale : valeurs plus fortes que celles qui répondent à presque toutes les poudres à base de nitrates.

Les pressions exercées par cette poudre sont donc plus grandes, et les quantités de chaleur développées plus considérables, c'est-à-dire qu'elle doit produire à la fois des effets de dislocation et des effets de projection supérieurs à ceux des poudres aux nitrates. Ces conclusions s'accordent parfaitement avec les faits connus.

L'extrême facilité avec laquelle détone la poudre au chlorate de potasse, sous l'influence du moindre choc, est une conséquence de la grande quantité de chaleur dégagée par la combustion des parcelles enflammées tout d'abord : cette chaleur élève la température des parties voisines davantage avec la poudre au chlorate qu'avec la poudre au nitrate, et elle propage ainsi plus aisément la réaction dans toute la masse. L'influence en est d'autant plus marquée que la chaleur spécifique des composants est moindre (2), et que la réaction commence avec le chlorate, d'après les faits connus, à une température plus basse qu'avec le nitrate de potasse.

Tout concourt donc à rendre plus facile l'inflammation de la poudre à base de chlorate de potasse.

Non-seulement la poudre au chlorate est plus énergique et plus inflammable, mais ses effets sont plus rapides : c'est une poudre brisante. La théorie peut encore rendre compte de cette propriété. En effet, les composés produits par la combustion de la poudre au chlorate sont tous des composés binaires, les plus simples de tous et les plus stables, tels que le chlorure de potassium, l'oxyde de carbone, l'acide sulfureux. De tels composés doivent éprouver les phénomènes de dissociation à une température plus haute et d'une manière moins marquée que les combinaisons plus complexes et plus avancées, telles que le sulfate de potasse et le carbonate de potasse, ou bien encore l'acide carbonique, combinaisons produites par la poudre au nitrate. C'est pourquoi les pressions développées dans les premiers moments seront plus voisines des pressions théoriques avec la poudre au chlorate qu'avec la poudre au nitrate, et la variation des pressions produites durant la détente des gaz sera plus brusque, étant moins ra-

lentie par le jeu des combinaisons successivement reproduites pendant la durée du refroidissement.

Les explications qui viennent d'être données ne s'appliquent pas seulement aux poudres dans lesquelles le chlorate de potasse est mélangé avec le charbon et le soufre, comparées avec les poudres analogues à base de nitrate; elles comprennent aussi toute poudre formée par l'association des mêmes sels avec d'autres substances organiques. On peut montrer qu'il en est ainsi sans entrer dans des calculs spéciaux, pour lesquels les données précises feraient d'ailleurs défaut.

En effet, nos comparaisons reposent sur les données suivantes, lesquelles présentent un caractère de généralité :

1° La quantité de chaleur dégagée dans la formation de 1 gramme de chlorate de potasse à partir des éléments, soit 300 calories, est bien moindre que la quantité, 1280 calories, dégagée dans la formation du même poids de nitrate. Or, à poids égaux, les deux sels fournissent aux corps qu'ils oxydent la même quantité d'oxygène; d'où il suit qu'ils doivent être employés à poids égaux dans la plupart des cas. La formation des mêmes composés dégagera donc plus de chaleur avec le chlorate qu'avec le nitrate, et l'excès subsiste même en tenant compte de l'union des acides du soufre et du carbone avec la potasse du nitrate.

2° Le volume des gaz permanents est plus grand, ou tout au plus égal avec le chlorate de potasse qu'avec le nitrate, parce que le potassium du premier sel demeure sous forme de chlorure, tout l'oxygène se portant sur le soufre et le carbone pour produire des gaz; tandis que le potassium du nitrate retient une partie de l'oxygène, en même temps qu'il amène une portion du soufre et du carbone à l'état de composés salins et fixes.

Dans le cas où l'oxygène agit seulement sur le carbone ou sur un composé hydrocarboné il y a compensation exacte, parce que le volume de l'azote du nitrate remplace un volume égal d'acide carbonique fixé sur la potasse.

3° Les composés formés avec le chlorate étant plus simples en général qu'avec le nitrate, la dissociation doit être moins marquée, et par suite le jeu des pressions sera à la fois plus étendu, parce que la pression initiale est plus forte ; et plus brusque, parce que l'état de combinaison des éléments varie entre des limites plus resserrées.

IV. — Composés explosifs définis.

Jusqu'ici nous avons étudié les poudres, c'est-à-dire les substances dont les propriétés détonantes sont dues à l'action réciproque de leurs composants simplement mélangés : il s'agit d'appliquer les mêmes principes aux corps définis, dont l'explosion résulte d'une réaction interne entre les éléments préalablement associés sous forme de combinaison. Tels sont le chlorure d'azote, la nitroglycérine, la poudre-coton, le picrate de potasse, etc.

§ 1er. — *Chlorure d'azote.*

Le chlorure d'azote détone, comme on sait, en se résolvant en éléments :

$$AzCl^3 + Az + 3Cl.$$

La quantité de chaleur dégagée dans cette réaction, Q_1, a été déterminée par MM. Deville et Hautefeuille (1) : elle s'é-

---

(1) État initial depuis les éléments :

$$3(ClO^5, KO)\ldots\ldots\ldots\ldots\ldots\ldots\ldots\ 110\,400$$

Etat final :

$$3KCl\ldots\ldots\ldots\ldots\ldots\ldots\ldots\ 308\,100$$
$$4SO^2\ldots\ldots\ldots\ldots\ldots\ldots\ldots\ 155\,200$$
$$10CO\ldots\ldots\ldots\ldots\ldots\ldots\ldots\ 125\,000$$
$$\overline{\ 588\,300}$$

$588,3 - 110,4 = 477,9$ pour $0^{gr},492$ de poudre.

(2) En effet, ces deux poudres ne diffèrent que par la substitution du chlorate, dont la chaleur spécifique est 0,209; au nitrate, dont la chaleur spécifique est 0,239.

(1) *Comptes rendus*, t. LXIX, p. 152.

lève à 316^{cal},4 par gramme de chlorure d'azote, d'après la moyenne de leurs expériences. 1 gramme développe d'ailleurs 370 litres de gaz à zéro et 0^m,760.

Le nombre caractéristique des pressions sera donc égal à 117 000 ; il ne diffère pas beaucoup de celui de la poudre. Le travail maximum que le chlorure d'azote puisse effectuer est très-considérable ; cependant il ne dépasse guère la moitié de celui de la poudre. Ce sont là des résultats qui semblent contredire, à première vue, ce que l'on sait des phénomènes terribles produits par le chlorure d'azote : le chlorure d'azote, en effet, est regardé comme le type des substances brisantes et qui ne peuvent être employées dans les armes, pour effectuer les travaux de projection que la poudre réalise par sa détente progressive.

Tâchons de nous rendre compte de ces différences. La principale sans doute doit être attribuée à la nature des produits de l'explosion et à l'absence complète de tout composé susceptible de dissociation. En effet, la pression et le travail résultent de la chaleur dégagée dans la décomposition du chlorure d'azote. Or celle-ci donne naissance à des corps élémentaires qui n'ont aucune tendance à se recombiner, quelles que soient la température et la pression. La pression initiale atteindra donc tout d'abord son maximum, et le chlorure d'azote fournira tout de suite tout le travail dont il est susceptible, soit en disloquant les matériaux sur lesquels il agit, soit en les écrasant, s'ils ne sont pas suffisamment compactes, soit enfin en leur communiquant sa force vive sous forme de mouvements de projection et de rotation.

Il y a plus : la pression décroîtra très-brusquement, tant par le fait de ces transformations que par celui du refroidissement et de la détente des gaz ; et elle décroîtra sans qu'aucune nouvelle quantité de chaleur, produite durant la période de décroissement, intervienne pour modérer la chute rapide des pressions. Pression initiale énorme et s'abaissant presque subitement, ce sont là des conditions éminemment favorables à la rupture des vases qui contiennent le chlorure d'azote.

Ces conditions contrastent avec celles qui président à la combustion de la poudre, puisque dans cette dernière l'état de combinaison des éléments ne se produit pas tout d'abord d'une manière complète, et qu'il devient plus avancé à mesure que la température s'abaisse. La pression initiale est donc moindre avec la poudre qu'avec le chlorure d'azote ; mais, en revanche, elle décroît moins vite, à cause de l'intervention des nouvelles quantités de chaleur reproduites pendant la période de refroidissement. J'ai déjà insisté sur ces considérations.

On voit que la théorie rend assez bien compte des différences observées entre les propriétés du chlorure d'azote et celles de la poudre ordinaire. Cependant il faut encore signaler quelques autres circonstances, telles que la propagation successive de la transformation dans la masse entière, et surtout la durée des réactions moléculaires.

Pour propager la transformation dans une masse qui détone et qui n'est pas soumise aux mêmes actions dans toutes ses parties, il faut que les mêmes conditions physiques de température, de pression, etc., qui ont provoqué sur un point le phénomène se reproduisent successivement et couche par couche dans toutes les portions de la masse. On connaît à cet

égard les nombreux travaux des Artilleurs (1) sur la vitesse de combustion de la poudre ordinaire et sur celle de la poudre-coton, vitesse variable avec la structure physique des poudres et leur composition chimique. Cette vitesse varie également dans les mélanges gazeux explosifs, comme le prouvent les observations relatives à la combustion des mélanges d'oxygène et d'hydrogène, ou d'oxyde de carbone, ou de gaz hydrocarbonés. Les liquides, tels que le chlorure d'azote et la nitro-glycérine, doivent offrir des phénomènes analogues dans la propagation des réactions explosives.

Ce n'est pas tout. La masse entière étant placée dans les mêmes conditions de température, de pression ou de mouvement vibratoire, etc., il semble que la réaction doive se développer instantanément dans toutes les parties à la fois : les explosions subites du chlorure d'azote et de la nitroglycérine pourraient paraître favorables à cette manière de voir. Cependant l'observation prouve que les réactions moléculaires réclament en général un certain temps pour s'accomplir, même lorsqu'elles dégagent de la chaleur. Telle est, par exemple, la décomposition de l'acide formique en eau et oxyde de carbone. Opérée dans un vase fermé et maintenu à la température fixe de 260 degrés, elle exige un grand nombre d'heures. Et cependant cette réaction dégage 27 000 calories par équivalent d'acide formique, c'est-à-dire 590 calories par gramme, presque la même quantité que la déflagration d'un gramme de poudre.

L'acétylène changé en benzine vers le rouge sombre par une réaction lente dégage, sous le même volume, autant de chaleur qu'un mélange tonnant, formé d'oxygène et d'hydrogène dans les proportions de l'eau ; c'est le double de la chaleur dégagée par la poudre au chlorate sous le même poids. Le cyanogène dégage deux fois autant de chaleur que la poudre au chlorate sous le même poids, ou bien encore le double de la chaleur dégagée par un mélange tonnant formé de gaz oxyhydrique sous le même volume, lorsque ledit cyanogène est décomposé en carbone et azote par l'étincelle électrique. Quoique le carbone commence aussitôt à se précipiter, cependant le cyanogène ne détone point sous l'influence de l'étincelle, ce qui est une preuve de la lenteur de la réaction.

Je pourrais multiplier ces faits (2) ; ils comprennent les corps explosifs proprement dits eux-mêmes, maintenus à une température un peu inférieure à celle qui détermine l'explosion. L'oxalate d'argent, par exemple, se décompose lentement à 100 degrés, tandis qu'il détone à une température plus élevée.

Bref, toute réaction moléculaire opérée au sein d'un corps homogène et soumis à des conditions qui semblent identiques pour toutes ses parties, est affectée d'un coefficient caractéristique relatif à la durée. Ce coefficient dépend de la température et de la pression ; il joue un rôle essentiel dans l'étude des propriétés inégalement brisantes des composés explosifs.

Poussons jusqu'au bout cette explication. La durée plus ou moins grande d'une réaction ne change point la quantité de chaleur dégagée par la transformation totale d'un poids donné de matière explosive. Mais si les gaz formés se détendent à mesure, par suite du changement de la capacité que la fuite

---

(1) Piobert, *Traité d'artillerie*, partie théorique.
(2) *Annales de chimie et de physique*, 4ᵉ série, t. XVIII, p. 142.

du projectile agrandit, ou bien encore par suite du refroidissement dû au contact des parois, dans ces circonstances, dis-je, les pressions initiales seront d'autant moindres que la transformation d'un poids donné de matière explosive durera plus longtemps. Au contraire, lorsqu'une transformation très-rapide de toute la masse, au sein d'un vase fermé, jointe à l'absence des phénomènes de dissociation, permet aux pressions initiales d'atteindre l'immensité de leurs limites théoriques ou d'en approcher, nulle résistance connue ne pourra contenir les gaz de l'explosion.

Il en sera ainsi, non-seulement pour un corps explosif placé dans une capacité fixe et résistante, mais pour un tel corps placé dans une mince enveloppe, ou sous une couche d'eau, ou même à l'air libre. En effet, quand la durée des réactions décroît outre mesure, les gaz dégagés développent des pressions qui augmentent avec une extrême rapidité; si rapidement que les corps environnants, solides, liquides ou même gazeux, n'ont pas le temps de se mettre en mouvement pour y obéir graduellement; ils opposent à la détente des gaz des résistances comparables à celles d'une paroi fixe. On sait qu'il suffit d'une pellicule d'eau à la surface du chlorure d'azote pour donner lieu à de tels effets. Plus la durée de la réaction approche d'être instantanée, plus la pression initiale, même dans un vase ouvert, devient voisine de la pression théorique, celle-ci étant calculée pour le cas d'une décomposition opérée dans une capacité constante, entièrement remplie par la matière explosive. C'est ainsi que l'on peut rendre compte des effets extraordinaires de destruction produits par la nitro-glycérine ou la poudre-coton comprimée, appliquées sans bourrage dans des trous librement ouverts, ou même à la surface des rochers et des morceaux de fer. Dans une réaction extrêmement rapide, la commotion due au développement subit de ces pressions presque théoriques peut se propager à travers l'air lui-même, projeté en masse, comme l'ont montré les explosions de certaines poudrières et les expériences de M. Abel sur une série de blocs de poudre-coton comprimée. Le choc, propagé soit par une colonne d'air, soit par une masse liquide ou solide, varie avec la nature du corps explosif et son mode d'inflammation : il est d'autant plus violent, que la durée de la réaction chimique est plus courte et qu'elle développe plus de gaz, c'est-à-dire une pression initiale plus forte, et plus de chaleur, c'est-à-dire de travail, pour le même poids de matière explosive.

§ 2. — *Nitro-glycérine.*

La nitro-glycérine est réputée la plus énergique des substances explosives. Elle disloque les montagnes, elle déchire et brise le fer, elle projette des masses gigantesques. Malgré de redoutables accidents, l'industrie des Américains, des Suédois, des Anglais et d'autres peuples encore, a su tirer parti de ces propriétés extraordinaires.

Examinons si elles sont d'accord avec nos théories.

La décomposition de la nitro-glycérine peut être représentée par l'équation suivante :

$$C^6H^2(AzO^6H)^3 = 6CO^2 + 5HO + 3Az + O.$$

On voit que la nitro-glycérine jouit de la propriété excep-

tionnelle de renfermer plus d'oxygène qu'il n'est nécessaire pour en brûler complétement les éléments (1).

1 kilogramme de nitro-glycérine, sous une pression de $0^m,760$ et à une température capable de vaporiser l'eau, produit 710 litres $(1 + \alpha t)$ de gaz. 1 litre de nitro-glycérine produira davantage, soit 1135 litres $(1 + \alpha t)$, à cause de sa densité 1,60. Sous le même poids, la nitro-glycérine produit donc 3 fois et demie autant de gaz que la poudre au nitrate, 2 fois autant que la poudre au chlorate. Sous le même volume, elle produit près de 6 fois autant de gaz que la poudre au nitrate.

La chaleur dégagée dans la réaction l'emporte aussi beaucoup. Elle peut être évaluée (2) à 291 000 calories pour un équivalent de nitro-glycérine (l'eau étant produite sous forme gazeuse), soit 2 051 000 calories pour 1 litre; 1 282 000 pour 1 kilogramme. Cette dernière quantité est double de la chaleur dégagée par le même poids de poudre au nitrate, et supérieure d'un tiers à la poudre au chlorate.

Ainsi la nitro-glycérine produit sous le même poids 3 fois et demie autant de gaz et 2 fois autant de chaleur que la poudre au nitrate. La différence entre les effets est facile à prévoir. Le nombre caractéristique des pressions, 910 000, est sept fois aussi considérable.

1 litre de nitro-glycérine pèse $1^{kil}.,60$; en détonant dans une capacité complétement remplie, comme il arrive dans un trou de mine, ou bien quand on opère sous l'eau, cette substance devrait développer une pression 8 à 10 fois aussi grande que celle produite par le même volume de poudre. Le travail maximum pourra s'élever à près de 900 millions

---

(1) Une partie de cet oxygène donne parfois naissance à du bioxyde d'azote.

(2) Voici le calcul :

<table>
<tr><td>État initial des éléments.</td><td>État final.</td></tr>
</table>

$$C^6H^8O^6 + 15O + 3Az + 3HO = 6CO^2 + 11HO + 3Az + O.$$

Première marche.

$C^6H^8O^6 + O^{14} = 6CO^2 + 8HO$ (les autres substances n'intervenant pas) dégage une quantité de chaleur dont la valeur doit être voisine de...................................... 400 000 cal.

(*Ann. de chimie et de physique*, 4° série, t. VI, p. 424.)

Deuxième marche.

$3(Az + O^5 + HO) = 3(AzO^5, HO)$ pur et liquide...... 60 000
$3(AzO^5HO) + C^6H^8O^6 = C^6H^2(AzO^6H)^3 + 3H^2O^2.$

La chaleur dégagée dans cette réaction ne peut être guère mesurée directement, à cause des produits accessoires d'oxydation : j'admettrai qu'elle est la même que la chaleur dégagée dans la formation de l'éther nitrique, pour le même poids d'acide nitrique. Or, l'alcool pur en léger excès et l'acide nitrique pur, mélangés avec les précautions convenables, réagissent immédiatement et forment à peu près la quantité théorique d'éther nitrique. La chaleur dégagée est d'ailleurs capable de porter le mélange à l'ébullition, sans pourtant donner lieu à une distillation considérable. D'après ces faits d'observation, la chaleur dégagée doit être voisine de 7 à 8000 calories. C'est à peu près la même quantité qui se dégage lorsque l'on étend l'acide nitrique pur avec une grande proportion d'eau (7700). Soit donc.............. $8000 \times 3 = 24\,000$
$C^6H^2(AzO^6H)^3 = 6CO^2 + 5HO + Az + O.....$ x
$$\overline{84\,000 + x}$$

Or 400 000 $= 84\,000 + x$; d'où l'on tire $x = 316\,000$.

Il faut en retrancher la chaleur nécessaire pour vaporiser 6HO, soit 25 000 ; et il reste 291 000 pour la réaction qui donne naissance à l'eau gazeuse.

de kilogrammètres, valeur triple de celle du travail maximum de la poudre sous le même volume.

Ces chiffres colossaux ne sont sans doute jamais atteints dans la pratique, surtout à cause des phénomènes de dissociation; mais il suffit qu'on en approche pour expliquer pourquoi les travaux, et surtout les pressions développées par la nitro-glycérine, surpassent les effets produits par toutes les autres matières explosibles usitées dans l'industrie. Les rapports que ces chiffres signalent entre la nitro-glycérine et la poudre, par exemple, s'accordent assez bien avec les résultats empiriques observés dans l'exploitation des mines (1).

La rupture en éclats et l'explosion du fer forgé (2), effets que la poudre ordinaire ne saurait produire, sont de nouvelles preuves de l'énormité des pressions initiales développées par la nitro-glycérine.

Si la nitro-glycérine est brisante, cependant elle fracture les roches sans les écraser en menus fragments. Cette propriété s'explique encore par le jeu des phénomènes de dissociation : les éléments de l'eau et de l'acide carbonique doivent être en partie séparés dans les premiers moments, ce qui diminue les pressions initiales; mais la formation de l'eau et de l'acide carbonique, se complétant pendant la détente, reproduit successivement de nouvelles quantités de chaleur qui régularisent la chute des pressions. La nitro-glycérine agira donc pendant la détente à la façon de la poudre ordinaire. Cependant la dissociation doit être moindre avec la nitro-glycérine, parce que les composés formés sont plus simples et les pressions initiales plus fortes.

Bref, la nitro-glycérine réunit les propriétés en apparence contradictoires des diverses matières explosives; elle est brisante, comme le chlorure d'azote; elle disloque et fracture les roches sans les écraser, comme la poudre ordinaire, quoique avec plus d'intensité; enfin elle produit des effets excessifs de projection : toutes ces propriétés, reconnues par les observateurs, peuvent être prévues et expliquées par la théorie.

Je pourrais montrer encore que l'inflammation provoquée sur un point de la masse est moins dangereuse avec la nitro-glycérine qu'avec la poudre au chlorate et même avec la poudre au nitrate, parce que la combustion d'un même poids de matière élève moins la température des parties voisines, soit à cause du refroidissement produit par le contact des parties liquides ambiantes, soit et surtout à cause de la chaleur spécifique de la nitro-glycérine, plus que double de celle des poudres au chlorate et au nitrate.

La théorie des effets produits par la nitro-glycérine ne serait pas complète si nous ne parlions des phénomènes du choc et des autres causes capables d'en provoquer la déflagration. Elle est des plus sensibles à cet égard; il suffit de la chute d'un poids tombant de $0^m,25$ de hauteur pour déterminer l'explosion de la nitro-glycérine (3). Mais les circon-

stances de cette explosion sont très-différentes, suivant que l'on opère par simple choc, par le contact d'un corps en ignition faible, ou vive, ou d'une fusée ordinaire, ou bien encore par le contact d'une amorce au fulminate de mercure. M. Abel a publié à cet égard, sur la nitro-glycérine et sur la poudre-coton, des expériences très-curieuses et qui tendent à établir une grande diversité entre les conditions de déflagration de ces substances, suivant la manière de les faire détoner (1). Quelque étrange que cette diversité puisse sembler à première vue, je crois cependant que les théories thermodynamiques sont capables d'en rendre compte par une analyse convenable des phénomènes du choc.

Soit le cas le plus simple, celui d'une explosion déterminée par la chute d'un poids qui tombe d'une certaine hauteur. Tout d'abord, on serait porté à attribuer les effets à la chaleur dégagée par la compression due au choc du poids brusquement arrêté. Mais le calcul montre que l'arrêt d'un poids de quelques kilogrammes, tombant de $0^m,25$ ou de $0^m,50$ de hauteur, ne pourrait élever que d'une fraction de degré la température de la masse explosive, si la chaleur résultante était répartie uniformément dans la masse entière : celle-ci ne saurait donc atteindre ainsi la température de 190 degrés, nécessaire pour en provoquer l'explosion.

C'est par un autre mécanisme que la force vive du poids, transformée en chaleur, devient l'origine des effets observés. Il suffit d'admettre que les pressions qui résultent du choc exercé à la surface de la nitro-glycérine, étant trop subites pour se répartir uniformément dans toute la masse, la transformation de la force vive en chaleur a lieu surtout dans les premières couches atteintes par le choc; celles-ci pourront être portées ainsi jusqu'à 190 degrés, et elles se décomposeront aussitôt en produisant une grande quantité de gaz : la production de ceux-ci est à son tour si brusque, que le corps choquant n'a pas le temps de se déplacer, et que la détente soudaine des gaz de l'explosion produit un nouveau choc, plus violent sans doute que le premier, sur les couches situées au-dessous. La force vive de ce nouveau choc se change en chaleur dans les couches qu'il atteint d'abord. Elle en détermine l'explosion, et cette alternative entre un choc développant une force vive qui se change en chaleur, et une production de chaleur qui élève la température des couches échauffées jusqu'au degré d'une explosion nouvelle, capable de reproduire un autre choc, cette alternative, dis-je, propage la réaction de couche en couche dans la masse entière. La propagation de la déflagration a lieu ainsi avec une vitesse incomparablement plus grande que celle d'une simple inflammation provoquée par le contact d'un corps en ignition, et opérée dans des conditions où les gaz se détendent librement, au fur et à mesure de leur production.

Ce n'est pas tout : la réaction provoquée par un premier choc, dans une matière explosive donnée, se propage avec une vitesse qui dépend de l'intensité du premier choc, puisque la force vive de celui-ci, transformée en chaleur, détermine l'intensité de la première explosion, et par suite celle de la série entière des effets consécutifs. Il résulte de là que l'explosion d'une masse solide ou liquide peut se développer suivant une infinité de lois différentes, dont chacune est déterminée, toutes choses égales d'ailleurs, par l'impulsion originelle. Plus le choc initial sera violent, plus la décomposi-

---

(1) Voyez les expériences citées dans l'opuscule *la Dynamite*, par Trauzl, extrait par P. Barbe, p. 91 et 92 (1870). L'effet utile de la nitro-glycérine dans les carrières a été trouvé cinq à six fois aussi grand que celui de la poudre de mine, à poids égal. A volume égal, « dans les trous de mine, on obtient, avec la dynamite, environ huit fois l'effet produit par la poudre », c'est-à-dire onze fois le même effet avec la nitro-glycérine pure. Il s'agit ici des effets de dislocation, qui dépendent surtout des pressions initiales.

(2) Même ouvrage, p. 98 et 99.

(3) Ch. Girard, Millot et Vogt, *Comptes rendus*, t. LXXI, p. 691.

(1) *Comptes rendus*, 1869, t. LXIX, p. 105-121.

tion qu'il provoque sera brusque, et plus les pressions exercées pendant le cours entier de cette décomposition seront considérables. Une seule et même substance explosive pourra donc donner lieu aux effets les plus divers, suivant le procédé d'inflammation.

Voilà pourquoi la nitro-glycérine et la poudre-coton comprimée produisent chacune des effets si différents, selon qu'on les enflamme à l'aide d'un corps en ignition faible, d'une flamme, ou d'une fusée ordinaire, ou bien à l'aide d'une fusée détonante chargée de fulminate de mercure.

La diversité des effets est moins marquée avec la poudre-coton non comprimée, parce que l'influence du choc initial s'exerce sur une moindre quantité de matière, et surtout parce que la propagation des réactions successives dans la masse y développe des pressions initiales plus faibles, et une transformation moins directe de la force vive en chaleur transmise au corps explosif, à cause de l'air interposé.

La poudre-coton comprimée elle-même est moins compacte que la nitro-glycérine ; à cause de sa structure, les pressions dues aux chocs doivent être sensiblement atténuées par l'existence des interstices. Aussi la poudre-coton est-elle plus difficile à faire détoner que la nitro-glycérine : la nitro-glycérine détone par la chute d'un poids tombé d'une moindre hauteur, par l'emploi d'une amorce chargée de poudre-coton, d'un mélange de fulminate et de chlorate de potasse, etc.; tandis que la poudre-coton ne fait pas explosion sous l'influence de la nitro-glycérine, ni sous l'influence d'un mélange de fulminate et de chlorate : elle réclame le choc plus brusque du fulminate de mercure pur. Celui-ci, d'ailleurs, est moins efficace s'il est employé à nu que s'il est placé dans une enveloppe, moins efficace dans une mince enveloppe de laiton que dans une enveloppe épaisse de fer-blanc ; il est moins efficace encore si l'amorce n'est pas en contact avec le coton-poudre. La nitro-glycérine elle-même détone moins bien sous l'influence d'une fusée au fulminate, si elle s'est enflammée avant l'explosion du fulminate, l'inflammation préalable ayant pour effet de produire un certain vide entre deux.

Tous ces phénomènes, signalés pour la plupart par M. Abel, s'expliquent par la valeur plus ou moins considérable des pressions initiales et par leur développement plus ou moins subit, c'est-à-dire par les conditions qui règlent la force vive transformée en chaleur dans un temps donné, au sein des premières couches de la matière explosive atteintes par le choc.

La quantité de force vive ainsi transformée dépend donc à la fois de la brusquerie du choc et de la grandeur du travail qu'il peut développer : ce sont là deux données qui varient d'une substance explosive à l'autre. Par exemple, les amorces les plus convenables ne sont pas toujours celles dont l'explosion est la plus instantanée. M. Abel a reconnu que le chlorure d'azote n'est pas très-efficace pour enflammer la poudre-coton ; l'iodure d'azote, si sensible au moindre frottement, demeure tout à fait impuissant à l'égard de la poudre-coton. Or, le chlorure d'azote est précisément l'un des corps explosifs décrits dans cette leçon qui développent le moins de chaleur, et par conséquent de travail, sous un poids déterminé ; on conçoit donc qu'il faille en employer davantage à titre d'amorce. Quant à l'iodure d'azote, d'après les analogies tirées des composés iodosubstitués, son explosion doit dégager bien moins de chaleur encore et de travail, sous le même poids,

que le chlorure d'azote. Son impuissance est donc facile à comprendre.

Sans nous étendre davantage sur ces théories, il semble utile de dire quelques mots de la dynamite.

La *dynamite* est un mélange de nitro-glycérine avec certaines matières solides, et spécialement avec certaines variétés de silice ou d'alumine.

M. Nobel l'a proposée pour obvier aux terribles effets qui résultent de la propagation des chocs dans la nitro-glycérine liquide. Montrons que les théories thermiques sont favorables à l'emploi de la dynamite.

La dynamite est, en effet, moins brisante que la nitro-glycérine, parce que la chaleur dégagée se partage entre les produits de l'explosion et la substance inerte. Par suite, la température s'élève moins, ce qui diminue d'autant les pressions initiales. Par exemple, la silice et l'alumine anhydres ont à peu près la même chaleur spécifique (0,19) que les produits gazeux de l'explosion de la nitro-glycérine à volume constant. A poids égaux et dans une capacité complétement remplie, elles abaisseront environ à moitié la température, et par suite la pression initiale.

Pour un même poids de nitro-glycérine, les propriétés brisantes seront donc atténuées proportionnellement au poids de la matière inerte mélangée, tandis que le travail maximum conservera la même valeur, étant toujours proportionnel au poids de la nitro-glycérine.

Les mêmes circonstances rendront plus difficile la propagation de l'inflammation simple d'une petite portion de la masse dans les parties voisines, attendu que celles-ci détonent seulement lorsqu'elles sont portées à une température approchant de 190 degrés ; la détonation produite par une amorce exigera une commotion initiale plus forte pour avoir lieu.

Si la déflagration est produite par le choc d'un corps dur ou d'une fusée fulminante, les particules solides interposées dans le liquide répartiront la force vive du choc entre la matière inerte et la matière explosive, et cela dans une proportion qui dépendra de la structure de la matière inerte. Celle-ci change ainsi la loi de l'explosion et introduit dans les phénomènes une extrême variété, ainsi qu'il résulte des expériences de M. Nobel et de celles de MM. Girard, Millot et Vogt, sur la nitro-glycérine mélangée avec la silice, ou l'alumine, ou l'éthal, ou le sucre.

Il est d'ailleurs évident que les effets utiles de la matière inerte ne se produiront complétement que si le mélange est homogène et sans aucune séparation de nitro-glycérine liquide, car le liquide exsudé conserve toutes ses propriétés. De là encore la nécessité d'une structure spéciale dans la matière solide.

Au lieu de diminuer l'intensité des effets de la nitro-glycérine, on peut réussir à les accroître par certaines additions. En effet, l'explosion laisse 1 équivalent d'oxygène disponible, ainsi qu'il a été dit. On peut employer cet oxygène à brûler une petite quantité de matière combustible additionnelle, par exemple 4 centièmes de soufre, 2 centièmes d'alcool, ou bien encore 1 centième de carbure d'hydrogène; on augmente ainsi de près d'un dixième la chaleur produite à poids égal, sans changer sensiblement le volume des gaz. Au delà de ces proportions, les matières combustibles additionnelles changent la nature des réactions chimiques.

Comparons enfin la nitro-glycérine avec la poudre, au point de vue du meilleur emploi d'un poids donné de nitrate de potasse. D'après les équivalents, 303 parties de nitre produisent, soit 404 parties de poudre ordinaire, soit 227 parties de nitro-glycérine, c'est-à-dire un poids moitié moindre. Mais, en revanche, cette dernière peut développer, dans les circonstances les plus favorables, une pression 8 à 10 fois aussi grande que le même volume de poudre, et effectuer un travail triple.

Il résulte de ces nombres qu'un poids donné de nitrate de potasse, s'il pouvait être changé atomiquement et sans perte (1) en nitro-glycérine, développerait dans un trou de mine une pression triple de celle que fournirait la poudre fabriquée avec le même poids de nitrate.

§ 3. — *Poudre-coton ou pyroxyle.*

La poudre-coton ne renferme pas, comme la nitro-glycérine, une quantité d'oxygène suffisante pour la combustion complète de ses éléments. Aussi les produits sont-ils fort compliqués, à moins de simplifier la réaction en ajoutant du nitrate ou du chlorate de potasse. Soit d'abord la poudre-coton seule, c'est-à-dire dans les conditions ordinaires de son emploi. En discutant les résultats assez divergents des auteurs, je suis arrivé à représenter sa déflagration par l'équation suivante, que je donne sous toutes réserves :

$$2C^{24}H^{10}O^{10}(AzO^6H)^5 = 7C^2O^4 + 12C^2O^2 + 2C^2H^4 + H + 3C^2HAz + 9H^2O^2 + 5AzO^2 + 2Az.$$

Ces produits ne répondent pas à une combustion totale : aussi leur nature change-t-elle avec les conditions de température, de pression, de travail mécanique, etc.; nous ne possédons pas à cet égard de données suffisamment précises. Aussi, pour ne pas compliquer notre étude, je me bornerai à discuter la réaction définie ci-dessus.

1 kilogramme de poudre-coton produirait ainsi, sous la pression normale et à une température capable de vaporiser l'eau, 801 litres $(1 + \alpha t)$.

La chaleur dégagée (2) serait, pour 1 kilogramme, 700 000 calories environ, un peu plus que pour la poudre ordinaire, mais beaucoup moins que pour la nitro-glycérine.

Le nombre caractéristique des pressions est 560 000.

---

(1) D'après les expériences de MM. Girard, Millot et Vogt, le rendement effectif serait à peu près la moitié du rendement théorique : 1 partie d'acide fournissant 0,6 de nitro-glycérine au lieu de 1,2.

(2) Voici le calcul :

Système initial : $48C + 40H + 10Az + 900 + 10HO$.

Première marche.

$2(C^{24} + H^{20} + O^{20}) = 2C^{24}H^{20}O^{20}$ 784 000
   En admettant la même chaleur de combustion pour le coton que pour le sucre, rapporté au même poids de carbone.
$10(Az + O^5 + HO) = 10AzO^6H$ 200 000
Réaction de l'acide sur le coton, évaluée à........... 80 000
                                       · 1 064 000

             Déflagration................ x

$x = 769 000$ pour 1098^{gr} de poudre-coton.

Pour obtenir le maximum d'effet de la poudre-coton, la théorie, d'accord avec les expériences les plus récentes, indique qu'il faut comprimer cette poudre et la réduire au plus petit volume possible; en effet, on accroît ainsi les pressions initiales.

Comparons la poudre-coton avec les autres matières explosives. Elle se distingue par la grandeur des pressions initiales plutôt que par le travail maximum. Ainsi la pression initiale serait plus que triple de celle de la poudre ordinaire, ce qui est le rapport empirique donné par Piobert (1); mais le travail maximum est à peine plus grand. Cette pression initiale théorique doit être d'ailleurs diminuée dans la pratique, comme pour la poudre ordinaire, à cause de l'état incomplet de combinaison des éléments et de la complexité des composés qui tendent à se former. De là résultera une détente moins brusque et plus régulière, par suite d'une combinaison devenue plus complète pendant le refroidissement.

Au contraire, la nitro-glycérine à poids égaux réalise un travail double et une pression initiale supérieure de moitié à ceux de la poudre-coton. Il n'est donc pas surprenant que l'industrie ait trouvé la nitro-glycérine préférable, d'autant que celle-ci n'exige aucune compression préalable. Par contre, il est plus facile de répartir la poudre-coton d'une manière uniforme dans un espace considérable, ce qui peut offrir certains avantages dans les applications.

Au lieu d'employer la poudre-coton pure, on peut tâcher d'en compléter la combustion par une addition convenable d'un corps oxydant. Tel sera, par exemple, le mélange de 54 parties de pyroxyle et de 46 parties de nitrate de potasse. Il répond à l'équation suivante :

$$C^{24}H^{10}O^{10}(AzO^6H)^5 + 4\tfrac{3}{5}AzO^6K = 4\tfrac{3}{5}CO^3K + 19\tfrac{2}{5}CO^2 + 15HO + 9\tfrac{3}{5}Az.$$

1 kilogramme du mélange produirait, sous la pression normale et à t degrés, 484 litres $(1 + \alpha t)$ de gaz permanents au-dessus de 100 degrés; il en produirait 534 litres $(1 + \alpha t)$, dans l'hypothèse de la vaporisation totale.

La chaleur dégagée (2) sera 1 018 000 calories. On a encore,

Deuxième marche. .

$7(C^2 + O^4)$..........................	$+658 000$
$12(C^2 + O^2)$........................	$+300 000$
$2(C^2 + H^4)$.........................	$+ 44 000$
$3(C^2 + H + Az)$....................	$- 60 000 - 3\alpha$
$9(H^2 + O^2)$ ⎱	966 000
$10(H + O)$ ⎰	
$5(Az + O^2)$.........................	35 000
$2Az$.................................	0
H...................................	0
	1 943 000 — 3α
Vaporisation de $3C^2HAz$ et de $9H^2O^2$........	110 000
	1 833 000
	1 833 000
	1 064 000
	$x = 769 000$

(1) Ouvrage déjà cité, p. 496.

(2) Système initial : $24C + 20H + 9\tfrac{3}{5}Az + 4\tfrac{3}{5}K + 72\tfrac{3}{5}O + 5HO$.

pour le nombre caractéristique des pressions, 492 000. La pression initiale sera donc un peu moindre, et le travail maximum un peu plus fort qu'avec le pyroxyle pur. La dissociation interviendra également à un haut degré, à cause de la complexité des produits, pour abaisser la pression initiale et pour modérer la chute des pressions successives.

En somme, la théorie n'indique pas que l'addition de nitrate de potasse au pyroxyle, assez incommode à réaliser en pratique, offre de très-grands avantages, si ce n'est pour économiser le pyroxyle. Les expériences qui ont été faites sur des mélanges analogues formés de cellulose nitrique, imprégnée avec le nitrate de potasse, semblent conformes à cette manière de voir.

L'addition du chlorate de potasse à la poudre-coton serait beaucoup plus redoutable, attendu que le mélange donnerait lieu au même volume de gaz, mais à un dégagement de chaleur bien plus considérable, soit 1 446 000 calories.

§ 4. — *Picrate de potasse pur ou mélangé.*

Le picrate de potasse pur détone violemment sous l'influence d'une chaleur assez forte ; mais il est loin de renfermer assez d'oxygène pour donner lieu à une combustion complète. De là la nécessité de le mélanger avec du nitrate ou du chlorate de potasse. On connaît la terrible puissance des poudres Bobœuf, Designolles, Fontaine, etc. Examinons la théorie de ces diverses matières explosives.

Soit d'abord le picrate de potasse seul. Les produits de son explosion ne sont pas bien connus. Pour simplifier, et provisoirement, j'admettrai l'équation suivante :

$$C^{12}H^2K(AzO^4)^3O^2 = CO^3K + H^2O^2 + 9CO + Az^3 + 2C.$$

La réaction varie d'ailleurs, comme celle de la poudre-coton, et pour les mêmes motifs. Je discuterai seulement l'équation ci-dessus.

D'après cette équation, 1 kilogramme de picrate de potasse fournira, à la température t et sous la pression normale, 585 litres $(1 + \alpha t)$ de gaz permanents au-dessus de 100 degrés ; il fournira 627 litres $(1 + \alpha t)$, dans l'hypothèse de la vaporisation du carbonate de potasse.

Première marche.

Formation de $C^{24}H^{10}O^{10}(AzO^6H)^5 + 10HO$......	534 000
Formation de $AzO^6K \times 4\frac{3}{5}$....................	598 000
	1 132 000
Déflagration............ x	

Deuxième marche.

Formation de $4\frac{3}{5}CO^3K$....................	663 400
Formation de $19\frac{2}{5}CO^2$....................	911 800
Formation de $(15 + 5)HO$.................	690 000
	2 235 200
Vaporisation de $15HO$....................	—70 000
	2 165 000
	1 132 000
$x =$................	1 033 000

pour 1014 grammes de mélange.

La chaleur dégagée (1) peut être évaluée à 872 000 calories.

Ce sont des chiffres intermédiaires entre ceux qui répondent à la poudre-coton et ceux relatifs à un mélange de poudre-coton et de nitrate de potasse ; et ils diffèrent peu des nombres relatifs à la poudre au chlorate de potasse, mêlé de soufre et de charbon. Mais ils l'emportent de beaucoup sur les nombres qui caractérisent la poudre ordinaire au nitrate de potasse. La violence de la déflagration du picrate de potasse pur n'a donc rien de surprenant.

Soit le picrate mélangé de nitrate de potasse, à poids égaux :

$$C^{12}H^2K(AzO^4)^3O^2 + 2\tfrac{3}{5}AzO^6K = 3\tfrac{3}{5}CO^3K + 8\tfrac{2}{5}CO^2 + H^2O^2 + 5\tfrac{}{5}Az.$$

1 kilogramme de cette poudre développera à $t°$, sous la pression normale, 337 litres $(1 + \alpha t)$ de gaz permanents au-dessus de 100 degrés ; ou bien 413 litres $(1 + \alpha t)$ dans l'hypothèse de la vaporisation totale. La chaleur dégagée sera environ 957 000 calories.

Les résultats ne diffèrent pas beaucoup de ceux de la poudre formée de chlorate de potasse, de soufre et de charbon, ni même de ceux que fournit le picrate de potasse pur. L'addition du nitrate de potasse au picrate paraît seulement le rendre plus facilement inflammable, en abaissant la température de la réaction commençante.

Soit enfin le picrate de potasse mélangé de chlorate, à poids égaux :

$$C^{12}H^2K(AzO^4)^3O^2 + 2\tfrac{1}{6}ClO^6K = CO^3K + 2\tfrac{1}{6}KCl + 11CO^2 + H^2O^2 + 3Az$$

Le volume des gaz permanents formés est exactement le même qu'avec le nitrate de potasse, à poids égal ; il est aussi presque identique dans l'hypothèse de la vaporisation saline. Mais la chaleur dégagée est plus grande, soit 1 405 000 calories par kilogramme. Le nombre caractéristique des pressions est égal à 474 000.

Ces valeurs l'emportent sur celles de presque toutes les matières explosives solides, et ne sont surpassées que par la nitro-glycérine. Les avantages que la pratique a assignés à la nouvelle poudre formée de picrate et de chlorate de potasse sont donc conformes à la théorie.

En résumé, la force et les propriétés mécaniques des diverses substances explosives n'avaient été comparées entre

---

(1)   Système initial : $12C + 6H + 3Az + K + 18O + 4HO$.

Première marche.

Formation de $C^{12}H^6O^2$........................	34 000
Formation de $3AzO^6H$....................	60 000
Réaction évaluée à....................	24 000
Formation de KO dissoute....................	78 000
Formation du picrate solide ; environ..........	19 000
	215 000
Déflagration............ x	

Deuxième marche.

Formation de CO^3K..	137 700
Formation de $9CO$....................	112 500
$(2 + 4)HO$....................	207 000
	452 200
Vaporisation de $2HO$....................	—9 500
	447 700
	215 000
	2 327 000

Pour 267 grammes de picrate.

elles, jusqu'à présent, que par voie empirique. J'ai essayé d'établir cette comparaison sur des notions théoriques, et l'on a pu voir que les déductions ainsi obtenues s'accordent en général avec l'expérience ; il est donc permis de les prendre comme guide, soit pour obtenir le maximum d'effet des matières déjà connues, soit pour les associer avec d'autres substances, soit enfin pour découvrir des composés explosifs nouveaux qui possèdent des propriétés déterminées à l'avance.

Le tableau suivant résume les données caractéristiques propres aux diverses matières explosives étudiées dans les présentes recherches :

Nature de la substance explosive.	Quantité de chaleur dégagée par 1 kilogr.	Volume des gaz formés.	Produit de ces deux nombres, lequel peut servir de terme de comparaison entre les pressions développées dans les mêmes conditions.
Poudre de chasse.......	644 000	0,216	139 000
— de guerre..........	622 500	0,225	140 000
— de mine..........	380 000	0,355	135 000
— avec excès de charb..	429 000	0,510	219 000
— au nitrate de soude..	769 000	0,252	194 000
— au chlorate de potasse.	972 000	0,318	309 000
Chlorate d'azote........	316 400	0,370	117 000
Nitro-glycérine..........	1 282 000	0,710	910 000
Poudre-coton..........	700 000	0,801	560 000
— mélangée de nitrate..	1 018 000	0,484	492 000
— mélangée de chlorate.	1 446 000	0,484	700 000
Picrate de potasse.	872 000	0,585	510 000
— mélangé de nitrate...	957 000	0,337	323 000
— mélangé de chlorate..	1 405 000	0,337	474 000

M. BERTHELOT.

FACULTÉ DE MÉDECINE DE PARIS

CONFÉRENCE DE M. BOUCHARDAT

(15 janvier 1871)

Des meilleurs moyens d'employer pendant le siége nos ressources alimentaires (1)

ORGE. — MAÏS. — SARRASIN. — SEIGLE.

Il est quelques autres céréales ou produits alimentaires du même ordre dont je vais parler brièvement, moins parce qu'elles entrent comme une partie importante dans nos réserves alimentaires que parce qu'elles nous offriront de précieuses ressources pour ensemencer tant de terres fertiles qui n'ont pu être semées en blé d'hiver.

Ce n'est pas seulement aux calamités du moment qu'il faut penser, il ne faut pas perdre de vue que les produits du sol ont, dans bien de nos départements, beaucoup laissé à désirer cette année ; il faut savoir prévenir la disette qui pourrait nous menacer ; l'histoire nous l'apprend, les calamités se suivent : guerre, famine et peste.

Vous pensez au blé du printemps, mais il ne faut pas oublier qu'il fournit des récoltes moins abondantes que le blé d'hiver ; c'est une ressource dans les conditions où nous sommes, je ne la crois pas la meilleure.

L'*orge*, quand elle est semée dans de bons terrains, est une

céréale productive ; elle peut être cultivée à de plus grandes altitudes et plus avant dans le nord que le blé ; il en existe au moins dix variétés distinctes ; le grain est assez uniforme, il pèse en moyenne 65 kilogrammes par hectolitre. Ce sera une des céréales de printemps les plus précieuses pour être semées dans les bonnes terres qui n'ont pu recevoir le blé d'hiver.

L'orge contient 13 pour 100 environ de matières azotées, à peu près autant que nos blés blancs ; elle renferme moins d'amidon, 66 pour 100, mais elle contient plus de matières grasses, près de 3 pour 100. Théoriquement, c'est donc une graine ayant au moins la valeur alimentaire du blé ; mais la matière azotée n'a pas la cohérence du gluten du froment ; puis les enveloppes extérieures du fruit sont dures, développées. On avait donné le nom d'*hordéine* à la matière ligneuse qui la constitue pour la plus grande partie. C'est cette matière ligneuse qui, broyée avec le grain, donnait au pain des propriétés si désagréables que d'un homme mal élevé on disait : « Il est grossier comme pain d'orge ». Aujourd'hui, grâce au perfectionnement des procédés de mouture, ces rudes enveloppes du fruit sont enlevées ; on obtient une très-bonne farine, qui, mêlée à celle du froment, forme la base d'un pain excellent, que je mangeais les autres années avec grand plaisir à l'époque des vendanges. Ce perfectionnement de la meunerie a modifié nos cultures. On fait plus de blé, plus d'orge et moins de seigle ; si nos provisions d'orge sont encore assez élevées, on pourra mêler cette farine à celle du blé, et la valeur alimentaire du pain ne sera pas diminuée. Une condition indispensable, c'est que la farine d'orge soit obtenue par les procédés de la mouture perfectionnée.

Le *maïs* est une excellente céréale ; elle se recommande par sa fécondité et par sa composition ; elle renferme à peu près autant de matière azotée que le blé blanc, 12 1/2 pour 100, 68 pour 100 d'amidon ; mais c'est la céréale la plus riche en matière grasse ; elle en contient près de 9 pour 100 en moyenne. C'est donc pour l'homme un aliment complet ou peu s'en faut. Le maïs se prête mal à la panification, mais il forme la base de bonnes galettes et d'excellentes bouillies ; malheureusement nous en avons peu.

Le maïs se sème tard, c'est pour nous un avantage, mais il ne mûrit qu'imparfaitement ; dans nos départements du centre, il faudra absolument le sécher au four pour empêcher les moisissures. Semons du maïs dans nos bonnes terres, ce sera un excellent moyen de prévenir la disette.

Le *sarrasin* est une graine triangulaire ayant une enveloppe dure, fragile, noire, qui forme le cinquième du poids du grain ; c'est pour cela qu'il ne donne qu'une farine grise peu propre à la panification ; il contient 10 pour 100 de matières azotées, 52 pour 100 d'amidon. Il se plaît dans les terres maigres, se sème tard ; c'est encore une graine à semer pour nous prémunir.

Seigle. Céréale des terres pauvres, peu productive, mais très-utile par son chaume ; son gluten est moins cohérent que celui du blé, mais sa farine s'associe bien à la sienne pour constituer un pain nourrissant qui se conserve parfaitement. Nous en avons encore, il faut le moudre et le mêler à notre farine de blé.

Il entrait avec le miel dans la composition du pain d'épice, que le Parisien estimait pour ses propriétés laxatives. Mais en temps où la nourriture n'est pas trop abondante, et pendant la saison froide, les laxatifs ne sont pas indiqués.

Un fait général sur lequel je crois devoir insister en terminant, c'est que toutes nos graines céréales, blé, orge, seigle, maïs, avoine, sont cette année d'excellente qualité, sans aucune altération ; les chaleurs exceptionnelles de l'été ont pu diminuer la farine aux dépens des enveloppes des graines, mais nous sommes assurés d'avoir un pain, quelle que soit sa nuance, parfaitement sain avec toutes ces graines.

DU PAIN.

Je dois vous entretenir du pain, de son rôle alimentaire, de sa fabrication, car cette étude nous permettra de trouver le meilleur emploi possible de tout ce qui existe de véritablement alimentaire dans le blé, de ne séparer de la précieuse graine que 8 pour 100 de sons ou recoupes au lieu de 22, et cependant de produire un pain de très-bonne qualité.

Quel incomparable aliment que le pain ! il plaît à tous, on ne s'en lasse pas ; il est si bien approprié à nos organes qu'il est digéré sans donner de résidus, sans causer aucun trouble dans l'appareil digestif. La proportion des principes qui le constituent est si bien ordonnée, qu'il s'en faut de bien peu qu'il soit pour l'homme un aliment complet.

Peut-être dira-t-on que nous sommes en France, et surtout à Paris, de trop grands mangeurs de pain ; que cet excès par rapport à la viande ne peut suffire qu'à réparer les pertes déterminées par un travail modéré, et ne permettrait pas à l'homme la continuité de grands efforts. Je dirai aussi, d'après une longue expérience, que manger trop de pain sans le mâcher prédispose à la glycosurie. Tous ces inconvénients, à côté des avantages, sont de peu d'importance ou très-exceptionnels.

Parlons maintenant de la fabrication du pain ; trois matières y interviennent : de la farine, de l'eau et du sel.

A Paris, depuis bien des années, on n'employait que de la farine première blutée plutôt à 28 pour 100 et même 30 qu'à 22.

J'étais partisan déclaré de cet usage, et voici pourquoi : on a toujours ainsi du pain d'excellente qualité, qui porte avec lui les caractères de sa pureté : odeur, saveur, couleur, rien n'y manque ; on ne peut être trompé : l'ouvrier, le soldat, avec le seul contrôle de leurs sens, sont sûrs de manger du pain parfaitement bon. Si on laisse les boulangers y introduire des farines deuxièmes, elles peuvent être altérées ; ils peuvent y mêler des farines ou produits étrangers au blé, on ne sait où ils s'arrêteraient ; le pain doit être à l'abri du soupçon.

Vous savez que la farine contient à peine de sel marin ; il faut en ajouter pour compléter l'aliment ; disons que cette addition plaît à notre goût.

Au lieu de sel, on a quelquefois proposé d'introduire dans la pâte, en proportions déterminées, deux corps qui lui donnent naissance : l'acide chlorhydrique liquide *pur* et le bicarbonate de soude. On obtient ainsi un dégagement d'acide carbonique qui soulève la pâte et dispense de la faire lever. Pour atteindre le même but, M. Danglish introduit dans la pâte ce même gaz acide carbonique, mais généralement c'est à l'aide de levains que la pâte est convertie en cette masse plus légère qui doit donner à la mie du pain cette apparence spongieuse que vous lui connaissez.

Les boulangers de Paris préféraient, assure-t-on, pour fabriquer leur pain, l'eau des puits chargée de sels calcaires et principalement de sulfate de chaux. Cette pratique a l'avan-

tage d'ajouter au pain un sel de chaux qui peut compléter l'aliment. La fermentation de la pâte est, elle aussi, plus facile à régulariser par cette addition.

Je vais vous entretenir des phénomènes aussi remarquables que compliqués qui se passent pendant que la pâte lève. Fourcroy leur donnait le nom de *fermentation panaire*.

On sait aujourd'hui que plusieurs fermentations distinctes se succèdent ou se compliquent par l'action du levain sur la pâte.

Un ferment spécial auquel on a donné le nom de *céréaline*, qui se rapproche, à certains égards, de la diastase, agit sur une très-petite partie de l'amidon broyé, et convertit cette partie en glycose. Kirkoff avait vu déjà que le gluten modifié par un commencement de décomposition possédait la propriété de saccharifier l'amidon.

Après la conversion d'une petite partie de l'amidon en glycose survient ensuite l'action d'un nouveau ferment sur cette glycose, qui donne comme produits principaux de sa transformation de l'alcool et de l'acide carbonique. C'est ce dernier corps qui, emprisonné dans la pâte, la soulève, la rend légère, la fait lever et donne à la mie du pain son apparence spongieuse si caractéristique.

Si les choses se passaient toujours aussi simplement, le pain ne se colorerait pas et ne prendrait point cette saveur spéciale, amère, acide, qu'on trouve dans les pains bis mal préparés ; mais à la fermentation alcoolique succèdent les fermentations lactique et butyrique, qui rendent la pâte diffluente par l'action de ces ferments sur le gluten de la farine. Le problème à résoudre consiste donc à arrêter ces fermentations qui altèrent le gluten et communiquent au pain des propriétés qui déplaisent à l'œil, à l'odorat, au goût.

En activant la fermentation alcoolique par l'intervention de la levûre de bière lavée, on évite en grande partie les fermentations secondaires. M. Mége-Mouriez a vu que l'addition d'une très-petite quantité d'acide tartrique les entravait également ; mais ce qui vaut mieux que tout c'est la bonne conduite des levains ; leur direction est la pratique la plus difficile de l'art du boulanger ; de vieux levains qui ont subi les fermentations lactique et butyrique modifient le gluten des meilleures farines, le rendent diffluent par ces transformations, colorent le pain et lui communiquent de l'amertume.

M. Mége-Mouriez a étudié avec une louable persévérance les causes qui contribuaient à diminuer les qualités du pain lorsqu'on voulait abaisser le taux du blutage ; il a trouvé divers moyens qui conduisent au but d'obtenir plus de pain blanc avec la moindre quantité de blé.

Il a découvert que le son et la folle farine contenaient une matière spéciale à laquelle il a donné le nom de *céréaline*, matière qui, en réagissant sur le gluten de la bonne farine, lui communiquait ces mauvaises propriétés que nous venons de signaler.

Pour atteindre ce but, il s'agit ou d'éliminer cette céréaline ou de modérer le plus possible son action.

C'est par un procédé de mouture très-ingénieux qu'on se débarrasse de la céréaline. Ce procédé a été étudié et mis en pratique à la meunerie et boulangerie de Scipion par M. Mége-Mouriez, avec l'active et très-intelligente collaboration de feu Salonne, ancien directeur de cet établissement.

Il consiste à moudre le froment avec des meules à demi serrées, à bluter le blé broyé, et en extraire immédiatement de 65 à 70 pour 100 de farine, à rouler ensuite les gruaux sous les meules libres, de manière à détacher ce que M. Mége-Mouriez nomme le tissu embryonnaire sans le moudre, à séparer ces membranes par un ventilateur ou par un blutoir, à mélanger la farine première extraite à 70 pour 100, et à s'en servir pour faire le pain, qui sera d'autant plus beau que les farines auront été faites depuis plus longtemps.

Ce procédé, appliqué à Scipion, donne, à une extraction de 77 à 78 pour 100, un pain aussi beau et aussi bon que celui qui jusqu'à présent était à 70 pour 100.

Peut-être ne serait-il pas possible, avec le temps qui nous presse, de changer nos procédés de meunerie ; mais voici une légère innovation, également mise en pratique par MM. Mége-Mouriez et Salonne, qui permettrait d'atténuer beaucoup les mauvais effets de l'addition des fines parties du son ou des gruaux à la farine première.

Ce procédé ne change rien aux modes de mouture qui sont actuellement en activité, ils n'obligent qu'à une légère modification dans la boulange.

Il consiste à broyer le blé comme nous l'avons dit, à extraire 70 pour 100 de farine de premier jet, et au lieu de rouler les gruaux sous les meules (1), de les garder tels qu'ils sont au chiffre de 20 pour 100 environ. Cette séparation accomplie, on fait la pâte avec la farine à 70 pour 100, et au dernier pétrissage, quand toutes les fermentations sont terminées, il faut tenir la pâte très-molle, ajouter les gruaux, qui donnent en l'hydratant la consistance voulue, laisser lever, et mettre au four avant que la céréaline ait passé par l'incubation nécessaire pour agir. Ce procédé est, du reste, aussi facile que le premier, mais il exige de plus la séparation des farines et un nettoyage rigoureux ; il est vrai qu'il fait du pain blanc à 88-90 au lieu de 77-79.

Ces deux procédés ont pour but de réprimer l'action de la céréaline, afin de pouvoir faire entrer dans le pain tous les principes alimentaires du blé, c'est-à-dire faire un pain complet sans qu'il soit bis-aigre et désagréable.

Si l'on adopte le dernier procédé, comme la farine première sera livrée séparée des gruaux (recoupes et petits sons), il est absolument nécessaire de prescrire aux boulangers de ne prélever aucune partie de ces farines premières pour fabriquer un pain blanc spécial ou des biscuits. — Des raisons de premier ordre commandent qu'il n'y ait qu'une seule sorte de pain ; aussi la commission d'hygiène a-t-elle exprimé le vœu qu'il soit interdit aux boulangers de fabriquer du biscuit avec la farine qui leur est confiée pour la fabrication du pain de consommation quotidienne.

Il conviendra d'augmenter la quantité de sel ajouté à la pâte, lorsqu'on y introduira les gruaux et les petits sons.

Au moment où le Gouvernement de la défense nationale se décide à modifier les procédés de panification, par des motifs sur lesquels il est inutile d'insister, la commission centrale d'hygiène et de salubrité a émis le vœu qu'on ne change rien à la fabrication du pain destiné aux soldats.

Des différentes sortes de pain. — Dans mon cours, j'étudie avec détail les différentes sortes de pain ; je me bornerai aujourd'hui à vous dire quelques mots du pain des campagnes, du pain de munition, du pain municipal et du biscuit que

vous connaissiez à peine et que vous voyez il y a quelques jours aux devantures des boulangers et des épiciers.

Je vous parle du pain des campagnes, parce que celui qu'on va nous vendre lui ressemblera beaucoup. Il est plus nourrissant que celui des villes, parce que la farine étant généralement blutée à 15, au lieu de 22 pour 100, contient les principes alimentaires du son. Il contient toute la farine fournie par le blé, il se rapproche donc davantage de l'aliment complet. On y associe souvent de l'orge, du seigle et même une petite quantité de féveroles. Rien de mieux : le cultivateur connaît le grain qu'il porte au meunier, il est sûr qu'il n'est point avarié, tandis que le boulanger des villes a quelquefois vendu du pain bis où il faisait entrer des farines avariées. Notre pain bis sera absolument comme celui des campagnes, préparé avec d'excellent grain ; car les grandes sécheresses de l'été dernier, si elles ont diminué le rendement, ont assuré une qualité parfaite. Notre pain vaudra mieux que celui des campagnes, parce que les levains seront beaucoup mieux conduits par nos boulangers, si expérimentés, qu'ils ne le sont à la campagne, où ils sont souvent conservés pendant une semaine, condition des plus favorables pour développer les fermentations lactique et butyrique.

Le *pain de munition* en France est très-bon, il se fait avec le pur froment ; le blutage est à 15 au lieu de 22, ce qui est un bien. En Russie et en Allemagne, on se contente de blutages inférieurs ; le seigle est associé au froment.

Pain municipal. — Dans les temps de disette, la question du pain a toujours tenu le premier rang dans les préoccupations municipales ; elle a surtout une extrême gravité pour une ville aussi populeuse que Paris qui donne asile à tant de misères. Sans parler de l'active coopération de la charité publique et privée, pour alléger les charges et les souffrances des travailleurs nécessiteux, divers moyens ont été mis en œuvre pour vendre le pain à prix réduit, je vais parler brièvement de ceux qui se recommandent par une large pratique.

L'année 1846 fut d'une sécheresse extrême ; la récolte fut près du tiers au-dessous d'une récolte moyenne, la disette de 1847 s'ensuivit.

M. de Rambuteau était alors préfet de la Seine, avec l'habile coopération de M. de Cambrai, les maux des disettes furent épargnés à Paris avec des sacrifices municipaux relativement modérés. On adopta le système des bons à prix réduits pour les nécessiteux. Voici comment je l'ai apprécié dans ma conférence sur le blé et les disettes. (*Revue des cours scientifiques*, 27 septembre 1866.) « Le système des bons à prix réduits pour les nécessiteux a pour résultat utile de restreindre le chiffre de la dépense en produisant les mêmes résultats ; mais il entraîne à sa suite les embarras d'une comptabilité compliquée, il met à une rude épreuve la dignité du travailleur qui, forcé de perdre son temps et de tendre la main pour obtenir ces bons à prix réduits, prend ainsi l'habitude des secours, et fait un apprentissage qui conduit au bureau de bienfaisance. »

Si l'année 1846 fut suivie d'années d'abondance, les années 1853, 1854, 1855, 1856, furent mauvaises ou médiocres, et le prix moyen annuel du froment s'éleva beaucoup. Pour éloigner les maux de la cherté du pain, la caisse de la boulangerie fut créée ; grâce à la direction aussi ferme qu'habile de M. Pelletier, cette longue période fut traversée à Paris sans trop de souffrances.

---

(1) Il est indifférent d'employer les meules horizontales ou verticales, mais il importe beaucoup de les tenir à une distance capable d'extraire le plus de farine sans pulvériser les tissus tégumentaires.

On adopta le système de compensation. Pendant les années de disette, la ville fit de grand sacrifices pour maintenir le prix du pain à une taxe modérée ; et quand revinrent les années d'abondance, un très-léger droit d'entrée sur les farines sagement calculé et gradué ramena l'équilibre dans le mouvement des fonds de la caisse de boulangerie.

Voici maintenant le système que je proposais depuis longues années dans mes cours, et que j'ai exposé comme il suit dans ma conférence :

« Admettons maintenant, pour embrasser toutes les suppositions, que, malgré tous les efforts, par suite d'intempéries s'étendant sur les contrées les plus productives du globe, le froment de première qualité soit en quantité insuffisante pour pourvoir à tous les besoins ; que faudrait-il tenter pour diminuer la consommation du pain blanc ? C'est dans cette supposition que j'admettrais la fabrication et la vente d'un *pain municipal* se vendant à prix réduit sur tous les marchés. Toute la puissance de la réserve se concentrerait pour abaisser le prix de ce pain destiné à tout nécessiteux qui voudrait l'acheter. On laisserait le riche payer le pain blanc au cours des farines.

Ce pain devrait, au moins dans ce qu'il y a d'essentiel, représenter l'ancien *pain de ménage*.

On pourrait autoriser le mélange en proportions convenables des farines provenant des grains des diverses céréales ; on pourrait y associer une petite proportion de farines de féveroles.

Ces mélanges, qui pourraient abaisser considérablement la consommation de la farine de première qualité, devraient être effectués sous la surveillance expresse d'un conseil supérieur, juge suprême et compétent de toutes les questions que fait naître la fabrication du pain dans ses rapports avec la santé publique.

Toutes les graines et farines devraient être dans de bonnes conditions de conservation, exemptes de toutes les altérations qui peuvent faire suspecter la qualité du pain. Chaque farine interviendrait dans des proportions telles que la valeur nutritive du pain ne soit point abaissée, et que cet aliment ne laissât rien à désirer ni pour l'odeur, ni pour la saveur. Les membres de la commission, composée de meuniers et de boulangers vieillis dans leurs professions, de savants habitués à toutes les recherches que comportent les altérations des aliments, ne devraient pas consommer d'autre pain que celui qu'ils destinent à l'ouvrier.

La liberté est sans doute préférable : à chacun du pain blanc fait avec la farine première qu'il achète chez tous les boulangers, voilà ce qu'il y a de mieux. On me pardonnera d'avoir prévu de ces cas extrêmes qui, j'espère, ne se présenteront pas. »

Ce cas extrême que je ne pouvais prévoir s'est présenté. Adoptant les avis du comité d'hygiène, on a évité les rationnements du pain, en adoptant un blutage inférieur qui rend le pain plus coloré, mais plus nutritif : on a associé au blé la fécule (1) et les farines de toutes les céréales disponibles. On a très-sagement prescrit le *pain égal pour tous* comme le brouet noir de Sparte. Heureusement que la minutieuse sur-

veillance dont j'ai parlé ne sera pas nécessaire. Les magasins ne contiennent que de bonnes matières premières.

Cette année, je l'ai dit déjà, est exceptionnelle sous le rapport de la bonté des céréales de toutes espèces, car le temps a été très-sec, et si les graines ont été moins abondantes, elles sont *toutes d'excellente qualité*.

Le *biscuit de marin* est une véritable galette préparée avec une pâte plus sèche, moins salée. Pendant la cuisson, elle est privée d'eau par une action de la chaleur plus lente et plus prolongée.

Ce biscuit se conserve très-bien, il renferme plus de matière alimentaire sous le même volume ; il répugne à bien des gens, parce qu'il faut de la patience pour le manger, et c'est précisément la lente mastication qu'il exige, qui en fait le principal mérite en facilitant sa digestion. En exerçant les dents, il les conserve. Depuis le siége, je fais mon premier déjeuner avec un quart de biscuit, sans rien plus. La sécrétion salivaire est si abondante pendant ce repas, que je n'éprouve pas le besoin de boire.

Rôle hygiénique du pain. — Le pain et l'eau seuls ne suffisent point à l'alimentation. Des expériences entreprises sur eux-mêmes, par des savants dévoués, ont prouvé qu'on dépérit assez vite avec un pareil régime. Des observations recueillies sur des prisonniers confirment ce fait ; mais il faut ajouter bien peu de choses au pain pour constituer une alimentation complète. — Un peu de matières azotées, de soupes à l'huile complètent le régime ; les trappistes y associent habituellement les haricots, les pois, les lentilles, qui renferment plus d'azote que le froment.

Quand le pain intervient pour une quantité considérable dans l'alimentation, la quantité qu'on en consomme est d'autant plus élevée, que le pays est plus froid, comme le montre le tableau suivant :

Ration de pain accordée aux soldats dans les principaux États de l'Europe.

	Grammes.
Espagne	670 (froment.)
Italie.	737 id.
France.	750 id.
Belgique	775 id.
États sud Allemagne.	900 (1/6 froment, 4/6 seigle, 1/6 orge).
États nord Allemagne.	1000 (seigle-froment).
Russie.	1000 (seigle-froment).

Selon moi, ce n'est pas la proportion de pain qu'il conviendrait d'augmenter en s'avançant vers le pôle, mais la quantité de lard ou de graisse accordée au soldat. Il est plus convenable d'augmenter la puissance des aliments de calorification sous un volume normal que de l'accroître en fatiguant les organes par l'ingestion de trop grandes masses alimentaires.

BOUCHARDAT.

---

(1) J'ai publié, en 1833, dans les *Annales d'hygiène*, avec la collaboration de mon regretté et si excellent ami le duc de Luynes, des expériences sur l'introduction de la fécule dans le pain.

BULLETIN

Le *Journal des Débats* a publié, comme on sait, de très-remarquables rapports de notre ancien attaché militaire à Berlin, M. Stoffel, pendant les années 1867, 1868, 1869 et 1870, sur l'organisation militaire de la Prusse. Nous en extrayons le passage suivant sur l'artillerie :

Tir de l'artillerie.

« Il faudrait en prendre notre parti si la guerre venait à éclater : le matériel d'artillerie prussien est très-supérieur au nôtre. A la vérité, nos affûts de campagne sont plus légers que les affûts prussiens; nos pièces attelées sont plus mobiles ; mais les deux pièces de campagne prussiennes (le 4 et le 5) tirent beaucoup plus juste que les nôtres et elles ont une portée plus grande. Le Mémoire allemand que j'ai joint à mon rapport du 20 février dernier ne laisse subsister aucun doute à ce sujet. En outre, les pièces prussiennes peuvent tirer plus vite que les nôtres. D'où vient que bon nombre de nos officiers d'artillerie ne considèrent pas cela comme un avantage et prétendent que notre canon tire avec une vitesse suffisante? Comme s'il ne se présentait pas à la guerre des circonstances où il serait désirable de pouvoir lancer dans un temps donné, soit sur des troupes, soit contre de l'artillerie, un nombre de projectiles plus grand d'un quart ou d'un cinquième ?

» Quant à la plus grande justesse du tir des canons prussiens, c'est là un point tellement essentiel, que j'en ferai l'objet d'un rapport spécial.

» Pour ce qui concerne le personnel de l'artillerie prussienne, il n'est pas, comme instruction militaire, à la hauteur du nôtre, par la raison que les canonniers prussiens servent à peine deux ans dans l'armée active. Quant aux officiers, bien qu'à l'inverse de ce qui se voit en France, ils jouissent de moins de considération que ceux des autres armes, leur instruction militaire ne le cède en rien à celle des officiers français.

Artilleries prussienne et autrichienne.

» C'est ici le lieu de parler, comme digression, d'une erreur accréditée depuis la guerre de 1866. On a écrit et répété que l'artillerie autrichienne est supérieure à l'artillerie prussienne. Ce jugement est de source autrichienne, ce qui aurait dû engager à s'en méfier. Pour qui connaît les faits de la campagne de Bohême et veut se rendre compte des choses, l'erreur est complète. Si l'on s'était borné à dire que dans la guerre de 1866, l'artillerie autrichienne a causé plus de dommages à l'artillerie prussienne qu'inversement, on aurait été dans le vrai. Mais il faut expliquer pourquoi.

» Premièrement : comme au printemps de 1866 la Prusse n'avait pas encore achevé de construire son nouveau matériel en acier (le 4 et le 6), elle fut obligée d'entrer en campagne avec un tiers de canons de bronze de 12 lisses. Or, ce dernier matériel ne fut d'aucune utilité, car il n'est pas une circonstance où les pièces de 12 lisses aient pu se mettre en batterie devant les pièces rayées et à longue portée de l'artillerie autrichienne. Tous les officiers d'artillerie prussiens m'ont avoué qu'elles n'ont constitué qu'un véritable embarras depuis le premier jusqu'au dernier jour de la campagne.

» Secondement : Par les circonstances stratégiques de la guerre, l'offensive, dans la plupart des combats, fut prise par les Prussiens : à Nachod, à Skalitz, à Trautenau, leurs divisions, en débouchant des défilés, trouvèrent les Autrichiens déjà formés, d'où il résulte que les difficultés durent être plus grandes pour l'artillerie prussienne, qui, sur un terrain inconnu, eut à choisir rapidement des positions convenables. La bataille de Kœniggrœtz en offre l'exemple le plus frappant. L'artillerie autrichienne occupait d'avance, couverte par des épaulements, toutes les positions culminantes des hauteurs qui s'étendent de Maslowedod à Prim, tandis que l'artillerie prussienne, qui attaquait, eut à vaincre les difficultés qu'entraîne le choix rapide d'emplacements favorables sur un terrain dominé.

» Ainsi, donc, l'artillerie prussienne, pendant la guerre de Bohême, ne put tirer aucun parti du tiers de son matériel, et c'est à elle que fut dévolu le rôle difficile dans les divers combats. Telle est la double raison pour laquelle l'artillerie autrichienne a, de fait, causé un plus grand dommage à l'artillerie prussienne. Mais, je le répète, il est faux de prétendre que la première lui soit supérieure. Le matériel prussien est meilleur, en effet, que le matériel autrichien, comme il résulte du rapport allemand que j'ai adressé le 20 février dernier, et les officiers d'artillerie prussiens sont plus instruits que les officiers d'artillerie autrichiens. J'ignore s'il y a une grande différence dans l'instruction des troupes.

» Je n'ai voulu, par cette digression, que relever une erreur qui s'accrédite de plus en plus. Ce qui a pu contribuer à la faire naître, c'est qu'à Kœniggrœtz une partie de l'artillerie autrichienne a montré un dévouement héroïque en essayant de couvrir la retraite vers la fin de la journée.

» Voici, d'après ce qui précède, le résumé des divers éléments de supériorité particuliers à l'armée prussienne :

» Sentiment profond et salutaire que le principe du service militaire obligatoire répand dans l'armée, qui renferme toute la partie virile, toutes les intelligences, toutes les forces vives du pays, et qui se regarde comme la nation en armes ;

» Le niveau intellectuel de l'armée plus élevé que dans aucun pays, grâce à une instruction générale plus vaste, répandue dans toutes les classes du peuple ;

» A tous les degrés de la hiérarchie, le sentiment du devoir beaucoup plus développé qu'en France ;

» Services spéciaux (compagnies de chemins de fer, compagnies de porteurs de blessés, télégraphie) organisés à demeure, avec le plus grand soin, et sans diminution du nombre des combattants ;

» Feux d'infanterie plus redoutables, grâce au tempérament particulier aux Allemands du Nord et aux soins extrêmes apportés à l'instruction du tir ;

» Matériel d'artillerie de campagne bien supérieur au nôtre, comme justesse, portée et rapidité de tir. »

Le propriétaire-gérant : GERMER BAILLIÈRE.

PARIS. — IMPRIMERIE DE E. MARTINET, RUE MIGNON, 2.

REVUE
DES
COURS SCIENTIFIQUES
DE LA FRANCE ET DE L'ÉTRANGER

SEPTIÈME ANNÉE	NUMÉRO 49	5 NOVEMBRE 1870

ASSOCIATION AMÉRICAINE
POUR L'AVANCEMENT DES SCIENCES
SESSION DE SALEM (MASSACHUSETTS)
M. BENJAMIN APTHORP GOULD
ex-président de l'Association

Le rôle des hommes de science dans la société, particulièrement aux États-Unis

Messieurs,

L'usage, et même la loi fondamentale de cette Association, imposent au président sortant de charge un devoir auquel il ne lui est pas permis de se soustraire, celui de prononcer un discours dans la séance qui suit l'expiration de ses fonctions. Quoique ce devoir soit bien peu de chose auprès de l'honneur d'avoir obtenu vos suffrages, il ne laisse pas cependant de causer quelque embarras, surtout si l'on considère la juste appréhension que doit inspirer l'idée d'une comparaison possible avec les discours prononcés par les savants illustres et honorés qui ont présidé vos réunions. Pénétrant jusqu'au fond de l'âme de leurs auditeurs, leurs paroles y prenaient une vie et une énergie nouvelles, et chacun de ceux qui les avaient reçues devenait un centre d'activité d'où rayonnaient, en quelque sorte, les grandes vérités qu'elles contenaient.

Que n'ai-je des pensées et des sentiments aussi précieux à vous offrir! Comment oser prendre ici la parole après les Bache, les Henry, les Agassiz, et les autres grands créateurs de la science à qui vous avez tour à tour confié la direction de l'Association? Cependant, je puis vous parler comme leur successeur, dans un autre sens du mot, car les idées que je me propose de vous soumettre aujourd'hui auraient, je crois, obtenu leur approbation et leur appui.

Je voudrais, si vous me le permettez, exposer ici le rôle que remplit dans la société l'homme qui s'occupe des recherches scientifiques; les devoirs qui lui sont imposés; l'appui qu'il a le droit d'attendre en retour, dans l'état actuel des sociétés civilisées et instruites; les avantages et les inconvénients particuliers aux États-Unis à notre époque ; les obstacles que rencontre à chaque pas celui qui cultive le champ des sciences ; et enfin les résultats qu'il peut espérer comme la récompense de ses efforts patients, soutenus et consciencieux.

Nous sommes habitués à nous considérer comme appartenant à un pays nouveau : c'est là l'excuse que nous donnons au fond de nos cœurs, sinon ouvertement, pour nos échecs intellectuels et l'insuffisance de notre instruction ou de la culture de notre esprit. Les hommes qui se sont distingués, quoique les secours de l'éducation première leur aient man-

qué, tirent souvent gloire de ce désavantage, comme si c'était un mérite plutôt qu'un malheur. De même, en Amérique, ceux qui aiment les sciences sont trop disposés à signaler les difficultés que nous avons eues, ou que nous avons encore à combattre, plutôt que le niveau réel auquel nous sommes arrivés grâce à nos efforts. Sans doute, ce penchant est excusable ; l'absence, jusqu'à ces derniers temps, d'ouvrages à consulter ; la difficulté d'avoir à sa disposition des instruments trop coûteux pour les ressources de la plupart des particuliers ; l'impossibilité de détourner assez de temps et d'énergie de la grande lutte de l'existence ; et, surtout, le défaut de bons conseillers scientifiques qui puissent guider les premières recherches des commençants : tous ces obstacles ne sont que trop connus de ceux d'entre vous dont l'âge approche du milieu de la vie. Le Juge à qui rien n'échappe en tiendra compte, sans doute, à chacun de nous, quand le grand jour sera venu. Cependant, si nous considérons non plus les individus, mais toute la nation ; si nous rendons la société responsable de ses échecs collectifs dans le champ intellectuel, aussi bien que nous applaudissons à ses succès collectifs, je crains que nous ne soyons quelquefois disposés à être trop fiers de nous-mêmes, et à juger du chemin parcouru plutôt d'après le nombre des obstacles surmontés, que d'après celui des bornes milliaires dépassées. Comme les individus, les sociétés ont leurs mérites et leurs défauts ; elles ne sont après tout que l'ensemble des individus qui les composent ; or, vous le savez, on reproche rarement au peuple américain une trop grande sévérité pour lui-même. Est-il juste de mesurer la valeur et le rang intellectuel d'une nation, d'après les résultats les plus élevés obtenus par ses citoyens les plus capables et les plus dévoués, si ces hommes ou leurs travaux sont, non le fruit légitime des tendances et des influences dominantes, mais des exceptions qui n'ont pu vivre et fleurir qu'en vertu de leur force innée, malgré les obstacles les plus décourageants?

Il y a deux cent quarante ans déjà que nos pères sont venus chercher les collines boisées, les vallées abritées, les grandes prairies bordant la baie de Massachusetts, et au milieu desquelles nous sommes aujourd'hui réunis. C'est à peine si quarante milles nous séparent de l'endroit où les austères pèlerins de Plymouth avaient débarqué huit ans plus tôt. Dix ou douze ans auparavant, une colonie anglaise avait été fondée à Jamestown. Mais c'est de la région où nous nous trouvons en ce moment, dans un cercle de moins de trente milles de rayon autour de notre capitale, qu'est venue l'impulsion qui a répandu les arts, les lettres et les sciences dans toute l'étendue de notre pays. Moins de six ans après leur arrivée, les premiers colons de la baie de Massachusetts votèrent l'établissement d'un collége, et consacrèrent à cette œuvre une somme égale aux impôts annuels de la colonie tout entière. L'année suivante, la ville de Newton, où se trouvait le collége, prit le nom de Cambridge. Cet hommage de reconnaissance rendu à l'université dont un grand nombre de nos premiers émigrants étaient les fils, indique assez les hautes destinées qu'ils ambitionnaient pour l'institution nouvelle. L'année suivante, John Harvard, gradué du collége Emmanuel, de l'université de Cambridge, léguait à l'université naissante sa bibliothèque et la moitié de sa fortune, c'est-à-dire près du double de ce qu'avait voté la colonie. « L'exemple de Harvard, nous dit le président Quincy, fut comme une étincelle électrique qui serait tombée sur des matériaux bien préparés, pour y déterminer une action immédiate et en concentrer toutes les forces sur le même point. Les magistrats subirent cette influence, et donnèrent l'exemple en souscrivant entre eux une somme de deux cents livres sterling (5000 fe.) destinée à des achats de livres pour la bibliothèque. Puis vinrent des dons de vingt ou trente livres sterling, offerts par les citoyens aisés ; enfin, les moins riches eux-mêmes firent comme la veuve de l'Évangile, et apportèrent leur modeste offrande au trésor commun.

Si je rappelle ces faits à votre souvenir, c'est pour vous montrer combien de temps il a fallu à notre culture intellectuelle pour recevoir sa forme propre. Depuis deux siècles et un tiers au moins, les tendances du caractère, de l'esprit et de l'intelligence de ce peuple sont en voie de formation. Nos pères ont apporté avec eux toute la culture intellectuelle que pouvaient donner les meilleures écoles de leur pays ; ils représentaient le niveau le plus élevé des différentes classes de la mère-patrie. Dans la nouvelle Angleterre, la classe lettrée, les nobles, les ouvriers et les agriculteurs étaient bien au-dessus du niveau moyen des mêmes classes dans la mère-patrie. Les modèles littéraires, scientifiques et artistiques qu'ils avaient apportés avec eux, étaient les mêmes que ceux de l'Angleterre. Ainsi, notre peuple a dû contribuer pour sa part aux progrès intellectuels faits depuis par le genre humain ; et, pour calculer cette part, il faut considérer à la fois le nombre de nos citoyens, et le point d'où nous sommes partis.

Il est vrai que nous avons eu à lutter contre la forêt, le désert et les peaux-rouges ; nous avons eu à résoudre des problèmes sociaux : d'abord celui d'une hiérarchie protestante ; puis celui de notre indépendance de toute autorité religieuse, royale ou féodale; enfin celui de l'égalité devant la loi pour tous ceux qui ont la forme humaine et sont créés à l'image de Dieu. Il est vrai que nous avons eu notre part d'épreuves, nos ennemis au dehors et nos traîtres au dedans ; il nous a fallu rompre les liens d'une dépendance politique et intellectuelle que nous avions héritée de nos pères. Il est vrai encore que nous avons déjà donné au monde plus d'un chef-d'œuvre, dans les arts de la paix et dans ceux de la guerre : le bateau à vapeur, la machine à corder, et la machine à coudre ; l'application pratique du télégraphe électrique et l'impression des dépêches par la machine elle-même ; les formes les plus parfaites de la machine à vapeur et de la chaudière ; l'artillerie la plus puissante et les vaisseaux les mieux défendus ; les télescopes de Clark et de Fitz, les microscopes de Spencer et de Tolles ; enfin, le moyen de supprimer la douleur dans les opérations chirurgicales. Il est vrai que nous avons porté la bannière étoilée à travers les mers

Polaires, jusque sur les terres Antarctiques ; que nous avons donné à l'histoire bien des noms d'hommes sages et vertueux, dont la mémoire s'étend au delà des océans qui nous entourent. A Dieu ne plaise qu'un fils de l'Amérique oublie tant de sujets d'orgueil légitime, et mille autres encore qu'il est inutile de rappeler ici ! Si c'est une vertu que d'aimer son pays, ce n'en est certes pas une qu'il nous soit difficile d'exercer. Notre pays peut se vanter d'avoir dignement joué son rôle dans les progrès de la civilisation, quand il s'est agi de résoudre les grands problèmes politiques et de faire avancer les arts. Mais, au point de vue de la science il est resté en arrière; il n'est pas même au niveau de plusieurs peuples de l'Europe, qui ont eu à surmonter des obstacles tout aussi considérables que les nôtres, bien que d'un genre différent. La France déchirée par des convulsions politiques et des luttes intérieures, telles qu'aucune nation civilisée n'en avait souffert de semblables ; — l'Allemagne foulée et sillonnée en tous sens par l'invasion étrangère, opprimée en même temps par ses maîtres et déchirée par la guerre civile ;—la Russie à peine sortie de la barbarie asiatique, luttant à la fois contre les Tartares, les Turcs et les puissances occidentales ; — tous ces pays n'ont-ils pas eu leur part d'obstacles à vaincre, obstacles assez grands quand même on ne voudrait pas les égaler à ceux que présentent nos sauvages et nos forêts vierges ? Et, cependant, il y aurait présomption de notre part à nous comparer à eux pour les sciences physiques ou naturelles. Si vous ôtez quelques noms de même valeur des deux côtés, quelle prépondérance énorme ferait pencher la balance contre nous !

Mais, me dira-t-on, que sont deux cent quarante ans pour le développement d'un peuple, et pour ses progrès scientifiques ? Vingt-cinq siècles se sont écoulés depuis que Thalès a prédit une éclipse de soleil ; dix-neuf, depuis que Sosigènes a réformé le calendrier pour Jules César ; l'université de Bologne compte déjà quatorze cents ans. Ce qui semble ancien aux habitants de l'Amérique, n'est que quelques jours pour ceux des bords du Tibre, de la Tamise, de la Seine, du Danube ou du Rhin. Soit ! Et cependant Hans Lippersheim a eu la première idée du télescope dix-huit mois après que le capitaine Newport avait remonté la rivière James avec les colons qu'il amenait. Les logarithmes n'étaient pas encore inventés; les noms de Napier et de Briggs étaient encore obscurs. Les chênes et les hêtres avaient été abattus sur ces collines, nos ancêtres avaient bâti leurs demeures rustiques à l'époque où Galilée, cédant à la torture, abjurait sa doctrine impie du mouvement de la terre autour du soleil. Quand Harvard dota le collége qui porte son nom, ni le baromètre ni le thermomètre n'existaient encore. Les deux cent quarante ans qui viennent de s'écouler ont vu naître la science moderne; ils ont vu l'esprit humain renoncer aux vaines théories pour se tourner vers les recherches expérimentales. C'est pendant ces deux siècles qu'ont été inventés nos instruments de recherche, la machine pneumatique, la machine électrique et l'horloge ; c'est alors qu'ont été fondés les laboratoires de chimie, les observatoires d'astronomie et de météorologie, les académies des sciences. Boston existait déjà à la mort de Keppler; les petits-fils des premiers colons de Plymouth et de la baie de Massachusetts étaient nés, lorsque Newton proclama la loi de la gravitation universelle.

Il faut donc l'avouer, nos progrès scientifiques ont été bien inférieurs à ceux de plusieurs nations de l'Europe. Peut-être même, je le crains, faudrait-il étendre cet aveu à nos progrès dans toutes les études purement intellectuelles, toutes celles qui ne s'appliquent pas directement au bien-être physique et matériel. S'il en est ainsi, il est temps d'entrer dans une autre voie. C'est à vous, amis déclarés de la science ; c'est dans cette association formée pour contribuer à ses progrès et à son extension ; c'est ici, au berceau même de la colonie d'où est parti tout ce que notre pays a de science et de culture intellectuelle, que je veux dire toute ma pensée. Peut-être ma parole, quelque faible qu'elle soit, tombera-t-elle dans un sol favorable ; peut-être, quand nous aurons tous disparu de la scène du monde, portera-t-elle des fruits qui pourraient contribuer, pour une petite part, à éloigner le jour où l'on proclamerait parmi nous la supériorité de la prospérité matérielle sur les progrès et le développement de l'intelligence.

Toute nation compte nécessairement des hommes qui ont reçu de la nature le goût des sciences. Presque toujours ces tendances innées sont accompagnées d'aptitudes spéciales ; et d'ailleurs le mouvement que ce goût imprime à l'esprit compense à bien des égards le manque de talents naturels. Partout où des positions élevées ou bien rétribuées sont offertes aux savants, ces positions deviennent l'objet de l'ambition ou de la convoitise d'une autre classe d'hommes, qui les recherchent en vue de leurs avantages matériels, et non dans l'intérêt des progrès de la science. C'est à ces hommes que songeait Schiller, quand il a dit de la science :

> Einem ist sie die hohe, die himmlische Göttin; dem andern
> Eine tüchtige Kuh, die ihn mit Butter versorgt (1).

Entre ces deux classes d'hommes il est impossible de tirer une ligne bien définie. Elles se fondent l'une dans l'autre par des nuances si imperceptibles, que plus d'un peut-être ne peut pas toujours, même en interrogeant sévèrement sa conscience, décider au juste à quelle classe il appartient. Il existe en outre une classe intermédiaire : ce sont des hommes que les circonstances entraînent dans la voie scientifique, et à qui leurs facultés permettent de suivre avec fruit toute carrière à laquelle ils se consacrent d'une manière sérieuse.

Or, le problème social consiste évidemment ici à diriger les influences et à agir sur l'esprit public, de manière à permettre aux plus capables d'exploiter le champ pour lequel chacun se trouve le mieux préparé ; il faut aussi diriger les versatiles du côté où leurs efforts peuvent le mieux contribuer au bien-être général.

Le nombre plus ou moins grand des savants de chaque nation dépend, en grande partie, de l'état intellectuel de cette nation. Il est probable qu'il n'y a jamais eu et qu'il n'y aura jamais de société civilisée entièrement dépourvue de tout élément scientifique. Dans l'antiquité, c'est chez les Romains qu'il semble y en avoir eu le moins. Chez les Grecs, c'était bien différent ; d'où nous pouvons conclure que les beaux-arts et les belles-lettres ne sont, par eux-mêmes, ni essentiellement favorables, ni essentiellement contraires à la science. Sous les Romains eux-mêmes, l'Afrique en avait conservé quelques restes ; les Arabes, les Maures, quelques moines isolés entretinrent ce feu sacré pendant le moyen âge, pendant ces siècles d'érudition, d'art merveilleux, de luxe barbare,

où la science n'était connue que de quelques hommes, qu'n'osaient révéler au monde le trésor mystérieux et inestimable dont ils étaient possesseurs.

Il n'en est plus ainsi aujourd'hui : la civilisation de notre époque assure aux savants le droit de chercher librement, et de publier le résultat de leurs recherches ; elle leur assure la considération, le respect général, dans une mesure qui dépend moins de la bonne volonté du public, que des moyens qu'il a d'apprécier le caractère et la portée de leurs travaux. Cependant, c'est à ces hommes que le monde doit indirectement ses progrès matériels, bien que l'intervalle entre leurs recherches et les inventions ingénieuses qui en rendent les résultats pratiquement utiles, soit rarement apprécié même par ceux qui en recueillent les fruits. Mais ce n'est pas en vue du progrès matériel que ces savants ont travaillé ; ces progrès sont la récompense du monde qui les a accueillis : *Sic vos non vobis mellificatis apes.* Ces hommes, dans leurs études élevées, cherchent la vérité pour elle-même ; ils sont attirés en quelque sorte par un magnétisme irrésistible ; la pauvreté ne peut étouffer leur instinct, le ridicule ne peut l'arrêter dans son œuvre, la persécution ne saurait l'empêcher d'en proclamer les résultats.

Chez tous les peuples, ces hommes rares ne sont qu'une faible minorité parmi ceux qui s'occupent de science. Les autres sont plus ou moins nombreux, selon l'étendue des sacrifices qu'exige la force intérieure qui les pousse — car cette force n'agit pas avec la même intensité chez tous — et aussi selon les tentations qui peuvent les attirer dans les rangs de ceux qui ont fait de la science une affaire. Il est facile de voir que les deux extrêmes sont dangereux pour les progrès intellectuels d'une nation. Quand celui qui cultive la science doit tout sacrifier pour la suivre, le péril n'est guère plus grand pour elle que quand la défense de ses intérêts et les moyens d'étendre son domaine sont confiés aux mains de ceux qui voudraient en faire une esclave et non une reine.

Ce n'est pas ici le lieu d'une discussion philosophique sur la position que le savant devrait occuper dans une société idéale bien ordonnée, ni sur les devoirs qui lui incombent dès qu'il se charge d'être l'interprète de la parole divine telle qu'elle est gravée sur toutes les pages du livre de l'univers matériel. Une thèse pareille exigerait comme point de départ la détermination des devoirs réciproques de tous les membres de la société, à quelque profession qu'ils appartiennent, détermination qui se rattache aux questions les plus profondes de l'économie politique et de la philosophie sociale. Nous devons admettre certains principes comme démontrés ; entre autres, celui-ci : que la société civilisée est un corps organisé, où chaque membre dépend, qu'il le veuille ou non, de tous les autres, et exerce sur eux à son tour une influence proportionnelle. La culture si variée d'une nation bien organisée est le résultat des capacités diverses, de la culture et des efforts d'un grand nombre d'individus, dont aucun ne pourrait atteindre au maximum d'utilité dans plusieurs branches différentes. Cette utilité dépend du nombre relatif et des facultés diverses des membres les plus habiles et les plus instruits, non moins que de l'influence qu'ils exercent.

Grâce aux progrès de l'humanité, l'art et la science sont devenus trop étendus pour qu'un seul homme puisse les embrasser complètement. Science universelle est synonyme de science superficielle, et un Crichton n'est plus aujourd'hui qu'un personnage ridicule. Autant que le comportent le dé-

---

(1) Pour l'un, c'est une déesse élevée et céleste ; pour l'autre, ce n'est qu'un animal utile, une vache qui lui fournit du beurre.

veloppement général des facultés du corps et de l'esprit, et les connaissances nécessaires aux rapports de la société, il faut que chaque homme consacre tous ses efforts à développer et à utiliser certaines facultés particulières. On ne saurait arriver à l'âge de discrétion sans se rendre compte du caractère et de la tendance de ses aptitudes particulières, quand même on se tromperait dans l'appréciation de leur étendue; et les goûts personnels seraient un guide plus sûr pour le choix d'une carrière, si l'organisation de la société était affranchie de l'influence des causes perturbatrices.

Par conséquent, si l'examen des questions scientifiques et la découverte des lois scientifiques est nécessaire ou même utile au genre humain, c'est un devoir pour toute nation civilisée d'encourager et de protéger la vocation de l'homme de science; c'est également un devoir pour ceux qui s'y sentent appelés, de se dévouer tout entiers à la science. Leur mission vient d'en haut. « Donnez libéralement ce qui vous a été donné de même. Ne prenez ni or, ni argent, ni cuivre pour garnir votre bourse, ni provisions de voyage, ni deux habits, car l'ouvrier est digne de son salaire. » S'il est dans les vues du Créateur que la race faite à son image voie et comprenne les lois de sa puissance créatrice; s'il veut que ses œuvres admirables soient lues par l'homme, à qui il a donné les moyens et le désir de les lire; s'il veut que nos facultés supérieures soient cultivées dans ce monde aussi bien que nos facultés inférieures, il doit aussi vouloir qu'une classe d'hommes spéciale puisse vivre en travaillant pour le bien général, en consacrant toutes ses facultés aux conquêtes de l'intelligence par l'étude de ses œuvres et l'interprétation de ses lois.

De tous les arguments qui ont cours dans le monde depuis plus de trois mille ans en faveur du ministère sacré de la religion, en est-il un qui ne puisse s'appliquer au ministère de la science? Si l'acte le plus élevé de l'esprit humain est d'arriver à une relation intime, à une communion avec le Père des esprits, n'est-ce pas aussi un devoir d'ordre supérieur de chercher Dieu dans ses œuvres, et d'apprendre à le connaître dans la forme sous laquelle il a jugé à propos de se manifester directement à nous? Si déraisonnable qu'il soit de soutenir que la parole de Dieu, après avoir passé par tant de traditions et de souvenirs, après avoir subi à plusieurs reprises la traduction d'une langue dans une autre, mérite plus le nom de parole divine que celle qui porte l'empreinte toute fraîche de sa main, qui est écrite sur la terre entière et dans les cieux, ne serait-il pas moins raisonnable encore de soutenir qu'il faut des ministres chargés d'expliquer la première, tandis que ce serait inutile pour la seconde? Loin de moi la pensée d'insinuer, même indirectement, que c'est le contraire qui est vrai; que la culture de l'intelligence doit avoir le pas sur celle des facultés religieuses; que les entretiens les plus élevés avec Dieu, quand il se manifeste par ses œuvres les plus belles, ou par les lois physiques les plus profondes, puissent tenir lieu de ces entretiens du cœur si indispensables, et satisfaire les besoins de l'âme qui demande à son père le pain céleste. On pourrait peut-être soutenir que l'une ne peut se passer de ministres, tandis que l'autre le peut; que l'une exige sans cesse des explications nouvelles, tandis que l'autre n'a presque plus rien à faire que d'exposer et de confirmer ce qui est déjà acquis; que la première doit diriger, tandis que la seconde est sans doute destinée à suivre le développement de la société. Mais il n'y a lieu d'établir de parallèle désavantageux

ni pour l'une ni pour l'autre. Selon moi, les deux sacerdoces méritent également le respect. Tous deux sont indispensables pour répondre à un besoin profond et insatiable; tous deux répondent instinctivement à ce besoin. Et j'ose dire que l'abnégation et les sacrifices au prix desquels le premier a acheté la couronne du martyre dans le passé, et un respect durable pour le présent, sont quelquefois égalés par le second.

Avec quel sentiment de reconnaissance profonde pour la révélation scientifique que le Tout-Puissant a daigné faire à notre époque, ne pouvons-nous pas lire la réponse faite à Job par la voix sortie du tourbillon!

Ceignez vos reins comme un homme : je vous interrogerai, répondez-moi. Où étiez-vous quand je jetais les fondements de la terre? Dites-le moi, si vous avez de l'intelligence. Qui en a réglé toutes les mesures, le savez-vous? Qui a tendu sur elle le cordeau? sur quoi ses bases sont-elles affermies? qui en a posé la pierre angulaire, lorsque les astres du matin me louaient tous ensemble, et que tous les enfants de Dieu étaient ravis de joie?... Avez-vous pénétré dans les profondeurs de la mer, et avez-vous marché dans le fond de l'abîme?... Avez-vous considéré l'étendue de la terre? Exposez-moi toutes ces choses, si vous en êtes instruit. En quel lieu habite la lumière, et quel est le séjour des ténèbres?... Êtes-vous entré dans les trésors de la neige, avez-vous vu les sources de la grêle?... Connaissez-vous l'ordre du ciel, et exposerez-vous son influence sur la terre? Élèverez-vous votre voix jusqu'aux nues? Pourrez-vous vous laisser couvrir par l'impétuosité des eaux? Si vous envoyez les foudres, partent-ils, et, en revenant, vous disent-ils : Nous voici?

Et Job répondit ainsi :

J'ai parlé légèrement; que puis-je répondre? Je mettrai ma main sur ma bouche. J'ai dit une chose que je souhaiterais n'avoir pas dite, et une autre chose encore, et je n'y ajouterai rien.

Mais nous pourrions répondre : « Seigneur, vous nous avez révélé toutes ces choses. Nous aussi, vous nous avez initiés aux secrets de votre création, car vous n'avez pas jugé vos enfants indignes de vous connaître. Les fondements et l'étendue de la terre, l'ordre des cieux, les profondeurs de la mer et le séjour de la lumière, les trésors de la neige et les sources de la grêle, l'éclair qui s'élance et dit : Me voici; l'ordre donné aux nuages de nous fournir la pluie; — tout cela, vous nous l'avez révélé, car nous sommes vos enfants! »

Depuis longtemps la plupart des nations de l'Europe ont admis les droits des hommes de science à être reconnus et appuyés. Dans toute l'Europe, des sociétés ont été établies et soutenues à grands frais par les gouvernements, dans le seul but d'encourager les recherches scientifiques; les membres de ces sociétés reçoivent de quoi vivre tandis qu'ils travaillent dans ce but.

Dans notre pays utilitaire, on ne reconnaît guère d'autres droits que ceux qui reposent sur un avantage personnel et direct, se traduisant par un bénéfice pécuniaire. Ainsi, celui qui explore avec succès quelque branche spéciale de la science médicale peut en tirer une riche récompense. Cette récompense est même tellement riche, qu'il cède presque toujours à la tentation de consacrer à la pratique de son art une trop grande part de son temps et de ses forces pour qu'il ne lui en reste aux recherches scientifiques proprement dites. Et réellement, si nous examinons bien la question, nous verrons que l'art seul, c'est-à-dire l'application des principes et des lois, peut s'attendre en ce moment à être reconnu pratiquement en Amérique. La science, au contraire, c'est-à-dire la découverte et l'étude de ces lois, là même où elle est encouragée nominalement, n'est soutenue que dans quelques-unes de ses branches indirectes, qui sont, à proprement parler, du domaine de l'art. Ainsi, dans notre pays, la science médicale n'est soutenue que par le besoin que les particuliers ont de l'art médical ; les recherches de la physique ne sont encouragées que dans leurs applications les plus directes à la technologie ; les mathématiques, seulement dans leurs rapports palpables avec l'art de l'ingénieur, de l'arpenteur, ou avec quelque autre application pratique ; la chimie, comme la servante utile des fabriques et de la métallurgie ; l'astronomie, presque uniquement pour les services qu'elle rend à la navigation. Quand on considère ces faits incontestables, on songe involontairement à ce tailleur qui s'écriait en contemplant le Niagara : « Bon Dieu ! quel endroit pour rincer du drap ! »

Nous pouvons avancer ces faits sans craindre d'être démenti : il n'y a pas, parmi nous, un seul homme d'éducation, pas un homme sachant réfléchir, quand même il ne se serait jamais occupé des sciences, qui pût considérer notre opinion comme les vues étroites d'une classe peu nombreuse d'hommes qui, absorbés par des recherches abstraites ou générales, s'aveugleraient sur les grands intérêts matériels de la société. Il est certain que les progrès de la civilisation peuvent se mesurer d'après ceux des arts ; il est aussi que la nation américaine a reçu d'une manière toute spéciale, et plus qu'aucune des nations qui l'ont précédée, la mission de dompter la nature et de répandre sur un continent entier les arts de la civilisation. Sans doute, le premier instinct de l'humanité est de pourvoir à son bien-être matériel ; sans doute encore, l'amour du luxe et du confortable est un stimulant qui doit changer le monde entier en une seule famille, grâce à l'influence bienfaisante du commerce. Mais je soutiens deux choses : la première, c'est que nous sommes arrivés à une phase où il convient de reconnaître un but plus élevé et aussi supérieur au commerce et à la technologie que l'intelligence l'est encore ; que ce but nous est indiqué par le Créateur au moyen d'occasions et de stimulants présentés à notre esprit, et qu'en cherchant à l'atteindre, nous sommes infailliblement récompensés par des avantages matériels. Et, en second lieu, même si l'on néglige tout à fait ces considérations, et que l'on tienne compte seulement du progrès matériel auquel l'Amérique consacre toute son énergie, on fait un calcul faux et mesquin en oubliant que les influences immédiates et palpables ne sont pas les seules à considérer. Il est même rare que ce soient les principales.

Ce serait vouloir perdre mes paroles et démontrer un fait bien connu de tous ceux qui m'écoutent, si j'essayais de prouver qu'à peine un seul des grands progrès matériels de l'humanité aurait pu être fait sans le travail du savant dans son cabinet ; c'est à ses expériences, à ses recherches et à ses généralisations, soutenues par l'amour de la nature et le désir d'en pénétrer les lois, que sont dues les connaissances qu'un inventeur ingénieux a su tourner au profit du bien-être général. Il n'est pas nécessaire de comparer les mérites respectifs de l'investigateur et de l'inventeur : tout le monde conviendra que, sans le premier, le second serait presque impuissant. Assurément, on aurait tort de soutenir que, parce que les inventions utiles sont ordinairement dues aux découvertes scientifiques, elles doivent en être considérées comme les conséquences nécessaires. Cependant l'expérience amène à cette conviction ; et il serait difficile d'indiquer une découverte scientifique importante faite depuis vingt ans, quelque abstraite d'ailleurs qu'elle puisse sembler, qui n'ait pas déjà contribué au bien-être de l'humanité et qui ne fût pas elle-même le résultat de plusieurs recherches indépendantes et isolées en apparence.

N'est-ce donc pas à la fois la plus sage politique et un devoir évident pour un peuple déjà parvenu à un état fort avancé de bien-être matériel et avide de progrès, de reconnaître ce qu'il doit à la science, en se ménageant pour l'avenir les avantages qu'elle peut donner ? N'est-ce pas un de ses devoirs les plus clairs de développer et d'encourager les goûts et les recherches scientifiques, en tenant compte des sacrifices matériels qu'exigent ces dernières, même dans les circonstances les plus favorables ? N'est-ce pas une honte pour la civilisation d'un grand peuple que les talents scientifiques soient ordinairement étouffés ou perdus, faute d'occasion de se développer ?

Cependant nous pourrions citer chaque année des jeunes gens d'un talent réel et sérieux qui, faute de ressources, se voient forcés d'abandonner la carrière scientifique, où ils étaient entrés avec ardeur. Cette liste étonnerait, je crois, ceux à qui ces faits ne sont pas familiers, autant qu'elle pourrait mortifier et attrister le patriote et le philanthrope. Il est naturel que ceux qui travaillent pour la richesse, les honneurs ou le pouvoir, trouvent leur récompense ; le véritable ami de la science ne recherche ni n'attend aucune de ces choses. Mais s'il est vrai que les nations aient des devoirs et une responsabilité aussi bien que les individus, l'homme de talent et d'énergie qui embrasse la carrière scientifique a droit aux moyens de poursuivre ses recherches tant qu'il vit, et à ceux de vivre tant qu'il fait des recherches. Eh bien ! dans toute l'étendue de notre pays, je ne connais pas même une demi-douzaine de positions permettant à l'homme qui en remplit les devoirs de gagner son pain en se livrant à des recherches scientifiques. Les recherches faites ne le sont que dans les intervalles de loisir laissés par d'autres travaux qui épuisent les forces, mais sont indispensables pour faire vivre le travailleur. Le professeur de collége qui dépense ses forces à faire pénétrer les éléments les plus vulgaires dans les esprits d'élèves trop souvent indociles, n'est certes pas une exception à cette règle. Et quelles sont les occasions offertes aux maîtres d'un ordre supérieur qui voudraient jouir du privilége envié de préparer d'autres esprits à la vocation scientifique, ne demandant d'autre récompense que la certitude que leurs idées, leurs méthodes, leurs plans, peut-être même leurs conjectures, ne mourront pas avec eux ? Il ne serait, certes, pas raisonnable de s'attendre à ce que les travaux d'un grand nombre de savants aboutissent tous à de grandes généralisations, ou à ces découvertes que tout le monde peut apprécier. De tels résultats sont rares, et, pour y arriver, il a toujours fallu qu'ils fussent précédés des recherches de toute une série de savants envers qui l'histoire est presque toujours ingrate. Il faut extraire et tailler des pierres avant de construire un édifice ; il faut réunir des faits avant d'en découvrir les lois, il faut reconnaître toutes les lois avant de pouvoir arriver à une loi générale. Le devoir de l'homme de science est d'arriver à des vérités nouvelles en les cherchant dans le domaine sans bornes de l'inconnu ; qu'elles soient brillantes ou obscures, nulle n'est assez petite ou assez insignifiante pour qu'il dédaigne de la chercher avec ardeur ou de l'accueillir avec joie. Un des caractères distinctifs de la science moderne, c'est l'empressement avec lequel elle accueille toutes les observations et toutes les expériences, parce qu'il n'en est pas une qui ne puisse servir de base ou de point de départ à un progrès nouveau ; c'est aussi la justice avec laquelle elle apprécie les services rendus par les hommes qui posent les degrés indispensables pour monter encore. On peut mesurer le développement scientifique d'une société d'après l'estime qu'elle accorde aux hommes qui ne dédaignent pas les travaux inférieurs de jour en jour plus indispensables, et cependant si rarement populaires.

Ce n'est pas dans les gros volumes, mais dans les mémoires, si nombreux à présent, qu'il faut chercher la science du xix⁰ siècle. De nos jours, la marche de la science ressemble à celle d'une armée assiégeante. Peu à peu les mineurs ouvrent des passages souterrains ; les retranchements s'élèvent lentement à droite et à gauche, avançant toujours, mais suivant toujours une ligne tortueuse ; les lignes de circonvallation finissent par envelopper la citadelle. Ici l'on gagne une position qui fournira une nouvelle base d'opérations ; là, on saisit l'occasion de se frayer une loi nouvelle. Cependant les troupes s'avancent par les chemins qui leur ont été si laborieusement préparés ; enfin, elles sont maîtresses d'une position d'où l'artillerie peut ouvrir le feu. On fait alors de nouvelles parallèles, jusqu'à ce qu'enfin, au moment favorable, on tente l'assaut. Les troupes s'élancent, et la citadelle est prise. Mais notre admiration pour la bravoure et l'héroïsme de ceux qui ont donné l'assaut doit-elle nous faire oublier l'habileté des ingénieurs, les travaux des mineurs, les soldats qui ont creusé les tranchées, et les artilleurs qui ont servi les pièces ? Évidemment non. Et quant au monde scientifique, il est tellement convaincu, depuis quelques années, de la nécessité d'estimer les travaux, non d'après leur éclat, mais d'après les résultats utiles qu'ils promettent, que l'on considère comme indigne d'un vrai savant de s'attacher à des résultats qui ne sont que brillants. Au contraire, un fait nouveau et bien établi est accueilli avec plus d'empressement que ne peut l'être l'hypothèse la plus séduisante ou la conjecture la plus plausible, tant qu'elle n'a pas été démontrée vraie.

Toute science est, et doit nécessairement être expérimentale jusqu'à un certain point. Même dans les branches qui par leur nature se refusent aux expériences proprement dites, elles sont remplacées par la comparaison des phénomènes avec les prédictions, et des observations avec les calculs. Les méthodes de découverte en astronomie et en chimie ou en physique, n'offrent que peu de différence. Le génie de Keppler était à peine d'un ordre différent de celui de Faraday ; leur manière de procéder était presque la même. Quelque indispensable que soit la méthode d'induction pour contrôler et juger les résultats obtenus, il y a peu de découvertes qui soient dues à l'induction pure. Le résultat une fois donné d'avance, il est aisé d'imaginer des expériences pour y arriver ; quand deux lignes divergent, si nous savons que la vérité se trouve sur l'une d'elles seulement, nous trouverons sans doute moyen de l'atteindre. Mais telles ne sont pas ordinairement les circonstances dans lesquelles les découvertes se produisent ; et, en général, il ne faut pas plus de science et d'habileté pour discuter des hypothèses, qu'il ne faut d'esprit inventif pour les produire.

Les faits, les rapports sur lesquels j'ai appelé votre attention, indiquent le rôle de l'homme de science dans l'état actuel de la civilisation. Dès que nous admettons que c'est pour

l'homme un devoir d'étudier les principes et les lois de l'univers matériel, il faut bien, dans la division générale du travail, charger une classe spéciale de ce devoir. Et déjà nos progrès dans cette voie sont assez grands pour qu'il soit indispensable d'établir dans cette classe de nombreuses subdivisions. Des connaissances étendues dans les sciences en rapport immédiat avec celle qu'il étudie, et la faculté de concentrer ces efforts sur un champ étroit, sont également nécessaires au savant. De plus, il doit se contenter de n'ajouter aux connaissances humaines qu'une part modeste ; il doit être assez humble pour accepter ce qu'il rencontre, et apporter fidèlement quelques grains de sable, s'il ne peut trouver de pierre pour le temple. Il ne doit plus compter sur de brillantes découvertes qui viennent le récompenser de ses travaux, quand même il aurait le génie d'un Pythagore, d'un Archimède ou d'un Copernic ; e' le monde n'a pas le droit de les exiger de lui. Et, s'il est assez heureux pour faire quelque grande découverte, ou trouver quelque loi générale, la stricte justice exige qu'il rapporte aux autres une grande part du mérite. L'activité et l'énergie des recherches scientifiques ont pris de nos jours un développement sans exemple dans l'histoire. Les conquêtes et les additions de deux années suffisent pour changer et rendre presque méconnaissables l'aspect et les rapports des découvertes précédentes. Un fait important vient-il attirer l'attention d'un savant sans qu'il le publie, il est presque sûr que d'autres ne tarderont pas à le remarquer : ainsi garder une découverte pour soi, c'est presque toujours y renoncer, et toute découverte importante est très-souvent faite par deux savants à la fois. Cela vient seulement de ce que les limites de nos connaissances s'étendent comme une grande onde circulaire partie d'un point central. Les rangs de ceux qui avancent ne peuvent atteindre que ce qui se trouve sur le bord devant eux ; tous suivent, dans leur marche, des sentiers contigus dont la divergence ne peut être compensée que par le nombre toujours croissant des investigateurs. Et ce qui caractérise notre époque, c'est qu'elle exige la coopération, l'association dans les travaux scientifiques, non-seulement pour assurer une bonne distribution du travail, mais aussi parce qu'il est nécessaire de combiner des ressources et des connaissances qu'un seul homme ne pourrait posséder à la fois.

Je serais heureux d'avoir à vous féliciter de la part que notre nation prend à cette grande campagne de conquêtes intellectuelles. Grâce à Dieu, nous pouvons en revendiquer une partie ; nous pouvons citer, parmi les vivants aussi bien que les morts, des noms scientifiques dont l'éclat ne peut que s'accroître avec le temps. Et pourtant, combien notre part est relativement faible ! Pourquoi n'avons-nous pas, parmi nos quarante millions d'hommes, autant de parasites actifs, autant d'institutions scientifiques, autant d'encouragements, de sympathie populaire, que la science en trouve en Allemagne, en France, ou en Angleterre ? Pourquoi les efforts du savant ne sont-ils appréciés et encouragés que d'après le prix qu'y attachent des juges populaires et absolument incompétents ? Le fait est trop évident pour qu'il soit nécessaire de le prouver. La sympathie et les encouragements du public viennent rarement récompenser l'homme de science pendant sa vie ; et, quand ils le font, ce n'est presque jamais à cause de ses plus beaux travaux. Presque toujours, les récompenses que la nation voudrait, de bonne foi, accorder aux savants, tombent en partage à quelque faiseur de livre ou à quelque charlatan. Et, cependant, de grands intérêts publics restent en souffrance, quand ils auraient tout à gagner des avis d'hommes qui vivent et meurent méconnus.

A ce mal quel remède apporter? Je n'en connais pas d'autre que d'amener dans l'esprit du public un changement qui lui fasse rechercher, pour tout ce qui regarde les sciences, l'avis des hommes compétents. Il faut en même temps soutenir et encourager les institutions qui peuvent produire et faire connaître les savants.

Il est incontestable qu'il existe dans ce pays une classe nombreuse d'hommes qui ont contre la science et les savants de très-grands préjugés. Plusieurs raisons, quelques-unes assez naturelles, peuvent expliquer ces préjugés. L'habitude que donnent les études scientifiques, de ne rien admettre sans preuves, est particulièrement antipathique aux esprits rêveurs et purement spéculatifs, et ne manque jamais d'exciter leurs moqueries. Les polémiques dans lesquelles le savant se trouve quelquefois engagé pour défendre les intérêts de la science, plus précieux pour lui que les siens propres, le font souvent accuser d'être irritable et jaloux. Le pur utilitaire condamne les abstractions de la science pure, parce que, dit-il, elles rendent les hommes incapables de remplir les devoirs ordinaires de la vie; c'est que lui-même méconnaît l'utilité ou le devoir qui ne se trouve pas à la surface. En outre, il existe, même chez des hommes instruits et réfléchis, un préjugé contraire: l'étude de l'univers physique est, selon eux, d'un ordre inférieur, qui mène au matérialisme; aussi méprisent-ils toutes les recherches dont l'exactitude peut être prouvée par l'expérience.

Jusqu'à quel point ces préjugés contraires sont-ils justifiés, c'est ce que je n'entreprendrai pas de décider. Sans doute, les hommes dont l'esprit est concentré sur une certaine classe d'idées prennent l'habitude de n'envisager chaque question qu'à un seul point de vue; mais je ne suis pas sûr que les savants méritent ce reproche plus que d'autres. Au contraire, on pourrait, à bon droit, dire en leur faveur que pris en général ils connaissent mieux la littérature, la philosophie et les arts, que les littérateurs, les philosophes et les artistes ne connaissent la science. Assurément, ils savent plus de technologie pratique que les hommes pratiques, comme on les appelle, ne savent de science. Et, si la nature de leurs études les amène à distinguer nettement ce qui peut se démontrer de ce qui ne le peut pas; si leur amour pour la vérité leur fait perdre quelques-uns des charmes de l'imagination, ils en deviennent peut-être des compagnons moins agréables, mais ce ne sont pas pour cela de plus mauvais citoyens.

Cependant les ennemis les plus nombreux des études scientifiques ne leur viennent pas des considérations précédentes, mais bien plutôt des partisans de la théologie. Dès l'aurore de la science moderne, les différents systèmes théologiques lui ont fait une guerre acharnée. Le caractère positif de ses résultats l'a rendue suspecte surtout à ceux qui craignaient de voir des attaques contre leurs dogmes ou la chute de quelque théorie favorite entraîner la ruine de leur croyance tout entière. D'autres ont admis que la révélation écrite et la révélation visible de Dieu peuvent être en contradiction; et, dans leur sollicitude pour la première, ils ont entrepris de battre la seconde en brèche avec toutes les batteries des casuistes. Ils oubliaient qu'en fait de religion comme en fait de science, tout zèle outré dépasse le but, et doit nécessairement produire une réaction fatale à la cause en faveur de laquelle il se déploie.

Je me rappelle avoir entendu, il y a trente ans, un de nos plus savants professeurs, homme bon et vénérable s'il en fut jamais, déplorer dans la leçon d'ouverture de son cours de géologie, déplorer, dis-je, la tendance anti-religieuse de cette science quand elle est mal comprise. N'arrive-t-il pas encore souvent, de nos jours, que l'on se donne, pour concilier des contradictions apparentes entre le livre de la Genèse et le livre de la Nature, plus de peine que pour examiner le degré de confiance que mérite chacun de ces livres? L'inquisition d'il y a vingt ans a pris une autre forme que celle d'il y a deux siècles; mais elle n'a guère été moins tyrannique et moins implacable. Les tortures qui ont arraché à Galilée un désaveu d'un moment n'étaient guère plus cruelles que les souffrances morales infligées à plus d'un savant de notre époque, pour avoir cru que la terre existe depuis des milliers de siècles; que le genre humain tout entier n'est pas issu d'un seul couple; qu'il y a des preuves décisives de l'existence d'êtres humains pendant l'époque pliocène; ou enfin, que le soleil existait avant la terre et avant l'alternative du jour et de la nuit.

Tout cela a bien changé dans nos écoles, je l'avoue. L'éclat dont brille maintenant la science, l'énergie vivifiant dont elle pénètre tout autour d'elle, ont dissipé les ténèbres. Mais il n'y a pas longtemps qu'il en est ainsi. Les mouvements de l'esprit populaire sont comme ceux d'un pendule gigantesque. A son tour, la réaction a dépassé le but, et c'est maintenant la théologie qui se voit forcée de se défendre. Même ce compromis que l'on voulait faire adopter, et qui aurait laissé aux savants toutes les choses de la science, et aux théologiens ce qui regarde la théologie, ce compromis, tout insuffisant qu'il eût été, n'a pu être accepté pour quelque temps.

La lutte entre les croyances acceptées et les faits que la science prétend démontrer, la lutte est donc inévitable. Il serait donc désormais inutile d'essayer de gagner du temps; l'un des deux partis doit céder. Bien qu'elle présente plusieurs aspects, la vérité est une, et l'honnête homme veut la connaître et l'accepter. Aucune preuve d'une théorie quelconque ne peut satisfaire l'esprit, tant que la preuve contraire n'est pas réfutée. L'homme qui étudie la nature ne s'occupe, il est vrai, que de faits matériels; mais néanmoins les résultats qu'il obtient sont susceptibles d'être démontrés, et il ne saurait les écarter pour plaire à telle ou telle secte religieuse. D'un autre côté, les recherches théologiques et philosophiques ne portent que sur des preuves morales et sur l'étude de l'esprit; les résultats qu'elles donnent peuvent rarement se démontrer. Et, chose étrange, ceux qui se livrent à ces recherches sont singulièrement jaloux de leur donner le nom de science, comme s'il n'y avait pas d'autre nom aussi honorable. Cependant ce nom ne peut s'appliquer légitimement qu'à une faible partie de ces recherches, puisqu'il signifie l'examen non de faits et de doctrines seulement, mais de lois aussi; sans doute, la théologie et la philosophie sont arrivées à certaines lois, mais ces lois sont en petit nombre, comme il est facile de s'en convaincre. En effet, toute loi bien établie est acceptée d'une manière générale, et sert de base à de nouvelles recherches. Nier les lois de la gravitation, celle des marées, celles des tempêtes, celles

du magnétisme, c'est simplement faire preuve d'ignorance.

Au contraire, en philosophie et en religion, le nombre des
systèmes et des croyances, bien loin de diminuer, n'a fait que
s'accroître depuis deux mille ans.

Cependant, il faut reconnaître qu'il y a deux moyens indépendants d'arriver à la connaissance des vérités supérieures.
Ces moyens s'appuient sur des méthodes entièrement différentes; et, si leurs résultats sont exacts, ils ne peuvent que se
corroborer mutuellement. Si, au contraire, il est bien démontré que leurs résultats sont en contradiction, on ne saurait se refuser à admettre que l'une ou l'autre méthode, au
moins, est entachée d'erreur. Or, quoique les erreurs scientifiques soient assez fréquentes, il n'est pas un homme de sens
qui se hasarde à accuser d'erreur les résultats dont l'exactitude est reconnue par tous les hommes compétents. D'un
autre côté, se déclarer l'ennemi de tout examen scientifique
des questions théologiques, c'est en rejeter le témoignage
des hommes compétents, ou soutenir, ce qui est dangereux
encore, qu'il ne faut admettre aucune preuve physique de
ces vérités.

Si j'ose parler ainsi, c'est que je suis bien sûr que personne
ne me soupçonnera de n'avoir pas le plus profond respect
pour les convictions religieuses de tous les esprits sérieux, soit
conservateurs ou libéraux, peu importe; et cependant nous nous
trouvons à chaque instant en présence de ce dilemme si ancien
déjà, par lequel la science semble présenter une conclusion,
et la foi une autre. Accepter l'une ou l'autre en présence
d'une contradiction flagrante, répugne à l'esprit philosophique; trouver le moyen de les concilier, c'est là un problème dont on cherche la solution depuis des siècles. Cette
contradiction apparente s'offre à nous sous bien des aspects
différents. L'un met en opposition la nature et la révélation;
celle-ci certainement divine, celle-là essentiellement trompeuse. L'autre oppose la science et la religion: la première,
dit-il, ne tient pas compte des facultés morales, et la seconde
de l'intelligence. Un troisième met en butte l'évidence des
sens et l'institution de l'âme. Bigots, casuistes fanatiques, tous
ont attaqué tour à tour les enseignements de la science, entraînant vers leur parti plus d'un esprit droit et sérieux, qui en
venait, par piété, à adopter la devise *Credo quia impossibile
est*. Les arguments les plus vagues, dans lesquels s'était établie
une confusion inextricable entre les mots et les idées, ont
fait craindre aux consciences timorées que la récompense de
la foi ne fût refusée à ceux qui n'auraient pas eu à faire à
leur foi le sacrifice de leur raison. Cependant on oubliait
que la foi s'appuie toujours sur la saine raison, et que toutes
deux sont également chez l'homme des reflets de l'esprit
divin. Telle est encore de nos jours l'influence de cet esprit
rétrograde, qu'il n'est pas rare d'entendre affirmer autour de
nous qu'il existe, pour les recherches scientifiques, certaines
limites morales que l'homme ne doit pas dépasser; au delà,
nous dit-on, l'investigation scientifique est illégitime, et
l'examen théologique devient criminel. D'où peut venir une
pareille doctrine, sinon de la crainte des résultats auxquels
un examen de bonne foi pourrait amener? Si cette défense
s'adressait seulement aux hommes incapables de recherches
intelligentes, et dépourvus de connaissances préliminaires
suffisantes, nous pourrions la comprendre et peut-être même
l'approuver. Mais ce n'est pas dans cet esprit qu'elle est faite.
Elle signifie ou bien que le Tout-Puissant ne sait pas garder

ses secrets, ou bien que Celui qui sait tout et qui peut tout
nous a donné des aspirations insatiables et des désirs auxquels nous ne saurions obéir sans nous éloigner de lui. Avant
l'existence de la science moderne, à une époque où la superstition était toute-puissante, où les adeptes de la chimie
et de l'astronomie et des autres sciences étaient considérés
comme vendus à Satan, une pareille doctrine aurait pu nous
sembler naturelle. Mais que des hommes instruits, à quelque
croyance qu'ils appartiennent, viennent soutenir aujourd'hui
que c'est un crime d'obéir à l'instinct par lequel Dieu lui-
même nous commande de le chercher dans les lois physiques et morales de la création; que l'on nous dise que l'arbre de la science porte encore des fruits défendus, c'est là,
selon moi, un horrible anachronisme.

S'il existe une vérité morale que l'on puisse regarder
comme indubitable, c'est le devoir d'adorer l'Auteur de la nature, qui a fait le corps de l'homme aussi bien que son âme,
et qui est le souverain Maître de toute matière aussi bien
que de tout appareil. Malgré cela, l'opposition entre la manière dont la science et celle dont la religion envisage l'univers, n'a fait que s'accroître depuis un siècle, grâce surtout
aux efforts réunis des bigots et des athées, qui travaillent pour
arriver au même but. Jamais on n'a si vivement senti le besoin de trouver ce terme moyen qui permettra de concilier
les opinions contraires.

Un des esprits les plus clairvoyants de notre époque croit
avoir trouvé ce moyen terme; il affirme, et soutient par des
arguments fort plausibles, qu'il se trouve dans l'idée de force.
Parmi les manifestations corrélatives et variées de la force,
il n'en est pas, dit ce savant, de plus simple, ni de plus élevée
que la volonté, la seule forme de la force qui puisse prétendre
au premier rang. Ici, nous abordons un sujet tellement au-
dessus des autres, et d'une élévation si vertigineuse, que
nous ne pouvons en parler sans une certaine méfiance de
nous-mêmes; la vivacité même avec laquelle nous sentons
l'insuffisance de nos facultés nous prouve combien nous sommes près de leurs limites. J'oserai néanmoins dire quelques
mots à ce sujet, parce que je ne puis ni résister à la conviction que cette idée couvre une grande vérité, ni admettre
l'accord de cette doctrine avec ce que l'on peut regarder
comme démontré sur la nature de la force; et cela, malgré
tout le talent avec lequel une certaine école de philosophes
a soutenu que la vie, la conscience et toutes les forces psychiques ne sont que des manifestations de cette même force,
qui peut se convertir en chaleur ou en action chimique,
tout comme elle peut en être tirée.

Tous les savants s'accordent maintenant à reconnaître qu'on
ne peut ni créer, ni détruire la force; et que la quantité de
force qui existe dans l'univers est tout aussi éternelle et aussi
inaltérable que la quantité de matière. Sous toutes ses formes,
elle est éminemment transformable, mais tout à fait indestructible. Et, pour éviter les malentendus si fréquents entre
les hommes les plus instruits, par suite du sens ambigu du
mot *force*, nous adopterons le sens le plus généralement admis, et nous appellerons force ce qu'il faut dépenser pour déterminer le mouvement ou l'arrêter, établissant ainsi une distinction bien nette entre la force et sa cause.

Dans le discours d'adieu qu'il a prononcé l'an dernier devant l'Association, mon honorable prédécesseur, le docteur
Barnard, a mis en avant un argument dont la force et la clarté
me semblent défier toute réfutation pour combattre la doctrine

qui voudrait étendre aux phénomènes de la conscience le principe de la conservation de la force ; — doctrine, vous le savez, que l'on professe hardiment dans nos grandes écoles scientifiques, et qui compte parmi ses partisans un grand nombre d'hommes fort distingués. Voici ce que disait M. Barnard :

« Les changements organiques sont des effets physiques, et peuvent être admis sans hésitation comme les équivalents des forces physiques dépensées. Mais la sensation, la volonté, l'émotion, la passion, la pensée ne peuvent à aucun point de vue être considérées comme des phénomènes physiques. (*Proc. Amer. Assoc.* Chicago, p. 89.)

» La philosophie qui fait de la pensée une forme de la force, fait de la pensée un mode de mouvements ; elle transforme l'être pensant en un automate dont les sensations, les émotions, l'intelligence ne sont que des vibrations de sa substance matérielle produites par le jeu de forces physiques ; et dont la vie consciente doit cesser pour toujours quand l'organisme épuisé cessera enfin de répondre à ces stimulations extérieures. » (*Ibid.*, p. 91.)

La pensée ne saurait être une force physique, parce qu'elle n'admet pas de mesure... Ce qui ne peut se mesurer, ne peut être une quantité, et ce qui n'est pas même une quantité, ne saurait être une force. (*Ibid.*, p. 93, 94.)

Devant l'argumentation puissante du président Barnard, dont je viens d'indiquer les points principaux, il n'est pas moins impossible de soutenir que la force est un terme moyen entre le monde moral et le monde matériel, qu'il ne l'était de soutenir le matérialisme pur contre lequel cette argumentation était dirigée. Mais si nous regardons plus haut, pour considérer ce qui guide et dirige la force, de même que la force guide la matière, je suis porté à croire que le problème peut être plus près d'une solution. Ce n'est cependant qu'en hésitant que j'expose mes idées, car je n'oublie pas les grands penseurs qui se sont occupés de ces sujets élevés, et je crains d'être accusé de présomption.

On fait quelquefois une expérience fort élégante, dans laquelle la tension d'un ressort développe de la chaleur par percussion, et donne ainsi naissance au courant d'une pile thermo-électrique ; celle-ci, par une série de transformations de force, développe de la chaleur, une action chimique, du magnétisme, et finit par courber un autre ressort : ainsi, une même force primitive se manifeste successivement sous toutes ces formes différentes, pour reparaître enfin sous sa forme première. Dans cette expérience, l'imperfection des appareils amène nécessairement une perte de force à chaque transformation successive, ce qui empêche que, dans la pratique, on ne retrouve à la fin une force effective égale à celle qui avait d'abord fait courber le ressort. Mais il est certain que la perte est due uniquement à l'imperfection des instruments qui servent à recueillir et à transmettre la force dans chacune des phases de l'expérience ; car la loi de la conservation de la force nous enseigne que dans tous les cas la force se transforme sans subir de diminution. S'il était possible de construire un appareil de ce genre avec une perfection théorique, il nous donnerait une circulation perpétuelle de la force ; et, comme une pendule sans frottement oscillant dans le vide, il présenterait un mouvement perpétuel, une fois la première impulsion donnée. Le ressort oscillerait sans s'arrêter, si aucune force étrangère

n'intervenait, que la force agissante fût ou non transmise par une série de modifications.

Cet appareil inerte n'aurait par lui-même aucune force quelconque, et cependant il aurait reçu de son auteur des qualités qui forceraient une force indestructible qui y serait appliquée de jouer le rôle d'un Protée involontaire. On doit, ce me semble, nécessairement en conclure que la force peut être guidée et dirigée, forcée d'agir sous telle ou telle forme, sans l'emploi d'une autre force pour cela. Si l'on nous objecte que c'est une loi essentielle de la force de changer de forme en agissant, cette vérité, que personne ne conteste, ne change nullement la question. Notre volonté a prescrit, et, sauf l'intervention d'une force étrangère, pourrait prescrire indéfiniment le mode d'action et la direction de cette force constante.

La force musculaire est dirigée par la volonté, à laquelle elle obéit généralement dans son action vitale. Si nous admettons qu'elle soit égale à la dépense des tissus (1), et qu'on puisse la mesurer ou par les résultats produits, ou par la décomposition de ces tissus, où et quelle est la puissance qui déchaîne ou retient cette force, et dont l'action dépend d'un effort conscient ? C'est la volonté, c'est-à-dire quelque chose qui dirige et règle la force sans la dépenser. Non-seulement la pensée et les formes diverses de la conscience ne sont pas des forces, si le raisonnement précédent est exact, mais, quoiqu'elles exercent souvent une action morale sur la volonté, ce ne sont pas même des énergies motrices, dans le sens dans lequel nous devons, selon moi, admettre que la volonté mérite ce titre. Il est vrai que l'exercice de la pensée est suivi de fatigue ; mais il n'est pas accompagné d'un sentiment d'effort, à moins qu'il ne soit dirigé par l'action de la volonté. Et quoique le premier travail consume évidemment les tissus, avons-nous quelque raison de croire que l'exercice de la volonté soit suivi du même résultat, en faisant, bien entendu, la part de la consommation qui correspond aux forces que la volonté fait agir ?

Ainsi, il semblerait que la transformation de la force, quoique ce ne soit pas un travail, dans le sens qu'on donne à ce mot en mécanique, vient d'une cause bien définie. Quelle est cette cause ? peut-on la mesurer ? telles sont les questions que l'on se pose aussitôt.

Cet agent, cette énergie, cette influence semble appartenir à la même catégorie que le principe vital : tous deux dirigent des forces, mais n'en dépensent ni n'en consomment. Dans l'accroissement des êtres organiques, il se forme des combinaisons instables produisant à leur tour des organismes dans lesquels, comme l'a si bien dit Kant, toutes les parties se servent réciproquement de fin et de moyen. S'il y a consommation de force dans ce développement organique, c'est la désorganisation sans décomposition qui doit la fournir. Je ne parle pas de la force déposée dans la substance instable des tissus, mais de la vitalité elle-même, qui représente une énergie nécessaire au développement et à l'accroissement des organismes, tandis que leur dissolution est, à son tour, accompagnée du développement des formes de vie inférieures, qui indiquent que cette énergie a pu encore entrer en jeu ; d'ailleurs,

---

(1) Quand même elle proviendrait aussi, jusqu'à un certain point, de la désorganisation des aliments incomplètement assimilés, notre argument n'en serait nullement affaibli.

cette énergie n'est pas une force, selon la définition donnée plus haut de ce terme.

Nous ne saurions établir de comparaison entre la vitalité et les forces moléculaires qui déterminent la formation d'un cristal. Les formes cristallines se produisent dans les circonstances où les attractions moléculaires agissent en toute liberté ; leur production doit être accompagnée d'un dégagement de force dont la physique doit pouvoir constater l'existence, et qui doit aussi pouvoir se mesurer par la résistance plus grande que les cristaux opposent à la dissolution, quand on les compare aux masses amorphes de même nature et de surface et de poids égaux.

Ainsi, non-seulement au point de vue de l'individualité que donne la vie, et de l'impossibilité d'isoler ou de déplacer cette vitalité, mais encore à celui de son caractère héréditaire, et de la faculté de s'accroître ou de diminuer indéfiniment, l'énergie vitale est en contradiction avec notre conception fondamentale de la force ; elle exige une catégorie séparée, qui semble être la même que celle de la volonté. Si la volonté et la vie sont des formes de force, leur quantité totale doit être limitée par la loi de conservation de la force. D'un autre côté, si elles n'appartiennent pas au domaine des forces, nous n'en pouvons que mieux obéir à la conviction, qui s'accorde si bien avec notre expérience, que leur liberté est sans limites, et que chacune a, dans son domaine particulier, une action indéfinie, quoique peut-être corrélative.

L'indestructibilité de la matière et de la force implique l'existence d'un coefficient fixe de force pour la matière en équilibre ; mais combien les énergies telles que la vie et la volonté diffèrent de la force sous ce rapport !

Or, si notre raisonnement est exact, nous pouvons trouver dans cette classe d'énergies ce terme moyen si désiré et si nécessaire, qui rattache les phénomènes de la matière à ceux de l'esprit, et forme le lien entre la science et la religion, dont l'union harmonieuse forme le système philosophique le plus élevé. C'est cette classe d'énergies qui, réglant les forces de la matière, en guide et en détermine les modifications et les transformations. De plus, ces énergies inséparables de l'esprit sont exercées pour tout organisme conscient. Le jeu mystique de forces égales, mais si différentes pour nos sens, et l'action réciproque, mais également mystérieuse des yeux, du cerveau et des nerfs, exigent aussi des actions qui échappent à toute notre science, mais qui obéissent implicitement aux lois physiques. La manifestation la plus élevée de ces actions, c'est la volonté ; l'agent le plus élevé, c'est le Tout-Puissant. Ainsi, ce principe de foi, que l'univers n'existe qu'en vertu de la volonté continue du Créateur, ce principe représente un fait scientifique palpable ; et nous pouvons voir que le panthéiste, le matérialiste et le spiritualiste, car je ne veux pas renoncer à ce dernier terme, si noble, malgré l'abus qu'on en a fait de nos jours, tous, dis-je, ont considéré la même vérité élevée, sous des aspects différents, et avec une portée de vue différente et bornée.

Dès que la théologie aura cessé d'être l'ennemie de la science, une nouvelle ère commencera, et nous serons en droit d'espérer des progrès croissants pour la science aussi bien que pour la religion. Mais nous ne devons pas nous dissimuler que la perspective pour la science est moins favorable dans notre pays que dans d'autres, parce que chez nous il se présente des obstacles tout particuliers. Ces obstacles viennent surtout, directement ou indirectement, de ce caractère

de notre développement national, qui exagère la valeur de l'utilité immédiate, et qui rabaisse souvent l'utilité réelle. Il faut bien l'avouer, chez nous la richesse devient de plus en plus le grand but de la vie ; et cette tendance est encore aggravée par l'esprit qui règne dans nos grandes villes et qui accorde à la richesse seule l'influence qui devrait également être le partage de l'intégrité, de la culture intellectuelle, de l'éducation et du talent. Ainsi, l'ambition de notre jeunesse se dirige d'une manière presque irrésistible vers la richesse, comme étant le plus grand bien de ce monde ; et l'expérience vient encore à l'appui de cette idée. Nos institutions savantes, trop peu nombreuses, et presque toujours confondues par le public avec les institutions destinées à l'éducation de la jeunesse, dépendent, comme ces dernières, des secours et des dons particuliers. Sans doute, la classe opulente chez nous a droit d'être fière de la libéralité et de la munificence avec laquelle elle est toujours prête à contribuer au bien public ; sans doute, l'Amérique s'enorgueillit avec raison de la générosité de ses citoyens riches ; mais on ne peut s'attendre à rencontrer toujours, quand il s'agit de littérature ou de science, autant de largeur dans les esprits que de générosité dans les cœurs.

Bien des monuments d'une libéralité mal dirigée, dispersés dans tout notre pays, rappellent des dons qui, mieux employés, auraient probablement placé les États-Unis au premier rang pour les progrès intellectuels.

De plus, ces mêmes influences ont, dans bien des cas, fait confier la direction des travaux intellectuels, et le contrôle des institutions, aux mains d'hommes peu propres à de pareilles fonctions. Comment la science, les lettres, les arts pourraient-ils prospérer, quand leurs intérêts sont confiés à des hommes qui ne les comprennent pas, et qui, même avec les meilleures intentions, ne savent de quel côté diriger leurs efforts ? Des finances bien administrées par une institution perdent beaucoup de leur prix, quand l'institution elle-même marche au hasard. En outre, tandis que cela a été, et que c'est encore l'usage de faire tout ce que nous pouvons pour l'éducation de la jeunesse jusqu'à un certain point, au delà de ce point, nous ne regardons plus les encouragements et l'appui nécessaires ; de sorte qu'en réalité nous aidons les jeunes gens tant qu'ils se préparent à être utiles, mais nous ne leur donnons pas ensuite le moindre encouragement dès qu'ils peuvent être réellement utiles. Depuis quelques années, nous avons même fait, à cet égard, un pas en arrière ; et, même dans les établissements d'éducation, on cherche à discréditer les études qui n'entrent pas dans le programme des utilitaires. Mais ce qui manque surtout en Amérique, de nos jours, ce sont les occasions d'utiliser les études purement intellectuelles ou scholastiques que l'on a pu faire ; et elles manquent bien plus encore que les occasions de faire ces études indispensables. Nous avons oublié que l'éducation de l'école et du collége n'est que le moyen, et non le but ; et, comme dans bien d'autres cas, nous perdons le but de vue pour chercher les moyens, nous négligeons les recherches tout en donnant généreusement l'éducation préparatoire. Ainsi, le savant est presque toujours forcé de gagner son pain en dehors de sa vocation, c'est-à-dire par un travail étranger à la science. Enfin, l'absence de tout tribunal reconnu, dont le jugement puisse être accepté provisoirement pour tout ce qui regarde la science, d'un tribunal qui mérite la confiance publique par le caractère et les talents de ses membres, et qui puisse représenter, défendre et soutenir les intérêts de la science devant le public et auprès du gouvernement, a jusqu'ici été un désavantage sur lequel on ne saurait trop insister.

Si nous énumérions les inconvénients indirects que présente pour nous l'abandon dans lequel nous laissons les études scientifiques, nous rencontrerions sans doute bien des incrédules. L'absence des habitudes d'esprit qu'elles entraînent, rend les esprits superficiels; elle explique surabondamment notre défaut national, le manque de profondeur, car la profondeur ne peut se rencontrer là où l'on n'encourage d'autres travaux que ceux qui promettent des résultats immédiats et palpables. De là vient encore le manque de déférence pour toute autorité compétente, le manque de respect pour la supériorité et les talents intellectuels. Pour sentir combien peu nous savons, il faut déjà avoir appris quelque chose; et, de même que le manque de foi engendre la superstition, de même aussi l'ignorance des lois scientifiques produit la crédulité. Ne trouvons-nous pas tous les jours des exemples vraiment comiques de ce fait dans les idées vagues que se fait le vulgaire des lois si connues de l'électricité? On dit souvent que, pour l'esprit d'une femme, le mot magique de *mécanisme* suffit pour expliquer les procédés les plus compliqués. Que ce soit vrai ou faux, on ne saurait nier que, pour l'esprit d'un homme, le mot mystérieux d'*électricité* n'ait la même vertu cabalistique.

A cet agent mystérieux, quoique ce ne soit pas pour le physicien un plus grand secret que ne l'est la chaleur, la lumière ou la gravitation, on attribue tous les faits que l'on ne peut expliquer, comme si l'on se réjouissait d'échapper ainsi à la nécessité de les attribuer à une puissance surnaturelle !

Les tables tournantes, les esprits frappeurs, les sonnettes mues par des êtres invisibles, les crayons spirites, et tous les prodiges si facilement acceptés par la crédulité, me fourniraient encore des exemples affligeants, s'il n'était encore dangereux, peut-être, de discuter trop librement de pareils sujets, — même hors de Salem !

Un des dangers les plus sérieux qui menacent la prospérité de la science parmi nous, c'est le zèle de ses faux amis. En effet, ce n'est pas se montrer partisan loyal et ami véritable de la science, que de vouloir fonder ses droits à notre appui sur le terrain de l'utilité pratique immédiate. Sans doute, l'histoire et l'expérience sont là pour proclamer les services qu'elle a toujours rendus aux arts utiles; mais ce ne serait là qu'un motif inférieur et indigne d'elle. Cultiver la science par intérêt, ce serait suivre le divin Maître pour les pains et les poissons qu'il doit distribuer miraculeusement à ses auditeurs. Écouter sa parole, apprendre sa loi, comprendre en partie le plan divin, tels sont les seuls motifs que l'on puisse avouer. La réaction actuelle contre le système qui négligeait et traitait avec dédain tout ce qui s'écartait des classiques et de la métaphysique, et la croisade contre l'éducation classique entreprise à la suite de cette réaction, ne promettent rien de bon pour la science. Les champions de cette croisade se placent simplement sur le terrain utilitaire, et, en prétendant soutenir la science, ils ne font guère, en réalité, que soutenir les arts utiles comme le but le plus élevé de l'éducation, le seul digne de l'attention des classes éclairées. La croisade n'est pas entreprise en faveur de telle ou telle forme de progrès intellectuel; mais elle est dirigée contre toute culture intellectuelle qui ne vise pas à un résultat matériel

pouvant se traduire en dollars, ou s'exprimer sous une forme quelconque du bien-être matériel. Les résultats de cette explosion d'utilitarisme, joints au culte de Mammon, se manifestent déjà autour de nous de la manière la plus évidente, par la substitution de la richesse à l'élégance, de l'exagération à la grandeur, de l'étalage à la beauté, et de la quantité à la qualité. Comme l'âge d'or a dégénéré en âge de fer, de même l'âge de fer s'est changé en âge de clinquant. Voyez, dans la plupart de nos édifices publics, quel abus des couleurs voyantes, quels ornements extravagants ont remplacé la beauté de la forme! Voyez, dans les jardins publics, les grâces et les harmonies de la nature bannies et remplacées par ce qu'il y a de plus coûteux! Même le respect qui voudrait conserver et protéger les monuments consacrés par le souvenir de nos grands et bons citoyens, est traité de conservatisme arriéré.

Pour sauver notre pays de l'abîme sur le bord duquel il est placé, il ne faut pas moins que toute l'énergie dont il peut disposer; mais nous avons la satisfaction de savoir que, à peu d'exceptions près, les esprits les plus éminents et les plus cultivés du pays reconnaissent le danger et unissent leurs efforts pour le conjurer. La science n'a nulle part d'amis plus dévoués que parmi les hommes littéraires de l'Amérique; la littérature ne compte nulle part de plus chauds partisans et de plus grands admirateurs que parmi ses savants. Ce qu'il nous faut, c'est une culture intellectuelle visant à quelque chose de plus élevé que l'utilité pure; ses progrès dans une direction quelconque ne peuvent guère manquer d'être saisis de progrès dans toutes les directions. D'ailleurs, l'éducation scientifique exige une culture d'esprit achevée, et tout ce qui diminue cette dernière est un obstacle aux progrès que l'on désire. Il ne faut pas traiter trop légèrement l'expérience des siècles, et il est toujours bon de se rappeler que la nouveauté n'est pas nécessairement la perfection en fait de philosophie, d'art ou d'éducation.

Nous pouvons d'ailleurs envisager la question sous un aspect plus agréable : partout où la science a mis le pied, sa voie s'aplanit, et sa sphère d'action s'étend plus que jamais. Pour la science au moins, nous entrons dans la période de la simplicité, qui entraîne l'universalité, et, avec elle, la fraternité de tous ceux qui servent la cause commune. La brillante découverte de la corrélation des forces établit entre les sciences physiques une relation harmonieuse, et nous fait entrevoir pour l'avenir une généralisation encore plus complète. En reconnaissant l'équivalence de toutes les forces, nous arrivons à adopter des unités absolues qui s'imposent nécessairement partout : ainsi les forces thermiques, électriques, magnétiques, chimiques, mécaniques se mesurent avec des unités qui dépendent du mètre et de la rotation terrestre. Le système métrique, déjà presque universellement adopté pour les recherches scientifiques, devient de plus en plus populaire chez tous les peuples, malgré la force des préjugés et de l'habitude. Ainsi s'établissent entre les nations des rapports intellectuels de plus en plus intimes, tandis que, grâce aux progrès des arts usuels, nous voyons s'abaisser les barrières physiques, et s'adoucir la trop grande aspérité des lignes qui les séparaient.

Pour ne pas être injustes, il faut aussi reconnaître l'influence salutaire exercée par le commerce, et l'impulsion qu'il a souvent donnée aux travaux scientifiques, lorsque les besoins des arts ont indiqué la voie dans laquelle des connaissances plus étendues devenaient nécessaires. Les progrès merveilleux dans la connaissance des lois des courants électriques, réalisés en Angleterre par l'influence directe des compagnies qui fabriquent et exploitent les câbles télégraphiques sous-marins, nous offrent un brillant exemple de ce qui peut se faire dans cette voie. Citons encore l'influence et les caractères particuliers de chaque nation, qui favorisent de préférence certaines branches particulières de la science, de sorte que ces dernières réagissent à leur tour sur le caractère national, le rendent de plus en plus marqué. C'est ainsi que le besoin de découvrir et d'exploiter les richesses minérales de l'Amérique, aussi bien que le champ magnifique offert aux explorateurs, a donné dans notre pays un développement et une impulsion remarquables aux recherches géologiques, de sorte que le nombre des géologues que nous comptons parmi nos savants est sans doute proportionnellement bien supérieur à celui des autres pays. Il en est de même pour la géographie physique et les explorations géographiques et topographiques. Mais c'est la guerre qui, plus que tous les autres arts, a stimulé les recherches physiques; et les sciences dont on s'est le plus servi pour l'art militaire sont celles qui ont fait le plus de progrès. Les mathématiques appliquées, et les branches de la physique nécessaires pour le génie, la topographie et l'artillerie ont surtout fleuri en France. Nous trouvons dans un catalogue de librairie qui paraît tous les mois à Paris, un exemple assez amusant de la position relative que peuvent occuper les sciences et les arts sous l'action de certaines influences particulières. Les livres nouveaux sont groupés d'après les sujets dont ils traitent, et voici l'ordre constamment adopté pour un des groupes : *Sciences mathématiques et militaires :* — *Astronomie, arithmétique, marine, équitation;* ce qui nous montre une classification régulière et venant aboutir à la pratique indispensable au simple cavalier.

Les lois nationales aussi ont une influence bien marquée, et qui, dans notre pays, est toute au désavantage du savant. En ce moment, les droits d'importation établis par la loi sur les appareils exclusivement destinés aux recherches scientifiques, sont près de trois fois plus considérables que ceux que subissent les mêmes appareils quand on les importe uniquement pour servir à l'éducation de la jeunesse et à la diffusion des connaissances acquises!

Dans cet aperçu, messieurs, j'ai cherché à vous présenter les faits et les considérations qui font reconnaître la position relative du savant, surtout aux États-Unis. Dans quelle mesure mes conclusions doivent-elle être adoptées ? c'est à votre expérience et à votre jugement d'en décider ; mais, j'en suis certain, vous ne douterez pas que je ne me sois efforcé de les présenter de manière à ne blesser aucune susceptibilité. J'ai cherché consciencieusement à vous présenter l'aspect actuel de la culture scientifique dans notre pays, sans hésiter à dire des vérités quelquefois désagréables, ou à reconnaître ce qui s'annonce favorablement pour l'avenir. Cet avenir dépend surtout de la génération à laquelle nous appartenons.

La marche brillante et presque prodigieuse des découvertes scientifiques depuis le commencement du siècle, nous autorise à concevoir des espérances sans limites pour l'avenir. Chaque progrès nouveau a, dans ces derniers temps, découvert à l'humanité une vue si merveilleuse de la création, que nous attendons maintenant des découvertes qui pourraient au premier abord sembler extravagantes. Si, dans les dix dernières années, nous avons appris à analyser la substance incandescente du soleil et des étoiles, des comètes et des nébuleuses; si nous avons appris la relation étrange qui existe entre les météores et les comètes, et ajouté même des forces moléculaires aux actions cosmiques déjà reconnues; si nous avons pu suivre les lois de la réfraction thermale dans les corps conducteurs solides, et découvert une alchimie supérieure dans la transmutation des forces; est-ce être trop hardi que d'espérer que quelques années nous révèleront la relation subtile qui existe entre la conductibilité et l'induction ; que nous trouverons le phénomène électrique qui correspond à la réfraction ; que l'état persévérant des lois du magnétisme terrestre nous en fera connaître la source ; que la cause mystérieuse de la gravitation deviendra moins incompréhensible, que, si le rayonnement est possible sous l'existence d'un milieu, nous trouverons comment il s'effectue ; et que peut-être nous arriverons à déterminer par l'analyse la constitution chimique de l'éther lumineux.

Aucun des obstacles qui s'opposent, dans notre pays, aux progrès des sciences, n'est essentiellement insurmontable. Ce sont des difficultés sérieuses, il est vrai; mais elles ne sont pas décourageantes. Notre espérance et notre foi dans l'avenir magnifique réservé au pays que nous aimons plus que les juifs n'aimaient Sion, avenir auquel nous aspirons avec plus d'orgueil que les Athéniens et les Romains n'en ressentaient au souvenir de la gloire passée, cette foi, déjà, nous porte peut-être à tout voir en rose, et à fermer les yeux sur les présages défavorables. Le devoir du citoyen n'est pas de nier, mais de combattre et de détourner les dangers qui peuvent menacer sa patrie; il doit travailler à sa prospérité, et non s'endormir pour rêver de sa gloire future.

Notre peuple désire encourager la science, et déjà il en a donné des preuves nombreuses. Quelque grande que soit la part tombée sur le bord du chemin, ou dans un terrain pierreux, une part suffisante des semences répandues si libéralement doit porter des fruits. A mesure que ces fruits mûriront, et que la nation en recevra le bénéfice, un grand nombre des maux que j'ai énumérés doivent infailliblement diminuer. Tôt ou tard nous sortirons de ce cercle vicieux de la politique administrative, qui permettait à des institutions établies dans un noble but, d'abaisser ce but afin d'obtenir des donations et des dotations nouvelles. Le temps viendra, n'en doutons pas, où les intérêts des lettres, des arts et des sciences seront confiés à des littérateurs, à des artistes et à des savants. Parmi tous les travaux intellectuels, notre caractère national semble surtout fait pour ceux de la science. Plût au ciel que le goût des lettres classiques donnât la moitié des espérances que donnent les sciences; car, si une fois les rapports convenables étaient établis entre elles, chaque étude viendrait soutenir l'autre; en un mot, nous n'avons besoin que d'appliquer notre nouvelle organisation sociale aux intérêts intellectuels comme aux intérêts matériels, application qui a jusqu'ici été trop retardée par l'influence relativement minime des travaux intellectuels.

Cette Association a pour but fondamental de faire avancer la science en établissant des rapports intimes entre ceux qui l'aiment et désirent la servir; en recherchant dans les pays éloignés tous les résultats des études scientifiques, afin de les discuter et de les comparer; en popularisant dans notre pays les nobles travaux auxquels nous nous consacrons. Vouloir jeter le ridicule sur l'Association parce qu'elle appelle dans son sein tous les amis des sciences, quelles que soient leur position, leur habileté ou leur profession ; parce qu'elle accueille avec cordialité l'appui, et qu'elle sollicite la présence de tous ceux qui veulent travailler à l'œuvre commune ; — la tourner en ridicule, ne serait pas moins absurde qu'il ne l'est de se moquer de ceux qui veulent faire décider les questions purement scientifiques par les hommes qui ont la vocation des sciences. Les sarcasmes que nous entendons souvent diriger contre les institutions scientifiques des deux espèces nous feraient presque douter si l'on veut réserver la culture des sciences à une classe de brahmines, ou soumettre la loi de la gravitation à la décision du suffrage universel. Dans la période critique que traverse en ce moment notre développement national, la nécessité d'une association comme la nôtre est évidente ; et si nous pouvions seulement y introduire un élément de stabilité plus grande, et de suite dans ses vues, ce qui ne semble assurément pas impossible, son utilité n'aurait plus de limites ; elle s'étendrait sur tout notre continent, et répandrait son influence bienfaisante sur la nation tout entière.

Notre voie, chers collègues de l'Association américaine, est bien clairement tracée ; nos devoirs ne sont enveloppés d'aucune obscurité. Répondre et faire connaître cette grande vérité, que Dieu nous a chargés de lire ses œuvres, et d'étudier ses lois ; relever les travaux scientifiques dans l'estime publique, et les faire considérer non comme des moyens, mais comme le but — but, qui si l'on cherche honnêtement à l'atteindre, donne toujours une riche récompense ; encourager et soutenir toutes les institutions établies par l'accroissement des connaissances humaines ; inculquer le respect de la science et de l'autorité ; détourner l'ambition de l'accumulation des richesses pour la tourner vers les aspirations intellectuelles ; mériter la confiance et diriger la libéralité des bons citoyens qui veulent consacrer une part de leurs richesses à servir la cause sacrée de la science ; protéger les intérêts de celle-ci contre l'avidité des hommes que l'amour de l'argent ou du pouvoir pousserait à en faire leur proie ; en un mot, hâter par tous les moyens légitimes le moment où le continent occidental détrônera l'Orient en se mettant à la tête de la science du monde, et en imposant aux nations étrangères le respect plutôt de ses conquêtes intellectuelles que de sa puissance matérielle ; — tels sont les grands intérêts qui nous sont confiés.

Puissions-nous, séparément et tous ensemble, nous acquitter si bien de cette noble tâche, que les siècles futurs déclarent que la république n'a pas souffert par notre négligence ou notre faiblesse !

B. A. GOULD,
Président de l'Association américaine
pour l'avancement des sciences.

— Traduit par BATTIER. —

État sanitaire de Paris pendant le dernier trimestre de 1870, comparé à l'état sanitaire du trimestre correspondant de 1869

Après les opérations de la guerre, après la question des subsistances, ce qu'il importe le plus de connaître dans une ville assiégée, c'est l'état sanitaire de la cité et des camps.

Dans ces douloureuses conditions, la maladie a souvent frappé des coups plus cruels que les combats les plus sanglants. Les prévoir et indiquer les moyens de les prévenir le mieux possible, voilà le but que nous devons chercher à atteindre.

Bien que la population de Paris ne soit pas la même, ni pour le nombre ni pour l'état social des habitants qui la composent, pendant le trimestre qui vient de s'écouler et pendant le trimestre correspondant de 1869, la comparaison de la mortalité à ces deux époques doit cependant nous fournir de précieux renseignements.

Le chiffre de la mortalité dans Paris pendant les mois d'octobre, novembre, décembre 1869, a été de 11 378 ; pendant les trois mois correspondants de 1870, de 27 571.

La valeur de ces chiffres ne peut apparaître que par la comparaison des principaux éléments qui interviennent.

Je donne dans les deux tableaux suivants les chiffres des décès causés par les principales maladies régnantes pendant les derniers trimestres de 1869 et de 1870. Pour cette dernière année, j'indique les nombres se rapportant à chaque semaine ; cela est nécessaire pour suivre l'action graduelle des influences obsidionales.

Je rangerai les maladies régnantes sous les quatre titres que j'ai déjà adoptés.

Maladies principalement déterminées : 1° par les privations et les souffrances ; 2° par le refroidissement non suivi de réaction ; 3° par l'encombrement des non acclimatés ; 4° enfin les maladies obsidionales proprement dites.

Relevé des décès causés par les principales maladies régnantes pendant les mois d'octobre, novembre et décembre 1869.

	OCTOBRE	NOVEMBRE	DÉCEMBRE	MORTALITÉ DU TRIMESTRE
Variole	40	83	134	257
Scarlatine............	26	13	28	67
Rougeole.............	22	37	44	103
Fièvre typhoïde........	110	133	103	346
Scorbut..............	»	»	»	»
Érysipèle.............	28	31	35	94
Bronchite.............	177	214	355	749
Pneumonie............	178	331	364	873
Diarrhée	70	39	35	144
Dysenterie............	18	1	7	35
Choléra	8	2	2	12
Angine couenneuse.....	24	22	21	67
Croup	32	36	61	129
Affections puerpérales...	28	34	36	98
TOTAUX GÉNÉRAUX...	761	985	1225	2971

CAUSES DE DÉCÈS (1870)	DU 2 AU 6 OCTOBRE	DU 7 AU 15 OCTOBRE	DU 16 AU 22 OCTOBRE	DU 25 AU 29 OCTOBRE	DU 30 OCTOBRE AU 5 NOVEMBRE	DU 6 AU 12 NOV.	DU 13 AU 19 NOV.	DU 20 AU 26 NOV.	DU 27 NOV. AU 3 DÉC.	DU 4 AU 10 DÉC.	DU 11 AU 17 DÉC.	DU 18 AU 24 DÉC.	DU 25 AU 31 DÉC.	TOTAUX GÉNÉRAUX.
Variole	212	311	360	378	380	419	431	386	412	398	391	388	454	4920
Scarlatine	13	15	7	9	6	7	14	17	9	10	11	11	5	124
Rougeole...........	16	12	7	5	12	9	9	11	21	22	22	19	19	183
Fièvre typhoïde......	54	54	55	62	63	62	94	103	140	137	173	221	250	1447
Érysipèle...........	6	11	10	8	11	7	12	17	9	7	16	14	16	144
Bronchite..........	56	55	70	77	72	82	92	89	99	107	190	172	258	1419
Pneumonie.........	50	66	66	71	69	79	73	81	92	108	131	147	201	1232
Diarrhée	69	72	76	99	87	94	91	92	76	83	103	73	98	1110
Dysenterie.........	18	26	23	49	32	39	25	25	25	33	38	30	51	414
Choléra	2	2	3	1	1	1	2	1	1	1	2	3	»	20
Angine couenneuse...	2	9	5	7	9	14	5	9	6	8	9	6	13	101
Croup..............	8	5	4	5	6	5	10	11	10	6	12	11	16	109
Affections puerpérales..	5	10	4	8	12	6	8	11	8	9	15	6	8	130
Autres causes (1).... ..	»	»	»	»	»	»	»	»	»	»	»	»	»	»
TOTAL GÉNÉRAL.	1483	1610	1746	1878	1762	1885	2064	1927	2023	2455	2723	2728	3280	27569

Au nombre des maladies déterminées par les privations et les souffrances, nous trouvons au premier rang la diarrhée : elle a causé 144 décès dans le dernier trimestre de 1869, et 1110 dans le trimestre correspondant de 1870. Le chiffre de la mortalité a peu varié entre les semaines du trimestre; il s'est un peu accru dans les trois dernières : 103, 73, 98; il était de 69 dans la première. Il semble cependant s'augmenter un peu, car il a été à 151 dans la première semaine de janvier, de 143 dans la seconde, de 137 dans la troisième, et 134 dans la quatrième. Notre pain obsidional n'a pas eu de fâcheuse influence.

L'excès de mortalité, par suite de diarrhée, du dernier trimestre de 1870 sur le trimestre correspondant de 1869, tient aux modifications considérables qu'a dû subir le régime alimentaire des très-jeunes enfants : ce sont eux, victimes bien innocentes, qui ont été surtout frappés.

La rigueur de la saison a contribué aussi à déterminer et aggraver les diarrhées chez les soldats, les gardes nationaux aux remparts, et les ménagères aux portes des boucheries.

Les ravages de la dysenterie , sans être excessifs, sont cependant plus considérables en 1870 qu'en 1869. Le chiffre des morts n'était, en effet, que de 35 pendant le dernier trimestre de 1869, il s'est élevé à 414 pendant le trimestre correspondant de 1870. Voici les chiffres des premières semaines de janvier 1871 : 52, 46, 42, 48. J'exposerai plus loin, à l'article des *Maladies obsidionales*, les motifs qui me portent à ranger dans le même groupe que la diarrhée les dysenteries, qui ont éprouvé les troupes et la population de Paris.

Me voici arrivé aux maladies déterminées ou aggravées par des refroidissements non suivis de réaction. Je ne m'occuperai que de la bronchite et de la pneumonie.

La mortalité à la suite de bronchites a été, pendant le dernier trimestre de 1869, de 745 ; elle s'est élevée presqu'au double pendant le trimestre correspondant de 1870, elle a été de 1419 ; à 598 dans la troisième.

Dans les deux années, ce sont les mois de novembre et décembre qui ont progressivement donné les nombres les plus élevés, mais il importe de remarquer que, pour 1870, l'aggravation s'est fait sentir dans les quatre dernières semaines de décembre, et surtout dans la dernière où le nombre des décès par suite de bronchite a été de 258. Dans la première semaine de janvier, elle s'est élevée à 343 ; à 457 dans la deuxième; à 598 dans la troisième; à 548 dans la quatrième.

Aux causes de refroidissement que nous avons notées, il faut ajouter l'influence des privations : si un sujet vigoureux et bien nourri supporte facilement les atteintes d'une bronchite, il n'en est plus de même d'un vieillard ou d'un individu épuisé par l'alimentation insuffisante et par le froid.

Les résultats pour la pneumonie, quoique moins différents que pour la bronchite, sont encore beaucoup plus fâcheux dans le dernier trimestre de 1870 que dans le trimestre de 1869. Les décès à la suite de pneumonie étaient dans celui-ci de 873 ; il y en a eu 1232 dans le dernier trimestre de 1870. Dans la première semaine de janvier 262 ; 390 dans la deuxième; 420 dans la troisième, et 478 dans la quatrième.

Les privations si nombreuses de choses qui pour nous sont des besoins réels amènent la misère physiologique qui conduit, les conditions d'âge et de temps étant réunies, à la tuberculisation pulmonaire. Je prévois un large contingent de victimes pour cette cruelle maladie. Les jeunes hommes qui chaque jour se sont livrés aux exercices de la guerre seront plus épargnés que les jeunes filles qui ont enduré la misère en restant dans leurs habitudes sédentaires.

Je connais plusieurs mobiles qui, arrachés par la guerre à leurs occupations de bureau, ont aux remparts et aux exercices pris des forces, de l'énergie physique et semblent échapper à l'imminence de la phthisie.

Les maladies que je range sous le titre de *contagieuses à miasmes diffus permanents* (variole, scarlatine, rougeole, fièvre typhoïde) devaient donner une augmentation très-notable de léthalité pour 1870. En effet, outre les mauvaises condi-

---

(1) Je n'ai pas donné les chiffres compris sous la désignation *Autres causes de décès*. On les obtiendra pour chaque semaine, en additionnant les nombres des maladies désignées et en retranchant le total du total général.

Le total des décès, qui était de 3280 pour la dernière semaine de décembre 1870, s'est élevé à 3680 la première semaine de janvier 1871, à 3962 la deuxième, à 4465 la troisième, et à 4376 la quatrième.

tions hygiéniques que nous avons endurées et qui sont des causes prédisposantes très-importantes, l'entrée dans Paris d'un nombre considérable de non acclimatés et de non vaccinés offrait les conditions connues d'évolution de ces redoutables maladies.

Nous n'avons pas eu d'épidémies proprement dites de scarlatine ni de rougeole ; pour la première maladie, le chiffre des décès a été de 67 en 1869, et de 124 en 1870 ; pour la deuxième, de 103 en 1869, et 183 en 1870, toujours pendant les derniers trimestres.

Il est probable qu'en 1870 la diarrhée et la variole ont enlevé beaucoup de jeunes enfants victimes désignées de la scarlatine et de la rougeole qui ont été devancées dans leurs coups. Disons cependant que dans la première semaine de janvier le chiffre des décès par suite de rougeole est de 31, et de 40 la deuxième, 44 dans la troisième, et 39 dans la quatrième, nombres les plus élevés depuis le siége. Ces chiffres semblent indiquer un commencement d'épidémie de rougeole, ou des complications de cette maladie causées par les refroidissements.

Nous traversons depuis plus d'un an une grave recrudescence d'épidémie de variole ; je l'ai prévue, je le disais à l'Académie dès le mois d'octobre 1869, bien que pour ce mois le chiffre des décès ne s'élevât qu'à 40.

Dès que j'ai appris par l'*Officiel* l'arrivée à Paris des mobiles des départements, j'ai annoncé au Conseil une grande épidémie de variole, si les précautions les plus promptes et les plus énergiques n'étaient prises pour la conjurer.

Mes prévisions ne se sont que trop réalisées. La mortalité, par suite de variole dans le dernier trimestre de 1869, a été de 257 (40 en octobre, 83 en novembre, 134 en décembre). Elle s'est élevée pour le trimestre correspondant de 1870 à 4920. Les soldats, les mobiles nouvellement arrivés à Paris et les réfugiés principalement ont eu le plus à souffrir.

Le chiffre de la dernière semaine de décembre est le plus élevé (454). Cet excès de mortalité ne doit point être attribué à une recrudescence de l'épidémie, mais à l'influence du froid excessif qui a déterminé, chez beaucoup de varioleux, de redoutables complications du côté de l'appareil respiratoire. Le nombre des décès par suite de variole est descendu à 329 pendant la première semaine de janvier ; il s'est élevé à 339 la deuxième, à 380 la troisième ; il est descendu à 327 la quatrième.

La mortalité par suite de la fièvre typhoïde offre également des différences considérables pour les derniers trimestres des deux années ; elle a été de 346 pour le dernier trimestre de 1869, et de 1417 pour le trimestre correspondant de 1870.

Cette aggravation, je l'avais prévue et annoncée ; j'ai persisté dans mes prévisions, bien que durant les premières semaines du dernier trimestre de 1870 les chiffres des décès par suite de fièvre typhoïde étaient relativement peu élevés et pour ainsi dire stationnaires : 54, 54, 55, 62, 61, 62 ; mais dans les dernières semaines ces chiffres s'élèvent rapidement : 137, 173, 221, 250 ; pour s'accroître encore dans les premières semaines de janvier : 251, 301, 375.

Un fait qu'il faudra noter dans l'histoire des deux épidémies concomitantes de variole et de fièvre typhoïde, c'est que la première a notablement devancé la seconde, si l'on a égard à la progression des décès. Il faut dire que depuis déjà longtemps la variole avait fait beaucoup de victimes à Paris,

et que le miasme spécifique de cette maladie devait y être plus répandu.

Il est un dernier fait sur lequel je crois devoir insister.

L'étude de la propagation des épidémies de variole et de fièvre typhoïde dans des localités voisines m'autorise à conclure que les soldats de l'armée ennemie, s'ils ne sont pas vaccinés et revaccinés, ont dû souffrir comme nous des atteintes de la variole, et que la fièvre typhoïde les moissonne ou les moissonnera beaucoup plus fortement que nous, car ils ne sont pas acclimatés, et ils offrent presque tous la condition d'âge la plus favorable à l'évolution de cette maladie.

Les principales maladies obsidionales sont le typhus, la dysenterie, le scorbut.

Le typhus naît fatalement, comme je l'ai depuis longtemps établi, sous la double influence de la famine et de l'encombrement. Le facteur famine peut être remplacé par la réunion de diverses autres causes qui amènent la ruine de l'économie (alimentation insuffisante, froid sans résistance convenable, travaux excessifs, maladies antérieures, scorbut et dysenterie, etc.)

Jusqu'ici, le typhus nous a complétement épargnés ; si notre régime a été considérablement réduit, ce fait nous prouve au moins que nous n'avons pas enduré la famine.

La dysenterie contagieuse se développe sous l'influence de l'encombrement des camps ; les conditions qui en favorisent l'évolution sont l'alimentation insuffisante ou de mauvaise qualité, la chaleur, les effluves des marais. Ces conditions ont heureusement manqué ; nous n'avons pas eu affaire à la dysenterie contagieuse, car les décès, presque tous, ont été isolés. Aucun campement, aucune ambulance, aucune maison n'ont été particulièrement atteints ; cependant, les chiffres progressifs des décès par suite de dysenterie : 25, 33, 38, 30, 51, dans les dernières semaines, commandent de redoubler de vigilance. Ils ne se sont pas élevés en janvier : 52, 46, 42, 48.

Nous ne saurions trop insister sur la nécessité de veiller à la parfaite tenue et à la désinfection des lieux d'aisances dans les divers campements.

Pas plus que le typhus, le scorbut ne figure sur la liste des causes de décès pendant les trimestres des années 1869 et 1870.

Par la lecture attentive des observations des médecins qui ont le mieux étudié le scorbut, Boerhaave, Lind, Milmann, par mes relations constantes avec les médecins de la flotte, par mes observations personnelles en collaboration avec mon ami l'illustre aliéniste Leuret, je suis arrivé à conclure que le scorbut se développe sous l'influence de la continuité du froid à la périphérie, par le froid extérieur et par l'inaction, l'économie étant préparée aux coups du scorbut par l'alimentation insuffisante ou par l'usage habituel des viandes salées.

Nous avons le froid extérieur : nos gardes nationaux sur les remparts ne sont pas rompus aux exercices énergiques ; nous devons donc craindre le scorbut et chercher à en éloigner les causes, en agissant lorsqu'on est en plein air, et en se garantissant le mieux possible contre les atteintes du froid lorsqu'on est au repos.

Bien que nous ne soyons atteints par aucune maladie de siége, en présence du *chiffre progressif des décès*, les hommes chargés de la défense et de tout ce qui intéresse la cité doivent penser incessamment à l'état sanitaire de Paris, car, lorsque certaines maladies éclatent, leurs ravages dans les camps ou dans les villes assiégées deviennent rapidement énormes.

En Crimée, en 1856, le typhus a fait dans notre armée 1435 victimes dans le mois de février, et 1830 dans le mois de mars, sans y comprendre les évacuations.

Dans de pareilles circonstances, le temps et la maladie exercent plus de ravages que l'action la plus énergique.

P. S. Ce travail sur l'état sanitaire de Paris, pendant le dernier trimestre de 1870, comparé à l'état sanitaire du trimestre correspondant de 1869, a été lu au conseil de salubrité dans sa première séance de janvier 1871. J'ai eu le soin de le compléter pendant l'impression. On trouve à la note de la page 782, les chiffres totaux des décès pour les quatre semaines de janvier, puis, en traitant des maladies régnantes, j'ai indiqué les nombres des décès pour chacune d'elles, pendant ces quatre semaines.

Voici un tableau, modifié par la mairie de Paris, se rapportant à la quatrième semaine, qui va nous fournir l'occasion de quelques remarques :

Bulletin hebdomadaire des décès déclarés à l'état civil du 21 au 27 janvier 1871.

CAUSES DE DÉCÈS	POPULATION CIVILE d'après le recensement arrêté le 7 janvier 1871 : 2 019 877 habitants				ARMÉE — Troupe de ligne et garde mobile	TOTAUX
	au-dessous de 1 an.	de 1 an à 15 ans.	de 15 ans à 50 ans.	de 50 ans et au-dessus		
Variole...............	42	40	197	25	23	327
Scarlatine	»	3	4	»	2	9
Rougeole.............	10	22	»	»	7	39
Fièvre typhoïde........	»	35	68	5	205	313
Érysipèle.............	2	»	2	3	»	7
Bronchite...	91	113	71	161	112	548
Pneumonie...........	30	40	104	145	159	478
Diarrhée	31	69	9	24	1	134
Dysenterie...........	1	8	12	20	7	48
Choléra.	»	»	»	»	2	2
Angine couenneuse.....	1	11	1	3	»	16
Croup...............	4	8	2	»	»	14
Affections puerpérales...	»	»	13	»	»	13
Affections chroniques et accidents divers......	588	368	447	661	76	2140
Accidents { Combat	»	2	54	4	171	231
de guerre { Bombardement	»	9	17	14	17	57
Totaux.........	800	728	1001	1065	782	4376

La *variole*, comme dans les conditions normales de la ville de Paris, a fait plus de victimes de la naissance à un an et de quinze à cinquante ans que de un an à quinze. — La troupe de ligne et la garde mobile n'ont fourni que vingt-trois victimes. On aperçoit là le bénéfice des vaccinations pratiquées dans l'armée sur une large échelle.

Sur les trente-neuf décès causés par la rougeole, sept sont de l'armée, pas un de la population civile passé quinze ans.

C'est une preuve que nous avons un commencement d'épidémie de rougeole.

La fièvre typhoïde frappe des coups cruels sur les militaires et les réfugiés. Je crois que bien des décès attribués à la bronchite, à la pneumonie, résultent de complications de fièvre typhoïde.

Le chiffre des décès par suite d'érysipèle n'est que de sept et pas un dans l'armée, ce qui démontre, au point de vue de cette contagion, l'état satisfaisant de nos ambulances et de nos salles de blessés.

La dysenterie a frappé plus vivement la population civile que les militaires; ce fait démontre que nous ne sommes pas affligés de la dysenterie des camps.

Pas d'épidémie de fièvre puerpérale depuis l'évacuation des maternités et des salles d'accouchement.

BOUCHARDAT.

BULLETIN

Académie des sciences

On sait que parmi les victimes du combat du 19 janvier, il faut compter M. Gustave Lambert, dont nous avons été les premiers à exposer le *Projet de voyage au pôle Nord*, dans la *Revue des cours littéraires* (voyez notre quatrième année, numéro 6, page 92). Dans la dernière séance de l'Académie des sciences il a été question de lui, alors que la nouvelle de sa mort n'était pas encore connue :

« M. Gustave Lambert avait adressé à l'Académie, pour appuyer son projet d'expédition au pôle, un mémoire assurément très-digne d'attention.

» Il était parvenu par des considérations élémentaires à bien prouver que la zone de concentration des glaces ne se trouvait pas, comme on pouvait l'admettre de prime abord, au pôle boréal même, mais au-dessous de ce point; de là il concluait par des déductions accessoires très-logiques, en parfait accord avec l'opinion depuis longtemps formulée des navigateurs hollandais, qu'une mer libre devait exister au pôle même, et pour lui le moyen le plus simple d'y parvenir, était de pénétrer dans les régions arctiques par le détroit de Behring.

» Un peu avant M. Gustave Lambert, sinon en même temps, M. Planta, par une analyse mathématique très-approfondie, concluait de même à l'existence d'une région de froid maximum moyen en deçà du pôle et d'une région relativement chaude là où l'on aurait naturellement supposé une zone de température exceptionnellement basse. »

Le propriétaire-gérant : GERMER BAILLIÈRE.

PARIS. — IMPRIMERIE DE E. MARTINET, RUE MIGNON, 2.

REVUE
DES
COURS SCIENTIFIQUES
DE LA FRANCE ET DE L'ÉTRANGER

SEPTIÈME ANNÉE   NUMÉRO 50   12 NOVEMBRE 1870

FACULTÉ DE MÉDECINE DE PARIS

CONFÉRENCE DE M. BOUCHARDAT

Nos ressources alimentaires pendant le siége

I

POMME DE TERRE.

Après vous avoir entretenus du pain (1), je vais vous parler du précieux tubercule qu'on accepte volontiers pour le remplacer.

Le prix énorme auquel s'est élevée la pomme de terre (plus de 100 francs l'hectolitre), quand celui du pain est resté modéré, prouve assez qu'elle remplit dans l'alimentation un rôle spécial. C'est bien comme légume excellent, remplaçant tous les autres, que la pomme de terre apparaît aujourd'hui sur les tables privilégiées. Nous en avons peu, je devrais donc me taire pour ne point exciter des regrets; mais il faut penser à l'avenir, aux jours où nous serons délivrés. Quels services alors ne devons-nous pas attendre du précieux tubercule qui, sous l'inspiration de Parmentier, a épargné les horreurs de la famine à la France républicaine de 1793.

La pomme de terre, comme vous le savez, est un tubercule qui se développe sur les tiges souterraines du *Solanum tuberosum*, plante de la famille des Solanées, qui renferme un si grand nombre de poisons. Les fruits de la pomme de terre contiennent des traces d'une substance très-active, la solanine, mais son précieux tubercule en est exempt.

C'est avec le quinquina les deux végétaux les plus utiles que nous devons à l'Amérique.

Analyse de la pomme de terre et de l'igname.

	Pomme de terre.	Ignamc.
Eau	74,00	82,6
Fécule	20,00	15,0
Sucre	1,09	»
Matières grasses, essence	0,11	0,2
Cellulose	1,64	0,4
Matières protéiques	1,60	2,4
Pectates, citrates, phosphates, silicates, chlorures de potassium, sodium, calcium, magnésium	1,56	1,4
	100,00	100,0

Je donne, dans le tableau suivant, la composition comparée de la pomme de terre et de l'*igname de Chine*, qui serait son

plus précieux succédané si sa culture ne présentait pas de trop sérieuses difficultés pour nous autres Européens, qui ne connaissons pas dans tous les détails les habiles pratiques maraîchères des Chinois.

En étudiant le tableau qui précède, on voit que la pomme de terre renferme une grande proportion d'eau, c'est presque la quantité que l'on trouve dans le lait; elle contient une très-grande quantité de fécule, c'est une richesse exagérée du principe qui représente la lactine du lait; par contre, la graisse fait presque défaut.

Les matériaux protéiques de l'ordre de l'albumine végétale y sont en très-faibles quantités, d'où la nécessité d'ingérer une grande masse alimentaire quand la pomme de terre forme la base du régime.

Comme chez les céréales, les bases qui se trouvent dans la pomme de terre sont : la potasse, qui y domine, la chaux, la magnésie, la soude, le fer et le manganèse. Mais si, comme dans le blé, ces bases sont unies aux acides phosphorique et silicique, au chlore, ce n'est que pour une faible partie; la plus grande est combinée avec un acide organique (acide citrique, Vauquelin). De cette différence ressortent de remarquables propriétés.

L'homme nourri de pain composé de graines céréales excrète des urines acides, car les phosphates qui se trouvent dans ces graines ne sont pas décomposés; quand, au contraire, il s'alimente exclusivement de pommes de terre, ses urines deviennent alcalines, parce que l'acide citrique combiné avec la potasse est détruit dans le sang; la potasse est transformée en bicarbonate alcalin. Ce bicarbonate de potasse se prête beaucoup mieux que le phosphate de potasse du grain aux transformations qui donnent naissance au chlorure de potassium nécessaire à la constitution des muscles; il facilite aussi l'excrétion de la bile. Voilà quelques-unes des raisons qui rendent si nécessaire l'usage de la pomme de terre ou des légumes frais, quand on est nourri exclusivement de pain ou de biscuit et de viandes salées.

Les variétés les plus exposées aux ravages du *Botrytis infestans* ont disparu et ont été remplacées par des variétés douées de beaucoup plus de résistance, comme je l'exposerai en parlant des mucédinées parasites dans leurs rapports avec nos plantes utiles. La maladie des pommes de terre ne sévira plus, tout nous porte à le croire, avec la désolante intensité de la grande invasion. Cependant je crois qu'il faut limiter la culture de la pomme de terre à ses plus utiles applications, que voici :

1° Légume des plus précieux, qui peut intervenir chaque jour sur nos tables avec autant d'agrément que de profit; le siége nous l'a bien fait apprécier.

(1) Voyez les numéros 47 et 48.

VII.

2° *Base de l'alimentation du porc.* — Il faut, au printemps prochain, planter le plus possible de pommes de terre dans les bonnes terres qui n'ont pu être ensemencées en blé ; importer de jeunes porcs en grand nombre. Voilà un des moyens les plus sûrs de préserver notre pays des horreurs de la famine.

3° *Préparation de la fécule.* — Si nous avions de la fécule, on pourrait en mêler 75 pour 100 avec le blé, et préparer avec ce mélange un pain de bonne apparence, comme nous l'avons expérimenté, M. le duc de Luynes et moi, en ayant soin de faire moudre la fécule avec le blé, car, sans cette mouture en commun, la panification n'est pas possible. Il serait indispensable, en usant pendant un certain temps d'un tel pain, de l'associer avec une alimentation azotée riche, de la viande, du fromage ou des œufs.

Comme pour nos céréales, les principes immédiats qui constituent la pomme de terre sont en général digérés sans trouble aucun de l'appareil digestif. Voilà une des raisons qui assignent au précieux tubercule un rang si utile dans notre alimentation.

On avait fondé de grandes espérances sur la culture intensive de la pomme de terre pour prévenir le retour des disettes. La grande quantité d'aliment qu'elle peut fournir sur un espace limité, quand elle réussit, avait séduit plusieurs bons esprits. On avait trop oublié que, dans une contrée rurale limitée, la population s'accroît en raison directe de la production des vivres. Or, comme la pomme de terre n'est pas un aliment complet pour l'homme, la population qui en forme la portion presque exclusive de sa nourriture ne peut avoir la vigueur d'une population nourrie avec du pain, de la viande. Puis, si la récolte vient à manquer, la famine devient imminente. Voilà précisément ce qui est arrivé en Irlande et dans le nord de l'Europe, en 1847, lors de la grande invasion de la maladie des pommes de terre.

Quoi qu'il en soit, la culture de la solanée parmentière peut nous rendre, en la dirigeant bien, d'immenses services.

Le meilleur mode d'utilisation de la pomme de terre, c'est de la manger, au lieu de pain, avec de la viande grasse. On forme ainsi, sans aucune addition que du sel, une alimentation complète pour l'homme. C'est une pratique généralement adoptée en Angleterre.

Les pommes de terre gelées, quand on en a de grandes quantités, ne peuvent servir qu'à préparer de la fécule. Pour les petites provisions, on peut les laisser congelées tant que la température est longtemps, comme cette année, au-dessous de zéro, pour les employer ainsi au fur et à mesure du besoin. Au dégel, il faut les faire cuire immédiatement, enlever la pellicule, et dessécher complétement la pulpe, qui pourra se conserver ainsi très-longtemps.

GRAINES DES LÉGUMINEUSES : — HARICOTS — POIS — LENTILLES
FÈVES — FÉVEROLES — VESCES, ETC.

Les graines des légumineuses jouent un rôle important dans l'alimentation depuis les temps les plus reculés. Esaü vendit son droit d'aînesse pour un plat de lentilles ; je crois que beaucoup d'entre nous en feraient autant aujourd'hui.

En Chine, comme dans notre Europe, et peut-être plus encore, on cultive un grand nombre de variétés de haricots, de pois ; presque tous les peuples mangent les semences alimentaires des légumineuses : elles jouent un rôle très-important dans l'alimentation des habitants des campagnes.

Leur composition, comme on peut le voir dans le tableau suivant :

Analyse des semences de légumineuses.

	Haricots.	Pois.	Fèves.	Féveroles.	Lentilles.
Amidon, dextrine et sucre.	55,7	58,7	51,50	48,3	56,0
Légumine (substances azotées)	25,5	23,8	24,40	30,8	25,2
Matières grasses	2,8	2,1	1,50	3,0	2,6
Cellulose	2,9	3,5	3,00	1,9	2,6
Sels (phosphates, chlorures, etc.)	3,2	2,1	3,50	3,5	2,4
Eau	9,0	9,8	16,00	12,5	11,5

les rapproche beaucoup de l'aliment complet. Une preuve expérimentale de cette vérité, c'est que les pigeons peuvent se nourrir presque exclusivement d'eau, avec quelque peu de sel et de *vesces*. Nous leur disputons aujourd'hui cette graine, qui, après sa décortication, peut parfaitement être utilisée par l'homme. Elle se rapproche plus, par sa saveur, des haricots que des pois.

En consultant le tableau précédent, indiquant la composition des graines de nos principales légumineuses alimentaires, on voit qu'elles contiennent de 40 à 50 pour 100 de fécule, et de 12 à 25 pour 100 de matières azotées; sous ce rapport, elles l'emportent sur nos meilleures céréales. En intervenant dans l'alimentation, elles relèvent le niveau des matières azotées indispensables pour réparer les pertes. Voilà pourquoi elles rendent de si grands services aux trappistes, qui ne mangent aucun aliment animal, ainsi qu'à nos villageois, qui en ont trop peu.

Il est nécessaire, quand on ne mange que du pain et des graines de légumineuses, de compléter le régime par l'addition de sel marin, de corps gras, et de boire une eau contenant des sels de chaux.

Les matières azotées des graines des légumineuses diffèrent, à certains égards importants, de celles de nos céréales. On les a désignées sous les noms de *légumine, caséine végétale, albumine végétale*, etc. Ces matières azotées se combinent facilement avec la chaux, voilà pourquoi ces graines durcissent quand on les fait cuire dans des eaux fortement calcaires. Elles présentent les caractères principaux de la caséine du lait ; elles ne se prêtent point à la panification. On peut tout au plus ajouter quelques centièmes de farine de féveroles à la boulange.

Comme dans les céréales, les sels minéraux des graines des légumineuses sont presque exclusivement constitués par des phosphates de potasse, de chaux, de magnésie, etc. Il en résulte que, lorsqu'on s'alimente exclusivement avec du pain et des graines de légumineuses, les urines ont une réaction acide.

La pellicule de la plupart des graines des légumineuses est rebelle à la digestion. C'est pour cela que, pour plusieurs individualités, elles doivent être décortiquées. Quelques-unes de ces pellicules et les graines elles-mêmes contiennent, comme beaucoup de végétaux de leur famille, un principe astringent.

Il est surtout développé dans un haricot de l'île de France dont j'ai extrait, avec Vauquelin, de l'acide ellagique.

Une preuve que les graines des légumineuses sont plus difficiles à digérer que celles des céréales, c'est que plusieurs d'entre elles purgent certaines personnes et causent d'incommodes flatuosités, qui sont un indice de fermentations anomales.

Quoi qu'il en soit, les haricots, les pois, les lentilles seraient pour nous des ressources infiniment précieuses. Contentons-nous des vesces décortiquées!

GRAINES OLÉAGINEUSES.

Les graines oléagineuses jouent un rôle secondaire dans l'alimentation de l'homme, malgré la richesse de leur composition au point de vue alimentaire; elles contiennent, sous une forme condensée, les matériaux plastiques et les principes immédiats de la calorification les plus précieux. Les causes de l'infériorité des graines oléagineuses comparées aux céréales tiennent à la cherté de leur culture, à leur fécondité bornée, au mauvais mode de leur emploi, qui ne permet pas à l'appareil digestif de l'homme d'utiliser tout ce qu'elles renferment de bon; les oiseaux qui, comme le pigeon, ont un pancréas produisant un suc très-énergique, digèrent à merveille les graines de chènevis, qui les nourrissent très-bien sous un petit volume alimentaire. Je suppose qu'on doit en donner à nos chers voyageurs, ils en sont très-friands.

Les végétaux qui fournissent les semences oléagineuses en général réussissent mieux dans le Midi que dans le Nord; ces plantes emmagasinent dans leurs graines la chaleur que leur fournit la radiation solaire. Ces précieuses graines oléagineuses et leurs produits sont beaucoup plus utiles dans le Nord que dans les contrées chaudes, où ils se développent si bien; aussi la navigation à la vapeur nous apportera de plus en plus ces beurres de coco, de Galam, ces huiles de palme, ces graines de sésame, qui nous rendent de si bons services.

Plusieurs familles végétales nous fournissent les graines oléagineuses, je vais citer les principales :

La famille des *rosacées* nous donne les amandes, celle des *urticées* le chènevis. Le cacao est produit par la famille des *théobromées*, la faîne et la noisette par les *cupulifères*, la noix par les *juglandées*, le colza et la navette par les *crucifères*, et enfin la graine d'œillette par les *papavéracées*. Voici le tableau donnant la composition des principales graines oléagineuses et d'un gemme du même ordre, le *souchet comestible*.

Graines oléagineuses. — Gemme oléagineux.

		Amandes douces (Boullay),	Cacao.	Chènevis (Buchotz).	Souchet comestible (Luna).
Matériaux de calorification.	Huile ou beurre	54	51	19,1	28,06
De l'ordre de la lactine.	Sucre	6	?	?	14,07
	Gomme ou dextrine	3	»	10,6	»
	Fécule	»	9	»	20
	Cellulose, fibr. pellicul.	9	2	43,3	14,01
Matériaux plastiques.	Matières azotées, caséine, amandine	24	20	24,7	0,87
Théobromine		»	2	»	»
Résine, mat. colorantes, odorantes		»	2	1,6	»
Eau		4	10	»	14
Sels, mat. minér.			4	»	

La composition des graines oléagineuses usuelles est des plus remarquables; elle est comparable, comme je l'ai déjà dit, au lait des femelles des carnivores. Elles renferment, en effet, en faisant abstraction de l'eau qu'il est facile d'y ajouter, 20 pour 100 de matières protéiques de l'ordre de l'albu-

mine, qui ont reçu le nom d'*amandine*, de *caséine végétale* ; elles se rapprochent de la caséine du lait par d'importants caractères.

Comme dans le lait des carnivores, les matériaux de calorification y sont représentés par une masse considérable de corps gras (20 à 50 pour 100 et plus), tandis que les principes immédiats qui représentent la lactine du lait n'y figurent que pour 6 à 10 pour 100. Comme dans les céréales, les sels qui dominent dans les graines oléagineuses sont les phosphates de potasse, de chaux, de magnésie.

Amandes douces. — Ces graines seraient des plus précieuses pour l'alimentation si elles n'étaient pas trop compactes : par cette propriété, elles sont plus difficilement attaquées par les sucs digestifs; mais quand elles ont été très-finement broyées dans un mortier, ou mieux sur la pierre à chocolat, elles interviennent alors utilement dans la préparation de beaucoup de mets.

On prépare avec elles une *émulsion* qui, lorsqu'elle est convenablement concentrée, s'identifie, pour ainsi dire, et pour la nature des principes immédiats, et pour les proportions avec le lait des carnivores.

On peut avec les céréales (blé, riz, seigle), qui représentent le lait des solides, et les amandes, qui s'identifient avec le lait des carnivores, former des associations qui représentent assez exactement les matériaux fixes du lait de la femme et constituent ainsi un aliment complet. Ces associations nous ont fourni de précieuses ressources pendant la période de privations dont nous ne sommes pas encore quittes.

Les *amandes amères* diffèrent des amandes douces parce qu'elles contiennent de l'amygdaline, qui, sous l'influence d'une des matières azotées des amandes et de l'eau, se dédouble, à la température ordinaire, en glycose, en hydrure de benzoïle et en acide cyanhydrique.

L'amygdaline, qui n'est pas vénéneuse, fournit ainsi, à la température ordinaire et en très-peu de temps, un poison redoutable, l'acide cyanhydrique.

Les *graines de chènevis* présentent l'utile propriété d'être moins compactes que la plupart des graines oléagineuses, elles seraient donc plus facilement digérées; malheureusement elles se prêtent mal à la décortication : il y a des efforts à tenter de ce côté. Avec de l'eau, ces graines constituent un aliment complet pour beaucoup d'oiseaux, ce qui prouve l'excellence de leur composition.

Elles sont très-riches en huile, et, par cet aliment de calorification, elles remplacent la chaleur de son pays natal pour le perroquet, qui a bien vite, dans nos régions tempérées, adopté ces graines qui le préservent de la phthisie.

Cacao, chocolat. — Le cacao vient au premier rang des graines oléagineuses alimentaires ; il forme la base du chocolat. Il est fourni par le cacaoyer (*Theobroma cacao* L.). C'est un arbre originaire du Mexique. Il a été importé dans nos colonies vers le milieu du XVIIe siècle. Il s'élève à la hauteur de 10 mètres. Son fruit est gros, ovoïde, allongé, marqué de cinq à dix côtes longitudinales; il contient de cinq à quarante semences brunes. Chaque cacaoyer peut produire de 2 à 3 kilogrammes de graines.

La récolte du cacao se fait de la manière suivante : A mesure que les fruits sont mûrs, on les abat avec de petites gaules, on coupe les capsules en deux (ces capsules portent le nom de *cabosses*), et l'on en retire la pulpe et les semences que l'on dépose dans des auges en bois, couvertes de feuilles. Après vingt-quatre heures, la pulpe entre en fermentation et se liquéfie. On la remue tous les jours pendant quatre jours, ou jusqu'à ce que l'épisperme, de blanc qu'il était, soit devenu rouge, et que le germe soit mort. Vers le cinquième jour, on sépare les semences de la pulpe et on les fait sécher au soleil, sur des nattes de jonc. Dans quelques contrées, et principalement dans la province de Caraccas, on fait subir aux semences de cacao une autre préparation qui consiste à les enfouir pendant quelques jours dans la terre, afin de leur donner un goût moins âpre et moins désagréable. On les fait sécher de nouveau avant de les livrer au commerce.

On distingue dans le commerce un grand nombre de sortes de cacaos :

Le *cacao caraque* est le plus estimé; sa saveur est plus douce et son parfum plus agréable; il est terré. Le *cacao des Iles* vient des Antilles, des îles de la Réunion et Maurice. Ses graines sont plus grosses, plus butyreuses. Avant l'arrivée des Européens en Amérique, les indigènes préparaient un aliment avec du cacao broyé, délayé dans de l'eau chaude, de la farine de maïs et du piment; ils lui donnaient le nom de *chocolat*. Les Espagnols modifièrent la préparation, mais conservèrent le nom.

La boisson obtenue avec le cacao était très-estimée, comme l'indique le nom de *theobroma*, nourriture des dieux.

En consultant le tableau de l'analyse du cacao que nous avons donné, on voit que cette semence est très-riche en matériaux de calorification; elle contient environ la moitié de son poids d'une substance grasse solide, d'une odeur et d'une saveur agréables, qui se conserve assez longtemps sans rancir, à laquelle on a donné le nom de *beurre de cacao;* elle renferme, en outre, de 5 à 10 pour 100 de fécule. La matière azotée y intervient pour 20 pour 100. Ce qui distingue surtout le cacao des autres graines oléagineuses, c'est la présence de la *théobromine*; elle en renferme 2 pour 100. C'est un alcaloïde très-voisin de la caféine. Il paraît avoir des propriétés physiologiques analogues, et, sous ce rapport, le cacao se rapproche du café, du thé, aliments que nous rangeons parmi les *modificateurs du système nerveux;* mais, par l'ensemble des propriétés de ses principaux constituants, la préparation principale dont le cacao est la base, le chocolat, est surtout un aliment de calorification.

La préparation du *chocolat* comprend deux opérations principales : 1° la torréfaction du cacao; 2° son broyage et son mélange avec le sucre et divers aromates.

La *torréfaction* du cacao a pour but de modifier la saveur de la graine en opérant des transformations variées qui ne nous sont pas encore bien connues, et qui doivent porter surtout sur la théobromine et sur une matière voisine de l'ordre des tannins. La fécule est également modifiée, le beurre est à peine altéré.

Après la torréfaction, on trie les graines, on sépare les coques et les germes.

Les coques peuvent être employées en infusion. On a ainsi une boisson salutaire, qui pourrait être très-utilement usitée quand le café fait défaut et que les eaux potables qu'on a à sa disposition sont ou de mauvaise qualité ou suspectes. Cette boisson serait surtout bienfaisante dans les contrées chaudes, dans les prisons pendant l'été. Les coques de cacao peuvent intervenir pour une part dans l'alimentation des vaches et des chevaux.

Après la torréfaction du cacao, on opère son broyage et son mélange avec le sucre et les aromates. On commençait autrefois à piler les graines et le sucre dans un mortier chauffé, et l'on achevait la division sur la pierre à chocolat. Aujourd'hui ce sont d'ingénieuses machines mues à la vapeur qui sont substituées au bras de l'homme. Ce broyage du cacao est une opération excellente; toutes les parties utiles de la graine peuvent être plus facilement attaquées par les sucs digestifs, les gros fragments de cacao passeraient indigérés. Les aromates qu'on ajoute au chocolat sont la vanille ou la poudre de cannelle de Ceylan : ces additions conviennent à tous les titres. Leurs parfums s'associent bien à celui du cacao, et il existe, dans ces deux aromates, des principes immédiats qui exercent une préservation relative de rancidité sur le beurre de cacao.

Il se fabrique un grand nombre de qualités différentes de chocolats qui comportent des associations faites avec plus ou moins d'intelligence.

Pour les sortes supérieures, on choisit les graines saines de caraque et de maragnan à parties égales; on sépare les germes et tout ce qui offre des traces d'altération. Après avoir été convenablement torréfiées, on les associe à cinq parties de sucre raffiné pour six de cacao, sans autre mélange que la poudre de cannelle de Ceylan ou la vanille. Pour les sortes communes, on prend les graines sans choix, sans séparation de germes; la puissante broyeuse se charge facilement de tout réduire en pâte impalpable. Comme le sucre coûte moins que le cacao, on en force la dose. On emploie plusieurs substances pour tenir la place des graines de cacao; les plus honnêtes ajoutent des amandes douces. On m'a assuré que les chocolatiers consommaient aujourd'hui beaucoup plus d'amandes que les dragistes. Les graisses, les huiles comestibles les plus diverses sont ajoutées aux chocolats trop pauvres en beurre de cacao pour avoir la consistance convenable; ce cas se présente surtout quand on ajoute de notables proportions de farine que les chocolatiers de bas étage épargnent peu. Quoique le cacao contienne de la fécule, comme ses graines n'ont pas les mêmes dimensions que celles de l'amidon du blé, le microscope permet de déceler l'addition, qui est frauduleuse quand elle n'est pas annoncée sur l'étiquette. Les chocolats additionnés de graisse se rancissent plus facilement que ceux qui sont loyalement préparés. Quand ils sont anciens, ils se reconnaissent à cette odeur et à cette saveur de graisse rance.

On a proposé diverses additions au chocolat pour en accroître les propriétés alimentaires, telles que celles du sagou, de l'arrow-root, du tapioka, du lichen : toutes ces additions sont mal conçues. Dans le cacao, les matériaux alimentaires de calorification dominent, l'addition du sucre dans la fabrication du chocolat les augmente encore; à quoi bon alors ajouter des principes immédiats de même ordre? Pour rapprocher le chocolat de l'aliment complet, il convient beaucoup de l'associer au gluten, et mieux au gluten panifié de Durand, dans la proportion de 20 pour 100, comme je l'ai exposé avec tous les détails convenables dans le tome X du *Répertoire de pharmacie.*

Cacao en poudre.— En Angleterre et en Hollande, on emploie beaucoup le cacao réduit en poudre après lui avoir enlevé une portion de son beurre. Cette préparation est commode; elle peut être utile quand on emploie de bonnes matières premières, comme je l'ai vérifié sur un échantillon provenant d'Amsterdam; mais quand on y mêle de l'ocre, de la farine, etc., c'est un aliment qu'on doit condamner.

DES HUILES ET DES GRAISSES.

Par le froid et les privations que nous endurons, je crois utile, après vous avoir parlé des graines oléagineuses, de vous entretenir des corps gras.

On se défend du froid par des habitations bien closes, par de bons vêtements, par le chauffage, par la réunion d'un nombre convenable d'hommes dans un espace limité, mais surtout par la chaleur qu'on produit. Celle-ci est d'autant plus durable que l'alimentation est mieux choisie.

Les graisses, les huiles, sont les aliments qui, à poids égal, donnent le plus de chaleur; c'est grâce à elles que les habitants de l'extrême Nord peuvent résister aux rigueurs des hivers. Le froid que nous éprouvons est aujourd'hui comparable à celui qu'ils endurent, imitons-les pour mieux le supporter.

Toutes les huiles, toutes les graisses peuvent nous rendre les mêmes services; si elles diffèrent considérablement par le prix, ce n'est qu'affaire de goût et d'habitude.

Les excellentes graisses de bœuf qui étaient si fort négligées pour l'alimentation lorsqu'on les vendait sous le nom de suif, sont aujourd'hui appréciées de tous, depuis qu'après avoir été purifiées et légèrement aromatisées ou colorées, on les débite sous les noms de *graisse de bouche, beurre de Paris.* Il existe de ces corps gras en quantité suffisante pour pourvoir à tous les besoins. La graisse et l'huile de cheval constituent une précieuse ressource.

Si les prix des huiles d'olive, d'œillette, d'amandes se sont beaucoup élevés par suite de l'abaissement des provisions, par contre la valeur de l'*huile de colza vierge* ne s'est point accrue. Une compagnie puissante en possède, nous assure-t-on, des quantités suffisantes pour pourvoir à la consommation la plus large et la plus longue.

L'habitant d'un grand nombre de nos campagnes prépare la soupe, qui forme la base de son alimentation, avec l'*huile de navette, qui, hygiéniquement, est identique avec l'huile de colza vierge,* qu'il ne faut pas confondre avec l'huile de colza préparée pour l'éclairage.

Deux fois chaque jour, depuis l'investissement, je mange, avec ma famille, de la soupe à l'huile d'olive ; l'huile de colza vierge lui a été substituée sans qu'on s'aperçût du changement. C'est donc une ressource considérable que nous avons et qu'il faut savoir utiliser.

Quand la réparation alimentaire en graisses ou en huile est suffisante (50 grammes dans les vingt-quatre heures), un exercice énergique est le moyen le plus sûr de résister aux funestes effets du froid. Abordons maintenant l'étude physiologique et hygiénique des corps gras.

Définition. — On étudie en hygiène, sous le nom de *corps gras*, des produits solides ou liquides d'une consistance onctueuse, tachant le papier, solubles dans l'éther, le sulfure de carbone, les essences; imparfaitement solubles dans l'alcool, insolubles dans l'eau ; brûlant avec flamme, ayant généralement une saveur douce. Ce groupe comprend les huiles et graisses végétales ou animales, le suif, le beurre, etc.

Les corps gras sont constitués par un grand nombre de principes immédiats dont l'histoire a été faite en grande partie par M. Chevreul. Nous ne mentionnerons ici que quatre des plus importants : l'oléine, la margarine, la stéarine et la butyrine, qui, d'après les travaux synthétiques de M. Berthelot, doivent être considérés comme des oléate, margarate, stéarate, butyrate de glycérine, ainsi que M. Chevreul l'avait déjà pressenti.

La *butyrine* est le corps gras spécial qui se produit particulièrement dans l'économie des femelles d'animaux mammifères qui allaitent ; mais il est probable qu'elle peut se former dans d'autres conditions, comme nous le verrons plus tard. Nous reviendrons sur son étude en traitant du beurre.

La *stéarine* est la partie la moins fusible du suif; elle est soluble dans l'éther; à chaud, elle se présente, après le refroidissement, sous forme de cristaux blancs fusibles à 62 degrés.

La *margarine* se rencontre dans la graisse humaine, dans l'huile d'olive; on l'obtient en la dissolvant dans l'éther ; elle est fusible à 47 degrés, selon M. Lecanu.

L'*oléine* est la partie liquide des graisses; elle est soluble dans l'alcool et dans l'éther à froid.

De la digestion et de l'utilisation des corps gras. — L'étude de la digestion et de l'utilisation des corps gras est liée de la manière la plus intime à la théorie générale de la digestion ; elle a été le point de départ le plus net des expériences que nous avons poursuivies, Sandras et moi, pendant plus de dix années. C'est une tendance des plus ordinaires de l'esprit humain, disons-nous, lorsque quelques vérités saillantes ont été mises en lumière sur une question obscure, de rattacher à ces faits tous ceux qui s'en rapprochent, sans examiner sévèrement si l'expérience et l'observation légitimeront ces rapprochements.

Dans la question qui va nous occuper, nous allons trouver une nouvelle confirmation de cette remarque.

La découverte qui a eu le plus d'importance pour établir la théorie de la digestion a été sans contredit celle de la production du chyle. C'était une de ces observations capitales qui frappent les yeux, qui commandent l'attention.

Aussi bientôt, en observant le cours du chyle, en examinant ses propriétés physiques, en étudiant superficiellement sa composition chimique, on pensa tenir la clef de toute la théorie de la digestion; on crut pouvoir suivre la circulation de la matière alimentaire, comme Harvey avait suivi le cours du sang.

En effet, on tient une substance ressemblant beaucoup pour ses propriétés physiques, sa composition chimique, à l'aliment normal, le lait; on voit cette substance puisée dans l'appareil digestif, et de là transportée par des vaisseaux spéciaux dans l'appareil circulatoire. De l'observation de ces faits incontestables, il n'y avait qu'un pas à faire pour arriver à cette conséquence : les aliments sont d'abord transformés en une sorte de bouillie, le *chyme ;* puis ce chyme se sépare en deux parties, les *fèces*, qui sont rejetées au dehors, et le *chyle*, qui, versé dans le sang, va continuellement réparer le liquide nourricier.

Cette théorie de la digestion, généralement admise avant nos premières expériences, paraît vraie et très-simple au premier abord ; mais, en examinant avec attention les faits de détail sur lesquels elle s'appuie, on rencontre bientôt d'insurmontables difficultés.

Nous avons établi, par une suite de recherches qui s'enchaînent les unes aux autres, que la digestion de tous les aliments ne s'opère point par un mode uniforme ; qu'il existe plusieurs digestions, différentes suivant les aliments que l'on ingère. Que la digestion des substances protéiques et gélatineuses (fibrine, albumine, caséum, gluten, gélatine, etc.) s'effectue *principalement* dans l'estomac ; que ces aliments dissous sont immédiatement absorbés dans cet organe, et de là transportés dans le sang : c'est la *digestion stomacale*. Que les matières grasses, liquéfiées par la température du corps de l'animal, émulsionnées, sont puisées dans les intestins par les chylifères : c'est la *digestion intestinale*. Que la dissolution des matières féculentes, s'opérant à l'aide d'un principe agissant comme la diastase, *sécrété principalement par le pancréas*, commence dans l'estomac, mais s'accomplit surtout dans les intestins, et que le liquide qui en résulte est absorbé non par les chylifères, mais en partie par les vaisseaux de l'estomac, et en plus grande partie par les plus fines ramifications de la veine porte : c'est la *digestion mixte*.

Expériences hygiéniques. — Les expériences hygiéniques les plus intéressantes sur le rôle des corps gras employés comme aliments exclusifs sont dues à une commission de l'Académie des sciences, dont Magendie fut le rapporteur. Nous allons en donner ici une rapide analyse, en la faisant suivre de quelques remarques critiques.

Quinze chiens adultes furent les sujets de ces expériences ; les matières grasses employées furent le beurre, l'axonge et la graisse de cœur de bœuf non privée de tissu cellulaire.

Quatre chiens furent mis en expérience, ayant pour aliment exclusif du beurre à la dose de 300 grammes par jour. Ils l'accep ' rent d'abord volontiers, mais, après trois jours de ce régim , trois d'entre eux le refusèrent obstinément. Un seul en mangea irrégulièrement pendant soixante-huit jours ; après ce temps il mourut inanitié, mais avec cette particularité qu'il était chargé d'embonpoint. Il exhalait une odeur prononcée d'acide butyrique ; son poil était gras au toucher, sa peau recouverte d'une couche graisseuse. A l'autopsie, on trouva tous les tissus, tous les organes infiltrés de graisse ; le foie avait subi cette modification particulière qui le fait désigner sous le nom de *foie gras*. On y a trouvé une grande quantité de stéarine et de margarine, et peu ou point d'oléine. Il s'était fait, dit Magendie, dans cet organe, une sorte de filtration du beurre.

Graisse de porc. — Je vais continuer à citer textuellement le rapport de la commission.

« L'alimentation avec l'axonge pure eut des résultats semblables : plusieurs animaux refusèrent d'en manger après l'avoir acceptée les premiers jours avec plaisir. Un autre mourut le dix-huitième jour, en en prenant 250 grammes certains jours, et refusant le plus souvent d'y toucher. Un autre enfin vécut jusqu'au cinquante-sixième jour, en consommant habituellement 120 grammes d'axonge par vingt-quatre heures ; encore se passa-t-il plus d'une journée où l'animal préféra l'abstinence à l'axonge qui lui était offerte.

» Son autopsie nous montra, comme pour l'animal mort en mangeant du beurre, une atrophie générale des organes, mais une grande abondance de graisse, particulièrement sous la peau, où elle formait une couche de plus d'un centimètre d'épaisseur.

» *Graisse de cœur de bœuf.* — Nous eûmes encore des résultats fort analogues en expérimentant avec la graisse qui environne le cœur du bœuf. Cette graisse est encore enveloppée

dans son tissu cellulaire, et des parcelles de fibre musculaire y sont attachées çà et là.

» Quatre chiens furent soumis à l'usage de cette substance. Ils la mangèrent d'abord avec avidité ; mais tous quatre, au bout de sept jours, la refusèrent. Ils en disséquaient, pour ainsi dire, minutieusement les morceaux, s'emparant des moindres parcelles de fibre musculaire et des lames qu'ils parvenaient à détacher du tissu cellulaire. Tous succombèrent : le premier au dix-neuvième jour, le deuxième au vingt-quatrième jour, le troisième le vingt-huitième jour, le quatrième le trente-cinquième jour. Des ulcérations s'étaient montrées sur la cornée transparente.

» A l'autopsie, tous les organes étaient à la fois atrophiés, mais infiltrés de graisse ; le foie était *gras*.

» A l'opposé des animaux dont nous venons de rapporter l'histoire, un petit chien adulte vécut en parfaite santé pendant un an, en mangeant tous les jours 125 grammes de graisse de cœur de bœuf.

» Un autre chien, qui avait pour tout aliment, chaque jour, 190 grammes de graisse de cœur de bœuf, vécut pendant six mois en santé parfaite ; seulement il exhalait une odeur insupportable de graisse. Il aurait sans doute vécu plus longtemps, si l'on eût continué l'expérience.

» Malgré cette diversité de résultats dans les six expériences sur la graisse de bœuf, puisque deux animaux en ont été nourris complétement pendant un laps de temps considérable, et que quatre sont morts en la mangeant, il est évident que, sous cette forme, la graisse a un avantage marqué sur la graisse pure ou isolée. »

Nous allons voir que les expériences que nous venons de faire connaître ne s'accordent pas complétement avec celles qui ont été exécutées par deux observateurs belges, MM. Kluge et Thiernewe ; mais toutes contradictions apparentes disparaîtront, j'en ai l'espérance, par l'interprétation légitime des faits, et il résultera de cette discussion des enseignements pratiques importants.

« Quand on administre à des animaux des corps gras, de l'huile d'olive ou de l'huile de poisson, à dose élevée ou progressive, au bout de peu de jours les animaux perdent l'appétit, ils maigrissent, toussent, éprouvent beaucoup de dyspnée, et finissent par présenter tous les symptômes d'une violente pneumonie, à laquelle les chiens succombent dans l'espace d'environ un mois, et les lapins beaucoup plus tôt.

» Les lésions trouvées aux autopsies sont : l'hépatisation totale ou partielle des poumons, l'accumulation d'un fluide graisseux dans le parenchyme de ces organes, et en outre un dépôt de la même matière grasse dans le foie, les reins et le sang. L'hépatisation est toujours, quant à l'étendue, en rapport avec la quantité d'huile introduite dans l'économie par les voies digestives. »

J'ai vérifié l'exactitude des faits annoncés par MM. Kluge et Thiernewe. Je n'ai jamais pu conserver plus de vingt-cinq jours des chiens, et plus de quinze jours des lapins, auxquels nous administrions chaque jour, à l'aide d'une sonde œsophagienne, un excès d'huile d'olive pour aliment unique. Si l'on dépasse la dose qui peut être absorbée par les chylifères, les corps gras en excès sont rejetés avec les excréments, ils agissent comme purgatifs. Si l'on se limite aux proportions qui peuvent être absorbées par les chylifères sans purger, pendant quelques jours tout va bien ; puis surviennent des phénomènes de dyspnée, qui apparaissent quand les corps gras sont trop abondants pour être enveloppés dans des vésicules et déposés dans le tissu cellulaire, comme cela se passe à l'état normal ; la graisse s'épanche alors dans les viscères, le foie, les reins, les poumons ; ils en entravent les fonctions, d'où une mort accidentelle, le plus souvent par asphyxie.

Les corps gras à dose égale sont loin de se comporter de même sous le triple rapport de leur action purgative, qui dépend de la facilité d'absorption par les chylifères, de leur disposition à être enveloppés d'une vésicule protéique et isolés dans l'économie, de leur aptitude à être détruits dans l'économie. On comprend sans peine comment, dans certaines conditions pour des usages hygiéniques ou thérapeutiques, ils ne peuvent pas indifféremment être substitués les uns aux autres.

Dans les expériences de Magendie, on n'a point introduit par force les corps gras dans le canal alimentaire des animaux soumis à l'expérimentation, leur instinct ne les a conduits à prendre que ce qu'ils pouvaient normalement utiliser ; aussi n'a-t-on pas observé ces morts accidentelles résultant de la transsudation des corps gras dans les organes essentiels à la vie.

On comprendrait difficilement que toutes les pertes de l'organisme pussent être sinon réparées, au moins assez faibles pour être supportées pendant soixante-huit jours lorsqu'il s'agit du beurre, cinquante-six jours de l'axonge, et plus d'un an lorsque l'animal était nourri avec de la graisse de cœur de bœuf, si l'on n'admettait pas que par l'eau, la terre, leurs urines, quelques débris de paille, ou d'autres matériaux organisés, ces pertes continuelles effectuées par les reins, par la peau, etc., étaient atténuées. Chez les animaux qui ont vécu plus d'un an, observons qu'ils étaient adultes, et que le tissu cellulaire qu'ils triaient avec un si admirable instinct comblait le vide le plus apparent de leur alimentation.

Quoi qu'il en soit, il n'en ressort pas moins très-nettement que les corps gras jouent dans l'organisme vivant un rôle de la plus grande importance ; qu'ils sont, à poids égal, les agents les plus efficaces et les plus durables de la résistance au froid extérieur ; qu'à eux presque seuls ils peuvent, chez les carnivores, au moins suffire pour maintenir cette température constante qui est la première condition d'existence pour les animaux à sang chaud.

Il ressort de cette discussion que les corps gras, pour être utilisés, doivent être bien choisis, pris avec mesure et dépensés par un bon exercice et de larges inspirations.

Du rôle hygiénique des corps gras. — La formation des corps gras dans l'organisme animal aux dépens des féculents ou de leurs dérivés, glycose et sucres, paraît parfaitement démontrée par les expériences d'Hubert, de M. Boussingault et de M. Persoz, que nous avons précédemment rapportées. On peut même comprendre comment cette transformation s'effectue depuis que M. Gélis nous a montré que l'acide butyrique est un des produits de la fermentation lactique du sucre, et que M. Pasteur nous a signalé l'existence si inattendue de la glycérine parmi les produits de la fermentation alcoolique du sucre. Voilà les deux éléments de la butyrine qui se produisent dans les fermentations où le sucre se modifie. Quoi qu'il en soit de cette formation des corps gras dans l'organisation des animaux, par suite de la transformation des sucres ou principes immédiats congénères, toujours est-il que la nécessité de l'intervention des corps gras dans l'alimentation est indispensable, surtout dans certaines conditions que nous allons déterminer.

Dans les régions septentrionales et même dans nos contrées tempérées, les corps gras doivent former un des éléments constants de l'aliment complet. Dans les pays intertropicaux, les corps gras ne sont pas aussi nécessaires à l'alimentation de l'homme, et ils s'y produisent en plus grande abondance. Aussi devons-nous regarder comme un progrès hygiénique d'une grande importance ces importations chaque jour croissantes des graisses végétales produites par les *cocotiers*, les autres *palmiers*, les *illipès*, les huiles de *sésame, d'arachide*, etc. Dans ces contrées chaudes, ces aliments de la chaleur de la vie se produisent en grande abondance au profit des pays froids qui les utiliseront.

Une des plus grandes, des plus constantes préoccupations de l'habitant des campagnes est celle de se procurer des corps gras pour son alimentation de chaque jour. Les plus grossiers interviennent chaque jour dans son alimentation : l'huile de navette, le lard rance, etc.; le riche recherche les corps gras plus savoureux, l'huile d'olive, le beurre parfumé, etc.

De l'influence de la température moyenne extérieure sur la consommation des corps gras. — Voici la loi de la consommation des corps gras, eu égard à la température extérieure. On peut la pressentir par tout ce que j'ai exposé, je la formule ainsi : « La consommation des corps gras par l'homme est d'autant plus considérable, que la température moyenne est moins élevée, et réciproquement. »

Je vais rappeler quelques exemples qui serviront à mettre cette loi en évidence. Les Hottentots ne se réchauffent que par l'exercice et ne résistent à l'âpreté de leurs hivers qu'en ingérant de l'huile de poisson à pleins verres. Dans ces jours de funeste mémoire où la France était envahie, j'ai vu, bien jeune enfant, les Cosaques du Nord rechercher avec avidité nos chandelles pour en enrichir leurs soupes.

Passons maintenant au milieu de nos Arabes du désert du Sahara : nous admirons leur merveilleuse sobriété en les voyant se contenter, pour entretenir leur vie, de dattes ou de quelques morceaux de gomme qui ne renferment que des traces de matières grasses.

Moïse, Mahomet, qui ont si bien étudié l'hygiène des peuples méridionaux, ont prohibé avec raison l'usage des aliments de calorification les plus riches, le lard, la viande grasse du porc, les alcooliques, etc.

On se rend un compte facile de ces usages en appliquant la loi que nous avons formulée. Plus la température extérieure est basse, plus, pour résister au froid, il est nécessaire que l'organisme produise de la chaleur ; aucun aliment n'en fournit davantage, à poids égal, que les corps gras.

Quand la température est basse, l'air est plus condensé ; il renferme davantage d'oxygène pour effectuer la transformation ultime des corps gras en eau et acide carbonique.

Si j'aborde une question se rapportant à l'influence du sexe sur la consommation des corps gras, je trouve que les nourrices recherchent souvent avec insistance le beurre et les aliments gras, qu'on a grande raison de leur prescrire quand elles l'utilisent. Je me suis souvent très-bien trouvé de leur conseiller l'usage de l'huile de foie de morue quand elles étaient épuisées par un allaitement trop long ou au-dessus de leurs forces, surtout pendant l'hiver.

Parmi les imminences morbides, je citerai en première ligne les glycosuriques qui, n'utilisant pas les féculents, doivent recourir aux corps gras, en ayant soin de les utiliser par un énergique exercice.

Inconvénients des corps gras pris en excès. — Quand les corps gras sont pris en quantité plus élevée qu'il ne peut en être émulsionné et absorbé par les chylifères, il en résulte une purgation qui ne présenterait aucun inconvénient si elle se bornait à enlever le corps gras en excès; mais, comme dans bien des cas des aliments non digérés sont éliminés avec ces corps, il en résulte une insuffisance d'alimentation avec fatigue des organes.

Un inconvénient beaucoup plus grave de l'abus des corps gras absorbés en trop forte proportion, et non mis en réserve sous forme de tissu adipeux ou éliminés avec la bile, c'est la transsudation dans le tissu des organes, dans les reins, le foie, les poumons. Cette transsudation peut être l'origine de graves désordres, comme nous l'avons précédemment exposé.

Pour l'homme en pleine santé, le rapport des corps gras avec le poids total du corps doit être de 5 pour 100 environ.

La règle hygiénique se rapportant aux corps gras peut s'énoncer de la manière la plus simple et la plus exacte en disant, l'utilisation des corps doit être aussi élevée que possible ; ajoutons à cela que l'ingestion doit être modérée, graduée, en rapport avec la dépense, qui doit être activée par un exercice énergique, par une respiration large : pendant la saison chaude, la dépense doit être favorisée par des bains de mer ou par l'emploi régulier des procédés divers mis en pratique dans l'hydrothérapie.

Rancidité des corps gras. — Plusieurs importantes autorités attribuent aux corps gras rances une action nuisible. Ainsi, Lind considère l'usage des puddings rances comme une cause prédisposante au scorbut. On a vu, à bien des reprises, des saucisses, des pâtés, des boudins contenant des graisses rances, déterminer des accidents. Dans certaines conditions, qui n'ont pas été convenablement précisées, on a vu le cidre qui avait subi la fermentation butyrique déterminer des accidents. Je suis persuadé que l'action nuisible de ces divers aliments ne doit point être attribuée aux acides gras volatils, mais aux algues ou mucédinées microscopiques qui contribuent à leur développement. C'est une question que je traite avec détail en parlant de l'action nuisible de certaines moisissures.

Moyens de diminuer les odeurs et saveurs naturelles ou acquises de certaines graisses ou huiles. — Plusieurs huiles ou graisses possèdent des odeurs et des saveurs spéciales, agréables ou désagréables, comme l'huile d'olive, l'huile de navette, le suif, etc. Ces odeurs et ces saveurs sont dues, pour la plupart, ou à des acides gras volatils, ou à des principes immédiats qui entrent en ébullition à des degrés inférieurs à ceux où bouillent la stéarine ou les oléines.

Les corps gras rances doivent leurs saveurs ordinairement si désagréables à des acides gras volatils qui s'y développent par dédoublement, soit sous l'influence de ferments spéciaux, soit sous celle de l'oxygène.

Que ces odeurs et saveurs spéciales soient naturelles ou acquises, elles disparaissent en grande partie en portant les corps gras qui les possèdent à une température voisine de celle de leur ébullition, en y projetant des matières végétales ou animales imprégnées d'eau, comme cela se pratique dans l'opération si connue de la friture, et en répétant plusieurs fois cette opération. La vapeur d'eau se produisant dans la graisse surchauffée entraîne les matières volatiles odorantes, comme l'a si justement dit M. Dubrunfaut, et les graisses ont perdu leurs odeurs ou saveurs spéciales désagréables.

Les aptitudes très-différentes des corps gras pour certaines préparations culinaires dérivent de l'influence de la chaleur sur ces corps gras à la température voisine de leur ébullition ; plusieurs prennent ou répandent des odeurs tout à fait spéciales qui sont bien connues par une longue observation : ainsi, certaines huiles, comme celle d'olive, sont préférables employées à froid ; d'autres, comme celle de colza, demandent à être chauffées avec des matières contenant de l'eau; la graisse de porc convient surtout pour les fritures, le beurre pour les ragoûts, etc.

M. Castelhaz a indiqué le moyen suivant pour remédier à la rancidité de plusieurs graisses ou huiles (suif, beurre de coco, huile de palme, beurre rance), etc.

« Le premier traitement se fait ainsi : Prendre 100 parties de suif brut, 100 parties d'eau à l'ébullition, de manière à obtenir la liquéfaction du suif ; verser 4 parties de carbonate de soude cristallisé dissous dans 20 parties d'eau ; opérer à une température supérieure au point de fusion du suif ; agiter jusqu'à émulsion complète; porter à l'ébullition. On ajoute 400 parties d'eau en continuant l'agitation. On laisse déposer; on siphone les eaux qui se trouvent à la partie inférieure du vase; on recueille les corps gras qui surnagent. Comme ils contiennent encore du carbonate sodique, on ajoute 100 parties d'eau ; on les émulsionne de nouveau, et on les relave avec 400 parties d'eau à l'ébullition. Les meilleurs suifs doivent être traités ainsi deux fois au moins, et la plupart des suifs du commerce trois fois.

» Pour les seconds traitements, les proportions du carbonate de soude employé varient de 4 à 2 pour 100; pour les troisièmes, elles sont moindres et varient de 2 à 3 pour 100.

» L'opération se continue, soit par un simple lavage à l'eau, soit par un lavage avec de l'eau contenant 1 pour 100 d'acide chlorhydrique, et un nouveau lavage pour enlever les dernières traces de sel sodique ou d'acide.

» Tous les lavages doivent être faits à l'eau chaude, et les liquides maintenus à l'ébullition pendant un quart d'heure ou une demi-heure. Cette ébullition est utile pour entraîner certains produits volatils acides, salins ou basiques. Les eaux du premier traitement entraînent la majeure partie des acides étrangers, des acides sulfogras et gras : il est facile de s'en convaincre en saturant le sel sodique par quelques gouttes d'acide sulfurique ; il se dégage une odeur très-désagréable d'acide hircique, de graisses rancies, tout à fait caractéristique.

» L'application industrielle de ce procédé est très-simple : des cuves de bois munies d'agitateurs mécaniques, et chauffées par un barbotage de vapeur, suffisent pour ces traitements. Les précautions à prendre sont les suivantes :

» Pour éviter les sels gras calcaires, il vaut mieux employer de l'eau distillée provenant des générateurs ou des vapeurs perdues ; à défaut, des eaux dont on a précipité les sels de chaux par le carbonate de soude.

» Il faut réunir les eaux de réaction des cristaux de soude sur les suifs, les saturer par l'acide chlorhydrique ou sulfurique, et recueillir ainsi les acides gras dissous ou les corps gras entraînés. Ces produits peuvent servir, soit pour la savonnerie, soit pour la fabrication de l'acide stéarique. »

Nous allons maintenant faire une histoire rapide des huiles ou graisses les plus usuelles.

HUILE D'OLIVE. — Elle est extraite du péricarpe et de l'amande de l'*Olea europœa* (famille des oléacées); elle est composée d'oléine, de margarine, de matières colorantes jaune verdâtre et de matières aromatiques. Elle est liquide en été, mais le mélange des corps gras qui la constituent prend une consistance de graisse à + 6°. On nomme *huile vierge*, celle qui provient de l'expression des olives portées au moulin aussitôt après la cueillette : c'est la plus estimée. L'*huile ordinaire* s'obtient de la manière suivante : On récolte les olives à la main ou en les abattant avec des gaules; on les amoncelle pendant quelque temps sous des abris, puis on les porte au moulin et on les soumet à une plus rude pression. En Espagne, on prolonge la fermentation des olives, et l'on extrait l'huile des marcs ou des tourteaux à l'aide de l'eau bouillante; ces huiles, principalement destinées à la savonnerie, ont reçu les noms d'*huile fermentée, huile d'enfer*.

A. Richard a fait la remarque intéressante, que notre huile d'olive résultait du mélange de quatre huiles différentes : 1° celle de la pellicule renfermée dans des vésicules globuleuses; 2° celle de la chair, qui est la plus abondante, contenue dans des utricules irrégulières; 3° celle de l'endocarpe, qui ne forme qu'une faible partie de celle contenue dans l'olive; 4° enfin celle de l'amande, qui est légèrement âcre et d'une nature spéciale.

Ce qui distingue l'huile d'olive vierge et l'ordinaire des huiles fermentées et des autres huiles comestibles, c'est une odeur spéciale et une saveur agréable. Ces qualités légitiment leur prix plus élevé, quoique hygiéniquement elles se ressemblent beaucoup.

Disons cependant que l'huile d'olive possède plusieurs avantages précieux : elle n'est pas siccative, elle rancit très-lentement et s'acidifie peu. On ne peut l'administrer à aussi haute dose que l'huile de foie de morue; elle devient bientôt purgative quand on en prend trop. Dans l'économie, elle paraît moins facilement utilisée et envésiculée pour la réserve que plusieurs autres corps gras, qu'à ce point de vue hygiénique elle ne peut remplacer.

Falsification. — Comme l'huile d'olive est d'un prix plus élevé que toutes les autres huiles comestibles, il n'a pas manqué de fraudeurs qui l'ont frelatée avec des huiles d'œillette, de sésame, d'arachide, de faîne, de noix.

Son odeur, sa saveur, sa consistance butyreuse à la température + 6°, permettent déjà de la distinguer. Sa densité, qu'on apprécie à l'aide d'aréomètres très-sensibles, nommés oléomètres de M. Lefebvre et de Gobley, permettent à un homme exercé de reconnaître ces falsifications. L'huile d'olive pèse 0,917; celle d'œillette, 0,925; celle de sésame, 0,923; celle d'arachide, 0,917; celle de colza, 0,914. Ce sont seulement les deux derniers chiffres qui sont inscrits sur les oléomètres.

Pour reconnaître les falsifications de l'huile d'olive, M. Poutet emploie le nitrate de mercure, M. Boudet l'acide nitreux. J'ai décrit ces procédés dans mon ouvrage de *Matière médicale,* j'y renvoie.

HUILE D'ŒILLETTE (*oliette,* petite huile; *huile blanche*).—Huile extraite des semences du pavot somnifère. Ces graines, qui ne sont nullement somnifères mais comestibles, renferment de trente à soixante-cinq fois leur poids d'une huile d'une couleur jaune clair, d'une densité de 0,9253°, se congelant à —10°. L'épicier la vend sous le nom d'*huile à manger*, et la mêle souvent avec l'huile d'olive, dont elle n'a ni l'odeur ni la saveur; mais c'est un corps gras dont beaucoup de ménagères se contentent avec raison pour les salades et les fritures.

HUILE DE LIN.—Elle est extraite des graines du *Linum usitatissimum*, qui en fournit environ le cinquième de son poids. La graine de lin servait à Lacédémone de nourriture aux ilotes; nos soldats en mangèrent pendant la retraite de Russie. On peut la prendre contre la constipation, comme la graine de moutarde blanche. L'huile de lin est siccative; elle le devient davantage quand on l'a chauffée avec la litharge pour son emploi dans la peinture, qui est son usage presque exclusif. Tournefort dit qu'elle est employée comme comestible en Arménie; Gesner assure que l'huile bue fraîche est efficace dans la pleurésie. Faute de mieux, vous pouvez l'employer pour faire des fritures, mais gardez-vous de l'employer quand elle a été lithargyrée.

HUILE OU BEURRE DE COCO.—Retirée du cocotier commun (*Cocos nucifera,* L.). Elle est liquide et incolore au moment où on l'obtient; chez nous, elle se présente sous forme de masse blanche.

A Taïti et aux îles du Pacifique, selon Lesson, les naturels s'en oignent le corps, et l'emploient comme graisse alimentaire. On en fait aujourd'hui un grand commerce; elle nous arrive des côtes de Guinée, où les noirs s'en servent comme pommade et en onction. Chez nous, elle sert à préparer des savons. Il en existe à Paris de grandes quantités. Malheureusement cette huile rancit vite et prend une odeur spéciale, qui ne plaît pas généralement; on l'en débarrasse par les procédés que nous avons indiqués en parlant de la purification des huiles. Elle peut servir à faire de bonnes crêpes, des fritures. Si elle n'est pas agréable au goût de tous, elle est au moins très-salubre, et dans ce temps elle peut rendre de très-bons services comme graisse alimentaire.

BEURRE. — C'est le corps gras le plus agréable et le plus employé à Paris. La Normandie en fournit d'excellent; plusieurs contrées du Nord, et particulièrement le Danemark, en donnent de très-bon. On le prépare par le battage de la crème dans des barattes ou plusieurs autres appareils perfectionnés; le sérum acide se sépare et le beurre se réunit en masse. Les beurres du commerce offrent une grande variété de qualité et de prix; ces différences sont dues à des matières aromatiques dissoutes ou interposées. Les différences d'alimentation, la nature des pâturages, les soins de préparation et de conservation, voilà les principales causes des différences de qualité. Le beurre d'Isigny est, à juste titre, le plus estimé.

La *coloration* du beurre varie du jaune orange au blanc teinté; il ne doit point avoir de *réaction* acide trop prononcée, ni aucune *odeur* désagréable; la *saveur* est douce, agréable, délicate, très-légèrement parfumée.

M. Chevreul a extrait du beurre cinq principes immédiats : margarine, 68; butyro-oléine, 30; butyrine, caprine, oléine, 2. M. Bromeis admet pour le beurre la composition immédiate suivante : stéarine, palmitine, butinine, caprvline, myristicine.

Le beurre, comme chacun sait, s'altère spontanément, et

acquiert ainsi avec le temps une odeur et une saveur détestables. Les moteurs de ces altérations sont des ferments spéciaux interposés dans sa masse avec de l'eau ; la présence de l'oxygène de l'air favorise ces décompositions, qui marchent d'autant plus vite, que la température est plus rapprochée des degrés où s'accomplissent plus énergiquement les principaux phénomènes de la vie.

Les divers *procédés de conservation* du beurre que l'expérience a consacrés établissent la légitimité de ces interprétations.

On conserve plusieurs jours le beurre dans la cave en le recouvrant d'eau ; la température de la cave est généralement plus basse que celle des garde-manger, l'interposition de l'eau entrave l'action de l'air. M. Bréon a montré qu'avec de l'eau légèrement acidulée la conservation était plus assurée. Cette eau acidulée nuit au développement ou à la vitalité de certains ferments.

On ajoute au beurre, pour le conserver, soit du *sel*, soit du *sucre ;* on élimine ainsi l'eau, et l'on nuit à l'action des ferments.

Le meilleur moyen de conserver le beurre est le procédé de la fusion. On élimine ainsi l'eau et les ferments, ces grands moteurs de son altération.

On falsifie le beurre, surtout celui qui est en grosses mottes, en introduisant dans l'intérieur de la masse, soit du beurre rance ou de qualité inférieure, soit des graisses à vil prix. Quelques marchands de bas étage y ont introduit des pommes de terre râpées. Ces fraudes ont rendu nécessaire l'emploi d'une sonde spéciale, qui ramène à l'extérieur les parties falsifiées dissimulées à l'intérieur de la masse.

On colore, dans quelques localités de Normandie, les beurres avec des fleurs de souci. A Paris, les beurres blancs et diversement teintés sont remaniés, légèrement salés, et ramenés à une nuance uniforme à laquelle on est habitué, en les colorant avec un mélange gras constitué par de l'huile d'olive, du curcuma, du rocou et une laque verte. Le marchand de beurre achetait ce mélange coloré sans en connaître la composition ; et ce qu'il y a de plus extraordinaire, le fabricant du mélange coloré ne savait pas ce que contenait la laque verte qu'il achetait chez un marchand de couleurs. Je me suis assuré qu'elle était à base de graines d'Avignon et qu'elle contenait de l'amidon et de l'alumine, toutes substances inoffensives. Mais, il faut le dire, les marchands ne s'étaient nullement préoccupés de cette innocuité. Celui qui la mêlait à son beurre n'était pas éloigné de penser qu'elle renfermait du chromate de plomb ; heureusement qu'il n'en était rien.

Le beurre est un corps gras excellent, il est mieux absorbé que les huiles végétales ; il est facilement décomposé et mis en réserve dans l'économie vivante ; c'est un des meilleurs succédanés de l'huile de foie de morue. Quelques personnes ont une répugnance extrême pour le beurre, j'en ai connu une qui ne pouvait le supporter dans aucun mets.

Si l'on voulait faire une graisse pour remplacer le beurre : de la graisse de rognon de bœuf fondue au bain-marie, associée avec un cinquième d'huile d'amandes douces et quelque peu de beurre légèrement odorant, colorée avec le mélange que nous venons d'indiquer, pourrait satisfaire, en temps de siége, les personnes qui ressentent trop vivement la privation du beurre.

Bouchardat.

INSTITUTION ROYALE DE LA GRANDE-BRETAGNE

LECTURES DU VENDREDI SOIR

M. W. ODLING

de la Société royale de Londres

Sur les combinaisons ammoniacales du platine.

Il y a près d'un siècle déjà que le gaz ammoniac, découvert par Priestley en 1774, excite l'intérêt des chimistes. Une des principales propriétés de ce gaz, représenté par la formule H_3N, est de s'unir directement à l'acide chlorhydrique HCl, pour former un dépôt solide de sel ammoniac, ou hydrochlorure d'ammoniaque, $H_3N.HCl$.

Sous plusieurs rapports fort importants, le sel ammoniac présente une analogie remarquable avec le chlorure de potassium ; et, si l'on réunit l'hydrogène de son acide à l'ammoniaque, de manière à former le groupe $H_3N.H$ ou H_4N, on peut le regarder comme le chlorure d'un métal composé, qu'on appellera l'ammonium, tout comme le chlorure de potassium est le chlorure du métal simple appelé potassium ; ainsi :

$$(H_3N.H)Cl \qquad KCl.$$

Généralement, si l'on fait agir un faible courant électrique sur le chlorure de potassium, ce n'est pas du potassium, mais seulement de la potasse que l'on obtient au pôle négatif ; mais si ce pôle négatif est formé d'une goutte de mercure, le potassium mis en liberté par le courant reste dissous dans le mercure sous forme d'amalgame de potassium (K_xHg_y). De même, quand on électrolyse une solution de sel ammoniac, et que le pôle négatif est formé de mercure, il se produit un volumineux amalgame d'ammonium $(H_3N.H)_xHg_y$; mais une fois que l'influence du courant a cessé, cet amalgame se résout rapidement en ammoniaque, hydrogène et mercure. On peut aussi obtenir l'amalgame d'ammonium en grand, en faisant agir l'amalgame de potassium ou de sodium sur une solution de sel ammoniac ; voici la formule qui représente cette réaction :

$$x(H_3N.H)Cl + K_xHg_y = xKCl + (H_3N.H)_xHg_y.$$

Une autre propriété caractéristique du gaz ammoniac, c'est son extrême solubilité dans l'eau. Sa dissolution présente plusieurs des propriétés de l'hydrate de potassium, comme, par exemple, celles d'agir sur le papier de tournesol, de neutraliser les acides et de précipiter les sels métalliques. Et, de même que le sel ammoniac peut être considéré comme un chlorure d'ammonium, analogue au chlorure de potassium, de même la solution d'ammoniaque peut être regardée comme un hydrate d'ammonium analogue à l'hydrate de potassium, comme le montrent les formules :

$$(H_3N.H)HO \qquad KHO.$$

Mais tandis que le chlorure d'ammonium, analogue au chlorure de potassium, constitue un corps défini, — l'hydrate d'ammonium, analogue à l'hydrate de potassium, n'a qu'une existence théorique. Ce sont les réactions de la solution qui nous font conclure que cette solution contient de l'hydrate d'ammonium ; mais, toutes les fois que nous voulons isoler cet hydrate, il se résout en gaz ammoniac et en eau, comme le montrent les formules :

$$(H_3N.H)HO \text{ ou } H_3N.H_2O = H_3N + H_2O.$$

Mais la particularité sans contredit la plus intéressante de l'ammoniaque, c'est sa propriété, si bien développée par Hofmann, de présenter un type d'où l'on peut faire dériver par substitution les composés du caractère le plus varié. De même, par exemple, que le radical hydrocarburé nommé éthyle, C_2H_5, peut remplacer l'hydrogène de l'acide chlorhydrique pour former le chlorure éthylique $C_2H_5.Cl$, de même aussi il peut remplacer l'hydrogène de l'ammoniaque pour former l'éthylamine $C_2H_5.H_2N$. L'éthylamine est un liquide très-volatil, même à la température ordinaire. Sa vapeur ressemble beaucoup au gaz ammoniac, mais s'en distingue par son extrême inflammabilité. Comme l'ammoniaque, l'éthylamine se combine directement avec l'acide chlorhydrique pour former un sel ammoniacal d'éthylamine, ou hydrochlorure d'éthylamine $C_2H_5H_2N.HCl$. Comme l'ammoniaque encore, l'éthylamine est extrêmement soluble dans l'eau ; sa solution, comme celle de l'ammoniaque, se comporte, à bien des égards, comme un hydrate défini représenté par la formule $C_2H_5H_2N.H_2O$: cependant, on ne peut isoler cet hydrate, qui n'est connu qu'en dissolution.

Il existe en outre des dérivés de l'ammoniaque dans lesquels une partie de l'hydrogène de cette substance est remplacée non par un radical monadique, mais par un radical diadique. Par exemple, de même que l'éthylène C_2H_4, corps diadique, remplace l'hydrogène de deux équivalents d'acide chlorhydrique pour former le chlorure d'éthylène, $C_2H_4.Cl_2$, de même aussi il peut remplacer en partie l'hydrogène de deux équivalents d'ammoniaque pour former l'éthylénamine, $C_2H_4(H_2N)_2$ ou $(C_2H_4)''H_4N_2$. Cette ammoniaque double s'unit à *deux* équivalents d'acide chlorhydrique pour former l'hydrochlorure défini $C_2H_4(H_2N)_2.2HCl$, et à *deux* équivalents d'eau pour former l'hydrate $C_2H_4(H_2N)_2,2H_2O$, qui est également défini, stable, insoluble, volatil et cristallisable.

De même que nous avons comparé l'hydrochlorure et l'hydrate non isolable d'éthylamine avec le chlorure et l'hydrate du potassium, métal alcalin monadique, de même aussi l'hydrochlorure et l'hydrate isolable d'éthylénamine peuvent se comparer avec le chlorure et l'hydrate du barium, métal alcalin diadique, ainsi :

$K'Cl$	$[C_2H_5(H_2N)H]'Cl$
$Ba''Cl_2$	$[C_2H_4(H_2N)_2]''Cl_2$
$K'HO$	$[C_2H_5(H_2N)H]'HO$
$Ba''(HO)_2$	$[C_2H_4(H_2N)_2]''(HO)_2$

Et l'hydrate d'éthylénamine ressemble à l'hydrate de barium, non-seulement comme base alcaline puissante, mais encore parce qu'il ne peut être deshydraté que par des moyens indirects, et non par l'action de la chaleur.

Grâce aux recherches d'Hofmann, les chimistes connaissent des corps ammoniacaux et di-ammoniacaux dans lesquels non-seulement un tiers, mais les deux tiers, et même la totalité de l'hydrogène, sont remplacés respectivement par l'éthyle monadique et l'éthylène diadique. Pour ces composés, et au point de vue de leurs propriétés, et à celui de la nature des hydrochlorures et des hydrates qu'ils donnent, la di-éthylamine et la tri-éthylamine correspondent de très-près à l'éthylamine ; la di-éthylénamine et la tri-éthylénamine, à l'éthylénamine :

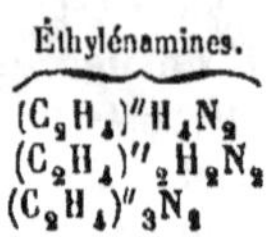

	Éthylamines.	Éthylénamines.
Mono..........	$(C_2H_5)'H_2N$	$(C_2H_4)''H_4N_2$
Di............	$(C_2H_5)'_2HN$	$(C_2H_4)''_2H_2N_2$
Tri...........	$(C_2H_5)'_3N$	$(C_2H_4)''_3N_2$

Bien que, de cette manière, les principaux développements et l'adoption définitive de l'idée de l'ammoniaque considérée comme type, soient dus à des recherches de chimie organique, cette idée elle-même semble avoir d'abord pris naissance à la suite de recherches de chimie minérale, et surtout dans l'étude des composés formés par la réaction de l'ammoniaque sur certains sels métalliques. Graham avait, il est vrai, de bonne heure représenté certaines combinaisons des chlorures métalliques avec l'ammoniaque comme des sels ammoniacaux métallisés ; mais la conception de l'ammoniaque comme type trihydrique, susceptible de trois degrés de substitution successifs, a été formulée pour la première fois par Laurent, et a servi à ce chimiste si original à expliquer, entre autres faits, la constitution de différentes combinaisons ammoniacales du platine, successivement découvertes par Magnus, Gros et Reiset. Ces combinaisons, il les a représentées comme des sels d'ammoniaques dérivées, dans lesquels les différents équivalents de l'hydrogène de l'ammoniaque sont remplacés par le platine.

Le platine est un métal assez dur, dont la couleur rappelle celle de l'étain ; il est doué de plusieurs propriétés singulières. C'est Wood, essayeur de la Jamaïque, qui le premier, en 1741, le reconnut comme métal distinct. Son mode de préparation fut découvert et appliqué par Wollaston au commencement de ce siècle ; il l'a décrit lui-même dans les *Philosophical transactions* de 1829. Le platine est surtout caractérisé par sa grande densité ; son pouvoir conducteur, sa dilatation et sa chaleur spécifique sont très-faibles ; il est très-ductile et tenace ; il se divise et se réduit facilement ; il jouit de la propriété curieuse d'absorber certains gaz, et particulièrement l'hydrogène ; il résiste à presque tous les réactifs, ainsi qu'à la plus forte chaleur de nos fourneaux. Chacune de ces propriétés différentes, à l'exception, peut-être, de sa grande densité, le rend propre à quelque application spéciale dans les arts.

Au point de vue de la chimie, le platine est caractérisé par son poids atomique élevé, qui est 197, et par la propriété qu'il a de former deux chlorures bien définis : un perchlorure, connu aussi sous le nom de chlorure platinique, et représenté par la formule $Pt''''Cl_4$, et un protochlorure, également appelé chlorure platineux, et représenté par la formule $Pt''Cl_2$. Le chlorure platinique se présente sous la forme de masses cristallines, brun orangé, très-solubles dans l'eau. Le chlorure platineux est une poudre amorphe, brun olive, complétement insoluble dans l'eau, mais se dissolvant dans l'acide chlorhydrique, et donnant ainsi un liquide couleur d'ocre. En 1828, Magnus, en sursaturant ce liquide d'ammoniaque, obtint un composé remarquable qui contenait les éléments du chlorure platineux et ceux de l'ammoniaque, et se présentait sous la forme d'un précipité cristallin verdâtre. Ce précipité vert si remarquable a souvent été étudié depuis lors, et, de temps en temps, on a émis différentes opinions sur sa constitution. Mais aucune de ces opinions n'a été assez généralement adoptée pour permettre de donner un nom à ce composé ; de sorte que, depuis sa découverte jusqu'à nos jours, il a porté le nom du savant illustre à qui nous le devons, et s'est appelé *sel vert de Magnus*.

Quelques années après, en 1838, Gros, traitant le sel de Magnus par l'acide nitrique, obtenait une série remarquable de composés jaune clair ou incolores, de platine et d'ammoniaque. Plus tard, dans les années 1840, 1844 et suivantes, Reiset et Peyrone, en traitant le sel de Magnus, ou le chlorure platineux lui-même par l'ammoniaque, obtenaient, indépendamment l'un de l'autre, deux séries nouvelles de composés transformables entre eux et avec la série de Gros. Enfin, en 1846, Raewsky, en faisant agir l'acide nitrique sur le sel de Magnus, obtenait encore une autre série de composés différents de ceux que le même réactif avait fournis à Gros.

Mais les formules attribuées par Raewsky aux sels qu'il venait de découvrir se trouvaient en désaccord et avec les idées de Laurent sur l'ammoniaque considérée comme type, et avec d'autres idées sur la constitution chimique des corps, communes à Laurent et à Gerhardt, ces deux illustres collaborateurs. Aussi, en 1848, Gerhardt soumit-il les formules de Raewsky à la critique la plus sévère, quoique elles eussent été soutenues par une commission de l'Académie ; il appuya sa critique de recherches expérimentales, et publia en 1850 son célèbre mémoire *sur les composés ammoniacaux du platine.* Dans ce mémoire, il établissait l'existence d'une autre série entièrement nouvelle de composés de platine et d'ammoniaque ; il démontrait expérimentalement la relation simple qui existe entre les sels de Raewsky et ceux de Gros ; enfin, il proposait une théorie complète et conséquente des différentes séries de composés de platine et d'ammoniaque au point de vue de leurs rapports entre eux et avec l'ammoniaque.

Depuis la publication du mémoire de Gerhardt, différents chimistes, parmi lesquels il faut citer Buckton, Hadow et Thomsen, ont beaucoup ajouté à nos connaissances sur les composés platino-ammoniacaux. Mais ni avant ni après ce mémoire, personne n'a mis en avant une théorie générale et complète de la constitution de cette classe de composés. Cependant la théorie de Gerhardt, bien que toujours traitée avec respect, n'a jamais été adoptée d'une manière générale ; et, de nos jours, on peut certainement y opposer quelques objections fort sérieuses (1).

Mon attention s'étant dernièrement portée sur l'étude de ces composés, j'ai réussi à établir la différence qui existe entre les plus simples des sels ammoniacaux de platine et différents corps voisins et isomères avec lesquels ils étaient autrefois confondus ; j'ai pu ainsi obtenir la base hydratée correspondant à la série. J'ai également obtenu quelques réactions intéressantes avec des corps appartenant aux séries plus complexes ; et, comme résultat général de mes recherches, je me suis hasardé à proposer une nouvelle théorie du groupe tout entier. Cette théorie s'appuie sur l'admission de deux propositions ou faits principaux :

1° Les différents composés platino-ammoniacaux ont pour point de départ le chlorure platineux $PtCl''_2$; et, de même que le platine de ce composé a la propriété de recevoir deux équivalents additionnels de chlore, pour donner le composé platinique Cl_2PtCl_2 ou $Pt''''Cl_4$, de même aussi le platine des

différents composés ammoniacaux fournis par le chlorure platineux, a la propriété de recevoir deux équivalents de chlore ou une quantité équivalente de tout autre radical négatif, de manière à donner des composés platiniques qui correspondent respectivement aux composés platineux primitifs. De là la division des composés platino-ammoniacaux en série platineuse et série platinique ; les corps de la première série différant par leur constitution de ceux de la seconde, tout comme le chlorure platinique diffère du chlorure platineux, par la fixation directe d'une certaine quantité de chlorure.

2° Le résidu monadique ou amidogène radical H_2N peut devenir le radical monadique ammon-amidogène $H_2N.H_3N$ ou H_5N_2, de même que le radical monadique méthyle H_3C, peut devenir le radical monadique méthylen-méthyle ou éthyle $H_3C.H_2C$ ou H_5C_2. Si nous considérons le sel ammoniac $H_3N.HCl$ comme l'analogue du chlorure méthylique $H_3C.HCl$, nous remarquons entre eux cette différence que, tandis que l'ammoniaque du sel ammoniac et de l'ammon-amidogène est facilement séparable, le méthylène, soit du chlorure méthylique ou du méthylen-méthyle, est inséparable des autres éléments de chacun de ces composés. De là la distinction entre les composés amiques et ammon-amiques du platine ; les derniers différant des premiers par l'addition d'une certaine quantité d'ammoniaque diadique, comme les composés éthyliques diffèrent des composés méthyliques par l'addition virtuelle de méthylène diadique. Les formules suivantes indiquent ce parallélisme pour le chlorure méthylique et le chlorure éthylique, le sel ammoniac et l'ammonio-chlorure d'argent :

$$\text{H C HCl} \qquad \left.\begin{array}{l} H_2C \\ H_2C \end{array}\right\rbrace \begin{array}{l} H \\ Cl \end{array} \qquad\qquad H_3N.HCl \qquad \left.\begin{array}{l} H_3N \\ H_3N \end{array}\right\rbrace \begin{array}{l} Ag \\ Cl \end{array}$$

Le groupe des composés platino-ammoniacaux peut donc se diviser en série platineuse et série platinique ; et chacune de celles-ci, à son tour, en composés amiques et composés ammon-amiques. A ces quatre séries, il faut encore en ajouter une cinquième, la sous-série des composés di-platiniques, qui comprend le nitro-chlorure de Raewsky, puis le nitrate de Gerhardt et le chlorure de Hadow, tous deux découverts plus tard. Cette théorie de la constitution du groupe entier est représentée par le tableau suivant des chlorures, des hydrates, des nitrates et des nitrites principaux.

BASES ET SELS DE PLATINE. — THÉORIE PROPOSÉE.

Platosamine.	*Amo-platosamine* (de Reiset).
$Pt''(H_2N)_2.2HCl$	$Pt''(H_5N_2)_2.2HCl. Aq.$
$Pt''(H_2N)_2.2H(HO)$	$Pt''(H_5N_2)_2.2H(HO)$
$Pt''(H_2N)_2.2H(NO_3)$	$Pt''(H_5N_2)_2.2H(NO_3)$

Platinamine (de Gerhardt).	*Amo-platinamine* (de Gros).
$Cl_2Pt''''(H_2N)_2.2HCl$	$Cl_2Pt''''(H_5N_2)_2.2HCl$
$Cl_2Pt''''(H_2N)_2.2H(HO)?$	$Cl_2Pt''''(H_5N_2)_2.2H(NO_3)$
$(HO)_2Pt''''(H_2N)_2.2H(HO)$	$(HO)_2Pt''''(H_5N_2)_2.2H(NO_3)$
$OPt''''(H_2N)_2.2H(NO_3).3 Aq.?$	$(NO_3)_2Pt''''(H_5N_2)_2.2H(NO_3)$
$(NO_3)_2Pt''''(H_2N)_2.2H(NO_3)$	$(NO_2)_2Pt''''(H_5N_2)_2.2HCl$

Amo-diplatinamine (de Raewsky, etc).....
$$\left\{\begin{array}{l} Cl_2OPt_2''''(H_5N_2)_4.4HCl \\ Cl_2OPt_2''''(H_5N_2)_4.4HNO_3. Aq. \\ (NO_3)_2OPt_2''''(H_5N_2)_4.4HNO_3. Aq. \end{array}\right.$$

Platosamine.

L'hydrochlorure peut s'obtenir par l'action directe du chlorure platineux $Pt''Cl_2$ sur l'ammoniaque, comme l'hy-

---

(1) La base de Gerhardt lui-même, la platinamine, par exemple, est représentée par la formule assurément improbable Pt_2HN ou $Pt''HN$, et son hydrochlorure par la formule encore plus improbable $Pt_2HN.2HCL$, dans laquelle un équivalent d'un corps mon-ammoniacal est représenté comme combiné avec deux équivalents d'acide hydrochlorique, et tout le chlore du sel comme remplissant une seule et même fonction.

drochlorure d'éthylénamine s'obtient par l'action directe du chlorure éthylénique $(C_2H_4)''Cl_2$ sur l'ammoniaque ; et, dans les deux réactions, les deux composés sont accompagnés de divers autres produits. Le parallélisme des deux composés et de leurs hydrates respectifs, au point de vue de la constitution et des propriétés, est complet :

$$Pt''(H_2N)_2.2HCl \qquad C_2H_4(H_2N)_2.2HCl$$
$$Pt''(H_2N)_2.2H_2O \qquad C_2H_4(H_2N)_2.2H_2O$$

L'hydrochlorure de platosamine, à l'état de pureté, présente une couleur jaune mat très-claire et presque blanche. Il est presque insoluble dans l'eau froide ; dans l'eau chaude, sa solubilité augmente (1). La solution chaude, concentrée, le laisse ordinairement déposer sous forme de précipité floconneux, quoiqu'il soit en réalité cristallin, du moins en partie ; en refroidissant lentement la solution, on peut obtenir l'hydrochlorure sous forme d'aiguilles bien distinctes. Pour obtenir la base de l'hydrochlorure, il faut opérer sur le sulfate, que l'on décompose par l'eau de baryte. Elle est extrêmement soluble dans l'eau, et cristallise avec facilité. Sa solution donne une réaction fortement alcaline, décomposant les sels d'ammoniaque, neutralisant les acides, absorbant l'acide carbonique de l'air, et décomposant les sels métalliques ; cependant les précipités obtenus sont, pour la plupart, des composés doubles.

La base de ce sel et les autres composés solubles de platosamine ont pour caractère de donner avec l'acide chlorhydrique un précipité d'hydrochlorure qui, obtenu de cette manière, est presque toujours jaune et cristallin. Tous les composés de platosamine, y compris l'hydrochlorure, ont, comme le platine, la propriété d'absorber le chlore et, par suite, celle de décolorer un mélange d'acide chlorhydrique et de permanganate, pour donner des composés de platinamine ; tous, y compris l'hydrochlorure, se dissolvent dans l'ammoniaque légèrement chauffée, et donnent les composés d'amo-platosamine correspondants.

Amo-platosamine.

L'hydrochlorure de cette série, différant en cela de celui de la série précédente, est très-soluble dans l'eau. C'est un sel qui cristallise ordinairement sous forme de longues aiguilles entrelacées. On le prépare en faisant dissoudre le chlorure platineux, le sel de Magnus, ou le chlorure de platosamine dont nous venons de parler, dans une solution d'ammoniaque légèrement chauffée. La base hydratée de ce sel peut s'obtenir, comme on obtient la base hydratée qui précède, de l'hydrochlorure correspondant. L'hydrate ainsi obtenu correspond par ses propriétés générales à l'hydrate de platosamine déjà étudié ; mais l'hydrate d'amo-platosamine est une base alcaline bien plus puissante. Mis en présence des différents sels métalliques, il précipite les hydrates métalliques de ces sels.

Les sels d'amo-platosamine, comme ceux de platosamine, ont la propriété caractéristique du platine de décolorer un mélange d'acide chlorhydrique et de permanganate, d'absorber directement le chlore ou le brôme, ainsi que le peroxyde

nitrique, pour donner des composés amo-platiniques (1). Le chloro-chlorure amo-platinique qui provient de cette réaction se présente sous la forme d'un précipité jaune clair ; le nitro-chlorure est vert clair, et le nitro-nitrate est bleu clair. L'amo-platosamine se distingue encore du platosamine par la grande solubilité de son hydrochlorure et par la réaction de ce sel sur une solution de chlorure platineux : on obtient ainsi un précipité de sel vert de Magnus.

Composés platiniques.

Le plus remarquable des sels de platinamine est le chlorure $Cl_2Pt''''(H_2N)_2.2HCl$. Le mode de préparation le plus commode est d'ajouter un léger excès de permanganate à une solution chaude d'hydrochlorure de platosamine aiguisée d'acide chlorhydrique. C'est un sel d'une belle couleur jaune, légèrement soluble dans l'eau froide, assez soluble dans l'eau bouillante, quoique la solution s'opère avec une certaine lenteur, à cause de la densité du sel ; il cristallise facilement par refroidissement en octaèdres isolés ou en plaques carrées. Avec un excès d'ammoniaque, à une chaleur douce, il donne le chlorure insoluble d'amo-platinamine. Son chlore, comme celui du chlorure amo-platinique, se trouve évidemment soumis à deux conditions différentes d'action de la part des réactifs, tels que les alcalis et les sels d'argent.

L'hydrate de platinamine s'obtient de l'hydro-nitrate au moyen de l'ammoniaque : c'est un précipité cristallin neutre, presque insoluble, d'un jaune brillant.

Le sel d'amo-platinamine le mieux connu est le chloro-nitrate $Cl_2Pt''''(N_2H_3)_2.2HNO_3$, qui s'obtient en traitant le sel de Magnus, ou plutôt l'hydrochlorure d'amo-platosamine, par l'acide nitrique. Il est légèrement soluble dans l'eau, et cristallise en prismes aplatis d'un blanc brillant. Le nitrate d'argent n'y fait pas immédiatement reconnaître la présence du chlore ; ce dernier n'est précipité par ce réactif que partiellement, même après une ébullition prolongée. Sa solution donne, avec le chlorure d'ammonium et le sulfate de sodium, un précipité cristallin blanc de chloro-chlorure ou de chloro-sulfate, selon le réactif employé.

Le sel d'amo-diplatinamine le mieux connu est le chloroxy-nitrate $Cl_2OPt_2''''(H_3N^2)_4.4HNO_3.Aq$. Le meilleur moyen de préparer ce sel est de faire bouillir le chloro-nitrate ou le chloro-chlorure d'amo-platinamine avec de l'acide nitrique et du nitrate d'argent. Ce sel ressemble beaucoup au chloro-nitrate d'amo-platinamine ; mais sa solution n'est troublée ni par le sulfate de sodium, ni par le chlorure d'ammonium. De plus, avec une solution de chlorure platineux, elle donne un précipité cuivré mousseux très-caractéristique (Hadow).

WILLIAM ODLING.

— Traduit de l'anglais par BATTIER. —

---

(1) C'est Hadow qui découvrit le premier la réaction des composés d'amo-platosamine sur le peroxyde nitrique ; mais l'explication qu'il en donna était différente.

---

(1) L'hydrochlorure jaune orangé, bien plus soluble, que l'on obtient sous forme d'écailles en faisant dissoudre le sel de Magnus dans une dissolution de sulfate d'ammoniaque, est un composé distinct.

INSTITUTION ROYALE DE LA GRANDE-BRETAGNE

SIR JOHN FRÉDÉRIC BATEMAN

membre de la Société royale

Sur le tunnel sous-marin entre la France et l'Angleterre

Les avantages qu'assurerait à l'Europe occidentale une communication par chemin de fer sont incalculables. Il y a trente ans, toute proposition de ce genre aurait été traitée d'utopie. Mais nous vivons à une époque d'invention et de progrès qui a eu, en moins d'un siècle, l'influence la plus favorable sur l'humanité, non-seulement en ajoutant au bien-être de millions de nos semblables, mais aussi en étendant proportionnellement le champ des recherches scientifiques. Des découvertes nouvelles se succédant rapidement ont agrandi nos connaissances et élargi nos idées, de manière à élever l'esprit humain à un niveau moral et intellectuel supérieur. Il y a juste cent ans que Watt a inventé la machine à vapeur, et cette invention a fait plus que toute autre pour augmenter la prospérité commerciale et développer les ressources de tous les pays. Il n'y a que quarante ans que le chemin de fer de Manchester à Liverpool est ouvert; et, depuis cette époque, tous les pays civilisés se sont couverts d'un réseau de voies ferrées. Il n'y a pas plus de soixante ans que l'on a commencé à se servir de conduites d'eau de fonte; il y a cinquante ans, aucune de nos villes n'était éclairée au gaz; il n'y a que trente ans que le premier *steamer* a traversé l'Atlantique, et il n'a pas même fallu ce nombre d'années pour entourer le globe d'une ceinture électrique qui réunit les points les plus éloignés avec une rapidité inconcevable, anéantissant l'espace, et lançant d'une extrémité à l'autre la pensée humaine, de manière à défier même la vitesse du temps.

En présence de ces faits, je puis peut-être espérer que l'on ne me considérera pas comme un visionnaire et un songe-creux si je propose de faire traverser la Manche par un chemin de fer. La proposition elle-même n'a rien de nouveau. Les uns proposent de construire un long viaduc; les autres, de percer un tunnel à travers les rochers du fond; d'autres encore veulent déposer au fond une voie couverte; — mais tous cherchent à unir par une voie ferrée directe les rivages de l'Angleterre et de la France.

L'expérience du passé permet de prévoir les effets que produirait un tel moyen de communication sur le commerce des deux pays. Il y a quarante ans, au bon vieux temps de la navigation à voile, le nombre des voyageurs entre l'Angleterre et le continent était de 80 000 par an; l'introduction d'un service régulier de navires à vapeur a, en douze ans, porté ce chiffre à 350 000; et depuis la construction des chemins de fer, il est au moins d'un million. A mesure que les moyens de communication sont devenus plus faciles et plus commodes, les rapports entre les deux pays se sont donc accrus. Et n'oublions pas quel obstacle le grand ennemi de ceux qui traversent l'Océan, le mal de mer, oppose à cet accroissement. Il suffit de jeter les yeux sur le tableau officiel du nombre des voyageurs entre l'Angleterre et les ports de Calais, Boulogne et Dieppe, pour reconnaître qu'en 1867, par exemple, le nombre des voyageurs au mois d'août a été de 80 000, tandis qu'en janvier et février, époque où la mer

est mauvaise, il n'a été que de 13 000 pour chaque mois; et quoique le moment de l'année, à part le mauvais temps sur mer, ait pu être pour quelque chose dans la faiblesse de ces chiffres, il est évident qu'une si grande différence doit principalement venir de la crainte du mal de mer, auquel la plupart des voyageurs sont sujets par un gros temps.

A propos de nos communications avec l'Inde et l'Orient, le capitaine Tylor, dans un rapport présenté récemment à la Chambre de commerce sur les avantages des différentes routes qui traversent l'Europe, fait observer « que l'espoir de ceux de la prochaine génération qui iront aux Indes doit être de se rendre à pied sec de Londres à Bombay, en traversant la Manche par un tunnel sous-marin de Douvres à Calais, l'Europe en chemin de fer, le Bosphore sur un pont, puis enfin la vallée de l'Euphrate et les rives du golfe Persique par un chemin de fer aboutissant à Bombay. »

Je ne viens point ici critiquer les projets de mes devanciers, je veux seulement soumettre à l'assemblée le plan que mon collègue M. Révy et moi nous avons conçu. Dans ce travail, je me suis surtout appliqué à chercher toutes les difficultés réelles ou imaginaires qui pouvaient se présenter; et c'est seulement après avoir obvié ensemble à toutes ces difficultés, une à une, par un travail de plus d'une année, que mon collègue et moi nous avons publié le projet que je demande la permission de vous exposer en quelques mots. Ce que nous proposons, c'est d'établir un tube de fonte reposant sur le fond du détroit, entre Douvres et le cap Gris-nez, en France. Ce tube, assez grand pour livrer passage à des trains ordinaires, sera de forme cylindrique, de treize pieds (4 mètres) de diamètre intérieur; il se composera d'anneaux de fonte d'environ dix pieds (3 mètres) de long et de quatre pouces (1 décimètre) d'épaisseur, formés chacun de six plaques ou segments solidement boulonnés. Les différentes pièces du tube seront assemblées à l'intérieur d'une chambre horizontale que nous appellerons, si vous le voulez, une cloche, laquelle g'issera sur les côtes ou diaphragmes des six derniers anneaux du tube posés: un joint complétement étanche empêchera l'eau de la mer de pénétrer. Ce joint étanche sera analogue à celui, si bien connu, dont on se sert pour les presses hydrauliques. Dans la côte extérieure du tube, laquelle doit s'adapter exactement à la surface intérieure de la chambre, sera pratiquée tout autour une rainure d'environ un pouce (25 millimètres) de profondeur et d'un pouce et demi (37 millimètres) de large. A cette rainure s'adaptera un collier de cuir ou de caoutchouc, ajusté de telle sorte que plus la pression augmentera, plus la fermeture sera exacte.

Ce seront là les seuls points de contact qui serviront à faire glisser la cloche comme un tube de télescope. La cloche sera toujours munie de quatre de ces joints, de manière qu'une légère imperfection dans l'un puisse toujours être corrigée par l'autre.

La chambre, qui sera fermée à l'avant par une cloison à demeure, aura environ quatre-vingts pieds (24^m,32) de long, dix-huit pieds (5^m,47) de diamètre intérieur et huit pouces (2 décimètres) d'épaisseur. Elle présentera à l'intérieur, sur une longueur d'environ cinquante pieds (15 mètres), une surface cylindrique exacte, parce que sur cette longueur elle devra s'appuyer et glisser sur les côtes extérieures du tube: ces dernières seront travaillées et ajustées de manière à assurer un contact parfait.

A la partie antérieure de la chambre en cloche sera placée

une machine hydraulique puissante, recevant l'eau de réservoirs disposés sur le rivage, d'après le système Armstrong. Cette machine servira à assembler les pièces du tube à l'intérieur de la cloche, et à mesure que le tube s'allongera par l'achèvement d'un nouvel anneau, la cloche sera poussée en avant d'environ dix pieds (3 mètres) par des presses hydrauliques, pour permettre de construire l'anneau suivant. Ainsi la portion du tube déjà construite servira toujours de point d'appui pour faire avancer la cloche, la résistance de l'eau devant être d'environ 1500 milliers dans la partie la plus profonde du détroit. La force des presses hydrauliques sera de plus de 4000 milliers, dont 2500 pourraient servir à triompher de la résistance que la cloche pourrait éprouver dans son mouvement en avant sur le fond de la mer.

L'eau déplacée par la cloche et par le tube préserve presque autant que ces deux appareils : ainsi le poids de la cloche et du tube, une fois plongés dans l'eau, sera presque insignifiant.

Dans l'espace annulaire qui sépare les côtes circulaires extérieures du tube et la surface intérieure de la cloche, on pourra introduire la tête d'une colonne à vis, ou même plusieurs, si c'était nécessaire. Ces colonnes pourront s'adapter à tous les anneaux sur la ligne du tube. Le fût de la colonne traversera une boîte à étoupes disposée dans l'anneau, comme le fait la tige du piston dans le cylindre d'une machine à vapeur. Il y aura en moyenne à tous les trois anneaux une colonne verticale, et à tous les six, deux colonnes inclinées de 30 degrés. Dès que la cloche, dans son mouvement de progression, aura dépassé les anneaux qui ont reçu la vis des colonnes, et que les fûts y auront été adaptés, ces colonnes seront enfoncées ou vissées dans le fond, jusqu'à ce qu'elles y soient solidement fixées. Par ce moyen, le tube lié est maintenu avec force au fond du détroit, sans que rien puisse ensuite le déplacer ou l'arracher.

La construction ordinaire des anneaux maintiendra le tube en ligne droite ; mais si l'on emploie des pièces courbes spéciales et des joints ou diaphragmes mobiles se rattachant à la côte extérieure du tube, la cloche pourra tourner d'environ quatre pouces par quarante pieds (1 décimètre par 12 mètres), ce qui donne une courbe d'environ un mille (1609 mètres) de rayon. Le tube lui-même peut donc aussi être posé sur une ligne courbe dans toutes les directions ; il peut monter ou descendre de trente-six pieds par longueur de deux cents yards (environ 11 mètres par 182 mètres) ; un espace d'un mille suffit pour le faire tourner à angle droit. On peut donc ainsi, soit lui faire éviter complétement tout obstacle sérieux, comme le serait un rocher trop saillant ou un terrain trop mou, dont l'examen détaillé de la ligne choisie ferait reconnaître l'existence ; soit le faire passer au-dessus de l'obstacle, ou enfin lui faire suivre toute dépression brusque et un peu étendue du fond du détroit. Par un mouvement de la cloche en sens contraire, et en démontant les segments et les anneaux déjà construits, on peut retirer le tube sur une longueur considérable, s'il devenait nécessaire de changer de direction sur un point de la ligne déjà achevé.

Les opérations de construction sur le rivage présenteront plus de difficulté que le travail dans les eaux profondes ; en effet, pendant l'assemblage des extrémités sur la côte, il faudra soutenir et placer sur des coulisses la cloche, les machines et une partie du tube ; tandis que, dans les eaux profondes, le poids de l'appareil sera contre-balancé par le déplacement de la cloche. Ces coulisses serviront jusqu'à ce qu'on atteigne le niveau de la marée basse, et alors on ne travaillera plus qu'à marée haute ; puis, lorsque la cloche se sera peu à peu assez avancée dans la mer pour être entièrement couverte, même à marée basse, les travaux pourront continuer sans interruption. On procédera de même, mais en sens inverse, lorsqu'on arrivera à la côte française. Pendant la construction des deux extrémités, lorsque le temps sera mauvais et la mer trop grosse, la cloche sera provisoirement maintenue en position par des colonnes à vis.

Toutes les parties du tube seront construites, achevées et provisoirement assemblées sur le rivage avant d'être envoyées à l'extrémité pour y être mises en place. En y arrivant, elles seront descendues sur des rails, d'où les segments seront pris, placés et définitivement fixés par des machines hydrauliques spéciales, dont le plan détaillé a été fait, et sans qu'il soit nécessaire d'avoir recours à un travail manuel quelconque. Les différentes parties du tube ayant déjà été assemblées à terre, il ne peut y avoir ni retard ni difficulté à exécuter de nouveau cette opération à l'aide de machines hydrauliques puissantes ; par conséquent, la construction du tube à l'intérieur de la cloche devra marcher rapidement. Des conduites et des machines spéciales amèneront l'air nécessaire aux ouvriers et l'eau pour les machines hydrauliques jusqu'à l'extrémité où l'on travaille. Le rôle des ouvriers sera surtout de diriger les machines, d'ouvrir et de fermer certaines soupapes, de poser les boulons, de fermer hermétiquement tous les joints, etc., tous les gros travaux étant faits par des machines spéciales. Les anneaux du tube une fois construits, l'espace entre les rebords intérieurs sera garni de briques, et par-dessus ces briques il y aura une couche de ciment recouverte d'une plaque de fer forgé : cette plaque formera la surface intérieure du tube achevé. Cependant tous les joints plombés resteront visibles, et si une goutte d'eau passait à un point quelconque à l'intérieur du tube, on s'en apercevra, et l'on pourra calfater de nouveau le joint, de manière à ne pas laisser passer même une goutte. Le tube une fois achevé sera parfaitement étanche d'un rivage à l'autre.

L'action de l'eau de mer sur la fonte a aussi été soigneusement étudiée : au point de vue de la pratique, elle est nulle, même après un assez grand nombre d'années. Les canons en fonte du vaisseau le *Royal George*, après être restés cinquante-deux ans au fond de la Manche, ont été retirés de l'eau de 1834, sans avoir souffert ; leur apparence était presque la même que celle des pièces dans la condition ordinaire. On peut voir quelques-uns de ces canons à la Tour de Londres : la surface intérieure elle-même est en parfait état. Ni les ancres, ni les vaisseaux qui sombreraient ne pourraient endommager le tube, car sa force serait bien supérieure à celle des corps qui viendraient le heurter.

Une question également importante est celle de savoir comment un tube ou tunnel de ce genre, une fois achevé, pourrait être traversé par un train allant d'Angleterre en France. On verra bientôt qu'il serait impossible de se servir de locomotives dans un tunnel aussi long, parce que les gaz provenant du foyer de la machine vicieraient l'atmosphère au point de la rendre irrespirable, la ventilation d'un si long tunnel étant déjà par elle-même une opération assez difficile.

Pour justifier des travaux aussi extraordinaires, la voie proposée doit pouvoir suffire à deux trains au moins par jour, un dans chaque sens. Une locomotive remorquant un train pesant doit brûler à peu près une demi-tonne de coke dans le passage du tunnel, de sorte qu'il y aurait environ une tonne de coke par heure brûlée dans le tube ; et, même en admettant une combustion aussi complète que possible, il se dégagera ainsi plus de 3 tonnes d'acide carbonique. Pour neutraliser les effets délétères de ce gaz, il faudrait qu'il fût étendu d'au moins 500 tonnes d'air pur. On introduirait donc cette quantité d'air par un moyen quelconque, et pour cela il faudrait entretenir dans le tube un courant constant, avec une vitesse d'environ vingt milles (32 kilomètres) par heure, ce qui exigerait entre les deux extrémités du tube une différence de pression égale à trois pouces un tiers de mercure (83 millimètres). Des machines pneumatiques seraient indispensables pour obtenir un tel résultat ; et, vu l'énorme volume d'air à déplacer, il faudrait leur donner de très-grandes dimensions. On peut cependant obvier à cette difficulté en donnant aux machines pneumatiques la forme de gazomètres, dans lesquels un cylindre creux, montant et descendant à l'aide d'une machine, déplacerait facilement un volume d'air pour ainsi dire illimité sur la pression requise. Un excès de pression d'un pouce de mercure (25 millimètres) de plus, s'exerçant sur un disque de surface égale à la section du tube, et attaché au train, donnerait une force de traction plus grande que celle de la plus puissante locomotive. On pourrait donc faire parcourir le tube par des trains au moyen de la pression atmosphérique seule, et sans locomotives, ce qui écarterait une fois pour toutes les inconvénients et le danger que présente la combustion.

On sait que pendant bien des années la pression atmosphérique a été employée comme moyen de propulsion sur les chemins de fer ; j'ai moi-même voyagé par ce moyen avec une vitesse de soixante milles (plus de 96 kilomètres) à l'heure. Cependant on a renoncé à l'ancienne méthode de propulsion atmosphérique, à cause de la difficulté matérielle qu'il y avait à rattacher le train au piston du tube atmosphérique, placé sous le train, et qui avait à peine quinze pouces (375 millimètres) de diamètre, et aussi à cause de l'énorme pression qui était indispensable. Dans le cas qui nous occupe, toutes ces difficultés disparaissent, parce que le train doit se mouvoir *à l'intérieur* du tube, avec un piston de treize pieds (4 mètres) de diamètre, et n'exige qu'une faible pression par pouce carré (625 millimètres carrés). Avec une vitesse de vingt milles (32 kilomètres) à l'heure, et pour le transport de 12 000 tonnes par jour, — 6000 dans chaque sens, — il faudrait entre les deux extrémités du tube une différence de quatre pouces et demi de mercure (112 millimètres), ce qui équivaut à peu près à deux livres par pouce carré (145 grammes par centimètre carré). Pour transporter le même poids avec une vitesse de trente milles (48 kilomètres) à l'heure, il faudrait une différence de pression de huit pouces un quart de mercure (206 millimètres), ou environ quatre livres par pouce carré (290 grammes par centimètre carré). On a trouvé par le calcul que la manière la plus prompte et la plus économique d'obtenir ces différences de pression serait moitié par compression et moitié par dilatation, c'est-à-dire en comprimant l'air dans le tube derrière le train, tandis qu'on le retire en avant. Les voyageurs ne s'apercevraient d'aucune différence dans la pression atmosphérique, pendant le parcours du tube. A une extrémité du tunnel, la pression atmosphérique serait égale à celle qui existe dans une mine profonde ; à l'autre extrémité, l'air serait raréfié comme au sommet d'une haute montagne, le Snowdon par exemple, ou le Ben-Lomond. Pour transporter chaque jour le poids que nous avons indiqué plus haut, avec une vitesse de vingt milles à l'heure, il faudrait environ 2300 chevaux-vapeur ; avec une vitesse de trente milles, il en faudrait 6300. Cette force se partagerait également entre les machines à vapeur établies sur les côtes des deux pays.

Avec le système de propulsion atmosphérique, il ne saurait plus y avoir d'accidents graves : les collisions deviennent impossibles, et l'air de la mer qui accompagne chaque train assure une ventilation parfaite. La position des trains dans le tube peut toujours être indiquée sur le rivage par des télégraphes automatiques ; de plus, chaque train peut, sans ralentir sa marche, envoyer des télégrammes à l'une ou à l'autre extrémité, de sorte que les voyageurs seront toujours en communication immédiate avec le rivage. Si un train se trouve arrêté dans l'intérieur du tube par une cause quelconque, on le saura immédiatement à terre ; et, en cas de besoin, on pourra envoyer à son secours un train ordinaire avec une locomotive. Ce qui empêche de se servir de locomotives pour l'exploitation de la ligne, c'est, nous l'avons dit, que leur passage vicierait peu à peu l'atmosphère ; mais se servir d'une locomotive une fois en passant ne présenterait aucun inconvénient pour les voyageurs, puisque les machines pneumatiques devraient épuiser tout l'air impur pour permettre le passage d'un autre train.

En suivant le plan que nous proposons, le chemin de fer à travers la Manche pourrait être achevé en moins de cinq ans ; il coûterait 8 millions de livres sterling (environ 200 millions de francs), y compris l'intérêt du capital pendant le temps des travaux, et 1 million de livres sterling (25 millions de francs) pour dépenses imprévues.

Ce chemin serait, nous le pensons, une excellente affaire commerciale. En effet, pour assurer le succès d'une entreprise, trois conditions sont indispensables : 1° que ce soit une amélioration sur ce qui existe ; 2° que le public en ait reconnu le besoin ; 3° qu'elle soit entre les mains d'hommes capables, et dépende d'eux entièrement. Or, si ce projet a un mérite, c'est qu'aucune de ses parties ne dépend des probabilités ; il dépend, d'un bout à l'autre, de ceux qui l'exécutent, tout comme les opérations mécaniques ordinaires. L'estimation des frais a pu se faire avec assez de certitude, et c'est là un avantage que présentent bien peu de projets. En effet, ce qu'il faut surtout, c'est de la fonte et des machines sur le rivage ; le seul point du devis qui présente quelque incertitude, ce sont les frais d'assemblage des pièces du tube sous l'eau. Il paraît certain que le fond du détroit est un terrain ferme et solide, comme l'indiquent les cartes de l'Amirauté ; nous avons demandé à ce conseil un examen plus minutieux et plus détaillé d'une partie de la Manche, et nous avons tout lieu d'espérer une réponse favorable à notre demande.

J. F. BATEMAN.

— Traduit de l'anglais par BATTIER. —

Le propriétaire-gérant : GERMER BAILLIÈRE.

PARIS. — IMPRIMERIE DE E. MARTINET, RUE MIGNON, 2.

REVUE

DES

COURS SCIENTIFIQUES

DE LA FRANCE ET DE L'ÉTRANGER

SEPTIÈME ANNÉE	NUMÉROS 51 ET 52	19 ET 26 NOVEMBRE 1870

Paris, 17 juin 1871.

Le 12 août dernier, au moment où les premiers désastres de l'armée du Rhin faisaient pressentir le siége de Paris par les Allemands, nous annoncions que la *Revue* pourrait se trouver subitement dans l'impossibilité de paraître, et que, dans cette éventualité, nous rendrions à nos lecteurs, aussitôt après le rétablissement des communications postales, les numéros dont ils auraient été privés.

Mais la longueur du siége de Paris a dépassé toutes les prévisions. Sans attendre la fin de l'investissement, nous avons fait paraître un certain nombre de numéros, contenant surtout les principales recherches scientifiques provoquées par les circonstances. Ces numéros — envoyés depuis aux abonnés des départements — portent à l'intérieur la date à laquelle ils auraient dû paraître, et sur la couverture la date de leur publication réelle.

Après le ravitaillement de Paris et le rétablissement du service postal, nous comptions terminer rapidement notre septième volume; les deux derniers numéros étaient presque entièrement tirés lorsque la fatale révolution du 18 mars vint de nouveau tout arrêter. Ils paraissent aujourd'hui, sans contenir la *Table analytique* que possèdent les autres volumes : notre collaborateur, M. Guillard, qui s'était chargé de cette lourde tâche, a été tué le 19 janvier à Buzenval. Elle a été remplacée par une table méthodique des sept années parues.

Nous commencerons le 1er du mois prochain, notre huitième année, qui ouvrira la deuxième série de notre publication. La *Revue des cours scientifiques* ne se restreindra plus à l'enseignement proprement dit; à partir du prochain numéro elle s'intitulera REVUE SCIENTIFIQUE, et moyennant une légère augmentation de prix, elle étendra son cadre de moitié: chaque livraison contiendra désormais 48 colonnes au lieu de 32.

Dans le numéro du 1er juillet, nous expliquerons les motifs de cette transformation nécessaire et les améliorations qu'elle comporte.

Nouveaux prix d'abonnements :

A LA REVUE SCIENTIFIQUE.

Paris...........	Six mois.	12 fr.	Un an.	20 fr.
Départements....	—	15	—	25
Étranger.......	—	18	—	30

AVEC LA REVUE POLITIQUE ET LITTÉRAIRE.

Paris...........	Six mois.	20 fr.	Un an.	36 fr.
Départements....	—	25	—	42
Étranger.......	—	30	—	50

VII.

ACADÉMIE DES SCIENCES DE PARIS

M. H. SAINTE-CLAIRE DEVILLE

de l'Institut

L'organisation scientifique de la France

La science a joué un grand et terrible rôle dans les défaites que nous venons de subir. Les découvertes d'Ampère, les travaux de nos mécaniciens militaires ont été cruellement utilisés contre nous. Enfin, l'organisation libérale des universités allemandes a été mise au service de passions haineuses dirigées contre notre pays. Aussi dit-on de tout côté, et avec raison, que c'est par la science que nous avons été vaincus. La cause en est dans le régime qui nous écrase depuis quatre-vingts ans, régime qui subordonne les hommes de la science aux hommes de la politique et de l'administration, régime qui fait traiter les affaires de la science, leur propagation, leur enseignement et leur application, par des corps ou des bureaux où manque la compétence, et par suite l'amour du progrès.

Aujourd'hui, messieurs, il est temps d'agiter publiquement les grandes questions. La réserve modeste pratiquée trop souvent par un trop grand nombre de membres de cette Académie serait une faute grave en ce moment, une faute sans excuse.

Dans des temps calmes, beaucoup d'entre nous avaient pu se ménager dans leurs cabinets ou leurs laboratoires cette vie studieuse rendue si douce et si facile par l'éloignement des hommes et de leurs débats intéressés. Il est de notre devoir aujourd'hui d'intervenir tous activement et directement dans les affaires du pays, et de contribuer de toutes nos forces à une régénération par le savoir, dont la France exprime partout la nécessité.

Dans les temps difficiles, le pays a trouvé, chez les membres de cette Académie et dans l'Académie tout entière, le dévouement absolu sur lequel il avait le droit de compter. Nos séances, si bien remplies pendant la durée du siége, en seront un témoignage mémorable. Ces services mêmes, l'autorité morale que nous devons à notre origine, qui est l'élection de chaque membre par ses pairs, tout, messieurs, nous oblige de contribuer à cette régénération du pays par l'initiative de chacun, par l'action de la compagnie tout entière.

J'ai donc l'honneur de proposer à l'Académie d'admettre à l'ordre du jour de ses séances les grandes questions du développement et de l'enseignement de la science en France, et toutes les questions d'intérêt général qui concernent la science et les savants.

Par exemple, la France possède de grands et glorieux corps scientifiques dont quelques membres ont constamment siégé dans cette Académie. Quels services nous rendrions si nous pouvions faire dépouiller ces grands corps de l'enveloppe politique, administrative ou fiscale qu les étouffe, qui met en péril le recrutement de la science parmi eux et dans les écoles célèbres qui leur servent de pépinières.

Je le répète, je demande à mes confrères d'élargir le cercle de ses communications et de ses délibérations, et d'y faire entrer toutes les questions d'intérêt scientifique, de quelque ordre et de quelque nature qu'elles soient, de quelque part qu'elles viennent.

Des commissions choisies dans nos sections et quelquefois dans les autres classes de l'Institut, devraient préparer, résumer et rédiger au besoin comme des vœux ou des décisions académiques les délibérations de la compagnie.

Sous cette forme nouvelle qui exclut toute intervention dans les affaires du gouvernement (car les affaires d'instruction publique ne sauraient plus être politiques), nous ferons arriver les conseils de l'expérience et du savoir, et, j'espère, toutes les vérités utiles à la connaissance directe du pays tout entier.   (Henri Sainte-Claire Deville.)

M. BOULEY

J'ai écouté avec le plus vif intérêt la communication que M. H. Sainte-Claire Deville vient de faire à l'Académie, et je ne puis, pour ma part, que lui donner une complète approbation. Il y a beaucoup à faire, en France, pour l'amélioration de toutes les branches de l'enseignement scientifique et professionnel. Dans les choses qui sont de ma compétence, j'aurai à signaler des réformes principales qu'il me paraît urgent de réaliser. Les écoles vétérinaires, pour ne parler ici que de ce que je connais bien, ne sont pas tout ce qu'elles devraient être; l'enseignement n'y a pas pris tout le développement qu'il comporte, en raison de ce que, par une force actuelle des choses, qu'il sera facile de surmonter quand on le voudra, les ressources que l'État destine à cet enseignement se trouvent absorbées par l'administration matérielle des écoles, au grand dommage des chaires, des laboratoires et des amphithéâtres. Cet état de choses est mauvais et ne doit pas durer. On peut faire mieux, et beaucoup mieux, avec moins de sacrifices de la part de l'État. Si l'Académie accepte la proposition que lui fait M. H. Sainte-Claire Deville, je lui demanderai la permission de lui exposer le plan de réformes auquel je fais allusion en ce moment.   (Bouley.)

M. LE GÉNÉRAL MORIN

Il adhère d'autant plus volontiers au principe général du développement à donner en France à l'enseignement scientifique, énoncé dans la proposition de M. H. Sainte-Claire Deville, que depuis vingt années il n'a cessé de réclamer ce développement au point de vue des besoins et des progrès des arts industriels, et d'insister en même temps sur l'influence politique et morale qu'il peut avoir sur nos populations.

Dès 1851, il avait signalé les progrès relativement considérables faits sous ce rapport par l'Allemagne et les conséquences qu'ils pouvaient avoir. Plus tard, en 1864, ayant eu la mission d'étudier l'organisation de l'enseignement industriel dans les divers États de cette contrée, il la faisait connaître par des rapports détaillés.

Pour ne parler, en ce moment, que des études scientifiques d'un ordre élevé, il signalait alors le grand nombre d'instituts imités de notre grande École polytechnique et de l'École centrale, dans lesquels on donne un enseignement à la fois théorique et d'application, et dont les élèves sont partagés en divisions spéciales pour former des ingénieurs des ponts et chaussées, des ingénieurs civils pour les chemins de fer, des architectes et des constructeurs de bâtiments, des mécaniciens, des chimistes industriels, des agriculteurs, des ingénieurs des mines, des ingénieurs forestiers et des professeurs de sciences appliquées.

Cet enseignement scientifique, dont les programmes généraux ont de l'analogie avec ceux de l'École polytechnique, quoiqu'ils soient d'un ordre moins élevé, n'est réparti à chaque division que dans la proportion qui lui est nécessaire, avec un caractère de méthode très-remarquable, et n'est donné avec tous ses développements qu'aux jeunes gens qui se destinent à l'enseignement.

L'Allemagne ne compte pas moins de 10 à 12 instituts polytechniques complets, recevant et instruisant chacun 300, 400 et jusqu'à 600 élèves, et qui développent les connaissances scientifiques dans une population d'environ 55 000 000 d'habitants; ce qui correspond à plus d'un institut pour 5 000 000 d'habitants, tandis qu'en France nous n'en avons que deux, l'École polytechnique avec ses écoles d'application annexes, et l'École centrale, pour 37 000 000, soit un pour 18 500 000 habitants.

En présence d'un pareil développement de l'enseignement scientifique, créé en dehors des universités et en vue des besoins des services publics et de l'industrie, qui instruit et forme un si grand nombre de professeurs et d'élèves, peut-on s'étonner de la concurrence redoutable que nous fait aujourd'hui l'Allemagne sous tant de rapports?

Aussi, dès 1864, le général Morin n'hésitait-il pas à dire que cette concurrence lui semblait beaucoup plus dangereuse pour notre industrie que celle de l'Angleterre, où, malgré d'énormes dépenses, l'enseignement n'a pas encore été organisé avec autant de méthode.

En se ralliant, comme il l'a dit, au vœu exprimé par M. H. Sainte-Claire Deville, le général Morin croit devoir cependant faire remarquer qu'il ne faudrait pas se borner à envisager la question au seul point de vue de l'enseignement des sciences à leur degré supérieur. Il rappelle à ce sujet ce qu'il avait eu, il y a plusieurs années déjà, l'honneur de dire devant l'Académie des sciences morales et politiques.

L'organisation de l'instruction publique présente aujourd'hui en France, avec la constitution politique du pays, ce singulier contraste que, tandis que celle-ci confère à l'universalité des citoyens un droit égal pour les élections à tous les degrés, l'État, qui a la haute direction de l'instruction nationale, ne s'est préoccupé jusqu'ici, d'une part, que de l'instruction primaire, et, de l'autre, que de l'enseignement secondaire et supérieur des lettres et des sciences destiné à la portion aisée de la société.

Et cependant n'est-il pas aujourd'hui plus que jamais nécessaire de constituer un enseignement qui offre aux travailleurs de tous les rangs le moyen d'acquérir les connaissances qui leur sont indispensables pour exercer avec intelligence et succès la profession à laquelle ils se destinent, et qui, en leur donnant le moyen de s'y distinguer, fournit à de légitimes ambitions une satisfaction honorable?

C'est dans cet ordre d'idées qu'avait été préparé en 1865 un projet de loi qui, basé sur le principe de la liberté la plus complète, établissait une organisation de l'enseignement technique à ses divers degrés, sous le patronage, mais non sous la direction du ministère de l'agriculture et du commerce.

Les vues émises dans ce projet avaient fini par triompher de sourdes oppositions, et leur application a été commencée en 1870 à l'aide d'un modeste crédit de 150 000 francs ouvert à cet effet au ministère compétent.

Répandre, vulgariser les principes de la science pour les faire servir de base à tous les travaux intellectuels publics ou industriels, tel est le but à atteindre, et l'un des moyens les plus sûrs de faire reprendre en Europe, à la France, le rang qu'elle n'aurait jamais dû perdre. (Morin.)

M. CHASLES

C'est clair, et en ce qui me concerne, on me permettra de dire, par exemple, qu'il n'existe qu'une chaire de géométrie supérieure, la mienne : est-ce assez ?

Si j'étais moins vieux, je pourrais l'occuper encore longtemps ; il n'y aurait donc qu'un seul professeur de géométrie supérieure en France. En Allemagne, même en Italie, cette science est cultivée avec un succès croissant. Nous en sommes encore aujourd'hui là où nous en étions en 1813. Les fonctions elliptiques de Legendre ont trouvé de nombreux adeptes. Abel, Jacobi, ont fait avancer cette branche des mathématiques ; ici elle est délaissée. Ce que l'on appelait à l'École polytechnique « le gros Monge », en 1813, est inconnu des promotions actuelles. Notre infériorité est évidente. Nous avons bien besoin de nous relever de l'affaissement dans lequel nous sommes plongés depuis de longues années.

M. MATHIEU

La bifurcation des études a beaucoup fait sous ce rapport. Il a été nettement reconnu qu'elle avait exercé une influence déplorable sur tout l'enseignement. Les études littéraires ont baissé, les études scientifiques ont baissé : c'est un fait hors de doute en ce qui concerne l'École polytechnique. M. Duruy, par des mesures sages, a un peu enrayé le mal, mais nous ne gagnons pas de terrain, et l'on ne saurait trop se préoccuper de chercher un remède efficace à un pareil état de choses.

M. DE QUATREFAGES

Je m'associe, moi aussi, de grand cœur à la pensée qui a dicté la note de M. H. Sainte-Claire Deville. Je pourrais ajouter bien des réflexions à celles qui viennent d'être présentées, et réclamer également une plus large part dans l'enseignement pour les sciences relevant de l'histoire naturelle et de la biologie. Mais l'examen des questions soulevées par notre honorable confrère ne me semble pas pouvoir être improvisé. Ces questions sont à la fois très-multiples et très-complexes ; elles touchent à des ordres de faits de toute nature. Si l'Académie est disposée à entrer dans la voie qui vient d'être indiquée, et les paroles qui se sont fait entendre autorisent à penser qu'il en est ainsi, il me paraîtrait désirable qu'elle examinât d'abord comment elle entend procéder, et dans quelle mesure elle veut accepter surtout la seconde partie des résolutions proposées par M. H. Sainte-Claire Deville. En conséquence, j'ai l'honneur de demander qu'une discussion préalable ait lieu à ce sujet en comité secret.

(A. DE QUATREFAGES.)

M. HENRI SAINTE-CLAIRE DEVILLE.

Je fais partie de l'Université depuis longtemps, je vais avoir ma retraite ; eh bien ! je le déclare franchement, voilà en mon âme et conscience ce que je pense : l'Université telle qu'elle est organisée nous conduirait à l'ignorance absolue ; le professeur n'est rien, l'administration est tout. Je ne connais aucun tribunal supérieur à l'Académie des sciences pour juger en pareille matière ; c'est pourquoi je voudrais qu'elle employât toute son autorité à faire sortir de ses gonds la porte rouillée qui s'est fermée sur notre enseignement depuis 92.

Il faut une réforme radicale, il faut que l'Académie se préoccupe de l'enseignement ; il s'agit de l'avenir de notre pays. Depuis quatre-vingts ans, pour parler instruction publique, il faut être ministre, député ou chef de bureau. Eh bien ! il faut que l'Académie fasse cesser ces errements et qu'elle se dise nettement : « Voilà la vraie voie à suivre ; voici comment on a réussi en Allemagne, en Angleterre. Secouons le joug et sachons prendre aux autres ce qui fait leur force et leur supériorité. » C'est avec conviction et foi dans l'avenir que je pose la question devant l'Académie.

M. DUMAS

La question soulevée par notre éminent confrère M. H. Sainte-Claire Deville était naguère l'objet de l'examen le plus attentif de la part de la Commission chargée de préparer l'organisation de la liberté de l'enseignement supérieur, sous la présidence de M. Guizot, le ministre illustre de l'instruction publique, qui a doté la France de la liberté de l'enseignement primaire.

Il avait été reconnu, par la majorité des membres de la Commission, que le système adopté depuis soixante ans dans notre pays pour la discipline de l'enseignement supérieur constituait une cause permanente de décadence et d'affaiblissement, à laquelle il convenait de porter enfin un remède prompt et énergique.

Si les causes de ce marasme semblent complexes et multiples, elles se réduisent, en principe, à une seule : la centralisation administrative, qui, appliquée à l'Université, a énervé l'enseignement supérieur.

Il n'est pas bon que tous les établissements d'instruction supérieure soient soumis au même régime, aux mêmes programmes ; il n'est pas bon que leurs finances soient confondues et qu'ils aient tous à demander à un centre commun le mouvement intellectuel et les ressources matérielles. Ce système ne pouvait conduire qu'à l'indifférence de la part des villes, à l'apathie et au délaissement de la part de leurs municipalités.

En Suisse, en Suède, en Allemagne, en Angleterre, aux États-Unis, des universités nombreuses, diverses dans leur origine et dans leurs tendances, ayant chacune leur budget et le gérant au mieux de l'intérêt de leurs élèves, prospèrent au contraire sous des conditions de vie propre, d'autonomie, et offrent à l'observateur un spectacle plein d'intérêt.

En France, cependant, ce libre régime aurait pu être mis en pratique, et il m'est bien permis de signaler un exemple incontestable qui a démontré que rien ne s'y opposait, soit dans nos mœurs, soit dans notre organisation budgétaire. L'École centrale des arts et manufactures est née, a vécu et grandi sans le concours financier de l'État et sans lien avec aucune de ses écoles. Grâce à cette indépendance, à cette autonomie que, d'accord avec mes collègues, je me suis toujours appliqué à lui conserver, soit comme l'un de ses fondateurs, soit comme président de son conseil, l'École centrale a pris et gardé sa place parmi les établissements scientifiques les plus importants et les plus efficaces du monde.

J'aurais pu rappeler d'abord qu'avant notre première Révolution, les universités françaises étaient indépendantes, comme le sont aujourd'hui celles des autres pays. Mais elles avaient alors leur fortune indépendante aussi, et j'ai appelé de préférence l'attention sur l'exemple de l'École centrale, parce qu'il est récent, qu'il s'est produit sous l'empire de notre régime financier moderne, et que ses fondateurs ont voulu prouver qu'on pouvait se passer du concours de l'État et se contenter de son contrôle.

Comment une ville qui possède une université recevant de Paris ses administrateurs, ses professeurs, son budget, ses programmes et les diplômes de ses élèves, pourrait-elle s'intéresser activement à sa prospérité ? N'est-il pas évident qu'elle mesurera toujours sa part de coopération et d'initiative à sa responsabilité ? L'autorité municipale, les notables du pays regardent en France les établissements d'instruction supérieure comme la chose de l'État ; dans les autres pays, c'est la chose de la ville. Nous pourrions rappeler, M. H. Sainte-Claire Deville et moi, qui, l'un et l'autre, la connaissons bien, l'université de Bâle, qui est à nos portes, et où maîtres, élèves, habitants, unis dans un même intérêt comme une seule famille, suivent avec la même passion les progrès de l'ancienne et célèbre institution dont la cité s'honore. Genève, si près de nous, n'est-elle pas dans le même cas ?

Rendons à nos universités, sous la surveillance de l'État, et au besoin avec ses subventions, cette indépendance dont elles jouissaient avant notre première Révolution. Les grands hommes que cette époque a vus surgir sont autant de glorieux témoins qui attestent, devant l'histoire, la force des études et la vigueur de la discipline de ce libre enseignement de nos pères.

L'Université, centralisée au point de vue administratif et budgétaire, s'est rapidement altérée dans sa constitution (1) et s'est heurtée à mille obstacles. A Paris même, entre la municipalité et l'université, l'entente n'était pas facile, et c'est en vue de l'établir sur des bases durables, qu'en ma qualité de vice-président du Conseil de l'instruction publique, ma présence avait été jugée nécessaire au Conseil municipal ; en comparant, par exemple et entre autres, l'état actuel de nos lycées à leur état ancien, il me serait même permis de dire qu'elle n'y a pas été sans profit pour le bien-être de la jeunesse.

Mais, pour replacer la France à son rang, il ne suffira pas de rendre aux établissements d'enseignement supérieur leur liberté et leur autonomie ; il faut aussi développer l'enseignement usuel des sciences, qui seul est capable d'assurer le

progrès de notre agriculture, de nos arts et de nos forces militaires. Il y a quarante ans, j'espérais que les collèges, reprenant la tradition, vivante encore, des écoles centrales, élèveraient, à côté des lycées plus spécialement réservés aux études classiques, un enseignement consacré à l'étude du français, des langues vivantes, de l'histoire, de la géographie et des sciences. C'est dans cette confiance que je disais alors, à la première page d'un ouvrage de chimie : « J'ai fait un » traité appliqué aux arts ; mais je l'ai écrit en me fondant » sur la science pure, car c'est elle qui la domine et qui » les éclaire. »

J'ajoutais : « Les détails scientifiques qui effarouchent les » fabricants d'un certain âge ne seront qu'un jeu pour leurs » enfants, quand ils auront appris dans leurs collèges un peu » plus de mathématiques et un peu moins de latin, un peu » plus de physique ou de chimie et un peu moins de grec. »

La même pensée présidait alors à la fondation de l'École centrale des arts et manufactures, et, vingt ans après, elle présidait encore aux études de la Faculté des sciences de Paris sur ces graves questions. Pourquoi l'Université a-t-elle résisté à cette impulsion ? Pourquoi, après avoir détruit les écoles centrales de l'instruction secondaire, en a-t-elle entravé le retour, au lieu de le favoriser ?

Je ne veux pas m'expliquer en ce moment sur ces objets ; mais je me dois à moi-même, et peut-être au pays, de le faire bientôt. Je me borne à établir comme un point de fait incontestable que cette éducation secondaire usuelle de la langue nationale, des langues vivantes, de l'histoire, de la géographie et des sciences, se terminant vers seize ans, permet seule d'alimenter les comptoirs du commerce, les ateliers des arts et ceux des industries agricoles de jeunes gens préparés à y prendre une place active et sérieuse. Tant que la France restera privée d'écoles de ce genre bien installées, bien dirigées et nombreuses, elle sera obligée d'emprunter : à la Suisse, ce qui est un avantage ; à l'Allemagne, ce qui est un péril, la plupart des agents qu'elle emploie à surveiller ses affaires commerciales.

Je réclame donc, de nouveau, une large place pour l'enseignement scientifique usuel. Répondant aux vœux de notre éminent confrère, je plaide, en outre, en faveur de l'autonomie et de la liberté de nos universités. Mais je redouterais plus qu'il ne le fait lui-même, pour notre Compagnie, une prépondérance qui réaliserait, sous une autre forme, la centralisation de l'enseignement supérieur que je ne voudrais voir se perpétuer à aucun titre.

L'Académie des sciences doit demeurer le noble foyer de ce culte de la science pure, que je place au-dessus de tout et auquel j'ai consacré le meilleur de ma vie. Nous devons rester les vigilants gardiens de la méthode scientifique, œuvre de nos illustres prédécesseurs, qui a fait leur honneur et qui a valu à la France, en rayonnant sur le monde entier, de si grands et de si impérissables titres de gloire. Si cette méthode mène à tous les progrès dans les arts de la paix, n'oublions jamais cependant qu'elle rendrait maître de la terre et des mers un peuple sans scrupules, auquel on en laisserait le monopole dans les arts et dans la conduite de la guerre, et ne négligeons rien pour en répandre autour de nous l'intelligence et la pratique.   (DUMAS.)

---

(1) La création des écoles centrales représentait les traditions de l'Académie des sciences. L'Université du premier empire, avec son grand maître et ses lycées, s'en éloignait déjà sans doute, mais faisait pourtant leur part à l'étude des sciences, restait distincte de la politique et se gouvernait par elle-même. La création d'un ministère de l'instruction publique rompant l'équilibre, a réduit successivement, dans notre enseignement, le rôle des hommes d'étude et élargi la part de l'administration ; elle a rendu mobiles et instables des plans d'études dont la durée doit constituer le caractère essentiel, et elle a soumis aux variations de la politique l'existence des maîtres de la jeunesse, qui, pour produire tout ce que le pays en attend, a besoin de calme et de stabilité.

M. DE QUATREFAGES

Je n'ai nullement l'intention de dissimuler ma manière d'envisager la question qui nous est soumise. D'ailleurs, j'ai depuis longtemps publié des opinions qui, je suis heureux de le constater, s'accordent avec celles qui viennent d'être exprimées. Dans un article publié, le 15 mai 1848, dans la *Revue des deux mondes*, je demandais déjà pour l'Académie, en tout ce qui touche au personnel et à la direction de l'enseignement, une intervention active et officielle qu'elle n'a jamais eue. Je demandais aussi l'organisation en province de grands centres d'instruction en harmonie avec les besoins et les aptitudes des contrées environnantes.

Avec M. Dumas, je reconnais volontiers qu'il y aurait un très-grand avantage à intéresser les populations locales à la prospérité de ces centres, en attribuant à ceux-ci un certain caractère municipal, en les rattachant aussi intimement que possible à la ville qui les posséderait. Mais il ne faut pas se faire d'illusion à cet égard. Les ressources locales ne sauraient suffire à tous les besoins de ces *universités*. Je pourrais citer la ville de Toulouse. Là, à côté de l'enseignement donné par l'État, existe un *enseignement municipal*, organisé d'une manière remarquable et libéralement entretenu. Toutefois les traitements à donner aux *professeurs de faculté* ou d'*université*, l'installation et l'entretien des galeries et laboratoires, les frais que nécessiterait un enseignement théorique et pratique tel que nous devons le désirer, entraîneraient des dépenses incontestablement supérieures aux ressources de la ville, qui, d'ailleurs, aurait parfaitement le droit de réclamer le concours des départements voisins.

M. Dumas a cité les universités anglaises et allemandes comme devant une partie de leur prospérité à leur autonomie même et à l'esprit local. Il a rappelé l'indépendance de nos anciennes universités françaises et l'éclat jeté par quelques-unes d'entre elles. Tout cela est vrai. Mais il faut rappeler aussi que nos universités, constituant de grands centres d'instruction, étaient en même temps de riches propriétaires. Il en est de même des universités anglaises, splendidement dotées depuis des siècles par la générosité des souverains et des particuliers. Rien de semblable n'existe en France. Dès la première Révolution, l'État s'est emparé de la fortune de nos grands établissements d'instruction publique. Il s'engageait, par cela même, à entretenir à ses frais au moins l'équivalent de ce qu'il détruisait. On ne sait que trop combien peu cet engagement a été tenu, et ceux-là le savent surtout qui ont vécu comme moi dans les facultés de province.

Pour reconstituer des centres sérieux d'instruction, pour amener cette diffusion de la science, qui est un des plus pressants besoins de l'époque, la France aura de grands sacrifices pécuniaires à faire. La proposition de M. H. Sainte-Claire Deville peut, *doit inévitablement* nous conduire à des questions de finances, peut-être aussi nous conduire jusque sur le terrain de l'organisation sociale. Je me borne à indiquer ce fait, pour faire mieux comprendre la pensée qui m'a fait demander une discussion préalable et en comité secret. J'insiste pour que ma demande soit mise aux voix. (A. DE QUATREFAGES.)

M. BERTRAND

Tout à l'heure M. Chasles se plaignait de ce qu'on avait délaissé certains programmes de l'École polytechnique. Mais qu'il me soit permis de dire, à mon tour, ce que

savent très-bien ceux qui, comme moi, ont fait partie des commissions d'enseignement, jusqu'à quel point la manie du programme nous a été préjudiciable. Certainement les derniers programmes adoptés n'étaient pas plus mauvais que d'autres. La réforme de 1849 n'est pas plus condamnable que toute autre ; le vrai mal consiste en ce que le programme est impérieux. On s'y soumet strictement. Laissez donc de la souplesse dans le mode d'enseignement, et que chacun, maître comme élève, ait le droit, dans certaines limites, bien entendu, d'adopter de préférence ce qui va à sa nature et à sa disposition d'esprit. Il faut que l'enseignement soit libre, et que le même cours ait une physionomie bien distincte, même dans la même école, suivant le tempérament du professeur.

M. HERMITE

Il faut bien que je dise, de mon côté, qu'à la Faculté de Paris il n'y a certes pas eu abondance de programmes ; le mal est tout différent. Nous en sommes ici encore au temps du premier empire. Le programme du cours d'analyse est celui de Lacroix. Cauchy a beaucoup perfectionné l'enseignement, mais il est entièrement sorti du programme. Il faut absolument se débarrasser de ce joug qui nous étreint et étouffe la science française.

M. HENRI SAINTE-CLAIRE DEVILLE

C'est pourquoi, et pour résumer le débat, je demande que l'Académie examine en comité secret la proposition que j'ai l'honneur de lui faire et que je lui présente en ces termes : « Veut-elle ouvrir le secret de ses communications, et y faire entrer toutes les questions d'enseignement scientifique, de quelque ordre qu'elles soient et de quelque part qu'elles viennent ? »

La question ainsi posée est grave et entraînera d'importantes conséquences, je ne le dissimule pas à l'Académie ; aussi je compte profiter très-prochainement de son autorisation, si elle l'accorde, pour entrer dans le vif du sujet.

M. LE GÉNÉRAL MORIN

Je me joins aussi à M. de Quatrefages pour insister sur l'examen attentif de la proposition de M. Deville, car elle est complexe : après l'enseignement supérieur, il y aura aussi lieu de s'occuper de l'enseignement secondaire et de l'instruction de la classe moyenne.

M. COMBES

Il me semble que tous les membres de l'Académie peuvent traiter ici les questions de leur compétence ; il n'y a donc pas lieu à autorisation spéciale. Il faut seulement prévoir le cas où des lecteurs étrangers se feraient inscrire ; peut-être y a-t-il là matière à infraction au règlement. Nous ne pouvons, en effet, toucher aux matières politiques, et il ne faut pas que la confusion puisse s'établir.

INSTITUTION ROYALE DE LA GRANDE-BRETAGNE

LECTURES DU VENDREDI SOIR

M. HENRY MOSELEY

De la Société royale de Londres et de l'Institut de France

Théorie de la descente des glaciers

Les glaciers ne prennent pas leur origine sur les plus hauts sommets des Alpes. Ce n'est pas là que les neiges tombent en plus grande quantité, mais sur une large ceinture située à une certaine distance au-dessous d'eux. Cette ceinture est divisée horizontalement en deux parties, par la limite des neiges, à une hauteur de 2750 à 3000 mètres. Dans la partie supérieure, les neiges sont éternelles, et il pleut rarement; dans la partie inférieure, au contraire, les neiges disparaissent chaque été et les pluies sont abondantes.

C'est de cette ceinture, vers la limite des neiges, que l'on voit émerger les glaciers. Ils s'étendent, comme des limaces gigantesques, le long des vallées inclinées, s'enflant de manière à remplir leur lit lorsqu'il s'élargit, et s'amincissant pour traverser les gorges ou les défilés étroits qu'il présente. Ils descendent rarement au-dessous d'un niveau de 1000 mètres. Entre cette limite inférieure, qui marque leur terminaison, et la ligne des neiges, haute de 2900 mètres environ, où ils commencent, ils traversent quelquefois de très-longs espaces, car leur pente est en général peu considérable.

Leur ressemblance avec un immense mollusque se conserve en ceci, qu'ils progressent avec un mouvement lent, étrange, qui rappelle assez exactement la marche d'un animal de ce genre. Concevons la queue du mollusque se renouvelant continuellement, à mesure qu'il s'éloigne de la limite des neiges, tandis que sa tête se fond et disparaît à mesure qu'il la pousse en avant au-dessous d'un niveau de 900 à 1300 mètres, et l'analogie deviendra complète. Si nous imaginons maintenant les précipices latéraux des vallées au travers desquelles descend le glacier, occupés par des glaciers semblables, mais plus petits, qui rampent de la même manière vers le premier, nous comprendrons ce qu'on appelle des glaciers tributaires ou secondaires, par opposition aux glaciers principaux. Ces glaciers secondaires ont une pente ou inclinaison beaucoup plus forte que celle des glaciers principaux, et ils vont se jeter dans ces derniers comme des rivières collatérales vont se jeter dans le grand fleuve dont elles sont tributaires. L'inclinaison d'un glacier principal est souvent de 3° seulement, et cependant il peut progresser avec une vitesse de 60 centimètres par jour; la pente d'un glacier tributaire atteint quelquefois 50', et il n'avance jamais de plus de 10 à 12 centimètres par jour (1).

Des masses de rochers de dimensions diverses, depuis des blocs gigantesques jusqu'à de simples cailloux, sont continuellement arrachées des parois des vallées et lentement transportées sur la surface du glacier jusqu'à sa limite inférieure, où, en fondant, il les dépose. Ces longs amas de rochers et de cailloux s'appellent moraines. Ces moraines se présentent le long du cours du glacier sous la forme de crêtes, qui protégent la glace placée en dessous d'elles contre les rayons solaires. Cette glace ne se fond pas comme le reste, et forme ainsi une crête de glace. Une moraine consiste donc dans une crête de pierres supportée par une crête de glace.

La descente d'un glacier ne se fait pas par un mouvement d'ensemble, de totalité, comme la chute d'un bloc de pierre. Il se produit, dans l'intérieur même de sa masse, une descente de chaque particule relativement à celles qui l'entourent. Si l'on suppose une section plane perpendiculaire, on doit se représenter les particules de glace qui traversent cette section, à un moment donné, comme se mouvant toutes avec des vitesses différentes, de manière à glisser les unes sur les autres ou à côté les unes des autres; les particules de la surface se déplacent plus rapidement que les particules profondes, et celles qui sont rapprochées du centre avancent aussi plus vite que celles qui en sont éloignées. On sait que c'est exactement de la même manière que s'exécute le mouvement des particules d'un courant d'eau.

L'existence de ce mouvement différentiel se reconnaît d'une manière frappante dans ce que l'on appelle la structure veinée des glaciers. Cette structure veinée paraît avoir été décrite pour la première fois en 1838 par M. Guyot; voici la description de ce qu'il vit sur le glacier de Gries; je l'emprunte, en la traduisant, à l'ouvrage de M. Huber :

« Je vis sous mes pieds la surface entière du glacier couverte de sillons larges de 1 à 2 pouces, creusés dans la neige glacée, et séparés les uns des autres par des crêtes de glace plus dure et plus transparente. La masse du glacier était évidemment formée de deux sortes de glace : la première, appartenant aux sillons, était blanche, opaque, et fondait rapidement ; la seconde, qui constituait les côtés, était plus parfaite, cristallisée, transparente, dure. L'inégale résistance de ces deux espèces de glace à la fusion était la cause évidente de ces dépressions et élévations. Après les avoir suivies pendant plusieurs centaines de mètres, j'arrivai à une crevasse de 20 ou 30 pieds de large, qui, coupant perpendiculairement les sillons, laissait voir admirablement, sur la section, cette structure, jusqu'à une profondeur de 30 ou 40 pieds. Aussi loin que ma vue pouvait atteindre, je voyais la masse du glacier composée de couches de glace blanche et opaque, séparées les unes des autres par des couches de glace transparente; l'ensemble formait une masse aussi régulièrement stratifiée que certaines roches calcaires. » — Voilà ce qu'on appelle la structure veinée des glaciers (1).

Le mouvement différentiel produit dans les diverses parties d'un glacier une séparation et une distribution dont les effets se manifestent de différentes manières. Les restes des guides perdus en 1820, lors de la tentative d'ascension du mont Blanc par le docteur Hamel, furent retrouvés en 1863, ensevelis dans la glace du glacier des Bossons. « Les hommes et les objets qu'ils portaient avec eux avaient été mis en pièces et largement séparés les uns des autres. Tout autour d'eux la glace était couverte en tout sens du poil de leurs sacs, éparpillé sur une surface trois ou quatre cents fois plus grande que celle des sacs eux-mêmes. Ce n'est pas là, — ajoute M. Cowell, qui a raconté ces détails dans un mémoire lu devant le *Club Alpin* en avril 1864, et auquel j'emprunte cette citation, — ce n'est

---

(1) Le mouvement du Glamberg, tributaire du glacier de l'Aar, et incliné de 30° à 50°, est, d'après les mesures de Desor, de 22 mètres par an, tandis que celui du glacier de l'Aar, incliné à 4°, est de 77 mètres.

(1) Voyez *Remarques sur le mouvement différentiel des glaciers, d'après les observations et les expériences de Forbes et de Tyndall*, par le chanoine Moseley, avec figures, dans le *Philosophical Magazine*, avril 1870.

pas là un exemple rare de la dissémination qui se produit dans un glacier ou à sa surface : j'ai vu moi-même sur le glacier de Théodule les restes du syndic de Val Tournache dispersés sur une surface de plusieurs acres. »

La force qui produit la descente des glaciers, quelle que puisse être d'ailleurs sa nature, doit être principalement employée à ce déplacement continu des particules de glace, les unes sur les autres ou les unes à côté des autres, déplacement dont la structure veinée nous apporte la preuve, et auquel s'oppose en chaque point cette force de résistance qu'on appelle force de *cisaillement*. En vertu de la propriété qu'on nomme regélation, lorsqu'une surface de glace ainsi pressée est mise en contact avec une autre surface semblable, elle se soude avec celle-ci, de manière que les deux blocs ne constituent plus qu'une seule masse continue. C'est ce qu'on peut démontrer par l'expérience. Si l'on place un cylindre de glace dans un appareil convenablement disposé à cet effet, et qu'on fasse cisailler lentement une section transversale, les nouvelles surfaces de section, mises constamment en contact l'une avec l'autre pendant l'acte du cisaillement, ne présenteront plus la plus légère apparence de séparation ; la glace y sera aussi continue que partout ailleurs, et ses molécules reprendront, dans leurs nouvelles positions vis-à-vis les unes des autres, exactement les mêmes rapports qu'elles affectaient dans leurs situations primitives. C'est ainsi qu'un déplacement lent de cisaillement, mettant sans cesse en présence et en contact de nouvelles surfaces de glace, produirait dans un glacier tous les phénomènes du mouvement qu'on y constate.

Feu le principal Forbes a calculé que, dans le glacier de l'Aar, le déplacement de frottement atteint les treize quatorzièmes du déplacement total du glacier. Le déplacement de glissement du glacier entier sur son lit est, en comparaison, sans importance, au point de vue de la dépense de force nécessaire pour le produire. Le mouvement différentiel est le *phénomène important et caractéristique* de la descente des glaciers ; c'est un fait aujourd'hui généralement reconnu. Mais quand on a voulu chercher la cause de ce mouvement, on a faibli surtout, selon moi, en rendant compte de ce phénomène, et je ne pense pas qu'une seule des théories des glaciers aujourd'hui existantes l'explique d'une manière satisfaisante.

Le physicien suisse de Saussure fut le premier qui étudia avec soin la descente des glaciers et qui publia ses observations, il y a une soixantaine d'années. Il admit que les glaciers glissent sur leurs pentes en vertu de leur propre poids, exactement comme un corps glisse sur un plan incliné. Cette explication est fort simple, et elle a été acceptée généralement, tant qu'on a cru que les glaciers glissaient en masse, comme un bloc solide, avec la même vitesse pour toutes leurs particules ; mais lorsqu'on eut découvert le mouvement intérieur de ces particules les unes sur les autres, mouvement semblable à celui des particules d'une eau courante ; lorsqu'on eut reconnu de plus que les glaciers tributaires à forte pente se déplacent plus lentement que les glaciers principaux peu inclinés, l'exactitude de cette théorie devint douteuse , car elle était en contradiction avec ces faits.

D'après M. Rendu, évêque d'Annecy, la marche d'un glacier est si parfaitement semblable à celle d'un corps fluide, qu'il est impossible de s'en rendre compte, à moins d'admettre que la glace est en réalité fluide et non pas solide, comme elle nous semble l'être. Telle fut l'origine de la célèbre théorie de la viscosité des glaciers : c'est celle qu'a adoptée et soutenue avec tant d'énergie, d'activité et d'habileté, le principal James Forbes, dont les différents travaux sur les glaciers ont épuisé le champ entier d'observations, et mis au jour la plupart des matériaux sur lesquels devra se fonder la vraie solution du problème, lorsque le moment de son apparition sera venu. Plus tard, Faraday et Tyndall découvrirent que la glace, après avoir été brisée, est susceptible de se ressouder sous l'action d'une forte pression, de manière à redevenir aussi parfaitement solide et homogène qu'auparavant ; si l'on suppose dès lors la pression, exercée par le glacier dans la direction de sa descente, suffisante pour l'écraser et le forcer à passer au travers des contractions, des gorges de son lit, il est évident qu'après avoir franchi ces irrégularités, il devra se solidifier, se reformer et constituer de nouveau une masse aussi compacte qu'en premier lieu. Tel est le principe de la théorie de la regélation.

Aujourd'hui la question a pris cette nouvelle forme : — si la glace est un fluide visqueux, comme le veut la théorie de M. Rendu, est-elle assez fluide pour descendre par son propre poids ? et, si elle est solide, suivant la théorie de M. Tyndall, est-elle assez peu solide pour descendre par son propre poids ?

Si, au lieu de glace, le glacier était constitué par de l'eau, il descendrait évidemment sous la seule action de la pesanteur. Il en serait encore de même s'il était formé d'huile, de vase molle, de mercure et probablement de résine ; mais s'il était formé de fer, de cuivre ou de laiton, il ne descendrait plus par son propre poids seulement, à moins que ces métaux ne fussent en état de fusion. Un glacier de mercure descendrait par son propre poids, parce que le mercure se cisaille aisément ; un glacier de fonte ne descendrait pas, parce que la fonte se cisaille avec difficulté. Il doit donc exister une relation entre la force de cisaillement et le poids d'un glacier sous un volume donné, pour que ce glacier puisse descendre sous la seule action de la pesanteur. On peut se proposer de déterminer mathématiquement quelle est cette relation.

C'est ce que j'ai fait, en m'appuyant sur cette loi bien connue de physique mécanique : le travail total des forces qui produisent le déplacement d'un corps ou d'un système de corps solidaires, doit être au moins égal au travail total des résistances qui s'opposent à ce déplacement. Les résistances qui s'opposent au déplacement d'un glacier sont :

1° Celle qui s'oppose au cisaillement d'une surface de glace sur une autre, déplacement qui se produit continuellement dans la masse totale, par suite du mouvement différentiel ;

2° Le frottement des couches de glace superposées les unes au-dessus des autres, plus considérable pour les couches inférieures que pour les supérieures ;

3° L'arrachement de la glace dans le fond et sur les côtés du lit du glacier.

Si le glacier descend sous l'influence seule de la pesanteur, le travail effectué par son poids, lorsqu'il se déplace d'une distance quelconque, doit être au moins égal à la somme des travaux de toutes ces résistances. Il est naturellement impossible de représenter mathématiquement cette relation pour un glacier réel, qui a un canal irrégulier, une direction et une pente variable ; mais on peut le faire pour un glacier imaginaire, qui posséderait une direction et une inclinaison constante, et un lit uniforme. J'ai fait ce calcul, et j'ai trouvé comme résultat que l'unité de cisaillement pour la glace (c'est-à-dire la force nécessaire pour faire glisser un pouce carré de glace sur un autre pouce carré) ne doit pas dépasser une livre un tiers, pour qu'un glacier puisse descendre par son poids seulement. Si l'unité de cisaillement dépasse cette limite, le glacier ne peut plus descendre sous la seule action de la pesanteur sur une pente comme celle de la Mer de glace. Or cette unité est en réalité bien supérieure; elle exige de soixante à cent vingt livres pour faire cisailler un pouce carré de glace sur un autre pouce carré. La glace de la Mer de glace ne peut donc descendre par son poids seulement; elle ne se déforme pas assez facilement. Il faudrait que la glace eût à peu près la consistance d'un mastic mou, pour descendre sous l'action seule de la pesanteur; en effet, cette substance cisaille sous une pression d'une livre et demie à trois livres par pouce carré.

Ainsi, si la glace est fluide, elle n'est pas assez fluide; si elle est solide, elle est trop solide, pour descendre par son poids seulement. Il doit y avoir pour l'aider quelque autre force, qui est au moins quarante-cinq fois et peut-être quatre-vingt-dix fois supérieure. Sans doute, le glacier imaginaire auquel seul s'appliquent les calculs ci-dessus diffère d'un glacier véritable; mais si le poids d'un glacier est insuffisant pour le faire descendre dans un lit rectiligne et uniforme, à plus forte raison le sera-t-il si le lit devient tortueux et variable. Ce résultat est directement opposé aux théories de la viscosité et de la regélation, qui attribuent, l'une et l'autre, la descente des glaciers à l'action seule de la pesanteur. Il révèle l'existence nécessaire de quelque autre force encore inconnue. Quelle est cette force?

Tous les explorateurs des Alpes, depuis de Saussure jusqu'à Forbes et Tyndall, ont été frappés de l'intensité de la radiation solaire sur la surface des glaciers. — « Je n'ai pas souvenir, dit Forbes, d'avoir trouvé nulle part le soleil plus accablant qu'au Jardin. » Cette chaleur se transforme brusquement en froid intense, lorsque le glacier tombe dans l'ombre, par suite du changement de position du soleil ou même de la simple interposition d'un nuage. Or, la Mer de glace avance plus rapidement le jour que la nuit. Son mouvement quotidien moyen est deux fois plus grand pendant les six mois d'été que pendant les six mois d'hiver. Le rapport entre la vitesse de ce mouvement et la température extérieure est extrêmement remarquable. On a observé avec soin, — et les résultats rapportés par le professeur Forbes ne laissent aucun doute à cet égard, — qu'il n'est pas un changement dans la température moyenne extérieure qui ne soit accompagné d'un changement correspondant dans le mouvement des glaces. Il s'ensuit que ce sont là deux ordres de phénomènes qui dépendent d'une même cause, ou bien l'un de l'autre. Que ces deux ordres de phénomènes, changements dans la chaleur solaire, et changements dans le mouvement des glaciers, soient dus l'un et l'autre à une même cause extérieure indépendante, cela ne paraît guère possible. Nous sommes donc forcés de conclure que l'un est la cause de l'autre; et, comme les changements dans le mouvement des glaciers ne peuvent causer de changements dans la chaleur solaire, il faut que ce soient les changements dans la chaleur solaire qui produisent les changements dans le mouvement

des glaciers. Le soleil est évidemment le *régulateur* des glaciers. Cette conclusion n'a rien d'étrange ni d'improbable. La chaleur n'est qu'une forme particulière de force mécanique. Cette force s'emmagasine d'une manière continue dans le glacier, car la glace est diathermane et se laisse pénétrer facilement par la chaleur lumineuse. C'est ce qui a été constaté par Tyndall, qui, ayant fait passer un faisceau de rayons calorifiques au travers d'un bloc de glace du lac Wenham, vit le cours de ce faisceau parsemé d'étoiles par les dilatations de la glace. J'ai moi-même fabriqué une lentille, en donnant à un bloc de glace, sur un tour, une forme sphérique. Les rayons solaires qui traversaient cette lentille en abondance, se concentraient en un foyer assez intense pour brûler la main et enflammer instantanément une allumette. On ne peut donc douter que les rayons du soleil, qui sont dans les régions alpines d'une remarquable intensité, ne pénètrent dans les profondeurs des glaciers. Ils constituent une *force*, et une force ne se perd jamais. Le *travail* mécanique qui est leur équivalent, et dans lequel ils se transforment lorsqu'ils sont reçus dans la substance d'un corps solide, s'accumule et s'amasse dans la glace sous la forme de ce que nous appelons force élastique ou tendance à la dilatation, jusqu'au moment où il devient suffisant pour produire une dilatation effective de la glace, dans la direction où la résistance est la plus faible; inversement, lorsqu'il disparaît, il doit se produire une contraction. On peut calculer la quantité de chaleur, pénétrant la surface d'un glacier, qui est nécessaire à ce résultat. En supposant la profondeur de la glace égale à celle du Tacul, son mouvement à différentes profondeurs semblable à celui que Tyndall a constaté dans cette localité, et son mouvement à la surface semblable à celui qu'il a mesuré plus bas sur la Mer de glace, aux Ponts, en supposant de plus la résistance d'adhérence de la glace égale à soixante-quinze livres par pouce carré; le travail mécanique qui, en agissant dans l'intérieur de la masse, est nécessaire pour donner au glacier le mouvement qu'il possède effectivement, est de $61\frac{1}{2}$ unités de travail par pouce carré de la surface du glacier et par jour (1). Or, cette quantité de travail serait fournie par 0,0635 unités de chaleur, pénétrant dans la glace par chaque pouce carré de surface et se diffusant dans son intérieur, chaque unité de chaleur étant la chaleur nécessaire pour élever une livre d'eau de 1 degré F. Un glacier reçoit probablement une quantité de chaleur beaucoup plus grande dans des journées semblables à celles où l'on a observé les mouvements qui servent de base à ces calculs.

Mais comment cette force mécanique, qui s'emmagasine ainsi continuellement dans un glacier lorsque le soleil brille au-dessus de lui, peut-elle forcer ce glacier à descendre?

La descente d'une feuille de plomb placée sur la surface inclinée d'un toit, quelque faible que soit l'inclinaison, en particulier pendant l'été, est un fait connu depuis longtemps; je l'ai moi-même observé pour la première fois sur le côté sud du toit du chœur de la cathédrale de Bristol, en 1855. Je l'ai vérifiée par l'expérience suivante : Je fixai une planche de sapin longue de 9 pieds et large de 5 pouces contre la muraille méridionale de ma maison, et je plaçai sur cette planche une feuille de plomb dont je repliai les bords sur les bords de la planche, en prenant soin que la feuille ne fût pas

---

(1) *Proceedings of the Royal Society*, janvier 1869, p. 207.

serrée contre la planche, mais restât libre de se mouvoir sans autre obstacle que celui qui résultait du frottement. L'inclinaison de la planche était de 18° 32′, l'épaisseur du plomb de un huitième de pouce, sa longueur de neuf pieds, et son poids de vingt-huit livres. L'extrémité inférieure de la planche était placée en face d'une fenêtre, et un vernier, dont on pouvait lire les indications de l'intérieur, permettait de mesurer à un centième de pouce près la position du plomb sur la planche. Je commençai à observer la descente du plomb le 16 février 1858, et je notai sa position chaque matin entre sept et huit heures, et chaque soir entre six et sept heures jusqu'au 28 juin. J'ai conservé toutes ces observations. Pendant la nuit, entre le coucher et le lever du soleil, la feuille de plomb descendait à peine d'une manière sensible. C'était dans les jours où la hauteur du thermomètre placé au soleil variait rapidement et beaucoup, dans les journées claires avec des vents froids par exemple, ou lorsque des nuages passaient devant le soleil, que la descente était le plus considérable. Ceci était tellement vrai, que tout nuage qui obscurcissait un moment le soleil, tout souffle de vent semblaient faire faire un pas à la feuille de plomb. Ces jours-là, elle descendait de un quart à un demi pouce. Au contraire, lorsque le ciel était découvert et clair, lorsque la chaleur croissait et diminuait avec régularité, la descente était moindre, bien que la différence des températures *maxima* et *minima* du jour et de la nuit pût être plus grande. Enfin, le mouvement était *minimum* dans les jours de pluie continue. Le soleil était la cause évidente de la descente de la feuille de plomb ; il était le *régulateur* du plomb, comme il est le régulateur des glaciers. La pénétration et la sortie de la chaleur rayonnante du soleil produisaient dans le plomb une dilatation et une contraction qui le forçaient à descendre. Par quel mécanisme? C'est ce qui peut facilement s'expliquer.

Supposons (fig. 177) que AB représente une lame élémentaire du solide, et concevons-la divisée en un nombre infini d'éléments par des plans perpendiculaires à sa longueur. Prenons sur cette lame un point X tel que, si elle était coupée en X, l'effort nécessaire pour faire monter la partie X A serait égal à l'effort nécessaire pour faire descendre la partie X B. Imaginons en X un élément ayant une température assez élevée pour produire précisément cet effort, puis élevons successivement au même

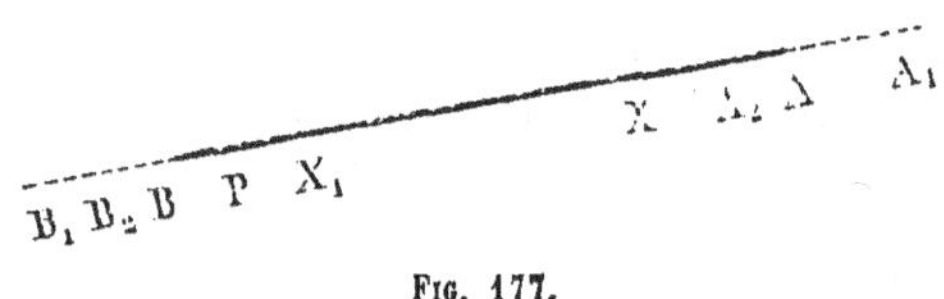

FIG. 177.

degré la température de tous les éléments de X A, en commençant à X. Chaque élément sera ainsi plus dilaté que le précédent, parce que sa dilatation sera empêchée par une résistance moindre, et le déplacement A A₁ de l'extrémité A vers le haut sera mesuré par la somme de ces dilatations multiples. De même, si l'on donne successivement la même température aux éléments de X B en commençant par X₁ chacun se dilatera plus que le précédent, et le déplacement B B₁ de l'extrémité B vers le bas sera égal à la somme de ces dilatations multiples. Le point X sera évidemment plus près de A que de B, parce qu'un même effort de dilatation de l'élément situé en X ne pourrait pousser vers le haut une longueur de la lame aussi grande que vers le bas.

Dans cet état de température de la lame, prenons un point X₁ tel que, si elle était divisée en ce point, l'effort nécessaire pour faire descendre la partie X₁ A₁ fût exactement égal à l'effort nécessaire pour faire monter la partie X₁ B₁. Abaissons la température de l'élément X₁ de manière que par sa contraction il produise précisément cet effort, puis abaissons de la même manière successivement les températures de tous les éléments de X₁ à A₁. Chaque élément se contractera plus que le précédent, parce qu'une moindre résistance s'opposera à sa contraction, et le déplacement A₁ A₂ de A₁ vers le bas sera mesuré par la somme de ces contractions séparées. De même, le déplacement B₁ B₂ de B₁ vers le haut sera égal à la somme des contractions séparées des éléments de X₁ B₁. Le point X₁ sera plus loin de A₁ que de B₁, car un même effort de contraction de l'élément X₁ pousserait une plus grande longueur de la lame vers le bas que vers le haut.

C'est par la dilatation de la plus grande longueur X B de la lame, favorisée par son poids, que l'extrémité B se déplace vers le bas quand la température s'élève ; c'est au contraire par la contraction de la plus petite longueur X₁ B₁, contrariée par son poids, qu'elle se déplace vers le haut quand la température s'abaisse. Par conséquent, l'extrémité B se déplace plus vers le bas pour une élévation donnée de température, qu'elle ne se déplace vers le haut pour un abaissement correspondant. En somme, donc, l'extrémité B fait descendre la lame en B₂ pour une alternance donnée (va-et-vient) de température. C'est par la dilatation de la plus petite longueur X A que l'extrémité A se déplace vers le haut, et par la contraction de la plus grande longueur X₁ A₁ qu'elle se déplace vers le bas. Elle se relève donc moins par la dilatation, qu'elle ne s'abaisse par la contraction, et en somme elle descend en A₂ pour un changement donné de température. Les deux extrémités A et B de la lame sont donc forcées de descendre lorsque celle-ci est soumise d'abord une à élévation donnée, puis à un abaissement correspondant de température, c'est-à-dire que la lame dans son ensemble doit descendre de A B en A₂ B₂.

Maintenant la théorie de la descente des glaciers que je me hasarde à proposer est la suivante : ils descendent, comme la lame de plomb dans l'expérience précédente, par l'effet de la pénétration et de la sortie des rayons du soleil dans leur masse ; la dilatation et la contraction de la glace ainsi produites constituent la cause immédiate de leur mouvement.

Il n'est pas de substance dont on connaisse plus complétement et plus exactement la dilatation ou la contraction, sous l'influence des changements de température, que la glace. Des expériences faites indépendamment par trois observateurs différents, à l'observatoire de Pultowa, dans les hivers de 1845 et 1846, entre les températures de 0°,9 R. et 28°,82 R. il résulte que la glace est de beaucoup la plus dilatable de toutes les substances solides connues ; elle est près de deux fois aussi dilatable que le plomb. Ces expériences ont été décrites par le baron W. Struve, dans les *Mémoires de l'Académie de Saint-Pétersbourg*. (Voyez la descente sur un plan incliné d'un corps solide sujet aux alternances de température, *Philosophical Magazine*, août 1869.)

La glace d'un glacier se conduit dans sa descente exactement comme le faisait le plomb dans mon expérience.

On a objecté à cette théorie que la température de la glace des glaciers est, d'après les observations d'Agassiz, très-peu inférieure à zéro ; par conséquent, si la chaleur rayonnante la pénétrait, elle devrait, non pas se dilater, mais se fondre. A cela on peut répondre que c'est un fait d'observation commune que la chaleur rayonnante pénètre la glace sans la fondre, si ce n'est à sa surface, et, par conséquent, qu'elle la dilate. On voit, sur les fenêtres des glacières, le soleil illuminer en plein des blocs de glace et ne fondre que leur surface. L'expérience de la lentille de glace citée plus haut démontre que la chaleur peut traverser la glace en abondance sans la fondre ; une portion de cette chaleur est cependant nécessairement arrêtée par la lentille.

Ma théorie suppose que la glace au-dessous de la surface d'un glacier est solide ; voilà tout. Si la glace est solide, et si elle reçoit de la chaleur en grande quantité dans sa substance, c'est-à-dire du travail, ce travail, en vertu du principe de la conservation de la force, ne peut que s'accumuler en elle sous la forme d'*énergie potentielle*, et produire une tendance à la dilatation. Lorsque cette tendance entre en action, c'est dans la direction de la moindre résistance à la dilatation. Peu importe que la température de la glace soit au-dessous ou au-dessus de zéro, pourvu que la condition de solidité soit satisfaite. Si la glace est solide, elle ne peut ne pas se dilater et se contracter sous l'influence des variations de température auxquelles elle est soumise ; et, en se dilatant et se contractant, elle ne peut pas ne pas descendre. Pour admettre que la glace d'un glacier, bien qu'étant solide, ne se dilate pas lorsqu'elle reçoit de la chaleur dans sa masse, il serait nécessaire de démontrer qu'elle n'est pas soumise sous ce rapport à une loi commune à tous les autres corps solides.

De *grands* changements de température ne sont pas nécessaires pour produire la descente d'un glacier. Une succession de variations alternatives légères produit le même effet qu'une seule variation considérable ; leurs effets s'ajoutent. Des variations alternatives de 2 degrés, répétées six fois, déplaceraient le glacier, sous certaines conditions déterminées, autant qu'une variation unique de 12 degrés.

Les observations d'Agassiz sur la température de la glace du glacier de l'Aar, en 1841-1842, furent faites dans des forages de 15 à 200 pieds de profondeur. Les thermomètres placés dans ces forages ne descendaient jamais au-dessous de 0°, 3 centigrades, bien que la température extérieure s'abaissât pendant la nuit jusqu'à — 5 degrés ou — 6° centigrades, souvent on trouva exactement 0 degré (1). Il est impossible de rien conclure de ces expériences, parce que les thermomètres n'étaient pas placés dans la glace elle-même, et, parce que les orifices des forages n'étaient pas assez bien fermés pour empêcher l'accès de l'air ou la filtration de l'eau provenant de la glace désagrégée près de sa surface. La permanence d'un état d'humidité constant de l'air dans le forage empêchait nécessairement le thermomètre de descendre au-dessous de zéro, quelque basse que pût être la température de la glace qui l'entourait ; en effet, l'eau contenue dans l'air, en se solidifiant comme de la gelée blanche sur les parois du trou de forage, élevait à zéro la température, autour du réservoir, par la chaleur latente mise en liberté au moment de la congélation ; l'humidité de l'air se renouvelant constamment, cet effet devait toujours se produire.

« Un thermomètre ne peut prendre la température de la glace que si cette glace est sèche », — telles sont les propres paroles de l'éminent principal Forbes, dans son dernier mémoire sur les glaciers (si je ne me trompe).

Dans une lecture comme celle-ci, il y a huit ans, un autre homme éminent, dont nous déplorons tous la perte pour la science, entretenait l'auditoire rassemblé autour de lui du sujet sur lequel j'ai attiré aujourd'hui votre attention. Il possédait tous les mérites nécessaires pour cette étude, et il l'avait poursuivie longtemps et avec succès ; il était versé dans les sciences physiques, et en même temps c'était un mathématicien habile et original. Je veux parler de M. William Hopkins, dont le nom sera toujours tenu en honneur pour ses nombreuses contributions à la science des glaciers, et particulièrement à cause de l'explication qu'il donna le premier de la formation des crevasses. Dans l'introduction du discours que M. Hopkins prononçait alors, il « insistait sur la nécessité d'une définition plus exacte des termes et de modes plus précis de raisonnements mathématiques que ceux qui avaient jusqu'à cette époque caractérisé la discussion des phénomènes glaciaires ».

Le but qu'il indiquait, je l'ai poursuivi à mon tour ; j'ai essayé de faire sortir la discussion des phénomènes glaciaires des vagues régions de l'intuition scientifique, pour la placer sur celles de la science exacte. Ce travail est bien loin encore d'être complet. La vie est courte, et la possibilité de poursuivre des études du genre de celles-ci est quelquefois plus courte encore dans la durée que la vie elle-même. Heureusement d'autres nous suivent : ayons confiance dans les travailleurs de l'avenir.

H. MOSELEY.

— Traduit de l'anglais par le Dr René Benoît. —

INSTITUTION ROYALE DE LA GRANDE-BRETAGNE

LECTURES DU VENDREDI SOIR

M. J. W. DAWSON
De la Société royale de Londres

La végétation primitive du globe

La flore actuelle du globe n'est pas une flore primitive ; ce n'est pas la première qui ait apparu sur notre sol, c'est au contraire la dernière d'une longue série de *dynasties* de plantes s'étendant depuis les époques géologiques les plus reculées jusqu'à l'époque actuelle. La géologie nous révèle l'existence passée de plusieurs flores tertiaires qui ont disparu avant la période moderne et ont été précédées par les flores des périodes mésozoïque et palæozoïque. Notre attention se portera surtout, dans ce qui va suivre, sur les plus anciennes flores palæozoïques, celles des terrains dévonien et silurien supérieur.

Il y a vingt ans, on connaissait à peine quelques plantes terrestres antérieures aux grandes formations carbonifères. En 1860, Gœppert, dans son mémoire sur les plantes des terrains silurien, dévonien et carbonifère inférieur, ne mentionne qu'une plante terrestre du dévonien inférieur, sur les caractères de laquelle il conserve même quelques doutes. Dans le dévonien moyen, il ne connaissait également qu'une plante terrestre ; il en énumère cinquante-sept du dévonien supérieur. La plupart de ces plantes sont européennes ;

---

(1) *Bulletin de Genève*, t. XLIV, p. 349.

mais parmi elles s'en trouvent aussi quelques-unes originaires d'Amérique. En 1859, sans connaître par conséquent le travail de Gœppert, qui n'avait pas encore paru, je publiai, sur les plantes terrestres de Gaspé, un mémoire dans lequel j'ajoutai à la liste dix ou douze espèces dévoniennes d'Amérique, dont quelques-unes appartenaient au dévonien inférieur. Dans les dix années qui se sont écoulées depuis 1860, j'ai pu porter à 121 le nombre des espèces composant la flore dévonienne du nord est de l'Amérique, et, si l'on évalue à la moitié de ce nombre celui des espèces européennes, on arrive à un total de 180 espèces de plantes terrestres dévoniennes, à côté desquelles il faut placer quelques espèces du silurien supérieur.

Pour bien comprendre la constitution de ces flores anciennes, il est nécessaire de se reporter aux grandes divisions du règne végétal actuel et au rang qu'elles occupent dans les époques géologiques.

Les plantes modernes se divisent d'abord en deux grands groupes : les *Phœnogames*, ou *Phanérogames*, plantes pourvues de fleurs, et les *Cryptogames*, ou plantes privées de fleurs. Les premières produisent de véritables graines et des fruits, les secondes se multiplient au moyen de petites spores. Chacun de ces deux grands groupes peut se décomposer en trois groupes secondaires. Les Phœnogames comprennent :

1° Les *Angiospermes exogènes*, ayant une tige composée de trois parties : l'écorce, le bois et la moelle, présentant de plus au début de leur développement deux cotylédons ou feuilles primitives. A cet ordre appartiennent le plus grand nombre de nos arbres, de nos arbrisseaux et même de nos herbes, surtout dans les climats tempérés.

2° Les *Angiospermes endogènes*, dont la tige ne possède pas les trois parties que nous avons mentionnées tout à l'heure, et dont le cotylédon est unique. Les Palmiers et les Graminées appartiennent à ce groupe.

3° Les *Gymnospermes*, ayant une tige exogène, mais un bois dont la structure est beaucoup moins compliquée que dans le premier groupe, et des organes de fructification très-imparfaits. A ce groupe appartiennent les Pins et les Cycas.

Les Cryptogames peuvent aussi se diviser en trois groupes :

1° Les *Acrogènes*, comme les Fougères, les Lycopodes et les Prêles ;

2° Les *Anophytes*, comme les Mousses et les plantes voisines ;

3° Les *Thallophytes*, tels que les Lichens, les Champignons, les Algues.

Si nous suivons ces diverses formes végétales à travers les âges géologiques, nous trouvons que quelques-unes d'entre elles paraissent plus anciennes que les autres. Les véritables Exogènes qui dominent actuellement sont aussi très-abondantes pendant la période tertiaire ; les Endogènes s'y trouvent également dans les mêmes proportions que de nos jours. Dans la période mésozoïque, ces deux groupes perdent de leur importance, et nous arrivons ainsi à l'époque qu'on a appelée l'âge des Gymnospermes, parce que les Conifères et les Cycadées y dominaient. A l'autre extrémité de l'échelle, les Anophytes manquent absolument, et les Thallophytes ne sont représentées que par quelques Algues. Ainsi, dans la flore de la période mésozoïque, les Cryptogames les plus élevées et les Phanérogames inférieures se développent ensemble et se partagent le sol à l'exclusion de tous les autres groupes.

Dans la période paléozoïque, les Cycadées, si abondantes dans la période mésozoïque, manquent à leur tour. On trouve encore quelques Conifères ; mais les Lycopodiacées et les Équisétacées inférieures atteignent alors le plus remarquable développement et prennent même la forme arborescente. Cet état de choses existe déjà dans la période carbonifère, pendant laquelle se sont formés nos immenses dépôts de houilles ; il se perpétue jusqu'à l'époque la plus reculée à laquelle on ait constaté l'existence d'une flore terrestre. Le dévonien appartient, par conséquent, à l'âge des plantes acrogènes, bien que d'autres formes végétales se montrent en même temps.

Mon attention fut d'abord appelée sur ces plantes anciennes par la découverte faite depuis plusieurs années déjà par sir W. E. Logan, qui, dans les grès de Gaspé, appartenant au groupe dévonien, a trouvé non-seulement des débris de plantes entassés, mais aussi des végétaux enracinés dans des lits d'argile ou autres sédiments, restes du sol sur lequel ces végétaux s'étaient développés. Une étude soigneuse des plantes les plus abondantes appartenant à ces lits de racines me démontra qu'elles présentaient un type végétal tout à fait nouveau. Leur portion inférieure consiste en un long rhizome ou tige souterraine ayant un axe à vaisseaux scalariformes et une mince écorce cellulaire. Ces rhizomes remplissent le lit d'un amas confus de longues cordes émettant dans toutes les directions de plus minces, mais fort nombreuses racines. Dans un certain endroit, elles ont pris un développement suffisant pour former un lit de houille d'un à deux pouces d'épaisseur. C'est le plus ancien que l'on connaisse en Amérique. Les tiges de ces plantes, à qui le nom de *Psilophyton princeps* a été donné, sont plus minces que les rhizomes, et branchues ; dans un certain état de conservation, elles sont couvertes de feuilles éparses, courtes, roides et spiniformes ; dans d'autres cas, les tiges sont lisses, avec quelques pointes au lieu de feuilles. Les jeunes pousses sont terminées en crosses, comme celles des Fougères ; les organes de reproduction consistent en sacs ovales constituant de véritables sporanges, gracieusement suspendus à de courts rameaux. Ces sporanges rappellent tout à fait ceux des Pilulaires actuelles ; mais les tiges ont une organisation plus complexe et se rapprochant plutôt de celle de nos Lycopodes. Une telle combinaison de caractères n'est pas rare dans les plantes fossiles, et semble venir à l'appui de cette loi générale, que, dans les plus anciennes périodes géologiques, les formes inférieures de la vie se présentaient avec un ensemble de caractères dont chacun est devenu plus tard le partage exclusif d'un groupe d'êtres plus élevé.

Le *Psilophyton robustius*, aussi très-abondant à Gaspé, avait des tiges plus robustes et plus rameuses que le précédent, et ses sporanges naissaient en faisceaux très-fournis sur les côtés des tiges. Une masse de filaments très-minces et rameux, trouvée dans le dévonien de Saint-James, dans le New-Brunswick, semble indiquer l'existence d'une troisième espèce, le *Psilophyton elegans*.

Ces plantes croissaient probablement dans un sol marécageux, sujet à de fréquentes inondations. Elles constituent l'élément le plus important et le plus commun de la flore du dévonien inférieur, et paraissent avoir été également fréquentes en Europe et en Amérique ; leurs fragments ont sans doute été pris bien souvent pour des Algues ou pour des racines.

Un autre genre de plantes à caractères empruntés à la fois à plusieurs groupes actuels a été nommé par Haughton *Cyclostigma* ; il se trouve également à Gaspé, et présente des tiges minces avec des cicatrices arrondies disposées en spirales ou en rangées transverses et donnant naissance à de longues feuilles. Ces tiges ont un axe peu développé, contenant des vaisseaux scalariformes ; les fruits sont de longs épis ou des strobiles. Sous beaucoup de rapports, ces plantes ressemblent aux Psilophytons ; elles sont d'ailleurs évidemment voisines des Lycopodiacées. Des spécimens d'Irlande, appartenant au musée de la *Geological Society*, et que m'a gracieusement montrés M. Etheridge, semblent prouver que, dans cette contrée, ces plantes atteignaient la dimension des arbres et que leurs racines étaient des *Stigmaria*. M. Carruthers a même émis l'idée qu'on peut les rapprocher des *Syringodendron*, arbres de l'époque carbonifère voisins des *Sigillariées*.

Le genre *Lycopodites* est représenté par une espèce rampante (*L. Richardsoni*), portant de nombreux strobiles ovales ; une deuxième espèce (*L. Matthewi*) est très-voisine des Lycopodiacées actuelles ; enfin, une troisième forme pinnée (*L. Vanuxemi*) n'est placée là que provisoirement et a été rapprochée tour à tour des Fougères, des Cycadées, des Algues et des Graptolites.

Les plus remarquables Lycopodiacées étaient les gigantesques *Lepidodendron* arborescents. Ces plantes commencent dans le dévonien moyen, et prennent leur plus grand développement en nombre et en taille dans le carbonifère. L'espèce commune de l'Amérique orientale (*L. Gaspianum*) avait des formes grêles, délicates, fort élégantes, et probablement une taille peu élevée. Dans la même famille, il faut placer mon genre *Leptophleum*, dont l'écorce est si singulièrement marquée.

Les *Calamites*, qui ont pris un développement si considérable dans l'époque carbonifère et ont été remplacées dans le trias par les vraies Équisétacées, font leur apparition dans le dévonien inférieur par une grande espèce, le *C. inornatum;* dans le dévonien moyen et supérieur, on trouve deux autres espèces qui vivent encore à l'époque carbonifère. Les Calamites sont également représentées dans la flore du dévonien de l'Allemagne et du Devonshire. Ces plantes ne sont que l'exagération des Équisétacées modernes ; elles atteignaient un diamètre de plusieurs pouces et une grande hauteur ; leur tige, très-robuste, pouvait même devenir ligneuse. Un type présentant une structure interne particulière, les *Calamodendron*, se trouve aussi dans le dévonien.

Voisines des Calamites, les *Asterophyllites* étaient de bien plus belles plantes, plus grêles, beaucoup plus rameuses, et portant de larges feuilles. Celles-ci ont été souvent confondues avec les feuilles des vraies Calamites; elles en diffèrent cependant par leur mode de nervation et par l'absence des lignes obliques interrompues qui sont communes aux véritables feuilles des Calamites et aux ramuscules des *Equisetum*. Les Astérophyllites, et avec eux une espèce de *Sphenophyllum*, apparaissent dans le dévonien moyen. Les plus beaux Astérophyllites se trouvent dans les sédiments dévoniens de Saint-John, New-Brunswick ; ils y sont aussi nets que s'ils avaient été préparés par le plus soigneux botaniste.

Les Fougères sont certainement, au point de vue du feuillage, les plus belles plantes du monde moderne ; elles sont très-anciennes dans les époques géologiques et se sont montrées en abondance dès le milieu de la période dévonienne. De ces espèces dévoniennes, très-peu s'étendent jusqu'aux terrains carbonifères, et quelques-unes, comme le *Cyclopteris Archœopteris) hibernicus* du dévonien supérieur de l'Irlande,

sont absolument caractéristiques de cette période. Ce type est représenté en Amérique par le *C. Jacksoni* et d'autres encore.

Il semble que les formes de Fougères qui ont dominé dans le dévonien se rapprochent des *Hymenophyllum* et des *Trichomanes* actuels. Il y avait aussi des Fougères arborescentes, appartenant aux genres *Psaronius* et *Caulopteris*, dont les immenses troncs ont été trouvés par le professeur Newberry dans l'Ohio et par le professeur Hall dans l'État de New-York. Les Fougères anciennes du premier de ces genres avaient le même port que nos Fougères modernes, et émettaient comme elles des racines aériennes qui pénétraient dans le sol comme des cordes et fixaient ainsi la tige. On a trouvé en Écosse un petit tronc appartenant probablement à une Fougère arborescente : c'est le *Caulopteris Peachii* de Salter.

De toutes les plantes des forêts palæozoïques, les plus singulières étaient les *Sigillariæ*. Le quartier général de ce genre ou de cette famille est le carbonifère; mais on en trouve aussi quelques espèces, —de petite taille, il est vrai,— jusque dans le dévonien. Les *Sigillariæ* avaient de grandes tiges minces avec deux rangées verticales de feuilles étroites binerviées. Leur structure présentait de nombreux rapports avec celle des Gymnospermes, quoiqu'il y ait des raisons de croire que plusieurs arbres appartenant à cette famille aient été des Cryptogames d'une organisation très-élevée. Leurs racines étaient remarquables à cause de l'existence de ces ramifications régulièrement articulées et disposées en spirales qui constituent les *Stigmariæ*. Dans la période carbonifère, ces plantes sont en rapport constant avec la houille. Au-dessous de chaque lit de houille se trouve un lit d'argile à *Stigmaria* (*Stigmaria underclay*), qui est le sol fossile sur lequel la forêt de *Sigillariæ* s'était développée. Les restes de ces arbres sont très-abondants dans les deux couches ; aussi les Sigillariæ sont-elles considérées comme formant dans la période carbonifère l'élément principal de la houille. Autant qu'on en puisse actuellement juger, le rôle des Sigillariées a été beaucoup moindre dans la période dévonienne où les rhizomes des *Psilophyton* paraissent avoir remplacé les *Stigmariæ*. Il est remarquable d'ailleurs, et cela est en rapport avec cette dernière opinion, que dans la période dévonienne les *Sigillariæ* semblent avoir été rares et de faible dimension comparativement surtout avec ce qu'elles se montrent dans la période carbonifère.

En nous élevant davantage dans le règne végétal, nous arrivons à de véritables conifères formant le genre *Dadoxylon*, dont les troncs ensevelis dans le sable ont été conservés par des infiltrations de silice et de matière calcaire. On les trouve dans les grès de New-York, de l'Ohio, du New-Brunswick et aussi en Écosse et en Allemagne. Ce qu'il y a de plus remarquable à noter relativement à ces arbres, c'est que, spécifiquement distincts de ceux de l'époque carbonifère, ils leur ressemblent néanmoins beaucoup par la structure de leurs fibres ligneuses et surtout par la beauté des aréoles dont sont marquées les parois de leurs cellules, et qui étaient destinés à faciliter l'expansion du suc nourricier. Les *Dadoxylon* se rapprochent ainsi des Conifères fossiles du terrain houiller et en même temps des Araucariées actuelles de l'hémisphère austral; ils s'éloignent au contraire par différents détails de structure des Conifères de notre hémisphère.

Les Conifères du type des Araucariées ont pour limite inférieure le dévonien moyen. Dans les couches supérieures, nous trouvons au milieu des grés des troncs d'arbres qui ressemblent au premier coup d'œil aux *Dadoxylon*; mais leur structure microscopique est entièrement différente. Ils présentent un tissu homogène de longues fibres cylindriques, marquées sur les côtés de lignes spirales irrégulières, tout à fait différentes de celles des Conifères modernes, quoique rappelant un peu les lignes spirales des cellules de l'If. C'est pourquoi j'ai donné à ces troncs remarquables le nom de *Prototaxites*. Ils ont des rayons médullaires et des lignes d'accroissement régulières ; leur diamètre atteint quelquefois trois pieds. Malheureusement nous ne connaissons rien de leur feuillage ni de leur fruit, et l'on peut seulement supposer qu'ils étaient construits sur le prototype des Conifères, mais probablement très-différents de ce que nous connaissons dans le monde moderne. Ces troncs sont souvent infiltrés de silice.

A l'exception d'un petit fragment, nous ne connaissons dans la flore dévonienne rien qui rappelle un type plus élevé que celui dont nous venons de parler. Ce fragment existe dans la collection du professeur Hall ; il provient de Eighteen Miles Creek, dans l'Ohio ; c'est un petit morceau de bois pétrifié comme plusieurs autres échantillons trouvés à la même place et présentant, outre les fibres ligneuses et les rayons médullaires, de larges tubes ou canaux analogues à ceux qui caractérisent les Angiospermes exogènes actuelles.

Rien de semblable n'a été trouvé dans l'époque carbonifère, et l'existence d'un pareil fragment dans un terrain dévonien est un fait tellement étonnant que beaucoup de géologues suspendent leur jugement, jusqu'au moment où la découverte de nouveaux échantillons lèvera tous les doutes. En attendant, je laisse cet arbre remarquable, le *Syringoxylon mirabile*, sur la liste des plantes dévoniennes. On n'en connaît pas autre chose que le fragment dont nous venons de parler, et, conformément à une loi que nous avons déjà énoncée, on peut se demander si ses fleurs et ses fruits étaient d'un type d'organisation aussi élevée que son bois. Il demeure néanmoins certain que ce végétal devra être placé plus haut que les Gymnospermes.

Les plantes dont nous avons parlé jusqu'ici appartiennent uniquement à la flore dévonienne. Cette flore contient encore un grand nombre d'autres formes également intéressantes pour le géologue et pour le botaniste ; on pourra les étudier dans le mémoire plus étendu que j'ai publié.

Revenant maintenant à la question de savoir s'il existe une flore terrestre comparable à la flore dévonienne dans une époque encore plus reculée, nous devons d'abord, pour nous rendre compte de ce qu'on peut espérer, considérer l'étendue de nos connaissances relativement à la flore dévonienne et ses rapports avec la flore carbonifère qui l'a suivie.

Nous avons déjà vu que le nombre des plantes terrestres dévoniennes connues peut être évalué à 180 ; c'est à peu près le cinquième du nombre des espèces carbonifères qui sont si répandues et que l'on étudie depuis si longtemps dans tant de pays différents. La flore dévonienne renferme 25 des formes génériques ou sous-génériques trouvées dans le terrain carbonifère et à peu près autant de formes inconnues dans ce système. D'un autre côté, les espèces sont tout à fait distinctes des espèces carbonifères. Ces différences sont probablement dues surtout à l'élévation moindre et à la plus grande variété de la surface du sol pendant la première de ces deux périodes.

Nos connaissances relatives à la flore du silurien supérieur sont à peu près actuellement dans le même état que celles que nous avions il y a dix ans sur les terrains dévonien moyen et inférieur. Je connais seulement dans le silurien supérieur du Canada deux espèces de *Psilophyton* identiques toutes deux avec deux formes dévoniennes. En Angleterre, à côté des Sporanges (*Pachytheca*) de Ludlow, il existe dans les collections de *Geological Survey*, des fragments de bois et d'écorce qui semblent indiquer deux nouvelles espèces. L'un d'eux a une structure intime, analogue mais non identique avec celle des *Prototaxites*. En Allemagne, trois ou quatre espèces sont connues dans les roches de cet âge. Toutes ces espèces semblent être des Cryptogames acrogènes voisines des Lycopodiacées. C'est là tout ce que nous pouvons dire de la flore silurienne supérieure. Ces Cryptogames se rencontrent dans des formations marines et probablement loin des surfaces terrestres si limitées de cette époque. Si nous approchions davantage des terres, ou si nous trouvions les dépôts des fleuves qui coulaient à leur surface, nous pourrions espérer trouver des plantes nouvelles et constituer une flore qui — tout le fait présumer — ressemblerait à la flore dévonienne inférieure.

A l'exception de quelques débris dont les caractères me paraissent douteux (le prétendu *Eophyton* de Suède et du pays de Galles), le silurien supérieur n'aurait fourni aucun reste de plante terrestre ; toutefois dans l'Amérique du Nord, au moins, où nous avons dans cet horizon une grande étendue de sables de Postdam à découvert, nous pouvons espérer trouver quelques troncs d'arbres ensevelis, s'il en a existé. Tout espoir n'est pas encore perdu, et les estuaires de quelques fleuves de l'ancienne époque laurentienne nous gardent encore peut-être les débris de plantes du silurien inférieur.

Dernièrement, pour des raisons exposées dans un travail publié dans les *Proceedings of the geological Society*, j'ai supposé que les immenses dépôts de graphite du laurentien du Canada ne sont autre chose qu'un charbon d'origine végétale, résidu de plantes terrestres qui nous sont encore inconnues. Comme l'époque palæozoïque a été l'âge des Cryptogames acrogènes, le laurentien peut avoir été l'âge des Anophytes et des Thallophytes. Les forêts peuvent avoir consisté en Mousses et Lichens gigantesques atteignant la hauteur des arbres et nous présentant une phase de végétation dont les rapports avec la végétation de l'époque palæozoïque sont les mêmes que les rapports de la flore de cette dernière époque avec la flore moderne. Mais une hypothèse différente et plus étonnante encore est possible : l'époque laurentienne a pu être marquée par un développement maximum de la vie végétale sur le globe, pendant laquelle les formes végétales les plus parfaites et les plus considérables ont pu prospérer avant le temps où la vie végétale s'est trouvée reléguée au second plan par la vie animale. C'est là une question dont la solution appartient à la géologie de l'avenir.

Pour les naturalistes modernes, le rôle principal de la vie végétale est d'accumuler des aliments pour la subsistance de la forme la plus élevée de l'énergie vitale, la vie animale. A l'époque palæozoïque, cette considération perd son importance ; nous connaissons, en effet, fort peu d'animaux terrestres de la période carbonifère, et ce ne sont pas des animaux à régime végétal, à l'exception de quelques Insectes, Myriapodes ou Colimaçons. Mais les forêts carbonifères n'ont pas vécu en pure perte, si elles ont utilisé la chaleur et la lumière des étés antiques pour former la houille et débarrasser l'atmosphère d'un excès d'acide carbonique. Dans la période dévonienne, l'utilité des forêts diminue, puisqu'il ne paraît pas s'être formé de houille à ce moment et que le pétrole dévonien semble provenir de plantes marines. D'autre part, de rares Insectes sont les seuls habitants connus des terres dévoniennes, et encore appartiennent-ils à des espèces dont les larves sont aquatiques et dont la vie ne dépend pas par conséquent des plantes terrestres; aussi, bien que nous ayons encore beaucoup à apprendre touchant la vie animale dévonienne, le plan de la nature végétale paraît-il actuellement beaucoup trop grandiose pour le rôle que nous sommes portés par analogie à lui attribuer. De tout ce que nous venons de dire, il demeure donc simplement acquis, et ce n'est pas un résultat de faible importance, que nous avons pu retrouver chez ces organismes éteints une structure analogue à celle des plantes modernes, et reconstituer ainsi en imagination la forme et les conditions d'existence d'êtres qui nous ont précédé de tant de siècles sur la terre.

J. W. DAWSON,
Principal de M'Gill College, à Montréal.

— Traduit de l'anglais par EDMOND PERRIER, docteur ès sciences, aide-naturaliste au Muséum d'histoire naturelle de Paris. —

L'ACADÉMIE DES SCIENCES PENDANT LE SIÉGE DE PARIS.

De puis cinq ou six mois, notre Académie des sciences a dû subir, comme on devait s'y attendre, le contre-coup des tristes événements qui s'accomplissaient autour de nous; ses travaux, se ressentant des préoccupations qui agitaient l'esprit de la population parisienne, et abandonnant les sphères élevées de la pure science spéculative, ont roulé presque exclusivement sur des questions d'un intérêt tout spécial et d'une application pratique immédiate. On peut dire que les communications de cette période peuvent se diviser en trois classes :

1° Études sur certaines questions d'art militaire, canons et obus, pointage, trajectoires des projectiles, effets des poudres, emploi de substances explosives (dynamite).

2° Alimentation obsidionale, divers modes de conservation des substances alimentaires, utilisation alimentaire des substances jusqu'à présent abandonnées à l'industrie, telles que suifs, graisse de cheval, etc., application de la gélatine et de l'osséine, etc.

3° Enfin, étude des moyens possibles de communications entre une ville assiégée et l'intérieur, télégraphes de divers systèmes, aérostats et leur direction.

Nous allons donner un aperçu rapide de ceux de ces travaux qui nous ont paru les plus dignes d'attirer l'attention.

SAC DU SOLDAT

Dans un mémoire du 3 octobre, intitulé *Du soldat en campagne et devant l'ennemi*, M. Grimaud (de Caux) appelle surtout l'attention de l'Académie sur un nouveau sac militaire dû au général polonais Mieroslawski. Voici la description que M. Grimaud donne de ce nouveau sac et des avantages qu'il pourrait procurer :

« Le sac actuel a des défauts qui le rendent impropre à porter une charge supérieure à 20 kilogrammes. Par le fait de son épaisseur raccourcie, il force le marcheur à se courber en avant, posture anormale qui contribue à épuiser promptement ses forces. L'attache des bretelles est trop haute; elles scient les aisselles du porteur. La forme bombée de la surface appliquée au dos comprime et échauffe la colonne vertébrale. Ajoutez qu'avec une pareille construction la poitrine n'est point abritée : il n'y a de protégé que le dos, circonstance qui, en bien des cas, peut avoir sa gravité.

» Le fourniment d'un tel sac consiste en vivres, linge et chaussures, ustensiles de cuisine et matériaux de campement, tels que fragment de tente et bâtons d'étai; distribuez tout cela de la façon suivante, et le problème est résolu. Doublez la surface du sac, en diminuant de moitié son épaisseur; et, pour cela, construisez une carcasse métallique d'environ 60 centimètres de largeur et 78 de hauteur, sur 5 centimètres d'épaisseur; habillez cette carcasse d'une toile imperméable. Divisez par une gaîne, en deux compartiments égaux, le contenant qui en résulte, et vous aurez un sac double, plus long, plus large, moins épais que le sac ordinaire, mais bien plus facile à porter, comme il est aisé de le démontrer. Vous ouvrez et fermez ce sac par les deux côtés, au moyen de boucles et de lacets de cuir, comme les portemanteaux de cavalerie. Vous le remplissez des effets d'équipement et d'habillement, ainsi que des vivres et des ustensiles de métal qui complètent le fourniment de chaque homme et de son escouade.

» On harnache ce sac de telle manière qu'on peut à volonté le porter sur le dos ou sur la poitrine. Si on le porte sur le dos, comme il s'étale sur une plus large surface et qu'il s'appuie sur le bas des reins, il ne tend point à descendre; et ainsi il charge moins les épaules que celui dont nos fantassins se servent actuellement.

» Deux autres circonstances contribuent aussi à rendre son poids moins sensible. Il ne gêne pas la colonne vertébrale, dont la saillie vient se loger dans la gouttière formée par la gaîne longitudinale du milieu. De plus, cette gaîne, contenant une tige d'acier d'une utilité multiple, au moindre repos, on abaisse la tige jusqu'au sol, et le fantassin se déleste de son sac, absolument comme un joueur d'orgue de son instrument sur le bâton d'appui qui lui sert de canne.

» Pour le mettre devant la poitrine, le ceinturon est armé d'un cran qui vient s'articuler avec une pièce de métal correspondante, disposée à cet effet à la partie inférieure du sac. Et ainsi, qu'on porte ce sac par devant, qu'on le porte par derrière, le poids en est moins incommode, et le fardeau paraît allégé, par cela même que sa gravité correspond au bas des reins, soit directement, soit par l'intermédiaire du ceinturon.

» Voici comment il protège. Il est garni, à l'extérieur, de plusieurs annexes de cuir. Ces annexes servent à loger : 1° les ustensiles de métal nécessaires, soit à chaque homme, soit à son escouade; 2° une pelle plate, ou plaque de bêche de métal; 3° sur les côtés, en dehors, un bâton de support se divisant et s'ouvrant selon sa longueur, pour former une croix de Saint-André. Ce sont là des éléments de blindage, permettant d'aborder l'ennemi jusqu'à la distance de 150 mètres, sans avoir rien à craindre des petits projectiles. Le fusil se porte en bandoulière, et une cartouchière de cuir roide est fixée en haut ou en bas du sac. Si vous marchez à l'ennemi, vous portez le sac par devant; si vous battez en retraite, vous le mettez sur le dos : des deux façons, le torse entier est préservé.

» La tête est garantie au moyen d'une coiffure de cuir mou,

formant supérieurement une poche plate, dans laquelle on glisse, pour le combat, la plaque métallique. Cette coiffure, en raison de sa mollesse, se prêtant à toutes les inclinaisons, se penche en visière sur la figure et abrite toute la partie supérieure de la tête jusqu'aux yeux. Ainsi lestée, une telle coiffure pèse encore moins que le casque de l'infanterie prussienne.

» Quant aux jambes, on les protége avec le fragment de tente attribué à chaque soldat pour effectuer le campement. Ce fragment de tente, plié en neuf doubles ou feuillets, se suspend à la partie inférieure du sac, au moyen de boutons ; son flottage suffit pour amortir par ses plis, à une distance de 150 mètres, les petits projectiles, et garantir les membres inférieurs jusqu'au-dessous des mollets.

» L'ensemble de cet équipement défensif a été calculé sur le poids réglementaire du soldat ordinaire en campagne. »

PANIFICATION

Dans cette même séance du 3 octobre, nous trouvons une note de M. Mège-Mouriès, renfermant quelques observations *pleines d'opportunité*, relatives à la panification.

L'auteur rappelle que ses recherches, celles de M. Chevreul, et enfin la sanction d'une longue pratique, ont prouvé que pour avoir du pain doué de toute sa puissance nutritive, il faut le préparer avec tous les principes immédiats du grain, moins les enveloppes les plus grossières ; mais elles ont prouvé aussi que ce pain n'est réellement bon que si l'on empêche la formation du pain bis, c'est-à-dire l'altération d'une partie de ces principes immédiats.

« Si, en effet, on fabrique du pain avec toutes les parties du grain, et si pour cela on emploie les procédés ordinaires, le ferment contenu dans le tissu embryonnaire (céréaline) change l'amidon en dextrine et en glycose, liquéfie en partie le gluten, et le pain devient bis, lourd et pâteux. Ces défauts ont leur importance ; mais ce qui est beaucoup plus grave, c'est que, par cette altération complexe, ce pain change de nature, devient laxatif et perd une partie de sa force alimentaire. On sait en effet que le pain de tout grain, dit *de son*, est plutôt un médicament qu'un aliment, et que les médecins le prescrivent depuis longtemps contre la constipation habituelle.

» Le pain bis en usage dans les campagnes ne saurait être une objection, parce que la farine qui le produit est toujours blutée, et que la couleur bise provient surtout du seigle et de l'orge. Il faut donc, à tout prix, éviter cette altération, et pour cela voici le procédé qu'il faut suivre :

» On humecte le blé avec 5 pour 100 d'eau salée, qui a la curieuse propriété de s'arrêter devant la membrane embryonnaire ; puis on enlève les téguments extérieurs à l'aide d'un décortiqueur, et le blé devient alors si facile à broyer, que, si l'on manque de meules, un moulin à café peut suffire à cette opération.

» Le blé broyé est divisé en deux parties : 1° la farine fine, provenant de l'intérieur du grain ; 2° les gruaux, représentant les couches extérieures. Ces gruaux contiennent les principes nutritifs les plus importants, c'est-à-dire le gluten le plus élaboré pour la nourriture du tissu musculaire, le phosphate de chaux animalisé pour le tissu osseux, l'albumine et l'huile phosphorée pour le tissu nerveux, etc. Mais, ne l'oublions pas, ces gruaux contiennent aussi le tissu embryonnaire et la céréaline, dont il faut empêcher l'action.

» Pour cela, on fait avec la farine fine et du levain une pâte molle, et quand cette pâte est arrivée au degré de fermentation voulu, on y ajoute les gruaux.

» Les phénomènes qui se passent alors sont bien simples. L'humidité pénètre les gruaux, qui s'hydratent rapidement et font une pâte homogène, tandis que la céréaline, n'ayant plus le temps d'incubation nécessaire pour agir, et retenue du reste dans des cellules restées entières, ne peut plus attaquer les principes immédiats, et laisse le pain avec sa saveur naturelle et avec toutes ses forces nutritives. »

Il est regrettable que ce procédé de panification connu, déjà depuis plusieurs années, n'ait pas encore été universellement adopté, et cependant depuis près de huit ans qu'il est employé à l'usine de la ville de Paris, il est prouvé qu'il a produit une économie de près de 100 000 francs par an, tout en permettant de supprimer complétement le pain bis.

CONSERVATION DES VIANDES

Nous allons maintenant passer en revue les principaux procédés de conservation des viandes qui ont été soumis au jugement de l'Académie.

Dans la séance du 10 octobre, M. Dumas a entretenu ses collègues des diverses opérations exécutées depuis le commencement du siége en vue de conserver les viandes de bœuf et de mouton. Le but principal qu'il fallait atteindre était évidemment de pouvoir opérer rapidement, avec économie et sur une grande échelle.

Trois procédés furent employés :

Le premier repose sur l'application pure et simple des méthodes de salaison en usage dans les ports pour les besoins de la marine. Il fut mis en pratique à l'abattoir de Grenelle par M. Cornillet.

Le second procédé est dû à M. Wilson, Irlandais, qui, poussé par le désir de servir la France, est venu avec son personnel, amené d'Irlande, s'enfermer dans Paris la veille même de l'investissement. Les ateliers de M. Wilson furent rapidement installés à l'abattoir de la Villette.

Ce procédé permet d'opérer par une salure plus modérée et d'assurer la conservation pour un temps suffisant, tout en laissant aux viandes certaines qualités qui les placent entre les viandes fraîches et les viandes salées.

Il consiste surtout à prendre des viandes bien saines, non soufflées, et à les faire dégorger au moyen d'une première salure. Enfin, les viandes dégorgées sont placées dans la saumure et maintenues à une température qui ne doit pas dépasser 10 degrés, au moyen d'additions de glace.

Ces deux procédés conviennent parfaitement au bœuf. Ils furent également appliqués au cheval sans difficulté ; mais ils ne paraissent pas convenir au mouton. On appliqua à cette viande un autre procédé tout différent et fondé sur des réactions chimiques, proposé par M. Gorges, qui, après avoir déjà pratiqué sa méthode en Amérique, à la Plata, est venu mettre au service de la population de Paris son expérience éprouvée. Dans ce procédé, les viandes, dépecées et lavées, sont soumises à l'action d'un bain acidulé par l'acide chlorhydrique, auquel succède un second bain contenant du sulfite de soude. On les enferme ensuite dans des boîtes de fer-blanc que l'on soude avec soin pour prévenir la rentrée de l'air.

Par l'action réciproque des deux agents chimiques employés dans ce procédé, il se forme, comme chacun le sait, du sel marin et de l'acide sulfureux. Or, l'effet antiseptique de l'acide sulfureux est connu depuis longtemps.

Les premiers essais qu'on a faits ont été jugés satisfaisants ; mais les expériences n'ont pas encore eu une durée suffisante pour qu'il soit possible de se prononcer d'une façon définitive.

M. Dumas indique ensuite en quelques mots les expériences faites dans le but d'utiliser comme aliment le sang de bœuf et de mouton, dont il évalue en moyenne les quantités aux chiffres suivants : 6500 kilogr. de sang de bœuf et 7000 kilogr. de sang de mouton. Grâce aux travaux de M. Riche, on est parvenu à former avec le sang de bœuf un boudin d'excellente qualité. Le sang de mouton, qui par sa composition particulière n'a pu se convertir en boudin, a dû être utilisé d'une autre façon.

Dans la séance du 21 novembre, M. Dumas a présenté au nom de M. Eugène Pelouze un mémoire et des échantillons relatifs à un procédé nouveau de conservation des viandes ; mais la publication en a été ajournée.

Le procédé de M. Pelouze, a dit M. Dumas, réalise à la lettre un résultat qui paraît, au premier abord, paradoxal. La viande se conserve à l'air libre, avec son apparence, son odeur et son goût, au moins pendant deux mois, probablement pendant bien plus longtemps, sans qu'on puisse, pour ainsi dire, y trouver trace appréciable d'un agent conservateur quelconque. Elle diminue de volume et se dessèche.

Dans la séance du 26 décembre, M. L. Soubeiran entretient l'Académie d'un procédé qui a la sanction d'une pratique très-ancienne chez divers peuples : je veux parler de la conservation des viandes séchées et pulvérisées.

Au moment de préparer leurs provisions de chasse ou de voyage, les Chinois et les Mongols réduisent la chair des bœufs et des moutons en une poudre sèche, qu'ils mélangent avec de la farine d'avoine, de maïs, etc.

L'excellence de ces poudres, ajoute M. Soubeiran, a été démontrée aussi par les voyageurs arctiques qui se sont trouvés très-bien de l'usage du *pemmican*. Ce n'est autre chose qu'une viande quelconque desséchée, broyée et saturée de graisse, et dont une livre équivaut à quatre livres de viande ordinaire. La chair de l'animal est dégraissée et privée de ses membranes et tendons, puis découpée en lanières minces et séchée au four jusqu'à friabilité ; elle est alors broyée en poudre fine et mêlée à un poids égal de gras de bœuf fondu ou de lard. Pour rendre le mélange plus agréable, on peut y ajouter des raisins de Corinthe, du sucre, etc.

Ce procédé, quelque modification qu'on lui apporte, a l'avantage :

1° De permettre l'emploi de toutes les parties des animaux et même de faire le mélange de viandes diverses.

2° De permettre la conservation indéfinie d'aliments qui, sous un volume assez faible, renferment une grande quantité de matière nutritive : les transports en sont donc facilités.

3° De ne pas avoir, comme les salaisons, une influence marquée sur la santé, si l'usage en est prolongé sans le concours de végétaux frais.

A la suite de cette communication de M. Soubeiran, M. Payen déclare qu'il partage complétement l'avis de l'auteur, qu'il a lui-même fait des expériences en ce sens, et qu'il a obtenu, ainsi que M. Tresca, d'excellents résultats.

Enfin, pour terminer cette question, nous citerons encore la communication faite le 9 janvier, par M. Baudet, sur l'emploi de l'acide phénique appliqué à la conservation des viandes. M. Baudet, s'appuyant sur les résultats qu'il avait obtenus, par l'application à l'industrie des cuirs et des peaux, de l'acide phénique, qu'il appelle *spyrol*, a eu l'idée de diriger ses expériences sur la conservation de la viande. Voici les procédés qu'il indique comme lui ayant fourni de bons résultats.

Premier procédé, par l'immersion dans l'eau phéniquée de $\frac{5}{10\,000}$ à $\frac{1}{1000}$. Il résulte des diverses expériences indiquées que l'eau phéniquée même à $\frac{5}{10\,000}$ permettrait de conserver fraîches toutes les viandes, sans qu'elles acquièrent d'odeur sensible, ni même de goût, soit dans des caisses de fer-blanc hermétiquement fermées, soit dans des barils, bocaux et autres verres quelconques bien bouchés.

Deuxième procédé. Il consiste dans l'emploi du charbon concassé et saturé d'eau phéniquée à $\frac{1}{1000}$ au plus. Ce procédé est surtout applicable aux viandes que l'on veut faire voyager. La viande est enveloppée d'une toile légère, pour la préserver du contact direct du charbon, puis elle est placée par lits successifs dans des barils de bois ou des caisses de fer-blanc, en ayant soin d'interposer entre chaque couche de viande une couche de charbon phéniqué. Le vase rempli est fermé avec soin pour éviter le contact de l'air.

OSSÉINE

M. Fremy a attiré l'attention de l'Académie sur une substance qui fut jadis l'objet de ses études personnelles, l'*osséine*, matière organique des os. (Voyez ci-dessus page 720, 8 octobre 1870.)

AÉROSTATION — DIRECTION DES BALLONS

Passons à la question de l'aérostation. Ici, il faut le reconnaître tout d'abord, la solution pratique du problème, auquel les événements donnaient une si poignante actualité, est encore à chercher. Un seul ballon dirigeable, *le Duquesne*, a pu quitter Paris, et les résultats fournis par son voyage, sur lequel nous reviendrons tout à l'heure, ne sont pas assez nets pour permettre d'en tirer encore des conclusions définitives.

La solution du problème de l'aviation a été, comme on le sait, dès longtemps cherchée dans deux directions bien distinctes : d'un côté, l'aéronaute est suspendu à un ballon, plus léger que l'air, qui le soulève et l'emporte ; de l'autre, il est attaché à un mécanisme plus ou moins semblable aux ailes de l'oiseau, qui lui permet de s'élever dans l'atmosphère et de s'y diriger. Ce second dispositif, popularisé sous le nom de *plus lourd que l'air*, n'a été l'objet que d'un très-petit nombre de communications. Nous rappellerons seulement pour mémoire l'appareil inventé par M. Prigent (*Comptes rendus*, t. LXXI, p. 939, 26 décembre 1870), auquel il donne le nom de *Libellule mécanique*, mû par la vapeur. Cet appareil parvient seulement à enlever son moteur ; pour qu'il puisse enlever aussi son conducteur avec une provision suffisante de combustible, l'auteur propose de lui adjoindre un petit aérostat d'une capacité de 200 mètres.

Arrivons immédiatement à l'aérostation proprement dite. Dès 1783, Lavoisier, membre d'une commission formée par l'ancienne Académie des sciences pour s'occuper des recherches relatives aux aérostats, précisait en quelques mots les conditions du problème de la construction et de la direction des ballons (*Comptes rendus*, t. LXXI, p. 608, 7 novembre 1870).

« La perfection dont les machines aérostatiques sont susceptibles dépend, disait il, principalement de quatre choses :

» La première, de trouver une enveloppe qui réunisse la légèreté à la solidité, et qui soit imperméable à l'air et surtout à l'air inflammable, même sous une charge d'un demi-pouce de mercure.

» La seconde, de trouver un gaz léger, facile à obtenir partout et en tout temps, et qui ne soit pas dispendieux.

» La troisième, de trouver un moyen de faire monter et descendre la machine à volonté, dans une limite de deux à trois cents toises, sans perdre ni le gaz, ni le lest.

» La quatrième, enfin, de trouver un procédé facile pour la diriger. »

Tenons-nous-en à cet énoncé simple des conditions du problème, et donnons une idée des moyens qui ont été proposés pour y satisfaire.

L'enveloppe des aérostats se fait habituellement, comme on sait, de taffetas de soie solide, découpé en fuseaux cousus ensemble, et recouvert de couches multiples de vernis au caoutchouc. La solidité de cette enveloppe et sa résistance à l'endosmose sont des conditions qui influent non-seulement sur la sécurité, mais encore sur la durée du voyage aérien. Malheureusement, tandis qu'en architecture, dans l'art nautique, dans le génie, nous possédons de nombreuses expériences sur la résistance des matières employées dans les diverses constructions, en aérostation nous ignorons complétement les données les plus essentielles sur la résistance des tissus qu'on emploie dans la fabrication des ballons. M. H. Montucci a proposé à l'Académie un moyen pratique de combler cette importante lacune (*Comptes rend.*, t. LXXI, p. 692, 14 novembre 1870). Mais ces expériences, faciles à varier de bien des manières, sont encore à l'état de projet.

La perméabilité endosmotique des enveloppes aérostatiques a presque constamment détourné les constructeurs de les remplir d'hydrogène. Sa faible densité rendrait ce gaz extrêmement commode, car elle permettrait d'obtenir une grande puissance ascensionnelle sous un volume relativement restreint ; mais la rapidité avec laquelle il se diffuse, en traversant les meilleures enveloppes que l'on ait pu construire jusqu'à ce jour, lui fait généralement préférer le gaz d'éclairage normal, que l'on se procure d'ailleurs facilement et à bas prix dans les circonstances ordinaires. Lorsque l'épuisement de nos provisions de houille a imposé à l'administration la nécessité de supprimer la livraison du gaz, on s'est demandé par quel fluide on pourrait le remplacer, s'il venait à manquer complétement, pour remplir les ballons qui nous étaient si précieux. M. Hureau de Villeneuve a proposé pour cet objet le gaz extrait du bois vert par sa distillation (*Comptes rendus*, t. LXXI, p. 767, 20 novembre 1870). Ce gaz, moins éclairant, mais plus léger, possède une puissance ascensionnelle de 800 grammes par mètre cube, tandis que celle du gaz de houille est de 600 à 650 grammes seulement. Cet avantage est malheureusement compensé par quelques inconvénients graves. En premier lieu, il contient de l'oxyde de carbone en quantité considérable ; il faudrait parer à sa présence, et ne pas perdre le souvenir de l'accident qu'elle détermina dans la seule excursion qui ait eu lieu au moyen du gaz de l'eau décomposée par le charbon : l'aéronaute, M. Dupuis-Delcourt, perdit connaissance, et son ballon, voguant à l'aventure, le ramena à terre asphyxié. En outre, le gaz de bois est constamment accompagné de vapeurs acides qui pourraient détériorer l'enveloppe d'une manière plus ou moins profonde, et compromettre la sécurité de l'aéronaute.

VII.

Les conditions d'équilibre des machines aérostatiques avaient préoccupé, comme nous l'avons déjà dit, les membres de l'ancienne Académie des sciences : nous avons déjà vu quelques lignes de Lavoisier sur ce sujet ; mais nous trouvons en outre, dans les *Comptes rendus* (t. LXXI, p. 569, 31 octobre 1870), un rapport, ou projet de rapport entièrement écrit de la main de Monge, et retrouvé dans les archives du Conservatoire des arts et métiers. Cette pièce curieuse, communiquée par M. le général Morin, porte pour titre : « *Mémoire sur l'équilibre des machines aérostatiques, sur les différents moyens de les faire monter et descendre, et spécialement sur celui d'exécuter ces manœuvres sans jeter de lest et sans perdre d'air inflammable, en ménageant dans le ballon une capacité particulière destinée à contenir de l'air atmosphérique*, par M. Meusnier. » L'auteur, commençant par examiner l'état d'équilibre d'une machine aérostatique simple, c'est-à-dire composée seulement d'une enveloppe incomplétement remplie d'un gaz plus léger que l'air, reconnaît qu'une pareille machine se trouve en équilibre à toutes les hauteurs possibles entre la surface de la terre et le point le plus élevé qu'elle ait d'abord atteint ; ce défaut d'un équilibre permanent tient essentiellement au changement de volume qu'elle éprouve pour la plus petite variation de hauteur. M. Meusnier conclut que la première condition à remplir est que le gaz intérieur soit toujours à une pression un peu supérieure à celle de l'air environnant. Si, en effet, une cause quelconque porte alors la machine au-dessus ou au-dessous de son point d'équilibre, son volume ne changeant plus, le poids de l'air déplacé changera comme la densité de l'air qui l'entoure, l'équilibre ne pourra subsister à cette nouvelle position, et l'aérostat sera obligé de reprendre celle qu'il occupait d'abord.

Après avoir donné ce moyen de conserver une position constante, M. Meusnier cherche ceux d'en changer à volonté, sans perdre cet excès de pression nécessaire pour chacune, et sans aucune dépense de gaz intérieur ni de lest, de manière à obtenir une navigation de durée illimitée. Il ne peut évidemment y avoir pour cela que deux méthodes générales :

1° *Faire varier à volonté le volume du ballon sans changer son poids.* Comprimé, il s'abaissera ; dilaté, il s'élèvera.

2° *Faire varier à volonté le poids du ballon sans changer son volume.* M. Meusnier préfère ce second moyen, comme étant d'une application plus facile, et, pour y arriver, il propose de se servir du fluide même au milieu duquel nage l'aérostat : il suffira, en effet, d'introduire dans la machine une certaine quantité d'air atmosphérique lorsqu'il sera nécessaire de la faire descendre ; en évacuant ce même air, on la forcera à s'élever ; et, comme il entraînerait avec lui une partie du gaz intérieur, s'ils étaient mélangés, il en résulte qu'il faut destiner à l'air une capacité particulière. Telle est, en quelques mots, la marche du raisonnement qui conduit M. Meusnier à reconnaître la nécessité d'un espace ménagé dans l'intérieur de la machine pour contenir de l'air atmosphérique. Il propose, en conséquence, de former l'aérostat de deux enveloppes concentriques et superposées, le ballon intérieur renfermant le gaz léger, et l'intervalle entre ces deux enveloppes contenant l'air atmosphérique.

Comme addition au mémoire précédent, M. Meusnier rend compte des résultats d'une ascension tentée à Saint-Cloud par les frères Robert, dont l'aérostat contenait en effet une capacité réservée pour recevoir de l'air atmosphérique, et il démontre que l'insuccès de cette tentative n'a point tenu, au fond, au mécanisme dont on avait fait l'application, mais à une suite de fautes très-aisées à éviter. Nous allons voir, en effet, que l'idée proposée par M. Meusnier a été reprise et reportée dans des projets plus modernes.

Le premier aérostat qui portait avec lui une machine propre à diriger sa course dans l'atmosphère a été construit en 1852 par M. Giffart (*Comptes rendus*, t. LXXI, p. 683, 14 novembre 1870). Cet aérostat, d'une forme nouvelle, était allongé et terminé par deux pointes; il portait dans sa nacelle une machine à vapeur, de la force de 3 chevaux et du poids de 150 kilogrammes, qui mettait en mouvement, avec une vitesse de 110 tours par minute, une hélice à trois palettes, destinée à prendre le point d'appui sur l'air et à faire progresser l'appareil; enfin, à l'une des extrémités du ballon, se trouvait une voile triangulaire, mobile sur une charnière, pouvant se manœuvrer avec deux cordes, et représentant le gouvernail et la quille. Laissons M. Giffart lui-même exposer les résultats qu'il a obtenus avec cet appareil :

« Dans un air parfaitement calme, dit-il, la vitesse de transport en tout sens est de 2 à 3 mètres par seconde. Cette vitesse est évidemment augmentée ou diminuée, par rapport aux objets fixes, de toute la vitesse du vent, s'il y en a, et suivant qu'on marche avec ou contre, absolument comme pour un bateau montant ou descendant un courant quelconque. Dans tous les cas, l'appareil a la faculté de dévier plus ou moins de la ligne du vent, et de former avec celle-ci un angle qui dépend de la vitesse de ce dernier...

» Je suis parti seul de l'Hippodrome, le 24, à cinq heures quinze minutes ; le vent soufflait avec une assez grande violence. Je n'ai pas songé un seul instant à lutter directement contre le vent ; la force de la machine ne me l'eût pas permis, cela étant prévu d'avance et démontré par le calcul; mais j'ai opéré avec le plus grand succès diverses manœuvres de mouvement circulaire et de déviation latérale. L'action du gouvernail se faisait parfaitement sentir, et à peine avais-je tiré légèrement une de ses deux cordes de manœuvre que je voyais immédiatement l'horizon tournoyer autour de moi. Je suis monté à une hauteur de 1800 mètres, et j'ai pu m'y maintenir horizontalement à l'aide d'un nouvel appareil que j'ai imaginé, et qui indique immédiatement le moindre mouvement vertical de l'aérostat. Cependant la nuit approchait... Je m'occupai immédiatement de regagner la terre, ce que j'effectuai très-heureusement dans la commune d'Élancourt, près de Trappes. L'appareil a éprouvé, dans la descente, quelques avaries insignifiantes. »

Certainement, comme le fait remarquer l'auteur lui-même, les conditions dans lesquelles se trouvait ce premier appareil étaient loin d'être aussi favorables que possible. Mais, en réfléchissant aux difficultés de toute nature qui doivent entourer ces premières expériences, avec des moyens d'exécution excessivement restreints, et à l'aide de matériaux imparfaits, il était permis de croire que les résultats obtenus, quelque incomplets qu'ils fussent encore, devaient conduire, dans un avenir plus ou moins prochain, à quelque chose de positif et de pratique; il est à regretter que ce demi-succès n'ait pas encouragé les expérimentateurs à faire de nouveaux essais; jusqu'au moment où les circonstances sont venues donner à l'art de l'aérostation, encore dans l'enfance, un intérêt tout nouveau et une importance capitale.

Dans le plus grand nombre des projets soumis à l'Académie, nous voyons les inventeurs donner à l'aérostat, à l'exemple de M. Giffart, une forme allongée, seule forme sous laquelle on puisse espérer le diriger convenablement. « La nécessité » de maintenir la direction de l'aérostat sensiblement en ligne » droite, dit M. Dupuy de Lôme (*Comptes rendus*, t. LXXI, pp. 502-» 545, 17-31 octobre 1870), et de faire qu'elle ne se modifie » qu'à la volonté de l'aéronaute agissant sur le gouvernail, » exige que l'ensemble de l'appareil présente, d'une façon » très-caractérisée, un axe horizontal de moindre résistance,

» ainsi qu'une surface de résistance latérale placée à l'arrière » du centre de gravité. Ce n'est donc pas seulement pour » la convenance de réduire la résistance de l'aérostat à la » marche horizontale qu'il faut renoncer à la forme du ballon » ordinaire, dont la surface est engendrée par la révolution » d'un méridien autour d'un axe vertical. Un pareil aérostat, » muni d'un moteur, serait sans cesse, pour sa direction, dans » un état d'équilibre instable, exposé à tournoyer sur lui-» même en faisant ce qu'on appelle en marine, des *embardées* » intolérables. »

M. Dupuy de Lôme s'est appliqué « à amener un projet » d'aérostat dirigeable à un point d'étude tel qu'on pût le » considérer comme fondé sur des calculs suffisamment ap-» prochés de la vérité, et sur des dispositions praticables sans » trop de difficultés. » Sans entrer dans le détail de ces calculs, nous allons donner une idée du projet de M. Dupuy de Lôme, dans ce qu'il a d'essentiel.

M. Dupuy de Lôme adopte pour la forme du ballon une forme oblongue suffisamment caractérisée, c'est-à-dire « celle » d'une surface de révolution engendrée par une courbe spé-» ciale se rapprochant d'un arc de cercle de 7 mètres de » flèche, et tournant autour de sa corde de 42 mètres de lon-» gueur. Cette corde constitue l'axe horizontal du ballon » dont la longueur est réduite à 40 mètres, en substituant, » pour la solidité de la construction, une petite surface sphé-» rique à la pointe des extrémités.

» Le volume est ainsi de 3860 mètres cubes, et la maîtresse » section verticale de 154 mètres carrés.

» La résistance à la déformation sous l'action du vent, pro-» venant de la vitesse propre à l'aérostat, s'obtient par le main-» tien dans son intérieur d'une tension de gaz sans cesse un » peu supérieure (de 3 à 4 dix-millièmes d'atmosphère) à celle » de l'air ambiant. Pour s'opposer, d'autre part, à la défor-» mation sous la traction des suspentes (indépendamment de » l'effet de la pression intérieure des gaz), la nacelle est d'une » forme allongée et d'une construction rigide. Pour main-» tenir le ballon sans cesse gonflé en présence des déperdi-» tions de gaz sur lesquelles il faut compter, ou lorsque » l'aéronaute en fera échapper volontairement pour opérer » une descente partielle ou totale, il sera introduit de l'air » atmosphérique dans un petit ballon logé à cet effet dans » l'intérieur du grand, et remplissant ainsi une fonction ayant » quelque analogie avec la vessie natatoire des poissons. » Cette poche permet d'opérer un grand nombre de montées » et descentes alternatives sans perdre de gaz ; la presque » totalité du lest n'aurait dès lors à faire face qu'aux déper-» ditions à travers l'enveloppe. »

L'appareil propulseur de cet aérostat consiste en une hélice de 8 mètres de diamètre à axe horizontal, situé à 16ᵐ,80 au-dessous du grand axe du ballon. Pour imprimer une vitesse de 8 kilomètres à l'heure, ou de 2ᵐ,22 par seconde, à l'aérostat, le travail total à transmettre à cette hélice est, en fin de compte, de 30 kilogrammètres.

« En présence de cette petite puissance motrice, dit M. Dupuy » de Lôme, il m'a paru avantageux de ne pas recourir à une » machine à feu quelconque, et d'employer simplement la » force des hommes. Quatre hommes peuvent sans fatigue » soutenir, *pendant une heure*, en agissant sur une manivelle, » ce travail de 30 kilogrammètres, qui n'exige de chacun » d'eux que 7ᵏᵍᵐ,5. Avec une relève de deux hommes, chacun » d'eux pourra travailler une heure, se reposer une demi-

» heure, et ainsi de suite, pendant les dix heures du voyage,
» qui sont une des conditions de cette étude.

» L'angle d'inclinaison de l'aérostat, sous l'action de l'hé-
» lice, ne peut jamais dépasser 0° 26', ce qui est parfaitement
» négligeable. »

Enfin, au ballon est attachée une surface de résistance latérale, située dans le plan vertical passant par l'axe du ballon,
en arrière de son centre de gravité, et de plus une sorte de
gouvernail attaché à l'arrière de la nacelle. La force ascensionnelle, l'aérostat étant rempli de gaz d'éclairage, est de
2553 kilogrammes; elle surpasse le poids à enlever au départ
du sol de 75 kilogrammes, soit de 3 pour 100, ce qui est une
proportion convenable pour qu'un aérostat s'enlève du sol
avec une bonne vitesse ascensionnelle.

« Un appareil de ce genre ne permettra d'avancer, vent
» debout, par rapport à la surface de la terre, ou de suivre
» par rapport à cette surface toutes les directions désirées,
» que quand le vent n'aura qu'une vitesse au-dessous de 8 ki-
» lomètres. Cela ne sera sans doute pas très-fréquent, car
» cette vitesse n'est que celle d'un vent qualifié *brise légère.*
» Quoi qu'il en soit, cet aérostat ayant une vitesse propre de
» 8 kilomètres à l'heure, lorsqu'il sera emporté par un vent
» plus rapide, aura la faculté de suivre à volonté toute route
» comprise dans un angle résultant de la composante des deux
» vitesses. Chacun peut se rendre compte d'ailleurs que,
» d'une manière générale, la direction à donner à l'aérostat,
» par rapport à celle du vent, pour obtenir comme résultante
» des deux vitesses et des deux directions le *maximum d'écart
» possible,* fait avec la direction du vent un angle un peu plus
» ouvert que l'angle droit. »

Tel est le projet présenté par M. Dupuy de Lôme, projet
qui n'a malheureusement jusqu'à présent abouti à aucune
construction pratique, ni à aucune expérience. Qu'il nous soit
permis d'ajouter quelques lignes sur quelques autres projets
présentés à l'Académie.

Le principe sur lequel s'appuie M. Sorel (*Comptes rendus,*
t. LXXI, p. 729, 21 novembre 1870) pour diriger les aérostats
consiste principalement dans les moyens de produire une
différence de vitesse entre celle du vent et celle du ballon,
afin que le vent puisse agir sur les voiles formant gouvernail,
et fasse, suivant un certain angle, dévier le ballon de la ligne
du vent en le dirigeant vers le but que l'on veut atteindre.
La nacelle porte deux hélices, l'une à l'arrière, l'autre latérale, et trois voiles directrices. La marche et la direction
du ballon sont la résultante des forces combinées du vent
agissant sur les voiles et de l'action mécanique de l'hélice
latérale, prenant son point d'appui sur l'air. L'hélice postérieure a pour but de *créer une résistance à l'action du vent,*
afin qu'il puisse exercer sa force sur les voiles : car, comme
le dit le vieux proverbe, *on ne peut s'appuyer que sur ce qui
résiste.*

M. Deroïde (*Comptes rendus,* t. LXXI, p. 768, 28 novembre
1870) procède par une série d'ascensions et de descentes ;
chaque ascension s'opérant dans le sens vertical, autant que
l'état de l'air le permet, la descente au contraire se faisant
obliquement et dans la direction voulue, grâce à un para-
chute plan incliné à l'horizon et convenablement orienté
avant chacune de ces descentes successives. Ce système exige
l'emploi de deux gaz différents, l'hydrogène, et l'ammoniaque,
sur l'absorption rapide duquel compte l'auteur de la note

pour opérer le dégonflement, et par conséquent la descente
de son aérostat.

M. Bouvet (*Comptes rendus,* t. LXXI, pp. 841-881, 12-19 décembre 1870) propose, pour compenser les pertes de force
ascensionnelle provenant surtout de la déperdition du gaz au
travers de l'enveloppe, d'user une petite quantité de ce gaz
lui-même en le brûlant pour échauffer et dilater celui qui
reste dans l'aérostat. En brûlant un gramme de gaz, on gagne-
rait 120gr,50 de force ascensionnelle. L'excédant de force
ascensionnelle ainsi obtenu permettrait d'opérer un nombre
considérable de montées et descentes partielles. M. Bouvet
décrit deux dispositifs différents qui permettraient de réaliser le perfectionnement qu'il propose.

L'aérostat de M. le Hir (*Comptes rendus,* t. LXXII, p. 122,
30 janvier 1871) porte trois hélices : 1° une hélice de propulsion ou de marche à l'une des extrémités du long axe,
tournant perpendiculairement à celui-ci et destinée à tarauder
l'air dans le sens de la ligne de direction à suivre ; 2° une
autre à l'extrémité opposée du long axe, tournant dans un
plan perpendiculaire à celui de l'hélice de marche, chargée
de placer et de maintenir toujours le ballon dans cette même
ligne de direction et servant de gouvernail ; 3° une troisième
hélice, tournant horizontalement au-dessus du ballon, servant
à le faire monter sans perte de lest et à le faire descendre
sans perte de gaz ; elle facilite, suivant l'occasion, la recherche,
dans les différentes couches de l'air, des courants favorables,
et modère la descente de l'aérostat à l'atterrissage.

Tels sont les projets relatifs à l'art de l'aérostation soumis
à l'Académie et dont les *Comptes rendus* nous ont donné
communication. Aucun d'eux malheureusement n'a abouti à
un résultat pratique. Un seul aérostat, porteur d'un appareil
directeur, a pu, comme nous l'avons déjà dit, quitter Paris
pendant la durée du siége (*Comptes rendus,* t. LXXII, p. 65,
9 janvier 1871). C'est le *Duquesne,* construit par M. Labrousse
et muni de deux hélices mises en mouvement par trois
hommes. Le *Duquesne,* parti le 9 janvier, à 3 heures 15 minutes
du matin, des ateliers de M. Godard, à la gare d'Orléans, par un
vent assez fort qui le poussait directement vers l'est, est allé
tomber près de Reims (*Comptes rendus,* t. LXXII, p. 188,
20 février 1871), où les habitants du pays ont pu heureusement soustraire à l'ennemi l'aérostat et les aéronautes. Les
résultats de ce voyage ne paraissent donc pas encore bien
concluants en faveur de la possibilité de résoudre le problème
de l'aérostation ; il faut cependant remarquer que, dans ce
dernier cas comme dans beaucoup d'autres, l'insuccès a paru
tenir à certaines fautes, à certaines imperfections de détail
qu'il serait sans doute facile d'éviter dans de nouveaux essais.
On ne peut guère douter qu'à la longue les efforts tentés
dans cette voie par tant d'esprits éminents, ne finissent par
porter leur fruit. Songeons que l'art de l'aérostation est encore à son enfance, et ne désespérons point de son avenir en
pensant aux longues années qu'a exigées le développement
des merveilleuses découvertes qui font aujourd'hui l'orgueil
et la gloire de l'humanité.

Le propriétaire-gérant : GERMER BAILLIÈRE.

PARIS. — IMPRIMERIE DE E. MARTINET, RUE MIGNON, 2.

TABLE DES MATIÈRES

PAR ORDRE D'ÉTABLISSEMENTS PUBLICS

TABLE ALPHABÉTIQUE DES AUTEURS

TABLE GÉNÉRALE

DES MATIÈRES CONTENUES DANS LA PREMIÈRE SÉRIE DE LA REVUE DES COURS SCIENTIFIQUES
(1863-1871)

de Beaumont, VI. — La géographie et la géologie, par R. I. Murchison, VII. — Transports diluviens dans les vallées du Rhin et de la Saône, par Fournet, V. — Voyez PHYSIQUE (*Glaciers*).
Géologie du bassin de Paris, par A. Gaudry, III. — Géologie de l'Auvergne, par Lecoq, II. — L'Alsace pendant la période tertiaire, par Delbos, VII. — Les pays électriques, par Fournet, V. — Théorie des micaschistes et des gneiss, par Fournet, IV.
Volcans. Tremblements de terre. — Les volcans et les tremblements de terre, par T. Sterry Hunt, VI. — Phénomènes chimiques des volcans; causes des éruptions, [par Fouqué, III. — Siége probable de l'action volcanique, par T. Sterry Hunt, VII. — Volcans du centre de la France, par Lecoq, III. — Volcans de boue; gisements de pétrole en Crimée, par Ansted, III. — Éruption du Vésuve, par Palmieri et Mauget, V. — Éruption d'une île volcanique, par Fouqué, III. — Éruptions sous-marines des Açores, par Fouqué, V. — Le tremblement de terre d'août 1868 dans la Sud-Amérique, par Cl. Gay, VI.
Histoire. — Histoire de la géologie, par Ed. Hébert, II. — Histoire de la minéralogie, par Daubrée, II. — Les questions récentes en géologie, par Ch. Lyell, I.

PALÉONTOLOGIE

Développement chronologique et progressif des êtres organisés, par d'Archiac, V. — La faune quaternaire, cours par d'Archiac, I. — La caverne de Kent, par Pengelly, III. — La théorie de l'évolution et la détermination des terrains; les migrations animales aux époques géologiques, par A. Gaudry, VII. — Les organismes microscopiques en géologie, par Delbos, V. — Un morceau de craie, par Th. H. Huxley, V.
Histoire. — Histoire de la paléontologie, par A. Gaudry, VI. — La paléontologie de 1862 à 1870; la doctrine de l'évolution, par Th. H. Huxley, VII.
Voyez BOTANIQUE (*Paléontologie*).

BOTANIQUE

Anatomie. Physiologie. — Organographie végétale, cours par Chatin, I et II. — Développement des végétaux, racines, par Baillon, I. — Respiration des plantes aquatiques, par Van Tieghem, V. — Action de la vapeur de mercure sur les plantes, par Boussingault, IV. — Tendances des végétaux; action de la chaleur sur les plantes, par Duchartre, VI. — Végétation du printemps, par Lecoq, II. — Végétation pyrénéenne, par Jaubert, V.
L'individu. L'espèce. — L'individualité dans la nature au point de vue du règne végétal, par Nœgeli, II. — Métissage et hybridation chez les végétaux, par de Quatrefages, VI. — La primevère de Chine et ses variations par la culture, par E. Faivre, VI.
Cryptogames. — Reproduction chez les cryptogames, par Brongniart, V. — Les algues, par Brongniart, V. — Les champignons, par Tulasne, V. — Champignons, cours par A. Brongniart, VI.
Paléontologie végétale. — Les flores de l'ancien monde, d'après les travaux de Schimper, par Ch. Grad, VII. — La végétation primitive, par J. Dawson, VII. — La végétation à l'époque houillère, par Bureau, IV. — Les forêts cryptogamiques de la période houillère, par W. Carruthers, VII.
Histoire. Bibliographie. — Les travaux botaniques de 1866 à 1870, par G. Bentham, VII. — Congrès international de Paris en 1867, par E. Fournier, IV. — Histoire des plantes de Baillon, VII. — Paléontologie végétale de Schimper, par A. Brongniart, VII.

AGRICULTURE

Chimie agricole. — Géologie et chimie agricoles, cours par Boussingault, I et III. — Physique végétale, cours par Georges Ville, II et III. — L'agriculture et la chimie, par Isid. Pierre, V. — La production végétale, assimilation par les plantes de leurs éléments constitutifs; les engrais chimiques et le fumier, cours par G. Ville, V. — Assimilation des éléments qui composent les plantes, par Isid. Pierre, VI.
Économie et génie agricoles. — Situation actuelle (1866) de l'agriculture en France, par Barral, III. — La crise agricole, par G. Ville, III. — L'agriculture par la science et par le crédit, par G. Ville, VI. — Travaux agricoles en France, par Hervé-Mangon, I.
Céréales. — Verse des céréales par Isid. Pierre, VI. — Les parasites des céréales; l'ergot du seigle, par E. Fournier, VII.
Cultures spéciales. — Rapports de la botanique et de l'horticulture, par A. de Candolle, III. — La sériciculture dans l'Inde, par Simmonds, VI.

ZOOLOGIE

Origine de la vie. Génération spontanée. — Origine des êtres organisés, par A. Müller, IV. — Les générations spontanées, par Milne Edwards, I; — par Coste, I; — par Pasteur, I; — par Pouchet, I; — par N. Joly, II. — Le rapport à l'Académie sur les générations spontanées, II. — Voyez PHYSIOLOGIE (*Théorie de la vie* et *Physiologie générale*).
Origine des espèces. — Théorie de l'espèce en géologie et en botanique, avec ses applications à l'espèce et aux races humaines, cours par de Quatrefages, V et VI. — Le transformisme, par Broca, VII. — Division des êtres organisés en espèces, par A. Müller, IV. — Métissage et hybridation, par de Quatrefages, VI. — Influence des milieux sur la variabilité des espèces, par Faivre, V. — La théorie de l'évolution; animaux intermédiaires entre les oiseaux et les reptiles, par Th. H. Huxley, V. — Ch. Darwin à l'Académie des sciences de Paris, VII. — Les travaux de Ch. Darwin, par H. Milne Edwards, VII. — L'origine des espèces, par A. R. Wallace, VII. — Voyez ANTHROPOLOGIE.
Zoologie biologique. — Point de vue biologique dans l'étude des êtres vivants, par A. Moreau, III. — Les animaux inférieurs; la physiologie générale et le principe vital, par P. Bert, VI. — Le commensalisme dans le règne animal, par P. J. van Beneden, VII. — La vie animale dans les profondeurs de la mer, par W. B. Carpenter, VI et VII. — Le fond de l'Atlantique, faune et conditions biologiques, par L. Agassiz, VII.
Morphologie générale. — Principes rationnels de la classification zoologique; les espèces; ordre d'apparition des caractères zoologiques pendant la vie embryonnaire, par L. Agassiz, VI. — Rapports fondamentaux des animaux entre eux et avec le monde ambiant, au point de vue de leur origine, de leur distribution géographique et de la base du système naturel en zoologie, cours par Agassiz, V. — Les animaux et les plantes aux temps géologiques, par Agassiz, V. — La série chronologique, la série embryologique et la gradation de structure chez les animaux, par Agassiz, V. — Les classifications et les méthodes en histoire naturelle, par Contejean, VI. — L'histoire naturelle de la création, par Burmeister, VII. — Les métamorphoses dans le règne animal, par P. Bert, IV.
Vertébrés. — Classification nouvelle des Mammifères, par Contejean, V et VI. — La physionomie, théorie des mouvements d'expression, par Gratiolet, II. — Distribution géographique des Mammifères, par Bert, IV. — Les Singes, par Filippi, I. — L'Orang-outan; les Lynx, par Brehm, V. — Le vol chez les oiseaux, cours par Marey, VI et VII. — Reptiles, cours par Duméril, I. — Poissons électriques, par Moreau, III.
Insectes. Annelés. — Histoire de la science des animaux articulés; espèces utiles et nuisibles, par E. Blanchard, I et III. — Organisation et classification des Insectes, cours par Gratiolet, I. — Métamorphoses des insectes, par Lubbock, III. — Métamorphoses, mœurs et instincts des Insectes, cours par E. Blanchard, III et IV. — Le vol chez les Insectes, cours par Marey, VI. — Vaisseaux capillaires artériels chez les insectes, par Kunckel, V.
Fourmis, par Ch. Lespés, III. — Soie et matières textiles provenant des animaux, par E. Blanchard, II. — La sériciculture dans l'Inde, par Simmonds, VI. — Ravages de la Noctuelle des moissons dans les cultures du nord de la France, par E. Blanchard, II. — Génération et dissémination des Helminthes, par Baillet et Cl. Bernard, V.
Mollusques. Zoophytes. — Michael Sars, par E. Blanchard, VII. — Manuel de conchyliologie de Woodward, VII. — Recherches de Marion sur les Nématoïdes marins; travaux de N. Wagner sur les Ancées du golfe de Naples, par E. Blanchard, VII.
Danger des déductions à priori en zoologie, par Lacaze-Duthiers, III. — Organisation des Zoophytes; Corail, cours par Lacaze-Duthiers, III. — Madrépores, par Vaillant, IV. — Génération chez les Alcyonaires, par Lacaze-Duthiers, III. — Lamarck, de Blainville et Valenciennes, par Lacaze-Duthiers, III.
Distribution géographique. — Histoire naturelle de la Basse-Cochinchine, par Jouan, V. — Faune de la Nouvelle-Zélande, par Jouan, VI. — Le centenaire de A. de Humboldt, par L. Agassiz, VII.

ANTHROPOLOGIE

L'homme fossile. Anthropologie préhistorique. — Histoire primitive de l'homme, par K. Vogt, VI. — Existence de l'homme à l'époque tertiaire, par Alph. Favre, VII. — L'homme tertiaire en

HISTOIRE DES SCIENCES

Antiquité. Moyen âge. — État arriéré des sciences chez les anciens, par von Littrow, VII. — L'état naissant des sciences au moyen âge, par H. Kopp, VII.

Renaissance. — Revue générale du développement des sciences dans les temps modernes, par H. Helmholtz, VII. — La médecine du xve au xviie siècle, par Daremberg, V. — Harvey, par Béclard, II. — Travaux de la vieillesse de Galilée; Galilée et Babiani, par Philarète Chasles, VI.

XVIIe siècle. — Correspondance de Galilée, de Pascal et de Newton sur l'attraction universelle, etc., par M. Chasles, Faugère, Le Verrier, Duhamel, David Brewster, R. Grant, IV et VI. — Newton, par J. Bertrand, II. — Les idées de Newton sur l'affinité, par Dumas, V.

XVIIIe siècle — Clairault et la mesure de la terre, par J. Bertrand, III. — Voltaire physicien, par E. du Bois-Reymond, V. — Franklin, par H. Favre, I. — Scheele, par Troost, III. — Génie scientifique de la Révolution, par H. Favre, I. — Antoine Louis, par A. Verneuil, II. — Les OEuvres de Lavoisier, par Dumas, V. — Barthez, par Bouchut, I.

XIXe siècle. — Gœthe naturaliste, par H. Helmholtz, VII. — Lamarck, de Blainville et Valenciennes, par Lacaze-Duthiers, III. — A. de Humboldt, par L. Agassiz, VII. — Puissant, par Élie de Beaumont, VI. — Dutrochet, par Coste, III. — Gratiolet, par P. Bert, III. — Poncelet, par Ch. Dupin, V. — Faraday, par Dumas, V. — E. Verdet, par Levistal, IV. — Flourens, par Cl. Bernard et Patin, VI. — Boucher (de Perthes), par Dally, VI. — Purkynié, par L. Léger, VII. — Pelouze, par Cahours, V, — et par Dumas, VII. — Foucault, par Lissajous, VI. — Th. Graham, par Williamson et Hoffmann, VII. — Cl. Bernard, par Patin, VI. — Michaël Sars, par E. Blanchard, VII. — Von Graefe, par Giraud-Teulon, VII.

Histoire spéciale de chaque science. — Voyez à chaque science, e surtout à la médecine.

HISTOIRE DES SOCIÉTÉS SAVANTES

Le rôle des sociétés savantes, par Fotherby, VII.

La première Académie des sciences de Paris (de 1666 à 1699), par J. Bertrand, V. — L'ancienne Académie des sciences de 1789 à 1793, par J. Bertrand, IV. — Le Congrès des sociétés savantes de France en 1867, IV. — Les travaux scientifiques des départements en 1868 et en 1869, par E. Blanchard, V, VI et VII. — La Société des amis des sciences, par Boudet, V, VI.

Association Britannique, session de Dundee en 1867, par W. de Fonvielle, V. — La science britannique en 1868, discours inauguraux, par J. D. Hooker et Sabine, V. — Congrès médical d'Oxford en 1868, par Lorain, VI. — La Société royale d'Édimbourg de 1783 à 1811, par Christison, VI. — Histoire de la Société Huntérienne de Londres, par Fotherby, VII.

Les congrès scientifiques en Allemagne et en Angleterre; le congrès d'Innsbrück, par Arch. Geikie, VII.

Congrès d'anthropologie préhistorique et Société d'anthropologie de Paris. Voyez ANTHROPOLOGIE.

Comptes rendus hebdomadaires.

PARIS. — IMPRIMERIE DE E. MARTINET, RUE MIGNON, 2.